中国农业百科全书

中国农业百科全书

观赏园艺卷

农业出版社
北京
1996年12月

观赏园艺卷编辑委员会

各分支编写组主编、副主编

前 言

《中国农业百科全书》是一部荟萃中外古今农业科学知识的大型工具书。

中国农业历史悠久，农业科学知识的积累源远流长。中国历代刊行的许多农学著作是中华民族文化宝库的重要组成部分。北魏贾思勰的《齐民要术》，明代徐光启的《农政全书》，被誉为中国古代的农业百科全书，至今为国内外学者所珍视。到了现代，由于科学技术突飞猛进，农业生产迅速发展，农业科学已发展成为多学科构成的综合体系。面向现代化，面向世界，编纂出版具有现代意义的《中国农业百科全书》，把农业各学科的知识准确而简明地提供给读者，是学术界和广大读者的共同愿望。

中国农村经济已在向专业化、商品化、现代化转变。现代农业的基本特点，是广泛地运用先进的科学技术和经营管理方法，以加速农业的全面发展。为了逐步实现农业现代化，需要加速发展农业科学研究和教育事业，培养众多的农业科学技术人材，向广大农民普及农业科学技术知识；需要运用现代农业科学原理，整理历代农学遗产，总结农业生产实践经验；需要吸收和引进国外先进的科学技术。因此，编撰出版一部全面而扼要地介绍人类现有农业科学技术知识的大型工具书，是建设社会主义现代化农业的迫切需要。

1980 年初，国家农业委员会决定编撰出版《中国农业百科全书》，开始进行筹备工作；1981 年 6 月成立了编撰出版领导小组和总编辑委员会，负责领导和指导编撰出版工作，并责成农业出版社设立中国农业百科全书编辑部，从事具体工作。1982 年，国家农业委员会撤销后，全书编撰出版工作由农牧渔业部主管，与林业部、水利电力部、机械工业部、国家气象局等有关部局协作，保证了工作的顺利进行。

编撰《中国农业百科全书》，以马克思主义、毛泽东思想为指导，以农业各学科的知识体系为基础，组织农业科学界和有关部门的专业工作者进行撰稿、审稿；发扬学术民主，坚持实事求是的科学态度，讲求书稿质量，贯彻百科体例，使其具有中国特色和风格。

《中国农业百科全书》以汇总农、林、牧、渔各业自然再生产和经济再生产的知识为基本内容，在概述基础理论的同时，重视应用技术的介绍，具有一定的专业深度和实用性。它的主要读者是农业科学技术工作者、农业大专院校师生、具有高中或相当高中文化程度以上的农业干部和农民。这部专业性百科全书，以条目的形式介绍知识和提供相应的资料，每个条目是一个独立的知识主题；不仅具有一般工具书检索方便、查阅容易的特点，而且由浅入深地介绍知识，有助于读者向知识的深度和广度探索。

《中国农业百科全书》以农业各学科的知识体系为基础设卷，计划出25卷(31册)，按分卷陆续出版；标示卷名，不列卷次，同一学科或专业设两册者，则注明上、下。采取这种设卷方式，便于读者按需要购买，也便于分卷编撰出版。

《中国农业百科全书》的编撰出版，是中国农业科学事业的一项基本建设。在编撰过程中，得到有关高等院校、科研单位及生产部门的大力支持，并得到国家有关领导部门和有关学会的热情关怀、指导，在此谨致诚挚的谢意。编撰这样大型的专业百科全书，我们缺乏经验，书中疏漏之处，恳请读者批评指正，以便再版时修订。

中国农业百科全书编辑部

1984年10月

凡　例

一、全书以农业各学科知识体系为基础设卷。卷由条目组成。

二、条目按条题第一个字的汉语拼音字母顺序排列。第一字同音时，按阴平、阳平、上声、去声的声调顺序排列；同音同调时，按笔画的多少排列；音、调、笔画数相同时，按起笔笔形(一、丨、丿、丶、乛)顺序排列。第一字相同时，按第二字的音、调、笔画数和起笔形顺序排列，余类推。条题由拉丁字母、俄文字母、希腊字母或数码开头的，排在末尾。

三、绝大多数条题后附有对应的英文。

四、各卷正文前设本卷条目的分类目录，供读者了解内容全貌或查阅一个分支或一个大主题的有关条目之用。为了保持学科或分支学科体系的完整并便于检索，有些条目可能在几个分类标题下出现。

五、有些条目的释文后附有参考书目，供读者选读。

六、一个条目的内容涉及到其他条目，需由其他条目释文补充的，采用“参见”方式。所参见的条题在本释文中出现的，用黑体字排印。所参见条题未在本条释文中出现的，另加“见”字标出。

七、条目释文中出现的外国人名、地名、外国组织机构名，一般用汉语译名，后附原文。

八、一部分条目在释文中配有必要的插图。彩色图片按内容分类编成若干帖插页，顺序插入卷中。

九、正文书眉标明双页码第一个条目及单码页最后一个条目第一个字的汉语拼音和汉字。

十、各卷正文后均附该卷全部条目的汉字笔画索引、外文索引和内容索引。

十一、本书所用科学技术名词以各学科有关部门审定的为准，未经审定或尚未统一的，从习惯。地名以中国地名委员会审定的为准，常见的别名必要时加括号注出。

观赏园艺

陈俊愉

以观赏植物为主要对象，从事并探讨其分类、栽培、改良、生产、经营管理及应用于园林建设之理论与实践的事业，称为观赏园艺。它是传统园艺学的三个组成部分之一，与果树(园艺)、蔬菜(园艺)鼎足而三，同是以进行集约栽培为主的植物生产事业。

观赏园艺有其悠久的历史和广泛的物质及文化基础。现代社会更因需求日增，致使急剧发展。现代观赏园艺经营的内容较前大为扩展，如观赏树苗与花苗、种球、种子、切花(含切叶等)、盆花、地被植物与草坪植物等的生产、改良和经营，花卉等鲜活观赏产品的保鲜、贮运、加工，花卉装饰(含干燥花制作与配置)与盆景制作和经营，野生资源的开发利用，以及园林建设有关内容，等等。积极发展观赏园艺事业，对改善和美化人类生活环境，提高人们物质和精神文化生活，有重要作用。

观赏植物是供人类栽培、欣赏的对象。在城乡绿化、园林建设中，观赏植物是主要素材。观赏植物具有防护、美化和生产等方面的功能。应用观赏植物于城乡绿化和园林建设，便产生了综合效益，包括环境效益、社会效益和经济效益。

第一，提高城乡环境质量，增进人民身心健康。先进的环境科学测示表明，在全面合理规划下进行的观赏植物栽植，可以大大改善环境质量，满足人们需求。如丰富的观赏植物可以调节空气温度、湿度，减少阳光辐射并遮荫，防风固砂，保持水土，滞尘、杀菌并净化大气，减轻污染，降低噪音等，经合理规划配植后效果尤著。且在由观赏植物为主要素材而形成绿草如茵、繁花似锦、鸟语花香、风景如画的优美环境中，人与自然紧密接触，由此而悦目赏心，消除疲劳，振奋精神，身心受益，已为世人所公认。总之，通过观赏植物的多种防护作用，使观赏园艺产生了巨大的环境效益。

第二，观赏植物是一类有生命的特殊商品，单位面积产值较高。在当今专业经营规模日趋扩大、生产管理科学化的条件下，其姿、韵、色、香等全面提高，成本降低，销路扩展，经营观赏植物已成为投资旺盛、欣欣向荣、竞争力远高于一般农产品的生产事业。同时，各城市园林部门在满足园林绿地种植需要后，还可将观赏植物种苗及其加工品向国内外推销。而中国古典园林艺术及山石盆景等，也可出口外销。凡此种种，都表现出观赏园艺的多种生产功能，取得可观的经济效益。

第三，观赏园艺包括从植物育苗生产到布置、管理大小园林的过程，为人们提供了优美的休息、赏游与工作环境。其间，人们将植物为主要素材的自然美加工成艺术美，使生活和工作空间出现悦目赏心的景观，再通过其美化作用而频增情趣与欢欣。欣赏观赏植物，尤其联系到“拟人化”，如梅之坚贞不屈，菊之高雅飘逸，牡丹之雍容华贵，荷花之出淤泥而不染，……可以陶冶情操，美化生活，提高文化素养，对促进两个文明建设产生难以估量的社会效益。观赏植物特别是鲜花，象征着美好与幸福，花束、花篮等已成为现代社会普遍应用的高雅礼品，瓶花、盆花等则为室内装饰，尤其是厅堂布置所必需。花卉充当了国内、国际表达礼遇、友好、和平、幸福的象征，观赏园艺的社会效益绝不可低估。

此外,许多观赏植物除供观赏外,同时兼有其他用途。如牡丹、芍药、梅、菊等,原来就是药用植物,后来才转为主供观赏;珠兰、茉莉还是熏茶花卉,桂花、玫瑰又能做糕饼馅等甜品,……事实证明,观赏植物的功能和效益十分广泛,其对人类的多方贡献,正需人们不断深入认识、总结和发掘。

中国观赏园艺简史

无数考古事实说明,中华先民在远古时代就有当时居于世界前列的作物栽培技术和高超的审美能力。如在浙江省余姚县河姆渡新石器时期遗址中,发掘出约7千年前刻有盆栽植物的陶片;在各地新石器时代的陶器上,还发现许多其他花卉题材图案。这些全是中华先民热爱植物的历史片段记录——是用植物于观赏的萌芽。《魏书·刘芳传》载:"按《论语》称夏后氏以松,……而《尚书逸篇》则云太社惟松,东社惟柏,南社惟梓,西社惟栗,北社惟槐"。这反映在夏代社坛始有绿化。

观赏园艺始发期——周、秦 春秋时代(公元前770～前476)一些民歌中,已有关于野生花草树木形态、生态与应用的记述。距今约2500年前编辑的民歌大全——《诗经》,就记载了多种观赏植物的特征与风姿,如"桃之夭夭,灼灼其华"(《周南·桃夭》),等等。记叙野生花卉生态环境的,如"彼泽之陂,有蒲与荷"(《陈风·泽陂》),等等。此外,还有青年男女分别时赠以芍药(《郑风·溱洧》),姑娘掷梅子给心上人(《召南·摽有梅》)等应用花、果表达感情的习俗。

到了战国时代(公元前475～前221),《礼记·月令》中有"季秋之月,鞠有黄华"之句("鞠"、"华"分别为"菊"、"花"的古体字)。这一记述是把野菊花期联系深秋季节的物候学首例。《夏小正》有云:(四月)"囿有见杏",表明当时杏树已在园囿栽培,农历四月结实。

秦王嬴政在公元前221年统一中国后,在京都长安、骊山一带建阿房宫、上林苑,大兴土木,广种花、果、树木。当时引种的有木兰、女贞、杨梅、梅、柿、黄栌、柑桔、枇杷,等等。

从上述可见,中国古代就是从植物的观察、欣赏到引种、栽培与布置应用,先以经济实用为主要选择条件,然后逐步发展为观赏园艺。

观赏园艺渐盛期——汉、晋、南北朝 由于生产力的发展,观赏植物栽培由以经济、实用为主,逐渐转向以观赏、美化为主。

在汉代(公元前206～公元220),引种规模渐大。据《三辅黄图》所记,汉武帝刘彻于公元前138年在长安扩修秦代遗留的上林苑,在广达200里的宫苑中,大量搜集栽种各地嘉果名花,包括荔枝、槟榔等,堪称中国古代最大规模的植物引种试验。张骞通西域(约在公元前126年),将葡萄、胡桃等中亚植物引入中国。在扬雄(公元前53～公元18)《蜀都赋》中,有"被以樱、梅,树以木兰"等句,说明花木、果树用于城市绿化,已有2000年以上的历史。

自西汉起,养花种树在官僚富户中盛行。如西汉之富商袁广汉、东汉大将军梁翼,均先后在洛阳建自然山水私园,将奇树、芳藤、名花、异草配植其间。

至晋代(265～420),中国观赏园艺在原有基础上有较大提高。如西晋稽含(263～306)撰《南方草木状》,描述了华南植物80种。东晋戴凯之在《竹谱》中记载了70多种竹子,是中国第一部观赏植物专谱。中国乃至全球之首有家菊,大抵始自东晋之陶渊明(365～427)。他在诗集中记有'九华'菊。这种复瓣白花的家菊(*Dendranthema* × *grandiflorum*),是距今约1600年前在世界上首次出现此物种的最早记录。

南北朝时期(420～589)社会相对安定，又受出现不久的山水画之影响，遂产生了自然山水园。如梁元帝萧绎(552～555年在位)在登位前建湘东苑，“穿池构山，长达数丈，植莲、蒲缘岸，杂以奇木”。

北魏贾思勰约于6世纪30～40年代写成农业巨著《齐民要术》，除总结当时华北较高水平的农业技术外，还记述绿篱制作，槐与麻子混播促槐苗端直，梨树嫁接及砧穗关系等甚详，反映了当时世界上前所未有栽培技艺。

观赏园艺兴盛期——隋、唐、宋 隋朝(581～618)统治年代不长，观赏园艺却已进入兴盛时期。隋炀帝杨广(605～617在位)在洛阳建西苑，广植奇花异卉。由于他诏进名花，易州献20箱牡丹名品。此当系牡丹在中国栽培、选种之首次记载。

唐朝(618～907)是中国封建社会中期的全盛时期，观赏园艺业日益兴盛，花卉种类与品种不断增多。寺庙园林及对公众开放的游览地、风景区，如长安(今西安)曲江、钱塘(今杭州)西湖等处都栽培不少名花。此际，名花的国际交流也时有所闻，如梅花、牡丹和菊花等都在8世纪前后东传日本；地中海区域的水仙，也于唐宋时引入中国。

唐代艺菊甚盛，品色渐增，始有咏紫菊诗。全国艺梅、赏梅胜地，当时以杭州、成都为东西相望的两大中心。唐代牡丹盛极一时，长安、洛阳尤甚。陕西乾陵章怀太子墓出土的壁画中有盆景，是迄今有关盆景起源的最早例证。中国的“花卉文学”作品，尤其对名花嘉木与盆景的欣赏与赞美，成为中华观赏园艺一大特色。在庭园设计方面，文人园林如陕西蓝田之王维辋川别业等开始兴起，并以植物造景为其特色之一。

宋代(960～1279)在结束了50余年的五代十国战乱后，逐渐步入稳定繁荣时期。社会经济发展，出现了发达的手工业和商业，文化艺术蒸蒸日上，观赏园艺也随之而繁荣昌盛。由此大兴造园、栽花之风，而东京(今开封)、西京(今洛阳)、临安(今杭州)、平江(今苏州)，更属其中佼佼者。开封之寿山艮岳，为宋徽宗赵佶(1101～1125年在位)主持修建，历十余年完成。总设计师既是帝王，更是名画家，该园为最负盛名的皇家园林，并以广泛运用植物造景而成为大型自然山水园之一大特色。至于私园，则洛阳最盛。如李格非《洛阳名园记》称：“洛中园圃，花木有至千种者”。书中记洛阳宅园20余，皆广植名花，有“城市山林”特色。同时，各地花卉生产中心，亦逐渐应运而生。

宋代撰写花卉专谱之风盛行。如欧阳修所著《洛阳牡丹记》(1031)，反映宋初牡丹选种、育种、品种分类、栽培繁殖等，都已达较高水平。刘蒙《菊谱》(1104)也很有特色，除介绍当地菊花品种外，还突出地总结了中国古代花卉育种的原理和方法。范成大《梅谱》(在1186年前后)除记述当时苏州的梅花品种外，还涉及野梅、古梅、促成栽培、梅文化等诸多方面。陈景沂编《全芳备祖》(1256)，前集27卷记述的全是花木，堪称中国古代的花卉百科全书。此外，还有张峋《洛阳花谱》、苏颂《本草图经》、沈立《海棠谱》、王观《芍药谱》、周师厚《洛阳花木记》、王贵学《兰谱》等等。

在中国，文人名士长期与花事结下了不解之缘。由于古代的园工(养花师傅)大多缺少文化，有关观赏植物的栽培、育种经验、品种名称与其性状以及庭园设计施工原理与技艺等，端赖士大夫总结、记载而流传下来。有的文士、画家本人即为观赏园艺专家，如著《洛阳牡丹记》的欧阳修、著《梅谱》的范成大。中国古代“花卉文学”之高度发达，自有其社会根源。

由上述可见，隋、唐、宋时代中国观赏园艺在国内已非常发达，在当时世界上居于领先地位。

观赏园艺兴旺至起伏停滞期——明、清、民国时期 元代以其掠夺性的统治影响了中国社会经济的发展，而明、清时代是中国封建社会逐渐衰落的时期，民国时期战乱频仍，故而观赏园艺几百年来处于停滞不前的状态。但由于内外多种因素的影响，有时也出现回升或有某些发展。

明、清两代在北京、承德、沈阳等地建立了一些皇家园林，在北京、苏州、无锡等城市出现了一批私家园林。前者要求庄严肃穆，种植松、柏、槐、栾甚多，缀以玉兰、海棠、牡丹、芍药之属；后者则注意四季特色与诗情画意，如春有垂柳、玉兰、梅花、桃花，夏有芍药、月季、荷花、紫薇，秋有菊花、桂花、红蓼与红叶树种，冬有蜡梅、山茶和南天竹、竹类等植物。

观赏园艺专著，明代主要有张谦德《瓶花谱》(1595)、袁宏道《瓶史》(1599)、王象晋《群芳谱》(1621)、文震亨(1585～1645)《长物志》等。其中《瓶花谱》、《瓶史》是中国插花艺术的最早专著，极富特色，当时在世界上居于领先地位。自明代而后，观赏园艺商品化生产渐趋兴旺。今北京市称为花乡的丰台十八村，自明代起即出现甚多花卉专业户。河南鄢陵姚家花园、山东菏泽赵楼村、安徽歙县卖花渔村、松江法华、广州花田等地，都约自明代起出现较大规模的花卉商品化生产栽培。过去虽是小农经济，却已形成市场，促进了当时花卉产品的流通。

从清代观赏园艺专著中，可看出在初期较多较好，后期趋于停滞。陈淏子所著《花镜》(1688年)堪称花卉栽培技艺总结。《广群芳谱》乃汪灏等于1708年在王象晋著《二如亭群芳谱》的基础上改编扩写而成的花卉巨著。赵学敏著《凤仙谱》(1790)堪称世界首部凤仙花专著。杨钟宝《瓨荷谱》(1808)，则系中国第一部荷花专著。至于植物图志，则吴其濬(1789～1847)著《植物名实图考》和《植物名实图考长编》(1848年刊印)，是中国古代最大的区域性植物志，共收植物1714种，其中包括了不少观赏植物。

自清朝起，南方各地花卉生产颇见兴旺。如《广东新语》载："花田之人以花为衣"。广州七门花市专售素馨，专业户收入可观。又如上海郊区自1738年浦东凌家花园创办后，又出现世代种花的赵家花园。1853年陆恒甫开设了陆永茂花园，随后成立了沪上第一家花店。

民国时代(1912～1949)因军阀混战，日本军国主义入侵，社会动荡，仅南京中山陵园、金陵大学园艺试验场、中央大学园艺试验场、庐山植物园、陕西武功西北农学院园艺场等少数单位断续从事观赏园艺生产与科研工作。花农、技术人员和同业公会从事花木、种苗、盆花、切花及花卉装饰等生产经营的有：北京丰台黄土岗，成都东山与西门外园户以及自力园场，重庆江北静观场，苏州光福及虎丘，漳州龙海蔡坂村，广东中山县小榄镇，顺德县陈村及广州市河南花地，菏泽赵楼村，鄢陵姚家花园，歙县卖花渔村以及上海市花树商业同业公会，等等。

辛亥革命至1949年前，观赏园艺专业书刊及论文问世者皆少。正式出版的主要有：陈植《观赏树木》(1925)、《造园学概论》(1934)，章君瑜《花卉园艺学》(1933)，童玉民《花卉园艺学》(1933)，许心芸《种蔷薇法》(1935)，李驹《苗圃学》(1935)，Tesn, M.(曾勉)：Mai Hwa, National Flower of China (1942)，陈俊愉、汪菊渊等《艺园概要》(1943)，汪菊渊、陈俊愉《成都梅花品种之分类》(1945)，程世抚、王壁《瓶花艺术》(1947)，汪菊渊《植物的篱垣》(1947)，杨衔晋《艺竹丛谈》(1947)，陈俊愉《巴山蜀水记梅花》(1947)，黄岳渊《杜鹃》(1947)，黄岳渊、黄德邻《花经》(1949)，等等。

观赏园艺恢复、受挫与繁荣发展时期 自中华人民共和国成立后至今，在40余年内，观赏园艺事业经历了恢复——受挫和破坏——繁荣发展的曲折坎坷道路。

50年代是恢复时期。随着国民经济逐渐恢复与发展，在"绿化祖国"运动中，观赏园艺事业也出现了转机。各地城市先后成立了园林局(处),有组织有计划地恢复花卉生产,发展观赏园艺事业。1951年在北京农业大学园艺系创办了造园专业,1956年调整至北京林学院后称城市及居民区绿化专业,1964年起改称园林系园林专业,有计划地培养高级人才。自50年代起,中国科学院先后在全国各地成立12个植物园,以后各地园林局又分别成立植物园,至今全国已达100余个。近40年来植物园除对野生植物资源的调查整理之外,十分重视观赏植物的引种驯化,对发展观赏园艺事业产生了很大作用。

1958年,中央提出实现大地园林化,大种观赏植物,美化全中国的号召,观赏园艺事业也随即蓬勃发展。1959年为迎接建国十周年,沪、宁、京等园林有关部门开展“百花齐放”的科学实验,取得很大成绩。1960年夏,中国园艺学会在辽宁兴城召开了全国首届花卉会议,明确了花卉在国民经济与人民生活中的地位与作用,提出了生产化、大众化、科学化、多样化的花卉事业发展方向。

但是,从60年代初期起,片面强调“以粮为纲”,出现了忽视观赏园艺特点及主要效益的偏向。自1964年起,极左思潮日趋严重,观赏园艺事业受到批判,特别是在“文化大革命”十年浩劫期间,使刚刚恢复的观赏园艺事业遭到严重的破坏与摧残。直至1976年后,观赏园艺事业才重新被认识,受到重视,逐步获得了复苏和发展。1978年在济南召开的全国绿化工作会议,1979年在鞍山召开的园林学术会议以及先后召开的一些专业学术会议,起到了统一认识、重振雄风的作用。1984年11月中国花卉协会成立(简称中国花协),随后又陆续成立了一些专业花卉分会。由中国花协及其专业花卉分会所主办或协办的几次中国花卉博览会、市花展览、专业花卉展览等活动,对推动全国和各地观赏园艺的蓬勃发展,起到了明显的作用。与此同时,城乡观赏园艺生产经营有了迅猛发展;一些花卉园林报刊也先后创刊和巩固,其发展之快,前所未有。全国已有100多个城市选定了市花。在1984年中国园艺学会建议评选“十大传统名花”后,《大众花卉》在1986年组织了评选;1987年,上海文化出版社、上海园林学会、《园林》杂志社等联合主办了大规模的“中国传统十大名花评选”活动,经过国内外将近15万人的投票推选,再经专家和有关部门评定,最终决选出“中国十大传统名花”,并为以后的国花评选打下了良好基础。

自80年代初以来,全国进入安定团结、经济日趋繁荣的局面。由于形势发展的需要和各级领导的重视,观赏园艺教育和科研也获得了恢复和发展。重要花卉生产基地的建立,苗圃与花店大批开业,以及在上海、昆明、深圳等地形成了以商品经营为主的花卉事业,尤因科学研究成果不断涌现,对观赏园艺事业已产生并将产生巨大的促进作用。

中国观赏园艺对世界的贡献

中国观赏植物资源极其丰富,栽培花卉有悠久历史,以其优质、丰富、特产的观赏植物和精湛的栽培技艺对世界做出了巨大贡献,被西方人士称为“世界园林(花园)之母”。亨利·威尔逊(E. H. Wilson)曾于1899~1918年期间5次来华,搜集野生观赏植物1千多种,如当今闻名全球的珙桐和王百合等名花,就是通过他传遍西方世界的。威尔逊1929年在美国出版了他在中国采集植物经历的纪事专集——《中国·园林之母》(China, Mother of Gardens)。他写道:“中国的确是园林的母亲;因为所有其他国家的花园,都深深受惠于她。中国居于(世界的)最前列。从早春开花的连翘、玉兰,到夏季的牡丹、芍药与蔷薇、月季,直至秋季的菊花,显然都是中国贡献给这些花园的花卉珍宝。假如中国原产的这些花卉全部撤离而去的话,我们的花园必将为之黯然失色。”他如实地描述和恰如其分的分析,简要地说明了中国园林植物对世界的贡献。

中国丰富的观赏植物，早已传布世界各地。中国花卉传到国外，有一千多年的历史。早在公元5世纪，荷花经朝鲜传入日本；约自8世纪起，梅花、牡丹、菊花、芍药等东传日本；茶花（*Camellia japonica*）于7世纪传入日本，17世纪后转引至欧美；石竹1702年首次传入英国，翠菊1728年传入法国，紫薇1747年传至西方；现代月季的关键性杂交亲本——'月月红'月季（*Rosa. chinensis* cv. *Semperflorens*）、'月月粉'月季（*R. Chinensis* cv. Pallida）、'彩晕'香水月季（*R.* × odorata cv. Hume's Blush）和'淡黄'香水月季（*R.* × *odorata* cv. Ochroleuca）先后于1791、1789、1809、1824年引至英国。此外，还有一些外国人先后来华搜集野生与栽培观赏植物。其中最突出的是英人乔治·福礼士（George Forrest），自1904年起7次来华，搜集了300多种杜鹃花属（*Rhododendron*）植物回国。至今英国人说：没有中国的常绿杜鹃，就没有英国的园林。足见中华杜鹃属花木对世界观赏园艺的重要性。如北美引种中国的乔灌木在1500种以上，美国加利福尼亚州（California）园林中栽培的树木花草70%以上来自中国，意大利引种中国观赏植物约达1000种，英国仅爱丁堡皇家植物园就有来自中国的观赏植物1500多种，德国现有露地栽培观赏植物约50%源于中国，荷兰40%的园林花木自中国引入；至于日本、朝鲜、印度、新加坡等亚洲国家，引种中国观赏植物的历史更为悠久。他们引去的花卉资源，或直接应用于观赏园艺，或用作品种改良的原始材料，均收效显著。

中国不但是许多野生奇花异草的故乡，中国人还在栽培名花中，通过长期不懈的选育，创造出十分丰富、各具特色的栽培变种。如梅花品种（栽培变种）现有300多个，牡丹有400多个，荷花200多个，山茶花300余个，菊花约3000个，等等。在历史上，还曾出现过凤仙花（*Impatiens balsamina*）的黄金时代，清代赵学敏在《凤仙谱》中记载了233个品种，包括名品'一丈红'、'葵花球'、'香桃'等，堪称世界之奇观。而且，中国的观赏植物资源及其品种，具有一些特殊的优点：①早花性种类与品种多，如梅花、迎春、蜡梅、金缕梅等；②四季开花者多，如月季花、香水月季、'四季'桂、'常春'二乔玉兰等；③花有浓郁芳香者多，如米兰、春兰、玉兰、蜡瓣花、栀子花等；或具其他优异性状者亦多，如石竹、珙桐、金花茶、黄香梅（*Prunus mume* cv. Flavescens）等；④抗逆性强者多，如'耐冬'山茶之抗寒，柠条（锦鸡儿）（*Cargana korshinskii*）之抗旱，玫瑰（*Rosa rugosa*）之抗（黑斑）病，龙爪柳（*Salix matsudana* cv. Tortuosa）之抗涝，荷花、紫薇之耐热，圆柏、水杉之适应性广，等等。

此外，中国还在插花艺术、盆景艺术以及造园艺术等方面，对全球从事观赏园艺者提供了新的思路和方法。如插花，中国早在2000年前即已出现，后来经逐步发展而具有独特的东方审美观与表现手法。其意境美、自然式布局、不对称平衡和重视木本花材等特点与优点，对日本及西方产生了影响。如袁宏道的《瓶史》（1599），传至日本后，促成了日本花道的发展，其中一个流派甚至取名为宏道流以示尊崇。在盆景制作技艺方面，中国有其优秀的古老传统和不同的地方流派，为中国自然山水和花木微缩加工与艺术的再现。它发源于中国，对日本和朝鲜的影响颇大，而且其影响还逐渐扩大到欧、美、澳洲等地。

中国自然山水园在世界上独具一格。其造园手法自古就对邻近的日、朝、越等国产生影响；于二三百年前西传欧洲，产生了英国自然山水园，并辗转影响美、澳及世界很多国家和地区。中国式造园的特长在于具有"诗情画意"，并"巧于'因''借'"，"虽由人作，宛自天开"。

科学研究的发展

长期以来，在观赏园艺科学研究方面，大多局限于植物鉴定、性状描述、栽培经验技艺及造园手法总结的阶段。自 19 世纪以后，由于基础与相关学科内容的充实与提高，现代实验测试手段与方法的不断改进，以及观赏园艺内涵的扩大和更新，于是观赏园艺研究便逐步由总结传统生产技艺与造园手法的经验科学，上升到以近代生物学为基础的实验科学阶段。而在插花、盆景和造园等方面，提高的关键在于将科学与艺术结合起来，既要发扬优秀的民族传统，更应反映出鲜明的时代精神，更好地为国内外人民群众服务。

观赏植物起源与分类的研究　起源研究主要包括两个方面，即：①起源中心与起源地点问题；②原始种、亲本及种的形成问题。对现代月季及邱园报春的起源研究，在英国经细胞学与形态学的检查、比较，已获得基本结论。中国名花如菊花、牡丹等的起源问题，应从植物地理学、分类学、分子系统学、细胞遗传学与实验生物学等方面着力开展研究，现在菊花上已有所突破。中国 60 年代独创的观赏植物二元分类法，已应用于梅花、桃花、荷花、山茶、牡丹和芍药等，将进一步研究扩大应用范围，并使用计算机等现代工具结合进行研究。

观赏树木区划与城市树种(植物)规划的研究　早在 1936 年，美国已制订树种抗寒带区划。中国在完成植被分区的基础上，由北京林业大学、杭州植物园及沈阳市园林科学研究所等单位负责协力进行，用了 11 年时间(1982～1993)，完成了《中国城市园林绿化树种区划规划》，由建设部发布至全国推广应用。至于各地城市树种规划，正在此基础上逐步完善。

观赏植物引种和育种的研究　西方国家继威尔逊等引种大量中国野生观赏植物之后，在将近 100 年中又自中国引种了 1000 多种野生花卉，在西方园林及生活中加以应用。中国应系统开展引种驯化研究，直至完成区域试验与栽培操作规程。在育种技术上，花卉雄性不育系及一代杂种配制已广泛应用；抗病育种在世界上越来越被花卉园艺家所重视，中国需迎头赶上，同时研究花卉无病毒植株技术。近二三十年来，生物工程在观赏园艺上取得新进展，中国也在组织专人深入研究，如北京大学生命科学学院已育出转基因矮牵牛。属间杂交在山茶育种中美国已有成功事例。单倍体育种、多倍体育种中国已有突破，正在向实用阶段发展。

园林环境效益的研究　关于观赏园艺环境效益的具体测定与分析，可分不同城市、不同绿地、不同植物群落等，分别开展研究。

观赏植物栽培技术的研究　美国、荷兰等国的观赏植物工厂化生产技术，在中国已初步用于月季等少数花卉上。不少国家在施肥技术、灌溉方式、保护地栽培及生长调节剂应用于观赏植物方面，已卓有成效。中国应有重点地开展研究，尤须在营养诊断研究及推广方面努力推进，取得实效。

观赏植物采后处理的研究　包括切花、种子采收和球根掘起后的物理与化学处理以及贮运条件，等等。欧、美、日在这方面的研究硕果累累。

观赏植物习性及对生态因子反应的研究　美国近 20 年来开展了单因子和综合因子的研究，收效显著。中国只开展某些单因子研究，还需开展综合因子的研究。

名花的系统研究　从分类、起源、引种、育种、生理生化、解剖胚胎与细胞学到栽培、繁殖和应用等方面系统研究名花，可发扬中国的特色与专长，现已在梅、荷、菊、牡丹等研究中有所突破，尚待全面深入。

庭园设计、施工与管理研究　欧、美、日本庭园设计与施工、管理紧密结合，实际效果好。中国在这方面的主要缺点是三者脱节，管理方面更为薄弱。亟应加强研究，以便逐渐提高质量，达到当今先进水平。中国在古树保护、复壮研究方面，已有突破。在植物配植方面，尤应着力研究。

此外,在设计、施工与管理上应采用新技术、新工艺、新设备。

中国新园林风格的研究 中国古典园林在全球独树一帜,对世界各国影响深远。但自 1949 年后,却多在模仿古典园林、学习西方园林上做文章,未见在园林风格方面有系统创造和重大突破。所幸近年各地优秀新园林已零星出现,在此基础上进一步发扬优秀民族传统,更好地表现出时代精神和中国国情,以满足群众需要。广泛应用现代科技与艺术成果,集中优秀人才,研究并创造中国新园林风格,应列为当今重点课题之一。

观赏园艺专业教育

世界观赏园艺专业教育 世界各国的观赏园艺专业教育多种多样,而以由农林院校、建筑院校负责者为多。在农林院校中多设园艺系,也有特设花卉系、观赏园艺系或环境园艺系的,如美国加利福尼亚大学戴维斯分校设有环境园艺系。而以往的苏联,则先在建筑学院、后改在林学院设置城市及居民区绿化专业。有的国家则设侧重于园林规划设计的教学基层单位,如波兰华沙农业大学设有园林规划设计系,日本东京农业大学设有造园系。也有的在农业大学内设系兼顾观赏植物与园林规划设计两方面,如希腊雅典农业大学设有花卉栽培及园林系,等等。在建筑院校中多设园林系,而以美国哈佛大学最早(1901 年)。以后,美国在俄亥俄州立大学、纽约州立大学、伊利诺伊大学、宾夕法尼亚大学等也设园林系。美国加利福尼亚大学伯克利分校 1959 年创建环境设计学院,下设风景设计系与城市及区域规划系。加拿大多伦多大学和德国柏林技术大学设有园林艺术及风景设计研究所,从事科学研究和教学工作。

中国观赏园艺教育 中国古代园林主要由文人、画家和匠师等结合进行设计;营造人员师徒相承,未专设学习园林技艺的教育机构。古代中国的观赏植物栽培,系由花工或管理人员承担,主要通过实践由师傅带徒弟来培养提高。

中国在高等院校开设观赏园艺方面的课程,约始于 20 世纪 30 年代,先后在金陵大学、中央大学、中山大学、浙江大学、四川大学等,开设造园学、花卉学、观赏树木学、苗圃学、花卉促成栽培学等课程。

1949 年,复旦大学、浙江大学、武汉大学的园艺系设置了观赏园艺组,但在 1952 年高等院校院系调整后停办。1951 年由北京农业大学园艺系及清华大学营建系合办造园专业。此专业于 1956 年划归北京林学院造林系,称城市及居民区绿化专业。1957 年,在北京林学院成立了城市及居民区绿化系——这是中国高等院校中观赏园艺教育设系之始。1964 年改名园林系,1965 年撤销。1962 年前后,南京林学院、沈阳农学院、武汉城市建设学院等先后都建立了园林专业,但在 1964～1970 期间又先后下马。

中国当前从事观赏园艺专业教育的学校,除高等院校、中等专业学校和技工学校外,还有大专性质的,也有正规的函授教育和业余的观赏园艺或园林学校。1974 年北京林学院重建园林系。随后几年内,同济大学建筑系、上海农学院园艺系、南京林产工业学院(现为南京林业大学)及武汉城市建设学院园林系都成立或恢复了园林专业或风景园林规划设计专业。1986 年起,国家教育委员会决定分设园林专业(综合性,设于林科院校),风景园林规划设计专业(侧重规划设计,设于工科及城建院校)和观赏园艺专业(侧重观赏植物,设于农科院校)。1985 年 8 月 6 日北京林学院扩大,改称北京林业大学,并于 1993 年设置园林学院。截至 1996 年,该院下设园林、风景园林规划设计、森林旅游 3 个专业。

1966年前，中国很多城市设有中等园林专科学校，其后撤销殆尽。自1981年前后起，陆续恢复或新建园林中专和职业中学；很多大、中城市设园林技工学校，培养技工。

关于观赏园艺方面的硕士生与博士生培养，中国目前在一些院校设有园林植物与园林规划设计2个专业，并陆续有研究生毕业，获得了硕士、博士学位。

观赏植物的生产经营与发展

中国作为“世界园林(花园)之母”和“花文化”发达而观赏植物生产经营欠发达的国家，要逐步转向规模生产、商品开发、扩大国内消费并进而和国际市场接轨的观赏植物生产企业，需要有一个准备和促进的过程。

加速发展观赏植物生产，要对观赏植物作为有生命的产品与特殊高值商品这一双重特性有个正确而全面的认识，先要求全国有关部门和职工有此共识，才有利于正确推动观赏植物生产经营的发展。尤其是发展既有特色、又有优势和前景较好的观赏植物生产，首先要努力加强生产中心建设，形成拳头产品。如在切花生产上，一方面要提高适销产品的质量和扩大数量以满足市场需求，另方面又要重点发展传统的特产花木。明确在以满足不断增长的国内供应前提下，力争和国际出口市场接轨创汇的方针。在国内，则既要满足城乡园林绿化的需要，又要满足千家万户的要求。搞好花卉信息与流通工作，对发展生产十分重要，需力促使之尽快现代化。在制订发展规划上还要做到全国一盘棋，引导适宜生产观赏植物的地区以及消费中心、近郊的农户发展观赏植物生产，个体、集体、民间、“三资”、地方、国家等各尽其责，一齐努力。政府有关部门要加强花卉生产的宏观指导，修订生产规划，扬长避短，力求不断降低生产成本，提高质量，进而提高观赏园艺工作的总体水平。

80年代以来，特别是进入90年代后，中国观赏园艺事业发展迅猛，形势喜人。从领导到群众，开始认识观赏植物产业经济效益高、市场潜力大，应作为发展高产、优质、高效农业和安排农村剩余劳动力就业的重要任务来抓。由于各方面的逐渐起动，近年已初见成效。如以1990年与1984年相比较，全国花卉种植面积由1.3万余公顷发展到4万公顷，1992年增至4.5万余公顷，1995、1996年又增至7.5万公顷。全国花卉业总产值1992年达20亿元人民币，出口创汇约5千万美元；1995年产值达40亿元人民币，创汇6700万美元；1996年产值48亿元，创汇1.3亿美元。又如1991年全国生产鲜切花2.2亿支，盆花1.5亿盆，其中北京市1991年鲜切花消费量达1200万支，当地仅满足400多万支。至“八五”期末的1995年，全国切花产量猛增至7亿多支；1996年更增至10.9亿支。广东、福建等省已发展成为中国观叶植物生产中心。各城市尤其是大城市花卉生产与流通都发展很快，如上海全市1993年有600家以上花店，从事鲜切花生产的塑料大棚年收入每公顷达人民币45万余元；全市共有花卉商品生产土地400公顷，年产鲜花6000万支，年出口创汇额2000万美元。

从观赏植物应用方面来看，中国近年来发展甚快。原来尚付缺如或十分薄弱的方面，如插花与花艺竞赛评比活动相当活跃；草坪、地被植物与球根生产发展迅速；干花生产与加工起步虽晚而增长甚快；高档温室花卉从无到有，逐步进入市场与家庭；草花种子业也在创建中。

应用于园林绿化的观赏植物生产，也随经济建设之发展而逐增。至1990年底，中国467个城市园林绿地总面积47.4万余公顷，其中建成区园林绿地21.7万余公顷，公共绿地5.7万余公顷，平均每一市民有公共绿地3.9平方米(在世界上名列前茅的城市：华沙90平方米，堪培拉70

平方米以上,华盛顿40平方米以上),绿地率16.9%,绿化覆盖率19.2%;城市绿化苗圃约1.4万公顷,占城市建成区面积1%左右。并且加强了风景名胜区的建设,自1982年起至1995年底止,国务院分三批公布了国家级风景名胜区119处,省、市(地)人民政府公布了省级风景名胜区256处,市(县)级风景名胜区137处。目前全国共有风景名胜区512处,面积9.6平方公里,约占国土面积1%。此外,国家森林公园和自然保护区(部分开放游览)的数量也日益增加。

综上所述,可说明中国观赏植物生产和应用之蓬勃发展。当然,和发达国家相比,仍属较低的水平,展望21世纪,中国观赏园艺要奋发图强,迎接更为光辉灿烂的明天。从国际上看,花卉业正是当前世界上最有活力的产业之一,有不断上升之势。据统计,二三十年前的世界花卉年消费额仅几十亿美元,1985年增至140亿以上,1991年更猛增至1000多亿,预计至本世纪末可达2000亿美元。以荷兰而言,花卉从业人员仅7万余人,花卉生产面积不过1670公顷,1970年花卉出口额2.4亿美元,1980年达13亿,1986年达20多亿,1991年则出口创汇达47亿美元,居于全球第一位。同时,世界花卉业的发展与竞争又是迅猛而激烈的。如哥伦比亚、以色列、泰国、韩国、新加坡、墨西哥、肯尼亚、摩洛哥等国家以及中国台湾省,现都有大量的花卉出口,取得了惊人的进步。

发展花卉商品性生产,一般认为应具备以下几个条件:①花卉资源丰富;②风土环境适宜;③劳力充足;④领导和社会重视;⑤栽培和贮运技术高超;⑥组织机构统一而有层次;⑦花卉信息灵通快捷;⑧产品流通便利(包括花卉批发市场);⑨各项政策、措施和国际市场接轨,等等。中国现已具备了前4项条件及其余的部分条件,正待力促实现全部条件,为发展花卉商品性生产创造良好氛围。

为了加速发展中国观赏园艺事业,可从以下几方面着手:①加强宣传,进一步提高认识,明确搞好观赏园艺的指导思想,加快发展步伐。②真正做到把城市园林绿化作为城市基础设施看待,并将花卉业列入国民经济计划;③建立观赏植物商品生产基地,逐步做到生产区域化、专业化、社会化,经营生产者之间发展各种互助、合作组织。④搞好观赏植物的信息、流通,包括建立花卉批发市场、花卉信息网、花卉进出口公司,等等。⑤切实保护知识产权,保护品种专利,对出口的产、供、销实施倾斜政策,使产品能参与国际竞争。⑥大力培养专业人才,使教育、科学研究与生产紧密结合起来。总之,中国观赏植物产业化经营近年大有进展,很可能在21世纪腾飞,最终变资源大国为商品生产大国、消费大国和出口大国。

目　录

条目分类目录

说　明

一、条目分类目录供了解观赏园艺学科的知识体系，查阅一个分支或一个大的主题的有关条目之用。例如查“树干雕饰”，在“观赏植物”这一分类标题下查到“盆景”，再在“树桩盆景制作”这一标题下查到“树干雕饰”。

二、本分类目录中，有些加“〔　〕”的标题用于归纳下层条目，并无释文。

〔草本花卉〕

附：彩 图 目 录

〔兰花(284～297)〕

〔菊花(298～307)〕

〔水生花卉(380～393)〕

〔野生花卉(394～409)〕

〔仙人掌及多浆植物(444～461)〕

〔草坪与地被植物(479～483)〕

〔盆景(489～498)〕

〔花卉装饰(508～513)〕

〔花卉经营(514～517)〕

A

矮牵牛（common garden petunia） *Petunia* × *hybrida*，别名杂种撞羽朝颜、碧冬茄、灵芝牡丹。茄科矮牵牛属多年生草本植物。染色体数 2n = 2x, 4x, 5x = 14, 28, 35。1835 年威廉·赫伯特（William Herbert）将撞羽矮牵牛（*P. violacea*）和腋花矮牵牛（*P. axillaris*）杂交，获种间杂种。1849 年产生复瓣品种，1876 年自然突变产生四倍体大花品种，1879 年产生小花极矮化品种，1925 年用种子繁殖育成 100% 为重瓣花植株的品种，1930 年育成 F_1 代杂种，1950 年产生绯红色花品种，到 1965 年世界已记载有 436 个品种。此后用膨大矮牵牛（*P. inflata*）育出小花耐雨性品种。经不断选育，发展成为当今的园艺品种群。已有 160 多年的栽培历史，第二次世界大战后，欧美一些国家广泛栽培用于花坛。中国于 20 世纪初开始引种栽培，80 年代开始育种。

全株被腺毛，株高20～60cm，茎直立或匍匐。叶卵形、全缘，近无柄，互生和对生。花单生叶腋，单瓣者漏斗形，重瓣者半球形，花径 5～15cm，花瓣边缘多变化，有平瓣、波状瓣、锯齿状瓣品种；花色有白、粉、红、绯红、紫、堇等及镶嵌、斑纹等。蒴果尖圆形，含种子 100～500 粒，种子小、黑褐色，千粒重 0.1g。

原种产于南美洲。为长日照植物。要求阳光充足，如遇阴凉气候，则叶茂而花少。喜温暖，又能经受轻微霜冻（－2℃），较耐热，在 35℃下可正常生长，干热的夏季开花繁茂。怕雨涝，喜疏松肥沃的微酸性土壤。种子寿命3～5 年，发芽率 60%左右。

繁殖和栽培　一般品种用播种法繁殖，宜盆钵育苗，在 20℃ 左右经7～10 天发芽。出苗后保持9～15℃，以防徒长及倒苗。生长到 6～7 片真叶即可定植。重瓣和大花品种不易结实，或实生苗不能保持其优良性状，因而常采用扦插或组织培养繁殖。扦插法：取基生嫩枝扦插，20～25℃ 约经15～20 天生根，根长 5cm 时移植。移植时勿使土坨松散伤根。

矮牵牛通常作一年生栽培。盆栽：11 月中旬温室播种，1 月下旬上盆，4 月中旬开花；春花坛：1 月上旬温室播种，3 月下旬至 4 月上旬定植，5 月中旬开花；夏花坛：4 月上中旬播种，5 月下旬定植，7 月上旬开花；秋花坛：7 月上旬播种，8 月中旬定植，9 月上中旬开花；暖地春花坛：9 月下旬播种，11 月上旬定植，翌年 4～5 月开花。

露地栽培应选用排水良好，富含有机质的土壤。春季土壤解冻后尽早定植，定植过晚，因温度较高（25℃），植株分枝少，易感染病毒病。缓苗后每 7 天追施一次肥水，开花期需增施磷肥，炎热干旱夏季应及时灌水，保持土壤湿而不涝。雨季应及时排水防涝。盆栽基质一般为砂壤土、腐叶土或草炭，其比例为 1∶1。用温室栽培，如给予 12 小时以上光照和夜温在 10℃ 以上，可四季开花。常见病虫害有矮牵牛花叶病、细菌性青枯病、斑点病和蚜虫、白粉虱等，需采用综合防治。

园林应用　矮牵牛花多而色彩丰富，花期长，适应性强，是园林中应用较多的花卉，适于花坛及自然式布置。大花和重瓣品种常供盆栽，美化阳台和居室，也可用作切花。

同属约 25 种，见于栽培的有撞羽矮牵牛（花紫堇色）和腋花矮牵牛（花纯白色）。

（黄善武）

爱克花（exacum） *Exacum affine*，别名藻百年。龙胆科藻百年属二年生草本植物。茎直立，株高约 20cm，多分枝。叶卵圆形，基部 3～5 脉有短柄。二岐聚伞花序，花浅蓝色，径约 1.2cm，萼背有宽翼，花辐状，花期夏、秋季。品种有‘深蓝爱克花’（cv. Atrocoeruleum），花深蓝色。原产印度洋上的苏科德拉岛。喜光照充足，但不耐强光。生长适温 15～25℃。宜疏松而排水良好的砂质壤土。播种繁殖，春播或秋播。种子发芽适温约 20℃。出苗后约 6 个月即可开花。为素雅、美丽的小型盆栽观花、观叶植物。

（秦魁杰）

桉树类（gum-tree） *Eucalyptus* spp.，桃金娘科桉属植物的通称。常绿乔木，稀灌木。染色体数2n = 22, 24, 28。中国有近百年的引种栽培历史。单叶互生，全缘，具特殊香气。花萼与花瓣连合成一帽状花盖，开花时花盖横裂脱落。蒴果顶部2～7 瓣裂。产大洋洲诸岛屿。喜阳光充足及微酸性土壤；较耐干旱、瘠薄。生长迅速，抗风力强。播种繁殖。种子细小，多先在细致整地的播种床内播种，出苗后再移栽于苗床培养。现已推广用容器营养土育苗。还可通过组培或用

组培苗行嫩枝扦插。主要病虫害有桉苗茎腐病和红脚绿金龟子等。

桉树姿态优美，四季常青，多含挥发性物质，有杀菌作用，宜作行道树、庭荫树，也适于疗养区、医院及其他公共绿地作绿化种植。枝叶可提取芳香油，叶供药用。

本属约600种，中国已引入60种以上。适于南方园林中栽培的树种主要有：大叶桉（*E. robusta*），高达30m，树皮粗厚，纵裂，不剥落；叶卵状长椭圆形或广披针形，长8～18cm，背面有白粉；伞形花序腋生，有花5～10朵。蒴果倒卵形至壶形。中国南部和西南部有栽培，叶可提芳香油。柠檬桉（*E. citriodora*），高达40m，胸径达1.2m；树皮平滑，通常灰褐色，片状剥落，内皮灰白色；叶狭披针形，稍呈弯镰状，长10～20cm，有强烈柠檬香味；伞形花序，有花3～5朵；蒴果罐状。中国南部有栽培，有驱蚊作用。蓝桉（*E. globulus*），高达60m，胸径达1.3m；干多扭曲，树皮薄片状剥落；叶狭披针形，镰状弯曲，长12～30cm，蓝绿色；花通常单生叶腋，蒴果杯状。中国西南和华南有栽培。直干蓝桉（*E. maideni*），高达40m，胸径达1m；干不扭曲，树皮灰白色；伞形花序，具花5～7朵；蒴果较小，陀螺形。中国云南栽培较多，速生。赤桉（*E. camaldulensis*），高达50m，胸径达3m；树皮暗灰色或灰白色，片状脱落，小枝红色，细长下垂；叶狭长披针形，微弯，长8～16cm；伞形花序侧生，有花4～9朵；蒴果球形。中国南方各地广泛栽培。隆缘桉（*E. exserta*），高达25m，胸径达50cm；树皮灰褐色，粗糙，浅纵裂；叶狭长披针形，长10～20cm；伞形花序腋生，有花3～8朵；蒴果近球形，果盘边缘隆起。中国华南栽培较多。此外，还有细叶桉（*E. tereticornis*）、尾叶桉（*E. urophylla*）等，均为优良的园林绿化及造林树种。

（肖　嘉）

澳洲金丝草（variegated augustine-grass）

Stenotaphrum secundatum cv. Variegatum，禾本科钝叶草属多年生草本植物。染色体数2n＝2x＝18。具匍匐枝。叶片带状，宽6～10mm，色泽碧绿，镶嵌白色条纹，形态和色泽奇特，观赏价值较高。原产大洋洲，中国南部曾引种栽培。喜湿润温暖气候，不耐寒冷。利用匍匐枝繁殖，每1m^{2}母株一年可繁殖5～7m^{2}新株。常用作花坛镶边材料或观赏草坪植物，也是花篮、花束、切花的陪衬材料。

（胡叔良）

B

八宝（showy sedum） *Sedum spectabile*，别名蝎子草、华丽景天、长药景天。景天科景天属多年生肉质草本植物。染色体数2n=2x=50。株高30～50cm。地下茎肥厚。茎圆而粗壮，直立。全株稍被白粉，呈灰绿色。叶对生偶为轮生，叶片倒卵形，具波状齿与短柄。伞房花序密集，花序径10～13cm，花淡红色，花期7～9月。果期10月，种子千粒重约0.1g。栽培品种有'白花八宝'(cv. Album)、'暗紫花八宝'(cv. Atropurpureum)、'红花八宝'(cv. Meteor)、'桃红八宝'(cv. Carmen)等。分布于中国东北部及河北、河南、山东、安徽等省，日本也有分布。生长在山坡草地。植株健壮，能耐－20℃低温，抗旱、耐瘠薄、喜阳光，宜排水良好的肥沃砂壤土，忌雨涝积水。繁殖以扦插为主，也可分株或播种。自春季抽生地上茎至开花前，均可露地扦插，插条长5～10cm；在略带潮润的土壤中20～28天生根。扦插繁殖的植株当年开花。春末夏初摘心，可适当降低植株高度。分株以春初秋末为好。3～4年的株丛，一般具20～30茎，分株时每丛3～4茎。栽培地如不过分贫瘠，无须施肥。春季十分干旱的地区，应灌溉1～2次。冬初，清除地上枯茎。园林中用于花坛、花境、岩石园及地被栽植，也可盆栽观赏。汁液可解蝎毒，故称蝎子草。

同属植物约500种，均为多年生草本植物，常见栽培的有：费菜（*S. kamtschaticum*），株高20～30cm，叶倒卵形，边缘略具锯齿状，花黄白色，花期7～9月。原产亚洲东部，自然分布于1300～1800m的河沟坡上或石上。佛甲草（*S. lineare*），株高10～20cm，叶条形，长2.5cm，花黄色。原产中国长江流域以南，生长在低山阴湿处石缝中。松塔景天（*S. nicaeense*），常绿草本植物，株高5～10cm，全株光滑，茎直立或略平卧或垫丛状，叶椭圆状圆柱形，肉质，长约1.2cm，螺旋状紧密排列，花茎高20～30cm，花淡黄色。原产小亚细亚，南欧、北美也有分布。喜阳光充足高燥处生长，耐干旱炎热。最适宜作坡地地被、镶边与岩石园点缀。六棱景天（*S. sexangulare*），低矮常绿草本，茎匍匐呈垫状，叶圆柱状线形，长0.6cm，螺旋状6列，因而得名。花朵黄色。原产欧洲、亚洲西南部。最适宜岩石园栽植或作坡地地被。

（龙雅宜）

八角（truestar anisetree） *Illicium verum*，别名大茴香、八角茴香。八角科八角属常绿乔木。高达14m，胸径30cm，树皮灰至红褐色，树冠圆锥形或长圆球形。枝密集、平展；叶互生、革质，椭圆形、倒卵状椭圆形或椭圆状披针形，长5～14cm，有透明油点；花单生叶腋，粉红至深红色，每年于4～5月和9～10月开花；聚合果具蓇葖8(6～10)枚，呈八角形，果熟期分别为9～10月和翌年3～4月。产中国广西、广东、云南、福建等地。幼苗耐阴，苗期需搭荫棚，随年龄的增长需光量增加；

根系浅，在深厚湿润肥沃的微酸性壤土或砂壤土生长良好，不耐干旱瘠薄和钙质土壤，怕涝；枝脆，易风折。播种繁殖，种子千粒重11g，发芽率50%～70%，一年生苗高约30～45cm。常有八角尺蠖、金花虫及炭疽病等病虫害发生，应及时防治。八角树形优美、花色艳丽，是良好的园林观赏树种；果实为著名的调味品。

同属中常见栽培的树种尚有：红茴香（*I. henryi*），常绿小乔木，高3～8m。花亮红色，1～3朵集生叶腋或枝顶。产于中国河南、陕西、安徽、江西、湖北、湖南、云南、贵州、四川、广西等地。莽草（*I. lanceolatum*），常绿小乔木，高3～10m。花红或深红色，聚合果具蓇葖10～13枚为其主要特点，果实、种子有毒，不可食用。产中国江苏、安徽、浙江、江西、福建等地。

（陈耀华）

八角金盘（Japan fatsia） *Fatsia japonica*，别名八手、手树。五加科八角金盘属常绿灌木或小乔木。株高3～5m，直立，少分枝。叶革质，有光泽，叶大，近圆形，5～9掌状深裂，叶缘有齿，叶背被黄色短毛。伞形花序集成顶生圆锥花丛，花白色，花期10～11月。浆果球形，熟时黑色，翌年5月果熟。品种有：'裂叶'八角金盘(cv. Lobolata)、'波缘'八角金盘(cv. Undulata)、'白斑'八角金盘(cv. Alba-variegata)、'黄斑'八角

金盘(cv. Aureo-variegata)、'黄纹'八角金盘(cv. Aureo-reticulata)和'白边'八角金盘(cv. Alba-marginata)等。原产中国台湾省和日本。喜温暖湿润,也较耐寒,中国长江以南地区可以露地越冬。要求土壤疏松肥沃,排水良好。耐阴,适应林下和室内散射光条件。忌干旱、酷热和强光曝晒。播种、扦插和分株繁殖。在长江以北地区盆栽,温室越冬,越冬温度5℃以上。夏季在荫棚下栽培,两年换盆一次。通风不良易遭红蜘蛛和介壳虫为害。

八角金盘是优美的常绿观叶植物,叶大形美,浓绿光亮,又较耐阴,适于室内光线较弱的环境,是美化宾馆、饭店,会场布置,家庭装饰的理想植物。在长江以南地区露地栽植,可布置在庭前、门旁、篱下、栏下、水边、桥侧、建筑物或山体的背阴面等,或大片种植在草地边缘和林下。对二氧化硫抗性较强,也适用于厂矿区绿化。同属另一种是多室八角金盘(*F. polycarpa*),为中国台湾省特产,也是优良的观赏植物。

(秦魁杰)

八仙花(hydrangeas) *Hydrangea macrophylla*,别名绣球花。八仙花科八仙花属落叶灌木。高3～4m,枝粗壮。叶对生,倒卵形或椭圆形,花序近球形,径达20cm,多为不孕花,白色、粉红色或蓝紫色,萼片4,花期5～7月。常见的变型有:蓝边八仙花(f. *coerulea*),圆球八仙花(f. *hortensia*),齿瓣八仙花(f. *macrosepala*),银边八仙花(f. *maculata*),紫茎八仙花(f. *mandshrica*),紫阳花(f. *otaksa*)和玫瑰八仙花(f. *rosea*)。产中国及日本。喜阴湿环境,不甚耐寒。喜肥沃、湿润、排水良好的土壤。栽培土壤酸碱度直接影响花色,在pH值为4～6时,花色多呈蓝色,在pH值为7.5以上时则呈红色。浇水过多易引起烂根。萌蘖力强,对二氧化硫等有害气体抗性较强。

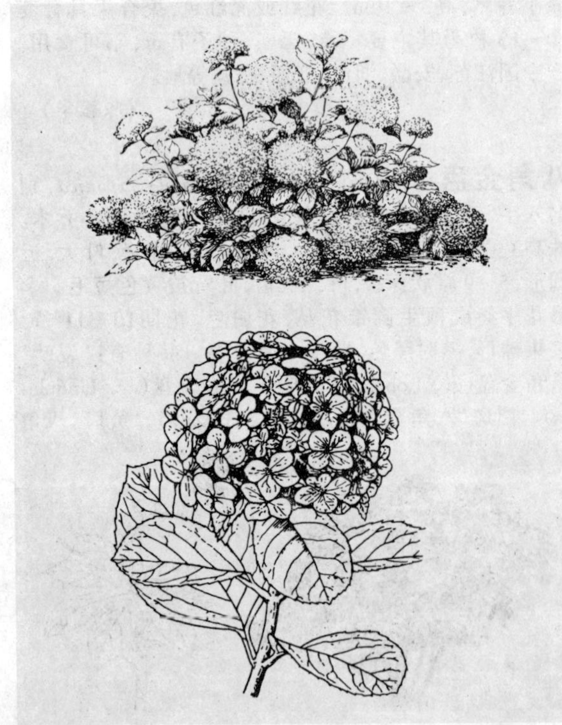

扦插繁殖为主,也可行分株或压条。栽培宜选择半阴环境,适时浇水,经常保持土壤湿润。花后及时修剪,以促发新枝。

八仙花花色多变,盛开时花团锦簇,美丽多姿,是优良的观赏花木,宜于庭园阴处,林间、林缘、池畔、水滨湿处栽植,也可盆栽。叶、花、根可供药用。

同属植物常见栽培的还有:蔓性八仙花(*H. anomala*),别名冠盖绣球、藤绣球。茎上遍生气根,借以攀援,高可达20m。伞房状聚伞花序生短侧枝顶,花黄绿色,花期5～6月。其变种藤八仙花(var. *petiolaris*),伞房花序较大,径15～20cm,不育花径约3cm,产中国台湾。日本也有分布。东陵八仙花(*H. bretschneideri*),别名柏氏绣球、东陵绣球。灌木,有时可长成高4～5m的小乔木。伞房状聚伞花序,径10～15cm,不孕花萼片4,白色后变浅紫色;可孕花浅黄色,花期6～7月。产中国东北南部至黄河流域各地。变种有光滑东陵八仙花(var. *glabrescens*),叶较小,花期5～7月。圆锥八仙花(*H. paniculata*),可长成高7～8m的小乔木。圆锥花序长达8～20cm,不孕花分散,白色,后变淡紫红色,具芳香。变种有大花圆锥绣球(var. *grandiflora*),花序长可达50cm,全部或大部由不孕花组成。腊莲绣球(*H. strigosa*),伞房状聚伞花序,花全白色者少,多蓝紫色,花期8～9月。产中国黄河流域以南各地。伞花绣球(*H. angustipetala*),花生顶梢叶腋及枝顶,不孕花白色,可育两性花黄色,花期5～6月。产中国长江流域。

(董保华)

巴豆(purging-berry-croton) *Croton tiglium*,别名猛子仁、巴果、老阳子。大戟科巴豆属常绿灌木或小乔木。染色体数$2n=2x=20$。高2～7m。幼枝被稀疏星状毛。叶互生,卵形至长圆状卵形,长5～15cm,3出脉。花小,单性同株,顶生总状花序,雌花在下,雄花在上,花期3～5月。蒴果长圆状,白色,果期9～11月。产中国长江流域及其以南地区,四川广为栽培;印度、菲律宾及日本也有分布。喜温暖向阳。要求土壤肥沃、排水良

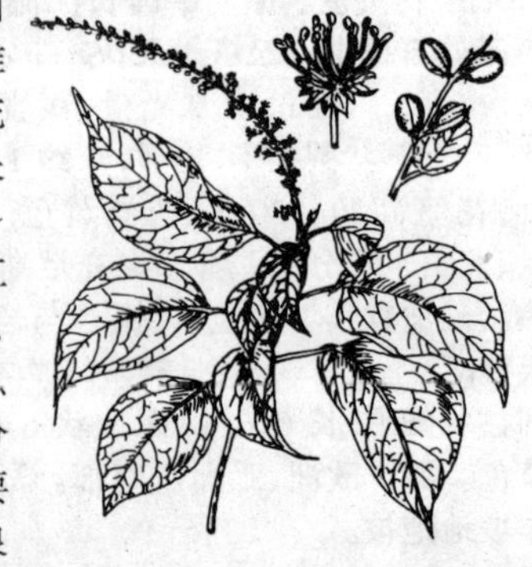

好。播种、扦插或分株繁殖。种子熟后易自行散落，应及时采收。适于四旁绿化或园林中栽植。种子含油50%以上，可供工业或药用，果实及根、叶均可入药。

（叶超汉）

芭蕉（Japanese banana） *Musa basjoo*，别名绿天、天苴。芭蕉科芭蕉属多年生高大草本。染色体数2n=22。假茎直立，高6m左右。叶互生，螺旋状排列，长椭圆形，长2～3m。穗状花序顶生，大苞片佛焰苞状，红褐色；花单性，黄白色，雄花着生在花序上部，雌花着生在花序下部；萼片3，与2花瓣合生，另1花瓣较大，离生；花期夏季。果实肉质，长三棱形，黄绿色。产亚洲热带，中国南方有栽培。喜温暖湿润气候，也较耐寒，秦岭、淮河以南可以露地栽培。不耐干旱和水涝。对有毒气体抗性较强。用分蘖法繁殖，于春初从母株旁挖取萌蘖栽植。在多霜的地区，以新芽发前栽植较好。在霜重的地区，霜降前需用草包裹防寒，大风前应竖立支柱，以免折倒。芭蕉绿叶扶疏，姿态优美，是优良的庭园观赏植物，宜在庭中、窗前、墙隅及岩石旁栽植。

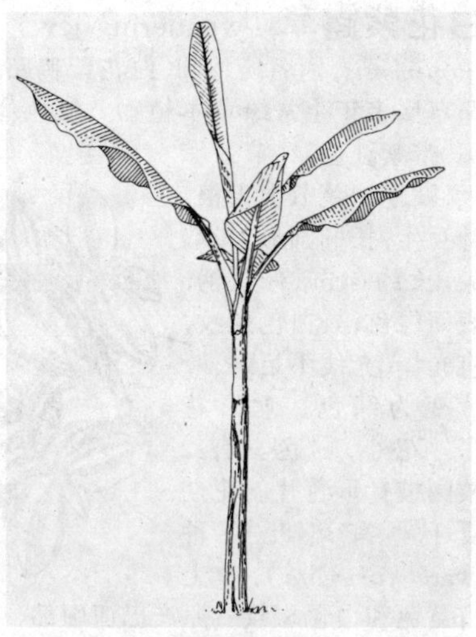

同属植物约50种，产东半球热带，常见栽培的还有甘蕉（*M. paradisiaca*）、香蕉（*M. nana*）等。

（肖　嘉）

菝葜（China root greenbrier） *Smilax china*，别名金刚头、金刚刺、九牛力。百合科菝葜属攀援灌木。染色体数2n=60。高1～2m。茎、枝有刺。叶互生，宽卵形或圆形，长3～10cm，全缘。花单性异株，绿黄色，多朵排成伞形花序；花期4～5月。浆果球形，红色；果熟9～10月。产中国西南、中南及华东，朝鲜、日本也有分布。喜光，稍耐阴，耐旱，耐瘠薄。播种或分株繁殖。菝葜果色红艳，可用于攀附岩石、假山，也可作地面覆盖。

（包满珠）

霸王鞭（hedge-euphorbia） *Euphorbia neriifolia*，大戟科大戟属多浆植物。乔木状，茎干肉质、粗壮，具5棱，后变圆。分枝螺旋状轮生，浅绿色，后变灰，具黑刺。叶片多浆革质，倒卵形，基部渐狭，浅绿色。茎、叶含白色乳汁、有毒。原产印度东部干旱、炎热、阳光充足的地区。喜温暖气候，甚耐干旱，畏寒，温度偏低时常落叶。易繁殖，可在5～6月间剪取生长充实的茎段扦插。剪口有白色乳汁流出，可涂草木灰并晾晒数日，等剪口稍干缩后，插于素砂土中。插后放半阴处，不浇水，稍喷雾，保持盆土稍润。在20～25℃的条件下，40～50天可生根。要求阳光充足，北方盆栽植株，冬季宜置于向阳房间，温度维持10～12℃以上，节制浇水，保持盆土稍干燥。开春后，随温度升高，可逐渐增加浇水。天暖后可放到阳台或院子里，但仍应节制浇水。

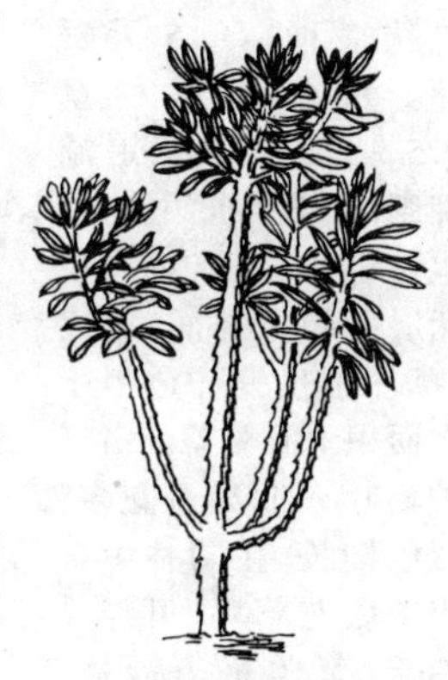

中国北方多作盆栽，华南、西南一带可露地栽培，常在田边种植用作篱垣以防兽害。还有一些变异品种如麒麟角或玉麒麟（cv. Cristata），肉质茎变态成鸡冠状或扁平扇形，观赏价值更高。

同属植物中多肉的种类约350余种，习见于栽培的有：虎刺梅（*E. milli* var. *splendens*），灌木，高约2m，分枝多，粗1cm。有白色乳汁。茎、枝有棱，棱沟浅，具黑刺。叶片长在新枝顶端，倒卵形，长4～5cm，宽2cm，叶面光滑，绿色。花有长柄，有2枚红色苞片，花期冬季。布纹球（*E. obesa*），植株小球形，高12cm，单生，球体灰绿色，有红褐色纵横交错的条纹，顶部条纹较密。具阔棱8，棱边有小钝齿。雌雄异株。松球掌（*E. globosa*），低矮亚灌木，有块茎状主根。分枝球形有节，下部节较粗，直径1.5～2.5cm，嫩茎卵形，长4cm，暗绿色，后变灰。叶小，早期脱落。光棍树（*E. tirucalli*），肉质乔木，无刺，高4～7m。小枝分叉或轮生，节长7～10cm，粗0.6cm，圆棍状，浅绿色具纵线。幼枝具线状披针形小叶，不久即脱落。

（徐民生）

白车轴草（white clover） *Trifolium repens*，别名白三叶、翘摇。蝶形花亚科车轴草属多年生草本植物。染色体数2n=16。具匍匐枝。叶为3出叶，小叶倒卵形至近倒心脏形，先端圆或稍凹陷，基部楔形，边缘具细锯齿状，叶面中部有“V”形白斑。头状花序，有长总花梗。花白色或淡红色。荚果倒卵状矩形，种子褐色、近圆形，千粒重0.5～0.7g。原产欧洲地中海沿岸。中国东北、华北、华东和西南有引种栽培。喜温暖湿润气候，生长适温20～25℃，低于-15℃死亡，35℃以上有夏枯现象。不耐干旱，能耐半阴，耐瘠薄土壤，适宜疏松肥沃、排水良好的砂壤土或壤土。早春或

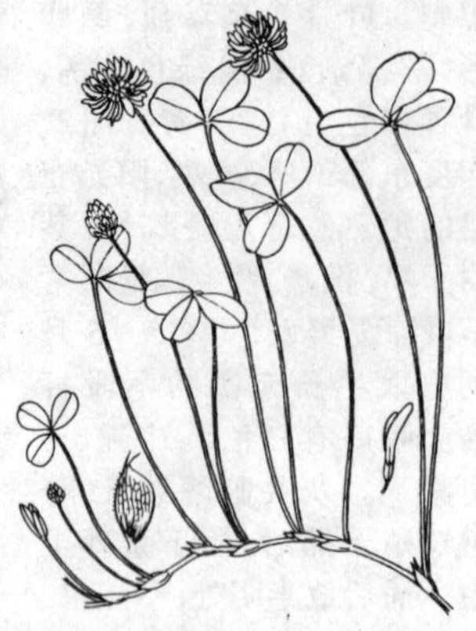

早秋播种，4～5天发芽。每公顷用种量7.5～11kg。注意追施钾肥，以增强抗病能力。也可将种子均匀撒布在两层无纺布之间，制成“草坪植生带”，适用于大面积地面覆盖。白车轴草叶丛低矮，开花多，绿色期长，在园林中常用于缀花草坪，可与早熟禾、紫羊茅等混播。也可单播用作开花地被，常用于斜坡绿化，且有保持水土的作用。还可作牧草和绿肥。

同属植物约300种，见于栽培的还有：红车轴草(*T. pratense*)，花浅紫红色；绛车轴草(*T. incarnatum*)，花深红色；草莓车轴草(*T. fragiferum*)，花淡红色。 (胡叔良)

白豆杉(white-aril yew) *Pseudotaxus chienii*，别名知水松。红豆杉科白豆杉属常绿针叶小乔木，为中国特产稀有树种，国家二级保护树种。高达9m，树皮灰褐色，条片状脱落。叶条形，长1.5～2.6cm，先端凸尖，具短柄，在枝上成二列状排列；雌雄异株，球花单生叶腋，花期3月下旬至5月；种子卵圆形，长5～8mm，假种皮肉质、白色，种子10月成熟。产中国浙江、江西、湖南、广东和广西等地。喜温暖湿润稍荫蔽环境，散生于山坡酸性黄壤的阔叶林中。种子繁殖，也可行扦插繁殖。

白豆杉树姿秀丽，种子有白色假种皮，十分别致，为优美的庭园观赏树种。 (贺贤育)

白鹤芋(white flag; peace-lily) *Spathiphyllum floribundum* cv. Clevelandii，别名和平芋。天南星科苞叶芋属多年生常绿草本植物。染色体基数x=9。株高40～60cm。具短根茎。叶长椭圆状披针形，两端渐尖，叶脉明显；叶柄长，基部呈鞘状。花葶直立，高出叶丛，佛焰苞直立向上，稍卷，卵形，白色，宿存。肉穗花序圆柱状，较苞短，小花密生，白色，微香。花期5～8月。原产哥伦比亚。喜温暖，空气湿润，荫蔽环境。忌直射阳光。不耐寒。易生萌蘖，通常分株繁殖。组培繁殖，增殖迅速，株丛整齐，是当前常采用的方法。也可播种繁殖，但在室内栽培难以获得种子。生长强健，栽培管理较为粗放，需注意保持高温高湿的环境，夏季需遮荫，避免直射光照；冬季室温保持14℃以上为宜。生长期间每14天施一次追肥，经常进行叶面喷水。宜室内盆栽观叶、观花，也常用作切叶、切花。

同属约30种，常见栽培的有原种翼柄白鹤芋(*S. floribundum*)，亦称银苞芋、多花叶苞芋，叶革质，长椭圆形或阔披针形，端长尖；表面深绿色，叶脉明显，具多花性，原产哥伦比亚。其主要品种有‘大白鹤芋’(cv. Madonna Lily)和大银苞芋(cv. Maura Loa)等。 (王莲英)

白花紫露草(wandering jew) *Tradescantia fluminensis*，别名淡竹叶、白花紫鸭跖草。鸭跖草科鸭跖草属多年生常绿草本植物。染色体数2n=60，茎匍匐，带紫红色晕，节处膨大，贴地的茎节上生根。叶互生，长椭圆形，先端尖，长约4cm，有短柄，表面绿色，具白色条纹，有光泽，光线不足时，叶片变为绿色。伞形花序。花小，白色。有2枚阔披针形苞片。花期夏秋。有斑叶变种(var. *variegata*)，叶上有黄色和白色斑纹。原产巴西中部、乌拉圭和巴拉圭。喜温暖、湿润、耐半阴。扦插法繁殖。盆土以壤土为宜，应经常保持土壤湿润，并施稀薄液肥；夏日宜适当遮荫，防烈日曝晒。白花紫露草宜盆栽观赏，其植株铺散，叶色美观，是书橱、几架的良好装饰植物。夏季又可作为吊挂廊下的观叶花卉。

同属植物约30种，常见栽培的有绿紫露草(*T. albiflora*)，原产南美洲。佛洲紫露草(*T. virginiana*)。紫露草(*T. ohiensis*)，又名美洲鸭跖草，原产北美，中国普遍栽培。园艺品种‘白花美洲鸭跖草’(cv. Alba)，花白色，雄蕊绿色。 (王月新)

白桦(Asian white birch) *Betula platyphylla*，别名桦木、粉桦、臭桦。桦木科桦木属落叶乔木。染色体数2n=2x=28。高达27m，冠幅8m，树冠圆卵形。树皮白色，光滑，横向分层剥裂。小枝红褐色，外被白色蜡质。叶互生，三角状卵形至菱状卵形，先端渐尖或短尾状，边缘有重齿。花单性同株，雄花序常成对顶生，雌花序单生叶腋，下垂，花期5～6月。小坚果狭矩圆形，有翅，果熟7～8月。变种有：东北白桦(var. *manshurica*)，叶基部楔形，果序长而细，多分布于中国东北南部山区。栓皮桦(var. *phellodebriaes*)，树皮具厚灰色木栓层，纵沟裂。产中国东北及河北、山西、陕西、宁夏、甘肃、青海、四川、云南、西藏高海拔山地，俄罗斯、蒙古、朝鲜、日本也有分布。喜光，不耐阴，喜凉

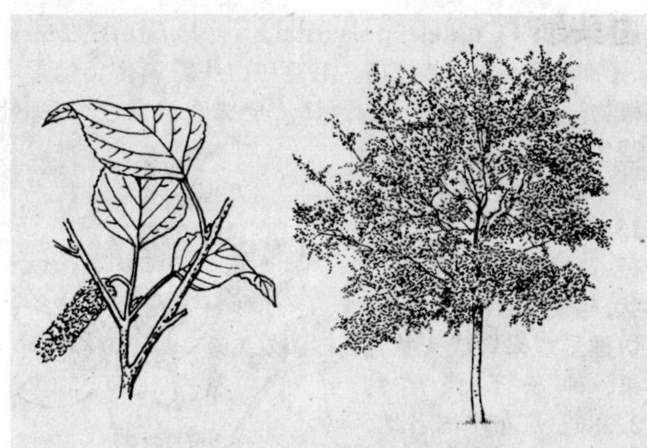

爽气候，耐严寒。在较肥沃湿润的酸性土壤(pH 值5～6)上生长良好。适应性强，在沼泽化地段也能生长。生长迅速，30 年生树高 12m。寿命较短，40～50 年衰老。萌芽能力强，在低纬度低海拔平原地区生长不良。播种繁殖，大苗移植需带土球。白桦树干挺拔，枝叶扶疏，姿态优美，是北方重要秋色叶树种。适应性较强，可以在街道、庭院、公园、风景区栽植。植于水边、林缘、丘陵坡地更显秀丽。孤植、丛植、成片栽植，均有良好观赏效果。木材可用于胶合板、建筑、家具等。

本属见于栽培观赏的种类有：黑桦(*B. dahurica*)，别名棘皮桦。高 20m。树皮黑褐色，片状龟裂。适宜干旱山坡绿化。天山桦(*B. tianschanica*)，高4～12m。树皮淡黄褐色，层状剥裂，可作行道树。垂枝桦(*B. pendula*)，别名疣枝桦。高 25m。树皮光滑，白色，枝条下垂，树姿优美。风桦(*B. costata*)，别名硕桦。高 30m。树皮黄褐色，适宜公园、风景区山的湿润阴坡栽植。 (秦瑞明)

白鹃梅 (common pearlbush) *Exochorda racemosa*，别名金瓜果。蔷薇科白鹃梅属落叶灌木或小乔木。染色体数2n＝2x＝18。高可达 5m。枝褐色，稍具棱，皮孔明显；单叶互生，椭圆形至卵状椭圆形，长4～6cm，端钝或急尖，基部楔形至广楔形，顶端有不规则钝齿；总状花序顶生，着白花6～12 朵，花径2.5～3.5cm，花期 4 月；蒴果倒卵形至球形，径1.2～1.5cm，具5棱，种子具窄翅，9 月果熟。产中国华中及华东，沿黄河、淮河及长江流域均有分布。喜光，喜肥沃湿润土壤，也能耐干旱瘠薄。用播种或扦插繁殖。白鹃梅春季白花如雪似梅，宜在草地边缘或山石旁等处栽植，桥畔、亭前配置也可收到良好效果。本属常见栽培的种有：红柄白鹃梅(*E. giraldii*)，花大，花梗较短，花径约3.0～4.5cm，叶柄有红晕。产中国华北、西北东部及华中、华东。齿叶白鹃梅(*E. serratifolia*)，叶片中部以上有粗锯齿。产中国东北、华北及华东，朝鲜半岛也有分布。

(董保华)

白兰花 (white michelia) *Michdia alba*，别名白兰、缅桂。木兰科含笑属常绿乔木。染色体数2n＝2x＝38。高 17～20m，树皮灰色，树冠阔卵形。单叶互生，薄革质，长椭圆形或披针状椭圆形，全缘，长10～27cm；花腋生，白色，长3～4cm，极香，花期5～9 月，夏季盛开；多不结实。原产印度尼西亚爪哇，中国广东、海南、广西、云南、福建、台湾及浙江南部露地栽培，其他地区则在保护地越冬。喜阳光充足、温暖湿润和通风良好的环境，不耐阴，也不耐酷热和烈日；不耐寒，冬季温度不得低于 5℃；喜富含腐殖质、疏松肥沃、排水良好的微酸性砂质土，不耐土壤过湿，尤忌涝。

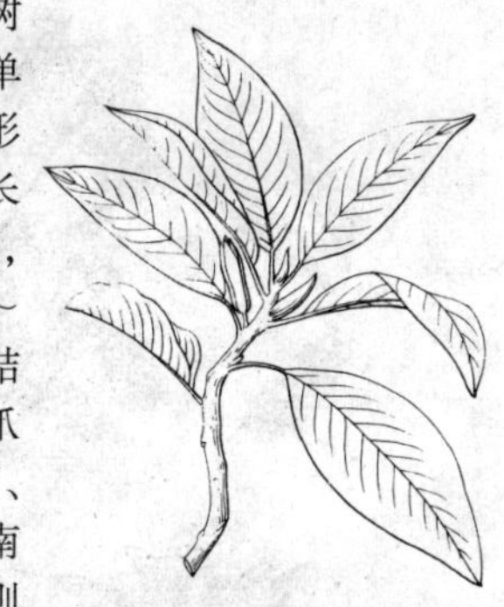

繁殖多采用高压和嫁接。高压选一年生枝，经2～3 个月后即可发根；靠接在 5～8 月间进行，以一年生黄兰作砧木；北方多在 3 月中旬选 1～2 年生粗壮的紫玉兰作砧木进行切接。长江流域以北地区多盆栽，10～11 月移入温室，谷雨出房。常见害虫有白兰台湾蚜(*Formosaphis micheliae*)、桃蚜(*Myzus persicae*)、褐边缘刺蛾(*Parasa consocia*)、扁刺蛾(*Thosea sinensis*)、大蓑蛾(*Clania variegata*)、小蓑蛾(*C. minuscula*)、广菲盾蚧(*Phenecaspis cockerelli*)、椰凹圆蚧(*Temnaspidiotus destructor*)、六星黑点囊蛾(*Zeuzera leuconotum*)、叶斑病(*Coniothyrium* sp.)、炭疽病(*Colletotrichum magnoliae*)等。

白兰花是著名的观赏树种和传统的香花之一。在南方更是良好的行道树和庭园绿化树种。其花朵可作胸花、头饰，还可窨制茶叶。花、叶可提制芳香油。

常见栽培观赏的树种尚有：黄兰(*M. champaca*)，别名黄玉兰，常绿乔木，高 10 余米，树皮灰褐色。幼枝、嫩叶和叶柄均被淡黄色平伏柔毛；花腋生，橙黄色，极香，花期 6～7 月；果期 9～10 月。产中国西藏与云南，印度、缅甸、越南也有分布。中国华南有栽培，长江流域及其以北地区多行盆栽。以播种繁殖为主，果实刚开裂出现红色时采收，净种后将种子沙藏至翌年春播；也可以紫玉兰、天目木兰、黄山木兰为砧木，行嫁接繁殖。黄兰是著名的芳香花木，华南多植于公园、庭园或作风景林，长江流域及其以北多盆栽观赏。花、叶可制芳香浸膏。

(陈奕康)

白千层 (cajeput-tree) *Melaleuca leucadendra*，桃金娘科白千层属常绿乔木。染色体数 2n＝2x＝22。

株高达 20m。树皮灰白色，厚而疏松，薄片状剥落。叶互生，有油腺点，长椭圆状披针形，长 5～10cm，全缘；穗状花序顶生，长 6～12cm，花小，白色，花期 1～2 月；蒴果杯状或半球形，顶部 3 裂。产澳大利亚，中国福建、台湾、广东、广西、海南及云南有栽培。喜光、高温和肥沃土壤，稍耐干旱。播种繁殖，种子千粒重 0.1g 左右，虫害有地老虎、蝼蛄、大蟋蟀、绿象鼻虫等，可用 90%敌百虫 500～1000 倍液，或 80%敌敌畏1000～1500 倍液防治；病害主要有茎腐病，宜拔除病苗，并喷洒波尔多液防治。

本种树皮白色，树形美观，并具芳香，可作屏障树或行道树。其枝叶可提芳香油，供药用和轻工业用。

同属中常见栽培的还有金丝桃叶白千层（*M. hypericifolia*），灌木。花红色。小花白千层（*M. parviflora*），灌木，花白色或淡黄色。 （肖　嘉）

白穗花（speirantha）　*Speirantha gardenii*，百合科白穗花属多年生草本植物。具粗厚偏斜有匍匐茎的根茎。基生莲座叶丛，有叶 4～8 片，亚直立，倒披针形，端尖，下部渐尖成柄，常绿。总状花序有花 20～30 朵，花葶细长，侧生，高约 13～20cm。花白色、星形，花被片 6，长 4～6mm。花期 6 月，原产中国东部。稍耐寒，喜冷凉半阴环境和排水良好、富含腐殖质土壤。栽培简易。分株繁殖。用于疏林地被或花境。

（王大钧）

白头翁（Chinese pulsatilla）　*Pulsatilla chinensis*，别名大碗花、老公花。毛茛科白头翁属多年生草本植物。染色体数 2n = 2x = 16。全株密被白色柔毛，叶基生，4～5 片，宽卵形，3 出复叶。花葶高 15～35cm，花单生，蓝紫色，径 6～8cm，花萼花瓣状，雄蕊多数，鲜黄色。纺锤形瘦果聚成头状球果，种子千粒重约 2.38g。广布中国各地，北京郊区有野生。耐寒、耐干旱瘠薄，喜阳光充足排水良好的土壤。可自播繁衍，发芽适温 18～23℃，约 12 天萌发。夏播翌年 3～4 月开花，花后 20 余天种子成熟，聚合果由浅绿色转为白色绒球。用播种法或分株法繁殖。叶片迟至重霜后枯萎。花期易受菊天牛（*Phytoecia rufiventris*）危害。白头翁花期早，花色艳，花后观果，果后叶片密厚丛生，是很好的地被植物，园林中最宜花境、草坪缀花及林缘散植。同属植物约 40 种，见于栽培的有：日本白头翁（*P. cernua*），花外面紫色，内面白色。欧洲白头翁（*P. vulgaris*），花蓝色至红紫色，有白花、淡紫花与红花等变种。

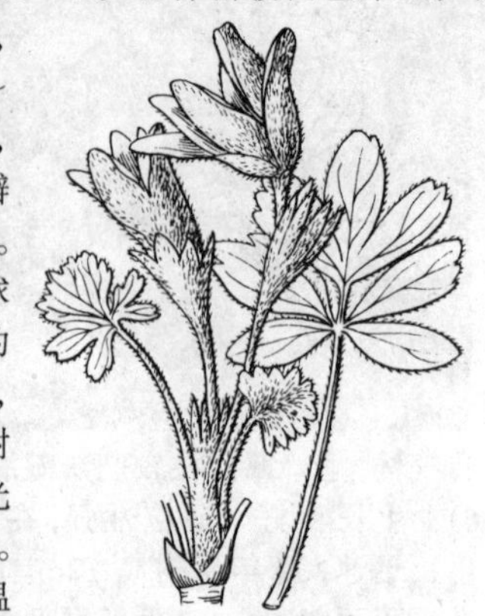

（龙雅宜）

白辛树（glabrousleaf epaulette tree）*Pterostyrax psilophyllus*，别名鄂西野茉莉。安息香科白辛树属落叶乔木。为珍稀濒危植物。高达 15m，树干挺拔，幼枝紫褐色，被星状柔毛。叶长椭圆形、倒卵

形或倒卵状长圆形，有时3深裂，缘具细齿。下垂的圆锥花序顶生或腋生，长10～15cm，密被黄色星状毛，花小，黄白色，有香气，花期7～8月。核果近纺锤形，具5～10棱，果期10～11月。产中国贵州、四川、云南、湖北、湖南、广西、广东等地。喜光，适生于酸性土壤。播种繁殖，也可在6～8月取嫩枝扦插繁殖。本种树形雄伟挺拔，叶形奇特，花香，可用于庭园绿化。同属植物见于栽培的还有小叶白辛树（*P. corymbosus*），落叶灌木或小乔木，高达10m。产于中国江苏、浙江、江西、湖南、福建、广东等地。

（文和群）

白颖苔草（white-caryopsis sedge） *Carex rigescens*，别名小羊胡子草、羊胡子草。莎草科苔草属多年生草本植物。具细长匍匐根状茎。秆高5～40cm，基部具黑褐色纤维状分裂的旧叶鞘。叶片短于秆，宽1～3mm，扁平。穗状花序卵形或矩圆形。小坚果宽椭圆形。原产中国，分布于辽宁和华北诸省、西北部分地区，俄罗斯远东地区和日本也有分布。生于田边、路旁、坟墓周围和干旱山坡。喜冷凉，光照充足，要求肥沃湿润、中性或微碱性土壤。不耐贫瘠土壤，过酸、过碱均生长不良，甚至死亡。与杂草竞争力弱。

用播种及营养繁殖。播种前将种子装入布袋用流水连续冲洗96个小时，冲去种子外皮的发芽抑制剂，提高发芽率。或用60℃温水浸泡24小时，此法效果不如冲洗法。种子有后熟作用，隔年种子的发芽率比当年种子高。播后7～10天发芽。

营养繁殖有铺草块法及栽根状茎和草根法。草块大小25cm×25cm为宜，草块之间需留1cm的隙缝。栽根状茎和草根时应考虑到此草生长缓慢，行距以15～20cm、穴距以10cm为宜。栽植后应在行间、穴间勤除杂草，并需经常喷水，及时剪草（留茬3～4cm）。白颖苔草草坪叶片纤细、色泽浓绿，质地优良，且早春萌发早，观赏价值高。

同属植物约1000余种，常见栽培的有异穗苔草（*C. heterostachys*），别名大羊胡子草，叶片较宽，叶丛较高。耐阴能力很强。不耐修剪。

（胡叔良）

白云锦（oldman of the Andes） *Borzicactus trollii*（*Oreocereus trollii*），仙人掌科刺翁柱属多浆植物。植株初期球形，后成粗壮的圆柱，高60cm，径10～12cm，基部易出分枝。棱15～25，棱脊低。刺座间距3cm，有长7cm的白或浅灰的毛。周刺10～15，中刺1～3，针状，初为红褐色后变为浅黄色。花长4cm，玫瑰色，花筒稍弯曲。原产玻利维亚和阿根廷海拔3000m以上的安第斯山东坡，产地阳光强烈，风大，气温日较差大，冬季晚上有霜，夏季晚上有露水凝聚，土壤富含石灰质。习性强健，喜阳光充足及通风良好。多用嫁接法繁殖，长到一定大小时切顶促生分枝，待分枝长到适当大小后再切下扦插促使发根。盆栽要求排水良好富含石灰质的砂质土，可用壤土、腐叶土、粗砂、碎贝壳或陈灰墙屑等份混合配成。自根苗生长良好，且耐寒，幼株嫁接在量天尺上，生长快而且刺、毛发育极好。冬季盆土宜保持干燥。嫁接苗越冬仍宜保持在10℃以上。植株密被长毛，非常美丽，栽培历史较长，适于家庭盆栽。

同属植物10种，变种不少，见于栽培的还有武烈柱（*Oreocereus celsianus* var. *bruennowii*），柱体高达1.5m，密被浅褐色丝状毛，刺黄褐色，周刺9，中刺1～4。花红色，花筒有鳞片及长丝状毛。另有若干品种，如'巨型'武烈柱（cv. Giganteus）等。

（徐民生）

白珠树（cumingia winter green; common gaultheria） *Gaultheria cumingiana*，别名满山香、豹骨风。杜鹃花科白珠树属常绿灌木。高达1.5m。小枝淡红色或淡红灰色，具纵纹；叶互生，卵形或椭圆状卵形，边缘具钝锯齿；总状花序腋生，花小，花冠钟状，白色，径3mm；蒴果浆果状，扁球形，深紫色。产中国海南、台湾、广东等地，菲律宾也有。喜光，也耐阴。喜温暖气候和酸性土壤。播种繁殖。

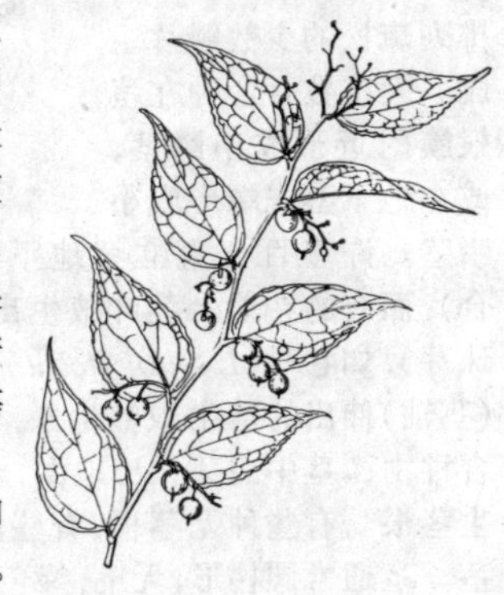

白珠树植株低矮，枝淡红色，具有较高的观赏价值，宜在温暖地区园林中栽植，可用作下木或基础种植。

（包满珠）

百合类（lilies） *Lilium* spp.，别名番韭、强瞿、蒜脑藷、百合蒜。百合科百合属多年生草本植物。染色体数2n=24。

起源、演化及栽培简史 中国早在汉代医药名家张仲景著《金匮要略》中已详细记载百合的药用价值。南北朝（420～589）梁宣帝曾题诗欣赏百合花。明代王象晋的《群芳谱》（1621）汇集了历代的百合资料和诗词歌赋。清代陈淏子著《花镜》（1688）有山丹、百合、番山丹等百合属花卉的记载。宋代《尔雅翼》中记述了百合蒜（即百合）根小者如蒜，大者如碗。数十片相累，状如白莲花，言百片合成也。说明百合取名的由来。

在西方米诺文明时代就有百合花的图形。《圣经》

载以色列国王所罗门时所建造的寺庙柱顶上,有百合花形的纹样装饰。16 世纪末,英国植物学家开始从科学植物分类法来鉴别大多数欧洲原产的种。17 世纪初,美国产百合开始传入欧洲。18 世纪后,中国原产的百合也相继传入欧洲。百合在欧美庭园中开始成为一类重要的花卉。19 世纪后期,由于百合病毒的蔓延,使百合濒临灭绝。到 20 世纪初,发现了中国的王百合(*L. regale*),并传入欧洲,立即用于杂交育种,从而育成许多适应性强的新品种,使百合得以重放异彩。第二次世界大战后,欧美各国掀起了百合育种的新高潮,原产中国的许多品种都成了重要的育种亲本,育出许多品质优异的新品种。80 年代开始,中国也展开研究工作,利用远缘杂交,获得了一些种间杂交种。

形态特征 鳞片和小鳞茎:多数百合的鳞片为披针形,无节。但东北百合(*L. distichum*),在每个鳞片中、上部呈现明显的节。鳞片在茎轴上多为紧密复瓦状重叠,而青岛百合(*L. tsingtauense*)的鳞茎则由排列疏松的少数鳞片组成。大多数百合种在茎根簇附近形成小鳞茎,或在地下茎先端形成小鳞茎。许多百合直立茎地下部形成小鳞茎(如王百合),而有的在地上茎叶腋生出变态的气生小鳞茎(名珠芽),如卷丹(*L. lancifolium*)。茎和根:由鳞茎基部(茎轴)伸出的基生根数十条,健壮有分杈。大多数百合种由鳞茎中的芽长出地面,成为地上直立茎,基部产生茎根。有些种无茎根,有些种形成部分匍匐状地下茎。茎通常圆柱形,无毛,绿色,具棕色斑纹或近黑色,有的具小乳头状突起,或有绵毛。叶:呈螺旋状散生排列,少有轮生叶。披针形、矩圆状倒披针形、椭圆形或条形等,全缘或边缘有小乳头状突起。花和果:花大,分单生、簇生或总状花序。花苞叶状,花色鲜艳,花朵直立、下垂或水平伸出。花被片 6 枚,2 轮,离生,常稍靠合而呈喇叭形、钟形或碗形。花被片通常披针形或匙形。蒴果矩圆形,成熟时开裂。种子多数扁平,周围有翅,轻纸质。

种和园艺品种群 百合按叶序和花型特征,划为四个组。

百合组 叶散生,花喇叭形或钟形,花被片先端外弯,雄蕊向中心靠拢,多为白花。①王百合(*L. regale*)。别名岷江百合。鳞茎阔卵圆形,鳞片淡黄褐色,在空气中易变为酒红色。株高可达 2m。叶散生,狭条形,花径约 12cm,数朵至 20～30 朵花,着生梗上,喇叭形,白色,喉部黄色,背面略带红紫色,有香气。花期 6～7 月。原产四川。耐寒,耐碱性石灰质土。喜半荫,耐阳,浓荫下易死亡。抗病力及适应性强。②麝香百合(*L. longiflorum*)。别名铁炮百合、复活节百合。茎高可达 1m。花蜡白色,喇叭形,侧向开放,浓香。原产台湾,分布于日本琉球群岛。喜温暖而较湿润环境,忌干冷和强光,耐石灰质土。③百合(*L. brownii*)。别名野百合。株高可达 2m。花 1～6 朵顶生,喇叭形,侧向开展,芳香。花被片乳白色,基部黄色,背面中肋稍带粉紫色。原产中国长江流域及以南,甘肃、陕西、河南亦有分布。鳞茎可食用或药用。

钟花组 叶散生,极少轮生。花钟形,花被片不弯或稍弯。①渥丹(*L. concolor*)。花朵直立,顶生,星状开展,深红色,无斑点。原产陕西和中原一带。喜阳,在浓荫下生长势衰退。鳞茎更新能力不强,需播种育苗补充,播种苗第二年可开花。②毛百合(*L. dauricum*)。别名兴安百合。叶基部有一撮白绵毛。花直立,顶生。外轮花被片外侧也有白绵毛。花红或橙红,有紫红斑点。原产兴安岭地区。耐严寒,耐微碱土,喜向阳和微酸性壤土。

卷瓣组 叶散生,花被片反卷或不反卷,雄蕊外端常向外张开。①卷丹(*L. lancifolium*)。别名南京百合、虎皮百合。茎高可达 1.5m。上部叶腋有深紫黑色珠芽。花下垂,橙红色,花被片后部 2/3 处有紫黑色斑点。染色体数 $2n=3x=36$。在中国南北各地广为分布,鳞茎食用。②药百合(*L. speciosum* var. *gloriosoides*)。花朵下垂,花被片长 6～7.5cm,反卷,边缘波状。白色,后部 1/2～1/3 部位有紫红色斑块。分布安徽、江西。喜阳,忌高温。③湖北百合(*L. henryi*)。别名亨利百合、鄂西百合。总状花序着花数十朵,每花梗常具 2 花,橙色,有淡黄色变种。原产湖北。植株健壮,喜阳,在轻荫处开花好,适应性强,耐微碱性土壤。④山丹(*L. pumilum*)。别名细叶百合。总状花序,着花 1～20 朵,鲜红色,下垂。分布自东北至西北。耐寒,适应性强,喜阳,不择土壤。鳞茎更新能力弱,栽培中每隔 3～4 年应重新播种补充。⑤川百合(*L. davidii*)。总状花序有花数十朵。花橙黄色,后 2/3 部分有黑色斑点,下垂。分布四川、云南、陕西、甘肃等地。重要变种兰州百合(var. *unicolor*),为著名食用种。

轮叶组 叶轮生,花被片反卷或不反卷,有斑点。主要是青岛百合(*L. tsingtauense*),别名崂山百合。花顶生直立,花被开张,稍弯曲而不反卷,橙黄或橙红色。分布山东、安徽。耐寒。鳞茎更新能力较弱,适应性较差。实生苗 4 年开花。

百合的园艺品种群十分丰富,世界切花中占较重要地位。

东方百合品种群 裂片外翻。主要亲本为日本产天香百合(*L. auratum*),花碗形,数朵于茎顶侧向开花,白色,具红或黄条纹及红色斑点;美丽百合(*L.*

speciosum)，花下垂，裂片强裂反卷，白色，具红条纹和红斑点，一般有花数朵在茎顶侧开，裂片开展外翻。花白色，有深玫瑰红色斑痕和斑点散布于花被片上。具浓香，花径大者超过20cm，可全年供花。

朝天百合品种群　最早的品种是由原产欧洲的珠芽百合(*L. bulbiferum*)和斑点百合(*L. maculatum*)杂交而成，花朵朝上生于茎顶。后来又加进了中国的渥丹和毛百合的血统，花色由纯白、淡黄至深黄，橙、橙红至火红。为生产最多的百合切花品系，通过促成栽培，全年可供花。

麝香百合品种群　主要用作盆花或切花，由原产台湾的麝香百合和台湾百合衍生的杂交种，为四倍体及非整倍体。

产地与分布　百合类植物起源于北极圈附近的岛屿。在地质史第三纪时，地球温度逐渐变冷，百合被迫向南推移。全球至今已发现百合种90多个，中国有42个，分布于全国各地，尤以西南为多。其他种则分布于日本、加拿大、美国及欧洲。

习性　大多数种类耐寒。虽喜阳，但略有轻荫，生长良好。长期生长于浓荫下，则生长势衰退。喜肥沃、富含腐殖质、排水良好、土层深厚的砂壤土。忌粘土。多数百合喜微酸性土壤，少数如渥丹、湖北百合及兰州百合产地土壤pH值8.2左右。多数喜较凉爽湿润的环境，但少数种类，如王百合、山丹及渥丹能耐干旱环境。

百合的物候期因气候带的不同而有差异。北京露地栽培的，4月上、中旬萌芽出土，随气温升高茎叶迅速生长，6～8月为花期，9～10月中旬蒴果成熟，11月上、中旬茎秆枯萎。新鳞茎的基生叶，在无覆盖条件下，于12月上、中旬枯萎；若冬季略加覆盖，至翌春仍然保持绿色。兰州百合主产于海拔2200m的山区，气候冷凉湿润。秋季栽植于塑料大棚者，5月中旬开花；露地栽植的7月中旬开花。

繁殖　主要有以下几种繁殖方式。

播种繁殖　百合种子发芽类型大致可分子叶出土和子叶留土二种。子叶出土类型：播种后10～15天子叶出土，如渥丹、麝香百合、王百合、台湾百合等。有些种类需30天以上才能发芽，如湖北百合。子叶留土类型：播种后经1～3个月，才能形成根系，子叶留在土中，由子叶与胚乳的营养形成第一年越冬的小鳞茎，经1个半月至3个月的1～10℃低温后，于第二年春季由小鳞茎长出第一片真叶，如毛百合、东北百合与药百合等，此类种子采收后宜当年秋季播种。发芽快的应浅覆土，发芽慢的覆土可略深。

人工催芽　对于子叶出土类型的百合种子，用60℃水浸种1天，然后将种子置20～24℃温箱中，约7天长出胚根，14天出芽，于出芽前播种。子叶留土类型的种子浸种后，在20～24℃条件下数星期后才出胚根，然后移到冰箱中(4～5℃)，3个月后移回定温箱中，经半月出芽。前者从实生苗到开花需要3～5个月。

小鳞茎繁殖　获得小鳞茎的途径有4种：①适当深埋母鳞茎，及早摘除花蕾，或在植株开花后将地上茎切成小段，平埋湿砂中的方法均可获得较多的茎生子球。②叶腋能自生珠芽的类型，尽早去除母株花蕾，促使珠芽增大，可培养出繁殖用的优质珠芽。③秋季或春季将健壮肥大无病鳞片斜插在湿度15%～20%的粗砂、蛭石或颗粒泥炭中，18～20℃下，鳞片下部伤口处能产生带根子球。④叶片扦插。用开花植株的茎生叶片扦插，保持21～22℃，每日光照16～17小时，经20～30天，在叶片基部形成小鳞茎，1个半月后产生新根(如麝香百合)。

组织培养　用无病鳞片与花蕾作外植体，以MS培养基附加不同激素，在pH值5，光照1000～2000 lx，每日照10～12小时，温度22℃±2℃的条件下，5～7天后，外植体上出现球形小突起。14天后，小球体变成可见的芽。30～45天，形成小鳞茎。

栽培管理　宜富含腐殖质、土层疏松深厚、能保持适当潮湿而又排水良好的土壤，忌连作。栽植球的四周宜有沙砾，以利排水通气。栽植时间以秋季为宜，偏南地区可略晚，北方宜早。选择中等或较大的鳞茎，大小均匀，色泽纯净，表面无污点的鳞茎作种球；种植前去根。栽植深度为鳞茎直径的3倍，有茎根的种类宜略深。夏季干燥炎热时，应适当灌溉。植株孕蕾期，土壤宜适当湿润，花后控制水分。

以充分腐熟的厩肥为基肥。肥料不能与鳞茎接触。百合所需N:P:K比例为5:10:10或5:10:5。初春萌芽前，每平方米施硫酸钾30g；生长期间每平方米追施硫酸铵15g，过磷酸钙或粗骨粉50g至100g，硝酸钾15g或草木灰120g。

高大植株注意防止倒伏。最好在炎夏前用腐叶土、泥炭或锯末、粗糠、碎蕨等进行地面覆盖。灌溉后适当松土。

盆栽　选择发育充实、健壮、均匀无病的大球，栽于盆中。盆下垫碎瓦片，其上覆粗腐叶土。盆土按肥沃壤土3份、泥炭(或腐叶土)3份、粗砂2份的比例配制，并进行消毒。每千克土再加蹄角粉4g、过磷酸盐2g、硫酸钾1g。花盛开时充分供水，花后减少水量。休眠期应将鳞茎上部的盆土取出更换新的肥沃土壤。盆栽百合3年后应翻盆重栽。适宜盆栽的有麝香百合、湖北百合、山丹、药百合和兰州百合等。

促成栽培　秋季将鳞茎单个植于大小适当的盆中，霜降前移入室内，温度保持8～10℃，出芽时，温度逐渐升高到16～18℃，3个月开花。生长期间，每7天追施一次0.6%的硝酸钾。花蕾着色后，移到10～12℃温度下，可延长开花时间。

无土栽培　利用浮石、蛭石或粗砂砾作基质，由容器底部孔穴供应水分与营养液。营养液配方：水225kg、硫酸镁45g、磷酸铵15g、硝酸钾58g、硝酸钙80g、柠檬酸铵3.8g、硼酸3.5g、氯化锰2.5g。营养液保存在非金属容器中，置于暗处。

育种　人工杂交可获得观赏价值高、生长迅速和适应性强的品种。但百合属植物种间杂交不亲和。切割花柱后人工授粉及幼胚离体培养等技术，可以克服不亲和性。80年代以来，中国曾培养出 *L.* × *regalamoe*，为王百合和玫红百合（*L. amoenum*）的种间杂交种，花浅玫瑰红色具鲜红斑点；*L.* × *regadavii* 为王百合和兰州百合（*L. davidii* var. *unicolor*）的种间杂交种，花色橙红间红，生势旺盛；*L.* × *longidavii* 为麝香百合和兰州百合的种间杂交种，花色淡橙，适应性强。多倍体百合具有花大、茎粗壮、耐贮藏运输等优点。可用秋水仙素处理试管苗的方法获得多倍体。美国、日本等已培育出多个4倍体麝香百合品种，上海也已培育出台湾百合×麝香百合杂种的4倍体植株。

病虫害防治　主要病害有：百合灰霉病（*Botrytis elliptica*）、百合脚腐病（*Phytophthora cactorum*）、鳞茎软腐病（*Rhizopus stolonifer*）、锈病（*Vromyces holwayi*）以及百合花叶病等。综合防治：选用健康鳞茎繁殖；发现病株、病叶立即集中销毁；合理的栽培管理方法；保护性药剂处理鳞茎；使用苯噻氯合剂内吸杀菌剂等。主要虫害有蛴螬、线虫、蚜虫。

园林应用　百合花姿雅致，青翠娟秀，花茎挺拔，是点缀庭园、盆栽与切花的名贵花卉。适合布置专类园，可于稀疏林、空地片植或丛植，也可作花坛中心或背景材料。百合鳞茎具丰富营养成分，是重要的食品。一些百合花含芳香油（如麝香百合），可提取香料。

（龙雅宜）

百里香（Mongolian thyme）

Thymus mongolicus，别名千里香、地椒、地姜。唇形科百里香属半灌木。株高18～25cm。叶片卵形，腺点明显。花序头状。花萼似钟形，内侧喉部有白色毛环。花冠紫红、粉红或白色，上唇直伸，微凹，下唇开展，3裂，中裂片较长。有芳香。花期5～9月。中国甘肃、陕西、青海、山西、河北等地都有分布。喜阳，较耐寒、耐旱，适应性强。喜凉爽气候，宜砂质壤土。3月播种、分株；5～7月嫩枝扦插。园林中常用作花境边缘，香料园或向阳处地被植物。还可提取香精供药用。（胡叔良）

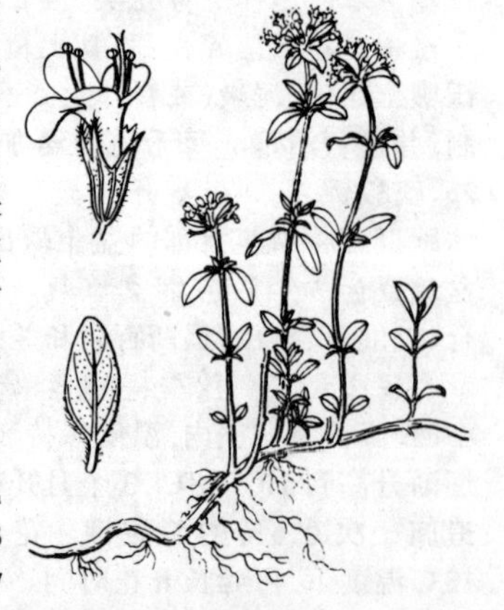

百脉根（birds-foot deervetch）

Lotus corniculatus，别名牛角花、五叶草。蝶形花亚科百脉根属多年生草本植物。染色体数2n=2x=24。茎高10～16cm。小叶5，其中2小叶生于叶柄基部，其余3小叶生顶端，小叶卵形或倒卵形，基部圆楔形。花冠黄色，旗瓣宽卵圆形。荚果长圆柱形。种子绿色，肾形。广布于欧、大洋、非、亚等洲，中国西南、西北等地区也有分布。喜阳光。播种繁殖。园林中用作平地、斜坡的开花地被植物，兼有绿化及保持水土的作用。（胡叔良）

百日草（common zinnia）

Zinnia elegans，别名步步高、节节高、对叶梅、五色梅。菊科百日草属一年生草本植物。染色体数2n=24。茎直立，株高30～100cm，有刚毛。叶对生，无柄，椭圆形，先端尖、微抱茎，全缘，有短刺毛。头状花序着生于枝条顶端，总苞多层呈钟状，基部联合。舌状花扁平、反卷或扭曲，常多轮呈重瓣状，有白、绿、黄、粉、红、橙等色，或有斑纹，或瓣基有色斑。花期6～10月。种子寿命3年，千粒重59g。常见栽培品种可分为大轮型、中轮型和小轮型三类。大轮型花径12～15cm，4倍体品种花径15～18cm，株高可达1m，可布置花坛或作切花。中轮型花径6～8cm，舌状花多轮呈重瓣状，株高30～70cm，分枝多，为多花类型，可作切花或花坛用。小轮型花径2.5～3.7cm，株高30～36cm，多分枝，花密生，舌状花多轮呈蜂窝型，花期长。可用于花坛及盆栽。

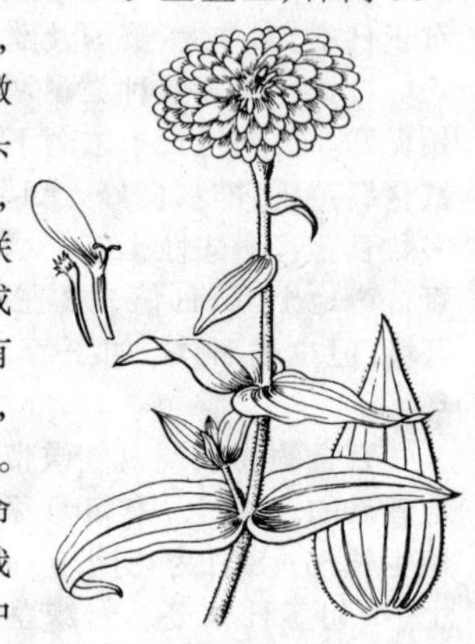

20世纪70年代培养出矮性系的新类型，枝平展呈半圆形，花径7～8cm，株高在30cm以下，最矮的迷你型株高仅20cm，花径4cm。尚有矮性大花品种。

原产美国、墨西哥及南美等地，世界各地有栽培。喜温暖，不耐寒。宜阳光充足，在长日照条件下舌状花增多。耐干旱、耐瘠薄，忌连作。

播种法繁殖。发芽适温20～25℃，7～10天萌发，播种后70天左右开花。种子发芽需黑暗条件。播种后需覆土。真叶2～3片时移苗，真叶4～5片摘心促分枝，幼苗经2～3次移植后可定植。移植后14天可施追肥，并及时中耕。切花品种可于4月上旬直播，真叶1～2片间苗，真叶4～5片时摘心，每株保留4～5

个分枝,及时施肥、浇水、中耕、除草等,6月中旬可切取花枝。

百日草花期长,为夏秋季花坛常用花卉。高型品种可用于切花,水养持久。矮型品种用于花坛,也可作盆栽。

同属约20种,常见栽培的还有:①小百日草(*Z. haageana*)。高30~40cm,茎横卧,枝向上斜生,具短毛,叶披针形,具粗毛。花径2.5~3.7cm,舌状花椭圆形,黄或橙色,中心为褐色,多轮,呈重瓣状,花期7~10月。原产美洲热带,其变种(var. *stellata*),舌状花先端尖。②细叶百日草(*Z. linearis*)。别名小朝阳,株高30~40cm,叶披针形,花径3~4cm。舌状花黄或橙黄色,花期7~10月。原产墨西哥。多花型可用作花坛。 (虞佩珍)

百子莲(African lily) *Agapanthus africanus*,别名百子兰、紫君子兰、蓝花君子兰、非洲百合。百合科百子莲属常绿多年生草本植物。染色体数2n=2x=30。具短缩根状茎和粗绳状肉质根。叶2列,基生、带状、光滑。花葶直立、粗壮,高出叶丛,顶生伞形花序,小花20~50朵,外被两大苞片。花冠漏斗形,鲜蓝色。花期6~8月。有白、紫、大花、小花、金边叶与银边叶等品种。原产南非。喜温暖、湿润,冬季需5℃以上越冬。不择土壤,但在肥沃腐殖质多的土壤中生长较好。分株或播种繁殖。秋季花后或早春翻盆时,将大丛分为2~3丛,剪除烂根,重新栽植。分株后要加强肥水管理,1~2年内开花。种子需经2次低温处理才能发芽,实生苗经5~6年开花。盆土宜用肥沃、腐殖质多、排水好的疏松壤土,并适量增加磷、钾肥。炎热夏季遮荫,注意通风。生长旺盛期需水、肥量较多,花后可逐渐减少。秋凉,移入温室,控制浇水。园林中在暖地可于露地半荫处布置花坛、花境或盆栽装饰厅堂会场,叶丛浓绿,花色淡雅,富明快凉爽之感。

(龙雅宜)

柏木(Chinese cypress) *Cupressus funebris*,别名垂丝柏、扫帚柏。柏科柏木属常绿乔木。染色体数2n=2x=22。高达35m,胸径2m,树冠尖塔形。树皮淡褐灰色、长条片状剥落,大枝平展,小枝细长下垂,生鳞叶之小枝扁平;鳞叶小,长1.0~1.5mm,交互对生;雌雄异花同株,球花单生枝顶,花期3~5月;球果近球形,径0.8~1.2cm,暗褐色,翌年5~6月成熟。产中国浙江、安徽、江西、湖北、湖南、云南、贵州、四川、广东、广西、福建、甘肃东南部及陕西南部等。

喜光,耐侧方庇荫;喜温暖湿润气候,在年平均气温12~19℃,年降水量1000mm的环境条件下生长良好,不耐寒;对土壤要求不严,在中性、微酸性或钙质土

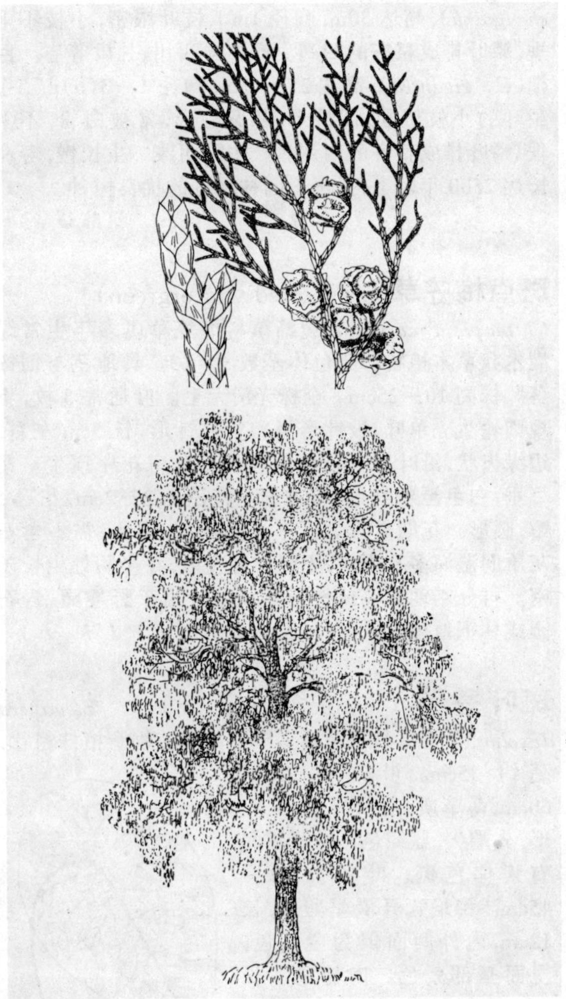

上均能生长,侧根发达,耐干旱瘠薄,生长速度中等,寿命长。播种繁殖,种子千粒重约3.3g,发芽率为65%左右;通常春播,播前用45℃温水浸种催芽,当年苗高可达15~20cm。主要病虫害有赤枯病、柏毛虫等。柏木冬夏常青,树冠整齐,能创造庄严肃穆的气氛,是园林绿地中常用的观赏树种。

同属植物常见栽培的还有:西藏柏木(*C. torulosa*),高达20m,生鳞叶小枝圆柱形,产西藏东部和南部。干香柏(*C. duclouxiana*),高达25m,树冠近球形或广圆形。喜光,较耐干旱,在深厚肥沃的钙质土上生长较好。种子繁殖,一年生苗高可达30cm。产中国云南、贵州、四川、甘肃,适生于冬春干旱而无严寒、夏秋多雨而无酷暑的环境。墨西哥柏木(*C. lusitanica*),高达30m,胸径1m,树冠尖塔形。树皮红褐色。鳞叶蓝绿色,具蜡质白粉。原产墨西哥,中国南京等地引种栽培。地中海柏木(*C. sempervirens*),高达25m,树冠圆柱形,树皮灰褐色,浅纵裂。原产欧洲东南部及亚洲西部,中国南京、庐山等地引种栽培。岷江柏木(*C.*

chengiana)，高达30m，胸径1m。枝叶浓密，小枝不下垂，鳞叶排成整齐的四列。产中国四川、甘肃等省。巨柏(*C. gigantea*)，高达25～45m，胸径1～3(6)m。生鳞叶的小枝粗壮，四棱形，稀圆柱形，常被白粉，不下垂；鳞叶排成整齐的四列。产中国西藏。生长慢，寿命长达2500年以上，是用于园林绿化的优良树种。

(陈耀华)

斑点梅笠草 (spotted wintergreen)

Chimaphila maculata，鹿蹄草科梅笠草属多年生常绿灌木状草本植物。染色体基数x=13。具地茎与匍匐茎。株高10～25cm。全株光滑无毛。叶通常3枚，不规则轮生。单叶，披针形至卵状披针形，长5cm左右，边缘齿状，沿叶脉具白色的斑纹。伞房花序顶生。花下垂，白色至粉红色，有香气。花径1.2～2cm，花冠5瓣，圆形。花期夏季。原产北美东部，耐寒，需不含石灰质的湿润多孔土壤，不耐阳光直射，在半阴处生长茂密。可分割匍匐茎或地下茎繁殖。用于野趣园、岩石园或林下地被。

(郑　恭)

斑叶香芋 (discolor steudnera)

Steudnera discolor，天南星科香芋属多年生草本植物。植株粗壮，高约35cm。叶片长25～60cm，薄革质，盾状着生，广卵形，先端尖，蓝绿色。叶背脉间有紫棕色斑。叶柄长30～45cm。佛焰苞开展呈卵形，长12cm，内外两面俱为金黄色，里面基部紫色。肉穗花序长3.8cm。原产亚洲热带，包括印度阿萨密、中国云南南部、缅甸及越南。喜高温多湿环境。介质可用肥沃砂质壤土和腐叶土加碎炭屑。冬季为休眠期。块茎应在20℃越冬。早春翻盆给水，或促使块茎发芽后上盆。夏季阳光强烈时应稍遮荫。可用吸芽、插枝或分株繁殖。用作观叶观花盆栽。

(王大钧)

板栗 (hairy chestnut)

Castanea mollissima，别名栗子。壳斗科栗属落叶乔木。染色体数2n=24。中国栽培最早的果树之一，《战国策》中有"南有碣石雁门之饶，北有枣栗之利"的记载。高达20m，树冠扁球形，小枝无顶芽，被灰色绒毛。单叶互生，长椭圆形，叶缘有锯齿，叶背具星毛。花单性，雌雄同株，花期4～5月。坚果2～3个聚生于具有刺束的壳斗中，9～10月成熟。分布遍及中国南北各地。树性强健，喜光，喜深厚、湿润、富含有机质砂质壤土，也耐干旱瘠薄。播种、嫁接繁殖均可，果用品种用嫁接繁殖，中国江苏、浙江、安徽、陕西等地山地广泛布有野生板栗，河北、辽宁、山东、河南普遍栽培，板栗树姿优美，花开满树，有特殊香味，宜作庭园树栽植。山东红栗子品种的嫩梢、叶及壳斗常具紫红色，更适于庭园观赏。见于栽培的还有：茅栗(*C. seguinii*)，为落叶小乔木，常呈灌木状。野生于长江以南海拔1500m以下山地。锥栗(*C. henryi*)，别名珍珠栗。大乔木，高30m。树姿挺拔，生长迅速，是中国南岭以北地区重要果材兼用的绿化树种。

(张宇和)

半边莲 (Chinese lobelia)

Lobelia chinensis，别名急解索、细米草、瓜仁草。桔梗科半边莲属多年生草本植物。茎高约20cm，平卧，无毛，有白色乳汁。叶长圆状披针形或线形。花单生叶腋，萼筒长管形，花冠白或红紫色，5裂，裂片近相等，列成半边。4～5月开花。分布于中国长江中、下游各地。分根繁殖。喜深厚肥沃的湿润土壤。园林中常用作平地、丘陵或低湿处的地被植物。全草可供药用。同属植物约375种，用于园林的有山梗菜(*L. erinus*)，多年生草本，多作一年生栽培，栽培变异及品种丰富，花色多，株高在20cm以下，原产南非，用于花境，或作花坛镶边植物。

(王道惠)

半枫荷 (Chinese semiliquidambar)

Semiliquidambar cathayensis，金缕梅科半枫荷属常绿乔木。中国特产的稀有植物，国家三级保护植物。高达20m，叶革质，簇生于枝顶，卵状椭圆形，基部稍不对称，常为掌状3裂，或为单侧裂，侧裂片三角状卵形，中央裂片椭圆形。花单性，雌雄同株，雄花组成短的穗状花序再排列成总状，生于枝顶叶腋，长6cm；雌花为头状花序，常单生于枝顶叶腋，花期2～3月。头状果序近球形，蒴果具宿存萼齿及花柱，10～11月果熟。分布于中国福建、江西、湖南、广东、广西、海南和贵州等地，生于海拔950m以下的林中或溪旁疏林内。喜气候温暖湿润，年平均温度18～24℃，年降水量1300～2000mm，土层深厚、疏松、肥沃、湿润、排水良好的酸性红壤、砖红壤或黄壤上。播种繁殖。半枫荷树形整齐，枝叶繁茂，叶片异型，果序球形具长梗，奇特美丽，宜庭园孤植、群植、列植和作行道树。

(王才明)

半支莲 (rose-moss)

Portulaca grandiflcra，别名龙须牡丹、松叶牡丹、大花马齿苋。马齿苋科马齿苋属一年生肉质草本植物。染色体数2n=2x=18。株高10～15cm。茎细而圆，平卧或斜生，光滑。叶互生或散生，圆柱形。花顶生，径2.5～4cm，基部有8～9

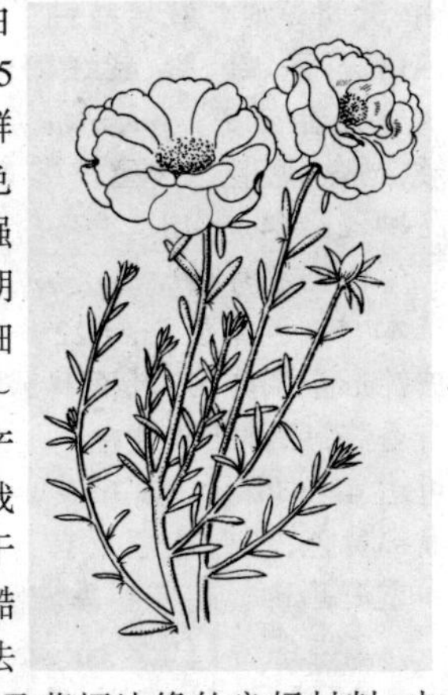

枚轮生的叶状苞片，并有白色长柔毛。萼片2，花瓣5或重瓣，先端有微凹，色鲜艳，有白、黄、红、紫、粉等色细点、条纹等复色。花于强光下开放，阴天闭合。花期6～8月。蒴果盖裂，种子细小，深黑色，千粒重0.10～0.14g。园艺品种很多，原产南美巴西。中国各地均有栽培。喜温暖、阳光充足和干燥砂质土壤，耐瘠土，忌酷热，不耐寒。播种或扦插法繁殖。半支莲是花坛、花境及草坪边缘的良好材料，也可用于花径条植、点缀岩石园、阳台或盆栽观赏。

（王月新）

瓣蕊唐松草（meadow-rue） *Thalictrum petaloideum*，毛茛科唐松草属多年生草本植物。染色体数2n=2x=14。茎高20～50cm。叶3～4回三出复叶，蓝灰色；小叶倒卵形、近圆形或菱形，3浅裂或深裂，裂片卵形或倒卵形，全缘。复单歧聚伞花序，伞房状，花梗长0.5～2.8cm，花径1～2cm，萼片4、白色、卵形，早落。无花瓣，雄蕊多数，花丝倒披针形。瘦果卵形，纵肋明显，宿存花柱长约1mm。花期5～7月，果熟期9月。分布在中国四川、青海、甘肃、陕西、河南、安徽、河北、内蒙古和东北等地，朝鲜半岛、蒙古、西伯利亚也有。生于山坡草地。植株健壮、耐寒，喜阳也耐半阴；喜湿润肥沃而又排水良好的土壤。播种或分根繁殖，春、秋季均可，以秋季为好。播种后约半月出苗，当年生长缓慢，翌年或第3年开花。早春切取有茎芽的根分栽，当年可开花。定植株行距20～30cm。春季萌芽前，追施有机肥可使枝叶生长繁茂。瓣蕊唐松草枝叶舒展，覆以白霜，细腻雅致。花小繁密，花萼、花丝下垂披散，风度飘逸，适宜野生花卉园或自然风景园丛植点缀，也可用于岩石园。可盆栽观赏或作切叶。根含小檗碱，可药用。

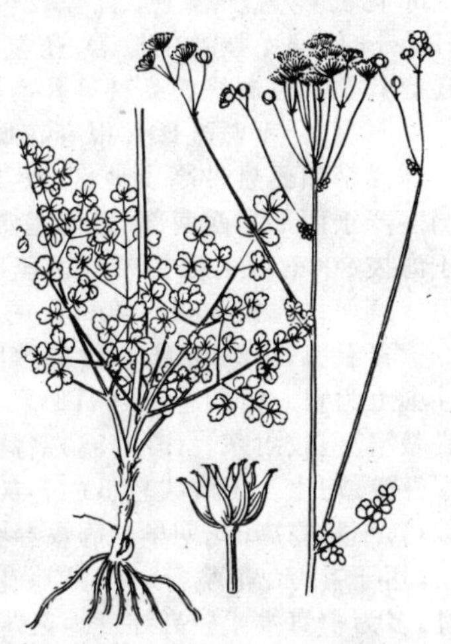

同属植物约100种，分布在北温带，观赏栽培的种类甚多。唐松草（*T. aquilegifolium*），别名白蓬草。株高可达1.5m，羽状小叶蓝灰色，有光泽。花序多分枝，花径约1cm，萼片象牙白色或带紫色，花丝顶端膨大，花期5～7月。原产欧洲，中国东部与北部有分布。生于山地草甸、阴坡岩石缝中。喜潮湿土壤，能耐－25℃低温。云南唐松草（*T. dipterocarpum*），别名偏翅唐松草。株高可达2m。茎下部及中部叶3～4回羽状复叶，长达50cm。花序圆锥状，长15～30cm，花下垂，径1～1.5cm。原产中国西南部，生于高山草甸灌丛，喜冷凉气候，能耐－15℃低温。黄花唐松草（*T. flavum*），株高1.2～1.5m。叶2～3回羽裂，花期7～8月。原产西班牙、葡萄牙和北非，生于湿草甸与溪旁，要求肥沃、潮湿、空旷环境。用于多年生花境与野趣园。华东唐松草（*T. fortunei*），茎高20～60cm。2～3回三出复叶，小叶宽倒卵形或近圆形，单歧聚伞花序，生于茎顶。分布于中国江西、浙江、江苏和安徽等地，生于海拔100～1500m林下或阴湿处。

（龙雅宜）

宝绿（tongue-leaf） *Glottiphyllum linguiforme*，别名佛手掌、舌叶花。番杏科舌叶花属多浆植物。染色体数2n=18。茎短或无。叶肉质舌状，对生2列，长约7cm，鲜绿色，平滑有光泽，叶端略向外反转。秋、冬开花，花自叶丛抽出，具短梗，金黄色。原产南非冬季温暖，夏季凉爽的干旱地区。喜温暖，较耐旱，但畏高温，不耐寒。生长适温18～22℃，超过30℃生长迟缓，并进入半休眠状态。多用分株或扦插繁殖。分株可在早春结合换盆进行，将生长较密的株丛脱盆，分成2～3个小株丛，分别上盆，栽后节制浇水，保持盆土稍潮润，先放荫凉处，半月后逐渐见光，长出新根后才可正常浇水。扦插春、秋均可进行，插于素砂土中，节制浇水，一个月后可生根。宝绿肉质叶嫩绿、半透明而有光泽，用小盆栽植陈设在书桌、几案上，小巧玲珑，十分雅致。

同属植物约55种，见于栽培的有：卷曲舌叶花（*G. uncatum*），叶细长舌状，稍卷曲，长6cm，花黄色。铺地舌叶花（*G. depressum*），舌形叶对生2列，长10cm，低矮匍地。花黄色。长宝绿（*G. longum*），舌叶稍长，10～12cm。花金黄色。（徐民生）

报春花类（primroses） *Primula* spp.，或称樱草类。报春花科报春花属多年生草本植物。是中国盛产的传统花卉，在云南为八大名花之一。叶基生、成莲座状叶丛。花有红、白、黄、蓝、紫等色，在花葶上排成伞形花序、总状花序、头状花序，或单生于叶丛中。花冠漏斗状或高脚碟状，5裂，广展。蒴果球状或圆柱形，种子细小多数。花期12月至翌年5月。

起源及栽培简史 有悠久的栽培历史。中国最早

见于唐代文学家苏颋(670～727)所作的《长乐花赋》,清代吴其濬认为长乐花可能是报春花。明、清时期,报春花已成为中国云南民间传统盆花。清代,对报春花已有了明确的记载,且记叙甚详,如《植物名实图考》载:“报春花生云南。铺地生叶如小葵,一茎一叶。立春前抽细葶,发杈开小筒子五瓣粉红花。瓣圆中有小缺,无心…”。上述说明,报春花在中国栽培,至晚始于明、清。近代,陈封怀1936年起对中国报春花属植物进行了系统整理,1956年方文培在四川发现了不少新种。1959年昆明植物研究所编写的《云南种子植物名录》中,收入报春花属植物种及亚种约100余种。国外栽培已有三四百年的历史,如1596年英国从阿尔卑斯山引种高山报春后,很快成为英国人所喜爱的花卉。1820年中国的报春花传入英国。

种、变种及品种 全世界报春花属植物约580余种,中国约有400种。根据近年植物分类学者研究,中国报春花属植物可分成30个组。观赏价值高的有中国报春花组、鄂报春组、藏报春组、灯台报春组、钟花报春组和国外报春组等。

常见栽培的种有:

报春花(*P. malacoides*) 别名小种樱草、七重楼等,多年生草本,常作一二年生栽培。染色体数2n=2x=18。现在许多大花品种多为4倍体(2n=4x=36),株高20～40cm。叶卵形至矩圆状卵形,叶背被白粉。花葶20～30cm,轮伞花序2～7层,花小而多,径约1.5cm,萼阔钟形,萼外密被白粉,花色有白、粉红、淡紫等,具芳香,花期1～4月。较耐寒,产云南、贵州。英国育出6倍体品种,花径较大。报春花园艺品种众多,有大花、多花、重瓣、裂瓣、斑叶等类型,还有高型与矮型之分。花色丰富,花期不同。

藏报春(*P. sinensis*) 别名年景花、大种樱草等,多年生草本。染色体数2n=2x=24。全株被腺状刚毛。叶椭圆形或卵圆形,基部心脏形,具长柄。花冠高脚碟状,轮伞花序1～3层,花萼基部膨大,上部紧缩、呈坛状,花色有粉红、深红、纯白、淡青等色,径2～3cm。原产四川、西藏、陕西等地。品种类型很多:①裂瓣类型,花大,花瓣边缘有缺刻状齿或条裂,稍波皱,是习见的类型。有纯白、鲜红、深红、黑紫、肉红、淡蓝等色。②皱叶类型,叶椭圆形,叶缘细裂而卷曲,形似蕨叶。③重瓣类型,雌雄蕊瓣化。④星状变种,花形似樱花,花葶长,适作切花。花色有红、白、淡粉和淡蓝等。此外,国外还育出许多4倍体品种(2n=4x=48)。

鄂报春(*P. obconica*) 别名四季报春、球头樱草、仙鹤莲,多年生草本。常作一二年生栽培,染色体数2n=2x=24。株高20～30cm。叶基生,椭圆至长卵圆形,叶背密生白腺毛。伞形花序顶生、1轮,小花多数,玫红色,花冠漏斗状,花期通常12月至翌年5月,在云南昆明常年开花。产湖北、湖南、江西、广东、广西、云南、贵州等地。栽培品种类型有:①大花类型,花大,有纯白、深蓝、红、粉、紫红和肉红等色。②巨花类型,由四季报春与*P. megaseaefolia*杂交育成。花更大、株矮,适盆栽,花色丰富。③多倍体类型,已育出4倍体品种(2n=4x=48)。

欧洲报春(*P. vulgaris*) 别名欧洲樱草,多年生草本。染色体数2n=22。株高8～15cm。叶基生,倒披针形至倒卵形,叶面具皱。花单生葶端,高脚碟状,有香气,原种花硫黄色,径2.5～3.0cm,有的品种花径可达4cm以上,有白、黄、红、蓝、紫、青铜等色。一般喉部黄色,还有花冠上有各色条纹、斑点、镶边的品种和重瓣品种。花期春季。耐寒。原产西欧和南欧。

多花报春(*P.*×*polyantha*) 别名西洋报春,多年生草本,常作一二年生栽培。染色体数2n=2x=22。株高15～30cm,叶倒卵形,叶基渐狭成有翼的叶柄。伞形花序多数丛生。已育出4倍体品种(2n=4x=44)。多花报春品种极为丰富。如巨花品种‘太平洋巨人’(cv. PacificGiant),花径达6cm,密集,早花性,播后6～7个月开花。有红、粉、蓝、天蓝、黄、肉红、紫和白色等,适于盆栽;‘大花’品种(cv. Colossea),花径4～5cm,花色多为中间色,宜花坛用;‘双筒’报春(cv. Hose in Hose),萼瓣化显著,呈复瓣或重瓣状。此外,还有具金黄色瓣缘的品种等。本种耐寒,忌高温。

产地、分布与习性 报春花属植物主要分布于北半球温带和亚热带高山地区,仅少数产于南半球。中国多产于西部和西南部,云南尤盛,约有200种。分布于海拔800m以上亚热带地区至4800m的高寒山区,但以滇西北海拔3000～4000m的高山地带最多。

喜温凉、湿润环境,以含腐殖质多而排水良好的酸性壤土为宜。苗期忌强烈日晒和高温,通常作温室花卉栽培,但较耐寒。作冷(温)室盆花的,如鄂报春和藏报春等,均生长于海拔较低的石灰岩上,宜用中性土壤栽培,不耐霜冻,花期早。鄂报春在冬暖地区可露地栽培,用于花坛、花境等。作露地花坛布置的欧洲报春类,多为中海拔或较高纬度地区落叶林下的植物,适生于阴坡或半荫的环境,喜排水良好,腐殖质多的土壤。灯台报春组、钟花报春组的种类,多生于高山湿草地、沼泽草甸和林缘,喜肥沃、潮湿但不积水的土壤,生长期需要保持凉爽、空气湿度大的环境,夏季需半荫。

繁殖栽培 一般用播种繁殖,有的种类亦可扦插和分株。种子寿命较短,宜采后即播,亦可采后在室内稍晾干,用塑料袋密封放置冰箱内贮藏。播种以5～7月为适期,种子细小,播后不必覆土,保持土壤湿润,置半荫处,约7～14天发芽。对重瓣花不易结实者,可于4～6月扦插。分株多用于特殊园艺变种,通常在秋季进行。

当播种苗长出1～2片叶和3～4片叶时,可进行两次移苗;植株长至5～6片叶时,可移植10cm盆内;

7～8片叶，定植于17cm盆中。盆土以疏松、有机质丰富、呈微酸性和充足基肥的培养土为宜。生长期每7～10天施1次液肥，并切忌肥水沾污叶片。春、秋两季需遮荫（遮去30%～40%的阳光为宜），冬季不需遮荫。冬、春季温度宜保持在12℃左右，低至3℃也不会受害。但为保证春节前开花，最好冬季夜间温度为10～12℃，白天在15～18℃之间。系耐寒的花坛材料，但在华北地区，要提供背风的越冬条件，并稍加防护，以保安全。

育种　主要目标和方向：①矮生种和杂种第一代(F_1)的选育；②培育盆栽型的新品种；③选育花色新奇的品种；④选育抗性强的品种；⑤选育大花、重瓣及多倍体品种。

育种的主要途径：①种间杂交。如英国邱园曾用此法育成了邱园报春（*P.* × *Kewensis*），为 *P. floribenda* × *P. verticillata* 的杂交种。②种内杂交。利用种内杂交及优选手段，培育新品种。

病虫害防治　灰霉病（*Botrytis cinerea*），为报春花常见病害。发病期间，用1000倍70%甲基硫菌磷溶液，每隔7天喷洒1次，连续2～3次。主要虫害有蚜虫和红蜘蛛等，可用40%氧化乐果1500倍溶液防治。

园林应用　株丛雅致，花姿艳丽，花期长，正值中国的元旦和春节开放，可用以增添喜庆气氛。宜盆栽，适合装点客厅、居室及书房。在温暖地区，还可露地植于花坛、假山、岩石园、野趣园、水榭旁。又可作切花、插花之用。根可入药。

同属植物580余种，中国约有400种，常见栽培观赏的种类还有：①黄花九轮草（*P. veris*），多年生草本，叶长卵圆形，叶面有绉纹。花色有黄、红、紫等色。②胭脂花（*P. maximowiczii*），多年生草本，株高30～40cm。叶宽倒披针状长圆形，先端钝圆。伞形花序2层，花红色。性耐寒，喜阴，忌高温。产华北、西北、东北等地。③广东报春（*P. kwangtungensis*），多年生草本，叶倒卵形或长圆形，叶柄、花葶均被铁锈色柔毛。伞形花序1～2层，花冠紫蓝色。花期2～3月。产广东。④高山报春（*P. auricula*），伞形花序多花，花径约3cm，早春始花。原产阿尔卑斯山。⑤邱园报春（*P.* × *Kewensis*），英国邱园产杂交种，轮伞形花序1～2层，花黄色，具芳香，钟形，径约2cm，早花强健。

参考书目

陈俊愉、程绪珂主编：《中国花经》，上海文化出版社，上海，1990。

（叶超汉）

北京植物园（Beijing Botanical Garden）

成立于1956年，地址在北京西郊香山东，属中国科学院植物研究所。原为南北两部，北部有寿安山、山下古老的卧佛寺早已是北京郊区的名胜古迹之一，寺以南占地400hm^2，按普及植物科学的目的加以规划布置，于1961年由北京市接管，1990年改名北京市植物园，对外称北京植物园北园；南部占地约60hm^2，按引种驯化及科研的需要加以规划，称北京植物园南园，70年代应北京市的需要向市民开放游览，在原苗圃的基础上逐渐改造，供游览部分约占24hm^2，日常主要进行科研工作，并有研究试验基地21hm^2。

国家植物标本馆及中国科学院植物研究所，均在南园园址范围内，全园供开放游览的，有牡丹园、月季园、水生植物与攀援植物展览区、树木园、热带亚热带植物展览温室、多年生宿根花卉园、药用植物园、环境保护植物园，等等。北园供游览的有树木园、月季园、牡丹园、桃花园、丁香园、玉兰园、多年生宿根植物园、秋色园与展览温室。在西北部山区中有气候良好的樱桃沟以及新优植物引种中心，为北京市园林绿化引入大量观赏植物。樱桃沟及其附近已辟为自然保护区。总之，南园、北园各有特色，为北京市民创造了优美的游览胜地，又提供了植物教学与生产科研、科普基地。南园的重点研究工作主要围绕引种驯化学科进行探讨，大量观赏植物的引种栽培，已取得显著的成果。已出版书刊多种，主要有《中国植物园》（1983）、《华北习见观赏植物》（第一集、第二集，1958，1962）、《温室工作手册》（1964）以及《植物引种驯化集刊》，等等。

（余树勋）

北美红杉（redwood）

Sequoia sempervirens，别名红杉、长叶世界爷。杉科北美红杉属常绿针叶大乔木。染色体数2n=4x=44。高可达110m，胸径8m，树皮红褐色，大枝平展；鳞叶条形，贴生小枝或微开展，排成二列状、无柄，背面有两条白色气孔带。雌球花单生短枝顶端，球果褐色，长2.0～2.5cm，种子椭圆状长圆形，两侧有翅。产美国太平洋沿岸，海拔700～1000m、年降雨1000～2000mm的山地。喜冬日多雨、夏季多雾环境，要求充足

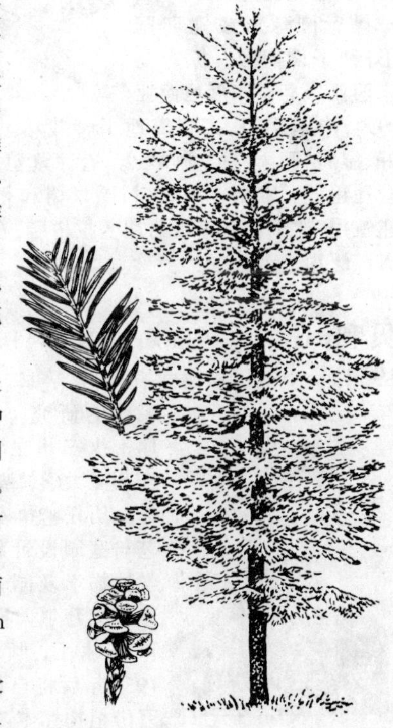

的水湿条件和排水良好的深厚土壤，可耐短期－10℃低温。中国引种栽培，在舟山生长良好。播种或扦插繁殖。北美红杉树姿雄伟壮观，是有发展前途的园景树。（贺贤育）

贝壳花（molucca balm；shell-flower） *Molucella laevis*，唇形科贝壳花属一年生草本植物。欧洲1570年即有栽培的记载。株高40～100cm，通常不分枝，叶对生，柄长，心脏状圆形，疏生钝齿牙。花白色，6朵轮生，花冠唇状，着生萼筒底部，比萼短，具芳香；苞比萼筒短，萼大呈杯形，贝壳状，黄绿色，周缘有5个矮锯齿状的凹凸。花期7～8月。原产亚洲西部（叙利亚）。播种繁殖，于温室春播。用作切花和干花。（秦魁杰）

贝壳杉（dammar pine；kauri） *Agathis dammara*，南洋杉科贝壳杉属。常绿大乔木。染色体数2n＝2x＝26。高达38m，胸径达45cm以上。树皮厚，淡红灰色。树冠为圆锥形，大枝平展，小枝微下垂；叶深绿色，厚革质，矩圆状披针形或椭圆形，长5～12cm，具多数不明显的并列细脉，边缘反曲或微反曲。雌雄同株或异株，雄球花圆柱形，单生；球果近圆球形或宽卵圆形，种子倒卵形。原产马来西亚半岛至印度尼西亚等地，中国厦门、福州等地引种栽培。适生于排水良好、湿润、肥沃的砂质壤土。播种繁殖。病虫害较少，管理粗放。常用作庭荫树、园景树和行道树。木材供建筑用，树干含有丰富的达麦拉树脂，在工业及医药上有广泛用途。（陈　辉　陈榕生）

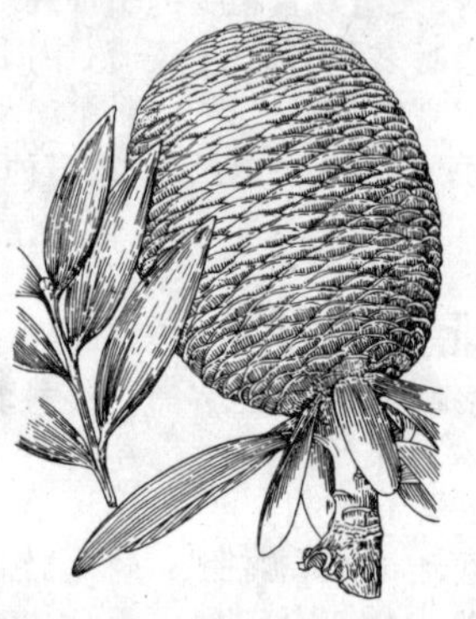

贝利，L. H.（Liberty Hyde Bailey，1858～1954） 美国植物学家、园艺学家。对栽培植物有系统的研究。1882年毕业于原密执安州立农学院（现密执安州立大学），曾在哈佛大学工作。历任密执安州立农学院园艺与庭园设计教授、康乃尔大学植物学及园艺学教授，并组建了康乃尔大学农学院。1913年退休后，倾全力于著述。1935年后将自己收藏的20余万份植物标本及私人图书馆捐赠给康乃尔大学，建成L.H.贝利园艺馆。贝利一生中共撰写有700篇科学论文与66本著作，影响最大的著作有：《美国农业百科全书》（4卷）；《园艺学标准百科全书》（3卷）及《栽培植物手册》（1卷）等。他竟毕生之力，把园艺学建立在生物科学的基础上，使美国的园艺从手工生产方式提高到科学的水平。他的多种著作及他死后由贝利园艺馆同仁以他多年积累为基础而编撰的《园艺第三辞典》（*Hortus Third*），至今仍为重要的园艺著作。贝利在观赏园艺上的主要成果，是有关观赏植物的正确命名以及栽培松柏类、棕榈科、秋海棠类、美人蕉等专著和论文。（熊济华）

比恩，W. J.（William Jackson Bean，1863～1947） 英国观赏树木学家。1863年生于英格兰约克郡。自1883年被英国皇家植物园丘园接纳为实习园丁后，一直在该园工作，后提升为园长。他在该园任职长达46年，着力于不断引入新的观赏乔灌木及其品种。在建设并充实、提高丘园的长期过程中，他锲而不舍，坚持努力，为把该园建成为一座举世闻名、内容丰富多采的植物园做出了很大贡献。他还根据其长时期的观察、实践，广泛而深入的栽培研究，著成《英国耐寒乔灌木》（*Trees and Shrubs Hardy in the British Isles*，1914）2卷，成为世界上研究乔灌木，尤其在观赏乔灌木分类、品种、习性、引种、栽培与应用等方面的重要著作。书中记载了不少中国观赏乔灌木在英国引种栽培的历史与经验。在比恩逝世后，由他人负责增订了该书，成为4卷本，1976～1980年在英国伦敦出版，内容较前更为丰富。（陈俊愉）

闭鞘姜（crepe ginger） *Costus speciosus*，别名水蕉花。姜科闭鞘姜属多年生草本植物。具根状块茎。高1～2m。顶部常分枝。叶矩圆形或披针形，叶背被绢毛，圆叶鞘不开裂。穗状花序椭圆形顶生，长约10cm，苞片红色，花白色，花大而明显。喜温暖湿润气候，宜林下半阴湿润地生长，春季分株繁殖，也可用种子繁

殖。宜于林下、林缘布置。同属供观赏的还有光叶闭鞘姜(*C. tonkinensis*),花序球形,直径 8cm,自根茎抽出,花黄色。

(王铨铭)

蝙蝠葛(Asiatic moonseed) *Menispermum dauricum*,别名山豆根、汉防己。防己科蝙蝠葛属落叶藤木。染色体数 2n = 52, 54。小枝绿色,叶互生,肾形或卵圆形,长5~12cm,全缘或3~7浅裂,叶柄盾状着生。花单性异株,短圆锥花序腋生,花小,淡绿色,花期5~6月。核果近球形,紫黑色,果期7~9月。产中国东北、华北、华东、华中和西北地区。朝鲜半岛、日本及俄罗斯西伯利亚地区也有分布。多生于海拔 200~1500m 山地灌丛中或攀援于岩石上。耐寒。播种及分株繁殖。蝙蝠葛叶、果均富观赏价值,适于庭园中作棚架植物种植。根和茎含山豆根碱、汉防己碱等多种生物碱,有剧毒,供药用。

(熊济华)

扁担杆(bilobed grewia) *Grewia biloba*,别名孩儿拳头。椴树科扁担杆属落叶灌木或小乔木。高1~4m。小枝灰褐色,具星状毛。单叶互生,椭圆形或倒卵状椭圆形,长4~9cm。聚伞花序腋生,具花5~8朵,花瓣5,淡黄绿色,花期5~7月。核果有纵沟,橙红色,9~10月成熟。变种有:小花扁担杆(var. *parviflora*),别名扁担木,花较小;小叶扁担杆(var. *microphylla*),叶片小,近圆形,长1~1.5cm。扁担杆产中国安徽、江苏、福建、湖南、台湾、浙江、江西、广西、广东、四川等地,多生于低山、丘陵灌丛、疏林或路边草地。喜光、稍耐阴、较耐寒,不择土壤,耐干旱,瘠薄。播种繁殖,果实采后堆沤,净种。种子千粒重约 35g,发芽率 50%左右,也可行分株繁殖。扁担杆及其变种果实艳丽美观,宿存枝上达数月之久,为园林观果树木。庭园中植于草坪、林缘、疏林中或配植于山石,观赏秋季橙色果,颇具野趣。果枝可用作瓶插材料。枝叶入药,茎皮纤维可制人造棉。

(周忠樑)

扁核木(hedge prinsepia) *Prinsepia uniflora*,别名蕤核。蔷薇科扁核木属落叶灌木。染色体数2n = 4x = 32。高达 2m,小枝灰绿色,老枝变褐色,具枝刺,髓心片状。单叶互生或簇生,条状长圆形或卵状长圆形,长 2.5~5.0cm,缘具疏齿;花白色,1~4朵簇生叶腋,花期4~5月;核果球形,暗紫红色,径1~1.5cm,核扁、有雕纹,果期7~8月。产中国内蒙古、山西、陕西、甘肃等地,河南、江苏、浙江、四川有栽培。喜光,耐寒,深根性,耐干旱瘠薄,忌水湿,以在深厚肥沃的土壤上生长较好。播种繁殖。扁核木花、果均具观赏价值,适宜在园林绿地中的草坪边缘、庭院角隅种植或与山石配植。同属中常见栽培的种有:东北扁核木(*P. sinensis*),落叶灌木,高达 3m,花黄色,花期4~5月;核果鲜红或紫红色,有香气,8~9月果熟。产中国黑龙江、吉林、辽宁。台湾扁核木(*P. scandens*),常绿藤木,高达 9m。花白色,单生或为短总状花序。产中国台湾省,多生于海拔 1800~3300m 山地灌丛中。

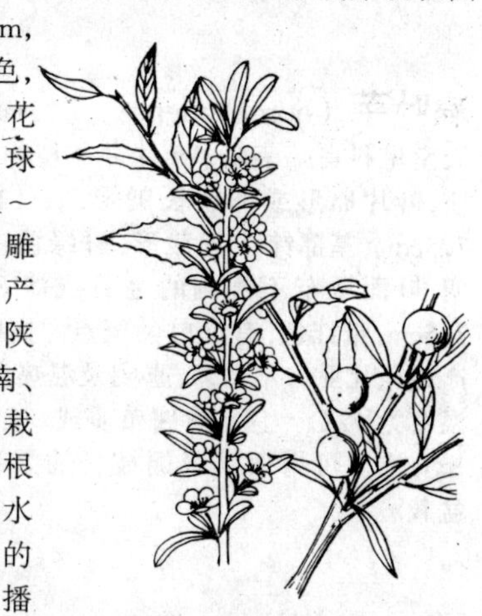

(陈耀华)

扁桃(sweet peach) *Prunus dulcis*,别名巴旦杏。蔷薇科李属落叶乔木。染色体数 2n = 2x = 16。

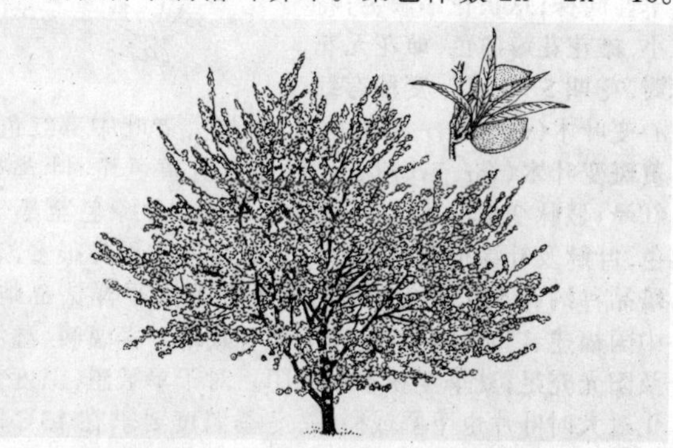

高 10m。小枝灰绿色;叶倒卵状披针形或披针形,具钝齿,叶柄顶端具腺体;花单生或2朵并生,淡红或白色,花期3~4月;果椭圆形,果期8月。原产中亚细亚、小亚细亚等地。中国新疆喀什地区栽培历史悠久,多生于海拔 600~1300m 冲积洪积平原和干旱坡地,中国陕西、甘肃、青海、山东有少量栽培。喜光,需长日照;适生于温暖干旱的气候条件;耐寒、耐旱、耐高温,稍耐盐碱;宜土层深厚、排水良好、地下水位较低、pH 值为

7～8的壤土和砂壤土上生长。用种子繁殖，优良品种用嫁接繁殖。有立枯病、缩叶病、蚜虫、山楂红蜘蛛、桑白蚧等为害，湿润地区栽培易罹流胶病。花期早、花色艳丽，是早春观花树种，也是优良木本油料。

（李嘉珏）

扁叶芋（homelamena） *Homelamena wallisii*，天南星科扁叶芋属多年生草本植物。茎短直立。叶革质，叶片卵形或卵状长圆形，长12～20cm，宽6.5～7.5cm。基部钝或近截形，鲜绿色，叶缘银白色，半透明，叶面散布不规则的金黄或淡黄色斑。佛焰苞长7.5cm，带红色，有近白色斑点。肉穗花序带红色。原产哥伦比亚。不耐寒，喜阴及温热湿润环境，越冬最低温度为12℃。宜富含腐殖质或纤维质、排水良好的疏松介质。可用顶部或侧枝扦插繁殖。宜为温室观叶盆栽。

（王大钧）

变叶木（garden croton） *Codiaeum variegatum* var. *pictum*，别名洒金榕。大戟科变叶木属常绿灌木。染色体数2n＝48，60，72，80，96，100，108，112，116，120，124。高达2m以上，茎直立，多分枝。叶互生，条形至矩圆形，长8～30cm，全缘或分裂，扁平、波状或螺旋状扭曲，有时叶片还附有小叶片；叶色黄、红、紫，有的具白、黄、红、紫色斑点或斑块。单性同株；总状花序腋生；花小，雄花花瓣白色，雌花无花瓣，花期5～6月。变种有红心变叶木（var. *carrieri*），嫩叶黄绿色，老叶中部红色；黄斑变叶木（var. *disraeli*），叶面有乳黄色斑，叶背有红晕；显脉变叶木（var. *reidii*），叶较大，绿色至墨绿色，叶脉及叶缘橙黄色至深红色。变叶木种类很多，栽培品种约有500多个。产马来西亚及太平洋诸岛屿，中国福建、广东、海南、台湾等地有栽培。喜温暖、湿润及阳光充足；夏季至秋季可稍阴。对干旱敏感，温度变化过大时叶片也下垂或微枯，冬季温度要求在13℃以上，短期10℃，叶片会失色，短期4～5℃，叶片有冻害，或植株冻死。扦插繁殖。华南露地栽培，冬季须防寒；北回归线以北地区盆栽，冬季须入温室。室内栽培常有红蜘蛛、介壳虫为害茎、叶。

本种叶片形态和色泽多种多样，为著名的观叶灌木，通常多作盆栽观赏，暖地也可于庭园中丛植，还可作插叶材料。

（张应麟）

滨河绿地（riverside green area） 用观赏植物绿化城市或郊区的河、湖、江、海沿岸等地段的作业。这里有优美的环境和清洁的水面，视线开阔，绿树成荫，可供城市居民休息游览、观光和进行各种集体活动。

许多城市的历史是沿江、河、湖、海发展起来的，如武汉、天津、杭州、青岛等。也有江、河在市内曲折穿行的，如伦敦泰晤士河、巴黎塞纳河、纽约哈得逊河等，两岸是商业区或居民区，对绿地的需要更为迫切。另一种非临近城市的水面，如合肥近郊的包河，郑州、济南的黄河，北京的永定河，黑龙江的镜泊湖，无锡的太湖等，均有较大的余地进行绿化或辟为公园。滨河绿地的布置有城市滨河绿地和市郊滨水绿地两种不同的方法与类型。

城市滨河绿地 临近城市，土地紧张，人口稠密，只能在沿河狭长地段进行绿化。如武汉及宜昌的滨江公园，美国密西西比河沿河几个城市的滨河公园，都狭长而平坦，经常有水位涨落的威胁；地下水位较高，含沙量大，只能种耐水湿植物，不进行地形改造，无人工水景等。这里的景观主要是疏林草地，点缀一些花坛，建筑较少，坐椅较多，比较安静。

市郊滨水绿地 远离闹市、地面较大，不限于水边狭长地带绿化，可以人工改造地形，创造适合的条件种植各种观赏植物，还可适当地安排一些休息和服务方面的建筑。水体属于天然的河、湖，不能像人工造园那样任由人作。陆地上的安排应以水为主景，视线、道路、眺望点的终端均以透视水面为主。树木栽植除庇荫、挡风等功能之外，尽量使岸边的视线开旷、通敞，其他花木、草坪的安排应与城市公园无异。有的国家在滨河公园范围内停靠古代豪华游览船，作水上饭店或休息之用。有时作短距离行驶，增添水上娱乐的内容。中国滨河绿地的建造有许多佳作，如：①长春伊通河带状滨河公园。伊通河贯穿城市南北，是长春市主要水源之一。伊通河流经城区23km，水面160hm^2，绿化带14.86km，平均宽120m，是一条绿化面积达150hm^{2}的绿色长廊。经过全面整治河道，兴建了园林景点，利用沿河地形地物，修建8个不同规模、不同功能、不同风格的公园和20个景点。本着植物造园的原则，以树、花、草相结合，并栽植护岸植物。形成三季有花、四季常青的景观，既改善环境、净化空气，又可固土护堤，防止河水冲刷。在桥头设置景点，设有喷泉、雕塑、亭、廊、榭、花坛、花架等，满足了居民的需要。②天津海河公园，全长56km，一侧临河，一侧靠城市道路。公园因地制宜，两岸呼应，以分段处理绿化为基调，各具特色，使其成为具有天津独特风貌的海河风景游览区。③济南环城公园，全长4.7km，坚持以绿化和植物造景为主，结合济南泉城的特点，重点突出泉水，并以公园为主体，实行园林、河池、泉池、截污四位一体，统一规划，综合治理，使整个公园设计达到改善生态环境、休息游览、城市防洪、防治河道污染等良好的综合效益。④沈阳南运河带状公园，全长38.1km，绿化面积314hm²，水面124hm²，连通6座公园，33个游园，使水、绿、园、路、街景五个功能融为一体，成为景色秀丽的绿色长廊。

中国建设部建城字〔1993〕784号文件中有“城市内河、海、湖等水体的防护林带宽度应不少于30m”的规定。

(张冀媛)

波兰果树花卉研究所(Research Institute of Pomology and Floriculture, Poland) 波兰国家以果树、花卉为主要研究对象的学术研究机构。1951年1月建立，位于斯凯尔涅维采市(Skierniewice)。原名波兰果树研究所，1967年增设花卉研究内容，改为现名。在花卉研究方面，设有遗传育种、切花保鲜、组织培养、观赏植物苗圃经营四个研究室和一个花卉实验站，主要从事花卉新品种选育、观赏植物苗木的生产与繁殖、切花采后生理、贮藏与保鲜，球根花卉生产、温室切花生产以及容器育苗技术等项研究。花卉实验站设在诺维德沃镇，面积166hm²，是波兰最大的国营花卉生产与研究基地之一。生产的鲜花与盆花主要供应波兰国内市场，生产的百合、唐菖蒲、郁金香等种球，大部分销往荷兰、德国、瑞典、俄罗斯等欧洲国家。

(张启翔)

波罗兰(pineapple lily) *Eucomis bicolor*，百合科波罗兰属多年生草本植物。染色体数2n=30，32。株高约75cm，具被膜鳞茎。叶基生，长圆形，边缘皱波状。总状花序具序缨，由30～40个卵形苞片组成。花淡绿色，6裂，裂片边缘紫色。花径2.5cm。密集成10cm长花序。原产南非。耐寒性弱。越冬最低温度5℃。喜排水良好的轻松肥沃土壤。分球或播种繁殖。地栽应秋植，覆盖越冬。盆栽于秋季上盆。暖地宜作露地园林布置材料，北方温室盆栽，用于室内花卉装饰。

(王大钧)

波斯菊(common cosmos) *Cosmos bipinnatus*，别名帚梅、大波斯菊。菊科秋英属一年生草本植物。染色体数2n=2x=24。株高120～150cm，多分枝。叶对生，2回羽状深裂。头状花序，花径5～8cm，具总长梗。舌状花，有白、淡红、深红色等，管状花小，黄色。花期夏、秋季。瘦果端喙状，种子千粒重6g。园艺变种有白花波斯菊(var. *albiftorus*)、大花波斯菊(var. *grandiftorus*)、紫红花波斯菊(var. *purpureus*)。园艺品种分早花型和晚花型两大系统，还有单、重瓣之分。原产墨西哥。不耐寒，忌酷热。耐瘠薄土壤，土壤太肥沃，枝叶徒长不利开花。播种和扦插法繁殖。4月初播种，4片真叶后摘心，以促使分枝和植株矮化。6月初定植，株行距50cm左右。植株高大，应及时设立支架，防倒伏。10月下旬瘦果成熟，易脱落，须及时收获。适合作花境背景材料，也可植于篱边、山石、崖坡、树坛或宅旁。还可作切花。

同属植物约20种，常见栽培的还有：硫华菊(*Cosmos sulphureus*)，别名黄波斯菊、黄芙蓉，一年生，株高60～90cm。叶芽被茸毛，舌状花淡黄、金黄或橙黄色。矮生品种株高约50cm，花色橙红，橙黄色。重瓣品种花带红晕，色彩艳丽。原产墨西哥。喜壤土或砂壤土。春播花期6～8月，夏播花期9～10月。适于分期播种，花期可持续至11月初。也可用芽插法繁殖。适于花坛、花径观赏。‘异叶’波斯菊(cv. Diversifolius)，多年生草本植物，地下具块根，株高约40cm。花径约5cm，舌状花粉红或淡紫色。可以分根繁殖。

(周维燕)

伯班克，L.(Luther Burbank，1849～1926) 美国植物育种家。达尔文主义者。1849年3月7日生于马萨诸塞州。自1875年10月1日举家迁往加利福尼亚州圣罗萨经营苗圃后，他在50年的不断奋斗中，做了大量的育种试验，内容十分广泛，涉及到果树、花卉、蔬菜、农作物和其他经济植物等。其中仅观赏植物部分，就研究了250个种或变种，培育出50多个花卉的新品种，如西洋滨菊(*Shasta daisy*)、‘伯班克’蔷薇、‘巨型’朱顶红、‘芳香’美女樱、‘伯班克杂种’飞燕草、‘无刺’仙人掌，等等。伯班克的育种工作，是对达尔文进化论的具体贯彻和发展。他所用的方法，主要是杂交(含远缘杂交)和选择。其育种特色是：①育苗数量大，一度保持上百万的植株；②选种时眼光锐利而准确，且行动敏捷，效益惊人。1893年6月出版的《果树和花卉中的新创造》，是伯班克首次公布的部分育种成果新品种目录。他的主要著作还有《L.伯班克——他的方法、发现和实际应用》(12卷，1914～1915)和《如何培育植物为人类服务》(8卷，1921)，等等。

(胡京榕)

伯纳特茨基，A. (A. Bernatzky, 1910～1992)

1910年4月1日生于德国，1937～1940年在柏林大学学习园林。1950～1957年在法兰克福大学研修地理及人类文化学，1957年毕业获哲学博士学位。曾担任法兰克福园林局负责人，主管法兰克福城区及市郊地区的树木养护管理工作。1961年以后，兼任德国南黑森州风景园林管理委员会委员。在观赏园艺、大型园艺工程及Bad Orbe/Spessart灌溉区的大型绿地规划设计等方面做出贡献。伯氏成名之作是《树木生态与养护》(*Tree Ecology and preservation*, Elsevier Scientific Publishing Co., Amsterdam-Oxford-New York, 1978。1987年陈自新、许慈安译为中文本，在北京由中国建筑工业出版社出版)。伯氏一生研究园林树木，终于写出这一部园林界权威著作。1985年《艾尔色维尔科学出版社书刊出版目录》(*Elsevier Science Publishers Catalogue*)推荐此书为"恐系世界第一部既包含树木科学研究、又讲述树木外科学术的专著"。而《树木栽培杂志》(*Journal of Arboriculture*)誉称此书"无疑是当今欧洲最好的树木栽培学教科书"。全书以生态学为核心，着重论述树木与环境的关系，介绍了树木在改善城市生态系统中的多种功能，探讨了病虫防治和养护等。而利用红外线摄影等遥感技术于园林树木勘察以及科学与经济兼顾的树木价值评定法都是新颖的先进技术措施。此书发行后，对各国园林界产生了较大影响。伯氏还有《环境绿化规则》和《新编树木生物学》等著作。

(陈自新)

博落回 (common plume-poppy)

Macleaya cordata，别名号筒草。罂粟科博落回属多年生草本植物。株高1.5～2.4m，茎圆柱形、中空，直立而强壮，浅灰绿色，具有毒的黄色汁液。叶心形互生，羽状开裂，背面密生短白毛。顶生圆锥花序，花小白色，无花瓣；具两枚乳白色萼片，开花时迅速脱落。花期夏季。椭圆形蒴果悬垂。原产日本、中国。喜肥沃土壤及充足阳光。播种或埋根法繁殖。主要用作花境背景或灌木带边缘植物。

(穆 鼎)

薄皮木 (Chinese leptodermis)

Leptodermis oblonga，茜草科薄皮木属落叶灌木。高1(2)m。枝柔弱，灰色或灰褐色。叶对生或三叶轮生，矩圆形或矩圆状倒披针形，长1～1.5(3)cm，全缘。花2～10朵簇生枝顶或叶腋，淡红色或堇紫色，花冠漏斗状，长1.2～1.5cm，花期6～9月。蒴果椭圆形，果期10月。产中国河北、山西、陕西、湖北、四川、云南等地，越南也有。喜光，也耐半阴。喜温暖湿润气候，亦较耐寒、耐旱。播种或扦插繁殖。本种株形矮小，夏秋开花，可于草坪、路边、墙隅、假山旁及林缘丛植观赏，或于疏林下片植。

同属中常见的种还有滇丁香(*L. intermedia*)，花白色或粉红色，具芳香，产中国云南、贵州及广西，昆明等地有栽培。华西野丁香(*L. purdomii*)，叶条状倒披针形，长0.5～1cm，花白色，后变紫红色，产中国西藏、四川、云南及甘肃。

(董保华)

薄荷 (mint)

Mentha arvensis var. *piperascens*，别名水薄荷、鱼香草、苏薄荷、蕃薄荷。唇形科薄荷属多年生宿根草本植物。染色体数2n=2x=12, 60, 72, 54, 64, 92。地上茎四棱形，高30～60cm，地下茎匍匐生长。叶对生、卵形，叶缘有锯齿，具清凉浓香。轮伞花序，花淡紫色、唇形，生于叶腋。中国栽培的多为短花梗品种。以茎叶形状和颜色可分为青茎圆叶种、紫茎紫脉种、灰叶绿边种、紫茎白脉种、青茎大叶尖齿种、青茎尖叶种和青茎小叶种。薄荷原产北温带，俄罗斯、日本、英国、美国分布较多，中国各地均有零星栽培。喜阳光，要求湿润环境，适应性强，不择土壤，常生于水旁、沟边湿地。播种和扦插法繁殖。薄荷可作潮湿低洼地的地被植物，生长势强，很快即可覆盖地面。又为香料园主要植物之一。

同属栽培种有绿薄荷(*M. viridis*)、姬薄荷(*M. pulegium*)、西洋薄荷(*M. piperita*)、日本薄荷(*M. japonica*)、皱叶薄荷(*M. crispa*)等。

(金 波)

卜若地(California brodiea)

Brodiaea californica,别名布罗比亚、加州卜若地。石蒜科卜若地属多年生草本植物。球茎被纤维质膜。叶线形,宽3mm,2～3片,自基部抽生。花茎细长,45～60cm,伞形花序上着生2～12朵小花。花被片6、开展,基部合成筒状,花筒长2.5～3cm。花淡紫至堇色,花期6月中旬。喜日照充足及砂质壤土。秋植,覆土15cm。寒冷地区要注意防寒。分球或播种法繁殖。花坛及岩石园应用。原产美国加利福尼亚州北部。

同属植物15种,常见栽培的还有:星花卜若地(*B. stellaris*),每球抽生2～3个花茎,每茎着生3～6朵花,花长1.8cm,星形,堇蓝色,喉部白色,花期7月。原产美国加利福尼亚州。大花卜若地(*B. coronaria*),花堇色至淡紫色,花筒长2.5～4.0cm、钟形。原产哥伦比亚至美国加利福尼亚州一带。

(吴涤新)

部队营房绿化(landscaping of barracks)

在军队驻地范围内植树、栽草、种花,或挖湖、堆山、置石、建亭、造桥以及建筑小品等的绿化作业。

部队营房按功能区划,可分成办公区、生活区、军事操练区和仓库及附属设施区。各区因功能不同,对绿化的要求也有所不同。①部队营房一般建筑排列较为规整,道路宽敞笔直,道路绿化以遮荫的乔木为主。沿路栽植乔灌木,一般以规则的行列式栽植为主,但必须严格遵照交通方面的有关规定。如为了保证道路交叉口的安全视距,种植绿篱距路牙不得小于0.8m;乔木距路牙1～2m;灌木不小于2m;乔木的分支点高度在3m以上,以免防碍车辆通行。办公区要体现庄重活泼的气氛。办公楼前的绿地,多采用中轴对称式设计,设几何形花坛、雕塑、水池等,色调要明快。②生活区依营房大小及距城市远近和建筑物层次高低(平房、多层、高层)的不同,常有不同的布置,大体分别与同类的居住庭院绿化相似。③军事操练区主要是大操场,绿化以不影响操练为原则,四周多种整齐高大乔木,采用行列式栽植。④仓库及附属设施区,除行道树外,可适当种植果树及有经济价值的植物。边缘地区及军事设施地区需用密林遮挡,多采用自然式栽植。有些掩体、洞口可种攀援植物等加以隐蔽。

(郑秉娟)

C

采种（seed harvesting of ornamental plants）

从观赏植物植株上获得种子的过程。种子是繁殖一二年生花卉、地被植物、部分多年生草本花卉和观赏树的主要物质基础，只有获得优良种子，才能保证种子繁殖的成功。种子要具有优良的遗传品质和播种品质。种子要纯洁度高，充实饱满，具有高发芽率和发芽势，以利于生产壮苗。要求种子无病、虫及无杂草种子，以免对播种区造成危害。采种主要的技术环节是：①选择母株；②确定采种期；③合理的采种方法。

选择采种母株 为使栽培成功，要从本地或与本地气候、土壤条件相近似的地区选择采种母株。要预先调查、了解母株是否具有所需品种的观赏性状，如花、果或叶等观赏部位的颜色、类型、观赏期及重要的物候期等。对于易混杂的品种，应在有隔离设施的种植区选择母株。大量采种则需专辟留种地或种子园。除确保种性纯正外，要选择生长健壮、无病虫害的植株。对新引进的观赏植物要观察掌握其果实种子发育状况。一些观赏树种虽然开花结实，但因种株发育和环境影响，种胚极少发育，如北京的海州常山、云杉和雪松等。

采种期 适时采收种子，才能获得在数量和质量俱佳的种子。采种期依种子的成熟期和脱落习性而定。种子成熟包括两个过程。当种子发育到一定大小，内部积累有一定干物质，种胚具有发芽能力时，即达到生理成熟。生理成熟的种子含水量高，干物质积累尚不充分，种皮软，干后收缩，粒重低，不利于贮藏。用这类种子培育的幼苗，生长势多较弱。当种子外部形态呈现该种成熟时的固有特征时，即达形态成熟。形态成熟的种子含水量降低，营养物质积累接近终止，种皮坚韧致密。形态成熟的种子已发育健全，利于种子贮藏和培育壮苗。一般种子先生理成熟后形态成熟，但也有外观呈现形态成熟特征，而种胚发育还不够完全者。如银杏、七叶树、兰花等，须经过一定时间的后熟过程或专门培养，方可使胚继续生长，达到生理成熟。种子成熟期因种类而不同，有春花春熟、春花夏熟、春花秋熟和夏花秋熟等，一些松柏类植物则在开花后第二年才成熟。成熟期还受生长环境的影响，海拔较低处比高海拔处早熟，瘠薄地较肥沃地早熟，干旱年比多雨年早熟。确定种子成熟期的方法，有形态鉴别法、解剖法、比重法和生化指标法。最简便常用的是形态鉴别法和解剖法。形态鉴别法根据果实种子颜色、气味和硬度等，来进行成熟期鉴定。在颜色上，肉质果由绿色变为红色、黑色、紫色或白色，干果变为深褐色，种子由白色变为褐色或带有明显的斑纹。在气味上，由苦涩变酸，由酸变甜，或发出香气。在硬度上，肉质果由硬变软，种子由软变硬，干果开裂，种子散出。最可靠的方法是切开种子，观察胚和胚乳是否饱满充实。种子脱落习性决定成熟后采种的急迫程度。成熟期与脱落期很接近的种类，要在成熟后立即采收，如杨柳类、黄杨、珍珠梅、百合、罂粟、茑萝等。成熟后宿存枝上几个月甚至越冬的，采种时间则可较宽，如金银木、悬铃木、复叶槭及白蜡树等。对具有无限花序或花期长的种类，要分批采种。过早采种则种子发育不良，品质不高；过晚采种，则种子部分或全部脱落，且易被鸟啄虫蛀。对于老熟种子易形成硬实而导致休眠的种类，可提前采收并立即提前播种。成熟种子易被弹散的种类，应在果实开始变黄未开裂前采种，如三色堇、凤仙花、酢浆草、杨柳类等。睡莲等应在花后用纱布包住花头，以防种子成熟后落入水中。

采种方法 多采用从植株上摘采，随熟随采，种子质量高。对于植株低矮的，采种人在地面即可完成；较高的树种，则需用高枝剪、高梯等工具攀树采集。对种子成熟易落或有枝刺、果刺不宜手摘的种类，可用地面收集法。先清除植株周围的杂草、枝叶、土石块，或在地面上铺塑料布，摇晃枝干或用棍棒轻击果枝，将果实或种子振落后收集在一起。对采前自然下落的新鲜种子，如发育正常，无病虫害，也可收集。国外还有用机械振动树干，使种子脱落的采种方法。对于蕨类植物，则当孢子囊群变深褐、孢子开始散出时，将“叶片”剪下放入纸袋中，待其散落孢子后，再收集播种。

隔离采种 对于天然异花授粉种类，尤其是良种草花，应特别注意隔离采种，以防生物学混杂，品质退化。隔离采种分两类：①时间隔离。即将易于产生异花授粉（“串花”）的种与品种（如羽衣甘蓝品种之间或羽衣甘蓝与甘蓝或花椰菜之间）在播期上错开，如第一年播甲品种，第二年播乙品种，使彼此的花果期相差一年，互不干扰。②空间隔离。又分远距离隔离和网、袋隔离两种方式。前者一般以 500m 或更长的距离，作为种间与品种间防止异花授粉的间距；后者则用铜纱网或尼龙网将采种良种罩起，再实行人工或放养苍蝇等辅助授粉（在品种株间），以利于结实生籽。从实际效果讲，时间隔离和远距空间隔离较好。尤其是实行特约农家采种制，即对天然异花授粉花卉如石竹、鸡冠花、百日草、万寿菊、半支莲、羽衣甘蓝等，最好由特约农家与种子公司或花木公司签订合同，每年只繁殖 1 个良种，借以保证品种纯正。

采后处理贮存及包装 种子采收后，要根据具体

情况分成三类:①日光下晒干;②阴干;③不能干藏等。如鸡冠、凤仙、蜀葵、紫薇等,可连果皮等曝晒于日光下,干后清理出种子放袋中贮藏,袋内外均要标明品种名、编号、时间、地点等。贮藏期间要防鼠、防霉、防止混杂。种子只可阴干而不能曝晒者,如枸子、山楂、荚蒾、蔷薇等,清除皮、肉并洗净后,应将种子层积处理。有的种子,如栎类、柑橘类、山茶、杨类、柳类、榆类、七叶树等,将种子剥出、清理后最好立即播种,或在合适条件下短期贮藏。沼泽、水生植物种子采收后不能失水,如水金凤、菱、水蕹、泽泻、王莲、睡莲等。

(刘长江　陈俊愉)

彩斑遗传(heredity of colored blotches and spots)　植物花、叶等部位异色斑点及条纹之遗传变异的规律。观赏植物的叶及花等部位,有时有规则地出现一些斑点及条纹,从而形成具有特殊观赏价值的品种。这些斑点、条纹能稳定地传递给子代,这就使得园艺家在了解其遗传规律的基础上,能培育出更多的彩斑新品种。花瓣上的彩斑分为规则性彩斑和不规则性彩斑两大类。规则性彩斑有以下几种类型:①花环,在辐射对称的花瓣中部有异色横条纹形成环状;②花眼(花心),花瓣基部的异色斑点在花上组成界限分明或不分明的中心色块;③花斑,花瓣上不规则分布的定型的色块;④花肋,沿花瓣中脉方向的辐射状异色条纹;⑤花边,花朵的外缘的异色镶边。不规则的彩斑为花瓣上非固定图案的异色散点或条纹,如'撒金',或将花朵分成或大或小的两个各具不同色彩的部分,如'二乔'、'跳枝'。有时也可有纯色花出现。

研究简史　1947年克兰(Crane)和劳伦斯(Lawrence)首先对藏报春的花心现象进行了研究,发现它由基因控制,并遵循孟德尔遗传规律。1948年斯蒂芬斯(Stephens)又对锦葵科植物的花心表现进行了遗传分析,证明在花心遗传中存在基因互作。1958年柯劳森(Clausen)对三色堇和耕地堇菜的花瓣彩斑的研究中,进一步证实了规则性花瓣彩斑的遗传规律。叶和花的不规则性彩斑成因较为复杂,柯劳森(Clausen, 1930)、卡奇赛德(Catcheside, 1947)、伯恩斯(Burns)和格斯特尔(Gerstel, 1967)等先后对十几种植物的不规则彩斑进行了研究,发现成因各异。直至1976年达林顿(Darlington)和格兰特(Grant)将这些成因归纳为6大类,并解释了各种不规则性彩斑的成因和机理。

规则性彩斑遗传规律　规则性彩斑通常是由基因控制的。当彩斑由一对基因控制时,杂交中表现典型的3:1或1:1的分离比(如报春);当彩斑由两对或两对以上基因控制时,则杂交分离为(3:1)n;若存在连锁基因或基因互作时,分离比出现变化。控制规律性彩斑遗传的基因均位于细胞核内,可以通过有性杂交的方法进行遗传分析。

不规则性彩斑遗传规律　这类彩斑的遗传规律依彩斑的成因而异,主要有如下6种类型:①质体的分离和缺失。这种现象存在于一些花叶植物中,在叶片细胞进行有丝分裂时,由于某些生理和遗传上的原因,一些细胞失去叶绿体,由这样的细胞群形成的叶组织为叶片上的非绿色部分,它们呈斑点分布,或呈现条纹分布。这种现象的遗传,遵从叶绿体遗传规律。②易变基因的体细胞突变。体细胞中一种控制色素形成的基因从等位基因的形式频繁地突变为另一种形式,于是花瓣上便出现不同色彩的斑点。这种易变基因位于细胞核内,遵从孟德尔遗传规律,但其花斑现象的表现又受环境条件的一定影响。如飞燕草、紫茉莉等。③位置效应。由于外界条件的刺激(如X射线等),一个位于常染色质区的基因被易位到另一个靠近异染色质的新的位置上,其功能受到抑制,因而形成花斑。易位后的基因可用回交法再转移至原位,也可在易位后正常遗传,对此一类型可以人为处理诱发突变。④染色体畸变。由染色体各种畸变造成的彩斑现象,主要有以下三种情况:第一种为断裂、融合、染色体桥(以下简称"桥")的循环作用。当染色体末端某一点断裂,两条姊妹染色单体重新接合,便形成具有双着丝点的染色体,在有丝分裂后期形成具双着丝点的"桥",在末期时从"桥"上任一处断裂,然后融合与"桥"现象重复发生。假如基因A控制色素形成,则形成花斑现象。第二种情况为细胞中存在小的不具着丝点的环形染色体,其在细胞分裂时不规则地分配到不同的细胞中去。假如其上带有控制色素形成的基因,不规则的环形染色体的出现便可形成不规则的花斑组织。第三种情况是细胞中存在粘性染色体,在细胞分裂中有粘在一起的倾向,从而在某些子细胞中排除了一条染色体或其中某个片段,位于其上的控制花色的基因也被同时排除在外。⑤病毒污染。有些不规则彩斑不是由于遗传物质造成的,而是由于某些病毒感染引起的病态。这种现象在烟草、郁金香、菊花等植物的某些品种中都有发现。这种彩斑可通过营养繁殖的方法加以保存,也可用适当种类的病毒感染而传递给某些品种。而各品种的染病情况及性状表现仍受基因控制。由于这些品种往往是其他园艺植物或农作物的病源携带者,因此在观赏植物生产中不提倡培育这类品种。⑥嵌合体(见**观赏植物嵌合体**)。

(戴思兰)

彩叶草(common garden coleus)　紫苏属(*Coleus*)中的杂种群,别名洋紫苏、五彩苏、鞘蕊花、锦紫苏。唇形科锦紫苏属多年生草本观叶植物。供栽培的约200以上杂交品种,其亲本为布氏彩叶草(*C. blumei*)及许多其他种或变种,已不可考,故合并为一杂种群。株高30～60cm,茎四棱。叶对生,卵圆形,有毛,叶片由红、黄、暗红、紫、绿等多种色彩组合而成,故名彩叶草。自然花期8～9月份,花呈淡蓝或带白色,圆锥花序。

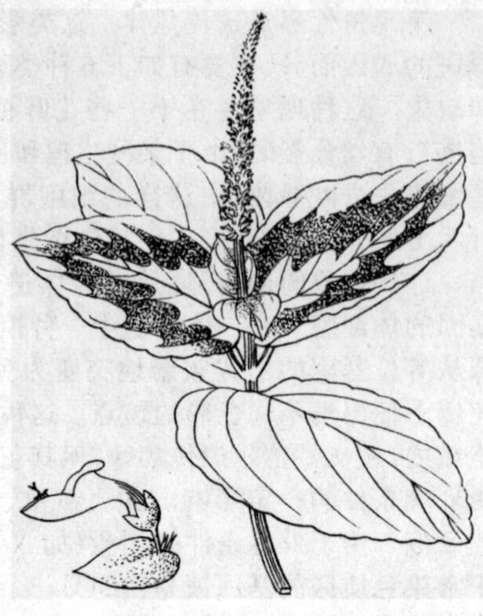

彩叶草属植物约150种,产于亚、非、大洋三洲的热带和亚热带地区及太平洋各岛。性喜高温、湿润、阳光充足(炎夏忌直晒),要求疏松稍肥沃的土壤。耐寒性弱,冬季温度需12～25℃,低于10℃时,叶片萎蔫下垂而脱落。布氏彩叶草(*C. blumei*)原产印度尼西亚爪哇岛。除作亲本外,已不再栽培。

用播种和扦插法繁殖。育种者用播种繁殖可获叶色多变的植株,种子采后即播,发芽适温18℃左右,播后约15天发芽。当幼苗长出4～6片真叶时,分别移植盆内。扦插繁殖法又分为水插法和土插法,室内四季均可进行。水插法:从母株上剪下带有2～4个节的健壮嫩条,留2～3片叶,插入盛水的瓶中。在室温18～25℃、散射光照的条件下,经7天即可生根。在室温12～18℃条件下,则需10～15天生根;室温10～16℃的条件下,经一个月才能生根。土插法:四季均可进行,在15℃条件下易生根。插后喷水,生根后即可定植于花盆。生长期忌施过量氮肥,以免徒长。彩叶草怕旱,应经常喷水。当植株长到6～7节时,须行摘心,促腋芽萌发。如侧枝过多,可适当疏剪。

园林应用:彩叶草叶片具艳丽多变的色彩,园林中多用于组摆花坛及作室内盆栽观赏,又可作插花材料。

(杨忠英)

菜豆树(Asia belltree) *Radermachera sinica*,紫葳科菜豆树属落叶乔木。高6～12m。树皮纵深裂。奇数2回羽状复叶、对生;小叶椭圆形或卵形,长3～7cm,全缘。顶生圆锥花序;花冠黄白色,花期初夏。蒴果圆柱形,常扭曲。产中国云南、广西、广东、台湾等地。喜光,稍耐阴,

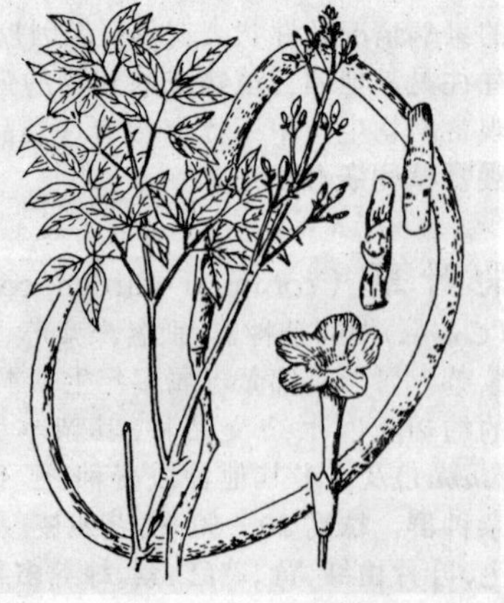

喜温暖湿润气候。播种繁殖。枝叶美丽,冠大荫浓,适宜温暖地区庭园栽植观赏,可作庭荫树、行道树或用于配置风景林。

(包满珠)

糙叶树(scabrous aphananthe) *Aphananthe aspera*,别名牛筋树。榆科糙叶树属落叶乔木。高达22m,树冠圆球形。树皮灰棕色,老时纵裂,片状脱落。叶卵形,三出脉,边缘具单齿,两面有平伏硬毛,粗糙。花单性,雌雄同株,雄花序生于新枝下部的叶腋,排列成密生的伞房花序;雌花单生于枝端或新枝上部叶腋,花期4月。核果黑色9～10月成熟。分布于中国华东、华中、华南、西南和山西等地,朝鲜半岛和日本也有。喜温暖湿润气候,宜肥沃、深厚的微酸性或中性土壤。树龄可达千年。播种繁殖。常见的害虫有大蓑蛾。糙叶树苍劲挺拔,树冠广展,枝叶茂密,是优良的庭荫树和配景树。

(贺贤育)

草本观赏植物播种育苗(seedling-raising by sowing for herbaceous ornamentals) 利用种子培育草本观赏植物的方法。播种后所获植株根系强健,长势旺盛,寿命较长,但不易保持原有优良种质性状,故应同时注意选育工作。播种前应测定种子生命力,选纯正、饱满的种子播种。种子萌发与温度、水分、光照和基质等因子密切相关。在合适条件下播种后,种子吸收水分,促进了生理、生化活动而萌发。种子萌发的最适土壤湿度约为土壤饱和含水量的60%;但多数水生植物则需在水中或近似水中的条件下萌发。播种温度依种类不同而异,又常与原产地生态环境有较大关系,多数种类发芽适温在21～27℃间。某些原产热带的植物如王莲则需30～35℃,属高温发芽型。而原产温带北部的植物常需经过一定低温才能发芽,如大花葱(*Allium giganteum*)需在2～7℃条件下经一段时间后萌发,属低温发芽型。此外,尚有在变温条件下易于萌发的观赏植物等。对多数种类而言,适宜的光照有利于发芽。播种基质常依植物种类不同,因种实粒径大小有别,应按所需条件进行配制,并经消毒后备用。

一般观赏植物种子不需特殊处理即可直接播种,而部分种实外皮坚硬、吸水困难的,可采用刻伤种皮或

用药剂处理等手段促进萌发。如刻伤种皮可促进美人蕉、荷花(莲)种子萌发。又如文竹、天门冬等先经60℃温水浸泡24小时再播,可以促使种子提早发芽。

露地播种要求床土翻整精细,施入少量肥料,灌水、整平后播种。播种方法分为点播、条播及撒播。大粒种子常用点播或条播,小粒种子多用撒播。播种后覆盖砂土,厚度约为种子直径的一倍。然后镇压、覆盖苇帘。温室播种多采用盆播,将播种基质消毒后使用,用盆浸法使盆土吸水。对微粒种子如四季秋海棠等可不覆土,播种后加盖玻片等覆盖,待出苗后去掉覆盖物,用细喷壶浇水保持盆土湿润。

在现代化生产过程中,从配制播种基质至苗木上盆,均可实行部分至全部自动化。

(虞佩珍)

草菖蒲(blue-eyed grass) *Sisyrinchium angustifolium*

Sisyrinchium angustifolium,别名窄叶庭菖蒲。鸢尾科草菖蒲属多年生草本植物。染色体数 $2n=96$。丛生,高10~40cm,茎通常三叉分枝,具宽翅。叶基生。佛焰苞着生于粗壮扁平或有翅的花梗上,花1~4朵簇生。花冠6裂片几相等,长圆状倒卵形,花径约1.25cm,淡蓝至堇色,有白花品种。花期晚春至初夏。原产北美东部。耐寒,喜排水良好的湿润环境,和富含腐殖质的砂壤土。分株或播种繁殖。用于花境、野趣园或地被。

本属植物中常见栽培者还有:庭菖蒲(*S. bermudiana*),花下垂,蓝紫色具黄心。加州庭菖蒲(*S. calipormicum*),花黄色,耐寒性弱。山草菖蒲(*S. montanum*),花蓝紫色,茎部不分枝。

(王大钧)

草地风毛菊(meadow saussurea) *Saussurea amara*

Saussurea amara,别名驴耳风毛菊、羊耳朵。菊科风毛菊属多年生草本植物。株高约60cm。根状茎稍粗,茎直立。叶片椭圆形或矩圆状椭圆形,全缘或有波状浅齿。头状花序顶生,排成伞房状,花冠粉红色。分布于中国东北、华北、西北、内蒙古,俄罗斯也有分布。常野生于荒地路边或森林草地。可引种于园林中作花丛、花境或林缘地被植物。

同属植物还有:①庐山风毛菊(*S. bullockii*),多年生草本,株高70~90cm,茎直立。叶近革质,下部叶三角形,上部叶卵形。头状花序顶生,形成伞房状圆锥花丛,花紫色。分布于江西、湖北西部和陕西。②雪莲花(*S. involucrata*),别名大苞雪莲、荷莲。株高15~30cm,茎粗壮。叶密集,近革质,矩圆形或卵状矩圆形。头状花序10~20个聚生茎顶呈球形,花冠紫色。花期7~8月,果期9~10月。分布于中国新疆、青海以及中亚、西伯利亚中部地区。生长在海拔2800~4000m的高山冰碛、陡岩、砾石坡地或砂质潮湿的雪线附近。能抗高山狂风和奇寒,花芳香。为高山岩石园的重要花卉。

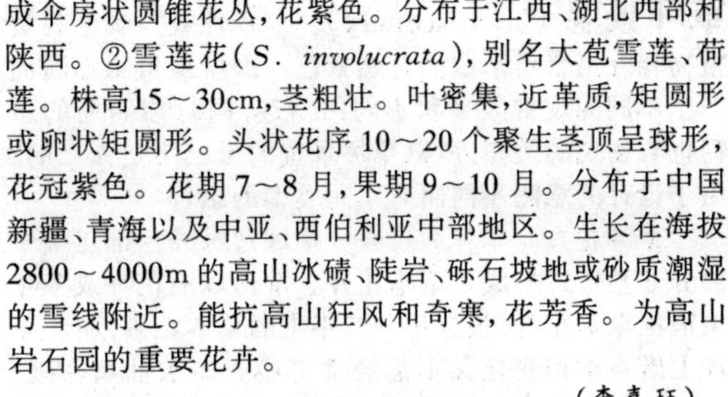

(李嘉珏)

草地早熟禾(Kentucky bluegrass;June grass)

Poa pratensis,别名六月禾。禾本科早熟禾属多年生草本植物。染色体数 $2n=2x=14$。1949年以前,中国一些城市曾引种栽培。1949年以后,中国一面从美、欧引种,一面发掘本国草坪资源。如西安、乌鲁木齐、哈尔滨等市把野生草地早熟禾应用到园林中,均取得良好效果。草地早熟禾具细根状茎。秆丛生,光滑,高50~80cm。叶片条形,柔软。圆锥花序开展,基盘具稠密白色绵毛。花、果期5~7月。原产北半球温带,中国黄河流域诸省、黑龙江、吉林、辽宁、江西和四川等省都有分布。生长在山坡、路边或草地。喜冷凉湿润气候,耐寒、抗风能力强,属冷地型草坪植物。土壤适应性较广,在排水良好、疏松肥沃的土壤上生长茂盛,pH值5.8~8.2的土壤均可生长,但以微酸性至中性土壤中长势良好。不耐瘠薄。春季返青早,晚秋枯黄迟,在中国华北地区的绿色期230天左右。

采用播种及营养繁殖。结种量较大,种子较小,播种后覆盖1cm左右为宜。撒播,播种量 $6\sim8g/m^2$。营养繁殖可采用小草块栽植法:把植株带土挖起,分成直径5~7cm的小草块,梅花型穴栽,以地下部分埋入土中为标准,穴距10cm。养护管理必须细致,要经常喷水、剪草。每年追施氮肥或复合肥料3~4次。剪草要及时,留茬高度3~4cm。

欧、美等国家已选育出适应不同立地条件及有形态特点的品种,如'瓦巴斯'(cv. Wabash)、'恩托佩'(cv. Entope)、'梅里安'(cv. Merion)等。绿色期较长。

园林应用:具横向蔓延的根状茎,绿色期较长,耐半阴,叶色浓绿,观赏价值较高,在进行乔木、灌木、草本植物立体配置时,可用作园林底色。

同属植物约300种,常见栽培的有:早熟禾(*P. annua*),一年生或越年生,叶片质地较柔软,外稃基盘无绵毛。加拿大早熟禾(*P. compressa*),秆扁平,又名扁茎早熟禾。叶色深绿,观赏价值较高。林地早熟禾(*P. nemoralis*),叶舌长0.5~1mm,比草地早熟禾稍短,稍耐阴。

(胡叔良)

草坪景观（lawn scenery） 草坪或与其他观赏植物相互组合所形成的自然景色。因所用植物不同而产生不同的观赏效果和不同的情趣，同时与四周的景物也有密切的关系，所以草坪景观的形成不是孤立的。由于设计的意图不同而有不同类型的组合。

草坪花卉与草坪的组合 草坪边缘或内部点缀一部分非整形式的成片草本花卉。常用球根花卉或多年生宿根草本花卉，很少用一二年生的草本花卉，而使草坪上既有季相变化又不需经常更换。如水仙属、番红花属、玉帘属、香雪兰属、鸢尾属、绵枣儿属、玉簪属、铃兰属等，均适用于草坪点缀。选各属中的种或品种，物以类聚，栽植时采取成群成片，但不成行成列，疏密有致尽量模仿野生的形式。这类草地曾称为“开花草地”或“缀花草坪”，实际上只是草坪景观的一种组合方式，游人步入其中步步生花，有自然野趣。北京地区天然的草地上时常出现紫花地丁、米口袋、野豌豆等成片野花，正是布置这种草坪的参考。

疏林与草坪的组合 落叶大乔木夹杂少量针叶树组成的稀疏片林，分布在草坪的边缘或内部，形成草坪上平面与立面的对比、光与暗的对比、直线地平与曲折林冠线的对比。由于树林稀疏，对比并不强烈，在绿色的统一中有各种深浅绿色的变化，显得很协调。这种组合，冬季阳光遍布草坪，夏季树荫横斜疏林。此类景观在欧美自然式园林中占有极大的比重。

乔、灌、草花、草坪的组合 乔木、灌木、草花环绕草坪四周，形成富有层次感的封闭空间。草坪居中，草花沿草坪周边，灌木作草花的背景，乔木作灌木的背景，在错落中互相掩映，尤其花灌木的配植适当，花期、花色变化万千，成为一幅连续的长卷，虽与外界不够通透，但内部自成一局，草坪上安置玩石散点、雕塑小品，甚至茅亭一座、孤树一株、小池一潭，都很得体。一块草坪如四周景物有可取的山山水水，封闭的程度可以随之变化，以便于眺望和借景。

野趣草坪 人工模仿天然草原。道路不加铺装，草坪也不用人工修剪，路旁的平地上有意识地撒播各种牧草、野花，散点块石、少量仿被风吹倒的树木，起伏的矮丘陵种些灌木丛，甚至假造少量野兔的巢穴，如同人烟罕至的荒原一样。不设坐椅及亭台，但有石块堆成的野炊组合或倒木充作坐憩之用。一泓池水，四周杂草丛生，放养一些野鸭更增加野趣。植物的选择要避免用栽培品种和熟知的外来树种，尽量种植本地的树木和野花、野草，使距离不等但不成直线，杂而不乱，荒而不芜，与四周人工造园的景象洽成对比，特别能吸引游人。

高尔夫球场式草坪 高尔夫球场大部分是起伏的大面积草坪，视线通透开敞，中间偶然设有水池、砂坑，边缘有乔木、灌木形成的防护林带，少数精美的休息室或小亭点缀其间。大型的 18 穴球场透视线最长达 6000m，每穴的要求距离为 90～550m 左右，所以场内有许多不同方向的透视夹景。这种开旷的草坪景观具有一定的趣味性。另有 9 穴的高尔夫球场，面积较小而情趣相似。园林中模仿这种草坪景观，只要求有深远的透视距离，并可以多方向的伸展，或安排适当的尾景于视线的终端，其效果使园景深远通透，并便于园外借景。如视线两旁的树墙边缘有曲折的变化，形成有开有阖的空间，更显得幽深。

规整式草坪 在规整式园林中，常采用图案花坛与草坪的组合，使常绿灌木修剪的图案被绿色草坪所衬托，清晰而协调。无论花坛面积大小，草坪总是成为几何形，对称排比或重复出现。在西方古典城堡宫廷中经常利用这种规整的草坪，求得严整、雄伟的效果。

草坪景观是城市园林中最佳的地面覆盖物，除改善环境的功能外，土面被草坪覆盖，犹如绘制西洋画的底色，上面的景物均得到更佳的装饰效果，犹其坦阔的草坪，更使人胸襟为之一畅。 （余树勋）

草坪植物（lawn grasses; lawn plants） 用以铺设草坪的植物总称。原属于地被植物的一部分，因草坪事业的高度发达，所用植物材料要适于机械化施工和管理，且适应室外生活的需要，已逐渐集中于禾本科与莎草科植物，如早熟禾属、狗牙根属、野牛草属、苔草属等单子叶植物。除少数双子叶植物如马蹄金属（*Dichondra*，旋花科）、车轴草属（*Trifolium*，豆科）可用于草坪外，大部分是禾草类，所以草坪植物也常称为草坪草。适作草坪植物的条件：①有密茂的叶片及根系，或能蔓延生长，长期保持绿色；②耐修剪，生长势强劲而均一，耐机械损伤，尤其在践踏或短期加压后容易恢复；③便于大面积铺设，便于施肥、修剪、喷水等机械化操作；④有较多的种与品种，以适应园林中不同土壤、温度、湿度及光照的条件；⑤开花及休眠期对景观影响不大；⑥叶片破损后不致流出汁液或散发不良气味。按以上的要求，经过长期的选育，已有很多草坪草供应多种绿化及室外活动的需要，如北方常用的草地早熟禾（*Poa pratensis*）、黑麦草（*Lolium perenne*）、紫羊茅（*Festuca rubra*）、剪股颖（*Agrostis* spp.）等种的品种很多，可供选择。南方气候下常用的如狗牙根（*Cynodon dactylon*）、结缕草属（*Zoysia*）、假俭草（*Eremochloa ophiuroides*）等所属的种和品种。当今世界都在为自己国家的自然条件和需要，而研究并选育适用的草坪植物。此外，也在研究不同草种（品种）群体的最适混合比例。 （胡叔良 余树勋）

草圃（turf production nursery） 专门繁殖生产草坪植物的场圃。1949 年以前，上海市郊区及江苏省常熟市等地首先经营草圃，生产繁殖狗牙根、结缕草、假俭草等暖地型草坪植物,供应上海作私人花圃的种植材料。1949 年以后,上海、青岛、天津、广州等市私人花圃改造为提供居民游憩的场地,公共绿地面积逐年扩大,草坪植物的需要量逐年增加,草圃经营者也陆续增多。经营历史较久的草圃,有常熟杨园草圃及广州三元里草圃等。80 年代初期以后,各地草圃如雨后春笋般地建立。一些城建园林和农林系统的苗圃及农场兼营草皮,有的科研单位及高等院校也设立了草圃。随后,国营及私营草坪公司出现在中国市场上。这些公司以经营草皮为主,同时经销国内外草坪植物种子。

根据中国夏季酷热期长的气候特点及各地土壤等条件的差异,中国草圃区域大体划分为南方草圃、北方草圃及过渡地区草圃:①长江流域以南,主要生产繁殖狗牙根(及其改良种)、假俭草、地毯草、钝叶草、细叶结缕草、结缕草等暖地型草坪植物;②黄河流域以北主要生产繁殖匍茎剪股颖、草地早熟禾、加拿大早熟禾、林地早熟禾、紫羊茅、苇状羊茅、意大利黑麦草等冷地型草坪植物,同时可生产繁殖耐寒冷、耐旱的暖地型草坪植物,例如野牛草、结缕草等。③长江流域至黄河流域过渡地区,除要求积温较高的地毯草、钝叶草和假俭草外,其他暖地型草坪植物及全部冷地型草坪植物都可生产繁殖。

草圃生产应重视引种,选育本国、本地草种,如中国原产的狗牙根、结缕草、细叶苔草(羊胡子草)、草地早熟禾等,逐步扩大生产,渐次代替草籽大量进口的现状。 (胡叔良)

草珊瑚 (glabrous sarcandra) *Sarcandra glabra*,别名九节花。金粟兰科草珊瑚属常绿亚灌木。高约 1m,叶对生,柄短,近革质,卵状披针形,缘有粗锯齿。短穗状花序顶生,花小,两性,黄绿色,无花被。花期 6 月。核果球形,红色,果期 8~9 月。同属植物仅 2 种,产南亚和东南亚一带,中国江南各地亦产。性喜温暖湿润气候,要求荫蔽,不耐寒。播种、分株和扦插繁殖。可于春秋两季进行。园林中作林下荫湿处地被,长江流域及以北地区作盆栽。全草入药。 (费砚良)

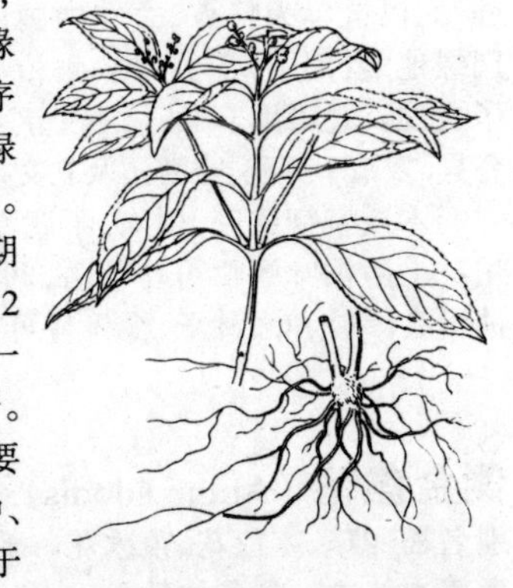

草原龙胆 (prairie gentian) *Eustoma russellianum*(*E. grandiflorum*),龙胆科草原龙胆属一二年生草本植物。茎直立,灰绿色,株高 30~60cm。叶对生,灰绿色,卵形至长椭圆形,花成圆锥花序排列,萼上有狭龙骨状棱;花冠钟状,淡紫、淡红、白等色,或花中心部分暗紫色,花冠裂片直立或外曲,边缘不整齐。夏天开花。种子小。有高型晚花、高型早花和矮型早花等类品种。著名品种有:'紫冠'(cv. Prima Violetta),重瓣,紫花;'白冠'(cv. Prima Blanche),重瓣,白花;'珍珠小姐'(cv. Miss Pearl),单瓣,粉花;'紫苑'(cv. Shien),单瓣,紫红色;'白肩'(cv. Hakusen),单瓣,白花等。

原产美国内布拉斯加州、德克萨斯州。喜温暖湿润环境,但不耐水湿。生长适温 15~28℃,生长期间夜间温度不宜低于 12℃,较耐寒,冬季可耐短期的 0℃低温。在 5℃以下低温中,叶丛呈莲座状,不能开花。高温、长日照可促进花芽分化,低温下长日照效果不明显。要求疏松肥沃、排水良好的土壤,忌连作。

繁殖栽培:播种法繁殖,可于 9~10 月(温室)、2~3 月(冷床)或 1 月(温室)播种,4 月中下旬栽于露地。多用盆播,可将砂与泥炭各 50%配成保水、排水均佳的盆土,表土宜细。因系喜光性种子,播后不覆土,在 20~25℃条件下,10~15 天发芽。播种前容器、用具、盆土要严格消毒,播后细心管理,保持适宜温度和适度湿润。移植断根易诱发病害,故仅于发芽后间苗 1 次,待真叶 4~5 片时直接上盆定植。为延长切花供应期,可行促成和抑制栽培。从 3~10 月陆续播种,则 4~12 月开花。切花后加强水肥管理,70~80 天后又可第二次剪取切花。在 9 月以后增加光照,对生长和开花有促进作用。盆花生产,常用矮化处理措施,使株型低矮,株态丰满。一般 11~12 月播种,在生长期用 B9 300 倍液处理,每 40~50 天处理 1 次,成蕾期处理尤为重要,翌年 6 月开花。草原龙胆株态轻盈潇洒,花色典雅明快,多用于切花和盆花。 (秦魁杰)

草紫薇 (procumbent cuphea) *Cuphea procumbens*,别名平卧萼距花。千屈菜科萼距花属一年生草本植物。茎基部平卧,上部直立,高 20~50cm。全株被粘质紫色长腺毛。叶对生、纸质、卵状披针形。总状花序,花单生节上,花梗极短,长仅 2mm,花瓣 6,玫瑰紫色或淡紫色。花期 6~10 月。原产墨西哥。喜温暖和光照充足,不择土壤。春播繁殖,秋后大量开花,夏花少但枝叶繁茂。7~8 月播种也可正常开花,但植株更矮小。上海、北京有引种,常用于温室盆栽,供观赏或作插花,也用于布置庭园及花坛。

(王彩云)

侧柏 (Chinese arborvitae) *Platycladus orientalis*,柏科侧柏属常绿乔木。染色体数 2n = 2x = 22。

有3000年以上的栽培历史。《禹贡》、《三辅黄图》中都有记载。至今在中国各地侧柏古树甚多。

形态特征及分布　高20余米,胸径1～4m,冠幅达1.78m。幼树及青年期树冠塔形,老树广圆形。小枝直展、扁平。叶全为鳞形,淡绿色,冬转土褐色,先端微钝、对生。雌雄同株异花,花期3～4月。球果卵形,褐色,果鳞先端反曲,种子长卵形,长6～8mm,当年10

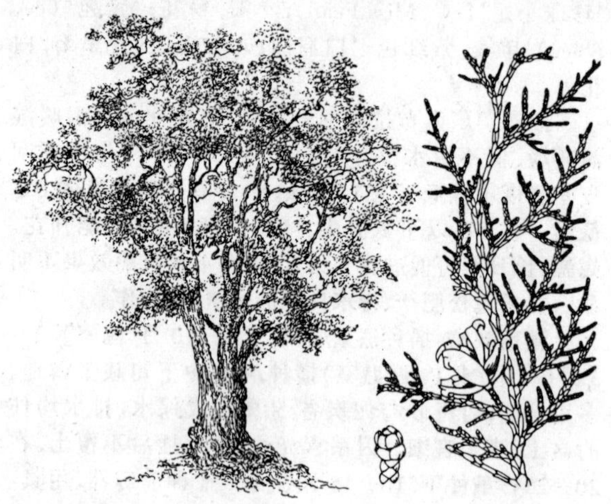

月成熟。常见的品种有:'千头'柏(cv. Sieboldii),别名子孙柏、凤尾柏、扫帚柏。丛生灌木,树冠近球形,高3～5m,无主干,枝叶茂密,叶色鲜绿。喜肥土。播种繁殖时多数子代遗传固有的"千头"特点,也可扦插繁殖。'金枝千头'柏(cv. Aurea Nana),别名'洒金千头'柏,高1.5m,嫩枝叶黄绿色。'金黄球'柏(cv. Semperaurescens),别名'金叶千头'柏,矮灌木,树冠球形,高3m,叶全年金黄色。'金塔'柏(cv. Beverleyensis),别名'金枝'侧柏。小乔木,树冠塔形,叶金黄色。'窄冠'侧柏(cv. Zhaiguancebai),常绿乔木,树冠窄圆柱形,干直,分枝细,向上或斜上伸展,叶亮绿色,生长旺盛。宜密植。中国徐州有栽培。'北京'侧柏(cv. Pekinensis),乔木,高18m;枝较长,小枝纤细,叶小,树姿优美。产于北京市,1861年引入英国。'圆枝'侧柏(cv. Cyclocladus),小枝细长、柔软,横断面圆形,全树婆娑多姿,观赏价值较高,系中国山东新发现。播种天然授粉种子,子代中有24.73%保持母株特征。

原产中国黄河中下游及淮河流域,现西藏自治区至沿海,黑龙江省至广东省皆有分布,自平原至海拔4000m均有侧柏栽培。

生态习性　温带树种。喜光,幼时较耐阴,20年后需光量大增。在排水良好、湿润、肥沃土壤中生长良好。适应性强,耐干冷气候(-27～-35℃、相对湿度接近0%、年降水300mm),耐热(40℃),也能在年降水1600mm暖湿气候下生长;对土壤要求不严,从酸性、微碱性(pH值8～9.71)至钙质土皆可生长,在干旱瘠薄的阳坡石缝中也能生存,并能耐紧实土壤。浅根性,侧根发达,抗风力弱。萌芽力强,耐修剪。对二氧化碳、氯气、氯化氢、氟化氢、铅等抗性较强,滞尘力强,对氧化氮、臭氧及烟害抗性较弱。长寿树种,山西太原晋祠"周柏"已3000年;河南登封嵩阳书院"二将军"柏已2500年;山西介休西欢村"秦柏"约有2200年历史,胸径3.95m;山东泰安岱庙"汉柏",约2100年。

繁殖栽培　播种繁殖,播前用30～40℃温水浸种12小时后,置暖处催芽,有半数的种皮开裂即可播种。当年苗高25cm,三年生苗高60～70cm,可做绿篱用;5～6年苗高2m,可用于园林绿化,移栽大苗需带土球。彩叶品种可扦插繁殖。侧柏的病虫害主要有叶枯病、煤污病(*Cladosporium* sp.)、赤枯病(*Cercospora* sp.)、侧柏毒蛾(*Parocneria turva*)、柏小爪螨(*Oligonychus hondoensis*)、双条形天牛(*Semanotus bifasciatus*)等。

侧柏育种目标主要是:①树姿新奇别致,引人入胜。②抗逆性强而生长迅速。③抗病虫害。④叶色变化,包括彩斑及冬季叶不变褐等。世界范围内长期主要依靠选种,尤其是优株评选。中国通过大规模侧柏种源试验,已揭示出地理变异模式,划分了种源区,提出主要地区的优良种源。

园林应用　侧柏枝干苍劲,气魄雄伟,为良好的观赏树,在中国北方园林绿地中普遍应用。宜用于风景林或作园景树。栽植侧柏于寺庙园林、陵墓园林,是中国自古以来的一种传统手法,有肃静清幽气氛,如北京天坛、中山公园、陕西黄陵县黄帝陵园及山东泰安岱庙、山西晋祠、河南登封嵩阳书院等处,皆以古柏为主题。在园林中欲成片栽植时,则以与圆柏(桧柏)、松类、黄栌、椿树等混交为佳,如以侧柏与圆柏混交,浑然一体,犹如纯林,且能防止病虫蔓延。由于侧柏抗逆性强,尤以抗旱为特点,故在中国西北城市,如兰州的公园绿地,就用了'千头'柏、侧柏等配植成混交林,取得了成功。也可用于工厂及'四旁'绿化。其栽培品种色姿各异,多植于庭院、小游园及立交桥等处作重点装饰用。

木质坚韧致密,耐腐,不翘不裂,可供建筑、桥梁等用材。侧柏叶磨粉可作线香,可提取侧柏精。种子榨油可食。枝、叶、种子、根等皆可入药。

(凌　靖　陈俊愉)

侧金盏花(Amur adonis)　*Adonis amurensis*,别名福寿草、冰凉花、顶冰花。毛茛科侧金盏花属多年生草本植物。染色体数2n=16。株高10～30cm,茎直立或稍倾斜,绿色。叶片少,3回羽状分裂,小裂片披针形。先花后叶,花单生枝顶,径3～5cm,橙或黄色,萼片9枚,上端微具波状齿,与花瓣近等长,瘦果倒卵形集成球形。花期3～4月,果期4～5月。原产中国北部及西伯利亚、朝鲜、日本。多生于杂木疏林下、林

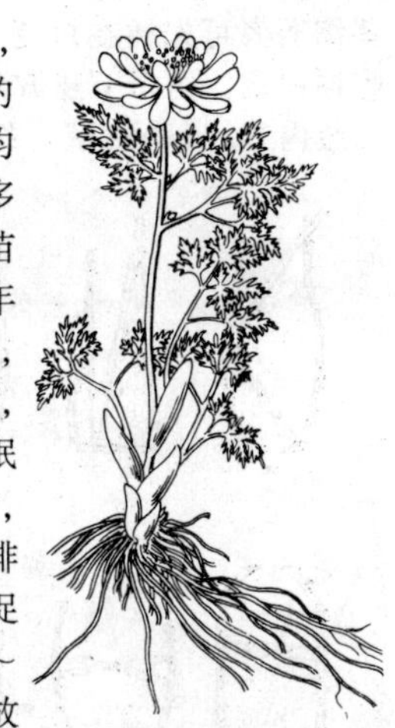

缘及坡地。耐寒，喜温暖湿润，要求疏松、肥沃及排水良好的砂质壤土，向阳或部分荫蔽均可生长。播种或分株繁殖。多秋播或于早春温室育苗。幼苗生长缓慢，播种植株需4～5年开花。分株宜在休眠后进行，将休眠植株挖起，分开休眠芽，另行栽植。盆栽3～5个休眠芽为一丛，盆土以腐叶土为主，加入适量肥料。地栽要选择排水良好的地块，株距20cm。促成栽培需先将植株置于0～5℃环境中，经1～2天后再放入15～20℃温室内，并给以充足阳光，约半月后可现蕾开花。福寿草顶冰而出，早春开花，有“林海雪莲”的美称。花色金黄，植株低矮，可做花坛、花境、林缘、缀花草坪的材料，或为假山岩石园的配置材料，也可盆栽观赏。全草可入药。

侧金盏花及其近缘种，株矮花早，玲珑可爱，已在北京引种。

同属植物30种，分布欧、亚两洲。常见栽培的还有：夏侧金盏（*A. aestivalis*），一年生草本植物，高30～45cm，顶部有少量分枝，花深红色，径2.5～3.5cm，花期6～7月。原产欧洲。其变种有柠檬黄侧金盏（var. *citrina*），花为柠檬黄色。小夏侧金盏（var. *parviflora*）、叙利亚侧金盏（*A. aleppica*），株高约25cm，茎单生或少分枝，花少，顶生，红色，径3.5～5cm，原产叙利亚。秋侧金盏（*A. annuasyn*），高20～50cm，多分枝，深红色花，中心部位色暗，径约2cm，花期在夏、秋季，原产西亚及中欧。春侧金盏（*A. vernalis*）多年生草本，高10～45cm，茎单生或少分枝，黄色花，径5～7cm，花期在春夏。原产欧洲。

（费砚良）

插花（flower arrangement） 以切花、切叶为素材，经过构思和设计对花材剪裁、造型后，插入盛水的容器（或用其他方法保持水分）所创作的花卉装饰品。如瓶花、盘花、花环、花束等。插花作品讲求造型优美、色彩协调、气韵动人，所使用的素材是具有生命力和富于变化的植物材料，因此具有强烈的艺术感染力。由于插花形式多样，在装饰上还具有随意性。插花的风格、形式及内涵常受国家、地区的历史文化影响，也与使用目的密切相关。

依风格区分为西方式插花、东方式插花和现代自由式插花等。西方式插花：以欧美等国家传统插花为代表。主要特点是多呈几何形和图案式构图，花材用量较多，着重表现造型及色彩美，具有热情奔放、端庄大方的艺术风格。东方式插花：以中国和日本传统插花为代表。主要特点讲求构思及意境，多采用非对称式构图。善用木本花材，用量较少，并着重表现花材神韵及形体美，优美典雅，意境深邃。现代自由式插花：兼收并蓄东、西方插花特点。主题重于写意或遐想，不拘泥构图形式，除使用花材之外常运用尼龙纱、饰纸等各类饰物烘托气氛，具有思路广泛、自由和抒发个性的时代风格。其中一些作品体量较大，通常脱开插花器皿和花材的局限性，可在门厅及室外应用，也可称为花艺。

依用途区分为**礼仪插花**和**艺术插花**两种。

依花材性质区分为鲜花插花、干花插花和人造花插花等。鲜花插花：用新鲜的花材创作的插花，富有生机，但因水养期有限，养护管理较费工。干花插花：用干花材创作的插花，观赏期长，无需像鲜花材那样的养护管理。人造花插花：用丝绢、涤纶布等为材料，人工仿制的花材所创作的插花。也有用以上三种花材相互搭配创作的插花。

（王莲英）

插花花材（materials for flower decoration） 插花创作中所使用的枝、叶、花、果等材料。确定插花主题并经过构思后，还要选择适宜的花材，才能从姿、格、神、韵及寓意上完善地体现构思中的意境和主题。

花材选择标准：①应选用生长健壮、无病虫害、无异味的花材。②花期较长、花朵及枝叶水养持久。③枝、叶、花、果具有较高的观赏价值。插花作品中以运用花朵者居多，因为花朵代表性格，富有寓意；花朵的孕蕾、含苞、怒放表现了生命的节奏和韵律。木本植物的茎干是中国传统插花中的习用花材。如竹子的挺拔、松枝的苍劲、梅枝的横斜、藤蔓的回旋，韵味无穷。此外，也有把叶片做主花材的，如用万年青象征吉祥如意等。现代插花作品中，切叶材料更加广泛，除使用天门冬、文竹等绿色叶片外，还包括百合科、天南星科的彩叶植物及一些蕨类。④具有寓意。中国文学艺术和民间习俗中，常以花拟人，赋予不同花草以一定象征，或取其吉利语，来表现作品的主题和意境。如疏影横斜的梅枝，表现苍劲古朴和不畏严寒的气质，常与松、竹搭配，寓意“岁寒三友”。玉兰花大洁白、俏立枝头，显现高贵的气质，常与海棠、迎春、牡丹等花材搭配，象征“玉棠春富贵”。此外，用百合插花，取其“百年好合”的吉利语，使用吉祥草则预示家有喜庆事等。现代插花作品中，象征友谊、爱情、和平的各种花材多见应用。⑤注意季节特色及开花习性。随着季节的推移，有不同的花材显示时令特色。明代袁宏道《瓶史》中有：“入春为梅，为海棠；夏为牡丹，为芍药，为安石榴；秋为木樨，为莲、菊；冬为蜡梅。”因此花材也是表达季节的语言。民间常把南天竹与蜡梅搭配插花，不仅花材的姿、色、香完美，更有鲜明的季相特色。此外，还应掌握花卉的开花习性，选择适宜的剪切时间。如月季花宜在含苞待放时切取；非洲菊应在盛开时切取；晚香玉则宜在花序绽开1～2朵时剪取。（吴涤新）

插花技术（technique of flowers arrangement）

对插花花材进行剪截、加工和固定等的作业。创作插花作品时，对选用的植物材料进行剪截，去掉病枝残叶，并根据构图需要，推敲取舍部位，剪成适宜的长度和形状。花枝修整时，常去掉皮刺，并酌情疏叶、去蕾。

按构图要求，对花材造型加工，改变或矫正枝条的自然曲度或叶片的原有形状。依花材大小、质地不同，方法各异。坚硬粗壮的木本枝条可用刻伤法，在所需部位刻伤1～2个缺口，深度约为枝粗的1/3，顺势弯成所需弧度。纤细柔韧的枝条可在水中用手弯曲。草质茎用手指逐渐揉弯或用铁丝穿入茎内，借助铁丝的力量达到所需曲度。叶片可剪裁、撕裂，用手卷曲或借助大头针、胶带及金属丝等进行造型，如在叶背、叶柄处用胶条与细铁丝粘贴在一起加固，用来改变叶片弯曲度或伸展方向。花朵的造型加固主要方法有：①穿刺加固。将铁丝水平刺入子房，然后折向花梗。②穿茎加固。将铁丝穿入中空或柔软的花梗内。③作环加固。将铁丝弯成环形，托住花头（图1）。固定花材的

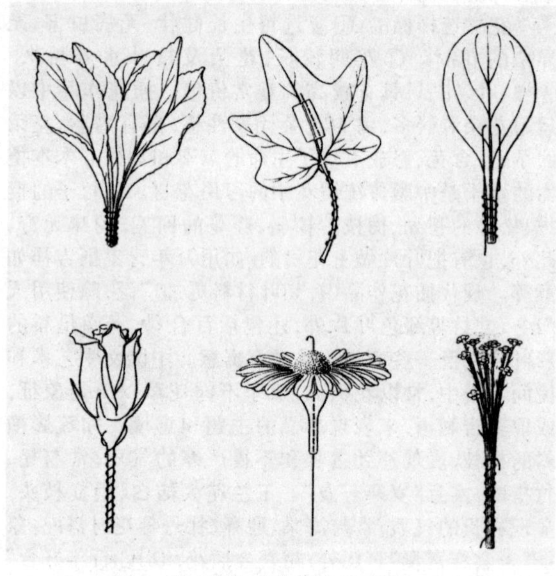

图1 花、叶加固方法示意

主要方法：①花泥固定。多用于大口浅盘式容器和花篮。花泥吸水后，按容器大小削成适宜形状，放入容器内。大型作品还应在花泥外包裹金属网罩，把花材基部斜切后插入花泥。②花插固定。多用于艺术插花，适于盘及宽口容器。花插放入容器，将花材插在针座上。依花材茎干质地不同，可直接插入或组合成束插入。木本枝条可将基部剪裂或斜切，扩大断面后插入；茎细弱者可先插在粗茎上，再插于针座。③细口高瓶容器固定。可用下述方法固定花材：折曲花枝，使其靠在瓶内壁，借助瓶壁支撑固定；用小段枝条作成“丁”

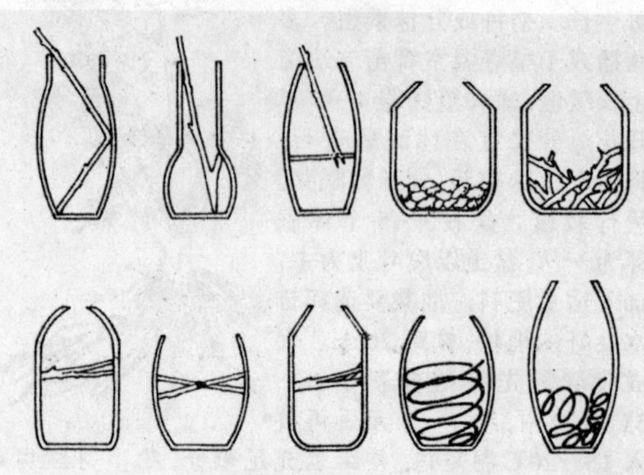

图2 细口高瓶容器的花材固定

字、“V”字、“十”字形架，卡在瓶内口以固定花材；把铁丝卷成团或短枝条交错后放入容器固定。此外还有将玻璃球、小卵石放入容器，将花材插入缝隙等固定方法（图2）。（刘 燕）

插花历史（history of flower arrangement）

插花历史的沿革、形成与发展常以哲学思想、文化习俗为基础，其兴衰变化又受到经济发展的制约。古人由欣赏花卉自然美发展到对折枝花的观赏。中国最早的诗集《诗经·郑风》中就有用芍药做折枝花的记载。西汉刘向《说苑》有“越使诸发执一枝梅遗梁王。梁王之臣韩子曰：‘恶有一枝梅乃遗列国之君乎？’”说明当时江南已有早春赠梅的习俗。折赠梅枝途中必需水养，送到后也需水养，可见插花于瓶，由来已久。

魏晋南北朝，是中国插花的初级阶段。此时的插花与佛教密切相关，采用佛像前供花的形式。《南史·晋安王子懋传》载：“有献莲华供佛者，众僧以铜罂盛水，渍其茎，欲华不萎。”北周庾信在《杏花诗》中云：“春色方盈野，枝枝绽翠英；依稀映村坞，烂漫开山城；好折待宾客，金盘衬玉琼。”此时的插花虽以供花为主，民间也已开始应用。

隋、唐时期插花在形式和题材上突破了佛教意识的局限性。通过插花活动提高了技艺，并有插花著作问世。《花九锡》（唐代罗虬）是中国较早的插花著述，书中从花材的剪取、用水、器皿到放置环境均有论述。此时，插花的形式也从盘花、瓶花等扩展到挂花、缸花等大型插花。花材选用也注重品格和寓意，常以牡丹、梅花、兰花、木芙蓉、杜鹃花等做主题花材，追求宫廷的隆盛豪华或民间的清新高雅格调。

五代时期战乱频繁，除南唐仍盛行宫廷插花外，文人雅士常用插花宣泄内心不平，突破传统的庄重风格，

形成不拘一格、追求自然的自由式插法。南唐后主李煜倡导插花。《清异录》(宋代陶谷)中载"李后主每春盛时,梁栋窗壁,柱栏阶砌,并作隔筒,密插杂花,榜曰'锦洞天'"。文人也以清新脱俗的自由式插法为时尚。此时插花器具也有创新,郭江洲在铜盘上设置多数铜管称为"占景盘",是插花的专用器具。

宋代是中国插花的昌盛时期,插花活动盛况空前。《墨庄漫录》(张邦基)载"西京牡丹闻于天下,花盛时太守作万花会,宴集之所,以花为屏帐,至于梁栋柱拱,悉以竹筒贮水,簪花钉挂,举目皆花"。插花活动除宫廷之外,民间亦然。欧阳修在《洛阳牡丹记》中有"洛阳之俗大抵好花,春时,城中无贵贱皆插花,虽负担者亦然"的记述。宋时崇尚礼学,构思也强调理性和意境。构图讲求"清"、"疏",并注重线条美。花材除保持自然美外,还辅以曲枝造型的人为加工。随着插花技艺的提高,还有《分门琐碎录》、《山家清事·插花法》等有关书籍问世。

元代宫廷中仍承袭隆盛的插花形式,而民间则处于低潮。

明代插花得以再次发展,在技艺上更加完美,理论上臻于成熟。插花专著先后问世,其中以张谦德著《瓶花谱》(公元 1595)和袁宏道著《瓶史》(公元 1599)影响最为深远。《瓶史》中以瓶花的"宜"、"忌"、"法"及花目、品第、器具、择水、宜称、屏俗、花祟、洗沐、使令、好事、清赏、监戒等十二条为纲,对插花作了全面论述。又提出插花的艺术性"令俯仰高下,疏密斜正各具意态,得画家写生折枝之妙,方有天趣"。为中国插花理论的形成打下了坚实的基础。《瓶史》约在 1696 年传至日本,对日本花道的形成及发展有很大影响。

清代,在花鸟画及盆景风格的影响下,写实性的盆景式插花开始流行。花材选用注重名贵品种和具象征意义及带谐音的植物。《浮生六记》(沈复)对花材的剪切、加工和固定均有精湛的论述。清末,外国文化输入,新文化兴起的同时,上海等沿海城市插花活动再度复苏,不仅西方的插花技法和风格传入国内,外国的花材在中国也有所应用。

1991 年成立了中国插花花艺协会,并在全国举办了插花展览和比赛。一些城市在国际比赛中获奖。中国插花在继承与发扬民族传统风格的基础上,朝着富有时代感的方向前进。 (虞佩珍)

插花器皿 (containers for cut flowers) 插花应用的容器不仅能容水以保养花材,也是构成插花作品的重要部分。器皿的形状、质地、体量和色彩应与作品风格、花材种类以及环境相协调。忌选色彩过分鲜艳及造型繁杂的容器。花材的固定器和其他配件也为插花器皿的组成部分。

容器的基本类型有瓶和盘。盘有方形、圆形、椭圆形、菱形、多角形等,盘底有平底或底部有突出的短脚之分。瓶是口小而体形较高的容器,形状各异。插花用瓶的瓶口不可太小,以保持空气流通。此外还有筒、缸、钵、盂、高脚盘等高低不同的各式容器(见图)。

插花容器

中国古代常用盛酒器皿插花。明代张谦德《瓶花谱》中记载:"铜器可用插花者:曰尊、曰罍、曰觚、曰壶,古人原用贮酒,今取以插花极似合宜。"此外历代还注重器皿造型和质地,这在明代《长物志》(文震亨)中多有记载。如:"春冬用铜,秋夏用磁","古铜汉方瓶,龙泉、均州瓶,有极大高二三尺者,以插古梅,最相称。""大都瓶宁瘦,无过壮,宁大,无过小,高可一尺五寸,低不过一尺,乃佳。"

传统的插花器皿也有设底座的。现代插花容器除上述之外,也有玻璃制品及藤、竹、木制品等。还有的用生活器皿及工艺品做插花容器。

插花固定器常用的有:①插花器(花插)。是用铜、锡等金属制成,底部平,上面密集而整齐地排列着向上的粗针,有圆形、方形、长方形及菱形等,将花材插在针上固定。②花泥。是一种固定花材的新型制品,质地轻松,吸水力强,可根据需要切成各种形状。用前先浸透水,将花材插入固定,使用方便。此外还有用玻璃、瓷及金属制成的各式固定器。中国古代还有一些特有固定花材的器具,如五代郭江洲发明的"占景盘",盘内铸多数铜筒用以固定花材;宋代的十九孔花插,六孔瓷器;明代的七孔珐琅制品等,都是较早的插花固定器。

根据构思需要,插花作品还常选用一些小工艺品,如人物、动物、建筑物和山石等做为插花的配件。但在造型、体量、质地和色彩上应与花材和器皿协调，种类及数量均不宜太多，只起提示主题和画龙点睛的作用。中国古代还常选用特殊物品作配件，如用玉或檀香木制的如意作配件与万年青搭配，表示“万事如意”的内涵。（虞佩珍）

茶梨（common anneslea） *Anneslea fragrans*，别名红楣、猪头果、胖婆茶。山茶科茶梨属常绿乔木。高达15m，树冠阔卵形。叶簇生枝顶，椭圆形或长圆状披针形，长4.5～15cm，全缘；花数朵至10余朵生于近枝顶，花较大，径约5cm，花瓣膜质，白色，花萼肥厚，红色，果时增大；花期2～3月。浆果近球形，径约2cm；果期8～9月。产中国云南、贵州、广西、广东、江西、湖南、福建等地，缅甸、泰国、老挝、尼泊尔也有。喜温暖湿润，稍耐庇荫，常于谷地同其他常绿阔叶树种混生。播种繁殖。茶梨冠形整齐，枝叶浓密，花果繁多，观赏价值较高。在南方可作园景树，丛植或孤植，或于小路旁，草地边缘等处种植。（向其柏）

檫木（Chinese sassafras） *Sassafras tzmum*，别名檫树、桐梓树、黄楸树。樟科檫木属落叶乔木。染色体数 $2n = 2x = 24$。高达25m，树皮黄色，后变灰色，有纵裂。小枝绿色；单叶互生，卵形或倒卵形，全缘或1～3浅裂，具明显三出脉；短圆锥花序顶生，花黄色，先于叶开放，花期3月；核果近球形，蓝黑色，被白粉，果托、果柄红色，8月果熟。主产中国长江以南，分布于北纬23°～32°，常见于安徽、湖北、湖南、四川、贵州、江苏、浙江、江西、广东、广西等地，适生温暖湿润，雨量充沛，年均温12～20℃，年降水量1000mm以上的地区。喜光，具深根性，萌芽力极强，幼苗不耐霜冻，常由此引起枯梢。播种或分根蘖繁殖，果实易被鸟食，成熟后应及时采收，一般出苗率为80%。苗期有茎腐病危害。

檫木春开黄花，且先于叶开放，叶形奇特，秋季变红，花、叶均具有较高的观赏价值，可用于庭园、公园栽植或用作行道树，也可用于山区造林绿化。

（朱国芳）

柴荆芥（staunton elsholtzia） *Elsholtzia stauntonii*，别名香荆芥、华北香薷。唇形科香薷属落叶小灌木。染色体数 $2n = 16$。高达1～2m。叶对生，披针形至椭圆状披针形，长8～12cm，总状花序，长7～13cm；花玫瑰紫色，花期9～10月。小坚果椭圆形；果期11月。产中国河北、山西、河南、陕西、甘肃等地。喜光，也耐荫蔽；适生湿润而排水良好的肥沃壤土。播种繁殖。本种株型矮小，秋季开花，适宜在公园、庭园的湖边、溪旁及林缘栽植。同属植物园林中栽培的还有鸡骨柴（*E. fruticosa*），花白色至淡黄色，产中国西南部地区，印度、尼泊尔也有分布。（郭生桢）

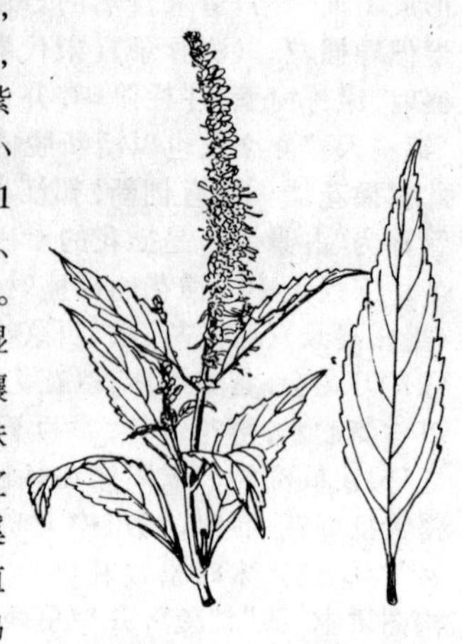

缠枝牡丹（wild morning-glory） *Calystegia dahurica*，别名篱打碗花。旋花科打碗花属多年生草本植物。茎缠绕或匍匐，分枝，叶箭形或戟形。花单生叶腋，具长梗，有棱角，苞片2枚、佝偻状，卵状心形，花冠5浅裂，漏斗状，粉红色，长4～5cm。蒴果球形，种子卵圆状三棱形、黑色。原产中国，朝鲜半岛、日本、俄罗斯等国也有分布。在中国从黑龙江到广东、广西的生荒地和路旁常见分布。能适应干寒和湿热气候，也耐瘠薄。播种繁殖，栽培容易。是棚架、篱垣绿化美化的良好材料。（秦魁杰）

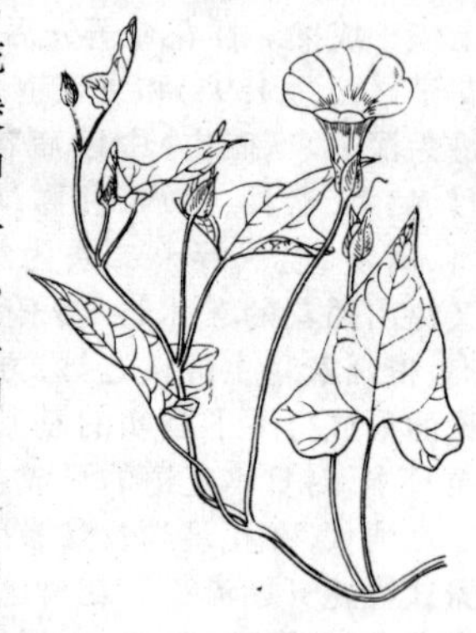

蟾蜍花（toad lily） *Tricyrtis formosana*，百合科油点草属多年生草本植物。染色体数 $2n = 25, 26, 52$。株高60cm，茎常呈拱形而降低植株高度，具短匍匐根茎，叶互生，倒披针形。下部叶长可达12cm，阔2.5cm。疏散聚伞花序顶生。花少数，白色或淡紫，有少量紫斑，钟形，裂片6枚。花长2.5～3cm。花期夏、秋季。原产台湾。耐寒力弱，耐阴。喜含泥炭的砂质壤土。用分株或播种繁殖。用于暖地岩石园或荫园。

（王大钧）

菖蒲（calamus） *Acorus calamus*，别名水菖蒲、药菖蒲、臭蒲。天南星科菖蒲属多年生常绿草本植物。染色体数 $2n = 2x = 18$。根茎横走，外皮黄褐色，有香

牡丹

1‘豆绿’

4‘烟笼紫’

（本页除署名者外，均为秦魁杰摄）

2‘姚黄’

5‘二乔’

7‘赵粉’

3‘酒醉杨妃’

6‘首案红’

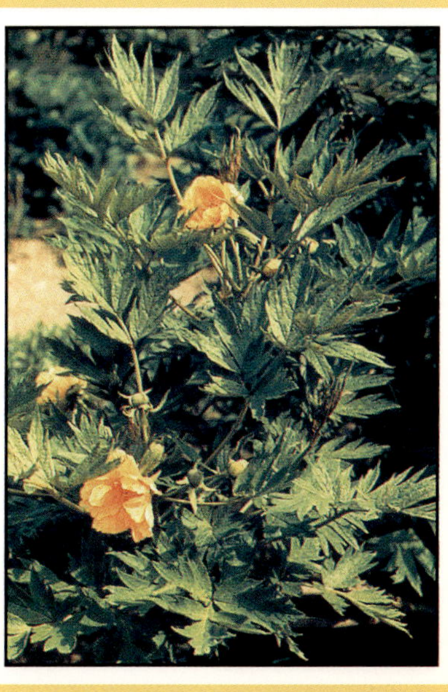

8 大花黄牡丹　　苏雪痕摄

梅　花

9 武汉磨山中国梅花研究中心　　陈俊愉摄

10 ‘北京玉蝶’　　陈俊愉摄

11 ‘小粉台阁’　　陈俊愉摄

12 ‘寒红’　　张启翔摄

13 ‘锦红垂枝’　　梅　村摄

14 ‘中山杏’梅　　陈俊愉摄

15 露珠杜鹃　　余树勋摄

16 羊踯躅杜鹃　　余树勋摄

17 ‘岛红’ 石岩杜鹃　　陈俊愉摄

18 蔷薇杜鹃　　余树勋摄

19 大白花杜鹃　　余树勋摄

20 马缨花（马缨杜鹃）　　余树勋摄

21 灰背杜鹃　　和继祖摄

月 季

22‘春雨’　　李英敏摄

23‘金秋’　　李英敏摄

24 蔓性月季　　闫捷摄

25‘月月红’　　周道瑛摄

26‘金桂飘香’　　李惠云摄

27‘怡红院’　　李洪权摄

月　季

28 ‘黄和平’　　李英敏摄

29 ‘扶本’　　李英敏摄

30 ‘蓝香’　　朱秀珍供稿

31 ‘香紫红’　　李英敏摄

32 ‘杏花村’丰花月季　　朱秀珍供稿

33 ‘轮巴’聚花月季　　朱秀珍供稿

34 ‘红双喜’　　朱秀珍供稿

35 山梅花　　惠　云摄

36 金桂　　卢思聪摄

37 五色梅　　金　波摄

38 山茱萸　　傅小晨摄

39 丹桂　　李英敏摄

40 银桂　　金　波摄

41 玫瑰　　程金水摄

42 重瓣榆叶梅　　陈俊愉摄

43 黄刺玫　　李惠云摄

44 报春刺玫　　陈俊愉摄

45 金银木（果）　　金　波摄

46 金银木（花）　　金　波摄

47 海桐　　李惠云摄

山茶花

48 ‘大红球’(左上) 陈习之摄
49 ‘玛 瑙’ (左中) 陈习之摄
50 ‘花露珍’(左下) 陈绍云摄

51 ‘玉 美 人’(右上) 陈绍云
52 ‘金盘荔枝’(右中) 陈绍云
53 ‘绛 雪’(山茶树)(下) 陈俊愉
54 金 花 茶 (右下) 程金水供

气。叶基生，剑状线形，叶状佛焰苞剑状线形，长30～40cm，肉穗花序斜向上或近直立，长4～8cm，花黄绿色。浆果长圆形，红色。花期3～6月。产温带、亚热带，喜湿润，耐寒，不择土壤，适应性较强，忌干旱。

分株繁殖。多在春、秋两季将植株挖起，剪除老根，二三个芽一丛，栽于盆内，保持土壤湿润。地栽应植于水边湿地，或旱地易浇水处。

菖蒲叶片青翠、光亮，有芳香，适应性强，园林中常用于溪边、池畔栽培，亦可作林下阴湿地被植物，可作花径、花坛镶边材料或盆栽。根茎入药。

同属植物有4种，常见栽培的还有：石菖蒲（*A. gramineus*），别名九节菖蒲、山菖蒲。多年生草本植物，花白色，幼果绿色，熟时黄绿或黄白色。产中国黄河以南各地。长苞菖蒲（*A. rumphianus*），其叶片较宽，叶状佛焰苞长，可达肉穗花序的7～8倍，肉穗花序白色。产中国云南，越南、泰国、印度尼西亚也有。

（费砚良）

长春花（Madagascar periwinkle）

Catharanthus roseus（*Vinca rosea*），别名日日草、日日新。夹竹桃科长春花属多年生草本或亚灌木植物。株高30～60cm。叶对生，倒卵状长圆形。花序顶生或腋生，着花2～3朵，花冠红色，高脚碟状，长和宽均约1.5cm。几乎全年开花结果。栽培品种有：'白长春花'（cv. Albus）花纯白色，'黄长春花'（cv. Flavus）花黄色，'红眸长春花'（cv. Ocellatus）白花红心。原产非洲东部，现世界热带和亚热带地区广泛种植。喜高温，耐半阴，不耐寒，忌湿涝。发芽最适温度为15～18℃，生根温度为20～25℃。喜含腐殖质的疏松土壤，但一般土壤也能生长良好。本种在中国华南地区可以露地栽培，上海可在冷室越冬，长江以北地区多作温室栽培。3、4月份播种繁殖。在长江以北温度较低的地区，可采用温室或温床播种。苗高4～5cm时移植，7～8cm时定植，9～10cm时摘心，促其发枝。可摘心3次，到6、7月份开花。用于花坛、花境和林缘布置，长江以北地区多做盆栽观赏。

（吴万春）

长春蔓（common periwinkle）

Vinca major，夹竹桃科蔓长春花属常绿蔓性灌木。染色体数2n=92，90。高30～40cm。营养茎偃卧，花枝直立。叶对生，椭圆形，长2～7cm。花单生叶腋；花冠漏斗状，径3～3.5cm，蓝色；花期5～9月。蓇葖果双生，直立。栽培品种有'花叶'长春蔓（cv. Variegata），叶片边缘白色，并有黄白色斑点。长春蔓产南欧及西亚，中国江苏、浙江及台湾等地有栽培。喜温暖气候，可在半阴条件下良好生长。扦插、压条或分株繁殖，也可播种。长春蔓是理想的地被植物，可植于林缘、林下或用作坡地及基础种植。

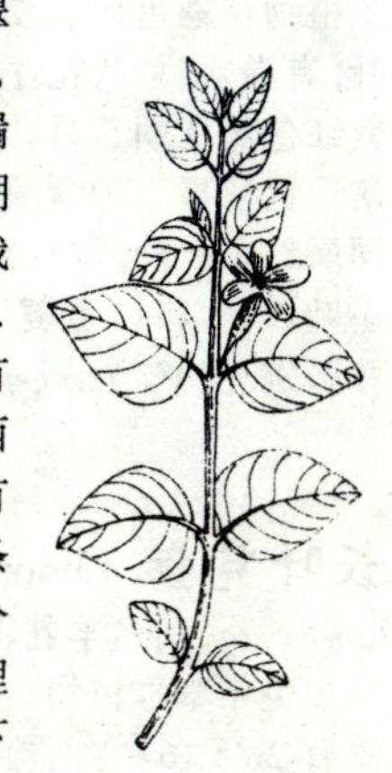

同属中常见栽培的还有小长春蔓（*V. minor*），高约15cm，叶椭圆状卵形至椭圆状披针形，长2～4cm，花蓝紫色，径约2.5cm。产欧洲和西亚，并有不同叶色、花色及重瓣等栽培品种。

（包满珠）

长花忌寒苣苔（magic flower; orchid pansy）

Achimenes longiflora，苦苣苔科忌寒苣苔属多年生草本植物。染色体基数x=11。有具鳞片的地下根茎，株高约30cm，被绵毛。叶对生或3枚轮生，叶片卵形至披针形，叶背色淡或带红色。花单朵腋生。花冠高脚碟状。筒细长，达6.5cm，堇色至紫色，偶带红或白色，檐部偏斜、扁平，裂片5枚，花期晚春至夏季。有白、紫、深红色及大花（花长7.5cm）等品种。有很多变异类型，为本属植物中观赏价值最高者。原产危地马拉及墨西哥。喜温热，不耐霜冻，生长适温16～20℃。小块茎可在冬季至春季分批催芽成苗，以延续花期。适生于轻松肥沃、排水良好的土壤。喜光，但须避免强光直射。花残叶枯后，把盆贮于10℃处，保持干燥。分根茎繁殖。用作温室盆花。

本属植物中常见栽培的还有红花忌寒苣苔（*A. erecta*），叶脉通常红色，叶背带红色，花冠红或玫红色，花冠筒圆柱形，长约1.8cm。原产牙买加、墨西哥至巴拿马。为四倍体种。大花忌寒苣苔（*A. grandiflora*），株高45～60cm，叶卵形，花单生、成对或数朵聚生于短总花梗上，花深红或紫堇色。原产墨西哥。墨西哥忌寒苣苔（*A. maxicana*），株高60cm，花单生，花冠斜漏斗状，长5cm，紫或蓝色。斯氏忌寒苣苔（*A.*

skinneri)，株高近 90cm。叶卵形，花冠筒向喉部扩大，长约 4cm，玫红色，有雪青品种。原产危地马拉。

（王大钧）

长柔毛野豌豆（hair vetch） *Vicia villosa*，别名毛叶苕子、毛茸苕子。蝶形花亚科巢菜属一年生草本植物。染色体数 2n＝14。全株有长柔毛。羽状复叶，有卷须，总状花序腋生。花多且密，花冠紫蓝色或紫红色。花期 5 月。中国北方及长江流域各地广泛栽培。宜秋播。为优良的绿肥和牧草，又是蜜源植物。同属约 150 种，常见栽培的有：歪头菜（*V. unijuga*），小叶 2 个，卵形至菱形，长 3～10cm，先端急尖。三齿萼野豌豆（*V. bungei*），小叶 4～10，矩圆形，无毛。

（王道惠）

长叶党参（bonnet bellflower） *Codonopsis lanceolata*，别名羊乳、奶参、奶薯、山海螺。桔梗科党参属多年生草本植物。染色体数 2n＝16。肉质直根，不规则圆锥形至纺锤形。缠绕茎，多短分枝，具白色乳汁。叶互生，狭卵形。分枝顶端叶 3～4 枚近轮生，叶片菱形至狭卵形。单花着生于短分枝顶端。花萼 5 片，裂片叶形，花冠黄绿带紫色，浅蓝或紫色上有紫色线或斑点，钟状，长可达 3.5cm，先端 5 浅裂。花期 6～8 月。蒴果，种籽一侧具翅。原产东亚与中亚。中国华南、西南与东北均见分布。自生于林下、沟边。种子繁殖，早春播种，移植一次后定植。可用于草地与丛林的交接地带、花境及花坛边缘。

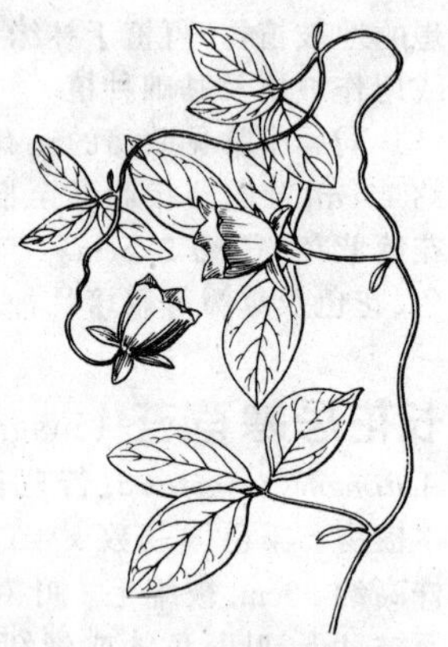

（郑 恭）

常春藤（ivy） *Hedera nepalensis* var. *sinensis*，别名中华常春藤、爬树藤。五加科常春藤属常绿藤木。茎长可达 20 余米，有气生根，附着它物攀援。叶互生，二型性，不育枝上叶为三角状卵形或戟形，全缘或 3 裂；花枝上叶椭圆状披针形或披针形，全缘。伞形花序顶生，花淡绿白色，具芳香。核果球形，熟时红色或黄色。分布于中国华中、华南、西南和西北的甘肃与陕西。适应性强，喜稍为蔽荫环境，但在光线充足或不见直射阳光的室内也能正常生长。较耐寒。宜中性或微酸性土壤。可用扦插、分株、压条法繁殖。茎匍匐地上，节处可自然生根形成新株。常春藤生长强健，容易栽培。宜用水藓、腐叶土和园土混合盆栽。光照不足、气温高的季节，要注意喷水降温和通风。易受卷叶螟、介壳虫、红蜘蛛等为害，可将内吸式杀虫剂埋于植株基部防治。常春藤是优美的攀援植物，叶形秀美，四季常青，极耐室内环境，是世界上很受欢迎的室内观叶植物。也是阴面阳台、棚架和垂直绿化的良好材料。还可作插花用的切枝和荫处地被。

同属还有 4 种，分布于亚洲、欧洲和美洲北部。西洋常春藤（*H. helix*），茎长 30m，叶 3～5 裂，花枝上叶卵形，全缘。叶面深绿有光泽，叶脉色淡。原产欧洲、亚洲、北非。加拿利常春藤（*H. canariensis*），叶卵形，基部心脏形，全缘，革质，下部叶通常 3～7 裂。革叶常春藤（*H. colchica*），叶阔卵形，全缘，革质，有光泽。日本常春藤（*H. rhombea*），又名百脚蜈蚣。叶硬，有光泽，3～5 裂，花枝上叶卵圆形至披针形。原产日本、韩国和中国台湾。

（秦魁杰）

常春油麻藤（evergreen mucuna） *Mucuna sempervirens*，别名常绿黎豆、牛马藤、过山龙。蝶形花科油麻藤属常绿或半常绿藤木。染色体数 2n＝2x，4x＝22，44。杆长约 30m，粗达 30cm。羽状三出复叶，纸质。总状花序下垂，长 10～35cm，花冠深亮紫色，花期 4～5 月。荚果木质，果期 7～8 月。产中国陕西、四川、贵州、云南、湖北、河南、安徽、江西、福建、浙江等地，日本也有。本种为油麻藤属分布最北的一种，常生于海拔 1000m 以下山地，在石灰岩上生长更好。多攀附于大树上，藤蔓有时横跨沟谷。播种、扦插繁殖。常春油麻藤高大，叶片常绿，有老茎开花的习性，花、果大型，均富观赏价值，宜在自然式庭园及森林公园中栽植。可用于大型棚架、崖壁、沟谷等处。同属常见种还有：白花油麻藤（*M. birdwoodiana*），藤木，花序生老茎上，花淡白绿色，美丽。

（熊济华）

厂矿企业绿化（greening for factory and mining industries） 通过种植观赏植物等手段提高工厂、矿区环境质量，提供休息场地的绿化作业。厂矿企业绿化包括前区、生产区、道路、仓库、原料场的绿化和生活区外围的卫生防护林带以及为职工业余休息而建设的园林绿地，均属于工矿企业绿化的范畴。厂矿企业绿化是建成区的单位附属绿地，它是城市绿地系统的组成部分，具有改善环境、美化环境和适当提供副产品等综合功能。厂矿企业绿化可以阻滞、缓解工业生产中产生的有害物质对城市居民的危害，以补物理、化学等措施治理环境污染之不足。它可起净化空气、降低噪声、调节小气候、保持水土、维持生态平衡、增进职工健康等作用。工矿企业绿化可以美化厂容，为厂矿企业职工创造良好的生产、工作与生活条件。

厂矿企业绿化的材料应选用适应范围广、抗逆性强，尤其能抗多种污染从而减少烟尘，保护环境的树种。用于工矿区绿化的树种，应易于繁殖。绿化设计时，要考虑避开地上、地下管线，并保证安全生产。为职工提供游憩场所与优美环境，以焕发精神，怡养身心，增进健康，是厂矿企业绿化的重要功能之一。厂矿企业绿化可划分为以下几个方面。

厂前区绿化　厂前区常面临城市干道，与厂外交往较多，是厂矿企业的门面。此区多指设有行政管理等部门的非生产区而言。其绿化布置的水平要求较高、艺术性较强，并应与主体建筑的风格、形式及尺度相协调。这一区因常接近大门，故其设计布局，多以规则式为主，也可适当设置雕塑、花坛、喷泉、座椅等小品。

车间厂房周围绿化　要尽量满足车间的遮荫、通风、采光、降温、减噪、防尘、防火、防爆、防冬季寒风等要求。室外绿地内，布置花架、座椅、石桌、石凳等，供职工暂短休息。要留出一定场地，供职工进行工间体育活动。绿化布置要求简洁大方，以乔木为主，地面用草坪、地被植物覆盖，墙面可植攀援植物，路边有绿篱。在一些排放有害气体的车间周围，要选择抗毒、吸毒树种，绿化布局要稀疏，以利有害气体的迅速逸散。

厂矿道路绿化　以庇荫效果好、树姿挺拔、叶大荫浓、抗逆性强的乔木为主，适当辅以灌木、绿篱及花卉。沿道路的栽植要遵照交通安全的有关规定，如道路交叉口的安全视距，乔木距路牙不少于0.6m，灌木距路牙不少于2m，行道树分枝点要在3m以上，株距不小于树冠直径的两倍，等等。厂矿企业中铁路两侧的绿化，要参照铁路交通安全有关规定进行。在工矿区道路绿化中，应多种乔木和地被植物，既可获得好的环境效益，又省工。

全厂性游憩绿地　有条件的厂矿企业，为了丰富职工业余生活进行文化娱乐活动，可以建设全厂性游憩绿地。这类绿地宜采用自然式布局。厂内原有的自然山丘、水体、树木及名胜古迹等，更应充分利用。根据用地大小，可建设成小游园、小花园或小型公园以及专类花园等。此外，工矿公用建筑，如文化馆、图书馆、体育馆、展览室、招待所等，均可布置在全厂性游憩绿地中，使绿地和这些公共设施配合，相得益彰。

卫生防护带绿化　中国卫生部规定，有污染危害的工厂与居住区之间必须保持规定的间隔距离，以减轻有害气体、烟尘和噪声对居住区的影响。这个地段称为卫生防护地带。它的宽度，系按工业的性质、生产规模和污染程度而划分为1000m、500m、400m、100m，和50m五级。在卫生防护地带，按一定间隔营造防护林。林带之间的空地，允许布置受危害较轻的车间、工厂或仓库等（见**防护绿地**）。

副业生产绿化　如工矿企业规模较大，又有较大面积土地时，可在较大型的绿地，尤其是专辟的副业生产基地中，进行副业生产性绿化。譬如柿、葡萄、海棠、玫瑰、黄花菜、杭菊或地被药菊等的种植。

（杨守国）

巢凤梨（blushing cup）　*Nidularium fulgens*，凤梨科巢凤梨属多年生草本植物。株型高约30cm，莲座状叶丛杯状簇生，中央苞片空间稍大，苞片三角形，先端尖锐，鲜红色。叶绿色，有暗绿色斑驳，叶缘粗锯齿状。小花白色，无柄，三瓣，基部合生，花径3～5cm，簇生于苞腋间，有蓝紫色晕。不耐低温。产于巴西。

同属植物20余种，栽培品种有'黄巢凤梨'（*N. billbergioides* cv. Citrinum），高约20cm，叶面平滑，叶缘有细锯齿。花梗自叶丛中伸出，花小，白色，由苞腋开放，产于巴西。'银线巢凤梨'（*N. innocentii* cv. Lineatum），叶丛近平展，叶片较软，叶缘有细锯齿，淡绿色，密生纵向黄白色线纹，苞腋抽生小花，白色。'金线巢凤梨'（*N. innocentii* cv. Striatum），叶面绿色，有纵向乳黄色线纹。产于巴西。

（张应麟）

朝鲜雪柳（Korean abeliophyllum）　*Abeliophyllum distichum*，木犀科朝鲜雪柳属落叶灌木。染色体数2n=28。本属只一种，原产朝鲜，1924年传入美国。中国于1984年从美国引进栽培。高达1m。小枝4棱形。叶对生，卵形至椭圆状卵形，长2～5cm，全缘；短总状花序腋生，长5～10cm，花白色，花期4～5月；翅果近圆形，果期7～8月。喜温暖湿润气候，但也耐寒、耐旱。播种、扦插及分株繁殖。本种花先叶开放，洁白素雅，宜在庭园、绿地丛植，也可作切花材料。

（臧淑英）

陈封怀（Chen Fenghuai，1900～1993）　中国植物园专家、植物分类学家。原籍江西省修水县，1900年4月18日出生于江苏省南京市。1922～1924年就读于金陵大学（1925年转入东南大学生物系），次年毕业。1934～1936年留学英国爱丁堡皇家植物园，深入研究报春花科、菊科植物。回国后历任静生生物调查所研究员、南昌大学教授、庐山植物园主任、江西省农业科学研究所所长、南京中山植物园主任、武汉植物园主任、华南植物研究所所长兼华南植物园主任。先后主持或参加了庐山植物园、南京中山植物园、武汉植物园和华南植物园等的创建工作，并为杭州植物园等选定园址。首次成功地引种了西洋参、糖槭、檀香、神秘果等重要经济植物以及许多材用

树种和花卉，并在庐山植物园内布置了中国第一个岩石园。他学识渊博，多才多艺，能诗、善画，诲人不倦。主编《中国植物志》中的报春花科(59卷1～2分册)及《庐山植物园栽培植物手册》等。曾作为中国园林专家支援朝鲜园林建设。 (胡启明)

陈俊愉 (Chen Junyu, 1917～) 中国花卉学家、园林教育家。安徽省安庆市人，1917年9月21日出生。1940年毕业于金陵大学园艺系，1943年获该校硕士学位。1947～1950年赴丹麦皇家农学院进修，获科学硕士学位。历任复旦大学、武汉大学、华中农学院、北京林学院副教授、教授并兼北京林学院园林系主任。曾任中国风景园林学会副理事长、中国园艺学会副理事长、两届国务院学位委员会评议组成员。现兼中国园艺学会副理事长、《园艺学报》编委、中国花卉协会常务理事及所属梅花蜡梅分会会长。1940年以来，一直从事观赏植物的教学和科研工作，是观赏植物二元分类法创始人之一，特别在梅花品种资源、分类、育种、应用；菊花起源、地被菊选育；金花茶基因库建立与远缘杂交育种以及刺玫月季新品种选育等方面，做了深入而系统的工作。有四项成果分别获得林业部、建设部及北京市科技进步一、二等奖，新闻出版署优秀科技图书二等奖，国家科技进步二、三等奖。主要著述有《巴山蜀水记梅花》、《中国梅花品种图志》(主编)、《中国梅》(主编)、《园林花卉》(合著)、《中国花经》(主编之一)等书。并发表多篇学术论文。曾任《中国大百科全书·农业》卷园艺分支副主编，担任《中国农业百科全书·观赏园艺》卷编辑委员会主任。他长期教书育人，培养了许多硕士和博士研究生，为中国的园林教育和科学事业做出了贡献。 (张启翔)

陈植 (Chen Zhi, 1899～1989) 中国林学家、园林学家、教育家。字养材，1899年6月1日生于江苏崇明(今上海市崇明县)。1918年毕业于江苏省立第一农业学校，后负笈东瀛，1922年毕业于日本东京帝国大学(今东京大学)农学部林学科，专攻造林及造园学。同年回国后，历任金陵大学、中央大学、云南大学、中山大学教授，河南大学农学院教授、院长。1949年中华人民共和国成立后，先后任南昌大学、华中农学院、南京林学院教授、南京林业科学研究所研究员、南京林业大学教授。他学识渊博，笔耕不止，主要著述有：《都市与公园论》(1930)、《观赏树木学》(1930)、《造园学概论》(1935)、《造林学概论》以及《园冶注释》、《长物志校注》、《中国历代名园选注》、《中国历代林业技术史料初步研究》等；晚期出版的《陈植造园文集》，汇集了他自1926年以来发表的论著42篇，集中反映了他有关造园的论点。 (徐大陆)

柽柳 (Chinese tamarisk) *Tamarix chinensis*，别名三春柳。柽柳科柽柳属落叶小乔木。染色体数 $2n=2x=24$。高约7m，树皮红褐色。小枝细长而下垂。叶互生、细小、鳞片状，先端尖，长1～3mm；总状花序集成顶生圆锥花序，花粉红色，花期4～8月，1年可开花3次，6～8月开花较多；蒴果，10月果熟。产中国华北、西北、辽宁至华南、西南等地。喜光，不耐阴；耐寒、耐热、抗旱、耐盐碱，能在含盐量为0.5%～1.0%、pH值为7.5～8.5的重盐碱地生长；深根性，根系发达，萌蘖力强，生长较快；对多种有害气体具较强的抗性。用播种、扦插、分株等法繁殖，播种当年苗高可达50～80cm。柽柳树姿优美，枝柔软、叶纤细，花期长，极耐修剪，可作绿篱，或植于池边、湖岸、河滩等，尤其是绿化盐碱地和防风固沙的优良树种。同属中常见栽培的树种尚有：多枝柽柳(*T. ramosissima*)，别名红柳，高约6m，多分枝且细长，红棕色；花淡红、紫红或白色，夏秋季开花。生长势强，能适应高温、严寒、沙埋等各种恶劣环境。多分布在中国内蒙古、青海、宁夏、陕西、甘肃、新疆等地，蒙古、俄罗斯、阿富汗、伊朗也有分布。湖北柽柳(*T. parviflora*)，花粉红色，产中国湖北。 (陈耀华)

赪凤梨 (blushing bromeliad) *Neoregelia caroline*，别名彩叶凤梨。凤梨科赪凤梨属多年生草本植物。株高约30cm，叶15～20片，较宽、革质，铜绿色，有光泽，先端突尖，叶缘波浪状，有细锯齿。叶丛中央苞片阔卵形，由基部向上逐渐变红，花时十分艳丽。花细小，生于叶筒中央，有短梗，连生成筒状，淡紫至紫红色，瓣缘白色，春季开花(广州)，花期短促，1～2日即谢。本种观叶期可达半年以上。

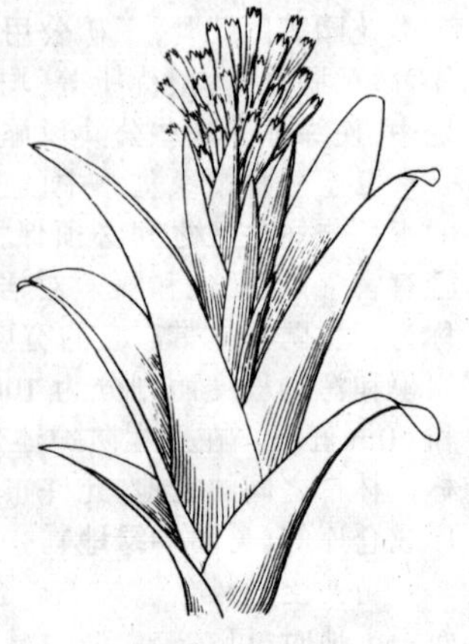

产于巴西。栽培种较多,如'银边'赪凤梨(cv. Flandria),叶橄绿色,叶缘白色或淡黄色。'彩叶'赪凤梨(cv. Meyendorffi),叶面有纵向红、黄、绿色条纹。'金心'赪凤梨(cv. Tricolor),别名中斑五彩凤梨。叶亮绿色,叶面有纵向乳黄色与绿色窄斑带间生。喜光线明亮。

同属植物约50余种,栽培的种还有指红凤梨(*N. spectabilis*),叶绿色,叶尖红色,基部紫褐色,叶背有横向斑纹,小花紫色。产于巴西。 (张应麟)

赪桐 (pagoda flower; Japanese glorybower)

Clerodendrum japonicum,别名贞桐花、状元红,马鞭科赪桐属落叶灌木。本种在晋·嵇含《南方草木状》中有记载,已有近1700年的栽培历史。高达0.7~1.5(5)m。叶对生,心形或宽卵形,长10~35cm,缘有细齿。聚伞圆锥花序顶生,长达30cm或更长;花萼红色,花冠鲜红色,花期5~7月(广州)。核果近球形,蓝黑色;果期9~10月。变种白花赪桐(var. *album*),花白色。产中国西南、中南及浙江,印度、日本、马来西亚也有。喜光,稍耐阴;喜温暖湿润气候,也较耐旱。萌蘖力强,耐修剪。用分株、扦插及播种繁殖。根系浅,种植不宜过深。北方盆栽,冬季室温须保持在13℃左右。生长季节要水分充足,每月施液肥一次。成龄老株生长衰退时,可贴地刈割更新。徒长枝、重叠枝及干枯枝,可于春季剪除,以保持株形美观。

本种花果期长,花色艳丽,既观花又观果,可用于花坛或草地丛植,可供厅堂、阳台绿化装饰。

同属中常见栽培的还有臭牡丹(*C. bungei*),落叶灌木。高1~2m;叶有异味;聚伞花序顶生,紧密,花微香,花萼紫红色或下部绿色,花冠淡红色、红色或紫色,花期8~9月;果实蓝紫色。产中国华北、西北及西南各地。鬼灯笼(*C. fortunatum*),小灌木,高0.3~0.5m;茎4棱形,聚伞花序腋生,有花3~9朵,花萼紫红色或绿色,花冠淡红色或近白色,花期5~11月;果实深蓝色。产中国广东、广西、海南、福建和江西等地。臭茉莉(*C. fragrans*),落叶灌木,高1~2m;叶有异味;聚伞花序顶生;花微香,花萼紫红色;花冠近白色或淡红色;果实蓝紫色。产中国中南、西南及浙江等。其栽培品种'重瓣臭茉莉'(cv. Pleniflorum),花重瓣。假茉莉(*C. inerme*),灌木,高1~2m;嫩枝有灰色短柔毛;聚伞花序腋生,有花3~7朵,花芳香,花冠白色,花期夏季;果实蓝黑色。产中国福建、广东、台湾,亚洲热带其他地区至波利尼西亚也有分布。龙吐珠(*C. thomsonae*),藤木;聚伞花序2歧分枝,有花5~6朵或更多,花萼白色,花冠深红色,径约1.5cm,花期夏、秋;果实黑色。产热带非洲西部,中国各地盆栽。爪哇常山(*C. speciosissimum*),常绿灌木,高达3.5m。圆锥花序顶生,长达4~6cm;花鲜红色,径3.7~5cm,花期7~9月;果实红色。产爪哇。海州常山(*C. trichotomum*),落叶灌木。高达3m;伞房状聚伞花序,长达25cm,花微香,花萼紫红色,花冠白色或带粉红色,花期8~9月;果实蓝绿色,果期10月。产中国华北、华东、中南、西南及辽宁,朝鲜半岛、日本至菲律宾北部也有。

(张应麟)

城市单位附属绿地定额 (quota for special use green areas in urban and suburban regions)

城市中各单位内的绿化总面积与其总用地面积间的比例,按有关规定必须达到的一定数额。各单位内部的绿地视单位性质而异,如工厂、仓库内绿化是要保证安全生产、改善职工劳动生产条件;公共建筑周围的绿化主要是美化环境或供人们短暂休息;学校、托儿所、幼儿园、机关等单位内绿化主要是供室外活动、美化环境、洁净空气、降低噪声,创造良好的学习和工作环境。北京市1984年调查的材料表明,各类专用绿地平均占用地总面积的比例为:工厂27%、仓库20%、机关27%、学校41%、部队25%、医院36%、公共场所27%,单位之间绿地面积差异很大。因此,应按中国建设部建城字〔1993〕784号文件规定,单位附属绿地面积占单位总用地面积比率(称绿地率)不低于30%,其中工业企业、交通枢纽、仓储、商业中心等绿地率不低于20%;产生有害气体及污染物的工厂的绿地率不低于30%,并根据国家标准设立不少于50m的防护林带;学校、医院、休(疗)养院所、机关团体、公共文化设施、部队等单位的绿地率不低于35%。

(朱竹韵)

城市公共绿地指标 (quota for city public open space)

城市居民每人平均占有公共绿地的面积,用m^2/人表示。城市公共绿地是城市园林绿地的重要组成部分,主要是供人们游憩、娱乐、锻炼的场所。这一指标不仅可作为评价城市绿化与环境质量的重要依据,并能表示出居民利用绿地改善生活质量的水平。因此,中国和许多国家都将之列为重要的统计内容,并作为城市绿化发展规划的重要指标。

根据中国建设部建城字〔1993〕784号文件规定,人均公共绿地面积指标根据城市人均建设用地指标而定:①人均建设指标不足75m^2的城市,人均公共绿地面积到2000年应不小于5m^2;到2010年应不小于6m^2。②人均建设用地指标75~105m^2的城市,人均公共绿地面积到2000年应不小于6m^2;到2010年应不小于7m^2。③人均建设用地指标超过105m^2的城市,人均公共绿地面积到2000年应不小于7m^2;到2010年应不小于8m^2。

中国城市绿化事业是在1949年建国后才发展起

来的,1978年以后城市绿化事业得到了蓬勃的发展,1982年底人均公共绿地为$2.46m^2$,1990年底上升为$3.9m^2$,1991年底达$5.0m^2$。

(朱竹韵)

城市绿地率(greenery ratio in urban and suburban regions) 城市绿地率有两种计算方法:一是城市中的公共绿地、防护绿地、生产绿地以及单位附属绿地、居住区绿地、风景林地等各种绿地面积的总和和与城市总用地之比。中国建设部建城字〔1993〕784号文件提出,到2000年城市园林绿地面积不应小于城市用地总面积的25%,到2010年应不小于30%的规划指标;二是城市中的公共绿地、防护绿地、生产绿地面积之和与城市总用地面积之比。中华人民共和国国家标准城市用地分类与规划建设用地标准(GBJ137-90)中规定,绿地占建设用地的比例为8%~15%。风景旅游城市及绿化条件较好的城市其绿地占建设用地的比例可大于15%。两种不同的计算方法和控制的指标,均可以反映城市的绿化水平,也是城市环境质量和居民生活水平的一个标志。

(朱竹韵)

城市绿化覆盖率(percentage of greenery coverage in urban and suburban regions) 城市绿化覆盖总面积与城市总面积之比。城市绿化覆盖面积,一般指城市绿化内各种植物的垂直投影面积之和(其投影的重叠部分不另计算)。城市绿化覆盖率从宏观上反映了城市绿化水平。从20世纪70年代起,国际上对环境科学的研究逐步深入,尤其对城市的环境保护进一步引起重视,中国学术界也在此时提出一个新的补充性的绿地指标城市绿化覆盖率。据1982年底对237个城市统计,城市绿化覆盖率平均为15.4%,较高的只有郑州市为32.4%;1990年对455个城市统计建成区绿化覆盖率平均为19.2%,超过30%的城市已有42个,超过35%的城市有18个,超过40%的城市有4个,最高的井冈山市达90%;至1991年底绿化覆盖率又提高了一步,达到20%。今后控制指标:根据中国建设部建城字〔1993〕784号文件的规定,城市绿化覆盖率到2000年应不小于30%,到2010年应不小于35%。

(朱竹韵)

城市园林绿地类型(categories of city gardens and open space) 按城市园林绿地的功能可分为公共绿地、生产绿地、防护绿地、单位附属绿地、居住区绿地和城郊风景游览绿地等。

公共绿地是向公众开放,供人们游憩、观赏、文化娱乐、开展科普教育、美化城市为主要功能的园林绿地。包括市、区级公园,居住区级公园、儿童公园、植物园、动物园、名胜古迹园林、纪念性园林、体育公园、街道广场绿地、小游园以及沿江、河、湖、海之滨及旧城垣改建的,具有一定宽度(8m以上)并布置游憩设施的带状绿地等。城市公共绿地的人均占有面积(m^2/人),是衡量城市园林绿化水平的标志之一。

生产绿地是为城市园林绿地建设提供观赏植物材料(包括苗木、种子、花、草等)的苗圃、花圃、草圃、药圃等,其总面积应占城市建成区面积的2%~3%,以满足城市园林绿化所需的植物材料。

防护绿地是为改善城市生态环境和卫生防护条件而设置的绿地,包括城市防风林带、卫生防护林带、农田防护林、水土保持林、防空掩蔽林及城市各公用设施改善小气候的防护林等,对城市卫生防护、隔离与安全起着重要作用。

单位附属绿地是指属于某部门、单位使用的绿地。包括工矿企业绿地、公用事业单位绿地、交通枢纽绿地,以及各部队、机关、学校范围内的绿地等,在城市中分布广,比重大,是城市绿化的重要组成部分。

居住区绿地是指居住区内公园之外的绿地。

城郊风景游览绿地是城市及郊区大面积自然林地及人工风景林地、名胜古迹或风景优美的河湖四周可供市民游览的,并经过全面规划,人工布置游览、休息设施的大型绿地,如风景名胜游览区、休养区、疗养区、自然保护区等。

(徐大陆)

城乡园林绿地布局(distribution of gardens and open space in cities and suburban regions) 按城乡园林绿地系统规划的要求对不同园林绿地进行的合理安排。它有块状绿地、带状绿地、楔形绿地、环状绿地和混合绿地等几种形式的布局。城乡园林绿地系统布局的形成,与该地自然条件、地形特征有密切关系,并受该城市的历史发展、现况与规划中的规模、结构、分区等因素的直接影响。①块状绿地布局,指封闭的、大小不等而独立存在的绿地。可以灵活安排,均匀分布,方便居民使用。对改善城市环境有积极作用。如上海市就是以块状绿地为主的一座城市。②带状绿地布局,是直线或曲线而有一定宽度的绿带,常用于城市道路、河、湖水系沿岸的绿化,结合各种防护林带交织成绿色网络,一般乔木为主,配以灌木,有条件时还布置饰品及游憩设施,形成花园林荫道,江、河、湖滨的带形公园等。带状绿地布局与居民接触面广,对城市绿化美化的效果起着显著的作用,并在较大程度上发挥其绿化防护功能。如郑州、湛江等城市均属于这一类布局。③楔形绿地布局,利用入城河流、山林、干道等,从城郊由宽而狭地如同一个楔子伸入市区,把城郊大面积的林地与市内各类绿地相联系，使城郊新鲜空气通过绿色走廊输入市中心区。④环状绿地布局，指城市环形道路系统、旧城墙拆除的遗址，护城河沿岸等都是环形的，加意绿化后并串联市内的公园及名胜古迹等，像串珠一样自然形成环状的绿带。环状绿地布局对旅游路线的安排十分方便。如美国获奖城市明尼阿波立斯市、中国的合肥市等都是成功的先例。⑤混合绿地布局，是由块状、带状、环状、楔形绿地相结合而构成的绿地网，组成点、线、面相结合的绿地体系，有利于城市生态环境和城市卫生状况的改善，丰富了城市景观。北京市的规划远景即属此类布局。

（徐大陆　余树勋）

城乡园林绿地系统规划（planning of open space system in cities and suburbs）　在城市的建设区及其郊区的用地中，因地制宜，划定各种不同功能的园林绿地，形成点、线、面相结合、具有连续景观的园林绿地布局体系，使城市园林绿化与区域绿化（含风景名胜区、自然保护区及山脉、河流的系统绿化）、农村田园化联系起来。它是构成大地园林化的重要组成部分。

中国古代即有城市园林绿地系统规划的雏形。在中国古代城市规划中，尤其重视水域的沟通、利用与园林绿化。如唐代的京城长安（今西安）、北宋京城汴京（今开封）、元代的京城大都（今北京）等北方城市，都把水流引入城内，再使建筑、水面与园林绿地和谐地结合起来。至于道路，中国古代城市多采取方格式。所体现的中轴线对称平面布局，系中国古代城市规划的传统特征之一。沿街种行道树，系自古即有的传统作法。如唐代长安，多以槐、楸、榆、椿（臭椿）、女贞、梧桐、银杏、七叶树等为行道树。中国古代城市建设与园林绿化往往是同时进行、相互配合的。帝王苑囿和私家园林虽为宫廷或私人所有，但在城市园林绿地总布局中，还是联为一个整体，共同在美化城市面貌和改善城市环境等方面，产生了一定的作用。中国自1949年起逐渐开始制订城市园林绿地系统规划，并将它正式纳入城市总体规划之中。

在欧美历史上，1695年英国人柏乐（J. Bellers）提出理想的花园城镇计划，这是世界上有关花园城镇的最早倡议。19世纪末，欧美开始有计划地建设城市园林绿地系统。1893年美国芝加哥湖滨地带修建了宏伟的古典建筑、宽阔的林荫大道和优美的游憩场地，在美国掀起“城市美化运动”。1898年英国人霍华德（Ebeneger Howard）发表《明天的田园城市》（*Garden Cities of Tomorrow*）一书，提出优美城市的设想，并于1903年开始建设第一座“田园城市”莱契沃茨（Letehworth）。1917年“十月革命”后，俄罗斯将城市园林绿地系统列为城市规划内容，逐渐形成城市绿地学科。

城乡园林绿地系统的组成包括城市和郊区两部分。城市部分有公共绿地、居住区绿地、单位附属绿地、防护（防灾）绿地、生产绿地、风景林地等。这些均纳入城市总体规划，并计入城市绿化覆盖率中。郊区部分有风景游览绿地、森林公园、郊区公园、休养疗养地、名胜古迹园林、自然保护区，以及乡镇公路、铁路与河流两侧的绿化用地、农村的四旁绿化及农田防护林等。以上两部分合起来，形成了国土绿化系统中城乡结合的园林绿地系统。

绿地系统规划的目的，是保持城市生态系统的良性环境，并充分发挥园林绿地的综合效益。城乡园林绿化与工矿布局、工业排污脱硫（S）、工艺流程改造以及“三废”（废水、废气、废渣）治理等措施配合，可在很大程度上起到净化空气、提高环境质量的作用；还可增加植物覆盖率、促进并健全城市生态系统的稳定与改善，同时美化环境，也提高了城市的景观效果。其中公共绿地是人们日常游憩锻炼活动的场所，也是重要的文化教育阵地。绿地系统规划，不仅指出了园林绿地建设的奋斗目标，又是指导城乡园林绿地进一步详细规划设计和建设管理的依据。

（朱竹韵）

城镇树种规划（planning of landscape woody plants for cities and towns）　城镇绿化树种全面选择与安排的总体方案。是城镇园林绿地系统规划的组成部分。在大中城市，根据所在地域的生态条件，市区现状和发展需要，对能满足当地园林绿化综合功能要求的植物种类与品种，作出宏观选择与繁殖、栽植等方面的安排。镇的规模较小，也要审慎地做好树种规划，作为有计划、有步骤、合理安排，作为落实园林绿地系统的组成内容之一。风景名胜区树种规划与城镇树种规划在范畴和性质上颇多相似之处，亦可相互参照。

城镇的树种规划，是关系该地区园林绿化成败的重要环节。观赏树木是城镇绿化的基础材料，如不及早选定，作出合理安排，待多年后发现了问题，则将后悔莫及。对于这样一个带战略性的百年大计，既不能主观决定，闭门造车，又不可举棋不定，变动频繁；更不应只顾眼前，不管长远。科学地制订并实施城镇树种规划，既为园林建设打下好的基础，有利于美化环境，增进社会和经济等综合效益；更可按规划、有步骤、有重点地育苗、栽树，近期与远期相结合，有条不紊，全面提高。尤其是通过重点树种，可形成全城（镇）景观特色，在促进苗木生产发展等方面，将发挥其不可代替的良好作用。因此，对于树种规划，应充分认识其多方面的长远意义，积极而慎重地加以制订并及时修订。这是为城镇百年树木，造福当代，荫及子孙的事。

简史及现状　中国在历史上即缺乏系统的全国范围的和具体城镇的树种规划。中国科学院自然区划工作委员会1959年编制出版了《中国自然区划》(初稿),使各学科区划工作有章可循。吴中伦1959年发表了"园林绿化树种的选择与规划",给各地园林树种规划提出了例证。1979年,中国园艺学会与中国建筑学会联合召开的园林绿化学术会议上,着重讨论了城市绿化树种规划问题。同年,国家城市建设局下达了"城市绿化树种的调查、引种和选种的研究"课题,用3年时间在21城市开展树种调查工作,为城市绿化树种规划打下了基础。1980年吴征镒主编出版《中国植被》一书。1983年城乡建设环境保护部(建设部前身)下达的"中国城市园林绿化树种区域规划"研究课题,于1993年完成,由建设部下发全国,成为开展城镇树种规划的宏观背景和依据。

在全国特种区域已完成树种规划并下达的基础上,一些地区已据以开展具体城镇树种规划,有的则正在修订原有的规划。只有搞好全国城镇园林绿化树种规划并切实付诸实行,中国城镇绿化建设才可望取得完全的成功。

规划的原则 ①在进行树种系统调查的基础上,做好城镇树种规划。对当地过去和现在的树木种类与品种、生长状况、生态关系、绿化效果等作综合考察,乃是城镇和风景名胜区搞好树种规划的科学基础。同时,树种规划应在"植物抗寒带分区"和"中国城市园林绿化树区域规划"基础上进行。②充分而深刻地认识城镇地理环境和风土条件。尤其要了解若干突出的自然特点和环境条件中的特殊极限,这是具体地制订树种规划的重要前提。③在遵循自然规律的基础上,发挥人的主观能动性。以乔木为主,乔木、亚乔木、灌木、藤木及草本植物等全面合理安排。提倡复层混交,掌握好种间关系,以满足不同层次植物的基本要求(光线因子等),使之成为相对稳定的人工植被群落,让城镇园林绿地系统成为就近为人类服务的第二自然。④适地适树。掌握好乡土树种与外来树种,基调树种、骨干树种与一般树种的关系。通常乡土树种是本地区土生土长的,大多是很适应本地风土的树种,在城镇树种规划中应占主导地位。但也要综合考虑多方面因素,适当选用经长期考验的外来树种。基调树种是构成全城(镇)绿化基调的突出重点,必须审慎精选,种类不必多,每城(镇)1~4种即可,却要选准、选好、种植数量要多,才可形成基调。基调树种常与市树相关联,如北京之槐与侧柏、南京之雪松、福州之小叶榕、重庆之黄葛树等。骨干树则是城镇各类型绿地的重点,选用好数种至10余种即可。基调树种、骨干树种均以乔木为主,才好统帅全局,突出优势。一般树种种类多多益善,可包括乔木、灌木、藤木和地被植物,以形成丰富多采、四季有景的景观。这样既突出了不同城镇的重点和个性,又有丰富的内容和多样性。⑤快长树与慢长树相衔接,并重视逐步增大珍贵树种的比重。建国之初,南北城镇多种植快长树,争取尽快实现普遍绿化,成绩是显著的。但现已进入考虑长远规划之时,应总结、学习国内外的成功经验,逐步增加珍贵、长寿树种之比例。在树种规划中及早制订包括长寿、珍贵树种(如银杏、白皮松、椴类、栎类等)在内的树种规划,早点育大苗,制订出珍贵树大苗出圃应用的阶段安排。⑥符合城镇需要,突出城镇特色。在制订城镇建设规划时,明确性质(如政治文化中心、工业生产中心、风景旅游中心等)十分重要。不同性质的城镇,有其对树种规划的不同要求。中国夏季长而热,庭荫树、行道树都要求树大荫浓的种类,并应多发展藤木和地被、草坪植物,借以保护环境,改善环境。为了节约管理经费,应多选用抗逆性强、抗多种污染、耐粗放管理的树种。要注意发展抗污的树种与草本植物,因其可在环境条件较差情况下成长。注意对特产树种多育苗,多栽种。如北京可多发展白皮松,杭州发展桂花,青岛发展耐冬(山茶),广州发展木棉等。⑦制定育苗规划。应规定原则、种类、品种、进度、数量、规格等要求,并发动郊区农民按要求育苗。这样,可使树种规划落实在可靠的群众基础上。制订树种规划时应审慎从事,制订好的规划原则上应严格执行。但树种规划也非一成不变,而须随社会发展、人们要求及科学技术等的提高,在一定时期后予以修改、补充,以符合新形势的需要。

步骤和方法 ①针对当地气候、土壤等自然条件和社会情况的特点,深入总结钻研城镇绿化在自然条件与社会条件中的有利因素与不利因素、成功经验与失败教训,为做好树种规划打下扎实的基础。②组织力量,在全面、深入调查野生及栽培树种、做好总结的基础上,开展全面而细致的城镇树种规划工作。调查既包括当前树种栽种与生长状况,又包括历史资料的查阅与钻研等;既对城镇建成区内的木本植物作一全面而深入的调查、记载与分析,又对邻区和邻近山林作出普查。例如昆明市于1976年与云南林学院(即原北京林学院)园林系师生协作,开展树种调查与规划时,就曾对元代发生的严重寒流和西山野生绿化树种有了深刻印象,受到很大启发,给制订树种规划产生了有益的影响。又如西安市过去对槐树的看法不一,于1979年经北京林学院园林系与当地规划、园林部门协作调查、查阅历史文献,终于肯定了槐的重要性,作为基调树种之一,并被选为市树。③在中国城市园林绿化树种区域规划的宏观指导下,在系统调查、总结经验教训的基础上,制订初步方案,讨论、修改。要发扬实事求是的精神,通过领导、技术人员与群众三结合的方式,提出草案,征求意见,反复讨论,修改方案。草案常需有一个反复与核实的过程,然后公布试行。制订树种规划,尤其是基调树种、骨干树种的确定,要格外认真而慎重。对于每个树种,要全面考虑,作出整体评价,找准其突出优点与主要缺点;要实事求是,不可求全责备，脱离实际。如对槐树，一度曾在北京市受到冷遇，后经全面认真讨论，才恢复了名誉，并成为市树和基调树种，为首都绿化建设做出了贡献。在制订树种规划时，不论基调树种、骨干树种或一般树种，都应按其重要性排出次序。在制订具体规划时，要体现出树种的比例关系、发展进度，订出育苗规划，并制订不同地点与不同类型绿地的树种规划。在规划中，应包括树种的拉丁名和重要品种名、雌雄株等。

规划示例　①西安：1979 年组织力量，进行了城区、郊区和附近山区（华山等）的树种调查与规划工作。经过 2 个月的连续工作，调查树木 3000 多株，发现 100 年以上古树 74 株。其中最老的 2 株是：临潼胡王村小学 2000 年生汉槐和华阴县玉泉院山前 1700 年生古侧柏。经反复研究商榷，确定 4 种基调树种，即槐、桧（圆柏）、银杏、悬铃木。对于 8 个类型绿地，也各分别推出 10～20 种骨干树种。②南宁：要求街道四季常青和观赏与经济相结合。这是华南中等城市树种规划的两大特点，经多年大力提倡，收到良好效果。在街道绿化上，主要目标是：选择四季常青，生长较速；树形美观，冠大荫浓；果实与木材价值高；适应性强，耐粗放管理的树种。主要选用南扁桃（*Mangifera sylvetica*）、木菠萝（*Artocarpus heterophyllus*）、人面果（*Dracontomelon dao*）等。

（陈俊愉　陈有民）

程世抚（Chen Shifu, 1907～1988）　中国观赏园艺学家，城市规划及园林绿地系统专家。1929 年毕业于金陵大学，赴美国康奈尔大学留学，1932 年获风景园林及观赏园艺硕士学位。曾任广西大学、浙江大学、福建农学院、金陵大学等副教授、教授，讲授花卉学、造园学等课程。1949 年后，历任上海园场管理处处长、城乡建设及环境保护部城市建设局副总工程师、城市规划设计院总工程师等职，参与、主持了上海、天津、长沙等市的绿地系统规划和庐山、韶山、苏州、武汉东湖、岳阳南湖等地风景区的规划设计。早在 40 年代曾编著出版了《艺菊丛谈》、《瓶花艺术》（合著）、《苗圃经营》（合著）等专著。他在学术领域中不断提出带方向性的见解，如他认为“造园”要扩大范围，不限于修建庭园和公园，主张充分利用自然景色，与环境保护和美学结合起来，多开发风景区；“风景区”之名，即由他于 1953 年在武汉东湖首创。早在 1946 年就主张观赏植物应以露地大规模栽培供多数人欣赏为主；他提倡把菊花从盆中解脱出来，供更多的市民欣赏。

（程绪珂）

秤锤树（Jack tree）　*Sinojackia xylocarpa*，野茉莉科秤锤树属落叶乔木。高达 7m。叶椭圆形至椭圆状卵形，边缘有硬质锯齿。总状聚伞花序腋生，具 3～5 花，白色，花梗长，顶有关节，花期 4～5 月。果卵形，红褐色，形似秤锤，果期 8～9 月。产中国江苏，浙江、湖北、山东等地有栽培。阳性树种；喜深厚肥沃、排水良好的砂壤土；较耐旱，忌水淹。播种或扦插繁殖。秤锤树初夏盛花时，白色灿烂，颇为美观。秋后叶落，宿存下垂果实，宛如秤锤满树，别有风趣，宜园林中观赏种植。

（庄茂长）

赤杨（Japanese alder）　*Alnus japonica*，桦木科桤木属落叶乔木。染色体数 2n＝4x, 6x, 8x＝28, 42, 56。高 25m，树冠长卵形。树皮灰褐色，小枝，具油腺点。叶倒卵形或长倒卵形，长 3～10（12）cm，缘具细尖齿。花单性同株，先叶开放，花期 2～3 月。果2～5（8）集生于一总柄上，小坚果扁平具翅，椭圆形或倒卵形，果期 9～10 月。产中国东北南部及山东、河北、安徽、江苏、台湾等地，日本、朝鲜半岛也有分布。喜湿润，多生于沟谷及河岸低湿地。喜光，喜凉爽气候。速生，10 年生胸径可达 20cm，萌芽性强。播种繁殖。当年苗高 15～25cm。本种适于低湿地、河岸、湖畔绿化，有护岸固土及土壤改良作用。

同属植物常见栽培的还有：桤木（*A. cremastogyne*），大乔木，高达 40m，花期 2～3 月，果期 11 月。产中国四川，贵州、甘肃、安徽、湖北、江苏、广东等地有引种栽培。喜温暖气候。速生。东北桤木（*A. mandshurica*），乔木，高达 10m。产中国大兴安岭海拔 800m 以上山地，吉林长白山亚高山带，俄罗斯、朝鲜半岛也有分布。此外，还有江南桤木（*A. trabeculosa*）、台湾桤木（*A. formosana*）、矮桤木（*A. fruticosa*）等。

（秦瑞明）

重阳木（Chinese bishopwood）　*Bischofia polycarpa*，别名乌杨。大戟科重阳木属落叶乔木。染色体数 2n＝196。高达 15m，胸径 50cm，树皮褐色、纵裂、薄片状剥落，树冠近球形。枝斜展；三出复叶，互生，小叶近卵形，长 5～11cm，秋叶红色；雌雄异株，总

状花序腋生，下垂，花小，无花瓣，淡绿色，花期4～5月；浆果球形，红褐色，10～11月成熟。产中国四川、贵州、湖南、湖北、江苏、浙江、福建等地。喜光，稍耐阴；喜温暖湿润气候，耐寒力弱；在湿润肥沃的壤土上生长良好，耐水湿；速生，根系发达，抗风力强。播种繁殖，种子千粒重约6.5g，发芽率30%～40%，一年生苗可达50cm。常有大蓑蛾、刺蛾、吉丁虫、红蜡蚧等为害枝叶。

重阳木枝叶茂密，树姿优美，早春嫩叶亮绿色，入秋转为红色，适宜用作庭荫树和行道树，也适宜在草坪、湖畔、溪边、堤岸栽植。

同属中常见栽培观赏的树种尚有秋枫(*B. javanica*)，常绿或半常绿乔木，高达40m，胸径1m，树冠近球形。三出复叶，小叶卵形或长椭圆形，长7～15cm；圆锥花序，花期3～4月；9～10月果熟，蓝黑色。产中国秦岭、淮河流域以南和台湾省，印度、越南、菲律宾、印度尼西亚、日本等也有分布。除耐寒性不如重阳木外，其他生态习性、园林用途等同重阳木。

（陈耀华）

稠李（European birdcherry）　*Pruns padus*，别名稠梨、櫟木。蔷薇科李属落叶乔木。染色体数$2n=4x=32$。高达15m，树皮灰褐或黑褐色。小枝紫褐色；单叶互生，卵状椭圆形或倒卵形，长5～14cm，先端渐尖或骤尖，基部近圆形，缘具细齿；总状花序有花约20余朵，基部具1～4小叶，花白色，芳香，径约1.5cm，花期4～5月；核果近球形，径约1cm，黑色或紫红色，7～9月果熟。变种有毛叶稠李(var. *pubescens*)，小枝、叶背及叶柄均具柔毛。此外，尚有具垂枝、大花、重瓣花、黄果、红果、花叶等特征的栽培品种。产中国辽宁、吉林、黑龙江、内蒙古、河北、河南、山西、陕西、甘肃等地，欧洲和朝鲜半岛、日本也有分布。喜光，略耐阴；耐寒；根系发达，喜深厚肥沃排水良好的土壤。用种子繁殖，幼苗移植宜多带宿土。稠李春季具有较大型的白色花序，夏秋间满树绿叶，缀以黑或紫红色的果实，秋季叶为黄红色，是园林中常见栽培的优良树种。

同属中常见栽培的树种有：木稠李(*P. buergeriana*)，落叶乔木，高达20m。总状花序长5～7cm，花白色，花期4～6月；核果紫红色，7～8月果熟。产中国陕西、甘肃、江苏、浙江、湖北、湖南、广东、广西、贵州、西藏等地。斑叶稠李(*P. maackii*)，落叶乔木，高达16m，树皮黄褐色。花白色，花期5月，8月果熟。产中国东北地区，朝鲜半岛、俄罗斯也有分布。紫叶稠李(*P. viriginiana*)，初生叶绿色，进入5月后变为紫红色。原产美国东部。

（陈耀华）

臭椿（tree of heaven）　*Ailanthus altissima*，别名椿树、樗。苦木科臭椿属落叶乔木。染色体数$2n=80, 64$。高达30m，胸径达1m以上。树冠圆球形至扁

球形，老树多呈伞形。树皮灰褐色，平滑或有浅裂纹；小枝粗壮，浅褐色或赤褐色。奇数羽状复叶互生，长达1m以上，小叶13～25，卵状披针形至椭圆状披针形，长7～12cm，基部略偏斜，全缘，仅在近基部有1～4粗齿，齿顶有腺点。圆锥花序顶生，花杂性，白色或带绿

色，花期 5～7 月。翅果扁平，长椭圆形或纺锤形，褐黄色或初时稍带红晕，果期 8～10 月。千头椿（cv. Qiantou），无明显中央领导枝，树冠圆头形，分布于中国黄河下游，已普遍栽培。臭椿分布极广，从中国东北及内蒙古南部直至华南均有野生，朝鲜半岛、日本也有分布，欧洲、北美有栽培。喜光，耐寒、耐旱、耐瘠薄，也耐轻度盐碱，土壤含盐量在 0.3% 以下、pH 值 9 以下均能生长。适应性强，对氟化氢、二氧化硫及烟尘也有较强抗性。根系深，主根明显，根蘖及萌芽力强，生长迅速，寿命可达 200 年以上。播种繁殖，栽培品种需行根插或嫁接繁殖。本种树干通直，树冠圆整，园林中可用作庭荫树、行道树，也可作防风林及卫生隔离防护林树种。

同属植物见于栽培的还有刺椿（*A. vilmoriniana*），枝上有小皮刺。

（董保华）

雏菊（daisy；English daisy） *Bellis perennis*，别名延命菊、春菊。菊科雏菊属多年生草本植物，常作一二年生栽培。株高 7～15cm，叶基部簇生，长匙形或倒卵形。头状花序单生于花葶顶端，长 7～15cm。舌状小花，有白、粉、深红、洒金、朱红或紫色，中盘花黄色，花径 2.5～4cm，花期 4～6 月，果熟期 5～7 月。雏菊原产欧洲至西亚，各地均有栽培。植株强健，喜冷凉、湿润和阳光充足，较耐寒，地表温度不低于 3～4℃ 条件下可露地越冬，但重瓣大花品种的耐寒力较差。对土壤要求不严，不耐水湿。

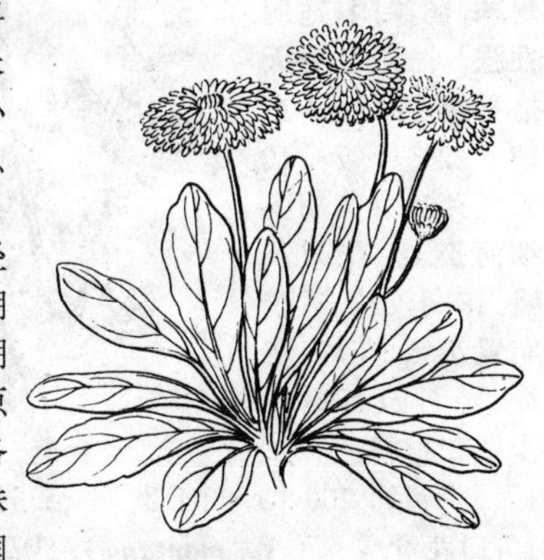

播种、分株和扦插繁殖均可。种子发芽适温 22～28℃。华北地区 8 月下旬至 9 月上旬露地播种，播后 5～10 天出苗，经移植后，于 10 月下旬移入阳畦内越冬，10 月下旬在畦上覆盖防寒。翌年 4 月上旬移植于苗床，下旬栽植于花坛，株行距 12cm×15cm。生长季节给予充足肥水，则开花茂盛，花期也可延长。为了保持优良性状，需年年分色选优株留种。雏菊须根发达，开花后可分根繁殖，栽于花盆，置冷凉处越夏，秋凉后移入温室，加强肥水管理，冬季或翌春可再次开花。

雏菊在各国园林中广泛栽培，因植株矮小，多用于装饰花坛、花带、花境的边缘；还用以装点岩石园或盆栽观赏。室内盆栽，冬春季节也可开花不断。

同属植物约 10 种，常见栽培的有：全缘叶雏菊（*B. integrifolia*），原产北美，花冠 2.5cm，淡紫色或白色。林地雏菊（*B. sylvestris*），原产于法国南部，头状花序稍下垂，花较大，舌状花生于顶端，深红色。

（杨忠英）

串果藤（China franchet vine） *Sinofranchetia chinensis*，木通科串果藤属落叶藤木。藤长达 10m。三出复叶、互生，小叶全缘。总状花序腋生，下垂，长 8～20cm，花单性，萼片 6，白色，具紫褐色斑纹，花瓣状蜜腺 6，与萼片对生。浆果长圆形，浅蓝色。产中国四川、云南、广西、广东、湖北、湖南、陕西、甘肃等地。多生海拔 950～2450m 间的沟谷及林中，常攀附于大树上。喜阴湿环境及肥沃土壤。播种繁殖。果实成串着生，熟时呈醒目的蓝色，颇富观赏价值。果可食，种子含有用淀粉。本属只 1 种，为中国特产。

（熊济华）

串金鱼（small-leaved goldfish vine） *Columnea microphylla*，苦苣苔科桂花苣苔属附生性常绿藤本植物。茎细长下垂，密生小叶。叶肉质，宽卵形或近圆形，被铜色软毛。花单生叶腋。花冠筒状，长 7～9cm，基部有距，檐部呈两唇。上唇 4 裂片呈盔瓣状、猩红色，喉部及下唇基部有黄斑。花期春末夏初。原产哥斯达黎加。不耐寒，喜温热，高温强光需遮荫。喜排水良好、疏松而富含腐殖质的土壤。温室栽培越冬不低于 12℃。扦插繁殖。用于室内大中型悬挂盆栽观赏。

（王大钧）

窗台花饰（window-flower decoration） 用花卉美化窗台的装饰形式。窗台花饰可以提高空间装饰水平，创造优美的生活环境。通常运用盆花、盆景及垂吊装饰作窗台花饰。在植物材料选择上，长江以南地区适用种类较多；而北方，受气候条件限制，适用种类较少。以窗为界可分为室外窗台花饰和室内窗台花饰。室外窗台花饰是建筑立面的组成部分，要注重建筑的整体美，一幢建筑的花卉装饰应力求协调和统一。宜选用花枝茂盛、色彩鲜明的中、低型或垂枝型花卉，也可靠两侧种植攀援植物来美化窗框。常用的花卉有天竺葵、旱金莲、矮牵牛、彩叶草、叶子花、秋海棠、牵牛和茑萝等。室内窗台花饰是美化室内环境的重要手段，花卉装饰应与室内布局、装修等总体风格相协调，还可根据爱好，突出装饰上的个性化。室内空气多比较干燥，可选择抗性较强的虎刺、虎尾兰和仙人掌类及多浆植物，以及茉莉、米兰、君子兰等观花植物。北向窗台则可选择耐阴的观叶植物，如常春藤、绿萝、吊兰和一叶兰等。此外，窗台花饰还应注意适量采光及不遮挡视线为宜。

（董佩珑）

垂吊花饰(hanging flower decoration) 美化空间的一种装饰形式。以仰视为主,能够丰富空间的立面景观,增加层次感,取得良好的观赏效果。主要类型有:①花材下垂式。适合栽植茎、叶伸展下垂的花卉,如吊兰、长春藤等。由于下垂的茎叶会掩蔽盆器,可以不过多的考虑盆器的造型和色彩。②花材直立式。适合栽植直立生长的花卉,如椒草、秋海棠等。由于花卉不能掩蔽容器,应选择造型优美、色彩协调的盆器,或在普通花盆外面套上装饰性套盆悬吊。③网篮式。不使用花盆,是用金属丝编制的网篮栽植花卉。网篮为圆筒形或扁盒形,里面放入培养土及苔藓,适合栽植喜湿性花卉,如非洲紫罗兰、温室凤仙、蕨类等。还可在网篮内组合栽植两三种花卉相映成趣。适做垂吊花饰的植物材料,除上述外还有吊金钱、花叶虎耳草、香茶菜、吊竹梅、仙人指和蟹爪等。

垂吊位置应根据环境特点和布局要求来确定,力求与室内陈设协调一致,可垂吊在角隅、窗前和其他室内空间。其次,按室内不同的微环境选择生态习性不同的花卉。如在南向窗前应选择喜光的花卉;在角隅和北向空间则选择耐阴性花卉。栽培用土要求营养丰富、疏松保水,也可用质地轻松的苔藓栽培。注意经常养护管理,适时喷水、修剪及追肥,保持枝叶的匀称分布,达到最佳观赏效果。

(秦魁杰)

垂盆草(stringy stonecrop) *Sedum sarmentosum*,别名柔枝景天、爬景天、匍茎佛甲草。景天科景天属多年生肉质草本植物。植株低矮,匍匐状丛生。茎平滑无毛,黄绿色。叶全缘、3出,阔披针形,长2～4cm,基部有鳞片状矩。花黄色,小形,径3～8mm。萼片与花瓣各5枚。花期6～8月。主产北半球温带与寒带,中国吉林、河北、陕西、四川及华东诸省也有分布。喜阴湿,又耐干旱,不择土壤,但过肥太湿地段容易徒长,开花减少,降低观赏价值。采用扦插和分根繁殖。繁殖系数高,通常$1m^2$可分栽繁殖10～$15m^2$。耐粗放管理。叶质肥厚,色绿如翡翠,颇为整齐美观。耐半阴,但不耐践踏,可作封闭式地被材料。也可用于模纹花坛配制图案,或用于岩石园种植及吊盆观赏等。

(胡叔良)

垂枝香茶菜(prostrate coleus; Brazilian coleus) *Plectranthus oertendahlii*,唇形科香茶菜属多年生常绿草本植物。染色体基数x=6。茎匍匐,高35～45cm。叶对生,近圆形,先端钝或尖,基部截形,具圆齿,近肉质,叶背带紫色。松散总状花序,花小,花冠淡堇色。原产南非。耐阴,不耐霜冻,长江下游冷室越冬。扦插繁殖,水插生根容易。用于室内悬挂盆栽。

同属澳洲香茶菜(*P. australis*),株直立,原产大洋洲东南部,为久经栽培的室内盆栽观叶花卉。

(王大钧)

春黄菊(golden marguerite) *Anthemis tinctoria*,菊科春黄菊属多年生草本植物。染色体数2n=18。株高30～60cm,具强烈异味。茎簇生、具棱,被白绵毛。叶2回羽裂。头状花序金黄色,花冠冠毛短。花果期6～10月,瘦果4棱。有白色、淡黄色、大花等品种。原产欧洲。耐寒,耐半阴,适应性强。一般在春天播种繁殖,种子在18～22℃下7～10天发芽。春黄菊茎细而挺直,花朵茂盛,花期较长,适于布置花坛、花境、花径、岩石园点缀或作切花材料。

同属约200种,产于欧洲、亚洲。常见栽培的还有:白花春黄菊(*A. montana*),株高10～20cm,舌状花白色,径3.5cm,产于南欧。香春黄菊(*A. nobilis*),全株被柔毛,舌状花白色,径约2cm,具浓厚异香。也有暗黄色变种。原产欧洲。

(王彩云)

春兰(spring orchid) *Cymbidium goeringii*,别名朵朵香、朴地兰。兰科兰属多年生草本植物。染色体数2n=2x=40。中国主产传统名花。

栽培简史 在中国唐代以前有关兰蕙记载均非今日之兰蕙,而是菊科的泽兰(*Eupatorium japonicum*)、华泽兰(*E. chinense*)一类的植物和唇形科的蕙藿香(*Agastache rugosus*)。古代孔子誉兰为"王者香",屈原说自己"既滋兰之九畹兮,又树蕙之百亩",指的是古代兰蕙而不是今日兰科植物。今日之兰蕙何时开始栽培,确切时间很难考证。可能从唐代末年到五代十国陆续有人栽种兰花。唐代唐彦谦的《咏兰》诗:"清风摇翠环,凉露滴苍玉。美人胡不纫,幽香在空谷"。诗中的"翠环"可能是指下垂弯曲的条状绿叶,"苍玉"是指苍白色的花被片。宋《清异录》中也有关于欣赏兰花的记述。

到了宋代(960~1279)已确有兰花栽培,尤其到了南宋,养兰之风已相当盛行。南宋赵时庚的《金漳兰谱》(1233年)是现存最早的一部兰花专著。在《金漳兰谱》中对兰花栽培管理、分株繁殖、兰花分类都有很好的经验。他叙述了"叙兰容质,品第高下,天地爱养,坚性封植,灌溉得宜"五个部分,分兰花为紫兰(16种)和白兰(19种)两大类,紫兰主要是今之墨兰,而白兰多为今之建兰素心。其后14年又出现了王贵学的《兰谱》。王氏兰谱有"品第之等,灌溉之候,分析之法,泥沙之宜"四部分,比《金漳兰谱》说得更为详尽。

元代(1279~1368)孔静斋的《至正直记》较为全面地整理了江苏、浙江一带的兰花栽培经验,为江浙养兰的发展奠定了基础。

明代李时珍的《本草纲目》(1578)和王象晋的《群芳谱》(1621)都有兰、蕙的记载。专门的兰谱有高濂的《兰谱》,写在《遵生八笺》书内。兰与牡丹、芍药、菊花、竹合称为"花竹五谱"。在《兰谱》中有"种兰奥诀,培兰四戒,护兰诗诀"等部分。"培兰四戒"的"春不出,夏不日,秋不干,冬不湿"至今仍为栽兰者所应用。张应文的《罗篱斋兰谱》(1596)是另外一部专著,他自认是补充赵时庚和王贵学兰谱的不足。冯京第的《兰易》、《兰易十二翼》和《兰史》是托名鹿亭翁和簟溪子的三本著作,作者意不在兰,但在养兰上仍有参考价值。

清代兰花著作更多,如朱克柔的《第一香笔记》(1796),屠用宁的《兰蕙镜》(1811),吴传沄的《艺兰要诀》(1811),张光照的《兴兰谱略》(1816),许霁和的《兰蕙同心录》(1865),袁世俊的《兰言述略》(1876),岳梁的《养兰说》(1890)等相继出现。此外,有关记载兰花的书籍也有不少,如陈淏子的《花镜》,文震亨的《长物志》、查彬的《采芳随笔》、吴其濬《植物名实图考》,清政府编的《古今图书集成》等,都有兰花的记载。清代是养兰的昌盛时期,有不少兰花著作。如鲍薇省的《艺兰杂记》分春兰为梅瓣、水仙瓣、荷瓣、素心瓣、蝴蝶瓣,为其首创。此外,还有杨子明的《艺兰说》,周怡庭的《名种册》,孙待洲的《心兰集》,陈研耕的《王者香集》,周荷亭的《种兰法》,刘文淇的《艺兰记》,余姚黄氏的《兰蕙镜》,杜文澜的《艺兰四说》、刘文淇的《艺兰谱》,清芬室主人的《艺兰秘诀》,金石寿的《培兰要则》,区金策的《岭海兰言》,等等。

民国以来,也出版了一些兰花书籍,如吴恩元的《兰蕙小史》(1923)是第一本印有兰花照片的书,于照的《都门艺兰记》(1929),夏诒彬的《种兰法》(1930)等。

1949年以后,兰花著作也不断出现。

欧洲最初的建兰由中国传入。最早用于兰属杂交的亲本是独占春和碧玉兰,其后代是19世纪末在英国育成开花的。以后又增加不少亲本,如美花兰、虎头兰、台兰、西藏虎头兰、红柱兰等,经过反复杂交,育成数以千计的花大、花多而美、耐久的大花蕙兰品种。日本养兰,可能受中国的影响较多。日本的第一本兰谱是松岡庵恕的《兰品》,成书于1728年,是研究中国兰花最早的一本书。自20世纪30年代起,日本栽兰的人渐多,有关兰花书刊也不断出现。最近数十年来,栽兰技术的提高,组织培养的发展,杂种兰花的出现,促进了兰花事业日益发展。

形态特征 多年生草本,地生。假鳞茎稍呈球形,不甚显著。有叶3~5(8)片,叶长25~60cm,宽0.6~1.2cm,线状披针形或带形,边缘有细锯齿。花葶直立,高10~25cm,花单生,少数2朵;黄绿色或白绿色,有清香。花期2~3月。蒴果长圆形,种子多而细小,胚小,无胚乳。

图1 春 兰

种、变种及品种 春兰变异甚多。

春兰原变种(var. *goeringii*) 清代鲍薇省将春兰分为梅瓣、水仙瓣、荷瓣、素心瓣、蝴蝶瓣5类。但其中素心瓣在各瓣之中都有,故不能作为一类;蝴蝶瓣可与其他花、叶畸形者作为畸形类;而一般野生春兰可称为竹叶瓣。①梅瓣春兰,萼片短圆,先端有小尖,稍向后弯,形似梅花之花瓣;花瓣短,边紧,向内成兜,紧靠蕊柱;唇瓣短而硬,不反卷。品种约100余个,以'宋梅'(cv. Song Mei)为代表。②水仙瓣春兰,萼片稍长,中部宽,两端狭窄,基部略呈三角形,形似水仙花瓣;花瓣短,有兜或浅兜;唇瓣大而下垂,反卷。有20~30个品种,以'龙字'(cv. Long Zi)为代表。③荷瓣春兰,萼片宽大、质厚,基部较窄,先端宽阔,形似荷花花瓣;花瓣稍向内弯,但不起兜,形似蚌壳;唇瓣阔而长、反卷。约有10~20个品种,以'大富贵'(cv. Da Fu Gui)为代表。④畸形春兰,畸花的萼片、花瓣、唇瓣都有变化,有的瓣数增加,有的减少,约有数十个品种。畸叶的叶片变宽、扭曲,叶色变化有白或黄色线条或斑点,即叶艺品种。⑤竹叶瓣春兰,一般野生兰花,萼片花瓣狭长,两端窄,形如竹叶,唇瓣长而反卷。也有不少优良品种。

线叶春兰(var. *serratum*) 叶较窄、质硬,长20～35cm,宽0.4～0.6cm;花2朵,少数1朵,无香气。花期12～3月。

雪兰(var. *papyriflorum*) 又称白草,叶较直立,长50～55cm,宽0.9～1.0cm,叶面较光滑,边缘有细锯齿;花葶高约20cm,有花2朵(极少数1朵),色嫩绿带纸白色,唇瓣长而反卷。花期1～3月。产于中国四川。

产地与分布 中国是兰属分布中心之一,以地生兰为主,除华北、东北外,各地都有分布。春兰是比较耐寒的品种,分布在甘肃南部,陕西秦岭以南、河南、安徽、湖北、湖南、江西、浙江、江苏、台湾、福建、广东、海南、广西、四川、贵州、云南、西藏。云南及浙江产量尤为丰富。春兰与蕙兰一样,生长在北纬25°～34°之间的山区;生长海拔高度因地而异,在浙江为300～500m,贵州为500～1700m,四川为900～1600m。

习性 春兰喜温暖气候,生长期适温为15～25℃。冬季能耐-5～-8℃低温,甚至短期0℃低温也可正常生长。花芽在冬季有显著的休眠期,从10月至翌年2月需低温(10℃以下)刺激才能开花。春兰要求空气湿润,在生长期要求湿度70%左右,休眠期为50%左右。对光线的要求不高,因兰花一般都是喜阴植物。但阳光对兰花又是不可缺少的,种类不同要求也不一样,春兰要求冬季阳光充足,夏季则必须遮去阳光的70%左右。兰花要求通风良好。土壤以富含腐殖质、疏松透气、保水、排水良好、潮湿而不过湿的微酸性(pH值5.5～6.5)为最好。

繁殖 春兰用营养繁殖(包括分株和组织培养)和播种繁殖。

分株 分株结合换盆进行,一般2～3年一次,分后每盆要保持2～3苗。时间以3月和9月前后最宜。分株前10天最好不浇水,使盆土略干。兰株从盆中倒出后,清除泥土,冲洗干净,放在通风处晾干,至根皮灰白色,根稍软时即可分株。在假鳞茎之间空隙较大的地方切开。切口涂草木灰或硫磺粉防腐。分株后即可上盆。盆土宜用富有腐殖质、疏松透气的砂质土。盆的大小与深浅要与兰株多少和根系长短相适应,并略有余地。盆底孔用瓦片覆盖,上铺粗石或碎砖粒,上层垫粗粒土及少量细土约1～2cm厚。栽植时将兰根散开,植株稍向盆边,老株靠边,新株在中央。随填土随摇动花盆,并用手指塞紧压实。深度以刚好将假鳞茎埋入土中为度。盆边留2cm的沿口,以便浇水。土面铺细石子或种翠云草(*Selaginella uncinata*)。最后用细喷壶喷水2～3次,湿透为止。放在荫处约半月,以后进行正常养护管理。

组织培养 兰花茎尖的组织培养,最早是法国人莫雷尔(Morel)在1960年获得成功的。30多年来,这项技术被广泛应用于兰花繁殖。在中国虽起步较晚,但已在一些单位获得成功。以初生茎的顶芽为外植体,消毒后接种于培养基上,置25℃±3℃、弱光培养室中培养。当形成原球体时,移入光培养室,光照强度1000～2000 lx。原球茎可进行分割,以扩大繁殖系数。适时将原球茎移入液体培养基内进行旋转培养,原球体长大时转入分化培养基,使其分化芽和根。当幼苗生长到10～12cm高、有根2～3条时即可移出试管种植。一般3～5年开花。

种子繁殖 兰花种子非常细小,但数量极大,胚小、发育不全,不易发芽。一般附生兰种子发芽较易,地生兰较难,春兰之素心者发芽更为困难。播种时多采用成熟而未开裂的果实,用75%酒精消毒,在无菌条件下取出种子,用10%次氯酸钠溶液或漂白粉清液浸泡,也可用0.1mol/L的苛性钾(KOH)溶液浸泡消毒。然后播于培养基上。置25℃±3℃,湿度60%～70%的条件下进行培养。以后的培养程序似上述组织培养。

栽培 栽兰场地要求通风良好,空气湿润,蔽荫度70%左右。一般管理措施如下:

浇水 兰花用水以微酸性至中性(pH值5.5～6.8)为宜。雨水最好,泉水、河水次之,自来水最次。春季气温低,兰花尚未开始生长,浇水量宜少;夏秋兰花生长旺盛,浇水量宜多;秋后天气转凉,浇水酌减;冬季休眠、气温低,浇水次数宜减,水量也少。春、冬季宜于中午浇水,夏秋在早晨或傍晚浇水。避免夏季中午用自来水淋灌。

施肥 宜掌握淡肥勤施的原则,气温15～30℃的晴天施肥最适宜,阴雨天不施。有机肥要充分腐熟后施用,叶面喷施用化肥,浓度掌握在0.1%至0.3%之间。

遮荫和防雨 兰花除早春和冬季外,都要遮荫。夏、秋季上午9时到下午4时要遮去阳光70%左右。连续下雨或暴雨时应注意防雨。闷热雷雨之后,应以清水浇透。

修剪 随时剪去枯叶、病叶,剪时注意工具消毒。花芽出土后,如数量过多,应除去弱芽,保留壮芽。植株生长不良时,要摘除花朵。

防冻 秋末气温降至2～3℃时应及时入室。

喷雾增湿 在干旱季节,应喷雾降温、增加湿度,最好装置自动喷雾器。

病虫害防治 兰花主要病虫害有:①霉菌病(*Pythium ultimum*)。又称白绢病。多发生在霉雨季节。初在土壤表面及叶基产生白色菌丝,导致根茎腐烂。防治方法是除去带菌土壤,用五氯硝基苯粉剂500倍液喷洒。②黑斑病(炭疽病)。高温多雨季节发生。初起,在叶上出现褐色斑点,逐渐扩大增多,变成黑点。多为害新芽,严重时整株枯死。应加强通风,控制水分，拔除病株；用65％代森锌粉剂600倍液，或50％多菌灵800～1000倍液或甲基硫菌磷800倍液喷洒，每10～15天一次，连续2～3次。③介壳虫。为害兰花的介壳虫有：盾蚧(*Diaspis boisduvalii*)、条斑粉蚧(*Ferrisiana virgata*)和兰蚧(*Lepidoaphes machili*)。可以用20％氧化乐果500～800倍液、60％的乐果粉剂1500～2000倍液、5％马拉硫磷800～1000倍液进行防治。

园林应用　中国兰花在古代与梅、竹、菊称为"四君子"或四大名花；又与水仙、菖蒲、菊花列为"花草四雅"。在观赏植物中，兰花独特高雅。叶色鲜绿，常年青翠。香气清烈而不浊，醇正而幽远，一盆在室，满屋飘香，兰被称为"天下第一香"。兰花的神韵、气态，属于内在、含蓄美。兰花作盆栽，花时作室内陈列，高雅、清韵兼而有之。兰花还可用于插花。也可熏茶、食用和药用。

同属植物　约50种，中国产30种。常见栽培的有10种左右。

蕙兰(*C. faberi*)　又称九子兰、九节兰、夏兰。叶直立性强，边缘有粗锯齿。花葶直立，高30～50cm，有花5～12朵或更多，浅黄绿色，有香气，花径5～6cm，唇瓣中裂片反卷，有透明小乳突，边缘有短缘毛。花期4～5月。分布与春兰相同。蕙兰品种很多。①蕙兰原变种(var. *faberi*)。主要品种有'大一品'、'金岙素'、'程梅'、'解佩梅'、'江南新极品'、'上海梅'等。②峨眉春蕙(var. *omeiense*)，又简称春蕙。植株较矮，花葶高15～17cm，有花3～4朵，花期3～5月。分布在四川、云南。③送春(var. *szechuanicum*)，又称春绿。叶8～13枚，近2列。花葶稍弯，有花5～9朵，直径约6cm，黄绿色，有清香。花期(2)3～4月。分布在云南、四川。

春剑(*C. longibracteatum*)　叶5～7枚，近2列，基部紧抱，边缘粗糙，中脉显著，直立性强。花葶20～35cm，有花2～5朵，苞片长，花浅黄色，有褐紫色斑纹。分布云南、四川。花期1～3月。有许多变异品种。①春剑原变种(var. *longibracteatum*)，四川名贵兰花多属于本变种，如'隆昌素'、'玉版春剑'、'银杆春剑'、'青花春剑'、'红衣春剑'、'牙黄春剑'等。②软叶春剑(var. *flaccidifolium*)，叶弯垂，有花3～5朵，分布在云南。③通海剑兰(var. *tonghaiense*)，叶4～6枚，直立似剑，基狭窄，端渐尖，色浓绿，鞘叶黑绿色。产云南通海，栽培历史悠久，野外很少发现。④朱砂(var. *ubisepalum*)，又称红草。叶4～5枚，刚健直立仅上半部稍弯，叶脉明显；花2(3)朵，色水红，花被平整，分布于四川。

建兰(*C. ensifolium*)　又称四季兰、秋蕙、骏河兰、夏蕙。叶2～6枚，有光泽。花葶直立，高20～30cm，有花5～9朵，浅黄绿色，直径4～6cm，有香气。花期7～10(12)月。分布于浙江、江西、台湾、福建、广东、广西、湖南、四川、贵州、云南等地。建兰栽培历史悠久，品种也多，可分为原变种(包括彩心与素心)，绿叶与线艺叶，大叶白变种。①建兰原变种(var. *ensifolium*)，叶较弓垂，叶面光滑而有光泽，边缘无锯齿。有品种50以上，如'金丝马尾'、'铁骨素'、'大青'、'银边大贡'、'大凤素'、'龙岩素'、'十三太保'、'宝岛仙女'、'雪下美人'、'金边仁化'等。花期秋季。②大叶白(var. *muronianum*)，叶较直立，近端存细锯齿。7月～10月开花2～3次，故又有四季兰之称。

图2　建　兰

寒兰(*C. kanran*)　叶3～7片，直立性强，花葶高出叶丛，有花10余朵，疏生；花被较狭窄，具紫红条斑，有香气，花期10月至翌年1月。分布在浙江、江西、福建、台湾、湖南、广东、广西、云南、贵州、四川等地。日本也有分布。有青寒兰、青紫寒兰、紫寒兰、红寒兰等类型。品种不少。

图3　寒　兰

墨兰(*C. sinense*)　又称报岁兰、丰岁兰、入岁兰。叶4～5枚，剑形，全缘，有光泽。花葶直立，有花7～17朵，色多样，有香气。花期9月至翌年3月。分布在福建、台湾、广东、广西、海南、云南。以广东、台湾栽培最多。墨兰有秋季(9月)开花的品种称为秋墨，如'秋榜'、'秋香'等；有元旦、春节开花的报岁型如'白

图4 墨 兰

墨'、'银边报岁'、'徽州墨'、'仙殿白墨'、'企剑白墨'、'金边墨'等。在台湾的品种更加丰富,有观花的、有线艺的,不下百种。

独占春(*C. eburneum*) 叶多至10余枚,先端二尖裂。花葶直立,花1(2)朵,直径10cm,有丁香香气;花被白色,有紫红色小斑点。花期3~6月。分布在云南、海南。也有不少变异。

虎头兰(*C. hookerianum*) 又称蝉兰、青蝉兰。为附生兰。假鳞茎粗大,长椭圆形。叶7~8枚,全缘,有光泽。花葶稍弯,花6~12朵或更多,花径约9cm,浅黄绿色。花期7~11月。产于四川、贵州、云南、西藏。

碧玉兰(*C. lowianum*) 又称红唇虎头兰。与虎头兰相似,但花葶弯曲向下,有花10~20朵;直径9~10cm,黄绿色,唇瓣中裂片有紫红色V形块斑。花期2~6月。分布于云南。

西藏虎头兰(*C. tracyanum*) 叶6~10枚,先端扭曲。花葶长60~65cm,倾斜,有花10~12朵。花径12~15cm,黄褐色有棕褐色条斑,唇瓣3裂,有毛。花期11月至翌年2月。分布在西藏、云南。

(吴应祥)

慈姑(Chinese arrowhead) *Sagittaria sagittifolia*,别名剪刀草、燕子草。泽泻科慈姑属多年生草本植物。染色体数2n=2x=22。须根肉质,无根毛。有匍匐茎、球茎及短缩茎,每株约有匍匐茎10多条,气温高时,匍匐茎可长叶生根,成为新株;气温低时匍匐茎向土壤深处生长,积累养分形成球茎。球茎卵形或近球形,先端具顶芽。叶箭形,叶柄长,着生于短缩茎上。总状花序,雌雄异花,花白色,花梗从叶腋间抽出,花期6~8月。果期6~10月。原产中国,以长江流域以南为多。非洲、欧洲、亚洲的温带和热带有分布。多用球茎繁殖。宜低洼、肥沃的平坦地栽种,对水分要求较高,需注意通风透光。立秋后球茎开始形成。园林中可用以美化水边及低洼沼泽地带。

同属植物,见于应用的还有浮叶慈姑(*S. subulata* var. *subulata*)。

(朱秀珍)

刺柏(Taiwan juniper) *Juniperus formosana*,别名缨络柏、山刺柏、台桧。柏科刺柏属常绿乔木。中国特有树种。高达12m,胸径2.5m,树冠塔形或圆柱形。枝斜展或直展,小枝下垂。叶刺形3枚轮生,先端具锐尖头,表面略凹,粉绿色,两侧各有白色气孔线一条,背面隆起,具光泽。球花单生叶腋,花期4月,球果近球形或宽卵圆形,熟时淡红褐色,被白粉,翌年11月果熟。中国台湾、江苏、安徽、浙江、福建、江西、湖北、湖南、陕西、西藏、贵州、云南等地有分布。喜光,稍耐阴;较耐寒,适应性强,耐干旱、瘠薄。喜生于土质肥润、排水良好的壤土。播种、扦插或嫁接繁殖。嫁接多用侧柏作砧木。大苗移植需带土球。树姿优美,为优良的园林绿化树种,适于公园、风景区及道路两边对植、列植和群植,也可制作盆景观赏。又为水土保持的造林树种。

同属植物约10余种,中国有3种,常见栽培种类还有:杜松(*J. rigida*),别名崩松。灌木或小乔木。叶3枚轮生,条状刺形,坚硬,有一条窄白粉带。抗旱,耐寒。生长较缓。多作绿篱用,亦可作风景树、行道树。产中国东北、西北、华北等地;朝鲜半岛、日本也有分布。欧洲刺柏(*J. communis*),别名璎珞柏。乔木或直立灌木。叶条状披针形,直而不弯。适作庭园观赏树。

原产欧洲、北非及北美，中国北京、上海、青岛、杭州等地有栽培。 （叶超汉）

刺槐（black locust） *Robinia pseudoacacia*，别名洋槐。蝶形花科刺槐属落叶乔木。染色体数 2n = 2x = 20。高达 25m，胸径 1.1m，冠幅达 19m。树冠椭

圆状倒卵形或倒卵形，树皮灰褐色，浅至深纵裂。小枝光滑、灰褐色至褐色。奇数羽状复叶、互生，小叶 7～9，对生或近对生，卵形至长圆形，全缘，叶轴基部的托叶特化成略扁之托叶刺。花蝶形，白色，具香气，总状花序腋生，下垂，花期 4～5 月。荚果扁平带状，长 4～10cm，7～9 月成熟。栽培品种有：'无刺'槐（cv. Inermis），别名无刺洋槐，乔木，树冠开扩、扫帚形，无托叶刺。'伞刺'槐（cv. Umbracu-lifera），别名球槐、球冠无刺槐、朝鲜槐。小乔木，树冠成圆满的半球形，分枝细密，托叶刺近无或极小且软，极少开花结实。'红花刺'槐（cv. Decaisneana），小乔木，花粉红色，龙骨瓣白色，具淡玫瑰色晕。

原产北美，分布于美国东半部及加拿大东南部，19 世纪末引入中国，黄河、淮河流域广泛栽培，多见于平原及低山丘陵地区，海拔最高达 3600m（西藏拉萨）。暖温带树种，喜光、幼树稍耐阴；喜疏松、湿润、肥沃砂壤土或壤土，能适应酸性土、钙质土及盐碱土（含盐量 0.3% 以下），对城市瘠薄（有机质含量 1% 以下）、密实（土壤硬度达 21kg/cm^2）渣土耐性较强，较耐干旱，土壤含水量 8%～9% 仍能存活，唯生长缓慢，在极度干旱条件下（土壤含水量 5% 以下）枝多干枯，甚至死亡。浅根性，不抗风；不耐涝，地下水位 80～95cm 即可导致根烂、枝枯、长势衰弱，乃至死亡。侧根发达，有根瘤菌，具固氮作用。萌蘖性强。生长迅速，一般 4～5 年生开始开花结实，但寿命较短，适宜地区可存活 70 年左右。对二氧化碳、氯气等有害气体具有较强的抗性及一定的净化能力。

播种繁殖为主，荚果出种率一般在 10%～20%，种子千粒重 21.8g，种皮厚而坚硬，且有硬粒种子，播前通常用热水多次浸种后混湿沙催芽，播后 8～10 天出苗，当年苗高可达 1.5～2.0m，培育 3～4 年即可用于园林绿化种植。主要病虫害有刺槐蚜、豆荚螟、刺槐种子小蜂、大象甲、紫纹羽病及刺槐烂皮病等，管理中须注意及时防治。

刺槐种内变异明显，中国已选育出"杆刺槐"、"石林"等优良类型。国外育种工作开展较早，有记载的优良类型有"塔形刺槐"、"桅杆刺槐"等。

刺槐树体高大、叶色鲜绿，春季开花时节洁白串花挂满枝头，芳香四溢，适宜庭园、道路绿化种植；也是工矿区绿化及荒山荒地造林的理想树种之一。花为蜜源，木材质硬、耐腐。 （周忠樑）

刺楸（painted kalopanax） *Kalopanax septemlobus*，别名茨楸、棘楸。五加科刺楸属落叶乔木。染色体数 2n = 48。高达 30m，胸径达 1m。树皮深纵裂，暗

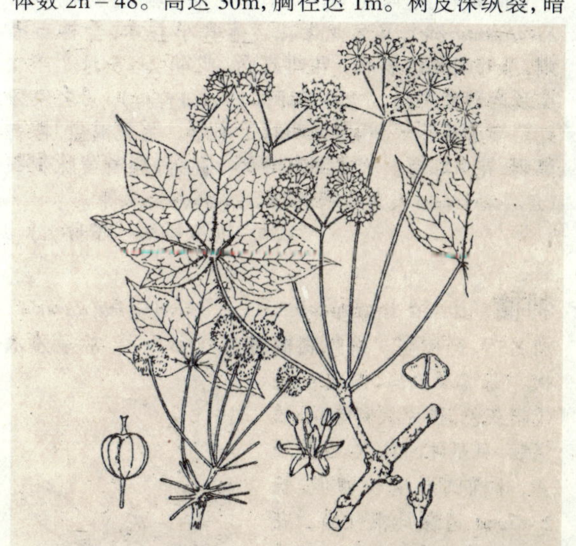

灰棕色。枝淡黄棕色或灰棕色，具粗硬皮刺。单叶互生，在短枝上呈簇生状，叶掌状 5～7 裂，基部心形，缘有细齿。伞形花序聚生成顶生的圆锥花序，花白色或淡绿黄色，花期 7～8 月。核果球形，成熟时蓝黑色，花柱宿存，果熟 10 月。变种有：毛叶刺楸（var. *magnifi-*

cus)，枝上刺较少或无，叶片较宽大，下面密生短柔毛，脉上更密。中国从东北南部、华北、长江流域至华南、西南均产，日本、朝鲜半岛、俄罗斯也有分布。喜光，喜土层深厚、湿润、排水良好的酸性或中性土，生长快。播种繁殖，也可分根或插根繁殖。本种树冠伞形，干通直，叶大，枝干生粗刺，树形壮观并富野趣，宜自然风景林绿化种植，也可作庭荫树。（郭生祯）

刺桐（zudian coralbean） *Erythrina orientalis*，蝶形花科刺桐属落叶乔木。染色体数 2n＝42。高达20m，干皮灰色，具圆锥形皮刺。三出复叶互生，小叶菱形或菱状卵形，具柔毛，总柄长24～27cm。总状花序，花萼佛焰状，暗红色，花蝶形，鲜红色，花期3月。荚果呈念珠状，种子红色，果熟9月。产亚洲热带，中国华南地区及四川栽培较广。喜强光照，要求高温、湿润环境和排水良好肥沃砂壤土，忌粘质土壤。不耐寒，北方盆栽时，冬季温室应保持4℃以上。具根瘤，生长较快。枝性扩张，可行适度短截，萌生的枝条开花更为繁茂。播种或扦插繁殖，华南沿海地区常用长枝扦插，1～2个月后即可生根。也可用高压法繁殖。刺桐花繁且艳丽，适宜在庭院栽植，或用作行道树，北方可行盆栽观赏。

同属植物常见栽培观赏的有：珊瑚刺桐（*E. coralodendron*），又名龙牙花。落叶小乔木，全株有瘤刺，小叶阔卵状菱形。花绯红色，花期2～5月。产北美及西印度群岛。火炬刺桐（*E. carffra*），又名象牙红。半落叶乔木，叶呈阔卵状三角形。茎灰褐色，枝有黑刺，花朱红色。产非洲东南部。此外，还有黄脉刺桐（*E. variegata*）、大叶刺桐（*E. arborescens*）等。

（王铨铭　陈榕生）

刺榆（david hemiptelea） *Hemiptelea davidii*，别名枢、钉枝榆。榆科刺榆属落叶小乔木，常呈灌木状。高达2.5m。树皮灰色或暗灰色，狭片状剥落；小枝坚韧，具坚硬的枝刺，皮孔显著；叶椭圆形至长卵形，长2～7cm，边缘具粗钝齿。花杂性，1～4朵簇生于一年生枝下部叶腋，与叶同时开放；小坚果偏斜近卵形，上部有偏斜之翅。本属仅此一种，产中国北部和中部各地，朝鲜也有分布。喜光，不耐阴，耐寒、旱和瘠薄的土壤，在酸性和钙质土壤上都能生长。深根性，萌芽力极强。主要用播种繁殖。刺榆生活力强，耐修剪，是做刺篱的好材料，也可用于布置岩石园或制造盆景等。

（陈耀华）

葱兰（while zephyranthes） *Zephyranthes candida*，别名葱莲、白玉帘、白花菖蒲莲。石蒜科葱兰属多年生草本植物。染色体数 2n＝6x＝36。株高20～30cm，小鳞茎纺锤形，直径约2cm，外被褐色皮膜，鳞茎上部具有明显的细长颈，叶自颈部丛生，暗绿色，细长稍肉质，平滑而有光泽。夏天从叶基抽生出中空花梗，顶端着花一朵，花白色略带红晕。有膜质苞片。花瓣6枚，呈漏斗状。花径4～5cm。花期7月下旬至10月。蒴果三角状球形。原产南美洲及西印度群岛，20世纪初中国引种栽培。喜阳光充足，但耐半阴。适宜温暖环境，也较耐寒，能在长江以南露地越冬，北方作温室盆栽。对土壤适应力强，能在贫瘠砂土中生长，但在排水良好的肥沃壤土中生长更旺。夏季保持湿润。分株繁殖为主，春季将大丛植株掰开，每丛保留2～3个鳞茎。盆栽，每年春季换盆。露地栽植株行距为10cm×15cm，栽植深度以鳞茎顶端覆土2cm左右为宜。北方需于霜降前后将鳞茎挖出，充分晾干，置室内贮存。常见栽培的种有韭兰（*Z. grandiflora*），别名菖蒲莲、红玉帘、风雨花。鳞茎卵圆形，叶细长，革质，扁平，似韭菜。花期7～9月。黄花葱兰（*Z. citrina*），花径5cm，具香气。

葱兰类植株低矮整齐，花期长，常用作花坛的镶边材料，也宜在绿地中丛栽，最适宜作林下半阴处的地被花卉，或于庭院小径旁栽植。也可盆栽。

（杨忠英）

丛林式盆景制作（creation of grove-like Penjing）　通过艺术构思，将多株树木丛植于一盆，经修剪蟠扎成为具有山野丛林意境盆景的技艺。丛林式盆景又称合栽、合植，日本称“寄植”。

选材与选盆　丛林式盆景所表现的景观范围很广，可以是近林、远林、疏林、密林，也可以是原始林、旷野林、丘陵林、海岸林、溪谷林、庭院林或村落林等。表现不同的景观可以选择不同的树种，因而也可采用不同的丛林盆景形式。常见有垂直式丛林盆景、犄斜式丛林盆景、直斜结合式丛林盆景、蟠曲式丛林盆景等。常见的丛林式盆景多选用一个树种，以便统一协调。但也有选用两个或两个以上的树种进行合栽，这就要求树种之间在形态和习性上有一定的共性。不同树种合栽时，要以一个树种为主，在数量和体量上要占绝对优势，以求突出主体和体现统一和谐之美。

丛林式盆景的树木株数，一般以奇数为好。多选用经过盆栽养植，姿态自然的树木进行搭配合栽；也有的用播种法抚育成林，株数可为十余株至数十株。

树木姿态的选择要求树体高瘦挺拔，以体现林间树木向上争夺阳光的特性和群体美的景观。其中如有曲干植株，须用金属丝矫正姿态。不论株数多少，植株都要有高低大小的变化。要特别注意对主体树种植株的高度、粗细、姿态、气势的选择，这与盆景创作的成败影响极大。应选用叶小、耐修剪、易培养成大树姿态的树种。常用的有各种松柏类、枫、六月雪、雀梅、榆、福建茶、九里香、水杉、朴树、榉树及虎刺等。

从林式盆景一般宜选用浅盆。浅盆不仅形体美观，更能使树木显得高大挺拔。常用的浅盆以长方形、椭圆形、圆形为主，较为质朴大方，或用石片作盆更富野趣。

种植形式　有三株、四株、五株和多株等形式。①三株种植：三株种植是丛林式的基础。其中主株(或称主干)应选择最高、最粗、最有统帅气势者。第二株为副干，比主干略低、略细。最小最细的为衬干。明末清初画家龚贤说"三树一丛，则二株宜近，一株宜远，以示别也"。此理可用于盆景。故三株种植应呈不等边三角形。忌成直线或等边三角形。其中主干和衬干要靠近，自成一组，副干要离远一点(见图)。②四株种植：种植时可分为3:1的两组树木，组成一个不等边三

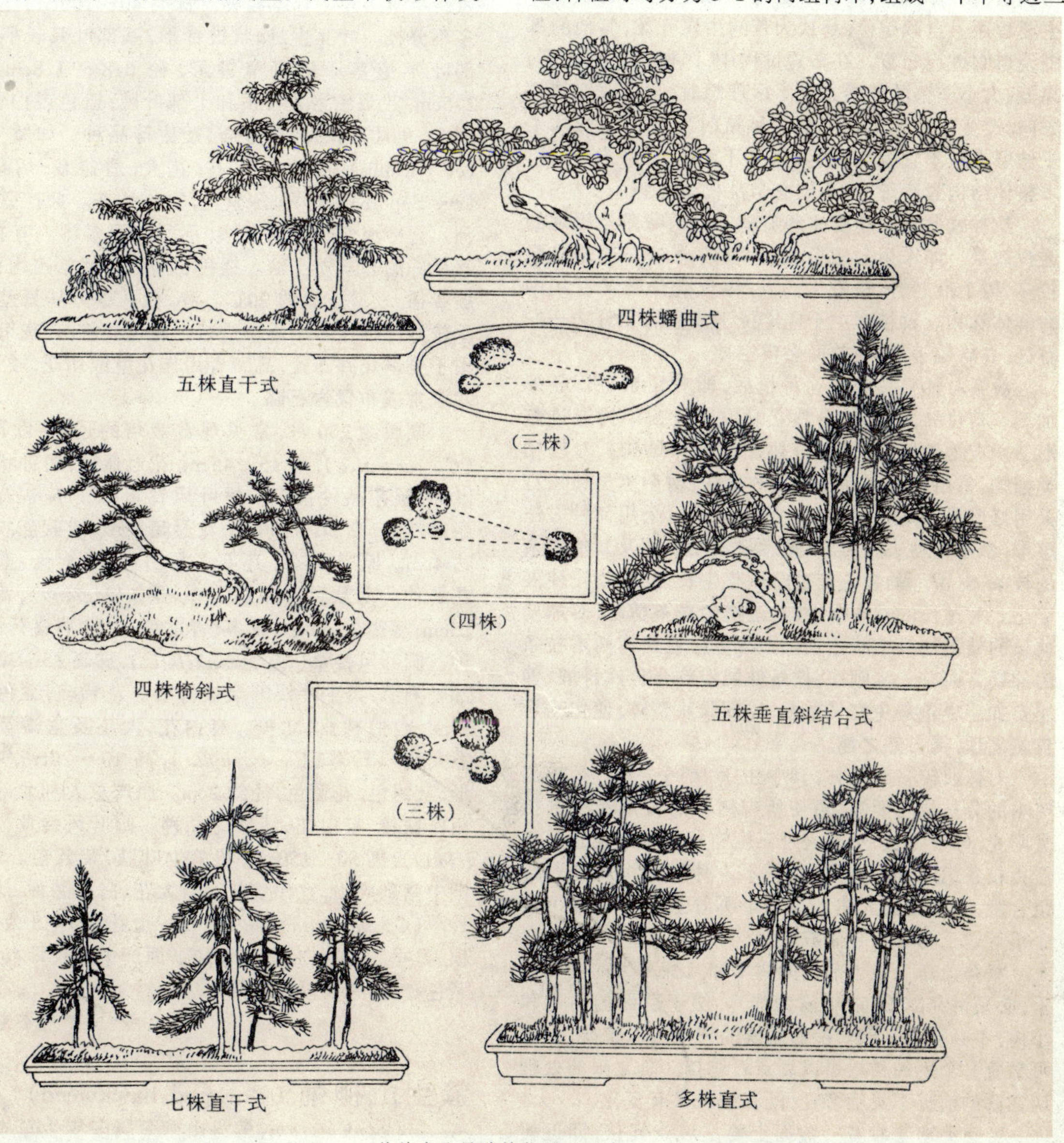

丛林式盆景种植位置及形式

角形或不等角的四边形。忌成直线排列、四方形或对等分组的排列形式。③五株种植：最理想的方法是分成3:2两组。主株必须在三株组中。三株一组的种植方法如前叙。两株一组的则根部要靠近，一株偏前，一株略后(见图)。④株数较多时，可将其分成不同的几个单元。《芥子园画谱》中说："五株既熟，则千株万株可以类推，交搭巧妙，在此转关。"。

种植布局　选材、构思既定，可将选好的树木脱盆，用竹签细心地剔去根部周围的泥土。剪去有碍种植的树根；根系发达的，可剪去部分须根。对众多的树木进行合栽时，首先从对各树的主干安排入手。大致协调后，就可对根部及枝条处理，这是丛林式盆景制作主要程序。合栽定位，是从为首的主株开始，其他的都围绕着它进行布置。在布置过程中，因树的主干姿态、高低、大小或根的伸展方向不尽理想时，可以改变植株方向，改变位置或调换植株。种植时各主要植株的主干伸展方向不宜偏离太远(如直干和卧干的结合)，以求整体结构紧凑统一，不致有杂乱松散之感。

丛林式盆景制作要注意疏密、聚散、藏露及深远的透视效果。如采用分组合栽，为首的一组必须是株数较多、树干最高、体量较大的，以体现既分散又有集中的群体林相。种植时主干应定位于浅盆的三分之一左右处，并略偏于后，使前面多留空地。

枝条与树冠的处理　种植后，即对枝条进行整形加工。其目的，在使各自独立的单体枝条结构通过整形手段成为较复杂的、统一协调的群体结构。对松柏类植物，采用以金属蟠扎为主的方法；对杂木类植物宜采用修剪或和蟠扎相结合的方法。不论采用何种方法整形，都必须剪去枯枝、病枝、弱枝、徒长枝及其他多余的枝条，对留下的枝条则进行调整生长方向，矫正伸展姿态。对过长的枝条剪短，对过密的枝条剪疏，对需要伸长的枝条让其继续生长。最后务必使所有树木枝条的伸展方向有一定顺序，枝条伸展姿态要自然舒展、伸屈自如。尽量避免交叉重叠，局部服从整体，使作品合自然之理，得自然之趣。

对株数较多的丛林，其中主干、副干、衬干等较高树木的分枝位置要高，可使所有树木的枝条能充分接受阳光，健康生长，更宜表现三度空间森林的美感。树冠由枝条组成，故丛林式盆景不论株数多少或是否分组合栽，它的树冠大体上是一个不等边三角形或由多个不等边三角形组合而成。

根部处理　位于前面的树木和几棵高大的主要树干，必须讲究露根(以半露为佳)。位于后面的树木和小树，不必强求一致。前后紧挨的树根可以重叠(干不可重叠)，个别的树根可以用点石遮挡。总之根的处理应在露的前提下灵活多变，既有统一又有变化。

盆面处理与布苔　盆面土要呈坡状起伏，即近树根周围的土要高些，盆沿周围的土要低些。如由数丛树木组成的，盆面起伏的层次就多。丛林式盆景可以不放点石，让景观简洁、含蓄。也可以适当布置点石，但石质、石色、石纹要一致。石块的大小，点石的位置看具体需要而定，不可多放。点石可调节平衡画面，给作品增添自然情趣。

布苔是丛林式盆景制作的最后程序。铺饰青苔装点盆面，使作品生气盎然，也可防止盆土流失。

(胡乐国)

丛生风铃草(clustered bellflower)　*Campanula glomerata*，别名聚铃花、聚花风铃草。桔梗科风铃草属多年生草本植物。株高40～100cm，茎直立，多不分枝。叶互生，卵状披针形，基部叶具长柄，茎上部叶半抱茎。花冠窄钟形，径0.8～1.8cm，长约2.5cm，数朵簇生于枝顶和上部叶腋，蓝色或白色。花期5～9月。有大花、重瓣、矮生等品种。如矮生品种(cv. Acaulis)，高5cm左右，花大，适盆栽；切花品种(cv. Superba)，花大、深紫色，宜作切花。原产欧、亚两洲。喜冷凉而干燥的气候，不耐高温多湿。宜排水通气良好的石灰质土壤。播种、分株、扦插繁殖均可。一般春播，发芽适温约20℃。春、秋两季分株繁殖，以秋季较好。扦插多于春季进行。花色淡雅，玲珑可爱，宜用于夏季花卉布置，高型者用作花境或切花，矮型多盆栽观赏或布置岩石园。

同属约250种，常见观赏栽培的还有：欧风铃草(*C. carpatica*)，高15～45cm，花冠蓝色，短钟状，原产欧洲，园艺品种甚多。桃叶风铃草(*C. persicifolia*)，耐寒性强，高30～100cm，花冠阔钟形，淡蓝色，花径可达4cm。原产欧洲。还有多数白色、淡紫色、重瓣、大花品种。南欧风铃草(*C. portenschlagiana*)，高10～15cm，茎密生、叶小，花多、青莲色，为欧洲盛行的盆栽种。圆叶风铃草(*C. rotundifolia*)，株高15～30cm，基部叶圆形，茎生叶线形至披针形。花稀疏，蓝色，原产中欧、西伯利亚、北美。有白花、大花及重瓣等品种。意大利风铃草(*C. isophylla*)，高10～20cm，叶近圆形、灰绿色，花蓝色，径约2cm。原产意大利北部，欧洲用作盆栽，有白花、淡紫花品种。阔叶风铃草(*C. latifolia*)，高50～150cm，花单生叶腋，紫蓝色。原产欧洲中南部高山，宜作切花。有大花、白花品种。紫斑风铃草(*C. punctata*)，高20～50cm，花常1～3朵生于茎顶、下垂。花冠白色，有紫斑。原产中国及日本。有深紫色、纯白色及矮型品种。

(秦魁杰)

簇生山柳菊(clustered hawkweed)　*Hieracium paniculatum*，菊科山柳菊属多年生草本植物。染色体数2n=2x=18。株高60～90cm，具匍匐茎。基

生叶簇生，茎生叶互生、披针形，叶缘有齿。头状花序，直径约为1.2cm，全为舌状花、黄色，花期7～8月。原产美国佐治亚州与亚拉巴马州一带。植株健壮，喜阳光，耐贫瘠、干旱土壤，忌涝。可自播繁衍。播种或分株繁殖，匍匐茎自行蔓延，平卧地面；宜作地被，也可作自然式丛植或野生花卉园群植，或作岩石园点缀，颇富野趣。

同属植物约700种，见于栽培观赏的有：橙花山柳菊（*H. aurantiacum*），自簇生根茎处可抽生匍匐茎，全株散生长毛；叶长椭圆形，头状花序径约2.5cm，花深橙至火焰红色。原产欧洲。毛叶山柳菊（*H. pilosella* var. *virides*），别名鼠耳草，株高约30cm，全株密被长毛，头状花序单生，径约2.5cm，浅黄色，花期7～8月，原产欧洲。伞花山柳菊（*H. umbellatum*），别名山柳菊，全株被细毛，头状花序径约4cm，舌状花黄色，花期7～8月。分布于中国各地，欧洲及亚洲的日本也有。（龙雅宜）

翠柏（Chinese incense） *Calocedrus macrolepis*，别名大鳞肖楠。柏科翠柏属常绿乔木。染色体数2n=2x=22。高达35m，胸径1.2m，幼树树冠尖塔形，老树呈广圆形。树皮红褐色或褐灰色，着生球果小枝圆柱形或四棱形；鳞叶交互对生成节状；雌雄同株，球果长椭圆状圆柱形，10月成熟时红褐色。变种有台湾翠柏（var. *formosana*），与原种的区别在于着生雌球花的小枝扁短。产中国云南、贵州、广西、海南及台湾，越南、缅甸也有分布。喜光，幼树耐半阴；生长快。用播种、扦插、压条或嫁接等法繁殖。移植宜于3～5月进行。主要病虫害有红蜘蛛、天牛等。翠柏树姿优美，叶片常年翠绿，适于大型建筑前作园景树及草坪中种植，或干道两侧列植，也可盆栽观赏。

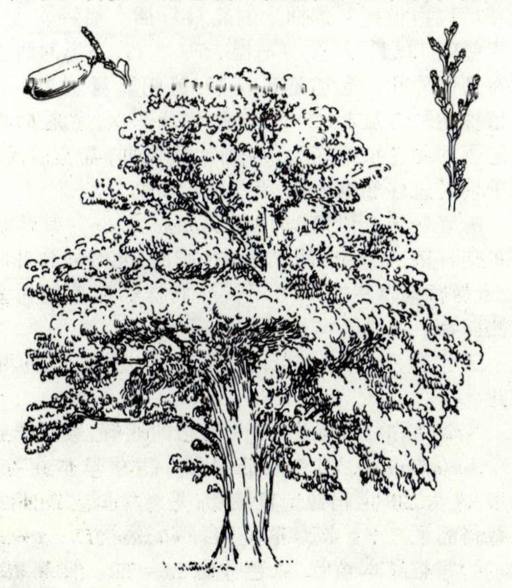

（叶超汉）

翠菊（China-aster） *Callistephus chinensis*，别名江西腊、蓝菊、七月菊。菊科翠菊属一年生草本植物。染色体数2n=18。园艺品种多为4倍体，2n=4x=36。原产中国，栽培历史悠久，1728年传入法国。此后，经过世界各国选育，新品种层出不穷，仅欧洲就有300～400个园艺品种，已成为世界上重要的一二年生草花之一。

形态特征　茎直立，株高20～120cm，全株疏生短毛。叶互生，叶片卵形至长椭圆形，有粗钝锯齿，下部叶具柄，上部叶无柄。头状花序单生枝顶，总苞片3层，外层叶状。原种花径5～8cm，舌状花花色浅堇至蓝紫色。园艺品种花径3～15cm，花色丰富，有绯红、桃红、橙红、粉红、浅粉、肉粉、紫、墨紫、蓝、天蓝、白、乳白、乳黄、浅黄等色。管状花黄色，端部5齿裂。春播花期7～10月，秋播花期5～6月。瘦果楔形，浅褐色，种子千粒重约1.74g，发芽率约50%。常温下种子寿命1年。

变种、类型、品种　翠菊园艺品种众多，按株态分类有直立型、半直立型、丛生型和疏散型。按株高分类有：①矮型，株高10～30cm，生长势较弱，叶小花多，花径小，生长期短，开花早，如北京的'一窝猴'品种和近年引入的矮型品种，高仅25cm，一株开花达120多朵。②中型，株高30～50cm，生长势中等，花型丰富，色彩多。③高型，株高50～100cm，生长势强健，生长期长，开花迟，北京称此型翠菊为'秋江西腊'。按花型分类：花型由舌状花和筒状花演化而来，根据演化程度形成不同花型。第一是舌状花系，由舌状花演化为主而形成的花型系统，下分平瓣类和卷瓣类。平瓣类：舌状花平瓣，有单瓣型、平盘型、菊花型、莲座型、鸵羽型等花型；卷瓣类：舌状花纵向折卷为松针状，花型分放射型和星芒型。第二是筒状花系，由筒状花演化为主而形成的花型系统。此系只有桂瓣一类：筒状花伸长，端部开裂呈星状，花型有领饰型、托桂型、球桂型、盘桂型等。按花径大小分类有：小花类（花径3～4cm）、中花类（4～6cm）、大花类（6～8cm）、特大花类（8～15cm）。

分布与习性　翠菊原产中国，该属只此一个种。分布于中国吉林、辽宁、河北、山西、山东、云南和四川等地，朝鲜半岛和日本也有分布。生于山坡、草丛、水边和撩荒地。现在世界各国已广泛栽培。喜光照充足、温暖湿润环境，耐寒性不强，越冬最低温度2～3℃，华北地区秋播苗需在冷床中越冬。高温下延迟开花或开花不良。在高温高湿、通风不良条件下，易罹病虫害。浅根性，要求保持土壤湿润。对土壤要求不严，喜富含腐殖质、疏松肥沃和排水良好的砂质壤土。不宜连作。因品种和播种期不同，5～10月份均有翠菊开放，单株花期约10天。

繁殖栽培　用播种法繁殖，因品种和应用要求不同，播种期不同。矮型品种2～3月在温室播种，5～6月开花；也可4～5月在露地播种，6～7月开花；7月上中旬播种，10月1日前后开花；8月上中旬播种，幼苗在冷床越冬，翌年5月1日前后开花。中型品种通常5～6月播种，8～9月开花；8月播种，冷床越冬，次年5～6月开花。高型品种夏季播种，可于秋天开花。室内播种，保持10～20℃，4天可发芽。2枚真叶时分苗，晚霜过后移植露地。应选地势高燥处栽植，施足基肥，并经常追肥，注意浅耕保墒，避免土壤过湿，引起徒长、倒伏或发生病害。秋播小苗越冬时，应植于冷床的北侧。华东地区10月下旬播种，在露地用稻草覆盖即可越冬。矮型品种要求较高的栽培条件，现蕾后控制浇水，以形成低矮、密集、圆锥状株形，使开花繁密。

采种　翠菊为常异交植物，重瓣品种天然杂交率很低，容易保持品种的优良性状；同时，极少量的异花授粉，又为选育新品种创造了条件。重瓣程度较低的品种，天然杂交率很高，品种特性不易保持。制种的有效隔离距离为15m，开花前应用纱罩将母株罩上。当头状花序露出白色冠毛时，应及时采收种子。

病虫害防治　常见病害有：锈病（*Puccinia chrysanthemi*），叶背发生橙色斑点，散出橙黄色粉末，最后叶面产生多角形赤褐色病斑，叶片枯死。应拔除烧毁病株，喷120～160倍等量式波尔多液或250～300倍敌锈钠液防治。立枯病（*Rhizoctonia solani*），苗期侵染根颈部，受害部位发生线状褐色病斑，进而茎基部变黑，全株枯死。播种前应进行种子消毒；发现病株及时拔除烧掉；并用100倍福尔马林进行土壤消毒等予以防治。病毒病，沿叶脉变成黄绿色，叶面产生黄绿色网纹，受害叶片狭小，叶柄变长，节间缩短，全株萎缩，不能正常开花。应拔除病株烧毁，及时消灭传播病毒的昆虫。红蜘蛛为害可喷1500倍乐果防治。

园林应用　翠菊品种类型很多，花型多变，花色丰富，花期较长，在园林中广泛应用。矮型品种适用于毛毡花坛和花坛的边缘，也宜盆栽。中型和高型品种可用于各种园林布置。高型品种还常作背景花卉，又因其花梗长而坚挺，水养持久，略具清香，是良好的切花材料。此外，花、叶均可入药。

（秦魁杰）

翠雀花（bouquet larkspur）

Delphinium grandiflorum，别名大花飞燕草。毛茛科翠雀花属多年生草本植物。染色体数2n＝16。

栽培简史　野生种主产于北半球温带地区，园艺化栽培起自17世纪。1816年原产西伯利亚的*D. grandiflorum* var. *chinense*传入欧洲，对育种具有推动作用，19世纪末，已育成100多个品种。20世纪出现了美丽飞燕草（*D. belladonna*）系统。欧美育种学家利用原产伊朗的黄花种和原产加利福尼亚的红花种进行杂交，扩大了色系范围。植株高度分为高、中、矮等类型，可供花坛、花境和切花用。根据花型又可分为"紫罗兰型"和"风信子"型。

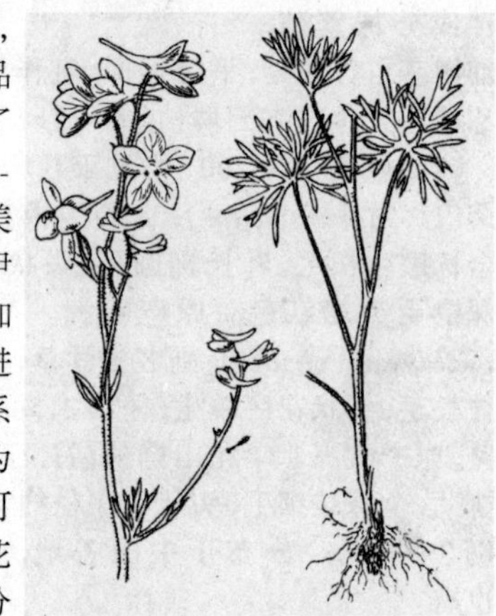

习性和繁殖栽培　翠雀花喜凉爽、通风、日照充足的干燥环境和排水通畅的砂质壤土。可用分株、扦插和播种法繁殖。分株春秋均可进行，扦插可于春季新芽长至15～18cm时切下插入砂中，生根后移栽，也可于花后取由植株基部抽生的新枝扦插。播种多在3～4月或9月份进行，发芽适温15℃左右，高温对种子萌发有抑制作用。栽前施足基肥，追肥以氮肥为主。老龄植株生长势衰弱，2～3年需移栽一次，移栽时增施底肥。翠雀花植株高大，易倒伏或弯曲，需支撑固定。用于切花宜在80%的花朵开放时剪切。

病害防治　黑斑病（*Marssonina rosae*）：其病原为假单孢杆菌，受害叶面出现不规则的、光滑的焦油状斑点，叶背病斑浅褐色。可用拔除病株和喷施链霉素的方法防治。此外还有根颈软腐病等。

园林应用　可丛植，栽植花坛、花境，也可用作切花。

本属植物约300种，常见栽培的还有：美丽翠雀花（*D. belladonna*），别名颠茄翠雀。宿根草本植物，分枝多，花大，20世纪初选育成功，是当今园艺品种的主要栽培品系之一。高翠雀花〔*D. elatum*（*D. pyramidale*）〕，宿根草本植物，染色体数2n＝32。株高120～

180cm，茎光滑。叶大，稍被毛，下部叶片掌状5～7裂，上部叶片3～5裂。花径4cm。原始种花为蓝色，现有园艺品种4000个以上，多为重瓣，有蓝、紫、桃红及白色等，是当今主栽品系之一。原产法国及西班牙山区和亚洲西部。裸茎翠雀花（*D. nudicaule*），宿根草本植物，染色体数2n=16。原产美国加利福尼亚。株高35～60cm，多分枝。叶片3裂，稍肉质，圆形。花瓣黄色，萼片橙红色，花期4～7月份。扎里耳翠雀花（*D. Zalil*），宿根草本植物，原产伊朗。株高80～100cm，单茎或少分枝，具地下块茎。叶具狭线形裂片。疏总状花序，花黄色，花期7～8月。丽江翠雀花（*D. likiangense*），生于山地草坡，总状花序，花色青紫，具芳香。产中国云南。康定翠雀（*D. tatsienense*），株高50cm左右，伞房花序，花色蓝紫。产中国四川西部及云南北部地区。

（金　波）

D

大地园林化（national landscaping and gardening movement）

按照规划，对国土进行普遍绿化与美化的设想。1958年8月，毛泽东在北戴河提出："要使我们祖国的山河全部绿化起来，要达到园林化，到处都很美丽，自然面貌要改变过来。"同年11月28日到12月10日，中国共产党八届六中全会提出要"实现大地园林化。"1959年2～3月在广州召开全国造林、园林化现场会议，同年3月9日和3月27日人民日报发表了有关社论和短评，提出："大地园林化是一个长远的奋斗目标"。随后，中国林业出版社出版了《大地园林化》文集第一辑、第二辑，汇集了有关文章。

大地园林化，就是要在全国范围内，根据全面规划，在一切必要和可能的城乡土地上，因地制宜地植树造林、种草栽花，并结合其他措施(如经营副业，建文化娱乐设施，结合山川名胜增辟景点，适当修筑亭、台、楼、阁等)，逐步改造荒山、荒地以至治理沙漠、戈壁，从而减免自然灾害，调节气候，美化环境，建立起既有利于生产又有益于人们生活的环境。实现大地园林化，既要改造自然、美化大地，又要兴山川草木之利，发展生产，提高人民生活水平。绿化是大地园林化的基础，大地园林化是绿化的进一步发展和提高。大地园林化的内容比绿化更丰富多采，是绿化祖国的高级阶段。其规模和形式是多种多样的，但总的内容是以林木为主体，组成有色、有香，有花、有果、有山、有水、有丰富生产内容而又有诸多美景的大花园。

大地园林化是广大人民群众对祖国环境建设的宏伟理想。尽管由于历史条件的限制而不可能在短时期内在全国实现，但它包含着合理的内涵，随着中国社会发展水平的提高和人民生态意识的觉醒，把大地园林化作为中国人民工作和生活环境的理想，将其与国土规划有机地结合起来，经过长期的艰苦奋斗是有可能实现的。

（包志毅）

大果领春木（many-seeds euptelea）

Euptelea pleiosperma，别名多子领春木、岩虱子。领春木科领春木属落叶乔木。高达15m，树皮紫黑或棕灰色。

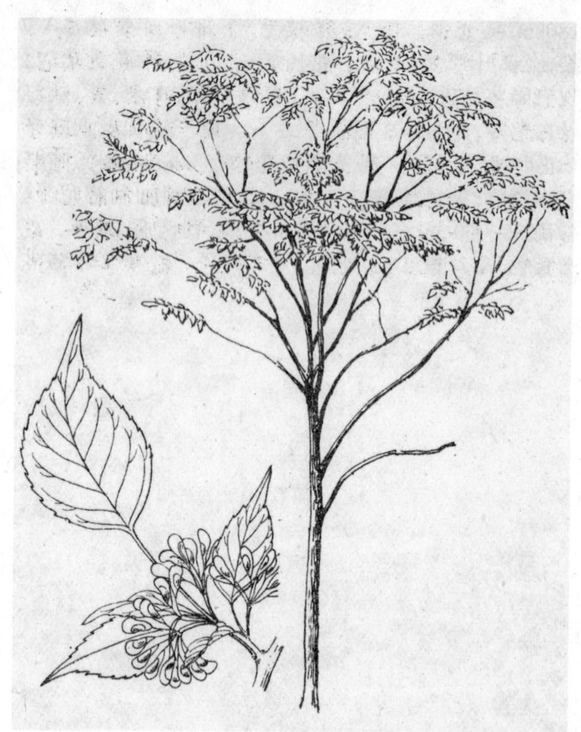

小枝褐色或灰色，白色皮孔突出。叶纸质，圆卵形、圆形、椭圆状或菱状卵形，长4～13cm，先端渐尖或尾尖，基部楔形，下面灰白色，被白粉。聚合果6～12簇生，小翅果7～12，种子3～4，扁卵形，长约2mm，紫黑色有光泽。花期4～5月，果期7～10月。变型有领春木(f. *franchetii*)，别名少子云叶、正心木。与原种主要区别：叶下面淡绿色，无白粉；聚合翅果少，4～5簇生，果柄较短，小翅果4～8，较小，种子1～2粒。分布于中国甘肃、陕西、河南、四川、湖北、安徽、浙江、贵州、云南、西藏等地。稍耐阴、喜湿润。播种繁殖。大果领春木树姿优美，紫色花簇先叶开放，幼叶紫红，叶形秀雅，可配置于庭园供观赏。（李泽维　傅平都）

大花葱（giant onion）

Allium giganteum，别名砚葱、高葱。百合科葱属多年生草本植物。染色体数 $2n=2x=16$。鳞茎具白色膜质外皮。基生叶宽带形。花葶高达120cm，伞形花序径达15cm，有小花2000～3000朵，紫红色。花期5～6月，种子成熟期7月上旬。原产中亚地区。喜凉爽与阳光充足环境，忌湿热多雨，要求疏松、肥沃、排水良好的砂质壤土。播种或分鳞茎繁殖。可于9～10月露地直播，翌年3月下旬发芽。盛夏地上部分枯萎，可挖出小鳞茎置通风处越夏，秋后栽植。播种育苗畦应施足基肥，生长期每10天施液态追肥一次，小鳞茎直径达3cm以上才能开花；通常播种至开花需4年时间。鳞茎自然增殖率极低。宜选择排水好，略有荫蔽处栽培；栽植深度约为鳞

茎高的3倍，栽植期9～10月份，次年3月份叶片出土后及时浇水松土，追肥；在气温干热的强光下要遮荫，并提高空气湿度，防止叶片干枯。花后及时去除花葶，促使新鳞茎发育。育苗期应及早去除幼小的花蕾，促进鳞茎的分殖增大。夏季多雨地区，在雨季前，及时挖起休眠鳞茎，置通风处晾干，在室内凉爽通风处保存。

用于花境、花径或灌木草坪间丛植。也可作切花材料。

葱属植物约500种，用于庭园观赏的还有：波斯葱(*A. christophii*，*A. albopilosum*)，伞形花序圆球形，径达30cm，具小花80朵，花干后可制作干花装饰品。原产土耳其。中亚葱(*A. karataviense*)，株高25cm，花序径7.5cm，花白色，原产中亚地区。黄花茖葱(*A. moly*)，鳞茎簇生，花葶高30～45cm，下部具1～2叶，叶扁平。花序径约7cm，花瓣黄色。原产欧洲西南部。沙葱(*A. mongolicum*)，别名蒙古韭菜。鳞茎柱形，簇生。基生叶狭条形或近半圆柱形。原产中亚，中国内蒙古自治区、甘肃等地有分布。那波利葱(*A. neapolitanum*)，鳞茎单生，膜皮灰褐色，花葶高30cm，花白色。原产南欧。罗氏葱(*A. rosenbachianum*)，花紫红色。原产土耳其。

（龙雅宜）

大花酢浆草（bowie's oxalis）　*Oxalis bowiei*，酢浆草科酢浆草属多年生草本植物。植株被短柔毛，具增粗的根和呈卵圆形的被膜球茎，叶基生，叶柄粗壮，具小叶3枚，亚圆形至倒卵形，长约5cm，边缘微缺。伞形花序具8～12花，花葶高25～30cm。花玫瑰红至玫瑰紫色，径2.5～3.8cm。瓣片5，基部连合。花期夏季。蒴果。原产南非。不耐严寒，喜凉爽气候，夏季花后休眠。可分球，分株或播种法繁殖。用于盆栽、花坛、花境。

（王大钧）

大花龙胆（Sichuan gentian）　*Gentiana szechenyii*，龙胆科龙胆属多年生草本植物。株高8～13cm。根状茎粗短。莲座叶披针形、先端渐尖、近革质，具软骨质白边。茎生叶交互对生、全缘，矩圆披针形至卵状披针形，基部连合抱茎。花单生于茎顶，淡紫色具深蓝色条纹，钟状花直径5～7cm，花期初夏。分布于甘肃、四川、云南、西藏等地海拔3500m高处的山坡草地。耐寒，不耐酷热，喜排水良好而又湿润的土壤。分根或播种繁殖(种子成熟后即播)。用于花境，岩石园或作小丛栽植，点缀园林。

本属常见栽培的还有：①无茎龙胆(*G. aculis*)，叶基莲座状，长椭圆形或披针至倒卵形。花单生、钟形，暗蓝色。有白花、大花等品种。原产阿尔卑斯和比里牛斯山区。②线叶龙胆(*G. farreri*)，具匍匐茎，叶线形对生，花单生，冠蓝色，花期晚夏。原产中国。③条叶龙胆(*G. manshurica*)，株高20～30cm，直立不分枝。叶对生，花1～2朵顶生，钟状、蓝紫色。分布于黑龙江、河南、江苏、浙江、江西等省。④华丽龙胆(*G. sino-ornata*)，地下茎匍匐生长，株高10～20cm，叶对生，矩圆状披针形，花单生茎顶，冠漏斗状，中部收缩，蓝色具黄绿条纹。分布于中国甘肃、青海、四川、西藏等地。

（郑　慈）

大花美人蕉（garden canna）　*Canna × generalis*，别名法国美人蕉。美人蕉科美人蕉属多年生草本植物。染色体数$2n=2x=18$或$2n=3x=27$。大花美人蕉为多种源杂交的栽培种。主要是在19世纪40年代至20世纪40年代欧、美一些国家用美人蕉(*C. indica*)、白粉美人蕉(*C. glauca*)、紫叶美人蕉(*C. warscwiczii*)和重瓣美人蕉(*C. iridiflora*)为亲本，经过长时间反复杂交培育而成。

大花美人蕉的亲本主产美洲、亚洲及非洲的热带地区，中国海南省仅产美人蕉1种。中国于20世纪初引入栽培观赏。大花美人蕉株高50～200cm，茎为肉质粗壮的根状茎，地上茎是由叶鞘互相抱合组成的假茎。假茎和叶片常有一层蜡质白粉。叶大型、圆至椭圆状披针形，全缘，叶色有粉绿、亮绿或古铜色，也有红绿镶嵌或黄绿镶嵌的花叶品种。花瓣直立向上，雄蕊瓣化，大而美丽，花径达12cm。有红、粉红、橙、黄、橙黄、淡黄、紫红等色，瓣化雄蕊基部常有红色斑点，中部以上或有彩色条纹，或具彩边等。中国海南省及粤西地区栽培可全年开花。二倍体品种于开花后3～4个月果实成熟。但常见栽培的优良品种，多为三

倍体，不结实。

变种、类型、品种　全世界大花美人蕉的品种有1000个以上，中国栽培品种有百余个。一般依照陈俊愉提出的花卉品种“二元分类法”进行分类。主要根据不同品种之间的叶色、株高、瓣化雄蕊宽度和花色等四个主要形态性状，依次逐级分为以下几级：第一级依叶色，分为绿叶组和紫叶组；第二级依株高分为高型（株高达180cm以上）、中型（株高130～180cm）和矮型（株高130cm以下）；第三级依瓣化雄蕊宽度，分为狭瓣类（瓣化雄蕊宽度狭于5cm）和阔瓣类（瓣化雄蕊宽于5cm）。第四级依花色分为单色群、双色群、斑点群、混浊色群和彩边群等五个类群。中国园林广泛推广应用的大花美人蕉优良品种主要有：‘总统’（cv. President），矮型，叶灰绿色，花大型，鲜红色，彩金边；‘安旺’（cv. En Avant），叶亮绿色，花大、黄色具红色斑点；‘优丽’（cv. Eureka），中型，叶灰绿色，花大、淡黄色；‘二乔’（cv. Er Qeao），中型，叶紫绿嵌合，花朵红黄嵌合，为‘安旺’的芽变种；‘紫叶红’（cv. Zi Ye Hong），中型，叶紫红色，花朵红色。

习性　大花美人蕉世界各国广泛栽培，尤以热带及亚热带国家和地区应用更为普遍。喜温暖湿润气候，在全年气温高于16℃的环境下，可终年生长开花。地上部在温度低于16℃时生长缓慢直至休眠，当温度低于7℃时受寒害。地下根茎在土温低于7℃时也可遭受寒害。要求土壤疏松肥沃、排水良好，具有一定的耐涝力。对土壤酸碱度要求不严。当土壤表层积水时，植株不定根即会浮水而生，但植株明显徒长。花朵于清晨开放，当空气相对湿度达98%以上时，每朵花观赏期可达两天；但当空气相对湿度低于70%时，花朵寿命仅有半天。喜阳光充足，日照量在7小时以上，否则易徒长，花朵少而小。

实生苗经3～4个月栽培即可开花。植株萌芽力较强，生长粗壮，生长旺季萌芽至开花需35～45天。

在不同品种之间，群体花期长短受气候影响。但在中国，每年均有两次较整齐的群体开花期：即4月下旬至6月中旬和9月下旬至10月中旬。如栽培管理精细，则可周年开花。

繁殖栽培　大花美人蕉主要用分茎法和分株法繁殖，也可播种。春季将地下根茎分植或在生长季节分株繁殖，每株至少应有一支老干（假茎）及一个子芽，分株繁殖气温不得低于16℃。育种时用播种法，种皮有坚硬角质层，水分难以渗入，不易发芽，播种前应先用利刀刻伤种皮，或用30℃温水浸种24小时，或用稀硫酸浸泡40秒钟，然后用清水冲洗，点播覆土，保持湿润，齐苗后即可分植，当年开花，但需在第二或第三次开花后，性状才能稳定。

大花美人蕉栽培管理较为粗放。露地栽植密度，每平方米宜保持13～16支假茎，每年应间苗一至二次，过于茂密植株易徒长，过于稀疏又容易因日灼而发生茎腐病。植株开花后，应及时剪除已开花的假茎。生长期要求肥水充足，高温多雨季节，适度控制水分。冬季寒冷地区，应在地上部枯萎后挖出根茎，入室保温贮藏。冬季土温不低于10℃地区，可露地越冬。地栽每两年应翻种一次，及时清除已腐烂的老根茎，并增施基肥，重新调整株距。地栽者每月追肥一次，盆栽者每20天追肥一次。

育种　大花美人蕉新品种培育，主要用有性杂交和辐射育种，根茎用2000～3000R（伦琴）^{60}Co射线照射，其诱变率较高。育种目标主要为株型矮化和诱导3倍体大花植株。

病虫害防治　常见病虫害主要有芽腐病、茎腐病、病毒病、瘟病、锈病、黑斑病，前三种为致命性病害，防治方法为加强检疫，避免浇水过多和过度密植，保持群体通风透光。夏季土层温度高（26℃以上）是诱发瘟病的主要因子。瘟病防治方法为增加灌溉、降低土温；并及时用40%灭病威700～1000mg/L液喷叶，连续3次，每隔7天喷一次，并应与甲基硫菌磷、百菌清和稻瘟灵交替使用。虫害主要有双线囊毒蛾，防治方法是冬季清园，并于每年3、4月幼虫孵化盛期或幼虫群集期，喷洒90%晶体敌百虫1000倍液，或10～20%菊酯类药物1000～2000倍液。

园林应用　大花美人蕉花大色艳、花期特长，枝叶繁茂，栽培管理容易，园林中广为栽培。尤以群体栽培观赏效果更佳，可作花坛、花带或丛植于草坪、湖岸、池旁，也可盆栽观赏。此外，还可选择不同品种配置成为专类园，开花季节极为壮观。

同属约55种，作观赏栽培的主要有兰花美人蕉（*C.* × *orchiodes*），又名意大利美人蕉，花瓣于开花后第一天即向外反卷，花冠管长达2.5cm以上，常比花萼长。瓣化雄蕊宽阔，端部柔软下垂，基部合成漏斗状，主要亲本为美人蕉、白粉美人蕉、垂花美人蕉、紫叶美人蕉和黄花美人蕉（*C. flaccida*）。蕉藕（*C. edulis*），别称蕉芋，根状茎富含淀粉，粗壮，叶片宽阔，古铜色带紫红色条纹，花朵小。可用大容器栽植，作花坛、花境背景材料。

（谭广文）

大花婆婆纳（himalayan speedwell）　*Veronica himalensis*，玄参科婆婆纳属多年生草本植物。根状茎短，茎直立，高60cm，有两列毛。叶对生、卵形，边缘有明显的锯齿。总状花序2～4支着生茎顶和近顶端叶腋，花冠长1cm，各部被疏柔毛，蒴果卵形。原产中国西藏、云南西北部，尼泊尔、不丹、锡金和印度的东北部也有分布。生于高山草甸，喜阳光充足而凉爽的气候。春季萌芽前分株繁殖，宜选择排水良好又能保持潮润的土壤，以腐熟厩肥作基肥，三年分栽一次。在通风不良时易罹白粉病，秋末应及时清除地面残株落叶。园林中适用作花境栽植。

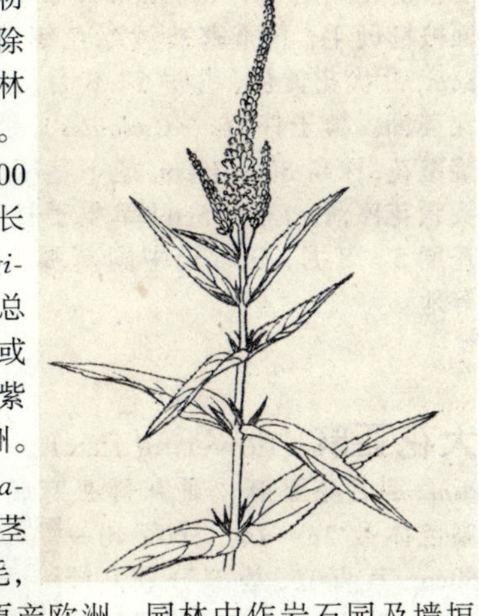

同属植物约300种，见于栽培的有：长尾婆婆纳（*V. longifolia*），株高达1m，总状花序顶生，单生或复出，花冠蓝色或紫色，产于欧洲、亚洲。婆婆纳（*V. prostrata*），株高约20cm，茎丛生、平卧，具灰毛，总状花序浅蓝色，原产欧洲。园林中作岩石园及墙垣栽植。

（龙雅宜）

大花牵牛（whiteedge morning glory） *Ipomoea nil*（*Pharbitis nil*），别名裂叶牵牛。旋花科牵牛属一年生缠绕性草本植物。染色体数2n＝30。在中国，牵牛药用有悠久历史，北宋初年传入日本。1664年以后，在日本开始观赏栽培，1883年起栽培盛行，出现变化型品种系统，花冠有细裂、扭曲、重瓣等等变化，叶形也多变化，外观几乎与牵牛原貌迥异。因为变化型品种繁育栽培技术繁难，第二次大战后已近绝迹。20世纪初，大花型品种系统发展起来，花径达20cm，需用特殊的盆栽方法。日本在大花牵牛的育种方面做了大量工作，栽培也很普及。

茎长可达3m，呈左旋性，全株被粗硬毛。叶互生，近卵状心形，叶面常有不规则的白绿色条斑。花腋生，常1朵，花径达10～20cm；花冠漏斗状，端部5浅裂，边缘常呈皱褶或波浪状；花色丰富，花期6～10月。蒴果球形，种子黑色，三棱状，千粒重约100g。园艺品种众多，有平瓣、皱瓣、裂瓣、重瓣等类型；有白、红、蓝、紫、红褐、灰色等花色深浅不同的品种，以及带色纹和镶白边的品种；有早花品种（室内播种，可比一般品种的花期提早1个月）；不具缠绕茎的矮生盆栽品种以及白天整天开花的品种等。原产亚洲和非洲热带，现在世界各地多有栽培，而以日本为多。喜温暖向阳环境，不耐寒，能耐干旱和瘠薄，以在湿润肥沃、排水良好的土壤生长更好。常能自播繁衍。为短日照植物，在20℃下，经短日处理，很快花芽分化而开花。花朵通常清晨开放，不到中午即萎缩凋谢。

春天露地直播或室内盆播。播前最好先行浸种或刻伤种皮。发芽温度需15℃以上。因系直根性，不耐移植，露地播种，应于幼苗时移栽，或播于花盆。当苗4～5片真叶时，换入直径20～25cm的盆中，设立支架，攀附其上。如不立支架，当主蔓长出5～7片真叶时摘心，于腋芽发生后选留中下部2个，其余除去；待新芽长出4～5片叶时，留2片叶摘心，使每盆同时可着生花蕾10余个，花美而大。花前要多次追肥。

大花牵牛清晨开放，花大色艳，是夏秋重要的蔓性花卉。适用于花架、篱垣，为庭院及居室的遮荫植物。也可盆栽或作地被种植，别有风趣。

同属植物300种，常见栽培的还有：圆叶牵牛（*I. purpurea*），一年生，叶阔心脏状卵形，全缘，花冠漏斗状，紫、蓝、桃红、白或黄色，花期夏秋，原产美洲热带。裂叶牵牛（*I. hederacea*），叶3中裂，花1～3朵腋生，无梗或具短总梗，花色堇蓝、玫红或白色，萼片线形外展，原产南非。

（秦魁杰）

大花藤（common raphistemma） *Raphistemma pulchellum*，萝藦科大花藤属藤木。全株具乳汁。叶对生，心形，长8～15cm。伞形聚伞花序腋生，有花4～12朵；花黄白色，径达3cm；花期7～8月。蓇葖果纺锤形，下垂；果期冬季至翌年春季。产中国云南，印度、锡金、缅甸、泰国也有分布。喜温暖及稍阴之环境，常攀援于林间树干或山石上。播种繁殖。大花藤花、果均可观赏，宜用于攀援棚架、树干、山石及墙面等。

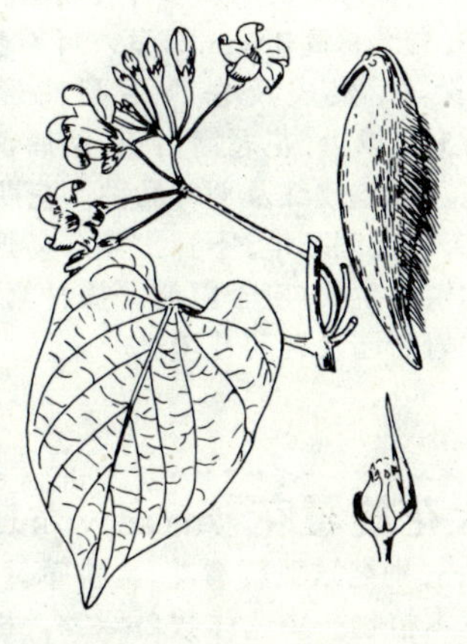

（包满珠）

大花犀角（starfish flower; carrion flower） *Stapelia grandiflora*，萝藦科国章属多浆植物。染色体数2n＝22。茎四角棱状，棱边有齿状突起及很短的软毛，灰绿色，直立向上，高20～30cm，基部分枝。花1～3朵生于嫩茎基部，径15～16cm，5裂张开，星形，橙黄色，具暗紫红色横纹，边缘密生细长毛。原产南非干旱热带和亚热带地区。性强健，十分耐旱，也耐半阴。生长适温16～22℃。多用分株及扦插法繁殖。春季结合换盆将过密的株丛进行分割，稍晾干后，有根者可直接上盆，无根者可插于素砂土中，在20～25℃的条件下，10～15天即可生根。也可播种繁殖。4月中旬行盆播，在25～28℃条件下，5～6天萌发，苗高2～3cm时可分栽上盆。因其根系较浅，易倒伏，应及时支撑。

盆土宜富含腐殖质而肥沃。生长快，新栽苗当年就可长成密丛。生长季节可充分浇水，但盛夏高温植株休眠或半休眠状态，要节制浇水。冬季入室保持10～12℃，充分见光并保持盆土稍干燥。生长季节宜半荫条件，如直射阳光太强，则肉质茎呈现红色。生长过密的株丛，早春结合换盆分栽更新。大花犀角肉质茎挺拔刚健，形如犀牛角。夏、秋开花，花大奇丽，很像海星，是一种奇特的室内花卉。

同属植物约100种，常见栽培的有：国章（*S. variegata*），茎具4棱，高5～10cm，光滑、绿色，边缘有时呈淡紫色。花小、星状，黄色，具深褐横纹。王犀角（*S. nobilis*），茎高15～20cm，具4棱，棱间灰绿色，基部分枝。花筒阔钟形、5裂，具红色横纹，密生淡紫色细毛。

（徐民生）

大花夏枯草（self-heal） *Prunella grandiflora*，唇形科夏枯草属多年生草本植物。染色体数2n=28，32。株高15cm，方茎。叶对生，卵形。轮伞花序有6朵花，聚成茂密顶生圆筒形穗状花序。花冠长2.5cm以上，花冠筒白色，两唇深紫堇色。有白花、红花、洋红、玫红及羽叶品种。花期夏季。原产欧洲。耐寒，喜湿润环境，不择土壤。易逸为野生，妨碍邻近草本植物生长，应予限制。播种繁殖，自播繁衍甚速，用于岩石园及轻荫花境。

（王大钧）

大花旋覆花（meadow inula） *Inula britannica*，别名欧亚旋覆花、金佛草。菊科旋覆花属多年生草本植物。染色体数2n=24。株高20～70cm，茎直立被长柔毛。下部叶长椭圆形或披针形，中部叶基部有耳，半抱茎。头状花序1～5个生于茎顶呈伞房状，直径2.5～5cm，舌状花黄色，花期7～9月，果熟期9～10月。分布于中国黑龙江、河北、内蒙古、新疆等地，欧洲、俄罗斯、朝鲜、日本也有。植株健壮，能自播繁衍，可于4月中旬穴播或春季分切根状茎繁殖。喜向阳湿润环境，不择土壤。宜于野生花卉园、岩石园或花境丛植。

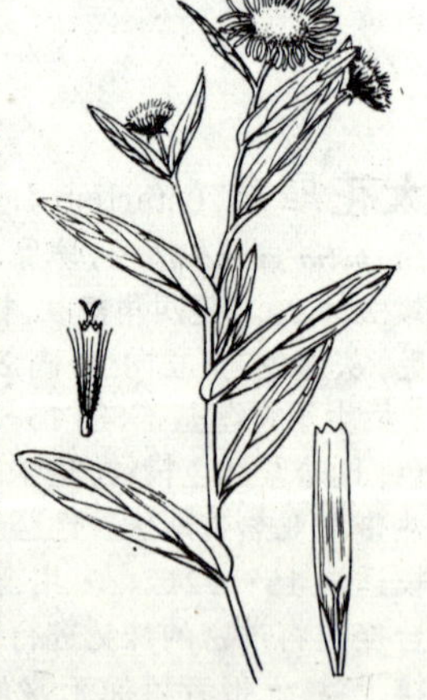

同属植物约200种，分布于欧洲、亚洲和非洲。见于栽培的还有：剑叶旋覆花（*I. ensifolia*），茎单生，叶线状披针形，头状花序径3～5cm，花黄色，原产欧洲、亚洲。土木香（*I. helenium*），株高可达150cm，叶片上面被糙硬毛，下面密被黄绿色绵毛，头状花序径6～8cm，舌状花黄色，花期6～8月，原产于欧洲、亚洲和北美洲。蓼子扑（*I. salsoloides*），别名沙旋覆花、小叶旋覆花，株高30～45cm，地下茎横走，叶长圆披针形，头状花序，径1～1.5cm，单生于枝顶，舌状花淡黄色，花期5～8月，分布于中国新疆、内蒙古、青海、甘肃等地。

（龙雅宜）

大花亚麻（flowering flax） *Linum grandiflorum*，别名花亚麻。亚麻科亚麻属一年生草本植物。染色体数2n=16。株高40～50cm，茎直立，基部分枝。叶互生、灰绿色，线形或线状披针形。花单生、鲜红色或桃红色，着生于细长花梗顶端。花径2.5～3.8cm，花瓣5，春季或秋季开花。蒴果球形，种子倒卵形、灰褐色。原产北非。不耐严寒，忌酷热。不耐湿涝，不耐肥，要求排水良好的土壤。春播或秋播繁殖。用于花坛、切花或做盆花栽培。

（穆　鼎）

大幌菊（baby-blue-eyes） *Nemophila insignis*，田基麻科幌菊属一年生草本植物。染色体数2n=18。株高15～20cm，全株被粗毛，多分枝，茎基部开展，上部直立。叶羽状深裂，具7～9裂片，裂片再2～3浅裂。花阔钟形，径1.5～2.5cm，原种深天蓝色，中心晕白色或白色，有纯白、紫、白镶蓝边等品种。播种后50～70天开花。原产北美。喜凉爽干燥，不耐湿热，要求光照充足，宜肥沃轻松的土壤。常在秋季播种，14天左右发芽。可用调节播种期的方法控制花期。常用于盆栽或花坛镶边。

同属植物约有18种，常见栽培观赏的还有：幌菊（*N. menziesii*），匍匐性一年生草本植物，高约20cm，茎多肉，花冠星形、白色有暗褐色斑点，原产北美。紫点幌菊（*N. maculata*），株高8～10cm，一年生草本，花径约3cm，白色，瓣端部有一深紫色斑点。

（秦魁杰）

大火草（tomentose anemone; hairy windflower） *Anemone tomentosa*，别名绒毛银莲花。毛茛科银莲花属多年生草本植物。基生叶3～4枚，三出复叶，间或有1～2枚单叶，小叶卵形，3裂，边缘有粗锯齿，叶背密生白色绒毛，叶具长柄。花葶高40～

120cm,密生短绒毛。总苞片3枚,叶状,聚伞花序长25～40cm,有2～3回分枝。萼片5,花瓣状,倒卵形,淡粉红色或白色,花瓣缺,花径3～5cm。花期夏、秋季。

原产中国西藏。四川、甘肃、陕西、河南、河北、山西等地均有分布。多生于山地草坡及林缘、路边。耐寒,喜凉爽湿润气候和肥沃砂质土壤,但也耐干旱和瘠薄;喜阳光充足,也较耐阴。用分株、播种及根插繁殖。因种子细小且杂有子房绒毛,易成团,应掺细沙混播。宜采后即播,否则降低发芽率和延缓发芽时间。可于秋、冬季将健壮根切成5～10cm小段,撒匀或插于植床上,生出3片真叶后即可移植。本种生势强健,适应性强,适于林缘、草坡及草坪上大片栽植,也可用做花境或盆栽。

同属植物约150种,主产北温带,中国有52种,分布甚广,以西南、西北及东北为多。常见栽培的有:野棉花(*A. hupehensis*),别名打破碗花花,原产中国。萼片5枚,花瓣状,红紫色,外面密被柔毛,花期7～9月。杂种秋牡丹,本种由秋牡丹与葡萄叶秋牡丹(*A. vitifolica*)杂交而成。多年生,株高60～90cm,株丛粗壮多分枝,三出复叶,聚伞花序顶生。萼片6～20枚,花瓣状,白色至深浅不一的红紫色,花径7.5cm,花期秋季。本种耐寒,喜半阴,要求排水良好的湿润土壤。林生银莲花(*A. sylvestris*),别名雪花银莲花。花单个顶生,萼片5～6枚、白色,花径4cm,具芳香,花期4～6月及8～11月。原产中国。

(王莲英)

大金鸡菊(lance coreopsis)

Coreopsis lanceolata,别名狭叶金鸡菊、剑叶金鸡菊。菊科金鸡菊属多年生草本植物。染色体数2n=24。根纺锤状。株高30～100cm,茎直立,上部分枝,全株疏生白色柔毛,叶多簇生基部,匙形或披针形,有长柄,茎上部叶1～2对,全缘或3深裂,裂片披针形、无柄。头状花序,花黄色,花径4～7cm,盛花期6～8月。瘦果扁球形,有鳞状翅。变种重瓣狭叶金鸡菊(var. *florepleno*),舌状花重瓣,原产北美,喜光照充足的环境及排水良好的砂质壤土,耐寒,耐旱,适应性强。用播种、分株或扦插法繁殖,也可自播繁衍。秋播,10月或翌春3月定植。分株、扦插繁殖于春、秋季进行。植株5、6年更新一次。花后去除花枝,茎基部萌发莲座苗越冬。大金鸡菊花色鲜艳、花期长,是花境、坡地、庭院、街心花园、缀花草坪中良好的美化材料,也可作切花。花含黄酮类化合物,为水溶性天然食用色素。

同属植物约100种,常见栽培的还有:轮叶金鸡菊(*C. verticillata*),多年生草本植物,染色体数2n=约52。全株光滑,株高30～90cm。3出羽状复叶、轮生、线形。头状花序单生或集成伞房状,具长花序梗,舌状花约8枚,深黄色,全缘或呈微齿状,管状花暗黄色,花径2.5～5cm,花期6～8月。瘦果椭圆形,具狭翅。原产墨西哥及北美。

(张　燕)

大丽花(garden dahlia)

Dahlia spp.,别名天竺牡丹、西番莲、大丽菊、大理菊、地瓜花。菊科大丽花属多年生草本植物。染色体数2n=8x=64。

栽培历史　1519年墨西哥人将野生大丽花从山地移植于庭园。1615年在《新西班牙的动物和植物》(*The Plauts and Animals of New Spain*)一书中记述了单瓣大丽花。1789年野生大丽花引种到西班牙,后引入德国。1806年德国人改良成功了103个单瓣品种。1808年德国人育出重瓣品种。其后装饰型、球型及小球型品种相继出现,到1830年仅球型品种即达1000余种。英国栽培大丽花始于1798年。1879年在英国皇家园艺协会举办的展览会上,首次展出仙人掌型大丽花。后来,以英国为中心相继育出小装饰型、矮生型及小仙人掌型、牡丹型等重瓣品种类型,世界各地广为栽培。到1905年出现了兰花型品种。19世纪中叶,日本引入单瓣绯红色品种。1909年在东京召开了第一次大丽花鉴定会,1921年成立了大丽花协会,1935开始了大丽花的育种工作。据1955年统计,当时全世界已发表和出售的大丽花品种多达3万种。中国19世纪后期引入大丽花,先在上海栽培。现在东北、华北各地栽培较盛,北京、广州等大城市大量盆栽。目前中国栽培的大丽花约有700个品种。

形态特征　地下具肉质块根、纺锤形或圆球形,表皮呈灰白色、浅黄色或浅紫红色等。新芽只能在根颈部萌发。株高50～250cm,茎直立,少数横卧,绿色、紫色或褐色,茎平滑,有分枝,中空。叶对生,1～3回奇

数羽状深裂,裂片卵形或椭圆形,边缘具粗钝锯齿。头状花序顶生,花径5～35cm,总苞片2层,外层小叶状。花序由外围舌状花和中部管状花组成。舌状花单性或中性,有白、黄、粉、红、紫和复色等;管状花两性,常为黄色。瘦果黑色、长椭圆形或倒卵形,扁平状。花期6～10月,果熟期8～9月。

种、类型和品种　目前栽培的园艺品种多为异源8倍体,主要亲本为大丽花(*Dahlia pinnata*)和红大丽花(*D. coccinea*)。但二者任何一种均不能代表整个栽培品种群,多以园林大丽花作为品种群的名称。

大丽花的品种分类至今尚无统一的标准。常按株高、花期、花色、花轮大小、花型等进行分类,以花型分类应用较广。

常见栽培品种的花型有:①环领型(领饰型),外轮舌状花似单瓣型,但在管状花外围与舌状花之间,有异色的深裂舌瓣小花自成一环(称领饰),其长度为舌状花的1/2～1/3。如'芳香唇'、'淡琴声'等。②复瓣型(半重瓣型、芍药型),舌状花20片以上,平展,分3～8层,露花心,管状花很少瓣化。如'东光'、'天女散花'等。③圆球型(球型),舌状花卵圆形多轮,外轮向后背卷,中心花瓣与外轮同形而较小,向内卷,全花排列整齐,呈圆球形或半圆形,重瓣,如'朱砂玉''彩球'等。④绣球型(小球型、蜂窝型、绒球型),花轮最小,花瓣圆形,向内卷呈蜂窝状排列成小球形,不露心。如'红绣球''吉俊'等。⑤装饰型,舌状花长椭圆形,宽厚平展、多轮,排列整齐(不整齐者称不规整型),不露花心,花序最大可达30cm以上,如'东风'。⑥仙人掌型(细瓣型、直瓣仙人掌型),花瓣狭长,似披针形,多纵卷成管状、多层,向四周直伸,排列整齐,间隙较大,不露心。如'红菊落雪'、'银针'、'粉松针'等。⑦弯曲仙人掌型,舌状花较长向外对折纵卷而扭曲、多层,花序较大,不露心,如'老松''红光辉''银水'等。⑧卷瓣型(裂瓣仙人掌型),舌状花瓣狭长,纵卷呈管状,瓣尖端分裂成小杈,多层花瓣排列不整齐,不露心,如'朝霞散彩'。⑨托桂型(白头翁型),舌状花瓣卵圆形、平展,20片以上,分3～8层,中心管状花瓣或筒状,如'春花'。⑩单瓣型,舌状花8～12片,露花心,结实性强,花各色均有。如'单瓣红','矮大丽'等。

已发展专供花坛用的矮生大丽花,又称小丽花,株高仅25～30cm,花、叶俱小。花瓣平展,花径5～6cm,分别有单瓣、半重瓣及重瓣花,花色丰富。播种繁殖,能保持原品种优良性状。较耐炎热,对日照长短不敏感,易栽培,甚为流行。

习性　原产墨西哥高原地带,不耐寒,在酷暑下生长不良,生长适温为10～30℃。夏季气候凉爽,昼夜温差大的地区,生长开花最佳。喜光但不宜过强,夏季幼苗应避免阳光直射。不耐干旱,且怕涝。要求疏松、肥沃、排水良好的砂质壤土,连作易退化和感染病虫害。大丽花为春植球根花卉,夏末至秋季开花。某些老品种,在长江流域可露地越冬,夏初开花,酷热时开花少,秋凉重新进入盛花期。秋霜后,枝叶停止生长而凋萎,北方需挖起块根,在3～5℃条件下贮藏越冬。

繁殖　以分株、扦插为主,播种适于矮生花坛品种及培育新品种。①分株。于春季发芽前,将贮藏的块根分割,每墩可切割5～10株,每株块根需带根颈芽1～2个,用草木灰涂切口处,植于木槽或花盆内。此法简便易行,苗壮,成活率高,遗传性状稳定,开花早,但繁殖系数低。②扦插。早春将块根置于木槽中,根冠露出土表,放在温床上催芽,待芽长到6～7cm时,留基部一对叶,截取插穗扦插,其叶腋处可再萌生新芽。如此重复扦插,一墩块根可繁殖苗50～100株。温度15～22℃,15～20天生根。如温、湿度适宜,四季均可扦插。③播种。于春季在露地或温床条播,也可温室盆播,适温12～30℃。当盆播幼苗长至4～5cm时,需分苗移栽到花槽或花盆中。播种能迅速获得大批实生苗,但性状易发生变异。

栽培

苗期管理　待苗高8～10cm时栽入10cm盆,一盆3株,苗高12～15cm时分盆,每盆一株。20～30天后,换16cm盆,并加施肥料。待根系长满盆时即可露地定植。盆栽需换33～40cm的花盆。从温室移至塑料大棚后,需经7天通风锻炼再定植露地。夏季高温时,叶面每天喷水1～2次。当幼苗叶色淡绿时,追肥1～2次。盆栽培养土用腐殖土(或用园土、泥炭土及马粪混合代用)。

露地栽培　于晚霜后进行整地、挖穴,穴施基肥。栽植密度因品种而异,每平方米1～3株。需立支架。现蕾后不宜施过多氮肥,否则茎、叶徒长,影响开花。

盆栽　选用矮生大花品种的扦插苗,加强管理,控制植株高在35～60cm之间,花径达到25～35cm。其方法:①水控法。幼苗换盆时增加施肥量,适当控水,控制株高。在高温天气中午,需叶面喷水。②换盆法。比一般栽培多换2～3次盆。③盘茎法。幼苗从10cm盆换至16cm盆时,将幼苗茎侧盘于盆内,当换至30cm盆时,将苗茎放倒盘在大盆一侧中上部。④药剂法。在生长期用适量的矮壮素(CCC)控制植株生长,适用于茎粗品种及露地栽植。

块根贮藏　将块根于早霜后挖出,留茎16cm左右，略经晾晒后，沙藏于背阴处，适宜温度 3～5℃。盆栽大丽花，待花凋谢后，剪去地上部，连盆垛放在 3～5℃温室避光处，待翌春重新栽培。

病虫害防治　主要病害有：根腐病，又名根头癌肿病，由根肿野杆细菌（*Agrobacterium tumefacieno*）侵染所致。宜加强田间管理，及时排水和土壤消毒；切除早期癌肿，用甲醇、冰醋酸、碘片 4:2:1 混合液涂于癌面及周围。细菌性徒长病，由缠绕棒状杆菌（*Corynebacterium fassiams*）引起。可彻底清除病株，严格选择无菌苗，忌连作。白粉病由粉孢菌（*Qidium chrysanthemi*）引起。要控制室内温、湿度，适时通风，交替喷洒波美 0.3 度石硫合剂与等量式波尔多液预防，病株喷洒 800～1000 倍液的硫菌磷或乙磷铝，7～10 天一次。及时摘除病叶，精细管理。叶斑病（*Entyloma dahliae*），在潮湿多雨天气排水不良时易发病。宜进行田间排水，烧毁病株落叶，交替喷洒波美 0.5 度石硫合剂与波尔多液，发病期隔 10 天喷一次 800 倍液退菌特或多菌灵液。

主要虫害有：红蜘蛛（*Hemi larroncmus*），在气候闷然、干燥缺水，通风不良时，红蜘蛛迅速繁殖，叶片枯黄，导致全株死亡。可用乐果、马拉松、鱼藤酮、对硫磷、内吸磷等药剂进行防治。蚜虫（*Aphio mali*），气温高，通风不良时繁殖迅速。可用乐果、灭蚜粉等防治。食心虫（*Micrustis variales*），危害花心和茎、叶。用黑光灯诱杀成虫，蛀孔灌注敌敌畏，幼苗周围撒砒酸铝，并在茎杆基部涂内吸磷 200 倍液。金龟子（*Anomala corputenta*），幼虫蛴螬啃食根茎部，成虫危害叶芽及花朵。在定植时，定植穴中拌入敌百虫，肥料需充分腐熟，在受害植株周围浇灌对硫磷或内吸磷 1000 倍液，并捕杀成虫。

园林应用　大丽花花型多变，花色艳丽，品种很多，应用较广，无论布置花坛、花境、盆栽观赏，或庭院、街道绿地栽植均适宜。也是切花和制作花篮、花圈、花束的理想材料。块根中含“菊糖”，有清热解毒消肿作用。

（姚梅国　池玉文）

大凌风草（big quaking-grass）　*Briza maxima*，别名大判草。禾本科凌风草属一年生草本植物。染色体数 2n＝2x＝14。植株高 30～60cm。叶片扁平，质地柔软。圆锥花序开展。小穗柄甚纤细、光滑而下垂。小穗底色为紫色，边缘黄铜色。原产欧洲，中国有引种栽培。喜温暖湿润气候。繁殖采用播种法。花序呈小球状，色彩鲜艳，形态秀丽，凌风摇曳，姿态喜人，常作盆栽观赏或供花束、花篮制作的陪衬材料。同属约 20 种，如凌风草（*B. media*），多年生禾草，

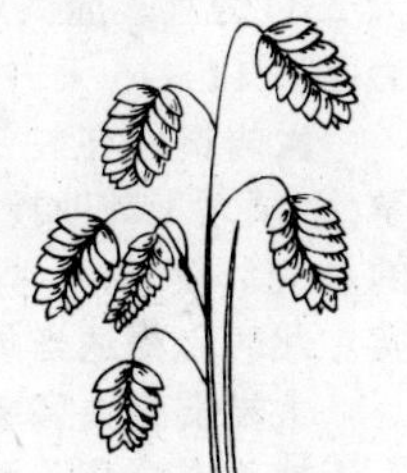

株高 30～50cm，小穗含 5～12 朵花，下垂。原产欧、亚交界处，中国也有栽培。

（胡叔良）

大沙叶（sand pavetta）　*Pavetta arenosa*，茜草科大沙叶属灌木。高 1～3m。小枝稍扁。叶对生，矩圆形至倒卵状矩圆形，长 9～18cm。伞房式聚伞花序顶生；花白色，芳香，花冠筒长达 15mm；花期 4～5 月。浆果近球形。产中国广西、广东、海南等地，越南也有分布。喜光，耐半阴；喜温暖湿润气候。播种繁殖。株型、花、叶均有观赏价值，可用于暖地庭园观赏，也是较好的疏林下木材料。

（包满珠）

大头茶（Hongkong gordonia）　*Polyspora axillaris*，别名大山皮、楠木树。山茶科大头茶属灌木或小乔木。染色体数 2n＝2x＝30。高达 8m。叶互生，倒披针形，长 6～14cm，基部狭窄而下延，全缘或上部具浅锯齿。花单生或簇生小枝顶端，白色，径 7～12cm；花期 10 月至翌年 1 月。蒴果矩圆形。产中国云南、四川、广西、广东、海南和台湾。多生于海拔 500～3000m 的山谷、溪边及山地杂木林中。喜温暖湿润气候及富含腐殖质的酸性壤土。播种繁殖；栽培需略加整形修剪。大头茶花大而洁白，花期正值冬季少花季节，可于园林中丛植观赏。

（陆益新）

大星芹（masterwort）　*Astrantia major*，伞形科大星芹属多年生草本植物，常作一二年生栽培。株高 30～90cm，茎直立，多分枝。基生叶有长柄，掌状 5 深裂。茎生叶少，3～5 深裂，叶柄宽。伞房花序，花有粉、玫瑰、白等色。萼裂片披针形，刺尖。苞片紫色，总苞叶状无柄，裂片 12～20 个。花梗长短不一，均有不

孕花。花期5～6月。果倒卵状圆柱形，有棱，并被有气泡状鳞片。原产欧洲、亚洲西部。喜温暖、湿润气候，不择土壤。秋播或早春直播。通常作为花坛植物栽培。

（王彩云）

大血藤（sargent glory vine） *Sargentodoxa cuneata*，别名红藤、血藤。大血藤科大血藤属落叶藤木。枝紫红色。三出复叶互生，侧生小叶两侧极不对称。花单性异株，总状花序腋生，下垂，长10～15cm，萼片6，花瓣状；花瓣6，微小，黄色，花期5月。浆果倒卵形，暗蓝色，果期9～10月。产中国长江流域及河南、广西、云南等地；老挝北部也有。多生于海拔250～2000m的山谷疏林中或沟边灌丛中。播种繁殖。其紫红色的枝，光亮的叶，下垂的花序，芳香的花及蓝色的果均富观赏价值。适于庭园中作棚架植物栽植。根、茎入药。

（熊济华）

大岩桐（gloxinia；Brazilian gloxinia） *Sinningia speciosa*，苦苣苔科大岩桐属多年生草本植物。染色体数2n=56。1785年在巴西发现本种。于1814年引入欧洲，后与小斑大岩桐（*S. guttata*）杂交，获得最初的杂交种，习称Gloxinia。当时的品种近似野生种，花下垂，但花朵有所增大。1860年育出了花朵直立的品种，但花冠较小。至1866年前后，育成近代大花直立型品系，称为花商大岩桐（gloxinia of the florists）。

形态特征及习性　株高15～25cm。地下具扁圆形块茎，茎极短，全株密布绒毛。叶对生、质厚，长椭圆形或长椭圆状卵形，缘具圆齿，叶面绿色，背面绿色或带红色。花1～3朵聚生叶腋，花梗比叶长。花冠钟形，筒部膨大，檐部5裂，偏斜、下垂，而现代园艺品种花多直立。原种花多为紫堇色、红色或白色，花期多在夏季。原产巴西热带高原。喜冬季温暖而夏季凉爽的环境，夏季长期高温多湿，不利于植株生长，宜适当遮荫。要求轻松肥沃而排水良好的富含腐殖质土壤。原产地花期虽在夏季，但如分批播种或分期栽植块茎，则可以周年开花。

类型、品种　在栽培过程中出现3个品种群：①野生品种群（speciosa group），形状同野生原种，但花色丰富，有蓝、紫、堇、红、白等色，花小而下垂。②大花品种群（maxima group），花大，仍下垂。③现代品种群（fyfiana group），大花直立型，花色丰富，有近黄色者，且有重瓣类型和带斑点、斑纹或镶边等变化。主要有如下品种类型：①原叶型（crassifolia），出现最早，花冠5裂，裂片圆，早花，花大型、质厚；②大花型（grandiflora），花具6～8枚裂片，比原叶型花大，为多花性，叶片稍小、数多、脉粗；③重瓣型（double gloxinia），花大，花瓣2～3层，乃至5层，波状，重叠开放，十分壮丽豪华；④多花型（multiflora），花很多，直立性，花筒稍短，檐部8裂，适宜小型盆栽。

繁殖栽培　一般用播种法繁殖。也可用扦插法和分割根茎法繁殖。播种法：需保持温暖而空气潮湿的环境，夜间温度控制在18～21℃。大岩桐种子微小，1g约有16000多粒，故宜播于轻松的介质，且不必覆土，约15～20天后发芽，40天后进行第一次移植。再过大约一个月可直接上直径20cm的盆。从播种至开花约需时6个月。扦插法：可取芽和叶扦插。块茎栽植后，常发生数枚新芽，当芽长至4cm左右时，选留1～2芽生长开花，余者取下用于扦插。保持21～25℃，维持较高空气湿度和半荫条件，约20天后生根。叶插，在温室中全年可以进行，但以5～6月份及8～9月份扦插效果最好。选生长充实又不老化的叶片，带叶柄切下，插入洁净河沙中，保持同上的环境条件，10天后开始生根，若5～6月扦插，次年6～7月开花。分割块茎法：于休眠后块茎生出新芽时进行，使分切的块茎每块都带有芽，于切口涂草木灰后种植，当时不施肥，并控制浇水，以免切口腐烂。

幼苗上盆时宜略深植，介质要填充至根颈上0.6～1.2cm处。所用介质为泥炭土加珍珠岩、蛭石、粗沙等。每7天可施一次淡液肥。室温夜间保持18℃、白天23℃为宜。灌溉水温10℃。为控制植株高度，可于上盆后12～16天内用B9喷洒。

大岩桐的花柱高于花药，且雄蕊早熟，故自花不孕，必须人工辅助授粉。可选择适宜的亲本，进行有目的杂交。受精后，剪除花瓣，以免因花冠霉烂影响结实。此时光照适当加强，约经1个月果实成熟。

大岩桐的虫害主要有尺蠖，于生长期吃食嫩芽，可人工捕杀或喷药防治；病害以叶枯性线虫病为害较烈，栽培容器、基质、块茎均需消毒，并及时拔除病株烧毁。

园林应用　大岩桐花大色艳、花期很长，尤其是在室内花卉较少的夏季开放，更为可贵。适宜布置于窗台、几案、会议桌或花架。控制播种期和栽培条件，可使之于重要的节日开花。

同属植物约75种，大多原产巴西。常见栽培的还有：喉毛大岩桐（*S. barbata*），亚灌木，茎直立、分枝、株高30cm，叶长披针形，花白色，花冠内有红色斑点，喉部有密毛，冬季不休眠，几乎全年开花。原产巴西。王大岩桐（*S. regina*），为杂种大岩桐（*S. hybrida*）的主要亲本，株高约25cm，地下有块茎，叶长椭圆形，褐绿色，叶背红色，有天鹅绒状毛茸，叶脉乳白色，花淡紫色，原产巴西。

（王大钧）

大叶桂樱（bigleaf laurel cherry）　*Prunus zippenliana*，别名大叶野樱、黑茶树。蔷薇科李属常绿乔木。高约25m，小枝灰褐色至黑褐色。叶互生，革质，宽卵圆形或宽长圆形，叶缘具粗齿；总状花序顶生或2～4朵簇生叶腋，花白色，花期7～10月；核果，长圆形，黑褐色，果期冬季。产中国甘肃、陕西、湖北、湖南、江西、浙江、台湾及华南、西南等地；日本、越南也有分布。喜光，略耐阴，耐寒；抗干旱，忌水涝；适应性强，对土壤要求不严。用播种繁殖。夏开白花，冬挂黑果，可作园林绿化树种，适宜群植于山麓坡地。

（叶超汉）

大叶落地生根（devil's-backbone）　*Kalanchoe daigremontiana*，景天科伽蓝菜属多浆植物。染色体数2n=34。高50～100cm，茎单生、直立，褐色。叶交互对生，叶柄长5cm，下部的叶较大且常抱茎。叶片肉质，长三角形，叶长15～20cm，具不规则的褐紫斑纹，边缘有粗齿，缺刻处长出不定芽。复聚伞花序、顶生，花钟形，橙色。原产非洲马达加斯加岛的热带地区。性强健，喜温暖及阳光充足，耐干旱，生长适温13～19℃，越冬温度7～10℃。

常用扦插或栽植不定芽繁殖。5～6月扦插为适期，叶插、茎插均可。叶插可将健壮叶片平铺砂土上，保持潮润，7天后即可从叶片缺刻处长出小植株，稍大后分栽入小盆即可。茎插可剪取顶端8～10cm长的茎段，稍晾干后，插于素砂土，7天后生根。较大的不定芽可直接上小盆。要求排水良好的肥沃砂壤土。肥水不可过大，防徒长，以保持盆土稍干燥为宜。生长季节可放到阳台或庭院里阳光充足处，适当摘心，促其分枝，以使株形丰满。植株生长过大时，可在早春更新换盆。大叶落地生根株形匀称，叶片缺刻处的小植株（不定芽）易落地生根，长成新株，这种独特的繁衍方式，常引起人们的兴趣。

同属植物约125种，习见栽培的还有'长寿花'（*K. blossfeldiana* cv. Tom Thumb），茎直立，株高10～30cm，株幅15～30cm。叶肉质，交互对生，长圆形，叶片上半部具圆齿或呈波状，下半部全缘、深绿、有光泽，边缘略带红色。1～4月开花，圆锥状聚伞花序、直立，花色绯红、桃红或橙红。'玉吊钟'（*K. fedtschenkoi* cv. Rosy Dawn），株高20～30cm，分枝密，最初匍匐，以后直立。叶交互对生，叶片肉质扁平，卵形至长圆形，长2.5～4cm，边缘有齿，蓝或灰绿色，上有不规则的乳白、粉红及黄色斑块。新叶更是五彩斑澜，十分美丽。聚伞花序，小花红或橙色。褐斑伽蓝（*K. tomentosa*），茎直立，多分枝。叶片肉质、匙形，密被白色绒毛，下部全缘，叶端具齿，缺刻处有深褐或棕色斑。棒叶落地生根（*K. tubiflora*），茎直立，粉褐色，高1m，无或仅有少数分枝。叶圆棒形、粉色，有红褐斑，交互对生，交叉排列成十字形。叶端锯齿有多数已在空中生根的幼株（不定芽），落地即生根。　（徐民生）

大猪牙花（avalanche lily; dog-tooth violet）　*Erythronium grandiflorum*，百合科猪牙花属多年生草本植物。染色体数2n=24。株高30～60cm，具被膜鳞茎。叶2枚，近基生，长圆状椭圆形。花单生或成2～6朵总状花序，下垂，鲜黄色，基部橙色。花被片6枚，披针形，长2.5～5cm，强烈反卷。有白花及黄蕊品种。原产加拿大西南至美国西北地区。耐寒，但严寒地区冬季须覆盖防冻。夏季喜气候凉爽。适宜半阴处富含腐殖质而排水良好的土壤。在低海拔处生长不良。播种或分球繁殖。用于花境边缘，群植，布置岩石园或野趣园以及盆栽。　（王大钧）

袋鼠花（kangaroo-paw）　*Anigozanthos flavidus*，石蒜科袋鼠花属多年生草本植物，染色体数2n=2x=12。叶剑形、基生。花茎自叶间抽出，总状花序，被毛，花被片酷似袋鼠爪足。花黄绿、橙至暗红色，花期夏季。原产澳大利亚西南部的潮湿地带。在多湿条件下生育良好，但也有较强的抗旱性及耐霜能力。中国长江流域冬季冷室越冬。秋季至早春播种或分株繁殖。从播种至开花需3年。栽培用土，以混入1/3河沙、或5%～10%的苔藓、蛭石等为好。春天可追施少量有机肥和微量元素。用于盆栽、地栽及切花。同属植物8种，分布澳大利亚西南部。多通过鸟类媒介授粉。见于栽培的有满氏袋鼠花（*A. manglesii*），花茎被深红色毛，花被片绿色，基部红色。花期春季。美丽袋鼠花（*A. pulcherrimus*），花深黄色，花被片被长毛。叶片有灰绿色绢毛。播种后需经2年半开花。

（吴涤新）

单倍体育种（haploid breeding） 利用植物仅有一套染色体组之配子体而形成纯系的育种技术。一般植物在繁殖过程中先形成单倍体植株，再经过染色体加倍形成二倍体植株。因单倍体母株起源不同，可将其分为一元单倍体和多元单倍体；后者又分为同源多元单倍体和异源多元单倍体。

简史 早期诱导单倍体是采用体内诱导，用变温处理、射线处理、化学药剂处理、推迟授粉和远缘杂交等方法诱导孤雌、孤雄生殖，或无配子生殖，培育成单倍体植株。也有的植物种（如桃等）能自发产生单倍体，从有性后代中选出单倍体植株。这些方法培育单倍体的频率很低，普遍性和重复性不够，未成为主要的育种手段。自1921年伯格纳（A. D. Bergner）在曼陀罗中发现单倍体以后，科学家们在不断研究并发展诱导单倍体的方法，60年代人工培养曼陀罗花药获得单倍体植株成功。70年代后由于细胞工程的迅速发展，通过离体培养单性配子体（花粉、大孢子），大大提高了诱导单倍体植株的效率，将单倍体育种工作向前推进了一步。中国的观赏植物单倍体育种始于70年代末至80年代初，1978年获得杨树单倍体植株，1981年获得枸杞和油茶等的单倍体植株。

离体培养 将发育到一定阶段的花药（花粉）或子房（大孢子）通过无菌操作进行人工培养，诱导产生愈伤组织或胚状体，再由其分化成幼苗，即为单倍体植株。因子房培养获得单倍体的机率低，操作不便，实用价值不高。多以花药培养单倍体植株，已成为单倍体育种的主要途径。

花药培养诱导单倍体植株的方法：一般以小孢子发育至单核期的花药为外植体，接种于诱导培养基，诱导小孢子分裂，形成愈伤组织或胚状体；再将其转入分化培养基中分化成苗；然后转入生根培养基诱导生根，形成完整植株；鉴定出单倍体植株，并进行染色体加倍，移至田间，获得纯合二倍体植株。影响诱导和分化的主要因素有：培养基成分、供体基因型、生理状态、大小孢子的发育时期、培养方法及培养条件（光、温）等。

单倍体鉴定 鉴定方法如下：①观察器官，单倍体植株的营养器官和繁殖器官（如气孔、叶片、花和花药）变小，植株矮小。②观察细胞。单倍体植株的细胞及细胞核都较小。③检查气孔保卫细胞的叶绿体数目。如烟草单倍体植株保卫细胞的叶绿体数平均为12.16，而二倍体植株保卫细胞的叶绿体数平均为19.58，二者差异显著。④观察染色体数，镜检根尖、茎尖、叶片等细胞的染色体数，或观察花粉母细胞减数分裂时的染色体行为等。

染色体加倍 加倍方法可分为两类：①自然加倍。培养过程中如核内进行有丝分裂、花粉粒内营养核与生殖核相互融合等，均可以自发地形成二倍体细胞。影响自然加倍频率的因素有遗传类型、孢子体发育时期、培养基成分、培养时间长短、继代次数多少等。在曼陀罗、矮牵牛和烟草的花药培养中，双核期花粉粒产生的花粉植株多为二倍体，而单核期花粉粒产生的花粉植株多为单倍体。激动素和生长素类物质有促进单倍体变成二倍体的作用，尤以前者为甚。愈伤组织自然加倍的频率高于胚状体，且随培养时间的延长而提高。自然加倍也可以发生在整体植株上，如橡胶的花粉植株，早期为单倍体或混倍体，但至开花时已自然加倍成二倍体。②人工加倍。人工加倍一般采用秋水仙素处理，改变分生组织细胞分裂周期的正常进程，抑制胞质分裂与核复制，从而产生核加倍。常用0.01%～0.2%的无菌秋水仙素水溶液浸泡烟草单倍体试管苗，70小时左右加倍率可达30%～50%；也可用0.03%～0.05%秋水仙素水溶液处理幼嫩植株的分蘖节、茎尖等，加倍率可达40%～70%；还可将旺盛增长期的愈伤组织培养在含秋水仙素的培养基中进行加倍；或以单倍体植株的器官为外植体进行离体培养。用以上这些方法，均可能获得一定比例的二倍体植株。

据不完全统计，目前世界上已有200多种植物获得单倍体植株。日本、美国等通过单倍体育种的方法，培育出水稻、百合、茶树、烟草、草莓等新品种；中国的花药培养始于70年代，在育种应用上已走在世界前列。通过花药培养育成的烟草、水稻、小麦等新品种，已在生产中推广应用。在观赏植物单倍体育种中，已培育出单倍体杨树和茶树品种等。

单倍体育种的作用已被实践证实，但花粉愈伤组织及绿苗的诱导频率偏低，一般只有5%左右。因此，提高诱导频率是提高单倍体育种效率的关键。单倍体植株有植株小、不结实等特点，在观赏植物中有可能直接利用。观赏树木生长周期长，且多数遗传组合极其复杂或自交不亲和，很难获得纯系。如能直接培育单倍体植株后加倍成纯系，就开辟了利用纯系进行育种的新途径。利用单倍体能缩短育种年限，提高选择效率，可增强诱变育种的效果和更好地利用杂种优势。

（金 波）

倒伏荆芥（prostrate nepeta） *Nepeta mussinii*，唇形科荆芥属多年生草本植物。染色体数2n=18。茎长约30cm，常倒地生长，被淡色柔毛。叶对生，灰绿色，卵状心形，具圆齿。总状花序顶生，花疏生，萼筒常为蓝色具白绒毛，唇形花冠蓝色，长约0.8cm，上唇直立，下唇3瓣分散，花期夏秋季。原产高加索与伊朗等地。园林中常用者为其杂交种（*N.× Faassenii*）。基部分枝多数，长30cm，软弱。花冠堇紫色，长1.2cm。花期春、夏季。耐寒，栽培容易，喜轻松砂质土壤。春季分株或在6月份扦插繁殖。园林中用作地被、花境、岩石园及边缘植物。

（郑 恭）

倒挂金钟（lady's-eardrops） *Fuchsia × hybrida*，别名吊钟海棠、灯笼海棠。柳叶菜科倒挂金钟属半灌木或小灌木。本种系经长期杂交选育而成的杂种群。主要亲本是短筒倒挂金钟（*F. magellanica*）和长筒倒挂金钟（*F. fulgens*）。

形态特征与习性 株高30～150cm。枝细长，粉红或紫红色，老枝木质化。叶对生或轮生，卵形至卵状披针形，叶缘疏齿状。花生于枝上部叶腋，具长梗而下垂。花萼下部合成筒状。花瓣4，自萼筒伸出，常呈抱合状或略开展，也有半重瓣或带皱褶的品种，花瓣达10余片。园艺品种极多，有单瓣、重瓣，花色有白、粉红、橘黄、玫瑰紫及茄紫色等。有的植株低矮枝平展，宜盆栽；有的枝粗壮，枝丛不开展，可作砧木；有花小而繁或花大而稀的类型；还有少数观叶品种。原产秘鲁、智利、阿根廷、玻利维亚、墨西哥等国家。喜凉爽而湿润的环境，不耐炎热高温。冬季要求温暖湿润、阳光充足、空气流通；夏季要求高燥、凉爽及半阴条件。忌酷暑闷热及雨淋日晒。生长适温15～25℃。冬季温室最低应保持10℃，5℃即受冷害。夏季温度达30℃时生长极为缓慢，35℃时大批枯萎死亡。宜富含腐殖质、排水良好的肥沃砂壤土。花期因栽培环境而异。四季分明的地区，冬季置20℃温室培养，4～5月始花，气温稳定于25～30℃时生长停滞，花期结束。华南及昆明等地春季花期提早。东北北部或西南高原，则夏季花期延长。中国各地在温室内盆栽。

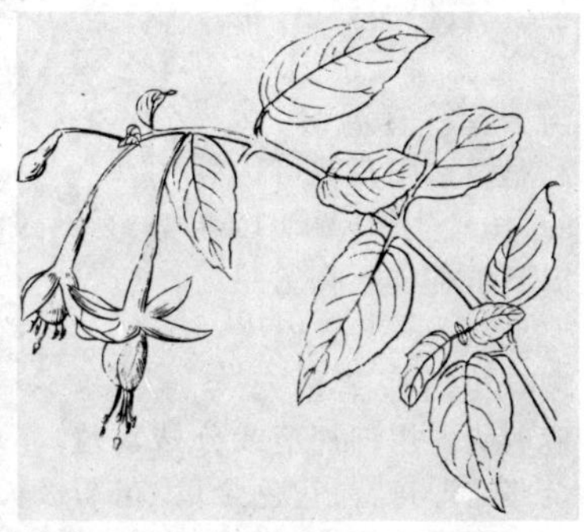

繁殖与栽培 主要用扦插繁殖，除休眠期外均可进行。一般于1～2月及10月份扦插。剪取长5～8cm生长充实的顶梢作插穗，随剪随插，适宜扦插温度为15～20℃，约20天生根，及时分栽上盆。一些易结实的种类（需人工授粉）可用播种法繁殖，春、秋季在温室盆播，约15天发芽，翌年开花。

小苗上盆恢复生长后摘心，待分枝长到3～4节后再次摘心，每株保留5～7个分枝。在生长适宜季节，摘心后14～21天开花。通常在初夏花后重剪，秋凉进温室时再修整株形，也可作树状整形，使其成为由匀称的3～5个分枝组成的树冠。生长期间7～14天施液肥一次。趋光性较强，要经常转盆。炎热多雨地区，夏季要注意通风、降温，置荫棚下，保持盆土高燥，安全越夏。休眠植株，可不浇水施肥。8月下旬至9月上旬天气凉爽时，应逐渐加强水肥管理。

园林应用 由于花色艳丽，花形奇特，花期较长，常作盆花观赏或室内悬吊观赏，也可作切花。夏季高海拔凉爽地区可地栽布置花坛。

同属植物约有100种，常见栽培的种有：①白萼倒挂金钟（*F. × albacoccinea*），为园艺杂交种。茎及叶色均较浅。②长筒倒挂金种（*F. fulgens*），株高1～2m，疏生柔毛，地下部具块状根茎。嫩枝梢多汁，带红色。萼筒长管状，基部较细，鲜朱红色，长5～7.5cm。花瓣长1cm，深绯红色。夏季开花，原产墨西哥。③短筒倒挂金钟（*F. magellanica*），株高约1m，枝条稍下垂，微紫红色，幼时具细毛。叶对生或三叶轮生，卵状披针形，叶面鲜绿色具紫红色条纹。花单生于叶腋，花梗细长下垂，长约5cm，赤色，被毛。萼筒短呈红色，约为萼裂片长度的1/3。花瓣比萼片短，倒卵形，稍反卷，莲青色，于夏、秋间开花。原产秘鲁及智利南部。变种很多，如珊瑚红短筒倒挂金钟（var. *ccrallina*）、球形短筒倒挂金钟（var. *globosa*）、异色短筒倒挂金钟（var. *discolor*）、雷氏短筒倒挂金钟（var. *riccartonii*）等。④三叶倒挂金钟（*F. triphylla*）等。 （李嘉珏）

灯台树（Chinese pagoda dogwood；giant dogwood） *Bothrocaryum controversum*，别名六角树、瑞木。山茱萸科灯台树属落叶乔木。染色体数2n=2x=20，22。高达20m，树冠近圆锥形。幼枝紫红或带绿色。叶互生，宽卵形或椭圆状卵形，长6～13cm。顶生伞房状聚伞花序，花白色，径约8mm，花期5～6月。核果球形，径5～6mm，紫红色至蓝黑色，果期8～9月。其栽培变种银边灯台树（cv. Variegata），叶缘白色。灯台树产中国辽宁、山东、河北、江苏、浙江、江西、安徽、湖北、湖南、河南、陕西、甘肃、四川、云南、贵州、广东、广西及台湾等地，朝鲜半岛、日本、印度及尼泊尔等也有分布。多生于海拔400～1800m的林中或溪流旁。喜温暖、湿润气候及半阴环境，不耐大气干燥。宜在肥沃、湿润而排水良好的砂质壤土上生长。播种繁殖，也可行扦插繁殖。在北京地区栽培，冬春干燥，苗期越冬需防寒。灯台树茎干端直，分枝呈假轮生状，形似灯台；宜于庭园中孤植观赏，也可作庭荫树、行道树种植。同属植物中还有北美灯台树（*B. alternifolia*），为小乔木或灌木，幼枝带绿色，产北美，中国北京、杭州等地有引种。 （樊映汉）

地被植物（ground-cover plants; ground covers） 株丛紧密、低矮(50cm以下),用以覆盖园林地面而免杂草孳生的植物。严格地说,草坪植物也是一类特殊的地被植物,但通常多另列为一类。地被植物的主要功能是:①保护环境,包括占领隙地,消灭杂草,保持水土,净化大气,调整温度、湿度和日光辐射等。②观赏、游憩,除可构成大面积园景及树下、水边、石际、路旁等处景点外,还可起增加植物层次,陪衬园景等作用。③提供经济副产品,如麦门冬等药材,马蔺等纤维原料,金针菜等蔬菜。

一般常按生态习性而将地被植物分为不同类型。喜光、耐践踏的宜栽坡脚、路边,如马蔺等;喜光又耐阴的宜作花坛、树坛等边饰或点缀于石际,如萱草、鸢尾、葱兰等;耐半阴的匍匐状灌木和藤木,有偃柏、薜荔、金银花等;耐浓荫的,有沿阶草、富贵草、小长春蔓等;耐干旱和瘠土的,有石蒜、苔草、百里香等;耐阴湿的,有石菖蒲等;耐阴又耐晒的有萱草、洋常春藤等;喜酸性土的有水栀子等;以及耐盐碱土的扫帚草,等等。按植物生活型分,则地被植物可分为宿根地被、球根地被、灌木地被、藤木地被和一二年生地被,等等。

地被植物通常多用播种、扦插、分株等法繁殖,栽培管理甚为粗放。栽植成功的关键,在于选用合适的种类和选择适当的栽植地点。应在观察、掌握不同地被植物生态习性与生物学特性的基础上先行试栽,成功后再大规模推广应用。（陈俊愉）

地毯草（tropical carpetgrass） *Axonopus compressus*,别名大叶油草。禾本科地毯草属多年生草本植物。染色体数2n=20。具长匍匐枝,节上密生灰白色柔毛。叶片阔条形,顶端钝。总状花序2～5枚,排列于秆的上部。原产美洲热带,中国台湾、广东已引种栽培。匍匐茎蔓延迅速,常用作营养繁殖材料。耐阴能力强,园林中常栽于乔木下,也可用作牧草。

（胡叔良）

地涌金莲（hairyfruit musella） *Musella lasiocarpa*,芭蕉科地涌金莲属多年生常绿草本植物。茎丛生,具水平生长的匍匐茎,地上部为假茎,高约60cm,叶大,长椭圆形,状如芭蕉,但较短小。花序莲座状,生于假茎,苞片黄色,花被呈淡紫色,花两列、浆果。产于中国云南。喜温暖,在高温温室中开花可达8～10个月,不耐0℃以下低温,要求光照充足,喜肥沃疏松土壤。花后假茎枯死,应剪除。用匍匐茎或分株繁殖,亦可播种繁殖。地涌金莲花形奇特,花色金黄,花期极长,宜栽植于花坛中心或配置山石旁、窗前、角隅。有浓郁的南国情调。茎汁可解酒,花有收敛止血药效。

（王铨铭）

帝冠（artichoke cactus） *Obregonia denegrii*,仙人掌科帝冠属多浆植物。染色体数2n=22。植株单生,有粗大的倒圆锥状根。变态茎形如陀螺,直径8～12cm,灰绿色至深绿色。具棱9,疣状突起螺旋状排列,扁平或三角形,背面稍呈龙骨状突起,肉质坚硬。新刺座有短绵毛。刺2～4,针状稍内弯,黄白色。花生于球顶部、白色,略带红晕。浆果黑色。原产墨西哥,产地温差大,阳光强,干旱季节很长。播种繁殖,易出苗,但幼苗生长缓慢。也常用嫁接繁殖。要求排水透气良好的砂质土壤,宜用深盆栽植。喜阳光充足,空气流通,生长季可充分浇水,但忌积水。较耐寒,冬季要求冷凉并保持盆土干燥。本种株形奇特,与一般仙人掌类植物迥然不同,为珍稀品种。常有一些形态变异,还有具斑锦变异的品种。

（徐民生）

棣棠（Japanese kerria） *Kerria japonica*,别名黄榆梅、黄度梅。蔷薇科棣棠属落叶丛生灌木。染色体数2n=2x=18。高1.5～2m,冠幅约2m左右。小枝绿色、光滑、有棱;单叶互生,卵形或卵状椭圆形,长2～8cm,先端长尖,基部楔形或近圆形,缘具重齿;花单瓣,花瓣5,黄色,单生枝端,花径3.0～4.5cm,花期4～5月;瘦果黑褐色,8～9月种子成熟。栽培品种有:'重瓣'棣棠(cv. Pleniflora),花重瓣,生长期内可多次开花,在园林绿地中应用较普遍。'金边'棣棠(cv. Aureo-variegata),叶缘黄色。'玉边'棣棠(cv. Picta),叶缘白色。'白斑'棣棠(cv. Argenteo-variegata),叶具

斑纹，初为黄色，后变白色。'菊瓣'棣棠(cv. Stellata)，花瓣狭长，6～8枚。'白花'棣棠(cv. Albescens)，花白色。棣棠产中国河南、陕西、甘肃、湖北、湖南、江西、浙江、江苏、四川、云南、广东等地，分布海拔800～1500m之沟谷、溪畔湿润砂壤土地，常自成群落或与珍珠梅、蔷薇、绣线梅等混生；日本也有分布。北京地区普遍栽培。喜光，耐半阴；适生于湿润肥沃排水良好的土壤，耐寒性较差；萌蘖能力强，3～5年应将老枝更新修剪，以保持冬季观赏绿枝。用播种繁殖，栽培品种用分株或扦插法繁殖。

棣棠具有秀丽的青枝绿叶和鲜艳的黄色花朵，在园林中可用做花篱，或丛植于草坪、角隅、路边、林缘、假山旁等，花枝可插瓶观赏。花和根可入药。

（陈耀华）

点地梅（rock-jasmine） *Androsace umbellata*，别名喉咙草、铜钱草。报春花科点地梅属一二年生草本植物。全株密被白色细柔毛。叶基生，圆形或卵圆形，平铺地面。花梗纤细，自叶丛基部抽出，伞形花序，具14～15朵白色小花，在华北地区花期4～5月。种子细小。本属分布于北美、欧洲、亚洲，广布中国各地。喜排水良好的土壤，耐贫瘠，夏季忌湿热。播种法繁殖，可自播繁衍。株高仅5～10cm，宜作地被植物或岩石园材料。本属共125种，已有30种供栽培观赏。点地梅为属中之一，在北方野生，到处可见，罕见栽培。

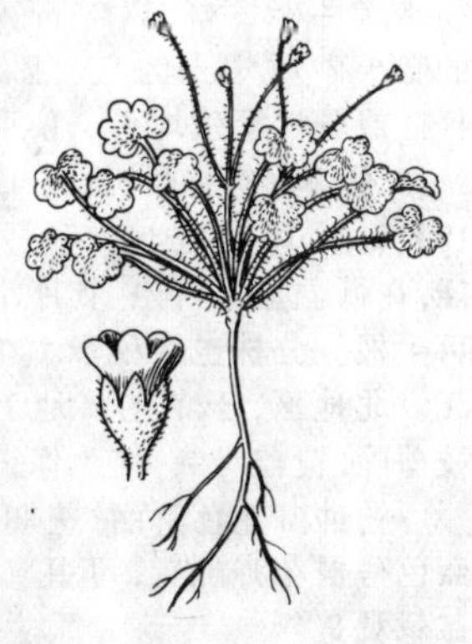

（张　燕）

电灯花（purplebell cobaea） *Cobaea scandens*，花荵科电灯花属多年生草本植物。染色体数2n＝52。攀援茎高可达8m。叶互生、羽裂，顶端小裂片分枝卷须，裂片卵形或长圆形，2或3对。花朵单生于15～25cm的长梗上，具大叶状萼，萼裂片椭圆或长圆形。花冠筒钟状，长约5cm，径约3cm，浅堇紫色或绿紫色。变种有：白电灯花(var. *alba*)，原产墨西哥，喜温暖环境，播种繁殖，多作一年生花卉栽培。园林中用于篱垣、棚架。

（龙雅宜）

吊金钱（woods ceropegia） *Ceropegia woodii*，别名蜡源花。萝藦科吊灯花属多年生常绿蔓性植物。茎细长，平卧或下垂伸展，节上生球形小块茎。叶对生，肉质，宽卵圆形或心脏形，深绿色有白色叶脉。花2朵，腋生。花冠筒长3cm，基部膨大、肉色，花冠裂片5枚直立，先端相连，稍具黑紫色。原产南非。喜温暖湿润，耐阴，极适应室内散射光环境，光线充足也可生长良好。要求疏松而排水良好的砂质壤土。越冬温度10℃以上。分株或扦插繁殖。常用于室内装饰，将花盆悬吊观赏，其枝叶下垂如串串金钱垂挂，随风摇曳，轻盈别致。

（秦魁杰）

吊兰（spider ivy；ribbon plant） *Chlorophytum comosum*，别名挂兰。百合科吊兰属多年生草本植物。染色体数2n＝28。具簇生圆柱状肉质根和短的根状茎。叶基生，条形至长披针形，长30cm左右，宽约1.5cm，全缘或稍波状。花葶自叶腋抽出，长30～50cm，弯垂形成新的匍匐枝。总状花序，小花白色，花期春、夏，冬季室内也可开花。常见栽培的品种有：'金边'吊兰(cv. Marginate)，叶缘黄绿色。'金心'吊兰(cv. Medio-pictum)，叶中央具黄白色纵条纹。银边吊兰(cv. Variegatum)，叶边缘为白色。

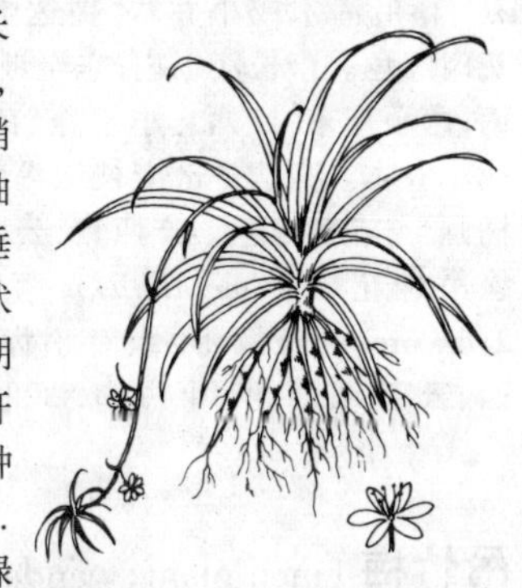

原产南非，中国各地有栽培。喜温暖湿润气候，宜疏松肥沃土壤，不耐寒，宜半阴处生长，夏季忌阳光直射，在15～25℃下生长迅速，冬季不低于5℃能安全越冬，低温时应严格控制浇水，以防烂根。

分株繁殖极易成活，周年均可进行，也可剪取匍匐茎上的幼株另行栽植，或在早春翻盆时将母株丛分离栽种，栽后先于荫蔽处放置，待恢复生长后移至半阴处，经常保持盆土湿润。

吊兰叶型美丽清秀，花葶低垂姿态优美，常作盆栽悬挂观赏，或悬挂在室外廊下、窗前，或放置于门厅、高架之上，亦可装点山石、崖壁，有“空中花卉”之称，全草尚可入药。

见于栽培的其他种有：宽叶吊兰（*C. capense*），叶较宽，长披针形，产南非。狭叶吊兰（*C. chinese*），分布在中国四川和云南西北部海拔 2400～3000m 山坡上。小花吊兰（*C. laxum*），分布在中国广东省，花细小。西南吊兰（*C. nepalense*），分布四川、云南、西藏一带，印度、尼泊尔也有，生于海拔 1400～2700m 山坡及草地上。叶较狭，花葶长可达 90cm。（费砚良）

吊钟花（evergreen enkianthus） *Enkianthus quinqueflorus*，别名铃儿花。杜鹃花科吊钟花属落叶或半常绿灌木。叶互生，常密集于枝顶，矩圆形或倒卵状矩圆形，长 5～10cm。花 5～8 朵组成下垂的伞形花序；花冠钟状，粉红、红色或带白色；花期 1～2 月。蒴果椭圆形，有角棱。产中国广西、广东、福建、海南、云南、四川等地。喜温暖湿润和避风向阳的环境，适生腐殖质丰富、排水良好的酸性土壤。浅根性，萌蘖力强。多用分株或扦插繁殖，也可播种和压条。夏季需保持湿润，秋、冬季宜稍干燥。北方盆栽，冬季温室保持在 7℃以上。本种枝叶茂密，花似铃铛，花期正值元旦、春节，有“吉庆花”和“新年花”之称。除盆栽观赏和用作切花之外，也适于暖地在草地、斜坡、林缘丛植或与其他灌木配植。同属常见栽培的有：灯笼树（*E. chinensis*），落叶灌木或小乔木，高达 10m，叶矩圆状椭圆形，花肉红色。产长江以南，东至浙江、福建，西达四川、云南，南至广东、广西。小丁花（*E. deflexus*），落叶灌木或小乔木。高达 7m，老枝红褐色，小枝连芽鳞红色，叶椭圆形，花黄赤色。产西藏、云南、湖北、四川等地。齿缘吊钟花（*E. serrulatus*），落叶灌木或小乔木。高 2.6～6m，叶长圆形，缘有小齿，花白色。产广东、广西、云南、贵州、四川、湖南、湖北等地。

（黄广宾　张应麟）

吊竹梅（inch plant；wanderingjew zebrina） *Zebrina pendula*，别名吊竹兰、斑叶鸭跖草。鸭跖草科水竹草属多年生常绿草本植物。染色体数 2n＝4x＝24。茎细弱，多分枝，匍匐或下垂，疏生柔毛，茎稍肉质。叶互生，基部鞘状，卵圆形或长椭圆形，长约 7cm，宽约 4cm，全缘，先端渐尖。叶面具紫色及灰白色条纹，叶背紫色。花序腋生。花小，玫红到粉色。花期夏季。主要园艺变种有异色吊竹梅（var. *discolor*），叶上有两条明显的银白色条纹。小吊竹梅（var. *minima*），叶细、植株矮小。四色吊竹梅（var. *quadricolor*），叶暗绿色，具红色、粉红色和白色的条纹。原产墨西哥。喜温暖、湿润，不耐寒。较喜阳也耐半阴。扦插和分株法繁殖，全年均可进行。生长期需充分灌水。在阳光较充足处叶色条纹鲜明。忌曝晒，夏季需适度遮荫，要在 10℃以上的环境中越冬，并需充足光照，减少浇水量。吊竹梅株形丰满，匍匐下垂，常用于室内作垂吊装饰。

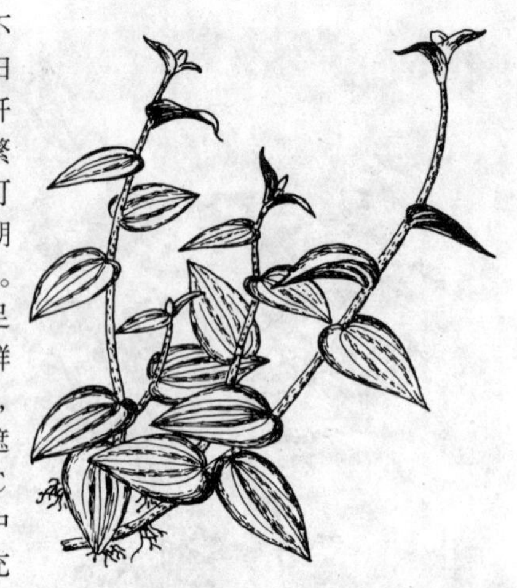

同属共 4 种，观赏栽培的还有珀普斯吊竹梅（*Z. purpusii*），茎长可达 1m。叶呈暗绿色，扁长卵形，长约 20cm，宽约 5cm，全缘，先端尖，中肋及基部有紫红色斑纹，叶背紫红色。花淡蓝紫色。花期 10 月。

（王月新）

钓钟柳（beard-tongue） *Penstemon campanulatus*，玄参科钓钟柳属多年生草本植物。染色体数 2n＝2x＝16。株高 60cm，全株被绒毛，叶披针形。花单生或 3～4 朵生于叶腋或总梗上，组成顶生长圆锥形花序，花冠筒长约 2.5cm，有紫、玫瑰红、紫红或白等色，内有白色条纹。花期 5～6 月、或 7～10 月份。原产墨西哥及危地马拉。喜阳光充足、空气湿润、通风良好的环境，不耐寒，忌炎热干燥和酸性土壤，且必须排水性能良好，以含石灰质的肥沃砂质壤土为宜。播种、扦插或分株繁殖均可。秋季或 2～3 月份温室播种（适温 13～18℃），5 月初定植。秋季扦插，在低温温室中 1 个月左右可生根。分株也在秋季。在长江以北地区，于冬初将地上枯枝剪除，覆盖马粪，培土保护越冬。

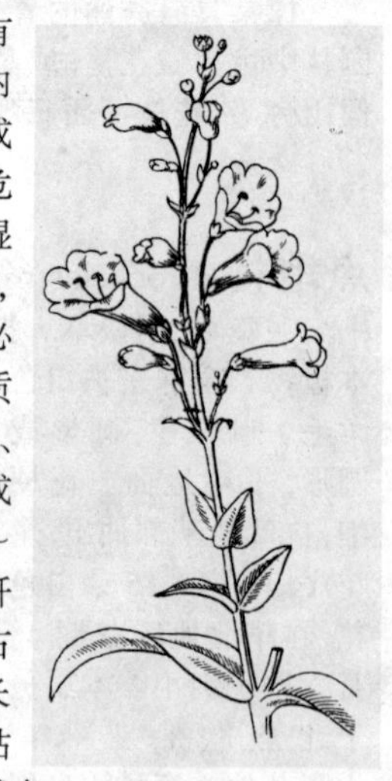

钓钟柳花色鲜丽，花期长，适宜花境种植，与其他蓝色宿根花卉配置，可组成极鲜明的色彩景观。也可盆栽观赏。

同属植物约 250 种，主要产于北美。常见栽培的有：红花钓钟柳（*P. barbatus*），株高 60～200cm，聚伞圆锥花序狭而长，花冠红色，花期 5 月下旬至 7 月份，原产中美洲。堇花钓钟柳(*P. hirsutus*),别名粘毛钓钟柳,全株具粘毛,株高可达 90cm,叶椭圆至披针形,叶缘有齿,花筒长 2.5cm,淡紫或堇色,喉部有密集的黄髯毛。原产美国缅因、弗吉尼亚和威斯康星州。作一年生栽培,株高仅 30~40cm,适宜花境及林缘、草地片植。

(龙雅宜)

蝶豆(Asian pigeon wing) *Clitoria ternatea*,别名蝴蝶花豆。蝶形花亚科蝶豆属多年生缠绕草本植物。植株高大,茎具柔毛。托叶很小、线形。小叶 5~9 枚,卵状椭圆形,长 2.5~5cm。小苞片 2 枚,近圆形。萼管状,萼齿披针形。花似蝴蝶,大型、蓝色、单生。荚果扁、有喙,含种子 6~10 粒。原产热带,中国广东省有栽培。喜温暖湿润气候。适宜于排水良好的酸性壤土。播种繁殖。南方用作缠绕性观花植物。中国长江以北作温室盆栽观赏。根为泻药。

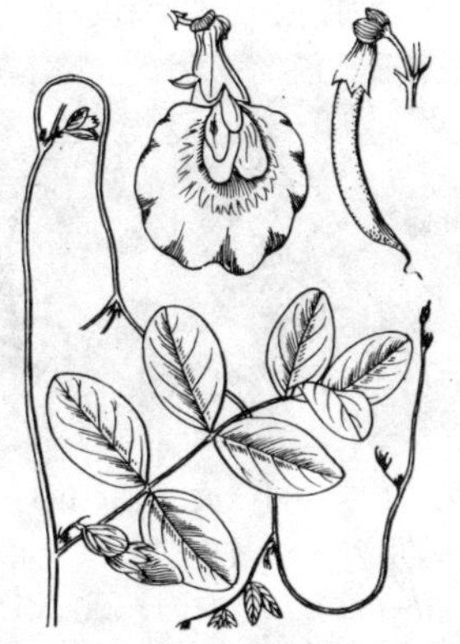

(胡叔良)

蝶花百合(lilac mariposa lily) *Calochortus splendens*,百合科蝶花百合属多年生草本植物。染色体数 2n=14。具被膜鳞茎。茎直立,有分枝,高 60cm。基生叶条状披针形。花单朵腋生,钟形、直立,萼片 3 枚、细狭,瓣片 3 枚、瓣长 5cm,深堇色,瓣片及萼片有时具紫点。花期 8 月。原产美国加利福尼亚州。相当耐寒,但不能经受交互结冻解冻的气候。喜终年温和气候,宜轻松多孔、不太肥沃而排水良好的土壤。晚秋种植,冬季保护其叶丛。鳞茎应在成熟后方可掘取贮存。分株或播种繁殖。用于花境、岩石园或作室内盆花。

同属植物常见栽培的有:金仙灯(*C. amabilis*),茎较粗壮,高约 50cm。花冠外形三角形、下垂,瓣长 3cm,亮黄或深黄色。花期夏季。黄堇花百合(*C. luteus*),花钟状、深黄色,瓣片长约 5cm,有红棕色线条和斑点。花期 9 月。白仙灯(*C. albus*),花 1~4 朵聚生茎顶、钟形,瓣长 5cm,白色、深黄、紫或深红色,中心有深红色斑,色彩变化多。

(王大钧)

丁香类(lilacs) *Syringa* spp.,木犀科丁香属植物的通称,落叶灌木或乔木。染色体 2n=46, 44, 88。

栽培简史　中国栽培丁香的历史约 1000 年。据北宋周师厚《洛阳花木记》记载,当时洛阳已有丁香的栽培。明代高濂在《草花谱》中记述丁香的繁殖"接、分俱可"。清代陈淏子在《花镜》中指出丁香"畏湿而不宜大肥"。本世纪 30 年代陈善铭发表了《中国之丁香》,对中国原产 22 种丁香的分类、分布等作了详细的记述。从 50 年代开始,中国科学院北京植物园开展了丁香的专属引种,已初步建立了丁香属植物的种质资源保存基地。欧洲最早栽培丁香的有奥地利(1563)、法国(1777)等,主要栽培的是欧洲丁香(*S. vulgaris*)和花叶丁香(*S. persica*)。1620 年以后,原产中国的丁香属植物也陆续传入欧洲,一些国家不仅在园林中大量种植,而且还开展了育种工作,自 19 世纪以来已记载的栽培品种达 1000 个以上。1928 年 C. D. 麦克里维出版了丁香的第一部专著《丁香》。

丁香株高 2~8m。单叶对生,稀复叶;全缘,稀分裂。圆锥花序,顶生或侧生;花冠漏斗状,4 裂,紫红色至蓝紫色或白色。蒴果长圆形,表面光滑或有疣点;种子扁平,具翅。

产地及习性　全属约 30 种,主要分布在亚洲温带地区及欧洲东南部。中国产 25 种,为丁香属分布中心;其分布自中国西南至东北约跨越 15 个省份,以西南及秦岭地区种类最多。多生在海拔 500~3800m 的山坡林缘及灌丛中或沟谷、河滩杂木林中。喜阳光充足或耐半阴,喜温暖、湿润气候或耐寒、耐空气干燥。适生疏松、肥沃及排水良好的微酸性至微碱性土壤,忌低洼积水。

繁殖栽培　播种、扦插及嫁接繁殖均可,而以播种应用较多。多采用春播,播前将种子在 0~7℃ 低温下层积 1~2 个月,播后约 14 天即可出苗。出苗适宜温度为 20~25℃。扦插可于花后 1 个月剪取当年生半木质化的枝条作插穗,扦插前用 100~200mg/L 吲哚丁酸溶液浸泡插穗基部 18 小时或用 500~2000mg/L 吲哚丁酸溶液速浸 10 秒钟,生根率可达 80%~90%。也可于秋季落叶后剪取休眠枝作插穗,露地埋土贮存,至翌年春天扦插。嫁接多用于优良品种的繁殖,砧木宜用丁香的实生苗。整形修剪一般在秋末或早春进行。病害主要有凋萎病、叶枯病等,多发生在夏季高温高湿时期;虫害主要有毛虫、树蛾、潜叶蝇、大胡蜂及介壳虫等。

园林应用　丁香枝叶茂密,花序硕大,香气袭人,是中国北方园林中应用最普遍的花木之一。可丛植、片植于路边、草坪、林缘,还可与其他花木配植或将各类丁香收集在一起布置成专类园。矮小的种类也适合盆栽。丁香还是切花瓶插的良好材料。一些种对二氧化硫等有毒气体有较强抗性,也适用于工矿区绿化、美化。

同属中常见栽培种　华北紫丁香(*S. oblata*),别名紫丁香，叶广卵形，花紫色，花期4月中下旬。产中国华北、吉林、辽宁、陕西、甘肃、四川及山东，朝鲜半岛也有。其变种白丁香（var. *affinis*）叶小而有微柔毛，花白色；紫萼丁香（var. *giraldii*）叶先端渐尖，花序轴及花萼蓝紫色。朝鲜丁香（*S. dilatata*），叶卵形，长达12cm；花序较松散，长达20cm，花紫色或白色，花冠筒细长，可达3cm，花期4月中下旬。产朝鲜半岛。欧洲丁香（*S. vulgaris*），叶卵形，花序较紧密，花蓝紫色，花期4月下旬。产欧洲东南部，中国北京、青岛等城市有栽培，有白花、蓝花、紫花及重瓣等变种及品种，北京地区常见栽培的有'佛手'丁香（cv. Alba-plena），叶卵形至阔卵形，花序较紧密，花白色，重瓣，为欧洲丁香与华北紫丁香杂交种。关东丁香（*S. velutina*），叶椭圆形或椭圆状卵形，花淡紫色，花筒纤细，花期4月下旬；产中国河北、辽宁、吉林，朝鲜半岛也有。巧玲花（*S. pubescens*），叶卵形至菱状卵形，圆锥花序较密集，花紫色或淡紫色，花期4～5月。产中国辽宁、河北、河南、山西、陕西及甘肃。小叶丁香（*S. microphylla*），别名四季丁香。叶卵形至椭圆状卵形，花冠粉红色，一年两季开花，春季花期4～5月，夏秋花期7～8月；产中国辽宁、河北、河南、山西、陕西、甘肃及湖北。蓝丁香（*S. meyeri*），小灌木。叶椭圆状卵形，花蓝紫色，花萼暗紫色，花期4月中下旬。产中国河北、河南。什锦丁香（*S. chinensis*），为花叶丁香和欧洲丁香的杂交种。枝细长、伸展；叶卵状披针形，花序松散，长达30～45cm，花淡紫色、红紫色或白色，花期4～5月。花叶丁香（*S. persica*），叶椭圆形至披针形，全缘，有时3裂或羽状裂；花序松散，花淡紫色，花期4～5月。产中国甘肃、四川至西藏，阿富汗、伊朗也有分布。其变种裂叶丁香（var. *lanciniata*），叶全部或部分3～9裂。羽叶丁香（*S. pinnatifolia*），奇数羽状复叶，小叶7～9(11)，卵形至卵状披针形，全缘；花近白色或淡紫色，花期4～5月。产中国陕西、甘肃、青海及四川。红丁香（*S. villosa*），小枝粗壮，叶椭圆形至矩圆形，花序顶生、密集，花堇紫色或近白色，花期5月上中旬。产中国华北及辽宁等地，辽东丁香（*S. wolfi*），形态特征与红丁香相近，唯花药着生于花冠筒口内。产东中国北及华北，朝鲜半岛也有分布。云南丁香（*S. yunnanensis*），幼枝红褐色，具明显白色皮孔；叶椭圆形，花序顶生，花近白色或粉红色，花期5～6月。产中国云南、四川及西藏。四川丁香（*S. sueginzowii*），幼枝紫褐色；叶卵形至矩圆形，花序顶生，花淡紫色，花期5月中下旬。产中国四川、陕西、甘肃及青海。垂丝丁香（*S. reflexa*），叶卵状椭圆形至椭圆状披针形，花序顶生，下垂，花冠外面带粉红色，内面近白色，花期4～5月。产中国四川、湖北。北京丁香（*S. pekinensis*），小乔木或灌木。叶卵形至卵状披针形，花白色，花期5～6月。产中国华北、河南、陕西及甘肃。暴马丁香（*S. reticulata* var. *mandshurica*），形态特征与北京丁香相近，唯花丝细长，雄蕊长几为花冠裂片的2倍。产中国东北、华北及陕西等。

（臧淑英）

东北茶藨子（manchurian currant） *Ribes mandshuricum*，别名东北醋李。醋栗科茶藨子属落叶灌木。染色体数2n＝2x＝16。高达2m。树皮暗紫褐色，片状剥裂。小枝褐色，叶掌状3裂，长5～10cm。总状花序长2.5～10cm，初直立，后下垂；花多至40

朵，花瓣短小，黄绿色，花期5～6月；浆果球形，红色，果期7～8月。变种有光叶东北茶藨子（var. *subglabrum*）。产中国东北、华北、西北各地，朝鲜、俄罗斯也有分布。多生于山坡谷地，次生阔叶林或针阔混交林下。喜光，稍耐阴，耐寒，喜凉爽湿润，怕炎热。用播种、分株、扦插方法繁殖。夏、秋季红果颇为美丽。宜北方自然风景区或森林公园配植，也可植于庭院观赏。果可食。同属植物见于栽培的观赏种类还有：黑果茶藨子（*R. nigrum*），落叶灌木，高2m。花白色。果黑色。花期5～6月；果期7～8月。产中国新疆阿尔泰山、东北大兴安岭。刺果茶藨（*R. burejense*），落叶灌木。高1m。小枝灰黄色，密生刺。花红褐色。浆果绿色。北方园林中可植为刺篱。果可食。华蔓茶藨（*R. fasciculatum* var. *chinensis*），花黄绿色，有香味。香茶藨（*R. odoratum*），原产美国。花黄色，芳香。深秋叶血红色。醋栗（*R. grossularia*），原产欧洲。中国东北、华北有栽植，可作刺篱。长白茶藨（*R. komarovii*），花淡绿色，果红色。

（秦瑞明）

东北红豆杉（Japanese yew） *Taxus cuspidata*，别名紫杉。红豆杉科红豆杉属常绿乔木。染色体数2n＝2x＝24。高达20m，胸径达1m，树冠阔卵形。树皮红褐色，浅纵裂。大枝近水平伸展，侧枝密生。叶条形，排列较密，呈不规则上翘二列；雌雄异株，花期5～6月；种子坚果状，具3～4条棱脊，假种

皮杯状，肉质，红色，9～10月果熟。栽培品种有矮紫杉（cv. Nana），又名伽罗木，树形矮小，半球状灌木，高

达 2m;叶短,质厚,密集。产中国吉林及辽宁东部长白山林区;俄罗斯、朝鲜半岛、日本也有分布。极耐阴,耐寒性强;喜凉爽湿润气候及富含有机质的酸性土壤,不耐水涝。浅根性,侧根发达,生长缓慢,寿命极长,耐修剪整形,对病虫害抗性较强。用播种、扦插法繁殖。

东北红豆杉树形端直,枝叶浓密,色泽苍翠,秋日红色假种皮在绿叶丛中辉映。宜在较阴的环境中孤植、丛植;矮紫杉姿态古拙,宜于高山园、岩石园栽植,也可植为绿篱。枝、叶、树皮中含紫杉醇,具抗癌作用。

同属中常见的观赏树种尚有:红豆杉(*T. chinensis*),别名观音杉。叶条形,略微弯曲,呈二列排列,种子微有 2 棱脊,卵圆形。花期 4 月,10 月种子成熟。分布于中国甘肃南部、陕西、湖北及四川等地海拔 1500~2000m 的山地。为中国的特有树种。南方红豆杉(*T. mairei*),别名美丽红豆杉,叶常较宽较长,多呈弯镰形;种子较大,微扁,多呈倒卵状。花期 3~4 月,种子 10~11 月成熟。产中国长江流域各地,多生于海拔 1200m 以下山地林中。浆果红豆杉(*T. baccata*),别名欧洲紫杉。常绿乔木,高 15~28cm,树冠圆锥形,老年期成圆顶。分枝水平状。叶条形,深绿色,有光泽。假种皮红色。产欧洲及北非。在栽培上,按树冠姿态和针叶颜色划分有 100 多个品种。主要有:'金针'欧洲紫杉(cv. Adpressa Aurea),叶短而宽,金色;'密球'欧洲紫杉(cv. Compacta),矮生灌木,球状,高 1.3m;'矮'欧洲紫杉(cv. Nana),矮生灌木,高 60cm;'灰叶'欧洲紫杉(cv. Glauca),叶灰白。加拿大红豆杉(*T. canadensis*),常绿灌木,高 1~2m,冠幅 4m。枝平展,叶条形、密生,果实密集,假种皮红色。产美国东北部。

(周道瑛)

东方罂粟(oriental poppy) *Papaver orientale*,别名近东罂粟。罂粟科罂粟属多年生草本植物。染色体数 2n=42。主根明显,半肉质。基生叶 10 片左右,羽状全裂,密被白色柔毛。总花梗高约 1m,花径 12~18cm,橙色及浅粉色。园艺品种由本种与大苞罂粟(*P. bracteatum*)杂交获得,花色有深红、橙红、灰白等。花期 5~6 月,单朵花期 4 天。蒴果成熟期 6 月底至 7 月初。种子千粒重 0.242g。原产地中海及伊朗。喜向阳排水良好的砂壤土;耐寒,忌炎热和水涝,栽培地应施充分的有机肥料。播种繁殖,应直播或营养钵育苗。初秋播种,次年开花。发芽适温 20~22℃,7~10 天发芽。新种子在 7℃ 下贮存两个半月,可提高发芽率。开花后及早去除残花梗,秋季可二次开花。在夏季炎热地区,蒴果成熟后,地上部分枯萎,立秋后重发新叶,气温 -3℃ 时,叶色葱绿,气温继续下降,叶逐渐枯萎。花前增施追肥,可促使花朵大,花色艳。雨季注意排涝。适宜花境、花径丛植,群体观赏效果好。也可与其他松柏类低矮灌木配植,浓艳的花丛为常绿树丛增加丰富的色彩。

同属植物约 100 种,主产欧洲及北美,常见栽培的有:高山罂粟(*P. alpinum*),短命多年生草本,常作一二年生栽培。花葶高约 25cm,花白、黄色,芳香;径 2.5~5cm。园艺类型有白、金黄、粉等不同花色变异。原产阿尔卑斯山。喜冷凉潮湿,忌炎热多雨。适宜岩石园丛植。冰岛罂粟(*P. nudicaule*),别名鸡蛋黄,短命多年生草本植物,作一二年生栽培,花黄色,夏季开花。花茎挺直,高达 70cm。花朵大,花色丰富,也有重瓣品种。原种产北极,喜冷凉气候,向阳而排水好的砂壤土。

(龙雅宜)

冬红(Chinese-hat-plant) *Holmskioldia sanguinea*,马鞭草科冬红属常绿蔓性灌木。染色体数 2n=32,36。高 3~7(10)m。小枝四棱形。叶对生,卵形或阔卵形,长 5~10cm,全缘或有锯齿。聚伞花序腋生,常 2~6 个组成圆锥状,每花序有花 3 朵;花萼朱红色或橙红色,碟状,花冠猩红色,花冠筒长 2~2.5cm,略弯;花期秋末春初。核果倒卵形,包藏于花萼内。产喜马拉雅地区,中国广东、广西、台湾等地有栽培。喜温暖湿润气候,不耐寒。播种或扦插繁殖。冬红花、叶、姿俱佳,冬季开花,适于华南地区园林中栽植观赏,可于屋隅、路旁及阶前种植,也可诱引攀附花架、墙垣;其他地区可作温室盆栽。

(包满珠)

冬青(Chinese holly) *Ilex purpurea*,冬青科冬青属常绿乔木。高达 20m,胸径 50cm,树冠卵圆形。树皮灰绿色,光滑;单叶互生,长椭圆形至披针形,长 5~11cm;雌雄异株,聚伞花序生当年枝叶腋,花淡紫红色,花期 5~6 月;核果椭圆形,亮红色,10~11 月果熟,冬季不落。产中国福建、江西、江苏、湖南、湖北、广东、广西、贵州、四川等地,日本也有分布。喜光,稍耐阴;喜温暖湿润气候,耐寒性差;根系深,适生于深厚肥沃之酸性土,较耐潮湿,不耐积水;萌芽力强,耐修剪;对二氧化碳和烟尘有一定的抗性。播种繁殖,种子有休眠期,可沙藏一年后再行播种。常有蜡蚧、樗蚕等危害叶片。

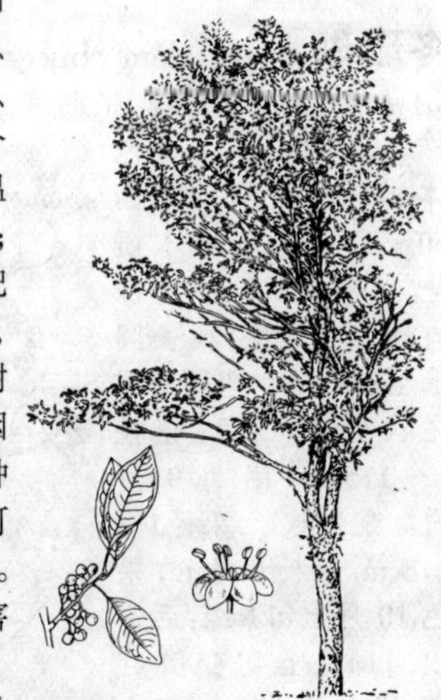

冬青树体雄伟、枝

繁叶茂,红色的果实在绿叶的衬托下显得格外艳丽,在园林绿地中可丛植或孤植独立成景,也可与其他乔灌木搭配共同组成景观,亦可植为绿篱或盆栽,制作盆景等。

同属中常见栽培观赏的还有:构骨(*I. cornuta*),常绿灌木或小乔木,高3~4(10)m,树冠倒卵形。树皮灰白色,小枝开展、密生;叶硬革质、短圆形,具5硬刺齿,表面亮绿色;花黄绿色,簇生于2年生枝叶腋,花期4~5月;核果球形、鲜红色,9~10月果熟。变种和栽培品种有无刺构骨(var. *fortunei*),叶无刺齿;'黄果构骨'(cv. Luteocarpa),果暗黄色。产中国长江流域,朝鲜有分布。构骨为良好的观叶、观果树种,是供岩石园、绿篱和盆栽制造盆景的好树种;果枝亦可插瓶观赏。钝齿冬青(*I. crenata*),常绿灌木或小乔木,高5~10m。叶小而密,椭圆形至长倒卵形,长1~2.5cm,缘具浅钝齿;花白色,花期5~6月;果球形,10月成熟,黑色。栽培品种有'龟甲'冬青(cv. Convexa),矮灌木,叶面凸起。产中国福建、广东、山东等省,日本也有。适宜在园林绿地中种植,也可植为绿篱或制作盆景。大叶冬青(*I. latifolia*),常绿乔木,高达20m。叶大、长椭圆形,长10~20cm;花黄绿色,花期4月;果红色或褐色,11月成熟。产中国华东和华南地区,日本也有。铁冬青(*I. rotunda*),常绿乔木,高15m。小枝有棱,幼枝及叶柄常带紫黑色;叶椭圆形,长4~10cm;花白色,果红色。产中国长江以南。大果冬青(*I. macrocarpa*),落叶乔木,高15m。叶卵形或卵状椭圆形,长5~15cm,缘具细钝齿;花白色,芳香;10月果熟,黑色。产中国西南、华南和华中地区。落霜红(*I. serrata*),落叶灌木,高5m。叶卵形或椭圆形,长2~5cm,缘有细齿。花期6月,果红色,10月成熟,栽培品种有'黄果'落霜红(cv. Xanthocarpa)和'白果'落霜红(cv. Leucocarpa)等。

(陈耀华)

冬珊瑚(Jerusalem cherry) *Solanum pseudocapsicum*,别名珊瑚樱、玉珊瑚,茄科茄属常绿亚灌木,作一二年生栽培。染色体数2n = 24。株高60~120cm,茎半木质化,茎枝具细刺毛,全株有毒。叶互生,狭长圆形至披针形。花稀成蝎尾状花序,白色,花径1~1.5cm,花期9月份。浆果球形,果径1~1.8cm,果梗长1cm,果色10月上旬翠绿,后变浅,11月上旬变鲜红色,经冬不落。种子小而扁平、黄色,千粒重3.4g。变种珊瑚豆(var. *diflorum*),幼枝及叶背沿脉有星状毛;矮生种(var. *nanum*),多分枝;橙果种(var. *nveatherillii*),果鲜橙色,广椭圆形,端尖。冬珊瑚原产欧、亚热带,中国云南有野生。喜温暖、向阳、湿润的环境及排水良好的土壤。不耐寒,北方盆栽观赏需入冷室越冬。春天播种,9月带土坨上盆,10月下旬前移入室内,可避免落果,延长观果时间。用于秋冬盆栽观果,作室内布置。

(张　燕)

豆瓣绿(roundleaf peperomia) *Peperomia magnolifolia*,别名椒草,胡椒科豆瓣绿属多年生常绿草本植物。株高25cm以上,叶互生圆形至倒卵状椭圆形,或近于匙形,稍肉质,长约15cm,先端圆至微凹或有尖头,基部楔形或突然变狭。穗状花序长2.5~8cm或更长。果实具锐尖弯曲的喙。原产西印度群岛、巴拿马、南美北部。品种还有'花叶豆瓣绿'(cv. Variegata),茎上有红色斑点,叶片绿色具黄绿色花纹。喜温暖湿润环境,忌阳光直射,喜半阴,生长适温为25℃,越冬不能低于10℃,要求疏松肥沃、排水良好的土壤。不耐高温,夏季应防热。

多用扦插法繁殖(茎插为主,次为叶插),5~6月选健壮的顶端枝条,长10cm,带3~5片叶,直接插于沙床中,保持湿润,15~20天即可生根,移入小盆。叶插法,在5月份取成熟叶片,带1cm长的叶柄,插于砂与蛭石拌匀的浅盆内,20天后即可生根,生长新叶4~5片时上盆。豆瓣绿每10天施一次含腐熟饼肥的肥水。过热过湿的环境均会引起茎叶变黑腐烂。每2~3年换盆。浇水时叶片勿淋水。

豆瓣绿病虫害较少,主要有叶斑病及茎腐病,多因土壤过湿引起。虫害有蓟马与粉蚧。

豆瓣绿属又名椒草属,是胡椒科中的大属,至今已知有1000余种,均分布于热带及亚热带。引用野生种观叶的居多,常见的同属植物有:无茎豆瓣绿(*P. argyreia*),又称西瓜皮椒草,高15~30cm。全株光滑无毛,茎极短。叶片互生,簇生状,卵圆形,长约15cm,宽约10cm,先端钝尖至渐尖,几近盾状,表面暗绿色,在9~11条放射状叶脉间为灰色,形似西瓜表面花纹,背面淡绿色,叶柄长8~25cm,紫红色。穗状花序,一般呈开放的圆锥形,径8~13cm。产南美洲,世界已广为栽培。北方多做温室栽培。斑叶豆瓣绿(*P. maculosa*),高30cm,粗壮,茎有红斑点,具毛。叶互生,椭圆状卵形或近圆形,长达18cm,先端突尖,叶柄近基部呈盾状，叶面暗绿色，叶柄长 8～15cm，有红斑点及短柔毛。穗状花序顶生，单一或成双，长约 30cm，酱紫色，总花梗长 5～15cm。原产西印度群岛附近，巴拿马等地。银叶豆瓣绿（*P. griseo-argentea*），枝叶紧密簇生，茎极短，叶互生，卵圆形，表面银灰绿色，穗状花序长 10～13cm，与总花梗近于等长，红色，产巴西。

（段吉光　余树勋）

独丽花（one-flowered pyrola）　*Moneses uniflora*，别名独立花。鹿蹄草科独丽花属多年生常绿草本植物。染色体 2n = 26。高 8～15cm。叶基生成丛，革质，圆形或卵形，长 2.5cm，边缘细锯齿状。花单生于花葶顶端，下垂，白或桃红，芳香。花瓣 5，分离，圆形；花径近 2cm。花期为夏季。原产中国东北、西北、云南、台湾以及朝鲜半岛、日本，原苏联和北美也有分布。耐寒，适生于冷凉林地。播种或分株法繁殖。用于野趣园。

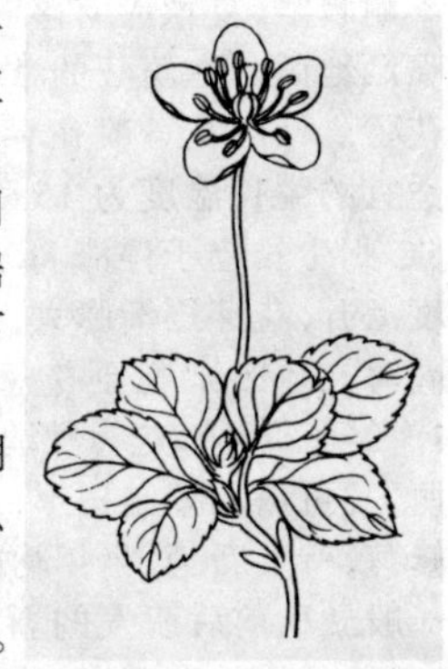

（王大钧）

独尾花（desert-candle；king's-spear）　*Eremurus stenophyllus*，百合科独尾花属多年生草本植物。染色体基数 x = 7。株高 60cm 以上。根粗，绳索状。具地下茎。叶多数基生、甚狭，叶面光滑，缘具纤毛。花葶长 1m 许，总状花序顶生。花钟形、黄色，径 2.5cm，花被片 6。花期 7 月。原产中亚与西亚等地。耐寒，北方须防冻。喜向阳环境，宜肥沃而排水良好的土壤。分根或播种繁殖，用于花境或切花。

本属植物园林应用者多为杂交种，如多色独尾花（*E.* × *isabillinus*）、奥氏独尾花（*E. olgae*）和独尾花的杂交种。淡黄独尾花（*E.* × *Tubergenii*），为喜马拉雅独尾花（*E. himalaicus*）和独尾花的杂交种。

（郑　恭）

杜茎山（Japanese maesa）　*Maesa japonica*，紫金牛科杜茎山属常绿灌木，有时攀援状。染色体数 2n=12。高 1～3m。小枝具细纹和稀疏皮孔。叶互生，椭圆形、椭圆状披针形或倒卵形，长 5～14cm，中部以上具疏齿；总状花序 1～3 个聚生叶腋，花白色或浅黄色，花期 3～4 月；果球形，径约 0.5cm，肉质，白色具红晕，10 月成熟。产中国安徽、江西、湖南、湖北、广东、广西、云南、贵州、四川、浙江、福建、台湾等地，日本、越南也有分布。耐阴，喜温暖湿润气候和富含腐殖质、湿润而排水良好的酸性土壤。播种或分株繁殖。杜茎山冬夏常青，可在园林绿地内种植观赏，尤适用于疏林下或荫蔽处的绿化种植。

（陈耀华）

杜鹃花（rose bay；rhododendron）　*Rhododendron*，杜鹃花科杜鹃花属植物的通称，常绿或落叶灌木，稀为乔木或匍匐、附生。染色体数 2n = 26，52，78，104，个别的 2n = 24，48。

起源、演化及栽培简史　杜鹃花起源于中生代白垩纪（距今约 6700 万年），曾广泛分布于北半球。由于受第三纪干旱和第四纪冰川的侵袭，仅亚洲东部保存较为完好。杜鹃花作为药用植物在民间应用已久，早在《神农本草经》（公元 220～265）中就记载："羊踯躅味辛温，主贼风在皮肤中淫淫痛，温疟恶毒诸痹"。南北朝时，陶弘景撰《本草经集注》（公元 492）中也有"羊踯躅，羊食其叶，踯躅而死，故名"的记载。杜鹃花用于栽培观赏大致始于唐代。据《丹徒县志》记载："鹤林寺杜鹃花，……相传唐贞元元年（公元 785）有外国僧自天台钵盂中以药养根来种之。"鹤林寺僧人所栽杜鹃花当为浙江山野映山红的一种。诗人白居易对杜鹃花最为推崇："花中此物是西施，芙蓉芍药皆膜母"。李德裕《平泉山居草木记》中，已收集有杜鹃花，并有名种稽山（绍兴）之四时杜鹃花。宋代王十朋亦有咏杜鹃诗。明中叶张志淳《永昌二芳记》中卷记云南保山杜鹃花 20 种。1563 年李之阳纂修的《大理府志》称：杜鹃花"谱有四十七品"，可见已有人将山野所产杜鹃花分类编谱。清代陈淏子在《花镜》（1688）中总结了杜鹃花的习性和栽培经验。张泓在《滇南新语》（约公元 1736～1795）中称蓝色的杜鹃花为："蓝者，蔚然天碧，诚宇内奇品，滇中亦不多见"。顾禄在《桐桥倚棹录》（约 1821～1850）中已提到"洋茶、洋鹃、山茶、山鹃……"，可见此时已有外国的杜鹃花进入中国。18 世纪瑞典植物学家林奈在《植物种志》（1735）中建立了杜鹃花属 *Rhododendron*。19 世纪中叶，英国的 J. D. Hooker 在喜马拉雅考察，发现大量杜鹃花新种，引起各国对中国西南高山地区杜鹃花资源的注意，19 世纪至 20 世纪中，英、法、美、德、俄等国的植物学家深入中国西南及华东等地调查采集，共发表新种 482 种。英国从中国西南地区引种到爱丁堡皇家植物园栽培成功的杜鹃花就有 330 个种和变种。1930 年中国植物学家陈焕镛发表了杜鹃花的新种广东杜鹃花（*R. kwangtungense*），以后胡先骕、秦仁昌、方文培等也相继进行了杜鹃花的分类研究。与此同时庐山森林植物园、南京中山陵园等也开始进行了野生杜鹃花的引种栽培；上海、无锡、苏州、宜兴、杭州、丹东、青岛等城市对国外的园艺品种也进行了广泛的引种。

形态特征　主干直立，单生或丛生；枝互生或近轮

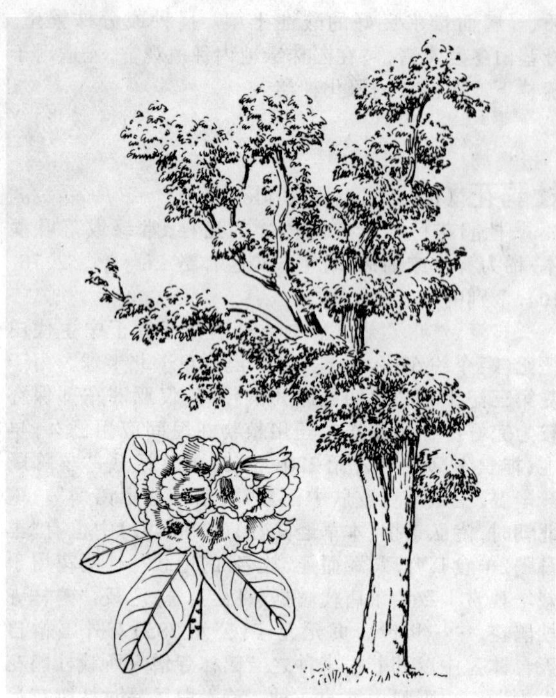

生。叶互生，常簇生枝端，多近矩圆形，全缘，罕有细锯齿。花两性；常多朵组成顶生总状伞形花序，偶有单生或簇生；花冠辐射状、钟状、漏斗状或管状，裂片常呈2唇形，喉部有深色斑点或浅色晕。蒴果开裂为5～10果瓣；种子多数，有狭翅。

品种　杜鹃花品种很多，全世界达数千种；中国通常栽培的约有二三百种，均归落叶杜鹃花类。根据形态性状和亲本来源，可将中国栽培的杜鹃品种分为东鹃、毛鹃、西鹃和夏鹃4类。东鹃即东洋鹃，来自日本，包括石岩杜鹃（*R. obtusum*）及其变种，品种很多，主要的有'新天地'、'笔止'、'雪月'及一年开二次花的'四季之誉'等。毛鹃即毛叶杜鹃，包括锦绣杜鹃（*R. pulchrum*）、白花杜鹃（*R. mucronatum*）及其变种，品种较少，常见的有'玉蝴蝶'、'紫蝴蝶'、'琉球红'、'玉铃'等。西鹃泛指来自欧洲的品种，最早在荷兰、比利时育出，系由皋月杜鹃（*R. indicum*）、映山红及白花杜鹃等反复杂交而成，是品种最多，花色、花型最美的一类，栽培较多的有'皇冠'、'锦袍'、'天女舞'、'四海波'等，近年育出不少杂交新品种。夏鹃，主要亲本为皋月杜鹃，因在5月下旬至6月开花（有的延伸至7～8月），故称夏鹃，传统品种有'大红袍'、'长华'、'陈家银红'、'五宝绿珠'等。'五宝绿珠'，是杜鹃花中的台阁型，花中有花，重瓣程度极高。

产地与分布　杜鹃花属约有900种，亚洲约产850种，其中中国约有530种，除新疆、宁夏外南北各地均有分布，尤以云南、西藏和四川种类最多，为杜鹃花属的世界分布中心。新几内亚、马来西亚约有280种，几乎全为附生型，种子具丝状长尾状附属物。此外，北美分布有24种，欧洲分布有9种，大洋洲分布1种。

习性　杜鹃花属种类多，习性差异大，但多数种产于高海拔地区，喜凉爽、湿润气候，恶酷热干燥。要求富含腐殖质、疏松、湿润及pH值5.5～6.5之间的酸性土壤。部分种及园艺品种的适应性较强，耐干旱、瘠薄，土壤pH值7～8之间也能生长。但在粘重或通透性差的土壤上，生长不良。杜鹃花对光有一定要求，但不耐曝晒，夏秋应有落叶乔木或荫棚遮档烈日，并经常喷洒地面。在荫蔽的常绿树林内生长不良，难以形成花蕾。杜鹃花一般在春秋二季抽梢，以春梢为主。最适宜的生长温度为15～25℃。气温超过30℃或低于5℃则生长趋于停滞。冬季有短暂的休眠期，以后随温度上升，花芽逐渐膨大，一般露地栽培在3～5月开花，高海拔地区则晚至7～8月开花。北方在温室栽培，1～2月即可开花。杜鹃花耐修剪，隐芽受刺激后极易萌发，可藉此控制树形，复壮树体。一般在5月前进行修剪，所发新梢，当年均能形成花蕾，过晚则影响开花。一般立秋前后萌发的新梢，尚能木质化。若形成新梢太晚，冬季易受冻害。杜鹃花根系浅，寿命长，毛鹃60年以上的老树，仍开花旺盛。在云南腾冲发现的大树杜鹃，树龄在500年以上，高约25m，基径达3.07m。

繁殖　常用播种、扦插和嫁接法繁殖，也可行压条和分株。播种，采集成熟果实凉干，取种。常绿杜鹃类最好随采随播，落叶杜鹃也可将种子贮藏至翌年春播。杜鹃种子细小，千粒重约0.4g，故多用盆播。盆土底层用粗粒土，表层2cm厚，用消毒过的兰花泥或腐叶土。种子撒播均匀后，上面薄覆一层细土；也可在兰花泥上铺以0.5～1.0m厚的苔藓，将种子直接播在苔藓中。播后盆面再盖上塑料薄膜或玻璃，置阴处，气温15～20℃时，约20天左右即可出苗。园艺品种生长较快，至5～6月，小苗有2～3片真叶时分苗，秋后进行分栽，约3～4年即可见花。常绿杜鹃多在秋后行分苗，翌年行分栽，7～8年后开花。扦插，一般于5～6月间选节间较短的当年生半木质化枝条，自基部切下作插穗，修平基部切口，顶端留叶3～5片。如枝条过长，亦可截去顶梢。扦插介质用兰花泥、河沙、蛭石、珍珠岩均可，厚15～20cm，下铺7～8cm厚的排水层。插后设棚遮荫，保持插床湿润，温度控制在25℃左右，约1个月即可生根。西鹃生根较慢，约需60～70天。9月后可减少遮荫，并施淡肥1次，10月下旬即可上盆。若采用全光照电子叶自动喷雾扦插，约20天便可生根，成活率达95%以上。常绿杜鹃发根期长，宜秋插，用激素处理，易生根。西鹃繁殖较多采用嫁接，常行嫩枝劈接，嫁接时间不受限制，砧木多用一二年生毛鹃。先将砧木在离地2～3cm处截断，摘除叶片，纵切约1cm深，然后插入削成楔形的接穗（长3～4cm，顶端留

3～4片小叶),绑扎后,用塑料薄膜袋套封接穗及接口,置阴凉处养护;约2个月后去袋,次春解除绑扎,成活率达90%以上。也可行靠接,落叶性杜鹃多在3～4月间进行,常绿性杜鹃常在落花后进行。

栽培　野生杜鹃和栽培品种中的毛鹃、东鹃、夏鹃可以盆栽,也可在蔽荫条件下地栽。西鹃全行盆栽,培养土多用兰花泥,也可用泥炭土、黄山土、腐叶土、松叶土及煤渣、锯末等配制的培养土,只要pH值5.5～7.0之间,排水良好,富含腐殖质,均可使用。上盆,一般在春季出房时(4月)或秋季进房时(11月)进行。杜鹃花根系扩展缓慢,盆内不可积水。每隔3～5年换盆1次,同时修整根系。要根据天气情况、植株大小、盆土干湿及生长发育需要,灵活掌握浇水,水质忌碱性,用自来水时,最好在缸中存放1～2日。4月中旬出房,正值生长旺期,需水量大;霉雨季节,雨水不断,要防积水;7～8月高温季节,蒸发量大,要随干随浇,午间、傍晚还要在地面、叶面喷水降温;11月上旬进房,若室内加温,生长仍旺,需水仍大,尤其开花抽稍之际,需水更多,若室内不加温(但温度不得低于-2～-3℃),生长缓慢,3～5日浇一次水已足。要薄肥勤施,常用肥料为草汁水、鱼腥水、菜籽饼等,除高温季节及冬季生长缓慢期外,均可施用。连日阴雨时,可用菜籽饼末施于盆面。2～4年生苗,为加速植株成型,常通过摘心、摘蕾来促发新枝。植株成型后,主要是剪除病枝、弱枝及重叠紊乱的枝条,均以疏剪为主。开花时置于室内,花期可延续一个月;室内通风差时,放置1～2周即应调换。西鹃于7～8月间孕蕾,秋后入室,保持在20℃左右,半月即可开花。在中国,若要国庆节开花,则需先保持在3～4℃低温左右,至9月中解除低温。花后应及时摘去残花,并进行适当修剪和施肥。

病虫害防治　常见虫害有红蜘蛛,在6～8月高温干燥时为害严重,可用1/1000三氯杀螨醇喷杀,每周1次,连续3次;军配虫,一年数代,在5～10月为害叶片,可在5月用1/1500乐果或敌敌畏喷杀第一代幼虫。病害最常见的是褐斑病,主要发生在霉雨季节,可在花前、花后喷硫菌磷800液或等量式波尔多液防治。

育种　世界杜鹃花的育种已有100多年历史,中国开展杜鹃花育种较晚,当前的育种目标,首先是提高抗性,使杜鹃花从山野进入城市,从南方移居北方。其次在观赏性状方面,要培育出株型矮小丰满、花朵密集、花色艳丽、花期整齐、香气馥郁的新品种。国内在落叶杜鹃的杂交育种中已获得了数以百计的新品种。杜鹃园艺品种在栽培中常会出现变异,也可利用芽变获得新的优良品种。

园林应用　杜鹃花为中国传统名花,以花繁叶茂,绮丽多姿著称,并具萌发力强,耐修剪,根桩奇特等优点,是优良的盆景材料,可盆栽或制作树桩盆景。杜鹃花的许多种和品种,(毛鹃、东鹃和夏鹃)均能露地栽培,园林中最宜在林缘、溪边、池畔及岩石旁成丛成片种植,也可于疏林下散植,上层有落叶乔木庇荫,颇具自然野趣。杜鹃花也是花篱的良好材料,还可经修剪培育成球形观赏。集不同种类于一体的杜鹃花专类园,群芳竞秀,极具特色;现无锡、成都、重庆、万县、庐山、杭州、黄山、昆明等均建有杜鹃花专类园。此外,杜鹃花还有食用、药用等价值,有的叶、花还可提取香精。

常见栽培种　杜鹃花属种类繁多,通常分为五个亚属。中国常见的有:照山白(*R. micranthum*),别名白镜子,属常绿有鳞杜鹃亚属,常绿灌木。高0.6～2m;小枝细,叶倒披针形,短总状花序生于二年生小枝顶端,有花15～20朵,花白色,径1cm,花期5～6月;产中国华北、东北、山东、陕西、甘肃、湖北、湖南、四川、贵州,朝鲜半岛也有。抗性强,能耐-20～-30℃低温,可于北方庭园中种植观赏,也是杜鹃育种的良好亲本。马缨杜鹃(*R. delavayi*),别名马缨花,属常绿无鳞杜鹃亚属,常绿灌木至小乔木,高2～15m,胸径达40cm;树皮呈不规则片状剥落;叶矩圆状披针形。伞形花序顶生,有花10～20朵,花冠钟状,长4～5cm,深红色,极艳丽;产中国云南、贵州和广西,缅甸也有,垂直分布多在海拔1200～2900m之间,是贵州百里杜鹃林的骨干种,树龄达百年以上。大白杜鹃(*R. decorum*),属常绿无鳞杜鹃亚属,常绿灌木至小乔木,高1～5m;幼枝绿色,初被白粉;叶矩圆形或矩圆状椭圆形。总状伞形花序顶生,有花8～10朵,花冠漏斗状钟形,白色、粉红色或蔷薇色,有时带有淡绿色或粉红色斑点,花期5～6月。产四川、云南、贵州,多生海拔2000～3000m的山坡灌丛中。四川和云南少数民族均以此花为传统风味蔬菜。云锦杜鹃(*R. fortunei*),属常绿无鳞杜鹃亚属,常绿灌木至小乔木,高2～4m,干径达20cm以上;小枝直立,粗壮;叶矩圆形至矩圆状椭圆形,总状伞形花序顶生,有花6～12朵,花冠漏斗状钟形,长4～5cm,粉红色,花期5月;产浙江、江西、安徽、福建、湖南及广东等,多生海拔600～2000m的林中或溪边。观赏价值较高。羊踯躅(*R. molle*),别名闹羊花,属羊踯躅亚属,落叶灌木,高0.5～2m;叶矩圆状披针形,总状伞形花序顶生,有花5～9朵,花冠宽钟形,径5～6cm,金黄色,上侧有淡绿色斑点,花期5月;产长江流域各省,南达福建、广东,多生海拔2000m以下的丘陵地带或山坡灌丛中。全株有剧毒。满山红(*R. mariesii*),属映山红亚属,落叶灌木,高1～2m;叶常3片轮生枝端,卵状披针形,花1～3朵生于枝顶(通常双生),先叶开放,花冠宽漏斗状,径5cm,蔷薇色带紫色,上侧的裂片有紫红色斑点,花期4月;产中国长江流域,南至福建、台湾,西达四川,多生低山丘陵灌丛中。适应性强,耐修剪,除作盆景外,主要用作育种亲本。白花杜鹃(*R. mucronatum*),别名毛白杜鹃,属映山红亚属,半常绿灌木,高1～2m;叶二型,春叶披针形至卵状披针形，早落；夏叶矩圆状披针形，宿存枝顶；花1～3朵簇生枝顶，花冠宽钟状，径4～6cm，白色，花期5月。分布于中国华东及湖北，日本也有。锦锈杜鹃（*R. pulchrum*），属映山红亚属，常绿灌木，高达2m，叶二型，椭圆形至椭圆状披针形或矩圆状倒披针形，花1～3朵簇生枝顶，花冠宽漏斗状，径约6cm，蔷薇紫色，上侧的裂片有深紫色斑点，花期5月；有大花、复瓣、重瓣及玫瑰色等品种。中国各地栽培。杜鹃花（*R. simsii*），别名映山红，属映山红亚属，落叶灌木，高约2m；叶卵形、椭圆状卵形或倒卵形，花2～6朵簇生枝顶，花冠宽漏斗状，径3.5～5cm，蔷薇色、鲜红色或深红色，上方1～3裂片里面有深红色斑点，花期4～5月。其变种有彩纹杜鹃（var. *vittatum*），花有白色和紫色条纹；紫斑杜鹃（var. *mesembrinum*），花较小，白色而有紫色斑点。产中国长江流域，东至台湾，西达四川、云南，多生丘陵灌丛中。石岩杜鹃（*R. obtusum*），别名石岩，属映山红亚属，常绿或半常绿灌木，高1～3m；叶二型，椭圆形至椭圆状披针形，花2～3朵簇生枝顶，花冠漏斗形，径2.5～3.5cm，橙红色至鲜红色，上侧的裂片有深红色斑点，花期4～5月。其变种有石榴杜鹃（var. *kaempferi*），花红色或橙红色至粉红色，矮红杜鹃（var. *amoenum*），花深红色，重瓣，本种有大量园艺品种。马银花（*R. ovatum*），别名清明花，属马根花亚属，常绿灌木，高2～4m；叶卵形，花单生于枝顶叶腋间，花冠宽漏斗状，径约4～5cm，淡紫色，上侧的裂片有粉红色斑点，花期4月；产中国江苏、浙江、安徽、江西、湖北、湖南、广东、广西、四川、贵州等地，多生海拔500～1200m的阴坡灌丛中，是华东地区良好的庭园观赏树种。鹿角杜鹃（*R. latoucheae*），属马银花亚属，常绿灌木至小乔木。高1～7m；叶轮生，卵状椭圆形，花单朵腋生，开花时花梗伸长，花冠漏斗状，径约4～5cm，粉红色；产中国福建、浙江、江西、广东等地，是江南良好的庭园树种。迎红杜鹃（*R. mucronulatum*），别名兰荆子，属常绿有鳞杜鹃亚属，落叶灌木，高1～2m，叶矩圆状披针形，花2～5朵簇生枝顶，先叶开放，花冠宽漏斗形，径3.5～4.5cm，淡紫红色，花期4月。其变种毛叶迎红杜鹃（var. *ciliatum*），叶疏生粗毛。产中国东北、华北、山东及江苏，朝鲜半岛、日本及俄罗斯也有，多生海拔2000m的山地灌丛中，极耐低温，是北方有前途的观赏花木。

（黄茂如）

杜香（whiteleaf crystal tea ledum） *Ledum palustre* var. *dilatatum*，别名宽叶杜香。杜鹃花科杜香属常绿小灌木。染色体数2n＝26，52。高40～80cm。分枝细密，老枝灰褐色，幼枝密生黄褐色绒毛。叶互生，矩圆状披针形，长2～7cm，具强烈香气；伞房花序生于去年生枝顶，花白色，径1～1.5cm，花期6～7月；蒴果卵形，7～8月果熟。产中国东北、内蒙古，朝鲜半岛、日本、俄罗斯、北欧及北美也有分布。喜凉爽湿润气候，耐寒性强，适生富含腐殖质、湿润而肥沃的微酸性土壤。播种或分株繁殖。杜香耐阴喜湿，适宜用做疏林下的地被植物，也可用于水体四周的绿化。

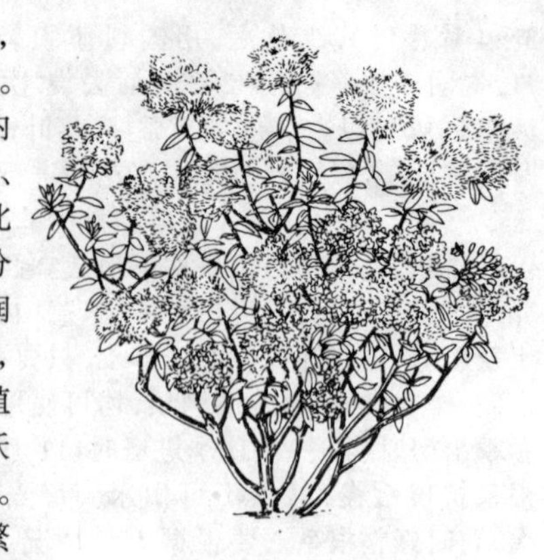

（陈耀华）

杜英（common elaeocarpus） *Elaeocarpus decipiens*，别名胆八树。杜英科杜英属常绿乔木。高达

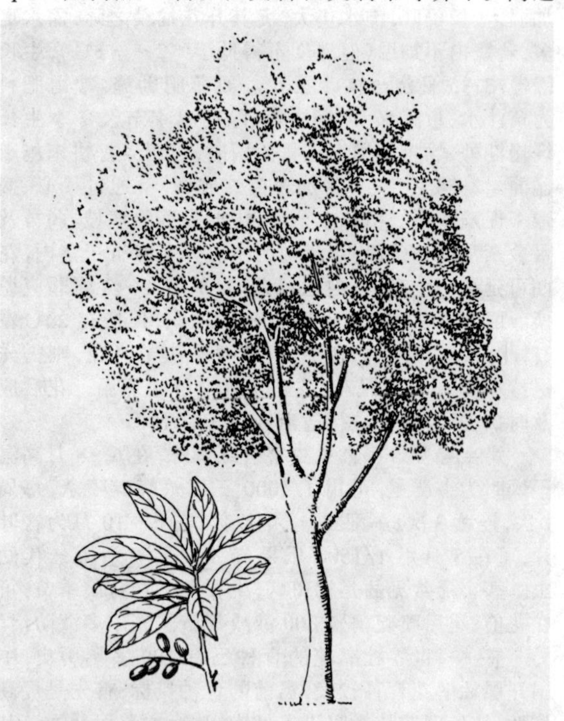

15m。叶革质，披针形或矩圆状披针形，长7～13cm。总状花序腋生，花黄白色，下垂，花瓣4～5，顶端细裂如丝与萼片近等长，花期6～7月。核果椭圆形，果期初冬。产中国台湾、浙江、福建、广东、广西、江西、湖南、贵州、云南等地，日本也有。喜温暖湿润气候，宜排水良好酸性土壤，较耐阴，萌芽力强，对二氧化硫抗性强。繁殖以播种为主，也可扦插。移植应带土球。树冠圆整，枝叶繁茂，秋冬以及早春都有部分叶片变为绯红色，红绿相间，鲜艳夺目，宜丛植、群植、对植于草坪、

林缘、坡地、路口,或列植形成绿墙。同属中还有山杜英(*E. sulrestris*),常绿乔木,高达 26m,叶狭倒卵形,长 4～12cm,花瓣淡黄绿色,核果小。产中国广东、广西、福建、台湾、江西、浙江等地。（鲁涤非）

杜仲（Chinese gutta percha） *Eucommia ulmoides*,别名思仙、思仲。杜仲科杜仲属落叶乔木,为第三纪孑遗树种。产中国,为中国稀有二级保护植物。染色体数 2n＝2x＝34。杜仲作为经济树种,在中国栽培已有 1000 多年历史,中国第一部药物学专著《神农本草经》记载了杜仲皮的药效。1896 年传入欧洲、1899 年引入日本、1906 年引入俄国、1907 年引入美国、加拿大等。高达 20m,树冠球形至卵形,树皮灰褐色,浅纵裂。枝、叶、果断裂后有弹性丝相连。小枝灰棕色或灰绿色,无顶芽。单叶互生,椭圆状卵形,长 6～18cm,缘有齿。雌雄异株,先叶开放或与叶同放,雄花簇生,雌花单生于苞片腋内,花期 3～4 月。翅果狭长椭圆形,扁平,果期 10～11 月。主要栽培品种有:'粗 皮'杜仲和'光皮'杜仲。原产中国黄河以南、五岭以北各省。垂直分布一般在海拔 300～1300(2500)m 之间。在北纬 22°～42°、东经 100°～120°的广大区域内都有栽植。喜光,喜温暖、湿润气候,也耐寒(－25.8℃)、干旱及高温(44℃)多湿。喜深厚、肥沃、湿润、排水良好土壤。对城市碴土耐性较强。根系发达,萌蘖性强。以播种为主,也可采用扦插、分蘖、压条等法繁殖。主要病虫害有叶枯病、蚜虫、青刺蛾、扁刺蛾、褐蓑蛾、木蠹蛾等。杜仲树形整齐、美观,树干端直,枝叶繁茂,园林中宜用作庭荫树,或作行道树。树皮、枝叶、果实入药,并可提炼优质硬橡胶。

（宋亦军　周忠樑）

断肠花（short-tube herald-trumpet） *Beaumontia brevituba*,夹竹桃科清明花属藤木。全株具乳汁。枝有明显的皮孔。叶对生,倒披针形或矩圆状倒卵形,长 9～25cm。顶生聚伞花序,花冠钟状,白色,径约 10cm,有香气,花期 3～5 月。蓇葖果合生,果期 7～11 月。产中国海南,多生山地疏林中。喜温暖、湿润及光照充足。播种繁殖。适于热带地区作棚架植物种植,是较好的观花藤木。全株有毒。（包满珠）

堆心菊（common sneezeweed） *Helenium autumnale*,菊科堆心菊属多年生草本植物。染色体数

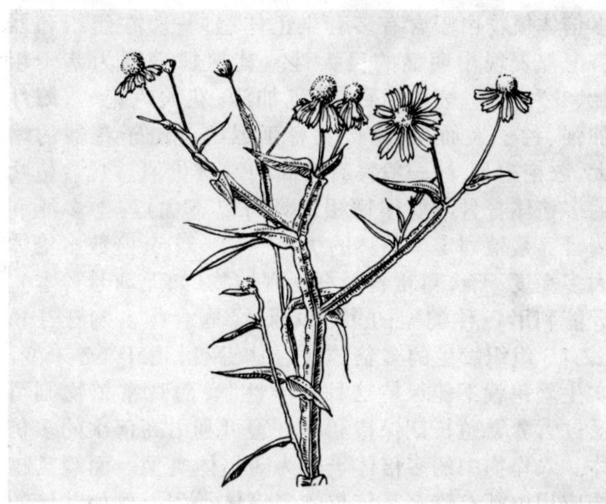

2n＝34。株高 60～180cm,叶披针形至卵状披针形。头状花序,径 2.5～5cm,舌状花黄色,管状花黄色带红晕,密集成半球形,花期 7～10 月。园艺变种及栽培品种较多。主要变种有:大花变种(var. *grandiflorum*),花大,生长旺盛;矮生变种(var. *nanum praecox*);早花变种(var. *striatum*),花黄色带深红色条斑。主要品种的花色有艳红、褐黄和金黄色。原产北美,1729 年引入欧洲。喜温暖、阳光充足的环境,耐寒,要求深厚、肥沃的土壤,适应性强。播种或分株法繁殖。种子发芽力可保持 2 年,播后 15 天可出苗。栽培管理简易。可用摘心控制花期。庭园中多用于自然丛植,也可作切花。（葛　红）

蹲苗（hardening young plants） 中国北方地区培育露地草花幼苗时常用的一种控制水分、避免徒长的栽培技术措施。经过蹲苗可以达到壮苗的目的。

蹲苗的具体方法依花卉的种类、品种、土质、气候条件等不同而有差异。一般在幼苗进入迅速生长期前不灌水或少灌水,并进行中耕,即开始蹲苗。蹲苗时间长短,应依据幼苗生长状况及土壤含水量而灵活掌握。在土壤水分适宜情况下必须勤中耕,效果好。在幼苗旺盛生长前期,促进形成强壮根系,建立适宜的同化面积是培育壮苗的重要条件。在春季幼苗定植后,适当控制灌水,可促进根系向土壤深层发展,有效地防止茎叶徒长。经过蹲苗,通常茎叶生长速度稍下降,细胞液浓度相对提高,从而增强了抗逆性,叶绿素含量增高。

在一定条件下,蹲苗效果明显,特别是在生长期较短、降雨量较少的灌溉区效果更佳。在雨量充足难以进行蹲苗的地区,也可通过施肥、营养元素的合理配合、生长调节剂的应用等措施来达到同样的目的。

（李嘉珏）

多倍体育种（polyploid breeding） 选育细胞中具有三个以上染色体组的植物优良新品种的方法。

多倍体植物由于含有多套染色体组，一般在组织和器官上都表现出明显的巨大性。其植株表现为茎干粗壮、叶片宽厚、表面粗糙、叶色加深、花大色艳、重瓣性加强、种子大而少、生长发育延迟等。由于花器的增大，浓艳瓣多，故一般具有较高的观赏价值。观赏植物的多倍体育种与农作物相比具有以下优点：①多能利用营养繁殖固定多倍体的优良性状。②奇倍数多倍体大多高度不育，可培育无籽观赏植物（如无球悬铃木）。③能利用各种类型的多倍体周缘嵌合体。对于L1、L2、L3组织发生的多倍体嵌合体芽变，由于L2未变，实生繁殖就不能保持这种变异性状，而观赏植物则可通过营养繁殖长期保持利用。④可利用高倍次的多倍体。农作物中的多倍体一般为四倍体类型。而观赏植物应用中都有许多高倍数的多倍体类型。例如栽培的大丽菊都是大花型的八倍体（$2n=8x=64$）品种；栽培菊品种多为五倍体、六倍体至接近八倍体或异数多倍体（$2n=45\sim71$）。

简史　在育种工作早期，人们通过无意识选择而保留并育成了较多的多倍体。随着育种技术的发展，育种学家开始有目的地选择并人工创造多倍体植物。19世纪末，俄国学者格拉西莫夫（И. И. Герасимов）首次用人工方法获得多倍体。此后，许多生物学家尝试用物理和化学方法进行多倍体的人工诱导。1937年布莱克斯利（A. F. Blakeslee）和埃佛里（A. G. Avery）对曼陀罗（*Datura stramonium*）等植物进行了成功的试验，发现用适当的秋水仙素溶液处理种子和植物其他部位，可以发生多倍体的组织，并由之可产生多倍体，从此开创了多倍体育种的新时代。至1939年，掀起了应用秋水仙素研究多倍体的热潮。其后，多倍体育种工作迅速发展，人工诱导的多倍体植物日渐增多。1980年，世界各地用实验方法获得的多倍体植物共达1000多种，从而使这一技术在近代遗传育种学中成为一个新的分支——“染色体组工程”。

方法　在观赏植物种类中，约有2/3是多倍体。其形成途径有选择天然芽变，经繁殖后形成多倍体植株。可经杂交形成多倍体，目前可通过胚乳培养形成三倍体。更多的是通过人工诱导方法，然后选育而成。

芽变选种　观赏植物中，许多优良多倍体是从芽变中选出，例如同株凤仙花原为二倍体，但另一芽变枝条为四倍体。

有性杂交　通过多倍体之间或多倍体与二倍体之间的有性杂交，基于形成正常减数或未减数的配子结合，得到各种倍性的多倍体。如三倍体的月季是用四倍体和二倍体杂交育成。此外，有些种类在二倍体间杂交中，由于2n配子的形成，也可得到多倍体，其频率约为0.3%。

人工诱变　人工诱导多倍体的方法有物理方法和化学法两类。物理方法主要有：变温处理、机械创伤（摘心、反复修剪）、电离射线和非电离射线处理等。变温与机械创伤的诱导成功频率很低，而射线在使染色体加倍的同时，又易引起染色体畸变和基因突变，所以用物理方法诱导多倍体不够理想。1937年后，绝大多数人工多倍体是用化学方法诱导的。化学方法诱导多倍体的主要药剂有秋水仙素、萘嵌戊烷（Acenaphthene）、富民隆等，其中以秋水仙素效果最佳。秋水仙素是从百合科植物秋水仙（*Colchicum autumnale*）的根茎、种子等器官中提取出来的一种药剂，分子式为$C_{22}H_{25}NO_6$。其粗制品为淡黄色粉末，纯品则呈针状结晶体，有剧毒，易溶于冷水、酒精、氯仿和甲醛中。它的作用主要是抑制细胞分裂时纺锤丝的形成，使已正常分离的染色体不能拉向两极，同时又抑制细胞板的形成，从而造成染色体数目加倍而形成多倍体。萘嵌戊烷和富民隆的作用机理与秋水仙素相同，但使用不如秋水仙素广泛。

人工诱导多倍体时，需考虑以下几方面的问题：①诱导材料的选择。通常最有希望被诱导成多倍体的有下列材料：染色体倍性较低的植物；染色体数目较少的植物；异花授粉植物；能利用营养器官进行营养繁殖的植物；杂种后代。②处理材料的适宜时期。秋水仙素等化学药品只是影响正在分裂的细胞，对处在细胞分裂间期状态的细胞不发生作用。因此，处理的时期宜在植物发育阶段进行，一般以处理种子、幼苗、幼根与茎的生长点，球根与球茎的萌动芽为好。③药液浓度与处理持续时间。秋水仙素的有效浓度是0.01%～1%，适宜浓度通常为0.2%～0.5%，可依据不同材料的敏感性选择适当浓度，处理持续时间一般为24～48小时，对敏感的材料可采取药液与水交替间歇的方法。④处理时的温度。通常处理时的最适宜温度是植物生长时的最适宜温度，即20℃±2℃。

用秋水仙素诱导多倍体的方法，主要有以下几种：①浸种法。用种子繁殖的花卉多采用此法。将种子浸入一定浓度药液中（以淹没种子2/3为宜），置黑暗处，处理24小时，然后用清水冲净，再播种。②点滴法。此法多用于处理子叶、幼苗的生长点，一般6～8小时滴一次药液，中间可以加滴蒸馏水，如此反复一至数日。此法可使根系免于药害，也较节省药液。③毛细管法。此法多用于大植株上芽的处理，将植株的顶芽、腋芽等用纱布一端包裹，纱布另一端浸在盛有药液的小瓶中，一般处理24～48小时。④羊毛脂法。用一定浓度的秋水仙素与羊毛脂混合成膏状，涂于幼苗的生长点上。⑤球根处理。球根类花卉可用浸渍法或注射法处理。也可用肉质鳞片或小珠芽等浸入秋水仙素水溶液中，然后洗净，扦插。此外，还有喷雾法、培养基法和混合处理法，等等。

使用化学药品诱导多倍体时，应注意处理材料的数量宜多些，以便选择有利变异；处理后用清水冲净，避免残留药剂；配制及使用药品时要注意人畜安全。

多倍体的鉴定与后代选育 用秋水仙素处理植株,通常能诱发产生10%~30%的多倍体植株,甚至还可高达50%以上。但在加倍的植株中,有完全加倍和部分加倍形成嵌合体的,须对加倍处理后的植株进行鉴定。鉴定方法有直接鉴定和间接鉴定两种。直接鉴定就是检查花粉母细胞或根尖细胞的染色体数目,看其是否已经加倍。此法最可靠。如处理材料很多,最好先根据多倍体的形态和生理特征进行初步的间接鉴定,淘汰形态上明显的二倍体植株,再对具有多倍体形态特征的植株进行直接鉴定。间接鉴定一般以花粉粒大小、气孔大小、结实率多少以及形态上巨大性等特点来判断,并要用一般二倍体幼苗与之进行对比观察。由于观赏植物多数可进行营养繁殖,人工诱导多倍体植株一旦成功,便可用营养繁殖加以推广、应用;而对于只能用种子繁殖的一二年生草花,要想克服结实率低和后代分离的现象,则必须通过严格的选择,不断地选优去劣,以及人工辅助授粉等措施。多倍体植株在进行有性繁殖时,其母本必须是真正的多倍体,对父本的花粉也必须进行鉴定。对自交不亲和的种类,还必须保留较多的多倍体亲本,否则易失去嫡系后代。此外,多倍体类型需要较多的营养物质和较好的环境条件,栽培时应适当稀植,才能使其性状得到充分发育,并要注意加强培育管理。

应用意义 多倍体植物不仅表现出细胞和组织的巨大性,更重要的是其抗逆性显著增强,因此在自然选择和人工选择中能够被保留下来。观赏植物中一些具有特大花瓣的或重瓣的品种,如樱花、荷花、大丽花、菊花、郁金香、风信子、报春花、金鱼草等花卉的许多大花品种都是多倍体。多倍体育种还是克服远缘杂交当代不孕性和远缘杂种不结实性的重要方法。远缘杂种由于减数分裂时染色体不能正常配对而无法产生种子,一旦加倍成"双二倍体"(即异源四倍体),便可正常配对、分离从而形成种子。应用这种方法,可望获得"永久杂种"。如在英国丘园,有人把多花报春(*Primula floribunda*)和轮花报春(*P. verticilata*)杂交,得到的种间杂种虽然具有若干优良性状,但都是不孕的,而经染色体自然加倍后所形成的丘园报春(*P. kewensis*),则可形成正常种子,播种繁殖时其特性相对保持稳定。

通过细胞学研究和染色体分析可解决栽培植物种或品种的起源问题。如欧洲李(*P. domestica*)($2n=6x=48$)是野生樱李(*P. cerasifera* var. *divaricata*, $2n=2x=16$)和黑刺李(*P. spinosa*, $2n=4x=32$)的天然杂种多倍体。若用这两个种进行人工杂交,再经染色体加倍,也同样可以产生欧洲李。这是利用多倍体育种技术研究进化起源的良好例证。

将有亲缘关系的野生植物类型的有价值的遗传特性,利用构成异源多倍体方式作为桥梁转移给栽培观赏植物的品种(即向具有完整染色体组的受体增添整套异源染色体组),可借以改进受体的某些缺点。这种改变栽培植物遗传特性的方法,在观赏植物育种上已有成功例证,并具有广阔的前景。 (戴思兰)

多花勾儿茶 (Japanese supplejack)

Berchemia floribunda,别名牛鼻圈、牛鼻角秧。鼠李科勾儿茶属落叶攀援灌木。染色体数 $2n=24$。高达7m。幼枝黄绿色;叶互生,卵形或卵状椭圆形至卵状披针形,长4~7cm,全缘;聚伞圆锥花序,花小,白色;花期7~10月;核果圆柱状椭圆形,红色,果期翌年4~7月。产中国华东、中南、西南及山西、陕西、甘肃等地,印度、尼泊尔、缅甸、越南、日本也有分布。喜温暖湿润环境。播种繁殖。多花勾儿茶枝梢横展蔓生,叶秀花繁,园林中可用以攀附围墙、陡坡或假山石,花枝、果枝可供插花。根、茎和叶可入药。同属植物可栽培观赏的还有黄背勾儿茶(*B. flavescens*),叶较大,长7~15cm,平时下面常变成金黄色;果实细长,橘红色或紫红色,味甜。产中国云南、四川及西藏,尼泊尔及不丹也有分布。 (郭生桢)

多榔菊 (narrowtongued doronicum)

Doronicum stenoglossum,菊科多榔菊属多年生草本植物。株高50~100cm,茎粗壮、直立,具纵条纹,被疏柔毛,上

部帚状分枝。叶互生,基部叶椭圆形,茎上部叶卵状披针形。顶生头状花序,径约2.5cm,单个或数个排成总状。总苞钟形,基部有长柔毛。舌状花一轮、暗黄色,先端2~3齿裂;两性花筒状、暗黄色,5齿裂。瘦果倒圆锥形或圆柱形,有10棱。适于自然式布置,或用于花境。

同属常见栽培的还有阿尔泰多榔菊(*D. altaicum*),为多年生直立草本,株高20~60cm,头状花序,直径5~6cm,常单生枝顶,黄色。 (岳沛华)

E

鹅耳枥（turczaninow hornbeam） *Carpinus turczaninowii*，别名穗子榆。榛科鹅耳枥属落叶乔木。染色体数 2n＝16。高达 15m，树皮暗灰褐色，粗糙，浅纵裂，小枝细，灰棕色。单叶互生，卵形、卵状椭圆形或

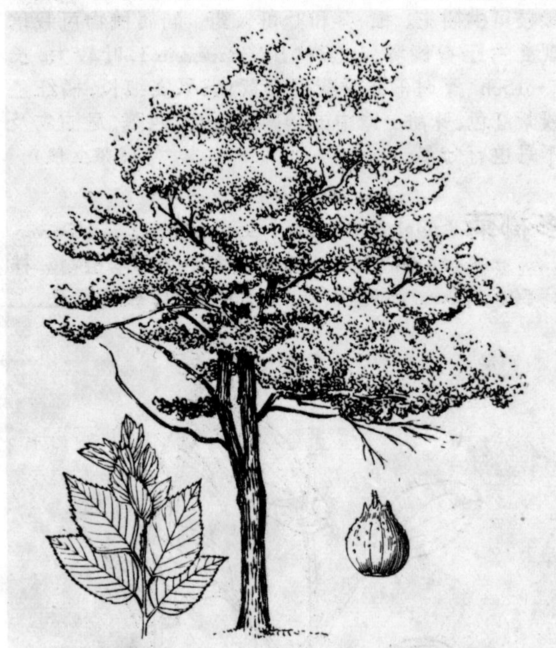

菱状卵形，长 2～6cm，边缘具重齿。花单性同株，雌花为柔荑花序，顶生，雄花序腋生下垂，花期 4～5 月。坚果，果序下垂，长 6～20mm，果期 8～9 月。产中国，常见于海拔 500～2000m 的山坡或山谷林中，山顶及贫瘠山坡也能生长。朝鲜半岛、日本也有分布。稍耐阴，喜肥沃湿润土壤，也耐干旱瘠薄。播种繁殖，移栽易成活。本种枝叶茂密，叶形秀丽，颇美观，宜庭园观赏种植。同属植物见于栽培的还有：千金榆（*C. cordata*），高达 18m，果穗大，长约 15cm。产中国东北地区及河北、河南、山西、陕西、甘肃等地。白皮鹅耳枥（*C. londoniana*），别名短尾鹅耳枥。高达 20m，枝条下垂。产中国云南、四川、贵州、广西、广东、湖南、福建、江西、浙江、安徽等地。

（敦生桢）

鹅掌柴（gooseleg plant） *Schefflera octophylla*，别名鸭脚木。五加科鹅掌柴属常绿乔木或灌木。高达 15m，全株具香气。掌状复叶互生，小叶 6～9 枚，长椭圆形或倒卵状椭圆形，长 9～17cm，伞形花序集成大圆锥花丛，花小，白色，芳香，花期 11～12 月。浆果球形，熟时黑色，果期 12 月至翌年 1 月。栽培品种有'花叶'鹅掌柴（cv. Variegata），绿叶上带黄斑。产中国西南至东南部森林中，是热带、亚热带林区常见树种。喜温暖、湿润气候和肥沃的酸性土壤，生长迅速。多从野外挖植，或行播种繁殖。虫害有螨和介壳虫，也有蓟马、线虫和潜叶蛾等；病害有炭疽病、藻叶斑病、茎腐病、根腐病等，可用代森锰锌、百菌洁等药液防治。华南园林多作草地丛植或盆栽观赏。同属植物见于栽培的还有：鹅掌藤（*S. arboricola*），灌木，有时为藤木，披散，叶多具黄斑，生长缓慢，宜盆栽或作庭园配植。

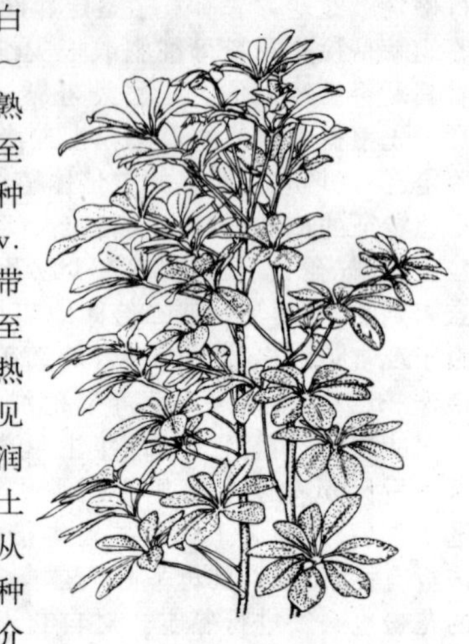

（肖　嘉）

鹅掌楸（Chinese tulip tree） *Liriodendron chinense*，别名马褂木、鸭掌树。木兰科鹅掌楸属落叶大乔木。染色体数 2n＝2x＝38。主干耸立，树冠圆锥形或长椭圆形。高可达 42m，胸径 1.5m，冠幅 16m。树皮灰白色，平滑或有浅纵裂。叶奇特，马褂状，先端平截或微凹，二侧各具一裂，老叶下易密被乳状突起的白粉点。4～5 月开花，单生枝端，杯状，外花被淡绿，内壁橙黄色。聚合果纺锤形，由具翅的小坚果组成，10 月成熟，逐渐自花托脱落飘散。

产中国秦岭、淮河以南、五岭以北、横断山脉以东、东海之西的长江流域海拔 700～1700m 的山地阔叶林中，武陵山区较密集，越南北部也有分布。为中性偏阳性树种，自然分布区内年雨量为 780～2267mm，年均温 11.5～17.8℃，绝对最低气温为 －15.3～0.4℃；土壤以山地红壤与黄壤为主，pH 值 4.5～6.5。适宜生长于湿润，排水良好，结构疏松、深厚肥沃，酸性至弱碱性土壤。干旱、积水、瘠薄处生长不良，西晒与风口处不宜栽种。速生，寿命长。播种繁殖为主，也可扦插。翅果每千克约 2 万余粒，种子发芽率低。繁殖优良的无性系可用全光雾插。有大蓑蛾、霜天蛾等危害；易患日灼病和根腐病。

鹅掌楸干直挺拔，绿树浓荫，叶形奇特，花如金盏，古雅别致，为珍稀树种，也是优良的庭荫树与行道树，丛植、列植、片植、孤植均宜。秋叶金黄，与常绿树混交更增情趣。

同属中见于栽培的还有：美国鹅掌楸（*L. tulipifera*），树皮青灰色，有纵裂，叶近方形似鹅掌，两侧裂片常在2个以上，顶端分杈成锐角状。花瓣基部具橙色晕，较鹅掌楸花艳，发芽早而落叶迟。原产美国东南部。杂种鹅掌楸（*L. chinese* × *L. tulipifera*），60年代初由叶培忠等育成，外型介于中国和美国的鹅掌楸之间，花色有金黄、橙色、橘黄与浅绿诸系，型大色艳，繁花缀枝，观赏价值极高，抗性与生长速率都优于原种。

（杨志成）

蛾蝶花（butterfly-flower） *Schizanthus pinnatus*，别名蝴蝶草。茄科蛾蝶花属一二年生草本植物。染色体数2n=20。株高45～120cm，多分枝，全株有腺毛。叶1～2回羽状全裂。总状圆锥花序，花径1.8～4.0cm，花筒比萼片短，雄蕊长而突出。花期春夏，有白、纯白、深红、蓝紫等色，花纹变化多，有高型（50～60cm）切花品种，矮型（20～30cm）盆栽品种等。原产智利。要求凉爽通风环境，稍耐寒，喜肥沃、排水良好的土壤，冬季宜置向阳处。秋天播种繁殖，发芽适温15～18℃，7～14天发芽。也可早春室内播种，然后移栽于露地。切花栽培应于数朵花开放时切取。蒴果成熟时开裂。蛾蝶花开花繁密，色彩绚丽，是春季优美的切花和盆花，宜布置春花坛。

同属有11种，常见栽培的还有：小蛾蝶花（*S. gracilis*），花小、多紫红色，花期夏季，原产智利。杂种蛾蝶花（*S.* × *wisetonensis*），为蛾蝶花与格氏蛾蝶花（*S. grahamii*）的杂交种，色彩变化丰富，花筒比萼片短。尖裂蛾蝶花（*S. retusus*），叶不均等羽裂，花雪青、玫红、橙红和白色等。

（秦魁杰）

萼凤梨（Amazonian zebra plant） *Aechmea chantinsii*，别名光萼荷、斑马凤梨。凤梨科萼凤梨属多年生草本植物。莲座状叶丛有叶约10片，榄绿色。叶面有横向银灰色条斑，叶背有白粉，叶尖钝圆有突尖，叶缘小锯齿直立。复穗状花序从叶丛中伸出，总花梗基部有橙红色披针状条斑，苞片大，花序有数分枝，小花序扁平，叠生黄萼、红苞小花，观赏期长达4～5月（广州），较耐寒。产巴西、秘鲁、委内瑞拉，同属植物约150种。栽培种类较多，如蜻蜓凤梨（*A. facicata*），别名美叶光萼荷，叶绿色至灰绿色，花序密生成圆锥状。苞片红色至粉红色，小花初开为蓝紫色，后变红色，观赏期长。产巴西。栽培品种有'银边蜻蜓'凤梨（cv. Albomarginata），'紫花蜻蜓'凤梨（cv. Purpurea）和'花叶蜻蜓'凤梨（cv. Variegata）等。珊瑚凤梨（*A. fulgens*），叶丛较松，绿色，圆锥花序，小花紫色，浆果红色。产巴西、圭亚那。其变种有多色珊瑚凤梨（var. *discolor*）、兰紫凤梨（*A. samosepela*），叶缘几无锯齿，穗状花序，萼片成筒状连生于基部，花蓝紫色，喜漫射光，产巴西。

（张应麟）

萼距花（cigar-flower） *Cuphea ignea*，别名火红萼距花。千屈菜科萼距花属多年生草本植物，常作一年生栽培。多分枝而铺散，株高约30cm。叶对生，披针形至卵状披针形。花单生叶腋或近腋生，具细长花梗，顶端具小苞片，花冠筒基部有距，口部偏斜，具六齿。花鲜红色，基部有深色晕圈，口部白色。自春至秋开花不断。原产墨西哥。喜温暖气候。耐贫瘠土壤，但以富含腐殖质的园土栽培则枝叶茂盛。春季播种繁殖。也可扦插和分株。花色鲜艳、花形奇特，适作花坛、花境材料。

同属约300种，中国引种栽培的有：小瓣萼距花（*C. micropetala*），植株直立，粗壮，分枝多，常带紫红色。叶密集，近对生。花瓣小。拉夫萼距花（*C. llavea*），植株直立，粗糙，被短硬毛，分枝细，花瓣6（上方2枚大），深紫色、波状、具爪。

（王彩云）

鳄梨（American avocado; alligator-pear） *Persea americana*，别名樟梨。樟科鳄梨属常绿乔木。染色体数2n=2x=24。高达10m，树皮灰绿色、纵裂。

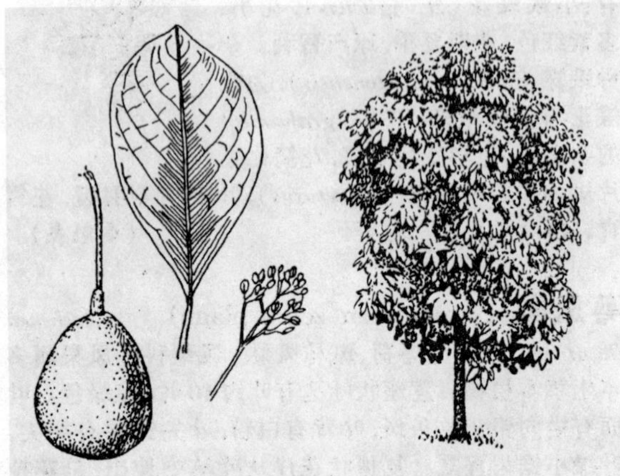

单叶互生、革质，椭圆形、卵形或倒卵形，长8～20cm，先端尖，基部楔形或近圆形，叶脉下凹；圆锥花序顶生或腋生长，8～14cm，花小、淡黄绿色，花期3～5月；浆果肉质，通常梨形，长8～18cm，黄绿色或红棕色，8～9月果熟。

原产热带美洲，中国海南、广东、福建、台湾、云南、四川等地有栽培。喜光，喜温暖湿润气候，不耐寒，仅个别品种可忍受短期0℃低温。用种子繁殖，优良品种用嫁接繁殖。鳄梨花果均可供观赏，适宜在园林绿地中栽植。果实和种子营养丰富，可供食用。

（陈耀华）

二月兰（orychophragmus） *Orychophragmus violaceus*，别名诸葛菜、菜子花。十字花科诸葛菜属一二年生草本植物。茎直立，光滑，株高30～50cm，具白色粉霜。基生叶近圆形，边缘有不整齐的粗锯齿，茎下部叶羽状分裂，顶生叶肾形或三角状卵形，无叶柄，总状花序顶生，深紫或浅紫色，花瓣4，倒卵形，成十字排列，具长爪。花期早春至6月。角果长条形，6月成熟，熟后自行开裂。种子黑褐色，卵形。原产中国东北及华北地区，北方等地广为分布。耐寒性、耐阴性较强，有一定散射光即能正常生长、开花、结实。对土壤要求不严。能自播繁衍形成群落。播种法繁殖，于9月份直接撒播。也可圃地播种，进行移栽。只要及时浇水，施肥1～2次，稍加管理即可健壮生长。在中国南方，冬季绿叶青翠，早春繁花似锦，可持续数月。为良好的园林阴处或林下地被植物，也可用作花径栽培。嫩茎叶可作蔬菜食用。

（金　波）

F

番红花

番红花（saffron crocus） *Crocus sativus*，别名藏红花、西红花。鸢尾科番红花属多年生草本植物。染色体数 $2n=3x=24$。地下球茎扁球形，直径2.5～3cm，外被褐色膜质鳞叶。叶基生，9～15 枚，窄条形，表面有沟，边缘反卷，具毛，一般与花同时抽出，花后旺盛生长。花芳香，1～3 朵顶生，苞片 2，花被片 6 枚，外侧 3 枚较大，倒卵形，长 3.5～5cm，雪青、红紫或白色，花被筒细管状，长 4～6cm。花柱细长，三深裂，伸出花被外、下垂，端部喇叭状膨大，深红色。花期 10 月下旬至 11 月中旬。

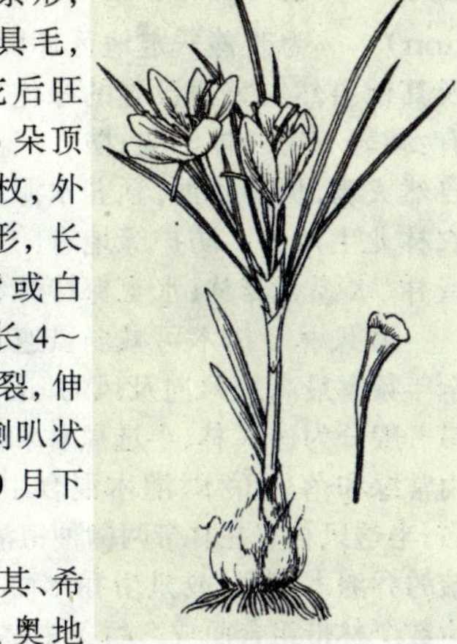

原产西班牙、土耳其、希腊、伊朗、法国、荷兰、奥地利、德国、意大利等。最初由印度传入中国西藏，故有藏红花之别称。喜阳光充足的温和湿润气候，短日照植物，生长适温约 15℃；开花适温 16～20℃，土温14～18℃。忌炎热，较耐寒，幼苗期可耐 -10℃。忌连作。要求富含有机质、疏松肥沃、排水良好的砂质壤土，pH 值 5.5～6.5。雨涝积水，球茎易腐烂。秋天栽植，10 月上旬萌芽出土，10 月底至 11 月中旬开花。翌年 4～5 月地上部枯萎休眠。5～7 月为同化叶分化期，8 月上、中旬开始花芽分化，到 9 月中、下旬结束。球茎一年演替更新一次。

选地势高燥处，细致整地，施足基肥，于 8 月下旬至 9 月上旬按球茎大小分别栽植。大球茎穴栽，株行距 10cm×15cm，覆土深度为球茎纵径的 3 倍；小球茎（球茎重在 8g 以下，当年不能开花）多行沟栽，覆土 5cm，经一年培育，一般第二年可以开花。番红花开花数与球茎重呈正相关。8g 重以上才能开花，球茎重 28g，可开花 5 朵以上。栽植后保持土壤湿润，出苗后及时剔除侧芽，在花前和花后适量追肥。寒冬需加防寒措施。遇雨注意排水。4～5 月份，当叶片有 1/2 变黄时为球茎采掘适期。挖起球茎，摊放阴凉处晾干，分级贮藏。番红花也可盆栽，9～10 月上盆，约 10 天左右生根，置光照充足的温室内栽培，10 月底开花。番红花还可以干栽观赏，秋天把能开花的球茎（球茎重最好在 20g 以上）摆放容器中，稍加固定，待气温降低，番红花即打破休眠，萌芽生长，从发芽到开花约需 50 天左右。花期 10～15 天。这期间不需浇水施肥，球茎也不生根。花后要及时剔去侧芽，只留主芽，栽于露地培养。加强培育管理，次年仍可开花。

番红花的主要病害是番红花腐败病（*Bacillus croci*），由杆状细菌引起，发病时球茎表面一部分变成黄褐色，干瘪腐烂。传染极快。防治方法：选排水良好处栽培，避免连作；种球栽前消毒；土壤预先消毒；发病前期用汞制剂（苯炔乙汞）浇灌防治；发现病株及早烧掉，并在病株四周浇灌药剂。

番红花株矮、叶细、花大，是秋末园林布置的良好材料，可作花坛、花径、花境镶边，也可点缀草坪、岩石园，或盆栽、干栽，室内观赏。花柱上部供药用，在食品、香料、化妆、染色等方面有广泛用途。

同属植物约 75 种，产欧洲至中亚、巴基斯坦。常见栽培的有：高加索番红花（*C. susianus*），叶 5～6 枚，狭线形，花冠内侧鲜橘黄色，外侧晕棕色，星形。原产高加索及克里米亚南部。番黄花（*C. maesiacus*），叶 6～8 枚，明显高于花茎，花金黄色。花期 2～3 月。有许多变种和品种。原产欧洲东南部及小亚细亚西部。番紫花（*C. vernus*），叶 2～4 枚，宽线形，与花茎近等高。花雪青色或白色，常具紫斑。花期 3 月中下旬。产欧洲中南部山岳地带。有许多变种及天然混杂群体，经过杂交选育，产生很多春花类品种。美丽番红花（*C. speciosus*），叶 4～5 枚，花被片长约 5cm，内侧雪青色带紫晕，外侧深蓝色。花期 10 月中下旬。变种、品种很多，观赏价值很高。产欧洲东南部及小亚细亚。

（秦魁杰）

番荔枝

番荔枝（sweet sop） *Annona squamosa*，别名佛头果、香梨。番荔枝科番荔枝属落叶小乔木。染色体

数 2n＝2x＝14。高达 5m，树皮薄、灰白色，树冠球形或扁球形。单叶互生，椭圆状披针形或长圆形，长 6～17cm，先端尖或钝，基部圆或阔楔形；花黄绿色，1～4 朵聚生枝顶或与叶对生，花期 5～6 月；聚合浆果肉质近球形，径约 5～10cm，8～10 月成熟时黄绿色，味甘美芳香。原产热带美洲，中国海南、广东、广西、福建、台湾、云南等地有栽培。喜光，喜温暖湿润气候，要求年平均温度在 22℃ 以上，不耐寒；适生于深厚肥沃排水良好的砂壤土。播种繁殖，优良品种用嫁接法繁殖，砧木用本种实生苗或牛心番荔枝（*A. reticulata*）。常有介壳虫、天牛等害虫发生。番荔枝除可作热带果树种植外，适宜在园林绿地中栽植观赏，孤植或成片栽植效果均佳。

（林付分）

番木瓜（papaya）　*Carica papaya*，别名番瓜树、番瓜。番木瓜科番木瓜属常绿乔木。染色体数 2n＝2x＝18。高达 12m，冠幅 3～4m，树冠圆头形，茎中空，通常不分枝。叶互生，掌状，5～7 深裂，丛生枝端，叶柄中空，长可达 1m。花杂性或单性，多雌雄异株。雌花型大，雄蕊退化，呈聚伞花序或单生于叶腋；雄花小型，子房退化，呈总状花序；两性花因受外界条件的影响花性常不稳定。在生长环境适宜时可周年开花结实，果实圆球形至椭圆形，熟时绿黄色。产美洲热带，中国已有 300 多年的栽培历史，海南、广东、广西、福建、云南、台湾及四川西昌、江西赣州等地均有栽培。喜光；喜炎热气候，生长适温为 26～32℃，畏寒，不耐霜冻，10℃ 以下生长受抑制；根肉质且分布较浅，适生于疏松、肥沃、排水良好、pH 值 6.0～6.5 的砂壤或砾质壤土。播种繁殖，选用优良品种的种子随采随播，发芽率可达 80% 以上，当年开花结果，2～3 年后可进入盛果期。主要病虫害有炭疽病、白粉病、根腐病、红蜘蛛、介壳虫和蜗牛等。番木瓜树干通直，叶型较大，果实直接着生于主干上，树姿优美奇特，是庭院及四旁绿化的优良树种。果实营养丰富，供食用。

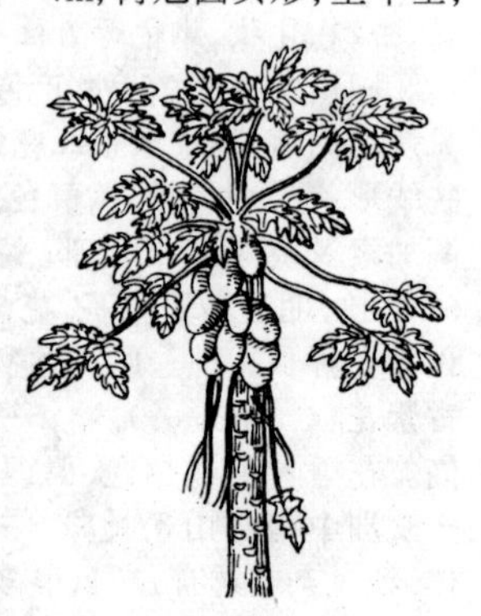

（陈耀华）

番石榴（guava）　*Psidium guajava*，别名鸡屎果。桃金娘科番石榴属常绿灌木或小乔木。染色体数 2n＝22，23，44。高达 10m。树皮鳞片状剥落；嫩枝 4 棱形。叶对生，长椭圆形，长 7～12cm，全缘。花白色，芳香，径约 2.5cm，单生或 2～3 朵生于腋生的总花梗上，4～5 月和 8～9 月两次开花。浆果球形或梨形，黄色或胭脂红色。产热带美洲，中国华南有栽培，已逸为野生。喜光，喜温暖气候及肥沃的酸性土壤。播种繁殖。本种树冠宽广，花果均具观赏价值，可作庭园观赏树，也可用于湖畔、水滨绿化种植。果食用。

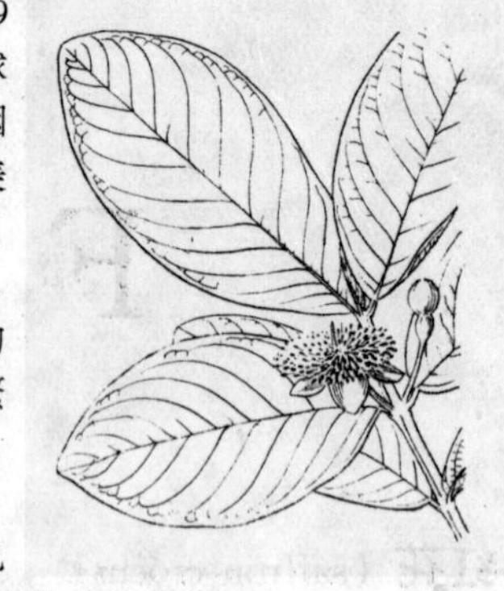

（肖　嘉）

防护绿地（planting for environmental protection）　为改善一定地区环境条件，防止或减轻公害及其他自然灾害而设置的绿化地带。防护绿地的作用有：减轻有害气体污染；防止风沙侵袭；降低噪音；减轻自然灾害，保护水面，涵养水源，减少水土流失，有益于农林业生产等。防护绿地有防风林、卫生防护林、防噪音林、水源涵养林、水土保持林和农田防护林等类型。

防风林　树木可减弱风速。在城市的外围，应根据全年频率最高的风向及风力，适当设立防风林。防风林带一般分为透风林、半透风林和不透风林。不透风林是由常绿和落叶乔木、灌木混合组成，能降低风速 70% 左右；半透风林只在林带两侧种植灌木；透风林是由枝叶稀疏的乔灌木组成，或只用乔木而不用灌木。一般防风林由数个林带组合而成。每条主林带宽不得小于 10m。为阻挡侧面风，应设置与之垂直的副林带，其宽度不少于 5m。防风林的有效距离一般是林带高的 20 倍左右。

卫生防护林　有排放煤烟、金属粉尘、有毒气体等污染物的工矿企业，工厂和居民区之间必须保持一定的间隔距离并种植树木，以减轻危害。在距污染源一定范围内，为污染严重地带。为防止废气污染，防护绿地必须加宽，并应适当设置与之垂直的副林带。卫生防护林的树种，应尽量选用抗性强，最好能吸收有害物质的乡土树种。卫生防护林带的布置，在污染源上风向采用透风式、或半透风式林，以利有害物的缓慢透过树林而被过滤和吸收。在下风向，则布置不透风林，以阻滞有害物不向外扩散。

防噪音林　噪声的卫生标准是 30～40dB(分贝)。树木的枝干和叶片对高频声波可起散射并使叶片微震而使声能消耗减弱。噪声的减弱与声波频率、林带的位置、配植方式和种类、高度与宽度有密切关系。密植的阔叶林并具相当宽度时，效果较好。选枝叶茂密，叶面多毛的常绿乔、灌木树种效果最佳。据测定，40m 宽林带可减弱噪声 10～15dB。公路两侧设置乔、灌木配合的林带，可以有效地降低噪声。

水源涵养林　以调节、改善水源流量和水质为主要目的的防护林。主要用于河川上游,城市水库和山林名胜四周的山地。其主要作用是:调节坡面径流,削减河川汛期径流量;调节地下径流,增加河川枯水期径流量;减少径流泥沙含量,防止水库、湖泊淤积等。营造水源涵养林,应选根系多、分布广、枝叶繁茂、郁闭度高的针叶及阔叶乔木与灌木复层混交。林地范围因气候条件而异,多雨、洪水危害大的河流上游或水库地带,宜在整个水域地区全面营造水源涵养林;因融雪形成洪灾地区,宜在分水岭和山坡上部配植水源涵养林。植造初期的幼林期宜封禁,保护林内的地被,尽快发挥水源涵养的作用;成林后要在重要水源区禁伐。

水土保持林　为防止和减少水土流失而营建的防护林。其主要作用是调节降水和地表径流,减少携带泥沙;林木根部固持土壤,减免滑坡或崩塌;改善农牧用地的小气候和改良土壤等。一般以小流域为基本单元进行综合治理。水土保持林的配植按地形和防护要求因地制宜、因害设防。采取带状、片状或网状等形式。

农田防护林　为改善农田小气候和保证农作物丰产、稳产而营造的防护林。多呈带状并相互衔接,组成林网。在其范围内,能形成良好的小气候并增加土壤湿度。可采用的林带结构,与防风林基本相同。

林带的设置,应与农田基本建设同时规划。平原农田,多为方形或长方形,边上安排灌渠和道路,林带设置在渠边、路边和田边的空隙地上,构成纵横相联的农田林网。网格大小按当地土壤结构、风速大小、降水量等自然因素决定,一般边长在150m、250m、300m及400m不等。每格受益的土地面积约在3～15hm² 不等。应选生长快,抗性强,防护作用及经济收益较大的乡土树种。采用针叶与阔叶树、常绿与落叶树、乔木与灌木、经济树种与用材树种等不同方式的混交。

(王玉华)

防己(orient vine)　*Sinomenium acutum*,别名汉防己、青藤。防己科防己属落叶藤木。叶互生,阔卵形,长7～12cm,全缘或3～7裂。花单性异株,聚伞圆锥花序腋生,花小,淡绿色,花期6～8月。核果扁圆形,紫黑色,被白粉,果期7～10月。产中国长江流域以南各地及河南、陕西南部,日本也有分布。多生于海拔600～2100m路边、灌丛及林下阴湿处。播种繁殖。防己为大型藤木,叶美丽,宜植于林下较阴湿处。根或全株入药。茎细长柔软,四川多用为制作藤器的材料。　(熊济华)

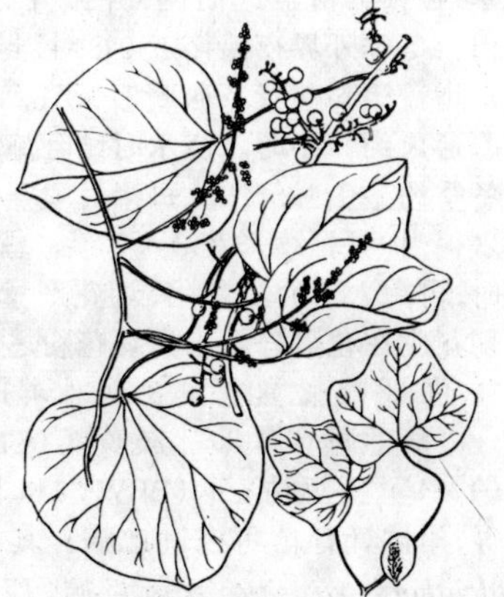

飞龙掌血(Asian toddalia)　*Toddalia asiatica*,别名牛丹子。芸香科飞龙掌血属藤木。染色体数2n=36,18,72。三出叶互生,小叶椭圆形或倒卵状矩圆形。花单性,白色至淡黄色;雄花常集生成伞房状聚伞花序,雌花集生成圆锥状聚伞花序;一年四季均有花果。核果近球形,橙色至朱红色,干时常具4～8肋状凸起。产中国华东南部、中南、西南及陕西,亚洲东南部至非洲东部也有分布。喜光,也耐阴,喜温暖湿润气候,不择土壤。播种繁殖。适于中国温暖地区庭园栽植观赏,其果色艳,观赏价值较高。根、茎入药。

(包满珠)

飞燕草(rocket larkspur)　*Consolida ajacis*,别名千鸟草。毛茛科飞燕草属一二年生草本植物。株高30～60cm,茎直立,上部疏生分枝,茎叶疏被柔毛。叶互生,数回掌状深裂至全裂,裂片条形,茎生叶无柄,基生叶具长柄。总状花序顶生,花径约2.5cm,萼片5,花瓣状,上面一枚长距后伸而上举。花瓣2轮,合生,多与萼片同色。花色有堇蓝、紫、红、粉白等。花期5～6月。蓇葖果,种子千粒重1.88g。有高、矮及重瓣等园艺品种。原产南欧,各地广为栽培。较耐寒,喜高燥,忌积涝,宜深厚肥沃的砂质壤土,需日照充足、通风良好的凉爽环境。用播种法繁殖,发芽适温15℃左右,播种时土温不宜超过20℃,15天萌发。飞燕草为直根性植物,须根少,宜直播,不耐移植。可秋播于冷床越冬,春暖定植,或早春露地直播。果熟期不一致,熟后自然开裂,散出种子,故应及时采收。飞燕草植株挺拔,叶纤细清秀,花序大,着花繁密,花色绚丽,为花境及切花的良好材料。根及种子可入药。　(葛　红)

非洲堇(African violet; usambara violet)　*Saintpaulia ionantha*,别名非洲紫罗兰。苦苣苔科非洲堇属多年生常绿草本植物。染色体数2n=28。本种由法国人于1893年在非洲发现,20世纪初发现它在适宜环境中能全年开花,且适应室内空调环境,至30年代栽培颇为流行。40年代在美国育成很多品种,可归纳为三大品系,即大花系(Grandiflora),间色系

(Variegata)和重瓣系(Flora plena),另有斑叶品种。

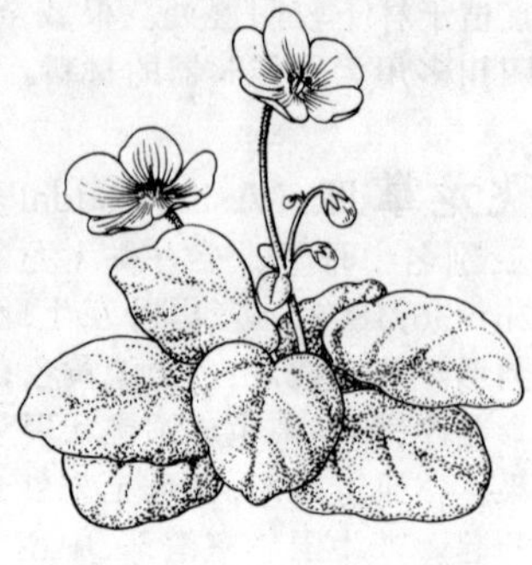

非洲堇植株无茎,莲座叶丛生。叶片近圆形至卵形,先端钝,边缘具圆齿,叶面绿色,具长短混合的紧贴毛,叶背色淡。疏散聚伞花序,花腋生,花序高出叶丛。花冠阔钟形、筒短,花径约 2cm,冠檐略呈两唇状,上唇 2 裂,下唇 3 裂,裂片椭圆形、开展。原种淡蓝至紫堇色或白色,喉部堇色。园艺品种色彩丰富,有暗红、玫红、桃红、白,各种蓝、紫色或间色等。

原产非洲东部热带地区,海拔高度近海平面处。喜温热和湿润环境,忌过长时间的阳光直射,需排水良好而又保持足够水分的土壤。越冬夜间温度不低于 10℃,白天可升高至 18℃。夏季白天最高温度不超过 30℃,适温为 25～28℃。

用播种或插叶法繁殖。3 月份播种于温室的播种箱中,种子细小,可不覆土,加盖玻璃保湿,并减弱光线。子叶开展后移植。播种苗的花色易变化。用插叶繁殖时,取健康成熟叶片,连叶柄(长约 2.5～3cm)插入介质内(叶片只需插入很少),保持介质湿润,于叶基部生出小植株。栽培介质可用优质壤土、排水良好的物质(如粗沙或切碎的紫萁根)和持水物质(如泥炭或切碎水苔),各占 1/3 组合。室内盆养观赏,放置明亮而略有阳光直射处,不可过量浇水,每 14 天施少量完全肥料,并随时摘去残花。

在温带地区室,非洲堇常用于室内小型盆花观赏。

(王大钧)

非洲菊 (flame-ray gerbera) *Gerbera jamesonii*,别名扶郎花、嘉宝菊、大丁草。菊科大丁草属多年生草本植物。染色体数 2n = 50。1887 在南非金矿产区发现此花,次年送往英国丘园。英国用它和绿叶大丁草(*Gerbera viridifolia*)育出种间杂种,继之在法国育成切花用品种‘超级’(cv. Super)、‘卡曼’(cv. Carmin)和‘歌迷曼’(var. *comet*)等。1950 年以后,在欧洲育成一些新的品种。80 年代还育成矮生盆栽品种,花期几乎全年不断。中国在 20 世纪 20 年代已引入橙红色单轮和深红重瓣品种,从 80 年代开始,引入现代切花品种。

多年生草本,基部常木质化,全株被细毛。基生叶多数,长椭圆状披针形,羽状浅裂或深裂,叶缘具疏齿,叶背具长毛。头状花序单生花葶顶端,直径 8～12cm。舌状花 1～2 轮、橘红色,条状披针形。如温度适宜可全年开花,主要花期在春季。瘦果,千粒重 3.6～4g。新育出的栽培品种和切花用品种的舌状花近条形,宽可达 6～9mm,先端钝。花色有白、粉、浅黄至金黄、浅橙至深橙、浅红至深红等。

主要类型可分现代切花型和矮生盆栽型。前者又分单瓣(舌状花 2 列)、重瓣、半托桂型(盘中外圈的两性花发育成两唇状小舌状花)、全托桂型(盘中全部两性花呈托桂状)、管瓣型等。花径大者为 10～12.5cm,花梗长 60～80cm。矮生盆栽型有‘喜钵’(cv. Happipot),现又有花径为8～10cm 的新类型。80 年代中国引进的荷兰切花品种有‘红管’(cv. Terratuba)红色大花、高产。此外,还有粉、白、黄等各色品种。

原产南非。栽培品种现已广布全球各地。适应温和气候,耐热、又稍耐寒。生长适温白天 20～25℃,夜间 16℃左右。开花适温不低于 15℃。在 7～8℃以上环境越冬。对光周期的反应不敏感,自然日照的长短对开花数和花朵质量无影响。要求通风的环境和轻松、肥沃、排水良好的微酸性土壤。

常用分株法繁殖,每个母株可分 5～6 小株。也可用单芽或发生于颈基部的短侧芽分切扦插。播种繁殖用于矮生盆栽型品种或育种。种子发芽适温 20℃～25℃,经 10～14 天萌发。切花用品种很多选自杂交一代,因种子不孕,故大量繁殖采用组织培养法。

非洲菊越冬需要较高温度,中国北方只能在温室栽培,长江流域可用不加温的大棚栽培。土地须先施肥、翻耕、整地作畦,再行药物熏蒸,经通风 7 天后定植,适期为 5、6 月份。用带 2 芽的子株繁殖,定植距离为 30cm×30cm,当年秋冬即可产花。用单芽或短侧芽繁殖,定植密度为 20cm×20cm,经一周年开花。在夏季,棚顶需覆盖遮荫网,并掀开大棚两侧塑料薄膜降温。冬季外界夜温接近 0℃时,封紧塑料薄膜,棚内还需增盖塑料薄膜。遇晴暖天气,中午揭开大棚南端薄膜通风约一小时。浇水时结合施肥,夏季 3、4 天一次,冬季约半个月一次。每半月喷一次药防治病虫害。管理得当,可延续采花 3～4 年。忌连作,无法实行轮作时,可用人工介质栽培,切花产量和质量均显著提高。切花应在花盘外圈未出现花粉之前采收。剪下的切花在 4℃下贮藏,能保鲜 8 天,水养期 3～8 天。

病毒病有黄瓜叶嵌黄病(CMV),烟草叶嵌黄病(TMV)、蚕豆枯萎病(BBWV)和非洲菊潜隐病(GLV)等,用试管育苗可控制此病。其他病害有疫病(*Phytophthora parasitica*)、斑点病(*Phyllosticha* sp.)、菌核病(*Scterotinia liberliena*)等,可用土壤消毒和定期喷杀菌剂防治。虫害有白蝇、蓟马、潜叶蝇及食叶害虫等,较易预防和控制。而螨类一旦发生,外轮花瓣难以展开,危害较大,应经常喷杀螨剂预防。

非洲菊是现代切花中的重要材料。矮生盆栽种也受欢迎。或用于花坛、花境或树丛、草地边缘丛植。温暖地区露地栽培,冬季可在根部加盖腐熟厩肥防冻。

(郑 恭)

非洲石蒜 (scarborough lily) *Vallota speciosa*,石蒜科非洲石蒜属多年生草本植物。染色体数2n=16。具被膜鳞茎。叶基生,阔条形,与花同时抽生。伞形花序有花3～10朵,顶生于空心花葶。花猩红色,直立,长7.5～10cm,漏斗形,筒部显著、6裂片相等,在基部连接呈瘤状。有白、肉红、樱红、红羽等花色品种。花期夏秋季。原产南非。耐寒性弱,通常在温室栽培,中国长江以南鳞茎可种在土表下15～20cm深处越冬。喜温和气候,不喜酷暑。宜富含纤维质壤土、腐叶土及砂三等分合成之培养土。地栽须排水通畅处,鳞茎周围宜放置黄沙。盆栽可数年不翻盆,休眠期需稍湿润。分球繁殖。用于温室盆栽或暖地花境。

(王大钧)

非洲鸢尾 (African iris) *Dietes vegeta*,鸢尾科非洲鸢尾属多年生草本植物。染色体数2n=20,40。株高60cm,有粗壮匍匐根茎。叶基生二列,开展呈扇状。花数朵簇生茎顶,白色,直径约7.5cm。花冠有6裂片,内3片较小,外3片有黄色或棕色斑点。柱头带蓝色。有花径为10cm的大花品种。花期7月。原产南非。不耐寒。喜温暖环境。宜排水良好,疏松土壤。分株繁殖。用于暖地花境。

(王大钧)

肥皂荚 (Chinese coffeetree) *Gymnocladus chinensis*,别名肉皂角。苏木科肥皂荚属落叶乔木。染色体数2n=2x=28。高达30m,胸径1m,树皮灰褐色、粗糙,无刺。芽隐于复叶柄下,无顶芽;2回羽状复叶、互生,羽片3～5对、小叶20～30枚互生,长圆形或

披针状长圆形,长1.5～4.0cm,端钝或微凹,基稍歪斜;顶生总状花序,花杂性同株,淡紫色,4～5月与叶同放;荚果椭圆形,肥硕,长7～14cm,具2～4扁球形黑色种子,果期8～10月。产中国江苏、安徽、浙江、江西、福建、湖北、湖南、陕西、贵州、广东、四川等地,多生于海拔300～1500m丘陵地区。喜光,喜温暖气候和肥沃土壤,生长中速,寿命长。播种繁殖。同属还有美国肥皂荚(*G. dioicus*),树高30m,胸径1.2m。2回羽状复叶、互生,小叶卵形或卵状长圆形,端有芒尖;雌雄异株,雌株圆锥花序顶生,雄株花簇生,花绿白色,花期6月;果长圆状镰形,长10～25cm。原产加拿大东南部及美国东北部至中部,中国北京、青岛、南京、杭州有栽培;适宜用作园林观赏树种,在原产地种子加工后可代咖啡饮用。

(董保华)

翡翠景天 (donkey's tail) *Sedum morganianum*,别名串珠草。景天科景天属多浆植物。在原产地为常绿亚灌木,分枝从基部抽出,匍匐或平卧,长50～60cm,粗0.4～0.6cm。叶长圆状披针形,长2.4cm,浅绿色,急尖,基部稍弯曲,叶易脱落,接触土壤易生根。顶生伞房花序,花深红紫色。原产墨西哥干旱、阳光充足的亚热带地区。性强健,喜温暖及阳光充足,但也耐半阴,耐干旱。

多用扦插繁殖,剪取嫩茎或单个叶片插于素砂土中,约1个月即可生根长出新苗。要求排水良好的砂壤土。在室内散射光条件下生长良好,夏季高温潮湿条件下通风又不良,容易引起叶片脱落腐烂。浇水不

宜太多,保持盆土稍干燥较好。冬季放置室内,保持10℃左右,可安全越冬。翡翠景天形态奇特,串珠状的肉质茎、叶平卧在花盆四周,格外雅致,为室内悬垂吊挂的盆栽佳品,也可布置花篮作悬篮装饰。

同属植物约600种,常见栽培的有:玉米石(*S. album*),丛生低矮的多年生肉质草本。叶膨大互生,圆筒形至卵形,长0.6～1.2cm,端钝圆,亮绿色,常带红晕,光滑或有极小突起。花小,白色。垂盆草(*S. samentosum*),多年生草本,茎细,平卧或直立,高10～20cm,叶片3～5轮生(很少互生)、线状,长0.6～1.5cm,淡绿色。花小,黄色。 (徐民生)

榧树(Chinese torreya) *Torreya grandis*,别名木榧、玉榧。红豆杉科榧树属常绿针叶乔木。高达25m,胸径2m。树干挺直,大枝开展,树冠广卵形。树皮灰褐色,浅纵裂;小枝近对生,当年枝绿色、平滑;叶条形,螺旋状着生,扭转成二列,先端急尖,具刺状短尖头,中脉不明显,表面浓绿色,背面有两条黄白色气孔带。雌雄异株,罕同株,花期4月;种子椭圆形,翌年9～10月成熟,全包藏于淡紫褐色肉质假种皮内,外被蜡质白粉。分布于中国江苏南部、福建北部、安徽南部、江西北部、湖南西南部和浙江、贵州等省。栽培品种有香榧(cv. Merrillii),别名羊角榧、小果榧、钝叶榧。小枝下垂,叶质较软,种子香脆可口。盛产中国浙江省诸暨县枫桥,用嫁接法繁殖,已有千余年栽培历史。

榧树喜光而好凉爽湿润的环境,常散生于土层深厚有林的黄壤谷地,忌积水低洼地,干旱瘠薄处生长不良,能耐寒,树龄200年而不衰。用种子繁殖,发芽率可达80%。

榧树枝叶茂密,树冠圆整,可孤植门庭、院前、大门进口。若成片植于林缘坡地、溪谷,可形成绿色屏障。

同属中相近的种有:长叶榧(*T. jackii*),常绿乔木,高12m,树皮灰至深灰色,不规则薄片状脱落;小枝平展、下垂,2～3年生枝红褐色、具光泽;叶条状披针形,长3.6～9.0cm,种子倒卵形,假种皮顶端具小尖头,外被白粉。主产中国浙江南部,福建也有分布。日本榧树(*T. nucifera*),常绿乔木,高达25m。树皮灰褐色;2年生枝绿色或红褐色。叶条形,长1.4～3.3cm,种子椭圆状倒卵形,成熟时假种皮紫褐色。花期4～5月,种子翌年11月成熟。原产日本,中国青岛、南京、上海、杭州等地有栽培。美洲榧树(*T. taxifolia*),别名豆杉榧。常绿乔木,高可达18m。叶条形,长2.5～3.5cm。种子倒卵形,假种皮熟时紫色。花期3月,果熟8月。

(宗陆林)

狒狒花(balloon-root) *Babiana stricta*,鸢尾科狒狒花属多年生草本植物。染色体数2n=12。地下具球茎。株高15～30cm,茎有分枝。叶剑形,有毛。穗状花序。花紫、粉、淡黄、黄等色,漏斗状,向上开放,花被片6枚,长椭圆状披针形,端钝,长1.8～2.5cm。春季开花。园艺变种有红喉狒狒花(var. *rubrocyanea*),花被片蓝紫色,喉部红色;黄花狒狒花(var. *sulphurea*),花乳黄或硫黄色。狒狒花原产南非。喜日照充足的温暖环境,宜排水良好、轻松的砂质壤土。属秋植球根花卉,长江流域露地栽植,可安全越冬,花后叶变黄进入休眠。球茎演替一年一次。一般分球繁殖,也可播种。小子球经一年生长,第二年便可开花。宜日光充足,排水良好处,于9～10月栽植,株距5cm,种植深度约为球茎高的3倍。翌春花后逐渐减少灌水,叶枯后取出球茎晾干贮藏。在中国北方地区,秋冬可行温室盆栽或地栽。狒狒花是冬春美丽的盆花和切花。在中国长江流域以南地区,可用于花坛和花径。

(秦魁杰)

费通花(fittonia) *Fittonia verschaffeltii*,别名网纹草。爵床科费通花属多年生常绿草本植物。植株低矮,茎匍匐。叶椭圆形至卵圆形,长7～12cm,基部圆或心形,先端钝,深绿色,有红色叶脉。花小、黄色,苞片大。常见栽培的有下列变种:小叶费通花(var. *argyroneura*),又称银白网纹草,茎匍匐,叶先端钝,亮绿色,有银白色脉纹。红脉费通花(var. *pearei*),叶浓绿色,脉红,叶背苍白色。原变种(var. *verschaffertti*),叶深绿,叶脉玫瑰红色,原产秘鲁。喜荫蔽及高湿,宜肥沃疏松土壤,生长适温为18～22℃,冬温不低于15℃。生长期宜多浇水,水质以偏酸性为宜,每14天左右施稀薄液肥1次。扦插繁殖,温度约在20℃时容易生根。费通花叶色鲜丽,适于盆栽,用作室内、厅堂或窗前装饰。

常见栽培的还有大费通花(*F. gigantea*),又称高大网纹草。茎直立,多分枝,半灌木状。叶先端有短尖,叶脉洋红色。产于南美。

(吴应祥)

分生繁殖(division) 将植物营养体从母株分离单栽借以繁殖植株的一种繁殖方法。分生繁殖分为分株和分球两大类。分生繁殖具有保持品种优良特性、成形早、见效快等优点。常用于扦插繁殖难生根或不易结子的花灌木、宿根花卉、草坪植物以及球根花卉等。分株:将丛生状或萌蘖性强的灌木及宿根草本植物在节处或产生根蘖处剪开分栽,使其成为新的独立植株。分球:将球根花卉的地下或地上发生变态的营养器官从母体分离,分别栽植,使其成为独立植株。因营养器官结构的不同而在操作时有所差异。根茎类观赏植物如美人蕉、荷花、竹类等,在繁殖时应带3～4芽将根茎切开另栽;球茎类如唐菖蒲等,块茎类如仙客来等,则可直接分离子球;鳞茎类如水仙等采用直接分离小球的方法;块根类如大丽花需带茎分离;具有吸芽、珠芽和零余子的花卉,需待成熟后自然落地,或人为掰取,然后栽植。栽培中常用人工刺激的方法,以促使增生小球。分生繁殖一般在春、秋雨季植物生长较慢时进行,但牡丹、芍药等一般要在秋季进行。

(包满珠)

粉花凌霄 (bower plant) *Pandorea jasminoides*,紫葳科粉花凌霄属常绿藤木。奇数羽状复叶对生,小叶5～9枚,椭圆形至披针形,长2.5～5cm,顶生圆锥花序,花冠白色、喉部红色,漏斗状,径约5cm;蒴果长椭圆形、木质。有白花和红花等栽培品种。原产澳大利亚,中国广州、上海等城市有栽培。喜光,喜温热湿润气候,能耐轻霜,不耐寒,1月份最低气温应为4～10℃;适生于肥沃湿润排水良好的土壤。用播种、扦插繁殖。在适宜生长的温暖地带,可用于棚架、墙垣绿化,寒地可行盆栽。全株可入药。(陈耀华)

粉叶鱼藤 (glaucous-leaf derris) *Derris glauca*,别名蟾蜍藤。蝶形花科鱼藤属藤木。小枝具突起的皮孔。奇数羽状复叶,小叶9～13枚、对生,长圆状倒卵形,长5～9.4cm;复聚伞花序,花玫瑰红色,花期4月;果长圆形、具翅,10月成熟。产中国广西及海南岛,多生于海拔700m以下的溪边、石隙或疏林中。喜光,略耐阴,喜温暖湿润气候,耐瘠薄,但以在深厚肥沃的土壤上生长较好。用播种或压条法繁殖。枝繁叶茂,花色美丽,适宜在园林绿地中种植观赏。茎皮纤维可织麻布,根有毒,可制杀虫药。同属中常见栽培的种有毛鱼藤(*D. elliptica*),攀援藤木,小枝密被褐色毛。奇数羽状复叶,小叶9～13枚;总状花序长15～30cm,花红色或近白色,花期5月,10～11月果熟。原产印度、马来西亚等,中国海南、广东、广西、云南等地有栽培。

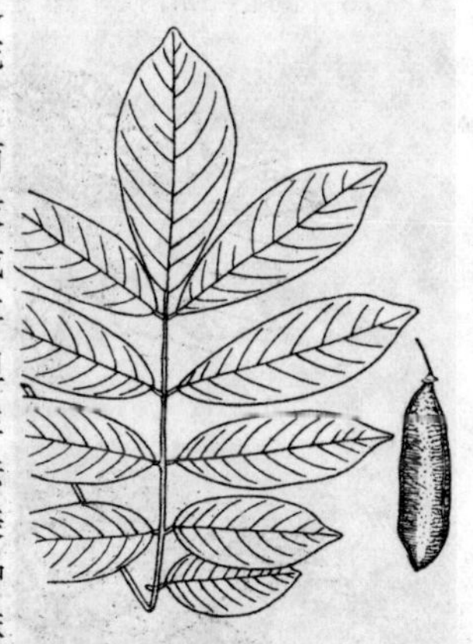

(陈耀华)

风车子 (alfred combretum) *Combretum alfredii*,别名华风车子。使君子科风车藤属直立或攀援状灌木。小枝近方形,密被棕黄色绒毛和橙黄色鳞片。叶对生,长椭圆形至阔披针形,背面有黄色小鳞片;穗状花序腋生或顶生,顶生者组成圆锥花序,花小,径约5mm,花瓣黄白色,花期5～8月;翅果椭圆形,具4翅,红色或紫红色;果期8～12月。产中国广东、广西、海南、湖南、江西等地,常生于河边或沟谷地。播种和扦插繁殖。本种果形奇特,色泽艳丽,可作下木或与园林建筑配植。同属可供观赏的还有盾鳞风车子(*C. punctatum*)和阔叶风车子(*C. latifolium*),花极香。

(文和群)

风船葛 (balloon vine) *Cardiospermum halicacabum*,别名倒地铃。无患子科风船葛属多年生攀援草本植物,常作一年生栽培。蔓长达3m,茎光滑,具纵沟。2回三出复叶,小叶卵状披针形,缘具粗齿。多岐聚伞花序、腋生,具卷须。花多而小、白色。蒴果皮膜质,膨大成囊,倒卵状三角形,千粒重62.4g,夏花秋果。原产热带、亚热带各地。不耐寒,对土壤适应性强。播种繁殖,苗高20cm时定植,也可直播。该种藤蔓纤细,果如灯笼,叶嫩绿淡雅,为理想的垂直绿化和地被材料。

(王彩云)

风景林 (amenity forest) 供人赏游为主要目的,具有一定风景特色的观赏林地。风景林的群落结构、外貌与环境影响等均不同于一般森林,常具有疏林与密林两种类型。疏林是与草地结合的,又称疏林草地,主要用乔木错落疏植分布于草地上,郁闭度为0.4～0.6,游人在此可散步、游戏、野餐、日光浴等。疏林的树种应采用观赏价值较高、树冠开展、树荫疏朗、色彩丰富或树形线条多姿的乔木,如凤凰木、合欢、樱花、元宝枫、垂柳、雪松等。配植时三五成群、疏密相间,常绿树与落叶树相搭配,构图力求自然。草坪上一般不铺设园路,故草坪要选耐践踏的草种。疏林下有时点缀自然疏生的球根花卉以增添野趣。密林是郁闭度在0.7～1.0的树林。游人进入林地,可沿林中的小路或在林间隙地中活动。密林中的林,有纯林与混交林之分。纯林由单一树种组成,景观简洁,为增加变化宜采用不同树龄并结合起伏地形以丰富景观效果;林缘配植同一树种的树群、树丛和孤植树以增加曲折变化;林下配植耐阴花木,丰富季相变化。混交密林是由多种植物复层混交形成,林缘与林下以及水平与垂直方向均力求层次分明,林相丰富。要选择常绿树与落叶树、乔木与灌木按其生态要求进行混交,植物间的相互距离按当地气候与游人需要进行安排,避免呆板(成行成列),力求自然。

在城市边缘或城乡结合的郊区,环城或环河绿带大面积营造风景林，对于方便居民接近大自然游赏风景、调节市区气候等有着积极的作用。

（高　翅）

风景名胜区（scenic area and historic site）

自然景观与人文景观相结合，形成环境优美并具有一定文化内涵的大型游览区。风景名胜区有时简称为风景区。一般认为，过去所谓风景游览区、风景旅游区、风景保护区、自然风景区、郊野风景区等相近的复合词可统称风景名胜区。中华民族崇尚自然，热爱山水，创造出不少有关的山水文化，探求人与自然的辩证统一关系，因而，风景区得以保护、管理和利用，积极发挥其功能作用。风景区具有培育国土、树立国家和地区形象的重大作用，至于供游憩娱乐，提高人民身心健康更是直接作用。旅游事业的发展，促进了该地区的经济，社会进步，环境改善，所以现代的风景区正是三种效益齐备的地方。

中国风景区体系与网络已具一定的规模，至1994年为止，正式公布的国家级、省级和县级风景区有512处。

风景区在中国肇始于农耕与村落形成的时代，名山大川是其直接的萌芽形式。早在2000多年前，西周时期的风俗中即有野游活动，称为“修禊”。稍后，在山水秀丽之地的建设活动和文人雅士流行一时的“高隐”现象，使骊山、嵩山、太湖、桂林、西湖等地风景区因而得到发展；公元前4世纪吴王夫差创建“消夏湾”即是利用湖、山等的生态效应供避暑的早期记载；魏、晋、南北朝时期，文化艺术活动逐渐融汇于风景区之中，使山水胜景更有丰富的内涵。在中国现有的60多个著名风景区中，有四分之一是在这个时期发展起来的；同时，因受宗教的影响，出现了许多宗教活动很盛的名山。隋、唐时期是风景区全面发展时期，不仅数量与类型增多，分布范围也大为扩展，内容更进一步充实完善，社会功能与作用更为加强。宋代，风景区的出现达到了极盛时期，全国的各州府纷纷建立“八景”，各地相继效仿，构成了当时中国的风景建设的高潮。今藏族习惯“耍林卡”，“林卡”就是村寨城邑附近的公共风景游乐地。

中国风景区有独特的民族文化历史特征。第一，它融汇审美与生态价值于一体，所形成的游览对象是以山水自然环境为基础，逐步形成各具特点的风景区，它代表着一定地域的形象和魅力，常伴有丰富的历史、文化或科学价值；第二，近年新发现并开辟的风景区不仅具有旅游条件及配套服务设施，而且自然山水的效应足以满足游览功能的需要，成为风景区有发展前途的组合；第三，它具有可靠与必要的经营管理体制。以上特点，使中国的风景区充满活力，并有协调发展的保障。

（张国强）

风铃草（canterbury bells）

Campanula medium，别名钟花。桔梗科风铃草属二年生草本植物。全株具粗毛，株高30～120cm，茎粗壮直立，基部叶卵状披针形，茎生叶披针状矩形。萼片具反卷的宽心脏形附属物，总状花序顶生，花冠膨大、钟形，檐部5浅裂，径2～5cm，长5cm，堇蓝色。花期春末夏初。园艺品种很多，有白、粉、蓝及堇紫等花色深浅不同的品种。还有矮型（植株矮小），套筒型（花萼瓣化与花冠同色、同形，内外两层呈套筒状）、杯碟型（花萼花瓣状，平展如碟，花冠钟状，居中如环，形态极美）、重瓣型（花朵层次增多，呈重瓣状）等品种和类型。原产南欧。要求冬暖夏凉、光照充足、通风良好的环境，不耐干热，耐寒性不强，喜深厚肥沃，排水良好的中性土壤，微碱性土壤中也能正常生长。因营养生长期较长，宜在4～6月份播种繁殖。中国上海地区需冷床越冬。风铃草植株较大，花色明丽素雅，宜作花坛、花境背景或林缘丛植。可用作切花及盆栽。

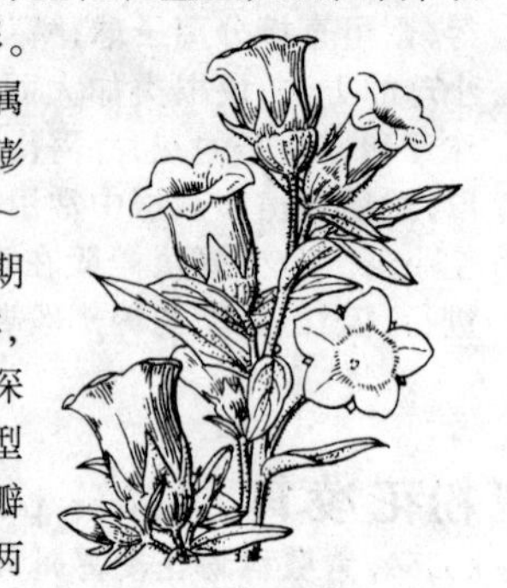

（秦魁杰）

风箱果（Amur ninebark）

Physocarpus amurensis，蔷薇科风箱果属落叶灌木。染色体数$2n=2x=18$。高达3m，枝干丛生，干皮呈不规则纵裂片状

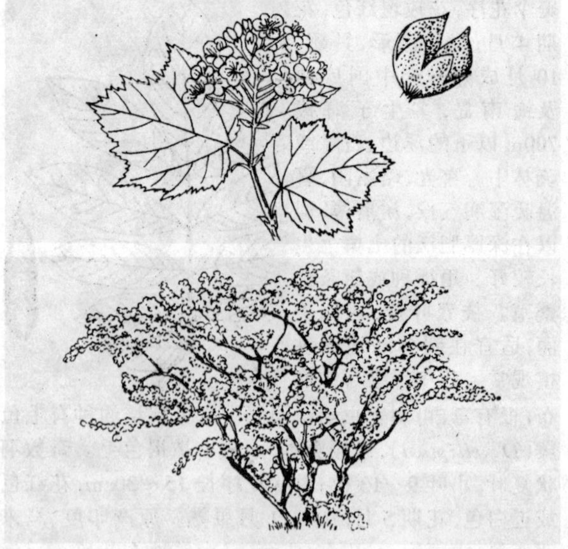

剥落；枝端弯曲，幼时紫红，后变灰褐色。单叶互生，三角状卵形至广卵形，长3.5～5.5cm，3～5浅裂，具复重锯齿，端急尖或渐尖，基部心形或平截；顶生伞形总状花序，花白色，径约1cm，花期6月；蓇葖果卵形，种子圆球形、黄色，9～10月成熟。产中国黑龙江、吉林、

辽宁、河北等地。喜光，耐半阴。用播种或扦插繁殖。同属中引种栽培的种还有无毛风箱果（*P. opulifolius*），全株各部无毛或微有毛，产美国东部，中国北京、青岛、武汉有栽培，其变种金叶无毛风箱果（var. *luteus*），叶呈黄色。风箱果春末夏初开白花，秋季蓇葖果红褐色，用作篱垣或配于山石或植草地边缘均宜，金叶无毛风箱果若与绿色叶或紫色叶植物相配植，更具观赏性。（董保华）

风信子（hyacinth） *Hyacinthus orientalis*，别名洋水仙、五色水仙。百合科风信子属多年生草本植物。染色体基数 x＝8，14。鳞茎球形或扁球形，外被紫蓝、粉或白色皮膜，常与花色相关。叶 4～6 枚，基生，带状披针形，端圆钝，质地较肥厚有光泽。花葶高 15～45cm，中空，先端着生总状花序。小花10～20朵，斜伸或下垂，钟状。基部膨大，上部 4～6 裂，裂片向外反卷。原种为蓝紫色花，栽培品种有红、黄、白、粉、堇色等。有香气。花期 4～5 月。蒴果球形。重要变种有：①白花风信子（var. *albulus*），植株细弱，花葶数支，小花白色或淡青色。原产法国南部。②早花风信子（var. *praecox*），花冠筒膨大健壮。原产意大利。③普罗文斯风信子（var. *provincialis*），株丛细弱，叶色浓绿，花小且疏，原产法国南部、意大利及瑞士。风信子栽培品种很多，具各种花色，单瓣、重瓣，大花、小花，早花、晚花以及 3 倍体、4 倍体或其他多倍体等，可归纳为荷兰品系和罗马品系。荷兰品系由荷兰改良而成。花序长而大，花朵也大，园艺品种多属此品系。罗马品系中有变种白花风信子（var. *albulus*）和早花风信子（var. *praecox*），由法国改良而成。其鳞茎略小于荷兰品系。一球能抽生数支花葶，较矮小。

本属有 30 多种，原产于南欧、地中海东部沿岸及小亚西亚一带。世界各地广泛栽培，以荷兰最负盛名。风信子喜冬季温暖湿润、夏季凉爽稍干燥、阳光充足或半阴的环境，长江流域可露地越冬。喜肥，宜肥沃、排水良好的砂壤土，忌过湿与粘重。以分球繁殖为主，9～10 月种植。分生子球少的品种，可于 7～8 月份，将鳞茎茎盘切割成放射形或米字形切口，并倒置于阳光下晒 1～2 小时，然后平摆室内晾干，严防切口腐烂。以后便可在切伤部位发生许多小子球，9～10 月份进行分栽。如为培育新品种亦可播种繁殖。种子采后即播，培养 4～5 年便能开花。

露地栽培应选避风向阳处及轻松肥沃的土壤。施足基肥，畦栽或沟栽。覆土厚为球高的 1.5～2 倍，栽后适当灌水，促使生根。在北方冬季应适当覆盖，有利于根系生长和翌春开花。开花前后施追肥一次。初夏茎叶枯黄时掘起鳞茎，阴干后贮藏于凉爽干燥处。为保证风信子安全越夏和贮藏，栽培后期应减少肥水，避免鳞茎"裂底"，鳞茎不宜留土中越夏，每年必须及时挖起，于干燥凉爽环境贮藏。促成栽培应选鳞茎大而充实的早花品种，盆栽或箱栽。9 月份种植，放置阳光下，11 月份移入温室内，室温维持在 5～10℃，使根系充分生长，以后逐渐升温，促使叶片生长，待叶片长至一定高度，再给予较高温度和充足光照，使茎叶丰满，花朵繁茂。风信子也可水养，一般有特制的水养玻璃瓶，将与瓶口大小相近的鳞茎放于瓶口，鳞茎下部不接触水面，置黑暗处使其发根，一个月后便可抽出花葶，此时将瓶移至光照下便可开花。水养期间，每 3～4 天换一次水。另一种方法是将鳞茎直接放置于浅盘中水养。

主要病害：①黄腐病，病原菌由伤口侵入叶片或鳞茎，沿叶脉产生水渍状病斑，后渐变黄、褐色而枯死。鳞茎被浸后，内部充满黄色粘液而腐烂。②白腐病，病原菌于开花前侵入茎、叶及鳞茎，使之变成水浸状并腐败软化。③菌核病，病原菌由鳞茎侵入，感染叶片。受害部分产生浅蓝色霉点，表面上有小形黑色菌核。④斑叶病毒，鳞茎带毒传播，感病后沿叶脉产生淡绿色或黄色纵条斑，严重时叶片减少，全株萎缩。以上病害的主要防治方法是及时拔除和烧掉病株；避免连作并进行土壤消毒；采收时勿使鳞茎受伤。

园林用途：风信子为春季重要球根花卉，花期早，植株低矮整齐，花色明丽，宜作花坛、花境、花丛及疏林边、草坪边自然式成片种植，也常作切花和水养观赏。

同属尚见栽培的有：西班牙风信子（*H. amethystinus*），鳞茎较小，卵状，具膜质鳞片。叶 6～8 枚，狭线形，鲜绿色。着花 6～12 朵，小花天蓝色，花期 5～6 月份。有白花品种。原产西班牙、法国南部。罗马风信子（*H. romanus*），原产地中海沿岸，叶 5～8 枚，线形，稍肉质。花葶细而稍短，着花 20～30 朵，初开绿白色，后变白色，花期 4～5 月。（王莲英）

风障（windbreak） 用秸秆或席等材料做成的防风设施。风障是中国北方常用的简单保护设施之一。风障可降低风速，增加风障前附近区域的地表温度，从而相对改善植物的生长环境。一般风障南面夜间气温较开阔地高 2～3℃，白天高 5～6℃，风速降低 4m/s。风障在中国北方，可用于耐寒的二年生花卉越冬、一年生花卉提早露地栽种，提早生长，提前开花。它是促成栽培中的辅助设施之一。在华北地区，对新栽植的雪松等也要设置风障，进行保护，借以提高移栽苗的成活率。在蔬菜栽培中，风障广泛应用。

风障一般由基埂、篱笆、披风三部分组成。篱笆是风障的主体，一般由芦苇、高粱秆、玉米秸、细竹等构成，具体设置方法是在地面东西向挖 30cm 左右的沟，栽入篱笆后压实，在距地约 1.8m 左右处扎一横杆，建成后的篱笆总高度约为 2.5～3m。基埂是篱笆基部北面筑起来的土埂，一般高约 20cm，用以固定篱笆，也能增强保温效能。披风是附在篱笆北面的柴草层，用来增强防风、保温功能，其基部与篱笆一并埋入土中，中部用横秆缚于篱笆之上，高度约 1.3～1.7m。也有无披风风障，其保温性能较差。两个风障间的距离以其高度的 2 倍为宜，由多个风障组成的风障群，其防护功能更强。 （包满珠）

枫香（Chinese sweetgum） *Liquidambar formosana*，别名枫树、路路通。金缕梅科枫香属落叶大乔木。染色体数 2n = 2x = 32。高达 40m，树干通直，树

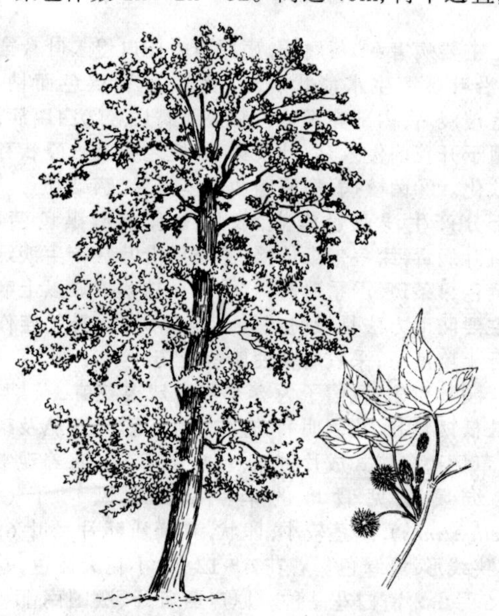

冠广卵形。叶掌状浅 3 裂(幼时为 5 裂)，边缘有细齿。3 月末花与叶同时开放，花单性、黄褐色，雌雄同株，雄花序短穗状，多个排列成总状、顶生；雌花序头状，单生叶腋。果序球形，灰褐色，10 月成熟。分布于中国秦岭及淮河以南，北起河南，东至台湾，西南至四川、云南及西藏，南达海南，越南北部，老挝及朝鲜半岛也有。变种光叶枫香(var. *monticola*)，别名山枫香，小乔木，叶背粉白色。枫香喜光，幼时能耐阴。深根性，抗风，稍耐旱，适应性强。常生于酸性或中性肥沃深厚的红黄壤土。萌芽力强，不畏短期水淹。用种子繁殖。当年苗高 30～40cm。害虫有纽棉蚧、绿尾大蚕蛾等。纽绵蚧在卵孵化盛期用敌敌畏或杀螟松 800～1000 倍液防治；绿尾大蚕蛾幼虫期以敌百虫防治，成虫期则诱杀。枫香树高干直，树冠宽阔，秋叶红艳，是南方著名的秋色叶树种。宜作庭荫树孤植、丛植、群植或与其他树种混交。同属见于栽培的还有：缺萼枫香(*L. acalycina*)，产中国四川、安徽、湖北、江苏、江西、湖南、广东、广西等地。北美枫香(*L. styraciflua*)，又名胶皮糖香树，叶近心形，产美国，中国南京、杭州有引种栽培。 （贺贤育）

枫杨（Chinese wingnut） *Pterocarya stenoptera*，别名溪沟树。水麻柳胡桃科枫杨属落叶乔木。染色体数 2n = 32。高达 30m，树皮深灰褐色，深纵裂。

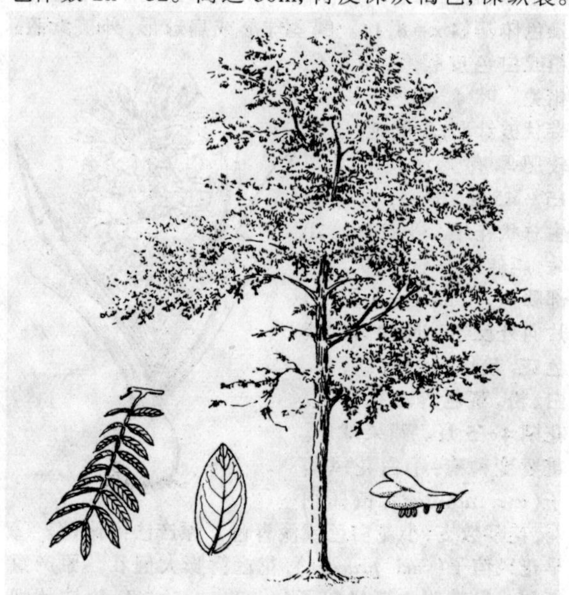

小枝灰色，被柔毛。偶数羽状复叶，稀为奇数，叶轴具窄翅，小叶 10～22(28)，长圆形或长圆状披针形。雄花序生于上年枝叶腋，雌花序生于新枝顶端，花期 4～5 月。坚果椭圆具 2 斜展的翅，果期 8～9 月。产中国华中、华东、华南、西南及陕西，朝鲜半岛也有分布。喜光，稍耐阴，喜温暖多湿环境，常生于山麓溪滩和平原湿地。不择土壤，耐水湿，干燥处易衰老。速生，萌芽力强。播种繁殖。移植宜随起随栽，越冬假植要预防新梢冻害。枫杨主干断后极难形成新的主枝。主要病虫害有丛枝病、天牛、刺蛾、枫杨跳象、樟蚕等。枫杨树冠广展，枝盛叶茂，宜作庭荫树及行道树，也是固堤护岸树种。

近似种有滇桂枫杨(*P. tonkinensis*)和甘肃枫杨(*P. macroptera*)。 （贺贤育）

凤凰木（peacock tree; flamboyanttree） *Delonix regia*，别名凤凰花、凤凰树、红花楹。苏木科凤凰木属落叶大乔木。染色体数 2n = 4x = 28，24。高达 20m，胸径达 1m，树冠扁圆形，分枝多而开展，开张如

伞状。2回羽状复叶，互生，长达60cm，羽片对生，每羽片具小叶20～40对。总状花序，长约20～40cm，花大，鲜红色或橙红色，花径达15cm，花期5～6月。荚果扁平，下垂，长达50cm，黑褐色，11～12月成熟。原产热带非洲马达加斯加，现世界各地无霜地区广泛引种，中国广东、广西、云南及海南均有栽培。凤凰木为热带树种，宜肥沃、排水良好的土壤，也耐瘠薄。生长快，根系发达，枝叶广布，叶密荫浓，为强阳性树种。不耐寒，只能生长于霜期不超过5～10天的地区，耐高温高湿。通常在春初落叶，春末夏初发芽。播种繁殖。凤凰木生长强健，可粗放管理。主要虫害为凤凰木夜蛾(*Pericyma cruegeri*)，其幼虫食叶，防治方法是喷洒50%杀螟松剂1000倍液或50%西维因可湿性粉剂500～800倍液。

凤凰木树冠宽阔平展，夏初开花，犹如火焰，枝叶茂密，浓荫匝地，犹如孔雀尾。可作行道树、庭荫树。植于水畔时，枝叶探向水边，与倒影相衬，更觉婀娜多姿。（汤忠皓）

凤仙花 (garden balsam) *Impatiens balsamina*

Impatiens balsamina，别名指甲花、小桃红。凤仙花科凤仙花属一年生草本植物。染色体数2n=2x=14或4x=28。中国唐代即有歌咏凤仙花的诗词，说明当时已经进行观赏栽培。宋代、明代栽培更盛。清初赵学敏著《凤仙谱》，记载凤仙品种达233个，其中有许多珍奇优异品种，如花大如碗的'鹤顶红'；植株甚高的'一丈红'；香似茉莉的'香桃'；开绿色花的'倒挂么凤'，开金黄色花的'黄玉球'、'金杏'等。变异的范围和品质的优异都居世界前列，可惜大部分品种今已失传。凤仙花1596年传入欧洲，1694年前传入日本。

形态特征　株高20～150cm，茎多汁，近光滑，色浅绿、紫红至黑褐色，常与花色相关。叶互生、披针形，叶柄有腺体，边缘具锐齿。花单朵或数朵簇生于上部叶腋，或呈总状花序状。萼片3，1片具后伸的距；花瓣5，左右对称，侧生4片，两两结合。花期6～9月。蒴果尖卵形，熟时5瓣裂，种子弹出。种子球形、棕褐色，千粒重约9g。

变种、类型、品种　园艺品种极多。株形多样，有直立型、开展型、拱曲型(枝条拱曲向下)，并有枝条平展，屈曲如龙游状的龙爪型。花色有白、水红、粉、玫瑰红、大红、洋红、茄紫、紫、雪青等色，有的品种花瓣上散布不规则的色斑或色纹。花型也很多，有单瓣型：花较小，生长旺盛，易结实；玫瑰型：花较大，复瓣至重瓣，生长势中等，花型宛如小型玫瑰花，易结实；山茶型：花特大，极重瓣，层层相叠如山茶花状，生长势中等，叶腋开花，花期较迟，难结实，观赏价值高；顶花型：花大，开于枝顶，呈茶花状，腋花多为玫瑰花形状，花密排于株丛表面，生长势较弱，难结实。按植株高度可分为矮、中、高三型。矮型(25～35cm)，如矮生茶花型，高约25cm，多分枝，全株近球形，花全在叶幕之上。还有极矮型，高仅20cm左右，茎顶开一特大的山茶型花。中型(40～60cm)，株型有直立型、开展型、拱曲型和龙爪型等，花型有玫瑰型、茶花型等。高型(80cm以上)，有的品种株高可达1.5m以上，冠幅近1m。

产地与习性　原产印度、中国南部、马来西亚。现在世界各地广泛栽培。喜暖畏寒，要求阳光充足，适宜深厚潮润、疏松肥沃、排水良好的微酸性土壤。对土壤适应能力强，瘠薄土壤也能生长。在半阴或较湿处栽培易徒长、倒伏，分枝少，花稀，且开花不良。夏季干旱时，常落叶凋萎。

繁殖栽培　通常于春天在温室、冷床或露地播种，种子发芽率70%以上。苗期生长较快，一般经一次移植后定植露地。4月中旬播种，7月中旬开花，花期40～50天，秋季遇霜即死亡。10月1日用花，可于7月下旬播种。凤仙花移栽后恢复生长较快，中、矮型品种甚至开花时仍可移栽。雨季需排水、通风。盆栽和花坛用植株，为养成丰满的较大株形，可行摘心，株丛长成时，所有分枝同时开花，蔚为壮观。

育种　凤仙花为自花授粉植物，异花授粉率低。且常于花朵未开时完成自花授粉，故杂交时去雄宜早。因花朵娇嫩，套袋易霉烂，故只行地区隔离。授粉尽量利用主茎顶端的花，结实饱满。早晨采种后，放于带网的容器中晾干。育种的主要途径：①搜集整理优良品种，有目的地引入国外品种。②杂交育种，有如下规律可资参考。花色遗传：紫红色与白色、红色与淡红色、玫瑰色与淡粉色杂交，前者在 F_1 皆表现为显性；而深雪青花与白花杂交，前者在 F_1 表现为显性，在 F_2 则有雪青色、玫瑰色、白色等分离现象。重瓣性遗传：茶花型品种与单瓣型品种杂交，其 F_1 单瓣型为显性；F_2 则呈单瓣型 9、一般重瓣型 3、茶花型 4 的分离。③人工诱导多倍体。用秋水仙碱处理凤仙花幼苗，可以得到多倍体。同源 4 倍体植株的花径大、瓣数较多、花色较深，叶较宽厚、气孔较长，果实较宽，种粒大、数量少。人工诱导凤仙花多倍体是有前途的育种途径。单瓣和重瓣凤仙花既有 2 倍体，也有 4 倍体。进行多倍体育种时，应当选用观赏品质好的作原始材料。

病虫害防治　为害凤仙花的主要病害有：黑枯病（病原不清）、锈病（*Puccinea argentata*）、白粉病（*Sphaerotheca fuliginea*）、叶斑病（*Cercosporina fukushiana*）等。可摘除病叶、将病株拔除烧毁和喷洒波尔多液、代森铵、多菌灵、硫菌磷等药液防治。

园林应用　凤仙花是中国民间最受欢迎的草花之一，适应性强，栽培容易，花色丰富，花型多样，而且株型多变，适于花坛、花径、花篱、自然丛植、盆栽和切花应用。

同属植物　约 500 种，主要分布于东半球热带与温带。中国约有 180 种，主要产于西南部。常见的种类还有：水金凤（*I. noli-tangere*），一年生，叶卵形。花大腋生，黄色，喉部有红色斑点。分布中国东北、华北、西北、华中等地，朝鲜半岛、日本以及俄罗斯和欧洲也有分布。窄萼凤仙花（*I. stenosepala*），一年生，叶常密集于茎上部，花紫红色，蒴果条形，原产贵州、四川、湖北、陕西、河南、山西等省。腺叶凤仙花（*I. glandulifera*），一年生，高 80～200cm，叶卵形，叶缘基部齿牙状，叶柄具腺体，花大，3 朵以上腋生，暗紫色，原产喜马拉雅及印度东部山地。（秦魁杰）

《凤仙谱》（*Treatise on Garden Balsam*）

中国第一部凤仙专著。著者赵学敏，清代药物学家。字依吉，号恕轩。钱塘（今杭州）人。长期对药物进行采集、调查、栽培、研究，在其成名著作《本草拾遗》中，补充辑录了《本草纲目》未收药物 716 种。

《凤仙谱》约成书于 1787～1813 年，是在《秋花志》残稿的基础上，著者对凤仙花长期栽培实践观察记载，总结前人种植技艺、广征博采，编纂而成。全书分上、下两卷，约 2.6 万字。上卷叙述"名义"、"品类"两部分。"名义"阐述了凤仙花的名称渊源、演变过程，在"品类"中，按各种花色（大红、桃红、淡红、紫、青莲、藕合、白、绿、黄等）简介 230 多个品种，其中有'香桃'、'一丈红'、'葵黄毯'、'倒挂么凤'、'并肩美'和'虬枝'等稀世珍品。下卷叙述了凤仙花的种植、灌水、收籽、医花等栽培技术；在"备药"中，则阐述了凤仙花的药用价值。在"论凤仙有相"中，则提出"花有韵在形之外"、"赏韵而不赏色"，表述了他饶有特点的审美意识与标准。

该谱对凤仙花作了全面而系统的叙述，是迄今最早记载凤仙花品种最多，介绍有关知识最丰富的凤仙专著。（毕庶昌）

凤眼莲（waterhyacinth）

Eichhornia crassipes，别名凤眼兰、水浮莲、水葫芦。雨久花科凤眼兰属多年生淡水漂浮植物。染色体数 2n＝32。茎短缩，叶基生，莲座状，宽卵形或菱状扁圆形，全缘，鲜绿色，光亮，叶柄中部以下膨胀成囊状气室，纺锤形或葫芦形，能漂浮。茎节上生根，垂生水中，羽状根发达。花茎单生，高 20～30cm，短穗状花序，着花 6～12 朵，花被漏斗状，紫堇色，径约 3cm，6 片，上片较大，中央有深蓝色块斑，瓣心有一明显的鲜黄点，形如眼，故名凤眼莲。花期夏季，花后花葶弯入水中结实，蒴果卵形，有棱，种子多数。栽培变种有：大花凤眼莲（var. *major*），花大，粉紫色。黄花凤眼莲（var. *aurea*），花黄色。原产南美，中国已广为栽培。对环境适应性很强，在水面、泥沼、洼地均可生长。喜生于温暖、阳光充足，富含有机质的浅、静水中，长江流域及其以北地区，需要移入有防寒设备的水池或室内越冬，温度需保持 10℃以上。

主要用分株法繁殖，生长季节可随时分株或掰分小芽，投入水中。也可播种。栽培简易。生长期间酌施肥料促花。盆、皿栽培可在底部先放入腐殖土或塘泥，混入基肥后放水，水深宜 30cm 左右，再投放植株。因其自身繁殖迅速，故生长过密时，应及时疏捞。

适应性强，有很强的净化污水的能力，是绿化水面、净化水质的良好材料。并可作室内水池、大盆缸、水族箱等的点缀材料。全株可入药，又是猪、禽、鱼等的良好饲料。

同属作观赏的种尚有'孔雀洋水仙'（*E. azurea* cv. Peacock Hyacinth），原产热带湿地，水生草本，生于浅水中，叶圆或卵圆形，穗状花顶生，蓝堇色。

（王　缺）

伏生紫堇（decumbent corydalis）

Corydalis decumbens，别名伏茎紫堇、伏延胡索。紫堇科紫堇属多年生草本植物。地下具块茎、近球形，直径约 1cm。茎丛生、纤细，先匍匐而后直立。株高 17～30cm。2 回三出羽状复叶，白绿色，小叶卵形或楔形。花紫红、淡紫、白或红色。花苞菱状。花有 4 瓣，长 1.5～2.5cm，分为二轮，上面两枚近圆形，顶端微凹，边缘波状，外轮一枚花瓣有距。总状花序下垂。花期 4 月。

55 ‘晚素’蜡梅　　陈俊愉摄

59 西府海棠
余树勋摄

56 夏蜡梅　　毛宗国摄

60 贴梗海棠　　金波摄

57 山楂（花）
惠云摄

58 山楂（果）　　惠云摄

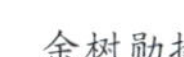

61 垂丝海棠　　余树勋摄

62 紫薇　　张启翔摄

63 木槿（1）　　臧淑英摄

64 朝鲜丁香　　沙尼摄

65 木槿（2）　　惠　云摄

66 白丁香　　晓　晨摄

67 紫荆　　金　波摄

68 小叶丁香　　陈俊愉摄

69 吊灯花（1）　　金　波摄

70 吊灯花（2）　　马　勋摄

71 扶桑　　金　波摄

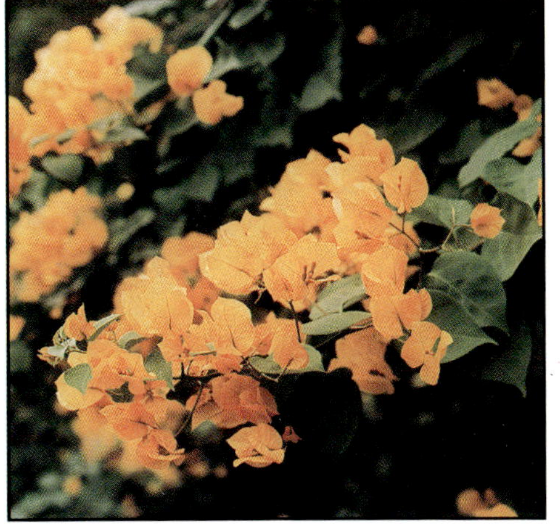

72 三角花（1）　　朱钧珍摄

73 一 品 红　　李英敏摄

74 三角花（2）　　朱钧珍摄

75 紫叶小檗　　晓　晨摄

78 ‘红王子’锦带花　　余树勋摄

76 狗尾红　　马　勋摄

77 石楠　　金　波摄

79 南天竹　　金　波摄

82 棣棠　　臧淑英摄

80 连翘　　燕　俐摄

81 大花美蕊　　李惠云摄

83 结香　　金　波摄

86 木绣球 刘永强摄

84 金露梅 熊济华摄

87 欧洲绣球花 惠 云摄

90 沙棘 余树勋摄

85 构骨 包志毅摄

88 桂香柳 王二荣摄

89 猬实 李惠云摄

91 绣线菊 燕 俐摄

93 英丹花　　　　　　　　卢思聪摄

92 云南黄馨　　李英敏摄

94 米兰　　金　波摄

95 含笑　　　　　　　　金　波摄

96 红桑　　　　　　　　金　波摄

98 华瓜木　　　　　　　　惠　云摄

97 鸳鸯茉莉　　金　波摄

99 鸡蛋花　　金　波摄

101 石榴　　　　　金　波摄

100 黄花夹竹桃　　　金　波摄

102 ‘玛瑙’石榴　　金　波摄

103 金柑（金橘）　　　　金　波摄

104 红瑞木　　　　　　金　波摄

106 红千层　　　　　李英敏摄

105 佛手　　　李英敏摄

107 茉莉　金　波摄

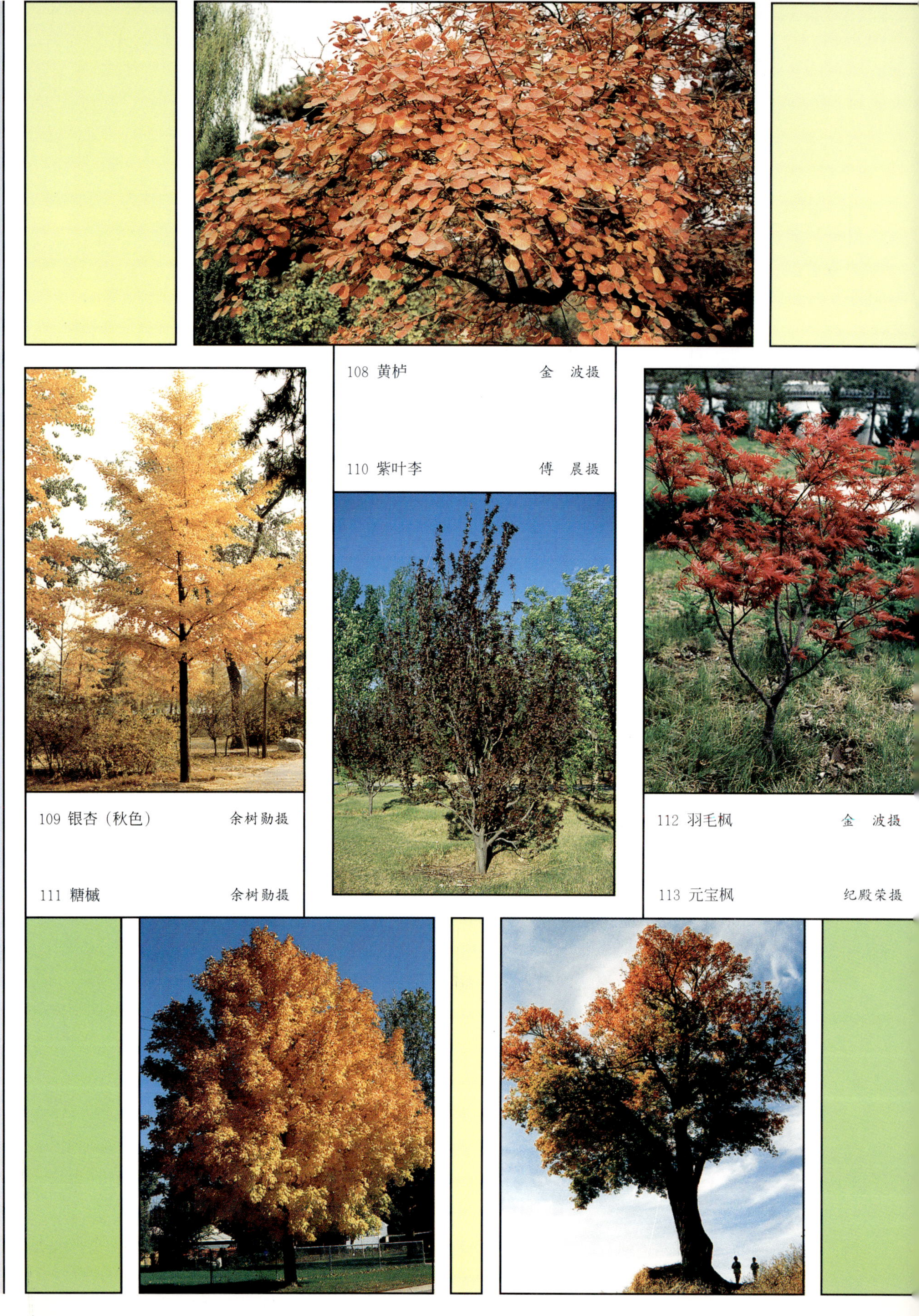

108 黄栌　　金　波摄

110 紫叶李　　傅　晨摄

109 银杏（秋色）　　余树勋摄

111 糖槭　　余树勋摄

112 羽毛枫　　金　波摄

113 元宝枫　　纪殿荣摄

蒴果。原产日本及中国,分布于河北、四川、江西、云南等地。耐寒也耐半阴,适应性强,喜富含腐殖质的土壤。春季宜日照充足,秋季移栽入盆,在温室内半促成栽培,可提早开花。播种或分切块茎繁殖。宜栽于岩石园或作地被材料。

本属种类繁多,仅亚洲即有120种,多为杂草。作为花卉利用的约有10种。常见栽培的有:黄堇(*C. pallida*),株高约40cm,分枝多。总状花序,花鲜黄色,瓣端有棕色斑点。原产日本、中国。蛇果黄堇(*C. ophiocarpa*),花黄色,果实蛇形。喜疏松土壤,耐半阴。原产日本、中国、印度。威尔逊紫堇(*C. wilsonii*),多年生草本植物,花紫色。原产中国西部地区。

(穆　鼎)

芙蓉葵(common rose mallow; mallow rose) *Hibisus moscheutos* subsp. *palustris*,别名草芙蓉。锦葵科木槿属多年生草本植物。染色体数2n=38。株高1~2m,呈落叶灌木状。叶大、广卵形,叶柄、叶背密生灰色星状毛。花大,单生于枝上部叶腋间,花瓣5,花径可达20cm,有白、粉、红、紫等色,花期6~8月。蒴果扁球形,成熟期10月。主要品种有20个左右,如'苹果花'(cv. Apple Blossom),花淡红色;'羡红'(cv. Crimson Wonder),花深红色等。原产北美。喜阳、略耐阴,宜温暖湿润气候,忌干旱,耐水湿,临近水边肥沃的砂质壤土生长繁茂,开花也多。入冬地上部分枯萎,寒地应加保护或移入室内,翌年由基部萌发新枝,当年开花。用播种、扦插、分株、压条等方法繁殖。多采用扦插法,于生长季取半木质化枝条,插入湿润砂壤土,约1个月生根。芙蓉葵萌发力、生长势均强,开花多,花期长,生长期应补充磷、钾肥。宜栽于河坡、池边、沟边,为夏季观花植物。

同属植物约200种。常见栽培的草本植物有红秋葵(*H. cocineus*),为多年生草本,茎直立丛生,高1~3m,枝光滑,茎及叶柄紫红色。叶互生,掌状5~7深裂,裂片披针形,边缘呈不规则锯齿状。花深红色,花径10cm,单生于上部枝条的叶腋间。花期7~9月。喜阳光、温暖,不甚耐寒,北方冬季应保护根部。原产北美洲。可地栽或盆栽观赏。(朱秀珍)

扶桑(rose of China; Chinese hibiscus) *Hibiscus rosa-sinensis*,别名朱槿、佛桑。锦葵科木槿属观花灌木。汉代《山海经》中有"汤谷上有扶桑"的记述。以其叶似桑而枝条相扶相倚而生,故名。晋代嵇含《南方草木状》中解释,以其花如木槿而颜色深红,称之为朱槿。并有"深红色,花五出"的记载。清初的《花镜》中,记扶桑春末夏初开花,"有深红、粉红、黄、白、青色数种,并单叶、重叶之异"。此时已培育出许多新品种,成为著名观赏花木。

扶桑为落叶或常绿大灌木,高达6m,茎直立,多分枝。叶互生,广卵形或狭卵形,长9~13cm,边缘有锯齿或缺刻。花大,径10~17cm,单生叶腋,有红、粉、黄、白等色。单瓣者漏斗形,花蕊伸出花冠之外,重瓣者花形略似牡丹,故有朱槿牡丹之名。花期长,以夏、秋为盛,有的品种常年有花;蒴果卵圆形。重瓣品种多不结果。扶桑有单瓣、复瓣及重瓣3种类型,常见的品种有:'锦叶'扶桑(cv. Cooperi),叶狭长,有白色斑纹,花小,朱红色。'深红'扶桑(cv. Van Houttei),花深红色;'彩瓣'扶桑(cv. Calleri),花瓣上半部黄色,基部朱红色。扶桑产中国福建、广东、海南、广西、云南、台湾、浙江南部和四川等地。温带地区温室盆栽。喜光,但阴处也可生长,甚少开花。喜温暖湿润气候,不耐寒。气温在30℃以上开花繁茂,在2~5℃低温时出现落叶。不择土壤,但在肥沃而排水良好的土壤中开花硕大,水分过多时叶易黄落。生长强健,耐修剪。多春季行扦插繁殖。扶桑抗病力强,虫害少,在通风不良或光照不足时,有棉蚜(*Aphis gossypii*)、糠片盾蚧(*Parlatoria pergandii*)或煤污病(*Cladosporium* sp. *fumago vagans*)等为害,蚜虫可用800~1000倍乐果喷杀。煤污病由蚜虫传播,初时可用水冲洗。对介壳虫可喷马拉硫磷1000倍液杀灭。

扶桑花色鲜艳,花大形美,品种繁多,且花期甚长,四时不绝,是著名的观赏花木。除盆栽观赏外,也常用于道路两侧、分车带及庭园、水滨的绿化。高大的单瓣品种,常植为绿篱或背景屏篱。(汤忠皓)

辐射育种(radiation breeding of ornamental plants)　利用电离辐射,使观赏植物遗传物质发生变异,从中选择培育新品种的方法。辐射育种在观赏植物中特别有效,其原因:①由于观赏植物的育种主要是要求获得优异的感官性状,如花、叶的色泽、形状、大小及株型的变异等。而通过辐射诱变产生的染色体畸变和倍性的增加,易于产生多种表型变异等。②许多观赏植物是高度杂合体,辐照后有较高的突变频率和较宽的突变谱。③观赏植物采用活体不定芽及离体组织培养技术,易得到同质突变体。优良同质突变体易于稳定,并能迅速繁殖。

简史　在20世纪20年代初,意大利、荷兰的科学家开始进行观赏植物辐射诱变研究。到1936年,德莫尔(W. E. Demol)用X射线处理郁金香,经过10多年时间育成了'法腊迪'(cv. Faraday)突变品种。60年代通过辐射育种育成大丽花、菊花、杂种扭果花、扶桑、月季、杜鹃花、香石竹等40个突变品种。70年代,由于辐射技术改进,活体不定芽技术、离体培养技术的发展和应用,辐射诱变育成品种激增。据联合国粮农组织和国际原子能机构的统计,截至1988年12月,全球已育成了30种观赏植物的突变品种379个，其中以菊花最多(162个)，其他依次为大丽菊、月季、秋海棠、杂种扭果花、六出花、香石竹、杜鹃花等。这些新品种先后作为商品推广，对世界观赏植物的发展起了一定作用。

中国开展观赏植物辐射育种较晚，自80年代以来有较大发展，据1993年不完全统计，已在菊花、月季、美人蕉、荷花、叶子花、唐菖蒲等6种植物上，育成63个突变品种，其中以月季和菊花最多(各为18个)。

辐射育种的特点 ①辐射诱变可提高突变频率，一般比自然突变频率高几百倍，甚至上千倍。②变异的范围广泛，类型多样，有株型、花色、花形、花大小、花期、抗逆性等，还可能产生自然界和应用杂交方法不易获得的稀有变异类型。③辐射可诱发少数基因突变，获得改良原始材料的一两个缺点，保持其优良性状基本不变的突变体。④可以缩短育种周期，如选育一个草本花卉品种，常规方法一般需4～5年，辐射诱变仅需2～3年。辐射诱变与离体组织培养技术结合，可缩短育种周期。⑤观赏植物辐射诱变处理材料多是多细胞的芽或其他器官，芽的顶尖是由若干层细胞组成，经辐照后，某一细胞发生层的单个细胞发生突变，而周围细胞是正常的，能导致嵌合体的形成，产生两者之间的竞争的体细胞选择，突变率降低，突变谱变窄。为减少体细胞选择，可在植物个体发育最年幼生长锥的茎原基细胞较少的阶段照射，获较大的突变扇形体；最理想的是辐照胚性细胞；如照射多细胞芽常采取多次重复修剪、多次扦插或多次转接的方法，有利于突变的显现。

射线的种类 辐射育种中，常用辐照的射线种类有X射线、γ射线、β射线、中子等。射线在通过生物机体时，能使原子直接或间接发生电离作用，称为电离辐射。X射线和γ射线是一种不带电荷的中性射线，波长分别为10^{-3}nm(纳米)至1nm和10^{-4}～10^{-3}nm。穿透能力很强，在空气中其射程可达几十米，在金属中也可达几十厘米。钴-60及铯-137是目前广泛用的γ射线源。辐照植物的γ射线照射装置有钴源照射室、γ圃场、γ温室；β射线是一束电子流，每一个β粒子就是一个电子，带负电荷。农业上常用的为磷和硫等的放射性同位素，在原子核衰变时放出β射线，其穿透力比X、γ射线低得多，所以把放射性同位素配成一定活度的溶液处理植物材料，放出的射线对细胞组织形成内照射；中子是一种不带电粒子，质量比氢核略重，由原子核反应堆、加速器或中子发生器产生。据其能量的大小分超快中子、快中子、中能中子、慢中子、热中子。目前中国一般采用400千伏高压倍加器产生的快中子处理植物材料。

辐射原材料的选择 辐照原材料的正确选择是辐射育种成功的基础。根据辐射育种特点选择综合性状好、有某一两个须改良的性状的品种、无性系或杂交材料作为处理的原材料。应选用杂合程度高的材料处理。基因型杂合程序高的材料诱发产生隐性突变的性状比纯合材料易于显现，能提高后代的突变频率及选择机率。处理原材料的遗传背景可影响突变率、突变性状的表现，所以要选择易发生突变的基因型。贾思克(Jank)对射线处理不同花色的菊花进行研究，发现粉红色的菊花是诱发其他花色突变最适宜的辐照材料，其次是白色、青铜色、红色及紫色品种。对郁金香花色诱变研究，发现用粉红色的试材最适宜，用黄色品种就难于诱发花色突变。辐照风信子深色品种，可产生很多花色变异。中国对辐照菊花品种变异特性进行研究，发现品种间的可突变性有很大的差异，并筛选出13个易突变的品种。

辐照的方法和材料 辐照的方法分外照射和内照射两种，前者应用居多。外照射是指被处理的植物试材受体外某种辐射源发出射线的照射。在短期内(几分钟、几小时)对处理试材照射完所需的全部剂量称为急性照射，这种方法简便、安全，可处理大量的材料，是最常采用的方法。在植物生育期间较长时间内(7天、几个月、甚至几年)照射完所需的全部剂量称为慢性照射，这种方法需专门γ圃或γ温室辐照设施，目前中国仅四川、浙江、黑龙江等省的农业科学院开展了月季、菊花、君子兰等慢照射的研究。

处理材料有块茎、鳞茎、球茎、块根、枝条、幼苗、种子、生长植株和花粉等。由于突变发生在单个细胞中，受处理的芽原基或胚所包含的细胞越少越好，这样可产生较宽的突变扇形体，减少体细胞选择，易于突变性状显现。最理想的处理材料是单细胞材料或由单细胞长出的不定芽。在辐照球茎、块根等材料时，应尽可能在其上的芽处于最早的发育阶段时进行。由于以上这些材料的体积较大，在辐射过程中为保证接受均匀剂量，必须使被处理材料处在转动中或辐照一半剂量后进行翻转；在辐照休眠枝时，可把芽条剪成20cm长、捆粗直径3cm一束。辐照时，须将枝条基部和生根的扦条进行屏蔽，以保护根系不受射线照射，以免影响成活率；用射线处理种子主要诱发胚芽生长点细胞的突变。可处理干种子或萌动种子。处理干种子，便于远距离运输，手续方便，处理量大，且剂量较为精确。处理萌动种子，可利用细胞分裂的同步性，在诱变最有利的细胞分裂时期辐照，提高诱变效果；辐照花粉时辐照剂量应较低，产生嵌合体很少，诱发的突变率高。其方法是先将花粉装入容器，置钴源室中辐照后立即授粉。

辐照后的分离鉴定 植物组织是多细胞构成的，辐照后，只是分生组织中某些细胞发生突变，易导致嵌合体的形成，降低突变率和诱变效果。为使体细胞选择减少到最低程度，使突变细胞分离显现，成为稳定的同质突变体或周缘嵌合体，常用摘心、短剪、嫁接或连续扦插等方法将试材中产生的体细胞突变分离并显现出来。为此,必须掌握产生突变细胞最多的部位。据研究,辐照芽长出初生枝的低位芽(基部芽)具有最多数量的突变细胞。因此可对处理过的试材,长出的一年生初生枝留几个基部芽摘心或短剪,或把初生枝上的若干低位芽转接,或是对插枝连续扦插,分离出同质突变体,作进一步选择与鉴定;还可采用诱生不定芽的技术,减少体细胞选择,获得同质突变体。世界上已有350种植物可在离体叶的不同部位产生不定芽,而后长成完整植株。这种不定芽往往起源于单细胞,可获同质突变体。如荷兰用X射线处理杂种扭果花的半叶,由诱发的不定芽获得同质突变体小植株达30%以上,在大量突变体中有5个突变体在试验后的第三年就定为商品品种投放市场。

观赏植物的种子或营养器官经辐照后,长成的枝条或植株是由遗传性不同的体细胞构成的嵌合体,对这种扇形嵌合体一般不进行选择,即使表现出形态变异,一般不能遗传到下一个世代。经辐照后长出的初生枝或 M_1 代必须经过重复修剪或扦插获得 VM_2(第二营养世代)VM_3 植株或 M_2 代使扇形嵌合态转化为稳定的周缘嵌合体(或同质突变体)后,才能进行初步的选择。初选时,因多数选择株型、花和叶色泽、形状、大小等变异,且试验群体较大,可用官能鉴定或简单的测量方法发现变异,选出符合育种目标的突变体,并与对照进行比较。如选择的是耐低温、抗病的突变体,则需要给予一定低温条件或病原接种进行鉴定。初选出的突变体经营养繁殖后确定其突变稳定性,决定入选后,再对其他特性进一步用仪器或其他方法鉴定,如用细胞遗传学方法检查染色体数和染色体畸变;用生物化学方法鉴定酶谱、生理生化特性的差异;用层析技术分析花色素变异性质等。

围绕提高辐射育种效果,很多国家开展了多方面的研究,中国农业科学院原子能利用研究所以两种菊花品种的种子、插条、生根小苗、组培用外植体、愈伤组织、丛生芽为试材,以使种子活力指数(VI)和成活率(L)比对照下降50%的剂量值为指标,研究其辐射敏感性差异,其敏感程度:叶>茎>愈伤组织>丛生芽>生根小苗>插条>种子。荷兰对菊花采用累进辐射诱发突变体的方法取得了较好的效果。他们首次用射线辐照浅粉红色品种‘粉色霍里姆’(cv. Pink Horim)的插条,第二年获得大量的花色突变体,其中‘米隆卡’(cv. Milonke)等4个突变体定为商品种。以后对全部选株进行再次辐照,营养后代花色发生了大幅度变异,又选出花深红色、茎生长强健,花序大的突变体‘米罗司’(cv. Miros)。第三年再次对其辐照,又选出‘深色米罗司’(cv. Dark Miros)等几个优良突变体。采用这一方法,仅用了4年时间就获得了几百个花色突变体。它们不仅具有原品种优良性状,而且改善了商品质量与产量,选出的‘米罗司’(cv. Miros)品种群成为荷兰主要商品切花品种。近年来国外突变育种的目标为选育耐低温、耗能少的突变品种。荷兰首次用射线辐照菊花生根插条及以低温处理,选出了耐低温的突变体。‘帕莱而’(cv. Preil)辐照细胞悬浮培养物在低温条件下由细胞再生小植株,获得耐低温的菊花突变体。组织培养技术迅速发展为辐射诱变与离体组织培养结合的技术和选择新品种,开辟了广阔的前景。如江苏省太湖地区农科所对经射线处理的菊花幼嫩花器官进行离体培养,获得了13个突变类型。德国用X射线60GY处理一品红(*Euphorhia pulcherrima*)的细胞悬浮培养物,通过细胞再生植株,获得8.9%的突变率。

(李雅志)

福建柏(Fujian cypress) *Fokienia hodginsii*,别名建柏、滇柏。柏科福建柏属常绿乔木。染色体数2n=2x=22,24。高达20m,胸径达50cm。树皮红褐色,平滑。生鳞叶的枝扁平,排列成一平面。三出羽状分枝。鳞叶二型,交叉对生,成节排列。中间的鳞叶先端急尖,三角状;两侧鳞叶先端钝或尖,稍内弯或直;小枝上面的叶微凸,深绿色,下面之叶具凹陷和白色气孔带,呈蓝白色。雌雄同株,球花单生枝顶,花期3~4月;球果球形,红褐色,翌年10~11月成熟,熟后开裂。为亚热带树种,分布于中国福建、浙江、江西、广东、广西、云南、贵州、四川等地。喜生于气候温暖,雨量较多,湿度较大,土质湿润,腐殖质层较厚,排水良好的酸性黄壤地带,在较高海拔处生长良好。播种繁殖。萌蘖力强,耐修剪。福建柏树干挺拔,鳞叶紧密,蓝白相间,在园林中常作片植、路旁列植、草坪内孤植,也可盆栽作桩景。还可与落叶阔叶树混交,植于园之一隅,构成林相,以示森林之美。 (陈 辉 陈榕生)

福禄考(phlox) *Phlox drummondii*,别名小洋花、草夹竹桃、洋梅花。花荵科福禄考属一年生草本植物。染色体数2n=14。茎直立多分枝,高15~40cm。叶阔卵形、长圆形至披针形,被绒毛,基部叶对生,茎生

叶互生。聚伞花序多顶生，花冠直径2～2.5cm，花冠高脚碟状、5裂，裂片平展，下部筒状细长，被软毛；原种花红色，有白、粉、红、玫瑰红、藕荷、蓝、紫色及一瓣二色等品种，花期5～6月。蒴果卵圆形，种子椭圆形，易散落。原产北美洲东南部。稍耐寒，不耐高温，宜轻松肥沃富含有机质、排水良好的中性土壤，尤忌碱性土，畏涝又不耐旱。喜阳光充足，连续阴天时花色不鲜艳，雨水过多易落花。多用播种法繁殖，华北及其以南地区可行秋播，以北地区宜春播。发芽适温15～20℃。秋播苗经一次移植，于10月上旬移入冷床过冬，早春移栽露地，4月中下旬定植。春播苗经1～2次移植后定植。福禄考花色丰富，着花密，花期长，管理可较粗放，故为基础花坛的主栽花卉，或作中心花坛、带形花坛、花境的配植材料，也可盆栽观赏，高型品种可作切花。变种还有星花福禄考（var. *stellaris*）、宽瓣福禄考（var. *rotundata*）等许多品种。

（朱秀珍）

复层混交（multi-storied forest）　将两种以上植物组成多层次结构的配植方式。合理采用复层混交式种植，通过把不同习性的植物进行垂直混交，组成了一个人工群落的整体。它能够比较充分地利用空间、营养和环境条件，提高保持水土及防风固沙等方面的功能，充分发挥植物在空间造景方面的作用，显示植物的群体美。

在园林环境中，复层混交的结构一般可分为乔木层、灌木层与草本植物三个层次。在亚热带、热带地区，则应增加层次，如另添大乔木、亚乔木、下木、攀援植物等，使总层次达六七层或更多。树种依其所处地位和所起作用的不同可分为主要树种、伴生树种和灌木树种三类。如在北京地区，用侧柏、黄栌与羊胡子草混交，层次明显，夏有荫，秋有色，郁郁葱葱，四季常青，景观效果好。

复层混交形成了一个具有多层结构的植物群落，相互补充，相得益彰，构成一个健康的、稳定的、长寿的人工群落。进行树种与草本植物搭配时，既要考虑各自的生态习性和生物学特性，还要考虑彼此之间的多种关系。其中最为关键的是光照的需求与生长速度两个因素。强阳性植物和速生树种应配植在最上层，喜阴性和慢长植物则在最下层，其余因地制宜，各得其所。这是一个复杂的工作，应在讲求科学性的基础上来提高艺术性。供人欣赏的林相和垂直的构图要互补互利，层次分明，不可全部郁闭，过于幽暗。

（高　翅）

富贵草（Japanese pachysandra）　*Pachysandra terminalis*，别名顶蕊三角咪。黄杨科富贵草属常绿亚灌木。株高20～30cm，地上部分生长繁茂，是一种覆盖能力较强的地被植物。叶倒卵形，具叶柄。中部以上叶片边缘呈粗锯齿状，基部楔形，质地光滑。穗状花序顶生，长3～6cm；花白色或淡黄绿色，花丝较粗，分离并伸出花瓣之外，雌雄同株。花期5～6月。果期7～8月。花叶富贵草（var. *variegata*），叶片绿白相间，观赏价值较高，用作花坛镶边或盆栽观赏。原产中国（安徽）及日本。在北方稍加保护即可安全越冬。耐半阴，在郁蔽度70%的乔木下或建筑物北侧半阴处能正常生长、开花。耐寒能力较强。在富含腐殖质、排水良好的土壤中生长茂盛。扦插或播种法繁殖，扦插成活率较高，播种需先行种子处理。

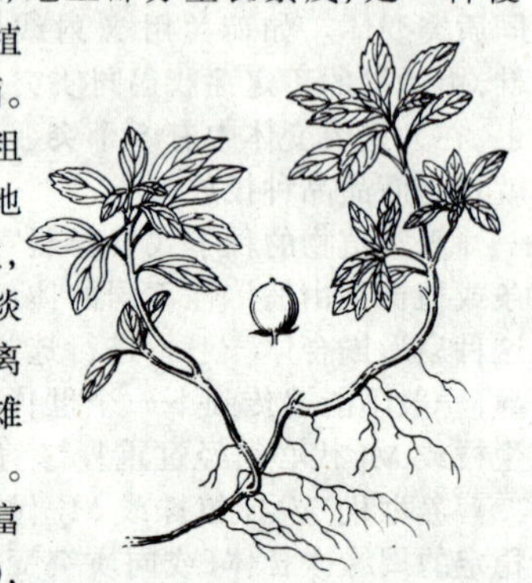

同属栽培的还有平铺富贵草（*P. procumbens*），全株平铺地面，落叶或半常绿，穗状花序腋生，长10～14cm，花白或粉红色，可作地被植物。

（胡叔良）

富宁藤（funing parepigynum）　*Parepigynum funingense*，夹竹桃科富宁藤属常绿藤木。叶对生，矩圆状椭圆形，长8～14cm，全缘。伞房状聚伞花序；花冠黄色，短高脚碟状，径约2cm；花期2～9月。蓇葖果2枚，合生，果期8月至翌年3月。产中国云南东南部。喜温暖湿润气候。播种繁殖。富宁藤的花和叶均美丽，适于温暖地区栽植观赏，可用于庭园棚架、枯树等的攀援覆盖。

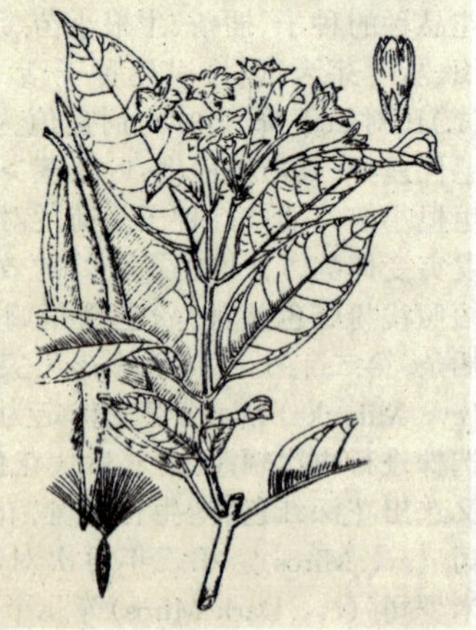

（包满珠）

馥郁滇丁香（fragrant luculia） *Luculia gratissima*，别名香滇丁香。茜草科滇丁香属小乔木。染色体数 2n=44。高达 5m，树皮薄、浅褐色。叶对生，椭圆形，长 10～15cm，全缘；顶生聚伞花序，花冠粉红色，径约 3～3.5cm，极芳香；蒴果倒卵状矩圆形，种子具翅。产中国云南，多生海拔 2000m 以上丛林中。喜光，稍耐阴；喜温暖湿润气候，适生于疏松肥沃排水良好的土壤。播种繁殖。馥郁滇丁香是优良的观花树种，花色美丽且具芳香，适宜在园林绿地中种植观赏。同属常见栽培观赏的有：滇丁香（*L.*，*intermedia*），灌木。高 4～5m，花红色。产中国云南、广西。鸡冠滇丁香（*L. yunnanensis*），灌木。高 3.5m。花具芳香。产中国云南。

（陈耀华）

G

营蒸蒸日上，以荷兰作为中心，在80年代末，年销售量超过1亿束。

干花（dry flower） 新鲜花材及野生植物的花、叶、茎、果，经过特定的物理、化学干燥处理后，保持自然原型、原色，或经人工漂白、染色、柔韧加工等工艺流程的制品。干花也称干燥花。17世纪初，欧洲已有干花应用。自1950年后，其生产应用在欧、美、南非、日本、东南亚及中国台湾省等地日趋流行。近年干花经营蒸蒸日上，以荷兰作为中心，在80年代末，年销售量超过1亿束。

《楚辞·离骚》中载有"余既滋兰之九畹兮，又树蕙之百亩。"兰指菊科的佩兰，蕙为唇形科的藿香。屈原种植的这两种香料植物均为熏衣避虫用。又如民间采艾（*Artemisia argyi*）挂在门栏上驱蚊虫，古人用其干燥的碎片装在香囊中，常佩系于身上或帐内。这些，均为中国干花生产、应用的早期形式。

随着干花商品技术的提高，在国际花卉市场中，干花销售量有逐年增长的趋势。其主要特点是：①干花是以自然花材为原料加工而成，与人造花相比，更富真实感。②种类繁多，约有200余种在国际市场上流通。姿态多样，富有时代感。③应用方式多种多样，如立体干花、平面干花及干花香盒等。

干花商品化技术可概括为脱水干燥、漂白染色、柔韧加工、防腐等工艺流程（见图）。可采用干花流水线

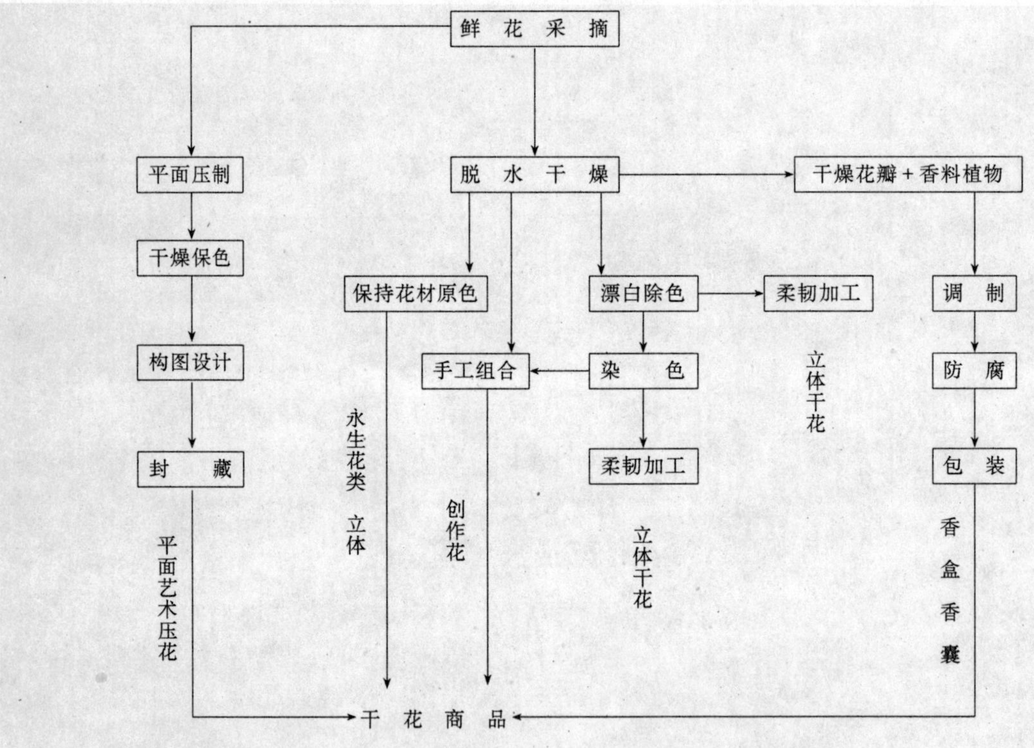

干花商品化技术工艺流程及产品类型图

等机械化、半机械化，或在运用一定用具、药品的同时，也进行手工操作。主要商品类型有：①立体干花。是干切花的重要组成，它种类广泛，可作插花及其他花卉装饰用。②永生花类。应用较多的有蓝雪科补血草属（*Limonium*）、菊科麦秆菊属（*Helichrysum*）、小麦秆菊属（*Helipterum*）及苋科某些属的植物。其共同特点是：花冠，特别是萼片为干膜质，即使采用自然干燥法，花色也几乎不变，可作各种花卉装饰的干花材用。③创作花。选择某些干花的局部如花托、叶片等，经人工组合、创作而成，可用于各式花卉装饰。④平面艺术压花。经物理、化学手段处理后的花材，通过构图设计、固定、封藏等工序，制成的平面花卉装饰品如装饰画、名信卡等。⑤干花香盒是用有香味的花朵碎片为主要原料，与香辛植物、香料一起调制，装入玻璃容器或布袋内，即成一种赏香饰品。其天然挥发物质具有灭菌等保健作用。 （吴涤新 王大钧）

柑橘（mandarin orange） *Citrus reticulata*，芸香科柑橘属常绿小乔木或灌木。染色体数 2n＝2x＝18，36。高 3～5m。小枝，通常有刺。叶互生，长卵状披针形，长 4～8cm，全缘或有细钝齿；花小、白色，芳香，单生或簇生于叶腋，花期 5 月；柑果扁球形，径 3～7cm，橙黄色或橙红色，果期 10～12 月。柑橘产中国，长江以南各地广泛栽培，美国南部、俄罗斯有引种。喜光，喜温暖湿润气候，耐寒力差，最低温度不得低于－5℃。宜排水良好，含有机质不多之赤色粘质壤土。主要用嫁接及高压繁殖，砧木多用枸橘、黎檬、酸橙等的实生苗。采果后、抽梢前及幼果形成膨大时，分别施一次追肥，有利于花芽分化和开花结果。主要病虫害有溃疡病、黄脓病、疮痂病及蟒象、蚱蝉、柑橘粉虱、橘蚜、吹绵介、柑橘粉介、红圆介、铜绿金龟子、大绿象虫等。

柑橘树形整齐，四季常青，适于庭园、绿地及风景区栽植观赏。

同属中常见栽培观赏的还有枸橼（*C. medica*），小乔木或灌木。果实近球形，柠檬黄色，顶端有 1 乳头状突起，果皮粗厚而芳香。其变种佛手（var. *saroodactylis*），果实分裂如指状，伸展或拳曲，富芳香，为名贵盆栽观果花木。黎檬（*C. limonia*），灌木。果实近球形，黄色至朱红色，顶端有一不发达的乳头状突起，华北常温室盆栽，为优良的室内观果花木。酸橙（*C. aurantium*），小乔木。果实近球形，橙黄色，果皮粗糙。其变种代代（var. *amara*），果实在当年冬季变橙黄色，翌年春季又变绿色，可 2～3 年不落，为庭园中观赏上品，也常作盆栽。此外，还有橙（*C. sinensis*）、柚（*C. grandis*）、香圆（*C. wilsonii*）、蟹橙（*C. junos*）和四季橘（*C. microcarpa*）等。 （肖 嘉）

橄榄（white canarytree） *Canarium album*，别名青果、山榄。橄榄科橄榄属常绿乔木。染色体数 2n＝48。高达 20m。奇数羽状复叶互生，小叶 9～15，长椭圆形至卵状披针形，长 4～18cm，全缘；圆锥花序，花杂性，形小，白色，芳香，花期 5～6 月；核果黄绿色，果期 10～11 月。产中国广东、广西、海南、台湾、福建、四川、云南及贵州南部，广东南部广为栽培；越南也有分布。喜暖热气候，易受霜冻。不择土壤，凡土层深厚，排水良好的山地酸性砂质红壤、黄壤，以及平原冲积土均生长良好。较耐干旱，不耐湿。多行播种和嫁接繁殖，也可扦插。播种一般在春季进行，播前用 100℃开水浸种，自然冷却后用冷水浸泡一天，点播。嫁接用于繁殖优良品种。常见虫害有星天牛和小金龟子等。

本种树姿优美，绿荫如盖，树龄可达百年以上，是优良的绿化兼果用树种。华南常用作行道树和绿荫树；根系深，抗风力强，也是很好的防风林树种。果实可生食或渍制。

同属植物常见栽培的还有乌榄（*C. pimela*），小叶 7～9，果实紫黑色。产中国广东、广西，越南也有分布。 （肖 嘉 陆益新）

《瓨荷谱》（*A Treatise of Potted Lotus*） 中国第一部荷花专著，清嘉庆十三年（1808）成书。“瓨”，同“缸”字。作者杨钟宝，字瑶水（1755～?），上海人。该书的内容为两大部分：第一部分是品种简介，收集整理散于江南民间的品种和作者通过实生选种育成的品种共 33 个。比明代《群芳谱》所载荷花品种多 7 个，比清代《花镜》所载多 11 个。谱中品名，90％系由作者根据花态、花型、花色拟定。在描述品种特征时，去伪存真，抓准重点，褒贬得体。如对‘千瓣’莲的花心变化体察入微，辨识所谓“并头莲”、“品字莲”、“四面莲”都是‘千瓣’莲同一品种。该谱推出的荷花品种分类系统，将花型大小作为 1 级分类标准，花朵重瓣性为 2 级标准，花色则为 3 级分类标准，基本符合荷花品种历史演化进程。第二部分是根据荷花生物学特性概括栽培管理要领为“艺法六条”，按周年操作顺序分为出秧、莳藕、位置、培养、喜忌和藏秧等项叙述。《瓨荷谱》是中国缸栽荷花兴旺发达时期的历史产物，基本反映了清代江南一带荷花品种资源的梗概。此分类体系在基本原理上，与 1962 年陈俊愉、周家琪首创的“二元分类法”基本吻合，贡献很大。其总结的盆栽荷花技术经验，易懂易行，至今对发展盆荷仍多参考价值。

（王其超）

杠柳（Chinese silkvine） *Periploca sepium*，萝藦科杠柳属落叶蔓性灌木。染色体数 2n＝22。有乳汁。叶对生，卵状矩圆形或披针形，长 5～9cm。聚伞花序腋生，花紫红色，径 1.5～2cm；花冠裂片 5，反折；副花冠环状，裂片丝状伸长；花期 5～7 月。蓇葖果双生，纺锤状圆柱形，果期 9～10 月。产中国东北、华北、西北、华东及河南、贵州、四川等地。喜光、耐旱、耐寒、耐瘠薄；根系发达，根蘖力强。分株或播种繁殖。适用于贫瘠坡地的绿化与美化，是耐粗放管理的地面覆盖植物。 （包满珠）

高山刺芹（eryngo） *Eryngium alpinum*，伞形科刺芹属多年生草本植物，常作一年生栽培。株高

60cm以上，根系粗壮。基生叶长约25cm，深裂，心形或三角形；叶柄长，茎生叶阔心形，上部常3裂或掌状裂。头状花序。总苞片12～18枚，倒披针形、刚硬、2裂，与花头等长或略长；花蓝、白色，花期7～8月。原产暖温带及地中海地区。喜温暖气候，在深厚肥沃、排水良好的砂质壤土上生长良好。春季分株、扦插或播种繁殖。种子在25℃条件下出苗较整齐。枝叶粗大，常作为花境材料或林缘、风景林地被植物。也可作切花。常见栽培种还有澳大利亚刺芹（*E. planum*），又名扁叶刺芹。为多年生直立草本，高约75cm。根粗壮，通常不分枝。茎灰白色，上部3歧或1～4回叉状分枝。伞形花序阔卵形或半球形，花浅蓝色。果表白色而有窄长鳞片。花期6月，果期7～8月。秋播或分株繁殖。原产澳大利亚。

（王彩云）

高山苣苔（ramonda） *Ramonda myconi*，苦苣苔科高山苣苔属多年生草本植物。染色体基数x=18。无茎，基生莲座叶丛，径约15cm。叶椭圆至卵形，具圆齿，起皱，叶面深绿色具白毛，叶背具红色毛。花葶带红色，通常有花数朵，花冠深堇紫至桃红或白色、5裂，裂片近倒卵形，长1.2cm。有白、洋红、玫红等色品种。原产南欧比里牛斯山区。耐寒，适生于北坡石隙、排水良好的腐殖土中。播种或分株繁殖。用于岩石园或高山植物展览室。

（王大钧）

高山葶苈（rockcress draba） *Draba alpina*，十字花科葶苈属多年生草本植物。染色体数2n=80，112。植株丛生，低矮。叶基生，成密集莲座叶丛，披针状椭圆形。顶生总状花序，小花4～10朵，初开时小花密集，呈伞房状，黄色，花瓣4。花期早春。原产欧亚大陆亚寒带地区。耐寒，冬季不可过湿。喜向阳环境和轻松土壤或石砾地。高温强光时应遮荫。秋季分株或分生小蘖繁殖。一般可播种繁殖。用于岩石园或栽培于矮墙隙缝。（王大钧）

高速干道绿化（express way planting） 对高速干道中央分隔带、安全防护带、立交地带和休息站附近等处的绿化作业。其设计要求做到有助于行车安全，美化沿途景观和诱导视线，减少或消除噪声与废气的污染，以及提供短时休息的条件，又便于管理。

中央分隔带宽为5～20m，只允许种草或低矮的地被植物，以免影响驾驶人员的视线，同时也可避免乔木落叶满地造成滑车事故。如隔离带较窄，则需增设防护栏。在干道两侧的安全带绿化内侧以铺草为主，而外侧可选择相宜的宿根花卉和配植乔木或灌木，注重分段与大效果，尽可能保护自然景观和原有树木，并与沿线景色变化相配合，使沿途景观优美富于变化，以引起驾驶人员的注意和愉悦，防止因过于单调容易产生疲劳，疏忽出事。遇到下坡转弯路段的外侧宜种植树丛树群，起到诱导视线和增强驾驶人员安全感的作用。高速公路原则上不穿过人口稠密的城镇，在近城市处设分叉路穿越市区，其路段已不属于高速行驶，故按一般公路进行绿化。高速公路无平面交叉，所以常有立交绿地，也是以种草坪和少量花卉、灌木为主，不宜种植乔木。

高速干道长在100km以上时，在每50km左右设一休息站，含有减速与加速车道、停车场、加油站、厕所、汽车修理以及餐厅、小卖部、野餐桌椅、园林小品、标志物、绿地等服务设施。规模大的还可设儿童游戏场地，供人们途中短暂停留休息。休息站应做重点绿化美化，使具有一定特色。在停车场可种植有浓荫的乔木。休息站各种设施之间用草坪、花坛、绿篱、庇荫树或树丛等按功能和美化要求布置成景色宜人的小花园。

（梁永基）

高雪轮（sweet william silene） *Silene armeria*，石竹科蝇子草属二年生草本植物。染色体数2n=2x=24。高约60cm，茎被白霜，上部有一段具粘液。叶对生，卵状披针形。复聚伞花序、顶生，具总花梗；花瓣淡红、玫红、白或雪青色，先端凹入，花径约1.8cm。花期5～7月。蒴果长椭圆形，种子肾形，具瘤状突起。原产南欧，喜温暖和光照。不择土壤，但以疏松

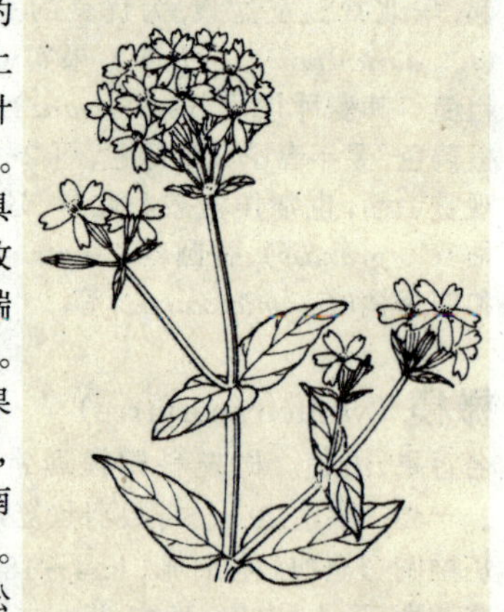

肥沃为佳。播种法繁殖。9月初播种，发芽适温为20℃。华北地区10月下旬至11月上旬进阳畦越冬，翌春定植露地。高雪轮适宜配置花径、花境，点缀岩石园或作地被植物，也可盆栽或作切花。

同属植物约500种，产欧洲、亚洲，中国有60余种。常见栽培的有：矮雪轮（*S. pendula*），又名大蔓樱草，株高约30cm，茎多分枝，近匍生。松散总状花序；花腋生，径1.3～2cm，微下垂，开花后萼筒膨大，花瓣5，先端2裂，粉红到淡粉色。花期4～6月。栽培品种花色有白、淡紫、浅粉、玫红等。变种有夏弗塔雪轮（*S. schafta*）、密麦瓶草（*S. compacta*）和蝇子草（*S. fortunei*）等。

（王月新）

葛藤（lobed kudzu vine） *Pueraria lobata*，别名野葛。蝶形花科葛属落叶藤木。全株有黄色硬毛。块根肥大。茎缠绕，长10余米。小叶3枚，顶生小叶菱状卵形，边缘有时浅裂；侧生小叶偏斜，边缘深裂。腋生总状花序，花紫红色，花期5～9月。荚果条形，果期9～10月。除新疆、西藏西部外，中国南北均有分布。日本和朝鲜半岛也有。喜光，耐干旱瘠薄，不择土壤。根系发达，有根瘤，生活力极强。播种、压条、扦插繁殖。葛藤叶大花密，很美观，适种植于棚架、绿廊、绿门等；若任其缠绕山石陡壁、悬崖，枝蔓下垂，繁花艳彩，妩媚动人，也是改良土壤及保持水土的好材料。根、花入药。 （庄茂长）

根部修饰（additional treatments for Penjing roots） 为加强树木盆景的野趣和艺术效果而对根部进行人工雕饰的技术措施。根部修饰造型是中国盆景艺术造型的重要技法之一。主要方法有弯曲、雕饰和提露三种。

根的弯曲 常用方法有盘根、连根、石附三种。①盘根法。从小苗开始培养，使根群上部形成盘绕的曲根。其方法有三：一是人工盘根，将小苗的几条长根缠绕在根蔸处，盆栽培养，数年后逐渐露土。根的蟠扎弯曲，要求姿态自然屈曲，切忌规则、圆正。蟠扎时，可有意勒伤部分根皮增加根部露土部分的疤痕，使露根显得苍老。二是石砾盘根，凡是耐瘠薄的树种，将其栽种在混有1/2以上石砾的壤土中，经3～4年根部弯曲，露土后交错盘结。三是螺壳盘根。将小苗栽在混有螺壳的盆土中，树根长入壳内，经3～4年形成螺旋状弯曲，敲碎螺壳即可露出曲根，有独特的观赏效果。②连根法。是培育连根式树木盆景的方法，有埋根和压条两种。埋根培育，即选用容易萌生根蘖的树种，取长10～20cm的根段，用铅丝缠曲成一定弯度，平栽于盆内，促其长出不定根和不定芽，经2～3年即可长成连根式桩景。压条培育，即选用发根性强的树种，剪取其基部枝条，用铅丝缠绕弯曲，并刮去部分树皮，压入土中（压土要牢实）。待新芽萌生，不定根伸长，翌年春季剪离母株，拆除铅丝，盆栽养护，经数年后形成连根式桩景（图1）。③石附法，也称附石法，是常用桩根修饰方法之一。选疏松多孔、吸水性强的石料作为树根的附着体。先将石料凿一些洞孔或透穿的穴眼。在较大的洞孔中填满肥土，将树桩短根插入洞穴，而较长的根则插入穴眼内。另外，将部分长根紧贴石表，呈抱石状。桩根附石后，将整个石块涂以草泥，厚度以根不外露为度，经2～3年，根与石面贴合。用水冲掉草泥后，附石之态即形成了（图2）。

此外，还可用外形凹凸不平的粘重土团，将根条随形展布其外，然后一同栽入盆中，可使根保持屈曲状态生长，2～3年后也可定型。

根的雕饰 树根的表面雕饰，主要是为了使以后露土的根皮表面粗糙皱裂，姿态古朴。雕饰方法与枝干雕饰基本相同，只是根部雕饰处理不宜太重。在树木翻栽季节，采取截直取曲的修剪法，或划破粗根外皮，也有一定的雕饰效果。

根部雕饰后，要用灭菌剂处理。处理方法是将修剪、雕饰的树根，用1%硫酸铜溶液或20%石灰水浸泡消毒一小时；也可用福美锌、赛力散掺细土撒于根部周围，防止根部罹病。

根的提露 树桩盆景的露根，俗称“鸡爪根”或叫“提根”。常用的露根树种，多为发根力强，长速快的落叶树，如迎春、六月雪、紫薇、三角枫等。露根应分几次（即几年）进行。根据树种的不同习性，每两次之间间隔半年、一年乃至两年不等。一般采取的方法有深盆高栽壅土法、深盆平栽冲水和圆筒砂培法三种。①深盆高栽壅土法。先将树桩高栽盆中，在根部周围壅培

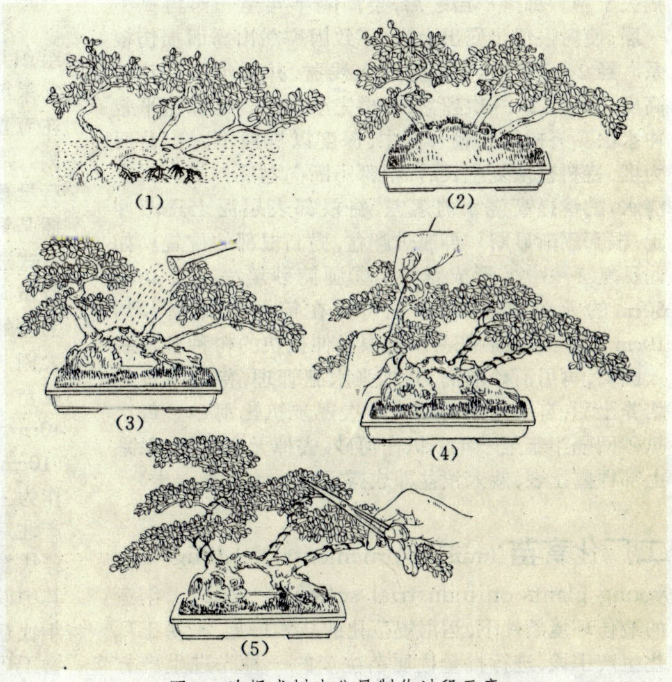

图1 连根式树木盆景制作过程示意

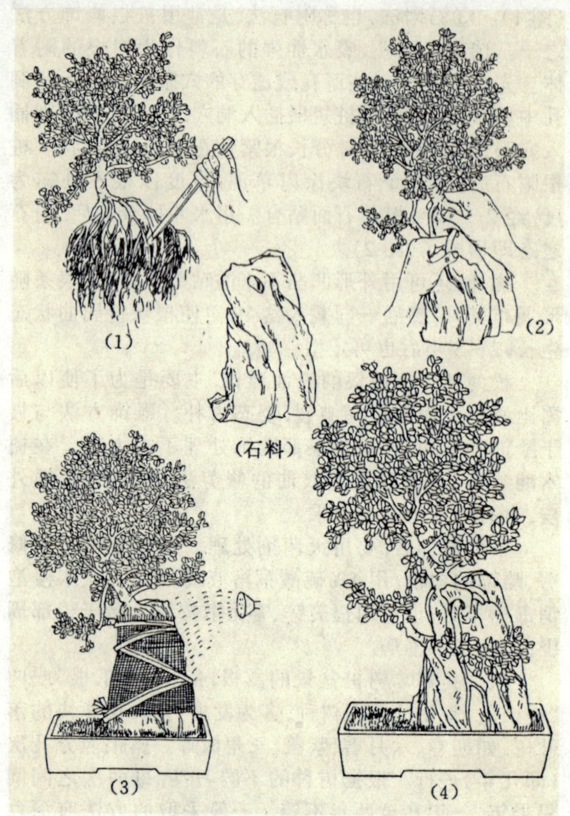

图 2　附石式树木盆景制作过程示意

馒头形土堆,使桩根不外露。一年后,自上而下一层层掏去土壤。每掏一层之后,要间隔半年至一年再掏下一层,使树根逐步露出土表,不致因突然出露而损伤根系。经 2～3 年,从深盆翻栽入浅盆,并逐步提高栽培高度。再经 2～3 次翻盆,桩根完全裸露。②深盆平栽冲水法。将树桩先栽入盆中,深度以桩根不露出盆面为度,待树桩恢复生长后,根部不断向盆底伸长。每次浇水,酌情提高浇水的落差,将根部表层泥土逐渐冲走,根部逐渐显露。再通过翻盆,提高根部的位置。如此反复 2～3 次,形成露根。③圆筒砂培法。选 40～50cm 的无底圆筒(深盆也可),在筒的下部填入约 10cm 培养土,然后把易发侧根且伸长快的树种桩坯栽入圆筒,再用河砂填满,并加强水肥管理,待根系长入培养土后,自上而下,分 3～5 次逐步扒出河砂。每次扒砂间隔半年至一年。扒完河砂,去掉无底圆筒,根系上部裸露土表,栽入浅盆即成露根。　（邵　忠）

工厂化育苗(raising ornamental seedlings and young plants on industrial scale)　在人工创造的最佳环境条件下,运用规范化的技术措施,采用工厂化生产手段,进行批量优质苗生产的一种先进生产方式。工厂化育苗有以下特点:①运用现代化的温室、培养室或其他保护地等设施,在人工控制的适宜环境条件下,不受气候季节的影响,可以周年进行苗木生产。②采用科学化、标准化、规范化的先进技术措施。③运用机械化、自动化或生物技术等先进生产手段。④生产速度快、周期短,批量大,质量好,标准一致,成本低,效率高。⑤有稳定的生产程序,形成精细分工、密切配合的工厂化生产线,并能保持生产连续性,具备及时更新产品的能力。随着科学技术的发展与普及,工厂化育苗必将会更广泛地发展。

观赏植物的工厂化育苗是 20 世纪 50～60 年代开始发展起来的一项新兴技术,特别是近 10 年来发展很快。随着欧美各技术先进国家相继研究和推广发展了容器育苗,使育苗业开始走上工厂化生产的道路。另外,无土栽培的研究和广泛应用,也推动了工厂化育苗生产,并在自动化、机械化方面得以进一步完善。尤其是植物组织培养技术发展到 60 年代,成为大批量、专业化、商品化的工厂化育苗的主要生产方式。目前全世界,已有 1000 种以上植物组培成功,年产各种试管苗 6000 万株以上(1985 年资料),其中以观赏植物占大多数。例如:美国、泰国、马来西亚等国形成了兰花的工厂化生产。荷兰、意大利以及其他欧、美等国家在香石竹、非洲菊、月季、唐菖蒲以及球根类花卉等方面,应用植物组织培养技术进行育种、脱毒、快繁,已形成了大批量工厂化商品生产。随着现代科学技术的发展,许多国家在花卉生产上都利用现代温室,实行自动化,电脑综合控制。采用车间式育苗方法,进行生产管理。

观赏植物工厂化育苗主要采用播种、扦插和应用组织培养快速繁殖技术的试管苗生产等三种形式。①采用播种方式进行工厂化育苗,多用于一二年生草花育苗,一般都是季节性生产,在温室内(或塑料大棚),用手工操作,播种在育苗盘或其他塑料容器内,进行批量生产。在中国尚无稳定的大规模生产线。②扦插是繁殖观赏植物苗木的主要手段之一,中国用扦插方式进行工厂化大批量生产苗木的企业尚不多见。北京市园林局东北旺苗圃育苗研究所建立了以北京小菊为主的宿根花卉工厂化生产线。利用自控温室和塑料大棚,建立了良种繁育车间(种条采集)、扦插车间及半成苗、成苗培育圃,采用规范化的扦插容器(塑料屉 40cm×70cm×9cm)、扦插基质(蛭石)及育苗容器(10cm、13cm、15cm 塑料钵),配备喷灌设施,以手工操作为主,形成生产流水线。每年春夏(4～5 个月)可生产北京小菊 60 万～70 万株以上。③应用植物组织培养快繁技术,进行工厂化育苗生产,属高新技术产业。其中以观赏植物试管苗生产发展最为迅速,中国从 80 年代初开始在较大范围推广应用,如今已成为观赏植物工厂化育苗的重要手段之一。其主要设施包括:接种室(无菌操作)、培养室和用以配制培养基、高压灭菌、清洗玻璃容器的综合实验室,以及保证试管苗过渡和壮苗培育的自温室或节能温室及塑料大棚等保护地设施。接种室内设有超净工作台及各种接种工具;培养室设有多层培养架,架上安装补光光源,并有空调自动调节室内温度;综合实验室备有高压消毒锅、万分之一分析天平及各种玻璃器皿,配制溶液及培养基的各种容器,以及用于试管苗生产的容器(三角瓶为主,或其他代用品)。北京市园林局东北旺苗圃育苗研究所从1986年以来建立了多条月季及其他观赏植物工厂化育苗生产线。其工艺流程是:选取适宜的外植体接种在三角瓶培养基上。在培养室中培养,诱导成功后,不断扩繁、增殖,当分化试管苗达到一定基数后,开始生根培养。待生根后出瓶,移植在塑料屉的蛭石基质上在自控温室中过渡,20～30天后过渡苗移植于10cm塑料钵容器中进行壮苗培养(基质采用细砂、泥炭、松针土、腐叶土、有机肥等混合配制)。1～2个月后再移栽入15～20cm大塑料容器,在塑料棚或育苗圃培育成苗。由试管中生产的月季苗,比常规扦插的月季苗提前一年成苗。

(林功涛)

公共建筑绿化 (landscaping around public buildings) 根据公共建筑的功能与特点,在其周围合理地布置花木等的绿化作业。以美化建筑物环境,丰富城市景观,并为游人提供短暂休息的场地。

公共建筑类型一般可分为三类:①纪念建筑,如纪念堂、纪念馆等;②文教建筑、演出建筑、体育建筑、展览建筑等公共建筑,如博物馆、展览馆、影剧院、俱乐部、体育馆等;③供商贸、旅游服务及其他事业用的公共建筑,如商业大厦、旅馆、餐厅等。公共建筑使用功能的不同,决定了公共建筑绿地的形式多样性,总的要求是以植物为主要的造景手段;绿化要与公共建筑的功能相统一,与公共建筑的外部空间环境和建筑形式相和谐;外部环境处理"以建筑为主,环境为辅",即绿化环境起烘托主体建筑的作用。

纪念性建筑的绿化,以美化环境、烘托建筑环境气氛为主要目的。通常采用规则式的布局手法,多选用常绿树种,创造严谨深远、层次凛然的气氛。如毛主席纪念堂绿化设计,即以油松、柳树为基调,柳树早报春讯,松树寓意高洁,通过规则式的构图,突出庄严、肃穆的气氛。

文教建筑、演出建筑、体育建筑、展览建筑等采用简洁明快的布局手法,因地制宜地处理好大量人流瞬时集散的问题。绿化要便于人流通过,避免绿地遭受破坏。在绿地布局中要考虑可供游人短暂休息的设施,形成以植物为主,特色鲜明,装饰性、实用性相结合的安排。根据建筑室外空间的构思意境,以各种园林小品突出室外空间构图中的某些重点,起到强调主体建筑、点缀空间的作用。在绿化设计中,常在出入口、广场中心、庭园绿化焦点等处,设置喷泉、水池、花架、亭廊、灯柱、雕塑等,形成街道与公共建筑的过渡性空间。如在北京民族文化宫绿化设计中,在广场中心以喷泉作整个绿地的构图中心,形成良好的过渡空间。树种则选用体型优美、观赏性高的乡土树种和四季花木,形成景观优美、具有地方特色的环境。

商业建筑、旅馆、餐厅绿化要注重装饰性与实用性。旅游宾馆绿化要有民族风格和地方特色,借助中国园林的处理手法来延伸室内外空间,构成一个综合的整体,形成可赏、可游的外部空间。广州东方宾馆的绿化,采用中国园林的造景手法,将室外自然景观和室内空间有机地联系起来。旅馆、饭店前的绿化要保留绿化隔离带和基础栽植,以保持室内的安静环境。商业建筑的绿化在大橱窗、宣传广告前要留有一定的空间。在高层建筑屋顶可设置屋顶花园,采用绿化和硬质铺装把屋顶分割为功能不同的空间,并用蛭石等轻型介质种植树木花草,进行造园,既弥补城市公共绿地指标之不足,又能提供建筑上端的活动空间。

(李　雄)

公路绿化 (greening along highways) 根据绿化的规划和规格要求,在公路两旁进行植树造林的绿化作业。广义地说,公路沿线的一切绿色覆盖均属于公路的大环境绿化。视野所及的山丘、水体、农田、村镇,也属于公路景观的范畴,对过路旅客都能留下深刻的印象。公路用地的范围,除车行及人行道路外,还包括两侧路肩、分车带、边沟、边坡等。

公路绿化与公路路基、路面、桥涵、交通设施、标志线等共同构成公路的整体。公路绿化的作用有稳固路基、保护路面、美化路容、舒适行旅、诱导交通、改善附近的生态环境,有时还有附带的经济效益。搞好公路绿化应包括规划设计、树种选择、苗木培育、栽植、抚育管理、砍伐更新等各个环节。设计的内容,除公路两侧的行道树之外,还包括公路中央隔离带、防护带、交通导向岛、广场、候车站、停车场的绿化。

公路绿化应根据公路的等级、路面的宽度来决定,一般路面在9m或9m以下时,不宜在路肩上植树,应植于边沟以外,公路征地范围边界线以内约1m处。路面在9m以上时,可种在路肩上,距边沟内缘不小于0.5m为宜,以免树根破坏路基。公路交叉口处应留出足够的安全视距,在遇到桥梁、涵洞等构筑物,则5m以内不得种树。公路线长,则可在20～30km的距离内换一树种,使公路绿化不单调,增加了公路上景色的变化。这些变化对司机的刺激,有利于安全行驶;对植物本身,有防止病虫害漫延的作用。公路绿化应尽量与农田防护林、护堤林、护渠林及郊区卫生防护林相结合,做到一林多用,少占耕地。公路绿化的形式有自然式、规则式、混合式等。

公路绿化的树种选择要因地制宜、适地适树，尽量选择本地区的乡土树种。在树种配植上温带要以落叶树为主，适当配植常绿树，乔木为主，配以灌木；亚热带以南以常绿树为主，重点地区配植花卉，边坡铺草减少冲刷。公路绿化主要是行道树，过去常用等距离、同树种、同规格、单一的种植方式，近代公路植树提出自然式配植，宜宽则宽，宜窄则窄，疏密相间，高低错落。选择3～5年生较大规格的苗木，冠幅大、枝叶密，移植容易成活，深根性、耐瘠薄及粗放管理、病虫害少的树种。在北方要求能耐寒，南方能耐热，寿命较长，抗风，且有一定观赏价值的树种，例如银杏、毛白杨、槐、旱柳、悬铃木、樟树、桉树、榕树、银桦、木麻黄、油松、雪松，侧柏、桧柏等。

（赵宏生）

珙桐（dove-tree） *Davidia involucrata*，别名水梨子、鸽子树。珙桐科珙桐属落叶大乔木，为中国特产的珍贵观赏树种，属国家一级保护植物。高15～30m，树皮深灰褐色，呈不规则薄片脱落。叶互生，宽卵形，长9～15cm，边缘有粗齿，叶背面密生短柔毛。花杂性，头状花序，花序下有2白色大苞片，长7～15cm，宽3～5cm，花期4～5月。核果长卵形，紫绿色，种子长卵形，种皮坚硬，果期9～10月。变种有光叶珙桐（var. *vilmoriniana*），叶背无毛。从北纬26°46′的贵州省清镇县，至北纬32°43′的甘肃省文县，从东经98°6′的云南省贡山县，到东经111°20′的湖北省长阳县，在中国7个省（甘肃、陕西、湖北、湖南、四川、贵州和云南）约40多个县市均有分布。珙桐呈间断分布，垂直分布在湖北为海拔600～800m，在云南为2400～3200m。喜半阴和温冷湿润气候，尤喜空气湿度高。略耐寒，宜深厚、湿润、疏松、肥沃、排水好的酸性或中性土壤，浅根性，侧根发达，萌芽力较强。天然生植株15～18年开花，人工栽培者7～10年开花。播种繁殖。也可用嫩枝扦插。珙桐的害虫有天杜蛾、金龟子、地老虎等。用90%敌百虫800～1000倍液喷洒苗床或苗木。珙桐树体高大，树形优美，开花时节似白鸽万羽栖树端，蔚为壮观，是世界著名的庭荫树和行道树，适宜在各类园林绿地中栽植。

（宋朝枢）

钩藤（sharpleaf gambir-plant） *Uncaria rhynchophylla*，茜草科钩藤属常绿藤木。小枝四棱形，光滑。叶对生，椭圆形或卵形，长6～10cm。头状花序单个腋生或为顶生的总状花序式排列，径2～2.5cm；花冠黄色，长6～7mm，花期5～7月。蒴果倒圆锥形。产中国湖南、江西、福建、广东、广西、贵州等地，日本也有分布。喜温暖湿润气候，较耐水湿。播种繁殖。钩藤花、叶秀丽，适宜于南方庭园栽植，可覆盖棚架、山石等，尤适在溪边、湖畔等水湿处种植。

（包满珠）

钩吻（graceful jessamine） *Gelsemium elegans*，别名胡蔓藤、断肠草。马钱科胡蔓藤属藤木。染色体数2n=16。叶对生，卵形至卵状披针形，长7～12cm，全缘；聚伞花序，花黄色，具芳香，花期秋冬。蒴果椭圆形，果皮膜质。产中国海南、广东、广西、福建、浙江、湖南、云南、贵州等地，印度、中南半岛、印度尼西亚也有。喜光，喜温暖气候及酸性土壤。播种繁殖。钩吻花、叶均有一定观赏价值，园林中可用作攀援绿化或基础种植。全株有剧毒，不宜在幼儿园等地使用。

（包满珠）

狗牙根（Bermuda grass） *Cynodon dactylon*，别名爬根草、铁线草、死攀茎草、行仪芝。禾本科狗牙根属多年生草本植物。染色体数2n=18，20。世界温带地区栽培已有200多年的历史。从19世纪末开始引种、选种及杂交育种等工作。20世纪前期，育成了一系列新品种，如用于高尔夫球场的cv. Tifgreen、cv. Tifway、cv. Tifdwarf等，这些品种叶丛低矮，覆盖度大，生长迅速。同时可用于园林绿化。远缘杂交种近年已用于园林及运动场，如已将中国云南狗牙根的远缘杂种用于足球场，表现良好，耐踩力特强。

狗牙根具粗壮根状茎和匍匐枝，节间长短不等，节部易生根和分枝。叶片条形，宽1～3mm。穗状花序指状排列于茎顶，小穗排列于穗轴一侧。主产全球温带地区，中国黄河以南多有分布。生长在旷野、荒地、河岸及草地。喜温暖湿润气候，不耐寒，冬季气温低于−12℃的地区不能越冬。在向阳处生长强健，半阴处虽能成活，但植株细弱。对土壤适应性强，耐干旱瘠薄，pH值6～7最适。多用匍匐枝或根状茎繁殖，整枝埋条或将匍匐枝切成长8～10cm的小段（至少有一个节），撒匀后覆盖厚1～2cm的细土，经滚压喷足水分，10天以后成活。种子瘪粒多，育成的部分新品种则可采集到大量种子。播种量5～9g/m^2。狗牙根繁殖迅速，成活容易，形成草坪需时短，耐粗放管理，中国南部、中部、东部及西南地区各省将其用于开放式草坪。抗踩能力强，用于湖边、河岸斜坡上，既能绿化，又可保持水土。也可用于足球和棒球等场地。

（胡叔良）

狗牙花（divaricate ervatamia） *Ervatamia divaricata*，夹竹桃科狗牙花属常绿灌木。染色体数 2n=22。高达 3m，具乳汁。叶对生，椭圆形或椭圆状矩圆形，长 5～11cm。腋生聚伞花序，通常双生，有花 6～10 朵；花白色，单瓣，边缘有皱褶，状如狗牙，花期 6～11 月（广州）。蓇葖果双生，果期秋季。栽培品种'重瓣'狗牙花（cv. Gouyahua），花白色，重瓣，广东、广西、上海、杭州及南京均有栽培。狗牙花产中国广东、广西、云南及台湾。喜半阴，喜湿润的酸性土壤。播种或扦插繁殖。本种枝叶茂密，株型紧凑，花色素雅，花期长，宜在林缘、水滨、花径及建筑物四周丛植或列植。

同属中常见的种有海南狗牙花（*E. hainanensis*），假伞房多歧聚伞花序，花较小，白色，产中国海南、广西、云南。毛花狗牙花（*E. offecinalis*），花白色，花冠裂片近镰形，两面有柔毛，花期 5～7 月，产中国海南。毛叶狗牙花（*E. puberula*），小枝、叶柄、叶背、花序及萼片外面均有短柔毛，花白色，产中国广东南部。

（张应麟　韦裕宗）

枸杞（Chinese matrimony-vine） *Lycium chinense*，别名枸杞子、枸杞菜、狗牙子。茄科枸杞属落叶灌木。染色体数 2n=24。中国最早见于《尔雅》，称枸檵。高 1～2m。枝细长，柔弱，常弯曲下垂，有棘刺。叶互生或簇生于短枝，卵形、卵状菱形或卵状披针形，长 1.5～5cm，全缘。花 1～4 朵簇生于叶腋；花冠漏斗状，长 9～12mm，淡紫色；花期 5～10 月。浆果卵形或长椭圆状卵形，红色；果期 6～11 月。栽培中有大果、圆果及黄果等类型。

广布于中国各地，朝鲜、日本、欧洲及北美有栽培。多野生于海拔 50～1500m 的山坡荒地。喜光，喜干燥而凉爽的气候，喜排水良好的砂质壤土。适应性强，耐寒、耐旱、耐轻度盐碱，忌低洼湿地。2～3 年生开始结果，5～10 年生进入结果盛期，一般寿命 30～50 年。萌芽力强。多行播种繁殖。栽培中注意剪除老枝、重叠枝、弱枝及越冬后的枯枝，控制萌蘖枝及徒长枝的生长。10 龄后注意选留基部健壮枝，更新衰老枝。

枸杞花果期长，秋季红果缀满枝头，十分美丽，为秋季观果花木，可供草坪、斜坡及悬崖陡坡栽植，也可作绿篱。果实及根皮入药。

同属中广泛栽培的还有中宁枸杞（*L. barbarum*），高达 2.5m，枝披散，叶长椭圆状披针形或卵状矩圆形，花紫红色，果宽椭圆形，产中国西北和华北，欧洲地中海地区及原苏联也有。

（郭生桢）

构树（paper mulberry） *Broussonetia papyrifera*，别名楮树。桑科构属落叶乔木。染色体数 2n=2x=26。高达 16m，树皮浅灰色，粗糙。小枝红褐或灰褐色，密被灰刚毛。叶互生，卵形，长 7～26cm，缘具粗齿，两面密生长柔毛。雌雄异株，雄花序为下垂柔荑花序，雌花序头状。花期 4～5 月。聚花果球形，橘红色，8～9 月成熟。品种有白果构树（cv. Leucocarpa）果实白色，产西南地区。构树产中国华北、西北、华东、华南、西南各地，日本、越南、印度等也有分布。喜光，能耐北方干冷和南方湿热气候，耐干旱瘠薄，也喜湿润，喜钙质土。根系浅，侧根发达，萌芽力强，生长较快。耐烟尘，对二氧化硫、氯和氟化氢等有毒气体具有较强抗性，对乙炔、苯也具有较强抗性。繁殖用播种、扦插、分蘖、压条法均可。可用做庭荫树，尤其是工矿、荒山绿化的好树种。

（崔纪如）

古迹园林（gardens and parks of historic interest） 有重要古迹、文物素材或残迹内容，或本身即具古迹价值的园林。世界各国皆有古迹园林。但文明古国如中国、埃及、希腊、印度等，其古迹园林尤为众多而著名。典型的古迹园林，仅指古代人文景观意义较大、保存古迹较多或本身闻名遐迩，如今只有残迹留存者。

古迹园林是一种特殊的园林，有其独特的意义：

①通过游园增长具体或特定的历史知识；②通过实例进行爱国主义教育；③寓反帝教育于园林游览之中，如北京圆明园遗址公园等；④在特定条件下，促进人们对历史人物（英雄、志士、伟人、名家等）的敬仰和凭吊之情（如扬州史公祠墓园、成都武侯祠公园等）；⑤名园本身就是一座活的历史文物，故对园林史研究有重大参考价值，如沧浪亭是苏州历史最为悠久的宋代名园，公元1044建亭，“清风明月本无价，近水远山皆有情”是亭内名联，写尽了该园山水相依、情景交融的造园艺术境界；⑥在宗教史上有重大价值，如陕西西安大雁塔，建于唐代（652），小雁塔亦为唐代所建（707），皆与佛经、佛教有历史渊源；⑦保存并宣传古树名木，如昆明温泉曹溪寺园林，即以一株元梅而著称。

按古迹园林分布地点可分为城市园林与山川园林。城市园林包括皇城中的御花园（如北京故宫内乾隆花园等）、皇家园林（北京北海公园等）、寺庙园林（昆明圆通寺等）、第宅园林（如苏州拙政园、上海豫园、北京恭王府等）及衙署会馆书院园林等等。山川园林位于山野、水滨或名山大川中，如离宫园林（北京颐和园、承德避暑山庄等）、丛林园林（峨眉山、青城山等）、陵园（陕西黄陵县黄帝陵园、南京明孝陵古迹等）、古迹风景名胜区（如陕西临潼骊山与华清池风景区、浙江绍兴兰亭等）、文人园林（如成都郊区之杜甫草堂、无锡寄畅园），等等。

古迹园林有特殊意义，其具有的历史古迹可反映文化传统的若干面貌。因此，保护并建设古迹园林，重点在其古迹与文物等，务须遵循以下原则：①保护原迹、原物，既保安全，又便参观、游览。②对于必须整修方可开放的古迹园林，则应以“整旧如旧”为目标。③对于仅存残迹而又具有很大历史意义和教育意义的古迹园林，如北京圆明园则可作遗址园林对待。但在建设时，应处处注意全园风貌与古迹遗址相协调，并于园内建立小型博物馆等，以便用实物进行爱国教育。④在建设古迹园林时，要尽量用实物、照片、文字等，对游人进行生动的历史文化教育与爱国主义教育。

（赵光华　陈俊愉）

古树名木（ancient and famous woody plants）树龄在百年以上，具有历史、文化、科学或社会意义的木本植物。中国系文明古国，古树、名木种类之多，树龄之长，数量之大，分布之广，声名之显赫，影响之深远，皆举世罕见。对古树、名木这类有生命的国宝，亟应大力保护，深入研究，发扬优势，使之成为中华观赏园艺的一大特色。

意义和作用　①历史的活见证。如山东莒县浮莱山“银杏王”已有3000年以上高龄；山西太原晋祠“周柏”已有3000余年历史；台湾“神木”红桧（*Chamaecyparis formosensis*），高寿2700年；西藏之巨柏（*Cupressus gigantea*），寿命2500年以上；陕西临潼之汉槐，已有2000年高龄；陕西省长安县温国寺和北京戒台寺（“九龙松”）两株古白皮松，均已1300多年，堪称中国和世界白皮松树龄之最。②名胜古迹的最佳景点。如黄山的迎客松（*Pinus taiwanensis*），陕西黄陵的“轩辕柏”，北京北海团城上的“遮荫侯”（油松）和“白袍将军”（白皮松），泰山“卧龙松”（油松），四川灌县天师洞冠幅36m的世界最大银杏，广东新会的“小鸟天堂”（小叶榕巨树），陕西勉县武侯祠的“护墓双桂”（古桂花）及苏州光福的“清、奇、古、怪”4株古圆柏，等等。③研究历史和自然的宝贵资料与依据。通过古树、名木的年轮和生长等具体情况，既反映出历史上的气候变化轨迹，又可追溯树木生长、发育的若干规律，还可借以印证某些史实。如北京颐和园东宫门两排古侧柏中，凡靠近建筑物的均因烧伤而致缺（树）皮——那是当年八国联军火烧颐和园遗留下的罪证之一。④供树种规划的重要参考。古树多属乡土树种，保存至今的古树、名木，是久经沧桑的活文物，可就地证明其对家乡风土具有很高的适应性。故调查本地栽培及郊区野生树种，尤其是古树、名木，可作为制订城镇树种规划的可靠参考。

古树长寿的原因　①多为本地乡土树种，或是适应性强、业已安家落户的外来树种。如中国的槐、桑、梅、榆、银杏、侧柏、圆柏（桧）、红桧、水杉、白皮松、栓皮栎、七叶树等。②多为深根性树种和实生繁殖树，故能抗旱，耐瘠土和其他不良环境条件。③多为慢长或中速生长树。它们新陈代谢较弱，消耗少而积累多，是其长寿的生理基础之一。④抽叶、发枝的时期甚长，而自开花至果熟需时甚短，亦即营养积累的时间长而消耗的时间短，如梅、榆、桑等。⑤病虫害较少，致命病虫更少；愈伤能力强，在破皮、空心、雷击、火烧后能较快恢复生机。如梅、槐、紫薇之属。⑥萌芽、成枝、更新能力强，易于更新、复壮。如樟、榕、槐、桑等。⑦多在野生分布中心和遗传多样中心土生土长，风土条件特别适合，故得天独厚而享长寿。如以梅而论，世界原产中心在中国，中国的中心在云南、四川、西藏。故当地古梅之资源最丰、树龄最长、品种最优、生长最佳，尤以云南为盛。据王其超等（1996）统计，中国现存57株古梅、名梅中，45株皆产云南省，即占全国古梅总数的79%。⑧受益于寺、观等特定社会人文条件。如在现存57株古梅、名梅中，植于寺庙、道观者36株，占63.2%（王其超等，1996）。

调查、分级、登录　古树、名木的系统调查，是摸清家底所必需，各地应组织专人开展调查，彻底掌握古树名木资源。调查内容主要包括树种、树龄、树高、冠幅、生长势、病虫害、生境、养护及有关资料（如碑、文、诗、画、图片、传说等）。

在调查的基础上加以分级，中国通常按树龄分为四级。一级：树龄1000年以上的古树，或具很高的科学、历史、文物价值，姿态奇特可观的名木；二级：树龄600～1000年的古树，或具重要价值的名木；三级：树龄300～599年的古树，或具一定价值的名木；四级：树龄100～299年的古树，或具保存价值的名木。

对于各级古树名木，均应设永久性标牌，编号在册，并采取加栏、加强保护管理等措施。一级古树、名木更要列入专门档案，尤当特殊保护，必要时拨出专款，派专人加意养护，定期上报。

养护管理　分别情况，有针对性地采取以下措施：①支撑、加固。树体易倾，或有枝条下垂等情况，可设支撑物加固。如北京故宫御花园大'龙爪'槐和皇极门内古油松，都用了棚架式支撑，收效良好。②修补树洞（见**树木外科手术**）。③设避雷针。很多古树曾遭雷击，严重削弱树势，有的伤重致死，如临潼汉槐，即为著例之一。故对古树、名木应加设避雷设备。④堆土、筑台。可起保护作用，也有防涝效果。砌台比堆土收效尤佳，可在台边留孔排水，如昆明市晋宁县盘龙寺的元梅。⑤整形、修剪。以少整枝、少短截，轻剪、疏剪为主，基本保持原有树形为原则。必要时也要适当整剪，以利通风透光，减少病虫害，促进更新、复壮。⑥防治病虫害。对于蛀干害虫如天牛等，尤应加急及时防治。⑦灌水、喷水、排水、松土、施肥。以按需要及时进行为好；其中松土一项，更要及早进行，以解决古树、名木附近土壤因踩实、板结而使根系透气不良等问题。⑧立标志、专设宣传栏。既需就地介绍古树、名木的重大意义与现况，又需集中宣传教育，发动群众保护古树、名木。

复壮措施　古树、名木由于种种原因，如树老势衰，土壤踩实，所留树穴过小而周围铺装面过大，土壤理化性恶化，以及人为损伤与自然灾害等，易致衰老，甚至死亡。一旦死去，损失无法弥补。故应重视古树、名木的复壮等抢救性措施，以收扶弱转强，复老为壮之效。

北京古树、名木特多，北京市园林科学研究所钻研古树、名木之复壮技术，针对首都公园等处古松柏生势衰弱的主因（土壤密实，透气不良），采取如下的复壮措施：①埋条法。分放射沟埋条与长沟埋条两种。前者在树冠投影外侧挖掘放射状沟（长1m许）数条，再将紫穗槐等枝条扎成捆，没入沟中。平铺一层枝捆后，撒土、施肥、薄覆土，再放第二层（枝捆），最后覆土，填平。后者沟长增至2m，其余做法与前者类似。②地面铺梯形砖。除在下层埋条，加强土壤透气性外，还在地面铺上大下小的特别梯形砖，砖间不勾缝而留有通气道，下用石灰沙浆衬砌。同时，可在埋枝捆土层之上种花栽草，围栏杆，铺带孔水泥砖或铁筛盖，以资保护，而免受踏，收效良好。③换土、施肥。如北京故宫从1962年起，通过换土、施肥等措施抢救古油松，使濒于死亡的古树呈现返老还童态势。④喷施或灌施生物混合制剂。据雷增普等报道（1995），用生物混合剂（"5406"细胞分裂素、农抗120、农丰菌、增产菌、生物固氮肥相混合），于1991～1992年进行了古圆柏、古侧柏的叶面喷施和灌根处理，明显促进了古柏枝、叶与根系的生长，增加了枝叶中叶绿素量及磷含量，也增强了耐旱力。

（陈俊愉　王其超）

瓜叶菊（florists cineraria）　*Senecio cruentus*

（*Cineraria cruenta*），别名千日莲、瓜叶莲、千叶莲。菊科千里光属多年生草本植物，多作一二年生栽培。株高20～50cm，茎绿色，具短刚毛。叶大、心脏形，掌状脉，边缘有波状或多角状齿，形似瓜叶。头状花序，多数簇生成伞房状，平展或呈管状，有白、粉、红、紫红、蓝、紫等色，有的舌状花瓣化，形成重瓣，花期11月至翌年5月。瘦果细小，先端有白色冠毛，种子寿命3～4年。千粒重0.025～0.03g。原产北非、加那利群岛，在北半球各国广为栽培。喜阳，稍耐寒，宜湿润、凉爽、通风良好的环境及肥沃疏松、富含腐殖质、排水良好的砂质壤土。忌烈日、高温与积水。

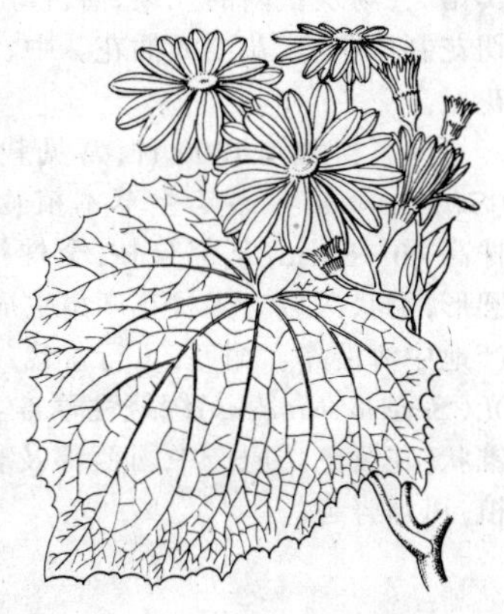

瓜叶菊为异花授粉植物，栽培品种类型较多。按花径大小分为大轮、中轮、小轮三类。大轮花径7cm以上，舌状花较宽；中轮花径3.5～7cm；小轮花径小于3.5cm。按株高可分为高型、中型和矮型三类。高型株高40cm以上，可作切花；中型株高30～40cm，可作切花或盆栽；矮型株高低于30cm，可作盆栽。按花期可分为早花型及晚花型。按花着生情况可分密花型与疏花型。

以播种繁殖为主，不易结实的品种可用扦插法繁殖。4～10月播种，播种用的容器、基质及工具应消毒，播后微覆土或不覆土，上盖玻片保湿，置阴处。发芽适温为18～20℃，5～10天萌发。出苗后撤掉玻片。真叶2～3枚时移苗一次，4～5片叶时上盆。经1～2次换盆后定植。早花品种6月播种，5个月后开花，一般品种播后需7至8个月开花。上盆、换盆时应施基肥，生长期每7～10天追施液肥一次，直至开花为止，雨季忌施肥。当夜温降至10℃时入温室，室温保持在10～15℃为宜。冬季在室内需阳光充足，并经常转盆，以保持匀称株形。植株上部腋芽应全部保留，使之开花；基部腋芽则应及时除去，以免消耗养分和影响通风。

根据花色、花型、株型等选择留种母株,留种母株应置通风良好、光照充足处。4月中旬至5月中旬所采种子最为充实。进行人工杂交,应于蕾期套袋,选晴朗天气授粉,隔日重复进行,连续3次。当花开始凋萎时除去套袋,采收种子要及时。

高温高湿时易患叶斑病(*Septoria chrysanthemella*)、白粉病(*Erysiphe* sp.)等,可用波尔多液,百菌清、硫菌磷、粉锈宁等防治。高温通风不良时,易受瓜叶菊瘤蚜(*Myzas* sp.)及红蜘蛛等为害,可用溴氰菊酯等药剂防治,用天敌进行生物防治更好。

瓜叶菊花期较长,为冬季主要的温室盆花,可用于宾馆、会场及室内的几案、窗台等布置。高型品种可作切花制作花篮、花圈或插花。中、矮品种也可用于早春花坛。

同属植物约1200种,常见栽培的还有:①雪叶莲(*S. cineraria*),多年生草本植物,染色体数2n=40。株高40~80cm,基部分枝,全株被白色绵毛。叶长椭圆形,羽状深裂。头状花序集生成伞形,花多黄色。原产地中海沿岸。耐寒,可行盆栽,或用于花坛。②千里光(*Senecio scandens*)缠绕性草本。头状花序集生成圆锥状,花黄色。原产中国西部及长江流域。在园中散植,可增野趣。

(虞佩珍)

栝楼(Mongolian snakegourd) *Trichosanthes kirilowii*,别名瓜楼、药瓜。葫芦科栝楼属多年生藤缘草本植物。蔓长10m以上,光滑,有纵沟纹。根状茎圆柱形、色大。具卷须。叶近圆形,5~7掌状分裂,表面疏生短毛,顶端急尖。雌雄异株,雄花为总状花序,偶有单生;雌花单生,花瓣白色,花期6~8月。果圆球形,熟后橙红色、光滑,种子扁平。分布中国北部至长江流域及其以南各地,朝鲜、日本也有。栝楼喜阳,也耐半阴,耐寒,忌水涝,适应性强。用播种与分根法繁殖。管理粗放,每年中耕、追肥2~3次即可。是垂直绿化的好材料。干果橙黄,冬季可做室内观赏。

(金 波)

观光木(fragrant tsoongiodendron) *Tsoongiodendron odorum*,别名香花木。木兰科观光木属常绿乔木。国家二级重点保护植物。染色体数2n=2x=38。高达25m,胸径达1.2m,小枝、芽、叶柄、叶背及花梗均被黄棕色糙伏毛;叶厚膜质,互生,全缘,椭圆形,长10~17cm,托叶痕延至叶柄中部以下;花单生叶腋,淡黄白色,带有紫红色斑点,花期3~4月;聚合蓇葖果长椭圆形,长10~14cm,10~11月成熟时暗紫红色,种子外种皮肉质,红色。产中国云南、贵州、广西、湖南、江西、福建、广东和海南等地,越南北部也有分布。多生于海拔800m以下的山谷、山坡阴处的阔叶林中。喜温暖湿润的气候,年平均温度为15.5~24℃,能耐极端最低-7℃;喜光,喜排水良好深厚肥沃的壤土。播种繁殖,种子千粒重165~180g。观光木树干挺直,枝叶浓郁,冠形整齐,四季常绿,花多、美丽而具芳香,果实大,悬垂,色泽艳丽,是一种花、果、树形兼美的观赏树种,可孤植用作园景树或行道树。

(王才明)

观果植物(plants with ornamental fruits)
以果实为主要观赏对象的观赏植物。它们有的色彩艳丽,有的果形奇特,有的香气浓郁,有的着果丰硕或兼具多种观赏性能。园林中常用以点缀景色,以丰富花后园林中色彩变化。也可剪取果枝插瓶或摘果实存放果盘,以供室内观赏。栽培观果植物,除满足其生态要求外,管理上应着重于促进结果和果实的生长发育,以达到果繁色艳等目的。

习见的观果植物除柿、石榴、柑橘等果树可兼作观果植物外,还有多种,如:①南天竹,浆果红色或黄色,经久不落;②木瓜,梨果金黄色,有浓郁香气,熟后摘放室内,久闻果香,沁人肺腑;③枸骨,常绿灌木,核果鲜红,密集成穗,冬季宿存,极为艳丽;④紫金牛,常绿小灌木,核果鲜红,密集枝顶,观果期长;⑤火棘,常绿灌木,梨果密集枝端,红艳可爱,经冬不落;⑥金瓜,一年生蔓性草本,瓠果扁圆,橘红色,熟后摘下,可放置果盘观赏;⑦冬珊瑚,小灌木,多作盆栽,茄果朱红色;⑧万年青,多年生常绿草本,浆果集成穗状,朱红色,宜盆栽。

(董保华)

观赏葫芦(bottle gourd; calabash gourd)
Lagenaria siceraria var. *microcarpa*,别名小葫芦。葫芦科葫芦属一年生草本植物。染色体数2n=2x=24。原产欧亚大陆热带地区。茎蔓生、密被茸毛,卷须分二杈。叶互生,心状卵形或肾状卵形,长、宽10~20cm,边缘具小齿。雌雄同株异花,花梗长,花单生、白色,花期7~9月。成熟果淡黄白色,长10cm左右,中部缢细,熟后果皮木质。种子矩圆形,千粒重

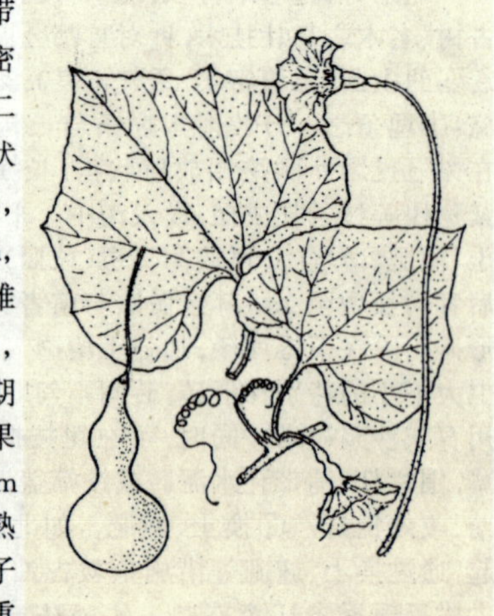

81g。不耐寒，宜向阳、湿润、排水良好的土壤。各地播种时间不同，长江流域3月上旬温床播种；广东12月至翌年1月播种；华北地区3月份室内或冷床育苗。分期定植，株距40～50cm，伸蔓后开沟施肥，以有机肥为主，并施速效氮肥。整个生长季灌2～3次透水。应早立棚架，使其攀援而上。果皮发白，果柄发黄时，取下悬于通风处，干后剖取种子。宜棚架栽培，既可观赏花、果，又是很好的遮荫材料，果熟后悬于室内，别具风趣。果实可入药。

（金　波）

观赏蕨（ornamental ferns）　蕨类植物中某些适于园林配置或室内装饰，具有一定观赏价值的种类。常见栽培的有铁线蕨属（*Adiantum*）、肾蕨属（*Nephrolepis*）、鹿角蕨属（*Platycerium*）和观音莲座蕨属（*Angiopteris*）。远在3亿年前的泥盆纪末至石炭纪时，蕨类多为高大乔木群，称为蕨类时代。二叠纪至三叠纪，这类植物大部分灭绝，现存的蕨类多为草本。蕨类植物是高等植物中比较低级而不开花的一个类群，约12 000种，热带和亚热带为分布中心。中国是世界蕨类植物丰富的地区之一，已知有2400余种，多分布于西南和长江以南地区。

栽培简史　观赏蕨在西欧、北美有很长的栽培历史，并在庭园中广泛应用。蕨类植物自然杂交现象很普通，新的观赏蕨杂种不断出现。目前栽培成功的观赏蕨超过500种，并有观赏蕨专著出版。中国利用蕨类植物较早，2500年前的诗歌总集《诗经》中已有“采蕨采薇”的描述。但观赏蕨的栽培在中国还处于引种阶段，20世纪80年代华南植物园建立了蕨类植物展览区；1989年全国第二届花卉博览会上有蕨类植物专室，其观赏价值逐渐受到重视。

形态和种类　中国具代表性的观赏蕨有以下几个属：①铁线蕨属（*Adiantum*），本属有200种。孢子囊群着生在叶子裂片的小脉上，有时扩展到叶肉。常见种有铁线蕨（*A. capillus-veneris*）、鞭叶铁线蕨（*A. caduatum*）、楔叶铁线蕨（*A. cuneatum*）、大叶铁线蕨（*A. macrophyllum*）、扇叶铁线蕨（*A. flabellulatum*）和荷叶铁线蕨（*A. reniforme* var. *sinense*）等。②铁角蕨属（*Asplenium*），本属有700多种。孢子囊群线形，生于侧脉上侧，叶脉两面稍隆起。常见种有鸟巢蕨（*A. nidus*）、山苏花（*A. antium*）、长生铁角蕨（*A. prolongatum*）、毛柄铁角蕨（*A. crinicaule*）和二型铁角蕨（*A. dimorphum*）等。③肾蕨属（*Nephrolepis*），本属有35种和不少栽培品种。为一回羽状复叶，叶片长条形。代表种有肾蕨（*N. cordifolia*）、皱叶肾蕨（*N. exaltata*）、尖叶肾蕨（*N. acuminata*）和剑叶肾蕨（*N. ensifolia*）。变种及栽培品种约400种，其中波士顿肾蕨、马歇尔肾蕨和苏格兰肾蕨栽培最普遍。④鹿角蕨属（*Platycerium*），本属有17种，还有不少园艺变种和天然杂种。孢子叶为多回二叉分裂。代表种有鹿角蕨（*P. bifurcatum*）、重裂鹿角蕨（*P. willinkii*）、真鹿角蕨（*P. grande*）、马达加斯加鹿角蕨（*P. madagacariense*）和异叶鹿角蕨（*P. diversifolium*）等。⑤凤尾蕨属（*Pteris*），本属有300种。有一层假囊群盖，孢子囊生在叶缘的一条边脉上。代表种有井栏边草（*P. multifida*）、大叶凤尾蕨（*P. cretica*）、箭叶凤尾蕨（*P. ensiformis*）、澳洲凤尾蕨（*P. tremula*）和细叶凤尾蕨（*P. umbrosa*）等。

分布　蕨类植物的分布几乎是世界性的，以湿润的热带和亚热带为中心。中国的观赏蕨分布情况如下：铁线蕨科铁线蕨属，广布于温带至热带地区，长江以南，陕西、河北等地分布比较广泛，是切叶和盆栽的主要材料；铁角蕨科铁角蕨属，分布于热带至温带地区，台湾、广东、广西和云南等地均有分布，较耐寒，可作岩石园布置材料，热带种用于室内盆栽观赏；骨碎补科肾蕨属，原产热带和亚热带地区，南方各地均有分布，为室内主要观叶植物，是切叶和制干叶材料；水龙骨科鹿角蕨属，原产热带非洲、亚洲、南美洲和温暖的大洋洲，中国仅有1种，分布于云南西部；凤尾蕨科凤尾蕨属，原产热带及亚热带地区，分布于华东、中南、西南等地区和河北省。

习性　蕨类植物按其生态习性一般分为：①陆生蕨，如桫椤、金毛狗、肾蕨、铁线蕨等。②附生蕨，多以根状茎附着在热带、亚热带乔木树干上，如鸟巢蕨、崖姜蕨等。③石生蕨，多生于岩石阴面或缝隙中，如铁线蕨和岩蕨属的一部分。④藤本蕨，如海金沙等主要用于点缀热带景观。⑤水生蕨，如槐叶萍、满江红等。原产热带的蕨类，喜温暖，生长适温3～9月为16～24℃，9月至翌年3月为13～16℃，冬季平均温度不低于10℃。亚热带生长的蕨类，生长适温为13～18℃，冬季不可低于5℃。大多数观赏蕨喜微酸性而深厚的腐叶土，鸟巢蕨、鹿角蕨附生性强，可生长于浅薄的泥炭土或腐叶土上；铁线蕨、凤尾蕨以疏松、肥沃含石灰质的砂壤土为宜。观赏蕨为阴生或较耐阴植物，自然分布于森林下层，怕强光，忌风吹，喜湿润的环境。

繁殖与栽培　观赏蕨常用分株、孢子和组织培养法繁殖。分株：将生长健壮的植株掰开分栽，如铁线蕨、肾蕨、凤尾蕨等；或分割带根的盾状营养叶进行移栽，如鹿角蕨、鸟巢蕨等。孢子繁殖：用消毒泥炭或砖屑作播种基质，将成熟孢子均匀撒在基质上，浸水后放20～25℃室温下，约30天发芽，孢子发芽后为原叶体，待长满盆时再分植。从播种至孢子体长出真叶需60～70天。组织培养：以孢子或根状茎尖为外植体，接种在人工培养基上，也能诱导出小植株，为规模性生产提供了新途径。

观赏蕨在高温多湿条件下，生长旺盛，生长期要充分浇水和喷水,以保持较高的空气湿度。水分不足,羽状小叶易发生卷边,孢子叶皱缩、变黄。休眠期应减少浇水。刚分株繁殖的子株,不宜过多浇水,应多进行叶面喷水。盛夏勿使强光曝晒,以免造成叶缘焦枯,以散射光为好,冬季则需光线充足。鹿角蕨、鸟巢蕨等附生蕨类用腐叶土或苔藓栽培,以疏松透水、微酸性为宜。生长期半月施氮肥一次,春季换盆时补充新土。铁线蕨、肾蕨、凤尾蕨等蕨类,植株过密要及时分株,除去老叶和枯叶。

病虫害防治　线虫可使观赏蕨叶片发生褐色网状斑点,可用克线丹防治。霉雨季节蛞蝓侵袭叶片,可人工捕杀。通风不畅,易引起蚧壳虫危害,出现斑点应及时防治。

园林应用　铁线蕨、凤尾蕨在江南庭院中,布置于假山隙缝、背阴屋角,或用于风景区、公园的林下、林缘、土坡或陡壁。盆栽点缀窗台、门厅、台阶,也可配置于山石盆景或装饰瓶景。肾蕨叶片常作插花配叶,西欧一些国家和日本常把肾蕨叶加工成干叶,作为干花的陪衬等。鹿角蕨、鸟巢蕨适用于立体绿化布置,如壁挂、悬吊观赏等。铁线蕨全草含挥发油和黄酮类物质,可入药;肾蕨块茎含淀粉,可食用;有的蕨类植物还可作蔬菜食用。

(王意成)

观赏辣椒(cherry redpepper)　*Capsicum frutescens*,别名朝天椒、五色椒、佛手椒、樱桃椒、珍珠椒。茄科辣椒属多年生草本植物,常作一年生栽培。染色体数2n＝2x＝24。原产美洲热带,16世纪传入欧洲,中国文字记载始见于《花镜》(1688)。茎直立,半木质化或半灌木状,黄绿色,多分枝,株高40～60cm。单叶互生,卵状披针形或矩圆形、全缘,先端尖,叶面光滑,微具光泽。花较小、白色,单生于叶腋,或簇生枝顶,具柄,花瓣基部合生,先端5裂。花期7～10月下旬。浆果直立、斜垂或下垂,指形、圆锥形或球形,幼果绿色,熟后红色、黄色或带紫色。种子千粒重3.4～4.4g。观赏辣椒依其果形可分三类:①樱桃辣椒(cherry pepper),果圆球形似樱桃,直立或下垂,果径1～2.5cm,黄或紫红色,极辣。常见'五色椒'即是其变种(var. *cerasiforme*)中的一个品种。②锥形辣椒(cone pepper),果圆锥形或长圆锥形,长达5cm,直立,'朝天椒'即属变种(var. *conoides*)中的一个品种。③簇生红辣椒,成束结果,常9～18只簇生枝顶,直立,长达10cm,圆形或尖指形,幼果绿或白色,后变鲜红,很辣。如'佛手椒'即属变种(var. *fasciculatum*)中的一个品种。观赏辣椒均不耐寒,喜温热,适温:苗期20℃,开花期15～20℃,果实成熟时期25℃以上,低于10℃或高于35℃发育不良。要求湿润肥沃的土壤。播种法繁殖。夏秋盆栽观果,可配植花坛、花径。观赏辣椒全草可入药,果可食用。

(金　波)

观赏苗木出圃(disposal of ornamental stocks from nurseries)　观赏苗木在出售前的技术处理。观赏树木苗圃每年准备出圃的苗木,事先在"产品目录"标明规格、数量与价格,附有照片或说明,并作好宣传推广工作,等待定货。这是出圃前的准备工作。

对本圃苗木的规格、数量、种类等,在出圃前进行调查。最好有电脑贮存,以备随时查询。落叶苗木在落叶后,按出圃的名单进行裸根掘取,迅速运至分级室按规定进行分级,其中包括高矮、冠幅,有时对1.5m以上的乔木还有胸径的控制。如中国对大、中型乔木,胸径要在3cm以上,行道树4cm以上,分枝点2m以上。中小型乔木或单干灌木地径2.5cm以上,一般灌木高度30～80cm。分级要严格,每级之内有容许的差距,等外品坚决淘汰。苗圃为了本身的信誉,对苗木质量必需保证无病虫害,地上部与地下部较完整。分级后加上标签,注明学名、品种名、杂种亲代名、所属等级、苗圃名称及出圃日期等。掘苗分裸根和带土球两种。裸根掘苗用于一般落叶树及较小针叶树苗,掘根范围约为苗木地径的6～10倍。带土球掘穴用于一般常绿树和部分难成活的以及树龄较大的落叶树,土球半径约为根颈直径的5～10倍。在技术先进国家,裸根苗在低温(0.5～2℃)、高湿(98%)的冷库保藏条件下,在分级后贮存6～8个月。较大苗木在出圃前的培育过程中,应进行环状断根处理,促须根生长,以利移栽后成活。

掘出后的苗木在运输、贮藏前,除立即转入冷库的裸根苗外,一般用草帘、蒲包等覆盖并包装根系或掘沟假植,等待运输。带土球苗则采用草帘、草绳按规格打包,要求牢靠、耐运(不散包)。

苗木运输方式很多,短途交邮局快递或火车、汽车鲜货零担。最安全的办法,是苗圃备有特制车送货。远途运输,要用火车、轮船或飞机,最好派人护送。

检疫方面有国内与国际两种不同的手续。无检疫对象的苗木,苗圃事先请检疫人员查明,发给检疫证明后,贴在包装箱、袋外,以便通行。

(李鸿勋　余树勋　包满珠)

观赏南瓜（summer squash） *Cucurbita pepo* var. *ovifera*，别名看瓜、观赏西葫芦。葫芦科南瓜属一年生草本植物。染色体数 2n=2x=40。原产美洲。茎蔓性，被半透明毛刺，卷须多分杈。叶质硬、直立，广卵圆形，长约 20cm，裂片顶端锐尖，边缘具不规则锐齿，两面粗糙，被毛刺。雌雄同株异花，花冠黄色，筒状单生。开花后 40 天果实成熟，果实长度和直径一般在 10～12cm，颜色呈白、黄、橙等色，形状有圆、扁圆、长圆、钟形、梨形等。果肉硬苦不可食。种子白色，千粒重 40～67g。喜肥沃而排水良好的土壤，不耐寒，忌炎热。播种法繁殖，发芽适温 25～28℃，发芽后夜温应保持 18～20℃。春季室内或冷床育苗，4 月中旬定植露地。可植于棚架、花门旁，攀缘而上，果实垂吊，十分美观。果形、果色奇特，采后可置室内观赏。

（金　波）

观赏球根经营（management of flowering bulbs） 组织球根类花卉种球生产与销售的经济活动。观赏球根经营常以观花球根种类为主，也包括少数观叶球根在内。球根花卉在中国栽培甚早，如百合、贝母、水仙等，后来逐渐形成较大的生产基地。近东和欧洲的郁金香和风信子，也都有数百年的栽培史。加上后来大批生产的唐菖蒲及许多新发展的球根类植物，以及美国、日本的百合类、球根鸢尾等，球根经营日益兴盛。

国际上有球根期货市场和现货市场交易，也可个别向种植园预订收购。零售则多在花店、种子公司、超级市场。通过引种和育种，常发现新的球根种类，如石蒜及其同属植物，已引起中国和日本园艺家的重视，研究工作进展甚速，可望成为新的热销球根。

经营特点　球根花卉多用球根（鳞茎、块茎、球茎、块根等）作繁殖材料，其生产与贮运一般较简便，且品类繁多，故在环境条件适宜的地区，可办成大企业，形成规模经营。球根每年有一定的休眠期，休眠期在冬季的要春植，在夏季的要秋植。由于休眠期的关系，球根上市多分春、秋二季。但为了客户提早或推迟花期的需要，批发商可对某些重要种类（如郁金香、水仙、风信子等）代为冷藏处理，到时提取。国际上，除大量球根在荷兰球根市场上市外，其他国家还有许多著名球根种植场可以直接接受订货，如中国的漳州水仙、崇明水仙，美国俄勒冈州的百合及加里福尼亚的球根秋海棠等。为适应远距离、长时间的海运，包装要妥当。

生产布局　在作球根花卉生产布局时，慎选合适的风土条件十分重要。球根的生产基地，须根据其对气候土壤的习性要求而决定。重要球根的原产地，多分布于暖温带和亚热带。因此，秋植球根需要一个气候不太冷的冬季和不太热的早夏，使之有良好而较长的营养生长期；而春植球根则需有一个气候不太炎热的夏季，既有较长的生长期，也能满足开花的需要。例如郁金香球（鳞茎），在荷兰的收获早期是 6 月中，而上海则因气候太热而提前在 5 月中掘出。因此，上海郁金香的球根常生长不充实。球根还需换茬，避免病毒病的蔓延。如郁金香在荷兰海滨砂土地带，每年要把上层 50cm 土壤翻下去，才能再种；在内陆则需每年更换新地，种过的土地要改种其他作物达 6 年以上。球根花卉因地下有“球”，故要求土壤深厚、疏松、肥沃，这就是为何荷兰、日本、中国（福建漳州、上海崇明）在海边砂质肥沃土地建立球根生产基地的重要原因。选择适宜的气候与土壤条件（含换地栽培等），是选择生产布局的主要因素。

采收和处理　球根一般在地上部发黄未烂前挖取。球根在砂壤土种植的，一般可同时进行分级。若土壤较粘重、球根带土，则在晾干后再加清理分级。初步晾干后（当皮膜上明显不带水分时），即可贮藏于冷凉通风处，并注意防鼠害。亚热带和热带植物的球根需防止冻害，易受冻害的如花叶芋，其球根越冬温度不应低于 22℃。有些小球根，如花毛茛的休眠期在夏季，须注意勿因失水而萎缩。

贮藏、分级和包装　春收球根，多在分级后立即贮藏。夏季炎热时，须注意通风，可用分层薄摊的办法贮放于仓库中，用通风机通风，并防鼠害。秋季收获的球根，则因冬季寒冷，须防冻害。大量批发出售的包装，一般用塑料丝网袋装好，标好品种名，外装纸匣。零售包装，大球一球装一纸匣，小球则数球置于一小塑料网袋中，匣面最好有彩色照片和种植说明。

分级视球根种类和大小而定，如欧、美国家及日本对于百合球根，一般分球径在 10～12cm、12～14cm、14～16cm 和 16cm 以上等 4 级。此外，还有繁殖用小球。中国水仙多用篓装，每篓因球根大小而分 20 装、30 装、40 装、50 装和 60 装等。

（王大钧　张乔松）

观赏树播种育苗（seedling-raising of ornamental trees and shrubs） 利用种子繁殖来培育观赏树苗的方法及其过程。用种子繁殖的苗木，称为播种苗或实生苗。它们具有繁殖系数大，根系发达、抗性强、可塑性大等优点。

播前种子处理　播种之前，要对某些植物的种子进行精选、消毒、催芽、接种等处理。①精选是为了提高种子的纯度，以去除在储藏中失去发芽力的霉烂种子等。②消毒，杀死种子携带的病菌、虫卵，同时保护种子免受土壤病虫侵害，方法分药剂浸种、药粉拌种。药剂浸种，多采用 0.3%～1% 硫酸铜浸种 4～6 小时或 0.5% 高锰酸钾浸种 2 小时。浸种后取出种子密闭 2 小时，再行阴干。药粉拌种是播前 20 天用赛力散或西力生拌种。每千克种子用药 2 克，拌后密闭。③催芽可以缩短播种后的发芽时间，且出苗整齐。常用的方法有：清水浸种法。通常用温水浸种 24～48 小时。酸碱处理法。对种皮坚硬者，采用 95% 浓硫酸浸种 10～120 分钟，或 10% 氢氧化钠浸 24 小时。机械损伤法。种皮较厚、透水透气能力差者，常将其与砂、碎石混合搅拌，破伤种皮。层积催芽法。是打破种子休眠、促进生理后熟的有效方法。严冬前将湿砂与种子分层铺放，保持 1～10℃ 低温和湿润条件。经过 1 至数月后，可使大部分种子解除休眠。此外，还有用无机盐处理和生长调节物质处理以打破休眠者。④接种是为了植物根系能充分利用当地土壤营养，建立良好共生关系而采取的生物措施，为行之有效的增产手段，常用根瘤菌剂、菌根菌剂和磷化菌剂等拌种。

播种技术　包括土地整理、播种方法、播种时间等。

土地整理　播种用地一般要求细致平坦，无明显土块；上松下实，便于种子萌发和根系吸水。根据播种方式的不同，可将土地整成垄、床等形式。

一般种子播种方法　生产上根据操作的方便，分为垄播、床播、大田播；根据种子大小分为点播、条播、撒播等方式。点播，一般播于田垄上或苗床内，适于大粒种子。部分中粒以及不太小的小粒种子，也可点播。条插，一般是开沟撒种、培土即可。又可分为大田条播、垄上条播和床内条播等。其主要特点是便于机械化操作和管理。撒播，多用于大田或苗床育苗，将种子均匀撒于大面积土地后覆土。操作简便，产量高，但管理不便。

珍贵种子播种方法　优质高价、来源困难者或引种用为数不多的珍贵种子，为保证发芽率，可在温室内实行床播、塑料袋简单粒播、小长筒盆单粒播、播种盘点播或行播。在子叶展开后，将床播和播种盘播的幼苗立即上小盆。播种所用基质，要求质量高、无毒，大都采用泥炭、蛭石或其他轻松基质的混合物。种子播后覆土视种子大小而定，大者覆土厚度为种子直径的 1～2 倍，最细小者可稍覆土或不覆土。未发芽前要用玻璃或塑料薄膜保湿，并用纸遮住直射阳光，发芽后逐步撤除。小粒种子采用喷雾给水或盆底孔吸水，以免冲击种子。特制细小的幼苗(如常绿杜鹃花或杂交杜鹃花)，也要喷雾给水。随幼苗放叶长高，继续换稍大的盆培养。易发生鼠害的种子(如广玉兰等)，应于拌入驱鼠药剂后再播。

播种时间　露地播种分春季和秋季，大多数观赏树木都可在春、秋两季进行播种。但一些夏、秋成熟而不耐贮藏的种子，往往实行夏播，如杨、柳、榆、桑、桦等。冬季播种在南方入冬土壤不结冻地区适用，可缓解劳力紧张，且有利于根系生长。

幼苗抚育管理　苗木生长发育阶段不同，管理的侧重点也不同。

大田苗的出土前管理：这一阶段的中心任务是促进种子萌发、出苗整齐、苗多均匀、生长健壮。因此，要注意覆土厚度一致，防止土壤板结。生产上常采用覆盖来保墒，并有利于缓解灌水、松土、除草等操作。松土时，将土皮刚刚破碎即可，不宜太深；覆盖以稻草或塑料薄膜为宜，就地取材；灌水不能太急，水量不要过大，水面以不漫过垄背为宜，以防板结。

大田苗出土后管理　生长初期要注意遮荫保墒，并在保证成活的基础上进行**蹲苗**；速长期中应注意肥水的供给；生长后期应减少肥水，使其充实，利于安全越冬。具体技术环节包括：①遮荫、降温保墒。使幼苗不受阳光直射，用苇帘、竹帘设活动荫棚。②间苗、补苗。间苗是将过密苗除去；补苗是补救缺苗断垄的措施，补苗越早越好。③截根、移栽。幼苗 4～5 片真叶时截根，深度 5～15cm，结合间苗进行移栽，可提高成苗率。④中耕除草。深度及范围以不伤苗根为度。⑤排水与灌水。要做到土壤湿润而又不积水。⑥施肥。一般分为追肥和基肥两类。基肥可在播种前整地后施入，也可在播种时施入(称为种肥)，用有机肥和部分化肥混合。追肥可追施于地面或叶面。⑦病虫害防治。采用生物措施、栽培技术措施和化学措施，对病虫害进行综合防治。⑧防寒越冬。通过栽培措施，使苗木提早进入休眠；或采用埋土、培土、苗木覆盖、搭霜棚、设置风障等，使苗木安全越冬。⑨及时移植。为提高单位面积育苗数量，保证精细管理，第一年株距较密，因此第二年要及时移植。

盆播苗　在小苗子叶展开后分栽。随小苗的长大而逐步换盆。袋播苗可留在袋里生长，然后定植大田；或移入大盆中生长。

壮苗培育要点　①种质优良，选用生长健壮的中龄树作采种母株；②催芽适当，发芽整齐；③及时间苗，株距合理；④加强肥水管理，特别是磷、钾肥，有利于苗株充实；⑤及时清除杂草和病虫害。

(李鸿勋)

观赏树大苗培育(cultivation of well-shaped ornamental trees and shrubs)　培养供城市绿化用大规格苗木的技术措施。所谓“大苗”，应要求它具有通直的主干(花灌木除外)和完整的树冠；生长情况良好，有较发达的根系，栽后易活，对城市的特定环境条件，如较差的土质、日照，稠密的人口，拥挤的交通，严重的大气污染等适应能力较强，能较快发挥园林绿化的效益。在城市建设中，由于住宅区、街道、公园及绿地等不断发展，故要求所栽种的树木迅速生长，尽快收到绿化效果。因此，只有用健壮和抗性较强的大苗一次定植，才能适应大城市绿化的需要。

大苗的具体规格，因树种及用途而异。一般要求常绿乔木高度在 3m 以上，胸径在 10cm 以上；落叶乔木中，慢长树胸径在 8cm 以上，快长树在 5cm 以上；花灌木的高度与冠幅均在 1m 以上。慢长树种，由于生长缓慢，宜用规格稍大的苗木；而快长树，其大苗规格可适当小些。

培育大苗，一般分以下阶段进行：

养根　为使大苗具有发达的根系，育苗期间须多次移植。第一次移植时，要切断主根并短截过长的侧根，促使一、二级侧根生长。以后每次移植，对主、侧根都予适当短截，借以逐步养成丰满而集中的根系。如不移植，则可每隔 2～3 年进行一次断根处理，切断过长的侧根，促使根系集中并增加须根量。在养根过程中，还应加强施肥、灌水、除草等养护措施，以利根系生长。

养干　一般干性强的树种，可自然长成通直的树干；而干性弱的树种，则易出现主干不直或侧枝生长过旺，使主干生长速度受抑制等现象。此外，有的树种没有饱满的顶芽，或顶芽不能安全越冬，也不易形成通直的树干。植物地下部与地上部有一定的相关性。土层薄、肥力差，主根生长受阻，也会影响主干生长。在培育大苗过程中，为培养通直的主干，常用的方法有：①密植养干法。又分为种内密植与种间密植两类。前者是增加栽植密度，利用树木强烈的趋光性，促使植物快速向上生长，抑制侧枝发育，同时给以充足的肥水供应；后者是利用两种不同植物的种间竞争，如将槐子与麻子混种在一起，迫使槐苗向高生长并形成通直的干。这是中国古代的民间经验，在《齐民要术》中已有记载。这样混播育苗，一般在原地养护 2～3 年。②平茬养干法。即栽植一定密度的小苗，培养 1～2 年，形成发达的根系后，在休眠期将地上部齐地截去部分或全部（"平茬"），及时增施肥、水，促使苗木早春快速生长而培养出通直的树干。同时，应配合施肥、整形、修剪和防治病虫害等措施。

养冠　为提高园林树木大苗的观赏价值，充分发挥其绿化功能，常根据不同树木的生物学特性和用途，培育成不同形状、规格的树冠。乔木的树冠，可分为有中心主轴与无中心主轴两类。大部分常绿针叶树和杨树类等干性较强，可利用其顶端优势，保护并促进中心主枝的生长；同时对侧枝生长适当控制，形成圆锥形或广卵形树冠。对于无中心主轴的树种如槐、樟、女贞、梧桐、悬铃木、黄葛树等，定干后，选留分布均匀、角度适宜的主、侧枝 3～5 个进行培养，剪掉多余侧枝。以后逐年对侧枝进行整形、修剪，最后养成理想的完整树冠。灌木类的树冠一般也分两类，对短主干型的，如榆叶梅、桃树、紫薇等大型灌木，养冠时可在预定分枝点将主干短截，选留分布均匀、角度适宜的 3～5 个侧枝，通过逐年修剪，养成圆球形丰满的树冠；对无主干的丛生灌木，如连翘、月季、珍珠梅等，可自植株基部剪断，选留生长健旺的 3～5 个主枝，使其均衡生长而养成丰满的冠丛。对于绿篱用苗及供特殊造型的树种，育苗阶段也可根据需要逐步按计划进行修剪造型（见**观赏树木整形修剪**）。

观赏树大苗培育，是观赏园艺技术措施中的特点之一。在观赏树大苗培育过程中，有许多专业性技术注意事项，如适当平衡生长速度，进行整齐的批量生产问题，又如机械化操作问题，留床育大苗的生产成本问题，以及轮作换茬问题，等等。对此，应分别调查、试验、总结，逐一妥善解决。

（李鸿勋）

观赏树木（ornamantal trees and shrubs）　包括乔木、灌木和藤木在内之木本观赏植物的总称。又称园林树木。在城市和村镇各类绿地中栽植的观赏树木，通常因在园林造景和生态综合功能等方面均居于主导地位，故观赏树木被视为各类园林绿地和城市及风景区园林绿地系统的骨干素材。按其在园林中的用途，常可分为园景树（孤赏树或标本树）、庭荫树、行道树、花灌木、攀援植物和绿篱植物及木本地被植物等；也包括那些室内绿化装饰用的木本观赏植物在内。

观赏树木在园林建设中的骨干作用：①观赏树木大多树体高大，占地较广，且在园林绿地系统中，所占比例与覆盖面积远较其他类别的草本观赏植物为大。②园林绿地中以观赏树木的寿命最长，影响也最久远，故须审慎选好树种，尤其是基调树种（见**城镇树种规划**）。③观赏树木有季相变化，如春可观芽，春、夏、秋可观叶、赏花，秋可观果及秋色叶，冬可观赏不同树种的冬态、树姿与雪景。且因早晚、阴晴、雾霭、雨雪等变化，观赏树木之景观也随之而异。④观赏树木的骨干作用，还可因其与市树、市花相一致而突出表现出来，如北京的槐、侧柏、月季，南京的梅花、雪松，广州的木棉，重庆的黄葛树，等等，都同时成为各该市的基调树种，从而形成城市绿化中的当然重点。⑤从养护管理的角度上看，观赏树木要比其他类别的观赏植物更为省工、好管理。尤其是树种选得准而好时，更可收一次栽植，长期受益之效。

（陈俊愉　陈有民）

观赏树木配植（arrangement of ornamental trees and shrubs）　将观赏乔、灌木根据其习性和观赏特性合理地搭配、种植，使之充分发挥其个体或群体美效果及综合功能的技艺。配植的先决条件是，先要了解该地的空间大小、功能与艺术要求，从整体上着眼进行种植设计；其次是选择适宜于该地自然条件（如温度、土壤、降水量等）的树种，斟酌其体形、风格和所代表的地方性，使之能与四周的景物协调。

精心设计的树木配植，其环境效益和装饰作用是多方面的。如树木的姿态、色彩、香气比较突出的，应发挥它个体美的特长；庇荫、防风效果突出、枝叶茂密的树种，可以成片种植，以发挥其群体美。又如树木的季相变化比较明显，春花秋实、夏绿冬枯，应充分加以利用，使之在季相变化中表现出植物独有的多样性。还有，观赏树木在不同年龄有其不同的树形与姿态，幼年、壮年、老年各有妙趣。有时作为配景，有时作为主景，树木与山水地形、建筑、园路等互相衬托，相得益彰。因此观赏树木是园景创作中最灵活、最生动、最出色的要素。通过观赏树木的配置，能更完善园景的艺术构图，同时给人们带来自然的气息和生命的活力。随着城市生态环境的日益恶化，以树木为主体的植物造景日趋重要，通过各种配植方式的运用，能在有限的空间形成最接近自然的园林景观，并可最大限度地发挥改善环境、保护环境的作用。

观赏树木配植的基本形式，有规则式、自然式两种。规则式是在平面上大抵依一个中轴线的左右、前后对称地种植，选择树种树龄相同的树木按一定株行距，或固定的几何图案方式排列，以收整齐、严谨之效。自然式则在平面上没有中轴线，树木配植自然灵活，树种多样，参差有致，没有固定的株行距。一般多在园林主要入口、主干道、整形广场、几何形水池、雕塑四周以及大型建筑物附近等处采用规则式配植。而在自然山水、草坪及不对称的小型园林建筑附近，多采用自然式配植，以便使绿化种植和周围环境相互协调。

观赏树木的配植，主要有以下几种做法：

孤植　指乔、灌木树种的单株栽植，借以充分显示其个体美。常栽植在比较突出的位置，如草坪、庭院的大空间里，在视线集中四周不受干扰的地方，产生选景而又便欣赏效果。也有将庇荫与艺术构图相结合的孤植树，要求其既有雄伟壮观的树姿，又有开展而浓郁的树冠，多选用生长健壮的乡土树种。而主要起艺术构图作用的孤植树，对树冠大小要求不严，应多考虑树姿、树皮、花果形态与色彩等观赏因素。如具芳香的花、美丽的果，则效果尤佳。

对植　两株(丛)乔、灌木在构图轴线两侧对应栽植。对称式对植是按一定轴线关系，左右对称地栽植。多用于构图起点，如公园建筑物入口、广场入口等地，构成严整的气氛。非对称式对植常见于自然式绿地中，两者相连之线不宜与中轴正交，树种相同而大小、姿态、数量稍有变化。力求均衡，常将体量小的植株成丛布置在较远位置。对植在园林艺术构图中只作配景烘托主景之用，因此在选择树种时除注意同建筑、道路、广场的气氛吻合外，还要选用不太艳丽华贵的，以免喧宾夺主。

列植　树木按一定株行距，成行成列地栽植。有用单一树种栽植的，也有用两三个树种间植搭配的；有单行列植，也有成双行或多行列植的。常用于行道树、灌木花径、绿篱、林带等栽植，也可在园林景物的背景树配植时采用列植方式。

丛植　数株或十数株乔木和乔、灌、花、草，按一定的构图要求进行组合式配植。这是自然式园林绿地所常用的一种方式。树丛一般布置在大草坪、林缘、水中小岛、园路弯曲处或交叉口等地。如树种选择得体，树丛可产生较高的观赏效果，体现出植物的群体美。又因植株数较少，故也能在统一构图中表现个体美。因此树种选择要求较严，多选色彩、姿态等具较高观赏价值的种类。组成树丛的树种应有主、次和配景之分，一般乔木树多作主要树种应用，小乔木和灌木则作为次要树种和配景树。主要树种应位于树丛的中部和前方，这样相互呼应，彼此衬托，可产生轮廓起伏、错落有致的艺术效果。配植时，如是单一的树种，仅考虑疏密度即可；如果多种组成，则还应考虑常绿、落叶树比例，乔灌木比例，下层灌木及草本耐阴性，观赏期的衔接，色彩的协调以及季相、树龄等因素。尤其要考虑生长速度的快慢，否则由于争夺光线和水分，往往导致配植的失败。如在中国传统观赏树配植中，“岁寒三友”是多种丛植的典型事例。这里，梅是主景，松是背景，竹是配景。以苍松衬托先花后叶之梅，可更好显示出梅花玉洁冰清之美；而以秀竹掩映于旁，也可起到配景的作用。

群植　是十数株以上，以至几十株的乔、灌、花、草组合的种植方式。主要表现出树的群体美，多用于园中空旷地。由于植株数量较大，所占面积较广，不仅能获得雄伟壮观的植物景观，且有显著的防风、庇荫等环境效益。至于配植时株间、种间的关系甚为复杂，应慎重选择树种。

林植　是指植株在数十株以上的较大规模成带成片的林状种植。这是绿地中最基本、最大量的一种栽植形式，可充分反映树木雄伟、浑厚的群体美，常在大型公园、风景名胜区、森林公园等地应用。组成树林的树种，应选当地的乡土树种或适宜的外来树种。配植时要掌握群落生长发育、演替规律，充分考虑生长发育各时期植株间相互协调及竞争关系，在艺术构图上要突出曲折迂回的林缘线和起伏错落的林冠线，并应构成疏密有致、相得益彰的林间层次。根据树林的郁闭度，有疏林、密林之分。根据组成树木的树种异同，则分为纯林和混交林。疏林，常用的风景林一般郁闭度在0.4～0.6之间，林下留出林间隙地铺设草地，供游人休息或活动，采用单纯的乔木，不布置灌木、花卉，在景观上表现出简洁、淳朴之美；乔木应选树体高大，具有独特观赏和庇荫效果，适应性强，耐粗放管理，病虫害少的种类；株距不宜均匀分布，而需疏密相间，方可显出自然野趣。密林，郁闭度在0.7～1.0之间，林内有小径曲折，一般不供游人作大规模活动，只容纳人们散步，给人以葱郁、茂密、林木森森的景观享受。纯林，由一种树木组成，可收到单纯、壮观的艺术效果，但较少垂直郁闭景观和季相交替景观，因此常用地形起伏和异龄树疏密相间种植。混交林，由两种或两种以上乔灌木组成，不仅上层乔木种类丰富，而且有多层结构，充分体现出丰富、壮阔的自然森林景观。林植范围内的耐阴地被植物与林缘灌木的选择与配植，也是丰富森林景观的重要组成部分。

（周道瑛）

观赏树木养护（management of ornamental trees and shrubs） 为提高观赏树木的观赏效果，保持群体间的相关态势，经常采取的各种技术措施。一般观赏乔灌木的养护，多包括供水、施肥、防治病虫害及整形修剪、耕作管理等。

供水 要根据不同植物的生态要求、不同的物候期、不同的土壤状况，对观赏树木进行灌水。注意水质、土壤温度等情况，掌握好灌水量和灌水时间。一般分为花前水、花后水、肥后水、抗旱水及防冻水等。灌水方法视不同环境要求，采用漫灌、滴灌（地表或地下）、喷灌、穴灌及喷雾等。有时，灌水作业还与施肥及防治病虫害相结合，如灌水时混入速溶性或液态肥料以及内吸传导型农药等。

施肥 为促使树木茁壮生长、发育，更好地展示观赏效果，要及时补充植物所需的各种养分。在植物休眠期施用基肥，如腐熟的有机肥（人粪尿、厩肥、腐叶土等）。生长期施用追肥，以速效无机肥（化肥）为主，如埋设肥棒及喷洒一定浓度的液态肥进行根外追肥。施肥时要掌握用肥量、肥料性质、成分、浓度、肥料与植物的关系，应当根据不同的树木“区别对待”、“按需供给”。在一般情况下，观花为主的植物，应多施用磷钾肥，观叶为主的多施氮肥。

防治病虫害 观赏植物的病虫害，严重地威胁着观赏植物的生长、发育和生存，必须有的放矢地加以防治。要贯彻“预防为主，综合防治”和“治早、治小”的原则。根据病虫害的发生发展规律、形态特征、为害状况等，做好预测预报，抓住有利时机，采用有效的方法进行防治，包括化学防治、物理防治及生物防治等。施药方式主要有喷雾法、喷粉法、毒饵法、熏蒸法、注射法、堵塞法及土壤消毒灭菌等。要注意选用针对性强的农药（少用广谱性药剂，以便保护天敌）。为减少农药残毒，随着现代科学技术的发展，物理法（如黑光灯诱杀）、生物防治法（以虫治虫、以菌治虫等）宜广为应用。如放养七星瓢虫、赤眼蜂、食蚜虻，运用苏云金杆菌、白僵菌，采取不育技术、拒食剂、抗菌素等。

整形修剪 是观赏树木养护管理的一项重要措施。休眠期以整形为主，生长期则侧重于修剪。根据树木的生长习性以及剪口、锯口的反应而确定不同的原则。造型植物要及时进行维持原设计树型的修剪，例如用桧柏造型的狮子、牌楼，紫薇做的花门、花瓶等。非造型的观赏树木，既要考虑不同年龄阶段，又要注意常年观赏效果。幼年期以促进健壮生长发育为主，以便尽快形成树冠；对于壮年树木，则以均衡树势、延长壮龄期为目的；而老龄树的修剪，则以更新复壮为目的。在年周期中，要按不同季节要求加以修剪。如花后剪除残花，及时清除病虫害枝，调整树冠通透性，剪除过密枝、倒生枝、徒长枝、影响树冠完美的枝杈等。枝条的短截修剪分轻、中、重三等，剪口、锯口要平滑，截面积宜小，过粗的枝杈修剪后应涂防腐剂。对容易产生伤流的树种（如元宝枫、核桃等），要避开伤流期。以观花观果为特点的树种，要通过整形修剪技术，使树木保持中庸树势，以利于花芽分化。过多的花果应及时疏除。

耕作管理 适时中耕除草，松土或打洞及增加腐殖质，可保持土壤团粒结构，增加土壤孔隙度，减少淋溶作用。配合草坪与地被植物之运用，还可对一定的地面采用铺砂砾、铺小石、铺树皮屑等覆盖技术，以减免园中杂草，增加清新洁净之感。

（史震宇）

观赏树木整形修剪（training and prunning of ornamental trees and shrubs） 通过整剪观赏乔灌木枝干以建立和保持良好树形及旺盛树势，以提高观赏效果的技术措施。观赏树木的整形修剪，除要提高其开花数量与质量外，更主要的是促使其形体符合设计要求。

整形方式 观赏树木的整形分为自然式、人工式和混合式三类。自然式整形只对交叉枝、病虫枝、枯枝、徒长枝、冗长枝等进行剪除，形成树木本身的自然树冠。此式在园林中，尤其在自然式园林中最为常用。人工式整形则是将树木修剪成各种特定的形体，如各种规则的几何形体，或修剪成鸟、兽、亭台、建筑等式样。此式一般适用于耐修剪、种植于规则式园林中的树木。混合式整形介于二者之间，对自然树形略加人工改造，常见的有自然开心形，如桃树；杯状形，如作行道树的悬铃木等。

修剪原则 观赏树木的整形修剪，要根据其生长地点的环境条件、景观设计要求和本身的生长发育习性而有不同。同一树种在相同的景观要求条件下，由于环境的差异，修剪方案也可不同。如同一乔木，在风大风多处，宜降低主干高度，适当稀疏树冠；在土壤肥沃，其他条件也较好处，则可采用自然式；而在土壤贫瘠处，则需降低分枝高度。一般说来，设计者在选用观赏树木种类并确定其栽植位置时，多以自然树形为基准，但也有特殊的要求。因此，在整形修剪时要充分了解设计意图，进行有目标的整形。如庭荫树、园景树、绿篱等的修剪,各有其明显的特点。树木的生长发育习性不同。其整形修剪的具体方案也就不同,喜光树种如桃、梅等为使花朵繁硕,可采用自然开心形;而尖塔形树冠的柏类、钻天杨等,则应采用中央领导干式。萌芽力强者可多剪、重剪,萌芽力差者可少剪、轻剪。自然整枝力强者少剪甚至不剪;差者则必须修剪。为使树体平衡,一般对强主枝重剪,弱主枝轻剪;强侧枝弱剪,弱侧枝强剪。当年生枝上开花者须在花后剪;一年生枝上开花者可花前剪,也可花后剪。幼龄树木不宜强剪;老年期树木为促其更新,应适当强剪,促其复壮。

修剪方法　修剪的方法很多,主要有截干、疏剪、剪截、摘心、抹芽、去蘖、摘蕾、摘果、切刻、折裂、捻梢、屈枝、平茬、断根等。其中适于生长期修剪的方法有摘心、抹芽、摘蕾、摘果、摘叶、折裂、捻梢、屈枝等。适于休眠期使用的方法有截干、疏剪、剪截等。而断根、去蘖、切刻等法,则在两个时期均可应用。

截干是对主干(或主枝、骨干枝)进行截断的操作;疏剪是将枝条从基部全部去除;剪截是去掉枝条的一部分,依其截的程度不同又分为短截(强剪)和长截(轻剪)等;摘心是将顶端生长点去掉的操作;抹芽是把不需要的芽除去;去蘖是将砧木上的萌蘖或植株自身的根蘖去除。摘蕾一般是将不需要的花蕾去除;摘果又称疏果,即将不需要的幼果去除,以免消耗营养。切刻是在枝或芽附近刻伤至木质部,以改变分配状况;折裂是将生长过旺、垂直向上的枝条直接折裂,或先用刀切口再折裂,削弱其生长势的方法;捻梢是将枝条扭曲而不脱离母枝的措施,具抑制生长势的作用;屈枝又叫弯枝或盘扎,是将枝条缚扎引导以形成一定要求的枝势,抑制生长势;平茬是将其从地面全部剪除的操作;断根是将树木根系在一定范围内截断的操作,在树木移植前和移植过程中进行,也具抑制生长的作用。

在观赏树木的整形修剪中,还有其他一些方法,如环剥、摘叶、敲击等。在实际工作中,应根据修剪的目标选择适当的方法。

修剪过程中应注意剪口的平滑、留芽的位置、留枝的夹角。留芽的位置可直接影响将来枝条的伸展方向,留枝夹角太小易造成劈裂。此外,修剪应遵循由下到上、由内到外的工作程序。

在园林中具体应用各种整形修剪技术时,应对树木按其功能和形体的要求选用相应的技术措施,不可生搬硬套,更不能雕琢太甚。在新型园林中,尤其是大型园林及风景名胜区中,过分的整形修剪既不必要,又难实现。仅在中心景点及小型园林中,实行适度的整剪。在实践中,也应以生物学特性为基础,在顺应自然的前提下略加调整,以符合造园意图,并提高观赏效果。但对盆花、盆景等,则整形、修剪之强度,均可适当加大。

(包满珠)

观赏树种选择(selection of woody ornamentals)　有目的地挑选适当的木本植物,以供绿化、美化环境之用的措施。广义地说,也就是园林绿化树种选择。

选择原理　在树种选择中,所涉及的原理是多方面的。其中最根本的,是所选种类必须能适应本地自然环境,即适地适树。在此基础上,按绿化类型与配植要求等作出具体的选择,同时还应考虑抗污染性能和经济用途,并将速生树种与慢长树种适当搭配。对久经栽培的外来树种(包括国内和国外),也不容忽视。从发展的眼光看,必须大力发掘野生观赏树木,来丰富本地区的绿化树种。

中国疆域辽阔,各地气候悬殊,观赏树木因长期受自然条件的影响,逐步形成适应当地环境的习性。因此各地区有各自的乡土树种和传统花木。据1982年《全国城市绿化树种调研汇编》,一致强调绿化树种选择的重要性。以南方5城市为例,尽管地处热带、亚热带,水热条件十分丰富,所调查的337种绿化树中多数尚未用于城市,发展也不平衡。广西有1000余种乔灌木,实际采用的不足20%。这样的状况在昆明、成都、长沙、武汉等城市,也不同程度地存在。之所以如此,主要是对观赏树种选择认识不足。例如1952年杭州市大量引种云南山茶(*Camellia reticulata*)和山东曹州牡丹(*Paeonia suffruticosa*)品种。因背离了树种选择的原理,最终导致失败。又如东北的红松(*Pinus koraiensis*)在杭州幼苗期越夏困难,现存40年生树高不及3m,经嫁接在黑松上方,得以维持生存。落叶松属(*Larix*)中的种与金钱松(*Pseudolarix amabilis*)的亲缘关系不太远,但分布一南一北,习性截然不同:前者习惯于高纬度、高海拔生长,冬耐寒,夏喜凉爽;后者分布长江流域以南地区,因可塑性强,已适应平原生长。南方习见的花木白兰花(*Michelia alba*)、米兰(*Aglaia odorata*)在浙江省温州苗可露地越冬,再北只能盆栽。表明纬度的差异,是在树种选择上应首先要考虑的。海拔高度对有些树种比较敏感,如檫木(*Sassafras tsumu*)在浙江省超越海拔900m,就难以生存,而黄山松(*Pinus taiwanensis*)引种在低海拔,则生长不良。还有由于小气候、小环境的改变,使有些优良观赏树木生长缓慢或不能适应的,如夏蜡梅(*Calycanthus chinensis*)、香果树(*Emmenopterys henryi*)、云锦杜鹃(*Rhododendron fortunei*)等。受土壤酸碱度(pH)影响,喜酸性土的一些优美观赏树种进不了城市。还有生物共生和寄生,应在树种选择中加以考虑。如檀香科有些属种寄生在其他植物的根部,杜鹃花属、湿地松、火炬松等都与菌根共生。因此,凡新引入的树种应充分深入调查、试验之后,再作出抉择,借以确保园林绿化之稳妥发展。

选择标准　绿地类型不同,树种选择的标准有异。

①公园绿地是城市绿化的精华,不论环境条件或是养抚管理技术,都较其他绿地优越。因此,公园中可采用的树种最为丰富,并代表着该地区的绿化水平和地方特色。各大城市多数将珍贵稀有的和引入后表现良好的树种配植其中。②街道广场绿地,重点在于人行道、街心巷尾和广场花坛。由于人、车流量大,尘埃多,再加地下埋设管道,所以绿地环境比其他绿地复杂。即使是新建城市,这些绿地可用的树种也受到限制。如中国长江及淮河流域城市行道树主要还依靠悬铃木。③机关学校绿地。随着城市建设的发展,机关学校的绿化已受重视,新建的建筑都有规定的绿化面积,并有专人负责养抚管理。因此,如能做到保护好,破坏少,则机关学校绿地也是树种选择中较为理想的场所。④居民区绿地。未改建的住宅区绿化条件差,树种选择以矮小乔灌木和攀援植物如紫藤等为主。而在宽敞地段,则可选种庭荫树并设置小花坛。新建住宅区留有一定绿化面积,但在养抚水平未获保证之前,只可选择栽培管理粗放的一般花木。⑤工厂区绿地。树木对环境保护的作用被人们认识之后,工厂绿化已提高到重要地位。特别在有污染源的厂区,应按有害气体种类、性质和严重程度,分别选择抗毒、耐烟尘的树种,借以保护并改善环境,保障职工健康。⑥江河、海岸绿地。选择根系发达、能耐湿耐淹的树种,起到防风、固堤及美化作用。在沿海和盐碱土地段,华南以木麻黄、红树(*Rhizophora apiculata*)、秋茄树(*Kandelia candel*)等为主,华北则可选用柽柳、刺槐、紫穗槐等。⑦风景林,一般位于城市一侧或邻近山区,系由天然与人工共同组成的景观,是乡土树种的发祥地,代表着本地区植被的真实面貌。其组成的树种,可作为观赏树种选择时的借鉴。

选择原则 ①以乡土树种和传统花木为主。野生或外来的优良观赏树种,应在经过引种而经受较长考验之后,方可用以丰富当地园林内容。②基调树种是一个城市中最适合栽植的1～4种观赏树,华南以阔叶常绿树为主,华北则可精选有地方特色的落叶树和常绿针叶树。③速生树种与慢长树种相结合,近期与远期相结合,有条件时还可适当结合经济树种,但不强求一律。④作为城市基调树种或一类园林绿地的骨干种类(骨干树种),必须要求其适应性强,耐旱、耐寒,耐修剪,病虫害少,根深叶茂,复壮力强等。

参考书目

谭伯禹主编:《园林绿化树种选择》,中国建筑工业出版社,北京,1983。

(贺贤育)

观赏园艺学(ornamental horticulture) 以观赏植物为主要对象,研究其分类、栽培、育种、生产、应用及经营管理等理论与技艺的综合性学科。观赏园艺学以农业生物科学与应用艺术相结合,是传统园艺学的组成部分之一,和果树学、蔬菜学三足鼎立。观赏园艺有其悠久历史和广泛的物质、文化基础。因人们对美化环境和向往自然的要求日益强烈,观赏园艺正在迅速发展。在较早的历史时期,就已有观赏园艺的实践,但作为一门完整的学科,其形成是较晚的。如1950年苏联出版了土林策夫(В.Г.Тулинцев)的《观赏园艺学》(周家琪等译,1958年中文版),由花卉学、观赏树木学与居民区绿化三部分组成,代表了早期的观赏园艺学。美国的通用教材《观赏园艺学》(*Ornamental Horticulture*, 1979),麦克丹尼尔(G. L. McDaniel)著,侧重于探讨观赏植物大规模商品生产经营中的有关问题。在中国,1991年由陈树国等主编的《观赏园艺学》问世,内容以观赏植物繁殖、栽培、管理与应用为主,园林绿地规划设计、园林经营管理为辅,是综合性学科教科书。

性质和特点:观赏园艺学是以自然科学为主,兼及应用艺术以及社会科学的一门综合性学科,它以观赏植物为主要探讨对象,并涉及小规模园林规划设计。观赏园艺学的特点有三:①科学与艺术的综合及内容的广泛性;②学科发展迅速而不平衡;③在不同国家有不同认识,故仍系不甚定型的学科,可能出现分支和较大的变革。

内容:不同国家出版的观赏园艺学,在内容上颇多出入,且各有侧重。中国的观赏园艺学内容主要是:概论,观赏植物与环境条件关系,观赏植物的繁殖、栽培、育种、病虫害防治、用地及设施;观赏植物各论(含花卉、观赏树木、草坪植物及地被植物等),花卉装饰与应用,园林绿地规划设计,经营管理以及展览、推广,等等。

观赏园艺学在一定程度上反映出一个国家的经济、文化、科学、技术、资源和艺术的水平与实力。它是探讨观赏植物生产与应用的最佳途径,并以树木花草为主要素材来改善、保护并美化环境的园林综合学科。观赏园艺学涉及众多的学科领域,具有强大的生命力,又可能出现新的分支与边缘学科。当今在一些国家中,生产专业化、管理科学化和现代科技、环境科学、艺术理论、美学观点以及人类向往自然的趋向正蓬勃发展。这些动向必然会反映到观赏园艺学中来,从而丰富其内容,并使之不断发展和成熟。

参考书目

陈树国、李瑞华、杨秋里主编:《观赏园艺学》,中国农业科技出版社,北京,1991。

G. L. McDaniel, *Ornamental Horticulture*, Reston Publishing Co., A Prentice-Hall Co., Reston, Virginia, USA, 1979.

(陈俊愉)

观赏植物(ornamental plant;landscape plant) 具有一定观赏价值,适用于室内外布置、美化环境并丰富人们生活的植物。观赏植物包括木本和草本的观花、观叶、观果和观株姿的植物,以及与适合布置园林绿地、风景名胜区和室内装饰用的植物(含林木和经济植物)。中国在20世纪50年代后,曾习称园林植物,以别于纯观赏植物。后来为与国际接轨,恢复了观赏植物原称。不论观赏植物或园林植物,英名皆为 ornamental plant 或 landscape plant,而不称 garden plant,因后者在西方习惯上系指包括果树、蔬菜、花卉等在内的全部园艺植物而言。

世界各国的观赏植物,均系直接或间接由野生植物引种驯化并改良而来。有的起初是经济作物,然后从中选育、分化出观赏类型和品种,如梅花、牡丹、百合、贝母等。中国是世界上很早就栽培观赏植物的国家,如芍药、梅花、牡丹、菊花等,已有一两千年或更久的栽培历史。欧、美等西方国家大量引种别国野生和栽培观赏植物,是近二三百年的事。至现代,观赏植物育种与栽培、应用,发展甚为迅速。

观赏植物具有防护、美化和生产三方面的功能。在防护功能方面,观赏植物可以调节空气温度和湿度,减少阳光辐射,遮荫,降温;防风、固沙、护坡、保持水土、滞尘、杀菌、抵抗并吸收二氧化硫、氟化氢等有毒气体,从而净化大气,以及吸收并减弱噪声污染,等等。如将观赏植物合理设计,巧妙搭配,并辅以地形、水体、建筑、山石等,可产生更好的防护功能。观赏植物的美化功能,既生动突出,又饶有特色。它们在韵、姿、色、香等方面,都表现出生趣盎然的自然美,并在人们进行园林造景、盆景制作和花卉装饰中,显示出别具匠心之艺术美。有些观赏植物再经人们赋予不同的“性格”(拟人化)和“语言”(“花语”),则更可使观赏者悦目赏心,获得多方美的享受。观赏植物不论是鲜花、盆景、花籽、草皮,还是花苗、树苗或球根、干花等,其商品价值常较高,在实行批量生产的规模经营时尤具较大的生产能力。同时,很多观赏植物还可在园林观赏之外提供副产品,如桂花可糖渍为甜品食用,茉莉花可以窨茶;玫瑰花、山苍子果能提炼香精,菊花脑(嫩梢、幼叶)、香椿(嫩梢、幼叶)、萱草(干花蕾)等可作蔬菜食用。

观赏植物既是园林建设的主要素材,又可作为生产资料来从事专业栽培。当作园林绿地的基本材料,人们要求种类越来越丰富,品种不断改进、翻新,抗逆性强,管理简易,观赏期长,综合功能显著。如用于生产性栽培,则应选准种类和品种,建立商品生产基地,形成完整配套的经营体系,还要开拓市场,搞好销售。而不断丰富种类,改良品种(含观赏结合副产育种),深入研究其生态习性和生物学特性,改进栽培、繁殖、管理与应用,采用先进技术,降低成本,则是观赏植物事业的总体发展方向。 (陈俊愉)

观赏植物病害(ornamental plant diseases) 由于各种不利因素引起观赏植物在机能、结构和形态上发生变化,生长发育和观赏品质受到干扰,甚至造成死亡的灾害现象。引起观赏植物病害的原因,有生物的(侵染性的)和非生物的(非侵染性的)两类,总称病原。非生物性病原包括不适宜的土壤和气候条件,或有害物质污染等,它们引起的病害不传染,称非侵染性病害或生理病害。生物性病原来自真菌、细菌、病毒、类菌质体、类病毒、寄生性种子植物、线虫、瘿螨和藻类等,通称病原物。它们引起的病害具传染性,称为侵染性病害或寄生性病害。受病原物侵染的植物称寄主。病原物在寄主体表或体内生长、发育并繁殖,不但夺取寄主的营养,它的代谢产物又常对寄主产生刺激和毒害作用,致使寄主在生理上、组织解剖上和外部形态上发生一系列的病变,最后表现出具有特征性的病症来。观赏植物病害的发生和发展,是在一定的环境条件下进行的。当环境条件对病原物的生长、繁殖和传播有利,而对寄主的生长发育不利时,病害就容易发生和流行,危害亦严重;相反,则病害不易发生或发展,对寄主危害也较轻。

病害类别与危害 按其发病部位可分为:①叶、花、果病害,种类多且极普遍,常见的有叶斑病、白粉病、锈病、煤污病、花叶病、畸形病等。生物和非生物性病原都能使叶、花、果生病。大多数侵染性病害分布广、传播快,常使叶、花产生坏死斑点、变色、干枯、腐烂,影响观赏品质,有些病害还会造成重大损失直至死亡。②茎(枝干)部病害,有茎腐病、白绢病、溃疡病、枯萎病、丛枝病、肿瘤病、流胶或流脂病等,各类侵染性病原都为害观赏植物的茎(枝干)。低温引起冻害,高温导致灼伤、干旱使枝条枯死等非侵染性病害也属常见。茎(枝干)病害中某些枯萎病,如茎腐病和溃疡病严重发生时,能使草本花卉、苗木和幼树在一个生长季节内死亡。树木的其他枝干病害大多是多年生的,病株可以存活多年,成为园林中的主要侵染来源。由于病害逐渐扩展、加重和病株逐年积累,可使病株死亡,甚至全林毁灭。③根(球根)部病害,有根腐病、根瘤病、毛根病等,真菌、细菌和线虫是主要病原。它们大多存活在土壤中,营腐生或半腐生生活,一旦遇到适当寄主就能侵染为害,这类病害常称为土传病害。土壤排水不良等非侵染性病原,也能引起某些观赏植物发生根腐。根部病害是在地下隐蔽发展的,初期难以发现,当地上部表现出症状时再行防治,就很难挽救了。因此,根病的危害性较大。

观赏植物的侵染性病害如按病原类群和性质,又可分为:真菌性病害、细菌性病害、病毒病害、类菌质病害、类病毒病、线虫病等。其中真菌病害种类最多,发生极为普遍,危害也十分严重;病毒病列居第二,几乎每种观赏植物都有病毒病,有些病毒病已成为引起花卉品种特性退化、观赏和商品价值降低的重要原因；线虫病也是观赏植物的一类重要病害，多数发生在根部，引起肿瘤或根腐，少数为害叶部，引起枯萎。

防治方法 观赏植物病害种类繁多，性质各不相同，在苗圃和花圃中，土传病害和猝倒(立枯)病、白绢病、茎腐病、枯萎病、根癌病和根结线虫病等最为常见。它们寄主范围广，危害严重，常使幼苗和某些花木致死。控制这类病害，应注意选择圃地和盆栽用土；加强养护管理，选用健康种苗和其他营养繁殖材料；必要时可实行轮作(或换盆土)；用药剂或高温对苗床或盆土进行消毒，以保护幼苗和花木，种苗、球根等也可用同样方法处理。月季黑斑病和白粉病，菊花褐斑病，牡丹(芍药)红斑病、锈病，花卉病毒病等，都是观赏植物的重要病害，发生普遍，危害严重。枝干病害中如月季枝枯病、泡桐丛枝病、杨树溃疡和腐烂病、松材线虫枯萎病等，常造成严重损失。在栽培过程中，应改善养护管理措施，增强花木抗病力；及时清除带病落叶、残花、病果及被害枝条或病株；选用健康优良的品种作园林绿化材料；用药剂进行保护和治疗。严格执行植物检疫制度，并选育抗病品种，是控制某些危险性病害的重要手段。花卉病毒病可用茎尖组织培养获得脱毒株，或用热处理来钝化植物体内的病毒，用杀虫剂防治传毒昆虫。古树名木的立木腐朽病，可采用外科修补术治理(见**树木外科手术**)。

参考书目

徐明慧主编:《园林植物病虫害防治》，中国林业出版社，北京，1993。

(徐明慧)

观赏植物虫害(ornamental plant pests) 由昆虫及一些小动物对观赏植物所造成的危害现象。

观赏植物的害虫种类很多，而且林、果、蔬菜的害虫又多可随时向它们迁飞或转移，这就使观赏植物害虫的种类更加复杂。如木槿蚜即棉蚜；大丽花螟是桃蠹螟和玉米螟；羽衣甘蓝蚜是菜蚜等。但观赏植物本身也还存在许多单食性的害虫，如蔷薇叶蜂只危害蔷薇、月季的叶片；茉莉花蕾蛆也只危害茉莉的花蕾等。

观赏植物害虫的防治是以药剂防治为主。由于观赏植物与人们的生活关系密切，所以应选高效、低毒、低残留而又安全可靠的药剂，并严禁使用剧毒农药。

危害观赏植物的害虫以及一些微小动物，主要有以刺吸式口器吸取植物营养的蚜虫、介壳虫、螨类(红蜘蛛)等；直接取食叶片的主要有刺蛾、袋蛾、叶甲、叶蜂等；钻蛀枝梢及树干的天牛类及地老虎、蛴螬等地下害虫等。

危害观赏植物的蚜虫，主要有桃蚜、棉蚜、瘤蚜、菜蚜等几种，它们分别寄生在许多不同种类的观赏植物上。蚜虫的防治，一般药剂都可见效；但由于防蚜用药过于频繁，致使大部蚜虫都产生了很强的抗药性，如优良的杀蚜剂溴氰菊酯，现在效果已远不如以前。

最常见的介壳虫是附在观赏植物枝、叶上的盾蚧类。盾蚧体外有鳞壳保护，须用机械油乳剂防治。防治困难较大的是蜡蚧，它体外附有很厚的蜡层，一般杀虫剂不易渗入体内。蜡蚧的防治工作是要抓紧幼虫孵化的关键时期进行(长江中游5月下旬至6月上旬)。在这一时期内，用任何药剂都很有效；若错过这个时期，一般药剂无效，需要专用于杀蚧的松脂合剂。松脂合剂是一种古老的杀蚧特效药。松脂合剂杀虫具广谱性，对螨类(红蜘蛛)、蚜虫、介壳虫也都很有效。而且它是植物性杀虫剂，既不污染环境，也不会使害虫产生抗药性。但在高温季节使用或对娇嫩植物使用，却要充分掌握好浓度否则容易出现药害。

红蜘蛛是观赏植物上的微小有害动物，它不是昆虫，不能用一般的杀虫剂来防治。克螨特长效、安全，可以消灭许多有抗性的红蜘蛛杀螨剂。

钻蛀性和潜叶性的害虫，危害很隐蔽。如旱金莲潜叶蝇、茉莉花蕾蛆、金柑上的潜叶蛾等。需用内吸性的杀虫剂防治，如杀虫双、氧化乐果等，一次施用后杀虫效果较长久。但梅花、榆叶梅忌用氧化乐果，因易受药害。

钻蛀枝、干的虫害，一般包括天牛、吉丁虫、木蠹蛾、楸螟、蝙蝠蛾等。这些害虫有摧毁性，危害也很隐蔽，须加强经常性的检查，发现初期危害，应立即治理，一般采用洞内塞药，即用棉球浸透敌敌畏等原药液后，塞入洞内，洞外用泥固封。在洞内塞入半片至一片磷化铝，效果更好。

观赏植物苗圃中最常见的地下害虫是地老虎幼虫和蛴螬(金龟子幼虫)等。它们毁根断茎，严重时使全株苗木枯死。防治法时最好用甲基乙硫磷灌根，或施毒土。

观赏植物的食叶害虫最为常见，最好用敌百虫防治。敌百虫安全，也是磷制剂中唯一胃毒作用较强的药剂。

利用生物及其代谢物质来控制消灭害虫，既不污染环境，又不杀伤天敌，而且效果稳定，是防治观赏植物害虫的有效途径。

国际上，观赏植物引种或交换赠送日益频繁，许多害虫，均可随种子或苗木引进或输出。由于新区内缺乏该虫的天敌，致使猖獗成灾。为此，必须强化植物检疫。

(沈聆苏)

观赏植物氮素及矿质营养(nitrogen and mineral nutrients of ornamental plants) 氮素和矿质元素在观赏植物体内的生理机能与代谢规律。

营养元素的种类 碳(C)、氢(H)、氧(O)、氮(N)、

磷(P)、钾(K)、钙(Ca)、镁(Mg)、硫(S)、铁(Fe)、硼(Be)、锰(Mn)、锌(Zn)、钼(Mo)、铜(Cu)、氯(Cl)和钠(Na)等17种化学元素是构成植物体和维持正常生命活动不可缺少的营养元素。缺少任何一种元素，都会引起生理上的障碍，出现生理病害，即缺素症。因此，栽培观赏植物要供给包括17种元素的全营养成分。植物对前9种元素需要量大，称为"大量元素"(或"常量元素")，后8种需要量小，称"微量元素"。不论是大量元素还是微量元素，对植物都是重要的。

营养元素的吸收与运输　根系从土壤中吸收营养元素，是个复杂的生理过程。根细胞呼吸产生的二氧化碳与水形成了氢离子(H^+)和碳酸氢根离子(HCO_3^-)，与外界的正、负营养离子交换。被交换的离子通过根细胞质膜时，与磷酸化的"携带体"形成络合物，穿过质膜释放到细胞内。再经过细胞与细胞间的离子交换进入到输导组织，在导管内随蒸腾流将营养元素运送到植物体的各部位。

生理作用与缺素症　不同的营养元素具有不同的生理功能。一个元素的生理功能是其他元素不能代替的，具有专一性。因此，如缺乏某一元素，就会产生专一的生理病害。

大量元素　①C、H、O：是植物通过光合作用而从空气中的二氧化碳和水获得的。合成为碳水化合物后，就组成了植物有机营养和构成植物体的骨架。②N：是氨基酸、蛋白质、核酸等的组成成分，是植物的结构元素。植物如缺氮，下部叶子发黄，顶部的幼叶仍保持绿色。由于老叶缺氮很快衰老，氮化物分解运送到幼叶供生长之需，因之缺氮时叶子从下往上逐渐变黄。但是，氮素在某种场合下也不宜过多，多则反而产生副作用。例如对于一些镶嵌叶植物如'花叶'常春藤、'花叶'鹅掌柴、'金边'兰等，如氮素太多则花叶不明显。有的绿色观叶植物叶子变厚，使其观赏价值大为降低。给予观花植物氮素过多，则徒长而不开花或晚开花。③P：是磷脂、三磷酸腺苷(ATP)和核酸等的组成成分。磷脂是质膜的成分；ATP是高能物质，为生命活动提供能量。植物缺磷后生长受阻，叶色灰绿，茎杆变紫色，如鹤望兰在幼龄期需要较多的磷，在5～10月生长期应注意补充。④K：在植物体内以离子状态存在。调节细胞膜的透性，控制气孔的开关，是碳水化合物代谢酶类的活化剂。植物缺钾时，生长受阻，老叶尖端变黄，并沿叶缘而蔓延。牡丹在盛花期需较多的钾；鹤望兰幼龄生长期需钾特多，缺钾植株一般弱小，叶薄。⑤Ca：大部分沉集在细胞壁和集中在细胞质膜的外侧，调节细胞质膜的透性。钙被称为"第二信使"，与钙调素(calmodulin)结合后，调节多种酶的活性。植物缺钙后，根尖和茎尖的生长点坏死，破坏质膜透性，根系成粘糊状。玫瑰、牡丹叶片中含Ca量都大于K。⑥Mg：是叶绿素的组成成分、酶的活化剂，对植物体内的能量代谢有重要作用。植物如缺镁，中下部叶片会失绿，并出现红色斑块。⑦S：是半胱氨酸、胱氨酸和蛋氨酸的组成成分，都含有巯基(SH)。蛋白质含硫。缺硫时，植物生长受阻，叶子细弱并呈暗绿。

微量元素　①Fe：能催化叶绿素的合成，是细胞色素、细胞色素氧化酶、过氧化氢酶、过氧化物酶等组成成分。铁氧化还原蛋白是植物体内生理生化反应的电子传递体。植物缺铁时幼叶黄化，老叶保持绿色，许多观赏植物，如樟、杜鹃花、桃花等叶黄和影响正常生长发育。中国北方盆栽栀子花多出现黄叶、枯萎，生长不良；其他酸性土中的植物也是如此，不能长期生长、生存。鄢陵花农用猪粪与黑矾加水发酵，以"矾肥水"浇灌，解决这一问题。用棉子饼3.5kg、黑矾($FeSO_4 \cdot 7H_2O$)2.5kg加水100kg发酵一星期，用之灌溉黄化栀子花一个月，叶色即转正常。单灌黑矾水或黑矾水喷叶无效，说明需给植物以铁螯合物，才能被植物吸收、利用。②B：能促进植物体内碳水化合物的运输、生殖器官的形成、花粉萌发和花粉管的生长。植物如缺硼，就破坏了核酸的合成。缺硼植物根尖和茎尖细胞分化受阻，生长点死亡。③Mn：在光合作用的光化学反应系统Ⅱ中，作用于水的光解，产生放氧反应，是酶的活化剂。缺锰时叶子出现失绿的小斑点，严重者叶干枯死亡。④Zn：是生长素合成的必需元素，是酶的组成分和活化剂。缺锌会破坏植物的氮、磷代谢，发生小叶病或簇叶病。⑤Mo：是豆科植物根瘤菌中固氮酶的组成成分，也是植物利用硝酸盐时硝酸还原酶的组成成分。缺钼可使叶子累集大量的硝酸根离子而引起毒害，出现黄斑病或尾鞭病。⑥Cu：铜是多酚氧化酶等的组成分。缺铜时植物生长细弱，植株萎蔫，顶芽黄化，但幼叶保持绿色。⑦Cl和Na：生理功能与光合作用、气孔的开关和氮素代谢有密切关系。

对于观赏植物，氮素及矿质营养都研究得不够。玫瑰耐瘠薄，N、P量少也不影响生长，但全部元素多少会影响花产量。牡丹品种'花二乔'、'赵粉'需养分水平低，'脂红'、'古月红'等是需养分水平高的品种。在盛花期至7月间，植株对N、P、K、Ca、Mg、Fe、Zn需要量都大。

(吴兆明)

观赏植物分类(classification of ornamental plants)　按一定标准将观赏植物区分为不同类型的方法。通过观赏植物的分类，可为其栽培、育种和应用提供科学依据。不同时期的不同学者，有不同的观赏植物分类法。在不同国家，观赏植物的分类也有很大差异。如在中国宋代陈景沂《全芳备祖》(约1256)，将观赏植物按实际用途与生长特性分为花部、果部、卉部、草部、木部等；清代陈淏子《花镜》(1688)中，分列了花木、藤蔓、花草3类;汪灏在《广群芳谱》(1708)中,则分为花、果、木、竹、卉、药等。至近代,有按植物系统进行分类的,也有分别按生长类型、用途、栽培方式、观赏部位、地理分布、生态习性等分类的。

植物学分类　如按恩格勒(Engler)系统、哈钦松(Hutchinson)系统或其他分类系统将观赏植物进行分类,再根据观赏植物的进化位置列入合适的科、属、种(亚种、变种、变型)中。

按园林用途分类　园景树(标本树)、庭荫树、行道树、防护树、林丛、花木、藤木、绿篱植物、地被植物、花坛花卉、盆花、室内花卉、切花、观叶花卉、荫棚花卉,等等。

按观赏部位分类　赏株形类、观叶类(叶木、观叶植物)、观花类(花木、草花)、观果类(木本、草本)、赏枝干类(木本、草本)、赏根类,等等。

按生长类型分类　木本植物有乔木、灌木、丛木、藤木、匍地木等,草本植物有一年生花卉、二年生花卉、多年生花草(宿根花卉、球根花卉、草坪植物)、温室花卉(一二年生花卉、宿根花卉、球根花卉、花木类),等等。

按对环境因子的适应性分类　①按热量因子分为热带观赏植物、亚热带观赏植物、温带观赏植物、亚寒带观赏植物、寒带观赏植物等;通常为实际应用目的,常依耐寒性而分为耐寒观赏植物、半耐寒观赏植物、不耐寒观赏植物等三类。②按水分因子分为耐旱观赏植物、半耐旱观赏植物、耐湿观赏植物、水生观赏植物等。③按光照因子分为阳性观赏植物、中性观赏植物、阴性(耐阴)观赏植物等。④按空气因子分为抗风观赏植物(树种)、抗烟害及有毒气体观赏植物、抗粉尘观赏植物、卫生保健观赏植物(如分泌杀菌素的)等。

按经济用途区分　通常有商品生产观赏植物、药用观赏植物、香料观赏植物、食用观赏植物、油料观赏植物以及其他用途观赏植物,等等。

按原产地分　有中国气候型、欧洲气候型、地中海气候型、墨西哥气候型、热带气候型、中美洲和南美洲热带气候型、沙漠气候型、寒带气候型、世界广布型,等等。

此外,有按生长类型及园林应用为主,结合生态的综合分类,在园林界较多应用,如观赏树木中的乔木、灌木、藤木以及具有美丽的花果、不同叶形或树形的和一些起卫生防护和改善环境作用的树种;有的还兼可提供果品、油料、木材、药材等副产品。按园林绿化用途,可分:庭荫树、行道树、园景树(标本树)、花木(花灌木)、绿篱植物、木本地被植物、防护植物等。还可按观赏特性,分为观树形(又分圆柱形、尖塔形、卵圆形、倒卵形、球形、扁球形、钟形、倒钟形、馒头形、伞形、盘伞形、棕榈形、丛生形、拱枝形、苍虬形、风致形等)、观花、观果、观叶、赏枝干、赏根,等等。露地花卉:包括一二年生花卉、宿根花卉、球根花卉、岩生花卉(岩生植物)、水生花卉、草坪植物与地被植物等;温室花卉和室内植物:又可分为热带水生植物、秋海棠类植物、天南星科植物、凤梨科植物、柑橘类植物、仙人掌类与多浆植物、食虫植物、观赏蕨类、观赏竹类、兰花、松柏类、棕榈类植物以及温室花木、温室盆花和盆景植物,等等。还有按移栽难易、繁殖方法、整形修剪特点、对病虫害抗性等分的。

参考书目

陈有民主编:《园林树木学》,中国林业出版社,北京,1990。

北京林业大学花卉教研组:《花卉学》,中国林业出版社,北京,1990。

(陈俊愉)

观赏植物分子遗传(molecular genetics of ornamental plants)　观赏植物在分子水平上的遗传和变异特征。早期的分子遗传学研究主要以微生物为材料来研究基因的本质、基因的功能及基因的变化等问题。植物分子遗传是分子遗传学研究方法和原理在植物科学上的延伸。观赏植物分子遗传则是分子遗传学在观赏植物这一特殊植物类群的具体运用,是从分子水平研究观赏植物遗传、变异。

研究简史　分子遗传学是一门新兴的学科。1944年美国学者埃弗里(O. T. Avery)等首先在肺炎双球菌(*Diplococus pneumonriae*)转化实验中证实了转化因子是脱氧核糖核酸(DNA),阐明了遗传的物质基础。1953年美国分子遗传学家沃森(J. D. Watson)和英国分子生物学家克里克(F. H. C. Crick)提出了DNA分子结构的双螺旋模型,从而开创了分子遗传学和分子生物学的新纪元。1961年法国的莫诺(J. Monod)和雅各布(F. Jacob)提出分子遗传学的重要概念——基因调控。1964年亚诺夫斯基(C. Yanofsky)和英国布伦纳(S. Brenner)等证实了基因的核苷酸顺序与它所编码的蛋白质分子的氨基酸顺序之间存在排列位置上的线性对应关系,证实了40年代初美国比德尔(G. W. Beadle)等提出的一个基因一种酶学说。此后,真核生物的分子遗传学研究才逐渐展开。1966年韦斯(B. Weiss)和理查森(C. Richordson),史密斯(H. O. Smith.)等分别分离到DNA连接酶、内切酶。1972年西尔伯(R. Silber)等发现RNA连接酶。1974年札恩(I. Zaenen)等在冠瘿瘤细菌中发现致瘤质粒。1976年埃夫斯特迪斯(A. Efstratiadis)等首次离体酶促产生真核生物基因片段。1979年萨克利夫(J. Satcliffe)测出了克隆的载体质粒pBR322全部的4362个核苷酸顺序。1981年肯普(J. D. Kemp)和霍尔(T. H. Hall)通过农杆菌的质粒将豆类主要贮藏蛋白的基因转移到向日葵里。1985年赖夫(H. J. Reif)等进行矮牵牛2个CHS (Chalcone Synthase)基因的克隆和分析。1988

年范·腾恩(A. J. van Tunen)等克隆了矮牵牛的2个CHFI(Chalcone Flavonone Isomerase)基因。在观赏植物的基因定位上,以矮牵牛最为成功。1923～1989年,用普通遗传学方法已定位了矮牵牛的116个基因,包括31个花色基因,22个花形基因,19个分子标记基因;用分子遗传学手段进行基因定位也在进行。1984年弗雷利(R. T. Frale)用农杆菌转化矮牵牛细胞。1986年沙阿(D. M. Shah)等将抗除草剂基因转入矮牵牛细胞,获得了转基因植株。1988～1990年范·德克罗尔(van Der Krol)等将反义CHS(Anti-Sense Chalcone Synthase)基因转入矮牵牛,研究了启动子类别与转基因表达的关系以及所需的最少核苷酸序列。1991年莱杰(S. E. Ledger)等用农杆菌转化菊花,获得了转基因植株。同年卢(C. Y. Lu)用农杆菌介导获得了香石竹转化植株。此外在月季、菊花等40余种观赏植物中相继获得了转基因植株。1994年北京大学获得了矮牵牛转基因植株。目的基因主要有花色基因、抗除草剂基因、荧光素酶基因、苏云金杆菌内毒素基因、乙烯合成酶基因等。转化方法以农杆菌介导法为主,尚有PEG法、基因枪法等等。1991年苏里(G. Tzuri)将RFLP技术应用于月季品种鉴定,加利勒(T. Galil)将DNA指纹技术应用于月季、香石竹、非洲菊的品种鉴定和家系分析。中国的研究工作与世界先进水平相比还有一定差距,目前基因转化和DNA分子诊断研究都在起步。

研究内容 经典的分子遗传学研究基因的结构、种类、作用、定位、进化、突变、表达调控、DNA的复制、安全保障体系、转录、翻译、RNA的复制和遗传工程(包括基因定位、分离、载体构建、重组鉴定、转化、筛选等)。观赏植物分子遗传学主要研究观赏植物生长、发育、代谢、进化等过程中各有关基因的结构、种类、表达调控、克隆、转移、整合、分子诊断及遗传分析等。研究着重从分子水平研究基因对性状的控制以及调控基因表达等,借以控制并改良观赏植物性状,使之向人类需要的方向发展。

研究方法

遗传学方法 植物群体中常可发现一些自然变异,也可利用遗传学方法人为创造一些变异,如白化、嵌合体、树姿形态、育性、花期、花径大小、芳香物、叶形、刺毛性状等的变异。普通遗传学研究这些变异的机理,是从控制性状的基因的显隐性或作用方式上来定性,进而利用这些基因表达规律创新类型。这些方法和工作是分子遗传学研究的基础。在得到一系列足够数量的突变型后,就可以进行遗传学分析,明了这些突变性状分别受控于几个基因,确定基因间的相互关系,指出它们在染色体上的位置。这需要用基因定位和互补测验,包括基因精细结构分析等手段。分子遗传学是遗传学的一个分支,遗传学方法是其研究的基本方法。

生物化学方法 分子遗传学是以核酸化学为基础的。蛋白质和核酸等生物大分子研究中使用的抽提、分离、纯化和检测等生物化学方法都是分子遗传学研究中常用的方法。对生物大分子和细胞超微结构的研究还经常应用免疫技术、层析技术、电泳技术、电子显微镜技术。在观赏植物分子遗传学研究中常用核苷酸序列分析、分子杂交、重组DNA、转座子、DNA分子诊断、反义RNA技术等。

核酸和蛋白质等具生物活性的大分子,其活性取决于它们的基本结构单元的排列顺序。搞清这些顺序,便于DNA和它所编码的蛋白质的线性对应关系。同时可认识插入序列或转座子两端的反向重复序列的结构和意义,以及克隆产物的结构。

DNA分子两个单链结构互补,DNA与其转录产物mRNA之间也具有互补结构。具有互补结构的分子之间可以形成杂种分子,测定杂种分子的方法即称为分子杂交。这一方法可用于对DNA和它转录的mRNA进行鉴定测量。

重组DNA技术起源于微生物遗传学,其主要工具是限制性核酸内切酶和基因载体。通过限制酶和连接酶的作用,把特定基因和载体相连接并引入细菌细胞,通过载体复制和细菌繁殖获得特定基因DNA的大量产物,提取纯化之后进行具体研究。将这一技术与基因离体诱变技术结合,有助于研究特定基因的结构、功能和性状的基因控制等诸多问题。

转座子是可以移动位置的遗传因子。1951年有人在玉米遗传学研究中根据玉米表现型突变及其不稳定性的遗传分析最先找出转座子的存在。转座子已成为引人注目的植物基因分离手段。还可以作为一种新的载体系统介导外源基因转移并消除转基因植物中的选择标记基因。金鱼草的Tam转座子系统已被用于进行分子水平的研究,并开始应用于植物基因工程。利用转座子来分离基因的技术叫作转座子标签技术。该技术的一个显著特点是可以用来分离预先不清楚表达产物的基因,因而成为植物分子遗传学研究的热点技术。

DNA分子诊断技术是指通过直接分析遗传物质的多态性来诊断生物内在基因排布规律及其外在性状表现规律的技术。该技术能排除生物内外环境因素所引起的表现型差异带来的干扰,能从分子水平上直接反映出遗传物质的差异,因而可以广泛地应用于植物遗传育种、起源进化、品种鉴定、基因工程、基因连锁图谱构建、基因定位、遗传转化等研究领域。DNA分子诊断技术大致可分为两大类:一类是以分子杂交和电泳技术为核心的分子诊断技术,如RFLP(Restriction Fragment Length Polymorphism)技术,DNA指纹(DNA Fingerprinting)技术等;另一类是以DNA扩增技术和电泳技术为核心的分子诊断技术，如 RAPD(Random Amplified Polymorphic DNA)技术、CAPS(Cleaved Amplified Polymorphic Sequence)技术等。

反义 RNA 技术。反义 RNA 是指能与特定的 mRNA 互补的 RNA 片段。利用反义 RNA 的这种与特定 mRNA 的互补作用干扰 mRNA 的翻译，从而阻止性状的产生。这个技术就是反义 RNA 技术。该技术可经由下述三条途径来实施：①将基因与启动子反方向结合后转化植物；②体外合成反义 RNA 通过显微注射等方法转化植物；③用人工合成的寡聚核苷酸转化植物。反义 RNA 有两种可能的作用机理：①反义 RNA 在细胞质中与 mRNA 结合形成 RNA:RNA 二聚体，阻碍 mRNA 的翻译；②反义 RNA 在核内与新生的 mRNA 结合成 RNA:RNA 二聚体，二聚体不能进入细胞质中。尽管反义 RNA 技术作用机理尚不清楚，但利用反义 RNA 控制基因的表达，近年引起许多学者的重视，并获得不少成果。利用反义 RNA 调控花色基因表达已有成功先例。这一技术对于从分子水平进行花色改良非常有用。

分子遗传学在观赏植物花色基因及基因工程，开花生物学基础研究(花形态、花期早晚、花期长短、生殖细胞发育、育性等的相关基因结构、作用、定位及其基因工程)，抗病抗逆(含防卫反应)基因及其基因工程，杂种优势的分子机制，观赏植物起源、进化、遗传多样性、品种鉴定和专利保护等研究中有宽广的应用前景。

(马江生)

观赏植物检疫 (ornamental plant quarantine) 国家指令在进出口岸设立专门机构，根据国家规定的检疫对象，对过境观赏植物及其繁殖材料和产品实行检验和监督处理的法规性综合措施。它是植物保护工作的根本性预防措施之一。其目的是防止观赏植物危险性病、虫、杂草及其他有害生物的侵入与传播，以保证本国、本地区观赏植物生产和园林生态系统的安全。在中国已同 100 多个国家进行花卉交流的今天，严格掌握检疫，尤其显得迫切和重要。

在自然条件下，由于地理屏障的阻隔和气候因素的限制，各种有害生物也有其特定的区域性。随着现代交通和贸易的发展，病虫害及其他有害生物不再受到天然屏障的阻隔。这些有害生物一旦传入适生新区，由于摆脱了原产地天敌的自然控制，得以大量繁殖，往往造成严重的甚至毁灭性的危害。例如榆树枯萎病，1918 年首先在荷兰、比利时等国发现，继而随着榆树苗木及木材产品迅速传入欧、美各国，30 年代曾给该地区榆树造成毁灭性灾害。70 年代，此病再次猖獗流行，使欧洲千百万株榆树死亡，损失达几十亿美元，并严重破坏了城市绿化。松材线虫枯萎病是发生于日本的一种毁灭性病害。中国于 1982 年在南京发现，经 6 年时间迅猛传播到附近的 12 个县(区)，病死松树 60 多万株，成为中国有史以来森林和风景林特大的毁灭性病害。又如美国白蛾原产美国，后传入欧洲，又传入日本和朝鲜半岛，1979 年传入中国辽宁丹东，至 1982 年已扩展到旅顺、大连至山东半岛，后又在西北武功地区发现。此虫对中国林业生产和园林绿化，造成了严重损害。中国曾在美国佛罗里达州引进唐菖蒲球茎，将唐菖蒲枯萎叶斑病带入深圳，造成严重减产。樱花根癌病，也因多次由日本引进樱花苗木而传入中国。此外，80 年代，中国从荷兰、日本等国引种的香石竹、风信子、郁金香、唐菖蒲等种苗和种球，以及由越南引进的树番茄等，均带有病毒病，有的品种质量年年退化，甚至毁种。上述许多事例，充分说明了观赏植物检疫的重要性。

观赏植物检疫分国际检疫和国内检疫两种。国际检疫目的是为防止危险性病虫害及杂草输入或输出国境，保护本国观赏植物生产，维护对外贸易信誉，履行国际义务。此项工作由国家在海关、港口、国际机场及有关省会设立检疫机构，对进出口和过境的观赏植物及其产品、运输工具等负责检疫。国内检疫的目的，是为了将某些区域性危险病虫害封锁在疫区内，防止人为传播，以利防治和消灭。

列为检疫对象的病虫害，必须是本国尚未发生或局部地区发生的、可通过人为传播，一旦进入新区有可能流行、并造成重大损失的病虫种类。1986 年，中国颁布列为国际检疫对象的园林树木病虫害有：榆树枯萎病、五针松疮锈病、栎枯萎病、栗疫病、松树线虫枯萎病、杨树细菌性溃疡病、梨火疫病、欧洲榆小蠹、欧洲大榆小蠹、美国白蛾、松突圆蚧、松褐天牛等。但在以上规定中，很少涉及花木病虫害。1986 年 7 月根据城乡建设部组织的“全国园林植物病虫害、天敌普查”结果，在成都开会确定并建议将香石竹斑驳病毒病、桧麦蛾两种，列为观赏植物病虫害国际(对外)检疫对象。在国内颁布的检疫对象名单中，有泡桐丛枝病、枣疯、毛竹枯梢病、杨树花叶病毒病、栗疫病、松疱锈病、松材线虫枯萎病、国外松褐斑病、美国白蛾、松突圆蚧等观赏树木病虫害，但尚无明确的观赏植物病虫害的内检名单，亟需尽快制定。根据国际和国内农林、观赏植物病虫害发展的情况和生产的需要，在一定时间内，植物检疫对象名单可增加或减少。当新的检疫法令颁布时，旧的检疫法令即同时废止。

(徐明慧)

观赏植物配植 (disposition of ornamental plants) 按观赏植物形态、习性、物候期和布局要求等进行合理搭配、种植的措施。经艺术安排后，可更好地发挥观赏植物在造景、绿化、美化，改善并提高环境质量等方面的功能，获取最佳的综合效益。

观赏植物在园林构图诸要素中，往往居于主要地位。它不但数量大，又可单独成景或与其他构图要素如地形、水体、建筑、园路、山石、雕塑等相配合组景，使园林绿地在一年四季的静态构图中，呈现出季相的动态变化。通过观赏植物配植，可使中国南方城乡做到四季常绿，一年无时不飞花；在北方则达到四季常青、三季有花，或春季早临，秋色晚归，或做到春有花、夏有荫、秋有果与红叶的境地。观赏植物配植的原则是既要因地制宜，根据功能、艺术构图、生物学特性、苗木来源和栽培技术与投资等因素综合考虑，又要在继承传统的基础上善于创新，表现出中国园林的特色和时代特点来。

因观赏植物种类的不同，其干、枝、叶、花、果的姿态、形状、质地、色彩和物候期等均有不同。它们在生长发育过程中，如树木在幼年、壮年和老年期的形态表现，就存在很大的差异。如圆柏(桧柏)幼时圆锥形，壮龄广卵形，老树呈不正卵形而秃顶，树皮纵裂而扭捩老态龙钟，古趣盎然。此树喜光，耐半阴，要求肥沃、稍湿而排水良好土壤，较耐空气污染。所以熟悉掌握观赏植物的形态、色彩特点、年龄变化和栽培要求，是搞好配植的重要基础。

在观赏植物的乔木类中，又有常绿与落叶以及针叶、阔叶之分。因树冠高大多在人的视平线以上，占据主要空间而引人注目，它们是组织园林空间实中有虚的骨干素材之一。常绿针叶乔木生长缓慢，寿命长，树形挺拔秀丽，多为尖塔、圆锥、圆柱形或水平开展形，叶色浓绿或灰绿，具有特殊的装饰效果，给人以宁静、隽永之感。松柏常青，多用来点缀寺庙、纪念馆、陵墓等，使环境产生庄严肃穆的气氛，有时也作为衬托花木的背景。常绿阔叶乔木树种，如桂花、山茶、羊蹄甲等树冠、枝、叶、花、果形态异彩纷呈，可使环境产生庄重祥和而又透出轻松活跃的气氛。而落叶针叶乔木，如落叶松、金钱松、水杉等在秋季叶色变黄或棕色，为秋景添彩。落叶阔叶乔木树形婀娜多姿，有广卵形、纺锤形、圆柱形、圆球形、水平开展形、尖塔形和特殊形状。冠大荫浓的如槐树、榆树、七叶树、南酸枣等，常作为庭荫树或孤植树；花、果、叶或冬态奇美的如梅花、紫薇、石榴、青檀等，都受到人们喜爱，成为配植中的主角。常绿针叶灌木在园林中常用做绿篱、护坡或装饰林缘、屋角、路边、水旁及基础种植等，如鹿角桧、昆明柏、匍地龙柏等。常绿与落叶灌木一般植株较低矮，接近人的视平线，有的花繁似锦，果、叶俱适近赏，使人感到亲切愉快，是园林组织密实空间和植物造景美化环境的主要材料。

观赏植物中乔、灌木的配植方式与园林布局相关，多为自然式和规则式。自然式的要求是做到源于自然，高于自然。主要表现观赏树木的个体美和群体美的自然错落、富有韵律与季相变化。基本形式有孤植、对植、丛植、群植、树林、树带等。规则式是以体现人工美，追求几何图案美，给人以庄严雄伟、整齐有序之感。主要形式有中心点孤植、对称式对植、行列式栽植、整形绿篱、绿墙和人工修剪植物造型等。所选树种多为常绿的，修剪成几何形体，如圆锥形、圆柱形、圆球形和尖塔形等。多用枝叶细密而耐修剪的树种，适用于以建筑为主的庭园环境布置。

攀援性观赏植物的配置，多创造条件使之攀附在墙壁、篱垣、棚架或大树上，也可覆盖地面。因藤本植物有“占天不占地”的特点而广泛用于空间的垂直绿化和窗台绿化。它可有效增加绿量，增进美化，改善环境，对城市人均公共绿地定额较低的国家，有其战略意义。花墙、花架、花廊等可为园林平面立面创造富有温馨气息的绿色屏障、景点与休息场所。应用合适的攀援植物使其攀附墙、架之上，可为园林增色。

草本花卉有一二年生、多年生和球根花卉之分。多数以花色或叶片艳丽取胜，也有以观果为主的。在园林中，常用于重点装饰，近距离欣赏。其配植的基本形式有适用于规则式园林的花坛、花台、花带等。在这些形式中，均以突出花色和图案美为主，可单独或组合式配置。而自然式园林则多采用花台、花丛、花境、花带等，以表现花卉的自然错落，花开花落，色彩缤纷之美。也有做成造景花堆，借以突出主题。草坪多以单子叶植物的禾本科和莎草科植物为主，植株矮小，生长紧凑，耐修剪与践踏，叶片绿色期长，可为园林环境形成良好统一的基调。使黄土不露，减少水土流失，防止尘埃飞扬和减少辐射热，增加空气湿度，降低气温和风速，为人们提供多种户外活动的场所，形成开敞明朗的透视空间。双子叶地被与草坪相比，则前者既具后者之长，又在花、叶、株型等方面，具有更多的观赏装饰效果。此外，有些地被植物还能在浓荫处(如树冠下方)生长，有的则可在石隙、瘠地栽种，又不需修剪，故比草坪植物用途更为广泛。但是，双子叶地被一般只宜观赏而不耐践踏。

水生观赏植物，如荷花、睡莲、千屈菜等的配植，可以丰富水边及岸边的景观，使之愈益丰富多采，楚楚动人。因不同的水生观赏植物对水深要求不一，在配植时必须创造适应其生长习性的条件。除利用自然斜坡或淡水岸边外，可通过人工砌成不同高度的种植台，或种在水盆中，控制其生长，并留出一定水面，以便欣赏水中倒影。

观赏植物配植无论从个体和群体看，都应讲究构图艺术，符合人们多样化的审美情趣。首先要注意强调构图主体，做到主次分明。如要表现春景为主的园地，应以春天开花的观赏植物占主导地位，余者为陪衬。其次，要善于运用植物不同的形态特征、姿态特点、高低变化、叶花形色的相互对比衬托，来表现一定的艺术构思和优美的植物景观。配植时要讲究植物相互间和植物与其他园林要素之间的和谐与呼应，同时要考虑植物在不同的生长阶段和季节变化而产生不平衡的景观；在配植群体植物和树丛时，树群与树林要注意立体轮廓线和空际线变换，做到高低搭配，有起有伏，产生节奏和韵律，力避平直呆板。尤其植物的生长快慢不一，在空间竞争之下，设计者的构思往往几年后即行破灭，这是最值得预先考虑并加以注意的。

（梁永基）

观赏植物品种分类（classification of ornamental plant cultivars）　将有确切名称的观赏植物品种合理地予以归类分型并构成完整体系的原则和方法。品种只有在进行了适当归类分型之后，才能真正认清和确定其地位与特点，使之在生产和推广上充分发挥作用。观赏植物品种分类的必要性和重要性，可从以下几方面来说：①不同观赏的品种，各有其一定的生态习性、生物学特性与观赏特性，在对某一花卉品种作出正确分类后，就可针对其特点进行合理的栽培与应用。②有了正确的种名与品名，又已明确其在分类体系中的地位，便可在推广、交流中做到心中有底，言之有物。尤其将祖国花卉作为商品出口国际市场时，必须以正确的花卉品种分类作基础，并在品种命名办法上与《国际栽培植物命名法规》接轨，彼此有了共同语言，才好增进了解，促成贸易。③观赏植物品种分类对提高观赏园艺的理论水平，尤其在改进花卉育种、探讨起源与演化等方面，是大有启发和裨益的。

分类的基本原则　观赏植物品种分类的基本原则有四：①品种演化关系与形态、应用二者兼顾，而以前者为主，这就是观赏植物品种的“二元分类原则”。1962年由陈俊愉、周家琪二人共同倡导，分别于梅花和牡丹、芍药中试行成功。现在中华名花如梅花、菊花、牡丹、芍药、荷花、紫薇、桃花、山茶、榆叶梅等推广应用，成为花卉品种分类中独树一帜的中国学派。国际上及中国古代，则多从实用观点出发，普遍按形态差异或民间传统将不同的观赏植物品种进行分类。②种源组成是品种分类的一级标准。“品种分类标准，首先应该放在种的分类基础之一。一般采用的方法，是将同一种或同一变种起源的品种，不论是一个种的变种或一个种的染色体加倍所成的多倍体，均列为一个品种系统”（俞德浚 1979）。由于观赏植物种源组成的复杂性和种质多样性超过果树，故除遵行这一原则外，还应着重对很多杂种起源的观赏植物种及其他品种系统中之主导物种，予以更多的关注。③在各品种系统内，再按性状之相对重要性，依次分列各级分类标准。如在中国梅花品种分类中，主要实行二元三级分类；第一级标准——种源组成：分为真梅系统、杏梅系统（梅与杏或山杏杂交选育而成）、樱李梅系统（梅与紫叶李杂交而来）等；第二级标准——枝姿：分为直枝梅类、垂枝梅类、龙游梅类等；第三级标准——按重瓣性、花色、萼色等，分为不同之型。如在直枝梅类下，再分江梅、宫粉、玉蝶、朱砂等型。至于花果大小、心皮多少、花梗长短等，则在三级外穿插加列“群”级标准，予以解决。如小梅群（型）、品字梅群（型）、长梗梅群（型），等等。④观赏植物的应用部分向多方发展，而又可兼顾者，一般其品种分类仍以纳入统一的体系为宜。这样既能维持种内的统一性，又可在种下求同存异，照顾到特殊性。如在中国梅的品种分类中，就将梅花与果梅融为一个整体，纳入统一的分类检索表中（陈俊愉、包满珠，1992）。因在果梅品种中，既有属直枝梅类之江梅、宫粉、绿萼等型的，又有属小梅群（型）的，还有属杏梅系统单杏型和丰后型的以及各型花果兼用品种，等等。当然，对于每一具体种类的具体情况，也应具体分析，灵活掌握。

分类方法　主要有以下三种：①历史、考古的方法。通过历史、考古等研究途径，探寻观赏植物出现不同系统、类（群）、型之早晚及其演化轨迹。如在中国的新石器时代，江南先民即已开始应用野生梅子；至汉初，梅花初由果梅中分化而出，并始用于城市绿化。此后，不同系统、类、型的梅花先后出现，均有史料、文献可供查证。一般而言，凡分化、形成愈晚的，演化地位就愈高。②育种实验的方法。主要通过实生选种，在播种天然授粉种子的实生苗中，以及人工品种间、种间杂交育种的表现与分析，从而清理出各系统、类、型之间演化关系的来龙去脉。③比较分析、微观测试的方法。近年又发展到微观形态比较（花粉、叶表皮细胞、染色体核型分析等）、同工酶指标测试、数量及分支分类以及分子系统学等技术，均可与历史学等研究结果相互核对，查明品种演化的轨迹。

分类级别及类型数　级别多少常因种类特点、遗传多样性和某些影响因素而异，一般不宜层次太多，以免重叠纷繁，难以掌握。如能抓住关键，突出重点，层次分明，理顺关系，就是比较合理的分类体系。通常为三级左右，即分为系统、类、型，使人一目了然。如菊花（*Dendranthema* × *grandiflorum*）第1级标准按主要种源组成，可先分为小菊、大中菊两大系统，前者的野菊（*D. indicum*）为主要种源组成，染色体数 $2n = 4x, 6x + 2 = 36, 56$；后者以毛华菊（*D. vestitum*）为主要种源组成，染色体数 $2n = 6x - 2, 8x + 3 = 52, 75$。第2级标准是花瓣（实际为小花），分为舌状花类、筒状花类。最后，再按花型（实际是头状花序，系第3级标准）将不同品种对型入座，各就各位。如在上述菊花品种的分类方案中，计列出2系统、2类、22型的体系，较易掌握。

参考书目

俞德浚：《中国果树分类学》，农业出版社，北京，1979。

陈俊愉主编：《中国梅花品种图志》，中国林业出版社，北京，

1989。

中国农学会遗传资源学会:《中国作物遗传资源》(第六篇花卉:1009~1211页),中国农业出版社,北京,1994。

(陈俊愉)

观赏植物品种命名(nomenclature for cultivars of ornamental plants) 按《国际栽培植物命名法规》(简称《栽培法规》,本条所有引文均据1980年该法规原文译文)的规定,用适当名称称呼观赏植物品种的方法。观赏植物品种命名应符合《栽培法规》的各项原则与具体条款。品种应有其确切名称,以免造成混乱,影响生产、应用、科研、教学和国内外交流。每种观赏植物均应严守规定,给予其不同品种以适当而合法的名称。如有违反或走样,就会出现名不副实、品名重复、同物(品种)异名、同名异物、品名混乱、相互混淆以及品名不雅、欠妥等弊端,不利于国内外交换流通。为了统一品种名称,让观赏植物品种名称很好地为栽培、生产、应用与流通服务,应从命名起就严格服从《栽培法规》的规定和要求,与国际接轨。

基本原则与方法 1975年7月在苏联举行了十二届国际植物学大会,通过《栽培法规》。这应是各国观赏植物命名的共同合法依据。其"总则和原则"有6条,主要内容是:"一个正确、稳定和国际公认的命名制度非常重要。""《国际植物命名法规》所规定的植物拉丁学名的用法对栽培植物和野生植物两者均适用,嫁接嵌合体除外。"制订"法规的目的是促进农业、园艺和林业栽培品种(变种)命名趋于一致,正确和稳定。……一个栽培品种名称必须是任何人都可用来表示具有这个名称的栽培品种(变种)。""栽培品种(变种)名称还被用于具有国家和国际法效力的条例。"

在命名方法上,包括品种名称的构成、发展和使用等。根据《栽培法规》的规定,命名构成的做法一般是在植物的属名与种名之后,加写品种名称,以cv.代表cultivar(栽培品种)。"栽培品种这一国际性述语是指有明显区别特征(形态学的、生理学的、细胞学的、化学的和其他),并在繁殖(有性或无性)后这些特征仍能保持下来的一个栽培植物群体。栽培品种是本法规确认命名的最低类级。"事实上,栽培品种一般简称品种。"品种"是植物生产栽培上的群体单位。在欧美,品种名多由1~2个字组成,至多不超过3个字。每个字的第一个字母,均需大写,而在品名之后不附列命名人。属(genus)级名称可以是属的植物学名称(如百合属*Lilium*,松属*Pinus*),也可是具有属的意义的普通名称(如百合lily,松pine)。属级名称也包括属间杂种的植物学名称(如楸梨属×*Sorbopyrus*)或其普通名称。种(species)级名称是种的植物学名称(如*Lilium candidum*)或其普通名称(Madonna lily),也包括种间杂种的植物学名称(如*Dendranthema*×*grandiflorum*)或其普通名称(garden chrysanthemum)。如'绒柏'的正式品种名是*Chamaecyparis pisifera* cv. Squrrosa,也可在品名之外加单引号而不加cv.字样,可写作*Chamaecyparis pisifera* 'Squarrosa';但不可将另一种植物名称作为此种植物之品种名,以免引起混淆,如'牡丹'莲,即为无效发表之品名。如另附适当加词,便可成为有效品名,如'友谊牡丹'莲。

自1959年1月1日起,新制定的栽培植物品种名称,一律不再用拉丁语,而用现代语。此后定新品名时,应注明日期(至少年份),在刊物上发表或正式印刷成文,并向适当的组织登录(见**观赏植物栽培品种登录**),送交有关图书馆保存。发表新品种命名论文时,内容应包括其性状描述,与其他品种相异之点、亲本植物、栽培史、创造人或引种人。在国际上发表时,用任何国的文字均属有效。在可能范围内,品种性状描述应配有插图,最好是彩图。

品种命名的格调 观赏植物品种命名的格调,常因国别地区、历史时期、风尚习惯等而异。如在中国古代,花卉品种名称多为纪实的,以突出姓氏、地名和形象特点为主。象欧阳修在《洛阳牡丹记》(1031)所称:牡丹品种名称"或以氏,或以州,或以地,或以色,或旌其所异者而志之"。例:'姚黄'、'延州红'、'潜溪绯'、'玉版白',等等。自明代起,命名有渐欠严谨之趋势,且偶有吹嘘过甚(如'花红无敌'之类)或以数字为品名者,均非允当。中国在"文化大革命"期间一度流行的'文革红'、'跃进红'等牡丹品名,现早废弃不用。欧美观赏植物品种命名,则多反映形态特点或美女芳名。在遵循《栽培法规》的前提下弘扬本国的优良传统和民族风格,是今后观赏植物品种命名的正确方向。如中国的人或地名加特长,就是一种品种命名的好传统。

提高品种命名质量示例 ①严格按照《栽培法规》办事。如墨兰*Cymbidium sinense*品名'紫薇'、山茶*Camellia japoniaa*品名'凤仙'等,均属无效命名。②品名用字简练通俗,最好2~3字,即使东方文字也绝不超过5个字。③确切并突出反映品种特点,如'多萼绿'梅。④品名雅致动人,富于诗情画意,如'玉玲珑'水仙、'玉台照水'梅等。⑤避免用同音(近似音)或生涩难解之字,如'鱼魫'兰、'玉蘂釀'凤仙等。⑥尽可能集品种类型和特长于一身,如'密丛晚粉'梅,即示系一株丛较矮、开花繁密的晚花梅品。

在1959年1月1日前后符合植物法规发表的,或在1959年1月1日前符合本法规发表的拉丁文植物加词,如后来该植物改为栽培品种,则仍可作为一个栽培品种保留这个加词,如一种美国黄杜鹃花*Rhododendron carolinianum* f. *luteum*在改成一个栽培品种时,应写成*Rhododendron carolinianum* 'Luteum'。'美人'梅之拉丁学名*Prunus*×*blireiana*(*P. cerasifera* cv. Pissardii×*P. mume* cv. Alphandii)是有效的。但在栽培植物雅名化的趋势下，还以写成 *Prunus mume* (Blireiana Group) cv. Meiren 为宜。

当前提高栽培植物品种命名质量，有以下方法：①"雅名化"，即将合法之变种、变型名改用雅名(fancy name)，如'彩叶'羽衣甘蓝写作 *Brassica oleracea* Acephala Group cv. Tricolor，而不再称 *Brassica oleracea* var. *acephala* f. *tricolor*。②一种植物的不同品种名有同有异，可借以明确关系。如在'鹿角'桧(*Sabina chinensis* cv. Pfitzeriana)之外，还有'蓝灰鹿角'桧(cv. Pifitzerian Glauca)、'黄鹿角'桧(cv. Pfitzeriana Aurea)，等等。③在通行东方语言的国家，观赏植物品种名称原则上按当地名拼音，如樱花品种名 *Prunus Serrulata* cv. Amanogawa，即系由日文译成罗马字。为让西方了解品名意义，可进而在品名之后附列意译之西文(字头小写)于括弧内以资解释。如'银红台阁'梅写成 *Prunus mume* cv. Yinhong Taige (silvery-red duplicate)。④在各国，均可用普通名(common name)代属、种拉丁学名，而于品名前加 cv. 或于其外加单引号；在中、日等东方国家，则多加单引号于品名外。品种名仅有1字者，单引号放在种名(普通名)之外，如'淡梅'。

参考书目

喻衡：中国牡丹品种整理、选育和命名问题，《园艺学报》，9(3)。

布里克尔等编，袁以苇、许定发译：《国际栽培植物命名法规》(1980)，载《南京中山植物园研究论文集》，江苏科学技术出版社，南京，1987。(C. D. Brickell et al. (ed.), *International Code of Nomenclature for Cultivated Plants*, Regnum Vegetablie, 104, Utrecht, 1980.)

(陈俊愉)

观赏植物起源中心 (centres of origin of ornamental plants)

观赏植物栽培种和品种多样性的集中地区，野生观赏植物种、变种多样性集中的地区，称作自然分布中心。由于栽培观赏植物都是从野生种演化而来，栽培种、品种的起源中心常和野生种的自然分布中心相一致。但在自然分布中心以外地区，也常形成栽培种、品种的次生中心。研究观赏植物起源问题对植物引种驯化、选种育种、种质保存和创造新品种等，都有重要意义。

简史　瑞士植物学家 A. 德堪多率先用现代科学方法对栽培植物的起源进行综合性研究，于1882年发表了《栽培植物起源》，提出人类最早驯化植物的地区可能在中国、亚洲西南部、埃及以至热带非洲。俄国学者瓦维洛夫(Н. И. Вавиров)从1920年开始，在60多个国家作了约20次考察，积累了30多万份作物及其近缘亲属的标本、种子，对一些重要作物作了形态学、细胞学、遗传学、免疫学以及适应性等多方面的试验，利用"差率植物地理方法"，发现了物种多样性分布的不均衡性，于1935年提出了栽培作物8大起源中心学说(也称基因中心或多样性变异中心学说)。他还提出了作物原生起源中心、次生起源中心和"遗传变异同型系定律"。

瓦维洛夫的8大起源中心是：①中国—东部亚洲；②印度—热带亚洲，印度—马来亚；③中亚细亚；④西部亚洲；⑤地中海沿岸及邻近地区；⑥埃塞俄比亚；⑦墨西哥南部及中美洲；⑧南美洲(秘鲁、厄瓜多尔、玻利维亚、巴西、巴拉圭)。在每一个中心，有相当多的有价值的作物和多样性变异，是作物新基因的宝库。嗣后，又有学者们对瓦维洛夫的学说提供了新资料和新论点，给予一定的补充和修正。例如，J. R. 哈伦认为有些作物的起源中心和变异中心并不一致，作物的起源和变异要综合空间和时间来论证。他又认为时间的久远并非多样性变异中心形成的唯一因素，复杂的栽培环境更易引起变异类型的形成，山区尤易产生多样性的变异型。俄国的另一位学者茹科夫斯基(Л. M. Жуковский)在1968年提出了不同作物种的100多个小基因中心，从而把8个起源中心增补成12个大基因中心。他又和 A. C. Zeven 于1975年将某培植物的起源中心称为"栽培植物的多样性中心"。1982年，泽文(Zeven)和另一学者韦特(J. M. J. de Wet)又将"多样性中心"一词改称为"多样性地区"，使瓦维洛夫的学说得到了发展。

迄今为止，虽然还欠缺有关观赏植物起源中心学说的整体见解，但还是有线索可查的。例如，在瓦维洛夫的论著中，不乏观赏植物的例子。如在中国中心中，他例举了刚竹属、青篱竹属、箣竹属，桃、梅、李、杏、樱桃、山楂、木瓜(蔷薇科)、榆叶梅、贴梗海棠、银杏、香榧、棕榈、苏铁、胡颓子、枳椇、香橙、宜昌橙、金柑、枳、柿、君迁子、枇杷、杨梅、龙眼、荔枝、山茶、桃金娘、樟、杜仲、桑、构、乌头，等等。在印度中心中，他例举了落葵、海芋、枸橼、酸橙、椰子、余甘子、玫瑰、茄、山柰、姜黄、檀香、散沫花、印度橡皮树、虎尾兰等植物。在印度、马来亚补充区，例举了硕竹、柚、槟榔、面包果、依兰、果、红毛丹、豆蔻等。在中亚细亚中心，举了杏、巴旦杏、西洋梨、苹果、阿月浑子、胡桃等。在西部亚洲中心例举了罂粟、石榴、无花果、榅桲、月桂樱、番红花等。在地中海中心，例举了荆豆、油橄榄、麝香草、薰衣草、突厥蔷薇、月桂等植物。在墨西哥南部及中美洲中心例举了仙人掌、龙舌兰、凤梨、虎皮花等。在南美洲中心，例举了西番莲、金鸡纳树、球根酢浆草、番樱桃等。

茹科夫斯基等学者，在其增补的12个中心中补列了不少观赏植物种类：如在新增加的澳大利亚多样性地区中，例举了木麻黄、桉树、金合欢、白千层等；在南非地区，例举了天竺葵、龙须牡丹、蝶豆等；在欧洲、西伯利亚地区，例举了菊苣、大米草、欧洲小檗、小冠花、欧乌头、毛地黄、毒鱼草、三色堇等；在北美地区，增举了刺槐、红桧、糖槭、长山核桃、北美商陆等。

凡是具有生境多样性和植物多样性的地区，往往是观赏植物的自然起源(分布)中心。全世界的维管束植物，总共有265 000种。中国约有显花植物25 000～30 000种，主要分布在热带和亚热带地区，其中云南约有13 000～15 000种，四川约有10 000种，广西约有7000余种，广东约有6000余种，贵州约有5000种。在这些地区中，云南尤为重要，有特有属108个，杜鹃花属有360余种，兰科植物206种，报春花属153种，龙胆属103种，野生花卉200多种，仅在云南西双版纳自治州就有植物约5000种。中国西部和西南部山区，是观赏植物的宝库。

起源中心　根据现有不完全的资料，观赏植物栽培种、品种的起源中心，至少有下列三个：

中国中心　中国不但是很多亚热带观赏植物和一部分热带观赏植物自然分布的中心，而且还是不少著名观赏植物的栽培中心。例如梅已有3000多年的栽培史，四川、云南、西藏是野梅的分布中心，湖北、江西、安徽、浙江等地为次生中心。20世纪90年代全中国有梅栽培品种300个左右，以武汉、南京等地为栽培中心。牡丹已有1500多年的栽培史，中国西北及西南部有几种野生种，栽培牡丹是多种野牡丹杂交演化而成，唐宋时以长安、洛阳为栽培中心，以后曾转至四川和安徽亳州，明代转至山东曹州，1949年后再转至山东菏泽市(即原曹州所在地)，全中国品种约有500个。芍药从秦代开始栽培，内蒙古、辽宁、陕西、甘肃等地尚有野生种。现代芍药品种群的原种是芍药，19世纪传入英、美。由于西方人崇尚芍药，形成了次生中心，栽培品种约有1000个。菊花在2500多年前已被观赏、饮用，中国是现代菊花的起源中心。陈俊愉认为原始菊花是野生种种间天然杂交再经选育而成，栽培菊的起源是多元的，四倍体的野菊和六倍体的毛华菊、紫花野菊等可能参加了杂交，经多代杂交和人工选育，才产生较为定型和色彩丰富的原始菊(*Dendranthema* × *grandiflorum*)，最早约出现在东晋(317～420)。中国菊花品种在20世纪80年代约有3000多个。深受中国人厚爱的兰属植物，中国有31种和几个变种，占世界兰属总数50余种的62%。兰以西南地区为分布中心，其中春兰、蕙兰分布最广，栽培历史悠久，变异亦多。蔷薇属植物在中国约有80余种，天然分布广泛，以云南、四川、新疆最为集中。中国在北宋时代栽培各种月季花，品种颇为兴旺，大多品质优良，具连续开花习性，但自明代以后，一蹶不振。欧洲则从19世纪初叶开始现代月季的育种工作，将中国产的月季、香水月季、野蔷薇、光叶蔷薇、玫瑰等，和欧洲起源的法国蔷薇、百叶蔷薇、突厥蔷薇等反复杂交，产生了丰富的现代月季品种。1867年首次在巴黎育成了杂种香水月季系统，此后月季育种中心和生产中心转移到英国、法国、美国、德国等地。中国仅山东平阴县成了玫瑰花的生产中心。全世界有杜鹃属植物900种，中国有530种(占世界的58.9%)，分布地区集中在云南、四川、西藏等地，约有400余种，是杜鹃花的发祥地和现代分布中心。其中云南种类最多。18～19世纪欧美等国从中国引种杜鹃花，育种改良，栽培品种数以千计。英国爱丁堡皇家植物园引种中国杜鹃花306种，成为搜集中心。中国的搜集中心在江西庐山植物园和四川灌县野生观赏植物保护实验中心等处。山茶花在中国栽培的历史悠久，中国是其地理分布和栽培起源中心。该种野生于浙江、江西、四川等地山岳沟谷，浙江、湖南、江西、安徽等地则是栽培中心；云南是云南山茶花的分布和栽培中心；广西是金花茶的起源和栽培中心，在南宁市设有基因库。报春花属在中国有294种21个亚种和18个变种，分布中心在云南、四川、西藏等地。英国爱丁堡皇家植物园收集的中国报春达160多种(1982年)，为搜集研究中心。现代开红、白花的莲，分布在亚洲和澳大利亚北部。中国有7000多年前的花粉化石和1000多年前的古莲子，栽培历史悠久，典籍记载很早，品种多样性明显。现代莲的起源中心在中国，20世纪80年代，中国莲的搜集中心在武汉地区。中国水仙花起源于地中海区和西亚，唐代从现今意大利引入中国，已有千年历史，是水仙的次生中心，栽培中心在福建漳州市和上海崇明县。中国也是栽培桂花的起源中心，有野生种，长江流域各地广泛栽培。中国起源的观赏植物还有银杏、蜡梅、多种铁线莲、扶桑、紫薇、多种海棠花、多种木兰、多种丁香、多种萱草等。

西亚中心　大约有3种野生的蔷薇属植物，经杂交育种演变出许多栽培种类，突厥蔷薇是其中之一。其他观赏植物有郁金香，但以后的育种和生产中心移到荷兰。还有黄番红花、多种鸢尾、几种丁香、白柳、几种七叶树、多种栎等。

中美洲和南美洲中心　由来很古，当地的马雅、印加等印第安人在尤卡坦半岛建立了马雅文化，栽培花卉种类以草本植物为主，例如孤挺花、夏水仙等球根种类。还有万寿菊、大丽花、百日草等，至今仍占重要地位。

观赏植物栽培的起源中心各有其发展史，且因时代而发生转移。如中国中心经过唐、宋等极盛时代后，近几百年逐渐向日本、欧、美转移；而西亚中心经过希腊、罗马以及阿拉伯文化时期后，逐渐出现了欧洲的次生中心。唯有中、南美洲中心没有得到足够的发展。日本在17～18世纪初奠定了独特的花卉栽培和品种培育的基础，到江户时代后半期出现了日本花卉事业的黄金时代。

西亚中心是中世纪欧洲花卉发展的起源。16世纪前欧洲栽培的花卉数目有限，到16世纪一般种植的花卉约90种；而到16世纪末，至少已有300种。欧洲现代花卉园艺的发展得力于中国、土耳其、日本以及全世界的观赏植物。近世之初,荷兰、英国、法国是欧洲花卉培育的主要国家。荷兰在当今被誉为球根花卉王国,郁金香名列前茅;法国继英国、荷兰以后发展花卉,到路易十四时代到了高峰期。

欧洲从18世纪到19世纪,热衷于从中国、日本引种各种观赏植物,现代花卉的大部分种类在19世纪已纷纷出现。在19世纪初后,美国加入西欧的次生中心,使花卉栽培有了惊人的发展。研究观赏植物的起源中心,对观赏园艺事业的繁荣和发展具有重要的意义。

参考书目

陈俊愉、程绪珂主编:《中国花经》,上海文化出版社,上海,1990。

N. I. Vavilov, *Centers of Origin of Cultivated Plants*, Trudipo Prikl. Bot.(17)(2),1926.

A. C. Zeven and Zhukovsky, *Dictionary of Cultivated Plants and Their Centres of Diversity*, Centre for Agricutural Publishing and Documentation, Wageningen, 1975.

(盛诚桂)

观赏植物嵌合体 (chimeras of ornamental plants) 具有明显遗传差异的细胞组织镶嵌而成的观赏植物个体。根据起源不同,又可分为同源嵌合体和异源嵌合体。

研究简史 在人们长期的栽培实践中,早就发现了组织结构发生变异的嵌合体植株。但直至1674年,南弟(Nati)描述了奇异的'比扎利亚'(cv. Bizzarria)柑橘,人们才对嵌合体开始有了具体的认识。1825年亚当(Adam)将金雀花与金链花属两种植物嫁接,培育出著名的亚当雀链花(*Laburnocytisus adamii*)。但亚当雀链花并不很稳定,部分植株或同株不同部分有时出现了返祖现象。1907年温克勒(Winkler)对番茄和龙葵的相互嫁接,才真正揭开了通过科学实验提出嫁接杂种假说的帷幕。温克勒将培育出的含有两种明显遗传差异组织的植株体,称为嵌合体。鲍尔(Baur)到1909年及其以后对缔纹天竺葵的叶色变异的嫁接实验,证实并发展了温克勒的学说,提出了"扇形嵌合体"和"周缘嵌合体"等概念。此后,解剖学家的研究充分证明了周缘嵌合体的理论。在此之后,人们的兴趣转移到"嫁接嵌合体"及"人工嵌合体"上。例如80年代在中国流行的仙人掌植物"龙凤牡丹"就是绯牡丹和量天尺嫁接的属间嵌合体;又如1984年马克特里基亚诺(Marcotrigiano)和果因(Gouin)人工制造成烟草嵌合体,使嵌合体的人工直接合成成为现实。

类型 按组织结构的不同,可将嵌合体分为周缘嵌合体、扇形嵌合体和周缘区分嵌合体三大类:①周缘嵌合体。两种具有不同基因细胞形成的组织呈周边排列,一种组织包被了另一种组织,其外观表现为某一器官的周边与中心不对等。周缘嵌合体根据发生的部分又分内周、中周、外周等类型。依其结构之不同,又可分为双层嵌合体和三层嵌合体两类。构成双层嵌合体的组织,具有两种基因型。构成嵌合体的组织具有2~3个基因型的,则为三层嵌合体,例如绿白斑叶天竺葵等。②扇形嵌合体。也称区分嵌合体。具有不同遗传特性的两种组织呈径向排列,一种组织不包被另一种组织。其外观表现为某一器官的两侧不对等,可分为外扇、中扇、内扇等类型。例如"二乔"菊花、"二乔"杜鹃花、"二乔"牡丹等。③周缘区分嵌合体。具有不同遗传特性的两种组织呈周边排列,但一种组织不能完全包被另一种组织。例如:金丝竹(*Phyllostachys sulphurea*)的茎上表现黄绿相间呈条纹状的变异。

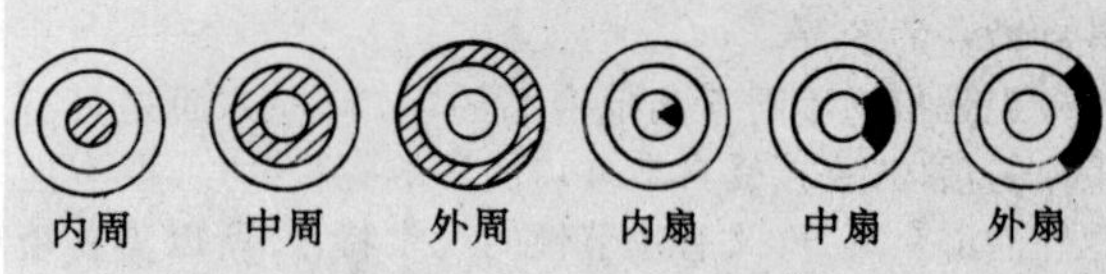

不同类型嵌合体示意图

依嵌合体成因的不同,可分为如下四类:①物种间嫁接嵌合体。由不同种的植物进行相互嫁接而来,具有很大的不稳定性。例如亚当雀链花、龙凤牡丹等。②染色体差异嵌合体。由于细胞分裂不正常,致使染色体构成发生变化而形成的嵌合体,对细胞大小及结构生长习性有影响。③核基因差异嵌合体。由核基因的自然突变或诱导突变而来,植物特定器官的某一特征会受到影响。例如飞燕草、金鱼草等出现的斑叶突变体即是。④质体基因差异嵌合体。由质体基因的自然突变或诱导突变而来,在营养繁殖过程中,两种质体所支配的性状同时表现。例如天竺葵、龙舌兰、大叶黄杨等出现的绿白斑叶突变体。

嵌合体的发生和应用 嵌合体是分生组织发生部分突变的结果。突变包括自然突变和诱导突变。如果突变发生在单式顶端或在胚发育早期,则形成扇形嵌合体;如果突变发生在复式顶端,则形成周缘嵌合体,或更确切地说,形成周缘区分嵌合体。嵌合体也可通过嫁接和体细胞融合等途径而获得。

观赏植物中的嵌合体,主要表现为花瓣的条纹、彩斑以及茎枝、叶片的彩化。对嵌合体遗传规律的正确运用,将会培育出色彩斑斓的观花、观叶品种。芽变选种、辐射育种、化学诱变育种及嫁接等方法的使用,可以选育出更多的嵌合体植株。目前,常见的具有嵌合体现象的观赏植物有:天竺葵、烟草、勿忘草、牵牛花、杜鹃花、石榴、山茶、矮牵牛、菊花、香石竹、石竹、蜘蛛抱蛋、麦冬、吊兰、紫茉莉、朱蕉、变叶木、彩叶草、花叶万年青、鸡冠花、凤仙花、圆柏、侧柏、锦松、贴梗海棠、六月雪、芦竹属、苔草属、凤梨属、甘蓝属、龙舌兰属、玉簪属、君子兰属、荷包牡丹属、茄属、冬青属、瑞香属、景天属、草莓属、大戟属、长春花属、榕属、白蜡属、蔷薇属、李属、夹竹桃属、胡颓子属、金丝桃属、荚蒾属、忍冬属、常春藤属、卫矛属、棣棠属、榆属、露兜树属、悬钩子属、芭蕉属、日本花柏属等的某些种。

（包满珠）

观赏植物生产管理（production management of ornamental plants）　观赏植物的生产按市场经济实施一系列符合社会供求规律和科学技术的管理手段和方法。观赏植物以其花、叶、果、枝条等器官的色彩、姿态，供人们欣赏、装饰环境、美化生活或充作礼仪馈赠等，成为市场上不可少的商品。因此应按商品生产的规定进行管理，并实施各种科学技术措施，以求各种效益的发挥。

观赏植物不同于其他商品的生产，一方面是具有生命的活体，直接受自然环境的影响；另一方面既有地方性的群众喜好，又有季节性的观赏特性，所以需要精细的科学管理方法。生产管理需与科学经营密切结合，有如下几个方面：①丰富的植物种类，是市场竞争的物质基础，争取繁多的品种才能供消费者选择，满足不同的喜好。这就需要多方面搜集和开展育种工作，能使种类增多。②筛选适合当地自然条件的优良品种。使消费者有充分的信心购买，必须是成活容易、无需复杂的技术管理和具有抗风、抗晒、抗热、抗寒等能力较强的品种。③生产的过程不断吸收先进技术和普及一般的栽培知识，使消费者掌握一部分栽培知识，是继续扩大销路的关键。如编写栽培指南，出售用具及工具，方便消费者栽培管理。④提高质量，保证植物品种的可靠性，维持信誉，是竞争的重要途径。⑤开辟和扩大市场，如保证购买与运输服务的方便，产品目录与价格合理，设立不同气候带的生产基地，批发与零售兼营，争取更多的定购者等。

以上五方面循序渐进，逐步实现，是观赏植物生产上科学管理的成功之路。

（王　焘　余树勋）

观赏植物生产组织类型（production types of ornamental plants）　以观赏植物为生产对象，根据产品性质、生产方式或专业化程度所形成的生产组织的不同类别。①农户式生产。以农户为单位，农忙时雇用帮工，自行生产数种切花、盆花或观赏树木出售。世界各国的花农，大多进行农户式生产，也包括中国的许多个体生产者。这种组织类型投资少，生产种类不多。但其产品质量，根据有关单位的技术指导和农户本身的经验与努力，仍可能达到很高的水平。②合同式生产。以农户为单位，单独或与其他农户一起接受收购者订货，根据合同代为生产指定的产品，如切花、花卉种子、干花等，由收购者提供种、苗（球根）与技术等。收获的产品，由收购者按合同收购，再在市场上出售。③特种供应生产。有些专业生产公司属于家族所有，也有的是合股公司，专业化程度极高。其产品为质量特别优异的杂交种子、新育成的种球、有专利权的插穗等。如在美国和加拿大种植切花用菊花的农户，就按时到专业供应商处购买插穗。④综合供应生产。多为家族所拥有，历史长，经营范围广，生产种类多的公司。拥有研究、生产、销售的手段。

跨国集团所拥有的带垄断性大公司，如荷兰的Sluit Groot种子公司，研究、生产、销售分支机构分布于几个国家。

（郑　恭）

观赏植物生态因子（ecological factors of ornamental plants）　对观赏植物生存、生长发育产生作用的环境条件。生态因子包括气候因子（光、温度、水分、空气）、土壤因子、地形因子、生物因子和人为因子等。在诸多因子中，人为因子对观赏植物的影响远远超过其他因子。

各种生态因子之间相互影响、相互制约，对植物起着综合的作用。但各生态因子对植物的作用并非等量。在一定的时间、地点，或在植物生长发育的某一阶段中，总有某个因子起着决定性的作用，这个因子称为主导因子。如在北京引种悬铃木过去长期解决不了越冬问题。后来通过调查研究和比较分析，发现在各生态因子中，冬、春季的大风，是冻旱致死的主导因子。以后改在背风向阳、小气候良好处种植，并于引种栽培的头三年冬、春季设风障，便能顺利越冬。如种源系来自华北的实生苗，则成功把握更大。植物的生长发育对生态因子的需求量，有一最低和最高限度。若低于或超过限度，则植物的生长量不会增加，甚至造成伤亡。植物生活所必需的氧、二氧化碳、光、热、水、无机盐等生存条件对植物的生存是不可缺少的，任何一个因子都不能由另一个因子来完全代替。但在一定情况下，某一因子在量上的不足，也可由另一因子的增强而得到适当的调节，并收到近似的生态效应。不过，这种调节并非经常的，也不是普遍的。

气候因子

光　光因子对观赏植物的影响，是通过光照度、日照长度及光谱成分诸方面产生作用的。光照度对观赏植物的茁壮生长和形成完美的株姿有重要作用，同时还影响其花果的色泽和产量。尤其重要的是在植物复层混交配植时，不同的耐阴性常是决定性的生态因子。根据植物对光照度的需求，可分为阳性植物、中性植物与阴性植物三类。阳性植物是在强光照环境中才能生长健壮，在荫蔽和弱光条件下生长不良的植物，如松、杉、杨、仙人掌科、景天科、番杏科等植物；阴性植物是能忍受庇荫，在弱的光照下比强光下生长良好的植物，如蕨类、兰科、苦苣苔科、凤梨科、姜科、天南星科、秋海棠科等植物；中性植物（耐阴植物）在全日照下生长良好，但也能忍耐适度荫蔽的植物，绝大多数植物都属此类，如冷杉、山茶、丁香、萱草、耧斗菜、桔梗等。还可根据各种植物的耐阴程度进而分为：①中性稍耐阴类，如丁香、耧斗菜等。②中性强耐阴类，如冷杉、萱草等。有的将全球或全国树种按其耐阴程度的强弱顺序排列，实行耐阴性 5 级分类。如 A·贝尔纳茨基（Benatzky, 1978）作以下的分类：①十分耐阴的欧洲紫杉等；②耐阴的白冷杉（*Abies concolor*）等；③中等耐阴的欧洲云杉（*Picea abies*）等；④不耐阴的火炬松（*Pinus taeda*）等；⑤极不耐阴的刺槐等。不同的光谱成分对植物的光合作用、叶绿素等色素的形成、向光性、光形态建成的诱导等多种光反应现象的作用是不同的。如红橙光是叶绿素吸收最多的光波，具有最大的光合适性；其次是蓝紫光；只有绿光很少被吸收利用。植物成花所需要的日照长度各不相同，一定日照长度和相应黑夜长度的相互交替，才能诱导花的发生和开放。依据植物成花对日照长度的要求，可分为长日照植物，二年生花卉多属此类；短日照植物，一年生花卉及秋季开花的多年生花卉多属此类；中日照植物，昼夜比例近于相等时开花，如扶桑、大丽花等；中间型植物，在不同日照下都开花，如香石竹、月季花及很多木本植物。此外，尼切（Nitsche in Lyr 等, 1967）按光照期与树木生长及休眠的关系，将不同树种分为四类：①A 型（杨属等），在长日照下持续生长，短日照下休眠；②B 型（栎属等），长日照下呈周期性生长，短日照下休眠；③C 型（桧属，广义的 *Junipeus* spp. 等），短日照下不休眠；④D型（丁香属等），长日照不妨碍休眠。而上述 A、B、C 三型在长日照下妨碍休眠。

温度　温度因子对观赏植物的生态作用主要从节律性变温（昼夜变温、季节变温）及非节律性变温（极端变温）两方面进行。观赏植物长期适应一年四季、一天昼夜的有规律的温度变化，形成了植物的感温性、物候及温周期。在植物生活的温度范围内，各种温度值对植物作用效果是不同的。其中有最适点、最低点和最高点，称为温度三基点。原产地不同的植物，其温度三基点各不相同。按中国的气候带从植物生长所需温度要求出发，可分成：喜高温植物，如橡胶树、椰子、凤凰木、多浆类、鸡冠花等；喜温植物，如柑橘、樟树、白兰花、水仙花、天竺葵、兰花等；中温植物，如桃、紫藤、石竹、郁金香、山丹等；耐寒植物，如紫杉、白桦、铃兰、艾菊、剪秋罗等；最耐寒植物，如落叶松、冷杉、樟子松等。植物对昼夜温度变化的适应性称为温周期，昼夜变温能提高种子萌发率，对植物的生长有明显的促进作用，对观赏植物的花量、花色、果色、秋色叶变色等，都会产生良好效果。植物由于长期适应一年四季季节性的温度变化，形成与此相关的植物的生长发育节律，即物候。极端低温及极端高温严重影响植物的生长发育，甚至导致植物的死亡。由于发生原因和机理不同，树木抵抗低温而继续生存的能力，可分为抗冷性与抗冻性两种：前者系指树木在 0～15℃ 低温下的生存能力；后者则指树木在 0℃ 以下低温环境中，处于结冰状态下的生存能力。早霜、晚霜、冬季低温、秋季及早春短暂而反复的冻、融过程，都能引起冻害。防止冻害的措施，主要在选用抗冻树种和抗冻品种，在苗圃对苗木进行抗冻准备锻炼，越冬覆盖以及秋季节制灌溉、施肥，等等。根据拉尔谢（Larcher）1937 的综合报道，一些常绿树在冬季的抗冻性、冰冻的避免和耐冻性依次如下：柠檬 -3℃、-3℃、0℃，油橄榄 -10℃、-10℃、0℃，雪松 -15℃、-6℃、9℃，欧洲云杉 -38℃、-7℃、31℃，等等。

水分　主要以空气湿度和土壤含水量两种形式作用于观赏植物。一些观赏植物进行气插育苗或引种原生长于高山或阴湿地之植物时，影响成活的主导生态因子常是保持较高的空气湿度。土壤含水量的多少，直接影响根系的发育和植物的生长。这里，也有最适、最低、最高的三基点。其中，最适范围关系植物生长、开花、结果的优劣；而最低、最高二项，则决定观赏植物之生死存亡。如超越临界点，往往导致死亡。树木的耐涝力与抗旱性，均须经实践并参照实验测定。如武汉市 1959 年经大旱后，方建初加以总结分类，将 266 种树木分为五级：①抗旱力最强者。旱柳、苦槠等；②抗旱力较强者。马尾松、榆等；③抗旱力中等。刺柏、锦带花等；④抗旱力较弱者。柳杉、玉兰等；⑤抗旱力最弱者。水松、珊瑚树等。又如武汉市 1931 及 1954 年两次大水之后，方建初等再作调查、总结，将 116 种树木分为五级：①耐涝力最强者。垂柳、落羽杉等；②耐涝力较强者。水松、棕榈等；③耐涝力中等者。侧柏、槐等；④耐涝力较弱者。樟、梅等；⑤耐涝力最弱者。桂花、桃等。一般则多根据植物对水分的要求，分成：①旱生植物。如樟子松、侧柏、夹竹桃、仙人掌科、景天科植物等；②湿生植物。如落羽杉、水松、海芋、秋海棠、半边莲、水葱等；③中生植物。如刺槐、玉兰、桑树以及露地花卉，这类植物种类极多，又可分为中生耐旱及中生耐湿两类；④水生植物。水分的其他形态，如霜、雪、雹、雾、雨等，都会对植物的生长发育具有一定有利或有害的生态作用。

空气　空气因子主要以空气成分、大气污染、风三方面作用于观赏植物。空气的成分非常复杂，在诸多成分中，以二氧化碳和氧气与植物的关系最为密切。二氧化碳是植物进行光合作用的主要原料，植物光合强度与二氧化碳的浓度密切相关。随着二氧化碳浓度加大，光合强度也随之加大。氧气是植物呼吸作用的必需物质，土壤中氧的含量高低，直接关系到根系的呼吸与生长。目前已引起注意的大气污染物有100多种，其中影响范围广、数量多、威胁大的种类有粉尘、二氧化硫、氟化氢、氯气及氯化氢、二氧化氮、乙烯、光化学烟雾、氨气等。对二氧化硫抗性强的植物有刺槐、山茶、丁香、榆树、夹竹桃、棕榈、桂花、广玉兰、金鱼草、美人蕉、金盏花等；对HF抗性强的植物有槐、臭椿、银杏、圆柏、悬铃木、连翘、金银花、大叶黄杨、大丽花、天竺葵、万寿菊、紫茉莉等；对氯气及氯化氢抗性强的植物有杠柳、木槿、紫荆、合欢、构树、榆、黄檗、接骨木、紫穗槐、紫藤等；对光化学烟雾抗性强的植物有银杏、夹竹桃、柳杉、海桐、樟树、日本扁柏、日本黑松、青冈栎、海州常山、紫穗槐等；对氨气抗性强者有女贞、樟树、蜡梅、银杏、紫荆、紫薇、丝绵木、柳杉、杉木、石楠、玉兰等；对乙烯抗性强者有棕榈、悬铃木、夹竹桃等。风能帮助风媒花植物传粉，帮助细小种子及带冠毛、翅翼的果实传播种子。但强风常降低植物的生长量；定向强风使植株畸形；台风常折断植物枝干，甚至连根拔起；海潮风带来盐分，影响植物正常生长；早春干风使枝梢抽条；焚风使植物灼热受害，这些都严重影响植物正常生长。

土壤因子　土壤因子主要以土壤质地、土壤结构性、土壤温度、土壤水分、土壤养分、土壤酸度等因子影响植物的生长。土壤养分是植物生长发育必需的物质基础。那些能忍耐干旱瘠薄土壤的植物称瘠土植物，如马尾松、侧柏、构树、刺槐、木麻黄、锦鸡儿等；而喜肥沃土壤的植物叫喜肥植物，如银杏、樟树、山茶、梧桐、玉兰、桂花、牡丹、樟树等。不同酸碱度的土壤影响土壤养分供应和植物的生长。根据植物对土壤酸度的要求，可分成酸性土植物，如马尾松、山茶、茉莉、栀子花、杜鹃花、百合、兰科、凤梨科植物等；碱性土植物，如柽柳、紫穗槐、沙枣、黄栌、文冠果等；中性土植物，绝大多数植物均属此类。适合生长在含石灰质土壤上的植物称为钙质土植物，如南天竹、柏木、青檀、臭椿、蜈蚣草、铁线蕨等。一些具忍耐高浓度易溶盐、可在盐碱土生长的植物称为耐盐碱植物，如柽柳、榆树、白蜡树、刺槐、垂柳、楝树、枸杞、沙棘等。

地形因子　地形因子是间接的生态因子，它通过对光、温度、水分、养分等的重新分配而对植物生长起作用。以山地地形为例，随着海拔高度、坡向、坡度等的变化，使气候因子及土壤因子都发生变化，结果导致生长不同的植物种类。在一定范围内，随着海拔高度的增加，耐寒性植物种类增加。到一定高度后，树木消失，出现草甸植被。此外，坡向又与光因子有关，如南坡多阳性、旱生植物，北坡多耐阴湿的植物。

生物因子　生物因子包括动物、植物、微生物。它们对观赏植物的生长发育产生着或大或小、直接、间接的影响。动物的直接作用表现在它们以植物为食，帮助植物传粉、散布种子；间接作用则除在一定程度上通过影响土壤的理化性质而作用于植物外，生物防治的开展也有利于植物的正常生长。植物间的相互作用，可能对一方或互相有利或有害。寄生使寄主长势逐渐衰落，甚至患病、死亡；附生植物一般说对附主影响不大，但热带雨林中某些附生现象却可发展成为绞杀植物而使附主死亡。共生，如根瘤，则是对双方都有利的。许多具有挥发性生物化学物质的植物，能对其他植物的生长发育产生抑制、颉颃或某些有益的作用。

人为因子　诸如栽培措施、引种、育种、病虫害防治、设施栽培等，都是通过改变、气候、土壤等环境条件或加强观赏植物自身对环境的适应能力，从而对植物生长发育产生作用。

观赏植物与生态因子的关系，在单项因子方面中国和各国都较重视，均已逐步重视调查研究与实验测试相核对，力求找出对一种观赏植物的最适范围、最高极限与最低极限。但单项生态因子是在综合环境整体中起作用的，因此近年世界科技先进国家已转而重视综合生态因子的研究与测试。同时，在不同立地条件和综合环境中，单项生态因子与观赏植物的关系可能有所变化。例如棣棠，原属中性而耐阴力较强的花灌木，如在华山的密林下，还可见有野生棣棠分布；但在北京园林中配植棣棠尤其是‘重瓣’棣棠时，则都栽植于背风向阳处。因为，在北京对棣棠来说已是边缘地区，光线已不是主导因子，而冬春避风增温则成为决定性因素了。

参考书目

A.贝尔纳茨基著，陈自新、许慈安译：《树木生态与养护》，中国建筑工业出版社，北京，1987。（A. Bernatzky, *Tree Ecology and Preservation*, Elsevier Scientific Publishing Co., Amsterdam-Oxford-New York, 1978.）

陈有民主编：《园林树木学》，中国林业出版社，北京，1990。

（周道瑛　陈俊愉）

观赏植物试管苗繁殖（tissue culture of ornamental plants）　在无菌条件下，采用人工培养基，对观赏植物体的某部分进行离体快速营养繁殖的方法，又称组织培养。通过试管苗繁殖所得幼苗，称作试管苗。试管苗繁殖的特点，有以下几方面：①提高增殖系数。如兰花行分株繁殖，每年只能增殖1～2倍；而用试管苗繁殖，每年可达10^6倍。②脱除病毒和其他病原菌，使良种复壮后明显提高产量和质量。③便于繁衍或保持F_1代、三倍体和多倍体材料，如杂种羽衣甘蓝、多倍体萱草等。④增殖难于用常规手段繁殖的观赏植物，如棕榈原来几乎不能用扦插繁殖，但在试管繁殖中，花芽可逆转为营养芽，即可进行营养繁殖。⑤保留突变性状，如不少人通过试管苗繁殖，将菊花的突变性状保留了下来，培育成新品种。如北京林业大学育成的'四季黄'地被菊，即为一例。⑥通过幼胚培养，克服远缘杂种胚早期衰败现象，获得远缘杂种植株，如百合远缘杂种胚的培养、金花茶的幼胚培养等。

原理 试管苗繁殖是建立在植物细胞全能性学说基础上的。19世纪末施莱登(M. J. Schleiden)和施万(T. Schwann)提出细胞学说，认为细胞不仅是生物的基本结构单位，且在生理上及发育上具有潜在的全能性。1943年怀特(White)正式提出"细胞全能性"学说，成为试管苗繁殖的理论依据。实践证明，在菊花、香石竹类等茎尖培养和麝香百合叶片培养中，所得到的试管苗，其性状和染色体绝少变异，遗传性基本稳定。但经愈伤组织脱分化再生途径所获试管苗，较之通过芽培养、微型扦插、侧芽丛生性增殖，其变异机率要高些。

试管苗繁殖中，发生变异的原因是：①外植体自身的突变或原组织中含有的多倍体细胞、嵌合体等遗传基础方面的内在因素。②培养条件诱发的变异。二倍体的单细胞植株经长期多次继代培养也会产生多倍体及非整倍体。在兰州百合未受精子房的离体培养中，获得近2/3的单倍体植株和近1/3的二倍体植株。这种现象被认为是由于植物激素破坏了细胞纺锤体的形成，阻碍了有丝分裂的正常进行所致。此外，植物激素还会造成染色体断裂、缺失、错位等现象，从而导致有丝分裂的异常，产生各类变异。

方法 试管苗繁殖程序大致如下：①接种和培养。②继代增殖。由外植体生成试管苗后，即可继代培养。继代培养中尚需对间隔时间、继代培养基和温度、光照等培养条件进行选择。如非洲菊合适的继代间隔时间为一个月；最好的为改良MS培养基；理想温度为27℃，光强为2～3klx，每日光照16小时。③生根成苗。对易于生根的观赏植物无根小苗，只要移至无生长素的MS培养基上，经1～2个星期即可生根，形成完整植株，或将无根小苗直接出管，扦插于介质中，对难生根苗，可采取降低培养基的盐浓度；培养基中添加生长素(0.1～1.0mg/L)吲哚丁酸或萘乙酸促进生根。④移栽。先将试管苗置于移栽的环境中7～10天，使其适应新的条件。于移栽的1～2天前打开瓶塞，进行锻炼。用枪状镊将试管苗取出，用清水洗去琼脂，栽于基质中。移后覆盖塑料膜保湿，温度以20～22℃为宜，光照不宜太强，一个星期左右将塑料膜撤除，进行正常管理。

试管苗繁殖有多种途径：①一步成苗，外植体的脱分化和再分化在同一培养基上完成，如金鱼草茎段培养；②两步成苗，外植体在第一培养基上脱分化形成愈伤组织，将愈伤组织继代培养于第二培养基上，分化出不定芽和胚状体，如矮牵牛叶片培养。此外，繁殖类型还有原球型(兰花茎类)、根茎型(春兰茎尖)、侧芽增殖型(香石竹茎尖)、鳞茎型(麝香百合鳞片)等等。

试管苗繁殖技术的推广应用，不仅能够提高优良品种的繁殖系数，加速观赏植物的推广，是工厂化生产的重要手段，也是挽救罹病材料，使之恢复健康；为保存濒于灭绝的名、珍、稀有品种等，提供先进可靠的手段。试管苗繁殖是整个生物技术研究工作的基础之一，不管花药培养、原生质体融合、抗病筛选、基因导入等，最终都必须经过试管苗繁殖阶段，才有可能应用于生产实践。试管苗繁殖只是常规繁殖法的重要补充手段。因其所需仪器设备较多，成本较高，且需专人掌握，通过实验克服技术困难，故还应将之与其他常规繁殖法相配合，扬长避短，相互补充，找到最佳结合点，方为上策。

(金　波)

观赏植物无土栽培(soilless culture of ornamental plants) 不使用土壤而用营养液及其他设施栽培植物的方法。它是20世纪30～40年代出现的新技术，近年又有长足发展。无土栽培的出现，使观赏植物栽培发生了根本性变革。此种新技术有很多优越性：①不受地方限制，可在沙漠、戈壁、岩石、盐碱土等地以及城镇的屋顶、阳台、走廊、墙壁及其他地方进行观赏植物栽培。②节省养分、水分。栽培在土壤中由于蒸发、流失，会有50%～90%的养分和水分损失，而在无土栽培时则损失甚少。③清洁卫生，病虫害少，不发生土壤和粪肥传染的病虫害，也不散发恶臭。④产品质量好。如香石竹无土栽培者植株健壮、花多、花大、花期长，开花高峰提前，花色好、香味浓、不易木质化、耐运输。月季花枝长，花朵增加。唐菖蒲、郁金香、水仙、风信子等，均可早开花、有较长花莛和较大花朵。⑤基质轻便，操作或搬动栽植容器时简便省力。⑥产品产量高。唐菖蒲、郁金香土壤栽培易感染病毒病而死亡；非洲菊土培常生长不好、产量低；但在无土栽培中无病、生长好，产量高。⑦可进行自动化管理，大大简化了操作程序。

发展简史 中国古代就有无土栽培。西晋嵇含(263～306)的《南方草木状·卷上》就有在苇筏孔中种植蕹菜的记载："南人编苇为筏。作小孔浮于水上。种子于水中。则如萍根浮水面。及长，茎叶皆出于苇筏中孔，随水上下。南方之奇蔬也。"在民间也早有盘中养水仙、种蒜苗，在筐或盆中发豆芽等做法。在西方，也有些类似的记载。不过，这些都是原始的无土栽培。科学的无土栽培，始于1859～1865年德国科学家萨克斯(Julius von Sachs)和克诺普(W. Knop)的试验。他们在用化学品配成的营养液中种出了植物，称为水培。1929年美国教授格里克(W. F. Gericke)采用水培番茄，获得了成功。后又出现了沙培和砾培，连同水培，这是早期的三种无土栽培。1941年，美国马里兰的斯图尔特(N. W. Stuart)号召成立园艺和观赏园艺小组,对观赏植物的无土栽培做了大量研究,并最先使用脲甲醛作为栽培基质。以后,又发展了许多种栽培方法。1955年9月在荷兰斯赫维宁根的国际园艺学会上成立了无土栽培小组,1980年国际无土栽培小组正式改称国际无土栽培学会(ISOSC),1988年中国第一次派人参加了会议。

中国无土栽培发展很快,有不少城市或地区在进行试验或生产。中国的无土栽培学术组织有中国农业工程学会无土栽培学组和中国园艺学会园艺植物无土栽培研究会,都在广泛进行实验、推广。在生产中,已在洋兰等花卉中采用工厂化无土栽培。出口中国兰、热带兰时,都以苔藓加长效复合肥粒代替土壤。出口盆花,也用木屑、壳糠等加长效复合肥粒来代替土壤,既便于通过海关,又可在运输途中保持生机。

科学技术的进步促进了无土栽培技术的发展,如计算机的应用,可自动控制营养液的浓度、酸度和用量,控制温度、湿度、光照等,使管理简单化、自动化、科学化。一些新工业产品如岩棉、塑料泡沫等的出现,为无土栽培提供了优良基质。在一些发达国家,观赏植物无土栽培已在生产应用上占相当比重。有的国家法律规定,限制带土植物进口,这也促进了观赏植物出口国家的无土栽培发展。观赏植物无土栽培,可以美化城市面貌和居住环境,提供工作、学习的美好环境,为各国人民所喜爱。无土栽培可在缺水源、干旱、无土、高寒地区使用,也可在矿坑中、空间站、潜艇中栽花种菜,很有发展前途。

无土栽培的种类　无土栽培有许多名称,如水培、水栽、养液培、化学培、溶液培等。其中最常用的为水培。关于无土栽培方法,有许多不同的分类。1990年联合国粮农组织将用于园艺作物生产的无土栽培方法分为两类。

水培:①格里克水培。通过固定床将植物根系伸入下面槽中。槽的上部为空气层,下部为静止的或流动的营养液。②漂浮水培。植物固定在漂浮于循环营养液面的轻质塑料泡沫板上。③深循环式水培。在具有通气装置的循环流动营养液深槽中栽种植物。④营养膜技术。通称NFT,在6~10mm厚的流动营养液膜中栽种植物。⑤雾培。植物根系处在连续的或不连续的饱和营养液细滴中。

基质培:包括无机固体基质培和有机固体基质培两类。无机固体基质培中有:①沙培。以沙作基质,以滴灌或喷灌方式供给营养液。②砾培。以砾为基质,并循环使用营养液。③岩棉培。植物通过岩棉种植块,把根伸入到下面的岩棉垫中,并以滴嘴供应营养液。④其他还有类似沙培的蛭石培和珍珠岩培,也有类似砾培的陶粒培等等。有机固体基质培中有:①人工有机基质。聚苯乙烯、尿醛、聚氨基甲酸乙酯等。这种有机基质,在性质上类似无机固体基质。②天然有机基质。泥炭、树皮、锯末等。这类基质具有类似土壤的性质。在栽培形式上,有些轻基质,如蛭石、珍珠岩、岩棉、泥炭、尿醛等,还可用于水平袋培和垂直袋培。

技术和方法

营养液:营养液是无土栽培的养分来源。在营养液中,溶有氮、磷、钾、钙、镁、硫等大量元素和铁、锰、硼、锌、铜、钼、氯等微量元素。关于营养液中养分含量的单位现为毫摩尔/升(m mol/L)、毫克/升(mg/L)等,过去所用的百万分量(ppm)、毫克当量/升(m N/L)应以废除。过去营养成分多以元素表示,近年则多改用离子表示。营养液配方多达数百种,分别根据实验结果、植物分析及土肥分析进行配制。不管采用哪种配方,还要在植物生长不同阶段和依环境条件、水分情况、营养液的pH值及离子平衡的变化等情况,进行调节。

营养液的浓度大都在0.1‰~0.4‰的范围内。对绝大多数植物而言,以用0.2‰为宜。

营养液的酸度(pH值)要经常测定,因它关系到盐类的溶解度和细胞膜对离子的透过性。如发现变化,需立即以滴定法调整。不同植物对酸度的要求不同,对喜酸植物,如杜鹃花、山茶、栀子、茉莉等,pH值应为4.5~5.5;对一般观赏植物,要求pH值5.5~6.5;菊花、月季、香石竹、文竹、石刁柏等,pH值6.5~7.0。

植物吸收的是营养液中的离子。营养液经过使用一段时间后,植物需要的离子减少,不需要的离子增多,会使营养液的pH值产生变化,影响植株生长;有些离子如铜、锌、氯过量时,会产生毒害。故须经常测定,及时补充、调整。

植物对离子的吸收是主动过程,需要能量。如根部缺氧时,不仅影响吸收功能,根也会腐烂,使植株死亡。所以,要注意及时向营养液中通气供氧。可用压缩机通过管道向营养液中打入空气;或使营养液由高处自由落下,把氧气带入;或使用蛭石等多孔基质;或用炉渣、泥炭等填充种植床;或使支持种植床的网与营养液面有18cm左右的间隔,使老根及根茎勿浸入营养液中,借以保持通气。

在开放系统中,营养液不需调节。在循环系统中,其浓度、酸度和养分比例会发生变化,应及时加以调节。

参考书目

马太和:《无土栽培》(增订版),北京出版社,北京,1985。

(马太和　凌　靖)

观赏植物无性繁殖(vegetative propagation of ornamental plants)　利用观赏植物的根、茎、叶、芽等营养体的一部分来进行繁殖,从而获得全新个体的方法。包括扦插、分株、压条、嫁接及组织培养法等。与有性繁殖相比,营养繁殖的后代不易出现分离现象，从而保持原有种性，但寿命也常不如前者长久。植物营养繁殖法多用于不易结实种类，播种苗到开花期年限甚长者以及繁殖优良园艺品种、避免后代分离等情况中。但也有极少观赏植物，当运用某种营养繁殖法时，性状会发生变化的。如'金边'虎尾兰扦插时，则新株上金边消失。故欲保持原种特性，应改用分株法繁殖。

随着生物科学技术的发展，营养繁殖方法已逐渐脱开旧式手工操作程序。如运用新型工具；药剂处理切口、促进生根等，提高了成活率，还增加了植物的繁殖系数。（吴涤新）

观赏植物营养生长（vegetative growth of ornamental plants） 观赏植物在生长周期中营养器官量增加的过程。营养生长是相对于生殖生长的植物学概念。生长是植物体内各种生理作用综合协调的表现。在生长过程中同化了周围环境里的无机物，将其转化为维持生命的重要物质，并用以组成植物有机体的结构。在营养生长期，以氮素和碳素同化为主，为开花结实打下了物质基础。

观赏植物的营养生长通常表现为慢—快—慢的基本规律，即在开始生长时速度较慢，随着根系和叶面积的增大，生长逐渐加快，最后又渐慢。观赏植物的种类不同，营养生长的速度也不相同，如竹、桉、柳等生长速度较快，而苏铁、龙柏等生长速度则较慢。

影响植物营养生长的因素很多，其中最主要的是温度、光照和水分。①温度：每种植物都具有三个温度基点，最低、最适和最高温度。热带植物对温度的要求一般高于温带和寒带植物，如一些热带植物的种子在10℃左右即可萌发。最适温度是指植物生长最快时的温度；但对植物协调生长最有利的温度，又常略低于生长最快时的温度。植物处于最高温度时常难正常生长。有些植物在温度条件不适时，即处于休眠或半休眠状态，如中国水仙夏季休眠，花叶芋冬季休眠等。②光照：光对植物的营养生长有三方面的作用，即光合作用提供能量；抑制徒长；影响一些木本植物芽的休眠。如红松生于高纬度地区，若移入低纬度地区，则因秋末冬初光照较长，芽不能及时进入休眠，往往受冻致死。③水分：水分的供应，是观赏植物栽培中重要问题之一。适合的水分有利于营养生长。当植物体内水分亏缺时，会造成叶片的萎蔫和脱落；如水分过多，则会引起地上部分的徒长，而根的生长反而受到抑制。

此外，肥料、土质和栽培措施等均影响观赏植物的营养生长。（王 台 谭克辉）

观赏植物有性繁殖（sexual propagation of ornamental plants） 用种子来繁殖观赏植物的方法。包括用组织培养法培养受精卵和不同发育时期之胚获取的实生苗。从雌、雄性细胞结合形成一个单细胞合子即受精卵开始，便进入了胚的阶段。它们在果实和子房内不断生长发育，最后形成了种子。所以，由种子繁殖产生的观赏植物新一代，常具有两个亲本所提供的遗传物质。

有性繁殖的优点很多。首先，种子体积小，采收、净种、贮藏、运输和播种等都简便易行，并可在短期内比较容易地获得大量幼苗。其次，由种子繁殖的实生苗处于最年幼的生长发育阶段，具有发达的主根和侧根，能够形成完整的根系，对不良环境条件的适应能力较强，而且寿命长，当用于营养繁殖（如扦插）时，其再生能力也较强。再次，由于实生苗集中了双亲的遗传物质，故通过有性繁殖还可达到复壮目的。对于那些长期营养繁殖的种，情况更是如此。此外，由实生苗中常可选出更为优秀的新品种。了解观赏植物授粉的生物学特性，对种子生产是很重要的。自花授粉植物通常可由种子保持种和品种的特征和特性，而由异花授粉所结种子培育的实生苗群体，则常具较大幅度的遗传变异性，因而易于失去栽培种或品种的价值。因此，为了保证种子具备固有的优良种质，控制并实行定向授粉，很需要建立种子生产基地等。

（陈耀华）

观赏植物育种（breeding of ornamental plants） 通过引种、杂交育种、选种或良种繁育等途径改良观赏植物固有类型而创造新品种的技术与过程。观赏植物育种也是以遗传学理论为指导，将天然存在的或人工创造的变异类型通过一定的方法和程序，选育出性状基本一致，遗传性相对稳定的符合育种目标与要求的新类型、新品种，并繁育优良种苗。观赏植物育种具有其自身的特点，主要是：①在观赏植物的综合功能中，赖以美化环境、丰富生活的观赏价值始终是它的特色之一。因此，它的育种常以奇异、稀有、新颖、动人等观赏特性为日的，而不特别重视产量和一般品质。②观赏植物（尤其是名花），大多来自杂种起源，遗传组成甚为复杂。观赏植物常既含栽培品种的基因，又含野生种的基因，而具有杂合体的特点，几乎不可能获得纯系后代，如菊花、梅花、牡丹、唐菖蒲等。③观赏植物中可行营养繁殖的种类较多。一旦育成了新品种，即可用营养方式大量繁殖，将优良性状保持下去。④在通常用播种繁殖的观赏植物中，天然异花授粉种类远较自花授粉者为多。这和农作物多属天然自花授粉植物，形成鲜明的对照。⑤在园林绿化中要求丰富多采、品类繁多，故种质资源搜集与引种驯化以及基因工程等新技术应用，更有特殊的重要性与广阔的前景。

发展简史 栽培植物最初均由野生植物引种驯化

而来，观赏植物也不例外。但是，部分观赏植物是直接从野生状态通过引种驯化进入栽培观赏的；而另一部分却最初作为经济植物（果树、蔬菜、农作物、药用植物、特用植物等）引种栽培，在社会经济发展至一定阶段后，才由其中演化出一分支，从此便作为观赏植物进一步栽培、应用与发展。直接引种栽培专供观赏应用的种类较少，年代也较晚。如多种中国兰（*Cymbidium* spp.）在中国唐代末期（约9世纪）、五代（907～960）始有引种栽培，至宋代（960～1279）大盛。而地涌金莲则迟至明代（1368～1644）方见引种栽培。梅（梅花）、莲（荷花）等，则均至少已有2000～3000年的引种驯化史。不过，最初梅是作为果树、莲是作为蔬菜来引种的。它们从经济植物演化出一支成为观赏植物（梅花约在汉、唐，荷花约在隋、唐之际）。

在中国自世界各地引种观赏植物种质资源，则大致可分汉（前206～公元220）、晋（265～420）、唐（618～907）、宋（960～1279），明（1368～1644）、清（1644～1911）和近代现代（1912以后）等四个阶段。汉、晋时已从西方及东南亚等地引入的有葡萄、石榴等；唐、宋时引种油橄榄、中国水仙等；明、清引入的有唐菖蒲、香石竹、夜落金钱等；在近代与现代引入的更多，如君子兰、现代月季、欧洲夹竹桃（*Nerium oleander*）、非洲紫罗兰（*Saintpaulia ionantha*），等等。

关于中国观赏植物种质资源的外流为期很早。约在初唐（7世纪左右），梅花、牡丹、菊花等名花就先后传到日本、朝鲜等东方国家；当在18世纪初叶之后，大量观赏植物资源传至西方。如1789年起，由中国引至欧洲的月月红（*Rosa chinensis*）和香水月季（*R.* × *odorata*）等。同样，中国的山茶、珙桐、木兰、栒子、丁香、杜鹃花、萱草、菊花、翠菊、百合、报春花、绿绒蒿等，也在近二三百年间尤其是近百年内，通过多种途径传至欧美国家乃至全世界。

在中国较早的名花专谱如欧阳修的《洛阳牡丹记》（1031）中，列出了牡丹品种演化、选种成果及利用芽变通过嫁接选育新品种等事例。又如刘蒙的《菊谱》（1104）介绍了培育天然异花授粉种子实生苗，从中选育菊花等名花大花、重瓣新品种的原理与程序。后在梅花、月季、荷花、芍药等名花谱中，也有品种演化与分类、筛选、良种繁育等经验记述。从这些花谱所反映出来的中国观赏植物育种的早期贡献，主要是利用实生选种和少数芽变选种等途径，着力于天然杂交授粉苗的培育与选择等措施，终于取得了辉煌的成就。至明代二三百年间，中国观赏植物育种达到了当时世界的高水平行列。如17世纪初期的中国月季、蔷薇品种和类型已达20个左右（见王象晋《群芳谱》）；清初凤仙花品种数高达233个（见赵学敏《凤仙谱》）。

达尔文（C. R. Darwin，1809～1882）著《物种起源》等著作，首次提出了物种进化和选择的理论，提到了中国的牡丹、竹类等观赏植物。孟德尔（G. J. Mendel，1822～1884）遗传规律的发现，奠定了现代育种的理论基础。随后美国植物育种学家伯班克（L. Burbank，1849～1926）和苏联植物育种学家米丘林（И. В. Мичурин，1855～1935）的果树与花卉育种成果，对全球的观赏植物育种起了巨大的推动作用。

约自18世纪末叶起，月季、蔷薇的种间杂交逐渐开展，并进入了观赏植物育种的新阶段。杜鹃花、山茶、木兰、百合、报春花、萱草、翠雀花、落新妇、红鹤芋以及多种气生兰、一二年生花卉和草坪植物等等，也在欧、美、日本、印度、新加坡等地开展了现代育种试验，取得了显著成绩。20世纪60～70年代以来，除引种、选种及杂交育种外，花卉杂种优势利用、多倍体育种、辐射育种与抗逆性育种，尤其是抗病育种在很大范围内开展。体细胞杂交和基因工程等新技术也开始应用于花卉育种。

自20世纪60年代起，中国在各地开展了观赏植物种类和地方品种资源的搜集、整理工作。1960年中国园艺学会首次在兴城召开全国花卉会议，1961年该学会在北京举办梅花学术讨论会，1979年在沈阳召开唐菖蒲品种鉴定会，同年在洛阳举办牡丹学术讨论会，1980年在成都召开全国花卉种质资源座谈会。这对开展花卉育种工作等方面，起到了推动作用。1984年在上海召开了首次全国花卉遗传座谈会。同年，中国花卉协会成立，随后又陆续成立了月季、杜鹃花、山茶、梅花、蜡梅、牡丹芍药、荷花、兰花、蕨类植物、桂花等分会。以上都对中国花卉育种工作的发展，起了一定的促进作用。现除常规育种外，中国已在远缘杂交（百合、菊花、梅花、月季、荷花、兰花、金花茶等）上，取得了较大成绩，在辐射育种（菊花、豆瓣绿、非洲紫罗兰、无毛悬铃木等）、多倍体育种（多种一二年生花卉及荷花、无毛悬铃木等）、抗逆性育种（地被菊、梅花、月季、金花茶等）等方面，也有了相当出色的成果。

育种内容

目标　观赏植物具有综合功能，又有其本身的特点。以改进株形、花色、花型、重瓣性、花香、开花繁密度与花朵大小以及叶、果等观赏特性为主要目标的育种，与观赏植物的美化功能紧密有关。而观赏植物的防护功能，则促进了花卉抗性育种，尤其重视对抗病、抗寒、抗旱、抗污染等目标。从节约、增产着眼，耐粗放管理能在较低温、较弱光条件下栽培的观赏植物育种，也逐渐显示其重要性。此外，在观赏植物育种中，还应注意不断及时调整目标。

方法　观赏植物育种方法有多种，可单独进行，也可综合应用。其主要步骤不外设法先获得大量遗传性变异，然后选育出新品种、新类型、经良种繁育后加以推广、开发。获得所用主要方法列述如下：

引种：将外地（含外国）及本国野生与栽培观赏植

物引入本地,通过一定栽培技术措施,使之生长、开花,即驯化,这是迅速丰富本地观赏植物种类和品种的捷径之一。中国自西汉(前 206～公元 25 年)起即重视引种。如汉初修上林苑,从南方引种大量奇花嘉木;张骞通西域,引入不少园艺植物,等等。1949 年以后,陆续从欧、美一些国家和日本等引入现代月季、杂种海棠、山茶、郁金香、唐菖蒲、切花菊、一二年生花卉、温室花卉以及草坪植物新品种等。同时,中国对调查、引种、应用本国野生花卉种质资源,也做了大量工作,取得良好成绩。在世界范围内,西方国家尤其近二三百年来从中国引入大量花卉种质资源,早已取得巨大的实效。现又开始更为广泛而深入的调查、发掘与引种,以应发展花卉园林的新时代需要。

选种:这一方法在一二年生花卉中普遍应用,其具体做法因种类、育种目标及天然授粉特性而不同。一般来说,对天然异花授粉草花,如鸡冠花等,要进行混合选择。而对天然自花授粉草花,如凤仙花等,以及常异花授粉草花,如单瓣翠菊等,则多实行一次单株选择。对于多年生花、草及观赏树等,多采用营养繁殖使优良性状在较长时期内保持不变,故只需通过一次单株选择,即可将优良变异类型"固定"下来。对现有地方品种的调查、整理,也是一种选种方式,已在中国水仙、菊花、梅花、山茶、牡丹、桃花等观赏植物中获得良效。实生选种自古至今均在中国普遍应用,是多快好省的观赏植物育种方法之一。优株评选与之类似,主要用于观赏树木。不论实生选种或优株评选,都应明确育种目标,制订科学的评选标准与鉴定、评分方法。中国应用这两种选种方式,已在梅花、牡丹、山茶(含金花茶)、菊花(含地被菊)、兰花、荷花、君子兰、大花萱草中取得了显著成绩。此外,芽变选种在世界各国自古即在多种观赏植物中应用,牡丹、梅花、菊花、竹类等已见成效。

育种　狭义的育种,系指采用人工创造变异的方法,再从中通过鉴定选育出新品种。杂交育种和一代杂种育种,是两个基本的途径。杂交育种用于各类观赏植物,其中远缘杂交育种效果更好,并已在现代月季、菊花、山茶与金花茶、梅花、木兰、丁香、松类、杨树类、百合、唐菖蒲及兰花(含气生兰)等观赏植物中取得了辉煌成果。倍性育种,是用天然或人工诱导单倍体或多倍体新品种的方法。其中多倍体育种是利用多倍体新品种花大、色艳、瓣厚、耐贮运等优点,已多用于生产及园林中,如用于百合、萱草、金鱼草、水仙、凤仙花、杨树等的育种。理化诱变育种包括利用 γ 射线等强烈刺激产生遗传变异,在观赏植物育种上有其优越性,各国应用甚多,收效显著。随着遗传学、生物化学、生物物理学等基础学科和组织培养、显微操作等技术的发展,在观赏植物的体细胞杂交、基因工程等方面已有所进展与突破,从而开辟了花卉育种的新途径,并预示着它的广阔的前景。

程序　一般分为三个阶段:①选育阶段,将通过各种途径所获变异材料定植于选种圃。待成株或开花后,经 2～3 年的连续鉴定与评选,选出优良变异单株、单系或混合选种群体。②试验阶段,包括区域试验与品种比较试验以及生产、应用试验等,决选出比对照品种优异的新品种,并确定其推广地区与栽培技术。③繁育推广阶段,建立母本园、采穗圃,扩大繁殖、供应新品种种苗,并保存原种及母株等。

世界观赏植物育种的总趋势,是既重视优良观赏特性,更注重提高其抗逆性和适应性以及耐粗放管理等能力。使观赏植物种类越来越丰富,类型与品种新颖而多样化,则为大势所趋。因此,引种栽培更多的世界花卉种质资源,大力加强新的理论与技术在育种中的应用,就愈益成为当务之急。近十几年来,随着分子生物学和分子遗传学的深入发展,产生了一门崭新的科学技术——生物工程技术。其中与观赏植物育种直接有关的,是包括基因重组、细胞融合、细胞培养等技术在内的遗传工程,并已从实验室研究开始进入实用阶段。如沙阿(D. M. Shah)等 1986 年将抗除草剂基因转入矮牵牛细胞,在紫色矮牵牛植株基因中,引入一个类黄酮酶的基因,使紫花矮牵牛变成开白色和紫白条纹的花。此外,在菊花、月季、香石竹、非洲菊等观赏植物中,于 1986～1993 年期间已有多例遗传转化的报道,部分种类已获转基因植株成功,并有将 DNA 指纹技术应用于月季等品种鉴定和家谱演化分析者。

(陈俊愉)

观赏植物栽培 (floriculture; growing of ornamental plants)　以生物科学为理论基础,吸收有用的实践经验,将观赏植物生长发育规律应用于其栽培管理的综合技术。观赏植物栽培是观赏园艺的重要内容。涉及的植物十分广泛,也可分为狭义的花卉学(花卉栽培)和观赏树木栽培两个分支。观赏植物由于种类繁多,生态习性和生物学特性不同,加之栽培目的有异,从而形成了各种不同的栽培方式。根据栽培目的之不同,可分为育苗栽培、露地栽培、容器栽培等类型,根据植物对环境要求的不同和栽培条件的不同可分为自然栽培和保护地栽培,其中保护地栽培又可分为温室栽培和荫棚栽培,根据栽培措施的不同可分为促成栽培、抑制栽培和切花栽培。每一种栽培方式各有其特点和特殊要求,在实践中应根据其特点合理适用各项技术措施,使产品质高价廉,富有竞争力。

栽培简史　中国人民对于植物美的观赏,由来已久。但商、周时代的栽培对象,大多属于林木或果木,而非专用于观赏的植物。专业性观赏植物栽培,当始自南北朝。宋代杨万里《和梅诗序》云:"……梅于是始以花闻天下。"齐梁间问世的《魏王花木志》,可作为花木专著的发端。晋代王恺以嫁接技术传世,为繁殖优良单株和芽条变异提供了技术。而当时社会上赏花赋诗,成为一时风尚,加上专业知识和技术的发展,特别是南朝君主的提倡与推广,为观赏植物的专业栽培创造了条件。唐代牡丹栽培盛极一时,育种工作已开始。宋欧阳修《洛阳牡丹图诗》记述甚详。宋代菊花专业栽培,品种之多,栽培技艺之精,可从范成大《范村菊谱》序略见端倪。南宋定都临安,对观赏植物需求甚殷。杭州余杭门外,东西马塍,为花农种花之地。举凡花草树木,均有种植,成为混合性观赏植物栽培集中地。此种栽培方式,一直延续至近代。

中国古代花果树木栽培,以温室栽培的催花技术最为精到。如汉代扶荔宫栽培荔枝及南方果木,为中国温室栽培的起源。范成大《梅谱》:“洛都卖花者,争先为奇。初冬折未开枝,置浴室中熏蒸令坼,强名早梅。”则可谓花卉促成栽培之始。在中国古代观赏植物栽培技术传统中,于深入掌握生态习性基础上各顺其性,然后力求通过人工技艺巧夺天功,应是最值得总结和发扬的精华。如《齐民要术》云:“顺天时,量地利,则用力少而成功多。”在《花镜》中,陈淏子的指导思想已发展成:“在花主园丁,能审其燥湿,避其寒暑,使各顺其性,虽遐方异域,南北异地,人力亦可以夺天功,夭乔未尝不在吾侪掌握中也。”这是在顺应自然的基础上来巧夺天工,值得深入总结与发扬。此外,在中国传统观赏植物栽培中,一贯强调整体观念,特别重视培育与选择,并注意栽培与育种的相辅相成关系。这在古代名花名谱中如《洛阳牡丹记》、《刘氏菊谱》等书中,均有精采论述。

近代,各地花卉种植者借鉴他国技术,总结传统经验。对栽培原理和关键技术,如何应用于现代重要花卉的生产,有了很好的领悟和进步。

栽培原理　观赏植物栽培,要根据不同植物的生态习性和生物学特性,为其创造最佳的环境条件,使之生长健壮,发育良好,充分表现其物种和品种特性。

物种、品种不同,其生物学特性不同,生长发育的各个阶段对环境的要求差异悬殊。所有这些,都需在栽培时给予充分注意,分门别类,对症下药,创造最佳的栽培环境条件。影响观赏植物生长的环境条件,包括气候因子、土壤因子、生物因子等。

栽培关键技术　观赏植物栽培的关键,在于培育观赏价值高的植物产品。因此需要关键技术配套,主要包括培育优良种苗,提供最佳环境条件等方面。

优质种苗培育:为了获得健壮无病的种子和种苗,现代花卉栽培者均由专业苗圃提供杂交第一代花卉种子。如过去对重要盆栽花卉天竺葵,都是用扦插法繁殖,既费工,又难以利用各种机械。现在为了培养大量花坛用天竺葵,大量采用杂交第一代种子,可以进行机械化生产,而质量上乘而整齐,大大超过扦插苗。专门生产种子的栽培,称作花卉采种栽培。重要的切花如菊花、香石竹等,重要的盆花如菊花、一品红等,为了保证质量,都要向专业培养无毒种苗供应者购置大部有专利权保护的健康种苗。菊花和香石竹的病害感染植株,明显影响开花质量和数量。所以专业供应者都应用茎尖培养技术取得无毒母本。然后在母本上采取插穗,供应市场。茎尖培养是组织培养的一种,是取得大量繁殖苗的重要技术。现代重要观叶植物,如一些天南星科、凤梨科植物;重要盆花,如杂交卡特兰等,一些重要宿根球根植物的新品种,如萱草、百合等,都依靠组织培养来获得大量种苗。有一些极微细的种子,如蝴蝶兰,也要靠无菌培养的手段使种子萌发成苗。

另外一种重要种苗生产技术是为在西欧、北美有广大市场的花坛用盆栽开花苗(bedding plants)提供小团苗(plug seedling)。利用播种机将种子播在约有200～300个小格盛有播种介质的长方形播种盆中,在温室内发芽成苗。每棵苗都带有一小团土块,这就是小团苗。可以利用上盆机上直径7～9cm小盆,在温室培养到初开花时,就可出售。

控制栽培环境:这是栽培的核心技术之一。包括对大气、基质及生物环境等的控制,给植物提供良好的生长发育条件。气候指其生长的适宜温度和防止风雹等自然灾害,对不适应当地自然气候条件的植物,要用温室、大棚、温床和冷床、薄膜覆盖、防风措施等加以保护,统称保护地栽培。其中,主要是温室栽培。大规模的连栋温室控制气候条件的新技术发展很快。最新的加温装置,是将温室顶部用保温毯隔离,以阻寒气伤害植物;而将散热管置于花架底部两侧,为花盆及植株周围小环境加温,达到尽量节约利用热能之目的。

降温是利用温墙及排风扇系统,使室外热空气通过水湿多孔隔墙时,因水分蒸发而降低空气温度,并通过排风扇,带走温室内热空气,因而有效地降低温室气温。利用这种简单节约的降温措施,可使许多温室在夏热地区夏季可以连续生产,最大限度地利用栽培设施。如同时在温室顶上覆盖荫凉纱,则收效尤著。利用蒸发降温的另一种新措施,是在温室上部装喷雾器,在细小雾点未到达植物之前已蒸发,也能有效地降低室内温度。

要根据植物的习性,调整土壤酸碱度和持水、保水能力,要杀灭土壤中有害动物和细菌,还要调整土壤肥力。温室栽培盆栽植物及室外盆栽多采用清洁无毒、理化性能优良的人工介质。这也就是无土栽培或离土栽培的一种方式。

肥料和水分的供给,可采用同时供应的先进技术。即在灌溉水中加入营养物质。为了避免容器中无机盐的积累,每周用清水冲灌一次。缓释颗粒肥料的使用,使家庭养花更为方便。这是少量栽培时常用的肥料。

生物调控:各种新颖低毒多效农药的发明,特别在温室采取了预防性定期喷药的技术,保证了植物的健康生长和观赏品质。叶面光亮剂改善了植物的外观,在促销上立竿见影。插花泥延长了插花水养期,使插花技艺更为得心应手。矮壮素的发明和使用,使多种盆花减少了整枝、绑扎等诸多操作,而开花质量更能得到保证。特别是对一品红和菊花,效果更为显著。对于多种观叶盆栽植物,也有良效。

观赏植物工厂化栽培技术　世界许多国家实行观赏植物工厂化栽培。从机械化自动育苗到产品生产流水线全部实行自动化控制,上盆、上栽培框架、盘框、移植等都有相应的配套设备。最佳环境的提供,使植物产品质量大幅度提高,规格化一,在市场上具有很强的竞争力(见**观赏植物工厂化育苗**)。

(王大钧)

观赏植物栽培方式 (cultivation forms of ornamental plants)

在观赏植物栽培上因自然或人为条件不同而产生的不同栽培形式。如露地栽培和保护地栽培;土培和无土栽培;地栽和盆栽,等等。

露地栽培　完全在自然气候条件下,不加任何保护的观赏植物栽培形式。一般植物的生长周期与露地自然条件的变化周期基本一致。露地栽培具有投入少、设备简单、生产程序简便等优点,是观赏植物生产、栽培中常用的方式。露地栽培的缺点是产量常较低,又少抗御自然灾害的能力。在露地栽培中,往往有在植物生长发育的某一阶段增加保护措施的做法。如露地栽培的观赏植物采用保护地育苗,有提早成熟的效果;盛夏进行遮荫,可防止日灼、提高产品质量;露地栽培的切花,于晚秋至初冬进行覆盖,有延后栽培的作用等。

保护地栽培　在有人工设施的保护下进行的观赏植物栽培。人工设施有冷床、温床、塑料大棚、玻璃温室等。现代化的玻璃温室多有调控设施,可对内部小气候进行调节。保护设施主要具有两方面的作用:①在不适于某一类观赏植物生态要求的地区进行栽培。如北京地区属温带大陆性气候,冬季严寒、干燥,春季干旱、多风,利用温室等保护设施,则可栽培终年要求温暖、湿润的热带兰、鸟巢蕨、金花茶等热带观赏植物。②在不适于观赏植物生长的季节进行栽培。在寒冷地区的冬季,露地万花凋谢,而温室内仍然百花齐放。保护地栽培的特点是:具有保护设施;投资大;栽培技术要求较高;可周年进行生产;单位面积产量和产值高。

保护地栽培具有下列不同形式:①荫棚栽培(见**荫棚栽培**)。②无加温棚室栽培。在没有加温设施的棚室中栽培观赏植物。是在冬季大地不封冻的地区,或在严寒地区实行延迟栽培或于早春作提前栽培所采用的设施。其优点是成本低,投入少。缺点是产量常受天气变化的影响而不稳定。北京和华北、东北发展起来的日光简易节能温室,也属此类。③温室栽培。包括较古老的加温温室和现代化的控温温室。后者往往设有自动或半自动控制系统,可自动调节温度、湿度、气流、光照、给水、施肥、喷药与消毒等。可形成较理想的栽培环境,能在任何地区、任何季节生产任何种类观赏植物。但中国夏季长而温度高,故在温室栽培中适当降温,是应予高度重视的。④无土栽培(见**无土栽培**)。

(郑　恭)

观赏植物栽培品种登记 (registration of ornamental plant cultivars)

观赏植物品种及其名称为登记机构所承认并被登记入册的工作程序。本项工作对保持观赏植物品种名称的正确性和稳定性极为重要。

栽培品种登记机构,可以分为非法定的和法定的两种。非法定品种登记机构,系指经各有关组织协议而被委托从事品种登记的组织或机构;法定品种登记机构,系指按照某一国家的法令或国家间的法律性协定设立的负责品种登记的机构,它们可以是国际性的,也可以是某一国家的。据1988年统计,与观赏植物有关的国际品种登记机构约有75个,分布在欧洲、北美、印度、澳大利亚、新西兰和南非共11个国家中,大多附设在园艺学会、专类观赏植物学会、专业协会、植物园、树木园、大学或研究所内,多分别负责一个或几个属的观赏植物品种登记;还有少数负责某一种(如扶桑)、某一科(如兰科)或其他类群(如澳大利亚植物,或者是除去某些专属之外的所有球根花卉或木本植物)的品种登记。

非法定品种登记机构所登记的品种名,须符合《国际栽培植物命名法规》(见**国际栽培植物命名法规**)条款的规定,方为合法名称。法定品种登记机构所登记的品种名,因是通过法律程序确立的,所以都是合法名称,除非其所指的品种过去或现在实际上并不存在,例如先登记品种名留待将来使用,则这样的空名当然不是合法名称。

申请登记品种名称时,应附有下列细节:①品种创始人(指育种者或发现者)、引种者或他们的受让人的姓名和地址。②描述者和定名人的姓名。如果以前曾经发表,则应附有发表日期和文献出处。③商业异名应附原名。④亲本名称。⑤品种比较试验的日期、地点和结果。⑥获奖情况及日期。⑦如未曾发表过品种描述,应附品种描述(尽可能指出与相近品种的区别特征或品种的园艺分类位置)。关于颜色的描述,要指出所用的标准色谱名称。此外,有时还要提供品种所从属的种、杂种和种下植物学分类单位名称及获专利情况、商标注册、植物育种人权利等细节、译名的原文形式以及品种的标本、照片、绘图等。具体要求和登记表格的格式,因植物类群和登记机构而异。

申请登记的品种名称经登记机构审查,如以前未在同一品种类级内使用过,且在其他方面也符合《国际栽培植物命名法规》的规定,则予以登记。在特殊情况下,如果原来的品种已不再栽培,已停止用作育种材料,不再储存于基因库和种子库中,也不是现存品种的亲本谱系中的重要成分,可经国际登记机构批准将原品种名用于其他品种。登记后,原表格退还登记人,复写或复印的表格由登记机构存档。

栽培品种登记机构任命登记员,负责品种登记,可以组成一个顾问委员会协助工作。除定期发表新登记品种的名录外,还应在深入研究和广泛收集信息的基础上,编辑所负责类群的全部已知品种名录,经权威机构和专家审定后发表,并随后定期增补、修订。其内容包括现在栽培的品种和有历史意义的曾经栽培过的品种的正确名称、异名和商业异名以及废弃名(rejected names)。已经合格发表但未登记的新品种名也应列入,但要用符号标出。名录应尽可能包括前述申请登记品种时所附的各项细节。非法定登记机构未经商标持有者的同意,不得列入有关品种的商标。从 1959 年 1 月 1 日起,未经品种创始人或其受让人的同意,不得将品种名列入非法定品种登记名录。

通过品种对比试验,确定品种是否具有独特性状是一项十分重要的工作,应尽可能在登记以前进行。品种登记机构一般不承担品种对比试验,接受品种登记也不一定意味着对其独特性和优点作出肯定的评价。

登记机构应通过各种渠道宣传自己的存在,与有关的植物学家、园艺学家、育种家、技术推广人员、生产者、教学人员和其他登记机构的工作人员建立广泛的联系。一方面和他们交流专业信息,另方面也使他们认识到品种登记有助于防止品种名称违反《国际栽培植物命名法规》的规定,防止品种名称使用上的混乱,使他们了解品种命名和登记的办法及联系、办理途径。品种登记一般只收取少量费用或免费,以达到普遍登记的目的。

以上是目前国际上对观赏植物栽培品种登记的通常做法。

参考书目

Vrugtman, F., *Directory of International Registration Authorities for Cultivar Names*, Chronica Horticulturae 24(1), 1984.

(新晓白)

观赏植物种植施工 (planting of ornamental plants) 根据种植设计要求将各类观赏植物按施工规范进行定植的实施过程。它分为准备工作和实施两个阶段。

准备工作 植物种植前要了解设计意图,核实苗木、品种,苗木来源、规格、数量等。搞好施工前的配合协调工作,如劳动力与工期进度的协调等。现场踏查水源、土壤及作业路线等。

实施阶段 实施需掌握种植季节、定点放线、掘苗及包装运输、刨坑、施肥、栽植、立支柱、浇水和封堰等。

掌握种植季节 ①春季植树。在中国北方 3 月中旬至 4 月下旬,可按照先移植落叶树,后移植常绿树的次序安排进度。个别发芽晚,长叶困难的树种宜晚春移栽,如白蜡树、柿树、花椒树等。②雨季栽植。适合移植常绿树(包括针叶树及绿篱)、竹类及铺草坪等,北京地区以 7 月份为宜。③秋季植树。部分耐寒的落叶树,移植期是在树木大部分落叶后至土壤封冻前,即 10 月下旬至 11 月下旬,如槐、栾树、小叶白蜡树、立柳、毛白杨均可秋季移栽。有些树木也可以用冻土球移植。

定点放线 在清理现场基础上,依据设计的位置,选择适宜的定点放线法,在现场做出标记,标明树种、规格、坑径、深度及主要观赏面等。孤植树、装饰性的树丛需用仪器准确定点,以保证实现设计意图。

掘苗及包装运输 在选定生长健壮、树形端正的树苗基础上,根据苗木类别、品种、规格,确定掘苗方法及要求。一般落叶树采用裸根掘取,落叶乔木可按树干胸径(地面以上高 1.3m 处的直径)的 8～10 倍长度为半径的范围掘取,落叶灌木根系可按株高的 1/3 左右为半径的范围掘取,藤木植物可参照灌木而定。挖掘常绿树需带土球,其半径约为树木胸径的 7～10 倍,黄杨的土球规格可按株高的 1/2 左右。慢长型的常绿树,如云杉、冷杉等的土球规格应加大一级;绿篱苗,如桧柏、侧柏可降低一级规格。掘裸根苗断根时,切口要平滑,不得有劈裂或拉断现象。带土球苗木,掘时必须保证土球完好,包装要严实,草绳不松脱,封底不漏土,主干基部要缠草绳保护。树冠要用绳索缠绕减小冠幅,运苗时保证树苗在车上稳定不摇,卸车时轻拿轻放,不得损坏枝干、皮、根。远途运苗要加盖苫布,裸根苗木根系最好套上塑料袋或用保湿剂、打泥浆等法处理。

刨坑 坑位要准确,坑径要求比规定的根系或土球直径大 20～30cm,便于老根伸展和新根发育。坑内的表土与底土要分别放置,栽植时先放表土,分层踏实。

换土和施肥 遇到劣质土(生土等)宜换腐殖质多的壤土或掺加腐熟的有机肥。

栽植 裸根乔木栽植前,地上部枝干要进行适当的修剪,集中养分,减少蒸发,提高成活率。主干明显的树种修剪时要保持中央领导主干垂直,树形完整,疏删枯枝及过密枝条,对保留的枝进行短截。分枝点高度因树种、地点而定。过粗的枝干修剪后要涂防腐剂，以促进愈合和防止病虫、雨水侵害。劈裂的及枯腐的根部应剪除后再栽植。灌木类宜栽植后适当短截修剪。栽植乔木时要求树体与地面垂直，照顾左右和朝向。深度要比原树干地面痕迹高出5cm，以防浇水后沉落。填土时要使根系舒展，分层还土随即踏实。栽植带土球树木要保持土球完整，入坑调整后，剪断腰绳和包装物，分层填土夯实，不得砸坏土球。

立支柱和浇水　裸根移植大规格树木要立枝柱，带土球的常绿树移植后要拉三根以上纤绳。支柱与树干的接触部位要垫草绳、捆牢，防止磨伤皮层。栽植填土后48小时内适量浇一遍水。渗透后扶直树干，再填土找平，浇第二遍水。第三遍水可在5～10日内进行。

中耕和封堰　三遍水后，四周的土堰可以拉平，以减少蒸发，并免于结成硬壳。

大树移植　胸径在10cm以上的树木移植作业称为大树移植。移植的基本要求与一般苗木相同，只是树龄大、根系的发育庞大，必需带土球移植。为了容易成活和搬运方便，土球的大小应适中。一般大乔木的根系垂直分布平均约在地表下80cm的范围之内，水平分布直径约在胸径的7～10倍范围内。依此，土球大小可以在这个基数上根据土壤情况与树木的生长习性酌情而定。大土球包装的方法：一种是用草绳紧密缠绕在圆形土球外，称为软包装，中国、日本、朝鲜半岛等地传统上常用此法。另一种是用厚木板包围箍紧在方形土球外，称为硬包装。大土球包装的树木在吊装、运输过程中要精心，保证土球完好。要注意移植后的修剪、喷水、遮荫、立支柱等，减少蒸发和风摇，经过1～2年即可恢复正常生长。

（史震宇）

观赏植物种植制度（cropping system of ornamental plants）

在一定范围土地和一定时期，按照土地面积、生长季节以及与前、后作的计划布局和安排，有计划种植观赏植物的种类、品种的规定。一般的种植制度有休闲、连作、间作、套作与轮作等。观赏植物生产的特点是种类、品种繁多、生长习性相差悬殊、茬口复杂而每种栽培面积又不大。另外，种植制度还受着市场规律的主导和设备设施的制约。许多发达国家的观赏树木生产，出圃后就行换茬，注意到乔灌轮栽、常绿与落叶和针叶、阔叶的轮栽；切花生产也进行轮作。很多不具备轮作条件的保护地切花生产，只能依靠土壤消毒、洗盐、换土与无土栽培等措施来克服连作所带来的不利因素。中国观赏植物生产事业的发展很不平衡，优良的种植制度尚在形成之中。现以上海的有关种植制度的状况为例加以说明。

观赏树木中的花灌木和落叶乔木，一般2～3年出圃；常绿乔木则要3～5年。都能一次同时起掘，实行轮作。常绿或落叶的观形树木，留圃年限在3～4年以上，往往是选优出圃，不能做到一次起掘。有很多是实行套作的。绿篱植物可在1～2年内出圃，往往连作。

露地切花栽培中生长期仅3个月左右的，往往在一年内连作二次后再与其他花卉轮栽；生长期在7个月左右的，即使连年在同一地块栽种，中间也可播种其他切花。在露地切花中，春植和秋植种类并不单纯，使轮作安排比较容易，所以基本上都实行轮栽。

保护地切花生产中生长期仅3～4个月的，在与轮栽切花之间往往有短期休闲；生长期近一年的切花容易安排轮作，因而多数实行轮栽。生长期长达一年半或二年的，畅销种也有连作的，一般也都实行轮栽。

在以无加温设施的大棚为保护地主体的条件下，值得注意的是：具有轮作意义的两种“制度”：①将保护地内的切花栽培，同盆花栽培相轮换；②将土地上的保护地栽培同露地栽培相轮换。这样做，都较换土的办法更为简单易行，经济实用。

（郑　恭）

观赏竹类（garden bamboos）

竹类为禾本科竹亚科植物的总称。全世界约有70属1000余种。中国竹类资源丰富，开发利用历史悠久，为主要产竹国家，有30属以上，500多种，许多竹种富于观赏价值，而且营养繁殖力强，生长快，易栽培，成为城市绿化和园林建设中用于观赏、组景、庇荫、防护，以及分隔空间、覆盖地面、保持水土等重要的植物材料。在中国传统造园中，尤重以比兴手法，借竹虚心劲节、严冬不凋的形象、品格，将其应用配置赋予特定的主题和寓意，创造意境，抒情言志。

栽培简史　浙江余姚河姆渡遗址（约公元前5000～3300）发掘出土的竹制品实物，说明竹的利用已约有7000年的历史。河南安阳殷墟（公元前14～11世纪）出土的甲骨卜辞中，已出现了与竹有关的字体。用竹做箭矢、书简都不晚于殷商。《诗经》、《周礼》中，有了更多关于竹子分布，以及竹制生产、生活用品和乐器的记载。据考证，战国时期，华北西南部已有经济竹林栽培。西汉时期，渭河平原南部和太行山东南麓的淇水流域有大面积由朝廷设专吏管理的竹园及民间经营竹园。

在中国古典园林产生和发展的起始阶段，苑、囿中的竹林、竹园，具有经济栽培性质。直到汉武帝时期，“上林苑”的竹林仍保持重要的生产意义。

魏晋南北朝时期，园林的游赏功能上升到主要地位，更加重视以观赏、组景为目的的竹子栽培。据《晋书》、《南史》以及《洛阳伽蓝记》等记载，建康、会稽、洛阳的园林中，以竹成景已较普遍。并且，受阮籍等“竹林七贤”和王徽之等文人名士寄情竹林，引竹自况的影响，竹景创造开始带有崇尚隐逸的思想色彩。晋代戴凯之的《竹谱》、后魏贾思勰的《齐民要术》对竹子栽培都有较多叙述。

唐中期以后至宋代，文人园林兴起并发展成为中国写意山水园的代表，以竹成景作为追求园林雅逸格调的手段，广为应用。常以“诗化”的景题，启发人们仰慕先哲前贤，抒发文人士大夫脱离流俗、沉缅隐逸的思想。苏轼有“可使食无肉，不可居无竹”的名句。《洛阳名园记》(北宋李格非)记述的多数名园，竹景配置，意境创造都很有代表性。沈括的梦溪园(在今镇江)是以竹景喻归隐的典型，南宋时期，出现了以“四君子”、“岁寒三友”为景题的配置、组景形式，如辛弃疾的“带湖新居”等。观赏竹种也更丰富。

受宋影响，金中都和元大都(今北京地区)宫苑、寺庙、私园也有了竹子栽培。元代画家李衎(公元1244～1320)的《竹谱详录》对画竹和竹子品类叙述详细，是一部有很高艺术价值和科学价值的竹类专著。

明至清中叶，中国古典园林得到更大发展。竹景成为园林雅逸格调的象征，遍及南北名园。除以竹景为主的配置外，出现了“以粉墙为纸，竹石为绘”和与漏窗、洞门结合组景的画题式小品。计成、文震亨、李渔在总结造园艺术理论的《园冶》、《长物志》和《芥子园画传》等论著中，对竹景创作的原则和手法都有论述。郑燮不仅咏竹、画竹多传神之作，对竹景配置也有许多创造。

在现代城市绿化和园林建设中，竹子应用空前广泛。除了借鉴传统配置手法，赋予新的思想内涵，在各类园林绿地中构成以竹景为主的景区、景点外，出现了以竹景取胜的专类公园，如成都、马鞍山、北京等等；还建有既富科学内涵，又具景观特色的竹类植物园，如一些竹类研究机构的竹种园和植物园中的竹子专类园。更有以竹海景观为特色的大规模风景区，如四川长宁和浙江莫干山。有的城市还将竹子用于道路绿化，构成富于特色的街景。湖南永州市甚至把竹子作为城市的标志，以竹景体现城市风貌特色。总之，竹子的应用已突破了传统的狭义的园林范畴，进入城市绿化、国土绿化的广泛领域。

形态特征　竹类的地下茎、竹秆、枝、叶、根以及花和果实的外部形态，是识别种属的依据。竹秆、枝叶的形态常体现观赏特征。

地下茎依形态和生长方式分为三个基本类型。合轴型：地下茎由茎柄和茎体组成，呈侧弯的纺锤型。茎柄连接母竹茎体(秆基)，细而常实心，节密，无根无芽；茎体粗大，中空具隔，节密而不对称，具芽及根。芽可发育成笋，出土成竹，竹秆密集，称丛生竹，如泰竹属(*Thyrsostachys*)、箣竹属(*Bambusa*)等。单轴型：地下茎细长，横生，称“竹鞭”，由鞭柄、鞭身、鞭梢三部分组成。鞭身为地下茎主体，具隆起的节，节间长度大于直径，节生根，每节具一芽，可分化为鞭芽，延伸成子鞭；也可分化为笋芽，出土成竹，竹秆疏离，称散生竹，如刚竹属(*Phyllostachys*)等。复轴型：地下茎兼有合轴型与单轴型特征，既可由秆基侧芽形成密集竹丛，又可由竹鞭侧芽生成散生竹秆，称为混生竹，如苦竹属(*Pleioblastus*)、箬竹属(*Indocalamus*)等。此外，合轴型某些种类的茎柄可延伸成“假鞭”，派生出合轴散生或混生类型。

竹秆由秆柄、秆基、秆茎三部分组成。秆柄是竹秆与地下茎相连部分，细小节密而实心，无根无芽。丛生竹秆柄即为地下茎茎柄。秆基粗大节密，中空而具横隔。节上生根。散生竹秆基常无芽。丛生竹秆基即为地下茎茎体，具大型芽。秆茎是竹秆的地上部分，直立或先端弯垂，圆筒形，具节。每节有二环，下为箨环，是竹箨脱落后所留环痕；上为秆环，是居间分生组织停止生长后所留环痕。两环间称节内，内腔有木质横隔。中上部节内具芽而生成分枝。有的竹种中下部节内具气生根或根刺，如牡竹属(*Dendrocalamus*)、方竹属(*Chimonobambusa*)。两节间称节间，中空，少数近实心，长度因竹种而异。秆茎的形态、颜色，特别是节或节间的某些变异，常形成重要观赏特征。

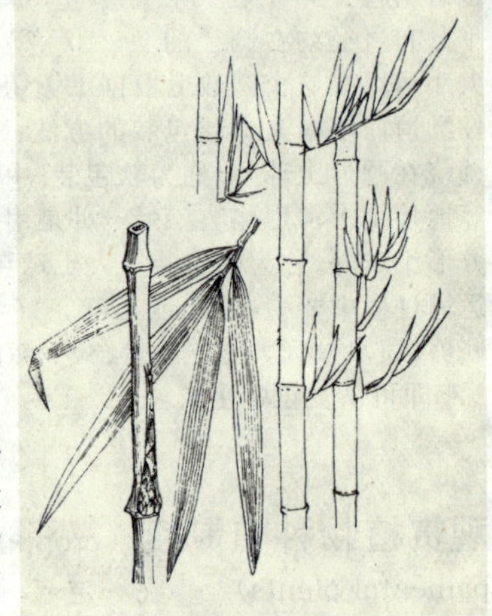

竹枝常中空，具节。秆茎每节分枝多少为分属的重要特征，可分为四种类型。一枝型，每节生一枝，如箬竹属、赤竹属(*Sasa*)；二枝型，每节生二枝，较粗大者为主枝，另一为次主枝，如刚竹属；三枝型，每节生三枝，中间为主枝，两侧各生一侧生枝，如方竹属。苦竹属、茶秆竹属(*Pseudosasa*)，中下部各节常每节生三枝，上部各节的次主枝续次发生，形成每节5～7枝；多枝型，每节具多数分枝，箣竹属、牡竹属等常有1～3枝发达主枝，有些属无明显主枝。

竹叶有两种，一为营养叶，另一为茎生叶。营养叶生于小枝各节，由叶鞘和叶片两部分组成。叶鞘包裹小枝，顶端称鞘口，生有膜质叶舌，亦常具缝毛和叶耳，有些竹种无叶耳。叶片长椭圆形至披针形，具明显中脉，两侧有平行次脉和小横脉。叶片基部收缩为叶柄，与叶鞘相连处具关节。茎生叶称为竹箨，生于节部箨环上。包裹节间的鞘部称箨鞘。鞘口顶端生有箨舌，常具裂齿和纤毛。鞘部顶端具无柄、无中脉的变形叶片，称箨叶或箨片。有些种类的箨叶退化成芒状。箨叶着生部位两侧或一侧生有箨耳，耳缘具缝毛或刚毛，有些种类箨耳缺失。竹箨各部分的形态、大小、质地、色泽和附属物的有无，是分类的重要依据。

竹根生于秆基和竹鞭各节。主根在秆基各节呈两行环列，多而密集，在竹鞭各节单行环列，数目较少。主根不能更新，但可续次分生出支根。有的竹种秆茎基部数节具气生根或根刺，牡竹属有些种类的气生根甚至见于主枝基部节上。

竹花由鳞被、雄蕊与雌蕊组成。鳞被及雄蕊的数目，常为分属特性，如箬竹属雄蕊 3 枚，赤竹属则为 6 枚。雌蕊由子房、花柱及柱头三部分组成。竹花外包有外稃、内稃和小穗轴节间一段，构成小花。通常由一至数朵小花及颖片组成小穗，每小穗含小花数因属而异，每小穗含颖片数常为 2 枚，少数属种少于或多于 2 枚。

竹类的果实多为颖果，少数为坚果、囊果或梨果。竹类的种子称竹米，由种皮、胚和胚乳组成。

产地和分布　竹亚科植物主要分布在热带和亚热带季候风盛行地区。少数属种生长在温带和亚寒带高海拔地区。以亚洲和南美洲最多，非洲次之，北美洲和大洋洲又次之，欧洲无天然分布。东南亚的季候风带是世界竹亚科植物的分布中心。

中国北起黄河流域，南至海南岛，东起台湾，西至西藏东南部地区，包括东经 92°～122°，北纬 18°～37°左右地域内的由低海拔到高海拔地区，随着纬度、经度和海拔高度变化，受气候、土壤因素影响，形成了属种间生物学差异，分布上亦呈现明显的地带性和区域性。可划分为三个竹区：①黄河—长江竹区（散生竹区）。相当于北纬 30°～37°之间，年平均气温 12～17℃，年平均降水量 500～1200mm，主要分布有散生型的刚竹属和混生型的苦竹属、箭竹属等。②长江—南岭竹区（散生竹丛生竹混合区）。相当北纬 25°～30°之间。年平均气温 15～20℃，年降水量 1200～1800mm。主要分布有散生型的刚竹属、唐竹属，丛生型的簕竹属以及混生型的苦竹属、箬竹属，尤以毛竹的面积最大。是竹子资源最丰富的地区。③华南竹区（丛生竹区）。相当于北纬 18°～25°之间，年平均气温 20～22℃；年降水量 1200～1800mm，有些地区高达 2000～3000mm。是丛生竹集中分布地区，主要有簕竹属、牡竹属、箣竹属等。也有散生型和混生型的毛竹、茶杆竹等。

观赏竹种的栽培除集中在相应的分布区域外，受人类引种活动的影响较大。不仅各竹区间种类有交叉，而且扩大到自然分布区之外，如北京地区因特定的地理、气候条件和历史因素影响，观赏竹类栽培早在金代就有明确记载。迄今仍是竹子栽培的北界（约北纬 40℃）。而露地栽培的散生型和混生型竹种已达 50 个以上（含变种、变型和品种）。

习性　喜温暖湿润的气候，中国竹类分布范围内，一般年平均气温为 12～22℃；1 月平均气温为 -5～10℃以上，极端最低气温为 -20℃；年降水量 1000～2000mm；年平均相对湿度 65%～82%。从北到南，温度渐增，雨量渐多，湿度渐高，竹子的种类和数量也随之增加，并且呈由散生型、混生型向以丛生型为主的变化，而气温较低的高海拔地带没有丛生竹类。可以看出，丛生竹对温度和水分的要求高于散生竹，因为丛生竹的地下茎入土较浅，部分种类的秆基和休眠芽露出地面，出笋期又在夏、秋季节，新竹当年不能充分木质化，经不起寒冷和干旱。丛生竹对土壤要求也高于散生竹，须土层深厚，疏松肥沃的微酸性和酸性土壤。相反散生竹的地下茎入土较深，形成发达的鞭根系统，笋芽深入土中得到保护，而且基本上是春季出笋，入冬前已充分木质化，所以对干旱、寒冷等不良气候条件有较强适应力，对土壤要求也相对低一些。总体上讲竹类对水分的要求，又高于温度和土壤，既要有充足的水分，又要排水良好。在分布区北缘，竹类大都生长在土壤水分条件优越的山谷流泉之间，或可由人工灌溉得以补充。但如排水不良，竹类也不能正常生长，甚至发生地下茎、根腐烂，导致死亡，散生竹类尤忌林内积水。

繁殖栽培　竹类开花结实周期长，种子不易得，很少采取播种育苗，故多采用营养繁殖。散生竹常采用移竹、移鞭等方法；丛生竹可用移竹、埋蔸（秆基、秆柄及根合称竹蔸）、埋秆、插枝等。散生竹定植前，一般对设计确定的栽植范围，普遍深翻，施入基肥，并使符合排溉要求。整地深度根据竹种鞭根入土深度而异，一般不浅于 40cm，毛竹需要深些。丛生竹定植，一般按设计定点穴植。

散生竹移竹，要求选择 1～2 年生长健壮，无病虫害，分枝较低，胸径不过大（毛竹 3～6cm，其他中小型竹 1～3cm），竹鞭鲜黄色并具饱满芽的母竹。根据其最下部一盘枝的方向，判断竹鞭走向（两者大致平行），毛竹留来鞭 30～40cm，去鞭 70～80cm；其他中小型竹留来鞭 20～30cm，去鞭 50～60cm，截断竹鞭，将母竹带土掘起，并截去竹稍，保留 5～7 盘枝，于预先翻整的用地内栽植。中小型竹常 2～3 秆成丛掘起，带土移植。一般栽植深度，不要超过原竹秆入土深度，或稍深 2～3cm，覆土要压实，并及时浇水，使土壤与鞭根密接。如长距离移栽，挖取母竹时要保持土盘完整，并用蒲片、草绳等包裹、捆扎牢固，特别要将竹秆与土盘捆扎固定。挖取母竹和运输、栽植的过程中，防止损伤、扭断秆柄。移竹的季节，长江流域以南地区冬季为宜；偏北地区以早春为宜；少量、近距离移栽，可在雨季进行。北京采用提前断鞭，原土回填，就地养护一段时间后，不截梢或仅轻度修剪，趁阴雨天移栽的方法，获得了高存活率和立竹成景的效果。

丛生竹移竹，要求选择枝叶茂盛、秆基芽肥大充实的1～2年生竹秆，在距其25～30cm的外围开挖，由远及近，逐渐挖深，并注意保护秆基上的根和芽，找到秆柄后切断，勿使秆柄、秆基劈裂，连竹蔸带土挖起。一般大型竹，单秆移植，小型竹3～5秆(或更多)成丛挖起。母竹一般留2～3盘枝，从节间中部斜形切断，穴内应先填表土，并施入腐熟有机肥，拌匀，再将母竹置于其上，填土压实及时灌水，然后按高于原母竹入土深度3～5cm覆土培成拱状，以防积水。

混生竹移竹操作与散生竹相同。

观赏竹类的养护管理，首先应注意保持土壤湿润，降水不足1000mm地区，特别是笋期和幼竹生长阶段干旱的黄河流域以北地区，必须及时灌溉，在露地栽培的北缘，还要浇足封浆水和解冻水。同时要保持土壤良好的透气性，及时排除积水。施肥应以有机肥为主，冬季可结合“填园”施入土杂肥、腐叶土等，雨季可“压青”，即将清除的杂草，修剪下的草屑，铺到竹林内覆土压严，使就地腐烂。大面积风景林可结合“劈山抚育”和“削山松土”进行。也可在生长盛期追施尿素等速效肥。合理砍伐对观赏竹类同样重要，一般于冬季进行。砍伐年龄毛竹为6～8年，其他竹种一般为4年。每隔数年还要清除一次老竹蔸(特别是丛生竹)，以免老蔸充塞，影响地下茎、根生长。竹类病虫害的种类较多，如竹蝗、竹笋夜蛾、竹秆锈病、竹丛枝病等，但城市园林中分散栽植，管理精细的观赏竹类较少受害。只要坚持不栽带病虫母竹，加强养护，综合防治，就可控制其发生和避免危害。

园林应用　竹挺拔隽秀、虚心劲节、严冬不凋、幽姿美质，自古迄今广泛配植于园林，不仅在构景和创造意境上具有重要作用，而且具有庇荫、防护、保持水土等多种用途。一般大、中型竹类，特别是毛竹，常配植为大面积可以入游的林景，结合地形、地貌、道路、水系等，形成竹岭、竹麓、竹园、竹坞、竹溪、竹径等，在园林中构成闭合幽曲的景区，成为园林景观起结开合的重要环节。秆型较小而富于特色的紫竹、小琴丝竹、大明竹等常与石笋、湖石和其他观赏植物，如松、梅、桃花等配置成小品，于庭院角隅、窗前或亭、廊、轩、榭之旁做为点景栽植。中、下部节间发生变异的方竹、人面竹等，配植于山石花台，更可突出观赏特点。稍部弯垂的丛生型竹种，植于水际，效果尤佳。凤尾竹、菲白竹、鹅毛竹以及箬竹属、赤竹属的矮小竹种，常作为地被和基础种植，有的还可用于制作盆景。

中国的主要观赏竹种有：

大泰竹(*Thyrsostachys oliveri*)：竹丛密集，秆茎挺直，顶端稍弯垂。箨鞘先端截平。叶片细长(长15～18cm，宽12～18mm)。原产缅甸、泰国，中国云南等地有栽培。泰竹(*T. siamensis*)：与大泰竹相似，秆较细而壁厚。叶亦较小(长15～18cm，宽7～12mm)。箨鞘先端呈波状拱凸。分布于缅甸、泰国和中国云南，福建等地有引种，常种植供观赏。

粉单竹(*Bambusa chungii*)：竹丛密集，秆茎粉绿色，被白蜡粉，节间修长，顶梢略弯垂。箨叶卵状披针形，强度外折。主产中国广东、广西，庭院中常见栽培。蓬莱竹(*B. multiplex*)：竹丛上部较开散，秆高5～8m，直径2～4cm。箨鞘厚纸质，叶片长5～16cm，宽7～16mm。长江流域以南广泛栽培，可做植篱。北京于温室栽培。‘小琴丝竹’(*B. multiplex* cv. Alphons-Karr)：竹秆黄色，间有绿色纵条纹。余同原种。常于庭院中栽培，也可盆栽。‘凤尾竹’(*B. multiplex* cv. Fernleaf)：竹秆较原种矮而细，叶亦明显小于原种。适于庭院布置，可做矮篱和基础种植，也是盆景制作常用材料。佛肚竹(*B. ventricosa*)：秆部节间常短缩而膨胀呈瓶状。盆栽者高仅25～50cm，径1～2cm。露地栽培具正常节间者，较高较粗。箨鞘无毛。特产中国广东，常植于庭园，更多见于盆栽和盆景制作。‘大佛肚竹’(*B. vulgaris* cv. Wamin)：下部节间短缩而膨胀，近似佛肚竹，唯其箨鞘被部密生暗棕色毛，且各部分均较大。常见于中国华南地区庭园，亦可盆栽，北方温室栽培。黄金间碧竹(*B. vulgaris* var. *vittata*)：本变种秆型较大，高6～15m，直径4～6cm，节间圆筒形，鲜黄色间以宽窄不等的绿色纵条纹，叶片披针形或线状披针形。竹丛壮观，枝叶婆娑，秆茎色彩鲜明，为著名观赏竹种。广泛栽培于中国华南、西南以及福建、台湾等地，北方城市温室亦见栽培。

龙竹(*Dendrocalamus giganteus*)：秆高20～30m，径可达30cm，稍端柔弱下垂，叶椭圆状披针形，竹丛大型，竹秆挺直，稍头和枝叶婆娑下垂，富于观赏价值。亚洲热带、亚热带国家，中国云南、台湾均有栽培。

方竹(*Chimonobambusa quadrangularis*)：秆高可达3m，径1～3cm，下部数节略呈方形，节内生短而直的根刺。每节初常三分枝。叶片披针形，狭长。原产中国西南各地，华东、华南地区庭园亦常见栽培，是著名观赏竹种，尤适植于湖石花台。

鹅毛竹(*Shibataea chinensis*)：矮小的混生型竹种，每节常有3～6分枝，近等长，枝端具叶片1枚。产中国华东地区，庭园栽培供观赏，可做矮篱和地被栽植。

人面竹(*Phyllostachys aurea*)：竹秆高可达8m，直径可达4cm。下部数节常畸形短缩肿胀，而略似人面。主产中国长江中下游地区，为庭园常见观赏竹种。黄槽竹(*P. aureosulcata*):竹秆高8m,径可达4cm或更粗。秆环较箨环突隆起。分枝一侧,节间纵槽黄色。叶长6~15cm,宽8~18mm。冬季叶色不较黄。原产地不详,中国北京园林中栽培普遍,历史已逾百年。美国于本世纪初自浙江塘栖引种,现栽培广泛,是一耐寒竹种。金镶玉竹(*P. aureosulcata* f. *spectabilis*):竹秆鲜黄色,分枝一侧纵槽绿色,节间或见绿色纵条纹,色泽亮丽。有时新叶亦见浅黄色条纹。见于中国江苏、山东、河南、北京等地,亦耐寒。黄秆京竹(*P. aureosulcata* f. *aureocaulis*):竹秆鲜黄色,节下具绿色晕环,节间或见绿色纵条纹,有时新叶亦见浅黄色纵条。初见于北京西山大悲寺。为耐寒观赏竹种。

刚竹属中,秆部节间发生黄绿相间的色彩变化的竹种,尚有黄槽石绿竹(*P. arcana f. luteosulcata*)、黄金间碧玉竹(*P. bambusoides* var. *castilloni*)、花毛竹(*P. heterocycla* f. *nabeshimana*)、黄槽毛竹(*P. heterocycla* f. *luteosulcata*)、以及金竹(*P. sulphurea*)和碧玉镶黄金竹(*P. sulphurea* f. *houzeauana*)等。除花毛竹、黄槽毛竹秆型较大外,其余作为观赏竹种应用,效果类似,但抗寒性不如上述种类。

斑竹(*P. bambusoids* f. *tanakae*):秆高可达16m,径可达14cm。竹秆初为绿色,渐次出现紫褐色斑块,又称湘妃竹。各地庭园常种植,中国河南博爱有大面积经济林。

粉绿竹(*P glauca*),秆高可达15m,径10cm左右,幼秆均被雾状白粉,呈蓝绿色,竹稍略弯垂。长江流域及黄河流域多有栽培。筠竹(*P. glauca* cv. Yunzhu):幼秆无白粉,而由下至上渐次出现茶褐色斑点或斑块。中国河南洛宁、博爱及山西南部有经济栽培竹林。

毛竹(*P. heterocycla*):竹秆可高达18m,径15cm或更粗。竹秆直立,竹稍弯垂,叶细枝柔,如美丽的驼鸟羽毛。自然分布于中国长江流域以南,河南、陕西、山东等地引种栽培,该种为中国最重要的经济竹种,常形成大面积纯林,呈现"竹海"景观。宜于大型公园和名胜区营造风景林。其林内偶见少数竹秆,中下部节间短缩肿胀,竹节交错成相连斜面者,称为'龟甲竹'或'龙鳞竹'(*P. heterocycla* cv. Heterocycla)。常取植于庭园供观赏。

紫竹(*P. nigra*):竹秆高4~8m,直径最大可达5cm。幼秆绿色,密被细茸毛,具薄白粉,一年生后渐变为棕紫色或黑紫色而无毛。中国北京以南至长江流域以及西南各地均有栽培。其秆紫黑,叶细小,配以山石,衬以粉墙,颇具画意。沙竹(*P. propinqua*):竹秆高达8m,径通常不超过5cm。幼秆具白粉,节下较厚。秆劲直,叶深绿。中国河南、江苏、安徽、浙江及西南地区广泛分布,河北及辽东半岛引种栽培,耐寒,适应性强。在北京园林中栽培历史长,应用普遍,冬态尤佳。

大明竹(*Pleioblastus gramineus*):混生型竹种,高3m左右,秆常密集成丛。每节3~5分枝,叶片狭长如禾草状,下垂。为著名庭园观赏树种。原产日本。中国东南部江苏、浙江、福建、广东等地引种栽培较早。

女竹(*P. simonii*):与大明竹相似,但秆型较大,叶片亦较宽呈窄披针形。分布于中国华东地区及日本。

矢竹(*Pseudosasa japonica*):竹秆高2~4m,直径5~15mm。每节有一分枝或上部2~3分枝,每小枝有5~9枚大型狭长披针形叶片。箨鞘常宿存。原产日本,中国东南部地区城市园林有栽培。

菲黄竹(*Sasa auricoma*):竹株矮小,混生状,新叶黄色具绿色纵条,老叶转绿。原产日本,适于做地被植物,可修剪。江浙一带园林露地栽培或盆栽。菲白竹(*S. fortunei*):矮小混生竹种,高常不足50cm。叶片上具宽窄不等的白色纵条纹。原产日本。中国长江流域庭园中有栽培,亦可制作盆景。华箬竹(*S. sinica*):竹秆高常不足1m。每节一分枝,具大型椭圆状披针形叶片。主产中国安徽黄山和浙江天目山。宜于土坡、山石旁配置,或作为地被、基础栽植。

阔叶箬竹(*Indocalamus latifolius*):竹秆高约1m,直径约5mm。每节一分枝。叶片巨大,长20~40cm,宽5~8cm,产中国华东地区。本属中,尚有箬叶竹(*I. longiauritus*)、善变箬竹(*I. varius*)等,叶片较阔叶箬竹略小,栽培亦较广泛。

参考书目

南京林产工业学院竹类研究室编:《竹林培育》,中国林业出版社,北京,1974。

陈守良、贾良智主编:《中国竹谱》,科学出版社,北京,1988。

(张济和)

观赏棕榈类(ornamental palms) 应用于园林观赏的棕榈科植物。其幼苗可供室内观赏,在热带、亚热带和暖温带地区可露地栽培,很多种类还具经济价值。棕榈类栽培历史悠久,如在北非及伊拉克、沙特阿拉伯等干旱地区,海枣已有5000年以上的栽培历史。椰子在中国海南栽培历史已达2000余年;棕榈于亚热带暖温带地区广泛栽培,也已达1000年以上。

形态和大类 棕榈类包括乔木、灌木和藤木。多单干挺立,不分枝,坚挺的巨叶聚生干端。叶掌状或羽状分裂,多具长柄,柄茎常扩大成一纤维状鞘。花小而多,两性或单性,罕杂性,雌雄同株或异株,佛焰花序,常为大型佛焰苞所包被。浆果、核果或坚果,外果皮常呈纤维状。通常按形态、生长习性和生境划分几大类。如据叶裂方式,可分:①扇叶类(掌叶类)。叶掌状分裂,乔木有棕榈、蒲葵等,灌木有棕竹、琼棕等。②羽叶类。叶裂如羽毛状,乔木有椰子、鱼尾葵等,灌木有山槟榔、软叶刺葵等,藤木有省藤、黄藤等。除陆生者外,还有海边浅水中的水椰等。

产地与分布　棕榈科植物约250属3500种，产全球热带、亚热带，而以美洲及亚洲热带的地区为其分布中心；少数种类延至温带。中国原产约20属70多种，以云南、广西、广东、海南和台湾等地为多，长江流域也有少量分布。

习性　棕榈类多喜高温、高湿环境，但不同种存在着明显的耐寒、耐旱性差异。如油棕原产热带非洲，要求年平均温度24～28℃、年降水量2000mm以上的气候条件；中国的棕榈为最耐寒的观赏棕榈乔木之一，能耐短期-17℃低温，又具有一定的耐旱力；美国原产的小箬棕(*Sabal minor*)，则为棕榈灌木中最耐寒种类之一，甚至可耐短暂的-27℃的低温。土壤以湿润、肥沃而排水良好的酸性至中性土为宜。有的种类在中性至石灰性壤土或粘壤土中亦可生长。多数种类较耐阴，宜在半阴条件下生长，苗期尤喜荫蔽；但不同种类对日光的适应又有所不同。浅根性，畏强风；但椰子则为深根性，可抗强风。多为长寿树种，甚至有长达1000年的记录(棕榈)；但有些种类，如董棕、贝叶棕等，则在开花、结果后即行死亡。一般忌水涝；有些种类能耐短期水浸或盐潮。

繁殖栽培　多行播种繁殖，有些种类种子要先进行处理。棕榈则可直接冬播。一些根际萌蘖的种类如棕竹、琼棕、山槟榔等，则可行分株繁殖。个别种类如琼棕干上具吸芽，可取下繁殖为新株。栽培措施要尽量满足不同种类的习性要求。如棕榈抗性较强，既喜阳，又耐阴，但易风倒，播种繁殖的3年生苗，才可移栽、定植或上盆。蒲葵喜阳而又耐阴，生长季节中须经常松土、除草，并适当追肥，秋季还要注意培土。油棕、王棕等喜阳光充分，不耐荫蔽。棕竹等耐浓荫，但对充足阳光也有一定的适应性。它们寿命长，甚少病虫为害，多无需太多的特殊管理。多数种类属热带植物，故当地霜害早晚和严重程度以及小气候条件等，露地栽培中应于以注意。

园林应用　观赏棕榈类用于园林绿化，可频添热带情趣。乔木种类可作行道树用，或丛植、群植，尤以蒲葵、王棕、董棕、贝叶棕等，美化效果尤佳。灌木种类，尤其是耐阴、喜阴的，如棕竹、轴榈、琼棕、山槟榔等，可于路边、林缘甚至树荫下丛植或群植，提高整体之观赏性。至于棕榈、蒲葵之属，因其喜阳而又耐阴，故可用不同龄树苗参差互栽，高低错落，掩映有致。观赏棕榈类之生长缓慢、干叶雅致秀美、适应室内栽培者，如棕竹、蒲葵、小琼棕、散尾葵等，特宜厅室盆栽，增添生趣不少。至于棕榈、鱼尾葵、刺葵属、欧洲矮棕(*Chamaerops humilis*)等，更是木桶栽培、厅堂摆饰的良好素材。此外，观赏棕榈类多能抗多种污染(有毒气体等)，具有较强的滞尘和护坡保土等功能。很多种类的根、茎、花、果，具有很高的经济价值。如椰子的种子可制冷饮或提取食用油；海枣是著名甜品；油棕有“世界油王”之称；棕榈、椰子等树干可作建筑材料；棕竹属植物树干是伞柄、手杖的良材；槟榔种子入药；黄藤、省藤等则是编织藤器及工艺品的优良材料；等等。

中国常见的栽培观赏棕榈属、种有：

假槟榔属(*Archontophoenix*)　染色体数2n=28，32。乔木，高20～30m。叶羽状全裂，叶鞘长，圆筒状。花单性，雌雄同株；佛焰花序下垂。坚果多球形。全属4种。中国栽培1种，即假槟榔(*A. alexandrae*)，原产澳大利亚，中国华南、台湾栽培，树干耸直，叶挺冠洁，多作行道树、园景树等用。

槟榔属(*Areca*)　染色体数2n=32。单干乔木。叶羽状全裂。花单性，雌雄同序。佛焰花序生叶鞘束下，多分枝。核果多卵形，熟时橘红色。全属约54种，产热带亚洲和澳大利亚北部。中国主要栽培2种，即槟榔(*A. catechu*)、三药槟榔(*A. triandra*)。前者高20m，单干，乔木，产马来西亚，中国华南及云南、台湾等地有栽培，为药用及观赏树种；后者高4～8m，茎丛生，产印度、马来西亚，中国海南、广东、福建等地有栽培，果穗熟时变红，十分美丽，作园景树用。

皇后葵属(*Syagrus*)　染色体数2n=32。单干乔木，高达10m，叶羽状全裂。花序有舟状木质佛焰苞1枚，花序下垂，有雄花、雌花之分，排成圆锥花序状。果实卵状椭圆形。一般栽培者多为变种 *S. romanzoffianum* var. *anstrale*，原产巴西、乌拉圭一带，中国南部、西部及西双版纳有栽培，作园景树、街道树等用。

桄榔属(*Arenga*)　染色体数2n=26。乔木或灌木。茎单生成丛生长，其上密被黑粗纤维状叶鞘残体。叶甚长，聚生干端，羽状全裂，裂片基部一侧或两侧单垂状。佛焰花序生叶腋，多分枝而下垂，佛焰苞多数；花单性同株。果实核果状。全属10余种，产热带亚洲及大洋洲，中国产2种：桄榔(*A. pinnata*)乔木，叶裂片基部两侧具一大一小耳垂。果大。产中国华南及云南南部和西藏南部，南亚及澳大利亚也有。树姿雄伟，适作公园内行道树或园景树。还可从花穗取汁熬糖，故又名砂糖椰子。矮桄榔(香槟)(*A. engleri*)为丛生灌木，产中国台湾及广西。叶裂片基部仅于一侧具一不明显的耳垂，果小。优美的园林灌丛材料。

弓叶榈属(*Butia*)　染色体数2n=32，16。小乔木。茎单生，粗壮。叶羽状全裂，裂片先端下垂；叶柄两侧具刺。花单性同株，佛焰花序具细长侧生分枝。核果阔圆锥形，黄或红色，基部有壳斗。约12种，产南美。中国广州、厦门常见有弓叶榈(*B. capitata*)，叶拱状秀丽。

省藤属(*Calamun*)　染色体数2n=28。有刺藤木。羽片散生，具钩刺。花单性或杂性，雌雄异株或同株；佛焰苞管状，宿存。果多球形，外被覆瓦状鳞片。约370种以上，广布于东半球热带地区。中国产20种以上。省藤(*C. platyacanthoides*)为长达 10～25m 之粗壮藤木,产中国广东、广西及海南等地。可于热带园林中散植;茎可供编织藤器等。

鱼尾葵属(*Caryota*) 染色体数 2n = 32, 28, 30。乔木,罕灌木。茎单生或丛生。叶 2～3 回羽状全裂,羽片鱼尾状,上部边缘具撕裂状细齿。花序生叶丛中,下垂,佛焰苞 3～5;花单性同株。浆果近球形。约 12 种,产亚洲热带及澳大利亚北部。中国产 4 种:鱼尾葵(*C. ochlandra*),乔木。高达 30m,干单生。叶 2 回羽状深裂。花序长约 3m。产中国广东、广西及云南、福建等地,亚洲热带其他地区也有分布。矮穗鱼尾葵(*C. mitis*),丛生小乔木。佛焰花序分枝,密而短,长不及 1m。产中国广东、广西及海南,缅甸、马来西亚也有。董棕(*C. bacsonensis* = *C. urens*),乔木。高达 25m,全株约有 2 回羽状全裂长叶 8 枚。佛焰花序腋生,长 2～6m,含 200 余单穗;约 20 年生始花,开花结实后全株死亡。产印度、斯里兰卡、马来西亚及中国云南西双版纳。

玲珑椰子属(*Chamaedorea*) 染色体数 2n = 26, 24, 32。灌木。茎单生或丛生。叶羽状全裂或仅先端 2 裂;叶鞘筒状。佛焰花序自叶间或叶下方抽出,佛焰苞 3 或多数。雌雄异株。果实近球形。100 余种,多产墨西哥及中美。玲珑椰子(*C. metallica*),叶深绿,具金属光泽,株型纤秀,干光洁如竹,宜室内盆栽。

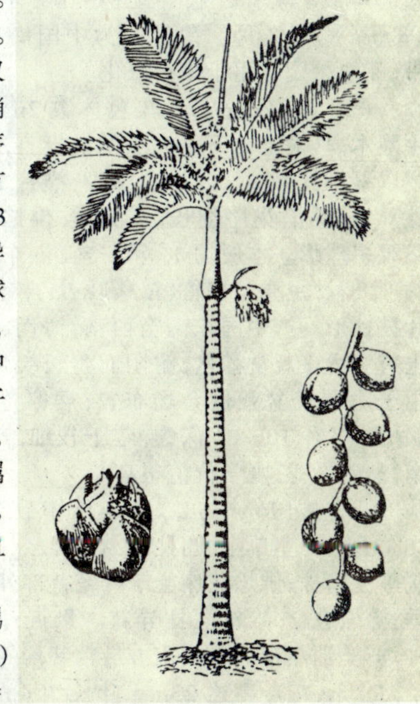

散尾葵属(*Chrysalidocarpus*) 染色体数 2n = 28, 32。灌木或小乔木。茎单生或丛生,干纤细。叶羽状全裂,柔长拱曲。佛焰花序生于叶鞘束下,基部有佛焰苞 2 枚;花单性同株。果近球形或呈陀螺状。约 20 种,产马达加斯加、科摩罗群岛及潘班群岛。散尾葵(*C. lutescens*)原产马达加斯加,为热带常用的观赏棕榈,在中国广东、广西、海南、云南南部、台湾园林中常有栽培。北方盆栽,供布置厅堂等用。

琼棕属(*Chuniophoenix*) 丛生灌木至小乔木,茎直立。叶掌状深裂。佛焰花序呈圆锥花序式,佛焰苞狭鞘状;花两性。浆果状核果,球形。全属 3 种,分布于中国海南及越南北部。琼棕(*C. hainanensis*)干灰白色,具吸芽。中国海南省特产,适作园林布置用。矮琼棕(*C. humilis*):丛生灌木,中国海南特产。叶绿果红,栽培容易,又较耐阴,宜用于园林绿化及室内盆栽。

椰子(*Cocos nucifera*) 1 属 1 种。染色体数 2n = 32。乔木。茎单生,高 15～35m,常斜倾,其上部节环明显。冠大而叶开展,成龄树有叶 25～40 枚。叶羽状全裂,革质,裂片条状披针形。花序自叶丛抽出,佛焰苞 2,舟形、木质;花单性同株。坚果硕大,近球形,每 10～20 聚生成束。广布热带海岸,东南亚最多,中国海南、台湾、云南、广西有栽培。喜湿,喜盐,喜光,好高温,抗风,经济价值高(椰肉、椰油、椰汁等),又具很高的观赏价值,宜用为行道树、风景树、防风树及园林散植。幼苗则在寒地盆栽以供室内观赏。

贝叶棕属(*Corypha*) 乔木。高 20～30m。茎单生,通直。叶大圆形,掌状深裂,叶柄长,两侧有粗刺。佛焰花序圆锥状,顶生;佛焰苞多数,管状;花两性,80～100 年生树一次开花结果后死亡。全属 8 种,产热带亚洲。中国引种 1 种——贝叶棕(*C. umbraculifera*),云南南部有栽培,印度、缅甸等国也有。喜低湿,栽园林观赏。

黄藤属(*Daemonorops*) 和省藤属相异是在于佛焰苞有柄脱落性;雌花有柄。约 75 种,产印度、马来西亚。中国产 1 种——黄藤(*D. margaritae*),大藤木。茎长约 70m,叶羽状全裂。中国海南、台湾有分布,藤供编织等用,偶栽于热带园林中。

油棕(*Elaeis guineensis*) 染色体数 2n = 32。乔木。茎单生,粗大,叶柄基部宿存。叶羽状全裂;柄短,两侧有刺。花单性同株;佛焰花序自叶腋抽出,佛焰苞 2;雌花序较雄花序为大而近头状。坚果多卵形。本属 1 种,原产热带非洲,系著名油料作物,有"世界油王"之称。中国海南、广东、广西、福建、云南、台湾有栽培。云南景洪等地用作行道树、园景树。

酒瓶椰子属(*Hyophorbe* = *Mascarena*) 染色体数 2n = 32, 36。茎单生,圆柱形,具环纹,树冠下方茎部膨大呈瓶状。叶羽状全裂,具明显的叶鞘束。具管状早落性佛焰苞数枚;雌雄异花同株。果实带紫色。约 5

种,原产于印度洋的留尼汪岛和毛里求斯,热带及亚热带地区作园景树等用。中国海南、广东、广西、厦门、西双版纳等地入引 2 种:酒瓶椰子(酒瓶棕,*H. lagenicaulis*),幼树干基膨大,奇特别致;棍棒椰子(*H. verschaffeltii*),也有少量栽培。

轴榈属(*Licuala*) 染色体数 2n=28。灌木,多矮生。叶掌状深裂至全裂,裂片顶端平截或有齿;柄细长,缘有刺。花两性;佛焰苞革质,管状,宿存。核果小。全属 100 种以上,产亚洲及大洋洲热带。中国 3 种,多产于海南。轴榈(*L. fordiana*),丛生灌木,高 2~5m;叶近扇形,直径达 1m,裂片 8~22。佛焰花序细长 1~2m,一次分枝。核果球形。中国海南特产。因极耐荫蔽又喜湿润,故为中国华南、云南南部、台湾等地庇荫处的理想灌丛,又是优美的厅堂盆栽植物。刺轴榈(*L. Spinosa*),似轴榈,但花序有 2 次分枝。原产中国广东及海南,印度、泰国、马来西亚、菲律宾也有。圆叶轴榈(*L. grandis*),产印度尼西亚,华南有引种;叶片不分裂,形、色俱美。

蒲葵属(*Livistona*) 染色体数 2n=36。矮小或高大乔木,干上具环纹,上部常具宿存的老叶鞘。叶近圆形,掌状深裂;柄长,两侧有骨质倒刺。花两性;佛焰花序长,有分枝,佛焰苞多数。核果球形。30 余种,产东亚、马来西亚群岛及大洋洲,中国产 5 种。蒲葵(*L. chinensis*)高 10~20m,冠幅达 8m。叶阔肾状扇形,分裂部分下垂。产中国华南,越南也有。树形优美,葵叶婆娑。可作行道树,丛植于园林亦美。也是优良室内盆栽植物。叶可制扇。

三角椰子属(*Neodypsis*) 染色体数 2n=32。乔木。茎单生,具残存叶鞘。叶羽状深裂,新叶直立伸展,老叶斜向四散;裂片多数。约 14 种,产马达加斯加。中国南方常见引种栽培者 1 种——三角椰子(三角槟榔,*N. decaryi*)。中国广州、深圳、厦门、西双版纳等处露地园林栽培,小苗多盆栽观赏。

水椰(*Nypa fruticans*) 丛生灌木。叶羽状全裂,长 4~7m。佛焰花序顶生。果时下垂,佛焰苞多数,舟状;花单性而同株。果序头状,成熟心皮核果状。本属仅此 1 种,产东南亚及澳大利亚热带海岸地区。中国仅海南有分布,生于咸水港湾。可布置成美丽的水景。其嫩花序汁液富含糖分。

刺葵属(*Phoenix*) 染色体数 2n=36, 28, 32, 34, 40。乔木或灌木。茎单生或丛生。叶羽状全裂,近基裂片常变刺状。花单性异株,佛焰花序分枝,佛焰苞鞘状。果实长椭圆形。全属约 17 种,产亚洲和非洲热带、及亚热带地区,中国产 2 种。常见栽培的有:长叶刺葵(*P. canariensis*),产加那利群岛,美丽壮观,宜作园景树、行道树及盆栽。枣椰子(*P. dactylifera*),产西亚、北非,中国广东、广西、福建、云南等地有栽培。果可食,称伊拉克蜜枣。植株栽于园林或盆植,亦颇美观。软叶刺葵(美丽针葵,*P. roebelenii*),产中南半岛及中国西双版纳等地。叶柔软弯垂,姿态优美,适盆栽布置厅堂,也可在暖地作园景树用。

山槟榔属(*Pinanga*) 染色体数 2n=28, 32。灌木,干直,有环纹。叶羽状全裂。花单性,雌雄同序;佛焰花序生叶丛下,佛焰苞 1。果实卵圆或椭圆,橙或红色,果皮纤维质。全属 100 种以上,中国约产 6 种。常见栽培者有:变色山槟榔(*P. discolor*),花序 2~4 分枝,产中国海南、广东、广西等地。适园林荫处栽植,树姿优美可观。

钩叶藤属(*Plectocomia*) 有刺藤木,叶羽状全裂,叶轴顶伸出成有刺的纤鞭。花单性异株。约 20 种,分布于印度、马来西亚等地;中国产钩叶藤(*P. microstachys*)等 2 种。钩叶藤为中国海南特产,可在热带、亚热带园林用于攀援绿化。

棕竹属(*Rhapis*) 染色体数 2n=32, 36, 72。丛生灌木,具横走地下茎。干细长挺直,有环纹,上部常裹以纤维状叶鞘。叶掌状深裂,裂片 2 至多数。花单性异株;佛焰花序细长,有分枝,佛焰苞 2~3,管状。浆果多球形。本属约 15 种,产亚洲东部及东南,中国约产 8 种,主要是棕竹(*R. excelsa*),叶 5~10 深裂,裂片披针形。产中国东南至西南,海南、广东居多,日本也有。优良观赏灌木,耐阴而生长缓慢,管理简易,多用于庭园及盆栽供会场布置;矮棕竹(竹棕,*R. humilis*),叶片 10~24 深裂,茎干较细,产中国华南及西南,丛密叶秀,观赏价值很高。

王棕属(*Roystonea*) 染色体数 2n=36, 28, 30, 38。乔木。茎单生,圆柱状,有环纹。叶大,羽状全裂。花单性同株;佛焰花序生于叶鞘茎部外侧,分枝长而下垂;佛焰苞 2;雌雄同株异花。果近球形。全属约 14 种,产美洲热带。中国南方最常栽培的为王棕(大王椰子,*R. regia*),高达 23m。叶长约 4m,羽片常排为 4 列。原产古巴,中国华南、海南、云南、台湾等温暖地区普遍用作行道树及园景树,树形奇特美观,颇受欢迎。

棕榈属(*Trachycarpus*) 染色体数 2n=36。多乔木。茎多直立。叶近圆形,掌状浅裂或深裂;柄长,两侧具细齿。花单性或杂性,雌雄同株或异株;佛焰花序,簇生,多分枝,佛焰苞多数。全属约 8 种,以中国、印度、泰国、尼泊尔等为分布中心。中国产 5 种,以棕榈(*T. fortunei*)最常见栽培。乔木。茎单生,茎干上节环不整。花黄而小。核果肾状球形,粉蓝色。在中国长江流域广泛栽培,北缘现以西安为限,仍能露地越冬。园林广泛应用,是良好的行道树和园景树,并适盆栽作室内观赏。山区多栽培,取其纤维,有多种用途。

小堇棕属(华羽棕属)(*Wallichia*) 丛生灌木或小乔木。叶羽状全裂,裂片长圆形,两侧及近端处常具啮蚀状齿缺。花单性同株或杂性异性;花序多分枝,佛焰苞多数,管状,纸质,外被棕褐色鳞片。果卵状长圆形。约6种,分布于印度、马来西亚及中国等地。中国仅产1种——小堇棕(*W. chinensis*),高2～4m,产中国云南南部、广西南部及湖南南部,为园林耐阴观赏植物。

加州葵属(老人葵属、丝葵属)(*Washingtonia*) 染色体数2n=36,24。乔木。茎单生,粗壮,叶鞘及柄基宿存。叶近圆,掌状深裂,柄长,两侧有利刺。花两性,佛焰花序圆锥状,佛焰苞长。核果椭圆形,黑色。全属2种,产美国西南地区及墨西哥。中国引种加州葵(*W. filifera*)1种,高10～20m。叶裂边缘具多数白色丝裂。喜光,喜温暖,抗旱,耐瘠薄,生长较快,在中国广州、福州、厦门有引种,用作行道树、园景树。

(陈榕生　陈俊愉)

观音兰 (saffron tritonia)

Tritonia crocata,别名射干水仙。鸢尾科观音兰属多年生草本植物。染色体数2n=20。地下具肥大的球茎,径约2.5cm,被网状被膜。叶线形或剑形,4～6枚。花葶高30～45cm,顶生穗状花序;鲜黄褐色,花径4～5cm,花被片6。蒴果膜质卵形。有紫红色、绯红色等园艺品种。花期5～6月。原产南非好望角。植株强健、较耐寒。要求阳光充足、排水良好的砂质土壤。中国长江流域露地覆盖便可越冬。2～3年分栽一次。分球繁殖,宜秋植,可作盆栽、切花及花境材料。

本属植物约16种,常见栽培的还有:杂种观音兰(*T. crocosmiiflora*),为金黄观音兰(*T. aurea*)与波特氏观音兰(*T. pottsii*)的杂交种,染色体数2n=22。球茎外被纤维质黄褐色皮膜,球茎侧着生匍匐茎,可作繁殖用,株高60～100cm,叶广线形至剑形。花葶纤细,高90～120cm,着花12～20朵,穗状疏生,花径3～4cm,鲜橙红色,基部色淡,花期7～10月。分球法繁殖,宜春植。为花坛或切花材料。波特氏观音兰(*T. pottsii*),染色体数2n=22。株高90～120cm,球茎具匍匐茎。叶硬质剑形。花茎高75～120cm,呈2列分枝,穗状花序15～45cm,疏生12～20朵花,花径5cm,鲜黄色。花期夏、秋季。原产南非。分球繁殖,宜春植。金黄观音兰(*T. aurea*),株高100cm,叶纸质。花白到橙红色,花期初夏。朱红观音兰(*T. masonorum*),株高125cm。叶线状剑形,光滑。花朱红色,花期晚夏。

(刘　春)

冠花贝母 (crown imperial)

Fritillaria imperialis,百合科贝母属多年生草本植物。具被膜鳞茎,直径可达15cm。有数枚鳞片。茎高60～120cm,多叶。植株带臭鼬气味。叶互生,披针形,长15cm。花被片6,分离,红橙色,下垂,多数轮生于顶生总花梗上端,梗顶叶丛之下。有黄色花、橙红大花、大红大花、硫黄色花等园艺品种。花期5～6月。原产印度北部、阿富汗及伊朗。喜凉爽温和气候,宜排水良好的砂质壤土。冬季地上部枯萎,地下鳞茎需保护越冬。可连续开花数年。夏季炎热地区,地下鳞茎越夏困难,宜掘取低温贮存,至秋再种。繁殖以分生小鳞茎为主。宜用作花境材料,在西欧栽培历史悠久。

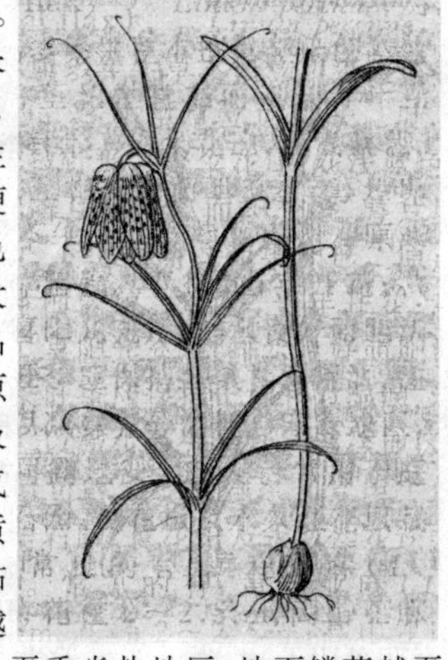

同属植物约80种,主要分布在北半球温带地区。中国产20种和2个变种,多分布在四川、新疆和东北地区的高寒地带、山坡草地或湿润的灌木丛中。较耐寒,植株较强健,喜轻松肥沃、排水良好的土壤。

常见栽培的种类有:川贝母(*F. cirrhosa*),别名卷叶贝母。多年生草本,鳞茎白色,圆锥形。花由紫色至淡黄色,有条纹及斑点。主要分布在四川、云南及西藏。浙贝母(*F. thunbergii*),花单或数朵生于茎顶,淡黄色或稍带紫色。花期3～4月。分布在浙江、江苏和安徽等地,是重要药材。

(费砚良)

冠状银莲花 (poppy anemone)

Anemone coronaria,别名罂粟秋牡丹。毛茛科银莲花属多年生草本植物。染色体数2n=16。株高25～40cm,地下具褐色圆柱形根状茎。主茎短、直立。叶多基生,掌状3裂,各裂片2～3回羽裂。花单生,花瓣状萼片5～20枚,雄蕊多数,常瓣化。花有红、粉、橙、黄、蓝、紫、白等色或复色,花形与罂粟近似,故得罂粟秋牡丹之名。花径3.5～6cm,花期4～5月。栽培品种很多,花色、花形变化大,有半重瓣与重瓣变种,

诸如:菊花银莲花(var. *chrysanthemiflora*),雄蕊瓣化,形似菊花,作切花及花坛应用。重瓣银莲花(var. *flo-repleno*),品种丰富,有'凯恩'(cv. De Caen),单瓣大花,形似罂粟,且花枝长;'阁下'(cv. His Excellency),单瓣,鲜红色、白心,作切花栽培;'爱尔兰银莲花'(cv. St. Brigid),形似菊花,瓣宽,半重瓣,易结实。

原产地中海沿岸,1596 年输入英国。较耐寒,忌高温多湿,喜凉爽、湿润、阳光充足的环境。要求富含腐殖质、排水良好的壤土。分株或播种法繁殖。分株于秋季将贮藏的块根掰开,分别种植,不宜在休眠期或刚挖起时进行(易引起伤口腐烂)。栽植时期应较其他秋植球根花卉稍晚,避开高温天气,并防止过早萌芽而受冻。也可播种繁殖,夏播或秋播均可,以秋播为好。发芽适温 18～20℃,15 天左右出苗。幼苗生长缓慢,管理得当可于翌春开花。华北地区在低温温室或冷床中越冬,淮河流域以南可露地越冬。茎叶枯黄进入休眠后,将块根掘出,用 1000 倍升汞水溶液消毒,置通风背阴处阴干,贮藏于凉爽干燥处。生长季节易发生锈病和菌核病,可用 160 倍等量式波尔多液防治。

冠状银莲花茎叶优美,花大色艳,花型丰富,适用于花坛、花境、草地边缘及林缘等处丛植,也可作切花或盆栽观赏。

(葛　红)

灌溉(irrigation)　给植物补充水分的措施。灌溉是观赏植物栽培管理中的重要环节。

灌溉方式　根据植物接受水分的部位不同,将灌溉分为地面灌溉、地上灌溉和地下灌溉三种方式。

地面灌溉　将水直接浇于植物周围的地面,因水分的下渗而达到植物根系。具体操作又分为畦灌、沟灌和漫灌三类。①畦灌。中国北方地区大田低畦和树木移植时的灌溉方式,将水直接灌于作好的畦内。②沟灌。南方地区高畦灌溉的主要方式,将水引至畦沟而渗入畦内。③漫灌。大面积的表面灌水方式,用水量最大。

地上灌溉　又称喷灌,园林树木和大面积栽培的草坪以及品种单一的花卉适用,包括机械喷水和人工降雨等方式。机械喷水一般根据喷头的射程范围安装一定数量的喷头,定时打开喷头,即可均匀灌水。人工降雨在园林中应用尚少。滴灌也是地上灌溉的方式之一,是利用大量塑料或橡胶细管,使水分滴在根部附近。具有省工又节水的作用。在观赏植物栽培中,常将喷灌、滴灌与叶面施肥结合进行。

地下灌溉　是在地下埋设具有渗液孔的输水管道,水从中渗出浸润土壤的方法。一般需较大投资,但有节约用水、不致使土壤板结、便于耕作等优点。盆栽花卉的浸盆法也属此范畴,将不垫瓦片的种植盆置于有浅水层的床内,可缓慢吸收水分,使盆土保持湿润。在一二年生花卉的大田栽培、切花栽培以及树木种苗培育中,也有很高的利用价值。还可与施肥结合进行,以增加肥料利用率,同时可减少肥害。

灌溉时期及原则　灌溉时期可分为休眠期灌水和生长期灌水两类。休眠期灌水在植物处于相对休眠状态时进行,北方地区常对树木灌"冻水"防寒,一般灌水量较小。生长期灌水是植物生长阶段补充水分的措施,视具体生长阶段而决定灌水量及灌水次数。灌溉应根据土壤及栽培基质、植物生长发育的不同阶段和气候条件而采取相应措施。如基质保水力差者,应增加灌溉频率;保水力强者,可适当减少次数。生长旺盛期多浇水,休眠期少浇水。气候干燥时多浇水,雨水多时少浇甚至不浇水等。灌溉时要考虑水温、水质(尤其是酸碱度)是否适宜,水温太低可形成植株萎蔫,碱性太大必然造成盆栽酸性土植物缺铁。

(包满珠)

光周期(photoperiod)　昼夜相对长度的变化控制植物生长发育的。而植物对昼夜光照与黑暗交替发生反应的现象,则称光周期现象(photoperiodism)。光周期和光周期现象对观赏植物、观赏园艺都很重要,因在观赏植物栽培、应用,尤其是人工控制花期中,需要利用自然规律,掌握生长开花特性,更好地为人们服务。根据不同植物对昼夜相对光照长度的反应,可将植物分为三大类:①短日性植物,在自然条件下多在秋季开花,如菊花、紫苏、一品红、早春开花的草莓等;②长日性植物,这类植物多在春夏季开花,如紫罗兰、金鱼草、矮牵牛等;③日中性植物,它们在任何自然光照下都可开花,即对日照长短无明显反应,如香石竹、月季花等。植物的光周期特性,是由该物种起源地的环境条件,特别是日照条件所决定的。短日植物都起源于热带,而长日植物则发源于高纬度地区。杂交育种及人工选择能在一定范围内改变光周期特性,培育出适应性很广的品种。如矮牵牛目前已是分布很广的园林花卉,许多热带起源的花卉经广泛栽培和多年人工选择,现已成为日中性植物。

植物对日照长短的感受由光敏素(phytochrome)所接收,它有两种构型,在光下转变为红光型(Pr),在黑暗中转变为红外光型(Pfr)。这两种型态比例的变化,记载着日照长短的变化。就开花而言,感受光照长短的是叶片,对于仙人掌类花卉则是绿色的茎,最终反应部位是茎的生长点。光敏素感受光照长短后,促使叶片细胞产生某些信息转移到茎生长点,引起生长点分化的改变。至于 Pfr/Pr 比值的变化如何调控植物体的生理过程,经长期研究,虽假说很多,但至今还不完全清楚。

光周期通过光敏素除控制植物开花外,还能调控种子萌发,茎的伸长与向光性,叶片及叶绿体对光的取向,叶的睡眠运动与脱落、休眠等生理过程。许多木本植物的冬季休眠受光周期调控。如中国红松南移时,由于秋、冬季日照长于其原产地者,不能及时进入休眠,芽易被冻死,是其引种驯化成功的重要限制性因素。

还有些观赏植物的开花习性与光周期、光强度有关,如牵牛花等早晨开花,半支莲等日间开花,晚香玉、紫茉莉傍晚开放而花香亦浓,昙花夜间开花,睡莲日开夜闭,等等。这些现象在花卉应用上很重要,如月见草属花卉,就是夜花园中常用的观赏植物。

(徐 继 谭克辉 凌 靖)

广场绿化(square and circle greening) 对城市各类型广场配植观赏植物改善和美化广场环境的作业。城市广场有交通广场、商业广场、纪念广场、集散广场等类型。

交通广场 在城市道路平交叉口,因车辆过多,常在交叉处扩大成为环形道路,车辆改为同方向单行,免除红绿灯信号,保证了交通安全。在环形路间留出的圆形空地称为"环岛",凡4条道路交汇的环岛,直径应在40～50m,是最常见的交通广场。绿化要点:①为了安全不设人行横道,不许行人进入广场,绿化的装饰性超过功能作用,所以常喻为线状绿化上的明珠。②植物的高度,自圆心向周边逐渐减低,设在周边的灌木或花坛不宜超过1m。③广场地面要铺设草坪,各式花坛要求花色、图案纹样精美,管理周到,代表该城市的面貌。④市中心或人流较多的交通广场可以在其间增设喷泉、水池、雕塑等,丰富立体景观。

商业广场 大型百货商店或商场常在其四周或入口处设广场,有时附设停车场。其绿化要点是:①广场四周要有单行或多行乔木,下设坐椅。②地面大部分用水泥、各色水泥板或条石铺装。花卉可种在边缘的带状花坛或可移动的大型花盆内。广场中部人流多,不设花坛。③广场四周要尽量不设或少设广告牌。

纪念广场 具有宗教和政治意义的建筑物前面,常设有宽阔的广场。古代教堂、庙宇、宫殿、纪念碑或塔的附近均有广场。在一定的周期性集会上人流拥挤,所以这里的绿化具有长期性和临时性的两种。长期性的绿化以提供树荫、减少地面辐射为主,边缘处加些休息设施。临时性的是为了迎接节日或集会,放置大量盆栽花卉,有时还设有以植物材料为主的各种立体小品,加上各式喷泉、水池及彩色灯光等,属装饰性布置,形成华丽的节日气氛。如十月一日的北京天安门广场即是。

集散广场 公共建筑如火车站、航空港、海港等;文化建筑如美术馆、博物馆、文化宫等;公共绿地如公园、风景名胜、文物古迹等,都有大批游人或过客,他们只是在出入口处短暂停留,所以人数众多,但滞留时间短,除一切方便集散的交通设施之外,仍需绿化与美化。一块较大的铺装场地连接着主要出入口,将回车道与人行路分开,其他空地的艺术处理,可以设计与广场相协调的花坛、水池与喷泉或雕塑小品、坐凳或靠椅等。广场外有乔木环绕,但须留出透视线,暴露或衬托主要建筑的出入口。

除此之外,城市高层建筑的入口外面,空间较大,属专用广场,也须用花坛、大花桶、花灌木等加以美化。

(郑秉娟 余树勋)

广东万年青(Chinese evergreen;China green) *Aglaonema modestum*,别名亮丝草。天南星科广东万年青属常绿宿根草本植物。染色体基数 x=8。茎直立,高 40～50cm。叶卵圆形至卵状披针形,基钝,先端渐尖,长 14～25cm,宽 6～9cm。花序由下部鞘内抽出,佛焰苞小,绿色,下部常席卷,上部放开。花单性。产中国西南、华南,印度至马来西亚也有分布。喜温暖、潮湿,半阴或荫蔽环境;

土壤以肥沃、疏松透水,微酸性为宜。不耐寒,越冬最低温度5～8℃。叶面应经常喷水。扦插繁殖,在温度25℃之下,极易生根亦可分株。广东万年青极适应室内环境,可供盆栽赏叶。也可插瓶,能继续生长,经久不凋。为插花良好的配叶。

全属植物约40种,常见的著名室内观叶植物有:爪哇亮丝草(*A. costatum*),茎矮,基部分枝。叶卵圆形,长12～22cm,宽7～11cm,有白色斑点,叶脉白色。花序大,向前伸。原产马来西亚、爪哇等地区。斑叶亮丝草(*A. pictum*),茎矮,多分枝,呈灌木状。叶片长椭圆形,长10～20cm,宽4～5cm,先端尖,深绿色,有不规则的亮绿或灰白色的斑纹。产马来西亚、爪哇等地区。黄斑亮丝草(*A. pseudo-bracteatum*),茎白色,有绿纹,具分枝。叶长圆形,端渐尖,基部钝,稍歪斜,绿色,有不规则的黄褐色斑纹,近主脉有白斑及小白点。佛焰花绿白色。原产马来西亚。以上三种亮丝草,越冬适温应不低于18℃。

(吴应祥)

龟背竹(monstera) *Monstera deliciosa*,别名蓬莱蕉。天南星科龟背竹属多年生常绿藤本植物。染色体数 2n=2x=24。茎长达 10m 以上，上面有褐色细柱状气生根。幼叶无孔，随着植株长大，叶主脉两侧出现椭圆形的穿孔，叶周边羽状分裂，形似龟背；成熟的叶片长达 60cm，呈椭圆形，深绿色、革质。佛焰苞淡黄色，肉穗花序白色。花期 4～6 月。浆果淡黄色，具菠萝味，可食用。变种有斑叶龟背竹（*M. deliciosa* var. *variegata*），叶面有白色或奶油黄色不规则的斑块。原产墨西哥、美洲热带雨林中，喜温暖、湿润。在 20～25℃时生长最好，最低温度不得低于 5℃；空气湿度以 60%～70%最宜。光照时间越长，叶片生长越大，裂口越多，但忌夏日阳光直晒，在强光照下易发生焦叶现象。龟背竹耐阴，在暗光下数月也能生长。扦插法繁殖。将老株剪成若干带有 2 个节的茎段，长约 10cm 左右，去掉茎上的气生根和叶片，插入 2～3cm 深的砂土中，然后浇透水，上盖塑料薄膜，置于阴处，保持 25℃左右温度，14～30 天生根，当长出新芽时即可上盆。盆土宜用肥沃而排水良好的混合土。5～9 月份为旺盛生长季节，要保持土壤湿润。每年 4 月换盆一次。夏日干热天气可向叶面喷水。冬季应减少供水。冬季室温保持 13～18℃。龟背竹为大型观叶植物，适作大盆栽或大型图腾柱，用于厅堂和会场。夏季置于庭院、池畔、石旁也很清幽雅致。

同属常见观赏的有'斜叶'龟背竹（*M. obliqua* cv. Leichtlinii），长势较弱。茎扁平，叶柄长 16cm 左右。叶缘完整，叶片上有大小不等的圆孔。株形弱小。用作中、小型盆栽。

（杨忠英）

鬼脚掌（queen agave） *Agave victoriae-reginae*，龙舌兰科龙舌兰属多浆植物。染色体数 2n=60。无主茎，基生莲座状叶丛，株幅 40cm。叶数量多。叶先端细，三棱形，腹面扁平，背面圆形微呈龙骨状凸起。叶长 10～15cm，宽 5cm，尖端有短硬刺，有时在刺的两侧各有一根短刺。叶绿色，有不规则的白线条，叶缘和叶背龙骨状凸起均为角质，呈白色，中心几片幼叶并在一起成圆锥状。30 年左右的植株才能开花，花序高达 4m，松散穗状花序，小花淡绿色，长 6cm，花后植株枯死。原产墨西哥，当地海拔较高，阳光强烈，气候干旱。性强健，喜阳光充足，十分耐旱。不易繁殖。可播种繁殖。但一般采用分株繁殖，在换盆时掰取分蘖长出的幼株单独上盆栽植。要求排水良好的砂壤土，可用壤土、腐叶土、粗砂各等份，另加少量石灰质材料混合配成。放室内阳光充足处栽培，

夏季稍遮荫，生长期间可酌情浇水，冬季保持盆土稍干燥，室内温度保持 5～8℃以上。应经常保持叶面清洁，可定期喷水洗叶。盆栽用盆不宜过大。叶片排列紧凑，叶色浓绿，上面有不规则的白色纵线，甚为美丽。系为多肉植物中的观叶佳品。

同属植物约 300 种，习见栽培的有：雷神（*A. potatorum* var. *perschaffeltii*），小型种。基生莲座状叶丛，叶倒卵状匙形，长 20～25cm，宽 9～11cm，基部狭而厚，叶灰白色或淡青色，叶端急尖，有尖刺，叶缘有浅波状齿。花序 3.7m 高，花黄绿色。金边龙舌兰（*A. americana* var. *marginata*），叶缘具金黄色条带，叶中间绿色。金心龙舌兰（*A. americana* cv. Medio-picta），叶中间黄色或黄色中间有细的绿色条纹，叶缘绿色。剑麻（*A. sisalana*），叶排列成莲座状，叶质硬，剑形，长 1.1～1.8m，宽 7～7.5cm，厚 3.5～4.5cm，灰绿色。花序高 6～7m，花绿色。

（徐民生）

桂花（sweet osmanthus） *Osmanthus fragrans*，别名木犀、九里香、岩桂。木犀科木犀属常绿灌木或小乔木。染色体数 2n=46。

栽培历史　桂花是中国传统名花之一，栽培历史在 2000 年以上。有关桂花的记载，最早见于屈原的《楚词·九歌》，"援北斗兮酌桂浆"，说明战国时期已用桂花浸酒。晋代葛洪《西京杂记》记载，"汉初修上林苑，群臣远方各献名果异树，有榈桂十株"，这说明汉初桂花已作为异树栽培于关中。唐、宋以来，诗人墨客对桂花多有赞咏。可见当时桂花已广植在庭园供欣赏。至元、明、清，桂花的栽培、应用更广，逐渐形成了现在的苏州光福、湖北咸宁柏墩、杭州满觉垅、桂林阳朔和四川新都桂湖等五大桂花产区。

形态特征　高达 15m，树冠卵圆形。树皮粗糙，灰褐色或灰白色；芽绿色或暗紫红色，多为 2～4 个叠生；当年生枝上单芽多为花芽，叠生芽远轴的 1 个为叶芽，其余为花芽。叶对生，椭圆形、卵形至披针形，长 4～12cm，全缘或上半部疏生细锯齿。花簇生叶腋或聚伞状；花小，黄白色，极芳香，花冠长 3～4.5mm；花期 9～10 月。核果椭圆形，暗紫兰色；果期翌年 4～5 月。

变种与品种　桂花变种和品种较多，一般分为 4 个组：①金桂组（var. *thunbergii*），叶椭圆形、卵形或倒卵形，花淡黄色至深黄色，香气浓，如'大叶金桂'、'小叶金桂'等品种；②银桂组（var. *latifolius*），叶较小，长椭圆形、卵形、倒卵形或披针形，花近白色或淡黄色，香气浓，如'早银桂'、'晚银桂'等品种；③丹桂组（f. *aurantiacus*），叶较小，披针形或椭圆形，花橙黄色或橙红色，香气较淡，如'硬叶丹桂'、'软叶丹桂'等品种；④四季桂组（cv. Semperflorens），叶较小，椭圆形、卵形至披针形，花近白色或黄色，一年之内花开数次，香气淡，如

'四季桂'、'月月桂'等品种。

产地与分布　桂花产中国西南部，四川、云南、广西、广东和湖北等地均有野生，印度、尼泊尔、柬埔寨也有分布。现中国淮河流域至黄河下游以南各地普遍地栽；以北则多行盆栽。桂花在日本及印度也有栽培；欧洲一些国家18世纪以来，也相继引种。

习性　喜光，幼苗期要求有一定的庇荫；喜温暖和通风良好的环境，不耐寒；适生土层深厚、排水良好、富含腐殖质的偏酸性砂质壤土，忌碱地和积水。中国长江流域一带，桂花每年2月下旬～3月上旬开始抽发新梢。以5～15cm长的枝条着花最多。花芽多着生在花枝顶节及其附近节位，自顶芽向下6节以外很少着花。当年生枝着花最多，3年生以上的枝条着花量极少。桂花通常开两次花，前后相隔半月左右。花期常受气温和湿度的影响，秋季湿润，气温偏低时，花期较早；如遇高温干燥天气，则花期相应延迟。树体强健，200～300年生植株，仍有一定的产花量，树龄可达千年以上(如福建武夷山的宋桂树龄在800年左右，陕西汉中的汉桂树龄达1840±350年)。

繁殖栽培　桂花的繁殖，可采用播种、压条、嫁接和扦插等方法。①播种：当果皮由绿色变为紫兰色时，即可采收。采收后清除果肉，阴干种子，混沙贮藏。当年10月秋播或翌年春播。多行条播，播后盖草保湿并搭棚遮荫。播种苗始花期较晚，且不易保持品种原有性状，常用作嫁接优良品种的砧木。②压条：地面压条和高压皆可，一般只用于繁殖良种。③嫁接：嫁接是繁殖桂花苗木最常用的方法。多用女贞(*Ligustrum lucidum*)、小叶女贞(*L. quihoui*)、小蜡(*L. sinense*)、水蜡(*L. obtusifolium*)、流苏(*Chionanthus retusus*)和白蜡(*Fraxinux chinensis*)等作砧木行靠接或切接；但常存在接穗与砧木之间生长不够协调的现象，以桂花实生苗作砧较为理想。④扦插：多在6月中旬～8月下旬进行嫩枝扦插。一般选20～30年生健壮植株，剪取其树冠中上部、向阳的当年生半木质化枝作插穗，插后遮荫并保持湿润，成活率可达90%以上。

桂花大致以南岭至秦岭为适宜栽培地区。桂花移植常在秋季花后或春季进行，也可在梅雨季节移栽，但忌冬季移植。大苗定植需带土球，种植穴要深大，多施基肥。盆栽桂花，夏季可置庭院阳光之下，不需遮荫，冬季在一般室内即可安全越冬。盆栽能有效控制开花的时间，如于8月10日将桂花移入最高温度26℃、最低温度13℃的室内，持续40天，9月20日取出，可保证在国庆节开花。桂花主要病虫害有介壳虫、红蜘蛛和镰刀菌等，需及时防治。

育种　桂花尚存在花期短，花色单调，花型简单，单花纤小及对不良环境条件反应比较敏感等不足。育种的任务在于培育出花期匀散、花色丰富、花型多样且是大花的桂花品种；并要求抗逆性强，尤其在耐寒性和耐湿性方面要有提高。目前应广泛搜集桂花野生种质资源，开展有关人工杂交、实生选优及多倍体育种等方面的试验研究，以期使桂花的育种工作取得突破性的进展。

园林应用　桂花枝叶繁茂，终年常绿，花期正值仲秋，香飘数里，有"独占三秋压群芳"的美誉，在园林中应用极为普遍，常作孤植、对植，也可成丛成片栽种。花是食品加工业的重要原料；花的浸膏和净油可用于制造高级化妆品；花、果、根等均可入药。

同属植物约40种，产亚洲东南部及北美，中国约产27种，园林中常见栽培的还有：柊树(*O. heterophyllus*)，叶卵形至长椭圆形，长3～6cm，全缘或每侧具1～4刺状齿；花色纯白，有清香；果实卵形，蓝黑色。产中国台湾，日本也有分布。有金边、银边、黄边等园艺变种。

(杨康民)

桂圆花 (paniculate spotflower) *Spilanthes oleracea*

Spilanthes oleracea，别名千目菊。菊科金钮扣属一年生草本植物。株高30～50cm，多分枝。叶暗紫绿色、对生，广卵圆形，边缘微有锯齿。头状花序圆形至长椭圆形，由两性的筒状花组成，无舌状花，花绿黄色，花序顶端中央为褐色，花期7～10月。种子轻而薄。原产亚洲热带。性喜阳，宜温暖湿润环境，不耐寒，亦不耐旱，不择土壤。3～4月播种，60天后可开花，花序下垂时采收种子。适用于花坛、花径及盆栽观赏。叶可作蔬菜生食。

(虞佩珍)

桂竹香 (common wallflower) *Cheiranthus cheiri*

Cheiranthus cheiri，别名香紫罗兰、黄紫罗兰、华尔花。十字花科桂竹香属多年生草本植物，常作二年生栽培。株高30～60cm，茎直立，多分枝，基部半木质化。叶互生，披针形，先端急尖，全缘。总状花序顶生，花径2.0～2.5cm，花瓣4，近圆形，具长爪，花色橙黄或黄褐色，具香气。花期4月。果实长角形，种子千粒重约2.43g。原产南欧，现各地均有栽培。耐寒，喜阳，宜冷凉干燥的气候和疏松肥沃、排水良好的土壤，畏涝忌热。用播种或扦插法繁殖，于9月上旬播于露地苗床，发芽迅速整齐，10月下旬移植一次。重瓣种用扦插法繁殖，选生长旺盛未木质化的当年生枝条，于夏秋季插于沙床，易生根。长江流域于11月份定植园田，

可露地越冬;北方地区需温室或冷床越冬。移植宜早,起苗时需带土坨,株行距 30cm 左右。生长季节应控制水分,适当修剪和追肥。花后剪除残花,追肥、浇水,至 9 月份可二次开花。桂竹香为优良的早春花坛、花境材料,也可盆栽观赏。

(金 波)

国花 (national flower)

被选作一国表征的花卉(树木)。国花(国树)用来反映该国人民对该一种或几种花卉(树木)的传统爱好和民族感情。

各国人民对于国花,各有其不同的选择标准与侧重点。在各国现有国花中,就可看出这种反映。如巴西的国花是卡特兰,埃及是浅蓝睡莲,这两种花卉都是他们国家原产的传统名花。荷兰的国花是郁金香,日本以菊花为其国花之一,这两种名花虽非该国原产,却已引入多年,久经栽培,并精心培育出大量佳品。有的选上了本国人士最熟悉并热爱的当地野花,如英国的狗蔷薇、德国的矢车菊等。有的选用本国原产之最常见的花卉作国花,如尼泊尔的树杜鹃、澳大利亚的金合欢等。有的选上有特殊经济价值的植物作国花(树),如希腊等的油橄榄、前苏联的向日葵。还有的国家用其所产一种或几种树木,作为全国之表征。这样,就从国花发展成为国树,如加拿大的糖槭、希腊和以色列的油橄榄等。

国花虽然不写入宪法,却受到各国人民的重视。人们对于国花,大都怀着一种特殊的感情。国花起着鼓舞人们热爱祖国、热爱家乡、热爱自然、热爱园林绿化、尊重并发展传统文化、保护本国花卉种质资源,增强民族凝聚力以及调动多方积极性等良好作用。因此,国花虽基本不具政治法律性,却是集中反映人民文化传统与爱好的重要象征和纽带。

正因国花的反映传统文化性质,她正是人民长期文明、习俗、爱好、传说等多方积累的集中表现。在广大群众心目中,国花就是祖国的代表。国花和一国的传统文化艺术、历史、宗教、习俗等有着更多的关联。所以,国花具有高度的群众性和文化传统特性。

国花可通过不同途径而产生。有沿用传统或民间公认的花卉,约定俗成;或由公众评选,政府确认;或由宗教界推荐,群众认可;或由群众公开评选,统一公布结果。但不论由何种方式产生,都应充分尊重民间传统,高度发扬民主,调动多方积极性,加强团结,反复协商,以评选出最佳结果。

当今世界已有 100 多个国家确定了他们的国花,世界部分国家国花(树)名称及学名一览表见书末附录 2。应当说,一国用一种或几种花(树)作为她的表征,确实是自 18 世纪以来全球性的优良传统之一。当然,由于国花之政治、法律性不强,因此也有些国家的某些国花并不那么肯定。不同书刊上彼此常有出入,其致因即在于此。

参考书目

妻鹿加年雄:《世界の国花》,保育社,日本大阪、东京,1990。
吴涤新:《花卉应用与设计》,中国农业出版社,北京,1994。

(陈俊愉)

国际栽培植物命名法规 (International Code of Nomenclature for Cultivated Plants)

简称《栽培法规》(Cultivated Code)或缩写为 ICNCP。最初由伦敦第 13 届国际园艺学大会制定,1953 年出版;后经国际栽培植物命名委员会(The International Commission for the Nomenclature of Cultivated Plants)4 次修订出版。现行的 1980 年版包括以下几部分:总论和指导原则,类级及其表示法,栽培品种名称的构成,栽培品种名称的发表和使用,栽培品种的登记,法规的修订,附录。《栽培法规》旨在促进农业、林业和园艺中的栽培品种(cultivated variety 或 cultivar)命名的一致性、准确性和稳定性。它在国际上被广泛接受,作为制定和使用栽培品种名称的依据。该法规的主要内容,可以概括如下:

栽培品种简称品种,系指根据某些特征可以清楚识别,而且通过有性或营养繁殖仍保持其识别特征的栽培植物集合体。这里所说的特征可以是形态、生理、细胞、化学或其他方面的。品种是本法规所承认的最低命名等级,它与植物学变种(botanical variety 或 *varietas*)的概念不同。品种因繁殖方法不同而有多种类型,可以是克隆、有性系、异交品种和一般在生产上只利用一代的杂交种(包括单交种、双交种、三交种、顶交种和品种间杂种),等等。

品种全名由种名和品种名两部分组成。种名可用拉丁学名(一般包括属名和种加词,用斜体字排印)表示,也可以用任何现代语言的普通名表示。品种名不用斜体字排印;除在规定的某些情况下可沿用拉丁语形式的名称外,必须采用现代语言;如用有大小写字母的文字表示品种名,则每个词的首字母要大写(习惯上不大写的介词等除外)。一般的写法是种名在前,品种名随后,品种名前加 cv.(cultivar 的缩写)或外加单引号(如 *Syringa vulgaris* cv. Mont Blanc、*Syringa vulgaris* 'Mont Blanc'、lilac cv. Mont Blanc、lilac 'Mont Blanc')。也可将品种名加单引号放在普通名称之前(如'Mont Blanc' lilac);如不致混淆,也可不加单引号(如 Mont Blanc lilac)。如果单独使用品种名,可按以上办法处理(如'Mont Blanc'、Mont Blanc、cv. Mont Blanc)。品种名最好保持原来的语言形式不变(如在中文文献中写作'Mont Blanc'欧洲丁香);但也可意译、音译(如'勃朗峰'欧洲丁香)或用不同书写符号转写(如英文的拉丁字母和俄文的西里尔字母之间、汉字和汉语拼音之间的转写)。

栽培植物命名的三个主要等级是属、种和品种。辅助等级有植物分类学上属和种之间的亚属、组、系以及种下的亚种、变种、变型等。属、种、杂交种和上述辅助等级的拉丁名称及杂交公式须符合《国际植物命名法规》(*International Code of Botanical Nomenclature*)的规定。嫁接嵌合体的拉丁名称或公式,以现代语言表示的杂交种集体加词和另外一个介于种和品种之间的辅助等级——品种群(group)的名称,须符合《栽培植物命名法规》的规定。各辅助等级的名称,只在必要时才出现于栽培植物全名中。《栽培法规》对属和种的普通名称不作规定,但要求只有含义明确者才能与品种名连用。

1959年1月1日及其以后发表的品种名的构成不得超过三个词,不得采用可能导致混淆的其他植物拉丁属名或属、种的普通名称,要避免使用缩写、数字或字母系列和夸大品种特性、容易失去准确性、泛指的或易与现有品种名混淆的词语。栽培植物本身的普通名称,也不宜用作品种名的一部分。

按照《栽培法规》有关规定构成的品种名,在公开发行或散发的专业性印刷品或类似复制品上发表,即被认为合格发表;但1959年1月1日及其以后的印刷品和复制品,必须标明出版年份,附有品种性状描述或指明以前作为品种或其他分类单位描述的文献出处。符合《栽培法规》规定的品种名,经过合格发表或1959年1月1日以前由登记机构登记过,即为合法名称。通过法律程序确立的品种名亦为合法名称。所指品种过去和现在实际上并不存在者,不能成为合法名称。

如果某一品种有几个合法名称,一般按发表优先权和原则,从中选取发表日期最早的作为栽培品种的正确名称(但日期早于合格发表起点的不在选取范围之内),其余的为合法异名。合格发表的起点,可以是由国际登记机构指定的名录,或由国际栽培植物命名委员会与有关组织协商后选定的出版物的发表日期。在没有上述出版物的情况下,以菲利普·米勒(Philip Miller)所著《园丁词典》(*The Gardeners Dictionary*)第6版的出版日期(1752年)为起点。由于某一品种名不便在商业上应用等原因,而在特定范围内使用的替代名称,叫作商业异名。

如在一个或几个相近的分类单位内,不同的品种使用同一品种名会造成混淆,则这样的分类单位或分类单位集合体叫作品种类级(cultivar class)。它可以相当于一个或几个属、种、亚种或品种群等。在品种类级内出现同名现象时,要由登记机构根据合格发表日期或常用程度,选定一个品种合法使用该名称。

品种登记对于保持命名的稳定性极为重要(见**观赏植物栽培品种登记**)。

《栽培法规》中还有许多规定细节、实例、例外和建议等,在实际应用时,可查阅原文各条款,并注意今后的修订情况,随时以最新版本为准。

参考书目

靳晓白:《国际栽培植物命名法规》解说,载《植物引种驯化集刊》第7集,科学出版社,北京,1991。

布里克尔等编,袁以苇、许定发译:国际栽培植物命名法规(1980),见《南京中山植物园研究论文集》,江苏科学技术出版社,南京,1987。(C. D. Brickell et al. (ed.), *International Code of Nomenclature for Cultivated Plants*, Regnum Vegetabile, 104. Utrecht, 1980.)

(靳晓白)

果子蔓(guzmana) *Guzmania lingulata*,别名红杯凤梨、姑氏凤梨等。凤梨科擎凤梨属多年生草本植物。高约30cm,莲座状叶丛生于短缩茎上,叶长达40cm,宽约4cm,弓状生长,叶面平滑、全缘、亮绿色。总花梗不分支,挺立于叶丛中央,周围为鲜红色苞片,小苞片长6cm,三角形。晚春至初夏开花(广州),浅黄色,每朵花开2~3天,观赏期可达数月之久。芽插繁殖。栽培品种有'小擎凤梨'(cv. Minor),花橘红色,苞片猩红色,色艳而耐久。产于热带美洲。同属植物约120余种,栽培品种较多,华南地区于20世纪80年代引入的有火轮凤梨(*Guzmania* × *magnifia*),别名庭萝花等。本品种系红花品种(cv. Cardinalis)与'小擎凤梨'的杂交种。株形较矮小,叶质薄软,总花梗短,苞片艳红色,革质,小花白色。

(张应麟)

H

海红豆（coral wood; sandal beadtree）

Adenanthera pavonina，别名孔雀豆、红豆、相思豆。含羞草科海红豆属落叶乔木。染色体数 2n＝26, 28, 64。高约 30m，树皮灰褐色，细鳞状剥落，2 回羽状复叶，羽片 4～12 对，每羽片有小叶 8～14 枚，小叶卵形，两面密生短柔毛。圆锥状总状花序，花小，白色或淡黄色，有香气，花期 5～6 月。荚果条形，革质，开裂时弯曲旋卷，种子鲜红色，有光泽，8～10 月果熟。原产印度、马来亚和爪哇，中国海南、广东、广西、云南、贵州和台湾等地有栽培。播种繁殖。本种树冠宽阔，果形奇特，种子鲜红色、圆润艳丽，可供玩赏，称为"红豆"，在中国南方寺院中常用以制作念珠。适于在园林绿地种植或作行道树。

（黄广宾）

海榄雌（black-mangrove; coastal avicennia）

Avicennia marina，别名咸水矮让木、海豆，马鞭草科海榄雌属常绿灌木或小乔木。染色体数 2n＝36。高 1.5 ～ 8m，胸径 60cm。枝具隆起条纹，小枝四方形。叶对生，卵形至倒卵形，椭圆形，长 2～7cm，全缘。头状聚伞花序；花小，径约 5mm，花冠黄褐色；花果期 7～10 月。蒴果近球形，灰黄色。产中国福建、台湾、广东等地，非洲东部至印度、马来西亚、菲律宾、澳大利亚、新西兰也有分布。多生海边和盐沼地带，是红树林的组成树种之一。喜温暖湿润气候，耐盐碱水湿。播种繁殖。海榄雌是热带、亚热带地区海滨绿化美化的良好树种，可与红树林一起形成海岸风光。

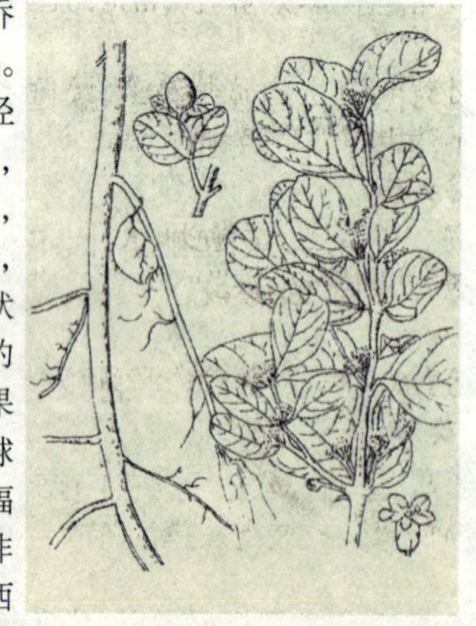

（包满珠）

海杧果（common cerberustree）

Cerbera manghas，别名牛心荔、黄金茄等。夹竹桃科海杧果属常绿小乔木。染色体数 2n＝46, 40。高 4～8m，有乳汁。枝粗壮，具明显叶痕；叶互生，倒卵状披针形或倒卵状矩圆形，长 6～37cm。聚伞花序顶生；花白色，喉部红色，径约 5cm，花期 3～10 月。核果，椭圆形或卵圆形，橙黄色，果期 11 月至翌年春季。产中国广东、广西、台湾、海南等地，澳大利亚和亚洲热带地区也有分布。喜温暖湿润气候。播种繁殖。本种叶大花多，姿态优美，适于庭园栽培观赏或用于海岸防潮。果实有毒。

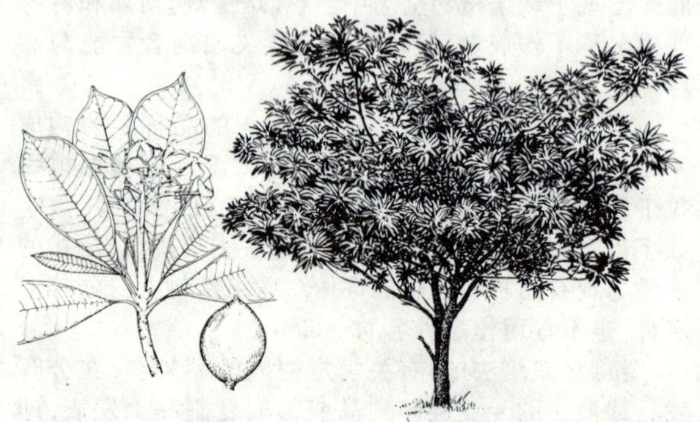

（包满珠）

海南玫瑰木（Hainan rhodamnia）

Rhodamnia dumetorum var. *hainanensis*，桃金娘科玫瑰木属常绿灌木或小乔木。高达 8m。叶对生，椭圆形或阔椭圆形，长 3.5 ～ 10cm，全缘，基出脉 3 条直达叶端。聚伞花序腋生，有花 1～3 朵；花瓣 4，白色；花期 6～7 月。浆果近球形，具宿存萼片。产中国海南，多生低海拔至中海拔山地疏林中或灌丛中。播种繁殖。本种树形凝重，枝叶茂密，叶形秀美，花色洁丽，为优良庭园观赏植物，可群植、列植或作花坛、花径栽植。

（王才明）

海石竹（thift; sea pink）

Armeria maritima，蓝雪科矶松属常绿多年生草本植物。染色体数 2n＝

114 珙桐　　　　王飞罡摄

115 银杉　　　　郎楷永摄

116 银杏　杨乃琴摄

118 水杉　　惠云摄

117 苏铁　　　　金　波摄

119 鹅掌楸　　　　熊济华摄

120 红松（局部） 惠云摄

121 红松(左)，油松(右)
李惠云摄

122 油松（局部） 惠云摄

123 罗汉松
毛宗国摄

124 雪松 佐莲摄

126 青杆（局部） 佐莲摄

125 雪松（局部）佐莲摄

127 青杆 佐莲摄

128 华山松　　余树勋摄

129 黄山松　　包志毅摄

130 白皮松（局部）　　惠云摄

131 白皮松　　金　波摄

132 辽东冷杉　　佐莲摄

133 辽东冷杉（局部）佐莲摄

134 红皮云杉　　惠云摄

135 红皮云杉（局部）惠云摄

136 玉兰　　李惠云摄

137 紫玉兰　　熊济华摄

138 二乔玉兰　　阎 捷摄

139 东京樱花（左）　李惠云摄

142 龙柏　金 波摄

143 圆柱桧　晓 晨摄

140 大山樱　　惠云摄

141 樱花　　金 波摄

145 垂柳　　包志毅摄

146 绦柳　　惠云摄

144 馒头柳　　金　波摄

148 刺槐　　惠云摄

150 毛白杨　　金　波摄

147 槐　　李万江摄

149 龙爪槐　　余树勋摄

151 文冠果 马 勋摄

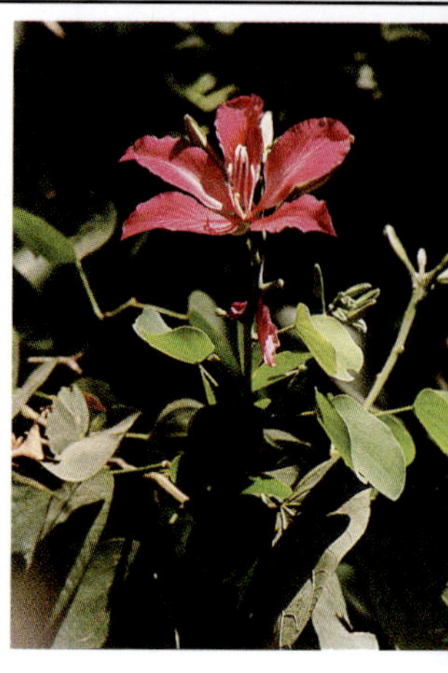

155 羊蹄甲 金 波摄

152 木棉 金 波摄

156 榕树 牟礼忠摄

153 木棉（局部） 黎维馨摄

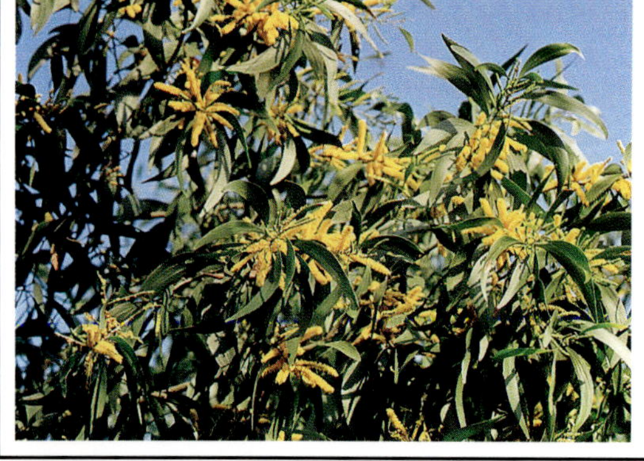

154 台湾相思树 金 波摄

157 柠檬桉 乡 华摄

158 香樟 包志毅摄

162 合欢 金 波摄

159 白鹃梅 余树勋摄

163 龙爪枣 金 波摄

160 一球悬铃木 佐莲摄

165 兰考泡桐（局部） 金 波摄

164 兰考泡桐 周忠樑摄

161 一球悬铃木（局部） 佐莲摄

166 ‘珠粉垂枝’桃　　陈俊愉摄

169 ‘二色’桃　　张秀英摄

167 ‘白花’山桃　　惠云摄

170 ‘菊花碧’桃　　余树勋摄

171 ‘五宝’桃　　张秀英摄

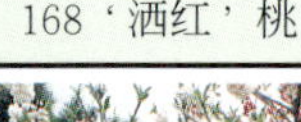

168 ‘洒红’桃　　陈俊愉摄

172 ‘白碧’桃　　张秀英摄

18。植株丛生，高15～30cm。叶基生，狭条形。花葶圆柱形，球形头状花序单个顶生，径约2.5cm。5瓣，基部连合，粉红、玫红、淡紫或白色。为多型种，视产地不同而有变异。花期夏秋。有红、白、深桃红、大球及冬季叶变黄色等品种。原产欧洲中南部。喜排水良好，向阳环境，耐寒性不甚强。喜砂壤土和腐叶土混合的培养土。分株繁殖，也可播种。丛生性强，适于花境及岩石园应用，也可作镶边植物。　　（王大钧）

海索草（hyssop）　*Hyssopus officinalis*，唇形科海索草属多年生常绿亚灌木。染色体数 $2n=12$。株高25～50cm。方茎直立，下部木质化。叶对生，长椭圆形或条形，顶生穗状，花萼钟形，二唇花冠直筒形，花蓝色或蓝紫色，花期6～9月。原产南欧及亚洲中部干旱地区，喜温暖、向阳及排水良好的砂质、石灰质土壤。播种、分株或扦插法繁殖。用于岩石园、宿根花坛或丛植、片植观赏。　　（张　燕）

海棠类（crabapples）　*Malus* spp. et cvs.，蔷薇科苹果属落叶乔木。种类、品种及杂种甚多，染色体数多为 $2n=2x=34$。海棠果、锡金海棠（*M. sikkimensis*）为 $2n=3x=51$；湖北海棠、变叶海棠（*M. toringoidesi*）为 $2n=3x,4x=51,68$；沙金海棠（*M. sargentii*）为 $2n=2x,3x,4x=34,51,68$；三叶海棠（*M. sieboldii*）为 $2n=2x,3x,4x,5x=34,51,68,85$。苹果属植物全世界共37种，中国产20余种。不少海棠自古以来就是人们喜爱的花木。如中国唐代宰相贾耽著《百花谱》，称海棠为“花中神仙”。北宋苏轼（1037～1101）在“海棠诗”中有：“只恐夜深花睡去，故烧高烛照红妆”。明代王象晋在《群芳谱》中列举了垂丝海棠、西府海棠等。自古四川、云南即以海棠而闻名。宋代沈立《海棠百咏》开篇即曰：“岷蜀地千里，海棠花独妍；万株佳丽国，二月艳阳天”。清代以来，北京栽种海棠花甚多，而恭王府、颐和园和故宫御花园等处最盛。1780年前，中国的海棠花已传入北美。美国原产的狭叶海棠（*M. ioensis*），1885年起才有栽培。后经欧美国家逐步培育出大量观赏海棠新品种，1977年仅美国品种已达400～600个。

海棠花（*M. spectabilis*）树姿峭立，树皮灰褐色。叶椭圆，表面亮绿。花4～8朵簇生，花期4～5月，花未开时红色，开后渐变粉色，多复瓣，亦有单瓣者。果近球形，黄绿色，萼片宿存。果熟期8～9月。

常用品种有三：①‘重瓣白’海棠（*M. spectabilis* cv. Albiplena），花重瓣，白色。②‘重瓣红’海棠（*M. spectabilis* cv. Riversii），亦称西府海棠，叶片与花瓣均较原种为大，花粉红色，花瓣9～12；果绿色。③‘亮红’海棠（*M. spectaliis* cv. Van Eseltinei），花呈鲜玫瑰

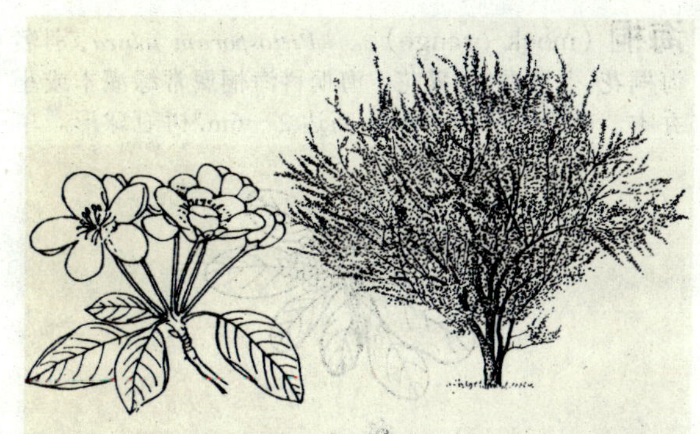

红色，花瓣13～19。

原产中国，分布于河北、河南、陕西、甘肃、山东、江苏、浙江、云南及四川等地。喜阳，不耐阴；对寒冷及干旱适应性强，但不耐水涝；喜深厚、肥沃及疏松土壤，对盐碱土有一定适应能力，也适沙滩地栽培。在中国开花期自2月下旬至5月上旬，一地花期在10天以上。

繁殖以嫁接为主。砧木多用海棠果（秋子，*M. prunifolia*）或山荆子（*M. baccata*）。耐粗放栽培，适应性较强。栽培中只需适当灌溉、施肥和整形修剪等，即可生长发育良好。海棠花育种目标主要是花繁色艳，重瓣性强。约自本世纪初起，欧美大力加强海棠育种，除提高观赏品质外，还注意既观花又观果和提高抗病力，方法以种间杂交为主。近百年来，取得了很大成绩。如中国由美国引种栽培成功的‘钻石’海棠（*Malus* cv. Sparkler）、‘红玉’海棠（cv. Red Jade）、‘凯尔斯’海棠（cv. Kelsey）、‘宝石’海棠（cv. Jewelberry）、‘道格’海棠（cv. Dolgo）、‘火焰’海棠（cv. Flame）、‘霍巴’海棠（cv. Hopa）等，均为远缘杂交种，花果俱美。

主要病虫害有：①海棠锈病，由山田胶锈菌（*Gymnosporangium yamadai*）和梨胶锈菌（*G. haraeanum*）引起，夏季寄生在海棠花的叶片、嫩枝与果实上，北京地区4、5月份是侵染盛期，雨后要及时喷布波尔多液或粉锈宁。②腐烂病（*Cytospora* sp.），为害树干及枝梢，重者致死。可通过合理整枝、伤口涂波尔多液或喷射石硫合剂防治。③蚜虫，主要为绣线菊蚜（*Aphis citricola*）等，可用杀螟硫磷或乐果防治。④山楂叶螨（*Tetranychus viennensis*），用三氯杀螨醇防治。

园林应用：地势较高、背风向阳处，均可栽植海棠花，用来美化园林、绿地、街道、厂矿、庭院及风景区等。可孤植、丛植、行植及群植，也可盆栽观赏。

同属主要种有：垂丝海棠（*M. halliana*），花梗细长而下垂，其‘重瓣’海棠（cv. Parkmanii）尤美。还有小果海棠（西府海棠 *M. micromalus*，系 *M. spectabilis* × *M. baccata* 而来）、裂叶海棠（*M. sieboldii*）、海棠果（秋子 *M. prunifolia*）、山荆子（*M. baccata*）、湖北海棠（*M. hupehensis*）、河南海棠（*M. honanensis*）等。　　（陈俊愉　李伯中）

海桐(mock orange) *Pittosporum tobira*,别名海桐花、七里香、山攀花。海桐科海桐属常绿灌木或小乔木。染色体数 2n=24。高达 2~6m,树冠球形。单

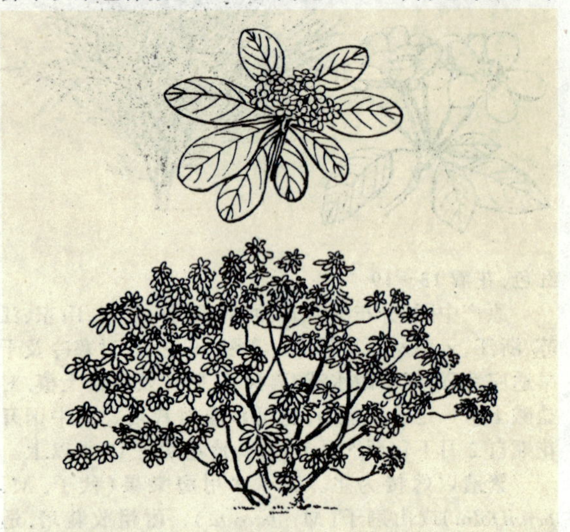

叶互生,有时枝顶常为轮生,革质,倒卵形,长 5~12cm。顶生伞房花序,花白色或淡黄绿色,径约 1cm,具香气,花期 5 月。蒴果近球形,9~10 月果熟。种子鲜红色。品种有银边海桐(cv. Variegatum),叶缘具白斑。产中国江苏、浙江、福建、广东、台湾等地,朝鲜半岛、日本也有分布。喜光,略耐阴;喜温暖湿润气候和肥沃湿润土壤;有一定抗寒、抗旱能力,耐轻微盐碱,能抗风防潮。萌芽力强,耐修剪。播种繁殖为主,也可扦插繁殖。移植应带土球。如欲培养海桐球,应自幼截干,促发侧枝,随时注意整形修剪。惟易遭介壳虫为害,应注意防治。华北各地盆栽,冬季应置 0℃ 以上室内。树冠球形,枝叶繁茂,叶色浓绿而有光泽,经冬不凋。花洁白芳香,秋果开裂种子鲜红。通常作基础种植及绿篱材料,或孤植、丛植、列植于草地边缘,也可修剪成圆球形,植于花坛、树坛、假山石旁;因能抗风防潮,为南方海岸防风潮树种之一;对二氧化硫、氯气、氟化氢等有较强的抗性,为工矿区优良园林绿化树种之一。

同属可栽培观赏的树种还有:光叶海桐(*P. glabratum*),常绿灌木,叶窄矩圆形至倒披针形,花苍黄色,果椭圆形,产中国广东、广西、海南、贵州、湖南等地。崖花海桐(*P. illicioides*),别名海金子。常绿灌木,叶倒卵状披针形或倒披针形,果近圆球形。产中国福建、台湾、浙江、江苏、江西、安徽、湖北、湖南、贵州、四川、甘肃等地,日本也有。台湾海桐(*P. pentandrum* var. *hainanense*),灌木或小乔木。小枝褐色有毛,叶倒卵形或矩圆状倒卵形,长达 9cm。花小,淡黄色,芳香,呈顶生圆锥花序。蒴果扁球形。产中国台湾、广东、海南等地,菲律宾、越南也有分布。 (鲁涤非)

海芋(giant alocasia) *Alocasia macrorhiza*,天南星科海芋属多年生草本植物。染色体数 2n=2x=26。茎粗壮,高可达 3m,叶聚生茎顶,叶片卵状戟形,长 15~90cm,花梗长 10~30cm,佛焰苞全长 10~20cm,下部筒状,上部稍弯曲呈舟形,肉穗花序稍短于佛焰苞,雌花在下部,雄花在上部。产中国华南、西南及台湾,东南亚也有分布。喜温暖、潮湿和半阴环境。生长适温 20~25℃,越冬温度 10~15℃。夏季盆栽需遮半阴。用一般园土加泥炭土、砂或草皮土和腐叶土栽培。用分株、扦插和播种法繁殖。

分株,即分离母株萌生的分蘖。扦插,取其茎干,每 10cm 左右一段,插于疏松基质,生根发芽后移植。野生海芋常结有种子,采后即播,在 25℃ 左右发芽。海芋是大型观叶植物,宜用大盆或木桶栽培,适于布置大型厅堂或室内花园,也可栽于热带植物温室,十分壮观。

海芋全属 60~70 种,产于亚洲热带,常见栽培的还有:美叶芋(*A. sanderiana*),叶片长楔形,长 30~40cm,宽约 15cm,边缘有浅裂,绿色有金属光泽,叶脉白色,边缘也为白色。产于菲律宾。黑叶芋(*A.* × *amazonica*),由楼氏海芋(*A. lowii*)和美叶芋杂交而成,形态近似美叶芋,叶片长约 16cm,宽约 30cm,波状。 (吴应祥)

含笑(banana-shrub) *Michelia figo* (*M. fuscata*),木兰科含笑属常绿灌木或小乔木。染色体数 2n=2x=38。高 2~5m,分枝紧密,树冠圆球形。芽、叶柄、花梗及小枝密生锈褐色绒毛。单叶互生,革质,倒卵状椭圆形,长 4~10cm,表面深绿而有光泽。花单生叶腋,具香蕉香气,花被片 6,肉质,淡黄色而边缘带紫晕,花开而不全放,待全开时即谢落;花期 3~5 月;聚合蓇葖果,果期 7~9 月。种子千粒重约 90g。

原产中国广东、福建及广西东南部,现长江流域以南各地均有栽培。北方各地多行盆栽。喜光,耐半阴,不耐曝晒;喜温暖多湿气候,盆栽者在 5℃ 以上室温条件下越冬。有一定耐寒力,-13℃ 低温植株虽全部落叶,但不致冻死。喜微酸性土,不耐石灰质土壤。根肉质,不耐涝,也不耐干旱瘠薄。对氯气有较强抗性。繁殖以扦插为主,嫁接、播种、分株、压条亦可。移植通常于 3 月中旬~4 月上旬进行,秋季也可,须带土球,随

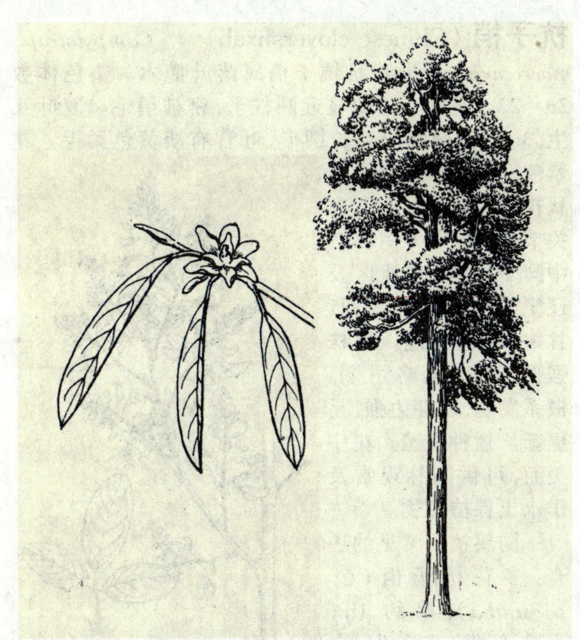

挖随栽，大苗移植须行强修剪；因系肉质根，施肥宜淡不宜浓，否则易伤根。开花时勿给多量水分，否则花即停开，影响观赏。花后剪去残花，疏除过密小枝，以保持树体通风透光，含笑花后抽生嫩枝，于7～8月份在当年生枝叶腋形成花芽，直至秋冬后膨大。如需提前开花，可在冬季花蕾膨大后，置15℃温室内培养；也可于需花前约一个半月，剪除嫩梢，用500～1000mg/L赤霉素点涂腋生花蕾，开始时两天一次，以后每天一次，视花蕾膨大正常生长，即可停止，花蕾迅速生长，就能按期开花。病虫害主要有煤污病（*Fumago* sp.）、樗蚕（*Philosamia cymthia*）、大蓑蛾（*Clania variegata*）等。

含笑花新颖别致，盛开时含而不放，故名。宋代刘涛赞美她："未尝逢露齿，只恐欲倾城。"含笑枝叶团簇，四季葱茏，花时苞润如玉，馥郁可人，为中国著名香花，适在公园、小游园、医院、学校等地丛植，也可配植于草坪边缘或疏林下组成复层混交群落，于建筑入口对植，窗前散植一二，室内盆栽，花时芳香清雅。花含芳香油，可熏茶、提制香精及药用。

同属中常见栽培的种尚有：峨眉含笑（*M. wilsonii*），常绿乔木，高达20m，树冠球形或伞形。小枝绿色；叶革质，窄倒卵形，花黄色，芳香，花被片9（～12）；花期3～5月，果期8～9月。产中国四川中、西部海拔1000～1500m林中。云南含笑（*M. yunnanensis*），别名皮袋香。常绿灌木，高2～4m。芽、幼枝、幼叶背面、叶柄、花梗密被绿色平伏毛。叶革质，倒卵状椭圆形。花梗短粗，花白色，极香，花被片6～12（～17），花期3～4月，果期8～9月。产中国云南中、南部海拔1100～2300m林下及灌丛中。云南含笑是优良的庭园观赏花木。花可提取浸膏，叶有香气，可制香粉。野含笑（*M. shinneriana*），常绿乔木，高达15m。树皮灰白色，平滑。芽、幼枝、叶柄、叶背中脉、花梗均密被褐色长柔毛。叶革质，窄倒卵状椭圆形。花淡黄色，芳香，花被片6，花期5～6月。果期8～9月。产中国广东、广西、湖南、江西、福建、浙江等地。醉香含笑（*M. macclurei*），别名火力楠。常绿乔木，高达30m，胸径达1m。树皮灰白色。芽、幼枝、叶柄、托叶及花梗均被平伏短绒毛。叶厚、革质，倒卵状椭圆形。花白色，芳香，花被片9～12，花期3～4月；果期9～11月。产中国广西南部、广东东南部及海南省，越南北部也有分布。树姿幽雅，花芳香，是华南各地的优良观赏树。香子含笑（*M. hedyosperma*），常绿乔木，高达20m，小枝黑色。芽、幼叶柄、花梗、花蕾密被平伏短绢毛。叶薄革质，椭圆状倒卵形，两面鲜绿色；花白黄色，芳香，花被片9，外轮膜质，花期3～4月，果期9～10月。产中国广西西南部及海南省。可植于庭园观赏，也是优良速生树种，可作含笑、广玉兰的砧木。深山含笑（*M. maudiae*），常绿乔木，高达20m。树皮薄，淡灰或灰褐色。芽、幼枝、叶背均被白粉。叶革质，长椭圆形；花白色，芳香，花被片9，花期2～3月，果期9～10月。产中国浙江南部、福建、湖南南部、广西、贵州。树形端正，花幽芳香，是优良的观赏花木，孤植、群植、作行道树列植均可。台湾含笑（*M. compressa*），常绿乔木，高达17m，胸径达1m。树皮灰褐色。腋芽、幼枝、叶柄、叶两面中脉均被褐色平伏短毛。叶薄革质，窄椭圆形。花蕾具金黄色平伏绢毛，花淡黄白色，花期1月；蓇葖球形，先端具短尖头。产中国台湾。

（周道瑛）

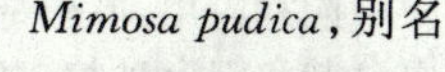

含羞草（sensitive plant） *Mimosa pudica*，别名怕羞草。含羞草亚科含羞草属多年生草本植物。染色体数 2n = 4x = 48。株高30～50cm，全株具刚毛和皮刺。2回羽状复叶，小叶矩圆形，通常由4枚羽片组成或掌状复叶，小叶7～20余对，叶脉、叶缘均被纤毛。头状花序，腋生，花小、淡粉色，萼漏斗状、形小不明显，花期7～8月。荚果扁平，边缘有刺毛，果期8～9月。小叶被触动则闭合下垂，为趣味观赏植物。原产美洲热带，中国西双版纳及海南省均有分布。不择土壤，但湿润肥沃土壤生长更佳，喜温暖气候，不耐寒。

（朱秀珍）

旱金莲（common nasturtium） *Tropaeolum majus*，别名金莲花、旱荷、荷叶莲、大红雀。旱金莲科旱金莲属多年生蔓性草本植物。茎肉质中空、淡灰绿色。单叶互生具长叶柄，盾状圆形，全缘波状。花梗细长，自叶腋抽生，单花顶生，花瓣5、径约5cm；花萼5、基部联合成筒状。花色有乳白、黄、橙、红、紫红及复色。果实淡白绿色，表面多纵行沟纹，种子肾形。主要变种有：矮旱金莲（var. *nanum*），株高30cm左右，茎直立，多做花坛、花径的镶边材料；重瓣旱金莲（var. *burpeei*）。原产中、南美洲。喜温暖湿润，阳光充足的环境，生长适温为18～24℃，夏季高温时不易开花。不耐湿涝，不耐寒。

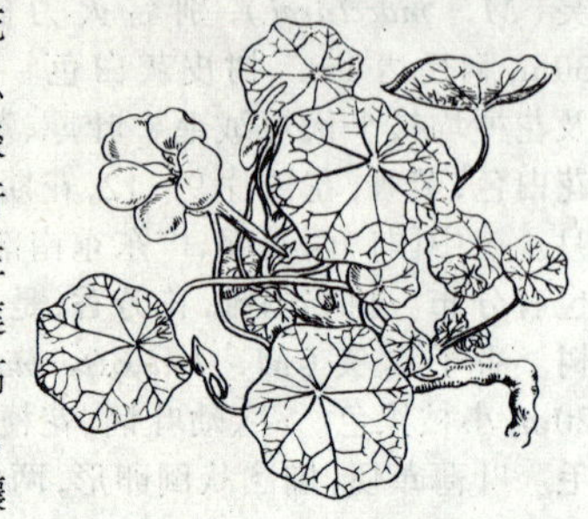

可用扦插和播种法繁殖。4～6月扦插，在12～15℃下，15～20天生根。播前用40～50℃温水浸种24小时，播后覆土1cm，放半阴处，7天发芽，当幼苗生长一个月后，于主茎抽蔓前换盆移栽。落在盆内或地面的种子，只要湿度适宜即萌发成苗。也可切断匐地节间生根的茎蔓栽植。盆栽，冬季移入中温温室，盛夏移入荫棚。疏荫下可正常生长开花。盆栽多设立支架，将茎蔓顺序绑扎成扇形、伞形、球形等。花、叶趋光性强。浇水不可过量，雨季防止积水。施氮肥过多会造成枝叶徒长。中等肥力的土壤即可正常生长。常有白粉虱及红蜘蛛为害，可用1000～1500倍的40%乐果液喷杀。

园林应用：叶形奇特，叶色翠绿，四时开花，适于室内盆栽和阳台种植。庭院或园林中常植于林缘、篱边、墙角、假山石缝隙、草坪中或灌丛边，也可植于花境或花坛的边缘。

同属植物约90种，常见栽培的还有：①小旱金莲（*T. minus*），植株矮小，叶圆状肾形。花径4cm以下，花瓣狭，下方三枚中央带有暗紫红色斑点。茎半直立或匐地。原产南美。宜盆栽或丛植。②盾叶旱金莲（*T. peltophorum*），茎长、蔓性，全体具毛。花亮橘红色上面2片花瓣大而圆，下边3片小形，具爪及粗锯齿缘。产哥伦比亚。宜做篱垣装饰或盆栽。③五裂叶旱金莲（*T. peregrinum*），茎细长，蔓性，叶5深裂，花黄色、直径1.8～2.5cm；上方2枚花瓣大，下方3枚小，边缘毛状细裂。原产秘鲁、厄瓜多尔等地。④多叶旱金莲（*T. polyphyllum*），多年生，叶片7～9深裂、裂片狭；花黄色、具红纹。原产智利。⑤球根旱金莲（*T. tubenosum*），蔓性，地下具大型块茎。因结实率低，多用块茎繁殖。块茎多汁，可煮食。原产南美西部玻利维亚等地。

（陈沛仁）

杭子梢（Chinese clovershrub） *Campylotropis macrocarpa*，蝶形花科杭子梢属落叶灌木。染色体数2n=22。高约2m，幼枝近圆柱形，密被绢毛。复叶互生，3小叶，椭圆形至长圆形，叶背有淡黄色柔毛。花紫色，排成腋生密集总状花序，花梗在萼下有关节，花期5～6月。产中国华北、华东地区及辽宁、江西、福建、陕西、甘肃、四川等地。植株强健，喜光也略耐阴。根系发达，萌芽力强，易更新。播种繁殖。花序美丽，可供园林观赏及作水土保持植物。

同属植物常见的还有：多花杭子梢（*C. polyantha*），高约1m，小枝有棱，花密生，白色、粉红色或紫色。产中国云南、四川。细梗杭子梢（*C. capilipes*），花梗纤细，花紫色。产中国云南。太白杭子梢（*C. hirtella*），叶、花梗及花萼外面均被硬毛。花紫色或蓝紫色。产中国云南、四川。

（李嘉珏）

禾叶多萝花（dorothea daisy） *Dorotheanthus gramineus*，番杏科三色松叶菊属一年生草本植物。株高仅10cm，主茎短，近基部分枝，枝条带红色，具疣状或乳头状突起，分枝多，组成茂密的多花株丛。丛径15～20cm。叶对生，基部常连生，肉质、条形、有沟，叶面、叶背有多数乳头状突起。花生枝顶，径3cm，头状花序，花瓣基部一半白色，先端一半为玫瑰紫或桃红色。早晨及上午开放。花期3～5月。蒴果浅杯状，成熟开裂。种子灰白色，千粒重0.1g。原产南非，喜温暖，不耐寒。9月下旬盆播，用于盆栽观赏，暖地可作早春花坛。

（岳沛华）

合果芋（goosefoot plant） *Syngonium podophyllum*，别名长柄合果芋、紫梗芋、箭叶芋、丝素藤。天南星科合果芋属多年生常绿蔓性草本植物。茎节具气生根，以攀附他物生长。含乳汁。叶片呈两型性，幼叶为单叶，箭形或戟形；老叶成5～9裂的掌状叶，中间一片叶大型，叶径可达25cm，叶基裂片两侧常着生小型耳状叶片。初生叶色淡，老叶呈深绿色，且叶质加厚。佛焰苞浅绿或黄色。花期夏秋。常见品种主要有：'白纹'合果芋(cv. Albovirens)，幼叶狭长矛形，叶脉及近基部为乳白色，仅叶缘为绿色。'箭头叶'合果芋(cv. Albolineatum)，幼叶箭头形或心形，3裂，叶片绿色，叶脉及叶心象牙白色，老叶掌状，除叶中脉外，全转为绿色。'白蝴蝶'合果芋(cv. White Butterfly)，叶箭形，色淡绿至淡白。'粉蝶'合果芋(cv. Pink Butterfly)，叶淡绿，中部淡粉色。'银叶'合果芋(cv. Silver Knight)，叶中部银白色，边缘淡绿色。还有变种翠玉合果芋(var. *variegatum*)，叶箭形，绿色，有乳白色斑块分布。原产中美、南美热带雨林中。喜高温多湿，疏松肥沃，排水良好的微酸性土壤。适应性强，生长健壮，能适应不同光照环境，从全光照到阴暗角落皆能生长。强光处茎叶略呈淡紫色，叶片较大，色浅；弱光处则叶片狭小，色浓暗。在明亮的散射光处生长良好。以遮光50%为宜。斑叶品种在光照不足时则色斑不显。生长适温为22～30℃，16℃以下生长缓慢。越冬温度10℃以上为好。冬季有短暂的休眠。

扦插繁殖，取3～4节茎枝作插穗，易生根。生长期经常追肥或叶面喷肥，时常浇水或叶面喷水，保持湿润，每年换盆一次。随时去顶梢以促使分枝，并摘除枯蔓败叶、清洁叶面，设立支柱、支架等。主要作室内观叶盆栽，可悬垂、吊挂及水养，又可作壁挂装饰墙面。大盆支柱式栽培可供厅堂摆设，在温暖地区室外半阴处，可作篱架及边角、背景、攀墙和铺地的材料。

同属约有20种，大部分可作室内观叶植物，中国见于栽培的主要有大叶合果芋(*S. macrophyllum*)，叶大而厚，淡绿色，有光泽；牙买加合果芋(*S. auritum*)，叶掌状分裂，幼株3裂，成年株5裂，肉质，平滑，有光泽，浓绿色。原产牙买加。（王 缺）

合欢 (silk tree; mimosa tree) *Albizzia julibrissin*，别名绒花树、马缨花。含羞草科合欢属落叶乔木。染色体数2n=2x=26。株高达16m，冠幅8～12m，树冠开展呈伞形；枝粗大，稀疏；2回偶数羽状复叶，互生，羽片4～12对，小叶10～30对，线形至长圆形，中脉紧靠上部叶缘；头状花序排成伞房状，花粉红色，花期6～7月；荚果带状，果期9～10月。种子千粒重约40g。产中国河北、陕西、甘肃、四川、云南东南部、广西东部、广东北部、台湾等地，非洲、中亚至东亚均有分布，北美有栽培。

喜光，有一定耐寒性，华北地区宜选平原或低山区小气候较好处栽植。对土壤要求不严，耐干旱瘠薄，耐轻度盐碱，不耐水涝。对SO_2抗性中等，对Cl_2及HCl抗性强；生长迅速，浅根性，萌芽力差，不耐修剪，根部具根瘤菌。播种繁殖，发芽率可达70%～80%。幼苗主干常易倾斜，育苗时应适当密植，或对第一年的弱苗进行截干，促使发出粗壮通直的主干。在华北北部，1～2年生小苗需防寒越冬。树干皮

薄畏曝晒。早春应剪除繁杂枝、乱枝，以调整树姿，保持观赏效果。合欢花色深浅不一，应逐年选优，可望得到花色艳丽的优良植株。易受腐朽病、合欢巢蛾为害，应及时防治。

合欢树姿优美，叶形雅致，明开夜合，入夏绿荫、绒花，有色有香，形成轻柔舒畅的景观。适宜植于山坡间、溪流口、湖池边、公园桥头、草坪或建筑物前点植一二。也可用作行道树。

本属约100种，常见栽培观赏的树种尚有：山合欢(*A. kalkora*)，别名白合欢、山槐。2回羽状复叶，羽片2～3对，小叶5～14对，小叶较大；花丝白色。花期5～6月，果期8～9月。分布于中国华北、华东、华南、西南等地；东南亚地区也有。大叶合欢(*A. lebbeck*)，别名阔荚合欢。花丝黄绿色；荚果较阔大。花期5～7月，果期8～11月。原产亚洲及非洲热带，中国华南地区有栽培。楹树(*A. chinensis*)，树体高大，高达30m；花丝绿白色或黄绿色。花期3～5月，果期6～12月。产中国福建、湖南、广东、广西、云南、西藏；南亚至东南亚也有分布。南洋楹(*A. falcata*)，半常绿大乔木，高达45m，树干通直，树冠开展；腋生穗状花序，组成圆锥花序，花无柄，初开白色，后变黄，花期4～7月；荚果带

状,果期7~10月。原产马来西亚及印度尼西亚苏门答腊及马鲁古群岛;中国福建、广东、广西有栽培。强阳性树,不耐庇荫,喜高温多湿气候;抗风力强;生长快,是世界著名的速生树种,寿命短,约25年。树冠广阔,雄伟壮观,最适孤植草坪观赏,或栽于宽广街道。

(周道瑛　黄德爱)

何首乌(tuber fleeceflower)　*Polygonum multiflorum*,别名首乌、夜交藤。蓼科蓼属多年生半常绿半木质藤本植物。根细长,末端膨大成肉质块根,茎长3~4m,中空,多分枝,基部木质化。叶互生,卵形,渐尖,基部心形;托叶鞘短筒状、膜质。花序圆锥状,大而开展,顶生或腋生;花小、白色;花被5深裂。瘦果椭圆形。花期8~9月,果期11月。分布于中国南北各地。喜阳,耐半阴;喜湿,畏涝,要求排水良好土壤;适应性强。十分耐寒。播种或扦插繁殖。适应攀援绿化。根部又是名贵中药。1881年传入美国,现北部城市常见栽培。　(王月新)

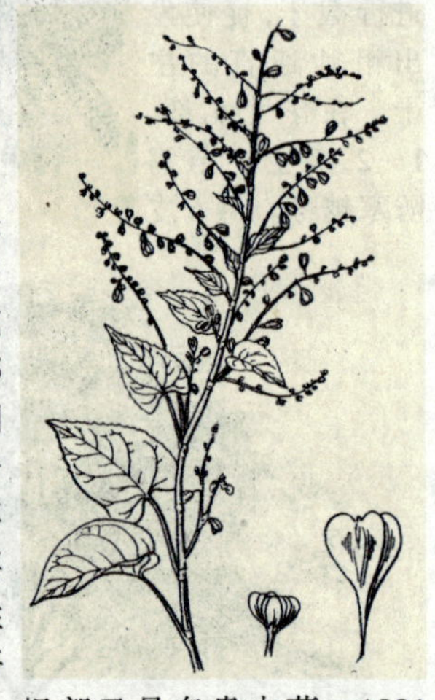

荷包牡丹(bleeding heart)　*Dicentra spectabilis*,别名铃儿草、兔儿牡丹、鱼儿牡丹。罂粟科荷包牡丹属多年生草本植物。宋代诗人周必大在他的《咏鱼儿牡丹并序》中说:"鱼儿牡丹,得之湘中;花红而蕊白,状似双鱼,累累相比,枝不胜压,而下垂若俯首然;叶与牡丹无异,亦以二月开,因是得名。"说明中国原产的荷包牡丹在宋代已有栽培。荷包牡丹具根状茎,茎高30~60cm。叶对生,2回羽状复叶,似牡丹叶片。花序顶生或与叶对生,排列成下垂的总状花序。外侧两枚花瓣基部呈囊状,形似荷包,粉红色,里面两枚则瘦长且突出于外,呈白色。花期4~6月。蒴果呈细长圆形,种子细小,有冠毛。耐寒、忌高温,喜阴湿环境和轻松肥沃的土壤,砂土及粘土均生长不良。忌日光直射,早春开花,至盛夏茎叶枯黄,进入休眠。

繁殖栽培　分株、扦插、播种繁殖均可。3~4月分株,将根掘起,切成数块,每块带3~5个芽,栽后充分灌水。扦插多在3月下旬,新芽长7~10cm剪取扦插,插后喷水,并用苇帘遮荫,约一个月生根。播种多在秋季,实生苗3年开花。

地栽荷包牡丹应注意施足基肥,生长季节应施追肥1~2次,冬季浇冻水后,覆盖稻草或树叶保温。盆栽者多在3月下旬前后分栽或换盆。每盆3~5个芽。上盆时施基肥,以后每半月浇肥水一次。炎热夏季置半阴处,雨季注意防止盆内积水。霜降后移入5℃左右的低温温室。休眠后的植株于12月中旬移入12℃温室,可于2月开花。

园林应用　可作为花丛、花境材料,或植于盆中布置庭院、会场,也可用作切花。稍荫蔽处,可作为地被植物,花、叶均美。

同属植物　约有15种。分布于北美、日本、西伯利亚等地。中国有6种,主要分布于东北、西北及云南。见于栽培的有:大花荷包牡丹(*D. macrantha*),宿根草本,株高约1m。叶片呈3回三出羽状复叶,全裂。总状花序与叶对生,花数少、下垂,花瓣淡黄绿色或白色。原产中国四川、贵州、湖北西部海拔1500~2600m的山地林下。加拿大荷包牡丹(*D. canadensis*),宿根草本。花冠心脏形,绿白色稍带红晕。花期4~6月。原产北美。奇妙荷包牡丹(*D. peregrina*),宿根草本,全株粉白色。叶呈三角形至狭三角形。聚伞花序顶生,花为淡红色至深红色,花期7~8月。原产日本,多盆栽观赏。华丽荷包牡丹(*D. chrysantha*),宿根草本,株高90~150cm。叶被白粉,着花50余朵。原产北美加利福尼亚。缨毛荷包牡丹(*D. eximia*),宿根草本,株高27~54cm,地下茎呈鳞状横生。基生叶,稍带白粉,裂片长圆形,总状花序无分枝,花红色,下垂。花期5~8月。　(朱秀珍)

荷花(sacred lotus)　*Nelumbo nucifera*,别名莲花、荷,古称荷华、芙蕖、扶蕖、芙蓉、水芝、水华、水芙蓉等,睡莲科莲属中地下具膨大根茎的水生多年生草本植物。染色体数 $2n=2x=16$,个别品种 $2n=3x=24$。是原产中国的传统名花,具有多种经济用途。

起源、演化及栽培简史　荷花是被子植物中起源最早的古老植物之一。距今1.35亿年的北半球许多水域已有分布。据考古发现,在辽宁省盘山县、天津市北大港、山东省垦利县、广饶县及河北省沧州等地,有两种莲的孢粉化石。第三纪热带植物地理区内的海南省长昌盆地也发现有莲属植物化石。20世纪40年代,在柴达木盆地曾发现1000万年前的荷叶化石,均为荷花原产中国的有力佐证。

荷花最早作为蔬菜栽培,《周书》载:"薮泽已竭,即莲掘藕。"可见藕供食用已有悠久历史。栽培观赏莲的历史晚于食用莲。公元前5世纪吴王夫差为宠妃西施赏荷,特在太湖之滨灵岩山(今江苏省吴县)离宫修"玩花池",移种莲花,是人工池栽荷花供观赏的最早实例。汉时宫庭园林和公侯私园砌池观荷逐渐增多,有的藕种还是南方所献,说明2000年前古人已掌握分藕、包装、运输、移植等技术。其品种属红色单瓣型。

晋、隋(265~618)时期,已由塘栽发展至盆栽,并掌握了有性繁殖技术。如王羲之(公元303~361)《柬书堂帖》载:"敝宇今岁植得千叶者数盆,亦便发花,相继不绝"。6世纪贾思勰在《齐民要术》中详细记叙了用机械损伤莲子壳有助发芽的方法,为后世实生选育奠定了基础。品种由单瓣型演进为重瓣型、千瓣型,并出现白色品系。唐、宋、元时代,荷花发展渐盛,栽培技艺进步,拓宽了园林应用范围。明、清时期,上至帝王,下至庶民,风行赏荷。清皇家园林如颐和园、避暑山庄均大面积植荷。清代尤盛行盆栽小株型荷花赏玩。嘉庆年间杨钟宝著《瓨荷谱》问世,这是中国第一部荷花专著,记叙了33个品种,其中属于小株型品种13个,提出品种分类标准,并总结了民间盆栽经验,具有重要的科学价值。

形态特征 荷花地下茎(藕)横生于淤泥中,横茎呈圆至椭圆形,节上生不定根和侧芽,节间肥大,其中具多条气腔。茎上还有许多细小的运水导管,导管壁上附有增厚的粘液状木质纤维素,具有弹性。在叶柄、花柄上也有气腔、运水导管和木质纤维素,且与地下茎联通。藕的顶端具顶芽,由多层鳞片包裹,萌发后抽出白嫩细长具节的藕鞭,鞭节上环生不定根,并着生叶芽和花芽。鞭的末端长出新藕,称为主藕,一次分枝称子藕,二次分枝称孙藕。叶分三种:种藕顶芽和侧芽最初长出的叶,形小柄细,浮于水面,称钱叶;最早从藕鞭节上长出的几片叶,也浮于水,称浮叶;继而长出挺水叶,为立叶。无论钱叶、浮叶、立叶在出水前均对折卷成双筒状紧贴叶柄,统称卷叶,卷叶出水后逐渐舒展,并耐水淹。叶近圆形盾状全缘,叶面深绿或黄绿色,叶表具角质,乳头状突起,故水落叶上呈珠状滚动。立叶的大小及叶柄高度,因品种和栽培条件而异,叶径15~70cm,柄高20~200cm,变化很大。立叶发生有一定的顺序性,由低至高,呈阶梯状上升,到一定高度又表现出阶梯状下降。直至出现一张形小、柄短、叶薄、叶柄无刺、背面微红的终止叶,终止叶前的藕鞭即形成新藕。花单生、两性;萼片4~5枚,绿色,多早落;花蕾桃形,色暗紫、玫瑰红或灰绿;花型有单瓣(15~20枚)、复瓣(21~50枚)、重瓣(51~100余枚)、重台(花瓣100余枚,雌蕊瓣化)、千瓣(花瓣2000枚以上,雌雄蕊全部瓣化)等。花径最大可达30cm,最小仅6cm左右。花色有红、粉、白、淡绿、黄、复色、间色之分。单瓣、重瓣型花期3~4天,千瓣莲可达10天以上,花于凌晨2时前后开放,单瓣型于10时前后闭合,次日再开闭。群体花期6~9月。花谢后约30日莲子始成熟。成熟莲子有长圆、椭圆或圆形,色有褐、灰褐或灰黑等,千粒重700~1600g。重瓣品种的心皮多数呈泡状或瓣化,少数能结实。

变种、类型及品种 莲属植物仅两种:荷花(中国莲)(*Nelumbo nucifera*),分布在亚洲、大洋洲,以中国为中心;黄荷花(美国莲)(*N. lutea*),分布在北美,以美国东北部为中心。两个种的染色体组型相似,亲缘关系相近,其间不存在生殖隔离,只存在地理隔离。

由于用途不同,演变成了藕莲系统品种群、子莲系统品种群和花莲(即观赏荷花)系统的品种群。中国观赏荷花品种有记载的约在250个以上,按"二元分类系统"分为3系6群14类36型。

中国莲系 是观赏莲的主体。由野莲或子莲、藕莲演化而来,品种丰富多采。根据株型大小分为2群,即大花群和中、小花群。前者分为单瓣、复瓣、重瓣、重台和千瓣5类。每类又按花色分为红莲型、粉莲型、白莲和复色莲型。此群出现最早,多为传统品种。中、小花群出现晚,多系20世纪80年代培育的品种。本群分为单瓣、复瓣、重瓣和重台四类(分型同大花群)。名品有'大洒锦'、'红台莲'、'艳阳天'、'蝶恋花'、'玉碗'等。

美国莲系 原始种仅有黄莲花。属大花群、单瓣类、黄色莲组,其花鲜黄。中国莲系中尚无黄色的。新选育出大型单瓣黄色的'金莲花'和中型单瓣黄色的'金雀'两个品种。

杂交莲系 为20世纪80年代以来培育的品种,本系分为大花群和中、小花群。大花群主要为单瓣类,中小花群又分为单瓣类、复瓣类和重瓣类。色泽较艳。类以下设红、粉、白、黄、复色等型。精品有'舞妃莲'、'红领巾'、'小金凤'、'莺莺'、'风采'等。

产地与分布 荷花原产中国。亚洲和大洋洲均有分布,中国是中国莲的起源和分布中心,南起海南岛(北纬19°左右),北达黑龙江省同江县(北纬47.8°),东临上海市和台湾省,西至新疆天山北麓,除青海省和西藏外,全国各地均有分布,主要分布在长江、黄河、珠江等三大流域,垂直分布可达海拔2100m。传统品种以浙江省杭州市、北京市较为集中。80年代以来,湖北省武汉地区已形成中国现代荷花品种资源中心和研究中心,拥有300个以上品种。济南、济宁、许昌、肇庆、孝感和洪湖等城市已选定荷花为市花。

习性 荷花在年度生育期内先叶后花,单朵花依次而生,一面开花,一面结实,叶、蕾、花、莲蓬并存,最后生长新藕。长江流域的荷花,4月上旬发芽,中旬展浮叶,5月中下旬立叶挺水,6月上旬始花,6月下旬至8月上旬为盛花期,9月中旬为末花期。7月至8月为果实集中成熟期。9月下旬为地下茎成熟期。10月中下旬茎叶枯黄。整个生育期为160~190天,缸养或盆栽荷花生育期为140天左右。

荷花喜热，整个生育期需积温4000℃左右，春季温度上升至13℃，地下茎开始萌动，生长适温为23～33℃，耐高温，当气温高达40℃左右时，还能花繁叶茂，但部分品种花色变淡。用缸或盆种植，只要容器内有水，－5℃左右不致受冻。荷花喜湿，喜相对稳定的静水，涨落悬殊的流水对其生长不利，整个生长期不能缺水。耐水程度因品种而异，大株型品种能耐1.8m水深，中株形品种适宜水位为0.4～1m，小株形品种适宜水位为0.2～0.4m。荷花为阳性植物，喜强光照，极不耐阴。对土壤要求不严，但以pH值6.5富含有机质的粘性湖塘泥为佳。

繁殖栽培 常用营养(分藕)繁殖和有性(播种)繁殖。长江流域以3月下旬至4月上旬为分藕适期，南方稍早，北方稍迟。主藕、子藕、孙藕均可用作种藕，以2～3节为宜。生长季节，可切取带芽藕鞭繁殖。大田植莲，为节约种藕用量，于4月初，当顶芽萌动时切取顶芽，在塑料大棚内育苗，10天左右顶芽长根成苗，便可移植于浅水塘中。播种繁殖多用于新品种选育。可随采随播。莲子耐贮藏，几百年甚至上千年的莲子播种也能发芽成苗。4～8月，将成熟莲子凹进端剪破，投入清水中浸泡，每日换水，3～5日发芽，待长出3～4片幼叶后，栽于盛有稀泥的无孔花盆中，花盆口径15cm，高12cm左右。有些品种当年开花率可达40％左右。

栽培分塘植、缸植和盆植。塘植，栽前施腐熟有机肥，然后灌水，搅拌成稀泥状。大型池塘常选用大株形品种，如‘西湖红莲’、‘东湖红莲’、‘碧莲’、‘大洒锦’、‘春不老’、‘红千叶’、‘重台莲’、‘白芍药莲’等品种。塘水深度以0.6m左右为宜。株行距2～3m，栽时将种藕顶芽朝向池塘中心，斜插入泥，尾部上翘露出水面。缸植多用株形中等品种，如‘艳阳天’、‘秋水长天’、‘东湖春晓’等。缸的口径为0.5m，高0.3m左右，缸内基质为缸高的3/5，每缸栽2支种藕，分别靠近缸边，顶芽同向，呈30度角，尾稍露泥面。盆栽以碗莲品种为宜，如‘娃娃莲’、‘桌上莲’、‘玉碗’、‘婴儿红’等品种。用无孔花盆(口径20cm，高15cm左右)，每盆栽1支种藕。无论塘、缸、盆植，栽后2～3天始浇灌浅水，以便藕身固定泥中。随着叶片的生长而逐渐提高水位，水深以不淹没立叶为度。生长期间追施腐熟液肥数次，使生长茂盛，延长花期。缸、盆中易生杂草及藻类等，应捞除。缸、盆植荷，北方冬季易受冻害，应移至室内或置于深水塘冰层以下，或将种藕挖出放置室内缸中假植，保持湿润，春季取出栽植。长江流域盆栽，冬季应加盖塑料薄膜。家庭阳台养碗莲，冬季搬至室内冷凉处，盆中不断水，便能安全越冬。

催延花期，如需在国庆节(10月1日)开花，可于7月中、下旬和8月初进行二次翻盆，将当年成熟的新藕(带1～2片嫩叶)重新栽于盆中，精心管理，国庆节前后可开花；也可于7月上、中旬，选播多花性碗莲品种的莲子，至国庆期间约有20％开花。如需在元旦、春节、“五一”开花，应采取增温、加光处理。于节日前70天左右翻盆或90天左右播种，置于温室内，保持20～25℃，每日光照不少于10小时(可人工补光)。适合催延花期的品种有‘厦门碗莲’、‘娃娃莲’、‘桌上莲’、‘案头春’等。

育种 观赏莲的育种目标包括：耐深水；适应家庭栽培；黄、深紫、复色、间色等花色，观赏价值高；同时莲实或藕优质丰产，抗逆性强，保鲜期长。育种方法：①自然杂交选育。从自然杂种一代中选优良单株，用营养繁殖的方法保持优良性状，如‘秋水长天’、‘晓霞’、‘案头春’、‘玉碗’、‘火花’、‘婴儿红’以及罕见的三倍体‘艳阳天’品种等，均属自然杂交后代。此法较省工，亲本不详，理想的机遇较小，属于早期的育种方法。②人工杂交育种。在上午7时前后，当花初开时(柱头充满粘液)去雄，将盛开花朵上的花粉涂在柱头上，然后将花瓣束紧，于下午4时后或第二天清晨，将捆扎物去除。以往品种间杂交育成的有‘杏花春雨’、‘白雪公主’等；种间杂交育成的有‘金凤展翅’、‘佛手莲’、‘龙飞’等优良杂种。③芽变选种。曾从单瓣的‘艳阳天’品种芽变中选出重瓣的‘紫玉莲’品种。④多倍体育种。用此法曾育出花大色艳、花型奇特、开花繁多的四倍体子莲品种——四倍体建莲。⑤辐射育种。如用1000伦琴γ射线处理湘莲种子，育出较母本花色艳丽、开花繁多的新品种‘点额妆’。

病虫害防治 常见病害有斑枯病(*Phyllosicta hydrophila*)、褐纹病(*Alternaria nelumbii*)，为害叶，高温多雨季节易发生。腐败病(*Fusarium bulbigenum*)先为害叶、叶柄，继而为害地下茎，易发生于子莲生产田中。对斑枯病、褐纹病的防治除随时摘除病叶外，可用70％甲基托布津或65％代森锌加滑石粉(1:1)喷洒叶面。对腐败病可于种藕分栽前，每公顷用25％可湿性多菌灵粉剂7.5kg进行土壤消毒。主要虫害有缢管蚜(*Rhopalosiphum nymphceae*)，为害叶、花蕾。莲潜叶摇蚊(*Tendipes nehunbus*)、大蓑蛾(*Clunia Variegata*)、铜绿金龟子(*Amomala corpulentu*)等为害叶，斜纹夜蛾(*Prodenia lituva*)为害叶和花。防治蚜虫、摇蚊等用3％～5％呋喃丹洒入缸、盆内。其他虫害发生时，可用90％敌百虫或80％敌敌畏1500倍液、溴氰菊酯5000倍液防治。

园林应用 大片水面的荷花，形成的自然水生植物群落十分壮观。在风景园林里，为综合利用湖水，设堤桥分隔水面，一边养殖鱼类，一边植莲，沿岸种柳，构成翠盖凌波，彩笔映日，柳丝摇曳，生意盎然的图卷，成为富有东方色彩的园林景观。为欣赏荷花品种的风采，在池塘中依水域外貌建成若干大小不等、形状各异的种植槽，低于水面，分别种植不同品种，花时红白相映，争荣竞秀。中国古典园林布置小型池塘水景，主植荷花，缀以矶石，配植其他水生植物，尤具野趣。荷花又宜缸植、盆栽，可用于布置庭院和阳台。此外，莲子是滋补品，藕是家常蔬菜；荷花各器官皆可入药。

（张行言）

荷兰花卉科学研究机构（research organization of floriculture in Holland） 荷兰视科学研究为发展花卉的先决条件。花卉科学研究，主要在瓦根宁(Wageningen)农业大学、研究所、实验站和实验园中进行。政府设置的研究单位25个，由农业渔业部研究局领导。与花卉有关的基础理论研究由瓦根宁农业大学承担，研究重点是植物生理与植物保护。应用基础研究在农业技术研究中心(ATO)进行。基本技术的研究，多在农业工程研究所(IMAG)开展。其他研究机构，有园艺植物育种研究中心(CPO)与植物保护研究所(IPO-DLO)等。阿斯梅尔(Aalsmeer)、诺尔奇克(Naaldwijk)与里斯(Lisse)的实验站和地区性实验园，则着重于实践研究，如溶液栽培技术、不同类型温室对不同花卉生长的影响等。基础研究与应用研究的比例约为1:1。

荷兰私营研究机构属公司的专业研究所(室)，以应用与开发性研究为主。如泰勒尼克公司，以研究非洲菊为重点。

农业技术研究中心成立于1989年，主要目标是开发并应用与农业有关的各领域中的科技成果。其所研究的花卉种类，主要为非洲菊、月季、香石竹、兰花和郁金香等。研究内容针对植物与环境因子之间的相互关系，开展与有关的细胞学、生物物理、生物化学、生理学与微生物学研究等。研究贮藏、运输过程中环境对花卉寿命与品质的影响，发展更为有效的贮藏方式以及包装、容器系统等。

植物育种研究中心成立于1990年，由原荷兰园艺植物育种研究所(IVT)、农业植物育种基地(SVP)、荷兰遗传资源中心(CGN)与细胞遗传工程研究所(I-TAL)的部分研究组等单位合并建成，在荷兰观赏植物育种和栽培中起主导作用。其主要研究方向是应用特殊的技术(含生物技术)，培育抗病抗虫品种，负责组织基金项目，并考虑远景规划。

植物保护研究所承担与农作物、园艺作物、自然植被和与公园有关的植物的保护研究。课题内容是在不同水平上(从分子与细胞到个体与群体)研究植物病原与昆虫的生存与鉴别，探讨空气污染对植物与植被的影响等基础的战略性研究。

荷兰花卉研究中心建于1892年，地处阿斯梅尔，以应用研究为主。研究重点是提高花卉质量与产值，进一步搞好花卉周年供应，降低生产成本等。

（邵莉楣）

荷兰菊（New York aster） *Aster novi-belgii*，别名纽约紫菀、柳叶菊。菊科紫菀属多年生草本植物。染色体基数 n=8，11，24，原种为混倍体。欧美各国普遍栽培，品种极多。

株高40～80cm，主茎直立，多分枝，被柔毛。叶长圆形至线状披针形，基部微抱茎。头状花序成伞房状着生，径2～3cm；舌状花平展，蓝紫或白色。主要品种：①玫瑰红色系的有‘丁香红’、‘皇冠紫’。②粉色系的有‘红日落’、‘粉婴’、‘粉雀’。③蓝色系的有‘蓝梦’、‘蓝夜’。④淡堇色系的有‘堇后’、‘紫莲’。这些品种植株较矮，节间较短，分枝茂密，开花整齐，色彩明快。花期7～9月。原产北美，现广泛栽培于北半球温带地区，中国主要栽培于长江以北广大区域，上海、杭州、重庆等地也有栽培。耐严寒，也较耐旱，适应性强，喜阳光充足及通风良好的环境和肥沃排水良好的土壤，在腐殖质土壤上生长旺盛。原始类型可用播种法繁殖。3月下旬至4月中旬露地播种，发芽适温为15～18℃，播后14天出苗。实生苗易分离，观赏价值不高。栽培品种用扦插或分株法繁殖。秋季，剪去植株地上部分，移至阳畦或塑料大棚过冬，待基部蘖芽长约10cm，具8片叶时扦插于底温22～24℃的苗床上，插后遮荫，并用塑料薄膜覆盖，20天后生根。大棚扦插以2～5月上旬为好，露地扦插5～8月为宜。分株繁殖春、秋季均可。北方地区分株时间应在土壤上冻前一个半月。每年应分栽一次。也可用组织培养的方法繁殖。生长前期(5、6月份)应适当修剪，7、8月整形摘心；欲使10月1日开花，应在9月5日进行最后一次摘心。株行距过密，通风不良、空气湿度大，易罹白粉病与褐斑病。应及早用等量式波尔多液、1000倍百菌清液或托布津液防治。有蚜虫危害时用敌敌畏喷杀。

园林应用：宜地栽点缀岩石园，也适合布置花境、花台、草地边缘、树丛四周或丛植。不同花色群体可组成模纹花坛。作切花只可供小瓶插用，也用于制作花篮、花圈的配花。

同属植物600余种，遍布欧洲、亚洲与美洲广大温带地区。中国约产100种，大部分为多年生，见于栽培的有：意大利紫菀(*A. amellus*)，矮壮多年生草本植物，株高30～60cm；叶长圆至长圆披针形；头状花序径2.5～4cm，舌状花瓣宽、紫色。美国紫菀(*A. novae-angliae*)，别名新英格兰紫菀、红花紫菀，株高达1.5m，全株具短柔毛;头状花序簇生,径2.5~5cm,有深蓝、浅蓝、粉红及白色,花期夏、秋季。紫菀(*A. tataricus*),别名青菀,株高1.5~2.4m;基生叶及茎下部叶椭圆状匙形至披针形,茎上部叶渐窄至线状披针形。头状花序排列成复伞房状,花径2.5~4.5cm,舌状花蓝紫色,花期夏、秋季。产于中国东北、华北等地区。耐寒,也耐暑热与贫瘠土壤。青藏紫菀(*A. tongolensis*),株高14~42cm,根状茎细,常有细匐枝伏地生长,茎直立。莲座状叶丛生,基部叶倒卵形至倒披针形。头状花序径3~6.5cm,舌状花蓝色或浅红色,花期夏季。原产中国西部山区。高山紫菀(*A. alpinus*),全株有柔毛,株高10~35cm,茎直立、不分枝,下部叶匙状或条状矩圆形,上部叶渐小。头状花序径3~3.5cm,单生茎顶,舌状花蓝色、紫色或浅红色,花期春末至夏初。

(龙雅宜)

鹤望兰(bird of paradise flower; queens bird of paradise) *Strelitzia reginae*,别名极乐鸟花。旅人蕉科鹤望兰属多年生草本植物。肉质根粗壮,茎不明显;株高1~2m;叶基生,二列对生,叶柄长而直立,叶草质而硬。花顶生或腋生,高于叶片,花序色彩鲜艳,花形奇特、美丽,犹如仙鹤翘首远望。佛焰苞近水平横长,基部及上部边缘紫色,花萼橙黄色,花瓣亮蓝色,花瓣与萼片等长;花期自9月至翌年6月,每花可开50~60天;为优良切花材料。有变种小叶鹤望兰(var. *juncea*)叶棒状,花大,深橙红色或紫色。原产南非。喜温暖湿润气候,畏霜雪,要求光照充足、空气湿度大的环境,夏季不可强光曝晒。生长适温3~10月为18~24℃;10月至翌年3月为13~18℃;冬季不可低于2℃。要求疏松、肥沃、土壤较深厚的砂壤土。

用分株及播种繁殖。分株春、夏都可进行,用利刃每2~3个芽带根切下,切口涂抹草木灰或少许灭菌药,晾1~2小时后种植。人工授粉后,种子2~3个月成熟。果实开裂,即播种。冬天需在温室播种,适温为25~30℃,15~20天后发芽。苗长至2片叶时移栽。

冬季温度在0℃以上地区,宜选光照充足、土层深厚、肥沃疏松、湿润而不积水的场所露地栽培。如盆栽需用大盆,盆土以1份粗砂、1份腐叶土、2份泥炭土的比例配制为宜。夏季应注意叶面及环境喷水,适当遮荫;冬季减少浇水量,保持光照充足。生长季节每周施一次稀薄肥,幼苗偏施氮、磷肥,孕蕾开花期多施磷、钾肥。每二年换盆分株一次。主要病害为细菌性萎蔫病,发病初叶片边缘变色,逐渐扩大到中脉,随后整株死亡。病源由茄科植物青枯病菌引起,防治方法主要是土壤消毒,忌用种植过茄科植物的土壤。虫害有粉蚧(*Pseudoeoccus comstock*),防治方法应注意通风,若虫期喷氧化乐果乳油1000倍液。

鹤望兰叶片挺拔秀丽,花序奇特,花色艳丽,四季常青,花期长,可常年室内观赏,又是高级切花,应在苞片内开放第二枚花朵时切取,水养期长。大型盆栽用于会议室等大厅摆设,效果极佳;在南方可植于庭院一角或用于配置花坛、花境。

同属植物4种,观赏种还有白花鹤望兰(*S. alba*),茎高可达10m,花白色,佛焰苞紫色。尼可拉鹤望兰(*S. nicolaii*),茎高7m,叶大,柄长,基部心脏形,夏季开花,萼片白色,花瓣蓝色,原产非洲南部。

(王铨铭)

黑白合叶子(Japanese meadowsweet) *Filipendula purpurea*,别名槭叶蚊子草、六瓣合叶子。蔷薇科蚊子草属多年生草本植物。染色体数2n=14,16,高50~150cm,茎光滑有棱。羽状复叶,小叶1~3对,顶生小叶大。侧生小叶。裂片卵形,叶缘重锯齿状或不明显裂片。顶生圆锥花序,花径4~5mm,花瓣粉红色至白色,倒卵形。花果期6~8月,原产中国东北。喜冷凉、喜光,又耐阴湿。要求土壤肥沃、湿润,忌干旱。秋播或分株繁殖。注意炎热期修剪,凉爽处度夏。黑百合叶子花朵繁密,叶片美观,可作花境、基础种植、疏林地被、林缘点缀及岩石园应用。同属植物有10多种,常见栽培的有:光叶蚊子草(*F. palmata* var. *glabra*),顶生小叶裂生,披针形至菱状披针形。蚊子草(*F. palmata*),叶片下密被白色绒毛,花小而多。锈脉蚊子草(*F. vestita*),叶柄被锈色柔毛,顶生小叶大,花果期5~8月。

(王彩云)

黑麦草(perennial ryegrass) *Lolium perenne*,别名宿根黑麦草。禾本科毒麦属多年生草本植物。染色体数2n=2x=14。须根发达,分蘖旺盛。秆高40~70cm。叶片条形,宽3~5mm。穗状花序扁。小穗以背面对向穗轴。原产于亚洲温暖地带及非洲北部,中国各地广泛引种栽培。虽属冷地型草坪植物,但既不能适应冬季降雨量小的冷凉地带,也不适应夏季高温多湿的地区。中国仅在云南、贵州等少数地区雨量较多、海拔较高地区生长较好。不耐干旱和瘠薄,宜排水良好、肥沃的粘质土壤。喜光照充足,阴处则叶色黄绿,生长不良。播后3~5天就能发芽出苗,25~30天即可形成草坪,适作园林绿地先锋草种。与草地早熟禾等草种混播,可用于足球场和高尔夫球场。用播种法繁殖。播种量25~35g/m^2,春播或秋播。

同属植物约10种,常见栽培的有多花黑麦草(*L. multiflorum*),越年生,常用作暖地型草坪的追播草种,晚秋播种,冬季呈现一片绿色,以弥补暖地型草种冬季枯黄的缺陷。

(胡叔良)

黑皮插柚紫（blackbark linociera）*Linociera ramiflora*，别名枝花李榄、乌骨。木犀科李榄属乔木。高 9～15m。叶对生，椭圆形至矩圆形，长 10～15(30) cm，全缘；圆锥花序腋生，长 2.5～10cm，花小，白色或黄色，花期 2～6 月。核果椭圆形或矩圆形，果期 6～10 月。产中国海南、台湾、广东、广西、云南等地，印度、中南半岛、菲律宾、澳大利亚也有。喜光，喜温暖湿润气候及酸性土壤。播种繁殖。树形美观，花、叶俱佳，是热带地区一种理想的观赏树木，可用于庭园布置，孤植或群植均可，也可作行道树。

（包满珠）

黑种草（wild fennel）*Nigella damascena*，毛茛科黑种草属一年生草本植物。染色体数 2n＝12，株高 30～50cm，多分枝。叶互生，二至三回羽状深裂，裂片纤细呈条形。单花顶生，下部具叶状总苞；萼片 5，花瓣状；花白色或浅蓝色，花瓣 5，基部狭细成爪，花径 3～5cm；花期 5～7 月。蒴果球状长圆形，成熟后顶端开裂，种子黑色，千粒重 2.65g。栽培品种花瓣增多，花色有白、淡蓝、桃红、紫红、淡黄色和重瓣等品种。原产南欧及北非。较耐寒，喜向阳，宜疏松的肥沃土壤。用播种法繁殖，9 月初播种，发芽适温 15～20℃，12～16 天萌发。幼苗不耐移植。冬季需采取防寒措施或在冷床越冬，若早春露地直播，则花期晚而短。果实成熟期不一致，应及时采收。黑种草枝叶秀丽，花色淡雅，适用于花坛、花境。也可作切花，水养时间较长。嫩茎可食，种子含挥发油，可入药。

同属植物约 12 种，作观赏栽培的还有：西班牙黑种草（*N. hispanica*），花蓝色，雄蕊红色，花径 6cm，有白花和紫花变种。原产西班牙与北非。香子黑种草（*N. sativa*），株高 25～35cm，花蓝色，花径 3.5cm。原产地中海沿岸。种子有强烈的香气，可作调味剂。

（葛 红）

红斑枪刀药（redspotted hypoestes；dot plant）*Hypoestes sanguinolenta*，爵床科枪刀药属半灌木。株高约 50cm，多分枝。叶长圆形至狭卵圆形，先端短尖或渐尖，全缘，稍呈波状，深绿色，有火红色的脉和斑点。花冠浅紫色，冠筒狭窄、弯曲、喉白色，具深红色斑纹，有白斑栽培品种。原产马达加斯加。喜温暖湿润和半阴环境，宜深厚肥沃、透水、富含腐殖质的土壤。生长适温为 20℃，生长期勤浇水，适量施肥。扦插繁殖，易生根。宜盆栽作观叶植物，布置居室、会场、办公室等。

同属植物约 85 种，常见栽培的有：粉斑枪刀药（*H. phyllostachys*），叶卵圆形而薄，深绿色，具红堇色斑点。花单生叶腋、堇色。园艺栽培中常被认为是红斑枪刀药。

（吴应祥）

红背桂（Cochin-Chinese excoecaria）*Excoecaria cochinchinensis*，别名紫背桂、青紫木。大戟科土沉香属常绿小灌木。高约 1m，多分枝。叶对生，长椭圆形或矩圆形，长 7～12cm，缘有疏细齿，正面深绿色，背面紫红色。花小，单性异株，无花瓣；穗状花序腋生，花期 6～8 月。蒴果球形。产越南，中国广东、广西、海南、福建有栽培。耐半阴。喜温暖湿润气候，不耐寒。喜肥沃及排水良好的砂质壤土。多行扦插繁殖。生长期若以 1% 过磷酸钙或 0.5% 硫酸铵溶液加少量硫酸亚铁与有机液肥相间施用，则更能使叶色保持滋润美观。主要病害有褐斑病，喷洒 150 倍等量式波尔多液和 1000 倍甲基托布津防治。虫害主要是四节三字蝶幼虫。红背桂株形矮小，叶片上绿下红，是优良的观叶灌木，可盆栽布置厅堂、会场；暖地亦适于庭园角隅、阶下及墙垣旁种植。

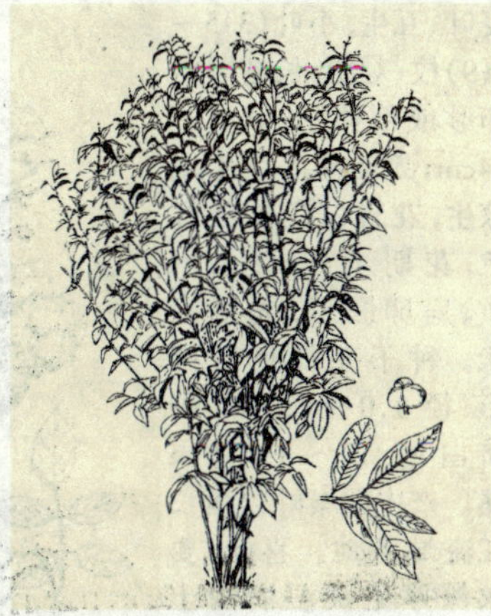

（吴万春）

红葱（eleutherine）*Eleutherine plicata*，鸢尾科红葱属多年生草本植物。具鳞茎。叶 1～2 枚，条形，长 30～45cm，具皱褶。茎端有花数丛，各具总花梗，基部各具一短条形叶片。花白色，径约 2cm，裂片 6 枚，离生；花序梗长 15～30cm；花期 4 月。原产美洲热带地区。不耐寒，越冬需高温环境，夜间最低温度为 8℃。盆栽培养土宜砂壤土和腐叶土各半。须置温室内光照充足处栽培。分球或播种繁殖。

（王大钧）

红豆草（common sainfoin；holy clover）*Onobrychis viciaefolia*，别名驴食豆、驴食草。蝶形花亚

科驴食豆属多年生草本植物。染色体数 2n＝14。主根直立，可深入土中 1～3m。茎粗壮直立，株高 80～120cm，叶为奇数羽状复叶。总状花序腋生。花朵淡红色，鲜艳美丽。荚果半圆形或肾脏形，种子千粒重约 20g。原产于欧洲和俄罗斯的亚洲部分。中国新疆有野生，河北、陕西、甘肃、宁夏、青海、新疆、内蒙古等省区都有栽培。喜冷凉气候。在砂土或砂壤土上生长良好，宜中性至微碱性土壤。耐寒、耐旱而不耐涝。播种繁殖。可用作排水良好的平地或斜坡保土地被植物，也可用作牧草。同属植物约 100 种，多作牧草用。

（胡叔良）

红豆树（red necklace tree） *Ormosia hosiei*，别名红豆柴、红宝树。蝶形花科红豆树属常绿乔木。高达 30m，胸径 1m，树皮灰色、浅纵裂。裸芽，奇数羽状复叶、互生，小叶(3)5～7(9)枚、对生，长椭圆状卵形或倒卵形，长 4～14cm；圆锥花序顶生或腋生，花冠白色或淡红色，花期 4 月；荚果木质、扁卵圆形，先端喙状。种子亮红色近圆形、径 1.0～1.7cm，种脐白色，10～11 月果熟。产中国秦岭以南长江流域各地。喜光，要求深厚肥沃湿润的土壤，根系发达，易生萌蘖。播种繁殖，当年苗高可达 40～50cm。常有角斑病危害树叶。红豆树冬夏常青，枝叶茂密，花、果、种子均具观赏价值，适宜在各类园林绿地中栽植。

（陈耀华）

红果樫木（redfruit pencilwood） *Dysoxylum binectariferum*，别名红罗、山罗、檫罗木。楝科樫木属乔木。染色体数 2n＝80。高 10m 以上。羽状复叶互生，小叶 5～11，互生，长圆形或长圆状椭圆形，全缘；圆锥花序短于复叶，花黄色，花期 4 月；蒴果倒卵状梨形或近球形，种子红色。产中国海南及云南南部，越南、印度也有。喜光，稍耐阴；喜温暖湿润气候；要求酸性土。播种繁殖。本种树形美观，花色鲜艳，可于庭园栽植观赏，也可用于组成人工群落。

（包满珠）

红果树（david stranvaesia; Chinese stranvaesia） *Stranvaesia davidiana*，别名枫子、斯脱兰威木。蔷薇科红果树属常绿灌木或小乔木。染色体数 2n＝2x＝34。幼枝被毛。单叶互生，多长圆形，长 5～12cm，全缘，侧脉不明显。大型复伞房花序，径 5～9cm，花多且密，花白色，花瓣 5，花药紫红色；果近球形，径不足 1cm，萼宿存，9～11 月果熟时橘红色。变种有波叶红果树（var. *undulata*），植株较矮小，叶片也较短小，叶缘波状起伏。花序近无毛。分布区更广泛，多生于海拔 700～2500m 间。红果树产中国四川、云南、贵州、广西、湖北、江西、陕西及甘肃等地。越南也有分布。种子繁殖。红果树的叶、花、果均富观赏价值，适于庭园栽培。

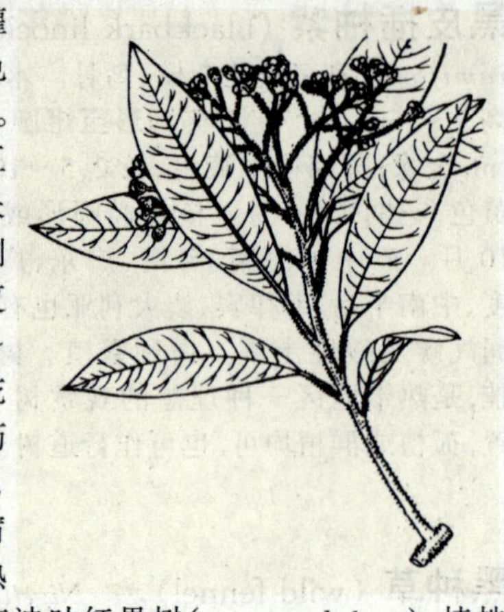

（熊济华）

红厚壳（Madagascar beauty-leaf） *Calophyllum inophyllum*，别名胡桐、琼崖海棠。藤黄科红厚壳属常绿乔木。染色体数 2n＝32。高达 15m，胸径达 60cm，树冠阔伞形。顶芽被锈色毛。叶对生，宽椭圆形至倒卵状椭圆形，长 8～15cm，两面具光泽，全缘；总状花序腋生，花白色，芳香，径 2～2.5cm；核果球形，黄褐色，一年开花结果两次：第一次 5 月下旬至 6 月上旬开花，10 月果熟；第二次 11 月开花，翌年 3～4 月果熟。有些幼龄树终年开花结果。产中国海南、广东和台湾，广西、云南等地有栽培；印度、越南、菲律宾、马来西亚、印度尼西亚及非洲热带地区也有分布。喜光，喜高温气候，要求年平均气温在 20℃以上，耐干热，不耐寒，气温降至 4℃以下会受冻。不择土壤，但以土层深厚、排水良好的砂质壤土生长为好；在海南常生长于滨海沙荒地及丘陵旷地上。播种繁殖。种壳坚硬，播前种子需进行人工处理。红厚壳树姿秀丽，花洁白芳香，开花期长；主根发达，抗风力强，耐海潮。为优良的庭园观赏及海岸防护林树种。

（毛宗铮）

红花（safflower） *Carthamus tinctorius*，别名菊红花、红花草。菊科红花属一二年生草本植物。染色体数 2n＝24。在中国有 1700 多年的栽培历史。株高 30～100cm，叶互生、质硬，卵状披针形，基部叶抱茎，叶缘具尖刺，上部叶逐渐变小，着生头状花序周围的叶片呈苞片状。小花筒状，红、橙、黄或白色，先端 5 裂。花期夏季。瘦果白色。原产埃及。抗旱、忌涝、耐寒、耐盐碱，为长日照植物。对土壤要求不严，但宜在土层深厚、排水良好、肥沃的中性砂质或粘质壤土生长。早春露地直播或晚秋土壤冻结前播种，保护越冬。以秋播为好，翌春开花。用作花径、花境背景布置或作切花等。花入药或提取食用色素，种子榨油可供食用。（秦魁杰）

红花菜豆（scarlet runner bean） *Phaseolus coccineus*（*P. multiflorus*），别名龙爪豆、大白芸豆、荷包豆。豆科菜豆属多年生草本植物，常作一年生栽培。染色体数 2n＝2x＝22。原产中南美洲，2200 年前于墨西哥驯化栽培，16 世纪传入欧洲，16 世纪中叶传入日本，现世界各地均有分布。中国以云南、贵州、四川等省栽培较多。蔓长 3～5m，分枝 1～5。第一对真叶为单叶对生，以后真叶为三出叶、互生。一般于第二叶腋即抽生总状花序，每一花序上的花朵数较多，花对生、红色，荚果略成弓形。种子肾形，千粒重 95～165g。要求气候凉爽湿润，生长适温 12～17℃，高温地区因自交不亲和或高温障碍，常花而不实。苗期怕涝，开花结果期不耐旱，成熟期要求晴朗天气。适宜富含有机质的肥沃土壤，地温 10℃以上时播种，蔓长约 30cm 时设支架，荚果应分期采收，晒干、脱粒。红花菜豆花色鲜艳，开放时似彩蝶飞舞，十分美观，是绿化、美化篱垣的好材料。（金　波）

红花酢浆草（windowbox oxalis） *Oxalis rubra*，酢浆草科酢浆草属多年生草本植物。染色体数 2n＝42。植株呈倒卵形或圆筒形，根状茎被棕色鳞片。叶柄长 30cm，小叶 3，倒心形，具黑斑。伞形聚伞花序顶生，花葶高出叶丛。小花数朵，桃红或玫瑰红色具深色脉，演变至雪青色，长 1.3～1.8cm。有白花变种。原产巴西南部。耐寒性不强，冬季温和地区可地栽越冬。常盆栽观赏，或用于花坛。（王大钧）

红胶木（brushbox；brisbanebox tristania） *Tristania conferta*，桃金娘科红胶木属常绿乔木。染色体数 2n＝2x＝22。高达 20m 以上，胸径约 0.5m；树皮黑褐色，平滑，剥落。叶互生，常聚集于枝顶，椭圆形或椭圆状披针形，长 7～15cm。聚伞花序侧生于新枝上，有花 3～7 朵，花白色，径约 2cm，萼筒陀螺形，花期 5～7 月。蒴果半球形或杯形，先端平截，果期 10 月。产澳大利亚，中国广东、海南、广西、台湾有栽培。喜土壤肥沃，喜光，耐干旱。播种繁殖。本种植株高大，树干通直，生长迅速，为优良的行道树及庭园绿化树种。（韦裕宗）

红蕉（red-bracted musa） *Musa coccinea*，芭蕉科芭蕉属多年草本植物。株形酷似香蕉，但假茎略瘦，叶亦稍小，假茎高约 1.5m。叶长椭圆形，黄绿色。花序抽生于叶腋，直立苞片与花序近等长，苞片外部鲜红，内侧粉红，苞梢黄色；每苞着花 3～4 朵，黄色，呈穗状排列，夏秋开花，单穗花期长达一个月以上。浆果，种子多，有毒。原产中国云南、广西、广东、福建等地，越南也有分布。喜温暖湿润气候，不耐寒。喜深厚、肥沃、湿润土壤。分株或播种繁殖。春夏挖取，分成 2～3 芽一丛栽植，栽后充分灌水，但忌积水，栽后需防倒伏。播种以 25℃左右为宜，20～30 天发芽。盆栽应选大盆，生长季节每 15 天施肥一次。为保持叶色翠绿，冬天温度应保持 5℃以上，温暖的地区冬天可露地植于窗前、墙隅。切花水养时间长。同属植物 30 种，观赏种还有红花蕉（*M. coccinea*），产中

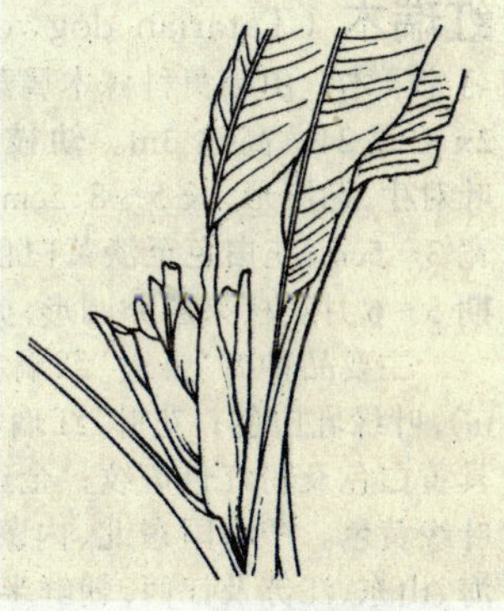

国南方及马来西亚半岛，花穗状排列，花苞鲜红，尖端黄绿色。开放于植株顶部，花期夏季。 （王铨铭）

红蓼（prince's-feather） *Polygonum orientale*（*P. spaethii*），别名东方蓼、荭草。蓼科蓼属一年生草本植物。染色体数 2n＝2x＝22。高 2～3m。茎直立，多分枝，密生长毛。叶大，卵状披针形至阔卵形，有柄、渐尖，基部近圆形，全缘，被毛。花梗长。圆锥花序，长约 9cm，顶生或腋生，软而下弯；小花密集，亮粉红或玫瑰红色，花期 6～8 月。果期 8～10 月。原产中国和澳大利亚，生于路旁和水边湿地。喜阳光、温暖和湿润，耐瘠薄，不择土壤，在阴湿地成片野生。播种法繁殖，是颇富野趣的庭园观赏植物，也可作为插花材料。

（王月新）

红千层（stiff bottlebrush） *Callistemon rigidus*，桃金娘科红千层属常绿灌木。染色体数 2n＝22，44。高 2～3m，树皮暗灰色。幼枝被白色柔毛；单叶互生，条形，全缘，长 3～8cm，有透明腺点；顶生穗状花序，长约 10cm，花蕊长、鲜红色，花期 5～6 月；蒴果半球形，径约 0.7cm。产澳大利亚，中国广东、广西有栽培。喜光，喜温热湿润气候，适生于肥沃疏松的微酸性土壤。用播种或扦插繁殖。不耐移植，如需移植宜在幼苗期进行，或采用容器育苗法。

红千层花形奇特，树姿优美，适宜在园林绿地中种植，北方可盆栽观赏，也是插花的好材料。

（陈耀华）

红瑞木（Tatarian dogwood） *Swida alba*，别名凉子木。山茱萸科梾木属落叶灌木。染色体数2n＝2x＝22，24。高达 3m。幼枝鲜红色，常被蜡状白粉。叶对生，椭圆形，长 5～8.5cm。顶生伞房状聚伞花序，宽 3～5cm；花白色至淡黄白色，径约 0.8cm，花瓣 4，花期 5～6 月。核果斜卵圆形，微扁，果期 8～9 月。

主要品种有‘银边’红瑞木（cv. Argenteo marginata），叶缘乳白色；‘花叶’红瑞木（cv. Gouchaultii），叶片具黄白色及粉红色斑纹；‘金边’红瑞木（cv. Spaethii），叶缘黄色。产中国东北、内蒙古、河北、陕西、甘肃、青海、山东、江苏及江西，朝鲜半岛、俄罗斯也有分布。喜凉爽湿润气候及半阴环境。耐寒力强。也能耐夏季湿热；但对早春霜冻和低温干燥反应敏感。喜肥沃、湿润而排水良好的砂壤土或冲积土。根系浅，萌蘖力强，约 4 龄始花。以播种、扦插繁殖为主，也可用压条、分株法繁殖。红瑞木苗期生长较快，当年苗高达 50cm 以上，3 年生苗即可用于定植。为保持植株枝干红艳美观，对衰弱枝条可进行短截，5 年生以上老枝干应贴地剪除，以促发新梢更新。病虫害较少，偶见有叶斑病（*Elsinoe corni*）、根颈溃疡病（*Phytophthora cactorum*）、灰凉子木蚜（*Anoecia corni*）及蚧壳虫等。本种枝干鲜红、果实乳白带蓝，晚秋叶子变红，为优良的庭园观枝、观果、观叶灌木，宜在河堤、湖畔、池旁种植，气候比较湿润的地区也适宜在草坪、林缘、常绿树间及建筑物前种植，如与棣棠、梧桐等绿枝干树种配植，冬季在白雪映衬下可相映成趣。也可栽作自然式绿篱。

同属植物适于园林观赏的还有偃伏梾木（*S. stolonifera*），落叶灌木，茎匍伏，幼枝暗红色，果实白色，产北美，中国北京、南京及杭州等地有引种；紫茎梾木（*S. amomum*），落叶灌木，幼枝紫红色或带绿色，果实蓝色，产北美，中国北京、杭州等地有引种；红椋子（*S. hemsleyi*），落叶灌木或小乔木，树皮灰绿色，幼枝红色，果实黑色。产中国西南、河北、河南、山西、陕西、甘肃、青海及湖北；沙梾（*S. bretschneideri*），落叶灌木或小乔木，树皮紫红色，幼枝带红色或带黄绿色，蓝黑色至黑色，产中国西北（新疆除外）、华北、辽宁、河南、湖北及四川；还有小梾木（*S. paucinervis*）、长圆叶梾木（*S. oblonga*）、毛梾（*S. walteri*）、梾木（*S. macrophylla*）和光皮梾木（*S. wilsoniana*）等。 （樊映汉）

红润楠（red machilus） *Machilus thunbergii*，别名红楠、小楠木、楠仔木。樟树润楠属常绿乔木。高

16～20m，胸径 1m，树皮黄褐色，枝粗壮；叶革质，倒卵或椭圆形，基部楔形，长 6～10cm；圆锥花序多近顶生，花期 4 月；浆果扁球形，黑紫色，果期 9～10 月。产中国山东、安徽、江苏、浙江、福建、湖南、广东、广西、台湾等地，日本、朝鲜也有。耐阴，多生于阴湿环境，喜酸性或微酸性山地红壤和黄壤，生长较快，10 年生高达 10m。播种繁殖，1 年生苗高 30～40cm。红润楠树干挺拔，冠大浓荫，是园林中供观赏的优良庭荫树。同属常见栽培的种有：大叶润楠（*M. kusanoi*），叶长达 20cm，宽 5～6.5cm；薄叶润楠（*M. leptophylla*），叶互

生或轮生,纸质;滇润楠(*M. yunnanensis*),叶互生革质,长7~9cm,宽3.5~4cm。（李泽雏 傅平都）

红桑(painted copper leaf) *Acalypha wilkesiana*,大戟科铁苋菜属常绿灌木。染色体数2n=28。

高约2m以上,原产地高达5m。叶互生,阔卵形,长10~18cm,铜绿色,常杂有红或紫色,缘具不规则钝齿;花单性同株,淡紫色,腋生穗状花序,雄花序长可达20cm。根据叶色划分的品种有:'条纹'红桑(cv. Macafeana),叶具红色条纹;'金边'红桑(cv. Marginata),叶缘乳黄色;'斑叶'红桑(cv. Musaica),叶具红斑;'银边'红桑(cv. Alba),叶大,叶缘白色;'彩叶'红桑(cv. Triumphans),叶具红、绿、褐色斑。产裴济及南太平洋诸岛北部,中国南方有栽培,北方多行盆栽,冬季温室越冬。喜光,喜暖热润湿气候,不耐寒,喜肥忌涝,适生于肥沃排水良好的砂壤土,扦插或分株繁殖。红桑叶色美丽,是热带庭园绿化的优良树种,也可实行盆栽。

同属中常见栽培观赏的还有狗尾红(*A. hispida*),常绿灌木,高达3m。叶缘具粗齿;雌花序圆柱状、下垂,长15~25cm,花紫红色,花期6~10月。用扦插法繁殖。产马来西亚,中国南方有栽培。

（陈耀华）

红菾菜(crimson leafbeet) *Beta vulgaris* var. *cicla* cv. Dracaeni-folia,别名红叶甜菜、厚皮菜、红牛皮菜,藜科菾菜属二年生草本植物。染色体数2n=2x=18。主根直生。叶丛生于根颈,长菱形、全缘、肥厚,有光泽,暗紫红色。花小、绿色,花期6~7月。原产南欧,喜光,但也能在阴处生长,喜肥。根部在-10℃以下仍不受冻害。对土壤要求不严,但以肥沃,疏松的砂壤土为好。播种繁殖,可用作初冬、早

春露地观叶,晚秋花坛或花境内与羽衣甘蓝配合,点缀秋色,又可盆栽观赏。

（王月新）

红叶苋(blood leaf) *Iresine herbstii*,别名血苋。苋科红叶苋属多年生草本植物。株高1~1.8m,茎直立,少分枝,茎及叶柄带紫红色。叶对生,广卵圆形至圆形,全缘,端钝或凹陷,叶紫红色或绿色,叶脉红色、黄色或青铜色,侧脉弧状弯曲。花小,淡褐色。园艺变种有:黄斑红叶苋(var. *aureoreticulata*),茎及叶柄红色,脉黄色;尖叶红叶苋(var. *acuminata*),茎、叶均紫红色。原产南美。喜温暖湿润,畏寒冷,耐干热环境和瘠薄土壤,忌湿涝。在阳光充足,排水良好和疏松肥沃的砂质壤土中生长良好,叶色美丽。通常在夏季扦插繁殖,温室中四季均可扦插,温度保持15~25℃,极易生根。也可播种繁殖。生长期注意修剪,高度控制在10~60cm为宜。肥水过多则叶色暗淡。在12~15℃条件下越冬,多作一年生栽培。红叶苋叶色浓艳,适宜与五色苋类或浅色花卉配置花坛、花境,也可盆栽观叶。

（葛 红）

猴欢喜(sloanea) *Sloanea sinensis*,杜英科猴欢喜属常绿乔木。高达20m,枝开展,小枝褐色。叶聚生小枝上部,全缘或中部以上有小齿,狭倒卵形或椭圆状倒卵形,长5~13cm。花单生或数朵生于小枝顶端或叶腋,绿白色,下垂,花瓣4。蒴果木质,外被细长刺毛,卵形,5~6瓣裂,熟时红色。种子有黄色假种皮。分布于中国广东、广西、贵州、湖南、江西、福建、台湾、浙江、安徽等地,越南也有分布。偏阳性树种,喜温暖湿润气候,在深厚、肥沃排水良好的酸性或偏酸性土壤上生长良好。用种子繁殖。本种树冠浓绿,果实色艳形美,宜作庭园观赏树。

（鲁涤非）

猴面花(monkey flower) *Mimulus luteus*,别名锦花猴面花。玄参科沟酸浆属多年生草本植物。株高30~40cm,叶卵圆形、长卵圆形或心形。花单生叶腋或集成总状花序,花筒长3~4cm,花黄色,有红色或

紫色斑点，形似猴面。园艺品种有：溪岸猴面花（cv. Rivularis），花下唇有一深褐色大斑，喉部深褐色；多色猴面花（cv. Variegatus），花浅紫红色，背面紫堇色，喉部白色并有2条黄线，下唇有褐色斑纹；大花猴面花（cv. Tigrinus Grandiflorus），株高20～30cm，花大，有虎斑。

原产智利。喜凉爽，忌炎热，耐半阴，适生于肥沃、疏松、透水性好的土壤。播种或分株繁殖，也可扦插。播种多在秋季，作二年生栽培，幼苗需保护越冬，5～7月开花。春播（3～4月）则夏、秋开花。蒴果成熟应及时采收。猴面花花色艳丽，株形矮小，适于花坛镶边或盆栽观赏。

全属植物约有150种，常见栽培的有还有：红花猴面花（*M. cardinalis*），株高50～70cm，稍具麝香香气，叶卵圆形，花鲜红色，产于北美。其优良品种有'橙红'猴面花（cv. Aurantiacus）、'大花'猴面花（cv. Grandiflorus）、'玫红'猴面花（cv. Roseus）等。铜黄猴面花（*M. cupreus*），株高15～25cm，莲座状，花1～6朵，初开时为铜红色，后逐渐呈金黄色，花期7～9月，原产智利。其优良品种有重瓣猴面花（cv. Duplex）、矮铜黄猴面花（cv. Nanus）、'凯撒红'（cv. Roter Kaiser）等。香猴面花（*M. moschatus*），茎匍伏状，长约30cm，有麝香气味。叶卵圆形。花萼长钟状，5角形，长8～12mm，花冠长2cm、黄色，下唇和喉部有毛、红色，有斑纹，花期6～8月。原产北美。半阴、湿润环境和排水良好土壤条件下容易栽培。

（吴应祥）

厚壳树（heliotrope ehretia） *Ehretia thyrsiflora*，别名柿叶树、白莲茶。紫草科厚壳树属落叶乔木。染色体数2n=32。高约15m。叶互生，椭圆形、狭椭圆形或狭倒卵形，长7～16cm，边缘有细锯齿。圆锥花序，长达20cm；花白色，有香气，径约8mm；花期6～7月。核果近球形，初为橘红色，8月熟时黑褐色。产中国云南、华南至河南、山东，朝鲜半岛、日本、菲律宾、马来西亚、印度、越南及大洋洲北部也有分布。喜光，喜温暖气候，较耐寒。播种繁殖。厚壳树叶大荫浓，花香果艳，适合黄河以南地区庭园栽植观赏，也可用于建造风景林。

（包满珠）

厚毛水苏（wooly betony; lamb's ears） *Stachys lyzantina*，唇形科水苏属多年生草本植物。染色体基数x=5,8。株高约60cm，茎直立，茎叶密被白绒毛。叶对生，下部叶长圆状匙形，上部叶椭圆形。轮伞花序，顶生，似穗状；花冠长2.5cm，桃红或紫色，密被白色毛。花冠筒圆柱状，檐部二唇，上唇2裂，下唇3裂。原产土耳其及西南亚。耐寒，栽培容易。播种或分株繁植。用于花境，欧洲、美洲温带各地栽培甚广。

（王大钧）

厚皮树（common lannea） *Lannea grandis*，别名厚皮麻、蛇皮果、牛脚树。漆树科厚皮树属落叶乔木，少为灌木状。染色体数2n=40，高4～10m。树皮厚而有槽纹。奇数羽状复叶，聚生于小枝顶端，长15～25cm，小叶7～9，卵形至卵状矩圆形，全缘；圆锥花序顶生，花小，单性同株或异株，黄色或带紫色，花期3～4月；核果卵形，红色。产中国海南、广东和云南等地，印度、中南半岛也有分布。喜光，喜温暖气候，宜酸性土。播种繁殖，扦插也易成活。厚皮树花、果及树形都有较高观赏价值，适于热带地区园林中栽植，可作行道树或园景树。

（包满珠）

厚皮香（nakedanther ternstroemia） *Ternstroemia gymnanthera*，别名珠木树、猪血紫、水红树。山茶科厚皮香属常绿小乔木。染色体数2n=2x=40。高达8m，树冠圆锥形。树皮灰绿色；小枝带棕色，近轮生。叶矩圆状倒卵形，常数片簇生枝端；叶柄红色。花

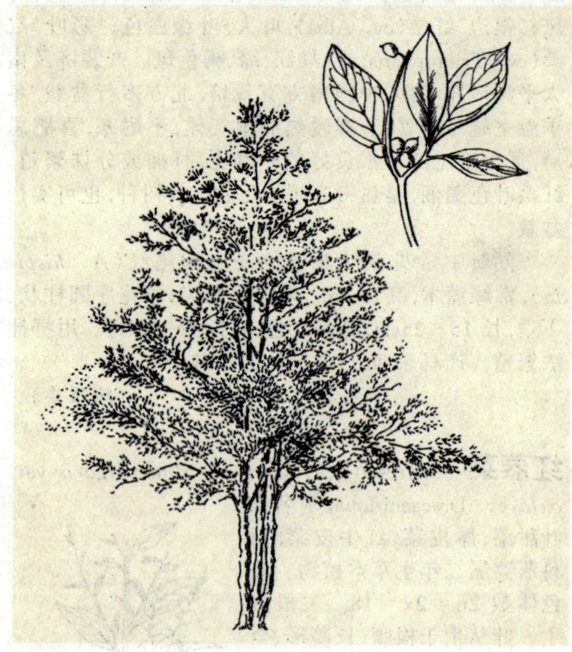

淡黄色，浓香，径约1.8cm，单生叶腋或簇生小枝顶端；花期6月。蒴果为干燥浆果状，球形，鲜红带淡黄色；果期10月。产中国华东、华中、华南及西南，日本、柬埔寨也有分布。喜阴湿环境，稍耐阴，能忍受－10℃低温，常散生于酸性土壤上，亦能适应中性和微碱性壤土。根系发达，抗风力强，耐修剪。播种或扦插繁殖。10月采种，用草木灰搓去种子油质，翌年春播，扦插在

6～7 月进行，选半熟枝作插穗，上部留叶 3～4 片，插后双层遮荫，成活率较高。厚皮香枝平展，树冠浑圆，叶光亮，入冬转绯红，远眺似红花满树，分外艳丽，园林中孤植、丛植均宜。（贺贤育）

胡桃（common walnut；Persian walnut）

Juglans regia，别名核桃、羌桃。胡桃科胡桃属落叶乔木。染色体数 2n = 2x = 32。高达 30m，冠幅达 20m。

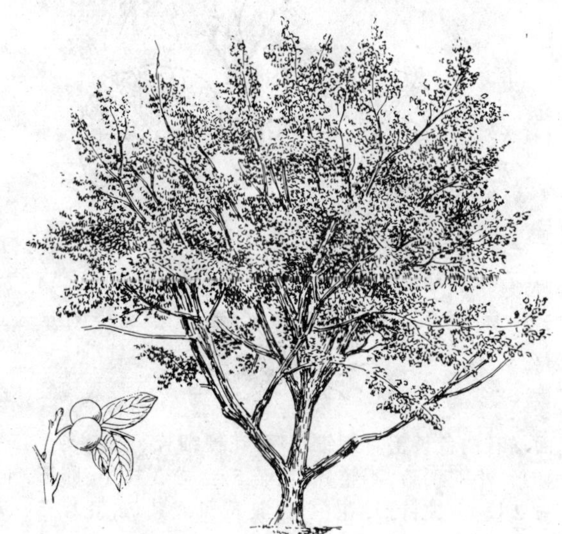

树皮灰白色，老树灰褐色不规则纵裂，小枝粗壮，奇数羽状复叶，互生，椭圆形至倒卵状椭圆形。雌雄同株异花，雄花为柔荑花序、下垂，雌花 1～3(5)朵成顶生穗状花序，花期 4～5 月。核果球形，9～10 月成熟。原产中国新疆及伊朗，汉代张骞引入中国内地，陕西、辽宁南部、华北、西北较多，华中、华东、华南、西南至西藏有栽培。印度、中亚、小亚细亚、东欧、意大利等地中海沿岸也有分布。阳性树；喜凉爽气候，较耐干冷，不耐湿热。喜深厚、肥沃、湿润、排水良好的微酸性、中性、弱碱性及钙质土壤(pH 值 5.5～8.0)；不耐盐，不耐旱，怕涝。深根性，萌芽力强。寿命长。播种繁殖。优良品种可用嫁接法繁殖。栽培中常见的病虫害有胡桃举枝蛾（*Atrijuglans hetaohei*）、木矢桃横沟象（*Dyscerus juglans*）、黄刺蛾（*Chidocampa flavescens*）、云斑天牛（*Batocera horsfieldi*）、草履介壳虫（*Drosich corpulenta*）及黑斑病（*Xanthomonas juglandis*）等。胡核是异花授粉植物，种内变异普遍，种质资源十分丰富，在历史悠久的栽培实践中，培育出许多优良品种，其中主要有：露仁核桃、纸皮核桃、穗状核桃、薄壳核桃、中壳核桃、厚壳核桃等早实及晚实的品种类群。胡桃树冠宽阔、雄伟，叶大荫浓，配以灰白色树干，很美观，为良好庭荫树、园景树及行道树，于园中草地孤植或丛植皆宜。由于胡桃有清香气味，其挥发物有杀菌、杀虫功效，宜作疗养区绿化树种。材质优，果仁可食用。

本属常见种有漾鼻核桃（*J. sigillata*）、野核桃（*J. cathayensis*）和核桃楸（*J. mandshurica*）等。

（凌　靖）

胡颓子（thorny elaeagnus）

Elaeagnus pungens，胡颓子科胡颓子属常绿灌木。高达 4m，有枝刺。小枝褐色，被锈褐色腺鳞；单叶互生，革质，椭圆形至长圆形，长 4～10cm，边缘微波状，正面光绿色，背面银白色，密被银白色或褐色腺鳞；花银白色，无花瓣，芳香，1～4 朵簇生叶腋，花期 10～11 月；果红色，有肉质萼筒包围，椭圆形，被褐色腺鳞，翌年 5 月成熟。有金边、玉边、金心等观叶变种。产中国长江流域及其以南各地，日本也有。喜光，稍耐阴，对土壤适应性强，栽培管理简单。播种、扦插繁殖。常见植于庭园，或作盆景。果可食用或酿酒，与叶、根均可入药。

同属常见栽培的种有：佘山胡颓子（*E. arhyi*），小枝有刺，灰褐色，密被皮屑状鳞片；叶发于春秋两季，大小不等，大形叶倒卵形或宽椭圆形，长 6～10cm，小形叶椭圆形，长 1～4cm。花黄色，密被棕红色腺鳞，花期 10 月，果红色，长椭圆形，翌年 4 月成熟。产中国长江中、下游各地。秋胡颓子（*E. umbellata*），别名牛奶子，伞花胡颓子。高达 4m，常有刺。幼枝密被银白色腺鳞。叶椭圆形至长椭圆形，长 3～9cm，下面密被银白色或散生少数褐色腺鳞。花黄白色，芳香，2～7 朵成腋生伞形花序，花期 5～6 月。果红色，近圆形，8～10 月成熟。产中国长江流域及其以北地区，生向阳山坡、疏林、灌丛及河边砂地；日本、朝鲜半岛、印度亦有分布。木半夏（*E. multiflora*）别名多花胡颓子。常无刺，小枝红褐色，密被锈褐色腺鳞。叶椭圆形至倒卵状长椭圆形，长 3～7cm，背面密被银白色并兼有褐色鳞片。花黄白色，芳香，1～3 朵腋生，花期 4～5 月。果红色，椭圆形，6 月成熟。产河北、山西、河南及长江中、下游各地。沙枣（*E. angustifolia*），别名桂香柳。落叶乔木，高可达 15m，胸径 1m，常具枝刺；植株各部均被银白色腺鳞。叶披针形至椭圆形，长 3～4(8)cm。花黄色，芳香，1～3 朵腋生，花期 5～6 月。果黄色或黄褐色，椭圆形或近圆形，果肉粉质，10 月成熟。产中国华北北部及西北各地，喜光，耐寒冷，抗干旱及风沙，也较耐水湿与盐碱。深根性，根系发达，生长迅速，具根瘤，对有害气体抗性强。用种子或扦插繁殖。沙枣是中国西北荒漠、半荒漠地区营造防风固沙林及盐碱地造林的重要树种，也是产区常见的庭园及四旁绿化树种。

（火树华）

胡枝子（shrub lespedeza）

Lespedeza bicolor，别名二色胡枝子，随军茶。蝶形花科胡枝子属落叶灌

木。染色体数 2n＝18,22。高约 3m,多分枝,常拱垂。复叶互生,3 小叶,卵形至卵状椭圆形。总状花序腋生,花紫色或玫瑰粉紫色,花期 8 月。荚果斜卵形,果期 9～10 月。产中国东北、华北、西北南部及华中等地,朝鲜半岛、俄罗斯、日本也有分布。喜光,稍耐阴,耐寒,耐干旱瘠薄,较耐水湿,喜肥沃土壤及湿润气候。萌芽力强,生长迅速。播种繁殖为主,也可分株或扦插。种子千粒重 9.2g 左右。秋季或春季移植。胡枝子枝条披垂,花繁茂淡雅,秋季开花,宜植于自然式园林。根系发达并具根瘤,可作水土保持和改良土壤的地被植物。又为蜜源植物。

同属植物见于栽培的还有:美丽胡枝子(*L. formosa*),高约 2m。小叶卵状椭圆形或椭圆状披针形,花紫红色。大叶胡枝子(*L. davidii*),高约 3m,小叶椭圆形或圆形,花紫色。绿叶胡枝子(*L. buergeri*),高约 3m,小叶卵形或卵状椭圆形,花黄色或白色。中华胡枝子(*L. chinensis*),小灌木,高 1m,小叶倒披针状条形;花少,白色。浅根性。多花胡枝子(*L. floribunda*),小灌木,高 1m,小叶倒卵形或倒卵状长圆形,花紫色。阴山胡枝子(*L. inschanica*),小灌木,高 80cm,小叶椭圆形,花单生或簇生叶腋,花白色,旗瓣基部带紫斑。

(李嘉珏)

虎刺(Indian damnacanthus) *Damnacanthus indicus*,别名伏牛花、绣花针。茜草科伏牛花属多刺常绿灌木。高 30～60cm。枝屈曲,二叉分枝;叶柄间生有针状刺。叶对生,卵形,长 1～2cm。花 1～2 朵于近枝顶腋生;花冠筒状漏斗形,长约 1cm,白色;花期 8～9 月。核果球形,鲜红色;果期 10～11 月。产中国长江流域及其以南各地,中南半岛、印度、日本也有分布。喜光照充足及温暖湿润,也能耐阴,不择土壤。萌蘖力强。用扦插、播种及分株繁殖。虎刺四季常青,叶具光泽,红果持久,有"盆玩十八学士"之美称,常行盆栽或作盆景。暖地也可用作地被植物或刺篱。

(包满珠)

虎耳草(strawberry geranium) *Saxifraga stolonifera*,别名金线吊芙蓉。虎耳草科虎耳草属多年生草本植物。株高 14～45cm,全株被疏毛,具丝状匍匐茎。叶基生或生于茎下部,肾形,边缘波浪状,有钝齿,叶面绿色,具白色网状脉纹,背面及叶柄紫红色,两

面均有白色长毛。圆锥花序,花梗细长、直立,萼片 5、卵形,小花稀疏,不整齐,花瓣 5,上方 3 枚小,卵形,下方 2 枚大,披针形,花白色,具黄斑或紫斑,花期 5～7 月。蒴果。园艺品种有花叶虎耳草(cv. Tricolor),叶细长,叶缘具不整齐的白、粉、红色斑。原产亚洲东部,中国秦岭以南均有分布,多生于海拔 1500m 以下的山地及岩石缝、溪边等处。不耐寒,喜阴湿、凉爽,宜中性至微酸性富含有机质的土壤。夏季休眠时,需置通风凉爽处,并控制水分;秋季恢复生长后,需增加浇水量。华北地区室内过冬。虎耳草匍匐茎容易生根,可利用匍匐茎繁殖,也可播种繁殖。

虎耳草植株小巧,叶形美,盆栽悬挂于室内,其茎下垂,茎端着生幼株,故又名金线吊芙蓉。宜于岩石园、墙垣及野趣园中种植。

同属植物约 370 种,常见栽培的有:圆锥虎耳草(*S. paniculata*),别名软骨虎耳草。宿根性。叶椭圆形至狭匙形。圆锥花序,花梗直立,花白色。原产北美。其中有粉斑变种(var. *balcana*)、厚叶变种(var. *baldensis*)、黄花变种(var. *flavescens*)和粉花变种(var. *rosea*)等。红毛虎耳草(*S. rufescens*),宿根性。株高 20～40cm,全株被红紫色柔毛。具根状茎。叶基生、肾形。产中国云南、四川西部,生于海拔 2100～4000m 的高山阴处。

(张　燕)

虎皮花(tiger flower) *Tigridia pavonia*,鸢尾科虎皮花属多年生草本植物。染色体数 2n＝26。具鳞茎。茎圆柱形,高可达 60cm,基生叶少数,披针状剑

形，较硬质，有皱褶。每苞含3花。花具花被片6枚，外3枚阔卵形，长7.5cm，内3枚，披针状长圆形，长3.8cm。外花被片红色，中心杯状部有黄和紫色斑点。品种甚多。花期7～8月。原产墨西哥、危地马拉。不耐寒，喜夏季凉爽，宜轻松砂质壤土。暖地地栽喜背风向阳处，于晚春植球（覆土5～7.5cm），霜前叶枯黄时掘取鳞茎贮藏。冷地及暑热地区秋植作温室盆花，晚春开花。可分球繁殖。在气候温和地区，用种子繁殖，春播，保护越冬，翌春开花。用作温室盆花或露地花境。

（王大钧）

虎皮楠（oldham daphniphyllum）

Daphniphyllum oldhamii，虎皮楠科虎皮楠属常绿乔木。高达15m，树皮灰褐色。叶多簇生枝顶，倒卵状椭圆形至卵状长圆形，先端渐尖或短尖，基部楔形，全缘，叶背被白粉至乳腺点。花单性异株，总状花序腋生，无花瓣，核果椭圆状球形，熟时由暗红色渐变为黑色。分布中国台湾、福建、浙江、安徽、江西、湖南、湖北、广东、广西、贵州、四川等地。喜温暖湿润，常生于酸性黄壤的阔叶林下。播种繁殖。虎皮楠树姿优美，叶翠绿洁雅，庭院孤植，也可与它树混栽。

同属的种还有交让木（*D. macropodum*），叶椭圆形，先端短渐尖，基部、叶柄均带红色。果熟红黑色，薄被白粉。

（贺贤育）

虎尾兰（snake plant）

Sansevieria trifasciata，龙舌兰科虎尾兰属多浆植物。染色体数2n＝36。具匍匐的根状茎，每一根状茎上长叶8～15片。叶剑形、稍凹，叶长约135cm，宽6～7cm，革质、直立，绿色有灰绿色的云状斑纹。总状花序，花淡绿色。原产斯里兰卡及印度东部热带干旱地区。性强健，喜温暖和阳光充足，也耐半阴，甚耐干旱，不耐寒。

扦插或分株繁殖。可用叶插，将叶子剪成长5～6cm的叶段，稍晾干后插于素砂土，在20℃的条件下极易生根并长出新芽，约经1个月可上盆。分株繁殖可在春季结合换盆进行，将过密的叶丛切割成若干丛，每丛除有1～2片叶子外，还应带一段根状茎和吸芽，分别上盆后，经月余即可成活长出新叶。要求排水良好的砂壤土，可用壤土、腐叶土及粗砂等份配成。春、夏生长旺盛季节可充分浇水，秋后要减少浇水，保持盆土稍干燥。因根茎粗大，平卧生长，很快布满花盆，每年需换盆，除去旧土及过密的根状茎另行栽植。生长季节可放室外或阳台上培养，秋后移入室内阳光充足处。冬季室温保持在10℃以上，并节制浇水。剑叶碧绿硬挺，云状斑纹甚为美丽，观赏价值较高，盆栽布置厅堂、会场均宜。

同属植物约60种，园艺品种也很多，习见栽培的有：金边虎尾兰（*S. trifasciata* cv. Laurentii），为虎尾兰的栽培变种，叶边有金黄色条纹。金边短叶虎尾兰（*S. trifasciata* cv. Golden Hahrii），为虎尾兰的短叶金边栽培变种，叶长7～10cm，宽2.5～3cm，叶缘有乳白至金黄色的纵条纹。圆叶虎尾兰（*S. cylindrica*），叶圆筒形或稍扁，长1m以上，直径3cm，暗绿色，有灰绿条纹。

（徐民生）

虎眼万年青（whiplash；star of bethelem）

Ornithogalum caudatum，百合科虎眼万年青属多年生草本植物。染色体基数x＝54。鳞茎卵状圆形、大，有膜质外皮。叶基生，近肉质，带状，长达60cm，宽5cm，顶端内卷成尾状。总状花序边开花边延长，长20～30cm，有花50～60朵；花梗长约2cm，基部有苞片，苞片线状披针形；花被6，长圆形，长约1cm，白色，中间有一条绿色带。原产南非。中国普遍引种。喜深厚、富含腐殖质、疏松、排水良好的上壤及夏季半阴、冬季光线充足的环境，不耐寒，冬季温室栽培需在8℃以上。用分株或播种繁殖。多作盆栽观赏。

全属约150种，常见的种还有：阿拉伯鸟乳花（*O. arabicum*），叶灰绿色，带形，有尾尖。花多数，有香气，白色，花被卵圆形，背面中间为黑色。产于地中海地区。好望角鸟乳花（*O. thyrsoides*），鳞茎小，绿色、圆形。叶披针形，边缘有细毛。花葶粗壮，花密生，总状花序，白色，有绿褐色爪，花被片披针形，长2～2.5cm。产于南非好望角。伞形鸟乳花（*O. umbellatum*），株高10～30cm。鳞茎白色，梨形。叶有白色主脉。花多，花被背面绿色，有白色条纹，内面白色，上午11时左右开放，下午3时闭合。分布在欧洲及中东。

（吴应祥）

互叶畸瓣葵(wingstem) *Verbesina alternifolia*,菊科畸瓣葵属多年生草本植物。株高约2m。单叶互生,长圆状披针形,叶缘呈尖齿状。头状花序聚成伞房状,径2.5~5cm,舌状花黄色,不整齐,花期夏秋季。瘦果扁平有翅,向四周开张或圆球形。原产美洲。对气候、土壤适应性强,耐粗放管理。在疏松肥沃、排水良好的砂质壤土上生长迅速。花期较长。用播种、分株或扦插法繁殖。适于自然式布置,可作林缘、山石旁、花境材料,也宜作切花。同属植物约3种,观赏栽培的还有异果畸瓣葵(*V. tetraptera*),植株稍矮,叶面粗糙,花黄色。

(王彩云)

花丛(flower clumps) 用几株或十几株花卉组合成丛的自然式种植。花丛以显示华丽色彩为主,极富自然之趣,管理比较粗放。花丛可布置在屋旁、路旁、林下、草地、岩缝、水畔,特别适合于自然式园林中应用。

花丛种植,应根据土壤条件、四周环境选择品种及进行配植。各株间距不要相等,也不要成行、成排地栽植,避免形成直线。多选用多年生、耐粗放管理的宿根或球根花卉为主,如蜀葵、芍药、鸢尾、萱草、菊花、百合、玉簪、书带草等,也可选用自播繁衍匍匐性的一二年生花卉及野生花卉。花丛从平面轮廓到立面构图都是自然式的,边缘不用镶边植物,与周围草地、树木等没有明显的界限,常呈现一种错综自然的状态。花丛内的花卉种类要少而精,各种花卉多成片状混交为主,同时各种花卉要有高有矮,有疏有密,富有层次,达到既变化又统一的节奏,并注意随游人前进的方向,各花丛要有变化,避免千遍一律。

(徐大陆)

花带(ribbon flower bed) 以花卉为主的观赏植物呈带状种植的地段。花带的宽度一般在1m左右,长度大于宽度的三倍以上,又称带状花坛。可设于道路中央或两侧、沿水景岸边、建筑物的墙基或草坪的边缘等处,形成色彩鲜艳,装饰性较强的连续构图景观。

花带的形式,按栽种方式可分为规则式和自然式两种。规则式花带,花卉的株距相等,成行成列;自然式花带,株距不等,成片成块地栽植,显出自然美。

花带的种类分为专类植物花带、混合花带和木本植物花带。专类植物花带,即由一类或一种观赏花木的各品种组成的花带,如水仙花带、郁金香花带、鸢尾花带、百合花带、菊花花带、杜鹃花带等。这种花带由于品种和变种较多,花形和花色多样,花期比较接近,可分段种植。混合花带,即由几类或几种花卉组成简单二方连续的图案,构成装饰图案。必须依各种花卉的生物学特性进行选择,合理配植。以其中某种为花卉主调,其他品种配合,并要求这几类花卉开花繁茂、花期一致。混合花带常选用一二年生花卉。木本植物花带,即以低矮花灌木布置的花带,如迎春、月季、金丝桃、绣线菊等,管理省工,观赏效果好。

(徐大陆)

花朵重瓣性遗传(heredity of flower doubleness) 观赏植物单朵花瓣数量的遗传变异规律。花瓣是观花植物的重要观赏部分,其数量和形状的变化对花型的发展和进化有重要影响,是决定观花植物观赏价值的重要因素之一。重瓣性的产生及其遗传,在花卉育种上有着重要的意义。

花朵重瓣性的发生和发展 从进化的角度看,重瓣花的发生基本上是被子植物在人工选择下的产物。很多花卉中的雄蕊在自然界,尤其在人工栽培条件下常出现瓣化(雄蕊变为花瓣状),有时花瓣也产生自然增生的现象。在特殊情况下,雌蕊也会瓣化,从而造成整个花朵不育。观赏植物花瓣数从少到多的发展,便出现了从单瓣花经复瓣花(半重瓣花)直至重瓣花的历程,反映了花型从简单到复杂的发展趋势。随着花瓣数目的增加,又出现花型等的变化。如凤仙花的普通重瓣品种基本保持凤仙花特有的花朵形态特征,瓣数则已增加一倍或更多。也有一种高度重瓣品种'平顶'凤仙,则已完全失去了原来花朵的基本形态,而是在植株枝端着生一朵茶花状全部瓣化的不孕花。而仙客来和杜鹃花等有些品种花朵的瓣缘出现波皱,形似重瓣,也与原种相差甚远,如内轮花瓣与外轮花瓣大小和高矮不等时,花型变异更为奇特。此外,还有些牡丹名品中的楼子类,芍药、菊花的托桂型品种等,荷花、梅花中的"台阁"类型,以及套筒重瓣(杜鹃花、紫茉莉等),都说明花瓣数目的增加,以及瓣形、成因与排列方式之差异,导致多种花型的产生与变化,从而提高观花植物的观赏价值。

从形态发生的角度看,重瓣花有以下6种起源方式:①积累起源。单瓣花的花瓣数目在一般情况下是固定的,但偶尔也会出现增加或减少一两个花瓣的单株,经若干代的人工选择,可使花瓣数目逐代增加,直至最后形成重瓣花。这种起源方式在月季、梅花、芍药、牡丹等花卉中时有发生。②雌雄蕊起源。很多观赏植物的雄蕊演化成花瓣状,从而使瓣数增加,形成重瓣花,有时在一些品种的花心部位还可以看到未完全瓣化的雄蕊,如牡丹品种'粉狮子'等、荷花品种'艳阳天'等、月季品种'猎人'及'冠群芳'等。有些品种雌蕊也发生瓣化,如牡丹的'青龙卧墨池'品种等。③花序起源。是由单瓣小花组成的花序形成的重瓣花,如菊科的头状花序,当最外一轮小花延伸和扩展成管状或舌状花瓣，而中盘花保持不变时，则为单瓣花；当中盘花的部分或全部也变成舌状花时，就成为重瓣花。当内轮花瓣与外轮花瓣的形状和指向发生变化时，则形成菊花中的球型‘金星’、重瓣型‘十丈珠帘’、托桂型‘大红托桂’等品种即是。④套筒起源(重复起源)。此种类型多见于合瓣花中。从其结构上看，雄蕊、雌蕊及萼片均未发生变化，而花冠则为2～3层呈套筒状。这是真正的重瓣花，如重瓣曼陀罗木(cv. Brugmansia × candida)、套筒型映山红等。⑤变态起源。由苞片等(不是花器官本身)彩化变态，形成重瓣状花朵，如‘二层楼’紫茉莉等。⑥台阁起源。实际上为花枝极度压缩成为花中有花，像怀中抱子之状，如各色品种的台阁梅等。除以上6种类型的重瓣花外，还有各种混合起源的重瓣花类型，例如在金盏等草花中就有重台型重瓣品种出现。实际上，它是花序起源结合台阁起源的复式重瓣类型。

重瓣花的遗传　各种类型的重瓣花都是植物系统发育与个体发育的结果，是通过自然选择，尤其是人工选择而获得，无疑都受遗传基础的控制。但是，观赏植物花朵的重瓣性，又在一定程度上受植株本身生长势、营养条件、栽培状况和环境因素的影响。所以，花卉的重瓣性表现，实际上是遗传基础与环境(含植物本身营养条件等)之间的综合表现。例如梅花中的台阁品种，系中国的特产与特优类型。20世纪50年代以来，在武汉曾通过实生选种育成了几个花心具台阁的优良新品种。但‘台阁’梅的各新老品种无一表现出年年100%花朵均具台阁的绝对稳定性。不过有的频率较高，稳定性较大，而另一些品种则出现台阁的频率较低，稳定性和典型性也较差而已。但是凡属台阁或重瓣的梅花品种，即使在频率低、稳定性和典型性都较差的年份，在其大多数花朵的花心仍表现出雌蕊“台阁状”的变异形态。又有的花卉品种，如‘平顶’凤仙，早期和中期都在顶端不断开出‘茶花重瓣’的花朵。由于雌雄蕊全部退化，故而不育。但在后期，当生长势较弱时，却能在植株中、下部腋间开出“普通重瓣”的花朵，可以结实留籽，第二年用来播种育苗，仍能长出‘平顶’凤仙。以上二例充分说明花卉重瓣性既是遗传特性，又受到环境条件的影响。此外，在重瓣铁线莲和重瓣的管瓣型菊花品种等花卉中，同样，在土壤贫瘠或初花、晚花时期，重瓣植株上也开出单瓣花(如铁线莲)或在花序中出现部分正常可孕的小花(如菊花)。

在一般情况下，花朵重瓣性为隐性性状。所以，在一些草花中，当品种的基因型为单因子纯合体时表现重瓣，而为杂合体时则表现型为单瓣。当这些杂合体植株单瓣花自交或相互授粉时，可预期子代分离比率为：3/4开单瓣花，1/4开重瓣花。

观赏树木的花朵重瓣性也常表现出隐性性状的特点。如在梅花的品种间和种间杂交中，一般亲本一方开重瓣花，与开单瓣花的另一亲本杂交后，后代多开单瓣花。甚至还有双亲均为重瓣种，而F_1都变成单瓣种的。不过，由于花木类的遗传组成大多相当复杂，亲本本身往往就是杂种起源，在F_1中即出现一定比例重瓣植株也是有的。如中国和欧、美一些国家栽培的‘美人’梅，开重瓣紫红大花，就是‘宫粉’梅与紫叶李的杂种。

有的草花重瓣性受两对基因的支配，并表现双上位隐性，如紫罗兰。即2个不同显性基因表现单瓣花；缺1个或2个全缺，则表现重瓣花。因此，当两株含有重瓣基因(双隐性)的单瓣紫罗兰相互杂交时，得出的单瓣株与重瓣株之比为9:7。紫罗兰重瓣品种雌雄蕊全部退化，不可能从重瓣植株上采种，必须从同一品种的单瓣花植株采种。在播种后培育出的植株中，一般约有50%开重瓣花。优秀育种家和种子公司培育出高比例重瓣花紫罗兰新品种，最佳竟有F_1出现重瓣植株达80%者。

在很多花卉中，花朵重瓣性还与种子及花蕾形态特征有一定相关性。如以单瓣与重瓣紫罗兰相比时，凡种子粒小，子叶呈阔椭圆形而真叶边缘锯齿多的，长成后开重瓣花；种粒较大，子叶呈短椭圆形而真叶叶缘锯齿少的，则开单瓣花。花蕾外观短而粗者开重瓣花；花蕾外观长而细者开单瓣花。这样，就可根据以上性状差异，在种子、幼苗期及花蕾现蕾期区分出单瓣、重瓣植株来。

花朵重瓣性在很多情况下，如在牡丹、山茶花、菊花、大丽花、百日草等观赏植物中，都表明其服从数量遗传的规律。如以单瓣种与重瓣种杂交，F_1出现了一系列过渡类型。这说明花朵重瓣性遗传，是受微效多基因系统的控制。不过，在F_1植株中，也常出现偏向单瓣或复瓣的倾向。

(陈俊愉　戴思兰)

花灌木 (flowering shrubs)　花、叶、果、枝或全株可供观赏的灌木。具有美化和改善环境的作用，是构成园景的主要素材，在城乡绿化和园林植物配植中，常占重要地位。如园林中用于分隔空间或装饰边缘的绿篱，连接特殊景点的花廊、花架、花门，点缀山坡、池畔、草坪、道路的丛植灌木等。或以不同叶色搭配，构成相互掩映、经修剪整形后形成的群体。有些花灌木还兼有药用价值，或用于提取香精、纤维等。中国花灌木的种质资源非常丰富，很多特产花灌木在不少国家的园林中得到了广泛应用。其主要种类除列入中国十大名花中的一些灌木外，北部地区主要有丁香、榆叶梅、连翘、贴梗海棠、黄刺玫、珍珠梅、山梅花、小檗等，中部地区主要有八仙花、紫荆、猬实、天目琼花、绣线菊、夹竹桃、多种蔷薇等，而南部地区则以米兰、茉莉、栀子花、扶桑、含笑等为常见。　(臧淑英)

花环菊(tricolor chrysanthemum) *Chrysanthemum carinatum*,别名三色菊、茼蒿菊。菊科茼蒿菊属一二年生草本植物。株高 60~90cm,茎叶肥厚光滑。叶互生,2 回羽状中裂。头状花序,花径 6cm,具长花梗;舌状花具白、黄、橙黄、褐黄、淡红、深红、玫瑰红和雪青等色,基部或先端带有红、白、黄、褐红色形成二轮环状色彩;盘心呈黄、绿、红色或兼有二色故而得名。花期 4~6 月。瘦果扁平,种子千粒重 1.7g。花环菊原产摩洛哥,喜夏季凉爽,不耐寒。用播种法繁殖,一般秋播于温床,翌春定植露地。适用于布置花坛、花径,也可作切花或盆栽观赏。

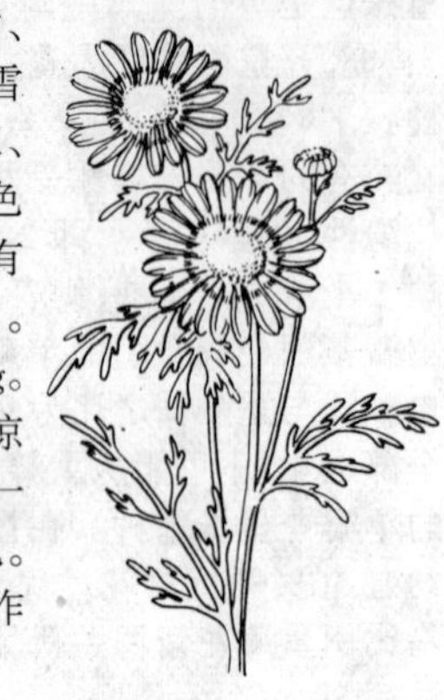

同属植物中近似本种的还有茼蒿(*Chrysanthemum coronarium*),为一年生草本植物,染色体基数 $x=9$。株高 30~60cm,多分枝。叶裂片较宽,具长锯齿。头状花序,花径 4~6cm。舌状花黄色或黄白色,管状花绿色。有重瓣品种。原产地中海一带。可作花坛和切花栽培。

(周维燕)

花卉(ornamental plants;garden flowers) 观赏植物的同义词,即具有观赏价值的草本和木本植物。在"花卉"的字义中,"花"表示开花植物,"卉"表示草。故常被误认为草本植物。"花卉"二字联用,在《梁书·何点传》(589~636)中有:"园内有卞忠贞冢,点植花卉于冢侧"的记述。但此后在中国古文献中,"花卉"二字联用较少。日本现代园艺著作中,多引中国有关典籍参考,如在 1698 年日本出版的《花譜》中,首次出现"花卉"一词。 (吴涤新)

花卉产品经营(management of floricultural products) 组织花卉产品及干花等生产运销的经济活动。从事经营者,有跨国集团所拥有的大型花卉种子公司、各种形式的中、小生产经营者和专业户。经营方式和规模视各国各地花卉生产发展的程度、产品种类的繁简多少、生产与所需特殊要求的技术等而有变化。

经营方针 同任何一种商品一样,花卉产品经营也以营利为主。但在追求经济利益的同时,必须兼顾社会效益。花卉产品最重视优质优价,成本相差不远而质量优良者,可成为迎宾用花,差者只能淘汰。所以讲究质量是经营管理的重点。优良产品不仅利润优厚,还有可能独占市场。一些国际著名的大型种子公司挟雄厚的财力和技术优势,选择最适合的气候环境,生产最优质的商品,来夺取市场上最大份额的利润。这就是他们最基本的经营方针。

经营计划 经营计划是体现经营方针的具体步骤和措施。计划的制订,取决于具体的条件。首先是资金。资金的来源不外自筹、合股或向银行贷款几方面。第二是技术,要由专家负责。第三是市场预测,不止是短期的预测,更重要的是长期发展的预见性。第四是正确选择种类与品种。在以上三点的许可范围内,依据本国特点等因素综合权衡,最后作出产品项目的选择,种类绝不能太多、太杂。第五是根据决定栽培的植物选定产地,包括气候、土质、交通运输以及市场、设备物资的供应、劳动力的报酬高低,等等。

中国除少数花卉外,尚未形成全国性的销售网络,所以制订计划的产品范围有限。大城市近郊的小规模切花、盆花和观叶盆栽的生产,大都属于个体或集体经营。国营的生产数量尚不多。中国的花卉市场尚不成熟,生产种类的选择性不强。

产品销售 产品由生产者到消费者的过程,绝大部分是通过中间环节。如切花、盆花小生产者的销售办法,通常有三种:一是销给老客户,二是上市场,三是零售。这里说的"老客户",是指基本上包销近全部产品的花商(包括花店)。在发达国家,切花、盆花及观叶盆栽的大、中型生产者很多,它们是通过市场拍卖方式批发出售。也有批发商上门要货,或先订立购销合同再按时交货的。在美国,因大生产者和消费市场相距甚远,有时在数千公里之外,所以大卡车货运的业务很发达,兼起批发作用。

种子和种球一般都是较大的公司进行生产,或与普通生产者订立合同生产所需要的部分种子和种球。花籽通过批发给种子公司零售(见**花籽经营**)。大型盆花生产商通过批发方式,大批购到花坛育苗用种子。在发达国家有些著名家庭专业户,如专种洋兰或秋海棠的,以及专营著名月季的,他们也经营种苗批发或零售业务。

降低成本与扩大销售 市场销售的原则是产品对路和优质优价,因此花卉产品的生产要精益求精。而降低成本的关键,就是尽一切可能充分利用自然条件和科学技术。如 20 世纪 70~80 年代,美国大花香石竹的大部分切花是在科罗拉多州生产的,那里的气候夏季凉爽,适合香石竹的要求;但冬天寒冷,需要加温,增加了生产成本,同时需要剥蕾,花费大量昂贵的人工。后来发现哥伦比亚高原四季如春,当地工人工资低廉,几年之内美国所需要的绝大部分大花香石竹都转移到哥伦比亚生产,只剩下散枝香石竹(不需剥蕾),仍在南加里福尼亚种植。大量种植花坛草花苗的行业,也已充分利用各种机械,实行工厂化生产,平时养护用电脑指挥。温室内设置滚动花架,可用于生产的平面面积达85%以上。由于利用科学技术而节约大量人工,使得花苗的价格相对低廉,从而扩大了销路。

广告和各种专业性出版物的专题介绍,常在扩大销售中起很大作用。例如各家种子种苗公司每年都印刷精美的产品目录,介绍下年产品。

中国北京、上海等地已设置花卉市场,促进各种产品销售。花卉行业的信息网,也正在组织和扩大。上海、扬州、泰州有盆景生产、销售基地,菏泽、洛阳则为牡丹经营中心,内、外销业务发展甚快。

(王大钧)

花卉评选(evaluation and selection of flowers or their products) 对花卉或其产品作出评价和选择的过程。花卉在经过合理的、集体性评选之后,方可按不同级别或判分,给予恰当的处理。花卉评选一般指在选种、育种过程中,按一定项目和标准,对观赏植物所进行的科学综合鉴定。但花卉分级或在花卉展览或竞赛中所开展的评级或评奖活动,则为一种特殊的花卉评选,可分别称为"分级评选"和"花展评选"。花卉评选的意义主要有以下几方面:①提供客观评价,选出真正优良品种或待定品种;②通过集体现场鉴定和有严格程序的评选,在评选上可望争取公平而符合客观实际的结果;③在评选中力争实行分项打分数量化,还可使评选结果有根有据,便于分析并找到改进方向。

不论在何国家或针对何种花卉,花卉评选都有其历史发展过程,多是由简单到复杂、由随意性到制度化、由表象到本质、由主观判断为主到尽量实行客观集体制度化的过程。例如,一般多重视花朵硕大、花色艳丽,而较少注意花期早晚和抗逆性表现。自20世纪起,提倡实行花卉百分制计分评选法,各项评选均可按制度和表格办事,大大提高了科学性和准确性。

评选标准 以地被菊实生选种过程中之评选标准为例,其百分制计分评选项目及其计分为:①抗性15分,②株姿20分,③紧密度15分,④花色10分,⑤花容20分,⑥花期20分。超过70分者入选;有特殊优点或缺点者,应予额外加分或扣分。此之谓"死分活评",可体现出评选计分中的灵活性。又例如美国评选水仙的分项计分标准是:①状态(condition)20分,②形态(form)20分,③实质与质地(substance and texture)15分,④花色(color)15分,⑤姿势(pose)10分,⑥茎(stem)10分,⑦大小(size)10分。这类标准既可用于花展评奖,又可在新品种花期实行集体评选时应用。花卉展览、竞赛中的评选标准,须视具体对象与要求而协商决定,并无成规可循。如举办梅花盆景评选,则可参考以下项目:①树桩姿态,②立意,③整剪技艺,④品种,⑤栽培水平,⑥题名,⑦其他。

评选程序 一般的程序为:①组成评选小组,选定负责人及分组。②在小组内讨论评选要求与标准。③明确分工,提出完成评选的期限。④分组评选。⑤各组汇报并集中协调结果。如为花展评选,则用金、银、铜牌为标志分别发给各中奖展品。

注意事项 花卉评选中,应注意:①聘请的评选小组成员,要求具有较高的业务素质,对评选对象能作出客观、公正评价的专家。②评选原则与重点,要在工作之先着重讨论明确。对于原有的做法,可以适当修订。如地被菊百分制评选办法,业已修改过几次,较前大有改进。立项时既要抓住重点,又勿有所遗漏;既要兼筹并顾,又勿失之繁琐。③正式评选前,可先预演,以便取得经验,提高准确性和工作效率。④初评结果可以用不同颜色纸花悬于展品上,征求群众意见,必要时可作某些调整。⑤评选时原则、标准、协调三者兼顾。遇有争议时,要坚持原则,发扬民主,反复协商,最后由组长作出决定。⑥尽量将评选项目与标准列出表格与分项,采用选项、填空方法,借以提高评选效率。

花卉评选工作影响也很广泛。可逐步分类试行标准化、数量化,并充分利用计算机等工具,以便准确、高效地完成任务。

(陈俊愉)

花卉市场(flower market) 花卉生产者、经营者和消费者之间从事商品交换活动的场所。可分为花卉批发市场、零售市场,或两者兼容的市场。中国传统的专业市场,起源很早,像洛阳花市,在唐代已显盛况。以后各地陆续兴起花市,如福建永福花圩、广州芳村花地、成都青羊宫花市、苏州花市、上海斜桥花市场、南京夫子庙花鸟虫鱼市场、安徽歙县卖花渔村、杭州余杭门外东西马塍、北京丰台花乡以及昆明近日楼花市等等,基本上是花农的集中地或销售点,也有专营批发业务的。中国各地更多的花市,因销售量不大,多是当地生产、就地销售,或进入农贸市场。20世纪80年代以来,因绿化事业的发展,对观赏植物的需要量增加甚快。各大城市的绿化建设单位往往派人赴各地苗圃直接采购,而不经过市场。南北各地的商品交流,如北京到上海采购香石竹,到广州采购唐菖蒲,上海到广州采购热带观叶盆栽植物,或广州冬季到北方采购仙客来,等等。这些基本上是直接或通过中间代理人联系生产者,而没有通过市场。

在有大量商品集中上市时,才可能形成现代化的拍买市场。荷兰驰名世界的埃斯美尔拍卖市场有4000个私人经营的农庄为之提供大量商品,还不计算由国外运来委托拍卖的商品。该市场的叫价、划帐全部由电脑掌握。提取商品后,立即可装箱交汽车或飞机托运。在产品不高度集中的地方,可由另一种形式完成购销活动,即由专业观赏植物运营的卡车运输商代客户向生产苗圃订货,再由运输商直接运货到客户的商店或苗圃出售。花卉生产难以大规模集中,由中介人代办订货运输,不失为一种代替拍卖市场的办法。

国外还有许多大、中城市没有批发市场,但有一家或数家大批发商。他们有相当大的仓库,有委托他们出售产品的生产户,与本市各零售店有广泛的联系。他们还直接向国外进货,以满足客户需要。

至于零售市场,世界上有三种形式。一种是许多花店或花摊集中在一条街上,荷兰阿姆斯特丹有一条沿河的街道,许多花店设在船上,停泊在岸边。另一种是在超级市场出售,使顾客在在买生活用品和食品的同时买花。第三种是园艺中心,规模相当大,设有室外、室内及温室部分,陈列各种观赏植物及花籽、球根、树苗等,里面有一切和观赏园艺有关的用具和材料、图书杂志以及庭园用的园椅、花台、日规等。有的还为客户提供造园、养护等业务。有些临近城市的苗圃,也兼营批发和零售业务。真正的零售点只是花店、花摊,分布面很广的。

(夏佩荣)

花卉园艺学(floriculture)　观赏园艺学的一个分支,以花卉分类、习性、生长发育规律及栽培繁殖、采后处理、育种改良、产业管理及商品生产经营、花卉应用与设计等为研究内容的学科。

中国早在汉字出现以前就随农业生产的发展开始了花卉的栽培及利用。早在新石器时代的陶器造型上,就有对果形、叶形美的反映;在仰韶文化的彩陶中,还见有五出花被片和四出花被片的花朵纹样。有文字之后,按各时期文献记载,可把中国花卉园艺的历史发展划分为:①花卉园艺始发期,为公元前11世纪至前2世纪的周秦时代。②花卉园艺渐盛期,为公元前206年至公元581年的汉、晋、南北朝时代。③花卉园艺兴盛期,为581年至1279年隋、唐、宋时代。20世纪初,在继承中国传统花卉栽培、技艺的基础上,吸收国外的园艺科学内容,逐步形成了现代的花卉园艺学。此后,虽有几度波折,但至50年代逐步恢复,自80年代起有了较大发展。

埃及、叙利亚等国在3000年前已开始种植蔷薇和铃兰。欧洲早期观赏园艺始于希腊、罗马,至中世纪曾一度衰退。14～16世纪一些国家又从别国引入新的花卉。其中以荷兰、法国较早,英、德以及东亚的日本等国继之。18世纪以后,中国原产花卉大量流入欧美等国,对世界花卉园艺的发展起到很大的作用。

花卉园艺学是生物科学与花卉应用相结合的学科。自20世纪下半叶以来,因生物科学的快速发展,花卉园艺正朝着抗性育种、城市生态效应、花卉商品生产经营和绿色植物的高水准应用等方向扩展和深入。

(吴涤新)

花卉装饰(flower decoration)　用花卉做主要材料,经过构思、设计、布置和安排,用以点缀环境的技艺。广义的花卉装饰也包括室外,如花园、公用绿地、游乐场所、节日及礼仪活动等。狭义的则指室内而言,主要形式有窗台花饰、组合栽植、垂吊花饰、插花以及民间花饰和人体花饰等。

随着时代前进,花卉装饰的范围也在扩大,装饰及设计形式更加丰富,表现多层次、多方位和系列化的特点。用花卉及绿色植物装饰室内,可提高室内的环境质量,使深居城市高层建筑中的人们有"重返自然"的感觉,从而增加艺术感染力和愉悦感(如垂吊花饰、插花等);通过花卉的装饰设计及养护管理,可以陶冶情操,提高人们的精神素养并充实业余生活。

中国花卉装饰历史久远。从新石器时代出土陶器的造型上看,有模拟葫芦果形及荷叶边形的。彩陶上有用4枚及5枚花瓣做装饰纹样的。说明了原始人已萌生赏花的意识。进而,由赏花发展到赠花、佩带和装饰应用。80年代以来,随着国民经济的快速发展,居住条件的改善,花卉装饰范围在扩展,装饰形式也呈现出全新的面貌。

(吴涤新)

花架(pergola)　利用不同材料建造供植物攀附其上以供观赏的园林设施。花架有遮荫、游赏及休息活动的功能,并有点缀美化园景的艺术效果。花架所栽的植物以藤本花卉为主,如木香、紫藤、凌霄、金银花、使君子等。配植时应按花架所在的位置及该地自然环境,再按植物的原产地、生长习性等进行恰当选配。

花架有以下几种类型:①廊式花架:由两排支柱支撑木梁架,木梁上横向架设椽条,常用的板片状椽条成平行状等距离固定在木梁上,承托植物。各种构件都是钢筋混凝土制成。沿廊边可设条凳,廊外设栽植池,植物沿廊柱攀援至廊顶,达到庇荫和装饰的效果。②单排柱式花架:由一排支柱上面设横木梁,木梁上装等距离的单臂或双臂片状椽条,形成单面或双面悬挑的花架。架下设坐凳及栽植池,植物由柱基攀援上升至架顶。③独柱式花架:即用单柱支撑,顶上辐射状悬置椽条,形状如伞、如亭、如弧形圆拱等,但椽条长短不同也可形成方形或多角形,由于栽植池需要阳光,单柱有时在中间用格架,留出空间栽种植物。至于多柱的独立花架植物爬满后,形如绿瓦凉亭,也很别致。此外还有不用条形椽条而用方格架布满立面与顶面,便于植物攀附,用水泥、木材或金属条制成20cm×20cm的方格,四周留出入口,植物布满后,置身其中如入碧宫,十分有趣。故又称格子架。

花架供藤本植物攀附,造成良好的生长条件,使植物与花架融为一体，丰富立体景观便于欣赏，花架常作为园林中的隔景或尾景，大规模花架曲折环绕常作局部的游憩中心自成一区，供游人赏景、休息。

建筑花架的材料以钢筋混凝土构件为主。按设计要求现场浇制或预制后安装而成，并可根据需要作成多种式样，如仿木结构、竹结构或仿制带皮原木等。金属材料，可用钢筋或钢管按设计要求现场焊接装配而成，也有铝合金铆成的，体态轻盈变化多。金属材料的缺点是太阳照射，金属温度高，不利于植物生长。至于用竹木材建筑的花架，因耐久性差，已很少采用。有石材的地区，一般多用作支柱。

花架应以按植物的攀援习性进行设计，选材和人工辅助的结合才能早日成为有植物的花架。

（李泽雏）

花椒 (bunge pricklyash)

Zanthoxylum bungeanum，别名泰椒、山椒。芸香科花椒属落叶灌木或小乔木。染色体数 2n = 32。高 3～8m，冠幅 2～4m；树皮灰至暗灰色，具瘤状突起，枝具扁平的皮刺；奇数羽状复叶互生，小叶 7～11，缘具细齿，齿缝及叶

片有透明油腺点，叶柄及叶背中脉具刺，叶轴具窄翅；顶生聚伞状圆锥花序；单性或杂性同株，花期 4～5 月；蓇葖果球形，红色或紫红色，具疣状腺体，种子 1～2，黑色，具光泽，7～9 月果熟。花椒的品种较多，主要品种有：'大红袍'（狮子头），'小红袍'（米椒），'豆椒'，'大花椒'（油椒），'小椒'，'白沙椒'（白里椒）等，产中国北部和中部，辽宁南部以南至华南、西南等广大地区均有栽培，尤以华北地区栽培较多；朝鲜、日本也有分布。喜光，不耐阴。喜凉爽气候，但耐寒性稍差，喜湿润肥沃的中性或微酸性砂壤土，在土层厚度 80cm 以上的石灰质山地生长尤佳。较耐干旱，不耐涝。隐芽寿命长，萌芽力强，耐修剪。根系较浅，但侧根和须根发达。

主要用种子繁殖。果实采收后宜阴干，翌春播种。干藏种子宜用草木灰或稀碱水搓洗除去表面油质后再行播种。

在园林绿地中，多采用截干的方法将花椒培养成灌木状，或用 2～3 株幼苗丛植，再行整形修剪，使树冠形成自然开心形。每年要及时疏除竞争枝、病虫枝和过密枝，以利通风、透光和结果。花后 6～7 月，幼果膨大期可施一次追肥，秋季果实采收后应适时开沟施以基肥。主要病虫害有花椒锈病、蚜虫、黄凤蝶、黑绒金龟子、金花虫和花椒天牛等。

花椒枝条开展，老干具瘤状突起，姿态奇异，夏秋红果累累，可孤植或丛植成景，也可植假山石旁，或植为刺篱。果皮和种子为调味原料、并可入药。

同属中常见的种有：竹叶椒（*Z. planispinum*），常绿灌木。聚伞状圆锥花序腋生，蓇葖果红色。产中国东南至西南各地。在园林中常用做刺篱，也可供盆栽观赏。崖椒（*Z. schinifolium*），落叶灌木或小乔木。顶生散房状圆锥花序，花期 4～5 月；果实绿褐色，种子蓝黑色，9～10 月果熟。产中国河北、山东、浙江、湖北、四川等地，朝鲜半岛、日本也有分布。枝叶及果实颇美观，可于庭园中孤植或丛植观赏。野花椒（*Z. simulans*），落叶灌木。果实棕红色，产长江以南及河南、河北。

（陈耀华）

花径遗传 (heredity of flower diametre)

植物花朵直径大小遗传变异的规律。花朵直径的大小，是影响观花植物观赏效果的重要因素之一。花径可向增大或向减小的方向变化，两者均可造成独特的观赏效果，因而始终为园艺家及育种家所重视。

研究简史　在长期的花卉栽培实践中，人类成功地把花径从小于 1cm 增大到几十厘米，主要依靠栽培和选育技术。中国传统名花的优良品种，如菊花、牡丹、月季、百合等，均是在长期人工栽培条件下，结合选择培育出许多的名品。早在宋代，刘蒙所著《菊谱》(1104)中，便记述了良好的施肥灌溉可使实生苗花径增大、花瓣增多成为新品种的实例。明代黄省曾所著《菊谱》则详细描述了各种栽培技法，如摘头、疏花、选留母株等对花径增大的影响。1919 年，伊朗特(East)在对长花烟草自交系进行杂交试验时，发现花冠筒长度的遗传符合微效多基因系统的遗传规律。到 1975 年，格兰特(Grant)对影响花径变化的基因系统作了详细阐述，从而确定了花径属于一种数量性状，其遗传变异符合数量性状遗传规律。当然，花径一方面主要受基因调控，但另方面也受到环境条件一定的影响。自 1937 年以后，多倍体育种技术在观赏植物中得到应用，人工诱导成许多多倍体大花品种，如百合类、萱草类、报春花、凤仙花、金鱼草等。随着倍性育种技术的发展，单倍体植株的矮小性也吸引了花卉育种家应用这一技术，可获得花径小且具有独特观赏价值的新品种。这些成功的育种实践，为花径遗传规律的探讨提

供了线索和基础。

花径变异的途径　在花卉栽培及育种过程中，通过如下几条途径，可以有效改变花朵直径的大小：①改进栽培技术。从遗传学原理上看，优良的栽培条件给花朵生长提供了足够的营养，可使大花基因得到充分的表达；适当的摘心、疏花、施肥、灌溉更可增加营养，使养分更加集中。②人工诱变。在植物界确实存在大花基因和小花基因，用人工诱变的方法可获得。③倍性育种。④增加花朵重瓣性，使其有效观赏面积增大，从而获得花径增大的实际效果。⑤定向选择。长期人为地向花径增大或花径减小的方向进行选择，最终可以有效改变花径。

遗传规律　花朵直径主要表明数量性状的遗传规律，即一方面受微效多基因的控制，另一方面也受环境条件的影响。在遗传过程中，表现如下规律：①当两个花径大小不同的自交系（或纯系）相互杂交时，杂种 F_1 群体的花径表现型整齐一致，个体间花径的差异很小，表现型多为中间型。②F_1 代自交后产生 F_2 群体的花径，其变异幅度远远大于 F_1，呈现由小到大的差异不明显的连续过渡类型。③F_2 花径值不同的个体所产生的 F_3 群体，表现出明显不同的花径平均值。④在 F_2 群体或 F_2 以后各世代群体中，均可出现亲本类型。

上述规律性表现可通过“微效多基因理论”予以解释：①花朵直径的遗传受一系列基因控制。②这些基因对表现型的影响是微小的，彼此不分大小，且相互独立，但以累积的方式发生作用，如表现型中 3 个基因即比 2 个基因作用大。③等位基因间的显隐性关系常不存在，但它们也按照基本的遗传规律进行性状传递，并有基因分离和重组、连锁和交换。现已发现多数花径的遗传主要是由微效多基因系统控制的。同时，也存在质量性状遗传的基因，即大花基因与小花基因，其遗传规律遵循孟德尔遗传规律，杂种后代呈现典型的分离，无中间类型，呈不连续变异。

在控制花朵大小的微效多基因系统中，有以下几方面因素制约其作用：①多基因系统的基因数。如各个微效多基因是独立的，不存在连锁关系，那么基因数(n)为 F_2 分离出的表现型的类型数(P)之间的关系可写成：$P=4^n$。②多基因间的连锁关系。如多基因是连锁的，其分离比将接近基因数较少时的分离比。③遗传力，指基因型差异所引起的变异在总变异中所占的百分比。花径大小这一数量性状的遗传力相对较低，受环境条件的影响较大。④基因互作。在微效多基因系统中，等位基因间的显隐性关系有了不同程度的表现。从全部基因表现显性、部分基因表现显性到全无显性基因。随着显性基因数的增加，显性作用强度增大，F_2 群体平均值向显性亲本靠近。在非等位基因间，存在等效的加性效应、非等效的加性效应、减性效应以及由各种效应组合在一起的综合效应。花朵直径的性状表现是基因系统中多种因素作用的结果。在这种基因系统中，有时会出现超亲现象，即个别个体的花径大于大花亲本（或小于小花亲本）；有时也会出现杂种优势现象，即杂种后代的所有个体的花径均大于大花亲本（或均小于小花亲本）。

决定花朵直径的微效多基因系统的作用机理，揭示了花径遗传的一般规律。在育种工作中，通过试验，可对影响花径遗传的多基因系统进行鉴定，从而挖掘多基因系统的作用潜力。这是改变花径，获得理想品种的有效手段之一。　（戴思兰）

花境（flower border）　通过适当的设计，栽种以草本为主的观赏植物使之形成长带状，多供一侧观赏的自然式造景设施。花境多用于林缘、墙基、草坪边缘、路边坡地、挡土墙垣等装饰边缘，故又称境边花坛、花径或花缘。其中花卉高低错落，花期交替，拟自然生长的模式，增加园林中的自然景观。有时还起到分隔空间和引导游览路线的作用。花境为狭长方形，开展连续构图，常作有变化的重复。其基本组成单元是高矮和花期不同的 5～10 种或更多的花卉，每种花卉按其冠径单株或多株集中成块状种植；按后高前矮的原则，使立面稍有高低错落，趋于自然。花境边缘可以是自然曲线或直线。花境的植物配植还应考虑花期、花色两个方面，从而达到生长季节不断有花可赏和每季有突出的色调，构成不同的季相景观。色彩构图力求主次分明，切勿杂乱。

通常依游人视线的方向设立单面观赏的花境，以树丛、绿篱、墙垣或建筑物为背景，近游人一侧植物低矮，逐远渐高，宽度约 3～4m。也有供两侧观赏的花境，中间植物高，两侧植物渐低，宽约 4～8m。这种花境常布置在两条步行道路之间或草地上树丛间。在大草坪或交叉路中央，可设四周观赏的独立花境。此外，依植物材料不同，花境还可以分为以下几种：①灌木花境，是以观花、观果、观叶的灌木为种植材料的花境。②球根花卉花境，是以球根花卉为种植材料的花镜。③专类植物花境，是以某属植物的不同种类或品种为种植材料，如鸢尾类花境、蔷薇类花境等。④多年生花卉花境，是以各种宿根花卉为种植材料的花境。⑤混合式花境，是运用多种类型花卉做为种植材料的花境。常见的以④、⑤两种类型为多。

花境植物材料的选择：以适应性强、可露地越冬的多年生花卉为宜，选花期长或花叶兼备，又便于养护管理的种类。匍匐生长的在前，无限花序直立的在后，体现出高低错落的自然景观。如花境位置在树丛前或有侧方遮荫的地方，应配置耐阴性花卉，如玉簪，荷苞牡丹等。镶边材料可选择草坪植物及其他低矮的植物，如多年生的常青曲屈花镶边宽度可达 15～40cm 左右。

花境种植床土层深度应在30～50cm内，并有2%～4%的排水坡度。还须注意调整花丛内每种花卉的株数，体现各季的最佳景观。

（吴涤新）

《花镜》（*Flower Mirror*） 中国清代一部以观赏植物栽培技艺为主的综合性专著。著者陈淏子（约1612～?），字扶摇，浙江杭县（今杭州）人。他酷爱培植花木，集毕生精力，写成此书，于1688年刊行。全书分六卷：卷一，“花历新裁”，以“月令”形式记述种花的逐月作业，其中“事宜”记十项，即：分栽、移植、扦插、接换、压条、下种、收种、灌溉、培壅、整顿。卷二，“课花十八法”以“辨花性情法”列为诸法之首；继记“种植位置法”，使草木巧于搭配；再记接换、分栽、扦插、下种、移植、灌溉、培壅、整顿、删科诸法，对于植树、变花、催花、养花、插花及花香耐久等，施以特殊处理，即可收效。卷三至卷五：分记“花木类考”、“藤蔓类考”及“花草类考”三类，著录者计花木类100种、藤蔓类92种、花草类103种，共295种。卷六为“养虫鸟法”。各卷皆附插图。

《花镜》是反映中国古代观赏园艺最高水平的代表作。其特点是：①在顺应自然的基础上种好花，巧夺天工，即“能审其燥湿，避其寒暑，使各顺其性，虽遐方异域，南北易地，人力亦可以夺天功。”②“辨花性情”是课花技术的重要前提，可见认真掌握植物习性之重要。③不仅种好花，还要配植得体，使之各得其所。既考虑生态因子，又注意彼此搭配。④将观赏植物分为花木、藤蔓、花草三类，是一种简明实用的分类法。各论中以习性为重点，如写梅，突出“喜暖”、“喜晒”等。并首次推出‘照水’梅、‘台阁’梅两新品。⑤作者亲身实践，“朝夕体验”。

此书现代流行的版本有：1956年中华书局据藻文堂等版本校勘出版的精装本，1959年农业出版社发行鄄裕恒著《花镜研究》，1962年农业出版社出版伊钦恒校注的《花镜》等。

（王聚瀛　陈俊愉）

花葵（velvet tree mollow） *Lavatera arborea*。锦葵科花葵属二年生草本植物。染色体数2n＝42。株高2～3m，多分枝。叶互生，圆形，5～9裂，具柔毛，缘具不规则圆齿。花单生于叶腋，淡紫红色，花瓣基部具深紫色脉纹，花径约5cm；花期5～6月。另有矮生变种。原产西班牙、北非。半耐寒，在中国长江以南可冷床保护越冬。喜凉爽湿润的环境和排水良好的土壤。播种法繁殖。暖地9月播于露地苗床，幼苗经一次移植，于10月底、11月初定植，使之在严寒来临前长成大苗。可作盆栽、花坛及切花材料。

同属植物约23种，常见栽培的还有：新疆花葵（*L. cashemiriana*），多年生草本。基部叶心脏形至圆形，5裂，上部叶3～5裂。花粉红色，端深裂。原产地中海、亚洲及大洋洲。宜丛植于庭园及草地周围，也可盆栽用于花坛、花境。裂叶花葵（*L. trimestris*），一年生，株高90～150cm，多分枝。下部叶近圆形，上部叶3裂。花玫红至红色，径约10cm；花期5～6月。原产地中海沿岸、北非、小亚细亚。喜阳光充足、凉爽湿润的环境。可作盆栽、花境及切花材料。

（刘　春）

花菱草（California poppy） *Eschscholtzia californica*，别名金英花、人参花。罂粟科花菱草属多年生草本植物，常作一二年生栽培。染色体数2n＝12。肉质根，株高30～60cm，全株被白粉，呈灰绿色，株形铺散。叶互生，多回三出羽状深裂至全裂，裂片线形。单花顶生，具长梗，花径5～7cm；萼片2枚连成盔状，随花瓣开展而脱落；花瓣4枚，狭扇形，边缘细波状、亮黄色，基部色深，花瓣易脱落。花期春季至夏初，花朵在晴天开放，阴天及傍晚闭合。蒴果细长，种子球形，千粒重约1.5g。有乳白、淡黄、杏黄、金黄、橙黄、橙红、橘红、猩红、玫红、青铜、浅粉、紫褐等色品种，还有半重瓣和重瓣品种。原产美国加利福尼亚州。较耐寒，喜冷凉干燥气候，不耐湿热。宜疏松肥沃、排水良好、土层深厚的砂质壤土，也耐瘠土。用播种法繁殖，为直根性，宜直播。冬季土壤不结冻的地区行秋播，撒播、条播均可。中国北方地区于早春在室内育苗，在15～20℃条件下，7天左右发芽（常不整齐），于真叶开展前及时起苗上盆，无霜后，脱盆带土定植（切勿伤根，否则不易恢复生长，甚至死亡）；也可在土地结冻前露地直播，加风障保护，幼苗翌年出土。幼苗期要供给充足的水分和养分，促使其生长健壮。花后约30天蒴果成熟，自动开裂弹出种子，宜于清晨趁湿采收。晾晒蒴果时，容器上要加丝网，防止种子弹出。夏季炎热多雨时植株死亡。花菱草茎叶灰绿，花朵繁多，花色艳丽，日照下有反光，颇引人注目，是良好的花带、花径和盆栽材料，也可作地被覆盖和草坪上丛植。

（秦魁杰）

花毛茛（Persian buttercup） *Ranunculus asiaticus*，别名芹菜花、波斯毛茛、陆莲花。毛茛科毛茛属多年生草本植物。染色体数 2n = 16, 32。伊朗在 15 世纪已有栽培，16 世纪传入西欧，经杂交育种出现了丰富的花色和花型。18 世纪传入日本、美国，经改良，花的变化更加丰富多彩。19 世纪初传入中国上海、杭州等地，60 年代后各大城市开始栽培。

地下部分为小形块根，顶端有白茸毛包被数芽。根出叶三浅裂或深裂，裂片倒卵形，缘齿牙状，有柄。春季抽生直立地上茎，高 30～45cm，中空有毛，分枝少。茎生叶无柄，2～3 回羽状深裂，叶缘齿状。每花葶有具长柄的花 1～4 朵，萼绿色，花瓣 5 至数十枚，花径 6～9cm，最大可达 13cm。花期 4～5 月。花主要为黄色，园艺品种有红、白、橙等色，并有单瓣及重瓣之分。原产土耳其、叙利亚、伊朗等，以及欧洲东南部。喜向阳环境和凉爽气候，不耐寒，0℃ 即受轻微冻害。适于排水良好、肥沃疏松的砂质壤土，喜湿润，畏积水，怕干旱。于 10 月份出苗，翌年 4～5 月开花结实后，地上部分逐渐枯萎，6 月份进入休眠。

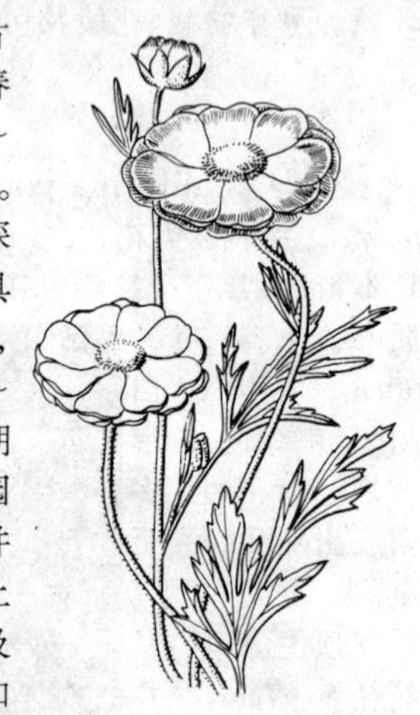

用分株或播种繁殖。分株在 9～10 月进行，将块根带根颈掰开，每株具 3～4 个块根。播种繁殖变异大，常用于育种及大量繁殖。选生长苗壮的种株，只留第一朵花，以促使种子饱满，采收后阴干贮藏。播种以中性砂壤土为佳，撒播后覆土，盖塑料薄膜保湿，30～40 天萌发。苗齐后揭去薄膜。气温降至 5℃ 时需防寒。翌年，幼苗长出 3 片真叶时移栽，保持湿润，每 7 天追肥一次。及时将早现花蕾摘除，以促进幼苗生长。

花毛茛从播种至翌年夏季休眠，即完成了实生苗阶段，以后即可用块根繁殖。于 9 月初栽植，地栽株行距均为 20cm。盆栽用 18～20cm 直径陶盆，选用混合肥土。自 11 月份开始，每 10 天施稀薄液肥 1 次，翌年 2 月起每 7 天施肥一次，并增加肥料浓度。现蕾初期每株选留 3～5 个健壮花蕾，其余全部摘除，以使营养集中。

园林应用：花毛茛花大，重瓣程度高，色彩丰富，在欧洲、日本是较流行的花卉之一。可作切花、盆栽或栽植于花坛、花带、林缘草地等处。 （李泽雏）

花门（garden arch and plant door） 用观赏植物造型或攀附它物而形成的门形装饰。常设在庭园中作为步行路的出入口，成为引人入胜的起点。花门依所用植物及制作的方法有以下三种类型：①造型花门，是用观赏花木经盘扎造型加工制作的花门。所用植物通常选幼枝比较柔软，枝条相接触时形成层能愈合在一起的花木为主，四川省多用紫薇，或用桂花、贴梗海棠、女贞、大叶黄杨等制作花门，也有用山楂、朱槿的。②架式花门，是用建筑花架的材料和方法，按拱门的形式设计制作，使藤本花卉，如蔓性月季、三角花、凌霄、紫藤等沿格架攀援至门上形成的花门。③松柏拱门，是用松柏类植物，如桧柏、侧柏等，利用其枝叶密茂、分枝点低和耐修剪的习性，在门的位置两侧各种 1～2 株，中间留出通道，逐年修剪，形成两侧方形门柱，上部枝条互相搭接穿插，修成拱形，有时人工加以辅助结为一体。此门终年常绿，两侧与绿篱连接即是一个封闭空间，虽然本身无花，但充作园内花卉的背景也十分隽永素雅。花门除具有门的功能外，还兼有框景作用，成为游人观赏、游览的内容。花门还有导向作用，从而进入另一个分隔的景区，成为沟通景区之间的枢纽。

花门的制作方法，中国四川省的传统方法将紫薇的枝条从二年生小苗开始编扎，造成瓶状、柱状，上升到一定高度再将两株的上部编在一起，形成门的形状需要 10 年左右。花门实际上是违反自然的一种人为的技巧，偶一为之尚可。 （李泽雏）

花盆（flower pots） 栽培观赏植物用的容器之总称。因制造的原料不同，有粘土盆、瓷盆、木桶或竹篮、塑料盆、金属盆、玻璃花盆、石质盆、水泥盆等。

粘土盆又称瓦盆，是各地最常用的花盆。有不同高低和大小；盆口边缘向外扩展成盆边，便于搬动操作；有的侧面有各种凸起的环纹装饰；盆底或侧面留有洞孔，以利排水；颜色多为土灰色或砖红色。花盆大小各地常有各种规格和名称，只在当地流行，全国尚未统一。例如北京地区花盆名称及规格列表介绍如下：

花盆名称	内径/cm	高度/cm
牛眼盆	6	5
桶子盆三号	9	7
桶子盆二号	12	8
桶子盆头号	15	10
菊花缸子	18	10
二缸子	22	12
坯子盆	30	15
三道箍	40	25
水桶	48	28
四套接口	60	32
八套接口	70	38
四套鱼缸	60	30
八套鲜缸	70	38

各地用盆习惯也不一样，在华南多用高腰盆，在云南多用大肚子的瓦盆。瓦盆通气性能良好，符合根部的呼吸生理要求，价格便宜，适宜种植各种花木。但制作较为粗糙，易生青苔，色泽不佳，欠美观，且重而易碎，运输不便。

瓷盆由高岭土制成，可以上釉或不上釉。盆底或侧面有小洞，以利排水。作为液体培养者则无小洞，如水养水仙花等。各种各样的浅底盆，用于盆景。不上釉的陶瓷盆多为紫褐色或赭紫色，既能通气又美观，如江苏宜兴的紫砂盆很有名，可作花木栽培和展览用。

木桶是由木料与金属箍、竹箍或藤箍制造而成的圆形大盆。口径在 80～100cm，高度在 40～50cm 之间，底部有排水孔。外部刷油漆，内面用防腐剂涂刷。北方冬季寒冷地区多采用，栽植高大、浅根观赏花木，如棕榈、南洋杉、橡皮树、桂花等。但木质易腐，只能使用 2～3 年。

竹篮或竹框通气性良好，多用于栽培附生类花卉，如兰科的石斛、蝴蝶兰、口红花（又称芒毛苣苔）（*Aeschynanthus*）、猪笼草和沉入水中的睡莲、荷花等观赏植物。

自 20 世纪 80 年代以来又流行用聚氯乙烯等可塑性高分子化合物制成的塑料花盆。有各种规格和颜色，一般为圆形、高腰、矮三脚或无脚，底部或侧面留有孔眼，以利浇灌吸水及排水，也有不留孔作水培或套盆用者。塑料盆美观，轻便耐用，便于运输携带，用者日多。加强基质的排水性能，可以克服透气性差的缺点。在家庭或展览会上，在底部常加一个托盘，承接溢出水。此外，还有用长圆形的塑料袋，内装基质，在侧面不同高度开小孔种植花卉，吊挂在室内作为装饰或在苗圃用来栽苗，易于成活而轻便。

金属盆与玻璃盆多用于水培，应事前设计、订做。实验室或种植水生植物时常用。

室外用水泥或泡沫塑料制的大型种植盆，其形状、大小，随环境条件与设计意图而不同，多于开花后随时运来装点大型建筑之前或广场环境。每次更换均用卡车吊车装运，比较费工。

另外，新流行的废纸回收后加工制成的大小纸盆，价廉轻便，不常移动的纸盆可用 4～5 年。用纸浆与泥炭混合制成的小型播种盆育苗，成苗后可以连盆一起定植于花坛中。

（吴应祥）

花圃（flower nursery）　专门繁殖、生产、经营花卉等观赏植物的场地。花圃常兼有供来访者观赏、憩息以及科学普及教育等作用。

在城郊经营花圃，中国古代即有传统。如宋定都临安（今杭州），余杭门外东西马塍，渐发展成花木集中栽培地。明、清以来，除杭州、成都外，花圃在南北各地也逐步兴起，如广东的广州花地、中山小榄镇，福建漳州，上海崇明及赵家花园，安徽歙县卖花渔村，江苏光福及虎丘，浙江温州、金华，河南鄢陵姚家花园，山东菏泽，北京丰台花乡等。这些农户式花圃，深受欢迎。进入 20 世纪后，各地花圃有所发展。仅以上海为例，就在抗战胜利后改组花树同业公会为上海市花树商业同业公会，有会员 839 户，其中园艺农场 80 户、花农 575 户、花店 71 户。此际业务内容也有所扩展，包括雪松、龙柏、牡丹、梅花、山茶、紫藤、杜鹃花、菊花、兰花、香石竹等。也有少数机关、学校兴办花圃，如南京中山陵园、金陵大学园艺场、广州岭南大学、陕西武功西北农学院等。

中国的花圃发展至今，既有原来的农户式经营，又有各市园林等部门之花圃与花卉中心以及公司制综合花圃与专业花圃等。如扬州、泰州、上海等地发展以内外销盆景为主的花圃，山东菏泽、河南洛阳重点生产牡丹，鄢陵着重发展蜡梅、圆柏，成都平原以兰花、梅花为重点，武汉着重发展梅花、荷花，北京则着重生产菊花、月季及其他切花等。改革、开放以来，花圃发展尤为迅猛。如云南昆明、呈贡的切花生产（香石竹、满天星等），上海、深圳各种花圃（包括花卉良种繁育场）也发展很快。

花圃的区划与设计，可参照苗圃办理（见**苗圃**）。应注意如下几项：①花圃在城市中的位置及交通状况，均应在城市规划中着重考虑。花圃与一般苗圃不同，在面积上可大可小，但要求交通便利。②花圃区划设计比一般苗圃较为灵活，内容及重点视具体情况而定。一般引种区、繁殖区、温室区、荫棚区、展览区、栽培区、肥料厂、盆花场、办公室、销售部、贮藏室、车房等俱不可少。③生产经营与展览相结合，尽可能办成“花卉中心”。④要重点突出，办出特色来（如盆景、梅桩、兰花等）。⑤育种与栽培、推广相结合，着重发展自身的特产，并年年推陈出新。故花圃要尽可能设置试验区。⑥花圃建设应与生产、展览、销售、试验区等有机结合起来，使之成为花卉生产基地和观赏游憩的好去处。⑦重视花圃的科学普及作用。对此，在区划、设计时应有所体现。

（陈俊愉）

花期控制（controlling blooming season）　采用人为措施，使观赏植物提前或延后开花的技术。又称催延花期。利用花期控制，可使各种花卉在四季均衡开花，在节日供应各种不时之花，使不同花期的花卉在同一时期集中开放，或使某些每年开花 1 次的改为年内 2 次或多次；还可做到让原来花期不遇的杂交亲本在同一时期内开花，对提高观赏效果和方便杂交育种都有重要意义。

中国早在宋代就有用沸水熏蒸、人工催花提前开放的记载。至清代《花镜》中有“变花催花法”一节，记载了人工将牡丹、梅花、桂花等催花的简单方法。当时在北方冬季常用暖室以火炕增温的办法，可使牡丹、梅花等提前于春节开放。古代多仅通过温度的升降来改变花期，特别是对冬季休眠的植物更是如此。20世纪30年代以来，也有根据植物对光周期长短的不同反应，而采取延长或缩短光照处理，从而提前或推迟花期。50年代起，生长调节物质也被应用到花期控制上。到70年代，花期控制技术应用范围更加广泛，方法也层出不穷。欧美等国常控制郁金香、风信子、杜鹃花等使其在圣诞节开花，在切花市场供应调节中，也常应用催延花期技术。

植物在完成营养生长后，在外界环境适宜时进入生殖生长，进行花芽分化与发育，形成花芽以至开花。植物种类和品种不同，自然花期不同。这是由植物本身遗传因子所决定的。同一种植物在不同环境条件下，花芽的形成与开花期，也不尽同。这是由于外界因素的影响所致。

花芽分化是从花原基开始到花的各部器官形成的过程，花芽发育则为自花芽萌动开始至花朵开放的过程（见**花芽分化**）。这两个阶段要求的环境条件常是不同的。如郁金香花芽分化适温为20℃，而花芽发育适温为9℃。水仙在32℃条件下经过4天，可加速花芽分化；而开花时则较喜低温。用定期取芽，在显微镜下观察的办法，可摸索出在自然条件下花芽分化与发育的规律，进而人工创造条件，满足花芽分化与发育的要求，达到控制花期的目的。

温度调节　很多植物在高温时形成花芽，也在较高温度条件下开花，如白兰、茉莉、紫薇、月季等。这类植物在气温下降前，继续给以高温，夜温保持22℃以上，则可不断发生新枝，形成花芽，连续开花。有些植物在高温下进行花芽分化，但必须经过低温休眠阶段始能开花，如早春开花的梅花、桃花、牡丹、樱花等。这类花木可在花芽分化基本完成后，在休眠期给以高温（如28℃），以打破休眠，可望提前开花。但升温必须逐步提高，循序渐进，否则只开花，不长叶，或出现畸形，反为不美。如休眠期不足，则开花不整齐，或花与叶同时长出，同样事与愿违。反之，在这类花木休眠期即将结束，而气温即将上升时，如继续给以低温，保持0℃左右，延长休眠期4至5个月，即可推迟开花，如牡丹、水仙、梅花、桃花等。但桂花秉性喜凉，入秋降温时开放。故在高温下花芽分化完成后，如给以25℃高温，则可推迟开花；而在18℃以下只经5～7天，即可开花。

光照调节　光周期对花的形成起着重要的作用（见**光周期**）。三色堇、金光菊、唐菖蒲、凤仙花等在春、夏季长日照时开花；菊花、叶子花、蟹爪等在秋冬季短日照条件下开花；翠菊等花芽分化需在长日条件下，而开花则在短日下，为长短日植物；瓜叶菊等花芽分化在短日条件下，开花则在长日条件下，为短长日植物。对于短日性植物，可利用短日照的办法，每日给以14～16小时的暗处理，则可提前开花。如菊花依品种的不同，经50～60天，即可开花。一品红在5月中旬至9月中旬，单瓣种处理45～55天，重瓣种55～65天，则可自7月初至11月连续开花。叶子花经45天短日处理，即可提前开花。暗处理时，遮光必须严密，不可漏光。且遮光必须连续进行，不得中断，遮光时温度不可高于30℃。长日处理唐菖蒲等花时，每日给以14～16小时光照，则可提前开花。菊花如行长日处理，则可推迟花期。还可利用光、暗倒置的办法，使夜间开花的昙花在白天开放。

生长调节物质处理　生长调节物质中，赤霉素制剂如“920”有打破休眠的作用，乙烯利有催熟作用，B9、萘乙酸有阻碍离层的形成及推迟果熟、减少落果的作用。当茶花花芽在7～8月高温下进行分化，2～3月开花，可在8月底至9月初开始以500～1000mg/L的“920”每日或隔日涂抹一次花芽，1个星期或半月后剥除鳞片4～6枚，继续涂抹，经25～30天，即可开花。牡丹、榆叶梅用同样处理，可于当年内二次开花。海棠、苹果花后70～80天，以20～40mg/L萘乙酸或B9喷射植株，每半月一次，连喷3～4次，则可抑制离层的形成，推迟落果，延长观赏期。当芸香科植物橘子、柚子、香橼等果实长到绿色开始由浓变浅，果皮开始变光滑时，以500～1000mg/L的乙烯利每隔10～15天涂抹果实一次，则可提前半个月变色以供观赏。注意涂抹时不可涂到果柄上，否则易致落果。

改变繁殖期　采用分期播种或扦插的办法来调节花期。如凤仙花、万寿菊、孔雀草、百日草等，可自3～7月分期、分批播种，则可从6～10月陆续开花。唐菖蒲4～7月分期种植种球，可在7～10月开花。孔雀草、一串红等5～7月扦插，则可9～10月开花。

改进栽培管理　采用修剪的办法，月季在正常生长状态下，修剪后45天又可萌生新枝而开花。象牙红每次花后进行强修剪，一年可开3～4次花。紫薇于开花后期8月中旬左右进行轻修剪，经45天又可开两次花。现采用修剪与施肥等相结合的办法，甚至一年内能开3～4批花朵。一串红花后摘除花序及其下1～2片叶，则25～35天后又可再次开花。此外，调节水分，减少氮肥增施磷肥等措施，均可在调节花期上发挥作用。

在花期控制中，应根据不同植物的开花习性及要求开花的时间，采取相应措施。但任何措施都不是孤立的，而须与其他措施相配合，成为一个整体，方可收到更好的效果。

在各种控制花期的措施中，有起主导作用的，有起辅助作用的。有可同时使用的，或应先后使用的，均应经过实验，认真观察再定最佳方案。同时还要注意其他相应措施和环境条件的配合，才可得心应手，取得较圆满的成功。

（虞佩珍）

花楸树（pohuashan mountainash） *Sorbus pohuashanensis*，别名百华花楸。蔷薇科花楸属落叶乔木。高达8m。小枝有绒毛。奇数羽状复叶，小叶11～15枚，卵状披针形或椭圆状披针形，背面粉白色，有绒毛；复伞房花序，花白色，花期5～6月；梨果近球形，红

色或橘红色，9～10月成熟。产中国北部地区。湖南、湖北等地也有少量分布。较耐阴，耐寒，不适于高温干燥地区生长；喜湿润的酸性或微酸性土壤。播种繁殖。移栽宜在落叶后或萌芽前进行，小苗多带宿土，大苗及成年树需带土球。常有刺蛾和大蓑蛾为害叶片，幼虫期可用90%敌百虫800～1000倍，或80%敌敌畏1000～1500倍，或辛硫磷1000倍喷治；或挖杀刺蛾蛹茧，点灯诱杀大蓑蛾成虫。

花楸树花叶美丽，入秋红果累累。适宜园林中假山、谷间及斜坡地阴湿处栽植。

同属植物约80余种，中国约50种。可栽培供观赏的种有：水榆花楸（*S. alnifolia*），高达20m，树冠圆锥形；单叶互生，卵形；秋叶红色。果实红色或黄色。黄山花楸（*S. amabilis*），高达10m。小枝粗。奇数羽状复叶，小叶9～13枚。花白果红。石灰花楸（*S. folgneri*），高达10m。枝开展，弓弯；叶卵形或椭圆状卵形，边缘有锯齿，背面密被白色绒毛。花白色，果红色。湖北花楸（*S. hupehensis*），高达10m。幼枝被白色绒毛；奇数羽状复叶，小叶17～25枚；果实白色。陕甘花楸（*S. koehneana*），落叶灌木，高4m。奇数羽状复叶，小叶17～25枚，长圆形或长圆状披针形，边缘有锐锯齿；花、果皆白色。天山花秋（*S. tianschanica*），落叶小乔木，高达5m。小枝粗，奇数羽状复叶，小叶5～15枚。花白色，果鲜红。

（庄茂长）

花荵（Greek valerian polemonium） *Polemonium caeruleum*，花荵科花荵属多年生草本植物。高40～70cm，根状茎横生，茎不分枝。奇数羽状复叶，小叶19～25枚，披针形，全缘。圆锥花序顶生或生于上部叶腋间，由伞房花序构成，总梗和花梗密生短腺毛，花萼钟状，花冠辐状或宽钟状，裂片圆形，蓝色或浅蓝色，花期夏季。分布于中国东北、内蒙古和河北等地，

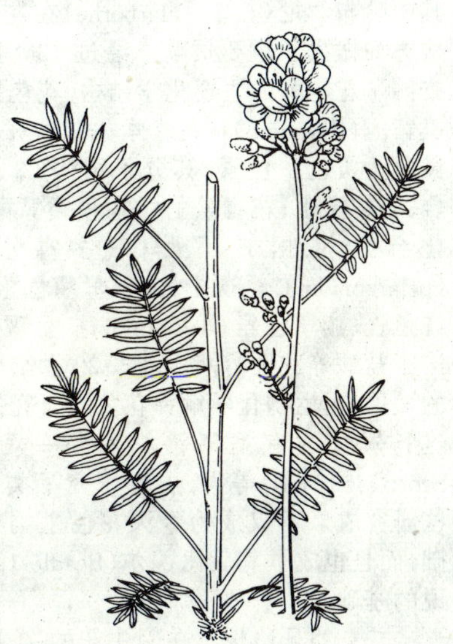

朝鲜半岛、俄罗斯远东地区、蒙古、日本也有分布。耐寒，不耐高温潮湿环境，喜疏松、肥沃、湿润土壤和适当遮荫的环境。播种、分株繁殖。生长健旺，栽培容易。花荵叶形优美而奇特，叶长侧垂，是吊盆栽植的好材料。

同属50种，有引种价值的还有中华花荵（*P. chinense*），为多年生，根状茎短，花萼筒状，密生腺毛，花柱远伸出花冠之外，花蓝色，原产中国。

（秦魁杰）

花色遗传（heredity of flower color） 花朵颜色在有性繁殖情况下由亲代传给子代的遗传变异规律。它对花卉栽培、繁殖、育种、应用等，都具有重要意义。

发展简史 1856～1863年孟德尔（G. J. Mendel）连续8年的豌豆杂交实验，奠定了花色遗传的理论基础。他将纯系的红花豌豆与白花豌豆杂交，F_1全部开红花。F_1自花授粉所得F_2中，有705株开红花，224株开白花，红花植株与白花植株之比接近于3:1。孟德尔称F_1表现的红花性状为显性性状，白花性状为隐性性状；F_2显性性状与隐性性状同时分别出现，称为性状分离。1910～1930年德国学者威尔施泰特（Willstatter）和瑞士学者卡勒（Karrer）从大量生物中分离出

结晶的类胡萝卜素(carotenoid),存在于植物的花瓣、根、叶和果实中,它包含红色、橙色及黄色,是一大类色素类群,胡萝卜、番茄、南瓜、柿子所特有的颜色,均为类胡萝卜素的产物。其化学结构为异戊二烯的多聚体,通常由8个异戊二烯(四类萜)以头尾相连方式组成,不溶于水,而溶于油脂乙醚,在细胞中多以质体形式存在。至19世纪中期很多人从事色素化学的研究;其中哈布罗尼(J. B. Harborne)在花色素苷的化学结构方面做出了重要贡献。经过130多年的努力,基本查明了花色素的主要化学结构,花色素有类胡萝卜素、类黄酮(flavonoid)和花青素(anthocyanidin)三大类。类黄酮为黄色系色素,其分子结构 $C_6-C_3-C_6$ 方式结合,易溶于水;花青素的结构和类黄酮相似,都是杂环化合物,依据B环上OH多寡分为天竺葵色素(pelargonidin),呈现橙色;矢车菊色素(cyanidin),呈现红色;飞燕草色素(delphinidin),呈现蓝色。花青素易溶于盐酸等酸性溶液。进入20世纪后,随着色素化学的发展,用生物化学解释花色的研究兴起,初期活跃于这个领域的有翁斯洛斯科特—蒙克里费(Onslow Scott-Moncrieff)等人,主要研究了类黄酮的遗传。这些研究成果不仅成为今天花色生物生化遗传学的基础,而且也成了其后比德尔(Beadle 1945)的基因-酶学说的基础。

花色的显隐性　在牵牛花的杂交中,也出现了孟德尔豌豆杂交试验的显隐性现象(表1),在白色花与其他色花的杂交中,F_1 表现为其他色花是显性,白色花是隐性;在其他色花杂交中,紫色花是显性,红色花是隐性;紫色系与蓝色相似,蓝色系是显性,紫色系是隐性,其顺序是蓝、紫……红、橙红,显性依次递减。但花色遗传较为复杂,在杂交后代中表现不明显显性的居多,如纯系紫茉莉(*Mirabilis jalapa*),红花品种与白花品种杂交,F_1 全部开红色花,不同于任何一个亲本,F_1 自交时,F_2 出现红花1、粉红2、白花1的分离;又如圆叶牵牛花(*I. purpurea*),红花品种与白花品种杂交时,F_1 也开出粉红色的花,并且 F_2 的红:粉红:白色的比例也为1:2:1。F_1 都表现为不完全显性。

表1　牵牛花花色的显性与隐性

花的颜色	基因组合
紫　色	红　色
明　色	灰　色
蓝　色	紫　色
花色均匀	花色雀斑状
花色雀斑状	白　色
筒部红色	筒部白色

花色素基因　花色素的形成,花色素在花瓣中的含量和分布等都受基因控制。助色素虽然无色,却往往与花青素形成复合体。助色素的生成与控制色素种类的基因或决定色素含量的基因,都有密切的关系。花青素色调微小变化与花瓣酸性强弱有关,花瓣内部酸性的强弱也受控于基因的指令。在花卉中常常出现有镶嵌花纹的花朵,常是由易变基因引起的。由于上述原因,致使花卉颜色丰富多彩,表现出花色的多样性。

花色素合成的起动和终止完全由基因调控。例如金鱼草的显性白化症基因呈显性N时,合成色素即开始;当基因呈隐性n时,色素合成便停止。有的花卉花色合成同时由双基因控制,如香豌豆,当同时存在两个显性基因C和R时,才能开出紫色花来;如只有一个,都开白色花。C和R两个基因,称作互补基因。紫花地丁的花色遗传较为复杂,从白色到蓝紫色中间有浅蓝紫色等过渡颜色,这是由A和B两组基因相互作用的结果(表2)。有的金鱼草,其花色由3个基因(即P、M、Y基因)控制,这3个基因都参与决定色素含量的过程,当 ppmmyy→Ppmmyy→PpMmYy→PpMmyy→PPMmYy→PPMMYy→PPMMYY 时,随着显性基因的增加,其花青素的含量也不断增多。但某些花卉相反的随着花色基因的增加,花色素含量相对地减少。例如四倍体金鱼草,当不存在EI基因时花呈浓红色;有一个EI基因时花呈红色;有2个EI基因时花呈淡红色;3个EI基因时花呈微红色;4个EI基因时,花近白色,EI基因对花色素的形成有减退的作用。而香石竹的花色由6个基因控制,其中3个基因决定花色的有无,另外3个基因决定花色的浓淡。大丽花遗传性极为复杂,花色丰富,有黄色、橙色、绯红、象牙色、品红等,其颜色由多个基因控制,Y是控制黄色类黄酮生成的基因,I是影响淡黄色类黄酮生成的基因,H是抑制Y作用的基因。当Y存在时,I的作用被抑制,当H和Y共存时,黄色的类黄酮的生成被抑制。另外有A、B基因,A、B均为制造花色素苷的基因,A基因只生成少量花色素苷,当B基因存在时,则能生成大量花色素苷;Y和A共存时,花青苷的生成受到抑制,当I和A或B的任何一个共存时,天竺葵色素型的花色素苷的生成也受抑制。花色素在花瓣中的分布有时是不均匀的。如报春花只在花瓣尖端带色,已知色素分布不均匀的基因有J、D、G,J基因具有使花青素生成的作用,但这种作用在花瓣基部较弱,因此花朵的中心部分花

表2　紫花地丁的花色与基因的组合

花的颜色	基因组合
深蓝紫色	AABB
浅蓝紫色	AAbb
白　色	aaBB
深蓝紫色	AaBB
深蓝紫色	AABb
蓝紫色	AaBb

色较浅,呈粉红色,D和G两个基因有抑制花青素生成的作用,D对花的周围部位起作用,G对花的中心部位起作用,所以具有D基因的花,花瓣前端变白;具有G基因的花,花瓣基部变白的现象。花色素合成的途径也是基因来决定的,当完全显性基因A时,只能生成花青素(红色);要是隐性基因a时,则只能生成助色素(白色);基因A呈不完全显性时就会生成花青素和助色素的复合体而变成蓝色(如下图)。紫丁香、蔷薇、报春、香豌豆、蛾蝶花(*Schizanthus pinnatus*)、倒挂金钟、三色堇等蓝色系的颜色都是这样形成的。健康的花瓣内部通常为酸性。但酸性的强弱,也随基因显隐性而异。如报春,基因为显性R时,花瓣里的pH值为5.2~5.45,表现为红色;当基因为r隐性时,pH值为5.9~6.05,花呈现蓝色。虞美人的P基因,香豌豆的D基因与报春的R基因相似。上面所讲的基因作用是完全固定的,不会轻易改变或发生别的作用,可是有另一类基因,它能频繁地发生突变,称为易变基因,如鸡冠花,正常类型为黄色花,它是受隐性基因a的控制;而红色花则是显性基因A的作用,但a很容易变成A,A也具有容易恢复为a的特性。这种基因显隐性的改变不会引起整个花体的突变,如果突变发生在花体的某个部位,则在该部位发生镶嵌的花纹。由易变基因引起的花色变异,除上述例子外,还有紫茉莉、矮牵牛、金鱼草、桃花、杜鹃花等。

原料物质 —A→ 花青素(红色)
原料物质 —a→ 助色素(白色)
花青素(红色)+助色素(白色) → 复合体(蓝色)

花色的形成除上述所讲的基因外,还与栽培环境和管理有关,在栽培环境中主要是光线、温度、土壤、肥水等。当日光照射花瓣时,花青素的含量迅速增加。叶红素、类黄酮等的合成也只有在光线条件下才能顺利进行,但过强的光线也往往使色素破坏变质,因此对某些花须适当的控制光量。各种花卉都有其适合的温度范围,一般来说,温度较低,花色素量多,花瓣质量好,但温度过高往往使花瓣变色、色素变质。土、肥、水和管理对花色形成有重要影响,只有基因、环境、管理三者具备时,基因遗传表达才能充分体现。

(程金水)

花台 (raised flower bed) 高出地面栽种花木的种植地。常用的花台是在砌成40~60cm高的矮墙内填入肥沃的土壤,供种植各种观赏植物,欣赏其姿态、色彩、香气等,又称高设花坛。花台中除花木外,有时布置假山石或雕塑小品作为配景。花台是中国传统的花木布置形式,在古典园林中或私人宅院中应用较多。在庭院中作厅堂的对景或入门的框景,堂前斋后的花台,沿墙而筑以山石为边缘,以粉墙作背景,衬托花、叶,加上日影移晷犹如一幅活的壁画展现于庭院。现代园林中,常将花台布置在广场、道路交叉口或园路的端头,建筑物入口的台阶两旁以及花架、走廊的两侧;在形式及构筑材料方面又有许多新颖的变化,如活动的大花盆式花台可拼成各式花台群,式样多变,别具风格。

花台的形式和排列的方式,可分为规则式和自然式两种。规则式花台的外形有圆形、椭圆形、正方形、矩形、正多角形、带形等。植物配植习惯上常用怕涝的牡丹及其他花木类,如山茶、蜡梅、梅花、海棠、红枫、五针松、翠柏、南天竹等。这类规则式花台多设在规整式庭院中,现代组合式花台大多用于广场或高大建筑的前面的规则式绿地上,其中以草本花卉为主,并经常更换。自然式花台的形式常出现在中国自然式山水园中,宽度和布置方式都比较灵活,尤其在山坡山脚的花台边缘常用山石砌成不规则的曲线,既是花坛又充作挡土墙。花卉的配植高低参差,有疏有密。植物多采用牡丹、芍药、红枫、梅花、五针松、蜡梅、山茶、杜鹃花、南天竹、兰花、玉簪、百合、晚香玉、书带草、鸢尾等。管理省工而年年有花、果可赏。

花台多在地下水位高或夏季雨水多易积水的地区设置,如根部怕涝的牡丹等花卉就需要花台。古典园林的花台多与厅堂呼应,可在室内欣赏。植物在花台内生长,受空间的限制,不如地栽花坛那样健壮,所以西方园林中很少应用高设花坛。花台在现代园林中除非积水之地,一般不宜于大量设置。

(徐大陆)

花坛 (flower bed) 按照设计意图在一定形体范围内栽植观赏植物,以表现群体美的设施。花坛应用的植物材料,主要为一二年生草本花卉、宿根花卉、球根花卉及少量木本植物等。其中包括观花、观叶及观果植物。也可采用雕塑小品,孤赏石及其他艺术造型点缀或装饰在花坛之中。广义的花坛还可以包括盆栽观赏植物摆设成各种形式的盆花组合。

花坛常设置在建筑物的前方、交通干道的中心、主要道路或主要出入口两侧、广场中心或四周、风景区视线的焦点处及草坪上等。花坛与四周形成对比而引人注目,在美化环境上,以艳丽的色彩起到点缀、烘托、加重和连系的作用。不同的花坛构成绿地的不同层次,丰富了园林景观,起到画龙点睛的作用。

花坛的种类依布置方式不同可分为花丛花坛及毛毡式花坛。①花丛花坛,又称集栽花坛,将几种不同种类,不同高度及色彩的花卉栽植成花丛状。中间高四周低以供全方位观赏,或后高前低,供单方向观赏。在生长季花坛需更换花卉3~4次,保持花坛的观赏效果。重点地区保持经常有花,常每20~30天换一次花。花坛常用的花卉:春季开花的有三色堇、雏菊、金盏、桂竹香、紫罗兰、矢车菊、飞燕草、金鱼草、石竹类、雪轮类、瓜叶菊等；夏季开花的有石竹类、百日草、半支莲、美女樱、矮牵牛、凤仙花、鸡冠花、翠菊、蓝亚麻、鸢尾、萱草等；秋季开花的有翠菊、凤仙花、百日草、红黄草、鸡冠花、千日红、一串红、芙蓉葵、紫菀及菊花等。②毛毡花坛，又称模纹花坛，植物材料以色彩鲜艳的各种矮生性草花为主，在平面或立面上用植物栽出各种图案。常用花卉有五色苋、半支莲、香雪球、地被石竹、彩叶草、石莲花、矮生翠菊及荷兰菊、一串红等。毛毡花坛应经常进行修剪以保持花坛图案的纹样清晰和整齐美观。毛毡花坛依形式又可分为立体花坛、平面花坛和沉床花坛。立体花坛有各种凸出地面的形体，如动物造型或其他特殊要求的造型，如时钟、会徽等，常用的植物材料多为五色苋。平面花坛又可分为规则形与自然形，规则形常以圆形、椭圆形、方形、长方形、三角形、多边形为基础的几何图形，一个或多个几何图形组合成的花坛群。自然形外形不规则，常依花坛所在地决定其外形，多设在草坪上或乔灌木的边缘。沉床花坛是沉园内的花坛，图案要求明快鲜丽，四周高中央低，并设有环路，方便俯视观赏，又可巡回观看。

花坛的设计应根据立地条件及环境要求而定，必须与环境协调，在建筑物前，要与建筑体形大小成比例，不宜过大或过小。大型建筑物前的花坛宜采用花坛群组合形式。外形要与环境的线条协调，在交通干线交叉路口处的花坛，应以圆形为好，便于输导车辆绕行。城市高大建筑前常有方形广场，花坛也以直线条的方形、长方形为好。在交通要道及公园入口、喷泉、雕塑四周均应色彩艳丽，引人注目。医院常用淡雅的冷色，使病人感到宁静。花坛植物的色彩配置要有主、宾之分，主色在体量及种植面积上要大些，各色可不均一。同一花坛内色彩不宜过多过杂，大面积以3～5种颜色为宜，小面积用1～3色即可。同类色相的近似色有协调柔和感，但缺乏生气。对比色比较活泼有动态感，如果应用过多则显杂乱。花色要随季节调整，春季可以红、黄、橙、粉等暖色为主；夏季应以青、紫、白等冷色为主；秋季为成熟的季节，应以黄、橙色为主；冬季则以红色为主。

花坛施工时先翻整土地，除去石块等杂物，土质过差时应客土、施肥，再整平，以木、竹栏或其他矮生植物作边缘，然后按图施工。在栽植前三天应将花苗浇一次透水。最好是盆栽育苗，将近开花时移为地栽。栽植时花丛花坛应从中心向外栽植，单面式花坛应自后向前栽，株行距应一致，以开花时叶片正好连接不露土面为好，高矮要整齐一致，栽时要保持原土球的完整，栽后充分浇水。毛毡花坛应先栽植图案边线，然后再栽图案内部。毛毡花坛宜经常修剪保持10～15cm高度，过高则图案不清。

（虞佩珍）

花文化（flower culture） 以观赏植物为主题或对象的文化领域中的一个特殊成分。此处之“花”，系用其广义，即指观赏植物而言。世界各国都有花文化，但侧重点不同，发展程度参差不齐。中国是花文化高度发达的国家，自古已然。甚至可以说，中国是在花文化带动下引发了花卉栽培乃至观赏园艺的。

花文化在中国绘画、诗歌、民俗、摄影、音乐和工艺美术中，均有大量表现。主要通过对观赏植物的欣赏、拟人化和由此所产生的联想，来阐明人生观、道德观或政治观。花卉大量被装饰艺术选用为创作题材，如刺绣、剪纸、用具装饰、衣帽装饰、建筑装饰等。花卉本身又是瓶花、花篮、捧花、餐宴桌花、人体饰花乃至园林艺术的主要素材。

中国自古至今流传下来许多诗歌，可以说，诗的形式是花文化的一种十分重要的表现手段。在商周时代，已有不少脍炙人口的诗句，提到植物的观赏特点。如《诗经》中的“桃之夭夭，灼灼其华”，“蒹葭苍苍，白露为霜”，等等。可见中国古代花卉入诗，至少已有3000多年历史了。历代花卉方面的词、赋亦多，如晋代潘岳的《安石榴赋》、南朝江淹的《莲花赋》、唐代宋璟《梅花赋》、宋人杨仲囦的《水仙花赋》等，都是传世佳作。古代诗人屈原强调“美人芳草”，分别指有高度政治责任心的士大夫和有香气的草木，以香气象征良好的品德。后人也对一些特定的观赏植物拟人化，赋予人的道德属性。如松、柏以凌寒不凋，象征不畏艰险，忠贞自守；梅、兰以幽香远溢，象征不慕荣利，坚贞不屈；而竹以虚心有节，莲以洁身自爱，菊以晚节无亏，都特受到人们的赞赏，这简直成为历代士大夫的道德观和政治观之公认准则。自唐、宋起，大诗家几无不有咏花诗词传世，且常从“拟人化”的植物身上引发出各种联想，吟成诗歌。如陆游咏梅词中“零落成泥碾作尘，只有香如故”，强烈表现出鞠躬尽瘁、死而无悔的人生观。

花卉入画，至迟始于唐代。唐时名画家边鸾，被认为是中国花鸟画的鼻祖。绘画中的文人写意画，始于五代。如《图绘宝鉴》所载后蜀李夫人始创墨竹画法。自宋至近代，以墨竹、墨梅及墨兰等写意画，用宋时首创的题画诗或跋，自抒胸怀，含蓄抨击社会黑暗面，成为世界绘画艺术中一大创举。明亡后，宗室八大山人（朱耷），善画水墨芭蕉、花木等，“八大”二字草书连写时，似哭或笑字，寓啼笑皆非之意。清郑板桥以画墨兰、墨竹著称，所题画诗，嬉笑斥骂时弊，令人赞叹。近代齐白石、张大千，水墨中着淡色，题画诗也多针对不良风气，影响深远。

民间习俗中沿于观赏植物的也多。如《提要录》中说：“唐以二月十五日为花朝”。《翰墨记》曰：“洛阳风俗以二月十二日为花朝。”唐代进士及第后，在曲江杏园聚会，称杏花为“及第花”；秋试及第，称“蟾宫折桂”。《月令广义》称“女夷为花神”。宋曾端以十花为十友，宋张敏叔以十二花为十二客。宋陶榖《清异录》“张翊……戏造花经,以九品九命升降而次第之。”明人多有仿效。宋代程大昌《演繁露》说“三月花开时,风名花信风”,等等。神话传说中,有吴刚谪伐月中桂的故事(见于唐代段成式《酉阳杂俎》)。其他如“花神”、“花仙”和“花妖”的故事,历代都有,而以《镜花缘》、《聊斋志异》中所载,最为脍炙人口。

在小说如《红楼梦》中,曹雪芹巧妙地把数十种名花“配植”在大观园里,将数十首吟花诗词有机地安排于书中,以花名人,以花喻人,皆屡见不鲜;而黛玉葬花、栊翠庵乞红梅等,更是花文化中的传世佳话。以花卉作为戏曲的主题,自古即有著例。如《牡丹亭》、《汉宫秋》、《桃花扇》等,均在民间广为流传。

关于“名花”和市花、省花、国花的评选,在中国受到广大群众的重视并积极参与,这也反映出花文化在中华故土之突出地位。

至于源于欧洲的花语,也赋予某些花卉以一定的寓意,并选用恰当的词语来代表。在环境装饰和社交活动中,也常用花卉传递情感。如香堇作为希腊智慧女神(Athena)的象征,所以堇菜属植物的花语是“诚挚”和“爱情”。

花卉欣赏与花卉象征,在中国均有其独到之处,寓意深刻,铿锵动人,使欣赏者得到美的享受。如唐代李白咏牡丹《清平调》之一云:“名花倾国两相欢,长得君王带笑看。解释春风无限恨,沉香亭北倚阑干。”又如宋代苏轼咏海棠诗:“东风渺渺泛崇光,香雾空濛月转廊。只恐夜深花睡去,故烧高烛照红妆。”

参考书目

周武忠:《中国花卉文化》,花城出版社,广州,1992。

Laura Peroni, *The Language of Flowers*, Crown publihers, Inc., New York, 1984

(仇春霖　吴涤新　张万佛　王大钧)

花芽分化 (flower bud differentiation)　植物茎生长点由分生出叶片、腋芽转变为分化出花序或花朵的过程。花芽分化是由营养生长向生殖生长转变的生理和形态标志。这一全过程由花芽分化前的诱导阶段及之后的花序与花分化的具体进程所组成。一般花芽分化可分为生理分化、形态分化两个阶段。芽内生长点在生理状态上向花芽转化的过程,称为生理分化。花芽生理分化完成的状态,称作花发端。此后,便开始花芽发育的形态变化过程,称为形态分化。

分化过程　所有高等植物的花序及花的形态发生及分化过程,基本上是大同小异的:在营养生长时期,茎生长点呈圆锥形,顶部略微突起。在生长点基部不断形成新的叶原基,之后在叶腋中形成侧枝原基。当植株进入生殖生长状态时,位于生长点基部中心髓部的,被称之为“等待生长点”的那些细胞开始活跃并分裂;在形态上原为圆锥形的生长点逐渐变成扁圆形,即是花序或花分化的开始。

花序分化始于伸长的生长点侧面开始不断形成小花序原基,在这原基下面则分化大小不等(因物种而异)的苞叶,此小花序原基进一步或直接分化出花原基,或分化出次级小花序原基。有些花卉的花序仅在生长顶部不断分化花芽,而顶端生长点不再伸长,众多的花朵都着生在基的顶端,例如水仙等。而唐菖蒲则是随着生长点不断伸长,在侧面不断分化小花原基,因而形成穗状花序。马蹄莲每一茎生长点只分化出一朵大型单花,即在茎生长点上直接产生花器官。

花各部器官分化过程及出现顺序因植物种类不同而小有差别,一般情况多自外向内,由花萼、花瓣逐渐出现雄蕊、雌蕊。由于花原基是营养茎端(含侧枝茎端)演变而来,因之在花下部都有不同程度退化的托叶。

近年在观赏植物花芽分化上,已报道了一些观察和研究成果,如黄济明等将麝香百合的花芽分化过程,区分为:①未见分化;②花原基形成;③外层花瓣原基形成;④内层花瓣原基形成;⑤雌雄蕊形成等5个时期。并根据花芽分化规律,制定施肥等栽培措施,可增加百合的每枝花朵数。又如徐汉卿等从梅花花芽分化的外部形态以及内部组织分化和营养物质的动态变化等出发,进行综合研究,将梅花花芽形态分化的进程分为:①未分化期;②花原基分化期;③萼片原基分化期;④花瓣原基分化期;⑤雄蕊原基分化期;⑥雌蕊原基分化期;⑦雄蕊雌蕊结构分化期等7期。他们还发现在梅花花芽内部分化进程和外部表征之间,存在着一定的相关趋势。

影响因素　在自然条件下,植物从花芽分化至开花,受植物本身遗传本性及外界环境因子的影响而花期有所不同,如春兰、夏荷、秋菊、冬梅等。人们了解了不同植物花芽分化启动及花器生长、开放所需的各种环境条件,并在合适的时间给予这些条件,即可控制花期,令其在所需异常季节开花。这对于菊花、梅花、牡丹、山茶等名花,催延花期的技术问题均已解决(见**花期控制**)。

在诸多环境条件中,控制着花芽分化的主要是温度及日照长度两个条件。一些二年生及多年生花卉在其生长初期需要低温,例如三色堇、雏菊等,必须经过一定时期的低温处理,花芽才有可能分化。而另一些植物,特别是多年生的花木如紫薇、月季等,其花芽分化多在夏季长光照及高温下在当年新梢上实现。一些夏季休眠的鳞茎、块茎花卉,其花芽分化在休眠期进行。但是否能分化出花芽,还需其营养体达到一定大小,例如水仙、郁金香等。许多秋、冬季开花的草、木本花卉,其花芽分化须在短日照条件下进行,如一品红、菊花、叶子花、蟹爪等。

有的植物花芽开始分化之后,很快便开花,如多数仙人掌科花卉等。但有更多花卉植物在花芽开始分化之后,并不很快开花。这类花卉的花芽都是在其休眠期间完成分化的,其开花必须要等到适合打破休眠的条件以及适合其花器官生长的条件,如牡丹、梅花、玉兰、连翘等在夏季花芽分化,翌春开花。证明它必须有一定的寒冬刺激,否则,有的就开花反常,有的则不开花。 (谭克辉)

花烟草(jasmine tabacco) *Nicotiana alata*。茄科烟草属多年生草本植物。染色体数 2n=18。全株密被腺毛。株高 80~150cm。茎直立,基部木质化。叶互生,披针形或长椭圆形。疏松总状花序,花冠筒长为花萼的 4~5 倍,花外面紫红色,内面白色,夜间及阴天开放,晴天中午闭合,花径约 5cm,盛花期 6~8 月,可零星开放至初霜。果实枯褐色,种子细小。变种大花烟草(var. *grandiflora*),圆锥花序,花径约 7cm,花芳香。原产南美,喜温暖、向阳的环境及肥沃疏松的土壤,耐旱,不耐寒。用播种或分株法繁殖,种子寿命 3~4 年。华北地区多春播,作一年生栽培。长江流域以南为秋播,露地越冬。可栽植于路边、庭院、草坪及树丛边缘,也可作缀花草坪的点缀材料。

同属植物约 60 种,常见栽培的还有:红花烟草(*N. sanderae*),为花烟草与福氏烟草(*N. forgetiana*)的杂交种,一年生草本植物,株高 60~100cm,全株被粘性柔毛。基生叶匙形,茎生叶长圆披针形。圆锥花序,花冠长 7cm,花红色,花期夏、秋季,为长日照植物。用播种法繁殖,能自播繁衍。

(张 燕)

花叶如意(leopard plant) *Ligularia kaempferi* var. *auremaculata*。菊科橐吾属多年生常绿草本植物。染色体数 2n=2x=60。具根茎。叶近肾形基部簇生,径可达 25cm,边缘呈棱齿状,深绿色具黄白色斑点,有光泽。花茎高 30~60cm,头状花序多数,径 4~5cm,淡黄色,花期 4~5 月。分布于日本、朝鲜。喜温暖、向阳、湿润;不耐寒。要求含腐殖质、疏松肥沃、排水良好的砂质壤土。春季分株繁殖。夏季忌雨淋,除浇水保持盆土湿润外,傍晚可向附近地面洒水,增加夜间湿度。间隔 7 天追施一次氮、磷混合液肥,如氮肥偏多会使叶片黄色斑点变暗。越冬温度不得低于 5℃。北方用于盆栽赏叶,南方温暖地区作为花坛镶边或湖畔、向阳坡地地被。

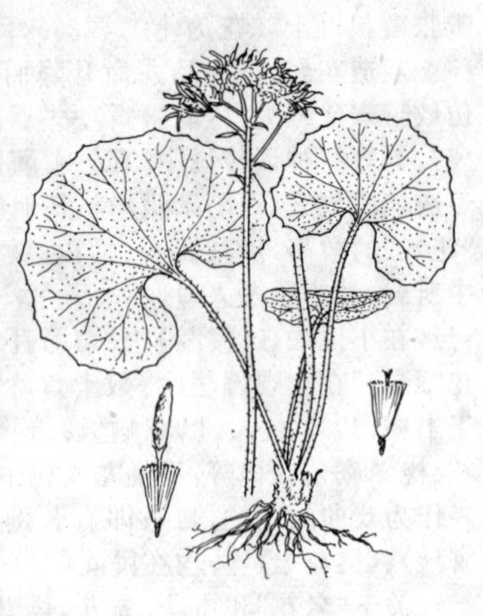

同属植物约 30 种,产于欧、亚两洲。重要野生种有:鹿蹄橐吾(*L. hodgsonii*),别名滇紫菀,头状花序复伞房状,花黄色,花期 8~10 月。喜半阴稍湿润环境,适宜作地被栽植,观花赏叶。大吴风草(*L. japonica*),别名大头橐吾,基生叶掌状深裂,裂片又掌状浅裂,小裂片边缘常为锯齿状,头状花序 2~8 个,径达 10cm,舌状花 10 个、黄色。分布在台湾、福建、浙江、江西、湖北等地,朝鲜半岛、日本及印度也有。

(龙雅宜)

花叶万年青(variable tuftroot; spotted dieffenbachia) *Dieffenbachia picta*,别名黛粉叶。天南星科花叶万年青属常绿亚灌木。染色体数2n=2x=16。有木质状的茎,高达 1m 以上。叶柄有鞘,具亮绿色斑纹;叶片宽椭圆形,30 ~ 60cm 长,基部心形,暗绿色,有光泽,具许多不规则的白色或黄色斑点和条纹。花轴短,佛焰苞卵圆形,长约 8~10cm,绿色,肉穗花序色浅。变种有:狭叶黛粉叶(var. *angustior*),叶较狭窄,有白色斑纹。白柄黛粉叶(var. *barraquiniana*),叶柄与中脉白色,叶片有白斑。原产巴西。喜温暖、潮湿、半阴,疏松透水的肥沃土壤。生长适温 18~25℃,越冬温度在 15℃ 以上,如温度在 10℃ 以下,则叶片发黄而凋落。用扦插繁殖,将茎于基部 2~3 节处剪断,留下的茎基仍可发芽,剪下的茎每

2～3节为一插穗，插于蛭石或粗砂中，在25～30℃下，20～30天即可生根、发芽。带茎顶的一段泡在28～30℃水中，14天左右生根。花叶万年青是优良的室内观叶植物，适于盆栽作室内布置。其汁液有毒，栽植时慎防汁液接触人体粘膜部分。

本属约30种，常见栽培的还有：巨花叶万年青（*D. amoena*），也称大王黛粉叶。株高可达2m以上。叶片大，浓绿色，满布黄色斑点。其品种有'暑白黛粉叶'（cv. Tropic Snow）。鲍斯氏花叶万年青（*D.* × *bausei*），又称星点黛粉叶。叶片黄绿色，有深绿色斑纹和零星白斑。为花叶万年青与威尔万年青（*D. weirii*）的杂交种。哑蕉（*D. seguina*），茎粗壮，绿色。叶柄绿色有白色点纹，叶片卵圆形，基部圆形或心形，先端突然变窄。原产西印度群岛。有许多变种，如油点哑蕉（var. *irrorata*）、长苞哑蕉（var. *litulata*）、绿斑哑蕉（var. *nobilis*）等。白斑花叶万年青（*D.* × *splendens*），为李氏花叶万年青（*D. leopoldii*）和斑点花叶万年青（*D. maculata*）杂交而成。叶柄有深绿和浅绿条纹，叶脉象牙白色，叶片宝石绿色，有少数白色斑纹。

（吴应祥）

花叶芋（caladium；angel-wing）　*Caladium bicolor*，天南星科花叶芋属多年生草本植物。株高：地栽50～80cm，盆栽10～20cm。地下具膨大块茎，扁圆形。基生叶心形或箭头形，绿色，具白、粉、深红等色斑。佛焰苞绿色，上部浅绿色至白色，呈壳状。

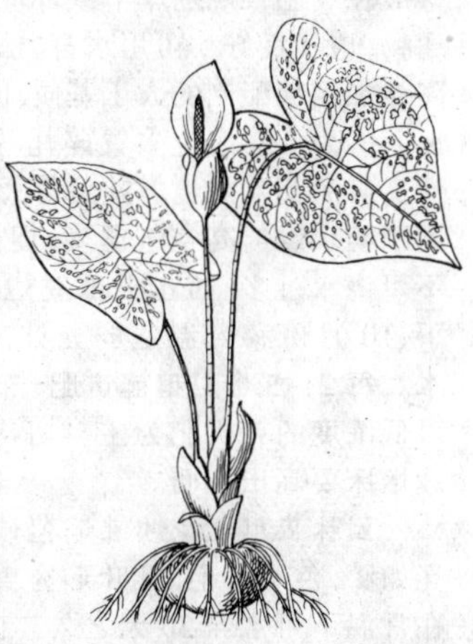

花叶芋原产巴西、泰国、几内亚等热带地区。20世纪初中国就曾引种2个老式品种，70年代后引进较多新品种。喜高温、湿润、宜半阴，但也耐强光照，喜排水良好而又能保水的微酸性土壤。根系浅，发达。中国华南地区5月左右萌芽发叶，6～7月开花（广州）。10月下旬休眠，留土越冬。难结实，多采用分割块茎繁殖。春季，在块茎萌芽时，用利刀分割，每块具2～3个芽，切口蘸草木灰，稍干，高畦栽植，株距30～40cm，穴植。施足腐熟基肥，覆土宜浅。生根抽芽后再浇水，以防腐烂。地栽植株生长茁壮，叶长可达35cm。盆栽宜用肥沃的粘质壤土。室内要求有阳光照射，避免过荫、过湿，引起叶片徒长倒伏。北回归线以北地区，块茎冬季休眠时在温室内越冬。华南地区可露地栽培，冬季棚下挖坑，用草木灰掺砂将大量块茎层积越冬，覆土8～10cm。盆栽用于室内观叶，可布置于窗前、台案或阳台等处。切叶作插花的配叶，水养期约10天。

同属植物15种，常见栽培者只此一种，为杂交种主要亲本。杂种花叶芋（*C.* × *hortulanum*），叶色多，不稳定。按叶脉颜色可分绿脉、白脉、红脉三大品种类型。绿脉类，如'白鹭'（cv. White Candium）等，叶白色，质地薄，宜半阴；红脉类，如'雪后'（cv. White Queen），叶色较白，略皱；'非洲姑娘'（cv. Freida Hemple），叶色深紫红，叶缘绿色，有光泽，为优良品种；白脉类，如'海鸥'（cv. Seagull），叶绿色，为稀有品种。彩叶芋品种多，栽种时期久，不易稳定。

（张应麟）

花叶竹芋（bicolor arrowroot）　*Maranta bicolor*，别名双色竹芋、双色葛郁金。竹芋科竹芋属多年生草本植物。株高25～35cm，地下具块茎。叶卵形至椭圆形，先端圆有小突尖，边缘波浪状，粉绿色，中脉两侧有暗褐色斑块，背面粉绿或淡紫。夏、秋开花，花少，白色，有青紫色斑点和条纹，排列成总状花序，苞片稀疏。原产巴西。喜中等强度光照，光照过强，叶片褪色，叶缘干枯；长期荫蔽，植株柔弱，叶片失去光泽，秋、冬应有阳光照射。喜高温多湿，不耐寒，适温为18～21℃，18℃以上时，叶面应喷水增湿，13℃以下停止生长或死亡。冬季应控制水分，过湿导致叶片焦黄或根部腐烂。盆土用腐叶土、泥炭、砂，按3:2:1之比混合最好。4～5月份结合换盆进行分株繁殖。也可扦插繁殖，30～45天即可生根。盆栽供室内装饰。

本属植物约23种，常见的有：竹芋（*M. arundinacea*），别名西米薯。根茎肉质，株高0.4～1m。叶薄，卵形至卵状披针形，绿色。花小、白色。原产美洲热带。条纹竹芋（*M. leuconeura*），别名豹纹竹芋，株高20～30cm，叶宽椭圆形，叶面绿色，中脉两侧有5～8对黑褐色大斑块，叶背淡紫色，花白色，有紫斑。原产巴西。红脉竹芋（*M. leuconeura* var. *erythroneura*），别名红线葛郁金。植株矮小，生长缓慢，叶椭圆形，主脉及羽状脉红色，中脉两侧具银绿色至黄绿色齿状斑块，叶背红紫色，原产巴西。'白脉'竹芋（*M. leuconeura* cv. Kerchoviana），别名'哥氏白脉'竹芋。株高约20cm，稍匍匐。叶宽椭圆形，叶面绿色，中脉两侧有深绿色或深棕色斑纹，叶背天蓝色。

（黄智明）

花园（garden）　在一定范围内配植花木等造景素材，以供人们游憩的园地。花园界限在大型园林中常作为"园中之园"，有明显的范围，但可以采用开敞的手法内外通透，也可以用封闭的手法隐蔽幽邃，种植观赏性较强的植物，并设置其他景物供人游赏。花园有时自成一体单独存在或附属于其他单位中，对公众或部分公众开放。在公园一词尚未传入中国之前，清代曾用花园表示私人游赏的园地，如北京故宫中的“乾隆花园”、西直门外的“三贝子花园”等，内容属于私园性质，用亭台楼阁、山水道路等组合成古典的园林格局，名为花园并非赏花为主。近代花园与公园的区别在于前者面积较小，内部很少文化娱乐设施，一半以上的土地用来种植植物。中国城市园林建设中将二者结合建立了不少花园，可以大体分为：①街道花园，即在宽阔道路的交叉点、人行道两旁、车行道之间或道路转弯处设立花园，点缀城市道路面貌并供来往行人休息，圆形、方形、长方形均有。②沿街专用花园，是在非商业区的道路两旁，沿街的饭店、机关、学校等主要建筑物退后，前面留出临街的空地建成专用的花园，既美化街道，又装饰建筑外貌，并给停车、回车带来方便。透过沿街的栏杆墙，使行人感到视线开旷美观。③附属专用花园。中小学、幼儿园、工厂、休养疗养单位、居民区等，在建筑群附近，留出1～3公顷土地建造一座花园，专供该单位的学生、儿童、工人、休疗养人员及居民享用。其内容因服务对象不同而有变化，但草坪及丰富的观赏植物是不可少的。④公园中的花园。在公园中常将丰富的花卉另辟一区集中栽种展出，如月季园、牡丹园为常见，又称“园中之园”或“专类花园”。

花园的面积比较小，游人来自短距离范围之内，应设坐凳、靠椅及避风雨的亭、廊等，开放的花园应有公厕。植物的配植应注意服务对象：小学及幼儿集中的花园，不可种植有毒、有刺的植物；中学的花园应含有教学、实验及园艺劳动的内容，引起学生对生物科学的实践兴趣。老年游人较多的花园，要有安静的环境，日光要充足，多设坐椅，厕所要方便。

（余树勋）

花烛（flamingo lily）　*Anthurium andraeanum*，别名安祖花、火鹤花、红鹤芋。天南星科花烛属多年生附生常绿草本植物。1853年在拉丁美洲哥伦比亚海拔360m处发现。1876年传至欧洲。1940年以来各国纷纷引种、育种，育出大量杂交品种。70年代末传入中国。成为世界著名的切花。花烛高可达1m以上，叶片卵形或长圆形，边缘反卷，基部箭形。花梗自叶腋抽生，比叶柄生长1.5～2倍；佛焰苞卵圆形，基部心形，向外开展，表面稍绉有光泽，革质猩红色；佛焰花序长6cm，圆柱形，稍下弯，金黄色，基部象牙白色，雌雄花均无柄。在条件适宜处可终年开花。

原产哥伦比亚西南部热带雨林。现在夏威夷、荷兰和东南业等地大量栽培。要求高温高湿的环境。生长最低温度为15℃，20～30℃生长最好。空气相对湿度应在80%以上，宜多行叶面喷水。夏季需遮光50%，光线过强会使叶片泛黄乃至变白。冬季需给予光照，利于根系发育。要求在排水、通气良好的基质中栽培，不耐盐碱。如欲采种，需行人工授粉。

杂种群　以本种为母本与其他种或品种杂交，选育结果得出大量新异品种群。

玫瑰杂种群　花烛与林登花烛（*A. lindenianum*）杂交后选出乳白色系列，称为cv. Album；玫瑰红系列，称cv. Roseum，表面为柔和的玫瑰红色，背面为白色或淡玫瑰色，佛焰花序为白色或粉红色；另外还先出鲑肉红（橙红色）或黄橙色佛焰苞的系列，称cv. Salmoneum。19世纪统称× *roseum*。

大花杂种群　以花烛为母本与许多父本杂交得到‘大花’花烛（cv. Giganteum），佛焰苞达到20cm，橙红色；‘暗血红’花烛（cv. Atrosanguineum），佛焰苞血红色；‘红绿’花烛（cv. Rhodochlorum），佛焰苞为玫瑰红，基部外缘绿色，长达30cm，形状近三角或菱形。大花杂种群还以林登花烛、莲叶花烛、华丽花烛等为亲本的大量杂种，本世纪中由伯宰（M. R. Birdsey）在本世界中叶又将这些合在一起并入“× *cultorum*”，因其中均为大形佛焰苞故译为“大花杂种群”。

繁殖栽培　分株播种或用组织培养等方法繁殖。分株法，同一般宿根花卉。播种法多用于育种，授粉后，约8～9个月果实红熟，每果中含种子2～5粒。采收后要及时播种。通常用切碎的苔藓作播种介质。点播，间距1cm，播后盖上报纸，保持湿润，在25℃左右21天可发芽。播后3～4年开花。每两年换盆一次，一般在气温较高的季节或环境中进行。盆土必须排水通畅，透气良好。可用水苔、松针土、轻松的腐殖土、或陶粒加稻糠配制的人工基质，同时须具有较好的保水、保肥能力。盆底应多置碎瓦片、粗石砾等。常用通透性良好的瓦盆栽植。栽后每天喷水2～3次，并于植株周围洒水以提高空气湿度，促使早生新根。此时盆内不可浇水过多，防止根部腐烂。5月移出温室置荫棚下、10月份移入温室弱光处，控制浇水，多行叶面喷水。每2～3个月追施饼肥一次。因不耐盐碱，施肥应以低浓度的有机肥为主。切花栽培通常于温室地栽，栽培床要高出地面。

园林应用　花烛佛焰苞硕大，肥厚，覆有蜡层，光亮如漆，色彩鲜艳，且叶形秀美。全年可以开花，切花在常温下可水养30天之久。也适作大型盆栽。

同属植物　约600种以上，多野生于热带美洲，栽培较为广泛的还有猪尾花烛（*A. sherzerianum*），别名火鹤花，因佛焰花序扭曲似猪尾，因而得名。本种茎极短，叶近丛生，叶片椭圆状长圆形到披针形。总花梗红色，长约30cm；佛焰苞反卷，宽椭圆形，有短尖，近心脏形，鲜红色，有光泽；佛焰花序螺旋状卷曲，朱红色。原产危地马拉。经杂交选育出大量品种，较为独特的如红色苞片上密布有白点的‘路德红’（cv. Ruthschidianum)、白色苞片上布满玫瑰红色小斑点的'小点红'(cv. Minutepunctatum)。此外,还有水晶花烛(*A. crystallinum*),多年生附生常绿草本植物。茎叶密生,叶阔心脏形,幼时紫色,后变成有丝绒光泽的碧绿色,叶脉粗、银白色,叶背淡玫红色。佛焰苞细窄,带褐色,肉穗花序圆柱形常绿色。原产哥伦比亚的新格拉纳达,是优良的观叶植物,宜室内盆栽观赏。主要观叶种还有胡克氏花烛(*A. hookeri*),观赏叶片;华美花烛(*A. magnificum*),叶心脏形、革质、橄榄色,有丝绒般光泽,叶脉细,银白色;五裂叶花烛(*A. pentaphyllum*),叶掌状深裂;细裂花烛(*A. podophyllum*),叶2回分裂等;蔓性花烛(*A. polyschistrum*),叶似枫叶,叶缘波状,叶暗绿色,原产南美。

(段吉光)

花籽经营(management of flower seeds) 组织草花种子的生产与销售的经济活动。在国际上,经营种子生产的大公司,往往将花卉种子和蔬菜种子的经营联系在一起来组织。

花籽经营特点:①品种多(包括栽培品种和品系以及F_1等),往往一种花卉,在种子目录上介绍了数十个品种,以供选择。②各个种及品种的栽培技术成本和种子采收的难易程度不一,受欢迎的F_1种子尤为珍贵,因此价格悬殊甚大。③各种花籽大小相差很远,细小的如四季海棠,每克有1万~2万粒,而牵牛花每克只有几粒。为了吸引顾客,保持高发芽率,优质高价的种子要用金属薄膜袋包装,袋面印有彩照,兼作广告、促销。近年来许多私人庭园习惯于购买花苗种植,以避免播种育苗之烦,所以有花籽经营者与花苗繁殖者联系合作的趋势。

大部分发达国家的花卉种子公司,除自种一些特殊花卉外,很多品种都是和兼营花籽生产的农户订合同收购,还可在同业中互相调剂。所谓特殊花卉,就是该公司的拳头产品,即新育成品种或杂种一代,但这些拳头产品可能也是和专业生产者订长期合同供应的。异花授粉植物,为保持同种种子各品种间种子的纯度,采种的隔离距离至少应有2km以上。花籽公司在特约农户生产不同品种花籽时,必须特别注意这一点。在签订生产合同后,还应随时负责指导,借以保证质量。

大型花卉种子公司因有特殊的贮藏设施和包装技术,种子质量通常较好。在花卉种子公司印发下一年度种子目录中,除彩照外,多还有种子重量、发芽适温与日数、品种简介等。

种子采收和处理,要根据不同观赏植物的开花、授粉与结实习性进行。全株种子的成熟时间大致一致的,可以一次刈取;有的则要分两三次采收。凡是种子容易脱落或弹射的花卉,如三色堇、一串红、凤仙花等,只能每日或隔日收,如三色堇则要选择果实向上昂起、果壳内种子隐约可见变褐的采收。

处理步骤首先是晾干,有些种子含油,不能直接曝晒,以免丧失发芽力。或果实会弹射出种子的如三色堇等,在晾干时要加盖细网。种子在晾干和扬净过程中,要注意鼠害及其他虫害。一般种子在清理过程中,都要摊放在用金属丝网保护的浅盆中。经扬净后的种子,分别袋装标志,贮藏于干燥低温(5~8℃)处。有多种花籽,可在贮存后次年出售而质量不减。

各花卉种子公司除同业间交换外,一般都自行经营批发和零售。

花籽经营的基础是花籽生产。花籽生产的关键,是选择最适地点组成基地网或特约农户网。花籽经销的灵魂是保证质量,并不断提高公司信誉。美国大部分种子公司基地设在加利福尼亚州,就因该地日光充足,气候温暖,雨量少,病虫害也较少。在花卉、蔬菜种子生产与处理过程中,可做到投入少、成本低而收效显著。

(王大钧)

化香树(dyetree) *Platycarya strobilacea*,别名栲香、放香树。胡桃科化香树属落叶乔木。高达20m。树皮灰色,浅纵裂。奇数羽状复叶,小叶7~23,卵状披针形或长圆状披针形,缘具细尖重齿。花单性,雌雄同株,柔荑花序,顶生。花期5~6月。果序卵状椭圆形,长3~12cm,坚果两侧有窄翅。果期10月。产中国黄河以南各地,朝鲜半岛、日本也有。喜光,耐土旱瘠薄,酸性土、钙质土均能适应。萌芽力强,生长速,但易衰老,常生于低山丘陵的疏林中。播种繁殖,当年苗高约30cm。化香树初夏前黄绿雅致,羽叶翩翩,适应性强,是风景区绿化的先锋树种。

(贺贤育)

化学诱变育种(chemical induced mutation breeding) 利用化学药剂诱发生物产生遗传变异,以选育新品种的技术。所用的这种化学药剂,称为化学诱变剂。

简史 早在20世纪初,摩尔根(T. H. Morgan,

1910)、麦克顿高尔(Mcdongal, 1991)、鲍尔(Baur, 1916)和萨哈洛夫(Sharov, 1936)等人就相继发现某些化学物质能提高动植物的突变率。1942年，奥尔巴赫(Auerbach)发现芥子气和X射线一样能诱发突变。1943年，约克斯(Oehlkers)用氨基甲酸乙酯(urethane-脲烷)诱发月见草、百合及风铃草产生染色体畸变。自此，开始了用化学物质诱发植物突变的新时期。1948年古斯塔夫(Gustafsson, A.)用芥子气对大麦进行诱变，获得了突变体。1957年，绥贝(Schei-be)利用乙基脲烷诱变，育成了缺少苦味素的野木樨品系。1967年尼兰(Nilan)利用硫磺二乙脂为诱变剂，育成产量高、茎秆矮、抗倒伏的'柳贻尔'大麦品系，已得到推广。在观赏植物中，有人用化学诱变育种培育出大花、多花、矮杆的金鱼草新品种。

特点 化学诱变育种具有下列特点：①操作方法简便易行，而且较辐射诱变价格低廉。只要有足够的供试材料，便可大规模进行，并可重复试验。②专一性强。特定的化学药剂仅对某个碱基或某几个碱基有作用，因此具可能改变品种单一不良性状而保持其他优良性状不变的特点。③化学诱变剂可提高突变频率，扩大突变范围。往往出现自然界没有或很少出现的新类型，这就为人工选育新品种提供了丰富的原始材料。④由化学诱变剂诱发的突变为迟发性突变，在诱变当代往往由于化学药品作用使生活力下降，但不表现变异，只是在被诱导植物体的后代才表现出性状上的改变。因此至少需要经过两代的培育、选择，才能获得性状稳定的新品种。⑤诱变后代的稳定过程较短，可缩短育种年限。经过化学诱变剂处理后，用种子繁殖的一二年生草花一般 F_3 就可稳定，经3至6代可培育出新品种。但对天然异花授粉或常异交植物，应注意防止种间或品种间天然杂交引起的后代分离。对木本及宿根花卉，可在新品种出现后一次种植到位，或采用营养繁殖方法以保持品种特性。⑥化学诱变剂所诱发的变异和自发突变与由辐射诱发的变异具有共同的特征，即随机性。至今尚未发现有哪种化学诱变剂能使生物体定向地产生更适于某因素的突变。

方法 用化学诱变剂进行人工诱变时，应考虑如下几方面：

诱变材料的选择应考虑下面几个问题：①在花卉中选用那些综合性状良好的品种，才有可能改变品种的某些缺点；②宜选用适应性好的品种，健壮的单株或饱满的种子进行处理；③选用杂交材料可以增加变异类型，提高诱变效果；④化学诱变多选用种子作处理材料，而较少使用营养器官。

常用的化学诱变剂有以下几类：①烷化剂。这类化学药品能通过烷基置换其他的氢分子而改变DNA的分子结构甲基磺酸乙酯，主要有芥子气、甲基磺酸乙酯(EMS)、硫酸二乙脂(DES)、乙烯亚胺(EI)、亚硝基乙基脲烷(NEU)等，大部分是潜在的致癌剂。其中EMS毒性较小，是最好的诱变剂之一。②核酸碱基类似物。有5-溴尿嘧啶〔5-bromouracil, B(U)〕和2-氨基嘌呤(2-aminopurine)等。这类化学物质的分子结构与DNA分子中的碱基类似，能使碱基发生替换，从而造成遗传密码的改变，引起生物体性状变异。③吖啶类。这类化合物能结合到DNA分子上，使碱基发生移码突变。吖啶类染料毒性极强，且可诱变和致癌。④一些无机类化学药品也能诱变，如亚硝酸(HNO_2)为一种DNA结构诱变剂，诱变率很高。⑤有机类物质如抗性素、中性红、甲醛、乳酸等。⑥一些生物碱也能诱发变异，如石蒜碱、秋水仙碱、喜树碱、长春花碱等。已知能诱变的化学药品约300多种，其诱变效果和机理，尚待深入研究。但对所有诱变剂在使用时都应注意采取防护措施，以免危及人体和污染环境。

诱变处理方法 常用的化学诱变处理为浸渍法，用此法可处理种子、枝条、鳞茎、块茎、块根等。用浸渍法处理，一般按如下步骤进行：①预处理。在诱变处理前，先用水浸泡种子，使其敏感性提高，如能在水中加入适量生长素，更可提高诱变效果。②药液处理。药液浓度、pH值以及处理时的温度等，都会影响诱变效果。一般宜在0～10℃低温下进行，其作用在延缓诱变剂的水解速度，使药液保持相对稳定的浓度，并抑制代谢变化。随后再用短时间高温、高浓度处理。通常用磷酸缓冲溶液将pH值控制在7～9范围，防止产生强酸而破坏正常的生理生化反应。不同植物材料对不同诱变剂的敏感性不同，因此药液浓度和处理的持续时间因植物材料而异。通常用药液浓度和处理持续时间的乘积来计算化学诱变剂量。可设计一药液浓度梯度进行幼苗生长试验。一般认为处理苗高度与对照相比下降50%～60%时，能获得适宜的突变量。③后处理。在处理后，植物材料应马上漂洗，防止残留药效和进一步的生理损伤。经处理的种子应马上播种。如不能马上播种，应在0～4℃下短期储藏。但不宜在干燥条件下储藏，以防因干燥而提高诱变剂的有效浓度，从而造成损伤。

除上述浸渍法外，还可用类似多倍体诱导的方法，如涂抹法、滴定法、注射法等。

选择 ①M_1 的选择。经诱变处理的当代长成的植株，称为诱变第一代(M_1)。M_1 由于有生理损伤，往往表现出一些形态和生理上的畸变，但一般不遗传。且带有突变的 M_1 代植株大多数呈隐性，只有经过自交得到纯合隐性个体，性状才能表现出来，因此 M_1 代不宜进行选择；但应精心地种植养护，尽可能多地保留变异植株。也可能产生有观赏价值的嵌合体，如杂色花、金边、银边、金丝、金心等叶片。可用营养繁殖育成无性系新品种。②M_2 的选择。M_1 植株自交种子长成的植株为 M_2 代。一般 M_2 代植株出现分离现象，分离

范围最大。因此，M_2 是选择的重点世代。为增加有益突变出现的机率，M_2 代群体宜大，选择的单株应尽可能多些。将 M_2 代选择到的植株种植成 M_3 系统。对于 M_3 及其以后的各代，可进一步进行单株选择。但一般 M_3 已基本稳定，经鉴定后可繁殖推广，或作为进一步培育的原始材料。

营养繁殖植物诱变处理后的选择：用化学诱变剂处理营养繁殖植物的器官 M_2，获得芽变机率大，如菊等。但一般获得突变体较少。一旦用此法诱变获得新品种，即可用营养繁殖方法迅速推广。

鉴定与繁殖　如发现有可供利用的优良突变体，就需要加速繁殖，以供广泛的田间试验。对种子繁殖植物应制定适宜的制种措施。对可进行营养繁殖的植株应迅速进行营养繁殖。当鉴定出某一突变体为优良变异株后，还需在大量繁殖的基础上进行品种比较试验、生产试验、多点试验及区域试验等一系列试验后，才可作为优良品种加以推广应用。

（戴思兰）

华山矾（Chinese sweetleaf）　*Symplocos chinensis*，别名白花丹。山矾科山矾属落叶灌木。染色体数 2n=22。幼枝、叶柄、叶背、花序均被灰黄色皱曲柔毛。叶椭圆形或倒卵形，缘有细尖齿。圆锥花序，长4～7cm。花白色，芳香，花期4～5月。核果卵形，8～9月熟时蓝色。原产中国，分布于长江流域以南各地，生海拔 800m 以下丘陵、山坡杂木林中。喜光，稍耐阴，较耐寒；酸性、中性的砂壤土均能适应。播种繁殖。小苗主根发达，适当深栽可提高成活率。华山矾树姿优美，花开满树，雪白芳香，蓝果又可观赏。是丛植草地和配山石的好材料。古树蔸，植为桩景，可成佳作。

同属可栽培供观赏的树种还有：美丽山矾（*S. decora*），常绿小乔木。幼枝初被蜡层，灰白色，旋即脱落呈紫黑色。叶革质，卵形或倒卵状椭圆形。总状花序，长 3～6cm，花白色，芳香。台湾山矾（*S. morrisonicola*），常绿灌木。小枝、花序、苞片、花萼均被褐色柔毛。总状花序，长 0.5～1.5cm。还有老鼠矢（*S. stellaris*）、白檀（*S. paniculata*）和留春树（*S. tetragona*）等。

（庄茂长）

华西小石积（Chinese bonyberry）　*Osteomeles schwerinae*，别名沙糖果。蔷薇科小石积属落叶或半常绿灌木。染色体数 2n=2x=34。高达 3m，分枝密而开展，小枝细，红褐或紫褐色。奇数羽状复叶、互生，小叶 15～31 枚，对生；小叶片近椭圆形，长 0.5～1cm，全缘。伞房花序生小枝顶，径 3～6cm，有花 3～5 朵，花径约 1.5cm，花冠白色，花期 4～5 月。小梨果，卵形或近球形，径6～8mm，蓝黑色，萼宿存，果期 7 月。变种有小叶华西小石积（var. *microphylla*），小叶片长 3～5mm，比原种更耐寒。华西小石积产于中国四川、云南、贵州、甘肃等地，生于海拔 1600～2000m 荒坡。播种繁殖。喜干燥向阳环境。枝茂叶细，花多果繁，有较高观赏价值，宜作绿篱或岩石园中丛植。

（熊济华）

怀槐（Amur maackia）　*Macckia amurensis*，别名山槐、朝鲜槐。蝶形花科马鞍树属落叶乔木。高达 25m，树冠近球形。奇数羽状复叶，小叶 5～11 枚，对生或近对生，卵形、椭圆形或倒卵形，长 3.5～8cm；花冠蝶形，黄白色，花期 6～7 月；荚果扁平、黄褐色，8～9 月果熟。产中国黑龙江、吉林、辽宁、内蒙古、河北、山东等地，俄罗斯、朝鲜半岛、日本也有分布。喜光，稍耐阴；极耐寒；喜肥沃湿润且排水良好的土壤。萌芽力强，寿命较长。用种子繁殖。树冠整齐、秀丽，适宜用作庭荫树和行道树。

同属中常见栽培的树种有：马鞍树（*M. chinensis*），落叶乔木，高达 23m。奇数羽状复叶，幼叶银白色；花冠白色，花期 6～7 月，果熟 9～10 月。产中国安徽、浙江、江西、湖南、湖北、四川、陕西等地。光叶马鞍槐（*M. tenuifolia*），落叶灌木，高约 2m。总状花序顶生，长约10cm；花冠绿白色；花期4～5月。9～10月果熟。产中国浙江、安徽、江苏、河南等地。

（陈耀华）

槐（pagoda tree）　*Sophora japonica*，别名国槐、櫰。蝶形花科槐属落叶乔木。染色体数2n＝2x＝28。中国传统的庭荫树、行道树和“四旁”绿化树种。栽培历史已有2200年以上。晋左思作《吴都赋》描写东吴都城建业(今南京)“驰道如砥，树以青槐。”《符坚载记》有：“自长安至诸州，皆夹路树槐、柳。”《长物志》有：“槐榆宜植门庭。”《花镜》说：槐“多庭前植之”。

落叶乔木，树冠圆球形或倒卵形，高达25m，胸径2.36m，冠幅20m余。小枝绿色、皮孔白色。奇数羽状复叶，小叶对生、卵形或卵状披针形、全缘。顶生圆锥花序，花黄白色，花期6～9月，有老茎开花现象。荚果

念珠状，10～11月成熟。有很多变种、类型及品种 毛叶紫花槐(var. *pubescens*)，小叶背及叶轴被密毛，花之翼瓣、龙骨瓣缘带紫色。五叶槐(f. *oligophylla*)，别名蝴蝶槐、畸叶槐。小叶3～5枚簇生，顶生小叶常3裂，状似蝴蝶。‘龙爪’槐(cv. Pendula)，别名盘槐、倒垂槐。枝下垂，树冠伞状。‘堇花’槐(cv. Violacea)，别名紫花槐，花之翼瓣、龙骨瓣呈玫瑰紫色，花期迟。‘曲枝’槐(cv. Tortuosa)枝自然扭曲。

槐原产中国黄河中下游地区，是乡土树种，除黑龙江、吉林、西藏及海南等地外皆有分布，日本和朝鲜也有。多分布于海拔1000m以下地区。阳性树种，幼树稍耐阴，大树能在建筑物北侧(平均日照在10小时以下)生长，仅长势稍差。耐干冷、高温干旱环境。深根性，在深厚、肥沃、排水良好的砂壤土中生长良好，在碱性土(pH值9.71)、微酸性及盐碱土(含盐量0.3%以下)也能生长。对城市碴土密实土壤的耐性也较强。萌芽力强，耐强修剪，大树移植易成活。对CO_2、HCl等有毒气体及烟尘抗性强。寿命长，在中国陕西临潼县、长安县有2000多年的汉槐，山西、山东、河南等地及北京都有千年以上的隋槐、唐槐。

一般用播种繁殖，10月果熟后采种，用水浸泡，搓去果皮，即可秋播；也可将种子干藏或混沙层积至翌年春播。苗干易倾斜，故须密植或林农间作。《齐民要术》有：“槐子…和麻子撒之…麻熟刈去，独留槐…。亭亭条直，千百若一。”现仍有参考价值。北京地区苗圃多采用以下措施：第一年春播育苗，秋后掘起假植越冬。第二年培养根系，将苗按株行距40cm×60cm移栽，加强养护，不修剪，促使养成强大根系。秋季落叶后齐地截干。第三年培养主干，早春加强水肥管理，萌芽后仅留1～2个健壮萌条，除掉其余萌蘖。至5月底每株只留1个主干，对生长过强的侧枝要及时摘心，促使干高而直，入秋后，停止水肥，使主干充分木质化，安全越冬。第四年培养树冠，将主干通直的苗木按株行距1m移植，生长季按定干要求(2～2.5m)选留主枝(一般为3枝)，及时剪除主干上的侧枝及萌芽。第五年树干粗3cm以上，树冠圆整即可出圃。‘龙爪’槐、‘曲枝’槐等园艺变种均以实生槐作砧，行嫁接繁殖，早春采用高枝接或在5月行芽接，也可在7月份用当年新生芽芽接。槐树栽培管理简便，大树移植，实行重剪，也可成活。

主要病虫害有腐烂病(*Macrophoma sophora*，*Fusarium* sp.)、槐尺蠖(*Semiothisa cinerearia*)、蚜虫及红蜘蛛等。

槐树冠广阔匀称，枝叶茂密，树姿优美，老树尤显古老苍劲，为华北、西北城市绿化优良树种。宜作行道树、庭荫树、园景树、四旁绿化及工矿区绿化树种。‘龙爪’槐、‘堇花’槐、‘曲枝’槐、五叶槐等植于厅前、道旁及草坪边缘，为观赏价值很高的园景树。花是很好的

蜜源。花蕾、果实、根皮、枝叶入药。

同属植物见于栽培观赏的种类还有:白刺花(*S. davidii*),别名马蹄针。落叶灌木,高 2.5m,小枝顶端有刺,花冠白或蓝白色,果有喙,适做绿篱。

(凌 靖)

槐蓝(true indigo) *Indigofera tinctoria*,别名木兰、野蓝枝子。蝶形花科槐蓝属落叶小灌木。高约 80cm,小枝被平伏丁字毛。奇数羽状复叶、互生,小叶 9~13,倒卵状长圆形或倒卵形,长 1~2cm。总状花序腋生,花冠红色,夏季开花。荚果圆柱形,棕黑色,秋季果熟。产中国福建、广东、河北、河南、山东、安徽及广西等地。种子繁殖。花期长、花色美,宜植于园林绿地中,也是良好的地被植物。全株药用。同属植物常见的还有:花槐蓝(*I. kirilowii*),高约 1m。总状花序腋生,花淡红色,花期 6~8 月。分布于中国东北、华北、华东,常见于山坡灌丛及疏林间。多花槐蓝(*I. amblyantha*),花淡红色,花期 5~7 月。产中国秦岭南北坡及河北。庭藤木蓝(*I. decora*),花冠淡紫或白色,花期 5~6 月。产中国江苏、浙江、安徽、福建、江西、湖南、湖北、广东、广西等地。(崔纪如)

环境园艺(environmental horticulture) 通过园艺手段为主来改善环境、保护环境的理论与措施。探讨环境园艺的学科,称为环境园艺学。它已在园艺学中初步发展成为一门分支学科。随着工业的发展,环境污染引起重视,城市生态平衡问题也提到了研究日程,而环境园艺正是解决这一战略问题的积极措施之一。在这种形势下,美国已在个别大学中设置了环境园艺系(department of environmental horticulture)。如加州大学戴维斯分校(University of California, Davis)即设有此系,开设、讲授的主要课程有:观赏乔灌木、花卉栽培学、环境与植物生长、苗圃学、草坪生物学、空气污染与物理控制、城市园林绿地规划、园林设计等。

环境园艺以探讨观赏植物及其园林应用为主,并努力把观赏植物及其规划设计与环境科学紧密地联系起来。从整体上看,环境园艺与观赏园艺还是近似的,不过前者在综合任务中侧重于改善和保护环境,而后者则在总目标内更多地注意美化环境。

(陈俊愉)

环铃花(ring bellflower) *Symphyandra hofmannii*,桔梗科环玲花属多年生草本植物。染色体数 2n=34。株高 30~60cm,多柔毛。叶倒卵形,具粗糙不规则锯齿,下部叶叶柄具翅,共长达 17.5cm,顶生总状或圆锥花序。花白至乳白色,下垂,花长和花径均约 3.8cm。花期夏季。原产南斯拉夫西部。耐寒。喜排水良好、肥沃砂质壤土。播种或分株繁殖,亦可于春季进行嫩枝扦插。用于岩石园或花境。

同属种中原产朝鲜的亚洲环玲花(*S. asiatica*),花堇紫色,可配植其他植物供观赏。(王大钧)

黄檗(Amur cork-tree) *Phellodendron amurense*,别名黄柏、黄波罗。芸香科黄檗属落叶乔木。染色体数 2n=28, 66, 76, 80。高达 22m,胸径 50cm,树冠扁球形。树皮灰色,深纵裂,木栓层发达,内皮鲜黄色。小枝粗壮,棕褐色,裸芽隐于叶柄基部;奇数羽状复叶对生,小叶 5~13,卵形至卵状披针形,长 5~12cm,揉搓有异味,顶生聚伞状圆锥花序,花单性异株,花小,黄绿色,花期 5~6 月;核果浆果状,近球形,紫黑色,果期 9~10 月。产中国东北、华北,朝鲜、俄罗斯及日本也有。喜光,稍耐阴。耐寒力强。

喜深厚、湿润而排水良好的中性及微酸性土壤,能耐中度盐碱。对烟尘抵抗力强。深根性,主根发达,抗风力强。易发萌蘖,寿命可达 300 年。播种繁殖,也可用根蘖繁殖。主要病虫害有煤污病、黄檗叶锈病及凤蝶等。黄檗树冠宽阔,秋叶鲜黄,叶面散发的挥发性物质有杀菌作用,可作庭荫树或风景林树种。树皮可入药。

同属常见种有黄皮树(*P. chinense*),树皮无加厚的木栓层,叶背面密被长柔毛,产中国四川、湖北及云南。(董保华)

黄蝉(oleander allamanda) *Allamanda neriifolia*,夹竹桃科黄蝉属常绿灌木。染色体数 2n=18。高达 2m,具乳汁。枝灰色,轮生;叶 3~5 枚轮生,长椭圆形,长 5~12cm,全缘;聚伞花序顶生,花冠橙黄色,漏斗状,径约 4cm,花期 5~8 月;蒴果球形,具长刺。产巴西,中国华南各地及台湾常见栽培。喜光,喜温暖湿润气候,适生于肥沃排水

良好的砂壤土。扦插繁殖，于春末夏初行嫩枝扦插。黄蝉花、叶均可供观赏，适宜在园林中种植或行盆栽。植株有毒，应注意防范。

同属中常见栽培观赏的有软枝黄蝉（*A. cathartica*），常绿藤状灌木，枝下垂；叶轮生或对生；花黄色，径5～7cm。栽培品种有'大花软枝'黄蝉（cv. Hendersonii），花大，径约10cm；'重瓣软枝'黄蝉（cv. Williamsii），花重瓣。产圭亚那、巴西和印度群岛。中国广东、广西、福建和台湾等地的园林绿地中多有栽培。全株有毒。

（陈耀华）

黄海罂粟（bruise root） *Glaucium flavum* （*G. luteum*），罂粟科海罂粟属二年生或多年生草本植物。染色体基数x=6。全株灰绿色，含橙色汁液。株高40～90cm，茎直立，具分枝。基部叶有柄，羽状中裂；上部叶无柄，抱茎，叶耳呈心脏形。单花顶生，蕾上被厚毛茸。花瓣4，花径6～10cm，金黄至橙红色。蒴果长角状，长15～30cm。夏季开花。原产中欧和北美东部。要求光照充足，土质肥沃，排水良好的环境。直根性，宜直播，春、秋皆可，地栽则宜用营养钵育苗。用于花坛布置和自然群植。

同属23种，常见栽培的还有：红海罂粟（*G. corniculatum*），株高50～60cm，花红色、紫红色，花瓣基部有深色斑点。原产欧洲，用于花坛。天山海罂粟（*G. elegans*），一年生，茎高8～20cm，叶羽状浅裂，有白粉，花黄色，基部带红色，径约4cm。可作花坛、花境镶边植物。

（秦魁杰）

黄花棒（bulbinella） *Bulbinella floribunda*，百合科黄花棒属多年生草本植物。染色体基数x=7。株高75cm，根茎木质化、扁，具肉质块根。叶基生、带形。花葶甚高，顶生总状花序，长约15cm。小花稠密，花冠6裂，黄色、乳黄或白色。花期初夏。原产南非。耐寒性弱。喜排水良好但湿润而富含腐殖质土壤。宜轻阴。播种或分株繁殖。常用于花境。

（王大钧）

黄花夹竹桃（lucky-nut thevetia；yellow oleander） *Thevetia peruviana*，别名酒杯花、断肠草。夹竹桃科黄花夹竹桃属常绿灌木或小乔木。染色体数2n=18，20。高达5m，具乳汁。树皮褐色，枝柔软，嫩时绿色；单叶互生，狭披针形，长6～15cm，全缘；顶生聚伞花序，花冠黄色、漏斗状、芳香，花期5～8月；核果三角状球形，11月成熟时，浅黄色。栽培品种有'红酒杯花'（cv. Aurantiaca），花冠红色。产美洲热带，中国南方各省有栽培，长江以北多行盆栽。喜光，耐干热气候，适生于肥沃排水良好的砂壤土。不耐寒，北方盆栽冬季室温低于15℃常发生落叶现象；怕涝。播种或扦插法繁殖。

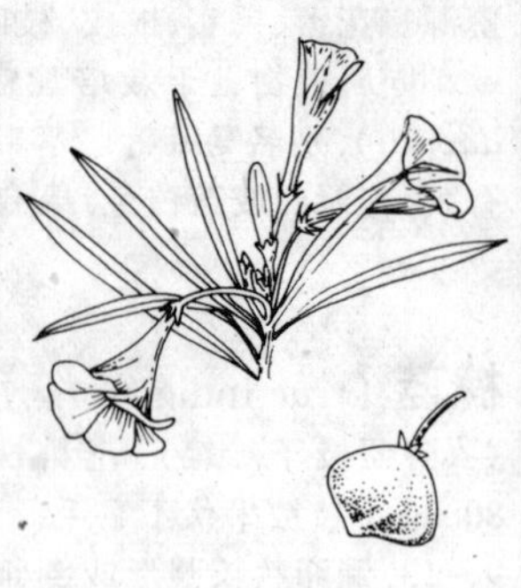

黄花夹竹桃是美丽的观花灌木，适宜在园林绿地中种植观赏，孤植、丛植或作绿篱。全株有毒。

（陈耀华）

黄花木（lanceleaf piptanthus） *Piptanthus nepalensis*，别名金链叶黄花木。蝶形花科黄花木属灌木。染色体数2n=2x=18。高1.5～2m，全株除叶面和花瓣外均密被白色长柔毛。掌状3小叶、互生，小叶长圆形或长圆状披针形，长4～7.5cm；总状花序有花2～4轮，每轮有花2～4朵，花冠黄色，花期4～5月；荚果线形，扁平，长达12cm，果期6～9月。产中国西藏东南部、云南、四川、陕西、甘肃、河南，常生于海拔1200～3500m处，印度、尼泊尔、缅甸有分布。喜凉爽、湿润气候。种子繁殖。根具根瘤菌，可改良土壤提高肥力。夏初黄花满枝，甚为壮观，在高海拔地区庭园可用于花坛、花境，也可在庭前丛栽。

（韦裕宗）

黄槐（yellow scholar tree） *Cassia surattensis*，苏木科决明属常绿乔木或灌木。染色体数2n=2x，4x=28，48。高可达10m。偶数羽状复叶，叶柄及总轴基部有腺体，小叶7～9对，长椭圆形至卵形，叶端圆而微凹。伞房状的总状花序，生于枝上部叶腋；花鲜黄色，径约5cm，全年有花，9～10月最盛。荚果扁平，果期冬季至次春。喜高温、多湿及阳光充足。产南亚等地。中国华南早有引种，四川西南及云南、贵州亚热带

地区也有栽培。播种繁殖,1年生苗高30～40cm,3年生可达2m以上,定植后当年开花。主要虫害有袋蛾,可用90%敌百虫800～1000倍液喷杀;病害有叶锈病,可用石硫合剂防治。本种树冠较大,花期长,花色艳,华南用作行道树。

同属植物约400余种,华南常见栽培的有:腊肠树(*C. fistula*),别名牛角树。大乔木,偶数羽状复叶,小叶4～8对,花序下垂,长达30cm,花淡黄色,夏季开花,极美观。荚果圆柱形,黑褐色,长达30～60cm。产南亚。铁刀木(*C. siamea*),大乔木,高达20m。偶数羽状复叶,小叶6～10对。花序顶生或生于叶腋,花黄色,花期秋季。产东南亚。 (肖 嘉)

黄金葛 (Solomon islands ivy-arum) *Scindapsus aureus*,天南星科藤芋属高大攀援植物。有气生根,茎节间具有沟槽。叶革质,卵圆形至长圆形,基部近心脏形,先端短尖。幼叶长6～10cm,宽6～8cm,全缘;老叶长20～60cm,宽20～50cm,常羽状分裂,裂片多至7～10片;叶面有光泽,具不规则的浅黄色斑点和条纹。不开花。原产所罗门群岛。喜温暖、潮湿,半阴环境和肥沃、疏松的土壤。生长适温18～25℃,越冬温度10℃以上。用扦插繁殖,剪取10cm长的枝蔓,插于疏松基质,25℃左右很快生根。幼龄适作盆栽观赏,也可用以攀爬岩石、墙壁或庭园装饰。

全属约20种,常见栽培的有彩叶绿萝(*S. pictus*),叶厚,斜卵状长圆形,长10～15cm,下面1/3处宽5～8cm,基部宽圆形或稍为心脏形,先端狭窄或稍凹陷。叶浓绿色,有不规则的蓝色或蓝白色斑点及条纹。原产印度及马来西亚。有银叶彩绿萝变种(var. *argyraeus*),叶基部心脏形,叶面有银白色斑点及条纹。 (吴应祥)

黄金菊 (cats-ear) *Hypochoeris uniflora*,菊科猫耳菊属多年生草本植物。染色体数 $2n = 2x = 10$。株高约40cm,全株有毛。叶片长椭圆披针形,头状花序单生,径约2.5cm;舌状花瓣黄色。原产欧洲地中海地区。播种或分株繁殖。适宜作花境栽植。

同属植物约50种,产于温带地区,见于栽培的有猫儿菊(*H. grandiflora*),高30～50cm,基生叶簇生;头状花序大,单生茎顶,舌状花冠橘黄色,长约3cm。原产中国、朝鲜半岛、俄罗斯。适宜花境栽植。 (龙雅宜)

黄荆 (negundo chastetree) *Vitex negundo*,别名五指风、布荆。马鞭草科牡荆属落叶灌木或小乔木。染色体数 $2n = 24, 26, 32, 34$。高达5m。小枝近四棱形,密被灰色绒毛。掌状复叶、对生,小叶5(3),椭圆状卵形至披针形,全缘或有钝锯齿,背面密被灰白色细绒毛。圆锥花序顶生,长10～27cm;花冠淡紫色,花期6～8月。核果倒卵形或球形,黑色,果期9～10月。常见变种有荆条(var. *heterophylla*),小叶边缘具缺刻状锯齿,有时浅裂或深裂;牡荆(var. *cannabifolia*),小叶边缘有粗锯齿,背面无毛或稍有毛。本种中国南北均产,几遍全国;亚洲南部、日本、非洲东部及南美也有分布。多生山坡路旁或林边。喜光,喜温暖气候;适应性强,耐寒,耐旱、耐瘠薄土壤。易萌蘖,耐修剪。播种繁殖,也可分株。黄荆枝条疏散,叶秀丽,花清雅,园林中可用于遮蔽荒地、污地,也可用作风景区点缀,还是配植山石和制作树桩盆景的良好材料。同属植物适于园林中栽培观赏的还有蔓荆(*V. trifolia*),匍匐灌木,枝着地生根;小叶3枚,有时单叶;花白色至堇紫色。产中国沿海各地和云南,印度、日本、菲律宾以至大洋州也有。变种单叶蔓荆(var. *simplicifolia*),叶全为单叶。 (董保华)

黄连木（Chinese pistache）　*Pistacia chinensis*，别名楷木。漆树科黄连木属落叶乔木。染色体数2n=24。高达 25m，树冠近圆球形，树皮灰褐色，纵裂。冬芽红色，有特殊气味；偶数羽状复叶互生，小叶 10～12，卵状披针形，长 5～8cm，全缘；花单性异株，形小，无花瓣，雄花排成总状花序，长 5～8cm，雌花排成圆锥花序，长 18～22cm，花期 3～4 月。核果球形或倒卵圆形，初为黄绿色，成熟时变紫蓝色或红色，红色者多为空粒，果期 9～10 月。

产中国长江中下游及河北、河南、山西、陕西、山东等地，菲律宾也有分布。喜光，幼树耐阴。喜温暖湿润气候。对土壤要求不严，从微酸性至微碱性土壤均能生长。深根性，萌蘖力强，寿命长。播种繁殖。

树形美观，秋季果实变为紫蓝色或红色，叶变为深红色或橙黄色，为良好的园林观赏树木，适宜在公园、庭园及绿地孤植或群植。也可作行道树。对有害气体及烟尘抗性强，还可用于工矿区绿化种植。

同属植物常见的有：清香木（*P. weinmannifolia*），别名细叶楷木，常绿乔木，高 15～20m；叶轴有窄翅，小叶矩圆形，长约 1.5～4cm；核果球形，红色。产中国云南及四川。阿月浑子（*P. vera*），落叶乔木；小叶 3～11，卵形；种子为珍贵干果。产中亚和西亚山区。中国自唐代以前传入，已有 1300 多年的栽培历史。（郭生桢）

黄六出花（lily of the incas）　*Alstroemeria aurantiaca*，百合科六出花属多年生草本植物。具肉质须根。株高 50～100cm。叶长披针形，叶表亮绿色，叶背暗淡。伞形花序，花冠筒长约 3.7cm，花色鲜艳，橙黄色，具紫褐色斑点及条纹，外轮花被片顶端绿色。花期夏季。品种有‘黄花’黄六出花（cv. Aurea），花黄色，具红色细条纹；‘纯色’黄六出花（cv. Concolor），花为单纯黄色；‘红花’黄六出花（cv. Rubra），花红色。黄六出花原产南美洲，喜湿润、凉爽的环境及肥沃、排水良好的砂壤土，不耐贫瘠。为阳性植物，忌炎热，夏季需适当遮荫。播种或分株法繁殖，15.5℃即可发芽。其花芽分化需经春化过程（5℃低温下 45 天）。气候温暖地区可露地越冬，也可将根挖出入阳畦，翌春定植，定植距离 20～30cm。温室内盆栽，每年需换盆一次，冬季休眠时，连盆放入凉爽、荫蔽处，保持盆土干燥。花后应及时去除残花。黄六出花典雅富丽，适于花坛、花境应用。切花瓶插耐久。

同属植物常见栽培的有：智利六出花（*A. chilensis*），株高 60～90cm。叶卵圆形至披针形，花淡红色、红色或白色，植株强健。红六出花（*A. haemantha*），株高 70～90cm。叶狭披针形，伞形花序，花 7～12 朵簇生，花冠筒狭窄，长约 5cm，外轮花被片亮红色，内轮花被片赤黄色，具紫色斑点和条纹。紫条六出花（*A. ligtu*），株高 60～75cm。叶狭披针形，外轮花被片倒卵形，白色、淡紫或红色，内轮花被片黄色，具紫红色斑点及条纹。淡紫六出花（*A. pelegrina*），株高 30～60cm。叶披针形，内轮花被片黄色具紫色斑点，外轮花被片具紫红色斑纹。美丽六出花（*A. pulchella*），株高 50～100cm。叶长椭圆形，花冠长约 4.5cm，深红色，具棕紫色斑点。多色六出花（*A. versicolor*），多年生草本植物。株高 15～30cm。花黄色，具紫色斑点。（张　燕）

黄栌（cinereous smoketree）　*Cotinus coggygria* var. *cinerea*，别名红叶、黄道栌。漆树科黄栌属落叶灌木或小乔木。染色体数 2n=30。高达 5m，树冠多呈圆球形。树皮灰褐色，小枝赤褐色；叶互生，倒卵形或卵圆形，长 3～8cm，全缘；圆锥花序顶生，花杂性，花期 5 月。果序长约 20cm，核果肾形，红色，果期 8 月。产中国华北、西北、华中及华东等地，欧洲东南部也有分布。喜阳，稍耐半阴，耐旱、耐寒。适应性强，在瘠薄或碱土上均能生长，忌水湿及粘重土壤。对二氧化硫有较强抗性，滞尘性强。秋季温度降至

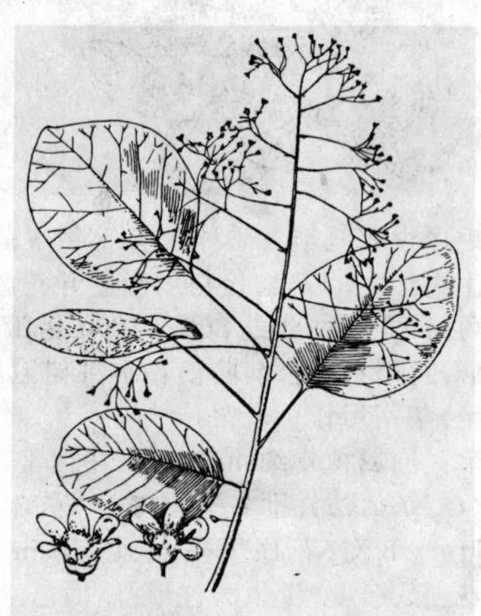

5℃时，日温差在 10℃以上，秋叶可 4～5 天后转红。在低海拔平原，因温差不够，难于观赏到红艳秋叶。

播种繁殖（秋播），也可分蘖、根插或嫩枝扦插，栽培品种主要用嫁接繁殖。夏季高温高湿期易染白粉病及霜霉病，除加强通风透光外，还应每 10 天喷一次等量式 100 倍波尔多液或 0.3°～0.5°石硫合剂防治。

黄栌秋季叶色变红，鲜艳夺目，夏初花开时不育花梗伸长成羽毛状，簇集枝梢，犹如万缕罗纱绕林间，丛

植、片植于山坡、河岸,或配植于大型山石旁均很适宜。

见于栽培的有欧洲黄栌(*C. coggygria*),高达5m,叶卵形至倒卵形,无毛,产欧洲东南部。其变种及栽培品种有:毛黄栌(var. *pubescens*),小枝被灰色短柔毛,叶背面密生短柔毛,产中国贵州、四川、甘肃、陕西、山西、山东、河南、湖北和浙江,欧洲东南部、西亚至高加索也有分布;粉背黄栌(var. *glaucophylla*),叶背面被白粉,产中国云南、四川、甘肃、陕西及山西;'紫叶'黄栌(cv. Purpureus),叶紫红色;'垂枝'黄栌(cv. Pendulus),枝下垂,树冠伞状;'四季'黄栌(cv. Semperflorens),一年开花多次。四川黄栌(*C. szechuanensis*),高2~5m,叶近圆形或阔卵形,产中国四川西北部。矮黄栌(*C. nana*),高0.5~1.5m,叶近圆形或卵圆形,花萼紫红色,花瓣粉红色具紫红色脉纹,果褐色,产中国云南西北部。美洲黄栌(*C. americanus*),高达12m,产美国。 (董保华)

黄毛掌(rabbit-ears) *Opuntia microdasys*,仙人掌科仙人掌属多浆植物。染色体数2n=22。株高60cm,茎节扁平,椭圆形或长圆形,长约15cm,浅绿色。刺座排列紧密,具金黄色钩毛,无刺。花着生在茎节边缘的刺座上,黄色,径1.5cm。果实长圆形,紫色。原产墨西哥高原地带,日温差较大,年降水量在500mm左右,日照强烈。性强健,喜阳光充足及排水良好的砂壤土。

多用扦插繁殖,生长季节剪取生长充实的茎节,晾干切口后浅插于素砂土中,保持盆土潮润,容易生根,生根后应及时上盆。盆土可用壤土2份、腐叶土、粗砂、碎砖石砾各1份配成。夏季放室外培养更为理想。冬季放室内有阳光处,保持盆土干燥,可耐0℃低温。黄毛掌栽培容易,植株大小中等,适于专业单位培养。钩毛扎人,家庭培养应加注意。

同属植物在300种以上,习见栽培的还有:白毛掌(*O. microdasys* cv. Albispina),为黄毛掌的栽植品种,茎节较小,钩毛白色。仙人掌(*O. dillenii*),多分枝,高3m。茎节倒卵形至长圆形,绿至灰绿色,长20~25cm,钩毛黄色,刺数不定,有时缺,有时多达10根,黄或浅褐色。花大,黄色。仙桃(*O. ficus-indica*),高3~5m。茎节绿或灰绿,长圆至卵形,长20~25cm,宽10~20cm。无刺,罕有1~2刺,浅黄色。花黄或橙红色。棉花掌(*O. leucotricha*),树状,高3~4m,多分枝。茎节卵形或长卵形,长25cm,宽12cm,绿色。密被灰色软毛,钩毛黄色。刺1~3,白色呈长毛状,长5~8cm。花深黄色,果白至红色,具香,可食。日月掌(*O. vulgaris*),高达6m。茎节长10~30cm,宽5~15cm。无刺或仅有1~2刺,灰色,长2cm,钩毛黄色。花浅黄色,果深红。

(徐民生)

黄皮(Chinese wampee) *Clausena lansium*,别名黄枇。芸香科黄皮属常绿小乔木。染色体数2n=18。高达12m,树冠近球形,树干暗褐色,多皮孔。奇数羽状复叶互生,小叶5~13,互生,卵形或椭圆状披针形,长6~13cm,叶面密生小腺点,搓揉有香气,缘具浅波状钝齿;聚伞状圆锥花序顶生,花白色,具芳香;花期3~4月;浆果近球形,黄褐色,7~8月果熟。产中国广东、广西、云南、贵州、福建、台湾等地。喜光,适于年均温20℃以上的温暖气候,喜深厚肥沃含适量石灰质的砂壤土。树势强健,寿命长。播种繁殖;果用优良品种多用嫁接、压条或扦插法繁殖。主要病虫害有炭疽病、煤烟病和介壳虫、蚜虫、木虱等。园林中可孤植或群植于草坪、园隅供观赏。果实食用,为南方水果之一。同属植物常见的还有:齿叶黄皮(*C. dentata*),产中国广东、广西、云南、湖南等地。凹叶黄皮(*C. excavata*),中国广东、广西有野生分布。细叶黄皮(*C. indica*),中国广东、广西、云南有野生分布和栽培。 (陈耀华)

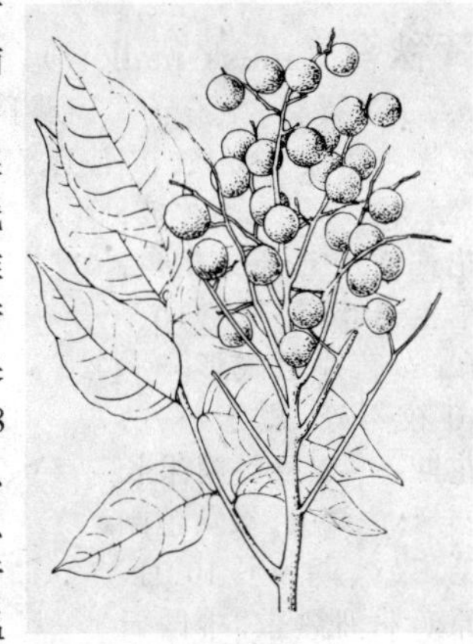

黄杞(engelhardtia) *Engelhardtia roxburghiana*,别名黄榉、三麻柳。胡桃科黄杞属常绿乔木。高达30m,树皮暗褐色、深纵裂。全株被橙黄色腺鳞。小枝细,裸芽叠生;偶数羽状复叶,小叶3~5对,长椭圆形,长5~14(21)cm。花单性同株,少异株,常由雌花序1条及雄花序数条形成顶生圆锥花序束,或雌花序单生,花期5~6月。坚果球形或扁球形,径约0.4cm,8~9月果熟。产中国四川、贵州、云南、湖南、广东、海南、广西、福建、台湾等地。喜光,不耐阴,适生于温暖湿润的气候,对土壤要求不严,耐干旱瘠薄,但以在深厚肥沃的酸性土壤上生长较好。播种繁殖,种子千粒重约15.5g,一年生苗高可达30~50cm。黄杞枝叶茂密、树体高大,适宜

在园林绿地中栽植，尤其适宜用做山地风景区绿化的先锋树种。

（陈耀华）

黄秋葵（musk mallow） *Abelmoschus moschatus*，别名黄葵、冬葵子。锦葵科秋葵属一二年生草本植物。茎直立分枝，被刚毛，高 1～1.2m。叶异型，通常掌状5深裂，裂片披针形，先端渐尖；边缘有钝锯齿。花黄色，中心部红褐色，单生于叶腋，花径 10～12cm，苞片呈线形，8～10 枚不等，短于萼片，花期 7～8 月。蒴果长圆形，先端尖，被黄色刚毛，果熟期 9～10 月。原产亚洲热带，中国云南、海南、广东等省均有分布。喜阳光充足和排水良好的土壤，适应性较强，但不耐寒。播种繁殖，春天播于露地苗床，经一次移植后，可于 6 月份定植。花色艳，花形清秀，可作为园林中的背景材料。根含粘液，可作糊料，种子可作香料或药用。同属植物约 15 种，常见的还有：黄蜀葵（*A. manihot*），多年生草本植物，株高 2m 余，大叶掌状 5～9 深裂，花大色黄，中心暗褐色，原产中国。秋葵（*A. escuntus*），一年生草本植物，株高可达 2m，叶大，3～9 深裂、有粗齿，花黄色，中心带红色，原产热带。（朱秀珍）

黄杉（Chinese douglasfir） *Pseudotsuga sinensis*，别名黄帝杉。松科黄杉属常绿乔木。高达 5m，胸径 1m。幼树树皮浅灰色，老树转灰色，不规则厚块剥裂；当年枝淡黄色，2 年生枝灰色。叶端钝圆有凹缺，背面有两条白粉气孔带。球果卵圆形，中部种鳞近扇形或扇状斜方形，苞鳞露出部分向后反曲。种子三角状卵圆形，种翅较种子为长。花期 4 月，球果 10～11 月成熟。分布于中国云南、四川、贵州、湖北、湖南等地，生于海拔 800m 以上。喜光而好温湿气候，耐干旱，适生山地红壤、黄壤或棕色森林土。幼年耐阴。种子繁殖，春季条播。黄杉树姿雄伟，树冠端庄，是中海拔地带优良的绿化树种。

同属中常见栽培的种尚有：华东黄杉（*P. gaussenii*），原称浙皖黄杉。当年枝红褐色，球果中部的种鳞肾形或椭圆状肾形，种子与翅近等长。分布于安徽南部、江西东北部、浙江西部及南部。台湾黄杉（*P. wilsoniana*），叶背气孔带为绿色，无明显的绿色边带，种鳞基部两侧有凹缺。产于中国台湾省。北美黄杉（*P. menziesii*），习称花旗杉，产美国太平洋沿岸，1935 年引入中国庐山，北京有栽培。叶先端钝或尖，无凹缺，叶背气孔带有灰绿。树干通直高大，原产地可达 100m，树冠尖塔形，优美壮丽。（贺贤育）

黄檀（hupe dalbergia） *Dalbergia hupeana*，别名不知春。蝶形花科黄檀属落叶乔木。高达 20m，胸径 40cm。树皮薄、浅褐色、条状剥裂。奇数羽状复叶，小叶 9～11 枚、互生，矩圆形或宽椭圆形，长 3.0～5.5cm。圆锥花序顶生或生于近枝端的叶腋，花冠蝶形、黄白色，花期 5～6 月。果实扁平、长圆形，长 3～7cm，有种子 1～3 粒，9～10 月成熟。产中国长江流域及其以南地区，河南和山东南部有少量分布。喜光，耐干旱瘠薄，不择土壤，但以在深厚湿润排水良好的土壤生长较好，忌盐碱地；深根性，萌芽力强。播种繁殖，种子千粒重 100～120g。生长

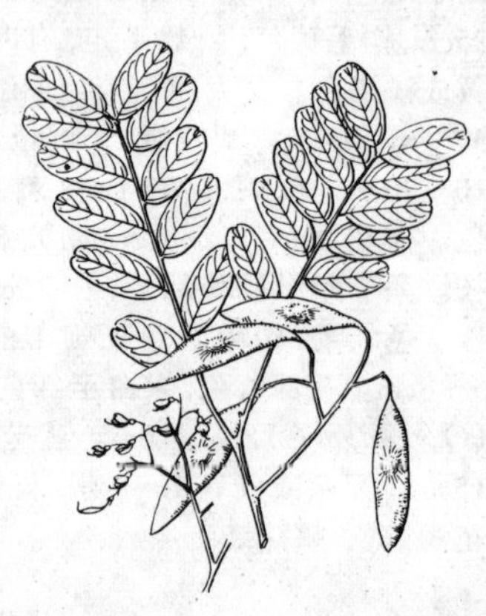

期常有黄刺蛾危害叶片，可用敌百虫等药液防治。黄檀是四旁绿化和浅山区绿化的优良树种；材质坚实、美观，是细木工用材。

同属中常见栽培的种有：海南黄檀(*D. hainansis*)，乔木，高达 20m，奇数羽状复叶，小叶 7～11 枚，圆锥花序腋生，花冠粉红色，花期 6 月，11 月果熟。产中国海南，可作行道树或在园林绿地栽植观赏。扭黄檀(*P. candenatensis*)，藤木，枝有扭曲或螺旋状的钩，奇数羽状复叶，小叶 3～7 枚，花冠白色。产中国广东、广西，印度、越南也有分布。小黄檀(*D. mimosoides*)，别名含羞草黄檀。小乔木，高达 8m。奇数羽状复叶，小叶 31～41 枚，条状长圆形，长 0.8～2.2cm；花冠白色，花期 4～5 月；9～10 月果熟。产中国浙江、江西、福建、湖北、湖南、广西、四川、云南、贵州及西藏等地。降香黄檀(*D. odorifera*)，乔木，高达 20m。奇数羽状复叶，小叶 9～13 枚；腋生复聚伞花序，花冠淡黄或白色，花期 3～4 月；10～11 月果熟。产中国海南、广东、广西、福建等地。

（陈耀华）

黄薇 (myrtleleaf heimia) *Heimia myrtifolia*，别名海密花。千屈菜科黄薇属落叶灌木。染色体数 2n=2x=16。高 12m。枝圆柱形，稍有棱。叶对生、互生或轮生，椭圆形、披针形或线形，长 1.5～5cm。花单生叶腋，花萼浅杯形，顶部 6 裂，萼裂片间的角状附属体较萼裂片长；花瓣 6，黄色；花期 7 月。产美国南部至阿根廷。中国桂林、上海等地有引种。喜光，喜温暖气候，耐干旱。播种、扦插或分株繁殖。可供盆栽或草地丛植。

（陆益新）

黄翁 (golden ball eactus) *Notocactus leninghausii*，别名金晃。仙人掌科南国玉属多浆植物。茎圆柱形，高 60～70cm，径 10cm，基部易出分枝。棱 30 或更多，刺座排列紧密。周刺 15，刚毛状，长 0.3～0.7cm，黄白色；中刺 3～4，长 4cm、黄色，细针状。花生茎端，径 5cm，黄色。植株高 20cm 时始花，开花时球顶端白毛增多。原产巴西南部。除盛夏季节需适当遮荫外，其他季节均需充足阳光。常用扦插或嫁接繁殖。嫁接后切顶，出仔球又多又快，繁殖系数高。成年植株基部易长出仔球，可切取扦插。播种容易出苗，小苗生长亦快。喜排水良好而肥沃的砂壤土，可用壤土、腐叶土、粗砂各 1 份，泥炭和谷壳炭各 0.5 份混合配成盆土。自根苗生长迅速。冬季保持盆土干燥，可耐 0℃低温。黄翁细刺浓密、金黄，新刺色更明快鲜丽，为小型盆栽中的佳品。

同属植物约 30 种，常见栽培的还有：青王球(*N. ottonis*)，球体绿色，单生，基部易孳生仔球。细软刺针状，黄或褐色，花大型，漏斗状，鲜黄色。小町(*N. scopa*)，球体密被白色软刺，中刺褐或暗褐色。花黄色。有红刺及带化等栽培变种。雪光(*N. haselbergii*)，球体密被细软白刺，球顶着生小花，深橙红色，可持续开放约 7 天。黄雪光(*N. graessneri*)，植株扁球形，密被金黄色软刺，花浅黄绿色。细粒玉(*N. submammulosus*)，植株球形至扁球形，刺座上方有尖突起，新刺黄色，老刺灰色，花淡黄色。

（徐民生）

黄香草木樨 (yellow sweet clover) *Melilotus officinalis*，别名金花草。蝶形花亚科草木樨属二年生草本植物。染色体数 2n=2x=16。全草有香气。叶具 3 小叶，小叶椭圆形，边缘具锯齿。总状花序腋生。花萼钟状，萼齿三角形。花冠黄色。荚果卵圆形，稍有毛。种子矩形，褐色。中国四川及长江以南野生，东北、华北、西北等地均有栽培。耐寒、耐旱、耐盐碱。以石灰性粘质土壤中生长为好。播种繁殖，利用飞机播种，效果良好。可用作平地、斜坡、沟渠、河滩的水土保持植物。又是牧草和蜜源植物。（胡叔良）

黄杨 (Chinese littleleaf box) *Buxus sinica*，别名豆瓣黄杨、瓜子黄杨。黄杨科黄杨属常绿小乔木，多呈灌木状。染色体数 2n=2x，4x=28，56。高约 10m，冠幅 3～5m。树皮淡灰褐色，浅纵裂；小枝四棱状，叶对生，全缘、革质，倒卵状椭圆形或卵状长圆形。花簇生叶腋或枝端，无花瓣，花期 3～4 月。蒴果近球形，7 月成熟，呈 3 瓣裂。其变种有：珍珠黄杨(var. *parvifolia*)，别名小叶黄杨，小灌木，枝叶密集，小枝节间仅长 3～5mm。叶椭圆形，长不足 1cm，叶缘常反卷、叶面凸起，入秋叶具红晕。姿态优美，是制作盆景和布置岩石园的优良树种。黄杨产中国中部和东部各地，常生于海拔 1000m 左右的溪谷或岩石缝隙间。较耐阴，喜温和湿润气候，耐寒性稍差，较耐干旱。根系浅，须根发达，适生于深厚肥沃的中性或微酸性土壤，在碱性土壤上也能生长；生长慢，萌蘖性强，耐修剪。能抗多种有害气体。播种或扦插繁殖，果实采收后阴干，待种子脱出后立即播种或即沙藏，至翌年春播。覆土宜

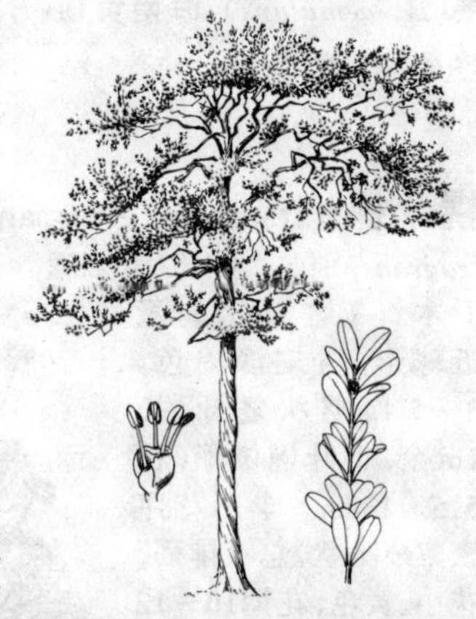

薄，一年生苗高约 15cm 左右。扦插可在 6～7 月选半木质化的健壮枝条，剪成长 10～15cm 的插穗，易成活。常有黑缘螟和矢尖蚧为害枝叶，苗期易生立枯病。黄杨冬、夏常青，果型奇特，在园林中可孤植、丛植，也可做绿篱，或修剪成各种造形布置花坛等。木材坚实致密，可用于雕刻。

黄杨属约 70 种，中国约 30 种。其中常见栽培的有：锦熟黄杨（*B. sempervirens*），常绿灌木或小乔木，小枝较密，叶椭圆形至卵状长椭圆形，缘多反卷。花期 4 月，7 月果熟。据叶色、叶形和枝姿划分有金边、斑叶、金尖、长叶、狭叶和垂枝等栽培品种。原产南欧、北非及西亚。喜光，稍耐阴，较耐寒，耐干旱、不耐水湿。雀舌黄杨（*B. bodinieri*），常绿灌木，小枝较粗、近四棱。叶长圆状倒披针形或倒卵状匙形。花密集呈球状，花期 8 月。11 月果熟。主产于中国华南和西南地区，多生于石灰岩山地。喜光，也能耐阴，喜温暖湿润气候，耐寒性稍差，生长慢。华南黄杨（*B. harlandii*），常绿小灌木，多分枝，小枝细密，叶窄倒卵形或倒披针形。主产于中国华南和西南地区，生于溪谷或岩石缝隙中。皱叶黄杨（*B. rugulosa*），别名高山黄杨。常绿灌木，小枝近四棱，叶菱状长椭圆形或椭圆形，叶上面具皱纹。花期 4 月，8 月果熟。有两个变种，其一是铺地黄杨（var. *prostrata*），匍匐常绿小灌木，稀直立；另一变种是石生黄杨（var. *rupicola*），常绿小灌木，高达 2m，叶窄圆卵形或卵状椭圆形，该种及其变种均产自中国云南、四川海拔 1900～3600m 河谷、林缘、灌丛或石灰岩峭壁、石缝中，是园林绿化的优良树种。此外，还有小叶黄杨（*B. microphylla*）、尖叶黄杨（*B. aemulans*）、海南黄杨（*B. hainanensis*）和杨梅黄杨（*B. myrica*）等。

（陈耀华）

幌伞枫（fragrant heteropanax） *Heteropanax fragrans*

Heteropanax fragrans，别名大蛇药、五加通。五加科幌伞枫属常绿乔木。高达 30m，树冠近球形，树皮淡褐色。3～5 回羽状复叶，长 1m 余，小叶椭圆形，长 5.5～13cm。伞形花序密集成头状，总状排列，花小、黄色，花期10～12 月。果扁球形，翌年2～3 月成熟。产中国云南、广东、海南及广西等地，印度、缅甸、印度尼西亚也有分布。喜光，喜温暖湿润气候，适生于深厚肥沃排水良好的

酸性土壤。用播种或扦插法繁殖。幌伞枫树冠圆整，叶形巨大、奇特，宜作庭荫树或行道树。

（陈耀华）

喙核桃（Chinese annamocarya） *Annamocarya sinensis*

Annamocarya sinensis，胡桃科喙核桃属落叶乔木。高达 20m，小枝具灰黄色线形皮孔。奇数羽状复叶，小叶 7～9 枚，长椭圆状披针形或卵状披针形，全缘。雌雄同株，雄柔荑花序长13～15cm，着生 1 年生枝叶腋；雌花序短，有3～5 花集生枝顶，花期4～5 月。坚果大，外果皮厚，果核骨质，具长喙，果熟 11～12 月。产中国贵州、广西、云南，越南也有。喜光，稍耐阴，喜温和湿润环境，生海拔500～1800m 山地杂木林中。播种繁殖。大苗需带土球。喙核桃根深叶茂，树姿优美，是绿化山区，庭园观赏的好树种。

（庄茂长）

火棘（fortune firethorn） *Pyracantha fortuneana*

Pyracantha fortuneana，别名红籽、火把果、救军粮。蔷薇科火棘属常绿灌木。染色体数 $2n=2x=34$。高达 3m，侧枝短，先

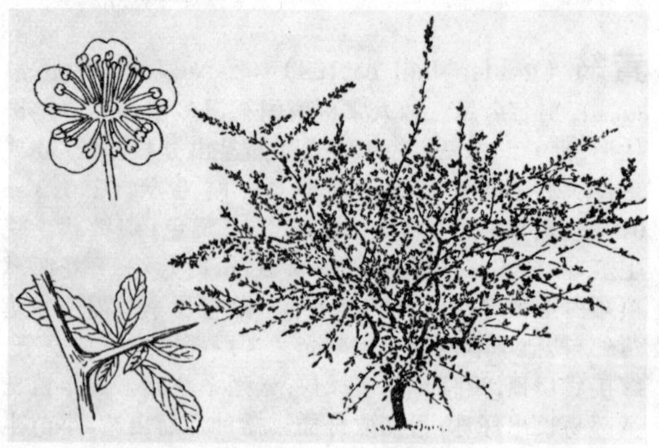

端成尖刺。叶多为倒卵状长圆形，长 1.5～6.0cm，先端圆钝或微凹，有时具短尖头，缘具圆钝齿；复伞房花序由多花组成，花小、白色，花期 4～5 月；梨果近球形，径约 0.5cm，橘红或深红色，果期 8～12 月。产中国华东、华中及西南，多分布于海拔 200～2800m 间。喜光，抗旱耐脊，山坡、路边、灌丛、田埂均有生长。播种

繁殖。春季白花绿叶，入秋红果满枝，经久不落，可用作绿篱及盆景材料，也可植于草地及林缘。同属植物10种，中国产7种。其中常见栽培的有：细圆齿火棘（*P. crenulata*），少枝刺，叶长圆形至倒披针形，叶缘有细圆齿，花更繁茂。产中国华中、华南、西南等地，印度、不丹、尼泊尔也有分布。窄叶火棘（*P. angustifolia*），叶背被绒毛，近全缘。产于中国西南及华中地区。欧亚火棘（*P. coccinea*），叶狭椭圆形，先端急尖，花序被毛。产于欧洲南部至亚洲西部。

（熊济华）

火炬花（torch lily） *Kniphofia uvaria*，别名火把莲。百合科火把莲属多年生常绿宿根草本植物。染色体数 2n＝2x＝12。根状茎稍带肉质，通常无茎，叶近基部丛生，草质，剑形，稍带白粉。总状花序长约30cm，小花圆筒形，长约4.5cm，顶部花绯红色，下部花渐浅至黄带红晕，雄蕊伸出。花期夏季。种子呈不规则三角形，千粒重约2.95g。变种有：大花火把莲（var. *grandiflora*），花朵较大，大火把莲（var. *grandis*），植株高可达1.5m，花朵鲜红色和黄色，短叶火把莲（var. *nobilis*），叶片较硬而短，花葶高达1.8m。原产南非，自然生长于海拔1800～2000m潮湿泥炭土草地。生长健壮，喜温暖和光照充足，对土壤要求不严，但以腐殖质丰富，排水良好的轻粘质壤土为宜，忌雨涝积水。播种繁殖，发芽适温约25℃，14～20天出土，春夏季均可进行，但以春季为好。1月温室播种育苗，4月露地定植，当年秋季可开花。春、秋季将蘖芽带根分切栽植，可独立成株。3～4年分株一次，对生长开花有利。栽培地应施用适量腐熟有机肥，株行距30cm×40cm。花后应及时将残花茎剪除。可耐短时间－10℃低温，北京地区冬季宜覆盖保护越冬。

用于路旁、街心花园、成行成丛种植，也可坡地片植，或栽植在花坛、花境中心部位。花形花色犹如燃烧的火把，点缀翠绿叶丛，具有独特园林风韵。花枝还是美丽的切花材料。

同属植物约75种，均为半耐寒性多年生草本植物，产于南非。如短茎火炬花（*K. caulescens*），具近木质化的分枝短茎，高30cm，下部花呈乳白色，上端花蕾呈绯红色；多叶火炬花（*K. quartiniana*），花筒长2.4cm，黄色，雄蕊伸出花冠筒很多；多花火炬花（*K. multiflora*），花朵多密集，白色，花蕾时具绿或黄色晕，花丝长于花被片2倍；小火炬花（*K. triangularis*），别名三棱剑叶兰，植株较矮，花朵橙黄色，色泽浓艳。

（龙雅宜）

火烧花（igneous mayodendron） *Mayodendron igneum*，紫葳科火烧花属乔木。高达15m。三出多回羽状复叶对生；小叶椭圆形，长6～11cm，全缘。总状花序顶生；花萼佛焰苞状，一边开裂；橙黄色；花期3～4月。蒴果狭条形，果期4～5月。产中国云南，缅甸也有。喜温暖湿润气候，不耐寒，喜肥。播种繁殖。树体高大，姿态优美，适合温暖地区庭园栽植观赏，可作庭荫树、孤植树或行道树。

（包满珠）

火焰花（flame violet） *Episcia cupreata*，苦苣苔科地毯花属多年生常绿草本植物。全株多毛，具匍匐茎，盆栽株高约15cm。叶片椭圆形，铜绿色，带红或具银色斑点。花3～4朵聚生于短总花梗上。花冠筒上部带红色，下部带黄色具红痕，檐部橙红色，偏斜，5裂片，长1.2cm，上部2裂片后翻，下部3裂片开展。原产哥伦比亚及委内瑞拉。喜温暖，温室越冬不低于12℃，强光下需遮荫。喜排水良好，混和沙、小石砾和焦炭粒的土壤。枝插繁殖。用作温室盆花。

（王大钧）

火燕兰（Jacobean lily；azetec lily） *Sprekelia formosissima*，石蒜科火燕兰属多年生草本植物。株高30cm，具被膜鳞茎。叶条形，与花蕾同长。花单生空心花葶顶端，花葶高45cm。花冠深红色，筒部短，上部裂片3枚，分开，直立而狭，外翻。下部三枚裂片靠拢，其下部卷拢呈筒状。花冠倾斜，形成明显的二唇状，花径10cm。花丝鲜红色。花期晚春或初夏。有大花，红花白边及黄条（中裂片中央有黄色纵条）等品种。原产墨西哥和危地马拉。不耐寒，喜温暖向阳环境，一般作温室植物，栽培介质需富含纤维质的肥沃壤土。冬季叶子转黄后，盆土不浇水。至翌年发叶抽葶时给水。每3～4年翻盆一次。分球或播种繁殖。如栽培得宜，一年中可5次开花。用作温室盆花，或暖地地栽。

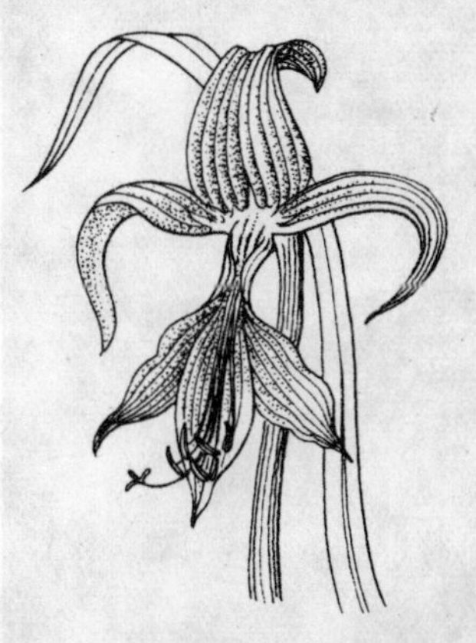

（王大钧）

藿香蓟(tropic ageratum) *Ageratum conyzoides*,别名胜红蓟。菊科藿香蓟属多年生草本植物。染色体数 2n = 40。常作一年生栽培,株高 30～60cm,全株具毛。叶对生、卵形。头状花序顶生,花径 0.6～1cm,呈伞房花序状着生。总苞线形,2～3 列。花色白、粉、蓝或紫红等,管状。原产美洲热带。中国华南逸为野生。喜温暖、向阳,宜较肥沃的砂质壤土,也耐瘠薄。可自播繁衍。用播种法繁殖,实生苗 80%可保持品种特性。播后两个月可开花。也可用分株、扦插和压条繁殖。其花朵繁多,色彩淡雅,是理想的花坛材料。也可作为花群、花境、林缘种植,或用作缀花草坪及地被。

同属约 30 种。其中,心叶藿香蓟(*A. houstoniamum*)观赏价值较高,别名熊耳花,株高 15～20cm,叶皱、叶基心形。花较大,花粉红、白、雪青、蓝紫等色,花期夏秋季。原产秘鲁、墨西哥。可作为毛毡花坛、花丛花坛、花境等镶边材料,也用于岩石园点缀或盆栽。

(王彩云)

J

几架（table for standing Penjing） 摆放盆景的几和架。也是盆景的一个重要组成部分。按大小以及所用的材质，大体可分为桌、礅、几、架4种。大型的几座称桌，如方桌、圆桌、供桌、琴桌、双拼或四拼桌以及梅花型桌等。以陶、瓷、石质制作的几座称礅，有陶礅、瓷礅、石礅等。中小型几座称几，常用的有方几、圆几、鼓几、桌几、坑几、套几、书卷几、多边几、双连几、高脚几、两搁几、四搁几等。以布置微型、小型组合盆景的几座称架，如博古架、十景架、多宝架等。

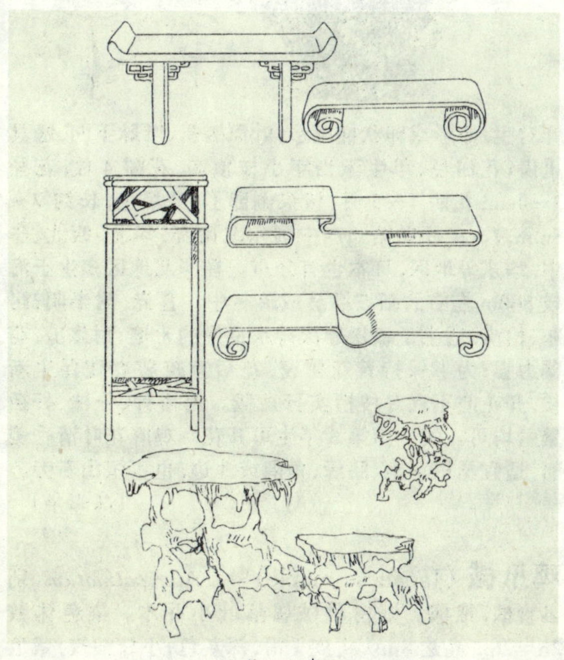

几 架

几架的取材有红木、花梨木、紫檀木、枣木、黄杨、香红木、柚木、楠木、鸡翅木等。其中以紫檀木为佳，其木质细腻坚硬，色泽紫亮光洁。也有用枯树根制成的天然形树根几。

几架配盆也有一定的规律，一般情况下长方盆和椭圆盆配两搁几或四搁几，或书卷几；长方盆配长方几；圆盆配鼓凳几和圆几；深方盆和圆盆配高脚几；树根几一般呈圆形，所以配圆形盆居多；高的配深盆，矮的配浅盆；双连几配两盆形型相称的盆景；博古架、十景架、多宝架用于陈列小型、微型盆景；大型桌类，主要陈放大型盆景，或承托书卷几等矮小几座。几座根据盆型决定，一般要几座略大于盆底。（徐智敏）

机关绿化（official organizations planting） 在机关、团体等办事单位范围内种植观赏植物以改善并美化环境的绿化作业。在城市园林绿地系统规划中机关绿地属于单位附属绿地范畴。

机关绿化专供机关工作人员使用。机关所在地的环境反映出机关的性质，其面貌对内应与机关的性质相符合，对外与城市景观相协调。应常设专人管理，其绿化效果要超过一般公用绿地的水平。四周常用通透或半通透围墙与外界相呼应，要求其绿化面貌具有一定的示范作用，并反映出机关的精神风貌来。

绿化方法因机关建筑物性质而异。①主体建筑，多是机关的办公楼，接近主要入口及外界交通道。建筑的体形及外貌常显示出主体性质，它的正面至入口之间的空间应是绿化布置的重点地区，常采取规整式布局，有明显的轴线，主干道连接主要入口与主体建筑，并设回车场及临时停车场。植物配植最好整齐对称或景物具有较高水平的艺术造型，如雕塑、喷泉或树形美观的树木等。色彩要丰富，气氛要庄重，但又忌呆板沉闷。建筑物四周应有各种灌木组成的基础种植；建筑的主要入口要有成对的门卫种植，标志门厅；建筑的角隅应有树木环抱，以消除楞角的生硬感。窗外5m以内不宜栽植乔木，以免影响室内采光。向西的门窗外应栽大树，防止日晒。在北面，应种植防风乔木等。车辆较多的机关，要加宽车行道或另设人行道。道旁植树，要有高大乔木并与花灌木混交，形成树荫夹道、色彩缤纷的入口。②附属建筑，如礼堂、饭厅、警卫室、值班室、传达室、收发室、会客室、汽车库及自行车棚等。这些建筑的绿化应采取发挥植物的庇荫、防风效果为主，美化装饰为辅的原则，做到半隐半现，相互掩映。如能在墙面进行攀援绿化更佳。

城区机关绿化用地不得低于该单位土地总面积的35%。不足或超过者，需按规定手续达到指标。总之，机关绿化除与城市绿化同样可以达到各种环境效益外，更主要的是为机关工作人员创造安静、整洁、卫生、优美、舒适的环境，以利身心的健康，提高工作效率。至于机关附设家属宿舍、幼儿园等，则应按居住区绿化方式进行植树，并力求与机关相隔离。

（郑秉娟 余树勋）

鸡蛋花（Mexican frangipani） *Plumeria rubra* cv. Acutifolia，别名缅栀子。夹竹桃科鸡蛋花属落叶灌木或小乔木。染色体数2n=36。高达6m，具

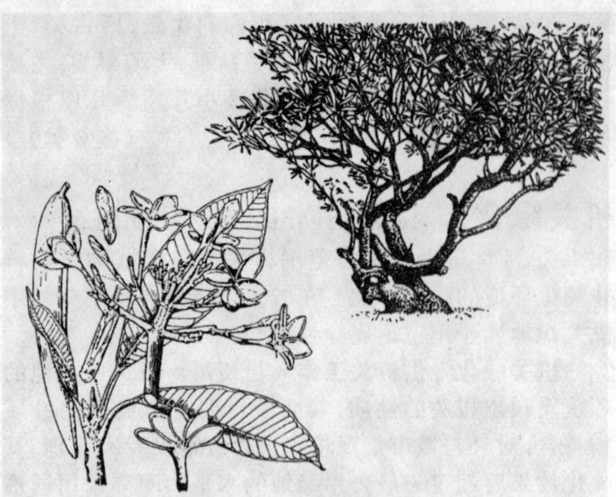

乳汁。小枝粗壮，肉质；叶互生，常集生枝端，倒卵状长椭圆形，长 20～40cm，全缘；聚伞花序顶生，花冠漏斗状，径约 5cm，外面乳白色，内面基部鲜黄色，芳香，花期 5～10 月；蓇葖果双生，长 10～20cm。产墨西哥及委内瑞拉，中国南方有栽培，长江流域以北盆栽。喜阳光充足及高温、高湿气候。适生肥沃湿润而排水良好的土壤。扦插繁殖。

鸡蛋花树形美观，花素雅、芳香，宜在庭园、草地栽植观赏，也可盆栽。

同属中栽培的还有原种红鸡蛋花（*P. rubra*），花红色或紫色。（肖　嘉）

鸡冠花（cockscomb）　*Celosia cristata*，苋科青葙属一年生草本植物。染色体数 2n＝36。在中国栽培始于唐代，唐罗邺（公元 898～901）有《鸡冠花》诗。宋梅尧臣《鸡冠》长诗，谓神农氏药草中有鸡冠。古代鸡冠植株甚高，但《碧鸡漫志》中有："吴蜀鸡冠，有一种小者，高不过五六寸"的记载。明代王象晋《群芳谱》中介绍有扫帚鸡冠，扇面鸡冠、缨络鸡冠、鸳鸯鸡冠和寿星鸡冠，有深紫、浅红、纯白、浅黄四色。鸡冠花株高 40～90cm，茎直立粗壮。叶卵状披针形至披针形，先端渐尖，基部渐狭，全缘。花序顶生及腋生，扁平鸡冠形。花期夏、秋至霜降。花色有白、淡黄、金黄、淡红、火红、紫红、棕红、橙红等。栽培种肉质花序托柄回环卷曲成大扁球。胞果卵形，种子黑色有光泽，千粒重约 0.8g。

变种、类型及品种：凤尾鸡冠，又名芦花鸡冠，穗状花序，着生于主枝及侧枝顶部，色彩丰富，低矮者株高仅 30cm，高者可达 1.8m。笔鸡冠，穗状花序呈尖卵形，着生于主枝及侧枝顶部，株高 15～50cm。矮鸡冠（nana group），鸡冠状花序回环卷曲，株高 30～40cm。切花用鸡冠（久留米鸡冠），植株高约 100cm，中型花序，有红、橙、黄等色，不需剥除侧蕾，大部分植株仅主蕾着花，为优良切花或干花材料。原产东亚及南亚亚热带和热带地区，现分布世界各地。喜光照充足和湿热，不耐霜冻。喜肥沃、不耐瘠薄。

温带地区往往于早春温室播种，夏秋开花。亚热带地区可于晚春播种。发芽适温 20℃，约 7～10 天发芽。小苗经一次移植后地栽。大球鸡冠应注意除去侧芽，保持一株一花。高茎种可用于花境、点缀树丛外缘、作切花和干花等。矮生种用以栽植花坛或盆栽。（王大钧）

鸡麻（black jetbead）　*Rhodotypos scandens*，蔷薇科鸡麻属落叶小灌木。染色体数 2n＝2x＝18。高约 2m，老枝紫褐色，小枝初为绿色，后变为浅褐色；单

叶对生，卵形或卵状椭圆形，叶面皱折、叶脉下凹，缘具重齿；花白色、单生于当年小枝顶端，花瓣 4 枚，花径 3～4cm，花期 4～5 月；核果倒卵形、亮黑色，长约 7～8mm，7～8 月果熟。产中国东北南部、华北、西北、华中，华东等地区，日本也有分布。在华北地区多生于海拔 800m 左右的阳坡灌丛或疏林中。喜光，耐半阴；耐寒、怕涝，适生于疏松肥沃排水良好的土壤；耐修剪，萌蘖力强；为了保持着花繁密，花后宜疏剪老枝促生新枝，开花前不宜对枝梢实行短截。用播种、分株、扦插繁殖均可。实生苗第 3 年生可开花。鸡麻花叶清秀美丽，适宜丛植草地、路缘、角隅或池边，也可植山石旁。（陈耀华）

鸡爪槭（Japanese maple）　*Acer palmatum*，别名青枫，雅枫。槭树科槭属落叶小乔木。染色体数 2n＝26。高达 8m。树皮平滑，深灰色；小枝细瘦，紫色或灰紫色。叶对生，掌状深裂，裂片 7(5～9)，长卵形或披针形，边缘有重锯齿。伞房花序顶生；花杂性，紫红色，径 6～8mm；花期 4～5 月。翅果张开成钝角，幼时紫红色，成熟后为棕黄色，果期 9～10 月。常见的变种及栽培品种有：深裂鸡爪槭（var. *thunbergii*），又名蓑衣槭，叶较小，7 深裂，裂片卵圆形，翅果较小。'紫红叶'鸡爪槭（cv. Atropurpureum），又名红枫，叶紫红色。'金叶'鸡爪槭（cv. Aureum），又名黄枫，叶金黄色。'细叶'鸡爪槭（cv. Dissectum），又名羽毛枫，枝开

展下垂，叶7～11深裂，裂片有皱纹。'深红细叶'鸡爪槭(cv. Ornatum)，又名'红叶羽毛枫'，枝开展下垂，叶细裂，初时呈红色，后变紫色，夏日变橙黄色，入秋变红色。'条裂'鸡爪槭(cv. Linearilobum)，叶深裂，裂片条形，边缘有疏齿或全缘。

产中国长江流域，北达山东，南至浙江；日本及朝鲜南部也有分布。喜温暖、湿润气候及半阴环境，适生肥沃、疏松的土壤，不耐涝，较耐旱。受太阳西晒及潮风影响的地方生长不良。多行播种和嫁接繁殖。播种繁殖多用于原种，嫁接繁殖多用于优良的园艺品种。苗木移栽在秋季落叶后或春季萌芽前进行，中小苗需带宿土，大苗需带土球。盆栽观赏者可在8月下旬进行摘叶，然后移至阴凉湿润的环境下培养，施氮肥1～2次，并行适当整形修剪促使枝叶繁茂，在经1～2次霜后，叶片变红时再移入室内培养，观叶期可延长一个多月。主要害虫有刺蛾、大蓑蛾、蚜虫和星天牛等。应喷施杀螟硫磷及辛硫磷防治。

鸡爪槭树姿优美，叶形秀丽，秋叶艳红，其园艺品种叶形、叶色多变，为观叶植物中的佳品。园林中或植于草坪、溪边及池畔，或于墙隅、亭际及山石间点缀，均颇具自然淡雅之趣。也是制作盆景和插瓶切花的重要材料。

同属植物多数可作园林观赏，常见栽培的有：元宝枫(*A. truncatum*)，落叶乔木，高达10m；叶常5裂，基部截形，秋叶橙黄色或红色；果翅常与果等长。主产中国东北及华北，西至河南、陕西，南至江苏北部，华北各地广泛栽作庭荫树和行道树。五角枫(*A. mono*)，落叶乔木，高达20m；叶5裂，基部心形或几为心形，秋叶红色或黄色；果翅长约为果的2倍；主产中国东北、华北，西至陕西、四川、湖北，南达江苏、浙江、安徽、江西，朝鲜、日本也有。梓叶槭(*A. catalpifolium*)，落叶乔木。高达25m，胸径1m，树冠伞形；叶卵形或长卵形，秋叶黄色；产中国四川，为中国特有的珍稀树种。天山槭(*A. semenovii*)，落叶灌木或小乔木，高3～5m；叶长卵形至三角状卵形，3～5裂或不分裂，秋叶红色；翅果嫩时淡红色，成熟后变淡黄色；产中国新疆，俄罗斯中亚地区及阿富汗也有。茶条槭(*A. ginnala*)，落叶灌木或小乔木，高约5～6m；叶卵形，多3～5裂，边缘具不整齐的疏齿，秋叶鲜红色；翅果嫩时紫红色，两翅直立，产中国黄河流域、长江下游地区及东北，朝鲜、日本也有。三角枫(*A. buergerianum*)，落叶乔木，高5～10(20)m；叶卵形或倒卵形，先端3裂或不分裂，秋叶暗红色；主产中国长江流域，北达山东，南至广东、台湾，日本也有，为重要树桩盆景材料。青榨槭(*A. davidii*)，落叶乔木，高10～15m；幼时树皮绿色，有白色条纹，小枝平滑呈竹节状；叶卵形或长卵形，翅果成串下垂，产中国黄河流域和长江流域，西至云南。葛萝槭(*A. grosseri*)，落叶乔木。高达12m；树皮绿色，有黑色纵条纹；叶卵形，3浅裂或不分裂；翅果嫩时淡紫色，产中国陕西、甘肃、山西、河南、湖北及安徽。细裂槭(*A. stenolobum*)，落叶小乔木。高达12m；叶3深裂，产中国山西、陕西、甘肃等地。日本槭(*A. japonicum*)，落叶乔木，高达12m；叶9～11浅裂，秋叶鲜红色；翅果嫩时红色；产中国辽宁，日本也有。飞蛾槭(*A. oblongum*)，常绿乔木，高10～20m；叶矩圆形或卵形，全缘；翅果幼时紫色，产中国陕西、四川、云南、贵州、湖北及湖南，老挝、泰国、缅甸、印度、尼泊尔也有，抗有害气体能力强，适宜工矿区绿化。樟叶槭(*A. cinnamomifolium*)，常绿乔木，高10～20m；叶矩圆形或矩形状披针形，全缘或近于全缘；产中国台湾、浙江、福建、江西、湖南、广东和广西。三花槭(*A. triflorum*)，落叶小乔木。高约10m；三出复叶，小叶长卵形至椭圆形，秋叶红色；产中国东北，朝鲜也有。三峡槭(*A. wilsonii*)，落叶乔木。高10～15m；叶卵形，常3裂；翅果成串下垂，产中国四川、贵州、云南、湖北、湖南、广东及广西。建始槭(*A. henryi*)，落叶小乔木，高约10m；三出复叶，小叶椭圆形，秋叶紫红色；翅果嫩时淡紫色，产中国甘肃、陕西、河南及长江流域各省。复叶槭(*A. negundo*)，落叶乔木，高达20m；羽状复叶，小叶3～5(7,9)，产北美。五叶槭(*A. pentaphyllum*)，落叶小乔木。高约10m；掌状复叶，小叶5(6,7)，窄披针形，产中国云南和四川，为中国特产，具较高观赏价值。 (冯燮舟)

姬凤梨 (starfish plant) *Cryptanthus acaulis*，凤梨科姬凤梨属多年生草本植物。株高仅5～6cm，叶相互叠生，约20片，呈星状生长，先端尖锐，叶缘波浪状，有小锯齿，叶色褐绿，叶背有白粉。花小，白色，花期6月(广州)，产热带雨林空地向阳岩石缝上，喜气温高、湿度大，忌水多，较耐旱。在较强阳光下，叶面褐晕较浓，光照弱时，叶面褐晕较浅。芽插繁殖，栽培容易。可盆栽或附生于矮树旁，供台案或窗台陈设。产于巴西。

同属植物约20余种，如红叶姬凤梨(*C. bivittaus*)，别名绒叶小凤梨，三色姬凤梨。高约10cm，叶缘波浪明显，叶面中部红褐色，两侧绿褐色，间有紫红色纵向条纹，叶背灰白。花小，黄白色。产于巴西。彩叶姬凤梨(*C. bromelioides* var. *tricolor*)，别名五彩长叶姬凤梨，叶长达20cm，宽约3cm，绿色及白色或乳黄色纵向条纹相间，叶基部鲜红色。虎斑姬凤梨(*C. zonatus*)，别名虎纹姬凤梨。株高约15cm，叶绿色，有明显黄绿色横向波纹，叶背有银色斑驳。产于巴西。

(张应麟)

基础栽植 (foundation planting) 在建筑物(构筑物)墙基外方栽种观赏植物的作业。可缓冲墙面与地面之间的生硬对比，起到“软化”的作用，丰富了建筑立面,美化墙基及其周围的环境,调节室内外视线,并有隐蔽和安全的作用。

基础栽植所用的植物称基础植物。按其类别,可分为以下几种方式:①宿根、球根花卉类基础栽植。沿墙基(或散水外沿)栽植一行宿根、球根花卉,如麦冬、葱兰、玉簪、萱草等。也可布置成花境,以墙面作为背景,衬托花、叶,为建筑物(构筑物)增色,如蜀葵、宿根福禄考、红花酢浆草、荷包牡丹等。②灌木类基础栽植。沿墙基外种植灌木(常绿灌木为主,落叶灌木次之),可单株相间等距栽植,各作自然式整枝,或作绿篱式布置,其高度一般不宜超过窗口,如大叶黄杨、锦熟黄杨、海桐、石楠、白鹃梅、贴梗海棠等。欧洲常用平枝栒子、小叶栒子等;美国常用鹿角桧、八仙花等。③竹类基础栽植。栽种低矮叶密的竹类,如菲白竹、箬竹、凤尾竹、观音竹等。④混合类基础栽植。当狭长空地有一定宽度(3m 以上)时,可栽种宿根花卉、灌木和小乔木等,灌木高度控制在窗台线以下,小乔木宜植于窗间墙前,以免影响底层窗户的采光和视线。常用的种类有萱草、蜀葵、射干、阔叶十大功劳、石楠、桃花、紫薇、紫叶李、梅花、石榴及矮生松柏类等。

在基础栽植带中,还可适当配置富于装饰性的雕塑小品及地灯等。基础栽植的宽度应与建筑物高矮、体形成比例,如人民大会堂的雄伟高大建筑外面,基础栽植的宽度约在 10m 以上。基础栽植在选择树种时要考虑到防止下午西晒、避免冬季北风吹袭,同时也要发挥隐蔽和防风等效果,还要考虑建筑物性质,如庄严肃穆的场所的基础栽植多用常青的松柏和整形绿篱,而休息娱乐的厅堂则多用花灌木与草花。建筑物正面与侧面、背面的基础种植也不能雷同。各入口处用植物标志,选成对而体形端正的常绿树左右对植,称“门卫栽植”。在建筑物转角处,常栽一丛或一株常绿树,以掩蔽生硬的垂直线条,称为“角隅栽植”。

(徐大陆　余树勋)

基及树 (small-leaf carmona)

Carmona microphylla,别名福建茶。紫草科基及树属常绿小灌木。高 1~3m,多分枝。叶互生,短枝上之叶簇生,先端具粗钝齿,叶面常有白色点;花白色,2~6 朵组成腋生聚伞花序,春夏开花;核果球形,红色或黄色,秋季成熟。产亚洲热带地区,中国广东、海南、广西、福建及台湾有分布,北方各地多行盆栽。喜光,喜温暖湿润气候,不耐寒;适生于疏松肥沃及排水良好的微酸性土壤。萌芽力强,耐修剪。种子繁殖,可自播繁衍;扦插也极易成活。基及树枝繁叶茂,株型紧凑,适宜在园林绿地中种植观赏,也是绿篱或盆栽制作盆景的好材料。

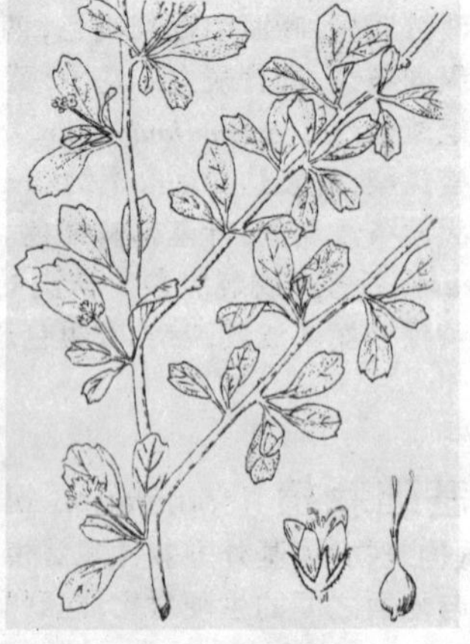

(陈耀华)

基因工程 (genetic engineering)

体外重组 DNA 分子并在原核或真核细胞中增殖和表达的技术。基因工程也称重组 DNA 技术。这种技术可把特定的基因组合到载体上,并使之在受体细胞中增殖和表达。因此它不受亲缘关系的限制,从而为观赏植物育种和分子遗传学研究开辟了新途径。

简史　生物基因工程是建立在核酸内切限制酶和基因载体两方面的基础理论研究上的。1952 年美国的卢里亚(S. E. Luria)在大肠杆菌中发现的限制现象,是由于细胞中具有专一性的核酸内切限制酶而引起的。20 世纪 70 年代,生物化学研究的进展为基因工程的发展奠定了坚实的基础。1972 年美国的伯格(P. Berg)等将动物病毒的 DNA 和噬菌体的 DNA 连接在一起,构成了首批重组 DNA 分子;1973 年美国的科思(N. Cohen)将几种不同的外源 DNA 插入质粒中,并将其导入大肠杆菌中,从而开创了基因工程研究的先河。

目的基因　目的基因的获得,有分离自然基因、酶学方法和化学方法等。①分离自然基因多用鸟枪法,即选用适当的限制酶,把基因组切割成略大于一个基因的 DNA 片段,把这些片段与载体组成重组分子,并转入大肠杆菌中,构成基因文库,然后再用探针钓出自然基因。②酶学方法是用提纯的 mRNA 作模板,用反转录酶合成与之互补的单链 cDNA,然后再合成双链的 cRNA。③化学方法是按目的基因的密码,先合成 10 个左右核苷酸的单链小片段,再配合成双链的目的基因。利用上述方法,已获得了大量微生物、动物和植物的基因,如豌豆、烟草、大豆与光合作用有关的 Rubp 羧化酶小亚基的基因等。

目的基因和载体连接　目的基因和载体连接的方法主要有 4 种。①粘性末端连接:每种核酸内切酶作用于 DNA 分子上特定的识别顺序,产生具有粘性末端的两个 DNA 片段,把所要克隆的 DNA 和载体 DNA 用同一种限制酶处理后,再用 DNA 连接酶处理,即可将它们连接起来。②平整末端连接:经某些内切酶作用后产生平整末端的 DNA 片段,或用机械剪切的方法获得平整末端的 DNA 片段,在某些连接酶的作用下,也可以把两个 DNA 片段连接起来。③同聚末端连接:在脱氧核苷酸转移酶的作用下,在 DNA 的 3′羟基端合成低聚多核苷酸。如把所需的 DNA 片段接上低聚腺嘌呤核苷酸,而把载体分子接上低聚胸腺嘧啶核苷酸。由于二者之间能够形成互补氢键，同样可以通过DNA连接酶的作用而完成DNA片段和载体间的连接。④人工分子连接：在两个平整末端DNA片段上接上用人工合成的寡聚核苷酸片段，进而可用DNA连接酶把这两个DNA分子连接起来。

将重组DNA分子导入受体细胞　常用的有3种方法：①转化同质粒作载体；②转染用噬菌体DNA作载体(不包括外壳蛋白)；③转导用噬菌体DNA作载体，噬菌体DNA经过外壳蛋白的离体包装。受体细菌一般选用大肠杆菌，也可用植物原生质体作受体。对于植物基因工程，也可采用非载体(如花粉、电击穿孔法，注射法等)的方法。

选择和表达

选择　受体细胞是否具有需要的目的基因，一般除利用抗生素的抗性作用初选外，还可进一步采用下述两种方法之一加以鉴定：①菌落原位分子杂交法，即转化后的细菌印影在硝酸纤维素滤膜上，经变性固定其单链DNA，用带有放射性标记的探针与其杂交，凡经过自显影出现黑斑的即为目的基因。②免疫学法，当一个宿主细胞获得携带有载体上的基因后，细胞中往往即出现这一基因所编码的蛋白质，用免疫学的方法可以检出这种细胞。

表达　正确和充分表达需要使目的基因得到高水平的转绿和翻译。为了使外源基因表达，需要在基因编码顺序的5′端有能被宿主细胞识别的启动基因顺序以及核糖体的结合顺序。使外源基因在宿主细胞中顺利表达的方法有两种：①在形成重组DNA分子时，在载体的启动基因顺序与核糖体结合顺序后面的适当位置上连接外源基因。②将外源基因插入到载体的结构基因中的适当位置上，转录和转译的结果将产生一个融合蛋白。将这种融合蛋白质提纯后，要准确地将两部分分开，才能获得所需要的蛋白质。

在植物育种中，运用基因工程育种，能够克服植物远缘有性杂交中的不亲和性，扩大有利基因的组合范围，甚至可以人工修饰或合成新的基因，更快更好地构建优质、抗逆、高产、稳产或观赏性状优异的新品种和新物种。以前认为只感染双子叶植物的土壤杆菌，现已证明以土壤杆菌Ti质粒为载体，可把DNA转入天门冬属(*Asparagus*)、吊兰属(*Chlorophytum*)、水仙属(*Narcissus*)等单子叶植物中。以前认为必不可少的Ti质粒的边介序列，可用细胞的OriT序列代替，使细胞基因进入植物得以实现，从而为改良植物、培育新品种带来新的希望。目前，通过修饰的Ti质粒将外源基因引入植物细胞并得到表达的例子已有几十个。沙门氏菌抗除草剂基因被成功地引入烟草、番茄、杨树等，并得到了完全的表达。苏芸金毒杀鳞翅目昆虫的基因也已成功地引入烟草，并获得了抗虫能力。但由于对植物的生理、生化、代谢和分子遗传学方面的知识了解不够，故植物基因工程尚处于研究实验阶段。

在理论研究方面，应用重组DNA技术可以克隆和扩增某些原核生物和真核生物的基因，而进一步研究其结构和功能。重组DNA技术促进了遗传学、生物化学、微生物学、生物物理学和细胞学等学科的发展，并有利于这些不同学科的相互结合。

(金　波)

吉利花(yarrow gilia)　*Gilia achilleaefolia*，别名介代花。花荵科吉利花属一年生草本植物。株高30～50cm，被腺毛。基生根出叶，茎丛生，叶2回羽状全裂，裂片线形。扇形头状花序顶生，萼具三角状齿牙。花冠堇蓝色或天蓝色，花筒喉部扩展，有白、淡粉和大花品种。原产美国加利福尼亚州。不耐寒，不耐湿，夏季喜阳光充足，适生于排水良好的疏松土壤。播种繁殖，春播或秋播均可。中国长江流域秋播冷室盆栽越冬。栽培中注意控制水肥，以保持株型矮壮丰满。用于花坛和盆栽等。同属植物20多种，常见栽培者还有：球花吉利花(*G. capitata*)，花淡黄色，花序球状。黄花吉利花(*G. lutea*)，株高10～20cm，茎丛生，叶针状细裂，花有紫、红、桃红、金黄、淡黄、褐、火红、白色等。三色吉利花(*G. tricolor*)，花雪青色，具芳香，有白、紫红、粉等色及密枝、矮生等品种。

(秦魁杰)

吉祥草(pink reineckia)　*Reineckia carnea*，别名观音草、松寿兰。百合科吉祥草属多年生草本植物。染色体数2n=38，42。根状茎较粗壮，横向扩展能力强。叶3～8片，簇生，条形或披针形，先端渐尖，下部渐狭。花葶从叶丛中抽出，顶生疏散穗状花序，花紫红色，芳香。花期夏秋之间。浆果球形，鲜红色。变种有银边吉祥草(var. *variegata*)，叶上有白色纵纹，比原种生长迟缓。吉祥草原产中国和日本。喜温暖阴湿环境。不择土壤，但以排水良好的砂壤土最宜，不耐涝。耐寒性较强，华东地区可露地越冬。华北各地皆温室盆栽。以分株繁殖为主，春、秋季进行，容易成活。生长期间阳光直晒，需经常浇水，保持湿润。夏季置荫棚下。盆栽者冬季置于冷室，1～2年换盆一次。根状茎萌蘖能力强，覆盖地面效果好，园林中常用作乔木下半阴处的观叶、观果地被植物，也可盆栽观赏。全株可药用。

(胡叔良)

季相变化(seasonal variation)　植物随着季节的不同而发生形态和颜色的变化。在园林绿地中常利用较突出的色彩变化增加园林艺术效果，它是园林设计中必需考虑的重要内容之一。植物的季相变化表现在花、果、叶及枝条等方面,这种变化年复一年重复出现,本是植物生长过程中适应环境的自然节律。在植物生理学、植物化学及植物地理学中,已经基本上探索出这一变化的原因和形成的条件。在园林设计中对季相变化的利用需要考虑到植物配置和地区性的差异等因素。

季相变化中最丰富多彩的是花色变化,大部分园林是以赏花为主要目的的,每个季节均有不同的花开放,如梅花使人感到春意,紫薇、美人蕉给夏天增添色彩,桂花送来秋寒;果实的色彩也十分鲜丽,如鲜红的山楂,橙黄的柿子、枇杷,紫色的紫珠,白色的雪果等,不但色彩各异,也给人带来丰收的意境;此外,叶色随季节变化最明显的是落叶树,早春的新绿之外还有嫩梢鲜红的,如马醉木和石楠属植物等;秋季叶色由绿变红、变黄、变褐、变橙或紫,更是园林中色彩丰富的季节,如"香山红叶",金黄的银杏,腥红的枫香都是举世闻名的秋季变色树种;落叶后枝条的色彩使冬季景观不致枯寂,如红瑞木、棣棠等给北方的冬季增加了自然的美感。

(高　翅　余树勋)

蓟罂粟(prickly-poppy)　*Argemone mexicana*,别名刺叶罂粟。罂粟科蓟罂粟属多年生草本植物,常作一二年生栽培。株高 30～100cm,茎挺直,强壮而多分枝;茎、叶均含黄色汁液。叶兰绿或兰灰色,羽状深裂,有波状齿,具刺;叶面有白色脉纹,叶被白粉。花单生于茎顶,黄色或桔黄色,花径 5～8cm,花瓣 4～6,萼片 2 或 3。花期 7～9月。蒴果有刺。原产中美及南美洲。喜向阳温暖,不耐寒,忌湿涝,宜疏松肥沃土壤。播种法繁殖,春季直播于露地,5～6 片真叶时间苗,株距 25～30cm,不耐移植,幼苗可带土移栽。用于花坛、花径或盆栽,花、叶均可观赏。

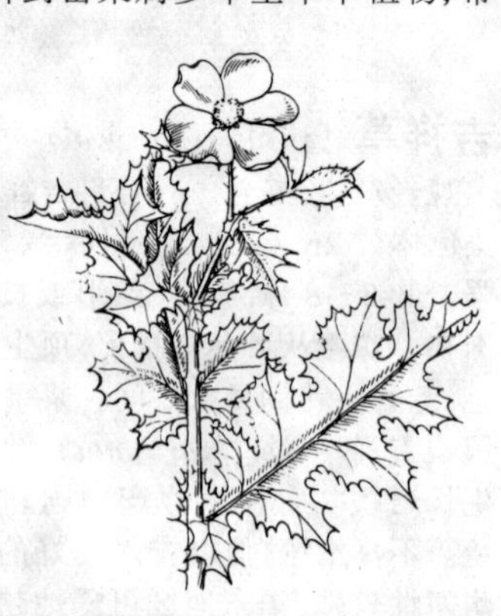

同属植物约 10 种,主产于美洲。常见栽培的有大花蓟罂粟(*A. grandiflora*),株高可达 1m,分枝性强,几乎无刺。花纯白色,基部微绿,有长梗,花径 7～10cm,花期 6～7 月。原产墨西哥。老鼠艻(*A. platyceras*),茎密生刺,高 50～120cm。花白或紫色,花径约 6cm。花期初夏。原产美洲。耐寒,常用于花坛。

(穆　鼎)

檵木　(jimu; Chinese loropetalum)　*Loropetalum chinense*,别名檵花、桎木。金缕梅科檵木属常绿或半常绿灌木或小乔木。高约 10m,多分枝。单叶互生,革质,全缘,卵形至椭圆形,长 2～5cm。花 3～8 朵组成头状花序,生于小枝顶端。花瓣带状,白色略淡黄,先花后叶或花叶同放,花期 3～4 月。蒴果卵圆形,褐色,果期 8～9 月。变种红花檵木(var. *rubrum*),别名红桎木。嫩枝被暗红色星状毛,嫩叶淡红色,花淡红或紫红色。产中国中部、南部及西南各地,日本和印度也有分布。喜生长于温暖向阳湿润的微酸性丘陵及山地,适应性强,耐寒、耐旱、耐瘠薄、耐修剪。播种及扦插繁殖为主,也可嫁接、压条。本种叶茂花繁,花盛开时如覆雪,耀目美丽,宜庭园种植。红花檵木观赏效果尤佳。檵木古桩,可制成盆景,或作插花。

(李正国)

夹竹桃(sweet-scented oleander; Indian oleander)　*Nerium indicum*,别名红花夹竹桃。夹竹桃科夹竹桃属常绿灌木或小乔木。染色体数 2n = 22。高达 5m,具乳汁。三叉状分枝,老枝灰褐色,小枝绿色或紫色。叶3～4 枚轮生,狭披针形,长 10～25cm,全缘。聚伞花序顶生;花芳香,花冠漏斗形,深红色或粉红色;花期6～10 月。蓇葖果柱形,果期 12 月至翌年 1 月。栽培品种有:'白花'夹竹桃(cv. Paihua),花白色;'斑叶'夹竹桃(cv. Variegatum),叶面有斑纹,花红色;淡黄夹竹桃(var. *lutescens*),花淡黄色。产伊朗、印度及尼泊尔,现广植于热带及亚热带地区。中国南北均有栽培,华北、东北地区温室盆栽。喜阳光充足,气候温暖湿润。适应性强,耐干旱瘠薄;不耐寒,畏涝。抗烟尘,对二氧化碳、氟化氢、氯气及汞均有较强的抗性。萌发力强,耐修剪。

繁殖以扦插为主,也可行压条和分株。苗期可每月施 1 次氮肥。成株耐粗放管理,露地栽植的可不施肥,盆栽的每年可于春季生长前、花前及花后各施肥 1 次。温室盆栽应于 4 月底 5 月初出房,10 月中下旬入房,越冬温度需保持在 5℃以上。病虫害少,仅在高温多湿季节嫩枝和花枝易有蚜虫为害,可用 40%的氧化乐果乳油 2000 倍液、25%亚胺硫磷乳油 1000 倍液喷杀。

夹竹桃花繁叶茂,姿态优美,适宜栽作绿带、整形绿篱或用于荒坡荒地绿化;也可于庭园中编扎成树屏、景门、拱道等作美化装饰。宜厂矿绿化；也是很好的切花材料。全株有毒。茎、叶可制杀虫剂。

同属中常见栽培的有欧洲夹竹桃（*N. oleander*），常绿灌木。叶狭长披针形，长10～18cm，花白色至红色或紫色，单瓣或重瓣，花期7～9月，产地中海沿岸。

（周义承）

家庭园艺（home gardening）　在城乡家庭住宅附近及室内进行果蔬、花卉等布置、栽培与管理的园艺措施。家庭园艺一般规模较小，却有其重大意义和特点：①家庭是人类社会的细胞，家庭园艺是园艺和园林的起源基点之一，有其悠久历史与丰富经验。②家庭园艺与居民生活密切相关，它是人们居住、游憩和工作的重要场所。③园艺和园林的多种功能（即防护功能、美化功能、副产功能）和多种效益（即环境效益、社会效益、经济效益），均可在家庭园艺中得到发挥和体现，宅园与室内绿化成为城乡园林的重要组成部分。④能提供经济副产品，实行果、蔬、花卉等的自给或部分自给。在二次世界大战期间，家庭园艺即受到不少国家的重视；近几十年来，城市家庭园艺更发展成为“城市园艺”（urban horticulture），在美国甚至出现了“可食园林”（edible landscaping）。

简史　世界各国的家庭园艺，都开始于很古的历史时期。有了定居，有了住宅，就有了家庭园艺。如在中国古代，《诗经·魏风》云：“园有桃，其实之殽”（“殽”音yáo，食也）。又如《夏小正》曰：“四月，囿有见杏。”可见在距今三千年前或更早的中国，先民已在园圃中栽种果树。自西汉（公元前206～公元25）起，官僚、富户纷纷建园，如富商袁广汉在洛阳建自然山水园等。他们的私园，以个人及亲朋赏游为主要目的，所植多奇树、芳藤、名花、异草。而晋代陶渊明（365～427）在江西浔阳柴桑（今九江）植松、艺菊、栽柳、种桑，其目的主要在于充实隐居生活，而收获菊花饮用，采摘桑叶养蚕等。北魏贾思勰著《齐民要术》（约533～544成书），系统介绍了制作绿篱、嫁接梨树、播种莲子、槐子等技艺，足见当时在华北家庭园艺中，已很重视果、蔬、观赏植物了。至唐、宋、明代，私家园林愈益发展，著名者如唐代王维在蓝田建辋川别业，实行大片植物造景（木兰柴、竹里馆等），宋代洛阳名园多处，明代苏州的文人宅园，等等。一般说来，上层人物的家庭园艺，多栽观赏为主的树木花草，名花比重尤大，而果、蔬及经济植物仅是零星点缀；至于在平民家庭，则以果、蔬，经济植物以及观赏兼实用者为主，适当搭配观赏植物。

欧洲的民间家庭园艺，于罗马帝国时代（1～4世纪）已发展至一定规模。这时在城郊出现若干占地0.4～1.6公顷的宅园（庄园），园中种些果树（苹果、石榴、西洋梨、无花果等）和花卉（百合、蔷薇、三色堇、金鱼草等）。到5世纪帝国解体，家庭园艺也随之衰落。直到文艺复兴时期（16世纪初起），欧洲的家庭园艺又重新恢复并有所发展，稍后开始向东南亚、西亚及南、北美等地大量引种新奇植物，尤其是果、蔬、花卉。同时，美国、加拿大、澳大利亚等国也加速发展家庭园艺。总的来说，在西方的家庭园艺中，果树、蔬菜、花卉、草坪植物等兼筹并顾。起初是果树、花卉、草坪植物居于主导地位，以后扩大食用植物（果、蔬、药等）比例和搜集新奇植物。

目的和任务　①主要通过在住宅附近及室内的园艺栽培活动，为美化并改善环境、丰富生活，提供优美的休息、游赏与工作环境服务。有条件时，可结合开展一定的副业生产。②带动全家老小，进行力所能及的园艺劳动，对于锻炼身体，陶冶情操，爱国爱家，增进健康等，均有裨益。③副业生产在中国等发展中国家，尤其在农村，应受到特殊的重视。从近年耕地面积锐减和粮、棉、菜等生产需求逐增的趋势来看，家庭园艺是中国蔬菜等产品的重要来源之一。因家庭园艺效益很高，其单位面积产值通常高于当地大田几倍甚至更多。在中国已有不少省、市，家庭园艺产值占农业总产值10%以上。

原则和内容示例　在中外家庭园艺中，有若干须加遵守的原则，兹举列说明如下：①实用、经济、美观兼顾。至于侧重之点，则视具体条件而定。如在中国成都平原农村，多用慈竹种在屋后作防风林，平时曲竿临风，潇洒多姿，又可常取竹竿劈篾加工，增收节支；四周围以白花木槿绿篱，鲜花能做汤佐餐；园中配植甜橙、苹果、梅花、桂花、凤仙花、冬寒菜等；架上则用金银花、木香或豆、金瓜攀援；荫处酌栽兰花、玉簪、万年青、虎耳草等，真是竹、树、果、蔬、花、木、药用与香料植物兼而有之，防护、美化、副产品诸多功能齐备。②要求所用的植物种类与品种管理简单，病虫害少又易防治。③所选种类和品种应生长茁壮，丰产稳产，如华北城乡居民多喜种柿、枣、山楂、葡萄、香椿、枸杞、海棠花、紫茉莉等于庭园。④慎选一二种乔木，成为庭园骨干。如北京的大庭院可选用毛泡桐、悬铃木、银杏、槐树等，小庭院则可用榆树、青檀、玉兰、丁香等。⑤要重视攀援绿化和地被种植，对于耐阴灌木与耐阴地被植物，更要精选巧种。⑥在有条件的家庭中，可以一二种名花、嘉果为重点，使家庭园艺具有特色。⑦家庭园艺多为非营业性的，但如有需要并具备条件，也可适当生产并出售若干花、果、蔬、树及加工品，借以补充家庭经济。⑧多种植观赏兼有经济收益的种类与品种，如为玫瑰、桂花、香椿、萱草等，以在小范围土地上获得多种效益。

家庭园艺是园艺起源的一个重要方面，并有其广阔的发展前景。在中国，努力在家庭园艺中侧重发展既供观赏又有经济效益的植物，是大有发展前途的。中国在这方面的历史与现实经验很多，值得总结推广。

（陈俊愉　余树勋）

嘉兰（glory lily） *Gloriosa superba*，百合科嘉兰属多年生蔓性草本植物。染色体数 2n=22。地下具横走的肥大根状块茎，地上茎蔓性，长 1～3m 或更长。叶卵状披针形，先端延长呈卷须状，互生、对生或 3 叶轮生。花单生枝顶或数朵组成疏散的伞房花序，花梗常从叶的一侧抽生，长 10～15cm；花两性，下垂；花被片 6 枚，离生，条状披针形，长 5～8cm，宽为长的 1/6，向上反曲，边缘皱波状；上部红色，下部黄色。花期夏季。常温下单花可开 10 天左右；全株花期近 2 个月。原产中国云南省南部、海南省、亚洲热带及非洲。在云南生于海拔 950～1250m 的林下及潮湿的灌、草丛中。喜温暖湿润、蔽荫环境，不耐寒，生长适温 22～24℃，低于 12℃ 生长停滞。要求富含腐殖质，疏松肥沃、排水性能好，保水力强的砂质壤土。常用播种和切割块茎法繁殖。秋播或春播，当年形成小块茎，2～3 年后开花。分生块茎法繁殖，一般在早春进行，可将母株旁抽生的小球分开种植；也可将较大块茎用利刃切分为二，但每块都需带芽眼。应设立支架，以绑缚枝蔓，避免茎枝折断。并需设置荫棚，遮光 60%。为保持空气湿润，室内要经常喷雾。

嘉兰花容奇特，色彩艳丽，花期较长，是热带地区垂直绿化的良好材料，北方作室内盆栽。或用于切花，水养期较长。全株有毒，块茎、果壳、种子均可提取秋水仙碱。

同属植物约 5 种，观赏栽培的还有宽瓣嘉兰（*G. rothschildiana*），叶阔披针形，花被片宽为长的 1/4，原产非洲热带。

（秦魁杰）

荚蒾（liden viburnum） *Viburnum dilatatum*，忍冬科荚蒾属落叶灌木。染色体数 2n=18, 36, 54, 72。中国已有 1000 多年以上的栽培史。高约 3m。单叶对生，宽倒卵形，长 3～10cm。复伞形花序，径 8～12cm，花白色，花期 5～6 月。核果近球形，深红色，果熟 9～11 月。广布于中国陕西、河南、河北、福建、台湾及长江流域各地，日本、朝鲜也有分布。喜半阴，对土壤要求不严，微酸、微碱都能适应，但以中性土壤为宜。适生于湿润、肥沃、排水良好的土壤，耐寒，萌芽力强，耐修剪。用播种和扦插繁殖。种子有胚根及胚轴双休眠的特性。扦插繁殖可于 5 月下旬剪取半木质化枝条作插穗，插之前可用1000～2000mg/L 吲哚丁酸快速处理插穗，生根率可达80%～90%。春季萌动前可裸根移栽。秋季落叶后行疏剪并剪除残留果序及枯枝。每隔 2～3 年，最好施基肥一次。

荚蒾枝叶秀美，花洁白，果艳红，宿存至冬，经久不变，适配植在宅院的阴处或半阴处，更宜布置在高层建筑群的空间绿地上。也可种在林缘或与其它花木搭配成景。

本属有 200 种，中国约有 74 种。常见栽培的有：香荚蒾（*V. farreri*）叶多少有皱折，圆锥花序长 3～5cm，花先叶开放，芳香，花蕾粉红色，花开时为白色，高脚碟状，花期 3 月，是园林中最早开花观赏树木之一。核果矩圆形先红色后变紫黑，果期 8～10 月。产中国甘肃、青海、山东、河北及新疆等地。木绣球（*V. macrocephalum*）落叶或半常绿灌木。幼枝、叶柄、花序轴、叶均被灰白色或黄色星状毛及绒毛。聚伞花序全由大型白色不孕花组成，花期 4～5 月。中国江苏、浙江、河北等地均有栽培。雪球荚蒾（*V. plicatum*），落叶灌木，叶表面羽状脉甚凹下，聚伞花序全为大型白色不孕花组成，花期4～5 月。产中国及日本。蝴蝶荚蒾（*V. plicatum* f. *tomentosum*），复伞形花序，有白色、大型之不孕边花，中部为两性花，淡黄色，辐状，花期4～5 月。核果先红后黑，果熟9～10 月。广布于中国华东、中南、华南、西南地区及陕西。此外，还有鸡树条荚蒾（*V. sargentii*）、欧洲荚蒾（*V. opulus*）、枇杷叶荚蒾（*V. rhytidophyllum*）、汤饭子（*V. setigerum*）、聚花荚蒾（*V. glomeratum*）、绵毛荚蒾（*V. lantana*）和南方荚蒾（*V. fordiae*）等。

（臧淑英）

假俭草（centipede grass；lazy-man's grass） *Eremochloa ophiuroides*，别名苏州草。禾本科蜈蚣草属多年生草本植物。染色体数 2n=2x=18。具匍匐枝，贴地生长。秆斜升，高 30cm。叶片扁平，顶端钝，宽 2～4mm。总状花序单生秆顶、扁压。穗轴节间略成棒状、扁压。小穗成对生于各节。原产东南亚，分布于中国长江流域以南各省区，越南、缅甸等国也有。生于潮湿草地、山麓路边。喜温暖湿润气候。耐寒能力差，气温-12℃以下需保护越冬。适宜在排水良好、土层较厚、肥沃湿润的土壤生长。对土壤的适应性比较广泛，粘土、轻质土、酸性土都能生长，并耐瘠薄。耐阴力弱，在阳处生长良好。耐践踏，可用于开放式草坪。根系较深，耐旱能力较强。

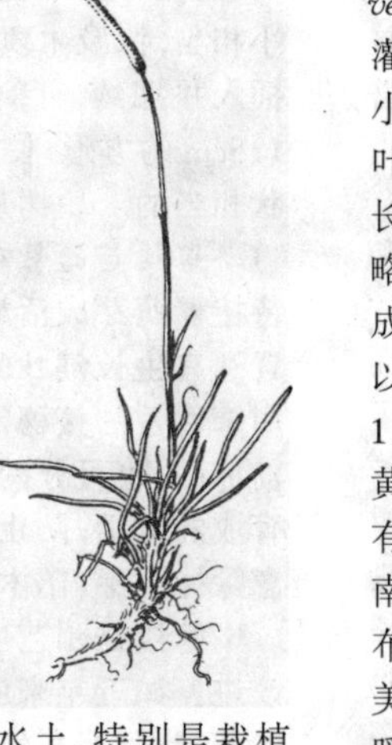

常采用营养繁殖。铺栽草块及栽植匍匐枝，可迅速建成草坪。铺栽后用滚轴东西向、南北向各滚压一遍。需定期剪草及施氮肥或复合肥。种子瘪粒占95%以上，且成熟期不一致，采种困难，一般不用播种法繁殖。假俭草横向伸长的匍匐枝，可形成致密的草坪。在湖边、河岸斜坡上栽植，既可绿化，又能保持水土，特别是栽植在坡度45°以下的斜坡上，绿化效果更好。

（胡叔良）

假连翘（golden dewdrop; pigeon-berry）

Duranta repens，别名篱笆树、花墙刺、金露花。马鞭草科假连翘属常绿灌木或小乔木。染色体数2n=34。高达6m。枝下垂或平展。叶对生，卵状椭圆形或倒卵形，长2～6.5cm，中部以上有粗齿。总状花序排成松散圆锥状，长达16cm；花冠蓝色或淡蓝紫色；花期5～10月。核果肉质，卵形或球形，橙黄色，有光泽，包在花萼内。变种有白花假连翘（var. *alba*），花白色；花叶假连翘（var. *variegata*），叶具黄色条纹。产墨西哥至巴西，中国南方广为栽培，华中和华北多有盆栽。喜温暖湿润和阳光充足，能耐半阴。生长快，耐修剪。播种或扦插繁殖。生长期要求水分充足，自春季至秋季每10～15天追施一次液肥。干旱季节要注意淋水，保持空气湿润。花后应进行适当修剪，以利重新发枝，再次开花。北方盆栽，冬季入不低于5℃的温室越冬。

本种枝细柔伸展，花蓝紫清雅，且花期长，入秋果实橙黄光亮，是很好的观花、观果植物。可于公园、庭园中丛植观赏或作花篱，也可盆栽造型用以布置厅堂会场。

（吴万春）

假烟叶树（mullein nightshade）

Solanum verbascifolium，别名野烟叶、茄树、土烟叶。茄科茄属灌木或小乔木。染色体数2n=24，66。高1.5～10m。小枝密被白色绒毛。叶互生，卵状矩圆形，长10～29cm，全缘或略波状。复聚伞花序成平顶状，有花20朵以上；花冠白色，径约1.5cm。浆果球形，黄褐色。花果全年均有。产中国西南、华南及福建、台湾等，广布于亚洲、大洋洲和美洲热带地区。喜温暖气候，能耐一定的干旱、瘠薄。播种繁殖。本种叶色浅绿，四季有花、果，宜庭园中同浓绿色植物一起配置。

（包满珠）

假叶树（butchers broom）

Ruscus aculeatus，百合科假叶树属常绿小灌木。染色体数2n=40。株高30～80cm。根状茎粗壮。叶状枝卵形，先端渐尖，针刺状，基部渐狭成短柄，全缘。花常1～2朵生于叶状枝中脉下部，花期1～5月，果期8～11月，浆果红色。原产欧洲。喜阳也稍耐阴，较耐寒，中国华北地区需入冷室过冬。主要观赏其常绿假叶，用于盆栽及切枝栽培。

（朱秀珍）

嫁接繁殖（graftage; grafting）

将母树的枝或芽接到砧木上使其结合成为新植株的一种繁殖方法。用于嫁接的枝或芽称为接穗，承受接穗的植物称作砧木，用嫁接的方法繁殖的苗木称嫁接苗。嫁接一般可以保持品种的优良性状，提高其对环境的适应性，增强观赏效果，提前开花、结果年限，扩大栽培区域和增加繁殖系数等。

中国最早记载嫁接技术的文献，首属成书于公元前2世纪的《尔雅》。在《尔雅·释木》中有对自然界发生“连理枝”的描述；而“休，无实李，痤，接虑李，驳，赤李”，则是关于李嫁接的记载。显然，先民是受连理枝启发而萌生嫁接意念的。古希腊学者亚里士多德(Aristotle,公元前 384～前 322)和古罗马学者普林尼(Pliny,公元 23～79),都曾在其著作中提到过嫁接技术。在世界范围内,约在 4～6 世纪嫁接技术应用较普遍,并公认枝接较早,是由中国人发明的;芽接较晚,由欧洲人首创。

成活原理及主要影响因子 具有亲合力的砧木和接穗,通过双方切削面紧密相接,在适宜的环境条件下,形成愈合组织,然后分化形成共同的形成层,进而产生共同的输导组织。这样,便使砧木和接穗形成了一个新的植物个体。

砧木和接穗间的亲合力是影响嫁接能否成功的重要因素。亲合力是指砧木和接穗间在形态解剖、生理生化等方面相同或相近的程度,以及嫁接成活后生长发育为一个健壮新植株的潜在能力。一般地说,在植物分类上亲缘关系相近的种间进行嫁接,其亲合力高;其次,是砧木和接穗的生活力,如苗龄及其健康状况等;最后,要根据砧木和接穗所处的环境条件和生长发育时期,选择适宜的嫁接方法。

嫁接方法 一般分枝接和芽接两大类。

枝接 包括靠接、切接、劈接、插皮接和腹接等。除靠接外,一般在早春树液开始流动时进行。可在休眠期剪取接穗,低温保湿砂藏,也可封蜡后入冰箱贮放。砧木多选用 1～2 年生实生苗。常用的枝接方法有:①靠接。多选在早春至生长季前期进行,砧木和接穗都生长在其自身完整植株上。嫁接前将二者移植(或用盆栽)到能使选作砧木和接穗的枝条相互接触的位置,将砧、穗双方各削一刀,切口的形成层对齐后捆缚。靠接成活率高,适用于一般难以接活的树种。②切接。将接穗基部削成两边不同的切面,插入砧木切口,使二者至少有一侧形成层相密接。③插皮接。将接穗一侧下端,削成斜面,在斜面背后尖端斜削一刀。剪断砧木,选一侧垂直向下划一深达木质部的切口,将接穗缓缓插入木质部和韧皮部之间。④劈接。砧木较粗时多用此法。将接穗下端两侧削成相似的切面,使呈楔形,由中间切开砧木,插入接穗,二者的形成层有一侧要对齐。菊花和仙人掌类嫁接也多用此法。⑤腹接。多用于常绿针叶树种,将接穗下端削成楔形,在砧木距地面 5～10cm 处向斜下方切入深及砧木直径1/4～1/5,将接穗插入,使二者一侧的形成层相密接。⑥桥接。当成年树的树干或树皮遭受较大面积的破坏时,可将同一树种的枝条或自身的萌蘖或同种幼树削成马耳形,插入伤口皮层内。

此外,还有根接,如牡丹可嫁接在芍药根上。

芽接 芽接方法简便、成活率高,多在砧木和接穗形成层均生长旺盛、树皮易剥离时,即 7～9 月进行。方法有丁字形芽接、方块芽接、带木质部芽接和管状芽接等。①丁字形芽接应用最为普遍。接穗随采随用,去掉嫩梢和枝基以及所有叶片,仅保留叶柄备用。用"三刀法"或"二刀法"切取接穗(芽片),在砧木上切大小相当,深及木质部的丁字形切口,挑开砧皮,将接芽插入并捆缚。②方块芽接。将接穗切成边长 1.0～1.5cm 的方形,使芽位于中间;在砧木上切下大小、形状相当的一块树皮,将接芽贴紧后捆缚。

嫁接后的管理 枝接后要缚紧并培土,保持湿润。待接穗萌芽成活后,渐去土堆。在接穗上选留一个位置适宜生长健壮的枝,用以培养主干。芽接成活后,对耐寒性差的接穗需在严冬到来前培土防寒;翌春萌芽前剪砧,也可分两次进行,借以支持并捆缚接穗生长发育成的嫩梢,防止风折。无论枝接或芽接,都应随时注意除掉砧芽(砧木上发出的芽梢)。

嫁接是园艺生产上的一项重要技术,不断有新的改进。如近年来应用的绿(嫩)枝接、春季芽接、叶接、胚芽接、鳞茎和块茎的芽眼接等等。进一步深入地研究嫁接成活的机理、探明亲合力的实质,仍是重要的研究课题。

(陈耀华)

间苗(thinning seedlings) 出苗后疏除过密幼苗的操作。这是观赏植物实生繁殖栽培中的必需环节之一。间苗是解决幼苗过密的手段,具有选优汰劣的作用,也可增加间距,扩大空间、增加光照及营养面积,为培养壮苗奠定良好的基础。间苗一般在直播的一二年生花卉和观赏树木中进行。对于可以移植的种苗,则根据具体情况,可实行间苗,也可不间苗。间苗通常在子叶出现后进行,过迟会引起种苗徒长瘦弱。可一次进行,也可数次完成。一般在浇水后或雨后基质松软时间苗,拔出生长势弱或受病虫为害者,操作时注意勿伤邻近苗。同时除去杂草。然后应适当镇压、灌水,使幼苗根系与土壤密接。

(包满珠)

剑凤梨(flaming sword) *Vriesea splenden*,别名虎纹凤梨。凤梨科剑凤梨属多年生草本植物。株高约 60cm。莲座状叶丛,10～12 片叶,革质,全缘,绿色,叶面有紫黑色横向宽斑带,锐尖,先端向下弯曲,叶背有白粉。叶丛中抽生直立、扁形、不分枝的穗状花序,夏季开小花(广州),白天黄色,夜晚白色,花期短促,一生开花 2～3 次。苞片红艳,紧密贴生,观赏期长,喜半阴。产于圭亚那,巴西。栽培品种有'长剑凤梨'(cv. Major),花序较长、宽,观赏价值较高。

同属植物约 200 余种,如莺歌凤梨(*V. carinata*),叶带状,鲜绿色,花梗分歧,苞片扁平,基部红色,上部为鲜黄色至黄绿色,顶端开黄色小花。'大莺歌凤梨'(cv. Marine),花序较原种长而宽,苞片观赏期更长,为名贵品种。'银线剑凤梨'(cv. Variegata),叶片有纵向白色线纹。红羽凤梨(*V. erecta*),系 *V. pole-*

manii × *V. rex* 杂交种，穗状花序不分歧，扁平，椭圆形，苞片密生，鲜红色，先端分离，小花黄色。

（张应麟）

姜花（butterfly ginger） *Hedychium coronarium*，别名蝴蝶花、姜兰花。姜科姜属多年生草本植物。高1.5m左右。叶片矩圆状披针形，背面被短柔毛。穗状花序着生于假茎顶端，花序长10～20cm，顶生苞片绿色，每苞片内有花2～3朵，花大，白色，形如蝴蝶，香味能飘散数米之外，从夏至秋开花不断。种子成熟时鲜红色，露出苞片之外。分布于中国南部、西南部及东南亚一带。姜花生长健壮，对肥水及土壤要求不严。全日照或半日照均可，更适合稍荫蔽而潮湿的立地条件。繁殖用分株法，于春季进行，也可播种繁殖。

姜花花形美丽醒目，盛开时形似蝴蝶飞舞，芳香沁人，可作切花。供园林中群植或角隅林下孤植。根茎入药。

同属植物约50种，可供观赏的还有：圆瓣姜花（*H. forrestii*）。叶片短圆形，穗状花序长20～30cm。花白色有香味，原产中国西南地区的山谷密林中。红丝姜花（*H. gardnerianum*），花黄色，其显著特点是具有长而伸出的鲜红色花丝。原产印度。（王铨铭）

姜三七（involucrate stahlianthus） *Stahlianthus involucratus*，别名土田七。姜科土田七属多年生草本植物，地下具块状根茎。株高15～30cm，叶基生，呈倒卵状长圆形至披针形，绿色或紫色，无毛。花两性，白色，10～15朵，花序着生于根状茎发出的钟状总苞内，花期5～6月。分布于中国福建、广东、广西、海南、云南，锡金和印度也有。喜温暖湿润环境，林下荫蔽处尤佳。对土质适应性较强，较耐寒、耐涝。用分割根状茎繁殖。宜盆栽或用于花坛，也是与山石配置的良好材料。根状茎入药。（王铨铭）

郊野绿地（suburban greening area） 位于城市郊区，占地较多，有自然野趣而少人工装饰的大型园林。它是城市园林绿地系统的一个重要组成部分，在提高城市环境质量，维持生态平衡上有突出的作用。

按不同的功能，郊野绿地的类型包括：①公共绿地，如动物园、植物园、体育公园、纪念性园林、古迹园林等；②专用绿地，如公墓、陵园等；③交通绿地，如公路、铁路的保护绿地；④风景区绿地，如风景游览区、休养疗养区、森林公园、自然公园、国家公园、野外休养区等；⑤生产及防护绿地，如苗圃、花圃、果园、林场、卫生防护林、风沙防护林、水源涵养林、水土保持林等。

郊野绿地的布局形式：①块状绿地布局，如风景游览区、动物园等；②带状绿地布局，公路、铁路保护绿地及各种防护林带等；③楔形绿地布局，即由郊外伸入市区的由宽变狭的绿地；④混合式绿地布局，是多种功能的郊野绿地间有机地嵌联。

郊野绿地的作用主要是保护城市生态系统的平衡，其次是扩大城市居民活动范围。可提供氧气、净化空气、调节气温和湿度、防风固沙、涵养水源、保持水土等。利用郊区的森林、水域开辟旅游、休疗养区；还可起到发展经济的作用，提供木材及副产品，增加旅游收入；美化城郊，创造优美的城市生产生活环境。随着城市生产的高度发展，城市人口集中，交通拥挤，建筑密度大增，环境污染严重，城内土地奇缺，更促使郊野绿地的发展。

1898年，英国人霍华德(Ebenezer Howard)为代表提出了“田园城市”的设想，即在大城市的外围建立宽阔的绿带，将城市与乡村大自然景观紧密结合，互相补充，建立融于大自然的田园城市。

世界各国的郊野绿地均在逐步发展。如法国巴黎市区边缘有凡桑和波龙涅两大片森林。日本很重视发展城市近郊的森林，如东京都、千叶、神奈等市、县郊，在1967～1971年共发展近郊绿地的保护区面积达12 574km^2。

（卢永锦）

角钟花（horned rampion） *Phyteuma michelii*，桔梗科角钟花属多年生草本植物。株高30～60cm，茎直立，不分枝。基部有松散莲座叶丛，叶卵状心形至卵形；茎生叶互生，条状披针形。穗状花序，小花密集呈长圆或卵形，径5～7.5cm，萼筒半球形或倒长圆锥形，花冠淡蓝至深蓝色，5裂近基部，裂片条形。花期夏、秋季。原产南欧。较耐寒。适生于排水较好的园土。播种或分株繁殖，栽培容易。用于温带南部地区的岩石园和花境中，栽培较广。

（王大钧）

接骨木（Williams elder） *Sambucus williamsii*，别名续骨木、公道老。忍冬科接骨木属落叶灌木至小乔木。高约8m，树皮暗灰色。奇数羽状复叶，小叶5～7（11），卵状椭圆形至卵状披针形，长5～12cm。圆锥状聚伞花序顶生，花小，白色至淡黄色，花期4～5月。浆果状核果近球形，红色或蓝紫色，果期6～9月。产中国东北、华北、西北、西南地区，朝鲜、日本也有分布。性强健，喜光，耐寒、耐旱，喜肥沃、疏松、湿润壤土或冲积土。萌蘖性强，根系发达。播种、分株及扦插繁殖。接骨木枝叶茂密，初夏白花满树，入秋红果累累。宜植于草坪、林缘或水边，亦可用于城市及工厂防护林。枝叶入药。同属植物见于栽培观赏的还有：西洋接骨木（*S. nigra*），聚伞花序，花白色。花期4～5月。原产欧洲及亚洲西部。

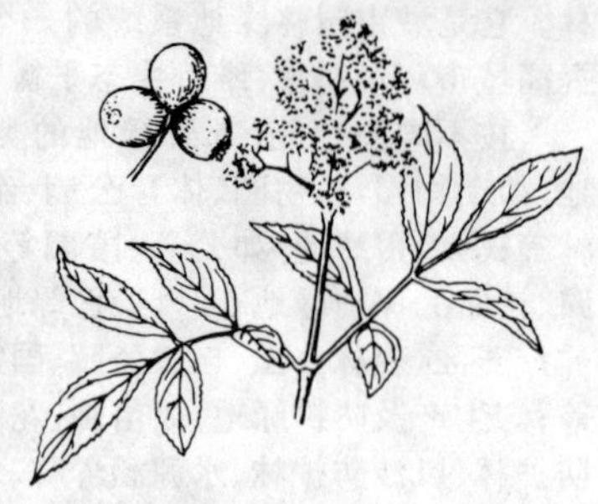

（秦瑞明）

街道绿化（street planting） 在城市建筑红线之间的道路用地内进行的绿化作业。街道绿化是城市绿地系统的重要组成部分，与其他园林共同构成城市优美、整洁、舒适的绿地网络，表现着地方特点、艺术风格和文化水平。一般在街道规划红线范围之内的道路两侧进行，包括行道树、林荫路、防护林带、街边花园、街心公园、交叉路口绿化、交通环岛、立交桥绿地、沿街单位门前等公共绿地以及附属园林建筑、设施、铺装地面及广场的设计施工和维护管理工作。

街道绿化的作用 美化街道两侧的环境，有庇荫、降温、降低噪音、减弱光辐射等作用，为道路两侧的居民、商店及行人创造舒适的环境。绿色植物能够减少视觉疲劳，有利于司机驾驶车辆的持久性。街道绿化也可以是防护林网的组成部分。

街道绿化的类型 ①行列式。在道路两侧的带状绿地中常用等距离排列形式的行道树。具有高大、整齐、施工方便等优点，但显得单调呆板、视野狭小，与两侧电力、电讯、上下水管线矛盾较大。行道树、林荫路、河滨绿化、防护林、隔离带等多采用这种形式。②自然式。道路两侧常有宽阔的绿地或自然起伏的地形时，常采用不规式的种植形式。一般用乔木与草坪形成自然景色，根据需要和可能还可安排少量亭、廊、花架、喷泉、花坛等，方便行人休息。必要时点缀灌木与草花，这种绿地常称为街边花园或小游园。③交叉路口的中心地带以绿岛或环行广场形式设计，岛上利用植物造景或建雕塑喷泉等加以绿化和美化，一般只种矮灌木和草坪（灌木高度在司机视线以下），不许行人入内。车辆环绕绿岛行驶，有利于行车安全。路口拐角处的绿化不宜种乔木，使视野开阔，不影响司机的视线。接近路口的各条路的一段，可以加宽造成小游园，有利于缓冲交叉路口的拥挤。④在地形复杂情况下，可因地制宜，建设斜坡式、台地式或沉床式绿地，形成仰视或俯视的景观效果，活泼自然。⑤节日的街道绿化装饰。在重大的庆典活动以前，选择广场、路口或旅游区街道机关、商店的门前等地，建临时造型花坛或模纹花坛，造成节日气氛。另外，临街建筑、墙垣、栏杆、阳台、亭架上覆盖攀援植物，提高垂直绿化效果，也是街道绿化不可忽视的内容。

街道绿化选择植物的原则 ①温带地区乔木多于灌木，落叶树多于常绿树，重点地区种植多年生宿根或球根花卉；②亚热带及少数热带城市，可以多种常绿阔叶树；③着重发挥植物的功能作用，装饰作用次之。选用速生、寿命长、管理省工的树种为好。

中国建设部建城字〔1993〕784号文件规定：城市道路均应根据实际情况搞好绿化，其中主干道绿带面积占道路总用地面积不低于20%，次干道绿带面积所占比率不低于15%。

（于宝文）

孑遗植物（relic plants） 由于地质演化或气候剧变，至使原来广泛分布的现仅残存在局部地区的古老植物。研究孑遗植物，对植物系统发育，古植物区系、古地理和第四纪冰川气候等方面，都有重要意义。

孑遗种的确定，需根据化石资料，结合分布区的时、空变化以及在分类系统的位置，也可采用植物系统学地理学相结合的间接方法。孑遗植物可分二类：①分类学孑遗植物。又称"活化石"，如水杉（*Metasequoia glyptostroboides*），中生代白垩纪曾广泛分布于北半球，冰川运动以后，这类植物在全球几乎绝迹；直至20世纪40年代，才在湖北、四川交界的磨刀溪发现400龄以上的巨树，后又在利川县发现残存水杉林，湖南龙山县也有数百龄水杉大树，多数生长在海拔800～1500m海拔的局部地区。②地理学孑遗植物。这类植物由于分布区的历史和环境因素变化等，又可细分为气候性、地形的或土壤性的孑遗种。如黄檗（*Phellodendron amurense*）是第三纪在热带植物区系温暖气候的孑遗种，现在分布于寒温带针叶林和温带针、阔叶混交林区，属湿润型季风气候带，即为气候性孑遗种之一。

（张 洁）

结缕草（zoysia grass） *Zoysia japonica*，别名老虎皮草、锥子草。禾本科结缕草属多年生草本植物。

173 栾树　　惠云摄

174 栾树（局部）　　惠云摄

175 欧洲大叶椴　　沙尼摄

177 天竺桂　　沙尼摄

179 天料木　　林业部音像中心供稿

6 欧洲大叶椴（局部）　　沙尼摄

178 槲树　　沙尼摄

180 龙桑　　金 波摄

181 灯台树　　乡 华摄

183 木麻黄　　惠云摄

182 刺桐（上）　　金 波摄

184 千头椿（左）　　金 波摄

185 流苏（右）　　惠云摄

186 凤凰木　　徐民生摄

187 无忧花　　金 波摄

188 ‘金镶碧玉’竹　　金　波摄

190 紫竹　　金　波摄

189 ‘碧玉镶金’竹（上）　金　波摄

191 巴山南竹（左）　吴　奈摄

192 斑竹（右）　金　波摄

194 早园竹（下）　祥伢摄

193 阔叶箬竹　　马　勋摄

195 小竹莎莎　　佐莲摄

196 木香
卢思聪摄

197 炮仗花 朱钧珍摄

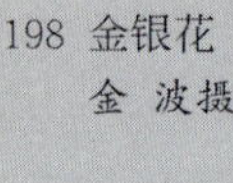

198 金银花
金 波摄

199 紫藤
惠云摄

201 山荞麦 杨乃琴摄

200铁线莲
惠云摄

202 蔷薇　　金 波摄

203 白花油麻藤
王振忠摄

205 宽刺蔷薇
陈俊愉摄

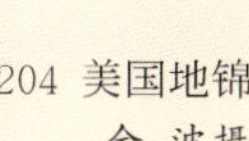

204 美国地锦
金 波摄

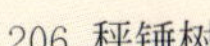

206 秤锤树　　刘永祥摄

207 凌霄
陈耀华摄

208 花叶芋(1) 李英敏摄

209 彩纹秋海棠 徐民生摄

210 花叶芋(2) 李英敏摄

211 变叶木 金 波摄

212 红叶凤梨 沙尼摄

213 大王粉黛叶 金 波摄

216 龟背竹 金 波摄

214 裂叶喜林芋(春羽) 惠云摄

215 花叶鹅掌柴 惠云摄

218 黄金葛 惠云 秀珍摄

217 戟叶喜林芋 云 波摄

219 金脉爵床　　金 波摄

220 黄山鳞毛蕨　　董 莉摄

221 八角金盘　　乡华摄

222 银脉爵床　　李英敏摄

223 皱叶椒草　　佐莲摄

224 肖竹芋　　晓 晨摄

225 羽叶鸟巢蕨　　晓 晨摄

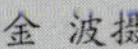
227 花叶棕竹　　金 波摄

226 金心香龙血树　　金 波摄

228 鹿角厥　　金 波摄

229 金叶女贞　　乡华摄

230 花叶木薯 金 波摄

231 长叶刺葵 惠云摄

232 西瓜皮椒草 卢思聪摄

233 彩叶草 阎 捷摄

234 花叶芦竹 惠云摄

235 冷水花 徐民生摄

236 橡皮树 金 波摄

237 合果芋 惠云 金 波摄

染色体数 2n＝2x＝20。中国清代乾隆时把野生结缕草变为栽培草种，应用于庭园、名曰“布结缕”，覆盖地面效果好。1949 年以后，用于足球场草坪及斜坡草坪。结缕草具粗壮的根状茎，顶端尖且硬。秆高 14～18cm。叶片条状披针形，通常扁平而较宽。总状花序，小穗两侧压扁，含 1 小花。原产亚洲东部亚热带地区，中国山东、辽宁、河北、安徽、江苏等省都有分布，尤以胶东半岛及辽东半岛种质资源最为丰富。生长在平坦或斜坡草地，路边和稀疏灌木下。喜空气湿润的海洋性气候，要求疏松肥沃、排水良好、中性至微碱性的砂质壤土。宜光照充足，不耐阴。抗旱、抗寒、耐高温，与杂草竞争力强，耐践踏，是良好的运动场草坪植物。

繁殖栽培　采用播种及营养繁殖。种子采后应放置阴凉处晾干（切忌阳光曝晒）。应选用饱满、纯净、发芽率高、不夹杂杂草的种子播种。种子外皮具有一层不透水、不透空气的附着物，发芽困难。为了提高发芽率，播前将种子在 0.5％浓度的氢氧化钠溶液中浸泡 24 小时，浸泡期间每隔 6～8 小时搅拌一次。浸泡的种子必须用清水冲洗 5～6 遍，然后摊开晾干，再播种。处理后，可使发芽率由原来的 10％以下提高到 75％以上。

营养繁殖有铺栽草块、栽植根状茎和草根等方法。草块大小以 25cm×25cm 为宜，铺设时草块之间应留 1cm 的隙缝，缝中撒上砂土或砂壤土，使草坪表面保持平坦。用根状茎和草根繁殖可采用行栽或穴栽，行距 15～20cm，穴距 10cm（呈梅花形）。上述营养繁殖方法，栽后都必须用 300～500kg 重的滚轴东西向、南北向各滚压一遍，然后充分喷水。

园林应用　结缕草横向蔓延能力极强的根状茎与土壤紧密结合，形成耐践踏的草坪。适用于人流量比较多的园林绿地。保持水土、防止冲刷能力强，园林中人工湖和河岸斜坡均可应用。结缕草草坪，具有抗踩踏、弹性良好、再生力强、病虫害少、养护管理容易、寿命长等优点，目前已普遍应用于中国各地的足球场、高尔夫球场、自行车赛车场、棒球场等体育运动场地。

同属植物　有 5 种，常见栽培者还有中华结缕草（*Z. sinica*），叶片常内卷，宽约 3mm，小穗披针形。沟叶结缕草（*Z. matrella*），叶片常内卷呈纵沟状，宽约 2mm，小穗披针形。大穗结缕草（*Z. matrastachys*），叶片较宽，6～8mm，总状花序比结缕草长且宽。细叶结缕草（*Z. tenuifolia*），叶片内卷呈针状，宽约 0.5～1.5mm。在中国东部、中部、南部等地区园林绿地上应用较多。

（胡叔良）

结香（oriental paperbush）　*Edgeworthia chrysantha*，别名打结花。瑞香科结香属落叶灌木。高达 2m，枝粗壮，每枝常分生 3 小枝，质柔韧，棕红色，皮

孔明显。叶互生，椭圆状倒披针形，两面被毛，深绿色。头状花序枝端腋生，花黄色，芳香，花期 3～4 月。核果卵形，暗绿色，状如蜂窝，5 月下旬果熟。分布于中国长江流域以南及河南、陕西等地。喜湿润凉爽气候，较耐寒，适生于富含腐殖质的壤土，根肉质不耐积水。萌蘖力强，萌芽力弱，不耐修剪。以扦插和分株繁殖。主要病害有病毒性缩叶病和白绢病等。结香柔枝长叶，花多而成簇，芳香，先叶开放，宜庭园栽植，也可盆栽。

（贺贤育）

桔梗（balloon flower）　*Platycodon grandiflorus*，别名僧冠帽、白药。桔梗科桔梗属多年生草本植物。根肉质长圆柱形，茎直立，株高 40～120cm。叶轮生，也有对生或互生，卵形或卵状披针形，叶背有白粉，叶缘具尖锯齿。花单生或数朵聚生茎顶，花萼和花冠钟状，含苞时形似僧冠帽，花冠蓝紫色，花期 7～9 月。种子卵形，黑褐色有光泽，8～10 月成熟。变种有：白花桔梗（var. *album*）、大花桔梗（var. *mariesii*）和秋花桔梗（var. *autumnale*），秋花桔梗极耐寒。原产中国北部地区，喜阳光充足，宜排水良好的砂壤土，耐寒，可露地或覆土防寒过冬。多用播种法繁殖，也可分株繁殖（春、秋均可）。花色淡雅，花梗长，为良好的花

丛、花境配植材料，也宜用于岩石园或作切花。根可入药。

（朱秀珍）

金苞花（golden pachystachys; golden-bracted flower） *Pachystachys lutea*，别名黄虾花、珊瑚爵床、金包银。爵床科厚穗爵床属草质灌木。茎分枝直立，基部逐渐变木质化。叶对生，披针形，叶脉纹理鲜明，叶面皱褶有光泽，叶缘波浪形。花序着生茎顶，由直立的重叠整齐的金黄色心形苞片组成，呈四棱形，长10～15cm。花乳白色、唇形，长约5cm，从花序基部陆续向上绽开，每花数天即谢，金黄色苞片可保持2～3个月。原产秘鲁。喜温暖，冬季不可低于15℃。不耐直射阳光，但光照不足又不能开花。无明显的休眠期，适温下可周年生长开花。在生长期，可采用修剪整形及换土等措施使之生长健壮。扦插繁殖。金苞花株丛整齐，花色鲜黄，花期较长。适作会场、厅堂、居室及阳台装饰。南方还用于布置花坛。

同属作观赏栽培的还有：红花厚穗爵床（*P. coccinea*），草质灌木，高1～2m，叶椭圆、皱缩，花顶生、绯红色，花冠长约5cm，二唇翻卷。

（王 缺）

金柑（nagami kumquat） *Fortunella margarita*，别名金枣、金橘、牛奶橘。芸香科金柑属常绿灌木或小乔木。染色体数2n=2x=18。高达4m，树冠半圆形。枝细密，通常无刺，嫩枝有棱角；叶互生，披针形至长圆形，长5～9cm，叶柄有狭翼；花白色，芳香，单生或2～3朵集生于叶腋，花期6～8月；柑果椭圆形或倒卵形，长2.5～3.5cm，金黄色，果皮厚，有香气，果肉多汁而微酸，果熟期11～12月。产中国南部，现各地有盆栽。喜温暖湿润气候，喜阳光充足，较耐阴。对土壤酸碱度适应范围广，最宜pH值为6～6.5而富含有机质的砂质壤土；较耐干旱、瘠薄。金柑全年抽梢三次。多以枸桔作砧木行嫁接繁殖，也可于6～7月间插条繁殖。

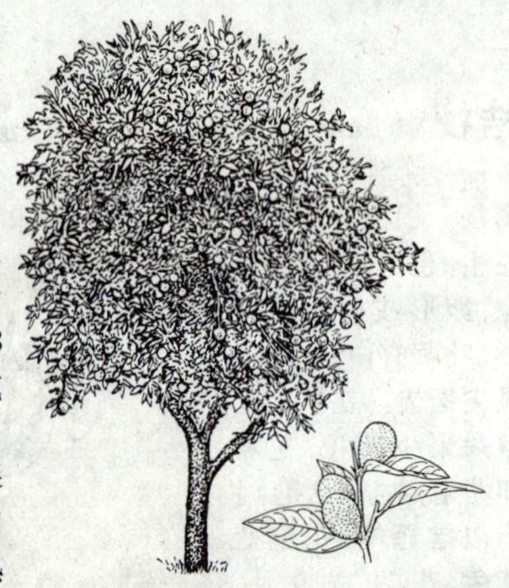

金柑多行盆栽，也可成片栽植，或散植。盆栽者于春节后将果全部摘除；在春分至清明发芽前换盆，并剪去老根，剔除土球上三分之一的原土，补以肥沃的酸性砂质壤土；在春梢萌芽前按所需规格大小进行一次强度修剪、整形，春梢萌芽多时，可抹除部分位置不当的芽子，枝长超过20cm时，应行摘心或短截；夏季应勤施追肥，促花促果。为预防落花落果，还可在柱头脱落时喷以5～10mg/L 2,4-D加0.5%尿素1次；花谢四分之三时，喷以100mg/L赤霉素加0.5%尿素1～2次。金柑生长过盛不易形成花芽，在新梢转绿而尚未木质化时，须控制水分，适当增施磷肥，以促进枝条成熟和花芽分化。立冬前后要移入室内，气温偏高时，需注意通风；平时宜叶面洒水，冲洗尘污，少浇水，但当盆土表面发白时需浇透水。常见虫害有介壳虫，可喷洒40%乐果乳剂800倍液防治；红蜘蛛，可用20%三氯杀螨砜粉剂500～800倍液或50%三硫磷乳剂500倍液防治，隔半月喷一次，连续2～3次；凤蝶幼虫，可行人工捕杀，也可用200倍二二三或1500倍乐果喷杀。

金柑叶常绿，花乳白清香，果色金黄，是重要的园林观赏花木和盆景材料。盆栽者常控制在春节前后果实成熟，供室内摆设。对二氧化硫抗性强，也可选为工厂、矿山等有污染地区的绿化树种。

同属常见栽植的种还有圆金柑（*F. japonica*）、金豆（*F. hindsii*）、金弹（*F. crassifolia*）、长寿金柑（*F. obovata*）和长叶金柑（*F. polyandra*）等。

（贺贤育 肖 嘉）

金刚纂（oleander cactus） *Euphorbia antiquorum*，别名火殃簕、霸王鞭。大戟科大戟属灌木。染色体数2n=60。高达1m，有白色乳汁。茎粗壮，小枝肉质，扁平或有3～6翅状棱，具托叶刺；叶对生，倒卵形至匙形；杯状花序每3枚簇生或单生，总花梗短而粗，生于枝翅凹陷处；蒴果。产印度，中国西南及广东、福建等地有栽培。喜温暖气候和阳光充足；耐干旱，忌水湿。扦插繁殖。5～6月间剪取嫩茎作插穗，剪口涂以草木灰，干后插于沙床中。40～50天后即可生根。主要病虫害有介壳虫等。金刚纂姿态强劲，四季常青，多作盆栽观赏；南方暖地也可用于点缀假山石，或作篱垣。茎可入药。

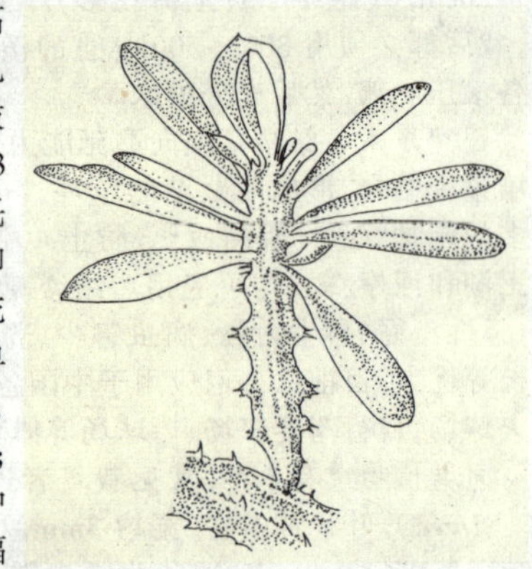

（陈奕康）

金合欢（sweet acacia; sponge tree） *Acacia farnesiana*，含羞草科金合欢属常绿多刺灌木。染色体数2n=4x=52。高2～4m，冠幅3m，多分枝。2回偶

数羽状复叶，羽片 4～8 对，小叶 10～20 对，线状长圆形，托叶针刺状。头状花序球形，1～3 个簇生叶腋，花金黄色、具芳香，花期 3～6 月。荚果近圆柱形，果期 7～11 月。原产热带美洲，广布于热带地区，中国浙江、福建、海南、广东、广西、四川、云南、台湾有栽培。喜光，喜温暖湿润气候，耐干旱、瘠薄土壤。生长迅速。用播种、扦插繁殖。露地栽植，可于花后疏除枯枝、弱枝，以促进树形美观。温室栽培，冬季室温不宜低于 4℃。

金合欢多分枝，花时金黄团簇，芳香宜人，树姿典雅，宜于山坡、水际散植。植株具刺，亦可作绿篱。

同属中常见的园林观赏树种尚有：台湾相思（*A. richii*），别名相思树。常绿乔木，高 6～16m，树皮灰黑色。叶片退化，叶柄叶状，披针形，革质，具明显纵脉 3～5 条；头状花序球形，1～3 个簇生叶腋，花金黄色，微香，花期 5～6 月；荚果扁平，果期 8～9 月。产中国台湾省，现海南、广东、广西、福建、云南等地有栽培。喜光，不耐阴；畏寒，适生于干湿季节明显的热带、亚热带，年均温 18～26℃，极端最高温 39℃，极端最低温 -8℃，年均降水量 1800～3000mm；耐干旱瘠薄，石灰岩山地生长不良。根深枝韧，抗风力极强，生长迅速，萌芽力强，具根瘤，虫害少。种子繁殖。台湾相思姿态婆娑，叶形纤细，春夏黄花，芳香宜人，适于园林中栽植观赏，也常植作行道树，又可用于水土保持及防风林带。黑荆树（*A. mearnsii*），常绿乔木，高 9～15m，小枝灰绿色有棱。头状花序在叶腋排成总状花序或在枝顶排成圆锥花序，花淡黄或白色，荚果长圆形，密被绒毛，花期 6 月，果期 8 月。原产澳大利亚，中国南方引种栽培。银荆树（*A. dealbata*），别名鱼骨松，树皮银灰色。花淡黄或橙黄色，花期 1～4 月；荚果，果期 7～8 月。原产澳大利亚，中国云南、广西、福建、四川等地引种栽培。藤金合欢（*A. sinuata*），常绿攀援藤木，枝具散生、多而小的倒刺。头状花序再排成圆锥花序，花白色或淡黄色，芳香，花期 4～6 月，荚果带状，果期7～12 月。产中国江西、湖南、广东、广西、贵州、云南等地。

（周道瑛）

金琥（golden-ball；barrel cactus） *Echinocactus grusonii*，别名象牙球。仙人掌科金琥属多浆植物。染色体数 2n = 22。茎圆球形，单生或成丛，高 1.3m，直径 80cm 或更大。球顶密被金黄色绵毛。有显著的棱条 21～37。刺座大，密生硬刺，金黄色，后变褐，有辐射刺 8～10，长 3cm，中刺 3～5，较粗，稍弯曲，长 5cm。6～10 月开花，花着生球顶部绵毛丛中，钟形。4～6cm 长、黄色。果被鳞片及绵毛，长达 2cm。还有短刺、弯刺及白刺的品种，弯刺变种称‘狂刺’金琥，刺呈不规则弯曲，颇为珍奇。原产墨西哥中部干燥、炎热地区。植株强健，宜肥沃并含石灰质的砂壤土，喜阳光充足，但夏季仍需适当遮荫。

多用播种法繁殖，发芽较容易。也常采用嫁接法繁殖，可在早春采取切除球顶端生长点的办法，促其孳生仔球。仔球长到 0.8～1cm 时，切下嫁接，砧木以用生长充实的量天尺一年生茎段为宜。嫁接苗生长较快。金琥长到一定大小而砧木支持不住时，可切下扦插，观赏效果更佳。栽培容易，盆栽土壤可用等份的粗砂、壤土、腐叶土及少量石灰质材料混合配成，还可增加一些腐熟鸡粪、鸽子粪，则效果更佳。夏季要适当遮荫，但勿过分荫蔽，否则球体易变长而降低观赏价值。越冬温度保持 8～10℃，并保持盆土干燥。在肥沃土壤及空气流通的条件下生长较快，4 年生实生苗直径可长到 9～10cm。每年换盆一次。金琥球体浑圆碧绿，刺色金黄，刚硬有力，为强刺类品种的代表种。盆栽可长成规整的大型标本球，点缀厅堂，更显金碧辉煌，为室内盆栽植物中的佳品。

同属植物约 16 种，常见栽培的还有：弁庆（*E. grandis*），大型球，直径 1m，高 2m，顶部密被绵毛。刺黄至红褐色，花黄色。太平球（*E. horizonthalonius*），球体稍扁，蓝绿色，高 25cm，直径 30～40cm。花粉色。容易开花。大龙冠（*E. polycephalus*），植株球形或筒状，丛生，高 80cm，直径 25cm，刺黄或红色。龙女冠（*E. polycephalus* var. *xeranthemoides*，比大龙冠要小，刺较多，且基部容易孳生仔球，幼龄植株刺色鲜艳。

（徐民生）

金花茶（golden camellia） *Camellia nitidissima*，别名金茶花、黄茶花。山茶科山茶属金花茶组常

绿灌木或小乔木。为国家一级保护植物。染色体数 2n=2x=30。金花茶分布范围狭小，20世纪30年代初在中国广西西南部发现，首先由广西、云南在70年代初引种栽培，后种子传至国外，在日本、美国、澳大利亚已引种成功。现中国上海、广州、无锡、福州、厦门、长沙及成都等城市都有栽培，是培育黄色山茶新品种的理想亲本。

高2～6m，胸径达16cm，冠幅1～2m。树皮灰黄色至黄褐色，嫩枝淡紫色。叶互生，椭圆形至长椭圆形，稀为倒披针状椭圆形，长8～18(22)cm，先端尾状渐尖或急尖，基部楔形或近圆形，边缘齿端具黑褐色腺点，正面深绿色，有光泽，背面黄绿色，散生黄褐色至黑褐色腺点。花单生叶腋或近顶生，花梗长1～1.3cm，下弯，使花冠朝向叶背；花金黄色，开放时呈杯状、壶状或碗状，径3～5.5cm；花瓣9～11(13)，阔卵形至倒卵形或矩圆形，肉质，具蜡质光泽；花期11月至翌年3月。蒴果三角状扁球形，黄绿色或紫褐色；果期10～12月。变种小果金花茶(var. *microcarpa*)，果小，花期11～12月；大叶金花茶(var. *macrophylla*)，叶椭圆形，长16～25cm，边缘微向背反卷；花纯黄色，径达7cm，花瓣7～8。

金花茶产中国广西，越南也有分布。喜温暖湿润气候。苗期喜荫蔽，进入花期后，颇喜透射阳光。对土壤要求不严，微酸性至中性均可生长；耐瘠薄，也喜肥。耐涝力强。主根发达，侧根少。播种、嫁接、扦插或高压繁殖均可。嫁接以油茶腹接、芽苗接成活率较高；快速大量繁殖时，可采用组织培养，现胚和子叶离体培养均已获得成功。栽培土壤宜透气。长江流域以北地区宜盆栽，冬季须移入温室。目前金花茶均系自原产地引入栽培，广西南宁已建立金花茶种质基因库和繁育基地，防城县建有野生金花茶保护区。育种工作的目标是希望育成黄色、重瓣和有香味的大花型金花山茶或黄色、重瓣和有香味的繁密小花型金花茶。自1973年以来，中国和美、日等国的园艺家已通过远缘杂交等途径初步培育出了金花茶的新品种。金花茶病害主要是炭疽病(*Colletotrichum gloeosporioides*)，可用抗枯宁10g兑水10kg浸种10小时，植株可用50%可湿性退菌特粉600倍液或75%甲基硫菌磷1000倍液喷洒防治。另外，还有叶枯病(*Cerospora* sp.)、褐斑病(*Pestalotia guepini*)等。虫害有小绿叶蝉(*Chlorita flavescens*)、毒蛾等，可喷洒40%氧化乐果1500倍液，或在盆土内施3%呋喃丹颗粒剂防治。

金花茶花色金黄，多数种具蜡质光泽，晶莹可爱，花形多样，秀丽雅致，在山茶类群中，被誉为“茶族皇后”。亚热带地区可植于常绿阔叶树群下或植荫棚中观赏。

可供观赏的近缘种约20种，观赏价值较高的有：夏花金花茶(*C. ptilosperma*)，别名毛籽金花茶，常绿大灌木或小乔木，花期5～11月。毛瓣金花茶(*C. pubipelata*)，常绿小乔木或灌木，枝、叶、花、果俱被短柔毛，花大，花径达10cm。薄叶金花茶(*C. chrysanthoides*)，常绿灌木，叶较薄，是金花茶中唯一叶片为纸质或膜质的种。平果金花茶(*C. pingguoensis*)，常绿灌木，花叶俱小，叶片卵形，先端通常尾状，花略带淡香，花瓣薄，淡黄色。显脉金花茶(*C. euphlebia*)，常绿小乔木或灌木，叶脉明显，叶片宽大，有光泽。凹脉金花茶(*C. impressinervis*)，常绿小乔木或灌木，叶脉向叶背凸出，网状小脉皱缩，叶面甚光亮，花梗较粗大，花瓣较多。东兴金花茶(*C. tunghinensis*)，常绿小乔木或灌木，叶较小，花单生或2朵聚生，花较小，淡黄色。

(汤忠皓)

金莲花(Chinese globe flower) *Trollius chinensis*，毛茛科金莲花属多年生草本植物。染色体数 2n=16。株高30～70cm，茎直立，不分枝。叶掌状全裂，裂片羽状深裂，边缘齿牙状。花单生或2～3朵呈聚伞状，萼片9～19枚，椭圆状卵形，金黄色，花径3～5cm，花期晚春至初夏。原产中国，分布于河南、河北、山西及内蒙古南部、东北等地，生于海拔800～2200m山地草坡或林缘及林间草丛中。耐寒，喜凉爽湿润及半阴的环境，宜富含有机质、湿润而又排水良好的土壤。分株或播种繁殖，宜秋播。种子须经低温处理方能提高发芽率。生长期间宜保持土壤湿润和较高的空气湿度，夏季应放置荫棚下，经常进行叶面喷水。金莲花花大色艳，花期较长，为本属中最美丽的一种，宜作花境和切花栽培。

同属植物约30种，分布于北温带湿地，中国产15种，多分布于西南、西北及东北地区。常见栽培者有杂种金莲花，由金莲花(*T. chinensis*)与欧洲金莲花(*T. europaeus*)及金梅草(*T. asiaticus*)等杂交而成。多年生，株高60～75cm，花色自淡黄至深橙红，花期晚春至初夏。栽培品种甚多，欧洲常见栽培的有巨花金莲花(cv. Brynes Giant)，花很大，深柠檬黄色，茎高60～75cm。还有金色君主(cv. Golden Monarch)、‘柠檬皇后’(cv. Lemon Queen)、还有淡紫金莲花(*T. lilacinus*)等。

(王莲英)

金链花（golden-chain） *Laburnum anagyroides*，别名毒豆。蝶形花科金链花属落叶灌木或小乔木。染色体数 2n＝4x＝48。高约 7m，干灰绿色，老树

绿褐色。小枝绿色。叶互生，掌状 3 小叶，小叶椭圆形至椭圆状长圆形或椭圆状倒卵形，长 3～6cm。顶生总状花序下垂，花黄色，花期 5 月。荚果扁，种子黑色，有毒，扁肾形具光泽。产南欧沿地中海及北非。喜光，喜肥沃排水良好的土壤，适生于冬无严寒、夏季凉爽的气候。花序金黄，长 30cm，如同一条金链垂挂枝梢，观赏效果甚佳。本属还有高山金链花（*L. alpinum*），产地中海、南欧及中亚西部地区。（董保华）

金铃花（flowering maple） *Abutilon striatum*，别名网花苘麻。锦葵科苘麻属常绿灌木。多分枝；单叶互生，卵形、先端尖，缘具粗齿；花单生叶腋，钟形，桔黄色，有紫色条纹，花期 5～10 月。原产南美地区，中国台湾有引种栽培，阿里山逸为野生。喜光，稍耐阴；喜温暖湿润气候，不耐寒，北方地区可行盆栽，冬季温室越冬，温度不能低于 3～5℃。耐瘠薄，但宜肥沃湿润排水良好的微酸性土壤。耐修剪。多行扦插繁殖。金铃花花期长，花形、花色均有较高的观赏价值，在园林绿地中可丛植或植为绿篱，也可盆栽。

（陈耀华）

金露梅（bush cinquefoil） *Potentilla fruticosa*，别名金老梅、金蜡梅。蔷薇科委陵菜属落叶灌木。高达 1.5m，树冠球形，树皮纵裂、剥落，分枝多。幼枝被丝状毛。羽状复叶集生，小叶 3～7，通常 5 枚，长椭圆形至条状长圆形，长 1～2.5cm，全缘，边缘外卷，叶柄短；花单生或数朵排成伞房状，花黄色，径 2～3cm，花期 7～8 月。瘦果卵圆形，紫褐色，果期 8～9 月。产中国东北、华北、西北、西南各地；日本、蒙古国，欧洲、北美也有分布。金露梅生长强健，可耐－50℃低温，喜微酸性至中性、排水良好的湿润土壤，也耐干旱瘠薄，根系发达，寿命长。用种子繁殖，栽培粗放，早春放叶前修剪。植株紧密，花色艳丽，花期长，为良好的观花树种，可配植于高山园或岩石园，也可作绿篱植物。

本属常见栽培观赏的种还有：小叶金露梅（*P. parvifolia*），别名小叶金老梅。矮小灌木，高 15～80cm，小枝略弯曲，小叶 5～9，倒卵形或椭圆形，长 0.6～1.2cm，先端急尖，叶背密生灰白色丝状柔毛；花径1～2cm。银露梅（*P. glabra*），别名银老梅。小灌木，树皮灰褐色。小叶 3～5，椭圆形、椭圆状宽卵形或椭圆状倒卵形，长 2～7mm；花单生，白色，花径 2～2.5cm，花期 6～8 月。其变种有华西银露梅（var. *veitchii*），高 1.5m。小叶长 1～2cm，花白色，花期 7～8 月；果期 8～9 月。

（姚梅国　王明启）

金缕梅（Chinese witchhazel） *Hamamelis mollis*，别名木里仙。金缕梅科金缕梅属落叶小乔木。染色体数 2n＝24。高达 10m。叶互生，宽倒卵圆形，长 8～15cm。花数朵簇生叶腋，瓣细长，色金黄，基部带红，2 月前后先叶开放。蒴果卵圆形，黄褐色，10 月成熟。分布中国江苏、安徽、浙江、江西、湖南、湖北、四川、广西等地。金缕梅喜光又耐阴，常生于温暖湿润、富含腐殖质的山谷林中，酸性土、中性土都能适应，耐寒，畏炎热，不耐修剪。以种子繁殖为主，也可压条和嫁接。常有大蓑蛾、刺蛾为害，成虫以灯光诱杀，幼虫期以敌百虫等稀释液喷杀。金缕梅花形奇特，先叶而开，形似金缕，奇丽悦目。宜庭院角隅、池边孤植。如在叠石之间点缀一二，花时分外醒目。花枝可瓶插，新颖别致。欧美等国家园林中多有栽培。本属约 6 种，产亚洲东部及北美。其中的红花金缕梅（*H. obtusa*），叶圆形，花红色，极艳丽。

（贺贤育）

金钱草（snowbell leaf tick-clover） *Desmodium styracifolium*，别名落地金钱。蝶形花亚科山蚂蝗属落叶性半灌木状草本植物。根系入土较深。茎枝纤细，具黄色细柔毛。小叶 1 或 3、近圆形，叶背有细柔毛。总状花序顶生或腋生，苞片卵状三角形，每苞 2 花，花紫色，具芳香。荚果扁。产中国长江以南。喜阳、耐旱。在富含腐殖质的酸性砂壤土上生长良好。用播种法繁

殖。叶似金钱，花色醒目，可用作观叶、观花植物，也可作固坡护堤植物。全株可药用。

（胡叔良）

金钱槭（Chinese dipteronia） *Dipteronia sinensis*，别名双轮果。槭树科金钱槭属落叶乔木。国家三级保护植物。染色体数 2n＝20，28。高 5～15m。小枝细瘦，冬芽裸露。奇数羽状复叶对生，长 20～40cm；小叶常 7～11，长卵形或矩圆状披针形，长 7～10cm。圆锥花序顶生或腋生，长 15～30cm；花杂性，白色；花期 5～6 月。翅果近圆形或倒卵圆，嫩时红色，成熟后黄色；果期 9～10 月。产中国河南、陕西、甘肃、湖北、湖南、四川及贵州。喜温暖湿润气候和肥沃、湿润而排水良好的土壤。播种繁殖，本种树冠铺散，果似铜钱，秋叶金黄，为优良园林观赏树种，宜在公园、庭院孤植或丛植，也可与针叶树混植。同属植物共 2 种，另一种云南金钱槭（*D. dyeriana*），花序有黄绿色短柔毛，产中国云南，为国家二级保护植物。

（郭生桢）

金钱松（golden larch） *Pseudolarix amabilis*，松科金钱松属落叶针叶乔木。中国特产树种，国家二级保护植物。染色体数 2n＝4x＝44。高可达 40m，胸径 1.5m，树冠圆锥形，干直挺秀。枝轮生、平展，有长、短枝之分；叶条形、扁平，于长枝上螺旋状散生，在短枝上簇生；雌雄同株，雄球花簇生于短枝顶端，雌球花单生于树冠上中部主梢和侧枝的短枝顶端，花期 4～5 月；球果卵圆形，10 月下旬至 11 月初成熟，种子与果鳞同时脱落。产中国浙江、江苏南部、安徽南部、福建北部、江西、湖南、湖北、四川等地，陕西西安、山东青岛及昆仑山引种生长良好。原产地常散生于海拔 1500m 以下山地。喜光，好凉爽湿润环境，要求深厚而排水良好的微酸性腐殖土。以播种繁殖为主，出种率为 12%，千粒重 36g，发芽率 60% 以上；也可扦插和嫁接。当年苗高 10～15cm，每公顷产苗 90～120 万株。落叶后至芽萌动前移栽，小苗带宿土、大苗带土球。害虫有大蓑蛾、白蚁等，苗期常有蛴螬为害根部，且易感染猝倒病、茎腐病，除土壤消毒外，可用敌克松 1∶100 倍拌种预防。

金钱松树姿挺拔雄伟，秋叶金黄，雅丽悦目。孤植、丛植或组成纯林均甚得体，也可与阔叶树配植。

（贺贤育）

金属丝整形（shaping Penjing by using metallic wires） 树木盆景制作中用金属丝调整枝、干曲度和方位的一种技法。其优点是简便易行，工效高。与修剪和棕丝吊扎等方法相比，所形成的转折扭势有独到之处。对抑制树枝长势、促进桩景风姿苍老，也有着一定的作用。

用于绕扎树木盆景的金属丝有铜线、铝线和铅丝（即镀锌的铁丝）三种。适用粗度在 0.8～4mm 之间，其中可分 10 个型号。铜线需经文火烧灼后，卷上纸条方可应用。烧灼的方法是：临用前以稻草或废纸包住铜线，斜放在两端用石头搁离地面的小铁棒上，均匀烧灼，待铜线呈现蓝焰即可使用。铝线、铅丝可直接应用。中国多采用铅丝，国外多用铝线。

金属丝整形应注意所用其型号与树枝粗细的比例。金属丝绕扎的斜度应成 45°角。绕与扭的方向必须一致，其松紧度以枝条顺势扭定，能紧贴而不损害树皮为宜，作用于树枝的拉力、压力、弹力和扭力，都来自于合理的松紧度。起绕点应作钩扣定于树枝分杈处并压住。绕扎于主干的金属丝要紧贴干基直插到底，线尾应予隐匿（图 1）。

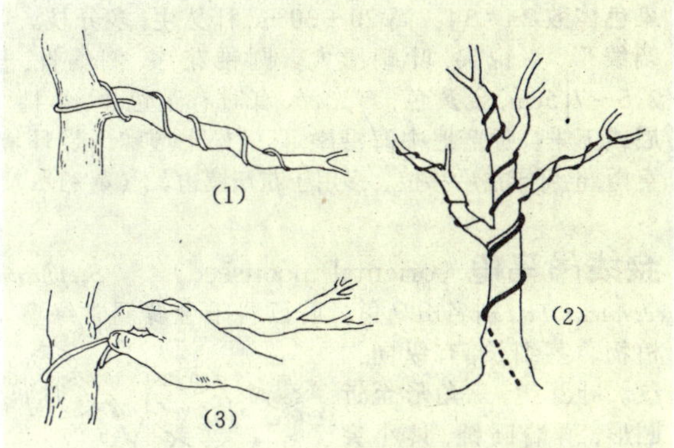

图1 金属丝整形示意

(1)金属丝头压入固定;(2)丝路过桥式绕法;

(3)姆指下压,食指、中指上抵扭曲树枝

加工步骤可按主干、主枝、侧枝、细枝顺序自下而上、从轴线向外缘逐级进行。左右相邻侧枝均需绕扎时,可用一条金属丝通过中介枝兼顾两端作过桥式绕扎,其绕线走向必须与中介枝已绕的线路并行而不露间隙。枝条需作深弯度时,应让金属丝通过弯部脊背以增强拉力,并以姆指轻压枝脊,以食指和中指从下方顶住。直径近2cm的粗枝作弯前,需以麻皮或布条加以裹缠,并于弯部脊背加衬一条麻筋。单靠金属丝扭扎难于弯曲的粗枝,应在作弯的适当部位纵向切开达木质部3/4的深度。也可对剖开通,再以胶布包扎,并于枝脊加一段较小的金属丝保护,然后扭定加固(图2)。

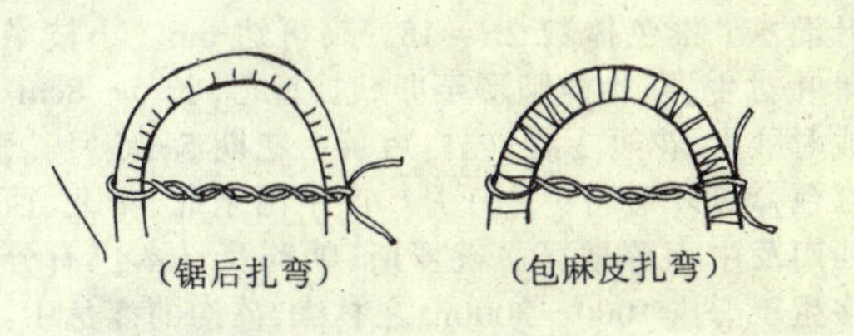

图2 粗枝扎弯示意

粗枝作弯时,应防止分杈口出现弓形隆起。可于裹缠麻皮或胶布后,以上述指法用腕力控紧分杈口枝段,反复轻轻扭动,再套扎金属丝缓缓用力边扭边压到位,可使出枝形态倾斜,自然流畅。

结顶的扭扎时,如顶枝过强,可用正枝、侧枝移位对调手法予以抑制,使树冠更为严谨而协调(图1)。

为使枝条柔韧而易于扭扎,整形前一天最好先暂停浇水;杂木类绕扎前应先摘叶,并疏去多余枝条。枫、石榴等皮薄易破损树种的整形,宜用纸条卷裹金属丝。长势不良的盆景,金属丝绕扎用量应相对减少,可结合棕丝整形(图3)。

金属丝绕扎的时间长短:杂木类的嫩枝绕扭,60天左右即可拆线,一般的需经周年方可解缚;而粗枝则需固定数年。如发现金属丝已嵌入树皮,应及时拆线。

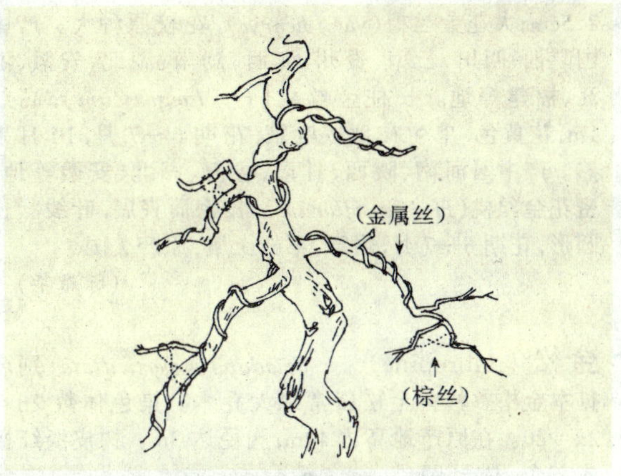

图3 金属丝结合棕丝整形示意

已定型的桩景,数年后部分树枝可能还原返野,应再作整形。 (潘仲连)

金丝桃(Chinese St. John's-wort;Chinese hypericum)

Hypericum chinense,别名金丝海棠。金丝桃科金丝桃属常绿或半长绿灌木。染色体数2n=42。高达1m,枝丛生,小枝红褐色,拱形下垂;叶对生,长椭圆形,长3~8cm;花单生或3~7朵组成聚伞花序

生小枝顶端,花鲜黄色、5瓣,径约5cm,花丝细长,花期6月;蒴果卵圆形、黄褐色,果期8月。产中国河北、河南、陕西、江苏、江西、湖北,广东等地。喜光,耐半阴;适应性强,较耐寒;适生于肥沃排水良好的中性土壤,忌积水;根系发达,萌芽力强,花后宜行修剪,促使萌生新枝,以保持每年能形成适量的花芽。用播种、分株或扦插法繁殖。种子采后干藏,一般多行春播,种粒细小,覆土以不见种子为度,2年生苗即可开花;分株在休眠期进行;扦插可于早春行硬枝插、夏秋行软枝插,成活容易。常见害虫有蓑蛾、刺蛾和蚜虫等。

金丝桃枝叶扶疏,花鲜黄色,适宜在庭院、草地、林缘、路旁或假山旁种植,或植为花篱;也是良好的切花材料。果实及根入药。

本属中常见栽培观赏的树种尚有:金丝梅(*H. patulum*),常绿或半常绿灌木;花金黄色,雄蕊较短,花径4~5cm,花期4~8月;6~10月果熟。其主要变种有:小叶金丝梅(var. *uralum*),叶较小,花径2~

2.5cm;大花金丝梅(var. *henryi*),花较原种大。产中国陕西、四川、云南、贵州、江西、湖南、湖北、安徽、浙江、福建等地。长柱金丝桃(*H. longistylum*),高约1m,花黄色,单生枝顶或叶腋,花期6～7月,10月果熟。产中国河南、陕西、甘肃、青海、湖北、安徽等地。密花金丝桃(*H. densiflorum*),枝密而直展,叶线状长圆形,花期6～7月,耐寒,不择土壤,原产美国。

(陈耀华)

金松(unbrepine) *Sciadopitys verticillata*,别名日本金松。杉科金松属常绿大乔木。染色体数2n=2x=20。在原产地高达40m,胸径达3m。树皮淡红褐或灰色,树冠圆锥形;枝近轮生,水平开展;鳞叶小、脱落,合生叶条形,20～30片轮状簇生,长5～15cm;花单性,雄球花卵形至圆球形,球果卵状矩圆形。花期2～3月,果熟10～11月。原产日本,自然分布于北纬36°以南的本州木曾、高野等地,常与日本扁柏、日本花柏混生,也有少量天然纯林。中国庐山植物园1935年引种(种子),1979年开花结实。42年生树高6.5m,胸径18cm,冠幅4m。中性树种,喜温暖湿润的环境和排水良好的土壤,在透气性差的土壤中生长不良;大树略耐干旱和寒冷,在庐山植物园-15℃低温未受冻害。高生长缓慢,15～20年生的植株,年均生长量为0.9～1.6cm;30年以后生长较快,年均生长量为14.7cm。种子繁殖,千粒重约26.2g。一年生苗高1.5cm,根系发达。也可于3～4月选取一年生粗壮枝条行扦插繁殖,生根率可达90%。金松为稀有珍贵观赏树种,树冠端丽,枝叶繁茂,适宜在空旷草坪、花坛中心等重要景点种植。

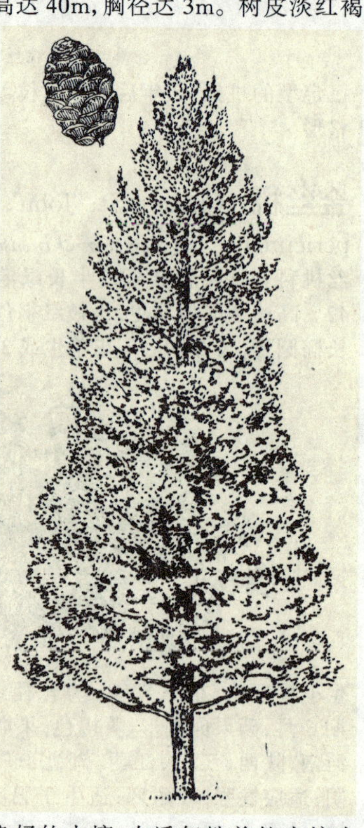

(朱国芳)

金穗草(golden-top) *Lamarckia aurea* (*Chrysurus cynosuroides*),禾木科金穗草属一年生草本植物,染色体数2n=14。高20～30cm,秆丛生,多分枝。叶阔线形,头锐尖,叶鞘膨大。圆锥花序,侧偏性,长2.5～7.5cm,金黄色,有光泽,有时有堇色晕,小穗平展或下垂。原产地中海沿岸,喜轻松土壤和干燥环境。直播,也可床播后移植。多用于花坛镶边。 (秦魁杰)

金线吊乌龟(oriental moonseed) *Stephania cepharantha*,别名山乌龟。防己科千金藤属常绿藤本植物。茎细长,有纵向沟纹。叶互生,三角形至近圆形,顶端圆钝,具小突尖,掌状脉5～9条。花单性,雌雄异株。雄花序为头状聚伞花序,由18～20朵雄花组成,总花梗长1～2cm。雄花淡绿色,萼片4～6枚,长于花瓣,花瓣3～5枚,圆形、肉质,花径约0.5cm。核果球状,成熟后紫红色。原产中国。耐寒,喜富含腐殖质的土壤,宜冷凉气候和阴湿环境。以块茎繁殖,春天栽植。用于花架、墙壁及阳台绿化。

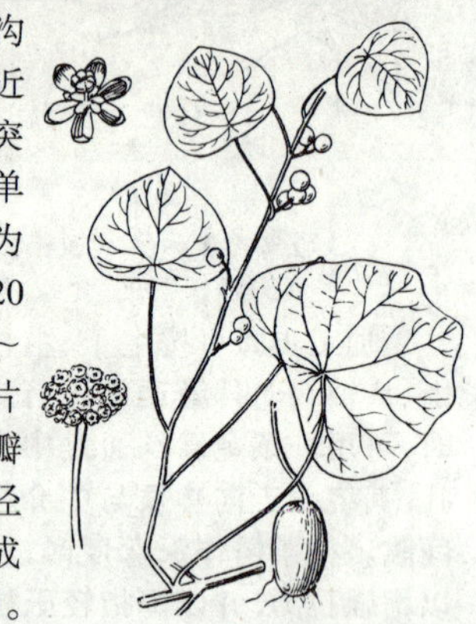

(穆 鼎)

金银木 (Amur honeysuckle) *Lonicera maackii*,别名金银忍冬、马氏忍冬。忍冬科忍冬属落叶灌木。染色体数2n=18。高可达6m。小枝中空。单叶对生,卵状椭圆形至卵状披针形,长5～8cm。花成对腋生,花冠2唇,先白后黄。花期5～6月。浆果红色,球形,果熟9～10月。产中国东北、华北、西北、西南及中南等地区。俄罗斯、朝鲜及日本也有分布。多生于海拔1000～3000m之林缘、溪沟的灌丛中。喜光、亦耐阴,耐寒、耐旱性强,耐瘠薄,但喜湿润、肥沃深厚的土壤,有较强的萌芽和萌蘖的能力。

多用播种和扦插繁殖。春季萌动前裸根栽植,秋季落叶后可适当疏剪。

初夏开花,芳香,黄白相映,秋季红果满枝,晶莹可爱,宿存至入冬,是花、果俱佳之观赏花木。适宜宅院栽植或孤植、丛植于草坪、路边。

本属约200种,中国有98种。常见栽培的种类有:金花忍冬(*L. chrysantha*),别名黄花忍冬。花期4～5月,果熟7～8月。产中国东北、华北、西北及西南。下江忍冬(*L. modesta*),别名素忍冬。幼枝、叶背、叶柄及总花梗密被柔毛。花白色,基部微红,后变黄色。浆果合生。花期5月,果熟9～10月。产中国华中、华东地区。郁香忍冬(*L. fragrantissima*),别名羊奶子。半常绿灌木,幼枝有刚毛,叶近革质。花芳

香，乳白色带红晕，先于叶开放，花期3月，果熟5月。产中国华北、华东、华中地区。此外，还有粉红金银花(*L. syringantha*)、华西忍冬(*L. webbina*)、蓝靛果(*L. coerulea* var. *edulis*)、新疆忍冬(*L. tatarica*)、盘叶忍冬(*L. tragophylla*)、金银花(*L. japonica*)等。

（臧淑英）

金银茄（white tomato eggplant） *Solanum integrifolium*，别名看茄、鸡蛋皮、白果茄、无刺茄。茄科茄属多年生草本植物，作一年生栽培。染色体数2n=2x=24。起源于亚洲东南热带，13世纪传入欧洲，18世纪由中国传入日本。茎直立，紫、浅紫或绿色。单叶互生，卵形或卵状长圆形，全缘，长10～20cm，叶脉及叶柄稍有刺，表面平滑，背面有星状毛或短柔毛。花单生或2～6朵簇生，花冠白或淡紫色，径约1.8cm。浆果卵形似番茄，直径约5cm，果皮平滑光亮，白色，后变红或黄色。种子近肾形、扁平，黄色具光泽。常见品种有'红铃'，幼果象牙白色，熟后变为红色，果径2.5～3cm；'轰动'(cv. Sensation)，果实象牙白色转为橙黄色或浓红色；'白茄'，幼果白色，熟后变黄。金银茄喜温，不耐寒，要求土层深厚、保水性强、pH值5.8～7.3的肥沃土壤。播种法繁殖，覆土宜浅，发芽适温28～32℃，间苗1次，于4月份定植，栽后充分灌水。每月追肥一次。应注意通风透光。对青枯病可采取轮作的方法防治，对螨类可采用克氯苯(Akor)乳剂1000倍液防治。果实小巧鲜艳，适于盆栽观赏或庭院栽植。

（金　波）

金鱼草（common snapdragon） *Antirrhinum majus*，别名龙口花、龙头花、洋彩雀。玄参科金鱼草属多年生草本植物，常作一二年生栽培。染色体数2n=2x=16；四倍体品种2n=4x=32。金鱼草在古罗马时代意大利即有栽培，后扩展到欧洲各地。1578年已有数种不同花型和叶型的品种，并育成重瓣花和复色花品种。1850年育出深红色重瓣品种。其后，由有性杂交育出很多品种类型。欧洲致力于露地用品种的改良，美国则开展温室用品种的选育，培育出冬花系和促成栽培用的F1代杂交种系。1920年美国开始抗病育种，并育成了耐病品种。第二次世界大战后开始多倍体育种，获得了4倍体品种，其特点是：花大而密、梗粗、叶厚、绒毛多，但开花迟，植株矮。根据开花的迟早，将品种分为4种类型：12月中旬至翌年2月中旬开花的；2月中旬至5月中旬和10月下旬至12月中旬开花的；5月中旬至6月下旬和9月中旬至10月下旬开花的；7月上旬至9月中旬开花的。前两种用于促成栽培，后两种夏季开花。

金鱼草株高20～100cm，切花用温室促成栽培的F_1代，株高可达150cm左右，茎基部木质化。叶对生，上部叶互生，长椭圆形或卵状披针形。总状花序顶生，花冠唇形，上唇有2浅裂，下唇伸展、有三浅裂，下部筒状，基部略膨大。花色有白、黄、红、紫及复色，喉凸顶部有明显黄斑。花期5～9月，蒴果偏卵形，种子小，千粒重0.12g。

金鱼草原产南欧地中海沿岸及北非，中国习见栽培。耐寒，不耐酷暑，能耐半阴。喜轻松、肥沃、排水良好的土壤，要求pH值5.5～7.0。能自播繁衍。为相对性长日照植物，晚生种对长日照敏感，长日照明显地促进花芽分化，但对花芽的发育影响不大。温度与花芽分化无直接关系，但对株高、花穗和花数有明显影响。生育适温为15～20℃，夜温不低于5℃。现蕾后如遇较低温度，较大花蕾会受寒害。在0℃条件下3小时以上，花蕾全部遭受寒害，甚至全株枯死。

用播种法和扦插法繁殖。以前主要用芽插法繁殖，19世纪末开始大量用种子繁殖。8～9月播种于露地苗床，真叶出现时以4cm×4cm的间隔移植。春播苗生长旺期正置夏季高温，生长不良，且易发生病虫害。因种子细小，具好光性，播后不宜覆土。发芽适温为18～20℃，5～7天发芽。播种基质可用园土5份、腐叶土3份、砂2份混合，或用草炭、珍珠岩、蛭石等量混合。播后覆盖报纸以防干燥。幼苗1～2片真叶时移栽一次，株行距为3～4cm，宜浅植，并遮阴。株高5～6cm，出现4～5枚真叶时定植。露地栽培的切花品种，株行距应在25cm以上；矮生种株行距可在30cm以上。温室栽培时为充分利用土地和空间，可高度密植。以切花品种为例，株行距为：单株栽培9cm×12cm；双株栽培12cm×15cm；三株栽培15cm×18cm。

切花在进行多枝栽培时需要及时摘心及搭网。第一次摘心可在4片真叶时进行，留1～2个节间。株高15～20cm时，搭第一层网；30～40cm时搭第二层网，随植株增高，网位也逐渐提高。金鱼草喜肥。基肥应在定植前20天施入，常用堆肥、鸡粪和饼肥等含氮、磷、钾丰富的肥料；追肥根据生长情况而定，一般每$100m^2$每次施用氮、磷、钾复合肥料3kg。为使茎秆茁壮，后期应酌施钾肥。

立枯病是苗期发生的主要病害，茎基部腐烂而枯死，发病急，蔓延快。应适当控制水分，防止过湿，预防发生。可用甲羟异口恶唑500倍液或克菌丹浇灌。叶枯病、细菌性斑点病、炭疽病等侵染叶、茎，可用波尔多波或乙基碘硫磷400倍液防治。菌核病等也有发生，可用甲基硫菌磷1000倍液喷洒。对于蚜虫和夜盗虫，可用40%氧化乐果乳油1000倍液防治。

金鱼草为优良的花坛和花境材料，高型品种可作切花和背景材料；矮型品种可盆栽观赏和作花坛镶边；中型品种则兼备高、矮型品种的用途。全株可入药。

同属植物约42种，供观赏栽培的主要有：匍匐金鱼草，系金鱼草与毛金鱼草(*A. molle*)的杂交种，枝条匍地而生，可用于岩石园。匍生金鱼草(*A. asarina*)，匍匐多年生草本，可用作地被、岩石园。

（金　波）

金盏菊（pot marigold）　*Calendula officinalis*，

菊科金盏菊属一二年生或多年生草本植物。茎高30～60cm，全株被毛。叶互生，长圆形至长圆状倒卵形，全缘或有不明显的锯齿，基部叶片稍抱茎。头状花序单生，花梗粗壮，花径3.5～5cm，甚至达10cm。总苞片1～2轮，线状披针形，稍短于舌状花，基部联合，有膜质边缘及软刺，舌状花黄色，花期4～6月。瘦果弯曲，果熟期5～7月。栽培品种有乳白、浅黄、橙及桔红等色；花型也有各种变化，还有高性和矮性类型。原产欧洲南部加那列群岛至伊朗一带地中海沿岸。性较耐寒，中国长江以南可露地越冬，黄河以北需入冷床或行地面覆盖越冬。不择土壤，但以轻松肥沃土壤生长旺盛，分枝多，单株株幅可达50cm。喜阳光充足。能自播繁衍。中国华北地区于9月上中旬播种，至10月下旬假植于阳畦，加盖蒲席越冬。金盏菊枝叶大，生长快，早春应及时分栽，4月下旬定植，5月上旬开花。春季播种，初夏开花。若在凉爽处栽培能安全越夏，到9、10月间盛花。种子生活力可保持3～4年。多为自花授粉，肥料不足则易退化，花明显变小，花瓣少，甚至呈单瓣。如作切花栽培，将主枝摘心，促侧枝开花。园林中多用作花坛、花带、花境的配置材料，也可作为草地的镶边植物，或作切花、盆养供观赏。同属植物约有15种。如：小金盏菊(*C. arvensis*)，叶片长圆状披针形，边缘有锯齿，上部叶片无柄，下部叶片有短柄，花径约4cm。舌状花黄色，也有重瓣品种。瘦果内卷，几成圆形。原产欧洲中部及地中海沿岸。

（朱秀珍）

锦带花（oldfashioned weigela）　*Weigela florida*，

忍冬科锦带花属落叶灌木。染色体数2n＝36。高约3m，单叶对生，椭圆形或卵状椭圆形。花1～4朵组成聚伞花序生于小枝的顶端或叶腋，花冠漏斗状钟形，花径约3cm，紫红至淡粉红色，花期5月。蒴果柱状，果熟10月。从19世纪末已开展杂交育种，选出100多个园艺品种及类型。变种、变型、品种有：美丽锦带花(var. *venusta*)，花淡粉色，叶较小。白锦带花(f. *alba*)，花白色。'变色'锦带花(cv. Versicolor)，初开时白绿色，后变红色。'花叶'锦带花(cv. Variegata)，叶缘为白色至黄色。'紫叶'锦带花(cv. Foliis Purpureis)，叶带紫色，花紫粉色。本种产中国东北、华北、华东地区。俄罗斯、日本、朝鲜也有分布。多生于海拔100～1450m的杂木林下、林缘或灌丛中。喜温暖、湿润，也耐寒、耐旱。喜光，也稍耐阴。性强健，对土壤要求不严。可播种、扦插、分株繁殖。早春萌动前行裸根栽植，入冬浇封冻水1次。每年春季开花后进行一次修剪，每2～3年进行一次重剪更新。主要害虫有刺蛾、蓑蛾等。花繁密，盛花时灿如锦带，适于庭前、角隅孤植、丛植，也适宜点缀于假山旁、池边或片植于林缘、草坪。对有毒气体具较强抗性，宜厂矿绿化栽植，花材还可瓶插。

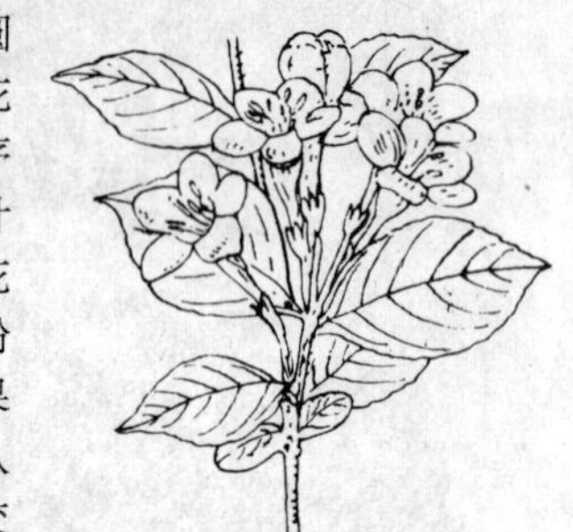

本属约10余种。常见栽培的种还有：日本锦带花(*W. japonica*)，花初开时白色，后变红色，柱头伸出花冠外。产日本。其变种半边月(*W. japonica* var. *sinica*)，叶两面密被细毛，花初开时白或浅红，后变红色，花期4～5月。产中国中南部。日本也有分布。早锦带花(*W. praecox*)，别名毛叶锦带花。叶两面被柔毛。萼裂片披针形，裂至花萼中部。花冠淡粉色至紫红色。花期4月。产俄罗斯及朝鲜。路边花(*W. floribunda*)，小枝细有短毛，花深红色，花期5月及8月，一年两次开花。原产日本。其变种有大花路边花(var. *grandiflora*)和变色路边花(var. *versicolor*)。海仙花(*W. coraensis*)，叶阔圆或倒卵形，花冠钟状漏斗形，初开时白色至淡粉色，后变深粉色，花期5月。原产日本中南部及朝鲜。其变种有白海仙花(var. *alba*)，中国及欧美广泛栽培。

（臧淑英）

锦鸡儿（Chinese peashrub）　*Caragana sinica*，别名金雀花、娘娘袜。蝶形花科锦鸡儿属落叶灌木。多刺，高约 2m，树皮深褐色。小枝有棱，黄褐色。偶数羽状复叶，小叶 2 对，倒卵形或长圆状倒卵形。花单生叶腋，花冠黄色带红晕，花期 4～5 月。荚果圆筒形，稍扁，果期 7 月。产中国河北、陕西、河南、湖北、湖南、江苏、浙江、福建、江西、四川、贵州、云南等地。喜光，抗旱耐瘠，能在山石缝隙生长。忌湿涝。根系发达，具根瘤。萌芽和萌蘖力均强，能自播繁殖。播种或分株繁殖。锦鸡儿枝繁叶茂，花冠黄色带红，展开时形似金雀。在园林中可丛植于草地或配植于坡地、山石边。也可供制作盆景或作切花。

同属植物常见栽培观赏的还有：树锦鸡儿（*C. arborescens*），大灌木或小乔木，小叶 4～7 对，花黄色。产黄河流域以北各地。二色锦鸡儿（*C. bicolor*），灌木，小叶 4～8 对，每花梗具 2 花，旗瓣紫堇色，翼瓣金黄色。产中国四川西部及青海。扁刺锦鸡儿（*C. boisi*），灌木，小叶 4～10 对，花金黄色。产中国陕西、甘肃、四川。矮脚锦鸡儿（*C. brachypoda*），矮灌木，枝条短而密集，小叶 4，花黄色，产中国宁夏、甘肃、内蒙古。此外，还有短叶锦鸡儿（*C. brevifolia*）、川西锦鸡儿（*C. erinacea*）、黄刺条（*C. frutex*）、柠条锦鸡儿（*C. korshinskii*）、小叶锦鸡儿（*C. microphylla*）、北京锦鸡儿（*C. pekinensis*）、红花锦鸡儿（*C. rosea*）、狭叶锦鸡儿（*C. stenophylla*）和变色锦鸡儿（*C. versicolor*）等。　（李嘉珏）

锦葵（mallow）　*Malva sylvestris*，别名钱葵、欧锦葵、棋盘花。锦葵科锦葵属二年生或多年生草本植物。染色体数 2n＝42。株高 60～100cm，茎直立、多分枝，被粗毛。叶互生，具长柄，有掌状裂。花常数朵簇生于叶腋，色淡紫或白，花径约 3cm，花瓣 5，先端微凹，萼片钟形，花期 6～10 月。种子扁平，圆肾形，褐色。变种大花锦葵（var. *mauritiana*），茎较高大，花朵也稍大，紫红色或淡红色，具深色纹花瓣先端凹入较浅。原产欧洲温带，中国及欧美各国均有栽培。耐寒、耐干旱，不择土壤，生长势强，喜阳光充足，可自播繁衍。繁殖以播种为主，也可分株，均在秋末或初春进行。播种苗高 10cm 时分苗，易栽培管理。花后修剪以促发新枝。留种植株待果实黄熟后，刈取全株，晾干收种，也可陆续摘取成熟果实。园林中常用于花坛、花境，或作为背景材料，农村可作四旁美化。花及叶可入药。茎可作纤维原料。

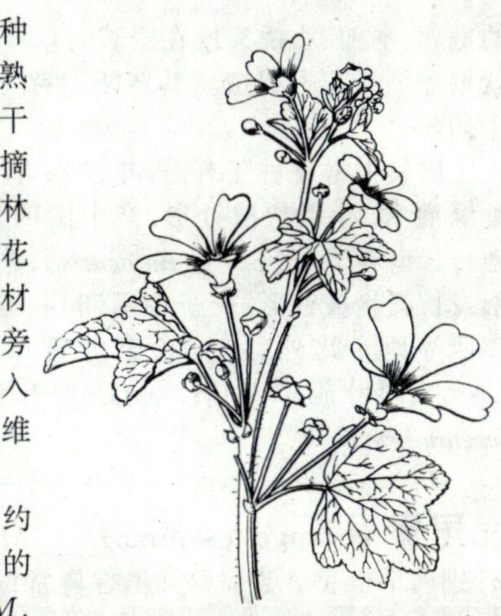

同属植物约 30 种，常见栽培的还有：小锦葵（*M. alcea*），为多年生草本植物，株高约 80cm，叶为淡绿色，花单瓣、紫红色，花径 4～5cm，初夏开花，产于欧洲。皱叶锦葵（*M. crispa*），别名冬寒菜，一年生草本植物，叶圆形，花小、白色，花期 7～8 月，产于东亚，中国南方有栽培，叶可作蔬菜。香葵（*M. moschata*），别名麝香锦葵，为多年生草本植物，高约 70cm，叶细裂，捏碎有麝香味，花期初夏，为玫瑰紫色，产于欧洲，有'白香葵'（cv. Alba）和'红香葵'（cv. Rosea）。圆叶锦葵（*M. rotundifolia*），茎匐生，叶圆肾形，具 5 浅裂，花浅蓝紫色或白色，产欧亚两洲，中国北部多野生。冬葵（*M. verticillata*），别名野葵，二年生草本植物。茎直立，高约 1m，叶常 5～7 掌状裂，花浅红色至白色，花期 5～9 月，产于北温带，中国各省有分布。　（费砚良）

旌节花（stachyrus）　*Stachyurus chinensis*，别名水凉子、萝卜药、通草。旌节花科旌节花属落叶灌木。高约 3m，树皮紫褐色。单叶互生，卵形或卵状长椭圆形。总状花序下垂，具花 15～20 朵，花黄色，花期 3～4 月。浆果球形，果期 6～7 月。产中国甘肃南部、陕西南部、华中、西南、华南等地，越南也有。生于海拔 500～2800m 山地、山谷、溪边、杂木林内或灌丛中。变种有宽叶旌节花（var. *latus*），叶较宽具粗齿，尖叶旌节花（var. *cuspidatus*），叶近圆形。产中国四川。一般播种繁殖，也可用半成熟枝扦插繁殖。为早春观花灌木，花浅黄如玉，悬于枝上，十分别致，叶面光亮而秀丽。园林中多丛植于建筑物

的庭廊、亭前、小桥头或在空旷的草坪上与连翘、芫花、紫荆等早春花木配植。其茎髓通称“通草”，为著名中草药。

同属中常见种还有：柳叶旌节花（*S. salicifolius*），常绿灌木，叶条状披针形，产中国四川、云南、贵州等地。云南旌节花（*S. yunnanensis*），常绿灌木，叶披针形或长圆状披针形，产于中国四川、云南、贵州、广东、广西等地。此外，还有长圆叶旌节花（*S. oblongifolius*）、凹叶旌节花（*S. retusus*）和四川旌节花（*S. szechuanensis*）等。 （朱国芳）

九里香（orange-jesamine） *Murraya paniculata*，别名千里香。芸香科九里香属常绿灌木或小乔木。

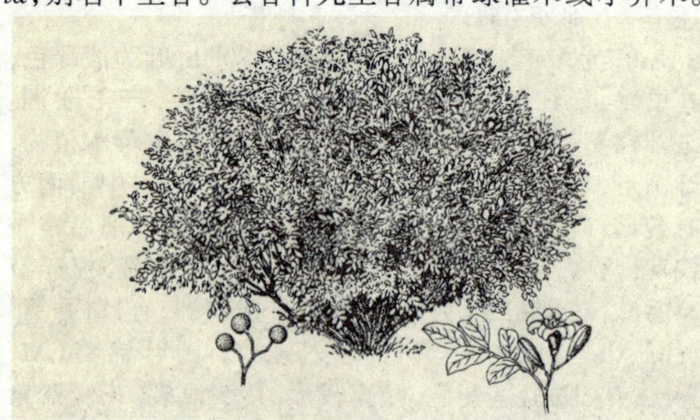

高3～8m，多分枝。奇数羽状复叶互生，小叶3～9，互生，卵形、匙状倒卵形或近菱形，长2～8cm，全缘；聚伞花序，花白色，径约4cm，极香，花期7～10月；浆果近球形，朱红色，10月至翌年2月果熟。产中国云南、贵州、湖南、广东、广西、福建、台湾等地，亚洲热带及亚热带其他地区也有。喜光，稍耐阴；喜温暖气候，不耐寒，北方多行盆栽，冬季室温以不低于5℃为宜；适生于深厚肥沃而排水良好的土壤。萌芽力强，耐修剪。多用种子繁殖，种子可沙藏至翌年春播。也可在6～7月行扦插繁殖，还可用压条繁殖。偶有煤污病和介壳虫发生。九里香树姿优美、枝叶秀丽、花香宜人，可在园林绿地中丛植、孤植，或植为绿（花）篱，寒地可盆栽观赏。花可提取芳香油；全株可入药。

（陈耀华）

居住区绿化（landscaping residential area）

在居住区范围内布置树木花草等以改善环境并美化环境，为居民提供户外活动场地的绿化作业。旧城市改造过程中，原有稠密的居住区也应“见缝插绿”，逐步改善并美化环境。目前各新老城镇均在兴建大量新的居住区，绿化工作应按环境科学的要求，参照先进的绿化样板，把居住环境切实加以改造，使之焕然一新。居住区是城市园林绿化系统中的“面”。它在点、线、面结合的总体规划中，居于重要地位。

所谓居住区，是城市中具有完整的生活服务及文化休息设施的居民聚居地区。其中建筑物及用地以居住建筑为主，还有为该区服务的公共建筑、公用设施、道路、广场与公共绿地等。所以居住区的绿化，具有两方面的内容：一是建筑物之间、院落、道路两旁的一般环境绿化；二是居住区内公共绿地的园林布置。两者在艺术要求与休息设施方面有程度上的差异。由于服务对象限于居住区的成员，同时在居住区之外还有更大规模的区级、市级的公共园林，所以，对居住区的公共绿地的规模、用地、投资等都不作很高的要求。其具体实施要点如下：

一般环境绿化　居住区内建筑物的组合，最基本的单元是住宅组，即由若干住宅形成的一个建筑群。若干住宅组形成一个居住小区。四周有城市干道包围。在这相对独立的居住小区内设有儿童教育机构和日常生活必需的服务设施等。几个居住小区形成一个居住区，这里有比较完整的公共福利设施。所以居住区中一般环境绿化的内容有：①城市干道及停车场绿化；②建筑群中住宅之间空地的绿化；③幼儿园、小学、商店的环境绿化；④医疗卫生、文化娱乐、体育运动、行政管理等单位的绿化；⑤按造林方式完成的居住区防护绿地等。对以上绿化工作的实施首先应做好适合于当地生长的树种规划，决定骨干树种、花灌木及地被植物（含草坪植物）。然后按当地的气候条件，着重满足庇荫、防风的需要。其次，要考虑四季的色彩变化、香气、株形等艺术效果。应优先保证完成环境效益，使该地区的居民过好优美、舒适、安静、清洁的日常生活。

重点布置的公共绿地　居住区内公共绿地包括居住区公园、小游园、花园、林荫道等，以供区内居民休息和游赏。主要的景观由植物所形成，如草坪、浓密的庭荫树、花灌木、防风庇荫的疏林、靠椅、供人休息的廊、榭等，加上喷泉、鱼池、溪流、瀑布等水景，以及偶然出现饶有趣味的雕塑小品等。道路自然曲折，在小面积之内富于变化。其布局与配植的艺术性必须高于四周景观，方可吸引游人在此游憩欣赏，流连忘返。

根据中国建设部建城字〔1993〕784号文件指出：居住区级公园绿地纳入城市公共绿地范围之内，并且规定新建居住区绿地面积占居住区总用地面积，不得低于30%。 （郑秉娟　余树勋）

菊花（florists chrysanthemum） *Dendranthema × grandiflorum*，别名寿客、金英、黄华。菊科菊属多年生草本植物。染色体数 $2n = 5x, 6x, 8x - 1 = 45, 54, 71$，其中小菊系品种 $2n = 5x, 6x = 45, 54$。菊花以其色、香、姿、韵取胜，深受人民喜爱。

起源、演化及栽培简史　中国古籍中有不少于关菊花的记载，《礼记·月令》中有“季秋之月，鞠有黄华（即菊）”，此为野菊的物候记录。汉代《本草经》中载有“菊花久服利血气、轻身、耐老延年”，此时菊花已入药。

晋代起一些文学之士将菊花作为观赏对象,陶渊明(公元365~427)文曰:"三径就荒,松菊犹存",指家里种的许多菊花。据宋代《菊谱》记载白色单瓣大型的'九华菊'始见于陶渊明园中。唐代(公元618~907)先后出现了深浅不同的紫色品种,到宋代已发展到盆栽,并出现菊花嫁接技术。中国第一部有关菊花的专著是刘蒙的《菊谱》,于1104年问世。明代重要的菊花专著有:黄省曾的《艺菊书》、王象晋的《群芳谱》(其中菊谱系汇集宋代各菊谱而成)。明末清初日本菊花输入中国。清代艺菊之风甚盛,陈淏子《花镜》记载菊花153种。1962年陈俊愉等通过野生种菊花之间的大量杂交试验,发现栽培菊为多种杂交起源的复合杂种,而以野菊(*D. indcum*)、毛华菊(*D. vestitum*)、紫花野菊(*D. zawadskii*)等为主要亲本,于1989年育成了菊花新类型地被菊,并形成了一个地被菊品种群。它仍属于 *D.* × *grandiflorum*。其抗寒、抗旱性、抗空气污染、抗盐碱、抗病虫能力、耐热、耐粗放管理均较一般小菊或秋菊为强。利用远缘杂交"野化育种",对扩大菊花在园林中的应用起很大作用。

形态特征 株高20~200cm,茎色嫩绿或褐色、具绒毛,多分枝,基部半木质化。单叶互生,卵圆至长圆形,边缘有缺刻及锯齿。头状花序生于枝端,总花托外围着生多数无梗的舌状花(放射花)俗称"花瓣",为单性雌花。中部有大量具有雌雄蕊的两性筒状花(中盘花),俗称"花心",花序外层有总苞数列,花序直径2~30cm或更大。舌状花分为平、匙、管、畸四类。筒状花由原来黄色半透明,发展成为具各种色彩的"托桂瓣"。花色有红、黄、白、紫、绿、粉红、复色、间色等色系。放射花在头状花序上的排列称为花抱,有圆抱、乱抱、追抱、自然抱、露心抱、反抱、飞舞抱等。瘦果细小,呈扁平楔形,表面有纵棱纹,色褐或灰白,形、色皆因品种而有差异,种子千粒重约1g。

类型及品种 小菊(花径小于6cm)可以简单分为单瓣、半重瓣、重瓣、托桂瓣;大菊根据花瓣结构、宽度、形态、花抱等组合而成的整体外形进行分类。中国过去也有多种分类方案,近年曾定为40多个花型。根据育种经验,应重视一些难以育成品种类型的育种,如大轮十八瓣(瓣宽展开时有4~5cm,瓣形船状);整齐排列的莲座型,如"绿荷"状;宽阔平瓣紧抱成球的圆球型;管瓣直伸,管径小于1mm,长度超过10cm,先端卷拢成珠的珠管型;优秀的毛刺型、龙爪型和托桂型品种等。关于品种分类仍需进一步研究,上海曾实行达20年之久的花型分类为十八瓣型、半重瓣型(宽平瓣2~3轮)、莲座型(整齐排列,不露心)、扁球型和球型(均不露心)等。

产地与分布 菊属有30余种,中国原产的有17种,主要有:野菊,全国均有分布。毛华菊,分布河南、湖北和安徽三省的西部。甘菊(*D. lavandulifolium*),多分布于东北、华北、西北、华东、西南各省。小红菊(*D. chanetii*),多分布于华北、东北及西北。紫花野菊(*D. zawadskii*),主要分布于东北、华北、西北、安徽的黄山、九华山,西伯利亚与欧洲也有。菊花脑(*D. nankingense*),产于南京等地。

习性 菊花适应性强,喜凉爽、较耐寒,生长适温18~21℃,最高32℃,最低10℃,地下根茎耐低温极限为-10℃。花期最低夜温17℃,开花中后期可降至13~15℃。喜充足阳光,也稍耐荫。较耐旱,最忌积涝,喜地势稍高、土层深厚、富含腐殖质、轻松肥沃、排水良好的壤土。在微酸至微碱性土中皆能生长,而以pH值6.2~6.7最好。忌连作,秋菊为短日性植物,在每天14.5小时的长日照下进行营养生长,每天12小时以上的黑暗与10℃的夜温适于花芽发育。但夏菊能在夏季长日照下进行花芽分化和开花,9~10月开花的早秋菊与寒菊,长日照下不能开花。

繁殖 菊花可种子繁殖和营养繁殖。种子发芽适温25℃,2~4月播种,可当年开花,此法仅用于育种。营养繁殖包括扦插、分株、嫁接、压条及组织培养等。压条法仅在繁殖芽变部分时应用。生产中以扦插法为主,此法又分根蘖插、嫩枝插、叶芽插及带蕾插等。根蘖插:自根颈抽生的分蘖常称"脚芽",在秋冬间切取离植株较远的茁壮根蘖,摘除下部叶片,按株距3~4cm,行距4~5cm,插于温室或大棚内,也可盆插、箱插,保持7~8℃,春暖后移于室外。嫩枝插:2~8月间剪取嫩梢长7~8cm,去下部叶片,插于苗床中,在18~21℃温度下,20~30天生根后即可上盆。插床介质要求清洁疏松并遮荫(全光照自动喷雾插床可不遮荫)。单芽插:从枝条上剪取带腋芽的1叶扦插,仅用于珍稀品种的繁殖。如果叶柄基部带一部分枝条更易于生根。带蕾插:用带蕾的侧枝或主枝扦插,用于珍稀品种繁殖,或培养案头菊。嫁接法:用黄蒿(*Artemisia annua*)或青蒿(*A. apiacea*)作砧木进行嫁接。秋末采蒿苗,冬季在温室培育或3月间采蒿苗在温床培育,视情况需要,及时劈接。常用于悬崖菊、塔菊及大立菊的培养。分株繁殖:在4月间掘起母株,根据分蘖芽的多少,带根分成数株分栽。组织培养:菊花用组织培养技术可快速繁殖,有用材少、效率高、脱毒和保持品种特性等优点。常用茎尖、嫩茎、花瓣或花蕾为外植体,接种于培养基上,诱导成苗。

栽培 常因用途、品种类型和造型等的不同,采用的栽培技术相应有差别。

花坛小菊栽培　菊花用于花坛,始于清末上海园林,但当时都利用大菊,费工费时而花期太短。采用小菊,开花又太晚。现在将地被菊用于花坛,单株花期长达30～40天,在中国中部地区如适当整枝可使花期更长。其他尚有抗逆性强,管理粗放,成活后不需施肥、灌水,,仍可株丛茂密,开花繁盛等优良性状。如栽培小菊或地被菊为深秋花坛,可以先选取早花而花期长的品种,在5～6月扦插成活后选排水良好土地作畦,以30cm×30cm株行距种植。经多次摘心养成丛株,于8～9月之间定头、现蕾后定植。

盆菊栽培　中国盆菊主要用于国庆节,多采用早菊品种或对秋菊品种进行遮光栽培。

国际上盆栽菊花主要供应母亲节,栽培盆菊的全过程都在温室内进行。温室每半个月全面消毒一次,扦插苗生根后经常用肥水灌溉。经摘心,翻大盆(可直接上25cm盆),新芽长出后可不摘心(或再摘心一次),使其达到所需要的分枝数。用矮壮素控制植株高度,并进行短日照处理,使其能在节期上市。

切花菊栽培　菊花在世界切花生产中占有重要地位,要求花型整齐,花径7～12cm,花色鲜艳,花朵半开,无病虫,叶浓绿,茎直,高80cm以上,水养期长。切花栽培与秋菊常规栽培相似。它可地栽,密度大,株距12～13cm,行距约15cm,每平方米达50株,需设网扶持植株直立。采收时离地面10cm剪下,去掉下部1/3的叶片,10～12支一束包装运销。

一些国家为了保证切花菊质量,在温室内生产,栽培方法和中国基本近似,但其生长特别壮健的关键在于提供无毒苗和科学施肥两点。在室内栽培,对肥料的种类比例、施用时间都严格根据计划执行,极大程度上满足了菊花的生长需要,并能充分表现品种的特性。

促成和抑制栽培　常采用遮光栽培和加光栽培技术。遮光栽培,于长日照季节,用35～50cm高的植株,于每天17时至次晨7时遮光;或日出前至9～10时遮光,每天日照10小时,至花蕾现色时停止遮光,可提前开花。加光栽培,每天加光至14.5小时,以控制花芽分化与延迟供花时间,其方法有:①连续加光法:在高植株上方一定距离装一排白炽灯,补光时数因不同纬度与不同月份而异,例如在北纬25°～30°地区,10月至次年3月每天补光4小时;4～5月每天补光3小时;8～9月每天补光2小时。②间歇加光法:适用于对光敏感性强的品种,用计时继电器控制电流,每天22时至凌晨2时,每隔30分钟补光5分钟,也可达到连续加光的效果。早花品种约在开花前60～70天停止加光。晚花品种约在开花前70～80天停止加光,切花品种有秋菊、夏菊、冬菊、春菊等不同类型,其光周期要求不同,分别适于不同季节的需要。

非常规栽培　①标本菊栽培。标本菊的展览和评比,常用同样品种培养成独本菊、三本菊或五本菊。

为控制植株高度、株型,最大限度地增大花径和提高品质,在50～60年代采用瓦筒、套盆等方法,全过程需时半年,但质量不稳定。近年来,有些地区采取上盆时加土1/3～1/2,将枝条盘于盆中,然后加土满盆,其盘弯枝条上又生根,具有双重根系。另一种方法于第一年冬扦健壮脚芽上盆,第二年促使发生新脚芽,选新生的最佳脚芽代替母株,新老根系共同供应新苗营养,约历时一年,称为三段根系栽培法。②悬崖菊栽培。选小菊品种扦插成活后栽植,用一端弯曲的竹片插于植株基部土中,另一端固定于横架上,使植株沿竹片生长,与地面呈45°角,2～3节绑扎一次,主枝任其生长,侧枝反复摘心。9月下旬,现蕾后进行几次剥蕾,移入大盆养护。悬崖菊以长取胜,但基部还必须丰满,置于石旁水畔及假山上,颇具野趣。如培养大悬崖菊,须于7～8月扦插,并于8月至次年3月每天加光至14小时以上,抑制当年现蕾。悬崖菊植株长大,需充分供应肥水,加强管理。③大立菊栽培。选用分枝性强,枝条柔软的大花品种,摘心培育1～2年,每株可开花数百乃至千朵。普通大立菊可用扦插根蘖法育苗,特型大立菊则用蒿苗嫁接。栽培要点为:9～11月间取脚芽扦插,生根后移于直径12cm的盆中在室内越冬。翌年1月移入大盆。当苗具7～8片叶时,留6～7片叶摘心。上部只留3～4个侧枝,以后的侧枝留4～5叶反复摘心。春暖后定植,仍反复摘心,至8月上旬为止。植株中间插一竹竿固定主干,四周再插4～5根竹竿引绑侧枝。至9月上旬移入大盆。立秋后加强肥水管理,经常除芽剥蕾。当花蕾直径达1～1.5cm时,用竹片制成平顶或半球形的竹圈架,套在植株上,与各支柱连结绑牢,然后用细铅丝将花蕾均匀系于竹圈上,继续养护,直至开花。④塔菊(十样锦)栽培。将一种或多种不同花型、花色的品种,分层嫁接在3～5米高的黄蒿或青蒿上,砧木主枝不截顶,全株呈塔形,各色花朵同时开放。在选用接穗品种时,要注意花型、花色及大小等的协调,而且花期相近,以使全株和谐统一。其栽培方法,可参照大立菊。⑤案头菊栽培。有株矮、花大、占地少、生长期短、观赏时间长等优点。栽培须掌握以下要点:首先选花大、株矮、叶肥大的品种,延迟至8～9月间扦插,成活后栽于直径10cm的盆中,施用完全肥料,逐渐加大肥料浓度;并控制水量至花透色,用矮壮素B9(N-2甲胺基丁二酰胺酸)2%水溶液在扦插成活后喷顶,上盆后喷全株;以后每10天喷1次,共喷4～5次,至现色为止。以上措施配合得当即可培养成矮而美的案头菊。⑥盆景菊栽培。以小菊、岩石、枯木桩等材料,用盆景造型的艺术手段,制成附桩、附石或山水式等作品。除选用小菊逐步整形外,也有将青蒿整形,然后嫁接小菊,成为菊花桩景。选适当小菊品种,于10～11月初取脚芽扦插,苗成活后1月份上盆,

3月换盆,5月间第三次换盆时,选根系发达的壮株,每株留4~6条粗大的根固定到选好的山石或枯桩上,修剪后用金属丝绑扎。当苗生5~7个芽时,按需要位置留3芽,当枝条长20cm时,依木桩或山石整形。9月初最后摘心,10月下旬现蕾后盆土面铺青苔,解去金属丝,形成自然景观。如管理得法,可观赏4~8年。

育种 针对园林绿化、上市盆花和切花的需要,明确育种目标,首先是改良现有菊花品种的品质,其次是培育新的花色品种。育种常用以下方法:①杂交育种。首先选出具备育种目标的亲本,双亲的花期须相近,并进行合理的组合。菊花为自花不孕植物,开花时先行套袋,可不去雄。当花序有30%~40%的小花开放时,剪短花瓣,以利授粉。柱头展开呈"Y"形时,在上午9~12时进行人工授粉,每隔1~2天重复授粉1次,以提高杂交成功率。种子成熟时,连茎剪下置通风处,使种子充分后熟。②远缘杂交野化育种,不拘泥于优良品种间的杂交,大胆选用野生菊来创造新品种,它具有抗逆性强,栽培简易的优点,为菊花在城市绿化中的应用开辟了广阔的前景。其他,如芽变选种、辐射育种也有实践意义。

病虫防治 常见的病害有:褐斑病、黑斑病、白粉病、褐锈病、黑锈病、根腐病等。以上几种病的病原菌均属真菌,皆因土壤湿度大、排水及通风透光不良所致。应注意通风和防止土壤过湿,及时清除和烧毁病株、病叶,盆土宜用福尔马林液消毒;生长期用波尔多液,68%可湿性代森锌500倍溶液,或50%可湿性硫菌磷粉剂与75%百菌清可湿性粉剂500~800倍液喷施。病毒病为害的植株,须拔除烧毁,并彻底消灭蚜虫、绿盲椿象等媒介。虫害有:蚜虫、红蜘蛛、尺蠖、菊虎(菊天牛)、蛴螬、潜叶蛾幼虫、蚱蜢及蜗牛、小地老虎、菊花钻心虫、绿盲椿象等。可通过加强栽培管理、人工捕捉及喷药进行防治。

园林应用 菊花已成为园林应用中的重要花卉之一,广泛用作园林绿化、花坛、地被用材料,用作盆花、切花等。菊花还可入药。

(李鸿渐)

菊谱(treatises on garden chrysanthemums)

有关家菊品种、育种、栽培等的众多专著。菊系杂种,原产中国,陶渊明(365~427)时代始在世界首次出现。至唐代,栽培渐多。宋时栽培日盛,品种大增,并出现一批专谱。明、清菊谱益增,内容涉及栽培、繁殖、育种、品种诸方面。菊谱在中国现存花卉专谱中为数最多,约有30余部,最早者是宋代刘蒙《菊谱》(1104年)。它以在洛阳品菊为契机,记载品种30余个,并论述花卉育种原理(实生选种中培育与变异等),颇多独到见解。明代菊谱多重栽培技术,如黄省曾《艺菊书》以栽培技艺为中心,学术价值较高。另有周履靖、高濂、张应文、陈继儒等所著。至清代后菊谱风起云涌,如陆廷灿、秋明主人、邹一桂、叶天培、徐京、计楠、吴升、萧清泰、程岱葊、何鼎等。兹将中国菊谱中20部主要者简介如下表:

书名	作者	成书时期	所记品种数	备注
菊谱(刘氏菊谱)	刘蒙	1104年	35	论花卉变异与育种原理甚有见地
菊谱(史氏菊谱)	史正志	1175	28	在苏州艺菊
范村菊谱(石湖菊谱)	范成大	1186	35	在苏州石湖范村艺菊
百菊集谱	史铸	1242	160多	汇集各家专谱及本人新谱等而成
艺菊书(艺菊谱)	黄省曾	明代		有贮土、留种等六目,栽培经验为主
菊谱	周履靖	明代		分培根、分苗等十五目,内容详备
乐休园菊谱	佚名	明代	50	书成于万历年间,所记菊品30个
遵生八笺·菊谱	高濂	1591		在此前高已著《三径怡闲录》
种菊法	陈继儒	明末		分十目,栽培为主,简明扼要
艺菊志	陆廷灿	1718		分考、谱、法、文、诗、辞六部。
菊谱	秋明主人	1746		自江南引种成百菊品至北方成功
洋菊谱	邹一桂	1756	36	记载并描画洋菊名品
菊谱	叶天培	1776	145	全系新品,对栽培技艺多创获
艺菊简易	徐京	1799	108	有"艺菊十三则"及"菊名诗一百八首"
菊说	计楠	1803	236	有十四目,系多年艺菊心得
九华新谱	吴升	1817	111	记四川艺菊及育种经验甚详
艺菊新编	萧清泰	1823		综合名家艺菊精义
西吴菊略	程岱葊	约1845		多年艺菊秘法
菊志(蔬香小圃菊志)	何鼎	1875	157	在开封进行菊花育种,重培育
东篱纂要	邵承熙	1889		全书分十门,总结本人及前人心得

(陈俊愉 虞佩珍)

菊苣（chicory） *Cichorium intybus*，别名欧洲菊苣，苞菜。菊科菊苣属多年生草本植物。根肉质、短粗。茎直立，有棱，中空，多分枝。根出叶互生，长倒披针形，先端锐尖，叶缘具齿，头状花序，序径3.5cm，花冠舌状，花色青蓝，雌蕊蓝色，花期长，梅雨时仍有开放。瘦果具棱，顶端戟状。种子小，褐色、光亮。原产地中海、亚洲中部和北非。春季或初夏露地播种，株行距11cm×40cm。可作野趣园林材料或疏林杂植，嫩叶和根可食。

（金 波）

榉树（Schneider zelkova） *Zelkova schneideriana*，别名大叶榉。榆科榉树属落叶乔木。染色体数2n=28。高达25m，树冠倒卵状伞形。树皮棕褐色，光滑，老时薄片状脱落。一年生枝密被柔毛。叶椭圆状卵形或卵状披针形，粗而整齐，边缘具锯齿，叶背密被淡灰色柔毛。花单性，雌雄同株，雄花簇生新枝下部，雌花单生或2～3朵簇生新枝上部，3～4月开花。坚果小，10～11月成熟。分布于中国秦岭、淮河流域至广东、贵州、云南、广西等地。中性树种，喜光又稍耐阴。喜温暖气候，不择土壤，初时生长慢，6～7年后渐快。深根性，侧根广展，抗风力强。用种子繁殖，当年苗高可达60～80cm。主要害虫有大蓑蛾、刺蛾，可用灯光诱杀，或用辛硫磷1000倍液防治。榉树冠似华盖，绿荫深浓，大树干外皮剥落后如覆鱼鳞，灰绿相间，较为别致。孤植草坪或三五株点缀于亭台池边，颇富风趣，若与常绿树群植，作为上层树种，也很适宜。

同属植物中常见栽培的还有：大果榉（*Z. sinica*），小枝无毛，叶卵形或卵状矩圆形，果较大，斜三角状。分布于中国山西、河南、陕西、甘肃、四川、贵州、江苏、浙江、湖北等地。光叶榉（*Z. serrata*），叶基近心形或圆形，边缘具锐尖锯齿，果具突起网肋。分布于中国甘肃、陕西、湖北、湖南、四川、云南、贵州、安徽和台湾等地。

（贺贤育）

巨杉（giant sequoia） *Sequoiadendron giganteum*，别名世界爷、北美巨杉。杉科巨杉属常绿针叶大乔木。染色体数2n=2x，4x=22，44。高可达100m，胸径10m，树皮褐色，厚达25cm，树冠阔圆锥形。叶鳞状锥形，螺旋状着生，先端锐尖。雌雄同株，球果椭圆形、下垂，长5～8cm，翌年成熟；种子长椭圆形，淡褐色，两侧有宽翅。分布在美国加利福尼亚州内华达山脉的西坡，海拔1500～2500m之间。能耐-20℃低温，空气湿度略低的地区也能正常生长，喜酸性、肥沃、疏松土壤，也能适应石灰性土壤，在排水不良的低湿地生长不良。用种子或扦插繁殖。引种平原地区，如管理

不善易罹病害。巨杉在原产地粗大矫健，浓荫蔽日，是优秀的观赏树种。

（贺贤育）

聚合草（common comfrey） *Symphytum officinale*，别名爱国草、肥羊草、康富力。紫草科聚合草属多年生草本植物。染色体数2n=4x=36。株高40～90cm，全株具白色短硬毛。根部纺锤形。叶片长7.5～15cm，长圆状卵形或长圆状披针形，基部在茎上明显下延成翅状，无柄。蝎尾状聚伞花序向一侧倾垂，花白色、黄白色、黄色、淡红色、淡紫色、紫色及玫瑰红色。花冠筒状，长约1.2cm，喉部具5枚线形鳞片。花期6～7月。小坚果平滑而有光泽，表面有2条纵脊。有叶具白斑、金黄斑和白边的变种，还有紫红和鲜红叶等色变种。原产欧洲、亚洲。喜温暖、忌炎热，耐寒性强，在辽宁、吉林省可露地越冬。喜阳光充足，稍耐荫蔽。要求富含有机质，排水良好，疏松肥沃的湿润土壤。不耐瘠土，繁殖可于春季将主根切成小段，埋在3～5cm土层下，即可发芽长成新株，也可用播种法繁殖。栽培容易。花谢后剪除地上部，可促使再生新芽而重新开花。聚合草盛开时繁花似锦，美丽异常。可作庭园栽植，地被植物和盆栽。也是重要饲料。

（杨孝汉）

聚钟花（wood hyacinth；Spanish bluebell） *Endymion hispanicus*，百合科聚钟花属多年生草本植物。染色体数2n=16。株高约50cm，具被膜鳞茎，每年更新，鳞片管状。叶基生，5～9枚舌状，总状花序生于花葶顶端，有花10～30朵。花钟状，蓝至玫瑰紫色，花径约2cm。花期春季。有白花、粉色大花、天蓝、

蓝和玫瑰红色品种。原产葡萄牙、西班牙及附近北非地区。耐寒性不强,长江下游南岸可露地越冬。能适应一般园林土壤。早秋地栽,数年不需移植。分株繁殖。用于花境及草地丛植。寒地可盆栽观赏。本属常见栽培的还有蓝铃花(*E. nonscriptus*),株高 45cm,叶线形。花葶有花 4~16 朵,侧向一面。花径 1.2cm,堇蓝色,有白花、天蓝、玫红等品种。

(王大钧)

卷耳 (starry grasswort; field-chic weed) *Cerastium arvense*,别名野卷耳。石竹科卷耳属多年生草本植物。染色体数 2n=72。株高 10~35cm,全株被绒毛。茎基部匍匐,上部直立或斜生。叶簇生,狭披针形或矩圆状披针形,全缘,基部抱茎。聚伞花序顶生,有小白花 3~7 朵,花瓣 5,倒卵形,顶端裂开约 1/3。花期 4~5 月。蒴果长圆筒形,种子肾形。变种(var. *latifolium*),叶阔卵形或长椭圆形,花瓣阔卵形。原产欧、亚温带,中国分布于东北和华北,生于海拔 2000m 以上的高山草原。喜阳光充足,对土壤酸碱性适应范围较广,但要求排水良好。用播种或分株法繁殖。为良好的地被植物,也宜作岩石园、花境镶边材料。

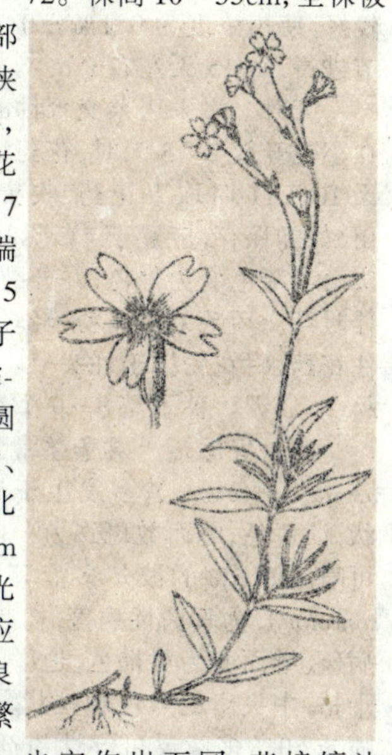

同属植物 60 种,常见栽培的还有绒毛卷耳(*C. tomentosum*),匍匐性多年生草本植物。株高 30cm,全株密被灰白色绒毛。叶狭披针形至披针形。花白色,花瓣倒卵状楔形,顶端浅裂,花径 1.3~2cm,花期 5~6 月。原产欧洲,耐寒。

(张 燕)

爵床花 (bear's breech) *Acanthus mollis*,别名虾夷花。爵床科老鼠簕属多年生草本植物。染色体数 2n=56。株高 90~120cm。叶心形,边缘深波状。穗状花序长约 45cm,花白或玫瑰紫色,花冠广筒状。花期夏季。原产意大利。耐寒性弱,冬季须覆盖防寒。喜排水良好、深厚肥沃的土壤。喜向阳,但耐半阴。播种繁殖,也可于早春或秋季分株繁殖,单株观赏或丛植、群植于大型花境、多石砾斜坡地,更宜室内盆栽观赏。

(王大钧)

君子兰 (scarlet kafirlily) *Clivia miniata*,别名大花君子兰、达木兰、剑叶石蒜、大叶石蒜。石蒜科君子兰属多年生草本植物。染色体数 2n=22。

起源、演化和栽培史 君子兰的园艺栽培,到目前仅有 160 多年的历史。1823 年英国人鲍威(Bovie)在南非的克布柯落尼发现了垂笑君子兰(*C. nobilis*),即带回英国栽培。1840 年传入中国。大花君子兰,于 1828 年前后在南非的德拉肯斯堡山脉中发现。于 19 世纪 20 年代传至欧洲,在英国、德国、丹麦、比利时等国栽培。19 世纪中期传入中国,1945 年以后才传到民间。中国近 30 年来,选种培育出一大批优良品种。

形态特征 君子兰为肉质根系,无分枝,圆柱形。假鳞茎短而粗,一般高度仅有 4~10cm,整个茎干被叶鞘包裹,每个节处均有腋芽。叶片扁平光亮,带状,常年翠绿,可分为直立型、斜立型和垂弓型。根据叶片长度可分为短叶型(30cm 以下)、中叶型(30~50cm)、长叶型(50cm 以上)。伞状花序生于花葶顶部,具小花 10~30 朵,漏斗形。花葶一般高 20~50cm。花橘红色,花期 1~5 月,单花序花期 30~40 天。浆果,圆形,成熟后红色。

习性 君子兰原产南非一带的山地森林中,长年温度 15~22℃,形成了怕冷畏热的习性,夏季气温在 30~35℃ 的地区,必须采取降温措施;冬寒地区冬季须保温。冬季保持 10~15℃ 为宜。君子兰喜阴凉和通风良好,春、秋、冬三季要求阳光充足。夏季则需遮荫。君子兰喜湿润畏干燥,喜营养丰富、富含腐殖质、通透性良好的土壤。

繁殖 用播种和营养繁殖。

播种繁殖 常用的播种基质有发酵腐熟的杂木锯末,或河砂与炉渣各半混匀,也可用河砂与过筛的腐熟马粪按 2:1 的比例混合备用。各种基质在使用前均需消毒,并用水浸透。宜 pH 值为 5.5~5.6。一般气温在 20~25℃ 播种,但以种子收获后即播为好。播前需将种子放入 40℃ 左右的温水中浸泡 24~36 小时,稍晾即进行播种,浸种后的种子,在 20~25℃ 的条件下,15~20 天胚根可伸出。播后覆河砂(厚度为种子直径的 2~3 倍),覆盖玻璃保持湿度,并在玻璃上加遮荫物。每天中午打开玻璃通气,并除去凝聚水。君子兰种子从播种到长出 1 片真叶约需 2 个月的时间。此时应将播种容器置于光线稍强的地方,同时应将覆盖的玻璃垫起,并逐渐撤除。

长出一片真叶进行首次分栽。培养土宜用腐叶土加入20%河砂与适量马粪混匀。栽植深度以埋住根基露出种子为宜。注意将大小苗分开栽植，并使叶片朝向一致。当幼苗长出2片真叶，即可定植，每盆1株。

营养繁殖　君子兰的营养繁殖有分株和分割鳞茎等方法。分株法：当假鳞茎上腋芽的叶片长至10～15cm时即可分株。分株有两种形式，如腋芽外露，可将盆土扒开，使腋芽着生部位露出掰下即可；如腋芽着生的部位较低，而且腋芽贴近母体，则需将全株磕出，将腋芽切下上盆。分割鳞茎法：年龄较老的君子兰，假鳞茎过长或生长点受到破坏，假鳞茎尚完好的情况下，可将假鳞茎切断，上部茎段插入基质中。老桩和扦插部分的腋芽均可萌发，待其大小适中时切下腋芽进行繁殖。

栽培管理　成株君子兰生长1～2年后需要换盆一次，换盆一般在3～4月或8月份进行。莳养君子兰的花盆宜用通透性良好的陶瓦盆或木盆。磕出植株，去除部分宿土和腐烂的根系，放入新盆，添加新土。换盆后浇透水，置荫蔽处养护7天，然后恢复正常管理。

营养土的配制　可根据君子兰的不同生长期，配制合适的营养土。一年生苗培养土用马粪、腐殖土、河砂按5:4:1的比例混匀；三年生苗培养土为腐叶土、泥炭、河砂按4:5:1的比例混合。成龄君子兰培养土可酌情增加马粪的比例。培养土配好后应进行消毒。

整形　君子兰叶片有趋光性，在室内莳养，由于受侧光影响，叶片往往发生不规则现象。为使株形整齐美观，层次清晰，需进行人工整形。①机械整形。将两条竹篾弯成半圆形，顺君子兰扇形叶片的两边插入盆土中，形成半圆形夹圈，夹住叶片，逐步使叶片的方向和位置趋于需要的状态。②日光整形。在君子兰养护过程中，要根据实际情况转动花盆的位置，使叶片受光的刺激向所需的方向移动，起到调整作用。

灌水　君子兰喜土壤湿润，一般土壤含水量在25%～30%，空气相对湿度为75%～85%为宜。浇水应掌握"间干间湿，浇则必透"的原则。3～6月份生长旺盛和开花时期，需水量较大，浇水时间以上午8～10时为宜；6～9月份气温较高，君子兰生长缓慢，除注意浇水外，还应向周围地面洒水，以保持空气湿度。9～11月份为君子兰一年中的第二个生长高峰，浇水宜在9～10时进行；11月～翌年3月份，应适当减少浇水，浇水应在中午进行，且水温需22～25℃。

施肥　要根据君子兰的发育阶段和肥料性质进行，作到"薄肥勤施"。盆栽君子兰的基肥可用豆饼、麻渣和动物蹄角。每年可施两次，第一次于3月份结合翻盆换土进行；第二次在8月份进行，可将盆土扒开施入。用量一般为一年生小苗5g左右；二年生苗10g左右；成年君子兰15～20g左右。也可将饼肥、麻渣和动物蹄角泡水追施，一般3～5月份和8～10月份每月追肥一次；6～8月份和10月份以后停止追肥。化肥一般作追肥使用。用磷酸二氢钾或尿素作根外追肥效果较好，使用浓度为0.1%～0.5%。根外追肥于生长季节进行，每15天左右一次。

育种　多采用杂交育种的方法，君子兰花期较长，在小花开放2～3天时，花药纵裂，花粉成熟散出，在每天10～11时取下花药，收集花粉。花粉最好随采随用，如需保存，应置于4℃阴暗处。开花2～3天后，柱头由浅绿色变为橙色，并分裂和分泌粘液，是授粉的最佳时期。用毛笔蘸花粉，轻轻涂于柱头上，或用镊子夹住花药，将花粉抹于柱头上。为保证结实率，可连续授粉2～3天。种子需8～9个月成熟。

病虫害防治　君子兰常见的病害有：软腐病（*Erwinia carotovora*），多发生于老叶基部，初始病斑水渍状，淡黄色；继而数斑连为一体，变褐、腐烂。发病初期可喷施0.5%的波尔多液等防治。叶斑病（*Fusarivm concolor*），为真菌性病害，初起叶基或边缘出现淡绿色病斑，继而变为黄褐色，边缘隆起，中央下陷，后期病斑干枯，中央出现黑色颗粒状分生孢子器。发病初期可喷施50%多菌灵可湿性粉剂1000倍液，或50%硫菌磷可湿性粉剂1500倍液。虫害有褐软蚧壳虫等。

园林应用　君子兰常年翠绿，耐荫性强，适合室内莳养，是装饰厅、堂、馆、所较为理想的花卉。

同属常见栽培的植物还有垂笑君子兰（*C. nobilis*），原是南非森林中的多年生草本植物，挺拔直立，叶稍弯曲，主脉略凸起，叶面革质、深绿色。花葶直立，高70～80cm，圆柱形。花冠橘红色，半开，由于小花柄细软，故花下垂。

（金　波）

K

卡马百合(quamash;camosh)　*Camassia quamash*,百合科卡马百合属多年生草本植物。染色体数 2n=30。具被膜球茎。叶基生,条形。总状花序,小花近40朵。花形稍不规则,裂片6、分离。花色白、淡蓝至深蓝色。原产加拿大西南部及美国西北部平原。耐寒。喜肥沃而冬春湿润土壤。宜早秋定植,忌移植。播种繁殖。大球须经创伤后,从愈伤组织上生出子球。播种苗经四年才能开花。用于花境布置。

(王大钧)

开花授粉生物学(biology of anthesis and pollination)　研究植物单朵花开放和花粉传送到柱头后,受精结实的生物学特性与规律的学科。花朵形成后,雄蕊的花粉粒及雌蕊的胚囊已经成熟(或二者之一已成熟),花萼、花冠开放,雌蕊、雄蕊显现的现象,称为开花。成熟的花粉粒传送到雌蕊柱头上的过程,叫授粉或传粉。雌雄配子结合为受精卵,称受精。然后由受精卵发育为果实,叫结实。

开花　是授粉的准备阶段。各种植物的开花年龄、季节、花期、单花开放时间与持续时间各有自己的习性。在观赏植物通过春化、光照阶段,花芽分化已经完成,自发休眠期已度过,花的发育已成熟,要开放还需有一定的条件。除要有正常充足的水、肥供应外,对开花最敏感的条件是温度。低温(1~5℃)减弱植物的新陈代谢,可延缓开花;一般在高温(20~25℃)下可促进提前开花,即使在冬季低温强迫休眠的花芽也可提前打破休眠、提早开花,如牡丹、杜鹃花、金盏花、垂丝海棠等;梅只要10~15℃,即可开花。但也有例外,如桂花等是在高温下延迟开花,而在冷凉条件下开放。

掌握开花规律与条件,对栽培观赏植物有重要的价值。如可按时提供开花植物;在园林设计中可按季节设计不同景色;还可人工催延花期(见**花期控制**),实行人工授粉,进行有性杂交,培育新品种等。

授粉　有自花授粉、异花授粉和常异交授粉等三种主要类型。

自花授粉　即花粉粒落到同一花朵的柱头上,或同一品种内不同花朵相互传粉,都属于自花授粉,自花授粉是植物的一种特殊适应性。长期自花授粉对植物种有害。自花授粉代数过长,植株的生活力下降、适应性削弱,故自花授粉植物也应定期予以异花授粉加以复壮。自花授粉的观赏植物较少,如牵牛花、凤仙花、香豌豆、羽扇豆、扫帚草等。闭花授粉是典型的自花授粉,实质上根本没有授粉过程。在开花前,他花花粉粒不能进入时,花粉粒在花药内部萌发,花粉器官穿过花粉囊壁向胚囊或柱头生长,如石蒜种中的史登堡水仙(Sternbergia Colchiciflora)在地下鳞茎内受精,故其实质为闭花受精。此外,如两型黄豌豆、两型黄蚕豆、两型山黧豆等,也具闭花受精特性。

异花授粉　一朵花的花粉粒传到另一朵花的柱头上。异花授粉是植物界的普遍现象,是进步的有性繁殖方式。其后代生活力强、适应性强、变异性大,有利于种的繁衍。异花授粉植物有许多适应结构与特性,以保证异花授粉,如形成单性花、单性株(雌雄异株);同花的雌雄蕊不等长;雌雄蕊不同时成熟;自花不孕等。绝大多数种为异株、异花授粉;有的种同株异花授粉时,结实率低或不结实。异花授粉借风力或昆虫来传粉;沉水植物靠水流传粉。借风传粉的花叫风媒花,这类花都小,无美丽的花被、蜜腺与香气,产生大量小而轻、干燥光滑的花粉;雌蕊柱头羽状、刷状,如观赏树中的桦、胡桃、杨、柳、松等。虫媒花靠蜂类、蝇类、蝶蛾类、甲虫、蓟马、蚁类等传粉,有美丽的花冠,有的萼片也有色彩,有蜜腺或分泌香气,花冠大,而小花则丛生成大花序,如三叶草、向日葵、百合、郁金香、菊、玫瑰、梅、桃等观花的花卉都是虫媒花。虫媒花大多花粉粒大,有粘性,表面有突起花纹,便于昆虫携带。

常异交授粉　部分花实行异花授粉、部分花自花授粉。如落花生地上部的花开花授粉,地下枝的花则闭花受精。翠菊单瓣花品种有一定比例的异花授粉;而重瓣花品种则以自花授粉为主。

(凌　靖　王月新)

糠椴(manchurian linden)　*Tilia mandschurica*,别名辽椴、大叶椴。椴树科椴树属落叶乔木。染色体数 2n=4x=164。高达20m,树冠广卵形至扁球形。树皮暗灰色,老时浅纵裂。幼枝黄绿色,密被灰白色星状毛。叶互生,近圆形或宽卵形,长8~15cm。聚伞花序下垂,长6~9cm,有花6~12朵,花黄色,径约1.5cm,有香气,花瓣5,退化雄蕊花瓣状,花期5~6月。核果球形,果期8月。变种有瘤果辽椴(var. *tuberculata*),果实具瘤状突起;卵果辽椴(var. *ovalis*),果实卵形;棱果辽椴(var. *megaphylla*),果实倒卵形或倒卵状矩圆形,具5棱。

产中国东北、华北、山东及江苏,朝鲜和俄罗斯也有分布。多生长于海拔800~1400m的山坡及沟谷疏林内或灌丛中。喜光,也能耐阴。喜凉爽、湿润气候和深厚、肥沃而排水良好的土壤。耐寒力强,但对早春霜冻及低温干燥反应敏感。夏季干旱时易落叶。深根性,萌蘖力强,约10年生始花,寿命可达200年以上。主要用种子繁殖。种子果皮坚硬,种皮透性差,胚处于休眠状态,需经变温处理或低温层积,以促进发芽。幼苗出土后需适当遮阴。也可用压条及分株法繁殖。糠椴幼苗期生长缓慢,当年苗高约20cm。主要病虫害有叶枯病(*Cercospora microsora*)、椴毛垫瘿螨(*Eriophyes tiliaeliosoma*)、柯氏小蠹(*Scolytus kaltzei*)、杂食非偶小蠹(*Xyleborus saxeseni*)、椴天蛾(*Marumba jankowskii*)、椴叶虫甲(*Colligrapha scalaris*)及椴裳夜蛾(*Catota lara*)等。本种枝叶茂密,树姿优美,夏日黄花满树,香气馥郁,为优良的庭荫树和行道树树种。

同属植物用于栽培观赏的还有:椴树(*T. tuan*)、南京椴(*T. miqueliana*)、毛糯米椴(*T. henryana*)、粉椴(*T. oliveri*)、紫椴(*T. amurensis*)、蒙椴(*T. mongolica*)、心叶椴(*T. cordata*)、欧洲大叶椴(*T. platyphyllos*)及绒毛椴(*T. tomentosa*)等。

(樊映汉)

抗性生理(physiology of stress resistance of ornamental plants) 观赏植物忍耐各种有害环境因子,使生命活动受到最小损害并能形成较大经济价值的生理机能。实质是耐性生理,涉及观赏植物对低温、高温,水分过多、过少,土壤易溶性盐过多等因素的生理忍耐能力及其机理。

耐寒性 有些观赏植物在低温下能维持生命,温度回升后能恢复生长、发育并保持一定的经济价值。在园艺事业及园林建设中,观赏植物在北方露地越冬,珍贵观赏植物,如山茶、梅花、蜡梅、玉兰等向北扩种及南方产观赏植物受寒潮袭击等,耐寒性都是常遇到的问题。①耐冷性。热带、亚热带观赏植物及旺盛生长的温带观赏植物受0℃以上低温急剧的或反复侵袭下造成伤害的生理忍受力。低温首先损害细胞的生物膜,使膜变质、产生裂隙,膜的结合酶受到抑制;细胞内可溶性物质与水分外渗,使植物体严重缺水,气孔关闭;酶活动失去平衡,代谢紊乱,光合作用下降、停止,呼吸增强,分解大于合成。时间延长后,可致植株死亡。植物体的耐冷性取决于在低温下膜结构和功能的稳定性。温带观赏植物的种子萌发期、幼苗期对冷敏感,开花期是最敏感时期。②耐冻性。观赏植物在0℃以下低温,细胞膜丧失选择渗透性和主动运输功能,膜蛋白质凝固,膜龟裂;细胞间隙自由结冰,冰晶吸水使细胞质严重脱水。温度再降,细胞内外都结冰,冰晶压挤使细胞器破坏,植株死亡。冻害的主要原因是细胞脱水、结冰,受伤部位是膜。植物的耐冻性决定于在结冰时细胞膜和原生质的稳定性。休眠期对冻害不敏感,生长期对冻害敏感,尤其对快速冷冻更为敏感。如樱桃缓慢降温至-20℃,只有3%的芽冻死;急剧降温到-20℃,则有96%的芽冻死。最怕解冻后的早春寒潮,尤其是冷暖交替反复多次的寒潮及未进入休眠的秋季早霜与寒潮。预防办法:选栽耐冻性强的种和品种;秋季进行耐寒锻炼,先给观赏植物以良好水肥营养条件,在阳光、短日照及较低温度下合成、积累保护物质;提高细胞内溶物质的浓度;晚秋控制用水和施用磷、钾肥,使植株脱去自由水,提高细胞液浓度,进入休眠。其他冻害还有雪害等。木本观赏植物受厚雪压枝,会造成断枝;雪融再冻,在枝上形成冰壳,从而加强了冻害。在中国东北、西北地区露地越冬的草本观赏植物,在土壤冻结、表土上涨时会拉断根系,造成"冻拔";如不及时镇压土壤,春季会死于干旱。冬、春季北方风干且大,地未解浆冻时,一些观赏树枝条失水得不到补充,因生理干旱而干枯,如合欢、女贞、悬铃木等,只能栽植在背风处或设立风障。

耐旱性 干旱使原生质水合力降低、透性增大,由溶胶态转为凝胶态,蛋白质变性,破坏了原生质的结构与功能;膜脱水后由液晶态转变为凝胶态,收缩出现龟裂,细胞内容物及水分外渗造成严重失水;酶水解方向占优势,糖和蛋白质水解加强,产生的游离氨毒害细胞;叶绿体受害,失去同化能力,光合作用受抑制,呼吸极强,造成生长、发育障碍。除仙人掌及多浆植物(景天、芦荟等)、岩生和沙生植物(锦鸡儿、花棒等)外,一般中生观赏植物都缺少耐旱力。但只要土壤水分充足,仍可忍耐大气干旱。幼小植物因根系不发达,故不耐旱。干旱影响植株生长势,分枝减少,体型小,叶小,严重干旱时可致枯死。抗旱措施有:改善土壤结构,提高土壤持水量;灌溉;浸种锻炼(如用适宜的氯化钙溶液浸种);播种在干旱条件下或于苗期使土壤缓慢干旱;选用耐旱品种;播种或栽植时可向土内施吸水树脂;出现干旱时,可对植株使用抑蒸剂,或喷脱落酸、矮壮素等。

耐热性 热害与旱害常同时发生,高温40℃以上即影响生长,使植株衰弱,甚至死亡。因高温破坏了细胞新陈代谢,光合作用减弱甚至停止,呼吸很强,分解加强、合成停止,蛋白质分解产生氨毒害细胞,造成死亡。花卉中小苍兰、水仙、吊钟海棠、仙客来、马蹄莲等都不耐热。植物在休眠状态时耐热性较强。提高原生质粘滞性,可提高耐热性。解决办法:充分供水,保证植株蒸腾;以 $CaCl_2$ 浸种,可提高原生质粘滞性;向植物施硼;等等。

耐涝性 土壤含水量过大,土壤间隙中的空气被水取代,使根处于厌氧环境中。水量过大时,土壤代谢与植物根系代谢使土壤积累大量毒性化合物,如硫化物、可溶性铁和锰、乙醇、乙醛、甲烷等。土壤缺氧,二氧化碳(CO_2)及乙烯过量,厌氧呼吸及土温低,影响根系活动,甚至窒息而死。根部受害后,又引起地上部缺水萎蔫，光合作用受到抑制，时间久了便体弱、死亡。观赏植物除水生花卉外，不同种间耐涝性差异很大。成年柞树与幼苗耐涝性都强，而松、桃、梅、菊花等则耐涝性都很差。对水涝有适应性的观赏树有杨属、柳属、杨梅属等。在水淹时，体内产生大量乙烯，刺激纤维素酶活性提高，导致一些纤维细胞瓦解，在茎、根中形成通气组织，使氧气从地上部向根扩散。乙烯阻断生长素向根部运输，积累后促使茎在接近水面处长出不定根。

耐盐性　通常是在含易溶性盐类如含氯化钠(NaCl)、芒硝(Na_2SO_4)、苏打(Na_2SO_3)等过多的盐碱土中，植物因土壤盐分浓度大，吸水困难，使之处于生理干旱状态，细胞大量失水；盐离子大量进入细胞，严重干扰细胞代谢控制中心的DNA-RNA-蛋白质的活动，使蛋白质分解大于合成，产生对原生质有毒的尸胺和抑制蛋白质合成，又能放出毒害原生质的氨(NH_3)，使细胞受到毒害；盐浓度增高伤害膜的结构与功能，使代谢紊乱，叶片死亡；叶绿体破坏，气孔关闭，CO_2 传导受阻，光合作用下降，植物生长缓慢，甚至死亡。除盐生植物外，植物的耐盐差异很大。在观赏树木中，柽柳耐盐性强，它们吸收盐后，能通过腺体把盐分泌出体外。其余耐盐树种，有苦楝、臭椿、乌桕、白榆等；其次，为刺槐、紫穗槐、皂角、泡桐、侧柏、柞树等。观赏植物在盐碱地种植的方法有：合理灌溉、增施有机肥改良土壤性质；深翻压碱；先种积盐植物如盐角草、碱蓬等，大量的盐吸走后，再按顺序种植苏丹草、苜蓿、燕麦、糜子等，然后再种观赏植物；淡水洗碱；观赏植物在播种前做耐盐锻炼（浸种后在3%盐溶液中浸1～3小时，用淡水冲洗1小时）；以及用钙盐浸种等。

现代生产及生物科学技术都发展很快，抗性生理的许多问题急待解决，目前已着手去做，如选择耐性强的品种及其推广工作等。引种驯化对提高观赏植物对不良环境因子的忍耐性是有效的，如多种桉树已能在江南定植，茶、杉已种于淮河以北，雪松、珙桐北移也取得成果。用有性杂交、远缘杂交选育耐性强的观赏植物新品种的工作，在提高梅花、鹅掌楸耐寒性育种上以及用远缘杂交于培育抗盐碱新品等，均已取得初步成果，尚需扩大开展工作。用遗传工程培育抗性强的观赏植物新品种，也亟待开展。

（凌　靖　郭季芳）

可爱花 (blue sage)　*Eranthemum pulchellum*，爵床科可爱花属常绿灌木。染色体数 2n=42。株高可达120cm。叶对生，椭圆至卵形，向两端狭尖，叶脉明显。穗状花序顶生或腋生，长约7.5cm，通常合成为圆锥花序。花冠深蓝色、筒形，长约3cm，裂片5、开展。花期秋、冬季。原产印度。不耐寒，喜温热及阳光直射环境，宜轻松肥沃土壤。高温时须充分灌水。花后修

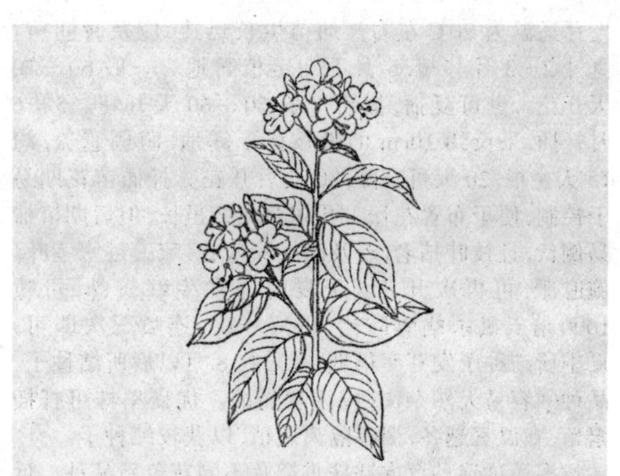

剪换盆，则下季开花旺盛。插枝繁殖，以春、夏之交为宜，土温需22℃。盆栽用于室内布置，淡雅宜人。

（王大钧）

孔雀草 (French marigold)　*Tagetes patula*，别名红黄草、藤菊、小万寿菊。菊科万寿菊属一年生草本植物。株高20～50cm，多分枝，茎带紫色。叶对生或

互生，羽状全裂，裂片7～13，线状披针形，叶具油腺点，有异味。头状花序单生，花序直径约4cm；舌状花黄色，基部或边缘红褐色，花期6～9月。果熟期9～10月，瘦果黑褐色、线形，种子千粒重约3g。栽培品种甚多，花有金黄、柠檬黄、红褐色等，还有舌状花红褐色具黄边，筒状花为橙色的品种。花型有单瓣、复瓣和重瓣等变化。并有单瓣托桂型、重瓣托桂型等。

原产墨西哥。喜阳光充足，但在半荫处也能生长开花；喜温暖，但能耐早霜；耐旱力强，忌多湿。适应性强，对土壤要求不严。耐移植，生长迅速，栽培容易，病虫害少。

用播种或扦插繁殖。3～4月播种于苗床。种子

发芽适温为20℃左右。幼苗生长迅速,应及时间苗。真叶2~3片移植,5月下旬定植露地。一般60~70天开花。也可夏播,播后一般50~60天开花。5~6月扦插,采长约10cm的嫩枝插于露地,荫棚遮盖,约15天生根,20天可出圃,30天后开花。扦插苗花期易于控制,便于布置花坛。孔雀草花期虽长,但后期植株易倒伏,且枝叶枯老,若及时摘除残花,疏去过密茎叶,施追肥,可再次开花。炎夏时易发生红蜘蛛,可喷1000倍三氯杀螨醇防治,每周一次,连喷三次即可。夏季所结种子发芽率很低,宜采收8月以后所结种子。品种间容易天然杂交,应注意隔离。优良单株可扦插繁殖,在温室越冬,翌春隔离栽植,以获较纯种子。

多通过选种育成矮株重瓣及不同花色新品种。近年欧美流行万寿菊与孔雀草杂交的新品种,盛夏开花繁茂,花大而植株健壮。利用雄性不育系已培育出开花早、花大、株型矮的良种。

园林用途:孔雀草花色艳,植株较矮,花期长,耐旱,最宜作花坛边缘材料或花丛、花境等栽植,也可盆栽和作切花。

同属植物30种以上,常见栽培的有:①万寿菊(*Tagetes erecta*),别名臭芙蓉、蜂窝菊,一年生草本。染色体数2n=24。株高60~100cm。茎粗壮。叶对生或互生,羽状全裂,裂片披针形或长矩圆形,有锯齿,叶缘背面具数个明显大油腺点,有异味。头状花序顶生,花径5~13cm。花色有乳白、淡黄、金黄、橙黄、橘红乃至复色等,花期6~10月。果熟8~9月,瘦果黑色。②细叶万寿菊(*T. tenuifolia*),亦称金星菊、小藤菊,一年生草本。株高30~60cm,叶羽裂,线形至长圆形。头状花序顶生,径约5.5cm,舌状花淡黄色或橙黄色,基部色深或有赤色条斑。习性近似孔雀草,但花期较晚。原产墨西哥。有矮型变种(var. *pumila*),高约20~30cm,株丛圆整,适于花坛边缘栽植。③香叶万寿菊(*T. lucida*),多年生草本,茎高30~50cm。叶长圆披针形,有尖细锯齿,具芳香。头状花序,直径约1.5cm,顶端簇生,花金黄色或橙黄色。原产墨西哥。

(李嘉珏)

孔雀鸢尾(peacock iris) *Moraea neopavonia*,鸢尾科肖鸢尾属多年生草本植物。本属染色体基数x=10,14。株高30~60cm,具球茎。叶仅1枚,狭条形,通常多毛。花疏散簇生于圆柱形茎顶,橙红色,长2.5~3cm,外轮3枚花冠裂片基部有蓝黑或绿黑色斑,内轮3裂片较狭小。柱头3歧、瓣化。有黄色及鲜紫色品种。花期5月。原产南非。耐寒性弱,中国长江下游需冷室越冬。分株或播种繁殖。用于晚春花境或盆栽。

(王大钧)

口脂藤(lipstick plant) *Aeschynanthus radicans*,苦苣苔科芒毛苣苔属附生常绿亚灌木或藤木。茎、枝细长下垂,叶对生,卵形、椭圆至倒卵形,边缘带紫色。花成对生于茎部先端叶腋,花冠筒长约5cm,向喉部扩大成两唇、鲜红色,下面裂片基部有黄斑。花期初夏。原产马来半岛和印度尼西亚。喜湿热,高温强光时需遮荫。喜轻松肥沃的土壤。不耐寒,冬季夜间不低于12℃。夏季应给予疏荫,并充分给水,冬季半休眠时控制水分。插枝繁殖,春季取半成熟枝条,截成长6~8cm,插于轻松土壤,覆盖玻璃保湿。为大型悬挂盆栽植物,适宜悬于大厅内。(王大钧)

扣水(controlling water) 在适当时期减少浇水,控制营养生长,促进根系发育和花芽分化的栽培措施。扣水主要用于盆栽花木。

扣水通常在枝条有一定营养生长的基础上进行。通过减少浇水量,使枝条嫩梢因缺水而萎蔫,达一定程度后又供水使之恢复。如此连续多次进行,可令长枝顶端生长点活动微弱甚至停止生长。同时,植物根系向深层发展,细胞液浓度增大,并发生一系列生理、生化变化,有时起到促进花芽分化的作用。

根据对梅花枝条生长与花芽分化关系的研究,发现如下规律:①花芽生理分化和形态分化开始的早晚,与枝条停止生长的早晚呈正相关;②各类型枝条单位长度上花芽着生数量与枝条长度呈负相关;③长花枝停止生长早晚对短花枝花芽分化开始的早晚,有明显的制约作用。因此,生产上对盆栽梅花控制生长,主要是控制长花枝的生长。长花枝提前停止生长,可以增加中花枝所占比例,随着营养积累的增加,整个植株花芽分化提前开始,分化时间延长,以至中、短花枝叶腋复芽的中芽(通常为叶芽)也常常转化为花芽,从而使总花芽数量大增。长花枝以控制在30cm左右为宜。扣水强度不宜过重,一般使花枝产生中度萎蔫即可。以免因扣水过甚,反而造成早期落叶。如果在花芽分化未完成前出现落叶,来年成花数量必将大为减少。

扣水在有些草本盆花中也有应用。在这些盆花营养生长达到一定程度后实行扣水,能促进根系向纵深发展,多生须根,防止植株徒长,使其矮壮而花多,着花整齐。有些种类经扣水后,还能提前开花。

(李嘉珏)

苦马豆(swainson pea) *Swainsona salsula*,别名红花苦豆、羊尿泡。蝶形花亚科苦马豆属多年生草本植物。染色体数 2n=2x=32。羽状复叶,小叶11~12 枚,倒卵状椭圆形,先端微凹或钝,基部楔形。总状花序腋生。花淡红色。荚果膜质。中国内蒙古、甘肃、河北、陕西等地有分布。耐旱力强,在排水良好的砂土或砂质壤土中生长良好。播种法繁殖,出苗率高,耐粗放管理。花朵鲜艳美丽。植株有微毒。同属栽培植物有山羊豆叶苦马豆(*S. galegifolia*),总状花序长达 18cm,花深红色,旗瓣特大,中心有黄白色火焰状条纹,姿态奇特美丽,颜色鲜艳,适作庭园观赏。

(胡叔良)

苦木(Indian quassiawood) *Picrasma quassioides*,别名土樗子。苦木科苦木属落叶灌木或小乔木。染色体数 2n=24。高达 10m。小枝有黄色皮孔。奇数羽状复叶互生,小叶 9~15,卵形至矩圆状卵形,长 4~10cm,边缘有锯齿;聚伞花序腋生,花杂性异株,黄绿色,花期 4~6 月;核果倒卵形,3~4 并生,蓝至红色。产中国黄河流域以南;朝鲜、日本及印度也有。多生于湿润、肥沃的沟谷或山坡。播种或用根蘖繁殖。本种树形整齐,秋叶红艳。宜公园、绿地群植;也可成片种植,绿化山坡。

(郭生桢)

苦槠(bitter evergreen chinkapin) *Castanopsis sclerophylla*,壳斗科栲属常绿乔木。染色体数 2n=24。高达 20m,树冠圆球形,树皮暗灰色,纵裂。小枝绿色,略具棱。叶厚革质,椭圆形,长 7~14cm,叶背有银灰色鳞秕。花期 5 月。10 月果熟。除中国岭南、西南不产外,长江中下游各省均有分布。多生于海拔 1000m 以下低山丘陵地区。喜温暖、湿润气候,喜光,也能耐阴;喜深厚、湿润土壤,也耐干旱、瘠薄。深根性,萌芽性强,抗污染,寿命长。播种繁殖为主,也可分蘖繁殖。栽培中有黑斑病、象鼻虫为害。本种树干高耸,枝叶茂密,四季常绿,宜庭园中孤植、丛植或混交栽植或作风景林、沿海防风林及工厂区绿化树种应用。

同属中见于栽培的还有:钩栲(*C. tibetana*)、甜槠(*C. eyrei*)、栲(*C. fargesii*)、青钩栲(*C. kawakamii*)、高山栲(*C. delavayi*)和小红栲(*C. carlesii*)等。

(任宪威)

宽叶苔草(broadleaf sedge) *Carex siderosticta*,别名崖棕。莎草科苔草属多年生草本植物。染色体数 2n=12。具长根状茎。秆侧生。叶矩圆披针形,下面被短柔毛,基部具褐色叶鞘。小穗 5~8,圆柱形,苞片佛焰苞状、绿色,雌花鳞片卵状披针形。果囊椭圆形,黄绿色。小坚果椭圆形。分布于中国、朝鲜和日本。喜阴湿。分根状茎繁殖。可用作乔木下及低湿处的地被。

(胡叔良)

款冬(common coltsfoot) *Tussilago farfara*,别名冬花。菊科款冬属多年生草本植物。株高 10~25cm,根状茎横生地下,褐色。叶基生,心形或肾形,先端近圆形或钝尖,基部心形,叶面有丛生白卷毛。头状花序顶生,花梗长 20cm,有鳞片及卷毛,花径 3~4cm,舌状花线形,淡黄色。花期 3 月。瘦果长椭圆形,果期 4~5 月。分布于亚洲,喜凉爽、潮湿,宜于山区阴坡种植。耐寒,喜富含腐殖质的壤土。主要用地下茎繁殖,早春刨出根状茎,截成 6~10cm 的小段,埋入土中,20 天左右即出苗。秋季追肥培土,以利越冬。款冬叶片较大,能很快覆盖地面,是良好的地被植物。也可全株入药。

(金 波)

昆栏树(wheel stamen tree) *Trochodendron aralioides*,别名木柯子。昆栏树科昆栏树属常绿乔木。

为第三纪孑遗植物，被列为中国的珍稀树种。染色体数 2n＝2x＝38。高达 20m。叶互生，常聚集于枝顶，革质，宽卵形、椭圆形至倒披针形，中部以上有钝齿；总状花序，聚合蓇葖果，种子黑色。夏季开花，秋末果熟。产中国台湾，日本及朝鲜南部也有分布。喜温暖湿润气候，常生于海拔 300～2700m 的阔叶林或混交林中。用种子繁殖，植株高大雄伟，枝叶繁茂，花果形态奇特，适宜作庭荫树，可孤植或丛植于池畔、溪旁。

（韦裕宗）

昆明山海棠 (glaucousback threewingnut)

Tripterygium hypoglaucum，别名粉背雷公藤。卫矛科雷公藤属藤状灌木。高约 3m，小枝棕红色，皮孔明显。叶互生，通常为卵形，长 8～12cm，背面灰白色，有白粉；聚伞圆锥花序，长 20cm 余，花密集，花期 6～7 月；蒴果矩圆形，具三片膜质翅，果期 10～11 月。产中国长江以南各地及西南地区，日本也有分布。较喜光。播种或扦插繁殖。昆明山海棠果熟时转为红色，叶正面绿色，背面灰白色，随风翻转，红、白、绿三色不时变幻。宜攀援墙垣、山石，或作棚架植物。同属植物约 3 种，见于栽培的还有雷公藤（*T. wilfordii*），叶背面为绿色，果翅较窄，产中国长江流域以南；东北雷公藤（*T. regelii*），小枝无毛，叶椭圆形，产中国东北地区，日本也有。

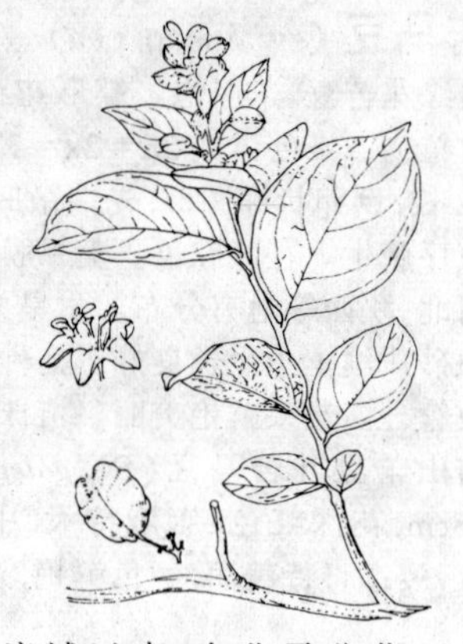

（韦发南）

L

喇叭莲(bugle lily) *Watsonia fulgens*,鸢尾科喇叭莲属多年生草本植物。染色体基数 x=9。茎高约90cm,具被膜球茎。基生叶数枚,剑形,硬质。穗状花序,有分枝,多花。花猩红色,花冠筒弧形,长5cm,裂片6,近相等,长2~2.5cm,倒披针形。花期6~7月。原产南非。不耐寒,在中国长江下游球茎可地下越冬。喜向阳及深厚壤土。花期要求大量水分。播种或分球繁殖。播种苗成长迅速,很快成丛。用于花境、树坛或草皮边角丛植,也可作切花。

(王大钧)

喇叭水仙(common daffodil) *Narcissus pseudo-narcissus*,别名洋水仙、漏斗水仙。石蒜科水仙属具肥大鳞茎的多年生草本植物。染色体数 2n=14,15,20,22,30。

起源、演化及栽培简史 水仙属原种全世界约有60种,多数分布在欧洲。其栽培历史悠久,早在2000多年前,古希腊人已经利用法国水仙(*N. tazetta*)制成花圈,用于葬仪和寺院装饰。公元前800年左右,希腊文学作品中就提到水仙。1548年发现水仙有24种。1629年巴钦松(J. Parkinson)对水仙进行记载和分类,当时已有90余个种和品种。19世纪30年代以来,水仙属植物备受各国的青睐。荷兰、比利时和英国,早已进行水仙的分类和品种改良工作。目前水仙园艺品种已达2万余个。在世界各国广泛栽培和应用。喇叭水仙19世纪末引进中国,现部分城市有栽培。

形态特征 鳞茎卵圆形,直径3.2~5.8cm,由多数肉质鳞片组成,外皮干膜状,黄褐色或褐色。根纤细、白色,通常不分枝,断后不再生。叶5~6枚,带形扁平,叶面覆白粉。花葶高34~79cm,花单生,黄色或淡黄色,稍有香气,横向或斜上方开放,花径可达10cm。花被片6枚,分内外两层,副冠喇叭形,黄色,边缘呈不规则齿牙状且有皱褶。花期3~4月,果熟期5月底至6月初。蒴果3室,种子多数,卵圆形,黑色。千粒重17~47g。

变种、类型及品种 喇叭水仙的变种有:二色喇叭水仙(var. *bicolor*),花被片纯白色,副冠鲜黄色。浅黄喇叭水仙(var. *jahnstonii*),花浅黄色。大花喇叭水仙(var. *major*),花朵特大。小花喇叭水仙(var. *minimus*),植株矮小,高仅15~20cm,花亦小。香喇叭水仙(var. *moschatum*),花初开乳黄色,后变纯白色,花被片边缘波状,有香气。重瓣喇叭水仙(var. *plenus*),花重瓣状,副冠及雌雄蕊瓣化,多数呈芍药花状。

1950年英国皇家园艺协会(R. H. S)有关西方水仙品种分类如下:

喇叭水仙品种群(Trumpet) 一茎一花,副冠与花被片等长或长于花被片。分为:①花被片与副冠同色,或色深;②花被片白色,副冠着色;③花被片与副冠皆白色;④花色不同于上述者。

大副冠品种群(Large-cupped) 一茎一花,副冠长于花被片的1/3。分为:①花被片与副冠同色,色深;②花被白色,副冠着色;③花被白色,副冠白或乳白色;④花色不同上述者。

小副冠品种群(Small-cupped) 一茎一花,副冠为花被片的1/3或更短:分为①花被着色,副冠同色;②花被白色,副冠着色;③花被白色,副冠白或乳白色;④所有花色不同于上述者。

重瓣水仙品种群(Double) 花重瓣状。

产地及习性 喇叭水仙原产欧洲及其附近地区,主要分布在英国、瑞典、法国、西班牙、葡萄牙、希腊及阿尔及利亚等国,现在温带各地均有引种栽培。喇叭水仙适应冬季寒冷和夏季干热的生态环境,在秋、冬、春生长发育,夏季地上部分枯萎,地下鳞茎处于休眠状态,但其内部进行着复杂的生物化学转化和花芽分化过程。花芽分化完成后,需经低温过程才能正常生长,开花结实。喇叭水仙适应性较强,喜肥沃、疏松、排水良好、富含腐殖质的微酸性至微碱性砂质壤土。冬季能耐-14.7℃低温,夏季37℃高温下鳞茎在土壤中可顺利休眠越夏。生长期要求水分充足。在中国陕西西安地区(海拔350m)、甘肃省临夏(海拔1910m)、北京市(海拔80m),皆生长发育正常,可连年开花。

繁殖栽培

播种 5月底收集成熟种子,在保护地播种,精细管理,翌年3月初发芽,6月上旬叶枯黄,地下形成小鳞茎。未能发芽的种子,可在下一年继续发育。播种苗4~5年后可开花,但容易产生分离和变异。多用于新品种选育。

分球 10月份开沟点植鳞茎,覆土深度10~15cm,翌年2月下旬至3月上旬发芽出土。生长期内追施磷、钾肥4次,保持土壤水分稳定在18%左右,3月下旬至4月上旬开花。7月上旬叶枯黄,地下鳞茎成熟,自然繁殖率4.5~5.8倍,个别的可达19倍。主鳞茎开花率100%,侧鳞茎80%~90%。

分切鳞茎 8月下旬至10月上旬,将消毒后的侧鳞茎用利刀纵切成 8 块左右，每块必须带鳞茎盘，切面撒多菌灵粉消毒，待切面晾干后，与含水量 6%～10% 的清洁蛭石混合，用量为切块体积的 3 倍，装入黑色塑料袋内封口，在 18～20℃ 条件下保存至 11 月初，每个切块的鳞片基部可形成 1～3 个小腋芽，原鳞茎盘外围生长根系，即可种于苗床，翌春出土，6 月下旬叶枯黄时挖出小鳞茎，每穴可形成 25 个左右的小鳞茎。

组织培养　将鳞茎消毒，切取鳞片块作外植体，接种于 MS+2,4-D(2mg/L)+KT(0.1mg/L)的培养基上，半个月后转移至 MS+6BA(2mg/L)+NAA(1mg/L)的培养基，经半月可形成幼苗，再转移到 1/2MS+IBA(1mg/L)的生根培养基上，总计 40 天可形成带根小苗，1 个侧鳞茎可生产 148～165 株小苗，经 3 年常规栽培即可开花。

采收与贮藏　采收鲜切花：喇叭水仙花大色艳，选已着色的花蕾，从地面以上 3～4cm 处剪下，迅速插入水桶中，送工作室进行包装后运出，或在 5℃ 冷室内贮存待运。采掘鳞茎：鳞茎挖出，剪去残叶，保留侧鳞茎，用 0.1% 多菌灵或甲基硫菌磷水溶液消毒 30 分钟，捞出晾干。在 35℃ 条件下通风干燥 7 天，然后在常温室内贮存，9 月花芽已形成。如作早期促成栽培，可在 8～9℃ 条件下贮存 1 个半月至 2 个月，再置于 18～20℃ 条件下培养，经 40～50 天即可开花。如作繁殖材料，消毒后的鳞茎在通风的室内贮存，10 月下旬将侧鳞茎分开种植。

园林应用　喇叭水仙的花形和花色素雅，常用于花坛、花径、岩石园及草坪丛植，也可作疏林地被片植。或用于盆栽和切花，通过促成栽培，春节可供应鲜花。

（张　俭）

蜡瓣花（Chinese winterhazel）　*Corylopsis sinensis*，金缕梅科蜡瓣花属落叶灌木。染色体数 2n=2x=24。高约 5m，叶卵形或倒卵形。总状花序，下垂，花蜡黄色，芳香，花期 3～4 月，先叶开放。蒴果卵圆形，种子黑色，有光泽，9～10 月果熟。中国特产，分布于长江流域及其以南各地。喜光，也较耐阴，稍耐寒。宜温暖湿润环境和肥沃、疏松、排水良好、富含腐殖质的土壤。萌蘖力强。播种繁殖为主，也可行分蘖和压条繁殖。移栽幼苗带宿土，大苗需带土球。蜡瓣花于春日先叶开花，成串下垂，黄如蜡塑，秋叶转黄，稍染紫晕，非常美丽。适于庭园内配植于角隅，后衬粉墙，或与紫荆、桃花混植相互衬托共显春色，也可盆栽或插花。根皮及叶可入药。

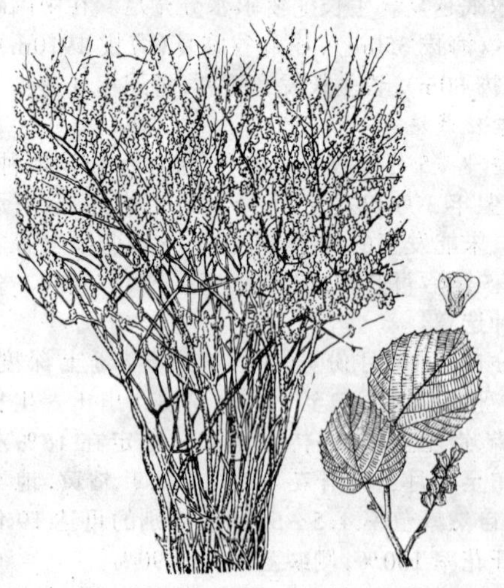

同属植物常见栽培观赏的有：瑞木（*C. multiflora*）、红花蜡瓣花（*C. vetchiana*）、台湾蜡瓣花（*C. matsudai*）、阔瓣蜡瓣花（*C. platypetala*）和四川蜡瓣花（*C. willmottiae*）等。

（庄茂长）

蜡兰（waxplant）　*Hoya carnosa*，别名爬岩板、球兰、玉绣球、樱花葛。萝藦科球兰属常绿藤木。染色体数 2n=2x=22。茎粗壮，节上生气根。叶对生，肉质，卵形至卵状矩圆形，长 3.5～13cm，全缘。伞状聚伞花序腋生，有花约 30 朵，下垂；花冠白色，径约 2cm；副花冠星状；花期5～11 月。蓇葖果条形。产中国云南、广东、广西、海南、福建及台湾等地，大洋洲也有分布。喜温暖、湿润及半阴环境，扦插、压条繁殖。冬季气温不得低于 7℃；夏、秋季需保持空气湿润，防止曝晒。花朵凋萎后要及时摘除，并保持总花梗完好，可不断开花。蜡兰在华南可作庭园植物，也可用于垂直绿化。北方宜温室盆栽。

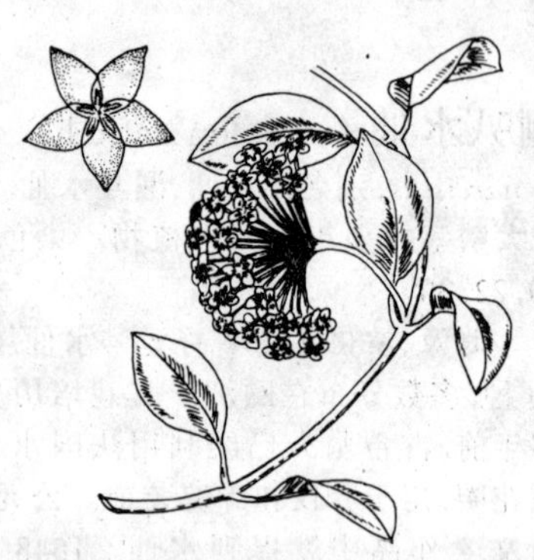

（包满珠）

蜡梅（winter-sweet）　*Chimonanthus praecox*，别名腊梅、蜡木、香木、唐梅。蜡梅科蜡梅属落叶或半常绿灌木。染色体数 2n=2x，3x=22，33。

栽培简史　原产中国，栽培历史悠久。唐代杜牧《正初春酬歙州刺史邢群》有“翠岩千尺倚溪斜，曾得严先作钓家，越嶂远分丁字水，蜡梅迟见二年花”的记述。古代常将蜡梅与梅花混而为一。范成大《梅谱》曰：“蜡梅本非梅类，以其与梅同时，香又相近，色酷似蜜脾，故名蜡梅";还记述了"狗蝇梅"、"磬口梅"和"檀香梅"等品种的名称以及形态描述等,可见那时栽培蜡梅已相当普遍了。河南鄢陵有始于宋代栽培蜡梅的记载,并盛于明、清,还远运京师作为宫廷贡品。《群芳谱》、《花镜》中记述了栽培技术和品种。1611~1628年,经朝鲜传至日本,1776年传至欧洲,以后再传入美国。

形态特征　高4~5m。根颈部发达,常形成肥大的"疙瘩",中国江南一带称之为"蜡盘"。小枝近四棱形,老枝近圆形,灰褐色,有明显皮孔,木质部有芳香。叶对生,椭圆状卵形至椭圆状披针形,先端渐尖,基部近圆或近楔形,长(1.7)7~15(26)cm,全缘,腹面浓绿被毛,背面灰绿而光滑,具短柄。花芽单生于当年生叶腋,外被多层覆瓦状排列灰褐色鳞片;冬春开放,先花后叶,花被片多数,黄色,有光泽,中层较大,蜡质,内层渐小,具紫红色条纹或斑块,外层渐小、鳞片化心皮多数,离生。瘦果椭圆形,栗褐色,有光泽,7~8月果熟。

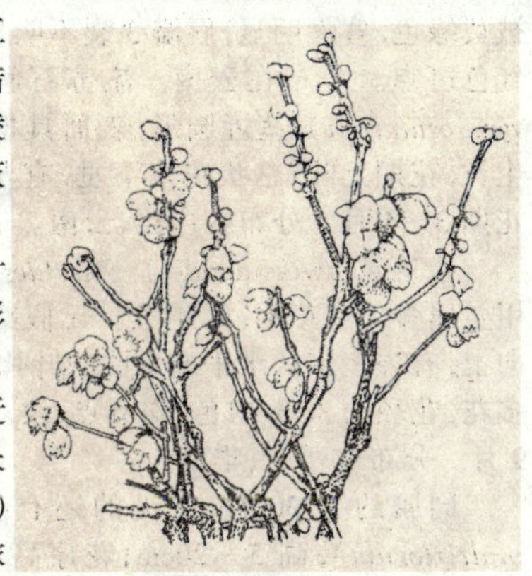

变种、类型及品种　①'小花'蜡梅(cv. Parviflora),花小,径仅0.9cm,外轮花被片淡黄色,内轮具浓红紫色斑纹。②'狗牙'蜡梅(cv. Intermedius),又称'狗蝇'蜡梅、'九英'蜡梅。花较小,径2.5~2.7cm,外轮花瓣片狭椭圆形,顶端钝尖,内轮花被片具紫红斑或全为紫红色,花期早。③'檀香'蜡梅(cv. Santaloides),花径2.6~2.7cm,花被片倒卵状椭圆形,顶端钝,反卷,内轮花被片具紫红晕或少量紫红斑,盛开时花被片呈钟状展开,花期中。④'磬口'蜡梅(cv. Grandiflorus),花径3.0~3.6cm,花被片椭圆形,顶端圆,内轮花被片有紫红条纹,盛开时花被片内抱,花期早,花期长。⑤'素心'蜡梅(cv. Concolor),花径3.5cm左右,花被片椭圆状倒卵形,盛开时平展,尖端反卷,内轮花被片金黄色,花期中。⑥'荷花'蜡梅(cv. Megolanthus),花大,径4.2~4.4cm,花被片顶端尖,盛开时呈钟状展开,内轮全为鲜黄色,花期中。⑦'虎蹄'蜡梅(cv. Pestigridis),花径3.1~3.5cm,花被片狭椭圆形,顶端圆,外轮反卷,内轮具紫红斑晕,盛开时展开,深金黄色,花期早。

产地及习性　分布于中国北纬23°1′~33°1′,东经102°4′~119°7′之间(河南西南部、陕西南部、湖北西部、四川东部及南部、湖南西北部、云南北部及东南部以及浙江西部等地),而以湖北、四川、陕西交界地区为其分布中心。日本、朝鲜也有,欧美各国近年引种渐多。喜光,亦耐阴。较耐寒,在不低于-15℃时能安全越冬,花期遇-10℃低温,花朵受冻害。喜土层深厚、湿润、疏松、排水良好的微酸性土壤。耐旱、怕风,忌涝。生长势强,分枝旺盛,根颈部易生萌枝。耐修剪。7月开始花芽分化,除徒长枝外,花芽多着生于当年生枝,短枝着花较繁。花期长,自11月至翌年3月,单花开15~25天,遇气温高的晴天花期较短,反之则花期长。长寿树种,产地500~600年生古树颇多。

繁殖栽培　用播种、分株、压条、扦插和嫁接繁殖。通常以播种、分株与嫁接为主。7~8月间采种后即播,当年发芽成苗;或将瘦果干藏,次年春播,播前用温水浸种24小时,则出苗整齐,实生苗第三年始花。分株行于秋季落叶后或春季萌发前。嫁接用腹接法,夏秋间均可进行,以6月中至7月中为最适期,接穗除去叶片,接后罩以塑料薄膜,经20~25天左右愈合,待新枝抽发后,解绑剪砧。栽植适期为秋冬落叶后至春季叶芽萌发前,大树移植应带土球,幼苗裸根栽植裸露时间不宜长久,注意防风吹日晒,栽后重剪。为了培养优美树形,幼龄期应进行整形修剪。耐修剪,枝条长度控制在15~20cm之间,则枝粗花繁,观赏价值高。花后摘除残花,防止结果,花后施肥,有利于来年多花。露地栽培,雨季要注意排水;如遇久旱,应适当灌水。

病虫害　主要有大蓑蛾(*Clania variegata*)、黄刺蛾(*Cnidocampa flavescens*)和叶枯病(*Macrophoma* sp.)、叶斑病(*Alternaria calycanthi*)等。

园林用途　花黄似蜡,晶莹透亮,清香四溢,并于少花的冬季开放,使人赏心悦目,深为人们喜爱。常植于厅堂入口两侧,窗前屋后及角隅,山丘斜坡,湖滨水畔,广场草坪边缘,道路两旁等处,或孤植、对植、丛植、群植园林绿地。常与南天竺配置,绿叶黄花红果,交相辉映,景色格外宜人。在自然界常沿溪沟两岸分布,上有苍松翠柏,构成极为优美的景观。还常用作盆栽,经剪扎制作树桩盆景。花期长,是优良的切花材料。

同属植物约6种,均原产中国。山蜡梅(亮叶蜡梅)(*C. nitens*),常绿灌木,叶卵状披针形,花径7~10mm,花期10~1月。柳叶蜡梅(*C. salicifolius*),叶线状披针形或长圆状披针形,花期8~10月。此外,还有西南蜡梅(*C. companulatus*),突托蜡梅(*C. gramonatus*)和浙江蜡梅(*C. zhejiangensis*)等。

(鲁涤非)

莱雅菊(tidy-tips)　*Layia platyglossa*,菊科莱雅菊属一年生草本植物。染色体数2n=14。倒伏或直立,多分枝,高约30cm。叶互生,条形至狭长圆形,下部叶有齿或羽裂,上部叶全缘。头状花序径约5cm,舌状花10~12枚、黄色,先端乳白色,花药黑色。花期初夏。原产美国加利福尼亚州。耐寒性弱,长江下游

冷室越冬。不耐暑热。播种繁殖，夏热地区秋播，北方早春播。可作花坛材料或盆栽。也适于一般园林布置。（王大钧）

兰科植物（orchids） *Orchidaceae*，单子叶植物，地生、附生或腐生的多年生草本、亚灌木，极少为攀援藤本。常具根状茎或假鳞茎。多数兰科植物的根常与真菌共生。叶通常互生，2列或螺旋排列，或生于假鳞茎顶端、近顶端，带状或圆柱状。通常有鞘、抱茎。花茎顶生或侧生，单花或多花排列成总状、穗状、伞形或圆锥花序；花常有香气或鲜艳颜色；花被6片，呈2轮，外轮3片为萼片；内轮3片，侧生的2片为花瓣，中央的为唇瓣；唇瓣常有复杂的结构和艳丽的色彩，呈各种形状，其上还有胼胝体、褶片或腺毛等附属物。雄蕊的花丝和雌蕊的柱头合成柱状体，称为蕊柱，顶端有药床和背生雄蕊1枚，少数2枚，前上方有一柱头穴，称为药腔。花粉多结合成团块，与花粉块柄、粘盘、蕊喙柄合生在一起，称为花粉块，但并非所有花粉块部具有这四部分。昆虫或鸟类传粉或自花传粉。果为蒴果，3～6果爿，种子特多而极小，无胚乳，胚小，未分化。

兰科植物全世界约有500属20 000种，分布于热带、亚热带与温带地区，尤以南美与亚洲热带地区为多。中国约有166属1000多种，主要分布于长江流域及其以南地区。

中国传统观赏栽培的兰科植物是兰属（*Cymbidium*）中的几种地生兰。染色体基数x=20。下面以属中的代表种为例，将常见栽培的兰科植物简介如下。

春兰（spring orchid） 见**春兰**。

石斛（noble dendrobium） *Dendrobium nobile*，兰科石斛属多年生草本。附生性，茎丛生，高25～60cm，几呈圆筒形，有节。叶卵状披针形，长9～12cm。花2～3朵，直径5～12cm，白腊色；萼片长圆形、钝尖，花瓣宽，卵圆形，边波状，尖端紫色。唇瓣圆形，两面具短柔毛，唇盘紫色，有黄白色边缘，先端有紫点。颜色与斑纹有许多变异。花期1～6月。分布在中国西南部。

图1 石 斛

同属植物约有80种，常见的有密花石斛（*D. densiflorum*），高约60cm，茎棒状、4棱，有革质椭圆形叶3～5枚，近顶生。花序下垂，花多而密集，淡黄至金黄色，花径5～6cm，花期3～5月。分布在广东、广西、云南。蝴蝶石斛（*D. phalaenopsis*），高30～60cm，上部有叶，花序顶生或近顶生，有花4～18朵，花玫瑰色、白色或紫色，直径7～10cm，艳丽，适作切花。花期5～11月。原产澳大利亚。黑节草（*D. candidum*），茎圆柱形，有节，上部节有时生长气生根和新株。叶短圆状披针形，边缘及中脉淡紫色。总状花序，花常3朵，花被黄绿色，萼囊明显，唇瓣3裂不明显，反折，唇盘有紫红色斑点。分布在云南。流苏石斛（*D. fimbriatum* var. *oculatum*），茎近圆形，表面具槽，叶2列，近水平生长，花期无叶；总状花序下垂，有花6～12朵，黄色。花期3～4月。分布在广西、云南。

指甲兰（sweet aerides） *Aerides odoratum*，兰科指甲兰属多年生草本，附生兰。无假鳞茎，茎粗壮，直立向上，有许多带状水平或弯曲的叶片。总状花序腋生，多花，花径约3cm，白色，均有点、纹，有香气。花期7～9月。分布在西南、华南。

同属约有30种，常见的还有：多花指甲兰（*A. multiflorum*），高5～20cm；花序高出叶面，唇瓣贴生蕊柱基部。分布在广西、云南。镰刀指甲兰（*A. falactum*），花序长于叶，花萼片与花瓣白色，有紫色点斑，唇瓣紫红色。花期5～6月。分布在缅甸。

竹叶兰（Chinnese arundina） *Arundina chinensis*，兰科竹叶兰属多年生草本，地生兰。根状茎稍膨大；茎直立，高30～60cm，圆柱状，具叶。叶禾草状，2列、互生。总状花序顶生，有花3～12朵，花大，粉红色；花瓣比萼片宽大，唇瓣3裂。花次第开放，每次仅开一朵，花期秋、冬季。分布在中国南部（川、云、贵、浙、闽、台、粤、桂等地），日本、印度、印度支那也有分布。全属约5种，常见栽培者仅此一种。

白芨（bletilla） *Bletilla striata* 兰科白芨属多年生草本，地生兰。假鳞茎扁球形，有环带。茎粗壮，高15～50cm；叶4～5片，狭长圆形，长8～20cm，宽1.5～4cm。花序直立，有花3～8朵，紫色或淡红色；唇瓣3裂，白色带淡红色，脉紫色。花期夏季。分布在中国长江以南，朝鲜、日本也有。

全属约4种，常见的还有小白芨（*B. yunnanensis*），及黄花白芨（*B. ochracea*），分布在中国西南。

虾脊兰（calanthe） *Calanthe discolor*，兰科虾脊兰属多年生草本；地生兰。有根状茎，茎不明显；叶近基生，常为3的倍数，倒卵状椭圆形，长20cm，宽4～6cm，具柄。总状花序从初生叶丛中抽出，长30～50cm，疏生10余朵花；花紫红色，唇瓣3深裂，玫瑰色或白色，基部有长距。花期夏季。分布在中国江苏、贵州等地；日本也有。

虾脊兰全属约100种，我国产40种。常见的还有：叉唇虾脊兰（*C. hancockii*），高达70cm，幼时假茎长达25cm；叶椭圆形，具长柄。总状花序高出叶外，花多数，黄绿色。分布中国广西、云南、四川。钩距虾脊兰（*C. hamata*），高约60cm，假茎长5～15cm；叶3枚，具柄。总状花序，花多数；萼片和花瓣黄绿色，唇瓣白色（图2）。分布在中国长江以南。三棱虾脊兰（*C. tricarinata*），假茎长4～15cm。叶3枚，近基生，椭圆形或倒披针形，总状花序高出叶外，花多数，萼片与花瓣淡绿色，唇瓣棕紫色，3裂，有褶片3～5条，边缘波状。分布于湖北、四川、西藏、云南、贵州；印度东北部也有分布。虾脊兰种类多，资源丰富，是有发展前途的兰科植物。

图2 虾脊兰

卡特兰（autumn cattleya） *Cattleya labiata*，兰科卡特兰属多年生草本；附生兰。茎棍棒状，有时稍扁，被薄绿鞘；叶1枚，长圆形，钝而厚。花2～5朵，直径18～20cm；玫瑰白色；萼片披针形，花瓣稍宽，卵圆形，边波状。花期10～3月。分布在西印度群岛。

卡特兰属植物约有40～50种，常见栽培的有：花叶卡特兰（*Cattleya mossiae*），叶常为1枚，长圆形，长至25cm。花3～5朵，花径16～24cm，兰玫瑰色，有白色变异，花期3～8月。分布于委内瑞拉。冬卡特兰（*Cattleya trianaei*），叶1片，花2～3朵，花径20cm，玫瑰色或他色变异。花期12至翌年3月。分布在哥伦比亚。卡特兰有许多种间和属间杂交种，目前栽培的都是杂种后代。

流苏贝母兰（fimbriate coelogyne） *Coelogyne fimbriata*，兰科贝母兰属多年生草本，附生兰或地生兰。假鳞茎卵状长圆形，顶端生2叶，叶长圆状披针形、革质。花茎在2叶之间着生，常为1朵，偶有2～3朵，花黄色，唇瓣3裂，基部凹下，蕊柱有翅。花期7～11月。分布于广东、云南；印度也有。喜温暖、潮湿、半荫。适于盆栽观赏，越冬温度10～12℃。

贝母兰属约有200种。常见栽培的有贝母兰（*C. cristata*），总状花序下垂，多花，白色，有橙黄色花喉；萼片和花瓣长圆形，急尖，波状边；唇瓣卵圆形、3裂，侧裂片稍向内弯，中裂片齿状；花径约7cm（图3）；花期1～3月。分布在中国喜马拉雅地区，有许多变异品种。

杓兰（yellow lady slipper） *Cypripedilum calceolus*，兰科杓兰属多年生草本；地生兰。具根状茎；茎高30～40cm。叶3～4片，互生，椭圆形。花1～2朵，苞片叶状，中萼片宽大，侧萼片合生为一，紫红色；唇瓣兜状，口较宽，黄色。花期4月。分布在中国东北、西北各地；朝鲜、日本、蒙古、俄罗斯至欧洲也有。分株繁殖，栽培较难。适于庭园、花坛栽植。

图3 贝母兰

杓兰属约有50种，常见的还有：大叶杓兰（*C. fasciolatum*），高35～40cm，叶3～4片，互生，宽椭圆形。花单生，径5cm，黄色，有紫色条纹，唇瓣球形，囊向上举，口部与茎平行。分布在中国四川、湖北。毛杓兰（*C. franchetii*），高20～25cm，被长柔毛；叶3～4片、互生，菱状椭圆形，边缘有细缘毛。花单生，褐色有紫条纹，唇瓣口径与花瓣长度相等，具紫斑。分布在中国湖北、四川、甘肃、河南、陕西、山西。扇脉杓兰（*C. japonicum*），高35cm，叶2片，近对生，菱状椭圆形，具扇状脉。花单生，绿黄色或白色，有紫斑，唇瓣具短爪。分布在中国浙江、安徽、江西、湖南、河北、陕西、四川、贵州，日本也有分布。大花杓兰（*C. macranthum*），高约50cm；叶3～4枚，椭圆形；花单生，橙红至紫色，合生侧萼黄绿色，唇瓣囊形，与花瓣等长。花期5～7月。分布在中国内蒙古、河北、山西，日本、俄罗斯、蒙古、朝鲜至欧洲都有分布。

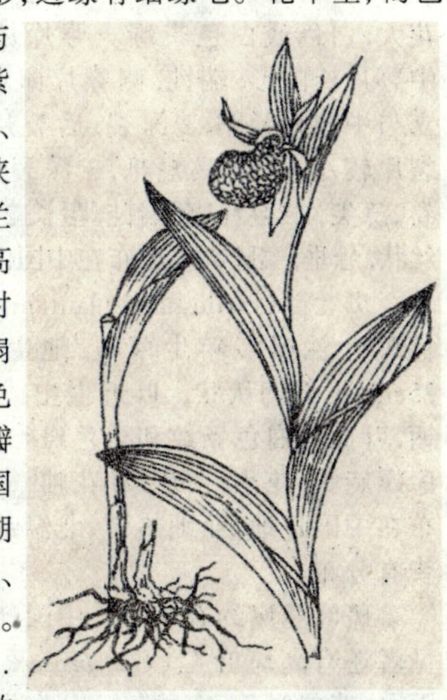
图4 杓 兰

血叶兰（bloodleaved orchis） *Ludisia discolor*，兰科血叶兰属多年生地生兰，全属只此一种。茎基部常匍状，与根状茎相连，茎高10～25cm。叶生于茎下部，2～4枚，正面绿色，背面血红色。总状花序有花2～10朵，花白色或带淡红色，中萼片与花瓣靠合成兜，唇瓣不分裂，基部有囊状短距，距末端2浅裂，有2个有柄的胼胝体（图5）。花期夏季。分布在中国广东、云南；越南、泰国、马来西亚也有。

长距玉凤花（longspur fringed orchid） *Habenaria*

davidii，兰科玉凤花属多年生草本。地生兰。有圆形块茎。叶茎生，5～7片，直立伸展，披针形或长圆形，端渐尖，基抱茎。总状花序有花4～12朵，花大，萼片绿色，长约1.5cm，花瓣白色，唇瓣淡黄色、3裂，距长于子房、悬垂。花期夏季。分布于浙江、贵州、云南、西藏等。

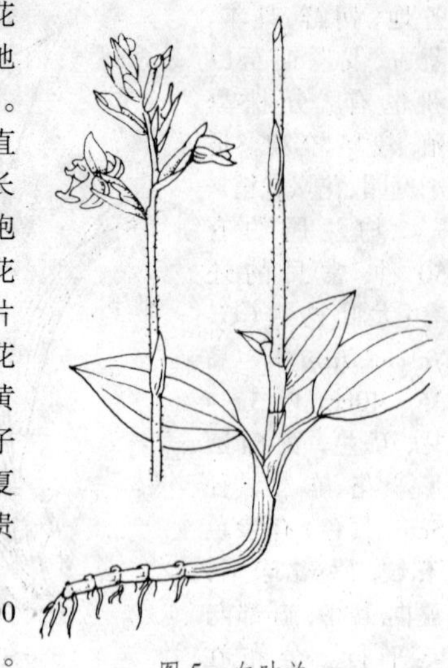
图5 血叶兰

玉凤花属约600种，中国产70种。花大可供观赏的还有粉叶玉凤花（*H. glaucifolia*），高15～50cm；叶2片，近对生，粉绿色。花葶直立，总状花序有花3～10朵，花大，白色或白色带绿。萼片长约1.3cm，宽0.6cm，中萼片长圆形，端钝，侧萼片卵形，外折，急尖；花瓣直立与中萼片紧贴，2深裂，后裂片与中萼片近等大，前裂片较小；唇瓣具短爪，3深裂，侧裂片线形，前端拳卷、急尖，中裂片直，端钝，距长2～3cm，几与子房等长，丝状，悬垂，端膨大。分布在中国四川、云南、陕西。

斑叶兰（rattlesnake-plantain） *Goodyera repens*，兰科斑叶兰属多年生草本，地生兰。茎具叶，高10～25cm，下部匍伏状。叶近根生或基生，卵状椭圆形，具柄，叶面有白色条纹和褐色斑点，背面灰绿色。穗状花序螺旋状，花小、白色，在花轴一侧。花期7～8月。分布在中国各地，亚洲热带、北温带、大洋洲及欧洲、美洲皆有分布。

斑叶兰属约有40种，中国产25种，主产南部。常见者还有高斑叶兰（*G. procera*），高30～90cm，叶大而厚，花白绿色，有香气。分布在中国华南；马来西亚、日本也有分布。

蕾丽兰（Laelia） *Laelia ancepe*，兰科蕾丽兰属多年生草本植物，附生兰。假鳞茎长约14cm，卵状长圆形，压扁，生长在地下茎上。叶1～2枚，长圆状披针形，质硬，长15～25cm。花葶顶生，长45～120cm，有节和苞片，有花2～5朵，浅玫瑰紫色，花径达12cm，唇瓣3裂，侧裂片卷向蕊柱，内面黑黄色，中裂片长椭圆形，急短尖，稍反卷，深紫色，唇盘白色，褶片黄色。花期11～1月。有许多变异。与卡特兰属容易杂交，属间杂交种的属名为*Laeliocattleya*，分布在美国、墨西哥。

蕾丽兰属约有30种，原产美洲热带地区。常见栽培的还有紫蕾丽兰（*L. purpurata*），叶1枚，花3～7朵或更多，花径达20cm，白色染浅玫瑰色或紫色。花期5～7月。分布在巴西。大唇蕾丽兰（*L. grandis*），假鳞茎高达30cm，具1叶，叶长圆状披针形，长20～26cm。花3～5朵，径12～20cm，污黄色，唇瓣白色有紫脉，中裂片大，有圆齿。花期5～7月。分布在巴西。

堇兰（miltonia） *Miltonia candida*， 又称米尔顿兰。兰科堇兰属多年生草本植物，附生兰。假鳞茎长圆状卵形。顶生2叶，基生叶数枚，叶线状披针形，长约50cm、急尖。花序直立，高可达60cm，有花2～8朵，花径8～13cm，萼片与花瓣栗褐色，有亮黄色斑，唇瓣白色，基部有2个紫褐色的斑点。花期7～10月，分布于巴西。

堇兰属约有20种，原产在美洲热带。常见栽培的还有早花堇兰（*M. laevis*），花序高90cm，总状或圆锥花序，多花，疏稀着生。萼片与花瓣肉黄褐色，有黄色或兰绿色条纹；唇瓣白色，基部紫色。花期3～7月。分布于中美洲。蝴蝶堇兰（*M. phalaenopsis*），假鳞茎丛生，卵圆形；顶生叶1～2枚，叶片禾草叶形，长至25cm。花序短于叶，有花2～5朵，花径4～7cm，白色，唇瓣2侧裂有红色条斑。花期4～8月。分布于哥仑比亚。

齿瓣兰（baby orchid） *Odontoglossum grande*，或称瘤瓣兰。兰科齿瓣兰属多年生草本植物，附生兰。假鳞茎卵圆形、稍扁，长8～12cm，浅绿色。叶2～3片，卵状长圆形或宽披针形；长至35cm。花数朵，高于叶丛，花径15～17cm，黄色，有褐色条纹。花期10月至翌年3月。分布于危地马拉。

齿瓣兰全属约有100种，原产热带美洲。常见栽培的还有厄瓜多尔齿瓣兰（*O. edwardii*），假鳞茎卵圆形，长至10cm。叶2片、带状，长达60cm，宽4cm。穗状花序斜立，高1m，多花。花紫堇色至深紫色，花径约3cm。花期1～4月。分布于厄瓜多尔。皱波齿瓣兰（*O. crispum*），假鳞茎长约9cm，顶生2叶，叶线状披针形，长30cm，圆锥花序，长达60cm，多花。花径5～9cm，白色有各种斑点，有时玫瑰色或黄色。花色变化很大，为园艺上栽培最多的一种。花期3～5月。分布在哥伦比亚。

金蝶兰（butterfly orchid） *Oncidium papilio*，兰科金蝶兰属（又称文心兰属）多年生草本植物。附生兰。具卵圆形假鳞茎，叶1枚，带状，有紫褐色斑纹。花序高约1.2m，有节，花1朵至数朵，能长年开花。花侧萼片向左右下弯，唇瓣下挂，提琴形，很像蝴蝶。分布于巴西、委内瑞拉、秘鲁等处。

金蝶兰属约300种，原产美洲热带。常见栽培的还有小金蝶兰（*O. varicosum*），又称跳舞兰。叶硬，狭窄近线形，花序下垂，有分枝，花多数，黄绿色或黄色，径约3cm。花期10～11月。分布在巴西、玻利维亚、巴拉圭。

卷萼兜兰（lady slipper） *Paphiopedilum appletomia-*

num，兰科兜兰属多年生草本植物，地生兰。须根具淡棕色绵毛。叶基生、2列，狭椭圆形，长可达25cm，宽2～4cm，绿色，具暗紫色斑块。花茎紫红色，有苞片2枚。花常单生、紫色，直径8～10cm。中萼片近宽卵形，上部边缘内卷，基部边缘外卷；合萼片卵形，顶端具3小齿；花瓣菱状匙形，较萼片长，近急尖，中部至基部边缘波状，并在上侧具13～14个黑色疣点，下侧具5～6个黑色疣点；唇瓣较中萼片长，深兜状，内面被毛，具内折裂片，囊口4裂，似倒挂拖鞋（图6）。花期冬、春（夏）季。分布于中国海南，泰国、印度也有。

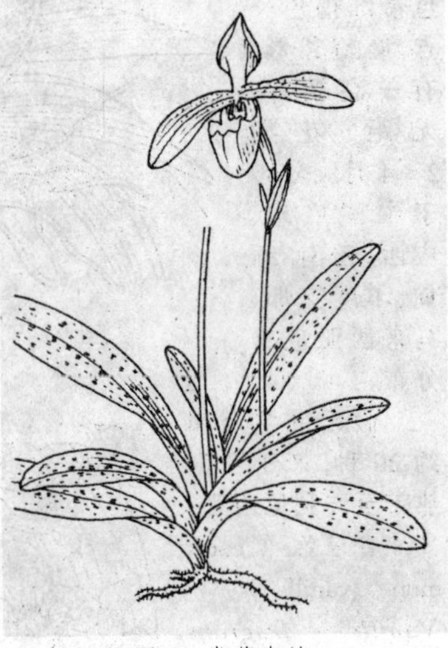
图6 卷萼兜兰

兜兰属约有50种，中国产10种左右。常见栽培的有带叶兜兰（*P. hirsudissimum*），地生或附生。叶基生、带形，花单生、绿色，有小紫点，唇瓣兜状、有爪。花期3～5月。分布在中国云南、贵州、广西，印度也有。长瓣兜兰（*P. dianthum*），地生或半附生兰。叶基生，2～3片，带状椭圆形。花2～3朵，绿黄色，花瓣极长、悬垂，扭曲，带形。分布在广西、云南。杏黄兜兰（*P. armeniacum*），地生兰。兜金黄色。分布于云南。

鹤顶兰（phaius） *Phaius tankervilliae*，兰科鹤顶兰属多年生草本植物，地生兰。假鳞茎簇生，叶4～6枚，折叠状。总状花序侧生，高30～90cm，有花12～18朵，径7～10cm，外面白色，内面黄褐色。唇瓣3裂，基部有距（图7）。花期初夏。分布于中国南部，印度支那及大洋洲也有。

鹤顶兰属约有50种，中国产8种。常见栽培的还有红花鹤顶兰（*P. flavus*），有叶2～8片，叶面有白色或淡黄色斑点。花数朵，黄色，唇瓣先端红色或橙红色。花期春、夏季。分布在中国南部、西南部，日本、马来西亚也有分布。

图7 鹤顶兰

蝴蝶兰（moth orchid） *Phalaenopsis amabilis*，兰科蝴蝶兰属多年生草本植物，附生兰。根丛生，扁如带，表面多疣状突起。茎不明显，叶丛生，浅绿色，宽倒卵状长圆形，长20～30cm，宽4～6cm，叶背有红褐色斑点。花葶向上，呈弓形，有花2～3朵，圆锥花序，花序末端有一对伸长的卷须。花径10～12cm，白色，在唇瓣和蕊柱上有深黄斑及紫点。花期大多在秋季。分布于菲律宾、马来半岛。

蝴蝶兰属是著名的切花种类，全属50多种，中国产4种。常见栽培的还有席勒蝴蝶兰（*P. schilleriana*），叶长圆形，叶面灰色，叶背紫色。花序长约90cm，花径8～9cm，玫瑰紫色。花期春、夏季。分布在菲律宾。云贵蝴蝶兰（*P. wilsonii*），根长达50cm，叶丛生、长圆形，先端浑圆，基部具短鞘，节明显。总状花序有时分枝，花多数，紫红色。分布在中国云南、四川、贵州、西藏。

独蒜兰（bulb pleione） *Pleione bulbocodioides*，兰科独蒜兰属多年生草本植物，地生或半附生。假鳞茎狭卵形，顶生1叶，叶与花同时出现，叶基部狭窄成柄，抱花葶。花葶高15～25cm，花1朵，淡紫色或粉红色，花大而艳，唇瓣不明显3裂，有2～5条褶片。花期夏季。分布在长江流域及以南各省区。

独蒜兰属约有10种，中国产6种，分布在热带、亚热带地区。常见的还有毛唇独蒜兰（*P. hookeriana*），株高7～15cm，叶1枚，顶生，椭圆状披针形。花1朵、顶生，淡紫色（图8）。分布在中国广东、广西、湖北、云南、贵州、西藏，尼泊尔、锡金、不丹、印度、泰国、老挝也有分布。

图8 独蒜兰

石仙桃（Chinese pholidota） *Pholidota chinensis*，兰科石仙桃属多年生草本植物，附生兰。根状茎匍伏，假鳞茎疏生、似桃。顶生2叶，叶椭圆状披针形，长10～18cm，宽3～6cm。花葶生于假鳞茎顶端，花先于叶，总状花序有花12～18朵，排成2列，花序轴直立或下垂，花白色或带黄色，萼片背面常具狭脊。花期初夏。分布在中国云南、贵州、广西、广东、海南、福建等地。

石仙桃属约有55种，中国产12种。常见的还有密花石仙桃（*P. imbricata*），假鳞茎上有1叶，花序密生多花，花淡褐色或白色，侧萼片有狭翅。花期2～11月。分布在中国西南及华南地区，印度、马来西亚及菲律宾也有分布。

苏伯兰(sobralia) *Sobralia macrantha*,兰科苏伯兰属多年生草本植物,地生兰。茎长可达2m。叶宽披针形,脉显著,鞘基连合。花序顶生,总状花序多花,花径15～18cm,粉红至紫色,唇瓣筒状,长而边缘波状、紫色,喉具白色及黄色的脊。花期5～7月。分布在墨西哥、危地马拉。

苏伯兰属全属约30种,产于热带美洲。

金鱼兰(tiger stanhopea) *Stanhopea tigrina*,别名老虎兰,兰科金鱼兰属多年生草本植物附生兰。有根状茎,假鳞茎簇生,卵圆形,顶生一叶。花序单一,弯曲或下垂,有花3～4朵,花大而香,直径18～20cm,红黄色或白色;萼红色有黄斑多条,宽卵形,端钝;花瓣红色或黄色,边缘反卷;唇瓣宽卵形,下部橙黄色,有紫点纹,中部白色有紫点,上部3齿,白色有紫点。花期5～7月。分布在墨西哥。

金鱼兰属约50种,原产于美洲热带。常见栽培的还有:华氏金鱼兰(*S. wardii*),花5～7朵,黄色或橙色,有红或红紫色斑纹,萼片长圆形至椭圆形,端急尖。分布在墨西哥至委内瑞拉。香金鱼兰(*S. oculata*),花4～9朵,直径约15cm,香气甚浓。花期4～10月。分布在墨西哥至洪都拉斯。

笋兰(white thunia) *Thunia alba*,又称石笋兰、岩笋兰,兰科笋兰属多年生草本植物,地生兰。具粗短根状茎,茎粗壮,圆柱形,具节,形如竹笋,高30～50cm。叶互生,长椭圆形,基部具关节,秋季落叶。总状花序顶生,有花3～7朵,白色,唇瓣淡黄色,褶片5,赤页黄色,距大,胼胝体半月形。花期5～8月。分布在中国云南、四川、西藏,缅甸、泰国也有。

笋兰属约有5种,中国产1种。

黑珊瑚(roxburgh vanda) *Vanda roxburghii*,兰科万带兰属多年生攀援状草本植物,附生兰。茎攀援状,叶狭长、扁平,外弯,先端有不等2裂。总状花序腋生,有花6～10朵,黄绿色或淡兰色,有褐色小格纹;唇瓣基部有短距,中裂片扩展。花期11至翌年8月。分布在中国华南各地,印度、斯里兰卡也有分布。

万带兰属约有60种,中国产8种。常见栽培观赏的还有棒叶万带兰(*V. teres*),茎长达1m,攀援状;叶圆筒形。总状花序,有花3～10朵,花淡玫瑰紫色,唇瓣侧裂片阔大、内弯,内面黄色,有红色斑纹。花期夏季。分布在华南,喜马拉雅地区也有。琴唇万带兰(*V. concolor*)与黑珊瑚相似,但唇瓣琴形(图9),花数朵、疏生。产地同上。三色万带兰(*V. tricolor*),茎长,有分枝,叶带状,先端有不等2裂,花萼片与花瓣黄色,有红褐色斑纹,唇瓣紫色,有香气。花期3～5月。分布在爪哇。

假万带兰(giant vandopsis) *Vandopsis gigantea*,兰科假万带兰属多年生草本植物,附生兰。茎粗壮,长约30cm、直立。叶肉质,宽带形,先端有不相等的2圆裂,基部套迭(图10)。总状花序下垂,花多数,花金黄色带红褐色斑点,唇瓣斧形,有一高褶片,无距。花期2～4月。分布于中国广东、广西、云南,缅甸、印度支那、马来西亚也有分布。

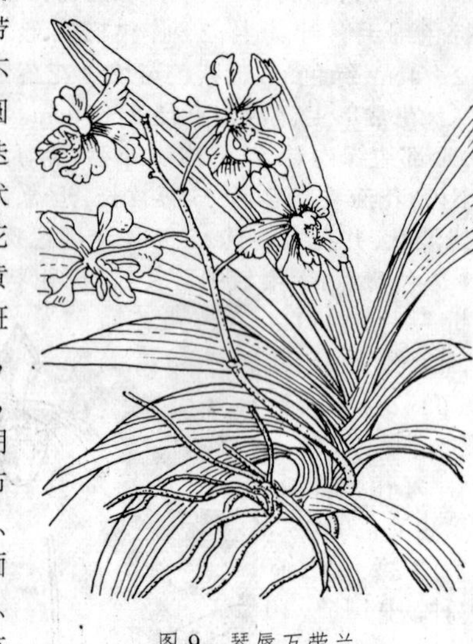

图9 琴唇万带兰

假万带兰全属约20种,产于亚洲热带至波利尼西亚。

图10 假万带兰

香果兰(common vanilla) *Vanilla fragrans* (*V. planifolia*),兰科香果兰属多年生攀援草本植物,地生兰。茎粗长,有分枝,有节,具气生根。叶互生、肥厚,长圆形。总状花序,多花,黄绿色,唇瓣有爪;蒴果三棱,长而肉质,为著名香料。越冬温度在15℃以上。原产墨西哥及中美洲,世界各地多引种栽培。作为观赏的是花叶变种。

香果兰属约有70种,中国产2种有:西南香果兰(*V. annamica*),叶长约18～23cm,宽5～10cm,纵脉25～30条凸出,具多数横脉。分布于中国云南,越南也有。台湾香果兰(*V. griffithii*),分布在中国台湾,栽培较少。

(吴应祥)

兰谱(treatises on orchids) 有关兰花品种、繁殖、栽培等方面的专著。中国养兰始于唐末,至宋代开始普及,至清最盛。所栽兰花仅限于兰科兰属(Cymbidium)植物。流传至今的宋代赵时庚《金漳兰谱》成书于1233年,是世界上最早的一部兰谱。书中叙述了"叙兰容质、品第高下、天地爱养、坚性封植、灌溉得宜"五个部分;将兰花分为紫兰(16种)及白兰(19种)两类。白兰多为建兰素心，紫兰多指墨兰。紫兰以'陈梦良'为首，'金棱边'为品外之奇；白兰以'济老'为首，'弱脚'(即春兰'素心')为末，'鱼魫'兰为奇品。对兰花台架、场地选择、分株繁殖、用土、浇水等栽培技术俱有说明。其后有王贵学《兰谱》问世(1247)。明代高濂在《遵生八笺·花竹五谱》内的《兰谱》，曾提出"培兰四戒——春不出、夏不日、秋不干、冬不湿"，为后来养兰者所遵循。清代许鼐和的《兰蕙同心录》(1865)是第一本有墨线图的兰谱。民国时期的吴恩元《兰蕙小史》(1923)，则为中国第一本附有照片的兰谱。中国兰谱见于记载者有30多部，涉及兰花的著作也很多，如明代李时珍《本草纲目》、王象晋《群芳谱》，等等。兹将中国兰谱专著列表如下。

书　名	作　者	成书年代
金漳兰谱	赵时庚	1233
兰谱	王贵学	1247
遵生八笺·兰谱	高　濂	1591
罗篱斋兰谱	张应文	1596
兰易	冯京第	明代
兰史	冯京第	明代
第一香笔记	朱克柔	1796
兰蕙镜	屠用宁	1811
兴兰谱略	张光照	1816
艺兰要诀	吴传澐	清代
兰蕙同心录	许鼐和	1865
兰言述略	袁世俊	1876
艺兰记	刘文淇	清代
艺兰四说	杜文澜	清代
养兰说	岳　梁	1890
岭海兰言	区金策	1896
艺兰秘诀	清芬室主人	1920
都门艺兰记	于　照	1920
兰蕙小史	吴恩元	1923
种兰法	夏诒彬	1930

(吴应祥)

蓝唇花 (blue lips) *Collinsia grandiflora*，别名大花柯林思，玄参科蓝唇花属一年生草本植物。染色体数 $2n=2x=14$。株高20～40cm，叶片对生，长椭圆形至线形，略具齿或全缘。花3～7朵轮生，花冠筒长约1.3cm，下唇深蓝色或堇色，上唇白色至紫色，花期6月份，果熟期7～8月份。原产美国加利福尼亚州至西北部。喜凉爽、半阴、好湿润肥沃，排水良好的土壤，忌炎热水涝。春季露地直播。冬暖夏凉地区，自9月份至翌年3～4月份定期间隔播种，则花期不断。盆栽宜用含腐殖质丰富、并施入磷、钾肥的疏松壤土。适宜林间小片栽植，用于温室盆花或作切花配花。同属植物约20种，见于栽培的还有：春蓝唇花(*C. verna*)，株高60cm，叶椭圆至卵圆形，花的下唇鲜蓝色，上唇白色或带紫色，原产美国东部。 (龙雅宜)

蓝果树 (Chinese tupelo) *Nyssa sinensis*，别名紫树、柅萨木。蓝果树科蓝果树属落叶乔木。高达30m，胸径1m，树冠广展。树皮灰褐色，浅纵裂；小枝紫绿色，有毛。椭圆形或椭圆状卵形。聚伞状短总状花序，花小，绿白色，花期4月。核果矩圆形或倒卵形，成熟深紫蓝色，后转深褐色。果期9月。产中国长江流域及华南地区。喜温暖向阳，在土层深厚、富含腐殖质的酸性土壤上长势尤盛。适应性强，引种平原幼期需遮荫，在有林而排水良好之处发育正常。播种繁殖。种子千粒重178～256g，发芽率约50%，当年苗高约30cm。蓝果树有象鼻虫为害。树身高耸挺拔，叶茂荫浓，秋日叶转绯红，分外艳丽，适作庭荫树。

(贺贤育)

蓝喉草 (common throatwort) *Trachelium caeruleum*，别名疗喉草。桔梗科疗喉草属多年生草本植物。茎直立，叶卵形、端尖。聚伞花序，小花花冠筒状，白色、蓝紫色或深紫色。花期6月中旬至7月中旬，种子细小，千粒重0.025g。原产意大利。宜壤土和砂质壤土，pH值6.5～7.0。小苗耐寒性强，夜温1～2℃仍能继续生长。长日照植物，在日照长度13小时以上，气温15℃左右花芽分化，开花适温为白天20～25℃，夜间15～20℃。一般在秋季播种，也可扦插。切花栽培中，当苗高30～40cm时需设扶持网，防倒伏。当小花充分着色，花蕾30%～50%开放时，尽量接近地表剪取，剪后立即浸入水中，流去乳汁。蓝喉草是重要切花，色彩美丽、花期长、花序大、切花产量高，也可作盆栽生产。 (秦魁杰)

蓝花棘豆 (blueflower crazyweed) *Oxytropis coerulea*，蝶形花亚科棘豆属多年生草本植物。主根入土较深。全株具平贴的白色柔毛。小叶17～41，矩圆形或卵状披针形，顶端急尖，两面均生长柔毛，长0.5～2.5cm。花葶长约为叶的二倍。总状花序较稀疏。花蓝色、深紫色、堇色或白色。旗瓣圆形，龙骨瓣有喙。花期6～8月。分布于中国和原苏联。喜冷凉气候，耐旱、耐瘠薄。播种法繁殖。可作观花地被植物。

同属约300种，见于栽培的有二色棘豆(*O. bicolor*)，小叶14～34，线形，旗瓣心形，顶端微凹。

(胡叔良)

蓝花绿绒蒿 (blue poppy) *Meconopsis fetonicifolia*，罂粟科绿绒蒿属多年生草本植物。株高

180cm，基生叶多数，卵形至长圆形。花天蓝、蓝紫或紫色，通常3～5朵，生茎顶及上部叶腋，花瓣5枚左右。花期5～6月。产中国云南西北部，缅甸也有分布。自然生长于海拔3500～5000m的山坡草地和岩石坡。耐寒，宜冬季干燥、夏季湿润凉爽的气候，喜富含有机质和排水良好的土壤。不耐移植，可于秋季直播繁殖。栽培地宜选通风良好而较为蔽荫处。要防止夏季强光照射。蓝花绿绒蒿花形较大，色彩鲜明，有较高观赏价值。宜布置花境、野生花卉园和作疏林背景。

同属植物分布于中国的约有40种，重要的有：①全缘绿绒蒿（*M. integrifolia*），花黄色，3～5朵，产于西藏，分布川、滇等地。②黄花绿绒蒿（*M. chelidonifolia*），茎高80～100cm，叶羽状全裂。花1～3朵排裂成单歧聚伞花序，花黄色。分布四川西部冕宁到茂汶一带山地。③大花绿绒蒿（*M. grandis*），花径12.5cm，深蓝或紫色。产于西藏。④多刺绿绒蒿（*M. horridula*），茎高30～100cm，生伸展的硬刺，基生叶多数，叶片倒披针形或倒卵形，两面生硬刺。总状花序，花多数，紫蓝色，花瓣4～8。分布于西藏南部和东部、云南西北部、四川西部、青海南部和甘肃南部的海拔3000～6000m山坡草地或多石砾处。⑤红花绿绒蒿（*M. punicea*），叶基生，狭倒卵形或倒披针形，全缘，两面疏生短糙毛。花茎1-6，生伸展的糙毛，花单生花葶顶端，下垂，深红色。分布于四川西北部、青海东南部和甘肃南部的海拔3500～4000m山坡草地。⑥美丽绿绒蒿（*M. speciosa*），花多数，芳香，蓝色至鲜紫红色。分布于四川西南部、云南西北部、西藏东南部。

（李嘉珏）

蓝花楹（sharpleaf jacaranda） *Jacaranda acutifolia*，紫葳科蓝花楹属落叶或半落叶乔木。染色体数2n＝36。高达15m，树冠广卵形。2回羽状复叶、对生，羽片通常16对以上，每羽片有小叶24～48对；小叶矩圆形，长6～12mm。圆锥花序顶生，花蓝色；花期春末至初秋。蒴果扁圆形，木质。产巴西，中国台湾、福建、广东、广西及云南有引种。喜阳光充足和温暖多湿气候，偶遇零下低温也能安全过冬。播种繁殖；也可扦插。蓝花楹树姿优美，绿荫如伞，叶似羽毛，花清雅秀丽，花期长达数月之久，是美丽的庭园观赏树，华南城市常作行道树及庭荫树，适于庭院、公园草坪内丛植。

同属中见于栽培的还有光叶蓝花楹（*J. cuspidifolia*），叶光滑无毛，羽片8～10对，产巴西、阿根廷。

（韦发南）

蓝蓟（purple vipers；bugloss） *Echium lycopsis*，紫草科蓝蓟属二年生草本植物。染色体数2n＝16。株高可达60cm以上，茎直立，具白色硬毛。叶互生，卵圆形至长圆形或披针形，具紧贴毛。穗状花序多数聚成圆锥花序，花在穗状花序上偏向一侧，花冠筒长为萼长的5倍，檐部5裂、不等形。花初为红色，渐变堇紫色。原产英国、地中海地区至高加索。耐寒性不强，喜温和气候及向阳环境。适生于一般园林土壤，在肥土中则营养生长过旺。秋季播种繁殖，长江下游须保护越冬。用于花境或野趣园。

（王大钧）

蓝箭菊（cupid's-dart） *Catananche caerulea*，菊科玻璃菊属多年生草本植物。全株具贴生毛，高约60cm。叶狭长披针形、互生。头状花序单生，直径约3.5cm。总苞片多层、卵形、透明，先端突尖，中肋赭色。花蓝色，全为舌状花，花期6～8月。种子繁殖，春、秋播种均可，但春播花朵较少。原产南欧，较耐寒，喜向阳环境，株行距30cm×30cm，雨季注意排涝。适于配合其他花卉布置花坛、花境，也可做切花，色泽经久不褪，十分别致。

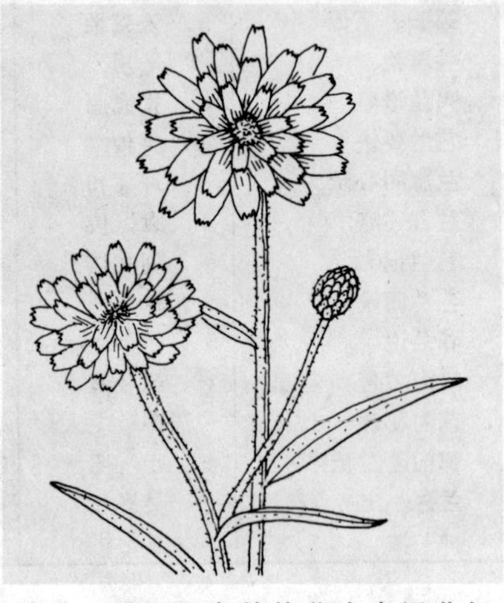

（岳沛华）

蓝目菊（African arctotis） *Arctotis stoechadifolia* var. *grandis*，别名非洲雏菊。菊科蓝目菊属多年生草本植物，常做一年生栽培。株高40～60cm，基生叶丛生，茎生叶互生，通常羽裂。头状花序单生，径7.5cm左右，总花梗长15～30cm，总苞有绒毛，舌状花白色，背面淡紫色，盘心蓝紫色。瘦果有棱沟，具长柔毛，种子千粒重2.2g。原产南非，不耐寒，忌炎热，喜向阳和干燥环境。播种或扦插繁殖。春播在3月份、秋播在9月份。出苗后移植1～2次，地栽需选用日照充足、排水良好的地块。盆栽的培养土,除壤土和腐殖土各半外,还应加入适量沙,使之排水通畅。蓝目菊可用于花境,或做切花,水养期较长。主要观赏栽培种为杂种蓝目菊(*A*. × *hybrida*),是英国培育出的种间杂交种,株高变异大,花大色彩多,有白、象牙白、乳黄、黄、橙红、玫瑰红、红、深红等色。

(岳沛华)

蓝丝带花 (blue lace-flower) *Trachymene caerulea* (*Didiscus caeruleus*),伞形科饰带花属一年生草本植物。染色体基数 x = 11。株高30~50cm,直立,上部分枝。叶互生,1~2回三出深裂。花梗长,伞形花序顶生,径5~7.5cm,花蓝色,有白色和粉红色品种。小花径约7mm,花瓣外部较长。春播夏天开花;秋播翌春开花。原产澳大利亚。喜凉爽,不耐炎热多湿,宜砂质壤土。常用于花径、盆栽和切花。

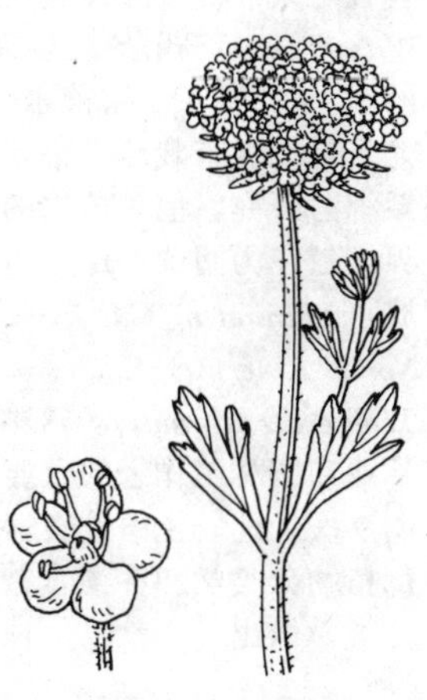

(秦魁杰)

蓝穗钟花 (California blue bell) *Phacelia campanularia*,田基麻科蝎子穗属一年生草本植物。染色体数 2n=22。株高15~20cm。叶卵形,基部心形至楔形,具钝锯齿。总状花序弯曲,花冠钟状、蓝色,花瓣深裂,花期6、9月,蒴果。变种(var. *alba*),花白色。原产美国加利福尼亚州南部,喜光照充足及避风的环境,宜排水良好的砂质土壤,不耐冬季干燥及夏季湿热。播种法繁殖,不耐移栽。宜作花坛及花丛、花境的配置材料。 (张 燕)

蓝雪花 (blueflowered leadwort) *Plumbago auriculata*,别名蓝花矾松、蓝花丹、蓝茉莉。蓝雪科蓝雪花属常绿小灌木。高约1m。枝具棱槽。叶互生,矩圆形或矩圆状卵形,长2~6cm,穗状花序,长5~9cm;花冠高脚碟状,浅蓝色,花冠筒长约3cm,花期夏季。蒴果膜质。产非洲南部,现世界广泛栽培,中国多作温室栽培。喜光照充足、温暖及空气湿润的环境。扦插繁殖。栽培应注意基质排水良好,夏季需适当荫蔽,冬季温度不低于7℃。蓝雪花于夏季开浅蓝色花,给人以清凉感,是一理想的夏季花卉,多用于盆栽观赏。 (包满珠)

蓝英花 (bush violet) *Browallia speciosa*,茄科蓝英花属一年生草本植物。染色体数 2n = 44。株高60~150cm,茎基部半木质化。叶对生或互生,卵圆形。花单生于叶腋,花冠筒长约2.5cm,上部大,花瓣5,蓝色或紫色,花径约5cm。花期春夏或夏秋。种子细小。其白花变种(var. *alba*),花纯白色,径约4cm;大花变种(var. *major*),花径约5cm。原产哥伦比亚。喜凉爽、光照充足的环境,宜肥沃、疏松、湿润的土壤,也耐贫瘠。常用播种法繁殖,园艺变种则用扦插法繁殖。种子发芽喜光,发芽适温18~21℃,约6天萌发。生长发育适温16~18℃,如昼温保持18~21℃,播后70天可开花。花枝瓶插耐久,可作切花。小花种宜布置岩石园。

同属植物常见栽培的还有:美洲蓝英花(*B. americana*),株高30~60cm,总状花序,花冠筒长约1.2cm,花瓣深裂、蓝紫色,花径约1.2cm,花期夏秋;大花蓝英花(*B. grandiflora*),一年生草本植物,花白色或淡青色,花期6月至秋季。 (张 燕)

榄李 (racemose lumnitzera) *Lumnitzera racemosa*,别名滩疤梨。使君子科榄李属常绿灌木或小乔木。染色体数 2n=2x=26。高达8m。小枝具明显叶痕。叶互生,常聚生于枝顶,匙形或倒卵形,稍肉质;总状花序腋生,有花2～12朵,花小,白色,有香气,花期冬季至翌年春季;果实卵形或纺锤形,具2～3棱,果期春末至夏初。产中国台湾、海南、广东及广西;非洲、亚洲热带和大洋洲都有分布。喜温暖、湿润,常生海岸碱滩地,为红树林群落主要组成之一,多见于淤泥较厚的海湾及淡水河流的出口处。播种繁殖。本种叶聚集枝顶,形状奇特;老枝略弯曲,姿态古雅。宜于庭园中丛植观赏,也可作盆景材料。

(韦发南)

榄仁树(Indian almond) *Terminalia catappa*,别名牛枇杷。使君子科榄仁树属落叶或半常绿乔木。染色体数2n=2x=24。高达20m,胸径达80cm。叶互生,常聚生于枝顶,倒卵形,长20～30cm,有光泽;穗状花序生于枝顶叶腋间,花杂性,绿白色,花期5～7月。核果倒卵状椭圆形,稍扁,有两棱,果期10～11月。产马来西亚,中国广东、广西、台湾、云南有栽培。喜生近海地势平缓、阳光充足、空气湿润的环境。深根性,抗风能力强。播种繁殖。偶有卷叶虫和金龟子食叶,可用90%敌百虫500～800倍液或40%乐果1500～2000倍液喷洒防治。本种树冠宽广,抗风能力强,秋冬部分叶子变红,为优良的行道树和防风林树种,也可于草地孤植观赏。同属植物常见的还有:诃子(*T. chebula*)、千果榄仁(*T. myriocarpa*)和鸡占(*T. hainanensis*)等,均可用于园林观赏。

(肖 嘉)

乐东拟单性木兰(Lotung parakmeria) *Parakmeria lotungensis*,木兰科拟单性木兰属常绿乔木,为国家三级保护树种。染色体数2n=114。高达30m,胸径90cm,树干通直,树皮灰白色,平滑。树冠近长椭圆形;叶革质,狭椭圆形;花顶生,杂性,白色带乳黄色,聚合果长圆状卵形或球形,长3.5～4.7cm,熟时橙红色,蓇葖果10～13,先端具短喙,内含心形黑色种子2枚,垂悬于丝状珠柄上。产中国海南、广东、湖南、福建、江西及浙江,多生于海拔400～1400m的常绿阔叶林中,在贵州东南的黎平县有较密集分布。原产地高温多湿,雨量充沛,年平均温度19～23.6℃,年降水量为1340～1900mm的冬无严寒、夏无酷暑的地区。现引种至北亚热带的浙江富阳与建德,在年均温16℃,最低气温-8.9℃,年降水1100mm,在每年的7～8月并伴有近一个月的高温干旱的条件下,不仅冬无冻害,生长正常,且生长年均高可达80cm,伐桩萌芽力强,可萌芽更新。幼树耐阴,成年喜光,较耐旱与耐寒。4～5月开花,9～10月果实成熟。种子繁殖,也可用白玉兰为砧木行嫁接繁殖。为防日灼宜与落叶阔叶树混栽。树干通直,冠形端庄,枝叶浓密,嫩叶娇红,又兼花大色美,果实鲜艳。适于与落叶花灌木或整形常绿植物相配置;孤植或丛栽也风姿绰约;成片栽种,适于密植。

本属中常见的种还有:恒春拟单性木兰(*P. kachirachirai*),乔木,树皮深褐色,叶倒披针形,花黄绿色,产中国台湾东南部;云南拟单性木兰(*P. yunnanensis*),大乔木,叶卵状长圆形,产中国云南。

(杨志成)

雷德尔,A.(Alfred Rehder, 1863～1949) 美国植物分类学家、树木学家。1863年9月4日出生于德国萨克森的沃尔登堡(Sachsen Waldenburg)。1884年在柏林大学植物园学习,1898年移居美国,1899年到哈佛大学阿诺德树木园任职,1918～1940年任该园标本室主任,是威尔逊所采中国树木标本的主要鉴定人和定名人,也是《威尔逊植物志》(*Plantae Wilsonianae*)一书的主要撰稿人,承担了该书117属中的87属的撰写。雷德尔一生致力于植物分类学研究,尤其对北温带栽培乔灌木的分类、分布等做了较深入系统的研究。他对植物的观察和分类特别精确,对世界文献广为阅读评述。1927年出版了《栽培乔灌木手册》(*Manual of Cultivated Trees and Shrubs Hardy in North America, Exclusive of Subtropical and Warm Temperate Regions*)。这本专著一直是世界植物学家、林业和园林工作者的重要参考书,至1960年先后已印刷9次。他一生中发表学术论文1000余篇,出版了多部植物分类学和乔灌木栽培方面的专著,对世界植物分类学做出了贡献。

(吴中伦)

冷床(cold bed) 不需人工加热而只利用太阳辐射即可维持一定温度,使植物安全越冬或提早栽培繁殖的栽植床。它是介于温床和露地栽培之间的一种保护地类型,又称阳畦。在很多国家和地区,尤其是日光资源丰富而冬、春季多风的地区,这种简单实用、廉价易管的保护地设施受到普遍欢迎。冷床被广泛用于二年生花卉的保护越冬及一二年生草花的提前播种,耐寒花卉的促成栽培及温室种苗移栽露地前的锻炼期栽培。在蔬菜栽培中,也广泛应用。

冷床分为抢阳阳畦和改良阳畦两个类型(现以北京为例加以介绍)。①抢阳阳畦由风障、畦框及覆盖物三部分组成。篱笆埋于土中,与地面形成约70°角,夹角向南倾斜,土背底宽50cm、顶宽20cm、高40cm。畦框经垒、夯实、铲削等工序,一般北框高35～50cm,底宽40cm,顶宽20cm;南框高25～40cm,底宽30～40cm,顶宽25cm,形成南低北高的结构。畦宽一般约1.6m,长约5～6m。覆盖物常用玻璃、塑料薄膜、蒲席等。②改良阳畦由风障、土墙、棚架、棚顶及覆盖物组成。风障一般直立，墙高约1.7m，厚50cm，棚架由木质或钢质柱、柁构成，前柱长1.7m，柁长1.7m；棚顶在棚架上铺以芦苇、玉米秸等，上覆10cm左右厚土，最后以草泥封裹；覆盖物以玻璃、塑料薄膜为主。建成后的改良阳畦前檐高1.5m，前柱跑土墙和南窗各为1.33m，玻璃斜角45°，后墙高93cm，跨度2.7m。用塑料薄膜覆盖者，可不再设棚顶。

抢阳阳畦和改良阳畦均有降低风速、充分接收太阳辐射、减少蒸腾、降低热量损耗、提高畦内温度等作用。冬季晴天抢阳阳畦内温度较露地高13～15.5℃，改良阳畦较抢阳阳畦又高4～7℃。增温效果是相当显著的。

（包满珠）

冷窖（cellar） 不需人为加温用来贮藏植物营养器官或植物防寒越冬的地下设施。冷窖是植物材料越冬的最简易的临时或永久性保护场所。冷窖具有保温性能较好、建造简便易行的特点，其保温性能较之风障、冷床、冷室等，均有明显的提高。建造时，只需选择半封闭的空间，挖掘至一定深度、大小，即形成窖体。而后作顶，即形成完整的冷窖。冷窖通常用于北方地区贮藏不能露地越冬的宿根、球根、水生花卉及一些冬季落叶的半耐寒花木，如石榴、无花果、蜡梅等，也可用来贮藏球根如大丽花块根、风信子鳞茎等。

冷窖依其与地表面的相对位置，可分为地下式和半地下式两类：地下式的窖顶与地表面持平；半地下式窖顶高出地表面。前者保温性能优于后者。依其深度也有明显不同，一般用于贮藏植物体者较浅，深度1m左右；用于贮藏营养器官者可较深，达2～3m。窖顶结构可分为人字式、单坡式和平顶式三类。人字式出入方便；单坡式由于南低北高，保温性能较好；平顶式则建造简易。窖顶建好后，上铺以保温材料高粱秆、玉米秸、稻草等，其上再覆土30cm厚封盖。

冷窖在使用过程中，要注意开口通风。有出入口的活窖可打开出入口通气，无出入口的死窖应注意逐渐封口，天气转暖时及时打开通气口。气温越高，通气次数应越多。另外，植物出入窖时，应进行锻炼，以免造成伤害。

（包满珠）

冷库（cold storehouse） 人为控制较低温度以贮存裸根树苗等鲜活产品、种子、球根等繁殖材料的设施。冷库的建造必需用保温、保湿的建筑材料，人为调控温度、湿度的机械设备，应用人工照明，使贮存的植物体在适宜的条件下，维持其最低程度的生理消耗，保持生命活力，延长其休眠状态或新鲜的外貌。使用冷库对调节切花、裸根树苗等的市场供应、土地的合理使用、促进植物的后熟以及缓和运输紧张等方面，均可起重要作用。

冷库常附设在大型苗圃内，用以贮存大量裸根的落叶苗木。树苗自落叶后掘出贮存在冷库内，直到次年初夏，长达6个月以上，可陆续供应苗木。冷库经常保持0.5～1℃，室内大量喷雾，相对湿度保持98%以上。球根冷库要将掘出的球根（如唐菖蒲、水仙等）经24小时散热后，分级装至有孔的容器内，置于温度0.5～10℃、湿度30%～50%条件下，可以贮存到翌春。切花冷库的贮存方式有：①湿冷法。温度0.5～1.5℃，湿度85%～90%，对白天采收次日出售的一般切花，短期贮存很适宜。但也有些例外，如唐菖蒲及不同品种的热带兰，即不能低于4.5℃，万带兰不能低于13℃。②干冷法。即尽量减少鲜花的水分蒸发，但不能将花浸在水中。在0.5℃的温度下将切花放在密封的金属电镀塑料套筒内，蒸发量甚微。这样，切花可以贮存较长时间。大量的花粉、种子的冷藏，需在0℃以下的冷库中贮存；而贮存大量的插条不能低于0.5℃，在密封条件下不再增加湿度。

冷库使用的关键，在于对温度、湿度控制得当，贮存的植物处在休眠或半休眠状态下，呼吸及输导等生命活动迟缓。在高湿喷雾中，微小的雾点可将少量CO_2吸收，空气污染的可能很小。在室内、外温差较大的情况下，不宜通风换气，以免影响贮存效果。

（包满珠 余树勋）

冷杉（fir） *Abies fabri*，别名峨眉冷杉、塔杉。松科冷杉属常绿乔木。染色体数$2n=2x=24$。高30～40m，胸径1m，树冠尖塔形，树皮深灰色，片状纵裂。大枝斜上伸展；一年生枝淡褐黄色。叶条形、扁平，边缘向下反卷或微反卷，先端凹或钝。球果卵状圆柱形；种子长椭圆形，有宽翅。花期5月。果熟10月。

产中国四川大渡河及青衣江流域，大凉山、小凉山及康定以东海拔2000～4000m地带，组成大面积纯林或混交林。喜生于气候温凉湿润，年平均气温0～6℃，冬季最低气温－20℃，年降水量1500～2000mm，空气相对湿度85%～90%，云雾多，富含腐殖质的酸性棕色森林土环境。耐阴性强，根系浅。天然林生长较慢，50年生树高18m，胸径34cm。播种繁殖，种子千粒重为10～16g。幼苗出土后，应及时搭设透光度50%的荫棚，以防日灼。树干高大挺拔，枝叶茂密，姿态优美，适于丛植、群植或与其他树种混植，尖塔形树冠可组合成参差多变的林冠线。在建筑物周围列植、草坪中孤植，可形成庄重、壮观的气氛。是高山风景区的主要绿化树种，也是优良用材树种。

本属常用园林绿化的种尚有：杉松（*A. holophylla*），别名沙松、辽东冷杉、白松。高30m，胸径1m，一年生枝黄灰色或淡黄褐色。叶长 2～4cm,先端尖;球果枝之叶上面近顶端或中上部常有 2～5 条不完整的白色气孔线。球果圆柱形,熟时淡黄褐色或淡褐色;产中国东北,俄罗斯及朝鲜也有。北京有引种,生长良好。臭冷杉(*A. nephrolepis*),别名东陵冷杉。高 30m,树冠圆锥形。一年生枝淡黄灰色或灰褐色。营养枝之叶先端常凹缺或 2 裂。球果成熟时紫褐色或紫黑色。产中国东北、华北;俄罗斯及朝鲜也有。日本冷杉(*A. firma*),高 50m,胸径 2m。一年生枝淡黄灰色,球果熟前黄绿色,熟时淡褐色;原产日本。中国庐山、南京、青岛、大连、北京等地有引种栽培。此外有岷江冷杉(*A. faxoniana*)、百山祖冷杉(*A. beshanzuensis*)、紫果冷杉(*A. recurvata*)、黄果冷杉(*A. ernestii*)、台湾冷杉(*A. kawakamii*)、日光冷杉(*A. homolepis*)、秦岭冷杉(*A. chensiensis*)等。

(李裕久　秦瑞明)

冷室(cool house)　不需人为加温的保护性植物栽培设施。冷室主要用于某些当地不太耐寒的植物越冬。这些植物不需温室中的较高温度,而只需稍加保护即可。因而,它是一种节能型的栽培设施。另外,冷室也可用来进行某些植物催花要求温度不高的促成栽培。如北京地区常用冷室进行蜡梅、迎春、连翘等花灌木的催花处理,使其在春节期间开放,从这个意义上说,冷室也是花卉促成栽培的一个重要辅助设施。在北方地区,冷室还可作为温室植物进入温室前的过渡设施,使植物适应环境,而不致因气温骤变产生伤害。

冷室与温室相比,具有建造成本低、易维修、耗能少等特点。在建造冷室时,首先要尽量使其吸收尽可能多的太阳光能,一般采用东西走向,朝南面可留窗户或设玻璃坡屋面;其次要特别注意其保温性能,通常采用隔热性能好的建筑材料,加厚墙壁,注意密封。也有采用降低屋基,建成半地下式者。此外,冷室的内部空间也要根据具体情况作合理布局。一般来说,应具备人行道、植物栽植床(或台),再配以其他附属设施。

在冷室管理中应注意少浇水,少施或不施肥。冬季进出冷室应尽量快捷,以免散失热量。

(包满珠)

冷水花(clear weed)　*Pilea cadierei*,荨麻科冷水花属多年生常绿草本植物。株高 15～40cm,茎多汁,易分枝。叶对生,卵状椭圆形,先端尖,边缘有浅齿,叶面稍皱,叶脉间有 4 条大小不同的银白色纵向宽条纹,脉稍凹陷,叶背浅绿色。原产印度。喜温暖湿润,有光照但忌直晒,宜疏松透水的腐殖质土壤。生长适温 20℃左右,越冬温度不低于 10℃。扦插繁殖,插穗长约 10cm,插于松软透气的基质,在 20～25℃条件下 7 天左右即可生根。生长期施液肥和浇水。为盆栽观叶植物,老龄时观赏价值降低,须及时更新。

全属植物约有 200 种,常见栽培的还有:镜面草(*P. peperomioides*),老茎呈木质化,褐色,叶近圆形,浅绿色,有光泽,呈盾状着生,似圆镜。可分株繁殖。产于云南。铜钱叶冷水花(*P. nummularifolia*),茎低矮匍伏,线状分枝,节上生根。叶有细柄、圆形,亮绿色,两面有毛,边缘有锯齿,叶面生有小水泡状物。原产南美。平卧冷水花(*P. depressa*),匍匐生长,与铜钱叶冰水花相似,不同点在于叶为倒卵圆形至近匙形,先端呈圆齿状。原产西印度群岛。友谊花(*P. involucrata*),茎蔓生至直立,具长硬毛至疏柔毛。叶丛生茎端,叶片卵圆形至宽倒卵圆形,先端圆,有圆锯齿,叶面皱,铜绿色,叶背紫色。产西印度至南美。

(吴应祥)

梨类(pear)　*Pyrus* spp.,蔷薇科梨属落叶乔木或灌木。染色体数 2n＝2x, 3x, 4x＝34, 51, 68。梨属植物全世界约 25 种,中国产约 13 种,引种栽培 1 种。梨树在中国栽培已有 2000 余年历史。《庄子》(庄周撰,公元前 369～前 286)有“三王五帝之礼义法度不同,譬其犹楂、梨、桔、柚,其味相反而皆于口”的记述。

梨属植物依照果实上萼片的有无,分为宿萼组和脱萼组。再按叶缘锯齿和分裂情况、叶片形状、果实色泽与质地、花柱数等区分种。中国梨属植物约有 1000 多品种,概括分为秋子梨系统、白梨系统、沙梨系统、新疆梨系统和西洋系统等。

枝有时具刺;单叶互生、有锯齿或全缘。花先于叶或与叶同放,伞形总状花序,萼片 5,花瓣 5,白色,稀粉

红色;每花序有花 5～10 朵,花期一般 10 天左右。喜干燥冷凉气候,耐水湿,抗寒,对土壤要求不严,而在肥沃湿润的砂壤土上生长较好,梨为深根性树种,耐粗放

管理，也较耐瘠土。栽培品种用嫁接繁殖，砧木用杜梨、秋子梨、川梨等。主要虫害有黎眼天牛（*Bachisa fortunei*）、黎小食心虫（*Grapholitha molesta*）、黎网椿（*Stephanitis nashi*）、梨实蜂（*Hoplocampapyricola*）及多种金龟子等；主要病害有利黑星病（*Ventruia pirina*）、黑斑病（*Alternaria* sp.）、赤星病（*Gymnosporangium haraeanum*）等。

可在风景名胜区、园林庭院或绿地栽培，以群体自然形布置为宜。春季观花，秋季观果，果实又可食用。

梨花类常见的树种有：白梨（*P. bretschneioderi*）主要分布在中国北部和西北地区。花期4～5月，花朵大，白色。喜干燥冷凉气候。品种有'鸭梨'、'慈梨'、'雪花'梨和'秋白'梨等。沙梨（*P. pyrifolia*）主要分布中国长江流域以南和淮河流域。花期4月上中旬，喜温暖潮湿气候，抗寒力较差，但优于西洋梨。品种有'酥梨'、'黄樟'梨、'花溪'梨、'宝珠'梨等。从日本引入品种如'廿世纪'梨、'菊水'梨、'长十郎'梨也属之。秋子梨（*P. ussuriensis*）主要分布于中国东北地区，华北和西北也有分布。花期4月上中旬。抗寒力极强，能耐－37℃低温。品种有'京白'梨、'南果'梨、'花盖'梨等。杜梨（*P. betulaefolia*）主要分布在中国华北和西北地区，江苏、安徽、湖北、江西也有分布。花期4月上旬，花先于叶而朵小。耐寒、耐旱、耐涝。新疆梨（*P. sinkiangensis*）主要分布在中国新疆，甘肃、陕西也有。抗寒力比西洋梨强，但不如白梨。花期4月上旬。主要品种有'禾曼'梨、'卡拉阿木特'、'句句'梨、'长把'梨等。西洋梨（*P. communis*）为引种栽培。主要分布在中国山东烟台和辽宁旅大地区。花期4月中、下旬至5月初。花叶同时开放，花朵高，有重瓣花，花型美观。抗寒力弱。品种有'巴梨'（cv. Bartlett）、'鲍斯克'（cv. Baurre Bosc）、'茄梨'（cv. Clapp's Favorite）。豆梨（*P. Calleryana*）主要分布在中国长江流域以南。喜温暖、潮湿。花期4月上中旬，花朵小。种梨（*P. pashia*）主要分布在中国云南、四川、贵州。喜温暖潮温。花期3～4月。

（张　鹏）

藜芦（false hellebore）　*Veratrum nigrum*，别名黑藜芦、山葱。百合科藜芦属多年生草本植物。染色体数2n=64。鳞茎增大不显著。株高60～100cm。基部残留黑褐色撕裂网状枯鞘。叶4～6片，椭圆或矩圆状披针形，先端渐尖，基部近楔形，鞘部抱合成假茎。茎生叶有短柄，薄革质。圆锥花序长30～50cm，密被绵毛，密生黑紫色二性花。侧生总状花序长仅及顶生花序之半，通常只具雄花。花被片6，矩圆形，长0.5～0.8cm，宽0.3cm。花期秋季。分布于亚洲北部和欧洲中部。耐寒。栽培容易。播种或分株繁殖。园林中用于花境及野趣园。

（郑　恭）

礼仪插花（flower arrangement for courtesy）　应用于国务、外事、商务、婚丧等礼仪活动中的插花类型。用以表示喜庆、慰问、悼念等情感。礼仪插花主要包括花环、花篮、花束、桌面花饰和花圈等。

花环　环状花卉装饰，用于庆典活动。欧美常在情人节、母亲节、圣诞节等活动中运用。东南亚国家常用花环迎接贵宾。花环的风格与形式常具有鲜明的民族特色和内涵。规格不等，花材的选择性较强，以中、小型花朵为好。可酌情添加芳香花卉，如白兰花、茉莉等，以增加愉悦感。花环造型以圆形和椭圆形居多，大者内径30～50cm，小者15cm左右。花环可做墙面挂饰，也可用细绳将花朵串在一起，挂于胸前。花环的制作，先做骨架，外用衬垫材料和彩色丝带包裹，把鲜花与衬叶插在骨架上，或把鲜花直接系在细绳或丝带上。花环上可安排一定构图中心，花叶之间还可用彩带、纱巾等作为点缀，但从总体上讲体量要轻，便于挂饰。

花篮　切花经过一定艺术构思插在篮中的花艺制品。通常分为商品花篮及艺术花篮两类。前者多采用规则式造型，用于礼仪庆典活动，如文艺演出、商业开市、婚礼等。后者造型活泼多样，常用于花展和室内装饰。大型花篮高达2m以上，可分2～3层，小者不足10cm。从观赏上，又可分为单面观赏花篮（如商业开市用的）及空间装饰用的四面观赏的花篮。喜庆活动多选用鲜艳、明快的花朵，丧事活动的则选用素雅或冷色调花朵。花篮制作时首先根据应用方式及表现内容选择适宜的篮子，再把花泥或湿粘土固定于篮中。插制前，根据需要对花材做造型、加固处理。花篮构图还应注意比例的均衡与协调。礼仪花篮中，衬叶插于花篮的背面做衬底，艺术花篮可依构图需要，把衬叶摆布于后面或周围。大型礼仪花篮，通常上层做为构图的中心，下层用花量远少于上层，只起陪衬作用。插制完毕，应及时喷水，注意对花材的养护管理。

花束　花材经艺术构思绑扎成束，是各种礼仪活动中广泛应用的形式，用以表达庆贺、慰问和祝愿之意。花束的形式较多，可分为单面观赏的花束和四面观赏的花束，可采用的花材较为广泛，除考虑构图要求、色彩搭配之外应与文化习俗相结合。欲表达的情感用花材的寓意和花语来实现，则具有更丰富的内涵和感染力。常见使用的花材有月季、香石竹、热带兰、百合、马蹄莲等。花束制作首先选择适宜的花材及衬叶。花束构图分规则式及自由式，花材搭配宜协调。扎好的花束应配上体量、色泽相宜的装饰袋或装饰纸，并将丝带花装饰在花袋的手柄处。新娘捧花依国别、习俗以及婚礼服饰的不同，在风格和设计形式上也有很大区别。通常使用的色彩则以白色和暖色为多，用以表达纯洁的爱情，烘托婚礼的喜庆气氛。习用花材有蝴蝶兰及其他热带兰类、香石竹、月季等，并用文竹和蕨类等植物做衬叶。常见的捧花形式有：①下垂型。

构图多呈不等边三角形,并选用大花型的蝴蝶兰、百合等形成构图中心,用中小型花朵或花蕾与主花材相呼应,下垂部分宜选用蔓性的衬叶以增加轻盈和飘逸感,在手柄处用丝带花点缀。②自由组合型。构图不受几何形体的局限,选择适宜的花材,色彩切忌过杂、过浓,配以适量的衬叶和丝带,花束下端留出手柄。其造型活泼,具有时代感。

桌面花饰　是装饰桌面的插花形式,通常做四面观赏,有圆形、椭圆形、菱形、方形、长方形、三角形等。大型桌面花饰常用于高规格的宴会,多采用放射状构图,有时还在餐桌的四角点缀少许花朵及衬叶,以丰富构图和增添活泼气氛,使宴会呈现出华丽隆重的气氛。小型者多用于家庭餐桌,可采用自由式或规则式构图,通常体量较小,用花不多,还可选用盘、碟等生活器皿做插花容器。桌面花饰的制作,首先用装饰纸包好花泥,防水分外溢污染桌面,再把花泥固定在花钵里,构图中心应在桌子中央,四周可作烘托式点缀。主花材选择色彩明快、花型较大的花卉,配花应与主花协调,并用肾蕨、文竹及橡皮树等作衬叶应用。从桌面花饰整体上看,自中心向四周放射,从高到低呈弧面形,长度及宽度均依桌面大小确定,一般高度在30cm以下,以不妨碍视线为度,呈现出丰满、热烈的气氛。

花圈　将鲜花与衬叶组合成圆形的花卉装饰品。常用于丧事及悼念活动,表达怀念、崇敬之意。花圈的规格不等,通常直径在50～120cm,以圆形或椭圆形为多。依国家和民俗不同,花圈的风格、式样及花材选用也有区别。中国常以冷色调花卉做主花材,暖色做点缀,具有肃穆的气氛。习用的花材有菊花、香石竹、马蹄莲等。衬叶与花篮叶材略同。制作时先用金属丝、植物茎杆等做花圈的骨架,外层用丝带或色纸装饰。把鲜花及衬叶固定在短竹扦上,然后按构图要求插在花圈上,组成不同的色块或图案。还可形成一定构图中心,以增强装饰性和立体感。此外,花朵在花圈上的排列和朝向应形成一定的弧度,使花圈造型更加丰满。制作后,应及时喷洒清水,保持新鲜度。　(许恩珠)

李驹(Li Ju,1900～1982)　园林、园艺学家和教育家。字超然,广东梅县人。1912年赴法国巴黎留学,毕业于法国高等园艺学校和高等热带植物学院,获园艺、农业工程师称号。1923年回国后先后受聘于南京中央大学、南京公园管理处、浙江省建筑厅农业改良总场、重庆大学、四川大学、西南农学院、北京林学院等单位,历任教授与高级园艺师等职。曾担任北京林学院城市及居民区绿化系首届系主任。在教学中坚持理论与实践相结合的方向。编著出版了《苗圃学》。他是中国园林、城市绿化设计的先驱,是中国园艺学会的发起人之一。曾参加过南京中山陵园的设计,主持设计了开封龙亭、杭州湖滨公园等20多个公园或庭园的设计。他治学严谨,勇于实践,勤勤恳恳,诲人不倦,为中国培养了大批园林、园艺专门人才,为开拓创建中国的园林事业做出了贡献。

(李淑华)

立金花(cape-cowslip)　*Lachenalia aloides* (*L. tricolor*),百合科立金花属多年生草本植物。染色体数2n=14。具小鳞茎,叶披针形;总状花序有花10余朵。花朵下垂,花筒长2.5cm,花黄色,筒部偶有绿色晕,先端或基部具红色条纹晕。品种有'橙色立金花'(cv. Aurea)、'黄立金花'(cv. Lutea)和'杂种立金花'(cv. Nelsonii)。原产南非。生长健壮,喜温暖气候,不耐寒。要求排水良好的肥沃土壤。秋季分栽小鳞茎繁殖,培养1～2年后开花。也可播种与叶插繁殖。盆栽:8～9月间,种在深筒盆中,盆土用富含腐殖质及含磷、钾量较高的培养土,覆土深约2.5cm。栽后浇透水。第一叶出现前,控制水分,置通风良好光照充足的温室中。生长适温15～18℃。旺盛生长期,10～14天补充一次稀薄液肥。花后至叶色变黄前减少供水,并渐渐停水,使鳞茎处于干燥条件。自栽植至开花约130～170天。8～9月挖出鳞茎,按大小分别栽植。

同属植物约65种,主要产在南非,见于栽培的有长筒立金花(*L. bulbiferum*),花朵较少,花筒长约3.8cm,外瓣先端带紫红、红、黄和绿色晕。

(龙雅宜)

立体交叉绿化(greening for road vertical crossing)　对道路立体交叉所形成不同层次的空地和墙面进行的绿化作业。立体交叉的绿化,具有引导车流,有利安全,美化城市景观的作用,使城市显示出现代化气息。车行其间,随着车辆在不同高度上行驶,欣赏到不同层次、不同角度的景观,无论平视、俯视,或仰视均有景可供观赏。立体交叉的绿化布置,要有利于发挥交通功能为前提,使司机有开阔的视野,保证安全视距。

绿岛的绿化,一般应以开阔的草坪为主,在草坪上布置宿根花卉、球根花卉及观赏价值高的常绿树丛及花灌木,使整个绿地布局开朗,简洁明快,色彩斑烂。绿地虽被道路分割成大小不同的"岛",通过绿化布置,使其既分割又有联系,既多样又有统一的整体感。不要种植阻挡司机视线的高篱和大量乔木,特别在道路汇合的车辆顺行交叉处,也不能种植阻挡视线的树木,如种植绿篱和灌木,则不能超过司机的视高点。

立体交叉路面上升不同高度的环道之间所形成的空间，在不影响交通安全的前提下，可作花园式布置，为人们提供游憩的场所，如广州先烈路立交桥的绿化即是一例。原则上立交桥的绿化地带是不宜开放的。

立体交叉的主次干道及匝道之间的绿地，往往形成较大坡度的坡地，或成为几层台地和大面积的挡土墙，要在这里种植草地、灌木，以护坡固土，并种植攀援植物作墙面绿化。

为了更好地养护管理，立体交叉绿地中要预埋喷灌系统。

中国各城市的立体交叉绿化，已取得了很好的效果。如北京位于机场路上的三元立交桥，位于亚运村的安华立交桥、安慧立交桥、健翔立交桥等地的绿化布置，都是以开阔的草坪为主，缀以树丛、花丛、花坛，达到多样统一的艺术效果。层次丰富，色彩和谐美丽，给人以简洁、开朗、明快、多彩的感觉。既有利交通安全顺畅，又以绿色植物衬托出宽广宏伟的气势，均是成功的实例。

（徐大陆）

丽豆 (Chinese calophaca)　*Calophaca sinica*，蝶形花科丽豆属落叶灌木。染色体数 2n＝16。树皮红褐色，小枝密被灰白色长柔毛。奇数羽状复叶、互生，小叶 5～7 枚，椭圆形或倒卵状椭圆形，长 1.2～2.4cm。总状花序腋生，花黄色、长 2.5～3.0cm，花期 6～7 月。荚果矩圆形，长约 3cm，8～10 月果熟。产中国山西及内蒙古，多生于山谷或山坡灌丛中。喜光，略耐阴；喜凉爽气候，耐寒力强，根系较发达，在深厚肥沃的土壤上生长良好。播种繁殖。少有病虫害。在园林绿地中可植为花篱，也可在草地上丛植。

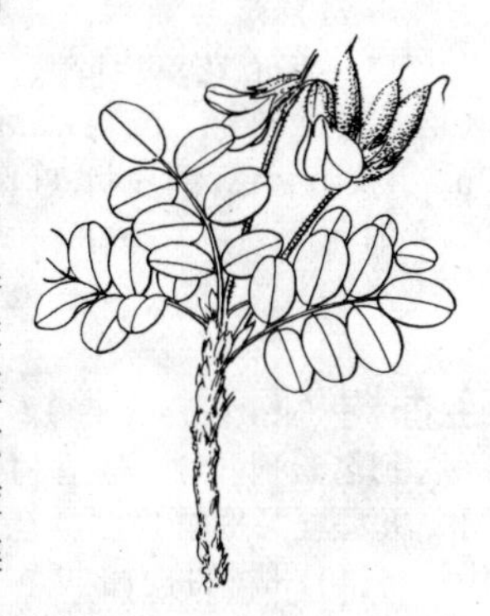

同属中可用于观赏的种还有：新疆丽豆（*C. hovenii*），灌木，高 1m，羽状复叶，小叶 7～11 枚。花黄色，5～8 朵组成长 10～15cm 总状花序，花期 5～6 月。产中国新疆。塔城丽豆（*C. chinensis*），灌木，高 30cm，羽状复叶，小叶 5～11 枚，两面密被灰色绒毛。总状花序具 4～5 花，花黄色，花期 7～8 月。产新疆塔城地区。

（陈耀华）

荔枝 (lychee)　*Litchi chinensis*，别名离支、大荔。无患子科荔枝属常绿乔木。染色体数 2n＝30，28。早在秦汉之前就有栽培，至宋代蔡襄在《荔枝谱》中已记载有 32 个品种。高达 20(30)m，树冠广圆形。枝常扭曲，小枝有白色皮孔。偶数羽状复叶互生，小叶 4～8，矩圆形或矩圆状披针形，长 6～15cm，全缘；圆锥花序顶生，长 16～30cm，花杂性，形小，绿白色或淡黄色，无花瓣，花期 3～5 月。核果球形或卵形，外果皮有小瘤状突起，橘红色至暗红色；种子褐色，被乳白色肉质假种皮，果期 5～7 月。栽培品种很多。产中国海南、福建、广东、广西及云南，贵州、四川和台湾有栽培；越南、泰国也有分布，澳大利亚、非洲南部及北美有引种。耐阴，花期需光；喜湿热气候和多雾天气，不耐低温；对土壤适应较广，酸性土及钙质土均可生长，但以肥沃、湿润而排水良好的砂质壤土及冲积土为佳。寿命可达千年以上。播种、嫁接和高压繁殖。种子易丧失发芽力，应随采随播。嫁接一般以原种实生苗为砧木，行靠接、合接或芽接。高压一般在 2～9 月选 3～4 年生直径 2～3cm 的健壮枝条进行。主要虫害有：荔枝蝽象，可用 0.5% 敌百虫液喷杀，或施放平腹小蜂防治；驳纹细蛾，可用天敌姬小蜂防治或于 4～5 月间用 90% 敌百虫 350 倍液喷杀。

本种为南方珍贵果树，也常于公园或庭园中栽植观赏，若植于池边、湖畔，绛果翠叶，垂映水中，亦成佳境。

（肖　嘉）

栎树 (oak)　*Quercus* spp.，壳斗科栎属常绿或落叶乔木、稀灌木。染色体数 2n＝24。单叶互生，叶缘有锯齿或裂片。花单性同株，雄花为柔荑花序，雌花单生或排成穗状花序。坚果，下部包以总苞又称壳斗或橡碗，坚果当年或第二年成熟。主要种类有：①常绿栎类，有高山栎（*Q. semicarpifolia*）、川滇高山栎（*Q. aquifolioides*）和匙叶栎（*Q. dolicholepis*）等。②落叶栎类如麻栎（*Q. acutissima*）、小叶栎（*Q. chenii*）和栓皮栎（*Q. variabilis*）等。栎树分布亚洲、欧洲、美洲和非洲。在中国西藏垂直分布可达海拔 4000m。分布最北的栎树是蒙古栎（*Q. mongolica*）。多为喜光树种，喜温暖气候。寿命长，根系深，生长速度慢至中等。用种子繁殖或萌芽更新。主要病虫害有栎褐天社蛾、栎实象鼻虫、柞天牛等，可喷马拉松乳剂防治或用溴化甲烷薰杀。栎树许多种类树干高耸，树冠广展，枝叶繁茂，叶色有明显季相变化，宜孤植或群植。栓皮栎、麻栎、槲栎、夏栎等都可作行道树或园景树。此外，栎树还是水源涵养林的优良树种。

（任宪威）

缤木 (thinleaf Tibet lyonia)　*Lyonia ovalifolia* var. *elliptica*，别名小果南烛、白心木。杜鹃花科南烛

属落叶灌木或小乔木。綄木是南烛(*Lyonia ovalifolia*)的一个变种。染色体数 2n=2x=24。高达 7m,冠幅 5~6m。叶互生,卵状椭圆形,长 5~10cm,全缘。总状花序腋生,长 3~8cm,花白色,花冠椭圆状坛形,长约 8mm,花期 6 月。蒴果球形,果期 10 月。分布于中国陕西、江苏、安徽、四川、贵州、湖南、湖北、广东、广西、福建、江西、台湾等地,日本也有。喜光,喜温暖湿润气候。播种或扦插繁殖。綄木树形优美,花叶俱佳,可孤植观赏,也可配植树丛。

(包满珠)

连钱草(coin-leaves herb) *Glechoma longituba*,别名金钱草、佛耳草、活血丹。唇形科连钱草属多年生草本植物。具匍匐茎,幼嫩时被长柔毛。叶片心形,两面有毛。轮伞花序,花少,苞片刺芒状,花萼筒状具 5 齿、长披针形,顶端芒状。花冠淡蓝色至紫色,下唇具深色斑点。小坚果矩圆状卵形。中国除西北和内蒙古外,各地都有分布,朝鲜也有分布。喜湿润气候,不择土壤。园林中可用作向阳处、半阴处和河岸溪边的地被植物。茎叶可入药。

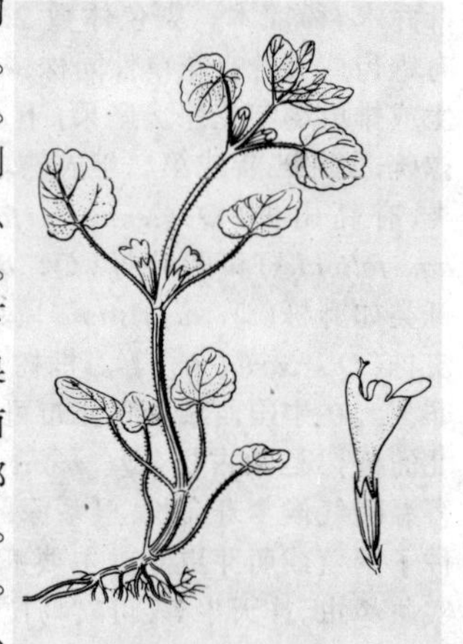

(胡叔良)

连翘(weeping forsythia) *Forsythia suspensa*,别名黄绶带、黄寿丹。木犀科连翘属落叶灌木。染色体数 2n=2x=28。高 2~3m,冠幅可达 3m。枝干丛生,小枝黄色,拱形下垂,髓中空。叶对生,单叶或 3 小叶,卵形或卵状椭圆形,长 3~10cm,缘具齿。花冠黄色,1~3 朵生于叶腋,3~4 月叶前开放。蒴果卵圆形,种子棕色,7~9 月果熟。变种有紫枝连翘(var. *atrocaulis*)、三叶连翘(var. *fortunei*)、垂枝连翘(var. *sieboldii*)、毛叶连翘(var. *pubescens*)和花叶连翘(var. *variegata*)等。产中国北部和中部,朝鲜也有分布。喜光,耐寒,耐干旱瘠薄,怕涝,适生于深厚肥沃的钙质土壤。播种或扦插繁殖。多春播,种子千粒重约 17g。播种当年苗高约 30~40cm。扦插容易成活,春季用一年生休眠枝或雨季选半木质化生长枝作插穗皆可。为获取大苗,也可行分株繁殖。每年花后修剪,应选留培养 3~5 个骨干枝,每年花后疏除枯枝、老枝、弱枝,对部分比较健壮的枝条进行适度短截,促使萌生新的骨干枝和花枝。

连翘是中国北方早春观花灌木,黄花满枝,明亮艳丽,若与榆叶梅或紫荆共同组景或再衬以常绿树作背景,效果更佳;也适宜在角隅、路缘、山石旁孤植或丛植,还可用做花篱或在草坪成片栽植。果实可入药。

同属中常见的种有:金钟花(*F. viridissima*),落叶灌木。高 1.5~3m,小枝绿色或绿褐色,髓薄片状,叶椭圆状矩圆形至披针形,主产中国长江流域,各地多有栽培。其变种朝鲜连翘(var. *koreana*),花较大,分布于朝鲜,中国东北地区有栽培。金钟连翘(*F. intermedia*),是连翘与金钟花的杂交种,性状介于二者之间,欧美园林中常有栽培,中国北京有引种。卵叶连翘(*F. ovata*),落叶灌木。高约 1.5m。叶卵形至广卵形,长 5~7cm,花单生叶腋,产朝鲜,中国东北地区有栽培。秦岭连翘(*F. giraldiana*),落叶灌木。高达 3m,小枝暗紫色,髓片状,叶两面具疏毛,产中国湖北、陕西、甘肃等地。

(陈耀华)

连香树(katsura tree) *Cercidiphyllum japonicum*,别名紫荆叶树。连香树科连香树属落叶乔木,中国二级重点保护植物。染色体数 2n=2x=38。高达 10~25(40)m。树皮暗灰色,呈薄片状剥落。枝深灰色,平滑,小枝分为长枝和对生于长枝上的距状短枝两种,花芽生于短枝叶腋。叶对生,纸质,长枝上叶片卵圆或近菱形,基部楔形,边缘具细钝圆齿,齿端凹处有黄色腺体,具 3~5 条掌状叶脉;短枝上的叶心形,边缘具浅波状锯齿,叶柄紫红色。雌雄异株,花期 4 月,先叶开放或与叶同放,常 4 朵雄花或 2~6 朵雌花簇生。果期 9 月,蓇葖果幼时绿色,熟时紫黑,略弯曲;种子卵形扁平,顶端具透明翅。变种有毛叶连香树(var. *sinense*),叶背沿脉及脉腋被绒毛。其分布较原种偏西偏南,多在中国陕西、四川、湖北等较高山区分布。连香树产中国山西、河南、陕西、甘肃、安徽、浙江、江西、湖北和四川等地,北京已引种成功。喜湿,多生于海拔 1400~2800m 的山地阴坡及沟谷林地、林缘、灌丛及溪边等处。喜光,不耐阴。萌芽性强。适生于土层深厚的中至酸性土。播种繁殖,也可用压条、扦插繁殖。树干通直、树姿雄伟,新叶紫色,秋叶黄或红色,为优良的园林绿化树种,可作行道树或庭荫树。

(李泽雏 傅平都)

楝树(China-berry) *Melia azedarach*,别名苦楝、雀楝、楝枣子。楝科楝属落叶乔木。染色体数2n=28。高15~20m,胸径可达1m,树冠伞状广卵形,树皮纵裂。小枝绿色,皮孔明显;2或3回奇数羽状复叶,互生,小叶卵状椭圆形至披针形,长3~7cm,边缘具钝锯齿;圆锥花序腋生,花紫色,径约2cm,芳香,花期4~5月;核果椭圆形或近球形,淡黄色,果熟期10~11月。产中国河北中部以南,东至山东、江苏、台湾,南至海南,西至四川、云南及甘肃,印度、缅甸也有分布。喜阳光充足及温暖湿润气候,不耐寒。对土壤要求不严,在酸性土、钙质土及含盐量在0.46%以下的盐渍土壤上均能够生长;不耐旱,怕积水。对二氧化硫抗性强。楝树侧根发达,抗风,萌芽力强,生长迅速。播种繁殖。冬播或将种子贮藏至翌年春播。为培养直立主干,可在3~4年生时进行平茬,能培养成4~5m高的主干。楝树的病虫害较少,有时有溃疡病、红蜘蛛及介壳虫等。

楝树枝干修长,羽叶疏展,夏日紫花满树,淡雅芳香,适作庭荫树和行道树;也可用于盐碱地及工矿区绿化。

同属植物常见的还有:川楝(*M. toosendan*),小叶卵形或窄卵形,长4~10cm,果大,黄色或栗褐色,产中国甘肃、河南、湖北、湖南、贵州、四川及云南,生长迅速,但耐寒性较差,其与楝树杂交培育的新品种抗寒,在苏北沿海地区栽培表现很好。

(朱一龙)

良种(excellent cultivar) 具有优良种性的栽培植物品种。良种通常优于本地原有品种,是一种重要的生产资料。良种的推广应用形式包括种子、接穗、插条、球根、菌株等。观赏植物的良种,除品种本身优良外,还附有种苗质量良好的涵义。既要有适合观赏要求的品种,又要求品种纯度高,典型性强;种苗则要求出苗率高,生活力强,健壮饱满而无病虫害等。

国际花卉种苗的迅速发展,促使跨国公司的形成。这样,就更要求观赏植物良种生产技术不断完善。为保证质量,降低成本,要注意选择适于当地的品种进行繁育,而在世界各地建立良种生产基地。种子收获后,要集中在室内进行严格的纯度、净度、含水量、发芽势、发芽率、生活力、千粒重、病虫害和杂草籽等项的检验。此外,还要做一个包括25~50株样品的栽植检验。合格的种子经过干燥、清洁乃至消毒,然后再以防水锡罐、铝或聚乙烯包装膜定量包装,此一过程完全由生产自动线完成。苗木、花苗、球根、草坪植物等良种,也各有其大规模现代化繁育良种的措施。

中国观赏植物良种的现代化生产,70年代起也日益受到重视,已建立起牡丹、梅花、山茶、杜鹃花、月季、桂花、蜡梅等花木和菊花、香石竹等宿根花卉、唐菖蒲、郁金香、仙客来等球根花卉等一大批良种生产基地。香石竹、菊花、仙客来、唐菖蒲等还采用植物组织培养脱毒技术来生产无病毒苗,使这些花卉的良种生产提高到一个新水平。

(裘文达)

良种繁育(propagation and production of elite seeds and plants) 对通过审定的花卉品种,按照一定的繁育规程扩大繁殖良种群体,使生产的种苗保持一定纯度和原有种性的一整套生产技术。花卉良种繁育的主要意义,在于迅速繁殖生产上需要的良种种苗,以替代业已混杂、退化、观赏价值不高的原有品种,并改良生产上仍在使用而出现混杂的良种,使之复壮、提纯。它是种苗工作的重要组成部分,是选种育种工作的继续,也是良种推广的基础。

意义 随着人们对花卉的观赏价值要求越来越高,种苗业日益成为花卉生产中相对独立的产业。实现花卉良种繁育的科学管理,是加速花卉生产现代化的重要内容和关键环节。国际上许多发达国家均建立了较完善的良种繁育与推广体系,规定严格制度与施行办法,具有相应的花卉种苗研究和管理机构。中国提出栽培作物良种繁育程序和制度始于20世纪50年代,并相继开展国家、地方各级品种区域试验和新品种审定和繁殖。这些工作在观赏园艺植物的栽培中有些实践,但全国性的专门花卉种子研究还不够完善,花卉的良种繁育体系与管理机构有待建立和发展。

良种繁育体系 包括品种审定、制定繁育程序、保持与提高品种种性(品种提纯复壮)、提高繁殖系数、种子检疫、种子质量检验和种子加工等方面。

品种审定 是对花卉新品系进行形态、观赏特性、生物学特性、抗性等进行评价,还要经过品种比较试验,选出表现优异的品种,并通过品种区域试验,测定其在不同地区的土壤、气候和栽培条件下的适应性和稳定性。在此基础上确定适应范围和推广地区后,进行生产试验。最后将供试材料的有关审定与试验结果及其对栽培管理技术的要求与反应等资料,呈报上级审查,经确认,再交付种苗部门繁殖推广或交生产者使用。

繁育程序 系指审定后品种进行扩大繁殖以达到生产上应用的各个环节序列而言。一般包括原种(苗)生产和生产用种(苗)两方面的繁殖。繁殖原种所需的种苗叫超级原种。超级原种是经审定的新品种,或原有良种经品种提纯复壮,符合品种标准,用作第一批繁殖的种苗。原种(苗)生产是提供繁殖生产用种所需种苗的生产过程,要求较高的纯度、净度,防止种性退化,有的还需经脱毒处理。这批原种的种子应充实饱满,发芽率高,不含杂草种子,腐烂种子,无检疫性病虫害。花苗则要求健壮、充实。原种(苗)生产地应具备严格的保护和隔离条件,且要求肥力均匀,种植密度合理,并采用适应于品种特性的栽培技术。生产用种苗繁殖是以原种(苗)为繁殖材料,提供生产用种苗的繁殖过程。繁殖系数高且易天然杂交的花卉,一般采用良种种子圃繁育制度;反之,则需增加繁殖代数,方可保证足够的种子量。对于原苗生产,常须在初期应用组织培养技术,使新品种迅速扩大数量。在生产用花苗,繁殖中则多用扦插、嫁接等营养繁殖方式,从而降低成本,扩大繁殖。

保持与提高品种种性　在良种繁育中首先要防止遗传性变劣与出现分离。生产中,要严防种苗采收、贮藏、运输、晾晒中的机械混杂,以及种子因天然传粉引起的生物学混杂;尽量提供优良的栽培条件,如土壤、肥力、轮作及适宜砧木等。经常选择:选择品种典型性高的单株、花序或种子。此外,还要在适当时期改变生活条件如改良播种期、换种、给予特殊农业技术,如低、高温、变温、盐水处理种子,人工辅助授粉,选择易于复壮的部分做繁殖材料,等等,以不断提高良种之的生活力。

提高繁殖系数　繁殖系数通常是指由一粒种子或一株母树通过一次繁殖所增加的植株倍数。这是良种繁育中速度与数量增长的量度指标。对用播种繁殖的一二年生草花等观赏植物而言,用单位面积种子产量与其播种量比率来表示。提高良种繁殖系数,是加速良种繁育与推广进程,降低生产成本的重要关键之一。其主要途径有:①扩大营养面积,加强培肥等措施,借以生产大量的充实、饱满的种子或插穗、接穗。②通过摘心、促进分枝,扩大单株采种量或采穗量;③通过各种营养繁殖扩大种株群体;如扦插、分株、压条(包括空中压条)等;④人工辅助授粉,提高结实率;⑤延长繁殖时间,节约繁殖材料及加代异地培养;⑥在良种繁育初期应用组织培养等技术(但应注意防止产生变异)。

花卉的品种检疫、检验与加工等工作,在目前开展得还不够,可先参考农作物、蔬菜等部门所用规程,在现有基础上,逐步开展并促其完善。

现状与展望　现代对观赏植物良种繁育越来越重视。在欧、美、日本等国,新品种通过国家专利审批后,多由私营种子公司和苗圃或花圃、草圃进行良种繁育工作。在私人经营的观赏植物良种繁育过程中,各种苗公司负责人为了振兴业务,扩大销路,主要抓紧以下几个关键:①扩大宣传,建立信誉,抓紧质量检查,保证名实相符。②抓住"拳头产品",即在众多的种苗中,突出该公司(苗圃)特长,在世界上独树一帜。③在最适合的地区建立良种繁育基地,做到"适地适树"、"适地适花",对于草花种子生产基地,更要求气候偏干,日照充足,昼夜温差大,病虫害少,以便降低成本,提高种子质量。如美国的草花种子生产基地大多设在加里福尼亚州。④良种繁育公司附设种子研究机构,不断育成观赏植物新品种,创造新技术。⑤加强协作,建立良种繁育网,尤其是特约农家繁育草花单一品种等制度,既可分工合作,又能减少人工隔离(授粉)之繁。

中国观赏植物种质资源丰富,但品种多未经系统整理、登录,花卉育种研究开展较迟,近年来从国外引种花卉品种渐多,亟应加速建立观赏植物良种繁育体系,严格种质检验制度,加速育种与良种繁育研究等工作。除园林部门外,主要提倡个体和乡镇企业办花卉种苗场、种子公司。从全国范围看,中国要抓紧全国观赏植物良种调查、登记,做好良种繁育布局规划,加强科学研究,把科研与生产推广紧密结合起来。

(王彩云)

量天尺(night-blooming cereus)　*Hylocereus undatus*,别名三棱箭。仙人掌科量天尺属多浆植物。染色体数 2n=22。茎攀援,分节,每节长 30~60cm,深绿色。茎上常有气生根。三棱,棱宽而薄,缘波状。刺座间距 3~4cm,有刺 1~2,长 0.1~0.4cm。花漏斗形,长 30cm,外瓣黄绿色,内瓣白色,倒披针形,夜晚开放。果实长圆形,长 10~12cm,红色,有香气。分布在墨西哥及西印度群岛一带,系附生类型植物。喜温暖、湿润,耐半阴,冬季要求阳光充足。

扦插易生根,基质宜用充分腐熟的腐殖土。粗壮的茎节放半阴处,在温暖而有一定湿度的环境中,不必扦插也能很快出根,此时就可直接上盆栽植。栽培中,夏季可充分浇水及喷水,并放到室外半阴处培养。冬季宜保持干燥,维持室温在 5~10℃ 为宜。盆栽要求含腐殖质较多的肥沃壤土,可用等份的腐殖土、粗砂及腐熟鸡粪或牛粪配成。冬季温暖地区,可在露地栽植,而生长迅速并粗壮,冬季可就地用薄膜保温,效果很好。量天尺花大,有香气,晚间开放,十分美丽,但盆栽不易开花。多用作仙人掌植物的砧木。在华南及福建等地,还可栽作篱垣植物。花及果实均可食用。

(徐民生)

两耳草(sour paspalum)　*Paspalum conjugatum*,禾本科雀稗属多年生草本植物。染色体数 2n=2x=20。具根状茎及匍匐枝。叶片条状披针形。总状花序卵圆形。分布于中国南部。喜温暖湿润气候,在肥沃、水份充足的壤土或粘壤土中生长良好。常采用根状茎或匍匐枝繁殖。园林中常用作湖边、河岸及其他低湿处的草坪植物。同属植物约300种,常见栽培的还有毛花雀稗(*P. dilatatum*),秆高50～80cm,叶片宽4～12mm。

(王道惠)

两广唇柱苣苔(chirita) *Chirita sinensis*,苦苣苔科唇柱苣苔属多年生常绿草本植物。染色体基数x=18。株高约15cm,几无茎,具块根。叶基生,叶片肉质,椭圆形至卵状披针形。粗糙多皱,深绿色有白色或具银绿色斑点。花葶红紫色具柔毛,着花1～4朵,花冠筒长约3.5cm、白色,喉部有黄色条纹或斑痕,檐部5裂,略呈两唇状,玫瑰紫色。原产中国华南地区。喜温热,不耐霜冻。高温强光下需遮荫。喜排水良好、疏松而富含腐殖质的土壤。生长适温20℃,温室越冬不低于12℃。用作温室盆花观赏。

(王大钧)

裂瓣兰(libertia) *Libertia formosa*,鸢尾科裂瓣兰属多年生草本植物。株高60～120cm,具须根。叶大都簇生茎基。叶线形或近剑形,常绿,硬质。花茎直立,花数朵簇生于鞘苞,白色,花被片6,于基部联合,内3片远较外3片大而美观。花期5月。原产智利山区,耐寒性不甚强。喜向阳温和环境和轻松富含腐殖质土壤,越冬需防冻。春季分株繁殖,也可播种繁殖。温室盆栽,暖地用于花境。

(王大钧)

裂叶喜林芋(lacytree philodendron) *Philodendron selloum*,别名春芋、春羽。天南星科喜林芋属多年生常绿植物。茎木质状,高可达150cm,有气生根。叶片长60～90cm,宽30～70cm,羽状分裂,羽片再次分裂,最上的裂片呈不规则三裂,有平行而显著的脉纹。花单性,佛焰苞肉质,白色或黄色,肉穗花序直立,稍短于佛焰苞。原产巴西、巴拉圭。喜温暖、潮湿、空气湿度高的环境,宜疏松富含腐殖质的土壤。一般常用泥炭土、草皮土或砂质壤土栽植。生长适温18～25℃,越冬温度为12～14℃,短期8℃低温也可生长。耐阴,置于无直射阳光的室内2～3个月尚可生长良好。原附生在热带雨林的树干上,气生根可直达地面。栽培中宜多施液肥,并在叶面喷水。繁殖用分株,茎基部萌生分蘖出现不定根时,将其切离,另行栽植。也可将上半部茎切下,如茎过长可切成数段,在25℃的环境中容易生根成活。盆栽裂叶喜林芋适于布置宾馆、饭店的厅堂、室内花园、走廊、办公室等,美观大方。

本属植物约220种以上,常见栽培观赏的有:心叶喜林芋(*P. cordatum*),又称心叶喜树蕉。攀缘植物。叶片长10～40cm,心状长圆形,分裂。原产巴西。藤叶喜林芋(*P. scandens*),高大攀缘植物。叶柄半圆形,幼叶长8～14cm,宽5～9cm,老叶长18～30cm,宽12～20cm,全缘,先端有长尖。原产牙买加、波多黎各、多米尼加等地。有圆叶喜林芋亚种(*P. scandens* subsp. *oxycardium*),叶圆形。红苞喜林芋(*P. erubecens*),攀缘植物。茎幼龄绿至红色,老龄灰色。叶片长楔形,基部半圆,长16～35cm,宽13～19cm,有深红紫色晕,边缘为透明的玫瑰色。幼龄叶深紫褐色。产于哥伦比亚。琴叶喜林芋(*P. parduriforme*),攀援植物,叶形似小提琴,基裂外张,中裂片狭,端钝圆,革质,深橄榄绿色。产于美洲热带。

(吴应祥)

裂缘莲(wandflower) *Sparaxis grandiflora*,鸢尾科裂缘莲属多年生草本植物。属染色体基数x=7,10。具球茎,高60cm。叶披针状剑形。穗状花序有花3～5朵。花葶单生或三叉,圆柱形。花冠筒漏斗形,长2.5cm,花被片相等,6枚。原种紫色,白色或有斑点。花期4月。原产南非。不耐霜冻,不适应夏季长期高温环境。秋季分球繁殖,保护越冬。用作盆栽或切花。

同属植物常见栽培者有三色裂缘莲(*S. tricolor*),染色体数2n=14,20。株高45cm左右。叶线形或披针形。穗状花序,花3～6朵,花橙色,喉部黄色。

(王大钧)

林荫道(boulevard) 在道路中轴、两侧或一侧进行绿化,形成浓荫宽阔的带状绿地。又称花园林荫道,或称带状街头休息绿地。它的宽度一般在8m以上,具有简单的园林设施,供行人短时间休息。在城市绿地不足的情况下,可起到小游园的作用。它扩大了群众活动场地,增加了城市绿地面积,改善小气候、防尘、降低噪音,美化了城市。是城市公共绿地的一种特殊形式,属于城市园林绿地系统的组成部分。

林荫道的类型有:①设在街道中间的林荫道,即在上下行车道之间有一定宽度的绿化带。此类型多在交通量不大的情况下采用。如北京正义路林荫道、上海肇家浜林荫道等。②设在街道一侧的林荫道,可减少行人与车行道的交叉，在交通繁忙的街道上多采用。此类型常因地形而定，如傍山、临河或有起伏的地形，可借景或创造安静的休息环境，如上海外滩绿地、杭州西湖的六公园绿地等。③设在街道两侧的林荫道，与人行道的外侧相连，行人不必穿过街道，安全又方便。此类型占地较大，是理想的林荫道，例如北京复兴门外大街花园林荫道等。

在车行道与林荫道之间有浓密的植篱和高大乔木组成的绿色屏障相隔，立面上一般布置成以外高内低的形式。林荫道内可设有小型的儿童游戏场、休息坐椅、花坛、喷泉、雕塑、水池、阅报栏、花架等建筑小品，要有散步路、小广场等。如果道路两侧有商业网点或机关单位时，为增加透视度与出入方便，植物布置不宜过于浓密，以体现建筑美。

林荫道在长75～100m处分段设立出入口，各段布置应有变化，在林荫道两端出入口与散步路相接处应略加宽，形成小广场，美化城市街景。林荫道可以自然式布置，也可以混合式布置，内部应设置一条以上的散步路。林荫道的宽度在8m以内时，按规则式布置为宜。

林荫道的植物配植，主要以丰富多采的植物造景取胜，利用植物复层混交、植物的姿态、色相等，引人入胜。一般乔木占地面积应占总面积的30%左右，灌木占20%～25%，其余面积为草坪、花卉及地被植物等。林荫道的方向与庇荫面有关，也应适当考虑夏季与冬季游人对日光的要求，适当安排落叶树与常绿树、乔木与灌木的比例。中国南方天气炎热，需要更多的遮荫树，故常绿树的比例可大些；而北方则落叶树的比重大。总之，要达到树荫匝地、绿草如茵、三季花开、四季常青的景观。

（杨乃琴）

琳那花（linanthus） *Linanthus androsaceus*，花荵科琳那花属一年生草本植物。染色体数2n＝18。株高可达30cm，茎单生或多分枝。叶对生，5～9掌裂，裂片线形。花朵密集成头状，花冠高脚碟状、5裂，花色有白、桃红、玫红、堇或黄色。花期秋季。原产北美加里福尼亚。不耐长期高温潮湿气候，耐寒性弱。播种繁殖，暑热地区可行秋播，防寒越冬，翌年晚春初夏开花。用作花坛或树坛向南的边缘栽植材料。

（王大钧）

柃木（Japanese eurya） *Eurya japonica*，别名海岸柃。山茶科柃木属常绿灌木。染色体数2n＝2x＝42。高1～3m。幼枝具纵棱。叶椭圆形或长圆状披针形，长3～6cm，边缘具钝锯齿。花1～2朵生于叶腋，花小，白色，径2～3mm，花期2～3月。浆果圆球形，黑色，果期9～10月。产中国浙江、台湾等省；日本、朝鲜也有分布。喜湿润及土壤肥沃。常在夏末采取半木质化嫩枝行扦插繁殖，翌春4～5月移栽。可植为绿篱或于草地边缘种植，也可切枝供插花之用。枝叶可入药，果实作染料。

同属植物约80余种，分布于中国长江流域及以南各地，多数种株形矮小，枝叶茂密，宜作庭园或假山石配景材料。常见种有米碎花（*E. chinensis*）、细齿柃（*E. nitida*）、翅柃（*E. alata*）等，均可供庭园栽植。

（向其柏）

铃兰（lily of the valley） *Convallaria majalis*，别名君影草、草玉玲。百合科铃兰属多年生草本植物。染色体基数x＝16。株高15～25cm，具有多分枝的根茎，端部具肥大的地下芽，叶2至3枚，基生，卵圆形，有光泽。花茎高15～20cm，总状花序偏向一侧，着花10余朵，乳白色，径约8mm，钟状、下垂、芳香，花期4～5月。浆果暗红色，有毒。变种有大花铃兰（var. *fortunei*）、粉花铃兰（var. *rosea*）、白边铃兰（var. *albimarginata*）、白纹铃兰（var. *albitriata*）、白花重瓣铃兰（var. *florepleno*）、粉花重瓣铃兰（var. *rosea plena*）。植株健壮，耐严寒、忌炎热，喜湿润、忌干燥，宜半阴凉爽气候，喜肥沃、排水良好的壤土。忌连作。夏季休眠。原产北半球温带，欧亚大陆及北美洲。分株或播种法繁殖。分株春秋皆可，以9～10月为好，每3～4年分株一次。秋季播种，春季发芽，实生苗需经3～5年始可开花。适用于花坛、花境、草坪、坡地、岩石园及盆栽，也可作切花材料。

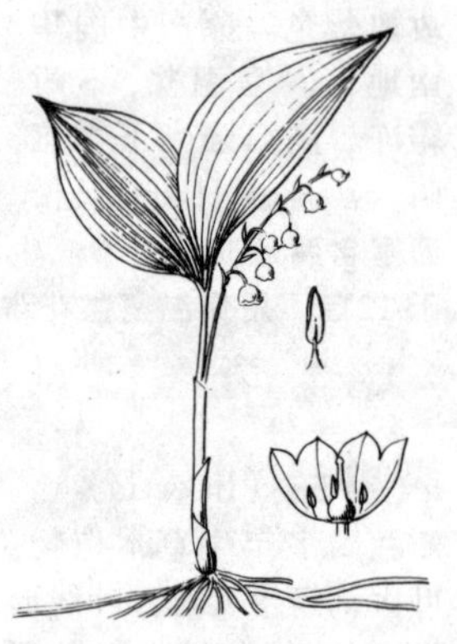

（虞佩珍）

凌霄花（Chinese trumpet-creeper） *Campsis grandiflora*，别名紫葳、中国凌霄、大花凌霄。紫葳科凌霄属落叶藤木。染色体数2n＝36，40。借气根攀援他物向上生长，高达20m。树皮灰褐色，呈细条状纵裂。叶对生，奇数羽状复叶，小叶7～9。顶生聚伞花序，花大，花冠漏斗状钟形，外桔黄，内鲜红色，花期6～

9月。蒴果。产中国中部各地。喜阳，略耐阴；喜排水良好，较耐水湿，并有一定的耐盐碱能力。速生。扦插、压条、分株及播种繁殖。在华北等冬季干冷地栽培，宜植背风向阳处。定植选墙、岩、树、花架柱旁，有利自行吸附攀援。每年行冬剪，疏除过密和干枯枝。花前追施肥水，可促其叶茂花繁。本种夏秋开花，花期长，花朵大，鲜艳夺目，适用于攀附墙垣、假山、大树干、花架等。因其花粉入眼易引起红肿，故不宜用于幼儿园和小学的绿化。花、茎和叶均可入药。本属常见栽培的还有美国凌霄（*C. radicans*），小叶 9～13，椭圆形，叶轴及小叶背面均有柔毛；花萼筒无棱，浅裂；花冠比凌霄花稍小，橘黄色。园艺品种很多。产北美，耐寒力较强。

（王玉华）

岭南酸枣（Canton mombin） *Allospondias lakonensis*，别名假酸枣。漆树科岭南酸枣属乔木。高达 8m。奇数羽状复叶互生，长 30～45cm，小叶 11～23，矩圆形至矩圆状披针形；圆锥花序生于上部叶腋，长 15～25cm，花小，杂性同株，乳白色，花期夏季。核果近球形，红色。产中国海南、广东、广西及福建等地，泰国、越南也有。喜光，喜温暖气候，宜酸性土。播种繁殖。岭南酸枣花序硕大，果色鲜艳，具有较高的观赏价值，适宜在热带地区园林中栽植，可孤植、丛植，也可组成疏林群落，作为高大乔木与灌木之间的过渡层。

（包满珠）

令箭荷花（orchid cactus） *Nopalxochia ackermannii*，仙人掌科令箭荷花属多年生肉质草本植物，为附生类型的仙人掌类植物。染色体数 $2n=2x=22$。国外栽培已有二三百年历史，从 19 世纪就开始了杂交育种工作，上千个园艺品种均系由令箭荷花与牡丹柱属的某些种类不断杂交选育而来。

株高 50～100cm，变态茎分枝扁平，呈令箭状，基部分枝有时具数棱，宽 3～5cm，绿色，边缘略带红色并具偏斜的圆齿，刺座在圆齿缺刻处，无刺或具短细刺，变态茎中脉明显突起。春、夏开花，花着生于茎两侧刺座中，大型喇叭状，径 10～25cm，花被片开展，呈紫红、粉红、洋红、堇紫、黄、白等色。白天开放，每朵仅开 1～2 天。浆果椭圆形，成熟时粉红色。原产墨西哥中、南部海拔 2000～2700m 的森林中，生长在温暖湿润的热带雨林环境和肥沃、疏松、排水良好、含腐殖质较多的酸性土壤中。冬季适温 10～15℃，春季 13～18℃，6～11 月要求 20～25℃，开花时节要求空气湿度较大，冬季宜保持适当干燥。

用扦插、嫁接、播种繁殖均可，而以扦插应用较多。可用整形修剪下来的枝条，剪成 10～15cm 的插穗，放阴凉通风处晾干 2～3 天，待剪口干燥后，插于潮润的砂质土中。放置阴凉处，在 15～25℃ 条件下，经 25～30 天可生根。生根半月后移栽上盆，如用孕蕾的枝条扦插，成活后当年即可开花，但以后生长缓慢。故一般以用隔年的充实枝条扦插为好。嫁接一般用量天尺、叶仙人掌或仙人掌作砧木，采用劈接法。嫁接苗长势较旺，通常翌年即可开花。播种繁殖一般仅杂交育种时采用。

令箭荷花喜温暖湿润，但也能耐干旱，多行盆栽，土壤要求含较多的有机质。春季要求阳光充足并充分浇水，每 15～20 天施用腐熟液肥一次，促使变态茎肥厚茁壮，出现花蕾后可增施一次磷、钾肥，促使花大色艳。夏季要放在通风良好的半荫处，避免阳光曝晒并忌雨淋。浇水也不宜太多，过度荫蔽及肥水过大，导致开花不良或不开花。栽培中如阳光太强，可使变态茎发黄，应及时调放地点。开花时，盆土不宜太干。在整个生长期间，要随时剪除过多侧芽及基部枝、芽，减少养分消耗，并需及时设立支柱。栽培场所如干热而通风不良，则植株易罹红蜘蛛及介壳虫。

园林应用：花大色艳，花瓣具光泽，加上习性强健、栽培容易及品种繁多等特点，深受人们喜爱，是一种栽培相当广泛的室内盆栽花卉。

本属共 4 种，如小朵令箭荷花（*N. phyllanthoides*），也见于栽培，变态茎较窄，花朵玫瑰粉红色，繁多而较小，花筒长 10cm 以下。

（徐民生）

流苏树（Chinese fringe tree） *Chionanthus retusus*，别名茶叶树、牛筋子、萝卜丝花。木犀科流苏树属落叶小乔木或灌木。染色体数 $2n=46, 92$。高 6～20m，树冠广卵形。树皮灰褐色，枝开展，小枝灰绿色。叶对生，卵形至倒卵状椭圆形，长 3～10cm，全缘或有小锯齿。雌雄异株，聚伞状圆锥花序顶生，长 5～12cm；花冠白色，4 深裂、条形，长 1～2cm，花冠筒短；花期 4～5 月。核果卵圆形至椭圆形，蓝黑色，果期9～10 月。产中国甘肃、陕西、山西、河北以南及云南、广东、福建、台湾等地，日本、朝鲜也有分布。喜光，较耐阴；喜温暖气候，也颇耐寒，北京地区能露地越冬；喜中性及微酸性土壤，但在 pH 值 8 以下的钙质土上也生长良好，耐干旱瘠薄，不耐涝。用播种或嫁接法繁殖。播种苗当年高约 30cm；嫁接以白蜡或女贞作砧木，颇易成活；也可行扦插、压条、分株繁殖。大苗移植需带土球。作丛植观赏者宜保持树形自然完整，下部侧枝不宜修剪过渡，以免影响观赏效果；作行列式栽植者，

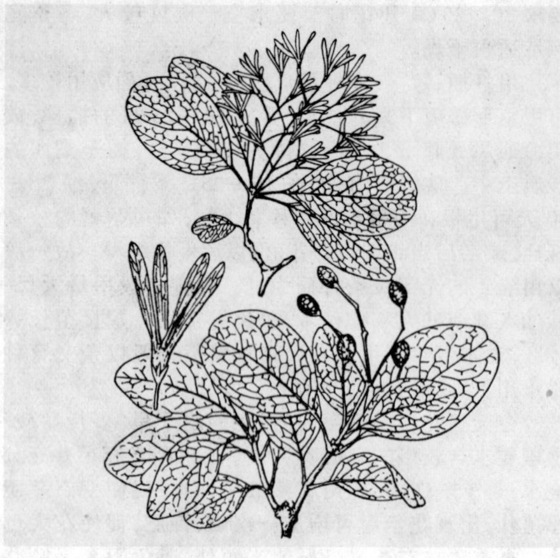

也可在苗期进行适当修剪，培养成主干明显的乔木型。流苏树枝叶繁茂，花时如雪压树，野芳幽香，且花形纤细，秀丽可爱，于草坪、路旁、水池边、建筑周围散植或列植都十分相宜，若以常绿树为背景，则效果更佳。嫩叶可代茶。

同属另一种北美流苏树(*C. virginicus*)，叶狭椭圆形至矩圆形或倒卵状矩圆形，长8～20cm，花冠裂片长1.5～3cm，产美国东南部。

(周道瑛 董保华)

柳穿鱼(common toadflax; wild snapdragon) *Linaria vulgaris*，玄参科柳穿鱼属多年生草本植物。染色体数2n=2x=12。株高30～80cm，茎常分枝。叶条形至条状披针形，全缘。总状花序顶生，小花密生，长约2cm，黄色，下唇喉凸部向上隆起，橙色，檐部呈假面状，喉部密被毛。花期夏季，蒴果卵圆形。原产欧亚大陆北部温带，中国长江以北地区分布广泛。生于沙地、山坡草地及路边，能自播繁衍。喜光，较耐寒，不耐酷热，宜中等肥沃、适当湿润而又排水良好的土壤。分株或播种繁殖。分株繁殖于早春发芽前或秋末地上部分枯萎后进行。播种宜在9月上、中旬，11月定植，株距25cm。寒冷地区移入阳畦越冬。实生苗第二年开花。柳穿鱼枝叶柔细，花型、花色别致，适宜作花坛、花境边缘材料，也可盆栽或作切花。

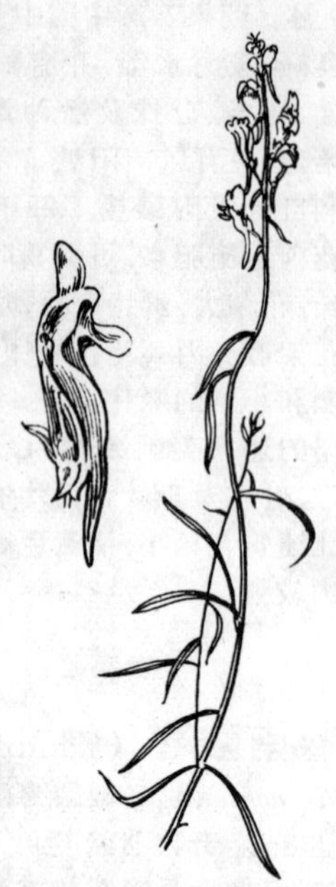

同属约有100种。园林中常见栽培的有：摩洛哥柳穿鱼(*L. moroccana*)，染色体数2n=2x=12，二年生草本，株高20～30cm，叶对生，狭条形，下部叶轮生。花冠青紫色，花期5～6月份，种子千粒重0.05g。杂交品系(cv. Hybrida)，花色有雪青、玫红、洋红至青紫色等。原产摩洛哥。弯距柳穿鱼(*L. bipartita*)，又名矮柳穿鱼，染色体数2n=2x=12，一年生草本，株高30cm。叶条形至条状披针形。总状花序顶生，花红紫色，喉凸橙色，基部近白色，有白色及深紫色变种。原产葡萄牙及北非。

(王月新)

柳兰(fireweed) *Chamaenerion angustifolium*，柳叶菜科柳兰属多年生草本植物。茎直立，一般不分枝，茎基部稍木质化。单叶互生、无叶柄，长披针形、近全缘。总状花序顶生、穗状，花红紫色，大而多。花期6～8月，蒴果线形。耐寒，喜凉爽湿润气候，畏炎热和干旱，宜肥沃、湿润、排水良好的土壤。扦插繁殖，花后将根状茎切成数段植于土中即可成苗。播种繁殖在春季进行，实生苗第三年开花。

花谢后，将老枝剪去，促进侧枝萌发，可继续开花。花穗长，色鲜艳，是理想的夏季花卉，多作花境背景材料，也用于插花。因根茎生命力极强，易形成群落。

(金 波)

柳杉(Chinese cryptomeria) *Cryptomeria fortunei*，别名长叶孔雀松、榅杉。杉科柳杉属常绿针叶乔

木。高达40m,胸径可达3m,树冠圆锥形,树皮红棕色,长条状脱落。小枝婉柔下垂,叶锥形,先端内曲,螺旋状着生,入冬转褐色,翌春返青。雌雄同株,3月开花,球果近圆形,10～11月成熟,每一种鳞有2粒种子。

产中国长江流域及华南、西南地区,东部分布在海拔1000～1400m以下,在西部则分布于海拔2000～2400m之间,江苏、安徽、山东、河南诸省均有栽培,浙江西天目山、江西庐山、云南昆明有几百年树龄的古树。

喜光又好凉爽,在湿润多雾、富含腐殖质的山地黄壤上生长快而矫健。较耐寒。惟忌酷热,排水不良或长期积水处不宜栽植。

以播种繁殖为主,也可扦插和嫁接。球果出籽率5%～6%,发芽率30%左右。苗期和幼龄树的常见病虫害有立枯病、赤枯病、蛴螬、金龟子、金花虫;成年树则有大蓑蛾、柳杉云毛虫、赤天牛等。

柳杉树姿挺秀而雄伟,纤枝下垂,宜丛植或群植于草坪、林缘、溪谷;也宜在建筑物前后、干道两旁列植或丛植,浓荫夹道,清凉宜人。柳杉能抗二氧化碳、氯气、氟化氢等有害气体,属于抗性尚强的防污树种。

同属中常见栽培的尚有:日本柳杉(*C. japonica*),小枝粗短稠密,叶略短,先端不内曲,球果较大,苞鳞尖头稍长,发育的种鳞有种子3～5粒。产日本,适应平原气候,中国的山东、江苏、浙江、湖南、江西、湖北等地有引种栽培。日本柳杉的栽培品种有:①'扁叶'柳杉(cv. Elegans),又叫矮丛柳杉,灌木状,分枝密,主枝短,侧枝多。叶扁平而柔软,向外开展或微向下,亮绿色,秋后变红褐色。②'短叶'柳杉(cv. Araucarioides),又名猿尾柳杉,叶小,长1～1.5cm,较硬,长短不等,长叶和短叶在小枝上交错成段,小枝细长。③'鳞叶'柳杉(cv. Dacrydioides),小枝细密,叶短小,长5～8mm,较扁平,鳞形或锥状鳞形,排列紧密,褐绿色。④'千头'柳杉(cv. Vilmoriniana),矮小灌木,高仅40～60cm,树冠球形或卵圆形,无主干,小枝密集,短而直伸;叶极小,长3～5mm,排列紧密,深绿色。⑤'圆球'柳杉(cv. Compactoglobosa),树干短缩,枝开展,侧枝短而密集,成紧密的圆丛,由庐山植物园选育。⑥'圆头'柳杉(cv. Yuantouliusha),高达9m,上部分成多干,侧枝多,树冠球形,也由庐山植物园选育。

(贺贤育)

柳树(willow) *Salix* spp.,别名杨柳。杨柳科柳属落叶乔木或灌木。世界约520余种,中国有250余种,遍及全国各地。染色体数2n=2x=38,多倍体染色体数可达228。柳树生长快,易繁殖,生命力强,既可美化环境,又可材用,是"四旁"绿化树种。柳树在中国已有2000多年的栽培历史。《诗经》中有"折柳樊圃"的记载。在公元400多年前《晋书》中有"自长安至诸州,皆夹路槐柳"的记载。《隋书》中对柳树已有垂与不垂的区分。柳树为合轴分枝,单叶互生。雌雄异株,花小,集生成柔荑花序,多先叶或与叶近同时开放,花期3～4(5)月,蒴果,5～6(7)月成熟。种子小,光滑,常附有种絮。

种、变种及变型 ①垂柳(*S. babylonica*),别名水柳、垂丝柳、垂枝柳。枝细长下垂。叶狭披针形或线状披针形。品种与类型有曲枝垂柳(cv. Tortuosa),枝卷曲下垂;黄皮垂柳,小枝黄绿色或褐黄色,节间较短;红皮垂柳,树冠长卵形,小枝紫红色或酱紫色,叶阔披针形。②朝鲜垂柳(*S. pseudo-lasiogyne*),与垂柳相似,区别为叶稍呈镰状弯曲,子房中下部有毛,花柱明显。其变种有红花朝鲜垂柳(var. *erythrantha*),花药红色,苞片中下部有长柔毛。③旱柳(*S. matsudana*),别名柳树、立柳、青皮柳。枝直立或斜展,叶中部最宽,基部圆形或宽楔形。变种与类型有绦柳(f. *pendula*),小枝下垂;'龙爪'柳(cv. Tortuosa),小枝,叶卷曲。红花龙须柳(f. *rubriflora*),小枝卷曲,花药红色,花丝和苞片黄色。馒头柳(cv. Umbraculifera),树冠半球形。④白柳(*S. alba*),树冠广卵形。叶披针形至倒披针形。花序较长。变种有垂枝白柳,枝下垂;黄枝白柳,枝、叶黄色;红皮白柳,枝条红色;银叶白柳,叶表面有绢毛;蓝叶白柳,叶背面被蓝色的毛。⑤爆竹柳(*S. fragilis*),与旱柳相似,不同为枝褐绿色,较粗,质脆易折,叶片较大。⑥圆头柳(*S. capitata*),树冠圆球形,枝质脆。雌花仅有腹腺。⑦白皮柳(*S. pierotii*),乔木或灌木。叶中部以下最宽,沿叶脉有柔毛。花序无梗。⑧云南柳(*S. cavaleriei*),别名滇柳,乔木,树冠宽大。叶宽披针形、椭圆状披针形,幼叶发红色。花序有长梗,花密。⑨紫柳(*S. wilsonii*),叶广椭圆形、椭圆形至长圆形,花序长、花疏。⑩腺柳(*S. chaenomeloides*),小乔木,树冠半球形。叶椭圆形至椭圆状披针形,腹背腺基部连合成假花盘状。⑪大白柳(*S. maximowiczii*),叶质厚,卵状长圆形或卵状披针形,雄花序直立,雌花序长、下垂,果序可长达15cm。⑫大叶柳(*S. magnifica*),灌木或小乔木,枝粗壮,暗紫红色,有光泽,芽大,暗红色。叶大,近革质,椭圆形或宽椭圆形,长约20cm,宽达 11cm,全缘或近全缘,幼叶发红色,有长柄。花序粗长。果序长约 23cm。⑬细柱柳(*S. gracilistyla*),别名红毛柳,灌木,芽大。叶椭圆状长圆形或倒卵状长圆形。背面叶脉突起。花先叶开放。花序粗,苞片椭圆状披针形,上部黑色,密被长毛。⑭棉花柳(*S.* × *leucopithecia*),别名银芽柳、银柳。形态特征与细柱柳相似,雄花序更为粗大。⑮杞柳(*S. integra*),灌木。叶对生或近对生,稀近 3 叶轮生,叶片椭圆状长圆形。花序对生。

产地与分布　柳属的种适于各种不同的生态环境,不论高山、平原、沙丘、极地都有柳树生长。主要分布于北半球温带地区。旱柳产中国华北、东北、西北地区的平原。垂柳遍及中国各地,欧洲、亚洲、美洲许多国家有引种。朝鲜垂柳、圆头柳、长柱柳、白皮柳、大白柳、细柱柳、杞柳等多产于中国东北,朝鲜、日本及俄罗斯远东地区也有。爆竹柳原产欧洲,中国东北有引种。白柳产中国新疆,甘肃、青海及西藏等地,伊朗,巴基斯坦、印度北部、阿富汗,俄罗斯和欧洲也有分布。腺柳产黄河中下游流域及辽宁省南部,朝鲜、日本也有。云南柳产中国云南、广西、贵州和四川。紫柳产中国长江下游流域。大叶柳产中国四川省。棉花柳在中国北京、上海、广州等城市有引种。

习性　柳树属于广生态幅植物,对环境的适应性很广,喜光,喜湿,耐寒,是中生偏湿树种。但一些种也较耐旱和耐盐碱,在生态条件较恶劣的地方能够生长,在立地条件优越的平原沃野,生长更好。一般寿命为 20～30 年,少数种可达百年以上。一年中生长期较长,发芽早,落叶晚,南方个别种为常绿树。

繁殖栽培　采用营养繁殖,成长快,可控制性别。但多代营养繁殖后,生长势衰退,易发生枯梢,早衰。扦插的采条母树应是优良无性系的壮龄树,生长健壮,无病虫害。

育种　柳树种类多,容易杂交。杂种生长势和适应性强,且易无性繁殖,可从天然或人工杂种群体内选择,通过无性繁殖,获得优良无性系品种。以园林观赏为主的育种,应重点改良其枝叶及树形,提高抗污染、耐修剪整形的能力。

病虫害防治　为害柳树嫩梢及叶部的病害有杨柳褐斑病(*Seporia populicola*)、柳锈病(*Melampsora cokosporioides*)和斑枯病(*Septoria salicicola*)等;虫害有柳蓝金花虫(*Plagiodera versicolora*),柳青翅金花虫(*Basilepta fulvipes*),杞柳跳蜱(*Altica* sp.),柳毒蛾(*Stilpnotia candida*),柳天蛾(*Smerinthus plans*),刺蛾(*Parasa consocia*)等。为害枝干的病害有杨柳腐烂病(烂皮病)(*Valsa sordida*);虫害有光肩星天牛(*Anoplophora glabripennis*),星天牛(*A. chinensis*),柳瘿蚊(*Rhabdophaga* sp.),柳吉丁虫(*Agrilius* sp.)等。为害根部的病害有杨柳根癌病(*Agrobacterium tumefaciens*);虫害有地老虎(*Agrotis ypsilon*)。对于上述这些病虫害,应以防为主。如选无病虫害的强壮种条繁殖,适当稀植,加强通风,控制灌水,及时排水;播种育苗,要及时间苗、定苗,加强日常的抚育管理,提高抵抗病虫害能力;清除并烧毁病虫害枝干和枯枝落叶,预防病虫孳生。还可用捕杀成虫、幼虫和消灭卵块;保持天敌等方法防治。也可用乐果、敌百虫、杀螟松、亚胺硫磷乳剂、波尔多液等药物防治。

园林应用　柳树树形优美,放叶、开花早,早春满树嫩绿,是北温带公园中主要树种之一。如垂柳和朝鲜垂柳,有纤细下垂的枝条,如眉的柳叶。多种灌木柳树,耐修剪,可培育成各种形状灌丛或作绿篱。园林景观中的水边绿化以柳树最宜,如杭州西湖的"柳浪闻莺";贵阳花溪的"桃溪柳岸"等。还有许多优美的柳树有待开发,如大叶柳,叶大,似木兰,枝紫红,花穗长大,呈红黄色,雌株花柱与柱头红色,也很美观。另外还有 20 余种高山小柳树,植株高仅 5～30cm,枝条匍匐或直立,扭曲,形态各异,寿命长,易成活,是制作园林盆景的好材料。

(方振富)

六月雪(snow of June)　*Serissa japonica*,别名白马骨、满天星。茜草科六月雪属常绿丛生小灌木。染色体数 2n＝22,44。株高不及 1m。叶对生或成簇生状,卵形或狭椭圆形,长约 8cm,全缘。花白色带红晕,单生或多朵簇生,花冠漏斗状,长约 7mm;花期 5～6 月。核果小,球形。变种及品种有'金边'六月雪(cv. Aureo-marginata),叶缘金黄色;'重瓣'六月雪(cv. Pleniflora),花重瓣;阴木(var. *crassiramea*),较原种矮小,叶质厚,花较稀疏;'重瓣'阴木(cv. Plena),花重瓣。后两种均由日本传入。分布在中国江苏、浙江、江西、广东、台湾等地,日本也有。喜温湿,耐阴,不择土壤,微酸性或中性土均能适应,萌芽、分蘖力较强,耐修剪。繁殖以扦插为主,也可分株和压条。偶有蚜虫为害,可用氧化乐果 1500 倍液喷雾杀灭。

六月雪花开时宛如满树雪花,雅洁可爱,宜作花坛、花篱和下木,也可作花径配植。通常多用于盆栽观赏,若交错植于山岩之间,花时几同绣谷。同属另一种山地六月雪(*S. serissoides*),高 1～1.5m,叶倒卵形或披针形,6～9 月开花,花冠纯白色,广泛分布长江流域以南。

(贺贤育)

龙船花(Chinese ixora)　*Ixora chinensis*,茜草科龙船花属常绿灌木。染色体数 2n＝22。株高 1～2m。叶对生,长椭圆形或倒卵状长椭圆形,长 6～13cm,全缘。顶生聚伞花序伞房花序式排列,径 6～

12cm；花红色或黄红色，径 12～16mm，花冠筒长；花期夏、秋季。浆果近球形，紫红色或红黑色。产中国台湾、福建、广东、广西等地，马来西亚、印度尼西亚也有分布。喜光，也耐一定蔽荫；喜温暖湿润气候；适生疏松、肥沃的酸性土壤。播种或扦插繁殖。龙船花植株低矮，花叶秀美，适宜在庭园栽植观赏，可用于灌丛、林下或道路边缘布置，也适合盆栽。

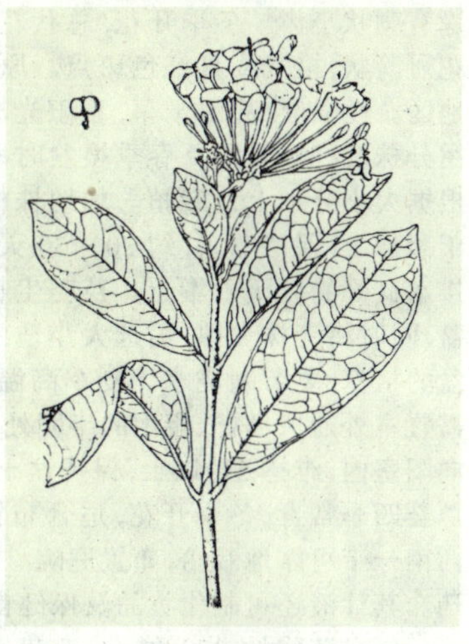

同属中常见的还有白花龙船花（*I. henryi*），叶较小，花白色，果近椭圆形，红色，产中国广东、广西、云南等地，越南也有。橙红龙船花（*I. coccinea*），植株较矮，花橙红色。其变种黄龙船花（var. *lutea*），花黄色，花冠裂片急尖，产印度、斯里兰卡，中国南方部分地区有栽培。

（包满珠）

龙面花（pouch nemesia） *Nemesia strumosa*，玄参科龙面花属一年生草本植物。染色体数 2n＝18。株高 30～60cm，多分枝。叶对生，基生叶长圆状匙形、全缘，茎生叶披针形、有齿，无柄。总状花序着生于分枝顶端，长约 10cm，略呈伞房状。花冠呈偏斜两唇状，基部呈袋状，上唇 4 裂，下唇 2 裂，宽约 2.5cm，色彩多变，有白，淡黄白、淡黄、深黄、橙红、深红和玫紫等；喉部黄色，有深色斑点和须毛。花期春夏。孙顿品系（Suttonii），矮生多分枝，有多种色彩，为园艺改良系。另有高茎大花系及其他矮化系。原产南非。不耐寒，喜光照充足的温和气候，忌夏季酷热，要求轻松、排水良好而富含腐殖质的土壤。长江流域可以秋播，冷室越冬，春季开花。北方可在早春播种，夏、秋开花。种子需播于暗处，适温 15℃左右，约 10 天发芽。蒴果 2 瓣裂，种子千粒重约 0.42g。高茎大花种可作切花，矮种适于盆栽，或用于花坛。

本属其他常见栽培种有：多花龙面花（*N. floribunda*），株高约 30cm，直立，茎四棱，总状花序，小花白、黄或淡红色，微有香气。彩色龙面花（*N. versicolor*），株高约 30cm，直立，总状花序长 7～8cm，小花有距，花冠长约 1.2cm，有蓝、堇、黄或白色。园艺种（cv. Compacta）植株圆整，开花繁多。以上栽培种均产于南非。

（王大钧）

龙头花（dragonhead） *Dracocephalum peregrinum*，唇形科青兰属多年生草本植物。染色体基数 x＝5，7。植株外倾，分枝直立，株高可达 75cm。叶对生，披针形，上部叶小，条状披针形。花数朵轮生，组成偏向一边的圆锥花序，长约 45cm。花唇形。花萼红紫色，花冠鲜蓝紫至深灰蓝色，或玫瑰红色、白色，长约 2.7cm，花期夏季。原产中亚、西伯利亚及中国新疆西北部。耐寒，喜湿润的半荫环境及中等肥沃的砂壤土。分株繁殖，也可播种或扦插。用于花境。

同属植物约 45 种，常见栽培的还有：香青蓝（*D. ruprechtii*），株高 45cm，花玫瑰紫色，长约 2.5cm，聚生叶腋。原产土耳其。（王大钧）

龙眼（longan） *Dimocarpus longan*，别名桂圆、益智。无患子科龙眼属常绿乔木。染色体数 2n＝30。国家三级重点保护植物。栽培历史悠久，《本草经》、《西京杂记》及《后汉书》等均有记载。高达 15m，树皮粗糙，薄片状剥落。幼枝被锈色柔毛。偶数羽状复叶互生，小叶 6～12，长椭圆形或长椭圆状披针形，长 6～20cm，全缘。圆锥花序，花杂性，黄白色，径 4～5mm，花期 4～5 月。核果圆球形，外皮黄褐色，种子黑褐色，具白色肉质假种皮，果期 8～9 月。栽培品种甚多。产中国台湾、福建、广东、广西、海南、云南及四川等地，越南、泰国、缅甸也有分布，日本有引种。喜温暖湿润气候，畏霜冻，在 0℃左右低温下枝叶受冻。不择土壤，酸性土及石灰性土均能生长；耐旱、耐瘠薄，忌积水。稍耐阴。播种及嫁接繁殖。种子易丧失发芽力，应随采随播。嫁接多在 4 月上、中旬，用实生苗作砧木行舌接。也可用高压法繁殖。主要病虫害有鬼帚病、荔枝蝽象等。

本种树冠宽广，适应性强，寿命可达千年，宜作园景树或风景树；可成片种植，也可孤植或与其他树种混植。龙眼为南方果树，果可食。（肖　嘉）

耧斗菜（European crowfoot; garden columbine） *Aquilegia vulgaris*，别名西洋耧斗菜、耧斗花。毛茛科耧斗菜属多年生草本植物。染色体数 2n = 2x = 14。株高 40～80cm，具细柔毛。叶基生及茎生，叶端裂片阔楔形。花下垂（重瓣者近直立），萼片 5，如花瓣状；花瓣 5，卵形。花蓝、紫或白色，径约 5cm。花期 5～7 月，蒴果成熟期 6～8 月。种子千粒重 1～1.6g。变种有：重瓣耧斗菜（var. *florepleno*）、白花耧斗菜（var. *alba*）、无距耧斗菜（var. *stellata*）。

本种原产欧洲、西伯利亚。生长健壮，可耐 -25℃严寒。喜富含腐殖质、湿润而又排水良好的土壤。宜较高的空气湿度，夏季应遮荫。播种繁殖为主，6～7 月种子成熟后即可播种，发芽温度 15～20℃，约一个月出苗。真叶出现后进行分苗。秋播，第三年大量开花，春播则第二年可大量开花。幼苗高 10cm 时定植，株行距 30cm×40cm。3 年以上的植株生长势衰退，应于秋季进行分株复壮。宜选排水良好、肥沃的土壤栽培。花前可施一次追肥，夏季注意排涝降温。

园林应用：耧斗菜叶型优美，花姿独特，可丛植于花坛、花境及岩石园中，林缘或疏林下。较高的品种可作切花，低矮品种可于温室促成栽培。

同属植物约 100 种，产于北温带，常见栽培观赏的有：蓝花耧斗菜（*A. cearulea*），叶片浅绿色，花朵白黄色，有长距，径 5～7cm，花期 4～5 月或 7～8 月开花，适宜花径栽植。黄花耧斗菜（*A. chrysantha*），株高达 1m，花直立，径 4～7.5cm，萼片深黄带红晕，花瓣淡黄色，距细长。加拿大耧斗菜（*A. canadensis*），茎高25～60cm，小叶片深裂，花 2.5～5cm，距直伸；多为绯红色，花柱与雄蕊伸出。花期 5～6 月。原产北美洲，生长在岩石树丛、阴坡河岸或路旁湿润处，喜冷凉半阴环境，能耐 -25℃低温。宜排水好的林地土壤。洋牡丹（*A. flabellata*），株高 20～40cm，叶端裂片卵形，灰绿色。花白至蓝紫色，径 4～5cm，距内弯。花期 5～7 月。矮耧斗菜（*A. akitensis*），植株高仅 10cm，花粉紫色。原产日本，喜向阳地势，可耐 -20℃低温。红花耧斗菜（*A. formosa*），茎高 50～100cm，上部有粘腺毛。基生叶略带蓝绿色，2 回 3 出，上部叶 3 裂或单生。花径约 5cm，距绯红色，瓣桔黄色。原产美国加利福尼亚州。花期 4～8 月。杂种耧斗菜，由美国的蓝花耧斗菜、黄花耧斗菜及红花耧斗菜杂交而来，花色主要有黄、红、蓝或双色等，是现代耧斗菜的主要栽培类型。

（龙雅宜）

芦荟（Indian medicinal aloe） *Aloe vera* var. *chinensis*，别名油葱、狼牙掌。百合科芦荟属多浆植物。染色体数 2n = 10 或 14。有短茎，叶呈莲座状排列，肥厚多汁，长 15～30cm，粉绿色，近茎部有斑点，边缘有刺状小齿。冬季开花，总状花序，单生或稍分枝，花冠筒状，橙黄或具红色斑点。原产印度干燥的热带地区。性强健，甚耐干旱，喜阳光充足，也耐半阴。常用分株及扦插繁殖。春季换盆时取老株周围的幼株，根据大小分别上盆栽植。如幼株根少或无根，则可插于素砂土，保持潮润，约 20～30 天可生根。盆栽要求排水良好的肥沃砂壤土。芦荟生长快，每年春季需换盆，同时将老株去掉，另选大小适中的植株栽植，新上盆的植株，要节制浇水。夏季高温，芦荟有短暂休眠，需置室外通风良好、避雨的半阴处，节制浇水。冬季置向阳室内，维持 5℃以上，保持盆土稍干，可安全越冬。芦荟四季常青，冬季开花，适合布置厅堂。中国南部、西南一带可露地栽培，布置庭院。鲜叶性凉味苦，可入药。其汁液还可制化妆品及保健食品等。

同属植物约 270 种，见于栽培的有：翠花掌（*A. variegata*），又叫什锦芦荟。株高 20cm 或更高，茎极短，叶自根际长出，旋叠状，肥厚多肉，呈三角剑形，长 12cm，宽 3.5cm，叶缘密生肉质刺。叶色深绿，有不规则排列的银白色斑纹。冬、春开花，总状花序，花橙黄至橙红色。木锉芦荟（*A. humilis*），叶密集丛生，排列成莲座状。株幅 6～7cm。叶长 5～10cm，宽 1.5～2cm，卵状披针形，绿色，叶面有少量疣状突起，叶背有白色皮刺，叶上部及叶缘均有尖齿。总状花序，花红色有绿尖。

（徐民生）

芦苇（common reed） *Phragmites communis*，禾本科芦苇属多年生草本植物。染色体数 2n = 2x = 24。具粗壮根状茎。秆高 1～3m。圆锥花序长 10～40cm，稍下垂。小穗长 16～22mm，含 4～7 小花。孕性外稃基盘具长 6～12mm 的柔毛。广布全球温带地区，中国大多数省区也有分布。适应各类土壤。耐盐碱，又耐酸，且抗涝。能成片生长。利用根状茎进行繁殖，成活率高，繁殖容易。植株挺立，花序雄伟美观，园林中常用作湖边、河岸低湿处的背景材料。有园艺变种小芦苇，植株低矮，叶片苍翠，随风摇曳，姿态优美，通常作山石盆景陪衬或盆栽观赏，又可作切花陪衬材料。

（胡叔良）

芦竹（giant reed） *Arundo donax*，禾木科芦竹属多年生草本植物。具粗而多节的根状茎。秆粗壮，高 2～6m，可分枝。叶片扁平，圆锥花序较密、直立，长 30～60cm。小穗含 2～4 小花，长 10～12mm。外稃具 1～2mm 的短芒，背面中部以下密生白柔毛。内稃长约为外稃之半。

变种有花叶芦竹（var. *versicolor*），叶片具白色条纹，观赏价值较高。广布旧大陆的热带地区，中国江苏、浙江、湖南、广东、广西、四川、云南等地也有分布。喜温暖湿润气候,年降雨量在1000mm以上则生长旺盛。适宜团粒结构良好、排水畅通的砂质壤土或壤土,pH值5.5~6.5。根状茎横向延伸迅速,通常采用营养繁殖,分株及栽植根状茎均可,以后者繁殖速度快,成活率高。气温较高、雨量充沛的华南地区,一年四季都可繁殖。由于植株粗壮高大,养护管理时应经常供水及追施复合肥料,缺水缺肥时生长势变弱,降低观赏价值。栽培中应注意勿使根状茎任意蔓延。

园林应用:植株外形雄伟壮观,密生白柔毛的花序随风飘曳,姿态别致。常用作河岸、湖边、道旁背景观赏禾草,又可固坡护堤。气候寒冷地区,可用作温室观赏。纤维可供造纸和人造丝原料。

(胡叔良)

庐山植物园(Lushan Botanical Garden) 1934年8月20日建立。座落于江西庐山上,距牯岭约4km的含鄱口山谷中(东经115°59′,北纬29°35′),海拔1000~1260m,面积294.6hm²。由植物学家胡先骕、秦仁昌、陈封怀等创建,为中国亚高山植物园。自建园以来,主要从事长江中、下游亚热带山地野生植物资源调查、引种驯化、繁殖栽培、遗传育种、种质保存、开发应用等方面的研究。

庐山植物园原为庐山森林植物园,由当时北平静生生物调查所与江西省政府农业院合办。抗日时期其机构曾一度搬迁云南省丽江县,1946年迁回庐山。中华人民共和国成立后几度改名和变更领导关系,现隶属江西省科学技术委员会。

经过几代植物学工作者的努力,庐山植物园已形成一定的园林景观和科学内容的园林机构,引种栽培植物达3400余种,设立了温室区、树木园、松柏区、岩石园、草花区、猕猴桃园、药圃、茶园、自然保护区、苗圃、国际友谊杜鹃园等。标本室藏有16万余号标本,图书室藏有专业图书6万余册。自建园以来,便着重对裸子植物进行广泛的引种和研究,曾先后自国内外引种400余种1000余号,现已鉴定、成活,并在露地栽培的有270余种,有的优良针叶树种已推广至外省份。在植物资源调查、药物及芳香油的筛选、猕猴桃优良品种的选育等方面,都取得了一定的成绩,对杜鹃花、兰花正在大力进行引种、研究和开发。该园先后共取得科技成果100余项。其中国家、省(部)、市级成果奖30余项,并与世界上60多个国家270多个单位建立了种子交换等联系。

(汪国权)

陆均松(pierre dacrydium) *Dacrydium pierrei*,别名卧子松、山松。罗汉松科陆均松属常绿乔木。高达30m,胸径达1.5m,树干通直。大枝轮生,小枝下垂;叶二型,幼树、萌生枝或营养枝上的叶镰状针形,老树或果枝的叶较短,钻形或鳞形。雌雄异株,雄球花穗状;雌球花单生枝顶,无梗。花期3月,10~11月种子成熟时杯状假种皮红色或褐红色。产中国海南,越南、柬埔寨、泰国也有分布。大树喜光,幼树耐阴;适生于年均气温20℃以上,1月平均气温12℃、湿度大、年降水量2500mm、偏酸性的红黄壤地带。天然林生长慢,而人工林生长较快,具共生菌根。播种或扦插繁殖。陆均松树姿优美,干通直,叶色翠绿,为较理想的园林绿化树种。又为优良的荒山造林树种。

(叶超汉)

露地花卉(outdoor flowers) 在自然气候条件下不加保护设施能够完成全部生长发育过程的观赏植物。通常主要指草花而言,又分几类:一年生花卉,当年完成全部生活史的花卉,如鸡冠花、凤仙花等;二年生花卉,当年秋冬进行营养生长,翌年春夏开花、结实,全部生活史跨越两个年度,如紫罗兰(十字花科)、羽衣甘蓝等;宿根花卉,地下部分不发生形态变异的多年生花卉,其地上部分每年冬季枯死,翌春重新萌发生长的称落叶宿根花卉,如菊花、芍药等,而地上部分冬季不枯死的,称常绿宿根花卉,如麦冬、沿阶草、万年青等。此外,还有球根花卉、水生花卉、岩生花卉等。广义地说,草坪植物和地被植物亦可包括在露地花卉中。

露地草本花卉由于种类多、品种丰富,花色艳丽,开花繁茂,花期集中,生育期比木本花卉较短,易于开花,因此美化效果快,装饰性强,适于大面积应用;但播种、采种等繁殖、栽培措施较为复杂,费工耗时,故在园林或其局部不能用得太多、太杂,属锦上添花性质。

(王莲英)

露兜树(thatch screwpine) *Pandanus tectorius*,别名露兜 。露兜树科露兜树属灌木或小乔木。染色体数2n=60。株高达4m。干分枝,常具气根。叶簇生枝顶,带状,长达1.5m,边缘及背面中脉有锐刺。花单性异株,无花被;雄花序由数个穗状花序组成,花稠密,芳香。聚合果头状,悬垂,由50~80个核果组成,红色。产中国广东、海南、福建等地,台湾、云南、广西有栽培;亚洲热带其他地区及澳大利亚南部也有。喜光，喜高温、多湿气候，适生海岸沙地。用分株和播种繁殖。本种叶带状、坚韧，雄花芳香，果实美观，为很好的海滨景观及滩涂绿化树种，也适于作围篱、路界和盆栽观赏。

同属中常见栽培的还有：狭叶露兜树（*P. pygmaeus*），灌木。叶狭窄，产马达加斯加。金边露兜树（*P. sanderi*），灌木。叶中脉至边缘有金黄色斑带，产帝汶岛和东印度群岛。其栽培品种'金叶'露兜树（cv. Roehrsianus），新叶金黄色。红刺露兜树（*P. utilis*），乔木。叶直立，具白粉，边缘和背面中脉有带红色锐刺，产马达加斯加。斑叶露兜树（*P. veithii*），灌木。叶缘具银白色斑带，产波里尼西亚及太平洋诸岛屿。

（陈榕生　王振忠）

露薇花（lewisia）　*Lewisia cotyledon*，别名琉维草。马齿苋科露薇花属多年生肉质常绿草本植物。根肉质。基生莲座叶丛，直径 10～12cm。叶倒卵状匙形，长 7.5cm，全缘或波状。圆锥花序顶生，高约 25cm。花白色具红脉、红晕或红条纹，瓣片 8～10，开展，长 1.2cm。花期早春至夏。原产美国西海岸中部山区。耐寒性不强。喜春季湿润、夏季干燥环境。宜排水良好、深厚轻松带砾质土壤。喜半阴，但在气候潮湿地区，宜全光照。不耐酷热。播种繁殖或于春季分株。种子在播前低温贮藏 20～30 天，可加速发芽。地栽时于根冠之上加厚 2.5cm 的碎石，有利生长。用于岩石园，近年流行作盆栽。

（王大钧）

驴蹄草（marsh marigold）　*Caltha palustris*，毛茛科驴蹄草属多年生宿根草本植物。株高 20～60cm。叶心形或圆肾形，边缘钝锯齿状。单歧聚伞花序，生于茎顶，花径 1.6～3.2cm，萼片 5、黄色，无花瓣，雄蕊多数。花期初夏。有大花、重瓣及白花等栽培品种。原产北欧、亚洲及北美，北半球温带其他地区均有分布。生于山谷溪边、草甸或林下。喜半阴、潮湿环境。分株或播种法繁殖。园林中可栽于水边、池畔等湿地或阳光不足的林缘或林下。

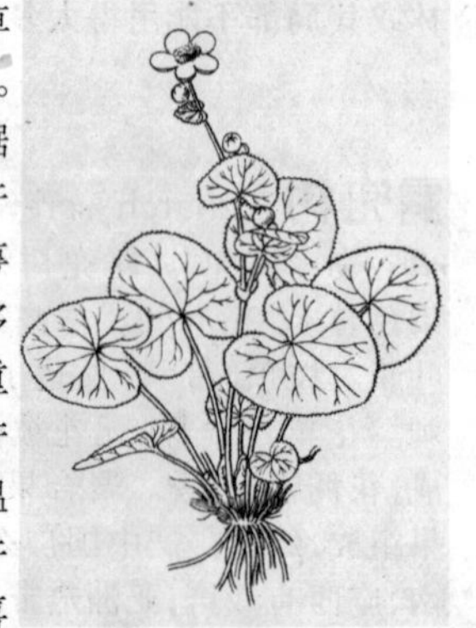

（葛　红）

旅人蕉（travelers tree）　*Ravenala madagascariensis*，别名扇芭蕉。旅人蕉科旅人蕉属常绿乔木状多年生草本植物。株高达 10m。干直立，不分枝。叶成两纵列排于茎顶，呈窄扇状；叶片长椭圆形，长 3～4m；叶柄长于叶片，蝎尾状聚伞花序腋生，有花数朵至 10 余朵，总苞船形；花两性，带白色。蒴果木质，长圆形。原产马达加斯加，中国广东、海南、云南、台湾等地有栽培。喜光，喜高温多湿气候，夜间温度不能低于 8℃。要求疏松、肥沃而排水良好的土壤，忌低洼积涝。根系发达，生长快。多用分株法繁殖。盆栽者于早春或开花后，结合换盆，用利刀从根茎处切开，小心分开根系，并在伤口处涂上木炭粉或草木灰、硫磺粉以防腐烂，然后分栽于花盆中。分株后每株一般保持 2～3 个芽。培养土用肥土 2 份、草炭土或腐殖土 1 份、砂土 1 份混合。4～6 月生长期间应多施氮肥促长，6 月以后需增施磷、钾肥。换盆要及时，通常幼苗期一年换一次，大苗 2～3 年换一次。夏季不耐阳光直射，须适当遮荫和通风，或于叶面喷水增湿降温，以免灼伤叶片。冬季移入阳光充足的室内越冬，室温保持在 13～18℃。广州、海南及云南西双版纳等地可露地栽培。通风不良易遭介壳虫为害，可喷洒 40% 氧化乐果 1000 倍液防治。本种叶硕大奇异，姿态优美，又极富热带风光，适宜在公园、风景区栽植观赏。

（黄智明）

绿篱（hedge）　栽种植物使之形成的墙垣。又称树篱、植篱、生篱。最早见于农村在院子四周密植分枝多或有刺的灌木充当院落或牲畜的围墙。中国南方农村喜用木槿、枸橘作为障篱。园林中人工修剪的绿篱是近百年自西方传入中国的。绿篱的类型，按所用的植物材料可分为针叶树绿篱、阔叶树绿篱，后者又可分常绿阔叶树绿篱和落叶树绿篱。如按高矮可分为高篱（指视平线 1.7m 以上的）、中篱（指 0.5～1.7m 的）、矮篱（指 0.5m 以下的），这些是用不同的树种及不同的苗木规格加以人工修剪而成。如按观赏特性分类，有观叶绿篱和观花绿篱两大类，前者是绿篱的主要形式，后者常不加修剪以便开出大量花朵，故又称自然式花篱。如按种植的位置与功能分类又可分为防风篱、边境篱、装缘篱、基植篱等。

园林中绿篱的作用和效果，主要有分隔空间、遮挡视线、安全防护、防风和美化装饰等。大部分绿篱是人工修剪成的各种形式，用以满足各种功能要求，因此失去了植物原有的自然体态，也有人称绿篱为"活的建筑材料”。由于密植修剪的结果，枝叶密厚，遮蔽效果好，比砖石或木板的垣篱具绿色的生气，尤其在庄严肃穆的齐整式布局中，显得图案明显、线条清晰，有一定的装饰效果。

充作绿篱的植物要求枝叶繁茂，耐修剪而再生力强，适于在密植条件下生长，寿命较长，能在当地越冬枝叶不受寒害，繁殖容易能获得大量苗木，耐移植等等。中国北方常绿阔叶树很少，北纬40°左右适于用侧柏、圆柏或榆树，背风处可用小叶黄杨；长江流域适用女贞、小叶女贞、紫杉、珊瑚树等；华南各省常见用九里香、红桑、变叶木、观音竹等；至于北纬45°上下的寒冷地带，用落叶阔叶树为绿篱的有山楂、杜梨、榆树等，唯冬季无叶可赏。由于气候与植物生长快慢有时不能恰当地达到设计的目标，所以在选择用于绿篱的植物时，要注意最好是既能成形快，又不需经常修剪的树种。

（余树勋）

绿篱植物（hedge plants） 园林中用于密集栽植形成生篱的木本植物。以绿篱植物所栽成的绿色篱垣状物，则称绿篱。绿篱的作用是围定场地、分隔空间、屏障或引导视线作小型设施的背景，等等。绿篱按高度，可分矮篱（0.5m以下）、中篱（0.5～1.5m）及高篱（1.5m以上）；按栽培方式，分为单行式和双行式（含品字式）；按修剪与否，则分为自然式和整形式。

理想的绿篱植物，应是萌芽、发枝力强，耐修剪而愈伤力强，耐粗放管理，病虫害少，枝叶青葱或更有美丽之彩叶或花、果。中国常用的各类绿篱植物种类有：①普通绿篱可用黄杨类、大叶黄杨、女贞属、榆树、侧柏、圆柏类、海桐、珊瑚树、凤尾竹、六月雪属，等等。②刺篱用枳、酸枣、小檗类、花椒类、火棘属、柞木、金合欢属、马甲子、枸骨类、黄刺玫类、锦鸡儿属，等等。③花篱用木槿、棣棠、锦带花类、迎春类、溲疏属、绣线菊属、忍冬属、月季、玫瑰类、金丝桃属、栀子花类、茉莉类、扶桑类、叶子花类、五色梅、狗牙花、九里香，等等。④果篱用小檗类、紫珠属、冬青属、虎刺、老鸦柿类，等等。⑤彩篱用紫叶小檗类、大叶黄杨彩叶品种、女贞类彩叶品种、洒金桃叶珊瑚、变叶木、红背桂、‘金边’六月雪、槭树属以及具红色茎秆的红瑞木类，等等。此外，也有少数用多浆类或草本植物做绿篱材料的。

（陈俊愉）

绿叶伞兰（veltheimia） *Veltheimia viridifolia*，别名万泰米伞兰。百合科伞兰属球根植物。染色体数2n＝40。有皮鳞茎，阔卵形，高约9cm，径约7.5cm。基生叶8～9枚，舌状，两面有光泽，鲜绿色，叶缘波状。花梗高45cm以上，暗紫色有黄斑；顶生总状花序，长9～15cm，着花约60朵，花下垂。粉紫色有黄色小斑点；花筒长约4cm，径约7mm。花期2～4月。原产南非。属半耐寒性植物，要求凉爽的生长环境，宜轻松肥沃、排水良好的土壤。夏季休眠，多在低温温室栽培，秋天栽植，盆栽宜浅，以球根顶部稍露出土面为度。花后逐渐减少浇水，使之休眠。分球或叶插繁殖。多用于盆栽观赏。

同属植物共有3种，好望角伞兰（*V. capensis*），球根植物，花橙粉色，植株较绿叶伞兰小，原产南非。伏氏伞兰（*V. deasii*），球根植物，植株更小，花桃红色，先端绿色，原产南非。

（秦魁杰）

栾树（China-tree；goldenrain-tree） *Koelreuteria paniculata*，别名栵树。无患子科栾树属落叶乔木。染色体数2n＝30，22。株高10～15m，树冠球

形、伞形或倒卵形，冠幅10～12m。树皮灰褐色、纵裂；小枝皮孔突起。奇数羽状复叶，有时为2回羽状复叶，互生；小叶7～15，叶缘具不整齐粗齿或羽状分裂，嫩叶红褐色。圆锥花序顶生，长25～40cm；花小，金黄色，花瓣基部紫色，花期6～7月。蒴果卵形，灯笼状，9～10月成熟。栽培品种有‘九月’栾（cv. September），花期较原种约晚一个月；‘塔型’栾（cv. Fastigiata），枝直立向上，树冠塔形。

产中国华北、东北、华东、西南、陕西及甘肃，朝鲜、日本也有分布。喜光，耐半阴，耐寒力强。对土壤要求不严，耐干旱、瘠薄，也能耐短期积水。对城市烟尘及二氧化硫有较强的抗性。深根性。主要用播种法繁殖。秋播或将种子干藏至翌年春播。播前40天用80℃温水浸种，拌沙催芽。一年生苗高80～100cm。也可用分蘖或根插法繁殖。本种适应性强，栽培管理简易。生长季常有蚜虫为害，需及时防治。

树形整齐端正，枝叶茂密，花色鲜艳、明快，尤其在夏季少花季节，黄花满树，清新秀丽。适作园景树，可于草坪、池畔或路旁种植，也适用于较窄林荫路和街道绿化。

同属中常见栽培的种有复羽叶栾树（*K. bipinnata*）。全缘叶栾树（*K. integrifolia*），别名黄山栾树。还有台湾栾树（*K. henryi*）和小叶栾树（*K. minor*）等。

（陈耀华）

罗汉柏（thujopsis; broad-leaf arborvitae Hiba） *Thujopsis dolabrata*，柏科罗汉柏属常绿乔木。染色体数 2n＝2x＝22。株高达 30m，树冠圆锥形。大枝平展，鳞叶交互对生，叶质厚，上面亮绿色，背面有白色气孔带。雌雄同株，球花单生短枝顶端。球果近球形，种子椭圆形，两侧有翅。原产日本，分布于北纬 31°～42°，九州木曾等地为集中分布区。中国庐山植物园 1935 年由日本引进，并以无性繁殖方法获得大量优良后代，先后推广到青岛、南京、上海、福州、鸡公山、安徽、湖北、湖南、云南、贵州等地，用作园林观赏树种。耐阴性强，怕强光、高温及干燥，喜凉爽气候和湿润肥沃土壤；抗寒性较强，枝梢柔韧富有弹性，也能抗冰冻雪压。用播种或扦插法繁殖。

罗汉柏枝叶茂密，树姿挺拔壮观，庭园中常作孤立树或园景树种植，也可在宽阔的草地上丛植或作绿墙列植。

（朱国芳）

罗汉松（broad-leaved podocarpus; yew podocarpus） *Podocarpus macrophyllus*，别名土杉。罗汉松科罗汉松属常绿针叶乔木。染色体数2n＝2x＝38，40。高达 20m，胸径 60cm，树冠广卵形。树皮灰褐色至暗灰色，浅纵裂，片状脱落。枝叶稠密，叶条状披针形，螺旋状互生，长 7～12cm，宽 7～10mm，两面中肋明显隆起，表面浓绿色，背面黄绿色。雄球花穗状，常 3～5 簇生叶腋，雌球花单生，有梗，花期 5 月。8～9 月种子成熟时种托紫红色，被白粉。变种有短叶罗汉松（var. *maki*），别名小罗汉松。小乔木，常呈灌木状；枝短直上，叶密集，较原种短而窄。狭叶罗汉松（var. *angustifolius*），叶较狭，长 5～9cm，宽3～6mm，先端渐狭成长尖头，叶基楔形。短小叶罗汉松（var. *maki*. f. *condensatus*），叶特短小，长 3.5cm 以下。

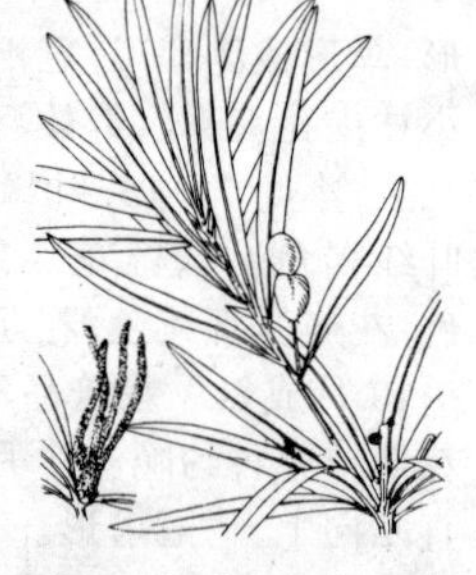

罗汉松广泛分布于中国长江流域以南各地，日本也有。喜温暖湿润气候，耐寒性弱，华北盆栽观赏；耐阴性强；喜排水良好湿润之砂质壤土，对土壤适应性强，盐碱土上亦能生存；对二氧化硫、硫化氢、氧化氮等多种污染气体抗性较强；抗病虫害能力强。耐修剪，寿命长。用播种和扦插繁殖，3 月移植最宜，小苗带宿土，大苗带土球。主要害虫有大蓑蛾、介壳虫、红蜡蚧和红蜘蛛等。

罗汉松姿秀葱郁，适于孤植、对植、列植、群植草坪边缘和山岩坡间的林缘下，如用于假山、石矶之中作常绿背景树，老干古枝与山石相映衬托，古雅得体。罗汉松耐修剪，可作绿篱、绿墙。短叶罗汉松结扎盆景，刚柔兼蓄，堪称逸品。由于其对多种有毒气体抗性较强，适用于工厂绿化。树皮、种子可入药。

同属中常见的观赏树种有：①鸡毛松（*P. imbricatus*），别名爪哇罗汉松、岭南罗汉松。高达 30m，树干通直，树皮灰褐色，大枝开展，小枝纤细而密集。叶异型，老枝及果枝之叶鳞形或锥状鳞形，先端上弯；幼树、萌生枝或小枝顶端的叶锥状条形，排成二列，柔软，两面有气孔。花期 4 月；种子 10～11 月成熟时肉质种托红色。产中国海南岛五指山、广东、广西等地，越南、菲律宾、印度尼西亚也有分布。喜暖热气候，不耐寒，枝叶秀美，用于华南地区园林绿化。②竹柏（*P. nagi*），高达 20m。叶厚、长卵形，先端渐尖，基部宽楔形；花期 3～4 月；种子球形，10 月成熟时种托暗紫色，具有白粉。产中国浙江、福建、江西、湖南、广东、广西、四川等地，日本也有分布。树冠浓郁、枝叶青翠，树形优美，是良好的庭荫树和四旁绿化树种。③窄叶竹柏（*P. formosensis*），叶窄椭圆形，先端钝，短柄扁平。种子球形，种托被白粉。产中国台湾。④长叶竹柏（*P. fleuryi*），高 25m，树皮黑色。叶厚革质，宽披针形，种子成熟时种托蓝紫色。产中国云南、广东、广西等地；越南、柬埔寨也有分布。⑤百日青（*P. neriifolius*），高达 25m，树皮浅纵裂。叶革质，披针形，上部渐窄，先端长尖。花期 5 月，种子卵圆形，翌年 10～11 月成熟时假种皮紫红色，中国浙江、江西、福建、湖南、广东、四川、贵州、云南、西藏、广西等地均有分布。⑥大理罗汉松（*P. forrestii*），常绿灌木，高 3m。叶厚革质，窄长圆形，叶背微有白粉。种子球形，种托圆柱形。产中国云南大理。⑦台湾罗汉松（*P. nakaii*），树皮淡灰色。叶条状披针形，背面微被白粉；种子卵圆形或椭圆状卵形，种托倒圆锥状椭圆形。产中国台湾中部及北部。⑧兰屿罗汉松(*P. costalis*),枝平展。叶倒披针形或条状倒披针形,先端圆或钝,基部渐窄成短柄。产中国台湾兰屿岛,菲律宾也有分布。⑨小叶罗汉松(*P. brevifolius*),高达15m,树皮褐黄白色,不规则纵裂。枝密生,小枝直展;叶革质或薄革质,窄椭圆形;种子椭圆状球形。产于中国广东、广西、云南等地。

(贺贤育)

罗勒(common basil) *Ocimum basilicum*,别名零陵香、毛罗勒、省头草。唇形科罗勒属一年生草本植物。染色体数2n=48。株高20~80cm,全株被疏柔毛,枝叶有强烈香气。叶对生,矩圆形至卵形。假总状花序顶生,长10~20cm。苞片倒披针形。小花6朵轮生。萼钟形,外被柔毛,萼筒宿存。花冠淡紫色或上唇白色、下唇紫色,长约0.6cm,上唇宽大4浅裂、下唇矩圆形下倾。花期夏、秋季。有紫叶品种(cv. Purpurascens),叶色青紫。原种分布于非洲及亚洲的暖地,不耐寒。早春播种繁殖。用于花坛边缘与花境及疏林地被。

(郑 恭)

罗纳菊(African daisy) *Lonas inodora*(*L. annua*),菊科罗纳菊属一年生草本植物。株高25~35cm,茎光滑,多分枝。叶互生,2回羽裂,裂片线形、离生。花序全由筒状花组成,径1.2cm,枝顶由多数头状花序组成密集的伞房状大花序,直径约5cm,花黄色,花期7~10月。原产地中海沿岸。喜温暖通风、光照充足、排水良好的环境,不择土质。春播,适作干花或盆栽。

(秦魁杰)

萝芙木(common devilpepper) *Rauvolfia verticillata*,别名萝芙藤、白花丹。夹竹桃科萝芙木属直立灌木。染色体数2n=22。株高约3m,多分枝。茎皮幼时绿色,后变灰白色。单叶对生或3~4叶轮生,长椭圆状披针形,长5.5~16cm。聚伞花序顶生,花小,白色,花冠高脚碟状,长1~1.8cm,花期2~10月。核果卵形或椭圆形,紫黑色,果期4月至翌年春季。产中国广东、广西、台湾、海南、云南、贵州等地,越南也有。喜温暖湿润气候。播种繁殖。树姿优美,枝叶秀丽,适于庭园中栽培观赏。根、叶供药用。

(包满珠)

《洛阳牡丹记》(*Tree Peony in Luoyang*)
中国现存最早的牡丹专著。为宋代欧阳修(公元1007~1072)于景祐元年(1034)撰写。《洛阳牡丹记》内容丰富。全书共分三篇:第一篇花品序,叙述了当时洛阳牡丹为天下第一的缘由,列举洛阳名贵品种24个;第二篇为花释名,记述了牡丹品种命名的方法,品种选育经过,品名由来、产地、特点等;第三篇为风俗记,记述了洛阳赏花的习俗及向京城贡花时所采用的切花保鲜法以及种花、浇花、养花、医花的技艺。《洛阳牡丹记》最重要的特点,是对牡丹品种演化有细致的观察和记述。书中科学地介绍了牡丹品种特别是花型由单瓣、复瓣到重瓣的演化规律和趋势。欧阳修概述牡丹由野生到家生,从药用到以观赏为主的栽培应用史,介绍了当时已知的牡丹的栽培分布与野生分布,说明了牡丹在栽培条件下产生的变异以及新品种选育的方法,如实生选种、芽变选种等,并强调了保持品种优良特性的嫁接繁殖法。《洛阳牡丹记》是自隋、唐以来牡丹栽培及品种选育经验的科学总结。该书提到洛阳也有全国各牡丹产地的精品荟萃,从而为中原牡丹品种群的多元起源论提供了历史依据。《洛阳牡丹记》文字优美,论述精辟,流传国内外,已有英译本问世。

1082年,周师厚也写了一本《洛阳牡丹记》,系以李德裕《平泉花木记》和欧阳修《洛阳牡丹记》为基础,并经进一步调查后写成。书中将牡丹品种增至46个,对欧阳修《洛阳牡丹记》作了一些重要补充。

(李嘉珏)

络石(star-jasmine; confederate-jasmine) *Trachelospermum jasminoides*,别名石龙藤、白花藤、钻骨风、云花。夹竹桃科络石属常绿藤木。染色体数2n=20。长达10m,有乳汁。茎枝具气根。叶对生,椭圆形或卵状披针形。长2~10cm。聚伞花序,有花9~15朵,花白色,芳香,花冠高脚碟状,径约2cm,花期3~7月。蓇葖果双生,果期8~12月。变种石血(var. *heterophyllum*),叶异型,通常狭披针形;栽培品种'变色'络石(cv. Variegatum),叶圆形,绿色中带白色或浅黄色斑纹,

后变淡红色。本种产中国黄河流域以南各地，朝鲜、日本、越南也有。适应性强。喜光，也能耐阴；喜温暖湿润气候，较耐寒、旱。不择土壤。播种、扦插或压条繁殖。络石是良好的覆盖植物，可用于岩石、墙壁、枯树、棚架及坡地的绿化和美化，也可盆栽观赏。乳汁有毒。

（包满珠）

落葵（red basella；Marlabar spinach） *Basella rubra*，别名木耳菜、藤菜、胭脂豆、紫角叶、豆腐菜。落葵科落葵属一年生蔓性草本植物。染色体数2n＝4x＝48。肉质茎右旋缠绕，紫红色，幼茎绿色。分枝能力强。单叶互生，圆或长圆形，先端钝或微凹，肉质光滑。穗状花序腋生、红色。果圆形，熟后紫红色，种皮紫黑色。原产亚洲热带。喜温暖，耐高温高湿，不耐寒。生育适温 25～30℃。宜肥沃疏松、pH 4.7～7.0 的砂壤土。4～8 月浸种催芽后播种，条播或撒播，也可扦插繁殖。株高 30cm 时应立支架。开花后 30～40 天果实成熟。主要用于绿化篱垣，也可用作遮掩其他物体的材料。嫩茎叶可食用，全草可入药。同属植物 6 种，常见栽培的有白落葵（*B. alba*），染色体数 2n＝5x＝60，茎绿白色，叶绿色，花白色。

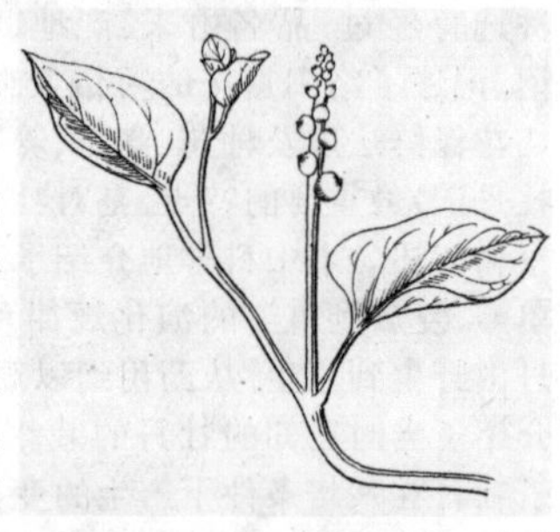

（金　波）

落新妇（Chinese astilbe） *Astilbe chinensis*，别名红升麻、虎麻、金猫儿。虎耳草科落新妇属多年生草本植物。

形态特征及分布　根状茎肥厚呈块状，具有棕黄色长绒毛及褐色鳞片，须根暗褐色。株高 40～80cm，茎直立，散生多数褐色长毛。基部叶为 2～3 回三出复叶，小叶卵形至长卵形，先端渐尖，基部圆形或宽楔形，缘呈重锯齿状。圆锥花序顶生，长达 30cm，密生褐色卷曲柔毛，小花密集，几乎无柄，萼片 5，花瓣 5，狭条形，粉红色，长约 5mm。花期初夏至仲夏，初秋至晚秋蓇葖果成熟。在中国分布广泛，自长江流域中下游地区到华北、西北、东北都有分布，朝鲜、俄罗斯也有。多生长在山谷溪流边、林缘、湿润肥沃的山坡、稀疏林下等处。生长强健，耐寒，要求疏松肥沃、富含腐殖质的酸性或中性土壤，轻碱地也可生长。喜半阴、潮湿而排水良好的环境。

繁殖栽培及育种　以播种繁殖为主，也可分根。通常春播，种子细小，覆土要薄；也可在早春于温室盆播。分根繁殖，在春天发芽前挖出根茎，分割，注意使

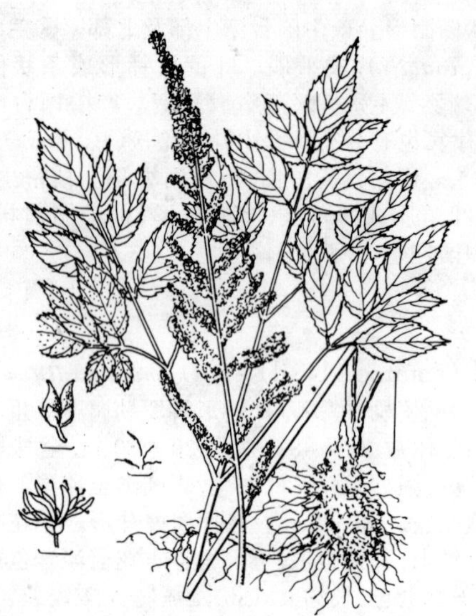

各子株都要带芽，栽植半荫处或疏林下。分割栽植后一般第二年开花。落新妇虽生长健壮，抗逆性强，但夏季高温降雨期，须加强通风和排水防涝。自 1900 年以来，荷兰、德国、日本等国以落新妇、大卫氏落新妇、泡盛草、道氏落新妇等为亲本，选育出红色系、粉色系、紫色系以及高型、中型、矮型品种，和适于盆栽、地栽、花坛、切花、促成栽培与根系强健的固堤用品种等。经人工选育的品种，花序更加密集紧凑，花色更加丰富。

园林应用　落新妇花序紧密，呈火焰状，花色丰富，色彩艳丽，有众多品种类型，在园林中应用日益普遍。中国目前应用尚少。可用于花坛、花境、盆栽、切花、溪边林缘和疏林下栽植。根茎可入药。

同属约 25 种，见于观赏栽培的还有：泡盛草（*A. japonica*），株高 30～60cm，小叶具粗锯齿，嫩叶锈红色，圆锥花序，白色，原产日本，是近年来本属育种的主要亲本之一。阿氏落新妇（*A.* × *arendsii*），为杂交种，花色有紫、红、白等多种。董氏落新妇（*A. thunbergii*），株高 40～50cm，与泡盛草相似，惟花茎及叶柄基部带红晕。花初开白色，渐变为红色，花期较泡盛草迟约一个月，原产日本。蔷薇落新妇（*A. rosea*），为泡盛草与落新妇的杂交种，与泡盛草的茎叶和花穗形态相近，花粉红色。欧洲还育出了适于盆栽和花坛用品种及大花穗品种。

（秦魁杰）

落叶松（Dahurian larch） *Larix gmelini*，别名兴安落叶松、意气松。松科落叶松属落叶乔木。染色体数 2n＝2x＝24。高 35m，胸径 90cm；树皮灰褐色，鳞片状纵裂；大枝近平展，树冠卵状圆锥形。叶线形、扁平，簇生于短枝顶端，在长枝上互生。球果椭圆形，成熟后上部种鳞张开，黄褐色；种子斜卵圆形，种翅镰刀形。花期 5～6 月。果熟期 9～10 月。原产中国东北

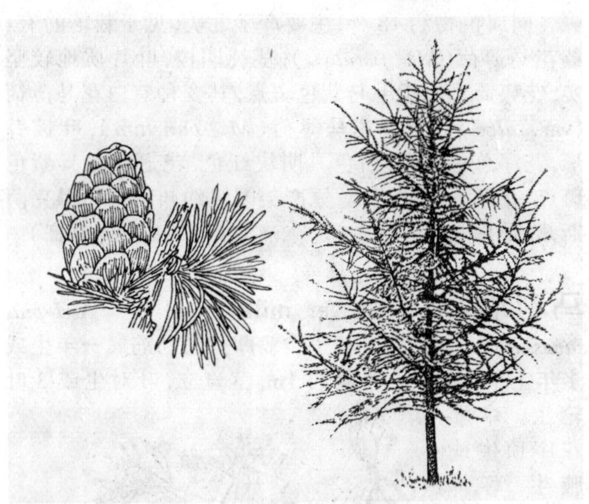

大兴安岭、小兴安岭，俄罗斯也有分布。喜光，极耐寒。在土层深厚、肥沃、排水良好的缓坡生长良好，适应性较强，在干旱瘠薄的石砾山、河谷水湿地也能生长，但不耐高温，当超过 28℃ 时即停止生长；抗烟尘能力较弱。用种子繁殖。树干通直，树形端丽，枝叶清秀，秋季变成金黄色，是东北地区优良观赏树种。宜在公园、绿地、庭院、风景区栽植，孤植、成片栽植均可。

本属栽培的观赏种还有：红杉（*L. potaninii*），高 30m，胸径 60cm。树冠尖塔形，小枝下垂。花期 4～5 月。果熟期 10 月。华北落叶松（*L. principis-rupprechtii*），高 30m，胸径 1m。树冠圆锥形。花期 5 月。果熟期 9 月。黄花落叶松（*L. olgensis*），高 40m，胸径 1m。树冠尖塔形。花期 5 月。果熟期 9～10 月。日本落叶松（*L. kaempferi*），原产日本。高 30m，胸径 1m，树冠塔形。花期 4～5 月，果熟期 10 月。

（秦瑞明　李裕久）

落羽杉（swamp cypress；bald cypress）　*Taxodium distichum*，别名落羽松。杉科落羽杉属大乔木。染色体数 2n＝2x＝22。落羽杉是古老孑遗植物之一，第三纪时曾广泛分布于北半球，第四纪冰川期以后，北欧的落羽杉遭到覆灭，而北美自然条件优越，落羽松才得以大量保存下来。中国于 20 世纪初引入。株高达 40～50m，径粗达 1m 以上，树冠塔形。生长在水里或水边的，有直立的根膝，高可达 1m。树皮隆起成条裂，粗糙，分枝低；小枝有两种，一种是宿存的枝条有腋芽，一种是脱落的枝条无腋芽，近枝梢的芽小而圆，有鳞片。叶条形、扁平，螺旋状互生，排成 2 列。雌雄同株，雄花着生在树顶，下垂成圆锥花序，雌花着生在树冠中上部一年生小枝末端，花期 2 月上、中旬（广州）。球果近卵圆形，灰褐色，有树脂，果期 11～12 月。熟后开裂，每果有种子约 20 粒，种子千粒重约 1000g，优势树多数 3～5 年开花结实一次，幼树种子发芽率低，40 年生老树种子发芽率约为 50％。其变种垂枝落羽杉（var. *nutans*），枝略细长、下垂。原产美国。最原始的生长地是季节性沼泽地。落羽杉是强阳性树，在生长发育过程中，形成喜水的习性，生长在水中或水边，树干基部肿大成“扩基”，露出土面的根上长出根膝。播种或扦插繁殖。为速生树种，病虫害少。

本种春叶翠绿，夏叶浓绿，秋叶金黄，冬季落叶，显出四季变化。抗台风，耐水浸，抗湿，最宜在河岸、提围、湖滨、沟渠作风景树种植，其根膝象栏栅一样能防水浪冲击，但对有害气体抵抗力较差。

同属植物常见的种还有池杉（*T. ascendens*），别名池柏，高 24～28m，树冠尖塔形，冠幅 3～4m，根膝少且小。叶片多数钻形、内卷，贴近于枝。花期 3 月上、中旬，展叶期 3 月中旬～4 月下旬，较落羽杉生长慢，可用于营造农田防护林及供园林洼地作背景树。墨西哥落羽杉（*T. mucronatum*），分布于墨西哥至危地马拉沼泽地，能在 1m 深水中生长，也具有根膝。叶较短，果较长。花期秋季，中国约于 80 年代引入。

（张应麟）

M

麻楝（Chittagong chickrassy） *Chukrasia tabularis*

Chukrasia tabularis，别名阴麻树、白皮香椿。楝科麻楝属落叶乔木。染色体数 2n=26。高达 38m，胸径 1.7m，树冠卵形。树干通直，树皮灰褐色；小枝赤褐色，具白色皮孔。偶数羽状复叶互生，小叶 10～18 片，互生，卵形至矩圆状披针形，长 7～12cm，全缘。顶生圆锥花序，花黄色带紫，花期 5～6 月。蒴果近球形，灰褐色，10 月至翌年 2 月果熟。产中国海南、广东、广西、云南、西藏、贵州等地，越南、印度、马来西亚也有分布。喜光，幼树耐阴；适生湿润、疏松、肥沃的壤土；耐寒性差，幼树在 0℃以下即受冻害。速生。播种繁殖，种子发芽率 50%～80%，可随采随播，一年生苗高可达 70～80cm。幼苗需防猝倒病；成年植株易遭楝梢螟为害，可用 1000 倍马拉松防治。麻楝树姿雄伟，适宜用作庭荫树和行道树。

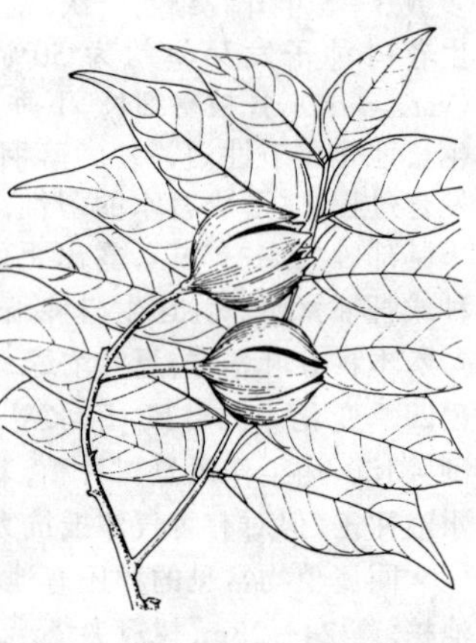

（陈耀华）

马薄荷（oswego-tea; bee balm） *Monarda didyma*

Monarda didyma，别名红花薄荷，密芥，香芥。唇形科马薄荷属多年生草本植物。染色体数 2n = 32, 36。株高约 100cm，茎四棱，较软。叶薄、对生，卵形至卵状披针形。头状花序簇生茎顶(有时腋生)，总苞片带红色；萼筒喉部微具茸毛；花冠筒红色，长 3.5～5cm，花期 6～9 月份。变种有淡红马薄荷(var. *salmonea*)、淡堇马薄荷(var. *violacea*)、粉马薄荷(var. *rosea*)等。原产加拿大魁北克省、美国密执安州等地。生长健壮，耐旱、耐寒，不择土壤，但在腐殖质丰富、排水良好的壤土中生长更佳，唯原种马薄荷忌涝。春、秋季均可播种或分株(根)繁殖。花色浓艳，花期长，园林中适宜作花径栽植或坡地片植。

同属植物约 18 种，主要产于北美，见于栽培的有：堇花马薄荷(*M. fistulosa*)，茎钝四棱，叶片质地较坚实，花萼筒具短柔毛与紫色斑点，其变种有白花马薄荷(var. *alba*)等。斑花马薄荷(*M. punctata*)，叶披针形，花序总苞片大，白色具明快红色，花冠黄色具紫色斑点，花期 6～7 月份。原产美国纽约州南部和得克萨斯州，最忌炎热多雨。

（龙雅宜）

马利筋（bloodflower milkweed） *Asclepias curassavica*

Asclepias curassavica，别名莲生桂子。萝藦科马利筋属一年生或多年生草本植物。株高约 1m，茎直立，叶对生或 3 叶轮生。伞形花序顶生或腋生，萼片绿色，花冠裂片橘红色或紫红色，反卷；副花冠鲜黄色，兜状。蓇果细长角状，种子具长毛。原产南美热带。喜向阳、通风、温暖、干燥环境，不择土壤。3、4 月播种繁殖。2 个月后开花。盆栽可摘心矮化，或设支架防倒伏。花蕾期追施磷、钾肥，花谢后短截，加强管理，秋季可再次开花。本种花色美丽，花冠形如莲花，金色副冠如桂花。用于花坛、花境，也可作切花。根、叶可入药。

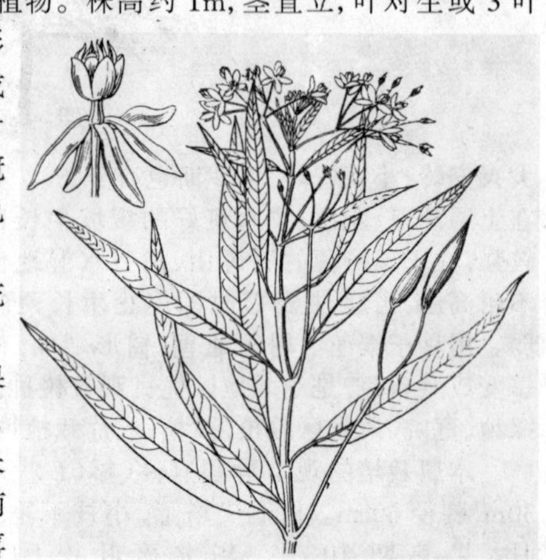

同属约 100 种，有观赏价值的种还有：块茎马利筋(*A. tuberosa*)，又名矮马利筋，高 20～30cm，花多而密，鲜黄色，喜砂壤土，栽植宜稍深，较耐寒，产于北美洲。大花马利筋(*A. grandiflora*)，高 1m，花径约 3cm，产于北美洲。可作花境背景材料。

（王彩云）

马络葵（malope） *Malope trifida*

Malope trifida，锦葵科马络葵属一二年生草本植物。株高约 70cm，多分枝。叶互生，上半部浅裂、有锯齿，具长柄，略带紫红色。花单生于叶腋，花瓣 5、红色，基部红紫色，具 3 个离生苞片，花期 5～6 月。变种有：大花马络葵(var. *grandiflora*)和玫红马络葵(var. *rosea*)。马络葵原产西班牙及北非。喜温暖、向阳，不择土壤，但以砂壤土为

宜。播种法繁殖，暖地于 9 月初播种，翌年 5 月开花；寒地春播，花期较迟。长江流域小苗需冷床保护越冬。生长期摘心，能促进分枝，开花繁茂。可用于布置花坛、花境或盆栽观赏。

（金　波）

马蹄荷（common exbucklandia） *Exbucklandia populnea*，别名白克木、解阳树。金缕梅科马蹄荷属常绿乔木。高达 20m，小枝被柔毛，节膨大。叶革质，阔卵圆形。头状花序单生或数枚排成总状花序，有花 8～12 朵。蒴果椭圆形，种子具窄翅。产中国西藏、云南、贵州、广西，缅甸、泰国、印度也有分布。喜光，喜温暖、湿润的气候，根系发达，喜土层深厚、排水良好、微酸性的红黄土壤，对中性土壤也能适应。生长较快。播种繁殖。树姿美丽，树干通直，叶大而亮。适作庭荫树或在山地营造风景林，孤植、丛植、群植均宜。

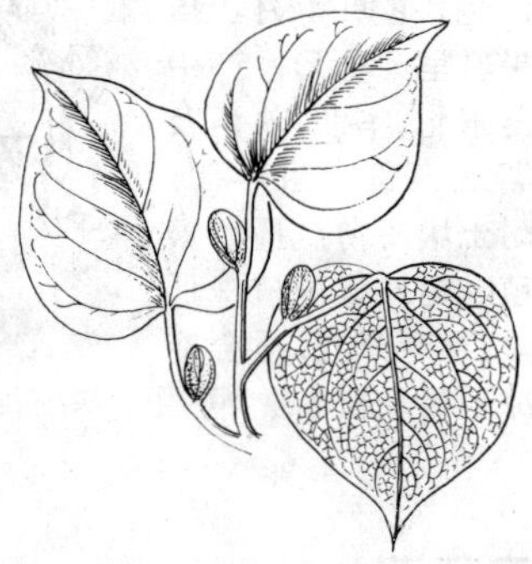

（叶超汉）

马蹄金（creeping dichondra） *Dichondra repens*，别名荷包草、黄疸草、铜钱草、小挖耳草。旋花科马蹄金属多年生匍匐性草本植物。染色体数 2n＝2x＝30。茎细长，节节生根。叶圆形或肾形，背面密被贴生丁字形毛，全缘。花冠钟状黄色、深 5 裂，裂片长圆状披针形，花期 4 月。果期 7 月，蒴果近球形，种子黄至褐色、被毛。中国南方各省分布较广，陕西、山西等省已引种栽培。耐阴、耐湿，稍耐旱，适应性强。可播种和分株繁殖，蔓延能力很强，为优良的地被植物。全草可入药。

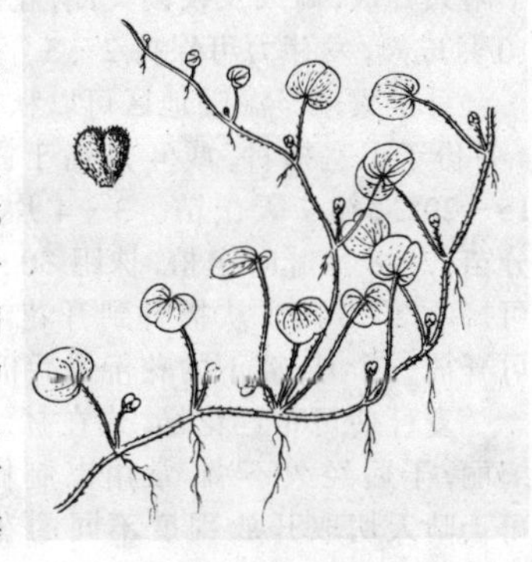

（王道惠）

马蹄莲（common callalily） *Zantedeschia aethiopica*，别名慈姑花、水芋、观音莲。天南星科马蹄莲属具块茎的多年生草本植物。块茎褐色、肉质，节处生根，向上着生茎叶，叶基生，叶片箭形或戟形，先端锐尖，有光泽，全缘；叶柄长 50～65cm，下部有鞘。肉穗花序顶生，外有白色佛焰苞，短漏斗状，喉部开张，先端尖、反卷；花序黄色，圆柱形，雌花生于下部，雄花着生上部。浆果。主要园艺变型有小马蹄莲（var. *minor* f. *childsiana*），植株较低矮，花多，四季常开，耐寒性强。常见栽培的园艺品种有：①白柄品种：块茎较小，生长缓慢，叶柄基部白色，佛焰苞阔而圆，平展，色洁白，花期早，花数多。②绿柄品种：长势旺盛，植株高大，叶柄基部绿色。花梗粗壮，佛焰苞长大于宽，花小，黄白色，基部有明显皱褶，开花迟。③红柄品种：植株较健壮，叶柄基部有红晕。佛焰苞较大，长宽相近，圆形，洁白，基部稍有皱褶。花期中等。

习性　原产非洲南部的河流、沼泽地中。喜温暖，不耐寒，生长适温 20℃左右，夜温保持 10℃以上能正常开花。冬季室温低，则开花时间推迟，能忍耐 4℃低温。喜阳光，尤以冬季需要充足光照。稍耐阴。喜肥，不耐旱。要求疏松肥沃，含腐殖质丰富的砂质壤土。秋季栽植块茎，花期从 11 月至翌年 5、6 月，2～4 月为盛花期。休眠期因地而异，在南非好望角地区，夏季休眠；在纳塔尔则冬季休眠；在亚热带地区不休眠。在中国长江以北地区行盆栽，冬季于室内开花，夏季因高温休眠。

繁殖与栽培　以分球和播种法繁殖。分球于休眠期进行，取小块茎种植，第二年即可开花。播种多于 10 月进行，发芽适温 20℃左右。盆栽马蹄莲，于立秋后上盆，盆土以肥沃而略带粘性的土壤为宜，覆土 3～4cm，约 20 天出苗。生长期间需保持盆土湿润，并经常向叶面和地面喷水。每 15 天追施稀薄液肥一次，随即浇清水。深秋入温室，保持 10℃以上，春节前开花。花后应逐渐停止浇水，5 月植株开始枯黄，待植株完全休眠，挖出块茎，晾干贮藏。

病虫害防治　主要病害是软腐病（*Bacillas oroidae* Townsend），侵染叶柄、叶片和块茎，首先于叶柄基部发病，向上感染叶片，向下为害块茎。叶片感病后，先端变暗，呈水浸状变黑，然后全株失绿，软化脱落。块茎感染后，呈褐色、变软腐败。防治方法：拔除病株，用 200 倍福尔马林对栽植穴进行消毒；避免连作，及时排涝，空气宜流通，发病时喷洒波尔多液。为害马蹄莲的虫害主要是红蜘蛛，高温、干燥、通风不良的条件下发生严重。受害植株叶片黄萎枯焦。可用三硫磷 3000 倍液防治。

园林应用　马蹄莲叶片翠绿，形状奇特，佛焰苞形如马蹄，为重要切花，常用于制作花圈、花束和插花等，也可盆栽观赏。

同属常见栽培的还有银星马蹄莲（*Z. albo-maculata*），叶片大型，有白色斑块，叶柄光滑。佛焰苞白或淡黄色，基部具红色斑。花期6月。黄花马蹄莲（*Z. elliottiana*），本种有很多杂交种。叶片广卵状心形，端尖，鲜绿色，具少量白色半透明斑点，佛焰苞深黄色，外侧常带黄绿色，花期6月。红花马蹄莲（*Z. rehmannii*），矮生种，叶片长披针形，上有白色或半透明斑纹。佛焰苞喇叭状，端尖，淡红色、红色或紫红色。肉穗花序短，花期6月。　（金　波）

马醉木（Japanese pieris）　*Pieris japonica*，别名梫木。杜鹃花科马醉木属常绿灌木或小乔木。染色体数2n＝2x＝24。株高达3.5m，冠幅3～4m。叶簇生枝顶，披针形或倒披针形，长7～12cm；总状花序簇生枝顶，长6～12cm，花冠坛状，长6～8mm，白色，花期4～5月；蒴果扁球形。变种有白边叶马醉木（var. *variegata*），叶缘带白色；矮生马醉木（var. *pygmaea*），植株矮小，叶小而窄。产中国福建、浙江、安徽等地，日本也有。喜温暖湿润气候及半阴环境，适生富含腐殖质而排水良好的砂质壤土。播种或扦插、压条繁殖。树形优美，花色素雅，适于园林各类绿地栽植观赏，也可作坡地绿化。

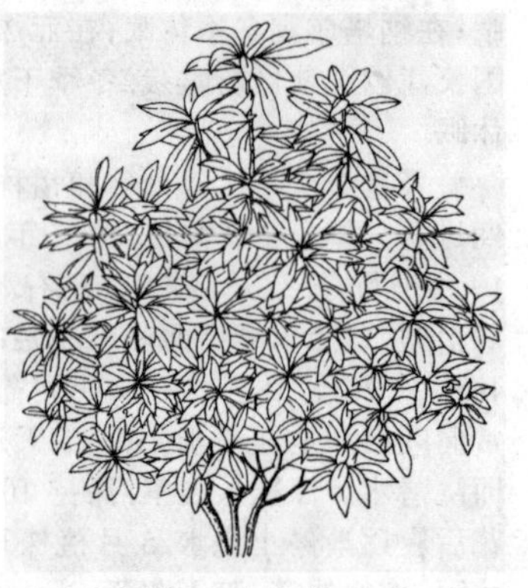

同属植物常见观赏的还有美丽马醉木（*P. formosa*），常绿灌木或小乔木，高达6m，圆锥花序长达15cm，花白色或带粉红色，下垂。产中国西南、华南及湖北、湖南、江西、福建、浙江等地。

（包满珠）

蚂蚱腿子（common myripnois）　*Myripnois dioica*，别名万花木。菊科蚂蚱腿子属落叶小灌木。高50～80cm。叶互生，阔披针形至卵形，长2～4cm，全缘。头状花序单生于侧生短枝端，先叶开花；雌花与两性花异株，雌花具舌状花，淡紫色，两性花花冠筒状，二唇形，白色；花期4月。瘦果略呈圆柱形。产中国东北、华北、陕西及湖北西部。耐半阴，耐土壤瘠薄。播种繁殖。蚂蚱腿子植株低矮，早春开花，适合冷凉地区栽植观赏，可用于基础种植，或作疏林下木。

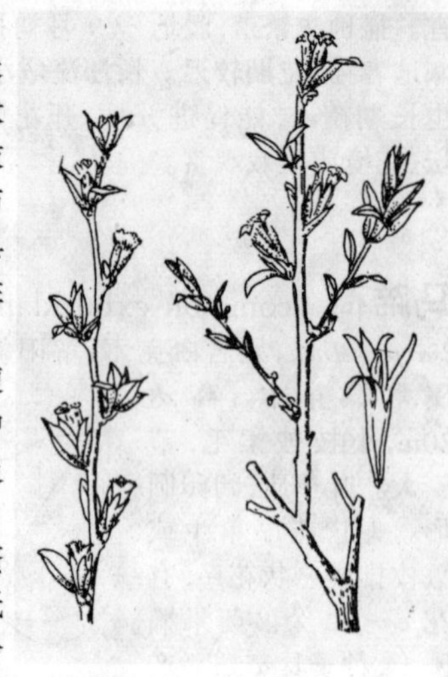

（包满珠）

麦秆菊（straw flower）　*Helichrysum bracteatum*，别名蜡菊、贝细工。菊科蜡菊属一年生草本植物。染色体数2n＝28。主要分布于澳洲与南非，中国新疆地区也有野生。

株高40～120cm，全株具微毛，茎直立，多分枝、叶互生，长椭圆状披针形，基部渐狭成短柄，全缘。头状花序单生枝顶，花冠直径3～6cm，总苞苞片多层，呈覆瓦状，外层椭圆形呈膜质，干燥具光泽，形似花瓣，有黄、橙、红、粉、白等色，管状花位于花盘中心，黄色。花于晴天开放，雨天及夜间关闭，花期7～9月。种子9～10月成熟，发芽力可保持2～3年。

种子繁殖。温暖地区可以秋播，华中以北地区3～4月份于温室播种，或4月播于露地苗床。发芽适温15～20℃，约7天出苗。3～4片叶时以6～8cm株距分苗，7～8片叶时定植，株距30～40cm。为促生分枝可摘心2～3次。从播种到开花约需3个月。每朵花可开放一个月，剪下的花干燥后仍可保持原色。

麦秆菊可布置花坛，或在林缘丛植。因苞片色彩绚丽，干后经久不凋，常用以制作干花，供室内装饰。可于晴天切取开放程度不同的花朵，除去叶片、扎成束，倒挂在阴凉处干燥，制成干花。

同属植物约500种，分布于欧洲、非洲和大洋洲。主要种有：黄花蜡菊（*H. arenarium*），多年生草本，茎直立，株高30cm，叶条形至狭匙形，头状花序，径约6cm，苞片黄色，盘心橙色，顶生伞房状排列。原产欧洲，用做干花装饰。毛叶蜡菊（*H. belloides*），多年生草本植物，茎直立，具匍匐茎，长15～45cm，叶倒卵形，总苞片基部被绵毛、银白色。花期6～9月。原产新西兰。　（陈瑛芳）

麦仙翁（corn cockle） *Agrostemma githago*，石竹科麦仙翁属一二年生草本植物。染色体数2n=24，48。茎直立，高30～100cm。叶条形、对生。花多单生，具长梗，萼筒外有10条凸起脉。花紫红色，径约2.5cm，花瓣比花萼短，花期5～6月。原产地中海地区东部，野化广布于欧、亚温带半干旱地带；中国黑龙江、吉林和内蒙古东部有分布。耐寒，并耐干旱瘠薄。播种法繁殖，宜秋播，自播繁衍力强。可用于花坛、花境、岩石园和切花等。植株有毒。

（秦魁杰）

曼陀罗（common thorn apple） *Datura stramonium*，别名醉心花、狗核桃。茄科曼陀罗属一年生草本植物。染色体数2n=48。全株光滑，株高1～2m，茎直立、粗壮，主茎常木质化。叶宽卵形，边缘有不规则波状浅裂，基部常歪斜。花单生叶腋，萼具5棱角，花冠漏斗形，长7～10cm，先端宽裂，裂片折叠，筒部淡绿色，上部白色或紫堇色。花期夏、秋季。蒴果卵圆形，外被硬刺（也有无刺曼陀罗），种子黑色。原产热带及亚热带，中国各省均有分布。喜温暖、向阳及排水良好的砂质壤土，适应性强。播种繁殖，能自播繁衍，种子寿命2年。曼陀罗植株高大，花朵硕大而美丽，宜作背景材料或用于野趣园。其叶、花、种子均含生物碱，有毒，可供药用。

同属植物约16种，常见栽培的还有：①香花曼陀罗（*D. inoxia*），别名凤茄花、串筋花，多年生草本植物。花单生，白色带淡紫色晕，具芳香，花径12～15cm。原产南美、墨西哥。在中国华北地区可露地越冬。②白花曼陀罗（*D. metel*），别名洋金花、金盘托荔枝，一年生草本植物。染色体数2n=24。萼筒具棱纹，不紧贴花冠筒。花普遍白色，但偶有黄色、紫色等，花冠长14～17cm，花径约15cm，花期7～11月。有白、黄、蓝、红、双色花等品种。

（张 燕）

蔓风铃草（trailing bellflower） *Cyananthus microphyllus*，桔梗科蓝钟花属多年生草本植物。丛株毯状。茎蔓性，叶互生，椭圆形至长圆形或披针形，叶背被白毛，全缘。花单朵顶生，堇紫色，高脚碟状，筒部长约1.5cm，檐部5裂，开展，径约2.5cm。花期秋季。原产尼泊尔及印度北部。喜冬暖夏凉的温和气候，耐寒性不强。宜湿润而排水良好环境。根系长而带肉质，在湿润、含大量腐叶的土壤和砂质土壤上蔓延甚广。中国上海地区冷床或冷室保护越冬。播种或嫩枝扦插繁殖。用于岩石园。

（王大钧）

蔓锦葵（low poppy mallow） *Callirhoe involucrata*，别名矮蜀葵。锦葵科锦葵属多年生蔓性草本。茎粗壮匍匐于地面，高30～80cm，被绵毛。叶近圆形，呈5～7掌状深裂。花玫瑰红色，花径5～6cm，单生于茎顶或生于叶腋，花期5～8月。原产北美。喜温暖向阳环境，不择土壤，但在疏松排水良好的土壤生长更佳。直根性，宜直播。种子萌发力可保持3～4年。能自播繁衍，也可用扦插或分株法繁殖。北京地区可露地安全越冬，适于作地被植物。

（朱秀珍）

芒（eulalia） *Miscanthus sinensis*，禾本科芒属多年生草本植物。染色体数2n=28，38。秆高1～2m。叶片条形。圆锥花序扇形，长5～40cm。小穗成对生于各节，一柄长，一柄短，含2小花。第一颖两侧有脊，背部无毛。外稃具膝曲的芒。常见的栽培变种有八丈芒（var. *condensatus*）、花叶芒（var. *variegatus*）和斑马叶芒（var. *zebrinus*）等。分布中国南北各地，日本也有分布。耐寒、耐旱、耐涝，对气候的适应性较强，特别在降雨量达1000mm以上的温暖地带，其地上部分生长旺盛，根系扎入土中较深。微酸、中性、微碱的土壤中都能生长，并能耐瘠薄土壤。长柄小穗和短柄小穗均能结实，种子发芽率高，通常采用播种繁殖。耐粗放管理。

园林应用：圆锥花序呈扇形，多数花序紧密地聚集在一起，像一把把扇子，遇风在空中摇动，姿态别具一格。小穗基盘长有白色或淡黄色丝状毛，绿色叶片与其相映，使园林景观格外妩媚。可作岩石园、假山、湖边的背景材料。又可用作防砂保土植物。

同属常见栽培的还有荻（*M. sacchariflorus*），小穗基部具长达10～12mm的白色丝状柔毛，柔毛长度在观赏禾草中名列前茅。

（胡叔良）

杧果（mango） *Mangifera indica*，别名木棒果树。漆树科杧果属常绿乔木。染色体数 2n＝40。中国从印度引入，至今已有1300余年的栽培历史。株高达20(27)m，树冠圆头形。树皮灰褐色，鳞片状剥落；小枝绿色。叶互生，常聚生枝端，长椭圆状披针形，长10～30(40)cm，全缘或呈波状。圆锥花序，花杂性，形小，黄绿色或带红色，芳香，花期1～3月。核果椭圆形或肾形，略扁，黄色，芳香，果期5～6月。产印度至马来西亚，中国云南南部海拔1300m以下森林中有野生，广东、广西、海南、福建、云南、四川及台湾等地有栽培，海南西部荒原有逸为野生状态的大树。喜阳光充足和湿润而春雨少的气候环境，适生于年均温在22℃以上的地区。宜深厚、肥沃及排水良好的酸性土壤。根系发达，生长迅速，寿命可达300～400年。播种和嫁接繁殖。播前可将种壳开一小孔，以利种胚呼吸和水分渗入。种子具多胚性。嫁接繁殖一般用于优良品种，多用芽接。主要病虫害有杧果横线尾夜蛾、脊胸天牛和炭疽病。植株高大，叶色浓绿，花果均具芳香，是优良的果树兼园林绿化树种，适作行道树和庭园树。同属常见栽培的还有扁桃（*M. persiciformis*），叶窄长椭圆形至带状披针形；果实桃形，略压扁，产中国广西、云南、贵州、广东、海南及台湾。（肖　嘉）

猫尾木（cattail dolichandrone） *Dolichandrone cauda-felina*，紫葳科猫尾木属常绿乔木。株高达15m。树皮灰黄色，薄片状剥落。奇数羽状复叶对生；小叶7～13，矩圆形至卵形，长5～20cm，全缘或中上部有细齿。顶生总状花序，花冠漏斗状，径10～12cm，基部暗紫色，上部黄色，秋、冬季开花。蒴果下垂，长30～60cm，密被灰黄色绒毛，状如猫尾；翌年8～9月果熟。产中国海南、广西及云南。喜阳光充足，土壤肥沃。播种繁殖。花大美丽，果形奇特，饶有异趣，为华南优良园林观赏树种，可作园景树、庭荫树或行道树。

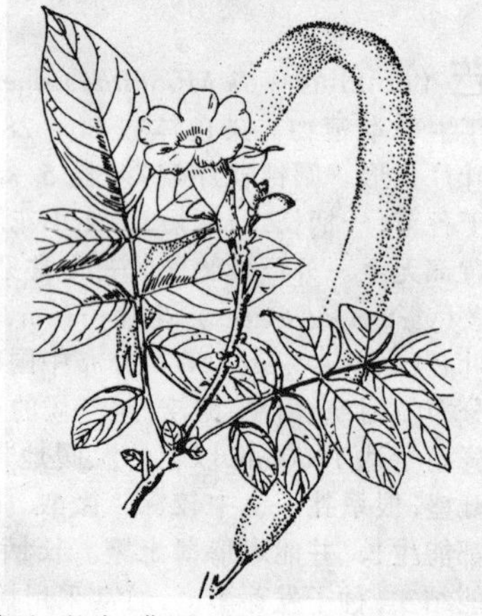

（肖　嘉）

毛刺槐（rose acasia） *Robinia hispida*，别名江南槐。蝶形花科刺槐属落叶灌木或小乔木。染色体数 2n＝3x＝30。株高达3m，树冠近球形。小枝、叶柄及花梗均密生紫红色刺毛。奇数羽状复叶，小叶7～13枚，椭圆形至长圆形，长2.0～3.5cm。花粉红或紫红色，2～7朵组成稀疏的总状花序，花期5月，很少结实。原产北美，中国华北及东北地区多有栽培。喜光，耐寒；喜肥沃、湿润且排水良好的壤土，也能耐瘠薄。萌蘖性强，通常以刺槐为砧木行嫁接繁殖，也可行高接，将其培养成小乔木状。毛刺槐花大色艳，株型优美，适宜在庭院、草地、路旁、墙隅等处种植。

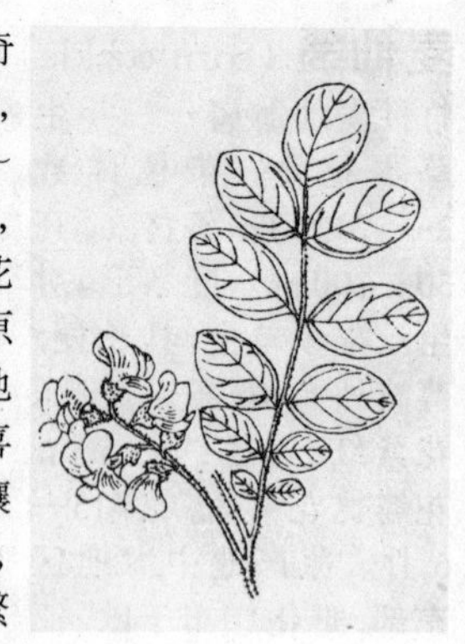

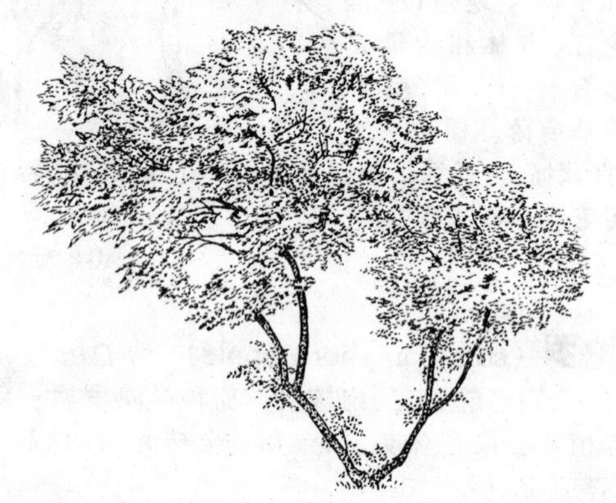

（陈耀华）

毛地黄（foxglove） *Digitalis purpurea*，别名洋地黄。玄参科毛地黄属多年生草本植物。染色体基数 x＝7。株高60～100cm，除花冠外，全株被灰白色短柔毛和腺毛。叶片卵圆形或长椭圆形，叶基生呈莲座状，叶缘有圆锯齿，叶柄具狭翅。花萼钟状，呈5深裂几达基部，花冠暗紫红色，内面具有斑点，花长约7.5cm，花期4～6月。果期7～8月，蒴果卵形。原产欧洲，中国也有分布。耐寒，耐瘠薄土壤，喜阳也耐阴、耐旱。适于盆栽、花境或岩石园应用。叶可入药。同属植物约25种，常见栽培的有狭叶毛地黄（*D. lanata*），为二年生或多年生草本，株高30～50cm，直立不分枝，基生叶披针形、全缘，总状花序，花近白色，可作自然式花卉布置材料。（朱秀珍）

238 酒瓶兰

239 酒瓶椰

240 大丝葵

241 琼棕 （本页除署名者外均为乡华摄）

242 软叶刺葵

243 十年生棕榈实生苗在北京雪中“锻炼” 陈俊愉摄

244 弓叶榈

245 散尾葵

246 红槟榔 张应麟摄

247 蒲葵

248（左）
一串红
李惠云摄

249（右）
三色堇
金　波摄

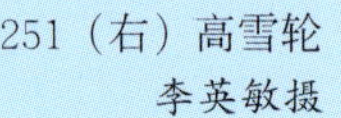

250（左）半支莲
陈琰芳摄

251（右）高雪轮
李英敏摄

252（左）巴西茄
李英敏摄

253（右）古代稀
阎　捷摄

254（左）
蒲包花
杨守国摄

255（右）
美女樱
李英敏摄

256 （左）
霞草
金　波
刘　春摄

257 （右）
须苞石竹
李惠云摄

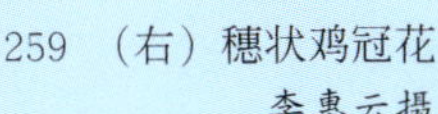

258 （左）五色椒
李英敏摄

259 （右）穗状鸡冠花
李惠云摄

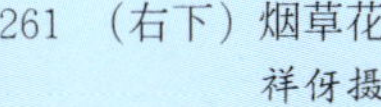

260 （左）凤仙花
李英敏摄

261 （右下）烟草花
祥伢摄

262 （左）
紫茉莉
李英敏摄

263 （右）
鸡冠花
金　波摄

264 瓜叶菊　李英敏摄

265 金鸡菊　李惠云摄

266 雏菊　金　波摄

267 矢车菊　李英敏摄

268 波斯菊　李英敏摄

269 翠菊（1）　秦魁杰摄

270 麦秆菊　金　波摄

271 松果菊　阎　捷摄

272 翠菊（2）　秦魁杰摄

273 大天人菊　臧淑英摄

274 百日草　　金　波摄

275 醉蝶花　　金　波摄

276 大花飞燕草（翠雀）　　晓　晨摄

277 羽叶茑萝　　臧淑英摄

278 大花牵牛　　金　波摄

279 乳茄　　惠　云摄

280 矮牵牛　　阎　捷摄

281 虞美人（1）　　秦魁杰摄

282 旱金莲　　金　波摄

283 虞美人（2）　　金　波摄

284 ‘云南报岁’墨兰　陈建华摄

285 鄂西蕙兰　吴应祥摄

286 ‘张荷素’春兰　卢思聪摄

287 虎头兰　金　波摄

288 夏寒兰　吴应祥摄

289 ‘宋梅’春兰　吴应祥摄

290 ‘夏红素’建兰　邓少康供稿

291 石斛　　卢思聪摄

292 同色万带兰　　卢思聪摄

293 红纹蝴蝶兰　卢思聪摄

294 鼓槌石斛　　秦魁杰摄

295 独蒜兰　　卢思聪摄

296 卡特兰　　卢思聪摄

297 杏黄兜兰　　卢思聪摄

298‘丽金’菊　　李英敏摄

299‘黄香梨’　　晓 晨摄

300 地被菊　　杨乃琴摄

301‘檀香钩环’　　李英敏摄

302‘黄鹤楼’　　李英敏摄

303‘绿牡丹’　　朱秀珍供稿

304‘碧玉钩盘’　　李英敏摄

305 早菊　　祥 仔摄

306‘凤凰振宇’　　朱秀珍供稿

307‘嫦娥奔月’　　李英敏

毛核木（Chinese coral berry） *Syrnphoricarpos sinensis*，别名雪果、雪霉。忍冬科毛核木属直立灌木。株高约2.5m，幼枝细，红褐色，被柔毛。单叶对生，菱状卵形至卵形，长1.5～2.5cm。花小，无梗，集生呈穗状，花冠白色，近钟形，花期7～9月。浆果状核果卵圆形，蓝黑色，具白霜，果期9～11月。产中国陕西、甘肃、湖北、四川、云南和广西等地，生于海拔610～2200m山坡灌木丛中。喜湿润而排水好的壤土。播种繁殖。同属雪果（*S. albus*），花白色具粉红晕，果白色，产北美，北京引种栽培，生长发育良好。

（李泽维 傅平都）

毛五桠果（turbinate dillenia） *Dillenia turbinata*，别名大花第伦桃。五桠果科五桠果属常绿乔木。高达25m。嫩枝具褐色绒毛；单叶互生、革质，倒卵形或长倒卵形，长12～30cm，叶缘具齿，叶柄有窄翅；总状花序顶生，花黄色或浅红色，花期4～5月；果近球形，6～7月成熟时为暗红色。产中国云南、广西及海南等地，越南也有分布。耐荫，喜温暖湿润气候，在深厚肥沃的微酸性土壤上生长良好。用种子繁殖。树冠浓密，花果美丽可供观赏，适宜用于园林绿化。

同属中常见的树种有：五桠果（*D. indica*），高达30m，树冠近球形；花白色，花期4～5月。产云南、广西等地，印度、缅甸、斯里兰卡、马来西亚和印度尼西亚等也有分布。小花五桠果（*D. pentagyna*），高达15m。花黄色，花期4～5月。产云南、海南等地，南亚和东南亚也有分布。

（陈耀华）

毛叶白粉藤（Assam treebine） *Cissus assamica*，别名苔郎藤。葡萄科白粉藤属藤木。染色体数2n=48。枝圆柱状，小枝有明显条纹。叶心形，鲜绿色或暗灰绿色，具细齿；复聚伞花序与叶对生，花小，黄绿色，花期4～10月。浆果小，梨形。产中国海南、广东、广西、福建等地；印度、泰国、越南等东南亚国家也有分布。较耐阴，喜温暖气候及湿润土壤。播种繁殖。在园林中可用作林下地被，也可用作基础种植。

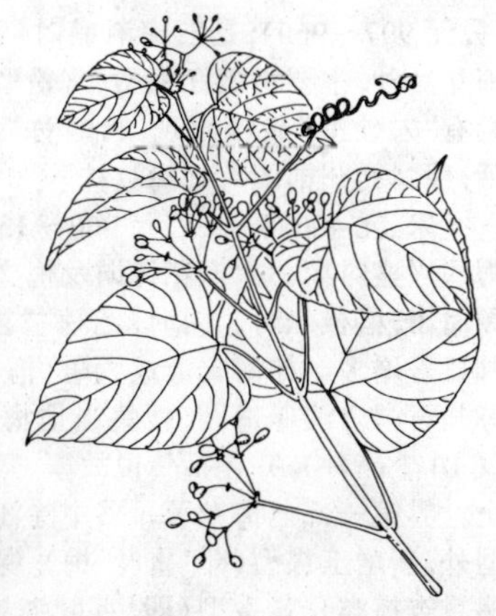

（包满珠）

毛叶金光菊（roughhairy coneflower） *Rudbeckia hirta*，菊科金光菊属多年生草本植物。株高60～90cm，全株被粗毛，枝叶粗糙。上部叶互生，长椭圆形至阔披针形，下部叶近匙形。头状花序，舌状花单轮开展，金黄色；筒状花深褐色，呈半球形。花期5～9月。变种二色金光菊（var. *pulchessima*），品种甚多，不同品种在植株高低、花头大小、舌状花有无暗红色环及花瓣多少上有明显差异。近年又育成四倍体品系，性状趋向多年生，花径可达15cm，还有重瓣型。主要产于北美。适应性强，耐寒，耐旱。喜向阳通风环境。不择土壤，但在排水良好的砂壤土上生长更佳。繁殖以播种为主，分株于春、秋进行，生长季节可扦插繁殖。9月份于露地苗床播种，4～5片真叶时移植，11月定植。可露地越冬，翌年开花。种子发芽力可保持2年，发芽适温为10～15℃。生长粗壮，对肥水要求不高。当种子成熟后，可一次刈取采收。金光菊花大而美丽，多用作庭园布置，花坛、花境材料，亦宜草地边缘自然式栽植，还可作切花，水养期颇长。

同属植物约30种，常见栽培的还有：金光菊（*R. laciniata*），多年生草本，高60～250cm，叶片较宽，基生叶羽状。头状花序，舌状花6～10个，金黄色，花期7～9月。原产加拿大、美国。大金光菊（*R. maxima*），多年生草本，株高1.2～2.7cm，叶广卵形至长椭圆形，头状花序，舌状花黄色，管状花近圆柱形，带褐色，花期8月。原产北美。齿叶金光菊（*R. fulgida*），多年生草本，株高30～90cm，基生叶及下部茎生叶矩圆形至卵形，上部茎生叶卵状披针形，具不整齐齿牙。舌状花12～20个，纯黄色，基部橙黄色，管状花褐紫色，总苞片紫色；花期8～10月。原产北美。

（李嘉珏）

茅香（sweet-grass） *Hierchloë odorata*，别名香草。禾本科茅香属多年生草本植物。染色体数2n=14。根状茎细长。秆高50～60cm。叶片披针形，质地较厚。圆锥花序松散。小穗广椭圆形，淡黄褐色，有光泽。本种广布于欧亚温带地区，中国北部及西北诸省和云南也有分布。喜冷凉气候。春季返青较早。全株有香味,花序色泽美丽,园林中可用作半荫坡、湖边湿润地的观赏禾草。因含香豆素,还可提取香草浸剂。

(胡叔良)

玫瑰(rugose rose) 蔷薇科蔷薇属落叶灌木。染色体数2n=14。高2m,枝密生皮刺。羽状复叶,小叶5~9枚,表面皱,托叶宽大附于叶柄。聚伞花序,花紫红色,芳香,径6~8cm,花期5~6月。果扁球形,径2~2.5cm,砖红色,萼宿存,9~10月成熟。常见品种有紫玫瑰(var. *typica*)、红玫瑰(var. *rosea*)、白玫瑰(var. *alba*)、重瓣紫玫瑰(var. *plena-reg*)、重瓣白玫瑰(var. *albaplena*)、杂种玫瑰(*hybrid*)。原产中国北部,珲春图门江流域沙滩有大面积野生,朝鲜、日本、俄罗斯有分布。现各地有栽培。喜光,耐寒,气温12~18℃生长迅速,3~4月温度过低,影响花芽分化;耐旱,花期土壤含水量以14%左右为宜,不耐积水。根深20~50cm,自然萌蘖更新。单株寿命8~10年。当年形成花芽,一般新梢长至6~10节后现蕾。用播种、分株、埋条、扦插、嫁接等法繁殖。嫁接常用的砧木有七姊妹、花旗藤(*R. american*)、小果蔷薇(*R. cymosa*)、藤梅(*R. chinensis* × *R. multiflora*)等。玫瑰栽植以秋季为好,秋季落叶后结合培土施入厩肥,早春化冻后开沟施复合化肥,干旱时浇水,及时剪去枯死枝条,对当年枝不宜短截,以免影响产花量。玫瑰病虫害有锈病、白粉病、黑斑病、黑绒金龟子、红蜘蛛等。

玫瑰适应性强,宜植作花坛、花境、花篱及护坡等。花可提取玫瑰油,干花蕾及根可入药,果实富含维生素可作天然饮料及食品。

(程金水)

玫瑰树(bourbon ochrosia) *Ochrosia borbonica*,别名波旁玫瑰树。夹竹桃科玫瑰树属常绿小乔木。高约4m,具乳汁。小枝灰白色;叶在小枝上部3~4片轮生,下部对生,倒卵形,长8~15cm。聚伞花序伞状或伞房状,长约3cm,花白色,高脚碟状,花期夏季;核果椭圆形,红色,果期秋季。产马达加斯加、斯里兰卡、越南、马来西亚、新加坡及印度尼西亚。20世纪30年代引入中国广东南部栽培。喜温暖湿润气候。播种繁殖。本种树冠美观,花洁白,果红艳,常植庭园、公园供观赏。同属另一种古城玫瑰树(*O. elliptica*),叶倒卵状矩圆形至椭圆形,产澳大利亚及太平洋诸岛屿,中国台湾及广东沿海有栽培。

(黄德爱)

梅花(mei flower) *Prunus mume*(*Armeniaca mume*),蔷薇科李属一种观花乔木。别名春梅、干枝梅等,古名杋、楳,中国主产的传统名花。染色体数2n=2x=16,个别品种2n=3x=24。

起源、演化及栽培简史 梅有4000年以上的应用历史。如《尚书·说命》中有"若作和羹,尔惟盐梅"的记载。可知古人已用梅作调味品等。1975年在安阳殷墟铜鼎中发现了3200年前的梅核,说明在商代中叶,已采梅食用。又从《诗经》等古书中查悉,在距今至少2500年前的春秋时代,已开始引种野梅使之成为家梅,即果梅。汉初从果梅中分出一支观花为主的品种群,即花梅。《西京杂记》载:"汉初修上林苑,远方各献名果异树,有朱梅、胭脂梅"。这时梅花品种多属江梅、宫粉两型。又在西汉末年,杨雄(公元前53~公元18)《蜀都赋》中有"被以樱、梅,树以木兰"的记载,可见约在2000年之前,梅已在中国用于城市绿化了。

魏(公元220~265)晋(公元265~420)之际,梅诗渐多。如晋末陆凯自荆州折梅一枝寄赠长安范晔,传为佳话。到了南北朝(公元420~589),艺梅、赏梅、咏梅之风更盛,"梅于是时始以花闻天下"(南宋杨万里《和梅诗·序》)。

隋(公元581~618)、唐(公元618~907)至五代(公元907~960),是艺梅渐盛时期。隋、唐、五代时的梅花品种,主要仍属江梅型、宫粉型,但在四川,则唐时始有"朱砂型"品种出现,当时称"红梅"。如《全唐诗话》载:"蜀州郡阁有红梅数株"。

宋、元400年间(公元960~1368),是中国古代艺梅的兴盛时期。除梅花诗词及梅文外,梅画、梅书出脱颖而出,盛极一时。同时,艺梅技艺大有提高,花色品种显著增多。如南宋范成大著《梅谱》(约1186),系在苏州石湖之滨辟梅园,搜集当地梅花品类12个(实际仅10个品种),并包括传说故事、繁殖栽培等项。这是全世界第一部艺梅专著。书中除江南型、宫粉型、朱砂型外,新增玉蝶型(即'重叶'梅)、绿萼型、单杏型(属杏梅系杏梅类)、黄香型(即'百叶缃'梅)和早梅型(花期特早,现中国未见)等等。余如周叙《洛阳花木记》(公元1082),记载了朱砂型("红梅")等品种。元代王冕爱梅、咏梅、画梅成癖,在九里山植梅千株。其《黑梅》

画、诗，远近闻名。

明、清时，艺梅规模续有进展，品种也不断增多。如明代王象晋《群芳谱》(公元1621)，记载梅花品种达19个之多，分属白梅、红梅、异品三大类。明代艺梅、记梅、咏梅之风有增无减。此际苏州、南京、杭州等地，皆以梅花著称。至清代，艺梅之风未减，品种增多。如陈淏子《花镜》(1688)，记梅花品种21，其中'台阁'梅、'照水'梅，均前所未见。当时苏州光福、南京钟山等地，皆已发展成赏梅胜地。辛亥革命后，艺梅技术仍有发展，品种续有增多，私家花园并在国内及日本搜集梅花，引种栽培。自1942曾勉发表《梅花：中国的国花》(英文专刊)，中国的科学工作者开始用科学方法整理本国梅花品种。

形态特征 株高达10m，常具枝刺。干呈褐紫色，多纵驳纹；小枝多绿色或以绿色为底色，叶先端长渐尖或尾尖，边缘具细锐锯齿。一般每节有花1～2朵，无梗或具短梗，原种呈淡粉红或白色，栽培品种则有紫、红、彩斑至淡黄等花色，芳香，多在早春先叶而开，花瓣5(有复瓣、重瓣及花心具台阁的品种)，萼片5，多呈绛紫色。雄蕊多数，多仅1子房，上位。核果近球形，黄色或绿黄。核(内果皮)面具小凹点，系本种典型特征。长江流域花期12月至翌年3月，果熟期5～6月。

变种、类型及品种 变种和变型多在野生类型中出现。主要有：①长梗梅(*P. mume* var. *cernua*)，又称曲梗梅，果梗长而曲。中国云南有野生。②毛梅(*P. mume* var. *goethartiana*)，叶背、花梗、花托、萼片、子房等处均有毛。中国云南和福建有野生。③小梅(*P. mume* var. *microcarpa*)，又称小果梅，枝细，叶小，花径1.8～2.3cm。中国四川、云南有野生。④厚叶梅(*P. mume* var. *pallescens*)，又称刺梅、苍白梅。叶片较厚，近革质，卵形或卵状椭圆形，产中国四川西部至云南西部海拔1700～3100m的山坡林中和溪边。

至于中国梅花品种，已记载了300个以上，并分为不同的系、类、型等。梅花是花卉品种分类中最先应用"二元分类系统"的中国名花之一。首先把梅花品种分类置于"种源组成"的基础上，看是否有通过种间杂交而在种源组成上发生显著变异。若有，就应先按种源组成而分出系来。现共有4系。

真梅系 由野梅或果梅(含变种)演化而来，而无其他物种血统。此系品种丰多，且富变化，是艺梅赏梅的主要系统。真梅系内，先把梅花品种按枝姿分为3类，即直枝梅类(枝直上)、垂枝梅类(枝下垂)、龙游梅类(枝扭曲)。

直枝梅是中国梅花中最常见、品种最多、变化幅度最广的一种，在3类之中也出现最早。又可按花型、花色、萼色等标准分为7型，即：江梅型、宫粉型、玉蝶型、朱砂型、绿萼型、洒金型与黄香型等。

垂枝梅枝垂如垂柳，龙游梅扭曲似'龙桑'。它们都富有画意而品种不多，均系演化程度较高而品种形成较晚的类别。垂枝梅类又分为5型，即：单粉垂枝型、双粉垂枝型、残雪垂枝型、白碧垂枝型和骨红垂枝型。龙游梅类现仅有1个型(玉蝶龙游型)1个品种('龙游'梅)。

杏梅系 花呈杏花型，花水红至玫瑰色，单瓣至重瓣，花托肿大，花期较晚，多无香味；枝叶均似杏，抗寒、耐涝力强。杏梅系品种有时全似杏，但在核的表面有小凹点，这是梅的典型特征。它们是梅与杏(或山杏)的种间杂种，植物分类学属于杏梅变种(*P. mume* var. *bungo*)，花卉品种分类学中则称杏梅系杏梅类。杏梅自宋代就有，其名初见于范成大《梅谱》(约公元1186年)。现有单杏型、丰后型、送春型等。杏梅系出现较晚，品种不多。但因其生长势旺健，适应性强，花繁色艳，宜大量推广应用，较寒地尤有发展前途。

樱李梅系 为19世纪末法国人用红叶李(*P. cerasifera* cv. Pissardii)与宫粉型梅花远缘杂交而成。中国已引入栽培的有——樱李梅类1型——美人梅型数个品种，如'美人'梅，花、叶俱紫红，大花重瓣，在北京可露地越冬；'小美人'花较小，余同'美人'梅。

山桃梅系 最新建立之系，1983年用山桃(*Prunus davidiana*)与梅花远缘杂交育成。现仅有'山桃白'梅1个品种，抗寒性强。小枝似山桃；叶如梅而更宽更大。花单瓣，白色。

产地与分布 梅花原产中国西南、长江流域及台湾省山区。如在西藏波密、通麦等地(海拔2100～3300m)很多；云南省除南部外，几乎遍布全省。四川省主产丹巴、汶川、木里、冕宁等地(海拔1300～2500m)。故上述西南各省区是中国野梅分布中心。野梅在中国分布的次中心有川东、鄂西山区；鄂东南、赣东北、皖浙山区；两广、赣南山区和闽、台山区。次中心的梅树，一般分布海拔100～600m处，仅个别在中高山区(如浙江昌化1800m)。此外，在苏南、湘西、陕南及贵州部分地区，还有零星梅分布。故从整体上说，梅树野生于包括15个省(区)的广大地区。如此广阔的野生分布区，在观赏植物中是罕见的。

梅花的栽培分布 露地栽植区主要在长江流域的一些城市及其郊区。向南延至珠江流域，最南为海南海口市。向北达到黄淮一带，而现在已北延至北京甚至更北。全国现以艺梅、赏梅著称的，有武汉磨山、无锡梅园、苏州光福、南京梅花山及珍珠泉、扬州及泰州、杭州灵峰及超山、上海淀山湖、安徽黄山(含歙县)及合肥、成都草堂寺及崇庆罨画池、昆明黑龙潭及西山、贵阳黔灵公园及森林公园、广州罗岗、南雄小梅关及台湾雾社梅峰等。

世界各国梅花栽培不多，仅日本、朝鲜自8世纪(750～784)由中国传入后，艺梅之风较盛，日本有品种较多。欧美梅花系于19世纪后期由中国、日本传入。

20世纪以来，新西兰发展梅花的切花栽培，品种多属宫粉、朱砂型，以6～7月开花为多。

习性　梅喜温暖气候，花期对气候变化特敏感，梅开花很早，而且能耐0～2℃低温，故常与松、竹并称“岁寒三友”。一般梅树不能抵抗-15～-20℃以下的低温，仅杏梅系、樱李梅系、山桃梅系等品种可抗-20～-30℃甚至更低的严寒。但梅花在乍暖骤寒的情况下却能先开花，再忍受一定的低温，待气温回升后继续开花，这正是“踏雪寻梅”的生物学基础。中国各地梅花花期悬殊甚大，如海口在12月，广州和台湾在1月，厦门、昆明1～2月，重庆、成都多2月初，长江中游如武汉及两湖等地2月，下游如江、浙、皖、沪2～3月，郑州、西安3月上中旬，青岛、北京3月底至4月中旬开花。一种花木从12月至翌年4月开在中国由南到北的大地上，这是绝无仅有的。以上证明梅花与气温的密切关系。同一地点的梅花常随当年气候变化而花期早晚不一，有时相差1个月或更久，这是梅花喜温的又一明证。梅在落叶期内，需一定低温的刺激。这正反映梅树之温带花(果)木特性。在完全没有冬天的热带，落叶期还是需要一定的低温刺激，否则，生长发育不正常，导致“节律紊乱”。例如在海南岛的海口，12月至翌年1月梅树上既有盛开的花，又有初绽的叶芽和未落的老叶，也有含苞的蕾，还有成熟的果、半大的幼果。可见梅喜温暖而较耐寒，又需冬季一定低温的刺激，而以年平均温度16～23℃地区生长发育为好。

梅喜空气湿度较大，但花期忌暴雨。要求排水良好，如果涝渍数日，即可能致死。故梅宜种于坡地。梅树在年雨量1000mm或稍多地区可生长良好。又具有相当强的抗旱性，梅苗可在0～20cm土层中含水量10%～14%时正常生长，所以梅花能在北京引种驯化成功。对土壤要求不严，且颇能耐瘠薄，几乎能在山地、平地的各种土壤中生长，而以粘壤土或壤土的为佳。土壤以中性至微酸性最宜，在微碱性土中也可正常生长。一般勿在风口植梅，北方更属大忌。阳性树种，喜阳光充足，通风良好。为长寿树种，有近千年老梅。现存中国大陆上已发现的两株最老梅树，是昆明市安宁县曹溪寺一株元梅和云南宁蒗县喇嘛寺北一株扎美戈古梅，二者树龄均700年左右。

实生苗3～4年即可开花。7～8年盛开。嫁接苗1～2年可花。生长势在40～50年最旺，以后生长渐缓，生势渐衰，却能维持生命很久。

梅树开花及生长起始季节早，花、果的年发育期短，树体休眠期长，故树势易于恢复，栽培较易。萌芽发枝力甚强，较耐修剪。潜伏芽寿命很长，受刺激后极易萌发，故老树易复壮。为浅根树种，平地栽种的，其根系多分布于深40cm的土层中，山地则较深。花后始抽梢发叶，新梢6～7月停止生长，此后15～20天花芽分化。花芽多在1年生枝叶腋形成，每处多1～2枚。有的花芽可在老干(枝)上着生。

花枝分4级：①束花枝、刺花枝(长在3cm以内)；②短花枝(长4～10cm)；③中花枝(长11～30cm)；④长花枝(长30cm以上)。凡束花枝、短花枝多的品种，一般着花繁密；中、长花枝着花的类型，适作插瓶花。

不同品种花期均差异很大。花期长短又受气温影响甚大。梅花对二氧化硫等有毒气体很敏感。

繁殖栽培

繁殖　最常用的是嫁接，扦插、压条次之，也可用播种法繁殖。嫁接砧木，南方多用梅或桃，北方常用杏、山杏或山桃。梅共砧表现良好，尤其用老果梅树蔸作砧嫁接的古梅桩景，更为别致自然。通常用切接、劈接、舌接、腹接或靠接，一般于春季砧木萌动时进行；腹接还可在秋天进行。冬季用不带土的砧苗在室内进行舌接。靠接多以果梅老蔸与梅花幼树相接，宜于春季或生长季前期进行。芽接多于6～9月进行，多行盾状芽接。在长江流域，接芽常带木质部。

扦插繁殖在长江流域应用较多。品种不同，成活率差异也较大。一般以‘素白台阁’成活率最高，可达80%以上。扦插前如用500～1000mg/L吲哚丁酸溶液快浸5～10秒钟，可提高成活率。

压条和高压都是传统方法，前者于早春进行，高压则多于梅雨季进行。

为培养砧木或选育新品种，可行播种繁殖。果核清洗晾干后实行秋播。如行春播，应混湿砂层积。也可连肉夏播。

栽培　有园林栽培、切花栽培、盆景栽培及催延花期栽培等。

露地栽培首先要选择适当地点。一般栽3～5年生大苗，可孤植、丛植或群植。梅林、梅岭或梅花山应于阳坡或半阳坡栽种，株行距3～5m。要疏密有致，配植自然。定植后要浇透水。宜将梅树整为“自然开心形”。宜轻度修剪，并以疏剪为主，短截为辅。通常在生长季节施3次肥，即秋季至初冬施饼肥、堆肥、厩肥等；含苞前尽早施尿素等速效“催花肥”；6月底、7月初新梢停止生长后，适当控制水分，并施“花芽肥”。平时注意灌水、排水、除草及病虫防治等。

以生产切花为主的，多在露地成片种植，株行距为2～3m×4m，主干分枝点离地面约30cm，并适当重剪。多施肥料，以促进长出大量较长花枝，供切花用。作切花的品种，要求长势健旺，年年着花繁密。应以宫粉型为主体；绿萼型、玉蝶型次之；朱砂型品种则作陪衬用。

梅树耐整形修剪，发枝力强，易形成花芽，适作盆景栽培。先将苗木经露地栽培数年，年底上盆。盆土宜轻松、肥沃，盆底加施基肥，栽前栽后均要整形修剪。制作盆景时，可进行较强整剪，必要时可用刀切，用棕丝扎，用铁丝缠，甚至用斧劈、火烧，总之以“疏、欹、曲”

和“苍劲自然”为原则。至于“顺风梅”、“疙瘩梅”、“屏风梅”、“龙蛇梅”、“劈梅”、“花篮梅”等传统形式,可在原有基础上适当加以改造,借以减免机械程式,增添自然风韵。修剪梅桩、盆梅,应较露地梅花为重。盆梅浇水要适度,太湿易落黄叶,过干易落青叶。约在6月份新枝长至30cm左右,要适当控制水分,并增施追肥,以促花芽分化。花前先置于冷室向阳处,含苞待放时移至室内观赏。花后应行强度短截,每一花枝一般留基部2~3芽即可。仍移露地培养,恢复元气。

梅花催延花期,现已可做到在春节、5月1日、7月1日、10月1日及元旦等节日开放。梅花对温度敏感,能做到提前开花,如要元旦或春节开放,可将经过秋冬低温,花芽已充分休眠的盆景、盆栽或大枝切花(基径1cm以上者为佳),提前1个月移入温室,置阳光充足处,室温保持10℃,并常对花枝喷水,可望及时吐蕊。如因室温过高而开放过速,即可移至室温较低处或就地降低室温,予以控制。如开花进程过缓,可在预定花期约15日前,逐渐提高室温最后至20℃左右,经7~10天花蕾即露色初放。总之,前期应控制较严,后期切忌升温过速,借以保证开花质量。花蕾露色后再降温至如5~10℃,以便延长观赏期。盆花催花期间,约10天浇透水一次。梅枝水养催花,每天要喷几次水,并须每1~3天更换清水一次。最好分批切取花枝,以便延长切花供应。若要五一节开花,可将盆梅置于略高于冰点的冷室中,延至翌年4月上旬逐渐移出室外。如须提前于10月1日开放,则要在抽梢长30cm后及时“扣水”,重施追肥,并摘除全部叶片,再依次给低温和增温处理,促其新形成的花芽提前于国庆节前夕吐蕊。

育种　对品种改良的目标,要十分明确,并须重点突出。如:①抗寒育种;②选育‘早梅’、‘二度’梅、‘四季’梅等;③花果兼用;④矮生、微型、垂枝、龙游等;⑤重瓣大花、着花繁密,花色新奇;⑥抗污染(如抗二氧化硫等有毒气体);⑦恢复梅香的育种:用于杏梅系、樱李梅系等已失去典型梅花香味的品种;等等。

育种主要通过以下途径:①引种:如近年北京自武汉及合肥引入‘送春’,已能在京安全露地越冬。又如陈俊愉等1963年引入‘沅江骨’梅、南京果梅等天然授粉种子,已通过引种驯化育成‘北京小梅’、‘北京玉蝶’等新品种,可抗-19℃低温。②株选或芽变选种:如在中国梅花研究中心(武昌东湖磨山),已通过优株选择而育成了‘早凝馨’等新品种。③实生苗选种:如陈俊愉等曾用此法育成‘华农玉蝶’、‘华农朱砂’等新品种。④品种间杂交:中国梅花研究中心赵守边等已用此法育成了‘江砂宫粉’(‘小宫粉’×‘江南朱砂’)等新品种。⑤远缘杂交:近年张启翔用梅花与杏、山杏、山桃等杂交,得到了高度抗寒的杂交新品种。

病虫害防治　常见病害有炭疽病(*Glomerella mume*)、穿孔病(*Cercospora circumscissa*)、白粉病(*Podosphaera* sp., *Oidium* sp.)、枯枝型流胶病(*Botryosphaeria dolhidea*)、干腐型流胶病(*B. theobromae*)、膏药病(*Septobasidium bogoriense* 和 *S. tanakae*)等;主要虫害有天牛类(桃红颈天牛 *Aromia bungii* 为主)、黄褐天幕毛虫(*Malacosoma neustria testacea*)、多种蚜虫、蚧壳虫类、刺蛾类、羊褐卷蛾(*Pandemis heparana*)等。在药物防治中,须避免施用“乐果”、敌敌畏等,否则易引起落叶,甚至死亡。

园林应用　在园林、绿地、庭园、风景区中,可用孤植、丛植、群植、成林成片栽植,也可在屋前、坡上、石际、路边自然配植。宜用常绿乔木或深色建筑作背景,方可衬托出梅花玉洁冰清之美。如松、竹、梅搭配,苍松是背景,修竹是客景,梅花是主景。这既是在景点搭配恰到好处的“三友”组合,又是相互补充的人工植物群落。古来强调“梅花绕屋”、“登楼观梅”,也确可扬长避短,获取最佳观赏效果。又可用不同类型、花期、花色的品种,分丛、分片地布置成梅岭、梅峰、梅园、梅溪、梅径、梅坞等。梅花还是良好的盆栽、盆景和切花材料。梅果可加工食用,如话梅、青梅、陈皮梅、酸梅汤等。乌梅及干花等可入药。

参考书目

陈俊愉主编:《中国梅花品种图志》,中国林业出版社,北京,1989。

(陈俊愉)

梅花草 (ivy-leaved toadflax) *Cymbalaria muralis*,别名蔓柳穿鱼。玄参科蔓柳穿鱼属多年生蔓性草本。染色体数 $2n=2x=14$。茎蔓生,矮小柔嫩,节部生根。叶心脏形或肾形。花单生于叶腋,长约8mm,淡蓝紫色,喉部带黄色。花期春、秋季。变种有白梅花草(var. *alba*),花白色。原产欧洲。喜温暖、荫蔽、湿润环境,要求保水力较好而潮湿的土壤。播种、扦插或分株繁殖。在温暖潮湿环境中常自然滋生,栽培管理简易。梅花草小巧雅致,庭园中多栽培,作悬篮植物或覆盖盆面材料,也可作地被植物。

(龙雅宜)

《梅谱》(*Mei Pu*; *A Treatise on Mei Flowers*) 南宋诗人范成大以记述苏州石湖范村所栽梅花品种为主要内容的一部专书。此书别称《范村梅谱》。

全书四大部分:第一部分是“小引”性质,先提“梅,天下尤物”,再交代在石湖购地、治村、植梅、收集品种并写谱经过。第二部分是12个梅品(实际为10个,因官城梅、古梅并非真正的品种)的简要记载,乃全书主题所在。第三部分写蜡梅,包括正名、与梅之异同、品种、花香特点等。第四部分“后序”,论述了“梅以韵胜,以格高,故以横斜疏影与老枝怪奇者为贵”。这里,范氏谈及梅树欣赏与画梅取材问题,对"梅文化"的早期发展做出了贡献。

著者范成大(1126~1193),号石湖居士,苏州吴县人,进士及第。曾任处州、静江知府兼四川制置使等职,晚年退居故乡,赏梅、咏诗自娱。著述颇丰,存世有《石湖居士诗集》、《石湖洞》、《桂海虞衡志》、《吴船录》,等等。

范成大对花卉既善于钻研,又长于著述,除《梅谱》(约1186)为中国以至世界最早的梅花专著外,还有《菊谱》(《范村菊谱》,1186)存世。

在《梅谱》中,他不仅首次系统记载了中国梅花地方品种,还开搜集品种、辟设专类梅园之先河。重视古梅,是《梅谱》另一特色。书中介绍了会稽的野生古梅和成都唐代栽培之卧梅。又所记'红梅',今称'朱砂'梅,他能把握住此型品种的关键特征,即枝内新木质部呈淡暗紫色,确属难能可贵。《梅谱》中还介绍了'早梅'、'杏梅',前者开花特早,范成大曾在杭州湖边"重阳日亲折之"。可惜其后'早梅'便断种失传了。而'杏梅'"结实甚扁,……全似杏,味不及红梅"。这是世界上梅、杏远缘杂种第一报,弥足珍贵。

(陈俊愉)

美登木(hooker mayten) *Maytenus hookeri*,别名云南美登木。卫矛科美登木属常绿灌木或小乔木。高2~8m,多分枝。叶互生,椭圆形或倒卵形,长10~20cm,边缘具线疏齿;圆锥聚伞花序2~7枝丛生,花淡绿色,径3~4mm,花期1~2月;蒴果倒卵形,略扁,果期11~12月。产中国云南,印度也有分布。耐阴,喜温湿,常生于山谷林下或山地丛林中。播种繁殖。枝叶繁茂,四季常青,果实美观,园林中宜栽作绿篱或修剪成球形配植于花坛或假山石旁,也可植于林下、林缘、池畔、溪边或盆栽。

(韦裕宗)

美国阿诺德树木园(Arnold Arboretum, USA) 全称是哈佛大学阿诺德树木园,位于马萨诸塞州的牙买加平原,距波士顿市区约6.5km,占地约107hm^2。于1872年建园。该地原属阿诺德的私产,租给哈佛大学建立树木园,租期1000年,故以人名命名树木园以资纪念。该园曾在萨金特(C. S. Sargent, 1841~1927)主持下,由威尔逊(E. H. Wilson, 1876~1930)多次来中国采集,使该园具有丰富的东方观赏乔木和灌木,迄今引种成活的树木达7000多种,是美国主要的植物研究中心。搜集的重要成就之一是拥有大量的裸子植物、苹果属(*Malus*)、丁香属(*Syringa*)、杜鹃花属(*Rhododendron*)、山梅花属(*Philadelphus*)、忍冬属(*Lonicera*)及荚蒾属(*Viburnum*)等。全园以属为单元,适当照顾生态分散布置。中国植物在美国得以广泛流传,主要是通过该园推广的。藏有蜡叶标本约100万号,其中以中国和新几内亚的居多。出版物有《阿诺德树木园杂志》(*Journal of the Arnold Arboretum*)及《阿诺德亚》(*Arnoldia*)双月刊,常发表水平较高的研究报告、学术论文。

(余树勋)

美丽豹子花(nomocharis) *Nomocharis basilissa*,百合科豹子花属多年生草本植物。染色体基数x=8。鳞茎小、卵形,鳞片抱合疏松。茎高35~95cm。叶散生与轮生并存,披针形,先端渐尖,叶面暗绿、背面蓝灰色。花单生或2~5朵成松散总状花序,下垂,红色或基部带紫色。花被片6,外轮3片椭圆状披针形或卵圆状披针形,长约4cm,宽1.6~2cm,内轮宽2~2.5cm,基部具2深紫色垫状突起、上部鸡冠状。花期夏季。蒴果。产于云南省海拔4000m左右的矮竹林下及草地上。耐寒性不强,且不耐暑热,喜凉爽温和气候及湿润、排水良好、富含有机质的土壤。播种或扦插鳞片繁殖。为珍奇的观花植物。同属有豹子花(*N. pardanthina*),染色体数2n=24。产云南高山草丛。花红色或粉红色,内轮花被片下半部有红色斑块或细点。

(郑 恭)

美丽飞蓬(Oregon fleabane) *Erigeron speciosus*,菊科飞蓬属多年生草本植物。株高40~90cm,叶匙形至披针形,头状花序直径约3.5cm,着生于枝顶呈伞房状。舌状花蓝紫色,管状花黄色。花期夏季。原产北美,耐寒,喜向阳,要求疏松、肥沃、湿润而排水良好的土壤。播种或分株繁殖,春秋均可。宜2~3年分株一次。生长繁茂,栽培管理简易。适于作地被植物,或布置野生花卉园。亦可丛植篱旁山石前、林缘或湖边,还可做切花。

同属植物约150种,中国分布约30种。可供引种栽培的有橙舌飞蓬(*E. aurantiacus*),株高20~30cm,头状花序,橙色或红褐色,产于中国新疆北部,生高山草地或云杉林下。

(岳沛华)

美丽石莲花(pearl echeveria; Mexican snowball) *Echeveria elegans*,景天科石莲花属多浆植物。无茎,叶倒卵形,紧密排列成莲座状。叶端圆但有一个明显的叶尖。叶长3~6cm,宽2.5~5cm,叶面蓝绿色,被白粉,叶缘红色并稍透明,叶上部扁平或稍凹。总状花序,小花铃状,粉红色。原产墨西哥高原地区,当地阳光强烈,夏季冷凉,冬季温暖。性强健,甚耐旱,喜阳光充足。一般用扦插繁殖，用莲座状的叶丛顶部或叶片扦插都易成活。也可播种繁殖。盆栽喜肥沃砂壤土，可用壤土、腐殖土及粗砂等份混合。夏季可放到室外培养。冬季放置有阳光的室内，保持冷凉，维持10℃左右即可。夏季高温干热季节易罹红蜘蛛，应注意防治，并加强通风。美丽石莲花株形圆整，叶色美丽，还可观花，是一种栽培较普遍的室内花卉。在气候适宜的地区，可作岩石园栽培。

同属植物100余种，见于栽培的有：石莲花(*E. peacockii*)，植株光滑，无茎或具短茎。叶长圆状卵形或倒卵形、密生，莲座状，蓝白色，被白粉，叶缘及叶尖带红色，长3～7cm，宽2～4cm。总状花序，花红色。鸡冠石莲花(*E. peacockii* cv. Cristata)，为石莲花的带化变异类型，呈鸡冠状。绒毛掌(*E. pulvinata*)，小型亚灌木，高20cm，松散的莲座状。叶长4～5cm，宽2.5cm，厚约1cm，倒卵状匙形具短尖。茎、叶密被软毛，软毛白色，后变褐色。总状花序，花黄色。

（徐民生）

美女樱(common garden verbena)　马鞭草属(*Verbena*)的杂种，别名草五色梅、铺地马鞭草、四季绣球、美人樱等，马鞭草科马鞭草属多年生草本植物，常作一年生栽培。茎四棱，长30～40cm，枝条横展，基部呈匍匐状，全株具灰色柔毛。叶对生，圆形、长卵圆形或披针状三角形。穗状花序顶生，多数小花密集排列呈伞房状。花冠筒状，花色有白、粉、桃红、蓝、紫等色，且有复色品种，6～9月不断开花。蒴果9～10月成熟。

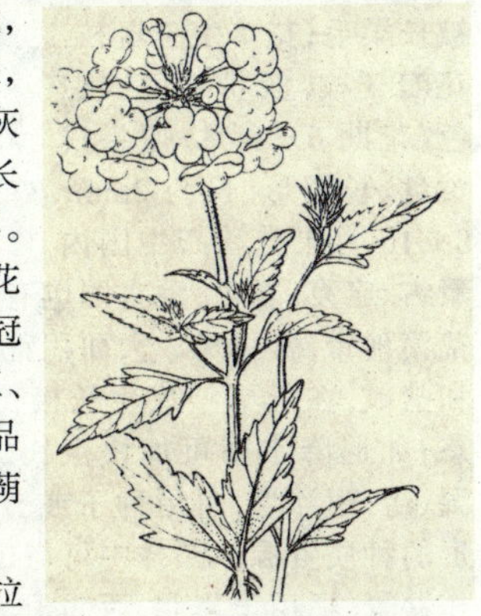

原产巴西、秘鲁、乌拉圭等地。现世界各地广泛栽培。喜温暖湿润气候，喜阳，不耐阴，亦不甚耐寒，不耐干旱，以在疏松肥沃、较湿润的土壤生长健壮，开花亦更繁茂。

用播种、扦插、压条、分株法均可繁殖。播种春、秋季均可，以春播为主，早春于温室内进行，生2片真叶后移栽，5月下旬定植。扦插于4～7月进行。切取稍硬化的枝条作插条，插后遮荫2～3天，在15～20℃的条件下，15天左右即可生根。成活后适时摘心，促使枝叶繁茂，多开花。也可将植株移入温室越冬，翌年作为繁殖插穗的母株。暖地地下部分可露地越冬，早春进行分株繁殖。用于花坛者宜早定植，花后及时剪除残花，可延长花期。

美女樱花期长，花色多，除用作花坛、花境材料外，也可盆栽观赏，或大面积栽种用作地被植物，还可作切花材料。全草可入药。

同属常见栽培的还有：细叶美女樱(*V. tenera*)，茎丛生匍匐，高20～40cm，叶形纤细，株形较整齐，花蓝紫色，适于盆栽或草坪边缘栽种。原产巴西。加拿大美女樱(*V. canadensis*)，多年生植物，常作一年生栽培，高20～50cm，分枝多，花有白、粉、红、堇等色。原产美洲西南部。直立美女樱(*V. rigida*)，多年生植物，高30～60cm，茎直立，花略呈紫色，有白、蓝色变种。地下有块茎。原产巴西、阿根廷等地。

（朱秀珍）

猕猴桃(actinidia)　*Actinidia chinensis*，别名中华猕猴桃、羊桃、红藤梨，古名苌楚、木子。猕猴桃科猕猴桃属落叶藤木。染色体数2n＝2x＝58。有关猕猴桃的记载最早见于《诗经》“隰有苌楚，猗傩其枝”。唐代诗人岑参(公元714～770)曾有“……中庭井栏上，一架猕猴桃”的诗句，说明猕猴桃引种至庭院栽培，至少已有1200年以上的历史。

藤长达8m以上。枝褐色，具距状突出之叶痕，髓大，片状。叶圆形、卵圆形或倒卵形，长5～17cm，先端突尖、平截或微凹，背面密被灰棕色星状绒毛。花单性异株或同株，有时杂性；单生或2～3朵成聚伞花序；花乳白色至黄色，径约2～3.5cm，有香气；花期3～5月。浆果卵圆形或矩圆形，绿褐色，密生棕色长柔毛；果期9～11月。适作观赏的品种有：‘江山娇’，花深粉色；‘月月红’，花玫瑰红色；‘重瓣’，花淡粉红色；‘满天星’，花粉红色。

产中国江西、浙江、广西、湖南、湖北、河南、陕西、安徽、福建、贵州、四川及云南等地，喜光，阳光不足会影响花芽分化；但幼苗喜半阴。喜温暖湿润气候，持续－7℃低温会引起冻害，40℃以上高温，易灼伤叶片和果实。适生疏松、肥沃而排水良好的土壤，不耐涝，不耐干旱。主根不发达，成龄植株根系多分布在1m左右的土层。生长势强，发枝率高，寿命较长，江西修水县有寿龄400多年的野生植株仍花果累累。

播种繁殖，种子经层积处理后播种。优良品种多行扦插或嫁接繁殖。猕猴桃栽植不宜过深，栽后需立支架。主要病害有：疫霉病、根朽病、根结线虫害、花腐病等。主要虫害有：苹果小卷叶蛾(*Adoxophyes congruana*)、苹毛金龟子(*Phyllopertha pubicollis*)、斑衣蜡蝉(*Lycorma delicatula*)、草履绵蚧(*Drosicha corpulenta*)、柳蝙蛾(*Phassus excrescens*)等。

猕猴桃枝叶茂密，花淡雅、芳香，是良好的棚架植物，可用于攀援花架、墙垣，也适合在草坪中孤植或群植。还可做盆景或用于插花。果鲜食，或作加工食品用。根、藤、叶均可入药。

同属植物适于在园林中应用的种有：软枣猕猴桃(*A. arguta*)，果实绿色，光滑，已广泛用于庭院绿化，也作果树栽培。狗枣猕猴桃(*A. kolomikta*),别名深山木天蓼,灌木状藤木。花白色,雄株叶片上半部或全体在夏季有黄白斑。葛枣猕猴桃(*A. polygama*),别名木天蓼,灌木状藤本,枝叶光滑无毛,髓实心,雄株叶片在夏季有粉红或黄白斑,花白色或粉红色,果实橙黄色。毛花猕猴桃(*A. eriantha*),小枝、叶柄、花序和萼片均被土黄色绒毛或绵毛。花瓣边缘橙黄色,中央和基部为桃红色,花期5月上旬至6月上旬。金花猕猴桃(*A. chrysantha*),花序1~3花,花径15~18mm,花瓣金黄色,花期5月中旬。

(张　洁)

米兰 (milan tree; aglaia)　*Aglaia odorata*,别名珠兰、米仔兰、树兰、鱼仔兰。楝科米仔兰属常绿灌木或小乔木。染色体数2n=168。高4~7m。嫩枝常被星状锈色鳞片。奇数羽状复叶互生,小叶3~5,倒卵形至长椭圆形,长2~7cm,亮绿色;圆锥花序腋生,花黄色,形似小米,芳香,夏秋季开花;浆果卵形或近球形,黄白色。产中国福建、广东、广西、云南等地,东南亚也有分布。喜光,耐半阴,喜温暖、湿润气候,不耐寒;宜疏松富含腐殖质的微酸性壤土或砂壤土。在长江流域及其以北盆栽,冬季入室内越冬,温度需保持10~12℃。主要用扦插或高压法繁殖。小苗需有适当遮荫,切忌阳光暴晒。在气温高,通风不良的环境下,常有蚜虫、红蜘蛛、介壳虫等为害。

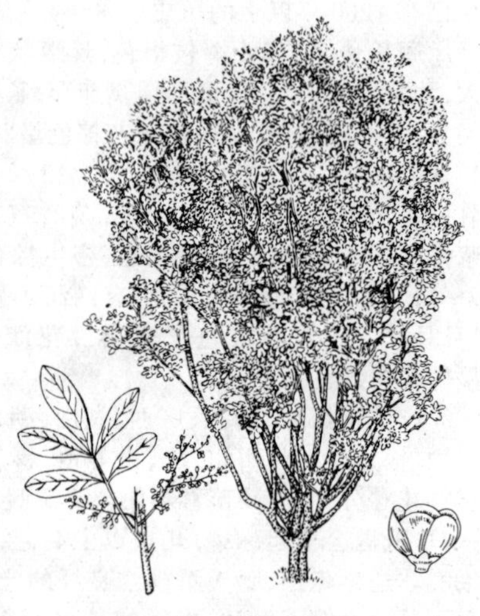

米兰树姿秀丽,枝叶茂密,花清雅芳香,宜盆栽布置客厅、书房、门廊及阳台等。南方暖地可于公园、庭园中栽植,具有绿化、香化的效果。花可熏茶,也可提取芳香油。

同属植物作观赏栽培的还有四季米兰(*A. duperreana*),四季开花,6~7月最盛;大叶米兰(*A. elliptifolia*),常绿大灌木或小乔木,嫩枝常被褐色星状鳞片,叶较大,种子有白色肉质假种皮。台湾米兰(*A. taiwaniana*),常绿乔木,圆锥花序顶生或生于近枝端叶腋,产中国台湾。

(陈　辉)

密花树 (oleander leaf rapanea)　*Rapanea neriifolia*,别名打铁树。紫金牛科密花树属灌木或小乔木。高2~9m,树皮光滑。小枝粗壮,灰白色或灰褐色;叶互生,矩圆状披针形或倒披针形,长5~14cm;伞形花序簇生于叶腋,有花3~7朵,花小,花冠淡绿色或白色,花期11~12月;果近球形,暗红色至紫黑色。产中国西南、中南及华东南部,越南、日本也有分布。喜光,也耐阴,喜温暖湿润气候、酸性土。播种繁殖。密花树树形美观,宜庭园栽植观赏。

(包满珠)

绵刺 (Mongolian potaninia)　*Potaninia mongolica*,别名三瓣蔷薇。蔷薇科绵刺属矮小灌木,为国家保护植物。高10~40cm,多分枝。树皮棕褐色,条片状纵向剥落。小枝苍白色,密生宿存坚硬刺状叶柄与长柔毛;奇数羽状复叶,革质,互生或簇生于短枝,小叶3~5枚,条状披针形或条状倒披针形,长2.0~3.5mm,两面被长柔毛;花单生于短枝,花瓣3枚,淡粉红色或白色,花期6~9月;瘦果浅黄色、长圆形,长约2mm,8~10月果熟。产中国内蒙古、宁夏、甘肃,蒙古国也有分布,多生于沙漠和砾质荒漠地带,常可形成大面积荒漠群落。极耐严寒、干旱和盐碱,在干旱年代生长极微弱,甚至可呈"假死"状态;如遇降水则可加快生长,且可正常开花结实。忌湿、涝,耐沙埋,可用种子或分蘖繁殖。绵刺是一种珍贵的种质资源。园林中可与山石配植装饰岩石园或制作盆景,适用于华北、西北干旱地区居民点和风景区的绿化。

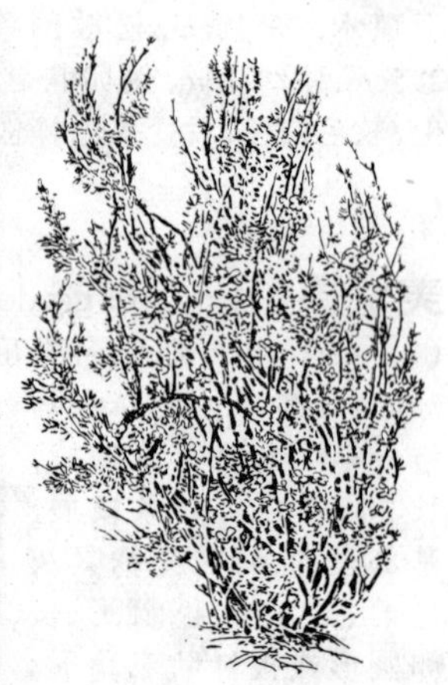

(陈耀华)

绵枣儿 (Chinese squill; Japanese jacinth)　*Scilla scilloides*,百合科绵枣儿属多年生草本植物。该属染色体基数x=4, 6, 7, 8, 9, 10, 11。具被膜鳞茎。株高45~60cm。叶基生、条形,2片。总状花序,小花密集,可多至60朵,辐状,裂片6,粉红至玫紫色。花期春季。原产中国、日本等东亚各地。耐寒。用分球繁殖,也可播种。用于花境、岩石园或缀花草地,也可盆栽。

本属植物常见栽培者有:地中海绵枣儿(*S. peruviana*),又名海葱。染色体数2n=16。株高45cm以上。叶5～15片,带状。总状花序,正三角形。小花50～100余朵,径2.5cm,堇蓝、紫或白色,并有红色品种。秋绵枣儿(*S. autumnalis*),染色体数2n=14。株高15cm,叶5～10片,线形,部分圆筒形。总状花序,小花20余朵,辐射状,红紫色,径1.2cm。花期7～9月,花后发叶。原产南欧及北非。双叶绵枣儿(*S. bifolia*),染色体数2n=18。叶通常2枚,对生,先端盔状。总状花序正三角形,宽约3.8cm,有小花3～8朵。蓝色,带红色或带白色,有纯白、玫红及鲜蓝色品种。花期3月,原产地中海地区。

(王大钧)

缅茄 (wooden-fruit afzelia) *Afzelia xylocarpa*,苏木科缅茄属常绿大乔木。高25～40m;偶数羽状复叶,革质、深绿色;总状花序,花淡紫色;荚果坚硬,长10cm余,内有种子2～5粒;种子近卵形,长约2cm,暗红褐色,基部有象牙色的瘤状种阜。产缅甸,清代年间广东高州引种栽培。种子繁殖,播前用温水浸种。树形色泽雍容凝重,挺立峭拔,适于作风景树孤植。有些国家称铁木,材质坚硬、纹理密致;种子入药;种阜特大且坚硬,可雕刻制成工艺品。

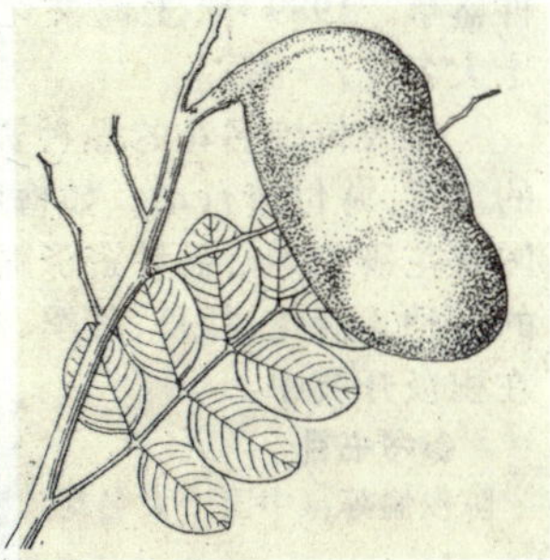

(梁畴芬)

苗木经营 (managment of nursery stock) 组织观赏苗木的生产与销售的经济活动。生产观赏乔灌木的苗圃,其主要工作是以产品出售为中心,制订经营方针、生产技术措施和计划、降低成本和增加销售量的措施,以及横向联合等。

经营方针的拟订,是明确经营方向和目标的重要环节。其中包括销售对象的选择,是对市民零售,还是向零售商批发;专营少数种类的大苗或经营种类繁多的小苗,或是一种观花灌木的大量品种等,均属于选择树木种类的方针。决定好苗木经营的大方向,关系到整个苗圃的设施建设和各种措施。目前发达国家的大型苗圃多趋向于综合经营,既批发,又零售;既突出少数精品大苗,又大量搜集品种。小型苗圃则趋向于单一项目的经营,从而取得丰富经验,精益求精,各有特长。

技术措施和计划涉及的范围很广。如先进技术的引进,技术人才的吸收及培训,先进机具的购入与应用,新品种的引种和选种、育种,原有设备的改进和更新,经常性技术交流活动和具体问题的研究讨论等,都是提高产品质量和经营效益的重要环节。

增加销售量的措施,是经营中应坚持不懈的一项工作。如兼营园林设计业务,从而推销苗木;编印精美的种苗目录,使顾客清楚地了解产品的形象、规格与价格,有时还编入栽培指南及购买手续等,为顾客提供购买苗木的方便;刊登广告并利用电视与广播,宣传产品特色,增加人们的购买兴趣;广泛搜集市场信息,调查社会需求及当地园林建设的动态、规模、要求等,以便有的放矢,推销产品;简化购苗手续、制订早期预购苗木的优惠办法,并提高苗木包装运输的水平,增加买方的信任感。如送货上门、免费设计并承担栽种、保证包栽包活等,都是增加销售量的竞争手段。产品销售旺盛,是经营得法的标志。

降低成本和增加利润的计划安排,是苗木经营的重要内容。在市场竞争中,价格竞争最为有效,应切实注意做到"物美"与"价廉"。同时应注意成本与利润的关系,然后进行严密的筹划。例如苗圃中为了土地的经济利用、减少休闲,必须作好轮作与间作的计划。又如经营大苗与小苗的比例问题,大苗售价高,但长期占用大面积土地;小苗周期短、占地少、数量多、但售价不高,这两种育苗策略的得失如何,应从客观需要出发加以权衡,与成本之间的关系,也很重要。至于苗圃的利润受市场的制约,但采取薄利多销还是厚利少销,对于有生命的苗木存在着时间与空间的变数问题,过高的利润会损失消费者的利益,也是苗木经营中的一大障碍。

横向联合可促成同行业的联合行动。互通情报、交流经验、知彼知己、取长补短,是市场经济中常用的办法。实行横向联合要权衡利弊,而真正的竞争应该是在市场上比质量、比价格、比服务周到、比品种优新、比广告宣传争取买方,而不是从其他途径获取暴利。

(余树勋 李鸿勋)

苗圃 (nursery) 专门培植观赏植物苗以供销售的场圃。在城市规划预定设置苗圃的地带,按城市建设的发展需要进行公立或私立苗圃的设立,并按当地自然气候和园林需要选择植物种类与品种,进行科学的培养,为园林建设服务。

关于苗圃的种类有很多不同的分类方法。如大批量种植但不面向消费者的批发苗圃及规模较小直接向顾客出售的零售苗圃;有因经营的植物不同而分为观赏树木苗圃、花卉苗圃、草圃等;在冬季寒冷地区,还有大规模、专经营切花和热带、亚热带观赏植物的温室苗圃;有按用途分工经营的,如行道树苗圃、绿篱及灌木苗圃、地被及草坪植物苗圃、花坛花卉苗圃等。国外盛行盆栽苗圃,以求移栽、运输、保护与管理的方便,甚至用大型木盆专养大乔木,可供应大建筑物前立竿见影地短时期内建成园景。还有为街道商店门前、窗前定期换花，提高城市面貌的装饰花卉苗圃；有专供赛馆、商场室内陈设的大型盆栽花木的租摆苗圃等。

苗圃位置只能在城市规划的要求范围内选择，一般均在郊区。在这一地区内建圃，宜选背风向阳的坡地或起伏较小的平地。要求土壤深厚、排水良好，最好是曾经种植过的耕地（或熟荒地），水源方便。各种水源均要求水量、水质适于观赏植物的灌溉用水条件，在电力方便的地方，更可以建立水泵与水塔，是现代化苗圃不可少的设施。选址之先，要了解附近常发生的病虫害及其严重性，尤其地下害虫，要按一定的距离抽样调查。还要求了解当地的气象资料。

苗圃面积的大小与经营的内容和性质有关，也与所有制的属性有关，如个体、集体或国营等。一般情况总是先小后大，不断取得经验后再扩大范围比较稳妥。

苗圃土地划定后，即可进行总体规划。其中包括分区规划、道路规划、给水排水及供电规划、建筑规划等。苗圃一般分为繁殖区、小苗区、大苗区、引种试验区、产品展示区等，都是以培植植物为主的地区。其他如建筑区、生活区等都比较集中，需与种植区分开。道路规划是为了交通运输的方便，与全部分区规划相适应的布局，须达到内外流通方便、不浪费土地、苗木出圃节省劳动力等要求。给排水与供电线路的规划，须以植物栽培的需要为前提，以经济、实用为准则。至于建筑规划的内容，应考虑建立：①观赏植物的待售仓库，以便在出圃后延长供销期限；②分级包装车间是出圃成品在运输之前的处理场所；③繁殖室或温室供播种、扦插等繁殖手段的操作和培养成苗的场所；④各种贮藏室、车库、职工休息室、宿舍、食堂、行政办公室、洽谈交易的门市部等。尤其接待顾客的门市部，在那里接待、洽谈、并使他们了解苗圃产品的概貌，所以应与室外的产品展示区相毗连，以便参观和推销。

苗圃应制定相对稳定的业务规划，明确经营的方针、方向，选择好观赏植物种类、数量、规格，规划土地经济利用的耕作制度，土质改良的措施，防护设施，植物保护设备，灌溉设备，等等。同时在市场竞争和苗圃业务的发展方面，应近期与远期相结合，分期执行计划。

（李鸿勋　余树勋）

名花（famous flowers）　知名度高品质优良的观赏植物。中国有重视名花的传统。多种世界名花起源于中国。

中国举办了两次群众性全国名花评选：1985 年由《大众花卉》杂志社发起评选，收到近 3 万张选票中，兼顾中选票数与选票次序双重因素，以总积分为根据，选出并排定“十大名花”次序。它们是：牡丹、月季、梅花、菊花、杜鹃（花）、兰花、山茶、荷花、桂花、君子兰。第二次是 1986 年，由上海文化出版社和上海园林学会、《园林》杂志编辑部、上海电视台“生活之友”栏目等联合举办的“中国传统十大名花评选”活动。首先提出评选的三个条件：①原产中国，或已在中国具有 400 年以上的栽培历史；②观赏价值高，或花色丰富，或形态美丽，或风韵独特，或香味清雅，在园林中居于重要地位；③富有民族特色，与中华民族的文化艺术有着密切的联系。这一活动得到了海内外各界人士的响应，到 1987 年 4 月 5 日截止，共收到选票 149 018 张。评选委员会由聘请的 114 位园林花卉专家组成。最后选出并排定了十大传统名花的种类与次序：①梅花获得 905 分；②牡丹 875 分；③菊花 637 分；④兰花 476 分；⑤月季 361 分；⑥杜鹃（花）344 分；⑦山茶 306 分；⑧荷花 263 分；⑨桂花 120 分；⑩水仙 65 分。这次评选活动规模大，代表性强，计算精确，组织严密，堪称中国花卉史上一件盛事。1989 年，上海文化出版社出版发行了《中国十大名花》一书。

十大传统名花的品种资源保存，已受到有关方面的重视，并付诸行动。如梅花已在武汉东湖建立了中国梅花研究中心品种资源圃，搜集、定植了 200 个以上的品种。荷花、牡丹、月季、桂花等的品种保存工作，也在积极开展中。

参考书目

陈俊愉等：《中国十大名花》，上海文化出版社，上海，1989。

（陈俊愉）

膜萼花（tunic flower）　*Petrorhagia saxifraga*，石竹科膜萼花属多年生草本植物。染色体数 2n = 60。株高 15～25cm。茎簇生。叶狭线形。密集圆锥花序，萼钟状、膜质、5 裂，花粉色，花径 0.6～1.2cm，花期 6～9 月。蒴果小、椭圆形。花有白、深粉、复色以及大花和矮生等品种。原产地中海，喜阳光，宜湿润及肥沃疏松的砂质土壤，耐寒、耐旱、耐瘠薄、稍耐盐碱。播种或分株法繁殖，种子发芽力可保持 3 年。宜于花境、岩石园、墙垣布置，也可作镶边及地被材料。

（张　燕）

魔芋（giant arum） *Amorphophallus rivieri*，天南星科魔芋属多年生球茎植物。染色体基数 x=13。球状块茎粗大，直径可达 30cm。先花后叶，花葶高达 100cm，佛焰苞大，长约 30cm，深紫色，有光泽，基部呈筒状；肉穗花序内藏或突出，端有长达 20～30cm 的附属体，黑堇色，花单性，上部为雄花，下部为雌花，初开时有奇臭。花后出一叶，具 3 小叶，小叶二岐分杈，裂片再羽状深裂，小裂片椭圆形至卵状长圆形，基部楔形，一侧下延于羽轴成狭翅。原产越南，中国西南多栽培。喜温暖、湿润，深厚肥沃土壤。冬季球茎休眠，置于干燥、温暖处越冬。春季上盆后可不浇水，至开花。出叶后照常管理。叶大，奇特，可盆栽观赏。温暖地区可大田栽培，收获球状块茎。因富含淀粉，可供食用、药用或作工业原料。 （吴应祥）

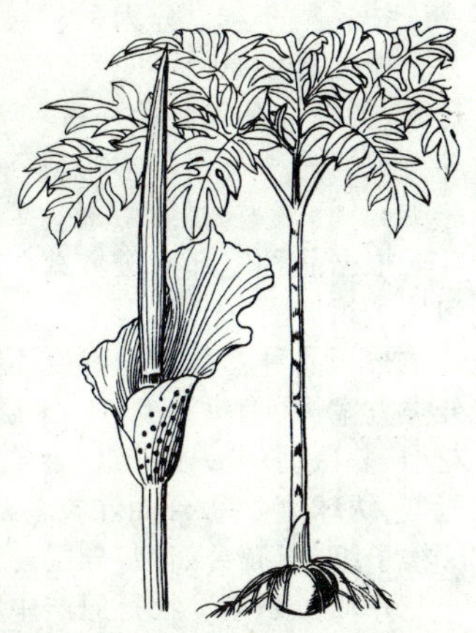

母菊（sweet false chamomile） *Matricaria recutita*，菊科母菊属一年生草本植物。茎直立，高 30～40cm，上部多分枝。叶 2 回羽状全裂，无柄，裂片条形。头状花序，径 1～1.5cm，在枝顶排成伞房状，舌状花 1 轮、白色，筒状花多数、黄色，5 裂。花果期 5～7 月。原产中国新疆北部和西部，欧洲、亚洲西部和北部也有分布，生于河谷、旷野、田边。用于花坛、花径或盆栽。全草含有大量维生素 A 和维生素 C，花可入药。 （秦魁杰）

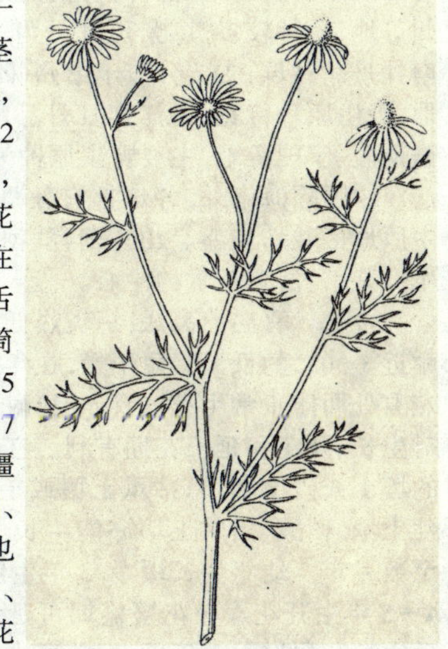

牡丹（tree peony） *Paeonia suffruticosa*，别名富贵花、木芍药、鼠姑、鹿韭。芍药科芍药属落叶亚灌木。中国特产的传统名花，被尊为"百花之王"。染色体数 2n=2x，3x=10，15。

起源、演化及栽培简史　牡丹最早为药用植物。魏·吴普《神农本草经》云："牡丹味辛寒，…生山谷。"另据甘肃武威柏树乡东汉早期圹墓医简中有用牡丹治疗血瘀病的处方，可见至少在东汉早期已经知道了牡丹的药用价值，至今约有 2000 年的历史。南朝谢灵运称："永嘉（今浙江温州）水间竹际多牡丹。"唐代刘禹锡云："北齐杨子华有画牡丹极分明。"当是牡丹绘入画卷的最早记载。由此可知南北朝时牡丹已作为观赏植物栽培。则牡丹观赏栽培的历史约有 1500 年。又据宋代余仁中本《顾虎头画列女传》中，描绘了庭院栽植的木芍药（即牡丹）。顾虎头是东晋画家顾恺之（344～405）。这样，将牡丹的观赏栽培始期又提早 100 多年。

隋代牡丹观赏品种形成。隋炀帝建西苑，"易州（今河北易县）进二十箱牡丹。"当时已有'帻红'、'鞓红'、'飞来红'、'袁家红'、'醉颜红'、'云红'、'一拂黄'、'软条黄'、'延安黄'、'先春红'、'颤风桥'等品种。

唐代牡丹的观赏栽培日益繁盛，成为皇宫御苑的珍贵名花。长安（今陕西省西安市）附近的骊山，建有牡丹园，"植花万本，色样各不同。"以后渐次扩展栽培于达官贵人的花园和寺庙中，当时牡丹还是稀少珍贵的花卉。"一丛深色花，十户中人赋。""人种以求利，一本有值数万者。"一时牡丹风靡长安，"唯有牡丹真国色，开花时节动京城。"这时已经出现重瓣品种，有白、黄、红、粉、紫、柸诸色。在物候、移栽、延长花期、培育新品种等方面有了长足的进步。栽培地域渐次从长安扩展至洛阳、杭州及东北牡丹江一带（古渤海国）等地。

宋代牡丹栽培中心移到洛阳。养花、赏花成为民间风尚，天王院栽有牡丹数十万本，每到开花时节"张帻幄，列市肆、管弦其中，城中仕女绝烟火游之。"形成庞大的花会和花市。栽培渐趋普遍，已知用嫁接法繁殖苗木和固定新变异，培育新品种。从而新品种不断涌现，欧阳修曾惊呼："四十年间花百变！"牡丹专谱专著陆续问世。欧阳修《洛阳牡丹记》（1034），列举洛阳牡丹著名品种 24 个，并记述了洛阳人赏花、种花、浇花、养花、医花的习俗和经验。对牡丹的分布、品种变异和育种途径，花型演进趋势以及牡丹栽培技艺都作了简要的深刻的介绍。这是世界上第一部牡丹专著，对中国花卉学、品种学和栽培学作出了重要贡献。其后周师厚在《洛阳花木记》和《洛阳牡丹记》（1082）中记载牡丹品种 109 个。北宋末年，陈州（今河南淮宁）牡丹继之而起。张邦基《陈州牡丹记》（1111～1117）云："洛阳牡丹之品见于花谱，然未若陈州之盛且多也。园户植花如种黍粟，动以顷计。"及至南宋，天彭（今四川彭州市）牡丹享有盛名，陆游《天彭牡丹谱》（1178）云："牡丹在中州，洛阳为第一；在蜀，天彭为第一。"元代牡丹发展处于低潮，但仍极受人们珍爱。

明代牡丹栽培中心移至亳州（安徽亳县），薛风翔撰《亳州牡丹史》（1617），分类列举了 271 个品种，记述了140多个品种的花色和形态特征。并从种、栽、分、接、浇、养、医、忌八个方面科学地总结了栽培经验。同时,曹州(今山东菏泽)牡丹也有初步发展。清代栽培中心逐渐移到曹州,余鹏年《曹州牡丹谱》(1792)记叙牡丹品种56个。1911年赵世学《新编曹州牡丹谱》记载曹州牡丹品种240个。明清两代北京牡丹也渐繁盛。当中原牡丹盛行时,甘肃临夏、临洮、兰州一带,牡丹栽培迅速发展,形成独具当地特色的紫斑牡丹品种群。

中国牡丹早在唐代就传到日本,现日本约有300个品种。1656年传到欧洲,荷兰、英国、法国陆续引种,20世纪初传到美国。各国相继用中国牡丹品种和紫牡丹、黄牡丹杂交,育成一批色彩和性状优异的新品种。尤以法国(于20世纪初)和美国,育成一批黄色品种,弥足珍贵。

形态特征 株高1～3m,茎粗脆易折,灰褐色,当年生枝较光滑,黄褐色。叶互生,2回三出羽状复叶,具长柄,顶生小叶多呈广卵形,端3～5裂,基部全缘,表面绿色,背面淡灰绿色。花单生枝顶,花径10～30cm,萼片5,绿色,宿存。野生种多为单瓣,经栽培选育产生复瓣、重瓣乃至台阁花(两花或更多花相叠合形成一朵花)品种。花色有黄、白、粉、红、紫、绿、雪青及复色等变化。蓇葖果,成熟时开裂,种子黑褐色,千粒重250～300g。花期4～5月,果熟期8月。牡丹根系强大,肉质,粗而长,分枝少,须根也少。

变种、类型、品种 中国培育牡丹园艺品种的年代最早,据不完全统计,现在全国牡丹品种约为800个以上。根据株形、芽形、分枝、叶形、花色、花期和花型的不同,有多种分类。

按株形分类 ①直立型:枝开展角度小,向上直伸,通常节间长,生长势强;②开张型:枝条开展角度大,向四周伸展,株幅大于株高,生长势较弱;③半开张型:介乎以上二者之间。

按芽形分类 ①圆尖型;②狭尖型;③鹰嘴型;④露嘴型。

按分枝习性分类 ①单枝型:当年生枝节间长,仅基部形成1～3个混合芽,芽以上的一年生枝当年枯死,这类品种植株高大。②丛枝型:当年生枝节间短,新芽多,发枝力强,这类品种植株较矮。

按叶形分类 可分大型圆叶、大型长叶、中型叶、小型圆叶和小型长叶五类。

按花色分类 通常分为黄、白、红、粉、紫、黑、蓝、绿和复色,还有浓淡深浅的不同。实际上没有纯黑色、纯蓝色和纯黄色的品种,所谓黑色只是深紫色或黑紫色;所谓蓝色只是雪青色、淡粉紫色;所谓黄色只是淡黄色。

按花期分类(以北京为例) ①早花品种:4月下旬～5月初开花;②中花品种:5月上旬～5月中旬开花;③晚花品种:5月中旬～5月下旬开花;④秋冬花品种:一些品种有二次开花的习性,在春天开花后,秋天或冬天可再次自然开花。

按花型分类 分为系、类、组、型4级。

根据野生原种不同可分为4系,即牡丹系、紫斑牡丹系、黄牡丹系和紫牡丹系。

根据品种花部基本构造不同分为:单花类和台阁花类。

根据品种花部演进方式和顺序不同分为:千层组和楼子组。

根据品种花部演进程度不同分为各种花型。具体分类方案为:①单花类。a.千层组:单瓣型、荷花型、菊花型、蔷薇型。b.楼子组:金蕊型、托桂型、金环型、皇冠型、绣球型。②台阁花类。a.千层组:初生台阁型。b.楼子组:彩瓣台阁型、分层台阁型、球花台阁型。

产地与分布 牡丹原产中国,宋代欧阳修《洛阳牡丹记》载:"牡丹出丹州、延州,东出青州,南亦出越州。"清代汪灏《广群芳谱》载:牡丹"生汉中、剑南。""今丹、青、越、滁、和州山中皆有。"指陕西、山东、河北、江苏、浙江、安徽等地山中,当时都有野生牡丹分布。

中国牡丹品种按栽培分布可划分为:①中原牡丹品种群:主要集中于菏泽、洛阳、北京、西安等地。是中国牡丹品种的主体,栽培历史最久,品种数量最多。以矮牡丹(*P. suffruticosa* var. *spontanea*)等为主要野生原种,兼有洋山牡丹(*P. ostii*)、紫斑牡丹(*P. rockii*)的血统;②西北牡丹品种群:主要分布在临夏、临洮、兰州等地,品种较多,以紫斑牡丹为主要野生原种;③西南牡丹品种群:主要分布于彭州(四川)、丽江(云南)等地,野生原种待查;④江南牡丹品种群:主要分布在安徽铜陵、宁国等地,主要野生原种为洋山牡丹。

中国除海南外,各地都有牡丹的露地栽培。但以中原地区栽培最盛。山东菏泽、河南洛阳是中国牡丹生产栽培、游览观赏的中心。

习性 喜温凉高燥,忌炎热低湿环境。较耐寒,可耐近-30℃的低温。耐干燥,在年平均相对湿度45%左右处即能正常生长。喜光,稍耐阴,避去强烈直射光对生长、开花和延长花期有利。宜疏松肥沃、排水良好的壤土或砂壤土,忌粘重土壤或于低湿处栽植。宜中性土壤,稍酸、稍碱土壤亦能生长。寿命长,可达百年至数百年。幼年生长缓慢,3年生以后生长速度加快,4～5年生开花。开花繁盛期可延续25～30年,40年后生长衰弱进入老年期,开花稀少,需要及时更新。在黄河中下游地区,约2月上中旬～3月中旬芽萌动;3月中下旬～4月上旬展叶;4月中下旬～5月中旬开花。6月～10月花芽分化(单瓣品种),重瓣品种,终止时间依品种而异。10月下旬～11月中旬叶枯落,进入休眠。一年生枝,只基部叶腋有芽的部分木质化,上部无芽部分于秋冬逐渐枯死,此即所谓"牡丹长一尺退八寸。"牡丹的开花期,各地不同,以北京为例:3月上中旬萌芽显蕾;4 月上旬抽茎展叶;4 月中旬花蕾膨大;4 月下旬~5 月中旬开花。从萌芽到开花所需积温 630~732℃。春天气温稳定在 3.6~5℃时,芽开始萌动,16~18℃是开花适温,26~28℃是花芽分化适温。种子有上胚轴休眠习性,种子秋播,当年只能长根,苗不出土,必须经过一定时间的低温(1~10℃,60~90 天)才能打破休眠,在春天发芽出苗。

繁殖常用分株和嫁接法繁殖,也可播种、扦插和压条繁殖。近年正研究组织培养法生产试管苗以加快繁殖。

嫁接以芍药根或牡丹根为砧木,用于珍贵品种的繁殖,以保持品种的优良性状。嫁接适期为 9 月下旬至 10 月上旬。

栽培 牡丹具粗长的肉质根,应选土层深厚、地势高敞、土质疏松肥沃、排水良好之处栽植。忌连作。栽植适期为 9 月中下旬至 10 月上旬。

为促使牡丹生长健壮、株形丰满、开花繁丽,常进行如下管理措施:①浇水。牡丹虽耐旱,但在干旱季节,仍需供应水分。春季要充分浇水,供应生长、开花需要;夏季多雨,可不浇水,要注意雨后排水,勿使受涝;秋季适当控制浇水,以免引起"秋发"。②施肥。牡丹喜肥,一年至少施用 3 次。"花肥",即春天结合浇"返青水"施入,宜用速效肥,促使花大;"芽肥",于花后追施,以补充开花的营养消耗和为花芽分化供应充足养分,除氮肥外可增加磷钾肥供应;"冬肥",是在冬天结合浇冻水进行,也可干施。目的是补充土壤肥分,利于植株安全越冬。③中耕除草。从春天起,及时松土除草。④整形修剪。栽培 2~3 年后,依品种、树龄和应用目的,对生长势旺、发枝力强的品种,可留 3~5 枝;对生长势弱、发枝力差的品种,只剪除细弱枝,保留强枝。树龄大的植株,可多留枝干。对观赏用植株,留枝可少些,应尽量去掉基部的萌生枝,以尽快形成美观的株形;繁殖用的母株,则萌生枝可适当多留些,以提高繁殖系数。⑤摘芽。为使植株开花美而大,保持枝条健壮,按植株大小,确定开花数,选留一定数量的饱满的花芽。一般 5~6 年生,可留 3~5 个花芽,余者摘除。新栽的植株,第二年不使开花,待春天萌芽后,去除全部花蕾。

催延花期 当花芽分化基本完成后,加以特殊的栽培措施,可使其在元旦、春节、"十一"、"五一"、"七一"等节日开花。应用最多的是为春节观花而作的促成栽培。此法已在菏泽、洛阳、北京、上海、广州等地广为应用。方法如下:选容易开花、花早、花大、色艳、生长旺盛和受人喜爱的品种,如'胡红'、'赵粉'、'洛阳红'、'朱砂垒'等,5~6 年生的健壮植株,于春节前 50~60 天起苗,尽量少伤根系,放空气流通处阴干十余天,待根软而芽萬时栽于径 40cm,深约 60cm 的花盆中,盆土用砂壤土。浇透水,每天 3 次向植株喷水,保持较高的空气湿度,经 3~4 天,花芽膨起。置于 8~9℃处 5~6 天,然后加温至 10~11℃,经常喷水,每天追施稀薄液肥 1 次,逐渐加大浓度。枝叶生长、花蕾膨大,在春节前 10 天左右,升温至 18~25℃,每天加光 4 小时,喷水 3~4 次,追肥 1 次,保持空气湿润,春节即可开花。

育种 牡丹育种的主要方向有:①丰富早花和晚花品种,延长群体花期;②耐湿热品种,使牡丹栽培继续南移;③盆栽品种,要求花多,株矮;④切花品种,要求一年生枝长,花形整齐;⑤特异花色品种,如纯黄、金黄、橙红、深绿、黑紫、纯蓝等色;⑥抗病虫、抗污染品种。以上各类品种,要逐渐分别育出花色齐全的品种系列,便于现代化商品化生产。

育种途径:①人工杂交。从国内外有目的的引入特异品种。如美国的黄牡丹、紫牡丹为亲本的品种群;法国育出的以黄牡丹为主要亲本的黄色品种;甘肃的以紫斑牡丹为亲本的品种群;日本的优异栽培品种等。进行人工杂交,定向选育。也可引种各种野生牡丹与栽培品种杂交,选育新品种。②芽变选种。③辐射育种。用射线照射,诱发变异。④天然杂交实生苗选育。

病虫害防治 常见病害主要有:褐斑病(*Cercopsoa variicolor*),又名叶斑病,叶上生褐色或黑褐色斑,有黑色轮纹。防治方法:剪除被害处烧掉,喷布 160 倍等量式波尔多液或代森锌 500 倍液,加展着剂。冬季用7~10 倍石硫合剂喷茎干。红斑病(*Cladosporium paeoniae*)主要为害叶片,病斑近圆形,有淡褐色轮纹。多雨和潮湿季节发病较多。防治方法:扫除病叶烧掉。其余防治方法同褐斑病。锈病(*Cronartium flaccidum*)叶片退绿,叶背生黄色孢子堆。后期病叶上生柱状毛发物。病菌中间寄主是桧柏、黑松、红松、山芍药、凤仙花等。牡丹圃地附近不可栽培上述植物。防治方法同褐斑病。炭疽病(*Colletotrichum* spp.)4 月下旬叶片、叶柄和茎上发生圆形紫褐色斑点,为害严重时大半叶面枯黑。防治方法:剪除被害部分烧掉;发病初期喷 50%多菌灵 500 倍液效果良好。菌核病(*Sclerotinia sclerotiotum*)又名茎腐病,近地面茎腐烂,出现白色絮状物,叶上生灰白色斑,病斑部发生黑色鼠粪状菌核。防治方法:拔除病株烧掉,进行土壤消毒。紫纹羽病(*Helicobasidium mompa*)为真菌性病害,发病在根颈处和根部,变黑腐败。防治方法:实行轮作,发现病株立即烧掉。

常见虫害主要有:根瘤线虫(*Meloidogyne incognita*)幼虫刺激牡丹须根,形成虫瘿,使须根末端坏死,地上部生长衰弱,甚至死亡。防治方法:用 0.1%克线灵浸根 30 分钟;用呋喃丹 30g/m^2 或涕灭威 40g/m^2 均可。蝼蛄(*Gryllotalpa unispina*)、蛴螬(金龟子幼虫)、地老虎(*Agrotis ypsilon*)皆害根、茎,造成缺苗。可用氧化乐果或敌敌畏乳油 500~800 倍液浇灌根部,杀死幼虫,也可人工捕捉。天牛(*Xylotrechus* spp.)以幼虫和成虫为害枝干。可人工捕捉成虫。发现枝干上虫孔，可向孔中注入80%敌敌畏，或40%氧化乐果100～200倍液，然后用泥封住虫孔。

园林应用　牡丹雍容华贵，国色天香，花大色艳，在城市各类的绿地中广泛应用。可在公园和风景区中重要部位建立牡丹专类园，可在古典园林或居民院落中筑花台种植。在园林绿地中自然式的孤植、丛植或片植，效果皆佳。用牡丹布置花境、花带，给道路镶上彩色的花边，如洛阳市区的主要分车带上就大量的栽植了牡丹。盆栽观赏，应用灵活方便，用催延花期的手段，可四季开放。牡丹也可作切花生产。此外，牡丹根皮可入药，花瓣可以酿酒。

芍药属牡丹组野生种全部原产中国。主要有：矮牡丹，株高约1.2m，小叶15枚，近圆形或卵形，花白色，基部具淡紫晕。本种为中原牡丹的主要野生原种。洋山牡丹(*P. ostii*)，株高约2.5m，1年生枝长，小叶15枚，狭卵状披针形。花白色，基部有淡紫红色晕，花丝与花盘皆暗紫红色。分布于河南、湖南、甘肃、陕西等省。是江南牡丹品种群的主要野生原种。紫斑牡丹(*P. rockii*)株高可达2.5m，小叶达19枚，花白色，花瓣基部具黑紫色斑。主要分布于秦岭山脉。为西北牡丹品种群的主要野生原种。四川牡丹(*P. decomposita*)高1～1.5m，花淡紫至粉红色。分布于四川马尔康地区。紫牡丹(*P. delavayi*)株高约1.5m，二回三出复叶，羽状分裂，裂片披针形，花2～3朵，红色至红紫色。分布于云南西北部，四川西南部和西藏东南部。黄牡丹(*P. lutea*)株高1～1.5m，2回三出羽状复叶，小叶再3～5裂，小裂片披针形，枝端着花1～3朵。花瓣黄色，瓣基深紫红色。分布于云南、四川西南部、西藏东南部。大花黄牡丹(*P. lutea* var. *ludlowii*)植株高大，可达2.5m，花黄色，心皮1～2个。分布于西藏东南部藏布峡谷一带是培育黄色牡丹品种的理想亲本。

（秦魁杰）

木波罗（Jack fruit）　*Artocarpus heterophyllus*，别名波罗蜜、树波罗。桑科桂木属常绿乔木。染色体数2n＝56。株高10～25m，树冠近球形，树皮厚、黑褐色，内皮红色；具乳汁。小枝粗。单叶互生，革质，椭圆形至倒卵形，长7～15cm。花单性同株，雄花序顶生或腋生，雌花序生于主干或主枝，花期2～3月。

聚花果球形或长圆形，绿色或黄褐色，单果重5～20(25)kg。种子椭圆形。原产印度和马来西亚，中国海南、广东、广西、云南、福建、台湾均有栽培。喜光，要求温暖湿润的热带气候，不耐寒，地表0℃即可受冻害。不择土壤，在深厚肥沃排水良好的酸性至微碱性粘壤土或砂壤土上均可正常生长。忌积水和干旱。主根深，再生能力强，速生，且寿命可达百年以上。播种繁殖，种子不耐贮藏，宜随采随播，当年苗高1～1.2m，一般6～8年生可开花结实。优良品种用嫁接、扦插或压条法繁殖。

木波罗树形整齐，冠大荫浓，果奇特，是优美的庭荫树和行道树。果实香甜可食。

（陈耀华）

木防己（Japanese snailseed）　*Cocculus trilobus*，别名青藤、日本木防己、土木香。防己科木防己属藤木。染色体数2n＝2x＝50。小枝密生短柔毛。叶互生，卵形或卵状长圆形，有时3浅裂。花单性异株，聚伞圆锥花序腋生，雄花序长于雌花序，花瓣6，淡黄色，花期5～8月。核果近球形，蓝黑色，果期10月。中国除青海、新疆外，南北各地均有分布，日本也有。播种繁殖。分枝多，落叶迟以及密集下垂的果序均有一定的观赏价值，适于庭园作篱架植物种植。根可入药。

（熊济华）

木瓜（Chinese flowering quince）　*Chaenomeles sinensis*，蔷薇科木瓜属落叶灌木或小乔木。染色体数2n＝2x＝34。株高达10m，树皮红褐色块片状剥落，内皮青灰色。单叶互生、近革质，椭圆状卵形或椭圆状长圆形，长5～8cm，端急尖，基广楔形至圆形，缘具芒状腺齿。花单生叶腋，淡粉红色，径约3cm，花期4～5月；梨果椭圆状卵形至倒卵形，木质，黄色，长约10～15cm，具芳香，9～10月果熟。产中国山东、河南、陕西、湖北、湖南、江西、安徽、浙江、广东及广西等地。喜光，好肥沃湿润，亦较耐旱，忌积水；适应温度变幅大。在北京的栽培条件下，可正常生长。播种

或扦插繁殖,亦可以海棠类作砧木行嫁接繁殖。实生苗8～10年后进入花果期。病害主要有锈病(*Gymnosporangium haraeanum*),煤污病(*Fumago* sp.)等。在庭院中可对植,或植草坪、路旁,初夏赏花,秋季赏果,深秋叶色变红,也很艳丽。果实收后可置室内观赏,至春节而不皱腐,满屋生香,沁人肺腑。果可入药。(董保华)

木瓜红(largefruit rehder tree) *Rehderodendron macrocarpum*,别名野草果。安息香科木瓜红属落叶乔木。中国特有树种,国家二级重点保护植物。高7～10(20)m,胸径达24cm,树皮灰黑色,小枝紫红色。单叶互生,椭圆状长圆形,长7～13cm,边缘有细齿,中脉和叶柄带红色。花与叶同出或先叶开放,有香气,5～10朵排成腋生短总状花序或圆锥花序,花冠钟形,白色,花期3～4月。果实长圆形,长3.5～10cm,熟时呈红色,果期7～9月。产中国四川、贵州、云南和广西等地。喜凉爽、湿润、雨量充沛的气候环境和肥沃而排水良好的酸性土壤,幼时较耐阴,成长后喜光。播种繁殖,种子有隔年发芽习性。木瓜红树姿古雅,枝叶红绿,白花成簇,红果垂枝,奇特美丽,为优良观赏树种。同属常见栽培的有广东木瓜红(*R. kwangtungense*),别名岭南木瓜红,也可作为庭园观赏植物。

(王方明)

木荷(gugertree) *Schima superba*,别名何树。山茶科木荷属常绿乔木。染色体数2n=2x=36。高达30m,胸径近1m,树冠广圆形。树皮灰褐色,深纵裂。叶椭圆形或卵状椭圆形,深绿色,边缘具钝锯齿。花白色,芳香,径约3cm,单生叶腋或成顶生短总状花序;花期6月。蒴果近扁球形,木质,黄褐色,果期翌年10月。产中国安徽、浙江、福建、江西、湖南、广东、台湾、贵州、四川等地。喜湿润环境,常生于土层深厚、富含腐殖质的酸性红黄壤山地林中。幼苗需庇荫,忌水淹。5～10年生苗生长最快,抗风雪力强。播种繁殖。种子千粒重6.2g。发芽率40%左右。当年苗高25～40cm。虫害有刺蛾、大蓑蛾等。木荷树冠宽展,叶绿荫浓,秋日开乳白色花,入冬部分叶色转红,倍添冬姿。可作庭荫树或用于营造风景林。

同属植物有银木荷(*S. argentea*),高达30m,叶全缘,种子周围有宽翅,产中国湖南、广西和西南各地。峨眉木荷(*S. wallichii*),高达12m,叶全缘或疏生钝齿,种子肾形,长约8mm,产中国云南、四川、贵州、湖南及江西,老挝也有分布。(贺贤育)

木蝴蝶(Indian trumpet flower) *Oroxylum indicum*,别名千张纸。紫葳科木蝴蝶属落叶乔木。染色体数2n=30,28,38。高7～12m。树皮厚,有皮孔。3～4回羽状复叶、对生;小叶多数,椭圆形至阔卵形,长6～14cm。总状花序顶生,花冠橙红色,花期夏、秋季。蒴果扁平,木质,果期秋末。产中国云南、广西、广东、福建、贵州、四川等地,亚洲南部也有分布。喜光,喜温暖湿润气候,喜肥。播种繁殖。木蝴蝶树姿优美,叶、花、果均具观赏价值,适宜温暖地区庭园栽植,可作园景树、庭荫树,也可用于道路绿化或配置风景林。

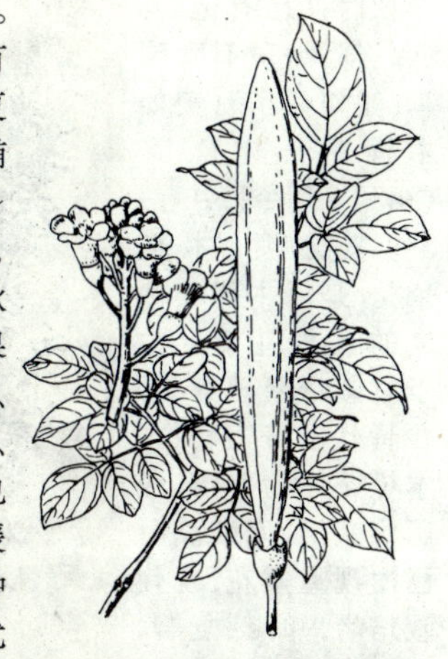

(包满珠)

木姜子(cubeba litsea) *Litsea cubeba*,别名山鸡椒、香叶。樟科木姜子属落叶灌木或小乔木。高达10m,树皮灰褐色。小枝绿色,单叶互生,披针形或长圆状披针形,长4～11cm,有香气,叶脉凸起。雌雄异株,伞形花序单生或簇生叶腋,每花序有花4～6朵,花期2～3月。浆果近球形,径约0.5cm,7～8月成熟时呈黑色。变种有毛山鸡椒(var. *formosana*),幼枝、芽、叶背和花序均具灰白色丝状毛。产中国江苏、浙江、安徽、江西、福建、台湾、广东、广西、湖南、湖北、云南、贵州、四川和西藏等地。喜光,稍耐阴;耐瘠薄,但以肥沃深厚的土壤生长较好;根系浅,萌芽性强。播种繁殖,种子休眠期长，当年发芽率很低，发芽时间可延至第二年。木姜子适宜在园林绿地中种植观赏；花、叶、果可提取香精。

同属中常见栽培的种还有：大果木姜子（*L. lancilimba*），高达 20m，胸径 60cm；小枝红褐色，花期 6 月，11～12 月果熟。产海南、广西、广东、福建、云南等地。天目木姜子（*L. auriculata*），高达 20m，胸径 60cm，树皮灰色，内皮深褐色，鳞片状剥落。叶倒卵状椭圆形或近圆形，长 8～23cm。花冠黄色，花期 3～4 月，7～8 月果熟。产浙江、安徽等省。栓皮木姜子（*L. suberosa*），常绿小乔木，高达 5m，树皮灰褐色。老枝灰白色，具木栓质，花期 7～9 月，10～11 月果熟。产于广东、湖南、湖北、四川等省。

（林付分）

木槿（rose of sharon）　*Hibiscus syriacus*，别名朝开暮落花、篱障花。锦葵科木槿属落叶灌木或小乔木。染色体数 2n＝40，80，80～84，90，92。原产中国，春秋时期已有记载，《诗·郑风》：“有女同车，颜如舜华”（美如木槿花一样）。又《礼记·月令》中有：“仲夏之月，木槿荣”。是以木槿作仲夏的代表花卉。由于它栽培繁殖容易，在晋代已普遍种植。木槿花原为单瓣，经历代栽培，南北朝时已出现重瓣花，现代栽培者，单瓣、复瓣、重瓣均有。高 3～4cm，分枝多，树冠长卵形。叶互生，卵形或菱状卵形，先端钝，常 3 裂。花单生叶腋，径 5～8cm，有紫、粉、红、白等颜色，7～9 月开花，每花朝开暮落。蒴果 5 裂，8～10 月成熟。

品种很多，如单瓣花类主要有纯白、白花红心、蓝花、粉花、红花等品种。重瓣或半重瓣花类主要有纯白重瓣、粉花红心、紫红等。原产中国，遍及黄河以南各地，朝鲜、印度、叙利亚也有分布。温带及亚热带树种，喜光，稍耐阴。耐水湿，也耐干旱。宜湿润肥沃土壤，萌芽力强，耐修剪，易整形，抗烟尘力强。

通常扦插繁殖，单瓣者也可播种繁殖。病虫害少，偶有棉蚜（*Aphis gossypi*）等发生，可喷 40％乐果乳剂 3000 倍防治。

木槿花期长，花朵大而繁密，有不同花色、花型。且在夏秋花少时开放，为园林中优良的观花树种，宜丛植点缀于阶前、墙下、水边、池畔，南方各地常用作花篱。

同属植物见于栽培的还有：华木槿（*H. sinosyriacus*），别名紫木槿、大花木槿。直立粗壮落叶灌木，叶宽三角状卵形，3 裂，长宽近相等。花大而开展，直径 8～9cm，青紫色，花瓣极宽，花期 9～11 月。产中国江西、湖南、贵州、甘肃等地。喜阴湿，可栽培于大树下。木芙蓉（*H. mutabilis*），别名芙蓉花、拒霜花。落叶灌木或小乔木，叶互生，叶片广卵形至圆卵形，两面有毛，3～5 裂，边缘有钝齿。花单生于枝端叶腋，清晨初开时白色或淡粉红色，傍晚变为紫红色，花期 10～11 月，开于晚秋，故有“拒霜”之名。蒴果球形，果熟期 12 月。原产中国长江流域，西南及华南栽培甚多。尤以成都自古为盛。栽培品种较多。庐山芙蓉（*H. paramutabilis*），与木芙蓉不同处是叶片基部截形，苞片卵圆形，乃江西庐山特产。山芙蓉（*H. taiwanensis*），全株密被刚毛，原产中国台湾。吊灯花（*H. schizopetalus*），别名拱手花篮、吊钟扶桑。枝条纤细，叶卵状披针形，先端渐尖，边缘有锯齿。花鲜红色，花梗细长，花大而下垂，花瓣 5，羽状深裂成流苏状，并向上反卷，花蕊柱细长，花甚美丽。花期夏、秋季。温室栽培可全年开花，原产东非。吊灯花花大色艳，且花冠下垂，盆栽观赏或庭园丛植均宜。黄槿（*H. tiliaceus*），常绿灌木或小乔木，树冠圆形或椭圆形，花黄色，顶生或腋生，数朵排成聚伞花序，花期 6～8 月。原产中国海南、台湾等省，越南、菲律宾、印度、日本及大洋洲也有分布。在中国华南可作行道树及庭荫树。

（汤忠皓）

木莲（ford manglietia）　*Manglietia fordiana*，木兰科木莲属常绿乔木。染色体数 2n＝2x＝38。株高达 20m。树冠椭圆形至半球形；树皮灰褐色，平滑，皮孔明显；幼枝及芽有红褐色短毛。叶互生，窄倒卵形或倒披针形，先端短尖，基部楔形，全缘，绿色有光泽。花单生枝顶，白色，肉质，似莲花而具清香，花期 5 月。聚合果红色，卵圆形，果期 9 月。

产中国长江以南海拔 1200m 以下丘陵山地常绿阔叶林中，在云南西南部的临沧等地生于沟谷雨林中，在江西德兴的阔叶林中常与杜英、猴观喜、青冈栎等混生。中性偏阴树种，幼年喜阴，大树可忍受全光，但在

侧方庇荫处生长最佳，喜温暖湿润气候及肥沃的酸性土壤，不耐寒。繁殖以播种育苗为主，扦插、嫁接辅之。春季条播，当年苗高30cm。嫁接以玉兰做砧木。扦插嫩老枝皆可。园林栽植宜带土球，适修枝叶。若在速生树种泡桐等林冠下栽种或与枫香等混交种植，效果愈佳。

木莲树冠混圆，枝叶并茂，绿荫如盖，典雅清秀，初夏盛开玉色花朵，秀丽动人。于草坪、庭园或名胜古迹处孤植、群植，能起到绿荫庇夏，寒冬如春的功效。

同属中常见的树种尚有：厚叶木莲（*M. pachyphylla*），常绿乔木，高达16m，产中国广东从化等地，树形美观，叶片宽大厚实，宜在华南庭园栽种。红花木莲（*M. insignis*），常绿大乔木，高达30m，叶倒披针形，产中国华中与西南，杭州已引种成功。喜阴而畏热，宜混交配置。灰木莲（*M. glauca*），常绿大乔木，树高26m，树皮灰褐色，叶倒卵形，背面被褐色平伏毛，花白色，2～6月开放。产越南、印尼，中国广东、广西、海南、福建等地有引种，生长甚佳。幼树喜阴、后喜光，不耐干旱。

（杨志成）

木麻黄（horsetail beefwood） *Casuarina equisetifolia*，别名驳骨树。木麻黄科木麻黄属常绿乔木，高达30m，树干通直，树皮暗褐色，狭长条片状剥落，树冠近塔形或卵形。小枝灰绿色、细软下垂。叶退化呈鳞片状，6～8枚在节处紧贴小枝轮生。花单性，雌雄同株或异株，花期4～5月。果序近球形，小坚果具翅，8～11月成熟。原产澳大利亚、太平洋诸岛、马来西亚群岛等近海沙滩，中国海南、广东、广西、福建、台湾、浙江等滨海地区多有栽培。强阳性树，喜暖热湿润气候，能耐40℃以上高温和-3℃短暂低温。主根深、侧根发达，具固氮菌根，宜深厚、肥沃疏松的微酸性至微碱性（pH值6～8）的壤土。耐干旱也能耐海潮浸渍，耐盐碱，抗风，耐沙埋。速生，但寿命较短。繁殖用播种或扦插，播后6～8天可出苗，一年生苗高可达1～1.5m。主要病虫害有青枯病、黄化丛枝病和星天牛、天社蛾、吹棉蚧等。木麻黄树冠开展、树体雄伟，适宜用作行道树和营造海防林，也适宜在各类园林绿地中栽植。

同属中常见栽培观赏的种还有：细枝木麻黄（*C. cunninghamiana*），小枝纤细，每节有退化之鳞片叶8～10枚。粗枝木麻黄（*C. glauca*），小枝较粗，每节片叶12～16枚。

（陈耀华）

木棉（bombax；malabare） *Gossampinus malabarica*，别名攀枝花、红棉、英雄树。木棉科木棉属落叶大乔木。染色体数2n=72。高达25m，原产地可达40m，树冠整齐，树干粗大端直，树皮灰白色，大枝轮生，水平开展，幼干及枝具圆锥形棘刺。掌状复叶互生，小叶5～7，卵状长椭圆形。花红色，径约12cm，生于枝端，花萼杯状，花期2～3月。蒴果长椭圆形，果熟6～7月。产中国广东、广西、云南、四川、台湾等地，越南、缅甸、印度及大洋洲各地均有分布。喜光，喜温暖，不耐寒，耐干旱也稍耐湿，忌积水。喜微酸性或中性土壤。抗污染。深根性，抗风力强；萌芽力强。树皮厚，耐火烧，生长迅速，寿命较长。用播种、分蘖、扦插法繁殖。主要虫害有木棉乔木虱、离斑棉红蝽、红蜡蚧、双条合欢天牛、棉卷叶野螟等，在成虫、若虫为害期间可用1000倍40%乐果防治。

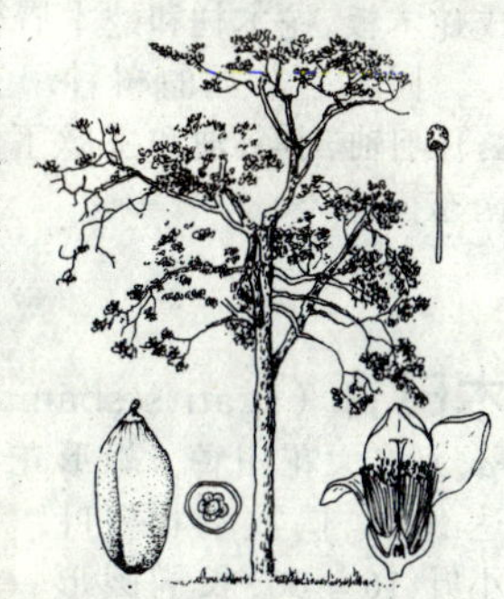

木棉树势雄伟，树姿巍峨，红花似火，绿荫如盖，宜作园景树、庭荫树栽植，也可栽作行道树。成片栽植，花时如火如荼，花后郁郁葱葱，点缀山峦、河谷、田野、村庄均可。木材轻软。

（周道瑛）

木桫椤（tree-fern） *Cyathea spinulosa*，国家一级保护植物。别名树蕨、刺桫椤。桫椤科桫椤属多年生树形蕨类。染色体数2n=2x=26。主干高1～3m，黑褐色，具密生气根。叶柄粗壮，深棕色，叶面绿色，叶背灰绿色，长3m，3回羽裂，羽片多数，互生，有短柄，矩圆形，小羽片羽裂几达小羽轴，裂片披针形，有疏锯齿。产中国广东、海南、台湾、贵州、四川、云南等地，尼泊尔、印度、日本也有分布，多生于海拔1000m以下常绿阔叶林下或沟谷、溪边。喜温暖湿润气候，耐荫蔽，但不耐寒，适栽于肥沃、湿润、疏松土壤中。盆栽木桫椤，可用腐殖土或泥炭土，加1/3河沙。注意保持湿润环境，适生温度20～25℃。温室栽培需四季遮荫。繁殖采用孢子播种和分株法，一般多从野外采掘后移栽。木桫椤树形美观别致，是著名大型阴生观赏植物，常植于庭园阴湿处或荫棚，也可盆栽。其茎干称为蛇木，可用于栽种气生兰等，也可加工成蛇木板、蛇木柱和蛇木屑等。

同属中常见的树种，还有中华桫椤（*C. chinensis*），羽轴、小羽轴和主脉下面密生棕色毛。产中国云南东南部。

（陈奕康）

木田菁（agati sesbania） *Sesbania grandiflora*，别名大花田菁。蝶形花科木田菁属落叶乔木。高达10m。偶数羽状复叶，小叶16～60，长椭圆形。花芽呈镰状弯曲。总状花序腋生，具2～4花，花大，长7～10cm，花冠白色或粉红色，有时呈玫瑰红色，花期10月。荚果条形，长20～60cm，下垂。产中国云南、广东；印度、马来西亚和澳大利亚也有分布。喜温暖、湿润的气候，不耐寒。在土层深厚、疏松、肥沃的土壤中生长良好。播种或扦插繁殖。木田菁为美丽的庭园观赏植物，也可盆栽观赏。叶、花及嫩荚可食。根皮供药用。

（叶超汉）

木通（fiveleaf akebia） *Akebia quinata*，别名八月瓜。木通科木通属落叶藤木。染色体数2n＝2x＝32。掌状复叶互生；小叶5，倒卵形或长倒卵形，全缘。总状花序腋生，花单性同株，萼片3，紫色，无花瓣，花期5月。蓇葖果肉质，长卵形，果期9～10月。产长江流域及河北、山西、山东、陕西、河南、甘肃等地。常生于山谷、溪边及山坡疏林中或灌丛间。喜半阴及湿润环境。播种及压条繁殖。适于庭园中作棚架植物栽植。根、藤和果实均可药用；果味甜可食。

同属植物约5种，常见的还有：三叶木通（*A. trifoliata*），三出复叶，小叶边缘浅裂或呈波状，产中国河北、山西、山东、河南、陕西、甘肃和长江流域各地。台湾木通（*A. chingshuiensis*），三出复叶，雌花花梗向上斜展，产中国台湾。

（郭生桢）

木茼蒿（marguerite; Paris daisy） *Chrysanthemum frutescens*，别名蓬蒿菊、茼蒿菊、木春菊。菊科木茼蒿属多年生常绿亚灌木。染色体数2n＝3x＝27。株高约100cm，多分枝。叶互生，2回羽状线形深裂，裂片端突尖。头状花序，花径3～6cm，具长花梗。舌状花白色或淡黄色，中心管状花黄色。周年开花，尤以12月至翌年4月最盛。变种有：黄花变种（var. *chrysaster*），生长势强，株高100cm。适冬季促成栽培。重瓣变种（var. *florepleno*），生长势较弱，花少，宜作盆花和切花栽培。木茼蒿原产加那利群岛，喜温暖、湿润、凉爽气候，不耐寒，生长适温10～15℃。宜于富含有机质、疏松和排水良好的土壤中生长。用分株法繁殖。木茼蒿花期特长，枝叶繁茂，花色淡雅，为寒冷地区冬春重要盆花，温暖地区可作为花坛和花境材料。

（周维燕）

木犀草（common mignonette） *Reseda odorata*，别名香木犀。木犀科木犀属一二年生草本植物。染色体数2n＝12。株高20～35cm。茎最初直立生长，后分杈平伸。匙状叶互生，长椭圆形或倒披针形，有1～2对浅裂。总状花序顶生，开花后渐伸长。小花淡黄白色，花瓣6，先端有细裂，香气浓郁，花期3～5月份。三角形蒴果下垂。原产北非。不耐霜冻，宜冬季温和夏季凉爽气候，忌炎热，喜疏松、中等肥沃的微碱性土壤。播种法繁殖，9月初播种，发芽适温20℃，冬春季开花。木犀草香气似桂花，用于切花、花坛及花园布置，也可盆栽观赏。

（穆　鼎）

木贼麻黄（Mongolian ephedra）　*Ephedra equisetina*，麻黄科麻黄属直立灌木。染色体数2n=2x=28。高2m，老干灰褐色、粗糙。小枝细长，绿色或被白粉呈灰绿色，明显具纵槽，对生或轮生。叶退化呈膜质鳞鞘状，两叶对生，基部一半联合，浅黄绿色、被红晕，后变灰色。雌雄异株，罕同株，花期6～7月，种子卵圆形，上部具棱，9～10月成熟，假种皮红色。广泛分布于中国河北、山西、内蒙古、宁夏、陕西、甘肃、河南、四川、西藏、青海、新疆及云南等地，多生于干燥荒漠、崖畔、山脊及高山石隙处。喜光，畏热、忌湿，深根性，根具萌蘖力，常自成群落。播种繁殖。可用于岩石园绿化。全株可入药。

同属常见的种有：中麻黄（*E. intermedia*），高达1m，茎粗壮，小枝圆而无棱槽。膜果麻黄（*E. przewalskii*），高1～2m，枝直立而端多弯曲。主产于中国内蒙古西北部。

（董保华）

N

娜丽花（Guernsey lily） *Nerine sarniensis*，石蒜科娜丽花属多年生草本植物。染色体数 2n = 22，24，33。株高45cm，具被膜鳞茎。叶基生，带形，花后出叶。伞形花序着生于实心花葶顶部。花葶长 60～75cm，多花。花冠淡猩红色，漏斗形，长约4.5cm，裂片 6，稍起皱，先端外翻。雄蕊鲜红，直伸花外。有淡橙、玫红、大红等品种。原产南非。不耐寒。喜温和、向阳环境及排水良好的土壤。不耐湿润高温。属冷室春花植物，8 月上盆，盆土须富含纤维质。不必每年翻盆，留盆植株开花良好。早春室外地栽须覆盖防寒。分球繁殖。种子肉质，形似小鳞茎，播种苗多变异。暖地用于露地花境，也可盆栽。近年来杂交种已成为重要新型冬春切花。

本属常见种还有鲍氏娜丽花（*N. bowdenii*），有花8～12 朵，鲜桃红色，花期 9 月，耐寒性较强。曲娜丽花（*N. flexuosa*），生长粗壮，花葶高达 90cm，花粉红或白色。 （王大钧）

南非半边莲（edging lobelia） *Lobelia erinus*，别名花半边莲。半边莲科半边莲属一年生或多年生草本植物。染色体数 2n = 28，42。株高 15～30cm，半蔓性，分枝纤细，叶对生。总状花序顶生，花浅蓝色或蓝紫色，喉部白色或淡黄色，花冠 5 裂成 2 层，上唇 2 裂、小；下唇 3 裂、大而伸展。花径 1.3～1.8cm，花期 4～6 月。蒴果 2 瓣裂，种子细小，千粒重 0.03g。株型有高、矮及圆整、垂枝、重瓣等类型和品种。花色有白、青、深红、玫瑰红等色。原产南非。喜凉爽，忌酷热及霜冻，适宜湿润及排水良好、富含腐殖质的土壤。用播种法繁殖，秋播可于翌春 4 月开花；2 月下旬至 3 月上旬播种，于 6～7 月开花。夏季炎热时易枯死，可于 7 月中旬剪去残枝，秋季还可二次开花。中国长江流域冷室越冬，华北多作一年生栽培。为花坛、花境镶边材料及良好的地被。垂枝品种可盆栽悬挂观赏。

同属植物约 300 种，常见栽培的还有红花山梗菜（*L. cardinalis*），原产美国东南部，为多年生草本植物，染色体数 2n = 14。株高 60～120cm，茎直立。穗状花序，花鲜红色，下唇 3 裂片狭而反卷，花期 7～9 月。 （张 燕）

南非王菊（cape daisy） *Venidium fastuosum*，别名拟金盏菊。菊科拟金盏菊属一年生草本植物。染色体基数 x = 8。株高 60～90cm，基部分枝，全株被灰白色毛，茎中空。叶大头羽裂。单花序顶生，头状花序径 10～15cm，舌状花鲜黄色，基部有褐紫色斑纹。筒状花紫褐色乃至黑色。以花色可分为乳白、黄、褐黄、肉粉和橙色等品种及矮生品种。花期春季，原产南非。半耐寒性，喜温暖湿润、通风良好环境。阳光下开花，阴天和夜间闭合。多行秋播，花朵美丽硕大，适用于切花和花坛。同属植物 18 种，常见栽培的还有拟金盏菊（*V. decurrēns*），多年生作一年生栽培，高 30～60cm，叶大头羽裂，表面具蛛丝状毛和斑点，叶背具白棉毛，叶柄基部有耳状附属物。头状花序金黄色，径约 6cm，原产南非。 （秦魁杰）

南京中山植物园（Nanjing Botanical Garden Mem Sun Yat-Sen） 为纪念孙中山而命名的中国第一座国家植物园，位于南京东郊紫金山麓，明孝陵西侧。原为 1929 年创建的孙中山先生纪念植物园。1954 年经国家批准，以前中央研究院植物分类研究所的华东工作站为基础扩建，由陈封怀、秦仁昌等学者筹划主持，定名为中国科学院南京中山植物园。1960 年曾称中国科学院南京植物研究所。1972 年改称江苏省植物研究所，又称南京中山植物园，成为园、所一体的多学科综合研究机构。该园占地 $186hm^2$，水面约 $13hm^2$，园内岗峦起伏，溪水潺潺，林木葱郁，风光旖旎，已成为钟山风景名胜区著名景点之一，也是中国北亚热带植物的研究中心。1994 年有科技人员 200 余，高级研究人员 60 余名。全园现保存植物 3000 余种（含变种和品种），隶属于 188 科 913 属，约 10 万株以上。已建成各具特色的专类园（区）7 个，即：园林植物区（占地 $13hm^2$）、植物分类系统园（$6hm^2$）、树木园（$10hm^2$）、药用植物园（$2hm^2$）、自然植被保护区（$100hm^2$）、经济植物选育区和试验苗圃等，还有展览温室 $1300m^2$，有热带、亚热带植物近千种。该园除试验研究区外，全年对外开放，接待国内外参观访问者，发挥了植物学、园艺学知识科学普及教育的作用。科研大楼和标本馆位于园林植物区的中心，设有植物分类、驯化育种、药用植物、地植物生态和植物化学5个研究室。蜡叶标本馆现保存标本60万份，为中国最大的标本馆之一。该园坚持科研为经济生产服务的方针，已取得科研成果200多项。共出版专著70余部，发表论文700余篇，并于1980年开始出版年报——《南京中山植物园研究论文集》，1992年开始出版季刊《植物资源与环境》。

（张宇和）

南美水仙（Amazon lily；madonna lily） *Eucharis grandiflora*，别名美国水仙、亚马逊百合。石蒜科南美水仙属多年生草本植物，具被膜球茎。染色体数2n=68。叶片长25～30cm，宽约15cm，近柄渐狭。叶柄长30cm，花葶肉质，高60cm，伞形花序，具3～6花。花纯白色，芳香，径7.5cm，花冠筒圆柱形中央有副冠，裂片6，开展呈星状。蒴果，种子球形。原产哥伦比亚至秘鲁。喜温、热环境，夜间温度不低于18℃。喜砾质疏松介质。除休眠期外需充分给水。春、夏、秋三季应给予轻荫。春季分球或播种繁殖。在原产地晚冬早春开花。可人为调整花期。暖地可在户外栽培，应用于花境、花径。或作冬、春温室盆栽观花植物。

（王大钧）

南蛇藤（oriental bitter-sweet） *Celastrus orbiculatus*，别名霜红藤、过山风。卫矛科南蛇藤属落叶藤木。染色体数2n=2x=46。蔓长达12m。小枝圆柱形，皮孔明显。叶近圆形至倒卵形或长圆状倒卵形，边缘有细钝齿；聚伞花序腋生或在枝端成圆锥状而与叶对生，花黄绿色，花期5～6月；

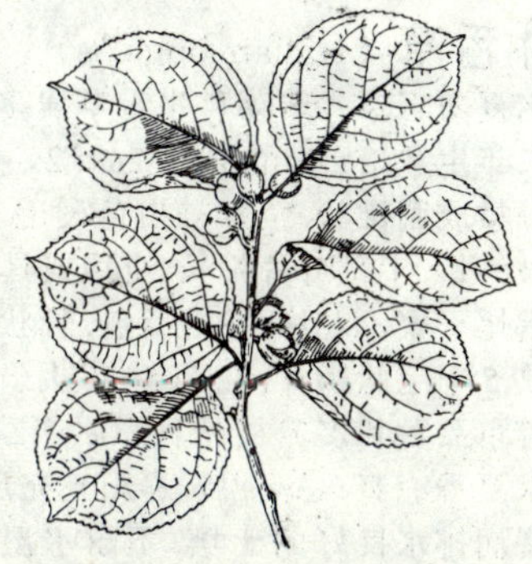

蒴果球形，橙黄色，种子具猩红色肉质假种皮，果期10月。产中国华北、东北、华东、西北、西南、湖北及湖南，朝鲜和日本也有分布。喜光，稍耐阴。耐寒，耐旱。不择土壤。播种、扦插或压条繁殖。栽培中应注意枝藤修剪，控制蔓延。南蛇藤叶片秋季经霜变红或金黄，黄色果皮逐渐裂开露出鲜红的假种皮，形如红花，保持时间较长，为美丽的庭园观赏树种。可作棚架绿化材料或依假山、枯树栽植，也可剪取成熟果枝瓶插。

同属植物见于栽培观赏的还有：苦皮树（*C. angulata*），别名苦皮藤，落叶藤木，顶生聚伞状圆锥花序，花黄绿色，蒴果黄色，假种皮红色，为优良观果植物。

（庄茂长）

南酸枣（axillary choerospondias） *Choerospondias axillaris*，别名五眼果。漆树科南酸枣属落叶乔木。高达30m，胸径1.5m，树冠球形至扁球形。

树干端直，树皮褐色，条片状剥落。奇数羽状复叶互生，小叶7～15，对生，卵状披针形，长4～12cm，全缘。花杂性异株，淡紫红色，雄花和假两性花排成聚伞状圆锥花序，长4～10cm，雌花单生叶腋，花期4～5月。核果椭圆形，黄色，果熟10月。产中国长江流域以南及西南部分地区，山东及河南有栽培；日本、印度也有分布。喜光，略耐阴；喜温暖湿润气候，不耐寒；适生于深厚肥沃而排水良好的酸性或中性土壤，不耐涝。浅根性，萌芽力强，生长迅速，树龄可达300年以上。播种繁殖。种子千粒重1600g。种子多胚，每粒种子可出苗4～5株，需适时间苗，当年苗高达1.5m。常有刺蛾、大蓑蛾、樟蚕等虫害发生。南酸枣干直荫浓，是较好的庭荫树和行道树，适宜在各类园林绿地中孤植或丛植。树皮、根、果可入药。（陈耀华）

南天竹（nandina） *Nandina domestica*，别名天竺、兰竹。小檗科南天竹属常绿灌木。染色体数2n=2x=20。株高达2m，直立，少分枝。老茎浅褐色，幼枝常红色。叶对生，2～3回羽状复叶，小叶椭圆状披针形。圆锥花序顶生，花小、白色，花期5～7月。浆果球形，鲜红色，果期10～11月，宿存至翌年2月。常见的栽培变种和品种有：玉果南天竹（cv. Leucocarpa），小叶翠绿色，果黄绿色；五彩南天竹（cv. Prophyrocarpa），叶狭长而密，常显紫色，果淡紫色；细叶南天竹（cv. Capillaris），株型矮小，小叶呈细丝状。此外，还有'黄果'南天竹、'光叶'南天竹、'龟叶'南天竹、'涡叶'南天竹、'圆叶'南天竹及'栗木'南天竹等。

产中国长江流域及陕西、广西等地，日本、印度也有分布。多生在湿润的沟谷旁、疏林下或灌丛中，为钙质土指示植物。中国南北各地园林中均有栽培。喜温暖多湿及通风良好的半阴环境。较耐寒，黄河以南可露地栽培；阳光过强或过弱，均影响结果。盆栽者春、夏季宜置荫棚中养护。能耐微碱性土壤。萌蘖力强，一般为多干丛生。繁殖以播种、分株为主，也可扦插。初春从山野中挖回的植株，定植后宜平茬，重发新梢。秋后应齐地疏剪或短截树干，翌年可萌发新枝，室内养护要加强通风透光，防止介壳虫发生。

南天竹树姿秀丽，翠绿扶疏，红果累累，圆润光洁，是常用的观叶观果植物，无论地栽、盆栽还是制作盆景，都具有很高的观赏价值；又是传统的切花材料，瓶插水养耐久，民间常在春节时切取果枝插瓶，与蜡梅、松枝相配，倍觉高雅。果、叶入药。（尤传楷）

南五味子（scarlet kadsura） *Kadsura japonica*，五味子科南五味子属常绿藤木。染色体数 2n=2x=14。藤长2.5～4m。单叶互生，革质，稍厚而柔软，椭圆形或长椭圆形，长5～9cm，先端渐尖，基部楔形，常有透明腺点，表面暗绿色，背面淡紫色而有光泽；雌雄异株，花单生叶腋，花冠白色或淡黄色，

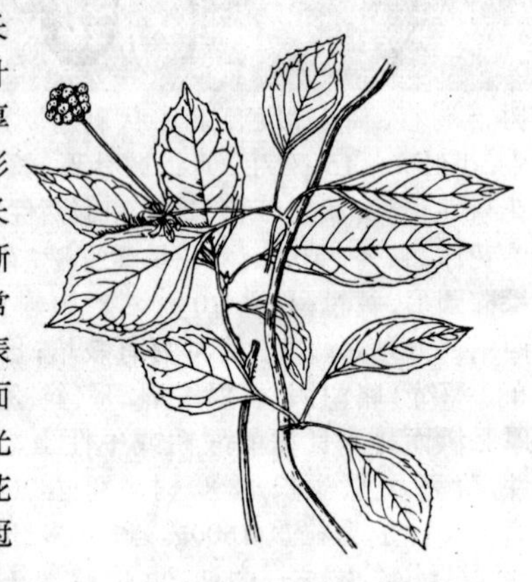

具芳香，径2～3cm，花期6～7月；浆果深红至暗蓝色，球形，果期9～12月，种子肾形或肾状椭圆形。产中国江西、安徽、浙江、福建、广东、四川、湖北、湖南等地，多生于海拔1000m以下的山坡、山谷及溪边阔叶林或灌丛中。喜温暖湿润气候。种子繁殖，也可于5月行扦插繁殖。南五味子枝叶繁茂，夏有香花、秋有红果，是庭园和公园垂直绿化的良好树种。（朱国芳）

南洋杉（hoop pine） *Araucaria cunninghamii*，南洋杉科南洋杉属。常绿乔木。染色体数 2n=2x=26。高达40～60m，胸径120cm，树冠阔塔形，树皮粗糙，呈横带状剥落。枝轮生、平展，小枝丛生在靠近枝的先端部分。叶二型，幼树及侧枝上的叶螺旋状排列，披针形，长0.6～0.8cm；老树及结果枝上的叶较短，锥形，密集成丛。雌雄异株，罕同株；球果长6～10cm。变种有灰叶南洋杉（var. *glauca*），叶呈蓝灰色。

原产大洋洲东部，中国广东、福建、广西、云南、台湾等地有引种栽培。喜阳光充足、空气湿润、肥沃而排水良好的土壤，不耐寒，冬季气温5℃以上的地区可露地栽植。播种或扦插繁殖，本种在中国虽可结果，但种子多发育不良。扦插繁殖插穗需带顶芽，否则树形偏斜不整。南洋杉树体高大，姿态优美，作园景树或纪念树，孤植或群植均宜，也可盆栽。

本属中，在温暖地区的园林中常见栽培的种尚有：①大叶南洋杉（*A. bidwilli*）别名塔杉。高达40m，树形近圆柱形。小枝长而下垂，树干下部枝常脱落。叶披针形，长达3cm，螺旋状紧密排列。原产大洋洲东北部。树形较零乱。②异叶南洋杉（*A. heterophylla*），别名花旗杉、诺福克杉。高达60m，华南地区栽培者一般高12～20m。树冠窄塔形，树枝成层状排列，极为整齐美观。叶锥形，内弯，排列紧密，浓绿色。生态习性似南洋杉。强阳性树，最好在空旷草地孤植，也可盆栽作装饰用。栽培品种很多，如'银星'花旗杉（cv. Albospica）枝端叶灰白色；'紧密'花旗杉（cv. Compacta），枝叶紧密；'美丽'花旗杉（cv. Elegans），枝条优美；还有'蓝绿'花旗杉（cv. Glauca）、'秀丽'花旗杉（cv. Gracilis）、'柔枝'花旗杉（cv. Virgata）、'粗壮'花旗杉（cv. Robusta）等。本种原产南太平洋上的诺福克岛，现已广泛栽培于热带、亚热带的园林中。③智利南洋杉（*A. araucana*），别名猴子杉，高达30m。叶坚硬革质、披针形，先端尖锐，长4～5cm，为本属中叶最长者，在枝上排列紧密均匀，经数年青绿不凋（干后仍宿存枝上）。原产智利南部山地，较耐寒，在英国伦敦可露地越冬。（唐振缁）

牛舌草（Italian bugloss） *Anchusa azurea*，别名夏勿忘草。紫草科牛舌草属多年生草本植物，常作二年生栽培。染色体数 2n=2x=32。株高1～1.5m，分枝成圆锥状，全株被白色硬毛。基生叶长椭圆形或披针形，上部叶片细长，全缘或具波状齿。圆锥或总状蝎尾形聚伞花序，花冠蓝色，管状或漏斗状、5裂，喉部具5个毛状鳞片，花期5～6月。有淡蓝、深蓝及蓝紫等色品种和多分枝品种。原产欧洲、非洲和西亚。要求夏季凉爽，忌高温。喜阳光充足，也稍耐阴。宜肥沃湿润排水良好的土壤，不耐水湿，梅雨季节老株常枯死。秋季播种，翌春定植。也可于早春用分株法繁殖。生长季节注意浇水，冬季需加保护。花谢后剪除残花，以促使二次开花，如此重复，花期常可延续到晚秋。用于花坛背景、庭园丛植及切花。

同属植物约50种，见于栽培的还有：药用牛舌草（*A. officinalis*），多年生作二年生栽培。高30～60cm，叶披针形，花径约6mm。鲜紫色至紫色，花期6～10月，有粉花和细叶变种，原产欧洲。二年生牛舌草（*A. capenssi*），产南非，株高40～60cm，多分枝，花小，蓝、红、蓝紫等色，春播可于7～8月开花。（杨孝汉）

牛眼菊（ox-eye daisy） *Chrysanthemum leucanthemum*，菊科茼蒿属多年生草本植物。染色体数2n=4x=36。株高20～100cm，茎直立，不分枝或稍分枝。下部叶具长柄，倒披针形至长椭圆形，中部叶披针形。头状花序，花梗长，花径3～6cm，舌状花白色，花期4～5月。原产欧洲。耐寒性不强，中国北方作春播一年生栽培。喜通风透光，要求有机质丰富、疏松、排水良好的土壤。播种繁殖，春、秋季均可，播后温度宜控制在15～20℃，温度过高幼苗徒长。注意及时间苗、换盆。适当施肥浇水，控制营养生长。也可在9～10月份分株繁殖。长江流域多作切花，一般可用于花坛、花境。

同属植物约200种，常见栽培的还有：红花除虫菊（*C. coccineum*），叶薄细长，2回羽状裂。舌状花白、淡红、洋红、深红、淡紫、紫红等色，管状花发达，深黄色。原产亚洲西南部。除虫菊（*C. cinerariaefolium*），别名白花除虫菊，茎直立多分枝，全株密被茸毛。叶长椭圆形或卵圆形，1～2回羽状全裂。头舌状花白色披针形，头钝圆。管状花黄色。原产南斯拉夫达尔马提亚群岛。喜冬暖夏凉和阳光充足。大滨菊（*C. maximum*），别名大白菊，舌状花白色具香气，花期6～7月。耐寒、喜阳光充足。小白菊（*C. parthenium*），茎顶部分枝，叶羽状深裂，花径小，舌状花单列白色，多成伞房状排列。花期春、夏季。原产外高加索、高加索、西南亚、巴尔干半岛。

（周维燕）

女贞（glossy privet） *Ligustrum lucidum*，别名冬青、蜡树。木犀科女贞属常绿小乔木。染色体数2n=46，22。高8～10m，树冠广卵形至卵形。树干灰色，平滑；枝开展，皮孔明显。叶对生，卵形至广卵形，长5～12cm，全缘，被蜡质。圆锥花序顶生，长12～20cm；花小，白色，有香气，花冠裂片4；花期6～7月。核果暗紫黑色，卵状椭圆形，果期9～11月。产中国秦岭、淮河以南，山东、河南、陕西中部、甘肃东南部有栽培。喜光，稍耐阴，喜温暖湿润，不耐严寒与干旱、瘠薄，适生微酸性至微碱性土壤。对二氧化硫、氯气、氟化氢及铅蒸气等抗性强。萌发力强，耐修剪，寿命可达百年。繁殖以播种为主，当年苗高可达80cm以上。扦插用硬枝、嫩枝均易成活。2年生苗即可用于栽植绿篱。女贞栽培比较容易，大苗移栽需带土球，并行适当修剪。华北地区冬春干旱多风，栽植应选择背风向阳处。干旱季节易遭介壳虫为害。

女贞分枝茂密，叶色浓绿，夏日满树白花，园林中可作孤立树、园路行道树，更是绿篱、防护林的好树种。果、树皮、枝、叶均可入药。

同属常见栽培的有：蜡子树（*L. acutissimum*），落叶或半常绿灌木。高达3m，叶椭圆状或卵状矩圆形至披针形，产中国秦岭以南及长江流域。日本女贞（*L. japonica*），常绿灌木。高达6m，叶面浓绿色，中脉稍呈红色，产日本，中国青岛、杭州、上海、南京、武汉等地均有栽培。水蜡树（*L. obtusifolium*），半常绿灌木。高达3m，叶椭圆形至矩圆形或矩圆状倒卵形，核果近球形，产中国华东及陕西，朝鲜、日本也有分布。卵叶女贞（*L. ovalifolium*），落叶或半常绿灌木。高达5m，叶广卵状椭圆形至椭圆形，产日本。其栽培品种'金边卵叶'女贞（cv. Aureo-marginatum），叶缘具黄边；'斑叶卵叶'女贞（cv. Variegatum），叶面具不规则白色或浅黄色斑块。小蜡树（*L. sinense*），常绿或半长常灌木，有时为小乔木，高达7m，椭圆形，花冠裂片长于花冠筒，产中国长江流域及以南各地。金叶女贞（*L. vicaryi*），为杂交种。新叶全部或大部分为金黄色，在阴处变为绿色，1984年中国从德国及美国引进，现已在北京绿地栽植。欧洲女贞（*L. vulgare*），落叶或半常绿灌木。高达5m，叶矩圆状卵形至披针形，产欧洲及北非，在中国北京可露地越冬，栽培品种'金斑欧洲'女贞（cv. Aureo-variegatum），叶具黄色斑纹；'金叶欧洲'女贞（cv. Aureum），新叶金黄色；'银斑欧洲'女贞（cv. Argenteo-variegatum），叶具白色斑纹，均为国际流行观叶树种。此外，还有长叶女贞（*L. compactum*）、云南女贞（*L. delavayanum*）、兴山水蜡树（*L. henryi*）、小叶女贞（*L. quihoui*）等。

（董保华）

糯米条（Chinese abelia） *Abelia chinensis*，忍冬科六道木属落叶灌木。染色体数2n=2x=32，36。高达2m，老干树皮纵裂。嫩枝纤细，红褐色。单叶对生，卵形至椭圆状卵形，边缘疏生浅齿。圆锥状聚伞花序较密集，花冠漏斗状，端5裂，白色至粉红色，芳香，萼片5，粉红色，花后宿存，花期7～10月；瘦果状核果，11月果熟。中国浙江、江西、福建、台湾、湖北、湖南、四川、广东、广西及陕西南部等省（自治区）海拔170～1000m山地广泛分布。喜光，较耐阴；喜温暖湿润气候，也具一定耐寒性，北京可露地越冬，但幼时应加以保护；对土壤要求不严，耐干旱瘠薄，微酸至微碱性土均能适应；生长势强，根系发达，萌蘖和萌芽力均强，耐修剪。播种、扦插繁殖均可，当年苗可开花。糯米条枝叶婆娑，花朵繁茂芳香，且花开于夏秋少花季节，花后宿存萼片如粉花；观赏期长，是点缀夏、秋的极好材料。园林中常植于草坪边、小径旁、林缘、池畔、山石旁，于建筑物北面栽植也很适宜，丛植于常绿树前更显清丽动人。同属中常见栽培的种还有二花六道木（*A. biflora*），干具6棱，叶长圆状披针形，花成对生于枝梢叶腋，花冠筒状，白色、淡黄色或带浅红色，花期5月；果熟8～9月。产中国辽宁、河北、山西、内蒙古、陕西等地。南方六道木（*A. dielsii*），别名太白六道木。双花着生于短枝顶端，有总花梗，花冠白色，后变浅黄色，萼片花后增大，呈粉红色，花期4月下旬至6月上旬，果熟8～9月。产中国河北、山西、陕西、甘肃、宁夏及西南、华东地区。大花六道木（*A.* × *grandiflora*），是人工杂交种，半常绿灌木，松散的圆锥花序，花冠钟形，白色略带红晕，花期7～9月。

（周道瑛）

P

爬山虎（Boston ivy；Japanese ivy） *Parthenocissus tricuspidata*，别名爬墙虎、地锦。葡萄科爬山虎属落叶大藤木。染色体数 2n=40。卷须短且多分枝，端具粘性吸盘。叶广卵形，先端略呈3尖裂。幼苗或老株基部萌条上所生之叶常具3小叶构成的掌状复叶，缘有粗齿。花淡绿色，浆果球形，蓝黑色，10月果熟。

中国分布很广，北起辽宁、南至广东均产，黑龙江、新疆等也有栽培；日本有分布。耐寒，喜阴湿，在雨季、蔓上易生气生根。在水分充足的向阳处也能迅速生长。对土壤适应性强。以扦插繁殖为主，也可压条和播种。种子需经层积后春播，1～2年生苗即可定植。为防蔓基过早光秃，栽时多行重剪。本种病虫害少，耐粗放管理。

爬山虎新叶嫩绿，秋叶橙黄或砖红色，是优美的墙面绿化材料；适用于青灰和白色墙面及园林山石和壮老年树光秃干枝装饰。对二氧化硫等有害气体有较强忍耐力，滞尘力强，适于工矿区及精密仪器厂绿化应用。也可用作园林地被植物，覆土护坡。

同属常见栽培观赏的种有：美国地锦（*P. quinquefolia*），别名五叶地锦。卷须长，吸盘较大。掌状复叶5裂。产中美洲，喜光，喜较高的空气湿度，在大陆性气候地区，吸盘形成困难，故攀附能力变差，但长势比爬山虎旺盛，秋叶血红色，更显艳丽。异叶爬山虎（*P. heterophylla*），叶异型，营养枝上叶常为单叶，心形，较小，果枝上叶为具长柄的三出复叶，中间小叶长卵形至长卵状披针形，侧生小叶斜卵形，产中国湖北、安徽、湖南、江西、福建及广东，越南、印度尼西亚也有分布，栽培应用较多。此外，还有亮绿爬山虎（*P. laetevirens*）、三叶爬山虎（*P. himalayana*）、粉叶爬山虎（*P. thomsonii*）、花叶爬山虎（*P. henryana*）及东南爬山虎（*P. austro-orientalis*）等。

（王玉华）

帕卢丹，H.（Hother Paludan，1889～ ）
丹麦花卉栽培学教授和首席专家。丹麦哥本哈根皇家农业大学园艺系毕业，曾赴美考察、研究。归国后长期任哥本哈根皇家农业大学园艺系及其研究部花卉栽培学教授，兼丹麦园艺学会负责人之一。他学识渊博，经验丰富。一生论著甚丰，主要有《温室花卉栽培》（H. K. Paludan & T. Bacher, *Blomnsterdyrkning under glass*, 2 udg., 1950）、《花卉园艺》（Hother Paludan, *Blomsterdyrkning*, 3udg., 1950）、《灌木与乔木》（V. Jensen, C. T. Sörensen og H. K. Paludan, *Buske og traeer*, 1948）、《露地花卉》（V. Jensen, C. T. Sörensen og H. K. Paludan, *Frilandsblomster*, 1949）及"观赏乔灌木在哥本哈根抗寒越冬分级的研究"（1949），等等，皆以丹麦文发表。他善于将教学、科研、生产与推广四者紧密结合，重点突出，收效显著。他的工作特点有三：①先实践、后讲解的教学方式；②切合该国气候与以褐煤为热源特点的丹麦式温室设计与推广；③盆花生产与盆土配制的研究与推广。帕卢丹在学术和生产上都做出了很多贡献。

（陈俊愉）

排水（drainge） 通过人为设施避免植物生长处所积水的方法。排水是观赏植物栽培中重要环节之一。一般主要采取工程的方法。常见的有铺设地下排水层排水、台地排水、坡地排水、明沟排水和暗管沟排水等。

铺设地下排水层，是苗圃、花圃、繁殖床的有效排水措施之一。是在栽培基质的耕作层以下先铺砾石、瓦块等粗粒，其上再铺排水良好的细砂，最后覆盖一定厚度的栽培基质。此法排水效果良好，但工程面积大、造价高。台地排水是园林绿地中常用的排水方法。经设计建成植物种植台，使地表水流入道路排水管沟或田间排水管沟。常见者如牡丹种植台等。坡地排水是地面排水的一种。它是将植物栽植地根据排水和造园的需要，建成一定坡度的坡地，地表水随坡流入管沟中。明沟排水是在圃地、园内或树木周围纵横开沟，相互联通，形成系统。这两种方式是园林中常用的排水措施。暗管沟排水是在圃地耕作层以下铺设砖石结构或陶瓦结构的管沟，地表水下渗后进入沟管之内排出。

此法排水效果好，不占耕作地面，但其设置耗资较大，应用不普遍。

无论在观赏植物的栽培还是在园林应用中，排水措施一定要作为基础设施之一切实建好。虽然投入增大，但确实必要。在排水设施建设过程中，一定要形成一个完善的系统，台地排水、坡地排水、排水层排水应与管沟相通，且水的最后去路一定要畅通无阻。排水措施的完善，在中国南部多雨地区尤为重要。许多植物由于地下水位过高而长期处于水淹或半淹状态，久而久之，使植物生长不良甚至死亡。

（包满珠）

攀援绿化（climbers planting）　应用攀援植物进行的绿化作业。攀援植物沿墙面或其他设施攀附上升形成垂直面的绿化，夏季可以降低墙面辐射热，增加空气湿度和滞尘等。对高层建筑密集的城市，用攀援植物绿化尤其必要。有花有果的攀援植物对装饰墙面美化城市效果更佳。

根据植物攀附器官的形态及攀援方式选择植物种类，并决定辅助上升的设施。①钩刺蔓类：植物借助枝蔓上的钩刺便于人工辅助攀附上升，如蔷薇属、三角花属植物等。②缠绕蔓类：新枝能援一定粗度的竖向支柱左旋或右旋，缠绕而上。常见者如紫藤属、牵牛花属、金银花属的植物等。③卷须蔓类：植物茎或叶等器官变态成卷须，缠绕棚架、格网上升，如葡萄科各属及香豌豆属植物等。④吸附蔓类：茎上节或节间部分生出气生根呈须状或吸盘状，使茎部沿墙面上升，如爬山虎属、凌霄属、常春藤属的植物等。夏季空气湿润，无需人工管理或协助，自行沿墙上升，绿叶布满墙面，效果最佳。

攀援植物中只有吸附蔓类植物能沿墙面自行上升，其余卷须蔓类与缠绕蔓类植物需有棚架供其上升或蔓延。至于钩刺蔓类不仅在修剪上要培养长枝而且每年要将新枝适当排列，人工固定在格子架或拱形棚架上，才能从格架两面均匀地欣赏到花朵，比较费工。

（王玉华）

攀援植物（climbing plants）　茎蔓细长、不能直立，但能攀附支撑物、缘之而上的植物。一般生长快，占地少，可充分利用空间，主要用于攀援绿化，对改善人多地少的城市环境质量有重要意义。可于墙面、山石、枯树、灯柱、拱门、园廊、棚架、篱垣、竿绳等旁，选植适攀种类，任其攀附而上。由于中国夏季长而温度高，城市居民公共绿地定额较低，故发展攀援绿化、多种攀援植物，更有现实意义。按攀附习性可分四类：①钩刺类。借助于枝蔓上的钩刺，钩住它物向上生长，如菝葜属、蔷薇类等。其攀附能力较差，常需人工辅助诱引。②缠绕类。其藤蔓缠绕一定粗度的柱状支撑物，呈螺旋状向上生长，如紫藤、啤酒花等。③卷须类。借助卷须或叶柄等卷络较细的条状物，而使植株向上生长。如香豌豆、铁线莲等。④吸附类。借助粘性吸盘或吸附气根而向上生长，如爬山虎和凌霄花类等。繁殖以播种、扦插为主。栽植应用除按生态要求外，主要利用相应的构筑物，选栽适合攀援种类；或按种类的攀援习性，设置相应的支撑物。

（王玉华）

膀胱豆（delavay bladdersenna）　*Colutea delavayi*，别名命子花。蝶形花科膀胱豆属落叶灌木。高约2m，茎和分枝有灰白色柔毛。奇数羽状复叶，小叶17～25，矩圆形或椭圆形。总状花序腋生，花淡黄色，花期4～5月。荚果膜质，膨胀。种子肾状圆形，棕色。原产南欧地中海沿岸。中国四川、云南有分布。耐寒，喜干燥、避风、向阳、排水良好的环境。播种和扦插繁殖。老龄植株可于春季距地表10cm处截干，促进分枝，开花繁茂。花黄色，美丽，适作园林绿化材料。同属植物约26种。常见栽培观赏的还有：鱼鳔槐（*C. arborescens*），高约2m，丛生、铺散；花蝶形，鲜黄色，花期5～6月。红花鱼鳔槐（*C. media*），灌木，花红色，花期5～6月。中国青岛、南京等地有栽培。

（叶超汉）

泡花树（wedge-leaved meliosma）　*Meliosma cuneifolia*，清风藤科泡花树属落叶灌木或小乔木。高3～8m。单叶互生，倒卵形或倒卵状椭圆形，长8～20cm，具粗锐齿；圆锥花序长宽约20cm；花小，有香气，花瓣白色略带黄色，花期6～7月。核果球形，黑色，果期9月。产中国长江流域及山东、河南、陕西、甘肃、云南等地。喜温暖湿润气候。适生肥沃湿润而排水良好的砂质壤土。播种繁殖。本种花序及叶俱美，适宜公园、绿地孤植或群植。根皮药用。

同属植物见于栽培的还有：羽叶泡花树（*M. oldhamii*）、庐山泡花树（*M. stewardii*）、珂楠树（*M. beaniana*）和暖木（*M. veitchiorum*）等。

（郭生桢）

泡桐 (fortune's paulownia) *Paulownia fortunei*，别名白花泡桐。玄参科泡桐属落叶乔木。染色体数 2n = 40。高达 40m。树皮灰褐色，纵浅裂；幼枝黄绿色。叶对生，心状卵圆形至心状长卵形，长 10～25cm，全缘。聚伞圆锥花序顶生，先叶开花；花冠漏斗状，长达 10cm，白色或稍带紫色，内有紫色斑点；花期 4 月。蒴果矩圆状椭圆形，果期 9 月。

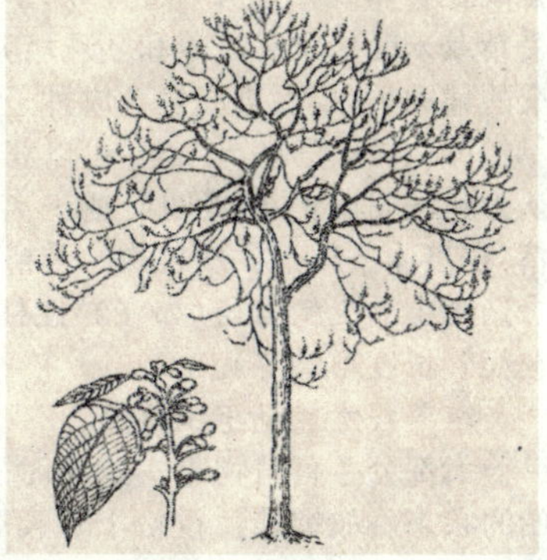

产中国长江以南及台湾，越南也有，中国山东、河南、陕西均有栽培，世界很多国家引种。喜温暖湿润气候，耐寒力差，不耐水淹。生长迅速，耐移植，易生根蘖及干芽。常用根插法繁殖，极易成活，但患有丛枝病的植株，冬季其病源类菌质体(简称 MLO)转移到根部寄生，不能用做插穗；也可用播种及嫩枝扦插法繁殖。泡桐茎干通直，树冠宽广，叶色浓绿，花大美丽，适宜做庭荫树、行道树及园景树，也是乡镇"四旁"绿化的好树种。

同属常见的栽培种还有毛泡桐(*P. tomentosa*)，叶心形，长 15～40cm，密被具长柄的灰黄色星状毛，花紫堇色，果卵圆形。主产中国黄河流域，长江流域各地均见生长，朝鲜、日本、欧洲及北美均有栽培。兰考泡桐(*P. elongata*)，又称长叶泡桐。叶卵形，全缘或偶有 3～5 浅裂，长 15～30cm，花序比较紧密，花浅紫色，果卵形或椭圆状卵形，产中国黄河中下游，河南、山东广泛栽培。

(余树勋)

炮仗花 (firecracker flower) *Pyrostegia ingea*，紫葳科炮仗花属常绿藤木。染色体数 2n = 60。蔓长 8m 以上。小枝有纵纹。复叶对生；小叶 3 枚，卵形至卵状矩圆形，长 5～8cm，顶生小叶常变为线形 3 裂的卷须。聚伞圆锥花序顶生，下垂，有花 5～6 朵或更多；花冠管状至漏斗状，橙红色，花期 1～2 月(广州)。产巴西，中国广东、广西、福建、台湾、云南有栽培。喜光，喜温暖高湿气候和酸性土壤。短期 2～3℃ 低温，叶片稍有枯干或部分落叶，但不影响生长。

扦插或压条繁殖。1～2 年即能开花。栽培初期须立支柱，使枝蔓攀附。生长期忌翻蔓，折断卷须，可造成开花不良或不开花。生长季节每月施肥 1 次，并注意剪除干枯枝叶。本种花朵鲜艳，花序下垂，状如炮仗，花期又正逢农历春节，在华南园林中可用于低层建筑物墙面覆盖(每株覆盖面积约 $30m^2$)或供棚架、花廊、阳台等作垂直绿化材料。

(张应麟)

炮仗竹 (coral-plant; fountain-plant) *Russelia equisetiformis*，别名爆竹花、吉祥草。玄参科炮仗竹属直立灌木。染色体数 2n = 20。高约 1m。茎绿色，枝轮生，细长，具纵棱。叶小，对生或轮生，退化为披针形的鳞片。聚伞圆锥花序；花红色，花冠长筒形，长达 2cm；花期春、夏季。蒴果球形。产墨西哥，中国广东、福建有栽培。喜温暖、湿润和半阴环境，耐日晒，不耐寒，越冬要求在 5℃ 以上；宜疏松肥沃而排水良好的土壤，怕水湿。耐修剪。常用分株、扦插法繁殖，也可行压条或播种繁殖。本种红色的长筒状花朵成串着生于纤细下垂的枝条上，有如细竹上吊挂的鞭炮，环境条件适宜，可终年开花不绝。中国华南地区可在花坛和树坛边缘、假山及坡地种植，华中、华北地区宜盆栽观赏。

(黄广宾)

胚(胎)培养 (embryo culture) 对植物胚(胎)进行人工离体培养的技术。在无菌条件下，将离体胚胎接种在人工培养基上，使其发育成苗。在一些观赏植物中，特别是在远缘杂交中，胚胎易于夭折，或发育不全，也有出现胚后熟现象的。为克服上述正常成苗的困难，可用胚胎培养获得植株。它包括幼胚、胚囊、胚珠、子房、胚乳等的培养和试管受精。

简史 早在 1904 年，汉宁(E. Hanning)在培养萝卜和辣根胚时，发现离体胚可以充分发育，并提前萌发成小植株，这是世界上胚胎培养最早成功的实例。1933 年中国的李继侗等发现在离体条件下，3mm 以上的银杏幼胚可以正常生长，并首次发现培养基中加入胚乳提取物，能够促进胚的生长。1942 年迪里希(Dieterich)离体培养了 8 个科的植物，发现未分化出器官的胚在离体培养中不能分化。同年奥韦尔伯克(van Overbcek)发现曼陀罗的鱼雷形胚在一般培养基上不能生长，但在含有多种维生素的培养基上能够生长。1951 年尼切(Nitsche)研究了离体果实的培养，对植物幼果、子房、胚珠、种子等的离体培养技术有所促进。

1953年里特色玛(Rietsemao)发现曼陀罗各个发育时期的胚对培养基蔗糖浓度有不同的要求,接近成熟时则不需蔗糖。即随着胚龄的增长,要求渗透压逐渐降低。1958年马贝瓦芮(Mabeshwari)对授粉5天,合子胚刚分裂为两个细胞的罂粟胚珠进行培养,20天左右长成幼苗。在同一年,苏联人波德希纳娅等对兰科植物的胚珠进行培养,并研究了合子胚第一次分裂的全过程。1964年马海施瓦里(Maheshwari)等将蓟罂粟、花菱草和葱兰的未受精胚珠接种在培养基上,进行人工试管受精,取得成功。1967年兰加斯瓦米(Rangaswanmy)等培养月光花、矮牵牛自交不亲和系带有胎座的胚珠,并授以同株上的花粉,得到了种子,说明这种植物自交不亲和性的机制发生在柱头和花柱上。此后由于育种工作的需要,离体胚胎有关研究逐渐深入和扩大。

意义　①理论研究方面:植物起源的许多重大理论问题,如胚胎发生的具体条件、胚乳的作用、胚胎各组织对生长物质的反应、胚胎各部位的相互关系等,都可借助胚胎研究作进一步探讨。②远缘杂交方面:远缘杂交中育性极低,很难得到发育完善的种子。将杂种胚于适当时期剥离母体,进行人工培养,往往能够取得较理想的效果。③芸香科植物杂交中的应用:该科植物中的不少种类存在多胚现象。由于珠心胚的旺盛发育,往往导致合子胚发育不良,实生苗几乎都由珠心胚发育而成,这对于橘桔杂交育种是个很大的障碍。但通过幼胚培养技术,就可有效地选择合子胚,从而排除了珠心胚的干扰。④早熟核果类杂交中的应用:因这类植物的果实成熟期短,胚胎发育不健全,种子萌发率极低或根本不能萌发。采用胚胎培养,可有效地解决这一难题。⑤打破休眠:早在1934年李继侗就发现银杏种子自然萌发不良。若将胚取出进行人工培养,即能正常萌发。有些鸢尾的种子在自然条件下休眠期长达一年之久,而在人工培养情况下,种子很快即可萌发。

胚(胎)培养在育种上的应用,仍存在一些问题。如杂种胚的败育往往发生在球形期之前。而对这种极早期的幼胚进行培养,目前尚有一定困难。所以,早期幼胚离体培养就成为今后研究的重点。

研究内容　胚胎培养包括胚培养、胚珠培养、子房培养、胚乳培养等。此外,在组织培养过程中,往往形成体细胞"胚状体",其发育过程与合子胚的发育过程基本相似,依次通过各个发育时期,最后形成完整小植株。体细胞"胚状体"对培养条件的要求与合子胚也大致相似。①胚培养:分幼胚培养和成熟胚培养两类。胚龄越小,对培养基要求越严格,除无机盐和蔗糖外,必须加入氨基酸、维生素、植物激素,甚至天然提取物等;较成熟的胚只需要无机盐和蔗糖等物质。通用的培养基有Tukey、White、Ms等。胚在培养基上的发育形式主要有:胚性发育(近似在母体上的发育过程);早熟萌发(不经胚性生长而早期萌发);经愈伤组织再分化成胚状体或不定芽。②子房培养和胚珠培养:分为受精或未受精子房培养和胚珠培养。前者作为远缘杂交的辅助手段,促进胚发育成种子;后者大多为了诱导单倍体植株。③胚乳培养:可以获得三倍体植株,一般认为胚乳发育的旺盛期最适于离体培养。④试管受精:在离体条件下实现植物的受精过程,可用于克服远缘杂交中的受精障碍(如在异性柱头上花粉不萌发或花粉管长度不够等)。

培养技术　见**组织培养**。

大部分兰科植物果实成熟时,种胚尚处于十分原始的状态。如蝴蝶兰授粉150天后,胚只发育到球形期。用这样的种子播种不能萌发。自1922年克努森(Knudsen)首次在无菌人工培养基上使兰花种子萌发并继续发育成幼苗后,在兰科植物杂交育种和商品化生产中,均得到了广泛应用。金花茶远缘杂交时座果率低、落果多,成熟果内种子少而小、胚畸形、发芽率低,进行常规播种时,极难成苗。但将发育12天以上的胚接种在人工培养基上,则常可成功地诱导成苗。中国近年在金花茶杂交育种中应用这种技术,已有显著成效。此外,中国在梅花的种间杂交中应用胚培养,提高了成苗率。虽然观赏植物胚(胎)培养目前仍应用不多,但确在许多植物上取得了不同程度的进展。如牡丹、杜鹃花、山茱萸、牵牛花、矮牵牛、君子兰、萱草、文竹、百合、美人蕉、朱顶红等。

(金　波)

喷泉草(fountain grass)　*Pennisetum setaceum*,禾本科狼尾草属多年生草本植物。染色体数2n=3x=27。秆丛生,高0.8～1m。叶片条形,表面凹凸不平。穗状圆锥花序粉红或紫色,小穗成束,具梗,排列比较疏松,每束含1～3小穗,基部具柔毛且呈羽毛状。分布非洲、澳洲等地。喜温暖湿润气候。用播种法繁殖。喷泉草雪白的花序随风飘摇,姿态别致,在园林中常用作成片种植增添秋景或花境镶边的观赏禾草。

(胡叔良)

盆花栽培(pot-flowers culture;potted flowers culture)　盆栽观赏植物的全部实施过程及日常技术管理。一切观赏植物均可以盆栽。盆花则多指植株较小,株丛较密,栽于一般粘土盆内而观赏价值较高的花卉。大型观赏植物栽于特制容器之内的,称容器栽培(container culture);或栽在大木桶内的,称桶栽(tub culture)。盆花是为了移动方便而兴起的。中国盆栽花卉历史悠久。一些花卉冬季需要保护,移至室内越冬，也必需借助于盆栽。此外，在节日或其他庆典需要短期陈设花卉时，也以用盆花进行“排列”、“组合”较为方便。其他如花卉展览或点缀几案、阳台、廊亭、台阶等，也常用盆花。

盆土要求排水良好、养分充足。盆土要颗粒大、孔隙多，因此砂土比粘土好。但砂土对养分与水分的保持力很低，不利于植物生长，所以需加腐熟有机质，如厩肥、堆肥、腐叶土等。泥炭土虽不含太多肥分，但可增加土壤持水力，故也常用来伴随其他有机质拌入砂土中。这样，就达到了既持水，又能排水。近年又用蛭石及珍珠岩掺在盆土中，也是为了增加既持水又排水的能力。理想的盆土，土壤与有机质含量占 50%，水分占 25%，空气占 25%。在土壤中有砂子，还要有壤土和有机质，混成砂质壤土。有机质中常含有植物的碎根、枝叶、昆虫、细菌、真菌、蠕虫及其他小生物体，它们在发酵腐烂后即成了腐殖质。所含的元素有钙、钾、镁、磷及其他微量元素，都是植物需要的。还有在腐熟过程中，许多元素溶解在土壤水中，如氮素、磷酸盐类、硫化物等，根部容易吸收。释放出来的少量二氧化碳与土壤中的水分结合，而呈微酸性。土壤加入腐殖质后，土质变得疏松，形成团粒结构，通气性提高，持水力加强，新根伸长容易，盆栽日久，也不致密实板结。

大规模的盆花苗圃，可以实行全部机械化和自动化。土壤只是维持植物的稳定性，保持良好的排水性。而植物需要的养分，则大部靠日常灌溉用水中掺入人工配好的化学液肥。这样肥、水同施，既省工，又符合植物需要。这种盆栽土的配制，如泥炭藓、砾石、蛭石、珍珠岩等均不能提供养分，肥、水共施则是当前工厂化盆化育苗的新趋向。盆栽苗圃并不宜经常使用喷灌，原因是水滴落在叶面，很快流到地上而只部分流入盆中，水的浪费很大。而且空气中飘浮的病害孢子会随着水滴落在叶面，容易引起病害。

可将刚播过种或在小苗阶段的小盆，置于一木槽中，槽底铺上不漏水的塑料薄膜，小盆下部四面均有纵向的进水口。槽内放入水肥混合液，水位逐渐上升，水即自下部开口浸入，几分钟即可完成几百盆的灌水工作。多余的水还会渐渐排出回收再用。

不同品种的盆花，对光照度有不同的需要，喜光的盆花，可整齐地排在平地上，并按冠幅大小经常调整距离。对喜阴的盆花如秋海棠、彩叶草等，可在距地面 1.7～2.0m 处张起塑料遮荫网，并按需要选择不同规格的遮荫网。在冬季自然光不足，温室内需增加冷光型荧光灯照明补光。不同盆花对日照长短的要求不同，如菊花、一品红等短日照植物，在日照变短的 8 月下旬以后进行花芽分化。如球根秋海棠及小白菊等长日照植物，只能在春季日照加长后形成花芽。也有一些对日照长短不敏感的植物，如非洲紫罗兰、月季等。弄清这些习性，可以人为地掌握光照时间，以左右花期。

掌握好温度是盆花栽培成败的关键。其中包括气温、土温、日温、夜温等不同的要求，还有在不同发育阶段对温度的不同反应等。日夜温差大小，对花卉的生长很有影响。要掌握适当的温差，日间比夜间高 5～7℃最好。实际上，露地栽培盆花，温度无法控制。只有温室栽培盆花，可以人工控制。如提高或降低室温，并使之具有最佳的昼夜温差。不过冬季夜间温度很低，要达到理想标准，需要很多能源。冬季光照弱，一些喜凉的花卉如香石竹、金鱼草等，日夜温度在连续阴天时所差无几，也照常生长。所以，各种花卉的要求也不相同，应结合其他因素及经济成本方面加以综合考虑。

气温对植物光合作用、呼吸作用及输导运转等，均有直接影响。温度升高而水分及二氧化碳充足，光合作用必然提高；但到达 35℃，即迅速下降或停止。而少数沙生植物如仙人掌类花卉，却能耐 50～55℃的高温。温度低到 0℃时，绝大部分植物都会停止光合作用；只有极地植物能在 0℃下继续生存。又如彩叶草、水塔花、花叶万年青等热带植物，如气温降到 10℃以下，即遭冷害。土温对土壤微生物的活动、根部吸收水分、肥料及其他物质等，均有很大影响。土壤微生物的活动在 0℃以上开始，直至 44℃停止，愈是高温活动愈强烈，它使许多有机物转化成为植物可以吸收的状态，这对盆花栽培很重要。但春季有些盆花放在露地，冷凉的土壤中微生物活动少，很难吸到养分。要使盆土温度上升，可于春季将盆花放在一层稻草或木板上。北欧国家将花盆放在木框中，下面用塑料管喷出温水加温或灌溉，能保持 15.5℃，解决了早春土温过低的问题。

盆栽花卉在各阶段对温度的要求也不一样。实生苗幼小时期及刚生根的插条所需温度要高于成苗以后。花芽开始分化表示生殖生长的开始，自种子发芽至花芽分化属于营养生长，这两个阶段对温度的要求也不同。如杓兰（*Cypripedium*）、蒲包花、瓜叶菊、紫罗兰（*Matthiola*）及天竺葵等花卉的花芽分化在 10～15.5℃之间。菊花则在 15.5℃左右，它的品种有的在 15.5℃以上，有的在 15.5℃以下，经营菊花生产的人就要选择销路最好的时机与品种。球根花卉如西班牙鸢尾、水仙、风信子等，花芽分化在 21～26.5℃之间，而且时间较短。

营养生长与生殖生长两者互相制约，如果营养生长达不到要求的温度，则生殖生长不能开始。温度的高低还影响花色与开花的延续期，一般情况较低温度可以导致花色浓，对红色、粉色、铜色花朵反应十分敏感。一品红只要稍低几度，颜色即显暗红。

总之，盆花栽培的限制因素很多，即使完全掌握关键技术，也会出现成本高和失去自然之趣的不利因素。

花卉盆栽，只要能在顺应自然的基础上匠心独具，也是可以做到小巧玲珑，巧夺天工，另有一番情趣的。

（朱秀珍　余树勋）

盆架树（prettyleaf winchia）　*Winchia calophylla*，夹竹桃科盆架树属常绿乔木。高达30m，胸径1m以上，有乳汁。树皮浅褐色，大枝开展、轮生；叶3～4枚轮生或对生，长椭圆形，长7～20cm；顶生聚伞花序，长约5cm，花白色，花期4～7月；蓇葖果2个合生，8～12月果熟。产中国云南、海南、广东和广西等地，印度、缅甸、印度尼西亚也有分布。喜光，喜暖热湿润气候，根系发达，适生于深厚肥沃疏松的砂壤土，抗风力较强。种子繁殖。

盆架树树冠开展，枝叶秀丽，树形美观，适宜在庭园绿地种植观赏，尤其适宜用作行道树。

（陈耀华）

盆景（Penjing）　以树木、山石等为素材，经过艺术处理和精心培养，在盆中再现大自然神貌的艺术品。历史上曾将它称作"盆玩"、"盆树"、"盆石"、"些子景"等。盆景一词，最早见于明代万历年间屠隆著《考槃余事·盆玩笺》，其中有"盆景以几案可置者为佳，其次则列庭榭中物也"的记述。盆景一般需置于几架上，景、盆、架三位一体。盆景是活的艺术品，具有较高的观赏价值，用以美化居室，装饰宾馆、会堂。唐代著名诗人白居易写下"莫轻两片青苔石，一夜潺湲值千金"的诗赞。至今盆景已不再集中于岭南及长江流域，西到新疆、南至广西、北到黑龙江，都有不少盆景佳作。中国盆景在国际市场上有较强的竞争力，在欧美市场占有率逐步超过日本。

盆景起源于中国，后传至日本，又从日本传入欧美，当今中国和日本的盆景并驾齐驱，而又各有千秋。欧美盆景的历史较短，但发展较快，就美国而言，有两个全国性组织，各州也有盆景协会。1989年4月在日本琦玉县举行世界盆栽友好联盟成立大会，由非洲、澳大利亚—新西兰地区、加拿大—美国地区、中国、欧洲、印度、日本、亚洲次大陆地区、拉丁美洲等九个地区组成。

（胡运骅）

盆景陈设（Penjing arrangement）　通过艺术构思，将盆景布置在特定环境中，起到装饰作用的一种艺术手法。盆景陈设分室内陈设与室外陈设两种。

室内陈设可分古典式厅堂、现代式客厅、居室三种形式。①古典式厅堂的盆景陈设：中国古典式厅堂室内陈设整齐严谨，以对称手法为主，使之与环境和谐统一。厅堂正中主座条案为全室中心，扬州、苏州的传统手法是正中陈设规则式树桩盆景或山石盆景，也可陈设以正中为主体的三盆树桩盆景或山石盆景，主座两侧则用高几陈设悬崖式树桩盆景或观花、观果类盆景。室内两侧条几，如果主座条案正中陈设树桩盆景，两侧条几则陈设山石盆景，以求变化。一般全室陈设5～7盆即可。②现代式客厅的盆景陈设：宾馆、酒店、娱乐中心以及机场、海关、经贸等现代公共建筑的室内装饰，除摆设插花艺术或观叶植物饰品外，往往还陈设盆景，以体现民族风格。盆景陈设，应根据环境，因地制宜，灵活运用。在客厅主座两侧陈设大型树桩盆景，或在主座后设置条几陈设中型树桩盆景。也可在显要位置设置茶几陈设中型树桩盆景或山石盆景，以衬托主题，或专设落地博古架陈设盆景。③居室的盆景陈设：居室陈设盆景，多以中小型或微型盆景为主。一般多摆设于书桌、茶几或窗台上。

室外陈设分庭院和专类盆景园两种形式。①庭院的盆景陈设：古典式厅堂或公共建筑前的绿地，常陈设盆景。一般用对称手法，也可辟地设置盆座或几架、棚架，集中陈设。②专类盆景园的盆景陈设(见**盆景园**)。

（韦金笙）

盆景创作（creation of Penjing）　以植物、石料为基本素材的一种有生命的立体造型艺术活动。其程序包含选材、立意、造型三个主要环节，其中任何一环的得失，都关系到艺术的总体效果。盆景创作应把握上述原则，研究其内在的艺术规律，以此引发、调动作者形象思维的灵感，尊重素材的特性，在创作方法上坚持情景交融、主客观统一、再现与表现统一、现实主义与浪漫主义统一，是创作优良盆景的必要前提。

盆景的选材　包括石种和树种的选择。

石种选择　应从石料的形、色、质三方面鉴别。盆景用石不必苛求透、漏，能大体近似瘦、皱，经锯截可得峰、崖、岗、嶂、坡、矶、屿、滩等体者为好。色泽要求协调、匀净，除特殊题材外，通常纹理驳杂不一。质以滋润、细腻为佳，忌枯槁无韵味。石质有软硬之分，软石类易雕琢，可塑性强，能吸水长苔，有利凿穴种植，细根扎入石隙，生长可持久不衰。而纹理不及硬石刚劲，易风化。硬石类性顽、质坚，多奇品，举凡名石多属此类。其不足之处是无吸水及长苔性能。水成岩中的石灰岩嶙峋多姿，是水石盆景的常用素材。

树种选择　应从其移作盆景造型所具有的审美功能和适应性能综合评价，决定取舍。是否具有下列生物学特性方面的优点，通常被认为是筛选盆景树种的必要依据：叶细质厚，节短枝密，萌发力强，耐剪耐扎，适应性强，病虫害少，寿命长，花艳果美、色彩秀丽。盆景树材来源有二：即从山野挖取桩坯和人工繁殖树苗。前者必首选根爪健美、基干古拙、枝位得当者造景。挖取时机以早春或晚秋为好。粗根截面需平整。如远途挖取，根、干伤口应以青苔包扎，保持湿润，套袋装运。移栽不易成活的桩坯宜先截定基本骨架，地栽“养坯”，一年后再上盆。野生杂木桩坯通常多疙瘩、块节，较富“岩石性”。以人工繁育树苗制作盆景，既可大面积批量生产，又可避免滥挖野桩。树种的选择，宜常绿类与落叶类并重，针叶类与阔叶类并举，不应偏废。

盆景的立意　指制作前对作品主题及其表现方式的构思，包括素材的选择，对布局、体势的预定以及对盆、架款式的配套设计等。它是盆景艺术品完成的第一步。原定的立意，还会随着用材的制约因素和加工中偶发的新意而有所变动。立意贯穿于盆景创作的全过程。没有立意的盲目制作，不成其为创作。而过于刻板不允变动的立意，也有害于优秀作品的创造。

立意的高下，受作者禀赋、素养所制约。唐代张彦在《历代名画记》中提到“骨气形似，皆本于立意”。清代方薰在《山静居画论》里也提到“意高则高……意深则深，庸则庸，俗则俗”。这些见解，阐释了盆景境界与立意的关系，可借鉴。

立意选材之外，因材立意也常见于各类盆景造型，特别是树桩盆景，其赖以创作的素材具有一定的局限性，不像绘画那样可以随意挥洒，而因材制宜，可得事半功倍之效。故循树材的基本形态和固有属性立意造型，实为盆景创作取得成功的捷径。

盆景的造型　包括布局、加工两大步骤。

盆景素材的布局　是指分割和组合创作对象的平面空间和立体空间，妥善安排各个局部的位置和相互间的对应关系。布局，意味着创作转入高潮，立意、选材只是盆景创作的序幕。布局时，首先要确定主体的立足基点和重心所在。主体通常安置于盆长 1/3 的切线近侧。竖立式桩景的高度与盆长成 3∶2 最为得体。“黄金分割”(把一条直线分为 a 和 b 两部分，使 a 对全长之比等于 b 对 a 之比)是所有盆景布局中常被普遍运用的主要原则之一。

S形主轴线是盆景造型的脊骨，其作用在全景格局中举足轻重。桩景的主轴线即主干。即便是直干式，也多含曲意。它是以实带虚，既分割也连接左右前后的分枝空间。水石盆景则大多表现为以虚带实，必有一条水域流贯于峰峦丘壑之间，形成峰回路转的画面。这条虚线实质上对全局起统率作用。意境含蓄深邃与否，很大程度上取决于作者对此的运筹功夫。

开、合、收、放的布局原理，在盆景造型中也常被运用。开即是放，合即为收。画面的开、合、收、放，形成景观的节奏。不善于组织开合，其气脉必懒散失势，意境也必一览无余。桩景以根爪为开，树蔸为合；分枝为开，结顶为合。水石盆景以立峰起势为开，侧峰迂回为合；近景铺张为开，远山收尾为合。每一局部又有内在的小开合。如坡脚、衬石为开，山脊、峰颠为合；平坡、远濑为开，港汊内湾为合。如此组合穿插，耐人寻味。

盆景布局中最难掌握的是对立统一法则的综合运用。诸如主客、虚实、疏密、起伏、藏露、远近、倚正、巧拙、繁简、浓淡、曲直、刚柔、荣枯、动静等等对立关系的相反相成，在树桩与水石盆景造型中都广泛存在。这些对衬和反差的错综调节，是演化层出不穷的景观布局艺术。

盆景作为立体造型，离不开透视原理。水石盆景的高远景即仰透视，深远景即俯透视，平远景即平透视，全景式山水造型既有焦点透视，也有散点透视。桩景造型同样要讲透视效果，例如自前向后看，要有纵深感，俯看要层面清晰，仰看要枝脉分明。焦点透视在合栽、丛林式造型中也多有应用。

和谐协调也是布局中不容忽视的准则之一，其中包括各个局部之间体量的协调、态势的协调和色彩的协调。这种协调寓多样于统一，有对比而能协调，即为和谐。如果只有单一，就无所谓和谐。和谐与对比并行，在各类盆景艺术布局手法中缺一不可。

盆景素材的加工　并非单纯模仿自然，而是对自然景象的再创造。它要求揭示自然的本质，而不以临摹表面现象为满足。盆景的艺术加工是在浩瀚的自然现象中提炼出最带典型性的特征，不但要求形似，更要求神似。对“小中见大”、“自然缩影”的定义，不能理解为体量上的简单浓缩。其实，在加工过程中，作者把意图、感情、气质、个性渗入了树木的自然属性。它允许对素材在雕琢、扭扎、修剪、锯截、并接、种植等一系列工序中，有合乎情理的夸张、变形。艺术的夸张与变形具有某种反映现实的象征性。而要娴熟把握这种表现能力的唯一途径，就在于师造化。欲师造化，必先深入观察自然。

艺术加工，一招一式，都能专注发掘作品的风骨、气韵。有熟练技巧而不斤斤拘泥于细节得失，方能突破传统藩篱而不落窠臼。对于用材，线、面的局部处理，必须巧拙互补。不可一味细腻，也不能处处是重点。有粗犷作反衬，精微处才能得到彰显。粗犷不等于粗糙，精细也与繁琐有别。盆景艺术要寓繁于简，宁“意周形不周，毋形周意不周”(唐张彦《历代名画记》)。加工进程必遵循腹稿，但不必执迷于按图索骥，要允许即兴式的“化机”介入，意外“妙得”常会带来别开生面的灵意。

(潘仲连)

盆景的养护管理(cultivation and management of Penjing)　为保持盆景良好的艺术效果，适时进行浇水、施肥及修剪等技术措施的总称。细致的养护管理和再加工，是树桩盆景造形后完善其艺术形象(达到短枝、叶小、朴拙、奇劲的姿态)的必要措施。

浇水　树桩盆景一般浇水不宜过多，应按季节、树种、树龄、生长发育阶段、盆土种类以及放置的环境等不同情况，适时适量地浇水。①按季节变化浇水：春季树桩开始发根萌芽，所需水量应相应加大，但不宜过多。当枝叶生长渐盛时，为限制其生长，需适当控制水量，并在枝叶稍呈萎蔫时再浇水；夏季高温炎热，水分蒸发快，浇水量要相应增加；秋季气候干燥，浇水量要多些，气温转凉，应逐步减少浇水，保持盆土稍湿润即可。入冬后，树桩进入休眠期，浇水量更要减少。但寒潮来临前，应保持盆土稍湿，以防干冻致死。②按树桩的植物种类和树龄不同浇水：针叶类浇水应少些，松类尤宜偏干，柏类较耐湿。阔叶树类浇水应酌情增多。草本较木本需水量要多些。幼龄树桩比成年树桩需水量较大，老龄及树势衰弱的树桩，需水量更少。③按生长发育阶段浇水：抽枝旺盛期，为防止徒长，浇水量要适当控制，保持盆土稍干。花芽形成期盆土也应稍干，开花和结果期需保持湿润。生长发育缓慢，进入休眠期，盆土更以偏干为妥。④按盆土种类，盆的质地、大小、深浅以及放置地点等不同，进行合理浇水。翻盆后，须浇透水。生长季节宜早上浇水，冬季宜在中午前后进行。总之，应掌握不干不浇，浇必浇透，要避免盆土持续潮湿。通常以保持盆土稍偏干为宜。

浇水的方式有三种，即根部浇水、叶面喷水及浸灌渗水（又称洇水）。

施肥　树桩盆景的盆土有限，必须给盆土补充施肥。一般不宜多用化肥，而应以使用饼肥、鱼粉、鸡粪、骨粉等有机肥为主，但要充分腐熟后方可施用。用量要适当，不宜过多，更忌过浓。翻盆时，可在盆中放入腐熟饼肥等作基肥，追肥应按树种需要而定，如紫藤、杜鹃花等较为喜肥，花果类还要多施磷、钾肥，而观叶类可以氮肥为主。

施肥应在晴天进行，如遇连阴雨天，可将少量的饼肥粉或鱼粉等直接撒在盆的四周。总之，施肥要掌握发芽前和开花后多施，发芽时少施，枝壮叶茂少施，开花期和雨季少施，盛夏高温时和新翻盆的不施。

翻盆换土　树桩盆景生长到一定年限，不但盆内充满根系，而且肥料不足，土质变劣，树势衰弱，排水和通气不畅。因此，进行定期翻盆换土，以促使树桩生长发育恢复正常。①翻盆年限：一般观花类的树桩如梅花、石榴、月季、迎春等最好每年翻盆，小型树桩 1～2 年翻盆一次，观叶类的各型树桩 2～3 年翻盆一次，松柏类或大型树桩 3～4 年翻盆一次。如树桩盆面表土板结，密布根群，生长势转衰，应予翻盆换土。②翻盆时间：翻盆宜以休眠或生长迟缓时进行。多在春季萌芽前进行，过早易遭冻害。但南方树桩，如福建茶、九里香等，在长江流域及以北地区，以初夏翻盆为宜。如遇特殊情况，只要养护管理措施跟得上，在其他季节翻盆也可。③盆土：树桩盆景的盆土要求排水良好透气性强，养料丰富。通常以壤土、腐殖土、粗砂等混合配制，并酌量加入腐熟堆肥、骨粉等。各类树桩盆土配制比例如下：松类的盆土为山泥 40%、腐殖土 20%、粗砂 40%；柏类的盆土为壤土 40%～50%、腐殖土 30%；砂土 20%～30%；观花类的盆土为壤土 50%、腐殖土 20%；砂土 30%；杂木类的盆土为山泥 30%、壤土 30%、腐殖土 20%、粗砂 20%。④翻盆的方法：翻盆前一天暂停浇水，使盆土稍干，并酌情去除部分表土和用竹签将根部周围老土剔去 20%～50%。如石榴、六月雪、紫藤等根系多，易成活，可剔去 1/3～1/2 的老土，松柏等可剔去 1/5～1/3 的老土，并剪去部分老根和烂根，而五针松、金钱松等根系不多或新根生长不良，可不剪或少剪。观花类树桩翻盆填土，不可压得太实。而观叶类树桩填土，则要压实。翻盆后，第一次水一定要浇透，使根与土壤密接。然后，放到遮荫通风处，待生长恢复后，再正常养护。

光照与遮荫　树桩盆景中松柏类、梅花、桃花、海棠、石榴、紫薇等阳性树种，宜放在阳光充足处；黄杨、瑞香、茶花、杜鹃花、槭树、南天竹等半阴性树种，夏季必须遮荫；珍珠黄杨、紫杉、虎刺、朱砂根等阴性树种，在无直射阳光的条件下生长良好。此外，新上盆或刚翻盆的树桩，生长不良的树桩，以及小盆桩景等，夏季均应放置在荫棚下，早晚见光，促使生长良好。

整形修剪　为保持树桩盆景的已有姿态和使姿态更趋完美，改善透光通风条件，减少病虫害，须对树桩进行摘心、去叶、剪枝、除蘖等整形修剪作业。①摘心：摘心是树桩盆景重要整形方法之一。为防止芽体生长过盛，促使腋芽萌发、增加小枝，一定要在新梢未木质化之前进行摘心，通常互生叶树种以保留 2～3 节，对生叶树种则仅留 1～2 节为宜。松柏类的摘心，如为防止黑松枝条徒长，于芽萌动前将生长势过强的中央芽体从基部摘除，生长势中等的芽体摘除 1/3～1/2，将生长势脆弱的短小芽体保留。五针松原则上不摘芽，一般只摘去顶端，仅对徒长的新芽未展叶前从基部（或留存 1/3 长度）摘去。柳杉、杜松等应在新芽显露或刚出嫩叶时，进行反复多次摘芽；真柏、桧柏等应在新芽生长形成分杈时反复摘芽（基部可酌情残存，新伸展部分不宜摘除过多，以免引起枯死或出现针状叶）。杂木类的摘心，如枫树、槭类宜在芽体未硬化前或新芽未过分生长时实行多次摘心，但对树势较弱的枝条不宜摘心。榆树、雀梅藤等的新梢伸长到 4～6cm 时，留 2～3 片叶，其余摘去，可反复进行。②摘叶：为使叶片与树桩比例协调，观赏新叶，或使小叶密集于枝端，可摘叶。摘叶可分全部摘除和部分摘除两种处理。摘叶时期从春季开始至新芽伸展变硬时为宜。如榆、槭、枫、榉、枸杞等树势强的树种，可从叶的基部将其摘除，至于部分摘叶的，须先观察树的上枝及下枝的生长势，若下枝树势较弱，则应尽早进行摘叶，约 15 天后新叶长出，再摘上枝的叶。摘叶时要保留叶柄，经 20 天左右可长出腋芽。榆树一年间可摘去老叶 2～3 次，枫树、槭类在伏天摘去老叶，至秋季可发新叶，红艳可人。枸杞于夏末秋初摘除老叶，可开花结实。五针松、黑松等为使针叶短小，常于9月间摘去老叶。但对刚翻盆的或树势衰弱的不宜剪叶。去叶后，由于植株的蒸发减慢，抗性减弱，不宜多浇水。常用喷水，并遮荫。③抹芽除蘖：为防止桩景树姿紊乱和剪枝所引起的损伤，应及早抹除在树桩上部位不适当的芽和基部抽生的萌蘖枝。④剪枝：凡有损树桩观赏，有碍通风透光的无用枝条，均要及时剪除。不同树种的修剪方法各不相同。落叶树应在休眠期修剪，除枯枝、病虫枝、徒长枝、交叉枝、平行枝、重叠枝、前面枝、立枝、落枝等需剪除外，还要剪除部分密枝，使疏密适度，上下不重叠，分布均匀。一般上部枝可强剪，下部枝宜轻剪。此外，也有在生长期为抑制枝条徒长或防风进行适当修剪的。常绿树的修剪，一般只将枯枝，病虫枝、紊乱枝等无用枝条剪除。也有在翻盆或上盆后，枝叶较茂盛，在不影响树姿的前题下，为减少水分蒸发，提高成活率进行删剪的。松柏类枝条不是短期间能培养起来的，所以修剪前应考虑周到再作修剪，一般只将平行枝、轮生枝等无用冗枝条从基部剪除。如五针松在发芽抽枝后或入秋至翌春剪去徒长枝、过密枝，但不可短截。黑松的无用枝条随时可修剪。桧柏宜在秋季剪。真柏应于早春剪或夏季剪除树冠下部枯枝。柳杉宜早春剪枝。观花类最好在花后剪或落叶后发芽前剪。修剪的时间通常按开花期来决定，如蜡梅、梅花、桃花、迎春等在早春开花，花芽着生在二年生枝上，宜在花后剪。又如石榴、紫薇、栀子等花期在初夏，花芽着生在当年生枝上，宜于落叶后或发芽前修剪。观果类宜在结果后剪枝，如火棘在短枝开花后，可对长枝（营养枝）留1～2节修剪；金柑的果实生于当年新枝上，应在发新枝前修剪。

防寒越冬　树桩盆景的树种很多，耐寒能力不同，加上生长发育等情况也不一样，临近寒冬，应按耐寒性的强弱分级进房越冬。如榕树、福建茶、九里香、佛肚竹等在霜降前开始移入温室，又如山茶、杜鹃花、棕竹、凤尾竹以及浅盆、小盆、生长不良的树桩入冬移放至室内向阳处，对较耐寒的桂花、雀梅等最好集中排放到朝南屋檐下，耐寒的五针松、黑松、真柏、紫薇、石榴、榆树、银杏等仍可放置露天，但在严寒冰冻期间要保持盆土湿润，不要过分干燥，以防冻害。清明后，可将树桩分别移到室外，但要注意预防寒潮和晚霜的危害。上述情况指长江流域，其他地区当因地制宜。

防风　树桩宜放在通风良好处，但有些干基较高或悬崖式、临水式等树桩常栽种在高千筒盆中，有的树桩枝叶稀疏，档风力弱，而有些树桩的枝叶茂密，冠径大，有的树桩姿态上大下小，易挡风，且不平稳，每临大风或台风侵袭，很易吹倒，损伤树姿。为防止大风为害，宜采用铝丝、绳索将盆绑扎或放置到适当位置。也可在大风、台风到来前，暂时把树桩放在地上。

病虫害防治　树桩盆景通常在梅雨期间易发生病虫害。常见的病害有根腐病、叶枯病、斑点病、白粉病、炭疽病、锈病、煤污病、白纹羽病等，可用波尔多液、多菌灵、硫菌磷、代森锌等防治。常见的害虫有毒蛾、叶卷虫、蓑蛾等食叶性害虫，可用敌百虫、敌敌畏、马拉硫磷乳剂喷杀；对蚧壳虫、蚜虫、红蜘蛛、军配虫等刺吸性害虫，可用氧化乐果，亚胺硫磷等防治；对天牛、吉丁虫、木蠹蛾等蛀干性害虫，可用氧化乐果等滴注受害处或浇入盆土防治。此外还有地老虎、金龟子幼虫、白蚁等食害根部的地下害虫，要用呋喃丹、辛硫磷等防治。防治病虫害尤为重要的是掌握正确的栽培养护技术，对树桩进行精细养护，保持周围环境通风良好，进行合理修剪整形，达到通风透光，盆土排水畅通，湿度适中，用肥必充分腐熟，又不过量，并定期清洗枝叶，才能减少病虫危害。

另外，山水盆景的养护管理，关键在保持山石上植物的成活和苍润、光洁，维持原有姿态，并逐年完善。由于山石上植穴的泥土很少，要适时、适量经常喷水。土面要铺上苔藓，以免喷水时冲掉泥土，污染水面。对所栽植物要经常进行修剪整形，使它既不长高变野，还要保持一定比例，达到以小见大，古朴优雅的姿态。要预防和及时根治害虫。山石应洁净，盆水要保持清澈。放置场地宜半阴，还要注意植物遭受冻害和山石冰裂。无法入室的大型水石盆景，要将盆内的水放掉，并做好必要防寒工作。为保持石上植物葱郁、生机盎然，在生长期间可进行根外施肥或在植穴内埋放粒肥等。此外，还要经常换水，清除盆面青苔等。

（陈　皓）

盆景分类（classification of Penjing）　根据制作盆景材料的性质和艺术风格等，将盆景分成不同类别的方法。

按材料的性质分树木盆景和山石盆景两大类。树木盆景常以老树桩加工而成，故有树桩盆景之称。日本称盆栽，英译为bonsai。盆中以树木为主题，配以山石、草苔、摆件，表现山野孤木或茂林的意境。山石盆景以山石为主题，石上种树点苔，放置摆件，表现出名山大川风貌。此类盆景多置于浅水盆中，故又称山水盆景或水石盆景。按大小规格可将盆景分为特大、大、中、小、微型五类。山石盆景以盆的长度来衡量，树木盆景以树木的根颈部至树梢的直线长度衡量。凡树高或盆长在150cm以上的为特大型，80～150cm高的为大型，40～80cm为中型，10～40cm为小型，10cm以下为微型。特殊规格的盆景，如有的树桩虽矮但树干极粗壮，或山石盆景中的超长盆等另当别论。近年来盆景又有创新，创作了可悬挂在墙上的挂壁盆景和用其他器皿代替盆的异形盆景（又称杂类盆景）。

树木盆景按构图形式通常可分为规则式、象形式和自然式三类(图 1)。①规则式盆景,多为传统形式,有一定的规范程式,型工整严谨,适合厅堂或大门口对称布置,庄重华贵。扬州的“台式”、“巧云式”,南通的“二弯半”,成都的“对拐”、“方拐”、“大弯垂枝”,苏州的“六台三托一顶”等,以及广州的将军树均属于此种类型。②自然式盆景,造型活泼多变。以树干的造型来分,有直干式、曲干式、斜干式(临水式),还有树干横卧土面的卧干式,树身倒挂下垂的悬崖式(依悬挂幅度大小,又分全悬崖和半悬崖式),树干枯朽但枝叶繁盛的称枯干式;以树干的多少可分为单干式、双干式、三干式、一本多干式和丛林式;以枝的形态可分为垂枝摇曳的垂枝式,顶梢枯朽的枯梢式,树枝似被强风吹袭颇具动势的风斜式;以根的形态分,有悬根露爪的提根式,多株树木粗根裸露而内连的连根式(扬州称“过桥”),树根穿岩附石而生或抱附于山石上的附石式等(图 2)。③象形式盆景,在树木盆景中所占比例很小,它的形态象动物或其他物体,贵在写意,妙在似与不似之间。

图 1 树木盆景造类型示意

树木盆景依树木种类的不同可分为松柏类、杂木类和花果类。①松柏类,终年常绿,寿命长,苍古入画,在盆景中最为常见,如五针松、黑松、罗汉松、真柏、桧柏等。②花果类,除了能观赏其优美的树姿外,更能欣赏其花与果之美,如茶梅、杜鹃花、六月雪、火棘、‘寿星’桃等。③杂木类,指阔叶的乔、灌木,如黄杨、榆、枫、竹等,主要观赏其姿态及叶色。

山石盆景按石的坚硬程度分为硬石山石盆景和软

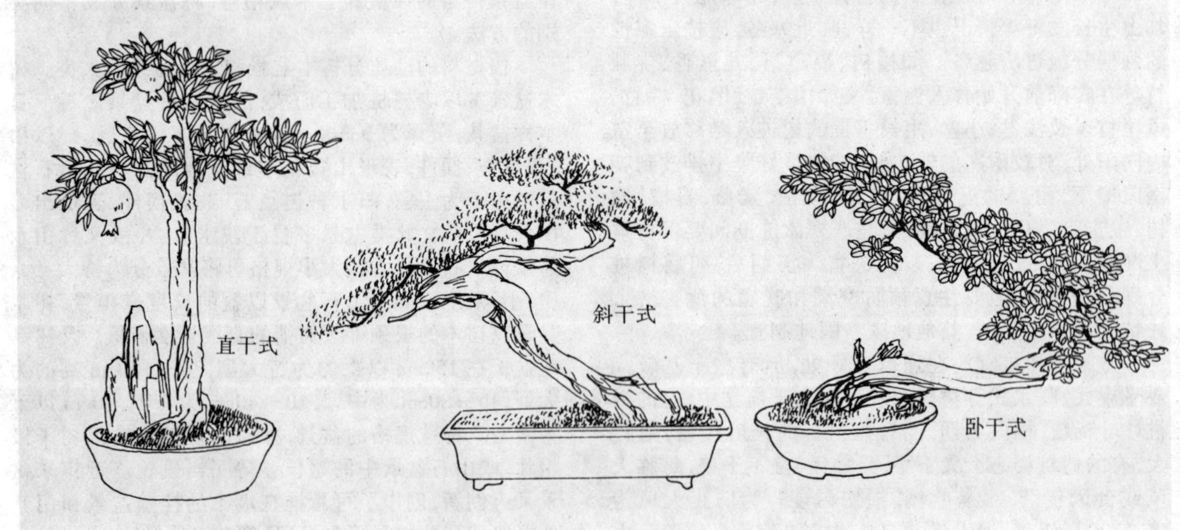

图 2(a) 自然式树木盆景造型示意

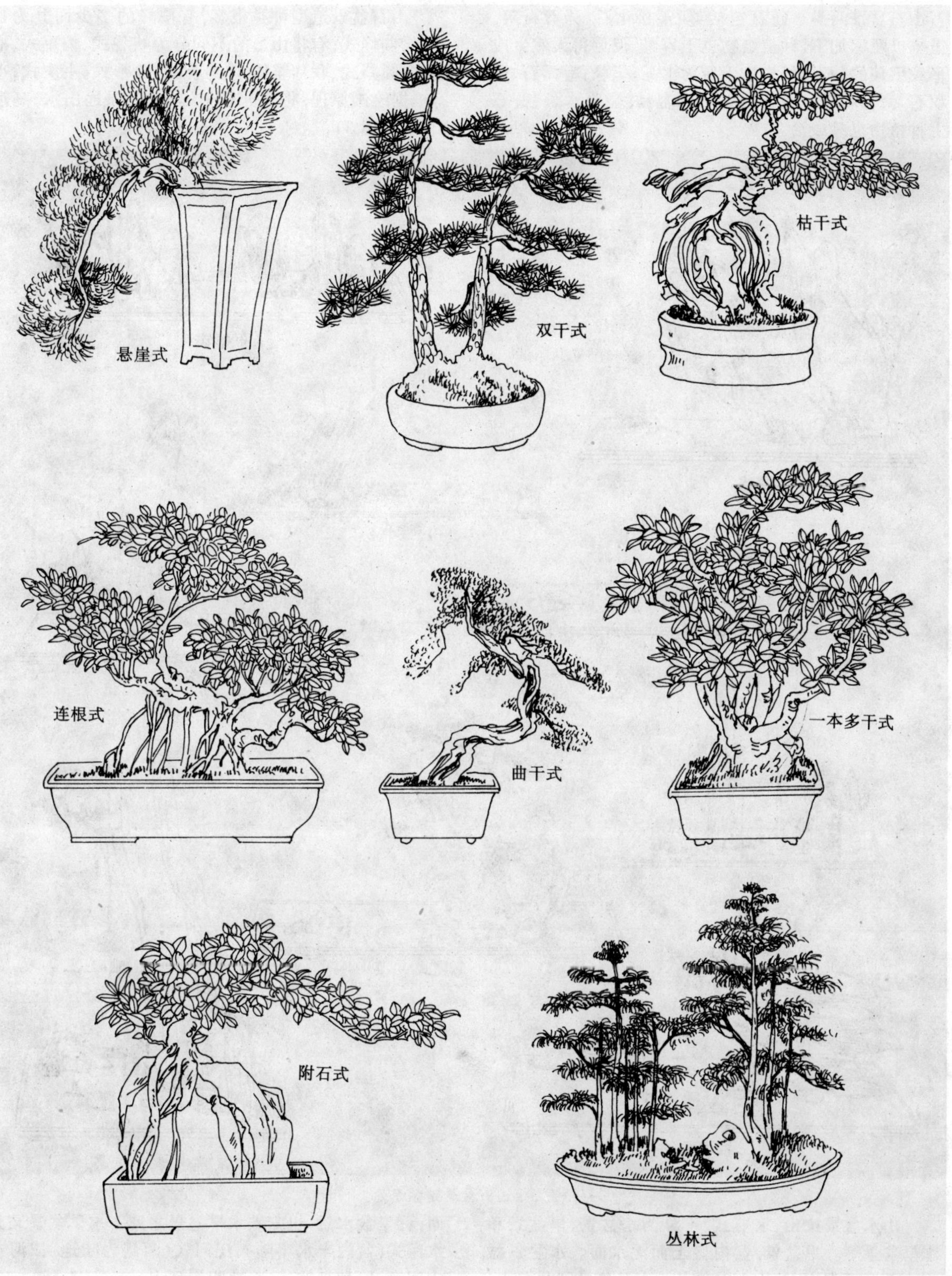

图 2(b) 自然式树木盆景造型示意

石山石盆景两类。硬石包括英石、松化石、斧劈石等，虽难以雕琢加工，种植植物也不容易，但觅得天然生成形纹俱佳的硬石，稍作加工便为上品。软石有浮石、砂积石、海母石等。此类山石雕琢容易，能吸水长苔，石上种植物也易成活。

山石盆景造型种类很多，有按峰的多少而分为独峰式、群峰式；有将山形的不同分为峡谷式、偏重式、横层式、倾斜式、联片整体式、悬崖式、象形式、主次式；也有根据绘画原理，将其分成平远山水、深远山水、高远山水等(图 3)。

图 3　山石盆景造型示意

山水盆景按山、水形式，可分为水盆景、旱盆景和水旱盆景等。旱盆景，盆内盛土而无水面。水盆景盆中山石置于水中，又称山水盆景。水旱盆景则盆内水、陆兼有。还有一类盆景，陆地中置细小白石，象征水面，称旱盆水意，也归入水旱盆景之列。水旱盆景又分水岸式(盆内半水半陆)、江河式(两侧为陆地，江河在中间穿过)和岛屿式(陆地四周环水)。

(胡运骅)

盆景风格与流派（styles and branches of Penjing） 园艺家在盆景创作中所表现出来的艺术特色和创作个性。中国幅员辽阔，由于各地地形、地貌、植被及树木的外形各不相同，反映在盆景中的山川风貌及林木形态也有明显区别。加之各地气候不同，选取适合本地生长的树木以及其他材料不一，加工技法又各尽其妙，以及作者的性格、思想、艺术素养等种种差异，表现在所创作的盆景中，就有不同的地方风格和个人风格。这些日积月累，代代相传，便形成了不同的、区域性的盆景艺术流派。

树木盆景的风格与流派 中国的树木盆景主要有南北两大派系，南派以广东为主，称岭南派。广西盆景风格与岭南派较接近。北派以长江流域的上海、苏州、扬州、成都、杭州、南通等为代表。岭南地区终年气候温暖，雨量充沛，林木终年郁郁葱葱，充满生机。反映在盆景中，树木形态多巍然挺立，蓬勃奋发；其枝叶多不成片，苍劲自然，飘逸豪放。长江流域的树木冬天受风吹雪压，老树的大枝旁梢多横斜或下垂，结顶齐平，盆景中树木枝叶成片，层次分明。同是长江流域的盆景，风格也各不相同。

岭南派风格 岭南盆景采用以修剪为主的蓄枝截干法整形，树材也多选用萌发力强的九里香、雀梅、福建茶、榔榆、榕、朴等。成形后主干自下至上粗细匀称，一般顶梢渐尖，形成"鼠尾"，枝干脉络清楚，枝与枝流畅自然，神韵有致，成刚劲有力的折线。因此，落叶后的景观同样引人入胜。传统的岭南树木盆景是规则式的。主干蛇形直立，两侧垂臂横出作五托或七托，顶托扁平，称"古树"或"将军树"。20世纪30年代以来，逐步发展为自然形的型式。目前主要有大树型和高耸型两种型式。大树型的作品，干直枝繁，树冠秀茂稠密，雄浑豪放；高耸型的作品，其树木的枝干清瘦，扶疏挺拔，轻盈飘逸，以表示超凡脱俗的意境。

苏派风格 苏州是中国文化古城，园林、书画、工艺品久负盛名，盆景艺术也深受影响。传统的苏派桩景造型规则，树干左右弯成六曲，干上向左右各伸出三片称"六台"，向后伸三枝片称"三托"，再加上一个顶片，即"六台三托一顶"，盆景成对放置，称"十全十美"。各枝片都呈中间隆起的圆片状。近年来，苏派又提倡盆景以自然为美。树种主要是雀梅、三角枫、梅、石榴等落叶树，五针松等松柏类也较常见。整形时先用棕丝将枝干扎成S形的弯曲，然后逐年细致修剪，用所谓"粗扎细剪"的整形方法。因苏州盆景多用山野掘取的老树桩制作，故苏州盆景老干虬枝、清秀古雅，结顶多为丰满圆浑。

扬派风格 扬州至今还保存着传统的规则式造型。树种以松、柏、榆、黄杨为主，制作手法根据"枝无寸宜"的绘画原理，用棕丝将树枝"一寸三弯"扎成极薄而平整的"云片"。"云片"数一般以奇数为多，片形椭圆，1～3层称"台式"，3层以上称"巧云式"。主干一般作成螺旋状的"龙游弯"。"云片"经过夸张变形，富有装饰性。盆中树木都自幼人工培育。扬派盆景力求"桩必古老，以久为贵，片必平整，以劲为贵"。总体造型层次分明，平稳严整。传统还有将梅作成"疙瘩式"、"提篮式"的。

川派风格 川派桩景树种主要有六月雪、贴梗海棠、瓶兰花、罗汉松、银杏、竹等。其中瓶兰花和钟乳形干的银杏，均有其特色。川派桩景虬曲多姿，苍古雄奇。传统的造型多为规则式，用棕丝吊扎枝干整形。造型有"方拐"、"对拐"、"掉拐"(拐即弯的意思)、"大弯垂枝"、"老妇梳妆"、"直身加冕"、"滚龙抱柱"等形式，枝的盘曲又有"平枝"、"滚枝"、"半平半滚"等技法。川派桩景根部要求悬根露爪，盘根错节。川东以重庆为中心，注重写实，显得浑厚。川西以成都为代表，讲求写意，比较清秀。

海派风格 上海派盆景是在1949年以后形成的。所用树种较丰富，多达140余种，以松柏类为主。整形扎、剪并施，采用金属丝缠绕枝干后进行弯曲，再逐年对小枝进行修剪的方法使其成形，柔中寓刚，屈伸自如。造型顺其自然，不受任何程式所限，形态多姿。枝片大小、形状都各有不同，分布错落有致，线条明快流畅。

此外，传统的还有主干成"二弯半"向前倾斜的通派(南通)盆景。安徽主干扭旋的柏和游龙式的梅。河南古朴潇洒的柽柳。浙江高干的五针松，它用金属丝和棕丝相结合的方法整形，枝的弯曲长跨度与短跨度结合。福建的榕树气根纷垂，块根奇特似虎踞龙盘。台湾桩景兼有岭南风格和日本风格(见图)。

近年来传统的风格正焕发出青春，新的风格在不断形成，使中国的桩景多姿多采。

其他国家盆景风格 日本盆栽(树桩盆景)受中国影响颇深，但数百年来已形成其独特的风格。日本盆栽树种已不下百余种，而以松柏类为主。日本五针松和真柏是各国盆景爱好者最欢迎的树种。日本盆栽最基本的形式是模样木和文人木两种，而以模样木居多。它的树干通直或直立微曲，侧枝向两侧交互分布。干矮，枝叶繁密，外形常呈等边三角形，雄伟豪放，生机勃勃。文人木则树干高瘦，枝叶稀疏，轻盈洒脱。另有帚立式的榉树，形似江上浮筏的筏吹式盆景等，都具独特风格。日本盆栽造型已越来越丰富。

日本盆栽的树干雕饰有独到之处，尤其真柏树干经剥皮雕刻，涂抹石硫合剂等处理，将千年古柏的风姿刻划得淋漓尽致。日本盆栽树根多半露出土面，向四方伸展，似紧抓大地，给人以强劲的力感。也有将根自幼与石相附，仿佛根石共生，野趣天成。日本盆栽注重外形美，对内涵美的发掘不如中国。

欧美盆景历史较短，过去受日本影响极深，近年来

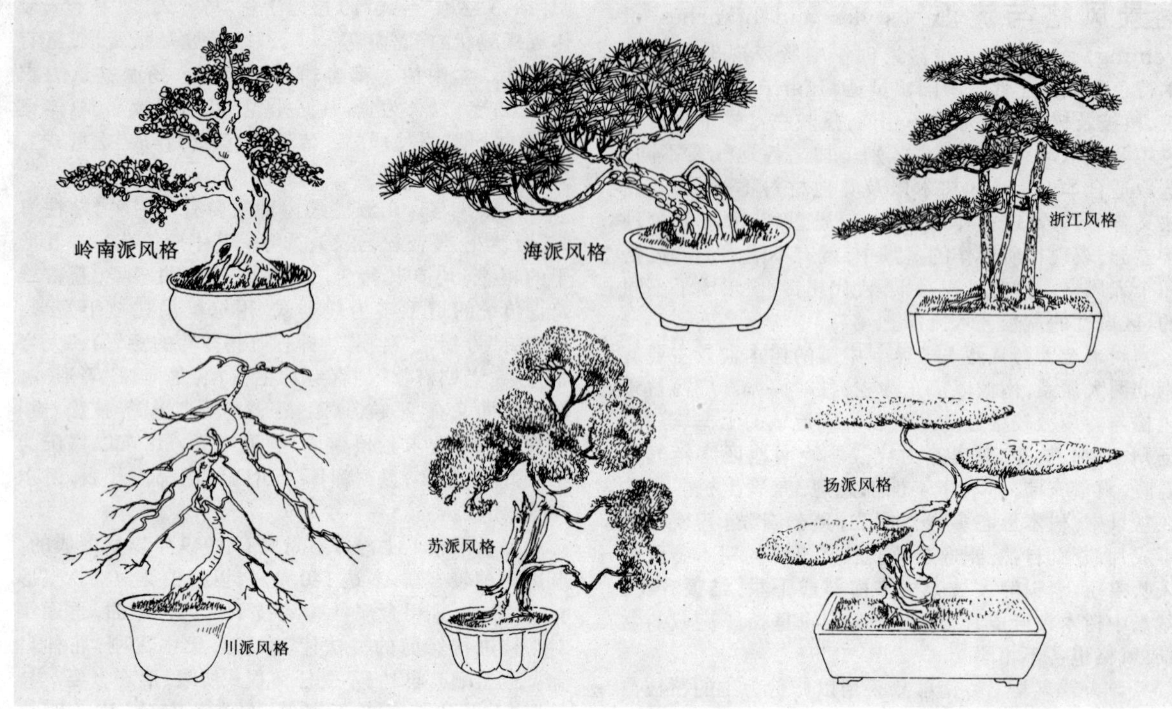

不同风格盆景示意图

又受中国盆景的影响，至今尚未形成其独特风格。

山石盆景的风格和流派 各地山石盆景通常选用当地产的山石，又多表现本地的山川地貌，地方风格较明显。一般来说北方的山石盆景以雄奇取胜，南方的山石盆景以秀美见长。如山东多选浑厚朴拙的龟纹石、崂山绿石等表现泰山雄姿，蓬莱仙境，其气魄宏伟粗犷。辽宁用松化石、吉林用浮石，多在盆中表现北国的崇山峻岭。四川常用砂片石描绘三峡之险，峨眉之秀，青城之幽，剑门之雄。广西用砂积石、芦管石作桂林山水，再现山青水秀、洞奇石美的漓江风光。上海在山石盆景的创作中，选用大理石浅盆，使盆中不仅能欣赏山峰、山腰，且能细观曲折多变的坡脚及山光水色。同时广泛搜集石种，探索石上栽种树木草苔的妙法。

由于全国性和跨地区的盆景展览日益增多，山石盆景技艺的交流更加频繁，相互仿效、学习，取长补短，今后将会形成各种不同的流派。

（胡运骅）

盆景历史（history of Penjing）

中国盆景艺术起源于盆栽，东汉时期（公元25～220）出现植物、盆盎、几架三位一体的盆栽形象，为发端时期；唐代（618～907）受山水画影响，盆栽升华为盆景的形成时期；宋代（960～1279）发展为树木盆景、山水盆景两类；明代（1368～1644）开始总结经验，创立盆景理论；清代（1644～1911）为盆景大发展时期；1949年后，继承和创新，开创盆景美学，进入盆景发展的新阶段。

河北望都东汉墓壁画（22～220）中出现绘有一陶质卷沿圆盆，盆内栽有六枝红花，置于方形几架之上，植物、盆盎、几架三位一体的盆栽形象。南北朝时期（420～589）山水画兴起，促使将山水树石缩入盆盎成为盆景。发展到唐代，出现了写意山水画和山水园。盆栽者将山石与植物组景，浓缩于盆盎之中，由简单的盆栽而升华为具有意境的盆景。

民间广泛制作、赏玩盆景，并进入宫廷府邸，成为宫苑装饰珍品。1972年在陕西乾陵发掘的章怀太子墓（706年建）甬道东壁上，绘有侍者双手托一盆景的图形（见图）。在唐代阎立本绘的《职贡图》中有以山石进贡的内容，进贡的行列中一人手托浅盆，盆内立一玲珑剔透的山石。宋代除以山石与植物组景外，又有将树木加以艺术处理，形成树木盆景；将石玩组合，“渍以盆水”，形成山水盆景。到了元代高僧韫上人，制作盆景取法自然，饶有画意，擅长作“些子景”，具备“小中见大”的特色，这对元以后制作盆景产生深远影响。明代民间制作盆景更加盛行，并有盆景著作问世，如明代屠隆著《考槃余事·盆玩笺》即是，并首次介绍了蟠扎技艺。绘画、雕刻等艺术家往往也都善作盆景，相互借鉴。隆庆、万历年间（1567～1619）陆庭烂在《南村随笔》中介绍说：“邑人朱三松，择花树修剪，高不盈尺，而奇秀苍古，具虬龙百尺之势，培养数十年方成，或逾百年者，栽以佳盎，伴以白石，列之几案间，……俨然置身长林深壑中。三松之法，不独枝干粗细上下相称，更搜

章怀太子墓中甬道壁画中的盆景图

剔其根使屈曲必露，如山中千年老树，此非会心人未能遽领其微妙也。”还有《长物志》(文震亨著)、《群芳谱》(王象晋著)等，都详细记述了制作盆景的技艺。清代，盆景艺术成为园林中重要的一种装饰。盆景材料丰富多彩，艺术形式更为多样，用盆也颇为讲究。1688年陈淏子在《花镜》中也提到一种仿云林山树画意，用白石盆或紫砂盆，将小柏、桧、榆、枫等参差高下，倚山靠石而栽之，或用昆山石或广东英石，随意叠成山林佳景，置于高轩书室之前，供人欣赏。嘉庆年间(1796～1820)五溪苏灵著有《盆景寓录》二卷，书中以叙述树木盆景为多；把盆景植物分成四大家、七贤、十八学士和花草四雅。四大家即金雀、黄杨、迎春、绒针柏。七贤是黄山松、缨络柏、榆、枫、冬青、银杏、雀梅。十八学士为梅、桃、虎刺、冬珊瑚、枸杞、杜鹃花、翠柏、木瓜、蜡梅、天竹、山茶、罗汉松、西府海棠、凤尾竹、紫薇、石榴、六月雪、栀子花。花草四雅即兰、菊、水仙、菖蒲。足见当时盆景发展之兴盛。制作盆景的石料以四川、广东所产为贵。钱塘惕庵居士诸九鼎著《石谱》、吴震方著《岭南杂记》等书中均有记述。

树木盆景发展到清代开始采用山野挖掘的树桩作材料创作盆景。

1949年以后，盆景艺术受到了重视。在“百花齐放”、“推陈出新”方针指引下，各地园林部门先后建立盆景园(场)培育、创作盆景，并组织盆景展览。1958年以后，广州、上海和北京等地成立了盆景研究会或盆景协会等；1981年以来，又先后成立了几个全国性的盆景组织，并举办和参加国内外盆景展览，交流技艺，为推动和发展中国盆景艺术作出了贡献。

参考书目

胡运骅主编：《中国盆景——佳作欣赏与技艺》，安徽科技出版社，合肥，1987。

(韦金笙)

盆景盆(Penjing pots)　栽植盆景的容器。它能提供盆景植物的生活环境，并决定了盆景的构图范围；又是盆景构图的一个组成部分，同时盆作为一种工艺品，本身就具有一定的观赏价值。盆景盆有树桩盆和水石盆两大类。

树桩盆　按质地分，有泥、瓷、釉、紫砂、石、水泥、塑料、金属、竹木盆等。①泥盆：透气、排水性能好，有利于植物生长，但外表粗糙，形状、色调单一，宜用于培养桩坯。②瓷盆：色彩美观，多数有彩绘图案，质地坚硬细密，透气差，不利于栽种，一般用作套盆陈设。③釉盆：色彩丰富鲜艳。因有釉层隔绝，吸水、透气性能较差，可用作树桩盆。④紫砂盆：透气性和排水性均较理想，有利于植物生长。款式甚多，色彩古朴大方，故树桩盆景盆多采用宜兴紫砂盆。宜兴紫砂盆历史悠久，早在明清时代，已有不少名工巧匠制作。古旧老盆一般盆底都有印章。有人对用盆也十分讲究。

从盆景盆的造型来讲，平面形状有方形、长方形、圆形、椭圆形、八角形、六角形、三角形、扇形、梅花形、梭形、菱形等(见图)。盆口常见形式有直口、平口、喇叭口、内斜口、外卷口以及花边口等。盆足的形态一般有直足、云足、如意足、鼎足、兽面足、兽爪足等。立面造型有盆高与盆的长、宽相差不大者，称为斗盆；盆高与直径相近，称为圆盆；盆高大于直径两倍以内的，称筒盆；盆高大于长、宽两倍以上，称为千筒盆；盆高小于其长、宽或直径，则称为浅盆。有的盆壁有凹或凸块，有的是单线或双线；有的还雕刻正、草、隶、篆、魏碑、汉瓦、钟鼎铭文字或雕刻花卉、虫、鸟、山水、人物等。

紫砂是红泥、紫泥、团泥的总称，用铁、锰、钴、铜等不同的金属氧化物调配，因烧结温度时间的不同而呈现不同的颜色，有深紫、朱红、大红袍、古铜、猪肝、梨皮、榴皮、蟹青、象牙白、葵黄、墨绿、沉香、铁青、香灰等色，还有桂花点、闪光、冰裂纹、嵌银丝等。

水石盆　一般为浅盆。有陶质、瓷质、石质等，也有用白水泥浇制的。其中以洁白、质细的汉白玉盆和大理石盆为上品，其次是瓷质白盆。山石盆的形式以长方形、椭圆形为主。

配盆的原则　树桩、山石与盆，其大小、高低必须恰当，盆太大，其树桩、山形会显得幼小无力；如配盆太小，又嫌局促，并有头重脚轻、水面狭小之感。山石盆景盆的长度，一般是山景主峰高度的1～3倍。盆的形状、深浅与栽种树桩的式样有一定关系。长方或椭圆浅口的盆，适宜栽种丛林、连根、一本多干、卧干、双干、附石等式。圆形、方形深度适中的盆，宜栽种单干独本的树桩。千筒和较深的盆，一般宜栽种悬崖、半悬崖树桩。

紫砂盆的色泽虽千变万化，但其基调均古朴大方，栽各种树桩都比较调和。如果是色彩鲜艳的红枫、石榴、山楂、枸杞等植株，可配以浅色调的紫砂盆和釉盆。

盆景盆形状图

如果树干苍老，树皮斑驳，配深色盆。如叶色葱翠嫩绿，配浅色盆。

（徐智敏）

盆景品评方法与标准（method of appreciating and evaluating Penjing and its criteria）

以盆景创作艺术的法则为基础，根据公认的品评标准，对盆景进行评价的程序。通过第一届和第二届中国盆景评比展览和1986年中国盆景学术讨论会专题讨论，拟定了品评方法与标准。

品评方法 ①分类品评：为使品评科学、合理、公正，按盆景类型（见**盆景分类**）分别制定品评标准进行品评。②评委会：邀请或由参展单位推荐，经主办单位审核，聘任具有专业特长，在盆景界有一定名望，作风正派，能够参加实际工作的代表，组成评委会。并推选主任委员、副主任委员，按品评标准，主持评比工作。③评比办法：为使评比工作尽可能地合理，分别类型、规格，按品评标准，一般采取群众投票、评委审定、综合评定，而后发榜定案的办法进行品评。④评委审定时，按群众投票数确定下限，然后分别类型、规格，集中在同等的环境条件下，按品评标准全面比较，最后确定名次。

品评标准

树木盆景品评标准 题名满分5分：题名确切，寓意深远，外在形象与内涵高度概括，能引起观众产生美的联想。景满分70分：因材施型，善于运用盆景艺术创作原则及透视原理，通过巧妙的造型手法和精心的栽培技术，达到“形神兼备”、“小中见大”，源于自然，高于自然。根、茎、枝、叶健壮繁茂，无病虫害。配盆满分20分：配盆形状、质地、大小、深浅、色泽、工艺等与主题得体，使盆与景相得益彰。几架满分5分：几架造型、大小、高矮、色彩、花纹、工艺等与主题和盆配置协调，达到最佳观赏效果。

山石盆景品评标准 题名满分15分：题名确切，寓意深远，外在形象与内涵情趣高度概括，能引起观众产生美的联想。景满分70分：选材得体。善于运用盆景艺术创作原则、透视原理、中国画“三远”效果和美学对比烘托手法。巧妙应用取舍、组合、布局等艺术加工手段和技巧。配植植物、点缀摆件均恰到好处，使立体的山水图画意境高雅新奇，景观深远，令人耳目一新，心旷神怡。配盆满分10分：配盆形状、质地、大小、深浅、色泽、工艺等与主题得体，使盆与景相得益彰。几架满分5分：几架造型、大小、高矮、色彩、花纹、工艺等与主题和盆配置协调，达到最佳观赏效果。

微型盆景品评标准 题名满分5分：题名确切，寓意深远，外在形象与内涵情趣的高度概括，能引起观众产生美的联想。群体组合满分20分：微型盆景、配件、几架、博古架（或道具）组合得体，富于艺术整体美，发挥其典雅、隽秀的艺术魅力。景满分60分：按树木盆景、山石盆景品评标准，达到“缩龙成寸”、“小中见大”的艺术效果。博古架（或道具）满分15分：博古架造型优美，工艺精良，与微型盆景和配件相得益彰，达到最佳观赏效果。

杂类盆景品评标准 杂类盆景，目前尚未制定统一品评标准，但可参照树木盆景、山石盆景品评标准品评。

（韦金笙）

盆景题名（entitlement for Penjing）

盆景的题名讲求表达其神韵、气势与意境，饱含诗情画意。好的题名可以概括景观特征，突出内含，扩大时空境界，深化渲染，起到画龙点睛、表达主题的作用，给人以美的享受，使作品的思想性和艺术性得到升华。题名要注意名实相符、文字精美、意境高雅、寓意深刻、主体突出等原则。

名实相符，即题名必须符合景观实际，充分表现其美的特质。忌牵强附会、名不切题、粉饰浮夸。文字精美，是说字数不拘，但忌繁求精。要有生动性、趣味性和韵律感。含蓄而不隐晦，鲜明而不直露，雅俗共赏。意境高雅，要有诗情画意，使人产生意境联想，以达到景中寓情、诗中有景、景外有景的艺术效果。题名格调高尚，寓意深刻。要借自然美、艺术美来表现生活美，以陶冶情操，忌庸俗浅陋。主体突出，是指题名要以景物固有的特征神韵为主体，融以作者的禀赋情操通过作者的艺术构思加以概括点题。忌借道具、背景为主体命名，喧宾夺主。

盆景题名形式不拘一格。根据创作意图和具体造型，可分为外现形象、传神写意、主观寓意和客观描写等手法，以达到景题相映、气韵生动、神形兼备、情景交融的艺术效果为佳。常见艺术手法有下列几种：①触景写神，神高于形。如峰状山水的盆景题名为《青峰如剑》比《青山高耸》就形象生动，若题名《刺破青天》则神高于形了。②借诗情立意，画意造景。如五针松盆景题《刘松年笔意》，是按宋人刘松年画松偃层叠之意造型而得名。③有声有色，气韵生动。如寂静的丛林盆景题名为《鸟鸣山更幽》；海棠盆景题名为《高烛照红妆》，都是写声写色，生动形象。④静中寓动，取势传神。如树桩动势盆景《风在吼》，用“吼”字，意寓大自然壮美神韵及中华民族之精神。⑤虚实互用，境界虚灵。如风动势盆景题名为《山雨欲来》是实景虚题；虚谷断崖山石盆景题名为《白云深处有人家》是虚景实题；《洞庭波涌》盆景则是虚实并用。⑥妙语双关，发人情思。如在圆明园旧址挖掘出的古榆所制作的盆景，题名为《劫后余生》颂扬古榆不屈不挠的精神，又揭露了帝国主义的侵华罪行。

盆景题名法及其举例：①写实命名法。以景物固有名称命名的，如《迎客松》、《象鼻山》；②写景命名法。仿名胜风景命名的，如《巫峡晨曦》、《漓江夕照》；③文史典故命名法。如《赤壁夜游》、《米癫拜石》、《悟空探路》；④革命题材命名法。如《井冈会师》、《转战陕北》；⑤花木成语命名法。如《君子之风》(竹)、《国色天香》(牡丹)；⑥写形命名法。如《百折不挠》(曲干)、《一泻万里》(大悬崖)、《步步青云》(云片式)；⑦象形命名法。如《凤舞》(根造型)、《宛若屋檐风铃》(胡颓子)；⑧写声命名法。如《黄河在咆哮》(动势山水)、《空山人语响》(丛林鹿奔)；⑨写香命名法。如《幽谷生香》(兰)、《暗香浮动月黄昏》(梅)；⑩写势命名法。如《龙盘虎踞》(根干造型)、《舒广袖》(大飘枝)；⑪写神命名法。如《亭亭玉立》(直干)、《我欲乘风归去》(斜干飘枝)；⑫写质命名法。如《雨后春山铁铸成》(英德石)、《铁骨丹心》(贴梗海棠)；⑬写性命名法。如《岁寒三友》(松竹梅)、《一尘不染》(莲)、《俏不争春》(梅)；⑭诗情命名法。如《秋思》(风动或丛林)；⑮画意命名法。如《新安枯笔》(檵木)、《东坡笔意》(枯木竹石)；⑯现代词语命名法。如《我们走在大道上》(丛林大道)、《海防前哨》(平远山水)；⑰虚描命名法。如《幽处欲生云》(峡谷山水)、《丰收在望》(人息柳树下)。如此等等。

(贺淦荪)

盆景销售(sales of Penjing) 经营盆景及有关植物材料、容器、配件以及几、案等的商品交易活动。盆景分树木盆景及山石盆景两大类，按大小分成多种规格。盆景材料分树木材料及石料。树木材料包括由苗圃生产供制作中小型盆景用的树苗；石料为制作山石盆景所用，主要有江苏的太湖石、斧劈石，安徽的灵璧石，广东的英石，广西的钟乳石，四川的龟纹石，华南地区的腊石四川河道的砂片石和东南沿海的海母石，以及全国各地的砂积石、芦管石，等等。销售盆景单位一般只在客户的请求下，才为其代办有关材料、容器、配件及几案等。

销售前准备产品名录以及展示产品的场地。生产、销售处应环境优美，文化气氛浓，布置得井井有条，雅俗共赏。目前国内市场，大都当地生产，就地销售。如果远地运销或外销，应力求降低成本，保证质量。当今国内外市场所需商品都以10～40cm中小型树木盆景为主，其他类型的树木盆景和山水盆景为辅。需要量较大的树种是五针松、罗汉松、真柏、红枫、六月雪、福建茶等。对各种树种的造型格式，应确定几种造型(编号)，便于客户订购。在制作过程中，宜明确分工，实行流水作业，后道工序要检验前道工序的质量，从而降低成本，保质保量，有利于在市场竞争中取胜。

在养护管理中，要大力采用现代科技手段。如定时喷雾、滴灌、电动卷簾荫棚等。特别要避免出口盆景带土，应使用无土基质培养和防治病虫害等技术，以达到顺利通过本国和入境国的检疫要求。

须重视包装和检疫工作。包装树木盆景前一天要充分给水，当天用白色透明塑料薄膜袋连树桩和盆全部套入。需要中途养护给水的，要预先留出给水孔，然后用塑料包装绳固定在纸板包装箱里，小型盆景只需排紧即可。一箱装满后封盖、编号，写明盆景植物名称及数量、运达地点和发货单位。所用包装箱的大小，须根据盆的大小和车厢、船舱或集装箱体积而定，以尽量多装为目标。山石盆景的包装较为简单，将每一盆山石、配件分别包装好，套袋、编号，逐一放入箱中。空隙间用填充物填紧，以免移动损坏。石盆另行包装入箱，到达地点后再拼装。

出口盆景要先取得国家检疫机构的检疫证书，检疫对象要以入境国的规定要求为依据。出口盆景，一般用恒温集装箱海运。箱内温度控制在8～14℃。对没有外贸经营权的单位，要委托有外贸经营权的单位负责报关、结算。要注意只有待外方信用状到达时发货。在内销的车船运输中，要派人随行养护。

(韦金笙)

盆景园（Penjing gardan）　以收藏、展览和研究盆景技艺为主要目的的专类园。盆景园是盆景事业发展的产物。1952年成都人民公园首先辟建盆景专类园，以后上海、广州、杭州、桂林、南通、苏州、扬州、武汉等地都相继建立盆景专类园，至今盆景园已遍及全国各大中城市。日本、德国、美国、加拿大等国家在植物园或公园中也辟有不同类型的盆景专类园。

盆景园一般分展览区和生产养护区两大部分，有的还设有盆景销售区。展览区又分室内展区和室外展区两部分。室外盆景陈设一般结合园景将盆景高低错落、疏密有致地陈放在天然山石或水泥盆座上，使盆景与园景交互生辉，相得益彰。室内展出盆景，结合厅堂陈设将盆景布置于几案上。盆景布置既要富有变化又要有一定的规律，既要便于观赏又要方便养护管理。因此山石、树桩、微型盆景宜分类展览，耐阴喜阳的盆景相对集中，分别布置。导游路线要有醒目标志，循径游览，步移景异。山石盆景搬移困难，放置宜相对稳定。

盆景生产养护区一般不对外开放。内置操作台，并放置机具设备、石材、植物材料等。山石盆景置于梯形架台上，层叠有序。树坯植于畦地，分类栽培，规格统一。成品盆景整齐排列，便于养护管理。

随着盆景事业的发展，盆景园的内容更加丰富。有的专设古盆陈列室、盆景历史、风格流派陈列室，有的还专设盆景讲演厅，为广大盆景爱好者提供盆景讲作、演示、交流技艺的场地。

（刘德宽　田有宝）

盆景展览（Penjing exhibition）　集中盆景珍品、佳作，为公众观赏、评比并交流盆景技艺的一种公开展示活动。

盆景展览的布置，分总体规划和分馆（展区）设计两大部分。

总体规划应根据展览宗旨和展场地点、地形、面积、环境进行。一般由主入口景观、序馆、分馆（展区）、参观路线等组成。其中以主入口景观、分馆（展区）设计为总体规划的主体内容。

分馆（展区）设计应根据展览宗旨、目的和总体规划意图，分馆地段的地形、面积和相邻展区的布展特色，结合展品内容、地区特点因地制宜，突出主题，制定分馆设计方案。

盆景展览的展架多为临时性的，布展用料多采用板材、竹木或铝合金材料，便于安装和拆除。

观赏盆景一般以平视或仰视为好，应将盆景摆设在展台上，提供最佳观赏高度。一般用木质或竹制家具或板材、钢架、铝合金作成展台。使用匾额联对点题装饰，可起到画龙点睛的效果，使形式和内容得到完善结合。匾额联对内容要与盆景意境吻合，不宜繁多。为增强展出效果，需配备灯光（但应注意防止强光灼伤植物）。为向观众介绍展品，应在标牌上标明编号、题名、树种（石种）、学名、树龄、作者、单位，甚至介绍展品赏析，以便使观众了解展品内涵。说明牌通常使用纸牌、木牌、竹牌、塑料牌、石片、叶片、树片等。布展色调宜淡雅明快。观叶类树木盆景多为绿色，通常使用白色或浅灰色为背景，酌情点缀其他色彩。

（韦金笙）

蟛蜞菊（creeping trilobata）　*Wedelia trilobata*，菊科蟛蜞菊属多年生草本植物。自1980年以后从香港引入广州，因其适应性极强，管理粗放，被广泛应用于观赏栽培。以广东、海南、福建等地应用较多。

南美蟛蜞菊茎匍匐，柔软，叶对生，阔披针形或倒披针形，先端浅3裂，缘具疏生粗锯齿。两面密被伏毛。头状花序单生叶腋，径1.5～2.5cm，花总梗长6～12cm。舌状花黄色，筒状花两性。全年开花。原产美洲热带。喜温暖湿润，阳光充足环境。不耐寒，温度降至5℃时，生长近于停止。0℃以下产生冻害。稍耐阴，蔽荫度50%处仍可生长。匍匐茎节生根，在适生环境中生长极快，覆盖力特强。对干旱瘠薄的土壤有相当的适应能力。常用扦插繁殖，在气温高于15℃时，截取成熟匍匐茎2～3节扦插，遮荫保湿，5～6天即可成活。

南美蟛蜞菊叶色苍翠，花色金黄，是良好的观花地被植物。也可植于高处悬垂，形成帘状的绿色屏障，覆盖墙体。为粗放绿化的先锋地被植物。

（谭广文）

枇杷（loquat）　*Eriobotrya japonica*，蔷薇科枇杷属常绿乔木。染色体数2n=2x=34。小枝粗壮，密被锈色绒毛；单叶互生，革质，椭圆状长圆形、倒卵形或披针状卵圆形，长12～30cm，先端急尖或渐尖，基部楔形，叶缘中上部具疏齿，叶面皱、叶背具灰棕色绒毛；圆锥花序顶生，花白色、具芳香，花期10～12月；梨果肉质、近球形，径约2～4cm，5～6月成熟时橙黄色。产中国陕西、甘肃、河南、安徽、江苏、浙江、福建、台湾、江西、湖南、湖北、云南、贵州、四川、广东、广西等地，湖北、四川仍有野生；日本、印度、越南、缅甸、泰国、印度尼西亚等也有栽培。喜光，稍耐阴；喜温暖湿润气候，不耐寒；适生于肥沃而排水良好的中性至酸性土壤。通常用种子繁殖，优良品种用嫁接繁殖。生长慢，寿命长，移植宜带土球。一般实生苗4～5年生开始结果。主要的病虫害有枇杷黄毛虫、举尾虫、枇杷天牛、枝干腐烂病、炭疽病等。枇杷树姿优美，花、果、叶均可供观赏，是园林绿地中习见栽培的观赏树种。

（陈耀华）

啤酒花（European hop） *Humulus lupulus*，别名忽布、香蛇麻、蛇麻花、酵母花、酒花。大麻科葎草属多年生草本植物。染色体数2n＝20。蔓长6m以上，通体密生细毛，并有倒刺。叶对生、纸质，卵形或掌形，一般3～5裂，边缘具粗锯齿。花单生、雌雄异株，雄花排列成圆锥花序，雌花穗状，由30～60片淡黄色苞片组成，苞片基部具有黄粉状颗粒。原产欧洲、美洲和亚洲。中国新疆北部有野生啤酒花。喜冷凉，耐寒畏热，生长适温为14～25℃，要求无霜期120天左右。长日照植物，喜光，全年日照时数需1700～2600小时。不择土壤，但以土层深厚、疏松、肥沃、通气良好的壤土为宜，中性或微碱性土壤均可。扦插根茎繁殖，一般3、4月份移苗定植，每公顷3000～4500株。移栽时要施足底肥，生育前期和中期以追施氮肥为主，开花后以磷、钾肥为主。6～7月份为营养生长和生殖生长并进时期，施肥量需加大。应及时进行灌溉和排涝。高温多雨季节易遭霜霉病和红蜘蛛为害。啤酒花可用于攀援花架或篱棚。雌花序可制干花。花为酿造啤酒的原料。也可入药，并可作食品加工业的发酵剂。

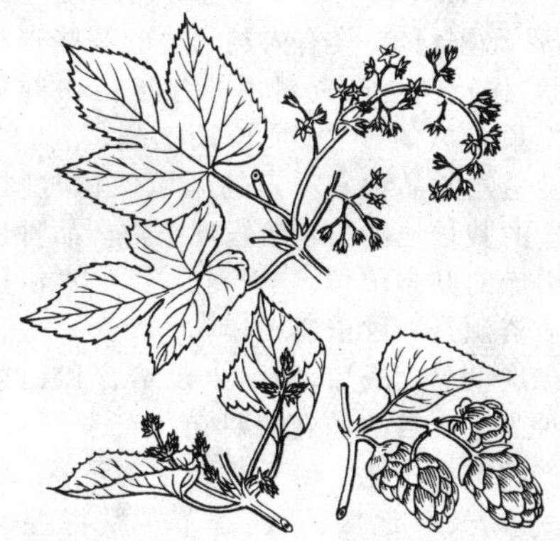

（金　波）

品系（strain）　源于同一祖先、与原品种或亲本性状有一定差别，但尚未正式鉴定命名为品种的过渡性变异类型。观赏植物的品系主要包括以下两个方面：一是从栽培品种群体中发生性状分离或由基因突变产生的新类型。由于从新的变异类型到品种形成还须经过多年的比较实验，汰劣择优、扩大繁殖等过程。因此，这个阶段的变异类型习惯上称为品系，以表示与同品种的区别。如四川成都栽培的淡粉紫薇（*Lagersroemia indica* cv. Light Pink）中出现了花叶变异；黄栌（*Cotinus coggygria*）中出现的常年紫红色的变异等。二是在品种选育过程中，通过自交或近亲杂交后代进行多代单株选择而获得的新类型，如在地被菊（Ground cover chrysanthemum, *Dendranthema* × *grandiflorum*）品种杂交选育中，出现了花瓣两色相嵌的'酒金'变异；在进行重瓣玫瑰（*Rosa rugosa* cv. Plena）与单瓣玫瑰（*R. rugosa* cv. Rosea）杂交过程中，出现了丰花、玫瑰油含量高于双亲的类型，在品种比较、鉴定、命名之前，都可称作品系。观赏植物的品系应具有良好的观赏性状和利用价值，应是有希望成为新品种的类群。

观赏植物的品系不是品种下一级的分类单位，也不是品种的构成单位，而是品种形成的过渡类型。国际栽培植物命名法规规定，不允许将有明显区别于亲本品种的栽培群体称为品系，而应给予名符其实的品种名称。但由于栽培的观赏植物新的变异类型从产生到品种形成，需要一定的时间进行品种性状比较实验的鉴定。所以目前很多国家仍沿用这一习惯的划分方法。

（张启翔）

品种（cultivar） 经人工选育而形成种性基本一致，遗传性比较稳定，具有人类需要的某些观赏性状或经济性状，作特殊生产资料用的栽培植物群体。品种是人类干预自然的产物，是长期选择、培育的劳动成果。观赏植物的品种有一定的区域性和时间性，不能脱离特定的栽培地区和栽培管理条件。品种也是栽培种质基因库的基本单位，在育种中起重要作用。保护品种种质资源是一种重要工作。

第二次世界大战后，国际上以培育和销售观赏植物新品种为主要目的的花卉种苗生产发展很快，成为花卉生产的支柱产业。由于花卉种类繁多，园林用途、栽培方式各异，各地区、不同季节观赏特性又不尽相同，加之市场竞争十分激烈，所以每年推出的花卉新品种数以千计，月季、山茶、唐菖蒲、郁金香、大丽花、菊花等主要花卉的品种总数更多。除常规的选择育种、杂交育种外，近年在杂种优势利用、辐射育种、倍性育种和生物工程育种等方面也日益得到重视，从而加速了新品种的培育。

中国花卉品种培育的历史源远流长，宋代时期牡丹已有109个品种、芍药30多个品种，月季、蔷薇几十个品种，梅花10多个品种。但至近代，花卉品种改良反而落后了，成为观赏园艺中薄弱环节，需要引起重视。中国观赏植物种质资源极其丰富，给培育新品种提供了十分有利的条件。60年代以来，中国在百合、菊花、兰花、山茶花、丁香、梅花、荷花、唐菖蒲等新品种的培育方面取得了较好成绩。

（裘文达）

品种比较试验（variety tests; comparative tests for cultivars） 确定引入或选育优良品种或品系在当地适应性、观赏价值及推广前景的测试措施。因刚引入的新品种或初选出的优系尚不能判断其能否在当地推广、应用，故要通过田间试验为主的品种间系统比较，方可作出结论。品种比较试验包括田间试验、盆栽试验、温室试验和实验室试验等，而以田间试验为主。田间试验的内容有育种材料试验、品系（或品种）比较试验、品种区域性试验、品种栽培试验和引种驯化试验等。

品种比较试验的田间设计要根据生物统计学原理进行。小区一般为长方形，畦（行）的方向宜南北向，使各小区的植株能均匀受光。小区在田间的排列方法需事先进行设计，如采用对比法、互比法（如图）。即每个品种设一个小区，每隔2～5个小区种一个对照品种，每个品种和它邻近的对照进行比较。一般容易对比出优劣，应随机排列，并重复3～4次。每个区、组中的品种，可以顺序排列或错开排列，但对比排列法的对照位置每隔2～5个小区定要安排一个。在设重复的情况下，每个小区在区组里排列成行，每个区组各排列一行，使区组大体上成长方形，而整个试验区大致呈方形。观赏植物若以无性系品种做品种比较试验，常以一个单株作为小区，这时可采用拉丁方排列。这个排列是将试验处理从两个方向排列成区组或重复。如图所示，即为5×5的拉丁方。每一直行及每一横行都成为一区组或重复，而每一处理在每一直行或横行都只出现一次。所以拉丁方设计的重复数、处理数、直行数、横行数均相同。该方法的精确度高，但需用较多土地。

田间品种比较试验的主要观察记载内容如下：观赏树木的内容包括编号、中名、学名、科名、来源、育苗期、定植期、开花期、结实期。多年生花卉的内容包括编号、中名、学名、科名、来源、播种（分株）期、方法、发芽期（始、终）、定植期（日期、株行距）、花期（始、终）、花色、花形、株高、株幅、采种（日期、收籽量）、入冬枯萎期、来年发芽返青期、开花期、花色、花朵大小、株高、采种期、初霜反应、枯萎期等。各种用做切花的品种记载内容为编号、中名、学名、科名、来源、播种期（扦插期）、方法、发芽期、定植期、花期（始、终）、花色、花果大小、花形、花梗直立性、抗病虫害、耐贮运性及产量等。

保护行	1	对照	2	3	对照	4	5	对照	6	7	对照	8	9	对照	保护行

保护行	对照	9	8	对照	7	6	对照	5	4	对照	3	2	对照	1	保护行

对 比 法

C	D	A	E	B
E	C	D	B	A
B	A	E	C	D
A	B	C	D	E
D	E	B	A	C

拉丁方排列

保护行	1	2	3	4	对照	6	7	8	1	2	3	4	对照	6	7	8	保护行

保护行	8	7	6	对照	4	3	2	1	8	7	6	对照	4	3	2	1	保护行

互 比 法

根据观察记载的数据再进行分析计算，从而完成品种比较试验。一般要连续试验3年，选出优良品种，加以推广应用。在试验过程中，选用当地最常用品种作为对照。

对于观赏树木的品种比较试验，因其树体占地较大，年份间差异明显，很多种类通行嫁接繁殖，故应做到：①试验品种或品系必须准确、典型，苗龄相同，砧木一致，并在自然环境、栽培条件及技术措施上尽可能做到一致。②试验地尽量设在本地区有代表性的地段上。③采用当地一般使用的或切合育种目标而应用的农业技术措施。

在品种比较试验中，小区面积和株数视种类、株形大小等因素而定。

品种比较试验期满后，凡优于对照（标准）品种的优系，经审定、批准、命名、登记后，成为新品种，即可进行推广。

（陈琰芳）

品种提纯复壮（purification and rejuvenation of cultivars） 针对植物品种在繁殖和栽培过程中出现的退化、混杂、生活力衰退等现象，采用选择等手段来恢复并提高其优良种性的一系列技术措施。观赏植物品种由于机械混杂、生物学混杂、病虫为害以及不适宜环境条件等因素的影响，出现基因劣质微突变积累以及病毒感染等原因，往往使品种性状变劣。一般用选择方法并结合良好的农业技术措施，以及脱毒处理等，来保持或恢复原有的优良种性。

选择方法 分为混合选择法、单株选择法和改良混合选择法等。①混合选择法：从原始群体中选择符合选种目标的优良单株（或单果）混合留种。此法可在品种混杂不十分严重的情况下采用。去杂去劣要在观赏植物生长发育的各个阶段分次进行，并在收获前进行最后一次选择，这是保纯关键时刻抓紧进行的重要措施。混合选择的优点是简单易行，便于应用。但该方法只能起到保纯的作用，而难以达到复壮的目的。②单株选择法：是按一二年生草花等观赏植物品种的特征、特性选择典型的优良单株留种，方法简便，效果良好。连续采用单株选择法，可起到提纯复壮的作用。对于天然自花授粉花卉，如香豌豆、凤仙花、牵牛花、羽扇豆、重瓣翠菊等，应用此法往往收效良好。③改良混合选择法：就是将观赏植物良种的提纯复壮过程，按照生产程序，把繁殖种子的圃地分别叫作株行圃、株系圃和原种圃、即“三年三圃制”。由于优良单株的后代要经过两年系统的田间和室内鉴定，可以充分去杂去劣，提纯复壮的效果好。株行圃是把当年从种子圃或园林中选来的单株分别留种，经考种后符合本品种标准的入选。播种时每一个单株播一行，称为一个株行，总的叫株行圃。在株行圃里，要认真进行田间观察和选优去劣。株系圃是将上年选出的优良株行，按种子数量多少，播种于小区，以未经株选的同一品种或原种作对照，即为株系圃。收获时分系进行比较，以选出符合标准的品系，供来年混合繁育用。原种圃也叫原种田，是将株系圃中当选的优良株系，混合种在原种圃里，原种圃里生产出来的种子就叫原种。其纯度一般不应低于99%；质量等级应不低于一级（应具较高的种子发芽率和净度）。但数量较少，需通过原种圃（种子田）进一步扩大繁殖，才能满足观赏栽培的需要。一二年生花卉中天然异花授粉植物较多，严格应用此法，可达到提纯复壮的目的。

品种内杂交 观赏植物同一品种内不同个体间的杂交，可以利用品种内个体间的差异，提高后代的生活力，达到提纯复壮的目的。此法对于天然自花授粉的一二年生花卉收效显著。

脱毒处理 菊花、仙客来、香石竹、郁金香等多种观赏植物常易感染不同病毒，因而迅速退化，大大影响生产与应用。应及时分批检查，发现有病毒感染要立即销毁。如能通过预先的茎尖培养、热处理等技术进行脱毒，收效尤佳。

实行提纯复壮的严格制度与综合措施主要是通过对繁殖材料选优去劣，加强对观赏植物的培育、管理和对种苗的检疫与鉴定等。对于品种标牌、种子容器、采收器皿与工具等，定要清收、净藏，防止任何可能的机械混杂。至于防止生物学混杂，主要应建立严格的隔离制度与方法。如在石竹（*Dianthus* spp.）等属中，常出现天然的种间授粉与杂交。在百日草（*Einnia elegans*）等的良种繁育中，尤其要注意防止类型间、品种间的生物学混杂。如实行特约农家的分类型、分品种的良种繁育制度，再结合其他措施，在防止生物学混杂上有显著效果。

（袁文达）

品种退化（degeneration of cultivars） 观赏植物优良种性削弱的过程与表现。狭义的品种退化是指原优良品种的基因和基因型发生改变；广义是指优良性状（形态学、细胞学、化学等）变劣。退化表现有形态畸变、生长势衰退、花色紊乱、花径变小、重瓣性降低、花期不一、抗逆性变差等。

退化原因较为复杂，主要有：①生物学混杂，大多发生在用种子繁殖的一二年生草花，由于采种、晒种、贮藏、包装、调运、播种、育苗、移栽、定植等过程中混入其他基因型，或隔离不当，发生天然杂交，造成基因的重组和分离，如矮金鱼草、矮万寿菊混入高株基因，结果后代植株高度参差不齐，株型混乱，若任其自由授粉，则矮的性状可能完全消失；又如大花重瓣翠菊，与与单瓣翠菊混杂，花径常变小，重瓣性降低，甚至完全出现单瓣性状。异花授粉自交，隐性基因纯合显现，也可导致上述退化性状。常见退化花卉有三色堇、矮牵牛、百日草、大丽花等。②基因劣变，如鸡冠花的红色花冠由显性基因 A 控制，黄色由隐性基因 a 控制，当 A→a 时，花冠由红色变成黄色，相反的基因 a→A 时，则由黄色变成红色，如突变发生时间较晚，则出现红黄相嵌现象。有的出现返祖，失去硕大花冠变成原种青葙状花序等。③病毒侵染，病毒或类菌质体侵染花卉组织和细胞，引起细胞内遗传物质变异，产生病毒彩斑，花朵变小，花、叶、枝畸形或扭曲等。其侵染途径有：虹吸式口器昆虫如蚜虫、蓟马吸取植物液汁时传播，摘心、打杈等接触传染，土壤病毒侵入等。易感染病毒花卉有郁金香、唐菖蒲、百合、菊花、大丽花、仙客来、香石竹、月季、泡桐等。④繁殖方法不当，如金鱼草、矮牵牛的蒴果重量由花序下部往上递减，波斯菊放射(小)花所结种子大而重，中盘花种子轻而小，如采花序上部或用中盘花种子繁殖，则苗细弱，生长不良；又如'五色'鸡冠花、'绞纹'凤仙，未在典型花序部位采种，或二色观叶植物(如吊兰、变叶木、鸭跖草、银边天竺葵、金心黄杨、海桐等)，剪取了没有代表性状部位进行扦插，则往往失去其原有的典型性；又如悬铃木用修剪下来的高部位枝条扦插，结果发育过早，生长很快衰退等。⑤栽培环境不合适，如大丽花、唐菖蒲喜冷凉环境，如栽培在南方湿热地区，往往生长不良，花序变短，花朵变小等；又如耐阴花卉种植在阳光过强地方，花卉品质大大降低等。

如何防止品种退化，应贯彻防杂重于去杂，保纯重于提纯的方针，建立和健全良种繁育制度，主要措施有：①建立花卉苗木种子公司，统筹规划，在全国设置若干个花卉苗木良种繁育基地，专门负责良种的生产和销售，防止伪劣花卉种子混入市场。如北京林业大学在北京、山东、西北建立花卉良种繁育中心，上海市花卉良种试验场大量引种并繁殖无毒、优质切花(香石竹、百合等)，浙江农业大学在高山建立唐菖蒲良种繁育基地等，都起到一定的促进作用。②隔离采种，防止生物学混杂，隔离方式有时间隔离、空间隔离、器械隔离、套袋隔离、纱网隔离、温室隔离等。时间隔离即把不同品种分期播种，分期定植，把花期错开，如翠菊可分春播和秋播，前者当年秋季开花，后者翌年春季开花，此法主要用于对光周期不敏感的花卉。空间隔离的距离依据花卉授粉习性，传粉媒介，采种群体大小，采种田障碍多少而定，一般隔离距离，风媒花大于虫媒花，单瓣花大于重瓣花，风力大地方大于风力小地方，空旷地大于非空旷地(见下表)。③提纯复壮(见**品种提纯复壮**)。④选择合适栽培环境，适地适花，有的可改季节栽培，如唐菖蒲南方夏季湿热，可改秋季栽培，防止品种退化。⑤加强田间管理，除杂去劣，拔除有病毒植株或用茎尖分生组织培养，进行脱毒处理，消灭害虫，避免连作，土壤消毒，除草施肥。有的可通过打顶整枝(如紫罗兰、球根花卉)，可增加球茎、鳞茎、块根产量，增加萌蘖。通过上述措施，不断提高种子和种球品质。

种　　类	距离/cm
翠菊 紫罗兰	10
三色堇 飞燕草	30
一串红 古代稀 春白菊	50
矮牵牛 金鱼草 百日草 马鞭草 半支莲 福禄考	200
石竹属花卉 桂竹香	350
波斯菊 金莲花 万寿菊 金盏花 风铃草 矢车菊	400

(程金水　裘文达)

苹婆(common sterculia)　*Sterculia nobilis*，别名凤眼果、富贵子。梧桐科苹婆属常绿乔木。树干通直，高达 20m，树皮褐色。单叶互生，倒卵状椭圆形；腋生圆锥花序、下垂，花杂性，无花瓣，花萼微带红晕，花期 4～5 月，8～9 月可二次开花。蓇葖果卵形，9～10 月成熟时红色。产中国贵州、云南、海南、广东、广西、福建、台湾等地，印度、越南、印度尼西亚也有分布。喜光，喜温暖湿润气候，在肥沃排水良好的酸性、中性或钙质土壤均可生长，也较耐瘠薄。根系发达，速生。用播种或扦插法繁殖，实生苗 4～5 年生始花。

苹婆树冠整齐、树姿优美，多用做庭荫树或行道树。

(陈耀华)

《瓶花谱》(*A Treatise on Vase Flowers*)　中国明代张谦德所著一部瓶花技艺专著。著者张谦德(1577～1643)，字青父，号米庵，江苏昆山人。他兴趣广泛，除《瓶花谱》外，尚有其他著作传世。《瓶花谱》著于 1595 年。全书分品瓶、品花、折枝、插贮、滋养、事宜、花忌、护瓶等八节。在"品瓶"中，提出："凡插瓶花，先须择瓶，春冬用铜，秋夏用磁，因乎时也；堂厦宜大，书室宜小,因乎地也;……口欲小而足欲厚,取其实稳而不泄气也。"这里,因季节、场地的不同而选瓶,从原则到具体均已涉及。"品花"中云:"今谱瓶花,例当列品,录其入供者,得数十种,亦以九品九命次第之。"在"折枝"一节,不仅阐明采花适期,并在插法及构图上进行分析:"折取花枝,须得家园邻圃,侵晨带露,择其半开者折供,则香色数日不减。""取俯仰、高下、疏密、斜正,各具意态,全得画家折枝花景象,方有天趣。"此外,在《花忌》中还提出了瓶花保养中的"六忌",如"久不换水"、"油手拈弄"、"香烟灯煤熏触"等等。《瓶花谱》是中国古代较早的插花专著,在理论及实践上,对后代瓶花艺术的发展都产生了较大的影响。

(虞佩珍)

《瓶史》(*A Study on Vase Flowers*) 一部中国明代袁宏道著论的插花艺术专著。袁宏道(1568~1610)字中郎,号后公,湖北公安人。他崇尚自然,文学造诣较深。著有《袁中郎集》等。

《瓶史》一书约在万历三十年(1602)前后写成。全书分上、下两卷,前有序,后有跋。上卷分"瓶花之宜"、"瓶花之忌"及"瓶花之法"三节,论述了不同场地对花器、花材的选择,相互间比例关系,插花注意事项及插花技法等,并介绍了插花保鲜技术。下卷分"花目"、"品第"、"器具"、"择水"、"宜称"、"屏俗"、"花祟"、"洗沐"、"使令"、"好事"、"清赏"、"鉴戒"等十二节。分述插花有关事项,提出对花材要精选,并将梅花、海棠、牡丹等花木不同种类按等级高下予以区分,还提出了对花器、配件、用水等的选择要点。书中阐述了插花构图原则;论及欣赏以"茗赏"为最佳,对唐代流传的"香赏"提出了不同看法。他把花人格化,寄予深情。因此,在养护上要求细致,经常淋洗,如同人的梳洗,是必不可少的。在配置上考虑有主有宾,并将一定的主,配以相对的宾。提出插花时应全神贯注,才能身入其境,提高修养,以达到较高的艺术境界。对不同季节赏花的环境与时间均有一定要求。最后引用宋代张镃(功甫)所著《玉照堂梅品》中的论述,以"花快意"与"花折辱"来作结束语。

《瓶史》涉及范围广,内容深,条理清晰,理论结合实际,是中国古代最完整、又有系统的一本插花专著,对中国及世界插花有深远影响。尤以对日本影响更深,至今日本还有以宏道命名的"宏道流"(一个"花道"的流派)。 (虞佩珍)

瓶子草 (common pitcher plant; side-saddle flower) *Sarracenia purpurea*,瓶子草科瓶子草属多年生食虫草本植物。具根状茎。叶常绿,倒伏簇生,呈莲座状,长8~30cm,圆筒状,基部细长,上部肿胀,喉部缢缩;绿色,具紫色条痕;一侧具1距或阔翅,顶端有直立盖、肾形,常具紫脉纹,盖内有毛。花葶直立,高约30cm;花单生、下垂,紫或绿紫色,花径3.8cm,花期4~5月。广布于美国东部酸性沼泽地至东南部及墨西哥湾沿海平原。半耐寒,喜潮湿环境。栽培介质用细砂,泥炭、苔藓或活水苔,盆下置贮水盆,保持水深2.5cm。休眠时耐轻度冰冻。忌用碱性水灌溉。常于温室盆栽,作新奇植物观赏。 (王大钧)

萍蓬草 (cowlily spatterdock; yellow pondlily) *Nuphar pumilum*,睡莲科萍蓬草属多年生宿根水生草本植物。具根状茎、粗壮,横卧泥中。叶漂浮,卵形或宽卵形、全缘,基部有大缺裂,叶面光滑,叶背密生柔毛,叶柄有柔毛。初期生长沉水叶,薄而柔。花单生于花梗顶端,突出水面,直径3~4cm。萼片5枚、革质、黄色、花瓣状,花瓣10~18枚、狭楔形。浆果卵形,不规则开裂,种子黄褐色。夏季开花,分布在黑龙江、吉林、江苏、浙江、江西、广东等地。日本、俄罗斯、欧洲也有分布。喜阳光充足、土壤深厚,能耐寒。可供水池栽培。花与叶供观赏,根状茎可食用和药用。

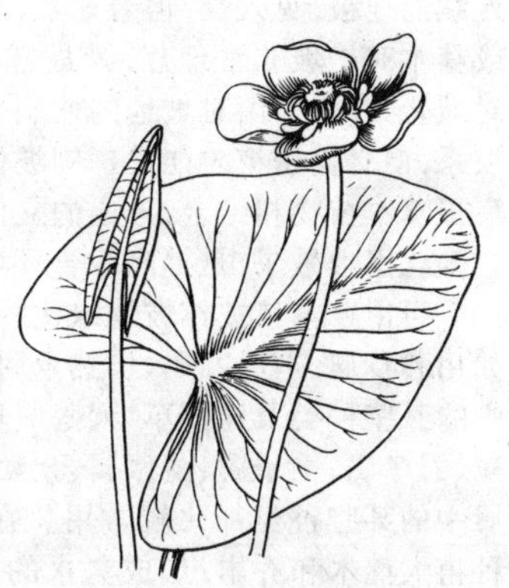

全属约25种,常见者有:欧亚萍蓬草(*N. lutea*),花径4~6cm,萼片5,黄色,花瓣多数,黄色(少数紫色);分布在欧洲、亚洲北部及非洲北部。日本萍蓬草(*N. japonicum*),植株粗壮,叶长卵形,花径4~5cm,黄色杂有红色,分布在日本。美国萍蓬草(*N. advena*)叶亮绿色,水面叶厚、革质,长15~30cm,宽12~23cm,水中叶少而薄;花径2.5~4cm,金黄色有红色纹,花期5~8月。分布在美国南部及西部。

(吴应祥)

坡地绿化 (planting on slopes) 在坡面上进行的绿化作业。坡地绿化尤指因挖土或填土而形成的人工斜坡上进行的绿化,如各种交通建设和工程建设留下的裸露坡地种植植物,起到固坡护坡,防止水土流失,美化环境的重要措施。

坡地表层处于裸露状态会因雨水冲刷而浸蚀,冬季受霜雪及低温影响,容易崩坍。种植以后植物的根系可固定土壤颗粒,并阻止表层物质颗粒的移动,防止滑坡。一部分雨水附着于茎叶上直接蒸发,一部分到达坡面的雨水也被涵蓄，土壤再吸收一部分，使地表径流相对地减少，水土流失因而减弱。坡地植被缓和了土壤温度的变化，从而缓和了土壤胀缩幅度。坡地种植植物成本低，并具有综合的环境效益，比其他非生物性工程措施更自然美观，种植植物使坡地与周围环境更加协调。种植形式采用规则式或自然式，应考虑与坡地附近的景物协调一致。

坡地种植的植物须有下列特点：①生长迅速，繁殖容易，能在短时期内覆盖坡面，起到护坡作用。②枝叶繁茂，根系发达，最好是匍匐性植物。③抗逆性强，耐粗放管理。④有一定观赏性，常绿植物胜过落叶植物，木本的胜过草本。虽然草本植物生长快，能形成紧密连续的地被，见效快，但寿命短，更新费工；低矮的灌木或藤木对护坡非常理想，是最常用的材料。高大乔木对减轻大雨、暴雨对坡地的冲刷比较有效，又有强大的根系，但必需密植才能发挥固坡性能。由乔木、灌木及宿根草本植物相结合，形成的立体多层次绿化体系，可以强化固坡效果，是提高综合环境效益的最佳组合。

可用草本植被作坡地绿化的先锋，迅速稳定坡面，如用蓍草属，剪股颖属、早熟禾属、三叶草属、酢浆草属中的某些种类及连钱草、天鹅绒草等等；灌木如悬钩子属、忍冬属、栒子属、蔷薇属、金丝桃属、火棘属、富贵草属中的某些种类都比较常用。在适当的坡地上，可以种植大灌木和乔木，形成隽永的立面景观，如柳属、栎属、桤属中的某些种类及黄栌、刺槐、山楂、枣等等。不同地区应选择适合本地区自然条件的植物种类，优先选用乡土植物或适宜的外来树种。

（包志毅）

朴树类（hackberry） *Celtis* spp.，榆科朴树属落叶乔木。树皮灰或深灰色，不裂或有不规则裂纹，老时有木栓质瘤状突起。小枝无顶芽。单叶互生，叶基部多不对称。花小，杂性同株，雄花簇生，雌花或两性花单生或2～3朵集生。核果近球形。朴树类产北温带至热带，中国普遍分布，多生于平原和浅山区。多为喜光树种，稍耐阴，喜温暖气候。深根性，寿命较长。朴树类多以播种繁殖。主要害虫有沙朴棉蚜、沙朴木虱等，可用乐果或敌敌畏液喷杀。朴树类树冠广展，绿荫浓郁，是城乡绿化的重要树种，宜作庭荫树孤植于草坪或丛植于池畔、坡地。其中的珊瑚朴还是花、果皆美的观赏树。

本属见于栽培的树种还有：朴树（*C. tetrandra*），别名沙朴。树冠扁圆球形，树皮褐灰色，粗糙，枝平展。叶卵形至狭卵形，长3～10cm，先端尖。花杂性同株，4月开花。核果橙红色，9月成熟。分布于中国河南、山东、长江中下游各地。喜光，稍耐阴，散生于平原、丘陵和低山。不择土壤。抗烟尘，对有害气体有一定的抗性。紫弹树（*C. biondii*），叶较狭长而质稍薄，果多两个并生，熟时橙黄色，果核有网纹。产中国江西、浙江、安徽、陕西、江西、湖北、四川等省。天目朴（*C. chekiangensis*），与紫弹树近似，仅叶背细脉明显，小枝有黄色短柔毛，果核光滑。产中国浙江省西天目山。珊瑚朴（*C. julianae*），大乔木，高达26m，主干通直，枝开展，小枝下垂，树冠圆球形。树皮灰色，平滑，老皮上满布小瘤状突起。小枝、叶背及叶柄均密被黄色绒毛。叶宽卵形或卵状椭圆形，表面粗糙，背面脉纹凸起。4月枝上满生红褐色花序，状如珊瑚。核果圆卵形，10月成熟时橙红色，味甜可食。分布于中国河南、陕西、湖北、四川、贵州、湖南、江西、安徽、浙江各地。暖温带速生树种。喜光而稍耐阴，生于湿润、肥沃的溪谷、坡地。不择土壤，深根性，抗旱力较强。珊瑚朴干高冠广，小枝下垂，绿荫深浓，潇洒自若。宜作庭荫树。小叶朴（*C. bungeana*），别名黑弹树。树身高大，叶卵形或椭圆形，核果单生叶腋，球形，紫黑色。分布于中国辽宁、河北、陕西、云南、湖南、山东、江苏等地。大叶朴（*C. koraiensis*），叶形奇特，圆卵形或倒卵形。核果暗黄色。分布于中国河北、山东、山西、河南、陕西、甘肃、江苏、安徽等地，朝鲜、日本有分布。黄果朴（*C. labilis*），别名垂珠树，叶卵状椭圆形至椭圆状矩圆形，表面粗糙，散生贴伏的硬毛和乳头状突起。核果近球形，成熟时橙黄色。分布于中国河北、山东、山西、河南、湖北、陕西和甘肃等地。

（贺贤育）

匍茎剪股颖（creeping bent-grass） *Agrostis stolonifera*，别名本特（草）、四季青。禾本科剪股颖属多年生草本植物。染色体数2n＝14。秆偃卧地面。叶片质地柔软，条形，宽3～4mm，具小刺毛。圆锥花序卵状矩圆形。广布北半球温带，中国北部、西北各省、江西和浙江等都有分布。在潮湿草地或肥沃湿润、排水良好的土壤中生长良好。微酸性、中性至微碱性土壤中都能生长。耐阴能力较强，在郁蔽度80%的乔木下能正常生长。对高温炎热的夏季适应性差，叶尖发黄。须精细养护管理，否则栽植3年，大部分植株衰老，靠近地面叶子发黄，草坪质地变劣，需耕翻重新栽植。常与紫羊茅等混播，用于庭园、高尔夫球场等。播种和营养繁殖均可。播种量3～5g/m^2。栽植匍匐枝4月下旬至9月下旬均可进行。

同属植物约200种，常见栽培的有：小糠草（*A. alba*），具细弱根状茎，花序分枝，基部着生小穗。细弱剪股颖（*A. tenuis*），具根状茎，叶片宽1～2mm，圆锥花序。匍茎剪股颖等在中国部分地区（河南等地）表现尚好，但畏旱喜湿，需加强灌溉。

（胡叔良）

匍枝毛茛（creeping buttercup） *Ranunculus repens*，毛茛科毛茛属匍匐性多年生草本植物。株高

30～60cm,茎下部匍匐地面,节处生根并分枝。基生叶有柄,三角状卵形。三出复叶,小叶3深裂或3全裂,或不等的2～3中裂,边缘有粗锯齿或缺刻。叶柄基部扩大呈膜质宽鞘。花数朵着生于根出的总梗上,花瓣5～8枚,橙黄色至黄色,卵圆形,具光泽。花径2～2.5cm,花期5～6月。聚合果。有重瓣栽培品种。原产欧、亚之间,后传至美洲,中国新疆、河北、山西及东北各省均有野生。生于沟边湿地,耐寒,适应性极强。分株、扦插或播种法繁殖。匍匐性强,是良好的地被植物。

同属植物中栽培观赏的有:长叶毛茛(*R. lingua*),匍匐性多年生植物,株高1m,单叶披针形,花黄色。原产欧洲及中亚。红萼毛茛(*R. rubrocalyx*),株高6～15cm,多分枝。花单生,黄色,萼片紫红或黄褐色。原产中国新疆天山一带,中亚也有分布,多生于海拔2000m的山坡草地。适宜布置高山植物园及岩石园或作地被材料。 (葛 红)

匍枝委陵菜 (prostrate cinquefoil) *Potentilla flagellaris*,蔷薇科委陵菜属多年生草本植物。具匍匐枝。幼时有长柔毛,基生掌状复叶;小叶菱状倒圆形,长2～5cm,基部楔形,边缘有不整齐的浅裂。花黄色,单生叶腋。瘦果矩圆状卵形。分布于中国黑龙江、河北、山东、山西、江苏等省。喜冷凉气候和湿润土壤,耐盐碱。以匍匐枝繁殖。可用作湖边、河岸的开花地被植物。

同属约500多种,见于栽培的还有:二裂叶委陵菜(*P. bifurca*),具根茎,比较耐旱。鹅绒委陵菜(*P. anserina*),叶片密生白色绵毛。三叶委陵菜(*P. freyniana*),茎、叶、叶柄、花梗均有柔毛。上述三种委陵菜均可用作开花地被植物。 (胡叔良)

葡萄 (wine grape) *Vitis vinifera*,蒲陶、草龙珠。葡萄科葡萄属落叶藤木。染色体数2n=38,40,57,76。公元前2400年埃及象形文字中就有记载。中国栽培已有2000余年,《史记·大宛列传》有汉代天子始种蒲陶的记载。用葡萄美化庭院,也自古有之。藤长15～20m,靠卷须攀援。树皮成片状剥落。叶互生,近圆形,3～5裂,边缘有粗齿;圆锥花序与叶对生,花小,杂性,黄绿色,花期5～6月;浆果近球形或椭圆形,绿黄色或红紫色至紫黑色,有白粉,果期7～9月。产亚洲西部及黑海、地中海沿岸。喜温暖、干燥气候,要求阳光充足,土壤肥沃而排水良好。潮湿地区栽培易染真菌病害,中国北部,冬季需防寒。用扦插、嫁接及压条繁殖,篱架或棚架栽培。在葡萄根瘤蚜感染区栽培,须选用抗瘤蚜砧木的嫁接苗;主要病虫害有黑痘病、白腐病、霜霉病及透刺蛾、红蜘蛛、二星叶蝉等。

葡萄叶绿荫浓,果实晶莹,是优良的垂直绿化树种,常用于攀援棚架、门廊,或用作公园跨路长廊及大型休息花架的覆盖;也可盆栽布置庭院,美化阳台。 (黎盛臣)

葡萄风信子 (common grape-hyacinth) *Muscari botryoides*,别名蓝壶花、葡萄百合、葡萄麝香兰。百合科蓝壶花属多年生草本植物。染色体数2n=2x=38,40。地下小鳞茎球形、白色。叶基生、线形,边缘常向内卷。总状花序,花朵密生花葶上部,花冠小坛状,顶端紧缩;花蓝色或先端带白色;有白色、肉红、淡蓝及重瓣花品种;花期春季,5月中下旬蒴果成熟。原产欧洲南部。喜温暖、向阳环境,但也稍耐寒与半阴,要求富含腐殖质、疏松肥沃、排水良好的砂质壤土。播种或分栽小鳞茎繁殖。种子采收后,当年秋冬露地直播,次春发芽,经3～4年开花。炎热夏季休眠。秋季分栽小鳞茎,当年可生根、发叶。冬季,白天温度如在0℃左右,仅叶上部枯黄,次春继续生长。栽培地宜选温暖、向阳避风,排水良好处。株行距8～10cm。土壤干旱地区,入冬前应灌冻水,早春恢复生长时,及时灌溉,抽生花穗前追施1～2次速效液肥。园林中适宜花境、花坛、草地镶边,林下地被或岩石园点缀,株态小巧玲珑,也可作盆栽或作小切花应用。

同属植物约50种,多数产于地中海地区和亚洲西南部,见于栽培观赏的还有:天蓝葡萄风信子(*M. azureum*),叶片带状,边缘上卷,呈深槽状。花葶高20～25cm,有花20～40朵,紧密排列,花冠钟状,蓝色,瓣片宽卵形。花期早春。原产南欧。大蓝壶花(*M. comosum*),花葶高30～45cm,具褐色点,疏散总状花序,下部能育花较大,花冠筒圆柱状,先端外弯,缘褐色;上部不育花较小,蓝紫色。花期春季。原产南欧、亚洲。其变种有分枝蓝壶花(var. *monstrosum*)和羽枝蓝壶花(var. *plumosum*)。

(龙雅宜)

蒲包花 (calceolaria; slipperwort) *Calceolaria herbeo-hybrida*,别名荷包花。玄参科蒲包花属一年生草本植物。为园艺杂交种,由 *C. crenatiflora*、*C. corymbosa*、*C. purpurea*、*C. arachnoidea* 等种间杂交而形成。株高30～40cm。叶卵形或卵状椭圆形,叶质柔软,黄绿色。不规则聚伞状花序,花具二唇,下唇发达,形似荷包,花径3～4cm,向上逐渐变小。花色丰富,具淡黄、乳白、淡红、红、橙红等色,并常嵌有褐色或红色斑点。已有许多稳定的优良品系,表现为生长势强,开花早,多花性等特点。如F_1'Grandiflora Dwarf',F_1'Grandiflora Delight'等。

繁殖栽培:喜温暖湿润环境,不耐寒,畏高温、高湿，要求疏松、肥沃、排水良好的砂质壤土。8月上旬至9月下旬温室内盆播。如早播，遇高温高湿易引起烂苗；晚播则植株生长缓慢，影响开花。播后不宜覆土，加盖玻璃放置阴凉处。在气温20℃时，经7天发芽。苗齐后适当间苗，撤去玻璃放置通风透光处。在真叶出现后，使温度降至15℃。长出2～3片真叶后移苗，盆土以腐叶土、泥炭土和沙以3:1:1配合，并于深层加少量速效肥，pH值6.5为宜。移植距离为3～4cm，缓苗后将盆移于通风向阳处，待5～6片真叶时，即可单株盆栽。生长期空气相对湿度不能低于80%，而盆土不宜过湿，不要将水淋于叶面或芽上，以防引起腐烂。每7～10天浇一次稀薄液肥，施用化肥的浓度不得超过0.5%。中午光照过强需遮荫。进入11月后每日补充光照6～8小时，可提早开花。越冬温度不宜低于8℃。正常花期2～5月份。开花后需经人工授粉，方可提高结实率。

花形奇特，花色艳丽多彩，为早春盆栽花卉之一。

同属植物约300种，多产于中美和南美洲。常见栽培的还有：智利蒲包花（*C. biflora*），原产智利，多年生草本植物，花较小，深黄色，花期5～6月份。灌木蒲包花（*C. integrifolia*），又名皱叶蒲包花，原产智利，染色体数2n＝2x＝18，株高100～200cm，叶片质硬，长椭圆形，圆锥花序密生。变种（var. *angustifolia*），叶形窄披针形；（var. *ferruginea*），叶面红褐色；（var. *viscosissima*），全株被茸毛，花黄色或橙黄色。墨西哥蒲包花（*C. mexicana*），原产墨西哥，染色体数2n＝2x＝60，一年生草本植物，株高30cm，茎柔软被茸毛，下部叶3裂，上部叶羽状全裂，花小，淡黄色。

（周维燕）

蒲草（cattail） *Typha angustifolia*，别名水蜡烛、水烛。香蒲科香蒲属多年生宿根沼生草本植物，高1.6～3m，叶狭条形。穗状花序圆锥形，长30～60cm；雌雄花序不相连接，雄花序在上，长20～30cm，雌花序在下，长10～30cm。分布于中国东北、华北及华东等地，欧洲、北美、大洋洲及亚洲北部地区也有分布。宜在土壤肥沃、光线充足的沼泽或浅水池栽培。耐寒，栽培容易。用分株或播种繁殖。穗状花序可作切花或干花。为中国传统水景植物材料。

全属约18种，常见者有小香蒲（*T. minima*），植株较矮小，高30～60cm，基生叶细条形，宽不及2mm，茎生叶仅具叶鞘而无叶片。雌雄花序相距5～10mm。分布于中国北部地区，欧洲及亚洲北部也有分布。

（吴应祥）

蒲桃（rose-apple） *Syzygium jambos*，别名屈头鸡、香果。桃金娘科蒲桃属常绿小乔木。染色体数2n＝2x＝44。高达10m，树冠球形。树皮灰黑色，光滑。叶对生，长椭圆状披针形，具透明腺点，全缘，侧脉至叶缘处汇合。聚伞花序顶生，花绿白色，径4～5cm，花期4～5月。浆果核果状，球形或卵形，径2.5～4cm，淡黄色，果期7～8月。产中南半岛至印度尼西亚，中国海南省有野生，华南常见栽培。喜光，喜湿热气候及酸性土壤。深根性，多生长于水边或砂地。播种繁殖，种子具多胚性；优良品种用嫁接繁殖。蒲桃树冠大，叶、花、果均可观赏，宜作庭荫树；茎干坚韧，不易风倒，又抗二氧化硫及氟、氯等有害气体，也可用于工矿区及堤岸的绿化种植。果具特殊香味，供食用。

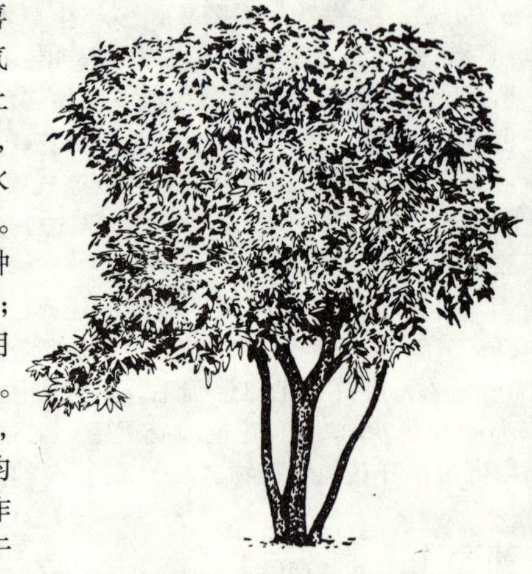

同属植物见于栽培的尚有洋蒲桃（*S. samarangense*），叶椭圆状矩圆形，近无柄；花白色；果钟形或梨形，肉质，径4～6cm，粉红色，光亮如蜡。产马来西亚半岛和印度尼西亚。赤楠（*S. buxifolium*），高0.5～5m；叶小，倒卵状椭圆形，长2.5～3cm。产中国长江流域以南，越南、日本也有分布，可作绿篱及制作盆景。

（黄智明）

蒲苇（selloa pampas-grass） *Cortaderia selloana*，禾本科蒲苇属多年生草本植物。染色体数2n＝2x＝24。雌雄异株。植株高大，一般2～3m，高者

可达 6～7m。叶片具锋利边缘,不可随意抚摸。圆锥花序呈金字塔形,银白色至粉红色。外稃具丝状柔毛。分布于阿根廷、乌拉圭等南美国家。喜温暖湿润气候。上海曾引入栽培,用作背景观赏植物,在远处能见其雄姿及鲜艳夺目的花序。冬季作干切花,可长期观赏。品种有'白苇'(cv. Alba)、'粉苇'(cv. Rasea)、'密苇'(cv. Compacta)、'金苇'(cv. Gold Band)等。

(胡叔良)

Q

七叶树（Chinese horse-chestnut） *Aesculus chinensis*，别名桫椤树、娑罗树、莎罗树。七叶树科七叶树属落叶乔木。染色体数 2n＝2x＝40。中国栽培七叶树历史至少有1200余年，与佛教关系甚密切。《酉阳杂俎》中说，慈恩寺殿庭大莎罗树大历（766～779）中安西所进；《洛阳名园记》中说，苗帅园古有七叶二树对峙，高百尺；《长安客话》中说，卧佛寺内娑罗树二株，子如橡栗，可疗心疾。至今杭州灵隐紫竹林寺尚存二株古七叶树，高27m，胸径160cm。

七叶树高达27m，胸径达16m，冠幅21m，树冠圆球形。树皮灰棕色，老时为不规则块状剥落；小枝粗壮，顶芽大。掌状复叶对生，小叶5～7，长倒披针形或倒卵矩圆形，长10～20cm。聚伞圆锥花序顶生，近圆筒形；花杂性，花瓣4，白色，不等大，上面两花瓣有橘红色或黄色斑纹；花期5～6月。蒴果倒卵形，黄褐色，密被细疣状突起，果熟期10月。产中国陕西秦岭，河北、山西、河南、江苏及浙江等地有栽培。喜温暖湿润气候，畏干热，较耐寒。幼树喜阴，树皮不耐日灼。不择土壤，在酸性土、钙质土或溪边石砾土上均生长良好；但不耐瘠薄和水涝。深根性，萌芽力差。以播种繁殖为主，也可行扦插、嫁接或压条繁殖。种子易丧失发芽力，应随采随播，或拌湿沙低温层积至翌年春播。种子百粒重1400～1780g。播种当年苗高达50cm，移植在深秋落叶后至翌春发芽前进行，均需带土球。栽后须用草绳缠裹树干，以防树皮灼裂。主要害虫有刺蛾、大蓑蛾等为害叶片，可用1000倍液敌百虫液喷杀；天牛为害树干，可在5～6月成虫羽化期捕杀成虫，敲毁虫卵，幼虫蛀入树干后可用脱脂棉蘸敌敌畏或杀螟硫磷液塞入虫孔，湿泥封口，杀死幼虫。

七叶树树姿雄伟。冠如华盖，叶形秀美，系优良的行道树、庭荫树和园景树。庭园中应植于建筑物的东北面或配植于树丛之中。

同属植物见于栽培的还有：天师栗（*A. wilsonii*），叶背面幼时密生灰色细毛，花序较粗大，蒴果顶部具短尖头，产中国河南、湖北、湖南、江西、广东、四川、贵州和云南。欧洲七叶树（*A. hippocastanum*），小叶无柄，花序成直立塔形，产欧洲东南部，中国上海、青岛、庐山有引种。日本七叶树（*A. turbinata*），小叶无柄，蒴果阔倒卵形，有疣状凸起，原产日本，中国上海、南京、青岛有引种。（俞仲辂）

七子花（microne-like heptacodium） *Heptacodium miconioides*，忍冬科七子花属落叶小乔木，中国特产树种。高达7m。树皮灰褐色，片状脱落后，露出灰白色的内皮；幼枝微具四棱；叶对生，卵形或卵状矩圆形，由7朵小花组成的头状花序集成顶生圆锥花序，花白色，芳香，花期7～8月。瘦果顶端具5枚宿存萼，果熟11月。产中国湖北、安徽、浙江，喜湿润而凉爽的环境，对土壤要求不严，而以湿润的森林土为宜。七子花种子孕育率低，多行扦插繁殖，成活率达95%以上。七子花树身洁白光滑，叶子疏密有序；花形奇特，开时红白相间，宜植于园林中观赏。（贺贤育）

麒麟叶（centipede tongavine） *Epipremnum pinnatum*，别名麒麟尾、百足蕉、爬树龙、飞天蜈蚣。天南星科麒麟叶属多年生常绿藤木质。染色体基数x＝15。茎甚长，自残存枯叶的毛状纤维丛中抽生，攀附于热带雨林树木或崖壁上，茎直径达2.5～4cm，小枝径1～1.5cm，悬垂。叶互生。幼叶披针状矩圆形，全缘；成年叶为宽矩圆形，长达60cm，羽裂或羽状深裂达中脉，裂片宽条形，长达20cm。沿中肋两侧有（或无）星散小孔。叶柄长28～40cm，鞘膜质撕落。佛焰苞长10～12cm，渐尖，外绿内黄。肉穗花序长10cm。种子肾形。分布于华南、印度与东南亚。不耐寒。喜温暖湿润环境。扦插繁殖。适合温室大盆栽或大展览温室地栽。（郑　恭）

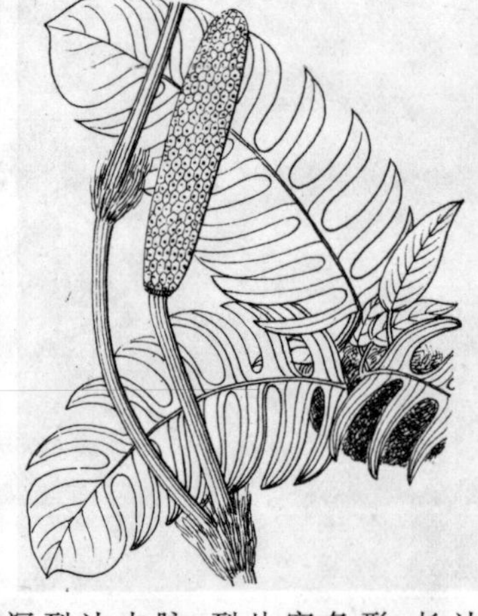

千屈菜（purple lythrum） *Lythrum salicaria*，别名水柳。千屈菜科千屈菜属多年生草本植物。染色体数 2n = 30。地下根茎粗壮，地上茎直立，高 30～100cm，茎四棱，多分枝。单叶对生或轮生，披针形，全缘，无柄。穗状花序顶生，小花多数密集，紫红色，萼筒长管状，花瓣6。花期 7～9 月。有紫色、大花、桃红色、毛叶等变种。原产欧亚温带，美洲大陆及中国南北均有野生。耐寒，喜强光、潮湿及通风环境。浅水中生长最好，也可旱栽，不择土壤。用播种、分株或扦插繁殖，以分株为主，春秋均可。夏季扦插，30 天左右可生根。播种繁殖，10 天可发芽，出苗后及花前均宜多浇水。千屈菜株丛清秀、花色淡雅、花期长，宜水边丛植或池畔栽植，也可用于花境或盆栽。同属 35 种，中国有 4 种。常见的有：帚枝千屈菜（*L. virgatum*），叶基部楔形，2～3 朵花组成聚伞花序。光千屈菜（*L. anceps*），小花 3～5 朵组成聚伞花序，全株无毛，分枝少。 （王彩云）

千日红（common globe-amaranth; bachelor's button） *Gomphrena globosa*，别名火球、千日草。苋科千日红属一年生草本植物。株高 50cm，矮生品种仅 15cm，全株密被纤细毛，茎直立多分枝。单叶对生，长椭圆形，全缘。头状花序，圆球形，着生枝顶，小花着生于两个苞片内，苞片膜质翅状，发亮有色，干后不落，色不变。花有紫红、粉红、金黄、橙黄、白等色。胞果近球形，种子密被白色纤毛，褐色，千粒重 1.05g，寿命 3 年。原产热带，喜阳光，耐干热，不耐寒，宜疏松肥沃土壤。发芽适温 16～23℃，7～10 天萌发。播种法繁殖，也可扦插。3 月份保护地育苗，5 月份定植露地，花期 7～10 月；5 月露地播种，初秋始花。中国各地习见栽培，适于花坛、花境、盆栽，用作鲜切花、干花。头状花序可入药。同属植物约 120 种，主要产于美洲热带。常见栽培的还有细叶千日红（*G. haageana*），多年生草本，叶细长，作一年生栽培。 （黄善武）

扦插繁殖（cutting） 将观赏植物部分营养器官（茎、根、叶等）插于基质中，促使生根，长成新植株的一种繁殖方法。扦插繁殖有茎插、根插及叶插等。扦插繁殖是目前应用最广的营养繁殖手段之一。它具有保持品种特性、提早开花、技术设备简单易行，繁殖系数较大等优点，故广泛应用于不易结实，品种易变异退化的观赏植物繁殖中。

类型及方法

茎插 大多数观赏植物均可进行茎插。依季节与取材的不同可分为硬枝扦插、软枝扦插、半硬枝扦插和芽叶插等四类。①硬枝扦插：休眠季选成熟枝条进行扦插的方法。简单易行，不需特殊设备、处理。木本植物进入休眠状态后，选成熟健壮的 1～2 年生枝条中部，带 3～4 芽截成 10cm 左右的插穗，顶端剪口要成斜面，下端剪口可平可斜。插穗剪好后，在土中埋藏或窖藏，早春插入基质中。在中国长江流域，也有秋末进行露地扦插的。此种方法适用于大多数木本植物。②软枝扦插：又称软材扦插或嫩枝扦插，是生长季选取当年生枝梢进行扦插的方法。选取枝梢 5～10cm 长为插穗，留一部分叶片，去除其余叶片，枝条成熟度以适中为宜，插入基质深度为插穗的 1/3～1/2。此法适用于草本花卉、温室植物及露地木本观赏植物。③半硬枝扦插：又称半软材扦插，扦插成熟度介于硬枝与软枝之间。取当年生较成熟的枝梢（如果太嫩，可剪去顶端），留 2～3 片叶，去掉其余叶片，插穗长约 10cm，插入基质深度为插穗的 1/2～2/3。适用于大多数木本常绿植物。④芽叶插：插穗只一芽一叶，一般带长约 2cm 的枝条。插入基质后，露出芽尖和叶片。适用于繁殖材料少或难以产生不定芽的观赏植物如印度橡皮树、桂花，等等。

根插 能从根部产生不定芽的观赏植物，均可进行根插。根据操作方法的不同，可将其分为平插法（或播根法）和直插法两类。平插法是将根剪成 3～5cm 长的小段，撒播于浅箱或苗床，覆土 1cm 左右，保持湿润，待其产生不定芽后即行移植。泡桐等粗壮根覆土宜厚，可达 3～5cm。能进行平插的种类有泡桐、银白杨、火炬树、蓍草、宿根福禄考、毛蕊花、秋牡丹等。直插法是将根剪成 3～8cm 长的小段，垂直插于基质中，上端稍露出，待其成苗后即行移植。能进行直插的种类有补血草、芍药、博落回等带肉质根的植物。

叶插　能从叶上产生不定根及不定芽的观赏植物种类，均可采用叶插法。根据其生长习性及操作，又可分为全叶插和片叶插两大类。全叶插以完整的叶片为插穗的方法。根据叶片的生根习性，又分为平置法和直插法。平置法将叶柄切除，叶片平铺于基质，使二者密合。如落地生根、秋海棠等可用此法。直插法是将叶柄插于基质中，叶片立于外面即可，像豆瓣绿、非洲紫罗兰等常用此法。片叶插是将一完整叶片分成数块分别进行扦插的方法，可根据不同叶片平铺或直插。适用此法繁殖的有虎尾兰、大岩桐和秋海棠等。

扦插基质　扦插最好使用本身不含或少含养分、通气、透水、保水的基质，以便于生根。如蛭石、珍珠岩、河沙、炉灰或混合基质等。一些容易生根的种类，可直接插于土壤中。有的种类，则可插于水中。

扦插时期　在露地，生长季从春到秋均可进行扦插，南方地区可四季进行，在温室中也是四季均可。雨季扦插成活率高。硬枝扦插一般在早春进行。

促进生根的方法　主要有化学处理法和物理处理法。①化学药剂处理法。用植物生长调节物质处理，可以大大提高生根率。常用的激素有吲哚乙酸(IAA)、吲哚丁酸(IBA)、萘乙酸(NAA)等。处理时可用粉剂，也可用液剂。粉剂一般以滑石粉为基质，插穗基部蘸取粉末即可扦插，浓度视材料而定，难生根者用10 000～20 000mg/kg，易生根者500～2000mg/kg。液剂一般用酒精将其溶解，不同的扦材，浓度变化范围很大。在实际工作中，将几种药剂按一定比例配合，效果更好。其他药剂如高锰酸钾、蔗糖、生根粉等，也有一定效果。②物理处理法。用一定的物理方法处理插穗，也能提高扦插生根率。最常用的有环状剥皮、低温处理、增加扦插苗床底温、软化处理等。

插后管理　扦插后的环境管理，直接影响扦插的成败。主要包括温度、水分、氧气、光照等条件的管理等，应切实掌握。①温度：一般插穗生根的最适气温为20～25℃，热带植物要求高些。如扦插苗床底温高于气温3～5℃，则更有利于生根。②水分：基质含水量太高易致插穗腐烂，一般以保持50%～60%含水量为宜。空气湿度应保持在80%以上。应用全光照喷雾育苗技术，可以大大提高扦插生根率。③光照：软材料插需光照，但光照度不宜太大。一般在扦插初期需适度遮荫，有喷雾设施者可不遮荫。④氧气：基质中的氧气含量太少，会招致插穗腐烂。因而，扦插时应注意不能插得太深，基质应选疏松通透者。

（包满珠）

墙园（wall garden）　利用观赏植物进行绿化装饰的墙面。墙园可使行人不致感到墙面单调、减少墙面光与热的反射。为迎接节日盛典创造气氛，可将路旁的一些墙面加以装饰，如北京天安门东西两侧的宫墙、立交桥上下高差形成的挡土墙等，均已进行临时或长期的植物装饰。墙园类型有长期的和临时性的两种。①长期性墙面装饰：无论是建筑物山墙、挡土墙或院落围墙，在建造之前即设计好植物装饰的方式，如用凸出的或凹入的栽植孔或栽植槽、或悬挂、承托植物容器的构件，均需预先在砌造时造好，以便栽种或摆放。在设计时，须注意艺术性，避免将植物成行成列等距离安排，要大小错落，自然而有变化。还应考虑植物的浇水与排水，更换与管理的方便。选一二年生草花或悬垂的植物。②临时性墙面装饰：在一般墙面上加以植物装饰，维持一段时间仍可恢复原状的短期装饰方法很多。有：框架法，即在墙面上悬挂宽度在15cm左右，如同中国传统的博古架形式，上面陈设小形盆景或盆花，十分典雅。悬篮法，即在墙面钉入挂钩，悬挂方形、长方形、半圆形、新月形的塑料或有机玻璃纤维制的悬篮，质轻而耐久。造型、颜色与悬挂的位置均要精心设计，便于更换和浇水。可仿制多孔的竹篮形，也有朴素的木箱形等。③格架法：在墙的转角或墙基安置白色的格子架（木质或铁质），方格每边在15～20cm，依附在墙面，用蔓性植物盆栽或箱栽，置于墙基，人工辅助上架可以维持相当长的时日，如常春藤、铁线莲、茑萝、蔓性月季等。　（徐大陆　余树勋）

蔷薇类（roses）　*Rosa* spp.，蔷薇科蔷薇属花木。染色体数 2n = 2x, 4x, 5x, 6x, 8x = 14, 28, 35, 42, 56。全世界约有蔷薇属植物200种，产北半球温带、亚热带及热带山区。国产约80种。从育种史上看，中国原产的多种蔷薇属植物与月季品种对现代月季的育成作出了重要贡献。蔷薇类植物在世界上有悠久的栽培历史。如在古希腊，公元前已有蔷薇种植。在中国，西汉初皇宫已有蔷薇栽培。明代李时珍的《本草纲目》、王象晋的《群芳谱》、清初陈淏子的《花镜》中均有关于蔷薇的记述。

植株直立、蔓延或攀援，多数被皮刺、针刺或刺毛。叶互生，奇数羽状复叶；小叶有锯齿。花单生或成伞房花序、圆锥花序，花瓣5(罕4)，栽培品种中有重瓣，多有香气。花后，花托膨大成蔷薇果，有红、黄、橙红、黑、

紫等色，呈圆、扁、长圆形或坛状、瓶状。瘦果多数，藏于花托中。

中国各地广泛栽培的有野蔷薇、木香、黄刺玫、缫丝花等多种，欧洲则有法国蔷薇、洋蔷薇等，分述如下：

野蔷薇(*R. multiflora*)，落叶灌木，偃状或攀援，托叶明显，边缘具齿。花多朵排成密集圆锥状伞房花序，白色或略带粉红晕，具芳香，花期5～6月，果熟期10～11月。产中国北部、东部、中部、南部及西南，日本、朝鲜也有。常见变种和品种有：①粉团蔷薇(var. *cathayensis*)，小叶及花均大，花单瓣，粉红至玫瑰红。②'荷花'蔷薇(cv. Carnea)，花重瓣，粉红色，多朵成簇。③'十姊妹'(cv. Platyphylla)，叶较大，花重瓣，深红色，常6～7朵成扁伞房花序。④'白玉棠'(cv. Albo-plena)，刺较少；花白色，重瓣。野蔷薇性强健，喜光、耐寒，对土壤要求不严，在粘重土壤中也可正常生长。繁殖用播种、扦插、分株均可。在园林中最宜植为花篱或在坡地丛栽，也可作花柱、花门、花架及基础种植。野蔷薇，与月季嫁接亲和力强，因此又是重要的砧木材料。野蔷薇一些品种和类型易染白粉病(*Shaerotheca paxnosa* Oidium)，可用增大株行距及施石灰硫黄合剂等法防治。另有玫瑰锈病(*Phragmidium mucroxatum*)，亦可用石灰硫黄合剂防治。

木香(*R. banksiae*)，常绿攀援灌木，高达6m，枝细长，绿色，少刺。花白色，芳香，花期4～5月。原产中国中部、西南部，园林中栽培广泛，常见变种及品种有：①单瓣白木香(var. *normalis*)，花白色，单瓣，芳香；②'重瓣'木香(cv. Albo-plena)，花白色重瓣，香气最浓，栽培最广；③'单瓣黄'木香(cv. Lutescens)，花淡黄，单瓣，近无香；④'重瓣黄'木香(cv. Lutea)，花淡黄，重瓣，淡香。

黄刺玫(*R. xanthina*)，落叶丛生灌木，高达3m，小叶7～13；花黄色，重瓣或半重瓣，4～5月开花，中国北部多栽培。野生类型单瓣黄刺玫(f. *normalis*)，产中国北部山地，朝鲜也有，少见栽培。类似的种还有黄蔷薇(*R. hugonis*)、报春刺玫(*R. primula*)：前者小叶5～13，花黄色；后者小叶7～15，花淡黄色变黄白色，叶揉碎后具香气。

光叶蔷薇(*R. wichuraiana*)，半常绿蔓性灌木，小枝细长，绿色。花白色，单瓣，芳香。产中国东南部及南部，日本、朝鲜也有。是现代藤本月季的亲本之一。

峨眉蔷薇(*R. omeiensis*)，落叶灌木，花白色，花瓣4(5)，5～6月开花，果梨形，鲜红色，果熟时果梗膨大。产中国中部、西部高山，其变型翅刺峨眉蔷薇(f. *pteracantha*)，枝上皮刺极宽扁，有时几相连成翅状，幼时深红色，半透明，具特殊观赏价值。

洋蔷薇(*R. centifolia*)，又称百叶蔷薇。原产高加索及土耳其，在欧洲久经栽培。突厥蔷薇(*R. damascena*)，原产小亚细亚，保加利亚、土耳其广为栽培；法国蔷薇(*R. gallica*)，原产欧洲及西亚，久经栽培。上述3种在欧洲栽培广泛，是重要的香料植物和观赏植物，中国有引种。

巨花蔷薇(*R. gigantea*)，大型攀援植物，花大，直径10～15cm，单瓣，乳白至淡黄色，芳香，原产中国云南，缅甸也有分布。

硕苞蔷薇(*R. bracteata*)，常绿蔓性灌木，小枝有毛及粗钩刺，花单生、白色，直径5～7cm，基部有大而细裂的苞片数枚，5～7月开花；果球形，橙红色。产中国湖南、浙江、福建、台湾等地。

金樱子(*R. laevigata*)，常绿攀援灌木，小叶革质，有光泽；花白色，直径5～9cm，芳香，5～7月开花；果大，密生刚刺，萼片宿存。产中国东部、中南、西南部分地区。

缫丝花(*R. roxburghii*)，别称刺梨，落叶灌木，多分枝；花淡红色，重瓣，5～7月开花；果扁球形，黄绿色，多针刺，鲜果肉维生素C含量很高。产中国长江流域至西南部，贵州、陕西一带已有较大规模栽培。野生类型单瓣缫丝花(f. *normalis*)，花单瓣。

红花蔷薇(*R. moyesii*)，别名血蔷薇，花深红色，果大，观赏价值较高，产云南、四川、陕西、河南、山西。是颇有发展潜力的观花、观果灌木。类似种还有扁刺蔷薇(*R. sweginzowii*)、美蔷薇(*R. bella*)、西北蔷薇(*R. davidii*)、大叶蔷薇(*R. macrophylla*)、针刺蔷薇(*R. acicularis*)等，都是花果俱佳的野生蔷薇。

其它蔷薇类植物还有小叶蔷薇(*R. willmottiae*)、刺玫蔷薇(*R. davurica*)、刺梗蔷薇(*R. setipoda*)、腺齿蔷薇(*R. albertii*)、伞花蔷薇(*R. maximowicziana*)、弯刺蔷薇(*R. beggeriana*)、绢毛蔷薇(*R. sericea*)、荼蘼花(*R. rubus*)、复伞房蔷薇(*R. henryi*)、小果蔷薇(*R. cymosa*)、软条七蔷薇(*R. henryi*)、腺梗蔷薇(*R. filipes*)、密刺蔷薇(*R. spinosissima*)、宽刺蔷薇(*R. platyacantha*)、腺果蔷薇(*R. fedtschenkoana*)、钝叶蔷薇(*R. sertata*)、秦岭蔷薇(*R. tsinglingensis*)、卵果蔷薇(*R. helenae*)、陕西蔷薇(*R. giraldii*)、疏花蔷薇(*R. laxa*)、尾萼蔷薇(*R. caudata*)、大红蔷薇(*R. saturata*)、拟木香(*R. banksiopsis*)等，均有较高观赏价值，或为月季育种的珍贵种质。有的种类如刺玫蔷薇、密刺蔷薇、弯刺蔷薇、疏花蔷薇等，特别抗寒、抗旱；有的极抗白粉病、黑斑病，如小果蔷薇，是抗病育种的好亲本。多数种类引种驯化后可在园林绿化中直接推广应用。

（包志毅）

荞麦叶大百合(Chinese cardiocrinum)

Cardiocrinum cathyanum，百合科大百合属多年生草本植物。染色体数2n = 24。株高50～150cm。具鳞茎，由基生叶的叶柄基部膨大后组成。基生叶在花茎

抽生后枯萎，四侧生出卵形小鳞茎，具纤维质外皮，高2.5cm，直径1.2～1.5cm。茎下部1/5～1/4处有5～6片叶呈假轮生，以上仅有2～3片较小的散生叶，叶片心脏形，先端渐尖，基部心形，表面深绿色，背面淡绿色。总状花序顶生，着花3～5朵，狭喇叭形，乳白淡绿色，内侧具紫点。花被片6、倒披针形，长13～14cm、宽1.5～2cm，花期7～8月。产中国江苏、浙江、安徽、江西、湖南、湖北等地的山、林阴湿处。不耐严寒和暑热。喜清凉湿润环境。用于阴湿处花境或作切花。

同属植物常见栽培的有：大百合（*C. giganteum*），花径高1～2m，着花10～20朵，下垂，狭喇叭状，白色，条状匙形，有香气。产西藏、湘、桂与川、陕等省的高海拔林下与草坡。心叶大百合（*C. cordatum*），花序有花4～24朵，花稍不规则，乳白色，下瓣具红棕点、内侧黄色。微香，原产日本。

（郑　恭）

桥头绿化（greening for bridge ends）　桥端及引桥附近的绿化作业。桥头绿化主要是装饰桥头，增加俯视景观，起减尘、降温、美化市容等作用。经绿化形成的桥头绿地，根据布置形式可将桥头绿地分为封闭式和开放式两种类型。封闭式桥头绿地禁止游人入内，以装饰空间为主要功能；开放式的可以供游人入内休息观赏，有街头小游园的功能。桥头绿地面积的大小取决于桥梁的结构、引桥的长度及桥头道路循回的情况。一般封闭式的面积较开放式的小。如武汉长江大桥两端，龟山与蛇山隔岸相望。两端均有以组织交通为主的小面积装饰性绿地，又有黄鹤楼公园和龟山风景林区两个大型公共绿地，与大桥一起组成武汉市的重要标志。封闭式桥头绿地布局要求简洁明快，植物种植常呈图案对称的规整形式，不阻碍视线，突出装饰效果，一般以大面积绿色草坪为主，重点种植观赏价值较高的乔木、花灌木或颜色鲜明的花坛，形成开朗、严整的景观。开放式桥头绿地布局要求合理安排出入口的位置和布置方式，避免车流、人流相互干扰，保证行人的安全。其中可布置喷泉、水池、雕塑、广场、树丛、园林建筑小品和坐椅等，以供行人游憩。

（高　翅）

切花（cut flowers）　切取具有观赏价值的新鲜茎、叶、花、果，用于花卉装饰的植物材料。大致可分四类：①切花：花是主体，生产、销售量最大。如月季、菊花、香石竹、唐菖蒲等。其色彩鲜艳，花姿优美，有的还有诱人的香气，是插花和其他花卉装饰的主要花材。②切叶：切下叶色多彩、叶形美丽的叶片，多作插花和花卉装饰的配材，起烘托主体的作用。如棕榈类、蜈蚣草、蜘蛛抱蛋（一叶兰）、印度橡皮树、变叶木、黄金葛、龟背竹等的叶片都可作切叶。③切枝：是剪截下来带叶、花、果的美丽枝条。常作为插花和花卉装饰的主枝或衬枝。中国传统插花多用姿态优美的切枝作为主枝，欣赏其造型和线条美。如松、柏、梅花、榆叶梅、玉兰、蜡梅、石榴、佛手等。④果实：摘下形色美丽的果实，摆放在作品中，常有很强的装饰效果。如石榴、葫芦、佛手、苹果、柑橘等。

切花生产具有生产周期短，销售量大，包装、贮运简便，便于周年均衡上市，经营效益高，可进行大规模工厂化生产等优点，有广阔的发展前途。从生产到销售各环节之间必须协调，做到快速、通畅，以保证上市切花的新鲜程度。品种和质量是保证较高经济效益的关键。

切花主要用于插花、花篮、花圈、花环、襟花、头饰、新娘捧花、桌饰、商店橱窗装饰及其他花卉装饰等。

（秦魁杰）

切花保鲜（cut flower preservation）　采用物理或化学方法延缓切离母株的花材衰老、萎蔫的技术措施。这是切花作为商品流通的重要技术保证，是缓解生产与销售矛盾、促进周年均衡供应市场的重要手段。切花在采收之后，水分代谢失去平衡，输导组织中产生微生物或侵填物、大分子生命物质和结构物质降解、乙烯含量增加，从而造成花材的衰老和萎蔫。切花保鲜正是针对这些问题通过改变贮藏条件、扩大吸水面积及化学药剂的调节作用而使花材延缓衰老，尽可能长时间地保持新鲜状态。

中国古代就有许多延长花卉瓶插寿命的方法。如梅花、水仙加盐水养；海棠花在切口处缚扎薄荷叶，并在薄荷水中插养；栀子花将切口敲碎，在瓶中放盐干养；将牡丹、芍药、蜀葵、萱草花枝的切口烧灼等。

随着花卉生产的日益发展，切花保鲜业在近半个世纪以来得到了长足发展。其技术措施可分为物理方法和化学方法两类。物理方法包括贮藏技术和切取技术，化学方法是用化学药品制备保鲜药剂来延长切花的新鲜状态。

贮藏技术包括低温贮藏、气控贮藏和降压贮藏等。低温贮藏切花时，将温度控制在2～4℃，切离的花枝需快速冷却。气控贮藏是通过控制O_2和CO_2的比例，降低呼吸速率来达到保鲜的目的。O_2浓度一般在0.5%～1%，CO_2浓度在0.35%～10%，因植物种类而异。降压贮藏即把封闭贮存室的气压降至标准大气压以下，可大大延长切花贮存时间。

切取技术包括切取时间、切口大小、切口平整程度、烧灼切口及水中切取等。每一种花卉在一天内都有其最佳的采收时间，切口大有利于吸水，切口平整光滑有利于吸水和防腐，水中切取可促使茎内导管中水柱连续不断，烧灼切口对易流浆汁的花材是行之有效的手段。

切花保鲜剂是延缓衰老、萎蔫的关键因素。在切花发达国家,已研究出成套的保鲜剂配方,作为专利投放市场。中国近些年对切花保鲜剂的研究也有了一定进展。优良的切花保鲜剂应具备如下功能:抑制微生物的繁殖和其他有害物的产生,降低 pH 值,沉淀水中有害物质,抑制乙烯产生,降低蒸腾速率,补充能量,提高水的表面张力以及维持并改善植物体内激素平衡等。保鲜剂的成分有:水、糖、杀菌剂如 8-羟基哇啉(8-HQ)及其盐类、无机盐、有机酸及其盐类(如柠檬酸、苯甲酸、异抗坏血酸等),乙烯抑制剂和颉颃剂如 STS〔$Ag(S_2O_3)_2{}^{3-}$〕、AOA(氨氧乙酸)、AVG(氨氧乙基乙烯基甘氨酸)等和植物生长调节物质如激动素、BA、IPA 等等。

保鲜剂依其使用时期、方法和目的不同,分为预处理液(CS)、催花液(OS)和瓶插液(HS)三种剂型。①预处理液是在采收、分级之后,贮运之前所用的保鲜剂。目的是促进花枝吸水,提供营养物质,杀菌,抑制乙烯产生。常用蔗糖、硝酸银、硫代硫酸银(STS)等。②催花液是促使蕾期采收的切花开放的保鲜剂,成分与预处理液相似,蔗糖含量稍低。③瓶插液又称保持液,是瓶插观赏期用的保鲜剂,其组成成分因不同种类而异。在切花生产应用中,一般应三剂配套;但有时也有将预处理液和催花液合而为一的。例如,香石竹预处理液:1000mg/L $AgNO_3$ 处理 10 分钟;催花液:5% 蔗糖 + 200mg/L 8-羟基喹啉硫酸盐 + 20～50mg/L 的 BA,保持液:4%蔗糖 + 0.1%明矾 + 0.02%尿素 + 0.02%KCl + 0.02NaCl。

在实际应用中,常将贮藏方法、切取技术与保鲜剂配合使用,形成系列配套保鲜技术,才能达到最佳效果。切花保鲜设备也相继出现。如切花保鲜柜、切花保鲜封口瓶、塑料包装袋、网袋、充氧保鲜花瓶等。这些均有待于在中国试用、研制、推广。

(包满珠)

切花保鲜生理 (physiology of storing cut flowers) 切花采收后在贮藏过程中的生理变化规律。掌握好这些规律,利于延长切花寿命、搞好贮藏、运输等。切花的生理生化变化,通常与生理缺水、糖分、激素、化学物质、贮藏条件等因子相关。

生理缺水 切花由于蒸腾失水,细胞保水力及膜半透性降低,蛋白质合成减弱,促使切花衰老,渗透浓度随衰老而减少,导致细胞膨压变化,最后达到不可逆的永久萎蔫。水是保持细胞膨压的关键,可直接补偿蒸腾的损失。

切花的导管堵塞,是影响水分吸收的主要原因。导管堵塞的外部原因是微生物的繁殖,并从切口进入导管,造成堵塞。插瓶水 pH 值 6.5～7.2 时微生物最易繁殖,如偏酸即可抑制其生长。生理原因之一是切口内被分泌物堵塞。在无菌情况下,分解酶活性增加,切口处产生果胶分解物;切端受伤细胞释放出单宁和过氧化物酶,导致切面维管束周围有单宁氧化酶、钙盐、镁盐的沾带物积累。在茎的导管中出现气泡,切断了水柱,也影响吸水。插瓶时花与叶之间产生对吸水的竞争。如月季除去叶片,可减少 78% 的水分丢失。插瓶前在水中切去部分茎杆,可减少愈伤组织与分泌物堵塞,或排除气泡。

糖分 切花无营养来源,组织中还原糖是花瓣糖代谢的主要成分,也是呼吸作用的底物。因此,切花寿命与采摘时组织中干物质的积累有关。外部供给糖,糖沿着维管束运到花中,增加花的渗透浓度,改善吸水能力,使花瓣保持膨胀;同时维持细胞膜的半透性,推迟离子与水分的渗漏,有利于延长寿命,保持花瓣色泽。糖作为蛋白质合成的基质,可延缓蛋白质分解。糖对花中激素平衡起调节作用,糖的多细胞分裂素水平高,能延缓乙烯产生,推迟衰老;反之,脱落酸多,则促进衰老。糖还能影响水分的平衡,使气孔关闭,减少水分丧失。例如,糖能推迟香石竹切花的衰老过程,与糖提供了呼吸代谢的底物、维持膜的完整性和调节渗透压有关。

激素 切花缺少了从根供应的细胞分裂素,就会使核酸和蛋白质减少、降解而衰老。乙烯可以引起花的凋谢。各种花卉受乙烯伤害的阈值不同。如香石竹的耐受性较强,兰花较敏感。乙烯阻止衰老器官中蔗糖的分解和再分配;促进细胞膜解体,磷脂丢失,膜的选择性丧失;使蛋白质分解,蛋氨酸大量增加,乙烯合成更多。切花感染病菌或创伤时,乙烯含量增加。

化学物质对切花的生理调节 切花插瓶后,使用适当的保鲜剂,可对抑制切口病菌繁殖,确保水分吸收,补充营养,减少养分消耗,延缓衰老,控制气孔关闭,减少蒸腾等,均起重要作用。保鲜剂中除水与糖外,杀菌剂、无机盐及植物生长调节剂等均不可缺。不同切花种类与品种,其保鲜剂的配制不同,常用者如下:①硝酸银、STS(硫代硫酸钠):STS 毒性较小,可抑制乙烯产生,阻止脱落酸提高;改善木质部对水与养分的传导;有明显的杀菌作用。②2,8-羟基喹啉盐:为克服生理堵塞维管束的酸化剂,有防腐作用。③植物生长调节剂:细胞分裂素、赤霉素、生长素等可延缓组织蛋白质与叶绿素分解,减慢呼吸速率,维持细胞活力。丁酰肼、矮壮素等能降低组织代谢作用,抑制微生物生长,增加对不良环境的抗性,延缓切花衰老变质。④无机盐类:NH_4NO_3、KNO_3 与 KCl 可延缓细胞渗透浓度的降低;$Ca(NO_3)_2$ 可保持原生质粘性和渗透性,是各种元素进入细胞的调节剂;铝离子诱导气孔关闭,可改进水分平衡。

贮藏条件对切花的生理调节 切花生产受季节的

限制,贮藏保鲜可部分调节市场需求与旺季的损耗,增加淡季供应或为节日作贮备,有利于长途运输等。贮藏条件主要指温度、气压和空气成分等。①低温:可防衰老与抑制微生物繁殖等,一般如0.5～1℃,接近冰点而不能结冰。相对湿度85%～95%。热带切花,如兰花不能低于10℃。亚热带切花,如唐菖蒲、茉莉等以2～8℃为宜。②低压:促进植物体内不同气体向外扩散,降低由氧调节的呼吸与代谢。一般为5.3～8.0kPa。荷兰采用真空冷却,月季、香石竹、郁金香等虽经长途运输,保鲜效果良好。③气调:控制氧含量0.5%～1%和二氧化碳0.35%～10%的含量,减少乙烯产生,降低切花呼吸速率,保存呼吸基质。一般可用氧气来达到保鲜目的。

贮藏前用抗蒸腾剂处理,可阻止切花贮藏时气孔全部张开,减少蒸腾,增加切花抗旱能力。STS等预处理可起防腐作用,防止微生物蔓延,抑制乙烯合成。

(邵莉楣)

切花采收(harvesting cut flowers)　适时将花枝从植株上剪切下并尽快进行简单处理的操作。适时采收是提高切花质量的重要保证之一。采收过早,由于发育不充分,甚至不能开放;采收太晚,会缩短切花寿命。一日之内,以日出前采收为好。

不同种类的切花采收期,又与其花枝发育阶段紧密相关。通常依花枝发育阶段来区分切花采收期,有下述不同类型:①花蕾显色期采收。不仅花朵能正常开放,又便于包装、运输。如唐菖蒲在花序下端的花蕾显色时,即可采收。芍药在花头(花蕾)显色时采收,可于吸水后盛开,且耐贮藏。②花朵初开时采收。多数种类的切花采收期均属此类。以月季为代表,花蕾紧包时剪切,花朵不易开放;盛花时剪切,则切花不耐久,在1～2枚花瓣外展初开时采收最佳。又如菊花,当大菊部分舌状花外展时最适采收。属此类型的还有香石竹、荷兰菊、金光菊等。③盛开时采收。此种类型以花期持久的种类为多,如花烛、红鹤芋、山茶类、向日葵类、落新妇等。

切花采收时期还与季节有关,夏季温度高,要适当早采收;冬季则迟些采收。需要长期贮存和运输时,可提早采收,但要与采后处理相结合。采收前要准备好工具和有关药剂。采收时,切口要整齐。有的种类如菊花,最好在水中进行第二次剪切,或将切口置于80～90℃热水中浸泡10～15分钟,以排出花茎中的空气,有利于切花水养时的水分吸收和输导。

(包志毅)

切花分级包装(grading and packing of cut flowers)　按一定的标准对采收的切花材料进行分级并按要求对其进行包装的作业。这是切花采收与销售之间的重要环节,也是提高花材商品价值的重要手段。

分级是根据国际上通用的标准对所采花材进行归类,其主要依据是花枝的长短,也有按花径来分的。同一种切花由于花径大小和品种特性的不同,分级标准也有差别。如大花菊与小花菊,其分级的标准就完全不同。郁金香按照花大小和株高进行分级。准备出口的切花,要视接受国的标准而分级,月季在品种相同时多按花枝长度分级,如一级品其长度在60cm以上,二级品长度在45cm以上。香石竹按花梗长度和花朵直径分级,一级花花梗长55cm以上,花朵直径6cm以上;二级花花梗长45cm以上,花径5cm以上。盆花兼切花的种类如仙客来,其分级的标准是每盆花朵数。切花按国际标准进行分级之后,便于包装运输,使花材规格统一,适于商业流通,并根据不同的级别按质论价,是销售及运输前必需进行的一个环节。

在包装前,有时还需对花材进行预处理,以便调节花期。包装也是保鲜的措施之一。它包括花材的单枝包装、花束包装以及运输包装等几个层次。大多数切花不需单枝包装但也有例外。花束包装是对分级、预处理后的花材按一定数量捆扎成束,再用塑料薄膜封裹的措施。花束的大小依种类和品种而不同。菊花、唐菖蒲、月季、郁金香、麝香百合、球根鸢尾、重瓣紫罗兰、大花小苍兰等一般10支一束;香石竹、金鱼草、中小花小苍兰、单瓣紫罗兰等20支一束;香豌豆50支一束;每一束花材包以塑料薄膜、玻璃纸或其他软纸。成束的花材装入纸板箱或木条箱内,以便运输。一般包装时,须适当透气,以防发生花材变质。

发达的花卉生产国常将花卉的分级、预处理和包装进行机械化自动操作,使整个工序通过流水线来完成。

(包满珠)

切花运输(cut flower transportation)　切花经分级包装后运送到市场或消费者的过程。切花运输是切花经营中的重要环节之一。切花是不耐贮运的产品,运输环节的失误会直接造成经济损失。因此,不仅要调控运输的环境条件,还须运输快捷,减少途中耗损,迅速安全地运达目的地。

为使切花在运输过程中保持新鲜,可按花材习性适当提前切花采收期。采后经预处理即行包装。某些切花还应配以专门的保鲜袋(箱)、运输箱,其结构及尺寸依花材不同而异。控制适宜的低温条件,在长途运输中尤为重要。如菊花,可将采后经预处理的花材套封保鲜网袋之后,把成束的切花插入沾有保鲜液的小块脱脂棉中,再以铝箔纸自外包扎成固定的小球状。包装完毕之后,将20束(200支)菊花装于长95～

100cm、宽35cm、高28～30cm的纸箱中。纸箱壁开长条洞，以便空气流通。摆放时分4层，每层间用纸隔开。纸箱装好后进行预冷，放入磷化氢片剂，套PE袋密封。最后将纸箱交叉摆放在3～5℃的冷藏集装箱或其他低温运载箱，进行长途运输。

良好的市场体系是缩短运输时间的一个关键环节。应在全国形成合理输通的销售网络，以最快的速度将切花发往各级批发、零售市场，以保持鲜切花的品质及新鲜度。

（包满珠）

青冈（blue Japanese oak） *Cyclobalanopsis glauca*，别名青冈栎、铁。壳斗科青冈属常绿乔木。染色体数2n＝24。高达20m，树皮灰褐色，平滑。叶倒卵状椭圆形或椭圆形，长6～13cm，叶缘中部以上有锯齿，叶背被白粉和平伏毛。雄花序为下垂的柔荑花序，果序长1.5～3cm。壳斗碗形，外壁具5～7条同心环带。果卵形或椭圆形。10～11月果熟。产中国秦岭、淮河以南各地，是青冈属中分布最广的一种，也是分布最北的一种。大树喜光，幼树较耐阴；喜温暖气候，对土壤适应性宽，盆瘠土壤生长不良。幼年生长慢，5年后生长加快。深根性。用种子繁殖。树冠宽卵形，枝叶茂密，终年长绿，树姿优美，为优良的园林绿化树种，宜丛植或成片栽植，也可作为防风、防火树种栽植。因萌芽力强，耐修剪，也可栽作绿篱。

（任宪威）

青荚叶（Japanese helwingia） *Helwingia japonica*，别名叶上花、叶上珠。山茱萸科青荚叶属落叶灌木。高达2m。叶卵形，长3.5～9cm，边缘具腺质锯齿。雌雄异株，花小，黄绿色，雄花2～12朵，雌花1～3朵簇生于叶面主脉中部或近基部，或生于幼枝的叶腋，花期4～5月；浆果近球形，蓝黑色，果期8～9月。用种子繁殖，也可扦插、压条。中国黄河以南各地均有分布；日本也有分布。生长期喜阴湿凉爽环境，要求腐殖质含量高的森林土，忌高温、干燥气候。青荚叶，花果着生部位奇特，有很高的观赏价值，可室内盆栽或植林下。

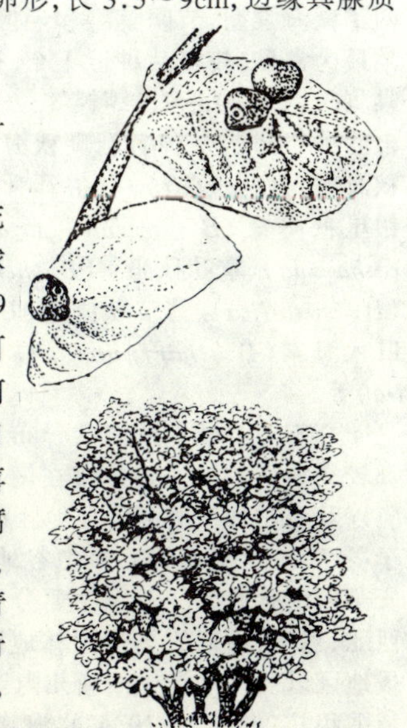

全株入药。

青荚叶属常见种还有喜马拉雅青荚叶（*H. himalaica*）、中华青荚叶（*H. chinensis*）和峨眉青荚叶（*H. omeiensis*）。

（熊济华）

青钱柳（roundwing fruit cyclocarya） *Cyclocarya paliurus*，别名摇钱树、麻柳。胡桃科青钱柳属落叶乔木。本属1种，中国特产。高达30m，树皮灰褐色，深纵裂，幼枝密被褐色毛，后渐脱落。奇数羽状复叶，互生，小叶7～9，椭圆形或长椭圆状披针形，边缘具细齿。花单性同株，柔荑花序下垂，雄花序2～4，集生上年枝叶腋；雌花序单生当年枝顶，花期5～6月。坚果具翅，圆盘状，果期9月。产中国安徽、江苏、浙江、江西、福建、台湾、广东、陕西、甘肃、湖南、湖北、四川、贵州、云南及广西等地。喜光，幼苗稍耐阴，要求深厚、肥沃湿润土壤。较耐旱，萌芽力强，生长中速。播种繁殖。青钱柳树姿壮丽，枝叶舒展，果如铜钱，悬挂枝间，饶有风趣，宜植于庭园观赏。

（贺贤育）

青檀（wing hackberry） *Pteroceltis tartarinowii*，别名翼朴、檀树。榆科青檀属落叶乔木，中国特产树种，为国家稀有三级保护植物。染色体数2n＝28。高达20m，树冠球形。树皮暗灰色，长片状剥落。单叶互生，卵形。花单性，雌雄同株，雌花单生叶腋，雄花簇生，花期4～5月。坚果具翅，黄褐色，9～10月成熟。产中国，分布广泛，多生于低山丘陵之山麓、河滩、溪旁。垂直分布多在800m以下。喜光、稍耐阴；喜生于石灰岩山地，不择土壤，能耐干旱、瘠薄；根系发达，常盘延于岩缝间，萌蘖力强，寿命可达千年。播种繁殖为主，种子千粒重28g左右，当年苗高50～100cm。青檀树形美

观、树冠开阔、绿荫浓郁，秋叶金黄，病虫害少，适宜用作庭荫树，或以秋色叶树或配植山石旁。树皮富含纤维，为制造宣纸的优质原料。木材为细木工用材。

（周忠樑）

清风藤（Japanese sabia） *Sabia japonica*，别名云石。清风藤科清风藤属落叶藤木。染色体数 2n＝24。单叶互生，卵状椭圆形或长卵形，长 3.5～6.5cm，全缘。花单生叶腋或数朵排列成聚伞花序；花黄绿色，先叶开放，径 7～8mm，花期 3～4 月。核果单生或双生，扁倒卵形，碧蓝色；果期 4～9 月。产中国华东、华南、西南、陕西及甘肃，日本也有分布。园林中用于垂直绿化。茎供药用。

（郭生桢）

秋海棠类（begonias） *Begonia* spp.，秋海棠科秋海棠属多年生草本植物。染色体基数 x＝6, 7, 9。该属是秋海棠科中最重要的一属，全世界有 1000 多个自然种和几千个园艺品种，常见栽培的有 200 种左右，分为球根类秋海棠、根茎类秋海棠和须根类秋海棠。秋海棠广泛分布在热带和亚热带地区，非洲、中南美洲和亚洲比较集中。秋海棠在中国栽培已有近千年的历史。宋代诗人陆游的《钗头凤》中已涉及到秋海棠，并盆栽观赏。明代诗人鍾惺《咏秋海棠》和王士琪《题秋海棠》中对其形态、习性讲得十分透彻。《群芳谱》、《漳州府志》和《大观录》均详细记录了秋海棠栽培方法。1649 年西班牙人在墨西哥发现一种球根秋海棠，这是国外的最早记载。1688 年英国人在牙买加发现了尖叶秋海棠（*B. acutifolia*），英国人、法国人先后分别在西印度群岛找到了秋海棠属植物。1690 年秋海棠定为新属，命名为“*Begonia*”以纪念法国植物学家米歇尔·比贡（Michel Begon）。1777 年英国的布朗最早将亮叶秋海棠（*B. nitida*）从牙买加引种到英国。继而英国学者又将亚洲的秋海棠种类引入欧洲。到 19 世纪中叶，欧洲引种栽培秋海棠已有 200 多种，进入全盛时期。第二次世界大战后，秋海棠已列为重要的观赏植物，在国际花卉市场上占重要地位，栽培遍及全世界。中国在 20 世纪 30 年代开始从欧美引进美洲类型的秋海棠及其园艺杂种，并在沿海城市栽培。

形态和类型 根可分为须根、根茎和球根三大类。须根类秋海棠，根细长、纤维状，淡褐色或深褐色。根茎类秋海棠，具肥大、肉质的根状茎，节间短，匍匐性，疏生须根。球根类秋海棠，块茎肉质，呈扁圆形或球形，灰褐色，周围密生须根。须根类和球根类秋海棠有明显的地上茎，而根茎类秋海棠的茎部已退化成地下根状茎。根据茎的木质化程度可分为草本状、半灌木状和灌木状三类。秋海棠的叶形变化大，叶柄长短、粗细不一，叶色丰富多彩，具不规则斑点、环带和斑纹以及刺毛、柔毛、角状物等。花有雌花、雄花和单瓣、半重瓣、重瓣之分。常几朵簇生成聚伞花序，花梗出自叶腋或根状茎。花色艳丽，花型多姿。果实为蒴果，近球形或三角形。有 3 翅无毛，幼果绿色，成熟时淡褐色，种子细小。

根据其生长习性常分为以下类型和种类。①球根类秋海棠，地下茎肉质、扁圆形，雄花大、重瓣，雌花以单瓣或半重瓣为多。代表种球根秋海棠（*B. tuberhybrida*），为园艺杂种，栽培品种繁多，花色丰富，花型多变。常见的有茶花型、水仙型、康乃馨型、月季型、牡丹型、蜀葵型、皱瓣型和长绿毛型等。著名品种有‘泰丽’（cv. Santa Teresa）、‘苏珊’（cv. Santa Suzana）和‘佳丽’（cv. Calypso）。球根类自然种包括小叶秋海棠（*B. dregei*）、秋海棠（*B. evansiana*）、圆叶秋海棠（*B. cyclophylla*）、高山秋海棠（*B. veitchii*）、天葵秋海棠（*B. fimbristipula*）、中华秋海棠（*B. sinensis*）、阿拉伯秋海棠（*B. socotrana*）、玻利维亚秋海棠（*B. boliviensis*）等。②根茎类秋海棠，地下根茎横生，最大特点是叶片色彩斑烂，叶形变化大，其中蟆叶秋海棠（*B. rex*）最为著名，园艺品种在 50 种以上，著名品种有‘泰拉’（cv. Tiara）、‘卷丽’（cv. Super Curl）。根茎类秋海棠分为两个地理组群，即美洲类型与亚洲类型。美洲类型有眉毛秋海棠（*B. boweri*）、枫叶秋海棠（*B. heracleifolia*）、毡状秋海棠（*B. imperialis*）、长袖秋海棠（*B. manicata*）、斑叶秋海棠（*B. rubelliana*）；亚洲类型有铁十字秋海棠（*B. masoniana*）、彩纹秋海棠（*B. masoniana* var. *maculata*）、掌裂叶秋海棠（*B. pedatifida*）、戟叶秋海棠（*B. limprichtii*）等。③须根类秋海棠，地下部为须根性，是秋海棠中较大的一组，可分为四季秋海棠型、节间茎型和毛叶型等。其中四季秋海棠最为常见，栽培品种近千个，著名品种有‘百合秋海棠’（cv. Calla Lily）、‘蝴蝶’（cv. Butterrfly）等。常见的自然种和园艺杂种有珊瑚秋海棠（*B. coccinea*）、玻璃秋海棠（*B. metallica*）、牛耳秋海棠（*B. sanguinea*）、银星秋海棠（*B. argenteo-guttata*）、绒叶秋海棠（*B. cathayana*）、掌叶秋海棠（*B. hemsleyana*）、撒金秋海棠（*B. metallica*）、竹节秋海棠（*B. president-carnot*）、毛叶秋海棠（*B. scharffiana*）、榆叶秋海棠（*B. ulmifolia*）等。

分布与习性 秋海棠分布以非洲、中南美洲和亚洲较集中。非洲主要分布在南非的纳塔尔、开普顿两省以及马尔加什的高海拔地区和西非。中美主要分布于墨西哥、牙买加的凉爽山谷地带。南美主要分布于安第斯山脉地区。亚洲主要分布于马来西亚、印度尼西亚、越南、缅甸的热带雨林地区和中国、印度的高海拔地区以及太平洋中的新几内亚。秋海棠在中国分布范围很广，从北纬 19.6°的海南省直至北纬 40°的北京,分布的海拔高度从100～2900m,集中分布于四川、云南、贵州、广西和西藏等地。

秋海棠原产热带和亚热带地区,多数野生于林下肥沃疏松的腐叶土中,阴湿的岩石、沟谷旁和茂密的苔藓层中,少数种附生于热带雨林的树丛上。

温度　根据秋海棠耐寒程度可分为高温性、中温性和耐寒性三类。高温性种类如帝王秋海棠、桐叶秋海棠等,越冬温度在15℃以上,低于10℃,叶片易受冻脱落,茎干枯皱缩,甚至死亡。中温性秋海棠居多,如蟆叶秋海棠、铁十字秋海棠等,越冬温度为10℃。耐寒性种类如秋海棠、中华秋海棠分别在长江流域和华北地区能露地越冬。大多数秋海棠在温暖环境下生长迅速、茎叶茂盛、花色鲜艳。但不同种类的生长适温有所差别。球根类秋海棠生长适温为16～21℃,但不耐高温,超过32℃,易引起茎叶枯萎和花芽脱落,35℃以上地下块茎腐烂死亡。根茎类秋海棠生长适温为20～22℃,须根类秋海棠为18～21℃。温度对秋海棠的生长、开花和越冬均有直接影响。

水分　秋海棠的茎叶柔嫩、多汁。自然生长于湿度较大的林下或沟谷地带。如温度高,水分不足,茎叶易凋萎,严重时皱缩死亡。反之,供水过量、盆内积水,易引起根部腐烂。球根秋海棠在盆内太湿、通气差时块茎常出现水渍状溃烂,块茎休眠期应停止供水。观叶类秋海棠夏季茎叶生长旺盛期,除浇水外并需喷雾,保持较高的空气湿度。

土壤　秋海棠野生于排水好,腐叶土层厚的林下或岩石缝隙。盆栽秋海棠用土以疏松肥沃、微酸性为宜。根茎类秋海棠用pH值6.5～7.5的土壤,球根类和须根类秋海棠宜pH值5.5～6.5的土壤。

光照　秋海棠对光照反应敏感。多数种类宜于弱光和散射光下生长,强光下易灼伤叶片。观花秋海棠冬季需阳光充足,才能发育匀称美观,花色鲜艳悦目。夏季若光照不足,叶片、花数减少,植株徒长易发生病害。球根秋海棠在强光下,植株生长矮小,叶片增厚、卷缩、变紫。根茎类秋海棠以200～300 lx、球根类和须根类秋海棠以410 lx的光强为宜。秋海棠对光周期的反应十分明显。四季秋海棠在短日照和夜间温度21℃的条件下,花期明显推迟。球根秋海棠在长日照条件下可促进开花,而在短日照下,提早休眠。蟆叶秋海棠在短日照条件下生长停止,并进入休眠状态;在长日照下,茎叶不断生长,叶宽柄长。阿拉伯秋海棠在短日照条件下可提早开花,在长日照和夜间温度20℃条件下,开花数增多。

繁殖栽培　繁殖常用播种、扦插、分株和组织培养等。

播种　用于引种、品种改良的规模生产。秋海棠种子细小,球根秋海棠每克种子约7万粒,播种土壤需消毒、均细,盆面平整。在18～22℃的条件下,播后7～30天发芽。播种至开花,四季秋海棠需140天,球根秋海棠需160天。

扦插　可分茎插、叶插和根插。茎插用于须根类秋海棠,如竹节秋海棠、毛叶秋海棠等。春季扦插生根快,成活率高。在20℃以下,20～30天生根。用5～10mg/L吲哚丁酸处理24小时,可促进生根。叶插用于根茎类秋海棠,如蟆叶秋海棠、彩纹秋海棠等,在20～25℃下25～30天生根,长成小植株需50～60天。蟆叶秋海棠用25mg/L吲哚丁酸处理20小时,有利于叶片生根。根插常用于根茎类秋海棠,如肾叶秋海棠、圆叶秋海棠等,将地下根茎剪成3～5cm长,斜插或平插于沙床,使之产生不定根和不定芽。

分株　用于球根类秋海棠,于春季换盆时进行,将块茎自顶部纵切成几块,每块带有健壮芽眼,栽植覆土要浅,以块茎稍露出土面为好。

组织培养　1968年日本松原用秋海棠茎顶组织为外植体培养成功。目前,国内外已用此法繁殖近30种秋海棠,有的已用于规模性生产。

秋海棠的栽培因种类不同,生长习性不一,栽培管理有所不同。须根类秋海棠根系发达,生长旺盛,生长期需充分浇水,保持较高的相对湿度,利于茎叶生长。花芽形成后,增施1～2次磷肥,花期遇强光曝晒,叶片会出现卷缩或焦斑。花后及时摘心,促进萌发新枝。观赏主茎的竹节秋海棠,应去除弱枝和部位不当的枝条,以保持优雅的株型。四季秋海棠1～2年更新一次。玻璃秋海棠、毛叶秋海棠2～3年更新一次。根茎类秋海棠以观叶为主,每年春季切除老根、腐根,增加腐殖土,高温季节,早晚喷雾数次,防茎叶萎蔫。施肥时勿使肥液沾污嫩叶,夏秋季叶片生长旺盛期应加大盆距,避免叶片交叉拥挤,并及时摘除过密叶和老叶。冬季严格控制浇水,增加辅助光照。球根类秋海棠属浅根性植物,盆栽常用泥炭土或腐殖土,块茎发芽后栽植,宜浅栽。生长期若过于潮湿,会阻碍茎叶生长,引起块茎腐烂。球根类秋海棠茎叶柔嫩多汁,应于现蕾前设立支柱。花期正值初夏,要求荫蔽、喷雾和通风的凉爽环境。浇水不当,光线太强、气温过高会引起叶片边缘皱缩、花芽脱落,甚至块茎腐烂。露地花坛栽植应选择耐高温品种。入冬后将块茎挖起沙藏,两年更新一次。

病虫害防治　生长期粉蚧和蚜虫为害叶片、花蕾和新芽;卷叶蛾幼虫咬食花和叶,蓟马吸取叶片营养。粉蚧用40%氧化乐果喷杀。蚜虫、蓟马和卷叶蛾用10%除虫菊酯乳油防治。土壤湿度过大,根部易受线虫危害,形成大小不等的根瘤,被害植株叶片呈绿白色,严重影响生长。晚间蛞蝓为害嫩叶,造成焦叶。除保持土壤稍干以外,可用二氯溴丙烷20%颗粒剂防治。秋海棠常见的病害有细菌性斑点病、白粉病、灰霉病和茎腐病等,可用25%多菌灵防治。

园林应用 秋海棠在中国江南庭院中，常配置于阴湿的墙角、沿阶处。矮生、多花的观花秋海棠，布置夏、秋花坛和草坪边缘。盆栽秋海棠常用以点缀客厅、橱窗或装点家庭窗台、阳台、茶几。装入优质艺术吊盆悬挂室内，别具一格。在欧美，取花、叶制作花篮或花束，是圣诞节馈赠亲朋的上品，在丹麦、挪威、美国和加拿大盛行。秋海棠的嫩茎可食，法国用其叶片做蔬菜、烧鱼或做汤料。天葵秋海棠的叶可作饮料。根茎含强心苷、黄酮类、甾醇和三萜类等成分，可药用。

（王意成）

秋色叶植物（fall-color plants） 叶片经秋变成红、紫、黄、橙等艳丽色彩，可丰富景色的植物。秋色叶植物，尤其是其中木本种类，因能形成独特美丽的季相景观，故受到人们的喜爱。赞赏秋色叶植物，在中国古代文学作品中多有著录，如在唐代杜牧（803～852）诗中，即有“停车坐爱枫林晚，霜叶红于二月花”之名句。中国秋色叶树资源丰富，观赏价值较高者不下200余种。秋叶呈红、紫色者，有枫香、槭类、乌桕、黄栌、柿属、檫木、地锦属、小檗类、盐肤木属、黄连木、南天竹、花楸属、卫矛、山楂属等；秋叶变黄或黄褐的，有银杏、白蜡属、杨类、榆属、梧桐、槐类、桦属、栾树、栎类、胡桃、水杉、无患子、鹅掌楸、金钱松、落叶松类等。草本植物之秋色可观者较少，如扫帚草全株叶变赭红，雁来红叶转血红，银边翠顶叶呈银镶翠玉状，猩猩草叶中下部或全叶朱红色，等等。至于秋叶变色的原因，主要由于入秋气温降低，叶绿素的合成受阻，甚至破坏、减少，而其他色素如花青素、叶黄素、胡萝卜素、类胡萝卜素等相对显现。含花青素多的叶子变红，含叶黄素等多的变黄。又因多种色素之配合而现紫、橙等色。更因花青素等在低温下易于生成，故霜叶往往分外艳丽动人。此外，不同色素常因生态条件变化而增减，遂使秋色叶更为异彩纷呈，美不胜收。如秋季晴朗之日，阳光普照，昼夜温差加大，空气、土壤较干旱，都易促使叶片尤为绚丽多姿。

遗传多样性也是丰富提高秋色叶植物观赏特性的重要基础，人们可通过株选，选育出形形色色的新品种、新系列。

（陈俊愉）

秋水仙（autumn crocus） *Colchicum autumnale*，百合科秋水仙属多年生草本植物。染色体数2n＝38，24，42。鳞茎卵形，有膜质外皮；叶3～5片，阔披针形至卵状披针形。自地下茎抽生花1～4朵，径5～10cm，堇红色，花朵漏斗形，花冠筒细长。种子圆球形，千粒重5～8g。变种有白花秋水仙（var. *albiflorum*）、紫花秋水仙（var. *atropurpureum*）、粉花秋水仙（var. *roseum-plenum*）。原产中南欧、北非至中亚，喜冬季温暖湿润、夏季凉爽干燥、阳光充沛。要求疏松肥沃、排水良好的砂质壤土。春季发叶，秋季开花，种子次年成熟。播种或分栽小鳞茎繁殖。种子宜露地秋播。播种宜选土壤肥沃，排水良好的向阳处。预先施足基肥，并用福尔马林进行土壤消毒。种皮厚硬，播前用36℃温水浸种48小时，当年可发芽，实生苗第一片叶为针形，第二年叶片为带状，第一年小球形成，生长2～3年后，于7～8月间挖出移栽（条植），沟深3～4cm，株距4cm；覆土2～3cm，沟距20cm。实生苗3～4年后开花。分球繁殖于7月鳞茎休眠后进行。成龄球栽植株行距25～30cm。覆土深度4～5cm。生长期间土壤干湿要适当，太湿易引起鳞茎腐烂，太干生长不良，空气宜较为湿润。6～7月间鳞茎进入休眠期，若地势高而排水好，又有半阴环境，可不必挖出。间隔3～4年应挖出分栽一次。冬季应适当覆土防寒。

园林应用：秋水仙适宜高山园、岩石园，亦可植于灌木丛旁或花境及草坪丛植；花朵傍地面而生，别具特色。鳞茎可提取秋水仙碱，供药用。

同属植物约65种，分布于欧、亚大陆。见于栽培的有：黄秋水仙（*C. luteum*），叶花同放，花朵黄色，原产喜马拉雅地区至俄罗斯。美丽秋水仙（*C. speciosum*），花象牙白色，品种有‘白花美丽’秋水仙（cv. Album）、‘粉花美丽’秋水仙（cv. Bornmuelleri）。杂色秋水仙（*C. variegatum*），株高仅7～8cm，花玫瑰红色，具白色花冠筒，红、白交错；径约9cm；秋季开花。原产希腊与小亚细亚。

（龙雅宜）

球根花卉（flowering bulbs） 植株地下部分大量贮藏养分，发生变态膨大的多年生草本花卉。球根花卉偶也包含少数地上茎或叶发生变态膨大者。

形态特征 根据球根的来源和形态可分为：①鳞茎。茎短缩为圆盘状的鳞茎盘。其上着生多数肉质膨大的鳞叶，整体球状，又分有皮鳞茎和无皮鳞茎。有皮鳞茎外被干膜状鳞叶，肉质鳞叶层状着生，故又名层状鳞茎。如水仙及郁金香。无皮鳞茎则不包被膜状物，肉质鳞叶片状，沿鳞茎中轴整齐抱合着生，又称片状鳞茎，如百合等。有的百合（如卷丹），地上茎叶腋处产生小鳞茎（珠芽），可用以繁殖。有皮鳞茎较耐干燥，不必保湿贮藏；而无皮鳞茎贮藏时，必须保持适度湿润。②球茎。地下茎短缩膨大呈实心球状或扁球形，其上有环状的节，节上着生膜质鳞叶和侧芽；球茎基部常分生多数小球茎，称子球，可用于繁殖，如唐菖蒲、小苍兰等。③块茎。地下茎或地上茎膨大呈不规则实心块状或球状，上面具螺旋状排列的芽眼，无干膜质鳞叶。部分球根花卉可在块茎上方生小块茎，常用之繁殖，如马蹄莲等；而仙客来、大岩桐、球根秋海棠等，不分生小块茎;秋海棠地上茎叶腋处能产生小块茎,名零余子,可用于繁殖。④根茎。地下茎呈根状膨大,具分枝,横向生长,而在地下分布较浅。如大花美人蕉、鸢尾类和荷花等。⑤块根。由不定根经异常的次生生长,增生大量薄壁组织而形成,其中贮藏大量养分。块根不能萌生不定芽,繁殖时须带有能发芽的根颈部,如大丽花和花毛茛等。此外,还有过渡类型,如晚香玉其地下膨大部分既有鳞茎部分,又有块茎部分。以上列举的鳞茎、球茎、块茎、根茎和块根等,在观赏园艺上,统称球根。

习性　球根花卉广泛分布于世界各地。供栽培观赏的有数百种,大多属单子叶植物。球根花卉系多年生草本花卉,从播种到开花,常需数年,在此期间,球根逐年长大,只进行营养生长。待球根达到一定大小时,开始分化花芽、开花结实。也有部分球根花卉,播种后当年或次年即可开花,如大丽花、美人蕉、仙客来等。对于不能产生种子的球根花卉,则用分球法繁殖。

球根栽植后,经过生长发育,到新球根形成、原有球根死亡的过程,称为球根演替。有些球根花卉的球根一年或跨年更新一次,如郁金香、唐菖蒲等;另一些球根花卉需连续数年才能实现球根演替,如水仙、风信子等。

球根花卉有两个主要原产地区。一是以地中海沿岸为代表的冬雨地区,包括小亚细亚、好望角和美国加利福尼亚等地。这些地区秋、冬、春降雨,夏季干旱,从秋至春是生长季,是秋植球根花卉的主要原产地区。秋天栽植,秋冬生长,春季开花,夏季休眠。这类球根花卉较耐寒、喜凉爽气候而不耐炎热,如郁金香、水仙、百合、风信子等。另一是以南非(好望角除外)为代表的夏雨地区,包括中南美洲和北半球温带,夏季雨量充沛,冬季干旱或寒冷,由春至秋为生长季。春季栽植,夏季开花,冬季休眠。此类球根花卉生长期要求较高温度,不耐寒。春植球根花卉一般在生长期(夏季)进行花芽分化;秋植球根花卉多在休眠期(夏季)进行花芽分化,此时提供适宜的环境条件,是提高开花数量和品质的重要措施。球根花卉多要求日照充足、不耐水湿(水生和湿生者除外),喜疏松肥沃、排水良好的砂质壤土。

繁殖栽培　繁殖方法主要有:①分球。广泛应用于各类球根花卉,如百合、唐菖蒲、晚香玉等可分植子球;卷丹、沙紫百合等栽植珠芽;秋海棠、北京秋海棠等用零余子繁殖。此外,分割球根法,多用于品种优良且不易分生球根的种类;因繁殖系数低,又易腐烂,生产上应用很少。风信子切挖鳞茎可大量增殖子球。②扦插。百合、朱顶红等常用肉质鳞叶扦插;大丽花、球根海棠、大花苣苔等用茎插。此外,百合茎埋条也可增殖子球。③播种。除中国水仙外,一般球根花卉均可播种繁殖,如仙客来、大岩桐及球根秋海棠等。但是,异花授粉的球根花卉,播种繁殖常发生异变或分离,如为保持品种优良性状,仍以用分球和扦插法繁殖为宜。

组织培养在球根花卉生产上应用日趋广泛,不仅可以快速繁殖,还可用于种球复壮。

球根花卉应按照球根大小分别栽植,深度一般为球根纵径的3倍。但也有些球根花卉,如晚香玉,以球根顶部与地面相平为适;仙客来的球根还要部分露出土面。有的球根花卉,如百合宜深栽。球根花卉根少而脆嫩,损伤后不易再生,故生长期间忌移植。叶片少或有定数,栽培中应尽量避免伤叶。切花栽培在保证切花长度的前提下,应尽量多保留植株茎叶。花后要加强肥水管理,以促进球根肥大充实。栽培中须适当控制氮肥用量,避免徒长、推迟开花;要适当多施磷钾肥,促使花大和球根发育充实。以观赏为目的的栽培,花后应及时剪除残花,不使结实,以减少养分消耗。至于以生产球根为目的者,在蕾期即须除尽花蕾。

病虫害防治　对球根花卉常见的病、虫危害,除在生长期喷洒药剂防治外,须注意如下几点:①选用无病虫感染的球根和种子;②进行土壤消毒;③栽植或播种前,对球根或种子进行处理,以杀灭病菌、虫卵(还可加入解除球根休眠的药剂,使球根迅速而整齐地萌芽);④球根采收后,贮藏之前要进行药剂处理。

采收与贮藏　球根花卉停止生长后叶片呈现萎黄时,即可采球茎。采收要适时,过早球根不充实;过迟地上部分枯落,采收时易遗漏子球,以叶变黄1/2～2/3时为采收适期。采收应选晴天,土壤湿度适当时进行。采收中要防止人为的品种混杂,并剔除病球、伤球。掘出的球根,去掉附土,表面晾干后贮藏。在贮藏中通风要求不高,但对需保持适度湿润的种类,如美人蕉、大丽花等多混入湿润砂土堆藏;对要求通风干燥贮藏的种类,如唐菖蒲、郁金香、水仙及风信子等,宜摊放于底为粗铁丝网的球根贮藏箱内。球根贮藏室冬季温度应保持5℃左右,不可低于0℃或高于10℃;夏季要保持干燥凉爽,防止病、虫、鼠类危害。经常检查和翻动,将腐烂或伤、病球及时检出。

园林应用　球根花卉种类丰富,花色艳丽,花期较长,栽培容易,适应性强,是园林布置中比较理想的一类植物材料。荷兰的郁金香、风信子,日本的麝香百合,中国的中国水仙和百合等,在世界上均享有盛誉。球根花卉常用于花坛、花境、岩石园、基础栽植、地被、美化水面(水生球根花卉)和点缀草坪等。又多是重要的切花花卉,每年有大量生产,如唐菖蒲、郁金香、小苍兰、百合、晚香玉等。还可盆栽,如仙客来、大岩桐、水仙、大丽花、朱顶红、球根秋海棠等。此外,部分球根花卉可提取香精、食用和药用等。因此,球根花卉的应用很值得重视,尤其中国原产的球根花卉,如王百合、鸢尾类、贝母类、石蒜类等,应有重点地加以发展和应用。

(秦魁杰)

球根贮藏（bulb storage） 球根成熟采掘后，放置室内并给予一定条件以利其适时栽植或出售的措施和过程。

球根贮藏可分为自然贮藏和调控贮藏两种类型。自然贮藏指贮藏期间，对环境不加人工调控措施，促球根在常规室内环境中度过休眠期。通常在商品球出售前的休眠期或用于正常花期生产切花的球根，多采用自然贮藏。调控贮藏是在贮藏期运用人工调控措施，以达到控制休眠、促进花芽分化、提高成花率以及抑制病虫害等目的。常用的是药物处理、温度调节和气调（气体成分调节）等，以调控球根的生理过程。如郁金香若在自然条件下贮藏，则一般 10 月栽种，翌年 4 月才能开花。如运用低温贮藏（17℃ 经 3 个星期，然后 5℃ 经 10 个星期），即可促进花芽分化，将秋季至春季前的露地越冬过程，提早到贮藏期来完成，使郁金香可在栽后 50～60 天开花。这样做不仅缩短了栽培时间，并能与其他措施相结合，设法达到周年供花的目的。

球根的调控贮藏，可提高成花率与球根品质，还能催延花期，故已成为球根经营的重要措施。如对中国水仙的气调贮藏，需在相对黑暗的贮藏环境下适当提高室温，并配合乙烯处理，就能使每球花葶平均数提高一倍以上，从而成为“多花水仙”。

各类球根的贮藏条件和方法，常因种和品种而有差异，又与贮藏目的有关。对通风要求不高而需保持一定湿度的球根，如美人蕉、百合、大丽花等，可埋藏在保有一定湿度的干净砂土或锯木屑中；贮藏时需要相对干燥的球根，可采用空气流通的贮藏架分层堆放，如水仙、郁金香、唐菖蒲等。调控贮藏更需根据不同目的，分别处理，如荷兰鸢尾（*Iris hollandica*）在 8 月份每天熏烟 8～10 小时，连续处理 7 天，可收成花率提高一倍之效。收获后的小苍兰，在 30℃ 条件下贮放 4 个星期，再用木柴、鲜草焚烧，释放出乙烯气进行熏烟处理 3～6 小时，便可有明显促进发芽的作用。麝香百合收获后用 47.5℃ 的热水处理半小时，不仅可以促进发芽，还对线虫、根锈螨和花叶病有良好防治效果。

（张乔松）

球根贮藏生理（physiology of bulb storage） 球根在采后贮藏过程中的生理变化及贮藏条件对栽后生长、开花的影响。球根在其生活周期中根据不同的生态习性，常需要贮藏一个时期。这样既可避免季节性的不良环境，又可在特定条件下为球根的繁殖、生长与提早或延缓开花进行控制。研究球根贮藏过程中的生理变化，不但为科学贮存球根提供了理论依据，且可为球根花卉的丰产、花期调节、提高开花质量等奠定坚实基础。荷兰根据温度对花芽分化与花葶伸长的影响，来进行花期控制，从而达到周年供应高质量切花、盆花之目的。

球根是富含水分的复杂器官，除有一至几个花芽外，还有营养芽、根与贮藏组织等。这种变态的植物器官其主要功能是储存营养和水分，以供休眠与分化之所需。在贮藏过程中，仍进行着生理活动，以完成各部分的发育进程。影响球根发育的外界条件，主要是温度、湿度与气体等，其中以温度最为突出。

球根采收后生理生化变化 球根是一种极好的繁殖材料，开花后晚间的低温促使绿叶中的光合产物向地下部分大量输送。采收贮藏时，球根中具有丰富的碳水化合物和分生组织贮备。此时糖含量降低，淀粉与蛋白质含量增加。当地上部分枯萎时，标志着生长阶段结束，生殖阶段开始，并进入了休眠期。成熟的球根中所含贮藏物质和水，有助于在休眠期维持生命；球根外部往往有膜状鳞茎皮或加厚组织，以保护球根不致干枯或受损伤。大多数球根需在低温条件下贮藏一个时期，经春化作用，促进花芽发育。

按球根生长发育对温度的不同要求，可分为春植球根与秋植球根。耐寒性强、在春季开花的郁金香、水仙、风信子等为秋植球根。其花原基发生在夏末秋初收获后的几周内，在比较温和的条件下鳞茎休眠。在干热夏季即花芽分化后贮藏，通常温度为 18～20℃。半耐寒或不耐寒、夏季开花的，如唐菖蒲、百合等花卉为春植球根。夏季开花后，形成球根。球根成熟进入休眠状态，可长达几个月，此时需在 5℃ 左右贮藏过冬，在贮藏条件下进行花芽分化。但球根鸢尾则没有明显的生理休眠，花芽分化最适温度为 9～15℃；在高温下贮藏，叶原基发育静止，为强迫休眠。

贮藏球根芽的休眠，是抑制物质与促进物质之间平衡的结果，认为是由于脱落酸的抑制效应与赤霉素和（或）细胞分裂素促进效应互相协调的作用。球根中存在有抑制物质，如在唐菖蒲球茎中已检测到的有脱落酸、脂肪酸（亚油酸、亚麻酸、硬脂酸、棕榈酸）与酚类物质等。抑制物质含量的多少，与休眠的程度有关。低温打破休眠，使抑制物质含量下降。外施抑制剂，可以阻止球根发芽。贮藏球根中随着休眠的解除，赤霉素、生长素和细胞分裂素含量增加。赤霉素作用于酶的合成，使贮备物质水解而供应新生组织；细胞分裂素促进细胞分裂与扩大。细胞分裂素与抑制物质的颉颃作用，对打破休眠与核酸的合成有密切关系。生长素可能与花葶伸长有关。外施赤霉素与低温打破休眠的作用一样，能使球根内源激素产生质与量的变化，特别是内源赤霉素含量增高，可令提前开花。乙烯在休眠调节中可起作用，外施赤霉素能增加内源乙烯含量，从而解除休眠。

除六苄基嘌呤或赤霉素可外施打破球根休眠外，乙烯、氯仿、甲醇、乙烯释放剂——乙烯利、氰氨化钙等都可用以打破休眠，使之提早开花。而脱落酸、青鲜素

08 ‘蓉花魁’芍药　秦魁杰摄

313 ‘美菊’芍药　秦魁杰摄

311 ‘五花龙玉’芍药　秦魁杰摄

09 红蕉　李惠云摄

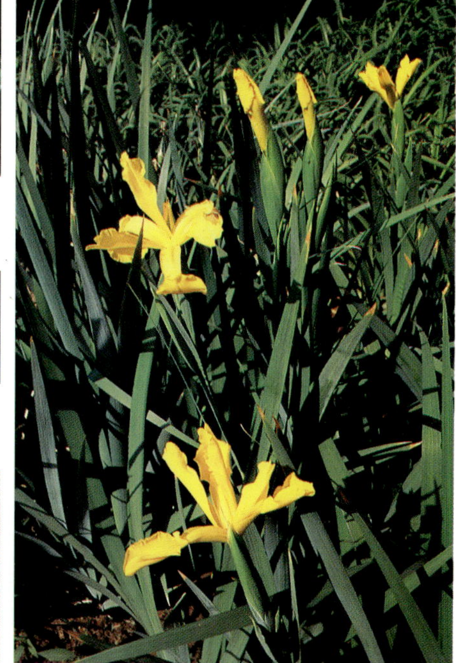

314 黄菖蒲　惠云摄

312 单瓣芍药　刘明德摄

10 多花报春　徐民生摄

315 德国鸢尾　傅晨摄

316 蜘蛛兰
卢思聪摄

317 毛地黄
吴涤新摄

320 卜若地
秦魁

321 大花秋
慧

318 大花秋葵（1）
刘素华摄

322 白芨
吴涤新摄

319 水塔花
马　勋摄

323 吊兰
金　波摄

326 鹤望兰　　李英敏摄

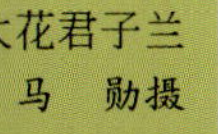

大花君子兰
马　勋摄

凤尾兰
勋摄

327 垂笑君子兰　　金　波摄

328 重瓣曼陀罗　　金　波摄

329 小苍兰　　李英敏摄

330 香石竹　　金　波摄

331 宿根福禄考　　金　波摄

332 铃兰　　金　波摄

333 草原龙胆　　黄善武摄

334 瓷玫瑰　　金　波摄

335 玉簪　　余树勋摄

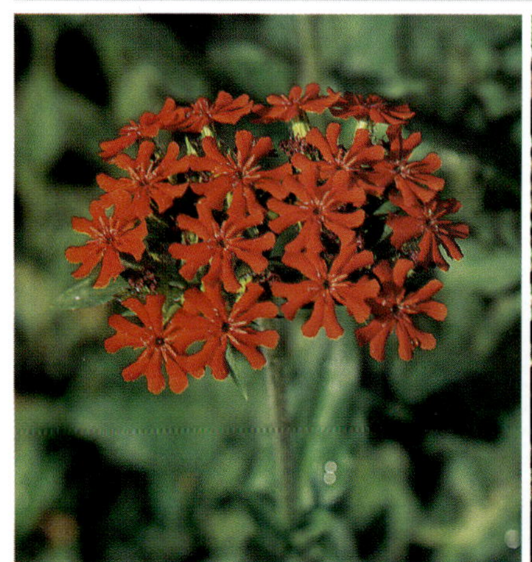

336 皱叶剪秋罗　　沙　尼摄

337 蓝玉簪龙胆　　郎楷永摄

338 酢酱草　　金　波摄

339 金苞花　　徐民生摄

340 金鱼草　　金　波摄

341 轮叶婆婆纳　　晓　晨摄

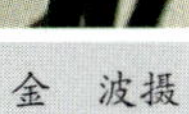

342 海芋　　金　波摄

343 桔梗　　惠云摄

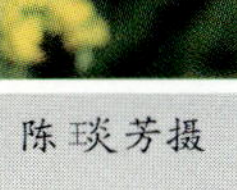

344 补血草（1）　　陈琰芳摄

345 补血草（2）　　陈琰芳摄

346 随意草　　佐莲摄

347 蜀葵（1） 金 波摄

352 赫蕉 徐民生摄

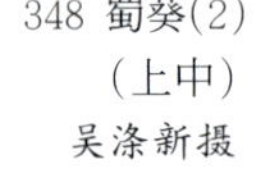

348 蜀葵(2)
（上中）
吴涤新摄

349 白鹤芋
余树勋摄

353 大花葱
秦魁杰摄

350 射 干（右）
马 勋摄

354 白头翁
金 波摄

351 耧斗菜（1）
惠云摄

355 耧斗菜（2）
臧淑英摄

6 艳山姜　　李英敏摄

361 倒挂金钟（1）　　李英敏摄

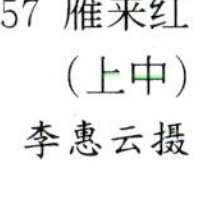

57 雁来红
（上中）
李惠云摄

8 旅人蕉
朱钧珍摄

362 倒挂金钟（2）
李英敏摄

9 木芙蓉
杜武峰摄

363 飞蓬
惠云摄

360 花烛
徐民生摄

364 东方罂粟
臧淑英摄

365 地涌金莲（上左）
卢思聪摄
366 千花葵（上）
乡华摄
367 金盏菊（上右）
乡华摄
368 火炬花（左）
李惠云摄
369 一支黄花（右）
惠云摄
370 蓬蒿菊（下左）
晓晨摄
371 天竺葵（下）
李英敏摄
372 黑心菊（下右）
李英敏摄

等,则可用以延长休眠,推迟开花。

温度及化学物质在贮藏中的作用　球根贮藏时的生理进程与温度有密切关系。温度之高低除可影响球根的大小或数量外,主要是对开花产生作用。贮藏温度较高(21℃或以上)或在低温(5℃)条件下,可保持球根休眠和推迟开花,并有利于长途运输。再在低温下贮藏一个时期,球根才能正常发育。球根大小,可决定开花与否以及商品花的质量。无论是经过贮藏的,或在自然条件下地里生长的,其生理进程都影响球根的最后膨大程度。促进这些生理进程的温度要求,在不同植物间差异很大。如低温促进春夏生长的唐菖蒲球茎膨大;而高温则可促进郁金香与球根鸢尾鳞茎在冬、春发育。

球根在贮藏过程中,各部分的器官继续进行分化,直到花的发育完成为止。一般贮藏温度高,花芽分化快。如在高温下贮藏时间过长,伸长的花莛就会干枯而死,茎盘周围的根也会卷缩。

(邵莉楣)

球兰(waxplant)　*Hoya carnosa*,别名蜡兰、玉绣球、樱花葛。萝藦科球兰属常绿肉质藤本。染色体数2n=22。茎蔓可伸展到2m以上,节上生气根,攀附于树或石上。叶全缘、对生、具短柄,肥厚肉质,有光泽,卵状椭圆形或卵状心形,先端渐尖,初生叶带红色,老叶转绿。聚伞花序,小花10数朵密生于花序上呈球形,花冠蜡质、白色、心部淡红色,花期5~9月,花香久长。栽培品种很多,常见的有:'斑叶旋卷球兰'(cv. Compacta),茎蔓扭曲,叶变态呈褶叠皱缩形、密生、生长慢;'镶边球兰'(cv. Variegata),叶片鲜绿至浅青蓝色,具宽大乳白到粉红色的边缘;'三色球兰'(ca. Tricolor),嫩叶古铜色略带玫瑰、橙红色,老叶绿色,边缘呈象牙白色、花粉红。

原产中国南部、东南亚及大洋洲,约在1802年引入欧洲作温室栽培。喜高温多湿的半阴环境及稍干土壤,夏秋季须防止阳光曝晒。虽然在无直射阳光处也能生长,但每天需要3~4小时充足阳光才能开花。越冬需在5℃以上,适温为10~12℃,在20℃以上生长旺盛;温度过高,通风不良,则茎细长,叶生长不良,易罹病虫害。喜肥沃、透气、排水良好的土壤,生长期间要求充足水分,但忌过湿。秋后逐渐减少浇水。在冷凉地区,冬季休眠期需保持盆土潮湿。生长季节可半月施一次富钾肥料,冬末供应充足肥料可促进翌年夏季开花。过湿多肥会影响彩叶品种的色彩。栽培时往往先抽出细长、带气根的无叶茎蔓,上有瘤状节,这正是以后开花、长叶的新蔓。而开过花的老节,可年年开花,在去除枯萎花时要注意勿损伤花序总梗,使其继续开花。球兰生长较缓慢,可两年换一次盆,换盆宜在春季。用扦插或压条法繁殖,在20℃以上容易生根。除未展叶的新蔓外,均可作插穗。球兰在可以露地栽培的地区常作篱架,附石及攀爬墙垣材料。盆栽可供悬吊栽培或置几架作盆饰。

同属植物约200种以上,常见的有:澳州球兰(*H. australis*),亚灌木,枝下垂,蜡质叶,深绿色,常有银白斑,生长迅速。美丽球兰(*H. bella*),别名玉蝶梅、矮球兰,枝细小,分枝多。叶近心形,厚蜡质,灰绿色,无光泽,中具棕色条纹,花白色,心紫红。爱侣球兰(*H. obovata* var. *kerri*),叶厚、肉质、有光泽,倒心形,广州有栽培。香球兰(*H. lyi*),藤本,茎被黄毛,叶薄、革质,椭圆状披针形或倒披针形,花白、有香气,产于中国四川、贵州等省。

(王　缺)

曲苞芋(gonatanthus)　*Gonatanthus pumilus*,天南星科曲苞芋属多年生草本植物。染色体数2n=28。株高约60cm,有细长分枝的匍匐状地下茎,聚生小块根。叶少数,卵形,长25cm,叶柄长可达40cm。佛焰苞黄至浓金黄色,长20~30cm,宽2.5~3cm。小花有香气。原产东南亚。喜温热环境,阳光强烈时需适当遮荫。冬季休眠时,保持土壤略湿润,贮藏于20℃环境中。早春在温室中给水,发芽后盆栽。可分栽小块根繁殖。用作温室盆栽。

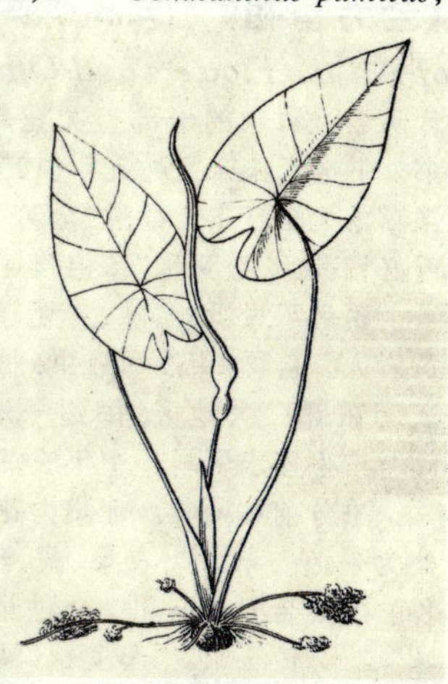

(王大钧)

屈曲花(rocket candytuft; common annual candytuft)　*Iberis amara*,别名香屈曲花。十字花科屈曲花属一年生草本植物,或作二年生栽培。株高30~75cm,疏生微毛。叶倒披针形至匙形,边缘粗糙有少齿。大形总状花序。花初开时密集呈伞房状,旋即伸长。花白色,芳香,瓣片4,外2瓣形较大。为西欧传统插花用材料。栽培变种多,有风信子花型,大花型及矮小型(高仅10cm)。角果,扁平。原产西欧,喜夏季凉爽气候,不耐暑热。适生于排水良好的园土,尤喜多腐殖质肥沃土壤,宜保持适度湿润。多直

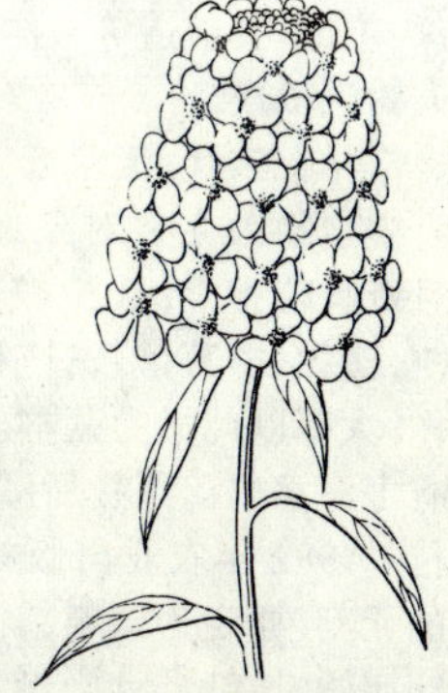

播，间苗后使株距保持 15～30cm（高茎切花用须30cm）。一般多春播，夏、秋开花。但在冬季气候温和地区，可 9 月份地播作春季花坛。也可在秋季播于室内，于冬季或早春室内开花。为优良切花，也可用于花坛或花境。

同属约 40 种，常见栽培的有伞形屈曲花（*I. umbellata*），二年生草本植物，植株较高，花有白、粉、红等色，5～6 月开花。常青屈曲花（*I. sempervirens*），多年生常绿草本植物，花白色略带紫色，5 月开花。岩生屈曲花（*I. saxatilis*），多年生草本植物，株高 2～15cm，株高 2～15cm，花白色，5 月开花。

（王大钧）

《全芳备祖》（*Quan Fang Bei Zu*；*Portrayals of All the Flowers and Other Plants*） 中国宋代陈景沂辑录的一部有关花果草木等植物资料的类书。书成于宋末宝祐元年（1253），作者因其书“独于花果草木尤全且备”，故称“全芳”；又因“凡事实、赋咏、乐府必稽其始，故又称“备祖”。

辑者陈景沂，名咏、号肥遁，又号愚一子。今浙江黄岩人。自谓“束发习雕虫，弱冠游方外”，足迹遍及今江南东部广大地区，每到一地都“晨窗夜灯，不倦披阅”，广事搜求资料。中年成书，晚年才刻印。

书分前后两集。前集为花部，著录植物 120 种；后集为果、卉、草、木、农桑、蔬、药共七部，著录植物 176 种。两集合计 296 种，每种植物均分为“事实”、“赋咏”、“乐府”三祖。“事实祖”又细分为“碎录”、“纪要”、“杂著”三目。“碎录”叙述该种植物的名称、产地、形态、习性和功用；“纪要”记载该植物的掌故；“杂著”收录有关的文赋。“赋咏祖”收录有关的诗歌。“乐府祖”专收词，并以词牌标目归类。各项都以辑录前人著述为主，个别地方偶有编者意见。

书中所引资料，详于文学作品而略于植物文献。所引诗文，尤其是宋人诗文，不少已经失传，其中有晏殊、丁谓、贾似道等人的作品，都借此保存下来，可供后人钩沉辑佚。

早在宋代，汇编近三百种植物资料于一书者，除以野生植物为主要对象的《本草》之外，似以此书为最。且资料较齐全，查检较方便，对后来的著作有深远影响，诸如《群芳谱》、《广群芳谱》、《采芳随笔》等同类著作，大都以此书为蓝本。此书在中国国内已无刻本，只有上海辞书出版社所藏毛氏汲古阁旧抄本等十几种流传。1982 年农业出版社已将日本宫内厅书陵部珍藏的元刻（原定为宋刻，后据专家鉴定改为元刻）残本影印出版，所缺部分则据华南农业大学农史研究室珍藏的抄本补足。

（彭世奖）

全缘角蒿（incarvillea） *Incarvillea compacta*，紫葳科角蒿属多年生草本植物。染色体数 2n＝22。无茎，肉质根柱形。叶基生，1 回羽状复叶，侧生小叶 4～9 对，无柄，狭卵形，先端急尖、基心脏形，全缘。总状花序基生，长约 30cm，具花 10 朵，苞片 3 枚。萼钟状，常密被黑色斑点。花冠漏斗形，鲜玫红色、筒内黄色具少数紫色条纹，裂片 5 枚，外翻开张，圆至偏圆形。花期夏季。蒴果木质，直立，具黑斑。种子深灰褐色，具翅。原产中国西南。分株或播种繁殖，实生苗第三年开花，一般用于岩石园或温室盆栽。同属种重要者有：黄色角蒿（*I. lutea*），株高可达 120cm，侧生小叶一般 6～9 对，花茎粗壮，花可多至 20 朵，黄色，檐部较淡，花径约 5cm，花期初夏。滇川角蒿（*I. mairei*），叶基生。侧生小叶约 4 对，花冠紫红或深红色，花冠筒内部黄、白或灰色。均分布于中国西南。（郑 恭）

雀儿舌头（Chinese andrachne） *Andrachne chinensis*，别名黑钩叶。大戟科雀儿舌头属落叶小灌木。染色体数 2n＝24。高 1～3m，小枝细弱，绿色或绿褐色。叶互生，卵形至卵状披针形，长 1～4.5cm，全缘。花小，单性同株；雄花 2～4 朵簇生叶腋，花瓣 5，白色；雌花单生叶腋，花瓣较小，花期 3～6 月。蒴果球形或扁球形，果期 8～9 月。产中国吉林、辽宁、河北、山西、河南、山东、陕西、四川、湖南、湖北、云南及广西。适应性强，耐寒、耐旱，在阴处及向阳处均能生长。播种繁殖，栽培容易。为荒地绿化及山石配景材料。开花前的嫩枝叶有毒。

（董保华）

雀梅藤（hedge sageretia） *Sageretia theezans*，别名碎米子、对节刺。鼠李科雀梅藤属落叶或常绿灌木。染色体数 2n＝2x＝24。高达 2m。小枝灰褐色，具刺状短枝；叶近对生，卵形或卵状椭圆形，长 1～4cm，缘有细齿；穗状圆锥花序腋生或顶生，花小，淡黄色，有香气，花期 5～6 月；核果近球形，紫黑色，果期 9～10 月。产中国江苏、浙江、安徽、江西、福建、台湾、湖北、湖南、广东、广西、四川及云南等地，印度、日本也有分布。喜温暖湿润气候，耐瘠薄。可用播种、扦插及分株繁殖。雀梅藤姿态优美，叶丛紧密，耐修剪，是常用的桩景材料，也可用于岩石园和绿篱栽植。同属中常见栽培的还有少脉雀梅藤(*S. pycnophylla*)。

（包满珠）

《群芳谱》(*Cyclopaedia of Flowers*) 中国明代以介绍园艺作物为主的综合性著作，全称《二如亭群芳谱》。辑著者王象晋，字荩臣，山东新城(今桓台县)人，万历三十二年(1604)进士，曾任浙江右布政使。他喜爱种植植物，在家经营园圃，积累不少实践知识，再参考前人书籍，并按自己的见闻，经十多年积累资料，于1621年写成本书。内容有天谱、岁谱、谷谱、桑麻谱、蔬谱、茶谱、花谱、果谱、木谱、竹谱、卉谱、药谱及鹤鱼谱等十二个部分。其中花谱、果谱及木谱为全书重点，综合三谱，除去重出条和少数难以考查者外，加上卉谱、药谱中素来用于观赏的(如桔梗、牵牛、金银花之类)至今仍作观赏栽培的植物，共达210余种。

各重要条目分名称(包括品种)、汇考(包括出典、杂记)、集藻(历代诗文)、别录(以种植应用为主)等，内容博而详，可谓集前人大成的一代巨著。该书中不乏著者独特见解，如杜鹃条附山枇杷(即今的大叶常绿杜鹃)，见地不凡。

清康熙年间汪灏等人受命对《群芳谱》增补而成《广群芳谱》，刊于1708年。该书将原谱中天谱和岁谱，并为岁时谱，删去鹤鱼谱，大量增加典实诗文；又依据古籍上至《山海经》，下至《黄山志》，增加了超过原书条目的植物种类。

两书对17世纪以前的观赏植物历史典故和栽培经验起了汇总的作用。但因卷帙浩繁，文字华丽，阅读者多限于高层次读者。

（王大钧）

R

染料木（dyers greenweed） *Genista tinctoria*，蝶形花科染料木属矮灌木。染色体数 2n = 4x = 48。高 1m，老干绿褐至灰褐色，幼枝绿色、具纵条纹。单叶互生，长椭圆形，长 2～3cm，全缘；总状花序，花冠黄色、蝶形，花期 5～7 月；荚果扁带形，长 2.5～3.5cm，10 月果熟。有重瓣花变种（var. *plena*），花重瓣而繁密。原产欧洲及西亚地区，中国有引种栽培，但因早春大气严重干旱，在北京常有枯梢现象发生，播种繁殖。可于草地丛植观赏。

（董保华）

蘘荷（mioga ginger） *Zingiber mioga*，别名野姜。姜科姜属多年生草本植物。株高约 1m，根状茎匍匐于地下，具辛辣味。叶互生、2 列，披针状椭圆形。穗状花序呈椭圆状，由根状茎抽出，苞片紫色，花淡黄色，花期 7～10 月。蒴果倒卵形。分布于中国东南、西南地区及日本。喜温暖阴湿环境和微酸性、肥沃的砂质壤土。较耐寒，冬季可耐 0℃ 低温，用种子或分根繁殖。

种子采收后宜砂藏至翌春气温回升时播种，分根可在春季进行蘘荷可自然丛植或作花境材料。根茎入药。嫩花序可作蔬菜。

同属植物 80 种，供观赏的有红球姜（*Z. zerumbet*），多年生草本，高约 2m，具块状根茎，叶 2 列，叶鞘抱茎。穗状花序，近长圆形，苞片呈覆瓦状排列，小花白色，花期夏、秋季。喜温热气候，宜半阴，需肥沃土壤。冬季地上部分枯死，进入休眠。分株繁殖。红球姜花序独特，可作花境材料。

（王铨铭）

人工种子（artificial seeds） 人工创造出的一种具有与天然种子类似结构的繁殖体。其内层是胚状体或芽等，中间含有胚状体等所需营养成分和某些植物激素，以供应萌发所需的能量和刺激因素，最外层为一有机薄膜包裹，防止水分散失并保持内含物不受外力冲击。人工种子的研究，目前尚处于实验阶段。在观赏植物中，已研制过天竺葵、山茶、松树等的人工种子。

人工种子有以下优越性：①通过组织培养产生的胚状体具有数量多、繁殖速度快、结构完整等特点。提供营养的“种皮”可以根据不同植物对生长的要求配制，以便能够更好地促进胚状体的快速生长并适于机械化播种。特别是在大量快速繁殖苗木和用于大面积栽植时，人工种子可极大地降低成本并节省劳力；②体细胞胚是由营养繁殖体系产生的，可以固定杂种优势，一旦获得优良的基因型，便可相对地长远使用，不需更复杂的育种过程；③在人工种子制作过程中可以加入某些农药、化学试剂或有益微生物及激素类物质等以调节植物生长发育；④利用胚状体发育途径，可作为开展植物基因工程和遗传工程的桥梁。1978 年，在加拿大召开的第四届国际植物组织、细胞培养会议上，美国生物学家穆拉什格（Murashige）首次提出了“人工种子”的概念。他认为，将组织培养诱导产生的胚状体或芽，包以胶囊，使之具有种子的机能，即可直接用于播种繁殖。以后，不少科学工作者有志于人工种子的研究。1983 年，美国加利福尼亚州植物遗传育种公司申请“制造人工种子”的专利。该公司又与日本合作进行技术研究，从而引起更多科学工作者关注和兴趣，加快了此项研究领域的发展。

人工种子的研制是一项复杂的综合性技术，主要包括：体细胞胚的诱导、人工种子的包裹、人工种子的贮藏等三方面。

体细胞胚的诱导 胚状体是由孢子体或配子体的细胞通过营养繁殖分化成类似合子胚的结构。在形态上，它与合子胚具有同样的发展程序和结构特征；在组织上，它与亲本没有维管联系并易与母体分离。根据植物细胞全能性理论，任何未分化的体细胞（或性细胞）都可诱导产生胚状体。截至 1990 年，世界上人工诱导产生胚状体的植物已约达 43 科 92 属 100 种以上。但体细胞胚胎发生中普遍出现的一个问题，就是胚状体产生之不同步性。这就使人工种子难以大量生产应用。而胚状体同步发生问题，因受到诸多因素的制约，尚难一次彻底解决。目前主要通过理化因子诱导，使胚状体发生尽可能同步化。如在单冠毛菊细胞悬浮液中加入 DNA 合成抑制剂，可促进细胞同步分裂。低温处理抑制细胞分裂，再提高到正常培养温度，也能达到同步化目的。此外，试验材料本身的敏感性及胚胎发育潜力等遗传因素，也有很大影响。所以在胚胎发生及同步控制研究中,应着重从材料选择、培养程序及掌握胚胎发生规律等多方面给予综合考虑,从而获得高质量的体细胞胚。

人工种子的包裹 体细胞胚包裹的方法很多,最常用的有滴注和装模两种方法。滴注是将体细胞胚与一定浓度的藻酸钠溶液吸入滴管,再滴入氯化钙溶液中,经离子交换形成一定硬度的胶囊丸(包埋丸)。装模法是把体细胞胚混入一个温度较高的胶液中,如Gelrite或琼脂等。然后滴注到一个有小坑的微滴板上,随温度降低即变为凝胶丸。制作包埋丸的包埋剂和通常所说的人工胚乳,其中含有碳源、氮源等大量元素、微量元素、激素、微生物、除莠剂、杀虫剂、抗菌素等各种所需物质。硬化的包埋丸可用于人工播种,也可再涂一层胶囊膜(如 Elvax 4260)。包埋丸的硬度与海藻酸钠及氯化钙的配合浓度有关。在进行人工种子包埋时,要全面考虑到体胚的大小(与选用吸管的内径有关),吸注的速度及包埋剂浓度等多项因素。只有各方面因素配合得当,才会得到合格的包埋丸(人工种子)。

贮藏与播种 理想的人工种子,首先要求在制成胶丸的各个环节中不受污染,其次是要求干化的人工种子具有较长的贮藏寿命。在低温下(4℃)贮藏,有助于提高体胚的存活率和贮藏寿命。在试管内无菌条件下,只要体细胞胚健壮,在制成人工种子后,成苗率较高。但在土壤或其他有菌的基质里,其成苗率明显下降。应用抗菌剂保护人工种子不受污染,有助于体细胞胚的正常萌发并转换成苗。对土壤及其他培养基质先进行消毒处理然后播种,也可提高成苗率。

观赏植物单位面积产值高,栽培繁殖过程中需用人力较多,对新奇品种的迅速推广要求迫切,故人工种子技术在观赏园艺研究与应用中,可望有良好的前景。目前,仅在天竺葵等少数花卉中研制了人工种子。随着研究的日益进展及制作工艺的日臻完善,人工种子作为一种新型繁殖材料而广泛应用于观赏植物育种和良种繁殖,已为期不远了。

(戴思兰)

人面子 (dao dragon-plum) *Dracontomelon dao*,别名人面树、银莲果。漆树科人面子属常绿乔木。高达 20m,具板根。奇数羽状复叶互生,小叶 11～17,长椭圆形,长 6～12cm,全缘;圆锥花序,花小,绿白色,花期 5～6 月;核果球形而略扁,黄色,果核表面凹陷,形如人脸,果期 7～8 月。产中国广东、广西、海南及云南等地,东南亚也有。喜阳光充足及高温多湿环境,适深厚肥沃的酸性土。用种子繁殖,1 年生苗高 50～80cm。虫害有蜡蝉、介壳虫、天牛及木蠹蛾等。树冠宽广浓绿,甚为美观,是“四旁”和庭园绿化的优良树种,也适合作行道树。果肉可加工成蜜饯和果酱。

(肖　嘉)

人体花饰 (human-body flower decoration) 以花卉为材料来装饰人体的花饰形式。主要包括腕花、襟花、肩饰、头饰等。

腕花 佩戴手腕部位的花饰。多用于时装表演及文艺演出等场合。常选用耐失水,观赏期长的热带兰类作腕花。衬叶选用蕨类植物或小型叶片,并配丝带花装饰。制作时,首先选取主花材,用细铁丝(28 号铁丝)串连,把 1～2 朵主花固定在腕花的构图中心,小型衬花沿构图中心左右伸展,总长度较腕周大 4cm 为宜,用绿色胶布包裹后,作成链扣状,在花朵上喷少许保鲜液即成。依场合及服饰需要,单手或双手佩戴均可。

襟花 在婚礼及其他礼仪活动中使用,与服饰搭配,增添典雅高贵气质。婚礼场合,男士襟花佩戴于西服领上,女士可佩戴在胸前。主花材的色泽应根据礼仪性质、服饰质地及习俗进行精心选择,通常喜庆及礼仪活动选用暖色调花,哀悼性活动多用冷色调花。

制作时应选用 1～3 朵含苞的花朵做主花,花梗保留 5cm 长度,用 24 号细金属丝自花朵正面中心穿入,从花梗末端穿出,金属丝应掩埋在花瓣中,再配以衬花及衬叶,衬叶面积应是主花材的 2 倍以上。

肩饰 源于欧洲贵族妇人华丽的“羽花”,专饰于胸前或肩上。随着时代的发展,后用鲜花材来点缀,多用于文艺演出、服装表演及婚礼装饰。肩饰制作与襟花的制作方法近似,但花材加长,通常前面垂至胸前,背后延伸至腰部,下垂及延伸部分可使用文竹及观叶藤本植物。制作后喷洒保鲜液,用别针固定于肩上。

头饰 是插在发型上的花饰。在婚礼及文艺演出中多有应用。中国古代早有用花朵插于发髻的习俗。依场合、服饰及习俗不同,选做头饰的花卉常有区别,习用的花材有茉莉、栀子、白兰花、霞草及各种衬叶。头饰除礼仪场合应用外,日常也有佩戴。在部分地区及民俗活动中有一定的随意性,如将摘来的野花插于头上,但在庄重的礼仪场合,应选用适宜的花材加工后佩戴。头饰的形式依发型及着装不同而异,常见有新月型、三角型、环型等。首先选用细金属丝将所需花朵及衬叶按设计形式串起,然后盘于发髻或插在头上。披肩式发型及短发型可把头饰插在近耳处;环状头饰可插在欧式髻边缘;新月型及三角型头饰适合于多款式发型。

帽饰 是装点女性帽部的花饰。使佩戴者显现庄重典雅或奔放活泼的气质。中国古代妇女及一些少数民族也有在形状不同的帽上点饰鲜花的习惯。帽饰多用于重要礼仪活动中,如婚礼、宴会、文艺演出及时装表演等。常与服饰及其他饰品配套设计。帽饰花卉常选用热带兰、香石竹、补血草、霞草等耐失水的花材。制作时先将花朵剪下,放入营养液中浸泡 20～30 分钟,分别用 24 号细金属丝把花材及叶材加固,留出

5cm左右花梗以便绑扎。在帽子上面选择合适的位置,用金属丝反钩于帽子编织丝上,主花材绑扎后,衬花材沿着主花的左右方向分别延伸即可。花朵形状、色彩应与帽子的款式和质地协调。

(许恩珠)

日本扁柏(Hinoki false cypress) *Chamaecyparis obtusa*,别名白柏、扁柏。柏科扁柏属常绿乔木。染色体数 2n = 2x = 22。20世纪20年代中国庐山植物园开始引种栽培,1935年进行播种试验,现已成为庐山主要风景林树种之一。台湾省也有零星栽培。在原产地高达40m,胸径可达1.5m,树冠尖塔形。树皮红褐色,呈薄片状脱落。生鳞叶小枝扁平,排成一平面;鳞叶肥厚,先端钝。雌雄同株异花,花期4月;球果圆球形,10~11月成熟,深褐色。种子两侧有窄翅。

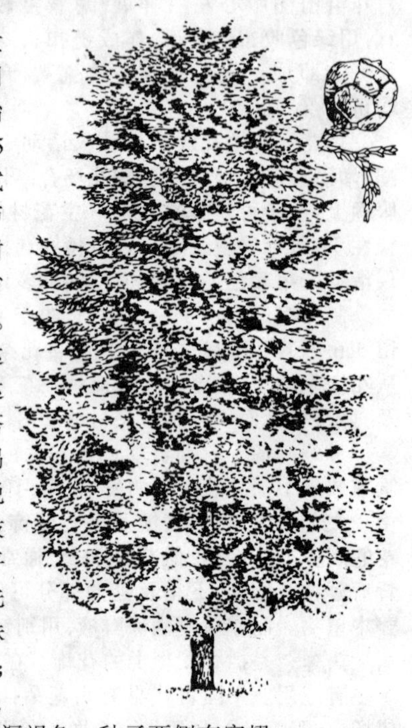

变种及品种　台湾扁柏(var. *formosana*),别名黄桧。大乔木,高达50m以上,胸径3.5m;枝细长,鳞叶较薄,呈密集的覆瓦状排列。产中国台湾省。'云片'柏(cv. Breviramea),小乔木,树冠窄尖塔形;生鳞叶小枝云片状。'洒金云片'柏(cv. Breviramea Aurea),小枝先端的枝叶金黄色,如云片状。产日本。'孔雀'柏(cv. Tetragona),灌木或小乔木,小枝短,鳞叶亮绿色。'金孔雀'柏(cv. Tetragona Aurea),别名'金四方'柏。鳞叶亮金黄色,生叶小枝端部四棱状。'凤尾'柏(cv. Filicoides),灌木,枝短、扁平,在主枝上密集排列;鳞叶钝,全树外观如凤尾蕨。'黄叶'扁柏(cv. Crippsii),灌木或小乔木,小枝密而扁,枝端叶金黄色。'卡柏'(cv. Minima),矮灌木,枝桠丛生密集,叶银灰色,似针状,宜在花坛、草坪种植。'矮'扁柏(cv. Nana),灌木,低矮平顶,有时呈圆球形。叶深绿色。适在岩石园或草坪中栽植。

产地、分布与习性　原产日本,自然分于北纬30~40°广大地区,海拔400~1100m。中国青岛、南京、上海、杭州、北京、河南鸡公山、江西庐山、浙江、台湾和云南等均有栽培。日本扁柏适生于年平均温度10~11℃,年平均降水量1000~2000mm,空气相对湿度80%左右,低温-16.8℃时未见冻害。要求湿润而排水良好土壤,在透气性差的板结土壤中生长不良,在黄壤和棕壤山地生长较好。喜半阴,对光照的要求随年龄而增大,幼树适宜的相对光照为70%左右,最低不得少于30%,否则生长不良。据调查,海拔800~1000m的中山地带,气候温暖湿润,降水量1000mm以上,表现长势旺盛,年平均高生长达40~50cm。但在低海拔,气温高而降水量少的地区,则长势较差。一般达15年左右开始开花结籽。

繁殖栽培　用播种和扦插法繁殖。种子千粒重为2.0~2.2g,出种率8%~11%。种子置干燥通风处保存。翌年3月上旬播种,一年生苗可达8~14cm。扦插繁殖于3~4月进行,选树龄15年生以下的1~2年生健壮枝条,剪截成15~20cm长的插穗,用50~100mg/L吲哚乙酸或50mg/L的萘乙酸浸24小时,生根率达70%~90%,一年生苗高达16cm。

病虫害防治　日本扁柏在中国江西庐山引种成功后,未见病虫为害。但在贵阳等地有叶枯病(*Pestalotia funerea*)为害,合肥等地发现煤污病(*Fumago* sp.)等。在江南及西南有短角幽天牛(*Spondylis buprestoides*)、双条杉天牛(*Semanotus bifasciatus*)等为害,在上海、北京等地有柏小爪螨(*Oligonychus perditus*)等。

园林应用　日本扁柏叶色浓绿,树形壮观,姿态优美,是优良观赏树种。对二氧化碳有较强的抗性,适作风景林和工矿区绿化。品种繁多,树姿、色彩各异,可分别用于建筑物前后、空旷草坪、花台等处,也可盆栽或作盆景观赏。

同属中常见种有:①美国尖叶扁柏(*C. thyoides*),常绿乔木,在原产地高达25m,鳞叶排列紧密,先端锐尖,有明显腺点。球果有白粉。产美国东部及东南部等沼泽地区,中国庐山、南京、杭州有引种栽培。②美国扁柏(*C. lawsoniana*),常绿乔木,在原产地高达60m,胸径2m。鳞叶小,排列紧密,先端锐尖,背面有腺点。球果有白粉。为优良观赏树种,品种较多,园林中广泛应用。原产美国,中国有栽培。③日本花柏(*C. pisifera*),常绿乔木,在原产地高达50m,胸径6m。树冠尖塔形,树皮红褐色。鳞叶先端锐尖,下面有明显白粉。球果熟时褐色。原产日本,中国各地有引种栽培。品种有:'线柏'(cv. Filifera),小枝细长下垂、线形。'金线'柏(cv. Filifera Aurea),鳞叶金黄色,园林树木中的珍品。'绒柏'(cv. Squarrosa),灌木或小乔木,枝叶密集而柔软;叶条状针刺形,3~4枚轮生。'羽叶'花柏(cv. Plumosa),树冠圆锥形,枝叶浓密,鳞叶钻形、柔软、开展,呈羽毛状。'银斑羽叶'花柏(cv. Plumosa Argentia),树冠低矮塔形,鳞叶有银白色斑点,极为美丽。'金叶'花柏(cv. Aurea),叶金黄色。④红桧(*C. formosensis*),常绿高大乔木,高达60m,胸径6m,树皮薄。大枝横展,小枝扁平。叶鳞片状,在小枝上呈覆瓦状排列;球果椭圆形。中国台湾特产,分布于中央山脉阿里山等海拔1050~2000m处。阿里山有两株古树称第一神木和第二神木,树龄达3000年。红桧为国家二级保护树种,庐山植物园有栽培。

(朱国芳)

日本农林水产省蔬菜花卉茶试验场(National Research Institute of Vegetables, Ornamental Plants and Tea, Ministry of Agriculture, Forestry and Fisheries, Japan) 为日本国家级园艺研究机构。1896年设立了制茶试验所;1902年设立了农业试验场园艺部。在蔬菜茶业试验场的基础上,于1986年增设了花卉部,成为全国性试验场。该试验场除本部外,还有久留米和盛冈两个分场;本部及花卉部均设在日本中部的三重县安浓町。试验场占地总面积78.8万hm^2,其中场圃47.8万hm^2。研究人员共161人。花卉部下设5个研究室。

试验场研究内容各有侧重。①育种法研究室:运用细胞融合及DNA重组等手段,开发花卉育种新方法;用组织培养及细胞培养方法,研究花卉遗传资源的保存。②育种研究室:收集重要花卉的遗传资源进行评价;培育并筛选新型、抗逆性强的优质花卉品种。③开花控制研究室:为提高花卉品质及周年计划生产服务而进行开花习性的研究,探明相关的生理、生态原理,开发控制开花的新技术。④流通技术研究室:对花卉贮藏、运输进行研究,开发花卉品质评价、品质保持技术以及新型种苗和盆花的生产、流通技术。⑤绿化植物研究室:研究与城市绿化效应相关的绿化规划,绿化植物的生产和养护管理以及与地球温度变化、城市沙漠化相关的对耐寒性、耐干旱植物的筛选及研究。

(吴涤新)

日光菊(oxeye) *Heliopsis helianthoides*,别名赛菊、牛眼菊。菊科赛菊芋属多年生草本植物。染色体数2n=2x=28。株高约150cm,矮生类型60~90cm。叶对生,长卵圆形或卵状披针形。头状花序多数,集生成伞房状,花径5~7cm,舌状花阔线形,鲜黄色。花期6~9月。变种金花赛菊芋(var. *pitcheriana*),花金黄色,原产美国安大略州至佛罗里达州、密苏里州和田纳西州。耐寒,喜向阳高燥环境,不择土壤。分株或播种繁殖,2~3年分株一次,或露地直播,作一年生花卉栽培。适于野趣园丛植,也可作切花。同属植物约7种,见于栽培的有亚种刺毛日光菊(*H. scabra*),全株具硬毛,头状花序,径3~6cm。 (龙雅宜)

日影兰(asphodel) *Asphodelus albus*,百合科日影兰属多年生草本植物。染色体数2n=58。株高可达90cm,具逐步增粗的块状根。叶基生,条形,呈三棱状,长达60cm。总状花序,花葶无叶片,苞片棕色。花白至淡红色,长约2cm,裂片6、开展,基部连合。花期5月。原产南欧。较耐寒,北方宜覆盖越冬。喜深厚砂壤土。栽培容易。繁殖可于早春分株,也可播种。用于花境,丛生草地或野趣园。

(王大钧)

绒毛白蜡(velvet ash) *Fraxinus velutina*,别名绒毛木岑、毡毛木岑。木犀科白蜡属落叶乔木。染色体数2n=46(92)。约20世纪初自美国引入中国。30年生植株高达23.5m,胸径64cm,树冠阔卵圆形,冠幅14~18m,树干通直,树皮灰褐色,浅纵裂。小枝灰绿色,密被短绒毛;奇数羽状复叶对生,小叶3~7(9),椭圆形至卵形,背面有短柔毛;雌雄异株,圆锥花序腋生,花期4月;翅果矩圆状倒卵形至椭圆形,果期10~11月。

原产美国西南部至墨西哥,中国河北、山东、辽宁、内蒙古、江苏、甘肃、青海等地均有栽培。喜光,幼树耐阴。喜温暖湿润气候,也较耐寒耐旱,在极端低温-20℃下不受冻害。耐密实土壤,耐盐性强,在含盐量0.5%的土壤中生长正常。能耐高水位和地面积水。对二氧化硫、氯化氢、氮氧化物等有较强抗性。根系发达,生长较快,萌蘖力强,耐修剪。播种繁殖,种子千粒重29.2g。栽培管理简便,重盐地区多施有机肥,并于春季灌水压碱。大树移植易成活。常见病害有紫纹羽病(*Helicobasidium purpureum*),为害幼苗根部,可用福美锌防治。常见虫害有双齿绿刺蛾(*Parasa hilarata*)、褐边绿刺蛾(*P. consocia*),均用青虫菌500~1000倍液喷杀;小黄鳃金龟子(*Metabalus flavescens*),可用锌硫磷进行土壤处理防治幼虫,用40%乐果喷杀成虫;小木蠹蛾(*Holcocerus insularis*),可用"413"白僵菌3亿~5亿孢子/g液喷布枝干或用线虫制剂注入虫孔杀灭幼虫;白蜡窄吉丁虫(*Agrilus marcopoli*),在成虫羽化期,可用40%乐果喷杀。

本种树冠广阔,叶绿荫浓,姿态优美,为盐碱地区优良绿化树种,可作行道树、庭荫树或孤立树;用作主景树具有组织空间和隔离空间的骨架作用;与其他乔灌木配植,可作高层树、屏障树;也是很好的防护林和风景林树种;亦适合在水滨、堤岸种植。

同属植物常见栽培的有:白蜡(*F. chinensis*),高达15m,小叶5~9,圆锥花序顶生,花杂性,无花冠,产中国东北南部、黄河流域、长江流域、福建、广东、广西、云南及贵州。大叶白蜡(*F. rhynchophylla*),高8~15m,小叶通常5,宽卵形或倒卵形,产中国东北、华北。

花白蜡树(*F. ornus*),高达20m,小叶通常7,圆锥花序顶生,花冠白色,有香气,产南欧及西亚,中国北京有引种。小叶白蜡(*F. bungeana*),高3~5m,小叶5~7,圆锥花序顶生,花冠白色,产中国河北、辽宁、河南、山西、陕西及甘肃。欧洲白蜡(*F. excelsior*),高达30~40m,小叶7~11,卵状长圆形至卵状披针形,圆锥花序侧生,花杂性,产欧洲及土耳其,中国北京、新疆等地有栽培。美国白蜡(*F. americana*),高达40m,小叶5~9,卵形或卵状披针形,圆锥花序侧生,雌雄异株,产北美,中国北京、河北、山东、河南、甘肃及新疆等地有栽培。光蜡树(*F. griffithii*),高10~12m,小叶5~7,圆锥花序顶生,花冠白色,产中国湖北、湖南、台湾、广东、云南,日本、菲律宾、印度尼西亚、印度也有。苦枥木(*F. retusa*),高8~10m,小叶3~5,圆锥花序顶生,花白色,产中国广东、福建、台湾、浙江、湖南、湖北及四川。水曲柳(*F. mandshurica*),高达30m,小叶7~11,圆锥花序侧生,雌雄异株,产中国东北及河北,朝鲜、日本、俄罗斯也有。红梣(*F. pennsylvanica*),别名洋白蜡。高达20m,小叶5~9,卵形至矩圆状披针形,圆锥花序侧生,雌雄异株,产北美,中国北京、天津等地有栽培;其变种绿梣(var. *lanceolata*),小枝和叶柄无毛,小叶椭圆状矩圆形至披针形,中国北京等地有栽培;白枪杆(*F. malacophylla*),高达10m,小叶9~15,圆锥花序腋生,花冠白色,产中国云南。窄叶白蜡(*F. angustifolia*),高达25m,小叶7~13,短圆锥花序侧生,产南欧、北非及西亚,中国台湾有栽培,尖果白蜡(*F. oxycarpa*),高达30m,小叶7~9,稀5~11,卵状矩圆形至披针形,圆锥花序侧生,产南欧亚西亚,中国北京有引种。象蜡树(*F. platypoda*),别名水楸,高25m,小叶7~11,雌雄异株,圆锥花序侧生,翅果狭椭圆形,宽1cm,产中国河南、湖北、陕西、甘肃及四川。

(陈 威)

绒毛草 (velvet grass) *Holcus lanatus*,禾本科绒毛草属多年生草本植物。染色体数 $2n=2x=14$。全株密生绒毛。须根较细弱而稀疏。高30~80cm。叶片较厚且柔软。圆锥花序紧密,灰白色或带紫色。雄性小花外稃具膝曲而扭转的钩状芒,形状奇特。原产欧洲,中国曾引种栽培。喜温暖湿润气候。常用播种繁殖。园林中可用作湖边、河岸及低湿处的观赏禾草。

(胡叔良)

绒叶肖竹芋 (zebra plant) *Calathea zebrina*,别名天鹅绒竹芋、斑叶竹芋。竹芋科肖竹芋属草本植物。株高30~80cm,叶6~20片,长椭圆形,叶面淡黄绿色至灰绿色,中脉两侧有长方形、浓绿色斑马纹,并具鹅绒状光泽,叶背浅灰绿色,老时淡紫红色。头状花序,苞片排列紧密。6~8月开花,兰紫色或白色。原产巴西,各地均有栽培。喜中等强度光照,在半阴条件下,叶色油润而富有光泽,花纹娇艳。空气湿度高,有利叶片开展。高温期应勤在叶面和地面洒水(要求水温应与室温相似)。不耐寒,生长适温为16~21℃。其他见花叶竹芋。

同属植物约150种,常见栽培的有:金花肖竹芋(*C. crocata*),别名黄色竹芋,簇生型,株高约30cm。叶椭圆形,浓绿色,叶背红褐色。苞片鹅黄色,观赏期可达1~2个月。箭羽肖竹芋(*C. lancifolia*),别名披针竹芋,株高20~30cm,叶披针形至椭圆形,黄绿色,叶面沿侧脉交互分布大、小不同的卵形至椭圆形、墨绿色小斑块,叶缘波浪状,叶背深紫红色,原产巴西、哥斯达黎加。花叶肖竹芋(*C. lubbersiana*),别名黄斑竹芋。株高50~60cm,叶长椭圆形,鲜绿色,沿侧脉有大、小不等的黄色斑块,原产南美。此外还有孔雀肖竹芋(*C. makoyana*)、银脉肖竹芋(*C. medio-picta*)、'红羽'肖竹芋(*C. ornata* cv. Roseo-Lineata)、'丽白'肖竹芋(*C. picturata* cv. Argentea)、彩斑肖竹芋(*C. picturata* var. *vandenheckei*)和彩虹肖竹芋(*C. roseopicta*)等。

(黄智明)

容器育苗 (countainer nursery of ornamental plants) 用特定容器培育植物苗木的繁殖方式。容器育苗可以节约繁殖材料,提高苗木质量和移植成活率;苗木规格均一,便于批量产销,运输方便。不存在土球散落或再加包装等问题。

在大规模容器育苗中,依苗木的大小、生长速度、育苗时间,选用相应规格的容器。多采用黑色塑料容器,有些国家已开始使用硬橡胶盆。对育苗期短的树种,可用各种纸制容器,移植时连同容器栽种。

容器育苗的土壤配制,常用泥炭藓、腐殖土、珍珠岩、蛭石及其他腐熟的有机质,如木屑、树皮、腐叶土、草皮土等。要求排水良好,营养充足。容器育苗应特别注意养分,水分的管理,可结合灌溉施用化肥,补充养分。用泥炭、纸浆及化肥压制的播种小容器,出苗后可以连容器一起定植或移植,十分方便。世界上很多国家作为商品出售的培养土,均可用作容器育苗的基质。一些国家的大型苗圃,容器育苗已十分普遍。准备当年出售的苗木,多采用容器培育。容器苗给零售商很多方便,这是容器育苗得以迅速发展的原因之一。越冬需要防寒的苗木,容器培养的苗木就不如裸根苗木方便。裸根出售的落叶树,到了晚春常常上盆待售。

(俞 玫)

榕树 (smallfruit fig) *Ficus microcarpa*,别名细叶榕、小叶榕。桑科榕属常绿大乔木。染色体数 2n=

26。高达25m,树冠阔伞形,枝干上有下垂的气根。单叶互生,倒卵形至椭圆形,长4～10cm,革质,全缘或浅波状。花单性,雌雄同株,隐头花序,花期5月。隐花果球形,熟时红色,果期7～9月。品种有:'黄斑'榕(cv. Yellowstripe),叶有不规则黄斑;'黄金'榕(cv. Goldenleaves),新芽乳黄色。榕树产中国台湾及华南,东南亚各国及澳大利亚也有分布。喜光,也耐阴,喜温暖湿润气候及酸性土壤,耐水湿。寿命长,抗污染。用高压、扦插或播种繁殖。枝叶茂密,树冠开扩,华南地区多作行道树及庭荫树。其枝上的气根,下垂着地,入土后生长粗壮如干,形似支柱,蔚为奇观,宜园林观赏,还可制作盆景。

同属常用于园林的树种还有:①黄葛树(*F. virens*),别名笔管榕、雀榕。落叶或半常绿大乔木。有板根或支柱根,叶互生,长椭圆形,长8～16cm。果黄色或紫色,果期8～11月。原产中国西南及华东、华南部分地区。②无花果(*F. carica*),原产地中海沿岸,落叶灌木或乔木。高4.5～9m,叶有3～5裂,裂片有波缘,叶面叶背有毛。果单生,梨状,分春、夏、秋开花,果次第成熟,成熟果有紫色和白色等品种,果味甘美,供鲜食或加工。③菩提树(*F. religiosa*),别名思维树。高达25m,树皮黄白色,树干凹凸不平。单叶互生,卵圆形或心形。果球形,冬季成熟,熟时黑紫色。产亚洲热带,在东南亚被佛教视作"圣树"。适于孤植或作行道树用。

(王铨铭　陈榕生)

肉黄菊(tiger-jaws)　*Faucaria tigrina*,别名四海波。番杏科肉黄菊属多浆植物。染色体数2n=18。植株密集成丛。叶肉质、偏菱形,常2～3对交互对生,长5cm,叶面扁平,叶背凸起,灰绿色,有细小白点,叶缘有9～10反曲具纤毛的尖齿。花径5cm,黄色,中午开放,近无柄、无苞片。原产南非干旱的亚热带地区。喜温暖及阳光充足,且耐半阴,甚耐干旱。生长适温18～24℃。可分株繁殖,但大量繁殖多采用播种。性强健,病虫危害少。夏季高温时休眠,宜放通风荫凉处并节制浇水。越冬温度15℃以上。栽培要求排水良好的砂壤土。叶色碧绿,肉质叶缘齿毛极似虎颚,十分奇特有趣,秋、冬开大型花,为室内小型盆栽佳品。

同属植物约30种,见于栽培的有:长齿肉黄菊(*F. longidens*),肉质叶缘有4～6反曲的尖齿。花大型,直径6cm,金黄色。猫肉黄菊(*F. felina*),肉质叶灰绿色,有小白点,叶缘有4～6尖齿。花金黄色,直径4.5cm。

(徐民生)

《汝南圃史》(*Ru Nan Pu Shi*; *Gardener's Book of Southern Henan*)　明代周文华撰写的一部园艺著作。成书于1620年。周字含章,江苏苏州人,曾任光禄寺吏。后世传刻较少,现存有明万历四十八年金阊绿荫堂刊本、明万历年间书带斋刊本及手抄本等。

全书共12卷,主要内容有:月令(卷一)、栽种十二法(卷二)、花果部(卷三)、木果部(卷四)、水果部(卷五)、木本花部上、下(卷六、七)、条刺花部(卷八)、草本花部上、下(卷九、十)、竹木部、草部(卷十一)和蔬菜部、瓜豆部(卷十二)。其中除记述了各种植物的生物学特性外,主要讲述其栽种、繁殖及培育的技术和方法,涉及各类植物近200种,大多数是观赏植物,包括梅、桃、海棠、桂花、蜡梅、山茶、玉兰、杜鹃花、牡丹、芍药、月季、兰花、菊花、水仙、百合等许多名花。对一些重点花卉,还记录有品种名称,如:梅花记有'百叶缃'梅等10个品种;桃花记有'美人'桃等约20个品种,其中包括著名的'瑞香'桃,即'寿星'桃;牡丹,除介绍了一些品种外,对花瓣数量(单叶、多叶和千叶)及花的颜色(黄、紫、红、白、绯、碧)提出了朴素而直观的分级和分类方法,并特殊地记叙了播种可获重瓣花品种和用生物防治法除虫等技术措施。在草本花卉中,对兰、菊等从培养土制备、幼苗培育、赏花及花后管理和病虫害防治等方面,都有详述。

书内虽杂有少量关于花木的诗词,但许多内容都包含了著者的实践经验,切实有用。从观赏园艺全局看,该书系统总结了当时、当地花木栽培的经验,对后世观赏园艺事业的发展,具有一定的影响。

(陈耀华)

瑞香(winter daphne)　*Daphne odora*,别名睡香、露甲、风流树。瑞香科瑞香属常绿灌木。染色体数2n=18,27,28,30。高达2m,冠球形。叶互生,长椭圆形,全缘,浓绿而有光泽。头状花序顶生,花白色或淡红紫色、芳香,花期3～4月。核果肉质、球形、红色。

变种和品种有'毛瑞香'(cv. Atrocaulis),幼枝与老枝均深紫色或紫褐色,花白色,通常5～13朵组成顶生头状花序,花被外侧密生黄色绢状毛。'金边'瑞香(cv. Aureo Marginata),叶缘金黄色,花外面紫红色,内面粉白色,花期1～2月。'蔷薇'红瑞香(cv. Rosacea),花被裂瓣内面白色,外面呈红色。产中国长江流域及陕西、甘肃、贵州、云南、广西、广东、福建及台湾等地,多生于山坡林下。耐阴性强,忌阳光暴晒,喜腐殖质多、排水良好的酸性土壤,耐寒性差,华北地区需盆栽温室越冬,忌夏季燥热,需置荫棚下,萌芽力强,耐修剪。

用播种、扦插、嫁接法繁殖,以扦插繁殖为主。盆栽15天左右可施薄肥一次,花蕾形成时增加施肥浓度,开花时及夏季停止施肥。主要病虫害蚜虫、介壳虫及花叶病。

瑞香株形优美,宜观叶、观花及制作盆景。开花时,花朵累累,幽香四溢,色香姿韵浑然一体,宜孤植、丛植于庭院、花坛、石旁、坡上、树丛之半阴处,或列植于道路两旁。也可盆栽,置于厅堂、阳台。

同属植物常见的种还有:①黄瑞香(*D. giraldii*),落叶灌木,花黄色。②凹叶瑞香(*D. retusa*),小枝密生有黄色硬毛,叶缘向外反卷,花内面白色、外面淡紫色,核果红色。③尖瓣瑞香(*D. acutiloba*),叶椭圆状倒披针形,顶端渐尖,花白色,核果红色。④橙黄瑞香(*D. aurautiaca*),别名云南瑞香,叶缘反卷,叶背白色,花橙黄色,分布在3000~3500m高山地带。⑤白瑞香(*D. papyracea*),12月开花,花纯白色。⑥甘肃瑞香(*D. tangutica*),叶条状披针形,边缘反卷,花外面淡紫色或紫红色,内面白色。⑦芫花(*D. genkwa*),先花后叶,花淡紫色或淡紫红色,3~6朵成簇腋生,花期3月。核果白色。 (汤伟忠)

瑞云 (plain chin cactus) *Gymnocalycium mihanovichii*,仙人掌科裸萼球属多浆植物。小球形种类,直径3~5cm,球体灰绿带红色。具阔棱8,刺座生棱脊上,刺座下部有称为"颚"的突起。周刺5~6,灰黄色、弯曲,长1cm。6~7月开花,花漏斗形,长4~5cm,着生在近球体中心的刺座上,昼开夜闭,花期数日,粉红色。原产巴拉圭干旱亚热带地区。性强健,喜阳光充足,但也稍耐阴。多行扦插,自根苗生长良好。也常用嫁接繁殖。栽培容易。喜排水良好的肥沃壤土。在夏季干热及通风不良的条件下易罹红蜘蛛,应注意适当遮荫并保持通风良好。越冬温度10℃,冬季应保持盆土干燥。瑞云开花容易,常数朵同开,多作室内小型盆栽,栽培较为普遍。

同属植物约40种,习见栽培的还有:①丽蛇球(*G. damsii*),植株扁球形,直径5~10cm,深绿色。棱10~12,棱脊低而圆。刺座下面有一条浅的凹陷横线。周刺6~8,无中刺,新刺黑褐色,后变灰色。花白带粉红色,径5cm。果红色。②绯牡丹(*G. mihanochii* var. *friedrichii* cv. Rubra),植株小球形,直径3~5cm。球体橙红、粉红、紫红和深红色。具棱8。周刺短或脱落。花粉色,常数朵同时开放。③新天地(*G. saglione*),植株球形,直径30cm左右,暗绿色。棱10~30,棱上的疣状突起圆形,疣突顶部有刺座,周刺8~10、弯曲,中刺1~3,新刺紫红,老刺灰色,花白或粉红。④蛇龙球(*G. denudatum*),球体单生,高10cm,直径15cm。棱5~8。周刺5~8针状、黄色,紧贴球体。花白或粉色,径7~8cm。⑤红蛇球(*G. mostii*),植株球形,直径13cm,暗蓝绿色。棱11~14。周刺7~9,细锥形、弯曲,中刺1、黄褐色。花粉红色。

(徐民生)

S

赛亚麻（cupflower） *Nierembergia hippomanica*

赛亚麻（cupflower） *Nierembergia hippomanica*，茄科赛亚麻属多年生草本植物。染色体数 2n＝18。株高 15～30cm，茎细、多分枝，被白毛。叶互生，狭条形。花单生枝顶或腋生，花冠筒细长，约 2cm，檐部 5 裂呈广钟状，花径约 4cm，深蓝堇色，各裂片中部有深色纵条、喉部黄色。花期为夏、秋季。原产阿根廷。耐寒性不强，越冬须防冻。插枝或播种法繁殖。用作春季温室盆花或作花境配置材料。

本属中常见栽培者还有白赛亚麻（*N. repens*），植株匍匐，节上生根，花冠近白色或淡堇色，喉部金黄色，花冠筒长 5cm，花冠广钟形，径 5cm。

（王大钧）

三光球（pitaya; hedgehog cactus）

三光球（pitaya; hedgehog cactus） *Echinocereus pectinatus*，仙人掌科鹿角柱属多浆植物。染色体基数 x＝11。幼株球形，单生，老株圆柱状，高 15cm，直径 6cm。棱 15～22。周刺 12～22，最长达 1cm，呈篦齿状排列，中刺 0～9（多为 3），很短，刺白或玫瑰红色，呈周期性交替，温暖季节出白刺，冷凉季节出红刺。花着生在茎上侧，长 6～8cm，径 7～12cm，粉红色。果实球形，直径 2.5cm。原产墨西哥高原，属亚热带半干旱气候，年降水量 500mm，有较长的干旱期，气候温和。夏季最热月平均气温 24℃ 左右，冬季最冷月均温 12℃ 左右。植株强健，喜充足阳光。

播种易出苗，幼苗耐粗放管理。老株易出仔球，可用以扦插或嫁接。嫁接苗再切顶，可孳生很多仔球，大大提高繁殖速度。要求肥沃并富含石灰质的砂壤土，可用等份的壤土、腐叶土、粗砂及碎砖屑混合再加入适量的石灰质材料。生长期充分浇水，夏季要适当遮荫并注意节制浇水，加强通风，防止红蜘蛛危害。冬季光照充足，并保持较高的室温，对翌年开花有利。三光球生长迅速，刺色富于变化，花大色艳，栽培较为普遍。

同属植物约 60 种，常见栽培的还有：①御旗（*E. dasyacanthus*），植株短圆柱形，高 30cm，径 10cm。棱 15～21。刺座排列密，周刺 16～25，栉状排列，中刺 3～5，较周刺粗而长，刺色丰富，有白、黄、褐、紫等色，使整个球体呈各种颜色的环带。但刺色易褪，老刺均呈灰褐色。花黄色。②玄武（*E. blanckii*），柱状茎初直立，以后平卧丛生，直径 2.5～3cm。棱 5～7。周刺 8～9、白色，有 1 根较长者红色。中刺 1～2，褐或黑色。花大、紫红色。③鹿角柱（*E. pentalophus*），茎细柱状、匍匐，长约 12cm，径 2cm，棱 5。周刺 3～5，白或黄色，中刺无。花大，紫红或粉色。④匍匐鹿角柱（*E. procumbens*），茎平卧，多分枝，长 15cm，径 2cm。棱 4～5。周刺 4～8，初为褐色，后变白，中刺 1 或无。花大，紫红色。⑤翁锦（*E. delaetii*），茎直立，被长白毛，高 10～25cm，棱 20～24。周刺 18～36，黄白色，中刺 5，刺毛状。花粉红色。

（徐民生）

三尖杉（fortune plumyew）

三尖杉（fortune plumyew） *Cephalotaxus fortunei*，别名藏杉。三尖杉科三尖杉属常绿乔木，中国特有树种。染色体数 2n＝2x＝24。高达 20m，胸径 40cm，树冠广圆形。枝较细长，稍下垂；叶排成二列，披针状条形，通常微弯。雌雄异株，雄球花 8～10 聚生成头状，生于叶腋；雌球花具梗，生于枝基部苞腋，花期 4 月。种子椭圆状卵形或近圆球形，8～10 月成熟时紫色或红紫色。产中国浙江、江西、湖北、湖南、四川、贵州、云南等地。阳性树种，宜在湿润、肥沃、排水良好的砂壤土生长。播种或扦插繁殖。适于园林中的湖畔、路旁、坡地栽植观赏。全株可供药用。同属植物 9 种，中国有 7 种 3 变种，常见栽培者还有：篦子三尖杉（*C. oliveni*），灌木，叶上面拱圆，排列紧密。可作庭园观赏树。粗榧（*C. sinensis*），灌木或小乔木，叶较窄而质较厚，中国特有树种，适作园林风景树。台湾粗榧（*C. wilsoniana*），别名台湾三尖杉。乔木，枝条斜伸，叶较短，产于中国台湾。

（叶超汉）

三角花（Brazil bougainvillea）

三角花（Brazil bougainvillea） *Bougainvillea spectabilis*，别名叶子花、三角梅、九重葛、红苞藤。紫茉莉科三角花属常绿攀援灌木。染色体数 2n＝34。枝具刺、拱形下垂、密生柔毛。单叶互生，卵形或卵状披针形，密生柔毛。花顶生，常 3 朵簇生于 3 片着色的叶

状苞片内，花总梗与苞片中脉合生，苞片卵圆形，紫红色，长3～3.5cm。花被管状，顶端5裂，淡黄色、密生柔毛。花期甚长，各地不一。瘦果具5棱。常见的园艺品种有：'白苞'三角花(cv. Alba-plena)苞片白色；'艳红三角梅'(cv. Butt)苞片鲜红色；'鸳鸯'三角花(cv. Mary)和'砖红'三角花(cv. Lateritia)苞片砖红色等。原产巴西，中国各地有栽培，云南、广东、广西、福建、台湾等地种植，长江流域及以北地区多温室盆栽。喜温暖湿润气候、不耐寒，3℃以上可安全越冬，开花则需15℃以上。喜光照充足。不择土壤，而喜排水良好、矿物质丰富的粘壤土，耐贫瘠、耐碱、耐干旱，忌积水，耐修剪。很难结实，一般多采用扦插法和高压法，也可用嫁接方法。栽植以春季为宜，应选向南、阳光充足的地方。不宜多施氮肥，生长期要摘心，促使花芽发生，抽发侧枝。作绿篱，早期应注意摘心，修剪，以免下部枝条空缺。在温带须在室内盆栽，最适的温室温度为15～30℃，空气流通，以免落叶落花。三角花因生长强健，少发生病虫害。应注意排水，以免发生腐根病。三角花苞片大、色彩鲜艳，极为美丽，观赏期长，宜庭园种植或盆栽。还可作盆景、绿篱及修剪造型。

同属常见栽培的还有光叶三角花(*B. glabra*)别名宝巾。苞片紫色。原产巴西。其品种有：'大苞'三角花(cv. Cypheri)苞片大而美丽；'紫红'三角花(cv. Sandariana)苞片玫瑰紫堇色；'斑叶'三角花(cv. Variegata)叶片具白色斑纹。

（陈榕生　张万旗）

三色堇(pansy; garden pansy)　*Viola tricolor* var. *hortensis*，别名蝴蝶花，猫儿脸、鬼脸花。堇菜科堇菜属多年生草本植物，每花常具三种颜色，因而得名。常作一二年生栽培。染色体数2n＝2x＝26，2n＝4x＝52。

起源和演化　原产北欧，1629年将野生种引种于庭园。19世纪开始进行品种改良，1830年将长形花（马头状）改良成圆形、大花、色彩鲜艳的优良品种，1890年育成了品种'珍贵三色堇'(cv. Fancy Pansy)。此期间英国多以扦插法繁殖，法国以播种法繁殖。19世纪末到20世纪初德国着重于抗寒品种的选育。在此期间培育出许多优良品种，花朵直径达6～7cm（野生种花径在3cm以下），并育成四倍体植株。20世纪中期瑞典人育出瑞士大花系(Swiss Giant)；美国人育出了花径达10cm的品种'奥勒冈大花'(cv. Oregon Giant)和'槭叶大花'(cv. Maple Leaf Giant)；混合色波状花的杂种群(Butterfly Hybrids)等。

变种、类型及品种　园艺品种十分丰富，有大花、纯色、杂色、二色瓣缘波状等品种，依种源不同可分为以三色堇(*V. tricolor*)为主选育出的三色堇杂种类型(Garden pansy)和以角堇(*V. cornuta*)为主选育出的多花性小花丛生三色堇杂种类型(Tufted pansy)两种。

三色堇杂种类型分为：①巨大花系，花径可达10cm。如：'壮丽大花'(cv. Majestic Giant)，有白、黄、红、青、紫等色花，有些具有斑纹，花期早，色泽艳。'奥勒冈大花'(cv. Oregon Giant)，花色有黄、紫红、紫和混合色。花瓣厚，花柄长，宜作切花，但花枝较少。'罗加利集锦'(cv. Roggli's Elite Mixture)，花色有白、黄、红、玫瑰红等，花瓣具大的斑点。②大花系，花径6～8cm。如：'瑞士大花'(cv. Swiss Giant)，为花色鲜艳的矮生性品种。③中花系，花径4～6cm。'三马杜'(cv. Trimardeau)，是19世纪末到20世纪初育出的花坛用品种群，花多、色彩鲜艳，欧洲沿用至今。'海玛'(cv. Hiemalis)是花期早，耐寒性强，为多花性品种，适用于花坛。④切花系品种群，植株高大，花柄长15～25cm，适于保护地栽培。

小花三色堇杂种类型分为：①小花系，是以角堇为主选育出的品种群，花径3～5cm，丛生，花多。②微型花系，是由角堇及其近缘野生种选育出的品种群，花径仅1.5～2.5cm。

生态特征　分枝较多，叶互生，基部叶有长柄，叶片近心形，茎生叶矩圆状卵形或宽披针形，叶缘疏生锯齿。自6～8枚真叶开始分化花芽，花两侧对称，花径4～10cm，侧向。花有紫、蓝、黄、白、古铜等色。花瓣5，近圆形，不整齐，瓣具短而钝的距。花期4～6月（北京）。果期5～7月，蒴果椭圆形，三裂。种子倒卵形，千粒重1.16g。

生态习性　较耐寒，喜凉爽，在昼温15～25℃、夜温3～5℃的条件下发育良好。昼温若连续在30℃以上，则花芽消失，或不形成花瓣。日照长短比光照度对开花的影响大，日照不良，开花不佳。喜肥沃、排水良好、富含有机质的壤土或粘壤土。

繁殖栽培　三色堇原产南欧，各地园林均有栽培。

以播种繁殖为主，也可扦插和压条。

7月下旬至9月初播种，播前7～14天对种子进行低温处理有利于萌发。播种基质以腐殖土、砂和园田土等量混合。撒播或条播，播后以蛭石覆盖，厚0.5cm。播种量为100m² 播4200粒左右。发芽适温15～20℃，7～10天发芽，一枚真叶时进行移栽，株行距4cm×4cm。9月中旬至10月上旬带土定植，宜浅栽。定植前一日苗床应灌透水。株行距10～12cm。用作切花的，9月上旬定植于温室，10月中旬至翌年4月供应切花。花坛用苗于10月上旬囤入阳畦，盖蒲席、塑料薄膜越冬。

10月之前应及时摘除花、蕾。冬季夜温不得低于5℃。每公顷应施腐熟基肥15 000kg，并加施氮、磷、钾肥各105kg左右（以有效成分计），其中80%用作基肥，20%为追肥。未成熟的果实下垂，当果实昂起、果皮发白、隐约可见种子透出淡棕色时，即可采收。果实成熟，果皮开裂散出种子。因果实成熟期不一，应分批采收。

病虫害防治　病害：①炭疽病，叶和花瓣产生许多黑色斑点，叶片枯萎。注意排水通风；摘除被害病叶；喷撒苯菌灵或福美锌防治。②灰霉病，危害叶、茎、花等，受害部位灰白而枯死。避免过湿，及时通风，喷施敌菌灵和克菌丹防治。③病毒病，出现明显花叶症状，花部病斑显著，植株枯萎。防治方法是拔除病株，避免连作，消灭蚜虫。④幼苗立枯病，主要发生在苗期，染病后茎基呈米黄色水浸状，倒地枯死。可用立枯灵、甲羟异恶唑或克菌丹浇灌。虫害：①蚜虫，危害茎尖和叶片。可用氧化乐果等防治。②螨类，多发生在干旱季节，危害苗端和叶片，使叶片黄化、枯死。用乙酯杀螨醇、芬硫磷等化学药剂防治。此外，还须防治金龟子、线虫等。

园林应用　三色堇开花早、花期长、色彩丰富，为优良的花坛材料。盆栽冷床越冬，早春开花。有的品种花梗较长，宜作切花。全株可入药。

同属植物约500种，供观赏栽培的有：从生三色堇（*V.* × *williamsii*），为三色堇和角堇的杂交种，以及由本种选出的小型种小丛生三色堇。二者均为宿根性，株高10～20cm，花形较小，宜作花坛镶边材料。香堇（*V. odorata*），多年生丛生草本，具匍匐茎。叶心状卵形，边缘具钝齿。花色深紫，偶有玫瑰红色和白色，芳香，花径约2cm。角堇（*V. cornuta*），株高10～30cm，花堇紫色，也有复色、白色、黄色品种，花径2.5～3.7cm，距细长。紫花地丁（*V. chinensis*），根出叶，花紫堇色，植株矮小，宜作地被，原产中国。

（金　波）

三色牵牛（tricolor morning glory）

Ipomoea tricolor，别名天蓝牵牛。旋花科牵牛属多年生草本植物，常作一年生栽培。茎蔓性，叶阔心脏形、全缘。花大、漏斗状，径约10cm，为明丽的海蓝色，有白色、淡红色品种，筒部内侧为乳黄色，总花梗着花3～5朵或更多。其著名品种‘天蓝牵牛’（cv. Heavenly Blue），花大，呈明亮的天蓝色。三色牵牛原产美洲热带，欧美广泛栽培。直根性，生长强健，花朵全天开放，喜肥沃土壤，不耐寒。播种繁殖，生长迅速，是棚架、篱垣及阳台美化的理想材料。同属约300种，供观赏栽培的还有五爪金龙（*I. cairica*），叶掌状5裂，花冠漏斗状，淡紫红色，心部渐深，原产北美洲。中国华北于温室栽培。

（秦魁杰）

三色旋花（dwarf morning glory）

Convolvulus tricolor，旋花科旋花属一年生草本植物。染色体数2n=10。茎直立或攀援上升，分枝多而下倾。叶互生，条状长圆形至卵状披针形或匙形。花三朵聚生、蓝色，漏斗形，喉部黄色，边缘白色，径约4cm。原产南欧。不耐寒，喜温和气候与向阳环境。适生于一般园土。春季播种繁殖。用以攀援矮篱或覆盖斜坡，也可盆栽。

（王大钧）

三色羽扇豆（hartweg lupine）

Lupinus hartwegii，蝶形花亚科羽扇豆属一年生草本植物。染色体数2n=48，50。株高60～90cm。掌状复叶具长柄，小叶7～9枚、多毛。总状花序，长20～30cm。花蓝色，龙骨瓣近白色，旗瓣带红色，花长约2cm。有白、玫红色和矮生等园艺品种。花期7～10月。原产墨西哥高原地区。不耐霜冻，不喜夏季长期高温。在夏凉地区春播，夏季开花。在夏热地区，需秋播，保护越冬，春季开花。播种繁殖，发芽后移植小盆，断霜后地栽。适应一般园林土壤，碱性土及肥土往往导致生长不良或徒长少花。用于花坛或花境。

同属一年生植物中常见于栽培者有双色羽扇豆（*L. bicolor*），全株被稀疏长柔毛，总状花序短，小花三朵轮生、蓝色，旗瓣反卷红紫色，中间白心有紫点。有白、浅蓝、玫红、深红色及矮生品种。黄羽扇豆（*L. luteus*），密被柔毛，花黄色，有香气，花期初夏。矮羽扇豆（*L. nanus*），植株多毛，花鲜蓝色，旗瓣反卷有白或黄色斑，花期6～7月，栽培品种的花色有白及各种深浅不同的红紫色。原产美国加利福尼亚州。棕毛羽扇豆（*L. hirsutus*），被棕色毛。花蓝色，龙骨瓣先端白色，花期夏季。有白、玫红、绯红、紫及复色品种。原产南欧。锈毛羽扇豆（*L. pubescens*），全株被软毛，花堇蓝色，中间白色，轮生于总状花序，原产墨西哥、危地马拉。为某些杂交种群的重要亲本。深蓝羽扇豆（*L. taxensis*），被丝毛，花深蓝色。

（王大钧）

三叶椒（hop-tree; wafer-ash） *Ptelea trifoliata*，别名橘榆。芸香科三叶椒属落叶灌木或小乔木。

染色体数 2n=36(42)。高达 8m。树皮褐色，光滑；幼枝初时被短柔毛，黄褐色，第二年变红褐色。掌状复叶互生；小叶多 3 枚，卵形至椭圆状短圆形，长 6～12cm，侧生者多偏斜。伞房花序生于侧枝顶端，阔约 4～8cm；花绿白色，径约 1cm，花期 6 月。翅果广椭圆形至圆形，果期 9 月。产北美，中国北京、南京、杭州及武汉有栽培。喜光，耐寒。播种繁殖。秋季叶色变黄，可植公园、庭园观赏或用于风景林配植。

（董保华）

伞花木（cavaler eurycorymbus） *Eurycorymbus cavaleriei*，无患子科伞花木属落叶乔木。为中国特有树种，国家二级保护植物。高达 20m。树皮灰色；小枝圆柱状，被短绒毛。偶数羽状复叶互生，小叶 8～20，长椭圆形，长 7～11cm；雌雄异株，伞房花序式的复圆锥花序顶生，花小，芳香，花期 5～6 月；蒴果球形，果期 10 月。产中国华南、西南及台湾。喜温暖气候及阴湿环境。在深厚、肥沃的酸性壤土上生长良好。深根性。播种繁殖。本种花多而稠密，且具芳香，是良好的园林观赏树种和风景树。

（叶超汉）

伞莎草（umbrella plant） *Cyperus alternifolius*，别名旱伞草。莎草科莎草属多年生草本植物。染色体数 2n=4x=32。株高 60～120cm，茎秆丛生，三棱形，直立无分枝。叶退化为鞘状、棕色，包裹茎秆基部，总苞叶约 20 枚，伞状着生秆顶，带状披针形。花序穗状。常见变种有矮伞莎草（var. *nanus*），高 20～25cm；银线伞莎草（var. *striatus*），茎秆和总苞有白色条纹。原产西印度群岛。喜温暖、潮湿及通风良好的环境。耐阴性强，不耐寒。对土质要求不严，但以保水力强，腐殖质丰富的壤土为宜。分株、扦插或播种法繁殖。分株、播种在春季进行，扦插四季均可，自茎秆顶端以下 3～5cm 处剪下，剪除部分总苞片，将茎秆插入沙中，总苞片平铺沙面上，保持插床湿润，在温度 20～25℃的条件下，20～30 天可萌发多数小植株。栽培应保持土壤及空气湿润，注意蔽荫，避免夏季强烈日光直晒，冬季室温 5～10℃为宜。适量施入磷、钾肥。伞莎草株丛繁茂，苞叶伞状，姿态别致，富有南国风味，是室内常见的观叶植物，也是插花及盆景的常用材料。温暖地区可丛植于水池中，溪岸边，极富自然情趣。

同属植物约 55 种，常见栽培的有大伞莎草（*C. papyrus*），湿地多年生草本，高 2～3m，茎秆粗壮，伞状总苞片 3～10 枚。顶生花序细长下垂。原产南欧及北非热带。

（葛 红）

桑（white mulberry） *Morus alba*，桑科桑属落叶乔木。染色体数 2n=2x=28。中国是世界上栽桑养蚕最早的国家，殷商时代（约前 17 世纪初至约前 11 世纪）甲骨文中有蚕、桑等文字出现。公元前 5～4 世纪桑蚕和丝绸技术传入南亚、中亚和欧洲。桑树高达 20m，树冠倒卵形或阔扁圆形，冠幅 8～10m。树皮灰褐或黄褐色，粗糙，纵裂，小枝淡灰色。叶卵形至卵圆形，长 6～15cm，缘具粗钝齿。花单性，雌雄异株，偶有同株者，花期 4 月。聚花果 5～6 月成熟，为紫色、淡红或白色。供观赏的常见栽培品种有：'龙桑'（cv. Tor-

tuosa)，枝干扭曲，叶型较大且具光泽，用嫁接、播种或扦插繁殖。'垂枝'桑(cv. Pendula)，枝细长下垂。

原产中国，分布广泛，以长江流域和黄河中下游地区栽培最多。喜光，幼树稍耐阴。喜温暖湿润气候，25～30℃为最适生长温度。能耐－40℃的低温。较耐干旱，怕涝。耐瘠薄，但宜深厚肥沃排水好的中性土壤(pH值6.5～7.0)。根系发达，深根性，抗风力强。对二氧化硫等有害气体抗性强。寿命长，可达千年。

多用播种繁殖，覆土宜薄。当年苗高可达80cm以上。也可用扦插、压条等方法繁殖。常见的虫害有桑天牛、桑尺蠖、红蜘蛛等；常见的病害有萎缩病、白粉病等。桑树枝繁叶茂，树冠宽大，秋季叶色变黄，宜在园林绿地中孤植或片植，也可与其他树种混植，更适于四旁绿化。

同属中常用的树种还有：蒙桑(*M. mongolica*)、鲁桑(*M. multicaulis*)和鸡桑(*M. australis*)等。

(陈耀华)

扫帚草 (belvedere; summer cypress) *Kochia scoparia*，别名绿帚、地肤。藜科地肤属一年生草本植物。染色体数2n＝2x＝18。高50～100cm。茎粗硬，分枝繁多，株丛密集成卵圆至圆球形，被短柔毛。叶互生、淡绿色，窄条形至线形，长3～5cm，全缘。全株秋季变成红紫色。花小、腋生，集成稀疏的穗状花序，花期秋季。果扁球形，含种子1粒。种子千粒重约1.09g。变型有细叶扫帚草(f. *trichophylla*)，株型较小，叶细软，色浓绿，秋季转为红紫色。原产南欧、日本，喜温暖，光照充足，耐旱、耐碱、不耐寒，能适应各种土壤，但以肥沃疏松的土壤为好。播种法繁殖。因株形椭圆、枝叶茂密、秋季变红紫等优点，多用作花坛、花境材料或盆栽观赏。在草地上成丛种植或沿墙、坡种植均宜。

(王月新)

森林公园 (forest park) 利用原有森林或建造突出自然野趣的人工林，供游览休息的大型绿地。森林公园常选择风景优美、面积较大的郊区林地改造而成；也可选择远离城市但交通方便、森林资源丰富、景观质量较高的天然林，经过保护、适度改造开发成为森林公园；郊区没有大面积林地的城市，可以人工建造森林公园，以调节市区气候，改善大气卫生状况，方便城市居民开展游憩活动。

森林公园与城市之间应交通方便，园内有完善的游憩和服务设施，便捷的道路系统，丰富的植物种类和茂盛的林型和林相，还要有面积不等的疏林草地和林间隙地，满足游人游憩的需要。森林公园的规划和建设，以不破坏森林自然景观和突出森林环境为原则，按林内环境条件安排适当的游憩活动区和旅游服务区。

森林公园中以直接或间接利用森林资源或森林环境进行各种活动。例如森林野营、野餐、森林浴、骑马、骑自行车、散步及采集动、植物标本等活动；也可能利用林区环境进行登山、游泳、划船、滑雪、漂流等项体育活动。在分区规划时常设置野营区、野餐区和森林浴场林区等。①野营区应以保证安全、卫生为主要原则，既要有方便的水电及交通条件，又要有一定的隐蔽性。常设在水边、林边、林中空地，配以林中小屋、帐蓬、桌凳、饮水台以及卫生设施等。②野餐区应在林区选择视线较好、阳光通透的地方，与其他游憩区有交通联系，并提供野炊的方便，如水电、垃圾箱等。③森林浴场林区的主要树种能在空气中散放的挥发性物质，有较强杀菌力，为游人提供一定的医疗保健的自然环境。此间还应有其他游憩设备与服务设施。

(高　翅)

沙冬青 (Mongolian ammopiptanthus) *Ammopiptanthus mongolicus*，别名蒙古黄花木。蝶形花科沙冬青属常绿灌木。染色体数2n＝2x＝18。多分枝，高1～2m，树皮黄色。小枝粗壮，黄绿或灰黄色，幼枝密被灰白色平伏绢毛；掌状三出复叶，偶为单叶，小叶菱状椭圆形或卵形，长2～3.8cm，先端钝、微凹或锐尖，基部楔形，具白绢毛；总状花序顶生，有花8～10朵，花冠黄色，长约2cm，花期4～5月；荚果长圆形，长5～8cm，内有种子2～5粒，6～7月果熟。产中国内蒙古、甘肃、宁夏、新疆、陕西等地；蒙古国、俄罗斯也有分布。本种属强旱生常绿灌木，具有极强的生命力，能耐春季干旱风、夏季炎热少雨和冬季严寒；多生于山前冲积、洪积平原或山间盆地、石质残丘间的干谷，在砾质土壤或具有薄层覆砂的砾石质土壤上生长良好。忌湿润，在长期相对湿度较高时，常可受害；根系特深，难移植。播种繁殖，种子千粒重约42.83g，发芽率为85%～90%，沙冬青是古老的第三纪残遗种，除具有科学上的保存价值外，它是北方地区难得的常

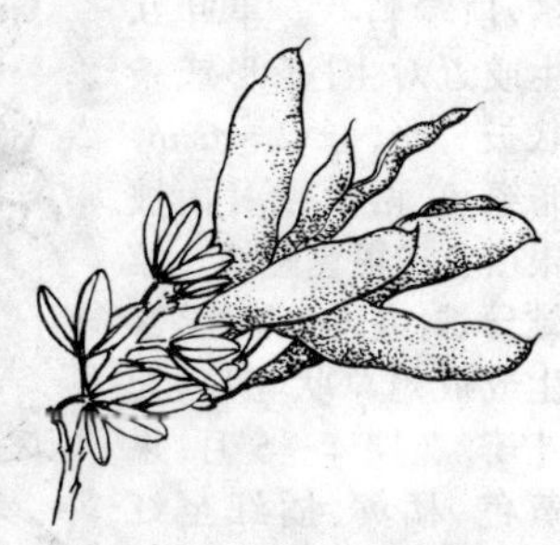

绿阔叶灌木，当前在园林中尚少应用，可孤植或群植观赏，也可植为花篱，具有良好的防风固沙和滞尘的作用，枝叶入药。同属植物尚有小沙冬青（*A. nanus*），通常为单叶，稀为三出复叶，产中国新疆；俄罗斯也有分布。

（陈耀华）

沙棘（seabuck thorn） *Hippophae rhamnoides*，别名酸刺、醋柳。胡颓子科沙棘属落叶小乔木或灌木。染色体数 2n = 2x = 24。原生种中国沙棘（subsp. *sinensis*）起源于第三纪渐新世，中国是世界上沙棘种质资源最丰富的国家。从公元 8 世纪起就有多部古藉记载其食疗与医药功效。树高 1～5m，小枝密被银白色或淡褐色腺鳞，顶端刺状。单叶互生或近对生，条形或条状披针形，长 2～6cm，暗绿色，两面或背面被银白色或褐色腺鳞。雌雄异株，花小，单性，簇生或成短总状花序；无花瓣，花期 4～5 月；果黄色、橘黄、橘红至红色，有肉质萼筒包围而呈浆果状，近圆形，9～10 月果熟。产中国华北北部、西部及西北、西南等地，尤以黄土高原更为普遍。喜光，耐干旱寒冷，耐土壤贫瘠，抗风沙。萌生根蘖性强，根系发达，具根瘤，能改善土壤结构和提高土壤肥力。用播种、扦插或分株繁殖。主要害虫有红缘天牛、芳香木蠹蛾、舞毒蛾、黄褐天幕毛虫等。

沙棘果繁色艳，经久不落，可用于绿化美化环境，防风固沙，防止水土流失等。果富含多种维生素和生物活性物质。

沙棘有 9 个亚种，中国除中国沙棘外，还分布有 4 个亚种，即：中亚沙棘（subsp. *turkeslanica*），幼枝灰白色，光亮，刺多而短，叶两面银白色。蒙古沙棘（subsp. *mongolica*），幼枝灰色或褐色，叶正面绿色或稍带银白色。云南沙棘（subsp. *yunnanensis*），叶背面灰褐色，具较多或较大的锈色腺鳞。江孜沙棘（subsp. *gyantsensis*），果椭圆形，稍具纵肋，果汁少。

沙棘属共 4 种，中国均产，为珍贵树种资源。除上述外，还有：西藏沙棘（*H. tibetana*），低矮灌木。高可达 60cm，枝密集向上，仅枝顶有刺，叶轮生或对生，果圆形。肋果沙棘（*H. neurocarpa*），叶互生，背面密被银白色腺鳞和星状毛，果圆柱形，深灰色，肉质少汁。柳叶沙棘（*H. salicifolia*），产喜马拉雅山从克什米尔到不丹海拔 1500～3800m 地区。

（火树华）

沙参（fourleaf ladybell） *Adenophora tetraphylla*，别名南沙参、轮叶沙参。桔梗科沙参属多年生草本植物。根膨大呈圆柱形，株高 30～150cm，有白色乳汁，花序以下茎不分枝。茎生叶 4～6 枚轮生，叶卵形至条形，边缘具细锯齿。花序圆锥状，花枝轮生，花冠钟形、下垂，长 2～2.5cm，5 浅裂，花冠蓝色，花柱突出，花期夏季。中国各地均有分布，尤以长江中下游地区为多；越南、朝鲜、日本、俄罗斯远东地区也有分布。多生于阴坡草丛、林缘和路边。耐寒、喜轻松、肥沃、稍湿润的土壤。播种繁殖，于种子成熟后即播，或春播。生长健壮，管理简易。沙参花序显著，色彩淡雅，适用于各种自然式布置，花境、岩石园等。根可入药。

同属约 50 种，可用于观赏栽培的还有：杏叶沙参（*A. axilliflora*），多年生，株高 60～100cm，基部叶广卵形，茎生叶互生，顶生总状花序，花冠钟形，长 1.5～1.8cm，紫蓝色，花期夏季，原产中国。日光沙参（*A. nikoensis*），株高 20～40cm，茎直立，叶多互生，总状至圆锥状花序，着花稀疏，原产日本。直立沙参（*A. stricta*），原产日本、朝鲜半岛，茎直立，株高 60～100cm，基部叶心脏形，茎生叶互生、卵形，着花密，花冠钟形，长 1.2～2.0cm，萼筒密被白短毛。花期秋季。宜用于花坛或作切花。

（秦魁杰）

砂仁（villous amomum） *Amomum villosum*，别名阳春砂仁。姜科豆冠属多年生草本植物。茎丛生。根状茎匍匐地面生长，叶矩圆状披针形，2 列，穗状花序自根茎抽出，花序着花 7～13 朵，花白色，花期 5～6 月。蒴果椭圆形，成熟时深红色。分布丁中国广东、广西、云南和福建。喜高温高湿的林下环境，在疏松肥沃的砂壤土中生长良好。常用分株和播种法繁殖。砂仁有较高观赏价值,春可赏香花,盛夏可观果。又是名贵中药材。

(王铨铭)

山茶

山茶(common camellia) *Camellia japonica*,别名山茶花、耐冬,古名海石榴、海榴。山茶科山茶属常绿灌木或乔木。为中国传统名花,世界名花之一。染色体数 2n=30,45,60,75,90,120。

起源及栽培简史 中国栽培始于隋、唐,已有1300年以上历史。隋炀帝杨广(569～618)《宴东堂》诗云:"海榴舒欲尽,山樱开飞来",又如唐代李白(701～762)的《咏邻女东窗海石榴》等,都说明早在隋、唐时代,山茶就由野生进入宫廷和庭园栽培了。至宋代(960～1279),栽培山茶花之风日盛。如南宋诗人范成大曾以"门巷欢呼十里寺,腊前风物已知春"的诗句,来描写当时成都海云寺山茶花会的盛况。明、清时,山茶花栽培更盛。明代李时珍(1518～1593)《本草纲目》称:"山茶产南方,树生高者丈许,枝干交加,叶颇似茶叶而厚硬有棱,中阔头尖,面绿背淡,深冬开花,红瓣黄蕊"。王象晋《群芳谱》载:"山茶花有数种,十月开至二月,有'鹤顶红',大如莲,红如血……"。清代蒲松龄(1640～1715)所著《聊斋志异》"香玉"中就有"崂山下清宫,耐冬高二丈"的记载。其后朴静子《茶花谱》及吴其濬《植物名实图考》等,都对山茶花有较详细的记述。近代,1949年黄岳渊、黄德邻合著的《花经》中专有山茶章节。而科学介绍山茶属观赏植物者,则自1951年俞德浚"云南的茶花"一文始。7世纪时,山茶首传日本。1677年,英国人初次采回山茶花标本,18、19世纪起,山茶花多次传往欧美。

形态特征 高达15m。小枝黄褐色。叶互生,卵圆形至椭圆形,长4～10cm,先端钝至渐尖,基部楔形至圆形,边缘具细锯齿,正面深绿色,背面淡绿色。花单生或成对生于叶腋或枝顶;花大,径5～6cm,有白、红、淡红等色;花瓣5～7,雄蕊多数,花期2～4月。蒴果圆形;种子球形或有棱;果期10月。

变种、变型及品种 世界山茶品种已逾15 000个,中国约有300余个。根据雄蕊的瓣化,花瓣的自然增加,雄蕊的演变,萼片的瓣化,概分单瓣、复瓣和重瓣3大类及12个花型:

单瓣类 花瓣1～2轮,5～7片,基部连生,多呈筒状,雌、雄蕊发育完全,能结实。只有单瓣型一种类型。

复瓣类 花瓣3～5轮,20片左右,多者近50片。主要类型有:①复瓣型。花瓣2～4轮,雄蕊小瓣与雄蕊大部集于花心,雄蕊多趋于退化,偶有结实,如'白绵球'、'猩红牡丹'等品种。②五星型。花瓣2～3轮,花冠呈五星形,雄蕊存,雌蕊趋向退化,如'东洋'茶等。③荷花型。花瓣3～4轮,花冠荷花状,雄蕊存,雌蕊退化或偶存,如'十样景'等。④松球型。花瓣3～5轮,呈松球状,雌、雄蕊均存在,如'小松子'、'大松子'等。

重瓣类 大部雄蕊瓣化,同时花瓣自然增加,花瓣数在50片以上(包括雄蕊瓣)。①托桂型。花瓣1轮,雄蕊小瓣聚集花心,形成约3cm的小球,如'白宝珠'等。②菊花型。花瓣3～4轮,少数雄蕊小瓣聚集花心,径约1～2cm,形成菊花型花冠,如'石榴红'、'凤仙茶'等。③芙蓉型。花瓣2～4轮,雄蕊集中簇集于近花心雄蕊瓣中,或分散簇集于若干组雄蕊瓣中,形成芙蓉型花冠,如'红芙蓉'、'花宝珠'等。④皇冠型。花瓣1～2轮,大量雄蕊瓣聚集其上,并有数片雄蕊大瓣居中,形成皇冠形花冠,如'花佛鼎'等。⑤绣球型。花瓣轮次不明显,花瓣与雄蕊瓣外形无明显区别,少量雄蕊散生于雄蕊瓣中,形成绣球型花冠,如'大红球'等。⑥放射型。花瓣6～8轮,呈放射状六角形,雌、雄蕊已不存在,如'粉丹'等。⑦蔷薇型。花瓣8～9轮,形若重瓣蔷薇,雌、雄蕊已不存在,如'小桃红'等。

产地与分布 山茶产于中国山东、浙江、江西及四川等地,日本、朝鲜半岛也有分布。现中国浙江瑞安、山东崂山、江西黎川和四川峨眉山等地,仍保存有1000年以上的大山茶树。山茶的露地栽培主要在长江流域及其以南地区,以浙江、福建、四川、湖南、江西、安徽、台湾、广东、广西及云南等地为多。

习性 山茶喜半阴,忌烈日。喜温暖气候,适温18～25℃,始花温度为2℃;略耐寒,一般品种能耐-10℃的低温;耐暑热,但超过36℃生长受抑制。喜空气湿度大,忌干燥,宜在年降水量1200mm以上的地区生长。喜肥沃、疏松的微酸性土壤,pH值以5.5～6.5为佳。

山茶一年有抽生2次枝梢:第一次为春梢,于3～4月开始萌发,至5月停止生长,形成顶芽;第2次为夏梢,在7～9月抽生。山茶花期长,多数品种为1～2个月,单朵花期一般为7～15天。

山茶抗二氧化碳等有毒气体能力强,且能吸收部分二氧化硫。对硫化氢、氯气和氟化氢等也有一定的抗性。

繁殖 以扦插、嫁接、压条、播种和组织培养等繁殖,通常以扦插、嫁接为主。扦插:多用嫩枝插和单芽插,以6～7月为适期。嫩枝插,选择当年生半木质化枝条作插穗,上部留叶2～3片,插于净沙或蛭石插床中,给予遮荫,加强叶面喷雾,经30天左右便可生根。单芽插,即一叶一芽短穗扦插,多在插条缺乏而需大量繁殖时用。嫁接:主要有靠接、切接和芽苗接,砧木多选用油茶或单瓣山茶。靠接是山茶繁殖的传统方法,多用于生根困难或名贵的品种。切接宜在春季芽将萌动前进行。芽苗接为近年来常采用的方法,多用油茶当年生播种芽苗,高4～5cm,于6月间按劈接法在芽苗子叶上方1～1.5cm处插入接穗,扎缚后植于苗床。

压条:在整个生长期均可进行,但以5~6月为佳。播种:主要用于培养砧木或选育新品种。通常秋播,也可将种子用湿砂层积至翌年春播。组织培养:现中国及美国等均已试验成功。

栽培 分地栽和盆栽两种。地栽要选择适宜的种植地,如作园林绿化栽培,要有蔽荫树作伴。圃地栽培时,先要成行种好遮荫树。种植时间,一般秋植较春植为好。施肥要掌握三个关键时期:即2~3月施以氮肥为主的追肥,以促进春梢生长;5~6月施以磷肥为主的液肥,以利于花芽分化和形成;10~11月施以钾肥为主的追肥,以提高植株的抗寒力。全年中耕除草5~6次。山茶不宜重修剪,只需剪除病虫枝及枯枝等。花蕾过密要进行疏蕾,以保持每枝1~2个花蕾为宜。若要提前开花,可用500~1000mg/L的赤霉素,隔天点涂花蕾,能提前至9~10月开放。盆栽以深瓦盆为好,盆土则以疏松、肥沃、易透水者为佳。幼苗每隔2~3年换盆1次,宜在11月或2~3月进行。新上盆之苗,在浇透水后,移至蔽荫处,2个月后可与其他盆苗同样管理。浇水次数视气候情况而定,以保持土壤湿润为原则。进入冬季,宜放置冷室光照良好而通风处;夏季移出,在室外荫棚或树荫旁放置。其他管理如施肥、修剪等,基本与地栽山茶相同。

育种 山茶育种的主要目标和方向:①芳香育种;②选育花色新奇新品种,尤其是黄色系奇品;③抗寒育种;④矮性育种;⑤选育繁花新品种。

育种主要通过如下途径:①种间杂交。如用长瓣短柱茶(*C. grijsii*)等有香味原种与山茶进行种间杂交,筛选出具芳香的新品种。②实生选育。茶花自然杂交的结实率大大高于人工杂交。从实生苗中选育,也可获得奇品。③株选或芽变选种。如'西施晚妆'、'鸳鸯凤冠'等,都是从芽变选种而来。

病虫害防治 主要病害有茶花炭疽病(*Glomerella cingulata*)、茶花饼病(*Exobasidium camelliae*)等。前者可喷洒600倍代森锌,后者可喷施0.2%硫酸亚铁溶液防治。常见虫害有红蜘蛛及多种介壳虫类,可加强栽培管理并喷洒石硫合剂防治。

园林应用 山茶树冠多姿、叶色翠绿,花大艳丽,花期长,正值冬末春初开花。江南地区可丛植或散植于庭园、花径、假山旁、草坪及树丛边缘,装点景色,也可片植为山茶园观赏。北方宜盆栽,用来布置厅堂、会场效果甚佳。山茶对二氧化硫、氯及氟等均有较强的吸收能力,也适宜用于工矿区绿化。可用作切花。

同属植物约220种,中国约有196种,常见栽培观赏的有:云南山茶花(*C. reticulata*),别名滇山茶,高达18m,胸径达57cm;叶表深绿,多无光泽,而有明显网纹,锯齿细尖;花大色艳,子房密被柔毛。为中国云南特有种,现云南栽培品种约有100余个。茶梅(*C. sasanqua*),灌木。花白色至红色,微香,早花。产中国长江以南地区,日本也有,适作花篱及盆栽。红花油茶(*C. chekiang-oleosa*),灌木至小乔木;花红色。中国产浙江、福建、江西及湖南,油料兼观赏。广宁油茶(*C. semiserrata*),叶缘上半部有细锯齿;花大色红,早花。产中国广东、广西等地。长瓣短柱茶(*C. grijsii*),别名闽鄂山茶,灌木。花白色,微香。产中国福建、湖北等,可用作杂交亲本,培育香味茶花,栽培品种有'珍珠茶'等。西南山茶(*C. pitardii*),灌木或小乔木。花玫瑰红色或白色。产中国云南、贵州、四川及广西,为优良育种材料。怒江山茶(*C. saluenensis*),灌木。花白色或桃红色。产中国云南,宜作耐寒育种材料。连蕊茶(*C. fraterna*),灌木。花白色,有香味。产中国浙江、福建、江苏、安徽及江西,适作育种材料。油茶(*C. oleifera*),灌木或小乔木。花白色。中国长江流域及以南各地广泛栽培,油料兼育种材料。尖叶山茶(*C. cuspidata*),灌木至小乔木。花白色。产中国长江流域及以南各地和陕西南部。攸县油茶(*C. yuhsienensis*),小灌木;花白色,具浓香。产中国湖南攸县,极优的育种材料。宛田红花油茶(*C. polyodonta*),灌木至小乔木。花红色。产中国广西、广东、湖南、江西及四川。云南野山茶(*C. pitardii* var. *yunna-nica*),灌木至小乔木。花粉红色或白色。产中国云南中部,多作云南山茶花的砧木及育种材料。腾冲红花油茶(*C. reticulata* f. *simplex*),乔木;花淡桃红色至玫瑰红色。产中国云南腾冲,油料兼观赏树木。

参考书目

陈俊愉 程绪珂主编:《中国花经》,上海文化出版社,上海,1990。

俞德浚 冯耀宗合著:《云南山茶花图志》,科学出版社,北京,1958。

(叶超汉)

山拐枣(Chinese pearlbloom tree)

Poliothyrsis sinensis,大风子科山拐枣属落叶乔木。小枝有细毛,叶互生,卵形或卵状长椭圆形,边缘有锯齿。花绿白色,渐变为黄色,成直立疏生圆锥花序,长10~20cm。蒴果矩卵形,成熟时3瓣裂,种子小,有翅。产中国湖北、湖南、四川、云南、贵州等地。喜温暖湿润和土层深厚肥沃的环境。播种繁殖。移栽大苗需带土球。山拐枣树姿优美,为优美的庭园观赏树。

(庄茂长)

山核桃（cathay hickory） *Carya cathayensis*，别名杭州小胡桃。胡桃科山核桃属落叶乔木。高达25～30m，干皮灰白色，裸芽、幼枝密生褐黄色腺鳞。奇数羽状复叶，互生，小叶5～7枚，披针形或倒卵状披

针形，长7.5～22cm，边缘有齿。花单性，雌雄同株，雄花为3分歧之柔荑花序；雌花2～10朵呈穗状，花期5月。核果球形或倒卵形，具四棱，并密生褐黄之腺鳞，9月果熟。

原产中国浙江西部、安徽及贵州东部。喜光，耐侧方庇荫。适生温暖湿润、夏季较凉爽、雨量充沛的环境。喜肥，适含腐殖质丰富的中性至微酸性、排水良好的土壤；干旱瘠薄与排水不良之地生长差、结实少。播种和嫁接繁殖，嫁接可以化香树为砧。实生树约7～8年生始花。山核桃可用作庭荫树栽植。

本属中常见栽培的种尚有薄壳山核桃（*C. illinoensis*），别名美国山核桃、长山核桃。落叶乔木。高达45～55m，果长圆形、较大、核壳较薄。原产美国及墨西哥。20世纪初引入中国，华北以南各地常有栽培，以福建、浙江、江苏较多，北京有少量栽培。喜光，喜温暖湿润气候，但有一定的耐寒能力。适深厚疏松富含腐殖质砂质壤土及冲积土。不耐干旱瘠薄，耐水湿。萌蘖性强。可用播种、嫁接、分根、扦插法繁殖。移植大树应带土球。愈伤力差，修剪应涂保护剂。实生树12～14年始结实。本种树体高大，枝叶繁茂，树形美观，园林中可用作行道树或庭荫树。

（王玉华）

山胡椒（glaucous lindera） *Lindera glauca*，别名牛筋树、假死柴。樟科山胡椒属落叶灌木或小乔木。染色体数2n＝2x＝24。高达8m，树皮浅灰色。小枝灰白色；单叶互生，椭圆形、卵形或倒卵形，长4～9cm，先端尖、基部楔形；雌雄异株，伞形花序腋生，花期3～4月；浆果球形、黑褐色，7～9月果熟。产中国黄河流域以南各地，越南、朝鲜半岛、日本也有分布。喜光，稍耐阴；具深根性，耐干旱瘠薄，但以肥沃湿润排水良好的土壤中生长最佳；耐寒性差。用种子繁殖。山胡椒的果、枝、叶均含芳香油，且分布地域广，适宜用于山区绿化和建造风景林。

同属中常见栽培观赏的种还有：香叶树（*L. communis*），高达13m，叶革质，椭圆形或卵形，长3～13cm；花期3～4月，果实9～10月成熟时深红色。产中国陕西、甘肃、湖南、湖北、江西、浙江、福建、台湾、广东、广西、贵州、云南、四川等地，越南也有分布。狭叶山胡椒（*L. angustifolia*），高达8m。叶椭圆状披针形，长6～14cm；花期3～4月，9～10月果熟。产中国山东、河南、陕西、江苏、浙江、安徽、湖北、四川、江西、广东、广西、福建等地，朝鲜半岛也有分布。三桠乌药（*L. obtusiloba*），高可达10m。树皮棕黑色，小枝黄绿色；叶卵圆形或扁圆形，三裂或全缘，3(5)出脉；花期3～4月，8～9月果实成熟时暗红色或紫黑色；是该属中较耐寒的种。产中国辽宁、山东、河南、陕西、甘肃、浙江、江西、安徽、湖南、湖北、四川、西藏等地，朝鲜半岛、日本也有分布。

（陈耀华）

山黧豆（five-nerved vetchling） *Lathyrus quinquenervius*，别名五脉叶香豌豆。蝶形花亚科山黧豆属多年生草本植物。染色体数2n＝2x＝14。茎具明显的翅，高10～14cm。羽状复叶，小叶2～6、披针形，叶轴具翅，顶端有卷须。总状花序腋生，花3～7朵，花梗有短柔毛，花冠红紫色。野生于田边、草地和山坡。分布于中国东北、华北、中南、西南等地区以及朝鲜半岛、日本、俄罗斯等。可作地被植物，还可用作饲料和绿肥。同属植物100种以上，如香豌豆（*L. odoratus*）等。

（王道惠）

山楝（polystachyous aphanamixis） *Aphanamixis polystachya*，别名山罗、假油桐、沙罗等。楝科山楝属乔木。染色体2n＝36。高20～30m。奇数羽状复叶互生，小叶5～11，对生，矩圆形，具小的透明斑点，全缘；花杂性异株，黄色带紫色，雄花或两性花排成圆锥花序，雌花排成单生的穗状花序，花期5～9月；蒴果近卵形，黄绿色。产中国海南、广东、广西和云南，印度也有。喜光，喜温暖湿润气候，对土壤要求不严。种子繁殖。山楝树体高大，枝叶美丽，花、果均具观赏价值，可于庭园中孤植或作行道树。

（包满珠）

山麻杆（david christmas hush） *Alchornea davidii*，别名桂圆树。大戟科山麻杆属落叶灌木。高1～2(5)m。幼枝常有浅紫红色绒毛。叶互生，圆形至广卵圆形，长7～15cm，边缘有细齿。花单性同株，无花瓣，穗状花序，雄花密，雌花稀疏，蒴果扁球形，密生短柔毛。产中国黄河以南至长江流域各地。喜光，也耐半阴。对土壤选择不严，耐旱，忌涝。萌蘖性强，易更新。分株、扦插及播种繁殖均可。栽植后3～5年应截干更新。炎热不通风环境易罹吹棉介壳虫。

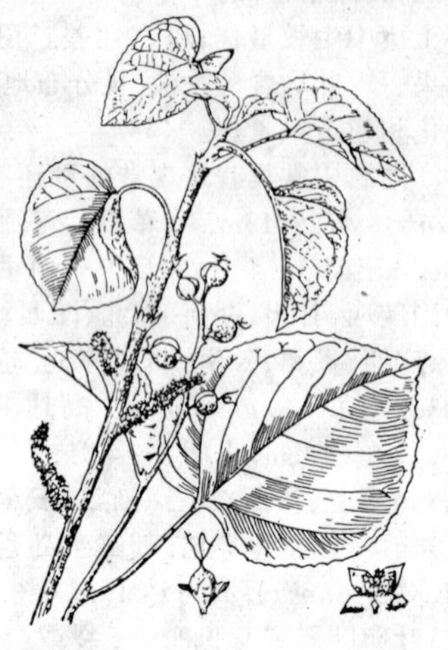

本种幼叶胭脂红色，成熟叶背面带红褐色。可在常绿树前或草地丛植赏叶，为春季重要观叶树种。

（董保华）

山梅花类（mock oranges） *Philadelphus* spp.，虎耳草科山梅花属落叶灌木。染色体基数 x=13。小枝及叶对生。总状花序，具花1～3(7)朵，呈聚伞状。花白色，芳香，花期5～7月。蒴果，8～9月果熟。全世界有70余种，分布于北温带的亚洲、欧洲和北美。中国约18种及12变种和变型，产于东北、华北、西北、华东及西南各地。喜光、稍耐阴，喜湿润，好肥沃排水良好的土壤。用播种、扦插、压条、分株繁殖。花后剪去花枝、病枝、过密枝。大多数种类的花芳香、美丽、多朵聚集，花期较长，为优良观赏花木。植株较高者宜植于草坪、园路拐角、建筑物前，植株矮小者可作自然式花篱。

园林中常见的种类有：西洋山梅花（*P. coronarius*），染色体数 2n=2x=26。丛生灌木，高约3m。叶卵形至卵状长椭圆形。总状花序有花5～7朵，花白色，花期5～6月。产南欧及亚洲西南部。太平花（*P. pekinensis*），染色体数 2n=2x=26，灌木，高约3m，叶卵形或椭圆状卵形。总状花序，花5～9朵，白色，径2～3cm，花期5～6月；果期9～10月。产中国河北、山西、四川等地。云南山梅花（*P. delavayi*），染色体数 2n=2x=26，大灌木，高约5m。叶卵状披针形或卵状长圆形。总状花序，花5～11朵，白色，有浓香。产中国西藏。山梅花（*P. incanus*），灌木，染色体数 2n=2x=26。高3～5m。叶卵形或卵状长椭圆形。总状花序，花5～11朵，白色，径2.5～3cm，花期5～6月；8～9月果熟。产中国陕西、甘肃、山西、河南、四川、湖北、江西等省。

此外，还有一些常见栽培的杂交种，如聚伞山梅花（*P.* × *cymosus*）、香雪山梅花（*P.* × *insignis*）、威吉山梅花（*P.* × *virginalis*）等。

（张治明）

山茉莉（Tibet huodendron） *Huodendron tibeticum*，别名西藏山茉莉、脱皮树、马铃花。安息香科山茉莉属落叶乔木或灌木。高6～20m；树皮平滑，灰褐色；小枝、花序、花萼均具腺状小疣体。叶互生，纸质，披针形或椭圆状披针形，全缘。伞房状圆锥花序顶生；花白色，芳香，花期3～5月；蒴果卵形，果熟8～9月。中国特有树种，产中国西藏、云南、贵州、广西、湖南，多生于海拔1000～3000m的山地密林中。用种子繁殖。花期长，有香气，可作园林风景树。

（毛宗铮）

山柰（galanga peacock lily） *Kaempferia galanga*，别名沙姜。姜科山柰属多年生草本植物。染色体基数 x=12。根状茎块状，有芳香，叶基生，近圆形，自两叶间抽出穗状花序，晨开午凋，次第开放，两性花，白色具香气。花期8～9月。原产印度，中国云南、广西、广东、台湾有栽培。喜阳光充足、高温湿润的气候及排水良好，肥沃的砂壤土。用根茎和分割株丛的方法繁殖，初冬用沙埋藏，至次年3～4月种植、栽植后约一个月出苗。山柰叶片肥大，叶脉明晰，贴地面生长，是良好的地被材料，盆栽宜置于室外及阳台观赏。根茎可入药或作调味用。

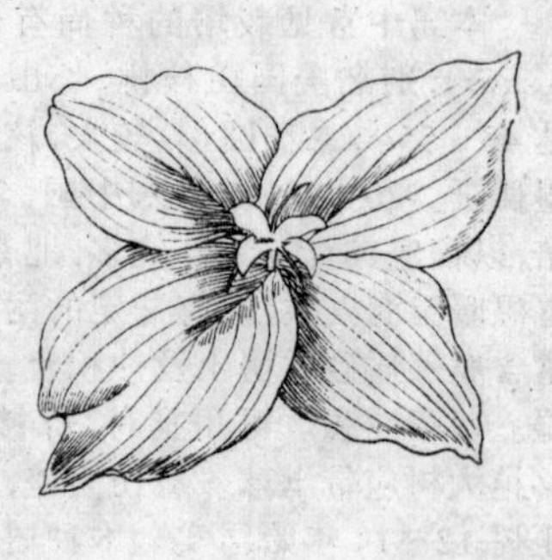

同属观赏植物还有海南三七（*K. rotunda*），多年生草本，具根状块茎，叶椭圆状矩形，叶面有深绿色斑纹，背面紫色。穗状花序4～6朵，先叶开放，花白色，

唇瓣蓝紫色，花期4～5月。中国云南、两广、海南、台湾有分布。块茎可入药。

（王铨铭）

山荞麦（China fleece vine） *Polygonum aubertii*，别名木藤蓼、花蓼。蓼科蓼属落叶藤木。染色体数2n=20。长达10～15m。叶互生，卵状长椭圆形，基部戟形，边缘波状。花小，白色，芳香，排成细长侧生圆锥花序。花期9～10月，果期11～12月。产中国秦岭至青海、西藏等地。欧美多引种栽培，尤以东欧为多。山荞麦耐寒、耐旱，喜光；几无病虫害，偶有叶蜂（*Tenthredella* sp.）吃叶肉，可用辛硫磷或敌百虫液喷杀。生长迅速，开花繁茂。播种或扦插繁殖，当年蔓长约1m或更长，入秋偶有始花者。翌春定植，需浇水、松土、除草1～3次，即可生长旺盛。山荞麦花时一片雪白，芳香四溢，耐粗放管理，是良好的攀援植物，可牵引攀于墙垣、花架、花门上。又是优良蜜源植物，还可作地被植物栽培。

同属种红山荞麦（*P. baldschuanicum*），似山荞麦，而花朵略大，玫瑰红色，花序较密而下垂，栽培、应用似山荞麦。

（陈俊愉）

山石盆景制作（creation of hill-rock Penjing） 通过艺术构思，将山石加以锯截、雕琢、胶合、染色等，布于盆内的技艺。山石盆景大多在盆中贮水，表现江、河、湖、海，又可称为水石盆景；也有在盆中盛土或砂，表现无水的山景，称做旱石盆景。

山石盆景

锯截　切割山石是获得盆景创作所需材料的一个必要手段。锯前要“相石”，上下、左右、前后认真分析，决定锯截方案后先在石上划线。正面一条称“锯截线”，是决定所需山石高度及左右姿势角度的。沿“锯截线”一端，向侧面延伸，在侧面划线，称“参考线”，是决定山石前后姿势角度的一条线。锯时沿“锯截线”下切，参照“参考线”校正，便能获得所需山石。

近山，锯成向侧前方倾斜的姿势角度，以示动势，并可增强神态。远山，锯成背面垂直的直角三角形。

雕琢　是完成造型的主要手段。用盆景手镐，靠手腕的变幻技法，来实施完成构想的形态及纹理脉络。

粗加工：根据盆内三度空间及山石的体态条件，规划出所要加工山石的大小体态，从正面及侧面劈出一个对比较为明显的不等边三角形。山石的厚度不超过盆宽的2/3，长度不小于盆长的1/2（如不足，可用山脚、坡滩、礁石等弥补），高度尽可能利用石料本身高度（或根据构图要求决定高矮）。在粗加工中，要做到立面前低后高，底面前窄后宽（正、侧、底全呈不等边三角形关系），主峰一定设在三角形顶部。远山用下丰型造型。该式以秀为主，山脚面积大，制作时从山脚向上，逐步完成造型。先在底平面上设计大曲线，避免曲线处在同一直线或同一弧线中变化。近山，在石表面设计曲线，画上加工墨线，由上而下逐步加工。它属上丰型造型，着重表现峰的雄、奇、险。不论近山、远山，可先“胖”后“瘦”，先大后小，先高后矮，先轮廓后细部，先粗犷后细腻。

细加工：将粗加工时已劈出的山之前后、左右、高矮、疏密、开合等变化通过细加工加以通盘协调。脉络主要变化在两山交界处，是山之挤压，年久流水冲刷切割形成。纹理表现山之地层结构，如折带皴、乱柴皴、云纹皴、钉头皴、蚁蚀皴等。

脉络纹理加工的镐法，可归纳为“劈、斩、点、拉、刮”等法。“劈”用在大刀阔斧劈除不必要的部位，是控制轮廓的一种手段。“斩”是加工凹凸伸缩、起伏曲折，形成基本脉络纹理的有效方法。“点”主要用于加工洞穴。“拉”是修饰和丰富脉络变化的主要方法。“刮”是辅助动作，利用手镐棱角清除加工面上不尽人意之处。

盆景手镐的出手与山石加工面可垂直，可左倾或右斜，加上频率的快慢，出手的轻重，阻力的大小，重复的多少，出手弧度的长短，以及手镐两端巧妙应用，自会使脉络变化丰富，自然流畅。这就是手腕技法。配合上述镐法，千变万化。

精加工：用斜口断锯条，对重点脉络作进一步加工，区别于别的线条，最后用碎砂轮轻磨表面，使线与面更柔和流畅。

胶合　山石如有断裂，缺滩少礁或其他形态缺陷需要修饰弥补的一个手段。上下之间的胶合，即先将断面清除干净，轻轻合上断口，划上对接记号，再轻轻移开，在上下断面中心处钻穴，注满水泥，然后按照对接记号合上，用绳索固定，然后轻击石身，使上下水泥密合，一两天即可牢固。如果左右断裂，先轻轻将断口合拢，划上对接记号，再移开，在各自断裂处底部开槽，抹上水泥，对接密合，置平板上养护二日即可。如断口较大，槽中需加放铁丝，用水泥抹平，以增加强度。

胶合所用的材料有白水泥、107胶水、氧化铁红、氧化铁黄、氧化铬、氧化矾、墨汁等，根据石料本色决定颜料水泥的调配。缝有阴缝、阳缝、平缝之分，胶合后要做出与其相似纹理,染上相近的颜色。

染色　①烟熏法染色:用于硬石染色,需将山石放在柴炭上方用烟熏烤(不用明火),一般用松柏木、木屑、果壳、竹片等含油脂、发烟好的材料。待熏出颜色后,刷去烟灰随即上蜡(虫蜡、烛蜡、上光蜡等均可)。稍冷却后再用洁布轻擦,除掉多余之蜡,待全部冷却后抛光刷亮。②油漆染色:用于硬石,将油漆稀释到设计要求,均匀涂染后,立即用棉丝擦遍。擦后凸面处颜色变淡,凹陷处颜色较深,随后再根据明暗、凹凸需要添减颜色深浅。③丙稀颜料染色:丙烯颜料可加水稀释,干后不怕水淋,适于软石染色。软石表面喷潮后,取少量调配好的颜料加水稀释涂染石上,称之为底色。再用比上次略深的颜色从山脚向上涂染,但不能染到山顶。第三次涂染,颜色更深,主要染在山脚及脉络凹槽处,以此由浅渐深直到满意为止。每次染色要自然渗透、自然过渡,如染高山积雪、山顶夕照等有时间、季节性的画面,先将湿石从山顶薄施霞红,红色中一定要滴入少量墨汁。海母石作雪景(初雪、残雪)山顶留白不染,其余照上述方法涂染。无论表现日照、积雪的意境,都要注意受光与背光面,迎风与背风面等的区别。

不论何种颜料染色,都要适当滴入墨汁,使山石更显古朴、淡雅、色薄透明,自然得体。

养苔　在石上先刷一层薄泥浆。铲下鲜苔,抖除泥砂,清除杂物,加水捣成糊状刷于石上,然后放半阴处养护,经常喷雾,使青苔布满全石。刮下新鲜绿藻,加水调成糊状,由浅至深涂染石上。贴苔,铲下短毛苔,根据需要贴于山坡、山脚、凹陷等处,注意块面的大小主次、聚散疏密等对比变化。

种植　石上种植植物,使山水盆景富有生机,它关系到作品的优劣成败。种植时,应注意植物种类和品种、姿态、大小、多少、苍润等关系。

不论硬石、软石,都应设种植穴。如硬石,需凿成深穴状,四周可用铜丝或不锈钢丝做成钩子,并用水泥固定。山脚处可用山石围成,应不影响造型,又增加山脚强度。在盆内水位线以上需留排水孔。

海母石含盐碱,持水性强,不利植物生长。可以从底部向内掏空,种植口设计在山之深凹脉络处,山背后或两山交界处等,底部用水泥抹平(如果面积大,要在水泥中用铁丝加固)。一般软石可挖成洞穴种植。

种植方法:把树桩脱盆,视种植穴及种植口的大小抖除部分泥土,然后放入种植穴内校正姿势角度,覆上新土,捣实,表面覆上青苔或干苔,浅水养护。硬石种植穴浅,可用棕片坨挂法,即割下棕片,抽去硬筋,摊平撒上新土,将选择好的树桩抖除泥土,放在棕片中间,四周加上新土,并包拢棕片、扎紧,用铁丝吊在种植钩上,校正姿势角度,浇水养护。四季皆可种植,尤以休眠期为佳。夏季种植时,养护更应精细、严格。

(汪彝鼎)

山桃草(white gaura)　*Gaura lindheimeri*,柳叶菜科山桃草属多年生草本植物。染色体基数 x = 7。株高 100～130cm,全株具粗毛,多分枝。叶无柄、披针形,长达 3.5～8.5cm,先端尖,缘具波状齿,外卷,两面疏生柔毛。穗状花序顶生,细长而疏散。花小,白色。花瓣 4,匙形向下反卷,萼 4 裂稍带红色。由下至上顺序开花,花期 5～9 月。坚果具 3～4 肋,长圆或长椭圆形。分布北美洲温带。播种或分株繁殖,生长强健,适合群栽,也可作插花。

(岳沛华)

山庭荠(mountain sandwort)　*Alyssum montanum*,十字花科庭荠属多年生草本植物。株高 10～20cm,株形紧凑。叶倒卵状长圆形至线形,上附星状银灰色绒毛。花黄色,具浓香,花期 6～7 月。变种有大花山庭荠(var. *grandiflorum*),花大,花期 5～6 月,喜冷凉气候及充足阳光,不耐酷暑及多雨潮湿,宜作二年生栽培。东欧山庭荠(var. *gmelinii*),花梗直立,株形紧凑,原产东欧。山庭荠原产欧洲南部及高加索地区,喜光照充足,以排水良好、稍含石灰质的土壤为佳。宜 9 月播种,约 15 天萌发。于春季或初秋定植,定植距离 15～30cm。也可于生长季节用芽插法繁殖,要适当遮荫,保持一定的空气湿度,以利于生根。苗期应带土移植,避免伤根,否则不易成活。严寒地区越冬需稍加覆盖。山庭荠生长旺盛,株形矮小,花小而繁,宜作花坛边缘材料或布置岩石园,也是较为良好的地被植物。

同属常见栽培的还有:高山庭荠(*A. alpestre*),多年生,株高仅 9cm,叶倒卵形至线形,色灰绿。总状花序较短,花小淡黄色,春季开花。原产南欧,生于高山地区。黄花庭荠(*A. argenteum*),多年生,株高约 30cm,茎斜上。叶倒卵形至披针形,叶表绿色,叶背灰绿色。总状花序排列疏松,花深黄色,花期 5 月。原产南欧。芳香庭荠(*A. odoratissimum*),植株较高,花芳香,适于盆栽。

(张　燕)

山桐子（manyfruit idesia） *Idesea polycarpa*，别名山梧桐，椅树。大风子科山桐子属落叶乔木。高达15m，树皮平滑、灰白色。叶宽卵形至卵状心形，叶缘生疏齿。花单性异株或杂性，圆锥花序下垂，花黄绿色，花期4～5月。浆果球形，深红色，果期10月。变种毛叶山桐子（var. *veslita*），叶背密生短柔毛，果橙红色。本种分布于中国台湾至西南及山东、河南、陕西、甘肃等地，朝鲜、日本也有。喜湿润凉爽环境，常散生微酸性森林土的山坡林缘。播种繁殖。山桐子树身光洁，枝叶疏密有致，秋季成串红实披垂，颇为美观。宜于庭前、草坪及道路两旁配植。（贺贤育）

山楂（Chinese hawthorn） *Crataegus pinnatifida*，蔷薇科山楂属落叶小乔木。染色体数2n＝2x＝34。高达10m，树冠阔卵形。具枝刺。单叶互生，三角状卵形，5～9羽状裂；伞房花序，花白色，花期5～6月；梨果球形，红色，具白色皮孔，果期10月。变种有

山黑红（var. *major*），又名大山楂，树形较大而健壮；叶较大，3～5浅裂；果较大。普遍作果树栽培。产中国东北、山西、河北、陕西、甘肃、河南、山东、安徽等地；朝鲜及俄罗斯西伯利亚也有。多生海拔100～1500m山坡林缘或灌丛中。喜光、较耐阴，耐寒，耐干旱瘠薄。根系发达，水平分布广，约为树冠的2～3倍；根萌蘖力强。新梢生长旺盛，树干发枝力强，耐修剪。用播种、分株及嫁接法繁殖。种皮坚硬，透水困难，种胚有休眠期，播种隔年发芽。嫁接砧木可用山楂实生苗。幼树可疏除过密枝，成年树应剪除重叠枝、细弱枝、病虫枝，以利于通风透光，促使树冠生长匀称，提高观赏效果。常见病虫害有红蜘蛛、星毛虫、卷叶虫、白粉病等。

山楂树冠圆整，枝叶繁茂，5月花蕾绽放，一片雪白，10月红果累累，深秋红叶片片，是观叶、观花、赏果的好树种。宜孤植于庭院或草坪边缘、水旁湖畔成片群植，或在园路两侧成丛栽植；森林公园中植成片林，既观赏又结合生产；也可作绿篱栽植；还是良好的蜜源树种。

同属中常见栽培的树种有：野山楂（*C. cuneata*），落叶灌木，高1.5m，常有刺。叶宽倒卵形，顶端常有3～7个深羽裂。伞房花序，花白色，花期5～6月；果扁球形，红色或黄色，果期9～11月。产中国陕西秦岭以南至广东、广西各地；日本也有分布。湖北山楂（*C. hupehensis*），落叶小乔木，高达5m。叶卵形或卵状长圆形，中部以上具2～5浅羽裂。伞房花序，花白色，花期5～6月；果近球形，深红色，果期8～9月。产中国华东、华中、华北南部、西北东部等地。云南山楂（*C. scabrifolia*），别名小林果。落叶乔木，高达10m。树皮灰黑色。叶卵状椭圆形。伞房或复伞房花序，花白色。果球形，黄色或带红晕。花期4～6月，果期8～10月。产中国四川、贵州、云南、广西，云南中部习见栽培。

（周道瑛）

山茱萸（Chinese cornelian-cherry） *Cornus officinalis*，别名萸肉。山茱萸科山茱萸属落叶灌木或小乔木。染色体数2n＝2x＝18。高达10m。树皮灰褐色，薄片状剥落。叶对生，卵状椭圆形，长5～12cm，背面脉腋密生褐色丛毛。伞形花序腋生，有花15～30朵；花黄色，花瓣4，花期3～4月。核果长椭圆形，红色，果期8～9月。产中国浙江、安徽、河南、山东及湖北，朝鲜、日本也有分布；多生于海拔400～1500m的林缘、林中及阴湿溪边。喜温暖、湿润气候及半阴环境。较耐寒，好肥沃、湿

润而排水良好的砂壤土。播种繁殖，当年苗高约50～80cm，6～8龄始花。主要病虫害有灰色膏药病（*Septobasidium bogoriense*）、山茱萸叶瘿螨（*Anthocoptes platynotus*）及木橑尺蠖（*Culcula panterinaria*）等。本种先花后叶，果似玛瑙，是很好的观花观果树种，宜在草坪、林缘、路边、亭际及庭园角隅处丛植，也适于风景区种植。果肉为重要中药。同属植物见于栽培观赏的还有欧洲山茱萸（*C. mas*），产欧洲及西亚，中国北京、南京及杭州等地有引种。

（樊映汉）

杉木（Chinese fir） *Cunninghamia lanceolata*，别名沙木、刺杉等。杉科杉木属常绿乔木。染色体数 $2n=2x=22$。高达30m以上，胸径2.5～3.0m，幼年树冠尖塔形，大树圆锥形。树干端直，树皮灰褐色，长条片状剥落，内皮淡红褐色；枝轮生、近水平伸展；叶扁平、条状披针形，螺旋状着生，长2～6cm；雌雄同株，雌球花1～4，雄球花多数成簇，分别着生于枝顶，花期4月；球果圆卵形或近球形，10月成熟。栽培品种有：'黄枝'杉（cv. Lanceolata），嫩枝和新叶黄绿色；'灰叶'杉（cv. Glauca），嫩枝和新叶为蓝绿色，叶两面具白粉；'软叶'杉（cv. Mollifolia），枝下垂，叶薄而柔软。

杉木是中国特有树种，约有一千多年的栽培历史，东自台湾、福建，西至云南、四川，北至秦岭南麓，南至广东、海南的广大区域内均有栽培；西安南五台、郑州人民公园也已引种栽培成功。喜光，适生于温暖湿润、多雾风静的气候环境，不耐寒、旱，在湿度适宜的情况下，能耐-17℃低温；喜深厚肥沃湿润且排水良好的酸性（pH值4.5～6.5）土壤，不耐盐碱；根系浅，主根不明显，畏强风；生长迅速。多播种繁殖，球果出种率为3%～5%，种子千粒重为5.9～9.7g，发芽率为30%～40%。当年苗高一般20～30cm。优良品种用扦插繁殖。杉木的病虫害主要有幼苗期的猝倒病和杉木炭疽病、杉木黄花病、杉棕天牛、杉梢小卷蛾等，应注意及时防治。

杉木树形美观，树干端直，适宜在园林绿地中丛植或大面积种植，也可用于道路绿化。木材优良，用途广。

（陈耀华）

珊瑚花（Brazilian-plume; plume flower） *Justicia carnea*，爵床科珊瑚花属多年生草本植物或亚灌木。株高约1.5m，茎四棱，具叉状分枝。叶对生，卵形至长圆形。花密生在假头状花序上，呈穗状、顶生，长约12cm，苞片长圆形，红或紫红色，花冠2层，长约6cm，淡粉紫色，有粘液毛。花期6～8月份。原产巴西，中国各地均有栽培。喜温暖湿润气候，喜光，不耐寒，在富含有机质且排水良好的砂质壤土中生长迅速。扦插繁殖极易成活，常于花后剪取充实健壮枝条为插穗，插在砂床上，温度在20℃时，经20天可生根。夏季应置室外荫棚下，避免强光直晒，并在植株周围洒水，以增加空气湿度。温室越冬应在12℃以上。翌春翻盆换土，通过修剪控制植株高度。红色花序较大，花期长，温度适合四季均可开花，常作盆栽观赏。温暖地区可用于夏季花坛或连盆埋入土中点缀假山或绿地。

（费砚良）

珊瑚藤（mountain rose; coral vine） *Antigonon leptopus*，别名凤冠、凤宝石、连理藤、红珊瑚。蓼科珊瑚藤属常绿藤木植物。染色体数 $2n=4x=48$。蔓长达10m。块根肥厚。茎有棱和卷须。叶卵形或卵状三角形，基部心形。花序总状，顶生或腋生，花序轴顶部延伸变成卷须；花淡红色或白色，花被片5。瘦果卵状三角形，花期3～12月。有重瓣园艺品种。原产墨西哥，喜温暖、向阳、湿润、肥沃的酸性土。能自播繁衍，播种、扦插易成活。适于垂直绿化，也可用作切花。

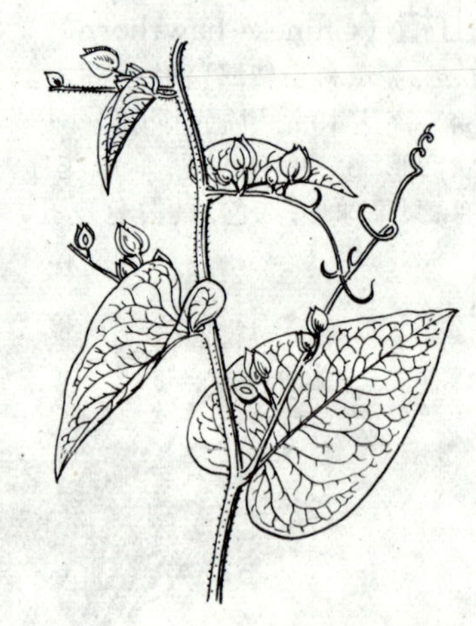

（王月新）

商陆（Indian pokeweed; Indian pokeberry） *Phytolacca acinosa*（*P. esculenta*），别名当陆、山萝卜、牛萝卜。商陆科商陆属多年生草本植物。染色体数 $2n=4x=36$。高1～1.5m，茎粗大、直立，绿色。块根肥厚肉质、圆锥形，外皮淡黄色。叶互生，卵状椭圆形至长椭圆形，全缘。总状花序直立，顶生或侧生，长达20cm，花白色，后变为淡红色，径约0.8cm；花瓣5，花期6～8月。浆果扁球形，黑紫色。产中国、日本。喜温暖、阴湿环境，宜疏松、肥沃的砂壤土。用播种或分株繁殖，商陆宜宅旁、坡地和阴湿隙地种植。根可供药用，也是农药。同属常见栽培的还有：美洲商陆（*P. americana*），原产北美洲，茎紫红色，总状花序下垂。八蕊商陆（*P. octandra*），原产中美洲及哥伦比亚。茎木质化。异瓣商陆（*P. heterotepala*），原产中美、墨西哥，小灌木，花绿色。

（王月新）

芍药（peony；Chinese peony） *Paeonia lactiflora*（*P. albiflora*），别名将离、余容、黑牵夷。芍药科芍药属多年生草本植物。染色体数 2n = 2x = 10。中国特产的传统名花，世界各地广为栽培。

起源、演化及栽培简史 中国芍药栽培历史久远。《通志略》云："芍药著于三代之际，风雅所流泳也。"三代即为夏、商、周，其时芍药已经著称于世。《古琴疏》载："帝相时条谷贡桐、芍药。帝命羿植桐于云和；命武罗伯植芍药于后苑。"相为夏代第五位君王，约公元前1936～前1909年在位。说明3900年以前，芍药已观赏栽培。《中山经》云："司楠之山其草多芍药、条谷之山其草多芍药、洞庭之山其草多芍药。"《西山经》云："绣山其草多芍药。"《图经》载："芍药生中岳川谷及丘陵。"后来本草等书中，多有芍药药用的记述。说明古时芍药分布较广。

从唐代至宋代（618～1279）芍药栽培日盛。由于"维扬（扬州）大抵土壤肥腻，于草本为宜。"故"芍药之盛，环广陵（扬州）四十五里之间为然，外是则薄劣不及。"扬州成为芍药的栽培中心。扬州太守蔡繁卿在芍药盛开时，用花十余万枝，举办万花会，当为芍药大型展览之先河。刘攽《芍药谱》序（1073）云："自广陵南至姑苏，北入射阳，东至通州海上，西止滁、和州数百里间，人人厌观矣。"即在苏南、苏北、皖南、皖北的广大地区，都有芍药的大规模栽培。刘攽《芍药谱》将芍药品种分为七等，花型分为冠子、髻子、缬子、楼子、丝头、多叶、鞍子、单叶、银绿等9型，是芍药品种花型分类的最早记载。栽培技艺也有很大进步。并已掌握芍药裸根远途运输的方法。其时，芍药的优良品种辈出。芍药的专谱陆续刊出。如张峋《洛阳花谱》（1041～1048）、刘攽《芍药谱》等，说明远在北宋时，芍药品种已经相当丰富。王观《芍药谱》（1075）在刘谱基础上又添加8个性状优异的品种。孔武仲《芍药谱》指出芍药花色以黄色最为珍贵。还有周师厚《洛阳花木记》（1082年）载41品种；艾丑《芍药谱》24品种；绍熙《广陵志》32个品种等。从以上专谱可以看出，中国古代人们对芍药的选育已有很大成就。

明代至清代（1368～1911）芍药的观赏栽培仍盛。北京芍药栽培日渐繁荣，多在城内宫室官署栽培，如近郊梁家园、清华园、惠安园等即大量种植。王象晋《群芳谱》（1621）指出分株"春月不宜。谚云：春分分芍药，到老不开花。以其津脉发散在外也。"当时曹州（今山东省菏泽市）也是芍药的重要产区。一直沿续到现在。至清代，乃有"丰台芍药甲天下"的誉称。陈淏子《花境》（1688）载88个品种。后黄岳渊、黄德邻的《花经》（1941）中称："予真如园中亦有芍药四百余种，花有单瓣、重瓣、起楼之别……"目前中国各地芍药品种约有300种，以红、紫、粉、白诸色居多，黄色品种极少。

国外芍药多以花坛用花和切花为主。在其园艺品种群形成过程中，中国芍药的优良品种起了极大的作用。欧洲12世纪开始栽培荷兰芍药（*P. officinalis* subsp. *officinalis*），15世纪出现重瓣品种。19世纪中国芍药品种传到欧洲，其优异的性状引起轰动，纷纷作为亲本进行杂交育种，育出了众多优良的芍药品种。美国栽培的中国芍药是1806年由欧洲传入的。1902年美国成立芍药协会，登记品种500多个。日本1445年有引进中国芍药的记载，1932年已有品种700多种。

形态特征 茎丛生，株高60～150cm，具粗长的肉质根。下部叶为2回三出复叶，顶小叶不分裂，上部叶常为单叶，叶缘密生白色骨质细齿。茎于顶部分枝，每枝端部着花1朵。花径5.5～10cm，园艺品种常达15～20cm。花瓣9～13枚，原种花白或粉色，有白、粉、红、紫、深紫、雪青、黄等色品种。蓇葖果含黑色种子5～7枚。花期5～6月，果熟期8月。

变种、类型、品种 变种有毛果芍药（*P. lactiflora* var. *trichocarpa*），心皮密被柔毛。分布于东北、河北、山西及内蒙古东部的山地灌丛中。云南、湖北、陕西、浙江、河北有栽培。

芍药品种众多，有多种分类方法。依花色可分8个色系。①白色系：如'杨妃出浴'、'美辉'等；②粉色系：如'西施粉'、'初开藕荷'等；③红色系：如'大红袍'、'平顶红'等；④紫色系：如'紫袍金带'、'紫绣球'等；⑤深紫色系：如'苍龙'、'墨紫存金'等；⑥雪青色系：如'蓝田飘香'等；⑦黄色系：如'黄金轮'等；⑧复色系：花具2色，如'莲台'、'美菊'等。

依花期分为三类（以北京为准）。①早花类：花期5月10～18日；②中花类：花期5月18～25日；③晚花类：花期5月25～30日。

依植株高度分为 3 类。①高型品种：株高 110cm 以上；②中型品种：株高 90～110cm；③矮型品种：株高 70～90cm。

依花型分类，根据芍药野生种或种群间的差异，芍药可分下列 2 类。①中国芍药系（*Series Lactiflora*）：包括芍药、毛果芍药的品种群及以它们的血统为主的杂种品种群。现代的芍药品种基本属于此系。②欧洲芍药系（*Series Europa*）：包括荷兰芍药、细叶芍药（*P. tenuifolia*）、大叶芍药（*P. macrophylla*）和黄花芍药（*P. mlokosewitschii*）等的品种群及以它们的血统为主的杂种品种群。如荷兰芍药的品种'大白'（cv. Albicans）、'裂瓣'（cv. Lobata）、'重瓣红'（cv. Rubra Plena）等；细叶芍药品种'黄细叶'（cv. Latifolia）、'重瓣细叶'（cv. Flore-Pleno）等。在以上两系中根据花部基本结构不同，可区分为单花类和台阁花类；每类中又根据花瓣起源不同，区分为千层亚类和楼子亚类。

单花类　花朵由单朵花构成。

千层亚类　花瓣向心式自然增加，排列整齐，形状相似，由外向内逐渐变小，雄蕊随花瓣增多而相应地减少直至消失。雄蕊只着生于子房周围。花形扁平。①单瓣型。花瓣 2～3 轮，宽大，雌雄蕊正常。②荷花型。花瓣 4～5 轮，形状和大小相近，雌雄蕊正常。③菊花型。花瓣 6 轮以上，自外向内逐渐变小，雄蕊正常，数量较少；雌蕊正常，数量增多或减少。④蔷薇型。花瓣极度增多，自外向内逐渐变小，雄蕊全部消失，雌蕊正常或瓣化、退化。

楼子亚类　外瓣宽大 2～3 轮，雄蕊离心式瓣化，雌蕊正常、瓣化或退化。花形隆起或高耸（金蕊型除外）。①金蕊型。外瓣宽大，2～3 轮，雄蕊花药增大，花丝变粗，雄蕊群呈鲜丽的金黄色，半球状，雌蕊正常。②托桂型。外瓣宽大，2～3 轮，雄蕊群瓣化成狭长花瓣，雌蕊正常。③金环型。外瓣宽大，2～3 轮，雄蕊变瓣与外瓣间残留一圈正常雄蕊，雌蕊正常或瓣化。④皇冠型。外瓣宽大平展，2～3 轮，雄蕊几乎全部瓣化，雄蕊变瓣群高耸，其中常夹杂正常雄蕊和瓣化中及退化中的雄蕊。雌蕊正常或瓣化、退化。⑤绣球型。雄蕊变瓣充分瓣化，与外瓣大小及形状相似，雌蕊瓣化或退化。

台阁花类　花由 2 花乃至数花叠合构成。

千层亚类　台阁花基部的单花（下方花）具有单花类千层亚类的基本特征。初生台阁型（千层台阁型）：下方花花瓣 2 至数轮，雄蕊正常或稍瓣化，雌蕊正常或稍瓣化，着生于上方花（下方花上面的单花）四周。全花较扁平。

楼子亚类　下方花花瓣 2～3 轮，雄蕊离心式瓣化，雌蕊瓣化或退化。全花高耸。①彩瓣台阁型。下方花雌蕊瓣化，其色较花瓣深，并带绿纹或呈绿色。雄蕊瓣化。上方花雌雄蕊正常或瓣化。②分层台阁型。下方花雌蕊变瓣与正常花瓣无异，雄蕊变瓣较正常花瓣短小；上方花雄蕊也多瓣化成短瓣。全花具明显的分层结构。③球花台阁型。下方花与上方花雄蕊变瓣、雌蕊变瓣与正常花瓣无异。全花球状。

产地与分布　芍药分布于中国东北、华北、陕西及甘肃南部。东北分布于海拔 480～700m 的山坡草地及疏林下；其他地区分布于海拔 1000～2300m 的山坡草地。朝鲜、日本、蒙古及西伯利亚地区也有分布。除华南地区外，各地园林中普遍栽培。北京、山东菏泽、青岛，江苏扬州，河南洛阳和甘肃兰州等地最负盛名。多设置芍药专类园，常与牡丹专类园相结合，以延长观赏期。近年切花生产有所发展。药用栽培的主要产区有安徽铜陵、宁国、亳县，山东菏泽，四川中江，浙江东阳等地。

习性　生长期要求光照充足，也稍耐阴。喜温和气候，耐寒，在中国北方地区均可露地栽培。夏宜凉爽环境，颇耐热，如在安徽省亳县，夏季极端最高温度达 42.1℃，仍能安全越夏。宜稍湿润环境，也耐干旱，忌涝，积水会导致烂根。为深根性植物，要求土壤深厚，疏松肥沃，排水良好的中性或微碱性砂质壤土或壤土。土壤含氮量不宜过高，以防枝叶徒长，可适当增施磷、钾肥。盐碱地和低洼地不宜种植。忌连作。北京地区 3 月底至 4 月初萌芽，4 月上旬现蕾，5 月中旬始花，6 月上旬花期结束，单朵花开放时间 5 天左右；群体花期（早花品种始花到晚花品种末花）约 25 天。种子上胚轴有休眠现象，需打破休眠才能萌发。10 月底至 11 月初地上部分枯死，在地下根颈处形成混合芽。

繁殖　以分株为主，也行播种繁殖。

分株法　可保持品种的优良性状，开花较早。于 8 月下旬至 9 月下旬进行（菏泽、北京）入冬前有一段新根萌发与生长的时间，有利于翌年生长和开花。春季不宜分株，易造成植物体内水分、养分的不平衡，导致植株衰弱或死亡。分株时掘起根丛，抖落附土，阴干 1～2 天后，再沿根系的缝隙，顺势掰开或切离，每个分株要有 3～5 芽。药用栽培分株时，于根颈部以下 5～6cm 处，切下粗根药用，然后同样分株栽植。观赏栽培可 6～10 年分株一次，药用者 3～5 年采根并分栽一次。

播种法　用于培育新品种、药用栽培和繁殖砧木（嫁接牡丹）。种子成熟后应立即播种，播种愈迟发芽率愈低。若不能及时播种，可用湿砂暂时贮藏。秋播当年生根，翌春发芽出土。幼苗生长缓慢，第 1 年茎高 3～4cm，抽生 1～2 片叶，根长 8～10cm；第 2 年茎高 7～8cm 以上；第 3 年茎高 15～60cm，个别植株开花；4～5 年生普遍开花。培育新品种，在开花后观察 2～3 年，待性状稳定，参加新品种的评选。药用栽培采用播种法繁殖，5 年采收 1 次。牡丹砧木一般采用 3～4 年生根径 2～3cm 者。

栽培管理

栽植 选地势高燥,土层深厚,土壤疏松肥沃,排水良好之地,施足基肥(腐熟堆肥、厩肥、骨粉或油粕等),反复深耕整平。栽植适期为8月下旬至9月上旬,株行距85cm×85cm,$100m^2$约140株。深度以芽上覆土3~4cm为宜,适当镇压。栽后,每株上培一高10~15cm的土堆,以保暖、保湿、防冻,春天平去土堆。

施肥 除栽植时施足基肥外,每年追肥3次。①花肥:春天解冻后施用,补充越冬植株养分的不足,促枝叶生长,特别是满足花蕾发育和开花的需要。以速效性氮肥和磷肥为主。②芽肥:花后即进入花芽分化阶段,由于开花结实养分消耗,为保证花芽分化,需追施粪肥、油粕、酱渣等。③冬肥:在土地封冻前,结合灌冻水施入,也可干施,肥量宜大些。常用腐熟的厩肥和堆肥,利于植株安全越冬和翌春萌芽。其他时间视植株生长情况,可随时追施稀薄液肥,但炎夏不可追肥。

浇水 芍药喜土壤适度湿润。干旱(特别是早春)对芍药生长、开花影响很大。尤其花前水分不足,花小而不娇艳。平时土壤以湿润偏干为宜,花前必须充分灌水。此外,早春萌芽前结合花肥浇透水1次。11月中、下旬(小雪前)浇冻水1次。夏季要注意大雨后及时排水,防止根系腐烂。

中耕锄草 早春结合施花肥、平土堆进行中耕松土,深度5~10cm。春天雨后也要松土保墒。夏季土壤湿度大,一般锄深5cm以内,除草,并加速水分蒸发。中耕时不要伤及根系,一般株间宜深,近株处宜浅。

其他管理 ①剥侧蕾:保留顶蕾,及早剥去侧蕾。使养分集中。药用栽培或苗期需尽早除去全部花蕾。②设支柱:花期易倒伏的品种,在观赏栽培中常设立支柱,固定花朵。③剪残花:花后除留种植株外,及时剪除残花,不使结实。④除残株:芍药地上茎叶全部枯萎后,应及时剪除,集中烧掉,以防治病虫害。

育种 芍药属植物约33种,其中木本种(牡丹组)约5种,草本种(芍药组)约28种。芍药为芍药组的代表植物,野生分布区较广,园艺化早,品种丰富。芍药难于和其他种杂交。因此,目前芍药园艺品种,基本上仍为芍药系品种。但已有与其他种杂交成功的报道。如以芍药为母本,与大叶芍药、荷兰芍药、欧洲芍药(*P. decora*)、摩洛哥芍药(*P. coriacea*)、细叶芍药×黄花芍药的杂种第2代等已产生杂种植株或形成品种。日本有人用芍药的一个品种'花香殿'和黄牡丹的品种'金晃'及牡丹杂交,得到数个杂交植株。这些植株几乎都是草本的。只基部稍为木质化,成为组间杂种。

病虫害防治 为害芍药的病虫害主要有:①叶斑病(*Cladosporium paeoniae*)。叶上发生紫褐色圆形斑,病斑扩大,有轮状环纹。可摘除病叶烧毁,喷洒波尔多液或500倍代森锌防治。②褐斑病(*Cercospora variicolor*)。叶有暗褐色轮纹病斑。防治法同上。③锈病(*Cronartium flaccidum*)。叶上发生淡黄褐色小点,后扩大成橙黄色斑点,散出黄色粉末,叶背上丛生毛状体。枝、叶、芽、果皆可受害。可喷500倍代森锌,每15天1次,共喷3~4次。④白绢病(*Hypochnus centrifugus*)。根颈部发生白色菌丝缠绕的褐色菌核。夏季高温多雨季节发病严重。可在栽植前土壤消毒;拔除病株烧毁;发病前定期喷射50%多菌灵可湿性粉剂500倍液防治。⑤蛴螬,为金龟子幼虫,4~9月咬食芍药根。严重时可使枝叶枯萎。防治法:冬季深翻,杀死越冬幼虫;药剂处理土壤,每$100m^2$用5%辛硫磷颗粒剂150g,掺细土4kg,沟施。

园林应用 芍药是中国传统名花。品种众多,花大色艳,芳香四溢。适应性强,耐粗放管理,在中国北方可以露地越冬,是重要的宿根花卉。在中国古典园林中,与山石相配,相得益彰,点缀庭院,富丽生辉。各地多建立芍药专类园,常与牡丹园相结合,牡丹先开芍药继后,开花时节,万紫千红,争奇斗艳,蔚为壮观。也宜在林缘、草地边缘作自然式的丛植或群植,或用于花坛、花境、花台等。也可盆栽,切花栽培有广阔的前途。芍药根是重要的中药材。

同属植物见于栽培的种主要有:荷兰芍药(*P. officinalis* subsp. *officinalis*),茎坚挺,高40~60cm,花单生枝顶,红色至白色。染色体数2n=10,20。原产法国南部、意大利和希腊。宜高温多湿气候,园艺品种甚多。细叶芍药(*P. tenuifolia*),小叶裂片极细,花深红色。开花早。染色体数2n=10。原产特兰西瓦尼亚到高加索一带。大叶芍药(*P. macrophylla*),叶大,阔卵形,叶背有白色长毛;单花顶生,黄白色。染色体数2n=20。原产高加索西北部。黄花芍药(*P. mlokosewitschii*),叶脉和叶缘红色,花黄色。染色体数2n=10。原产高加索。

(秦魁杰)

《芍药谱》(*Treatises on Peonies*) 记述芍药的专著。据现知文献,著谱记述芍药,最早见于宋代熙宁六年(1073)刘攽《芍药谱》。他在该书序中云:"天下名花,洛阳牡丹、广陵(今扬州)芍药,为相侔埒。故因次序为谱三十一种,皆使画工图写,以示未尝见者使知之,其尝见者,因以吾言为信矣。"刘攽《芍药谱》不仅开创"皆使画工图写",著谱记述芍药品种,同时提出以外部形态(即花型)为依据,将芍药品种分为八种类型,即单叶、多叶、丝头、鞍子、髻子、缬子、冠子、楼子,为中国芍药品种分类奠定了初步基础。

宋代还有两种芍药谱问世。一是王观著《扬州芍药谱》,"观之谱如攽而益以'御衣黄'等八种",以观赏价值按序分等,共为谱三十九种。王观《扬州芍药谱》

是他于熙宁八年(1075)任江都知府时所作。该书详尽地总结了栽培经验,至今仍有参考价值。另一种是孔武仲著《芍药谱》,该谱著于元佑年间(1086～1094)为扬州学官时所作。该书序中写道:"扬州芍药名于天下,与洛阳牡丹俱贵于时。……,余官于扬,学讲习之暇,常栽而定之,盖可纪者三十有三种,乃具列其名,从而释之"。到了明代,包含有关记述芍药品种的著作,如《遵生八笺》、《群芳谱》等,其中记载的芍药品种,多抄录前谱。清代陈淏子著《花镜》中,记载芍药品种多达88种,并首次提出以花色为依据进行品种分类。这些都不是芍药的专著。 (韦金笙)

蛇鞭菊(blazing star;button snakeroot) *Liatris spicata*,别名舌根菊。菊科蛇鞭菊属多年生草本植物。染色体数 $2n=2x=20$。具地下块根,株高约1m。叶线形,株形呈锥状。头状花序排列呈密穗状,长约60cm,淡紫红色,花期7～8月。原产美国马萨诸塞州至佛罗里达州。耐寒,喜阳光,好疏松肥沃湿润土壤。播种或分株繁殖,春、秋季均可,但以3～4月为好。实生苗2年开花,栽培地宜选排水良好处。夏季适当培土,防倒伏。生长旺盛的株丛,每3～4年分株一次。宜与其他色彩的花卉配合,布置花径或植于篱旁、林缘,或呈自然式丛植,点缀山石背景。也是重要的切花。

同属植物约40种,见于栽培的有:胭红蛇鞭菊(*L. callilepis*),花胭脂红色;细叶蛇鞭菊(*L. graminifolia*),叶片稀疏,具白点,花紫红色,均原产美国。 (龙雅宜)

蛇莓(Indian strawberry) *Duchesnea indica*,蔷薇科蛇莓属多年生草本植物。染色体数 $2n=14$。根茎粗短,匍匐茎多数,全株具柔毛。叶有长柄,三出复叶,小叶近无柄,倒卵形或菱状长圆形,边缘具钝齿。花单生叶腋、黄色,花瓣矩圆形或倒卵形。花径1.4～1.6cm,花托在果期膨大,鲜红色,有光泽。瘦果矩圆状卵形,暗红色。花果期6～10月。分布于亚洲、欧洲、中美和南美洲,中国辽宁省以南各省区均有分布。喜温暖湿润环境,较耐阴,不耐涝,不择土壤,但在富含腐殖质、排水良好的土壤上生长良好。分株或播种繁殖。园林中常作半阴环境的开花地被植物。也用于林缘、假山、岩石园栽植。全株可药用。

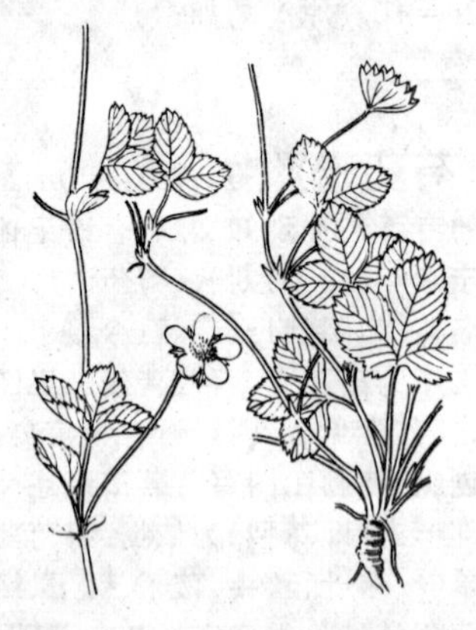

(胡叔良 王彩云)

蛇目菊(calliopsis) *Coreopsis tinctoria*,别名小波斯菊、金钱菊。菊科金鸡菊属一二年生草本植物。株高60～80cm,茎光滑,上部多分枝。基生叶2～3回羽状深裂。头状花序,花径2～4cm,有细长总柄,舌状花单轮,花瓣8、黄色,中部以下或基部红褐色;管状花紫褐色。原产北美洲,喜阳光充足,耐寒力强,不择土壤。3～4月播种,5～6月开花;6月播种,9月开花。中国华北地区9月播种,能在露地安全越冬。蛇目菊茎叶亮绿,花朵玲珑,用作花坛、路边的整齐形布置,也宜于坡地、草坪丛植或作地被。 (金 波)

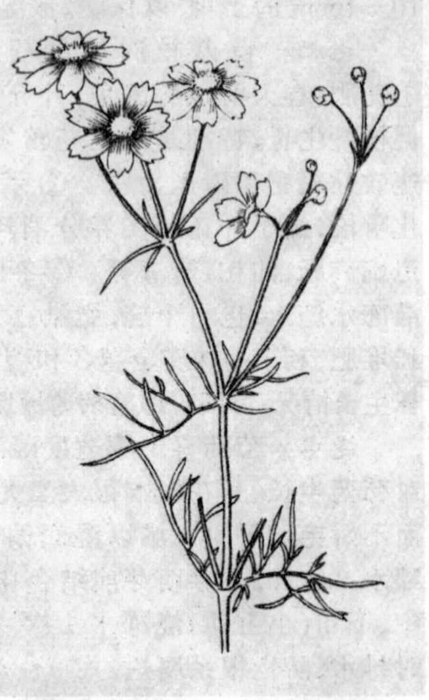

蛇眼菊(common sanvitalia;creeping zinnia) *Sanvitalia procumbens*,别名蛇纹菊。菊科蛇纹菊属一年生草本植物。株高15～20cm,多分枝,平卧或匐状。叶对生,卵状披针形、全缘。头状花序单生茎顶,舌状花鲜黄色,1～2轮,雌性;筒状花暗紫色,两性。花径2～2.5cm,花期夏至晚秋。主要品种有:'重瓣'蛇眼菊(cv. Gold Braid),株高约15cm,金黄色,中心棕色。'金毯'(cv. Gold Carpet),株高10cm,叶暗绿,花小、单瓣,橘黄至金黄色,中心黑色。'黄毯'(cv. Yellow Carpet),株高10cm,叶暗绿,花小、单瓣,柠檬黄色,中心黑色。原产墨西哥。蛇眼菊要求光照充足,喜富含腐殖质的疏松肥沃土壤。播种法繁殖。3～4月播种,7天左右发芽,5月底定植。栽培简易,花期长。适用于花坛、岩石园、亦可盆栽或垂吊观赏。 (张 燕)

射干(blackberry lily) *Belamcanda chinensis*,鸢尾科射干属宿根草本植物。染色体数 $2n=4x=32$。株高50～100cm,地下茎坚硬而短,叶剑形,扁平互生,被白粉。顶生伞房花序;花橙色至橘黄色,外轮花瓣长倒卵形,内轮花瓣稍小,皆具红色斑点。花径6～8cm,花期7～8月。变型有矮射干(*B. chinensis* var. *cruenta* f. *vulgaris*),株形较紧密,高约60cm。茎叶反转,

叶片较宽，花梗短，有叶片上具黄白色纵向条纹的品种及适于作切花的乳白、黄、红、橙红等品种。繁殖力较强。

原产中国、日本、朝鲜。植株强健，耐寒性强，喜干燥气候，对土壤要求不严，砂壤土上生长更佳。喜阳光充足，排水良好之地，多野生于山坡、石缝间。分株法繁殖为主，3～4月进行，也可进行播种繁殖，春秋均可。种子发芽力可保持两年。实生苗第3年才能开花。园林中常用作基础栽植，或作花坛、花境的配植材料。也可用作切花。根可入药。

（朱秀珍）

深波叶补血草（notchleaf sea-lavender）

Limonium sinuatum，蓝雪科补血草属多年生草本植物，常做一二年生栽培。株高60～90cm，全株被粗毛。叶基生，羽状中裂，边缘波状。花茎2叉状分枝、呈偏侧形伞房花序，小花序由3～5朵组成。花茎上有翼3～5列。萼膜质，呈蓝紫、黄、粉、白等色。花冠白至黄色、早落。花期5～6月。园艺品种极多。如：'早蓝'(cv. Early Blue)蓝紫色，早花；'金岸'(cv. Gold Coast)黄色、早花；'夜蓝'(cv. Midnight Blue)蓝紫色、晚花；'冰山'(cv. Iceberg)白色、中花；'玫光'(cv. Rose Light)肉色、中花等。原产地中海沿岸。喜阳光充足、排水良好的环境，忌水涝。暖地较难结实。适于花坛及切花栽培。在切花栽培中，常用低温处理种子及幼苗，以促成开花。在通风良好的干燥地区，花朵鲜艳，是良好干花花材。

同属植物约300种，广布于海滨、内陆盐湿地及沙丘上。宿根草本，少数种为一年生草本植物及灌木。中国约有17种，主产新疆、东北、华北、西北。该属染色体基数x=6,7,8,9。野生及栽培种还有：①补血草(*L. sinense*)，株高15～60cm。叶基生、倒卵状长圆形至披针形。花序伞房状或圆锥状，穗状花序，萼漏斗状，萼檐白色，花冠黄色。花期7～11月。中国沿海各省有分布，越南也有。②二色补血草(*L. bicolor*)，高20～50cm，全株无毛。叶基生，匙形至长圆状匙形。花序圆锥形，萼漏斗状，萼檐初时淡紫红、粉红，后变白。花期5～8月，产中国东北，黄河流域和江苏省北部，生于含盐钙质土及沙地。③曲枝补血草(*L. flexuosum*)，高4～35cm，茎基常残存红褐色芽鳞。叶基生，常早凋，花序圆锥状，花序轴常呈之字形曲折，下部分枝花朵多不育。萼檐金黄色，花冠橙黄色，花期6～8月。产中国东北、华北、西北各省，蒙古及俄罗斯也有分布。④耳叶补血草(*L. otolepis*)，花序圆锥状，萼檐白色，花冠淡蓝紫色。花期6～7月。产中国新疆北部和甘肃河西西部，阿富汗及俄罗斯也有分布。⑤珊瑚补血草(*L. coralloides*)，萼檐白色，花冠蓝紫色，花期7～8月。产新疆北部。⑥宽叶补血草(*L. latifolium*)，耐寒性强，呈圆锥状花序，萼白色，花冠蓝至紫色，花期6～8月。用于花坛及切花。分布罗马尼亚、保加利亚至俄罗斯南部。⑦非洲补血草(*L. perezii*)，半耐寒性亚灌木。圆锥式花序，萼蓝紫色，花冠白色。原产非洲加那利诸岛。⑧高加索补血草(*L. suworowii*)，半耐寒性一年生草本植物。花呈穗状，花冠粉红色。秋播者花期4～5月，春播者8～9月开花。原产高加索地区及伊朗。

（吴涤新）

肾叶天剑（seashore bind weed）

Calystegia soldanella，别名肾叶打碗花、滨旋花。旋花科打碗花属多年生蔓生草本植物。染色体数2n=2x=22。茎平卧。叶互生，肾状圆形，边缘浅波状，两面光滑。花单生叶腋，苞片2，卵圆形。花冠长3.5～5cm，边缘5浅裂，淡粉红色，具长梗。蒴果光滑，种子黑褐色。花期5～6月。分布于世界各国。生长于海滨砂土上，是盐碱土的指示植物。在自然状态下，肾叶天剑借海潮传播种子，繁衍后代。滨海地区园林，尤其是滨海风景名胜区、自然保护区、疗养区、休养所等处，可布置、栽种大片肾叶天剑群落，凭添一番野趣。

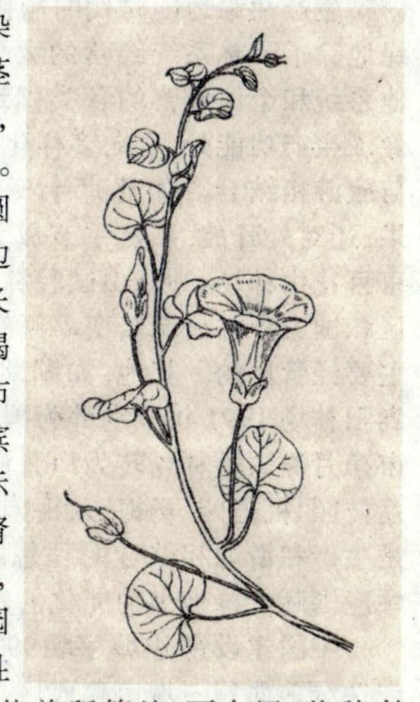

（王道惠）

生产性绿地（productive greening area）

以生产树木种苗、花卉、地被植物(含草坪植物)和果品等为主要目的的用地。它是城市绿地系统的组成部分，既为城市绿化建设提供物质基础，又为市民生活提供一些产品，同时对改善城市的环境和卫生条件等有一定作用。

生产性绿地在各城市中情况不尽相同。如杭州市1984年底的统计，园林绿地面积为725.4ha，其中生产性绿地有130.45ha，占18%，其中包括花圃、苗圃和果园，为杭州市提供了苗木、盆花、草花、水果和其他副产品，创造了较大的经济效益和社会效益。至于间接改善杭州的自然环境更是无法统计。有些生产性绿地是过渡性的，可以改建为公共绿地，有的公园、植物园就是由苗圃、花圃、药圃改造而来。也有纯属生产性的，或生产与游览相结合的方式。若按其生产的产品内容，可分为两大类：

第一类是生产园林绿化所需的花卉、种子、苗木、草皮等产品，直接为城市园林服务，有如下几种：①苗圃，主要繁殖和培育园林用的木本苗木。②花圃，主要栽培和生产花卉的圃地，综合经营的花圃常对外开放。③草圃，专门生产各类草皮和草种的圃地。

第二类是生产其他产品，如药材、木材、水果、茶叶、竹笋等。①林场，是以用材林生产木材，但成材之前改善环境为主要目的，兼有旅游、科普教育的作用，如北京市百花山林场、妙峰山实验林场。②药圃，是生产各类药材，兼有旅游和教育作用，如北京东北旺中国医学科学院药用植物园。③果园，生产各类水果，兼有旅游和科普教育作用，如杭州超山梅园。④茶园，以生产茶叶为主。

生产性绿地随时代的需要而变化。第一类生产性绿地除了园林系统经营的大型苗圃、花圃、草圃外，其他系统和个体经营的各类圃地正在迅速兴起；第二类除了生产功能外，也向多样化的经营方式扩展，特别是与旅游相结合。如北京十三陵的苹果园除了生产水果，还对外开放，果熟季节成为别具特色的旅游点；北京百花山林场、妙峰山试验林场也向游憩地、自然保护区和国家森林公园转变。原有的林场生产木材已不是主要经营目的。其他，如湖北省武汉市青龙山林场和嵩阳林场 1991 年分别辟为国家森林公园；吉林省长春市净月潭试验林场转为净月潭森林公园。此外，橘园、荔枝园、枇杷园、杨梅园、梅园、葡萄园、茶园、竹园等都是生产和游憩相结合的理想园地，这种转化和结合正顺应国际上绿地多功能化的趋势。

中国建设部建城字〔1993〕784 号文件中指出：生产性绿地面积占城市建成区总面积比率不低于 2%。

（包志毅）

生石花（living stones; flowering stones） *Lithops* spp.，番杏科生石花属所有种类的统称。染色体数 2n＝48。全株肉质，多年生草本植物。茎很短。肉质叶对生连结，形似倒圆锥体。有淡灰棕、蓝灰、灰绿、灰褐等颜色，顶部近卵圆，平或凸起，上有树枝状凹纹，半透明，可透过光线。花由顶部中间的一条小缝隙长出，黄或白色，一株通常只开 1 朵花（少有开 2～3 朵的），午后开放，傍晚闭合，可延续 4～6 天，花径 3～5cm。花后易结果实和种子。原产南非及西南非的干旱地区，多石砾，阳光充足，夏季砂砾表面温度可达 50℃ 以上，冬季温度 12～15℃。喜温暖、干燥及阳光充足，生长适温 20～24℃。忌积水。多用播种繁殖，宜春播。因种子细小，常和细沙土拌和撒播，覆土要薄，播后 10～20 天可出苗，盆土干时可用洇水法，使水从盆底慢慢洇湿盆土。苗期忌过度潮湿（尤以盛夏），以防腐烂。小苗生长过挤时，要及时分苗，分苗后 4～5 天不可浇水，以后盆土太干，也应采用洇灌的办法。夏季高温时休眠或半休眠，应稍遮荫并节制浇水，防止腐烂。冬季要求阳光充足，维持室温 13℃ 以上。宜排水良好的砂质土。由于主根很深，栽培宜用深筒盆。盆土表面可铺以小卵石，可增加观赏效果，又有降温作用。秋后要逐渐节制浇水，冬季更要控制水量，如室温达不到 13℃，尤需注意保持盆土干燥并多见阳光。生石花外形奇特，开花美丽，植株小巧秀气，宜室内盆栽观赏。

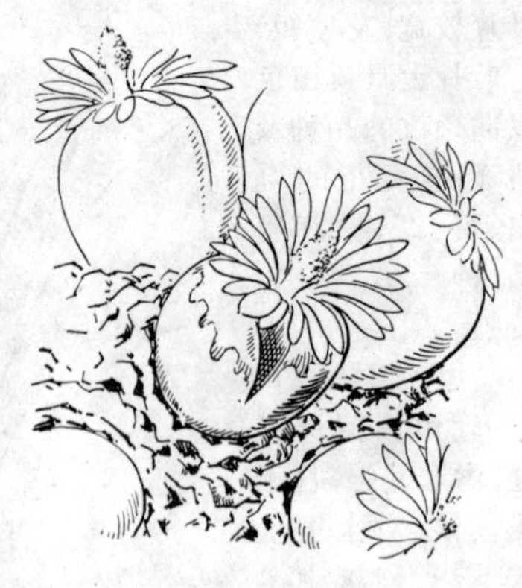

生石花全属有 70～80 种，还有很多园艺品种。

（徐民生）

生态园林（ecological landscaping） 着重从保护环境、维持生态平衡出发，遵循生态学的原理，建立城市园林绿地系统，在单体园林中科学地建设多层次、多结构、多功能的植物群落，以达到顺应自然，提高环境质量，有益于人们身心健康的园林绿化方案与措施。这样建成的园林绿地单体，也称作生态园林。生态环境恶化，是伴随城市和工业化进程加速而出现的世界性问题。保护生态，改善环境，拯救大自然，是全球性的重大任务，城市园林绿地系统是城市生态系统的重要组成部分。“树木就是生命，就是希望，就是美”，生态园林就是要以合理配植树木为主的人工植物群落为重点，并联合不同类型园林绿地，使之构成城市人工生态系统，为人们创造清洁、优美、文明、恬静的自然环境和游憩境域。

生态园林的主要特点 ①范围。生态园林的建设，大到参与国土绿化，小到城镇内“见缝插针（绿地）”，以达改善并提高城市环境质量为主要目标。②内容。要求以植物造景为主，融生态、保健、科学、文化、艺术为一体，为人们永续而综合地服务。③经济性。为社会直接提供各类园林产品，并通过提供服务而获得的各种经营收入，都是园林的直接经济收益。至于通过生态园林而产生的防护（生态）功能与环境效益，虽是无形的，但仍可用定性与定量评估与计算，并以货币数量反映其价值，称为间接经济效益。

建设的标准　①提高城市绿地率；②提高单位面积叶面积系数(即观赏植物叶面积总和/单位园林绿地面积)，此系数高者示绿化环境效益大；③提高景观质量；④改善城市生态系统的物质循环、能量流动和信息循环。

类型　根据不同地区的具体情况与要求，建设多样化、多功能、多效益的生态园林。其园林绿地系统、单体园林绿地特点及不同的人工植物群落和景点，因城镇而异，因环境而异，又因某些风格和要求而异。共性是突出园林绿化综合功能中的生态防护功能；在不同城市、生态系统、单体园林及人工群落中，又要各有其个性与重点。这就既可着重从提高城市环境质量、维持生态平衡上作突出贡献，又可建设有特色、多样化而重点突出的园林绿地系统与园林绿地，避免千篇一律。

园林绿化的效益是综合性的，包括环境效益、经济效益、社会效益。生态园林在园林的综合效益中，突出了环境效益，以在城市建立合理的生态系统为中心，成为以创造或恢复生态平衡，同时建设优美环境为目标的生态园林学。为了推行并发展生态园林，还要把现代科技多方引入园林绿化建设，加深研究，扩大实践，使之健康成长并发扬光大。近年出现的还有其他学派，如“城市森林”(urban forestry)是把城市森林植物群落纳入大片林地体系，进行系统规划、经营；“城市园艺”(urban hoticulture)则突出在城市与郊区大种有食用、药用或能源价值的园林植物于各类园林中，而“生态园林”也有其特色与重点，可与其他学派相互补充。

(程绪珂)

生长周期(growth periodicity of ornamental plants)　观赏植物或其器官从开始生长到生长结束的全过程，常称为植物生长的大周期。在生长大周期中植物不仅进行着干重和体积在量上不可逆增加的生长，同时也在发育。发育是植物体生理上的质变过程，它要在生长的基础上进行；而发育的阶段性又制约着生长。植物在生长大周期中经过如下几个时期：从种子萌发到根、茎、叶形成的幼苗期，这时生长缓慢；幼年期营养生长旺盛，生长速率不断增大，是同化无机物，积累有机物，植株急剧增长的时期；成熟期在整体上生长速率恒定，开始生殖生长，形成花芽，营养生长减弱，主要是花、果实、种子的生长；衰老期植物合成力减弱、消耗增加，生长速率下降，直至停止、死亡。以生长速率为纵座标，时间为横座标，可绘出植株或器官生长变化趋势的生长曲线，大体呈S形。

一年生植物生殖生长一开始，营养生长即结束，一生只有一个生长大周期。多年生植物，尤其是木本植物进入成熟期，营养生长与生殖生长并存，可继续多个到数千个年生长周期。木本植物每年在高生长之后，还有径向生长，这靠维管形成层的分生组织分裂与生长。由于春季生长快，导管与管胞直径大，形成较宽而色较浅的早材；夏、秋季生长慢，细胞直径小，形成窄而色深的晚材，每年的早材、晚材组成一个同心圆，叫年轮。通过年轮可推算出树木的大致年龄；从年轮的宽窄、偏正，可推测过去环境条件的变化：干旱、长期阴天、较重的病虫害都可导致年轮变窄；大丰收年或严重病虫害叶量损失大，一年中可形成两个年轮，但早材与晚材间界限期不明显，叫假年轮；年轮偏生说明树冠一侧受损或受其他树冠挤压形成偏冠，年轮即呈现偏环。

生长的周期性变化：植物的生长并不是连续不断地增加体积，实际上植物体或其器官的生长速率是随昼夜及季节而发生有规律的周期性变化。这种现象是由植物的遗传性形成的内在节律性及发育阶段性与环境条件所决定的。影响生长的主要环境因子是光的强弱和温度的高低，而植物体的内在节律性和植物所处的发育阶段对生长起着决定性的作用。昼夜周期性变化是植物或其器官的生长速率随昼夜而发生有规律的循环周期。一般夜间的生长速率远高于白天。这除自身节律性之外，白天的强烈日光是抑制生长的主导因子；高温引起的蒸腾加速，导致植物体失水，也是白天生长缓慢的主要原因。季节周期性变化主要是决定于植物体内部因子。如热带气候，季节性变化不大，但树木生长也有间歇现象；中国华北春旱，树木生长缓慢或暂停，但不休眠。秋季尽管水分、气温适宜，树木已停止生长，进入休眠状态。不同的植物有着不同的变化规律，是物种形成过程中环境条件与植物体长期相互作用形成的遗传特性，其生长的季节性与植物原产地的季节变化相吻合。如中国水仙在秋季气温降低时开始生长，冬季严寒生长缓慢，春季气温升高，雨量增加，进入旺盛生长，然后抽薹开花；夏季气温升高，植株生长缓慢，地上部枯黄，鳞茎进入休眠，生长点分生组织停止生长，进行花芽分化。球根花卉大体上具有与水仙类似的生长季周期变化。

(王　台　谭克辉　凌　靖)

省沽油(bumalda bladdernut)　*Staphylea bumalda*，省沽油科省沽油属落叶灌木。染色体数2n=2x=26。高3～5m。树皮紫红色，枝条开展，绿色至黄绿色或青白色。三出复叶对生，小叶卵圆形或椭圆形，长4.5～8cm；圆锥

花序顶生,花黄白色,有香味,花期5～6月;蒴果膀胱状,先端2裂,果期9～10月。产中国东北及河北、山东、山西、河南、湖北、安徽及浙江等省,朝鲜及日本也有分布。中性偏阴树种,喜湿润气候,要求肥沃而排水良好之土壤。播种繁殖,种子需低温层积3个月以上。本种叶、果均具观赏价值,适宜在林缘、路旁、角隅及池边种植。

同属植物栽培的还有膀膀果(*S. holocarpa*),小乔木,高达8m,顶生小叶柄长而有节,蒴果3棱形,产中国四川、湖北、河南、陕西及甘肃。变种红花膀膀果(var. *rosea*),花玫瑰红色,分布于中国四川、云南。

(包满珠)

省花(provincial flower)　被选用作一省表征的花卉(树木)。一些国家常用省花(或省树)作其最高地方级行政区域的代表或象征。在联邦制国家如美国,则称州花(或州树)〔state flower〕。设置省花的作用,在于激发地方人民热爱祖国和家乡,热爱自然、植物资源和园林绿化建设,增强凝聚力,调动积极性。

中国有少数省份确定了省花,如云南的云南山茶(*Camellia reticulata*)、安徽的黄山杜鹃花(*Rhododendron anhweiense*),等等。北京、上海、天津是直辖市,均已选定市花(也相当于省花)。北京市市花是月季和菊花,上海市为玉兰,天津市是月季。

美国对于州花格外重视,早在20世纪30年代以前,已早于国花而先后确定其各州州花。如亚拉巴马州为一枝黄花(*Solidago* spp.);加利福尼亚州为花菱草;特拉华州为桃花;佛罗里达州为甜橙;佐治亚州为金樱子;纽约州为蔷薇(*Rosa* sp.);俄亥俄州为香石竹;夏威夷州为扶桑;弗吉尼亚州为美国四照花(*Cornus florida*);阿拉斯加州为勿忘草(*Myosotis* sp.),等等。

(陈俊愉)

盛诚桂(Sheng Chenggui,1912～　)　中国园艺学家、植物引种专家。上海市松江县人。1936年毕业于金陵大学农学院园艺系。1945年赴美国康奈尔大学、马里兰大学进修,并在美国农业部工作。回国后历任中国乡村建设学院副教授、国立山东大学园艺系教授和南京中山陵园植物园主任等职。1949年中华人民共和国成立后,先后在金陵大学、南京农学院执教。1957年起相继担任南京中山植物园研究室主任、江苏植物研究所副所长和植物园主任,曾任江苏植物学会理事长、中国植物引种驯化协会副理事长。他是中国近代植物园事业的奠基人之一,长期致力于中国植物园的发展和植物种质资源保存工作,并在开展与世界植物园的学术交流方面做出了贡献。在园艺学和经济植物的引种驯化方面,有较深造诣。担任《中国植物引种驯化集刊》副主编和《中国植物红皮书——稀有濒危植物》编委。合著有《植物的驯服》(1979)、《植物的种质保存》(1983)等书,发表多篇学术论文。

(张宇和)

狮子尾(lion's ear)　*Leonotis leonurus*,别名狮子耳。唇形科狮子尾属多年生灌木状草本植物。株高0.7～1.5m,方茎,全株密被柔毛。单叶对生,披针形至倒披针形,具粗锯齿。花丛生于茎上部叶腋处,花萼黄绿色,花冠二唇,橙色或橙红色,其花序色、形如狮尾,花期10～12月。原产南非。喜温暖、湿润、阳光充足、排水良好的环境,较耐阴,不耐寒。扦插法繁殖。中国华北地区盆栽观赏,华南地区可栽植于花坛或作地被植物。

(张　燕)

施肥(fertilizing)　给植物补充营养的农业措施。

肥料类型及性质　一般分为有机肥和无机肥两大类。①有机肥是动植物残体或排泄物经腐熟而成。常见的有绿肥、人粪尿、饼肥、油渣、牛粪、鸡粪、猪粪、米糠、蹄片、羊角、鱼肥、血肥等。这些肥料中营养元素以有机化合物形式存在,种类繁多,营养丰富,释放缓慢而持久,并能改善土壤理化性质。大多数有机肥需经堆腐发酵后才能使用,否则会伤害植物根系。②无机肥中较常用的有硝酸铵、硫酸铵、尿素、磷酸二铵、硫酸钾、过磷酸钙等。无机肥料营养成分单一,释放快、持效短、使用方便、清洁卫生,但长期使用,尤其是单独使用,会使土壤板结。在生产中,现已广泛采用复合肥。另外,还有生物菌肥。它通过微生物如根瘤菌、固氮菌和菌根菌等施入土壤与植物根系建立良好的共生关系,从而增强植物吸收养分的能力。

施肥方法　①基肥:在植物栽植前或移栽过程中

将肥料施入土壤根系分布层的做法。采用肥料大多是缓效性有机肥如饼肥、堆肥、厩肥等。在观赏植物生产栽培中已大量使用无机化肥为基肥，且常与有机肥混合使用。基肥施入一般在整地时进行，将肥料翻于土壤一定深度；在大树移植或花卉移栽时，也常在栽植穴内施入定量肥料或肥土。②追肥：在植物生长过程中补充养分不足的措施，并有土壤追肥和根外追肥之分。土壤追肥可将肥料埋入土层，可采用环施、沟施、穴施等，也可将肥料以液态施入。根外追肥又叫叶面施肥，是将肥料以水溶液形式喷洒于植物地上部分，肥分通过植物体表面渗入组织，进而被吸收利用。追肥多用短效的无机肥，但对多年生花卉及观赏树木，也可追施有机肥。叶面追肥均用无机肥，常与喷灌结合进行。将灌溉与施肥结合进行，可省时省工。

施肥时期及施肥量　基肥一般在种苗繁育或栽植前施入，随整地作畦进行，也可在移植前施入种植穴。追肥一般在植物生长季施入，根据植物的生长发育阶段和物候期的不同，确定具体施入时期。

观赏植物施肥量因植物种类、肥料类型、栽培基质的不同而异。有些喜肥植物，如梓树、梧桐、牡丹、香石竹、一品红、菊花等需肥较多；有些是耐贫瘠植物，如刺槐、悬铃木、山杏、臭椿、凤梨、山茶、杜鹃花等，需肥较少。缓效有机肥可适当多施，速效无机肥应适度。如果栽培基质是有较高肥力的土壤，可少施肥；贫瘠土壤中，则应多施；无营养的基质则需施入完全肥料。要确定准确的施肥量，须经无土栽培试验或田间栽培试验，结合土壤营养分析和植物体营养分析，根据养分吸收量和肥料利用率来测算。具体计算方法是：

$$施肥量=\frac{元素植物吸收量-元素土壤供给量}{肥料利用率\times肥料含元素率}$$

如果是无土栽培，则上式可简化为：

$$施肥量=\frac{元素吸收量}{肥料利用率\times肥料含元素率}$$

例如，某一植物N素吸收量为0.4g，若用硫酸铵，则0.4g/0.2=2g。(20%为硫酸铵中N素含量)。再除以实际利用率20%，即2g/0.2=10g。此数为施硫酸铵之量。

在实际工作中，有机肥的元素含量及利用率较难测算，因而常采用薄肥多施的方法。而在无土栽培中则要求施肥量准确，以创造最佳生长条件。大型工厂化种苗生产中，施肥采用电脑控制，随地上及地下灌溉及时补充营养元素。而盆花栽培中也已采用商品复合肥，清洁方便。此外，还有进行气体施肥的如二氧化碳施肥等。　（包满珠）

蓍草（yarrow）

Achillea sibirica，菊科蓍草属多年生草本植物。株高40～100cm，根状茎短。茎直立，全株被柔毛。叶互生，条状披针形，基叶裂片抱茎，叶缘锯齿状或浅裂。头状花序，径约2.5cm，于茎顶伞房状着生。花白或粉红色，花期6～8月。瘦果宽扁，倒披针形。原产东亚、西伯利亚及日本。中国华北、东北和华东部分地区有分布。较耐寒，日照充足及半阴处皆可正常生长。不择土壤，但在排水好、富含有机质及石灰质砂壤土上生长良好。春秋均可分株，也可在春天播种繁殖。条播，7天左右出苗。用于花境、花丛、岩石园、切花等。同属200种，广布于北温带。中国产10种。常见栽培的有：齿叶蓍草（*A. acuminata*），多年生草本，叶缘具细锯齿，头状花序排成疏伞房状，总苞半球形，舌状花大。银毛蓍草（*A. ageratifolia*），茎高10～20cm，叶被银色柔毛；花白色，花期7月。原产希腊。适用于岩石园。香叶蓍草（*A. ageratum*），又名常春蓍草，株高50～100cm，叶长椭圆形至阔披针形，常簇生，有腺点具芳香，头状花黄色，密集呈伞房状簇生。夏季开花。原产南欧。用于花境或作切花。凤尾蓍草（*A. filipendulina*），高100cm，茎具纵沟及腺点，有香气。羽状复叶，椭圆披针形。头状花序鲜黄色，伞房状着生，花期6～9月。原产高加索。较耐寒。适花境、切花、疏林地被种植。　（王彩云）

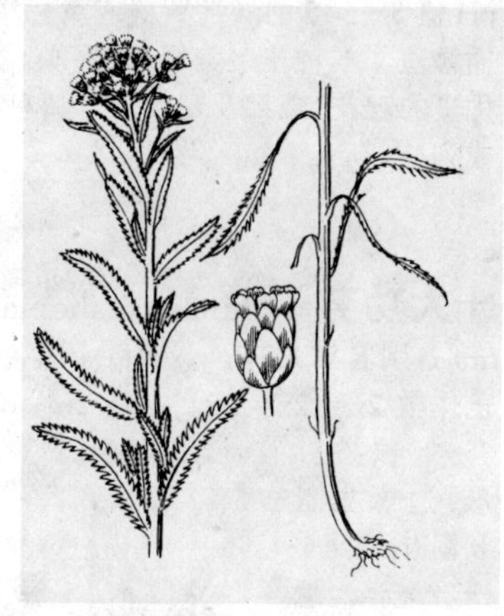

十齿花（Chinese dipentodon）

Dipentodon sinicus，卫矛科十萼花属落叶小乔木，国家二级保护植物。高达13m，胸径达33cm。小枝具纵棱；叶互生，长椭圆形至披针形，长4～13cm，缘有小锯齿；圆球状伞形聚伞花序腋生，花小，白色，萼片和花瓣各5枚，排列紧密如一轮，形状相似，花期4～5月；蒴果圆锥状卵圆形，基部有10个齿状宿存花被片，果期9～10月。产中国西藏、云南、贵州和广西，印度和缅甸也有分布。喜光，耐一定的荫蔽，喜温暖湿润气候及

pH值5～5.5的酸性黄壤或黄棕壤。播种或用嫩枝扦插繁殖。本种花序美观，果序典雅，秋季叶色变红，是优良的观花、观果及观秋色叶树种，适于在庭园中孤植或列植。

（王才明）

十大功劳（Chinese mahonia） *Mahonia fortunei*，别名猫儿刺。小檗科十大功劳属常绿灌木。染色体数2n=2x=28。高达2m。奇数羽状复叶，小叶3～9，狭披针形，边缘具针状锯齿，表面平滑有光泽。总状花序腋生，花黄色，花期8～10月。浆果卵形，蓝黑色，外被白粉。12月成熟。产中国西藏、湖北和浙江等地，多生山谷林下或灌丛中，长江流域各地有栽培。喜温暖湿润气候，耐寒，也耐阴。酸性、中性土均能生长，但须排水良好。萌蘖力强。繁殖以分株为主，也可扦插和播种。虫害主要有枯夜蛾和大蓑蛾等。十大功劳枝叶苍劲，黄花成簇，是花篱的好材料；也可丛植、孤植观赏。

同属中见于栽培观赏的还有：阔叶十大功劳（*M. bealei*），小叶7～15，卵形，边缘反卷，每边有2～8刺状锯齿，产中国陕西、河南、安徽、浙江、江西、福建、湖北、湖南和四川。华南十大功劳（*M. japonica*），小叶11～17，每边有2～6粗大刺状齿，产中国广东、浙江等地，日本也有。

（贺贤育）

石斑木（Hongkong raphiolepis） *Raphiolepis indica*，蔷薇科石斑木属常绿灌木或小乔木。染色体数2n=2x=34。高4m，树冠近球形。单叶互生，卵形或长圆形，长2～8cm，多集生枝端，先端渐尖、急尖或圆钝形；顶生圆锥花序，花瓣白色或淡红色，花径1.0～1.3cm，花期4月；梨果球形，径约0.5cm，8～9月成熟时紫黑色。产中国安徽、江西、浙江、福建、台湾、广东、广西、湖南、云南、贵州、四川等地；日本、越南也有分布。喜光，略耐阴，要求温暖湿润的气候，耐干旱瘠薄，但以在深厚肥沃的微酸性砂壤土上生长较好。主要用播种繁殖，也可于夏季的雨季行扦插繁殖。石斑木枝叶茂密，花、果均具观赏价值，适宜在园林绿地中栽植。根入药，果可食。

（陈耀华）

石笔木（showy tutcheria） *Tutcheria championii*（*T. spectabilis*），别名榻捷花、石胆。山茶科石笔木属常绿小乔木。高达9m，树皮灰褐色。叶互生，椭圆形，长8～17cm，边缘有浅锯齿。花单生枝顶，淡黄色至白色，径5～7cm；花期6月。蒴果球形，密生金黄色绒毛。产于中国云南、四川、广西、湖南、广东、浙江和台湾等地；印度、缅甸、不丹和越南也有。喜温暖湿润环境，常生于海拔500m左右的山谷、溪边常绿阔叶林中。播种和扦插繁殖。本种树冠椭圆形，多分枝，花色清丽，略有芳香，可于庭园中孤植或丛植观赏。

（黄广宾）

石海椒（common yellowflax） *Reinwardtia trigyna*，别名黄亚麻、迎春柳。亚麻科石海椒属常绿小灌木。染色体数2n=20，22。高达1m，小枝绿色。单叶互生，椭圆形或倒卵状椭圆形，长2～6cm，全缘或有极细齿。花1至数朵生叶腋及枝顶，黄色，径约2.5cm。蒴果球形，花果期夏季。播种及分株繁殖。产中国四川、云南、贵州、湖北等地。喜生于低海拔石灰性土壤中，不耐寒。常见于人工堆砌的墙垣、保坎、台阶含石灰的砌缝中，生长良好。宜用于岩石园及人造各类立壁缝隙中，是立体绿化的好材料。茎、叶可入药。

（熊济华）

石碱花（soapwort；bouncing bet） *Saponaria officinalis*，别名肥皂草。石竹科肥皂草属多年生草本植物。染色体数2n=2x=28。株高30～90cm。根状茎细，横生。茎直立。叶对生，椭圆状披针形或长圆

形，边缘粗糙。聚伞状圆锥花序，花梗短，萼筒圆形，花冠淡粉色或白色，径约 2.5cm，花期 7～9 月。蒴果长圆状卵形，种子肾形、黑色。变种有重瓣石碱花(var. *pleno*)、红岩生石碱花(var. *rubra campacta*)。原产欧洲及西亚，中国北方有栽培。植株强健、耐寒、耐热。对土壤和其他环境条件要求不严。根状茎蔓延，常产生大量萌蘖苗。可用播种或分株法繁殖。石碱花适用于花径、花境，布置野生花卉园，路边、林缘及篱旁丛植，也可作地被植物。

（王月新）

石栎 (tan oak)

Lithocarpus glabra，别名椆木、柯。壳斗科石栎属常绿乔木。染色体数 2n＝24。高达 17m。树皮灰褐色、平滑。一年生枝有灰黄色绒毛。单叶互生，叶片倒卵状长椭圆形或椭圆形，长 6～14cm，全缘或顶端有 2～4 个小齿。花单性，常雌雄同序，柔荑花序，直立，壳斗碟形或碗形，外壁小苞片呈鳞片状。坚果长椭圆形，直径约 1cm，被白粉，果脐凹下，翌年 9～10 月果熟。产中国湖北、湖南、浙江、江西、福建、广东、广西、台湾。日本也有分布。喜温暖气候，较耐阴；喜深厚、湿润、肥沃土壤，也较耐干旱、瘠薄。萌芽力强。播种繁殖。石栎枝叶繁茂、终冬不落，宜作庭荫树于草坪中孤植、丛植，或在山坡上成片种植，也可作为其他花灌木的背景树。

（任宪威）

石栗 (candlenut; candle tree)

Aleurites moluccana，别名烛果树。大戟科石栗属常绿乔木。染色体数 2n＝22, 44。高达 15m，树皮黑灰色。幼枝密被锈色星状毛；叶互生，卵形，长 10～20cm，全缘或 3～7 浅裂，正面深绿色，有光泽，背面淡绿色；圆锥花序顶生，长 10～15cm，花小，白色，单性同株，花期 3～4 月；核果肉质，近球形，黄色，果期 9～11 月。产中国广东、海南、广西及云南等地，泰国、越南、马来西亚、印度及美国也有分布。热带地区广泛栽培。喜阳光充足、土壤湿润肥沃，不耐寒。萌芽力强。播种繁殖。采种后除去果肉，沙藏至翌年春播。病虫害较少。树冠宽广，生长迅速，但抗风力弱，枝条易被风折。华南地区多作庭园树栽植；也可用作行道树。种子可榨油供工业用。

（肖　嘉　黄智明）

石榴 (pomegranate)

Punica granatum，别名安石榴、若榴、丹若、金罂。石榴科石榴属落叶灌木或小乔木。染色体数 2n＝16, 18。石榴原产伊朗、阿富汗等中亚地区，栽培历史在四五千年以上。约在公元前 2 世纪传入中国，根据帛书《杂疗方》中有关石榴的记载，证明在张骞出使西域之前，中国已有石榴栽培。1 世纪末张衡撰写的《南都赋》中也有石榴的记载。

石榴高达 7m，树冠多不整齐。幼枝常呈四棱形，

枝端多为刺状。叶对生或簇生，矩圆形或倒卵形。花 1 朵至数朵生于枝顶或叶腋；花萼钟形，红色，顶端 5～7 裂；花瓣倒卵形，稍高出花萼裂片，通常红色；花期 5 月。浆果近球形，红色或黄色，果皮厚，顶端有宿存花萼；种子多数，具肉质外种皮，9～10 月果熟。石榴分花石榴和果石榴两大类：①花石榴。观花兼观果，常见栽培的有'月季'石榴(cv. Nana)，树形矮小，叶条状披针形，花单瓣，红色；'重瓣'月季石榴(cv. Plena)，花重

瓣,红色;'重瓣'红石榴(cv. Pleniflora),花重瓣,鲜红色;'白石榴'(cv. Albescens),花单瓣,白色;'重瓣白'石榴(cv. Maltiplex),花重瓣,白色;'黄石榴'(cv. Flavescens),花较大,单瓣,淡黄色;'玛瑙'石榴(cv. Legrellei),花重瓣,有红色及黄白色条纹。②果石榴。以食用为主,也可作观赏,花单瓣,中国有近 70 个品种。

中国除寒带外,南北各地均有栽培;地中海沿岸各地、印度及美国等也有栽培。喜阳光充足及温暖气候,叶芽萌动期要求温度在 10℃以上,生长期有效积温在 3000℃以上,冬季休眠期温度不得低于 -18℃。对土壤要求不严,在酸性土、碱性土上都能生长,但以肥沃而排水良好的砂壤土或壤土为宜;耐干旱瘠薄,不耐涝。播种、分株、压条、嫁接及扦插繁殖,但以扦插繁殖应用最广。主要病虫害有早期落叶病、果干腐病、枝干煤烟病和刺蛾、大袋蛾、豹纹木蠹蛾、桃蛀螟等。石榴初春新叶红嫩,入夏花繁似锦,仲秋硕果高挂,深冬铁干虬枝,被誉为"天下之奇树,九洲之名果"。宜在庭际、阶前、墙隅、山坡及草地一隅种植;也适合盆栽或制作盆景。对二氧化碳等有毒气体抗性较强,耐瘠薄,还适于工矿区及干旱地带栽植。石榴果实形色并美,甘酸相和,堪称百果之珍;果皮可作染料;根皮、果皮、花瓣、叶片皆可入药。

(尤传楷)

石楠(photinia) *Photinia serrulata*,别名石南、枫药、千年红。蔷薇科石楠属常绿灌木或小乔木。染色体数 2n=2x=34。原产中国,栽培历史达 2000 年以上。1804 年传至美国。树高 4~6(12)m,枝灰褐色。叶革质,长椭圆至倒卵状椭圆形,长 7~22cm,先端尾尖,缘疏生具腺细锯齿,近基部全缘。复伞房花序顶生,小花径 6~8mm,花白色,花期 4~5 月。果实球形,红色,后呈褐紫色,果期 10 月。产中国秦岭以南各地;日本、菲律宾、印度尼西亚有分布。常生于海拔 1000~2500m 杂木林中。喜温暖湿润及阳光充足的环境,能耐短期 -15℃低温,也较耐阴,要求土层深厚、肥沃、排水良好砂质土壤,也耐干旱瘠薄,不耐水湿。萌芽力强,耐修剪。播种为主,果实成熟后采收,净种后沙藏,翌年春播;扦插宜选当年生半成熟枝作插穗。春季移植,宜带土球,剪除部分枝叶,除作绿篱或整形种植,一般无需修剪。

石楠树冠球形,枝叶浓密。春季新叶鲜红,入夏有白花秋冬又现红果红叶,为美丽观赏树种。适孤植、丛植或作基础种植。

同属植物可栽培观赏的还有:①椤木石楠(*P. davidsoniae*),又称椤木、刺凿。常绿乔木,高达 15m。叶长圆至倒披针形,花和果较小,花期 5 月。②光叶石楠(*P. glabra*),常绿小乔木,高 7m。叶椭圆形至长圆状倒卵形,较小,果实成熟时初红后黑。③倒卵叶石楠(*P. lasiogyna*),小乔木。叶倒卵形或倒披针形,叶柄较长,花较大,径约 1~1.5cm。④毛叶石楠(*P. villosa*),落叶小乔木,高 5m;花白色,果红色。

(鲁涤非)

石蒜(red spider lily) *Lycoris radiata*,别名龙爪花、蟑螂花。石蒜科石蒜属多年生草本植物。染色体数 2n=3x=33。地下具被膜鳞茎,椭圆状球形至球形,皮膜褐色,径 2~4cm。叶基生,线形,晚秋叶自鳞茎抽出,至春枯萎。入秋抽出花茎,高 30~60cm,顶生伞形花序,着花 5~7 朵,鲜红色具白色边缘。8 月底开花,花被 6 裂,瓣片狭倒披针形,长约 3.5cm,宽约 0.5cm,边缘皱缩、反卷。花被片基部合生呈短管状,长约 0.5~0.7cm。花径 6~7cm。本种为三倍体,不结籽。有白花品种。广泛分布于中国华东、华中及西南诸省的山地、河岸阴湿处及草丛中。耐高温多湿,耐寒性不强。喜轻松肥沃、排水良好的土壤。抗性强,几无病虫害。分生小鳞茎繁殖,3 年开花。用于林间地被、缀花草地、阴湿处花境,并为良好的切花。

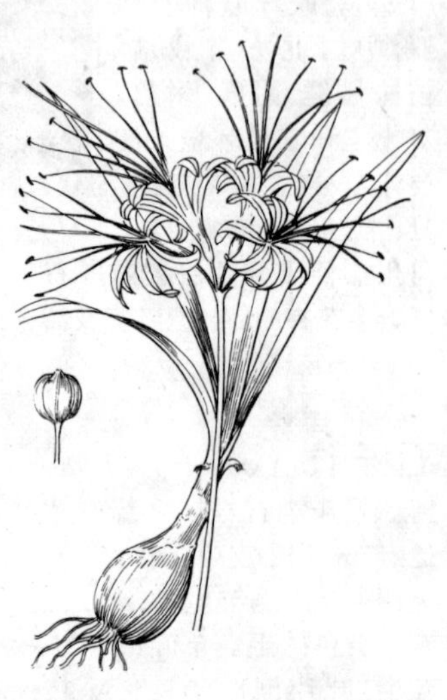

同属植物 20 种,多原产中国,为美丽的球根花卉,各种之间在叶色、叶形、荣枯期、花期、花形、花色、株态等方面,都有丰富的变化,可设立石蒜类专类园。忽地笑(*L. aurea*),别名铁色箭。染色体数 2n=12~15。鳞茎宽卵形。叶带形。花径约 10cm,鲜黄至橘黄色。花期 9~10 月。分布于中国福建及中南、西南等山地、林缘阴湿处。中国石蒜(*L. chinensis*),染色体数 2n=16。花色明黄,花径 8~12cm。花期 7~8 月。分布于中国江苏南部、浙江及河南等地山野阴湿处。长筒石蒜(*L. longituba*),染色体数 2n=16。鳞茎径 4cm。花白色,稍具红纹。花径约 11cm。花期 7~8 月。分布于中国江苏南部山坡。换锦花(*L. sprengeri*),鳞茎椭圆状球形,直径 4cm 或更小。花色淡玫红,瓣端带蓝色。有白色变种。花期 8 月。产于中国江苏南部、上海及皖浙等地山坡与海岛。鹿葱(*L. squamigera*),别名夏水仙。染色体数 2n=26,28。鳞茎大,球形,径 4~5cm。花淡红紫色,芳香。花期 8 月。分布于中国山东、江苏、浙江及安徽等地的山沟、水边阴湿处。夏

水仙(*L. sanguinea*),鳞茎卵圆形,径约2.5cm。花暗红色,具芳香。花期7~8月。原产日本。

(郑 恭)

石竹(Chinese pink;rainbow pink) *Dianthus chinensis*,别名中国石竹、洛阳石竹。石竹科石竹属二年生或短命多年生草本植物。株高30~50cm,茎直立、绿色、有节,上部有分枝。叶对生,条形或线状披针形,先端渐尖,基部抱茎。花单朵或数朵簇生于茎顶,形成聚伞花序,有白、粉、红、紫等色,花径2~3cm,微具香气。花萼筒圆形,先端5浅裂,花瓣5,先端锯齿状。花期4~5月,果期6~7月,蒴果长圆形,种子稍扁,黑色。原产中国,分布很广,常作为一二年生植物栽培。石竹耐寒,也耐旱,怕热,忌水涝,喜阳光充足、高燥、通风及凉爽气候,要求肥沃、疏松、排水良好及含石灰质壤土。

播种、扦插或分株繁殖均可。9月播种于露地苗床,最适发芽温度为21~22℃,播后5天即可出芽,苗期生长最适温度为10~20℃。也可于9月露地直播或11~12月冷室盆播,翌年4月定植于露地。扦插可在10月至翌春3月进行,将5~6cm长的插条插于沙床,生根后定植。4月份分株。生长期间,每20~30天追施肥水一次,并进行适当摘心,促其分枝,使开花繁茂。夏季注意排水,9月份以后加强肥水管理,于10月初再次开花。可用调节播种期等手段,使其四季开花。石竹类种间容易杂交,采种母株需隔离。石竹株型低矮,茎秆似竹,花朵繁密,色彩丰富、鲜艳,是布置花坛、花境的重要材料,也用于岩石园和草坪边缘点缀。既可以盆栽供室内观赏,也可以较大面积地栽,形成地被,还可以作切花。全草可入药。

同属植物约300种,常见栽培的还有:杂种石竹(奥尔沃德石竹)(*D. allwoodii*),为园艺杂种,由香石竹(*D. caryophyllus*)与常夏石竹(*D. plumarius*)杂交而成。株高20~40cm,粗壮、直立、多分枝,叶片挺立,花有粉红、紫等色,具芳香。高山石竹(*D. alpinus*),松散丛生状,高10~15cm,茎光滑,花有深红、粉、白等色,径约2.5cm,花瓣较宽,具细齿,基部有深紫色斑。产于欧洲阿尔卑斯。须苞石竹(*D. barbatus*),别名美国石竹、五彩石竹、十样锦等,二年生草本,株高50~70cm。叶对生,线形至广披针形,具明显平行叶脉。节膨大,花小而多,聚集成扁平的聚伞花序,苞片须状。花色红、玫瑰红、粉、白、紫等深浅不一,单色或环纹状复色。花期5~7月,果期7~8月。原产欧洲和亚洲,栽培范围很广。锦团石竹(*D. chinensis* var. *heddewigii*),别名繁花石竹,株高20~30cm,茎叶被白粉,呈蓝绿色。花径5~6cm,色彩丰富艳丽,有重瓣品种。少女石竹(*D. deltoides*)多年生草本,株高20~30cm,茎匍匐生长,有分枝,且粗糙被毛。叶小而短、色暗,花单生茎顶,有白、粉、淡紫等色,上具斑点,花瓣有尖齿,花径约2cm。原产英国和日本。适作地被植物。石竹梅(*D. latifolius*),株高15~45cm,茎有分枝,叶稍宽,为长椭圆状披针形,色稍浅。花较小,径约2cm,红色或紫红色。常夏石竹(*D. plumarius*),多年生草本,植株丛生,株高15~30cm,茎、叶较其他种类为细,全株被白粉。叶片狭长,先端尖,缘具细齿。花色为玫瑰红、粉红,有环纹或中心色较深,具香气,花径2.5~4cm,花期6月。原产奥地利至西伯利亚一带。瞿麦(*D. superbus*),多年生草本,株高30~50cm,茎直立、粗壮,节部膨大。单叶对生,线形至线状披针形,基部具短鞘围抱节上,全缘。单花或成对生于茎顶,或数朵集生,呈稀疏圆锥花序,花径3.5~5cm,花瓣为羽状深裂,花色淡紫、粉、白等,花期5~6月,芳香。原产欧洲和亚洲,中国秦岭有野生。全草可入药。

(费砚良)

石梓(Chinese bushbeech) *Gmelina chinensis*,马鞭草科石梓属乔木。高约12m。树皮粗糙,小枝粗壮。叶对生,卵形或卵状椭圆形,长5~15cm。聚伞花序组成圆锥花序;顶生;花冠漏斗状,径2~3cm,白色或稍带粉红色;花期4~5月。核果倒卵形,果期8月。产中国广东、广西、海南及云南等地。喜温暖湿润气候。播种繁殖。树形优美,花、叶均有观赏价值,适于华南地区庭园栽植观赏。 (包满珠)

食虫植物(carnivorous plants; insectivorous plants) 具有特殊构造的营养器官(如筒状叶、腺毛或囊),能引诱、捕捉并消化吸收小动物作为补充营养的绿色植物。多生于较贫瘠地,氮素营养不足,须摄取动物营养加以补充。部分种类对刺激反应灵敏,能迅速将来访的猎物捕捉;另一些种类只能引诱小动物进入特殊构造的陷阱中。

食虫植物种类繁多,有40多科300多种。因其构造和功能奇特,引起了人们的兴趣。一些植物园和公园、花园多辟专类温室栽培,供研究和观赏之用。常见栽培的如:猪笼草(*Nepenthes mirabilis*),猪笼草科猪笼草属多年生草本植物,互生叶分为二部分,上半部为普通绿叶,下半部叶端有筒状小笼。小笼颜色、斑纹、形状和大小有较大差异,笼内能分泌粘液和气味,引诱小动物进入笼内而不能复出，直至被消化吸收。原产亚洲、非洲、大洋洲热带地区，喜高温、高湿，光线充足。扦插或播种繁殖。捕蝇草（*Dionaea muscipula*），茅膏菜科多年生草本植物，莲座状叶基生，叶片近圆形，分成两半，边缘有长刺毛，中间有3根敏感的刺毛。当昆虫触动叶片时，叶片迅速闭合，将昆虫夹住，直至死亡并将其消化。原产北美东南部，喜凉爽、高湿。播种、分株或叶插繁殖。（吴应祥）

莳萝（dill） *Anethum raveolens*，别名土茴香。伞形科莳萝属一二年生草本植物。染色体数 $2n=2x=10$。嫩茎直立，轮生叶，3回羽状全裂，裂片线形。花色淡黄，无花被，伞形花序，果实椭圆扁平状。原产地中海沿岸。喜水分适中、光照好及肥沃土壤。播种法繁殖，适时浇水、追肥、中耕、除草。株高30cm即可采收，叶具芳香，叶与果实均含莳萝精油，维生素C含量丰富，嫩叶可食，果实有健脾功效。园林中可作短期地被应用。（朱秀珍）

矢车菊（cornflower；bachelors-button） *Centaurea cyanus*，别名芙蓉菊、荔枝菊。菊科矢车菊属一年生草本植物。染色体数 $2n=2x=24$。株高30～90cm，茎直立细长多分枝。叶互生，基生叶倒卵状披针形，全缘或具2～4裂片，叶长15cm，茎生叶线状披针形。头状花序单生，花径4cm左右，淡蓝、鲜红、紫红、白或淡红色。瓣缘7～9裂，缘花成放射状排列。总苞片头尖，长椭圆形或椭圆状线形。园艺品种色彩艳丽，分高性品种和矮性品种两大品系。矮性种株高30cm，花径小。原产欧洲东南部，较耐寒，喜阳光，不耐酷热和阴湿，要求排水良好的肥沃疏松土壤。直根性，宜春、秋直播繁殖，可自播繁衍。8℃条件下，播后10天发芽。秋播苗用风障越冬，株行距20cm×30cm。生长期适当施肥灌水，花期4～8月。高性种植株挺拔，花梗长，适于作切花，也可作花坛、花径材料。矮性种可用于花坛、草地镶边或盆花观赏。

同属植物约500种，常见栽培观赏的还有：美洲矢车菊（*C. americana*），一年生草本植物，全株无毛，花径7.5～12.5cm，肉红色或带紫色，花瓣长约2.5cm，花期6～8月，有白花变种，原产北美。香矢车菊（*C. moschata*），一年生草本植物。株高约80cm，花径约5cm，缘花大而细，有黄、白、淡红、紫等色，具香气，花期6月，原产伊朗。山矢车菊（*C. montana*），有匍匐茎，一般不分枝，有翼，被绿色绵毛。叶幼时银白色。花径8cm左右，花色为深蓝紫色，有紫、蓝、白、粉、淡紫等色品种，总苞片有黑色缘毛。花期5～6月。原产欧洲、小亚细亚，耐寒性强。软毛矢车菊（*C. dealbata*），多年生草本植物，茎直立，基生叶羽状，被有白色茸毛，花色红或深红色，花期5～6月。原产小亚细亚、伊朗。大花矢车菊（*C. macrocephala*），多年生草本植物，染色体数 $2n=2x=18$，株高40～90cm，茎直立不分枝。叶互生，椭圆形或卵状圆锥形。花径7.5～10cm，金黄色，花期6～7月。原产高加索山地、亚美尼亚亚高山草原。（周维燕）

使君子（rangoon-creeper） *Quisqualis indica*，别名留求子。使君子科使君子属落叶藤木。染色体数 $2n=24, 22, 26$。嫩枝有黄褐色短柔毛；叶对生，矩圆形或椭圆形，长6～13cm；穗状花序顶生，下垂，花两性，花瓣5，有香气，初开时白色后变红色，夏秋开花；果橄榄核状，有5～7棱，黑褐色。产中国湖南、江西、福建、台湾、广东、广西、云南及四川等地，马来西亚、菲律宾、印度及缅甸也有。喜温暖、怕霜冻，适生于向阳、避风、湿润及排水良好的环境。对土壤要求不严。直根性，不耐移植。播种繁殖为主，也可扦插、分株和压条。播种宜沙藏种子，翌春播种，播前用40～45℃温水浸种1～1.5天。使君子花期长，花芳香艳丽，是棚架栽植的好材料。种子为驱虫药。（李泽维）

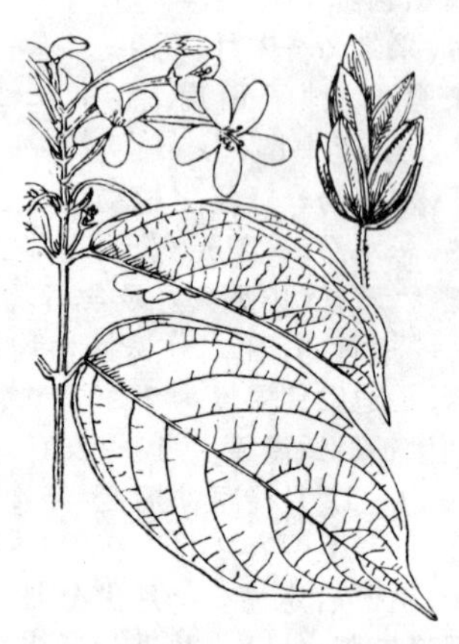

市花（city flower） 被选为一个城市代表或象征的1种或几种花卉（树木）。这对于鼓舞当地人民爱国、爱乡，保护自然资源、开展可持续发展建设，以及繁荣花卉、绿化事业和发扬精神文明，都可产生很大作用。

世界上很多城市选定了市花。中国自1982年开始评选市花以来，至今已有100多个城市通过群众评选和市人民代表大会审议，选定了市花〔见书末附录3：中国部分城市市花（树）名称及其学名一览表〕。1986年10月、1988年10月两年分别在深圳、北京举办第一、第二两届全国城市市花展览，对巩固并促进全国市花评选乃至推动园林花卉建设，都产生了良好的效果。

自1982年以来，中国在市花选评中取得了显著成绩。这主要表现在以下几方面：①激发了广大人民群众爱祖国、爱家乡的热情，在中国历史上首次掀起了以鲜花代表城市的巨大热潮，对全国以及地方上加强精神文明建设，弘扬民族文化，产生了广泛而深远的影响。②促进人们热爱名花，珍惜并爱护野生花卉种质资源。③鼓舞了全国人民投身于祖国和城乡园林绿化建设和爱花、种花、赏花、用花，以及逐渐变花卉资源优势为商品优势的激情。④各地经过市花（树）的评选，也带动了花卉园艺科学研究、科学普及与良种、良法等的推广。

在市花评选工作中，已发现的问题，主要有下列数端：①在已选中之市花中，名花多，野花少。②平时宣传教育、科普工作做的不够，以致在市花候选对象上存在着一定的局限性，一些城市的市花，相互重复。③有的市花虽已选出，却在种名（变种、品种）上不够确切，或出现集中群众意见不够等。今后可适当扩大评选对象，把市花（树）置于该市基调或骨干树种（植物）的位置。必要时，也可进行增补或改选工作。并扩大宣传，大力促进市花（树）在各地广泛应用。 （陈俊愉）

柿（persimmon） *Diospyros kaki*，别名朱果。柿树科柿属落叶乔木。染色体数 2n = 90。根据《诗经》记载，中国柿树的栽培历史当在3000年以上。

树高达15m，树冠呈半圆形或圆头形。树皮暗灰色，呈方块状开裂。叶互生，椭圆状卵形或倒卵形，长6～18cm。雌雄异株或同株，雌花单生叶腋，雄花成腋生短聚伞花序；花冠钟状，肉质，黄白色；花期5～6月。浆果卵圆形或扁球形，径3.5～8cm，橙黄色或鲜黄色；果期9～11月。柿栽培品种约在800个以上，可分为涩柿和甜柿两大类。

原产中国，主要分布于北纬40°线以南，甘肃武山、天水至四川峨嵋山、大凉山、雅砻江和云南沅江一线以东，以山东、河北、河南、陕西、山西为主要栽培区。欧洲、美洲、非洲及亚洲其他地区也有栽培。喜光，喜温暖气候，也耐寒，年均温在9℃以上，极端最低温不低于-20℃的地区，均可生长。较喜湿润，不择土壤，但以土层深厚，排水良好的中性或微酸性壤土或粘壤土为宜。深根性，寿命长。一般10年生进入结果期，300年生的古树仍能结果。优良品种多用嫁接法繁殖。砧木北方多用君迁子，南方多用油柿或实生柿。柿树根含单宁物质，不易愈合，起苗时要少伤根。病虫害有柿棉蚧（*Acanthococcus kaki*）、柿蒂虫、柿星尺蠖及柿圆斑病、柿角斑病等。

树姿优美，入秋叶红果艳，是观叶、观果俱佳的果树兼园林观赏树种，适宜在公园、庭园孤植或成片种植，以增添金秋景色。果可食用。

同属植物常见栽培的有乌柿（*D. cathayensis*）、小叶柿（*D. mollifolia*）、君迁子（*D. lotus*）、浙江柿（*D. glaucifolia*）、老鸦柿（*D. rhombifolia*）及瓶兰花（*D. armata*）等种。 （郭生桢）

室内观叶植物（foliage plants） 能适应室内环境条件，较长时间在室内栽植而以观叶为主的室内观赏植物。观叶植物大多以叶之形、色、斑纹取胜，但有些种类花朵也很美丽，可谓观叶赏花兼而有之。观叶植物大多原产热带、亚热带地区，部分种类产于温带。由于各地气候差异很大，而不同的观叶植物对温度、光照、土壤等条件的要求也各不相同，在栽培技术上，以尽可能创造条件接近其原产地的自然生境为原则，生长温度宜保持15～21℃为适；培养土宜用壤土加入不同比例的泥炭、砂子；浇水应视季节及生长情况而变化；空气相对湿度宜保持50%以上。室内栽培观叶植物可用人工光照以弥补阳光不足，但灯光不宜离植株太近。繁殖多用分株、扦插及压条等法。

常见的观叶植物有：广东万年青、南洋杉、秋海棠属、龙血树属、榕树属、露兜树、豆瓣绿属、朱蕉、花叶万年青、喜林芋属、花叶芋、变叶木、黄金葛、合果芋属、美洲苣苔属、蜂斗草属、霍蔓利属等。 （徐民生）

室内植物（house plants） 能适应室内环境条件，可较长期栽植或陈设于室内的观赏植物。多原产于热带、亚热带地区，有观叶、观花、观果等类，而以观叶为主，系多种室内绿化装饰的主体材料。

室内植物通常包括：①观叶植物。②仙人掌类及多浆植物。③观赏整体株形的植物（如龙血树属、南洋杉属、罗汉松属、大门冬属、橡皮树属、散尾葵、软叶刺葵、棕竹及蕨类植物等）。④藤本及蔓生植物（如常春藤属、白粉藤属、球兰属、紫露草属、吊竹梅属及吊兰属等）。⑤小型盆花（如非洲紫罗兰、玻璃翠、天竺葵、君子兰、朱顶红、仙客来、四季秋海棠及中国兰等）。此外，还有柑橘类、矮生石榴及矮生香蕉等。

选择室内植物时，要考虑植物材料的大小、习性及其与室内环境的配合等。在高大厅堂中，可选用能适应弱光照环境的橡皮树、散尾葵、棕榈等为主体，配以耐阴的观叶植物。倘若室内阴暗，则宜选极耐阴的种类，如棕竹、蜘蛛抱蛋、广东万年青、绿萝、龙血树、朱蕉、合果芋、虎尾兰、冷水花、喜林芋等。

（徐民生）

蜀葵(hollyhock)　*Alcea rosea*,别名大蜀葵、一丈红、熟季花。锦葵科蜀葵属多年生草本植物。茎直立挺拔,株高2~3m,茎叶均生短柔毛。叶大、互生,叶片粗糙微皱缩、心脏形,具长柄,5~7浅裂。花大,单生于叶腋或着生枝条顶部,总状花序,花径8~12cm;小苞片6~9枚,阔披针形,基部联合,附着于萼筒外。萼片5枚,卵状披针形。花期6~8月,花色绚丽,有粉红、红、紫、墨紫、白、黄、水红及乳黄等。蒴果盘状,种子肾形、有翅,秋季成熟,每克约80粒,发芽力可保持4年。蜀葵的主要花型有三:堆盘型,外部有一轮大花瓣,中间聚集许多小花瓣;重瓣型,花瓣多枚,列成多层;单瓣型,植株高不足2m,花单瓣。近数十年来,国外已培育出极大型半重瓣品种,也有当年播种当年开花的品种。蜀葵原产中国及亚洲各地,因在四川发现最早,故名蜀葵。至今新疆仍有野生。喜光、不耐阴,地下部耐寒,在中国华北地区可露地越冬。不择土壤,但以疏松肥沃的土壤生长良好。

通常用播种繁殖,也可进行分株和扦插繁殖。8、9月种子成熟,采收后即可播种,次年开花;也可春播,但当年不易开花。露地播种或花盆中播种均可。露地播种,应选择阳光充足,土壤排水良好的地块作苗床。播种后覆土0.5cm,稍加镇压,然后浇透水,7天后出苗。幼苗长出2~3片真叶时,应移植一次,加大株行距。移植时,将幼苗的直根剪去一部分,促生侧根。入冬稍加覆盖(稻草或树叶)防寒,翌春出芽时即可定植于花坛。若盆播,盆底部应加粗砂,再装入含素砂的壤土,浇透水后即可播种。小面积种植蜀葵,可直接点播,幼苗出土后,适当拔除弱苗。每年早春老根发出新芽时,应及时浇透水。分株繁殖在春季进行,将多年生蜀葵的丛生根挖出,切割成小丛,每丛带2~3个芽,直接栽入花坛或花盆。扦插法仅用于繁殖某些优良品种。蜀葵栽植后适时浇水,在开花前,结合中耕除草施追肥1~2次。植株一般4年更新一次。还可用断根的方法控制株高。

蜀葵易受卷叶虫、蚜虫、红蜘蛛为害,老株及干旱天气易生锈病。

蜀葵花色丰富,花大而重瓣性强,植株高大,宜在沿墙、路旁、坡脚、水边种植,列植、丛植均可。也作花境的背景材料。蜀葵全株可入药,花瓣可提取食用色素。

同属植物60种以上,东半球约有15种,除常见品种外,还有药用蜀葵(*A. officinalis*)。　(杨忠英)

鼠李(Dahurian buckthorn)　*Rhamnus davurica*,别名老鸹眼、臭李子。鼠李科鼠李属落叶灌木或小乔木。染色体数2n=24。高达10m,胸径达30cm,小乔木者树冠多呈伞形。干皮灰褐色,环状剥裂;小枝灰色,光滑,叶近对生,卵状椭圆形、矩圆状椭圆形、椭圆形或倒卵状披针形,长3~12cm;花单性或杂性,3~5朵生于叶腋,黄绿色,花期5~6月;核果近球形,黑紫色,果期9~10月。产中国华北、东北及河南等地,朝鲜、蒙古、俄罗斯及日本也有。喜光,稍耐阴;适应性强,耐寒、耐旱、耐瘠薄。繁殖以播种为主,也可扦插。

分枝致密,叶色浓绿,入秋黑果累累,适植于林缘、路边或作下层树木,颇具野趣。

同属植物常见者还有:锐齿鼠李(*R. arguta*)、冻绿(*R. utilis*)、圆叶鼠李(*R. globosa*)、小叶鼠李(*R. parvifolia*)和长叶冻绿(*R. crenata*)等。　(董保华)

鼠尾掌(rattail cactus)　*Aporocactus flagelliformis*,别名金纽。仙人掌科鼠尾掌属多浆植物。变态茎细长而匍匐,在原产地长达2m,具气生根。茎粗1.5~2cm,幼茎色绿,以后变灰。具浅棱10~14。刺座小,排列紧密。辐射刺10~20,针形,新刺红色,后变黄或褐色。花期4~5月,花粉红色,两侧对称,昼开夜闭,可持续7天或更长。浆果球形、红色。原产墨西哥,生长在林中的岩石或大树上,悬垂着生在温暖、潮湿、空气湿度较大的条件下,土壤含腐殖质较多,排水透气良好。扦插繁殖,但常用较高的仙人掌作砧木进行嫁接,以便养成悬垂株形,种在吊盆中。土壤要求排水透气良好,富含腐殖质,可用腐叶土、砂及壤土等量配合。喜阳光充足,夏季除充分浇水外,还可经常喷水。冬季盆土也要保持适当潮润,不要完全干透。鼠尾掌易受红蜘蛛危害,夏季要特别注意通风良好,最好放到室外,并适当遮荫降温,使植株健壮,不罹虫害。

易于栽培,为良好的室内花卉,适于家庭盆栽布置窗台,也可作悬吊栽培。

同属植物约5种,见于栽培的还有:细蛇鼠尾掌(*A. leptophis*),茎粗1cm,具棱7~8,刺10~15,刺毛状,花红色。康氏鼠尾掌(*A. conzatii*),茎粗1~2.5cm,具棱8~10,刺15~20,浅褐色,长1cm以上,花砖红色。鞭形鼠尾掌(*A. flagriformis*),与鼠尾掌很相似,区别之处在于本种茎较粗,棱数较少,仅7~10,花暗红色。　(徐民生)

树干雕饰(bark carving)　在树木盆景制作中,为增强树干的老态并富自然野趣,对树干表面进行人工雕琢或其他处理的技术措施。常用方法有雕刻、撬皮、朽蚀、贴木等。

雕刻法　用刻刀、凿子、钻子等工具,在树干表面作仿自然形态的沟、槽、孔、洞造型(图1)。雕刻形状要自然,避免规则造作。雕刻时,要照顾到木质纹理的特点。在定型修剪中留下的较大锯口或剪口,可用刻刀雕刻成自然状疤节。雕刻后用砂纸磨光,覆盖苔藓等,

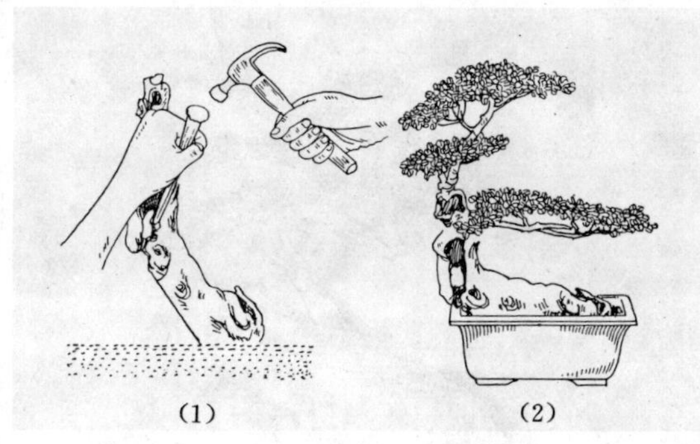

图 1 树干雕刻示意

不留斧凿痕迹。

撬皮法 是促进枝干自然老化的方法。用小刀在枝干皮层处轻轻撬动，使树皮与木质部分离，然后将木屑、粗砂等放入缝中，经 2～3 年，枝干表面即呈现粗糙老态。

朽蚀法 常用方法有两种：一种用刀剥去树桩部分树皮，并切割木质部，然后在割口涂上饴糖，引诱蚂蚁啃食作窠，久之，树干形成许多洞孔，形态自然；另一种用硫酸等强腐蚀性药剂处理割口，利用药物的腐蚀作用来作枝干造型，待形态造型基本形成后，用碱水洗净，以防止继续腐蚀。

贴木法 用一枯桩(或老根)(图 2)，在背面适当部位刻一竖沟，沟宽与将要嵌进去的树干相吻合，然后

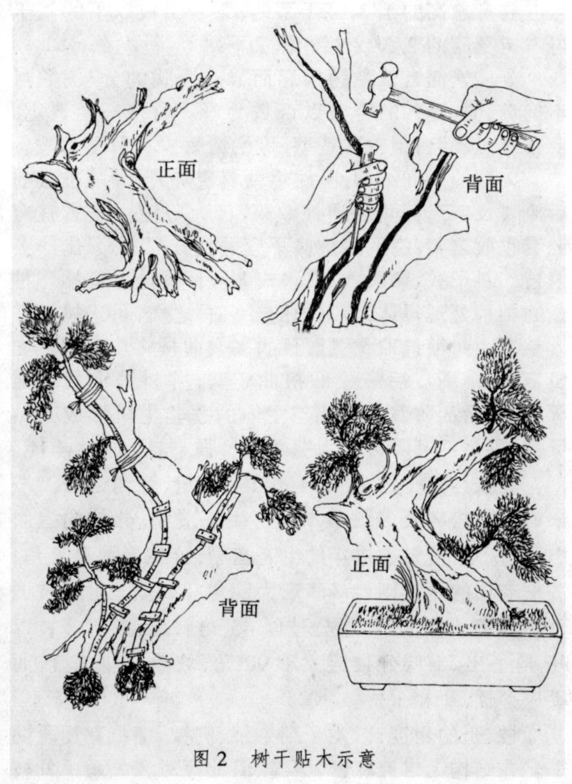

图 2 树干贴木示意

将一棵主干形态欠佳或幼年树苗的树干嵌入沟中，用棕丝绑扎固定，外面涂以湿泥、苔藓。1～3 年后，小树干紧嵌在枯桩的深沟中，两者一体，宛若天生。这种方法制作的盆景苏州称“靠贴式”。苏州的菊花古桩盆景，北京黄土岗的“劈柴梅”，也用此法制作。

(邵 忠)

树木外科手术 (tree surgery)

对树体(枝、干、根等)的损伤进行修补、加固的技术措施，又称树体保护。以伤后处理为主，目的在于治愈创伤，恢复树势，防止早衰。这对于古树、名木的保护和意外损伤的修复，尤关重要。

伤口处理 树体受人、畜伤害或受雷击、日灼、冷冻、风折后，若不加处理，受伤部位易致腐烂并形成空洞。皮部受伤处可先刮净腐朽部分，再用利刀将健全皮层边缘切成弧形；对折伤的大枝，则从折断部位锯断、削平，用硫酸铜液或石灰硫磺合剂原液消毒，然后敷以紫胶、沥青、树木涂料、液体接蜡、熟桐油或沥青漆等保护剂。在新切伤口，要涂上 0.01%～0.1% α-萘乙酸膏，促其加速愈合。伤口处理一次往往是不够的。要进行定期检查，一年内重复处理 1～2 次，才能获取满意的效果。

人工植皮和桥接 对伤面较小的枝干，可于生长季节内移植同种新鲜树皮。事先对旧伤处清理，移植时要求大小吻合。对好压平后，涂以 10% 萘乙酸，再用塑料薄膜扎紧。对于皮部受伤面积很大的枝干，可于春季萌芽前实行桥接，借以沟通上下，恢复树势。用同种树的一年生枝嵌接。两头嵌入两端切口，或利用伤口下方徒长枝，将其接于伤面上端，然后用小钉固定，再用接蜡和塑料薄膜扎紧。

树洞处理 大树，尤其是古树名木，树干形成空洞后，既降低全树负载能力，又影响美观，还能招致意外，应及时处理。先将腐烂部分彻底清除，刮去坏死组织，用药剂消毒，并涂以防水剂。然后可根据具体情况，采取不同方法予以处理。①开放法。对空洞不深的树洞适用。可改变一下洞形，以利排水即可。也可在洞的最下端插入导水铜管，经常检查防水层和排水情况。每半年左右重涂防腐剂一次，直至伤口完全愈合为止。②封闭法。对较窄树洞，即在洞口表面覆以金属薄片，待其愈合后嵌入树体。也可钉上板条，并用油灰线麻刀灰封闭，再涂以白灰乳胶及颜料粉。③填充法。空洞大而深时，要用砖石、土块或沥青、木块混合物加以填充，或全用混凝土亦可。可从底部开始，分层填入，层间并用油毡隔开，以利排水。填充物的纵向表面不应超过木质部，以使形成层能在其上形成愈伤组织。

支撑加固 当树木发生倾斜、雪压后粗枝下垂或枝干轻度折伤时，应进行支撑加固。对于劈裂枝，要先清除裂口杂物，再将劈裂枝条顶住或吊起。立柱或支

架材料，可用钢管、木材、钢筋混凝土制成。上端与树干承接处，用适当形状之托杆或托碗，并加上软垫，避免树皮损伤。此外，还可为保持两株倾斜树木的固定距离而采用刚性水平支撑。

刮树皮　其目的在于减少老皮对树干加粗生长的不良影响，并可清除在皮缝中越冬的病虫。但对刮皮后易出现流胶的树木，不要采用。刮树皮多于休眠季节进行，冬季严寒地区可延至萌芽前。刮皮时要掌握好深度，将粗裂老皮刮掉即可，切勿伤及绿皮或以下部位。刮后应立即涂以保护剂。

树木外科手术是一种科学，也是一种艺术。手术的基础是树木的生理规律，要在顺应自然的前提下找到经济、适用的副作用小或几无副作用的办法，并力争外表美观，修补得天衣无缝。北京北海公园、故宫园林等处做了不少钻研和试验，在树木外科手术上有所创新，科学性与经济、美观等方面，均有改进。

（许野屏）

树桩盆景制作（dwarf-tree Penjing making）以树木为主体材料的盆景创作过程。通常以老树桩形态的树木盆景为主，也包括基部不具备老桩形态的树木盆景的制作。

材料和工具　弹簧剪，用于粗枝剪截。尖嘴剪，用于细枝和扎缚物的剪截。手锯，用于粗枝锯截。钳子，包括老虎钳、尖咀钳，用于切断绕扎树枝的金属丝。圆凿、小锤子，用于树干的雕琢、修饰。扁凿、小刀，用于粗枝作弯开刀。铅丝、铝线或铜线，用于绕扎树枝。棕丝，作吊扎树枝用。麻皮或胶布，裹缠树枝弯部。细孔喷咀的壶。钢丝筛子，包括大、中、小孔三种，筛土备用。小铲、竹签，分别用于上盆、翻盆时铲土、插土。

制作时间　根据树种习性有别。松类粗枝需锯截开刀等大幅度整形，应在晚秋至早春进行，至迟不应晚于新芽萌动前。零星修整则不择季节。柏类枝韧耐扎，生长期都可整形、摘心。杂木类的嫩枝绕扎，可在当年新梢半木质化期间进行。而全面、精细的修枝整形应在落叶后进行，因此时视线清晰，有利于剪口准确定位。日常养护性修剪除不宜在高温期外，一般生长期可随时进行。

制作步骤　应先主干，后分枝，再结顶，最后理根并修饰盆面。

从山野掘取的桩坯，主干轮廓已定，加工主要是以剪截、雕琢等手法完善其面貌。伤口及掌节应模仿自然伤残加以雕琢、修饰。主干的“白化”处理（见图），可增强苍老魅力，方法是：选取较偏侧的某一局部，循其固有纹理划定线条走向、范围，操利刀平整地剥去皮层，但必须保留2～3条上下相通的皮层（俗称吸水线，内有输导系统），分布于左右及背后，形成扭势绕过正面，盘旋上升。经数月，以砂纸打光、涂以石硫合剂。

“白化”处理效果示意图

用未成年的盆栽树加工，培大后效果尤佳。

人工繁育的树种，5～6年生的小树便可扭扎定其基本态势。扭曲弯度宜重左右，而兼顾前后方的视觉效果。直干造型宜直中寓曲。制作曲干，其跨度应大体逐渐收缩，但其中仍有机动变化。桩景的整体结构，内含起、承、转、结，即根基起势，主干为承，分枝进退为转，顶梢为结。四步环环紧扣，一气贯通。杂木类小树的主干，可用截干留枝，以侧代正的剪截法造型；松柏类小树的主干则必须以扭扎法定型。

分枝的布局定位：矮壮型的，第一出枝以下的基干应占树身总高的1/3；高干型的，第一出枝以下的基干可占树身高的2/3或3/5，忌上下对等。

分枝繁简常依主题构思而异。繁式的分枝、数目不拘奇、偶；简式的分枝以奇数为好。留枝一经选定，余枝即应删除；但首次造型，可酌情暂少量留预备枝。

分枝的空间结构，除注重两翼定势外，并需推敲前后掩映及各个侧角的透视效果，彼此呼应。左右宜有进退收放之美，空间的虚实不应等量分配，忌只出一旁偏枝。斜干式、顺风式、临水式尤应留意此中弊端。桩景的枯梢处理得体，有书画的“飞白”之美，可于树桩旺盛易剥的时期选取位置醒目的多余曲枝将皮全剥。如属直枝，则剥皮后应立即扭曲定势，并将梢尖加以雕琢，并再涂剂防腐。以此与主体的蓬勃生机形成荣枯反衬，可烘托其随自然力摧残而自强不息的求生本能。

分枝与主干的夹角，有锐角、直角、钝角之分。按未成年的松树及多数杂木树的生态造型，分枝向上斜出，呈锐角；按松类成年的生态造型，分枝平展呈直角；古松老柏的垂枝则大多表现为钝角。如拟三种分枝展角并存于一体，其顶层分枝以45°角斜出，中层分枝以90°角平出，下层分枝应大于90°角，坡势逐步过渡，而不应穿插，交相干扰。

枝、干的粗度，以主干到主枝、侧枝、细枝宜逐段缩小。在结构上讲究疏密、藏露、借让等对应关系。分枝线条要体现“一波三折”的流动感和“鸡爪”、“鹿角”等饶有画意的转折角度，以体现有节奏的音乐感和书法用笔的韵律美。其意态可刚柔、动静结合。刚柔关系可依作者个性有所侧重，不可偏废。

结顶是桩景的眉目，灵动与否，关系全局。其法式大体有平顶式、圆顶式、犄斜式、露顶式和疏淡、散放的“鼠尾”式。主体宜稳，而顶梢宜稍带前倾。顶枝节段宜紧密，过长枝应予缩剪或删去，而以就近侧枝代正，扭扎收尾。

露根的调节历来受到重视，南宋王十朋撰写的《岩松记》即已提到“根衔拳石”，清代沈三白在《浮生六记》中也说过“根无形，便成插树”。露根形态有人字形、个字形、众字形、茹根、气根等等，要繁而不乱，简而有劲；卧根露脊，如潜蛟出岫。与树冠态势对应，讲求力学平衡。如遇偏根、反绕根、交搭根，应借衬石、拼栽、补根或结合翻盆加以调整克服。表土中的纤细乱根、均应剔除。露根之美，可通过剔土、换盆提根、加套培土等方法促成。

盆口“地貌”处理，可从树蔸周围至盆边形成坡面，略有起伏。苔藓覆盖也宜自高而低有一两个层次，有对比色。并可点缀衬石、小草，以示山林野趣。

制作中，主干细脚，蜂腰鹤膝以及车轮枝、挑担枝、并行枝、重叠枝、顶心枝、切干枝、交叉、反向枝、顶脊枝、下出枝、内侧枝、徒长枝等，都应删去或加以调整。

（潘仲连）

数量遗传学（quantitative genetics） 研究生物群体数量性状遗传变异规律的遗传学分支学科。数量性状在观赏植物中广泛存在，它表现为由小到大，由少到多的连续变异，在变异中，中间程度的较多，两极端的较少，其频率常趋于正态分布。数量性状受环境影响，即相同基因型在不同水肥条件或不同栽培管理条件下，表现型相差较大；它受微效多基因控制，其遗传效应不能用个体的表型数值表示，而要用群体的平均值表示。

研究简史 早在1760年，德国学者克尔罗特(J. G. Kolreuter)报道了烟草高品种与矮品种之间的杂交结果：F_1 植株的高矮介于两亲本之间，F_2 植株的高矮呈现连续变异。1916年伊斯特(E. East)公布了他所做的有关烟草花冠长度的研究，F_1 代花冠长度介于二亲本之间，其平均值在每边的扩展幅度也基本一致；F_2 花冠长度的平均值虽也与 F_1 类似，但向两边有更大的扩展幅度。在1920年前后英国统计学和遗传学家费希尔(R. A. Fisher)、美国遗传学家赖特(S. Wright)等进一步说明多基因对连续变异的作用，奠定了数量遗传学的理论基础。1949年，马瑟(K. Mathen)阐明了生物统计遗传学的原理和方法，以后随着概率论、线性代数、多元统计和随机过程等的逐步应用，使非等位基因间互作、基因型和环境互作的研究以及试验方法的设计等方面，都有了很大进展。

遗传规律 数量性状是一个群体内的各个体间表现为连续变异的性状，如植株的高矮、花径大小、花的重瓣性和切花产量等。数量性状遗传的多基因学说认为：数量性状的遗传受许多微效多基因控制，每个基因对性状的影响都是微弱的、等效的，等位基因间通常不存在显隐性关系，控制同一数量性状的基因的作用是累加的。这些微效基因和主基因一样，存在于染色体上，遵从孟德尔的分离、重组和连锁互换规律，只是单个基因的影响较小，常被整个基因型或环境的影响所掩盖。根据多基因学说，当某数量性状由 n 对独立基因控制时，那么 F_2 的表现型频率分布可用二项式 $(\frac{1}{2}R+\frac{1}{2}r)^{2n}$ 的展开式各项系数表示。

数量性状与质量性状的区分不是绝对的，有些性状既表现质的差别，又体现量的积累，如花色属质量性状，但表现颜色深浅的不同，又呈现数量性状的特征。同样，给数量性状划分一个阈值，也会出现质量性状的遗传特征。

数量性状的多基因系统包含多种多样的基因结构。即使在主基因和多基因系统成员之间，也有以下关系：①同一基因结构既扮演主基因角色，又作为多基因系统的一员，起微效基因作用。如白车轴草，两种独立的显性基因互作，引起叶片上的斑点的形成，和正常叶片有质的不同；同时，这两个显性基因的不同剂量，又影响叶片的数目，形成数量差异。②同一基因结构在不同时刻起不同基因（主基因或微效基因）的作用。③两种不同的基因结构，一种起主基因效应，另一种起微效基因作用。在多基因和主基因之间，还可存在连锁关系，如菜豆中控制种子颜色的主基因与控制种子大小的微效基因连锁，又如豌豆中控制花色的主基因和控制花期的微效基因连锁等。

研究方法 用生物统计的方法对群体的数量性状进行随机抽样测量，计算出平均数、方差等，并进行数学分析。根据约翰森(W. L. Johansen)的研究，数量性状的表型值 P 为基因型值 G 和环境值 E 之和。基因型值又由基因的加性效应值 A，显性效应值 D 和非等位基因间的上位性效应值 I 组成。这样，表现型方差 V_P 为遗传型方差 V_G 与环境方差 V_E 之和，遗传型方差为加性方差 V_A、显性方差 V_D 与上位性方差 V_I 之和，用下式表示：

$$V_P = V_G + V_E = V_A + V_D + V_I + V_E$$

上式说明，表现型是基因型和环境共同作用的产物，基因型或环境的变异都可导致性状的变异。在若干基因中，任何一个基因的改变都可能导致性状的变异，变异可由主基因、微效基因或者两者综合作用产生。

一个性状可由多个基因控制，一个基因也可影响多个性状。如藏报春(*Primula sinensis*)影响花冠筒口周围色斑大小有4个等位基因，其中一个基因能缩短花柱，使长雌蕊花变成雌雄蕊同长的花。

基因的加性作用（包括累加作用和积加作用）能把性状固定地传递给后代；非加性作用包括显性、部分显性、超显性和上位性作用，随着基因纯合程度的提高而不断减少以致消失，如黄花烟草的株高有显性效应，开花期存在互作效应，拟南芥和可疑罂粟的开花期存在基因型和环境互作的影响。

遗传力　是亲代传递其遗传特性给后代的能力，可作杂种后代选择的一个指标。广义遗传力（h^2B）以遗传型方差占表现型方差的比值（$h^2B = V_C/V_P$）表示，狭义遗传力（h^2N）以加性方差占表现型方差的比值（$h^2N = V_A/V_P$）表示。一些观赏植物的遗传力见表1。

表1　一部分观赏植物性状的遗传力

名　称	性　状	遗传力（h^2B）	备　注
菊　花	开花天数（短日）	0.71	Langton 等，1984
菊　花	开花天数（短日）	0.430～0.83	De Jong, 1984
菊　花	开花天数（短日）	0.57～0.90	Langton, 1981
菊　花	每株花朵数	0.44～0.81	De Jong, 1984
菊　花	最大叶片数（长日）	0.51～0.95	Langton , 1981
菊　花	最大叶片数（长日）	0.83	Langton 等，1984
菊　花	叶分化比率	0.45	Langton
菊　花	节间长	0.67	Langton
菊　花	开花速度	0.73	Langton
非洲菊	每株茎的数目	0.60～0.70	Horn, 1974
非洲菊	切花产量	0.15～0.16	Harding 等，1981
非洲菊	切花产量	0.61	Maurer 等，1967
非洲菊	切花产量	0.30	Borghi 等，1970
香石竹	抗尖镰孢霉性	0.42～0.63	Schiva 等，1985
香石竹	抗尖镰孢霉性	（h^2N）0.37	Schiva

遗传力是一个相对数值，亲本材料、环境条件、群体大小和估算方法等都会影响遗传力的估算值。如菊花4个品种中，cv. Pollyanne 常抑制其他3个品种生长，而 cv. Hurricane 常促进其他品种生长，cv. Pollynne 和 cv. Hurricane 混合种植时，cv. Pollyanne 占很大优势，而单独种植时，两者花瓣相似，从而使遗传力估算值发生偏差，影响选择效果。环境条件（如温度、光照）对植物的生长发育影响较大，如菊花的叶分化最适温度为22℃；18℃时开花迅速，高于18℃时花芽分化率降低。切花月季的产量与光照的关系很大，增加光照可以大大提高产量。为便于选择基因型，最好使生长环境条件标准化。不同试验设计方法也会影响遗传力的估算，如有人测定香石竹对病原抗性的遗传力，采用了3种不同的试验设计方法，结果都不相同。另外，估算方法不同也会得到不同的结果。

遗传力在选育新品种上有重要意义，如果 h^2B 和 h^2N 都高，表明该性状受环境影响小，主要由基因加性作用控制，能在早期通过单株的表型选择，将性状稳定地传递给后代群体；如果 h^2B 高，h^2N 低，说明该性状受环境影响小，但基因非加性作用比重较大，可早期选择，用营养繁殖方法将其性状固定下来；对有性繁殖植物，可在早代按类型分成若干集团，在以后世代中再进行单株选择。如果 h^2B 和 h^2N 都低，直接选择效果往往不佳，只有在后期进行选择才能收到较好效果。遗传力高时，在育种中采用系谱法及混合选择法的效果相似；遗传力低时，要用系谱法或近交进行后代测定才能决定取舍。当显性方差高时，可利用自交系间杂种 F_1 优势；当互作效应高时，应注重系间差异的选择；当基因型和环境互作效应大时，应注意在不同地区推广不同品种。

遗传相关　同一个体的基因型中加性效应之间的相关，等于两性状的遗传协方差与各性状遗传标准差乘积之比。遗传相关可以反映基因型间的相关程度，可以利用遗传力高的性状来间接选择某些有较高遗传相关但遗传力低或不易测量的性状，以提高选择效果。如非洲菊总花枝产量（需要较长时间评价）和侧枝数目（可早期评测）有相关性。因此，利用性状相关性可在早期进行选择。菊花在低光照条件下适合生长的基因型可在叶液中三磷酸腺苷浓度的基础上进行快速选择，百日草开花所需天数和节段数也呈高度相关性。但有些性状间的负相关影响选择的进程，如金鱼草花芽分化早的性状和从花芽到开花的发育时期成明显负相关，菊花的叶分化比率和节间长也呈明显的负相关，因此对这些性状要进行综合评价。还有切花和盆花往往强调品质一致性，这和性状的低变异系数有关，但很难遗传。另一种方法是选择低竞争力的基因型，使品种生长较为一致。

选择指数　对多个数量性状进行综合选择的指标，使多目标性状得到最大改进。不同性状的选择方法及选择指数都有所不同，如在非洲菊的选择阶段如表2。

表2　非洲菊的选择阶段

选择阶段	世　代	选择方法	选择性状
1	1～4	直接群体选择	产量
2	4～8	独立选择	产量，消费者偏好
3	8～10	最适指数选择	产量，消费比率，瓶插寿命
4	10～13	最适指数选择	产量，花枝长度，花径
5	13～15	理想收获指数选择	产量，花枝干重，花干重

可见多数量性状随着选择内容不同，选择的指数及估算方法也各不相同。

遗传进度　杂种后代某一数量性状的平均数在一定选择强度下比原来群体平均数提高的数值，等于遗

传力 h^2 和选择差 i 的乘积($\triangle G = ih^2$)。选择差指群体中某一数量性状的平均值与被选作下一代亲本个体该性状平均值的差。遗传进度是确定选择效果的一个重要参数。

遗传交配设计　为估算遗传方差而进行的亲代及子代交配系统的设计。自交授粉植物的遗传交配设计常用的有单因素遗传设计、双亲本杂交类型设计、双列杂交类型设计等。异花授粉植物的遗传交配设计,常用的有:单因素遗传设计、双因素巢式类型设计(NC Ⅰ)、双因素交叉式类型设计(NC Ⅱ)、回交系统类型设计(NC Ⅲ)、双列杂交类型设计等,此外,还有部分双列杂交设计、三向杂交设计等。用交配设计方法还可以测定一般配合力,即某一个亲本在所有杂交后代中的平均表现和特殊配合力,即某一特定组合的值与所含两亲本平均表现的预期值的偏差。配合力是正确选择杂交组合的可靠指标。

基因型和环境的互作,是数量遗传学研究的重要内容,不同品种在不同地区和不同年份往往表现不一致,受环境变异的影响很大,可用重复的多地区、多年份试验方法来估算互作方差。　(陈进勇)

双盾木(rosy dipelta)　*Dipelta floripunda*,别名鸡骨头、双楯。忍冬科双盾木属落叶灌木至小乔木。高约 6m,幼枝密生腺毛。叶卵形至卵状椭圆形。聚伞花序生短枝叶腋,花冠钟状,长 2.5~3cm,白色至粉红色,花期4~7月。核果肉质,果期 8~9 月。产中国湖南、湖北、四川、云南、贵州、河南、陕西、甘肃等地。生于杂木林下或山坡灌丛中。播种、分蘖、扦插繁殖。常于公园、庭园的草坪、空旷地等处群植或孤植。

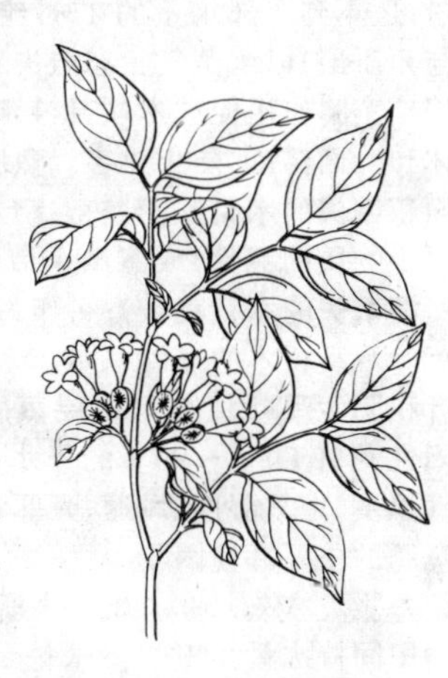

双盾木属为中国特有属,同属还有:云南双盾木(*D. yunnanensis*)和优美双盾木(*D. elegans*)。

(郭生桢)

水柏枝(false tamarisk)　*Myricaria bracteata*,别名河柏、水柽柳。柽柳科水柏枝属灌木。染色体数 2n=2x=24。高约 2.5m,小枝褐色或红棕色、具棱。叶小、蓝绿色、长约 1~2mm,披针形或长卵状椭圆形,先端尖、基抱茎。圆锥花序顶生,花淡粉红色或白色,花期5~6月。蒴果三棱状圆锥形,8~9月果熟。产中国西北、华北地区,蒙古、俄罗斯、印度、巴基斯坦、阿富汗也有分布。多生于砂质河滩、湖边和冲积扇。喜光,耐寒。具发达的根系,耐干旱,但喜湿润的环境。用种子繁殖,扦插也易生根。园林中可用于水体四周的绿化,也可在草地、林缘、山石旁等处种植。

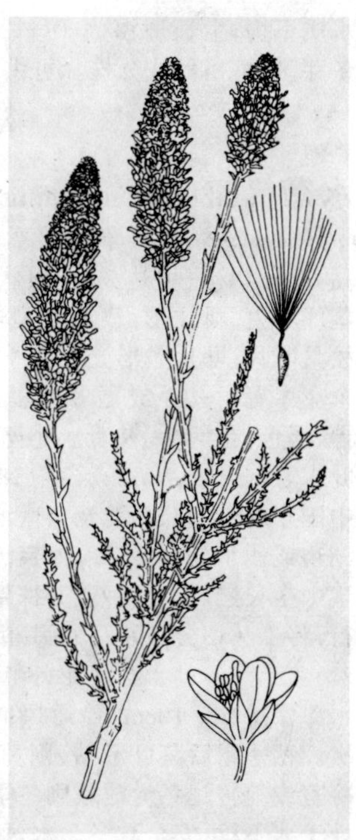

同属中常见的种还有:宽叶水柏枝(*M. platyphylla*),灌木,高 1.5~2.5m,老枝红褐至灰褐色,小枝浅灰黄色,叶宽卵形至椭圆形,长 0.7~1.4cm;总状花序,花粉红色,花期 3~4月,5~6 月果熟。主产中国西北各地,多生于湖边河滩、低湿沙丘。喜光,耐寒,耐沙埋。秀丽水柏枝(*M. elegans*),灌木,高达 5m,枝粗壮;叶披针形至矩圆状卵形,长 0.5~1.5cm,花粉红色。主产中国西藏和西北地区。卧生水柏枝(*M. rosea*),铺地灌木,高约 30cm,叶条状披针形,长 0.5~1.5cm。总状花序上翘,花粉红色。产中国西藏、云南、四川等地。河柏(*M. alopecuroides*),灌木,高 1~2m,小枝淡黄色或棕褐色,叶长 1~6mm,花粉红色,花期 5~6 月。产中国华北、西北和西藏的山坡、河岸。喜水湿,速生,萌蘖力强。

(陈耀华)

水鳖(frogbit)　*Hydrocharis dubia*,水鳖科水鳖属多年生水生植物。匍匐茎横生,具须根;株高 8~12cm;叶近基生,圆形或肾形,全缘,中央部分有一群细胞膨胀成气室。花单性,果卵圆形。全属有 2 种;分布在欧洲、亚洲及大洋洲。喜光线充足,

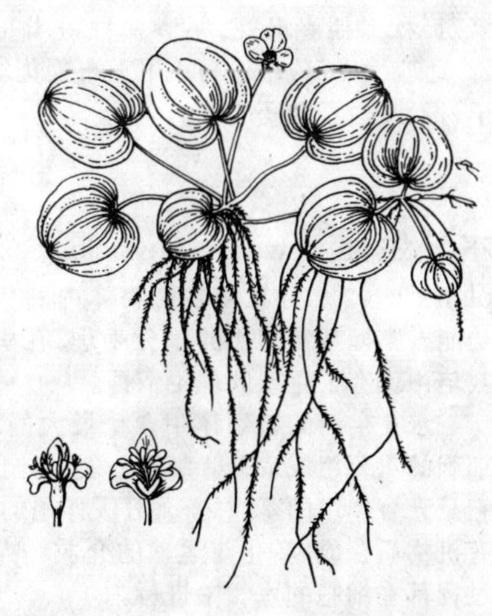

水质不拘；生长适温为18～20℃，栽培容易。繁殖用冬芽，也可播种或分株。可供水簇箱中栽培观赏。

（吴应祥）

水葱（tabernaemontanus bulrush） *Scirpus tabernaemontani*，莎草科藨草属多年生草本植物。株高60cm以上（可达2m），根状茎粗壮而匍匐，须根多。茎秆单生，圆柱形，表面光滑。叶鞘管状，仅最上部1枚具叶片，叶片条形。苞片1，为秆的延长。长侧枝聚伞花序有4～13或更多的辐射枝，每枝有1～3个小穗、褐色，花期7～9月。小坚果平滑。主要变种有花叶水葱（var. *zebrinus*），茎白绿相间。原产欧亚大陆，中国东北、华北、西北及西南地区均有野生分布。生于湖边或浅水处，喜水湿、凉爽，要求空气流通，在肥沃土壤中生长繁茂。播种或分株繁殖。分株在早春4月进行，将株丛切分数块另行栽植即可。盆栽用无孔大花盆，盆土为腐叶土与河泥各半，再加适量磷、钾肥，盆中水深保持5～10cm，置通风向阳处，夏季每月追肥1次。秋季霜后茎叶干枯，则剪去地上部，排出盆水，于冷室或地窖越冬。池栽则冬季放干池水或加水使根部处于冰下，可安全越冬。水葱为常见的水生观赏植物，其绿色的株丛挺秀、质朴，与其他水生花卉配植，颇具田园气息。又是好的切花材料。秆可作编织材料。

（葛　红）

水飞雉（milk thistle） *Silybum marianum*，别名水飞蓟。菊科水飞雉属一二年生草本植物。原产南欧、北非以及中亚等地区。植株高30～150cm，茎直立，多分枝，茎干光滑或被有蛛丝状毛，且有纵棱槽。叶宽且大，互生，叶缘有刺状锯齿，基部叶片常平铺于地面而形成莲座状，叶片亮绿，具乳白色斑纹，叶背有白色柔毛，叶基抱茎。头状花，直径4～6cm，单生于枝顶，花冠紫红色，淡红色或白色，花期5～6月。播种法繁殖，秋播翌春开花，早春播种可当年开花。叶形奇特，适应性强，栽培容易。用于布置花坛，野趣较浓，种子、根、叶均可入药。

（朱秀珍）

水分生理（water physiology of ornamental plants） 水分在观赏植物体内的代谢规律及生理功能。掌握观赏植物的水分生理，在引种驯化、繁殖、栽培中就有了重要的理论依据。

水是生活的植物体中含量最大的组成成分，也是细胞的重要组成成分。细胞分裂与伸长，都离不开水。它是光合作用的基质之一，呼吸作用的产物，植物体内有机物质合成、转化与运输的介质。大多数生物化学过程都在细胞的水相中进行。

水分的吸收与输导　一个完整植物总的水分关系，是由原生质的半透性决定的。细胞中的水大部分存在于液胞中。它按照液胞与其环境间的溶质浓度差，来调节水分的流动。渗透作用是细胞吸水的主要机制。由于吸水使细胞内产生膨压，维持了细胞的紧张度，保持植物的固有姿态，进行正常的生理活动。陆生植物的根是主要的吸水器官，吸水部位为根毛区、伸长区及分生区。由于蒸腾作用降低了植物地上部分的水势，形成水势差。在土壤植物大气系统中水势常为负值，水分子沿着水势梯度由高向低处移动，只要土壤水分充足，蒸腾作用不过度，细胞质外体的连续系统就会被水所饱和。土壤溶液的水势高于根细胞时，水即渗入根细胞内，根便吸水。吸水的动力：①蒸腾作用产生的蒸腾拉力，使根产生了从土壤中被动吸水的能力。观赏树木主要就靠被动吸水。②根生理活动产生的根压所引起的主动吸水。伤流或吐水都是根压的具体表现，可作为根系活性与壮苗的生理指标。一年生花卉盛花期根压最大，花后即显著下降。

水在生活细胞中输导的方向，由相邻细胞的水势梯度来决定。由于蒸腾产生的一系列水势梯度，使水沿着导管向上运输。生活细胞的代谢，也组成水势梯度。

蒸腾作用　植物吸收的水分用作植物组成成分的量，还不到全部水量的1%，绝大部分通过叶片（气孔与角质层）以水蒸气状态散失到环境中去，称为蒸腾作用。蒸腾作用促进木质部液流中物质运输，降低植物体和叶面温度，防止热害。蒸腾强度（单位时间内单位面积散失的水量）、蒸腾效率（植物蒸腾失水1kg所积累干物质的克数）或蒸腾系数（植物每积累1g干物质所需散失的水量克数），可作为植物水分生理状况的指标。观赏树木的蒸腾系数，较草本花卉为小。花卉嫩叶和阴生观叶植物角质层蒸腾约占50%。成长的或阳性花卉80%～90%的失水量是通过气孔蒸腾。空气温度、空气湿度、风速、光照和土壤水分状况，是影响蒸腾的主要环境因子。

土壤有效水分　土壤中所能保持的毛管悬着水量为田间持水量。田间持水量至萎蔫系数之间，即为土壤有效水分的范围。当土壤水分充足，土壤吸水力小于625kPa（千帕）时，水势值几乎为零，根系很容易从土壤中吸取水分。当土壤逐渐干燥，水势值下降，甚至低于根细胞水势时，土壤吸水力小于100kPa，植物会因不能吸水而发生萎蔫。这时的土壤含水量，称萎蔫系数。萎蔫系数因土壤性质不同而变化甚大。不管土壤和植物类型如何，当其水势值比－1.5MPa更向负方增长时，这些水是植物所不能利用的。土壤温度、土壤溶液浓度和土壤通气条件，都影响根系吸水。

观赏植物的需水量　观赏植物栽培以田间持水量10%～70%为最适。土壤积水过多，会引起植物窒息而烂根，直至死亡。盆栽花卉浇水，要严格掌握原则：仙人掌类多浆植物，锦鸡儿等耐旱花卉应“宁干勿湿”；月季、扶桑、茉莉、棕榈、苏铁、石榴、君子兰等中生花卉应“间干间湿”，土壤含水量保持在60%左右；海芋、花叶芋、竹节万年青、马蹄莲、龟背竹等阴生花卉，应“宁湿勿干”；山茶、杜鹃花、白兰、天竺葵、龙吐珠、天门冬、文竹等耐旱中生花卉应“干透、浇透”。干透，指土壤含水量与花卉根细胞液的浓度已接近平衡，不及时灌水会引起萎蔫。浇透，指盆土表面所浇的水已渗完，盆底土壤已湿透。严防浇“腰截水”，即表层湿、底层干。当出现萎蔫时，应将花盆移在半阴处稍浇水，并向叶面喷水，待茎、叶挺起后再充分浇水，以防伤根和叶片黄化脱落。旱伞草、水葱、石菖蒲、千屈菜等湿生花卉应永保盆土较湿(或在水中)。

观赏植物除土壤供水外，空气湿度也重要。一般花卉所需空气湿度在60%～70%左右。温室花卉如热带观叶植物，热带兰(气生兰)、蕨类植物等喜湿植物及兰花等需较高的空气湿度(80%以上)。尤其对江南花卉必须提高空气湿度。仙人掌类植物比较耐干旱，休眠期间应节制浇水，生长季节除浇水外，增加空气湿度更有利于其生长。空气湿度达到饱和时，可提高扦插苗的成活率。大多数观赏植物，如遇湿度过高，多易染病。

灌溉生理指标 植物缺水时，可观察到叶片萎蔫。叶组织的相对含水量、渗透势、水势及气孔阻力或开度等，都可灵敏地反映出植物的水分状态。用小叶流法测定叶片水势，如水势下降后，到夜间(蒸腾基本停止)仍不恢复，就应灌水。草本植物的水势达到 -1.0～-0.6MPa 时气孔开始关闭，-1.6～-1.3MPa 时出现萎蔫，即需灌水。

(邵莉楣)

水旱盆景制作 (creation of water and land Penjing)

通过艺术构思，以树木和水石两类盆景的技术为基础，制作树木、山石、陆地、水面兼而有之的盆景的技术。集树木盆景及水石盆景之长，表现的题材和意境更广泛，无论名山大川、海岸风光、园林一隅或池畔小景，都能跃然盆中。

选材和加工 水盆选用浅口石盆，形状以长方形或椭圆形为多，色彩以浅色为宜。树木材料宜选用小叶的杂木树种，如榔榆、六月雪、雀梅、鸡爪槭、黄杨等，并加工成自然的大树形态。可孤植，也可合栽。石料的形态以自然的硬质石种为好，如龟纹石、英德石等。也可用松质石种，如砂积石、芦管石等。同一盆中需相同的石料，纹理也宜统一。

选好的材料必须先作一定的加工。石料的加工主要是切除多余的部分和切平底面。有时可将一块石料切成两、三块使用。切截石料多采用切石机。松质石料常常先作雕琢，然后再切截。树木材料由于大多已初步成型，因此以修剪为主，也可适当蟠扎。水旱盆景中树木栽种的地方较小，且地形复杂，须对树木根部进行剪截和弯曲，才能栽种于理想的位置。

布局 加工后的石料和树木，便可布置于盆中。经过反复调整，达到理想的效果。布局的形式多种多样，可一边旱一边水，可两边旱中间水，也可两边水中间旱。山石在盆中既作山景或石景，又作水岸。水岸线宜曲折多变，有露有藏。

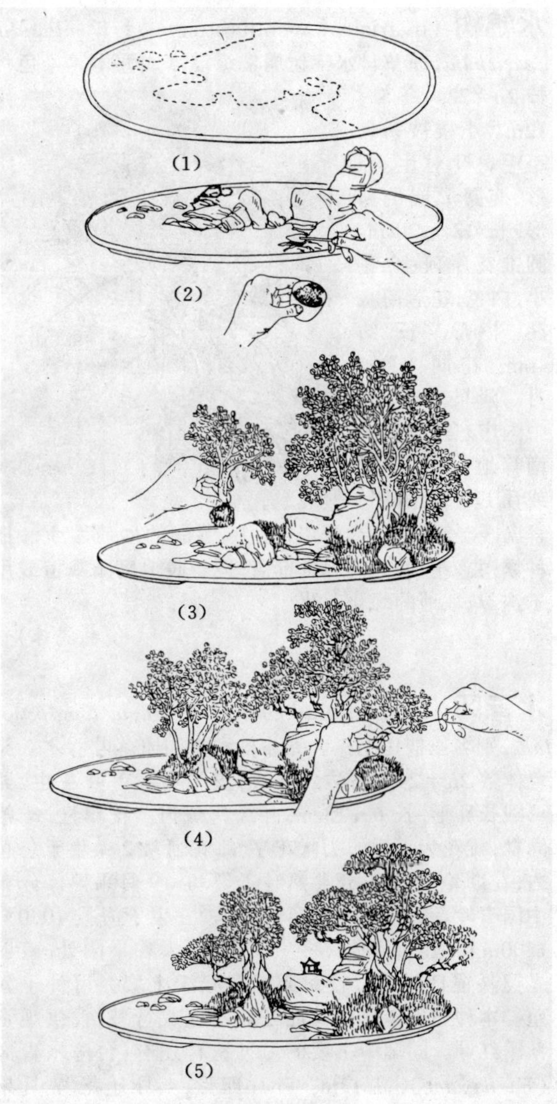

水旱盆景制作过程

布局确定以后，用水泥将分隔旱地与水面的石头胶合在盆中，使旱地与水面之间互不透水(注意刷净石头及盆面上的多余水泥)。

待水泥干透，在旱地部分开气洞垫纱网，栽种树木。栽种时须注意高低、前后、疏密、虚实等关系，并使树木与山石浑然一体，地形有起有伏。随即铺种青苔，以保持地形并增加美观。

水旱盆景中常用房屋、舟楫、人物、动物等配件点缀，以突出主题，加深意境。配件宜陶瓷质地，色彩宜素雅，体量须适当，放置位置应合理。

最后，需将树木再作一次细致的修剪，并将盆内洗刷干净。

（赵庆泉）

水锦树（uvarialeaf wendlandia） *Wendlandia uvariifolia*，茜草科水锦树属常绿灌木或乔木。染色体数 2n＝22。高 5～12m。小枝被锈色粗毛。叶对生，卵形、椭圆形或倒卵形，长 12～20cm。圆锥花序顶生，花小，白色；花冠筒状漏斗形，长约 4mm；花期 1～2 月。蒴果球形，产中国广东、广西、海南等地；多生林下或溪边。较耐阴，喜温暖湿润气候，喜深厚、肥沃、湿润的砂质壤土。播种繁殖。花、叶均具观赏价值，适于暖地庭园栽植或用于沟谷、坡地的绿化美化。

（包满珠）

水青冈（longpetiole beech） *Fagus longipetiolata*，别名长柄山毛榉。壳斗科水青冈属落叶乔木。染色体数 2n＝24。高达 30m，树皮平滑。单叶互生，卵形或长卵形，长 6～15cm，叶缘具疏齿。花单性，雌雄同株，雄花为下垂的头状花序，雌花通常 2 朵生于总苞内，花期 4～5 月。壳斗熟时 4 裂，8～9 月果熟。分布中国秦岭、淮河以南，北回归线以北，生于海拔 1000～1800m 山地。喜凉润，多生于山腹、溪谷半阴处，直射光照易罹日灼害。较耐阴。喜肥沃土壤。用种子繁殖。本种适于园林中荫庇处孤植或成行栽植，供观赏秋季红叶。同属中主要的习见树种还有：台湾水青冈（*F. hayatae*），高 13m。叶片卵形，4 月开花，7 月果熟。产中国台湾省北部，生于海拔 1000～1500m 山地。

（任宪威）

水青树（tetracentron） *Tetracentron sinense*，水青树科水青树属落叶乔木，中国特有种。高达 40m，树皮平滑，红灰色。枝细长，短枝侧生距状。叶互生，卵形至广卵形。穗状花序下垂，生于短枝顶端，花 4 朵一簇，花被绿色或黄绿色，花期 6～7 月。蒴果长圆形，棕色，果期 9～10 月。产中国陕西、甘肃、湖北、湖南、四川、贵州、云南等地，尼泊尔、缅甸也有分布。喜光，喜湿润而排水好的酸性土；深根性。播种繁殖，苗期喜阴湿，忌积水，不耐高温。树体高大，形态秀丽，叶色亮绿，花黄绿二色，宜在园林中的湖畔、溪边、水榭旁配植观赏，也可作行道树。

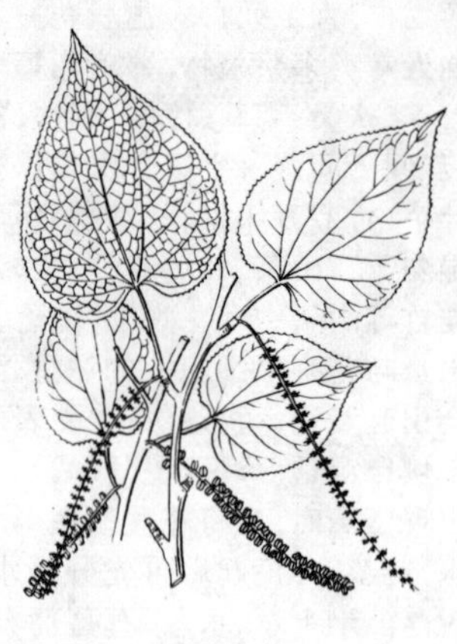

（叶超汉）

水杉（shui shan） *Metasequoia glyptostroboides*，杉科水杉属落叶大乔木。孑遗植物。染色体数 2n＝2x＝22。水杉属在化石中发现的达 10 种，但现仅水杉一种存活，被称为活化石。分布于中国湖北、湖南及四川交界处 600 平方公里范围内，多集中在湖北利川西部。自 40 年代发表本种以来，中国逐渐扩大栽培区，北起沈阳，南及两广、云贵高原、东至江、浙等地都有栽培。世界已有 50 多个国家和地区引种，生长良好。高达 40m，胸径达 2m，幼年树冠窄圆锥形，随树龄增长为广椭圆形；树皮由淡红褐色变成灰褐色，呈条片状剥落。叶对生、线形、扁平、柔软，背面中脉两侧各有 4～8 条气孔线。雌雄同株，雄球花单生叶腋；雌球花单生或成对散生于枝上，球鳞交互对生，花期 3～4 月。球果具长柄，下垂，种鳞木质、盾形，果熟期 10～11 月。种子倒卵形，扁平，围有短翅。

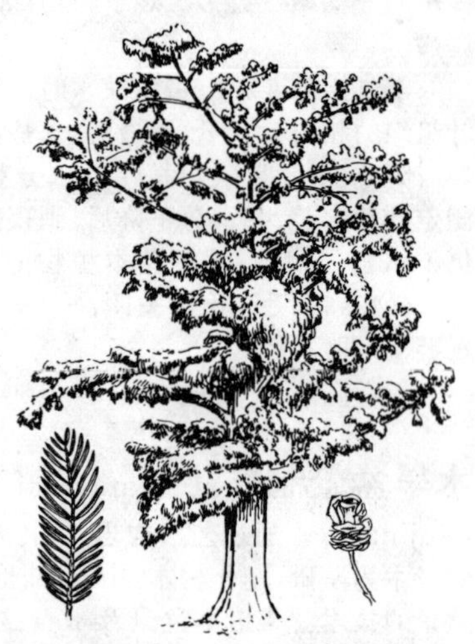

水杉属阳性、耐肥的速生树种，适应性较强，较耐水湿，也能耐旱。平均年高生长量 80cm 左右。25～30 年开始结实，40～60 年为盛期。种子千粒重 1.75～2.28g，发芽率 8％左右。播种或扦插繁殖。春秋栽植均可，在亚热带地区以冬季栽植为宜。移植大苗应尽量带土。水杉一般病虫害较少，但大袋蛾（*Cryptothelea variegata*）大量发生时，能在几天内将叶吃光。以人工摘除幼虫（连袋）烧毁，或用杀虫剂防治。水杉树体高大，枝叶秀丽，树姿优美，秋季叶色转棕褐色，观赏效果好。寿命长，分布广，少病虫害，为绿化城市、庭园的优良树种。

（王　战）

水生植物（aquatic plants）　常年生活在水中，或在其生命周期内有段时间生活在水中的植物。植物体内细胞间隙较大，通气组织比较发达，种子能在水中或沼泽地萌发，在枯水时期它们比任何一种陆生植物更易死亡。

中国现有水生植物约900多种，其中绝大多数生长在淡水中，而咸水中种类很少。淡水植物生活型有4类：①挺水植物：根或根状茎生于泥中，植株茎、叶高挺出水面，如香蒲、水葱等。②浮叶植物：根或根状茎生于泥中，叶片通常浮于水面（极少数种类叶柄和叶片挺出水面），如菱、睡莲等。③漂浮植物：根悬浮在水中，植物体漂浮于水面，可随风浪四处漂泊，如水鳖、浮萍等。④沉水植物：根或根状茎生于泥中，植物体生于水下，不露出水面，如苦草、茨藻等。淡水植物广泛分布于从南到北各种不同的淡水水域中，以湖泊、沼泽中种类较多，生活型亦多种多样。咸水中生长的植物主要分布于近海的浅海带及岛屿沿岸，有乔木、灌木和沉水草本等。内陆咸水植物在中国青海湖已采得标本，多为新发现的类群。

水生植物资源非常丰富，经济价值很高，用途很广，和人类生活关系十分密切。其中，观赏价值很高的有荷花、睡莲、萍蓬草等；可供食用的有茭白、慈姑等；药用的有泽泻、黑三棱等；造纸原料有芦苇、荻等；作编织原料的有洼畔莎草、水葱等；可作饲料的有凤眼兰、大漂等。已发现水生植物有很好的净化污水作用，一些国家已开发应用。

（陈耀华）

水松（China-cypress; Chinese deciduous cypress）　*Glyptostrobus pensilis*，杉科水松属落叶乔木。中国特产树种，为现代孑遗植物之一。染色体数2n=2x=22。高可达25m，径可达1.2m，树冠圆锥形。干基膨大，有藤状根；枝较稀疏，小枝绿色。叶互生，具三种类型：鳞型叶较厚，螺旋状着生于多年生及当年生主枝上；线形叶及钻形叶生于侧生小枝上，冬季脱落。雌雄同株，球花单生枝顶，4月开花。球果倒卵形，10～11月成熟。水松为热带及亚热带南部树种。主要分布于中国广东、福建、江西等省，南京、武汉、庐山、上海、杭州等地有栽培。强阳性树种，适生于气候温暖湿润地区的湖畔、河旁等，耐湿而不耐低温；对土壤适应性强，在水分较多的冲积土上生长尤佳。在粤北韶关南华寺东侧有生长健壮的水松古树。播种及扦插繁殖，幼苗应注意防寒。水松是优美的园景树种，春季至初夏萌发嫩叶，入秋变红褐色。宜孤植或群植于水滨及低湿处。其根系发达，也是固堤护岸、防风树种。

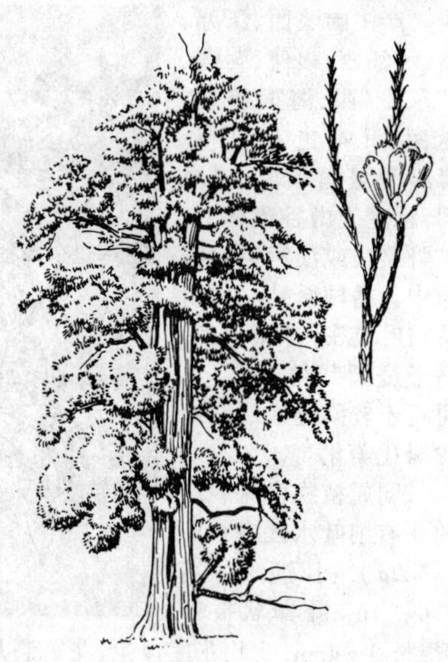

（陈榕生　陈　辉）

水塔凤梨（vase plant）　*Billbergia pyramidalis*，别名红笔凤梨、水塔花。凤梨科水塔凤梨属多年生草本植物。株高50～60cm，莲座状叶丛基部形成贮水叶筒较大，有叶10～15片，叶片肥厚，宽大，叶缘有棕色小锯齿。穗状花序，直立，粗壮，自叶丛伸出，苞片披针形，长5～7cm，粉红色，萼片粉色，花冠鲜红色，花瓣外卷，边缘带紫，花期6～10月（广州）。喜阳光，较耐寒。华南普遍露地盆栽，可作切花。产于巴西。同属植物约60种，华南栽培的还有垂花凤梨（*B. nutans*），别名狭叶凤梨、妃子笑等。株高20～30cm，叶细长，弓状。花梗纤细，花序下垂，有花4～7朵，苞片4～5枚，粉红色。花径2.5cm，花期1～3月（广州）。产于巴西、乌干达等地。斑马水塔花（*B. zebrina*），株高约60cm。叶厚，绿色。叶尖反卷，叶背斑纹极明显。穗状花序长约45cm，有壅状小花36～37朵。苞片红色，花丝亮紫色，花药黑色，萼绿白色，萼片3～4裂，逐渐反卷成筒，产于巴西。花、叶美丽，但株形零乱、铺散，用作切花。

（张应麟）

水团花（pilular adina）　*Adina pilulifera*，别名水杨梅、水蓼花、假马樱树。茜草科水团花属落叶灌木或小乔木。高达5m。叶对生，倒披针形或矩圆状披针形，长5～12cm。头状花序单生叶腋，径1.5～2cm；花白色，径2～3mm；花期6～7月。蒴果楔形，具明显纵棱。产中国陕西、江苏、浙江、江西、福建、湖南、广东、广西、海南等地，越南、日本也有分布。喜温暖湿润环境；较耐阴，常生于山谷疏林下、旷野路边或溪涧旁的石隙中。播种繁殖。水团花枝叶茂密，株型优美，适于庭园栽植观赏，也可用于较阴湿地或坡地的绿化美化。

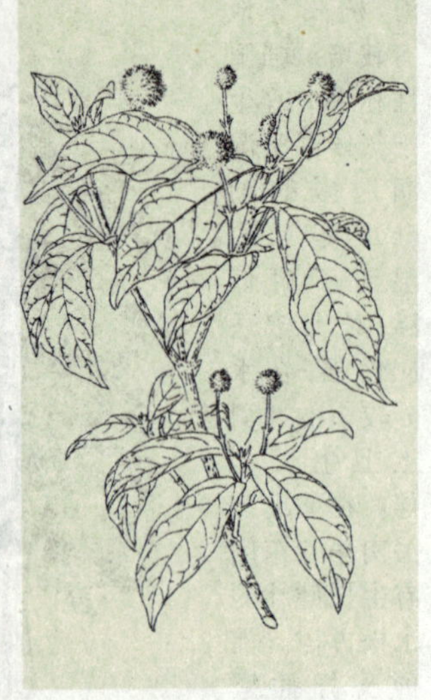

同属植物常见栽培的还有细叶水团花（*A. rubella*），小灌木，高0.6～1m，叶卵状披针形，长3～4cm，头状花序顶生，花冠裂片上部有黑色斑点，产中国长江以南各地，朝鲜也有。

（包满珠）

水蕹（water weed; water hawthon）

Aponogeton natans，水蕹科水蕹属多年生浅水植物。地下有小块茎；叶基生，可漂浮水面，长椭圆状披针形，全缘。花两性，穗状花序，花被2，白色。分布亚洲热带和亚热带，南非及澳大利亚。喜温暖、阳光充足和肥沃土壤，池水温度最适为18～22℃。秋季能形成冬芽。繁殖用播种、分株。可供水簇箱栽培观赏。

（吴应祥）

水仙菖兰（montbretia） *Crocosmia* × *crocosmiflora*，别名雄黄兰。鸢尾科水仙菖兰属多年生草本植物。染色体数2n＝22, 23, 24, 33, 44。株高90～120cm，有分枝，具球茎。叶基生、条形，常6枚。花茎稍高出叶上，花序柄之字形曲折。花色橙红至深红。花冠漏斗形，花冠筒弧弯，檐部6裂片，开展，径3.8～5cm。有黄色至橙红色品种，花期夏秋。为杂交种，亲本为黄花水仙菖兰（*C. aurea*）和橙花水仙菖兰（*C. pottsii*），原产南非。球茎耐寒，可留地下越冬。喜向阳。宜深厚肥沃、排水良好土壤。于秋季叶枯黄时掘取球茎，干燥贮藏，但勿过于干燥，以免球茎萎缩。春季种植。分取小球繁殖。用于花境或切花。

（王大钧）

水族箱植物（aquarium plants） 用来美化水族箱的水生植物（俗称水草）。主要为沉水植物。其根或根茎固定在水底土壤中，茎、叶沉于水中生长。也可选用部分浮叶植物，其根、茎在水下，叶浮在水面。水族箱植物种类很多。世界上用来装饰水族箱的沉水植物达300余种，多产于热带、温带地区。植株比较低矮，叶多为细线形分裂，内部通气组织发达，花序或花常伸出水面开放，授粉后果实在水中成熟。多用扦插、分株或播种繁殖。水族箱植物通过光合作用，可增加水中含氧量，吸收鱼类的排泄物、剩余的食物和鱼类呼吸排除的二氧化碳，净化水质，同时还可作为观赏鱼类的产床和栖息场所。

水族箱中水草常植于砂中，应选用洁净的河砂，避免使水浑浊，影响水质和观赏价值。以直径为2～4mm的中粗砂为宜。种植时应剔除水草的不健康部分，轻轻植入砂中，尽量不擦伤球茎或根茎，应根据不同水草的需光量布置密度及配植不同种类。为防止清理水族箱时损伤水草，也可用小花盆种植水草，埋于水族箱的砂中，再缓缓注入清水，水草生长过程中应注意经常修剪和分株，以调整采光，控制疏密度。

栽培环境条件的调节：①灯光管理，由于水族箱多放在室内，水有一定的浑浊度，造成光照不足，需人工补光，如60cm×30cm×35cm的水族箱上方5～10cm处需安装20瓦的电灯，照射10～14小时。②水温管理，除夏季外，水温都需借恒温加热器控制。夏季水温如长时间在33℃以上，则会使大部分水草枯萎。③养分，将少量复合性肥料溶于水，加入水族箱中，以补充养分的不足。④调节水的硬度，水的硬度是指定量水中所含可溶性碳酸盐的量，目前，应用最多的是德国的标准，以100ml水中所含氧化钙（将沸水中沉淀的碳酸钙强热后即成氧化钙）的毫克数，单位为“°dH”。大多数水草喜欢低硬度水，通常的自来水在12°dH以下，适合大部分水草生长，如水箱有石灰岩的假山或水源出自石灰岩地下水，则应注意用软水器，使水软化。⑤调节pH值，当pH值小于5时，会影响部分水草的生长，为防止鱼类呼吸产生的二氧化碳和排泄物，以及饲料的残余分解，使pH值降低（酸化），应每7天换水1/3，可防止水分酸化。以下介绍几种水草的栽培管理：

蕾特辣椒草（*Cryptocoryne retrospiralis*） 天南星科辣椒草属，叶色深绿，叶形瘦小而狭长（长15～30cm，宽1～1.5cm），柔软，叶缘呈波浪状起伏，在水中柔美多姿。为半阳性水草，需较强的光线。依靠匍匐茎繁殖，生长较强健，但生长速度较慢，初移时会有落叶现象，应尽力避免多次移植，其培育最佳条件：①栽培床用3.0～5.0mm的河砂；②照度约1500lx；③水的pH值6.0～7.5；④水质硬度2～15°dH。该属水草观赏价值较高的尚有：夕阳辣椒草（*C. siamensis*）和叶背红色的克达辣椒草（*C. cordata*），为喜阴性水草。

三轮水蕴草（*Elodea canadensis*） 水鳖科水鳖属沉水植物，染色体基数x＝8。有地下横走茎，呈丛状生长，茎粗2～3mm。3叶轮生，小叶长1.5～2cm，宽3mm。开白色水上花、两性。喜强光和硬度高的水，生长迅速强健,分生能力强,需不断修剪。插枝繁殖,容易成活。同属观赏植物还有四轮水蕴草(*E. densa*),在水族箱中所需生长条件是:栽培床铺2.0~3.0mm的河砂,照度1500 lx,pH值5.5~7,水硬度8°~18°dH,水温21~28℃。常见的观赏植物还有:扭兰(*Vallisneria asiatica* var. *biwaensis*),水鳖科苦草属沉水植物,叶长40cm,宽0.5~0.8cm,叶呈螺旋状扭曲,观赏价值高。宜较强光照及高于15℃的水温。

水车前(*Ottelia alismoides*) 又称龙舌草,水鳖科龙舌草属沉水植物。叶基生,卵形至披针形,形状和大小变化很大。产中国各地。

罗汉草(*Cabomba aquatica*) 睡莲科罗汉草属植物,染色体基数x=12。茎节上对生羽状绿叶,水深时草高可达1.3m。在水温高的夏天长出圆形的浮叶,小花黄色。对水质适应范围广泛,养分吸收能力甚强,对施加液肥反应良好,有助于除去残饵和排泄物。罗汉草是长日照植物。栽培中若骤然从低水温中移到养热带鱼的高水温中,节间会骤然徒长,对生长十分不利。在水族箱中所需条件是:栽培床铺2.0~3.0mm的河砂,照度200~1500lx,pH值6.0~6.8,水硬度2°~10°dH,水温24~30℃等。常见的观赏植物还有卡罗罗汉草(*C. caroliniana*),较耐寒而强健。黄罗汉草(*C. australis*),新叶呈黄红色。红罗汉草(*C. piauhyensis*),新叶呈鲜艳红紫色。

网草(*Aponogeton madagascaliensis*) 为水蕹科水蕹属水草。全叶具较规则的方形网状孔,为罕见的特征,被誉为水草之王。具菱角形的块茎,叶长20~40cm,宽3~4cm,叶柄长8~15cm,是完全沉水的水生植物。喜微酸性的软水,光线不需太强,宜泥质土壤。春天开"V"形分杈的穗状花,粉红到淡黄色。种子簇状着生于花穗上,如豌豆状,种子成熟自然脱落,沉入水中砂土上,很快发芽生长。最适水温为20~22℃,水温太高生长停止或死亡,水温过低则休眠2~5个月,休眠时间长短根据水温而定。网草定植后应尽量少移植,否则叶片会从鲜绿转变为茶绿色,甚至枯死。定植后植株会落叶,但很快就长出新芽,光线强时植株纵向生长,反之横向生长。光量、光质、水质的骤然变化,均对其生长不利,应尽力避免。网草种植时应铺3cm厚的河砂,保持水的清澈,喜散射光照度600 lx,水温以19~22℃,pH值5.5~6.5,水硬度2°~3°dH为宜。同属观赏价值高的植物有大浪草(*A. ulvaceus*)、汽泡草(*A. boibinicnus*)、绉边草(*A. crispus*)等。

血心蓝(*Alternanthera rosaefolia*) 为苋科红绿苋属两栖性水草。叶深朱红色,在水族箱中灿烂夺目,水中叶长最大可达7.5cm,宽1.25cm,茎略具木质化,茎叶的色泽从深玫红色至朱红色,披针形叶呈十字对生,水中叶的叶缘略有波曲。也能伸出水面生长,但水上叶色不鲜艳。植株形态差异较大,这是苋科水草常见的现象。白色簇状花、腋生。水上茎高温时节距长而叶小,低温时节短而叶大。扦插繁殖。在高光照、充足肥料、高二氧化碳的条件下,茎叶为深红色,水中生长需2.0~3.0cm厚的河砂,照度3000 lx以上,pH值5.5~7.2,水硬度3°~11°dH,水温18~22℃等条件。

小红叶(*Ludwigia arquata*) 为柳叶菜科丁香蓼属两栖性水草,原产于北美生命力强,能耐受低温及炎热气候。在水上,叶为亮绿色,披针形丛生状,具有匍匐茎。水中叶形态有很大的不同,叶尖如针,呈鲜艳的红色。如将水上草置于水中,给予强光照,每隔2~4日换水1/4,在水中添加肥料及二氧化碳,不久即长出水中型针叶,同时原水上部分草也不枯萎。欲使之完全水中化,需2个月以上的时间。水中草色会因光照条件而呈不同色彩。在水中生长,栽培床需要1.0~2.0cm厚的河砂,照度2000lx,pH值6.0~7.2,水硬度2°~12°dH,水温18~24℃的条件。

金鱼藻(*Ceratophyllum demersum*) 金鱼藻科金鱼藻属多年生草本植物。细裂叶轮生,花小,单性,常雌雄同株,产于热带至温带静水中。

水蕨(*Ceratopteris thalictroides*) 水蕨科水生植物,有羽状复叶或单叶和多回羽状细裂的孢子叶。产于热带、亚热带,中国南部、中部、西南地区和台湾皆有分布。

(陈榕生)

睡莲(water lily) *Nymphaea tetragona*,别名子午莲、水浮莲、水芹花。睡莲科睡莲属多年生水生植物。根茎短、直立不分枝。叶圆形、盾状,近叶柄处有大缺裂、革质,叶面绿色,叶背紫红色,有长叶柄,浮于水面。花有白、红、粉、黄、蓝、紫等色及其中间色,花柄长,花也浮于水面,花瓣多数,花期7~8月。果实球形,内有多数种子,果熟期8~9月。全属近40种。大部原产北非和东南亚的热带地区,欧洲和亚洲的温带和寒带地区也有少量分布。中国约产7种,但花小无观赏价值,各地栽培的睡莲均为近百年自国外引进品种。本属尚有许多种间杂种和栽培品种。大致分为耐寒睡莲及热带睡莲两大类群。喜阳光充足,通风良好,肥沃的砂质壤土,水质清洁及温暖的静水,适宜的水深为25~30cm。耐寒睡莲在根部泥土不结冻之处,可在露天水池内过冬。每年春季萌芽生长,夏季开花,花后果实沉没水中,成熟后裂开散出种子,先浮于水面,而后沉入水底。冬季地上茎叶枯萎。

繁殖栽培 一般用分株法繁殖,清明前后,将根茎取出,切割成长约10cm的段块,每块具芽眼2~3个,分别栽入盆中。盆土宜富含腐殖质,并施以长效性基肥,覆土厚度以埋没根茎为度,保持水深2~3cm。出叶2~4片时,随叶柄伸长逐渐加水,但不能淹没新生叶片,并将盆放入水池中,最后水深可控制在20～50cm,并使充分见光,6月下旬至7月上旬开花。霜冻前将盆移入冷室,盆土保持潮湿,不结冰即可。暖地则可在池中越冬。池栽视生长强弱,每2～3年分栽一次;盆栽者1～2年分栽一次。

病虫害防治　生长季节如通风不良,长势弱,易遭蚜虫为害。可喷洒乐果1500倍液防治。

园林应用　睡莲为重要的水生花卉,常用于点缀水面。盆养睡莲可布置庭院,也可作切花材料。埃及早在2000年前即栽培睡莲,并视为太阳的象征。睡莲为泰国国花。根可食用或酿酒,全草可入药。

同属常见栽培的有:①红花睡莲(*N. rubra*),花深红色,花径15～25cm,夜间开放。原产印度,不耐寒。②蓝睡莲(*N. caerulea*),叶全缘,花浅兰色,花径7～15cm,白天开放。原产非洲,不耐寒。③墨西哥黄睡莲(*N. mexicana*),叶浮生或稍高出水面,卵形或长椭圆形,表面浓绿色且具褐斑,边缘有浅锯齿。花浅黄色,略挺出水面,花径10～15cm,白天开放。原产墨西哥,不耐寒。④埃及白睡莲(*N. lotus*),叶缘具有尖齿,花白色,径12～25cm,傍晚开放,午前闭合。原产非洲。不耐寒。⑤欧洲白睡莲(*N. alba*),根茎横生、色黑,叶圆形、全缘,幼苗为红色,花呈白色,花径12～15cm,白天开放。原产欧洲及北非,颇耐寒。⑥香睡莲(*N. odorata*),根茎横生,分枝少,叶圆形或长圆形,革质全缘,叶背紫红色,花白色、径达8～13cm,午前开放,具有浓香。原产美国东部及南部。⑦块茎睡莲(*N. tuberosa*),根茎平卧泥中,上生小形块茎,叶圆形,幼苗呈红色,花白色,花径达10～20cm,午后开放,稍有香气。叶及花均高出水面。原产美国。有重瓣及其他变种。较耐寒。⑧雪白睡莲(*N. cindida*),根状茎直立或斜生,叶长圆形,全缘,花托呈四方形,花期6～8月。中国新疆、中亚、西伯利亚、欧洲均有分布。较耐寒。⑨星芒睡莲(*N. stellata*),又称明显睡莲和蓝睡莲。根状茎粗壮,叶圆形或近圆形、纸质,叶缘具有不规则缺裂状锯齿,叶面绿色,叶背带紫色。花青紫色、鲜兰色或紫红色,花期7～10月,于中午前后开放。分布于中国云南南部、海南岛、湖北,印度、泰国、越南、缅甸也有分布。

(朱秀珍)

丝兰 (Adam's needle)

Yucca filamentosa,龙舌兰科丝兰属常绿灌木。茎极短;叶在地面丛生,条状披针形,长25～75cm,顶端坚硬成刺状,边缘具分离的白色纤维,两面多少有白粉,粗糙。顶生圆锥花序,长1～3m;花下垂,白色而微黄,径5～7cm,花被片6;花期7～8月。蒴果近球形。变种斑叶丝兰(var. *variegata*),叶面具黄色或白色条纹。本种产美国东南部,中国黄河流域以南园林中广泛栽培。喜光。喜温暖气

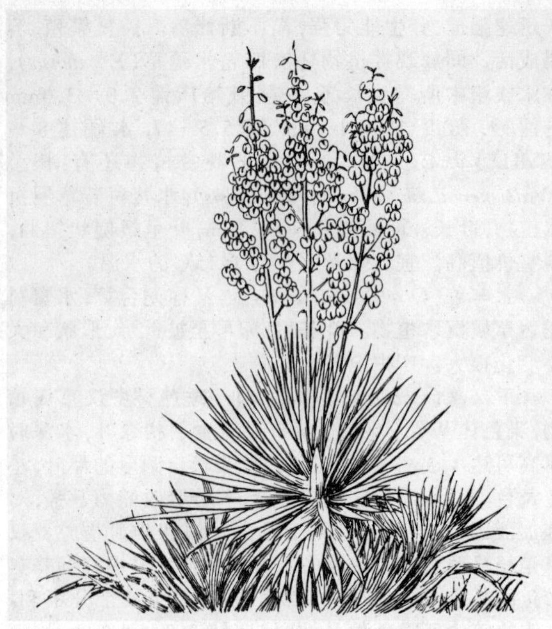

候,也较耐寒。在酸性土、碱性土均能生长;耐干旱。播种、分株及根插繁殖。花谢后及时剪除花枝,以免挤压顶芽。园林中可作花坛中心或植于山石旁、墙隅、庭院石级两侧,也可与常绿乔灌木配植,夏秋白花后衬绿树,颇增情趣。若于纪念性建筑前列植,显整洁、肃穆。同属中常见栽培的还有凤尾兰(*Y. gloriosa*),茎高达3m,常分枝;叶较宽,光滑;花白色至淡黄白色,顶端常带紫红色,多傍晚开放。产地同丝兰。

(董保华)

丝柱鸢尾 (crimson flag; Kaffir lily)

Schizostylis coccinea,鸢尾科丝柱鸢尾属多年生草本植物。株高40～90cm,具肉质根。叶2列,直立剑形。总状花序穗状,有花4～8朵。花猩红色,直立,花冠钟状,筒长2.5cm,6裂片近相等,卵形,长约2.5cm。花柱3歧,丝状,长而略卷曲,先端膨大呈钻状。有桃红色品种。花期秋冬。原产南非。耐寒性弱,不耐霜冻。喜向阳、温暖环境和富含腐殖质之砂壤土。春季分株繁殖,每小丛须有4～6芽。暖地适生于背风向阳处,可用于花境;温室栽培可作冬季切花,水养期长。也可盆栽。

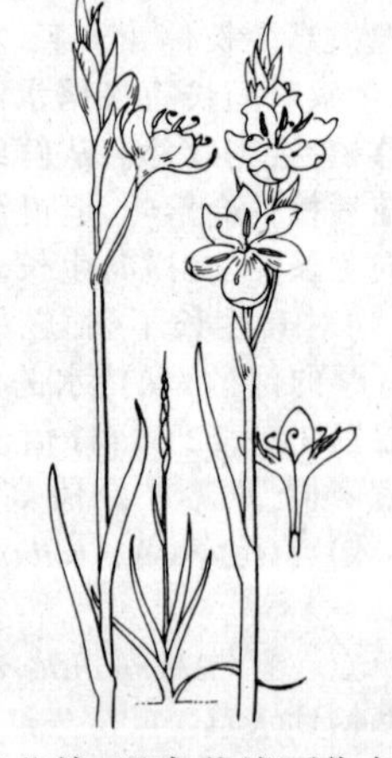

(王大钧)

四照花（Chinese kousa; Chinese kousa dogwood） *Dendrobenthamia japonica* var. *chinensis*，别名石枣、山荔枝。山茱萸科四照花属落叶小乔木。染色体数 2n = 2x = 22。高达 8m。嫩枝被白色短柔毛。叶对生，卵状椭圆形或卵形，长5.5～12cm。头状花序近球形，由20～30朵小花聚集而成，总苞片花瓣状，花萼管状，萼片内面被褐色短柔毛，花期5～6月。

聚花果球形，熟时橘红色或紫红色，果期8～9月。产中国山西、陕西、甘肃、江苏、浙江、安徽、江西、福建、台湾、河南、湖北、湖南、四川、贵州及云南，多生于海拔600～2200m的林内及阴湿溪边。喜温暖气候和阴湿环境，适生于肥沃而排水良好的土壤。适应性强，能耐一定程度的寒、旱、瘠薄及直射阳光；但在直射阳光下生长矮小，叶子下垂，夏季叶尖易枯焦。多行播种繁殖。幼苗出土后需行遮荫。当年苗高30～50cm，约8龄开始开花结实。也可行分株、扦插及压条繁殖。栽植应选半阴或西侧遮荫条件，以防日灼。病虫害较少，常见的有叶斑病（*Elsinoe corni*），可喷洒苯菌灵或代森锌防治。

四照花枝条疏散，树姿优美；花序具4枚花瓣状大苞片，花开前即覆盖满树；聚花果形似绣球，系于细长总果梗上，成熟时红艳夺目。宜孤植于堂前，或丛植于草坪、林缘、池畔、路边及亭、榭旁，夏观玉花，秋赏红果和红叶。果可生食及酿酒。

同属植物适于栽培观赏的还有：东瀛四照花（*D. japonica*），落叶小乔木，花萼裂片内面微被白色短柔毛，产朝鲜及日本，中国华东沿海地区有引种；多脉四照花（*D. multinervosa*），落叶小乔木或灌木，产中国四川及云南；秀丽四照花（*D. elegans*），常绿小乔木或灌木，总苞片倒卵状长椭圆形，产中国浙江、江西及福建。此外还有大型四照花（*D. gigantea*）、西南四照花（*D. tonkinensis*）、香港四照花（*D. hongkongensis*）、黑毛四照花（*D. melanotricha*）、尖叶四照花（*D. angustata*）和褐毛四照花（*D. ferruginea*）、头状四照花（*D. capitata*）等。

（樊映汉）

松虫草（sweet scabious） *Scabiosa atropurpurea*，别名轮锋菊、山萝卜、紫盆花。川续断科山萝卜属（又名蓝盆花属）一二年生草本植物。株高30～60cm，茎光滑、多分枝。叶矩圆状卵形，基叶近匙形，茎生叶对生，3～4对羽状深裂至全裂，被稀疏长白毛。头状花序顶生，花冠4～5裂。花色深紫、蓝紫、玫红、淡红、粉红或白色，芳香。花期5～6月或8～10月。果球形，种子千粒重4.6g。有重瓣变种（var. *flore*），小花重瓣；矮生变种（var. *nana*），高30cm。另有黄叶变种和斑纹变种。原产南欧，各地有栽培。耐寒，忌炎热、高湿和积涝，要求排水良好，疏松肥沃，酸碱度适中的土壤。春秋播种均可，常秋播。促成栽培可将秋播苗移入15℃以上温室，提前开花。松虫草花色丰富、花期较长，是花坛、花境、花径、花丛、花群布置的常见材料。也可作切花或盆栽。

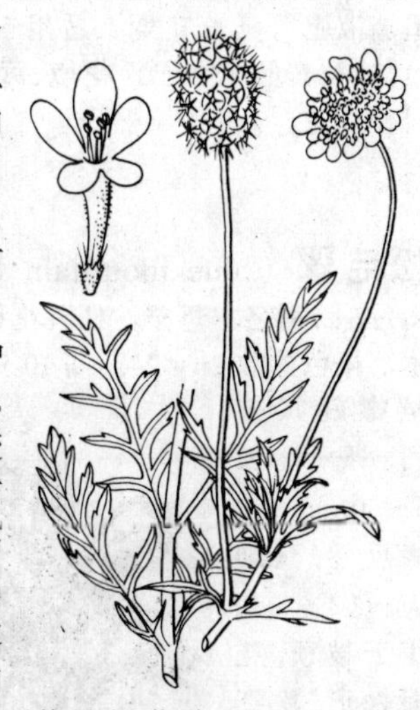

同属约100种，分布亚洲、非洲南部和西部以及地中海一带。中国有8种，主要分布在东北、华北、西北及台湾。园林中常见栽培的有：蓝盆花（*S. japonica*），又名日本蓝盆花。多年生草本，花蓝紫色。原产日本。高加索蓝盆花（*S. caucasica*），多年生草本，基叶全缘，叶有白粉。头状花序扁平，径约7.5cm，花淡蓝色。有皱边、白花、大花变种。喜凉爽、忌酷夏。宜栽于夏天凉爽及通风透光处。原产高加索。小轮锋菊（*S. calumbaria*），多年生草本，上部叶披针形，1～2回羽裂。花紫色，花径2～3.5cm，总苞被短柔毛，萼片2～4枚，秋播宜早。原产欧洲西部和非洲北部。黄盆花（*S. ochroleuca*），多年生，高20～30cm，茎生叶1～2回羽裂。花冠鲜黄色，果棕色球形，小总苞黄白色。原产中国新疆。大花蓝盆花（*S. superba*），多年生草本。叶片稍革质，具长柄，椭圆形至倒披针形，边缘有粗深齿或羽状3～9裂，中央裂片宽大。头状花序，总花梗极长，花序径5～7cm，花冠蓝紫色，边花大、唇形，心花较小，花萼5、刺状；总苞长，匙状披针形。原产中国华北。（王彩云）

松果菊（purple coneflower） *Echinacea purpurea*，菊科紫锥花属多年生草本植物。株高80～120cm，全株具粗毛，茎直立。基生叶卵形或三角状卵形，基部下延与柄相连，茎生叶卵状披针形，柄基略抱茎。头状花序直径8～10cm，单生或聚生枝顶。舌状花玫瑰红或紫红色，少数白色；管状花棕紫色，突出呈圆锥形。花期夏季。原产北美，性强健，喜肥沃、深厚、富含腐殖质的土壤，耐寒，栽培管理简易。播种或分株繁殖，春、秋季播种，分株宜在早春或晚秋进行。适当追施液肥可延长花期。适用于野生花卉园自然式栽植，或与其他花卉配置花境、篱边、山前、湖岸等处，也可作切花。

（岳沛华）

松毛翠（blue mountain heath） *Phyllodoce caerulea*，别名木母樱。杜鹃花科木母樱属常绿矮小灌木。染色体数2n=24。高10～30cm，多分枝；叶互生，呈螺旋状排列，条形，长5～10mm，边缘反卷，具细齿；花1～5朵生于枝顶，花冠钟形，粉红或紫堇色，花期6～7月；蒴果近球形，长3～4mm，7～8月果熟，种子细小。产中国东北和新疆阿尔泰山，俄罗斯、蒙古、朝鲜、日本和北欧、北美等地也有分布。多生长在海拔1700～2500m的高山草原。喜凉爽湿润气候，耐寒性强，适生于酸性（pH值5.2～6.9）土壤。用种子繁殖。松毛翠株形矮小，枝叶密集，且花美丽，具有较高的观赏价值，可用于园林绿化。

（陈耀华）

松属（pine） *Pinus*，松科常绿乔木。染色体数2n=2x=24。

栽培简史　有4000年以上的欣赏与应用历史。如《论语·八佾》："夏后氏以松"为社木。《诗经·商颂·殷武》："陟彼景山，松柏丸丸"。《诗经·小雅·天保》："如松柏之茂，无不尔或承"。《论语·子罕》："岁寒，然后知松柏之后凋也"，此说对后世影响极深；故有《史记》："松为百木之长"。《山海经》："大荒之中有万山，上有青松，日月所出入也"。松的真正栽培历史，可追溯至2000年以上的周（约公元前11世纪～前221）、秦时代。如秦（公元前221～前206）时，松开始被大规模用于营造行道行（《史记》）。汉代（公元前206～公元23）之后，松常用于都城、宫苑、渠提、墓地、寺庙、庭院及荒山绿化。如《魏春秋》："树松竹草木"于都城洛阳；《金陵地记》："东晋令刺史罢还种松百株，郡守五十株"。东晋陶渊明喜种松菊，被称为"松菊主人"（《全芳备祖》）；北京故宫内藏的宋人画"十八字仕图"四幅，其中二幅画有松树盆景图形。

形态特征　常绿乔木，大枝多轮生。冬芽显著。叶2型：①鳞叶（原生叶）单生，螺旋状排列，幼苗时为扁平条形，后渐退化成膜质苞片状；②针叶（次生叶）常2针、3针或5针一束，生于鳞叶腋部不发育短枝顶端，基部为由芽鳞组成的叶鞘所包；全缘或有细锯齿，腹面每侧有3～5条气孔线。雌雄同株，雄球花多穗状聚集于新枝下部的苞腋，雌球花多生于新枝近顶端处；球果种鳞木质，排列紧密，翌秋成熟。

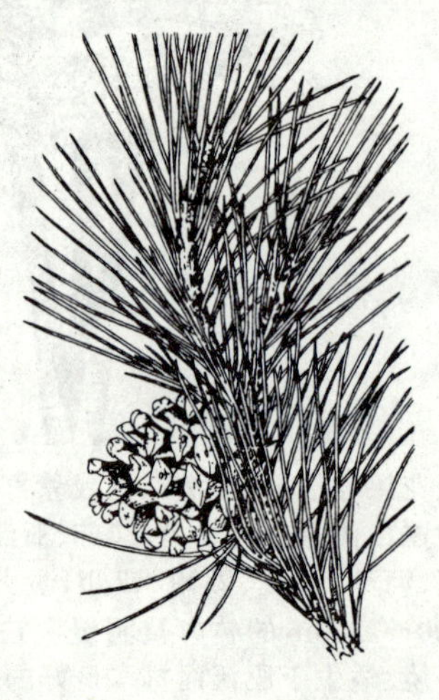

主要种类　松属约80多种。中国产20余种，自国外引进40余种。分两个亚属：

白松亚属（Subgen *Strobus*）　叶鞘早落，鳞叶不下延，叶具1条维管束。

①叶五针一束者：红松（*P. koraiensis*），高达50m；树皮灰褐色、纵裂，内皮红褐色；小枝密被柔毛；种子

大,千粒重约450g。产中国东北及俄罗斯西伯利亚东部、朝鲜、日本。偃松(*P. pumila*),别名爬松。高约6m,树干通常伏卧状,基部多分枝。产中国东北及俄罗斯西伯利亚东部、日本北部。华山松(*P. armandi*),树皮裂片不脱落,小枝绿色,种子大。产中国陕西、甘肃、四川、山西、河南、河北、云南、贵州及西藏东部的中山地带。海南五针松(*P. fenzeliana*),别名葵花松。高达50m,小枝淡褐色,叶细柔,种子形似葵花籽,较大。产中国海南、贵州及广西东南部1000~1600m山地。乔松(*P. griffithii*),高达70m,小枝绿色,叶、球果长而悬垂。产中国西藏、云南西北1600~3300m山地。台湾五针松(*P. morrisonicola*),与日本五针松接近,但小枝无毛。产中国台湾。毛枝五针松(*P. wangii*),小枝暗红褐色,密被柔毛;叶短硬。产中国云南南部500~1000m山地。华南五针松(*P. kwangtungensis*),与毛枝五针近似,但小枝无毛。产中国湖南、贵州、广西、广东及海南700~1600m山地。国外引进种:北美乔松(*P. strobus*),别名美国白松。高达60m;树皮紫色,深裂;分枝低,枝分层明显;叶细柔。原产加拿大东南和美国东北。日本五针松(*P. parviflora*),别名五钗松。小枝绿色,后为黄褐色,密被柔毛,叶细短,种子较大。生长较慢,常作盆景栽培。原产日本。②叶三针一束者:白皮松(*P. bungeana*),树皮白褐相间呈斑鳞状;小枝灰绿色无毛。寿命达1000年以上。产中国陕西、甘肃、山西、河南、湖北及四川等地。

松亚属(Subgen *Pinus*) 叶鞘常宿存,鳞叶下延,叶具2条维管束;种鳞的鳞脐背生,种子具长翅。①叶二针一束者:赤松(*P. densiflora*),树皮橘红色,浅裂。叶细柔,丛生短枝上。产中国辽东半岛、山东半岛及朝鲜、日本。樟子松(*P. sylvestris* var. *mongolica*),干下部皮灰褐色,深裂,上部树皮及枝皮淡褐黄色,浅裂。抗风沙、耐干旱能力极强。产中国大兴安岭。油松(*P. tabulaeformis*),树皮褐灰色,裂缝及上部树皮红褐色。孤立老树分枝成层,树冠平顶;球果常宿存。寿命达1000年以上。产中国温带地区。马尾松(*P. massoniana*),树皮红褐色,下部灰褐色,小枝淡黄褐色,针叶细柔,下垂或微下垂,针叶丛形似马尾。产中国中南部各地。黄山松(*P. hwangshanensis*),小枝淡黄褐色或暗红褐色,无毛;种子有红色斑纹。生于裸岩或石缝间者,10年生尚不盈尺,移之可供盆栽。抗风能力极强。产中国长江中下游流域800~1800m高山。长白松(*P. sylvestriformis*),树干通直,树皮红色,产长白山二道白河。欧洲赤松(*P. sylvestris*),树皮红褐色;叶粗短、扭曲,蓝绿色,冬季黄绿色。原产欧洲。旋叶松(*P. contorta*),树形差异极大,树皮小鳞状剥落,叶短、扭曲。球果熟时紫棕色。原产北美西部。黑松(*P. thunbergii*),树皮灰褐色至灰黑色,小枝淡褐灰色;叶刚硬。耐盐碱土。原产日本及朝鲜。②叶三针一束者:长叶松(*P. palustris*),叶刚硬,长20~45cm,数针叶束形成莲座状;幼苗丝草状。原产美国东南。西黄松(*P. ponderosa*),高达75m,树皮淡黄棕色,下部枝下垂;叶长、扭曲。耐盐碱。原产北美西部。火炬松(*P. taeda*),冠形似火炬;嫩枝灰绿色,后变黄褐色或淡褐色。原产美国南部及东南部。湿地松(*P. elliottii*),树皮纵裂;鳞叶干枯后宿存,故小枝斑剥状;叶2或3针一束。耐湿地,可抗十二级强台风。原产美国东南部。加勒比松(*P. caribaea*),嫩枝粉绿色,后变黄褐色或淡褐色。可抗十级强台风。原产加勒比海地区。刚松(*P. rigida*),别名萌芽松。根颈处树干及枝常生不定芽。原产美国东部和加拿大东南部。在干旱多石的土壤中表现良好。展松(*P. patula*),纤细小枝略下垂,枝皮鳞状,淡黄红色;叶纤细,悬垂。原产墨西哥东部。③叶多数五针一束者:卵果松(*P. oocarpa*),果球形至卵状球形;树皮厚,纵浅裂;小枝淡褐色,刚硬上举;耐干旱。产墨西哥西部和中美洲。

产地、分布与习性 自然分布于北半球,北至北极圈,常组成大面积纯林,很少跨越赤道。近年来广泛引种于南半球,在南美洲、南非、澳大利亚、新西兰等地区松树已成为重要的绿化和风景树种。不同种类的分布区广窄差异甚大,每种松树的适应地区范围相去甚远。多数适应性广,具有广泛的生态幅度,适生于砂质酸性土,耐贫瘠干旱环境。特别是"两针松",种子具长翅,随风远扬,在山脊石隙岩缝可飞籽成林。在高山岭巅经强风剪裁,形成矮曲林,或孤立木,或丛生,呈现虬干截冠,横枝垂崖,构成奇松怪石的特殊景观,如安徽黄山、九华山,江西庐山,湖南张家界岭顶的各种松树群等。松树也能在裸露地飞籽成林,可保留母株获得更新。

繁殖栽培 种子繁殖。秋季采种,播种前是否需要层积催芽依种类不同而异。苗床育苗宜选酸性、湿润、疏松、排水良好的土壤,多在春季播种。近年来容器育苗得到广泛应用。以春季造林为住,也可雨季或秋季造林。园林栽植宜用大苗。大树的移植应带土球并加以包扎,可事前对根系进行适当修剪。还可直播造林。营养繁殖通常应用于栽培种类和品种。高枝压条及嫁接(多用腹接)效果较好;扦插也可生根,但成活率低;还可用"松针束"扦插,它实际上是一种短枝扦插,经生长素处理可生根成苗。

病虫害防治 主要有:①松毛虫:油松松毛虫(*Dendrolimus tabulaeformis*),马尾松松毛虫(*D. punctatus*),云南松松毛虫(*D. latipennis*)和赤松松毛虫(*D. spectabilis*),可用赤眼蜂,或白僵菌、苏云金杆菌等防治3~4龄幼虫;或用超高效的除虫菊酯类杀虫剂防治幼虫。防治油松松毛虫、赤松松毛虫,还可在冬季用4cm宽的光滑塑料薄膜带在树干上围环,以阻隔

地下越冬的幼虫上树。②松梢螟(*Dioryctria splendidella*),可使用杀虫脒、亚胺硫磷、杀螟硫磷乳液防治。③松突圆蚧(*Hemiberlesia pitysophila*),可用杀扑磷、喹硫磷等防治。④柱锈菌病:茶藨生柱锈菌病(*Cronartium ribicola*),中间寄主(在中国东北及朝鲜)是马先蒿(*Pedicularis resupinata*)等,防治方法是清除中间寄主;防治栎柱锈菌病(*C. quercuum*)的方法是,在低湿高温的地方避免松栎混交;⑤松线虫病(*Bursaphelenchus xylo ophilus*),喷洒杀螟硫磷乳液,毒杀传播该病的松墨天牛(*Monochamus alternatus*)。

园林应用　松树枝繁叶茂,终冬不凋,苍劲、挺秀、青翠,老树尤显雄伟高雅,广泛应用于公园、绿地、居民区、墓地、厂矿区、商业中心及公共建筑等面积较大的风景区。油松、白皮松、华山松、乔松、北美乔松、展松、马尾松、黄山松等列植、孤植比群植更能显示松树优雅迷人的外观和分枝特性。有的种类可用作行道树;偃松、日本五针松等矮生观赏种类常对植庭前及门厅入口处,也常用作盆景;赤松、黑松、刚松、西黄松等则可用于营造海岸防护林。松类叶色多变(从蓝色至暗绿色)、质地多样(从细腻至粗糙),可产生多种景观效果。明代吕初泰《雅称》云:"松骨苍,宜高山,宜幽洞,宜怪石一片,宜修竹万杆,宜曲涧粼粼,宜寒烟漠漠"。指出了松树在造园上的应用范围以及与其他景物的配合方法。古人称松竹梅为"岁寒三友"、松梅兰竹为"四友"、松竹梅兰芭蕉为"五清"、松柏槐榆梓梅为"六君子",这些造景配植方式今亦适用。

(吴中伦　江泽平)

松霞(silver cluster cactus; little candles)　*Mammillaria prolifera*,别名黄毛球。仙人掌科乳突球属多肉植物。染色体数 2n = 22。丛生,单个球体小,圆筒状,直径 3~4cm,高 4~6cm,暗绿色。疣状突起小、圆形。刺座无毛,疣突腋部密生短绵毛。周刺 40~60,刚毛状,白色。中刺 5~9,稍粗,暗黄色。小花漏斗状,直径 1.2~1.4cm,黄白色。果实红色。原产西印度群岛的背风地带,为热带干湿季气候,年降水量 1000~1500mm,但冬季雨量很少。

可在早春结合换盆分株,分株不宜分得太小,可先把满盆株丛分成几盆,待长满拥挤时再分成几盆,这样既安全,生长又快。播种繁殖容易出苗。通常不用嫁接。宜排水良好的肥沃砂壤土,可用腐殖土 2 份加 1 份粗砂配成。喜阳光充足,但夏季也应适当遮荫,冬季温度保持 10℃。冬季室内应保持盆土稍干燥,整个生长季节可在室外培养,但应注意避免盆土积水。宜用浅盆栽植,可每年换盆一次。

园林应用:生长快,成丛,满盆绒球上既开花,又同时点缀着鲜红的果实,十分美丽,为家庭小型盆栽的理想品种。

同属植物种类繁多,至少在 300 种以上,习见栽培的还有:棉花球(*M. bocasana*),小球丛生,直径 5cm。疣状突起腋部无毛。周刺 25~30,白色,毛状。中刺 1~3,黄褐色,1 根有钩。花黄白色。果实红,存留观赏期很长。白龙球(*M. compressa*),植株卵形或球形,茎有白色乳汁。常长成很大的株丛。疣突腋部具绵毛和刺毛。周刺 2~6、白色,后变为褐色,花深紫红色。金筒球(*M. elongata*),植株圆筒状,丛生,球体长 10cm,直径 3cm。疣突腋部无毛或稍有绵毛。周刺 15~20、弯曲、针状,黄至白色。中刺无或仅 1。花浅黄至白色,长 1.5cm。银毛球(*M. gracilis*),球体细长,密集丛生。疣突腋部稍具绵毛。周刺 12~14、白色。中刺 3~5、褐色。花黄至白色。金刚球(*M. magnimamma*),植株扁球形,丛生,茎有白色乳汁。疣突具 4 棱,腋部有白色绵毛。周刺 3~6,浅褐色,刺尖黑色。中刺无或偶有 1~2。花深红色,径 2~2.5cm。大福球(*M. perbella*),球体单生或有分枝,高 8~9cm,直径6~7cm。疣突腋部有绵毛。周刺 14~30、白色、针状。中刺 1~2、锥形、白色。花粉或红色。白星(*M. plumosa*),植株球形,径 6~7cm,丛生,疣突腋部被白色绵毛。周刺 40、柔软,羽毛状,白至浅黄色,花黄至绿白色。玉翁(*M. hahniana*),植株球形或扁球形,直径 10cm,淡绿色。疣突圆锥形,腋部有白毛。周刺20~30、白色。中刺 2~3,刺端褐色,花紫红色。白玉兔(*M. geminispina*),丛生,单个球体直径 8cm,长 18cm。茎有白色乳汁。新刺座有白色绵毛。疣突腋部有白色软毛。周刺 16~20,软而细、白色。中刺 2~4、针状、白色,刺端褐色。花红色。绒毛球(*M. multiceps*),植株丛生,单个球体直径 2cm。疣突腋部有长软毛。周刺 30~50、毛状、白色。中刺 6~8(偶 12)、细针状、白色,刺端深黄至红褐色。花黄色,果红色,经久不落。

(徐民生)

楤木(Chinese aralia)　*Aralia chinensis*,别名虎阳刺、鹊不踏。五加科楤木属落叶灌木或小乔木。染色体数 2n = 2x = 24。高达 8m,树皮灰色,疏被粗短刺,小枝被黄棕色绒毛。2 或 3 回羽状复叶,互生,小叶 5~11 枚,阔卵形至长卵形,具锯齿。伞形花序,组成大形圆锥花序。花杂性同株,白色,花期 7~9 月。浆果球形黑色,具 5 棱,9~10 月成熟。中国长江、黄河流域均有分布。耐阴,喜生于灌木丛、林缘、路边排水良好、疏松的腐殖质土。播种、扦插或分根繁殖。种子千粒重 1.5g。本种叶大鲜绿,枝干具刺,为优良刺篱和园林点缀树种。本属常见的还有辽东楤木(*A. elata*),灌木或小乔木,高达 6m。伞房状圆锥花序。花白色 5 瓣,花期 7 月。果实黑色球形,9 月成熟。产中国东北长白山、小兴安岭及辽东地区,俄罗斯、朝鲜、日本也有分布。

(任步钧)

送春花（farewell to spring） *Clarkia amoena*（*Godetia amoena*），别名晚春锦、古代稀。柳叶菜科山字草属一年生草本植物。染色体数 2n＝14。株高 20～60cm。叶披针形至卵状披针形。穗状花序，花瓣 4，瓣长 2.5～3.5cm，花紫桃红至雪青色，通常花中部有深红色大斑块，有光泽，花径 3～6cm，花期夏季。有白、粉红等园艺品种。原产美国加利福尼亚州。喜凉爽气候，不耐寒，适全光下生长。播种法繁殖，秋、春皆可。作花坛或盆栽观赏。

木属植物 5 种，用于栽培的还有：山字草（*C. elegans*），别名绣衣花。株高 50～80cm，直立性，少分枝。总状花序顶生，长达 30cm，花径约 2.5cm，花紫红或玫红色，花期夏季。细叶山字草（*C. pulchella*），多分枝，常丛生，被短柔毛。叶条形或狭披针形，全缘。花瓣有 3 个开展的裂片，爪较短，有一对弯齿，花淡紫至白色。花期夏季。有重瓣及色彩繁多的品种。矮古代稀（*C. concinna*），别名晚春锦。株高 20～30cm，株丛圆整。叶长圆形，两端渐尖。稀疏短穗状花序顶生。花冠漏斗形，径约 5cm，有矮生和重瓣品种。花色有白、红和紫色，花期夏秋。适作花坛、切花及盆栽。

（刘 春）

溲疏（scabrous deutzia） *Deutzia scabra*，虎耳草科溲疏属落叶灌木。染色体数 2n＝10x＝130。高约 1.5m；小枝淡褐色，枝皮剥落；花枝叶卵状披针形或长椭圆形，叶柄极短或抱茎；营养枝叶宽椭圆形或圆形，上面粗糙略皱，被锈褐色星状毛，下面星状毛较密；

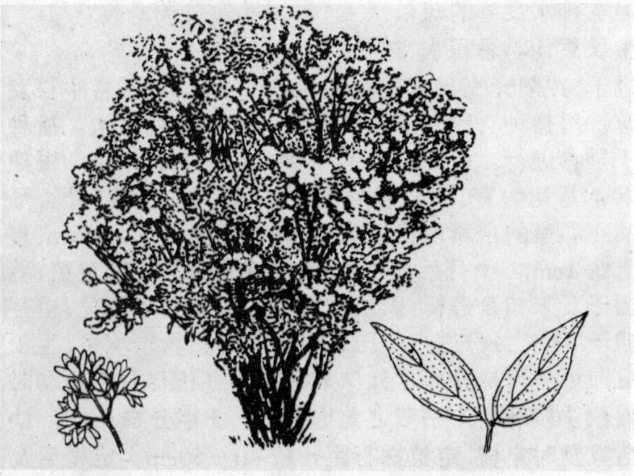

圆锥花序，花白色；蒴果半球形，径 3mm；花期 5～6 月，果期 7～8 月。变种和栽培品种有：狭叶溲疏（var. *angustifolia*），叶长椭圆状卵形或卵状披针形；黄斑叶溲疏（var. *marmorata*），叶具黄白色斑点；白斑叶溲疏（var. *punctata*），叶具白色斑点；紫花溲疏（var. *plena*），花表面呈玫瑰紫色，重瓣；彩色溲疏（var. *waterevi*），花白色，表面有淡红色斑点。'曲办'溲疏（cv. Azaleiflora），花较小，花瓣反曲。'白花'溲疏（cv. Candidishima），大灌木，花重瓣，纯白色。钟花溲疏（cv. Macroccphara），花大，钟状，白色。溲疏产于中国浙江、江西、江苏、安徽、湖南、贵州等地，日本也有分布。喜光，稍耐阴；有一定的耐旱耐寒能力；喜温暖湿润气候，喜微酸性和中性土壤。性强健，萌蘖力强，耐修剪。用播种、分株、压条和扦插法繁殖均可。

溲疏夏季开白花，花繁素雅，花期较长，其重瓣变种更加美丽。宜丛植于草坪、林缘、路旁、岩石园，也可作花篱。花枝可作切花观赏。根、叶、果实可入药。

同属中常见栽培观赏的有：大花溲疏（*D. grandiflora*），灌木，高达 2m；花 1～3 朵生于侧枝顶端。花期 4～5 月，6 月果熟。产中国辽宁、内蒙古、山东、陕西、河北、湖北等地。小花溲疏（*D. parviflora*），染色体数 2n＝2x，6x＝26，78；灌木，高达 2m。花期 5～6 月。产中国华北、东北各地。壮丽溲疏（*D.* × *magnifica*），灌木，高达 2m。圆锥花序，花重瓣，白色。中国江苏、浙江、上海、庐山有栽培。其栽培品种有：'散花壮丽'溲疏（cv. Eburnea），花序松散，单瓣，白色。'大花壮丽'溲疏（cv. Latiflora），花大，直径达 2.5cm，单瓣，白色。'长瓣壮丽'溲疏（cv. Longipctala），花瓣长，白色。'聚伞壮丽'溲疏（cv. Macrothyrsa），花序大，白色。异色溲疏（*D. discolor*），染色体数 2n＝8x＝104。灌木，高达 3m。花白色或粉红色。产中国华中。栽培品种有'大花异色'溲疏（cv. Major），花大，直径 2.2～2.5cm，白色，瓣外有粉红色晕。长江溲疏（*D. schneideriana*），圆锥花序，花白色，产中国湖北、浙江、江西。其变种有疏花长江溲疏（var. *laxiflora*）。四川溲疏（*D. setchuenensis*），花小，星形，白色。产中国四川、湖北等地。变种有伞花四川溲疏（var. *corymbiflora*）。此外，尚有长梗溲疏（*D. vilmoriniae*）及一些人工杂交种，如钟花溲疏（*D.* × *rosea*）、月桂溲疏（*D.* × *kalmiiflora*）、杂种溲疏（*D.* × *hybrida*）等。

（张治明）

苏铁（sago cycas） *Cycas revoluta*，别名铁树、铁甲松等。苏铁科苏铁属常绿灌木。珍贵的古生孑遗植物。染色体数 2n＝2x＝22。苏铁类植物最早出现于二亿多年前的古生代早二叠纪，中生代晚三叠纪至早白垩纪最为繁盛，晚白垩纪渐衰。现代苏铁类植物仅存 1 科 11 属约 148 种，中国有 1 属 14 种。中国栽培历史较久,古人将苏铁栽植于寺庙中,既供观赏,又添清雅气氛。现在城市绿化中普通应用。

形态特征、分布及习性　高达8m,树干圆柱形,多不分枝。叶着生于干端,呈棕榈状树型。羽状叶大,小羽片厚革质,条形,缘向下反卷,达100对以上,上面深绿色而有光泽。雌雄异株。种子红褐色,被绒毛。花期5～8月,9～10月种子成熟。主产中国南部,在福建连江县均有自然分布。广东、台湾、海南、福建、广西、四川、云南等地多作露地栽培,其他各地多行盆栽。日本南部、菲律宾和印度尼西亚也有分布。喜温暖湿润环境,能耐0℃左右短暂低温。喜光,不耐暴晒,可耐半阴。根肉质,不耐涝。在华南及四川、云南能露地过冬,并能开花结籽。在长江流域及北方因积温不足,开花不易,偶有开花结籽者。喜通风良好。土壤一般不拘,而以肥沃、微酸性砂质壤土为好。生长慢,寿命长约200年。

繁殖栽培　可用播种、分蘖法繁殖,后者应用较多。早春3～4月将萌蘖割下,栽在潮润的粗沙中,放半阴处养护,约2个月后陆续长出新根。根部有发达的珊瑚状根瘤菌,固氮能力强,一般可不施肥。高温干旱天气,叶面经常喷水,可防日灼。在冬寒地区,要及时移入温室。

病虫害防治　病害有叶斑病、干腐病、根腐病;虫害有苏铁肾圆盾蚧(*Aionidiella* spp.)、红腊蚧(*Ceroplastes ceriferus*)、苏铁牡蛎蚧(*Lepidosaphes cycadicola*)等多种蚧类。叶斑病可用抗菌类农药防治;干腐病清除腐烂部位后,涂刷多菌灵于患部;根腐病可导致全株死亡,要注意土壤排水,剪除腐烂根、换土。蚧虫蔓延很快,应及时刷除后再喷杀虫药。

园林应用　树形古朴秀丽,花大而奇特,是很好的盆栽材料,可用于布置庭院、大型厅堂、会场及居室等。叶片还是很好的插花装饰材料。此外,花、叶、种子俱入药。

同属中供观赏栽培种尚有:叉叶苏铁(*C. micholitzii*),别名龙口苏铁,高达60cm,羽状叶长达3m,小叶呈叉状2回羽状深裂。产中国广西龙州。喜温暖。拳叶苏铁(*C. circinalis*),别名刺叶苏铁。羽状叶长达2m,大孢子叶厚而窄,常形不成雌花球。产印度尼西亚、澳大利亚、越南、印度及马达加斯加等地。中国南部有栽培。宽叶苏铁(*C. balansae*),树干矮,羽状叶长2.5m,小裂片边缘常波状。种子黄褐色,近卵圆形,喜温暖、半阴。产中国云南西双版纳及思茅、潞西等地;泰国、缅甸、越南有分布。四川苏铁(*C. szechuanensis*),树干易分叉,羽状叶长达3m,叶轴直立性强。中国四川成都及其附近地区有栽培。攀枝花苏铁(*C. panzhihuaensis*),高达2.5m,羽状叶长1.5m,种子橘红色,近圆球形。主产中国四川攀枝花市及附近金沙江干热河谷,喜阳,耐旱。海南苏铁(*C. hainanensis*),羽状叶长2m,叶柄两侧之刺密生;大孢子顶生,裂片特宽大。产中国海南万宁县及海口等地。篦齿苏铁(*C. pectinata*),高达3m,上部常分枝。大孢子叶顶片篦齿状深裂,种子较大,卵圆形。产中国云南西双版纳等地,昆明一带常有栽培。印度、尼泊尔、锡金及中南半岛诸国也有分布。台湾苏铁(*C. taiwaniana*),叶边缘扁平或稍反曲。高达3.5m,羽状叶长1.8m。主产中国台湾东部,海南也有分布。贵州苏铁(*C. guizhouensis*),高可达1m,羽状叶长达1.6m。产中国贵州兴义及云南东南部。

(杨思源)

宿根福禄考(perennial phlox)

Phlox paniculata,别名天蓝绣球、锥花福禄考、草夹竹桃,花葱科福禄考属多年生草本植物。染色体数2n = 2x = 14。原产北美洲,18世纪中叶,福禄考属植物开始园艺化,1973年传入欧洲后,育成不同花型和花色的品种。茎粗壮直立,高60～100cm。叶卵状披针形至长圆状披针形,全缘,对生,上部常呈三叶轮生。圆锥花序顶生,花朵密集,花冠呈高脚碟状,花径2～2.5cm,萼片狭细,花有白、粉、红、淡蓝、淡紫等色。花期7～9月,并有早、中、晚品种之分。果熟期9～10月。喜阳耐寒,对土壤要求不严,但在排水良好的疏松沃土生长更佳。忌积水、过热、过干,在阳光充足或稍荫蔽的条件下,均可正常生长发育。用播种、扦插、压条和分株等方法均可繁殖。播种于早春进行。扦插可分为根插、茎插和单芽插。根插以4月初为宜,将较粗壮的根切成3cm左右一段,平铺在温室的苗箱内或温床中,株行距为5cm×10cm,覆土约1cm,1个月后即可发芽,待苗高10cm时定植;茎插于夏末初秋进行,以植株上部的成熟枝条为佳;单芽插于6～7月份进行。压条繁殖春、夏、秋季均可,生根后即可与母株分离。分株繁殖在早春植株开始萌动时或秋季枝叶尚未枯萎之前进行,3～5年分株一次。幼苗宜及时定植,定植株行距一般40～50cm。定植后及

时灌水和施肥，5～6 月摘心，促生分枝，抑制株高，并可延迟花期。秋后齐地面剪除地上部，不需保护即可过冬(但定植当年应覆盖防寒)。可作花坛、花境材料，也可盆栽观赏，或作切花用。

同属中多生年的种类很多，均原产北美洲。如：匐地福禄考(*P. stolonifera*)，匐地丛生，花期 5～6 月份；丛生福禄考(*P. subulata*)，宿根丛生，花期 4～5 月；斑茎福禄考(*P. maculata*)，茎有紫色斑点，花芳香，花期 7 月。

(朱秀珍)

宿根花卉 (perennial flower; perennials) 植株地下部宿存越冬而不膨大，次年继续萌芽开花，并可持续多年的草本花卉。宿根花卉种类繁多，大多花色艳丽，适应性强而其栽培管理粗放，一次栽植后，常可多年观赏，是园林布置的重要材料。

宿根花卉多属寒冷地区生态型，可分较耐寒和不甚耐寒两类，前者可露地栽种，后者需行温室栽培。大多于春、夏抽芽、开花、结实，秋季贮存养分于根部，并在茎节处形成越冬芽，地上部分随即因严冬来临而枯萎。宿根花卉花前多需经历一段低温，并在充足光照下生长发育。少数种类如耧斗菜、落新妇等，则喜半阴环境。繁殖以分株为主，多在休眠期进行。春季开花的种类常在秋、冬季节分株，秋花的则多在春季分株。新芽少的种类，还可另行扦插、嫁接繁殖。播种繁殖多用于培育新品种。种植宿根花卉之处，要先深翻土地，施足有机肥，而栽植不宜过深。生长期内可酌施液肥，春季发芽前在株旁挖沟施堆肥。耐寒性差的种类，宜在冬前灌冻水，再覆盖防寒。栽培数年后，株丛过挤、长势衰退、开花稀少，病虫也渐多，宜结合分株重栽一次，或淘汰弱株、老株，补栽新苗，使之更新复壮。

宿根花卉宜植于花坛、花境等处，如菊花、芍药、荷兰菊、蜀葵，等等。有些宿根花卉同时又是地被植物。有的还适作切花、盆花用。如菊花、风铃草、一枝黄花，等等。

(龙雅宜)

宿根天人菊 (perennial blanket flower) *Gaillardia aristata*，菊科天人菊属多年生草本植物。染色体数 2n＝36，72。株高 50～90cm，全株密被粗硬毛，叶互生，全缘至波状羽裂。总苞鳞片呈线状披针形，头状花序单生于茎顶，径 6～10cm，舌状花黄色，基部紫色，管状花紫褐色。现在大量栽培的大多为大花四倍体(*G.* × *grandiflora*)。原产北美西部，1812 年传入欧洲，现广泛栽培于各地。喜排水良好，阳光充足的壤土或砂壤土，春、秋播种均可。春播当年开花。分株于早春或秋天进行。8～9 月也可用嫩茎扦插繁殖。适于作花境材料，也可作为宿根花坛用材，还可用作切花。

(朱秀珍)

宿根亚麻 (perennial flax) *Linum perenne*，别名蓝亚麻。亚麻科亚麻属多年生草本植物。染色体数 2n＝18。株高 30～60cm，茎丛生直立而细长。叶互生，呈浅蓝绿色，条形或披针形。聚伞花序，花浅蓝色，径约 2.5cm，倒卵形，花瓣互相分离而不交叠，萼片卵状披针形。花清晨开放，下午凋谢。蒴果卵形。原产欧洲，耐寒。春、秋季播种繁殖。春播，当年开花；秋播，翌年 6、7 月份开花。喜阳光充足、排水良好而肥沃的土壤，不耐移植。生长旺季应保持土壤相对湿润，注意随时剪去凋谢的花朵，以减少养分消耗。寒冷地区，冬季需覆盖防寒，在北京可露地安全越冬。常用于庭园和花坛，尤其适用于岩石园、夏花坛及永久性花坛栽植。同属植物 230 种。常见的有：黄花亚麻(*L. flavum*)，株高 40～60cm，花径 2～2.5cm；高山亚麻(*L. alpinum*)，高 20cm，花蓝色，爪部黄色，花期 7～8 月。

(穆 鼎)

酸豆 (tamarind) *Tamarindus indica*，别名酸梅、酸角、罗望子。苏木科酸豆属常绿乔木。染色体数 2n＝24，26，28。高 10～15m，树皮暗灰色，不规则纵裂。偶数羽状复叶，小叶 10～20 对，长圆形，先端圆钝或微凹，基部圆而偏斜。总状花序顶生，少有分枝，花黄色或杂有紫色条纹，花期 5～8 月。荚果圆柱状长圆形，棕褐色，长 6～15cm，种子褐色有光泽，果期 12 月至翌春。原产非洲，现南亚热带地区均有栽培，中国台湾、福建、广东、海南、广西、云南、四川西南均有栽培或逸为野生。种子繁殖。树干粗大，枝叶茂密，冠幅

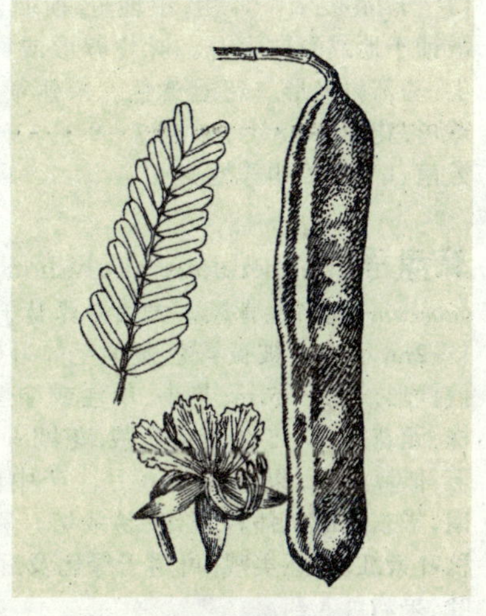

大，兼有黄色的花朵，可孤植或配植于庭园、公园、宅院或作行道树。果酸甜可口，可食用。

（梁健英）

酸浆（Chinese lantern） *Physalis alkekengi*，别名红姑娘、锦灯笼、挂金灯。茄科酸浆属多年生草本植物。茎直立，节部稍膨大，株高30～60cm，根状茎长，横向生长。下部叶互生，上部假对生，宽卵形、菱状卵形或长卵形，顶端渐尖，基部截形，偏斜状。花单生于叶腋，花萼钟状、5裂，被短柔毛，花冠幅状色白，浆果圆球形，成熟时呈橙红色，有膨大的宿存萼片包裹。花期6～9月，果期7～10月。中国除西藏外，各地均有分布，朝鲜、日本也有。生于山坡、田间较阴湿处，对土壤要求不严。播种繁殖。能自播繁衍。浆果色艳可供观赏，为重要干花材料。可入药。

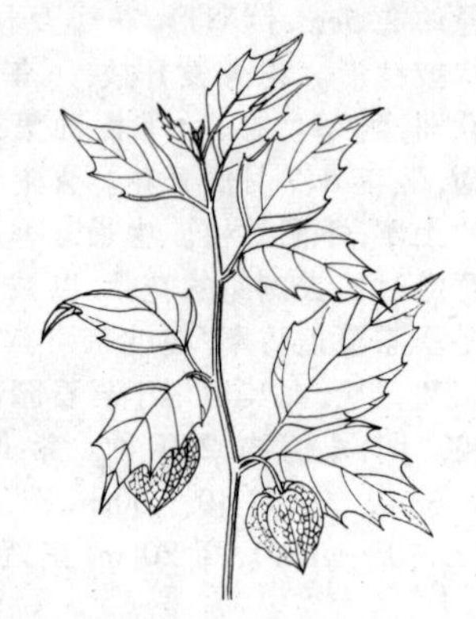

同属植物约100种以上，常见栽培的还有小酸浆（*P. minima*），一年生，主轴短，顶端多二歧分枝，植株散铺于地或斜向上升。叶片卵形或卵状披针形，顶端尖，基部斜楔形。花冠黄色。果柄细而短、俯垂，浆果球形，花期6～8月，果期7～9月。分布于中国河北、云南、广西、四川等地。

（朱秀珍）

算盘子（puberulous glochidion） *Glochidion puberum*，别名金骨风。大戟科算盘子属落叶灌木。高1～2m，小枝密被黄褐色短柔毛。叶矩圆形至矩圆状披针形，长3～5cm；花小，单性或杂性，雌雄同株或异株，无花瓣，2～5朵簇生叶腋，花期6～9月；蒴果扁球形，似算盘珠，果期8～10月。产中国西北、华中、华南、华东等地。播种繁殖；易栽培。算盘子果型别致，秋叶紫红，株丛美观，可用于绿化及庭园观赏。根、茎、叶、果均可入药。

（包满珠）

随意草（virginia false-dragonhead） *Physostegia virginiana*，别名芝麻花、假龙头花。唇形科假龙头花属多年生草本植物。株高60～120cm，茎直立丛生，稍四棱形，地下具匍匐状根茎。叶亮绿色，边缘有锯齿。穗状花序顶生，长20～30cm，单一或有分枝。小花唇形，筒长1.8～2.5cm，花色深红、粉红或淡紫色，花期7～9月。有多数变种及品种。主要变种有：白花随意草（var. *alba*）花白色；大花随意草（var. *grandiflora*）花鲜粉红色，花序较大；大随意草（var. *gigantea*）株高达2m以上，花大，暗红色。主要品种有：'花球'（cv. Bouquet Rose）、'活泼'（cv. Vivid）等。原产北美，1683年传入欧洲，现广为栽培。较耐寒，喜疏松、肥沃、排水良好的砂质壤土，夏季干燥则生长不良。分株或播种法繁殖。2～3年分栽一次，早春或花后均可进行，残根留在土中易萌发繁衍。播种可在4～5月，播后约14天发芽。种子萌发力可保持3年。随意草叶秀花艳，栽培管理简易，宜布置花境、花坛背景或野趣园中丛植，也可作切花材料。

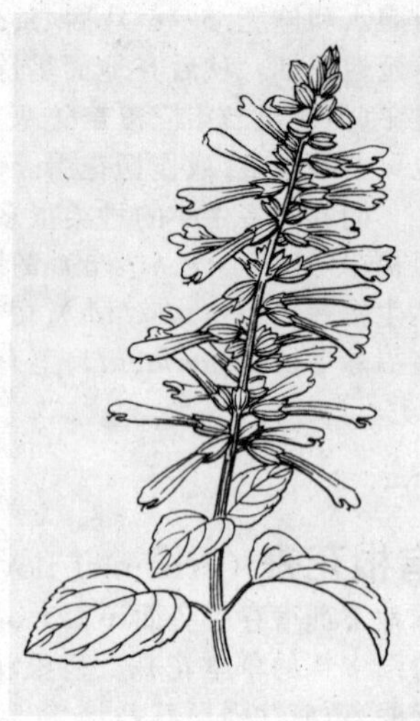

（葛 红）

穗花杉（amentotaxus） *Amentotaxus argotaenia*，红豆杉科穗花杉属常绿小乔木或灌木，中国特有树种。高7～10m，树皮灰褐或红褐色。片状剥落，小枝绿或黄绿色；叶对生，排成两列状，条状披针形，边缘微反卷，长3～11cm，中脉隆起，背面有两条与绿色边带约等宽的白色气孔带；雌雄异株，雄球花2～4交互对生，排成穗状，生小枝顶部，雌球花生于当年生枝叶腋或苞腋，花期4～5月；种子翌年10月成熟，假种皮鲜红色。产中国浙江、江西、湖南、湖北、福建、广西、贵州、四川、甘肃、西藏等地，越南也有，多生于亚热带山地。较耐阴，适生于温凉湿润、雨量充沛（年均温12～19℃，年降水1300～2000mm）的环境。播种或扦插繁殖。树姿优美，秋季种子成熟时假种皮红色，为优良的观赏树种。

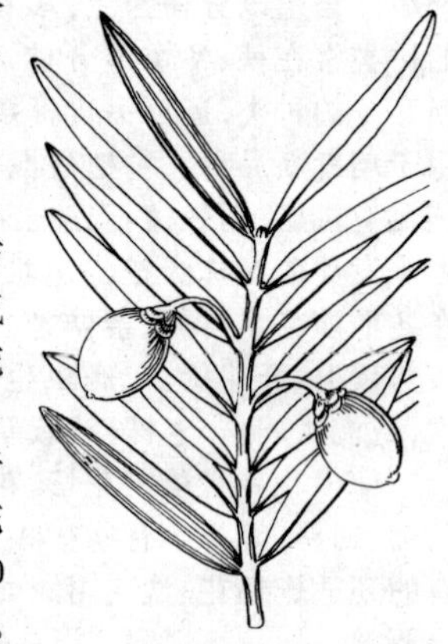

同属中可用于观赏的树种还有：台湾穗花杉（*A. formosana*），高约10m，种子成熟时假种皮深红色，产中国台湾南部，为台湾特产的珍稀树种；云南穗花杉（*A. yunnanensis*），高15～20m，树冠广卵形，种子成熟时假种皮鲜红或红紫色，产中国云南省东南部。

（陈耀华）

T

台湾翅子树（Taiwan wingtree） *Peterospermum niveum*，梧桐科翅子树属常绿乔木。染色体数2n＝38。高达20m。小枝幼时被黄色星状茸毛。单叶互生、矩圆形或矩圆状披针形，全缘。花单生叶腋，白色，径约5～7cm，花瓣5。蒴果矩圆形或矩圆状椭圆形。种子具翅。产中国台湾，菲律宾也有分布。阳性树种。喜温暖气候，不耐寒。喜生于土层深厚、肥沃、湿润的砂质土壤。播种或嫁接繁殖。树姿优美，花大，适作南方庭园的观赏树种。见于栽培的还有：翅子树（*P. diversifolium*），花白色，芳香。产中国云南。景东翅子树（*P. kingtungense*），花白色。产中国云南景东。

（叶超汉）

台湾肉豆蔻（cagayan nutmeg） *Myristica cagayanensis*，肉豆蔻科肉豆蔻属常绿乔木。染色体数2n＝42。高达20m，胸径达1m。叶互生，坚纸质，长椭圆形，长15～25cm，全缘。雌雄异株，假伞形花序腋生，花钟状，花被片3枚。果椭圆形，长约5cm，密被锈色星状绒毛，每果具种子1粒，假种皮红色，条裂状，果熟期12月至翌年1月。产中国台湾省南部；菲律宾也有分布。用种子繁殖。性喜温暖、湿润、半阴。本种叶大而常绿，树形挺拔，为南方庭园绿化树种。

（毛宗铮）

苔珊瑚（bead plant；coral berry） *Nertera granadensis*，别名薄柱草。茜草科薄柱草属宿根草本植物。茎匍匐，长15～25cm，高不及10cm，4棱，有不定根。叶多数，宽卵形，长4～7mm，稍肉质，先端钝或尖，柄长4～7mm。花浅绿色，小而多，花期5～6月。果多，橙红色，果期8月至深秋。原产中美至南美洲。喜温暖、湿润，半阴，不耐寒。以砂壤土为宜，生长期应注意通风，开花期宜稍干。分株、扦插或播种法繁殖。分株可在8、9月进行，置于10～12℃处越冬，翌年移植。播种后约12个月可以开花。适于盆栽和室内观果。

（吴应祥）

昙花（queen of the night；dutchman's-pipe） *Epiphyllum oxypetalum*，仙人掌科昙花属多浆附生性灌木。无叶，主茎圆柱状、木质，分枝扁平叶状，长达2m，边缘具波状圆齿。刺座生于圆齿缺刻处，幼枝有毛状刺，老枝无刺。夏季晚间8～9时开大型白色花，经4～5小时后凋谢。花漏斗状，长30cm以上，径

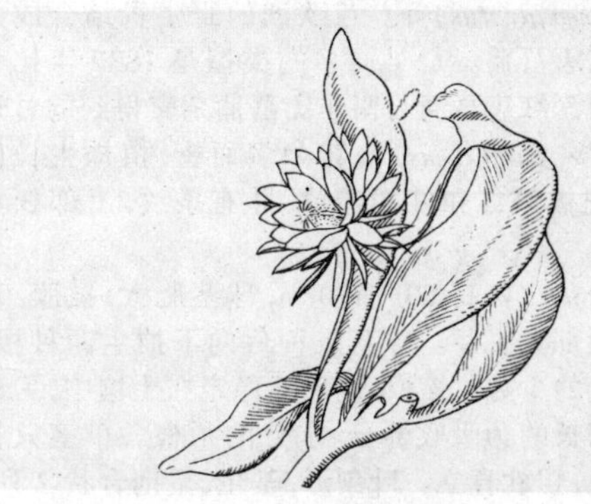

12cm，花筒稍弯曲。有香气。果实红色，有浅棱脊，成熟时开裂。种子黑色。原产墨西哥及中、南美洲热带森林中，喜温暖、湿润及半阴环境。

多用扦插法繁殖，可在生长季节剪取变态茎作插穗，20～30天即可生根。盆栽要求排水透气良好的肥沃壤土。生长季节可充分浇水并喷水，以增加空气湿度。夏季忌直射阳光曝晒，应放置室内通风良好的见光处或室外树荫、屋檐下。冬季入室，保持10℃以上，节制浇水，保持盆土不过干即可。可将腐熟液肥加硫酸亚铁施用。放置地点如过分荫蔽或肥水过量，易致徒长，反而开花稀少。如曝晒或阳光强烈，则变态茎萎缩发黄。盆栽时应及时设立支柱。为改变其夜晚开花不便观赏的缺点，可采用"昼夜颠倒"的办法，使其白天开放。当昙花花蕾膨大稍向上翘时，白天将昙花移到完全黑暗的条件下。从20点到第二天早晨6点，用灯光照射。这样处理4～5天，昙花就可按照人们的意愿，在上午8～9时开放。但以后若不进行昼夜颠倒的处理，它又恢复夜间开花的习性。

园林应用：昙花在中国华南、西南个别地区及台湾可种于露地，其他地区多作盆栽。适于点缀客厅、阳台及庭院。夏季开花时节，几十朵或上百朵同时开放，香气四溢，光彩夺目，十分壮观。此外，昙花还可入药。

同属植物约20种，但仅本种栽培较多。

（徐民生）

唐菖蒲（garden gladiolus） *Gladiolus × hortulanus*，别名菖兰、剑兰、扁竹莲、十样锦、十三太保。鸢尾科唐菖蒲属具被膜球茎的多年生草本植物。为多种源的园艺杂交种。本属染色体数多为2n＝30。但多倍体与非整倍体染色体数范围为2n＝60～130。

起源演化及栽培简史 唐菖蒲用于园艺栽培及育

种的原种集中产于南非。据传2000年前希腊、罗马人已开始用野生唐菖蒲为切花，18世纪前后始有栽培的记载，最早将野生种引为园艺栽培并加选育的是肉色唐菖蒲（*G. carneus*）、深红唐菖蒲（*G. cardinalis*）、南非唐菖蒲（*G. natalensis*）、对生花唐菖蒲（*G. oppositiflorus*）、报春花唐菖蒲（*G. primulinus*）、紫金唐菖蒲（*G. purpureoauratus*）等。与欧洲的野生种结合成为普通的园艺唐菖蒲。最早闻名的类型是1837年比利时育种家用深红唐菖蒲与南非唐菖蒲杂交得到的甘达温杂种（*G.* × *gandavensis*），花朵多而密，植株生长健壮、高大，花被鲜红和红中透黄，并有条纹，上部3片平展。

形态特征　株高80～170cm，球茎肥大，被膜，扁圆球形。顶部无主芽。球茎栽种后向下抽生两种根，即粗而白色的少数收缩根，使球茎稳定在土壤中，另外数量多而细长的为吸收养分、水分的须根。单茎只在开花时出现，粗壮直立。叶剑形，基生，呈抱合状2列，灰绿色。穗状花序着生花茎一侧，花呈两列状，花茎高35～75cm，着花8～24朵，花大，自下而上开放。花冠呈不规则漏斗形，花被6片。蒴果，种子圆而扁，有翅，千粒重7.5g。

变种、类型及品种　据1974年统计，已登记的品种约10 000余个，其分类方法有：

按花期分类　分为春花类和夏花类。春花类：在冬季无冻害情况下，于秋季栽种，翌春开花，植株矮小，花小，花色变化不多，但适应日照短、温度较低的环境。夏花类：春季栽种，夏季开花。此类数量较多，可分期栽种以延长采花期。

按花朵的排列状况分类　有规则形和不规则形两类。

按花形的大小分类　有巨花、大花、中花和小花四类。巨花类花径在14cm以上；大花类花径在10.5～14cm；中花类花径在8～10.5cm；小花类花径在6.25cm以下。

按花型分类　有号角型，花瓣基部合生部分较长并向同一方向弯曲；喇叭形，上下两组花瓣裂片相差不大，均反卷，花筒部分较短，不甚弯曲；荷花型，花瓣裂片稍尖，边缘内卷，开张度不大；飞燕型，花瓣裂片宽大，边缘有绉褶，形如大花飞燕草的花态；平展型，花瓣的开张度适中，向四周平伸。

按花色分类　分为白色及乳白色类，黄色、浅黄色及橙黄色类；深鲜红色及橙红色类；粉红色类；红色类；玫瑰紫与紫堇色类；紫色与蓝堇色类；烟色与暗灰色类及其他杂色类。至80年代，又有黄绿色与棕黄色新品种出现。

按开花期分类　早花类，从栽种到开花需60～65天。中花类，需70～80天开花。晚花类，需80～90天。

产地、分布与习性　世界各国普遍栽培，主要生产国为美国、荷兰、以色列及日本等。中国东北地区及甘肃等地，为主要种球生产地。

温度　球茎在－3℃受冻害。春季栽种时土温应达10℃以上，发芽后白天适温20～25℃，夜间10～15℃。如湿度适中，可耐40℃高温。高温、高湿时球茎易腐烂。

光照　长日照植物。生长季节每天至少需要10～12小时的光照，光照度在3500～10 000 lx可满足生长发育的需要。

土壤　喜土壤深厚、排水良好的砂质壤土，但也能够生长在只含1%有机质的砂质土中。在粘重土壤中根部易腐烂。最适pH值为5.8～6.5。土壤含水量以湿润为宜，花芽于叶片生长期间分化，应保持湿润，在花后球茎膨大期间应注意排水，挖球前7天应停止灌溉。

生长习性　种子无明显休眠期，采种后即可在保护地播种，20～25天出苗，经130～150天室内生长产生一代籽球，直径0.4～1.2cm。翌春将一代籽球播于露地，经120～130天生长，可有少量开花。常规栽培，种球15～20天苗出齐。第一片叶后每6～7天长新叶一片。2片叶后，花芽开始分化。在穗轴侧面交替分化小花原基。7叶期第一朵小花开始形成，花茎迅速伸长，当长出7～8片叶后，便抽穗开花，每天开1～2朵，每朵花可开2～3天，整个花序花期15天。授粉后35天左右种子成熟。当第3片叶长出后，在母球茎上开始形成新球茎。从开花到新球成熟，需40天时间。种球自然休眠期约60天。

繁殖　生产切花的种球以栽植籽球为主，也可采用组织培养方法。播种只用于育种，种球切割只在球茎少时采用。①籽球繁殖。春季按球茎大小分级，进行药物消毒（可用70%可湿性甲基硫菌磷粉剂800倍液，或苯菌灵1000倍液，加1500倍克菌丹液浸泡30分钟，捞出后直接混合在比籽球多一倍的锯末或稻壳中，置于20～25℃环境中催芽，经5～6天，即有60%的球茎生根发芽，然后栽植。垅栽：整地，顺垅开沟，深10cm，沟内均匀施入基肥，覆土盖肥后栽球，最后覆土压实。床栽：栽培床宽100cm，顺床开3条沟，其余操作方法同垅栽。②切球繁殖。剥除母球表皮，露出茎芽，以利刃将种球切成2～3块，种块必须带茎盘，每块保留1～2个芽。然后用0.5%高锰酸钾浸泡20分钟，或将切口沾上草木灰以防腐烂。③组织培养。对病毒侵染或退化严重的品种可用茎尖、花器等作外植体进行组织培养。

栽培　切花和种球生产多于露地进行。主要操作事项如下：

用小球生产球茎　球茎常按其直径分为6个等级。

美国唐菖蒲理事会(A.G.C.)分级标准：

	级 别	直径/cm	
大号	特级(Jumbo)	>5.1	培养切花
	一级(No.1)	3.8～5.1	
中号	二级(No.2)	3.2～3.8	
	三级(No.3)	2.5～3.2	
小号	四级(No.4)	1.9～2.5	培养球茎
	五级(No.5)	1.3～1.9	
	六级(No.6)	1.0～1.3	

直径在 1cm 以下的又分 3 级，即大级为 1cm 左右，中级为 0.6～1cm，小级为 0.6cm 以下。种植前选完整、无病小球，在 53～55℃热水中浸泡 30 分钟，再入冷水，捞出晾干后，置 2～4℃低温下贮存。根部稍有膨起时，即可种植。种前先用冷水浸泡两天则出苗快而齐。

整地包括土壤熏蒸和加除草剂，并调整 pH 值 5.8～6.5，施足氮、磷、钾肥料，使之达到 10∶4.4∶8.3 之比。垄宽 50～60cm，沟宽 10～13cm 单行垄栽。

切花的栽培　种植前需进行土壤消毒，每公顷用甲基溴三氯硝基甲烷 400kg。轮作可以减轻土壤病害。种植距离平均 1m 之内 13～17 个种球，行距 50～60cm，每公顷可产 13～19 万支切花。在第 2 片叶抽生时，如遇干旱则会减少花朵数。低温弱光也会减少花朵数量。

施肥：缺氮时减少花茎、花朵及发叶数量。缺磷时上部叶片暗绿色，基部叶片变紫色。缺钾会使花数减少，花茎变短，花期延迟，老叶和新叶叶脉间变黄。一般情况下每公顷需在整地时施氮肥 90～135kg，磷肥 90～180kg，钾肥 110～180kg。可施追肥 3 次：2～3 片叶时施肥一次，花序抽生阶段一次，开花半个月后再施一次。

采花后 2 个月，新球已经发育充实，即可收获。

促成栽培：早春或冬季促成栽培在温室内进行。将晾干的球茎在 3%的氯乙醇溶液中浸泡 2 小时，取出后置密封容器中，保持 25℃、24 小时即可种植。另一种方法是将掘出的球茎放在 1℃环境下 20 天，再用 38℃高温处理 10 天即可栽种。

采花、分级、包装、贮存与运输：下部 1～5 朵花已经透色时，即可连同 2～3 片叶割下，每 100 支一捆，进行分级。例如美国的分级标准是特级、高级、标准级和常用级等。要求茎长 81～107cm，花数 10～16 朵。同品种同级的 10 支一束，捆好直立于桶内放在 4～6℃环境下。分级后 24 小时以内进行包装，每束外面包上聚乙稀薄膜，每 15～24 束装入 107～130cm×33cm×33cm 的箱中，箱外包以塑料薄膜，存放于 4℃的贮藏室内。质量的降低与贮存、运输时间有直接关系。大规模运输或运输时间较长多采用化学药剂保鲜。保鲜液的主要成分为水、糖、杀菌剂、无机盐、有机酸、植物生长调节剂、乙烯抑制剂和颉颃剂等。

育种　唐菖蒲育种程序如下：①在花药散粉前去雄。只留下面 3～4 朵花。②雄蕊开始散粉时立即使用，或将花药取下贮存在有干燥剂的小瓶中放入冰箱，可保存 3 个月。③开花后 1～2 天，3 裂柱头呈羽毛状，为授粉的良好时期。可用镊子取下花药，直接在柱头上轻轻涂抹。④蒴果成熟后采收。

病虫害防治

细菌性病害　细菌性枯萎病（*Xanthomonas campestris* pv. *gummisudans*）、疮痂病（*Pesudomonas marginata*）、软腐病（*Erwinia carotovora*）等均为细菌性病害。用植物抗生素类药物防治效果显著。

真菌性病害　如球茎软腐病（*Penicillium gladioli*, *Rhizopusarrhizus*）、硬腐病（*Septoria gladioli*）、干腐病（*Stromatinia gladioli*）、匍柄霉性叶枯病（*Stemphylius* sp.）、灰霉菌干腐病（*Botrytisgladiolorum*, *B. cinerea*）、萎蔫病（*Fasarium Orthoceras* var. *gladioli*）、黑粉病（*Uromyces gladiolicola*）、叶斑病（*Curvulari trifolii* var. *gladioli*）等，可用苯来特、百菌清、克菌丹、代森锰锌、敌菌灵、甲醛、代森锌、五氯硝基苯、福美双、甲基硫菌磷、波尔多液等防治。病毒病中，烟草环斑病毒、黄瓜花叶病毒、番茄黄斑病毒、豆类病毒等，可用土壤消毒、避免连作、防治蚜虫、烧毁病株等方法防治。生理性病害中，如盲花，是促成栽培和抑制栽培的重要生理病害，多发生在冬季，因低温和光照不足引起。又如缺绿病，因土壤 pH 值过高、缺铁引起。

虫害　菖蒲蓟马（*Taeniothrips simplex*）、蚜虫（*Aphis gossypii*）、蛴螬（*Phyllophaga popilla*）、普通红叶螨（*Tetranychus urticae*）、根结线虫（*Meloidogyne incognita*, *M. hapla*）等。用氧化乐果、敌敌畏、呋喃丹、敌百虫、杀螨醇等防治。

园林应用　唐菖蒲是世界花卉市场上四大著名切花之一，主要用于鲜切花生产，矮生品种可盆栽，唐菖蒲对氟化氢敏感，可做氟化物的监测植物。

（杜凤文　余树勋）

唐棣

唐棣（Chinese serviceberry）*Amelanchier sinica*，别名枎栘。蔷薇科唐棣属落叶小乔木。染色体数 2n＝2x＝34。高 5m 以上。小枝细长，紫褐或黑褐色；单叶互生，卵形或长椭圆形，长 4～8cm，先端急尖，基部圆形，中部以上具细齿；总状花序顶生，花白色，花径 3.0～4.5cm，具芳

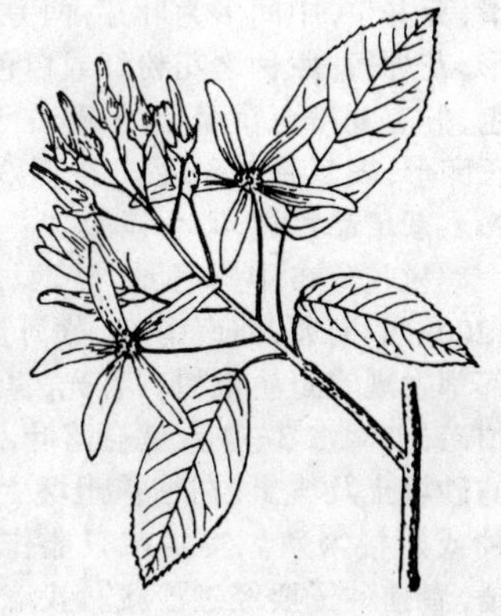

香,花期5月;梨果近球形,径约1cm,9～10月成熟时呈蓝黑色。产中国陕西、甘肃、山西、河南、湖北和四川及山西南部。喜光,能耐半阴,适生于深厚肥沃排水良好的土壤,怕涝。用种子繁殖。唐棣花果均可供观赏,是优美的观赏树种,适宜在园林绿地中种植。果实可食,树皮入药。

同属中常见栽培的种有:东亚唐棣(*A. asiatica*),落叶乔木,高达12m。叶缘具齿,总状花序,下垂,花白色,花期4～5月,8～9月果熟。产中国安徽、浙江、江西等地;朝鲜、日本也有分布。

(陈耀华)

桃花 (flowering peach; ornamental peach)

Prunus persica,又称花桃、碧桃。蔷薇科李属落叶小乔木。染色体数2n=2x=16。桃树原产中国西北山区,约在3000多年前引到黄河流域。《诗经·周南》云:"桃之夭夭,灼灼其华",描写桃树开花盛况。《尔雅》有对桃的记载。《齐民要术》对桃的性状、繁殖、栽培方法都有记述。园林中最早应用的是果桃。在栽培过程中,逐渐分化出以观花为主的观赏桃类。桃花小枝光滑,芽并生,中间多为叶芽,两旁为花芽;叶椭圆状披针形,花梗短,原种之花粉红或白色、单瓣,栽培品种有各色,并有复瓣至重瓣品种;萼片5或10;核果近球形或长卵形,表面密被绒毛。花期3～4月,果6～9月成熟。栽培品种达40个以上。

桃花分布中国各地,陕西、甘肃和西藏东部海拔1200m的高原,河南南部、黄河及长江分水岭,云南西部都发现有野生桃树。喜光,喜排水良好的土壤,耐旱怕涝,如淹水3～4天就会落叶,甚至死亡;喜含腐殖质的砂壤土及壤土,在粘重土壤上易发生流胶病。用播种或嫁接繁殖。实生苗只能作砧木,多秋播,也可春播,春播种子要经过沙藏。栽培品种通常用嫁接繁殖。在南方用毛桃、北方用山桃(*P. davidiana*)作砧木,用李、梅、杏或榆叶梅作砧木可使植株矮化,但成活率较用桃砧低。用麦李(*P. glandulosa*)和郁李(*P. japonica*)等作矮化砧,效果好。桃花可地栽、盆栽和促成栽培。一般整剪成自然开心形、自然杯状形、自然圆头形、桩景式及悬崖式。修剪方法分细致修剪和简易修剪。细致修剪多用于重点景区,一般采用冬剪与夏剪相结合,合理的配备大、中、小枝组,将长、中、短枝精心搭配,使之形成优美的树姿。简易修剪应用在大面积的栽植和风景区,每隔2～3年回缩一次,以控制树冠。盆栽6～7月份随着新枝生长,将其枝条扎缚弯曲成栽培者所需形状。对于未整形的一年生以上的枝条,可在2～3月份用刀刻至木质部而弯成各种姿态,然后用绳子绑牢,待定形后再解除绳子。为使新枝短而花密,可在枝上芽之下部每隔6～7cm用刀刻伤或剥去部分皮层,促花芽分化。为了培育根系发达的盆桃苗,应于7月份对地栽小苗进行断根。

促成栽培:①提早开花。桃花是春节催花的好材料,在北京每年12月上旬,将盆桃移入温室(5～10℃),两星期后将室温逐渐升高到20～30℃,经常浇水、喷水,保持良好光照。从增温至开花需1～1.5个月。②延迟开花。将休眠植株移入冷室,室温略高于0℃,待用花前分批移出,即可供节日用花。

桃花常见病害有细菌性穿孔病(*Bacterium pruni*)、真菌性穿孔病(*Cercospora circumsissa*)、桃缩叶病(*Taphrina deformans*)、桃炭疽病(*Gloeosporium laeticolor*)和桃流胶病(*Gummosis*)等;虫害有桃蚜(*Myzus persicae*)、桃粉大尾蚜(*Hyaloptera amygdali*)、朝鲜球坚蚧(*Didesmococcus koreanus*)、桃红颈天牛(*Aromia bungii*)、山楂叶螨(*Tetranyclus viennensis*)等。

桃花芳菲烂漫,妩媚动人,可植于路旁、园隅,或成丛成片植于山坡、溪畔,形成桃园、桃溪、桃花坞、桃花峰、桃花洞、桃花源等美景。桃花与柳树配植,可形成桃红柳绿的春日佳景。桃花还宜作盆栽、催花、桩景及切花等用。

同属中相近的观赏树种尚有:山桃(*P. davidiana*)、甘肃桃(*P. kansuensis*)、光核桃(*P. mira*),都是园林绿化的好材料,又是很好的砧木。

(张秀英)

桃花心木 (mahogany)

Swietenia mahogani,楝科桃花心木属常绿乔木。染色体数2n=56,54。高达30m,树冠圆球形,树皮红褐色,片状剥落。偶数羽状复叶,小叶6～12,卵形或卵状披针形,长11～19cm,两侧不对称。圆锥花序腋生,长13～19cm,花小、黄绿色,花期3～4月。蒴果木质,卵状矩圆形,翌年3～4月成熟,栗褐色。产美洲热带,中国19世纪末引入,现

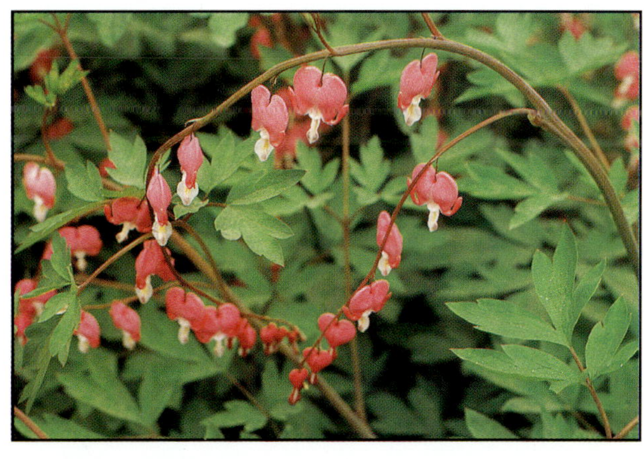

373 大花萱草（1）（左上） 惠云摄
374 大花萱草（2）（右上） 马 勋摄
375 六出花（中左） 吴涤新摄
376 贝壳花（中） 李英敏摄
377 全缘叶绿绒蒿（中右） 郎楷永摄
378 白花荷包牡丹（下左） 惠云摄
379 荷包牡丹（下右） 惠云摄

380 ‘小天使’荷花　王其超摄

383 ‘红映朱帘’荷花　惠云摄

381 ‘玉碟托翠’荷花　王其超摄

384 ‘金雀’荷花　王其超摄

382 洪湖红莲　王其超摄

385 王莲　徐民生摄

水生花卉

386 红睡莲 李英敏摄

387 白睡莲 晓 晨摄

388 黄睡莲 乡 华摄

389 热带白睡莲 惠云摄

390 热带红睡莲 惠云摄

392 旱伞草 金 波摄

393 千屈菜 金 波摄

391 热带蓝睡莲 惠云摄

394 大花曼陀罗 惠云摄

397 五爪金龙（上） 惠云摄

398 云南银钩花 金 波摄

395 红球姜 和继祖摄

399 雪山报春（上） 和继祖摄

400 刺梨（右） 陈俊愉摄

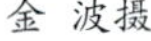

396 狭叶巴戟（下） 金 波摄

401 金莲花 秦魁杰摄

402 嘉兰
和继祖摄

407 黄栀子　金 波摄

403 秋海棠　秦魁杰摄

404 多花野牡丹
金 波摄

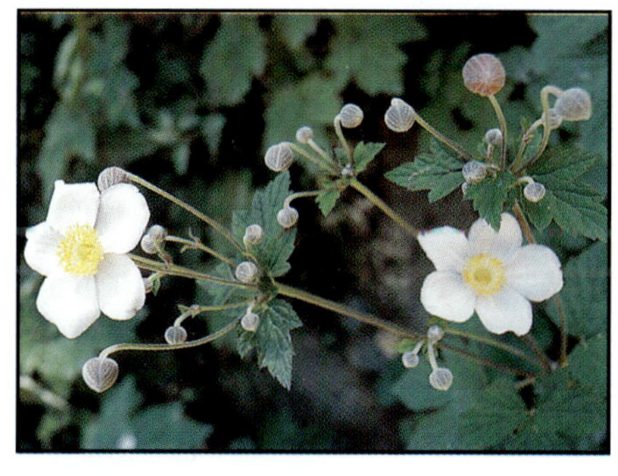

408 小旋花　金 波摄

405 大火草
秦魁杰摄

409 老虎须　和继祖摄

406 雪莲花
陈俊愉摄

410 朱顶红（1）
惠云摄

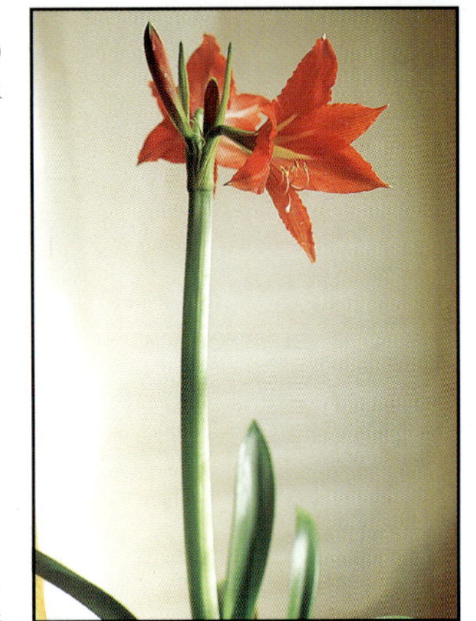

411 朱顶红（2）
秦魁杰摄

412 郁金香（1）
马　勋摄

412 郁金香（2）
马　勋摄

414 贝母　　吴涤新摄

415 风信子　　李英敏摄

416 石蒜绣球　　阎　捷摄

417 番红花　　吴涤新摄

418 唐菖蒲
金 波摄

419 大丽花
姚梅国摄

421 麝香百合
（下中）
陈俊愉摄

420 王百合（下）
陈俊愉摄

422 兰州百合
（下）马 勋摄

423 花毛茛（1） 李泽雒摄

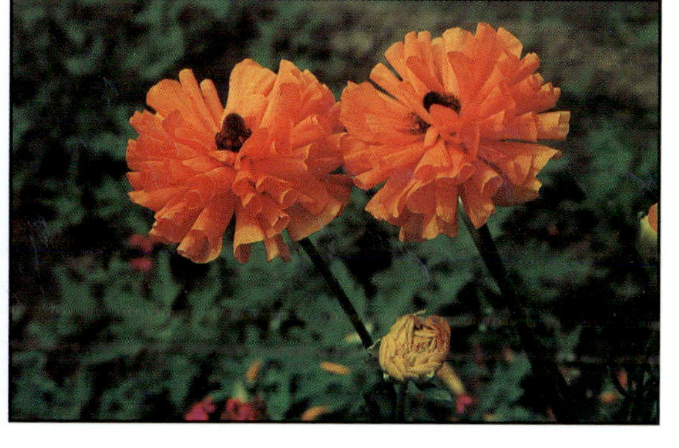

424 花毛茛（2） 李泽雒摄

425 花毛茛（3） 李泽雒摄

426 大岩桐 李英敏摄

427 仙客来（1） 金 波摄

428 仙客来（2） 金 波摄

429 马蹄莲 金 波摄

430 球根海棠 阎 捷摄

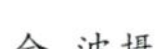
431 美人蕉（1） 金 波摄

432 美人蕉（2） 金 波摄

433 水仙 金 波摄

434 喇叭水仙（1） 金 波摄

435 喇叭水仙（2） 金 波摄

广东、广西、云南和福建有栽培。喜光,喜温暖湿润气候,适生温度为25～30℃,幼苗能耐1℃低温,宜土层深厚、肥沃、排水良好的砂壤土。主根发达,约10年生开始出现板根,抗风力强。播种繁殖,种子无休眠期,可随采随播,种子发芽率90%以上,当年苗高可达1.6m。桃花心木枝叶繁茂,树形美观,是优良的庭荫树和行道树。木材红色,抗虫蚀,是世界有名的珍贵木材。

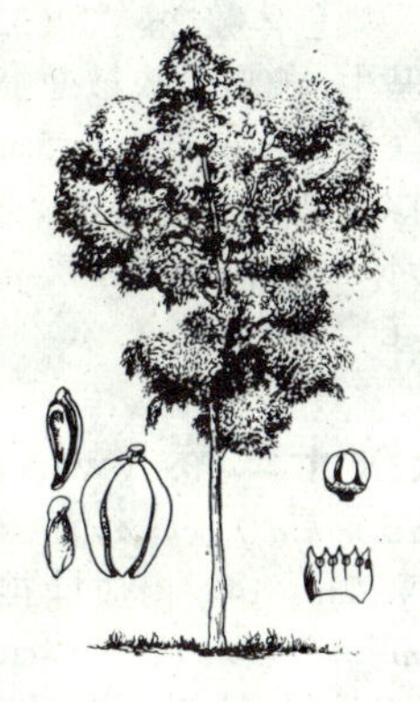

(陈耀华)

桃金娘(downy rose myrtle) *Rhodomyrtus tomentosa*,别名山棯、岗棯。桃金娘科桃金娘属常绿灌木。染色体数2n=2x=22。高达2m。幼枝密生柔毛。叶对生,椭圆形或倒卵形,长3～10cm,暗绿色。聚伞花序腋生,花1～3朵,初开时玫瑰红色,盛开时白色,径2～5cm,花期5～8月。浆果球形,酱紫色,果期8～9月(广州)。产中国华南,中南半岛,日本、菲律宾也有;多生向阳坡地。喜阳光充足及温暖湿润的气候,较耐旱。为酸性土指示植物。播种繁殖,实生苗约需3年开花。移植野生苗,可于早春发芽前裸根移栽,栽后稍加修剪,成活容易。本种花大、色艳、花朵繁密,园林中用以布置草坪或坡地,孤植,群植或与其他花灌木配植。果味微酸,可生食。 (张应麟)

桃叶珊瑚(Chinese aucuba) *Aucuba chinensis*,山茱萸科桃叶珊瑚属常绿灌木。染色体数2n=2x=16。小枝绿色。单叶对生,薄革质,窄长圆形或倒卵状长圆形,先端渐尖,基部楔形,全缘或上半部疏生锯齿。花单性,雌雄异株。总状圆锥花序,雄花序长13～15cm,雌花序较短,花期3～4月。浆果状核果椭圆形,红色,10～11月果熟。分布于中国台湾、广东、广西、云南、四川、湖北等地。耐阴性强。喜温暖湿润环境,不甚耐寒。在林下湿润而排水良好的疏松、肥沃的微酸性土或中性土生长繁茂。阳光直射处生长缓慢,发育不良。以扦插繁殖为主,也可行压条、播种。移栽宜在春季或雨季带土球进行。桃叶珊瑚枝繁叶茂,凌冬不凋,极耐阴,宜配植门庭两侧树下、庭院墙隅、池畔湖边或溪流林下阴湿处。若配植于假山石边作花灌木的陪衬,或作林缘树丛的下层配植,亦甚协调得体。因耐阴性强,特别适合室内盆栽,枝、叶可用于插瓶材料。

同属植物常见栽培观赏的有东瀛珊瑚(*A. japonica*),常绿灌木。圆锥花序顶生,花小,紫褐色。果鲜红色。常见栽培的品种有:'姬青木'(cv. Borealis),株形矮小,高仅0.3～1.0m。耐寒性强。齿叶桃叶珊瑚(cv. Dentata),叶小,边缘具粗齿。'大叶'桃叶珊瑚(cv. limbata),叶大。'洒金'桃叶珊瑚(cv. Variegata),叶面被有多数不规则小黄色斑点。 (庄茂长)

特有植物(endemic plants) 只分布于少数地区或特殊生态环境的植物种群。多为科以下的分类单位;在科以上的分类单位中,出现特有植物现象的很少。中国的特有植物相当丰富,仅种子植物就有近200个特有属、约1000个特有种。

特有植物代表某地区植物区系的重要特征,特有分布常与一个地区的地质演变历史有关。因此,特有种的研究对分析植物区系的历史、演化、植物系统发育及古地理学等,均有重要意义。

分类上特有种,按其系统发生或起源,可分为:①古特有种。指系统发生上古老或原始的类群。其种类贫乏或在分类系统中孤立的属和种,或是某一地质历史时期遗留下来的残遗特有种,如伯乐树(*Bretschneidera sinensis*)等,为古老特有的单种科残遗种。②新特有种。常发生在新形成的高原、岛屿等地区,在系统发生上属于年轻、进步的类型,多系种型发展的种或种以下的分类单位,如画笔菊(*Ajaniopsis penicilliformis*)为西藏南木林的特有种。③生态特有种。指生长在特异的气候、土壤等生境的种群,属于专性的狭生态幅植物,对环境的指示性很强,如盐桦(*Betula halophila*),只分布在新疆阿尔泰地区海拔500m的潮湿盐碱滩上。

(张 洁)

藤春（onepistil alphonsea） *Alphonsea monogyna*，别名单果阿芳、金榕。番荔枝科藤春属常绿乔木。染色体数 2n＝2x＝18。高达十余米。单叶互生，椭圆形至长圆形；花黄色，1～2 朵或更多生于总梗上，花期 1～9 月；果近球形或椭圆形，长 2～3.5cm，果熟 9 月至翌年春季。产中国海南、广西西南部和云南，为南亚热带至北热带树种，在海南岛中海拔的山坡和广西西南岽岗自然保护区的山坡疏林中有分布。种子繁殖。树冠浓荫紧凑，花具芳香，姿态优美，遮荫面积大。宜孤植或列植，是风景区绿化的观赏树种。果味甜可食。

（韦发南）

嚏根草（Christmas-rose） *Helleborus niger*，毛茛科铁筷子属多年生常绿草本植物。株高 30～45cm。基生叶掌状裂，具长柄。花茎单生或分叉；萼片 5，花瓣状，白色或粉红色，花瓣小而色淡；花径 5～6cm，单生于有红色斑点的花梗上。花期由冬至翌春。原产欧洲，栽培于庭园中。植株强健，较耐寒，喜半阴环境，忌干冷，在湿润肥沃、疏松及排水良好的土壤中生长良好。多用分株法繁殖，春末或秋季均可进行。也可播种繁殖。适于花境或灌木丛前栽植，也可盆栽供冬季室内观赏。

（葛　红）

天人菊（annual blanket flower） *Gaillardia pulchella*，别名六月菊、虎皮菊。菊科天人菊属一年生草本植物。株高 30～50cm，分枝多，全株有柔毛。叶互生，披针形、矩圆形至匙形，全缘或基部叶羽裂，头状花序顶生，有长梗，舌状花黄色，基部褐紫色，管状花先端呈芒状，紫色。花期 7～10 月，果熟期 8～10 月。变种有筒花天人菊（var. *lorenziana*），舌状花与管状花较大，呈筒状。矢车天人菊（var. *picta*），头状花序较大，舌状花内卷成漏斗状，端部 5 裂平展。花色与原种相近，但变化更为丰富。原产北美、世界各地均有栽培。耐干旱炎热，不耐寒，喜阳光，也耐半阴，宜排水良好的疏松土壤。4 月上旬可在露地进行播种繁殖。由于花期长，栽培管理简单，可作为花坛、花丛的材料，也可用于插花。

（朱秀珍）

天堂莲（St. Bruno's lily；paradise lily） *Paradisea liliastrum*，百合科天堂莲属多年生草本植物。染色体数 2n＝30，32，48。株高 60cm，具短根茎。叶基生，条形。疏散总状花序，花葶细长，花多达 20 朵。漏斗形，白色，长 5cm。花冠裂片 6 枚，分离，顶端有绿斑。有大花品种。原产南欧。较耐寒，喜排水良好环境和深厚土壤，栽培容易。播种或分株繁殖。用于花境或丛植。

（王大钧）

条纹十二卷（wart plant；zebra haworthia） *Haworthia fasciata*，百合科十二卷属多浆植物。染色体数 2n＝14。肉质叶排列成莲座状，无茎，株幅 5～7cm。叶数多，长 3～4cm，三角状披针形、渐尖，稍直立，上部内弯，叶面扁平，叶背凸起，呈龙骨状，绿色，具较大的白色疣状突起，排列呈横条纹。原产南非亚热带地区。性强健，喜温暖及半阴条件，冬季要求冷凉，室内以不超过 12℃ 为宜。多用分株繁殖。新分植株要控制浇水，以免腐烂。栽培容易，生长适温 16～18℃，冬季要求阳光充足，但阳光过强，叶子会变红。盆栽要求排水良好的砂壤土。栽植用浅盆。夏季高温炎热时植株生长缓慢，应置半阴处并节制浇水。盆栽一般不追施肥料。株形小巧秀丽，深绿叶上的白色条纹对比强烈。十分耐阴，是理想的室内小型盆栽花卉。

同属植物 200～250 种，见于栽培的有：水晶掌（*H. translucens*，*H. cymbiformis* var. *translucens*），肉质叶莲座状，质地柔嫩半透明，叶长 1.5～2.5cm，宽 0.8～1.5cm，叶面有 8～12 条暗褐红色条纹，并有一明显的中线，叶缘有细齿。绿心十二卷（*H. krausii*），肉质叶 35～45，排列成莲座状。株幅 18cm，高 12cm。叶 3 棱、革质，长 7～9cm，浅绿至暗绿色。叶面粗糙，叶背凸，上有极小的突起。蛇皮掌（*H. tessellata*），无茎。株幅 5～10cm，具叶 10～15 片，叶长 3～5cm，基部宽 2～2.5cm，阔卵状三角形，叶端具小尖，外弯伸展，肉质、坚硬，暗绿色，叶面扁平，透明，具 5～7 条纵线及短横线，组成方格斑纹。叶缘具细白齿。

（徐民生）

贴梗海棠（common flowering quince） *Chaenomeles speciosa*，别名铁脚海棠。蔷薇科木瓜属落叶灌木。高 1～2m。枝开展，有刺；叶卵形或椭圆形，长 3～8cm，缘具锐齿，托叶大；花于叶前或与叶同放，3～5 朵簇生于 2 年生枝，朱红色，花径 3～5cm，花期 3～4 月；果近球形，黄绿色，径 4～6cm，9～10 月果熟。变种及品种有：木瓜海棠（var. *wilsonii*）花肉红色，果红或金黄色；龙爪海棠（var. *tortuosa*）枝及刺弯曲状；'白花'贴梗海棠（cv. Alba）花白色；'红花'贴梗海棠（cv. Roses）花红色；'重瓣'贴梗海棠（cv. Rosea Plena）花红色、重瓣；'矮'贴梗海棠（cv. Pygmaea）株型矮。

产中国陕西、甘肃、河南、山东、安徽、浙江、江苏、

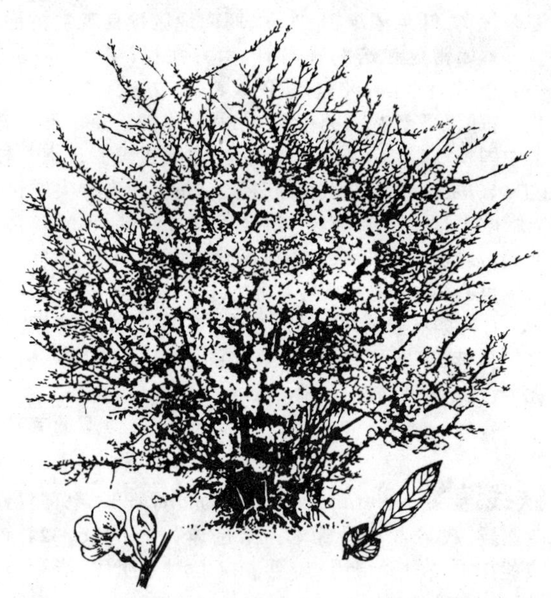

江西、湖南、湖北、云南、贵州、四川、广东等地；缅甸也有分布；中国南北各地广泛栽培。喜光照充足和温凉湿润环境，较耐寒；适生于深厚肥沃排水良好的微酸性至中性的砂壤土，较耐旱，不耐涝；根部萌蘖能力强，耐修剪。多用分株、压条或扦插繁殖。可盆栽用于元旦、春节催花，入秋置冷室，需花前1个月移入10～20℃（逐渐升温）、光照充足的室内环境。常见病虫害有：梨桧锈病和红蜘蛛、蚜虫、刺蛾等。

贴梗海棠花形优美、花色艳丽、果黄且香，适宜在草坪、庭院、路缘、山石旁等处散植或丛植；也可用于切花或盆栽观赏。

同属中常见栽培观赏的树种有：倭海棠（*C. japonica*）矮灌木，高不足1m。幼枝紫红色；叶广卵形至倒卵形，长3～5cm；花3～5朵簇生，鲜橘红色；果黄色，近球形。原产日本，中国各地多有栽培。变种及栽培品种有，斑叶倭海棠（var. *tricolor*）叶具粉红、乳白等斑纹；匍匐倭海棠（var. *alpina*）茎平卧，枝斜展；'大花'倭海棠（cv. Grandiflora）花大，白色洒粉红、淡黄晕，单瓣至复瓣。玮丽贴梗海棠（*C. superba*）此为贴梗海棠与倭海棠的杂种，性状介于二者之间。栽培品种有：'白花玮丽'海棠（cv. Alba）花白色；'红色玮丽'海棠（cv. Rosea）花红色；'多瓣玮丽'海棠（cv. Perfecta）花猩红色，花瓣6～8枚。木瓜海棠（*C. cathayensis*）落叶灌木或小乔木，枝具短刺；叶长椭圆形至披针形，长5～11cm；花淡红至近白色，花期3～4月；果卵形至长圆形，9～10月成熟时黄红色、芳香。产中国陕西、甘肃、江西、湖北、湖南、四川、云南、贵州、广西等地。西藏木瓜（*C. thibetica*）灌木或小乔木，叶卵状披针形，花粉红色、3～4朵簇生。产中国四川西部、西藏东部。 （董保华　陈耀华）

铁力木（common mesua）　*Mesua ferrea*，别名铁棱、三角子。藤黄科铁力木属常绿乔木。高达30m，胸径达3m，树冠圆锥形。树干挺直，具板状根，树皮薄片状开裂。叶对生，披针形或椭圆状披针形，长7～10cm，全缘；花1～3朵生于叶腋或枝顶，花瓣4，白色或淡黄色，径5～8.5cm，花期3～5月；蒴果卵圆形或扁球形，基部宿存萼增大并木质化，果期8～10月。产中国广西、云南，西双版纳常见栽培；亚洲东南部和南部地区也有。热带树种，适生于年均温21℃以上的高温多雨气候地区。播种繁殖，种子千粒重1370g；随采随播或混沙贮藏至翌年春播。本种树形美观，叶色随季节变化，花色鲜明，有香气，适作行道树，也可于庭园中孤植观赏。

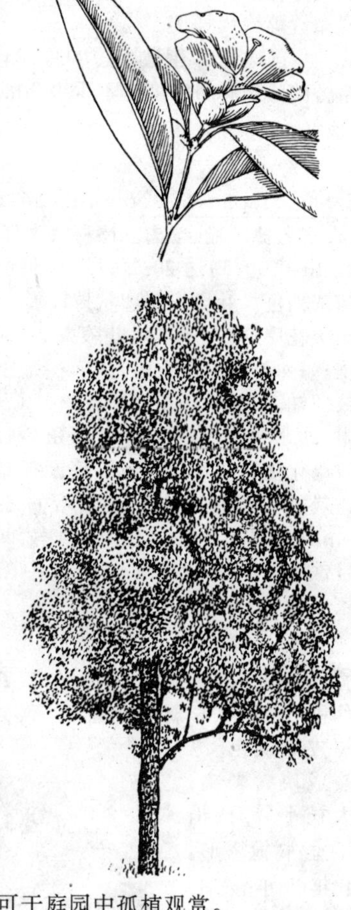

（文和群）

铁路绿化（greening along railways）　在铁路的两侧（包括火车站附近）合理配植植物的绿化作业。铁路绿化可保护铁路免受风、沙、雪、水的侵袭，保护路基，有利于火车安全行驶。

铁路绿化的要求：①在铁路两侧种植乔木时，要离开铁路外轨不少于10m；种植灌木要离开铁路轨道6m。②在铁路的边坡上不能种乔木，可采用草本或矮灌木护坡，防止水土流失。③铁路通过市区或居住区，在可能条件下应留出较宽的防护带种植乔木或灌木（以50m以上为宜），以减少噪音对居民的干扰。④公路与铁路平交时，应留出50m的安全视距，距公路中心400m以内不可植遮挡视线的乔木或灌木。⑤铁路转弯处内径在150m以内不得种乔木，可种草坪和矮小的灌木。⑥在机车信号灯处1200m之内不得种乔木，可种小灌木及草本花卉。⑦火车站台和广场上及候车室外空间，在不妨碍交通、运输、人流集散的情况下，可以考虑布置花坛、水池、遮荫树和坐椅等，并应体现地方特色。如苏州火车站、长沙火车站候车室外庭园布置等均属佳例。

中国建设部建城字〔1993〕784 号文件规定：在铁路旁的防护林带宽度应不少于 30m。

（杨乃琴）

铁木（Japanese hophornbeam） *Ostrya japonica*，别名穗子榆、苗榆。榛科铁木属落叶乔木。染色体数 2n＝16。高达 20m，树皮暗灰色，粗糙，纵裂，枝条暗灰褐色。叶卵形至卵状披针形。花单性，雌雄同株，柔荑花序，雄花序单生叶腋或 2～4 枚聚生短枝顶，下垂；果 4 至多枚聚生成直立或下垂的总状果序，生于小枝顶端，小坚果长卵圆形。产中国河北、河南、陕西、甘肃、湖北、四川等地。播种繁殖，本种是农村四旁及山坡绿化优良树种，宜公园、庭园孤植、群植或用作屏障树栽植。同属植物见于栽培的还有：多脉铁木（*O. multinervis*），产中国湖北、湖南、四川、贵州等地。天目铁木（*O. rehderiana*），产于中国浙江天目山，为国家二级保护植物。

（郭生祯）

铁杉（Chinese hemlock） *Tsuga chinensis*，别名仙柏。松科铁杉属常绿乔木。高达 50m，胸径 1.6m，树皮暗灰色，纵裂成块状剥离；大枝平展，枝梢下垂，树冠塔形。1 年生小枝细，具凹槽；叶条形，长 1.2～2.7cm，排成 2 列，先端钝圆、有凹缺，叶背气孔带灰绿色；球果卵圆形或长卵圆形，长 1.5～2.5cm，中部种鳞五边状卵形、近方形或圆形，种子连翅长 7～9mm。花期 4 月，10 月果熟。分布于中国甘肃、陕西、河南、湖北、四川、贵州等地，生长在海拔 2000～3000m 地带。喜凉爽湿润环境，常生于排水良好的酸性山地棕色森林土；耐阴性强，在光照充足的环境生长较快。用种子繁殖，春季条播，也可用嫩枝扦插繁殖。铁杉树形整齐，姿态优美，叶色浓绿，是西北、西南地区优良观赏树种。

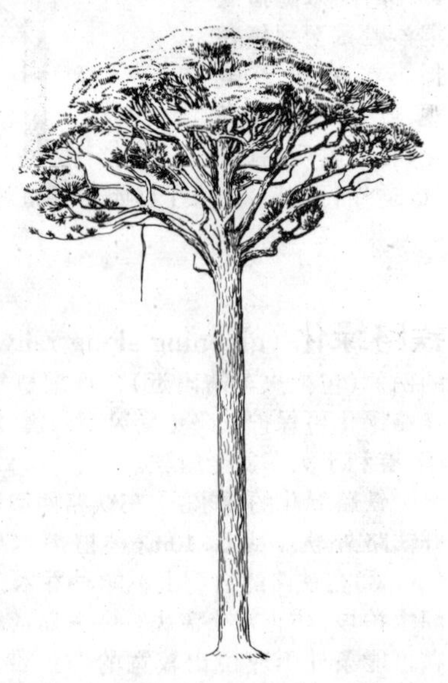

本属常见栽培的种尚有：南方铁杉（*T. tchekiangensis*），高达 30m；叶较短，长 0.8～1.7cm，背具白色气孔带；球果中部种鳞圆楔形、方楔形或楔状短矩形。产于中国长江以南各地；树体高大，姿态优美。云南铁杉（*T. dumosa*），高达 40m，胸径 2.7m。叶先端尖或钝，通常中上部边缘有细齿，背有两条白粉带；种鳞较薄，上部边缘微反曲。产于中国云南、西藏、四川，印度、尼泊尔也有，是优良的观赏树种。日本铁杉（*T. diversifolia*），叶条状长椭圆形，长 0.5～1.5cm，先端凹，背具狭气孔带；球果卵圆形，果鳞椭圆状卵形、光滑。树形优美，适宜在园林中种植。

（贺贤育）

铁线莲类（clematis） *Clematis* spp.，毛茛科铁线莲属，栽培者多为藤木。染色体数 2n＝16, 32。铁线莲在中国的栽培历史，至少应上溯至明代，清初《花境》已记载其雄蕊瓣化的重瓣变种。铁线莲于 1776 年、转子莲于 1836 年经日本传入英国，毛叶铁线莲于 1850 年引入英国。以上三种和南欧铁线莲等杂交，得到现代大花铁线莲种群，现已广泛栽培于北温带地区。

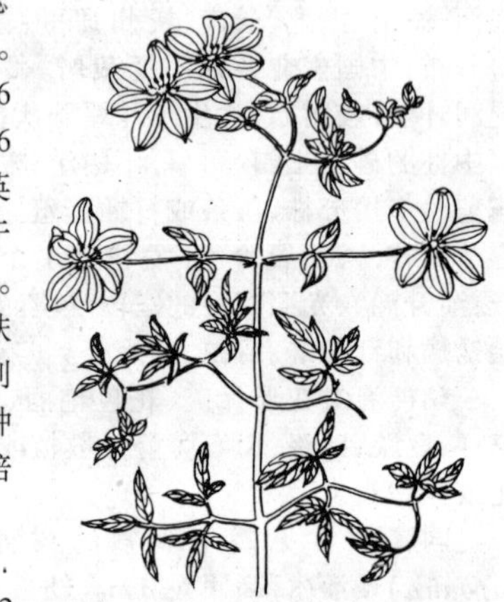

铁线莲（*C. florida*），叶对生，2 回三出复叶。花单生叶腋，径约 7.5cm，瓣状萼片 4～8，乳白色，背面中央有淡绿纵条，花期 6～7 月；瘦果，羽毛状花柱宿存。转子莲（*C. patens*），三出复叶；花单生，径约 10cm，萼片 6～8，白至紫堇或堇蓝色，花期 5～6 月。毛叶铁线莲（*C. lanuginosa*），单叶或三出复叶，幼叶被绒毛。花单生或 2～3 朵呈聚伞状，花径约 10cm，萼片 6，雪青色或白色，花期 6～10 月。杂交大花铁线莲，花色白至玫瑰红或蓝紫，可分三类：①交铁线莲种群，夏季于一年生枝条开花。②杂交转子莲种群，晚春起于一年生枝条开花。③毛叶铁线莲和南欧铁线莲（*C. viticella*）杂交种群，夏、秋季开花于当年生枝条开花。铁线莲分布于中国长江流域及华南。转子莲和毛叶铁线莲分布于中国黄河和长江流域。

耐寒，一般可耐－20℃。但阳光强烈处应予遮荫。喜肥沃、疏松、排水良好的壤土及石灰质土壤。原种可播种、分株或压条繁殖。杂交大花栽培变种以枝插为主。易折，定植时应预设支架诱引。花着生于一年生枝条的栽培变种宜轻剪，以期早日成型。成型植株在花后，剪去开花枝上部至有饱满侧芽处。花着生于当年生枝条的栽培变种，早春将各枝短截至离地面 75cm 处，否则下部空，只在顶部开花。此类为优良棚架开花植物，可用于点缀墙篱、花架、花柱、拱门、凉亭，也可散植观赏。

同属中常见栽培的种有：①山铁线莲（*C. montana*），三出复叶，花 1～5 朵聚生，芳香，白色渐转桃红色，花期 6 月，产中国西南。②黄铁线莲（*C. tangutica*），1～2 回羽状复叶，花单生，鲜黄色，径达 3～5cm，花期 7 月，产中国华北及蒙古国。③圆锥铁线莲（*C. paniculata*），圆锥花序，小花多数，白色，径约 3cm，花期秋季，原产日本。

（王大钧）

铁仔（African myrsine） *Myrsine africana*，别名碎米棵、铁帚反。紫金牛科铁仔属灌木。染色体数 2n＝46。高达 2m。小枝被锈色柔毛，常具棱角。叶互生，椭圆状卵形、倒卵形或披针形，长 0.5～3mm；花单性异株，数朵簇生于叶腋，花冠紫红色，有黑色腺点，花期 2～6 月。核果球形，紫黑色，有光泽，果期 6～11 月。产中国西藏、云南、贵州、四川、陕西、甘肃、湖北、湖南、河南、广东、广西及台湾等地，非洲至印度也有分布。喜阳光充足和温暖气候。不择土壤，耐旱、耐瘠薄。播种繁殖。适于公园、庭园中孤植或群植观赏。

（郭生桢）

庭荫树（shade trees） 冠大荫浓，在园林中起庇荫和装点空间作用的乔木。庭荫树的遮荫效果，可用遮光率、降温率和荫度的数值高低来衡量。庭荫树应具备树形美观、枝叶茂密、有一定的枝下高、冠幅较大，且有花、果可赏等条件。中国古代的私家园林，庭院深深、夏日炎炎，多选用常绿或落叶大乔木，以供庇荫纳凉之用，如槐、樟、梧桐、黄连木等。后来西方园林传入中国，各类园林绿地中出现大面积草坪，在大空间内需要叶密荫浓的大树，既供休息，又欣赏其树形及叶、花、果之美，自成一景。庭荫树既可孤植，也可丛栽、片植，旨在为人们提供浓荫覆盖的林下空间。大凡适应当地环境、姿态优美且具浓荫的乔木，均可用作庭荫树。中国大多数地区夏季热而长，在各类绿地中庭荫树的配植是必不可少的。中国园林中常用的庭荫树有垂柳、梧桐、悬铃木、栾树、银杏、广玉兰、樟树、榕树、黄葛树，等等。

（余树勋）

庭园杂草（garden weeds） 庭院、园林绿地中影响观赏植物生长发育的野生植物。杂草种类繁多，根据其形态特征、生活习性和繁殖特点等，可划分为单子叶杂草和双子叶杂草两大类。单子叶杂草又分一年生草杂（如马唐、蟋蟀草等）和多年生杂草（如白茅、苇等）两种。而双子叶杂草分为一年生杂草（如灰菜、益母草等）、二年生杂草（如荠菜、艾蒿等）、多年生杂草（如刺儿菜、车前等，也包括一些能天然自播萌生的木本野苗，如臭椿、构树、柳、榆等）。杂草的主要危害是：①夺取土壤中的水分和养分，影响观赏植物的正常生长和发育，严重时喧宾夺主，使观赏植物不能正常开花结实，甚至造成死亡。②传播病虫害。许多杂草是某些病虫害的中间寄主，或是某些病虫害的携带者，因而造成某些病虫害的发生和蔓延。③破坏园林景观，使有些观赏植物湮灭于杂草丛中。

防治杂草的主要方法：①合理选植地被植物和草坪植物，要求其能迅速占领地盘，与杂草竞争日光、水分、养料，最后战而胜之。这种以栽培花草防治野生杂草的技术路线，是兴利除害的有效途径。②人工除草。要求除早，将杂草消灭在萌生状态，且要干净、彻底。③机械除草。用割草机剪除野生的乔灌木和杂草，如用剪草机合理修剪草坪，即可使之提高观赏性，同时也有利于消灭各类杂草。④化学除草。用人工合成的化学药剂防治杂草，具有效率高、成本低等优点（见**中耕除草**）。

（李鸿勋）

庭院绿化（courtyard landscaping） 以植物材料为主美化庭院的绿化作业措施。西方把庭院看作是建筑物的附属和延伸，庭院绿化在过去多采用规则式，常用曲线、直线、折线把庭院空间组成抽象图案。而东方庭院绿化则是为了摆脱规整的建筑空间的束缚，追求自然的情趣，常常设有山石、水池、种植树木花卉，布置了假山、瀑布、小桥、流水，水池边缘摆放观叶植物及花卉。由于东、西方文化交往日益频繁，庭院绿化的风格和手法也互相影响和借鉴。

庭院绿化受建筑布局的制约，应根据房屋间距及建筑的使用性质等进行绿化，以满足减噪、防尘、防晒、调节小气候等功能要求。种植的植物应按生态要求加以选择。庭院绿化要选用观赏期长、能耐阴、管理简便的植物材料，种植时要考虑不影响室内的通风和采光，种植形式可自由些，可根据主人爱好选择植物材料，又应与周围建筑相协调。面积较小的庭院绿化要简明、开朗、雅致而富有情趣；面积较大的庭院绿化则要求在变化中求统一。

（郑秉娟　王汝诚）

通脱木（pith paper plant） *Tetrapanax papyriferus*，别名通草、天麻子。五加科通脱木属常绿或

落叶灌木。染色体数 2n = 4x = 48。茎直立。叶常集生茎顶,掌状5～11深裂,长50cm以上,背面密被锈色星状毛。花淡黄色,有小梗,多数球状伞形花再集成疏松开张的圆锥花序,长50cm以上。浆果状核果,熟时紫黑色。分布于中国秦岭以南,南至广东、广西,东起台湾、浙江、福建,西至云南、四川;日本也有。喜光,也能耐阴。喜温暖湿润环境,稍耐寒,北京引种植避风处可越冬。萌芽性强。播种或分蘖繁殖。通脱木叶大、叶柄长、花序也大,形态奇特,适合在园林中种植供观赏。茎髓切成片可制成工艺花称通草花,供装饰用,又可入药。

(庄茂长)

桐花树(corniculate aegiceras) *Aegiceras corniculatum*,别名蜡烛果、浪柴。紫金牛科桐花树属灌木或小乔木。染色体数 2n = 46, 36。高1.5～4m。小枝红色,老枝淡灰黑色;对生,椭圆形、倒卵形或宽倒卵形,全缘;伞形花序顶生或腋生,有花10～20朵,花白色,径约1cm,花期3～4月;蒴果圆柱形,弯曲,果期7~9月。产中国南部,印度至澳大利亚也有分布。喜温暖湿润气候,要求土壤湿润肥沃,有较强的抗海潮风能力。种子繁殖,自播力强。适于湿润温暖地区栽培。本种树形美观,小枝红色,是一较好的园林观赏树种,可用于配置海岸风景林,也是红树林树种之一。

(包满珠)

铜钱树(Chinese paliurus) *Paliurus hemsleyanus*,别名鸟不宿。鼠李科铜钱树属落叶乔木。染色体数 2n = 2x = 24。高达15m。树皮暗灰色。叶互生,宽卵形或椭圆状卵形,长4～10cm,缘有齿,基生三出脉;聚伞花序腋生或顶生,花小,黄绿色,花期5月;核果近圆形,周围有木栓质宽翅,紫褐色,似铜钱,果期9～10月。产中国陕西、四川、湖北、安徽、江苏、江西、浙江、广东、广西等地。播种繁殖。本种树体美观,果形别致,是长江流域及其以南地区较为理想的庭荫树或行道树。同属植物见于栽培的还有马甲子(*P. ramosissimus*),灌木,高2～3m,叶先端圆钝,幼时背面密生锈色短绒毛,核果盘状,周围有不明显的木栓质狭翅,产中国华东、中南、西南及陕西,越南、朝鲜、日本也有分布。常用作绿篱。

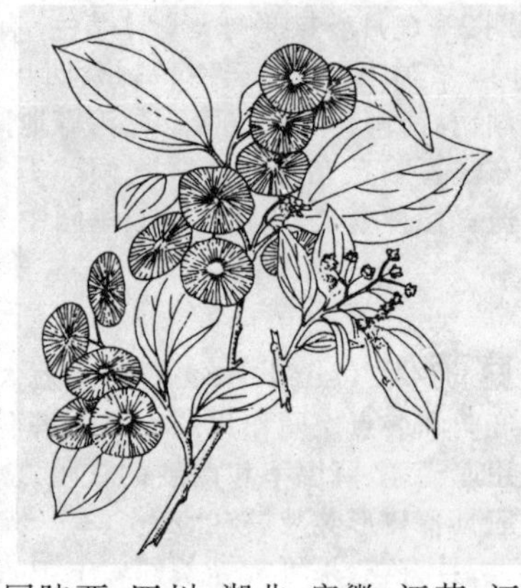

(包满珠)

秃杉(flous taiwania) *Taiwania flousiana*,杉科台湾杉属常绿大乔木。染色体数 2n = 2x = 22。高达75m,胸径2m以上,树皮淡褐色,片状纵裂,内皮红褐色。树冠圆锥形,大枝平展,小枝细长下垂。大树叶鳞状钻形,四面均有气孔线,长2～6mm;幼树及萌生枝叶镰状锥形,长 6～15mm。雌雄同株,雄球花簇生、雌球花单生枝顶;球果圆柱形至长椭圆形,长 1.5～2.2cm,10～11 月成熟。产中国云南、贵州、湖北西部及四川东南部,现长江流域各地有引种栽培;缅甸亦有分布。

喜光,稍耐阴;适生于夏秋多雨,冬春稍干燥的凉爽气候,不耐干旱炎热;根系较浅,侧根发达,喜富含腐殖质肥沃而湿润的土壤,在干燥、瘠薄土地上生长不良。播种繁殖,种子千粒重 1.556g,发芽率 33.7%。幼苗较喜阴,育苗须遮荫,一年生播种苗高约 18cm。近年扦插也已成功。现被国家定为一类重点保护植物。林业部已列为重点迁地保护和大力发展树种,在河南鸡公山、浙江天目山、江西庐山均已建立易地保护区。

秃杉树干挺拔,冠形雄伟,常年翠绿,枝叶秀丽,在长江流域园林中可用作园景树、草地一隅丛植或建筑物前列植,幼树可在花坛中心种植。同属中尚有台湾杉(*T. cryptomerioides*),常绿大乔木,高达 60m,胸径 3m,树冠广圆形,中国台湾特产。

(董保华　陈耀华)

土连翘(flaccid hymenodictyon)　*Hymenodictyon flaccidum*,茜草科土连翘属落叶乔木。染色体数 2n=22。高 8～10m。叶对生,常聚生于枝顶,卵形或倒卵形,长 10～20cm。总状花序腋生,花小,红色,花冠上部膨大。蒴果椭圆状卵形,倒垂,褐色。产中国四川、云南和广西等地,印度也有分布。较喜光,喜温暖湿润气候。播种繁殖。花、叶均美,适于温暖地区庭园栽植观赏,也是营造风景林较好的中层树种。

(包满珠)

土麦冬(creeping liriope)　*Liriope spicata*,别名麦冬、麦冬草、鱼子兰。百合科麦冬属多年生草本植物。株高 30cm,簇生。根茎短粗,须根系,须根中部膨大呈纺锤状的肉质块根。匍匐茎平伸。叶片细线形,稍革质,基部渐狭并具褐色膜质鞘,长 15～30cm,宽 3～8mm。花葶自叶丛中抽出,总状花序,长约 12cm,花 5～9 轮,每轮 2～4 朵,小花梗短而直立;花被 6 片,两轮排列,淡紫色或近白色。浆果圆球形,成熟后深褐色或蓝黑色。花期 6～7 月,果熟期 8～10 月。原产中国及日本。中国除东北及内蒙古、青海、新疆、西藏外,其他地区广泛分布和栽培。喜温暖湿润气候,中国长江流域以南,一年四季保持常绿;华北地区,冬季叶片由亮绿色变为暗黄绿色,处于半休眠状态。不择土壤,但在肥沃、水分充足的砂壤土上生长最为茂盛。

播种或分株繁殖。春季盆播,保持湿润,10 天左右即可出苗,第二年开花。每隔 2～3 年分株一次,于 3～4 月进行。种植时将须根留下 6～8cm 长,其余剪去;再将叶子由根茎处剪掉。每丛可分 2～4 小丛,挖穴栽培,第二年形成块根。应栽植在通风良好的半阴环境中,经常保持土壤湿润。盆栽麦冬,夏季需移置荫棚下,冬天移入冷床或冷室内,粗放管理。

土麦冬因植株低矮,叶片绿色期长,园林中可用作岩石、假山、台阶边缘的地被植物,也宜作花坛、花境、树坛、花径的镶边材料或盆栽观赏。由于其耐阴能力较强,与乔木、花灌木一起进行立体配置,绿化效果更为理想。根茎可入药。

同属常见的有:禾叶土麦冬(*L. graminifolia*),别名寸冬、麦门冬。具地下匍匐茎。叶宽 2～4mm,花甚小。阔叶麦冬(*L. platyphylla*),又称阔叶土麦冬。不具匍匐茎。叶宽线型,稍成镰刀状,有明显横脉。总状花序,花淡紫色或红紫色。主要变种有金边麦冬(var. *variegata*),叶缘黄色,观赏价值较高。

(胡叔良)

土壤消毒(soil sterilization)　于播种或栽植观赏植物前,为杀死土壤中的病原微生物、害虫和杂草种子所进行的土壤处理。土壤消毒方法很多,如化学药剂熏蒸、药剂溶液浇灌、直接施用药粉、农药与细土混合成毒土以及通蒸汽、火烧、高温干燥、低剂量辐射处理等。常用的是高温消毒和药剂处理两种方法。

高温处理　①蒸汽消毒:温室土壤消毒可用带孔铁管埋入土中 30cm 深,通蒸汽维持 82℃,经 30 分钟,可杀死绝大部分真菌、细菌、线虫、昆虫、杂草种子及其他小动物。最好是通入混气蒸汽,温度 60℃,30 分钟。这就可杀死大部病原菌,而保留一些有益微生物,以免土壤消毒后有害细菌大量发生。蒸汽消毒应避免温度过高(如 85℃),否则可使土壤有机物分解,释放出氨态氮及锰等毒害植物。②火烧消毒:少量土壤可放在铁板上或铁锅内,下用灶火或柴堆,用火烧烤,30cm 厚土,90℃,6 个小时。在场圃大面积表土消毒,可于地表堆放干草、秸秆、树枝叶,上覆薄土点火熏烧,可杀灭菌、虫与杂草种子,且可提高表土肥力。

药剂处理　①甲醛(福尔马林)熏蒸。可消灭病原菌及部分杂草种子。用 40% 甲醛加水 50 倍、用喷壶浇注于土中,浸透为度。加药剂后,立即用塑料布覆盖 2～3 天。除去覆盖物,令其通风干燥 1～2 个星期。

等甲醛气味全部消失后,方可使用。②氯化苦熏蒸。先松土,每隔 70cm 挖一深 20cm 的穴,每穴灌注 10mg 氯化苦。覆土盖平,再覆塑料布 2～3 天。去掉塑料布,散发气体两个星期,然后播种或栽植。③福美双。250kg 温床土,混拌 50%福美双可湿性粉剂 500g。拌匀后,即可播种或栽植。可防多种病害。④五氯硝基苯与代森锌混合剂。五氯硝基苯几乎不溶于水,为 70%粉剂。可杀土壤真菌。药效可保持 6～12 个月,对人、畜无害。代森锌是溶于水的杀菌剂,为 65%的可湿性粉剂,不可与碱性或含铜农药合用。按五氯硝基苯 75%与代森锌 25%(或各 50%)混合,按每平方米施用 4～6g,均匀拌在苗床土壤里。也可用混合药粉 1 份加细砂土 200～500 份制成毒土。在苗床播种时,可用毒土覆盖种子,或将毒土撒于播种沟或植穴内,厚 1cm,播种或栽植后再用毒土覆盖种子或根。用药后,土壤易干燥,故要灌足底水,整个育苗过程中始终要保持土壤湿润。在花卉生长季,可单独用五氯硝基苯毒土(70%的粉剂 2.5～5g 混细土 50 倍),施于花木两侧土表,以防茎基腐烂病。⑤代森铵。用 50%代森铵水溶液加水 200～400 倍稀释,每平方米浇灌 2～4kg,即可播种或栽植。在花卉生长期,也可用以浇灌土壤,防治病害。⑥辛硫磷。为杀虫剂。用 50%辛硫磷颗粒剂,每公顷施 30～37.5kg,翻入土中防治蛴螬、蝼蛄等地下害虫。在生长季,也可施于花木两旁土中。⑦苏化 911(基硫化砷)。为灭菌剂。30%粉剂每平方米土壤施 2g。⑧敌克松。为内吸传导杀菌剂。70%敌克松可湿性粉剂,每平方米施用 4～6g。

消毒机具　主要是土壤蒸汽消毒设备,其主要部件是蒸汽锅炉及管道,后者直铺至温室中央地面。美国用埋管法,即用比苗床宽度稍短的截短铁管,并于其上设三通阀门,在垂直方向并排焊接 40cm 长四周钻有成排水孔的铁管。用时将管竖埋土中,按床长度平行埋入数排,然后与送汽管道接通送汽。用混气蒸汽者除锅炉外,再置一空气压缩机。

中国应用的蒸汽消毒设备较简便,效果相同。只用比苗床大些的耐高温的大棚用塑料布铺盖苗床上,四周用长 60cm、直径 20cm、重 7.5kg 的沙袋压实。然后将 6 条耐高温塑料管等距插入塑料布与地面之间,接通暖气主管道,送汽 7 小时后停汽,继续闷盖 5 小时,撤下塑料布,即完成消毒处理。送汽压力保持 3×10^5Pa(帕)、120℃,使土壤在 45cm 深的范围内温度达到 65～80℃,可杀灭病原菌及线虫、昆虫。关键是在处理前要把土翻松,土粒打得很碎;塑料布不得有破孔;消毒后,人不要在消毒土与未消毒土间走动,以防再度感染病虫。

(凌　靖　鲁涤非)

团花(Chinese anthocephalus)　*Anthocephalus chinensis*,别名黄梁木。茜草科团花属常绿乔木。高达 30m,胸径 1m,树冠伞形。主干通直,树皮褐色、纵裂,大枝开展,髓心海绵状;单叶对生,卵状椭圆形,全缘,长 20～25cm;头状花序顶生,花冠黄色、漏斗状,花期 6～8 月;蒴果小,果期 10～12 月。产中国广东、广西、福建和云南等地,印度和东南亚地区也有分布。喜光,喜暖热湿润气候,不耐霜冻,适生于深厚肥沃湿润的酸性至中性红壤;速生。播种繁殖,种子极小,宜选肥沃、排灌方便的土壤,苗期需搭设荫棚。常见病虫害有幼苗猝倒病、卷叶蛾和白蚁等。

团花主干圆满通直、树冠开展,是良好的庭荫树和行道树;也是优良的速生用材树种。

(陈耀华)

陀螺果(woodyfruit melliodendron)　*Melliodendron xylocarpum*,别名鸭头梨、水冬瓜。安息香科鸭头梨属落叶乔木。高达 20m,胸径 20cm,小枝红褐色;单叶互生,椭圆形至长椭圆形,长 9.5～21cm;花冠钟形,粉白色,径 5～6cm,单生或成对腋生,花期 4～5 月;核果常为倒卵形或倒圆锥形,长约 4～7cm,果期 7～10 月。产中国湖南、江西、福建、广东、广西、贵州和云南等地。常生于海拔 1000～1500m 的山谷、湿润山坡常绿落叶混交林中。用种子繁殖。树形古雅,花先叶开放,果大悬枝,奇特美丽,为优良的观花观果树种,在庭园中群植、列植或植为行道树均可。

(王方明)

W

弯管花（curved-flower chasalis） *Chasalis curviflora*

弯管花（curved-flower chasalis） *Chasalis curviflora*，茜草科弯管花属直立小灌木。染色体数 2n＝22，44。高 1～2m。叶对生，矩圆状椭圆形或倒披针形，长 10～20cm，全缘。伞房状聚伞花序顶生，长 3～7cm；花微红色，花冠筒弯曲，长 1～1.5cm，花期春末夏初。核果扁球形，紫黑色。产中国云南、广西、广东、海南等地，越南、马来西亚、印度也有分布。喜温暖湿润气候。播种繁殖。植株低矮，适于暖地庭园中作下木。花叶可食。（包满珠）

晚香玉（tuberose） *Polianthes tuberosa*

晚香玉（tuberose） *Polianthes tuberosa*，别名夜来香，月下香。龙舌兰科晚香玉属多年生草本植物。染色体数 2n＝60。

形态特征　多年生球根花卉具鳞块茎（其上半部鳞茎状，下半部块茎状），有粗根。叶多基生，带状披针形、全缘，茎生叶较短，向上则呈苞状。总状花序顶生，花茎高 1m 左右，着花 12～20 朵，每节并生两朵，小花白色，漏斗状，端部 5 裂，筒部细长，具浓香，夜晚香气更烈。花期 7～11 月中旬。蒴果球形，种子扁锥形。变种有重瓣晚香玉（var. *flore-pleno*），花重瓣。主要栽培品种有：①'纯白'晚香玉（cv. Albino），芽变育成，花纯白色，单瓣。②'矮生'晚香玉（cv. Dwarf Pearl），植株较矮。③'早花'晚香玉（cv. Mexican Early Bloom），单瓣，早花。周年开花，秋季盛开。④'珍珠'（cv. Pearl），花重瓣，花茎 75～80cm，花序稍短，着花多而密；花冠筒短。⑤'重瓣高茎'晚香玉（cv. Tall Double），大花，重瓣，花茎长，宜作切花。⑥'斑叶晚香玉'（cv. Varigeale），叶长而弯曲，具金黄色条纹。

产地及习性　原产墨西哥及南美洲。全属约 12 种，但仅本种广泛栽培和应用。晚香玉在原产地不休眠，终年生长，四季开花。但在温带则冬季休眠，只作春植球根花卉栽培。喜温暖湿润，阳光充足的环境。生育适温为 25～30℃，白天不低于 14℃，夜温不低于 2℃。花芽分化的最低温度 20℃左右。对土壤要求不严，较耐盐碱，以肥沃潮湿而不积水的粘质壤土或壤土为宜。自花授粉，但因雌蕊晚于雄蕊成熟，自然结实率低。

繁殖栽培　以分球繁殖为主，也可播种。平均每个母球 1 年可分生 10 余个子球，其中较大者（重量大于 10g），当年栽种可开花，小者则需培养两年以上方能开花。通常春季将大小鳞块茎分开栽种，栽植深度大者以顶部稍露出土面为宜，小者则应低于土面。晚香玉苗期生长缓慢，从栽植至萌芽约需 1 个月，但以后生长较快。因此栽植前期灌水不宜过多，待花茎抽出与开花前期，应充分灌水并经常保持土壤湿润。雨季应注意排水。晚香玉喜肥，前期应适时追施淡肥，至花茎抽出，应施浓肥。花期如进行人工辅助授粉并保持空气干燥，通风良好，可提高座果率，并使种子充实；如遇阴雨天，光照不足，空气湿度大，幼果容易脱落。

霜冻前茎叶生长停止，将鳞块茎挖出，略经晾晒，除去泥土及须根，并将鳞块茎底部衰老部分切去，晾干，然后摊放在温暖干燥的室内台架上贮藏越冬。在温暖地区常将鳞块茎晾干后堆放在干燥向阳的地窖中，分层覆盖稻草并培土拍紧或就地覆盖松土保护越冬。也可 2～3 年挖掘一次。

晚香玉的温室促成栽培，如 10 月或 11 月上旬栽植，2 月即可开花；2 月份栽植，5～6 月开花。但需高温、空气流通、阳光充足的环境。

园林用途　晚香玉花茎直立挺拔，花朵洁白浓香，不仅是重要的切花材料，而且也是傍晚人们纳凉游憩地方极好的美化布置材料。宜用于花境或丛植、散植于石旁、路边及草坪周围花丛、灌木群间。花朵可提取香精油。（王莲英）

万年青（lily of China; sacred lily of China） *Rohdea japonica*，百合科万年青属多年生草本植物。染色体数 2n = 38。根状茎粗短、肉质。叶基生，无柄，3～6枚，脉显著浮凸，深绿色，矩圆披针形至倒卵披针形，花梗自叶腋抽生，穗状花序、稍带肉质，多花密生，长2.5～4cm。着生于花被筒上。花期5～6月。浆果球形，成熟时红色。变种有金边万年青（var. *marginata*），叶缘乳黄色；银边万年青（var. *variegata*），叶缘乳白色。此外还有大叶、小叶、白条与亮斑等优良品种。原产中国山东、贵州、广西及长江中下游各省，日本也有分布。喜温和气候，不耐严寒，宜半阴及湿润土壤。分株繁殖。为优良的林下、湿地地被植物，也可盆栽和切叶。

（郑　恭）

万寿竹（Canton fairy-bells） *Disporum cantoniense*，别名距花万寿竹。百合科万寿竹属多年生草本植物。染色体基数 x = 8。根状茎质硬，呈结节状。叶薄如纸，披针形、卵状或椭圆状披针形，顶端渐尖，基部近圆形。伞形花序生于叶腋，花紫色，钟状。浆果。分布于中国南部及印度、泰国等地。喜温暖、湿润气候，耐阴，对土壤要求不严。用根状茎繁殖，将其切成2～3节的茎段，埋于土中，覆土不宜厚。用于花境、花坛、切花及庭园配植。本属植物20种，常见栽培的还有：黄花万寿竹（*D. flavens*），花黄色，原产朝鲜半岛，可作花坛及切花。褐花万寿竹（*D. pullum*），原产中国、印度，可作花境及切花材料。

（刘　春）

汪菊渊（Wang Juyuan, 1913～1996） 园艺学及园林学家、教育家。中国工程院院士。安徽休宁人，1913年4月11日出生。1934年毕业于南京金陵大学农学院园艺系，1934～1936年在庐山植物园工作。1936年起，先后在金陵大学农学院、北京大学农学院、北京农业大学园艺系及北京林学院城市及居民区绿化系任讲师、副教授、教授，长期从事园林及观赏园艺的教学和研究工作。曾担任北京林学院绿化系副系主任、北京市农林水利局局长及北京市园林局局长，第六、七届全国政协委员，中国园艺学会副理事长，中国风景园林学会副理事长，《园艺学报》副主编及《中国大百科全书·建筑园林城市规划》卷编辑委员会副主任。他是中国高等院校中第一个造园专业的主要创建人，除讲授花卉学、城市及居民区绿化、观赏树木学、园林史、造园艺术等观赏园艺课程外，还潜心致力于园林史的研究，造诣较深。主要著述有：《中国古代园林史》、《苏州明清宅园风格的分析》、《我国园林形式的探讨》、《中国山水园的历史发展》及《城市环境（绿化）的生态学与美学问题》等。

（陈有民）

王冠花（blue barrel cactus） *Ferocactus glaucescens*，仙人掌科强刺球属多浆植物。染色体基数 x=11。植株球形或扁球形，单生，灰白绿色，有白霜。球体直径20～40cm。具棱11～15，棱脊薄。刺座上无毛，具刺6～7，细锥状，黄色。幼株有中刺1。花淡黄色，直径3cm。原产墨西哥高原东部。生长在溪谷的沙滩上，土质较好，植株生长较快。多用播种法繁殖，新鲜种子极易发芽，实生苗生长快。另外，也可切取仔球进行嫁接或扦插。性强健，生长旺盛。盆栽要求排水良好并含石灰质的砂壤土，一般用壤土、腐叶土、粗砂各1份，另加0.5份石灰质材料配成。生长期可充分浇水，每年施肥2～3次。盛夏高温时要适当遮荫，冬季保持盆土干燥可耐0℃的低温。

园林应用：刺粗壮，刺色金黄且不易褪色，为强刺球中最易栽培的种类之一，适于家庭栽培，也可在展览温室中布置沙漠景观，效果甚佳。

同属植物60余种，见于栽培的种类还有：琥头（*F. acanthodes*），茎圆筒状，高达3m，直径80cm。具棱16～28，刺白、黄或红色，辐射刺5～7，中刺1～4，常扭曲并有钩。花钟形，黄至橙色。江守玉（*F. covillei*），植株球形至圆筒状，蓝绿至灰绿色，高1.5m，直径60cm。具棱22～32，刺红至白色，辐射刺5～8，中刺1,扁平带钩。花黄色。刈穗玉(*F. gracilis*),球形至圆筒形,高2m,直径25cm。具棱24,刺直或带钩,辐射刺10、白色,中刺7~13,具环纹,暗红至黑色。花淡黄。龙眼(*F. viridescens*),球形至圆筒状,单生或基部长仔球,高40cm,直径35cm。具棱13~21,刺红色,老刺变褐色,辐射刺9~20,中刺4。花绿或黄绿色。巨鹫玉(*F. penisalae* = *F. horridus*),植株球形,直径25cm或更大,具棱13,辐射刺8~12、白色,中刺6~8、红色,长达12cm,扁平带钩。花黄或紫红色。金冠龙(*F. chrysacanthus*),球体高1m,直径30~40cm,暗灰绿色。具棱13~20,刺细长,辐射刺4~6、白色,中刺4~10、红色至黄褐色。花黄色。日出(*F. latispinus*),植株球形,高25~30cm。具棱15~23,辐射刺6~10,中刺4或更多、较粗。花玫瑰色至紫色。

(徐民生)

王莲(royal water lily; royal water platter)

Victoria amazonica,睡莲科王莲属多年生宿根水生植物。有直立而短的茎,基部须根发达。叶浮水面,圆形至圆盘形,叶面光滑,边缘直立,成年叶直径达1.8~2.2m,为叶片最大的水生植物。花两性,直径可达30cm,有萼片4枚,背面多粗刺,花瓣50~70枚,长圆披针形。开花时,花蕾伸出水面,第一天傍晚开放,花瓣白色,香气浓郁,次日晨闭合,下午重复开放,呈粉红,花瓣反卷,第三天上午呈红色,沉入水中。花后两个多月果熟,每果有种子200~300粒。原产南美洲亚马逊河流域。喜高水温(30~35℃)和高气温(25~30℃),光线充足和肥沃土壤。播种法繁殖,一般不作多年生栽培。王莲生长快,需施用大量肥料。1~2月播种,先将种子放入35℃的水中,约半月左右发芽,待根长至4~5cm时植入小盆,每3~4天生长一枚叶片,叶片形状由锥形至戟形、椭圆形、圆形逐渐改变。在根向盆土表面伸长时,即换成直径2~3cm的盆,经5~6次换盆,叶长至直径约20cm时植入水池中。主要观赏其巨形而奇特的叶片。种子富含淀粉,可供食用。

同属植物还有巴拉圭王莲(*V. cruziana*),又称克鲁兹王莲或阿根廷王莲。叶片直径1.5~1.6m,直立边缘高达12~18cm,叶背的叶脉为淡红色。分布于巴拿马、阿根廷北部及巴拉圭等地。

(吴应祥)

网络崖豆藤(leather leaf millettia)

Millettia reticulata,别名昆明鸡血藤。蝶形花科崖豆藤属常绿攀援灌木。茎攀援,奇数羽状复叶互生,小叶7~9,长椭圆形或卵状椭圆形,长3~10cm。花紫或深红色,圆锥花序顶生或着生枝梢叶腋,下垂,花期5~8月。荚果长条形,10~11月成熟。产中国华东、华中、华南及西南,越南也有分布。喜光,喜温暖湿润气候,不耐寒,耐干旱瘠薄,适应性强。播种繁殖,也可扦插、分株。枝叶繁茂,四季常青,夏日紫花串串,可攀援棚架,也可就大树旁栽植,攀援而上更增自然情趣,于斜坡、岸边种植,枝蔓自如生长,宛如绿色地毯。植株可入药或作杀虫剂。常见栽植观赏的还有香花崖豆藤(*M. dielisana*),小叶5枚,圆锥花序顶生。产中国华东、华南、西南等地区。

(周道瑛)

网球花(blood lily)

Haemanthus multiflorus,石蒜科网球花属多年生草本植物。染色体数$2n=2x=16$。具被膜鳞茎。叶自鳞茎上方短茎上抽出,矩圆形。花茎直立,长30~90cm,先叶抽出,伞形花序顶生,直径约15cm,多花,花深朱红色。花期多在夏季。原产热带非洲,中国华南地区常见栽培。喜温暖湿润环境,不耐寒。要求砂质壤土或泥炭土。可采用分球或播种繁殖,春季将母球周围的子球分开,另行栽培,但母球分生能力低,需3~4年分植一次。播种繁殖应在种子成熟后即播,培养5~6年开花。盆栽于每年春季换盆时,施足基肥,生长期还需常施追肥,要求夜间温度为10~12℃,白天16~21℃。夏季宜半阴,花期置凉爽处,可延长开花时间。秋末冬初,叶片枯黄,鳞茎休眠过冬,不得低于5℃,并要保持土壤干燥。若为调整花期,可将休眠的鳞茎置于干燥、阴凉处,至8月下旬栽植,花茎迅速抽出,9月底开花。

网球花花色艳丽,呈球状,为优美的盆栽球根花卉。同属植物约50种,中国引种栽培的还有:虎耳兰(*H. albiflos*),叶厚,肉质,边缘有毛,花白色,花序径约5cm。绣球百合(*H. katharinae*),花鲜红色,花序径约20cm。

(吴万春)

望江南（coffee senna） *Cassia occidentalis*，云实亚科决明属一年生草本植物。高 50～100cm，茎直立，多分枝。羽状复叶，小叶 6～10 对。伞房总状花序顶生。7～8 月开花，花黄色。荚果线形、4 棱、棕色。种子多数。产喜马拉雅山、印度及南美。喜温暖、向阳，宜砂质壤土。播种或分株繁殖。盆栽观赏、花坛中心布置或作为南方露地丛植、行植的材料。

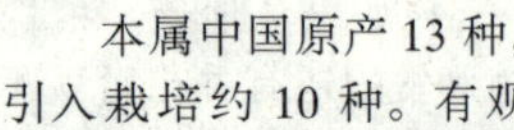

本属中国原产 13 种，引入栽培约 10 种。有观赏价值的常见种还有决明（*C. tora*），一年生草本，高 1～2m，偶数羽状复叶，小叶 3 对，花通常 2 朵生于叶腋，总花梗极短，萼片 5 枚、分离，花冠黄色，荚果近菱形，淡褐色。 （王彩云）

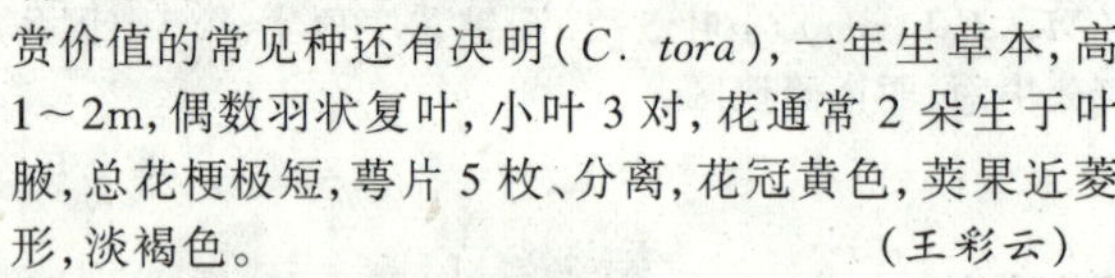

卫矛（winged spindle-tree; winged euonymus） *Euonymus alatus*，别名鬼见愁、鬼羽卫矛。卫矛科卫矛属落叶灌木。染色体数 2n＝64。高达 3m。小枝四棱形，枝上常生有 2～4 扁条状木栓翅。单叶对生，卵状至倒卵状椭圆形，长 3～5cm，缘具细齿；聚伞花序腋生，有花 5～9 朵，花黄绿色，径 5～7mm，花期 5～6 月；蒴果棕红带紫色，种子外被橘红色假种皮，果期 9～10 月。

产中国黄河流域至长江中、下游及东北地区，朝鲜、日本也有分布。喜光，较耐阴，对气候、土壤的适应性广，在干旱、瘠薄土地上也能生长。萌芽力强，耐修剪，对二氧化硫有较强抗性。播种繁殖为主，也可扦插、压条和分株。大苗移植要带土球。生长季节易遭天幕毛虫为害，可于发生初期人工捕杀，若已分散则可喷 50％氧化乐果乳剂 500 倍液杀灭。

卫矛小枝绿色，秋霜后叶变红紫色，蒴果熟时红紫色，开裂后露出橘红色假种皮，都很具观赏价值，园林中孤植或丛植于草坪、斜坡、稀疏林下、林缘、山石旁、亭际、庭院角隅均甚相宜，也可盆栽或制作盆景。

同属植物常见栽培的还有：丝棉木（*E. bungeanus*），落叶小乔木。高达 12m，树冠卵圆形至广卵形，树皮不整齐方块状浅裂，小枝绿色，略显四棱形，叶卵形、宽卵形至椭圆形。蒴果浅红色，种子外被橘红色假种皮。产中国辽宁、河北、山西、甘肃、陕西、河南、山东及长江流域。扶芳藤（*E. fortunei*），常绿藤木。茎攀援或匍匐生长，有吸附气根，叶椭圆形、卵状椭圆形至倒卵状椭圆形，长 2～7cm，蒴果近圆形，黄红色，种子被橘红色假种皮，产中国陕西、山西、河南、山东、广西、云南及长江中下游地区，华北中部以南各地栽培。其变种、类型有：花叶扶芳藤（f. *gracilis*），叶小，叶面中心及边缘为白色、浅黄色，有时浅粉红色，生长较弱，抗寒性差，多作盆栽，也是装饰山石的好材料。紫叶扶芳藤（f. *colorata*），叶小，椭圆形至长椭圆形，秋季正面变为深紫色，背下面变为浅紫色。小叶扶芳藤（f. *minima*），叶小，长卵形至广披针形，长 0.5～1.5cm，叶面沿主脉呈明显白色。爬行卫矛（var. *radicans*），叶卵形或广椭圆形，长 1～3cm，背面脉不明显。大叶黄杨（*E. japonicus*），别名冬青卫矛、正木，常绿灌木或小乔木，高达 8m，树冠卵形至广卵形，树皮黑褐色，不规则浅纵裂，幼枝绿色，稍呈四棱形，叶椭圆形至倒卵状椭圆形，蒴果近球形，红色，种子被橘红色假种皮。产日本，中国各地有栽培，为上好绿篱材料，其变种有：银边大叶黄杨（var. *albomarginatus*），叶缘有狭条白边；银心大叶黄杨（var. *argenteovariegatus*），叶中脉附近有白色斑纹；金边大叶黄杨（var. *aureomarginatus*），叶缘金黄色；金心大叶黄杨（var. *aureovarigatus*），叶中脉附近有金黄色斑纹。大翅卫矛（*E. macropterus*），别名金丝吊蝴蝶，落叶灌木或小乔木，高 2～5m，叶倒卵状长圆形至倒卵形；蒴果具 4 翅，果柄长约 4～6cm，产中国东北及河北，朝鲜、日本也有分布。胶州卫矛（*E. kiautschovicus*），别名胶东卫矛，半常绿灌木，枝铺散，基部枝着地易生根；叶椭圆形至倒卵形；蒴果扁圆形，粉红色。产中国山东东部及长江中下游地区。垂丝卫矛（*E. oxyphyllus*），落叶灌木或小乔木，高达 5m，叶卵形至卵状长圆形，聚伞花序疏散、下垂，蒴果紫红色，具 4～5 翅，悬垂于细长总梗上，产中国辽宁、山东、安徽、江苏、浙江、江西及湖南。栓翅卫矛（*E. phellomanes*），落叶灌木或小乔木，高 5m，聚伞花序，蒴果较大，红色，产中国秦岭及四川。

（董保华）

猬实(beauty-bush) *Kolkwitzia amabilis*,忍冬科猬实属落叶灌木。染色体数 2n = 2x = 32。高约3m;干皮薄片状剥落。单叶对生,卵形至卵状椭圆形;伞房状聚伞花序,萼筒外部密生长刚毛,花冠钟状,粉红至浅紫色,花期 5 月;瘦果状核果、卵形,外被刺刚毛,8~9 月果熟。中国特有的单种属,产山西、陕西、甘肃、四川、河南、湖北及安徽等省,喜光,略耐阴,耐寒,北京地区可露地越冬;喜排水良好、湿润肥沃的砂质壤土,较耐干旱瘠薄。播种、扦插、分株繁殖均可。管理简便,花后酌量修剪,秋冬酌施基肥,每 3 年可视情况重剪一次。猬实花繁茂,色娇艳,是著名观花灌木,宜从植于草坪、路旁、建筑角隅、假山、亭际,也可盆栽或作切花。

(周道瑛)

温床(hotbed) 除利用太阳辐射外还需人为加热以维持一定温度,供促成栽培或越冬之用的栽植床。是中国北方地区常用的保护地类型之一。温床保温性能明显高于冷床,是不耐寒植物越冬,一年生花卉提早播种,二年生花卉促花的简易设施。

温床结构与**冷床**相仿,有单面式、双面式及不等式三种。其中单面式最为普遍,由床框、床孔及玻璃窗三部分组成。床框宽约 1.3~1.5m,长约 4m,前框高 20~25cm,后框高 30~50cm。为了操作方便,通常做成组合式,框板厚约 5cm、长 4m 的床框,其上盖有 1m 宽的玻璃窗四块,因而在床框上缘,每距 1m 设椽木一条,中间开沟,以使雨水随沟流向床外。床孔是床框下面挖出的空间,是发酵温床填入酿热物的处所。床孔大小与床框一致,其深度依床内所需温度及酿热物填充量而定。为使床内温度均匀,通常中部较浅,填入酿热物少;周围较深,填入酿热物较多。玻璃窗用以覆盖床垣,一般宽约 1m,窗框宽 5cm,厚 4cm,窗框中部设栈木 1~2 条,宽 2cm,厚 4cm,上嵌玻璃,上下玻璃重叠约 1cm,成覆瓦状。为了便于调节,常用撑窗板调节开窗的大小,撑窗板长约 50cm,宽约 10cm。床框及窗框应刷以油漆或桐油防腐。也有用塑料薄膜代替玻璃者。

温床加温可分为发酵热和电热两类。发酵物依其发酵速度的快慢可分为两类:马粪、鸡粪、蚕粪、米糠及油饼等发热快,但持续时间短;稻草、落叶、猪粪、牛粪及有机垃圾等发酵慢,但发热持续时间长。在实际应用中,可将二者配合。在填入酿热物时,应在底层先铺树叶等隔温层,厚约 10cm,然后将酿热物逐次填入,每填 10~15cm,要踏实一次。每次填入时,加适量人粪尿或水,促其发酵。全部填完后覆土。电热温床选用外包塑料绝缘、耗电少、发热 50~60℃、电阻适中的加热线。在铺设线路前先垫以 10~15cm 厚的煤碴等,再盖以 5cm 厚砂,加热线在砂上以 15cm 间隔平行铺设,最后覆土。发酵温床由于设置复杂,不易控温,现已较少采用。电热温床具有可调温、发热快、使用方便等特点,因而采用较多。

(包满珠)

温室(greenhouse) 用有透光能力的材料覆盖屋面而成的保护性植物栽培设施,又称暖房。在不利的自然环境中,温室能够创造适宜植物生长发育的条件。太阳辐射,是不加温温室的主要热源。温室的透光覆盖材料除玻璃外,还有塑料薄膜、双层吹气薄膜、丙烯酸树脂玻璃纤维加强板(FRP,通称玻璃钢)等。温室主要用于栽培蔬菜、观赏植物和果树等各种作物。在温室设计、建造中,要因地制宜,以经济、实用、节能、耐久和便于维修为原则。考虑到中国大部分地区阳光较好的特点,在建造或引进外来温室时,要高度重视夏季降温和通风设施。

发展简史 1385 年,在法国的波依斯戴都,人们首次用玻璃建成亭子,并在其内栽培花卉。1700 年,英国人将它改建为玻璃房。美国在 1800 年建造了第一栋商用玻璃温室。1967 年荷兰创建了荷兰全光温室(Dutch lighthouse),为欧洲型连栋温室。70 年代初期,美国盛行由双层吹气薄膜覆盖的连栋拱顶温室,其后又为玻璃钢温室所代替。至于欧洲各地,则仍以玻璃温室为主。

中国种植植物的温室,始建于汉代。汉未央宫内有扶荔宫和温室殿,种植荔枝及由南方引进的植物。《香祖笔记》记述了宋代用温室催花的技术:"宋时武林马塍藏花之法,以纸窗糊密室,凿地作坑,编竹置于上,……然后沸汤于坑中,候气熏蒸、扇之经宿,则花即放"。明代在北京的黄土岗地区用土坑纸窗的土温室来培养花卉。后来发展成前窗为直立纸窗的土温室,即"花洞子",专用于本花卉越冬。19 世纪末,上海出现了近代的玻璃温室;20 世纪初,出现了专种一种盆花(如大岩桐、球根海棠等)的商业生产的单栋温室。1979 年,北京从日本引进了面积 $2hm^2$ 的双屋面连栋现代玻璃钢温室,栽种观赏植物。1980 年以后,各地陆续引进了连栋玻璃钢拱顶温室。上海发展了大面积的塑料大棚,用于切花生产。1988 年,中国农业科学院蔬菜花卉研究所建 $1hm^2$ 双屋面玻璃连栋温室,用于生产月季切花。80 年代开始,原为种菜而设计的塑料大棚逐步改种花卉,现已成为长江下游种植花卉的主要设施。近年来,现代的观赏型温室也开始出现。在中国很多地区(尤其日光资源很丰富的地区),如东北南部、华北、京、津一带,简易日光温室发展很快。起初用于种菜,后已在花卉栽培上推广应用,取得成功。其特点是充分利用日光,注意节能、保温,成本低廉,管理简便,很适合中国国情,发展前景良好。

类型 从温室造型上，可分为单屋面温室、双屋面温室和拱形屋面温室三种。①单屋面温室：又称一面坡温室。坐北朝南，用土、砖、木材及作物秸秆筑墙建屋。屋内土面向北倾斜，采光屋面向南倾斜。采光材料过去用油纸，现为玻璃或塑料薄膜，夜间加盖草苫等。单屋面温室保温性能好，造价低。因此单屋面温室与其改良型，都仍是华北观赏植物观赏的重要设施。②双屋面温室：温室的屋面为分向东西的两个采光面，四壁也由透光材料组成。有单栋式和连栋式之分。连栋式温室在各栋之间，有凹形落水槽（天沟）相接，如荷兰型全光温室。温室内有气候调控设备和管理设施，机械化和自动化程度高。③拱形屋面温室：以北美连栋玻璃钢温室为代表，配有加温降温等设备。用塑料薄膜覆盖的单栋塑料大棚，即为其中一种。

从温室的利用上，可分为生产温室和展览温室。生产温室用于栽培蔬菜、花卉（切花、盆花等）。展览温室用于展览各种观赏植物，在建筑结构上为多个相联，组成观赏型温室。展览温室一般又分为各种专类温室，如棕榈、蕨类、兰类、王莲及水生植物、多浆植物与仙人掌类等。

按对温度的要求来区分，则有高温温室、中温温室与低温温室。用于栽培不同纬度、高度和原产地生态环境的各种植物。

温室环境及调控 主要对温室内光、温、湿度、通气以及土壤环境进行调节和控制，使植物正常生长。

光照 温室内的光照度，决定于室外太阳光强度、光照时数以及温室采光材料的透光性能。因此，温室的透光率有季节变化和日变化。玻璃温室冬季的透光率低于45%，夏季高于70%，春、秋季为45%～65%，温室采光面的透光率随着太阳高度角的增大而逐步增大。采光面的入射角、温室方位、高度、结构比（温室骨架构造材料的总面积与温室总面积之比）等均和温室透光率有关，在设计温室时应综合考虑，以便得到最大的光照度和均匀的光照分布。温室栽培一般除冬季外，不进行人工补光。在高温季节应适当减弱光照，如兰花应减少65%～85%的光照。为了遮光，可采取光面喷白、增设遮光网、帘等措施。

温度 温室内获得或积累太阳辐射能，使室内气温高于外界气温的现象，称为“温室效应”，其大小可用温室内外的温度差度量。温室效应由两方面的因素构成：①必须是一个密闭的空间。②阳光进入室内，采光材料能阻止并减缓热辐射散出。温室效应的好坏，不但和采光材料的透光性能、温室密闭性有关，且太阳辐射越强、温室保温比（温室内土地面积与温室表面积之比。一般单栋全光温室的保温比为0.5～0.6，连栋温室0.7～0.8）越大，温室效应越显著。温室内一日之中最高温度与最低温度之差，称为温室日温差。温室保温比越小，则日温差越大。温室内温度的调控途径：①保温方法除温室结构保温外，主要方法为覆盖保温。夜间在采光面外加覆盖物，可节省热能25%～50%，较先进的室内加无纺布等覆盖，可节省热能45%～65%。②加温方法有火炉加温，常用于简易单屋面温室；热风加温，用风机将热风炉产生的热风吹入室内增温，热效率较高，但热量易在温室上部滞留，因而形成一定的垂直温差；热水加温，多用于大型连栋温室，只要散热管道排布合理，水平温差仅为1～3℃。在北方寒冷季节，温室的地温往往不能满足植物生长需要。在单屋面温室或小型单栋温室中，尤为突出。提高地温的方法有铺设酿热物、增施有机肥、埋设电加热线或热水管，进行地面覆盖等。③降温方法主要依靠通风窗、门，进行自然通风降温。此外，采光面涂白、覆盖、遮荫、喷雾，采用湿垫通风降温系统，和玻璃面喷洒流动水幕降温等。

通风 对减少植物病虫害和植物良好生长发育起着重要作用。通风换气方法除自然通风外，也可用风扇强制通风，向室内吹入冷空气或向室外排出热空气。现代温室的通风换气，可以根据人为设定的温度指标，自动调节窗户的开闭和通风面积的大小。

湿度 温室内空气相对湿度较高，尤以塑料棚更为突出。湿度大的原因，是土壤水分蒸发和植物蒸腾的水分不易散出室外。过高的相对湿度易使病害蔓延。采用地面覆盖、适当控制浇水、加强通风换气、加温或强制吸湿等措施，可以有效地降低相对湿度；人工喷雾、人工降雨、增加浇水次数等，则能增加空气湿度。

土壤 见**土壤消毒**。

现代温室的环境调节和控制是一个综合管理系统，包括综合环境调控、紧急处理、数据收集三大部分。综合环境调控是利用电子计算机控制通风换气、加温、加湿、灌溉、二氧化碳施肥、遮光、补光等设备，使各项指标维持在设定的数值水平上，保持植物在最佳环境中生长发育，并最大限度地节省能源消耗，获得高额产量。紧急处理是当外界环境异常、控制装置发生故障、停电时向生产者发出警报的系统。数据收集处理系统是随时将温室内外各种小气候要素、设备运转状况等打印出来并进行处理，供生产者参考。

（祝 旅）

温室凤仙（busy lizzy; patient lucy） *Impatiens wallerana*，别名瓦勒凤仙、苏丹凤仙、何氏凤仙。凤仙花科凤仙花属多年生草本植物。染色体数2n=16。株高20～60cm，茎多汁，光滑，节部膨大，多分枝，在株顶呈平面开展。叶有长柄，叶卵形至卵状披针形，缘呈钝锯齿状。花腋生，1～3朵，花形扁平，径4～4.5cm。花色丰富，萼片3，侧萼片小，中萼片上具一向后上方伸展的细长距。四季开花，种子千粒重0.5g。

变种有彼得斯凤仙花（var. *petersiana*），茎青铜色或带红色，有毛，花朱红色，蒴果小，紫红色。原产非洲西部热带。玻璃翠品种丰富，并有矮型多花品种；花色有绯红、玫红、橙红、紫红、橘黄、粉、纯白、砖红、洋红等色和红白镶嵌的品种。可分为营养系和有性系两大类型：①营养系品种，不结种子，扦插繁殖。著名品种如'花叶凤仙'(cv. Variegata)，荷兰育出，叶镶白边，花朱红色；'重瓣凤仙'(cv. Apple Blossom)，美国育出，重瓣、淡红色，适于盆栽。②有性系品种，用种子繁殖。有矮型品种(株高15～20cm)，具多种花色；高型品种(株高25～30cm)；还有大花绯红色和具白色斑纹的品种。此外利用雄性不稳性育出的一代杂种，有矮型、早花多花型、基部分枝型和高型铜叶等。

原产非洲东部热带山地。喜温暖湿润、日照充足环境，但不耐酷热和烈日曝晒。生长适温15～25℃，不耐寒，冬天室温不能低于12℃。忌旱怕涝，适宜疏松肥沃、排水良好的砂质壤土。种子寿命长，2～3年内发芽力不降低。采用播种和扦插法繁殖。播种可全年进行，发芽适温20℃，约7天发芽；扦插繁殖可周年进行，截取生长充实、强健枝条的顶端约10cm，插于砂中，在20～30℃，约20天生根。须修剪，以形成丰满的株丛。夏季适当遮荫，放置凉爽场所；冬季要求阳光充足，并应经常喷水，以防空气干燥时叶片受害。在中国北方地区和长江流域温室栽培，长江流域以南各省可以露地栽培。温室凤仙茎叶光洁，花朵繁多，色彩绚丽明快，四季开花，是优美的盆花，也常于花坛、路边或庭院内栽植。

(秦魁杰)

温室花卉(greenhouse plants)　当地常年或在较长一段时期内需在温室中栽培的观赏植物。这些植物的生长发育某一阶段要求的温度不同，需在温室条件下得到满足。其种类视地区而异，如扶桑、含笑、茉莉、茶花在华南为露地花木，而在华北等地区则为温室花卉。利用温室栽培的非洲菊、香石竹、花烛、报春花等盆花，习惯上也常归入温室花卉。

在温带地区，根据生态习性结合观赏特点，可将温室花卉分成以下几类：①热带水生植物，如王莲、睡莲、水蕹、玻璃藻等。②观赏棕榈类，如散尾葵、袖珍椰子、鱼尾葵、软叶刺葵等。③蕨类植物，如波士顿蕨、凤尾蕨、铁线蕨、巢蕨等。④兰科植物，地生兰中兰属的春兰、建兰、蕙兰、墨兰和热带、亚热带地区的附生兰等。⑤秋海棠类植物，包括秋海棠科秋海棠属中有观赏价值的种类及品种，如球根秋海棠、四季秋海棠等。⑥天南星科植物，常见者如广东万年青、花烛、绿萝、花叶芋等。⑦凤梨科植物，习见的如'金边'凤梨、水塔花等。⑧柑橘类植物，包括芸香科柑橘属、金橘属、枳属的观赏种类及品种如佛手、代代、金橘等。此外，温室花卉还包括了仙人掌类及多浆植物、食虫植物、龙血树和竹芋类植物等。

一些原产热带、亚热带及暖温带的花木如五色梅、叶子花、桂花、南天竹、夹竹桃、倒挂金钟以及一些不耐寒小型盆栽草本花卉如仙客来、大岩桐、瓜叶菊、四季报春等；在北方常要在低温温室栽培、越冬的，也常列入温室花卉的范畴。

(徐民生)

温周期(thermoperiod)　控制植物生长发育的昼夜温度周期性变化及季节性周期变化。温度的昼夜周期变化主要作用于植物体有机物质的积累与消耗以及各器官的协调生长；而温度的季节性变化，则在更大程度上控制着植物的发育进程及生长特性。植物对这种周期性温度变化产生反应的现象，则称为温周期现象(thermoperiodism)。

昼夜周期　在一定范围内，昼夜温差大，对植物的协调生长非常有利。在生命活动所需的其他条件存在时，夜间的低温可显著降低植物的呼吸作用，从而减少了光合产物的消耗，控制营养器官的生长，特别是地上部分的过旺生长。同时，在较低温度条件下，植物体内可溶性小分子物质的增加，有利于植物体各种生命活动的进行，各部位获得协调生长。在苗期有利于苗强苗壮；在生育中期，即花芽分化时期，夜间较低温度可促进花芽分化的进行，表现出花多、花大；在后期，则有利于繁殖器官的生长。高寒地区(例如青海、西藏等)，花卉的花朵较大且色彩艳丽，主要原因是昼夜温差大和紫外光较强。温差大的地区特别适合于鳞茎、块茎及宿根花卉的生长，因白天的相对高温有利于光合同化过程，而夜间迅速降低的气温则限制了地上部分的生长及对同化产物的消耗；而土温降低慢，地下部分的生命活动受影响较小，能继续积累由地上部输入的有机物质和进行生长活动。因而在这种条件下生产这类花卉是非常适合的。

季节周期　温度的季节变化对许多花卉的生产极为重要。有的花卉在其花芽分化期需要稳定的高温，例如2～3年生的水仙鳞茎，在夏季高温休眠期间进行花芽分化。在生产中2～3年生水仙植株，地上的叶片在夏季枯萎，收集鳞茎置于通气较好而干燥的室内，在此条件下花芽开始分化，到秋季气温下降时，鳞茎上的芽开始萌动。3年生的鳞茎，可以成为商品。而2年生的鳞茎亦有少数可以在夏季休眠时形成花芽，但由于花枝及花数少，观赏价值较低。

有些花卉的开花需经低温诱导，例如一般菊花只在深秋或初冬才能开花，繁殖是用扦插法。而这些插穗必须经过冬贮(即低温处理)，才能在次秋正常开花。这一现象，在许多二年生植物上更为常见，并被称之为春化作用(vernalization)。又如春兰，当秋季形成花蕾后，要经过冬季5～8℃的低温15～20天，才能在春初正常开花。二年生植物在第一年只形成莲座状的叶丛,地下部分则主要形成根及其他贮藏器官(鳞茎、块茎、块根等)。严寒来临,地上部死亡,植物以根及带顶芽的贮藏器官越冬。在这一时期,整个植株呈休眠状态,但顶芽可感受低温的作用,促使其发生深刻的生理生化变化,为进一步的花芽分化创造条件。春季来临时,首先长出一定数量的叶片;在相对高温及长日照条件下,当茎开始伸长时,花芽亦开始分化,最终完成其个体生命周期。因此,温度的季节变化,有时高温或低温在表面上似乎对植物体不利,但在很多情况下,则是完成其生命史的必需条件。

(徐　继　谭克辉)

榅桲 (common quince) *Cydonia oblonga*,别名木梨。蔷薇科榅桲属落叶小乔木。染色体数2n＝2x＝34。高达 8m,小枝细、皮孔明显;单叶互生,卵形或长圆形,长5～10cm,全缘;花单生枝顶,白色或粉红色,花径 4～5cm,花期 4～5 月;果梨形、黄色,有香味,10 月成熟。原产中亚细亚,中国新疆、陕西、山东、江西、福建等地有栽培。喜光,也能耐半阴;耐寒;对土壤要求不严,但以湿润肥沃而排水良好的壤土上生长最好,也能耐适度干旱。用播种或扦插、压条等法繁殖。幼苗嫁接西洋梨具有矮化作用,并可提早结实,嫁接枇杷可增强其抗寒性。大苗移植宜带土球。

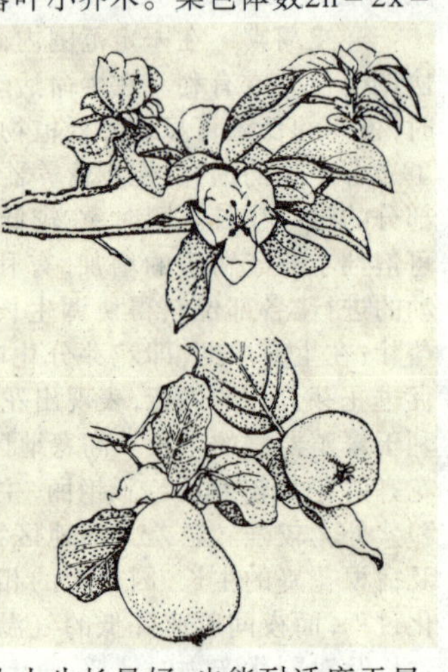

榅桲枝叶扶疏,花粉红、果黄且香,适宜在庭院、路旁、墙隅或林缘、草地种植;也可植为绿篱。

(陈耀华)

文冠果 (shinyleaf yellowhorn) *Xanthoceras sorbifolia*,别名文官果。无患子科文冠果属落叶灌木或小乔木。染色体数 2n＝30。高达 8m,多为 3～5m,丛生状。干皮灰褐色,扭曲状微纵裂;小枝幼时紫褐色。奇数羽状复叶互生,小叶 9～19,长椭圆形至披针形,长 2～6cm。缘有齿;圆锥花序顶生,长 12～30cm,花杂性,径约 2cm;花瓣 5,白色,内侧基部具由黄变红而最后变为紫红色之斑晕,花期 4～5 月;蒴果近卵形,黄白色,果期 7～8 月。品种'紫花'文冠果(cv. Purpurea),花淡黄色转紫红色。产中国华北及山东、河南、安徽、陕西、甘肃、宁夏、吉林、辽宁等地。喜光,耐半阴;耐寒、耐旱,不耐涝;要求深厚、肥沃、排水良好的微碱性土壤。深根性,主根发达。萌蘖力强,生长快,2～4 年生即可开花结果,寿命可达数百年。主要用种子繁殖。秋播,或用湿沙层积到翌年春播。幼苗怕涝,生长期有间歇性封顶习性,要多施追肥,促使旺盛生长。也可分蘖繁殖。病虫害少,偶见有黄化病、木虱等。文冠果为优良的观赏兼木本油料树种,花序大,花朵密,花期长,春天白花满树又有秀丽的绿叶相衬,颇为美观。可于公园、庭园、绿地孤植或群植观赏。

(李嘉珏)

文殊兰 (grand crinum) *Crinum asiaticum*,石蒜科文殊兰属多年生草本植物。染色体数 2n＝2x＝22。具被膜鳞茎,长圆柱形。叶基生、剑形,端渐尖。伞形花序,外有 2 个大的总苞片,有花 20 余朵,花被筒直立,细而长,长约 7～10cm。花被片线状,长 6～9cm,纯白色,有香气。原产亚洲热带,中国海南岛有野生。喜温暖、潮湿,光照充足的环境,但幼株要适当遮荫。以腐殖质含量多、疏松透水的肥沃土壤为宜。生长适温 18～22℃,冬天温度不低于 5℃。用分株或播种法繁殖。分株可结合换盆,2～3 年一次,早春或晚秋将母株四周的吸芽分离栽种,宜深栽。播种则在种子成熟后即播。文殊兰叶丛优美,花香雅洁,为大型盆栽花卉,可布置厅堂、会场等。汁液有毒。

全属约 100 种,常见观赏的还有:红花文殊兰(*C. amabile*),高约 60～100cm;鳞茎小,叶多数。花筒直,内面白色或浅红色,外面紫红色,原产苏门答腊。北美文殊兰(*C. americanum*),鳞茎直径 5～10cm,叶狭带形。花白色,有香味。伞形花序有花 2～6 朵。原产北美洲。南非文殊兰(*C. bulbispermum*),鳞茎瓶状。先端急尖,灰绿色,边缘粗糙。伞形花序,花被漏斗状,白色,有香气。花期 7～8 月。原产南非。西南文殊兰(*C. latifolium*),鳞茎近球形。叶多数,剑形,质薄。伞形花序,花被近漏斗状,白色,有红晕,花期 8～9 月。原产中国云南、广西等地。穆尔氏文殊兰(*C. moorei*),鳞茎圆形,叶带形,波状,伞形花序,花玫红色或粉红色,香气浓。花期夏季,原产南非。

(吴应祥)

文竹(asparagus fern) *Asparagus setaceus*,别名云片竹、芦笋山草、山草。百合科天门冬属多年生草本植物。染色体数2n=20。茎细长,多分枝,具攀援性,高可达数米。根细长、稍肉质。叶状枝刚毛状,10~13枚成簇,长4~5mm,圆柱形,水平排列。叶鳞片状,下部有三角形倒刺。花小,两性,白色,1~4朵顶生,花期夏季。浆果球形,黑色。品种有:'矮文竹'(cv. Nanus),茎丛生,矮小,直立,叶状枝密而短。'大文竹'(cv. Robustus),生长势强,叶状枝比文竹长,小叶状枝短,排列不规则。'细叶文竹'(cv. Toenu-issimus),叶状枝长,淡绿色,具白粉。'圆锥文竹'(cv. Pyramcidalis),姿形疏松,圆锥状。文竹原产非洲南部地区,世界各国普遍栽培。喜温暖湿润及半阴条件,不耐寒,不耐旱,要求土层深厚、肥沃、疏松及排水良好的砂质壤土。

用播种繁殖,花期应进行人工重复授粉,以保证结实率,种子寿命1年。3~4月份室内播种,播前应浸种1天,播后保持土壤湿润,经20~30天出苗,苗高5~10cm分苗。生长期间每1个半月追施稀薄肥水一次,以氮、钾肥为主。

盆栽植株应每年换盆一次,并搭架牵引,以利枝条攀附。夏季应适当遮荫或放置半阴处,冬季宜在5~10℃温室内培养。地栽应种植在温室向阳处,植株长大后才能结实。

园林应用:文竹枝叶清雅秀丽,多为盆栽观赏,也作切花,为花篮、花束的配叶。

同属植物约150种,分布在西伯利亚至非洲,常见栽培的还有:卵叶天冬(*A. asparagoides*),别名垂蔓竹。多年生藤本,具块根,茎细长,多分枝,无刺。浆果暗紫色。原产南非。兴安天冬(*A. dauricus*),多年生直立草本,高约70cm,根稍肉质,叶状枝近圆柱形。浆果红色。产中国、朝鲜、蒙古与俄罗斯等地区。绣球松(*A. densiflorus*),别名非洲天门冬。多年生半灌木,攀援,高约1m,叶状枝1~5枚成簇。浆果红色。原产非洲南部。其品种有'狐尾天冬'(*A. myersii* cv. Myers)、'天冬草'(*A. sprengeri* cv. Sprengeri)。镰状天冬(*A. falcatus*),为松散藤本,叶为窄披针形,边缘卷曲,镰刀状,总状花序,具香气,浆果暗褐色,产亚洲及非洲热带。石刁柏(*A. officinalis*),别名露笋、芦笋。直立草本,高约1m。

(费砚良)

蚊母树(racemose distylium) *Distylium racemosum*,别名蚊子树、米心树。金缕梅科蚊母树属常绿乔木。染色体数2n=24。高达16m,栽培者常呈灌木状,枝叶稠密,树冠球形。叶革质,椭圆形或倒卵形。总状花序,腋生,花小,无花瓣,花药深红色,花期4月。

蒴果卵圆形,9~10月成熟。变种有彩叶蚊母树(var. variegatum),叶较宽,有黄白斑纹。蚊母树产中国台湾、浙江、福建、广东和海南等地,朝鲜、日本也有分布。喜温暖湿润气候,耐阴,对土壤要求不严,宜排水良好的酸性至中性土壤,萌芽力强,耐修剪。播种或扦插繁殖。一年生苗高15cm左右。蚊母树易受瘿蚜为害,防治须在未形成虫瘿或产卵之前,用氧化乐果1500倍液或甲基对硫磷2000倍液喷杀。蚊母树枝叶茂密,俏丽葱绿,花小色深红,宜植于庭前、路旁、草坪内外。对有害气体抗性很强,是厂矿绿化的优良树种。同属植物常见的还有:杨梅叶蚊母树(*D. myricoides*)和中华蚊母树(*D. chinense*)。

(贺贤育)

翁柱(old-man cactus) *Cephalocereus senilis*,仙人掌科翁柱属多浆植物。茎圆柱形,多不分枝,在原产地可高达15m,直径40cm,但盆栽植株高仅1m左右。茎初为绿色,后变灰。具浅棱12~15个,老株棱可多达25~30。刺座密,有绵毛及很多灰色刺毛,绵毛长达25cm。辐射刺20~30根、白色,中刺1~5根,1~2cm长。花座密被黄褐绵毛和灰白刺毛。花筒状,钟形,夜间开放,玫瑰色。原产墨西哥石砾缝隙中。喜温暖而阳光充足。播种繁殖。但常用切顶促其孳生仔球,用仔球嫁接,待长到一定高度后再切下扦插。要求排水良好的砂质土,可用较多的粗砂、砾石或碎砖加少量腐叶土及石灰质材料配制后栽植。栽培中忌盆土过度潮湿,但空气湿度需高些。冬季保持12~15℃,并节制浇水。根系较弱,长到一定高度要立支柱。栽培中白毛易脏,可先用肥皂水冲洗,后用清水将肥皂沫洗去。

全株密被白毛,好似白发老翁,观赏价值很高。同属尚有数十种植物。

(徐民生)

卧花竹芋(bloodred stromanthe) *Stromanthe sanguinea*,别名红背卧花竹芋。竹芋科卧花竹芋属多年生常绿草本植物。高80~100cm,直立,有分枝。叶片长卵形或披针形,长25~40cm,宽8~12cm,厚革质,深绿色有光泽,中脉浅色,叶背血红色。花序圆锥状,苞片及萼鲜红色,花瓣白色。花期冬季至春季。原产巴西。喜温暖、潮湿、荫蔽的环境。生长适温为20～30℃,越冬温度15℃。土壤以富含腐殖质、疏松透水者为宜;一般用泥炭土、腐叶土加少量珍珠岩或砂和基肥。室内宜多喷水以增加空气湿度。可结合换盆进行分株繁殖,一般在气温较高时分植,待重新长出新根后才能充分灌水。卧花竹芋主要盆栽作室内观赏,是优良的观叶赏花植物。有变种奇观卧花竹芋(var. *spectabilis*),叶背浅绿色。

全属约12种,常见栽培观赏的还有:波特卧花竹芋(*S. porteana*),叶长卵圆形或宽披针形,先端尖,基部圆,长约50cm,宽约15cm,亮绿色,有3～4条鲜红色至银白色的条纹,叶背褐红色。花瓣红色。产于巴西。可爱卧花竹芋(*S. amabilis*),叶片长圆状椭圆形,端近截形,急渐尖,绿色,叶面侧脉间有宽灰色斑,叶背灰绿色。产于巴西。

(吴应祥)

乌桕(Chinese tallow-tree) *Sapium sebiferum*,大戟科乌桕属落叶乔木。染色体数2n=88,36,80。高达15m,树冠圆球形或卵圆形。树皮灰褐色,浅纵裂。叶互生,菱状阔卵形至心状阔卵形,先端渐尖至尾尖,全缘;穗状花序顶生,长6～12cm,花单性同株,黄绿色,无花瓣,雌花着生于花序基部,花期5～7月;蒴果球形,种子被白色蜡层,10～11月果熟。产中国长江流域及以南地区,黄河流域以南皆有栽培;日本、印度也有分布。喜光,喜温暖湿润气候和肥沃土壤,在含盐量0.3%的盐碱土上也能生长良好,较抗旱,耐水湿。生长速度中等,寿命可达80年以上。深根性,抗风力强,不易着火;对二氧化硫及氯化氢等抗性较强。在黄河流域及高海拔地区,秋梢易受冻。主要以种子繁殖,优良品种用嫁接繁殖。病虫害主要有刺蛾、大蓑蛾及樗蚕等。

乌桕叶形秀丽,入秋经霜变红,尤若丹枫,红艳可爱;蒴果开裂后,种子外裹白蜡,经久不落,缀于枝头,犹似白花。可作行道树、孤立树,也可群植或成片种植。倘与松、柏、杉等配植一处,秋赏红叶,冬观裂果,更显美观。若植于水边、池畔,静水时与倒影映衬更加秀丽。

同属植物园林中栽培观赏的还有白乳木(*S. japonicum*),树皮不开裂,小枝及叶含白色乳汁,叶卵形至椭圆状倒卵形,种子无蜡质层,产中国长江流域以南及珠江流域地区;圆叶乌桕(*S. rotundifolium*),叶近圆形,先端圆而有一小凸尖,产中国华南、贵州及云南。

(董保华)

乌寝花(dill-leaf ursinia) *Ursinia anethoides*,别名金黄熊菊。菊科乌寝花属小灌木。常作一年生栽培。染色体数2n=16。株高60cm,光滑或被稀疏蛛网状毛。叶互生,羽状细裂,裂片圆筒形。头状花序,径2.5～5cm,辐形,单生,花序柄长20cm。舌状花金黄色,基部紫色。原产南非。耐寒性弱,中国长江下游冷室越冬。忌高温。枝插或播种繁殖。秋季播种,翌年晚春开花。用于盆栽或夏凉地区的花境材料。

(王大钧)

乌头(common monkshood) *Aconitum carmichaeli*,毛茛科乌头属多年生草本植物。块根倒圆锥形,2～3个连生。茎直立,少分枝,高70～150cm。叶互生,掌状五角形,3全裂,中央裂片近羽状分裂,侧生裂片不等,2深裂。总状花序顶生,狭长,蓝紫色,花瓣2,具长爪。花期9～10月。蓇葖果,种子具膜质翅。原产中国,分布于长江中下游各省,北达秦岭和山东东部,南至广西北部。越南北部也有。多生于山地草坡或灌丛中。耐寒,喜阳光充足而凉爽湿润的环境,在高温与干燥条件下生长不良。宜深厚肥沃,排水良好的砂质壤土。播种和分株繁殖。播种以秋季为宜,春播当年不易发芽。分株繁殖也在秋季进行,每3～5年分栽一次。乌头因茎干较脆弱,后期生长过高,易倒伏,应行摘心,并设支架。花形奇特别致,花色明亮,宜作花境或灌丛间自然配植,也可用作切花。块根入药,含亚科尼丁(aconitin),有剧毒,应慎用。

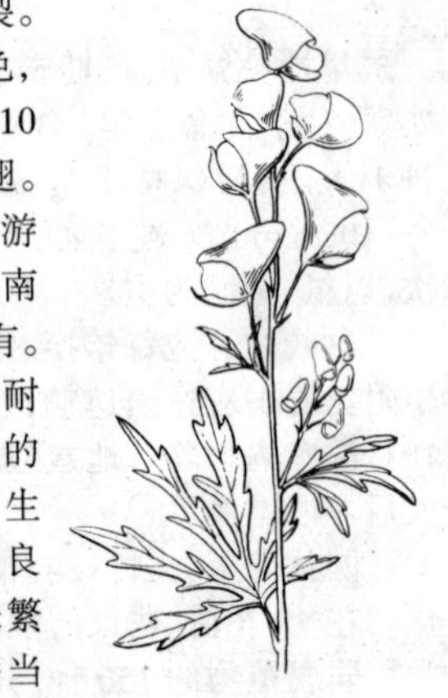

同属植物约370种,中国约有160种(另有资料计同属约100种,中国有70种)。常见栽培的还有:①黄花乌头(*A. coreanum*),块根倒卵球形,茎高30～100cm,疏生卷曲短柔毛。叶密集,宽菱状卵形,3全裂,裂片细,条状。总状花序着花2～7朵。萼片淡黄色,花期8～9月。分布于河北北部和东北地区,生于海拔200～900m山地草坡或疏林中。朝鲜及俄罗斯远东地区也有分布。②瓜叶乌头(*A. hemsleyanum*),茎缠绕,无毛,有分枝。叶五角形,3深裂,总状花序,着花2～12朵,萼片蓝紫色。分布于四川、江西、浙江、安徽、河南、陕西等地,生于海拔1300～2200m的山地灌丛或林中。③北乌头(*A. kusnezoffii*),块根圆锥形,茎高70～150cm。叶五角形,3全裂,总状花序有分枝,萼片紫蓝色,花期在夏季。分布于中国的河北、山西、内蒙古和东北地区。朝鲜和俄罗斯西伯利亚地区也有分布。④舟形乌头(*A. napellus*),茎直立,高约 100cm。叶具光泽,掌状 5～7 深裂。总状花序,萼片紫、红紫或白色,花期 6～8 月。原产欧洲。⑤华北乌头(*A. soongaricum* var. *angustius*),块根 2 个,茎高 80～120cm,无毛,有分枝。叶五角形,3 全裂。总状花序,着花 15～30 朵,萼片蓝紫色。分布于中国的山西、河北和内蒙古南部,生于海拔 1980～3000m 的山地草坡。

(王莲英)

乌头叶蛇葡萄 (monkshood vine)

Ampelopsis aconitifolia,葡萄科蛇葡萄属落叶藤木。染色体数 2n = 40。枝细而光滑,借卷须攀附上升。掌状复叶,小叶 3～5,披针形至菱状披针形,长 4～9cm,羽状裂,聚伞花序与叶对生,花小,黄绿色;浆果近球形,橙黄色至红色。产中国华北、山东、河南、陕西、甘肃。喜光,也耐半阴,适应性强。园林中适用于攀援小棚架,也可配植山石或栅栏,观果赏叶。同属还有葎叶蛇葡萄(*A. humulifolica*)和白蔹(*A. japonica*)。

(董保华)

乌羽玉 (peyote)

Lophophora williamisii,别名僧冠拳。仙人掌科乌羽玉属多浆植物。染色体数2n=22。老株易丛生,单株扁球形,顶部稍平,直径 6～7cm。肥大直根长达 10cm 以上。棱分成瘤块状,瘤块低圆,灰绿色。刺座上无刺,有白或黄白色软毛。植株多浆而柔软。花着生于球体顶部,钟状或漏斗状,径 1.3cm,粉红色。浆果棍棒状,长 2cm,粉红色。产于美国得克萨斯州及新墨西哥州,在墨西哥全国各地都有分布。原产地干旱季节长,阳光强烈而温差大。喜排水良好的砂质土。

多用播种繁殖,因花后易结籽,播种易出苗。也可嫁接,嫁接后出仔球很快,但量不多。砧木宜用仙人球。盆栽要用较深的筒盆,盆底多放便于排水的物体。盆土可用壤土、腐叶土、粗砂、谷壳炭各 1 份,另加 0.5 份石灰质材料混合配成。喜阳光充足及通风良好。夏季干热易罹红蜘蛛。较耐寒,在冬季盆土保持干燥的情况下,可耐 0℃ 低温。乌羽玉为仙人掌类植物中著名的代表种之一。栽培容易,又无刺,适作小型家庭盆花。

(徐民生)

无患子 (Chinese soapberry)

Sapindus mukorossi,别名木槵子、木槵树、油患子。无患子科无患子属落叶乔木。染色体数2n=36。株高可达 25m,胸径达 70cm,树冠圆球形。树皮灰白色,平滑,老皮不规则纵裂。偶数羽状复叶,小叶8～14,卵状披针形,长 7～15cm,全缘;顶生圆锥花序,长 15～30cm,花杂性同株,通常两性,黄白色或淡绿色,花期 5～6 月;核果近球形,淡褐黄色,11 月成熟。产中国长江流域及以南各地,越南、老挝、印度、日本也有。喜温暖湿润气候,适应性强,酸性土、钙质土均能生长。深根性,抗风力强。幼苗期速生,但萌芽力弱,不耐修剪。播种繁殖,当年苗高可达 40cm。害虫有星天牛、红蜡蚧、刺蛾、大蓑蛾、斑翅夜蛾等。无患子树姿婆娑,秋叶金黄,绮丽悦目,适作庭荫树或行道树。

同属植物见于栽培的还有云南无患子(*S. delavayi*),小乔木,高达 15m,小叶卵形至长椭圆形,产中国云南、贵州、四川等地。

(贺贤育)

吴茱萸 (officinal evodia)

Evodia rutaecarpa,别名石虎、吴萸。芸香科吴茱萸属落叶灌木或小乔木。染色体数 2n=72。高 3～10m。小枝紫褐色,被锈色长柔毛,裸芽;奇数羽状复叶对生,小叶 5～9,椭圆形至卵形,长 6～15cm,背面密被长柔毛,有粗大腺点;聚伞状圆锥花序顶生,花小,白色,花期 5～6 月。蓇葖果紫红色,有粗大腺点,果期 9～10 月。产中国长江流域及其以南各地。喜光,略耐阴。喜温暖气侯,不择土壤。多用扦插、埋根及分蘖法繁殖。

吴茱萸适于在公园、庭园中丛植或孤植,也可成片

种植。果实及根、叶入药。

同属中常见栽培的有：臭辣树（*E. fargesii*）和臭檀（*E. danielli*）等。

（郭生桢）

梧桐（phoenix tree; Chinese bottle tree） *Firmiana simplex*，别名青桐。梧桐科梧桐属落叶乔木。原产中国，栽培历史悠久。2500多年以前《尔雅》中有记载。高达20cm，树冠卵圆形，树干端直。树皮灰绿色，光滑，枝阶状轮生。单叶互生，心形，长15～20cm，3～5掌状裂。圆锥花序顶生，长约20cm，花单性同株，花萼5深裂，花期6～7月。蓇葖果，9～10月成熟。产中国暖温带及亚热带南北各地，自海南岛至华北均有栽培，日本及东亚各地也有。阳性树种，喜温暖湿润气候，耐寒性不强，深根性，喜土层深厚肥沃排水良好富含钙质的土壤，肉质根，怕积水。生长快，寿命长。发芽迟，落叶早，萌芽力弱，一般不宜修剪。对多种有毒气体抗性强。播种繁殖，幼苗当年高可达50～60cm左右，有刺蛾、卷叶虫和梧桐木虱为害，可用90%敌百虫800～1000倍液、40%氧化乐果1500倍液或50%杀螟硫磷1000倍液防治。树干青绿光滑，叶大碧翠，荫浓，适于草坪、庭院、坡地、池畔、湖边孤植或丛植。与棕榈、芭蕉、竹类配置效果尤佳，"屋前植桐，屋后植竹"为江南一带传统的栽种方法；还可用作行道树，也是工矿区良好的绿化树种之一。

同属见于栽培的还有云南梧桐（*F. major*），树皮灰色，叶掌状3裂，表面绿色有光泽，背面粉白色。产中国云南。

（鲁涤非）

五加（slenderstyle acanthopanax） *Acanthopanax gracilistylus*，别名五加皮。五加科五加属落叶灌木。染色体数 $2n=48$。高2～3m，枝软下垂，呈蔓生状。掌状复叶通常五数，小叶倒卵形至倒披针形，缘有细齿。伞形花序，花多数，5瓣，黄绿色，花期4～8月；浆果黑色，扁球形，6～10月成熟。喜光、喜肥沃疏松的腐殖土。用播种、分根、枝插繁殖。根皮供药用。单株孤植或与其他乔灌木配植于庭院路旁，假山边或作绿篱材料均可。同属见于栽培的还有：刺五加（*A. senticosus*），灌木，高达6m，枝具钩刺。掌状复叶5枚，小叶椭圆状倒卵形，边缘有重齿。伞形花序单个顶生或2～6个组成稀疏的圆锥花序，花紫黄色，花期6～7月。果实黑色，5棱状，球形，8～10月成熟。

（任步钧）

五色菊（swan-river daisy） *Brachycome iberdifolia*，别名雁河菊。菊科雁河菊属一年生草本植物。株高45cm，多分枝。叶互生，长约7.5cm，羽状分裂，裂片条形。头状花序，径约2.5cm，单生花葶顶端或腋生。盘心花两性。舌状花一轮、雌性，蓝、玫红或白色。花期夏、秋季。耐寒性弱，不耐酷暑高温，适生于干燥向阳环境。长江下游作越年生栽培，冬季防寒，花期晚春。播种繁殖。用于花境或冷室盆栽。

（王大钧）

五色梅（common lantana） *Lantana camara*，别名马缨丹。马鞭草科马缨丹属常绿半藤状灌木。染色体数 $2n=22, 33, 44, 55, 66$。高1～2m，全株有异味。枝四棱，长可达4m，常有短倒钩刺；叶对生，卵形或卵状长圆形，长3～9cm，略皱，两面有粗毛；头状花序腋生，花冠黄、橙黄、粉红至深红色，花期6～10月；

核果球形、肉质，紫黑色，10～11 月成熟。其变种有：①橙红五色梅(var. *mista*)，外缘花黄色转桔黄或砖红色，内缘花由黄转桔黄色；②杂种五色梅(var. *hybrida*)，花黄色；③黄花五色梅(var. *flava*)花黄色转橙黄色；④白花五色梅(var. *nivea*)，花白色。产美洲热带；中国广东、海南、福建、台湾、广西等有栽培，且已逸为野生。喜光，喜温暖湿润气候。适应性强，耐干旱瘠薄，但不耐寒，宜疏松肥沃排水良好的砂壤土；萌芽力强，成枝率高，耐修剪。用播种或扦插繁殖。

五色梅是优良的观花灌木，花期长，花色丰富，适宜在各类园林绿地中种植，也可植为花篱，北方地区可盆栽观赏。全株入药。

同属中见于栽培的还有小叶五色梅(*L. montevidensis*)，叶卵形，长 2～3cm；花淡红色。产南美，中国台湾有栽培。 (陈耀华)

五色苋 (copperleaf; rabbitmeat alternanthera) *Alternanthera ficoidea*，别名榕树状虾钳菜、三色苋。苋科虾钳菜属多年生草本植物。株高 15～40cm，多分枝，叶对生，椭圆形或卵形，绿色。头状花序腋生，花小、白色，花被片 5，无花瓣，胞果。常见栽培的品种有：可爱虾钳菜(cv. Amoena)，又叫小叶红，植株矮小，叶披针形至椭圆形，叶绿色，具红或橙色斑。红绿草(cv. Bettzickiana)，又叫锦绣苋，茎直立，高约 40cm，叶小，卵状披针形，绿色，全缘，秋季叶色变为黄或红色。原产南美巴西，世界各地有栽培，中国各地有种植，东北尤盛。夏季喜凉爽气候，高温高湿则生长不良，冬季要求温暖，不耐寒，宜在 15℃ 以上越冬，生长季节要求阳光充足、土壤湿润、排水良好。主要用扦插繁殖，在气温 22℃、相对湿度 70%～80% 条件下，7 天生根，半个月后定植。株行距 8～10cm。生长期间保持土壤湿润，需进行多次修剪，促进株型矮小紧密。用于花坛或立体造型时，常用各色品种成片栽植拼成花纹、图案及文字样式。越冬母株于 10 月份种在花盆或木箱中，置温室内阳光充足处，注意控制浇水。

五色苋是优良观叶植物，植株矮，茂密耐修剪，叶色鲜艳，是布置毛毡花坛及立体花坛的好材料，还可剪枝做花篮配叶等。

(费砚良)

五味子 (Chinese magnoliavine) *Schisandra chinensis*，别名北五味子。五味子科五味子属落叶藤木。染色体数 $2n=2x=28$。藤长达 8m，干皮褐色，呈不规则薄片状剥落，小枝浅褐色、稍有棱；单叶互生，倒卵形或椭圆形，长 5～10cm，先端尖、基部楔形，叶柄及主脉常为红色。雌雄异株，花单生或簇生叶腋，花被片白色或稍带粉红色，具芳香，花期 5 月；聚合果穗状下垂，小浆果球形，8～9 月成熟时深红色，种子肾形、黄色。产中国东北、华北、华东、华中、西北和西南地区，朝鲜、日本、俄罗斯也有分布。喜光，较耐阴，耐寒性强；适生于湿润且排水良好的肥沃土壤，在自然界多生于阴坡、缠绕它树或在山石上匍匐生长。播种、压条和扦插繁殖均可。3 年生实生苗可开花结实。偶有白粉病危害。

五味子在园林中可用于棚架绿化，也可与山石配植，或作地被覆盖材料等。果实入药。

(陈耀华)

五星花 (pentas) *Pentas lanceolata*，别名埃及众星花。茜草科五星花属亚灌木。高约 1m，叶对生，浅绿色，质薄，椭圆形或披针状矩圆形。聚伞花序顶生，花小、红色，直径约 1.5cm，花筒长约 2cm，花瓣呈星状，花期秋季。喜温暖和阳光充足条件。夏季以凉爽环境为宜，冬季温度要求 10℃ 以上。播种及扦插繁殖，常于春、秋两季进行。生长期应摘心，控制植株高度，花后及时剪除残花，并控制供水。五星花花色艳丽，

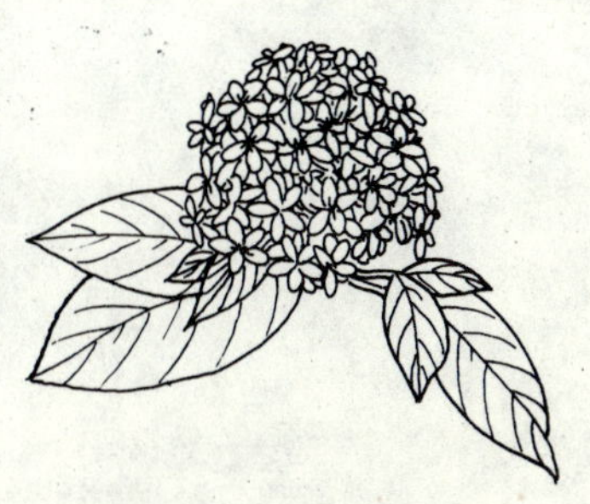

有白、粉、红及蓝紫色品种，常作室内盆栽观赏。也可移作夏、秋花境填空补缺材料。

（费砚良）

勿忘草（garden forget-me-not） *Myosotis sylvatica*，别名勿忘我草、毋忘草。紫草科勿忘草属多年生草本植物。茎高10～50cm，多分枝，全株被弯曲的长柔毛。叶互生，下部叶线状披针形或倒披针形，中部以上的叶长圆状披针形或长椭圆形，两面密被柔毛并混杂有短硬毛。聚伞花序，长10～25cm，无苞片。花冠筒短，高脚碟形，5裂，平展，径约7.5mm，蓝色，喉部黄色。花期5～7月。小坚果宽卵状圆形，黑色发亮。常见品种有白花种、矮生种（花蓝紫色）、大花种（花期早，花大，蓝色）和红花种（花玫瑰红色）。原产欧洲、东亚。中国云南、四川、江苏、甘肃、新疆、河北等地及东北地区有分布，生长在山地林中或林边。耐寒性较强，适于冷凉及稍荫蔽环境，要求湿润、富含腐殖质的土壤，忌水涝。播种法繁殖，春秋均可，发芽适温20℃。春播者花期短而晚。也可在夏末用分株法和扦插法繁殖。最好于早春定植，冬季稍加防寒。

勿忘草是传统园林花卉，花小巧秀丽，蓝色花瓣，黄色花蕊，色彩和谐醒目。可作花坛、花境材料，也可盆栽或作切花。

同属植物约50种，常见栽培的还有：高山勿忘草（*M. alpestris*），多年生草本，常作一年生栽培，株丛矮小，花梗较短。沼泽勿忘草（*M. scorpioides*），多年生草本，植株匐匐而生，花期长，花色丰富，耐湿。

（杨孝汉）

X

西达葵（checkerbloom） *Sidalcea malviflora*，锦葵科西达葵属多年生草本植物。染色体数 2n = 60（约数）。茎细长直立，高 45～90cm。叶掌状深裂（下部叶不分裂或 5～9 浅裂）。疏散总状花序单生或分枝。花瓣 5、开展，桃红、玫红或紫堇色，花径 3.8～5cm，瓣缘缝裂。花期夏季。原产美国加利福尼亚。耐寒性不强，喜向阳、温暖和排水良好的深厚土壤。园艺品种多为分株繁殖，实生苗易变异。中国长江下游秋播，保护越冬。用于花境。

（王大钧）

西洋甘菊（scentless false camomile） *Tripleurospermum maritimum*，菊科三肋果属一二年生草本植物。植株具香气，株高 30～50cm，茎直立，上部多分枝。叶 2～3 回羽状分裂，裂片线形、肉质。头状花序，舌状花白色，管状花黄色，花径 3.5～4cm，花期 5～6 月。原产北美，喜温暖、向阳及肥沃、排水良好的砂质土，忌炎热多湿。播种或分株法繁殖，暖地多秋播，寒地春播，能自播繁衍。用于花境、岩石园及野趣园林中。

同属植物约 50 种，常见栽培的还有褐苞三肋果（*T. ambiguum*），叶 3 回羽状丝裂，花托圆锥形隆起，总苞片边缘暗褐色，膜质。舌状花白色，管状花黄色。原产中国新疆、甘肃及华东地区。（张　燕）

稀有濒危植物（rare and endangered plants） 自然分布中现存数量很少或濒于灭绝的植物。根据物种受威胁的程度，可划分为：灭绝种、渐危种、稀有种等。开展稀有濒危植物研究，对拯救、保护并开发利用这类植物，具有重要意义。

20 世纪 50 年代后，中国有些机构已开始对稀有濒危植物的引种栽培及其应用进行评价。1986 年，中国植物学会下属一些专业委员会在杭州召开的“珍稀濒危植物保护研究学术讨论会”，推动了稀有濒危植物迁地保护和开发利用等工作。中国于 1984 年公布了第一批稀有濒危植物名录，即《国家重点保护植物名录》；1992 年出版了《中国植物红皮书·稀有濒危植物》第一册。中国政府参加了《濒危野生动植物种国际贸易公约》和《生物多样性保护公约》。在全国几百个自然保护区中，确定西双版纳、长白山等自然保护区主要保护自然生态系统及濒危物种。（张　洁）

喜树（common camptotheca） *Camptotheca acuminata*，别名旱莲、千丈树。蓝果树科喜树属落叶

乔木。高达 30m，树冠倒卵形，主干耸直。树皮光滑，淡褐色。叶互生，长椭圆状卵形，叶柄红色。花单性同株，头状花序具长柄，雌花序顶生，雄花序腋生，6～7 月开淡绿色花。瘦果长三菱形，有狭翅，11 月成熟时褐色。分布于中国长江流域以南和西南地区。喜光，速生，不耐干旱、严寒，喜土层深厚、湿润而肥沃的土壤，深根性，萌芽力强，酸性土、微碱性土都能适应。以种子繁殖，种子发芽率 65%～85%，当年苗高达 80～100cm。主要病虫害有根腐病、黑斑病及刺蛾。树姿雄伟，花清雅，果集生似莲，是优良的行道树和庭荫树。（贺贤育）

细辛（siebold wildginger） *Asarum sieboldii*，别名马蹄香、华细辛。马兜铃科细辛属多年生草本植

物。染色体数 $2n=24$。具多数肉质根。茎根状、短，有香气。基生叶1～2片。叶片肾状，顶端钝尖、全缘、叶基心脏形，叶背与叶面均疏生短柔毛。单花基生隐于叶下，花梗长2～5cm。花质厚、暗紫色，筒部扁球形，顶3裂平展。蒴果肉质、球状。原产中国长江流域及日本南部。耐寒、喜阴及肥沃湿润土壤。分株繁殖。宜作林下地被。全草药用。同属植物还有北细辛(*A. heterotropoides* var. *mandshuricum*)，产于东北、华北等地。

（郑　恭）

细叶沿阶草（dwarf lily-turf） *Ophiopogon japonicus*

Ophiopogon japonicus，别名书带草、麦门冬。百合科沿阶草属多年生草本植物。染色体数 $2n=2x=36$，根状茎短粗，有膜质鳞片。须根长，中部或顶端常膨大成纺锤形肉质块根。叶丛生，窄线形，长30～50cm，宽1.5～3mm，绿色，中脉突出，边缘具细齿。花茎扁，总状花序顶生，着花约10朵，常1～3朵聚生，白色或淡紫色。浆果球形，蓝色或蓝黑色，光亮。花期5～8月。果熟期9～10月。原产中国、日本及朝鲜半岛。中国主要分布于南方地区。喜半阴、湿润、通风良好的环境。在富含腐殖质、排水良好的砂质壤土中生长良好。

以分株法繁殖为主，也可播种。一般3～4年分株一次，于3～4月进行。剪去叶丛，留茬5～7cm。掘出老株，用利刀将根部分切成若干丛。地栽株行距25～30cm。播种繁殖宜采种后即播，约10天出苗，幼苗生长缓慢。盆栽者夏季需移置荫棚下养护。冬季移入冷床或温室越冬。

细叶沿阶草叶片较窄下垂，花序小巧雅致，浆果光亮夺目，可用作庭园阶旁路边、假山岩石缝隙处及花坛镶边材料，或作为地被植物成片栽种于树丛之下。也可盆栽，布置室内。块根药用优于麦冬，有滋补健身之功效。

同属栽培植物有：沿阶草(*O. bodinieri*)，形态与细叶沿阶草相似，种子稍小，花期6～8月，果期8～10月。分布于中国贵州、云南、四川等地。阔叶沿阶草(*O. jaburan*)，叶片长达60～80cm，宽6～12mm。原产日本，中国也有栽培。'薮草'(cv. Aurco variegatus)，叶具黄色纵纹。多花沿阶草(*O. tonkinensis*)，叶厚革质，总状花序具10～30余朵花，花期8～9月，果期10～11月。分布于中国云南东南部和广西，越南也有分布。

（胡叔良）

虾螯蕉（lobster-claw） *Heliconia humilis*

Heliconia humilis，别名艳红赤苋蕉。旅人蕉科蝎尾蕉属大型多年生草本植物。株高1.2m，茎细长直立，叶大似蕉，斜向直伸，自春至夏，从地下抽出花茎，花茎上苞片排成二列状，三角形，尾部细尖，花形奇特，呈艳丽的红色，边缘翠绿，极为悦目，持久不谢。园艺品种有高仅60cm的矮生品种及以观叶为主的金脉品种和红脉品种等。原产南美亚马逊河流域。喜光照充足，高温高湿的生长环境。生长适温22～30℃，不耐寒，冬季不可低于10℃。要求疏松肥沃、排水良好、土层深厚的湿润土壤。可用分株繁殖或分割地下茎繁殖。春、夏、秋三季均可进行繁殖，但以春、夏季为佳，容易成活。为减少水分蒸腾，可将茎上部叶片剪除。种植一个月左右发出新芽分栽，也可挖取地下根茎，每段带有3～4个生长点，分栽。在生长季每周施追肥1次，及时修剪开过的花茎和枯老叶片，冬天结合培土施1次有机肥，以利越冬抗寒和春季生长。自春至夏为生长旺季，要保证充足的水分供应。

虾螯蕉花茎较长，花色艳丽，形态奇特别致，切花水养，经久不凋，是珍贵的切花材料。植株自然成丛，生长健壮，四季常青，花期又长，在南方冬季气温高的地区，适于作花境应用。

同属观赏植物有：垂花火鸟蕉(*H. rostrata*)，别名金鸟赫蕉。多年生草本，高2～4m，具地下根茎，叶革质，春末夏初自叶腋抽出顶生穗状花序，倒垂下挂。花苞木质化，苞片15～20枚，二列，船形，基部鲜红色，渐向尖转黄色，边缘绿色，艳丽夺目。花黄绿色，花期夏季至秋季，为高级切花。喜温热带气候，畏寒，冬季不能低于8℃，宜半阴湿润环境。分布于阿根廷至秘鲁。'鹦鹉火鸟蕉'(*H. psittacorum* cv. Rubra)，多年生草本，地下具发达的横走根茎，肉质。株高60～90cm，叶细长披针形。花序三角状，分歧苞4～5个，苞片橙黄色，花筒状。宜作切花。生长适温22～28℃，宜用大盆栽培。火鸟蕉(*H. bihai*)，多年生大型草本，常绿。株高约6m，叶大似蕉，直立。花序成串，苞片大而扭曲，黄色，船形，坚质，先端细长。原产热带美洲。

（王铨铭　陈榕生）

虾衣花（shrimp plant） *Jasticia brandegeana*

Jasticia brandegeana，别名狐尾木、麒麟吐珠。爵床科珊瑚花属常绿小灌木。株高1～2m，茎细弱，多分枝，全株被毛。叶卵形或椭圆形，全缘。穗状花序顶生、下垂，长6～9cm，具棕、红、黄绿或黄色宿存苞片，花白色、唇形，下唇3浅裂，

具3条紫色斑点，整个花形似虾。花期长，春、夏、秋季开放。原产墨西哥，世界各地多有栽培。喜温暖湿润，喜光也较耐阴，不耐寒。扦插繁殖，四季均可进行，选用7～8cm长枝条作插穗，插于砂土、蛭石或珍珠岩中，保持适当湿度，14天即可生根。生长季节及时摘心，促使分枝，每10～15天追施稀薄肥水1次，盛花过后，即行修剪。冬季如放置在15℃温室中，还可继续开花。常盆栽供室内观赏，也可布置花坛。

（费砚良）

虾子花（shrubby woodfordia） *Woodfordia fruticosa*，别名吴福花。千屈菜科虾子花属灌木。染色体数2n＝2x＝16。高2～5m。枝细长披散。叶对生，披针形或卵状披针形，下面密被白色短柔毛和黑色腺点。腋生聚伞花序，花萼瓶状，橙红色或鲜红色，口部略偏斜，具6齿；花瓣6，通常不长于萼齿。蒴果狭椭圆形，长5～7mm。产中国云南、贵州、广西和广东；越南、印度、缅甸、斯里兰卡、印度尼西亚及马达加斯加也有。多生于山坡、干热河谷的灌木丛中或路旁。播种或扦插繁殖。花萼鲜艳，花期长，宜配植于窗前、亭际及桥头等处观赏。

（梁健英）

霞草（common gypsophila） *Gypsophila elegans*，别名丝石竹、满天星、缕丝花。石竹科丝石竹属一二年生草本植物。株高30～45cm，全株光滑，被白粉，茎上部多分枝，纤细。叶对生，披针形或圆状披针形。花瓣5，纯白色或粉红色，倒卵形。花径6mm，花梗细长，为疏散开展的圆锥状聚伞花序，花期6～8月。蒴果卵圆形，果熟期7～9月。种子细小，千粒重0.55g。原产小亚西亚及高加索一带，欧洲、亚洲和北非的一些国家均有栽培。耐寒，忌炎热多雨。宜在向阳环境和疏松肥沃、排水良好的微碱性砂壤土生长。

以播种繁殖为主。寒冷地区宜春播，土壤不结冻地区可秋播。发芽最适温度为21～22℃。7～10天幼苗出土，高约5cm时间苗。蒴果成熟时干裂，种子极易散落，应及时采收。定植后长至8节左右时摘心，侧芽长至5～10cm时抹芽，去弱留强。定植初期勤灌水，花芽开始形成时适当控水。

霞草枝、叶纤细，分枝极多，小花如繁星密布，轻盈飘逸，可用于花坛、花境或花丛，也适宜岩石园配置。也可单独作插花，又是制作干花的理想花材之一。

同属植物125种，中国有25种。常用于观赏栽培的种有：①抱茎丝石竹（*G. perfoliata*），别名钝叶石头花。高70cm，上部具多数分枝。叶宽、倒卵状长圆形，先端钝圆，稍抱茎。聚伞花序、花小，有白色、粉红色、紫红色，花期7～8月。产中国新疆和东北，蒙古及欧洲南部也有分布。②香丝石竹（*G. oldhamiana*），高60～100cm，根粗壮、茎多数，叶宽、长圆状披针形，花密集呈聚伞花序，花梗短、花小，白色或粉红色，具芳香，花期4～6月。耐寒，耐碱。产中国华北、西北、东北南部的山地草原，朝鲜半岛也有分布。③尖叶丝石竹（*G. acutifolia*），高15cm以上，叶绒状披针形，先端锐尖。花梗短，白色或粉红色，密集呈圆锥状聚伞花序。产中国西北、华北、东北等地。④锥花丝石竹（*G. paniculata*），花白色，圆锥状聚伞花序，具芳香。世界广泛作切花栽培的品种有：'仙女'（cv. Bristol Fairy）、'完美'（cv. Perfecta）、'钻石'（cv. Diamond）、'火烈鸟'（cv. Falmlngo）和'红海洋'（cv. Red Sea）等。

（杨忠英）

夏风信子（summer hyacinth） *Galtonia candicans*，百合科夏风信子属多年生草本植物。染色体数2n＝16。花葶高60～120cm，粗壮，具大而圆的被膜鳞茎。叶基生、肉质、舌状。总状花序长而疏散，约有15朵花。花纯白，芳香，长3.8cm，漏斗状，花被片6枚，下半部连结呈筒状。花期夏秋。原产南非。耐寒性不强。喜轻松肥沃、排水良好的湿润土壤。寒地宜春植，覆土15～17cm，深秋掘取鳞茎，贮藏于防冻处。华中地区秋植，可留床数年。作温室盆栽时，可在春节前后开花。花后移地栽，培养鳞茎。分球法繁殖，也可播种。用于花境或温室盆花。

（王大钧）

夏堇（blue wing；wishbone flower） *Torenia fournieri*，别名蓝猪耳。玄参科夏堇属多年生草本植物。染色体数2n＝18。株高15～50cm，茎具4棱，多分枝。叶对生，叶片卵形或卵状心脏形，缘锯齿状。上部叶生或顶生短总状花序。萼筒椭圆形、稍膨大。花冠淡紫色、背面黄色，长约2.5cm，上唇2裂不明显、淡蓝色，下唇3裂、圆形、淡紫色，中裂片基部具大块黄斑。花期夏秋季，有白花、大花等品种。原产亚洲和非洲热带地区。耐暑热，不耐霜冻，不择土壤，生长期不宜过干。播种或扦插繁殖。用于花坛或作耐阴地被。

也可作为冬季盆花，在室内培养。本属植物常见栽培者还有黄筒夏堇（*T. bailloni*），花冠黄色、上端红紫，冠檐具紫色眼点。其白花品种下唇中瓣基部具黄斑。

（郑 恭）

夏蜡梅（summer sweet shrub）

Calycanthus chinensis，蜡梅科夏蜡梅属落叶灌木。高1～2.5m，树皮灰白色，枝干粗壮。当年生枝黄褐色，有光泽；叶对生，椭圆状卵形或卵圆形，叶缘上部浅波状，近基部具

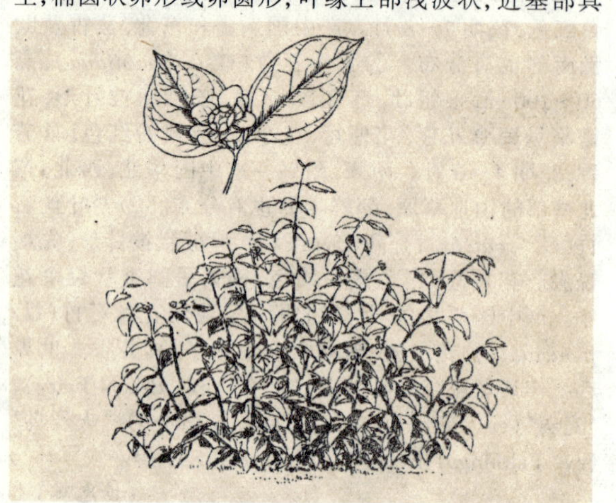

钝细齿；花单生当年枝顶，花被片二型，外被片大而薄，色白，缘具红晕，9～14片，螺旋状排列，呈坛状，内被片9～12片，乳黄色，质厚，腹面基部散生淡紫色细斑纹，呈副冠状，花期5月下旬；假果由花托膨大而成，呈罄状，顶部收缩为平面，内含瘦果2个以上，矩圆形，9～10月果熟。产中国浙江天台，分布在海拔600～900m的溪谷和山坡林间，系20世纪60年代新发现的树种，属国家二级保护植物。喜阴湿，较耐寒，喜富含腐殖质微酸性土壤。播种繁殖。在园林绿地中宜植于偏阴环境；若在干旱处，即使有林木蔽荫，入夏亦生长缓慢，叶色转黄、着花稀疏，甚至发生落叶枯枝。夏蜡梅花形奇特，色彩鲜艳，是一种有发展前途的花灌木。

同属植物有美国夏蜡梅（*C. floridus*），高0.9～1.8m；叶卵形或宽卵形，花深红褐色，具芳香；耐寒。原产美国东南部，中国杭州、南京等地有引种栽培。

（贺贤育）

仙客来（florists cyclamen）

Cyclamen persicum，别名一品冠、兔子花、萝卜海棠。报春花科仙客来属具块茎多年生草本植物。染色体数多数品种为2n=4x=96，野生种和少数品种为2n=2x=48，也有异数多倍数2n=90，92，94，95。

起源、演化及栽培简史　现今的园艺品种大多来源于野生种仙客来（*C. persicum*）。1612年荷兰出版的《园艺植物图册》，首次介绍了仙客来野生种收集、驯化和栽培的情况。1731年引入英国栽培。1768年由米勒（Philip Miller）命名。19世纪70年代在欧洲盛行栽培。普遍采用播种繁殖。仙客来育种工作在英国、德国、荷兰、日本发展迅速，尤以德国育出的园艺品种性状优异。花朵由小变大、花色日益丰富、花型有许多变化，花有单瓣、复瓣和重瓣等类型。19世纪末中国引入栽培。20世纪以来，相继育出早花、晚花、冬花、夏花、芳香、异型花等不同类型品种。

形态特征　块茎扁圆形或球形，肉质。叶生于块茎顶端中部，叶片常为心脏形，也有卵形或肾形，叶缘呈细钝锯齿状，叶面绿色，带白色或灰色斑纹，叶背暗红色或绿色，具长柄，肉质、褐红色。花单生于长花梗上、下垂，花瓣向上反卷似兔耳。花色有白、粉、绯红、玫红、大红、紫红、雪青、甚至紫黑等色，基部常有深红色斑；花瓣边缘有全缘、缺刻、波状或皱褶之分。有的品种具香气。花期从10月到翌年4月。初次开花可达10～30朵，受精后花梗向下弯垂。从受精到果实成熟需3～4个月。蒴果球形，当果实顶部泛黄，变软时采收，置凉爽通风处使之开裂，种子褐红色，千粒重10g左右。

变种、类型及品种　主要变种有大花仙客来（var. *giganteum*），花大，白、红或紫色；暗红仙客来（var. *splendens*），花大、暗红色。

园艺品种按花型可分为4个类型：①大花型，花大，花瓣全缘平展反卷，叶缘锯齿较浅，有单瓣、复瓣、重瓣、银叶、镶边和芳香等品种。②平瓣型，花瓣平展反卷，边缘具细缺刻和波皱，花瓣较窄，花蕾尖形，叶缘锯齿显著。③洛可可型，花呈半开下垂状，不反卷，花瓣边缘有波皱和细缺刻，瓣宽。花浓香，花蕾顶部圆形，叶缘锯齿显著。④皱边型，花大，花瓣边缘有细缺刻和波皱，花瓣反卷。

产地与习性　原产地中海东北部，从以色列、叙利亚至希腊的沿海低山森林地带。喜凉爽、湿润及阳光充足。生长和花芽分化的适温为15～20℃，冬季室温低于10℃，花易凋谢，花色暗淡；夏季气温达到30℃植株休眠，35℃以上植株易腐烂，死亡。小苗较老株耐热性强，夏季在温度不超过28℃的温室内小苗可不休眠，生长期适宜的相对湿度为70%～75%。仙客来为中日照植物，生长期的适宜光照度为28 000 lx，低于15 000 lx或高于45 000 lx，光合作用强度显著下降。要求疏松肥沃，排水良好，富含腐殖质的微酸性砂质壤土。常自花授粉，也可异花授粉，连年自花授粉，易出现品种退化现象。干燥凉爽条件下，种子发芽力可保持3年。

繁殖栽培　常用播种繁殖。播种前要对带毒率超过20%的种子进行脱毒处理。首先用75%的酒精表面消毒，用水冲洗后再依次放入0.1%升汞和10%磷酸二氢钠溶液中消毒，用水冲洗后，再置35～40℃的

热水中浸种24小时，然后播种。以蛭石2份、草炭土2份、细砂1份，混合均匀为播种基质。仙客来由播种到开花历时约13个月，早花品种也需9～10个月。可以根据用花时间确定适宜的播种期。采用点播法，种子间距2cm×2cm，覆土厚0.5cm。发芽适温15～25℃。苗具2～3片真叶时上盆，盆土可用蛭石、草炭、炉渣等配制，pH值6.5。加强水肥管理，夏季高温期停止追肥，室温保持28℃以下，照度不超过40 000 lx。多次换盆，最后换入内径14～16cm盆中；初上盆时，使块茎微露出土面，以后逐渐使其露出1/3～1/2。进入花期需适时喷施磷酸二氢钾(KH_2PO_4)0.1%的水溶液。温度降低至5～10℃，可延长花期；喷施尿素0.1%水溶液和适当降低光照度能促进叶面生长；而增加光照度，喷施磷酸二氢钾则可增加花蕾数量；用赤霉素点涂花蕾可提早开花。

结实不良的仙客来优良品种可用分割块茎法繁殖，因繁殖系数小，容易腐烂，株形不美，应用甚少。

病虫害防治　主要病害有：①软腐病。由海芋杆菌(*Bacterium aroideae*)引起。在7～8月高温多湿时发生。为害叶柄和花梗基部，呈水浸状软化。用波尔多液防治。②线虫病。由孢囊线虫(*Hterodera radicicola*)寄生引起。侵入根部形成根瘤。土壤消毒，用50℃热水浸泡种球10分钟，可杀死线虫。③炭疽病。由仙客来红斑小丛壳菌(*Glomerella rufomaculans*)引起。为害叶及叶柄，病斑圆形凹陷，随水侵染。用50%多菌灵500～600倍液防治。

主要虫害有：①蚜虫，可用乐果1500倍液防治。②红蜘蛛，可用三氯杀螨醇1500倍液防治。

园林应用　仙客来花色艳丽、花形别致、烂漫多姿，有的品种有香气，观赏价值高，是冬、春季节的优良盆花，也是世界盆花生产中的主要种类。花期长达6个月，适逢圣诞节、元旦、春节等传统节日，市场需求甚大。常用于室内花卉布置，又宜作切花，水养持久。

同属植物约20种，分布于南欧、北非及西亚等地区。偶有栽培的还有小仙客来(*C. hederifolium*)，花长2.5cm，玫红至白色，基部具深红斑。原产南欧。香仙客来(*C. purpurascens*)，花长不到2cm，玫红至洋红色，基部有深红斑点，具浓烈芳香。原产中、南欧。

(刘福才)

仙茅(palmgrass)　*Curculigo orchioides*，别名地棕、独茅。仙茅科仙茅属多年生草本植物。染色体数2n=50。株高10～40cm。根状茎直生、圆柱形。叶基生，3～6枚，具柄，披针形，有时两面散生长柔毛。花葶极短，隐藏于叶鞘内；苞片披针形、膜质；总状花序伞房状，着花4～6朵，花两性、黄色。裂片及雄蕊均为6基。花期4～6月。浆果长矩圆形。分布于中国南方地区，日本及东南亚地区也有。喜温暖、湿润环境。较耐寒、耐旱。要求土壤疏松、深厚，排水良好。播种或用根茎切段繁殖。3～4月播种，2年生苗即可移栽。每穴种植3～4株，每年中耕，除草，施肥3～4次。根茎繁殖，春季在母株出苗前，挖取根茎，切成3～4cm的茎段，切口上蘸草木灰后直接栽种。仙茅可盆栽，也可地栽布置花坛。

同属植物常见栽培的还有：大叶仙茅(*C. capitulata*)，多年生草本。分布于中国西南部各地及东南亚。宽叶仙茅(*C. latifolia*)，花黄色，花期夏季。原产马来西亚。

(王月新)

仙人笔(candle plant)　*Senecio articulatus* (*Kleinia articulata*)，菊科千里光属多浆植物。株高30～60cm，茎短圆柱状，粉蓝色、有节，中间膨大，节处较细，每节长5～15cm，似笔杆，故名仙人笔。肉质茎顶端簇生肉质小叶、叶扁平，提琴状深裂，长5cm，叶柄与叶片等长或更长。冬、春开花，头状花序，径1.2cm，黄色。原产南非干旱地区。冬季温暖，夏季凉爽。生长适温15～22℃，越冬温度10～12℃。多用扦插繁殖，生长季节从节处剪取肉质茎段，稍晾干后插入素砂土中，放半阴处保持盆土稍干燥，易生根。喜冬季温暖、夏季凉爽、阳光充足，也耐半阴，在室内散射光的条件下生长良好。较耐干旱。要求排水良好的砂壤土。夏季高温炎热时，植株呈半休眠状态，此时应节制浇水，防腐烂。春、秋为生长旺季，肥水不宜过大，保持盆土稍干燥，并应随时剪除过密过长的茎段，以保持匀称株形。仙人笔宜作小型盆栽，用于窗台、书桌、几案摆设。

同属植物中多浆种类约100种，习见栽培者还有泥鳅掌(*S. pendulus*)，肉质灌木。茎具节，圆筒形，平卧外倾，长达30cm，直径1.5～2cm，变态茎上有干的宿存退化小叶，横向生长，灰绿或褐色，有深色线纹。头状花序，花橙红或血红色。植株外观酷似泥鳅或蛇。菱角掌(*S. radicans*)，茎细长，平卧，节处接触土壤极易生根，长15～30cm。叶朝一面互生、向上，卵圆形，两端尖，长约2.5cm，粗0.8～0.9cm，灰绿色，具深色纵线。头状花序，花白色。翡翠珠(绿铃)(*S. rowleyanus*)，茎极细，匍匐生长。叶肉质，圆如豌豆，直径0.6～1cm，有微尖的刺状凸起，绿色中有一条透明纵纹。小花白色。

(徐民生)

仙人球（sea-urchin cactus; hedgehog cactus） *Echinopsis tubiflora*，仙人掌科仙人球属多浆植物。染色体数 2n=22。植株单生或成丛。幼株球形，老株圆筒状，高达 75cm，径 12～15cm。球体暗绿色，具棱 11～12。刺锥状、黑色，长 1～1.5cm。花生于球体侧方，大型喇叭状、白色，长 24cm，径 10cm，傍晚后开放，次晨即谢。果肉质。种子小。原产阿根廷北部及巴西南部的干旱草原，阳光充足但夏季有草丛遮荫。夏季雨水充沛而冬季干燥。植株强健，喜阳光充足，较耐寒。

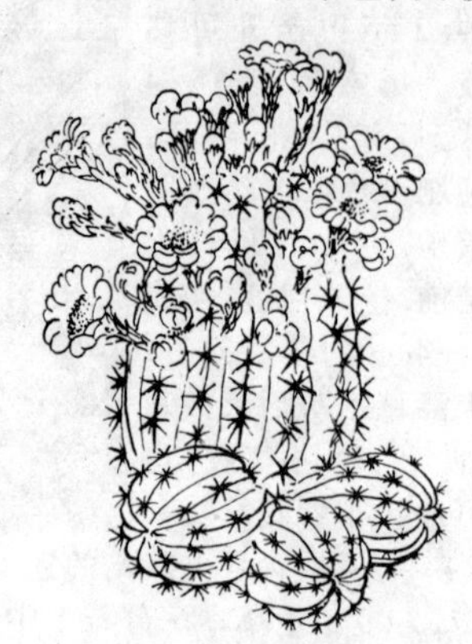

多用仔球扦插，易生根。也可播种繁殖。栽培容易，要求土壤中等肥沃并排水良好，夏季移出室外，冬季要求阳光充足，越冬温度保持在 5℃ 左右。在恶劣条件下也能正常生长。

园林应用：生长快，容易开花，栽培普遍，易孳生仔球，容易繁殖，是大众化的室内盆花，同时也是嫁接其他仙人掌类植物中球形品种的良好砧木。

同属植物约 50 种，见于栽培的还有：'世界图'（*E. eyriesii* cv. Aureovariegeta），为短毛球的黄色斑锦变异品种，植株球形至扁球形，棱 11～12，具短刺 14～18，球体上有不规则的黄色色斑，有时黄、绿各半或者整个球体基本全黄，仅生长锥附近绿色，花白色。长盛球（*E. multiplex*），球体倒圆锥形，高 15～30cm，浅绿至黄绿色。棱 13～15。刺座较大，周刺 8～10，中刺 2～4，新刺黄、白或浅褐色，老刺灰色。花喇叭状，淡粉色，有香气。金盛球（*E. calochlora*），茎球形、丛生，径 6～9cm，浅草绿色。棱 13，周刺 11～18，黄至褐色，中刺 3～4，暗褐色。花喇叭状、白色。旺盛球（*E. oxygona*），近球形、丛生。径 15cm。棱 13～15。周刺 5～16，中刺 2～7，刺均为褐色，刺尖黑色。花喇叭状，淡红色。

（徐民生）

仙人掌类及多浆植物（cacti and succulents） 仙人掌科和其他科中具肥厚多浆肉质器官（茎、叶或根）植物的总称。全世界约有 1 万余种，分属近 50 个科。其中属仙人掌科的种类较多，因而园艺上常单列，称仙人掌类植物，简称仙人掌类。同时，另将其余多浆的植物称为多浆植物或多肉植物。

仙人掌及多浆植物种类繁多，形态奇特，花色艳丽，繁殖、栽培容易，大多耐室内半阴、干燥的环境。在许多国家的植物园或公园，常辟有专门温室展览。除供观赏外，还有一些种类的肉质茎可作饲料、蔬菜或制作蜜饯；有些仙人掌果实可食，有的种类可入药；龙舌兰科一些种类之叶片纤维可制耐海水腐蚀的绳索等。

仙人掌类植物多产美洲干旱地区，墨西哥及南美荒漠分布最多。除附生性种类及叶仙人掌属外，形态多呈柱状、球形或扁平掌状；叶多退化或早脱；刺座上着生刺、钩毛、刺毛或绵毛；花色艳丽，结浆果。

多浆植物分布较广，以非洲，特别是南非最多，少数产温带干旱地区或高山上。常见科、属主要有：番杏科露子花属、肉黄菊属、舌叶花属、日中花属及生石花属；景天科莲花掌属、青锁龙属、落地生根属及景天属；百合科芦荟属、十二卷属及沙鱼掌属；大戟科大戟属、麻风树属及白雀珊瑚属等；龙舌兰科龙舌兰属及虎尾兰属等。此外，还有属于菊科、凤梨科、萝藦科、马齿苋科、葡萄科等的多浆植物。

（徐民生）

鲜切花染色（staining of cut flowers） 利用色素对鲜切花进行染色的技术。通常在花色单调或品种单一时运用，以达到花色新奇、提高观赏价值及促销等目的。适合染色的有白、黄、粉等浅色花，如热带兰类、玉簪、晚香玉、马蹄莲等。不易着色或着色极浅的花卉不适染色。多使用水溶性染料，如红麦曲、姜黄等食用色素及胭脂红、柠檬黄等人工合成染料染色。

染色程序：①根据目的色将相应的一种或两种染料按一定比例溶解于温水中，配成 10% 左右的染液。②将鲜切花下端插入染液 10cm 左右，染料自花茎断面进入组织，浸染的时间长，则颜色也深，可控制浸泡时间染成深浅不一的颜色。依花材种类不同，一般经 6～12 小时即可达到预期色彩。③从染液中取出染好的切花，剪去浸泡部分或用清水冲去残留的染液。

经染色的鲜切花用常规方法贮藏、运输，花材寿命与不染色的基本相同。染色的鲜切花在瓶插水养时，常出现染料自切花花茎断面外溢，至使插花用水变色和花色减退等现象。

（黄善武）

乡镇绿化（greening for villages and towns） 按照不同乡镇的条件与特点合理种植园林植物的绿化作业。乡镇绿化要充分利用自然条件，保护良好的自然生态，保护好原有的幽静环境。中国乡镇企业的不断发展，绿化也应同步进行；要注重四旁绿化，开展庭院经济，充分利用空、荒、废地、山地等进行绿化。有条件的还可发展旅游业，展示中国新农村的面貌；农民劳动之余需要优美的环境休息游览，有利于促进农村精神文明建设。

乡镇绿化包括的内容:①公共绿地,供农民劳动之余文化娱乐、科普教育、游赏休息,包括公园、小游园等;②街道绿地,包括乡镇道路行道树、分车绿带、街头绿地、交通绿岛等;③庭院绿地,农民住宅四周的庭院绿化;④附属绿地,各乡镇企业、行政机关、学校、俱乐部、幼儿园等的园林绿地;⑤生产防护绿地,包括护田林带、防风林带、防沙林带、水土保持林带以及苗圃等;⑥风景游览绿地,傍山林、湖泊、海滨等风景以及有古迹、遗址等名胜的乡镇,开辟风景游览绿地或展示先进的栽培技术、土特产的生产、新农村的生活面貌及民俗等。发展旅游业,对增进城乡交流十分有益。

农民的庭院绿地等也是乡镇绿化的组成部分。因为投资少,见效快,管理方便,效益高,经营灵活,既美化庭院环境,提高乡镇绿化覆盖率,又能适应市场经济,向市场提供商品,增加农民经济收益。在有限的土地上,林、果、药材、花卉相结合,合理布局、种养结合。此外,农田林网也是乡镇绿化的重要组成部分,起到支撑农业经济发展的作用。在有限的土地和空间,有计划地安排各种功能的防护林带,形成乡镇的林网化,发挥防风、固沙、水土保持、保湿、保温等防护功能,不仅使农业丰产有保证,而且农民的生活环境也有显著提高。农村的林网与灌渠、道路结合在一起,除林副产品之外,加上水产与运输的兴旺,可使农村经济向多元化发展。

(徐大陆)

香椿(Chinese toona) *Toona sinensis*,别名椿芽树,古名櫄、杶、楢。楝科香椿属落叶乔木。染色体数2n=52。为中国特产,至少已有2300年的栽培历史。《山海经》中记载有“成侯之山,其上多櫄木”,《尚书·禹贡》载“荆州贡杶”,宋代《图经本草》记有“椿木实,而叶香,可啖”。高达30m,胸径达1.5m。树皮暗褐色,条状剥落,小枝粗壮。偶数羽状复叶互生,长25~50cm,小叶14~22,对生,矩圆形至披针状矩圆形,长8~15cm。圆锥状聚伞花序顶生,花两性,白色,有香气,花期6月。蒴果窄椭圆形,5瓣裂,10~11月果熟。栽培类型有紫香椿、绿香椿、黑油椿、红油椿、青油椿等,多为食用;‘斑叶’香椿(cv. Variegata),供观赏,产台湾。

香椿产中国中部,栽培范围广泛,除黑龙江、吉林外各地均有分布。喜光,喜温暖气候,北方地区栽培幼苗易受冻害。喜深厚、肥沃、湿润的砂壤土。适应性较强,能适应城市碴土。较耐贫瘠干旱,不耐涝。深根性,萌芽、萌蘖力均强。以播种繁殖为主,当年苗高达1.5m左右,4~5年生可用于绿化种植。也可用分蘖、扦插或埋根法繁殖。主要病虫害有:根腐病、叶锈病及斑衣蜡蝉、刺蛾、云斑天牛等。

香椿树干通直,树冠开阔、枝叶茂密,宜于庭前、草坪、道旁及水畔种植,也可作行道树。嫩芽、嫩叶气味清香,可作蔬菜食用。

同属植物见于栽培的还有:红椿(*T. sureni*)和小果香椿(*T. microcarpa*)。

(周忠樑)

香果树(henry emmenopterys) *Emmenopterys henryi*,别名丁木。茜草科香果树属落叶乔木,国家二级保护植物。高达30m。叶对生,宽椭圆形或卵状椭圆形,长10~20cm,全缘。聚伞花序排成顶生大型圆锥花序状,长10~18cm;一些花的萼裂片中的1片扩大成叶状,白色,花冠漏斗状,长约2cm,白色,有黄色斑点;花期8~10月。蒴果纺锤形,紫红色。产中国华中、西南及福建、江西、浙江等地。喜温暖湿润环境,畏强阳光,引种平原必须与他树混植。播种繁殖为主,也可扦插。幼苗需遮荫,并预防立枯病。树姿雄伟,花艳果奇,除作庭荫树、园景树以外,也可用于营造风景林。

(贺贤育)

香花暗罗(fragrant polyalthia) *Polyalthia rumphii*,别名大花暗罗。番荔枝科暗罗属乔木。高达10m,树皮暗灰色。单叶互生,长圆状披针形,长10~17cm;花单生叶腋,具芳香,径约4~7cm,花瓣两轮,每轮3瓣,淡绿色,后变黄绿色,花期7~10月;聚合浆果,小果长椭圆形,8月至翌年4月果熟。产中国海南低海拔山地密林中,马来西亚、菲律宾、印度尼西亚也

有分布。喜光，能耐半阴，幼苗尤较耐阴；喜温暖湿润气候，在肥沃、湿润且排水良好的微酸性土壤上生长良好。种子繁殖。花大美丽且具芳香，适宜在园林绿地中种植观赏。

本属中可用于栽培观赏的树种还有：斜脉暗罗（*P. plagioneura*），花大、黄绿色，径约5～10cm。海南暗罗（*P. laui*），花淡黄色，径约4～7cm；果实10月至翌年1月份成熟时为红色。细基丸（*P. cerasoides*），乔木，高达20m，花单生叶腋，径约1～2cm，花期3～5月，4～10月果实成熟时红色。

（林付分）

香花藤（acuminate aganosma）

Aganosma acuminata，夹竹桃科香花藤属常绿藤木。蔓长达5m，有乳汁。叶对生，矩圆形或矩圆状披针形，长5～12cm，全缘。聚伞花序腋生，花白色，有香气，花冠漏斗状，花期4～9月。蓇葖果双生，下垂，暗褐色，果期7～12月。产中国海南、广东，印度、马来西亚、菲律宾、印度尼西亚及越南也有分布。多生低山丘陵的林缘及疏林中或近海边砂地灌丛中。喜温暖气候。播种繁殖。本种为较好的观花藤木，适用于庭园花架、花廊的垂直绿化。

（包满珠）

香槐（wilson yellowwood）

Cladrastis wilsonii，别名山荆。蝶形花科香槐属落叶乔木。高达16m，胸径40cm，树皮灰或黄灰色。柄下裸芽叠生，奇数羽状复叶，小叶9～11枚、互生，长椭圆形或长圆状倒卵形，长6～12cm，先端急尖，基部楔形或圆形；圆锥花序顶生或腋生，长约15cm，花白色、具芳香，花期6～7月；荚果扁平、长条形，长3.5～8.0cm，10月果熟。产中国浙江、安徽、湖北、湖南、江西、贵州、四川、陕西、甘肃南部。喜光，适应性强，但以在深厚肥沃的酸性土壤上生长较好。用种子繁殖，一年生苗高可达40～50cm。香槐花具芳香，秋季叶片鲜黄色，适宜在园林绿地中种植观赏。

同属中常见栽培的种还有：小花香槐（*C. sinensis*），落叶乔木，高20～25cm。奇数羽状复叶，小叶9～13枚、互生；圆锥花序腋生，花白色或粉红色，花期6～9月，10～11月果熟。喜光，不择土壤，在酸性土及石灰岩山地均能生长。产中国陕西、甘肃、湖北、湖南、四川、云南等地。翅荚香槐（*C. platycarpa*），落叶乔木，高达16m。奇数羽状复叶，小叶7～9枚、互生；腋生圆锥花序，花冠白色，基部有黄色小点；荚果长圆形或披针形，长3～7cm，两边有窄翅。产中国江苏、浙江、江西、湖南、广东、广西、贵州等地。

（陈耀华）

香龙血树（fragrant dracaena）

Dracaena fragrans，别名巴西铁。龙舌兰科龙血树属常绿灌木或乔木。染色体2n＝38，42。高达6m。茎灰褐色，幼枝有环状叶痕。叶多聚生于茎顶端，长椭圆状披针形，长30～90cm，绿色。顶生圆锥花序；花小，带黄色，极芳香。浆果球形，黄色。栽培品种'黄边'香龙血树（cv. Lindenii），叶缘淡黄色；'中斑'香龙血树（cv. Massangeana），叶面中央具黄色斑带，'金边'香龙血树（cv. Victoria），叶缘深黄色带白边。

产非洲西南部，中国南方有栽培，喜阳光充足和高温多湿；不耐寒，当气温降至13℃左右时即进入休眠，北方温室盆栽冬季温度需保持在5℃以上。要求肥沃、疏松而排水良好的钙质土，忌涝。多行扦插繁殖，也可播种繁殖。栽培中需注意对光照的选择、调节。露地栽培夏季阳光直射时，需遮光30%～50%，以免灼伤叶片。室内盆栽要放置在明亮处，光线不足会导致叶片褪色；生长旺期，每半月施1次磷钾肥和0.1%～0.2%稀释氮肥，并保持土壤湿润；整个生长期需要通风良好，保持空气相对湿度在80%以上。

本种为著名室内观叶植物，多盆栽供厅堂、场馆及居室装饰。南方暖地也可于庭园中栽植观赏。

同属中常见栽培的还有'三色'龙血树（*D.*

concinna cv. Tricolor)，叶绿色，有黄白色和红色斑带；'彩虹'龙血树(cv. Tricolor Rainbow)，叶中脉淡黄色，边缘深红色，中脉与边缘之间为淡褐色。'银线'龙血树(*D. deremensis* cv. Warneckii)，高1.5～2m，叶长剑形，先端扭曲，边缘浓绿色，中脉淡绿色，夹杂有细长的白色斑带。星点木(*D. godseffiana*)，高30～50cm，叶矩圆形至短圆状卵形，浓绿色，具黄色至乳白色斑点，果实球状，黄绿色或带红色。栽培品种'白星'龙血树(cv. Florida Beauty)，叶色较原种为淡，叶面密布乳黄色斑点；'中道星点木'(cv. Friedmanii)，叶深绿色，中央具白色斑带，边缘密布大小不等的乳白色斑点。虎斑龙血树(*D. goldieana*)，高约2m，叶卵形，深绿色，具横向浅绿色和灰白色斑带，老叶斑带变淡白色有如虎斑。富贵竹(*D. sanderiana*)，高约1m，叶卵状披针形，绿色，其栽培品种'金边富贵竹'(cv. Virescens)，叶缘有黄色斑带；'银边富贵竹'(cv. Margaret)，叶缘有白色斑带。

(黄智明)

香石竹 (carnation; clove pink) *Dianthus caryophyllus*，别名康乃馨、麝香石竹、洋丁香。石竹科石竹属多年生草本植物。染色体数2n=60，90。

起源、演化及栽培简史 石竹属植物广泛分布于亚欧大陆及西北非。属内植物的茎、叶和花的特征近似。公元前300年希腊诗人狄奥弗拉斯图(Thephrastus)称这一类花为Dianthus，意为神圣之花，或主神。其主要原产地为沿地中海的法国西部、南部和西班牙等地区。其中包括香石竹。如今在非洲西北的山区发现一些野生型香石竹。早在16世纪波斯(今伊朗)陶器及瓦片上常绘有重瓣石竹类花朵，花瓣上有异色条纹或斑痕，即后来香石竹分类的依据。早期分类以花色为主，香石竹下分'异色香石竹'(Bizarre)，即白底色上有两种以上不同色彩，自瓣基直接向边缘散布的斑纹或斑痕；'双色香石竹'(Flake)，即在白底色上只有一种颜色自瓣基向边缘散布；'纯色香石竹'(Clove)，花瓣无杂色；以及'斑缘香石竹'(Picotee)，即花瓣的边缘有一条很狭的异色，其余为纯色。早期香石竹盛行栽培于露地花坛。香石竹花期长，色彩丰富，水养期长，逐渐应用于室内插花，形成专业切花栽培。1895年美国育成'劳森夫人'(cv. Mrs.)，以其茎部强直，花萼坚实，花瓣持久，在温室中冬季开花数量多，远胜当时其他切花品种，而成为切花用品系育种的主要母本，育出一系列常花品系。本品系含有法国在1750年后育成的一年多次开花的'理门丹'(cv. Remontant)香石竹血统，其特征为茎高、无休眠期。1939年美国推出'西姆'(cv. Sime)品系，品质优良，产花率高，一举达到现代切花用香石竹之最佳标准，各地广泛栽培，深受消费者欢迎(现除作为育种材料外，某些枝变品种仍用于生产性栽培)。现在香石竹广泛栽培于中纬度平原和低纬度高海拔地区，如欧洲的西欧、南欧、东欧；美洲的哥伦比亚、墨西哥及中美一些高原，北美中西部美国科罗拉多州和加利福尼亚州，以及东北部大城市周围；亚洲则在中国、日本和东南亚(如马来西亚)的高原地区；澳大利亚西南和东南；非洲的肯尼亚等地区。

形态特征 株高30～90cm，多分枝，被蜡状白粉，呈灰蓝绿色。茎圆筒形，节部明显膨大。叶对生，线形至广披针形、质厚，呈龙骨状，先端常向背微弯或反卷。花单生或2～6朵聚生枝顶，有短柄，芳香。萼片5，相连成筒状。花瓣5，具不规则缺刻，原种花深桃红色。花径约2.5cm。原产地花期为7～8月。经长期培育，花径增大，雄蕊瓣化率高，花色有白、桃红、玫瑰红、大红、深红至紫、乳黄至黄、橙等色，并有多种间色、镶边的变化。但某些栽培品种香气减弱。

类型及品种 香石竹因栽培与选育年代久远，类型甚多，花坛香石竹在150年以前，曾风靡一时，当代除少数品系属花坛香石竹，如'香宝'(cv. Chalaud)、'尼斯'(cv. Enfant de Nice)等作为一二年生草本花卉用于花坛外，已少见栽培。常花香石竹，为现代广泛栽培的切花用大花香石竹。西方各国选育成的新品种很多，特别在荷兰有许多专利品种。聚花香石竹：20世纪80年代以后，市场上逐渐出现小型多花香石竹，不进行剥蕾，在枝顶数节中均出现小型花，芳香，色彩变化多，为一种新型切花。

习性 耐寒性弱，但能抗轻霜。喜冬季温，夏季凉爽的环境。最适温度如表。

	夏 季	秋 季	冬 季	春 季
昼 温	21～22℃	18℃	15℃	18℃
夜 温	13.5～15℃	13.5℃	10～12℃	13.5℃

喜干燥、通风良好环境，夏季高温多雨往往生长不良，开花质量差，病害严重。喜轻松、排水良好的土壤或介质，每天光照不少于12小时。光照下限为21.5klx。

繁殖 花坛香石竹在大规模生产时，以播种为主，少量繁殖可插枝或压条。切花用香石竹一般以组织培养方法获得的脱毒苗作为母本，然后用扦插法繁殖。插条系选取母株下部侧枝，于节处掰下，并除去基部叶片。扦插适期为12月至翌年2月，也可在秋季扦插，幼苗在冷室内越冬。底温(可用热水管或电阻丝)调整到比气温高5℃，有助于生根。扦插深度为10mm，株距为12mm。插后用手指压紧，用细喷壶浇足水，覆盖玻璃。开始每天只需短时间掀开部分玻璃通风，以后20天中逐步增加通风时间，一个月可撤去玻璃。如日照过强，可行遮荫。取下的插条如不立即扦插，可放入衬有塑料薄膜的纸箱中，保存于0℃条件下。扦插介质用泥炭苔藓1份，珍珠岩2份，加入适量的碳酸钙，将酸碱度调整至pH值7。介质可多次使用，但使用前应进行消毒。如用全光照喷雾育苗，保持15℃，晴朗天气每4～6分钟喷雾10秒，20天左右可发根。发根苗应立即移栽，以免因缺乏营养而影响生长。

栽培　香石竹切花栽培有三种类型：一是双层塑料薄膜大棚，二是玻璃大棚，三是连栋玻璃温室。上海地区利用塑料大棚进行批量生产。棚内架设第二层可移动塑料薄膜以防寒。棚长30m，宽6m，面积为180m^2。定植株行距一般为15cm×15cm，每棚约4000苗，以每株年产花6～6.5枝计，每棚年产量达2万～3万枝花。

栽培制度　主要有两种，夏季炎热地区只能采取一年制，即初夏定植至翌年初夏拔除。一些夏季凉爽地区（如西欧、北美西海岸等）的第二年植株，如没有明显病毒症状，可以继续留床采花至第三年初夏。香石竹老株夏季开花特多，而冬季减少，可采用整枝、摘心、补光等方法，使之开花匀衡。

整地作床　大棚宜选高燥处建造。棚内应翻耕作高畦，以利排水。床土以结构良好的砂壤土为主，加入体积占10%以上的泥炭土，或厩肥、树叶、碎槁草、木屑等混合物。在充分拌和后消毒（一切用具也要消毒）。种植一年后，床土有盐碱化倾向，需要经过测试改良土质，并再次消毒后，方可连栽，或与其他作物轮作。

种植　于6月份定植，当年11月至12月即可供花。定植时，在不致倒伏的前提下尽可能浅栽，逐株充分浇水，在植株还没有明显生长前，不要浇湿全部床土，以免过湿。如在冬季定植，至少在30天内不能过分浇水，以免烂根。一年制株行距可为12.5cm×15cm或15cm×15cm，二年制则可15cm×20cm。

花期控制　摘心可使苗株多分枝，是栽培的重要措施之一。床栽苗可在植株长到7对叶时摘心，摘去枝梢及2对叶片。不断摘心，直至7月，使之长成丛株，具有很多冬季开花的枝条。为在冬季连续供花并防止裂萼和畸花，常在床面上架设第三层塑料薄膜覆盖。摘心后需5～6个月才开花。也可分批摘心，以便错开花期，连续供花。

床栽香石竹设水平方格网，随植株生长逐次加至二三层格网，使枝条保持直立。有些国家用盆栽育苗生产切花，扦插生根苗先栽入5cm小盆，夜间最低温度为12℃，逐步降低到10℃。后换7.5cm盆。最终用20cm盆，9月份移入温室。

水分和营养　香石竹需要大量的水分和营养物质，可在浇水时混入营养物质。栽培介质必须排水良好，并能保持一定水分和养料。如用土壤栽培，应特别注意排水。当浇水过多时，根部缺氧，生长不良。种植前应用过磷酸盐或石灰调配土壤酸碱度。

通风和降温　香石竹不耐酷热，夏季气温最高的中午，相对湿度也最低，如果在温室（大棚）内顶部设喷雾管道，喷雾降温，对其生长和开花有利。还可采用50%的遮荫网等降温措施。

早春午间大棚气温高达25℃以上时，需要适当通风，但忌冷风直接吹入，最好在大棚顶部安装通风设备，将冷空气引入温室，以降低室温。

冬季补光　在冬季日落后延长光照时间，对开花有利。以全夜给予较低光照度的照明为最适合。常用白炽灯为光源。如此能促使花芽分化，花期较为集中，节间延长，限制侧枝发育。一般15～30天为一个补光周期。对具有6～7对叶片的枝条补光数天，其效果明显；对具有3、4或5对叶片的枝条，经过20天或30天补光，花芽即可分化。

采收　单花系品种采花适期为外瓣露色但花蕾仍紧抱为宜，多花系品种花蕾较多，其中有2朵花已开而其余花朵刚显色时采收。适期采下的切花宜于冷藏、低温下运输及催花后上市。但为调整切花供应期，需贮藏运输的，往往在花苞刚吐色时切取。

贮藏　保鲜贮藏期约3个月左右，有三个处理步骤：①预处理。香石竹以25支为一束，花枝基部截齐，浸于预处理液（含蔗糖2%～5%，杀菌剂pH值4～5）中，浸渍深度2～3cm，处理时间12～24小时，预处理液温度37℃。②冷藏。预处理后包装冷藏，冷藏温度2～9℃，湿度90%以上，注意保持空气流通。③促开。贮藏后的花蕾仍紧抱未开，须经促开才能上市。可用5%～20%的蔗糖液或混入保鲜剂浸渍花枝切口，在温度20～24℃、湿度90%～100%　光照2000 lx下，经16小时左右可使花蕾初开。

育种方向　香石竹因新品种香气减弱，中国正在利用香气较浓的同属植物进行杂交育种。国际上主要致力于抗病育种，其他如单位面积产花量、新奇花色等也是研究的内容。中国，除云南等地区适宜香石竹生长外，其他地区夏季气温偏高，应选育耐热品种。

病虫害防治　世界流行的虫害有蚜虫、蛛螨、蓟马和蛾类幼虫。世界性的病害有镰刀菌枯萎病（*Fusarium oxysporum* f. *dianthi*）、管状菌枯萎病（*Phialophora cinersceus*）。前者在暖季发生，后者则在冷季为害，但二者都存在于土壤中，由根部侵入伤害输导系统，使叶黄以至全株枯萎。还有细菌性枯萎病（*Pseudomonas caryophylli*）。以上病害防治方法是土壤熏蒸消毒和选用不带病的苗。为害茎部的有茎腐病（*Rhizoctorum solani* 及 *Fusarium roseum*）；为害叶部的有叶斑病（*Alternaria dianthi*，*A. dianthicola*），锈病（*Uromyces caryphylimus*）、油斑病（*Zygophials iamaicensis*）和环纹叶斑病（*Heterosprium echinvlaum*）等；为害花芽的有灰霉病（*Botrytis cinerea*）、蕾腐病（*Fusarium tricinctum*）和萼腐病（*Pleospora herbarum*）等。这些病害在湿度高的情况下发生，故应使空气流通，或用药物防治。病毒病约有脉纹、花叶、条斑、环斑和刻创等5种，症状虽可区别，但并不完全清楚。

园林应用 香石竹的应用以切花为主，是世界上产量最大，产值最高，应用最普遍的三大切花花卉之一。在园林布景中偶然用于花坛。用于花坛或花境应选矮生而叶片繁茂的、开花前后叶色灰绿者。盆栽有时用竹片或粗铅丝编成格架，使植株攀附其上，陈列于厅室或走廊。

（郑 恭 王大钧）

香水草（common heliotrope） *Heliotropium arborescens*，别名洋茉莉、天芥菜、海南沙。紫草科天芥菜属小灌木状多年生草本植物，常作一二年生栽培。染色体基数 x=12。株高 50～70cm，全株被白色长毛，茎基部木质化、黄褐色，嫩茎绿色。单叶互生，叶片长圆状披针形，叶面皱缩。蝎尾状聚伞花序、顶生，花小、蓝紫色，有时为白色，具芳香。花冠漏斗状、5裂，有暗紫、紫、淡紫和白等色，还有无芳香品种。原产秘鲁、厄瓜多尔。喜温暖及阳光充足，宜肥沃、排水良好的土壤。扦插繁殖，2～3月取嫩梢于温室扦插。也可早春在温室内播种繁殖，适温 22℃，约 21 天发芽。生长适温 10～15℃，越冬温度不低于 5℃。经反复摘心成伞形株冠。温室栽培四季可开花。适作盆花，切花或供花坛栽植。

同属植物约 250 种，常见栽培的还有：大花香水草（*H. corymbosum*），高约 1m，叶阔椭圆形，花比香水草大2倍，蓝色，盛开后白色，具水仙香气，花期 5～9月，原产秘鲁。欧洲香水草（*H. europaeum*），一年生，高 10～40cm，全株被灰白色绒毛，花白色，不具香味，花期 6～10 月，原产南欧。

（杨孝汉）

香豌豆（sweet pea） *Lathyrus odoratus*，豆科蝶形花亚科山黧豆属一二年生蔓性攀援草本植物。全株被白色粗毛；茎蔓长 1.5～2m，有翼。羽状复叶、互生，基部1对小叶，卵状椭圆形，两端尖，背面微带白粉，顶部小叶变为卷须三叉状，托叶披针形。总状花序腋生，具长梗；着花 2～5 朵，小花蝶形，具芳香。原种旗瓣紫色，翼瓣天蓝色。园艺品种花色丰富，有白、粉、红、紫、黑紫、黄、褐等色，还有具斑点、斑纹或镶边等复色品种。花型多变，有平瓣、卷瓣、波瓣、皱瓣以及重瓣等类型。荚果长椭圆形，被粗毛。种子球形；棕褐色或深灰色。按花期分为三类：①夏花类。属长日性，秋播，翌年 5～6 月开花，有白、粉、红等色。耐寒、耐热性均强。②冬花类。属中日性，冬春开花，品种众多，花色丰富，耐寒性和耐热性均较弱。③春花类。属长日性，春天开花。花瓣质地较厚，较耐高温，耐寒性稍弱。此外，香豌豆还有矮生变种（var. *nanellus*），植株茂密，茎直立、矮生，宜盆栽。还有不具卷须的新变种。

原产意大利西西里岛，喜冬暖夏凉，阳光充足，空气湿润的环境，也稍耐阴，最忌干热风吹袭和阴雨连绵的天气。要求土层深厚，湿润而排水良好的砂质壤土，pH 值 6.5～7.5 为宜，不耐干燥或积水，忌连作。易受烟害，但对氟化氢有抗性。自花授粉。

常用播种繁殖，春、秋皆可。发芽适温 20℃。直根性，不耐移植。播种前用温水浸种或在湿沙中催芽1天，可提早出苗。地床直播，床土以 50cm 左右为宜，如为种植台，土深至少 20cm 以上。少量繁殖时，也可用嫩梢扦插，容易生根，开花快。

播种后待小苗主蔓高 15～20cm 时，留基部 2～3 节摘心，促使萌蘖。以后逐步将蔓引缚在支架上，随时剪去卷须，避免茎蔓横向或交叉弯绕，以使通风透光，保证花梗挺直，减少落蕾。开花期间随时摘除残花，可延长花期。

作切花栽培者，应在每一花序的第一朵小花盛开时，于傍晚自花梗基部剪取。

采收种子，需在荚果变黄时于清晨及时摘取，因其成熟期不齐，且荚果成熟后会自行爆裂，故应多次采摘。

用温室栽培，需阳光充足，空气流通。开花前白天温度 9～10℃为宜，最高不超过 13℃；夜间宜 5～8℃；开花时白天宜 15～20℃，夜间宜 10～13℃。如温度高于 20℃，则生长势衰退，花梗短，花小，品质变劣。高于 30℃则枯死。香豌豆因枝蔓多，花期较长，在开花期间，每隔 10 天左右结合浇水追肥一次。

香豌豆易发生如下病虫害：①白粉病：盛花过后，叶上发生白粉。可用代森锌 1000 倍液喷布；也可用硫黄制剂防治。②根腐病:常在高温高湿、使用未腐熟堆肥、灌水过多或栽苗过深时发生。应及时拔除病株,并用甲氧乙氯汞等防止蔓延。③炭疽病:幼嫩茎叶上生圆形褐色病斑,继而叶片凋落。种子用甲氧乙氯汞1000倍液浸30分钟,发芽后再喷布代森锌400倍液预防。在室内干热环境下易发生红蜘蛛。在土温太高(24～30℃)、湿度达40%的砂质土壤中,还易发生线虫病。

香豌豆为冬、春优良的切花。在冬暖夏凉地区也是很好的垂直绿化材料,可作花篱、矮花屏或盆栽,美化阳台、窗台等。种子有毒,不可食用。

同属植物约130种,分布在北温带、非洲热带和南美高山区。中国原产30种。常见栽培的还有:宿根香豌豆(*L. latifolius*),又称宽叶香豌豆,多年生,植株高大,茎蔓长1～2m,开花繁茂,花径约2.5cm,花梗长25～30cm,花色以玫瑰紫色为多,花期6～9月。原产南欧。地中海香豌豆(*L. tingitauns*),一二年生,茎蔓长约2m。小花成对着生,花梗长约15cm,花稍大,径2.5～3cm,深紫或鲜红色。原产地中海沿岸。

(王莲英)

香雪球(sweet alyssum) *Lobularia maritima* (*Alyssum maritima*),十字花科香雪球属多年生草本植物,常作一二年生栽培。染色体数2n=2x=24或4x=48。株高15～25cm,多分枝。叶披针形,全缘,互生。顶生总状花序,小花密集呈球状,有白、淡紫、深紫、浅堇、紫红等色,具淡香。还有大花和白缘观叶品种。种子扁平,千粒重0.28～0.33g。原产地中海沿岸。喜冷凉,忌炎热,要求阳光充足,稍耐阴,宜轻松土壤,忌涝,较耐干旱瘠薄。播种繁殖,发芽适温约22℃,5～10天萌发。春播6月份开花,秋播则翌年5月盛花。果实成熟期不齐,花序下部果熟后,剪取整个花序,晾干收种。也可扦插繁殖。栽培中在炎夏前进行重剪,并放凉爽处越夏,则秋后开花更盛。香雪球匍匐生长,幽香宜人,是花坛、花境镶边的良好材料,宜在岩石园、墙缘栽种,也可盆栽和作地被等,是良好的蜜源植物。

(秦魁杰)

向日葵(sunflower) *Helianthus annus*,别名葵花、转日莲。菊科向日葵属一年生草本植物。染色体数2n=34。株高1～3m,茎粗壮而直立,被刚毛。叶片宽卵形,叶缘缺刻或锯齿状,两面粗糙。头状花序单生茎顶,径可达40cm,舌状花黄色、雌性,管状花紫褐色、两性,花期7～10月。果熟期9～11月,瘦果长倒卵形、稍扁。观赏用品种有紫花种(cv. Purpureus),花小形,舌状花橘黄色。原产北美,中国各地均有栽培,主要产区为东北,华北和西北地区。喜温暖,要求阳光充足,耐旱,耐瘠薄,盐碱地也能生长。

播种繁殖,早春露地直播,在4～5℃下可发芽,7天后出土。适作宅旁空地种植和园林中的背景材料,也用于花径和切花。种子可供榨油。

同属植物约150种,常见栽培的还有:狭叶向日葵(*H. angustifolius*),多年生草本植物,叶线形,舌状花黄色,管状花紫褐色,花期7～10月,产北美。瓜叶葵(*H. cucumerifolium* syn. *H. debilis* subsp. *cucumerifolius*),又名小向日葵,一年生草本植物,株高1～2m,茎直立,多分枝,头状花序直径7～8cm,舌状花暗黄色,基部具红色环,管状花红褐色,产北美,有重瓣品种。千瓣葵(*Helianthus decapetalus*),别名多花葵,多年生草本植物。茎直立,具分枝。叶多对生,上部叶片薄,卵圆形至披针形,叶面粗糙,叶背有柔毛。头状花序多数,径5～7.5cm,花黄色,花期6～8月。有自繁能力。原产北美,世界各地均有栽培。适应性强,耐寒耐旱,不择土壤,要求阳光充足,在半阴处也可生长,并喜肥。播种或分株繁殖。大向日葵(*H. giganteus*),为多年生草本植物,头状花序数枚,呈伞状,具毛,舌状花淡黄色,管状花黄色,花期夏季,产北美。坚硬向日葵(*H. rigidus*),为多年生草本植物,头状花序艳丽,红色至棕黄色,常单生于茎顶,花径约10cm。产于北美。柳叶向日葵(*H. salicifolius*),茎直立,头状花序多数,径约5cm,舌状花序柠檬黄色,管状花棕褐色,有时略呈紫色,产于北美。

(费砚良)

象耳豆(pacara earpodtree) *Enterolobium contortisiliquum*,别名青皮象耳豆。含羞草科象耳豆属落叶小乔木。高达20m,胸径1m,幼树皮灰白色,老树皮青灰色,树冠伞形。小枝绿色,皮孔明显;2回偶数羽状复叶,羽片3～9对,小叶5～20对、镰形、长0.8～2cm;头状花序有花8～15朵,花小、绿白色,花期 4 月；荚果弯曲成耳状，长6～7cm，9～10 月成熟时灰黑色。原产阿根廷、巴拉圭和巴西，中国海南、广东、广西、福建、云南西双版纳及江西和浙江的南部均有栽培。喜光，喜温暖湿润气候，不耐寒；根系发达，萌芽力强，抗风，对土壤要求不严，耐干旱瘠薄，但以在深厚肥沃的土壤上生长较好。播种繁殖，种子千粒重约 300g，发芽率为 70%～80%，1 年生苗高可达 1～2m。常有日灼病和介壳虫危害。象耳豆树冠开展，遮荫效果好，适宜用作行道树或庭荫树。同属中常见栽培的树种还有红皮象耳豆（*E. cyclocarpum*），落叶乔木，高达 20m。2 回羽状复叶，羽片 4～12 对，小叶 10～30 对，长圆状披针形，长 1～1.5cm；花白色、花期 4 月；果暗红褐色，果熟 10 月。原产委内瑞拉、墨西哥及西印度群岛，中国海南、广东、广西有栽培。

（陈耀华）

小檗（Japanese barberry）　*Berberis thunbergii*，别名日本小檗。小檗科小檗属落叶灌木。染色体数 2n＝28。高达 2.5(3)m，多分枝。小枝带黄色或紫红色。刺细小、单一，很少 3 分叉。叶互生，菱状倒卵形或匙状矩圆形，长 0.5～2cm，全缘。花序伞形或近簇生，有花 2～5 朵，稀单生；花黄色，径 8～10mm；萼片 6，花瓣状，排列成 2 轮；花瓣 6，倒卵形；花期 4～5 月。浆果椭圆形，鲜红色；果期 8～9 月。常见的栽培变种有：'紫叶'小檗（cv. Atropurpurea），叶深紫色或紫红色；'矮紫'小檗（cv. Atropurpurea Nana），株高约 60cm，叶深紫色；'银边'小檗（cv. Argenteomarginata），叶具白色斑纹。在欧美一些国家还培育出许多园艺品种，主要的有'绿锦'（Green Carpet）、'绿彩'（Green Ornament）、'金环'（Golden Ring）、'粉后'（Pink Queen）、'玫瑰红'（Rose Glow）及'金黄'（Aurea）等。

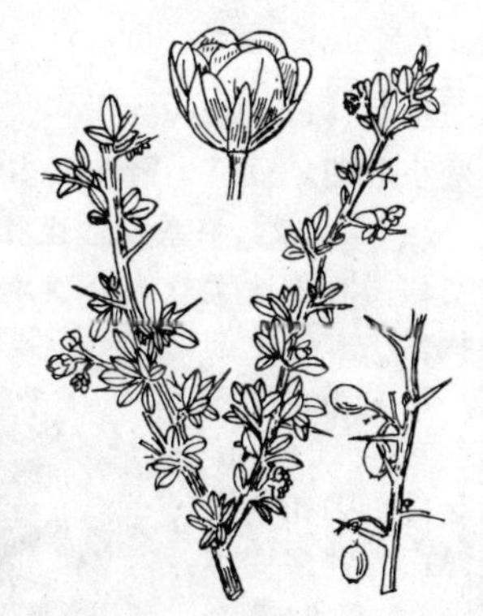

小檗原产日本本州（关东以西）、四国及九州；中国南北均有栽培。适应性强，喜光，也稍耐阴；紫叶、金叶者须栽于阳光充足处；喜温暖湿润环境，也耐旱，耐寒。对土壤要求不严，但以肥沃而排水良好的砂质壤土为好。萌芽力强，耐修剪。移植在春秋均可，但北方地区冬季干燥多风，以春植为宜。整形修剪宜在春季萌芽前进行。小檗分枝致密，姿态圆整，春开黄花，秋结红果，深秋叶色变紫红，果实经冬不落，是花、果、叶俱佳的观赏花木，适于园林中孤植、丛植或栽作绿篱。也可盆栽或剪取果枝插瓶。根、茎含小檗碱，可制黄连素。

同属植物中常见栽培的常绿种类有：粉叶小檗（*B. pruinosa*），高达 3m，叶倒卵形或椭圆形，长 2.5～5cm，花 8～25 朵簇生，果实蓝黑色，产中国西南地区。湖北小檗（*B. gagnepainii*），高 2～2.5m，叶披针形，长 2～3cm，果实蓝色，产湖北。蚝猪刺（*B. julianae*），高约 2m，叶披针形或倒披针形，长 3～8cm，花 15～30 朵簇生，果实蓝黑色，产中国湖北、贵州和四川。常见的半常绿种类有：金花小檗（*B. wilsonae*），高约 1m，叶倒卵状匙形或倒披针形，长 0.6～2.5cm，花 4～7 朵簇生，果实粉红色，产中国湖北、四川、云南和贵州等地。刺黄花（*B. polyantha*），高达 4.5m，叶矩圆形，倒卵形或匙形，圆锥花序，有花 30～100 朵，果实深红色，产中国四川。常见的落叶种类有：川滇小檗（*B. jamesiana*），高 2～4m，叶卵形或椭圆形，长 2.5～6cm，总状花序，有花 20～40 朵，果实初时乳白色，后变浅红色，产中国四川和云南。细叶小檗（*B. poiretii*），高 1～2m，叶狭倒披针形，长 1.5～4.5cm，总状花序有时近伞形，有花4～15 朵，果实红色，产中国吉林、辽宁、内蒙古、河北和山西等地。黄芦木（*B. amurensis*），高 1～3m，叶矩圆形、卵形或椭圆形，长 5～10cm，总状花序，有花 10～25 朵，果实红色，产中国东北、华北、陕西及山东等地。

（段俊喜）

小苍兰（freesia）　*Freesia × hybrida*，别名香雪兰、小菖兰、洋晚香玉。鸢尾科香雪兰属多年生草本植物。染色体数 2n＝22，33，44。主要由小苍兰（*F. refracta*）与红花小苍兰（*F. armstrongi*）杂交育成。

形态特征　地下具卵状或圆锥状球茎，外被棕褐色纤维质皮膜。叶 2 列基生，狭剑形或线状剑形；全缘。花茎细长，单一或有分枝，高 30～60cm，穗状花序顶生，花穗轴横向平伸，小花偏生上侧，漏斗状，直立着生，芳香。有白、桃红、玫红、深红、紫红、雪青、蓝紫以及淡黄、鲜黄至浓黄等花色。花期冬春季。尚有许多大花 4 倍体，重瓣种，以及可以播种繁殖越年开花的品系。主要名贵品种有'大白'（cv. Snow Storm）、'早黄'（cv. Caro Carlee）等。

产地与习性　原产南非好望角，现世界各地均有栽培。喜凉爽湿润与光照充足的环境，耐寒性较差，越冬最低温度为3～5℃,生长适温15～20℃,中国长江流域以北地区仅作温室栽培,西南地区则可露地栽培,秋季萌芽生长,冬春开花,夏季休眠。要求肥沃、湿润而排水良好的砂质壤土。

繁殖与栽培　通常分球或播种繁殖。多以秋季分栽小球为主。母球在冬春开花后便逐渐衰老枯萎,产生1～3个新球茎,每一新球茎下又产生几个更小的子球茎,挖取后经充分干燥,贮藏于通风凉爽无直射阳光处,8～9月再行种植。新球直径达1cm者次春可开花,小球则需培养1～2年才能开花。可露地床栽、箱栽或盆栽。盆土为等量的腐叶土、壤土和砂土混合而成,或用等量腐叶土与园土掺入20%砻糠灰。栽植深度以球茎顶端覆土2～2.5cm为宜。栽植后放置冷凉处,霜降时移入室内。初期室温维持5～10℃,以后逐渐升高至15～20℃。经常施以稀薄液肥,保持土壤湿润,加强通风,翌年2月中下旬开花。由于花茎细长,植株易倒伏,当花茎伸出后应及时设支撑物。

播种繁殖需于种子成熟后即行盆播。待幼苗长出后逐步通风见光,冬季移入温室越冬。第三年可开花。

切花生产中可采用促成栽培,于8月下旬至9月上旬将球茎间填以湿水藓或湿锯末,放入8～10℃的冷库中进行30～40天的低温处理。然后定植,遮荫,待芽变绿后逐渐给以光照,至10月下旬气温降至15℃以下时移入温室,11月下旬加温,12月上中旬开花。也可用改变种植期、调节温度和日照等措施进行花期控制。如需元旦开花,可于7～8月间将球茎放在15～17℃下处理7天,即打破休眠。栽植后保持15～20℃,元旦可开花。

病虫害防治　主要病害有:小苍兰软腐病由细菌(*Pseudomonus marginata*)侵染。球茎发芽后,近地部位发生褐变,病势扩展以至枯死。宜避免连作,选择排水良好的地方种植;球茎栽植前以72%的农用链霉素4000倍水溶液消毒;生长期发现病叶应及时剪除。小苍兰球茎腐败病由镰孢霉菌(*Fusarium*)浸染。生长期叶端变成紫色,从外叶开始变枯至死。球茎贮藏期发病,则球茎腐败变干硬。防治方法同前。幼苗期发病可用50%代森铵300～500倍液或70%甲基托布津700～800倍液浇灌。小苍兰菌核病由(*Sclerotinia*)核盘菌致病。球茎和植株近地部分发生病变,新芽变黄而枯死,产生小球状菌核。防治方法同软腐病。小苍兰花叶病由病毒感染。叶面产生黄绿色花斑,严重时叶歪扭畸形。应注意防治传播媒介蚜虫和白粉虱;发现病株应及时拔除烧掉。由于此病与菜豆黄色花叶病为同一病毒感染,因此不应在前作栽培菜豆的圃地种植小苍兰。

园林用途　小苍兰姿态清秀,花色鲜艳、芳香馥郁,花期可控制在冬春缺花季节开放,是重要的盆花和切花花卉。在温暖地区可用于花坛、花境或自然式片植。花可提取香精油。

同属植物仅2种,除小苍兰(*F. refracta*)外,尚有红花小苍兰(*F. armstrongii*),其叶长达40～60cm,基部不带紫色。花茎强壮,多分枝。高不足50cm。花筒部白色,喉部橘红色,花被片边缘粉紫色。花期较晚,原产南非。

（王莲英）

小丛红景天(shrubberry rhodiola)

Rhodiola dumulosa,别名雾灵景天、凤尾七。景天科红景天属多年生草本植物。染色体数 $2n=2x=22$。株高15～25cm,亚灌木状。主干木质,枝簇生,基部常有褐色鳞片状叶。叶互生、线形,密集,无柄。聚伞状花序,顶生,花两性,淡红或白色,花期6～8月。分布于中国东北、西北、西南及华中等地。生于海拔1600～2000m的山坡及山梁石隙中。喜凉爽,宜排水好和含石砾的土壤。播种繁殖。园林中用作石砾坡地及岩石园点缀。

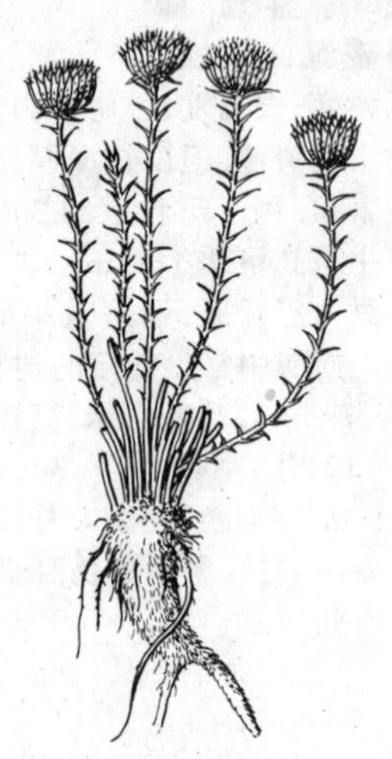

同属植物约90种,见于栽培的有红景天(*R. rosea*),叶宽卵形,雌雄异株,花黄色。

（龙雅宜）

小冠花(crown vetch)

Coronilla varia,别名多变小冠花。豆科小冠花属多年生草本植物。染色体数 $2n=2x=12$。根系发达粗壮,水平蔓延能力强。茎中空、有棱,质地柔软。奇数羽状复叶、互生。伞形花序腋生,总花梗细长。花朵众多,粉红色或淡红色,鲜艳夺目。因花色易变,故又名“多变小冠花”。荚果横裂或紧缩为2节,常具网状纹,含1粒种子,种子千粒重约4g。原产南欧和地中海东部地区,欧洲中部、南部、亚洲西南部、北非及美国均有栽

培，中国华北和西北地区也有栽培。耐寒、耐瘠薄，但以在排水良好、中性的肥沃土壤上生长更好。适当灌溉，生长茂盛。雨季注意排水，积水易罹根腐病。播种或分根繁殖。可用于庭园观赏和地被植物。

（胡叔良）

小果咖啡（common coffee；Arabian coffee） *Coffea arabica*，别名小粒咖啡。茜草科咖啡属灌木或小乔木。染色体数 2n＝22，44，66，88。高 4～8m。枝灰白色，叶对生，矩圆形或披针形，长 6～14cm，边缘波状。聚伞花序数个簇生于叶腋，每花序有花 2～5 朵；花白色，芳香，花冠筒长 10～18mm，花期 3～4 月。浆果椭圆形，红色。原产热带非洲，现世界热带地区广泛栽培，主要用于生产咖啡；中国云南、广西、广东、海南、台湾等地均有栽培。喜温暖湿润气候，不耐干旱风。除栽培品种外，一般用种子繁殖。可用于暖地庭园栽植观赏，是一理想的美化结合生产的树种。

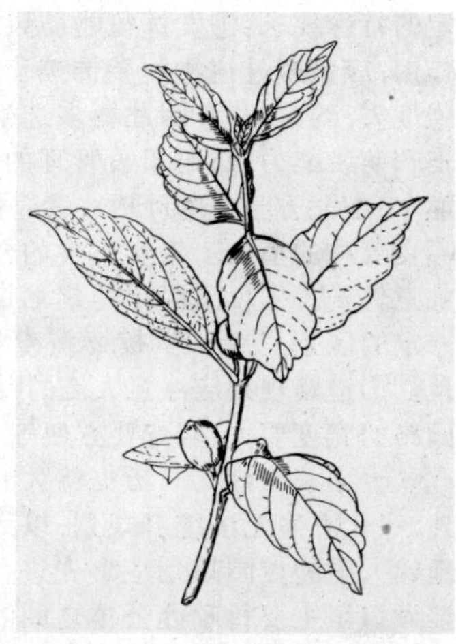

（包满珠）

小花青藤（small flower illigera） *Illigera parriflora*，莲花桐科青藤属常绿藤木。茎具纵棱。三出复叶，小叶椭圆状披针形至椭圆形。聚伞状圆锥花序腋生，花绿白色，花期 5～10 月，果具 4 翅，果期 11～12 月。产中国云南、湖南、广西、福建、台湾等地，越南、马来西亚也有分布。喜光，喜温暖气候及酸性红黄壤。生于海拔 350～1400m 山地密林、河谷或灌木丛中。播种、扦插、压条繁殖均可。可作庭园花架、绿廊、墙垣的垂直绿化材料。根可药用。

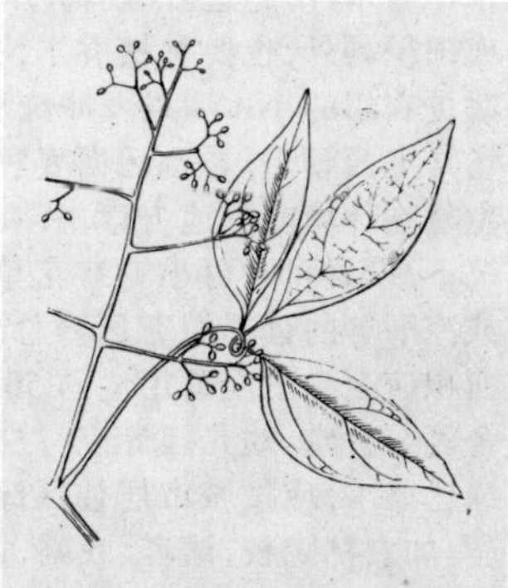

（叶超汉）

小苣苔（gesneria） *Gesneria cuneifolia*，苦苣苔科小苣苔属常绿亚灌木。染色体基数 x＝12。株高约 30cm，叶互生，倒披针状楔形，叶面光滑，具泡状隆起。花单生，花梗绿或红色。花冠筒渐弯呈弧形，长 3cm，黄至红色，檐部开展，径 1.5cm。原产古巴至波多黎各。不耐寒，越冬最低温度为 12℃，夏季宜遮荫。喜排水良好、富含有机质的轻松土壤。播种或扦插繁殖。用于温室盆栽。

（王大钧）

小露兜（gressit screw pine） *Pandanus gressitii*，露兜树科露兜树属多年生草本植物。株高 1m 以下。叶条形，长 20～50cm，边缘和背中脉有刺。雄花序全长约 15cm，由数个长 3～4cm 的穗状花序组成。分布于广东南部与台湾。生于林中、水边。喜高温、多湿、较耐阴。要求疏松、肥沃、排水良好的砂壤土。分株法繁殖。生长期每 15～30 天施一次稀薄氮肥。夏季宜适当遮荫。越冬温度需在 10℃ 以上。小露兜植株优美，是良好的观叶植物。适宜盆栽，作室内装饰。

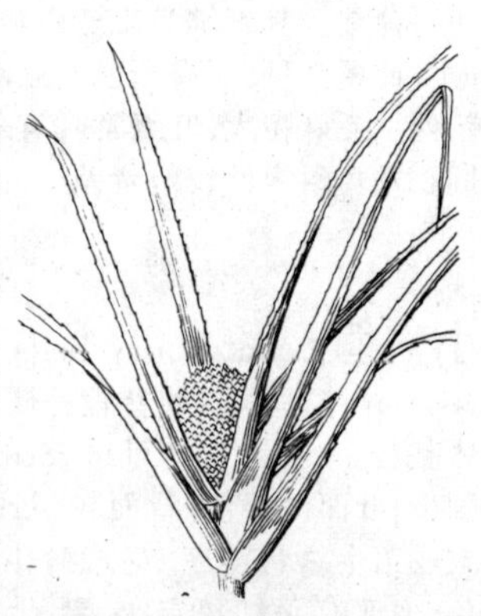

同属植物见于栽培的还有斑缘露兜树（*P. veithii*）。

（王月新）

小麦秆菊（rose strawflower） *Helipterum roseum*（*Acroclinium roseum*），别名玫红永生菊。菊科小麦秆菊属一年生草本植物。染色体数 2n＝2x＝14。株高 30～60cm，叶片披针形至线形，头状花序径 3～5cm，花黄色，总苞片干膜质，内片渐大呈花瓣状，粉红或白色，花期 7～8 月。有较大花品种（cv. Grandiflorum），原产澳大利亚。适应性强，一般土壤中均可生长，但以贫瘠、排水好的砂壤土与向阳地势生长最好。耐移栽。春季直播，发芽适温 16～20℃，北方春寒地区 3 月份营养钵播种育苗，花期可提前至 5～7 月。夏季湿热地区须防止花朵霉烂；园林中主要用作干切花栽培，待花瓣充分展开前剪下，置通风处晾干备用。

同属植物约 90 种，有多年生小灌木、亚灌木种类，均产于大洋洲。常见栽培的有永生麦秆菊（*H. manglesii*），花红色或白色，具黄色管状花心，径约 3.5cm。有重瓣类型，花期 7～9 月，适宜花径、岩石园栽植，亦可用作干花。

（龙雅宜）

小新西兰亚麻（green fiberlily） *Phormium cookianum*，别名绿新西兰亚麻。龙舌兰科新西兰亚麻属多年生草本植物。叶呈两列基生，线状剑形，革质强韧。花葶高可达1～2m，花总状着生，聚生成圆锥花序，黄色。花被筒状而内曲，6花被片于基部连合，内3片长于外3片，花期夏季。蒴果种子扁平。有具白色条纹的品种。原产新西兰。适于温和气候，喜土壤湿润肥沃。耐阴，寒冷地区冬季需覆土保护。播种或分株法繁殖，实生苗往往有较大变异，种子生活力一年；春季开始生长前行分株繁殖。适合种植水边或林下，亦可盆栽。其纤维为工业原料。

此属2种，还有新西兰亚麻（*P. tenax*），外形比小新西兰亚麻粗大，叶缘常具有彩色条纹，花暗红色。花期夏季。耐寒性较前者差。

（刘　春）

小岩桐（canterbury-bells gloxinia） *Gloxinia perennis*，苦苣苔科块茎苣苔属多年生草本植物。染色体基数x＝14。株高可达75cm。叶对生、卵形，具疏粗圆齿；叶面深绿色，背面较淡或带红色。花单生叶腋，或成顶生总状花序，花冠漏斗状，长约3.5cm，玫瑰红色，檐部有深红斑点，5裂，上2裂片短于下3裂片。原产阿根廷。喜温热，温室越冬最低温度12℃。高温强光下须遮荫。喜疏松肥沃、排水良好的土壤。用鳞片状根茎繁殖。温室盆栽供观赏。

（王大钧）

小鸢尾（corn lily；African lily） *Ixia maculata*，鸢尾科小鸢尾属多年生草本植物。染色体数2n＝30。株高30～60cm，具球茎。叶基生，2～3片，舟形。穗状花序，花冠高脚碟状，黄至白色，喉部有紫或黑斑，花被片6枚，近相等，长圆状椭圆形，长约2.5cm。杂交种花色繁多，有红、堇紫、橙等色。花期4～5月。原产南非。不耐寒，忌夏热。暖地11月份露地种植，覆盖越冬，种植深度5～7cm，次春开花。夏季凉爽处可春植夏花，花后至初秋掘取球茎贮藏。寒地作温室盆栽，9～10月栽植，20cm盆栽5～6球，冬季保持12℃以上，冬末或早春开花。分球繁殖。用于暖地花境、温室盆栽或切花。

（王大钧）

小獐毛（Chinese salt-grass） *Aeluropus littoralis* var. *sinensis*，别名马牙头、马绊草、小叶芦。禾本科獐毛属多年生草本植物。秆直立或斜出，有时匍匐地面，基部包被鳞片状叶鞘，节上密生柔毛。叶片硬，披针形，常卷折成针状。圆锥花序穗状；小穗卵形或卵状披针形；颖革质，有膜质边缘。外稃具9～10脉。分布于中国长江以北沿海各省及西北地区。耐盐碱，适砂土生长。为盐碱地、海滩的优良固沙植物，其匍匐枝还可编制草帽。

（胡叔良）

校园绿化（school landscaping） 校园是师生进行教学活动的场所。学校中大多数为青少年，一日之内活动的时间又比较短暂，因此校园绿化就具有一定的特殊要求：①发挥植物防风、庇荫、防噪音等功能作用，应该超过植物的装饰美化作用。②青少年活动强度大，约束力差，因此要多选生长势强大、抗机械损伤和萌发能力强、耐粗放管理的树种。乔木比重大于灌木，在北方多选落叶树。③避免种植有刺、有毒和具不良气味的植物。果实可食的树木常易被破坏，故需加意保护。④校园绿化的规划设计，大、中、小学应有一定的区别。专科学校要按专科性质安排特殊的场地。⑤道路规划应注意人流的特殊性，因多为青少年，园路的宽度要大，转弯要方便等。

大学校园绿化　历史悠久的大学，建筑物不断添建，绿化方案无法统一规划，以致功能分区比较零乱。新建大学的校园规划应事先进行。校前区，即学校主要入口至主要行政办公楼之间的地区，显示出学校的精神面貌，故园林造景的需要胜过植树绿化，成为大学校园中最精彩的部分。其次为教学区，课间均有很多人来往集散，室外滞留人数甚少而时间短。因此，教学区在绿化布置上围绕教学楼的树木不能种得太郁闭，乔木距建筑5m，灌木需距离3m栽植，以保证教室内的采光。基础种植应以灌木占绝大多数。教学楼外要设开阔的草坪，草坪边缘应配植大树。教学楼向西及朝北的一面要有庇荫、防风的树木。足球场应有较高水平的草坪，跑道外缘有乔木甚至密林环抱；其他球类或田径场外，也要种植乔木，并设坐凳，视需要开设临时更衣用的小木屋以及冲洗室等。有看台的大学体育场常坐西朝东，看台后面要种树冠高大的乔木。大学生喜在环境幽静地方读书，在校园用地面积许可的情况下，设置可大可小。有花草、绿荫、曲径、草坪、花棚或凉亭等的读书游憩区。总之，整个大学校园的绿化面积应至少占全部用地的50％。职工家属区、学生宿舍区与食堂、幼儿园等应与校园隔开，其建筑物附近的绿化要求，应按城市居住区绿化准则办理。专业性大学，如农林院校，语言、戏剧、舞蹈、电影、体育等大专院校，都需有专业训练和实验的场地，分区规划时也应一并考虑。至于校园的总体绿化规划，则要求达到绿树成荫、重点美化、防音防尘、环境优美。

中学（中专及中技）校园绿化　校园主要设校前区及教学区。校前区应较为整洁美观，体现学校精神面貌，而教学区应有专供学生活动的绿化场地，也包括一部分供生物教学的实验园地，或中专及技校有关的试验或练习场地。校园用地在全校总面积中应占30%。

小学校园绿化　小学分布较密，数量较多，占地面积一般不超过1公顷。常见的校园布局有一幢教学楼、行政大楼，前面一块操场及少量附属建筑。其他空地应尽量植树、铺草，造成绿树成荫，防风防尘，并在可能条件下为小学生设立小动物饲养及栽培花草、蔬菜的实验园地。

（汪　阳　余树勋）

缬草（common valeriana）　*Valeriana officinalis*，败酱科缬草属多年生草本植物。染色体数2n=14，28，56。株高可达1.5m。茎中空，具纵棱，被白色毛茸，老熟时毛稀落。根茎粗短不规则块状，含芳香物质，有细长根状茎。叶对生，羽状深裂，裂片2～9对，长圆状卵形至披针形，全缘或者齿状。伞房状三出聚伞圆锥花序。苞片具羽裂。花冠漏斗状、淡紫红或白色，筒部长0.5cm，上部5裂。芳香。花期夏秋季。瘦果卵形，基部近平截，顶端宿萼羽状。园艺品种有白花、深红和红色缬草等。分布西亚和欧洲及中国东北至西南。耐寒，耐阴，栽培容易，不择土壤，播种或分株繁殖。可用于花境、花径、野趣园及地被。同属一些形态近似的矮生种为很好的岩石园材料，如山缬草（*V. montana*），原产欧洲，株高15cm。伞房花序、粉红花、开花繁多。香缬草（*V. saliunca*），原产南欧，株高10cm，花粉红、芳香。

（郑　恭）

蟹爪（crab cactus）　*Zygocactus truncactus*，别名蟹爪兰。仙人掌科蟹爪属多浆附生性灌木。染色体数2n=22，24或48。自1818年发现并栽培以来，栽培品种已有200个以上，花色丰富。蟹爪多分枝，茎节扁平、截形，绿色或带紫晕，长4～5.5cm，宽1.5～2.5cm，两端及边缘有尖齿2～4，似蟹爪。刺座上有短刺毛1～3。花生于茎节顶端，花瓣两侧对称张开反卷，呈粉红、紫红、深红、淡紫、橙黄或白色。原产巴西东部热带森林中，喜半阴及潮湿环境。与本种非常相似容易混淆的种有仙人指（*Schlumbergera bridgesii*），其变态茎边缘无尖齿而呈波状，花为整齐花。

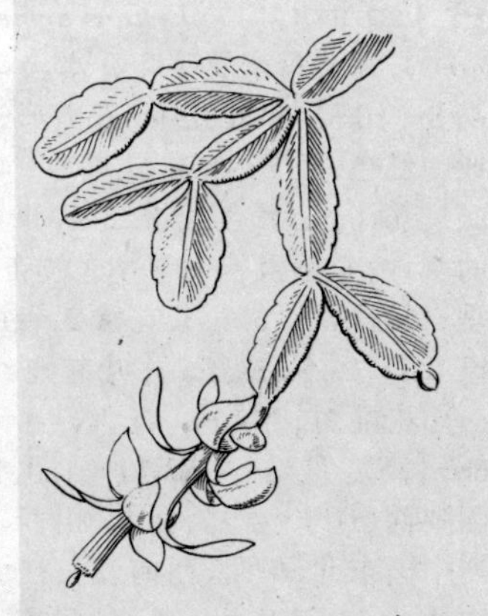

春季扦插易生根。但为培养伞状悬垂株形，可用嫁接繁殖，砧木多用量天尺或生长厚实的仙人掌，在春、秋行楔接。要求排水、透气良好的肥沃壤土。夏季需遮荫、避雨，宜放置屋檐、廊下。若夏季干热，通风不良，易罹红蜘蛛。生长期间可施用稀薄液肥，入秋后到开花前要肥水不断。秋凉后放室内阳光充足处，茎节过密者可适当疏剪。冬季室温宜15℃。短日照植物，在每天日照8～10小时的条件下，2～3个月后开花。出现花蕾后，盆土不宜太干，否则易落蕾。花蕾初形成时，应酌减浇水，水分过多也易促使落蕾。

蟹爪株形优美，花朵艳丽，能在没有直射阳光的室内生长良好，是一种理想的冬季室内盆花。

（徐民生）

心叶半夏（cordate pinellia）　*Pinellia cordata*，别名滴水珠。天南星科半夏属多年生草本植物。有球状块茎，直径1.5～3cm。通常仅有1叶，叶近心形于截形，长5～15cm，绿色或下面淡紫色，弯曲处有一珠芽；叶柄长达15cm，中部以下有一珠芽或无珠芽。花葶长6～8cm，佛焰苞长2.5～3.5cm，下部筒状，上部兜状；肉穗花序，下部为雌花，贴生于佛焰苞，上部为雄花，两者之间有不育部分相隔，顶端有细而长（约10cm）的附属体。产江苏、浙江、江西、福建、广东、贵州等省。喜阴湿、疏松肥沃土壤。繁殖用珠芽或分株，栽培较易。可盆栽观叶赏花，装饰客室、厅堂，也可供药用。植株有毒。

（吴应祥）

新几内亚凤仙（New Guinea impatiens）　*Impatiens hawkeri*，多年生常绿草本植物。株高60cm。茎暗红色，肉质，粗壮，多分枝。茎上部叶3枚轮生，卵状长圆形，长10～15cm，具细锯齿。花单生或呈腋生伞房花序。花径5～7cm，花鲜红至棕红色，爪白色，距长超过7cm。已培育出多个新品种。如其变种（cv. Exotica），叶外缘深绿至铜绿色，中部乳白至金黄色，中脉及叶柄红色。花玫瑰红色，喉部白色。一般可作高温温室盆栽，其矮生者花小，能在直径20cm盆中开花。越冬适温18～20℃，能开花不辍。大花种栽30cm盆中，作大中型盆花。

（王大钧）

新木姜（common newlitse） *Neolitsea aurata*，别名金叶新木姜子、浙江新木姜子、野玉桂。樟科新木姜属常绿小乔木。高达 10m，树皮灰白色；幼枝密被金黄色绢毛，老枝紫褐色。叶革质，椭圆形或披针状椭圆形，先端渐钝尖，基部窄楔形，离基三出脉；伞形花序生叶腋，花期 2～3 月；核果椭圆形，成熟时鲜红色，果期 9～10 月。产中国浙江、江苏、江西、福建、广东、广西、湖北、湖南、四川、贵州、云南、台湾等地；日本也有。喜温湿环境，常生于山坡杂木林中。用种子繁殖。新木姜的叶背被具金色绒色，别有特色，可供观赏，与其他树种混植或作梅、桃、玉兰等春花背景树。

（贺贤育）

星球（sea-urchin cactus；sand-dollar） *Astrophytum asterias*，别名星冠。仙人掌科星球属多浆植物。染色体数 2n=22。植株扁圆球形，直径 5～8cm，球体具 6～10 扁圆棱。无刺，但刺座上有白色星状绵毛。花生球顶，漏斗形，黄色，花心红，昼开夜闭，花径 3～4cm。结小橄榄形浆果，熟时基部裂开。产墨西哥北部至中部地区，美国德克萨斯州也有分布。原产地干旱季节长，阳光强烈，温差大，冬季休眠期夜晚偶有霜冻。

采用播种、扦插或嫁接繁殖。自根苗生长很好，但为加速生长，多用播种苗早期嫁接，翌年开花。砧木多用仙人球属中的种类，如‘花盛球’。盆栽不宜太深。冬季宜冷凉并保持盆土干燥，生长季节可充分浇水并多见阳光。成龄植株 5～6 年换盆一次。从人工杂交育出的实生苗中，常可选出较好的品种。星球外形奇特，开花容易，为室内中型盆栽佳品。

同属植物约 4 种，但变种及杂交品种很多，见于栽培的种还有：鸾凤玉（*A. myriostigma*），植株球形至圆筒形，径 10～20cm，具 4～10 棱，多 5 棱。无刺，但有褐色绵毛，球体灰白，密被白色星状鳞片，花黄色。栽培品种极多。瑞凤玉（*A. capricorne*），植株球形至卵球形，高 20～30cm，径约 10cm，具 8 条尖锐棱，球体被白色星状鳞片，刺座有褐色绵毛及刺，刺 5～10，扁平扭曲、柔软，红、褐或灰色，3～10cm 长，花黄色，花期长，易杂交结实，人工培育品种很多。般若（*A. ornatum*），高达 1m，直径 30cm，球体具 8 棱，被银白色星状鳞片，刺座稀疏，具刺 5～11，锥状，稍弯曲，黄色后变褐色，长 3～4cm。花大型、黄色，直径约 9cm，有金刺变种，尤为美丽。

（徐民生）

星星草（weeping bulrush） *Scirpus cernuus*，别名虎须草。莎草科藨草属多年生草本植物。株高 20～30cm。茎秆丛生，柔软细长，鲜绿色。叶细长。花密集成复伞房花序，花期 6～8 月。原产西欧地中海地区。喜水湿，不耐寒，宜植于腐殖质丰富、疏松肥沃的壤土中。分株或播种繁殖。分株在春季进行。夏季置于半阴环境，灌足水，忌干燥；冬季最低温度 10℃，且需每天向叶面喷水，使之苍翠欲滴。星星草多作室内盆栽观赏。

（葛　红）

行道树（street trees） 种植在各种道路两侧及分车带树木的之总称。行道树的主要功能是为车辆及行人庇荫，减少路面辐射热及反射光，降温、防风、滞尘，减弱噪音，装饰并美化街景。

适作行道树的树种，应适应当地的自然环境并耐城市街道的不良条件；具有美观的树形或花、果及秋色叶可供观赏；有较密的枝叶及适当高度的分枝点（一般 2.5m 以上）；主干通直而不生萌蘖，根系深；发芽早、落叶迟且短期内落净，叶、花、果不散放不良气味或污染空气的绒毛、种絮、残花、落果等；繁殖容易，易于获得大苗，生长较快并耐修剪；寿命长，病虫害少。中国常用的行道树种是槐、柳、毛白杨、樟树、桉树、银桦、圆柏、木麻黄、小叶榕、白蜡、蒲葵、油松、臭椿、悬铃木、银杏等。

中国幅员广大，气候相差悬殊，搞好各城市的行道树，首先要制订树种规划（见**城镇树种规划**），结合当地自然环境条件及该城市已定的市树，选出 10 种左右理想的行道树种。然后指定苗圃按需要繁殖，并严格规定出圃规格，将不合规格的行道树逐步淘汰更换，从而改善城市面貌。除冬季阳光灼热的城市可采用常绿树种外，大部分城市应选落叶乔木为主。

行道树的设计，应与道路及沿街建筑物的性质等相协调，也可适当打破一条街只用一种树、等距离种植的方式。

（陈耀华）

杏（apricot） *Prunus armeniaca*（*Armeniaca vulgaris*），蔷薇科李属落叶乔木。染色体数 2n=2x=16。高 8～10m。单叶互生、近圆形；花单生，先花后叶，白或粉红色，径 2～3cm，花期 3～4 月；核果近球形，直径 2.5～6.0cm，黄色或带红晕，果期 6～7 月。供观赏用的变种、变型及品种有：垂枝杏（var. *pendula*），枝下垂；山杏（var. *anus*），花常 2 朵并生，果红色或橙红色；斑叶杏（f. *variegata*），叶有斑纹；‘重瓣’杏（cv. Plena），花重瓣；‘陕梅’杏（cv. Meixianensis），花径 5～6cm，高度重瓣，有瓣 70～120，粉红色，4 月开放。中国陕西、辽宁、吉林、河北、山西、山东等地有栽培。杏产中国东北、华北、西南及长江中下游，在中国栽培历史达 2600 年以上。喜光，耐寒，抗旱力强，不耐涝；适

生于土层厚、排水好的砾质砂壤土，寿命可达百年以上。用播种或嫁接繁殖。病虫害主要有黄刺蛾(*Cnidocampa flavescens*)、桃粉大尾蚜(*Hyalopterus amygdali*)、穿孔病(*Cercospora circumsccissa*)等。可用于庭院、公园绿化，亦可做切花；果供食用，种仁入药。

同属中习见的观赏树种有：东北杏(*P. mandshurica*)，别名辽杏。落叶乔木，高达15m，树皮木栓质，小枝背面绿色。叶互生、卵状椭圆形，先端渐尖或短尾尖；花单生、先叶而开，白或粉红色，径2～3cm，花期3～4月；核果圆球形，果熟6～7月。原产中国东北及河北、山西；朝鲜北部和俄罗斯也有分布。喜光，耐寒，耐瘠薄，不耐涝，用种子繁殖。西伯利亚杏(*P. sibirica*)，别名山杏、蒙古杏。落叶小乔木，高1.5～5.0m。叶卵形，先端渐尖至尾尖；花单生，先花后叶，花径1.5～2.0cm，白或粉红色，花期4月；果实扁球形，直径1.5～2.5cm，黄色，果熟7月。原产中国内蒙古、黑龙江、吉林、辽宁、河北、山西、甘肃等地；蒙古国和俄罗斯西伯利亚东部也有分布。品种有：'辽梅'山杏(cv. Pleniflora)，落叶小乔木，高达3m。花单生、重瓣、粉红色，花径约3cm，花期4月；果扁圆形，直径2.0～2.5cm，7月果熟。原产辽宁北票大黑山，现黑龙江、吉林、辽宁、河北、内蒙古、北京、山西、甘肃、新疆等地均有栽培。(张加延)

性状鉴定(identification of characters) 对植物种质资源或品种的特性、特征进行观察、测定、描述和科学评价的研究手段。性状鉴定是观赏植物资源研究、分类、品种描述、品种鉴别及后代选择的依据。鉴定的内容和方法因植物种类和鉴定目的而异。观赏植物品种的植物学性状鉴定主要包括形态特征、生长发育特性等。生态习性主要包括其生长发育对环境因素的要求与适应性、多种抗逆性及其他性状等。鉴定手段有形态性状鉴定、亲缘关系鉴定、生长发育特性鉴定、品种鉴定、抗逆性鉴定等。

形态性状鉴定 对植物主要器官外部形态特征的比较分析，是确定其植物学分类地位和亲缘关系的一种研究手段。如植物形态特征描述应根据植物学形态的描述标准和术语进行记载。记载项目有开花繁密度、重瓣性、花期、花朵大小、颜色、花香、雌雄蕊多少、发育状况，叶色、叶大小、叶形，茎色、茎粗度，果实大小及颜色，种子颜色、单果种子数量及种子千粒重等。

分类地位及亲缘关系鉴定 用植物学、园艺学、遗传学、细胞学及细胞遗传学、分子生物学、血清学、分类学及统计学等学科的理论方法，研究分析和确定植物分类地位和亲缘关系。遗传学方法就是以有性杂交根据其亲和性和杂交结实率高低及后代的能育性等鉴别亲缘关系远近的一种方法。细胞学和细胞遗传学方法，是以染色体数目及其核型特征的差异来分析、鉴定其亲缘关系。分子生物学方法是应用现代化学、物理学、生物化学及RAPD等基本理论和实验技术鉴定植物品种的亲缘关系，如用蛋白质的血清鉴别法测定植物品种的亲缘关系等。

生长发育特性鉴定 通过在自然环境或人工控制环境中测试物候期和生长发育的关系，了解植物品种的生长发育规律、生育周期及对光、水、矿质营养等的具体需求等。鉴定方法有自然环境鉴定和人工环境鉴定两类。自然环境鉴定又分区域性鉴定和不同生长季节鉴定；人工环境鉴定可用玻璃温室和塑料大棚控制的环境进行鉴定，也可用人工气候室(箱)进行低温春化、光照、光合作用效率等鉴定。在生长、发育不同阶段要分别记载温度、雨量、空气相对湿度、土质、土壤含水量、光照等，还需记载播种(扦插)、分苗、定植、抽薹、开花、结实、收籽期及田间农业管理措施，并记载生长发育的形态特征及病虫害发生与危害程度等。

品质鉴定 通过感官和理化测试等方法对观赏植物的品质进行鉴定。鉴定项目主要有每梗花朵数(如切花)、花型、花色、花朵大小、气味、梗长、梗硬度等。除观赏性状外，有些还需对其速生性、抗逆性、药用、饮用等附带的经济性状进行鉴定。如玫瑰品种还需对花的产量、香精油的含量及其化学成分等进行鉴定。

抗性鉴定 通过诱发条件，测定其抗病虫、抗寒、抗旱、抗盐碱、耐粗放管理等抵抗不良环境能力的鉴定手段。抗病虫害鉴定，可通过田间鉴定或室内鉴定。抗病鉴定标准采用普遍率、严重度、病情指数等定性或定量的方法记载，抗虫性鉴定标准为排趋性、抗生性、耐害性等记载。

总之，对观赏植物品种应从不同角度作出深入分析，最后汇总、整理各方面鉴定结果，作出综合评价。(陈琰芳)

荇菜(floating heart) *Nymphoides peltata*，睡菜科荇菜属多年生水生植物。茎圆柱形，多分枝，具不定根,在水底土壤中生长地下茎,匍匐状。叶圆形、近革质,漂浮水面,基部心形,上部叶对生,其余互生,基部变宽、抱茎。花序束生于叶腋,花开于水面,黄色,径约1.8cm,萼5深裂,裂片卵状披针形,花冠5深裂,裂片卵形、钝尖,边缘具齿毛。中国分布广泛。喜肥沃土壤,浅水或不流动水池和光线充足的环境。用分株或播种繁殖。杏荇菜的朵朵黄花用于装点池面,雅致盎然,茎可供食用。

本属约20种,中国常见的还有:金银莲花(*N. indica*),茎不分枝,花多达10朵,白色。分布于吉林、江苏、安徽、台湾、广东、云南等地,朝鲜半岛、日本及俄罗斯东部也有分布。水皮莲(*N. cristata*),植株较小,花冠裂片内具一纵褶达中部以下。分布在江苏、湖南、福建、台湾、广东等地。

(吴应祥)

休养疗养区绿化(greening for sanatorium and convalescent hospital areas)

以休养和医疗保健为主要目的的地区进行合理的植物配植的措施。休养疗养区常设在风景区中成为一个独立的地段,使其互不干扰。

休养所是一种福利设施,主要目的是恢复和增进休养人员身心健康,并有预防疾病的保健作用,经过短时间的休息,使之精力充沛地返回工作岗位。疗养院是具有特殊治疗效果的医疗保健机构。疗养人员带有一般的慢性病或职业病,在此利用自然环境因素,配合理疗及中西医治疗,促进康复,一般疗养期较长。采用自然因素治疗疾病有以下几种:①气候疗养区,是利用日光、新鲜空气、不同海拔高度的气压和紫外线辐射不同,以及利用海滨湿润空气中负离子数较多等特点,设立日光浴场、海水浴场、沙浴场等。这些方式都可促进体内血液循环,调节物质代谢,从而起到医疗作用。②矿泉疗养区,是利用地下含有微量元素、放射性元素及泉水温度等的矿泉水,进行治疗多种慢性疾病,主要有浴泉和饮泉两种方法。③泥疗疗养区,是利用土壤中含有多种矿物质和放射性物质,进行泥浴治疗多种疾病。

休养疗养区的绿化,首先要为休疗养人员创造一个卫生的、有医疗作用和获得精神安慰的良好环境。绿化不但能净化空气,并有杀菌、调节气温、湿度等作用。应选用一些杀菌力强的树种,如松、柏、冷杉、柳杉等常绿针叶树;另外橡树、尖叶槭、璎珞柏、悬钩子、忍冬、锦鸡儿、丁香、花楸等都具有一定的杀菌能力。患气喘病的人,对芳香植物有过敏性反应,故在气喘病疗养用地内,不宜种植桂花、茉莉、丁香等;在疗养员住所的建筑物附近,不宜种植在风雨中树叶响声大的植物,如毛白杨、芭蕉等,以保证疗养区的安静。

休疗养区内的绿地分为:①风景游览绿地。利用自然风景资源形成风景游览用地,供休疗养人员使用。②公共绿地。各类休疗养人员均可进入。其绿地范围内也分成文娱活动区、安静区,也可设体育活动区等。各项内容均以面向成年休养或疗养人员为主。③林荫道。布置合理,供休疗养人员休息、散步等。④休疗养区与其他用地之间(如邻近有工厂),应设卫生防护带。

(杨乃琴)

秀丽莓(elegant raspberry)

Rubus amabilis,别名美丽悬钩子。蔷薇科悬钩子属落叶灌木。高达2m,老枝褐色,嫩枝绿色,疏生小皮刺;奇数羽状复叶,小叶7~13枚,卵形至卵状披针形,长2~6cm,先端渐尖或急尖,叶中脉、叶柄及叶轴有小皮刺,重锯齿缺刻状;花单朵与叶对生,径3~4cm,花冠白色,花期4~6月;聚合果红色,长1.5~2.5cm,6~8月成熟。产中国河南、山西、陕西、甘肃、青海、江西、湖北、四川等地,多生于山坡、疏林或灌丛中。喜光,耐半阴;喜疏松湿润富含腐殖质的肥沃土壤,萌蘖性强;较耐寒。用播种、分株或压条法繁殖。秀丽梅花大、果美,可在园林绿地中的林缘、溪旁种植,以创造山林野趣的环境,尤其适宜在风景区等自然式园林中种植;也可植为刺篱。果可食,根可入药。

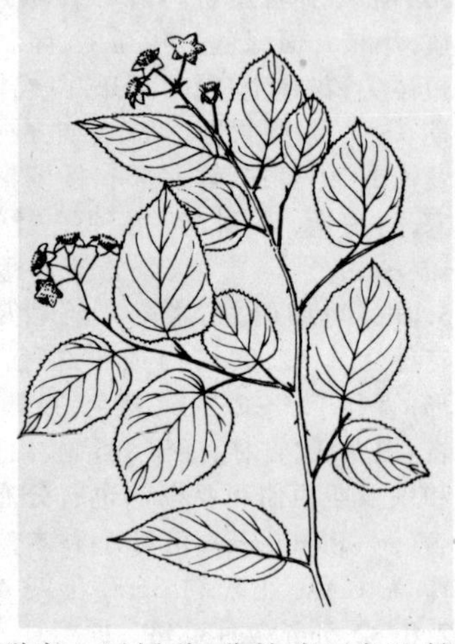

同属中常见栽培观赏的树种尚有:木莓(*R. swinhoei*),落叶或半常绿灌木;花白色,径约2cm,由3~9朵组成顶生总状花序,花期5月;果黑紫色,7月成熟。产中国湖北、四川、云南等省。毛萼莓(*R. chroosepalus*),半常绿灌木,树姿秀丽,花期5月,果期7月。产中国陕西、湖南、湖北、云南、贵州、四川、广东、广西、江西等地。盾叶莓(*R. peltanus*),落叶灌木,高达2m。花白色,径约5cm,花期3~4月;聚合果长圆形、橘红色,长3~4.5cm,6~7月果熟。产中国安徽、浙江、江西、湖北、四川、贵州等地,多生于海拔

850～1400m 的疏林或灌丛中。掌叶复盆子(*R. chingii*),落叶灌木,高 2～3m,茎蔓生,叶掌状 3～5(7)裂;花白色,花径 2.5～4cm,花期 4～5 月;果红色,径约 2cm,7 月成熟。产中国安徽、江苏、浙江、福建、江西等地区,生海拔 300～700m 的山野、溪边或灌丛。复盆子(*R. idaeus*),落叶灌木,高达 2m。奇数羽状复叶,小叶 3～5 枚;花白色,花期 5～7 月;果红色,7～9 月果熟。产中国吉林、辽宁、陕西、甘肃、新疆等地。刺悬钩子(*R. pungens*),落叶小灌木,高 50cm。奇数羽状复叶,小叶 5～7 枚;花粉红色,1～3 朵腋生,径约 2cm,花期 4～7 月;聚合果半球形、红色,径约 1cm,6～9 月果熟。香莓(var. *oldhamii*),为其变种,花白色,具芳香,花期 4～5 月。产中国陕西、甘肃、山西、河南、浙江、福建、台湾、湖北、云南、四川、西藏等地,生山坡半阴处,溪边或灌丛。

(陈耀华)

绣线菊类(spiraeas) *Spiraea* spp.,蔷薇科绣线菊属落叶灌木。细胞染色体基数 x=9。冬芽小,单叶互生,缘有齿、缺刻、分裂,稀全缘,羽状叶脉,或基部有 3～5 出脉,通常具短叶柄,花两性,稀杂性,成伞形、伞形总状、伞房或圆锥花序,花较小(4～8mm),花瓣

5,白色、粉红色或红色,花期 3～7 月。蓇葖果,内具数粒细小种子,果期 7～10 月。种子线形至长圆形,全世界有 100 余种,分布在北半球温带至亚热带地区;中国有 50 余种。

绣线菊类多数种喜光,喜温暖湿润气候,在肥沃土壤上生长旺盛;不少种性强健,耐寒、耐旱、耐瘠薄。繁殖用播种、扦插或分株法。由于易杂交产生杂种,因此采种要在充分隔离的植株上进行;播种苗易患立枯病。适度的修剪可促进植株旺盛生长,开花繁茂,去年生枝条上分化花芽,开花较早的种类仅疏剪病残老枝;当年生枝条上分化花芽,开花较晚的种类于冬末或早春修剪。常见虫害有蚜虫、叶蜂,为害叶片。

大多数种类枝叶纤细,晚春翠叶,花繁茂,洁白秀丽,盛开时枝条全为细巧的白花所覆盖,形成一条条拱形的花带,宛如积雪,少数种类花粉红色至深红色,为常见的观赏灌木,可在花坛、花境、草坪、池畔、丛植、孤植或列植成绿篱。

园林中常见的观赏种类和品种有:

笑靥花(*S. prunifolia*),别名李叶绣线菊,染色体数 2n=2x=18。灌木,高达 3m,小枝细长,叶卵形至矩圆状披针形;伞形花序有花 3～6 朵,花重瓣,直径 1cm,白色。产中国华东、华南、西南地区,朝鲜半岛、日本也有分布。单瓣笑靥花为其变种(var. *simpliciflora*),花单瓣,较少栽培。珍珠绣线菊(*S. thunbergii*),别名珍珠花。灌木,高 1.5m;枝细长开张,叶片线状披针形,伞形花序有花 3～7 朵,白色,花期 4～5 月,果期 7 月。产中国浙江、江西、云南。麻叶绣线菊(*S. cantoniensis*),灌木,高达 1.5m;小枝细,拱形;叶菱状披针形,深绿色,秋季红色;伞形花序,花白色,花期4～5 月,果期 7～9 月。产中国广东、福建。栽培品种有'重瓣麻叶'绣线菊(cv. Flore Pleno),花重瓣。'粉花'绣线菊(*S. japonica*),染色体数 2n=2x,4x=18,36。高达 1.5m。花粉红色。产中国华东、西南,日本、朝鲜半岛也有分布。品种很多,常见的有'粉中白'(cv. Albiflora),株形矮小,枝叶密集,花白色。'矮玫瑰'(cv. Nana),高 45～60cm,花玫瑰红色。'花叶粉花'绣线菊(cv. Anthony Waterer),叶片奶油色和粉红色相间,花鲜奶油色。'紫叶粉花'绣线菊(cv. Atrosanguinea),新枝叶红色,花奶油色。'叶上珠'(cv. Bullata),花玫瑰红色。'圆头粉花'绣线菊(cv. Bumalda),叶片粉红色和奶油色相间。当年生枝开花,延续整个夏季,花深粉红色。'乳色粉花'绣线菊(cv. Cocci-nea),花浓奶油色。'变色叶粉花'绣线菊(cv. Crispa),幼叶紫红色。'桩形粉花'绣线菊(cv. Fastigiata),矮小直立灌木,花白色。光叶粉花绣线菊(var. *fortunei*),叶片大,花粉红色。产中国西北、华中、华东、西南。'费罗贝里'(cv. Froebelii),花鲜奶油色。'金焰'(cv. Gold Mound),叶黄色。花浅粉红色。'金顶'(cv. Golden Dome),春末夏初叶黄色。花深粉红色。'公主'(cv. Little Princess),花玫瑰红色。'野火'(cv. Macrophylla),嫩叶和秋叶红色。'红玫瑰'(cv. Ruberrima),花玫瑰红色。'二乔粉花'绣线菊(cv. Shirobana),花杂色,同一或不同花序上同时有粉红花和白花。绣球绣线菊(*S. blumei*),高 1～2m。伞形花序,花白色。花期 4～6 月,果期 8～10 月。产中国华北、西北、华东、华南等地;日本、朝鲜半岛也有分布。三裂绣线菊(*S. trilobata*),开张灌木。叶近圆形,三裂。伞形花序,花白色。花期 5～6 月,果期 7～8 月。产中国东北、华北、西北;俄罗斯西伯利亚也有。金丝桃叶绣线菊(*S. hypericifolia*),高 1.5m。叶片长圆状倒卵形或倒卵状披针形。伞形花序,花白色。花期5～6 月,果期 6～9

月。产中国东北、西北；俄罗斯西伯利亚、欧洲也有分布。日本绣线菊(*S. nipponica*)，直立灌木。叶卵形或宽倒卵形或圆形。花白色。产日本。栽培品种有：'圆叶日本'绣线菊(cv. Rotundifolia)，叶片圆形，稍大；花白色；可在碱土上生长。'雪球'(cv. Snownound)，矮小灌木；叶椭圆形，花白色。绣线菊(*S. salicifolia*)，染色体数 2n＝4x＝36。高 1～2m。叶矩圆状披针形至披针形。顶生圆锥花序，花粉红色。产中国东北、华北，朝鲜半岛、日本、俄罗斯西伯利亚也有分布。萌蘖性强。茂汶绣线菊(*S. sargentiana*)，高达 2m。叶片椭圆状长圆形至倒卵状长圆形。花乳白色。花期 6～7 月，果期 9～10 月。产中国四川、云南。毛果绣线菊(*S. trichocarpa*)，高 2m。叶长圆形、卵状长圆形或倒卵状长圆形。花白色，花期 5～6 月，果期 7～8 月。产中国辽宁、内蒙古；朝鲜半岛也有分布。菱叶绣线菊(*S.* × *vanhouttei*)，高达 2m。叶菱状卵形至菱状倒卵形，花白色，花期 5～6 月。常见于中国华东、西南。可做促成栽培。鄂西绣线菊(*S. veitchii*)，高达 4m。叶长圆形、椭圆形或卵形。复伞房花序，生于侧枝顶。花白色，花期 5～7 月，果期 7～10 月。产中国陕西、湖北、四川、云南。 （张治明）

蓄枝截干（special method of pruning used in Lingnan region） 以剪截为主的岭南派盆景造型的主要技法。即盆景树木的枝(干)长到一定的粗度后进行强度的剪截，然后在枝(干)上选留角度位置合适的新枝，待这些新枝(干)蓄养到适当的粗度后再行剪截。这样，年复一年地再蓄枝再剪截，使其逐步形成树冠。采用这种整形方法，枝干和叶比例恰当，上下匀称，枝干瘦硬如曲铁，树形顺其自然，不拘一格，"虽由人作，宛若天成"。

蓄枝截干法起源于 20 世纪 20～30 年代。广州及附近各县的盆景爱好者、生产经营者，基于亚热带气候及盆景树种资源丰富的优越条件，根据天然大树的生长意态，结合从山上采挖树坯的自然生长形态，稍加剪截，便成为枝干蟠曲的大树形态，形成蓄枝截干法。当时栽植环境局限，以盆栽植者多，树坯多选树干细小兼有侧枝的。大型树坯的栽培造型捷径，是将树坯先以地栽培植，利用地栽生长快速的优势，培养粗大的枝条及树干，然后上盆蓄养细枝。地栽与盆栽结合的蓄枝截干法，使树干粗大且无侧枝的树坯容易成型。这样，岭南盆景趋向大型化。

蓄枝包括选定枝位之后蓄养枝条及根系。截干是把不符合造型要求的树干、枝条及根系截短或删除。树坯经蓄养成可用之材，挖掘起来按造型要求的长短、高矮截干截根；定植萌发新枝，经选定枝位、矫正枝形朝向，蓄养到粗细适度，按造型要求的长短及时进行剪截。在培养造型的全过程，蓄枝与截干反复交替运用，直至细枝达到"鸡爪"状态，即为成形(见图)。

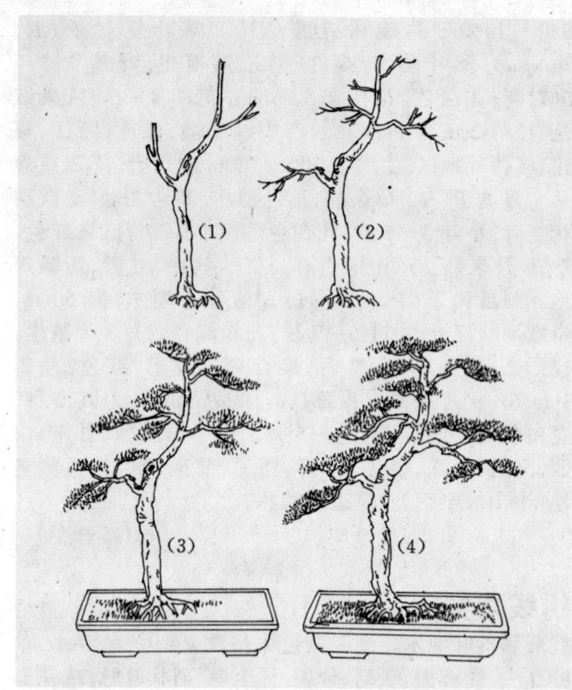

蓄枝截干过程示意图

蓄枝截干栽培造型应注意以下几方面：①从选择树坯开始，首先要求创作者对作品有较成熟的构想。②树干及主要侧枝的剪截，要结合造型要求以及不同树种的萌芽规律进行。例如榆树、福建茶的树干经截断后，截口的形成层可以萌芽，而九里香的截口形成层不能萌芽。根系的裁截要结合树形的意态及配盆要求进行，如大树型的盘根，水影型的偏根等。③树坯萌发枝条所处树坯的部位，不一定都符合造型要求。以选优汰劣的原则选定枝位，把多余的枝条剪除。在树干上特别重要的部位若不能萌发枝条，可用嫁接的方法补枝；同样，在特别重要的根部也可嫁接补根。④蓄养树干和枝条的栽培管理，要注意光照、通风和枝条长势强弱等情况。例如，树坯上部的枝条光照充足且较通风，生长速度较快，下部的枝条被遮盖而生长缓慢。此时，可捆扎上部枝条，减少遮盖面，也可剪去部分枝条，抑制其生长速度，下部较弱枝条的长势就能加强。悬崖型底枝的蓄养就是一例。还要注意枝条生长方向的调整，例如跌位枝条如果是向上生长的，应及早将其牵引下垂。另外，还要对根系蓄养改造。必要时在树坯的半成品期间挖出截根，再培养自然的分叉根系，提高露根效果，称提根法。树干截口的平面也要顺乎自然，进行雕凿处理。 （陆志伟）

萱草（daylily） *Hemerocallis fulva*，别名谖草、忘忧草、疗愁。百合科萱草属多年生草本植物。染色

体数 $2n=2x=22$，多倍体品种 $2n=3x=33$，$2n=4x=44$。《诗经·伯兮》"焉得谖草，言树之背"就是中国对萱草的最早记载。清代湖南省邵阳县、陕西省大荔县有大面积栽培，花为金针菜的原料。原始种于16世纪传到欧洲，19世纪开始杂交育种工作。20世纪初，培育出大花多倍体品种群。1974年中国引种多倍体萱草种子，并用于绿地栽培。萱草根状茎短，具肉质的纺锤状块根。叶基生，条形，排成两列，螺旋状聚伞花序，有花10余朵。花冠漏斗形，径约12cm，橘红色。花瓣中部有褐红色斑，单花只开一天。变种有千叶萱草(var. *kwanso*)、长筒萱草(var. *longituba*)、斑花萱草(var. *maculata*)和玫瑰红萱草(var. *rosea*)等。花期夏季，种子9～10月份成熟。原产中国南部、欧洲南部及日本。耐寒，亦耐干旱与半阴，块根可在冻土中越冬；不择土壤，但以富含腐殖质，排水良好的湿润土壤为好。分株、播种繁殖。春、秋季每丛带2～3芽分植，施入基肥，通常3～5年分株一次，分株当年开花。种子采收后，秋季沙藏，春播发芽，迅速而整齐。9～10月份露地直播，次春发芽，实生苗通常经2年开花。有些品种花葶苞叶，叶腋处形成茎芽，可作繁殖材料。也可用组织培养的方法繁殖。

近代用于花境、花径或林缘的常为多倍体大花萱草，花有淡黄、黄、橙、玫红、褐红色等，也有花期长的小花品种。

同属常见栽培种还有：黄花菜(*H. citrina*)，别名金针菜。花被管长3～5cm，花淡黄色，具清香，常夜间开放，次日中午闭合。分布在长江、黄河流域。北黄花菜(*H. lilio-asphodelus*)，花被管长1～2.5cm，花色较深，其变种大北黄花菜(var. *major*)。分布于长江流域以北各地。大苞萱草(*H. middendorffii*)，苞片宽阔，花数朵簇生于花茎顶端，花被管1/3～2/3藏于苞片内。产于中国东北、朝鲜半岛、日本、俄罗斯也有分布。小黄花菜(*H. minor*)，根较细，绳索状，植株矮小，花黄色，分布中国北部，朝鲜半岛和西伯利亚也有。

(龙雅宜)

悬铃木(planetree)　*Platanus* spp.，悬铃木科悬铃木属落叶乔木。该属约7种，分布于北美至中美墨西哥、东南欧及亚洲西南部至印度。染色体数 $2n=42$。据传早在晋代，由印度传入中国，植于陕西县鸠摩罗什庙前。新疆墨玉县阿克拉伊管理区生长一株300余年的的悬铃木，高达30m，树冠覆盖地面近500m²。广泛种植。树高30余米，树皮成不规则剥落，内皮淡绿白色。叶柄下芽。花单性，雌雄同株，雄花黄色，雌花柄淡红色。聚花果由多数小坚果组成，球形，坚果圆锥形，基部有褐色长毛。

主要种有：①一球悬铃木(*P. occidentalis*)，别名美国梧桐。树皮褐色，裂片较小，主枝分杈角度小，球状果序单生。叶片掌状3～5浅裂，宽17cm，长16cm。变种光叶美桐(var. *glabrata*)，叶背无毛，叶形较小。②二球悬铃木(*P. acerifolia*)，别名英国梧桐。1640年在英国伦敦用一球悬铃木和三球悬铃木杂交育成，具有杂种优势，生长旺盛。后由伦敦引种到世界各地，广泛用于行道树和庭荫树。果序2。叶片具3～5深裂，长宽相等。中国各地种植。③三球悬铃木(*P. orientalis*)，别名法国梧桐。果序3个以上成串，叶片5～7深裂，长大于宽，缘具波状粗锯齿。

该属植物为阳性树种，不耐阴，适生于年均气温13～20℃、降雨量600～1200mm、相对湿度70%左右、无霜期200天以上的地区。喜酸性土壤，在钙质轻碱土也可生长良好。萌蘖性强，枝干伤口愈合能力强，耐修剪，抗污染，适宜作城市绿化树种。播种或扦插繁殖。落叶休眠期裸根栽植。华北春季干燥，移植以萌动初期为佳。主要虫害有星天牛、木蠹蛾、大袋蛾、介壳虫等。树体高大壮观，叶大荫浓，适应性广，且耐修剪；滞尘吸毒，可净化空气，美化环境，多被用作行道树，也可对植、孤植。

(周业恒)

选种(selection)　利用植物中的遗传性变异，通过选择、提纯及比较鉴定等手段而获得新品种的育种方法。选种即"选择育种"的简称。一般视选种为育种途径之一，而与引种、狭义育种等构成广义育种的三条途径。同时，"选择"即"选种"或"选择育种"的别称，又是在各种育种途径中都要经常采用的一种选优的方法和手段。从宏观上讲，选择有自然选择与人工选择之分。实际上，人工选择也多是在自然环境条件下按人们的意志和预定目标去选优去劣的。选种具有简便易行、经济有效、较易适应当地环境、便于繁殖推广等优点，在中国和世界植物育种工作中自古以来均居于重要地位，也是今后不容忽视的育种方法之一。

简史　人类自远古从事农业活动起，就同时进行了野生植物的引种与选择。无意识的选择只从外观、美味等出发，没有明确目标。后渐发展成有意识的选择，才有了重点目标。可以说，植物栽培的历史，就是人类对各类植物进行选种的历史。

选种是人类应用最早的一种育种方法。在中国，公元前3000年就有周公以唐叔所采作物植株单独种植而获得"嘉禾"之事。随后在汉代《氾胜之书》、后魏《齐民要术》等书中，均有作物、蔬、果等选种的记述。中国是世界上最早引种野生植物进行栽培观赏的国家之一，也是最早实行选种的国家之一。就观赏植物而论，选种的历程大致可分两类：①先以经济性状为主进行选种，至一定阶段再分化出纯观赏的类群。②直接由野生种或原始类型经选种而成为众多的观赏植物品种。前者如莲（*Nelumbo nucifera*）。自西周初年起，先民即掘野藕作菜食用，再引种栽培为蔬菜，已有两三千年的历史。由莲藕分出观赏莲——荷花，约东晋、隋、唐之际，选出重瓣品种，距今已有1500年或更久。至清代杨钟宝著《瓨荷谱》（1808），记荷花33个品种，其中碗莲品种13个，说明已选育出"小花种"，专供家庭赏玩之用。莲由野生至家生，从主供蔬食到观赏为主，再分化发展成微型的观赏品种，其中起主导作用的措施，乃是实生选种。至于直接由野生种或原始类型通过栽培、选择而产生大量观赏品种的，则凤仙花（*Impatiens balsamina*）为一著例。清赵学敏《凤仙谱》中按花色分类，将233个品种分为：大红33个，桃红28个，淡红27个，紫30个，青莲11个，藕合23个，白24个，绿6个，黄6个，杂色23个，五色22个。可见中国对凤仙花通过长期精心的选种，已育成大量丰富多采的优良品种。而开绿、黄或杂色花的良种及具茉莉花香的'香桃'凤仙等，更是其中佼佼者。此外，在菊、梅、兰、桃、竹类、牡丹、山茶、月季、石榴、紫藤等花木中，许多中国名品也是长期选种的杰出成果。

欧洲对植物进行有意识的选择，约始自16世纪。16世纪20年代，利明（J. H. Leaming）和维尔莫林（L. de Vilmorin）最初采用混合选择用于园艺植物。对观赏植物的选种目标，主要是花大、色艳。在近400年过程中（公元1550～1950），欧洲对风信子（*Hyacinthus orientalis*）和郁金香（*Tulipa gesneriana*），选育出'大眉翠'（cv. Grand Maitre）、'蓝中之王'（cv. King of the Blues）等四倍体佳品；而'夏季美'郁金香（cv. Zomerschoon）这个三倍体良种却历经400多年久盛不衰。至于欧美等国观赏苗圃，则积一二百年的经验，选育了大量观赏树木，尤其是松柏类优良品种，包括不同株高、枝姿、叶色、花色变异等等。

原理　19世纪的达尔文（C. Darwin, 1809～1882），在研究栽培植物和家养动物品种的起源与演化过程后，总结出人工选择的创造性作用，提出了自然选择学说，奠定了选择的理论基础。

协调人工选择和自然选择的关系　人工选择是在自然选择基础上进行的。它满足了人们经济与观赏方面的要求，却常不利于植物对自然环境的适应性。故在人工选择时，既要充分利用自然选择所创造的条件（如在大冻之年挑选抗寒的露地菊花等）；在拟定选种目标时注意到全面适应性和抗逆性，而勿过分单一地只考虑经济或观赏目标（如大花、重瓣、艳丽花色）。同时，人工选择的产物还需要经受自然选择的检验。只有既符合人们要求、又适应自然生态条件的新类群或新品种，才能在当地露地栽培，推广应用。

人工选择的创造性作用　达尔文说过："人类用选择的方法，有力量沿着同一方向不断地加强任何一种变异。这种力量是依靠着沿同一方向继续发生的变异性"。这里，他奠定了育种基本方法——选种的理论基础。变异、遗传和选择，构成了选种的三大要素。其中变异是选择的基础，遗传是选择的保证。生物育种以遗传学为其理论基础。人工选择通过人为地挑选适合人类需要的变异，并使之朝着有利于人类的方向发展，从而产生了不同类型的新品种。

在驯化状况下动植物有连续变异的特性　加强培育，为生物出现并积累变异提供了前提。如刘蒙《菊谱》（1104）中云："凡植物之见取于人者，栽培灌溉，不失其宜，则枝叶花实，无不猥大。至其气之所聚，乃有连理、合颖、双叶（按：乃复瓣）、并蒂之瑞，而况于花有变而为千叶（按：乃重瓣）者乎！日华子曰：'花大者为甘菊，花小而苦者为野菊。若种园圃肥沃之处，漫同一体，是小可变而为甘也。如是，则单叶（按：乃单瓣）变为千叶，亦有之矣。牡丹、芍药……生于山野，类皆单叶小花。至于园圃肥沃之地，栽锄粪养，皆为千叶。然后大花、千叶，变态百出。"在距今近1000年之前，刘蒙已认识到培育与选择的双重促进下，可产生重瓣大花等变异，从而成为中国名花育种的传统优良方法。这种从长期实践中总结出的原理，要比达尔文的下述发现，即"在驯化状态下，没有一种情况使变异着的有机体停止变异"；"生活条件的变化，在引起变异上具有高度的重要性。……在这一切的变化原因之上的，是选择的积累作用"还要早750年以上。

在培育、选择、杂交这生物育种三大环节中，选择起到了掌握方向、贯彻始终的作用　三大环节中的培育是前提，杂交是动力，而选择则是关键。中国自古就既注重微小变异的积累，又着力于锲而不舍，持之以恒，还把培育、选择、杂交（多为天然异花授粉）三者紧密配合，多方取得了辉煌成就。如明代袁宏道著《张园牡丹记》（公元约1573）中云："主人自言经营四十余年，……每见人间花实，即采而归。……久而变为异种，有单瓣而楼子者，有始常而终冶丽者。……数十亩如积雪，约十余万本。"这种大规模的实生选种，在牡丹这类天然异花授粉植物上，充分发挥了"三大环节"的综合促进作用，成效是卓著的。后来，美国的伯班克和原苏联的米丘林等，在有计划选择下采取综合措施，也取得了巨大的育种成就（其中包括多种观赏植物）。

方法　选种方法概括分为四种：①实生选种；②优

株评选;③**芽变选种**;④种源选择(多用于林木育种)。

实生选种是以天然授粉实生苗作选择对象的育种方法。又因选择目的和选种对象生活型及授粉特性不同,而分混合选择法和单株选择法。①混合选择法:根据一定标准,从实生苗混杂群体中,按观赏和经济性状挑选出一批符合要求的个体,然后混合清种、繁殖。此法工作量小,简便易行,在种群混杂程度高时收效甚大。但无法根据后代表现,对亲本每个单株进行遗传鉴定。最常用于类型选择及一二年生草花良种繁育,如中国广西1958年'岑溪软枝'油茶(*Camellia oleifera* cv.),枝软而垂,花多而繁,结果多,较一般油茶产油高出数倍,是个油用兼观赏的优良新类型。又如'矮生'非洲菊(*Gerbera jamesonii* cv. Nana)和'矮文竹'(*Asparagus setaceus* cv. Nanus= *A. plumosus* cv. Naxus),前者植株矮生而开多种色彩花朵,后者矮生,"叶"多而短,均可用混合选择法留种、增殖。混合选择法又分一次的和多次两种,需视具体情况而定。如对天然异花授粉草花百日草、鸡冠花等,就要实行多次混合选择。②单株选择法:在农作物、林木、果树、蔬菜之外,还适用于草花、宿根与球根花卉、地被植物以及观赏树木等。凡对入选个体进行分别采种,单独繁殖,各自鉴定的选择法;都属单株选择范畴。单株选择又称系谱选择,多用于天然自花授粉草花(如凤仙花和多种牵牛花等)以及常异交草花(如单瓣翠)等。根据选择的次数,又分为一次单株选择和多次单株选择。宿根与球根花卉、地被植物及观赏树木等多可用营养繁殖来"固定"入选优良单株的优异性状,因此通过一次单株选择即可产生营养系(无性系),应用较多。单株选择能选育性状优异、均匀一致的新品种,但费时久,费工多,且要求条件较高。除以上两种选择法外,还有集团选择法、加权评分比较选择法,等等。

影响选择效果的因素:①应排除或削弱环境条件对基因型的限制与干扰,使表现型与基因型尽可能靠拢。所谓表现型,系指在一定环境下发育表现出来的性状整体而言,其中能遗传给下代的仅为其遗传基础——基因型。②选择群体组成的遗传杂合性及过去的选种基础:凡杂合程度高而过去甚少经过系统选种、育种的材料,则选择成效显著。故天然异花授粉花卉和遗传组成复杂的,如菊花(*Dendranthema* × *grandiflorum*),在王象晋的《群芳谱》(1621)中说:将枯花放腴土上,不必埋,时以肥沃之,……其花色多变,……至有变出人所不识名者。由此可见杂交(天然异花授粉)、选择与培育三大环节所产生的促进并加强变异等综合作用。

(陈俊愉　马　燕)

雪宝花(glory of the snow)　*Chionodoxa luciliae*,百合科雪宝花属多年生草本植物。染色体数2n=18,20。株高7.5～15cm,具被膜鳞茎。叶基生,狭条形至倒披针形。总状花序顶生,具花4～6朵,鲜蓝色,向心渐淡成白色,直径2.5cm,花冠裂片6,舌状,开展,基部连结成筒状。有白色、玫红、大花、晚花等品种。花期早春。原产东地中海区高山或亚高山。耐寒,要求阳光充足,也耐半阴。不择土壤,但湿润而排水良好处生长更佳。播种或分株繁殖,每三年进行一次。用于花境或草地丛植,也可作温室促成盆栽。

(王大钧)

雪滴花(spring snowflake)　*Leucojum vernum*,石蒜科雪滴花属多年生草本植物。染色体数2n=22。株高约30cm,具被膜鳞茎。叶基生、条形。花单生花葶顶端,白色,芳香。花冠裂片6枚,分离,裂片长约1.8cm,先端绿色,花期早春。变种有双花雪滴花(var. *ragneri*),较原种高而强健,花葶先端有2朵花;黄尖雪滴花(var. *carpathicum*),花冠裂片先端带黄色。雪滴花原产欧洲中部。耐寒,喜排水良好而肥沃湿润壤土及向阳环境。用于花境、树坛前面、草地边角作自然式布置。

本属植物常见的有:夏雪滴花(*L. aestivum*),染色体2n=22。株高30cm,花2～8朵聚生花葶先端,纯白色,先端绿色,长2.5cm。花期晚春初夏。原产中欧至南欧。秋雪滴花(*L. autumnale*),染色体数2n=14。株高22cm,叶线形,于花后发育,花苞向一侧开裂。花1～3朵,白色,基部桃红色,长约1.2cm。花期秋季。原产葡萄牙,摩洛哥。　(王大钧)

雪柳(fortune fontanesia)　*Fontanesia fortunei*,别名五谷树、过街柳、雪杨。木犀科雪柳属落叶灌木或小乔木。染色体2n=26。高达8m,干皮灰褐色,条状浅裂,小枝四棱形。叶对生,披针形至卵状披针形,长3～12cm,全缘;花两性或杂性同株;圆锥花序顶生或腋生,花小,绿白色,微香,花期4～6月;翅果倒卵形,扁平,黄棕色,8～10月成熟。产中国河北、山东、河南、江苏、安徽、陕西、浙江、湖北等地,喜光,稍耐阴;喜温暖气候,也较耐寒;喜肥沃、湿润而排水良好的土壤,也耐干旱。萌发力强,耐修剪。播种繁殖,当年苗高可达1m。雪柳枝叶密生,花盛开时,满树雪白,于林缘、林下、水畔种植,颇显自然美观。也可用作绿离或防风林之下木。花为蜜源,枝条可编筐。

(周忠樑)

雪松(deodar cedar; Indian cedar)　*Cedrus deodara*,别名喜马拉雅雪松、香柏、喜马拉雅杉。松科雪松属常绿针叶乔木。染色体数2n=2x=24。

起源及栽培历史　5000万年前的第三纪,雪松普遍分布于欧亚大陆，第四纪冰川时期，将其压缩到西喜马拉雅山、黎巴嫩山、小亚细亚托鲁斯山、塞浦路斯山和北非的阿特拉斯山。至上新世，由于地层沉降、隔离，逐渐形成了雪松属植物的现代近缘种。本种记载于公元1814年，引种栽培是从19世纪开始的，1822年引入西欧后，又引到美国，以后世界上许多国家，特别是暖温带的一些国家引种栽培成功。中国20世纪初开始引种栽培，1912～1914年间，中国青岛、南京引入种子进行育苗，苏州、无锡、杭州等城市也相继引入栽培，40年代以后成为中国亚热带、暖温带地区常见的园林观赏树种。

形态特征　高达50m，胸径达3m，树冠塔形。主

干挺拔耸立，树皮深灰色，裂成不规则的鳞状块片。侧枝平展，小枝细柔下垂，有长、短枝之分，幼枝淡黄色；叶在长枝上辐射伸展，在短枝上簇生，叶色淡绿至深绿，长2.5～5cm；雌雄同株或异株，雄球花圆柱形，长2～3cm，雌球花卵圆形，长约8mm，花期10～11月，雄花先于雌花7天开放；球果卵圆形或椭圆形，翌年10月成熟时红褐色，长7～12cm。种子近三角形，种翅宽大，连同种子长2.2～3.7cm，种子千粒重125g。

栽培品种约27个，其中主要有：'银梢'雪松（cv. Albospica），小枝梢呈绿白色；'银叶'雪松（cv. Argentea），叶较长，银灰蓝色；'金叶'雪松（cv. Aurea），春季针叶金黄色，入秋变黄绿色，冬季变粉绿黄色；'密丛'雪松（cv. Compacta），树冠呈紧密塔形，小枝下垂；'赫瑟'雪松（cv. Hesse），极矮，高仅40cm，株型紧密；'垂枝'雪松（cv. Pendula），大枝散展、下垂；'轮枝粉叶'雪松（cv. Verticillata Glauca），树冠窄，枝轮生，叶粉绿色。

产地与习性　原产喜马拉雅山的西部，分布于尼泊尔、印度和阿富汗境内海拔1300～3300m的山地，在1600～2600m处生长最好，能形成纯林或与乔松等混交，原产地全年降水在1160～1890mm之间，多集中夏季，冬季雪期3～5个月，相对湿度可达95%，极端最高气温为27～38℃，极端最低气温－4～－12℃；在高湿下，雪松能耐－25℃的短期低温。阳性树种，喜凉爽湿润的气候和肥沃深厚、排水良好的微酸性土壤，浅根性，积水的凹地和地下水位高的地方生长不良，甚至死亡；在中性土、微碱性土、瘠薄土上虽能生长，但长势不佳。对二氧化硫、氟化氢反应敏感，可作为环境监测树种。

繁殖栽培　主要以播种和扦插法繁殖。在低温干燥条件下，种子的发芽力可保持3～5年，新鲜种子无休眠期。成年树结种能力低，可采用人工辅助授粉，以增加结种能力。扦插繁殖的插穗应采自10年生以下幼树。

园林应用　雪松树姿优美、挺拔、苍翠、秀丽潇洒，为公认的世界著名园林风景树种。可在广场、公园、绿地、建筑物、殿堂、陵园广为栽植，孤植、群植、对植、列植都能形成壮观而又优美的效果。

同属栽培观赏树种有黎巴嫩雪松（*C. libani*），分布于地中海东岸的黎巴嫩山和小亚细亚托鲁斯山；北非雪松（*C. atlantica*），分布于北非的阿特拉斯山和里费尔山；短叶雪松（*C. brevifolia*），分布于地中海塞浦路斯。

（张春静）

雪钟花（common snowdrop）　*Galanthus nivalis*，别名雪滴花。石蒜科雪钟花属多年生草本植物。具被膜球茎。染色体数2n＝2x＝24；2n＝3x＝36。叶基生，2枚、狭。叶长近10cm，宽约0.6cm。花单生于花葶顶端、下垂。花径约2.5cm。花冠裂片6枚，裂片白色，内裂片先端具绿色斑，较外裂片短。各裂片边缘复叠，全花略呈筒形。花期早春。有重瓣种，雄蕊瓣化。又有早花、大花、黄斑等栽培变种。原产欧洲，现分布温带各地。耐寒，不择土壤，但较喜粘质壤土和充分湿润及轻荫环境。分球繁殖，适生于开阔林地和树下草丛（但须去掉接近地面的低枝）。用于宿根花境和草地群植。

（王大钧）

薰衣草（spike lavender）　*Lavandula officinalis*，别名香草。唇形科薰衣草属多年生草本植物或低矮灌木。染色体数2n＝36。株高约1m，多分枝，全株浓香。叶对生，叶缘反卷。轮生花序顶生，长10～20cm，每轮花序有小花6～10朵。花冠下部筒状，上部唇形，上唇2裂，下唇3裂，花有淡蓝紫、粉红或粉白色。花期春、秋季。原产地中海沿岸。冬季喜温暖湿润，夏季宜凉爽干燥，忌高温高湿和水涝。播种、扦插或分株法繁殖均可。秋播，用30～40℃温水浸种催芽后再播，可提高发芽率；苗期适当遮荫、摘心，可促使多

分枝。实生苗寿命长，抗逆性强，翌年开花。扦插，于秋季剪取半木质化枝条，经冬季沙藏，春暖后插入沙中；秋季也可扦插。插床应排水良好，保持湿润及20～24℃床温，约40天生根。分株法繁殖，春、秋均可进行。栽培宜选向阳、排水良好的地段，基肥以磷、氮为主，钾肥过多，则香气减弱。早春发芽前修剪，老枝应重剪，以利基部萌发新枝。薰衣草枝叶丰满，紫色花序淡雅清丽，宜作花境丛植，也可盆栽观赏。又是重要的香精原料和良好的蜜源植物。

（葛 红）

栒子类（cotoneasters） *Cotoneaster* spp.，蔷薇科栒子属落叶、常绿或半常绿灌木，稀为小乔木。细胞染色体基数 x＝17。叶互生，有时成两列状，全缘；花单生，或2～3朵至多朵成聚伞花序，径约8～13mm，白色或粉红色，花期5～6月；果实小、梨果状，红色、褐色至黑色，球形或卵形，萼片宿存，果期8～10月。喜光，稍耐阴。耐干旱和土壤瘠薄、耐寒、不耐水湿。播种繁殖，如种子不经处理，播种后1～2年发芽；一般用变温处理，即在常温和低温3～5℃下沙藏各3个月，或用浓硫酸处理2小时后低温沙藏3个月，播后可当年发芽。为保持植株的优良性状多用扦插繁殖。也可压条繁殖。病虫害有蚜虫、红蜘蛛、大蓑蛾、蚧壳虫、白粉病等。

大多为丛生灌木，春末夏初小型花朵密集枝头，秋季红色或黑色的果实累累，缀满枝梢；许多种类秋叶红色，具较高的园林观赏价值，可作为庭园观赏灌木或植为绿篱。有些匍匐矮生种类是制作盆景、点缀岩石园、墙面装饰和地面覆盖、护坡、护岸的优良植物材料。

园林中常见栽培的树种有：水栒子（*C. multiflorus*），染色体数 2n＝4x＝68。落叶开张灌木，高达4m。枝细、下垂。叶卵形或宽卵形。聚伞花序有花6～12朵，有异味。果鲜红色。花期5月，果期9月。产中国东北、华北、西北和西南。匍匐栒子（*C. adpressus*），染色体数 2n＝2x，3x，＝34，51。落叶矮生匍匐灌木，常生不定根。叶卵形至椭圆形，秋叶红色；花1～2朵，粉红色。果鲜红色。花期6月，果期9月，是一种重要的岩石园植物。大果匍匐栒子（var. *praecox*）为其变种，高达1m，冠幅达2m。果大，鲜红色。矮生栒子（*C. dammeri*），染色体数 2n＝2x＝34。常绿低矮匍匐灌木。花单生，白色。秋果蜡红色。产中国华中、西南。长柄矮生栒子（var. *radicans*）为其变种，叶较原种小，但柄长。产中国四川西部。细尖栒子（*C. apiculatus*），染色体数 2n＝4x＝68。落叶灌木，高达2m。花单生，淡粉色。果红色。产中国华北、西北、华中。灰栒子（*C. acutifolius*），染色体数 2n＝2x，3x，4x＝34，51，68。落叶灌木，高2～4m。花2～5朵，白色有红晕。果熟由红变黑。花期5～6月，果期9～10月。产中国华北、西北、华中。密毛灰栒子（var. *villosulus*）为其变种，枝弓形。叶浓绿，秋色由紫变红。果深紫色，密生褐色毛。黑果栒子（*C. melanocarpus*），染色体数 2n＝4x＝68。落叶灌木，高1～2m。花3～15朵，粉红色。果实蓝黑色。产中国华北、西北。疏花黑果栒子（var. *laxiflorus*）为其变种，叶深绿色，花粉红色，果黑色，产俄罗斯西伯利亚。西北栒子（*C. zabelii*），落叶灌木，高2m，花3～13朵，浅粉红。果鲜红色。产中国华北、西北、华中。平枝栒子（*C. horizontalis*），染色体数 2n＝4x＝68。落叶或半常绿低矮灌木，高约0.5m，枝平展。秋叶红色。花1～2朵，粉红色，花期5～6月。果鲜红色，经冬不落。产中国西北、西南。其变种有小叶平枝栒子（var. *perpusillus*），叶较原种小，产西南。小叶栒子（*C. microphyllus*），染色体数 2n＝4x＝68。常绿矮生灌木，高1m。花单生，白色。果红色。产中国西南。变种有：大果小叶栒子（var. *consipicuus*），枝条开展。叶和果实较大、鲜红色，经冬不落，产中国西藏。白毛小叶栒子（var. *cochleatus*），匍匐灌木，生长缓慢，叶和萼筒密被白色柔毛，叶边反卷，产中国云南、四川。木帚栒子（*C. dielsianus*），落叶灌木，高1～2m，枝条开展、下垂。秋叶红色，花浅红色。果红色。产中国西南。小叶木帚栒子（var. *elegans*）为其变种，叶小、圆形，秋果珊瑚红色。产中国四川、贵州。散生栒子（*C. divaricatus*），直立灌木，高1～2m。秋叶红色。花2～4朵，粉红色。果红色。产中国西北、西南。西南栒子（*C. franchetii*），半常绿灌木，高1～3m，枝开张，弓形弯曲。花5～11朵，粉红色。果实橘红色。产中国西南。大果西南栒子（var. *sternianus*），为其变种，花粉红色，秋果累累，果大，橘红色。产中国西藏，缅甸。耐寒栒子（*C. frigidus*），落叶灌木或小乔木，高可达10m，枝条开张。花20～40朵，白色。果红色。产中国西藏。黄果耐寒栒子（f. *fructuluteo*），为其变型，果实奶油黄色。柳叶栒子（*C. salicifolius*），半常绿或常绿灌木，高达5*m*，花多密生成复聚伞花序，白色。果深红色。产中国华中、西南。其变种和栽培品种有：簇毛柳叶栒子（var. *flocosus*），叶小，窄而有光泽。果红色。'野火'（cv. Autumn Fire），矮小开张下垂半常绿灌木，秋果鲜橘红色。匍匐柳叶栒子（cv. Repens），匍匐灌木，叶小，果红色，可作地被。黄果柳叶栒子（cv. Fructuluteo），果实黄色。蔓生柳叶栒子（cv. Parkteppich），蔓生灌木，秋果红色。皱皮柳叶栒子（var. *rugosus*），枝条开张，叶皱，花苞粉红色。果红色，经冬不落。

（张治明）

Y

压条繁殖（layering） 将枝条不切离母株而在一定部位培土（或用其他基质），使其生根而形成单独植株的繁殖方法。多用于扦插不易生根的种和品种。时间多选在春季或生长季的前半期。压条繁殖往往既可保持品种优良特性、成苗快，又可较快获得大苗；但繁殖系数小。依压条部位与操作的不同，分为单枝压条、波状压条、堆土压条和空中压条四类：①单枝压条。将接近地面的枝条在压条部位的下部刻伤或环剥，然后将其埋入土中，留顶部于空气中，设法固定即可，这是最简单的压条方法。②波状压条。将具较长枝条的种类取接近地面的枝条，刻伤或环剥压入土中之数处，使露出地面的部分呈波状。生根后分别切离，可一次形成多株。③堆土压条。萌蘖性强的灌木在其基部刻伤后培土，生根后即可移栽。此法无须将枝条弯入土中，操作简便。④空中压条。又称高压法或中国压条法。对植株较高的种类难以采用其他方法时多用此法。近年在西方甚为流行。多选成熟健壮的1～2年生枝在一定部位刻伤或环剥，用塑料薄膜包被湿润土壤或苔藓，于环剥处生根后剪离，即成新株。

压条完毕后，应注意堆土处是否压紧，高压塑料膜是否漏气等。切离母体的时间因树种生根难易而异，蜡梅、桂花、金花茶等需翌年切离，月季、结香、米兰、白兰花等当年即可切离。 （包满珠）

鸭跖草（common dayflower） *Commelina communis*，鸭跖草科鸭跖草属一年或多年生草本植物。茎叶光滑，茎基部分枝匍匐，上部向上斜生，高约20cm，匍匐枝长约90cm，常在节处生根。叶片披针形至卵状披针形，长约11cm，宽约4cm，茎叶绿色。花深蓝色，花期6～9月。高大型变种（var. *hortensis*），夏秋开花，呈蓝紫色。原产中国，华东、华北、西南均有分布。喜温暖、湿润、耐阴、和通风环境；要求土壤疏松、肥沃、排水良好，但对各类土壤均能适应。播种、分株、扦插、压条繁殖均可。四季均可压条。春夏扦插，保持15℃左右，约14天即可生根。宜秋播，常随采随播。盆栽宜置于适当蔽荫处。每14天施稀薄肥液1次。冬季置于室内有阳光处，气温不可低于8℃。鸭跖草生长强健，叶色青绿，下垂铺散，是良好的室内观叶植物，可布置窗台几架，也可作为荫蔽处的花坛镶边。

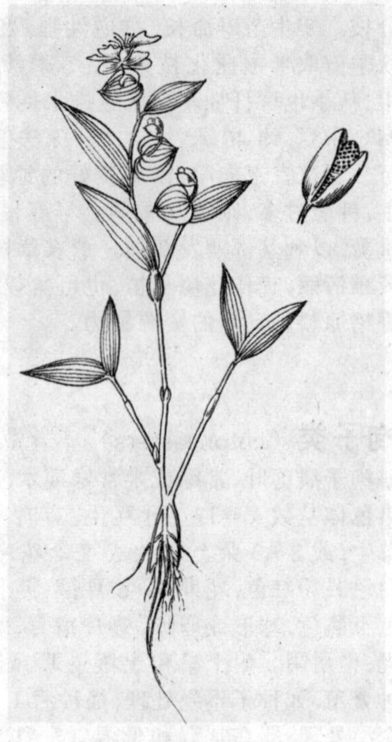

同属植物约100种，产热带及亚热带地区，中国约产7种。常见栽培的有大苞鸭跖草（*C. paludosa*），多年生草本，株高可达1m，常直立，苞片多为数枚在顶端集成头状，下缘合生而成扁漏斗形；花蓝色。分布中国华南、西南各地。蓝花鸭跖草（*C. coelestis*），原产墨西哥。叶披针形至椭圆形，长约7cm，宽2.5cm。花深蓝色，花径2.5cm。蒴果。

（王月新）

鸭嘴花（malabarnut） *Justicia adhatoda*，别名牛舌兰、野靛叶。爵床科珊瑚花属常绿小灌木。染色体数 2n = 34。株高2～3m，幼枝密生灰色微毛，植株揉之有异味，节膨大，叶对生，矩圆状披针形至矩圆状椭圆形。穗状花序顶生或生于近顶叶腋，花冠唇形，白色有条纹，形似鸭嘴，全年开花，主要在春、夏两季。原产亚洲热带，中国云南、广东、广西均有分布。喜温暖湿润气候，不耐寒，较耐阴，在直射光下叶片易灼焦；喜疏松肥沃排水良好的砂质壤土。播种、分株及扦插繁殖均可。扦插宜在5～6月份进行，分株在春季翻盆时进行。生长期间及时摘心，促使分枝，放置在半阴处，并注意保持土壤和空气湿度。温室越冬应在8℃以上。同属植物约20种，常见栽培的还有大驳骨（*J. ventricosa*），其幼枝无毛。鸭嘴花的叶、花、果均可供观赏，花期较长，宜盆栽，南方可作绿篱栽培。

（费砚良）

芽变选种(selection of bud sport)　由发生变异的芽长成枝条或植株,通过鉴定、选择,获得观赏植物新品种的方法。芽变是体细胞突变的一种,即突变发生在芽的分生组织细胞中,当芽萌发生长成枝条或单株后,就在性状上表现出与原品种类型不同的现象。芽变包括由突变芽发育成的枝条和单株变异。芽变是观赏植物产生新型变异的重要源泉之一。它既为杂交育种提供了新的种质资源,又能直接从中选出优良新品种。芽变选种大多是在原品种优良综合性状基础上,从个别或少数性状发生的芽变中选择其中性状更为优异的类型。这种方法简便易行,收效较快。因此,观赏植物中有许多著名良种来自芽变选种。

简史　芽变选种已有很长的历史。中国早在宋代就有利用芽变改进观赏植物品种的记载。如欧阳修在《洛阳牡丹记》(1031)中记述了牡丹的多种芽变:"潜溪绯,千叶绯花,出于潜溪寺。本是紫花,忽于丛中特出绯者,不过一二朵,明年移在他枝。洛人谓之转枝花,故其接头尤难得。"英国的达尔文对植物的芽变进行了不少的调查研究,认为芽变是常发生的,并具有普遍性。他在《家养状态下的变异》一书中例举了很多花卉的芽变:"菊花常发生芽变;沙羡(Sharts)曾有一株实生苗产生了6个不同类型的芽变类型;蓝色矢车菊常在同一株上开出白色、深紫色、蓝色和杂色四种不同颜色的花;金鱼草在一株上开有白色、桃红色及其条纹色的花。"

19世纪以来,英国、美国、荷兰、意大利、日本等国普遍用芽变选种,对芽变进行了大量研究,观赏植物选育出大量新品种。据统计,人们用芽变选种方法选出了400多个菊花品种、300多个月季品种,等等。如著名的月季品种'黄和平'(cv. Peace)自1944年育成以来,先后选出了新品种'古尤'、'芝加哥和平'、'藤和平'等。

芽变特点　采用芽变选种,提高选种效率,首先必须掌握以下主要特点。

芽变多样性　芽变的表现是多种多样的,既有形态特征的变异,也有生物特性变异。植物形态变异包括植株、枝条、叶、花等的形态变异。①株形变异。有紧密型、垂枝型、柱型等。紧密型,株矮、节间短,如紧密型连翘、各色品种的寿星桃等;垂枝型芽变有'垂枝'桃、'垂枝'梅、'垂枝'榆、'垂枝'雪松等。②枝条形态变异。有蔓性变异,如月季的藤本芽变、桧柏的匍地芽变等;扭枝变异,即普通型枝产生扭枝型的芽变,如'龙爪'柳、'龙桑'、'龙游'梅等;枝刺的变异,如'无刺'野蔷薇、无刺刺槐等。③叶色变异。包括色素变化形成'紫叶'李、'红叶'槭、'紫叶'桃等;部分叶组织叶绿素变化像金心或金边、银心或银边的大叶黄杨、六月雪、吊兰等彩斑叶色品种;蓝绿叶色变异如海蓝雪松、杉、柏等芽变品种。④花色变异。即花色素变化,包括形成新花色和出现不同条斑色芽变等。生物学特性变如下:①开花期变异。即花期提前或错后。②可育性变异。即因雌雄蕊瓣化或退化而失去可育性,如雄性不育等。③抗逆性变异。即产生耐寒、耐旱、抗病虫等芽变新品种。

芽变重演性　同一品种在不同年代、不同地点、不同单株上出现相同类型的芽变。它的实质是基因突变的重演性。如叶色、花色、短枝型、垂枝型等芽变十分普遍。

芽变稳定性　一般芽变品种的变异性状比较稳定,通过营养繁殖,多可把变异性状保持。也有些芽变,在生长发育过程中,变异性状可能消失而恢复成为原有的类型。芽变的稳定性与否之实质,既在于基因突变的可逆性,又与芽变的嵌合结构有关。

芽变局限性和多效性　芽变仅仅是原类型遗传物质的部分突变,包括基因突变、染色体突变等。只有突变物质所控制的个别性状发生变异,并未发生遗传物质的重组,因而出现局限性。此外,某些芽变如为多倍体芽变性质,则由于细胞的巨大性导致叶大、茎粗、花大、色鲜等许多性状变异,即出现芽变的多效性。

遗传基础　芽变的基础是遗传物质的突变,可分为以下几方面:①基因突变。即染色体上的基因发生点突变,由显性变成隐性(A→a)为正突变;反之(a→A)为反突变。一般正突变机率较大。一对基因的突变有AA→Aa、Aa→aa、Aa→AA、aa→Aa四种情况。在完全显性的情况下,一般自交植物正突变的形式是AA→Aa,当代性状不变异,只能在下一有性世代分离出突变性状;异花授粉植物的正突变形式包括AA→Aa和Aa→aa,后者当代表现出突变性状,前者虽不能表现,但可保存在体细胞中,成为Aa→aa突变的基础。②染色体结构变化。包括易位、倒位、重复和缺失等。这些都能造成基因在染色体上线性顺序的变化,从而引起有关性状的变异。③染色体数目变异。包括多倍性、单倍性和非整倍性。其中主要是多倍体突变,这种突变常因细胞巨大而表现出器官性状的巨大性。例如矮牵牛二倍体小花品种在通过芽变后,便变成了四倍体大花品种。

芽变细胞学基础　见**观赏植物嵌合体**。

选种方法　芽变选种主要是从原有优良品种群体中选择更优良的变异,要求在保持原品种优良性状的基础上,针对其存在的主要缺点,通过选择得到改善,或针对某一性状通过选择得到改变,成为具有新优性状或奇特观赏性状的新品种。

选种时期　从原则而论,在整个生长发育过程中的各个时期,都要进行细致观察和选择。但是,为了提高选种效率,除经常性的观察选择外,一般根据选种目标确定选择时期,抓住最易表现芽变性状的时机,集中进行选择。①开花期:此时最易发现开花时期、花色、花形、花香、重瓣性、着花量、花朵大小、可育性等性状变异。其中早开花和晚开花芽变，最好分别在本品种花期前和后7～14天进行观察选择。②灾害期：即在霜、冻、旱、涝、病和虫害等自然灾害之际以及随后，在大量群体普遍受害的情况下，分别进行抗性强的芽变选择。

鉴定分析　为使芽变中有望成为新优品种的变异脱颖而出，在选择中，当发现一个变异后，要区分它是芽变还是受环境影响的彷徨变异，就必须进行鉴定和分析。鉴定有直接鉴定和间接鉴定法。直接鉴定法，即直接检查遗传物质，包括细胞中染色体数目、组型，以及DNA的测定等。这种方法需要时间较短，但难度较大。间接鉴定法，即移植鉴定法。将初选变异类型通过嫁接或扦插与对照移植在相同环境条件下，进行比较鉴定。此法简便易行，但需时间较长。变异分析：为了节省人力、物力和土地，减少鉴定数量，在进行直接和间接鉴定之前要进行变异分析，筛除大部分显而易见的彷徨变异，再初选出少数证据充分的遗传性芽变，然后对剩下的不能肯定其性质的变异进行直接或间接鉴定。

选种程序和步骤　一般分为初选、复选和决选三个步骤。芽变选种分两步进行。第一步是初选，在种植圃（生产园、观赏园等）的群体中初选优系，包括枝变、单株变异；第二步包括复选和决选两个阶段，即对初选优系的营养繁殖后代进行比较筛选，选出入选品系和新品种。程序如图。

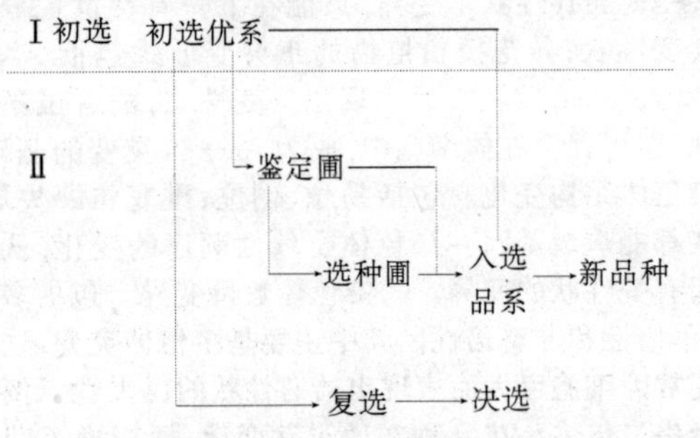

芽变选种程序图

初选　根据选种目标，开展座谈访问、群众选报、专业调查等多种形式的选种活动，从种植圃中初选优系。对初选优系要进行编号、标记并填写记载表格，还要选好生态环境相同的对照，进行对比分析；筛除有充分证据是环境条件影响的彷徨变异，不再进行第二级选种程序。对变异不明显或不稳定的进行继续观察，如枝变范围太小，不足以分析鉴定，可通过修剪或嫁接等方法，使变异部分增大后再进行分析，对有充分证据说明变异是十分优良的芽变，并且没有相关的劣变，可不经高接鉴定圃和选种圃直接参加复选；对不稳定的嵌合体形式的芽变，可采用修剪、嫁接、辐射处理、组织培养等方法，使嵌合体分离转化成为稳定的芽变。

复选　在高接鉴定圃和选种圃中通过鉴定，作进一步选择。高接鉴定圃比选种圃的生长发育快，特别是对于变异较小的枝变通过高接，可以在较短时期内为鉴定提供一定数量的枝、叶、花、果。它的作用是为进一步深入鉴定变异性状及其稳定性提供依据，因此也为扩大繁殖准备材料。高接一般要求将变异与对照高接在同一种砧木上，以消除因不同砧木而产生的影响。

选种圃的作用，是全面而精确地对芽变系进行综合鉴定。包括变异的优良性状及其对其他性状的影响。像株型这样的巨大变异，其表现与原品种有很大差异，对环境条件和栽培技术有不同的反应和要求，因而在投入生产应用之前，要求有一全面的鉴定材料。选种圃要求土壤肥力均匀一致，每一芽变系最少10株。采用单行小区，每行5株，重复2次。用原品种或与其相似的最优习见品种设对照；如是嫁接苗，则要求砧木为常用类型。复选材料要求逐株进行调查记载，建立档案。对花、叶和其他重要性状进行全面鉴定。根据不少于连续3年的鉴定结果，确定入选的优良品系。由负责选种的单位提出复选报告，提交主管部门组织决选。

决选　主管部门组织有关人员对入选优系及其选种报告进行评定和决选（包括审查鉴定）。决选时，需要具备如下有关材料：①该芽变品系的选种历史，评价和发展前途的综合报告；②该芽变品系在选种圃内不少于连续3年的鉴定结果；③该品系在不同自然区内的生产利用试验结果和有关鉴定意见；④该芽变品系及对照的实物和照片。然后写出决选材料，确认某一品系在生产应用上有前途。最后可由选种单位给以命名，进行发表、登录、生产种苗推广应用。

（黄善武）

崖柏（Sichuan arborvitae）　*Thuja sutchuanensis*，别名四川侧柏。柏科崖柏属常绿灌木或乔木，为珍稀濒危植物。染色体数 $2n=2x=22$。高5～6(10)m，树皮灰褐或褐色，长条薄片状开裂。枝密集、开展，小枝扁平、多排列成平面。叶除幼苗期针形、刺形外，全为鳞形，长1.5～3.0mm，交互对生。雌雄同株，花单性，单生小枝顶端。球果椭圆形至卵圆形，长6.0～6.5mm，当年成熟。种子扁平，两侧具薄翅。产中国四川城口，生长于海拔1400m左右土层浅薄、岩石裸露、植被稀疏的石灰岩山地，分布范围狭窄。阳性树，稍耐阴，耐瘠薄干燥土壤，忌积水，喜空气湿润和钙质土壤，不耐酸性土和盐土；要求气温适中，超过32℃生长停滞，在-10℃低温下持续10天即受冻害。用播种或扦插法繁殖。宜孤植或丛植，或用作绿篱。

同属常见栽培的还有：朝鲜崖柏（*T. koraiensis*），

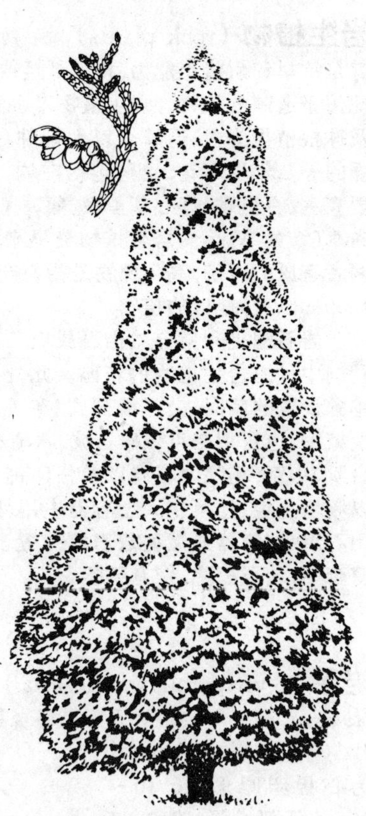

常绿乔木，株高可达 10m，胸径 75cm。幼树皮红褐色、平滑，老树皮灰红色至灰红褐色。浅纵裂；树冠圆锥形至圆头形或卵圆形。产中国长白山区，吉林延吉和白山两市有栽培，朝鲜北部也有。稍耐阴，根系浅，扦插容易成活。香柏（*T. occidentalis*），常绿乔木，高达 20m，胸径 1m；树皮红褐色至灰褐色。大枝开展，树冠塔形至卵形。鳞叶长 1.5～3.0mm，端尖、内弯、背具腺点。生于小枝上面的叶色深绿，下面的叶色稍浅，鳞叶揉搓后有香气。产美国东部，中国北京、庐山、南京、上海、杭州、武汉、昆明等地有栽培。播种或扦插繁殖。乔柏（*T. plicata*），常绿大乔木，高可达 70m，胸径 2m，树皮棕红色，条状浅裂。鳞叶长 1～3mm，端尖，微被白粉；球果长圆形，长约 1.2cm，种鳞 5～6 对。产美国及加拿大东部，中国庐山、南京、昆明引种。日本崖柏（*T. standishii*），别名金钟柏。常绿乔木，高达 15m，树皮红褐色，呈不规则片状脱落；大枝开展，先端略下垂；鳞叶端尖，背部无腺点。球果卵形，种鳞 5～6 对。产日本，中国庐山、青岛、南京、杭州及浙江南部有栽培。

（董保华）

烟筒花（garden millingtonia） *Millingtonia hortensis*，紫葳科烟筒花属乔木。染色体数 2n＝30。高 10 余米。树皮木栓质。2～3 回羽状复叶对生；小叶卵形，长 2.5～5cm。圆锥花序顶生，花白色，径约 2cm，花冠高脚碟状，花期 10～12 月。蒴果条状。产中国云南，印度、马来西亚也有分布。喜温暖湿润气候。播种繁殖。本种树形优美，花多而洁白，适于中国南方温暖地区庭园栽植观赏，可作庭荫树，也可用于配置树丛、树群或丛林景观。

（包满珠）

岩白菜（purple bergenia） *Bergenia purpurascens*，别名厚叶岩白菜。虎耳草科岩白菜属多年生草本

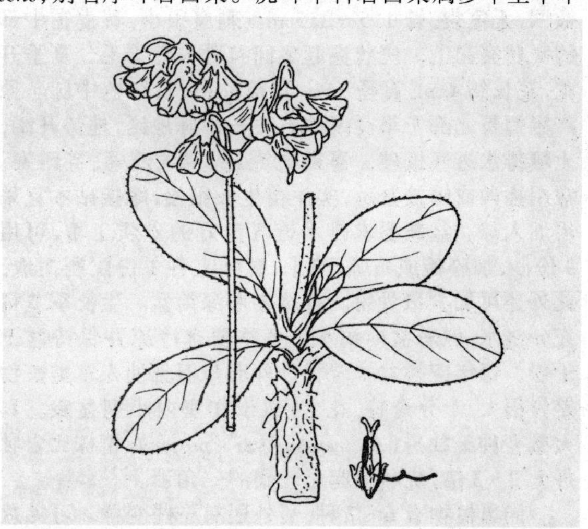

植物。株高 20～35cm，具粗而长的根状茎。单叶互生密集成簇生状，圆形或椭圆形，基部楔形至圆形，叶片光亮肥厚，叶表红绿色。总状花序，小花 6～7 朵，花萼钟状；花瓣 5 枚，宽倒卵形，玫瑰红色，花常下垂，初夏开花。蒴果 2 裂，种子细小。原产亚洲温带，中国分布于西南地区，多生于海拔 3000～4000m 的阴湿处或草坡上、岩石缝隙间。喜半阴，耐寒。在肥沃、湿润、深厚的土层中生长良好。分株或播种法繁殖。

岩白菜为良好的丛生地被植物，花叶俱美，生长强健，适应性强，常配置于岩石园或山坡，华北地区可盆栽观赏。也为药用植物和制造染料、酒精的原料。

同属植物 10 种，见于栽培的还有星叶梅（*B. crassifolia*），株高 15～40cm。叶卵形至倒卵形。花密集，暗红色，花瓣长椭圆形，花期 3～4 月，原产蒙古及俄罗斯西伯利亚地区，耐寒，华北地区可覆土越冬。

（张　燕）

岩菖蒲（Tibet tofieldia） *Tofieldia thibetica*，别名岩飘子、石竹根。百合科岩菖蒲属多年生草本植物。染色体基数 x＝25, 26。株高 10～35cm，具短根茎，叶近基生，二列两侧压扁、线形，草叶状。总状花序稍稀疏，长 5～12cm；小花开后斜向上举；花被片 6、白色，基部稍合生。原产中国西南山区的草坡、灌丛下及岩缝中。耐寒性不甚强，不喜高温环境，要求排水良好、富含腐殖质土壤。播种或分株繁殖。用于岩石园、斜坡灌丛地被及矮墙缝隙点缀等。

（郑　恭）

岩牡丹（seven stars） *Ariocarpus retusus*，仙人掌科岩牡丹属多浆植物。染色体数 2n＝22。无刺的

仙人掌类植物，具肥厚直根。植株呈球形或扁平的莲座状，灰绿色，被白粉。疣状突起三角形，上部扁平或微凹，无龟裂，长1.5～2.5cm。刺座很小，着生在中部的疣状突起上。疣状突起之间有乳白色绵毛。夏季开花，花长约4cm，直径5cm，花被片白，具红色中脉。原产墨西哥北部干旱贫瘠的石灰石砂砾地区，地势开阔，土壤排水透气极佳。喜阳光充足、空气流通，甚耐寒。常用播种或嫁接繁殖，实生苗生长很慢，嫁接砧木宜采用仙人球。盆栽要求排水透气良好的砂质土壤，可用3份砂，加碎砖或石砾、壤土、腐叶土各1份配制而成，此外还可加少量骨粉。栽培要用深筒盆。生长季节可充分浇水，但忌盆内积水。冬季要求冷凉并保持盆土干燥。每年应换盆。岩牡丹外形与习见仙人掌类植物差异很大，十分奇特，花大，适于作室内小型盆栽。其大型变种玉牡丹(*A. retusus* var. *major*)，植株比岩牡丹大2～3倍，疣状突起呈较阔的三角形。

同属植物有6～7种，另外还有一些变种。习见栽培的有：花牡丹(*A. furfuraceus*)，疣状突起三角形，淡灰绿色，上有少量白色或锈色鳞片，新长出的疣状突起深绿色。花白色或淡粉红，直径4～5cm。龙角牡丹(*A. scapharostrus*)，植株单生，株幅3～7cm，疣状突起三角形，端钝，长5cm，暗灰绿色，无龟裂，无刺座。花堇粉色，直径3～4cm。三角牡丹(*A. trigonus*)，疣状突起很多，长3～5cm，宽2～2.5cm，近直立，外缘有角质龙骨状脊棱，无龟裂。花黄色，直径5cm。龟甲牡丹(*A. fissuratus*)，具肥厚直根，株幅10～15cm，疣状突起阔三角形，褐绿色，表面起皱有小瘤及龟裂，中间沟部有绵毛。花生于中心，白色至浅粉色，直径2～4cm。龙舌兰牡丹(*A. agavoides*)，株幅4～8cm，疣状突起扁平三角形，长4cm，宽0.6cm，很像龙舌兰的叶子，植株则像龙舌兰的幼苗。花玫瑰红色，直径2.5～4.2cm。

（徐民生）

岩生庭荠(golden-tuft) *Aurinia saxatile*，十字花科金堆属多年生草本植物。染色体基数x=8。株高15～30cm，茎丛生，基部木质化。叶倒披针形至卵圆形，灰绿色，被软毛。短总状花序，花金黄色，花期4月。变种有：密花岩生庭荠(var. *compactum*)，植株低矮，丛生，着花密；浅黄岩生庭荠(var. *citrimum*)，花硫磺色；多花岩生庭荠(var. *plenum*)，着花密；重瓣岩生庭荠(var. *florepleno*)，花重瓣、硫磺色；黄叶岩生庭荠(var. *variegatum*)，叶黄色。原产欧洲南部及中部，喜光照充足及排水良好的土壤，耐贫瘠。播种法繁殖。有些变种不结种子，可于春季或初夏扦插。岩生庭荠可用于春季花坛、岩石园、墙垣布置及切花，也是蜜源植物。

（张 燕）

岩生植物(rock plants) 具有较强抗逆性，尤其是抗旱和耐瘠土能力，植株低矮或匍匐，可与岩石搭配用于造园的植物。岩生植物以小灌木、亚灌木、宿根及球根植物为主；但符合以上条件且自播繁衍能力甚强的一二年生草花，也可包括在内。如偃柏、锦鸡儿、岩高兰、百里香、灯心草蚤缀、葡萄风信子(蓝壶花)、孔雀草(红黄草)等。岩生植物最早来源于高山植物，但两者有质的区别，高山植物是指原产在高海拔(通常在1800m以上)地区的植物。

岩石园是利用自然山石或人工叠石，而在缝隙或孔洞中种植岩生植物的花园。此外，可利用挡土墙或单独设置的墙面进行“墙园式”布置，在隙缝间种植岩生植物；也可用来点缀碎石坡、冰碛石床和铺砌砖石的台阶、小路，场院的石缝以及任何铺装地空缺处等，借以频增生趣；还可在大型容器中用微型岩生植物配以山石组成“容器式微型岩石园”，置于宅园中、门厅前、窗台下，装点庭院，别有风趣。

（盘燕玲）

岩芋(viviparous remusatia) *Remusatia vivipara*，别名零余芋。天南星科岩芋属块茎植物。叶片与芋(*Colocasia*)相似，为心状卵圆形，长10～35cm，基部心形，有3～5对侧脉，基部一对成40°～50°角叉开，绿色，常部分褐色；叶柄多汁，与叶片等长。块茎在冬季休眠之后生长短的总花梗，佛焰苞灰黄色，下部筒状，上部开展后很快反卷，圆柱状的肉穗花序稍超出佛焰苞筒，雄花在上，雌花在下。通常很少抽出花序。而在块茎上抽出直立、红棕色、不分枝的根出条，后者鳞叶内有数小簇生的小块茎。小块茎长3～5mm，具有钩状鳞片。产于中国云南省，尼泊尔至印度支那半岛。喜温暖、潮湿，荫蔽或半阴，富含腐殖质的肥沃土壤。生长期多施肥、浇水。秋季使其逐渐干燥，冬季休眠。用小块茎繁殖。适于盆栽，为优良观叶植物。

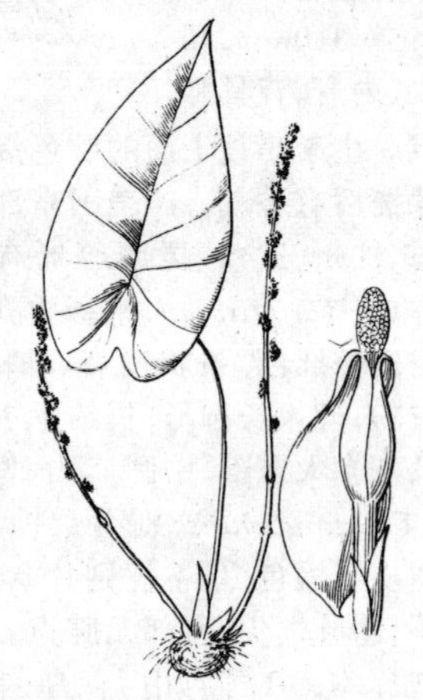

（吴应祥）

盐豆木(Siberian salt tree) *Halimodendron halodendron*，别名耐碱树、铃铛刺。蝶形花科盐豆木属落叶灌木。染色体数2n=16。高约3m。偶数羽状复叶，互生，小叶2～4枚，倒卵状披针形，长1.5～

3.5cm。总状花序腋生，长 1.2～3.5cm，有花 2～5 朵，花紫红色，少有白色。荚果倒卵圆形，黄褐色。其变型红紫盐树（f. *purpureum*），花紫红色。盐豆木产中国新疆和内蒙古西北部，俄罗斯也有分布。多生于干旱砂地及盐渍土上。喜光，耐干旱和盐碱土，根系发达，是良好的固沙和改良盐碱土的树种。播种繁殖。花色艳丽，在园林中可用做绿（花）篱，也可丛植。

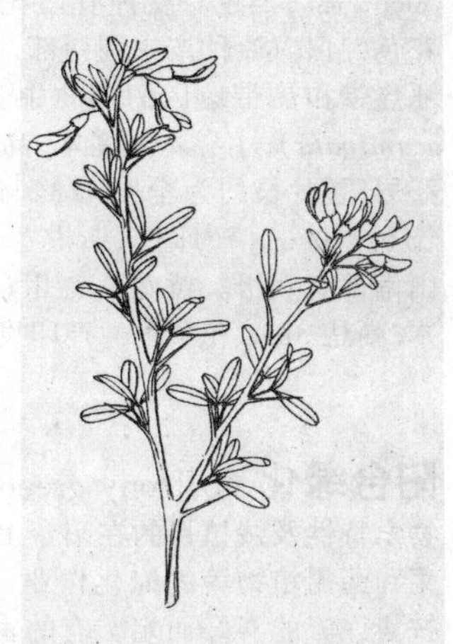

（陈耀华）

盐肤木（Chinese sumac） *Rhus chinensis*，别名五倍子树。漆树科盐肤木属落叶小乔木或灌木。高 5～10m，树冠广卵形。树皮灰色，粗糙。小枝和芽被黄褐色柔毛。奇数羽状复叶互生，叶轴和叶柄具窄翅，小叶 7～13，椭圆形或矩圆形，长 5～12cm，缘具粗齿，背面密被灰褐色柔毛。圆锥花序顶生，花小，杂性，淡黄色，花期 8～9 月。核果扁圆形，橘红色，果期 10～11 月。分布极广，除青海、新疆、东北北部外，中国南北各地均产，朝鲜半岛、日本、印度及中南半岛也有分布。喜光，耐半阴；喜温暖湿润气候，耐寒、耐旱；不择土壤，酸性土、中酸土及石灰岩土壤都可生长，耐瘠薄，忌水湿。根系深，萌蘖力强。生长快，寿命不长，通常 25 年左右开始衰老。多行播种繁殖，也可扦插或分株。

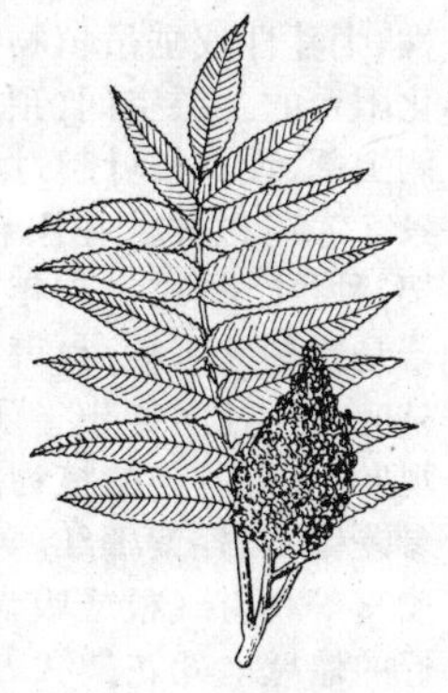

盐肤木果实橘红，秋叶色鲜红，是观秋色叶兼观果的主要树种之一，可用于点缀山林风景，若于溪岸、步道列植，也很适宜。

同属植物常见栽培观赏的有青肤杨（*R. potaninii*）、红肤杨（*R. punjabensis* var. *sinica*）和火炬树（*R. typhina*）等，均为观赏秋季红叶树种。

（董保华　张应麟）

艳凤梨（variegated pinapple） *Ananas comosus* cv. Variegatus，凤梨科凤梨属多年生草本植物。高约 1m。莲座状叶丛有叶 30～50 片，质硬，弓形，黄绿色，叶缘有锐锯齿，叶背略有白粉。总花梗圆粗，坚挺。植株顶端着生穗状花序，聚生成卵圆形，苞片红色，浆果橙红色。夏季成熟。栽培品种有矮艳凤梨（cv. Nanus），株形较矮小，果味酸，观赏价值较高。原产巴西，喜强光、湿热、排水通风良好的环境。芽插繁殖。供室内装饰。

同属植物有 9 种，供观赏的还有金边艳凤梨（*A. bracteatus* cv. Striatus），别名斑叶红凤梨。叶两侧乳黄色，苞片及浆果鲜红色。

（张应麟）

雁来红（Josephs-coat） *Amaranthus tricolor*，别名老来少、三色苋。苋科苋属一年生草本植物。茎光滑直立，分枝少，高 80～180cm。叶互生具长柄，卵圆形至卵圆状披针形，先端尖，基部渐狭，色暗紫，初秋顶部叶片呈鲜红色（称‘雁来红’）或带浅黄、橙黄色（称‘雁来黄’），或有红、黄、绿三色（锦西风）。穗状花序腋生，花小色绿，花期 7～9 月。胞果卵形，内含一粒黑色光亮种子，9～10 月成熟。原产亚洲热带地区，中国在宋代即已栽植观赏，南北各地广为栽种。喜阳光、湿润及通风良好环境，对土壤要求不严，耐旱、耐碱，在排水良好的砂壤土中生长茁壮。一般用播种法繁殖，3 月份于温床播种，4～6 月份可露地直播。生活力强，管理粗放。施肥过多会引起徒长和影响叶色。初秋顶叶鲜艳，宜丛植，也可作花坛中心、花径背景材料，或美化院落角隅。可盆栽或作切花。嫩叶可食，可入药。同属植物约 40 种，主产于热带及亚热带地区。如老枪谷（*A. caudatus*），一年生草本，株高 60～80cm，枝开张，叶片卵圆披针形，穗状花序细长下垂，花期 7～9 月。原产伊朗。

（朱秀珍）

燕子掌（baby jade） *Crassula argentea*（*C. portulacea*），景天科青锁龙属多浆灌木。高 1～3m，茎肉质，分枝多，小梗褐色。叶肉质，卵圆形，长 3～5cm，宽 2.5～3cm，灰绿色，有红边。花径 2cm，白色或淡粉。原产南非南部，当地夏季不热，冬季温和，年降水量在 500mm 左右，夏季较干旱。性强健，喜温暖，耐干旱但不耐寒，喜阳光，也耐半阴，散射光条件下生长良好。

多用扦插繁殖，生长季节剪取生长充实的嫩枝，稍晾干后插于素砂土中。还可进行叶插，切取生长充实、肥厚的叶片，稍晾干后插于蛭石或砂土中，保持潮润，一个月左右即可生根长芽。喜肥沃砂壤土，夏季需适当遮荫，高温炎热加上通风不良，常易引起叶片脱落，因此夏季最好放在室外廊边、檐下通风良好处培养。

入秋则要节制浇水。冬季入室,室温维持7~10℃,保持盆土稍干燥就可安全越冬。为保持株形丰满,肥水不要太大。每年早春都应换土或换盆。为培养成古树老桩的姿态,应注意整形修剪,将分枝大部分去掉,仅留少数小枝及叶片,使其成为一株老态树桩。叶色浓绿有光泽,树形端整,肉质茎基部膨大,极似树桩盆景,盆栽点缀厅堂非常适宜。

同属植物约300种,栽培种类较多,常见的有:神刀(*C. falcata*),肉质半灌木,高可达1m,分枝少。叶长圆斜镰刀状,灰绿色,肉质,互生,基部联合,长7~10cm,宽3~4cm。伞房状聚伞花序,花深红或橘红色。青锁龙(*C. lycopodioides*),亚灌木,高30cm,茎细,易分枝。叶鳞片状,紧密排列成4棱、绿色。花着生叶腋部,黄白色。串钱景天(*C. perforata*),茎肉质,以后木质,高75cm,具小分枝。叶阔卵圆形,排列成串钱状,长1.5~2.5cm,宽0.9~1.3cm,浅灰绿色,边缘有小红点。花小,红或白色。 (徐民生)

羊蹄甲 (purple camel's foot) *Bauhinia prupurea*,别名紫羊蹄甲,红花羊蹄甲。苏木科羊蹄甲属半常绿乔木。染色体数2n=4x=28。高达8m,树冠卵形,枝低垂。叶阔椭圆形至近圆形,长11~13cm,顶端2裂,深达叶全长的1/3~1/2,呈羊蹄状。顶生或腋生伞房花序,花粉红色,晚秋至初冬开放,有香气,花径约10~12cm,花瓣5。荚果扁平,木质,长13~30cm,熟时黑色。产中国南部,印度也有。喜温暖气候和充足阳光,对土壤要求不严,但以排水良好的砂壤土生长较好。用播种或硬枝扦插繁殖。幼树干柔弱,需要支撑;枝条较乱,应注意修剪整形。本种在秋冬少花季节开花,花朵繁盛,开花时无叶或少叶,花色鲜艳夺目。为华南常见的花木之一,可植为庭园风景树和行道树。

本属中常见的观赏树种尚有:红花羊蹄甲(*Bauhinia blakeana*),别名洋紫荆。常绿乔木,高可达15m。树冠为疏散的广卵形,枝条铺散下垂。叶色浓绿,长宽约为8~15cm,先端深缺刻为叶长的1/4~1/5。总状花序长约20cm,花紫红色,径约12~15cm花瓣5,花期11月上旬至翌年3月。种子多不发育,因此被认为是不孕杂种。产中国华南。喜肥沃的砂壤土。繁殖用扦插和高压法。本种花色鲜艳,观赏价值很高,在园林中孤植、群植,或与其他树种搭配均宜,也可用作行道树。洋紫荆(*Bauhinia variegata*),落叶乔木,高达8m。叶形与羊蹄甲近似,但叶裂较浅。花粉红色,直径7~10cm,花瓣5,最上一枚有红色和黄色条纹,花期在春末夏初之间。荚果长30cm,熟时黑色。变种有白花洋紫荆(var. *candida*),花色纯白。原种产中国南部,印度也有,现广泛栽培于亚热带和热带地区的园林中。白花羊蹄甲(*Bauhinia acuminata*),小乔木或灌木,高达4m。叶卵圆形,基部心形,裂片长约为全叶1/3。花纯白,径约8cm。荚果长6~10cm。产印度、斯里兰卡、越南及马来西亚,中国南部有栽培。黄花羊蹄甲(*Bauhinia tomentosa*),灌木,高达3m。花黄色。产印度,中国南部有栽培。

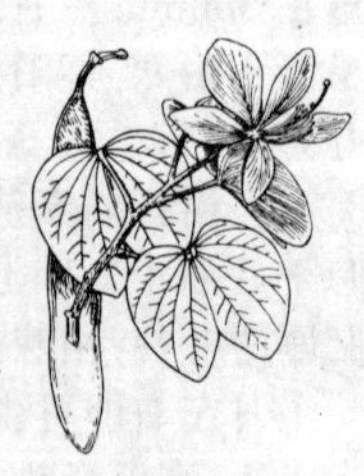

洋紫荆

(唐振缁)

阳台绿化 (balcony greening) 按照植物的生物学特性及栽植目的在阳台上布置各类花卉、果树、蔬菜和药用植物等的绿化作业。阳台绿化的内容,主要按居住者的喜好而定。有的家庭喜种纯观赏的植物,或欣赏盆景艺术,或果树、蔬菜、药用植物等。如面积许可,可以综合搭配,甚至放置拳山勺水,欣赏小中见大的园林逸趣。

绿化布置因阳台结构而异。一般可分为七种形式:①藤荫式。用较大的花盆、花箱或花池种植数株藤蔓植物,将其枝叶牵引上架,形成荫棚或篱架等形式。②悬垂式。用小盆、小篮、营养袋或其他容器等栽种蔓性、半蔓性或垂吊植物,或将其悬挂于阳台顶板,以美化阳台的上层空间(顶悬式);或将其置于阳台围栏内侧上部,使其枝叶越过栏沿而悬垂栏外,美化围栏和街景。③花栏式。在阳台围栏外侧设置花槽或花盆托架,种植宿根或一二年生草本花卉,以美化围栏外侧;若是铁栅状围栏,也可在围栏内侧放置盆花,让花卉的枝叶从栏杆间伸出。④花沿式。将大小、高矮、观花、观叶、姿态各异的植物配植在部分或整个台沿上,使其参差错落、姹紫嫣红。⑤附壁式。在阳台上种植地锦、凌霄等具有气根或吸盘的藤木,以绿化围栏及阳台附近的墙壁。⑥花架式。在较小的阳台上,可利用阶梯式或其他形式的盆架进行立体盆花布置。⑦综合式。是上述绿化布置形式两种以上的合理搭配与结合形式。

阳台绿化有多种作用,其相对重要性因地区、季节、气候、阳台结构、方位和各人爱好与需求而不同。主要有:①遮荫。尤适于夏季炎热,且日照率高的地区(如华北),向南和向西阳台,其效果视绿化布置形式、植物种类、种植的密度和植物生长状况而定。例如北京,在高度绿化的阳台上,夏季中午可降低日光照度达90 000 lx。②降温增湿。夏季的阳台温度,随楼层高度而不同。以北京地区三层南阳台为例,夏日中午太阳直射处的阳台表面温度可达40℃以上。经合理绿化后,则可显著降低阳台表面温度,还可同时增加阳台相对湿度。③增加绿量,净化空气。植物能吸收二氧化碳并释放氧气,吸附尘埃及有害物质,过滤空气,产生有利于人体的负离子,杀死某些病菌等。④美化环境，陶冶情操。精心绿化布置和管理的阳台，色彩绚丽，芳香沁人，绿叶扶疏，生机盎然。每当茶余饭后，依窗而立，使人顿觉心旷神怡。⑤丰富业余生活，怡养精神。⑥在阳台种植适宜蔬果或药用植物，可享受收获的喜悦。 （王月新）

阳桃（carambola） *Averrhoa carambola*，别名五敛子、羊桃。酢浆草科五敛子属常绿小乔木。染色体数 2n=2x=22。高达 12m，树冠伞形。奇数羽状复叶互生小叶 5～11，夜间对折下垂。聚伞圆锥花序，长约 3cm，花小，钟状，初开时紫红色，盛开粉红色，将谢近白色，有香气，花期 5～10 月（广州）。浆果椭圆形，长 5～8cm，多数 5 棱，淡绿色或蜡黄色，有的品种呈暗红色，或淡棕色，果期 7 月至翌年 1 月。产东南亚诸国，中国于汉代由马来西亚引入，现福建、广西、广东、海南、云南和台湾等地广泛栽培。喜半阴及深厚、肥沃、湿润的酸性土壤，不耐寒。用种子繁殖的实生苗结果小，味酸，故多采用嫁接繁殖。常用实生苗作砧木，行空中靠接。幼树须整形修剪，以利通风透光，减少白粉病和蚜虫的危害。本种为热带果树，因其株形紧凑，枝叶茂密，果形奇特，观赏期长，也可用作行道树或风景树，还可盆栽观花、观果。果可药用。

（张应麟 毛宗铮）

杨梅（Chinese bayberry） *Myrica rubra*，别名山杨梅、火实。杨梅科杨梅属常绿乔木。染色体数 2n=2x=16。高达 15m，树冠球形。树皮灰色。小枝粗壮，皮孔明显。叶厚革质，倒披针形或矩圆状倒卵形，表面亮绿色，背面淡绿色，有金黄色腺体。雌雄异株，柔荑花序腋生；

花紫红色，花期 3～4 月。核果球形，深红或紫红色，栽培品种中尚有粉、白等色，多汁，甘而微酸，6～7 月成熟。产中国浙江、江苏、台湾、福建、安徽、江西、湖北、湖南、广东、云南、四川、贵州及广西等地，日本、朝鲜半岛、菲律宾也有分布。喜温暖湿润气候，生长在日照短、酸性砂质土的低山谷地，微碱性土也能适应。对二氧化硫有较强抗性及净化能力。播种繁殖。果用品种用嫁接繁殖。害虫主要有刺蛾、油茶毛虫等。杨梅树冠浑圆，荫浓，果熟时丹实累累，红绿争辉，景色宜人，既可食用又为观赏，是园林绿化结合生产的优良树种。宜孤植、丛植于庭前、草坪及路边。矮杨梅（*M. nana*），常绿灌木，高 2m，小枝丛生，叶长椭圆状倒卵形或倒卵形。产中国云南、贵州。 （贺贤育）

杨树类（poplars） *Populus* spp.，杨柳科杨属落叶乔木。染色体数 2n=2x，4x=38，76。白垩纪即已出现。目前，杨树被分为胡杨组、白杨组、黑杨组、青杨组和大叶杨组等 5 组。全世界约 100 余种，中国产 60 余种。树干通直，枝条粗壮，小枝顶芽发达。单叶互生，卵圆形、三角形或近圆形。花单性，雌雄异株，罕同株或杂性，柔荑花序下垂。蒴果 2～4 瓣裂。种子细小，基部有白色种絮。主产北半球温带地区，中国东北、北部、西北和西南各地有野生和栽培。喜光，不耐阴（惟青杨略耐阴）。喜温暖凉爽气候，忌高温多雨，有的种耐寒性强，如银白杨在新疆 -40℃ 条件下无冻害，加杨在哈尔滨极端最低温 -41.4℃ 条件下未见受冻，香杨自然分布在中国北方最低气温 -40℃ 的寒冷地区。杨树对水肥条件非常敏感，在深厚、肥沃湿润的壤土上生长很快，在干旱瘠薄或低洼处生长不良，其中加杨耐干旱，也耐短期积水，毛白杨大树在积水 2 个月之久仍能生存。有的种类能耐盐碱，如毛白杨在 pH 值 8～8.5 土壤上生长正常，银白杨在土壤含盐量 0.4% 条件下正常生长，而胡杨在含盐量达 0.76% 的土壤中也能生长。杨树对城市环境有较强的适应能力，尤以毛白杨之抗烟尘、抗污染能力较强。杨树根系发达，萌蘖力强，生长快，寿命较短，而毛白杨、胡杨寿命可达 200 多年。一般营养繁殖植株，多在 20～40 年时即衰老。

杨树类以营养繁殖为主，扦插、埋条、嫁接、留根等法均可，因种絮污染城市环境，故多选用健康的雄株为采穗母树。由于长期行营养繁殖，树体常易衰老，病虫害易发生，为使树种复壮，应在营养繁殖几代后进行种子繁殖。对难结实的树种，如毛白杨，存在严重的种子败育现象，利用胚培养方法可获得优良实生苗。主要病害有溃疡病（*Botryosphaeria ribis*）、黑斑病（*Marssoninabrunnea*；*M. populi*）、灰斑病（*Mycosphaerella mandshurica*）、锈病、烂皮病（*Valsa sordida*）；虫害有杨毒蛾、杨天社蛾、杨小舟蛾（*Micromelalopha troglodyta*）、杨透翅蛾（*Paraathrene tabaniformis*）等。

杨树类树体高大，树干通直，树姿雄伟，适应城市环境，最宜在庭园栽植，新疆杨树形优美，银白杨叶白如银，青杨发叶最早，青翠嫩绿，山杨嫩叶火红，加杨秋叶金黄，园林中可植于草坪、水边、山坡等地，或片植成风景林。因其速生，绿化见效快，在新建城市或新开发区内栽植作行道树、庭荫树或作公路行道树尤为适宜。一些杨树是很多北方地区的乡土树种，分布广，栽培历史悠久，是“四旁”绿化和农田林网化的重要树种。

在园林绿地中常见栽培的树种有：毛白杨（*P. tomentosa*），高达30m，树冠卵圆形。叶三角状卵形，卵圆形或近圆形，边缘具粗齿，表面光滑，背面密被灰绒毛。银白杨（*P. alba*），高约35m，树皮灰白色，下部粗糙。小枝和叶背密被白色绒毛。萌条叶掌状浅裂，短枝叶不裂，卵圆形。天然林见于新疆额尔齐斯河及其诸支流。喜光、耐寒、抗风、稍耐盐碱、适生于砂壤土，根蘖力强。东北、华北、西北及西藏多植为庭荫树、行道树和四旁绿化树种。河北杨（*P. hopeiensis*），别名串杨。高达30m，树皮灰白色，小枝圆柱形。叶卵形或近圆形，边缘具疏波状齿。多为雌株，偶有雌雄同株或杂性花者。产中国华北及西北地区，垂直分布达海拔2000m，喜光、耐寒、耐旱，生长迅速，萌芽力强。产区植为庭荫树、行道树。山杨（*P. davidiana*），乔木，高达25m，树冠圆形。短枝叶三角状卵圆形或近圆形，长宽近等，边缘具波状浅齿，萌生枝叶大，三角状卵圆形，背面被灰绒毛。产中国东北、华北、西北、西南各地，朝鲜半岛、俄罗斯西伯利亚地区广泛分布。耐寒、耐旱、耐瘠薄，根蘖力强，雌雄株常各自形成片林。用分根、分蘖及种子繁殖。嫩叶紫红鲜艳美丽。椅杨（*P. wilsonii*），叶型大，宽卵形。产中国陕西、甘肃、湖北、四川、云南及西藏等地。大叶杨（*P. lasiocarpa*），树冠塔形。叶卵形。中国特有种，产湖北、四川、陕西、贵州、云南等地。小叶杨（*P. simonii*），高达20m，小枝细、有棱。叶菱状卵形至菱状倒卵形。中国特有种，产东北、华北、西北及西南各地。喜光、抗寒、耐干旱、瘠薄、亦稍耐盐碱。根系发达，抗风力强。哈青杨（*P. charbinensis*），树冠广卵形。叶近圆形，中部稍宽，先端短渐尖，基部圆或阔楔形。青杨（*P. cathayana*），高达30m，树冠阔卵形。叶卵形或卵状椭圆形。中国特有种，产华北、西北、西南各地。喜光，喜湿润气候。香杨（*P. Koreana*），高达30m，树干通直。枝粗壮，芽大，具香气。叶椭圆形。产中国小兴安岭至长白山一带，朝鲜半岛、俄罗斯远东地区广泛分布。喜光，喜水湿，耐寒，速生。大青杨（*P. ussuriensis*），高达30m，树冠圆形。叶椭圆形。产中国东北东部。喜光、喜湿、耐寒、速生。滇杨（*P. yunnenensis*），高达25m，树冠卵圆形或卵形、广卵形。产中国四川、贵州、云南。喜光，喜温凉气候，要求深厚、湿润、肥沃土壤。黑杨（*P. nigra*），叶菱形或三角形。产中国新疆额尔齐斯河及乌伦古河流域。喜光、喜湿润、深厚、肥沃的砂质壤土，抗寒、抗风、根系发达。加拿大杨（*P.* × *canadensis*），高达30m，树冠宽阔。小枝在叶柄下具三条棱脊，叶三角形或三角状卵形。胡杨（*P. euphratica*），中国三级保护植物。高达25m，树皮灰褐色，深条裂。小枝细，褐色，叶形多变，幼树叶披针形，大树叶宽卵形、三角状卵形或肾形，先端具粗齿牙。胡杨是古地中海树种，产中国内蒙古、宁夏、甘肃、青海、新疆等地。喜光，能适应大陆性气候，抗干旱、耐盐碱，抗风沙，喜砂质土。寿命可达100～150(300)年。

（杨昌友）

杨桐（sakaki; Japan cleyera） *Cleyera japonica*。山茶科肖柃属常绿灌木或小乔木，高达9m。小枝具棱脊。叶椭圆形或倒卵形，长2.5～11cm，全缘。花单生或簇生叶腋，花瓣5，白色，长约8mm，花期5～6月。浆果球形至卵形，径约7～9mm，红色，果期10～11月。栽培品种‘三色’杨桐（cv. Tricolor），叶具黄白色或浅玫瑰色斑纹。产中国长江流域及其以南地区；朝鲜半岛、日本、印度、缅甸也有。多生于海拔200～3200m的山谷、溪边或林下。播种或扦插繁殖。可作庭园树或绿篱栽植，也可植作盆景或切枝作插花的配用材料。

（向其柏）

耀花豆（climbing parrotbill） *Clianthus scandens*，蝶形花科耀花豆属攀援状灌木。多分枝，除花冠外，全株疏被或密被锈色长柔毛。奇数羽状复叶，小叶23～25，长圆形。总状花序下垂，长20～30cm，花冠紫红色或淡紫色，花期4～5月。荚果细棍状，具种子6～9颗，果期7月。为热带植物，产中国海南、广东、广西及云南等地，越南、马来西亚及菲律宾也有分布。喜生于沟谷或山坡疏林中湿润处，常攀于它物上升。用种子繁殖。种子阴干后贮藏，翌年春天播种，幼苗时适当遮荫，第二年春天可移植。茎多分枝，萌发力强，耐修剪。耀花豆花多成串，颜色鲜艳夺目，宜植于墙垣，让其攀附它物上升，赏花或作棚架覆盖物。

（韦发南）

野风信子（wild hyacinth） *Triteleia hyacinthina*，石蒜科野风信子属多年生草本植物。染色体数2n=28。具球茎，被草藁色纤维质网状膜。叶基生1～2枚，狭条形、扁平，叶背中肋隆起，叶面中肋内凹。花葶细长。伞形花序顶生。花白色，有时蓝或淡堇色，裂片6，较筒部长2倍。原产北美西部。耐寒，但严寒处须保护越冬。喜向阳背风环境。宜排水良好，肥沃砂壤土。分球繁殖，但小球必须留于母株旁，待成长至能开花时方可于秋季分株。用于花境或盆栽。

（王大钧）

野茉莉（Japanese snowball） *Styrax japonicus*，别名齐墩果。野茉莉科野茉莉属落叶小乔木或灌木。染色体数 2n=40。高约 10m。叶互生，椭圆形或卵状椭圆形。花单生叶腋，或 2～4 朵成总状花序，下垂；花白色，芳香，花期 6～7 月。果卵形，果熟期 9～10 月。产中国秦岭和黄河以南地区，朝鲜、日本也有。喜光，稍耐阴；喜湿润、肥沃、深厚而疏松富腐殖质土壤，耐旱、忌涝。播种繁殖。大苗和成年树移植需带土球。主要害虫有大蓑蛾为害叶片。

野茉莉树形优美，花朵下垂，盛开时繁花似雪。园林中用于水滨湖畔或阴坡谷地，溪流两旁，在常绿树丛边缘群植，白花映于绿叶中，饶有风趣。花、叶、果均可药用。

同属见于栽培的种有：老鸹铃（*S. hemsleyanus*），乔木，高达 12m。总状花序顶生或腋生，花白色芳香。玉铃花（*S. obassius*），乔木，高达 14m。嫩枝略扁。总状花序顶生，花白色或略带粉色，芳香。矮茉莉（*S. wilsonii*），高不及 1m。花白色。还有垂珠花（*S. dasyanthus*）、郁香野茉莉（*S. odoratissimus*）、粉花野茉莉（*S. roseus*）等。 （庄茂长）

野牛草（buffalo grass） *Buchloë dactyloides*，禾本科野牛草属多年生草本植物。染色体数 2n=14，20，56，60。美国用野牛草覆盖地面已有 200 年历史，多用于管理较为粗放的绿地。1949 年引入中国。1958 年开始用于园林绿地，1959 年起成为华北地区主要草坪植物之一。叶丛低矮，具匍匐枝。匍匐枝节间较短，每节生出幼嫩叶片及根系，形成覆盖度大的草坪。秆高 5～25cm，较细弱。叶片细条形，灰绿色，两面疏生白柔毛。雌雄同株或异株；雄花序 2～3 枝，排成总状；雌小穗簇生成头状花序。原产北美，生长北温带、降水量在 500～700mm 的平原地带和土质较差、贫瘠土中。耐 38℃ 以上高温，又能耐 -39℃ 的严寒。在气候干旱时，叶片虽略呈黄色，遇降水仍能恢复生长。

多用营养繁殖。把匍匐枝或带根植株成行栽植，行距 25～40cm，沟深 10～15cm，或梅花形穴栽，穴距 10～15cm。栽后踩紧，使根系与土壤紧密相接，然后灌足水，栽后 50～70 天即可长成草坪。栽植时间为 5 月上旬至 9 月上旬，以 6 月下旬至 8 月份的雨季最易成活，生长也最快。在未形成草坪之前，应勤除杂草，以利匍匐枝生长蔓延。每年可施尿素或硫酸铵 2～3 次（喷施优于撒施）。叶丛 10cm 时及时剪草，留茬 4～5cm。剪草能促进分蘖，增加覆盖度。野牛草绿色期为 180～190 天（中国北方地区），在修剪的草坪上喷施 25mg/L 或 50mg/L 的萘乙酸，可延长绿色期 10～15 天。8 月下旬追施含氮、磷、钾复合肥，也能延长绿色期。施肥量每平方米 10～12g。

野牛草可粗放管理，适应性强，可在立地条件较差、土质瘠薄的平地或斜坡栽植。特别是在土质较差的园林建筑物周围，野牛草仍能正常生长。野牛草建成的开放性草坪，只要人流量适当，春季返青时不过度践踏，整个生长季能保持一片绿茵。用作绿带底层材料时，北侧或西北侧配植乔木和灌木，则绿化效果更好，且晚秋可延长绿色期 15 天，春季可提前返青 10～15 天。园林中的湖边、池旁、堤岸上，应用野牛草作为覆盖地面材料，既能保持水土，防止冲刷，又能增添绿色景观。野牛草具有抗二氧化硫和氟化氢等气体的性能，已广泛用于冶金、化工等污染较重的工矿企业绿地。 （胡叔良）

野扇花（fragrant sarcococca） *Sarcococca ruscifolia*，别名清香桂、冬桂。黄杨科野扇花属常绿灌木。染色体数 2n=56。高 0.5～2m，自基部多分枝，小枝绿色。单叶互生，革质，长卵形，长 3～6cm，全缘。花单性同株，白色，芳香，腋生短总状花序常具花 4 朵，下部为雌花，上部为雄花。果近球形，核果状，径约 0.5cm，熟时猩红色至黑色。花果期 10 月至次年 3 月。产中国四川、云南、贵州、广西、湖南、湖北、陕西、甘肃等地。喜生石灰岩地区。耐阴。播种或分株繁殖。其叶光亮，花香，果红，适应性强，宜盆栽观赏或作林下植被，也可作绿篱。 （熊济华）

野生花卉（wild flowers） 现在仍在原产地处于天然自生状态的观赏植物。野生花卉与栽培花卉关系密切，并且是相对而存在着的。栽培花卉由野生花卉经选育栽培而成；现在很多野生花卉可望是将来的栽培花卉。

野生花卉是地方天然风景和植被的重要组成部分，很多是现有栽培花卉的祖先，更多的是未来栽培新花的源泉，还是花卉育种的重要物质资源和原始材料。

因此，很多国家十分重视野生花卉，如在美国、俄罗斯、英国、德国、丹麦、波兰、以色列和日本等国，各种野花图志、画谱、日历、明信片、幻灯片乃至研究专著，纷纷问世。

中国被西方誉称“世界园林之母”，不仅因为她是大量名花的故乡，而且野生的奇花异草十分丰富，有些还是全球特有的珍稀种质资源，很多国家对中国野生花卉发生了浓厚兴趣。中国花卉育种工作者也从野生花卉的引种、尤其是作为杂交育种亲本的引种中得到了很大的收获。如利用野生金花茶杂交育种，获得黄色大花山茶新品种；用安徽天柱山的野生毛华菊(*Dendranthema vestitum*)以及其他6种野生菊花与早菊远缘杂交，育成抗逆性强、低矮密花、五彩缤纷、耐粗放管理的地被菊新品种群，等等。

要想保护、利用野生花卉，首先要进行系统的调查研究。在中国野生花卉种质资源的调查、采集方面，西方国家和日本已做了一二百年的工作。其中最著名的是英人威尔逊(E. H. Wilson)和福礼士(G. Forrert)，前者在1899～1918期间5次来华，采得的珙桐、王百合等珍贵观赏植物，不少已是世界性嘉木与名花；后者于1904～1930年7次来华，着重采集了多种高山杜鹃花和报春花。英国人赞称：没有云南的杜鹃花，就没有英国园林。可见中国野生花卉对世界园林事业做出的巨大贡献。

中国进行调查、采集、引种、筛选野生花卉资源的工作，是近年才开始的。1982年周家琪等发表了在陕西火地塘一带野生花卉的调查报告，是系统调查野生花卉的第一报。以后，东北、西南乃至全国都开展了调查、采集、引种工作。并有《四川珍稀植物及花卉》(四川民族出版社，1985)、《西双版纳热带野生花卉》(农业出版社，1988)等专书先后问世。中国野生花卉的调查研究工作已走上正轨。

环境园艺要求从生态角度出发，栽培并配植抗污染甚至吸收多种有毒气体的观赏植物；**生态园林**则着眼于生态学原理，要求在不同环境条件下做到“适地适树”、“适地适花”。如亚热带林间的多种野山茶(*Camellia* spp.)，就是抵抗并吸收二氧化碳的“能手”；热带林下的野生秋海棠(*Begonia* spp.)、野生凤仙(*Impatiens* spp.)和大黄栀子(*Gardenia sootepenis*)等，是耐阴性强的未来室内盆花素材。还有喜阳、抗旱、耐热而生命力特强的热带野花，如虾子花(*Woodfordia fruticosa*)、葡叶鱼黄草(*Merremia vitifolia*)等，则很可能在未来的南方生态园林中大显身手。

刘明德、刘淑芳、刘名伟(1988)在辽宁野生花卉调查、引种中，以区域气候的分类为基础，以地貌为特征，根据各植被区域野花的生态学特征，将辽宁野生花卉划为5个区。他们通过几年实地工作，认为正确选择引源地区，根据引种野生花卉的生态型、生物学特性来确定主导因子，是引种驯化工作成功的关键。引种野生花卉的主要方式，应该是采种。这些实践的总结性意见，应是开展野生花卉调查、引种的正确途径。

中国野生花卉种质资源，充满了遗传多样性，它们是丰富多采的，也是十分珍贵的。对于这些宝藏，既要珍惜、保护，更要合理开发、利用。而最好的保护，就是有计划、有步骤的合理开发与利用。例如原产于广西的多种金花茶，已有不少在原产地濒于绝种(如平果金花茶等)。自从在广西建立自然保护区和金花茶基因库并开展远缘杂交育种后，不仅保护了原来濒危的野生种，而且通过远缘杂交育种，育成了开金黄色大花的山茶新品种。

参考书目

周家琪、秦魁杰、吴涤新、王莲英：秦岭南坡火地塘等地区野生花卉和地被植物种质资源调查初报，《北京林学院学报》1982(2)。

许再富、陶国达：《西双版纳热带野生花卉》，农业出版社，北京，1988。

(陈俊愉)

野鸭椿 (common euscaphis) *Euscaphis japonica*，别名鸡眼椒、鸟腱花。省沽油科野鸭椿属落叶灌木或小乔木。高3～8m。树皮灰色，具纵裂纹；小枝及芽红紫色。奇数羽状复叶对生，小叶3～11，卵状披针形，长5～11cm。圆锥花序顶生；花黄白色，径约5mm；花期5～6月。蓇葖果，紫红色；果期8～9月。产中国长江流域各地(南至台湾，北到河南)，日本也有。喜温暖、阴湿环境，忌涝。播种繁殖。园林中常栽植于庭园、路旁，观赏其红色果实与秋季红叶；也可用于坡地绿化。

(包满珠)

野珠兰 (Chinese stephanandra) *Stephanandra chinensis*，别名华空木。蔷薇科野珠兰属落叶灌木。枝细长，小枝“之”字形；叶互生，卵形至长卵形，先端渐尖成尾状，边缘浅裂并有重锯齿；稀疏的圆锥花序顶生，花小、白色；花期5～6月。蓇葖果9月成熟。分布中国河南、安徽、江苏、浙江、江西、湖南、湖北、四川、广东和福建，生于海拔1000～1500m的阔叶林缘或灌丛中。喜湿润凉爽环境及富含腐殖质的酸性土；喜温暖也耐寒，唯在直射阳光下生长缓慢。用播种或扦插繁殖。花后应适当修剪并施肥。野珠兰姿态婀娜，白花成簇，秋叶紫红色，适宜丛植，或点缀林缘、沟边，野趣盎然，如有深色背景则尤为醒目。茎皮纤维可造纸，根可入药。

(杨志成)

叶绿体遗传(heredity of chloroplasts)　植物体内的叶绿体在植物有性繁殖过程中遗传变异的规律。叶绿体是细胞质内半自主性细胞器，其遗传变异既受核基因控制，又受细胞质基因控制，还常受到环境条件的影响。观叶植物叶上花斑及条纹现象的遗传变异，往往是由于叶绿体遗传变异造成的。

研究简史　1908年，柯伦斯(Correns)发现，紫茉莉中有一种花斑植株，由绿色、白色和花斑三种枝条组成。他以3种枝条分别做母本和父本进行杂交，得到的结果见表1。根据这一结果，推测到紫茉莉枝条的

表1　紫茉莉花斑性状的质体遗传

接受花粉的枝条	提供花粉的枝条	杂种植株的表现
白色	白色 绿色 花斑	白色
绿色	白色 绿色 花斑	绿色
花斑	白色 绿色 花斑	白色、绿色、花斑

颜色与细胞质中的质体分配有关。此后，又分别在藏报春、月见草等20多种植物中发现类似现象，表明叶绿体的遗传是通过母本传递的。1943年罗兹(M. M. Rhoades)在研究玉米埃型条纹叶的遗传现象时，发现核基因对叶绿体遗传具有控制作用。1962年，里斯(H. Ris)和普劳特(W. Plaut)通过电子显微镜和细胞化学的方法，证明衣藻(*Chlamydomonas moewusii*)的叶绿体中含DNA(脱氧核糖核酸)。以后有多人的实验证实叶绿体DNA同核DNA一样具有连续性、自主性的遗传物质。从1954年美国学者塞杰(Sager)取得抗链霉素突变型开始到1967年间，先后用人工诱变的方法获得了上百个突变体，利用这些突变体进行大量杂交，通过对基因的分离和重组的研究并结合纯合分析，对叶绿体基因进行了定位。此外，还结合运用分子杂交技术绘出了叶绿体部分基因的遗传学图。70年代博索恩(Boasson)等人分别在烟草、菠萝等植物的幼叶上观察了叶绿体依靠自身分裂增加数目的过程，发现光照条件是限制叶绿体复制数量的重要因素，并观察到叶绿体在细胞繁殖时是随机而不平均地分配到子细胞中去的。至此，叶绿体复杂的遗传机理被逐渐揭示出来。

遗传规律　叶绿体有其自己的DNA体系，并能自体复制和表达。但其基因数量较少，遗传功能不完备，在很大程度上还受核基因的控制。故在遗传上只具有相对独立性。

叶绿体遗传的自主性和半自主性：叶绿体含有为数不多但作用很大的DNA序列，含15～30个DNA分子的环状分子，这些遗传信息能够相对独立地决定某些性状的传递和表达，也产生变异，并能稳定地传递这些变异。叶绿体复制的数量受光照条件的限制，在黑暗中几乎不能复制。叶绿体也能靠自身分裂而增加数目。由于没有什么机制能保证叶绿体准确均等地分配到子细胞中，故子细胞叶绿体DNA的分布是不均匀的。这就会使子细胞中质体基因控制的性状产生差异，从而出现叶片上的条斑等现象。由叶绿体决定的性状，在遗传过程中表现为母性遗传。

叶绿体蛋白质的合成，是不完全的自主性合成。首先，叶绿体蛋白质合成所需的有关酶类是受核基因控制的。因此，并非叶绿体都是由叶绿体自身DNA的编码复制的，而是通过叶绿体基因组和核基因组共同作用完成的。其次，在某些性状发育时，叶绿体DNA不能独立于核基因组之外而起作用。如天竺葵花斑叶的遗传，表现了核与质的共同作用(表2)。在玉米埃

表2　紫茉莉、天竺葵镶嵌花斑遗传的比较

	紫茉莉		天竺葵	
	♀　♂	♀　♂	♀　♂	♀　♂
亲体	绿色×花斑	花斑×绿色	绿色×花斑	花斑×绿色
	↓	↓	↓	↓
子代	绿色	绿色、花斑、白色	大部分绿色 少部分花斑	大部分花斑 少部分绿色

型条纹株的遗传分析中，可以看出核基因作用下稳定遗传的现象。有些不具叶绿体的白化植株，是一种隐性基因的遗传。这种白化基因位于细胞核内，它的存在使细胞质里产生了不利于质体正常发育的生理状态。其遗传规律是遵从孟德尔遗传规律的，隐性的白化基因是突变后的产物。

(戴思兰)

夜来香(cordate telosma)　*Telosma cordata*，别名夜香花、夜兰香。萝藦科夜来香属藤状灌木。老枝灰褐色，小枝黄绿色。叶对生，卵状椭圆形至阔卵形，长6.5～9.5cm，伞状聚伞花序腋生，花多至30朵；花黄绿色，清香；花冠高脚碟状；花期5～8月。蓇葖果披针形，产中国华南地区，热带亚洲及欧洲、美洲各国均有栽培。喜光照充足、温暖湿润及土壤肥沃，忌积水。扦插繁殖。本种花清香，夜间更盛，南方暖地

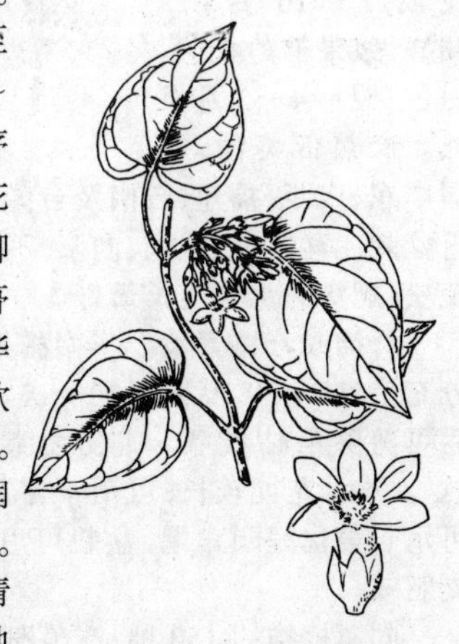

可栽植于庭园观赏，长江流域以北地区盆栽。叶、花、果均入药；花可食。

（包满珠）

夜落金钱（purple red pentapetes） *Pentapetes phoeicea*，别名午时花、子午花。梧桐科午时花属一年生草本植物。茎直立或有分枝，高约50cm，叶披针形，先端尖，基部截形，边缘粗锯齿状，花1～2朵腋生或顶生，花红色、平展，基部联合，午间开放，次日清晨闭合。花期6～10月。蒴果圆形，被粗毛。原产亚洲热带，如印度等地。中国南北均有栽培。喜光照充足和高温湿润环境，花期追肥，可不断开花。既可盆栽，又可作花坛、花径材料。

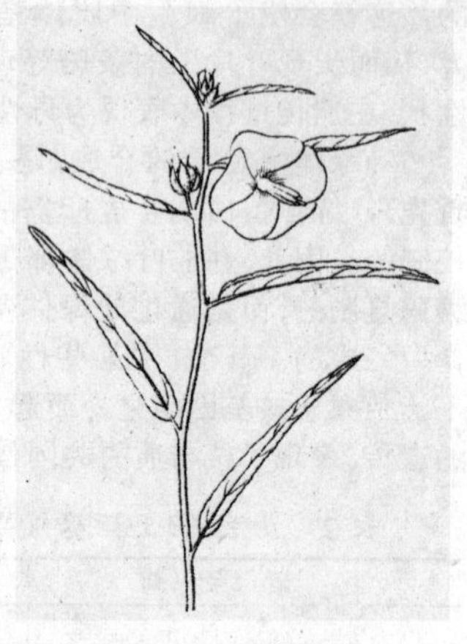

（朱秀珍）

夜香树（night jasmine） *Cestrum nocturnum*，别名夜丁香、洋素馨、夜来香。茄科夜香树属直立或近攀援状常绿灌木。染色体 2n＝16。高达3m。分枝细密，下垂。叶互生，卵形至披针形，长8～15cm，全缘。花序伞房状，疏散；花绿白色至黄绿色，夜间极香；花冠狭长管状，长约2cm；花期7～10月（广州）。浆果羊角状，黄白色；翌年4～5月果熟。产热带美洲；中国广东、广西、福建、云南及台湾等有栽培；北方地区多行盆栽。喜温暖、湿润、向阳，不耐寒。不择土壤，但以疏松、肥沃的土壤生长最好。

扦插或分株繁殖。华南露地栽培，生长期要求水分充足，15～30天施液肥一次。为保持株形美观，花后可剪除干枯枝条。北方盆栽，冬季室温不得低于5℃。本种花期较长，可用于窗前或墙沿草地丛植，也可用于美化庭园角隅，盆栽可用于美化门廊等。花香能驱蚊。

同属植物约150种，产美洲热带，常见栽培的还有黄花夜香树（*C. aurantiacum*），花橙黄色，产危地马拉。紫红夜香树（*C. fasciculatum*），花淡紫红色，产墨西哥。红花夜香树（*C. newellii*），花朱红色，由上种杂交而来。绿花夜香树（*C. parqui*），落叶灌木，花绿白色至绿黄色，产智利，较耐寒。紫花夜香树（*C. purpureum*）花紫红色，产墨西哥。

（张应麟）

一串红（scarlet sage） *Salvia splendens*，别名撒尔维亚、墙下红、草象牙红。唇形科鼠尾草属多年生草本植物，常作一年生栽培。染色体数 2n＝32。株高80～100cm。叶片卵形，对生，有长柄。总状花序顶生、红色，花冠唇形，伸出萼外。花谢时花冠脱落，花萼宿存，仍可观赏。小坚果卵形、黑褐色。变种有：一串紫（var. *atropurpurea*），花冠及花萼均为紫色；一串白（var. *alba*），花冠及花萼均为白色；矮一串红（var. *nana*），株高仅20cm左右，花色红而亮，花朵密集在总花梗上；丛生一串红（var. *compacta*），株型较矮，花序密生。

原产南美。喜阳，也耐半阴，宜肥沃疏松土壤，耐寒性差，也不甚耐热，生长最适温度20～25℃，15℃以下叶色发黄甚至脱落，30℃以上则花、叶变小。播种或扦插繁殖。播种在2～3月份于室内或阳畦内进行，夏初可在露地播种。播前浸种，可使发芽整齐。1个月后分栽。扦插于6～7月间取12～15cm长嫩枝进行，插后宜遮荫，小苗需经1次带土移植后，方可出圃定植。冬季将母株移入室内，剪取插条可进行冬插，保持室温20℃左右，约7天后生根，14天后即可分株上盆。不论何时繁殖，均需于苗高15cm时摘心，促使分枝，形成繁茂的株丛。如需10月1日开花，应于9月5日前进行最后一次摘心；如需5月1日开花，则需于4月5日前进行最后一次摘心，并需于3月开始增加温室的通风量，以期逐渐适应室外环境。采种应在花冠褪色至粉白时，将植株剪下晾晒，经轻轻拍打，使种子散落，并充分干燥，置荫蔽处保存。饱满种子发芽率可达98%以上，贮存两年的种子仍有50%的发芽率。一串红除用于布置花坛、花丛、花境外，可盆栽观赏，亦可作为插花作品的配材。花、叶均可入药。

同属植物约700余种，常见栽培的有：朱唇（*S. coccinea*），又名红花鼠尾草，一年生草本，株高80～90cm，全株被毛，叶三角状卵形，边缘锯齿状、对生。总状花序顶生，花鲜红色，花萼筒状钟形，绿色或微带紫红色，花期7～9月份，开放后花萼脱落较早。原产热带美洲。一串蓝（*S. farinacea*），又名粉萼鼠尾草、蓝花鼠尾草，多年生草本，全株被毛，株高60～90cm，分枝多而密，叶卵圆形至线状披针形、互生。伞房花序，花多且密集，花冠青蓝色，花萼浅紫色或粉白色，花期7～10月份，耐寒。原产北美。撒尔维亚（*S.*

officinalis)，亚灌木，带白色绒毛，叶片长圆形，叶面绉缩，总状花序近单生，花萼钟状，花冠蓝、紫或白色；花期6～8月份。原产欧洲。一串紫(*S. viridis*)，一年生草本，茎直立，高30～50cm，穗状花序，有紫、堇、雪青等色。原产南欧。（朱秀珍）

一代杂种育种（F_1 hybrid breeding） 选出适当的杂交亲本，发挥植物的杂交优势，通过特定的育种程序和制种技术，来培育杂种一代新品种组合的方法。又称杂种优势利用。杂种优势现象普遍存在于观赏植物中，一般表现为生长势、生活力、产量和品质等优于亲本。一代杂种育种与常规杂交育种有所不同：①在亲本选择、配制组合上，一般特别强调杂种一代的优势表现。杂种优势通常以杂种一代某一性状超越双亲相应性状平均值的百分率(即平均优势)，或超过较好亲本值的百分率(即超亲优势)，或超过对照品种值的百分率(即超标优势)来表示。在观赏植物中，也存在着负向杂种优势利用，如矮型、小花等。②在育种程序上，一般包括亲本纯化与选择、测定配合力、筛选优良杂交组合、进行一代杂种制种等几个环节。③在生产上只利用杂种第一代。因为杂种一代优势最强，以后随有性繁殖世代增加而逐代减弱。

简史 18世纪中期，人们发现了植物杂种优势现象。1761～1766年德国科尔罗伊特(J. G. Kolreuter)获得了丰产、早熟和优质的烟草杂种，从而提出利用杂种一代的可能性。1882年英国比尔(W. J. Beal)研究玉米杂交效应，指出生产上可利用品种杂种一代。观赏植物杂种优势利用研究始于20世纪30年代。1930年日本利用杂种优势培育成矮牵牛杂种一代。到70年代观赏植物杂种优势利用已较普遍，到80年代利用一代杂种的花卉有矮牵牛、瓜叶菊、万寿菊、金鱼草、天竺葵、藿香蓟、秋海棠、蒲包花、仙客来、报春花、半支莲、三色堇、百日菊、石竹、鸡冠花、羽衣甘蓝、紫罗兰等。日本、荷兰、意大利、美国等国家培育出大量一代杂种，并已普遍推广应用，特别是一二年生花卉栽培中应用较多。中国70年代引种栽培一代杂种花卉，对其进行研究始于80年代，已先后在矮牵牛、瓜叶菊、羽衣甘蓝等少数一二年生花卉中取得进展。

原理 关于产生杂种优势的原因，主要有两种假说。一是显性说：1910年英国布鲁斯(A. V. Bruce)根据推算，用显性或部分显性的有利基因的互补作用来说明杂种优势，提出了显性假说。认为双亲的显性基因全部集中在杂种中而起到互补作用，从而产生了杂种优势的表现效应。1917年英国琼斯(D. F. Jones)又进一步给显性假说补充了连锁遗传的概念，认为杂种优势是许多有益基因共同作用的结果，有益显性基因与不利的隐性基因相互连锁，不同亲本的杂交一代，可利用显性效应消除隐性基因的不利作用。在一代杂种的基因型中，显性基因位点越多，杂种优势越强。二是超显性假说：1936年伊斯特(E. M. East)指出同一基因位点上可能存在着功能上有差别的复等位基因，差别越大，杂种优势越强。认为杂种杂合子中对生理效应有差异的等位基因的相互作用，引起了生理上的刺激，导致杂种的生长发育优于纯合型的亲本。这种复等位基因间的相互作用，也称复等位基因说。对此现象，舒尔(G. H. Shull)于1945年正式称之为超显性。另外有些生化研究表明，杂种体内具有比纯合体较为丰富的酶系统。总之，杂种优势的机理尚未充分弄清，有待进行深入研究。

方法 杂种优势利用主要涉及到数量性状，而构成数量性状的基因作用有加性、显性和上位性三种。杂种优势利用的特殊配合力来源于基因的显性和互作效应。因此当非加性遗传方差很大而加性遗传方差较小时，利用杂种优势的潜力最大。由等位基因间产生超显性效应时及非等位基因产生上位性效应时，利用杂种优势的效果最好。

一代杂种育种的目标，因观赏植物种类和育种任务而异。一般可概括为植株强健，枝叶繁茂，根系发达，花大、花多、色艳、形好，抗性强等。

一代杂种育种应遵循以下原则：①双亲纯化。对多数雌雄同株一二年生花卉，大多采用选用自交系的办法进行纯化；对于多年生观赏植物，则亲本采用选择优株繁殖成无性系来实现遗传的稳定。②双亲在遗传、起源或生态类型上有较大差异。因为性状差异较大的双亲，其一代杂种在生活力和抗逆性上有较强的优势。③双亲优缺点应尽量做到互补，使一个亲本的有利基因补偿另一个亲本的不良基因。④配合力强。配合力是衡量亲本配种产生一代杂种而形成优势的能力，除直接用生产力数值表示外，也可用离均差表示。测定配合力的方法，有不规则配法、顶交法、双列杂交法等。⑤选用最佳组配方式。根据配制一代杂种所用亲本数分为单交种(自交系×自交系)、双交种(单交种×单交种)、三交种(单交种×自交系)、顶交种(自交系×品种)。一般采用单交种，其优点是优势强、整齐度高、方法简单；但缺点是采种量少。⑥杂交制种简易。为了简化制种降低成本，尽可能选用自交不亲和系、雄性不育系、雌性系、雌蕊先熟性的类型作亲本，并以观赏性状较好的为母本，花粉量大的作父本。

观赏植物的授粉方式不同，其一代杂种育种的方法、程序，也就有所区别。

异花授粉观赏植物，其群体遗传基础复杂，基因型丰富，个体基因型杂合。必须首先选育纯合自交系，然后组配成强优势的一代杂种。其程序：①从原始育种群体(品种、综合群体、杂种群体等)中选择优良单株；②连续几代自交和选择，培育性状整齐的纯合自交系；③在自交的同时进行测交，选择配合力高的自交系相互组配杂交；④一代杂种优势比较试验，选出优势强、观赏价值高的组合供制种利用。多数自交系的生长势都很弱，一般采用自交系内株间相互授粉，以免生长势衰退。

自花授粉观赏植物，其群体内基因型基本一致，个体一般纯合，本身就是自交系。通常经提纯后，就可用作亲本。

常异交观赏植物，其遗传特点和繁殖方式与自花授粉观赏植物相似，但天然异交率略高，而人工自交对后代并无不良影响。其一代杂种育种的方法，基本与自花授粉观赏植物相同。

营养繁殖观赏植物，其原始品种群遗传基础复杂，个体也都是杂合体。如通过有性杂交获得杂种一代，就会出现分离。因此通过品种间杂交产生杂种，可在广泛变异的 F_1 群体中，选择观赏价值高、杂种优势强的单株，并繁殖成无性系就是一代杂种。在营养繁殖植物的一代中，育种实际上包括了组合育种和优势育种。其程序是在杂合体品种中选择优株；不同品种的优株间杂交产生杂合体杂种群体；选择杂种优势强的单株；繁殖成无性系利用。或用优良无性系组配成优势强的组合，再繁殖成无性系利用。这类观赏植物进行有性杂交后，一代杂种通过营养繁殖方式，使其优势保持下去。

在杂种优势利用中，一般要年年配制一代杂种种子。杂交制种，可选用以下方法：①人工去雄。雌雄异花（如秋海棠）、或花器较大（如秋葵等）、繁殖系数高的种类，均可用人工去雄法再杂交制种。②化学杀雄法。利用雌蕊比雄蕊抗性强的原理，在一定的生长发育时期，对母本喷洒化学药剂，杀死或抑制雄性器官发育而不影响雌蕊的育性，借以达到去雄目的。作为化学杀雄剂，必须具备只杀雄蕊；不引起遗传性变异；处理方法简单，效果稳定，不留残毒等特点。杀雄药剂有顺丁烯二酸联氨（AH）、三碘苯酸（TIBA）等。化学杀雄是一项新技术，存在杀雄效果不稳定等问题，因此用者较少，使用前必须经过试验。③利用标记性状。利用某种显性或隐性性状作标记来区分真假杂种。可利用的标记性状有紫叶、黄苗等。其方法是给父本选育或转育一个苗期出现的显性性状；或给母本选育或转育一个隐性性状，分别参与杂交，制种时任其自由授粉，从母本上采收种子。播种后根据标记性状间苗，拔除具有隐性性状的自交苗，留下显性性状的真杂种苗。④利用自交不亲和性。有些花卉种类如矮牵牛、羽衣甘蓝等具有自交不亲合性的遗传特性或变异，即使雄雌蕊正常，能散粉授精，但花开放时自交或系内株间授粉不结实或结实极少。故可利用此特性进行杂交制种。自交不亲和系可用连续自交和选择的方法培育，一般连续自交 3～4 代即可成系，选择的标准是正常开花期自交不结实，而蕾期授粉自交结实好。制种时，用自交不亲和系作母本，自交亲和系作父本，间隔种植任其自由授粉；母本结实为杂种种子。如果双亲均为自交不亲和系，可互为父母本，从两个亲本上采收的种子都是杂种，制种效率更高。自交不亲和系的繁殖，可采用蕾期人工授粉等方法。⑤利用雄性不育性。包括核不育和质核互作不育两种：前者采用核不育系和恢复系配制一代杂种种子；不育系一系两用，以其中的可育株给不育株授粉，F_1 代保持半数植株具雄性不育性。在制种时，核不育系作母本要拔除雄性可育株；在杂种应用时，于苗期拔除假杂种。细胞质雄性不育性是采用雄性不育系、保持系和恢复系三系配套；不育系作母本，保持系作父本繁殖不育系；进而利用不育系作母本，恢复系作父本进行杂交，配制一代杂种。

一代杂种的保持方法：①营养繁殖法。除常规的扦插等繁殖方法外，还可用细胞和组织培养成幼苗或人工种子，免去年年制种。②利用多倍体，即用双二倍体，使有性繁殖植物成为不可分离杂种或永久性杂种，达到杂种优势长期保持之目的。③利用无融合生殖，即由胚囊或珠心细胞无配生殖形成二倍体胚和种子；或由珠心组织形成二倍体的不定胚，来延续 F_1 的杂合性。④利用平衡致死法，即由染色体结构变异，减数分裂形成两种基因型不同的配子，自交时只有基因异质结合型的，才形成杂种并发育成种子；同质结合型致死，使其有性繁殖世代一直保持杂种优势。

（黄善武）

一二年生花卉（annuals and biennials）　在一个和二个生长周期内完成其生活史的花卉。前者称为一年生花卉，后者称二年生花卉。一二年生花卉在其生长周期内，完成从播种至开花结实，直至死亡。

一年生花卉多数种类原产于热带或亚热带，故不耐 0℃ 以下低温。常在春季播种，夏、秋季开花，在冬季到来之前即死亡。如半支莲、凤仙花、大花牵牛等。这类花卉在春化阶段要求高温，在 5～12℃ 的温度下，5～15 天可完成其春化阶段。因生长期间要求高温，故夏季生长旺盛；秋季在每日日照为 8～12 小时短日照下可完成其光周期。若在春季给予遮光处理，可提早开花。

二年生花卉多数种类原产于温带或寒冷地区，耐寒性较强，秋季播种，能在露地越冬或稍加覆盖防寒过冬，翌春开花。如三色堇、金盏花、雏菊等。这类花卉在 0～10℃ 低温下，经 30～70 天可通过春化阶段；秋播后，以幼苗状态渡过冬季，在每日日照为 14～16 小时长日照下，可完成其光周期。

一二年生花卉多以播种繁殖为主，栽培中应注意隔离保纯，尤以天然异花授粉花卉为然。要严格采种及选种，以保持优良性状。此类花卉种类繁多，品种丰富，适于多种应用形式。（陈琰芳）

436 佛手掌(左)
徐民生摄

439 鬼脚掌(下)
惠云摄

441 大犀角　　徐民生摄

437 虎刺梅　　李惠云摄

442 金边虎尾兰　　金　波摄

440 蛇皮掌(上)
徐民生摄

438 佛肚树(左)
惠云　秀珍摄

443 芦荟(右)
徐民生摄

444 仙人掌类及多浆植物展室一角　　李惠云摄

445 星球　　彭治章摄

446 大统领　　徐民生摄

448 令箭荷花　　金　波摄

447 折墨　　彭治章摄

451 条纹十二卷　　徐民生摄

449 卷云球　　徐民生摄

450 魔神球　　徐民生摄

452 狭叶金边龙舌兰　　徐民生摄

453 仙人掌（群体） 徐民生摄

454 昙花 金 波摄

455 白云锦 徐民生摄

456 小町 彭治章摄

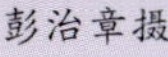

457 绯牡丹 彭治章摄

458 武烈柱 徐民生摄

459 海王球 彭治章摄

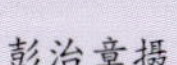

460 鼠尾掌 彭治章摄

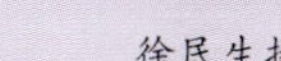

461 假昙花 徐民生摄

462 立交桥绿化 李英敏摄

463 云栖竹径 周道瑛摄

464 油棕行道树 金 波摄

465 红花羊蹄甲行道树 熊济华摄

467 千头椿行道树　　　　金 波摄

466 乌桕行道树　　　　朱钧珍摄

469 大王椰子行道树　　　　陈俊愉摄

468 立交桥出入口绿化　　　　李英敏摄

470 铁路绿化　　　　金 波摄

471 攀援绿化
金 波摄

472 围墙攀援绿化 燕 俐摄

473 办公楼前环境绿化 金波摄

474 基础栽植 杨乃琴摄

475 医院门前绿化　　金　波摄

476 机关院内环境绿化　　黄茂如摄

477 居民小区绿化
金　波摄

478 街道绿化　　李英敏摄

479 草坪　　杨乃琴摄

480 山梗菜　　王月新摄

481 白车轴草　　金　波摄

482 沙地柏　　金　波摄

483 大花金鸡菊　　胡叔良摄

一品红（poinsettia） *Euphorbia pulcherrima*，别名圣诞花、老来娇、象牙红、猩猩木。大戟科大戟属灌木。染色体数2n＝28，21，42，56。高1～3m，有乳汁。叶互生，卵状椭圆形至披针形，长7～15cm，全缘或具波状齿，有时具浅裂。杯状花序多数，顶生枝端，下具12～15片披针形苞叶，有红、黄、白等色；花小，无花被，着生于总苞内；总苞坛状，淡绿色，边缘齿状分裂；花期11月至翌年3月。蒴果成熟时3瓣裂；种子椭圆形，褐色。栽培品种有'重瓣'一品红（cv. Plenissima），苞叶重瓣状，淡红色；'一品白'（cv. Alba），苞叶乳白色；'一品粉'（cv. Rosea），苞叶粉红色；'一品黄'（cv. Lutea），苞叶淡黄色。原产墨西哥及中美洲，中国南北均有栽培（北方为盆栽）。短日照植物，喜温暖气候及阳光充足。要求肥沃湿润而排水良好的微酸性（pH值6）土壤。扦插繁殖。每年春季换盆，并结合整形修剪，保持茎高20cm左右。盆栽培养土宜疏松肥沃，生长期每月施稀薄液肥一次。6月以前摘心1～2次，使其多发侧枝，达到"花朵"成丛，姿态优美。为培养矮化株型，每年花后需行短剪（留茎高10cm）；若施以矮壮素则更为理想。主要病虫害有灰霉病、茎腐病、花灰霉病及介壳虫等。

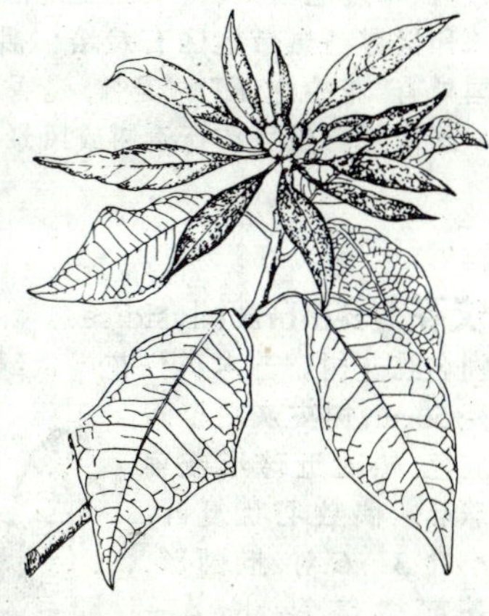

一品红颜色鲜艳，观赏期长，又正值圣诞、元旦开花，最适宜盆栽观赏或作切花；南方暖地也可植于庭园点缀景色。

（陈奕康）

一叶萩（suffrutescent securinega） *Securinega suffruticosa*，别名叶底珠。大戟科一叶萩属落叶灌木。染色体数2n＝26。高1～3(4)m，多分枝。小枝淡绿色，纤细，梢多下垂。叶互生，在枝上排为2列，椭圆形，长1.5～5cm，全缘或有时中部具不整齐波状钝齿。花小，单性异株，无花瓣，雄花3～12簇生叶腋，雌花常单生或2～3簇生，萼片5，黄绿色，花期6～7月；蒴果三棱状扁球形，红褐色，果期9～10月。产中国东北、华北、华东及西南等地区。喜阳光充足，耐寒、耐旱、耐土壤瘠薄。播种繁殖，也可分植根蘖，成活容易。园林中可作护坡及遮蔽污地之用，若配植于山石也很适宜。

（董保华）

一枝黄花（goldenrod） *Solidago canadensis*，菊科一枝黄花属多年生宿根草本。株高1～1.5m，叶披针形，全缘或具锐锯齿，质薄，下表皮有毛，具三脉。圆锥花序生于枝端和叶腋，稍弯曲，偏向一侧。簇生成圆锥状，花黄色，总苞长约2.5cm，舌状花短小，花期7～9月。原产北美东北部。喜阳光充足和凉爽高燥的环境。较耐寒、耐旱，以肥沃疏松、排水良好的壤土为宜。分株及播种繁殖为主。分株春、秋季均可，每3年分株一次，分株时每个新株应有3个以上的芽。3～4月播种，地栽、盆栽均可，翌年开花。常用作花境的背景，或丛植于园林绿地。盆栽可点缀铺装地面或用于建筑物基础栽植，亦可用作切花。

同属植物约130种，作观赏栽培的还有：①高茎一枝黄花（*S. altissima*），多年生，株高1.5～2m。叶披针形，全缘或有锯齿，顶部多数头状花序平伸，呈圆锥状，金黄色。有矮生品种，高30～50cm。原产北美洲。②毛果一枝黄花（*S. virgaurea*），株高30～90cm，茎强健。叶披针形至倒卵形。头状花序径1.8cm，密集着生枝条顶端，呈圆锥状，长24～30cm，花期7～9月。原产北半球及欧洲。中国新疆阿尔泰山、俄罗斯、蒙古有分布。③芳香一枝黄花（*S. odorata*），叶全缘具芳香。④南方一枝黄花（*S. decurrens*），有变种矮一枝黄花（*S. decurrens* var. *nana*）。

（虞佩珍）

医院绿化（hospital gardening and greening） 在医院用地范围内，按医务功能分区的需要种植观赏植物进行绿化、美化，创造卫生清洁、优美环境的绿化作业。医院一般由门诊部、住院部、辅助医疗及管理等部门组成。医院绿化包括这三部分，各有其特点，并组成一个整体。

医院绿化因医院的类型而有不同的布置方法，通常分为综合医院和专科医院两大类。其内部均可分为医疗部分、供应部分和管理部分。其中医疗部分以门诊部、住院部是对外来往最多，病人最集中的地方。综合医院的绿化，重点部分应放在门诊部和住院部。专科医院种类很多，都是按不同疾病而专设的。其中精神病医院、肿瘤医院及传染病医院对环境的要求比较特殊。

综合医院在普遍绿化之外，应重点绿化以下几个部分：

门诊部　是日间治疗非急性病人的处所，人流较多，停留时间不长，但病人情绪不够稳定，环境噪声大，空气不洁，室外需要加强绿化。门诊部一般均接近医院大门及停车场或回车场，这里的环境绿化要点是：①有较大的绿化空间和畅通的道路，人行与车行分道，并能适应每日高峰期的车辆和行人。②绿化重点放在医院大门至门诊部之间的地带，内容有草坪、花坛、乔灌木组成的绿荫，点缀雕塑小品，还有凳椅供候诊者休息。③门诊部如为独幢建筑，则正面的美化效果要求高，它代表该医院的面貌，常作院前绿化区。应有基础种植带，注意乔木与花灌木的搭配装饰，树木可遮阳，防西晒和北风吹袭，同时又要考虑到采光。④门诊部与其他部分的联系很多，侧面出入口与道路的绿化也十分重要。可采用常绿整形树木，如大叶黄杨、女贞、侧柏、桧柏等成对种植，沿路还需适当种树。

住院部　该部门人数少，流动性小，对环境的要求主要是安静、空气新鲜、窗外景色优美，而无污浊气体和噪声干扰。城市医院住院部多与门诊部分开，可能绿化的空间不大，尤其在多层楼房的住院部，病人的活动空间非常有限。植树的要点是：①乔木种植要距离住院部周围 5m 以上，选高大树种，刮风时叶片不发出过大声响，向西及向北方向要密植，以便发挥庇荫及档风作用。②栽种灌木则要求春、夏、秋季都有花，在窗内可以观赏。③如空间许可，可在附近布置一游憩小园，供可以离床活动的病人坐息观赏。其间有花草、树木、坐凳、甚至水池、花架等，布置得精致而安适。病人在此可消除寂寞，振作精神，怡情养性，有益养病。

医院的后勤部分、解剖室及太平间的绿化，是以种植隔离带为主，借以遮避病人的视线。

专科医院，建筑比较复杂的是精神病医院和肿瘤医院，在管理上复杂的是传染病医院。这些医院的绿化也可以参考上述住院部与门诊部的要点。但应特加注意的是：①精神病人对围栏、墙垣等常反感，容易引起狂躁或忧郁，故用花草树木来美化环境尤为必要。②肿瘤医院病人有时在辐射治疗后带有放射性物质，可在室外绿化空间中将放射性污染予以减少和缓解。这类病人特别需要环境优美，故应尽量提高绿化地带的美化效果。③传染病医院为避免交叉传染，在环境绿化中应特注意病人的隔离与污水的排放管理。

（汪　阳　余树勋）

依兰（ylang-ylang）　*Cananga odorata*，别名依兰香、大叶依兰。番荔枝科夷兰属常绿大乔木。染色体数 $2n=2x=16, 24$。高达 20 余米，树干通直，树皮灰色。叶卵状长圆形至长椭圆形，长 10～23cm。花大，径约 8cm，2～5 朵簇生，黄绿色，浓香；花期 4～8 月。聚合果，小果浆果状，近球形，黑色；果期 12 月至翌年 3 月。变种有：矮夷兰（小夷兰）（var. *fruticosa*），植株矮小，高约 1m，花香较淡，可供盆栽观赏，温室越冬。喜光，喜高温多湿和肥沃、深厚、酸性土壤。产于泰国、印度尼西亚、马来西亚等国，中国云南勐腊县南部和世界各热带地区有栽培。播种繁殖。本种花香，国外有"花中之王"的美誉，是香料工业中的定香剂。中国南部热带可作行道树或风景树。

（张应麟）

仪花（red-bract lysidice）　*Lysidice rhodostegia*，别名红花树。苏木科仪花属常绿乔木。高达 20m，胸径 50cm，树皮灰白至暗灰色，树冠近球形或扁球形。偶数羽状复叶，小叶 3～6 对，椭圆形，基部微偏斜，长 4～15cm，先端尖，基部圆或楔形。圆锥花序顶生，长 15～30cm，苞片粉红色，花白色或紫堇色；花期 5～7 月。荚果扁平、条形，长 15～25cm，9～10 月成熟时灰色。产中国云南、贵州、海南、广东、广西和台湾等地，越南也有分布。喜光，喜温暖湿润的气候；耐瘠薄，但以在深厚肥沃排水良好的土壤上生长较好。用种子繁殖。仪花树冠开展，花朵美丽，在园林中可植为行道树或庭荫树。根、茎、叶有小毒，可入药。

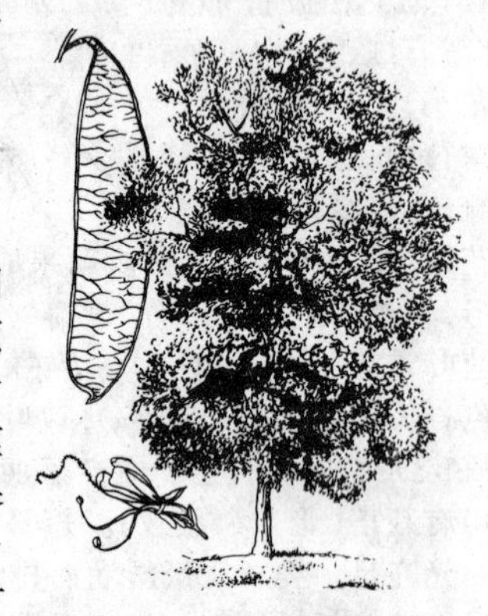

（陈耀华）

移㭎（Indian docynia）　*Docynia indica*，别名红叶移㭎。蔷薇科移㭎属半常绿或落叶乔木。高达 5m，小枝粗短。叶椭圆形或长圆状披针形，边缘有钝齿。花白色，花期3～4 月。梨果近球形或椭圆形，黄色，果期 8～9 月。产中国云南、四川两地；印度、缅甸等也有分布。喜光，稍耐阴；喜温暖湿润气候；宜生于排水良好、富含腐殖质的中性或微酸性的砂壤土。种子繁殖。移植需带土球。本种春开白花，秋结黄果，甚美丽，是园林坡地、湖畔及草坪边缘绿化的好材料。果可食又可药用。同属植物约有 5 种，中国有 2 种，见于栽培观赏者还有：云南移㭎（*D.*

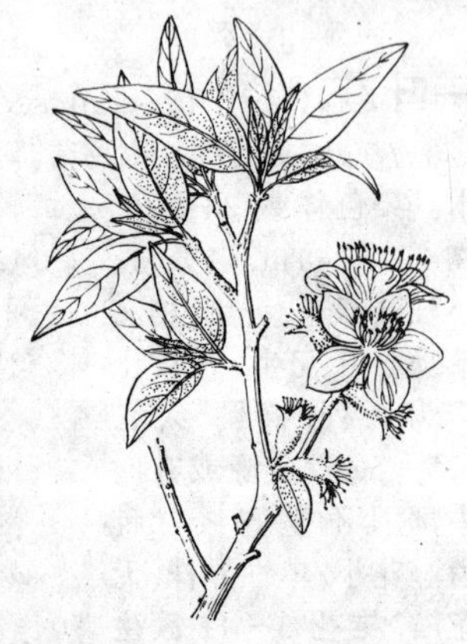

delavayi)，常绿乔木，高达 10m。叶背被黄白色绒毛。产中国云南、四川、贵州。

（叶超汉）

艺术插花（artistic flower arrangement） 具较高艺术意境的插花类型。多用于艺术欣赏、环境装饰和花展比赛。作品主题突出、意境深邃，常采用非对称的自然式构图。利用花材的姿、格、神、韵展现大自然的和谐与情景交融的意境。常用的构图形式有：①直立式。主花材直立向上插入容器，表现刚健挺拔或亭亭玉立的美感。此种构图形式宜平视观赏。②倾斜式。主花材向外倾斜插入容器，表现花材倾斜的线条美。③水平式。主花材横向伸展，着重表现花材平向延伸的自然美。④下垂式。主花材悬垂在容器之外，表现花材流畅下垂和修长飘逸的自然美。此种构图形式适于仰视观赏。

（王莲英）

异色来江藤（discolor brandisia） *Brandisia discolor*，玄参科来江藤属常绿灌木。高 1～2m，全株密被锈色星状绒毛。叶对生，卵状披针形，长 3～10cm，全缘。花单生叶腋；花冠橙红色，长约 2cm；花期 11 月至翌年 2 月。蒴果卵圆形，产中国云南。喜温暖气候，耐半阴。播种繁殖。适于南方温暖地区庭园栽植观赏，可用作林缘、路旁、山石旁点缀植物。同属植物可栽培观赏的还有红花来江藤（*B. rosea*），藤状灌木。花冠深紫红色。产中国云南及四川。广西来江藤（*B. kwangsiensis*），藤状灌木。花冠深紫红色。产中国云南、广西及贵州。皆可作攀援材料。

（包满珠）

翼柄山牵牛（black-eyed susan） *Thunbergia alata*，别名黑眼苏珊。爵床科老鸭嘴属多年生草质藤本，常作一年生栽培。高可达 3m，茎纤细多毛。叶卵形至三角状卵形，基部心形，缘具波状齿，两面有毛，叶柄有翼。花单生于叶腋，黄色，喉部深紫色，径 3～4cm；花期 6～11 月份。有白色或喉部无深色的品种。产非洲热带。喜温暖湿润气候，耐半阴，不耐寒，要求肥沃疏松排水良好的砂壤土。春季播种繁殖。花期长，适于作垂直绿化材料。同属植物约 75 种，常见栽培的还有：蓝吊钟（*T. erecta*），多年生直立小灌木，多分枝。叶卵形。花径 3～7cm，单生于叶腋，蓝紫色，花期夏季。产非洲热带。大花老芽鸦嘴（*T. grandiflora*），多年木质藤本，高达 7m。叶对生，宽卵形，两面粗糙，叶柄有翅。花蓝色，径约 7cm，单生、下垂，多朵组成总状花序；花期 5～11 月份。产孟加拉国，中国福建、广东已有栽培。

（费砚良）

阴生植物（shade plants） 长期生长在阳光较弱并能忍受荫蔽条件的植物。观赏园艺方面应用的阴生植物主要有：酢浆草及多种蕨类、多种兰科植物以及天南星科、秋海棠科、姜科、苦苣苔科、紫金牛科等中的一些种类。阴生植物的叶片多大而薄，叶子的排列也多呈平面镶嵌状。阴生植物在观赏园艺中具有特殊的用途，不仅是林缘树下、荫棚布置及建筑物北面绿化栽植的好材料，也是室内绿化装饰中不可代替的重要素材。随着人们生活水平的不断提高及室内绿化的进一步发展，对阴生植物在种类、品种、数量及质量上的要求，将会越来越高。

室内绿化装饰及荫棚布置中习见的阴生植物还有：绿萝、喜林芋、花叶山姜、水竹草、合果芋、广东万年青、花叶万年青、花叶竹芋、蜘蛛抱蛋、冷水花、龟背竹、棕竹、轴榈、竹柏，等等。

（徐民生）

茵芋（reeves skimmia） *Skimmia reevesiana*，别名黄山桂。芸香科茵芋属常绿灌木。高 1～2m。叶互生，多集生于枝端，狭矩圆形或矩圆形，长 5～11cm，全缘或中部以上有疏浅齿。聚伞状圆锥花序顶生，花常为两性，白色，径约 1cm，极芳香，花期 4～5 月。浆果状核果，长圆形或卵状长圆形，红色，7～9 月成熟。产中国广东、广西、福建、台湾、湖南、湖北、安徽、四川、贵州等地。喜光，略耐阴；喜温暖气候，耐寒性较差；适生于肥沃湿润的土壤。播种或扦插繁殖。茵芋叶冬夏常青，花芳香，果红艳，颇具观赏价值，适宜在路旁、角隅、林缘或山石旁等处栽植。

（陈耀华）

荫棚栽培（cultivation under shade frame） 利用空中覆盖或部分覆盖创造阴凉湿润环境，用以栽培繁殖耐阴和喜阴植物的方式。

荫棚的种类　荫棚是进行荫棚栽培的基本设施和场所，可分为以下几类：

按使用时间分为临时荫棚与永久荫棚。临时荫棚多仅在夏季使用，其结构尽量简易。如在中国北部地区，温室植物夏季出房，就暂存在临时荫棚内。待天气转凉植物迁回温室后，此荫棚即予拆除。永久荫棚用于常年栽培荫棚植物，因而其结构及内部设施均要求牢固而具永久性。

按使用目的分为繁殖荫棚和展览荫棚。繁殖荫棚：包括用于繁殖及保存植物材料和进行试验研究的荫棚，一般不对外开放。这类荫棚的外形、结构和内部设施完全从满足植物栽培繁殖的实际功能需要出发，注重实用和经济。外形一般呈简单的长方形或正方形。展览荫棚：栽培布置各种荫棚植物向公众展出。此类荫棚除满足植物栽培的要求外，还要便于参观展出和进行科普活动。其外形和结构除满足功能要求外，还要讲求美观，避免单调。可建成单独的荫棚，也可以曲折花廊相联系，建成展览荫棚组合。

按种植对象分为综合性荫棚和专类荫棚。在同一荫棚内种植多种多样植物的荫棚，称为综合性荫棚。只种某一类植物的荫棚，称为专类荫棚，如蕨类荫棚、兰花荫棚、天南星荫棚、秋海棠荫棚，等等。

荫棚的组成、结构和设施　荫棚可采用竹木结构、砖石结构、钢筋混凝土结构或混合结构。其中竹木结构成本较低，但不耐久，只用于临时性荫棚或繁殖荫棚。荫棚的组成主要有四部分：棚顶、梁、柱和地面。棚顶用于遮荫，材料可用竹片、竹竿、木板条、水泥板条、塑料遮荫网或塑料带网等，其疏密由所栽植物要求的遮荫度而定。用竹、木做棚顶材料时，需预先用防蛀剂浸泡或涂以油漆，以防虫蛀。最好遮荫度能随阳光强弱而自行调节。荫棚的梁可用毛竹、木或钢筋、水泥等材料，柱可用木、砖、石或钢筋混凝土做成；形状可方可圆，展览荫棚内的柱更可采用钢筋混凝土假树的形式，既可起到支撑棚顶的作用，且又自然美观，还可用以攀附多种阴生植物。荫棚的地面可用石片、水泥或卵石等各种铺装材料，原则要求易于排水和清扫，而且潮湿时不易生苔，防滑。

荫棚的高度和大小　为了有效保持棚内湿度，并尽量减少直射阳光从棚侧射入，荫棚不宜太高，面积则最好大些。一般繁殖荫棚高度为1.8～2.5m。展览荫棚可稍高，一般3～3.5m。荫棚面积最好不小于$100m^2$，长度和宽度均至少应在10m以上。

荫棚的内部设施：主要包括喷雾及灌溉设施、水池、盆架或地面栽植槽等。喷雾装置可在棚顶下安水管，隔一定距离装喷嘴。也可采用纱厂用旋转式喷雾器。繁殖荫棚的盆架，可参照温室用的梯级式盆架或平台式盆架。展览荫棚如果用盆栽形式布置，可用高低盆景几架式的盆架。如为地栽式，则可在地面设几何式或自然式的栽植槽栽植植物。也可以用山石、流水、水池阴生植物等，在展览荫棚中布置自然式小园林。

荫棚植物及其栽培要点　荫棚植物不仅包括阴生植物，还包括虽在原产地为阳生，但不能忍受栽培所在地的强烈阳光或干热环境，因而需在荫棚保护下才能健康生长的植物。例如原产多雾高山上的阳性植物，移到平地栽培，往往因空气湿度太低而作为"荫棚植物"处理。此外，还包括那些可以在荫棚正常生长的、对光线强弱要求不严的非阴生植物。荫棚植物不等于阴生植物，且其包含的植物种类亦因地而异。常见的荫棚植物，包括以下各类植物中的部分或全部：兰科，天南星科，秋海棠科，姜科，箭根薯科，百合科，石蒜科，蕨类，等等。

荫棚植物的栽培要点：荫棚栽培也包括灌溉、施肥，松土、除草，病虫害防治，整形修剪，换土、换盆等内容。但有几点特别应注意：①保持棚内湿度。定时喷雾保持空气湿度。在没有喷雾设备的情况下和在干旱季节，则应洒水，要把棚柱、地面、盆架等处洒湿。盆架下面和没有铺装的地面，可种植苔藓或低矮的阴生植物。棚内多设水池或放置水缸，可通过水分蒸发保持湿度。②保持空气流通。荫棚既要保持湿度，又要空气流通，否则就会病虫孳生，生长不良。尤其是兰花荫棚，对空气流通的要求很高。必要时，可在荫棚的一头装置大型排风扇，以利空气流通。

根据植物的耐阴程度来决定其在棚内栽培或放置的位置：在同一荫蔽度的棚顶下，由于植物本身相互之间的遮蔽，盆架、梁、柱等的遮荫，使得每一局部的荫蔽度有所不同。布置植物时，应根据其耐阴程度加以安排，使之各得其所，欣欣向荣。

（唐振缁）

银苞菊（winged everlasting）　*Ammobium alatum*，别名贝细工。菊科银苞菊属一年生草本植物。株高约1m，茎具膜翅及白绒毛。叶片披针形。头状花序单生茎顶，管状花两性、黄色，总苞片干膜质、花瓣状，白色；花期6～9月。瘦果4棱，冠毛短、鸡冠状。原产澳大利亚。喜温暖、干燥，对土壤要求不严。春天播种繁殖。直播或温床育苗。生长期水肥要适量，过多则花小茎叶繁茂。花期长，不易调谢，宜做干花、花坛、花径材料。同属3种。产于大洋洲。

（王彩云）

银边翠（euphorbia）　*Euphorbia marginata*，别名高山积雪、象牙白。大戟科大戟属一年生草本植物。茎高60～80cm，直立分枝多。茎内具乳汁，全株具柔毛。叶卵形、长卵形或椭圆状披针形，长3～7cm，全缘，顶部叶轮生或对生，边缘呈白色或全叶白色；下部叶互生，绿色。花小具白色瓣状附属物，着生于上部分枝的叶腋处，花期7～8月。果熟期8～10月。原产北美，中国各地均有栽培，北方多以盆栽为主。喜阳光充足、气候温暖的环境。不择土壤,不耐寒,耐干旱。直根性,宜直播,或及早进行定植。也能自播繁衍,生长迅速,栽培容易。可扦插繁殖,但应插入干土待剪口流出的汁液被吸收后再浇水,或将剪口用水冲洗至白浆停止渗出后扦插。如果盆栽,需采取矮化措施。银边翠顶叶呈银白色,与下部绿叶相映,有如青山积雪,如与其他颜色的花卉配合布置,更能发挥其色彩美。可作为良好的花坛背景材料,还可作插花的配叶或作胸花的托叶。

同属中观赏效果好的还有:①猩猩草(*E. heterophylla*),一年生草本植物。茎直立,有分枝,高1m,茎内含乳汁,茎光滑色嫩绿。单叶互生,卵形,缘具不规则的深缺刻,上部叶片基部常呈红色,或有红白斑纹。花小具腺体;花期7~9月。果熟期8~10月。原产美洲热带,中国有栽培。②大狼毒(*E. nematocypha*),多年生草本,也可作一年生栽培。株高约50cm,根圆柱状,侧根少。单叶互生,长圆形、全缘,到夏季上部叶片沿主脉大部或全部呈黄色,可作为自然式花卉布置的材料。分布于中国云南等地。

(朱秀珍)

银合欢(white popinac; hedge acacia) *Leucaena leucocephala*,含羞草科银合欢属。常绿灌木或小乔木。高2~8m,树冠扁球形,树皮灰白色。2回偶数羽状复叶,互生,羽片4~8对,小叶10~15对,狭椭圆形。头状花序1~3个腋生,花白色,花期4~7月。荚果薄带状,果期8~10月。原产中美洲,中国引种已有100多年历史,华南地区有栽培,不少地区已逸为野生。喜光;喜温暖湿润气候,最适温度为25~30℃,能耐40℃以上高温;耐干旱瘠薄,耐涝;主根深,抗风力强,生长迅速,萌芽性强,耐刈割,极少病虫害。播种繁殖。银合欢枝叶婆娑,团团白花映衬绿叶丛中,素静优美,宜于小空间中孤植观赏,于假山石径、山边坡地、山石岩隙间点缀数株,使景色生辉;也可作绿篱。

(周道瑛)

银桦(robust silk oak) *Grevillea robusta*,别名绢柏。山龙眼科银桦属常绿乔木。高达50m,干通直,树冠圆锥形。小枝被锈褐色绒毛。叶互生,2回羽状深裂,上面深绿色,背面密被银灰色绢状毛。总状花序腋生,橙黄色,花期4~5月。蓇葖果长圆形,种子有翅,果期6~7月。变种红花银桦(var. *forsteri*),花红色。产澳大利亚,热带、亚热带地区普遍栽培。中国云南、广东、广西、台湾、福建等地有栽培。喜光,喜温暖湿润气候,较耐旱,不耐寒,在-4℃枝条即受冻害,过分炎热气候也不利生长。要求肥沃、疏松、排水良好的微酸性土壤。对氟化氢、氯气污染有较强的抗性。生长甚速,在昆明,20年生树高达20m以上,胸径达35cm。播种繁殖。移植大苗。需带土球,宜在6~8月雨季进行。主要病害为流胶病,用0.1%硫酸铜液注射患部,可获较好效果。常见虫害有介壳虫类,可喷施20%氰戊菊酯1500倍液防治。银桦树冠高大整齐,树干通直,花甚美丽。宜作行道树,或在庭园中孤植、对植。也可作防风林树种。又是优良的蜜源植物。

(叶超汉)

银脉花(zebra flower) *Aphelandra squarrosa*,爵床科银脉花属常绿灌木。粗壮,带肉质。叶卵形至卵状椭圆形,绿色有光泽,叶脉银白色。穗状花序单生或三出,小花沿花序紧密排成对称四棱。花冠黄色,二唇状,苞片金黄或橙黄色,十分醒目。花期夏秋季。原产巴西。不耐寒,越冬最低温度10℃。盆栽宜轻松肥沃土壤。早春整枝,加温恢复生长后,宜给予充分光照和水分。扦插繁殖,用半成熟枝条或带踵嫩枝作插穗,并增加底温至18℃。用作温室盆栽观赏。

(王大钧)

银鹊树(Chinese false pistache) *Tapiscia sinensis*,别名瘿椒树、丹树。省沽油科银鹊树属落叶乔木。中国特有树种,为三级保护植物。高20m以上,胸径40~60cm,冠幅10m左右,树冠卵圆形。奇数羽状复叶,长达30cm,小叶5~9,卵形或窄卵形,长6~14cm。腋生圆锥花序,花杂性;雄花序长达25cm;两性花序长达10cm;花小,黄色,具香气,

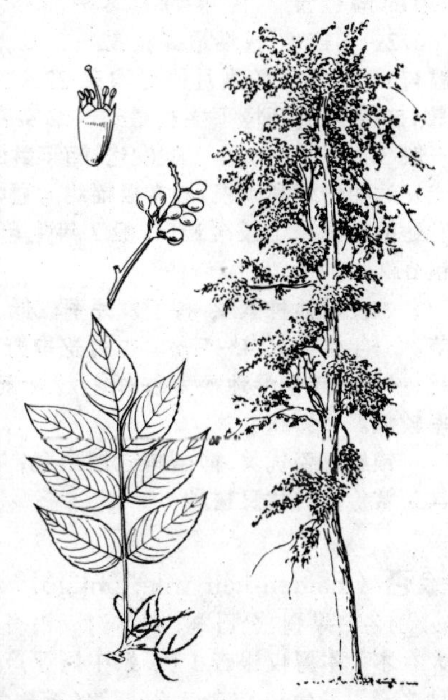

花期5~6月。核果近球形,黄红色,果期8~9月。产中国四川、湖北、湖南、广东、广西、安徽、浙江等地。喜光,适宜温暖湿润气候及酸性土壤。播种繁殖。银鹊树树干通直,冠形优美,秋叶金黄,作庭荫树或行道树,也可于建筑物周围列植,或于自然风景林区中种植。

(包满珠)

银杉（Cathay fir） *Cathaya argyrophylla*，松科银杉属常绿乔木。中国特有的珍稀孑遗树种和一级重点保护植物之一。染色体数 2n＝2x＝24。1954 年由钟济新在广西花坪林区（花坪自然保护区）首先发现，1958 年陈焕镛、匡可任定名为 *Cathaya argyrophylla* Chun et Kuang，发表于苏联植物学报。银杉高达 24m，胸径 45cm（稀达 83cm）。大枝开展，具短枝，一年生枝密被黄色短柔毛，后渐脱落。叶条形，螺旋状排列，上面中脉凹下，下面中脉隆起，两侧各具一条粉白色气孔条。雌雄同株，花期 5 月；雄球花开放时呈穗状，生于 2～3 年生枝叶腋；雌球花卵圆形，生于当年生枝叶腋。当年 5 月授粉，翌年 6 月受精。球果卵圆形或长卵圆形，长 3～5cm，熟时栗褐色，翌年 10 月果熟。种子倒卵圆形，种皮硬壳质，黄褐色，种子千粒重 15.243g。

中国广西龙胜县花坪林区、金秀县大瑶山，四川南川县金佛山、南川县柏枝山和武隆县白马山林区，湖南西南部城步县界福山和东南部资兴、炎陵、桂东三县交界的八面山，贵州北部道真县大沙河林区和桐梓县白芷山等处均有分布，多生于海拔 940～1870m 中山地带的陡坡、山脊及悬岩绝壁的缝隙间，或生于沟谷坡地中下部。幼苗喜适度蔽荫，大树喜光；喜凉爽湿润气候和富含腐殖质的疏松而深厚、排水良好、pH 值 4.5～6.0 的酸性土。在年均温 8～14℃，极端最低温 －6.2～－15℃，极端最高温 32～34℃，最冷月份平均温4.3～4.6℃，最热月份平均温 22～26.7℃，年降水量 1500mm 的环境下生长最适。结实有大小年现象，一般 3 年丰产一次。主根发达，随年龄的增长，逐步形成发达的侧根和须根，通常根幅约为冠幅的 5 倍；具有发达的菌根。生长缓慢，一般 7 年生苗高仅 26cm，茎粗 0.7cm。

主要用播种繁殖，种子发芽率较低，多采用容器育苗。一年生苗高 4～5cm。也可挖取野生幼苗进行移栽；或以 2 年生湿地松为砧木，行嫁接繁殖。扦插成活率较低。

银杉树姿优美，仰望树冠银白色，是古老独特、极具观赏价值的优良树种。 （陈耀华）

银杏（maiden-hair tree；ginkgo） *Ginkgo biloba*，别名白果树、公孙树、鸭掌树。银杏科银杏属落叶大乔木。本属仅银杏 1 种，系中国原产的著名孑遗树种之一。染色体数 2n＝2x＝24（雄株为 22A＋2Z，雌株为 22A＋2W）。起源古老，系中国特产的第四纪孑遗树种。银杏科植物发生于古生代石炭纪末期。中生代早期的银杏，为现代种的远祖。新生代早期的类蕨银杏（*G. adiantoids*），叶酷似现代银杏。中国汉末三国时代，在江南地区已盛栽银杏，唐代中原有种银杏的记载，至宋代栽培更为普遍，并传入日本。以后，银杏又由日本传至欧洲、美洲，现在世界 50 多个国家均有栽培。

形态特征 高达 40m，胸径 4m，冠幅可达 36m。树干通直，全体光滑无毛，有长、短枝之分。叶扇形，叶脉二叉状。雌雄异株，少同株，雄株高大直立，落叶迟；雌株枝开张或略下垂，叶薄裂浅。雌雄花均生于短枝，雄花下垂，数朵排列成柔荑花序状；雌花数朵簇生，可结 2～16 个种子。种子具长梗，椭圆形至近球形，外种皮黄、橙黄色至青色，肉质而有恶臭，中种皮骨质，内种皮膜质，胚乳肉质。花期 3～4 月，种子 9～10 月成熟。

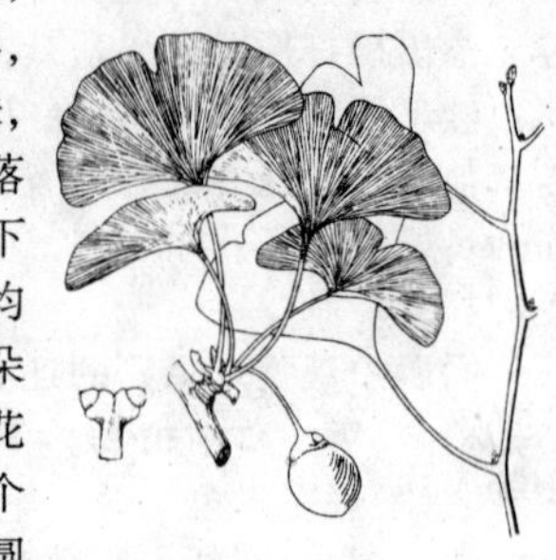

变种及栽培品种 塔形银杏（var. *fastigiata*），枝上耸，树冠圆柱形或尖塔形；垂枝银杏（var. *pendula*），枝下垂；裂叶银杏（var. *laciniata*），叶较大，有深裂；斑叶银杏（var. *variegata*），叶带黄斑；黄叶银杏（var. *aurea*），叶亮黄色；叶籽银杏（var. *epiphylla*），种子着生于叶片上；鸭脚银杏（var. *stenonuxa*）。在《中国植物志》（第七卷）上，记载了洞庭皇（var. *dongtinghuang*）等果用品种 12 个。实际上，中国民间栽培品种尤其是果用品种远不止此数。

产地、分布与习性 栽培分布广泛，在中国北至辽宁沈阳，南达广东连州市的 23 个省（区）均有栽培，集中产区为江苏泰兴、吴县，浙江诸暨、富阳，山东郯城，安徽歙县、宁国，湖北大洪山及广西灵川、兴安等地。在华北、华东、华中和西南地区，凡年平均气温在 10～20℃，冬季极端最低气温不低于 －20℃，年降水量 600～1500mm，冬季温和湿润的气候条件下均生长良好。沈阳冬季极端最低气温达 －32.9℃，在小气候良好处尚可生长；广州年平均气温 21.8℃、年降水 1638mm，生长欠佳。在多种土壤中均可生长，而以肥沃深厚，湿润而排水良好的土壤生长最好。阳性树种，深根性，抗旱力强，对大气污染有一定的抗性，但忌涝。为长寿树种，树龄千年以上者中国多有记载。在水肥适度情况下生长速度中等。耐粗放管理，生长锐减。

繁殖栽培 常用播种、扦插、嫁接及分蘖法繁殖，也可行空中压条和组织培养。银杏栽植，宜选避风向阳和土层深厚、肥沃疏松、排水良好的地块。喜肥，一年可施肥 3 次以上。江苏洞庭山农民对银杏实行速生丰产栽培，主要成功经验有三：①用根际萌蘖繁殖，不带根也可成活。②浅栽。③施重肥，当地用腐熟有机肥铺于株行间，一年施 3 次。这样，5 年内可培养出胸径 7cm 以上的大苗。

病虫害防治 常见的病害有苗期茎腐病

(*Macrophomina phaseoli*),夏季在行间覆草降温,可减少发病。成年树应注意防治银杏干枯病和银杏叶枯病。害虫有银杏大蚕蛾(*Dictyoploca japonica*)、天牛类、樟蚕(*Eriogyna pyretorum*)等,可根据其不同发育时期采取相应的防治措施。

园林应用　银杏树姿雄伟,冠大荫浓,秋叶金黄,少病虫害,是著名的庭荫树、行道树和园景树。在庭院、公园、道路和风景名胜区栽植,宜选10年生以上的大树。用于行道树者宜选用雄株。植于寺庙和名胜古迹甚宜。四川灌县青城山有汉代银杏,多种植在寺观中。银杏还适宜作盆景。此外,种子可食,木材系制模良材,叶与种仁入药。

(梁立兴　陈俊愉)

淫羊霍 (barberry)　*Epimedium grandiflorum*,别名伏牛花。小檗科淫羊霍属常绿多年生草本植物。株高20～30cm,茎丛生,有木质根状茎匍匐于地下,须根多。2回三出复叶,小叶卵形,长3～6cm,叶缘有刺状细齿,茎部斜心形,叶背呈浅灰绿色,不易脱落。总状花序下垂,具4～8朵白色或淡紫色小花,花径约2cm,花瓣4枚,有长距。花瓣状萼片8枚,紫红色,分为两轮。花期4～5月。蓇葖果卵形,种子较少。原产日本,分布于中国辽宁、江苏、山东、陕西、江西、广西、四川、贵州等地。适应范围广,且生长势强,喜富含腐殖质的土壤。早春可分株繁殖,多于7月扦插繁殖。株行距30cm左右。可用于花境、花丛及地被,也可盆栽观赏。

同属常见的还有箭叶淫羊霍(*E. sagittatum*),花黄色,花瓣有短距,外轮花萼有紫色斑点,内轮白色。原产中国。喜蔽荫湿润。播种法繁殖。常用于岩石园。

(穆　鼎)

引种驯化 (introduction and domestication)　将野生或栽培植物的种子或营养体从其自然分布区域栽培区迁移到异地种植的过程。在引种过程中利用植物的遗传性及其变异性,通过选择育种使其适应人为控制的环境条件和改变对生存条件的要求,谓之驯化。也可以说驯化是从引种栽培一开始就有的涉及遗传性变异的一种连续人工控制进化过程。引种驯化两个过程和概念各有其特点,但又有着密切的关联。引种驯化的目的是增加栽培植物的种类和扩大栽培地区,以符合人类的多方需求,同时保存并利用植物的种质,也为植物多样性的保存与发展打下基础。

简史　早期的植物引种驯化起始于7000年前的新石器时代,是从"原始农业"时期开始的漫长时期。人类引种驯化植物的顺序大体是谷物、豆类、油料作物、纤维作物、蔬菜、果树、茶叶等,从生活必需品的原料逐步扩大到观赏植物。

中国观赏植物引种驯化史,大致可分为几个阶段:①从原始农业时期开始到公元1世纪,以引种国内野生植物和亚洲植物为主。②从西汉元代末年,主要通过"丝绸之路"与中亚、近东等国进行植物交流。在此阶段中,唐、宋两代更是中国引种驯化观赏植物的昌盛时期。③从明、清两代到1949年以前,逐步从日本、美国、东南亚、欧洲等引种观赏乔、灌木、多年生或一二年生草本植物及温室观赏植物。④1949年起,引种工作开始达到空前的规模。既有野生花卉,也有栽培品种。从世界各国引种的,多以观赏植物品种为主。

中国的观赏植物引种驯化经验,有其独到之处。古人在总结汉武帝元鼎六年(公元前111)长安盲目引种南方奇花异草几遭失败的教训后,提出了因地制宜、因时制宜的引种原则。北魏贾思勰在《齐民要术》中总结出"顺天时,量地利"和"人为之主,亦或可以回天"的引种驯化原理。

1949年以后,观赏植物引种驯化事业迅速发展。到80年代,中国花卉植物资源普查已基本结束,各地植物园引种观赏植物近5000种(包括种以下单位)。在观赏植物引种驯化的科研方面进行了生物学特性的观察、基础数据的积累、繁殖栽培、选种、育种、组织培养、抗逆性研究、种子学、种质保存、野生花卉等工作,并有专业性学术刊物《植物引种驯化集刊》问世。

在文艺复兴后,东方特别是中国的观赏植物开始大量引入西方,18～19世纪达到高潮。英国丘园引种植物有5000种以上,美国密苏里植物园仅兰花一项就收集4000多种,阿诺德树木园引种乔、灌木7000多种。欧美植物园的引种工作,重视对中国观赏植物的收集,英国的E. H. 威尔逊于1899年到1910年间曾从中国采集植物约5000种,其中有翠菊、菊花、报春花、百合、珙桐、杜鹃花、山茶、芍药等。英国人福琼(R. Fortune),福礼士(R. Forrest)等人在19世纪和20世纪初多次来中国引种大量观赏植物,爱丁堡植物园现栽有中国观赏植物1500多种,其中云南的杜鹃花300多种。中国的观赏植物对世界观赏园艺的发展有很大贡献。

原理　植物引种驯化虽已有几千年的历史,但从理论角度去探讨,则迟至19世纪才开始。C. 达尔文的人工选择学说,为人类改造动植物界提供了理论依据。他首先指出物种改变的可能性,其观点可归纳为下列5点:①植物在自然条件下有适应不同环境的一定能力;②有机体的地理分布取决于历史因子和现代因子;③在自然和栽培条件下通过自然选择和保持新的变异能使植物驯化;④变异分为肯定性变异和不肯定性变异,引起变异的条件是器官运动、有性和无性杂交以及外界环境条件;⑤植物在不同生存条件下可能引起变异,再经选择获得新类型。孟德尔遗传学说的兴起又给改变植物奠定了理论和实践的基础。俄国人克拉斯诺夫在1896年根据植物生态—地理—历史的知识分析了广泛引种的结果,还提出在当地地理条件突变时常促使植物发生"爆炸性进化",从而促使新类型的形成。瑞士A. P. 德堪多(A. P. de Candolle)在其名著《农业植物考源》(1855)一书中列举了247种植物,开创了栽培植物起源的研究。他认为栽培植物各有其起源的地方,但一个物种丰富的地区不一定是该物种的起源中心。他又指出植物最早被驯化的地区,可能是中国、西南亚、埃及和热带亚洲。俄国瓦维洛夫(Н.И. Вавилов)提出的世界栽培植物的8个起源中心,对植物引种驯化具有重大的指导意义。其他理论还有德国迈伊尔的"气候相似论",米丘林提出的利用实生苗、远缘杂交和定向培育的学说。20世纪50年代,提出了用生态历史法分析引种植物成败原因的新措施。总的说来,植物引种驯化作为一门现代科学还仅有一两百年的历史。在理论方面,各家之说并存,并且还在发展之中。中国植物引种驯化工作者也在观赏植物方面做出了努力和贡献,尤其强调被引种地区与引种新区之间在主导生态因子方面的相似性,是引种驯化成败的关键性前提。

方法 观赏植物引种驯化工作开始前要对需要和可能作必要的分析,然后进行有目的的调查探索,对调查探索的对象进行植物分类,加以正确命名,必要登记和检疫,然后加以繁殖栽培、筛选、推广利用,并做好种质保存等工作。引种驯化大致有三种途径:①在引种的关键时刻,采用特殊的栽培技术,用人工创造必要的生态环境条件,利用农业技术以改变生长发育节奏和植物的体态结构;②利用植物固有的适应性,适应性强的容易成功;③通过利用合适的种质,结合进行杂交育种等,借以大大提高植物的适应性。

成功的标准 一般认为引种驯化成功与否,要看植物能否在引入地区完成从种子到种子的发育过程。而作为观赏植物,其具体标准是:①引种植物能在引入地区无需特殊保护条件而生存下来;②能通过有性或营养繁殖保持原有植物的优良性状,并表现遗传多样性;③原有观赏性状并未降低质量,因而能推广应用。例如北京近年引种雪松成功,主要措施首先是由较北地区引种;再是尽量引入实生苗而不用扦插苗;第三是自引入第一年冬起连续3年,每冬为雪松设置风障。但应继续研究,直至最后选育出无需风障防寒的雪松新品种,才可认为引种驯化最终获得成功。

参考书目

盛诚桂、张宇和:《植物的驯服》,上海科技出版社,上海,1979。

吴中伦:《外国树木引种》,科学出版社,北京,1988。

(盛诚桂)

印度尼西亚茂物植物园(Botanical Garden of Bogor, Indonesia) 印度尼西亚设于茂物的国立植物园。1817年始建在爪哇岛西部首都雅加达以南的茂物县海拔265m的丘陵地带。虽地近赤道(南纬6°35′),但气候宜人,年平均温度22~30℃,雨量4250mm,适于植物生长,茂物因建立此植物园而闻名世界。园区面积87hm²,已引种成功的植物有52 929种(品种)。搜集对象以全世界热带植物为主,最多的是棕榈类、竹类、仙人掌类、热带兰和其他观赏植物。在咖啡、可可、茶叶三大饮料植物的研究与推广上起了重要的作用,并培养热带植物专业人员。有收藏150万号蜡叶标本的大型标本室及未经破坏的原始热带雨林,都是研究热带植物的良好条件。该园还有两个分园,一在爪哇的辛当拉贾(Sindanglaja)地区的芝博达山(Mt. Tjibodas),占地60hm²,主要搜集多浆植物与蕨类植物,达1300多种。另一在爪哇的拉旺省(Lawang)东南的普沃达迪(Purwodadi),占地85hm²,主要种植能耐热带干旱的棕榈类植物,旁有800hm²森林保护区。茂物植物园的出版物有《茂物植物园年刊》(*Annals Bogoriensis*)、《石海椒属专刊》(亚麻科热带的专属 *Reinwardtia*)等荷兰文刊物。

(余树勋)

英国皇家植物园丘园(Royal Botanic Gardens, Kew, England) 简称丘园(Kew Gardens)。1759年由英国王太子妃奥古斯塔(Princess Augusta)创建,1841年由王室移交给国家,发展成为举世闻名的植物园和植物学研究机构。现有面积120hm²,位于英国伦敦西南郊泰晤士河畔。另有面积185hm²的韦克赫斯特庄园(Wakehurst Place),位于伦敦以南苏塞克斯(Sussex)的丘陵地区,1965年后成为丘园的分园。

丘园的标本馆是世界上重要的植物分类学研究中心之一,藏有500万号蜡叶标本,其中约20万号为模式标本,还有大量以保存液浸泡保存的植物标本和丰富的植物画、照片、幻灯片等。图书馆汇集了75万册植物学书籍、期刊和其他文献资料,还有著名生物学家(如达尔文)和植物采集者的手稿、记录、来往书信等档案,供研究参考。乔德雷尔实验室(Jodrell Laboratory)经重建和扩建,已成为包括植物解剖学、细胞遗传学、分子生物系统学和生物化学的综合性现代化实验室。植物生理实验室则迁至韦克赫斯特庄园,主要从事种子生理学研究,并管理在低温低湿条件下长期保存野生植物种子的种子库。博物馆收集了来自各国的大量植物和木材样品、植物制品,以经济植物学作为研究重点,并向公众展出部分藏品,普及植物学知识。

活植物部下设树木园、草本组、温带组和热带组等,有温室21 560m²。附设3年制的园艺学校,为海内外植物园和园林机构培养人才。活植物部收集栽培了来自世界各个气候带的7200种(含种下分类单位)植物,不但可向研究人员和有关机构提供所需活植物材料,且以其丰富多采的奇花异草和优美自然的园林景观吸引游客。

丘园引种成功的众多观赏花卉,如王莲、鹤望兰、杜鹃花和兰花等,大大丰富了英国和欧洲的园林植物种类,并对重要经济植物如金鸡纳树和三叶橡胶树的引种开发做出过贡献。通过对稀有濒危物种的考察研究、种子库保存种子、常规和微型繁殖以及在园中划出自然保护区等举措,为生态环境和植物多样性保护与利用作出新的努力。

丘园出版《丘园索引》(*Index Kewensis*)、《丘园通报》(*Kew Bulletin*)、《丘园杂志》(*Kew Magazine*)等。

(新晓白)

缨绒花(tassel flower) *Emilia jaranica*,别名一点缨、黄缨花。菊科一点红属一年生草本植物。染色体数 2n = 2x = 10。株高40～60cm。叶稍肉质;基部和茎下部叶柄具狭翅,叶片披针状矩圆形;上部叶柄有阔翅,抱茎。头状花序,径1.0～1.3cm,具长梗,单生或簇生于枝端呈伞房状;总苞单层、杯状,边缘有单齿裂,较管状花稍短;小花红色,管状,全为两性;花期6～9月。瘦果5棱;果熟期8～10月;种子千粒重0.66g。栽培变种有橙黄缨绒花(var. *aurea*)和金黄缨绒花(var. *lutea*),茎叶均为青绿色,不带紫晕。原产南美洲,栽培广泛。喜温暖、潮湿、向阳,对土壤要求不严。用种子繁殖。可作树坛、边缘隙地点辍或疏荫地的地被植物。同属植物约12种,常见栽培的有红背缨绒花(*E. sonchifolia*),叶互生,叶背通常紫色。

(岳沛华)

樱花类(flowering cherries) *Prunus* spp. (*Cerasus* spp.),别名楔、福岛樱、荆桃等。蔷薇科李属落叶乔木。其果实成熟早,曾是著名的果树,也因花果美丽而成为重要的观赏树种。中国栽培樱花(桃)已有2000多年的历史,欧洲也于公元前就开始了樱类的栽培、利用,至17世纪初传入美洲大陆。

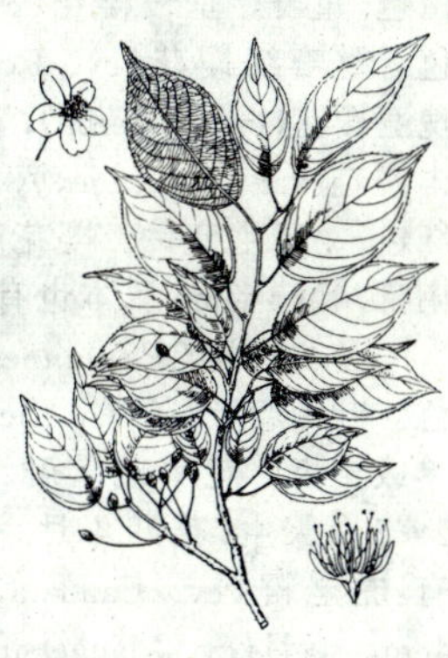

多为落叶乔木,树冠呈卵圆形至圆球形。单叶互生,具腺状锯齿,花单生枝顶或3～6(10)簇生呈伞形或伞房状总状花序,花多数有柄,先叶或与叶同时开放,花被5基数,花期4月,栽培品种多呈重瓣。果实多汁,果呈圆球形,果红色或黑色,5～6月成熟。

樱花类树木是由11个野生种如山樱(*P. serrulata*)、早樱(*P. pendula*)等及其杂交种组成,其变种、类型更多,品种约有300多个。

樱花类树木产北半球温带,以中国西南山区种类最为丰富,而栽培的樱花却广布于世界各地,以日本樱花最为著名。对气候、土壤适应范围较宽。喜光、耐寒、抗旱,在排水良好的土壤上生长良好。用播种、嫁接、扦插等法繁殖。为保持品种特性,应以嫁接法为主。若繁殖大量的砧木,则以播种为主,而有些品种如'彼岸'樱、'富士'樱则以扦插繁殖为好。病虫害主要有蚜虫、刺蛾、蚧壳虫、根线虫和白纹羽病、根瘤癌等。

樱花类树木是重要的观花树种,可大片栽植造成"花海"景观,也可孤植或三、五成丛点缀绿地形成锦团,在中国和日本都有樱花路、樱花坡等以樱为主形成的著名景点。樱花还可作行道树、绿篱或制作盆景。樱桃是早春水果可生食。

常见栽培观赏的树种有:

樱花(*P. serrulata*):高15～25m,树皮暗栗褐色、光滑。叶卵形或卵状椭圆形,长6～12cm,先端尾尖,缘具芒状单或重齿。花白色或粉红色,径2.5～4cm;花期4月。核果球形、紫褐色,7月成熟。品种及变种有:重瓣白樱花(cv. Alba-plena),花白色,重瓣,径3～4cm。红白樱花(cv. Alba-rosea),花蕾淡红色,开后变

白色，重瓣。垂枝樱花(cv. Pendula)，枝下垂，花粉红色。重瓣红樱花(cv. Roseo-plena)，花粉红色、重瓣。瑰丽樱花(cv. Superba)，花大、重瓣、淡红色，花梗长。山樱花(var. *spontanea*)，花单瓣且小，径2cm，白或粉红色，为野生变种。樱花产中国长江流域和东北地区南部，朝鲜半岛、日本也有。

日本晚樱(*P. lannesiana*)：高达10m，树皮淡灰色。叶倒卵形，长5～15cm，先端长尾状，缘具长芒状单或重齿。花单或重瓣、下垂，粉红或近白色，芳香，2～5朵聚生，花期4月。栽培品种很多，其主要品种有：虎尾樱(cv. Caudata)，花白或粉红色、单瓣，径4cm。满月(cv. Mangetsu)，花单瓣、白色，径5.5cm，芳香。四季樱(cv. Fudanzakura)，花白色、单瓣，径3～3.5cm，一年中可陆续不断开花。万里香(cv. Excelsa)，花重瓣、白色，径4cm，芳香。牡丹樱(cv. Moutan)，花白色带浅红，径5cm，芳香。金龙樱(cv. Kinryu)，花淡红色，单或重瓣，径4～5cm。关山(cv. Sekiyama)，花重瓣、浓红色，径6cm。小枝多而向上弯曲。御衣黄(cv. Gioiko)，花淡黄与淡绿相间，有红色纵纹，重瓣。菊樱(cv. Chrysanthemoides)，花红色、重瓣，径4cm。日本晚樱原产日本，中国各地园林中多有栽培。

樱桃(*P. pseudocerasus*)：高达8m，叶卵形至卵状椭圆形，缘具重齿；花白色，径1.5～2.5cm，花期4月；果球形，径1～1.5cm，5～6月成熟时红色或橘红色。主产中国华北、华东、华中地区。

日本早樱(*P. subhirtella*)：小乔木，高5m，树皮横纹状，老树皮纵裂。小枝褐色，叶倒卵形至卵状披针形，长3～8cm；花粉红色，径2～2.5cm，2～5朵呈伞形花序，春季叶前开花。主要栽培品种有：十月樱(cv. Autumnalis)，花淡红或白色、重瓣，花期4月和10月。垂枝早樱(cv. Pendula)，大枝横生，小枝下垂。花淡红或白色，花期3月。

大山樱(*P. sargentii*)：高12～20m，树皮栗褐色，光滑。叶椭圆状倒卵形，长6～14cm。花粉红色，2～4(6)朵簇生，径3～5cm，花期3～4月。果紫黑色，7月成熟。栽培品种有开白色花者。

云南樱花(*P. cerosoides*)：高达10m，树皮褐色，小枝紫褐色。叶椭圆状卵形或倒卵形，长5～10cm，先端长尾状，缘具重齿。花粉红至深红色，2～5朵簇生，花期2～3月。产中国西藏、云南等地。

冬樱花(*P. majestica*)：高达25m，树皮浅褐色，小枝绿色。叶长椭圆形至披针形，长8～12cm。花粉红色，花期11月至翌年1月。果紫黑色，径0.8～1.2cm。产中国云南。

(张春静)

鹦喙花 (glory pea; parrot's-bill; parrot's-beak) *Clianthus puniceus*，别名耀花豆。蝶形花亚科耀花豆属常绿亚灌木。染色体数2n=16。株高可达180cm。叶互生，单数羽状复叶，小叶13～25枚，长圆形，长1.5～3cm。总状花序短而下垂，6～15朵腋生成丛；花冠蝶形、鲜红色，罕桃红至白色；旗瓣长3.8～5cm，长而尖，先端反卷，龙骨瓣长约6.2cm，独木舟状；花期夏季。原产新西兰。喜温和气候，不耐寒、不耐酷热，通常在温室栽培。播种繁殖或扦插繁殖。为温室观赏植物。

(王大钧)

鹰爪豆 (Spanish broom) *Spartium junceum*，蝶形花科鹰爪豆属落叶灌木。枝细长，绿色，有纵棱。单叶互生，倒披针形或条形。总状花序顶生，花萼及花冠鲜黄色，芳香，花期5～9月。荚果条形。变型有：重瓣鹰爪豆(f. *plenum*)，花重瓣，鲜黄色；白花鹰爪豆(f. *ochroleucum*)，花重瓣，带白色。原产地中海地区及大洋洲加罗林群岛，中国陕西、河南、江苏、浙江、上海等地有栽培。喜光，不耐阴；喜温暖湿润气候。生长旺盛，生命力强。用种子或分蘖繁殖。鹰爪豆枝绿花黄，宜丛栽于庭园草坪、墙际、水畔、坡地，也可栽作自然式绿篱。

(周道瑛)

鹰爪花 (sixpetal tailgrape) *Artabotrys hexapetalus*，番荔枝科鹰爪花属常绿攀援灌木。高达4m。单叶互生，长圆形或阔披针形，长6～16cm，先端渐尖或急尖。花淡绿或淡黄色，芳香，1～2朵生于钩状总花梗上，花瓣6枚，花径4～6cm。花期5～8月。浆果卵圆形，长2.5～4cm，果期6～12月。产中国浙江南部、江西、云南、福建、台湾、广东、广西、海南等地，印度、泰国、越南、菲律宾、印度尼西亚等也有分布。喜光，也耐阴；喜温暖湿润气候和疏松肥沃排水良好的土壤。用播种、压条或扦插繁殖。树性强健，耐修剪。鹰爪花可用于庭园花架、花墙之绿化，也可与假山石配植，以增加山林野趣。花具芳香，中国南方和台湾妇女常簪花饰头，以美化生活。花含芳香油，根可入药。

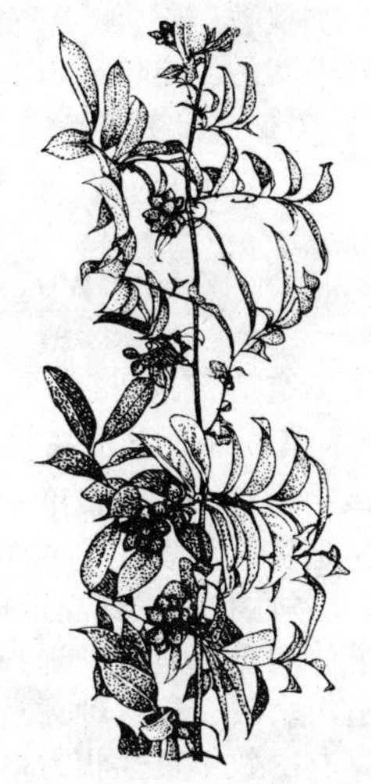

（陈耀华）

迎春（winter jasmine） *Jasminum nudiflorum*，别名迎春花、金腰带、金梅。木犀科茉莉属落叶灌木。染色体数2n＝26。栽培历史约1000余年，唐代白居易诗《玩迎春花赠杨郎中》及宋代韩琦诗《中书东厅迎春》均为赞咏迎春花之作。明代周文华撰《汝南圃史》载："以十二月及春初开化，故曰迎春。"高0.3～5m。枝细长，拱曲弯垂，幼枝绿色，四棱形。叶对生，三出复叶，小叶卵形至椭圆形，长1～3cm，花单生，先叶开放，有清香；花冠黄色，高脚碟状，径2～2.5cm；花期2～4月。浆果紫黑色（通常不结果）。变种垫状迎春（var. *pulvinatum*），别名藏迎春。小灌木，高0.3～1.2m，多分枝，密集成垫状，小枝先端近刺状。分布于中国云南、四川及西藏之交界处。

迎春产于中国陕西、甘肃、四川、云南及西藏等地，多生长在海拔800～2000m的山坡灌丛或溪谷岸边，各地普遍栽培。喜光，稍耐阴，喜温暖湿润气候，也耐寒、耐空气干燥；对土壤要求不严，在微酸性土、轻盐碱土上均能生长，较耐干旱瘠薄，不耐涝。浅根性，萌蘖力强，耐修剪。繁殖以扦插为主，硬枝扦插、嫩枝扦插均可。也可采用压条或分株繁殖。迎春生长强健，适应性强，易管理，栽培中偶有蚜虫为害，可喷施40％乐果1500倍液防治。

迎春株型铺散，柔枝拱垂，早春开花，金黄可爱，冬季鲜绿的枝条在白雪映衬下也很美观，宜配置于湖边、溪畔、桥头、墙隅或在草坪、林缘、坡地、悬崖种植，也可作花径、开花地被应用，还可盆栽、制作盆景及作切花插瓶供室内观赏。花、枝、叶可入药。

同属中常见栽培观赏的还有：红素馨（*J. beesianum*），别名红茉莉。落叶或半常绿藤木。单叶对生。聚伞花序顶生，有花1～5朵，花紫色或红色，极香。产中国四川、云南、贵州。素方花（*J. officinale*），落叶或常绿藤木。奇数羽状复叶对生，小叶5～7(9)；聚伞花序有花1～10朵，花冠白色或外染红晕，芳香。产中国西南地区，伊朗、巴基斯坦也有分布。变种素馨花（var. *grandiflorum*），花较大，花冠筒长1.5～2cm。探春花（*J. floridum*），半常绿或常绿灌木。高0.4～3m。叶互生，小叶3～5；聚伞花序顶生，多花，有重瓣花品种。产中国陕西、湖北、四川、贵州、河南、河北、山东，浙江一带有栽培。矮探春（*J. humile*），别名小黄馨。常绿或半常绿灌木。枝细弱铺散。叶互生，小叶3～7，通常5枚。聚伞花序顶生，有花1～10(20)朵，鲜黄色，芳香。产中国西南地区。浓香探春（*J. odoratissimum*），别名金茉莉。常绿灌木。奇数羽状复叶互生，小叶通常5枚。聚伞花序顶生，有花3～7朵，黄色，极香。产大西洋玛德拉群岛，中国华东有栽培。茉莉花（*J. sambac*），常绿灌木或藤木。单叶对生。聚伞花序有花1～9朵，通常3朵，花白色，极芳香，有重瓣花类型。产印度、巴基斯坦、伊朗、阿拉伯各国，中国自唐、宋时引入，长江流域以南各地露地栽培，黄河流域及以北地区盆栽。野迎春（*J. mesnyi*），别名云南黄馨、南迎春。常绿直立亚灌木。三出复叶对生。花通常1～2朵生叶腋或小枝顶端，黄色，芳香，径2～4.5cm，栽培中常出现重瓣。产中国四川、贵州、云南。多花素馨（*J. polyanthum*），别名素兴花。半常绿藤木。羽状复叶对生，小叶5～7。总状或圆锥花序，有花5～7；花蕾红色，开放后花冠白色，极芳香。产中国四川、贵州、云南。（周忠樑 董保华）

硬骨凌霄（cape heneysuckle） *Tecomaria capensis*，别名南非凌霄、常绿凌霄。紫葳科硬骨凌霄属常绿半藤状灌木。染色体数2n＝36。高约4m。枝绿褐色，有瘤状小凸起。奇数羽状复叶对生，小叶5～9，卵形至椭圆形，长1～2.5cm，缘具不规则粗齿；总状花序顶生，花冠橙红色，呈弯曲的漏斗形，花期6～9月；蒴果条形，10月果熟。产南非好望角，中国华南地区多有栽培，华北地区多行盆栽。喜光，喜温暖湿润气候，适生于肥沃而排水良好的砂壤土；萌芽力强，耐修剪。播种或扦插繁殖。

硬骨凌霄枝叶茂密，花期长、花色美，适宜在园林绿地中种植或植作绿篱，也可植山石旁共同组景。

（陈耀华）

优株评选（evaluation and selection of elite plants） 按照一定标准从群体中评定并选择出具有优良性状单株的方法。优株评选是观赏植物育种过程中的重要环节。经过评选，确定优株个体，才能进行比较、鉴定和繁殖，形成一个具有优良性状的群体。通过优株评选，还可使退化的品种得以复壮。

评选标准　首先，应区别系统育种中的评选标准和良种繁育中提纯复壮的评选标准。

系统育种中应根据品种的优缺点和育种目标，明确入选类型，确定哪些优良性状是要保持和提高的，哪些性状是必须改进和克服的，并且要在综合性状整体表现优良的基础上，有重点地克服品种存在的缺点。如果忽略了综合性状，只突出单一性状，是不会评选出有价值的优良品种的。良种繁育中提纯复壮的评选标准，应以原品种主要特征为准，先确定哪些优良性状需加复壮，哪些性状应予保持。

在拟订优株评选标准时，应首先明确目标性状；其次，分清目标性状的主次。再次，适度确定目标性状的评选标准，不能过高或过低。如过高，一些优良性状单株会因不合格而遭淘汰；相反，如降低了入选标准，又会大大增加工作量。最后应注意尽量减少环境及其他因素的干扰。

在拟订花卉评选标准中，应从花卉品质性状和抗逆性两方面考虑。在品质性状上，以株型、花形、花色、花香、开花繁密度、重瓣性及花期、叶形、叶色等为主。而抗逆性则包括抗病、抗虫、抗寒、抗热、抗旱、抗涝以及耐盐碱、耐贫瘠土壤、抗污染能力以及耐粗放管理等等。对于以上两个方面，除一般兼顾外，也可有所侧重。如侧重品质性状选择时，称之为品质性状评选或称品质选种；侧重抗逆性状选择时，则称抗逆性状评选或称抗逆性状选种。

评选方法　有单一性状评选和综合性评选两大类。

单一性状评选：根据性状的重要性或出现的先后逐次淘汰的一种评选法。包括分项累进淘汰法和分次分期淘汰法。分项累进淘汰法是根据性状的相对重要性顺序排列，把重要性状排在前面，先按第一重要性状进行评选，然后在入选株内按第二性状进行评选，顺次进行。分次分期淘汰法，则按目标性状出现的先后，在第一个目标性状显露时进行第一次评选。到第二个目标性状出现时将已选优株内第二性状不合格株予以淘汰。然后再依次进行。综合性状评选：根据花卉的观赏价值及抗逆性等综合性状进行评分，最后评选出积分最高的植株。它又分为多次综合评比法、加权评分法和限值淘汰等法。①多次综合评比法一般分为初选、复选和决选三次评选。初选时可多人分片进行，复选应由一二人全面进行，然后将复选植株集中到一起进行决选。也可将复选与决选合并办理。为了准确，翌年可重复进行一次。一般做法是分项，各按重要性分别打分，总分为100分，60分或70分以上入选。此法又称百分制计分评选法，国内外应用较多。②加权评分比较法是根据各性状的相对重要性分别给予各性状一加权数（W），测定各植株的各性状数值（X），把植株各性状的测定值乘以加权数后积加，即得该植株总分数，根据总分数择选录取。具体计算公式如下：

$$Y = \frac{W_1 h_1^2}{M_1} X_1 + \frac{W_2 h_2^2}{M_2} X_2 + \frac{W_3 h_3^2}{M_3} X_3 + \cdots + \frac{W_n h_n^2}{M_n} X_n$$

式中　Y 为评选指数；W_n 为第 n 个性状的加权系数；h_n^2 为第 n 个性状的遗传力；M_n 为第一到第 n 个性状群体平均数；X_n 代表第 n 个性状的观察值。③限值淘汰法是将需要鉴定的性状分别规定一个最低入选标准，凡各性状都达到规定标准的植株可入选，低于规定标准的淘汰。但对于选择满足特殊需要的品种，此法不适用。因实行这种评选法，很可能将优点很突出但因具有少数不良性状的单株淘汰掉。

优株评选在观赏植物品种改良中，当属多快好省的一种方法。育种实践证明，此法不论在花木类（如梅花、金花茶等）、宿根花卉、地被植物（如地被菊、荷兰菊等）、草花（如凤仙花、三色堇）等，都收到良好的效果。

（王彭伟）

油橄榄（common olive）　*Olea europaea*，别名齐墩果。木樨科木樨榄属常绿乔木。染色体数 2n＝46。高约10m，在原产地可达20m。树冠近球形。树干常有树瘤，树皮灰绿，粗糙；单叶对生，窄椭圆形至披针形，长2～6cm，全缘，叶背密生银白色鳞片；腋生圆锥花序，花白色，芳香，花期4～5月；核果近球形，黑色，10～12月成熟。

产地中海地区，中国陕西、湖北、四川、贵州、云南、广西、台湾等栽培较多。喜光，喜温暖气候，适生于年均温14～20℃、冬季最冷月平均最低温0℃以上的地区；耐干旱，忌积水，宜土层深厚、肥沃、排水良好的中性砂壤土；根系发达，芽的成枝能力强，耐修剪，寿命可达两千年。播种或扦插繁殖，优良品种用嫁接繁殖。主要病虫害有油橄榄青枯病、根瘤病、幼苗猝倒病和云斑天牛、金龟子、油橄榄蜡蚧等。

油橄榄枝叶茂密，花、果、叶均可供观赏，适宜在园林绿地中栽植。

（陈耀华）

油杉（keteleeria） *Keteleeria fortunei*，别名松梧。松科油杉属常绿乔木。中国特有树种。染色体数 2n＝2x＝24。高达 30m，胸径达 1m，树冠塔形。小枝

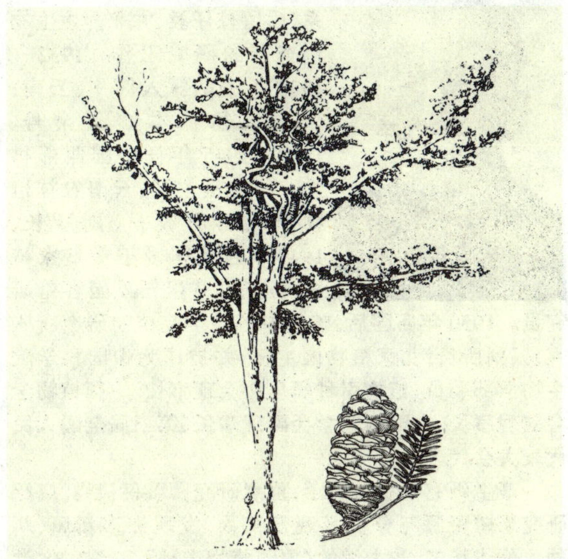

淡红褐色。叶条形，排成 2 例，表面亮绿色，背面淡绿。球果圆柱形。花期 3～4 月，果熟 10 月。产中国浙江、福建、广东、广西等地，生于海拔 400～1200m 地带。阳性树种，喜暖湿气候，在酸性红壤或黄壤中生长良好。耐干旱瘠薄。通常用播种繁殖。主要病虫害有油杉毒蛾、松瘤病等，除加强管理外，还应注意药物防治。树形高大挺拔，优美可观，为优良的高山风景林和造林树种。

同属植物常见栽培者还有：云南油杉（*K. evelyniana*），别名杉松。常绿乔木，叶条形较窄长。生于海拔 1200～1600m 地带。较抗旱。适作滇山茶的荫蔽树种。产于中国云南、四川西南及贵州西部。海南油杉（*K. hainanensis*），常绿乔木，叶条状披针形。生于海拔约 1000m 的山地。高山绿化树种，为国家二级保护树种。产于中国海南。铁坚杉（*K. davidiana*），常绿乔木，高达 50m，树形优美。生于海拔 600～1500m 地带。最宜塔旁种植。产于中国陕西及甘肃南部等地，是该属中较耐寒的种。台湾油杉（*K. formosana*），常绿乔木，一年生枝有密生乳头状突起。产中国台湾。

（叶超汉）

油桐（tung oil tree） *Vernicia fordii*，大戟科油桐属落叶乔木。染色体数 2n＝22。高达 12m，树冠球形或扁球形。枝粗壮；单叶互生，广卵形，长 5～15(18)cm，全缘，叶柄顶端具 2 紫红色腺体；顶生圆锥状聚伞花序，花单性同株，花瓣白色、有紫色条纹，花期 4～5 月；核果近球形，9～10 月果熟。产中国长江流域及其以南地区，其中以四川、湖南、湖北和贵州最为集中。喜光，喜温暖湿润气候，对霜冻有一定抗性，－10℃以下可引起冻害；适生于深厚肥沃排水良好的酸性至中性砂壤土。播种繁殖，随采随播或将种子沙藏至翌年春播，当年苗高达 80～100cm。常见病虫害有油桐枯萎病、油桐叶斑病、根腐病和油桐尺蠖、刺蛾、金龟子等。

油桐叶大荫浓，花大美丽，可植为庭荫树或行道树。种子可榨油，即桐油。

（陈耀华）

柚木（common teak） *Tectona grandis*，别名脂树。马鞭草科柚木属落叶大乔木。染色体数 2n＝24，36。高达 50m，胸径达 3m。树皮暗褐色，条状纵裂或块裂。小枝四棱形，浅灰色或淡褐色，具土黄色绒毛。叶对生，宽卵形或倒卵状椭圆形，长 15～70cm，正面粗糙，背面密被黄棕色毛，全缘。二歧聚伞花序排列成圆锥状，长 25～40cm；花小，白色或淡黄色，有香气；花冠筒长约 2.5～3mm；花期 5～9 月。核果近球形，茶褐色；果期 11 月至翌年 2 月。产中国云南，印度至菲律宾、印度尼西亚也有分布；多生于湿润的森林中。中国广东、广西、福建、台湾等地有栽培。喜温暖湿润气候，不耐寒。播种繁殖。柚木树大，荫浓，花香，适宜华南地区作庭荫树或园景树。

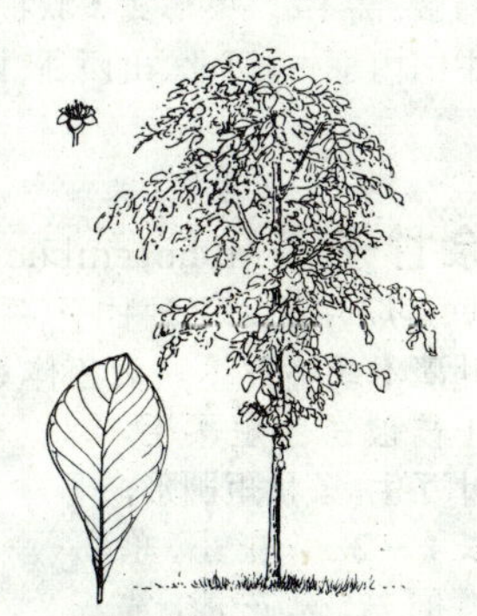

（包满珠）

莸（blue-beard） *Caryopteris incana*，别名兰香草、山薄荷。马鞭草科莸属落叶灌木。染色体数 2n＝26。高 1～2m。枝干灰褐色，叶对生，卵形、卵状披针形或矩圆形，长 2～8cm，缘有粗齿。聚伞花序腋生；花冠淡蓝色或淡紫色；花果期 7～10 月。蒴果倒卵状球形。产中国华东及甘肃、陕西、河南、湖北、湖南、广东、广西，印度、朝鲜、日本也有。喜光，耐寒，耐旱，耐瘠薄土壤。播种和分株繁殖。本种夏末至仲秋开花，花色淡雅，气味芬芳，丛植于草坪边缘、路边或假山旁都很适宜，也适合成片种植作地面覆盖。也可植为绿篱。

同属中栽培观赏的还有蒙莸（*C. mongolica*），枝

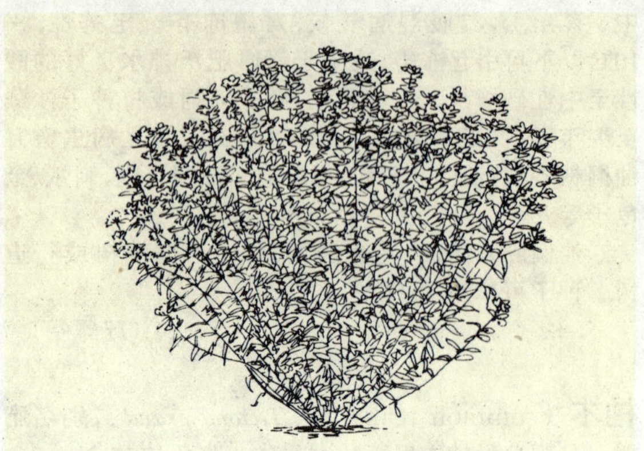

铺散，高 1m。条形或条状披针形，长 1～4cm，全缘，产中国内蒙古、河北、山西、陕西、甘肃等地。

（董保华）

余甘子（emblic；emblic leafflower） *Phyllanthus emblica*，别名油甘子、牛甘果。大戟科叶下珠属落叶灌木或小乔木。染色体数2n＝52，104。高1～5m，小枝被锈色短柔毛。叶互生，条状矩圆形，长1～2cm；花小，单性同株，无花瓣，常3～6朵簇生叶腋，花期3～5月；蒴果球形，具肉质外果皮，橙色，果期9～11月。产中国四川、贵州、云南、广西、广东、海南、福建及台湾等地，中南半岛、印度也有分布。喜温，耐旱，对土壤适应能力较强。多生长在气候炎热，蒸发量大，降水量不多的向阳山坡，甚至在岩石缝隙中也能正常生长。根系发达，萌蘖力强。播种繁殖。园林中适于向阳坡地丛植，或作遮蔽污地之用。果食橄榄味，可生食或渍制，也可药用。

（陆益新　董保华）

鱼花茑萝（lobate mina） *Mina lobata*，旋花科金鱼花茑萝属多年生草质藤本植物。染色体数 2n＝28，30。攀高可达 6～7m。总状花序蝎尾状、腋生，数花偏向一侧。花冠鲜猩红色，渐变黄，有袋状短筒部；檐部突然开展，具5枚小而稍开张的裂片，雄蕊伸出花外。夏季开花，直至霜降。原产中美及南美洲。不耐寒，喜向阳温热环境，长江流域作一年生栽培。不择土壤，栽培简易。主要用作棚架植物。也可扎架做成各种造型观赏。

（王大钧）

俞德浚（Yu Dejun，1908～1986） 中国植物学家、园艺学家。字季川，祖籍浙江，北京出生。1931年毕业于北京师范大学生物系，后留校任教，并兼静生生物调查所的研究工作。1932～1938年率队深入四川、云南，采得植物标本2万余号。1937～1945年任中国西部科学院研究室主任、云南农林植物研究所研究员、副所长。1947年赴英国爱丁堡皇家植物园进修，并担任丘园客籍研究员。1950年回国后，曾任中国科学院植物研究所研究员、副所长，北京植物园主任，并被选为中国科学院生物学部委员、植物引种驯化协会理事长、中国植物学会副理事长、中国园艺学会副理事长、第三届全国人民代表大会代表等。

毕生研究植物分类学，重点研究蔷薇科植物，广泛研究果树资源与分类及观赏植物，发现许多新属、新种。著述甚多，如主编的《中国植物志》第36、37、38卷（蔷薇科），获中国科学院科技进步一等奖，国家自然科学二等奖；主编《华北习见观赏植物》两卷（1958、1962）及《植物引种驯化集刊》（科学出版社出版）等。著有《中国果树分类学》（1979），获1982年度全国优秀科技图书一等奖；《植物园工作手册》（1955）；合著《云南山茶花图志》（1958）。发表《中国梨品种的新系统——新疆梨系统》等60篇果树园艺论文及20余篇观赏植物论文。

（余树勋）

榆树（Siberian elm） *Ulmus pumila*，别名家榆、白榆。榆科榆属落叶乔木。染色体数 2n＝2x＝28。高25m，冠幅可达25m，枝条开展，树冠圆球形或卵圆形。树皮深灰色，粗糙、不规则深纵裂。小枝灰绿色、密集，细长柔软常排成二列。单叶互生，卵状椭圆形至椭圆状披针形，长2～8cm，缘多重锯齿。花两性，先叶开放，聚伞花序簇生，花期3～4月。翅果近圆形，果熟4～5月。品种有：'垂枝'榆（cv. Pendula），别名龙爪榆。树冠伞形，枝条下垂。

产中国东北、华北、西北、华东及华中各地，朝鲜、蒙古及俄罗斯多呈低矮灌木状生长。阳性树，喜光，耐寒，耐旱，能耐－40℃的低温。在降水量不足200mm的干旱草原地区也能生长。不择土壤，但喜含石灰质深厚而肥沃的土壤。对二氧化硫、氯气、氟化氢等有害气体有较强的抗性。叶面滞尘能力较强。深根性，根系发达，主根粗壮，具抵御强风和保持水土的作用。寿命长。萌芽力强，耐修剪。不耐水湿，在低洼积水处，易烂根。

以播种繁殖为主，也可分株。当年苗高 0.8m 以上，次年移植一次，4～5 年生苗即可定植。常有榆金花虫（榆叶虫甲）为害叶部，可用 50%二溴磷乳油 200 倍液、50%久效磷 800～1000 倍液或 90%晶体敌百虫 1000 倍液防治。

榆树树冠广阔均匀，枝叶稠密，老树古朴苍劲，落叶期晚，适应性强，管理粗放，是北方城乡及工矿区绿化的习见树种，也是各种防护林、四旁绿化、公路、铁路绿化的良好树种。在园林中宜作孤植树、行道树、庭荫树等。因榆树萌蘖性强，耐修剪，可用作绿篱。老茎残根姿态古雅，萌芽力强，可掘取制作盆景。也为早春蜜源植物。木材质地坚韧。

同属植物常见栽培观赏种有：大果榆（*U. macrocarpa*），落叶小乔木或灌木，树冠扁球形，翅果大，秋季叶变红褐色，为点缀园林的秋色树种。春榆（*U. japonica* 或 *U. propinqua*），树冠广卵形，树皮纵裂有剥落，适用于高温工业区的绿化。裂叶榆（*U. laciniata*），乔木，叶片大，倒卵形，先端 3～7 裂，叶面粗糙，滞尘能力强，是净化环境的绿化树种。此外，还有榔榆（*U. parvifolia*）、圆冠榆（*U. densa*）和欧洲榆（*U. laevis*）等。 （冯美瑞）

榆叶梅（flowering almond） *Prunus triloba*，别名小桃红、鸾枝。蔷薇科李属观花灌木或小乔木。染色体数 $2n=8x=64$。榆叶梅在中国已有数百年栽培历史。清代汪灏《广群芳谱》（1708）中已有记载，当时称为鸾枝。1949 年以后，榆叶梅栽培品种有了较大发展。

枝紫褐色，叶宽椭圆形至倒卵形，先端 3 裂状，缘有不等的粗重锯齿；花单瓣至重瓣，紫红色，1～2 朵生于叶腋，花期 4 月；核果红色，近球形，有毛。果期 7 月。通过在全中国 10 余个省市调查，现有榆叶梅品种 40 余个。根据其来源分为二个系，即：榆叶梅系（Triloba Series），由纯榆叶梅栽培变异选育而来；樱榆梅系（Arnoldiana Series），由榆叶梅与樱李（*P. cerasifera*）杂交产生，最初是由美国阿诺德树木园育成。按花瓣数量和形态，榆叶梅品种分为四类、六型，即单瓣类、半重瓣类、千叶类和樱榆类和吊钟型、单蝶型、复蝶型、紫碗型、千叶型和樱榆型。

原产中国，主要分布在黑龙江、吉林、辽宁、内蒙古、河北，秦岭南北以及甘肃、西藏东南部，山东、江西、江苏和浙江等也有少量分布，生于低至中海拔坡地及林缘。中国北方城市栽培甚多。喜光，稍耐阴；耐寒，能在－35℃下越冬。对土壤要求不严，以中性至微碱性而肥沃土壤为佳。根系发达，耐旱力强。不耐涝。抗病力强。繁殖用播种、扦插和嫁接。砧木以山杏、山桃和榆叶梅实生苗为好。栽培中要注重肥水管理和适当修剪。易感蚜虫和红蜘蛛，应及时防治。

榆叶梅是早春优良的观花灌木，花形、花色均极美观，可孤植、丛植，适宜在各类园林绿地中种植。

同属中的观赏树种尚有：①郁李（*P. japonica*）。高达 1.5m。叶近卵形，长 3～5cm，花粉红或近白色，径约 1.5cm，春季与叶同放；果深红色，9～10 月成熟。栽培变种与品种有：长梗郁李（var. *nakaii*）花梗长 1～2cm；重瓣郁李（var. *kerii*）花粉红色、重瓣；白花重瓣郁李（cv. Albo-plena）花白色、重瓣；红花重瓣郁李（cv. Roseo-plena）花玫瑰红色、重瓣。郁李分布广泛，中国东北、华北、华中、华南等地多有栽培。②麦李（*P. glandulosa*）。高 1.5～2.0m。叶卵状长椭圆形至椭圆状披针形，长 5～8cm；花粉红色或白色，花期 3～4 月；果红色，9～10 月成熟。栽培品种有：重瓣白麦李（cv. Alba-pleana）花白色、重瓣；重瓣红麦李（cv. Rosea plena）花粉红色、重瓣。主产中国长江流域及西南各地。③毛樱桃（*P. tomentosa*）。高 2～3m，幼枝被毛。叶椭圆形或倒卵形，长 2～5cm，两面具毛；花白色，微带粉红色，花期 4 月；果红色，5～6 月成熟。产中国东北、华北、西北及西南地区。④欧李（*P. humilis*）。高达 1.5m，叶倒卵状椭圆形，长 3～7cm；花白色或粉红色，花期 4 月；果红色，7～8 月成熟。产中国东北、华北及内蒙古等。 （张启翔）

虞美人（corn poppy） *Papaver rhoeas*，别名丽春花、赛牡丹。罂粟科罂粟属一二年生草本植物。株高 30～90cm，茎细长，分枝细弱。全株有毛，有乳汁。叶互生，叶片为不整齐的羽状分裂，有锯齿。花单生于茎顶，具长梗，花蕾下垂，花开后花梗直立，花朵向上，花瓣质薄，具光泽，似绢。每朵花开 1～2 天，每株的花期可持续 20～30 天。萼片两枚，开花后即脱落。花径 4.5cm 以上。花瓣 4，宽倒卵形或近于圆形，全缘或稍裂。有半重瓣和重瓣品种。花色有深红、鲜红、粉红、紫红、淡黄、白和复色，有的具不同颜色镶边，有的在花瓣基部具黑色斑点。花期春夏之间。在中国华北地区 6 月开花。蒴果圆球形，成熟时孔裂，种子细小。虞美人原产欧洲和亚洲，北美也有分布。喜充足阳光，宜温暖，不耐寒，也不耐高温，忌高湿。对土壤要求不严，但以排水良好、肥沃的砂壤土生长最好。

繁殖与栽培　一般用直播法繁殖。发芽适温约 20℃，春天或秋天播种均可。北京地区多在 10 月下旬至 11 月初播种。播种前需整地作畦，洇透水，条播或撒播，播后覆盖一薄层细砂土。长出 5～6 片真叶时间苗，撒播者株行距为 10～15cm；条播者株行距为 20～25cm。入冬前需覆盖地膜保温。翌年 6 月开花。3 月下旬直播于花坛或畦地，6 月也可开花。若播种过晚，则植株矮小，开花少。秋季播种，一般植株健壮，花繁叶茂，且可得到质量较好的种子。高温多湿的夏季到来时，植株很快枯萎，故蒴果成熟后须及时采收。虞美人在生长期应保持土壤湿润，4月下旬施一次氮肥，5月上旬施一次磷钾肥。

园林应用　虞美人花色绚丽，花姿优美，是春季装饰公园、绿地、庭院的理想材料。适于种植花坛、花带或成片种植。如用作切花，应在花蕾半开放时剪下插入水中。全株可入药。

同属植物约100种，中国有6～7种，常见栽培的有：孔雀罂粟（*P. pavonium*），一年生草本植物。原产中国新疆、伊朗、阿富汗一带。花红色，径约4.5cm，花瓣基部有黑色斑纹，花期夏季。观赏罂粟（*P. somniferum*），一二年生草本植物。株高达1m，全株被白粉。花径8～10cm，玫瑰红色，有重瓣品种。花期春夏。原产南欧。果实入药。

（杨忠英）

羽扇豆（Washington lupin）　*Lupinus polyphyllus*，蝶形花亚科羽扇豆属多年生草本植物。染色体数2n＝48。茎粗壮，高约150cm。下部掌状复叶具长柄，有小叶9～18枚。总状花序长约60cm，多花，翼瓣蓝色，旗瓣带紫色，长约1.5cm。花期5～6月。有白花、紫花、深红、玫红及玫红与白间色等品种。亲本不详的杂交罗氏品系为最重要的栽培种，株高约120cm，小花密集，有各种单色和复色品种。原产美国西海岸加利福尼亚，不耐严寒，中国长江流域可露地越冬。秋季播种，早春定植，夏季高温多雨，往往严重缺苗。不耐碱性土，宜排水良好，肥力中等的壤土。荚果干燥时易爆裂，应及时于清晨采收。用于花境或丛植，为园林中重要的多年生花卉。

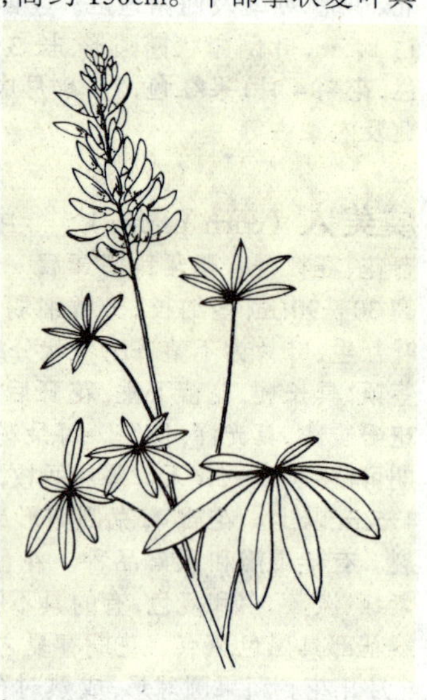

本属中常见栽培的多年生植物还有：宽叶羽扇豆（*L. latifolius*），花蓝至紫色，花序长约45cm。原产美国加利福尼亚州。宿根羽扇豆（*L. perennis*），株高约60cm，多毛，花蓝色杂紫色至白或黄色。花序长约30cm，花期晚春。原产美国东部。适于作花境材料。

（王大钧）

羽叶茑萝（cypress vine）　*Ipomoea quamoclit*（*Quamoclit pennata*），别名茑萝、茑萝松、游龙草、锦屏封、绕龙花。旋花科牵牛属一年生蔓性草本植物。蔓细长，可达6～7m。叶互生，羽状全裂，裂片线形。聚伞花序腋生，着花一至数朵，花径1.5～2cm；花冠高脚碟状、鲜红色，呈五角星形。花期7～9月，有纯白和粉色品种。果熟期8～10月，蒴果卵形。原产美洲热带，世界各地均有栽培。喜光照充足的温暖环境，不耐寒，耐干旱、瘠薄，不择土壤。宜春播，发芽适温约25℃，7～14天发芽。长江流域4月初播种。中国北方可于早春在温室中盆播，成苗后脱盆，带原土球定植于露地；也可于5月露地播种或秋播在温室中栽培。因系直根性，应直播或小苗时移栽。生长中要设棚架引蔓。羽叶茑萝茎叶柔美，花色浓艳，是缠绕矮篱和小型棚架的良好材料。也可不设棚架，任其爬地生长，开花时节，如绿绒毯上散布点点红星，赏心悦目。

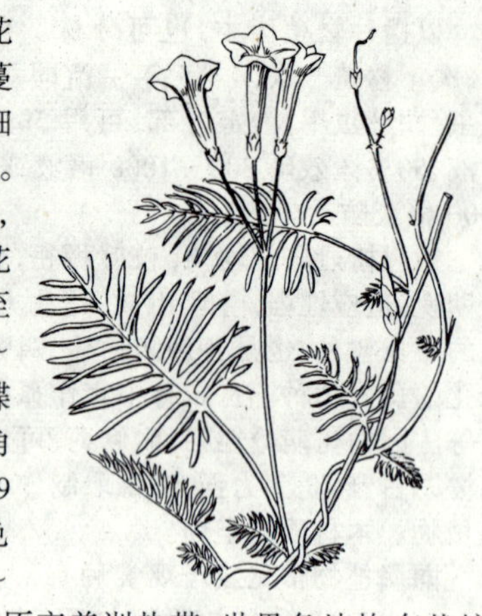

同属植物约300种，常见栽培的还有：①圆叶茑萝（*I. coccinea*）。蔓长3～4m，多分枝，茎叶密集，叶卵圆状心形、全缘，基部有角裂或浅齿状。聚伞花序腋生，着花较多，花径1.2～1.8cm，橘红色，喉部带黄色，花冠高脚碟状。原产美国东南部。②槭叶茑萝（*I.* × *sloteri*）。为羽叶茑萝与圆叶茑萝的杂交种，长势旺盛，蔓长约4m，叶宽卵圆形，呈掌状深裂，裂片长而锐尖，花径2～2.5cm，高脚碟状，大红色，喉部微带白色。

（秦魁杰）

羽叶楸（four-angular padritree）　*Stereospermum tetragonum*，紫葳科羽叶楸属乔木。高10m以上。奇数羽状复叶、对生；小叶7～11，卵状椭圆形至倒卵状椭圆形，全缘。顶生圆锥花序；花小，黄色或淡红色；花期5～7月。蒴果柱形，具四棱；果期9～11月。产中国云南、广西等地。喜光，喜温暖湿润气候，适生肥沃土壤。播

种繁殖。羽叶楸树姿优美,冠大荫浓,花、叶均可观赏,适于温暖地区庭园栽植,可作庭荫树、园景树及行道树。 (包满珠)

羽衣甘蓝(ornamental kale) *Brassica oleracea* var. *acephala* cv. Tricolor,别名叶牡丹、牡丹菜。十字花科芸薹属二年生草本植物。系甘蓝的一个变种。染色体数 2n=2x=18。原产地中海至北海沿岸。第一年植株形成莲花状叶片,经冬季低温,于翌春抽薹、开花、结实。长叶期具短缩茎,株高 30~40cm,抽薹后高可达 100~120cm。茎生叶倒卵圆形,具明显叶柄,叶面光滑,被有蜡粉。总状花序顶生,具小花 20~40 朵,异花授粉。角果扁圆柱状。园艺品种有:红叶系统,顶生叶紫红、淡紫红或雪青色,茎紫红色;白叶系统,顶生叶乳白、淡黄或黄色,茎绿色。喜冷凉气候,出苗适温为 18~20℃,苗期能耐较低温度,旺盛生长期适温为 15~20℃。为短日照植物,喜阳光,耐盐碱,喜肥沃土壤。华北地区 8~9 月份露地育苗,分苗于阳畦,翌年 3 月下旬至 4 月上旬定植露地观赏。观赏期长,用于布置花坛,也可盆栽观赏。在冬季温暖地区,常作冬花坛的重要布置材料。

(金 波)

雨久花(korsakow monochoria) *Monochoria korsakowii*,雨久花科雨久花属水生草本植物。植株具粗壮根状茎,下生纤维根。茎高 20 ~ 40cm。基生叶纸质,卵形至卵状心形,长 3~8cm,顶端急尖或渐尖。叶柄长达 30cm,有时膨胀呈囊状。茎生叶基部抱茎成宽鞘。总状花序顶生,有花 10 余朵;花径约 2cm,花被裂片 6、蓝色,椭圆形,长约 1cm。蒴果。中国分布自黑龙江至安徽、江苏、浙江北部。野生于池塘湖边。罕见栽培。种子自播繁衍。是水景园的良好布置材料。 (王大钧)

雨菊(cape marigold) *Dimorphotheca pluvialis*,菊科异果菊属一年生草本植物。株高 15~45cm,枝条向上,有稠密腺毛。叶倒卵形,互生。头状花序径 2.5~5.0cm,舌状花上面白色,背面紫色或紫铜色,盘心管状花黄色,花冠裂片顶端常带紫色。园艺变种雨环菊(var. *rings*),花纯白,盘心有一蓝色环。原产南非,不耐寒,忌炎热,喜阳光充足,要求排水良好的土壤。种子繁殖,春季或秋季播种育苗。可作花坛、花径或花境材料,也可盆栽观赏。

同属植物有 7 种。常见栽培的有:异果菊(*D. sinuata*),一年生草本,株高 30cm,分枝多而披散。舌状花橙黄色,盘心管状花黄色。有柠檬黄、杏黄及乳白等色变种。大花异果菊(*D. aurantiaca*),多年生草本,作一年生栽培,略矮于异果菊。盘心管状花金黄带棕色,顶端带蓝色金属光泽。园艺杂交种有深浅不同的樱草红、杏黄、浅黄、妃红及近白色等。

(岳沛华)

玉带草(satin reed canarygrass) *Phalaris arundinacea* var. *picta*,禾本科虉草属多年生草本植物。可露地栽植或盆栽。叶片色泽碧绿,嵌有白色条纹,十分美观。圆锥花序分枝细长,梢部下垂,随风飘曳,观赏价值较高。由于它像勋章的缎带,英国人称它为园林工人嘉德勋章的绶带。喜湿润环境,干旱时应灌水。宜肥沃、疏松、排水良好的土壤。采用分根或栽植根状茎繁殖。栽植后随即灌足水,7~10 天就可成活,成活率很高。花坛、花境可用作镶边观叶植物,也可盆栽观赏。

(胡叔良)

玉兰(yulan) *Magnolia denudata*,别名木兰、玉兰花、白玉兰等。木兰科木兰属乔木。染色体数 2n=6x,4x=114,76。中国特产名花,以其花“色白微碧,香味似兰”故名。

栽培历史 栽培历史长达 2500 年之久。南朝梁任昉《述异记》:“木兰洲在浔阳(今之九江)江中,多木兰树。昔吴王阖闾植木兰于此,用构宫殿”。此处木兰,应是中国最早栽植的玉兰。在长沙马王堆一号汉墓中发现保存完好的药物辛夷,经鉴定是玉兰花蕾,说明早在 2100 年前的汉代已将玉兰花蕾作为陪葬品。《大明一统志》(1461)中载:“南湖建烟雨楼,楼前玉兰花莹洁俏丽,与翠柏相掩映,挺出楼外,亦是奇观。”这里首次用“玉兰”之名,并证明此时已注意玉兰与常绿树搭配造景。明代王象晋在《群芳谱》中说玉兰“花九瓣，色白微碧，香味似兰"，"隆冬结蕾，三月盛开。浇以粪水，则花大而香"，"亦有黄者。最忌水浸"。"寄枝用木笔，体与木笔并植，秋后接之。"不仅对玉兰的生物学习性与形态特征作了详细描述，而且讲述了栽培繁殖方法，至今仍有参考价值。清代陈淏子在《花镜》及吴其濬在《植物名实图考》中，对玉兰都有生动的记载。清代皇室布置庭园时，亦配植玉兰。如乾隆为庆贺其母后诞辰，在清漪园（颐和园前身），广植花木和大片玉兰、紫玉兰，有"玉香海"的美称。近代，中国植物学家采集了大量木兰科植物标本，发表了一些新种或类群，并在广州建木兰园，收集木兰科树种 11 属 100 余种。玉兰和紫玉兰早在唐代已传至日本，17 世纪末传入英国。二乔玉兰乃法国人 1820～1840 年将玉兰与紫玉兰杂交育成的种间杂种，培育出 17 个品种。美国原产木兰属植物 8 种，成立了木兰学会，重视引种、育种工作，培育出了一些杂种与类型。

形态特征　高达 25m。叶互生、较大，阔倒卵至倒卵形，先端圆宽、平截或微凹，具短突尖，全缘。花单生枝顶，白色钟状，花被 9（15）片，芳香。聚合果圆柱形，长 12～20cm，通常因部分种子败育而弯曲。种子心脏形、黑色，千粒重约 140g，出种率约 10%。花期因栽植地区气候而异，如昆明 11～12 月、广州 2～3 月、杭州 3 月、北京 4 月。果期 9 月。栽培种株矮枝繁，花大且密，开放时似万千乳鸽欲展翅翱翔，暗香浮动，诗意倍增。实生种株高干直，分枝略疏，花稀叶茂，但适应性强且生长迅速，偶亦出现繁茂大花的新类型。

变种与品种　变种有紫花玉兰（var. *purpurascens*），花背面紫红色，腹面淡红色，浓淡有致，美丽动人。玉兰的品种，花色有纯白、粉红之分；花瓣有 9 瓣、12～15 瓣或多达 20 瓣的类型（如西安的'长安玉灯'）。据此，玉兰依花瓣多寡、花被之直立或反卷、花瓣宽狭、花色及花期等，初步归纳为 6～11 个类型。

产地、习性与繁殖栽培　原产浙江、安徽、山西、湖南、湖北、贵州、广东等地海拔 500～1000m 山地阔叶林中，现江西庐山、安徽黄山仍多野生。

玉兰为常绿阔叶林或常绿落叶阔叶混交林中的中生树种，寿命可达千年以上。江苏连云港云台山至今仍保存 800 年生以上的大树，且连年开花，花团锦簇，蔚为壮观。性喜温暖湿润、侧方有庇荫的环境，稍耐阴，成年树则较喜光。适宜在酸性或微碱性富含腐殖质而排水良好的地区生长；喜肥；肉质根，不耐积水，亦不耐干旱。玉兰对温度敏感，中国南北花期相差约4～5 个月；即使在同年，每年花期变化也较大。玉兰能耐 -20℃ 的短暂低温，对二氧化硫有一定的抗性。

用播种、嫁接、压条与扦插或组培育苗等法繁殖。播种主要为培养砧木，9 月采蓇葖果，种子沙藏。来春在温室内沙床上催芽，3 月中下旬可出苗，4 月初移至大田。此法较直播节省种子，并可提前出苗。嫁接用播种苗或紫玉兰、黄山木兰等作砧，劈接、腹接、芽接均可，劈接成活率高，生长迅速，晚秋接成活情况更好。扦插可于 6 月初新梢侧芽饱满时剪新枝行全光雾插，成活率达 50% 以上。播种或嫁接成活的幼苗，重施基肥、控制密度，3～5 年即可培育出株高 3m、径粗 6cm、树冠完整并稀现花蕾的大苗。定植 2～3 年之后，进入盛花期，可望形成"点破银花玉雪春"的景色。栽种地点宜选高燥处，尤其两侧有庇荫最为理想，忌在林下等荫蔽处种植，风口亦非所宜，如土质欠佳，应事先加以改良。玉兰系肉质根，种植大苗应带土球。栽前挖大穴，重施基肥。萌动前 10 日或花刚榭而叶未展时为移栽适期。为使鲜花怒放并有利于孕育来年之蕾，应重视追肥。至少 2 月下旬、5 月上中旬各施一次，多用磷肥。夏季是玉兰生长与孕蕾季节，高温干旱不仅影响营养生长，并能导致花蕾萎缩或脱落，影响来年花容，故干旱时应灌溉保墒。整枝修剪可保持玉兰的树姿优美、通风透光，应将病枯枝、徒长枝、过密枝、冗枝及萌蘖等及时剪去，但玉兰的枝干愈伤能力较差，如无必要，宜少剪。

育种　主要目标有四:①抗寒。欧美少种玉兰而广栽二乔玉兰等,主要因玉兰易罹晚霜之害。②丰富花色、花型。具有不同花色及重瓣等,如二乔玉兰及其他种间杂种。③改变花期。如浙江嵊县选出'常寿'二乔玉兰,一年开花三次或更多。④加速生长,提前始花年龄。主要用选种和杂交育种(除二乔玉兰外),有很大潜力,如星花辛夷(*M.* × *loebnei*),为星花木兰(*M. stellata*)与日本辛夷(*M. kobus*)的杂种,即在花期、花色、花瓣等方面具有新的特点。还可用辐射育种等。

玉兰是抗性较强的树种,病害有黑斑病(*Alternaria* sp.)、叶枯病(*Cekospora* sp.)、叶斑病(*Phyllosticta magnoliae*)等。虫害有大蓑蛾(*Clania variegata*)、樗蚕(*Philosamia cynthia*)、霜天蛾(*Psilogramma menephron*)等。

园林应用　玉兰为著名的早春赏花树种,乔柯耸立,未叶先花,花大香郁,千枝万蕊,花鲜而不艳,秀而不媚,莹洁清丽,宛如玉树。在古典园林中,常在厅前院后配植,并名以玉兰堂、玉兰园。如在路边、草坪、亭台前后或漏窗内外、洞门之旁种植一二,饶有风趣。凡以玉兰为主体的树丛,其下应配植花期相近的茶花或夏初开放的杜鹃花互为衬托,更富情趣。该树丛如以常绿树或修竹作背景,或与兰天碧水相掩映,花更明丽洁净。玉兰与松树搭配,下置山石数块,更觉古趣天成。花蕾入药,花可制浸膏作香精,油煎花瓣香甜可口。

同属中常见的观赏树种　山玉兰(*M. delavayi*),别名优昙花。常绿乔木。叶色深绿,花大芬芳,初夏盛开。产中国云南、贵州、四川等地,引种至江南地区多呈丛生状。喜夏日凉爽、冬日温暖的气候及肥沃的土壤。为适于亚热带庭园栽种的观赏树种。紫玉兰(*M. liliflora*),别名辛夷、木笔。落叶丛生灌木,花大色艳,瓣披针形外紫内白,早春开放。产中国中部,各地广为栽培,安徽南部有一年开3次花的类型。扦插或分株繁殖。花鲜艳夺目,为园林配植嘉木。紫红玉兰(*M. Sprengeri*),别名武当木兰。落叶乔木,花杯状,芳香,花被12～14,表面玫瑰红色,里面较淡,有深紫色纵纹,倒卵状匙形,先叶开放,色艳形美。产中国河南、陕西、湖北、四川。二乔玉兰(*M.* × *soulangeana*),为玉兰与紫玉兰的杂交种。落叶小乔木,叶阔长圆形,花形、习性、应用等均近玉兰,惟品种多色彩丰富且较玉兰抗寒,尤抗晚霜。名品有'白花'玉兰(cv. Alba)、'深紫红'玉兰(cv. Lenne)色,'红白玫瑰'玉兰(cv. Lombardy Rose),花瓣里面紫玫瑰红,表面白色,花期长;等等。望春玉兰(*M. biondii*),别名华中木兰。落叶乔木,花先叶开放,芳香;花被9,外轮近条形,内2轮近匙形,白色,瓣表面基部带紫红色。产中国陕西、甘肃、湖北、河南、四川、湖南等地,北京有栽培。滇藏木兰(*M. campbellii*),落叶大乔木,高达30m。花大,径15～25cm,有深红、淡红或纯白诸色品种。产中国云南、西藏海拔2500～3500m的山地。花大美丽,早年引入欧美,誉为园艺珍品,并已育成甚多品种。星花木兰(*M. stellata*),别名日本玉兰。原产日本,杭、宁等地有栽培。落叶灌木或小乔木。喜光,耐寒性强。适应性强,山地种植生势矫健。嫁接繁殖。株形优美,先花后叶,花茂且香,为优良早春花木。日本辛夷(*M. Kobus*),落叶乔木。花瓣较玉兰质薄而略狭长,表面近基部有淡紫色条纹。原产日本,中国上海、杭州、大连、南京及欧美有栽培。天女花(*M. sieboidii*),别名小花木兰。落叶小乔木,花叶同放,白色芬芳,具长花梗,随风招展,如天女散花。喜凉爽湿润环境。原产中国辽宁、安徽、江西及广西北部等地,日本、朝鲜有分布。广玉兰(*M. grandiflora*),别名荷花玉兰。常绿大乔木。叶厚革质,下面密被锈褐色毛,树姿雄伟,叶大荫浓,花大似荷而香,雪白晶莹,初夏开放。适应性强,生长迅速,耐热又较耐寒,常用玉兰作砧木嫁接繁殖,播种苗生长慢而叶少锈毛。原产北美东南部,中国长江南北广为栽培,近更向北地引种扩大。变种有狭叶广玉兰(var. *lanceolata*),叶较狭,叶下面毛较少,抗寒性较强。厚朴(*M. officinalis*),落叶乔木,叶大形奇,花叶同茂,花大、色洁、香浓。为中国特产。中生树种,喜阴凉,畏酷暑干热。宜成丛、成片或与常绿树混植。树皮、根皮及花均入药。夜合花(*M. coco*),常绿灌木。花白或微黄、单朵顶生,夏日晨开夜合,芳馨宜人,入夜香味更浓,故又名夜香木兰。耐阴,喜肥,喜热畏寒。小型庭园近宅栽种,夏夜纳凉时幽香阵阵,暑气顿消,令人心旷神怡。

木兰属共约85种,主产中国、美国及日本,除上述者外,产于中国的尚有黄山木兰(*M. cylindrica*)、馨香玉兰(*M. odoratissima*)、圆叶玉兰(*M. sinensis*)、绢毛木兰(*M. alboser icea*)、西康玉兰(别名龙女花)(*M. wilsonii*)等,产于美国的黄瓜木兰(*M. acuminata*)、大叶木兰(*M. macrophylla*)、桂叶木兰(*M. virginiana*)等,产于日本之日本厚朴(*M. obovata*)等。

(杨志成　陈俊愉)

玉叶金花

(Buddha's lamp)　*Mussaenda pubescens*,茜草科玉叶金花属常绿攀援灌木。染色体数2n=22。叶对生或轮生,卵状矩圆形或卵状披针形,长5～8cm。聚伞花序顶生,稠密;花萼裂片条形,白色,其中一片先端扩大成叶状,花冠黄色,花期4～10月(广州)。浆果肉质,近椭圆形,干后黑色。产中国长江以南地区,多生于沟谷疏林下或灌丛中。喜温暖湿润环境及酸性土壤。播种或扦插繁殖,花后需修剪,以控制枝条蔓生。病虫害少,可供草地丛植、散植或与其他花灌木配植。

同属植物常见的还有白纸扇(*M. frondosa*),高

2～3m。产喜马拉雅山麓及马来西亚半岛。花时，绿丛中黄、白相映，可用作庭院草地角隅屏障树。大叶玉叶金花（*M. macrophylla*），叶椭圆形至卵形，长12～14cm。产中国华南。狭叶玉叶金花（*M. parviflora*），叶宽3～4cm。产中国台湾。台湾玉叶金花（*M. taiwaniana*），叶近圆形。产中国台湾。

（张应麟）

玉簪（fragrant plantain lily） *Hosta plantaginea*（*Funkia grandiflora*），别名玉春棒、白萼、白鹤仙。百合科玉簪属多年生草本植物。染色体数2n＝2x＝60。重瓣品种中染色体数为非整倍体，2n＝52～59者约占25%。中国自汉代起有玉簪应用的记载，至今已有近2000年的历史；欧美各国已栽培150年以上。20世纪中掀起了培育新品种的高潮，培育出许多花叶品种，80年代中国引进该品种，并利用组织培养方法获得花叶重瓣品种'花叶仙女'（cv. Fairy Variegata）。

地下茎粗壮，有多数须根。叶基生丛状，卵形至心脏状卵形，具长柄。顶生总状花序高出叶面。花管状漏斗形，筒长约13cm，白色，有浓香。花期7～9月，果熟期10月。变种重瓣玉簪（var. *pleno*），花重瓣。原产中国及日本。植株健壮，耐严寒，喜荫湿，畏阳光直射，在适当蔽荫处生长繁茂。喜土层深厚、肥沃湿润，排水良好的砂质壤土。

繁殖栽培：分株、播种繁殖均可，以分株为主，特别是花叶品种只能用分株繁殖。春季萌芽前或秋季枯黄前，将过密株丛挖起，每2～3芽带根切开，另行栽植。实生苗第一年生长缓慢，第二年生长加快，通常第三年开花。种植穴应施基肥，生长初期至开花前追施2次氮肥和磷肥。生长期少雨地区，要经常浇水，疏松土壤。夏季若过于干旱或阳光直射，则叶面变黄，叶缘枯焦。寒冷地区冬季宜稍加覆盖。

园林应用：叶丛色泽光亮，姿态丰满，是园林中重要林下地被植物，宜种植于岩石园、建筑物北面蔽荫处，或盆栽；也是良好的插花素材。全草可入药。鲜花含芳香油，可提制浸膏。

同属植物约20种，大多观赏栽培。高丛玉簪（*H. fortunei*），叶片较小，卵形或心脏状卵形。花葶明显高出叶丛，花浅紫色或近白色。粉叶玉簪（*H. glauca*，*H. sieboldiana*），叶片大，心脏形或卵圆形。花白色，略带粉晕，花期7月份。波叶玉簪（*H. undulata*），别名皱叶玉簪。叶片较小，卵形，叶缘微波状，叶面有乳黄色或银白色纵斑纹；花淡紫色。紫萼（*H. ventricosa*），叶片阔卵形，叶柄边缘常下延呈翅状。花蓝紫色。种子具双胚与3胚现象。原产中国、日本，西伯利亚也有分布。适应性极强。东北玉簪（*H. ensata*），叶片长卵形。花20朵以上，花筒长约4.5cm，花淡紫色。分布在中国吉林南部和辽宁南部。波缘玉簪（*H. crispula*），叶长卵状披针形，叶片深绿色，具宽白边和波状叶缘。具花30朵以上，花筒长约4.5cm，花淡紫色。花期6～7月份。还有杂种玉簪等。

（龙雅宜）

玉竹（fragrant Solomon's seal） *Polygonatum odoratum*，别名萎蕤、尾参、铃铛菜。百合科黄精属多年生草本植物。广布于欧洲温带，中国大部分地区有分布，以湖南与河南产量最多。具肉质根状茎，竹鞭状、圆柱形，其上密生须根。地上茎高20～60cm。叶互生，7～12枚，叶片椭圆形至卵状长圆形，正面绿色，背面白绿色。花簇生于叶腋，1～3朵，栽培者可达8朵。花被筒白色，常微绿，先端6裂，花期5～6月。浆果球形，果期7～9月，熟后蓝黑色。喜凉爽潮湿的荫蔽环境，耐寒，多野生于林下或石隙间。对土壤要求不严，以肥沃、排水良好的砂质壤土最宜。用根茎繁殖：繁殖用地施入基肥后深翻，作成130～150cm宽的畦，10～11月份选顶芽饱满，须根较多，皮色黄白的根茎作种，切成具有2～3节的小段播于畦内。用条播法繁殖：沟深5～10cm，行距25～30cm，株距8～15cm，将根茎切段平放于沟内，覆细土3cm。秋后培土3～5cm，以防冻害和根茎因露出表面而变绿。对干旱有较强的耐受力。玉竹茎叶挺拔，花钟形下垂，十分典雅。园林中用作林下或林缘地被植物，或用于花境，也可药用。

（金　波）

芋（taro；kalo；eddo） *Colocasia esculenta*，别名芋艿、芋头。天南星科芋属多年生草本植物。染色体数 2n＝28，36，48。块茎卵形。叶 2～3 片或更多，卵形，长 20～50cm，先端钝尖，基部 2 裂片浑圆；弯缺略钝、深 3～5cm。花序单生，佛焰苞长约 20cm，下部筒状，长卵形，上部披针形，纵向内卷，淡黄色；肉穗花序长约 10cm，下部为雌花，中间为不孕花，上部为雄花；花期 2～4 月。原产中国、印度和马来西亚。喜湿，不耐寒。以小块茎繁殖。园林中作为湿地地被及观叶盆栽。

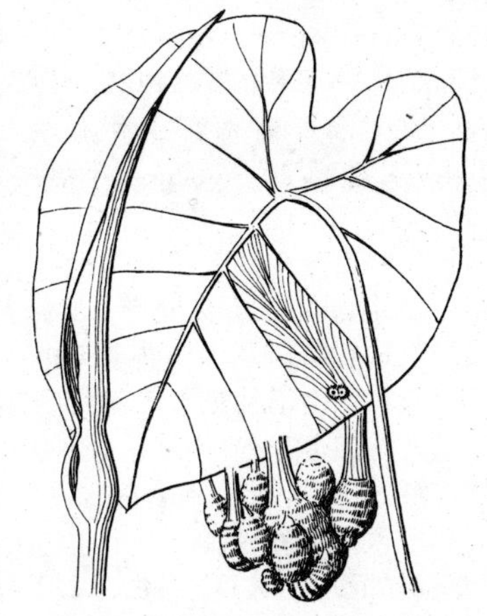

（郑 恭）

郁金香（tulip） *Tulipa gesneriana*，别名洋荷花、草麝香。百合科郁金香属具鳞茎多年生草本植物。染色体数 2n＝2x＝24，2n＝3x＝36。

起源及栽培简史 欧洲最早种植的郁金香，是从土耳其引入，首先在奥地利栽培。17 世纪中叶，郁金香在比利时、荷兰、英国风行。1620 年荷兰培育出两个优良品种‘佳丽’（cv. Gala Beauty）和‘醉面’（cv. Zommer Schoon），说明郁金香的栽培技术已达相当水平。到 1820～1898 年，郁金香优良新品种已达 31 个，其中一些品种现在仍有栽培，如‘杜克西’（cv. Duchesse de Parme）等等。现今郁金香栽培品种已达 10 000 多个。

19 世纪末中国的上海已有栽培，20 世纪初南京、庐山等地也有引种，但鳞茎退化严重（只能种 1～2 年）。经多年研究，解决鳞茎退化问题已有进展。

形态特征 鳞茎扁圆锥形，4～5 枚肉质鳞片着生鳞茎盘上。外被褐色膜质鳞片保护。茎叶光滑，灰绿色。叶仅 3～5 枚，呈带状披针形至卵状披针形，全缘而略呈波状，基生或部分茎生。花单生茎顶，大型、直立杯状，花被片 6、离生。有白、黄、橙、红、紫红、黑等色，还有复色、条纹、饰边、斑点及重瓣品种等。3～5 月开花。种子多数，扁平半圆形或三角状卵形；千粒重 4～15.7g。

类型及品种 现有品种多数是由许多原种及品种经过多次杂交培育而成，亲缘关系极为复杂。也有些由芽变而来。所以在花期、花型、花色及株型上变异甚多。1976 年郁金香国际分类会议将其划分为 15 个类型。

早花类 有单瓣早花型和重瓣早花型。

中花类 ①孟德尔型。是香郁金香（*T. suaveolens*）与达尔文杂种型郁金香杂交的后代，花单瓣，植株高在 50cm 以下。②胜利型。是单瓣早花郁金香与晚花郁金香杂交的后代，单瓣，植株一般比孟德尔型郁金香坚实。高度很少超过 50cm。③达尔文杂种。是达尔文郁金香与土耳其斯坦产鲜红郁金香杂交的后代，单瓣，稍有野生种的习性。④达尔文型。单瓣，高大，花的下部外轮廓长方形。⑤百合花型。单瓣，花瓣先端尖、反卷。⑥长卵形花型（又称乡趣郁金香）。单瓣，晚花，与上述 6、7 两类迥异，花朵外轮廓长卵形。⑦伦布朗型（又称碎斑郁金香）。花色在白、红、黄的底色上有棕色、青铜色、黑色、红色、粉色或紫色不规则的条纹或斑点。⑧鹦鹉型。花瓣边缘上有条裂或齿裂。⑨牡丹花型（又称重瓣晚花郁金香）。重瓣性强，花期晚。

野生种及其具有显著野生性的杂种类 原产土耳其斯坦的有：①睡莲花型（又称考夫曼型）。亲代为考夫曼郁金香（*T. Kaufmanniana*）传衍的品种和杂种后代。花瓣狭长，先端尖，开花如星芒状睡莲花形状，花期早。②福斯特型。亲代为福斯特郁金香（*T. fosterana*）传衍的品种和杂种，花大，开花早。③格里基型。祖先为格立基郁金香（*T. greigii*）的品种和杂种，花期比考夫曼郁金香稍晚，叶上常有斑点或条纹。此外还有其他种及其变种和杂种

习性 喜冬季较温和、湿润，夏季凉爽、稍干燥的向阳或半阴环境。宜富含腐殖质、排水良好的砂质壤土，忌低湿和粘重土。耐寒性强，冬季鳞茎可耐－35℃低温。生长期适温 8～20℃，最适温为 15～18℃。花芽分化适温 17～20℃。根系损伤后不能再生。鳞茎寿命 1 年。母鳞茎在当年开花并分生新球及子球，并逐渐干枯死亡。通常每一母球可分生 1～3.5 个新球。

繁殖与栽培

播种 一般秋季播种，覆盖 1.5cm 厚的腐殖质土或蛭石，用塑料棚保温保湿。2 月初发芽，5 月停止生长。地下小鳞茎直径约 0.5cm。挖出贮藏，秋季再种。如此经 5～6 年栽培可开花。实生苗常发生变异和分离，主要用于新品种培育。

分球 小球在秋季床播令其继续增长，可以开花的鳞茎，栽植深度约为鳞茎纵径的 3 倍。若土壤湿润，栽后可不必浇水。

组织培养 用鳞片作外植体效果最好。接种在 $MS+6BA_2+NAA_2$ 或 $MS+6BA_4+NAA_2+2,4\text{-}D_1$ 等培养基上，经 3 个月后形成直径约为 0.87cm 的小鳞茎，再经过 3～4 年栽培即可开花。

施肥 展叶至开花前施入适量微量元素，叶面喷

施0.1%磷酸二氢钾溶液2次，促使花大色艳及鳞茎发育充实。花谢后，施磷、钾为主的追肥。剪除残花，不使结实，注意保持土壤湿度稳定，使鳞茎正常发育。当叶片开始枯黄时，停止浇水施肥。茎叶三分之一枯黄时，挖出鳞茎，消毒。在种植过程中，要严格执行正确的农业技术措施。包括：①坚持轮作制度，最少3年轮换一次。②每年挖出的鳞茎，必须用0.1%高锰酸钾或多菌灵消毒20分钟，然后在干燥条件下贮存。③保存鳞茎的一切容器、用具、仓库均要严格消毒。④种植时，鳞茎必须用0.1%多菌灵或代森锰锌消毒。⑤种植和采收要求适时。⑥在保存期、种植期、生长期中均要经常检查剔除带病鳞茎或植株，并彻底销毁。9月底鳞茎内花芽已经分化，即可转入冷库内低温处理。低温处理的前一阶段处理温度为9℃，最后一个月转入5℃，共处理63～77天，才能保证正常开花。经过处理的鳞茎，可根据不同用花期，适时进行促成栽培。需时40～60天。

采收与贮藏

鲜切花　早晨6～7时剪取切花，所用工具要消毒。剪下后迅速插入水中。花梗长度要求在45cm以上，花瓣切忌沾水。以花蕾稍现色时为最佳采收期。未能及时运出或当日销售不完的鲜切花，应存放在5℃的冷库内。

鳞茎　采挖后在34℃条件下干燥7天，然后进入贮存室。开始的25～30天内，温度要求22℃左右，空气湿度70%以下，室内应有通风设施。8月份，室温降至17～20℃，空气湿度70%时，减少换气次数。定期检查，拣出发霉腐烂鳞茎销毁。

完好的鳞茎要进行分级后贮存。分级标准是：一级，直径3.5cm以上；二级，直径3.1～3.4cm；三级，直径2.5～3.0cm，四级，直径1.5～2.4cm；五级，直径1.5cm以下。三级以下作繁殖材料。同级种球应栽一处，便于管理。一至二级用于观赏栽培。

病虫害防治　郁金香常见病害有灰腐病（*Rhizoctonia tulipanum*）、菌核病（*Botrytis tulipe*）、青霉病、枯萎病、病毒病等。虫害有鳞茎螨、蚜虫。此外，还要注意防止鼠害。

园林用途　郁金香花色艳丽多样，花期统一，常利用各种颜色配植成几何图形花坛，或分品种成片种植在草坪、林内、水边，形成整体色块景观。郁金香品种有早、中、晚类型，各种类型搭配，可获得延长花期的效果。一部分品种可进行促成栽培，供应圣诞节到春节用花的需要。

同属植物　约150种，常见栽培的种还有克氏郁金香（*T. clusiana*），叶灰绿色，狭线形。花冠漏斗状，先端尖，有芳香，白带黄晕。不结实，为异源多倍体。分布于葡萄牙，经地中海至希腊、伊朗一带。福氏郁金香（*T. fosteriana*），茎叶2型：高型种，株高20～25cm，直立。叶多为3片，宽广平滑，缘具明显的紫红色线。矮型种，高15～18cm，有白粉。鲜绯红色，花冠杯状，径15cm，星形。原产中亚细亚。抗病毒。为极好的岩石园材料。香郁金香（*T. suaveolens*），高7～15cm，叶3～4枚，花冠钟状，鲜红色，边缘黄色，有芳香。原产俄罗斯南部至伊拉克。格里郁金香（*T. greigii*），株高20～40cm。叶阔披针形，蓝绿色，有紫褐色条纹，柄有沟。花洋红色，花被片先端尖锐。原产土耳其斯坦及中国新疆天山地区。考夫曼郁金香（*T. kaufmanniana*），叶灰绿色，花深黄色，外侧带红色。原产土耳其斯坦及中国新疆天山西部。

分布于中国的郁金香属植物除前述的格里郁金香和考夫曼郁金香外，尚有十余种，多分布于中国天山西部。如：①异叶郁金香（*T. heterophylla*）。叶2枚宽窄不相等。花黄绿色。产于中国天山。②二花郁金香（*T. biflora*）。花黄、红色，大形，有黄色斑点。分布于中国东北。③科氏郁金香（*T. kolpakovskiana*）。花黄色，产中国天山西部。④二型花郁金香（*T. bifloriformis*）。花白色。产中国天山西部。⑤奥氏郁金香（*T. ostrovskiana*）。花红、橙红、黄、杂色。产天山西部。⑥晚郁金香（*T. tarda*）。花白色。产天山北部。⑦土耳其斯坦郁金香（*T. turkestanica*）。花白色。产于天山。⑧伊犁郁金香（*T. iliensis*）。花黄色。产于天山。⑨老鸦瓣（*T. edulis*）。花白色。分布于中国辽宁、陕西、河南、山东、江苏、浙江、安徽、湖北、湖南、江西等地。

（张　俭）

鸢尾类（iris）

Iris spp.。鸢尾科鸢尾属多年生草本植物。本属染色体基数 x＝7～19，22等。

起源、演化及栽培简史　鸢尾类是园艺化较早，久负盛名的花卉。公元前1500年，在古埃及的墓石上就刻有鸢尾的图案，是雄伟与威力的象征。属名用希腊文命名，意为“虹”，因称彩虹之花。

中国，战国时代的《神农本草经》上已有鸢尾及蠡实（马蔺）的记载。《名医别录》说：“蠡实，一名荔实，生河东、五月采实、阴干。”又说，鸢尾“生九疑山，五月采。”《颜氏家训集解》中记述马蔺“人或种于阶庭，但呼为旱蒲。”1764年林奈确立鸢尾属记载22种。1934将鸢尾属分为根茎、块茎、球茎三大类13个组。1940年左右提出了染色体倍数与花朵大小及地理分布上的密切关系。1959年将鸢尾属分为4个亚属，为鸢尾属的选育与利用提供了科学依据。

形态特征　鸢尾类为多年生草本植物，地下部分为根茎，少数为鳞茎或球茎，块根状者稀见。叶基生，剑形至线形，嵌叠着生。花茎自叶丛中抽生；鞘苞内一至数花，花被片6，基部短管状至爪状，外轮3枚大而外弯或下垂，称垂瓣，内轮为3枚旗瓣，较小，多直立或拱形；花柱花瓣状，外展覆盖雄蕊。蒴果长圆形，种子多数。

类型及品种 鸢尾属植物约 300 个种，其中发展成为栽培鸢尾的主要有 5 个园艺品种群。

花菖蒲（*Iris ensata* var. *hortensis*） 原产中国东北地区、日本及朝鲜半岛。1681 年后日本人选育成江户、肥厚、伊势 3 个品种群。地下茎分歧，被褐色纤维。叶扁平、直立。花茎高出叶片，着花 2 朵。外花被片椭圆形、下垂，宽 3～4cm，基部中央有黄斑；内花被片狭椭圆形、直立，长约 4cm。花色有白、黄、蓝紫等，花期为 6 月份。后与欧洲原产的黄菖蒲（*I. pseudacorus*）进行种间杂交，选育出‘爱知之辉’等著名品种。美国近年来还选育出了多倍体新品种。

髯毛鸢尾（*Iris barata*） 包括最初在德国育成，旧名德国鸢尾的多个种的杂交种。外花被片基部有细密髯毛状附属物。内花被片大型直立。亲本复杂，园艺品种最多，分 6 群：①小花矮茎类（miniature dwarf bearded）：高 20cm，花径 5～7.5cm，花期 3 月；②中花中低茎类（standard dwarf bearded）：高 21～40cm，花径 7.5～10cm，花期 4～5 月；③中茎类（intermediate bearded）：高 40～70cm，花径 10～12cm，花期 4～5 月；④小花细茎类（miniature tall bearded）：高 41～70cm，花径约 7.5cm；⑤中花中茎类（border bearded）：高 41～70cm，花径 10～13cm；⑥大花高茎类（tall bearded）：高 70cm 以上，花径 13～20cm，花期 5 月。髯毛鸢尾花色丰富，除白、淡红、黄、蓝紫、橙、褐、玫红至砖红外，还有内外花被片不同色的组合，花被片边缘和花被片不同色的组合，是园林中栽植最多的品种群。喜排水良好环境，夏季高温多湿排水不畅时易患软腐病。

路州鸢尾 系 20 世纪中以美国路易斯安那州的几种鸢尾属植物，如铜红鸢尾（*I. fulva*）等为主要亲本杂交而成的一群，株高 60cm 左右。花型中等（7～10cm），外花被片略下垂，内花被片直立，色彩初以蓝紫为主，现已发展至黄、橙、玫红、铜红、棕红及复色等，花期 5 月。其特点为适应性强，耐寒、耐热、耐干旱、耐水湿。

道氏鸢尾（*I. douglasiana*） 原产美国加利福利尼亚。自粉红色的地下茎上抽出拱形叶。花葶约 70cm，着花 2～3 朵。外花被片倒披针形至倒卵形，长 10cm 左右。花色有紫红、淡紫、乳黄及白色等。喜日光充足，土壤肥沃。

球根鸢尾 主要为切花用的西班牙鸢尾（*Iris xiphium*）及其杂交种荷兰鸢尾。鳞球茎长卵圆形被膜光滑、褐色，植株直立粗壮，高 100～120cm，着花 1～2 朵，花外被片圆形，中央有黄斑，基部细缢有长爪，内花被片椭圆形直立。花色以白、黄、蓝、紫为主，花径在 10cm 左右。4～6 月开花。

生态习性 本属植物约 300 余种，多分布于北温带。中国产 60 种，分布于西北和北部地区。耐寒性较强，一些北温带种类在有厚积雪层覆盖的保护下气温降至 −40℃ 时，仍能露地越冬，但地上茎叶枯萎。鸢尾类春季萌芽生长较早，春至初夏开花，花芽分化多在 9～10 月间完成。与开花同时，地下茎、顶芽先端两侧发生数个侧芽，侧芽在当年形成新根茎，先端于秋季分化花芽。

鸢尾类是高度发达的虫媒花。花药被花柱覆盖，具有避开自花授粉的功能。雄性先熟，因而自花授粉率较低。依习性和对土壤水分的要求不同，可分为以下四种情况：①喜生于适度湿润、排水良好、富含腐殖质和石灰质、略带碱性的粘性壤土中，如鸢尾（*I. tectorum*）、蝴蝶花（*I. japonica*）、髯毛鸢尾（*I. barlata*）等。②喜生于湿润土壤及浅水中，如溪荪（*I. sanguinea*）、马蔺（*I. lactea* var. *chinensis*）、花菖蒲（*I. ensata* var. *hortensis*）等。③喜生于浅水中，如黄菖蒲（*I. pseudacorus*）、燕子花（*I. laevigata*）等。④球根鸢尾类，具鳞茎，喜阳光充足及凉爽环境，耐寒力不强，耐半阴，长江流域可露地越冬。要求排水良好的砂质壤土。

繁殖栽培 多数种类采用分株法繁殖，每隔 2～4 年进行一次，春季花后、或秋季均可。分割根茎时，应使每块具 2～3 个芽。若加速繁殖，可将新根茎分割下来，扦插于湿砂中，保持 20℃，14 天可生不定芽。此外，还可播种繁殖。通常于 9 月种子成熟后即播，播后 2～3 年开花；若冬季使之继续生长，18 个月就可开花。鳞茎类行分球繁殖。通常花后掘出晾干贮藏，于秋天种植，江南多露地栽培，北方须温室地栽。喜碱性土的种类，栽培前应充分施腐熟堆肥，并施油粕、骨粉、草木灰等做基肥。栽种距离依种类而异，强健种株距 45～60cm。喜微酸性土的种类，栽植前施以硫铵、过磷酸钙、钾肥等作基肥。植株在栽植时留叶 20cm 长，剪去上部，栽植深度 7～8cm。

鸢尾还可促成栽培。以髯毛鸢尾为例，10 月底开始促成栽培，夜间最低温度保持 10℃，辅以电灯照明，至翌年 1～2 月份开花。抑制栽培，可于 3 月上旬掘起，在 0～3℃ 条件下贮藏，在需开花之前 60～80 天栽培，即可按预定时间采花。球根鸢尾在江南除露地栽培外，也可温室促成栽培。将鳞茎冷藏在 1～3℃ 下，60 天后种在温室地床，保持 8～12℃，待花茎抽生时再逐渐升温至 20℃ 以上，冬季及早春均可供应切花。

病虫害防治 环斑蚀夜蛾（*Oxytripia orbiculosa*）是华北地区对鸢尾科植物危害严重的害虫。可用 50% 磷胺乳油 2000 倍液喷雾。鸢尾软腐病（*Erwinia aroideae*）多发生在雨季，叶片变暗绿色，自地表处软化腐烂，地下茎也腐烂，叶片干枯。发现罹病植株应迅速拔除，并在周围喷洒波尔多液。鸢尾花腐病（*Iris blosson blight*）病原是灰葡萄孢霉（*Botrytis cinerea*）及围小丛壳菌(*Glomerella cingulata*)。发现病株应及时拔除,或喷布苯来特、代森锌等杀菌剂。

园林应用 鸢尾种类繁多、花型特殊、花色丰富,多数种类花期在4~5月份,是构成春、夏花境及绿化景点的重要材料,也可作为地被植物。一些国家常设置鸢尾专类园。水生鸢尾是水边绿化的优良材料。有些种类是促成栽培及切花的材料。

中国常见观赏用种有:白射干(*I. dichotoma*),原产中国东北、西北及河北等地。叶剑形、套折状,蓝绿色。花葶直立,高约75cm,多二歧分枝,花3~5朵簇生,白色,有紫褐色斑点,直径2~2.5cm。蝴蝶花(*I. japonica*),原产中国及日本。叶剑形,常绿,有光泽。花淡紫色,径约5cm。花期4~5月。马蔺(蠡实)(*I. lactea* var. *chinensis*),原产中国、中亚细亚及朝鲜半岛。根茎粗短,须根粗而坚韧。花堇蓝色,外花被片中部有黄色条纹,花径6cm。花期5月。燕子花(*I. laevigata*),原产中国东北、日本及朝鲜半岛。叶宽剑形,茎无分枝,顶端着花3朵,深紫色,花径约12cm。花期5月。香根鸢尾(*I. pallida*),原产意大利北部、澳大利亚西部高原。叶被白粉,宽剑形,呈灰绿色。花茎高于叶片,具2~3分枝,各着花1~2朵。苞片呈白色干膜质,外花被片具黄色髯。花期5月。黄菖蒲(*I. pseudacorus*),原产南欧、西亚及北非。适水边栽植。叶剑形,中肋明显。花茎与叶近等长,3分枝,着花约6朵,花黄色。花期5月。溪荪(*I. sanguinea*),原产中国东北、俄罗斯西伯利亚、朝鲜半岛及日本。叶剑状线形,花茎与叶近等长,无分枝,着花2朵。花深紫色,外花被中央有白、褐色条纹。鸢尾(*I. tectorum*),原产中国中部至西南部。叶剑形,拱垂。花茎稍高于叶丛,单一或二分枝,每枝着花3~5朵。花蓝紫色,外花被片中肋上有鸡冠状突起。花期4月下旬。矮鸢尾(*I. pumila*),原产前苏联、罗马尼亚、保加利亚及澳大利亚。高约10cm,一茎一花,花小,外花被片下垂、具须毛。花紫、黄、白色及具斑点者。花期4月。

(吴涤新)

鸢尾蒜(Siberian lily; Tartar lily) *Ixiolirion tartaricum*,石蒜科鸢尾蒜属多年生草本植物。染色体数2n=24。具被膜鳞茎,卵圆形,径约2.5cm,茎高40cm。基生叶3~8枚,簇生,条状披针形;茎生小叶2~3枚。伞形花序有花2~18朵,花梗长短不齐;花冠淡蓝至深蓝色,长3.8cm,径约5cm;花期春季。原产小亚细亚至俄罗斯西伯利亚中部以及中国新疆北部。较耐寒,但冬季及早春需加保护。喜排水良好、干燥向阳环境,轻松而肥沃的土壤。鳞茎在秋季掘取,分生繁殖。用于花境、草地点缀或盆栽。

(王大钧)

鸳鸯茉莉(acuminate brunfelsia) *Brunfelsia acuminata*,别名番茉莉。茄科鸳鸯茉莉属常绿小灌木。高1m余。枝密生,开展;叶互生,长椭圆形,长5~8cm,全缘。花单生枝顶或呈聚伞花序,蓝紫色后变淡蓝色或白色,芳香,花期4~6月。果为蒴果或浆果状。产热带美洲,中国南方有栽培。喜光,喜暖热湿润气候,不耐寒,适生于疏松肥沃排水良好的微酸性砂壤土。用扦插法繁殖。鸳鸯茉莉花色艳丽且具芳香,适宜在园林绿地中种植观赏,中国华东、华北地区可行盆栽。同属中常见栽培观赏的还有大叶鸳鸯茉莉(*B. calycina*),叶大,花深紫色。产巴西,中国南方有栽培。

(陈耀华)

园景树(specimen trees) 具有较高观赏价值,在园林绿地中能独自构成美好景物的树木。又称孤植树或标本树。园景树多形体高大,树姿优美或具有突出观赏特点,常见于公园入口内或园路交叉处。绿岛中心种植金字塔形的雪松,小池畔转折处孤植的枝垂水面的'垂枝'梅,以及大草坪上的巨树,都是很好的园景;而草坪上孤植的欧洲槲栎(*Quercus robur*),竟成为英国自然式园林的特色之一。中国常见的园景树有银杏、枫香、玉兰、广玉兰、樟树、圆柏,南洋杉、雪松、日本金松、柠檬桉、松、紫薇、梅花、樟、青檀、榔榆,等等。

(陈有民)

园林道路工程(garden path engineering) 对园林内引导游人步行或车行的道路进行设计施工的全过程。园林道路(简称园路)在园林中起着导游、串通各景区的交通线、表现园林形式、增添园景、充作园林分区的界限等作用。园路的类型按功能可分为步行道、车行道和车步混用道。按路宽可分为主干道、次干道及步行小路。步行道的变化多,艺术性高,很受游人欢迎。

园路工程是在总体规划的基础上,进行施工前的线路设计、路面铺装设计和园路结构设计。线路设计包括平曲线设计和竖曲线设计。前者要表示出路宽、转弯半径及曲路加宽等,后者是对园路的纵横坡度及弯路外侧加高等技术要求进行设计。路面铺装设计本来属于道路结构的面层部分,但园路(尤其是步行路)对装点园景有较高的艺术要求,其材料、纹样及色彩的构思、传统与创新的变革等需专门设计。结构设计包括面层以下、路槽以上各层的材料、厚度及处理方法的设计。园路施工应有施工计划、施工进度、施工材料、施工机械与人员的准备等。除图文的表示外，还有许多现场的指导工作。

园路面层作为园景的一部分，十分重要。步行道不仅要使行路人步履舒适，而且要有美丽的图案，使游人感到“步步生花”。步行路所用的铺装材料种类很多，如整形石板，不规则形石板、整形块石、混凝土预制板以及可镶嵌花纹的水泥砖、机制砖、卵石、砾石等。苏州古典园林中甚至用绿色碎玻璃瓶嵌在卵石路面上，闪闪发光十分别致。有的国家用颜料调入水泥中，制成褐色、墨绿色、深灰色、灰蓝色的板块，铺成的路面也很朴素雅致。中国有些古老的园林(如故宫乾隆花园)用卵石在地面铺嵌出故事画、吉祥用语或花、鸟、虫、鱼图形等，近代已十分少见。用各种材料铺砌的路面，要求：①能承受长期人流或车辆的磨损和自然因素的损坏；②平稳、坚固、具有一定的粗糙度，即防滑又便于清扫；③路面的纹样色彩与附近的景物有一定的协调感，如梅园的小路铺砌五瓣的梅花图案等。

园路施工需按设计图准确地放线，用木桩表示出填挖深度，然后按设计的结构挖出路槽，留出路肩，摆放路牙。常用的路牙有预制的混凝土定型产品，或用机制红砖，也可用较大的卵石等。平路牙是路面、路牙顶面、路肩在一个平面上。立路牙是路面在下，路牙顶面与路肩在同一平面，路面排水与路肩无关。路槽底面如为宿土即不必夯实，否则在新填土上要夯实，然后加铺基层(其为碎石、砾石、煤碴及石灰三合土)，必需层层压实或夯实。它是主要的承重层，其厚度依人行或车行为准，一般不少于20cm。再上如用板料或块料铺装表面，必需有结合层，这一层常用粗砂(或水泥加砂、石灰加砂)，厚度在3～5cm，将表面铺稳，缝隙填满水泥和砂的混合物，然后喷水，相互结固后即可通行。如用混凝土就地浇灌，在基层上直接进行，不必结合层。至于铺嵌各种图案花纹，则在基层上加水泥砂浆，趁湿嵌入版砖、瓦片、各色卵石等构成图案。水泥砂浆浇制的路面必需隔一定距离留出伸缩缝(一般2～4m留一条)，以免因冷热发生变形。

(毛培琳　余树勋)

园林地形的设计 (topographic design of parks and gardens)　在园林范围内按功能与艺术要求，预先作出对地形处理的实施方案、图样等。园林地形是人们借自然地貌，依照设计者的意图，构思并经艺术加工形成的景物或形成其他景物所必需的基础，使整个园林赖以存在。地形的设计要考虑使之高低错落，曲折迂回，空间分隔和沟通等艺术效果，人为安排景观时，要考虑便于设置各景区与布置道路交通，组织人流等功能。

园林地形的塑造是一种造型艺术，中国传统园林的地形处理手法可概括为如下几点。①师法自然：园林地形的塑造，一方面要学习和模仿多姿多彩的自然地貌；另一方面要学习中国传统的掇山理水手法，加强自身的艺术素养。用传统的手法去加工或改造自然素材，以真为假，做假乱真。使园林地貌“虽由人作，宛自天开”。②成竹在胸，地貌自然合理：园林山水的创作如文章的构思，要有命题，有起讫开合，要主次分明，承上启下，前后呼应，烘托对比等。在布置山水时，对山水的位置、朝向、形状、大小、高深，山与山之间，山与平地之间，山与水之间的关系等，作通盘考虑。造山理水犹如作画，设计者须胸有丘壑，才能布置自如。③统筹全局，景物相得益彰：园林地形的处理，除注意其本身的造型外，还要考虑为园中建筑及其他工程设施创造适合的场地，施工时注意保留好表土以利植物的生长。在造景方面，地形和其他景物要相互配合。

近代园林地形设计要服从城市规划的要求，并取得城市建设各有关部门的配合，使园内的地形高度与周围环境协调。处理园林地形应该遵循顺应自然，因高就低，利用原地形为主，改造为辅的原则。在满足园林建设的基本要求的同时，要与设计意图的艺术构思结合起来，因地制宜，宜山则山，宜水则水，园中各种设施和景物的布置尽可能利用原地形。对不合要求的局部，应根据设计意图加以改造或补充。地形的设计应避免破坏自然地貌，又不可为艺术而艺术。中国古典名苑中有不少因地制宜的佳例。如北京颐和园、承德避暑山庄等。

园林地形的设计是地形改造全过程的前奏。地形改造大致可分相地、设计、施工三个步骤。在这之前，还要搜集有关的资料，如原地形测量、周围规划与现况的图纸及水文、土壤、气象等资料。相地，即现场踏勘，详细了解整个园基的情况，其任务有二：一是对照检查地形图的精确度；二是观察地貌、地物，把有利用价值的地点标记在图上，以备设计时参考。地形设计是园林总体规划和进一步技术设计的重要组成部分。地形设计图应单做，其比例尺与其他图纸相同，这样可以方便土方量的计算和施工图的制作。园林地形设计工作以后必须进行土方量计算。计算土方量要明确挖方和填方的具体数量，并预示挖、填土方量能否在园内就地平衡。常用断面法(等高面法)或方格网法计算。前者适用于自然山水园的计算，后者则宜于大面积场地平整的土方量计算。土方工程设计是地形改造设计的重要部分，其中应有具体的土方施工图，指明土方挖填位置、深度与运输平衡的路线等，是施工的主要依据，在园林地形设计图纸中，山体、水体的位置、形状、高深及地貌状态主要用等高线表示。园林地形设计图纸的要求如表所示。

园林地形设计图纸要求

图别	图纸比例	表达内容	土方量计算要求	备注
地形规划图	1/1000～1/2000	山体、水体的位置和大致范围、形状和高度，工程量较大或地形较复杂，辅以文字说明	估算	等高线高差1～2m
地形设计图	1/200～1/500	山体、水体的具体位置、形状、高度(或深度)，园路场地等的标高、坡向、变坡点标高、岸坡坡度及建筑地坪标高等	计算	等高线高差0.2～0.5m
地形施工图	1/200～1/5000	施工标高、坡向、坡度，附土方调配图，指明土方调配方向，数量、距离等		

有时为了更好地表示地形的改造和利用情况，也可以把地形设计做成模型，明确设计者的意图。

（黄庆喜）

园林花卉配植（garden flowers arrangement） 园林中搭配种植不同露地草花的方式。花卉的高矮、花期、色彩、种植方式以及与环境的协调关系，是园林花卉配植中必须考虑的重要因素。

花卉的高矮配植 以视线来源为依据，视线来自一边的，应后高前矮，如墙边的花径必须如此。视线来自相对各方面的，如路中花坛、街心花坛，则花卉以同样高度为宜。因为人们喜欢俯视，故以矮生或中等高矮为佳，如半支莲、一串红等。

花卉的花期配植 草花花坛：一二年生草花花期较短，生长季节内必须多次更换，选择花期相近的为一茬，各季度花坛内应保证有花。应分批播种，实行温室育苗或盆栽促成等方法，花开完后即换植。花径：多年生宿根或球根花卉，一般种在花径内。同时开花的植物应适当分散于花径之中，达到既开花不断又不过分集中，这样，生长季内不必进行换花，待冬季来临，再进行施肥和调整。

花卉的色彩配植 根据场合与要求，可将花卉色彩配植得繁华喧闹，也可形成淡雅清幽的格局，这就应掌握暖色花卉及冷色花卉的花期，根据气氛的需要，做好配植工作。花期相同，高矮均一，色彩相同，即形成一个色块，装饰效果最好。一般不宜杂植各色花卉，以免杂乱之弊。在规整的图案花坛中，更需高矮、花期、色彩近似，才能较好地显出图案花纹来。用叶色突出的观叶植物布置花坛，如红绿草等观赏期长，叶片稠密，色彩效果好。

花卉配植的方式 园林中不可无花，中国古典园林喜设花台、花池等，西方园林形式传入后，始有各种花坛及花境的设置。自然式园林为自然景观的集锦，力求不出现人造痕迹。花境的布置错落有致，水边、路边成丛成片花卉的点缀，均为自然式园林所常见。其他一切整形式的方、长方、圆、椭圆、三角、多角等几何形式的花坛，都只能与规整的道路、建筑、水池、雕像等景物相配合。花卉色彩丰富，是园林中易于形成对比而加重游人注意力之处。故在园中要重点设置，而不宜过多。

花卉配植与四周环境的关系 中国文学作品中常见“花花世界”、“万紫千红”等渲染性词句。实际上，一般园中花卉每年只有一段短暂的、有季节性的色彩斑斓的开花时期，人们欣赏它，可得到身心的欢愉。而真正产生长期环境效益的，还是隽永的绿色植物。所以用木本植物设计好环境绿化，应是园林中主要部分。仅在重点地区点缀一些花卉，那是园林艺术中“画龙点睛”的手法。 （徐大陆 余树勋）

园林机具（garden machines and tools） 园林生产、养护管理过程中采用的通用或专用的机械和工具。它是在农业机具、林业机具及工程机械基础上发展起来的。各类园林绿化专用机具对城乡园林绿化事业的发展起到了一定的促进作用。

中华人民共和国建设部定点归口生产园林机具的厂家有北京、济南、南京、杭州园林机械厂及上海园林工具厂等。中华人民共和国轻工总会归口的厂家约50余家，其中以生产园艺工具为主者20余家。中国产园林机具除供国内应用外，还约有40%园艺工具产品出口东南亚国家。中国的园林机具正向着美观、实用、轻便、优质、价廉的方向发展。

依据ZBJO 4007—88建设部颁布的园林机具分类标准，将园林机具划分为22组51种型。其中包括耕翻、整地机具，养护管理机具，园林喷灌设备，移植机具，园林废弃物(落叶、枯草、树枝等)收集处理机具，花卉培育设备，包装运输机具等。

耕翻机具有牵引、悬挂、半悬挂犁，旋耕机，耙，平地机，挖坑机具等。园林喷灌设备有喷灌机、各式喷头及滴灌系统等。养护管理机具包括除草、松土、除虫、施肥、修剪、间伐、剪草等机具。许多园林机具有结构合理，效率较高的优点。如打药喷雾机、树木移植机、高树修剪机、绿篱修剪机、手持脉冲喷射式喷雾机、锥片式割草机及一些采种机具等。园艺工具量大、面广，包括剪、刀、锯、花卉工具、耙、铲、叉等7类、40多品种、150余种规格，广泛应用于城镇园林绿化、果树、花卉盆景、农牧林业生产。 （徐元德）

园林技术管理（technical management for parks and gardens） 园林管理部门在建造、经营园林过程中采取有关生产技术的实施手段和方法。园林技术包括园林的规划、设计、施工与管理；园林中各种规程规范的制定与实施；观赏植物养护管理的标准（指标）及病虫害的预测预报技术措施；科研、科技工作的计划方案与开展以及整个技术资料的积累，建档归档等工作。它是园林各项管理工作的重要组成部分，是建园、营园的依据和保证。

"园林"是多维空间的艺术境域。它涉及到多种学科和艺术门类。建造前要把握规划设计方案，理想的意图要求，当地的自然环境、水文、地质、水源、勘察、市政、煤气、热力、水电、投资等各种技术资料均须具备。建造中要依据上述有关技术资料，抓住土建工程和种植工程质量、进度等环节。在长期的经营管理中，要抓好技术业务工作，重点是：观赏植物的技术管理需根据植物的生物学特性、生态要求、形态特征、物候期变化规律、观赏特点及植物景观变化等要求，在各环节上进行管理，如制定灌溉、施肥、防治病、虫害、整形修剪等相应的技术管理措施，以保证其茁壮生长发育和展示最佳的观赏效果。根据不同植物不同时期的要求，浇好花前水、花后水、肥后水、抗旱水和防冻水等；土壤是固定植物生长的基础，土壤肥力是植物生长所需营养的主要来源之一，要适时施好基肥、追肥（包括叶面追肥），要掌握好氮、磷、钾的比例及微量元素的施用，以改良土壤的理化性质，使之更适宜植物生长；观赏植物的病、虫害直接影响植物生长、寿命和观赏效果，在"以防为主、防重于治"的原则下，依据病、虫害的发生发展规律，以及它们和植物本身对药物的反应等，确定最佳技术措施及药剂的配方和浓度，及时做好化学的、物理的、生物的防治工作；为调整植物的生长势、延长寿命、促其表现出最优美的姿态，要及时整形修剪，剥芽、去蘖、摘心、打尖、造型等。植物生长环境的改善，如防风、防涝、防冻、防旱等技术措施，从园林整体上加以防治也是建立和保持园林长期美好面貌的技术管理工作内容。

（史震宇）

园林建筑小品（garden furnitures） 园林中供游人休息、欣赏以及点缀环境的小型建筑物或装饰设施。园林建筑小品的特点：第一是一般具有一定的使用功能，如供游人游览、休息的亭、廊、榭、舫等，别具风格的灯柱或装饰环境的雕塑，以及有装饰效果的指路牌、栏杆等。这些在园林中有时作为局部构图中心或视线焦点，必须重视其造型的美观、实用性和艺术性。第二是因地制宜，与四周景物谐调自然。园林建筑小品的选址应充分利用各种地形、地貌、地物，如山丘、巨石、水体、巨树等。造型要与环境的形象谐调，建筑空间与自然空间相互渗透、比例适当。第三是巧于借景。园林建筑既处于向外赏景的地位，又处于被赏视的景物，全园景物为互有联系的整体。不仅园内景物"相借"，而且可以将园外的美景"借"入园内，其中妙在一个"巧"字。第四是在设立小品立意构思时，有意识地提高游人情趣，结合所在地的特色，远近的自然景观，文化历史、文学、艺术的引发，做到情景交融，触景生情，使小品能发挥意想不到的效果。

园林建筑小品的类型主要有：①园亭。是园林中供游人休息、赏景的园林建筑之一。周围开敞，宜于与其他各种园林要素，如山石、水体、植物等结合成为一景。在园林中可作主景，或作陪衬，或作局部景区的构图中心，正如《园冶》一书中所述："安亭有式，基立无凭"。说明亭在庭园中选址有较大的灵活性。现代园亭多采用新材料和新结构，尤其钢筋混凝土结构的应用，亭的形式有了更多的创新。②园廊。廊在园林中成为独立建筑，作为道路与建筑间的通道，连接各风景点，成为游览路线的组成部分。在空间上，作为室内、外空间的过渡，并能分隔园林空间，既隔又透，增加园林空间层次。功能方面还是遮荫避雨，供游人休息的地方。游赏过程中廊柱及漏窗形成的框景也使连幅美景不断。③榭。建于水边供游人休息、赏景的建筑。水榭的典型形式是在水边筑平台，在平台上建一长方形建筑，室内、外相通，利于赏景。如颐和园的"洗秋"、拙政园的"芙蓉榭"等。④舫。园林水边的一种仿船形的建筑。由于舫立在水边不动，故又称"不系舟"。在园林中供游宴、观景之用。其基本形式与真船相似，下部船体常用石砌成。如颐和园的石舫（清宴舫）和苏州拙政园的香洲等。⑤园桥。园林中水面设置小桥具有联系水陆交通、组织游览路线及划分水面空间、增加水面空间层次的作用。园桥又以其优美的造型丰富园林景观，具有很高的观赏价值。桥的形式有拱桥、平桥、亭桥、廊桥、汀步等。以上五种是园林中最常见的建筑小品，还有园椅、栏杆、园墙、灯柱、小形雕塑等，常简称为"园林小品"，体形虽小，但颇能提高游兴，增添逸趣。

（卢 仁）

园林经济管理（economic management of landscaping） 对园林经济活动所进行的组织指挥、监督、调节等职能的总称。主要是利用价格、成本、工资、利润、奖金、税纳、贷款等经济杠杆和其他经济措施进行园林管理。

园林是城市中以国家经营为主，供公共游览休息、娱乐的场所，与其他国民经济的行业相比，有特殊性，既有生产性，又有非生产性。消费者（指游人）所得的收获，大部分属于精神的、无形的，小部分属于物质的有形交换。依据价值规律和价格政策，很难有计划地制定市场价格。所以时常被列入非计划价格。因为园林经济中包含很大成分的自然资源在内。而劳动的投入,只是为了维护自然资源的部分服务性劳动。而服务对象既有国内市场,也有国际市场。这些特殊性决定了园林经济的管理非同一般。

公园、街道及广场绿化、小游园等公共绿地以及机关团体、工厂学校等专用绿地的土地,一般均不计入园林的投资项目之内,建设费用由国家或集体投资,可按工程项目计入成本。它的建设都须在城市规划的指导下进行。园林成为赏游对象以后,要继续提高、补充、养护等园景管理工作以及使游人方便的服务,它同商品的分配与消费一样,需要加以组织、指挥、监督和调节,将这个"产品"奉献给市民。至于如何达到经济上的平衡,创造更多的财富,或采取其他经济措施,都应以不损害园林景观或影响广大游人情绪为前提。

为园林建设准备原材料的苗圃、花圃等基地,在满足公共园林建设之外,可以出售多余产品。这对于丰富市民的生活,是重要的,也是很有潜力的。而以园林植物或其他有关用具、机具、设备及园林规划设计等专营行业正在兴起,则应按其他类似行业的社会生产一样,分别进行经济管理。

(王 焘 余树勋)

园林排灌系统工程(construction of drainage and irrigation system) 园林灌溉系统与排水系统工程的设计与建造的全过程。又称给排水工程。园林建设中进行植物栽植与养护、水景的维持与补充,满足游人与全园环境卫生、生活的消耗,以及污水、雨水的排除等,水的来与去使园林能以美丽的面貌展现给游人。所以,给水与排水工程是一项十分重要的设施。

园林灌溉系统 供植物生长为主的地下管道系统。为了游人安全应尽量少明沟,粗细管道在接近植物的终端再接活动软管,以便灵活用水。在平坦而游人较少的大面积草坪、花坛或灌木丛中,有时使用喷灌设备,在规定的水压之下,用自动旋转的喷头进行灌溉,既节约用水点滴入土,又免于出现地面径流,并可去除叶面尘埃。喷灌装置常用者有三类:①移动式。园林中有水池或河流,水源比较方便时,其动力、水泵、水管及喷头都用可移动式的,不设地下管道,投资较少,机动灵活。但劳动强度较大。②固定式。在园林中设固定水泵站,或使用自来水。干管和支管均埋于地下,喷头固定在竖管上,或临时安装。另一种方法,喷头在不用时藏于地面下的窨井内,使用时只需把阀门打开,利用水的压力,喷头即顶升到一定的高度喷洒,工作完毕,关上阀门,喷头自动缩回窨井。此法不碍观瞻,便于机械剪草机行驶,但投资较大。③半固定式。其水泵和干管固定,支管可以移动。

园林排水系统 一般有三种方法:①地形排水是利用地面坡度,精心设计引导地表径流进入地下暗管的排水口,逐步汇总排出园外。为避免造成地面冲刷,可以从竖向设计上控制地面坡度及种植灌木丛或地被植物,减少流速及流量。②管沟排水是按地形布置地下排水管道系统,隔一定距离设排水口或挖掘排水沟排水。为了游人安全尽量少用明沟排水,或在明沟上加盖有孔盖板,既安全又美观,并便于清理堵塞物。③盲沟排水是在地下水位过高或地势低洼地采用。如果该处铺设大面积草坪或花坛群,每隔 10m 开一沟,深 60~80cm,宽 30cm。沟内自下而上分层填入大卵石、小卵石、砾石、粗砂、细砂,最后填土与地面平,上面照常铺草或设花坛。地表水即自行渗入沟内排走,因无管道故称盲沟。西方有的国家在沟底埋入上面有孔的硬塑料管将水引走,效果更为明显,但造价较高。

(徐大陆)

园林山石工程(garden rockery engineering) 在园林中利用山石等物料造景的设计与施工过程。园林中点缀山石的历史已有 3000 多年,中国历史上周文王时曾建造灵台,这是最早的人工堆山。汉武帝以后开始建造人工山水。东晋时期叠石为山开始兴盛。隋、唐时期堆山置石已发展到官僚、地主家中,故宫苑、私园均已盛行。北宋开封至南宋临安,筑石为山已达登峰。元、明、清之后,山石艺术在园林中更受重视,帝王、富商、官僚,以至文人雅士均以品石、赏石、颂石、画石为高雅,堆石成山已成为园林中不可缺少的内容。园林山石有多种作用。人们喜爱自然,将自然界山水缩景于居室附近或园中,得山林之趣;园中堆叠石山为障景、隔景、夹景等,增加园中曲折变化、分隔景区、遮蔽视线、抬高视点等;欣赏山石的奇特形状与线条,作为抽象艺术品增加逸趣;山石与植物相结合,增加植物的装饰效果和自然趣味;代替建筑材料,充作各种建筑物基础,求得整个园林材料统一的效果。

园林山石工程的类型:①最早的土山。常为了山水结合,挖湖堆山,堆成主次分明、峰峦起伏、曲折环抱的土山,为种植植物,展眺风景创造条件。②稍后发展的石山。堆叠同一产地的大小石料,按统一的纹理堆成外表嶙峋、洞壑间有,形成土山难以达到的立面景观。山上种植植物,使石山更显自然。③土石结合的人工山景。以土为主,点缀山石的常称为"土包石",即土山上为了形成陡峭险峻之势用石挡土,或为种树,免于水土流失,或为山路的稳妥安全等,很自然地置石在山顶、山腰或山麓,为数不多,宛自天开。另一种是石多土少,土不外露,称为"石包土",在江南园林中比较多见。此种山景对于石中生长的树木十分有利,对临水石山、石驳岸、石花坛等,均显得自然稳定。④散点或孤赏。属于展现山石个体美的方式。散点是不堆不叠,散置在园林的山坡、路旁、地边、桥头、草坪、墙基等处，由一块或三五成群错落放置，半埋半露，相互呼应，石基可以种植文苔小草、蕨薇兰芷，野趣甚浓。孤赏石是单独一块，具有独特的外形或姿态，中国传统上对这种石提出"透、漏、瘦、绉"等要求，十分形象。一块别致的孤赏石是园林中难得的观赏重点，配以基座常放在厅堂正面的主轴线上作对景，或正对大门入口内为障景。⑤石峰与拼峰。姿态较好的山石、数个置于石山或土山之巅，增加山势，有时三五成组放在厅堂对面配以灌木或藤木，垒上石边，自成一坛；也有时镶上基座，等距离排在大门两边，称为"排衙石"，如在颐和园排云门前即是。拼峰是在孤赏石难以找到高矮合度、体态理想的情况下，将颜色纹理相近的石块巧妙地拼接在一起，接缝力求隐蔽，形成较为高大的石峰，前颐和园东门外广场上影壁前就有一拼峰。

中国山区辽阔，产石地区很多，所以堆石山最好就地取材。只要设计合理，堆叠得体，均能取得良好的效果。史称假山都是来自真山，只是人工移至园中略施巧技模仿自然，又胜于自然。南粤及江南许多厅堂墙上悬附嶙峋怪石形成壁岩，室内角隅堆山称为厅山等。

园林山石工程施工要点：①无论堆山、置石均需稳定、安全、重心在下、四周平衡。②基础必需牢固、坚实，能承担山石的重量，不致坍斜或下沉。③堆叠成山，石块的粘接十分重要，接缝要力求最大的接触面积，最小的缝隙间隔，胶接材料调成与石同色，涂抹精心不露痕迹。必要时加细钢筋或粗铅丝连接加固。④预留栽植孔，设计好植物种类，了解根系情况及枝叶生长量，填好培养土。⑤古法提出所谓"挑、飘、斗、挎"的堆石手法，自然界山区绝无仅有，偶然应用其中之一须特别注意安全。《园冶》中所嘱"悬崖使其后坚"，就是对挑出的石块要注意后面未悬挑部分的坚实，即所谓"前悬后压"方才牢固。

园林山石是中国园林中特有的传统内容，虽"石无山价"，但采运困难，堆叠的艺术技巧也逐渐失传，近代园林的形式与风格也不一定堆叠石山才算沿袭传统，城市人口的增长，对园林的要求也逐渐走向革新，所以偶然点缀一些山石还是可行的。为了留出大量空间供游人活动，以及降低造价，园林中的山石采用宜少而精。土山属于地形改造范畴，与石山不能同日而语。

（石秀明）

园林生产管理（productive management of landscaping）

园林事业中凡属以取得经济效益为目的的生产性活动，按国家法令规定进行推动执行的各种手段和方法。园林生产与其他工农业生产近似，具有生产成本、生产费用、生产组织、生产方式、生产技术、生产劳动及生产利润等。与国民经济各部门一样，需要依法进行生产管理，以求得更高的经济效益。

属于政府机构的园林单位，本身就是管理机构，有时直接取名"园林管理局(或处)"。广义的管理既有生产性的，也有非生产性的管理(例如文物管理)。但引伸到经济效益与社会效益的结合，文物管理就不单纯是保护、维修，更重要的是展出活动，并适当地收费，这样非生产性即转为生产性。无论何种性质的资源，一旦通过与劳动资源的结合，就会成为生产活动。

园林是自然再现、自然集锦、自然仿制，使自然更接近于人类生活。这个劳动成果不同于具体的工农业产品，而是有生命的艺术品，所以管理的业务范围也不同于其他行业，可以分为：①非生物性景物的管理，如园林建筑、道路、桥梁的维修；水体水位的维持、水质清洁；土壤免于冲刷流失；供水、供电、排水、排污的管理；清洁卫生的环境管理等。②生物性景物的管理，如园林植物的培养，使之正常生长的经常性一系列技术措施；控制或促进植物生长的各种特定技术的实施；野生鸟类和其他观赏动物的保护与饲养；水生动、植物的养护管理；病虫害防治与天敌的保护；游人破坏的管理等。

（王　焘　余树勋）

园林水景工程（water garden engineering）

园林中以水为主要素材进行造景的设计与施工过程。水被喻为园林中的眼睛，可以多方面加以利用，游人在园林中可直接观赏到喷泉、涌泉、滴泉、溪流、河流、池塘、湖沼、各式瀑布等各种水景的变化形式；间接可以感到空气湿润、清新，听到泉声涓涓，看到水上鸟、鱼、蒲、荷及倒影等美景。湿度增加、尘埃减少、温度降低等，更是为园林增添不少环境效益。游人还可在夏日游泳、划船，冬日溜冰等。中国的诗人、艺术家们对水景的吟咏描绘，使人们对水景的感受更增添了许多浪漫的色彩。

园林设计中按欣赏的势态将水景分为静水和动水两类，其工程要点如下：

静水　出现于规整式或自然式园林的水池、塘、湖泊等面积大小不同的水面，水体相对的呈静止状态，在无风之日有清晰的倒影。规整式园林中水池多呈方形、长方形、圆形、多角形等几何形状。位置多设在整形式建筑前的平整空间，如北京北海画舫斋、静心斋，云南大理蝴蝶泉等，面积较小，有时配以水生植物。巴黎凡尔赛王宫园内的十字形大水池，华盛顿国会大厦与林肯纪念堂之间，设在轴线上的长水池，都在千米以上，是世界闻名的大形水池。池边岸不栽植物，不设喷泉，专为增加轴线上的壮观景色和映印倒影。这类静水池的岸边比地面高 10～30cm 即可，太高或加石栏，不仅看不见倒影，而且有如临深渊之感。水池如栽植水生植物，水深不宜超过 1m，且池底要按不同植物的要求加填培养土。不栽植物的水池，池底的构造应有垫层、结构层、防水层和饰面层，为使水色澄碧可爱常铺装蓝绿色瓷砖或涂防水油漆。冬季北方水池结冰，可将池水放干清洗，春暖后再放水入池；如不放干水，可在解冻前将池边的水面凿开 30cm，以免涨毁池岸。整形水池必需有进水口、溢水口和排水口，便于旱天加水、雨天溢水和排净清洗等作业。池岸垂直部分用砖、石、混凝土均可，但与池底交接处及砖石的缝隙不能漏水。为游人的安全，池岸应为斜坡，池内离岸 1.5m 范围内的水深不能超过 60cm，这样池岸与池底可以一次浇筑。

自然式园林的水池，岸边自然曲折，如果加添几块山石更显自然。水面至池岸如有斜坡一律用草皮铺装，直达水面，不露人工池岸。水面以下的建造方法与整形式水池完全相同。中国南方许多粘土地带的水池，多年积水和天然沉淀物的积累，很少漏水现象，故改建为园林时应尽量利用原有的养鱼池、积水潭等，可以降低造价。

大型水池习惯上称为湖塘，水面开旷有天然湖泊之感，但人工造园一方面利用原有水面，一方面选全园低洼之地挖池。《园冶》中称“就低凿水”和“低凹可开池沼”的经验十分可贵。挖湖常与堆山相结合，就近堆成山丘，中国山水园的主要用此法。湖岸多取圆润曲线，用石砌或水泥浇制，岸边配以零星山石，水中适当地方可以堆土石为岛，增加逸趣。至于湖底的防漏有三种方法可供选择：一是在粘土地带，令水牛在湖底稠泥中来回趟走，使之形成一层糊状粘土层，然后放水；二是用宽幅厚塑料膜铺底，湖底土面先细碎耧耙平整并不压实，铺好后接缝处用特种胶水粘好，放水使塑料膜受压，下面的松土即可压实；三是湖底夯实铺石灰砂浆后加一层油毛毡，上面涂一层沥清。北方冬寒，为防渗漏，有时将沥清改为钢筋混凝土浇灌，但造价高。

静水池无论大小，水源必需充足、清洁，小池可用自来水，大池要寻找附近的江河作为水源。如地下水源充足也可利用。为岸边的景观与水面维持隽永的协调关系，池内水位一定要相对稳定，并有闸门经常调节。

动水 指水景中的水体在动态中给人以美的享受。如喷泉、瀑布、溪流都是水在不断地移动。在近代又有安装电脑的音乐喷泉、彩灯喷泉等，与水池密切结合，附属于水池，成为创造欢乐气氛的重要景物，将水池的平面景观变成生动的立体动势景观。

高差大、流量大的瀑布，汹涌澎湃十分壮观，世界上闻名的大瀑布如加拿大和美国边境的尼亚加拉瀑布，中国贵州的黄果树瀑布等，都是天然形成的。人工造园只能小规模地将溪流、瀑布、水池相结合，循环用水，也可产生一定的动态景观。自然界瀑布的常见类型有：线落、布落、段落、离落、依坡落等。线落是水量少、高差大，水柱如线，单线或多条细线均有；布落是水量大、开口宽、水流如布状，落水中途常有突出石块将“布”撕破，十分有趣；段落是落水中途有水潭受水，水自潭中溢出又成第二或第三段布落，又称叠落；离落是水口凸出而高悬，水柱离开山体成帘状垂直下落，如黄果树瀑布在帘后凿隧道及山洞，引导游人在背后观赏水帘；依坡落是出水口以下有较缓的斜坡，水随坡逐流，宽狭变化颇大，如四川小三峡两岸很常见。人工瀑布应因地制宜地巧用和借鉴自然。但要注意以下几点：①依水量决定采用的类型；②先在上游设积水池，选隐避处设出水口，形成有高差的瀑布；③瀑布下设受水池，然后流入溪流，长度不限，终端再设积水池；④终端水池，在地下或树从隐避处设水泵，将水抽送到上面的积水池，形成完整的循环水路，游人察觉不到人工制造的痕迹。

溪流是指水量小的浅水流动系统，有宽狭曲折的多种变化，有沙渚、跌水及水池等相结合的深浅变化，还有小桥、汀步、湿生植物的各种点缀，是园中十分生动的仿自然水景。在工程上属于造价不高，收效显著的水景之一。

（毛培琳　余树勋）

园圃天竺葵 （bedding geranium）

Pelargonium hortorum，别名洋绣球，入腊红。牻牛儿苗科天竺葵属亚灌木。茎肉质、粗壮，多分枝；老茎木质化。全株密被细白毛，具特殊气味。叶互生，圆形或肾形，叶基心脏形，叶缘波状、浅裂，叶表面有明显暗红色马蹄形环纹。伞形花序、腋生，有长总梗；花左右对称，花色有红、紫、粉红、白等；花瓣与花萼均为 5 枚，花萼有距与花梗合生。蒴果鸟喙状，成熟时，五瓣开裂。由原产南非的多花天竺葵（*P. inguinans*）和马蹄纹天竺葵（*P. zonale*）杂交而成。一大批栽培的杂种群，由 L. H. Bailey 合并为园圃杂种，统称“× *hortorum*”，花型有单瓣、重瓣、卷瓣、花点及矮生等品种等。喜凉爽气候，不耐寒，喜光照充足，耐旱、怕涝，宜排水良好的肥沃壤土。在夏季高温时生长不良。对环境的适应性较强。

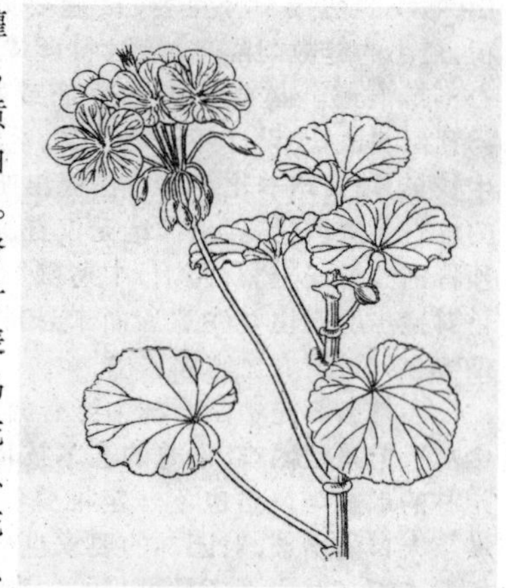

中国各地均有栽培。采用播种或扦插繁殖。多结合修剪在春、秋季进行扦插。为防止腐烂，插穗切口应稍晾干后再插，在 18～20℃ 条件下，插后 15 天左右可生根。单瓣品种可播种繁殖。采种后即可播种。也可秋播，发芽适温为 20℃ 左右，幼苗生长迅速，一般第二年初夏开花。盆栽天竺葵,春季可移到室外培养。夏季不宜强光曝晒。除盛夏外,四季均可开花。秋季温度降低后,移入室内向阳处。一般花后修剪,使株形紧凑,于初春、入夏及秋后修剪三次,春夏主要进行疏剪,防止枝条过密。入冬后注重整形修剪。冬季在8~10℃温室内能正常开花。

花期长,花色丰富,管理简便,可布置花坛,也是重要盆花。中国上海、北京及北方各地常做为春季及初夏花坛材料。在冬暖夏凉地区,如四川、贵州、云南等地可露地栽植。香叶天竺葵、芳香天竺葵为提取香精的经济作物。

同属植物约250种,常见栽培的还有:①大花天竺葵(*P. domesticum*),灌木状草本,基部木质化,高50~70cm。花有白、粉红、红、玫瑰红、紫红、墨红等色,花期4~6月。本种系由大红天竺葵、篱天竺葵(*P. cucullatum*)、心叶天竺葵(*P. cordatum*)及硬叶天竺葵等杂交育成。②蔓天竺葵(*P. peltatum*),别名盾叶天竺葵、常春藤叶天竺葵、蝴蝶梅。多年生蔓性草本,全株光滑。叶稍肉质、深绿色,叶面有瘤疣状不规则微突起,叶盾形、全缘。花左右对称,常有两枚花瓣较大且在近花心处具深色斑晕,另三瓣较小、无斑,花形似蝴蝶,四季开花。原产南非好望角。不耐寒。中国长江以北在温室越冬。春季扦插繁殖。③马蹄纹天竺葵(*P. zonale*),亚灌木,株高30~80cm,茎直立、肉质,叶倒卵形或卵形,叶面有马蹄状红褐色斑纹。花单色,深红、粉红和白色。花期长,彩叶变种很多。④香叶天竺葵(*P. graveolens*),多年生草本,株高约90cm。叶掌状深裂,有香气。花色桃红或浅红,花瓣上有紫色条脉,夏季开花。原产好望角,茎叶含芳香油,可提炼香精。⑤芳香天竺葵(*P. odoratissimum*),也叫麝香天竺葵、苹果天竺葵、圆叶天竺葵。茎细弱蔓性、匐地生长,老茎木质化,新枝簇生于茎顶部,每节生2~3枚叶片,1~3个嫩枝。花小、白色。茎叶含芳香油,用手触摸叶片即发出强烈香气,俗称摸摸香,可用来提炼香精。⑥菊叶天竺葵(*P. radula*),茎具长绒毛,全株有白粉。叶5~7片掌状分裂,裂片狭窄,叶呈三角形或五角形。为2回羽状深裂,各裂片爪状伸出。花玫瑰红色,带深紫色斑点和条纹,夏季开花。原产南非好望角。

(陈沛仁)

圆柏(Chinese juniper) *Sabina chinensis*(*Juniperus chinensis*),别名桧柏、刺柏,古称桧、栝。柏科圆柏属常绿乔木。染色体数2n=4x=44。圆柏栽培历史悠久,《西京杂记》载,汉代西京长安(今西安)上林苑有栝十株。历代于寺庙、墓地、花园、厅前种植,老树颇多,中国泰安岱庙五株汉柏已2100多年,河南省济源县济渎大庙汉古桧"将军柏"已1900多年,至今郁郁

葱葱。英国在1767年以前引种为重要园景树,中国各地及欧美广为栽植。圆柏高达30m,胸径3.5m,冠幅10m,幼年、青年的树冠尖塔形,壮年圆锥形,至老年则多广卵形。枝干常扭曲。叶两型:鳞叶交互对生,刺叶3枚轮生。雌雄异株,罕同株;雄花黄色集生枝端;雌花球形、绿褐色,轮生枝顶;花期4月。肉质球果近球形,次年10~12月成熟。

变种、类型、品种 偃柏(var. *sargentii*),灌木,高0.6~0.8m,冠幅3m,大枝匍匐,小枝上升微斜展,呈密丛状。幼树刺叶鲜绿或蓝绿色,老树多为蓝绿色鳞叶。耐寒性强(-28℃)。分布于中国吉林,中国及欧洲、美洲、日本常见栽培。铺地柏(var. *procumbens*),匍匐小灌木,高达75cm,冠幅2m以上。枝贴地伏生,小枝被白粉;叶全为刺叶。原产日本,有'金枝'(cv. Aureogvariegeta)、'银枝'(cv. Albovariegeta)、'矮生'(cv. Nama)等品种。垂枝圆柏(f. *pendula*),别名垂条

桧,小枝细长、下垂。产中国陕西及甘肃南部,北京等地有栽培。其品种丰富,如'龙柏'(cv. Kaizuca = cv. Torutosa),小乔木,高8m,树体圆柱状,冠幅3m,树态瘦峭,侧枝环抱主干扭曲上伸如龙。大多为鳞叶,球果成熟时蓝黑色,略有白粉。耐热而不甚耐寒,中国长江流域栽培较多,北京背风向阳处可露地越冬。对大气污染抗性较强。'匐地龙'柏(cv. Kaizuca Procumbens),枝匐地平展。'金龙'柏(cv. Kaizuca Aurea),枝端叶呈金黄色,余同龙柏。'金叶'桧(cv. Aurea),直立灌木,树冠宽圆锥形,高3~5m;有刺叶,嫩枝鳞叶金黄色,后渐变绿色。'银斑叶'桧(cv. Albovariegata),灌木,叶两型,鳞叶先端乳白色。'球'柏(cv. Globosa),丛生的球或半球型灌木,枝密,多鳞叶,偶杂有刺叶,冬呈紫绿色。'金星球'柏(cv. Aureoglobosa),别名'金枝球'柏。丛生灌木,雄性,树冠近球形,鳞叶及部分小枝黄色。'塔'柏(cv. Pyramidalis),乔木,树冠圆柱形,枝密集上升,几全为刺叶。'鹿角'桧(cv. Pfitzeriana),丛生灌木,大枝向上斜展,通常全为灰绿色鳞叶,姿态优美,适作基础植物用。'金叶鹿角'柏(cv. Aureo-pfitzeriana),全体似'鹿角'柏,而幼叶黄色。'羽桧'(cv. Plumosa),矮生,雄性,高达1.5m,主枝常偏生一侧,枝散展,小枝呈密丛羽状,鳞叶暗绿色。'万峰'桧(cv. Wanfenkuai),球形或圆卵形灌木,枝密生,具刺叶。中国栽培的圆柏品种与类型丰富,有的未经系统整理记载,如蜀桧、西安桧、河南桧、丹东桧、米真柏、三仙柏等等。世界各国对圆柏品种重视搜集,除前列者外,还有'乳白'桧(cv. Alba),枝梢大多乳白色。'雄伟'桧(cv. Mas = cv. Mascula),直立阔圆柱状雄株,高达10m等等。已记载的圆柏品种甚多,总数在100以上。

产地、分布与习性　主产中国东北之南部及华北等地,北起内蒙古乌拉山,南达广东、广西、云南等地,朝鲜半岛、日本也有分布。喜光,而有较强耐阴性,幼树尤耐阴。耐寒性强(−27℃,短暂可耐−35℃),也耐热(40℃)。深根性,侧根发达,抗风能力强。适生于肥沃、深厚、湿润、排水良好的中性砂壤土,酸性土、钙质土、碱性土(pH值9.71)皆可生长较好;耐城市高密实度土壤。喜湿润,但能耐干旱、瘠薄,也耐水湿和轻度盐碱(土壤含盐量0.4%)。萌芽力强,耐修剪。对SO_2、Cl_2、HCl、HF、NO_x、Pb、烟尘等抗性较强,滞尘力强;衰减燥声效果好。长寿树种,生长速度中等。

繁殖栽培　一般播种繁殖。当年采收的种子不能萌发,需后熟。种子可沙藏至翌春播种;也可雨季(7月)播种,翌年春季出苗早且整齐。当年苗高15cm左右,次春移植,二年生苗高30~50cm,可供绿篱等用。也可用3~5年生枝行扦插繁殖,软材扦插6~7月,硬材扦插10月或3~4月。大苗移植须带土球,易成活。'龙柏'、'偃柏'、'球柏'等品种多用扦插、压条繁殖,或以圆柏、侧柏为砧木行嫁接繁殖。

定植的绿篱和各种造型植株,要及时进行修剪,'龙柏'常有少数强枝向外或向上速长,应在4~8月间摘心,以保整齐、优美树姿。

育种　圆柏的育种目标主要是:①抗逆性更强;②树姿奇特、优美;③生长速度更快或更慢;④叶色新奇、美丽。育种方法以选种,尤其是优树评选、实生选种为主,近年在中国北京、呼和浩特等地已具实效。至于品种间乃至种间杂交,亦可按育种目标适当选配亲本后进行。不论用何途径所选育的新品种,均可通过扦插等营养繁殖方法固定优良性状。

病虫害防治　圆柏梨锈病(*Gymnosporangium haraeanum*)等的冬孢子寄生于圆柏、'龙柏'、'塔柏'的叶与枝,对圆柏生长伤害不大,而严重损害梨属、苹果属、贴梗海棠属、石楠、山楂等,应于4~5月向圆柏全树喷施波尔多液或粉锈宁。此外,应注意防治赤枯病(*Cercospora* sp.)、叶枯病(*Gibberella* sp.)等。在虫害方面,主要有侧柏毒蛾(*Parocneria furva*)、双条杉天牛(*Semanotus bifasciatus*)及柏小爪螨(*Oligonychus perditus*)等。

园林应用　圆柏树形优美,是著名的园景树。中国古代多植于寺庙、陵墓、殿堂四周,或植为行道树,或在庭园中对植,令人频增庄严肃穆之感。尤其老树树干扭曲,奇姿古态,与古典建筑相配,更显清奇苍老,相得益彰。号称"清"、"奇"、"古"、"怪",各擅幽趣,典尽其妙。一般植于庭园、路侧、园路转角、亭台附近;或于树丛和林缘列植、丛植、点植以增加层次感;植于草坪一侧,或群植做主景树背景,或于园之四周作树墙、绿篱等,可获良效。孤植圆柏,常可自成一景;尤其在老柏根际缀以太湖石或花草,饶有诗情画意,耐人品赏。也可人工剪扎成鸟、兽、台、柱、建筑等各种造型,借以装饰园景,引人入胜。

其变种(变型)及各色品种等,树姿奇特,叶色各异,宜于园中因地制宜,巧为配植。如'偃柏'、'铺地柏'、'匐地龙'柏等宜于悬崖、石壁、假山、岩隙、斜坡、池畔、草坪、墙隅等处栽植。圆柏及其变种、品种等皆可作成桩景、盆景观赏。

同属习见观赏树种　北美圆柏(*S. virginiana*),别称铅笔柏。常绿乔木,高30m,树冠窄圆锥状。产北美,中国、欧洲等地有栽培。树姿优美高大,比圆柏生长快,为优良园景树,材质优良,供制高级铅笔杆等用。播种、扦插繁殖,栽培变种甚多。砂地柏(*S. vulgalis*),别名叉子圆柏。常绿匍匐灌木,高1m。幼树常被刺叶,壮龄后几全为鳞叶,叶色蓝绿。产中国甘肃、宁夏、青海、陕西、新疆、内蒙古等地,北京、西安等有栽培,是良好地被植物,也可作盆景栽培。垂枝香柏(*S. pingii*),常绿乔木,高30m,小枝下垂。中国特有种,产四川、云南海拔2600~3800m山地。树姿优美,是良好园景树。香柏(小果香桧)(*S. sinoaplina*),常绿灌木,大枝常匍匐,小枝较粗直伸或斜展,梢部常下垂。刺叶排列紧密使小枝呈六棱柱状。产中国湖北、陕西、甘肃、四川、云南、西藏等地。宜做盆景、岩石园、高山园栽植材料。垂枝柏(*S. recurva*),别名曲枝柏、醉柏。常绿小乔木,罕为灌木,高 9～12m,树冠宽塔形,小枝细长、下垂。产中国西藏,阿富汗、尼泊尔、锡金、不丹有分布。其变种小果垂枝柏(var. *coxii*),常为灌木,球果小,小枝更长更下垂。产中国云南,缅甸有分布,云南昆明市有栽培。树姿优美动人。高山柏(*S. squamata*),直立灌木,有时为小乔木或匍匐状。全为刺叶、3 叶轮生,上面有白粉,下面绿色。产中国中部及西部高山,北京有栽培。其栽培变种'翠蓝'柏(cv. Meyeri),别名翠柏。直立多分枝灌木,全为短密刺叶,两面具白粉。耐寒性强,北京可露地越冬。以侧柏为砧行嫁接繁殖,宜庭园栽植,更适与山石搭配,常作盆景观赏。昆明柏(*S. gaussenii*),常绿小乔木或灌木状,高 8m。全为刺叶,质柔软,3 叶轮生。产中国云南昆明、西畴等地。宜做绿篱及庭园观赏树。兴安圆柏(*S. davurica*),匍匐灌木,多分枝。兼具刺叶与鳞叶,球果呈不规则球形。产中国大兴安岭 400～1400m 石质山地及沙丘。可栽作地被,亦可与山石相配。

(凌 靖 陈俊愉)

圆叶茅膏菜 (sundew; daily-dew) *Drosera peltata*。茅膏菜科茅膏菜属多年生食虫草本植物。具地下块茎。茎直立,高 10～25cm,细而光滑。下部叶呈莲座形,在花前枯萎;上部叶互生,连柄长约 1.3cm;叶片盾状着生、圆形,每边有两个尾状物,边缘密生长腺毛,绿或带红色,能捕捉小昆虫。蝎尾状聚伞花序有花 5～10 朵,花白色或淡红色。蒴果。分布于中国、印度、菲律宾、日本和大洋州。喜温热,适生于潮湿向阳处。盆栽,以水苔为介质,盆可置于水深 2.5cm 的浅盘中,以保持湿度。冬季进入半休眠状态,置于较凉爽的环境。忌碱性水质。可用分株、播种或扦插法繁殖。偶或点缀于沼泽园,或作温室新奇植物盆栽,或供植物教学。

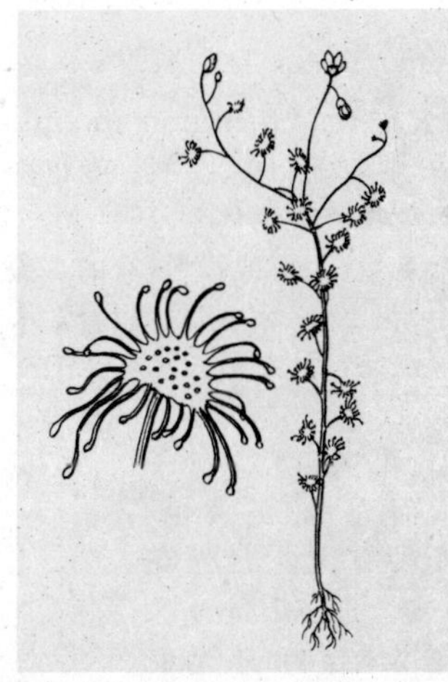

(王大钧)

远缘杂交 (distant hybridization) 不同种、属或亲缘关系更远的物种之间的杂交。通过远缘杂交产生的杂种,称为远缘杂种。除有性杂交外,用生物技术将亲缘关系较远的植物体细胞融合而形成杂种的方法,也属于远缘杂交的范畴。

远缘杂交在一定程度上打破了物种之间的界限,促使物种之间的基因交流。与种内杂交相比,远缘杂交所获杂种的变异幅度大、选择范围广。它比种内杂交更能创造出超乎寻常的变异类型,有可能将不同种、属的优良性状集中于远缘杂种,形成全新的品种或类群。在生物进化过程中,远缘杂交是自然界新物种形成的重要途径之一,也是人工合成新类型、创造新品种的一个重要手段。目前世界上栽培的观赏植物,很多是由两个或更多的物种杂交,经过长期选育形成的。如现代月季是由开一季花的法国蔷薇(*Rosa gallica*)、百叶蔷薇(*R. centifolia*)、突厥属蔷薇(*R. damascena*)与原产中国四季开花的月季花(*R. chinensis*)、香水月季(*R.* × *odorata*)等 10 余个种经反复杂交长期选育出来的,这些品种集中了多个亲本的优良性状,其类型丰富、有色有香,是世界主要切花之一,也是园林中栽培的重要花木。此外,在石竹属(*Dianthus*)、唐菖蒲属(*Giadiolus*)、大丽花属(*Dahlia*)、木兰属(*Magnolia*)、莲属(*Nelumbo*)、杜鹃花属(*Rhododendron*)、李属(*Prunus*)、丁香属(*Syringa*)、铁线莲属(*Clematis*)等种间、属间通过远缘杂交,产生了一些全新的类型,选出了很多优良的品种。远缘杂交结合胚培养、单倍体育种、异源二倍体加倍等处理技术,越来越扩大了观赏植物杂交育种的范围,提高了杂交结实率与杂种成苗率,并不断取得重要成果。

简史 自然界不同种、属植物之间的天然杂交自古就有,但很少被人们记载下来。据查最早记载观赏植物远缘杂交的是中国宋代的范成大。他在梅花专著《范村梅谱》(约 1187～1193 年)中记载了'杏梅'品种。'杏梅'是梅花(*Prunus mume*)与杏(*P. armeniaca*)的杂交种,具有梅与杏双亲的性状。现代人工杂交证明了杏梅的杂种起源。观赏植物人工远缘杂交最早是在 1719 年,由英国人托马斯·费切特(Thomas Fairchild)用须苞石竹(*Dianthus barbatus*)与香石竹(*D. Caryophyllus*)进行杂交,并产生了远缘杂种(Fairchild mule)。以后香石竹育种得到较快发展。1870 年,法国人又将石竹(*Dianthus chinensis*)与香石竹杂交,终于培育出了四季开花、香气浓郁的现代香石竹。在木本花卉方面,1894 年法国育种家用紫叶李(*Prunus ceracifera* cv. Pissardii)与宫粉型梅花(*Prunu smume* cv. Alphanlii)杂交,培育出了常年呈紫红、重瓣大花的杂种樱李梅'美人梅'(*Prunus* × *blireana* 或 *P. mume* cv. MeirenMei)。自 1900 年孟德尔遗传规律被重新发现以后,用人工远缘杂交培育新品种的方法已广泛应用,并创造出大量观赏植物的新类型和新品种。特别在梅花、玉兰、月季、山茶(含金花茶)、荷花、杜鹃花、兰花、牡丹、萱草等方面,取得了可喜的成果。随着细胞培养技术的发展,20世纪70年代以后,细胞杂交已在矮牵牛(*Petunia hybrida*)研究中取得了成功(Cocking 1976)。80年代以来,人们一直在探索用生物遗传工程技术来创造观赏植物新品种,如在中国,已于柑橘属(*Citrus*)与枳属(*Poncirus*)和金柑属(*Fortunella*)之间进行属间原生质体融合(细胞杂交)获得了远缘杂种。这个新领域的发展,为植物分子远缘杂交开辟了新途径,具有广阔前景。

远缘杂交不亲和性及其克服方法　远缘杂交一般结实困难;杂种生活力弱,育性差或完全不育;杂种后代分离幅度大,分离世代长,性状不稳定,这主要是由于遗传与生理障碍引起的。远缘杂交不亲和性有两类:一类发生在受精之前,称为配子不亲和性。一类发生在受精之后,称之为生理不亲和性。克服不亲和性方法通常有以下几种:①广泛测交,选择适当的品种做母本。同一杂交组合,用不同的品种作母本对杂交成功与否影响较大。因为同一物种不同品种之间的遗传差异对交配性影响很大,如在梅花与杏的杂交中,用江梅型品种比用朱砂型品种作母本能明显提高杂交结实率。②采用蕾期授粉、重复授粉或混合授粉等。母本柱头在不同时期接受花粉的能力是不同的,蕾期授粉、重复授粉有可能遇到最有利于受精的条件,从而提高杂交结实率,用异种、异属花粉混合授粉或在花粉中添加母本失活花粉进行授粉,也有明显的促进作用。中国在金花茶远缘杂交中应用此法,已获良效。③媒介法。当两个远缘的亲本直接杂交不易成功时,有时可选一个与这两个种都有亲缘关系的第三种植物作为媒介,把一个亲本先与媒介者杂交,再将杂种与第二个亲本杂交。由于媒介者大大缓和了双亲之间的生理生化差异,这样可能取得成功。④染色体加倍处理。在杂交之前,先将亲本之一或双亲的染色体加倍,然后再进行杂交,此种方法在草本植物中较易成功。⑤激素处理。利用赤霉素、萘乙酸、吲哚乙酸、水杨酸等处理母本柱头及授粉后的子房,对花粉在柱头上的萌发,花粉管生长及抑制杂种幼果早落有明显效果。如在梅花远缘杂交中应用赤霉素处理,已见显著效果。⑥截短柱头。截短柱头能起到缩短花粉管从柱头到胚珠的伸长距离,用此方法在百合远缘杂交中取得了成功。⑦胚培养。在远缘杂交中,由于遗传障碍和生理机能不协调,杂种胚在后期发育不良甚至完全败育,用幼胚的离体培养可以大幅度提高成苗率,梅花、百合、茶花等远缘杂交结合胚培养,已使杂交结实率成倍增长。

远缘杂交不育性及克服方法　远缘杂种由于亲缘关系较远,在减数分裂时染色体不能正常联会,因此有时植株能正常开花,但不能结实。克服不育性(不稳性)的方法有以下几种:①染色体加倍。将杂种幼苗进行染色体加倍,可克服由于染色体不能正常联会而造成的不育性。因为加倍后的染色体可以正常配对,如多花报春与轮花报春杂交,其杂种不育。当染色体加倍成为异源四倍体后,杂种即可正常结实。②回交。当远缘杂交由于花粉败育而不能形成种子时,可考虑用回交法克服不育,不同回交亲本对提高杂种结实率有很大影响。选择回交亲本时,最好用同种的其他品种作为回交亲本,以避免远缘杂种迅速恢复轮回亲本的性状。③延长生育期。利用营养繁殖,延长杂种个体寿命。在有的情况下,可以使杂种的生理机能协调,恢复生殖机能,克服不育性。此外,加强杂种苗的田间管理,改善营养条件,以及摘心、针刺等处理,有时也对提高杂种结实率有一定的作用。

远缘杂种后代分离及其品种选择　远缘杂种后代的性状分离强烈,分离世代长,分离类型丰富,不易稳定,为了克服杂种强烈分离,常常使用杂种一代染色体加倍和回交的方法,因为杂种染色体加倍后,可能成为表型不分离的双二倍体或异源多倍体,这不仅能克服不育,也能有效地促其稳定。同时,回交也是有效控制杂种分离的常用方法,在观赏植物育种中,远缘杂交应用较为广泛。因为大部分草本或木本观赏植物都能用营养繁殖方法进行繁殖,这就使性状固定迅速达成,大大缩短了育种时间。随着现代生物学技术的发展,远缘杂交中的不亲和性和不育性问题也正在逐步克服。此法在观赏植物育种中,将具有重要的意义和广阔的前景。

(张启翔)

月光花(common moonflower)　*Ipomoea alba*,别名夜光花、夕颜。旋花科月光花属多年生蔓性草本植物。染色体数 2n=30。蔓长可达10m,具乳汁。叶互生,心形或戟形(有的3裂),具长柄。聚伞花序腋生,花1~9朵,花冠高脚碟状、白色,瓣中常具淡绿色褶纹,芳香,花冠长10~15cm,花径10~15cm,晚间开放,次晨闭合,花期7~9月。果期8~10月;蒴果卵形,果柄粗壮。种子大而光滑,玉黄色。变种有大花月光花(var. *grandiflorum*),花大;异叶月光花(var. *heterophyllum*),叶片3~5裂;斑叶月光花(var. *variegatum*),叶面具白色斑块或斑纹。原产美洲热带。喜温暖、湿润、向阳的环境,耐旱、畏寒。播种繁殖。蒴果成熟期不一致。播种

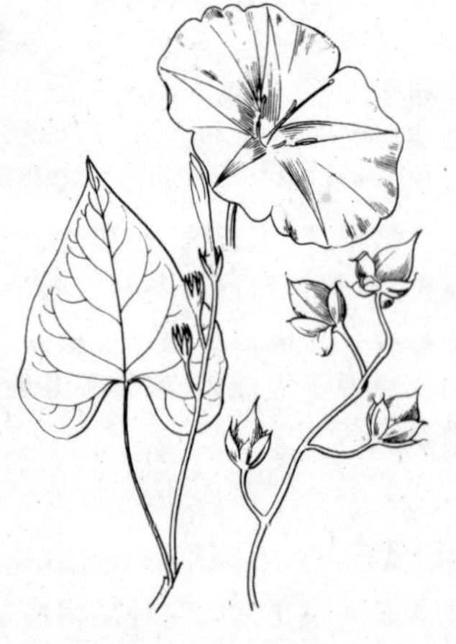

前需将种子在温水中浸泡几小时或用刀刻伤种皮，以利发芽。发芽适温15.5～21℃。大苗忌移植，可于4月份直播露地或播于盆中成苗后定植。蔓节上易生不定根，也可扦插繁殖。用于夏季夜花园中篱垣、棚架布置，也可作蔓性地被及夜间临时性切花。肉质萼片和嫩叶可作蔬菜，干花可做汤料。全草入药，用于治蛇咬伤。

（张 燕）

月桂（true bay） *Laurus nobilis*，别名香叶树。樟科月桂属常绿小乔木。染色体数 2n=6x=42。高

达12m，易生根蘖，常呈灌木状；小枝绿色。单叶互生、革质、有光泽，矩圆形，羽状脉，叶缘波状，揉碎有香气；叶柄紫色。雌雄异株，短伞形花序腋生，4月开黄色小花。核果椭圆状球形、肉质、暗紫色，9月成熟。原产地中海一带，中国云南、广东、广西、福建、江苏、浙江等地栽培。喜光，稍耐阴；喜温暖湿润气候，也耐短期低温（-8℃）；宜深厚、肥沃、排水良好的壤土或砂壤土；怕涝；萌蘖力强。繁殖以扦插为主，也可用播种、分株繁殖。移植需带土球。主要虫害有红蜡蚧和大蓑蛾；病害有黄化病。月桂树姿丰满圆整，枝叶茂密，四季常青，最适于居住区栽植，可对植、群植、孤植，或作高篱分隔空间，还可修剪成球形，在公园、街道绿地及各类专用绿地常有栽植。

（张秀琴）

月季类（monthly roses） *Rosa* cvs.，别名月季花、月月红、胜春、长春花。蔷薇科蔷薇属落叶或常绿灌木，罕藤本。染色体数：现代月季 2n=3x，4x=21，28；月季花、香水月季 2n=2x=14。

起源、演化及栽培简史 古代中国、埃及、巴比伦、希腊、罗马等国家，公元前即有关于蔷薇的记载。春秋时代的孔子（公元前551～479年），曾记载过皇家园林中的蔷薇。汉武帝刘彻时，宫廷花园中盛栽蔷薇。南北朝之齐、梁至唐代，宫廷中栽蔷薇更盛，并有咏蔷薇诗。宋时月季已在洛阳、山东、两淮、苏州、扬州等地栽培，诗词多有佳作。明代李时珍《本草纲目》中云："月季，处处人家多栽插之"。王象晋《群芳谱》，则更列出20个类型、品种的蔷薇、月季。在距今300余年之前，中国的月季品种及其栽培已居世界最前列。

欧洲在公元前直至18世纪后期的漫长过程中，主要栽培的蔷薇有3种，即法国蔷薇（*R. gallica*）、百叶蔷薇（*R. centifolia*）和突厥蔷薇（*R. damascena*）。品种虽曾达100以上，并含重瓣种，却有花色单调，每年只开一季花等缺点。直至1768年后，中国两种月季的4个品种'月月'红（*R. chinensis* cv. Slater's Crimson China）、'月月粉'（*R. chinensis* cv. Parson's Pink China）、'彩晕'香水月季（*R.* × *odorata* cv. Hume's Blush Jeascented China）、'淡黄'香水月季（*R.* × *odorata* cv. Park's Yellow Tea-scented China）先后传入欧洲，并与欧洲的蔷薇种反复杂交，1837年首次在法国育成了杂种长春月季品种群（HP）。但此品种群成员每年只开一二次花，还不能达到连续开花的预期目标。再经反复杂交和培育，于1867年育成了真正四季开花的新品种'法兰西'月季（cv. La France），并成为杂种香水月季这一新品种群（HT.）的起点。这是月季演化史上进入新纪元的标志，1867年即定为"现代月季"与"古老月季"的分界线。

经世界各国育种家的长期培育，此后除杂种香水月季品种群已发展至2万个品种外，又相继出现了丰花（聚花）月季（Floribudna Rose，简称 F.或 Fl.）、壮花月季（Grandiflora Rose，简称 Gr.）、藤本月季（Climbing Rose，简称 Cl.）、微型月季（Miniature Rose，简称 Min.）等等。中国的月季、香水月季、野蔷薇（*R. multiflora*）等及其品种，作为种质资源，在世界月季演化与栽培史上作出了贡献。

形态特征 月季（*R. chinensis*），为常绿或半常绿灌木，常具钩状皮刺。羽状小叶3～5，托叶大部附生于叶柄，边缘具腺毛。花常数朵簇生，中大，微香，单瓣，粉红或近白色。果卵形，内有"种子"（瘦果）数粒或十余粒。4～10月开花，9～12月果熟。

香水月季（*R.* × *odorata*），由月季与巨花蔷薇天然杂种中选育而来。枝长，常带攀援性。小叶5～7，表面有光泽，新梢、嫩叶常为古铜色；花蕾秀美，花梗细长，花有粉红、浅黄、橙黄、纯白等色，形大，芳香泌人，生长季开放不断；果近球形。是现代月季（*R.* × cvs.）多次杂交、长期选育而成的杂种月季品种群。与月季（*R. chinensis*）之主要差异是：灌木或藤本；叶常较厚、较大而表面有光泽；花蕾多卵形，秀美，花大而色、形丰

富，多复瓣至重瓣，罕单瓣，淡香至芳香。连续开花，而以5～6月及9～10月为盛花期；结实或不结实。

品种及变型

月季　品种有：①'月月红'(cv. Semperflorens = Slater's Crinson China)，花大红，多单生，四季开放，梗常下垂。②'小月季'(cv. Minima)，矮株，高不过25cm，多分枝；叶小而狭；花亦小，花径约3cm，玫瑰红色，单瓣或重瓣。③'绿月季'(cv. Viridiflora)，花淡绿，花瓣呈狭叶状。④'变色'月季(cv. Mutabilis)，花单瓣，花径4.5～6cm，初开时硫黄色，后变橙色、红色，最后呈暗红色。

香水月季(*R*. × *odorata*)　品种有：①'淡黄'香水月季(cv. Ohroleuca)，花重瓣，淡黄色。②'橙黄'香水月季(cv. Pseudoindica)，花重瓣，呈肉红黄色，瓣背带红晕，径7～10cm。③'粉红'香水月季(cv. Erubescens)，花较小，单瓣，呈明亮至深暗粉、红色。

现代月季(*R*. × cos., modern roses)　据1979年世界月季协会联合会批准的园艺分类法，将现代月季作如下的分类：

非藤本类　有：①一季开花的灌木；②连续开花的。包括连续开花的灌木、连续开花的矮丛和微型月季(Min.)。

藤本类　有：①一季开花的，包括'傲游者'(半藤本)月季；藤本月季；微型藤本月季。②连续开花的。包括'傲游者'(半藤本)月季、藤本月季、微型藤本月季。

产地与分布　月季原产中国，分布于湖北、四川、甘肃等省山区。香水月季原产中国，系由月季的天然种间杂种中选育而成。云南、四川为分布中心。杂种香水月季等现代月季品种群系1836年后育成；最初选育地点多在欧洲；其栽培分布，几已遍及除热带、寒带以外的世界各地。

习性　喜日照充足，空气流通，排水良好而避风的环境，盛夏过热时，又需适当遮荫。多数品种最适温度白昼15～26℃，夜间10～15℃。较耐寒，冬季气温低于5℃，即进入休眠。如夏季高温持续30℃以上，则多数品种开花减少，品质降低，进入半休眠状态。冬季，一般品种可耐-15℃低温，现已育成抗-30℃的耐寒品种。一般香水月季喜温暖，其抗寒性多较杂种香水月季差。月季喜肥，宜栽于富含有机质、肥沃、疏松之微酸性土(pH值6～7)中，但对土壤的适应范围较宽，稍粘重也可生长。空气相对湿度宜75%～80%，但稍干、稍湿也可。有连续开花特性。花谢后适当修剪，并浇水补肥，则可开花不绝。宜在洁净大气中生长，如遇污染，包括烟尘、酸雨及有毒气体等，均可妨碍月季的正常生长、发育。

繁殖栽培　繁殖以嫁接、扦插为主，播种及组织培养等为辅。嫁接用的砧木有：野蔷薇(*R. multiflora*)、粉团蔷薇(*R. multiflora* var. *cathayensis*)、'白玉棠'(*R. multiflora* cv. Albo-plena)等。狗蔷薇(*R. canina*)，性耐寒，在欧洲、加拿大和美国北部常用为砧木。但在气候温暖地区如南非、美国加利福尼亚、新西兰等地则喜用野蔷薇。属诺瑟特蔷薇(*R*. × *noisettiana*)的'曼纳蒂'品种(cv. *Manetti*)，常用于嫁接温室月季等，在地中海沿岸应用尤多。此外，一些国家还有用于酸性土盐碱土或其他目的之专用砧木。如美国得克萨斯州(Texas)，1992年通过砧木试验，发掘出一种无刺香水月季，在夏季酷热的盐碱地表现良好。

扦插法多用于现代月季一般品种及几种砧木('白玉棠'、无刺野蔷薇、无刺香水月季、'曼纳蒂'蔷薇、粉团蔷薇等)。如须很快获得大量苗木或特殊品种，则可用组织培养法。

在栽培管理上，一般可分露地栽培(含月季园栽培)、温室栽培与盆栽三种。露地栽种月季，应选背风向阳排水良好处整地作畦，并重施基肥，生长季加施混合化肥作追肥，保持1:1:2或1:1:3的N(氮):P(磷):K(钾)之比，中耕、除草、浇溉、病虫防治、防寒以及修剪等，均须及时正确实施。其中月季修剪是一项重要作业，具体原则与方法，又因不同品种群而异。如对杂种香水月季、丰花月季、壮花月季等，一般只留3～5枝主干，高剪时每枝留75～120cm(含15～20个芽)截顶，低剪则各枝留30～45cm(含6～8个芽)。藤本月季既要令其攀援而上，又要使之花多花好，故应比一般高剪留得更高些(120～150cm)。对于微型月季，只剪去过密枝、枯死枝、乱生枝及弱枝即可。其余部分实行轻剪，使其多开花并维持冠形完整。除以休眠期修剪为主外，生长期修剪(如摘芽剪除残花枝等)也可适时进行。

温室栽培主要以供应切花生产为目的，要选适当品种，红色的如'飞红'(cv. Americana)等，粉色的如'初变'(cv. First Love)等，黄色的如'和平'(cv. Peare)等，橙色的如'杏花王'(cv. Malina)等，土壤应专门配制，要求透气及排水良好，无病虫害，能保持水分、养料，常按30cm×30cm株行距栽植，施用综合肥料，夜间保持15～17℃，白天21～25℃。

月季盆栽，可供室内观赏。其栽培管理要领是：盆土疏松，盆径适当、干湿适中，薄肥勤施，摘花修枝，防治病虫，常放室外，松土除草，剥除砧芽，每年换盆。还可用月季作盆景，绿化阳台和屋顶。

育种　目标包括培育花色新奇，花香馥郁，花形优美的新品种，而抗性育种尤其是抗病育种越来越显示其重要性。至于微型月季、藤本月季，则更在株姿、花朵多少等方面有专门要求。此外，培育多用途的新品种，包括观赏、提取香精兼用等，也是有意义的日标。在育种方法上，则常规的品种间杂交，仍是至今世界上最重要的月季育种途径。中国和欧美等国，已在搜集丰富的有特长的种质资源，进行远缘杂交。如北京林业大学利用报春刺玫(*R. primula*)等野生蔷薇种与中国古老月季品种‘秋水芙蓉’等，实行远缘杂交，在培育新品种群方面初见成效。此外，芽变选种、辐射育种、实生选种、引种以及基因工程应用等，也都是月季育种的有效途径。

病虫害防治 最常见的病害有白粉病(*Sphaerotheca pannosa*)，为害较大，一般叶上出现白粉，严重者落叶、削弱生长、影响开花，温室月季发病较重。加强通风、透光、喷施石硫合剂等，可防治。黑斑病(*Marrsonina rosae*)，为世界性病害，主要叶面出现黑褐斑，重者引起落叶。防治法：抗病育种及栽培抗病力强的如‘粉后’(cv. Queen Elizabeth)等；秋季清除落叶；喷施多菌灵或波尔多液等。虫害主要有月季长管蚜(*Macrosiphum rosivorum*)等蚜虫，朱砂叶螨(棉红蜘蛛，*Tetranychus cinnabarenus*)等螨类，田舍三节叶蜂(*Arge pagana*)，等等。

园林应用 可种于花坛、花境、草坪角隅等处，也可布置成月季园。藤本月季用于花架、花墙、花篱、花门等。可盆栽观赏，又是重要切花材料。此外，花、果可入药，有的品种如‘墨红’(即‘朱墨双辉’，cv. Crimson Glory)等，可提取香精。

参考书目

张本：《月季群芳谱》(第一辑)，贵州人民出版社，贵阳，1985。

(朱秀珍 陈俊愉)

月见草 (common evening primrose)

Oenothera biennis，别名夜来香、山芝麻、野芝麻。柳叶菜科月见草属一二年生草本植物。染色体数2n=2x=14。原产北美，17世纪经欧洲传入中国，并逸为野生。20世纪80年代以来，以生产月见草种子为目的，在中国东北部分山区大面积栽培。

形态特征 二年生植株分枝多，高达100～140cm(或更高)；一年生植株较矮小，高60～90cm。基生叶丛生具柄，呈莲座状，茎生叶互生，下部叶片狭长披针形，上部叶片短小，边缘具不明显的锯齿。茎直立、分枝。抽薹前根肉质，白色肥大，抽薹后主根木质化。花黄色，花径4～5cm；花瓣4，倒心脏形；萼筒长约3.5cm，萼片4裂披针形，开花时两片相连反卷。蒴果圆锥形。种子褐色，不规则三角形，千粒重400mg左右。花期6～10月，果熟期8～11月。

产地与习性 原产北美，中国北方各地均有栽培。野生月见草在中国分布于东北、华北地区，以东北的长白山区最多。月见草耐寒、耐旱，耐瘠薄，喜光，忌积水，抽薹开花需要一定的低温刺激。野生条件下，出苗后不断长出基生叶，秋末结冻时停止生长，莲座状叶由绿变红，伏地越冬；翌春气温回升，莲座状叶又由红转绿，恢复生长，5月中下旬开始抽薹。人工种植需早播育苗或将种子进行低温处理，当年才能抽薹开花。日落后开花，日出后花瓣萎蔫。种子成熟后，蒴果自行开裂。

繁殖、栽培 可直播或育苗移栽。直播种子要预先低温处理。处理方法是：将种子用水浸数小时，捞出后置0℃以下处理20～30天，然后播种，播量0.2g/m^2，播后覆土约0.5cm。采用塑料大棚或玻璃温室育苗，具4片以上真叶时移栽。

园林应用 月见草花夜晚开放，香气宜人，适于点缀夜景，配合其他绿化材料用于园林、庭院、花坛及路旁绿化。其花可制香精浸膏。

同属植物约100种，分布于美洲温带地区，常见栽培的有：待宵草(*O. drummondii*)，一二年生。株高50～80cm。叶矩圆状披针形，茎生叶三角状线形。花径5～7cm，初开柠檬黄色，谢时带红色。原产美国南部。香待宵草(*O. odorata*)，多年生作二年生栽培。株高1m，少分枝，疏生白色短毛。茎生叶披针形，下部叶线状倒披针形。花鲜黄色，单花腋生于茎中上部。傍晚至夜间开放，有清香。花期9月。原产智利、阿根廷。美丽月见草(*O. speciosa*)，多年生作二年生栽培。株高50cm，具羊毛状毛。叶线形至线状披针形，有疏齿，基生叶羽裂。花白至水红色，径达8cm以上，傍晚至次日上午开放。花期夏季。原产美国南部。

(岳沛华)

越橘 (cowberry)

Vaccinium vitis-idaea，别名牙疙瘩、红豆。杜鹃花科越橘属常绿小灌木。染色体数2n=2x=24，34。高7～15(20)cm。叶互生，倒卵形或椭圆形，长1～2cm，上部具微波状锯齿或全缘，稍反卷。花2～8朵成顶生短总状花序，稍下垂，花冠钟形，径约5mm，白色或淡红色；花期6～7月。浆果球形，红色；果期8月。产中国黑龙江、吉林、内蒙古及新疆等地，俄罗斯、蒙古、朝鲜半岛、日本、北欧及北美也有。耐阴，喜凉爽湿润气候，适生湿润而排水良好的酸性土壤，在泥炭土地带生长良好。播种或分株繁殖。越橘植株矮小，枝叶密集，果实鲜红，园林中可用作地被，也可作盆景材料。果实可食。同属常见栽培的有笃斯越

橘(*V. uliginosum*),落叶小灌木,高 15～80(100)cm。叶倒卵形,长 1～2.5(3)cm。果黑紫色。 (秦瑞明)

云杉(Chinese spruce) *Picea asperata*。松科云杉属常绿乔木。中国特有树种。染色体数 2n＝2x＝24。高达 45m,胸径 1m,冠幅 7～10m,树冠圆锥形。树皮淡褐色,呈不规则的鳞块状剥裂。1 年生小枝淡黄褐或褐黄色,2～3 年生枝褐色。叶四棱状条形、无柄,螺旋状排列、辐射伸展,长 1～2cm,先端尖,四面有气孔线。雌雄同株;雄球花单生叶腋,黄色或深红色;雌球花单生枝顶,紫红色或绿色,授精后下垂。球果圆柱状长圆形,当年 9 月至 10 月成熟,种鳞开张,种子脱落。种子具翅,种鳞宿存。产中国四川、陕西、甘肃、青海等省。幼树耐阴,大树喜光,喜冷凉湿润气候,也耐旱;浅根性,在土层深厚排水好的微酸性棕色森林土壤上生长发育良好。幼树生长缓慢,天然生长的孤立木 30～40 年开始结实,树龄可达千年。

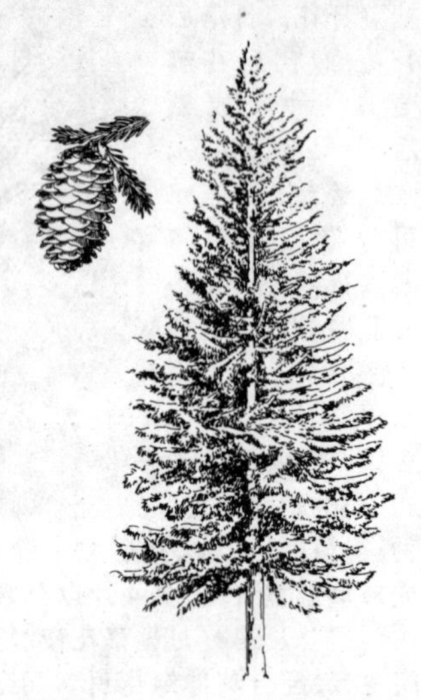

播种繁殖。种子千粒重 3.6～4.6g,发芽率 20%～45%。苗期常有立枯病危害,播种前用五氯硝基苯、敌克松或多菌灵等药剂拌种预防,发病时可用敌克松 500～800 倍液或苏农 6401 配制 800～1000 倍液防治;也可喷洒 1%～3% 硫酸亚铁液,但施用后需喷洒清水洗苗。云杉枯梢病使幼树皮层变黑褐色后坏死,可用波尔多液防治。云杉球果锈病使种子的产量和质量降低,主要防治措施是在种植区内消灭稠李属(*Padus*)和鹿蹄草属(*Pirola*)等寄主植物。

云杉树体高大,枝叶苍翠,冬夏常青,雄伟壮观。由于叶四面的白色气孔带明显,远看如云雾缭绕其间,是重要的观赏树种。尤适用于规则式园林,如广场、纪念性建筑的绿化等,也可在各类园林绿地中孤植或群植。

本属中常见的观赏树种有:白杆(*P. meyeri*),常绿乔木,叶端钝或尖钝,为高山主要树种。产中国山西、河北、内蒙古等地。幼树耐阴性较强,耐寒,喜冷湿气候;适生于中性至微酸性的棕色森林土,在微碱性的土壤上也能生长;根系浅。生长慢,在自然条件下,50 年生树高 8～13.5m。种子繁殖。树形端庄、美丽,适宜园林绿地中栽培观赏。青杆(*P. wilsonii*),常绿乔木,小枝黄灰色至灰色,叶先端尖且较短小,在枝上螺旋状着生。产中国内蒙古、河北、山西、陕西、甘肃、青海、四川、湖北等地。大果青杆(*P. neoveitchii*),与青杆相似,叶较长而端尖。球果较大。产中国湖北、陕西、甘肃等地,为中国二级重点保护植物。紫果云杉(*P. purpurea*),球果圆柱状卵形或椭圆形,成熟前后均为紫黑色或淡红紫色,产中国青海、甘肃、四川等地。红皮云杉(*P. koraiensis*),树冠尖塔形,树皮灰褐色或淡红褐色,裂缝多红褐色。产中国内蒙古和东北大、小兴安岭及长白山区海拔 400～1600m 地带,朝鲜半岛及俄罗斯也有分布。较耐阴、耐寒;在空气湿度大、土壤肥厚排水良好的环境中生长较好;根系浅,排水不好易生病虫害。青海云杉(*P. crassifolia*),1 年生枝初为淡绿黄色,后呈粉红黄色或粉红褐色,2 年生枝粉红色或淡褐黄色,老枝褐色。叶先端钝或微钝。花期4～5 月,9～10 月果熟。产中国青海、甘肃、宁夏、内蒙古等地,常于山谷或阴坡组成纯林。白皮云杉(*P. aurantiaca*),树皮淡灰色或近白色。产中国四川西部康定等海拔 2600～3600m 地带,是四川西部高原地区庭园绿化树种。欧洲云杉(*P. abies*),高 60m,胸径4～6m,老树皮厚,幼树皮薄。大枝斜展,小枝常下垂,幼枝淡红褐或桔红色。叶四棱状条形,四面有气孔线。球果圆柱形。产欧洲北部和中部,是当地重要的庭园绿化树种,品种甚多。中国庐山、青岛、熊岳、北京、呼和浩特等地有栽培。鱼鳞云杉(*P. jezoensis* var. *microsperma*),树皮呈近圆形块状裂,灰褐或黑褐色似鱼鳞。叶下面无气孔线。产于中国东北地区大兴安岭、小兴安岭海拔 300～1000m 的山坡和丘陵地带,俄罗斯、日本也有分布。另有长白鱼鳞云杉(var. *komarovii*)和卵果鱼鳞云杉(var. *ajanensis*)两个变种,均宜用于园林绿化。台湾云杉(*P. morrisonicola*),产台湾省中央山脉海拔 2300～3000m 地带。日本云杉(*P. polita*),别名针枞。原产日本,中国杭州、青岛、大连有栽培。长叶云杉(*P. smithiana*),产中国西藏南部,尼泊尔、阿富汗也有分布。丽江云杉(*P. likiangensis*),树皮深灰或暗褐色,深裂成不规则的厚块片。产中国云南、四川海拔 2300～3000m 的高山地带。麦吊云杉(*P. brachytyla*),产中国河南、湖北、陕西、四川、甘肃等地,生于海拔 1500～2900m 地带,中国特有树种,国家三级重点保护植物。适生于温和湿润的环境和深厚肥沃排水良好的酸性土壤。可在园林绿地种植观赏,庐山有栽培。 (林付分 陈耀华)

云实(mysorethorn) *Caesalpinia decapetala*,别名马豆、羊石子、水皂角。苏木科苏木属落叶攀援灌木。茎、枝及叶轴均有倒钩状短刺。2 回羽状复叶、互生,羽片 3～10 对,每羽有小叶 12～24 片,小叶长圆形,长 1～3cm。总状花序顶生,长 20～35cm,花黄色,花期 8～9 月。荚果长椭圆形，扁平而略弯，长 5～8cm，先端圆、有喙，果熟 9～10 月。产中国长江流域及其以南地区，广布亚洲热带地区。喜光，适应性强，耐干旱瘠薄，常生于山坡、沟谷疏林或灌木丛中。用种子或插条繁殖。花多且密集，盛开时一片黄色，可草地丛植或植为绿篱。

同属中习见的观赏树种还有：金凤花（*C. pulcherrima*），别名洋金凤。常绿灌木或小乔木，高 3m；枝有疏刺。2 回羽状复叶，小叶斜矩圆形或倒卵形至倒披针状矩圆形。伞房状总状花序，花橙色或黄色。花期长，中国华南地区几乎全年开花。适宜丛植，或用于小花架、篱垣绿化。

（陆益新）

芸香（common rue） *Ruta graveolens*，芸香科芸香属多年生草本植物。株高约 1m，光滑，具腺点，有强烈香气。2～3 回羽状复叶，深裂至全裂，羽片倒卵状

长圆形，蓝绿色。聚伞花序顶生，花黄色；花期 5～6 月。蒴果，种子有棱，种皮有瘤状突起。原产欧洲。中国南方常见栽培。喜温暖、湿润气候和排水好的砂质壤土。播种、扦插或分株法繁殖。北方常温室盆栽，露地栽培，需在冬季覆土防寒。芸香用于盆栽观赏、片植或大型花坛中心栽植。枝叶含芳香油，为调香原料。

（王彩云）

Z

杂交育种(cross breeding) 以基因型不同的植物种或品种进行交配或结合形成杂种,通过培育、选择而获得新品种的方法。它是培育新品种主要途径,是近代育种工作最重要的方法。由于杂交引起基因重组,后代会出现组合双亲控制的优良性状基因型,产生加性效应,并利用某些基因互作,形成超亲新个体,为培育选择提供了物质基础。根据参与杂交亲本的亲缘关系远近,杂交育种可分为近缘杂交和远缘杂交育种;按杂交性质不同,又可分为有性杂交育种和无性杂交育种。一般杂交育种是指品种间杂交育种,即常规育种。

简史 公元前2000余年,第一次报道了椰枣的(*Phoenix dacttylifera*)人工授粉,这是人类进行植物杂交授粉的最早记录。18世纪,人们才开始有意识地进行植物杂交。1719年,第一个人工杂交种——须苞石竹(*Dianthus barbatus*)与香石竹(*D. caryophyllus*)的杂交种,由英国人费切德(Thomas Fairchild)育成。此后,人们做了大量杂交工作,不仅获得了不少杂种,而且从中发现了一些现象和规律。如1760年,克尔罗伊用烟草作材料,获得了种间杂交种,并发现杂种不育;1835～1849年,卡特内尔(von Carttner)就80个属700个种的植物进行了1万个杂交组合,发现了杂种一代有优势现象存在;1865年,孟德尔(G. J. Mendel)通过豌豆杂交试验,发现了遗传的分离和独立分配规律,1900年孟德尔遗传规律的重新发现标志着遗传学的诞生,为杂交育种奠定了理论基础。

意义 杂交是自然界中增加植物新种的主要途径之一,人工杂交加速了物种进化,并使植物进化的方向与人类所需要的相一致。随着科学技术的进步,人们又创造了辐射诱变等方法,获得新种或品种,但杂交育种仍然是最基本、最有效的育种方法。现在栽培的许多观赏植物品种都是由人们通过杂交而培育出来的。如现代月季的育种,就是突出的例子。18世纪末至19世纪初,中国的'月月红'月季(*Rosa* cv. Slater's Crimson China)和'月月粉'月季(cv. Parson's Pink China),'彩晕'香水月季(cv. Hume's Blush,Tea-scented China)和'淡黄'香水月季(cv. Parson's yellow Tea-scented China)相继进入英国。用中国四季开花的品种与欧洲当地一季开花的法国蔷薇(*Rosa gallica*)、百叶蔷薇(*R. centifolia*)和突厥蔷薇(*R. damascena*)等反复杂交选育。1867年育成现代月季系统的杂交茶香月季(简称HT.)'天地开'(cv. La France)。随后在此基础上再经杂交选育,1911年出现了丰花月季(简称Fl.)系统,1954年壮花月季系统(简称Gr.)问世,再加上微型月季(Min.)和藤本月季(简称Cl.)系统,现代月季品种已有2万个以上。可见杂交在月季育种中起到了决定性的作用。其他花卉品种,如香石竹、菊花、唐菖蒲、郁金香、仙客来等众多的栽培品种,大多是经杂交选育而来。

方法和技术 主要包括育种目标的确定、亲本选配、杂交方式、杂交技术等。

育种目标的确定 目前世界上观赏植物的育种目标,一般有如下几方面:①观赏性状育种:以获得花色、花型、株型、香气等性状的提高。利用杂交、选择等手段可以使植物的性状朝着人们所希望的方向发展。例如,世界各地都在试图利用开金黄色的金花茶杂交培育出黄色、大花重瓣的山茶,以便解决山茶花中缺少黄色系的问题。菊花缺少蓝色,而菊属植物中也无蓝色,利用属间杂交培育蓝色菊花正是人们的梦想。②生长习性育种:以获得具有生长健壮、丰产、抗病虫害、抗除草剂、抗干旱、抗寒、耐热、耐盐碱、花期延长、始花期提前或延后、四季开花等生长习性的品种。如切花品种要求生长健壮、秆高且粗硬直挺、花瓣厚实、水养期长、丰产等。而一些盆花,如小菊、一品红、翠菊、一串红、百日草、观赏椒等则要求生长充实、节间短而分枝多、株型紧凑,这样的株型观赏性强,不倒伏,且易包装运输。如北京林业大学通过远缘杂交培育的地被菊,抗寒性强,可耐-35～-30℃的低温,而一般菊花仅耐-15～-10℃的低温,其耐热、抗干旱、耐盐碱能力也大大增强。地被菊目前已在严寒地区,如哈尔滨、乌鲁木齐等露地安全越冬;在乌鲁木齐、西宁等西北干旱寒冷地区,生长开花良好;在天津、德州等地,能耐0.8%的盐碱。

亲本选配 根据育种目标,选择合适的材料作杂交的父本和母本。选配原则是尽量选择综合性状优良的品种(最好是当地品种)作母本,具有目标性状的品种作父本。为了使杂交后代有较大的分离范围以供选择,通常选用地理分布较远的不同生态型作亲本,有时甚至选用不同亚种、变种、种的植物进行杂交。例如:'美人'梅(*Prunus* × *blireana*),由宫粉梅花(*P. mume* cv. Alphandii)与紫叶李(*P. cerasifera* cv. Pissardii)授粉杂交而成,具有母本紫叶李紫叶和抗寒的优点与父本重瓣大花的特性。

杂交方式 根据参与杂交的亲本数量和杂交的程序,可分为以下几种:①成对杂交(单交),是较为常用的方式。如甲×乙称为正交,乙×甲称为反交。②复

合杂交，也叫多亲杂交，是将3个或更多的亲本先后进行杂交，以便使多个亲本的优良性状综合在一起。如(甲×乙)×丙称为三交；(甲×乙)×(丙×丁)称为双交。还有四交，即〔(甲×乙)×丙〕×丁。③回交，将一代杂种再和亲本之一杂交，即〔(甲×乙)×甲〕×……或〔(甲×乙)×乙〕×……。回交的目的是增加后代中一方亲本的优良综合性状。

杂交技术　包括花期调整、花粉贮藏和花粉活力鉴定、杂交操作(去雄、套袋)和杂交后的管理等。

花期调整　根据不同的植物类型有以下几种方法：①分期播种或扦插，植物从开始生长到开花需要一定的时间，控制其生长的开始期，便可提前或延后花期。使用这种方法时，常以母本花期为标准，调整父本花期，以利于保证母本有较高的结实率。②调节温度。冬春季温度低，植物生长迟缓，此时加温一般可使植物生长加速，提前开花。相反，冬季正在休眠的植物在气温回升前，人为地使其处在1～4℃低温下，延长其休眠期，便可使植物开花延后。③光照处理，短日照植物(如菊花、一品红、蟹爪、叶子花、落地生根等)在夏季的长日照情况下不开花，若给予短日照处理，则可使提前开花。相反地，短日照植物在自然短日照开始时，人为地加长日照时间则可使短日照植物延迟开花。对长日照植物来说，人为地加长光照可使之提前开花，缩短光照使之延迟开花。③其他方法，如摘心、修剪、环剥、嫁接等等。一串红、香石竹、万寿菊、大丽花及菊花利用摘心的方法，均可推迟花期。环剥、环切或嫁接可使花木的实生苗提前开花。

花粉贮藏和花粉活力鉴定　在利用调整花期的方法仍不能满足要求，需从较远的地方采集花粉，就需要妥善地贮藏花粉。花粉贮藏效果受贮藏时花粉含水量及空气湿度、温度，甚至光照的影响。含水量大的花粉易结团成块，不利于授粉，更不利于贮藏，必须进行干燥处理。常用的干燥方法有自然风干法、干燥器干燥法和真空干燥法等。不同植物花粉贮藏环境的空气湿度范围为1%～60%。贮藏温度以较低为好，常采用2～4℃(也有用－15～－30℃，甚至更低的温度)。花粉贮藏最普遍的方法，是将花粉干燥后放在加了干燥剂(如无水氯化钙)的干燥器中，然后将其放到2～4℃的冰箱内避光保存。经过贮藏的花粉或新采集的花粉通常要测定其生活力后，才用来授粉。最常用的是染色测定法，即以醋酸洋红作染色剂，花粉粒被染成红色的是可育花粉，不被染色的是不育花粉。试管发芽是在实验室内将花粉播撒在人工培养基上用以模仿花粉在柱头上发芽的一种方法。不同植物种类的花粉试管发芽难易程度不一。许多植物可在3%～30%的蔗糖水溶液中萌发。添加100～200mg/L的硼酸，常可促进萌发。BK花粉萌发培养基(Brewbaker and Kwack, 1963)，适用于多数植物花粉。非常干燥的花粉，必须再度吸湿才能发芽。如被子植物，需在空气相对湿度50%～90%的环境中放置24小时，才能用于试管发芽。

杂交操作　包括以下几点：①亲本植株处理。为保证杂交授粉工作顺利进行，并保证授粉后要求的结实率，应选择生长健壮、不徒长、无病虫害的植株做杂交亲本。花木类型要注意选择向阳的枝条，并剪除周围过多过密的枝条、花朵或果实。②采粉、去雄、授粉和套袋。风媒花的花粉可用切枝采粉、套袋采粉，虫媒花花粉多有粘性，常用采粉器采粉、剥药取粉或毛笔扫取花粉。有些植物种类(如金合欢、锦鸡儿、鹅掌楸等)则可摘取小花或花药进行直接授粉。对于雌雄异花或异株、自交不实及雄性不育的母本可不去雄，只需在其开花前用硫酸纸(或羊皮纸、玻璃纸)将花或花序套住，防止其他品种花粉混杂。其他情况则需去雄。去雄方法有机械去雄(用剪刀、镊子等工具)，温水去雄、化学去雄、辐射去雄等。去雄后需套袋，大规模地杂交可用防虫罩隔离。采集到的花粉通常经过摊晾干燥、过筛，然后用授粉器或用毛笔、蜂棒、小海绵块等蘸取花粉授于母本柱头上。授粉时间通常宜选晴天的上午，当母本柱头伸张开或分泌粘液时最好。授粉常需重复一到数次。每次授粉后应立即刻套袋，防止他种花粉混入。

杂交后的管理　授粉完毕，挂牌标记杂交组合、授粉时间等，并做记载。数日后，待母本柱头无授粉能力时及时去袋。对授粉母株要加强肥水管理，并采取防护措施防止天然(风雨、鸟兽、病虫)危害和人为的破坏。

杂种后代的选育　通过杂交获得杂种后，对其进行选择、培育、品种比较试验及鉴定，才能获得新品种。①系谱选择法，又称多次单株选择法。常用于自花授粉植物，要从初期世代就反复进行人工单株选择，直至选育成优良一致的系统。杂种一代(F_1)不分离，从(F_2)代开始出现性状分离，便可进行单株选择。如育种目标是质量性状，可于F_2代选出，F_3代形成品系。但对于多基因控制的数量性状或育种目标要求多的，则需数代单株选择才可得到稳定的株系，形成品系。对于营养繁殖植物，杂交后常在F_1代便有性状分离，即可开始选择。选出的优良单株，可通过营养繁殖形成无性系，再通过鉴定即成为品种。观赏植物中，多数可采用此法进行选育新品种。②混合选择法，自花授粉植物杂交得到F_1，从F_2代始的几个世代混合作为群体繁殖，不进行株选(异花授粉植物则常常需每个世代都进行株选)，待纯质结合增加后再进行单株选择，在下一代得到稳定的系统，经进行系统间的比较，最后便可将优良系统定为新品种。③还有派生系统法，是以上方法的一种结合，即根据许多优良品系来自同一的F_2单株的经验，在早期世代(F_2)和晚期世代(F_5或F_6)各进行一次单株选择，而中间世代进行混合种植的方法。此法集中了系谱法和混合法的优点，育种中较常用。

通过以上方法选育出的品系，经过品系间的比较鉴定，择优去劣，便可将其中优良品系作为新品种，并参加品种比较试验，与现有生产品种比较，合格者可定新品种名。通常新品种正式推广前还需做品种区域试验，以确定其适应地区范围。通过观察记载亲本性状、杂交授粉、选择、品系建立、品系间比较鉴定、品种比较、区域试验，最后向生产推广，通常需3～4年或更长时间。（王四清）

杂种扭果花（cape primrose） *Streptocarpus × hybridus*，别名海角樱草。苦苣苔科扭果花属常绿多年生草本植物。染色体数2n＝32，64。无茎，为基生莲座叶丛。叶片卵状长圆形，有圆齿，叶面起皱，两面多毛。花1～2朵，花冠长约7.5cm，筒部白色，原种蓝或蓝紫色，檐部5裂，裂片圆形，下部裂片有紫色条纹直达喉部。蒴果扭曲，因而得名。原产南非。

杂交种主要亲本为扭果花（*S. rexii*）和邓氏扭果花（*S. dunnii*），通过反复杂交而成，花形大，色彩丰富，有不同深浅的蓝、紫、洋红、玫红、桃红、象牙白等色。一些品系下部三裂片线条变粗、另呈一色，成为间色系；有的线条消失，成为纯色系。喜轻松肥沃土壤，不耐霜冻，长江下游可在冷室越冬。夏季长期高温影响长势。播种或叶插繁殖，也可分株。叶插可取成熟全叶，横断背面叶脉，平放沙上，由切口处长出小植株。多用作室内盆栽花卉观赏。（王大钧）

杂种勋章菊（gazania; treasure flower） *Gazania × splendens*，菊科勋章菊属一二年生草本植物。由*G. pavonia*、*G. rigens*、*G. lon-giscapa*、*G. uniflora*等亲本杂交而成。具根茎，枝条性状与*G. uniflora*相似。叶由根际丛生，披针形或倒卵状披针形、扁线形，全缘或有浅羽裂，叶背密被白绵毛。花径7～8cm，舌状花白、黄、橙红色有光泽，花期4～6月。播种繁殖，冬季温室育苗，4月移植露地。盆植于3～4月换盆，盆土用园土、腐殖土、河砂按1:2:1比例配制。经常加施液肥。

同属植物约24种，原产南非。常见观赏栽培的还有：羽叶勋章菊（*G. pinnata*），原产南非，为半耐寒性多年生草本植物，株高20cm左右，叶羽状分裂，裂片长椭圆形或线形，两面白色无硬毛。花径约7.5cm，舌状花，橙黄色基部有黑斑。

（周维燕）

栽培基质（culture medium） 放置在种植床或盆中用以培养花卉、蔬菜的有土或无土介质。又称培养基质或栽培介质。广义的栽培基质，既包括以壤土、砂、腐殖质及有机肥为主体的种植床或容器内混合土，称有土介质，或培养土；又包括无土介质，或称无土基质。狭义的栽培基质专指无土介质。

培养土　容器用培养土，要求理化性能良好，主要是较好的持水和排水能力及通气性。可分以下几类：①扦插成活苗盆土为黄砂2份＋壤土1份＋腐叶土1份。②移植小苗盆土为黄砂1份＋壤土1份＋腐叶土1份。③一般盆花盆土为黄砂1份＋壤土2份＋腐殖质1份＋腐熟牛粪1/2份＋适量骨粉。④需较多腐殖质的盆花（秋海棠、蕨类、报春花等）盆土为黄砂2份＋壤土2份＋腐殖质2份＋1/2份腐熟牛粪＋适量骨粉。⑤一般花木盆土为黄砂2份＋壤土2份＋泥炭2份＋腐殖质1份＋腐熟牛粪1/2份）。⑥仙人掌与多浆植物盆土为黄砂2份＋壤土2份＋细碎盆片屑1份＋腐殖质1/2份＋适量骨粉＋适量磨碎石灰石。以上几种培养土，均应在消毒后使用。

无土介质　容器栽培所用介质，渐趋向于全部无土或少土。因无土介质都属无毒型，不需消毒即可使用。且其质轻、均匀、价廉，易于标准化和操作。但无土介质多数不含养分或含量甚少，需及时施营养液，才可保证植物正常生长发育。常用的无土介质，有甘蔗渣、树皮屑、木屑、谷壳、焦糠、泥炭、珍珠岩、蛭石、陶粒、砂、煤渣、岩棉等。其中泥炭、焦糠、蛭石、珍珠岩、砂、岩棉等尤为常用。这些介质各有特点，使用时应灵活掌握。

各国不同生产或科研单位，各有其惯用配方。兹介绍上海园林科学研究所所用介质配方如下：①育苗用介质：泥炭1份＋焦糠2份；或泥炭1份＋珍珠岩1份＋蛭石1份。②扦插用介质：珍珠岩1份＋蛭石1份＋黄砂1份。③盆栽用介质：堆腐木屑1份＋泥炭1份；壤土1份＋泥炭1份＋焦糠1份＋堆腐木屑＋堆腐醋渣。

以上混合介质，每立方米加1.5kg过磷酸钙、1kg硝酸钙、1kg硝酸铵、0.5kg硫酸亚铁混匀，堆放2个星期后用。

对培养土和无土介质，要混入基肥，分三种类型：①少肥植物（如铁线蕨、报春属、栀子属、山茶属、秋海棠属、石竹属、翠菊等），每1立方米介质加0.5～1kg复合肥（氮60～120mg/L、磷26～53mg/L、钾66～133mg/L）。②中肥植物（如小苍兰、非洲菊、仙客来、虎尾兰、龟背竹、蔷薇、月季类、八仙花属、风铃草属、百日草、万寿菊等），每1立方米介质加1.5kg复合肥（氮180mg/L，磷80mg/L、钾200mg/L）。③喜肥植物（如天竺葵属、大戟属、非洲紫罗兰、菊属、香石竹等），每1立方米介质加3kg复合肥（氮360mg/L、磷160mg/L、钾400mg/L）。

（鲁涤非）

早春黄（winter aconite） *Eranthis hyemalis*，毛茛科菟葵属多年生草本植物。染色体数 2n = 16。株高 5～15cm，具短块根。基生叶单生，外形圆，掌状 3～5 裂。茎生叶 5～8 枚，阔条形，围绕于花下，无柄。花单生无柄，瓣状萼片 5～8 枚（多为 6 枚），鲜黄色，狭卵状长圆形，花径约 2.5cm。花期 2～3 月。原产西欧。耐寒，茎叶生长周期甚短，蓇葖果、棕色，喜林地环境。栽培中注意少移栽，使其自然生长。分割块根或播种繁殖，也可用自播苗繁殖。适用于落叶林地或落叶灌木丛中点缀地面。在其他树木新叶萌发时，早春黄的花期已过，茎叶逐渐凋萎。

（王大钧）

枣（common jujube; Chinese date） *Zizyphus jujuba*，别名枣树、大枣、红枣。鼠李科枣属落叶乔木。染色体数 2n = 24, 36, 40, 48, 60, 72, 96。枣是中国栽培最早的果树之一，栽培历史约在 3000 年以上，《诗经·豳风》即记载“八月剥枣。”元代柳贯所著《打枣谱》已记载枣品种 73 个。

高达 15m，胸径达 100cm，树冠稀疏。树皮褐色或灰褐色，呈“之”字形曲折，红褐色或紫褐色，具 2 长短不一的托叶刺；长刺粗直，短刺向下反曲。叶互生，卵形至卵状披针形，长约 3cm，具细锯齿，基生三出脉；聚伞花序腋生，花小，黄绿色，花期 5～6 月。核果长圆形或卵圆形，深红色，果期 8～9 月。园林中常见栽培供观赏的变种有：无刺枣（var. *inemmis*），枝无刺，果大，味甜；葫芦枣（var. *lageniformis*），果实形似葫芦；龙爪枣（cv. Tortuosa），小枝常扭曲上伸，无刺，果较小，径 5mm；酸枣（var. *spinosa*），果小，近球形，中果皮薄，味酸。

产中国河北、河南、山西、山东、陕西、甘肃和内蒙古等地，各地广泛栽培；伊朗、俄罗斯中亚地区、蒙古国也有分布，日本、欧洲地中海沿岸各国及北美有栽培。喜阳光充足及干燥气候。耐寒，耐旱，耐热，也耐涝。对土壤要求不严，在 pH 值 5.5～8.5 之间均能正常生长。根系发达，萌蘖力强。耐烟熏，不耐水雾。

繁殖以分株、嫁接及扦插为主，有些品种也可播种。虫害主要有枣尺蠖（*Boarmia* sp.）、枣粘虫（*Cerostoma sasakii*）等，可喷敌百虫 1500 倍液防治。

枣树枝干苍劲，翠叶垂荫，红果累累，宜于庭园、四旁、路边及工矿区散植或成片栽植，其龙爪枣等亦可盆栽观赏或制作盆景，酸枣等还可栽作刺篱。

（郭生桢）

蚤缀（thyme leaf sandwort） *Arenaria serpyllifolia*，别名鹅不食草。石竹科蚤缀属一二年生草本植物。株高 10～30cm。茎簇生，密生白色短柔毛。叶对生，卵形，全缘。聚伞花序稀疏，花梗细长，萼片 5、披针形，花瓣 3、倒卵形，白色。花期为春、夏季。蒴果卵形，种子肾形。原产北温带，中国分布于东北、华北和华南各地。喜冷凉，适应性强，耐贫瘠、干旱，忌炎热、潮湿，夏季需适当遮荫。用播种或分株法繁殖。宜于岩石园、墙垣、路边种植或作地被植物。全草可入药。

同属植物约 250 种，常见栽培的还有：科西嘉蚤缀（*A. balearica*），别名匍雪草，多年生匍匐草本植物。株高 3～5cm，叶厚而有光泽，宽卵形至近圆形，具短柔毛。花梗细，长 5cm，花纯白色，花径约 1.3cm，花期 4～5 月。原产欧洲南部，耐寒。宜作地被植物，也可盆栽观赏。大花蚤缀（*A. grandiflora*），多年生草本植物。株高 8～15cm，茎圆形。叶披针形，具刚毛，边缘肥厚。花单生或 2～4 朵簇生，白色，花径 2～2.5cm，花期 6～7 月。原产欧洲南部。

（张 燕）

皂荚（Chinese honeylocust） *Gleditsia sinensis*，别名皂角。苏木科皂荚属落叶乔木。染色体数 2n = 2x = 28。高 20～30m，胸径 1.2m，树冠卵形至扁球形，树皮灰褐色，干部有圆锥形粗壮而分枝的刺。偶数羽状复叶，小叶 6～18 枚，卵形至卵状长圆形，长 3～6cm，端钝而有短尖头，缘具细齿；总状花序腋生，花杂性，黄白色，花期 5～6 月；荚果刀形、肥厚、黑棕色、被白粉，长 12～30cm，10 月果熟。原产中国东北、华北、华东、华南及西南地区，多生于平原、山谷及丘陵地区。喜光，耐半阴，喜温暖湿润，能耐 －20℃ 低温，喜深厚肥沃土壤，耐干旱、忌水浸；抗大气污染能力较强。实生苗 7～8 年生可开花结实，深根性，寿命长。播种繁殖，种子千粒重约 450g。主要害虫有介壳虫、

食心虫、豆象等。在园林中种植应将枝刺剪除。皂荚冠广荫浓而寿命长，是良好的庭荫树及四旁绿化树种；果荚浸液可用于洗涤。

本属约 13 种，常见种有：日本皂荚（*G. japonica*），落叶乔木，枝刺扁，小叶多达 20 枚，荚果扭曲而细瘦。野皂荚（*G. heterophylla*），灌木或小乔木，高 2～4m。枝灰白色、密生短柔毛，刺不分枝或有 2～3 短分枝，常有 2 回羽状复叶生同一枝上。荚果长椭圆形、红棕色。主产中国华北。美国皂荚（*G. tricanthos*），大乔木，原产地高达 45m，胸径近 2m，树皮黑色、深纵裂。刺粗壮具分枝、基扁；1 或 2 回羽状复叶；果镰形、扭曲，长 15～45cm，被疏黄白色柔毛。原产美国。中国新疆及南京、上海有栽培。喜光，适生于深厚肥沃而排水良好的土壤，寿命长。秋叶黄色，是良好的园林绿化树种。

（董保华）

造景手法（approaches of landscaping）　在园林绿地中，有目的地组织创造不同景观所采用的技艺。以“自然为师”、浓缩自然之精华，追求“虽由人作，宛自天开”的境界；讲究因地制宜，“巧于因借”；注重融合多门艺术和文化内涵，把诗情画意融入园林。这些是中国园林造景在长期实践中的经验提高到理论认识的总结，在世界上独树一帜。

主景与配景　园林中的“景”无论大小均宜有主景、配景之分。主景是重点，成为空间构图中心，最能体现园林绿地的功能与主题。主景本身应富有艺术上的感染力，所处环境也应是观赏视线集中的焦点。配景则往往起着陪衬、呼应主景的作用。两者相得益彰、烘云托月，形成一个艺术整体。不同性质、规模、地形环境条件的园林绿地，主景与配景的布置要因地制宜。如杭州花港观鱼，以观鱼池及牡丹园为主景，周围配植大量的花木来衬托主景。为了突出主景，常用的手法有：①将主景的主体景物在立面空间上升高；②将主景的平面布置安排在园中主要轴线和风景线焦点上，或位于环抱空间配景动势集中的焦点上，或放在园中空间构图的中心。配景起配合作用。如前景、背景、框景、夹景、添景、点景等均属配景的造景手法之列。

前景与背景　主景多设在中心位置。为使其不显得孤立并加强景观的空间层次与视觉感受，常采用增加前景与背景进行配合。如园中大草坪上设大理石雕像，常以草坪花丛或花坛为前景，以深绿色树丛为背景，将雕塑主景陪衬的更加完美。颐和园前山部分，以长廊为前景，万寿山为背景，更加突出中间主景排云殿和佛香阁。做为重点美化的树丛配植也有前景、主景和背景的配合关系。在北方常常是以常绿的油松树丛为背景，衬托出以海棠花、紫薇和五角枫等形成的中间主景，前以月季引导为前景，组成一个有前后层次互相映衬，完整统一的画面。

有时因主景本身已达真、善、美的境界，要求前景、背景简练或不设。如在纪念性园林中的纪念碑及其广场，主题明确，气势宏伟，空间广阔豪放，可不设前景，背景也常借助蓝天烘托。

框景　利用树干、树枝所形成的框边、门框、窗框和以山石洞穴的洞口形成框边等，有选择地摄取另一空间的景色，宛如一幅嵌于镜框中的图画，供人欣赏。框景的作用在于使观者视线通过景框高度地集中在画面的主景上，屏除次要的干扰因素，增强明暗色彩对比而给人以强烈的艺术感染力。如扬州瘦西湖从钓鱼台亭内通过两个大圆洞门，一框白塔、一框五亭桥，诗情画意尽在框中，有更高的艺术效果。框景的布置如先有景则设框的位置应选朝向最美好的景色方向；如先有框则应在框景对景处布置具有画意的景物。观赏点与框的距离应保持在景框直径的两倍以上，视点处在景框的中心，使所见景物的画面落入 26°的最佳视域之内。

夹景　园林中将视线两侧较贫乏或不雅的景观，利用树丛、树带、地形山石或建筑等加以隐蔽，形成比较封闭的夹峙或狭长空间，突出空间端部的景物引人关注。夹景是运用透视线、轴线突出对景的手法之一。能起到屏俗显美的效果，增加景的深远感和主景地位。如苏州拙政园内的宜两亭和倒影楼因有秋水长廊和西岸大树形成夹景而使互为对景，益显其美。城市中如道路尽端对着古塔，在没有种植行道树前，因所见景物涣散而未能引人注目，种了圆球形树冠的槐树为行道树形成夹景，就会引导人们视线聚焦到前方古塔，而古塔的直线条与行道树圆曲线的对比加强了古塔，成为透视主景的终端效果。

添景　为求观赏的主景或对景有丰富的层次感和明暗色彩对比变化，在缺乏前景的情况下，利用建筑小品、树木、山石等，做为从观景点欣赏主景的前添处理，使添景与主景共同组成艺术效果更好的画面。如利用一株或几株比例适当，姿态优美的树木，往往能起到良好的添景效果，使看到的画面充满层次感和明暗对比色彩，平添无限情趣。

点景　为了点出风景园林中主要景色的精华和意境，对眼前所见的立体的画，无声的诗进行高度概括，唤起游人产生更深的审美感受和引起联想与共鸣，而对景色进行文学艺术加工。点景是中国园林优秀造景手法的一大特色。如景点命名，园林题咏寓情于景，使有限的景物得到无限的扩展。导游的说明对游人更有帮助，为现代风景园林旅游事业不可缺少的部分。中国对景点和景区的命名历来用三字和四字概括居多，点出景色包括的实境、画境和意境。可让人在未接触景色之先激发强烈的探景心理，浮想联翩，起到画龙点睛，指导游览和诱发游兴的作用。如杭州西湖的“苏堤春晓”，喻示春天早晨为最佳欣赏期，能春天游览固然景色媚人，即使在其他季节来游，看到景名也会很自然想到其中的诗情画意。园林题咏多以对联、匾额、中堂、石碑、石刻等形式表达出来，给人以广泛的艺术联想，并有宣传、教育、装饰和导游的作用。它不但能点缀亭榭、装饰墙壁，而且可以发人深思，追怀往事，帮助游人进一步了解周围景物的意义。点景还有另一层意思，即造景时已酝酿园景的意境和文化内涵，需要有足以寓情于景之物来体现，如此而进行布置景物的做法，也是点景处理手法。如园林设计安排了海棠春色一景，若园中没有海棠花，便徒有虚名；如安排了一定数量和不同种类的海棠花，春天海棠开花时春色满园，海棠便是应时点景之物，名实相符；即使海棠不开花时，也会让人领略到其中的盛况美景。所以在园林布置中应用点景是一种高品位而又经济的造景手法。

（梁永基）

泽兰（Japanese eupatorium） *Eupatorium japonicum*，别名山菊、孩儿菊。菊科泽兰属多年生草本植物。株高 1～2m，上部被细柔毛。叶椭圆形或矩椭圆形，对生，叶缘锯齿状，叶背面被柔毛。头状花序茎顶分枝排成伞房状，总苞钟状，花白色微带紫色。花期秋季。原产日本，中国有广泛分布。适应性强，不择土壤。可采用根状茎繁殖，春季或秋季将根状茎挖出，截成 7～10cm 长的茎段进行栽种，约 15～20 天出苗。也可播种繁殖。园林应用作花境背景，可丛植于篱旁、林缘、湖岸。茎叶含芳香油，可作制肥皂的调香原料。茎叶可入药。

同属植物约 600 种，广布亚洲和美洲。常见栽培观赏的有：①香泽兰（*E. aromaticum*），株高约 60cm，花白色，芳香，可提取芳香油。原产北美。②佩兰（*E. fortunei*），株高约 1m，叶多为三全裂、对生，头状花序小，每个头状花序有花 4～6 朵，花管状，紫红色，花期秋季。原产中国，河北、江浙、广东、广西等地均有分布。③兰草（*E. stoechadosmum*），又名香草，地下具匍匐状根茎，头状花序紧密，花淡红紫色。干叶芳香，可驱虫。全草可入药。

（岳沛华）

泽泻（oriental waterplantain） *Alisma plantagoaquatica* var. *orientale*，别名水泻。泽泻科泽泻属多年生沼泽生或水生草本植物。具块状球茎，密生多数须根。叶卵状椭圆形，全缘，基生。两性花，伞形花序或圆锥花序，具长梗，花小色白，花茎由叶丛中抽出。花期夏季。果熟期 8～9 月。原产中国，主产福建、四川、江西、广东、湖南等地，日本、朝鲜半岛、俄罗斯、蒙古国均有分布。喜温暖肥沃稍带粘性的土壤，畏寒冷，幼苗喜荫蔽，成苗喜阳光充足。种子繁殖。为布置水生园、沼泽园的良好材料，球茎药用。

（朱秀珍）

宅园（院）绿化（home garden landscaping） 在私人宅地范围内，用造园的素材及手法进行绿化美化的措施。

封建社会宅主在城市里建造住宅，享受城市的物质生活条件。当经济条件允许时，为了满足既居城市又能享受到大自然的山林之趣，或为附庸风雅，而在居住建筑群旁单独建造一个以山水为骨干，栽种树木、花卉的花园，作为日常游憩、聚会、宴客的生活境域，达到可观、可游、可居的目的，并提供接触自然、进行室外活动及进行交际的场所。这在古典园林中十分常见。中国传统宅园称第宅园，是中国自然山水园的主要类型之一，为中国古典园林中之精华。北京的恭王府花园、南京的瞻园、上海的豫园、扬州的个园，以及苏州的拙政园等，多是写意山水园，是综合的艺术作品。它们运用山石、池水、植物、建筑和陈设布置组成各种美景，以有限的空间，创造丰富多采的景观，融自然美、建筑美、绘画美、文学美等为一体，再现自然山水之美，蕴含诗情画意；并注重探索“物外情，景外意”，强调意境的创造。布局合乎自然，采取曲折幽深、高低错落、小中见大、以少胜多和利用借景手法，突破空间的局限，以求“多方胜景，步移景异，咫尺山林”的效果。亭台楼阁、榭轩厅堂参差错落，以水面为中心，在池周绕以回廊，将单体建筑连接构成整体，并使其与自然山水融合。发挥水景特色，叠山理水，配置乡土植物，应用题咏、匾额、楹联等表达景色的精华和境界。陈设布置、建筑装饰、堂构名称、家具书画、灯具照明等无不典雅文质，融洽和谐，为景观添色增彩。

宅园应用的植物种类繁多，但都是当地久经栽培和喜闻乐见的树木花草。多以自然式种植，传统上首先要得其性情，以寓意为主，结合环境和形象，选取适宜的植物材料进行配植，如以松、柏象征长春永贞，以松、竹、梅为岁寒三友，梅、兰、竹、菊为四君子等传统组合。此外常以粉墙为纸，点以蕉、竹、石、树或围石成坛，并于砖框、漏窗前配植植物成框景等，富有画意。花木不但是宅园的造园素材，又常是观赏主题，常以花木命名而成景，像"梧竹幽居"、"竹外一枝轩"等即是。

（郑秉娟　王汝诚）

章守玉（Zhang Shouyu, 1897～1985）　中国观赏园艺学家、园艺教育家。字君瑜，苏州人。1897年9月3日出生，1985年9月3日逝世。早年就读于江苏省立第二农校，1918年留学日本，1922年毕业于千叶高等园艺学校。回国后在苏州、集美等农林学校执教。1928～1937年任南京中山陵园技师。自1939年起先后任西北农学院、中央大学、河南大学、复旦大学和沈阳农学院等校园艺系教授兼系主任。他矢志于发展中国的观赏园艺及园林事业，曾引种研究球根、草花及花灌木，开展菊花、月季与唐菖蒲的选育研究。一生中编辑了多部花卉园艺方面的著作，如1933年编著职业学校教科书《花卉园艺学》（商务印书馆出版）、1961年为沈阳农学院绿化专业出版了《花卉园艺学》（上、下册）、继而出版了《温室园艺》和《花卉园艺各论》等。1982年辽宁科技出版社出版了他主编的《花卉园艺》（上册）。他早年除设计施工中山陵园外，还对中山植物园及南京、西安、沈阳等城市很多绿地、广场、校园等进行了规划设计。在1949、1959年，曾两度在园艺系中创设造园或绿化专业，培养了许多园林专业人才，为中国观赏园艺事业和园艺教育做出了贡献。

（徐德嘉）

樟（camphor tree）　*Chinnamomum camphora*，别名香樟、小叶樟。樟科樟属常绿乔木。中国珍贵树种之一。染色体数2n＝2x＝24。材质致密，为上等用材，是中国南方各城市绿化的优良树种，早在2000年前就已栽培利用。

形态特征　高达30m，胸径可达3m，树冠广卵形或为不规则圆球形；树皮灰黄褐色，纵裂。叶卵形或卵状椭圆形，长6～12cm，先端尖，基部宽楔形或近圆形，下面灰绿色，微有白粉，离基三出脉，下面脉腋有腺窝；圆锥花序腋生，花绿色或黄绿色，花期4～5月；浆果状核果近球形或卵形，径6～8mm，紫黑色，果期8～11月。

产地、分布与习性　产中国长江流域以南各地，主产台湾、福建、江西、广东、广西、湖南、湖北、云南、浙江，多生于低山平原，垂直分布一般在海拔500～600m，湖南、贵州可达1000m，台湾可达1800m，但以海拔1500m以下生长最旺。越南、朝鲜半岛、日本也有分布。

为中国亚热带常绿阔叶林的重要树种，喜温暖湿润气候和肥沃、深厚的酸性或中性砂壤土，不耐干旱瘠薄，能生于粘壤中，但忌积水。较喜光，幼树稍耐半阴，壮年时更需阳光。适生于年均气温16℃以上，极端低温－7℃以上地域。速生，在适宜条件下，25年生高达15m，胸径18cm，孤立木树冠发达，分枝低，主干矮，在混交林中，树高可达30m以上，主干通直。为深根长寿树种，寿命可达千年以上。萌蘖更新力强，对烟尘有一定的适应力。

繁殖栽培　主要用播种繁殖，也可用嫩枝扦插或分栽根蘖。果实出种率为25%～30%，种子苗期宜进行两次以上移栽，以切断主根促生侧根、须根。宜于6～8月生长旺期施肥。冬末春初移植，以萌芽前或刚萌芽时最好，并应带土球。樟树多萌生枝，常影响树形，在育苗期，应及时进行整形修枝，保持树冠圆整，枝条分布均匀，以树冠占树高的2/3为宜。幼龄期应注意防治樟树炭疽病（*Glomerella cingulata*）；主要害虫有香樟袋盾蚧（*Phennacaspis camphora*）、藤壶蚧（*Cerococcus muratae*），应及时用除虫菊酯类、有机磷类杀虫剂防治。此外，后目大蚕蛾（*Pictycploca simla*）及樗蚕（*Philosamia cynthia*）是危害严重的食叶害虫，应及时用敌百虫、20%杀灭菊酯乳油液或25%喹恶硫磷乳油液杀灭。

园林应用　樟树树形雄伟壮观，主干高大挺拔，冠大浓荫，四季常青，枝叶秀丽而有香气。常用于高大建筑的配植树、庭荫树或孤植于草地，又是南方城市的优良行道树；也常丛植形成风景林或与其他树种配植呈现出优美的植物造园景观。

同属可供园林绿化栽培观赏的种尚有：银木（*C. septentrionale*），别名大叶樟，高达25m，树皮灰色，光滑。小枝较粗，具棱脊，叶近革质，长10～15cm，宽5～7cm。猴樟（*C. bodinieri*），高达16m，树皮灰褐色。小枝紫褐色；叶坚纸质，侧脉4～6对，脉腋上面呈泡状凸起。云南樟（*C. glanduliferum*），高达20m，树皮灰褐色，纵裂。叶革质，长6～15cm，宽4～6.5cm，多为羽状脉。天竺桂（*C. japonicum*），别名浙江樟，高达15m。树皮灰褐色，平滑。叶革质，近对生，离基三出脉。阴香（*C. burmanii*），高达20余米，树皮光滑，灰褐或黑褐色，内皮红色；叶革质，近对生，长5～12cm，宽 2～5cm。肉桂(*C. cassia*),树皮灰褐色。幼枝梢四菱形,密被灰黄色短绒毛。叶厚革质,离基三出脉。

(李泽锥)

爪哇木棉(silk cotton tree) *Ceiba pentandra*,别名吉贝、美洲木棉。木棉科吉贝属落叶大乔木。染色体数 2n＝72,80。高达 30m,板状根小或无,有大而轮生的侧枝,幼枝平伸,有刺。掌状复叶互生,小叶 5～9,长圆状披针形。花多数簇生于上部叶腋,花瓣淡红或黄白色,外面密被白色长柔毛,花期 3～4 月。蒴果长圆形,密生丝状绵毛。原产热带美洲和东印度群岛,现广泛引种于东南亚及非洲热带地区,中国云南、广西、广东、海南等热带地区有栽培。喜光,喜暖热气候,耐热,不耐寒。不择土壤,耐瘠抗旱,忌排水不良。深根性,生长快。用种子繁殖,也可用扦插及嫁接法。爪哇木棉树体高大,树形优美,是优良的观赏树种,孤植、列植、群植均能构成美丽的景观。

(周道瑛)

柘树(cudrania) *Cudrania tricuspidata*,别名柘桑。桑科柘树属落叶灌木或小乔木。具乳汁,高达 8m 左右。树皮灰褐色,薄片状剥落,小枝黄绿色,具枝刺。叶互生,菱形至卵形,全缘或端具2～3 裂。雌雄异株,头状花序腋生,花期 5 月。聚花果球形、肉质,橘红色,9～10 月成熟。产中国华北至华东、华中、西南、西北东部,朝鲜半岛、日本也有分布。喜光,根系发达,耐干旱、瘠薄,尤适生于钙质土壤。播种、分株或扦插繁殖。可植为刺篱、园景树或用于土山护坡、绿化荒山等。秋季红果累累,十分美丽。

(陈耀华)

珍珠菜 (clethra loosestrife) *Lysimachia clethroides*,别名红根草。报春花科珍珠菜属多年生草本植物。染色体数 2n＝24。株高30～100cm。茎直立,基部棕红色。单叶互生,卵状披针形。总状花序顶生,小白花密集,花径约 1.5cm,花萼宿存,在华北地区花期 7～8 月,长江以南 4～5 月。原产北美及亚洲东部。喜阳光充足,耐半阴,宜湿润、肥沃的土壤。用分株、播种或扦插法繁殖。用于点缀庭园、假山或丛植水池,也可作切花。

(张 燕)

珍珠梅(false spiraea) *Sorbaria kirilowii*,别名华北珍珠梅、吉氏珍珠梅。蔷薇科珍珠梅属落叶丛生灌木。高 2～3m,枝条开展,冠幅 2～3m。奇数羽状复叶互生,小叶 13～21 枚,椭圆状披针形或卵状披针形,缘具重齿;由白色小花(径约 6mm)组成顶生圆锥花序,长 15～20cm,花期 7～8 月;蓇葖果长圆形,长约 3mm,花柱和萼片宿存,9～10 月果熟。产中国河北、山西、山东、河南、陕西、甘肃、内蒙古等地。喜光,耐阴性强,耐寒;不择土壤,以在湿润肥沃的土壤上生长较好。萌蘖性强,生长较快,耐修剪,可用疏除老枝的方法进行

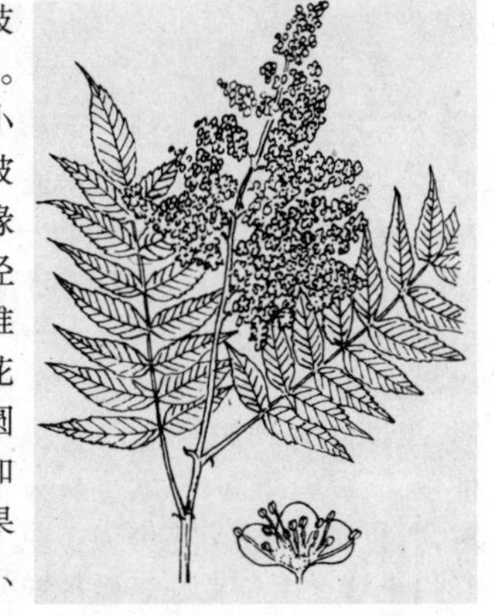

更新复壮；在生长季节，不采种的植株宜将花后残存花序剪除，既可节省养分，又有利于保持优美的株型。

用分株或扦插法繁殖，大量繁殖苗木时可用播种法。种子干藏，翌年春播。由于种子细小，整地要细、畦面要平，出苗前保持畦面湿润，每天早晚可用喷壶洒水，切忌由畦面直接灌水。出苗后遮荫，幼苗生长较慢，不耐涝。成年植株偶有刺蛾、大蓑蛾为害。珍珠梅枝叶清秀，夏秋季又有白色小花，且花期较长，尤其是对多种有害细菌具有杀灭或抑制作用，适宜在各类园林绿地中种植，用于各类建筑物北侧阴处绿化，效果尤佳。

在园林绿化中常见的同属植物尚有：东北珍珠梅（*S. sorbifolia*），高 2m；奇数羽状复叶，小叶 11～19 枚；雄蕊长于花瓣，花期 6～7 月最盛，可延至 10 月上旬，产中国东北及内蒙古，朝鲜半岛、日本、蒙古、俄罗斯也有分布。高丛珍珠梅（*S. arborea*），高达 6m。奇数羽状复叶，具小叶 13～17 枚，卵状长圆形或披针形；大型圆锥花序顶生，径约 15～25cm，花期 7～8 月；果圆柱形、下垂。产中国陕西、甘肃、湖北、四川、云南、贵州、西藏等地。

（陈耀华）

榛（Siberian filbert） *Corylus heterophylla*，别名平榛。桦木科榛属落叶灌木或小乔木。染色体数2n＝2x＝28。高约 7m。叶圆卵形至宽倒卵形，长 4～13cm，先端近平截而有 3 突尖裂片，基部心形，边缘具不规则重齿。花单性同株，雄花序 2～7 成总状，腋生。雌花无梗，1～6 簇生枝端，花期 4～5 月。坚果近球形，果期 9 月。产中国东北、华北及陕西、甘肃等地。俄罗斯、朝鲜半岛、日本也有分布。喜光，耐寒，耐干旱瘠薄，也稍耐阴，萌芽力强。在土层深厚、肥沃、排水良好的土壤上生长良好。播种或分蘖繁殖。播种当年苗高 40～50cm。叶面有紫色斑块，叶形奇特，可于园林中配植山石旁或疏林下观赏；也为北方山区绿化及水土保持的重要树种。同属植物常见栽培的还有：华榛（*C. chinensis*），落叶乔木，高达 40m，花期 4～5 月。果期 9～10 月。产中国中南、西南高海拔地带，为中国特有树种，国家三级保护植物。树干通直，高大雄伟。宜植于池畔、溪边。

（秦瑞明）

知母（common anemarrhena） *Anemarrhena asphodeloides*，百合科知母属多年生草本植物。根状茎粗壮。叶基生，线形，平行叶脉。总状花序，2～6 朵花成簇着生于序轴上，花瓣外面淡紫色，内面浅黄色，有淡香，花期 5～7 月，果期 7～9 月。蒴果狭椭圆形，种子黑色。原产中国华东、华北及西部地区。喜温暖，亦耐寒，耐旱，为半阴性植物。在高温、强光下，黄昏开花，次晨闭合，而在凉爽条件下则全天开放。喜向阳、排水良好、疏松的腐殖质壤土和砂壤土。播种或分根繁殖。于花坛、花境、花园中栽植，也可作地被植物。根状茎为著名中药。

（张 燕）

栀子花（capejasmine） *Gardenia jasminoides*，别名栀子、黄栀子。茜草科栀子属常绿灌木。染色体数 2n＝2x＝22。高 1～3m；枝干丛生，小枝绿色；叶对生或 3 叶轮生，通常椭圆状倒卵形或矩圆状倒卵形，长 5～14cm，全缘，具光泽；花大，白色，具浓香，单生枝顶，花冠高脚碟状，径 4～5cm，花期 6～9 月；果实卵形至椭圆形，橙黄色，具 5～9 纵棱，11 月果熟。常见的变种、类型有大花栀子（f. *grandiflora*），花大，重瓣，径 7～10cm；玉荷花（var. *fortuneana*），花较大，径 7～8cm；水栀子（var. *radicans*），又名雀舌栀子。植株矮小，枝匍匐平展，叶倒披针形，花较小，重瓣；单瓣水栀子（f. *simpliciflora*），与水栀子近似，但花为单瓣；斑叶栀子花（var. *aureovar-iegata*），叶具黄色斑纹。

产中国长江流域及其以南地区，越南、日本也有分布。各地普遍栽培，淮河以北地区多行盆栽，冬季移入温室越冬。喜光，也耐阴，强光直晒易焦叶；喜温暖湿润气候，不耐寒，要求相对湿度在 70%以上；宜肥沃、湿润而排水良好、pH 值 5～6 的酸性土壤，不耐干旱瘠薄，也忌低洼积涝。对二氧化硫抗性较强，易萌芽，耐修剪。繁殖以扦插和压条为主。嫩枝扦插在夏、秋季进行，插后遮荫并保持湿润，约 20 多天便可生根；若用全光照自动喷雾插床扦插或用水插法（即将插穗下部浸入水中），10～15 天就可生根。压条多在春季进行，一般用 2～3 年生枝，当年 6～7 月即可切离母株，分栽培养。此外，还可用分株和播种法繁殖，均以春季进行为宜。北方栽培需注意改良水土，生长期宜经常浇以用硫酸亚铁配制的矾肥水，平时多施有机液肥并保持空气湿润。

栀子花四季长青，花大洁白，芳香浓郁，在园林中久已栽培，可成片丛植或植为花篱，或于疏林下、林缘、庭前、路旁以及山石旁散植；也可盆栽或制做盆景；花可作切花，也适合作襟花、胸花及簪花。果、叶、根可入药；花可提芳香油。

同属中见于栽培观赏的还有狭叶栀子花（*G. stenophylla*），叶条状披针形至披针形，花白色，芳香，径2.5～3.5cm，果黄色或红黄色，产中国广西、广东，越南也有分布。

（董保华 陈耀华）

蜘蛛抱蛋（barroom plant；aspidistra） *Aspidistra elatior*，别名一叶兰、箬兰。百合科蜘蛛抱蛋属

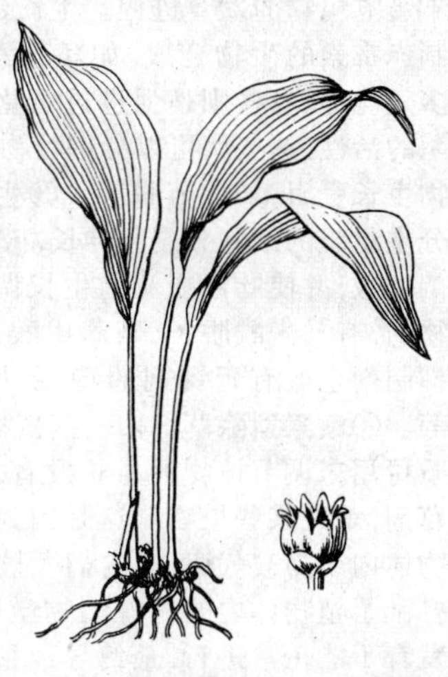

多年生常绿草本植物。染色体数 2n = 38 或 2n = 36。根状茎匍匐横卧，近圆形，具节和鳞片。叶单生，半革质，矩圆或椭圆状披针形，长 22～46cm，宽 8～11cm，先端渐尖，叶基部渐狭，叶柄长。叶缘波状。花单生短梗上，紧贴地面。花被钟状，褐紫色。花期 3～5 月份。其变种有斑叶蜘蛛抱蛋(var. *punctata*)，又名洒金蜘蛛抱蛋，叶片具黄色斑点。金线蜘蛛抱蛋(var. *variegata*)，又称白纹蜘蛛抱蛋，叶片具黄色纵条纹。本种原产中国南方各地，全国各地均有栽培。喜温暖湿润，耐阴性强，要求疏松、肥沃及排水良好的砂质壤土，亦较耐寒，稍低于 0℃ 不致受冻，但北方需在温室越冬。分株繁殖。多在春季翻盆时进行，剪去部分老根和枯叶，另行分栽。生长期间应注意浇水，置于荫棚下培养，每月追施肥水一次，及时剪除枯黄叶片并防治常春藤圆蚧(*Aspidotus neria*)等蚧类为害。蜘蛛抱蛋叶色浓绿、叶片挺拔，耐阴性强，容易栽培，用于观叶、盆栽。长江以南也可作半阴处地被植物。叶片可做插花衬叶。全草药用。

同属植物约 29 种，中国产 26 种。常见栽培的种类有：丛生蜘蛛抱蛋(*A. caespitosa*)，叶常 3 枚簇生，带形，长达 80cm。产中国四川南部至西南部。流苏蜘蛛抱蛋(*A. fimbriata*)，叶单生，矩圆状披针形，产中国福建、广东和海南。海南蜘蛛抱蛋(*A. hainanensis*)，叶 2～4 枚簇生，带形，长约 70cm。产中国海南。九龙盘(*A. lurida*)，叶单生，叶形变化大，由矩圆状披针形至带形，长 13～46cm，花较小，产中国长江以南各地。卵叶蜘蛛抱蛋(*A. typica*)，叶 2～3 枚簇生，卵圆状披针形至卵形，长 18～32cm，有时具稀疏黄色斑。产中国云南、广西及越南北部。

（费砚良）

蜘蛛兰（spider lily）　*Hymenocallis speciosa*，石蒜科水鬼蕉属多年生草本植物。染色体数 2n = 2x = 46。株高 1～2m，叶基生，倒披针形，花梗粗壮，高达 1m 以上，伞形花序顶生，花大型，绿白色，径可达 20cm，花被片深裂呈线形，基部合生呈漏斗状，长 5cm，花被筒长 7.5cm，绿白色，花期夏、秋季。原产北美，喜温暖湿润气候，生长强健，适应性强，不择土壤。常在春季进行分株繁殖，将母株挖起，把幼株与母株分开另行栽植。栽培管理简便，北方多盆栽，盆土应选砂质壤土加部分腐叶土，生长季除日常浇水外，每半月追肥一次，夏天炎热季节应将植株放于荫棚下，室内越冬，温度不低于 15℃ 为宜，并保持一定的空气湿度。南方温暖地区可地栽，但要适当荫蔽，宜排水良好。

同属植物约 40 种，常见栽培的种类有：水鬼蕉(*H. americana*)，别名美洲蜘蛛兰。叶剑形，花白色，3～8 朵形成伞形花序，产于北美。蓝花水鬼蕉(*H. calathina*)，别名蓝花蕉。鳞茎上具透明叶鞘，叶数片，花大，白色，常 2～4 朵形成伞形花序，产于南美安第斯山(秘鲁及玻利维亚)。

园林中作花径条植，草地上丛植，叶形美丽，花形别致，温室盆栽，供室内、门厅、道旁、走廊摆放。

（费砚良）

植物激素（phytohormones; plant hormones）　植物细胞接受特定环境信号诱导产生的、低浓度时可调节植物生理反应的活性物质。它们在细胞分裂与伸长、组织与器官分化、开花与结实、成熟与衰老、休眠与萌发以及离体组织培养等方面，分别或相互协调地调控植物的生长、发育与分化。这种调节的灵活性和多样性，可通过使用外源激素或人工合成植物生长调节剂的浓度与配比变化，进而改变内源激素水平与平衡来实现。自 1928 年起，至今已发现、鉴定并被公认的有生长素、细胞分裂素、赤霉素、脱落酸和乙烯等五大类激素。

生长素(auxins)　吲哚乙酸(IAA)是植物体内分布最广的生长素。还有一些天然的具 IAA 活性的化合物，如吲哚乙腈、4-氯吲哚乙酸、苯乙酰胺、对羟基苯乙酸等。主要是促进细胞的伸长生长，维持顶端优势，引起植物向光生长，对细胞分裂与分化及果实发育也有一定的作用。

细胞分裂素(cytokinin)　天然细胞分裂素为异戊基腺嘌呤衍生物，主要有玉米素、异戊烯基腺嘌呤、双氢玉米素等，其活性依次由高变低。在植物组织中，以游离态而存在，亦可能为核苷或核苷酸形式，但其活性不及游离态。其功能主要是促进细胞分裂与扩张，延衰与保绿；在组织培养中与生长素协同调控细胞与器官分化，推动形态建成；还可促进侧芽生长，打破顶端优势。低浓度下，可促进秋海棠叶发不定根，毛叶秋海棠在叶脉茎部及叶缘形成芽，促进牵牛花的花芽形成。

赤霉素(gibberellin, GA)　双萜类化合物，基本结构为赤霉烷，已分离鉴定出 90 余种，常用的是 GA_3。GA_3 促进细胞伸长与分裂，打破休眠与促进种子和芽萌发，如使山茶花、牡丹、梨的休眠芽和秋海棠、大柱仙人掌的种子萌发。可消除植物遗传型矮生性，如红花菜豆、矮生阿诺德海棠可以长高。还可促进开花结实及有利于雄花形成，如金光菊、天仙子不经长日照即可开花。

脱落酸(abscisic acid, ABA) (+)-2-cis ABA 为活性形式。ABA 为抑制生长的物质,其植物体内水平与活跃生长呈负相关。ABA 引起气孔关闭,加速衰老,诱导休眠与脱落,抑制种子及芽的萌发。如秋海棠叶剪下后,在扦插前将叶柄浸泡 1～20mg/L ABA 溶液 24 小时,可促进不定芽的形成。

乙烯(ethylene) 乙烯分子结构简单,常温下为气体,乙烯利是其常用水剂。主要作用是催熟果实,促进开花,如诱导印度蓝茉莉、菠萝的花芽形成,促进唐菖蒲球根发芽,诱发脱落与衰老,有利于雌花形成,刺激橡胶乳汁从伤口外溢而增加流胶量等。

上述各类激素,可分别起作用,也可适当组合协调作用,如用外源细胞分裂素与生长延缓剂等,可使切枝、切花或盆花保鲜。这是通过延缓蛋白质和叶绿素的分解,减慢呼吸作用以维持细胞活力,或调节内源激素水平,提高细胞分裂素相对含量或抑制 ABA 作用而延缓衰老的。在组织培养中,用玉米素可控制风信子的花芽分化;BA + NAA 可促进月季、菊花等芽的增殖,IBA 助长生根,等等。

参考书目

R. P. Pharis, S. B. Rood, *Plant Growth Substances*, Springer-Verlag, Berlin, Heideberg, 1988, 1990。

(宋艳茹)

植物生长调节剂(plant growth regulators)

人工合成的具有生理活性,类似植物激素并能调节植物的生理过程、控制植物的生长和繁殖的有机化合物,又称植物生长调节物质(plant growth regulating substances)。天然植物激素从外部施加给植物后,也可引起植物产生上述各种生理效应,也应视为植物生长调节剂。但更多的植物生长调节剂是人工合成的、植物体内尚不存在的有机化合物。

种类及其作用 植物生长调节剂的种类繁多,其作用方式各异,而且人们对这类化合物的作用方式仍不十分清楚,只能根据它们的主要生理效应进行分类。大体上可分为生长促进剂、生长延缓剂、生长抑制剂和激素型除草剂等,即:①生长促进剂。具有促进细胞分裂、伸长和分化功能的生长调节剂。植物的生长是由于原生质的增加而引起的体积和重量的不可逆转的增加,以及新器官的分化和形成。而新器官的分化和形成,则是细胞分裂、伸长和分化的结果。天然植物激素中的生长素、赤霉素和细胞分裂素等以及人工合成的吲哚丁酸、2-萘乙酸、激动素和 6-苄基腺嘌呤等,均具有促进生长的作用。②生长延缓剂。能使植物的顶端下部区域的分生组织(亚顶端分生组织)的细胞分裂、伸长和生长速度延缓的生长调节剂。这些物质可导致植物体表现出生理性矮化,而不损伤顶端分生组织,也不影响植物的发育进程。生长延缓剂的作用大多是抑制赤霉素的生物合成,如矮壮素、丁酰肼、阿莫-1618、多效唑等;有些则是促进过氧化物酶和吲哚乙酸氧化酶的活性,这些酶可以分解植物体内的生长素,致使植物生长受阻,如调节膦等。③生长抑制剂。抑制顶端分生组织的细胞分裂和伸长,破坏顶端优势,从而增加侧枝数,并使叶片变小的生长调节剂。属于这类化合物的,有马来酰肼、三碘苯甲酸、整形素等。有些生长抑制剂也兼有延缓剂的特性,如脱落酸、二凯古拉酸等。④激素型除草剂。一些植物生长调节剂在低浓度下可用来调节植物的生长发育,可在高浓度下用作除草剂,杀死某些植物。这是因为这类生长调节剂在植物体内不易被代谢,当它们大量进入植物体内时,往往打乱了植物体内的内源植物激素的正常作用,使生长发育不能正常进行,最终导致植物的死亡。属于激素型除草剂的 2,4-D、2,4,5-T、马来酰肼、2,4-D 丙酸、2,4,5-T 丙酸等。

应用 植物的生长发育,如细胞的分裂、伸长、分化和器官的形成以及开花、结实、衰老和脱落等,均受植物生长调节剂的调控。因此,这类物质已被广泛地应用于观赏植物科研和生产中,在人工打破球根和种子休眠、促进发芽、控制花期、矮化栽培、扦插生根、嫁接愈合、延长切花寿命以及在组织培养和远缘杂交等方面均取得了较好效果。①促进生长。赤霉素、油菜素内酯、三十烷醇等对植物的营养生长均有促进作用,如:瓜叶菊、仙客来等用赤霉处理后,使茎与花梗伸长。有些生长调节剂可促进花卉的侧芽发生和伸长,如 6-苄基嘌呤等。②控制营养生长。如花卉的矮化可得到造型紧凑的株型,并使开花部位集中,从而提高了观赏价值。如 S3307 能有效地控制牡丹等植物的营养生长,使其矮化。整形素可以抑制细胞有丝分裂,不但使茎矮化,并引起植株的形态和器官的异常,在园林植物造型上很有应用价值。③插枝生根。用于插枝生根的生长调节剂,主要有吲哚乙酸(IAA)、吲哚丁酸(IBA)和萘乙酸(NAA)等。其中以 IBA 效果最好,因它在植物体内运转较少,容易保留在使用部位附近。此外,如将一种促根生长调节剂与另一有利于生长调节剂发挥作用的物质混合使用,则可表现出增效或加合作用,可能使难以生根的植物得到较满意的效果。④调节开花。在一定条件下,植物生长调节剂对于诱导花芽分化和促进或延迟开花起着重要作用。如赤霉素促进仙客来、牡丹等开花。丁酰肼对杜鹃花等的花芽形成有促进作用。⑤化学整形与摘心。有些园林植物由于生长或观赏上的需要,往往需要摘心和整枝,如花卉的整形等。整形素及其衍生物可引起植株的形态和器官的异常。具有 C_{10} 的脂肪酸类物质,则可抑制或杀死侧芽,故可用于彩叶草、石竹、杜鹃花等植物的摘心。⑥切花保鲜。切花在离开母体后,短时间内会衰老降低质量。为保持切花鲜度,必须使切花保存在特定的保鲜剂内,其中植物生长调节剂是保鲜剂的重要成分之一。如 IAA、BA 或激动素等可延缓衰老,其中以激动素效果更佳。

参考书目

邵莉楣、郝迺斌:《植物激素》人民教育出版社,北京,1986。

(郝迺斌)

指甲花(henna) *Lawsonia inermis*,别名散沫花。千屈菜科指甲花属灌木。染色体数 2n=2x=32。晋嵇含《南方草木状》(304)中有记载。高 3~5m。小枝常为刺状。叶对生,椭圆形或倒卵形,长 2~4cm,全缘。顶生圆锥花序,长达 40cm,花白色或玫瑰色至朱红色,径约 8mm,极芳香,花瓣 4,皱缩,边缘微内卷,花期 6~10 月。蒴果扁球形,果期 12 月。产北非、东南亚及澳大利亚,现广植于热带地区。中国广东、广西、云南、福建、江苏、浙江等地有栽培。喜阳光充足及气候温暖湿润,要求土壤肥沃疏松。不耐寒,长江流域及其以北地区需盆栽,置室内过冬。播种或扦插繁殖。本种花序大,花极芳香,是优良的园林观花植物,可植于庭院,也可盆栽。叶含红色素,可染指甲。

(文和群)

枳(trifoliate-orange) *Poncirus frifoliata*,别名枸橘、枳壳。芸香科枳属落叶灌木或小乔木。染色体数 2n=18,36。高达 7m。小枝绿色,略扁平,具棱角,枝刺粗长,基部稍扁;掌状三出叶,顶生小叶大,倒卵形至卵状椭圆形,侧生小叶小,基部略偏斜,叶柄有翼;花白色,径约 3~4cm,有香气,单生或成对腋生,4 月先叶开放;柑果近球形,黄绿色,径 4~5cm,有香气,果期 9~10 月。产中国长江流域及中部各地,黄河以南各地广泛栽培。喜光,稍耐阴。喜温暖湿润气候,较耐寒,在北京可露地越冬。对土壤要求不严,微酸性到中性土均能生长。发枝力强,耐修剪。播种繁殖。各地园林中多用作绿篱,若植于大型山石旁也很相宜,既可赏春季白花、秋季黄果,又可赏冬季绿色枝条。

(董保华)

枳椇(Japanese raisin tree) *Hovenia dulcis*,别名拐枣、鸡爪树、万字果等。鼠李科枳椇属落叶乔木。染色体数 2n=2x=24。高达 25m,胸径达 100cm。树皮灰褐色,深纵裂。幼枝红褐色;叶互生,卵形或卵圆形,长 8~16cm,边缘具齿,三出脉;顶生或腋生复聚伞花序,花淡黄色,花期 6 月;核果近球形,灰褐色,果梗肉质,扭曲,红褐色;果期 9~10 月。产中国西北及华北南部至长江流域以南各地,朝鲜半岛、日本也有分布。喜光,不择土壤。深根性,萌蘖力强。播种繁殖为主,也可扦插、分蘖。树姿优美,叶大荫浓,是良好的庭荫树、行道树及"四旁"绿化树种,也可孤植观赏。果梗霜后味甜可食。

(包满珠)

栉花竹芋(never-never plant) *Ctenanthe oppenheimiana*,竹芋科栉花竹芋属多年生常绿草本植物。染色体基数 x=6。茎灌木状,株高约 1m。叶革质,卵状披针形,长约 40cm,宽约 12cm,深绿色,基部狭,叶面有银白色斑,叶背紫红色。叶柄红色,一半为鞘包围。穗状花序长约 40cm。原产巴西。喜温热、潮湿环境,疏松透水微酸性土壤。生长期需高空气湿度,白天适温 18~22℃。冬温不低于 14℃。分株法繁殖,于春季进行。多盆栽观叶。有变种三色栉花竹芋(var. *tricolor*),叶有乳白色斑纹。

(吴应祥)

智利喇叭花(painted-tongue) *Salpiglossis sinuata*,别名美人襟。茄科美人襟属一二年生草本植物。染色体数 2n=44。株高 30~100cm,全株具腺毛,茎直立稍分枝。下部叶椭圆形或长椭圆状线形,有波状齿缘或羽状中裂,上部叶近全缘。花冠斜漏斗形、5 裂,花径与花筒近等长(5~6cm),花色白、黄、红褐、红、绯红、洋红、紫等色,上有蓝、黄、褐、红等色线条,常具天鹅绒般光泽,花期春季。有矮型和大花等品种类型。种子发芽力可保持 4 年,千粒重 1.18g。原产智利和秘鲁。喜日照充足、凉爽湿润的环境,宜富含腐殖质的肥沃土壤。忌干燥,但过湿易引起茎基部腐烂。播种法繁殖,发芽适温约 20℃,7 天左右;生长适温 10~15℃。常用于温室春季盆花、切花和花坛。

(秦魁杰)

智利水杨梅(Chile on avens) *Geum quellyon*,蔷薇科水杨梅属多年生草本植物。染色体数 2n=42,70。株高 30~60cm,多毛多腺点。基生叶羽裂,长约 5cm、心形。数朵花形成圆锥花序直立,花瓣 5、猩红色,花径 2.5cm,花丝红色。有红色重瓣和黄色重瓣品种。花期夏季。原产智利。耐寒性弱,喜向阳、排水良好环境。播种或分株繁殖。可在秋季或早春育苗,为防冻害,于春季定植或上盆。用于花坛、花境。

(王大钧)

中耕除草（tillage and weeding） 在栽培植物生长期间于株行间进行松土和铲除杂草的作业。中耕除草有通气、增温、保墒作用，还可促进根系发育，减少杂草与幼苗争夺土壤水分、养分，改善田间光照条件，减轻病虫危害等。

在苗圃或花圃，中耕除草常于灌水或降雨后，待土表稍干进入适耕状态时进行。一般在一个生长季节中进行 4～6 次。中国南方杂草多，应进行 7～8 次。中耕除草须行间株间全面进行。如雨后地表板结时，虽无杂草，也应进行松土，以保墒蓄水。无灌溉条件的地方，天气干旱时也要松土除草，以利抗旱保墒。山东菏泽牡丹花农早就有"地干锄湿、地湿锄干"的经验，是符合耕作学原理的。

中耕方式还应根据观赏植物种类与品种、栽植方式以及生产机械化程度等而进行选择。在高度集约化栽培且劳力较足条件下，可采用手工操作或手工与小型中耕机相结合的方式。实行机械化中耕，畦的形式及行距等都应与之适应。

除草还需掌握田间杂草的种类和特性，以便采取相应的措施。按植物学分类，杂草可分为双子叶植物和单子叶植物。按生活史分类，可分为一年生杂草、二年生杂草和多年生杂草。一二年生杂草主要靠种子繁殖，减少种子落入田间的数量为主要防除措施，故务须在开花结实前将这类杂草除掉。多年生杂草以营养繁殖为主，也可种子繁殖，防治难度大。一般采用耕作方法周期性地铲除该类杂草的地上和地下部分，或用内吸传递型除草剂防除。

除结合中耕进行除草外，还须注意采用轮作倒茬，合理耕翻，使用腐熟肥料及清洁田园等进行除草；也可使用黑色地膜进行株间覆盖以及化学药剂除草。

化学除草所使用的除草剂引起杂草死亡的作用机理，是干扰并破坏植物体的正常生理生化活动（如抑制植物的光合作用、破坏植物的呼吸作用、干扰植物激素的作用等）的结果。根据灭草作用的方式，除草剂分为内吸传导型除草剂（通过茎叶的吸收使植株死亡）和触杀型除草剂（杂草接触部分死亡）；根据除草效果，可分为选择性除草剂（对苗木和杂草的种类有选择性）和灭生性除草剂（在一定剂量下，草、苗不分，全被杀死）。苗圃中常用的除草剂主要有：除草醚、草枯醚、2 甲 4 氯、毒草安、杀草安、敌草隆、灭草隆、灭草灵、扑草净、茅草枯、五氯酚钠、莠去津、氟乐灵等。初次使用除草剂时，对于施药的种类、方法、用量、时期等，先要小面积试验，在取得经验之后，再行大面积推广。由于农药残毒和污染环境日益严重，对除草剂的要求，不仅要原料易得，高效价廉，还应有高度安全性，能在动植物体内代谢和土壤中降解。为了减少药剂的飘移、流失以增加药效的持久性，除草剂的剂型正在向粒剂、微粒剂、胶悬剂与缓释剂方向发展。此外，将其混入杀虫剂、杀菌剂或化肥中一同应用的试验，也已取得了一定成果。

（李嘉珏）

中国风景园林学会（Chinese Society of Landscape Architecture） 中国全国性风景园林学术团体。中国风景园林学会是在中国建筑学会园林学会的基础上，于 1989 年 11 月 17 日成立的。下设城市园林绿化、风景名胜、园林植物、风景园林经济与管理、园林规划设计、园林植物保护、植物园等专业委员会及学术部、组织部、科普教育编辑出版、国际交流、科技咨询等工作部；后又增设花卉盆景分会、中国菊花研究会等。1993 年 11 月召开第二届全国代表大会。两届理事长均为周干峙。

学会开展了不少学术活动和国际交流。如 1992 年花卉盆景分会在洛阳举办"中国名花展"、"盆景综合展"；1994 年与天津市联合举办中国盆景评比展览；1995 年赴新加坡参加亚太区盆景雅石会议及展览，等等。菊花研究会每年举办展览，并交流论文，印发文集。学会先后派员并组织参加了第 31 届（在韩国）、第 32 届（在泰国）国际风景师联盟大会，还曾组织开展"园林美学"和"走向 21 世纪风景园林与城市绿化发展对策"等学术讨论。除继续出版《中国园林》、《园林》两份期刊外，又创办不定期的《风景园林通讯》，合办《花木盆景》（双月刊）等。

（汪菊渊 何济钦）

中国古代花卉著作（books on floriculture in ancient China） 中国早在战国时期就已有农书问世。汉代后农书渐多，但失传、散失的不少。中国利用并栽培花卉的历史悠久，在古农书中反映却较晚。唐代以前的农书中没有花卉的内容。汉代《氾胜之书》和《四民月令》等书虽记有园艺作物，也只限于果树、蔬菜。这除花卉生产发展远较其他作物为迟外，还有认识上的原因。如北魏《齐民要术》（约 533～544）的著者贾思勰在序中称："花草之流，可以悦目，徒有春花，而无秋实，匹诸浮伪，盖不足存。"以此，没有把汉代到南北朝这段时期的花卉生产用文字记录下来。实际上，当时不仅有许多资料，还有一些专书。如由南朝齐、梁间人撰写的《魏王花木志》虽早已失传，但还能在后代农书中见到部分引文，贾思勰就曾引用过。在轻视花卉的思想影响下，古代早期的农书中没有花卉的地位。直到宋代，才出现了许多花卉专著，随后陆续增多。据王毓瑚《中国农学书录》所载，有关花卉的书籍达 150 种以上，现存的约 90 种，其中明、清两代约占半数，而属于"谱录"的则更多，内容也各有特点。编撰者限于条件，所记花卉从种类、品种到栽培技术，都有明显的地方色彩。书名往往冠以地名,如《洛阳牡丹记》、《天彭牡丹谱》、《桂海虞衡志》和《金漳兰谱》,等等。在栽培技术上一向被达官贵人视为"鄙事",尽管也有人提倡学稼、课耕,可真正动手的并不多。在古代著书论花卉,往往成为文人雅事,故谱录一类书中的生产经营意识比较淡薄。有的根本不涉及栽培技术,只是欣赏、品评或辑录掌故、逸闻而已。但也有写作比较严谨的书,在辑录前人所述外,加上亲身实践经验,十分可贵。也有只列种类和品种的,还有兼述栽培技术的,更有偏重辑录前人有关诗文的。尽管受历史局限,历代花卉著作仍然为后代在研究中国观赏植物的起源、引种、品种演化与改良、栽培与繁殖、应用与欣赏等方面,留下了很多宝贵的资料。尤其在形成并发展中国花卉文化(简称花文化)等方面,古代有关花卉书籍曾居于世界先导地位,这对后世弘扬有中国特色的花文化无疑有重大影响。此外,从诗、词、歌、赋等文学作品和工艺美术品中探索一些科学事实(如品种演化的轨迹等),也不失是一种"从文学艺术中找科学"的重要途径与线索。

中国古代花卉著作多种多样,按书的体例和叙述范围的差异,可分为通谱类花卉著作和专谱类花卉著作两种类型;此外,还有记述有花卉部分的其他古籍和大型农书。

通谱类花卉著作　收录多种花卉资料于一书,如《洛阳花木记》、《花史左编》、《花镜》和《群芳谱》等。现存最早的是唐代后期宰相李德裕《平泉山居草木记》,书中记述他所搜罗的珍奇花卉种类和产地。更早的花木著作如《魏王花木志》、隋代诸葛颖《种植法》和唐代贾耽《百花谱》等,惜都已失传。唐代王方庆《园庭草木疏》尚存辑佚本所记花木寥寥。至宋代,专谱类花卉著作已出现不少,而通谱类则以周师厚《洛阳花木记》(1082)最早。该书列举牡丹品种 109 个、芍药品种 41 个、杂花 82 种、果子花 147 种(包括品种)、刺花 37 种、草花 89 种、水花 19 种、蔓花 6 种;花品之后,继以四时变接法、接花法、栽花法等篇。宋代范成大的《桂海虞衡志》(1175),志花部分只记广西独有的花卉 16 种,文字简练,翔实可靠。与上述两书不同,南宋的陈景沂《全芳备祖》(1253)所记植物虽多,而重点在辑录赋咏花卉的词藻,其广收博采,诗词尤多,开中国古代花卉类书重文采之先河。元代有许多农书,但全是综合性的和蚕桑专书,而无一本花谱。进入明代,通谱类书甚多。如王世懋《学圃杂疏》(1587)以花为主,记载了栽植花卉的实际经验。高濂《遵生八笺》(1591)中有花榭诠评、草花三品、四时花纪等内容,记花 128 种,各有形态和栽培的叙述,并记有观赏价值的盆栽花木 22 种。赵崡《植品》(1617)记关中所产和亲自种植的花木 70 余种。王路《花史左编》(1617)及周文华《汝南圃史》(1620)等书,作者的实际经验俱入书中。具有这一共同特点的,尚有陈诗教《灌园史》(1616)以及陈正学记有漳州花卉 130 种的《灌园草木识》(1634)等。同一时期中最重要的著作,是王象晋《二如亭群芳谱》(简称《群芳谱》,1621)。至清代,先后有巢鸣盛《老圃良言》、高士奇《北墅抱瓮录》(1690)和谢堃《花木小志》(1830)等,都是花卉爱好者的著述。而介绍栽培技术最详细的,是陈淏子的《花镜》(1688)一书。康熙四十七年(1708)汪灏等奉命在《群芳谱》基础上编成《广群芳谱》一百卷,对原书作了改编和增扩,确有较大的调整和充实。

专谱类花卉著作　原则上一书只记一种花木。自晋末戴凯之《竹谱》起始,到宋代陆续出现了牡丹、芍药、菊、兰、梅等专谱,明、清时更多。专谱类数量在现存花卉类古书中约占 3/4。其中以菊谱最多,兰谱次之,牡丹谱居第三位。《竹谱》是中国也是世界上第一部谈论竹的专书,记竹 70 余种及其产地和用途,对后代花卉专谱颇有影响。许多花卉专谱都是从宋代开始的。如宋僧人惠崇和吴辅各撰竹谱,均已失传。元代刘美之《续竹谱》,记录各书中提到的竹 22 种。清代陈鼎《竹谱》共 60 条,专记中国西南一带奇异的竹种。牡丹谱现存的有十余种,以宋代欧阳修《洛阳牡丹记》(1031)最早。稍后,有《冀王宫花品》(1034),记花共 50 种,是品花性质的专谱。周师厚《洛阳牡丹记》,记述品种 46 个,宛若《洛阳花木记》的补充。张邦基《陈州牡丹记》(约 1111～1118)篇幅不大,因记有牡丹突变现象而受到重视。陆游《天彭牡丹谱》(1178)记成都附近品种,体例和欧阳修所著类同。明代牡丹谱虽不多,但薛凤翔《亳州牡丹史》记品种 185 个,叙述栽培技术较详。清代有钮琇《亳州牡丹述》(1683)记品种 140 个,余鹏年《曹州牡丹谱》(1792),记品种 56 个,计楠《牡丹谱》(1809),列品种 103 个。这些谱录除有简单说明外,记各地通行的栽培技术都较详细。芍药专谱集中出现于北宋,以刘攽《芍药谱》(1073)最早,还有王观《芍药谱》(1075)和孔武仲的《芍药谱》等。菊谱在现存专谱中数量最多,计有 30 多部。宋、明、清代的菊谱数量与时俱增。刘蒙《菊谱》(1104)为最早,记有品种 35 个,野生种 2 种,史正志《菊谱》(1175)和范成大《范村菊谱》(1186)的记述苏州品种。以上三谱专门品花,不涉及栽培。史铸《百菊集谱》(1242)卷首列举菊品种 160 多个,在当时搜集可称广博。明代菊谱多重视栽培技术,如黄省曾《艺菊书》、周履靖《菊谱》、佚名的《乐休园菊谱》、张应文《菊书》及陈继儒《种菊法》,等等。清代以后菊谱猛增,有陆廷灿的《艺菊志》(1718),秋明主人《菊谱》(1746),叶天培《菊谱》(1776),徐京《艺菊简易》(1799),计楠《菊说》(1803),吴升《九华新谱》(约 1817),程岱葊《西吴菊略》(约 1845)和何鼎《菊志》(1875)等。兰花专谱数仅次于菊谱。宋代赵时庚的《金漳兰谱》(1233)是第一部兰花专谱。此后,有王贵学《兰谱》(1247),等。其他花卉的专谱较少。如梅花专谱,以范成大的《范村梅谱》(简称《梅谱》,约1186)为第一部。山茶有明代赵璧的《茶花谱》,还有张志淳的《永昌二芳记》记云南的山茶36种及杜鹃花20种,均已失传。清代朴静子《茶花谱》记漳州等地的品种43个,既有种植法,也辑录有诗词。清代杨钟宝《瓨荷谱》记荷花品种33个,艺法6条。还有一类专谈瓶花的,如明代袁宏道的《瓶史》(约1602)。

除上述外,不能忽视的是有些书不是作为农书写的,花卉只是全著中的一个组成部分,却又是比较完整的部分。由于历史上的多种原因,古代花卉资料多分散在文人著述中,如晋代吴均(一说葛洪)《西京杂记》(5世纪)、唐代段成式的《酉阳杂俎》(863)等所记颇多。有些古籍则比花卉专谱内容还多,大型类书中也有很多花卉方面的资料。如清代吴其濬的《植物名实图考》(约1840~1846),收植物1714种,分12类,其中芳草、群芳、木等类都有花卉内容。该书中记叙名称、形态、品种、产地、生长习性和用途等,并附有较精确的插图;著录都经作者亲自观察、考订,修正了过去本草中的错误,极有实用价值。清代大型类书《古今图书集成》(1726)共一万卷,其中博物编的草木典中,分门别类,收集古代花卉材料甚多,有不少花卉著作全文收入。

参考书目

王毓瑚:《中国农学书录》,农业出版社,北京,1964。

(张宇和)

中国观赏园艺团体(organization of Chinese ornamental horticulture)

全国性观赏园艺团体有中国花卉协会、中国盆景艺术家协会、中国花木企业家联谊会、中国插花花艺协会等行业性团体;学术性组织有中国园艺学会下设的观赏园艺专业委员会,以及中国建筑学会园林学会(对外称中国园林学会,成立于1983年11月)。

中国花卉协会于1984年11月在北京成立。宗旨是团结组织花卉行业力量,为发展中国花卉事业而奋斗。协会于1985年提出花卉业"七五"科技规划,1990年提出花卉业"八五"计划的建议,组织花卉专家、教授参加科研协作组,交流信息和经验,拟订研究课题。于1987、1989、1993年举办了三届全国花卉博览会,协助、推动花卉基地、花卉市场的建设。先后组建了杜鹃花、月季、兰花、茶花、梅花(包括蜡梅)、牡丹(包括芍药)、荷花(包括水生观赏植物)、君子兰、观赏蕨、桂花等专业分会,定期举办各种学术性活动和专业展销,对普及和提高各项专业花卉知识、促进商品生产、丰富人民文化生活起了很好的作用。

中国盆景艺术家协会成立于1988年5月,现有会员850余人。其宗旨是团结盆景艺术家为继承和发扬中国盆景技艺,研究和提高盆景理论和技艺水平而努力。已举办过两次国际盆景展览,五期盆景学习班,为在国外扩大中国盆景影响,在国内普及盆景技艺而持续开展工作。

中国花木企业家联谊会成立于1988年,已有团体、个人会员100余个(人)。宗旨是团结花木企业家、为振兴花木企业服务,开展的活动主要有:举办培训班,学习提高管理水平、改进栽培技术;建立信息部,交流生产及经营信息;组织国内外考察等。

中国插花花艺协会于1989年成立,现有团体、个人会员100多个(人)。宗旨是团结从事插花花艺技术、鲜切花生产、经营的个人和单位,共同发扬、提高祖国传统优秀技艺,对国内进行宣传、推广,对国外主要是比较、鉴别、学习。已举办过三届全国性展览。

(夏佩荣 朱秀珍)

中国花卉报刊(Chinese newspapers and periodicals on ornamental horticulture)

中国公开出版发行的以花卉和园林建设为主要内容的报刊。主要有:

《中国花卉报》 中国花卉协会机关报,经济日报社主办,1985年创刊。是全国唯一的花卉报纸。每星期出版两次,内容以花卉为主,间有鸟、虫、鱼等观赏动物及园林、旅游等内容。

《中国园林》 中国风景园林学会主办、建设部城市建设管理司等五单位协办,1985年创刊。每两月出版一次,主要刊登园林规划设计方面的理论文章、方案及成果,也有少量观赏植物的文章。

《园林》 中国风景园林学会与上海市园林局主办,1985年创刊,双月刊。主要报道上海、江苏乃至全国园林方面的文章,有"植物大观"栏目,专门登载与观赏植物有关的文章。

《中国花卉盆景》 中国环境科学学会主办,1985年创刊,为月刊。刊登花卉栽培、育种、插花艺术、花卉专论、盆景及根雕艺术等内容。

《花木盆景》 中国花卉协会湖北省花木盆景协会主办的双月刊,1985年创刊。内容有花卉栽培、花卉市场、盆景理论探讨、盆景技艺、根艺等栏目,是发行量较大的花卉方面期刊之一。

《造园》 台湾造园学会主办的季刊,有时涉及与观赏植物有关的内容,并设有人物专访、作品评价、技术实务等栏目。

国内一些省及许多大城市,在园林局或园林科学研究所及地方风景园林学会的主持下,各自出版园林刊物,报道当地的园林建设和科研成果,也包括不少观赏植物的科研信息。在1994年,全国公开发行(如《花卉》等)和内部发行的有关刊物(如《园林科技信息》等)共达50种以上。

历来刊载有观赏园艺学科文献的刊物，主要有：①《园艺学报》。中国园艺学会主办，中国农业科学院蔬菜花卉研究所承办，1962 年创刊，1966～1978 年暂停，1979 年复刊。季刊，每期刊登少量观赏植物栽培、生理、生化等有关的理论文章。②《植物杂志》。中国植物学会主办的双月刊，1973 年创刊。设"园林与花卉"专栏，报道花卉方面的研究成果、栽培技术、会议纪要、引种驯化、育苗、育种及国花市花的信息等。

（余树勋）

中国民间花饰（Chinese folk flower decoration）

流传在中国民间的花卉装饰技艺。依地区及民族习俗不同，花卉装饰形式和使用花材也有区别，但都反映出民间对花卉装饰的审美情趣以及丰富的思想内涵。其中包括人体花饰（如头饰、面饰、襟花等）、生活花饰（如帐饰）和节日花饰（如插花节等）三大类型。

串花　用金属丝把白兰花、茉莉花和栀子花等香花花头串连、造型后装饰用，流行于江苏、福建等省。主要形式有：①襟花及头饰（见**人体花饰**）。②以白兰花等香花花头为主要花材，串成'花灯'、'花篮'、'花球'、'仙鹤'、'花亭'等各种造型，为了增加串花的色彩，还酌情添加时令花卉进行点缀。如'二龙戏珠'的造型中，用红色鸡冠花串成龙体；茉莉花串成龙头和龙尾；白兰花串成龙须。'花篮'造型用茉莉花串成，用白兰花串成蝴蝶，篮内插满应时切花。串花在民间的婚丧喜庆等活动中均有应用。如婚礼中用花篮，祝寿时常用花灯和仙鹤，丧事的祭堂上也有用花灯摆在供桌上的。在庙会等民俗活动中，还常用花亭来展示串花技艺。在各地的花卉展览中，也有串花作品参展。

帐饰　流行于湖南长沙一带，利用当地盛产的栀子花，插在用金属丝绑扎的花篮里，再配上紫红色的千日红花头，红白相间，芳香四溢。挂在蚊帐内，既可闻香、又有驱蚊的功效。

花担　汉族民间岁时风俗，流行于福建地区。花担是花节赛会中所使用的道具之一，表演时，由人化装后挑着花担作种种表演，满担鲜花、沁人心脾。

插花节　流行于云南楚雄彝族自治州大姚等地区。每年农历二月初八是彝族传统的插花节，人们把鲜艳的马缨花插在身上以示吉祥，并载歌载舞，进行祭祀活动，祈求五谷丰登。男女青年也借此节日相互交往。

斗花　古代汉族岁时风俗，流行于今西安一带。春季百花盛开，妇女把花朵插在身上或鬓边，相互比赛，以插奇花异卉最多者为胜。正如杜牧诗云："莫怪杏园憔悴去，满城多少插花人。"

戴栀子　流行于扬州、苏州等江南水乡。春季插秧季节，正值栀子花开，水乡妇女喜摘栀子花戴于发髻，预祝丰收。

贴花子　也称"贴花钿"、"贴花黄"、"寿阳妆"、"梅花妆"，为古代妇女面饰之一。相传南朝宋武帝之女寿阳公主卧于殿檐下，梅花落在额上，成五出花，此后宫女争相效仿并流传民间，后人多用花瓣贴于额上作装饰。

（阎　苹　韦金笙）

中国农业科学院蔬菜花卉研究所（Institute of Vegetables and Flowers, CAAS）

中国农业科学院下属的以蔬菜、花卉为主要研究对象的综合性专业研究机构。1958 年建所，1987 年 12 月由原蔬菜研究所正式更名为蔬菜花卉研究所。设有品种资源、栽培及贮藏加工、育种、花卉、植物保护等研究室，生理、生化试验室，图书资料编辑室及试验农场、科研管理处和开发处等。

该所的工作立足北方，面向全国，以应用研究为主，应用基础与开发研究为辅。研究方向以解决蔬菜、花卉生产中的重要科技问题，如品种选育、采后产品处理、改进传统的栽培技术、推广先进技术以及组织协调全国蔬菜、花卉的科研工作等。

花卉方面主要研究工作有：地栽及切花月季新品种选育，切花月季栽培技术，切花菊、盆栽小菊的引种及促成栽培技术，一二年生草花选种、良种繁育及一代杂种制种技术，部分草花的辐射育种、组织培养、快速繁殖、脱毒繁殖、贮运保鲜技术等。其中，鲜切花高产栽培技术的研究成果已在部分地区推广应用；组织培养苗经过工厂化生产研究后，出苗整齐度提高，并解决了运输、保鲜及包装技术，进入了国际市场。对种质资源的保存，已有月季品种、球根花卉、草花、观叶植物等，共 500 多号。全所在花卉方面多次获得部级奖励，5 个月季新品种和鲜切花栽培技术曾获得中国花卉博览会奖。同时，还培养出一批硕士研究生。

（李树德）

中国水仙（Chinese sacred lily）

Narcissus tazetta var. *chinensis*，别名天葱、雅蒜、凌波仙子。石蒜科水仙属具鳞茎的多年生草本植物。染色体数 $2n=2x=30$。

起源、演化及栽培简史　中国水仙的栽培应用，已有 1300 年以上的历史。其起源有二说：一说中国原产。如宋代《南阳诗注》云："此花外白中黄，茎干虚通如葱，本生武当山谷间。"刘邦直诗："钱塘昔闻水仙庙，荆州今见水仙花"。可见在中国古代，湖南、湖北、浙江等地就已有水仙花了。另一说认为系在距今 1300 年的唐代，由意大利传入中国。如《花史》引唐《开元遗事》说，唐玄宗李隆基曾赐虢国夫人红水仙十二盆"。

又据《新唐书》、《唐会要》记载，在唐太宗贞观十七年(643)至玄宗开元十年(722)间，拂林国(今意大利)曾五次遣使来华，中国水仙有在此时传入的可能。与此紧密相连的是唐代段成式在所著《酉阳杂俎》中，称："㮏祗出拂林国，根大如鸡卵，叶长三、四尺，似蒜，中心抽条，茎端开花六出，红白色，花心赤黄，不结子，冬生夏死。"从这些中国有关水仙花的最早记载来看，拂林国的"㮏祗"当系一种水仙。"㮏祗"与波斯语 Nargi、阿拉伯语 Narkim、英语 Narcissus 和拉丁属名 Narcissus 都彼此谐音，再与上述史书所记相参证，说明中国水仙有可能是在唐代由意大利传入的。对此两说，迄今尚无定论。另据调查，至今在武当山及其邻近地区未发现野生水仙。而定海、普陀山、平潭、长乐等地的"野水仙"，则多位于庙宇或房屋附近，往往成片生长，这些"野水仙"似引入栽培后，逸为野生状态的。水仙属共有 26 种，分布中心在地中海沿岸，只有这一中国水仙变种起源于东亚。这种自然的间断分布，在植物地理学上实属罕见。关于中国水仙的演化，从历史上看，水仙初盛于宋代。最早一首吟咏水仙的诗是北宋陈抟的《咏水仙花》，诗中有"金芝相伴玉芝开"的诗句，说明所咏系较原始的'金盏银台'。此后，宋代杨万里(1124～1206)《咏千叶水仙花并序》有："世以水仙为金盏银台，盖单叶者。其中有一酒盏，深黄而金色。至于千叶水仙，其中花瓣卷皱密蹙，一片之中，下轻黄而上淡白，如染一截者，与酒杯之状殊不相似"的记载，由此可见是先出现单瓣水仙'金盏银台'，约在距今 800 年前，才演化出重瓣品种(即'玉玲珑')来。此后，在中国江南(湖南、湖北、福建等地)水仙逐渐增多。水仙的生产也在不断发展，至清光绪七年(1881)，厦门出口的漳州水仙球价值48 558两银。民国时期至抗日战争前，栽培与出口皆有增加。如 1925 年出口漳州水仙球价值达138 216银元。80 年代以来中国水仙生产有了更大发展。1987 年漳州地区生产水仙 1100 万头，其中出口欧、美、日本、东南亚和销往港、台地区占 300 余万头。漳州栽培水仙面积，已发展至 200hm^2 以上。上海崇明也有 70 多年栽培水仙的历史。此外，在舟山、温州、平潭等地，广东等省的水仙生产也逐渐发展。

形态特征　中国水仙株高 20～50cm。在福建南部露地和各地室内水养，多在 2 月初开花。鳞茎圆锥形或卵圆形，外层有纸状膜，内有肉质抱合状鳞片数层，各层间具叶芽或混合芽，基部均与半木质的盘状茎相连。小鳞茎一般只有叶芽。叶呈扁平带状，质软而厚，先端钝圆，色翠绿，表面被粉霜，基部有乳白色鞘状鳞片。一般每个鳞茎长叶片 5～9 枚，最多 11 枚。伞形花序，花轴自叶丛抽出，中空，绿色，圆筒形，每球一般抽发花序 1～7 支。花朵着生于花序轴端，外具膜质总苞，内有花 3～9 朵，最多 10 余朵。花被片 6，乳白色，开放时平展如盘。副冠浅杯状，黄色，居于花被内方。花清香。果实发育不良，无种子。

变种、类型及品种　水仙属共有 26 种，以地中海沿岸为分布中心。中国水仙属于多花水仙亚属(Subgenus *Narcissus*)短副冠组(*Section Hermione*)，系法国水仙之变种(var. *chinensis*)。至于栽培品种，中国水仙属于 1977 年英国皇家园艺学会所定分类系统之"法国水仙类"。中国水仙有 2 个品种：一为'金盏银台'(cv. Jinzhan Yintai)，花被纯白，副冠金黄，产浙江舟山群岛、南麂岛和福建沿海的平潭、长乐、连江、霞浦等地海滩附近，日本国九州、本州等也有分布，系同源三倍体。本品种在漳州和上海崇明有大量栽培。另一品种为'玉玲珑'，(cv. Florepleno)，又称'千叶'水仙。重瓣，花被片及小被片卷皱密蹙，一片之中，下轻黄而上淡白，产地、来源均同'金盏银台'。

习性　水仙喜温暖湿润的气候，生长期间喜凉爽湿润，需充足的肥水，但忌长期淹水，要求干湿交替，生长后期需充分干燥；生长适温 10～20℃，能耐受短暂的 0℃低温。夏季气温高，进入休眠，此间进行花芽分化；秋末气温下降，又开始发芽、生长。开花期间如温度过高，则开花不良。水仙喜光。要求土质深厚、疏松、保水力强而排水良好的壤土或冲积土，中性土或微酸性土最好，也较耐盐碱。中国水仙一般需经 3 年种植，才能生产出能正常开花的鳞茎。

繁殖栽培　一般有如下繁殖方法：①侧球繁殖：秋季将着生于鳞茎两侧的小鳞茎与母球分离单植，生长成新株。②双鳞片繁殖：鳞茎内每两个鳞片之间都有可见的或隐而不见的一个侧芽。用带两个鳞片的鳞茎盘作繁殖材料产生新株的方法，称双鳞片繁殖。先把鳞茎置 4～10℃处 1～2 个月后，再在常温下将鳞茎盘每块带着双鳞片的方法切分，去除鳞片上端，保留有鳞茎盘的下端用于繁殖。放入盛含水 50%蛭石或含水 6%净砂的塑料袋中，封口，置 20～28℃的暗处。经 2～3 月，即可长出小鳞茎，成球率 80%～90%。此法北京四季均可进行，而以 4～9 月为佳。③组织培养：多用 MS 培养基，附加蔗糖与活性炭，以芽尖作外植体，25℃室温培养，20 天后形成小鳞茎，1 月后转入含 NAA 0.1mg/L 的 1/2MS 培养基中，1 个半月至 2 个月后长出根和叶，可移栽露地，易成活。

栽培方式可分旱地栽培、水田栽培与无土栽培等 3 种。①旱地栽培：每年挖出鳞茎后，大的供出售，小侧球可继续栽培、或留待 9～10 月种植。多用点植法，单行或宽行种植。需施 2～3 次水肥，养护较粗放。②水田栽培：种球要求无病虫害、无伤损、外鳞片光滑清晰，按大小、年龄分三级栽培。一年生栽培，是用二年生栽培后的侧鳞茎或直径约 3cm 的坚实小鳞茎作种，撒植、条植或点植。二年生栽培，是经一年栽培后，鳞茎长成圆锥形，从中选出坚实、顶粗、直径在 4cm 以上的作种球，栽植后需加强栽培养护。三年生栽培，即商品球栽培,管理应精细。先从二年生栽培球中,选出宽矮而主芽单一、茎盘宽厚、顶端粗大、直径在5cm以上的鳞茎作种球。种前要剥去侧鳞茎,并用阉割法除其内侧芽,使每球只留一个中心芽。③无土栽培:用人工配制的营养液在栽培槽内以蛭石等介质,进行栽培。省工省肥、清洁卫生,收效良好。

水仙球要适时采收。花芽分化系在休眠期间进行,温度、湿度、熏烟和光照等条件均能影响花芽分化。如室温控制在32℃±2℃,给予遮光密闭,保持80%空气相对湿度,并采取烟熏等措施,即可显著增多水仙花枝数。

花头大小一般与花葶多少呈正相关,但用化肥催长的,花葶却很少甚至无花。

病虫害防治　主要病害有叶大褐斑病(*Stagonspora curtisii*)、基腐病(*Fusarium oxysporum* sp. *narcissi*)、黄条病毒病(Narcissus yellow stripe virus)和水仙花叶病毒病(Narcissus mosaic virus)等;主要虫害有中国水仙根螨(*Rhizoglyphus echinopu*)和水仙花线虫(*Apbelenchoides besseyi*)等。应以防为主,栽培不宜过密,改善土壤理化性状,采取轮作、休闲制度,严格检疫和进行种球消毒等。药物防治应治早,控制蔓延。水仙因叶面有蜡粉,喷药时应注意加入附着剂。

园林应用　水仙花淡素,清丽,花香浓郁,具有较高观赏价值。花期正值元旦、春节、为传统时令名花。尤适宜室内水养,还可雕刻造型,倍受欢迎。水仙还可用于点缀园林绿地、切花和室内盆栽。

此外,中国水仙花还可制作高级香料、窨制花茶。水仙鳞茎可入药。

(许荣义)

中国无忧花(Chinese saraca)　*Saraca dives*,别名火焰花。苏木科无忧花属常绿乔木。高达10m,胸径达25cm。偶数羽状复叶,小叶5~6对,革质,长椭圆形或长倒卵形。伞房状圆锥花序腋生,花橙黄色至深红色,花期4~5月。荚果棕褐色,扁平,卷曲。果期7~10月。产中国云南、广西,广州有栽培。喜温暖、湿润的亚热带气候,不耐寒。宜在排水良好、湿润肥沃的土壤中生长。多生于海拔200~1000m的密林或疏林、山谷或溪旁。播种、扦插和压条繁殖均可。树势雄伟,花大而美丽,宜作南方庭园、公园及机关厂矿的绿化树种。又是优良的紫胶虫寄主,树皮入药。

(叶超汉)

中国现代观赏园艺专著(books on ornamental horticulture of modern China)　中国自封建社会解体后,园艺界与国外交流渐多,专著出版也渐多,大体可分观赏植物综合性和专类著作以及园林建设著作等类别。

观赏植物方面的综合性著作　有关观赏植物繁殖、栽培及应用方面的著作出版较多。其中有代表性的有:许衍驹著《春晖堂花卉图说》,1923年上海新学会社出版,汇编了名家养花技艺。章君瑜著《花卉园艺学》,1933年中华书局出版,以现代科学方法全面介绍了常见花卉栽培、育种、温室及应用等,是中国现代观赏植物专著的先导。在该书的基础上,1982年由辽宁科学技术出版社出版了经集体改写的《花卉园艺》(上册)。李驹著《苗圃学》,1935年商务印书馆出版。1943年成都园地出版社出版了陈俊愉、汪菊渊、芮昌祉、张宇和合著的《艺园概要》,其中包括观赏植物内容。1949年上海新纪元出版社出版了黄岳渊、黄德邻合著的《花经》,总结了前人经验,介绍了黄园引种栽培的实践所得。陈植著《观赏树木学》,1955年上海永祥出版社出版,是中国现代第一部观赏树木专著,1984年中国林业出版社出版了增订版。1958年、1962年俞德浚主编《华北习见观赏植物》第一集、第二集先后出版,系统介绍了200种观赏植物。由北京林学院城市及居民区绿化系总结生产单位经验编著的《鄢陵园林植物栽培》(后改名《花木栽培法》)和该系与北京黄土岗中匈友好人民公社合编《北京黄土岗花卉栽培》,两书将当地花农栽培经验进行了系统总结,分别于1959和1962年由农业出版社出版。此外,还有吴应祥等编著《温室工作手册》(1964),陈俊愉、刘师汉等编《园林花卉》(1980)、姚同玉、虞佩珍、朱秀珍、张树林编著《花卉园艺》(1981),南京中山植物园编著的《花卉园艺》(1982),孙锦等编著《园林苗圃》(1982),孙可群等编著《花卉及观赏树木栽培手册》(1985),陈俊愉等编《中国十大名花》(1989),北京市花卉研究所编《室内花卉》(1989),姬君兆、黄玲燕编《观叶花卉》(1990),等等。

随着观赏园艺教育事业的发展,观赏植物方面的各类教材也相继问世。它们不仅是大、中专学生学习用书,而且有一部分由于其覆盖面广、理论性强而成为众多园林植物工作者的必备参考书。如姬君兆、黄玲燕编《花卉栽培学讲义》,陈有民主编《园林树木学》,北京林业大学园林系花卉教研组编《花卉学》,分别于1985年、1990年由中国林业出版社出版。陈树国、李瑞华、杨秋生主编《观赏园艺学》,1991年由中国农业科技出版社出版。

陈俊愉、程绪珂主编的《中国花经》,全书约140余万字,集全国各地各方面专家协作撰稿,阐述了中国的花卉和观赏树木的繁殖、栽培、育种管理,介绍了各种野生和栽培观赏植物2354种,书后附录有中国花卉发展大事记、中国历代花卉名著、中国历代著名园艺学家等资料于1990年由上海文化出版社出版。周武忠著《中国花卉文化》(1922),由广州花城出版社出版,是花文化领域中的少数专著之一。1994年农业出版社出版的《花卉词典》，由余树勋、吴应祥主编，涉及花卉1549种，加上变种和品种总计3000个，插图800幅、彩图48幅。

港台地区也有不少观赏植物著作问世，如薛聪贤编著的《家庭园艺》系列，李百华编著《室内园艺》，雷鼓出版社出版《花木栽培与庭园设计》，等等。而最有代表性者，当推杨恭毅编著《杨氏园艺植物大名典》，该书1984年由杨青造园企业有限公司、中国花卉杂志社联合出版。全书共10册，1～2册为图谱，3～9册为正文，内容包括各种植物学名、分类地位、中名、别名、英文名、日文名等，第10册为索引，也是一部较全面的大型工具书。

专类著作　这类著作仅就观赏植物某一种类进行阐述，主要有：俞德浚、冯耀宗的《云南山茶花图志》(1958)；喻衡的《菏泽牡丹》，1980年山东科学技术出版社出版；冯国楣等的《云南山茶花》，1981年云南人民出版社出版；冯国楣主编的《云南杜鹃花》，1983年云南人民出版社出版；张本著《月季群芳谱》，1984年贵州人民出版社出版；方文培著《中国四川杜鹃花》，1986年科学出版社出版社；倪学明主编《中国莲》，1987年科学出版社出版；王大钧、沈绍金的《中国的竹子》1987年美国Timber Press出版，首次向国外介绍了中国竹类。陈守良、贾章智的《中国之竹》(1988)，中国科学出版社与美国Dioscorides Press联合出版，向西方介绍了23属、90种、8变种、6变型的中华名竹。萧鲁阳、孟繁书主编的《中国牡丹谱》，1989年农业出版社出版。杨白荔、陈棣的《月季花事》(1989)，中国建筑工业出版社出版。何清正、陈心启主编《中国兰花》，1990年四川美术出版社出版。朱振民主编的《漳州水仙花》，1991年复旦大学出版社出版。赵天榜等编《中国蜡梅》(1993)，河南科学技术出版社出版。关于品种志方面，有陈俊愉主编的《中国梅花品种图志》，1989年中国林业出版社出版王其超、张行言主编的《中国荷花品种图志》，1989年建筑工业出版社出版。吴应祥编著《中国兰花》(第2版)，1993年中国林业出版社出版等，均系搜集中国观赏植物的种与品种，按照符合观赏植物二元分类法的分类系统对品种进行分类、描述，并附有彩图。

其他专类观赏作物著作有：徐民生、谢维荪的《仙人掌类及多肉植物》，1991年中国经济出版社出版。黄章智的《切花栽培》，1986年中国林业出版社出版，以及姬君兆等的《观叶花卉》，北京市花卉研究所编的《室内花卉》等。吴涤新的《花卉应用与设计》(1994)，全面介绍花卉的多种应用方式，彩图丰富精美，附录中有关于各国植物园的简介、各国国花一览表等资料，中国农业出版社出版。此外，也有少数以野花为主要内容的专书出版，如许再富、陶国达的《西双版纳热带野生花卉》(1988)，农业出版社出版，等等。其他还有吕秋菊的《台湾插花植物》和董立的《球根花卉》等。

在美国也出版了一些中国观赏园艺专著，主要有：Chang Hung Ta(张宏达) and Buce Bartholmoew 著，*Camellias*, 1984, Timber Press 出版；J. W. Waddick and Zhao Yu-tang(赵毓棠)著，*Iris of China*, 1992, Timber Press 出版。

盆景与插花类著作自80年代以来出版渐多。如上海植物园编著的《上海龙华盆景》，1980年上海科学技术出版社出版；胡运骅主编《中国盆景技艺与欣赏》，1988年安徽科学技术出版社出版；赵正达主编《中国花卉盆景全书》，1989年黑龙江人民出版社出版；北京插花艺术研究会等编《中国插花》(1994)，北京清华大学出版社与台北淑馨出版社合作出版，等等。盆景专著也有在美国出版的，如 Hu Yunhua 著，*PENJING, The Chinese Art of Miniature Gardens* (1984)和 *HINESE PENJING, Miniature Tress and Landscapes* (1988)，均在美国 Timber Press 出版。沈荫椿等的《中国盆栽和盆景艺术》(1991)，中英文对照，美国加利福尼亚州支升集团公司出版。

港台地区出版的有谢书娟《插花艺术》，妇幼出版社出版的《盆景栽培全集》等。

园林建设类著作　包括园林规划设计、园林艺术、园林建筑、园林史，园林文化等方面，也先后涌现出不少专著。陈植著《造园学概论》，1935年由商务印书馆出版，介绍了东西方的造园理论与实践。余树勋著《园林美与园林艺术》，1985年科学出版社出版；宗白华等的《中国园林艺术概论》，1985年由江苏人民出版社出版；1988年储椒生、陈樟德著《园林造景图说》，1988年由上海科学技术出版社出版；汤仲之等的《园林绿化与花卉栽培》1991年，广东科技出版社出版，也都在园林艺术理论及设计实践上作了探讨。另一部分著作，则以图取胜。如中国城市规划设计研究院编《中国新园林》，1985年由中国林业出版社出版；同济大学园林教研室：《公园规划与建筑图集》，1986年中国建筑工业出版社出版；刘少宗主编《中国园林优秀设计集㈠，㈡》，1989、1994年由广东科技出版社出版；这类图集反映了中国园林建设与园林艺术的发展。在园林建筑方面的作著，有：杜汝俭、李恩山、刘管平的《中国园林建筑》，1986年中国建筑工业出版社出版；卢仁、金承藻的《园林建筑设计》，1991年，中国林业出版社出版；还有徐华铛、杨冲霄的《中国的亭》(1988)等。关于中国古典园林及园林古文化，也出版了一些著作，如童寯著《江南园林志》，1963年由中国工业出版社出版；刘敦桢著《苏州古典园林》，1979年中国建筑工业出版社出版，陈从周《园说》，1984年，同济大学出版社出版；彭一刚著《中国古典园林分析》，1986年由中国建筑工业出版社出版；周维权的《中国古典园林史》，1990年由清华大学出版社出版。舒迎澜的《古代花卉》，1993

年由农业出版社出版。有关园林建设的大型工具书，则有中国大百科全书出版社于1988年出版的《中国大百科全书·建筑·园林·城市规划》卷。此外在美国出版的，有Chen Lifang(陈丽芳)and Yu Sianglin(余香菱)的*The Garden Art of China*, Timber Press(1986)等。

（王大钧　包满珠　余树勋）

中国园林花卉科学研究机构　（Chinese landscape and gardening research institute）

1949年以后，中国城市园林建设发展较快，以城市园林建设及观赏植物作为研究对象的学术研究机构先后建立。1964年沈阳市建立园林科学研究所，是全国大中城市中率先建立的园林科研机构。从70年代末起，一些大中城市陆续建立园林科学研究机构，至1995年底已达50个(机构名称及地址见表)。其中直辖市及各省会城市园林科研机构25个，其他城市25个。1989年，建设部也在所属城市建设研究院内建立了风景园林研究所。各城市园林科研机构大都设有园林植物(树木、花卉、地被)栽培、引种选育、植物保护、组织培养等研究室，部分所则设有城市生态、育种、园林设计及盆景等研究室或开展有关领域的研究和服务。

中国各大中城市园林花卉科研机构

机构名称	地址
北京市园林科学研究所	北京市朝阳区花家地甲7号
上海市园林科学研究所	上海市龙吴路999号
天津市园林绿化研究所	天津市津塘公路101号
沈阳市园林科学研究院	辽宁省沈阳市沈河区青年大街199号
哈尔滨市园林科学研究所	黑龙江省哈尔滨市动力区哈平六道街10号
齐齐哈尔市园林科学研究所	黑龙江省齐齐哈尔市北明海路6号
牡丹江市园林科学研究所	黑龙江省牡丹江市
大庆市园林科学研究所	黑龙江省大庆市中兴北路28巷8号
长春市园林科学研究所	吉林省长春市西郊路31号
吉林市园林科学研究所	吉林省吉林市江南大街7号
大连市园林科学研究所	辽宁省大连市甘井子区周家街
盘锦市园林科学研究所	辽宁省盘锦市
西安市园林科学研究所	陕西省西安市大雁塔西
兰州市园林科学研究所	甘肃省兰州市安宁西路施家湾3号
乌鲁木齐市园林科学研究所	新疆维吾尔自治区乌鲁木齐市北京北路30号

（续）

机构名称	地址
银川市园林科学研究所	宁夏回族自治区银川市银新北路
石家庄市园林科学研究所	河北省石家庄市和平中路62号
邯郸市园林科学研究所	河北省邯郸市中华北大街80号
张家口市园林研究所	河北省张家口市张崇公路孤石村路口
包头市园林科技研究所	内蒙古自治区包头市昆区青年路16号
乌海市园林科学研究所	内蒙古自治区乌海市
赤峰市红山区园林科学研究所	内蒙古自治区赤峰市人民公园胡同31号
太原市园林科学研究所	山西省太原市南内环街南三巷16号
济南市园林科学研究所	山东省济南市舜耕路32号
青岛市园林科学研究所	山东省青岛市佛涛路11号
济宁市园林科学研究所	山东省济宁市文胜街
德州市盐碱土绿化研究所	山东省德州市天衢东路156号
郑州市园林科学研究所	河南省郑州市西站路80号
平顶山市园林科学研究所	河南省平顶山市
三门峡市园林科学研究所	河南省三门峡市
南京市园林科学研究所	江苏省南京市环湖村89号
苏州市园林科学研究所	江苏省苏州市闾胥路70号
连云港市园林科学研究所	江苏省连云港新浦沿河北路14号
杭州市园林科学研究所	浙江省杭州市玉泉桃源岭1号
金华市园林花卉技术研究所	浙江省金华市青春公园
武汉市园林科学研究所	湖北省武汉市青山区和平大道932号
天门市园林科学研究所	湖北省天门市
贵阳市园林科学研究所	贵州贵阳市三桥
成都市园林科学研究所	四川省成都市大回镇
重庆市园林绿化研究所	重庆市江北龙溪镇
攀枝花市园林科学研究所	四川省攀枝花市
合肥市园林科学研究所	安徽省合肥市西郊苗圃内
南昌市园林科学研究所	江西省南昌市福州路48号
昆明市园林科学研究所	云南省昆明市金殿
福州市园林科学研究所	福建省福州市新店南平路
厦门市园林科学研究所	福建省厦门市虎园路1号
广州市园林科学研究所	广东省广州市广园路景泰坑银鱼岗
深圳市园林科学研究所	广东省深圳市东门北路42号
柳州市园林科学研究所	广西壮族自治区柳州市羊角山路13号

大中城市园林花卉科研所以研究解决当地园林建设中的重大问题，丰富和优化园林植物种类，改进植物配植和栽培技术，提供新技术服务和园林新产品等应用研究及开发等为主，并承担部分国家下达的或与外国合作的研究任务和少量的应用基础研究。1980年以后大中城市园林科研所为骨干单位，成立了全国园林科技信息网，开展信息交流与科技合作，促进了园林花卉科学研究和城市园林建设事业的发展。

（陈自新）

中国园艺学会（Chinese Society for Horticultural Science）　中国园艺科学技术工作者组成的学术团体。1929年由吴耕民、胡昌炽、毛宗良、章文才、陈锡鑫、管家骥、林汝瑶等在南京开会酝酿，倡议创立中国园艺学会，于1930年正式成立。抗日战争时期，仅在成都设立分会。抗战胜利后，在南京复会。1956年8月在北京重新复会，曾宪朴任理事长，沈隽、章文才任副理事长。1960、1978、1981、1985、1989年先后召开了第二至第六届年会，王更生任第二届园艺学会理事长，沈隽任第三至第五届理事长，相重阳任第六届理事长。1985年经批准恢复为一级学会，属中国科学技术协会领导，挂靠中国农业科学院蔬菜花卉研究所。各省、市、自治区也相继建立地方的园艺学会。台湾省于1950年在台北市成立园艺学会，张训舜为理事长。中国园艺学会于1934年出版过一期《园艺学会会刊》，1957年编辑出版《园艺通报》、《园林通讯》。1962年5月编辑出版《园艺学报》（季刊），内容包括果树、蔬菜、观赏园艺、西瓜、甜瓜等论文。

学会下设果树、蔬菜、园林专业组，1985年改为专业委员会，其中，园林组改为观赏园艺专业委员会，挂靠于北京林业大学，陈俊愉任主任。各个专业委员会除参加历届年会共同进行学术交流外，还开展了专业性的国内和国际交流。

园林专业组——观赏园艺专业委员会从1956年以来，持续开展了学术交流活动。1978年与中国建筑学会园林学会联合召开了全国园林绿化学术讨论会，1980年召开了花卉种质资源学术讨论会，1983年召开了提高花卉商品性生产学术讨论会，1986年召开观赏植物组织培养学术讨论会，1987年在贵阳召开观赏植物种质资源学术讨论会，等等。为加强国际交流，1957年组织代表团出席在伦敦召开的第一届国际公园管理会议，1980年派员参加了美国77届园艺学会。自21届大会起每届均派人出席国际园艺大会。1988年中国园艺学会在北京召开国际园艺植物种质学术讨论会，收到论文52篇；接待了美国民间园艺考察团。1980年在成都提出“花卉种质资源保护和利用应该受到重视”的建议，1991年获中国科协优秀科技工作者建议表彰奖。1993年9月在北京召开了国际园艺作物品种改良学术讨论会，所收论文较前更为广泛。

（李树德）

中国植物抗寒带分区（hardiness zones of Chinese plants）　依植物抗寒能力与地域最低气温的关系而对中国进行的区域划分。植物抗寒性的区划，对引种、育种、栽培养护管理、园林绿化建设工作具有非常重要的意义和作用，它不仅能科学地促进国内各省间植物资源的交流，而且有利于国际间的交换与贸易。美国农业部在30年代初曾对美国本土进行耐寒区的区划，于60年代初又提出全美及加拿大南部的耐寒性区划；1967年美国哈佛大学阿诺德树木园（Arnold Arboretum）另提出一个包括加拿大和全美本土的抗寒性分区规划。1979年David Carr将英伦三岛与美国统一考虑，简化为三类气候区。1976年德国人Gerd Krüsmann将全欧洲进行了耐寒性区划，同时也对中国进行了极为粗略的区划。1992年陈有民扼要发表了其自50年代初开始研究的关于中国的植物抗寒性分区成果，区划的原则是根据全国各地每年的最低温度值，取其30年的平均值作为基准，并根据各地自然植被的特点以及人工引种栽培植物的生长发育状况，将全国划分为11个区。各地的温度范围如下：一区为＜－40℃；二区为－40～－35℃；三区为－35～－30℃；四区为－30～－25℃；五区为－25～－20℃；六区为－20～－15℃；七区为－15～－10℃；八区为－10～－5℃；九区为－5～0℃；十区为0～5℃；十一区为＞5℃。在分区图上，还增绘出400mm年等雨量线，供实施绿化作参考。具体应用本区划图时，如某个地点属于该区高山地带时，则按每升高1000m温度降5℃后，以确定其应归属的区号。例如在第六区的某个山地，当相对高度超过1000m的地带应属于第五区，超过2000m的地带应属于第四区。

（陈有民）

中华绣线梅（Chinese neillia）　*Neillia sinensis*，别名华南梨。蔷薇科绣线梅属落叶灌木。高达2m。叶卵形至卵状长椭圆形；总状花序顶生，花淡粉色，花期5～6月；蓇葖果长椭圆形，果期8～9月。产中国河南、甘肃、陕西、湖北、广东、云南等地。喜光，也耐阴，适应性强。常生于海拔1000～2500m的山坡、山谷或沟边杂木林灌丛中。用播种或分株繁殖。适宜山坡、池畔和草坪边缘配植。同属植物栽培观赏者还有：川康绣线梅（*N. affinis*），叶卵形或三角状卵状，花粉红色。毛叶绣线梅（*N. ribesioides*），叶表面和背面均被柔毛，花白色或淡粉红色。粉花绣线梅（*N. rubiflora*），花粉白色。

（叶超汉）

肿柄菊（Mexican sunflower） *Tithonia rotundifolia*，菊科肿柄菊属一年生草本植物。株高 1.5～2m。叶互生，广卵形，叶背沿脉有毛，下部叶 3 浅裂。头状花序顶生，花梗顶部膨大，花鲜橙红色，花径 5～8cm，花期 6～9 月，果熟期 8～10 月。原产中美洲。喜温暖、向阳及排水良好的土壤。播种繁殖，春季直播于露地。生长期间节制施肥，以免茎叶生长过旺影响孕蕾开花。可用于花坛、花境、缀花草坪及切花。

（张 燕）

种质资源（germplasm resources） 对生物品种改良（育种）和栽培、饲养有利用价值的遗传物质总体。种质资源包括野生、半野生、栽培或家养类型，即包括一定的遗传物质，表现一定的优良性状，能将其特定的遗传信息传递给后代的生物资源。也称“遗传资源”。种质资源是生物品种改良工作的物质基础，育种目标能否实现，首先取决于育种者所掌握种质资源的数量及其质量。因此，要尽可能广泛地搜集并保存大量优良种质，并在深入细致研究的基础上加以利用，才能培育出符合目标的新品种来。

简史 约在 1 万年前，当人类采野果、猎禽兽而食，随后进入原始农业时，就有了对生物种质资源搜集和利用的早期活动。而有组织、有目的之最早搜集，当在公元前 4500 年，由埃及法老桑克芮（Sankhkere）派遣的植物探险队，到亚丁湾去寻找、搜集樟树（*Cinnamomum* spp.）和肉桂（*C. cassia*）等种质资源。其后 1000 年，埃及女王哈切普色特（Hatshepsut）派遣船只到东非沿海，找到并引入了新的香料植物。中国也是生物种质资源搜集活动最早的国家之一，有近 5000 年的种质资源引种史。自汉代张骞出使西域引进欧洲和中亚细亚的葡萄、石榴、蚕豆、黄瓜及农作物品种后，三球悬铃木（*Platanus orientalis*）于公元 403 年引至西安（当时长安），菩提树（*Ficus religiosa*）则是公元 502 年“航海而来”。至唐（618～907）、宋（960～1279）及其后，还有很多树木、农作物、花卉等引入。仅观赏植物就有水仙（*Narcissus tazetta* var. *chinensis*）、鸡冠花（*Celosia argentea* var. *cristata*）、夜落金钱（*Pentapetes phoenicea*）等，先后由欧洲、东南亚、南亚、西亚等地引入。哥伦布 1492 年发现新大陆，世界各国的种质资源搜集工作进入了昌盛阶段。欧洲许多国家纷纷组织国外植物考察团，猎取珍奇或稀少的经济植物、果、蔬、花、草等。美国自 1898 年起，在农部（USDA）设立了国外植物引种处。截至 1980 年止，美国引入外国植物达 43 万余号。1926 年前，苏联植物学家瓦维洛夫（H. И. Вавлов）提出了“植物起源中心”理论。在此基础上，他进行了最广泛的栽培植物搜集与系统研究，并最早在列宁格勒成立了种质库全苏瓦维洛夫植物栽培研究所。到了 20 世纪 50 年代，又兴起了以冷藏装置配备起来的大型种子库，或称“基因库”。如 1958 年，美国农部建立了国家种子贮藏实验室。1965 年，日本在平土冢建立了种子贮藏中心，后又迁至筑波。至 70～80 年代，中国在青海、湖北、广西、北京等地建立了自动控制室内温度与湿度的现代化种子库，1986 年还在广西南宁建立了两座金花茶基因库。到了 60 年代，若干国际农业研究中心开始成立，并相应建成而扩大其种质贮藏设备。1974 年，国际植物遗传资源委员会（International Board of Plant Genetic Resources，简称 IBPGR）成立，其基本任务是促进国际植物遗传资源的搜集、整理、保存、鉴定、开发和利用的国际合作与交流，并在 1976 年组织了国际植物遗传资源委员会基因库网，以促进按植物种类或按地理区域的基因库之间的联系。

中国观赏植物种质资源 中国是世界栽培植物最大的一个起源中心，她所原产的观赏植物种质，亦以其丰富多采、饶有特色而著称于世。故威尔逊（E. H. Wilson）通过他 5 次赴华实地采集的经验体会，著成《中国，园林之母》（*China, Mother of Gardens*）一书，对中国观赏植物种质之量多、质佳推崇备至。近二三百年来西方及日本自中国引去大量观赏植物种质，很多已应用于全球园林或参加了花卉育种，为世界园林与花卉业做出了重要贡献。中国观赏植物种质资源的特长与优点，主要表现在以下两方面：

种类和品种丰富 中国原产的观赏植物，尤其是适合园林或家庭栽培应用的花卉以及有潜在发展能力的观赏植物种质，在全球所占比重甚大。如乔、灌木中国原产者，为数多达 7500 种以上，松柏类、竹类尤为突出，这在世界上是罕见的。草本观赏植物种质也十分丰富，有的还是举世无双的特产。在某些科、属中，中国更是世界分布中心和种类最多者或全部特产种之唯一故乡（见表）。

观赏植物 30 个属的中国原产种数占全球总种数之比

序号	属名		中国产种数	世界总种数	所占%
1	槭	*Acer*	150	200	75.0
2	落新妇	*Astilbe*	15	25	60.0
3	山茶	*Camellia*	195	220	89.0
4	蜡梅	*Chimonanthus*	6	6	100.0
5	金粟兰	*Chloranthus*	15	15	100.0
6	蜡瓣花	*Corylopsis*	21	30	70.0
7	栒子	*Cotoneaster*	60	95	63.2
8	兰	*Cymbidium*	30	50	62.5
9	菊	*Dendranthema*	17	30	60.0
10	四照花	*Dendrobenthamia*	9	12	75.0

（续）

序号	属名		中国产种数	世界总种数	所占%
11	溲疏	*Deutzia*	40	60	66.7
12	油杉	*Keteleeria*	10	12	75.0
13	百合	*Lilium*	40	80	50.0
14	石蒜	*Lycori*	15	20	75.0
15	苹果(海棠)	*Malus*	23	35	64.9
16	绿绒蒿	*Meconopsis*	37	45	82.2
17	含笑	*Michelia*	40	60	66.7
18	沿阶草	*Opiopogon*	33	55	60.0
19	木犀	*Osmanthus*	27	30	67.5
20	爬山虎	*Parthenocissus*	10	15	66.7
21	泡桐	*Paulownia*	9	9	100.0
22	马先蒿	*Pedicularis*	329	600	54.8
23	毛竹	*Phyllostachys*	45	50	90.0
24	报春花	*Primula*	294	500	58.8
25	李(樱、梅)	*Prunus*	140	200	70.0
26	杜鹃花	*Rhododendron*	530	900	58.9
27	绣线菊	*Spiraea*	65	105	61.9
28	丁香	*Syringa*	26	30	86.7
29	椴树	*Tilia*	35	50	70.0
30	紫藤	*Wisteria*	7	10	70.0

中国栽培植物的品种数也是丰富异常的，突出表现在名花上，如1996年梅花有300个品种以上，牡丹品种约500个，落叶杜鹃约500个，芍药200余，月季800个，菊花3000个以上。余若桃花、丁香、蜡梅、桂花、兰花、紫薇等名花，也有相当多的品种在园林和家庭中栽培和应用。

品质优良，特点突出　中国观赏植物种质资源所具备的优良品质和突出特长主要是：①早花性。如梅花、蜡梅、瑞香、香荚迷（*Viburnum farreri*）等开花极早，且所需温度甚低。②连续开花性。如月季花及其品种、香水月季（*R.* × *odorata*）及其品种、'四季'桂（*Osmanthus fragrans* cv. Everaflorus）、'常春'二乔玉兰（*Magnolia* × *soulangeana* cv. Semperflorens）。③香花。开各型香花的观赏植物，在中国自古即受到特殊重视，如米兰、珠兰（*Chloranthus spicatus*）、兰花、桂花。④突出而优异的品质。如金花茶（*Camellia chrysantha* etc.）的金黄色花，菊花（*Dendranthema* × *grandiflorum*）丰富异常的花色与花型，梅花之黄香型及花心具"台阁"的奇品，大花黄牡丹（*Paeonia lutea* var. *ludlowii*）的金黄大花。⑤突出的抗逆性。如'耐冬'山茶（*Camellia japonica* cv. Naidong）等的抗寒性，毛华菊（*Dendranthema vestitum*）等之抗旱性与耐瘠薄性，榆树等的抗榆荷兰病，柘树等之抗涝性及抗旱性，沙枣（*Elaegnus angustifolia*）、楝树（*Melia azedarach*）等的耐盐碱性，荷花、栀子花等的耐热性以及银杏、水杉、菊花、槐树等的适应性。

种质的搜集　种质资源的搜集，有直接搜集和交换以及其他方式。直接搜集的方式，多是通过专业队伍与当地的单位或群众相结合。考察时要进行全面而明确的记录，如植物材料的名称、产地的自然环境与栽培条件、材料来历与现状、繁殖方法、主要性状、生物学特性、观赏特性或经济性状等。搜集的种质材料，可以是种子、枝条、植株、球根、花粉或组培苗等。搜集的数量，应以充分保持育种材料的广泛变异性为原则，要使搜集的每一群体内尽量保留最大可能的遗传变异个体，即提高了种质多样性。搜集的材料要编号、登记，包括搜集日期、地点、搜集者姓名等。还要进行必要的绘图、照相或标本采集，并应及时加以整理、分类，妥为保存。如为搜集观赏植物种质，应在可能条件下，组织专门的或综合的种质资源考察队，重点在花卉起源中心、野生花卉及近缘种丰富地区进行调查、搜集。珍稀濒危及有特殊价值的种质，更是搜集的重点。对于国外种质的搜集，主要通过交换来进行。国际种质交换无需远涉重洋，十分方便；缺点是未能身临其境，难以获得全面深入的了解。

种质的保护与保存　不论野生或栽培的观赏植物种质资源，某些种由于多种原因而面临断种、散失等严重威胁。在中国，野生种质如兰属（*Cymbidium*）等种，栽培种质如凤仙花（*Impatiens balsamina*）等一些奇品，均因缺乏保护而大量减少甚至消失。对此，已引起政府特殊的重视，正采取有效手段大力改进工作。在种质资源搜集整理后，须妥善加以保存。保存的方法有三类。

就地保护与保存　通过保护某一种或某些类植物所在地，利用原产地的自然生态环境，就地保存种质资源。稀有种、濒危种尤其是木本植物的保存，一般应用此法。当今世界各国所建立的大量自然保护区，主要目的就是使自然资源在天然的种质基地上得到永久性或较长时期的保护与保存。如1979年中国在广西龙州成立弄岗自然保护区，即以就地保护珍稀生物蚬木（*Excentrodendron hsienum*）、金花茶及白头叶猴为主。

异地保护与保存　把植物迁出其自然生长地，集中改种在植物园、树木园、基因库、品种资源圃、种质资源圃、专类园等处保存的材料，主要是：①具有优良性状的野生种、变种和类型。②具有优良性状的品种和品系。③在一项或多项性状上表现优异的野生和栽培类型以及杂交系等。④近缘种。对于珍稀濒危的种质资源，更要千方百计及时搜集，妥善保存。例如中国广西南宁，1986年建立了金花茶基因库两座，武汉中国梅花研究中心1993年建成中国梅花品种资源。中国和世界的许多植物园、树木园、观赏植物种质资源圃、原始材料圃、果树种质资源圃、药圃等，也是些异地保存种质的重要场所。在进行观赏植物种质异地保存时，应严格执行检疫，注意防止混杂，以免产生严重后果。对于一二年生草花，尤其是其中天然异花授粉种类，为免生物学混杂等干扰，要实行定点、分区或特约单位(农家)负责栽培、保存、组成隔离保存良种的网点。如受条件限制，只能集中保存时，则对天然异花授粉的，需用网罩实行空间隔离，或采用时间隔离等方法，以保证原种纯正。

贮藏保存　把植物繁殖体(种子、球根、枝条、茎尖、花粉、组培苗等)暂不种植，而将其放置在一定环境条件下加以保存的方法。目前进行长期贮藏保存的繁殖体主要是种子。应选发育健康、生理成熟的纯净种子，其贮藏的条件是迫使种子处于代谢作用的最低限度，关键在于控制种子周围的空气、温度和相对湿度。当种子含水量保持4%～14%范围内时，含水量每减少1%，种子寿命可增长2倍。当温度在0～50℃范围内时，贮藏温度每下降5℃，种子寿命就延长2倍。0℃以下的贮藏温度，对十分干燥的种子多不会带来重大伤害；但当种子含水量很高时，就会造成种子死亡等后果。通常将含水量低的健康种子，装于密封容器之中，放置适当低温、干燥、黑暗的贮藏库内，多可较长期地保持种子的生活力。如中国农业科学院80年代在北京建立的国家农作物种质资源库，室温－20℃，相对湿度30%，容量可达50万份，其中就保存了一些花卉种子，属长期保存库性质。在美国国家种子贮藏实验室等处，还利用液态氮进行超低温贮藏。

种质的鉴定　对所保存的种质材料深入进行性状鉴定与筛选，是现代植物育种的特点之一。鉴定的方法，分为：

种质材料的初步鉴定　对种质材料进行种或品种名称、形态特征、生育期、抗逆性、观赏特性、病虫害、经济性状、应用途径等方面的记载与鉴定。快速鉴定、微量鉴定和早期鉴定特别受到重视。对于相同的材料经查证无误后可即合并，或清除多余的。

性状的系统鉴定　在初步鉴定的基础上，对种质材料在繁殖过程中进行生理、生态、同工酶、染色体以及多项性状的深入而系统的鉴定。

群体筛选与精密试验　采用简便易行而迅速可靠的田间、温室或实验室试验的群体筛选法，初步确定种质材料在观赏与经济性状等方面的潜在价值。对于有希望的材料，还须通过精密试验的验证，包括植物对光周期的反应，可抗的最低和最高温度，最低照度，最低和最高土壤含水量及最低和最高空气湿度，等等。精密试验，即应在大面积田间试验中获得验证后，结果方属可靠。

资料档案　完整的种质资料及其信息交流，将促进种质的交换、鉴定和利用等方面的发展。搜集种质的完整资料主要包括：材料编号、名称与别名、原产地(国)、来源、选育简史、采集地点、生态条件、特殊用途等。各类鉴定资料，也应包括在内，即：①园艺性状鉴定资料。②对生物、气候、土壤等环境因素的反应鉴定。③品质和应用特点鉴定。④有关书目文献资料。⑤对于育种材料，则须由有关育种中心提供年度育种及杂交记录。为了更有效地应用资料档案，记载应力求做到标准化、国际化。随着计算机在种质资源档案管理上的应用，可使工作更加系统化、科学化，也大大提高了效率与准确性。

种质的利用　鉴定植物种质保存项目的最终标准，是对种质资源的利用，并从中获得实效。植物种质利用的方式有：引种栽培；种质转育(杂交、回交、系统育种学)；种质创新(诱变育种、基因工程等)。根据材料与性状的不同特点，合理采用相应的方法，才能最有效地利用不同的种质资源。

参考书目

张德慈著，常汝镇等译：《植物遗传资源未来植物生产的关键》，中国农业科技出版社，北京，1988。

Chen Junyu(陈俊愉)：*Chinese floral germplasm resources andtheir superiorties*, International Symposium on Horticultural-Germplasm, Cultivated and Wild, Part III Ornamental Plants: 47-52, 1989, International Academic Publishers, Beijing.

(陈俊愉　张　方)

种子检验

种子检验(seed inspection of ornamental plants)　对观赏植物种子品质进行系统检测和鉴定的技术措施。在观赏植物种子的生产、经营管理和实际应用过程中，种子检验是一项非常重要的基础工作。据此可对种子的品质及其在生产中的使用价值等，作出正确而合理的判断。中华人民共和国成立后，政府对种子工作非常重视。国家标准总局相继发布了《林木种子检验方法(GB 2772—81)》和《林木种子(GB 7908—87)》等项规定。在国际上，最早的《国际种子检验规程》是1931年在荷兰召开第6届国际种子检验会议上通过的。以后，曾进行过多次补充和修改。较新的《1985国际种子检验规程》，是1983年在加拿大召开第20届国际种子检验会议上通过的，自1985年7月1日起生效。其中明确规定了农业、园艺、乔灌木、花卉、牧草和药用植物等类种子，关于扦样、净度分析、发芽试验、生活力的生物化学测定、种子健康测定、种及栽培品种的鉴定、水分测定、重量测定和包衣种子检验等项检验的具体内容、程序和方法。常规的种子检验项目，包括以下几项内容：

扦样　从被检验的种子批中扦取具有代表性的数量适合于供检验用的样品。从种子批中的一个点扦取的种子为初次样品；从一个种子批中扦取的全部初次样品，均匀地混合在一起，称为混合样品；按有关规定，从混合样品中取出一部分种子送至种子检验站的样品，称为送检样品；从送检样品再分取一部分，直接供某项测定用的种子，称为测定样品（或称试验样品）。扦样时，种子批内应达到尽可能均匀，混合样品的数量一般不得少于送检样品的10倍。用容器盛装的种子，如为5个容器以下，每个容器都扦取；6～30个容器时，每3个容器至少扦取1个，总数不得少于5个；在31个容器以上时，每5个容器至少扦取1个，但总数不得少于10个。散装的种子，可在堆顶的中心和四角设5个点，每点按上、中、下三层扦取。至于分样方法，规定用分样器或四分法进行。

测定种子净度　测定送检样品中纯净种子、废种子和夹杂物的重量，由此推算该种子批的纯净程度。种子净度是计算播种量的重要依据之一。计算公式是：

$$净度=\frac{纯净种子}{纯净种子+废种子+夹杂物}\times 100\%$$

纯净种子包括完整的发育正常的种子，不能识别的空粒或虽已破口但仍具发芽力的种子。废种子包括能识别的空粒、腐坏粒和能识别的严重损伤、无种皮的丧失发芽能力的种子。夹杂物包括不属于被检验对象的其他种子、果皮、种翅、种子碎片、土块和其他杂质。以上三部分重量之和与测定样品原重之差，不得超过容许范围。

种子千粒重　气干状态下送检样品1000粒纯净种子的重量(g)，是计算播种量的重要依据之一。在一般情况下，种子千粒重的数值大，表明种子质量好。

测定种子千粒重，通常用百粒法，即从纯净的种子中随机地取100粒为一组，共8组，分别称重后计算标准差和变异系数。如变异系数不超过规定的数值，则以8组平均数乘10，即为该批种子的千粒重。否则，应按规定重做。对于种粒极不均匀的种子，则应用千粒法。种粒特大的种子，习惯上用每kg种子的粒数，来表示种子的重量。

种子含水量　指种子所含水分重量占种子重量的百分率。测定种子含水量的目的，是为了安全合理地贮藏和调运种子提供理论依据。

常用的测定方法是105℃恒重法。即从送检样品中，随机地抽取规定重量的测定样品。种粒大的应切开或打碎，在105℃烘箱中烘至恒重后，依下式计算种子含水量。

$$含水量=\frac{测定样品烘干前重-测定样品烘干后重}{测定样品烘干前重}\times 100\%$$

也可用130℃高温快速法，高含水量的种子可用二次烘干法。重复测定两次，两次测定结果的误差，不应超过0.5%（国际种子检验规程规定为0.2%）；两次测得结果的算术平均数，即为该种子批的种子含水量。如不符合要求，应予重做。还可采用红外线水分速测仪等法来快速测定种子含水量，但其测定结果需与105℃恒温法相对照。

种子发芽测定　在充分满足种子发芽环境条件的情况下，测定种子的发芽力，并由此确定种子的使用价值和确定播种量。

为了获得可靠的结果并使之具有重演性，多在能控制发芽条件的实验室内培养箱或光照发芽器内进行，水、温度、通气、光照等均按规定予以满足。发芽测定所需样品，系由纯净种子中随机提取。每组100粒，共4组。种粒大的，可取50或25粒作为一次重复；对于较小粒种子，则用重量发芽法，即以0.1～0.25g为一次重复。每个重复分别放在一个有编号的器皿内，种粒间保持一定距离，定期观察记载，拣出正常发芽和腐坏种粒。在规定的时间内正常发芽的种粒与供试种子总数的百分比为发芽率，特小粒种子的发芽率，用单位重量(g)的供试种子中的正常发芽粒数表示。当4个重复间的差异在规定的允许范围内，则以其算术平均数作为该种子批的发芽率。通常还将发芽中、前期正常发芽的种子数进行统计，特称为发芽势。

休眠的种子可用四唑($C_{19}H_{15}N_4Cl$)法或靛蓝〔$C_{16}H_8N_2O_2(SO_3)_2Na_2$〕法测定并鉴别种子潜在的发芽力。此外，还可用离体胚培养法、碘化钾法、硒盐法等，对观赏植物的种子进行检验。

参考书目

中华人民共和国国家标准，《林木种子检验方法 GB 2772—81》，技术标准出版社，北京，1982。

（陈耀华）

种子生理（seed physiology of ornamental plants）　在观赏植物种子形成、发育、成熟、采后调制、加工、贮藏、休眠直至萌发成苗过程中的生理生化特性及其作用机理。观赏植物种类繁多，其种子生理问题既重要又复杂。

种子发育生理　研究种子从受精至种子成熟所经历的生理生化过程。多数植物当种子成熟时，胚已在形态上发育成熟，但也有一些种类的胚分化发育程度很差，如兰科植物种子的胚很微小，分化程度极差；卫矛、南天竹等的胚也未充分分化。种子发育过程中的生理变化如下：①胚胎发育过程中的生理生化变化。胚胎早期发育生理的主要特征，在于几种酶活性和核酸、蛋白质合成的增强，DNA总量也随合子分化发育而增加。在发育的种胚中，含有多种内源激素，如赤霉素(GA)、细胞分裂素(CK)及脱落酸(ABA)等。它们的存在对种胚的发育等有关。②种子成熟过程中的生理变化。种子成熟时含水量减少，体积紧缩，干重达到最高点，贮藏物质的运输基本停止。同时，各种合成酶活性也下降或停止；ABA含量达高峰。此时是种子活动的顶峰。伴随形态成熟的继续前进，种子活力开始

484 天安门花坛　　金　波摄

485 花坛(夜景)　　李英敏摄

486 花坛(1)　　阎　捷摄

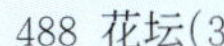

487 花坛(2)　　余树勋摄

488 花坛(3)　　李英敏摄

489 “云蒸霞蔚” 树种：大阪松　　郑可俊摄

490 “巧云” 树种：黄杨　　齐 伟摄

491 “刺破青天” 石种：千层石　　韦金笙供稿

492 “烟波图” 树种：石榴、榔榆　　黄 乐摄

493 “树石缘” 树种：鸡爪槭　　金宝源摄

494 “虞山耸翠” 树种：真柏　　郑可俊摄

495 “饮马图” 树种：榔榆
石种：龟纹石　　黄　乐摄

496 “临流” 树种：五针松　　金宝源摄

497 “腾云” 树种：黄杨　　齐　伟摄

498 “大江东去” 石种：英石　　韦金笙供稿

499 月季生产　　朱秀珍摄

500 香石竹塑料棚生产　　惠云摄

501 金盏菊良种生产　　金　波摄

502 瓜叶菊温室生产　　徐民生摄

503 水仙生产（养球） 金 波摄

504 鸡冠花盆花生产 陈俊愉摄

505 小琼棕育苗 惠云摄

506 切花月季温室生产(右中) 金 波摄

507 草花生产(右) 徐民生摄

508 室外装饰（1）（上左） 秦魁杰摄
509 室外装饰（2）（中右） 朱秀珍摄
510 室外装饰（3）（下左） 李英敏摄

511 室内装饰（1）（上右） 李英敏摄
512 室内装饰（2）（中左） 朱钧珍摄
513 室内装饰（3）（下右） 朱秀珍摄

514 大型花店（上左）　　惠云　元 萍摄

515 集镇花卉市场（下左）　金 波摄

516 街头花市（上右）　　傅德志摄

517 花店一角（下右）　　晓　傅摄

518 陈俊愉教授指导博士生　　杨乃琴摄

519 中国农业科学院蔬菜花卉研究所　　金 波摄

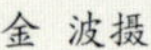

520 中国科学院西双版纳热带植物园　　金 波摄

521 中国科学院植物研究所植物园　　金 波摄

522 花卉组织培养室一角　　李立佐摄

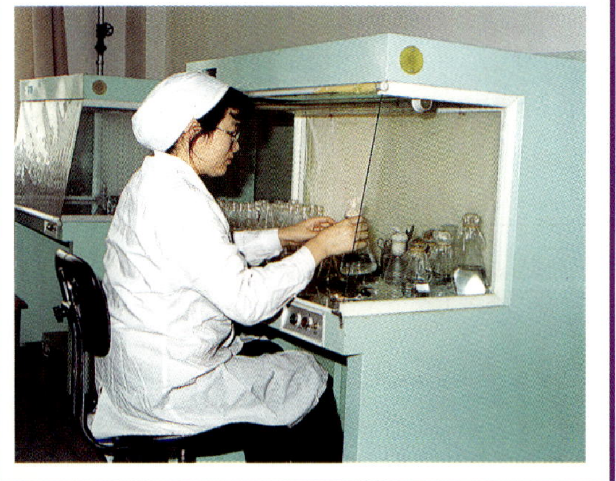

523 在超净工作台接种　　金 波　李立佐摄

下降。对此,在栽培繁殖和生产上须倍加注意。③种子发育的控制。种子的发育受物种遗传所制约,又受环境条件的影响。如气候干旱促使提前成熟,种子干瘪,不能达到正常的饱满度;阴雨季节则会延迟成熟,降低蛋白质的积累;土壤肥料、水分等同样会影响种子成熟期和质量。因此,应因地制宜地选择适宜品种,合理栽培,以提早成熟、提高品质、增加产量。

种子休眠　凡具有活力而处于不发芽状态的种子,均可称为休眠,这个时期即休止期。有两种情况:一是种子已充分成熟,只因不具备萌发所必需的条件而被迫处于暂时停顿状态,即所谓"静止种子";另一类是种子本身尚未完成生理后熟或形态后发育,或受内源抑制物的阻滞而不萌发,此为真正的休眠种子。一般种子休眠特性,系由植物遗传因子所制约。种子休眠又可区分为生理型(生理后熟、抑制剂或光感性等)和强迫型(因种皮及其附属物造成障碍)两种。种子外层覆盖物导致强迫休眠的原因有三种:一是不透水性,如古莲子种皮内的"明线";二是不透气性,如来自坚厚的硬壳等;三是对胚生长的束缚作用,如杜仲果皮中的橡胶。

胚的生理后熟有多种情况,包括内源激素间的动态平衡需待调整;胚缺少足够可供其呼吸代谢的原料(底物);多条代谢途径间的调整;胚根与胚轴在休眠深度的顺序性,如牡丹种子的上胚轴休眠,即上胚轴的生长必须当胚根首先生长达 3cm 以上,再经低温或赤霉素(GA_3)处理,方可解除其休眠状态。

种子休眠成因多为单独因素,也有两种以上因素造成的,如枸子、山楂、椴树和紫藤等。必须先解决其覆盖物的透性后,低温层积处理才对完成胚生理后熟生效。

也有的种子萌发时必需光照(即使是短暂的闪光),成为种子休眠的一个特殊类型。这种现象称为种子萌发的光感效应。观赏植物中有不少种类属光敏类型,如多种杜鹃花、桦木、泡桐、月见草、千屈菜、苦苣苔、水浮莲等。在光感种子中,有些种类属喜光性而非需光性。即光照能促进萌发,提高发芽量。可也另有一类光照抑制萌发者,即少数植物具忌光性种子,必须在黑暗中萌发。这些情况均由光敏色素调控。

破除种子休眠的方法:针对种子休眠类型,采取相应的对策。硬实可用酸、碱处理,机械损伤或热水浸泡等法。低温(1～10℃)、湿砂层积处理,是园艺上最常用的消除胚后熟生理型休眠的办法。对一些胚尚未发育完善的种类,砂藏早期宜用高温(>20℃)。如含水溶性抑制剂、脱落酸、酚类等,则可用水冲洗。采用化学处理时,常用的药剂有赤霉素(GA_3)、过氧化氢、硝石(KNO_3)、乙烯(乙烯利制剂)、FC(壳梭孢素)、硫脲等,旨在取代低温层积处理。GA 还能部分取代光感效应和干藏的作用。播前晒种和变温处理,也是常用的园艺措施,有利于种子气体交换,促进生理后熟。

种子萌发　指种胚恢复生长,突破种皮伸长,胚根或胚芽转变或幼苗的过程。从生理生化角度说,萌发是恢复种子在贮藏、休眠期间暂停的代谢活动,细胞重新进行氧化,合成途径的相继分化,推进遗传信息的顺序活化。从种子生物学来观察分析种子萌发的进程,可划为四个阶段:首先是对水分的吸收,即吸胀作用;二是细胞"封存"系统的激活,基本代谢启动并趋向旺盛,即萌动;三是胚细胞伸长并分裂而产生新细胞,生长速度加快,致使胚根突出种皮,即露白;四是胚生长持续,胚根、胚芽已长至相当程度(胚芽长达种长 1/2 或胚根与种子等长),即发芽。在发芽出土过程中,有子叶出土与留土两种类型。①吸胀作用与吸胀损伤。种子吸水是靠其胶体物质的吸胀力引起的,是一种物理作用。种子吸胀能力的强弱,取决于其所含化学组分,蛋白质高的种子>淀粉种子>油料种子。浸种系自古沿用的一种处理技术,但其利弊一直有争议。其实质在于吸胀损伤,特别是低温条件下的吸胀冷害问题。②种子萌发过程的呼吸代谢。呼吸代谢为种子萌发生理的核心问题。胚生长、新组织的形成直到幼苗的建成,都必须有足够的结构材料和能量保证。一系列贮藏物质的动员、运输乃至合成利用,都依赖于细胞呼吸代谢。种子初始呼吸底物是贮藏于胚中的游离氨基酸和糖。生产能量的大部分以腺苷三磷酸(ATP)高能磷酸键形式备用。种子吸水后 ATP 即迅速增加,随后 ATP 的消耗也增加。淀粉种子萌发期间借淀粉酶的作用水解为糊精与麦芽糖,再分解为葡萄糖和果酸,运送到胚部作为呼吸原料。油料种子在萌发过程中,其脂肪经降解为脂肪酸,再经 β-氧化过程,转化为蔗糖供胚利用。蛋白质在萌发过程中经蛋白酶的降解作用生成各种游离氨基酸,大部分供胚重组蛋白质所利用,另部分经脱氨转化为糖类供胚作呼吸的原料。③种子萌发的控制。种子萌发的快慢与水、温度和氧密切相关。一般静止种子只要提供适量(25%～60%)水分、适宜温度(25～30℃)和通气,就能顺利萌发。光对多数非光感性种子无关紧要,但对喜光性种子则是必需的。个别种类萌发所需水量竟高达 130%～150%,有些热带植物种子如油棕、王莲发芽必需>35℃,有的高山植物种子必须<5℃萌发。变温对多数植物种子萌发是有利的;油料种子必须提供足够的氧气以防霉烂。

在园艺实践中,播种要进行播前预处理。主要有:浸种催芽法等;药剂处理常用赤霉素、过氧化氢、硝酸钾及锌、锰、铜等微量元素处理等;晒种和温热(超声、电场、磁场等)处理,如应用得当,均有促进萌发的作用。

种子活力　指种子健壮度,它是种子内在的发芽、生长和生产的潜力。其强度与水平可在特定条件下将各种组分定量化而加以预测。活力组分实际上是指构成种苗活力差异的成分，同时也是活力的表达形式。

种子老化、劣变是种子活力衰亡的过程。种子老化指种子的自然衰老；人工加速老化则是在特定条件下的老化。劣变指生理机能的恶化，包括化学成分的质变及细胞结构受损。事实上，老化随即产生劣变。种子生理成熟期，是活力水平的顶峰。随着形态上的继续成熟，活力开始下降，即开始自然老化，老化劣变的持续，最终使种子失去活力。种子老化劣变的实质性变化可归纳为两方面：一是细胞结构与功能的变化，尤为重要的是生物膜结构与功能的改变与失控；二是生理生化过程的变化，包括呼吸代谢失调、ATP 合成受阻、酶活性下降等。

（郑光华）

种子调制（seed processing of ornamental plants） 对采集的观赏植物种子（果实）进行清理以获得纯净饱满种子的操作过程。主要通过脱粒、净种和干燥等工序，以达到适于贮藏和播种的要求。调制方法，依果实类型而异：干果类，如豆科花卉的荚果、百合、鸢尾、丁香、罂粟的蒴果，耧斗菜、飞燕草、牡丹、珍珠梅和绣线菊的蓇葖果以及松柏类的球果，采后摊晒，自然干燥，用木棍敲击或装入袋内揉搓，使果实充分开裂，种粒脱出。果实开裂时易将种子弹出的种类，如凤仙花、三色堇和种子易于飞扬的柳兰、杨柳类，晾晒时需用纱网遮盖。用风车、簸箕、筛子除去种子中的枝叶、果皮、种翅及土、石块等杂质以及发育不良的秕粒和小粒，使种子达到纯正清洁。球果除自然干燥外，还可采用人工加温干燥，高温脱粒快，但需摸清不同树种的安全温度，一般以不超过 45℃ 较为安全。对不开裂的单种子果实，如菊科花卉和铁线莲的瘦果，榆和槭树的翅果，须分别除掉冠毛、果翅等附属物。怕干的栎类坚果，采后可进行水选，除去蛀果和壳斗。肉果类是包括浆果、仁果、核果或带有肉质附属物的种子。这些果实含水量和含糖量高，易于腐烂、发热，采后要及时清理，先用手揉搓或装入桶用木棒捣碎果肉，使种子与果肉分离后，用水淘洗，漂除果肉、果皮和秕粒，将纯净饱满的种子摊成薄层晾干，不要铺在金属板或水泥地上于强阳光下曝晒，以免烫伤种胚。对果肉厚而硬的果实，可堆置数日待其变软再捣碎果肉，洗出种子。根据种子批量大小和取种的方便，可选择纸袋、布袋、无毒塑料袋、麻袋、箩筐或桶等容器盛放种子。为保持种子的生活力，应在通风低温环境下保存。对怕干的种子如银杏、七叶树、栎类应立即混湿沙，置于 0～3℃ 下存放，温度过高则易生霉、发芽。如需寄运外地，则可用浸湿的苔藓、泥炭或锯末等做填充物保持湿度，容器壁上留通气孔，应尽可能避开寒冷和高热的季节，以免发生冻害或热腐。

在种子调制过程中，不要搞错标牌；清理工具要清洁而不粘附其他种子；晾晒时各品种间要保持一定距离，以免被风吹互混；清理带肉质种皮的银杏和新鲜漆树种子时，要防止引起过敏症；清理悬铃木及其他带絮毛种子时宜戴口罩，以防吸入肺内。

（刘长江）

种子贮藏（seed storage of ornamental plants） 人工创造环境保持种子生活力的措施。种子成熟后因故不能立即播种，或对有隔年结实或罕见结实特性的树种，或作为保存植物种质资源多样性研究的需要，都应将一些植物的种子妥善贮藏。

种子寿命 当种子群体发芽率下降到 50% 时，其内在老化劣变已相当严重，特别表现在染色体畸变率明显增加，表明该批种子已基本失去种用价值。种子耐藏性，是从种子贮藏生理角度来衡量种子寿命的长短。不同观赏植物种类之间，在种子耐藏性及其寿命长短上差距甚大。如杨、柳、榆之属，只有几天到 1 个月左右的寿命。而从中国地下发掘出的古莲子，经 ^{14}C 测定发现其寿命已达 1000 多年。

罗伯特（Roberts, 1977）按贮藏特性将种子区分为两大类型，即正统型和顽拗型（也称异端型）。前者适用于哈灵顿（Harrington 1970）通则，即当种子含水量在 4%～14% 之间时，所含水分每下降 1%，即可延长寿命一倍。后者不耐干藏，同时又忌低温，不仅遇有冰点下温度时出现冻害，甚至在 6～15℃ 的情况下，也会导致冷害。属于此类异端型种子的多是热带植物，如椰子、油棕、杧果、木菠萝、王莲等。种子寿命是一个相对概念，种子生命力是可以人为控制的。

影响种子寿命的因素 种子寿命固然受遗传因子的制约，但环境条件在很大程度上也有重要的影响，尤其是贮藏期间的环境因素。

温度 贮藏期间种子的老化劣变既来自本身和贮藏期的微生物的活动，也来自非生命过程自由基袭击生命物质的物理化学作用。显然，这一切都要遵循温控效应的通则。低温、超低温能有效保持种胚细胞结构与功能的稳定性。基于低温贮藏的实际效果和温控技术的实际可行性（相对简便），因此迄今国内外的种子基因库，均以低温贮藏原理为其主要工作依据。

湿度 种子本身是一个胶体复合体，具有吸湿性。含水量随周围空气湿度高低而变化，经过吸湿或降湿作用，最后在一定温度条件下达到平衡状态，即可谓平衡含水量。种子平衡水的高低除受温度和相对湿度影响外，还取决于种子本身的化学特性。在相同条件下，油质种子比淀粉种子及蛋白种子为低。种子若密封于小容器中，其含水量主要取决于原始干燥度，而与外面的温、湿度变化关系不大。因此，作为种质保存而贮藏种子时，应更多重视干燥密闭贮藏。干燥种子若以热空气脱水，一般以不超过 40℃ 为宜。有资料表明，湿

度(种子水分)的作用与影响远大于温度。换言之,种子耐藏性的改善尤其依赖于种子含水量的控制。以往认为5%~7%的种子水分为安全贮藏的下限,新的研究证明,超低含水量(油料种子甚至可达1%~2%)不但无损于种子的质量,而且能显著改善种子耐藏性。

种子水分可粗略分为两类,即自由水(游离水)和束缚水。前者存在于大、小毛细管中,具一般性能,且易从种子内蒸发出来。后者与种子亲水胶体以不同方式和紧密度相结合,又可细分为两种情况:一是以离子键的方式为大分子表面所吸附,形成一定界面的外围水层,即所谓"吸附水";另一种情况是水分子的氢键或氧桥与高分子的化学基因和羧基、氨基或羟基等相连接而成大分子结构(构型)的组成部分,即所谓"结合水"。吸附水有别于自由水与结合水的过渡状态,在强烈脱水场合下可以逐渐丢失;而结合水除非遇有特殊条件,一般极难与结合着的分子相脱离,故很不易丢失。当种子束缚水丢失时,往往会引发种子内容物在构型上的变动乃至结构上的损伤。如无特别的干前预防和干后回湿预处理以修复构型,易导致不可逆的损伤。

气体　氧对种子呼吸有促进作用,也是脂质氧化和过氧化而导致自身毒害的因素之一。因此,贮藏种子时,应设法尽量降低氧分压。

生物因素　贮藏期间遇有高温高湿环境,真菌及各种微生物、昆虫等都会活跃起来。从而加剧种子温度的提高;加之微生物可产生毒素,往往导致种子加速老化劣变的进程。干燥、低温结合无氧贮藏,对多数正统型种子活力的保持是有利的。

顽拗型种子既忌干燥,又畏低温。贮藏要求是:保持种子水分在临界点之上,但又必须低于萌发临界水分之下;贮藏温度尽可能接近临界点的水平而又保证不发生冷害;保持最低水平的气体交换条件(可采用半密闭状态);结合采用合适浓度的抗菌剂处理。此外,如橡胶类等,还可采用流水贮藏即利用秋冬水温和低水平供氧条件,也可用0.1%~0.25% MH浸种后砂藏,播前用GA或$CuSO_4$处理,可解除抑制,恢复胚的正常生长。

种子种质保存技术　作为种质资源材料进行长期保存,不仅要达到延长寿命保持高水平生活力的目标,且应不发生遗传性的飘移,以保持种质的固有纯度。为此,国际植物遗传资源委员会(IBPGR)推荐种子含水量5%±1%和-18℃密封贮藏适用于正统型种子长期库(20~100年)。按理论推算,用这套方法保存,一般种子寿命可达数百年之久。应用液氮进行超低温(-196℃)贮藏,虽经研究肯定了效果,但迄今未广泛推行于种质保存实践中。

(郑光华)

周家琪(Zhou Jiaqi,1919~1982)

观赏园艺学家、牡丹专家。山东省潍坊人。1944年毕业于金陵大学。中华人民共和国成立后,在山东大学、山东农业大学任教。后调北京林学院任园林系副教授兼花卉教研组主任,兼《园艺学报》编委、北京园林学会理事、中国园林学会园林绿化学术委员会委员。

他是中国第一个以近代科学方法调查研究牡丹生产经验与品种分类的园艺学家。观赏植物二元分类法创始人之一。长期执教,为中国观赏园艺事业培养了一代专门人才。主要论文有:"曹州牡丹调查报告"(合著)、"牡丹、芍药花型分类的探讨"(1962),后者获林业部科技1981年二等奖及《园艺学报》创刊30周年(1992)优秀论文奖。主要著作有:主编教材《花卉学》(1960);合编《北京黄土岗花卉栽培》(1962)、《园林花卉》(1980)、《中国的牡丹》(在日本出版);合译《观赏园艺学》。

(王莲英)

皱叶剪夏罗(scarlet-lightning)

Lychnis chalcedonica,别名皱叶剪秋罗、鲜红剪秋罗。石竹科剪秋罗属多年生草本植物。染色体数2n=24。株高60~90cm,全株被毛,茎不分枝或少分枝。叶对生、全缘,下部叶卵形,上部叶披针形,抱茎,叶背及边缘具粗毛。花10~15朵簇生于茎顶,砖红或鲜红色,花瓣5,倒心形,先端2裂,花喉部具10个小鳞片,花径约2.5cm,花期6~9月。变种有玫瑰红色变种(var. *rosa*)、粉红变种(var. *salmonea*)、白花变种(var. *alba*)。原产俄罗斯西伯利亚及小亚细亚。生长强健,耐寒。喜凉爽、湿润、光照充足的环境及排水良好的砂壤土,稍耐阴,耐石灰质及砾石土壤。

以分株繁殖为主,一般1~2年分株一次,春、秋均可进行。肉质根可用于扦插。也可春播或秋播。秋播,翌年4月定植露地,5月下旬开花。春播,5月上旬定植,夏季开花。6~8片真叶时间苗,7~8片真叶时摘心,使株形丰满,花枝增多。需及时施肥。可布置花坛、花境、岩石园,也可作切花或盆栽观赏。

同属植物约50种,中国有16种,常见栽培的有:

大花剪夏罗(*L. coelirosa*),别名欧洲剪秋罗,一年生草本植物,株高30～80cm,茎细长、直立。叶狭披针形,排列稀疏。花单生茎顶、粉色,花径约2.5cm,花期5～7月。原产地中海沿岸。毛缕(*L. coronaria*),别名毛叶剪秋罗、粉红剪秋罗。宿根。染色体数2n=24。株高30～70cm。花单生,花梗长,花瓣倒卵形,鲜红色或粉红色,花径约2.5cm,花期5～6月。原产欧洲南部。剪夏罗(*L. coronata*),别名碎剪罗、剪红罗、剪春罗。宿根。株高40～90cm,茎直立,叶交互对生。聚伞花序顶生或腋生,着花1～5朵,橙红色,花径约5cm,花期华北地区5～6月,华中地区6～7月。原产中国东部及日本。剪秋罗(*L. senno*),古名红梅草。宿根。株高约60cm。顶生聚伞花序,着花1～7朵,花深红色,花径4～6cm,花期7～8月。原产中国与日本。

(张　燕)

皱叶紫苏(perilla) *Perilla frutescens* cv. Crispa,唇形科紫苏属一年生草本植物。染色体数2n=48。株高30～60cm,全株被长柔毛。叶对生,紫红或红铜色,宽卵至卵圆形,叶渐尖,叶缘呈条状深锯齿,起皱,叶脉纹理明显,脉间上凸。轮伞花序顶生或侧生。每花一苞。萼钟状。花冠粉红、紫红至白色,长约0.6cm,上唇微缺,下唇3裂。花期秋季。分布于印度至东亚。不耐寒,喜向阳或半向阳环境,荫蔽则褪色。春季播种繁殖,栽培容易。用于花坛、花境或香料园。

(郑　恭)

朱顶红(amaryllis; barackslily) *Hippeastrum vittatum* (*Amaryllis vittata*),别名柱顶红、华胄兰、孤挺花、百子莲。石蒜科孤挺花属多年生具鳞茎的草本植物。鳞茎肥大近球形,径5～7.5cm,外皮黄褐色或淡绿色,因花色而异。叶两侧对生,宽带形,先端稍尖,6～8枚,花后伸长。总花梗中空,高出叶片,被有白粉,着花1～4朵;花形似喇叭,花期由冬末至春天,有时可延至初夏。蒴果球形,果熟期秋季。现代栽培品种主要为杂交大花种,花色有白、淡红、玫红、橙红、大红或具各种条纹,大花品种花径达22cm以上。

原产南美巴西。1920年美国育出了珍贵的纯白色品种。荷兰和日本也在育种工作中取得很大成绩。朱顶红的园艺品种较多。另有原产秘鲁安底斯山地的朱顶红花,1769年传入欧洲;原产南非好望角的孤挺花,于1633年传入欧洲。现中国南北各地均有栽培。生长期喜温暖湿润,生长适温为18～25℃,需肥料充足,阳光不宜过于强烈,怕涝,忌酷热,需置荫棚下。冬季休眠期要求冷凉干燥环境,以10～12℃为宜,不可低于5℃。宜排水良好富含有机质的砂壤土。

用播种、分球、切割鳞茎、组织培养等方法繁殖。朱顶红易结实,花期可行人工授粉,2个月后种子成熟,每一蒴果约有种子100粒左右。采后即播,发芽率高。播后置半阴处,并保持湿润及15～18℃的温度,半个月即可发芽。如温度达18～20℃,经10天发芽。种子繁殖需3～4年开花。分球繁殖于3～4月份进行,将母球周围的小球取下栽植,栽种时应将小鳞茎顶部露出土面。云南地区全年在露地栽培。华东一带需覆盖防寒露地过冬。而华北地区需入温室过冬,于10月下旬挖出鳞茎,直接上盆或干燥贮藏,翌年4月上盆或栽于露地。分球法繁殖需经2年方可开花。分割鳞茎法可获得大量子球。一般于7～8月份进行。将母球纵切成块,用利刀切分鳞片,外层以2片为一个插穗,内层以3片为1个插穗,均需带有部分茎盘。直径6cm以上的鳞茎,可分成20个以上的插穗。斜向插入泥炭与砂混合的床土中,加少许草木灰使呈碱性(pH值8)。保持27～30℃的高温及适当的湿度,约1个半月,鳞片间可产生1～2个小鳞茎,下部生根。再经2～3年即可培育成开花的鳞茎。

春季地栽鳞茎时,应使叶片呈东西向伸展,叶面受光均匀。栽植深度以露出鳞茎顶部为宜。5～6月份即可开花。暖地每2～3年重栽一次,冷地5月进行换盆。花期应充分灌水,花后追肥;炎夏季节置半阴处。8月后生长逐渐停止,供水量应渐减至停止。冬季保持干燥,温度应保持在10～12℃,使充分休眠。

11月花芽形成后,12月将健壮鳞茎上盆,室温逐步提高至20～25℃,并保持湿润环境,2月下旬至3月下旬即可开花。花后逐步减少浇水,或将鳞茎脱盆,置室内北面架下,迫使其休眠,至12月份上盆,入低温室栽培,可延至5月份开花。

病害有赤斑病(*Stagonospora curtisii*),为害叶、花、花葶及鳞茎,发生圆形或纺锤形赤褐色病斑,尤以秋季为重。应摘除病叶;栽球前用0.5%福尔马林溶液浸2小时,春季喷波尔多液预防。虫害有红蜘蛛。喷90%杀虫醚粉剂1000倍液即可。

朱顶红花大色美,花形亦佳,除暖地可地栽布置花坛、花境外,一般用于盆栽赏花及切花。

同属主要种有:孤挺花(*H. paniceum*),株高30～

60cm，叶带形，花葶长于叶片，实心。伞形花序着花6～12朵，漏斗形，花色淡红带深红色斑纹，具芳香，花期初秋。原产南非好望角。网纹孤挺花（*H. reticulatum*），鳞茎中等大小，叶片与花葶同时抽生。花色鲜紫红，花期9～12月份。原产巴西南部。王孤挺花（*H. reginae*），又称短筒孤挺花。株高30～50cm，鳞状茎大型，花色鲜红，花期冬春。原产墨西哥、西印度群岛至南美。有重瓣品种。

（朱秀珍）

朱蕉（tree of kings） *Cordyline fruticosa*（*C. terminalis*），别名千年木、红铁树、红竹。龙舌兰科朱蕉属常绿灌木或小乔木。染色体数2n＝38。中国已有2000年以上栽培历史。高达3m。茎直立，少有分枝。叶聚生茎端，剑形或阔披针形至长椭圆形，长30～50cm，绿色或带紫红色；叶柄腹面具深沟，基部抱茎。圆锥花序生于上部叶腋，长30～60cm；花淡红色至紫色，罕黄色；花被片条形，长1～1.3cm，下部相互靠合成花被管。浆果球形，红色。栽培变种很多，主要有：'亮叶'朱蕉（cv. Aichiaka），叶绿色，有红色条斑；'锦朱蕉'（cv. Amabilis），叶亮绿色或铜绿色，带白色或边缘白色并有桃红色条斑；'夏威夷'小朱蕉（cv. Baby Ti），形小，叶窄狭，向下弯曲，铜绿色带红色，边缘红色，有光泽；'斜纹双色'朱蕉（cv. Baptistii），叶宽，反曲，深绿色，有淡红色及黄色条斑；'娃娃'朱焦（cv. Dolly），矮小，丛生，叶椭圆形，向外弯曲，深红色至暗紫色，边缘红色；'黄纹绿叶'朱蕉（cv. Hakuba），叶绿色，有黄色条斑；'彩红'朱蕉（cv. Nishikiba），叶绿色，杂有红色及乳黄色条斑；'夏威夷'朱蕉（cv. Ti），小乔木，高达4m，叶长椭圆形，绿色；'三色'朱蕉（cv. Tricolour），叶鲜绿色，有乳黄色、草绿色条斑，边缘具红色及粉红色斑块。

产中国南方热带地区，印度东部向东直至太平洋热带岛屿也有。喜光，但忌烈日。喜高温多湿气候，低于10℃易遭冻害。宜肥沃、湿润而排水良好的土壤，忌碱土和怕涝。

主要用扦插和埋茎法繁殖，茎插和芽插。也可用播种和高空压条繁殖。朱蕉栽培要达到叶秀色艳，每天需有4小时以上的直射光或充足的漫射光，但阳光过强会灼伤叶片（尤其对彩叶变种），要注意调节。生长期适温夜间为16～20℃，白天为25～30℃。生长期要勤浇水，保持土壤湿润，室内盆栽宜喷雾或经常洒水，每半月施一次液肥。冬天控制肥水，使其保持休眠状态。病虫害有介壳虫及红蜘蛛等。

朱蕉为优良的观叶植物，南方暖地常用于布置花坛、植物群丛的色彩搭配及背景栽植，也适合在草坪上、路缘以及庭园角隅处种植。北方宜温室盆栽，供室内装饰。叶子也是插花、花饰的良好材料。

同属中栽培的还有：香朱蕉（*C. australis*），高达12m，单干，叶铜绿色，花白色，有香气，并有紫叶、斑叶等变种，产新西兰。斑克氏朱蕉（*C. banksii*），高达3m，多丛生，有时分枝，叶带状，具浅黄色中肋，产新西兰。绿玉蕉（*C. indivisa*），高达8m，单干，茎细柔，叶窄长，黄绿色，具橙色中肋，并有紫叶变种，产新西兰。剑叶朱蕉（*C. stricta*），乔木状，高4m，茎细，常分枝，叶剑形，长30～60cm，嫩时带红色，缘具不明显齿牙，产澳大利亚。

（王 缺）

朱缨花（red powderpuff） *Calliandra heamatocephala*，别名红合欢、美洲合欢。含羞草科朱缨花属落叶小乔木或灌木。

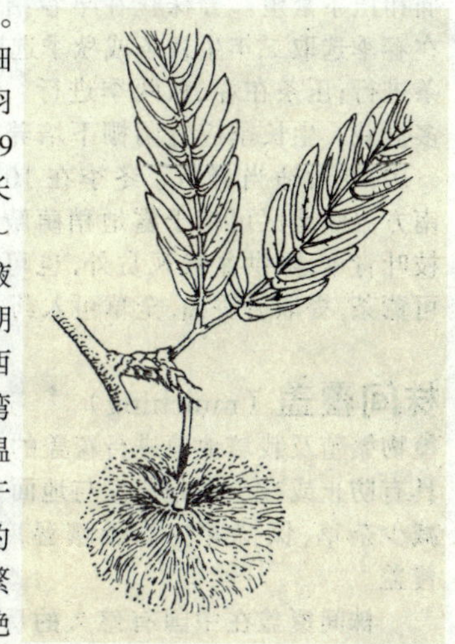

小枝灰褐色，皮孔细密；2回羽状复叶，羽片一对，小叶6～9对，卵状披针形或长圆状披针形，长1.2～3.5cm；头状花序腋生，花丝深红色，花期8～9月；原产毛里西亚岛，中国广东、台湾有栽培。喜光，喜温暖湿润气候，适生于深厚肥沃排水良好的酸性土壤。用种子繁殖。朱缨花花色艳

丽，是优良的观花树种，适宜在园林绿地中栽植。同属中常见栽培的种有苏里南朱缨花（*C. surinamensis*），常绿小乔木或灌木，2回羽状复叶，羽片一对，小叶5～10对，长圆形，长0.8～2cm；头状花序腋生，花丝淡红色，花期8～12月。原产非洲，中国海南、广东、云南、台湾等地有栽培。

（陈耀华）

珠兰（chu-lan tree） *Chloranthus spicatus*，别名金粟兰、鱼子兰、茶兰。金粟兰科金粟兰属多年生常绿草本植物或亚灌木。株高约60cm，茎直立或稍披散

状，老株基部稍木质化，茎节明显。叶对生，椭圆形，表面浓绿有光泽，边缘有钝锯齿。穗状花序顶生，花小，黄绿色，两性，无花被，具浓郁香气，花期 8～10 月。核果球形、绿色。产亚洲热带及亚热带，中国南部有分布，各地普遍栽培。喜温暖、湿润、通风和荫蔽环境，忌烈日直射，要求疏松、肥沃及排水良好的砂质壤土。分株、扦插和压条繁殖。分株宜在早春结合翻盆进行；扦插可在春季选取二年生枝条或秋季选取当年生长充实的枝条进行；压条在春、秋两季进行。中国中部、北部地区多盆栽。生长季应置荫棚下培养，每月追施稀薄肥水一次，花后适当修剪。冬季在 10℃ 以上的温室越冬，南方温暖地区可植于露地稍荫蔽处。球兰花香似兰，枝叶青翠，除供盆栽观赏外，也可植于石旁、林下。花可薰茶，提取芳香油，全草可入药。（费砚良）

株间覆盖（mulching） 选用适当材料对观赏植物繁殖及栽培地面进行覆盖的技术措施。株间覆盖具有防止或减少水分蒸发与地面径流、调节土壤湿度、减少杂草、保持并提高土壤温度等功效。又称地面覆盖。

株间覆盖在中国有悠久的历史。在 2000 多年前的西汉时期《氾胜之书》中就有"曳柴壅麦根"的记述。《齐民要术》、《临安志》、《务本新书》、《植物名实图考长编》等书中，均有应用覆盖的记载。但当时的覆盖技术，主要用于农田和蔬菜地，覆盖材料也仅限于稻草等。1838 年法国人莱诺发明了聚氯乙烯，1928 年在美国投入工业化生产。20 世纪 50 年代初期在美国夏威夷将塑料薄膜用于地面覆盖，其后在全球迅速发展。中国在 60 年代开始进行地面覆盖技术的试验研究，在农作物、蔬菜、果树及观赏植物栽培中广泛应用。1983 年全国应用覆盖技术的栽培面积达6 286 000hm^2。

可用于地面覆盖的材料很多，最常用的是塑料薄膜。但在观赏树木育苗及栽培过程中，常就地取材，如水草、谷草、豆秸、树叶、树皮、锯屑、马粪、泥炭等等。利用有机物作覆盖材料还可提高土壤有机质。甘肃一带利用卵石、砂砾覆盖地面进行瓜类作物栽培，也是一种地面覆盖。在观赏园艺中，常利用草坪、地被植物进行地面覆盖；这是一种活植物有生命的覆盖，既美观，又减少杂草，还具有改良土壤条件的功用。

在进行地膜覆盖时，必须做到土壤深耕细耙，耕层深度 15～29cm，最好秋耕、冬灌、早春耙压，施足底肥，将有机肥施入 15～20cm 深土层；做成高畦，覆盖后增温显著，畦间灌溉方便，不污染地膜；整地后立即盖膜，要求紧、平、严三点；种植时在膜上打孔。普通地面覆盖一般在苗床、树间覆盖 3～6cm 厚的有机覆盖材料。

传统覆盖材料在观赏植物生产及管理中已广泛应用，地膜覆盖也已在菊花、雏菊、三色堇、石竹等花卉上做过试验，证明地膜覆盖能明显增加植物生长量，提高生长势。

（过元炯）

猪笼草（pitcher plant） *Nepenthes mirabilis*，别名猪仔笼。猪笼草科猪笼草属多年生食虫草本植物。株高约 1.5m。叶互生、革质，中脉延长为卷须，长 2～16cm，顶端为食虫囊，淡绿至红绿色，中空圆筒形，长 15～18cm；囊外部一面有 2 翅状物，囊内有厚边和一锈红色活动盖；翅状物狭，起皱缩，肋状。花单性，雌雄异株。总状花序长 30cm，无瓣片，萼片红褐色。蒴果。分布于中国华南，菲律宾，马来西亚半岛至大洋洲北部。喜温热，要求温度不低于 24℃。阳光强烈时需遮荫。需高湿或多雾环境。栽培介质由多纤维泥炭，水苔和砂混成。扦插或播种法繁殖。

温室盆栽作新奇观赏植物，用于参观及植物教学。

（王大钧）

竹叶菊（boltonia） *Boltonia asteroides*，菊科竹叶菊属多年生草本植物。染色体数 2n＝18。株高达 180cm，上部分枝。叶互生、无柄，条形至倒披针形。头状花序在枝条上部聚成圆锥花序。舌状花白、堇至带紫色，星状平展，花期 8、9 月份。园林常用者为矮生桃红花品种（cv. Nana），高约 50cm。原产美国东部。耐寒，不择土壤，耐湿，但不耐水涝。繁殖可在春或秋季分株，也可播种。用于花境。

（王大钧）

专类园（specialized garden） 在一定范围内种植同一类观赏植物供游赏、科学研究或科学普及的园地。有些植物变种品种繁多并有特殊的观赏性或生态习性，宜于集中一园专门展示。其观赏期、栽培条件、技术要求比较接近，管理方便，游人乐于在一处饱览其精华。这种布景方式中国早有记载,如梅园、牡丹圃、菊圃等至今不衰。近代更有较多的专类园出现在国内外公共园林中。用草本植物为主的如鸢尾园、报春花园、矮牵牛园、大丽菊园、玉簪园、郁金香园、兰圃、仙人掌类及多浆植物园、球根花卉园等。用木本植物建专类园的有丁香园、梅园、桂花园、蔷薇园、杜鹃花园、木兰园、柑橘园、松柏园、竹园、茶花园、棕榈园等。在设有植物园的城市,其中可以见到许多专属搜集区,集中栽植这一属的各种植物,突出这一属的观赏特性,也含有专类园的性质和作用。还有按植物生态习性相近的集中种植,如沼泽植物园、旱生植物园、高山植物园、热带亚热带植物园等。在那里不仅可以见到各种生态要求相同的植物,还能体会那种特殊景观,供景观设计的参考,也属专类园。建立专类园可供人们欣赏某一类植物群体美的效果,从中吸取"多样统一"的艺术效果,为园林设计获得创作的启示。

建造专类园重在多方搜集,野生、栽培,国内、国外,原种、变种、品种等广泛求索。有了丰富的原始材料,先进行引种驯化栽培试验,在当地可以成活的才能集中一园展出。所以,一个专类园的建成,是一国一地植物资源、科学技术、栽培经验、园林艺术的集中表现。游人可以在有限的专类园空间观赏到无限空间大自然的美,从而获得丰富的植物学知识。

专类园的设计有规整式和自然式两种。品种丰富的月季、蔷薇和玫瑰,常集中建成一座展览蔷薇属的专类园,大多用规整式,各个品种分块种植,花期一致,高矮相同,便于管理。鸢尾类植物有高、中、矮及水生四大类,花期也各不相同,可以按高矮分块种植;郁金香园的传统布置都是按花色分块种植,同一品种同时开花,高矮均齐,成一严整的色块,装饰性很强。用自然式布置的专类园,如杜鹃花、竹类、仙人掌类及多浆植物等适于用曲折的道路,配以假山石、溪流、沙滩、山谷等变化,点缀其中十分自然。各种植物必需挂以名牌,画好定植图,编号存档。给以准确的植物名称是专类园科学管理的重要环节。 (余树勋)

塚本洋太郎 (Yotaro Tsukamoto, 1912～) 日本园艺学家,日本花卉园艺重要奠基人和开拓者之一。1912 年生于大韩民国大邱。日本京都帝国大学农学部农学科毕业,农学博士。1945 年及 1949 年先后任大阪农业专门学校及大阪府立大学农学部教授。1952 年至 1975 年先后任京都大学农学部蔬菜花卉园艺学研究室教授,现为京都大学名誉教授。他是日本学术会议第 10 期会员、国际园艺学会委员,多次出席国际园艺大会和赴海外考察花卉园艺;1945 年创立日本花卉园艺协会,任《新花卉》杂志总编、国际《科学园艺》(*Scientia Horticulturae*)编委。他著述甚丰,重要的有:《园艺植物图鉴》(园芸植物图鉴,1967,保育社)、《园艺时代》(园芸の时代,1978,NHK 出版)、《我的花卉美术馆》(私の花美馆,1985,朝日新闻社)、《花卉总论》(1987,养賢堂)、《温室植物图鉴》(1987,保育社)、《园艺植物大事典》(园芸植物大事典,监修,1990,小学館),以及其他著作和多篇论文,涉及花卉园艺各方面。在研究世界各国园艺发展历史的同时,与日本传统园艺学作比较研究,提出"在江户时代后半期(18 世纪中叶)形成了日本独特的园艺"的观点。他曾获日本园艺学会奖、日本农学会奖及其他奖励。

(吴涤新)

子孙球 (red-crown) *Rebutia minuscula*,别名宝山。仙人掌科子孙球属多浆植物。植株小,球形至圆筒状,基部易出仔球而丛生。绿色,具棱 16～20,螺旋状排列。刺 25～30,白色或灰黄色,长 0.2～0.3cm。花小,红色,自花授粉。浆果黄红色。种子黑色。原产阿根廷北部安第斯山东坡,海拔约 2000m 左右,生长在草丛中,夏季有杂草遮荫。喜阳光充足,但也耐半阴。可播种繁殖,种子易得,且容易发芽。对生长很密的株丛也可进行分株或扦插。盆栽宜用小浅盆。培养土可用等份的草炭、腐叶土、粗砂混合,另加少量石灰质材料配成。夏季高温时节易罹红蜘蛛,栽培场所应注意通风。盛夏期适当遮荫。自根苗生长好,可不进行嫁接。球体小巧秀美,开花多,在室内散射光条件下生长良好,为理想的家庭小型盆栽品种。点缀窗台、书桌、几案十分雅致。

同属植物约 27 种,见于栽培的还有:翁宝球(*R. senilis*),植株扁球形,直径 7cm;刺 35～40,刺毛状,灰白色;花鲜红色。熏宝球(*R. xanthocarpa*),植株球形,直径 5cm;与翁宝球相似,区别之处在于本种白色刺较短且红花较小。锦宝球(*R. chrysacantha*),植株近圆筒形,直径 2cm;刺 25～30,刺毛状,白色后变黄;花橙黄色。伟宝球(*R. grandiflora*),球形至扁球形,直径 7cm;辐射刺 25,短刺毛状,白至黄色,中刺 4;花鲜红至砖红色。

(徐民生)

梓树 (Chinese catalpa) *Catalpa ovata*,紫葳科梓树属落叶乔木。染色体数 2n = 40。高达 15m。树皮灰褐色至灰棕色,叶对生或 3 叶轮生,广卵形至近圆形,径 10～25cm,先端常 3～5 浅裂。脉腋有紫黑色斑。圆锥花序顶生,长约 15cm;花冠淡黄色,内有黄色

条纹及紫色斑点，花径约2cm；花期5～6月。蒴果细长条形，果期9～10月。产中国长江流域及以北地区，北起辽宁，南至贵州、云南；日本也有。喜光，略耐半阴；喜温暖湿润气候，也颇耐寒、耐旱；喜深厚、肥沃的土壤，轻盐碱土也能生长。对氟化氢、二氧化硫、氯气及烟尘的抗性均强。主要用播种繁殖，也可分株及扦插。苗期及幼树易遭蛀干虫为害。树冠宽大，生长较快，可作庭荫树和行道树；也适宜在农村栽植。

同属中常见的还有楸树（*C. bungei*），叶三角状卵形至宽卵状椭圆形，总状花序伞房状，花冠白色，内有紫色斑点，产中国长江流域及河南、河北、山西、陕西等地。美国梓树（*C. bignonioides*），叶广卵形，长10～20cm，花冠白色，内具2黄色条纹和紫褐色斑点，产北美，中国辽宁南部、北京、山东半岛有栽培。此外，还有滇楸（*C. duclouxii*）、灰楸（*C. fargesii*）、黄金树（*C. spesiosa*）等。 （董保华）

紫背万年青（oyster plant） *Rhoeo spathacea*，鸭跖草科紫背万年青属常绿多年生草本植物。染色体数2n=2x=12。株高20～37.5cm。茎短。叶莲座状，密生于茎顶，剑状，重叠，叶表面青绿光亮，背面深紫，长15～25cm，宽3～4cm。花腋生，呈密集伞形花序，花被6片，白色，生于两片河蚌状的紫色大苞片内。花期8～10月。变种有绿叶紫背万年青（var. *viridis*），叶片绿色。斑叶紫背万年青（var. *vittata*），叶背紫色，叶面黄绿色，具浅黄色条纹。原产墨西哥和西印度群岛，喜温暖湿润气候。生长适温白天约20℃，夜晚不低于10℃，喜阳光充足，但不宜曝晒。宜肥沃而保水力强的土壤。播种、扦插或分株繁殖。紫背万年青为优良的室内观叶植物，株态独特，四季长青，叶表叶背色彩各异。更有斑叶变种。叶色黄绿相间，紫色苞片含抱白色花朵，极为醒目。 （王月新）

紫鹅绒（purple velvet plant） *Gynura aurantiaca*，菊科三七草属宿根草本或半灌木。全株被紫红色绒毛，高50～100cm，直立、多汁。叶对生，卵圆形，长6～20cm，先端尖，边缘呈不规则锯齿状，两面有细而短的茸毛，叶面红堇色或蓝紫色，有光彩，下部叶有长柄。头状花序稀疏，径约2cm，黄色或橙黄色。花期秋季。原产爪哇。喜温暖向阳，忌干燥，不耐寒。要求富含腐殖质的疏松土壤。全年都可进行扦插繁殖，在18～22℃的条件下14天即可生根。幼龄苗有美丽的叶片，紫中透绿，可供盆栽观赏。若每两个月扦插一次，可保持全年观赏其最佳叶片。 （吴应祥）

紫凤梨（pink quill） *Tillandsia cyanea*，别名铁兰、紫花凤梨。凤梨科紫凤梨属多年生草本植物。株高约30cm。莲座状叶丛，叶20～30片，长30cm，宽1.5cm，中部下凹，先斜出后横生，弓状生长。淡绿色至绿色，基部酱褐色，叶背绿褐色。花梗粗，斜出，总苞呈扇状，粉红色，春、夏（广州）自下而上开紫红色花，约20余朵，花瓣3枚，花径约3cm。苞片观赏期可达4个月。产于厄瓜多尔、危地马拉。

同属植物约400余种，栽培的有银叶紫凤梨（*T. caputmedusae*），株高10～40cm，叶簇生，满布银白毛茸。花小，淡紫色。歧花紫凤梨（*T. flabellata*），株型中大，叶绿色至灰绿色，质薄但坚挺，叶背有灰粉。总苞橙红色叠生成扁棒状，小花深紫色。产墨西哥、危地马拉。发丝紫凤梨（*T. usneoides*），别名松萝凤梨，老翁须等。附生，茎密，线状，纤细，扭曲，下垂。花小，鲜黄绿色，花径0.6～0.7cm，花期夏季。分枝繁殖。产于美国东南部及阿根廷、智利。 （张应麟）

紫花香花芥（dames-violet；dames-rocket） *Hesperis matronalis*，别名紫花南芥。十字花科香花芥属多年生草本植物。染色体数2n=24，28。株高30～90cm，茎粗糙，多分枝。叶披针形至披针状卵形，先端锐尖。总状花序顶生，花径1.2cm，具浓香；花紫色至淡紫色，花期5月至6月份。蒴果细长。具各色园艺品种。原产欧洲、亚洲，分布广泛。极耐寒，喜全光，稍耐阴，适合湿润、排水良好的中性到碱性土壤，耐瘠薄。用播种、分株和扦插法繁殖。可做花坛、切花材料，也是良好的蜜源植物。

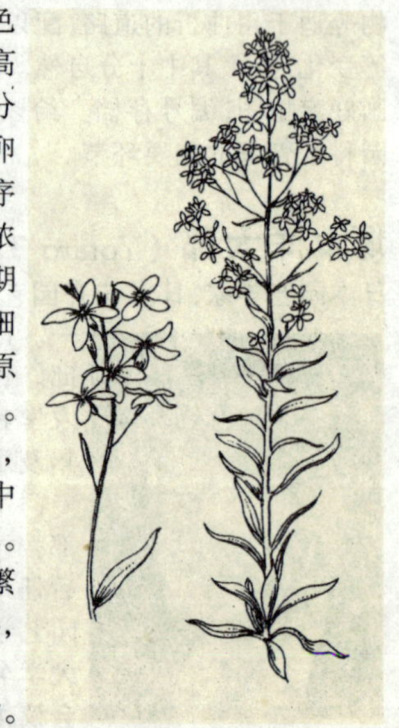

同属植物约30种。

常见的有雾灵香花芥(*H. oreophila*),茎直立,单一,坚硬,总状花序,花瓣倒卵形,长1.5～2cm,具长爪,花期6～7月,长角果。中国华北、东北有分布。

(刘 春)

紫金牛(Japanese ardisia) *Ardisia japonica*,别名平地木。紫金牛科紫金牛属常绿小灌木。染色体数2n=46,96。高达30cm。地上茎直立,不分枝,紫红色;叶对生或轮生,集生枝顶,椭圆形,长3～7cm,缘有细齿,背绿色或紫红色;花两性,多2～6朵组成总状花序,着生于近茎端叶腋,花冠白色,径0.6～1.2cm,花期5～9月。核果浆果状,球形,鲜红色,经久不落,果期10～12月。产中国秦岭及淮河以南各地,朝鲜半岛、日本也有分布。耐阴,忌阳光直晒;喜温暖、湿润气候;适生富含腐殖质、湿润而排水良好的酸性土壤。播种繁殖,也可采用嫁接及分株繁殖。本种为观叶、观果植物,树形矮小端庄,常盆栽供室内点缀;也适于在庭前、角隅、假山旁、小溪边以及绿荫深处种植,可片植、丛植,也可做地被物覆盖地面。同属中见于栽培的有:朱砂根(*A. crenata*),常绿灌木,高1～2m;叶互生,狭椭圆形或椭圆形,长8～15cm;花序伞形或聚伞状,花冠白色或淡红色;果实紫红色。栽培品种'黄果'紫金牛(cv. Xanthocarpa),果黄色;'白果'紫金牛(cv. Leu cocarpa),果白色。产中国长江流域以南各地,南亚各国及朝鲜半岛、日本也有。百两金(*A. crispa*),半常绿灌木或半灌木。高达1.5m;叶互生,狭椭圆形,长8～18cm;花序近伞形,花冠绿白色;果实红色。产中国长江流域及以南各地,日本也有。

(朱国芳)

紫茎(Chinese stewartia) *Stewartia sinensis*,别名旃檀、红木。山茶科紫茎属落叶小乔木。染色体数2n=2x=30。高达10m。树皮灰色,薄片状剥落后呈金黄色。叶椭圆形,边缘疏生锯齿。花白色,单生叶腋,径约6cm,芳香,花期8～9月。蒴果木质,近球形,顶端微尖,翌年成熟。产中国江西、湖北、四川、安徽、江苏、浙江。喜湿润、多雾而凉爽的山地气候,适生腐殖质丰富的酸性黄壤。萌芽力强。播种繁殖。紫茎树皮剥落后露出棕黄光洁的内皮,斑驳奇丽,花时白瓣黄蕊,淡雅秀丽,为优良园林观赏树种,宜配植于厅堂之前或草坪一角。

近似种天目紫茎(*S. gemmata*),叶膜质,背面有疏毛;花瓣倒卵形,有绢状毛密生;果卵形,被有黄毛。产中国浙江、安徽、江苏、湖南,多生于海拔960～1500m的山林。

(贺贤育)

紫荆(Chinese redbud) *Cercis chinensis*,别名满条红。苏木科紫荆属落叶灌木或小乔木。染色体数2n=2x=14。高可达15m,胸径50cm,在园林绿地中多呈高3～10m的灌木状。枝干光滑、灰色,老干粗糙,树冠开展,呈杯形或不规则的球形,冠幅3～5m;叶互生,心形或近圆形,长约6～14cm,全缘;花紫红色,多着生于1年生枝基部和2年生以上的老枝,4～10朵簇生或为短总状花序,先叶或与叶同时开放,花期4月;荚果扁平,长5～14cm,9～10月成熟时由紫褐色变为褐色,可宿存至翌年春季。栽培品种有'白花'紫荆(cv. Alba),花冠白色,花萼绿色。主要分布在中国华北南部、华东、华中、西南及西北东南部,东北南部有栽培。喜光,稍耐寒;喜肥沃排水良好的土壤,能在pH值8的碱土生长,

怕涝；萌蘖性强，耐修剪；对氯气有一定的抗性。播种繁殖，当年苗高可达 50cm 左右，一般 3 年生即可开花。也可用分株、压条等法繁殖，且可提早开花。少有病害，但生长期常有刺蛾、大蓑蛾和金龟子等为害叶片。

紫荆树姿优美，叶形秀丽，枝干着花繁密，且花色鲜艳，是优良的观花树种。适宜在各类园林绿地的草坪、路缘、角隅等处栽植，也可与常绿树丛或山石等共同组成景观。

同属植物约 11 种，中国产 7 种，常见栽培观赏的有：垂丝紫荆（*C. racemosa*），落叶乔木，高 12m。叶阔卵形，先端急尖或骤尖，叶基截形或心形；花先于叶或与叶同放，总状花序下垂，花瓣玫瑰红色，旗瓣具深红色斑点。花期 3～4 月，9～10 月果熟。分布于中国湖北、四川、云南、贵州。云南紫荆（*C. yunnanensis*），落叶乔木，高可达 17m，叶圆心形，长 10～15cm；花紫红色，8～24 朵聚生，花期 2 月；荚果长达 12cm，腹缝具窄翅。产中国云南、贵州、四川、陕西。喜光，耐旱；萌芽力强，耐修剪。可用作行道树。岭南紫荆（*C. chuniana*），落叶乔木，小枝皮孔密而显著。叶菱状卵形，先端渐尖，基部近心形；花白色。产中国广西、广东、湖南、福建等地。巨紫荆（*C. gigantea*），落叶乔木，高15～20m，胸径可达 84cm。小枝灰黑色；叶近圆形至卵圆形，先端短尖，基部心形；花于 4 月先叶开放，淡红或淡紫红色，7～14 朵簇生；荚果紫红色，10 月果熟。产中国浙江、安徽、湖北、湖南、贵州、广东等地。

（陈耀华）

紫罗兰（common stock；gilli-flower）

Matthiola incana，别名草紫罗兰、草桂花。十字花科紫罗兰属多年生草本植物，常作一二年生栽培。染色体数 2n＝2x＝14。紫罗兰的栽培历史久远，古希腊时已作为草药栽培。1542 年已有红、紫、白三种花色，1568 年首次出现重瓣品种的记载，1900 年以前已经选育出重瓣率达 50％以上的重瓣系品种。20 世纪以后，从细胞遗传学上对紫罗兰进行了研究，解释了产生重瓣系的细胞学依据。并作了极有成效的品种改良工作。

形态特征　株高 20～60cm，全株被灰色星状柔毛。茎直立，基部稍木质化。叶互生，长圆形至倒披针形，全缘，灰绿色。顶生总状花序，具芳香；萼片 4，两侧萼片基部垂囊状；花瓣 4，倒卵形，十字状着生，花径约 3cm。花期春季，长角果圆柱形，种子具白色膜质翅，千粒重约 1.7g，发芽率约 50％，种子寿命 4 年。

变种、类型、品种　园艺变种有：①夏紫罗兰，又名香紫罗兰（var. *annua*）。一年生，茎叶小型，早花性，生长期 100～150 天，香气浓，多用于切花。春播，6～8 月份开花。冬季温室栽培，圣诞节可开花。②秋紫罗兰（var. *autumnalis*）。早春播种，秋天开花。秋天播种，温室栽培，可由冬至春开花不断。③冬紫罗兰（var. *hiberna*）。冬花性，高 50～60cm，秋播，花期由冬至夏。在中国南方可以露地栽培，植株较大。

紫罗兰园艺品种极多，按株高可分高、中、矮三类；按花型分单瓣和重瓣类型；按花期有春、秋、冬三类。紫罗兰还是重要的切花。主要有四大品种系统：①不分枝系。植株不分枝，适合温室切花栽培，花色丰富，多为重瓣系品种。②分枝系。适于暖地露地切花栽培，易生侧枝，管理费工。③早花系。播种后约 70 天开花，适于室内切花栽培。④重瓣系。播种后可得 54％～56％的重瓣植株。

分布与习性　原产欧洲地中海沿岸，各国园林中常见栽培。喜冷凉、光照充足环境，也稍耐半阴。生长适温：白天 15～18℃，夜间约 10℃。冬季能耐－5℃低温。高温多湿季节易枯萎死亡，或遭病虫为害。要求疏松肥沃、湿润深厚的中性或微酸性壤土。除一年生品种外，均需低温通过春化阶段。如果不经春化阶段，则叶丛生成莲座状，不能开花，所以常作二年生栽培。植株具 8 枚真叶时，在 5～15℃条件下处理 20 天，花芽即可分化。花蕾发育要求长日照条件和 5～8℃低温。

繁殖栽培　秋天播种，发芽适温 16～18℃，4 天左右发芽。在冷床中越冬，翌年春定植露地，5 月 1 日前后开花。供花坛用，需控制灌水，使植株低矮紧密；作切花用应充分灌溉，使植株高大。一年生品种，在夏季凉爽地区四季都可播种，利用冷床、温床和温室，可周年供花。紫罗兰属直根系，不耐移植。应于子叶平展后带土移植，尽量少伤根，尤其不要伤及根颈部，否则容易感染立枯病。室内切花栽培，不分枝系株行距 12cm×12cm；分枝系 18cm×20cm。要立支架防倒。用赤霉素 50mg/L 处理顶芽和短日季节增加光照，可促使提早开花。温室栽培于傍晚剪取切花；露地栽培于清晨采收,以花开40%～50%为采收适期。

育种　重瓣系品种仅有50%左右的重瓣花植株,可采取如下措施提高重瓣植株率:①防止与单瓣系品种间的天然杂交,保持重瓣系品种纯正。②重瓣花植株发芽快、叶大、株高、茎粗、生长发育旺盛、子叶长椭圆形,当具真叶7、8片时,叶缘缺刻多等。可据此进行苗期选择。③贮藏2年以上的种子,单瓣种子多不发芽,出苗植株重瓣率高。应选重瓣系的优良单瓣植株为采种母株,隔离栽植,进行充分授粉,花后90天果实成熟,每株可收种子1000～2000粒。

园林应用　紫罗兰色艳浓香,花期较长,是春季花坛的主要花卉。又是重要的切花,水养持久,可周年供应。矮生多分枝品种,可用于盆栽观赏。

同属植物约50种,主产地中海沿岸。常见栽培的还有:夜香紫罗兰(*M. bicornis*),一年生,多分枝,叶线状披针形,花紫色至堇紫色,夜间开花,散发香气,白天闭合。长角果、顶端二叉状。重瓣品种很多。原产希腊和亚洲西南部。

(秦魁杰)

紫毛蕊花 (purple mullein) *Verbascum phoeniceum*,玄参科毛蕊花属多年生草本植物。染色体数 $2n=2x=32$。株高约1.2m,全株有腺毛。叶基生,卵形或长椭圆偏菱形。总状花序长约70cm,有分枝;花冠辐射状,裂片5枚,径2.5～3.5cm,红色或紫色。有白色及粉色变种。雄蕊密生紫绒毛。花期春、夏季,种子宝塔形。原产中国新疆,南欧、俄罗斯西伯利亚也有。生长健壮,耐寒,喜排水良好的石灰质土壤,忌炎热多雨气候和冷湿粘重土壤。常作2年生栽培,初秋播种,翌年开花。在夏季干燥凉爽地区,则作多年生栽培。紫毛蕊花,花朵密集,组成大型挺直花序,甚为壮观。适宜作花境材料,也可群植于林缘隙地。

紫毛蕊花

同属植物约300种,见于栽培的有:毛蕊花(*V. thapsus*),2年生草本,株高1～1.5m,全株密被浅灰黄色星状毛。每1～7朵小花簇生构成圆柱形密穗状花序,长30cm,花黄色,径约2cm,分布于北半球。适应性强,耐干旱,忌潮湿粘重土壤。黄毛蕊花(*V. thapsiforme*),全株密生黄绒毛,每4朵花簇生成密穗状花序,花黄色,径约5cm,花期5～7月份,原产欧洲。

毛蕊花

(龙雅宜)

紫茉莉 (common four-o'clock) *Mirabilis jalapa*,别名草茉莉、夜饭花、潮来花、夜娇娇。紫茉莉科紫茉莉属多年生草本植物。染色体数 $2n=2x=58$。株高60～100cm。主根肥大块状。茎多分枝、对生,节部膨大。单叶对生、卵形。花漏斗形、芳香,数朵集生枝端;有紫红、粉、白、黄以及具斑点或条纹的嵌合复色品种。瘦果黑褐色、球形,种子千粒重250g,寿命3～5年。原产美洲热带。喜温暖,怕霜冻,宜深厚肥沃土壤。生长快,耐移植。花冠夜开昼合。一般用播种法繁殖,发芽适温15～20℃,7～8天萌发。春播,花期初夏至秋季。也可用块根繁殖,寒冷地区挖出贮藏,翌春定植,暖地可露地越冬。中国大部分地区作一年生栽培,用于林缘、路边、篱旁、建筑物周围丛植点缀,适于绿地花坛栽植。矮化品种可盆栽,还可用其块根特征作树桩状露根式盆景。根、叶均可入药。同属栽培的种有长筒紫茉莉(*M. longiflora*),原产墨西哥,叶心形,花筒长,具浓香。

(黄善武)

紫楠 (purple shearer's phoebe) *Phoebe sheareri*,别名紫金楠、金心楠、金丝楠。樟科楠木属常

绿大乔木。高16～20m,胸径1m。枝叶浓密,树冠伞形,树皮灰褐色,小枝、叶、茎及花密被黄褐色绒毛。叶互生,椭圆状倒卵形至矩圆状倒披针形,长8～18cm,腹面绿色有光,背面粉绿色。叶脉羽状在叶面凹陷,叶背隆起。聚伞圆锥花序腋生,花细小,两性,花期4～5月。浆果肉质卵状,长约1cm,11月果熟时蓝黑色。种子千粒重340～380g。变种有峨眉紫楠(var. *omeiensis*),叶较原种小,果梗向上明显增粗。

产中国长江流域以南和西南地区。江苏南部野生于海拔300m以下,安徽、湖北、湖南、贵州、云南、四川等地分布于海拔500～1200m处,多散生于沟谷溪边土层深厚处的阔叶林或呈小片纯林。耐阴,喜温暖湿润气候,在土层深厚、排水良好、富含腐殖质的微酸性土壤生长健壮,中性土壤和石灰岩山地也能生长,以砂质壤土最适。深根性,生长较慢,萌芽性强,有一定的耐寒性,惟幼苗期易受日灼和冻害。

以播种繁殖为主。种子千粒重340～380g,发芽率80%～90%。苗期应搭棚遮荫。大苗移植应带土球以保成活。

主要虫害有大蓑蛾(*Clania variegata*);樟叶瘤丛螟(*Orthaga achatina*);黄刺蛾(*Cnidocampa flavescens*)。

紫楠树形高大雄伟,主干挺拔,冠大浓荫,四季常青,是极好的园林观赏树。孤植、丛植皆宜,常植于大型建筑物门前庭后,草坪中或边缘,翠影幢幢,尤为壮观。又可与其他常绿乔木樟、栎等混交,使林相、色彩更加丰富。园林中常把紫楠作为基调骨干树种配植,使园景呈现出森林的气氛。它又常作为园林景观的背景树,使主景更为突出。

同属植物常见观赏种有:滇楠(*P. nanmu*),高达30m,叶薄革质,倒卵形,圆锥花序生新枝下部。分布于中国云南南部、四川、贵州、广西、湖南和西藏东南部。山楠(*P. chinensis*),高达20m,小枝圆柱形,黑色,叶厚革质,花序总梗粗壮,果圆球状。浙江楠(*P. chekiangensis*),高达25m,树冠伞形,树皮淡褐黄色,薄片状脱落。叶厚革质,椭圆形。产中国浙江、福建北部,江西东部,生长较速,适应性强。细叶桢楠(*P. hui*),高达25m,树皮暗灰色,平滑,当年生小枝,有纵棱;叶革质,矩圆形,圆锥花序。产于中国长江中游各地。桢楠(*P. zhennan*),高达30m余,树干通直,一年生小枝褐色,二年生小枝黑褐色;叶薄革质,矩圆状,产中国长江流域。台楠(*P. formosana*),树干直,树皮灰褐色,略粗糙,叶薄革质,倒卵形,圆锥花序生枝端,产于中国台湾、安徽。

(李泽维　傅平都)

紫穗槐(amorpha)　*Amorpha fruticosa*,别名紫花槐。蝶形花科紫穗槐属落叶丛生灌木。染色体数 $2n=4x$, $2x=40$, 20。高达4m,奇数羽状复叶、互生,小叶11～25枚。芽叠生。总状花序顶生,花冠蓝紫色,花期5～6月,8～9月常有二次开花现象。荚果小、镰形,密被瘤状油腺点,内有种子1枚,9～10月果实成熟时浅褐色。本属约25种,原产北美,20世纪初引种至

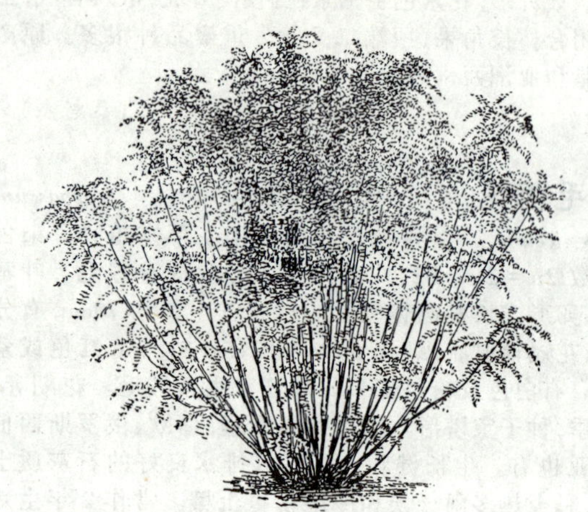

中国上海作庭园观赏树,现各地广为栽培,以东北南部及华北生长最好。喜光,稍耐阴;耐寒、耐干旱和短期水淹;喜砂壤土,耐沙埋,在含盐量0.3%～0.5%和pH值9的盐碱土上可正常生长。根系发达,具共生根瘤菌,速生;耐修剪,萌芽和萌蘖性强,抗二氧化硫等有害气体。繁殖多用播种法,种子千粒重约0.5g,发芽率为80%以上,一年生苗高1m左右,二年生苗便可开花结实。也可用扦插、埋条、分株等法繁殖。可植为绿篱,或成片栽植用于护坡,也可用于防护林或铁路、公路绿化。此外,紫穗槐为蜜源树种,也是很好的绿肥;种子可榨油,枝条可用于编筐、篮等,嫩叶是良好猪饲料。

(陈耀华)

紫檀(burma coast padauk)　*Pterocarpus indicus*,别名青龙木、蔷薇木。蝶形花科紫檀属落叶乔木。高达30～40m,胸径1.5m,树皮灰褐,具板根。奇数羽状复叶,小叶7～9枚、互生,长圆形或长圆状倒卵形,

长 6～11cm；圆锥花序顶生或腋生，花黄色，具芳香，花瓣边缘皱折，花期 4～5 月；荚果近圆形、扁平、基部偏斜，径约 4～6cm，内有种子 1～2 粒，8～9 月成熟时深褐色。原产马来西亚、菲律宾、印度等地，中国广西、广东、云南、福建、台湾有栽培。紫檀为热带雨林树种，喜光，在雨量充沛、干湿季明显的热带和南亚热带生长较好，对土壤要求不严，根系发达，耐旱，耐瘠薄，速生，萌芽力强，抗风力强。用播种或扦插繁殖。容易生根。紫檀枝叶浓密，树冠开展，是用于行道树和园林绿化的优良树种。花为蜜源。材质优，且可入药。

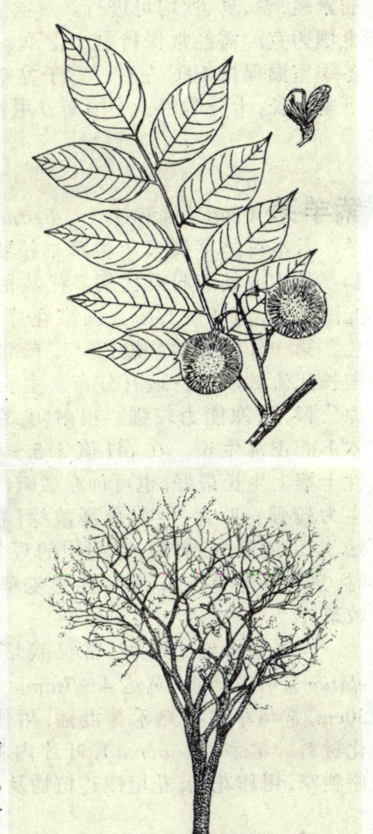

（陈耀华）

紫藤（Chinese wisteria） *Wisteria sinensis*，别名藤萝、朱藤。蝶形花科紫藤属落叶藤木。染色体数 2n＝16，32。中国原产著名的观花藤木，栽培历史悠久，唐代已有栽培的记载。现中国各地可看到生长已有几百年的古老植株，如四川新都县桂湖有一株树龄已有几百年，成了当地一景。上海闵行区紫藤镇和苏州拙政园门前都有明代栽植保存至今的老紫藤。英国丘园早在 1816 年由中国引入栽培。主根长，侧根少。茎蔓延伸发达，呈浅灰褐色。奇数羽状复叶，互生，小叶 7～13，幼时两面有白柔毛，后渐脱落。总状花序生新枝顶端或叶腋，长 20～30cm，下垂，每一花序着生小花 50～100 朵，堇紫色至淡紫色，芳香，花期 4～5 月。荚果长 10～20cm，外有绒毛。野生类型有：南京藤，花色淡蓝紫色，形矮，数寸小株即能开花。红藤，花紫红色，花序短小。其品种有：'一岁'藤，花色有紫、白两种，花序长约 33～34cm；'麝香'藤，花白色，浓香；'野白玉'藤，花初开时紫红色，后变白色，花序长 23～27cm；'本红玉'藤，花大，桃红色；'白花'紫藤（别名银藤），主蔓较细，花白色，香气馥郁；'三尺'藤，花青莲色，花序长达 67cm 左右；'本白玉'藤，花大，色洁白，花序短；'台湾'藤，枝、叶细小，幼龄苗不易开花；'重瓣'紫藤，花重瓣，堇紫色；'丰花'紫藤，开花丰盛，花序长而尖。

紫藤产地广，中国山东、河南、河北、山西、陕西、浙江、江苏、安徽、湖北、湖南、四川、贵州、甘肃、辽宁、内蒙古等地山林中均有野生。现广泛栽培于庭园中。喜阳略耐阴，较耐寒，性强健，北方露地栽植，喜湿润肥沃排水良好土壤，也有一定耐瘠薄和水湿能力，对土壤酸碱度适应性也强，速生，寿命长。对多种有害气体如二氧化硫、氯气、氯化氢具有抗性。播种、扦插、压条、嫁接、分蘖繁殖均可。优良品种用嫁接繁殖，用原种为砧。紫藤具直根性，移植时最好带土球。为使攀附缠绕，棚架宜选用牢固耐久的材料制成。夏季病虫害主要是蚜虫及木蠹蛾、大蓑蛾等。

20 世纪初欧美即有人进行种间杂交育种。育种方向一般以开花繁多，花序长大、美观、奇特，多季开花，花香浓郁，重瓣性为目标。用常规杂交法育种比较容易，杂交的种子出苗后生长较慢，可将其嫁接于普通种之成年砧木上，2～3 年后即能见花，便于筛选。紫藤枝叶茂密，开花繁盛，芳香，条蔓纠结，藤萝蜿蜒，是园林中优美的观赏植物。宜作棚架、门廊、枯树、山石、墙面绿化材料。也可修剪呈灌木状，独立栽植于草坪上、溪水边、岩石旁。此外用于盆栽或制作盆景也十分相宜。花和嫩叶可食用，茎皮可作纤维用，种子、茎皮、花穗均可入药。

同属植物见于栽培的还有：多花紫藤（*W. floribunda*），茎蔓右旋性，小叶 13～19，总状花序长可达 20～50cm，原产日本。白花藤（*W. venusta*），小叶 9～13 枚，下面密生丝状细毛，总状花序长 10～15cm，花白色，原产中国和日本。藤萝（*W. villosa*），小叶 9～11 枚，叶下密生白长柔毛，总状花序长 20～35cm，花淡莲青色，原产中国，大连有栽培。

（吴振千）

紫薇（crape myrtle） *Lagerstroemia indica*，别名百日红、满堂红、痒痒树。千屈菜科紫薇属落叶乔木。染色体数 2n＝2x＝50。紫薇在中国栽培已有 1500 余年历史。唐代就已作为奇花异木栽植于皇宫、官邸。《唐书·百官志》记载：唐开元元年(713)，改中书省为紫薇省，中书令为紫薇令。紫薇在当时成为中书令和中书侍郎官的代名词。唐朝白居易诗："丝纶阁下文章静、钟鼓楼中刻漏长。独坐黄昏谁是伴，紫薇花对紫薇郎。"宋代杨万里诗赞："似痴如醉弱还佳，露压风欺分外斜。谁道花红无百日，紫薇常放半年花"。至今昆明、苏州、成都仍保存有 500 年至 700 年的古紫薇。高可达 10m。树皮呈长薄片状，剥落后树干光滑，小枝略呈四棱形，常有狭翅。单叶对生，椭圆形至倒卵形，长 3～7cm，具短柄；圆锥花序着生当年生枝端，花呈红、粉、堇、白等色,径3～5cm,花瓣6,边缘皱,花期6～9月,蒴果近球形,种子有翅,果熟10～11月。

紫薇品种约40多个。分为二系四类:即紫薇系、南紫薇杂种系和银薇类、堇薇类、红薇类、紫薇类。

紫薇系的品种全由紫薇(*L. indica*)演化而来,具典型紫薇特征,此系类型较多,品种丰富。南紫薇杂种系由紫薇与南紫薇(*L. subcostata*)杂交而来,花小、粉红、果小、叶较小,花具紫薇与南紫薇中间性状,开花繁密。

紫薇原产亚洲至大洋洲。中国是其分布和栽培中心,广布于长江流域各地。湖北、江西、湖南、四川、浙江等地低海拔山坡及林缘地带仍有野生。紫薇是本属中抗寒性最强的一种。栽培分布中国北至北京、太原及辽南部分沿海城市,东至青岛、上海,南达台湾和海南,西至陕西、四川等省;日本、朝鲜半岛、意大利也较多;近年美国、南欧及非洲部分地区也渐多栽培。喜温暖气候,耐热,有一定的抗寒性;喜中性偏酸土壤。当年生枝开花,花期长。抗污染,生长季节每千克叶片可吸收二氧化硫10mg。用播种、扦插、分蘖、组织培养等法繁殖。一般采用春播,苗期保持土壤湿润。播种苗当年开花。只要保湿和夏季适当遮荫,新老枝、甚至老干均能扦插成活,成活率可达90%～95%。春季要施基肥,5～6月份施追肥。这样,可促进花芽分化与形成。紫薇花序长短、花朵大小与修剪密切相关,一般来说,紫薇要适当重剪,以促进萌发粗壮而较长的枝条,从而得到满树繁花的效果。在多湿的气候条件下,紫薇易染煤污病、白粉病和蚜虫。

紫薇可在各类园林绿地中种植,也可用于街道绿化。

同属植物约50余种,中国现有18种,常见观赏种还有:大花紫薇(*L. speciosa*),别名大叶紫薇。叶长10～25cm,花径5～7cm,花序较长,花色艳丽。本种系从东南亚引入,抗寒性不强,广东栽培较多。南紫薇(*L. subcostata*),原产中国,花小,白色,开花繁密。抗寒性较强。在长江流域栽培较普遍。福建紫薇(*L. limi*),树干粗糙,树皮具深裂而不驳落。花大、叶大,淡紫色。6月开花。产于中国浙江、福建和湖北等地。

(张启翔)

紫鸭跖草(purple setcreasea) *Setcreasea pallida* cv. Purple Heart,别名紫叶草、紫竹梅,鸭跖草科紫叶鸭跖草属多年生常绿草本植物。茎下垂或匍匐,叶披针形,基部抱茎。茎与叶均为暗紫色,被有短毛。小花生于茎顶端,鲜紫红色。原产墨西哥,各地广为栽培。喜温暖、湿润,不耐寒,要求光照充足,但忌曝晒。一般用扦插繁殖,春、夏、秋均可进行。对盆土要求不严,以疏松土壤为宜。需经常保持盆土湿润。夏季要适当遮荫。冬季室温保持10℃左右。宜于盆栽观赏。植于花台,下垂生长,十分醒目。中国南方用作花坛边缘材料。

(王月新)

紫羊茅(red fescue) *Festuca rubra*,别名红狐茅。禾本科羊茅属多年生草本植物。染色体数2n=14。丛生或具细弱根状茎。秆基稍倾斜,紫色。叶片光滑柔软,宽1～2mm。圆锥花序狭窄,小穗顶端紫色。第一外稃顶端具短芒。广布北半球温寒地带,中国长江流域以北各地有分布。生长在山坡草地,喜冷凉气候,耐寒能力较强。很耐阴,在郁蔽度80%的乔木下能正常生长。在pH值5.5～6.5的微酸性至中性土壤上生长最好,也可种在微碱性土中。耐修剪,再生力较强。叶片纤细、色泽浓绿,在园林中可用作花坛、花境的镶边或岩石隙缝中的观赏草种。布置草坪时,常与草地早熟禾、多年生黑麦草等混播,还可用作牧草。

同属植物约100种,常见栽培的有:高羊茅(*F. elatior*),叶片条形,宽达4～7mm。圆锥花序,长20～30cm,常与草地早熟禾等混播,用作庭园和运动场绿化材料。羊茅(*F. ovina*),叶片内卷呈针状。圆锥花序狭窄,用作花坛、花境镶边植物及岩石园绿化材料。

(胡叔良)

紫叶李(pissard plum) *Prunus ceraifera* cv. Pissardii,别名红叶李。蔷薇科李属樱李的变种,落叶小乔木。染色体数2n=2x=16。高达8m。植物体各部基本均呈暗紫色。叶卵形至倒卵形;花单生叶腋,单

瓣,水红色,4～5月开花。原产亚洲西南部,各地园林中多有栽培。喜光,光照不足则叶色不艳;喜温暖,对土壤要求不严,以在肥沃、深厚而排水良好的中性或酸性土壤中生长良好。繁殖以嫁接为主,砧木用实生的桃、梅、李、杏等;桃砧生长势旺,叶色紫绿,怕涝;梅砧叶色鲜红,耐涝,耐寒力差,但生长势不如桃砧者。华北多以杏或山桃为砧木,效果较好。也可用扦插,压条繁殖,但生长慢。移植以春季为宜,需注意剪除砧木萌蘖。紫叶李是园林中重要的观叶树种之一,整个生长期紫叶满树,尤以春、秋二季叶色更艳。可丛植、孤植或对植于草坪、树坛、建筑物前。因其叶色较深,须慎选背景色彩,以收相映成趣之妙。

紫叶李原种为樱李(*P. cerasifera*),灌木或小乔木,枝细长,有棘刺,枝叶不为红色。4月间开白花。核果球形,8月成熟。产亚洲西南部。

同属中常见的观赏树种还有李(*P. salicina*),别名嘉应子、嘉庆子。落叶小乔木,树冠广球形。叶椭圆状倒卵形;花常三朵簇生,3～4月开白花;核果卵球形,绿色或紫色,外被白粉,7～8月果熟。分布于中国西北、东部、南部、中部、西南与台湾山区。喜光,耐半阴;较耐寒;喜肥沃湿润粘壤土,在酸性土或钙质土中均能生长,对水分的适应性较强,在瘠薄土中也可开花、结实。可用分株、播种、嫁接繁殖,砧木为李、毛桃、山桃等。李树多数品种自花不孕,需配植授粉树。李树春季开花繁茂,雪白一片;入夏果实累累,可在庭园、宅旁、公园、风景区丛植、群植,亦可作盆景。核仁、根、叶、树胶均可入药。欧洲李(*P. domestica*),即西洋李。落叶乔木,果实成熟期晚,有各色品种。

(张秀琴)

紫珠 (Japanese beautyberry) *Callicarpa japonica*,马鞭草科紫珠属落叶灌木。染色体数2n=36。高约2m。叶对生,卵形、倒卵形至卵状椭圆形,长7～15cm,边缘有细齿。腋生,聚伞花序;花冠淡紫色或近白色;花期8月。核果浆果状,球形,紫色,有光泽;果期10～11月。变种有窄叶紫球(var. *angustata*),叶倒卵状披针形,长6～12cm;栽培品种有白果紫珠(cv. Leucocarpa),果白色。产中国山东、河北、辽宁、安徽、浙江、江苏、江西、湖南、湖北、陕西、甘肃等地,朝鲜半岛、日本也有。多生山坡或谷地溪旁灌丛中。喜温暖、湿润气候和疏松、肥沃的土壤;较耐阴,稍耐寒。用扦插、分株或播种法繁殖。

紫珠株型矮小,枝条柔细,入秋紫果累累,经冬不落,为优良观果灌木,园林中多用于基础栽植,也可用于草坪边缘、假山旁、常绿树前作衬托。果枝可做切花。

同属中常见栽培的有红紫珠(*C. rubella*),花白色、粉红色至淡紫色,果实紫红色,产中国浙江、安徽、江西、福建、湖南、广东、广西、贵州、四川和云南,越南、印度也有;珍珠枫(*C. bodinieri*),花、果紫红色,产中国华东及湖北、湖南、广东、广西、贵州、四川和云南,越南也有。其变种老鸦糊(var. *giraldii*)。华紫珠(*C. cathayana*),花淡紫色,果实紫色,产中国安徽、江苏、浙江、江西、福建、湖北、陕西、湖南、广东、广西及云南。小紫珠(*C. dichotoma*),叶边缘上半部疏生锯齿,花冠淡紫色,果实紫色,产中国华东及河南、湖北、湖南、广东和广西,越南、日本也有。

(王汝诚)

自然保护区 (natural reserve) 主要致力于生物多样性、自然和有关文化资源保护,并通过法律等有效措施来管理的地域。保护区应按保护区管理系统统一制定法律和管理指南开展工作。在这里遵循着生态发展的规律,自然资源的保护与持续利用结合起来,使之成为长期管理自然生境的基本单位。

自然保护区是从中世纪欧洲设置禁猎区开始的。先是保护鸟类,以后发展为保护动物,19世纪才开始成为防止物种灭绝的保护区。许多乘车游览的国家公园,也以欣赏野生动物为主要目的。1979年国际植物学会议提出保护世界上珍稀濒危植物的号召,受到全世界广泛的重视,使动、植物同时受到保护。保护区的管理方针是以保护为主,在不影响保护的前提下,把科研、教育与培训、资源开发和旅游密切结合起来,所以又称"禁伐禁猎区"。保护区内,要明确划分出严格保护天然生态系统的核心区、科学经营的缓冲区和开展试验示范的实验区,外围还要保留一定面积的缓冲地带,以避免资源保护与开发利用之间发生矛盾。由于保护区建立的目的要求及其本身的环境条件不同,它的类型也就多种多样,管理的侧重点也各有不同。按保护的对象来划分,首先要把自然的和人文的类型区别开来,属于自然方面的,应划分为生态系统类型、生物物种和自然遗迹保护区三部分;属于人文方面的,分为文化景观区和历史文化遗产保护区两类。各种类型可根据具体的保护对象进一步规划。按保护区的性质可划分为科研保护区、国家公园、一般管理保护区和资源管理保护区四大类,再根据保护和管理的对象详细划分。

保护区是一项国际性事业。1990年统计,世界130多个国家和地区已建立了具有法律效力的、面积1000hm^{2}以上的保护区6500多处,约占全球面积的4.89%。中国的保护区近1200处,面积约64万多平方公里,占国土总面积6.4%以上,其中一些已参加联合国教科文组织"人与生物圈"研究计划的生物圈保护区网络,成为具有国际性质的生物圈保护区,如吉林长白山、四川卧龙、贵州梵净山、云南西双版纳、福建武夷山、湖北神农架、内蒙古锡林格勒和新疆阿尔金山等保护区,都是比较著名的,大多已建成开放,成为中外游人喜爱的旅游胜地。

(王献溥)

棕丝整形（shaping by using palmfibre strings）

在树木盆景制作中，应用棕丝通过蟠扎和修剪进行整形的一种技法。传统的扬派盆景（扬州、泰州）、通派盆景（南通、如皋）、苏派盆景（苏州、常熟）、徽派盆景（歙县）、川派盆景（成都、重庆）等均应用棕丝整形。杭州盆景则金属丝与棕丝并用。棕丝强度大，定型效果好，不易腐烂，颜色与树木接近，枝干定型后，拆除方便。

棕丝分细棕、粗棕、棕绳三种。细棕为棕片中之粗长棕丝，用于蟠扎小枝；粗棕由4～6根棕丝搓制而成，用于攀扎主枝；棕绳为多股棕丝搓制成长绳，一般多用蟠扎粗壮主干。经长期实践，扬派盆景老艺人创造了扬棕、底棕、平棕、撇棕、连棕、靠棕、挥棕、吊棕、套棕、拌棕、缝棕等11种棕法（图1）。川派盆景老艺人创造了单股往下翻、双股往下翻、单股往上翻、双股往上翻以及双股对翻5种翻法。这些都应因枝制宜地运用。此外，还需讲究系棕和棕丝打结的方法。

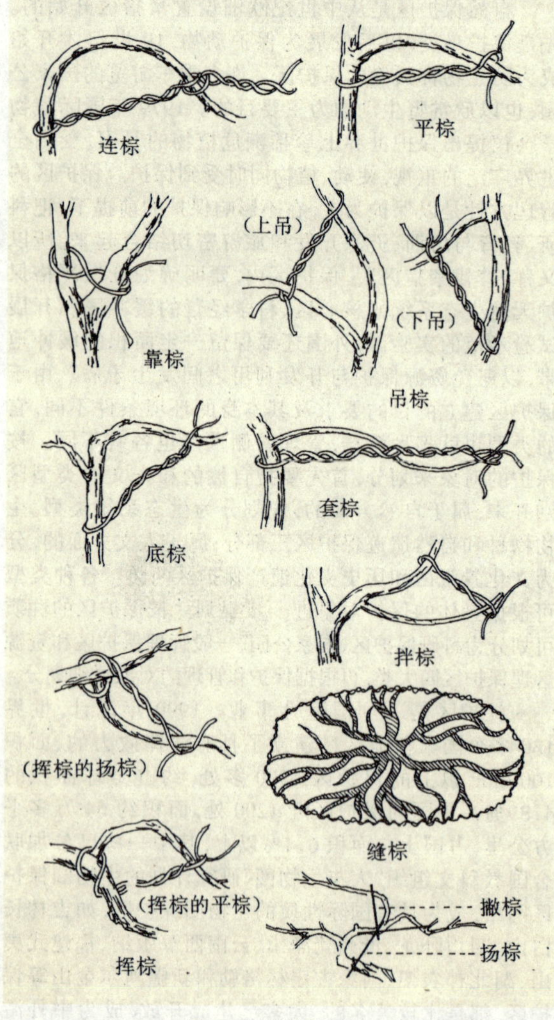

图1　棕丝整形示意

系棕方法有单套、双套和扣套三种。打结方法有活结和死结二种（图2）。

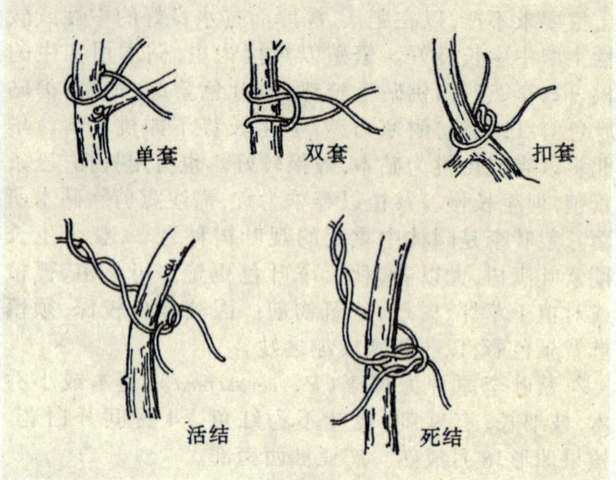

图2　系棕及打结示意

棕丝整形蟠扎顺序：整枝成形一般是从基部到主干，再到分枝；整形成片是先顶片后下片，先大枝后小枝。

各流派造型虽各具地方特色，但在棕丝整形方法上却大同小异。棕丝整形需3～5年才能完成，特别是放坯后第一年，要加强水肥养护管理，必要时还需荫棚内养护。生长期及时进行整枝修剪，剪去枝片中向上或向下的小枝，保留侧生枝，剪去树干或根部长出的不定芽或徒长枝。通过修剪，调节枝片内疏密程度，这样既通风透光，又可加快“云片”成形。

为使“云片”形成，成形后不留下剪扎痕迹，一般一年后拆棕。如不及时拆棕，容易陷棕，影响生长，并易断枝。拆棕后，根据造形与新枝生长情况，用棕丝再作整形，如此周而复始剪扎3～5年，才可获得满意作品。

（韦金笙）

组合栽植（combined -planting of floral decoration）

两种以上花卉经过巧妙的构思，种植在容器中或附植于载体上的花卉装饰技艺。较盆景更瑰丽，比插花更耐久，体量不一、形式多样，趣味性强。小型作品用于居住空间装饰，大型作品可做门厅、橱窗乃至广场应用。主要形式有：①容器装饰栽培。把两种以上花卉组合栽植在陶罐、竹筐、蚌壳及小木鞋等富有自然情趣或生活气息的容器中观赏。②附植装饰栽培。通常应用于悬挂装饰，如借助树根的优美造型，把几种花卉附植在树根的凹陷处，或在指路牌等标牌的适宜位置打孔做穴，用金属网固定培养土，把几种花卉附植穴内悬挂观赏。③瓶景及箱景。经过艺术构思，在无色、封闭的玻璃瓶或玻璃箱内栽植数种喜湿、耐阴的低矮植物，并用小山石、小桥等做配件构成自然小景。前者为瓶景，后者称箱景，可放置门厅或案几观赏。由于容器密闭,在植物的代谢作用下水分及气体可以保持平衡。

依形式不同,使用的植物材料也有区别。容器装饰栽培以一二年生草花及低矮宿根花卉为主。如三色堇、雏菊、香雪球和其他菊科植物等。附植装饰栽培,以低矮的观花植物为主;标牌上则适宜用喜光、耐干旱的小型仙人掌科及多浆植物,如石莲花、玉米石、青锁龙等。瓶景及箱景内适合栽植低矮、喜湿的观叶植物和低等植物,如椒草、冷水花、非洲紫罗兰、苔藓、卷柏及其他蕨类植物。栽后应经常注意整形、修剪、补植等养护管理,保持最佳观赏效果。

(顾文琪)

组织培养(tissue culture)　将植物体的一部分,接种在合成培养基上,使其按照预定目标生长发育成新植株的技术。作为组织培养用的植物材料称“外植体”。运用组织培养技术可以进行快速繁殖、脱病毒、获得人工种子和产生次生代谢物等。根据不同的目的,可将植物组织培养分为器官培养(包括茎尖、根尖、叶片、花器官等)、胚培养、愈伤组织培养和细胞培养等。其中快速繁殖和茎尖脱毒在观赏植物上应用最为广泛,已报道培养成功的观赏植物试管苗约有60多个科近400种,如兰花、百合、菊花、大丽花、水仙、小苍兰、香石竹、天竺葵、矮牵牛、月季、牡丹和杜鹃花等。快速繁殖系数高,理论上一年内繁殖系数以103～106的速度增加。此外,植物组织培养还是研究植物外植体生长、分化和形态建成规律的重要手段。

简史　1904年汉宁(Hanning)用萝卜和辣根为材料进行离体培养,首次取得成功。1933年中国的李继侗等在培养银杏离体胚的过程中,发现3mm大小的胚即可正常生长,这是中国在观赏植物组织培养方面的初步尝试。1934年怀特(P. Q. White)提出植物细胞全能性学说,推动了植物组织培养的发展。1958年斯塔瓦特(F. C. Steward)将胡萝卜愈伤组织培养成小植株后,组织培养技术得到了迅速发展。60年代初科金(E. C. Cooking)等用纤维素酶分离植物原生质体获得成功,为原生质体融合与体细胞杂交奠定了基础。1964年古哈(S. Gwhe)和玛海希瓦里(S. C. Maheshwari)用毛叶曼陀罗的花药,成功地诱导出单倍体植株,以后作为一种新的育种手段——单倍体育种,在育种实践中得到发展。80年代初,植物组织培养进入迅速发展阶段。中国观赏植物的组织培养也迅速发展起来,目前已有兰花、菊花、香石竹、非洲菊、非洲紫罗兰、月季、合果芋、白鹤芋、喜林芋、朱蕉等很多观赏植物实现了试管苗商品化生产。

植物组织培养是对细胞、组织的生长、分化及器官形态建成的规律进行研究的手段,它有力地推动了植物生理学、生物化学、遗传学、细胞学、形态学和农林等各类学科的发展和相互渗透。在育种中,可加速世代繁殖,缩短育种周期,获得新的基因类型;促进幼胚发育,克服远缘杂交中的不亲和不育性;获得三倍体植株等。在种质资源保存方面,利用超低温可长期保存植物的器官、组织或细胞,这种技术有利于珍稀濒危植物种质资源的保存和交换。

研究内容　植物组织培养的内容比较广泛,可分为以下几个主要方面:

器官培养　主要包括根、茎、叶和花培养。①根培养。一般用于生理生化研究。此研究开始较早,已成功地用于某些园艺植物,如百合、豌豆等。②茎培养。根据取材部位分为茎尖、茎段、块茎培养。茎尖培养常用于脱毒。取材大小、成活率和脱毒效果有密切关系。取材大易成活,多用于快速繁殖,但脱毒效果差;取材小,脱毒效果好,但成活率低。用于脱毒,一般取材在0.3mm左右,带有1～2个芽原基。茎段和块茎培养,多数由腋芽萌发成苗,成苗较迅速,为提高繁殖系数,也可诱导丛生芽。无芽茎段,多经过愈伤组织或不定芽成苗。③叶培养。多用于快速繁殖。④花培养。包括花药、花托、花瓣等各种花器官的培养。其中花药培养占有重要地位。在离体条件下,花粉粒改变固有的发育方向,形成单倍体细胞,或转向孢子体发育形成单倍体植株。1974年森德兰(N. Sunderland)将被子植物离体花粉的发育归纳为三条途径:一是由营养细胞分裂产生球形胚状体或愈伤组织;生殖细胞不分裂或分裂2～3次后退化,如芍药等。二是小孢子经有丝分裂形成2个均等细胞(不分化成营养细胞和生殖细胞),并继续分裂形成愈伤组织或胚状体,如烟草等。三是营养细胞和生殖细胞均参与分裂形成胚状体,如毛叶曼陀罗等。在离体培养条件下,同一花药中,花粉可有不同的发育方式,但通常是一种发育途径占优势。

胚培养　见**胚(胎)培养**。

细胞培养　常用的有平板培养、悬浮培养和微室培养。①平板培养。将单细胞悬浮液与呈熔化状态的琼脂30～35℃均匀混合,倒入培养皿固化,其中的细胞即可生长、分裂和分化。②悬浮培养。将植物细胞悬浮于液体培养基中进行培养,诱导产生愈伤组织,并进一步分化成植株。③微室培养。将固体培养基注入凹玻片的小室中,将单个细胞接入进行培养。

原生质体培养　即培养除去细胞壁的原生质体,可用来研究细胞膜的结构和功能。由于原生质易于融合和摄取外来遗传物质、细胞器和病毒等,是进行体细胞杂交和基因导入的好材料。观赏植物中已通过原生质体培养成苗的有矮牵牛、曼陀罗等。

培养技术　组织培养必须在严格的条件下进行,主要步骤有:培养材料的采集、准备和消毒;培养基的筛选、制备和灭菌;接种和继代;培养(包括环境条件的控制)等。

材料准备　材料的种类、来源、生理状态、采集时间等直接影响培养效果,必须认真选择和整理。材料常用乙醇、次氯酸钙、次氯酸钠、氯化汞等化学药品进行表面消毒。

培养基　培养基是组织培养成败的基础,由大量元素(N、P、K、Mg、Ca 等)、微量元素(Fe、Cu、Mn、Zn、Co 等)、糖、维生素、氨基酸等有机化合物以及植物激素三类物质组成。加入琼脂固化的称固体培养基,不用琼脂固化的称液体培养基。培养基的 pH 值一般调至 5.8 左右。用湿热法灭菌。常用的有 MS、B5、N6 等培养基。

接种和继代　将外植体在无菌条件下分割后置于备好的培养基上叫接种。外植体培养数周后,需转移到新鲜培养基中(液体培养中需加入新鲜培养液),称继代。

培养　培养室中合适的温度、光照和湿度是培养成功的重要条件,接种后的材料要置于培养室培养。培养室内的温度一般为 25℃ ± 2℃,光照度 2000～4000 lx,湿度为 70%～80%。

由于病毒病的侵染,香石竹的产量与质量不断下降。采用茎尖脱毒技术,可以使病株复壮。很多国家已建立了一定规模的脱毒苗生产车间,批量供给生产用脱毒苗。香石竹脱毒苗植株健壮、产量高、质量好、花色艳、裂苞少,其优越性是显著的。有些月季花的品种扦插不易生根,繁殖受到限制。育成或引进的优良品种,由于基数有限,短期内推广受到限制。1979～1980 年美国以攀援月季'改良火炬'的茎尖和休眠芽为外植体,在 MS 培养基中建立了试管苗无性系。80 年代以来,月季试管苗繁殖得到了迅速发展。在中国不少单位开展了月季试管苗快速繁殖的研究,并相继取得了可喜的进展。目前培养技术已经成熟,有大量试管苗用于生产。

试管繁殖是整个生物技术的基础之一,它不仅渗透于基因工程和细胞工程的各个方面,而且在生产上得到较广泛的应用。

参考书目

中国科学院上海植物生理研究室著:《植物组织和细胞培养》,上海科学技术出版社,1978。

(金　波)

钻天柳 (largescale chosenia)

Chosenia arbutifolia,别名朝鲜柳、顺河柳。杨柳科钻天柳属大乔木。染色体数 2n = 2x = 38。高达 37m,树冠柱形。小枝具白粉,黄色带红或紫红色晕。叶长圆状披针形,近全缘。雌雄异株,花先叶开放。雄花序下垂,雌花序直立或斜展,花期 5 月,果期 6 月。种子千粒重 0.5～0.7g。产中国东北及内蒙古,朝鲜半岛、俄罗斯、日本也有分布。喜光,耐寒,常生于河岸排水良好的碎砂石土上。

一般用种子繁殖,移苗需带土。速生,15～20 年生,高达 25m。树干粗壮挺拔、树冠柱状,有"化妆柳"或"上天柳"之称,宜在公园湖边或河岸成排栽植,也可在湿润的草坪或广场种植,十分美丽壮观。

(任步钧)

醉蝶花 (giant spider flower)

Cleome spinosa,别名西洋白花菜、凤蝶草、紫龙须。白花菜科白花菜属一年生草本植物。染色体数 2n = 20。株高 60～100cm,全株被粘质腺毛、具异味。掌状复叶,小叶 5～7 枚,叶柄基部有托叶刺。顶生总状花序,小花具长梗,花白色至淡紫色。雌雄蕊伸出花冠外,蒴果细圆柱形,种子千粒重约 1.5g。花期 7～9 月。自播繁衍。原产美洲热带。喜温暖通风、日照充足、轻松土壤,颇耐干燥炎热。春播,生长期应控制肥水,以保持优美的株形。蒴果变黄时及时采种,以免果实开裂种子散落。醉蝶花轻盈飘逸,似彩蝶飞舞,十分美观。常用于庭园布置、花坛背景、盆花和切花。又是良好的蜜源植物,种子可入药。

同属有 50 种,见于栽培者还有:黄醉蝶花(*C. lutea*),小叶 3～5 枚,花橘黄色,原产北美;三叶醉蝶花(*C. graveolens*),三出复叶,花白色或淡黄色,原产北美。

(秦魁杰)

醉鱼草（lindley butterfly bush） *Buddleja lindleyana*，别名闹鱼花。马钱科醉鱼草属落叶或半常绿灌木。染色体数 2n＝38。高约 2m。小枝 4 棱形，稍具翅；叶对生，卵形至卵状披针形，长 5～10cm。穗状花序，顶生，长 7～30cm，花冠蓝紫色，花期 6～9 月。蒴果矩圆形，果期 9～10 月。产中国华东、中南、陕西、四川及云南，日本也有分布。

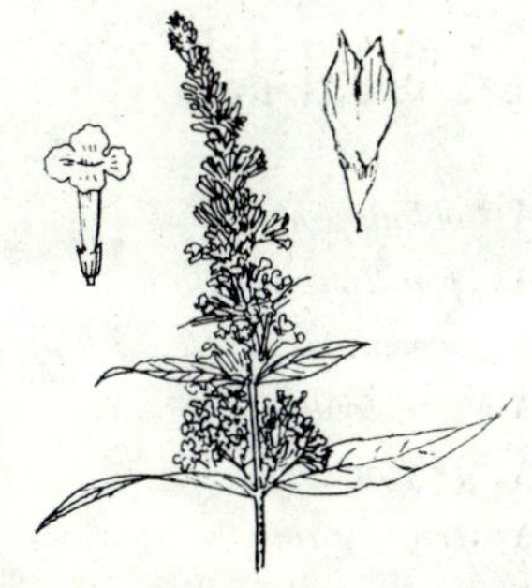

喜光，喜温暖湿润气候；但也耐阴、耐旱。在肥沃湿润而排水良好的壤土上生长旺盛，不耐水湿。萌蘖力强，耐修剪。用播种、扦插及分株法繁殖。花后要及时剪去花穗，以利观赏。入冬前宜将地上部分适当短剪，翌春可萌发新枝，当年生新枝能正常开花。

醉鱼草夏季开花，且花期长，花淡雅秀丽，芳香宜人，宜孤植于庭院角隅或丛植于草坪、林缘、路边及山石旁，但不宜在水池边种植，以免枝叶入水醉鱼。

同属中常见栽培的有：驳骨丹（*B. asiatica*），总状或圆锥花序，花白色，产中国湖北、四川、云南、贵州、广东、台湾及福建，中南半岛、菲律宾也有。互叶醉鱼草（*B. alternifolia*），叶互生，簇生状圆锥花序，花紫蓝色，产中国山西、陕西、甘肃、宁夏、内蒙古等。大叶醉鱼草（*B. davidii*），叶大，长 5～20cm，穗状圆锥花序由多数聚伞花序集成，花淡紫色，并有大花、矮生、密穗等品种，产中国湖北、湖南、江苏、浙江、贵州、云南、四川、陕西及甘肃。密蒙花（*B. officinalis*），聚伞圆锥花序，花淡紫色至白色，产中国陕西、甘肃及西南、中南地区。

（臧淑英）

柞木（Japanese xylosma） *xylosma japonicum*，别名鸟不立、凿子树、蒙子刺。大风子科柞木属常绿灌木或乔木。高达 15m，树冠阔卵形，树皮灰褐色，薄片状脱落，小树多刺状短枝，迨老渐少，变成棘刺。叶卵圆形至广卵形，长2～3cm。雌雄异株，总状花序腋生，9 月开淡黄色小花。浆果球形，12 月成熟时黑色。分布于中国秦岭以南和长江流域南部及西藏东部，朝鲜半岛、日本也有。喜温暖湿润气候，对光照要求不强，常生于山麓、低坡的微酸性黄壤，中性土，石灰质山地也能适应。萌芽力强，耐修剪。以种子繁殖为主，也可扦插。虫害有蚜虫、大蓑蛾、刺蛾等。柞木枝柔多棘，叶小光亮而常绿，开花时清香扑鼻，宜作绿篱、屏障。

（贺贤育）

附录1　花卉名称拉汉对照表

A

Abelia chinensis	糯米条
A. *biflora*	二花六道木
A. *dielsii*	南方六道木
A. × *grandiflora*	大花六道木
Abellophyllum distichum	朝鲜雪柳
Abelmoschus moschatus	黄秋葵
A. *escuntus*	秋葵
A. *manihot*	黄蜀葵
Abies fabri	冷杉
A. *beshanzuensis*	百山祖冷杉
A. *chensiensis*	秦岭冷杉
A. *ernestii*	黄果冷杉
A. *faxoniana*	岷江冷杉
A. *firma*	日本冷杉
A. *holophylla*	辽东冷杉(杉松)
A. *kawakamii*	台湾冷杉
A. *nephrolepis*	臭冷杉
A. *recurvata*	紫果冷杉
Abutilon striatum	金铃花
Acacia farnesiana	金合欢
A. *dealbata*	银荆树
A. *mearnsii*	黑荆树
A. *richii*	台湾相思
A. *sinuata*	藤金合欢
Acalypha wilkesiana	红桑
A. *hispida*	狗尾红
Acanthopanax gracilistylus	五加
A. *senticosus*	刺五加
Acanthus mollis	爵床花
Acer palmatum	鸡爪槭
A. *buergerianum*	三角槭
A. *catalpifolium*	梓叶槭
A. *cinnamomifolium*	樟叶槭
A. *davidii*	青榨槭
A. *ginnala*	茶条槭
A. *grosseri*	葛萝槭
A. *henryi*	建始槭
A. *japonicum*	日本槭
A. *mono*	五角枫
A. *negundo*	复叶槭
A. *oblongum*	飞蛾槭
A. *pentaphyllum*	五叶槭
A. *semenovii*	天山槭
A. *stenolobum*	细裂槭
A. *triflorum*	三花槭
A. *truncatum*	元宝枫
A. *wilsonii*	三峡槭
Achillea sibirica	蓍草
A. *acuminata*	齿叶蓍草
A. *ageratifolia*	银毛蓍草
A. *ageratum*	香叶蓍草
A. *filipendulina*	凤尾蓍草
Achimenes longiflora	长花忌寒苣苔
A. *erecta*	红花忌寒苣苔
A. *grandiflora*	大花忌寒苣苔
A. *maxicana*	墨西哥忌寒苣苔
A. *skinneri*	斯氏忌寒苣苔
Aconitum carmichaeli	乌头
A. *coreanum*	黄花乌头
A. *hemsleyanum*	瓜叶乌头
A. *kusnezoffii*	北乌头
A. *napellus*	舟形乌头
A. *soongaricum* var. *angustius*	华北乌头
Acorus calamus	菖蒲
A. *pramineus*	石菖蒲
A. *rumphianus*	长苞菖蒲
Actinidia chinensis	猕猴桃
A. *arguta*	软枣猕猴桃
A. *chrysantha*	金花猕猴桃
A. *eriantha*	毛花猕猴桃
A. *kolomikta*	狗枣猕猴桃
A. *polygama*	葛枣猕猴桃
Adenanthera pavonica	海红豆
Adenophora tetraphylla	沙参
A. *axilliflora*	杏叶沙参
A. *nikoensis*	日光沙参
A. *stricta*	直立沙参
Adhatod ventricosa	大驳骨
Adiantum	铁线蕨属
A. *caduatum*	鞭叶铁线蕨
A. *capillus-veneris*	铁线蕨
A. *cuneatum*	楔叶铁线蕨

A. flabellulatum	扇叶铁线蕨
A. macrophyllum	大叶铁线蕨
A. reniforme var. *sinense*	荷叶铁线蕨
Adina pilulifera	水团花
A. rubella	细叶水团花
Adonis amurensis	侧金盏花
A. aestivalis	夏侧金盏
A. aleppica	叙利亚侧金盏
A. annuasyn	秋侧金盏
A. vernalis	春侧金盏
Aechmea chantinsii	萼凤梨
A. facicata	蜻蜓凤梨
A. fulgens	珊瑚凤梨
A. samosepela	兰紫凤梨
Aegiceras corniculatum	桐花树
Aeluropus littoralis var. *sinensis*	小獐茅
Aerides odoratum	指甲兰
A. falactum	镰刀指甲兰
A. multiflorum	多花指甲兰
Aeschynanthus radicans	口脂藤
Aesculus chinensis	七叶树
A. hippocastanum	欧洲七叶树
A. turbinata	日本七叶树
A. wilsonii	天师栗
Afzelia xylocarpa	缅茄
Aganosma acuminata	香花藤
Agapanthus africanus	百子莲
Agathis dammara	贝壳杉
Agave victoriae-reginae	鬼脚掌
A. sisalana	剑麻
Ageratum conyzoides	藿香蓟
A. houstoniamum	心叶藿香蓟
Aglaia odorata	米兰
A. duperreana	四季米兰
A. elliptifolia	大叶米兰
A. taiwaniana	台湾米兰
Aglaonema modestum	广东万年青
A. costatum	爪哇亮丝草
A. pictum	斑叶亮丝草
A. pseudo-bracteatum	黄斑亮丝草
Agrostemma githago	麦仙翁
Agrostis stolonifera	匍茎剪股颖
A. alba	小糠草
A. tenuis	细弱剪股颖
Ailanthus altissima	臭椿
A. vilmoriniana	刺椿
Akebia quinata	木通
A. chingshuiensis	台湾木通
A. trifoliata	三叶木通
Albizzia julibrissin	合欢
A. chinensis	楹树
A. falcata	南洋楹
A. kalkora	山合欢
A. lebbeck	大叶合欢
Alcea rosea (*Althaea rosea*)	蜀葵
A. officinalis	药用蜀葵
Alchornea davidii	山麻杆
Aleurites moluccana	石栗
Alisma plantagoaquatica var. *orientale*	泽泻
Allamanda neriifolia	黄蝉
A. cathartica	软枝黄蝉
Allium giganteum	大花葱
A. christophii (*A. albopilosum*)	波斯葱
A. karataviense	中亚葱
A. moly	黄花茖葱
A. mongolicum	沙葱
A. neapolitanum	那波利葱
A. rosenbachianum	罗氏葱
Allospondias lakonensis	岭南酸枣
Alnus japonica	赤杨
A. cremastogyne	桤木
A. formosana	台湾桤木
A. fruticosa	矮桤木
A. mandshurica	东北桤木
A. trabeculosa	江南桤木
Alocasia macrorhiza	海芋
A. sanderiana	美叶芋
Aloe vera var. *chinensis*	芦荟
A. humilis	木锉芦荟
A. variegata	翠花掌
Alphonsea monogyna	单果阿芳
Alstroemeria aurantiaca	黄六出花
A. chilensis	智利六出花
A. haemantha	红六出花
A. ligtu	紫条六出花
A. pelegrina	淡紫六出花
A. pulchella	美丽六出花
A. versicolor	多色六出花
Alternanthera ficoidea	五色苋
A. rosaefolia	血心蓝
Alyssum montanum	山庭荠
A. alpestre	高山庭荠
A. argenteum	黄花庭荠
A. odoratissimum	芳香庭荠
Amaranthus tricolor	雁来红

A. caudatus 老枪谷
Amelanchier sinica 唐棣
A. asiatica 东亚唐棣
Amentotaxus argotaenia 穗花杉
A. formosana 台湾穗花杉
A. yunnanensis 云南穗花杉
Ammobium alatum 银苞菊
Ammopiptanthus mongolicus 沙冬青
A. nanus 小沙冬青
Amomum villosum 砂仁
Amorpha fruticosa 紫穗槐
Amorphophallus rivieri 魔芋
Ampelopsis aconitifolia 乌头叶蛇葡萄
A. humulifolia 葎草叶蛇葡萄
A. japonica 白蔹
Ananas comosus cv. Variegatus 艳凤梨
Anchusa azurea 牛舌草
A. capenssi 二年生牛舌草
A. officinalis 药用牛舌草
Andrachne chinensis 雀儿舌头
Androsace umbellata 点地梅
Anemarrhena asphodeloides 知母
Anemone coronaria 冠状银莲花
A. hupehensis 野棉花
A. sylvestris 林生银莲花
A. tomentosa 大火草
A. × *hybrida* 杂种秋牡丹
Anethum raveolens 莳萝
Anigozanthos flavidus 袋鼠花
A. manglesii 满氏袋鼠花
A. pulcherrimus 美丽袋鼠花
Annamocarya sinensis 喙核桃
Anneslea fragrans 茶梨
Annona squamosa 番荔枝
A. reticulata 牛心果
Anthemis tinctoria 春黄菊
A. montana 白花春黄菊
A. nobilis 香春黄菊
Anthocephalus chinensis 团花
Anthurium andraeanum 花烛
A. crystallinum 水晶花烛
A. hookeri 胡克氏花烛
A. magnificum 华美花烛
A. polyschistrum 蔓性花烛
A. scherzerianum 猪尾花烛
Antigonon leptopus 珊瑚藤
Antirrhinum majus 金鱼草
A. asarina 匍生金鱼草
A. molle 毛金鱼草
Aphanamixis polystachya 山楝
Aphananthe aspera 糙叶树
Aphelandra squarrosa 银脉花
Aponogeton madagascaliensis 网草
A. boibinicnus 汽泡草
A. crispus 绉边草
A. natans 水蕹
A. ulvaceus 大浪草
Aporocactus flagelliformis 鼠尾掌
A. conzatii 康氏鼠尾掌
A. flagriformis 鞭形鼠尾掌
A. leptophis 细蛇鼠尾掌
Aquilegia vulgaris 耧斗菜
A. akitensis 矮耧斗菜
A. canadensis 加拿大耧斗菜
A. cearulea 蓝花耧斗菜
A. chrysantha 黄花耧斗菜
A. flabellata 洋牡丹
A. formosa 红花耧斗菜
Aralia chinensis 楤木
A. elata 辽东楤木
Araucaria cunninghamii 南洋杉
A. araucana 智利南洋杉
A. bidwillii 大叶南洋杉
A. heterophylla 异叶南洋杉
Archontophoenix alexandrae 假槟榔
Arctotis stoechadifolia var. *grandis* 蓝目菊
A. × *hybrida* 杂种蓝目菊
Ardisia japonica 紫金牛
A. crenata 朱砂根
A. crispa 百两金
Areca catechu 槟榔
A. triandra 三药槟榔
Arenaria serpyllifolia 蚤缀
A. balearica 科西嘉蚤缀
A. grandiflora 大花蚤缀
Arenga pinnata 桄榔
A. engleri 矮桄榔
Argemone mexicana 蓟罂粟
A. grandiflora 大花蓟罂粟
A. platyceras 老鼠艻
Ariocarpus retusus 岩牡丹
A. agavoides 龙舌兰牡丹
A. fissuratus 龟甲牡丹
A. furfuraceus 花牡丹
A. scaphararostrus 龙角牡丹

A. trigonus	三角牡丹
Armeria maritima	海石竹
Artabotrys hexapetalus	鹰爪花
Artocarpus heterophyllus	木波罗
Arundina chinensis	竹叶兰
Arundo donax	芦竹
Asarum sieboldii	细辛
Asclepias curassavica	马利筋
A. grandiflora	大花马利筋
A. tuberosa	块茎马利筋
Asparagus setaceus (*A. plumosus*)	文竹
A. asparagoides	卵叶天冬
A. dauricus	曲安天冬
A. densiflorus	绣球松
A. falcatus	镰状天冬
A. officinalis	石刁柏
Asphodelus albus	日影兰
Aspidistra elatior	蜘蛛抱蛋
A. caespitosa	丛生蜘蛛抱蛋
A. fimbriata	流苏蜘蛛抱蛋
A. hainanensis	海南蜘蛛抱蛋
A. lurida	九龙盘
A. typica	卵叶蜘蛛抱蛋
Asplenium	铁角蕨属
A. antium	山苏花
A. crinicaule	毛柄铁角蕨
A. dimorphum	二型铁角蕨
A. nidus	鸟巢蕨
A. prolongatum	长生铁角蕨
Aster novi-belgii	荷兰菊
A. alpinus	高山紫菀
A. amellus	意大利紫菀
A. novae-angliae	美国紫菀
A. tataricus	紫菀
A. tongolensis	青藏紫菀
Astilbe chinensis	落新妇
A. japonica	泡盛草
A. rosea	蔷薇落新妇
A. thunbergii	堇氏落新妇
A. × *arendsii*	杂种落新妇
Astrantia major	大星芹
Astrophytum asterias	星球
A. capricorne	瑞凤玉
A. myriostigma	鸾凤玉
A. ornatum	般若
Aucuba chinensis	桃叶珊瑚
A. japonica	东瀛珊瑚
Aurinia saxatile	岩生庭荠
A. ventricosa	大驳骨
Averrhoa carambola	阳桃
Avicennia marina	海榄雌
Axonopus compressus	地毯草

B

Babiana stricta	狒狒花
Bambusa chungii	粉单竹
B. multiplex	蓬莱竹
B. ventricosa	佛肚竹
Basella rubra	落葵
B. alba	白落葵
Bauhinia prupurea	羊蹄甲
B. acuminata	白花羊蹄甲
B. blakeana	红花羊蹄甲
B. tomentosa	黄花羊蹄甲
B. variegata	洋紫荆
Beaumontia brevituba	断肠花
Begonia	秋海棠属
B. argenteo-guttata	银星秋海棠
B. boliviensis	玻利维亚秋海棠
B. boweri	眉毛秋海棠
B. cathayana	绒叶秋海棠
B. coccinea	珊瑚秋海棠
B. cyclophylla	圆叶秋海棠
B. dregei	小叶球根秋海棠
B. evansiana	秋海棠
B. fimbristipula	天葵秋海棠
B. hemsleyana	掌叶秋海棠
B. heracleifolia	枫叶秋海棠
B. imperialis	毡毛秋海棠
B. limprichtii	蕺叶秋海棠
B. manicata	长袖秋海棠
B. masoniana	铁十字秋海棠
B. masoniana var. *maculata*	彩纹秋海棠
B. metallica	玻璃秋海棠
B. metallica	撒金秋海棠
B. pedatifida	掌裂叶秋海棠
B. president-carnot	竹节秋海棠
B. rubelliana	斑叶秋海棠
B. sanguinea	牛耳秋海棠
B. scharffiana	毛叶秋海棠
B. sinensis	中华秋海棠
B. socotrana	阿拉伯秋海棠
B. tuberhybrida	球根秋海棠
B. ulmifolia	榆叶秋海棠
B. veitchii	高山秋海棠
Belamcanda chinensis	射干

Bellis perennis	雏菊
B. integrifolia	全缘叶雏菊
B. sylvestris	林地雏菊
Berberis thunbergii	小檗
B. amurensis	黄芦木
B. gagnepainii	湖北小檗
B. jamesiana	川滇小檗
B. julianae	蚝猪刺
B. poiretii	细叶小檗
B. polyantha	刺黄花
B. pruinosa	粉叶小檗
B. wilsonae	金花小檗
Berchemia floribunda	多花勾儿茶
B. flavescens	黄背勾儿茶
Bergenia purpurascens	岩白菜
B. crassifolia	星叶梅
Beta vulgaris var. *cicla*	红菾菜
Betula platyphylla	白桦
B. costata	风桦
B. dahurica	黑桦
B. pendula	垂枝桦
B. tianschanica	天山桦
Billbergia pyramidalis	水塔凤梨
B. nutans	垂花凤梨
B. zebrina	斑马水塔花
Bischofia polycarpa	重阳木
B. javanica	秋枫
Bletilla striata	白芨
B. ochracea	黄花白芨
B. yunnanensis	小白芨
Boltonia asteroides	竹叶菊
Borzicactus trollii (*Oreocereus trollii*)	白云锦
Bothrocaryum controversum	灯台树
B. alternifolia	北美灯台树
Bougainvillea spectabilis	三角花
B. glabra	光叶三角花
Brachycome iberdifolia	五色菊
Brandisia discolor	异色来江藤
B. kwangsiensis	广西来江藤
B. rosea	红花来江藤
Brassica oleracea var. *acephala* cv. Tricolor	羽衣甘蓝
Briza maxima	大凌风草
B. media	凌风草
Brodiaea californica	卜若地
Broussonetia papyrifera	构树
Browallia speciosa	蓝英花
B. americana	美洲蓝英花
B. grandiflora	大花蓝英花
Brunfelsia acuminata	鸳鸯茉莉
B. calycina	大叶鸳鸯茉莉
Buchloe dactyloides	野牛草
Buddleja lindleyana	醉鱼草
B. alternifolia	互叶醉鱼草
B. asiatica	驳骨丹
B. davidii	大叶醉鱼草
B. officinalis	密蒙花
Bulbinella floribunda	黄花棒
Butia capitata	弓叶椥
Buxus sinica	黄杨
B. aemulans	尖叶黄杨
B. bodinieri	雀舌黄杨
B. hainanensis	海南黄杨
B. harlandii	华南黄杨
B. megistophylla	长叶黄杨
B. microphylla	小叶黄杨
B. myrica	杨梅黄杨
B. rugulosa	皱叶黄杨
B. sempervirens	锦熟黄杨

C

Cabomba aquatica	罗汉草
C. australis	黄罗汉草
C. caroliniana	卡罗罗汉草
C. piauhyensis	红罗汉草
Caesalpinia decapetala	云实
C. pulcherrima	金凤花
Caladium bicolor	花叶芋
Calamus platyacanthoides	省藤
Calanthe discolor	虾脊兰
C. hamata	钩距虾脊兰
C. hancockii	叉唇虾脊兰
C. tricariuata	三棱虾脊兰
Calathea zebrina	绒叶肖竹芋
C. crocata	金花肖竹芋
C. lancifolia	箭羽肖竹芋
C. lubbersiana	花叶肖竹芋
C. makoyana	孔雀肖竹芋
C. medio-picta	银脉肖竹竽
C. roseopicta	彩虹肖竹竽
Calceolaria herbeo-hybrida	蒲包花
C. integrifolia	灌木蒲苞花
C. mexicana	墨西哥蒲苞花
Calendula officinalis	金盏菊
C. arvensis	小金盏菊

Calliandra haematocephala	朱缨花
C. surinamensis	苏里南朱缨花
Callicarpa japonica	紫珠
C. bodinieri	珍珠枫
C. cathayana	华紫珠
C. dichotoma	小紫珠
C. rubella	红紫珠
Callirhoe involucrata	蔓锦葵
Callistemon rigidus	红千层
Callistephus chinensis	翠菊
Calocedrus macrolepis	翠柏
Calochortus splendens	蝶花百合
C. albus	白仙灯
C. amabilis	金仙灯
C. luteus	黄堇花百合
Calophaca sinica	丽豆
C. chinensis	塔城丽豆
C. hovenii	新疆丽豆
Calophyllum inophyllum	红厚壳
Caltha palustris	驴蹄草
Calycanthus chinensis	夏蜡梅
C. floridus	美国夏蜡梅
Calystegia soldanella	肾叶天剑
Calystegia dahurica	缠枝牡丹
Camassia quamash	卡马百合
Camellia japonica	山茶
C. chekiang-oleosa	红花油茶
C. chrysanthoides	薄叶金花茶
C. cuspidata	尖叶山茶
C. euphlebia	显脉金花茶
C. fraterna	连蕊茶
C. grijsii	长瓣短柱茶
C. impressinervis	凹脉金花茶
C. nitidissima	金花茶
C. oleifera	油茶
C. pingguoensis	平果金花茶
C. pitardii	西南山茶
C. polyodonta	宛田红花油茶
C. ptilosperma	夏花金花茶
C. pubipelata	毛瓣金花茶
C. reticulata	云南山茶花
C. reticulata f. *simplex*	腾冲红花油茶
C. saluenensis	怒江山茶
C. sasanqua	茶梅
C. semiserrata	广宁油茶
C. tunghinensis	东兴金花茶
C. yuhsienensis	攸县油茶
Campanula medium	风铃草
C. carpatica	欧风铃草
C. glomerata	丛生风铃草
C. isophylla	意大利风铃草
C. latifolia	阔叶风铃草
C. persicifolia	桃叶风铃草
C. portenschlagiana	南欧风铃草
C. punctata	紫斑风铃草
C. rotundifolia	圆叶风铃草
Campsis grandiflora	凌霄花
C. radicans	美国凌霄
Camptotheca acuminata	喜树
Campylotropis macrocarpa	杭子梢
C. capilipes	细梗杭子梢
C. hirtella	太白杭子梢
C. polyantha	多花杭子梢
Cananga odorata	依兰
Canarium album	橄榄
C. pimela	乌榄
Canna × generalis	大花美人蕉
C. edulis	蕉藕
Caocosmia × crocosmiiflora	水仙菖兰
C. aurea	黄花水仙菖兰
C. pottsii	橙花水仙菖兰
Capsicum frutescens	观赏辣椒
Caragana sinica	锦鸡儿
C. arborescens	树锦鸡儿
C. bicolor	二色锦鸡儿
C. boisi	扁刺锦鸡儿
C. brevifolia	短叶锦鸡儿
C. erinacea	川西锦鸡儿
C. frutex	黄刺条
C. korshinskii	柠条锦鸡儿
C. microphylla	小叶锦鸡儿
C. pekinensis	北京锦鸡儿
C. rosea	红花锦鸡儿
C. stenophylla	狭叶锦鸡儿
C. versicolor	变色锦鸡儿
Cardiocrinum cathyanum	荞麦叶大百合
C. cordatum	心叶大百合
C. giganteum	大百合
Cardiospermum halicacabum	风船葛
Carex rigescens	白颖苔草
C. heterostachys	异穗苔草
C. siderosticta	宽叶苔草
Carica papaya	番木瓜
Carmona microphylla	基及树
Carpinus turczaninowii	鹅耳枥
Carthamus tinctorius	红花

Carya cathayensis	山核桃
C. illinoensis	薄壳山核桃
Caryopteris incana	莸
C. mongolica	蒙莸
Caryota ochlandra	鱼尾葵
C. bacsonensis (*C. urens*)	董棕
C. mitis	矮穗鱼尾葵
Cassia surattensis	黄槐
C. fistula	腊肠树
C. occidentalis	望江南
C. siamea	铁刀木
C. tora	决明
Castanea mollissima	板栗
C. henryi	锥栗
C. seguinii	茅栗
Castanopsis sclerophylla	苦槠
C. carlesii	小红栲
C. delavayi	高山栲
C. eyrei	甜槠
C. fargesii	栲
C. kawakamii	青钩栲
C. tibetana	钩栲
Casuarina equisetifolia	木麻黄
C. cunninghamiana	细枝木麻黄
C. glauca	粗枝木麻黄
Catalpa ovata	梓树
C. bignonioides	美国楸树
C. bungei	楸树
C. duclouxii	滇楸
C. fargesii	灰楸
C. spesiosa	黄金树
Catananche caerulea	蓝箭菊
Catharanthus roseus (*Vinca rosea*)	长春花
Cathaya argyrophylla	银杉
Cattleya labiata	卡特兰
C. mossiae	花叶卡特兰
C. trianaei	冬卡特兰
Cedrus deodara	雪松
C. atlantica	北非雪松
C. brevifolia	短叶雪松
C. libani	黎巴嫩雪松
Ceiba pentandra	爪哇木棉
Celastrus orbiculatus	南蛇藤
C. angulata	苦皮树
Celosia cristata	鸡冠花
Celtis	朴属
C. biondii	紫弹树
C. bungeana	小叶朴
C. chekiangensis	天目朴
C. julianae	珊瑚朴
C. koraiensis	大叶朴
C. labilis	黄果朴
C. tetrandra ssp. *sinensis*	朴树
Centaurea cyanus	矢车菊
C. americana	美洲矢车菊
C. dealbata	软毛矢车菊
C. macrocephala	大花矢车菊
C. montana	山矢车菊
C. moschata	香矢车菊
Cephalocereus senilis	翁柱
Cephalotaxus fortunei	三尖杉
C. oliveni	蓖子三尖杉
C. sinensis	粗榧
C. wilsoniana	台湾粗榧
Cerastium arvense	卷耳
C. tomentosum	绒毛卷耳
Ceratophyllum demersum	金鱼藻
Ceratopteris thalictroides	水蕨
Cerbera manghas	海杧果
Cercidiphyllum japonicum	连香树
Cercis chinensis	紫荆
C. chuniana	岭南紫荆
C. gigantea	巨紫荆
C. racemosa	垂丝紫荆
C. yunnanensis	云南紫荆
Ceropegia woodii	吊金钱
Cestrum nocturnum	夜香树
C. aurantiacum	黄花夜香树
C. fasciculatum	紫红夜香树
C. newellii	红花夜香树
C. parqui	绿花夜香树
C. purpureum	紫花夜香树
Chaenomeles sinensis	木瓜
C. cathayensis	木瓜海棠
C. japonica	倭海棠
C. speciosa	贴梗海棠
C. superba	玮丽贴梗海棠
C. thibetica	西藏木瓜
Chamaecyparis obtusa	日本扁柏
C. formosensis	红桧
C. lawsoniana	美国扁柏
C. pisifera	日本花柏
C. thyoides	美国尖叶扁柏
Chamaedorea metallica	玲珑椰子
Chamaenerion angustifolium	柳兰
Chasalis curviflora	弯管花

Cheiranthus cheiri	桂竹香
Chimaphila maculata	斑点梅笠草
Chimonanthus praecoxi	蜡梅
C. companulatus	西南蜡梅
C. grammatus	突托蜡梅
C. nitens	山蜡梅(亮叶蜡梅)
C. salicifolius	柳叶蜡梅
C. zhejiangensis	浙江蜡梅
Chimonobambusa quadrangularis	方竹
Chinnamomum camphor	樟
Chionanthus retusus	流苏树
C. virginicus	北美流苏树
Chionodoxa luciliae	雪宝花
Chirita sinensis	两广唇柱苣苔
Chloranthus spicatus	珠兰
Chlorophytum comosum	吊兰
C. capense	宽叶吊兰
C. chinese	狭叶吊兰
C. laxum	小花吊兰
C. nepalense	西南吊兰
Choerospondias axillaris	南酸枣
Chosenia arbutifolia	钻天柳
Chrysalidocarpus lutescens	散尾葵
Chrysanthemum frutescens	木茼蒿
C. carinatum	花环菊
C. cinerariaefolium	除虫菊
C. coccineum	红花除虫菊
C. coronarium	茼蒿
C. leucanthemum	牛眼菊
C. maximum	大滨菊
C. parthenium	小白菊
Chukrasia tabularis	麻楝
Chuniophoenix hainanensis	琼棕
C. humilis	矮琼棕
Cichorium intybus	菊苣
Cinnamomum camphora	樟
C. bodinieri	猴樟
C. burmanii	阴香
C. cassia	肉桂
C. glanduliferum	云南樟
C. japonicum	天竺桂
C. septentrionale	银木
Cissus assamica	毛叶白粉藤
Citrus reticulata	柑橘
C. aurantium	酸橙
C. grandis	柚
C. junos	蟹橙
C. limon	柠檬
C. limonia	黎檬
C. medica	枸橼
C. microcarpa	四季橘
C. sinensis	橙
C. wilsonii	香圆
Cladrastis wilsonii	香槐
C. platycarpa	翅荚香槐
C. sinensis	小花香槐
Clarkia amoena (*Godetia amoena*)	送春花
C. concinna	矮古代稀
C. elegans	山字草
C. pulchella	细叶山字草
Clausena lansium	黄皮
C. dentata	齿叶黄皮
C. excavata	凹叶黄皮
C. indica	细叶黄皮
Clematis	铁线莲属
C. montana	山铁线莲
C. paniculata	圆锥铁线莲
C. tangutica	黄铁线莲
Cleome spinosa	醉蝶花
C. graveolens	三叶醉蝶花
C. lutea	黄醉蝶花
Clerodendrum japonicum	赪桐
C. bungei	臭牡丹
C. fortunatum	鬼灯笼
C. fragrans	臭茉莉
C. inerme	假茉莉
C. speciosissimum	爪哇常山
C. thomsonae	龙吐珠
C. trichotomum	海州常山
Cleyera japonica	杨桐
Clianthus scandens	耀花豆
C. puniceus	鹦喙花
Clitoria ternatea	蝶豆
Clivia miniata	君子兰
C. nobilis	垂笑君子兰
Cloriosa superba	嘉兰
C. rothschildiama	宽瓣嘉兰
Cobaea scandens	电灯花
Cocculus trilobus	木防己
Cocos nucifera	椰子
Codiaeum variegatum var. *pictum*	变叶木
Codonopsis lanceolata	长叶党参
Coelogyne fimbriata	流苏贝母兰
C. cristata	贝母兰
Coffea arabica	小果咖啡
Colchicum autumnale	秋水仙

C. luteum 黄秋水仙
C. speciosum 美丽秋水仙
C. variegatum 杂色秋水仙
Coleus × hybridus 彩叶草
Collinsia grandiflora 蓝唇花
C. verna 春蓝唇花
Colocasia esculenta 芋
Columnea microphylla 串金鱼
Colutea delavayi 膀胱豆
C. arborescens 鱼鳔槐
C. media 红花鱼鳔槐
Combretum alfredii 风车子
C. latifolium 阔叶风车子
C. punctatum 盾鳞风车子
Commelina communis 鸭跖草
C. coelestis 蓝花鸭跖草
C. paludosa 大苞鸭跖草
Consolida ajacis 飞燕草
Convallaria majalis 铃兰
Convolvulus tricolor 三色旋花
C. gharlensis 北非旋花
Cordyline fruticosa (*C. terminalis*) 朱蕉
C. australis 香朱蕉
C. banksii 斑克氏朱蕉
C. indivisa 绿玉蕉
C. stricta 剑叶朱蕉
Coreopsis lanceolata 大金鸡菊
C. tinctoria 蛇目菊
C. verticillata 轮叶金鸡菊
Cornus officinalis 山茱萸
C. mas 欧洲山茱萸
Coronilla varia 小冠花
Cortaderia selloana 蒲苇
Corydalis decumbens 伏生紫堇
C. ophiocarpa 蛇果黄堇
C. pallida 黄堇
C. wilsonii 威尔逊紫堇
Corylopsis sinensis 蜡瓣花
C. matsudai 台湾蜡瓣花
C. multiflora 多花蜡瓣花(瑞木)
C. platypetala 阔瓣蜡瓣花
C. veitchiana 红花蜡瓣花
C. willmottiae 四川蜡瓣花
Corylus heterophylla 榛
C. chinensis 华榛
Corypha umbraculifera 贝叶棕
Cosmos bipinnatus 波斯菊
C. sulphureus 硫华菊
Costus speciosus 闭鞘姜
C. tonkinensis 光叶闭鞘姜
Cotinus coggygria var. *cinerea* 黄栌
C. americanus 美洲黄栌
C. coggygria 欧洲黄栌
C. nana 矮黄栌
C. szechuanensis 四川黄栌
Cotoneaster 栒子属
C. acutifolius 灰栒子
C. adpressus 匍匐栒子
C. apiculatus 细尖栒子
C. dammeri 矮生栒子
C. dielsianus 木帚栒子
C. divaricatus 散生栒子
C. franchetii 西南栒子
C. frigidus 耐寒栒子
C. horizontalis 平枝栒子(铺地蜈蚣)
C. melanocarpus 黑果栒子
C. microphyllus 小栒子
C. multiflorus 水栒子
C. salicifolius 柳叶栒子
C. zabelii 西北栒子
Crassula argentea (*C. portulacea*) 燕子掌
C. falcata 神刀
C. lycopodioides 青锁龙
C. perforata 串钱景天
Crataegus pinnatifida 山楂
C. cuneata 野山楂
C. hupehensis 湖北山楂
C. scabrifolia 云南山楂
Crinum asiaticum 文殊兰
C. amabile 红花文殊兰
C. americanum 北美文殊兰
C. bulbispermum 南非文殊兰
C. latifolium 西南文殊兰
C. moorei 穆尔氏文殊兰
Crocosmia × crocosmiflora 水仙菖兰
Crocus sativus 番红花
C. maesiacus 番黄花
C. speciosus 美丽番红花
C. susianus 高加索番红花
C. vernus 番紫花
Croton tiglium 巴豆
Cryptanthus acaulis 姬凤梨
C. bivittaus 红叶姬凤梨
C. zonatus 虎斑姬凤梨

Cryptocoryme retrospiralis 蕾特辣椒草
C. cordata 克达辣椒草
C. siamensis 夕阳辣椒草
Cryptomeria fortunei 柳杉
C. japonica 日本柳杉
Ctenanthe oppenheimiana 栉花竹芋
Cucurbita pepo var. *ovifera* 观赏南瓜
Cudrania tricuspidata 柘树
Cunninghamia lanceolata 杉木
Cuphea ignea 萼距花
C. llavea 拉夫萼距花
C. micropetala 小瓣萼距花
C. procumbens 草紫薇
Cupressus funebris 柏木
C. chengiana 岷江柏木
C. duclouxiana 干香柏
C. gigantea 巨柏
C. lusitanica 墨西哥柏木
C. sempervirens 地中海柏木
C. torulosa 西藏柏木
Curouligo orchioides 仙茅
C. capitulata 大叶仙茅
C. latifolia 宽叶仙茅
Cyananthus microphyllus 蔓风铃草
Cyathea spinulosa 木桫椤
C. chinensis 中华桫椤
Cycas revoluta 苏铁
C. balansae 宽叶苏铁
C. guizhouensis 贵州苏铁
C. hainanensis 海南苏铁
C. micholitzii 叉叶苏铁
C. panzhihuaensis 攀枝花苏铁
C. pectinata 篦齿苏铁
C. rumphii 华南苏铁
C. szechuanensis 四川苏铁
C. taiwaniana 台湾苏铁
Cyclamen persicum 仙客来
C. hederifolium 小仙客来
C. purpurascens 香仙客来
Cyclobalanopsis glauca 青冈
Cyclocarya paliurus 青钱柳
Cydonia oblonga 榅桲
Cymbalaria muralis 梅花草
Cymbidium 兰属
C. eburneum 独占春
C. ensifolium 建兰
C. faberi 蕙兰
C. goeringii 春兰
C. hookerianum 虎头兰
C. kanran 寒兰
C. longibracteatum 春剑
C. lowianum 碧玉兰
C. sinense 墨兰
C. tracyanum 西藏虎头兰
Cynodon dactylon 狗牙根
Cyperus alternifolius 伞莎草
C. papyrus 大伞莎草
Cypripedilum calceolus 杓兰
C. fasciolatum 大叶杓兰
C. franchetii 毛杓兰
C. japonicum 扇脉杓兰
C. macranthum 大花杓兰

D

Dacrydium pierrei 陆均松
Dahlia 大丽花属
D. coccinea 红大丽花
D. pinnata 大丽花
Dalbergia hupeana 黄檀
D. candenatensis 扭黄檀
D. hainanensis 海南黄檀
D. mimosoides 小黄檀
D. odorifera 降香黄檀
Damnacanthus indicus 虎刺
Daphne odora 瑞香
D. acutiloba 尖瓣瑞香
D. aurautiaca 橙黄瑞香
D. genkwa 芫花
D. giraldii 黄瑞香
D. papyracea 白瑞香
D. retusa 凹叶瑞香
D. tangutica 甘肃瑞香
Daphniphyllum oldhamii 虎皮楠
D. macropodum 交让木
Datura stramonium 曼陀罗
D. inoxia 香花蔓陀罗
D. metel 白花蔓陀罗
Davidia involucrata 珙桐
Delonix regia 凤凰木
Delphinium grandiflorum 翠雀花
D. belladonna 美丽翠雀花
D. elatum (*D. pyramidale*) 高翠雀花
D. likiangense 丽江翠雀花
D. nudicaule 裸茎翠雀花
D. tatsienense 康定翠雀花
D. zalil 扎里耳翠雀花

Demonorops margaritae	黄藤
Dendranthema × *grandiflorum*	菊花
D. chanetii	小红菊
D. estitum	毛华菊
D. lavandulifolium	甘菊
D. zawadskii	紫花野菊
Dendrobenthamia japonica var. *chinensis*	四照花
D. angustata	尖叶四照花
D. capitata	头状四照花
D. elegans	秀丽四照花
D. ferruginea	褐毛四照花
D. gigantea	大型四照花
D. hongkongensis	香港四照花
D. japonica	东瀛四照花
D. melanotricha	黑毛四照花
D. multinervosa	多脉四照花
D. tonkinensis	西南四照花
Dendrobium nobile	石斛
D. candidum	黑节草
D. densiflorum	密花石斛
D. fimbriatum var. *oculatum*	流苏石斛
D. phalaenopsis	蝴蝶石斛
Dendrocalamus gigateus	龙竹
Derris glauca	粉叶鱼藤
D. elliptica	毛鱼藤
Desmodium styracifolium	金钱草
Deutzia scabra	溲疏
D. discolor	异色溲疏
D. × *grandiflora*	大花溲疏
D. magnifica	壮丽溲疏
D. parviflora	小花溲疏
D. schneideriana	长江溲疏
D. setchuenensis	四川溲疏
D. vilmorinae	长梗溲疏
Dianthus chinensis	石竹
D. allwoodii	奥尔沃德石竹
D. alpinus	高山石竹
D. barbatus	须苞石竹
D. caryophyllus	香石竹
D. chinensis var. *heddewigii*	锦团石竹
D. deltoides	少女石竹
D. latifolius	石竹梅
D. plumarius	常夏石竹
D. superbus	瞿麦
Dicentra spectabilis	荷包牡丹
D. canadensis	加拿大荷包牡丹
D. chrysantha	华丽荷包牡丹
D. eximia	缕毛荷包牡丹
D. macrantha	大花荷包牡丹
D. peregrina	奇妙荷包牡丹
Dichondra repens	马蹄金
Dieffenbachia picta	花叶万年青
D. amoena	巨花叶万年青
D. seguina	哑蕉
Dietes vegeta	非洲鸢尾
Digitalis purpurea	毛地黄
D. lanata	狭叶毛地黄
Dillenia turbinata	毛五桠果
D. indica	五桠果
D. pentagyna	小花五桠果
Dimocarpus longan	龙眼(桂圆)
Dimorphotheca pluvialis	雨菊
D. aurantiaca	大花异果菊
D. sinuata	异果菊
Diospyros kaki	柿
D. armata	瓶兰花
D. cathayensis	乌柿
D. glaucifolia	浙江柿
D. lotus	君迁子
D. mollifolia	小叶柿
D. rhombifolia	老鸦柿
Dipelta floripunda	双盾木
D. elegans	优美双盾木
D. yunnanensis	云南双盾木
Dipentodon sinicus	十齿花
Dipteronia sinensis	金钱槭
D. dyeriana	云南金钱槭
Disporum cantoniense	万寿竹
D. flavens	黄花万寿竹
D. pullum	褐花万寿竹
Distylium racemosum	蚊母树
D. chinense	中华蚊母树
D. myricoides	杨梅叶蚊母树
Docynia indica	移栎
D. delavayi	云南移栎
Dolichandrone caudafelina	猫尾木
Doronlcum stenoglossum	多榔菊
D. altaicum	阿尔泰多榔菊
Dorotheanthus gramineus	禾叶多萝花
Draba alpina	高山葶苈
Dracaena fragrans	香龙血树
D. godseffiana	星点木
D. goldieana	虎斑龙血树
D. sanderiana	高贵竹
Dracocephalum peregrinum	龙头花

D. ruprechtii 香青蓝
Dracontomelon dao 人面子
Drosera peltata 圆叶茅膏菜
Duchesnea indica 蛇莓
Duranta repens 假连翘
Dysoxylum binectariferum 红果樫木

E

Echeveria elegans 美丽石莲花
E. peacockii 石莲花
E. peacockii cv. Cristata '鸡冠'石莲花
E. pulvinata 绒毛掌
Echinacea purpurea 松果菊
Echinocactus grusonii 金琥
E. grandis 弁庆
E. horizonthalonius 太平球
E. polycephalus 大龙冠
Echinocereus pectinatus 三光球
E. blanckii 玄武
E. dasyacanthus 御旗
E. delaetii 翁锦
E. pentalophus 鹿角柱
E. pentalophus (*E. procumbens*) 匍匐鹿角柱
Echinopsis tubiflora 仙人球
E. calochlora 金盛球
E. multiplex 长盛球
E. oxygona 旺盛球
Echium lycopsis 蓝蓟
Edgeworthia chrysantha 结香
Ehretia thyrsiflora 厚壳树
Eichhornia crassipes 凤眼莲
Elaeagnus pungens 胡颓子
E. angustifolia 沙枣
E. arhyi 佘山胡颓子
E. multiflora 木半夏
E. umbellata 秋胡颓子
Elaeis guineensis 油棕
Elaeocarpus decipiens 杜英
E. sulrestris 山杜英
Elodea canadensis 三轮水蕴草
E. densa 四轮水蕴草
Elsholtzia stauntonii 柴荆芥
E. fruticosa 鸡骨柴
Emilia javanica 缨绒花
E. sonchifolia 红背缨绒花
Emmenopterys henryi 香果树
Endymion hispanicus 聚钟花
E. nonscriptus 蓝铃花
Engelhardtia roxburghiana 黄杞
Enkianthus quinqueflorus 吊钟花
E. chinensis 灯笼树
E. deflexus 小丁花
E. serrulatus 齿缘吊钟花
Enterolobium contortisiliquum 象耳豆
E. cyclocarpum 红皮象耳豆
Ephedra equisetina 木贼麻黄
E. intermedia 中麻黄
E. przewalskii 膜果麻黄
Epimedium grandiflorum 淫羊霍
E. sagittatum 箭叶淫羊霍
Epiphyllum oxypetalum 昙花
Epipremnum pinnatum 麒麟叶
Episcia cupreata 火焰花
Eranthemum pulchellum 可爱花
Eranthis hyemalis 早春黄
Eremochloa ophiuroides 假俭草
Eremurus stenophyllus 独尾花
Erigeron speciosus 美丽飞蓬
E. aurantiacus 橙舌飞蓬
Eriobotrya japonica 枇杷
Ervatamia divaricata 狗牙花
E. hainanensis 海南狗牙花
E. offecinalis 毛花狗牙花
E. puberula 毛叶狗牙花
Eryngium alpinum 高山刺芹
E. planum 澳大利亚刺芹
Erythrina orientalis 刺桐
E. arborescens 大叶刺桐
E. carffra 火炬刺桐子
E. coralodendron 珊瑚刺桐子
E. variegata 黄脉刺桐子
Erythronium grandiflorum 大齿堇花
Eschscholtzia californica 花菱草
Eucalyptus 桉属
E. camaldulensis 赤桉
E. citriodora 柠檬桉
E. exserta 隆缘桉
E. globulus 蓝桉
E. maideni 直干蓝桉
E. robusta 大叶桉
E. tereticornis 细叶桉
E. urophylla 尾叶桉
Eucharis grandiflora 南美水仙
Eucomis bicolor 波罗兰
Eucommia ulmoides 杜仲
Euonymus alatus 卫矛

E. bungeanus	丝绵木
E. fortunei	扶芳藤
E. japonicus	大叶黄杨
E. kiautschovicus	胶州卫矛
E. macropterus	大翅卫矛
E. oxyphyllus	垂丝卫矛
E. phellomanes	栓翅卫矛
Eupatorium japonicum	泽兰
E. aromaticum	香泽兰
E. fortunei	佩兰
E. stoechadosmum	兰草
Euphorbia antiquorum	金刚纂
E. pulcherrima	一品红
E. globosa	松球掌
E. heterophylla	猩猩草
E. marginata	银边翠
E. nematocypha	大狼毒
E. neriifolia	霸王鞭
E. obesa	布纹球
E. tirucalli	光棍树
Euptelea pleiosperma	大果领春木
Eurya japonica	柃木
E. alata	翅柃
E. chinensis	米碎花
E. nitida	细齿柃
Eurycorymbus cavaleriei	伞花木
Euscaphis japonica	野鸭椿
Eustoma russellianum	草原龙胆
Evodia rutaecarpa	吴茱萸
E. danielli	臭檀
E. fargesii	臭辣树
Exacum affine	爱克花
Exbucklandia populnea	马蹄荷
Excoecaria cochinchinensis	红背桂
Exochorda racemosa	白鹃梅
E. giraldii	红柄白鹃梅
E. serratifolia	齿叶白鹃梅

F

Fagus longipetiolata	水青冈
F. hayatae	台湾水青冈
Fatsia japonica	八角金盘
F. polycarpa	多室八角金盘
Faucaria tigrina	肉黄菊
F. felina	猫肉黄菊
F. longidens	长齿肉黄菊
Ferocactus glaucesens	王冠花
F. acanthodes	琥头
F. chrysacanthus	金冠龙
F. covillei	江守玉
F. gracilis	刈穗玉
F. latispinus	日出
F. penisalae (*F. horridus*)	巨鹫玉
F. viridescens	龙眼
Festuca rubra	紫羊茅
F. elatior	高羊茅
F. ovina	羊茅
Ficus microcarpa	榕树
F. carica	无花果
F. religiosa	菩提树
F. virens var. *sublanceolata*	黄葛树
Filipendula purpurea	黑白合叶子
F. palmata	蚊子草
F. palmata var. *glabra*	光叶蚊子草
F. vestita	锈脉蚊子草
Firmiana simplex	梧桐
F. major	云南梧桐
Fittonia verschaffeltii	费通花
F. gigantea	大费通花
Fokienia hodginsii	福建柏
Fontanesia fortunei	雪柳
Forsythia suspensa	连翘
F. giraldiana	秦岭连翘
F. intermedia	金钟连翘
F. ovata	卵叶连翘
F. viridissima	金钟花
Fortunella margarita	金柑
F. crassifolia	金弹
F. hindsii	金豆
F. japonica	圆金柑
F. obovata	长寿金柑
F. polyandra	长叶金柑
Fraxinus velutina	绒毛白蜡
F. americana	美国白蜡
F. angustifolia	窄叶白蜡
F. bungeana	小叶白蜡
F. chinensis	白蜡
F. excelsior	欧洲白蜡
F. griffithii	光蜡树
F. malacophylla	白枪杆
F. mandshurica	水曲柳
F. ornus	花白蜡树
F. oxycarpa	尖果白蜡
F. pennsylvanica	洋白蜡
F. platypoda	象蜡树
F. retusa	苦枥木

F. *rhynchophylla* 大叶白蜡
Freesia × *hybrida* 小苍兰
F. *armstrongii* 红花小苍兰
Fritillaria imperialis 冠花贝母
F. *cirrhosa* 川贝母
F. *thunbergii* 浙贝母
Fuchsia × *hybrida* 倒挂金钟
F. *fulgens* 长筒倒挂金钟
F. *magellanica* 短筒倒挂金钟
F. *triphylla* 三叶挂金钟

G

Gaillardia aristata 宿根天人菊
Gaillardia pulchella 天人菊
Galanthus nivalis 雪钟花
Galtonia candicans 夏风信子
Gardenia jasminoides 栀子花
G. *stenophylla* 狭叶栀子花
Gaultheria cumingiana 白珠树
Gaura lindheimeri 山桃草
Gazania × *splendens* 杂种勋章菊
G. *pinnata* 羽叶勋章菊
Gelsemium elegans 钩吻
Genista tinctoria 染料木
Gentiana szechenyii 大花龙胆
G. *aculis* 无茎龙胆
G. *farreri* 线叶龙胆
G. *manshurica* 条叶龙胆
G. *sino-ornata* 华丽龙胆
Gerbera jamesonii 非洲菊
Gesneria cuneifolia 小苣苔
Geum quellyon 智利水杨梅
Gilia achilleaefolia 吉利花
Ginkgo biloba 银杏
G. *adiantoids* 蕨银杏
Gladiolus × *hortulanus* 唐菖蒲
G. *cardinalis* 深红唐菖蒲
G. *carneus* 肉色唐菖蒲
G. *natalensis* 南非唐菖蒲
G. *oppositiflorus* 对生花唐菖蒲
G. *primulinus* 报春花唐菖蒲
G. *purpureoauratus* 紫金唐菖蒲
Glaucium flavum（G. *luteum*） 黄海罂粟
G. *corniculatum* 红海罂粟
G. *elegans* 天山海罂粟
Glechoma longituba 连钱草
Gleditsia sinensis 皂荚
G. *heterophylla* 野皂荚
G. *japonica* 日本皂荚
G. *tricanthos* 美国皂荚
Glochidion puberum 算盘子
Glorisa superba 嘉兰
G. *rothschildiana* 宽叶嘉兰
Glottiphyllum linguiforme 宝绿
G. *depressum* 铺地舌叶花
G. *longum* 长宝绿
G. *uncatum* 卷曲舌叶花
Gloxinia perennis 小岩桐
Glyptostrobus pensilis 水松
Gmelina chinensis 石梓
Gomphrena globosa 千日红
G. *haageana* 细叶千日红
Gonatanthus pumilus 曲苞芋
Goodyera repens 斑叶兰
G. *procera* 高斑叶兰
Gossampinus malabarica 木棉
Gramineae. *Bambusoideae* 观赏竹
Grevillen robusta 银桦
Grewia biloba 扁担杆
Guzmania lingulata 果子蔓
Gymnocalycium mihanovichii 瑞云
G. *damsii* 丽蛇球
G. *denudatum* 蛇龙球
G. *mostii* 红蛇球
G. *saglione* 新天地
Gymnocladus chinensis 肥皂荚
G. *dioicus* 美国肥皂荚
Gynura aurantiaca 紫鹅绒
Gypsophila elegans 霞草
G. *acutifolia* 尖叶丝石竹
G. *oldhamiana* 香丝石竹
G. *paniculata* 锥花丝石竹
G. *perfoliata* 抱茎丝石竹

H

Habenaria davidii 长距玉凤花
H. *glaucifolia* 粉叶玉凤花
Haemanthus multiflorus 网球花
H. *albiflos* 虎耳兰
H. *katharinae* 绣球百合
Halimodendron halodendron 盐豆木
Hamamelis mollis 金缕梅
H. *obtusa* 红花金缕梅
Haworthia fasciata 条纹十二卷
H. *krausii* 绿心十二卷
H. *tessellata* 蛇皮掌

Hedera nepalensis var. *sinensis*	常春藤
H. canariensis	加拿利常春藤
H. colchica	草叶常春藤
H. helix	西洋常春藤
H. rhombea	日本常春藤
Hedychium coronarium	姜花
H. forrestii	圆瓣姜花
H. gardneranum	红丝姜花
Heimia myrtifolia	黄薇
Helenium autumnale	堆心菊
Helianthus annus	向日葵
H. angustifolius	狭叶向日葵
H. debilis subsp. *Cucumerifolius*	瓜叶葵
H. giganteus	大向日葵
H. rigidus	坚硬向日葵
H. salicifolius	柳叶向日葵
Helichrysum bracteatum	麦秆菊
H. arenarium	黄花蜡菊
H. belloides	毛叶蜡菊
Heliconia humilis	虾熬蕉
H. bihai	火鸟蕉
H. psittacorum cv. Rubra	鹦鹉火鸟蕉
H. rostrata	垂花火鸟蕉
Heliopsis helianthoides	日光菊
H. scabra	亚种刺毛日光菊
Heliotropium arborescens	香水草
H. corymbosum	大花香水草
H. europaeum	欧洲香水草
Helipterum roseum (*Acroclinium roseum*)	小麦秆
H. manglesii	永生麦秆菊
Helleborus niger	嚏根草
Helwingia japonica	青荚叶
H. chinensis	中华青荚叶
H. himalaica	喜马拉雅青荚叶
H. omeiensis	峨眉青荚叶
Hemerocallis fulva	萱草
H. citrina	黄花菜
H. lilicasphodelus (*H. flava*)	北黄花
H. middend orffii	大苞萱草
H. minor	小黄花菜
Hemiptelea davidii	刺榆
Heptacodium micronioides	七子花
Hesperis matronalis	紫花香花芥
H. oreophila	雾灵香花芥
Heteropanax fragrans	幌伞枫
Hibiscus syriacus	木槿
H. coccineus	槭葵(红秋葵)
H. moscheutos subsp. *palustris*	芙蓉葵
H. mutabilis	木芙蓉
H. paramutabilis	庐山芙蓉
H. rosa-sinensis	扶桑
H. schizopetalus	吊灯花
H. sinosyriacus	华木槿
H. taiwanensis	山芙蓉
H. tiliaceus	黄槿
Hieracium panicalatum	簇生山柳菊
H. aurantiacum	橙花山柳菊
H. pilosella var. *virides*	毛叶山柳菊
H. umbellatum	伞花山柳菊
Hierchloe odorata	茅香
Hippeastrum vittatum (*Amaryllis vittata*)	朱顶红
H. paniceum	孤挺花
H. reginae	王孤挺花
H. reticulatum	网纹孤挺花
Hippophae rhamnoides	沙棘
H. neurocarpa	肋果沙棘
H. salicifolia	柳叶沙棘
H. tibetana	西藏沙棘
Holcus lanatus	绒毛草
Holmskioldia sanguinea	冬红
Homelomena wallisii	扁叶芋
Hosta plantaginea (*Funkia grandiflora*)	玉簪
H. crispula	波缘玉簪
H. ensata	东北玉簪
H. fortunei	高丛玉簪
H. glauca (*H. sieboldiana*)	粉叶玉簪
H. undulata	波叶玉簪
H. ventricosa	紫萼
Hovenia dulcis	枳椇
Hoya carnosa	球兰(蜡兰)
H. australis	澳洲球兰
H. lyi	香球兰
H. obovata var. *kerri*	爱侣球兰
Humulus lupulus	啤酒花
Huodendron tibeticum	山茉莉
Hyacinthus orientalis	风信子
H. amehystinus	西班牙风信子
H. romanus	罗马风信子
Hydrangea macrophylla	八仙花
H. angustipetala	伞花绣球
H. anomala	蔓性八仙花
H. bretschneideri	东陵八仙花
H. paniculata	圆锥八仙花

H. strigosa	腊莲绣球
Hydrocharis dubia	水鳖
Hylocereus undatus	量天尺
Hymenocallis speciosa	蜘蛛兰
H. americana	水鬼蕉
H. calathina	蓝花水鬼蕉
Hymenodictyon flaccidum	土连翘
Hyophorbe lagenicaulis	酒瓶椰子
H. verscheffeltii	棍棒椰子
Hypericum chinense	金丝桃
H. densiflorum	密花金丝桃
H. longistylum	长柱金丝桃
H. patulum	金丝梅
Hypochoeris uniflora	黄金菊
H. grandiflora	猫儿菊
Hypoestes sanguinolenta	红斑枪刀药
H. phyllostachys	粉斑枪刀药
Hyssopus officinalis	海索草

I

Iberis amara	屈曲花
I. saxatilis	岩生屈曲花
I. sempervirens	常青屈曲花
I. umbellata	伞形屈曲花
Idesea polycarpa	山桐子
Ilex purpurea	冬青
I. cornuta	构骨
I. crenata	钝齿冬青
I. latifolia	大叶冬青
I. macrocarpa	大果冬青
I. rotunda	铁冬青
I. serrata	落霜红
Illicium verum	八角
I. henryi	红茴香
I. lanceolatum	莽草
Illigera parriflora	小花青藤
Impatiens balsamina	凤仙花
I. glandulifera	腺叶凤仙花
I. hawkeri	新几内亚凤仙
I. noli-tangere	水金凤
I. stenosepala	窄萼凤仙花
I. wallerana	温室凤仙(玻璃翠)
Incarvillea compacta	全缘角蒿
I. lutea	黄色角蒿
I. mairei	滇川角蒿
Indigofera tinctoria	槐蓝
I. amblyantha	多花槐蓝
I. decora	庭藤槐蓝
I. kirilowii	花槐蓝
Indocalamus latifolius	阔叶箬竹
I. longiauritus	箬叶竹
I. varius	善变箬竹
Inula britannica	大花旋覆花
I. ensifolia	剑叶旋覆花
I. helenium	土木香
I. salsoloides	蓼子扑
Ipomoea alba	月光花
I. cairica	五爪金龙
I. coccinea	圆叶茑萝
I. hederacea	裂叶牵牛
I. nil (*pharbitis nil*)	大花牵牛
I. purpurea	圆叶牵牛
I. quamoclit (*Quamoclit pennata*)	羽叶茑萝
I. tricolor	三色牵牛
Ipomopsis elegans (*Gilia rubra*)	红利花
Iresine herbstii	红叶苋
Iris	鸢尾属
I. dichotoma	白射干
I. japonica	蝴蝶花
I. laevigata	燕子花
I. pallida	香根鸢尾
I. pseudacorus	黄菖蒲
I. pumila	矮鸢尾
I. sanguinea	溪荪
I. tectorum	鸢尾
Ixia maculata	小鸢尾
Ixiolirion tartaricum	鸢尾蒜
Ixora chinensis	龙船花
I. coccineu	橙红龙船花
I. henryi	白花龙船花

J

Jacaranda acutifolia	蓝花楹
J. cuspidifolia	光叶蓝花楹
Jasminum nudiflorum	迎春花
J. beesianum	红素馨
J. floridum	探春花
J. humile	矮探春
J. mesnyi	野迎春
J. odoratissimum	浓香探春
J. officinale	素方花
J. polyanthum	多花素馨
J. sambac	茉莉花
Jasticia brandegeana	虾衣花

Juglans regia	胡桃
J. cathayensis	野核桃
J. mandshurica	核桃楸
J. sigillata	漾鼻核桃
Juniperus formosana	刺柏
J. communis	欧洲刺柏
J. rigida	杜松
Justicia adhatoda	鸭嘴花
J. carnea	珊瑚花

K

Kadsura japonica	南五味子
Kaempferia galanga	山柰
K. rotunda	海南三七
Kalanchoe daigremotiana	大叶落地生根
K. blossfeldiana cv. Tom Thumb	长寿花
K. fedtschenkoi cv. Rosy Dawn	玉吊钟
K. tomentosa	褐斑伽蓝
K. tubiflora	棒叶落地生根
Kalopanax septemlobus	刺楸
Kerria japonica	棣棠
Keteleeria fortunei	油杉
K. davidiana	铁坚(油)杉
K. evelyniana	云南油杉
K. formosana	台湾油杉
K. hainanensis	海南油杉
Kniphofia uvaria	火炬花
K. caulescens	短茎火炬花
K. multiflora	多花火炬花
K. quartiniana	多叶火炬花
K. triangularis	小火炬花
Kochia scoparia	扫帚草
Koelreuteria paniculata	栾树
K. bipinnata	复羽叶栾树
K. henryi	台湾栾树
K. integrifolia	全缘叶栾树
K. minor	小叶栾树
Kolkwitzia amabilis	猬实

L

Laburnum anagyroides	金链花
L. alpinum	高山金链花
Lachenalia aloides（*L. tricolor*）	立金花
L. bulbiferum	长筒立金花
Laelia ancepe	蕾丽兰
L. grandis	大唇蕾丽兰
L. purpurata	紫蕾丽兰
Lagenaria siceraria var. *microcarpa*	观赏葫芦
Lagerstroemia indica	紫薇
L. limi	福建紫薇
L. speciosa	大花紫薇
L. subcostata	南紫薇
Lamarckia aurea（*chrysurus cynosuroides*）	金穗草
Lannea grandis	厚皮树
Lantana camara	五色梅
L. montevidensis	小叶五色梅
Larix gmelini	落叶松
L. kaempferi	日本落叶松
L. olgensis	黄花落叶松
L. potaninii	红杉
L. principis-rupprechtii	华北落叶松
Lathyrus quinquenervius	山黧豆
L. latifolius	宿根香豌豆
L. odoratus	香豌豆
L. tingitauns	地中海香豌豆
Laurus nobilis	月桂
Lavandula officinalis	薰衣草
Lavatera arborea	花葵
L. cashemiriana	新疆花葵
L. trimestris	裂叶花葵
Lawsonia inermis	指甲花
Layia platyglossa	莱雅菊
Ledum palustre var. *dilatatum*	杜香
Leonotis leonuru	狮子尾
Leptodermis oblonga	薄皮木
L. purdomii	西南野丁香
Lespedeza bicolor	胡枝子
L. buergeri	绿叶胡枝子
L. chinensis	中华胡枝子
L. davidii	大叶胡枝子
L. floribunda	多花胡枝子
L. formosa	美丽胡枝子
L. inschanica	阴山胡枝子
Leucaena leucocephala	银合欢
Leucojum vernum	雪滴花
L. aestivum	夏雪滴花
L. autumnale	秋雪滴花
Lewisia cotyledon	露薇花
Liatris spicata	蛇鞭菊
L. callilepis	胭红蛇鞭菊
L. graminifolia	细叶蛇鞭菊
Licuala fordiana	轴榈
L. grandis	圆叶轴榈
L. spinosa	刺轴榈

Ligularia kaempferi var. *aure-maculata* 花叶如意
L. hodgsonii 鹿蹄橐吾
L. japonica 大吴风草
Ligustrum lucidum 女贞
L. acutissimum 蜡子树
L. compactum 长叶女贞
L. delavayanum 云南女贞
L. henryi 兴山水蜡树
L. japonica 日本女贞
L. obtusifolium 水蜡树
L. ovalifolium 卵叶女贞
L. quihoui 小叶女贞
L. sinense 小蜡树
L. vicaryi 金叶女贞
L. vulgare 欧洲女贞
Lilium 百合属
L. brownii 百合
L. concolor 渥丹
L. dauricum 毛百合
L. davidii 川百合
L. henryi 湖北百合
L. lancifolium 卷丹
L. longitlorum 麝香百合
L. lsingtauense 青岛百合
L. pumilum 山丹
L. regale 王百合
Limonium sinuatum 深波叶补血草
L. bicolor 二色补血草
L. coralloides 珊瑚补血草
L. flexuosum 曲枝补血草
L. latifolium 宽叶补血草
L. otolepis 耳叶补血草
L. perezii 非洲补血草
L. sinense 补血草
L. suworowii 高加索补血草
Linanthus androsaceus 琳那花
Linaria vulgaris 柳穿鱼
L. bipartita 弯距柳穿鱼
L. moroccana 摩洛哥柳穿鱼
Lindera glauca 山胡椒
L. angustifolia 狭叶山胡椒
L. communis 香叶树
L. obtusiloba 三桠乌药
Linociera ramiflora 黑皮插柚紫
Linum grandiflorum 大花亚麻
L. alpinum 高山亚麻
L. flavum 黄花亚麻
L. perenne 宿根亚麻
Liquidambar formosana 枫香
L. acalycina 缺萼枫香
L. styraciflua 北美枫香
Liriodendron chinense 鹅掌楸
L. chinense × *L. tulipifera* 杂种鹅掌楸
L. tulipifera 美国鹅掌楸
Liriope spicata 土麦冬
L. graminifolia 禾叶土麦冬
L. platyphylla 阔叶麦冬
Litchi chinensis 荔枝
Lithocarpus glabra 石栎
Lithops 生石花属
Litsea cubeba 木姜子
L. auriculata 天目木姜子
L. lancilimba 大果木姜子
L. suberosa 栓皮木姜子
Livistona chinensis 蒲葵
Lobelia erinus 半边莲
L. cardinalis 红花山梗菜
L. erinus 山梗菜
Lobularia maritima（*Alyssum maritima*） 香雪球
Lolium perenne 黑麦草
L. multiflorum 多花黑麦草
Lonas inodora（*L. annua*） 罗纳菊
Lonicera maackii 金银木
L. chrysantha 金花忍冬
L. coerulea var. *edulis* 蓝靛果
L. fragrantissima 郁香忍冬
L. japonica 金银花
L. modesta 下江忍冬
L. syringantha 粉红金银花
L. tatarica 新疆忍冬
L. tragophylla 盘叶忍冬
L. webbina 华西忍冬
Lophophora williamisii 乌羽玉
Loropetalum chinense 檵木
Lotus corniculatus 百脉根
lstroemeria aurantiaca 黄六出花
Luculia gratissima 馥郁滇丁香
L. intermedia 滇丁香
L. yunnanensis 鸡冠滇丁香
Ludisia discolor 血叶兰
Ludwigia arquata 小红叶
Lumnitzera racemosa 榄李
Lupinus hartwegii 三色羽扇豆
L. bicolor 双色羽扇豆

L. hirstutus	棕毛羽扇豆
L. latifolius	宽叶羽扇豆
L. luteus	黄羽扇豆
L. nanus	矮羽扇豆
L. perennis	宿根羽扇豆
L. polyphyllus	羽扇豆
L. pubescens	锈毛羽扇豆
L. taxensis	深蓝羽扇豆
Lychnis chalcedonica	皱叶剪夏罗
L. coelirosa	大花剪夏罗
L. coronaria	毛缕
L. coronata	剪夏罗
L. senno	剪秋罗
Lycium chinense	枸杞
L. barbarum	宁枸杞
Lycoris radiata	石蒜
L. aurea	忽地笑
L. chinensis	中国石蒜
L. longituba	长筒石蒜
L. sanguinea	夏水仙
L. sprengeri	换锦花
L. squamigera	鹿葱
Lyonia ovalifolia var. *elliptica*	缑木
Lysidice rhodostegia	仪花
Lysimachia clethroides	珍珠菜
Lythrum salicaria	千屈菜
L. anceps	光千屈菜
L. virgatum	帚枝千屈菜

M

Macckia amurensis	怀槐
M. chinensis	马鞍树
M. tenuifolia	光叶马鞍槐
Machilus thunbergii	红润楠
M. kusanoi	大叶润楠
M. leptophylla	薄叶润楠
M. yunnanensis	滇润楠
Macleaya cordata	博落回
Maesa japonica	杜茎山
Magnolia denudata	玉兰
M. acuminata	黄瓜木兰
M. albosericea	绢毛木兰
M. biondii	望春玉兰
M. campbellii	滇藏木兰
M. coco	夜合花
M. cylindrica	黄山木兰
M. delavayi	山玉兰
M. grandiflora	广玉兰
M. kobus	日本辛夷
M. liliflora（*M. quinquepetala*）	紫玉兰
M. macrophylla	大叶木兰
M. obovata	日本厚朴
M. odoratissima	馨香玉兰
M. officinalis	厚朴
M. sieboidii	天女花
M. sinensis	圆叶玉兰
M. sprengeri	紫红玉兰
M. stellata	星花木兰
M. virginiana	桂叶木兰
M. wilsonii	西康玉兰
M. × *soulangeana*	二乔玉兰
Mahonia fortunei	十大功劳
M. bealei	阔叶十大功劳
M. japonica	华南十大功劳
Malope trifida	马络葵
Malus	苹果属
M. baccata	山荆子
M. halliana	垂丝海棠
M. honanensis	河南海棠
M. hupehensis	湖北海棠
M. micromalus	小果海棠
M. prunifolia	海棠果
M. sieboldii	三叶海棠
M. spectabilis	海棠花
Malva sylvestris	锦葵
M. alcea	小锦葵
M. crispa	皱叶锦葵
M. moschata	香葵
M. rotundifolia	圆叶锦葵
M. verticillata	冬葵
Mammillaria prolifera	松霞
M. bocasana	棉花球
M. compressa	白龙球
M. elongata	金筒球
M. geminispina	白玉兔
M. gracilis	银毛球
M. hahniana	玉翁
M. magnimamma	金刚球
M. multiceps	绒毛球
M. perbella	大福球
M. plumosa	白星
Mangifera indica	杧果
M. persiciformis	扁桃杧果
M. sylvetica	南扁桃
Manglietia fordiana	木莲
M. glauca	灰木莲

M. insignis	红花木莲
M. pachyphylla	厚叶木莲
Maranta bicolor	花叶竹芋
M. arundinacea	竹芋
M. leuconeura	条纹竹芋
Matricaria recutita	母菊
Matthiola incana	紫罗兰
M. bicornis	夜香紫罗兰
Mayodendron igneum	火烧花
Maytenus hookeri	美登木
Meconopsis fetonicifolia	蓝花绿绒蒿
M. chelidonifolia	黄花绿绒蒿
M. grandis	大花绿绒蒿
M. horridula	多刺绿绒蒿
M. integrifolia	全缘绿绒蒿
M. punicea	红花绿绒蒿
M. speciosa	美丽绿绒蒿
Melaleuca leucadendra	白千层
M. hypericifolia	金丝桃叶白千层
M. parviflora	小花白千层
Melia azedarach	楝树
M. toosendan	川楝
Melilotus officinalis	黄香草木犀
Meliosma cuneifolia	泡花树
M. beaniana	珂楠树
M. oldhamii	羽叶泡花树
M. stewardii	庐山泡花树
M. veitchiorum	暖木
Melliodendron xylocarpum	陀螺果
Menispermum dauricum	蝙蝠葛
Mentha arvensis var. *piperascens*	薄荷
M. crispa	皱叶薄荷
M. japonica	日本薄荷
M. piperita	西洋薄荷
M pulegium	姫薄荷
M. viridis	绿薄荷
Mesua ferrea	铁力木
Metasequoia glyptostroboides	水杉
Michelia alba	白兰花
M. figo (*M. fuscata*)	含笑
M. champaca	黄兰
M. compressa	台湾含笑
M. hedyosperma	香子含笑
M. macclurei	醉香含笑
M. maudiae	深山含笑
M. shinneriana	野含笑
M. wilsonii	峨眉含笑
M. yunnanensis	云南含笑
Millettia reticulata	鸡血藤
M. dielisana	香花崖豆藤
Millingtonia hortensis	烟筒花
Miltonia candida	堇兰
M. laevis	早花堇兰
M. phalaenopsis	蝴蝶堇兰
Mimosa pudica	含羞草
Mimulus luteus	猴面花
M. cardinalis	红花猴面花
M. cupreus	铜黄猴面花
M. moschatus	香猴面花
Mina lobata	鱼花茑萝
Mirabilis jalapa	紫茉莉
M. longiflora	长筒紫茉莉
Miscanthus sinensis	芒
M. sacchariflorus	荻
Molucella laevis	贝壳花
Monarda didyma	马薄荷
M. fistulosa	堇花薄荷
M. punctata	斑花马薄荷
Moneses uniflora	独丽花
Monochoria korsakowii	雨久花
Monstera deliciosa	龟背竹
Moraea neopavonia	孔雀鸢尾
Morus alba	桑
M. australis	鸡桑
M. mongolica	蒙桑
M. multicaulis	鲁桑
Mucuna sempervirens	常春油麻藤
M. birdwoodiana	白花油麻藤
Murraya paniculata	九里香
Musa basjoo	芭蕉
M. coccinea	红花蕉
M. nana	香蕉
M. paradisiaca	甘蕉
Muscari botryoides	葡萄风信子
M. azureum	天蓝葡萄风信子
M. comosum	大蓝壶花
Musella lasiocarpa	地涌金莲
Mussaenda pubescens	玉叶金花
M. forndosa	白纸扇
M. macrophylla	大叶玉叶金花
M. parviflora	狭叶玉叶金花
M. taiwaniana	台湾玉叶金花
Myosotis sylvatica	勿忘草
M. alpestris	高山勿忘草
M. scorpioides	沼泽忽忘草
Myrica rubra	杨梅

M. nana 矮杨梅
Myricaria bracteata 水柏枝
M. alopecuroides 河柏
M. elegans 秀丽水柏枝
M. platyphylla 宽叶水柏枝
M. rosea 卧生水柏枝
Myripnois dioica 蚂蚱腿子
Myristica cagayanensis 台湾肉豆蔻
Myrsine africana 铁仔

N

Nandina domestica 南天竹
Narcissus tazetta var. *chinensis* 中国水仙
N. pseudo-narcissus 喇叭水仙
Neillia sinensis 中华绣线梅
N. affinis 川康绣线梅
N. ribesioides 毛叶绣线梅
N. rubiflora 粉花绣线梅
Nelumbo nucifera 荷花
N. lutea 美洲莲
Nemesia strumosa 龙面花
N. floribunda 多花龙面花
N. versicolor 彩色龙面花
Nemophila insignis 大幌菊
N. maculata 紫点幌菊
N. menziesii 幌菊
Neodypsis decaryi 三角椰子
Neolitsea aurata 新木姜
Neoregelia caroline 赪凤梨
N. spectabilis 指红凤梨
Nepenthes mirabilis 猪笼草
Nepeta mussinii 倒伏荆芥
Nephrolepis 肾蕨属
N. acuminata 尖叶肾蕨
N. cordifolia 肾蕨
N. ensifolia 剑叶肾蕨
N. exatata 皱叶肾蕨
Nerine sarniensis 娜丽花
N. bowdenii 鲍氏娜丽花
N. flexuosa 曲娜丽花
Nerium indicum 夹竹桃
N. oleander 欧洲夹竹桃
Nertera granadensis 苔珊瑚
Nicotiana alata 花烟草
N. forgetiana 福氏烟草
N. sanderae 红花烟草
Nidularium fulgens 巢凤梨
Nierembergia hippomanica 赛亚麻
N. repens 白赛亚麻
Nigella damascena 黑种草
N. hispanica 西班牙黑种草
N. sativa 香子黑种草
Nomocharis basilissa 美丽豹子花
N. pardanthina 豹子花
Nopalxochia ackermannii 令箭荷花
N. phyllanthoides 小朵令箭荷花
Notocactus leninghausii 黄翁
N. graessneri 黄雪光
N. haselbergii 雪光
N. ottonis 青王球
N. scopa 小町
N. submammulosus 细粒玉
Nuphar pumilum 萍蓬草
N. advena 美国萍蓬草
N. japonicum 日本萍蓬草
N. lutea 欧亚萍蓬草
Nymphaea tetragona 睡莲
N. alba 欧洲白睡莲
N. caerulea 蓝睡莲
N. cindida 雪白睡莲
N. lotus 埃及白睡莲
N. mexicana 墨西哥黄睡莲
N. odorata 香睡莲
N. rubra 红花睡莲
N. stellata 星芒睡莲
N. tuberosa 块茎睡莲
Nymphoides peltata 荇菜
N. cristata 水皮莲
N. indica 金银莲花
Nypa fruticans 水椰
Nyssa sinensis 蓝果树

O

Obregonia denegrii 帝冠
Ochrosia borbonica 玫瑰树
O. elliptica 古城玫瑰
Ocimum basilicum 罗勒
Odontoglossum grande 齿瓣兰
O. crispum 皱波齿瓣兰
O. edwardii 厄瓜多尔齿瓣兰
Oenothera biennis 月见草
O. drummondii 待宵草
O. odorata 香待宵草
O. speciosa 美丽月见草
Olea europaea 油橄榄
Oncidium papilio 金蝶兰

O. varicosum	小金蝶兰
Onobrychis viciifolia	红豆草
Ophiopogon japonicus	细叶沿阶草
O. bodinieri	沿阶草
O. jaburan	阔叶沿阶草
O. tonkinensis	多花沿阶草
Opuntia microdasys	黄毛掌
O. dillenii	仙人掌
O. ficus-indica	仙桃
O. leucotricha	棉花掌
O. microdasys cv. Albispina	白毛掌
O. vulgaris	日月掌
Ormosia hosiei	红豆树
Ornithoglum caudatum	虎眼万年青
O. arabicum	阿拉伯鸟乳花
O. thyrsoides	好望角鸟乳花
O. umbellatum	伞形鸟乳花
Oroxylum indicum	木蝴蝶
Orychophragmus violaceus	二月兰
Osmanthus fragrans	桂花
O. heterophyllus	柊树
Osteomeles schwerinae	华西小石积
Ostrya japonica	铁木
O. multinervis	多脉铁木
O. rehderiana	天目铁木
Ottelia alismoides	水车前
Oxalis bowiei	大花酢浆草
O. rubra	红花酢浆草
Oxytropis coerulea	蓝花棘豆
O. bicolor	二色棘豆

P

Pachysandra terminalis	富贵草
P. procumbens	平铺富贵草
Pachystachys lutea	金苞花
P. coccinea	红花厚穗爵床
Paeonia	芍药属
P. decomposita	四川牡丹
P. delavayi	紫牡丹
P. lactiflora (*P. albiflora*)	芍药
P. lutea	黄牡丹
P. lutea var. *ludlowii*	大花黄牡丹
P. macrophylla	大叶芍药
P. mlokosewitschii	黄花芍药
P. officinalis subsp. *officinalis*	荷兰芍药
P. ostii	洋山牡丹
P. rockii	紫斑牡丹
P. suffruticosa	牡丹
P. suffruficosa var. *spontanea*	矮牡丹
P. tenuifolia	细叶芍药
Paliurus hemsleyanus	铜钱树
P. ramosissimus	马甲子
Pandanus tectorius	露兜树
P. gressitii	小露兜
P. pygmaeus	狭叶露兜树
P. sanderi	金边露兜树
P. utilis	红刺露兜树
P. veitchii	斑叶露兜树
Pandorea jasminoides	粉花凌霄
Papaver orientale	东方罂粟
P. alpinum	高山罂粟
P. nudicaule	冰岛罂粟
P. pavonium	孔雀罂粟
P. rhoeas	虞美人
P. somniferum	观赏罂粟
Paphiopedilum appletomianum	卷萼兜兰
P. armeniacum	杏黄兜兰
P. dianthum	长瓣兜兰
P. hirsudissimum	带叶兜兰
Paradisea liliastrum	天堂莲
Parakmeria lotungensis	乐东拟单性木兰
P. kachirachirai	恒春拟单性木兰
P. yunnanensis	云南拟单性木兰
Parepigynum funingense	富宁藤
Parthenocissus tricuspidata	爬山虎
P. austro-orientalis	东南爬山虎
P. henryana	花叶爬山虎
P. heterophylla	异叶爬山虎
P. himalayana	三叶爬山虎
P. laetevirens	亮绿爬山虎
P. quinquefolia	美国地锦
P. thomsonii	粉叶爬山虎
Paspalum conjugatum	两耳草
P. dilatatum	毛花雀稗
Paulownia fortunei	泡桐
P. elongata	兰考泡桐
P. tomentosa	毛泡桐
Pavetta arenosa	大沙叶
Pelargonium hortorum	天竺葵
P. cordatum	心叶天竺葵
P. cucullatum	篱天竺葵
P. domesticum	大花天竺葵
P. graveolens	香叶天竺葵
P. odoratissimum	芳香天竺葵
P. peltatum	蔓天竺葵
P. radula	菊叶天竺葵

P. zonale	马蹄纹天竺葵
Pennisetum setaceum	喷泉草
Penstemon campanulatus	钓钟柳
P. barbatus	红花钓钟柳
P. hirsutus	堇花钓钟柳
Pentapetes phoeicea	夜落金钱
Pentas lanceolata	五星花
Peperomia magnolifolia	豆瓣绿
P. argyreia	西瓜皮豆瓣绿
P. griseo-argentea	银叶豆瓣绿
P. maculosa	斑叶豆瓣绿
Perilla frutescens cv. Crispa	皱叶紫苏
Periploca sepium	杠柳
Persea americana	鳄梨
Peterospermum niveum	台湾翅子树
P. diversifolium	翅子树
P. kingtungense	景东翅
Petrorhagia saxifraga	膜萼花
Petunia × hybrida	矮牵牛
Phacelia campanularia	蓝穗钟花
Phaius tankervilliae	鹤顶兰
P. flavus	红花鹤顶兰
Phalaenopsis amabilis	蝴蝶兰
P. schilleriana	席勒蝴蝶兰
P. wilsonii	云中南蝴蝶兰
Phalaris arundinacea var. *picta*	玉带草
Phaseolus coccineus	红花菜豆
Phellodendron amurense	黄檗
P. chinense	黄皮树
Philadelphus	山梅花属
P. coronarius	西洋山梅花
P. delavayi	云南山梅花
P. incanus	山梅花
P. pekinensis	太平花
Philodendron selloum	裂叶喜林芋
P. cordatum	心叶喜林芋
P. erubescens	红苞喜林芋
P. panduriforme	琴叶喜林芋
P. scandens	藤叶喜林芋
P. scandens subsp. *oxycardium*	圆叶喜林芋亚种
Phlox drummondii	福禄考
P. maculata	斑茎福禄考
P. paniculata	宿根福禄考
P. stolonifera	匐地福禄考
P. subulata	丛生福禄考
Phoebe sheareri	紫楠
P. chekiangensis	浙江楠
P. chinensis	山楠
P. formosana	台楠
P. hui	细叶桢楠
P. nanmu	滇南
P. zhennan	桢楠
Phoenix canariensis	长叶刺葵
P. dactylifera	枣椰子
P. roebelenii	软叶刺葵
Pholidota chinensis	石仙桃
P. imbricata	密花石仙桃
Phormium cookianum	小新西兰亚麻
P. tenax	新西兰亚麻
Photentilla fruticosa	金露梅
P. glabra	银露梅
P. parvifolia	小叶金露梅
Photinia serrulata	石楠
P. davidsoniae	椤木石楠
P. glabra	光叶石楠
P. lasiogyna	倒卵叶石楠
P. villosa	毛叶石楠
Phragmites communis	芦苇
Phyllanthus emblica	余甘子
Phyllodoce caerulea	松毛翠
Phyllostachys aurea	人面竹
P. aureosulcata	黄槽竹
P. glauca	粉绿竹
P. heterocycla	毛竹
P. nigra	紫竹
P. propinqua	沙竹
P. sulphurea	金竹
Physalis alkekengi	酸浆
P. minima	小酸浆
Physocarpus amurensis	风箱果
P. opulifolius	无毛风箱果
Physostegia virginiana	随意草
Phyteuma michelii	角钟花
Phytolacca acinosa（*P. esculenta*）	商陆
P. americana	美洲商陆
P. heterotepala	异瓣商陆
P. octandra	八蕊商陆
Picea asperata	云杉
P. abies	欧洲云杉
P. aurantiaca	白皮云杉
P. brachytyla	麦吊云杉
P. crassifolia	青海云杉
P. jezoensis var. *microsperma*	鱼鳞云杉
P. koraiensis	红皮云杉
P. likiangensis	丽江云杉
P. meyeri	白杆

P. morrisonicola 台湾云杉
P. neoveitchii 大果青杆
P. polita 日本云杉
P. purpurea 紫果云杉
P. smithiana 长叶云杉
P. wilsonii 青杆
Picrasma quassioides 苦木
Pieris japonica 马醉木
P. formosa 美丽马醉木
Pilea cadierei 冷水花
P. depressa 平卧冷水花
P. involucrata 友谊花
P. nummularifolia 铜钱叶冷水花
P. peperomioides 镜面草
Pinanga discolor 变色山槟榔
Pinellia cordata 心叶半夏
Pinus 松属
P. armandi 华山松
P. bungeana 白皮松
P. caribaea 加勒比松
P. contorta 旋叶松
P. densiflora 赤松
P. elliottii 湿地松
P. fenzeliana 海南五针松
P. griffithii 乔松
P. taiwanensis 黄山松
P. koraiensis 红松
P. kwangtungensis 华南五针松
P. massoniana 马尾松
P. morrisonicola 台湾五针松
P. oocarpa 卵果松
P. palustris 长叶松
P. parviflora 日本五针松
P. patula 展松
P. ponderosa 西黄松
P. pumila 偃松
P. rigida 刚松
P. strobus 北美乔松
P. sylvestris 欧洲赤松
P. sylvestris var. *mongolica* 樟子松
P. var. *sylvestriformis* 长白松
P. tabulaeformis 油松
P. taeda 火炬松
P. thunbergii 黑松
P. wangii 毛枝五针松
Piptanthus nepalensis 黄花木
Pistacia chinensis 黄连木
P. vera 阿月浑子
P. weinmannifolia 清香木
Pittosporum tobira 海桐
P. glabratum 光叶海桐
P. illicioides 崖花海桐
P. pentandrum var. *hainanense* 台湾海桐
Platanus 悬铃木属
Platycarya strobilacea 化香树
Platycerium 鹿角蕨属
P. bifurcatum 鹿角蕨
P. diversifolium 异叶鹿角蕨
P. grande 真鹿角蕨
P. madagascariense 马达加斯加鹿角蕨
P. willinkii 重裂鹿角蕨
Platycladus orientalis 侧柏
Platycodon grandiflorus 桔梗
Plectocomia microstachys 钩叶藤
Plectranthus oertendahlii 垂枝香茶菜
P. australis 澳洲香茶菜
Pleioblastus gramineus 大明竹
P. simonii 女竹
Pleione bulbocodioides 独蒜兰
P. hookeriana 毛唇独蒜兰
Plumbago auriculata 蓝雪花
Plumeria rubra cv. Acutifolia 鸡蛋花
P. rubra 红鸡蛋花
Poa pratensis 草地早熟禾
P. annua 早熟禾
P. compressa 加拿大早熟禾
P. nemoralis 林地早熟禾
Podocarpus macrophyllus 罗汉松
P. brevifolius 小叶罗汉松
P. costalis 兰屿罗汉松
P. fleuryi 长叶竹柏
P. formosensis 窄叶竹柏
P. forrestii 大理罗汉松
P. imbricatus 鸡毛松
P. nagi 竹柏
P. nakaii 台湾罗汉松
P. neriifolius 百日青
Polemonium caeruleum 花荵
P. chinense 中华花荵
Polianthes tuberosa 晚香玉
Poliothyrsis sinensis 山拐枣
Polyalthia rumphii 香花暗罗
P. cerasoides 细基丸
P. laui 海南暗罗
P. plagioneura 斜脉暗罗(九重波)
Polygonatum odoratum 玉竹

Polygonum multiflorum 何首乌
P. aubertii 山荞麦
P. baldschuanicum 红山荞麦
P. orientale (*P. spaethii*) 红蓼
Polyspora axillaris 大头茶
Poncirus trifoliata 枳(枸橘)
Populus 杨属
P. alba 新疆杨
P. alba cv. Pyramidalis 银白杨
P. cathayana 青杨
P. charbinensis 哈青杨
P. davidiana 山杨
P. euphratica 胡杨
P. hopeiensis 河北杨
P. koreana 香杨
P. lasiocarpa 大叶杨
P. nigra 黑杨
P. simonii 小叶杨
P. tomentosa 毛白杨
P. ussuriensis 大青杨
P. wilsonii 椅杨
P. yunnenensis 滇杨
P. × *canadensis* 加拿大杨
Portulaca grandiflcra 半支莲
Potaninia mongolica 绵刺
Potentilla flagellaris 匍枝委陵菜
P. anserina 鹅绒委陵菜
P. bifurca 二裂叶委陵菜
P. freyniana 三叶委陵菜
P. fruticosa 金露梅
P. glabra 银露梅
P. parvifolia 小叶金露梅
Primula 报春花属
P. kwangutungensis 广东报春
P. malacoides 报春花
P. maximowiczii 胭脂花
P. obconica 鄂报春
P. sinensis 藏报春
P. veris 黄花九轮草
P. vulgaris 欧洲报春
Prinsepia uniflora 扁核木
Prunella grandiflora 大花夏枯草
Prunus (*Cerasus*) 李属
P. armeniaca (*Armeniaca vulgaris*) 杏
P. buergeriana 木稠李
P. cerasifera cv. Pissardii 紫叶李
P. cerosoides 云南樱花
P. davidiana 山桃
P. domestica 欧洲李
P. dulcis 扁桃
P. glandulosa 麦李
P. humilis 欧李
P. japonica 郁李
P. kansuensis 甘肃桃
P. lannesiana 日本晚樱
P. maackii 斑叶稠李
P. majestica 冬樱花
P. mandshurica 东北杏
P. mira 光核桃
P. mume (*Armeniaca mume*) 梅花
P. padus 稠李
P. pendula 早樱
P. persica 桃花
P. pseudocerasus 樱桃
P. salicina 李
P. sargentii 大山樱
P. serrulata 樱花
P. sibirica 西伯利亚杏
P. subhirtella 日本早樱
P. tomentosa 毛樱桃
P. triloba 榆叶梅
P. viriginiana 紫叶稠李
P. zippeliana 大叶桂樱
Pseudolarix amabilis 金钱松
Pseudosasa japonica 矢竹
Pseudotaxus chienii 白豆杉
Pseudotsuga sinensis 黄杉
P. gaussenii 华东黄杉
P. menziesii 北美黄杉
P. wilsoniana 台湾黄杉
Psidium guajava 番石榴
Ptelea trifoliata 三叶椒
Pteris 凤尾蕨属
P. cretica 大叶凤尾蕨
P. ensiformis 箭叶凤尾蕨
P. multifida 井栏边草
P. tremula 澳洲凤尾蕨
P. umbrosa 细叶凤尾蕨
Pterocarpus indicus 紫檀
Pterocarya stenoptera 枫杨
P. macroptera 甘肃枫杨
P. tonkinensis 滇桂枫杨
Pteroceltis tartarinowii 青檀
Pterostyrax psilophyllus 白辛树
P. corymbosus 小叶白辛树

Pueraria lobata 葛藤
Pulsatilla chinensis 白头翁
P. cernua 日本白头翁
P. vulgaris 欧洲白头翁
Punica granatum 石榴
Pyracantha fortuneana 火棘
P. angustifolia 窄叶火棘
P. coccinea 欧亚火棘
P. crenulata 细圆齿火棘
Pyrola rotundifolia 鹿蹄草
Pyrostegia ingea 炮仗花
Pyrus 梨属
P. betulaefolia 杜梨
P. bretschneioderi 白梨
P. calleryana 豆梨
P. cemmunis 西洋梨
P. pashia 川梨
P. pyrifolia 沙梨
P. sinkiangensis 新疆梨
P. ussuriensis 秋子梨

Q

Quercus 栎属
Q. acutissima 麻栎
Q. aquifolioides 川滇高山栎
Q. chenii 小叶栎
Q. dolicholepis 匙叶栎
Q. semicarpifolia 高山栎
Q. variabilis 栓皮栎
Quisqualis indica 使君子

R

Radermachera sinica 菜豆树
Ramonda myconi 高山苣苔
Ranunculus usiaticus 花毛茛
R. lingua 长叶毛茛
R. repens 匍枝毛茛
R. rubrocalyx 红萼毛茛
Rapanea neriifolia 密花树
Raphiolepis indica (*Paphiolepis indica*) 石斑木
Raphistemma pulchellum 大花藤
Rauvolfia verticillata 萝芙木
Ravenala madagascariensis 旅人蕉
Rebutia minuscula 子孙球
R. chrysacantha 锦宝球
R. grandiflora 伟宝球
R. senilis 翁宝球
R. xanthocarpa 熏宝球
Rehderodendron macrocarpum 木瓜红
R. kwangtungense 广东木瓜红
Reineckia carnea 吉祥草
Reinwardtia trigyna 石海椒
Remusatia vivipara 岩芋
Reseda odorata 木犀草
Rhamnus davurica 鼠李
R. arguta 锐齿鼠李
R. crenata 长叶冻绿
R. globosa 圆叶鼠李
R. parvifolia 小叶鼠李
R. utilis 冻绿
Rhapis excelsa 棕竹
R. humilis 矮棕竹
Rhodamnia dumetorum var. *hainanensis* 海南玫瑰木
Rhodiola dumulosa 小丛红景天
R. rosea 红景天
Rhododendron 杜鹃花属
R. decorum 大白杜鹃
R. delavayi 马缨杜鹃
R. fortunei 云锦杜鹃
R. kwangtungense 广东杜鹃
R. latoucheae 鹿角杜鹃
R. mariesii 满山红
R. micranthum 照山白
R. molle 羊踯躅
R. mucronatum 白花杜鹃
R. mucronulatum 迎红杜鹃
R. obtusum 石岩杜鹃
R. ovatum 马银花
R. pulchrum 锦绣杜鹃
R. simsii 杜鹃花
Rhodomyrtus tomentosa 桃金娘
Rhodotypos scandens 鸡麻
Rhoeo spathacea 紫背万年青
Rhus chinensis 盐肤木
R. potaninii 青肤杨
R. typhina 火炬树
Ribes mandshuricum 东北茶藨子
R. burejense 刺果茶藨子
R. fasciculatum 华蔓茶藨
R. grossularia 醋栗
R. komarovii 长白茶藨子
R. nigrum 黑果茶藨子
R. odoratum 香茶藨
Robinia hispida 毛刺槐

R. *pseudoacacia* 刺槐
Rohdea japonica 万年青
Rosa 蔷薇属
Rosa cvs. 月季类
R. *acicularis* 针刺蔷薇
R. *albertii* 腺齿蔷薇
R. *banksiae* 木香
R. *banksiopsis* 拟木香
R. *beggeriana* 弯刺蔷薇
R. *bella* 美蔷薇
R. *bracteata* 硕苞蔷薇
R. *caudata* 尾萼蔷薇
R. *centifolia* 洋蔷薇
R. *cymosa* 小果蔷薇
R. *damascena* 突厥蔷薇
R. *davidii* 西北蔷薇
R. *davurica* 刺玫蔷薇
R. *fedtschenkoana* 腺果蔷薇
R. *filipes* 腺梗蔷薇
R. *gallica* 法国蔷薇
R. *gigantea* 巨花蔷薇
R. *giraldii* 陕西蔷薇
R. *helenae* 卵果蔷薇
R. *henryi* 复伞房蔷薇
R. *henryi* 软条七蔷薇
R. *hugonis* 黄蔷薇
R. *laevigata* 金樱子
R. *laxa* 疏花蔷薇
R. *macrophylla* 大叶蔷薇
R. *maximowicziana* 伞花蔷薇
R. *moyesii* 红花蔷薇
R. *multiflora* 野蔷薇
R. *omeiensis* 峨眉蔷薇
R. *platyacantha* 宽刺蔷薇
R. *primula* 报春刺玫
R. *roxburghii* 缫丝花
R. *rubus* 荼蘼花
R. *rugosa* 玫瑰
R. *saturata* 大红蔷薇
R. *sericea* 绢毛蔷薇
R. *sertata* 钝叶蔷薇
R. *setipoda* 刺梗蔷薇
R. *spinosissima* 密刺蔷薇
R. *sweginzowii* 扁刺蔷薇
R. *tsinglingensis* 秦岭蔷薇
R. *wichuraiana* 光叶蔷薇
R. *willmottiae* 小叶蔷薇
R. *xanthina* 黄刺玫
Roystonea regia 大王椰子
Rubus amabilis 秀丽莓
R. *chingii* 掌叶复盆子
R. *chroosepalus* 毛萼梅
R. *idaeus* 复盆子
R. *peltanus* 盾叶莓
R. *pungens* 针刺悬钩子
R. *swinhoei* 木莓
Rudbeckia hirta 毛叶金光菊
R. *fulgida* 齿叶金光菊
R. *laciniata* 金光菊
R. *maxima* 大金光菊
Ruscus aculeatus 假叶树
Russelia equisetiformis 炮仗竹
Ruta graveolens 芸香

S

Sabia japonica 清风藤
Sabina chinensis (*Juniperus chinensis*) 圆柏
S. *davurica* 兴安圆柏
S. *gaussenii* 昆明柏
S. *pingii* 垂枝香柏
S. *recurva* 垂枝柏
S. *sino-aplina* 香柏
S. *squamata* 高山柏
S. *virginiana* 北美圆柏
S. *vulgaris* 砂地柏
Sageretia theezans 雀梅藤
S. *pycnophylla* 少脉雀梅藤
Sagittaria sagittifolia 慈姑
Saintpaulia ionantha 非洲堇
Salix 柳属
S. *alba* 白柳
S. *babylonica* 垂柳
S. *capitata* 圆头柳
S. *cavaleriei* 云南柳
S. *chaenomeloides* 腺柳
S. *fragilis* 爆竹柳
S. *gracilistyla* 细柱柳
S. *integra* 杞柳
S. *magnifica* 大叶柳
S. *matsudana* 旱柳
S. *maximowiczii* 大白柳
S. *pierotii* 白皮柳
S. *pseudo-lasiogyne* 朝鲜垂柳
S. *wilsonii* 紫柳
S. × *leucopithecia* 棉花柳

Salpiglossis sinuata	智利喇叭花
Salvia spendens	一串红
S. coccinea	朱唇
S. farinacea	一串蓝
S. officinalis	撒尔维亚
S. viridis	一串紫
Sambucus williamsii	接骨木
S. nigra	西洋接骨木
Sansevieria trifasciata	虎尾兰
S. cylindrica	圆叶虎尾兰
S. trifasciata cv. Golden Hahrii	金边短叶虎尾兰
S. trifasciata cv. Laurentii	金边虎尾兰
Sanvitalia procumbens	蛇眼菊
Sapindus mukorossi	无患子
S. delavayi	云南无患子
Sapium sebiferum	乌柏
S. japonicum	白乳木
S. rotundifolium	圆叶乌柏
Saponaria officinalis	石碱花
Saraca dives	火焰花(中国无忧花)
Sarcandra glabra	草珊瑚
Sarcococca ruscifolia	野扇花
Sargentodoxa cuneata	大血藤
Sarracenia purpurea	瓶子草
Sasa auricoma	菲黄竹
S. fortunei	菲白竹
S. sinica	华箬竹
Sassafras tsumu	檫木
Saussurea amara	草地风毛菊
S. bullockii	庐山风毛菊
S. involucrata	雪莲花
Saxifraga stolonifera	虎耳草
S. paniculata	圆锥虎耳草
S. rufescens	红毛虎耳草
Scabiosa atropurpurea	松虫草
S. calumbaria	小轮锋菊
S. caucasica	高加索蓝盆花
S. japonica	蓝盆花
S. ochroleuca	黄盆花
S. superba	大花蓝盆花
Schefflera octophylla	鹅掌柴
S. arboricola	鹅掌藤
Schima superba	木荷
S. argentea	银木荷
S. wallichii	峨眉木荷
Schisandra chinensis	五味子
Schizanthus pinnatus	蛾蝶花
S. gracilis	小蛾蝶花
S. grahamii	格氏蛾蝶花
S. retusus	尖裂蛾蝶花
Schizostylis coccinea	丝柱鸢尾
Sciadopitys verticillata	金松
Scilla scilloides	绵枣儿
S. autumnalis	秋绵枣儿
S. bifolia	双叶绵枣儿
S. peruviana	地中海绵枣儿
Scindapsus aureus	黄金葛
S. pictus	绿萝
Scirpus cernuus	星星草
S. tabernaemontani	水葱
Securinega suffruticosa	一叶萩
Sedum morganianum	翡翠景天
S. album	玉米石
S. kamtschaticum	费菜
S. lineare	佛甲草
S. nicaeense	松塔景天
S. sarmentosum	垂盆草
S. sexangulare	六楞景天
S. spectabile	八宝
Semiliquidambar cathayensis	半枫荷
Senecio articulatus	仙人笔
S. cineraria (*Cineraria maritima*)	雪叶莲
S. cruentus (*Cineraria cruenta*)	瓜叶菊
S. pendulus	泥鳅掌
S. radicans	菱角掌
S. rowleyanus	翡翠球
S. scandens	千里光
Sequoia sempervirens	北美红杉
Sequoiadendron giganteum	巨杉
Serissa japonica	六月雪
S. serissoides	山地六月雪
Sesbania grandiflora	木田菁
Setcreasea pallida cv. Purple Heart	紫鸭跖草
Shibataea chinensis	鹅毛竹
Sidalcea malviflora	西达葵
Silene armeria	高雪轮
S. compacta	密麦瓶草
S. fortunei	蝇子草
S. pendula	矮雪轮
S. schafta	夏弗塔雪轮
Silybum marianum	水飞雉
Sinningia speciosa	大岩桐
S. barbata	喉毛大岩桐

S. regina	王大岩桐
Sinofranchetia chinensis	串果藤
Sinojackia xylocarpa	秤锤树
Sinomenium acutum	防己
Sisyrinchium angustifolium	草菖蒲
S. bermudiana	庭菖蒲
S. calipormicum	加州庭菖蒲
S. montanum	山草菖蒲
Skimmia reevesiana	深红茵芋
Sloanea sinensis	猴欢喜
Smilax china	菝葜
Sobralia macrantha	苏伯兰
Solanum integrifolium	金银茄
S. psedo-capsicum	冬珊瑚
S. verbascifolium	假烟叶树
Solidago canadensis	一枝黄花
S. altissima	高茎一枝黄花
S. decurre	南方一枝黄花
S. odorata	芳香一枝黄花
S. virgaurea	毛果一枝黄花
Sophora japonica	槐
S. davidii	白刺花
Sorbaria kirilowii	珍珠梅
S. arborea	高丛珍珠梅
S. sorbifolia	东北珍珠梅
Sorbus pohuashanensis	花楸树
S. alnifolia	水榆花楸
S. amabilis	黄山花楸
S. folgneri	石灰花楸
S. hupehensis	湖北花楸
S. koehneana	陕甘花楸
S. tianschanica	天山花楸
Sparaxis grandiflora	裂缘莲
S. tricolor	三色缘莲
Spartium junceum	鹰爪豆
Spathiphyllum floribundum cv. Clevelandii	白鹤芋
S. floribundum	翼柄白鹤芋
Speirantha gardenii	白穗花
Spilanthes oleracea	桂圆花
Spiraea	绣线菊
S. cantoniensis	麻叶绣线菊
S. hypericifolia	金丝桃叶绣线菊
S. japonica	粉花绣线菊
S. nipponica	日本绣线菊
S. prunifolia	笑靥花
S. salicifolia	绣线菊
S. sargentiana	茂汶绣线菊
S. thunbergii	珍珠绣线菊
S. trichocarpa	毛果绣线菊
S. triiobata	三裂绣线菊
S. veitchii	鄂西绣线菊
S. × *vanhouttei*	菱叶绣线菊
Sprekelia formosissima	火燕兰
Stachys lyzantina	厚毛水苏
Stachyurus chinensis	旌节花
S. oblongifolius	长圆叶旌节花
S. retusus	凹叶旌节花
S. salicifolius	柳叶旌节花
S. szechuanensis	四川旌节花
S. yunnanensis	云南旌节花
Stahlianthus involuratus	姜三七
Stanhopea tigrina	金鱼兰
S. oculata	香金鱼兰
S. wardii	华氏金鱼兰
Stapelia grandiflora	大花犀角
S. nobilis	玉犀角
S. variegata	国章
Staphylea bumalda	省沽油
S. holocarpa	膀胱果
Stenotaphrum secundatum cv. Variegatum	澳洲金丝草
Stephanandra chinensis	野珠兰
Stephania cepharantha	金线吊乌龟
Sterculia nobilis	苹婆
Sterospermum tetragonum	羽叶楸
Steudnera discolor	斑叶香芋
Stewartia sinensis	紫茎
S. gemmata	天目紫茎
Stranvaesia davidiana	红果树
Strelitzia reginae	鹤望兰
S. alba	白花鹤望兰
S. nicolaii	尼可拉鹤望兰
Streptocarpus × *hybridus*	杂种扭果花
Stromanthe sanguinea	卧花竹芋
S. amabilis	可爱卧花竹芋
S. porteana	波特卧花竹芋
Styrax japonicus	野茉莉
S. dasyanthus	垂珠花
S. hemsleyanus	老鸹铃
S. obassius	玉铃花
S. odoratissimus	郁香野茉莉
S. roseus	粉花野茉莉
S. wilsonii	矮茉莉
Swainsonia salsula	苦马豆
S. galegifolia	山羊豆叶苦马豆

Swida alba	红瑞木
S. amomum	紫茎梾木
S. bretschneideri	沙梾
S. hemsleyi	红椋子
S. macrophylla	梾木
S. oblonga	长圆叶梾木
S. paucinervis	小梾木
S. stolonifera	偃伏梾木
S. walteri	毛梾
S. wilsoniana	光皮梾木
Swietenia mahogani	桃花心木
Symphyandra hofmannii	环铃花
Symphytum officinale	聚合草
Symplocos chinensis	华山矾
S. decora	美丽山矾
S. morrisonicola	台湾山矾
S. paniculata	白檀
S. stellaris	老鼠矢
S. tetragona	留春树
Syngonium podophyllum	合果芋
S. auritum	牙买加合果芋
S. macrophyllum	大叶合果芋
Syringa	丁香属
S. chinensis	什锦丁香
S. dilatata	朝鲜丁香
S. meyeri	蓝丁香
S. microphylla	四季丁香
S. oblata	华北紫丁香
S. pekinensis	北京丁香
S. persica	花叶丁香
S. pinnatifolia	羽叶丁香
S. pubescens	小叶丁香(巧铃花)
S. reflexa	垂丝丁香
S. reticulata var. *mandshurica*	暴马丁香
S. sueginzowii	四川丁香
S. velutina	关东丁香
S. villosa	红丁香
S. vulgaris	欧洲丁香
S. wolfi	辽东丁香
S. yunnanensis	云南丁香
Syrnphoricarpos sinensis	毛核木
Syzygium jambos	蒲桃
S. buxifolium	赤楠
S. samarangense	洋蒲桃

T

Tagetes patula	孔雀草
T. erecta	万寿菊
T. lucida	香叶万寿菊
T. tenuifolia	细叶万寿菊
Taiwania flousiana	秃杉
T. cryptomerioides	台湾杉
Tamarindus indica	酸豆
Tamarix chinensis	柽柳
T. parviflora	湖北柽柳
T. ramosissima	多枝柽柳
Tapiscia sinensis	银鹊树
Taxodium distichum	落羽杉
T. ascendens	池杉
T. mucronatum	墨西哥落羽杉
Taxus cuspidata	东北红豆杉
T. baccata	浆果红豆杉
T. canadensis	加拿大红豆杉
T. chinensis	红豆杉
T. mairei	南方红豆杉
Tecomaria capensis	硬骨凌霄
Tectona grandis	柚木
Telosma cordata	夜来香
Terminalia catappa	榄仁树
T. chebula	诃子
T. hainanensis	鸡占
T. myriocarpa	千果榄
Ternstroemia gymnanthera	厚皮香
Tetracentron sinense	水青树
Tetrapanax papyriferus	通脱木
Thalictrum petaloideum	瓣蕊唐松草
T. aquilegifolium	唐松草
T. dipterocarpum	云南唐松草
T. flavum	黄花唐松草
T. fortunei	华东唐松草
Thevetia peruviana	黄花夹竹桃
Thuja sutchuanensis	崖柏
T. koraiensis	朝鲜崖柏
T. occidentalis	香柏
T. plicata	乔柏
T. standishii	日本崖柏
Thujopsis dolabrata	罗汉柏
Thunbergia alata	翼柄山牵牛
T. eracta	蓝吊钟
T. grandiflora	大花老鸦嘴
Thunia alba	笋兰
Thymus mongolicus	百里香
Thyrsostachys oliveri	大泰竹
T. siamensis	泰竹
Tigridia pavonia	虎皮花
Tilia mandschrica	糠椴

T. amurensis 紫椴
T. cordata 心叶椴
T. henryana 毛糯米椴
T. miqueliana 南京椴
T. mongolica 蒙椴
T. oliveri 粉椴
T. tomentosa 绒毛椴
T. tuan 椴树
Tillandsia cyanea 紫凤梨
T. caputmedusae 银叶紫凤梨
T. flabellata 岐花紫凤梨
T. usneoides 发丝紫凤梨
Tithonia rotundifolia 肿柄菊
Toddalia asiatica 飞龙掌血
Tofieldia thibetica 岩菖蒲
Toona sinensis 香椿
T. microcarpa 小果香椿
T. sureni 红椿
Torenia fournieri 夏堇
T. bailloni 黄筒夏堇
Torreya grandis 榧树
T. jackii 长叶榧
T. nucifera 日本榧树
T. taxifolia 美洲榧树
Trachelium caeruleum 蓝喉草
Trachelospermum jasminoides 络石
Trachycarpus fortunei 棕榈
Trachyment caerulea (Didiscus caeruleus) 蓝丝带花
Tradescantia fluminensis 白花紫露草
T. albiflora 绿紫露草
T. ohiensis 紫露草
T. virginiana 佛洲紫露草
Trichosanthes kirilowii 栝楼
Tricyrtis formosana 蟾蜍花
Trifolium repens 白车轴草
T. fragiferum 草莓车轴草
T. incarnatum 绛车轴草
T. pratense 红车轴草
Tripterygium hypoglaucum 昆明山海棠
T. regelii 东北雷公藤
T. wilfordii 雷公藤
Tristania conferta 红胶木
Triteleia hyacinthine 野风信子
Tritonia crocata 观音兰
T. aurea 金黄观音兰
T. masonorum 朱红观音兰
T. pottsii 波特氏观音兰
Trlpleurospermum maritimum 西洋甘菊
T. ambiguum 褐苞三肋果
Trochodendron aralioides 昆栏树
Trollius chinensis 金莲花
T. asiaticus 金梅草
T. europaeus 欧洲金莲
T. lilacinus 淡紫金莲花
Tropaeolum majus 旱金莲
T. minus 小旱金莲
T. peltophorum 盾叶旱金莲
T. peregrinum 五裂叶旱金莲
T. polyphyllum 多叶旱金莲
T. tubenosum 球根旱金莲
Tsoongiodendron odorum 观光木
Tsuga chinensis 铁杉
T. diversifolia 日本铁杉
T. dumosa 云南铁杉
T. tchekiangensis 南方铁杉
Tulipa gesneriana 郁金香
T. biflora 二花郁金香
T. bifloriformis 二型花郁金香
T. edulis 老鸦瓣
T. heterophylla 异叶郁金香
T. iliensis 伊犁郁金香
T. kolpakovskiana 科氏郁金香
T. ostrovskiana 奥氏郁金香
T. tarda 晚郁金香
T. turkestanica 土耳其斯坦郁金香
Tussilago farfara 款冬
Tutcheria championii (T. spectabilis) 石笔木
Typha angustifolia 蒲草
T. minima 小香蒲

U

Uimus pumila 榆树
U. densa 圆冠榆
U. japonica (U. propinqua) 春榆
U. laciniata 裂叶榆
U. laevis 欧洲榆
U. macrocarpa 大果榆
U. parvifolia 榔榆
Uncaria rhynchophylla 钩藤
Ursinia anethoides 乌寝花

V

Vaccinium vitis-idaea 越橘
V. uliginosum 笃斯越橘

Valeriana officinalis	缬草
V. montana	亥山缬草
V. saliunca	香缬草
Vallota speciosa	非洲石蒜
Vanda roxburghii	黑珊瑚
V. concolor	琴唇万带兰
V. teres	棒叶万带兰
Vandopsis gigantea	假万带兰
Vanilla fragrans	香果兰
V. annamica	西南香果兰
V. griffithii	台湾香果兰
Veltheimia viridifolia	绿叶伞兰
V. capensis	好望角伞兰
V. deasii	伏氏伞兰
Venidium fastuosum	南非王菊
V. decurrens	拟金盏菊
Veratrum nigrum	藜芦
Verbascum phoeniceum	紫毛蕊花
V. thapsiforme	黄毛蕊花
V. thapsus	毛蕊花
Verbena xhybrida	美女樱
V. canadensis	加拿大美女樱
V. rigida	直立美女樱
V. tenera	细叶美女樱
Verbesina alternifolia	互叶畸瓣葵
V. tetraptera	异果畸瓣葵
Vernicia fordii	油桐
Veronica himalensis	大花婆婆纳
V. longifolia	长尾婆婆纳
V. prostrata	婆婆纳
Viburnum dilatatum	荚蒾
V. farreri	香荚蒾
V. fordiae	南方荚蒾
V. glomeratum	聚花荚蒾
V. lantana	绵毛荚蒾
V. macrocephalum	木绣球
V. opulus	欧洲荚蒾
V. plicatum	雪球荚蒾
V. plicatum f. *tomentosum*	蝴蝶荚蒾
V. rhytidophyllum	枇杷叶荚蒾
V. sargentii	鸡树条荚蒾
V. setigerum	汤饭子
Vicia villosa	长柔毛野豌豆
V. bungei	三齿萼野豌豆
V. unijuga	歪头菜
Victoria amazonica	王莲
V. cruziana	巴拉圭王莲
Vinca major	蔓长春
V. minor	小长春蔓
Viola tricolor var. *hortensis*	三色堇
V. chinensis	紫花地丁
V. cornuta	角堇
V. odorata	香堇
Vitex negundo	黄荆
V. trifolia	蔓荆
Vitis vinifera	葡萄
Vriesea splendens	剑凤梨
V. carinata	莺歌凤梨

W

Wahlenbergia trichogyna	蓝花参
Wallichia chinensis	小堇棕
Washingtonia filifera	加州葵
Watsonia fulgens	喇叭莲
Wedelia chinensis	蟛蜞菊
W. trilobata	美洲蟛蜞菊
Weigela florida	锦带花
W. coraensis	海仙花
W. floribunda	路边花
W. japonica	日本锦带花
W. praecox	早锦带花
Wendlandia uvariifolis	水锦树
Winchia calophylla	盆架树
Wisteria sinensis	紫藤
W. floribunda	多花紫藤
W. venusta	白花藤
W. villosa	藤萝
Woodfordia fruticosa	虾子花

X

Xanthoceras sorbifolia	文冠果
Xylosma japonicum	柞木

Y

Yucca filamentosa	丝兰
Y. gloriosa	凤尾兰

Z

Zantedeschia aethiopiopica	马蹄莲
Z. albo-maculata	银星马蹄莲
Z. elliottiana	黄花马蹄莲
Z. rehmannii	红花马蹄莲
Zanthoxylum bungeanum	花椒
Z. planispinum	竹叶椒
Z. schinifolium	崖椒
Z. simulans	野花椒

Zebrina pendula	吊竹梅
Z. purpusii	珀普斯吊竹梅
Zelkova schneideriana	榉树
Z. serrata	光叶榉
Z. sinica	小叶榉
Zephyranthes candida	葱兰
Z. citrina	黄花葱兰
Z. grandiflora	韭兰
Zingiber mioga	蘘荷
Z. zenumber	红球姜
Zinnia elegans	百日草
Z. haageana	小百日草
Z. linearis	细叶百日草
Zizyphus jujuba	枣
Zoysia japonica	结缕草
Z. matrastachys	大穗结缕草
Z. matrella	沟叶结缕草
Z. sinica	中华结缕草
Z. tenuifolia	细叶结缕草
Zygocactus truncactus	蟹爪

附录2　世界部分国家国花(树)名称及学名一览表

国　　名	国花(树)名	拉丁学名	科　名	备注
阿富汗	郁金香(红色花)	*Tulipa gesneriana*	百合科	国花
	黑桑	*Morus nigra*		国树
阿尔及利亚	鸢尾	*Iris* spp.	鸢尾科	
	欧洲夹竹桃	*Nerium oleander*	夹竹桃科	
阿拉伯联合酋长国	孔雀草	*Tagetes patula*	菊科	
	百日草	*Zinnia elegans*	菊科	
阿根廷	象牙红	*Erythrina crista-galli* var. *compacta*	豆科	
奥地利	火绒草	*Leontopodium alpinum*	菊科	
澳大利亚	金合欢	*Acacia pycnantha*	豆科	国花
	桉树	*Eucalyptus* spp.	桃金娘科	国树
阿扎尼亚	卜若地	*Protea* spp.	山龙眼科	
比利时	杜鹃花	*Rhododendron* spp.	杜鹃花科	
	月季	*Rosa* cvs.	蔷薇科	
	虞美人	*Papaver rhoeas*	罂粟科	
不丹	绿绒蒿(蓝色花)	*Meconopsis* spp.	罂粟科	
玻利维亚	坎涂花	*Cantua buxifolia*	花荵科	
巴西	卡特兰	*Cattleya* spp.	兰科	国花
	它贝布雅	*Tabebuia avellanedae*	紫葳科	国树
保加利亚	突厥蔷薇(粉色花)	*Rosa damascena*	蔷薇科	
缅甸	龙船花	*Ixora coccinea*	茜草科	国花
	粗娑罗双	*Shorea robusta*	龙脑香科	国树
加拿大	糖槭	*Acer saccharum*	槭树科	
智利	智利钟花	*Lapageria rosea*	百合科	
哥伦比亚	三向卡特兰	*Cattleya trianae*	兰科	国花
	咖啡	*Coffea arabica*	茜草科	国树
哥斯达黎加	卡特兰	*Catteya* spp.	兰科	
古巴	姜花	*Hedychium* spp.	姜科	国花
	王棕	*Roystonea* spp.	棕榈科	国树
捷克	欧洲椴	*Tilia europaea*	椴树科	
丹麦	木春菊(蓬蒿菊)	*Argyranthemum frutescens*	菊科	国花
	枸骨叶冬青	*Ilex aquifolium*	冬青科	国树
多米尼加	桃花心木	*Swietenia* spp.	楝科	
厄瓜多尔	丽卡斯特兰	*Lycaste skinneri*	兰科	
埃及	浅蓝睡莲	*Nymphaea caerulea*	睡莲科	
埃塞俄比亚	马蹄莲	*Zantedeschia aethiopica*	天南星科	
斐济	扶桑	*Hibiscus rosa-sinensis*	锦葵科	
芬兰	铃兰	*Convallaria majalis*	百合科	

(续)

国　名	国花(树)名	拉丁学名	科　名	备注
法国	香根鸢尾	*Iris florentina*	鸢尾科	
	月季	*Rosa* cvs.	蔷薇科	
加纳	枣椰	*Phoenix dactytifera*	棕榈科	
加蓬	火焰树	*Spathodea campanulata*	紫葳科	
希腊	香堇	*Viola odorata*	堇菜科	国花
	油橄榄	*Olea europea*	木犀科	国树
德国	矢车菊	*Centaurea cyanus*	菊科	
海地	刺葵	*Phoenix* spp.	棕榈科	
洪都拉斯	香石竹	*Dianthus caryophyllus*	石竹科	
列支敦士登	橙花珠芽百合	*Litium bulbiferum* var. *croceum*	百合科	
孟加拉	睡莲	*Nymphaea* spp.	睡莲科	
匈牙利	郁金香	*Tulipa gesneriana*	百合科	
印度	荷花	*Nelumbo nucifera*	睡莲科	国花
	菩提树	*Ficus religiosa*	桑科	国树
印度尼西亚	毛茉莉	*Jasminum multiflorum*	木犀科	
伊拉克	月季(红色花)	*Rosa* spp.	蔷薇科	
伊朗	突厥蔷薇	*Rosa damascena*	蔷薇科	
	钟花郁金香	*Tulipa sylvestris*	百合科	
爱尔兰	白车轴草	*Trifolium repens*	豆科	
以色列	银莲花	*Anemone* spp.	毛茛科	国花
	油橄榄	*Olea europaea*	木犀科	国树
意大利	雏菊	*Bellis perennis*	菊科	
	月季	*Rosa* cvs.	蔷薇科	
日本	菊花	*Dendranthema* × *grandiflorum*	菊科	
	樱花	*Prunus* spp.	蔷薇科	
柬埔寨	睡莲	*Nymplaea* spp.	睡莲科	
拉脱维亚	牛眼菊	*Chrysanthemum leucanthemmum*	菊科	
立陶宛	芸香	*Ruta graveolens*	芸香科	
圭亚那	睡莲	*Nymphaea* spp.	睡莲科	
利比亚	石榴	*Punica granatum*	石榴科	
老挝	鸡蛋花	*Plumeria* spp.	夹竹桃科	
黎巴嫩	黎巴嫩雪松	*Cedrus libani*	松科	
卢森堡	月季	*Rosa* cvs.	蔷薇科	
韩国	木槿	*Hibiscus syriacus*	锦葵科	
朝鲜民主主义人民共和国	迎红杜鹃花(蓝荆子)	*Rhododendron mucronu-latum*	杜鹃花科	
	李	*Prunus salicina*	蔷薇科	
利比里亚	胡椒	*Piper* spp.	胡椒科	
马达加斯加	旅人蕉	*Ravenala madagascariensis*	旅人蕉科	
	凤凰木	*Delonix regia*	豆科	
马来西亚	扶桑	*Hibiscus rosa-sinensis*	锦葵科	
马耳他	矢车菊	*Centaurea* spp.	菊科	
墨西哥	大丽花	*Dahlia pinnata*	菊科	
	仙人掌	*Opuntia* spp.	仙人掌科	

(续)

国名	国花(树)名	拉丁学名	科名	备注
摩洛哥	月季	*Rosa* cvs.	蔷薇科	
	香石竹	*Dianthus caryophyllus*	石竹科	
尼加拉瓜	姜花	*Hedychium* spp.	姜科	
尼泊尔	树杜鹃花	*Rhododendron arboreum*	杜鹃花科	
荷兰	郁金香	*Tulipa gesneriana*	百合科	
新西兰	桫椤	*Cyathea dealbata*	桫椤科	
	四翅槐	*Sophora tetraptera*	豆科	
摩纳哥	香石竹	*Dianthus caryophyllus*	石竹科	
挪威	欧洲云杉	*Picea abies*	松科	
巴基斯坦	素馨	*Jasminum* spp.	木犀科	
巴拉圭	西番莲	*Passiflora coerulea*	西番莲科	
	银叶它贝布雅	*Tabebuia argentea*	紫葳科	
秘鲁	向日葵	*Helianthus annuus*	菊科	
	坎涂花	*Cantua buxifolia*	花荵科	
菲律宾	毛茉莉	*Jasminum multiflorum*	木犀科	
波兰	三色堇	*Viola tricolor*	堇菜科	
葡萄牙	薰衣草	*Lavandula spica*	唇形科	
罗马尼亚	狗蔷薇	*Rosa canina*	蔷薇科	
沙特阿拉伯	枣椰	*Phoenix dactylifera*	棕榈科	
新加坡	万带兰	*Vanda* spp.	兰科	
西班牙	甜橙	*Citrus sinensis*	芸香科	
	石榴	*Punica granatum*	石榴科	
瑞士	火绒草	*Leotopodium* spp.	菊科	
圣马力诺	那不勒斯仙客来	*Cyclamen neapolytanum*	报春花科	
萨尔瓦多	大树丝兰	*Yucca elephantipes*	龙舌兰科	国花
	咖啡	*Coffea arabica*	茜草科	国树
塞内加尔	猴面包树	*Adansonia digitata*	木棉科	
南非	匍匐卜若地	*Protea repens*	山龙眼科	
瑞典	铃兰	*Convallaria majalis*	百合科	
斯里兰卡	荷花	*Nelumbo nucifera*	睡莲科	
苏丹	扶桑	*Hibisucs rosa-sinensis*	锦葵科	
叙利亚	月季	*Rosa* spp.	蔷薇科	
	钟花郁金香	*Tulipa sylvestris*	百合科	
坦桑尼亚	月季	*Rosa* spp.	蔷薇科	国花
	丁子香	*Syzygium aromaticum*	桃金娘科	国树
泰国	睡莲	*Nymphaea* spp.	睡莲科	
突尼斯	银荆树(白粉金合欢)	*Acacia dealbata*	豆科	国花
	油橄榄	*Olea europaea*	木犀科	国树
土耳其	钟花郁金香	*Tulipa sylvestris*	百合科	
乌拉圭	象牙红	*Erythrina crista-galli*	豆科	国花
	阿根廷商陆	*Phytolacca dioica*	商陆科	国树
英国	狗蔷薇	*Rosa canina*	蔷薇科	
美国	月季	*Rosa* cvs.	蔷薇科	

（续）

国　　名	国花(树)名	拉丁学名	科　名	备注
俄罗斯	向日葵	*Helianthus annuus*	菊科	
梵蒂冈	欧洲白百合	*Lilium candidum*	百合科	
危地马拉	丽卡斯特兰	*Lycaste virginalis* var. *alba*	兰科	国花
	爪哇木棉	*Ceiba pentandra*	木棉科	国树
也门	咖啡	*Coffea arabica*	茜草科	
牙买加	愈疮木	*Guajacum officinale*	蒺藜科	
原南斯拉夫	扁桃	*Prunus dulcis*	蔷薇科	
赞比亚	三角花	*Bougainvillea* spp.	紫茉莉科	
津巴布韦	嘉兰	*Gloriosa* spp.	百合科	
委内瑞拉	金黄它贝布雅	*Tabebuia chrysantha*	紫葳科	
	苍白它贝布雅	*T. pallida*	紫葳科	

（陈俊愉）

附录3 中国部分城市市花(树)名称及学名一览表

城市	市花(市树)	备注
北京	①月季(*Rosa* cvs.);②菊花(*Dendranthema* × *grandiflorum*)	1987年市人大会议通过,并以槐树、侧柏为市树
上海	玉兰(*Magnolia denudata*)	1986年市人大常委会通过
天津	月季	1984年市人大会议通过
郑州	月季	1983年市长办公会议决定
青岛	①'耐冬'山茶(*Camellia japonica* cv. Naidong);②月季	
南昌	①'金边'瑞香(*Daphne odora* cv. Aureo Marginata);②月季	1985年市人大常委会决定
蚌埠	月季	
宜昌	月季	1984年市人大常委会批准
商丘	月季	1986年市人大常委会通过
焦作	月季	1984年市人大常委会命名
平顶山	月季	1982年市人民政府决定
驻马店	月季	1983年市人大会议决定
淮阴	月季	1985年市人大常委会通过
常州	月季	1983年市人大会议通过
衡阳	月季	
鹰潭	月季	1986年市人大常委会通过
威海	月季	
安庆	月季	1986年市人大常委会决定
阜阳	月季	1984年市人民政府决定
三门峡	月季	1984年市人大常委会通过
泰州	①梅花(*Prunus mume*);②月季	1986年市人大常委会决定
西昌	月季	
德阳	月季	
淮南	月季	
新乡	①月季;②石榴(*Punica granatum*)	1982年市政府与市人大决定
吉安	月季	
恩施	月季	
济宁	①荷花(*Nelumbo nucifera*);②月季	
宿迁	月季	
奎屯	玫瑰(*Rosa rugosa*)	1986年市人大常委会通过
信阳	①月季;②桂花(*Osmamthus fragrans*)	1986年市人大会议决定
邵阳	月季	
昆明	云南山茶(*Camellia reticulata*)	1983年市人大常委会通过
重庆	山茶(*Camellia japonica*)	1986年市人大会议通过
宁波	山茶	1984年市人大常委会通过
温州	山茶	1985年市人大常委会通过
金华	山茶	1986年市人大会议通过
景德镇	山茶	1985年市人大会议通过
万县	山茶	1986年市人民政府决定
长沙	杜鹃花(*Rhododendron* spp. & cvs.)	1985年市人大常委会通过
丹东	杜鹃花	1984年市人大会议决定
无锡	①杜鹃花;②梅花	1983年市人民政府决定

（续）

城　市	市花(市树)	备　　注	城　市	市花(市树)	备　　注
大理	高山杜鹃(*Rhododendron* spp.)	1984年市人大常委会决定	马鞍山	桂花	1987年市人大常委会通过
九江	杜鹃花		开封	①月季;②菊花	1983年市人大常委会通过
三明	杜鹃花	1984年市人民政府决定	中山	菊花	1985年市人大常委会决定
韶关	杜鹃花	1986年市人民政府命名	南通	菊花	1982年市人大常委会决定
嘉兴	①杜鹃花;②石榴	1986年市人大会议批准	湘潭	菊花	
余姚	杜鹃花	1987年市大常委会通过	太原	菊花	1987年市人大常委会通过
井冈山	杜鹃花		洛阳	牡丹(*Paeonia suffruticosa*)	1982年市人大常委会通过
巢湖	杜鹃花		菏泽	牡丹	1987年市人大常委会决定
沈阳	玫瑰(*Rosa rugosa*)	1985年市人大会议决定	济南	荷花	1986年市人大常委会决定
兰州	玫瑰	1985年市人大会议决定	许昌	荷花	1982年市人大常委会确定
银川	玫瑰	1985年市人大会议决定	肇庆	①鸡蛋花(*Plumeria rubra* cv. *Acutifolia*);②荷花	1986年市人大常委会通过
乌鲁木齐	玫瑰	1985年市人大会议批准	衡阳	①月季;②山茶花	1986年市人大常委会通过
拉萨	玫瑰		绍兴	兰花(*Cymbidium* spp.)	1982年市人大常委会决定
承德	玫瑰	1983年市人民政府决定	漳州	水仙(*Narcissu tazetta* var. *chinensis*)	1984年市人大会议决定
佳木斯	玫瑰		长春	君子兰(*Clivia miniata*)	1984年人大常委会决定
南京	①梅花;②雪松(*Cedurus deodara*)	1982年市人大会议决定以梅花为市花,雪松为市树	西安	石榴	1986年市人大会议决定
武汉	①梅花;②水杉(*Metasequoia glyptostroboides*)	1984年市人大会议决定以梅花为市花,水杉为市树	连云港	石榴	1986年市人民政府决定
丹江口	梅花	1986年市人大常委会通过	荆门	石榴	1985年市人民政府暂定
杭州	桂花(*Osmanthus fragrans*)	1983年市人大常委会决定	黄石	石榴	1985年市人大常委会决定
桂林	桂花	1984年市人大常委会通过	十堰	①石榴;②月季	1986年市人大常委会决定石榴为市花,1987年增补月季市花
合肥	①石榴;②桂花	1984年市人大常委会通过	枣庄	石榴	
苏州	桂花	1982年市人民政府批准	徐州	紫薇(*Lagerstroemia indica*)	
南阳	桂花	1982年市人大会议通过	安阳	紫薇	1984年市人大常委会通过
老河口	桂花	1984年市人大常委会决定	襄樊	紫薇	1986年市人大常委会通过
泸州	桂花				

（续）

城 市	市花(市树)	备 注	城 市	市花(市树)	备 注
咸阳	紫薇	1986 年市人民政府决定	包头	小丽花(大丽花之矮小品种群)	1985 年市人大常委会通过
自贡	紫薇	1985 年市人大常委会通过	泉州	① 刺 桐 (*Erythrina variegata* var. *orientalis*)；② 含笑(*Michelia figo*)	1987 年市人大常委会通过刺桐、含笑为姐妹市花
西宁	丁香(*Syringa* spp.)	1985 年市人大会议决定	鹤壁	迎春花 (*Jasminum nudiflorum*)	
呼和浩特	①丁香(*Syringa oblata*)；②小丽花(*Dahlia pinnata*)	(小丽花为大丽花的矮小品种)	扬州	琼花(*Viburnum macrocephalum* f. *keteleeri*)	1985 年市人大常委会决定
岳阳	栀子花(*Gardenia jasminoides*)	1986 年市人大常委会通过	镇江	蜡梅 (*Chimonanthus praecox*)	1985 年市人大常委会决定
常德	栀子花	1986 年市人大会议决定	株洲	红花檵木(*Loropetalum chinense* var. *rubrum*)	
汉中	栀子花	1986 年市长办公会议决定	格尔木	柽柳(*Tamarix chinensis*)	1986 年市人民政府常委会决定
汕头	凤凰木(*Delonix regia*)	1983 年市人民政府决定；一说为金凤花	阜新	黄刺玫(*Rosa xanthina*)	1986 年市人民政府暂定
深圳	三角花(*Bougainvillea* spp.)	1986 年市人民政府决定	台北	杜鹃花(*Rhododendron* spp. & cvs.)	台湾省
厦门	三角花	1986 年市人大会议通过	新竹	杜鹃花	台湾省
惠州	三角花	1986 年市人大会议通过	基隆	杜鹃花	台湾省
江门	三角花	1986 年市人民政府批准	珠海	三角花	候定市花
湛江	洋紫荆(*Bauhinia variegata*)	1984 年市人民政府批准	大连	月季	
福州	茉莉(*Jasminum sambac*)	1985 年市人大会议决定	梅州	梅花	1993 年市人大党委会及市政府决定
芜湖	① 茉莉；② 白兰花(*Michelia alba*)		邯郸	月季	1984 年市绿委会通过
广州	木棉 (*Gossampinus malabarica*)	1986 年市花评委会审定	锦州	月季	1986 年市人大常委会通过
成都	木芙蓉(*Hibiscus mutabilis*)	1983 年市人大常委会决定	廊房	月季	
南宁	扶桑(*H. rosa-sinensis*)	1987 年市人大会议通过	娄底	月季	
玉溪	扶桑	1988 年市人大会议通过	随州	月季	1986 年市人大常委会通过
东川	白兰花(*Michelia alba*)	1986 年市人大常委会批准	荣成	杜鹃花	
沙市	月季	1984 年市人大常委会决定	贵阳	①兰花；②紫薇	
张家口	大丽花(*Dahlia pinnata*)	1986 年市人大会议决定	淮北	①梅花；②月季	1995 年市人大常委会确定梅花、月季为市花，槐树、银杏为市树
			鄂州	①梅花；②樟树(*Cinnamomun* spp.)	1988 年市人大常委会通过以梅花为市花，樟树为市树

附录4　中国20世纪初期至90年代观赏园艺纪事

公元1910年

·植物学家钟观光(1869～1940)在北京大学任教期间,采集植物标本共1.6万多种共15万个编号,为中国系统采集植物标本之始。

1914年

·上海创建兆丰公园(今中山公园)。

1915年

·北京政府7月30日宣布:以清明节为植树节。

1918年

·广州建立中央公园及黄花岗七十二烈士墓。

1922年

·许衍灼作《菊说》(《春晖堂菊说》),上海新学会社出版。

1923年

·吴恩元著《兰蕙小史》,上海中华书局出版。

·许衍灼著《春晖堂花卉图说》,上海新学会社出版,系汇编名家养花技艺。

1927年

·杭州、浙江大学建中国最早的现代植物园。

1928年

·南京国民政府定每年3月12日孙中山逝世纪念日举行植树式。

·于照撰《都门艺兰记》。

1929年

·南京建中山植物园。

·吴耕民、胡昌炽等在南京集会,决定创建中国园艺学会,翌年正式成立。

1933年

·赵诒琛撰《艺海一勺》,上海书店出版,辑历代书法绘画、篆刻、花卉栽培等知识。

·章君瑜著《花卉园艺学》,商务印书馆出版,全面介绍了花卉栽培、育种、温室及应用。

·童玉民著《花卉园艺学》,商务印书馆出版。

1934年

·建庐山植物园。其前身为庐山森林植物园。

1935年

·李驹著《苗圃学》,商务印书馆出版,是较早介绍西方观赏树育苗技艺的书。

1942年

·Tsen, M.(曾勉): *Mai Hua National Flower of China*, *Hortus Siccus*, No.1.是用科学方法将梅花分类之始。

1943年

·陈俊愉、汪菊渊、芮昌祉、张宇和编《园艺概要》,成都园地出版社出版。介绍观赏树木及花卉、蔬菜、果树的形态、繁殖、栽培、应用等。

·干铎在湖北省利川县磨刀溪发现新生代第四纪孑遗植物水杉,1945年经胡先骕、郑万钧鉴定并定名。此后,国内外广泛引种。

1945年

·陈俊愉、汪菊渊著《成都梅花品种之分类》,中华农学会报182期。著者记述了成都10多个梅花品种,并对中国梅花品种分类体系进行了讨论。

1947年

·陈俊愉著《巴山蜀水记梅花》,上海园艺事业改进协会出版(丛刊第15种)。是著者在四川数年调查梅花品种的总结,包括品种性状、分类、栽培繁殖及防治病虫害要点等。

·程世抚编著《艺菊丛谈》出版。

·程世抚、王璧合著《瓶花艺术》出版。

1948年

·国立中山大学理学院植物研究所专利发表戚经文的研究生论文《茶属四新种》,其中金花茶首先定名为 *Camellia nitidissima* Chi。

·瑞典学者欧·西润(Osvald Siren)撰写《中国园林》两卷,在瑞典斯德哥尔摩(Stock holm)出版。其中大量的古典园林图片是弗·欧斯特恩(F. Osterns)于1922、1929及1935年三次来华,在北京及苏州拍摄的，同时还介绍1700年以来欧洲国家模仿中国园林的情况。后译成英文版（摘译本美国出版）流传欧、美各国。

1949年

·黄岳渊、黄德邻合著《花经》，上海新纪元出版社出版。分通论及个论两部分，通论论述土壤、肥料及病虫害防治方法；个论分述各种果木、观赏树木及花卉的习性、栽培方法等。

1951年

·北京农业大学园艺系创办造园专业。

·昆明植物园建立。

1952年

·1952～1953年，北京、上海等大中城市相继建立园林局（处）。

·1952～1955年北京创建陶然亭公园。

1955年

·中国科学院北京植物研究所北京植物园（南园）创建。

·中国科学院林业土壤研究所在沈阳建立树木园。

·陈植著《观赏树木学》，上海永祥出版社出版。是一部观赏树木学专著。

·俞德浚编著《植物园工作手册》，科学出版社出版。

1956年

·中国园艺学会于1956年8月在北京召开代表大会，选出第一届理事会，推选曾宪朴为理事长，并设观赏园艺专业委员会。

·北京市园林局北京植物园（北园）创建。

·杭州植物园创建。

·北京农业大学造园专业调整至北京林学院造林系，改称城市及居民区绿化专业。

·华南植物园在广州市建立。

·武汉植物园在磨山建立。

1957年

·北京林学院创办城市居民区绿化系，设城市及居民区绿化专业。

·中国园艺学会主办的《园艺通报》和《园林通讯》创刊。

·全国人民代表大会常务委员会基本通过《1956～1957全国农业发展纲要（修正草案）》，其中规定：12年内绿化荒山、荒地及宅、村、路、水四旁植树。

1958年

·毛泽东在北戴河会议上讲话中提出："要使我们祖国的河山全部绿化起来，要达到园林化，到处很美丽，自然面貌要改变过来。"

·黑龙江森林植物园在哈尔滨市郊建立。

·南京林学院增设城市及居民区绿化专业。

·海南热带经济植物园在儋县建立。

·中国科学院西双版纳热带植物园建立。

·俞德浚主编的《华北习见观赏植物》第一、二集，于1958、1962年由科学出版社出版。包括观赏乔灌木，一二年生草花、宿根及球根花卉及温室观赏植物计1000种以上，含形态描述、生长习性及栽培法。

·俞德浚、冯耀宗著的《云南山茶花图志》，科学出版社出版。

1959年

·旅美学者李惠林（Li Hui－lin）著的 *The Garden Flower of China*（中国之花卉）及 *Chinese flower arrangement*（中国花卉装饰）在美国出版。是用英文向国外介绍中国花卉及插花技艺的两本书。

·西安植物园建立。

·广西药用植物园在南宁建立。

·北京林学院下放队编著的《人民公社园林化规划设计》，中国林业出版社出版。含居民区道路绿化及农田防护林、山地水土保持林等规划设计和造林技术。

1960年

·北京林学院城市及居民区绿化系编撰的《鄢陵园林植物栽培》，农业出版社出版。

·中国园艺学会在辽宁省兴城召开第一次全国花卉科学技术会议。

1961年

·江苏省文物工作队在吴江县梅堰镇新石器时代文化遗址中，发掘出碳化梅核数枚。其中一枚在南京博物馆展出。

·中国园艺学会在北京召开第一次梅花学术讨论会。

·章守玉主编的《花卉园艺学》上、下册，沈阳农学院出版。

1962年

·北京林学院遗传育种教研组编的《园林植物育种学》，农业出版社出版，是高等林业院校绿化专业用教材。

·中国园艺学会主办的《园艺学报》创刊，每年1卷4期，刊登果树、蔬菜、观赏园艺及茶叶方面的论文。

·北京林学院城市及居民区绿化系与中匈友好人民

公社合编的《北京黄土岗花卉栽培》，农业出版社出版，系对当地花农经验所做的系统总结。

1963 年

·关克俭、陆定安编的《英拉汉植物名称》，科学出版社出版，系中国科学院编译出版委员会名词室主持，包括植物名称 17600 条，英汉及拉汉对照使用，是研究观赏植物的工具书。

1964 年

·吴应祥主编的《温室工作手册》，科学出版社出版。

·北京市园林绿化学会成立。

·贵州省植物园在贵阳市建立。

·北京林学院城市及居民区绿化系改制为园林系。

1972 年

·厦门市园林植物园建立。

·中国科学院植物研究所编著的《中国高等植物图鉴》5 卷及补编 2 卷，1972～1983 年由科学出版社出版，图文结合共描述高等植物 8000 余种，包括观赏植物甚多。

1973 年

·云南林学院(原北京林学院)恢复园林系。

·周恩来总理指出，要重视环境保护工作，由国家计划委员会组织环境、农林部门成立环保领导小组。北京林学院汇报园林绿化的环境保护作用，受到国家计委及国家建设部、农林部的重视。

·由北京林学院牵头，组织全国林业院系，林业科学研究所，中国科学院各植物研究所，植物园，各省、市园林科学研究所协作，展开“园林绿化净化大气”的研究。两次获得云南省科委科技优秀奖。

1974 年

·甘肃省民勤沙生植物园创建。

·上海植物园创建。

1975 年

·中国考古学家在河南省安阳殷墟发掘出炭化了的梅核，经鉴定距今已有 3200 多年。

1976 年

·江苏植物研究所编著的《城市绿化与环境保护》，由中国建筑工业出版社出版。

1978 年

·中国树木志编辑委员会主编的《中国主要树种造林技术》，农业出版社出版。

·英国 M. 凯瑟克(Maggic Keswick)女士撰写的 *The Chinese Garden History, Art and Architecture*(《中国园林历史、艺术与建筑》)，Rizzoli Ientornational Publish, Inc. U. S. A. 出版。作者自 1961 年始较长时间在中国考察，对中国庭园的历史、艺术和建筑以及园林与诗画结为一体的传统论述颇详。

·沈阳园林科学研究所召开唐菖蒲品种鉴定会。

1979 年

·钟济新编的《花坪杜鹃》，在广西出版，附彩图 15 幅。

·北京北海、景山公园管理处、北京林学院园林系编著的《园林绿化结合生产》，中国建筑工业出版社出版。

·全国园林绿化学术讨论会在鞍山召开。

·根据国务院提议，第五届全国人民代表大会常务委员会第六次会议决定，3 月 12 日为中国植树节。

·原北京林学院(含园林系)由云南省昆明市迁回北京市。

1980 年

·5 月，中国园艺学会在成都召开“花卉种质资源学术讨论会”。

·喻衡著《菏泽牡丹》，山东科学技术出版社出版。

·上海植物园编的《上海龙华盆景》，上海科学技术出版社出版。

1981 年

·冯国楣、夏丽芳、朱象鸿编著的《云南山茶花》，云南人民出版社出版。

·全国园林科技情报网成立，总部设在北京市园林科学研究所；并决定出版《园林科技情报》，于翌年创刊。

·中国盆景协会在北京成立，推举杜子端为理事长。

·孙筱祥编的《园林艺术及园林设计》，由北京林学院出版。

·孙可群等编著的《家庭养花》，水利电力出版社出版，印数达 131 万册以上。

·仇春霖著的《群芳新谱》，科学普及出版社出版，并于 1984 年出修订版。

1982 年

·章守玉、陈有民、王缺等编著的《花卉园艺》(上册)，辽宁科学技术出版社出版。

·《大众花卉》在天津市创刊。是中国第一次公开发行的花卉专业双月刊，出版至 38 期，于 1988 年底停刊。

·朱秀珍著的《花坛设计与施工》，北京科学技术出版社出版。

·余树勋编著的《植物园》，科学出版社出版。书中介绍了植物园性质、类型及引种驯化的理论与方法。并对国内外植物园做了简要介绍。

·中央绿化委员会在北京成立，推动全国绿化、园林化工作。

·北京林业大学园林系陈俊愉在《植物杂志》1月号、12月号上撰文倡导国花、市花评选活动。

·6月4日，《中华人民共和国出口动植物检疫条例》颁布。

·南京中山植物园编著的《花卉园艺》，江苏科学技术出版社出版。

1983年

·中国园林学会在南京成立，推举秦仲方为理事长，汪菊渊、陈俊愉等为副理事长。

·谭沛祥编著《华南杜鹃花志》，广东科技出版社出版，对华南五省的杜鹃花120种、14个变种作了详细描述及分类。

·1月3日，国务院发布《植物检疫条例》。

·冯国楣主编的《云南杜鹃花》，云南人民出版社出版。

·德国玛丽安娜(Marianne München) *Die Gärten Chinas* (《中国园林》) Eugen Dideerichs Verlag, München出版。中译本由中国建筑工业出版社出版(1996年)。她多次来华考察园林绿化和讲学，促进文化交流。

·郑万钧主编的《中国树木志》第1卷，中国林业出版社出版。含观赏树木。

1984年

·杜乃正、张夙英编著的《攀缘植物》，中国林业出版社出版。

·侯绍宽编的《中国种子植物科属词典》(修订本)，科学出版社出版，书中收集科属名词5200条，包括276科、3109属、25 700余种，是研究观赏植物的重要的工具书。

·邵敏健等编著的《草坪》，中国林业出版社出版。

·张本编著的《月季群芳谱》，贵州人民出版社出版，以大量彩图介绍月季的历史、分类、育种及品种的形态，用中英文描述达500余条。

·全国花卉遗传座谈会在上海召开。

·杨恭毅撰著《杨氏园艺植物大名典》，杨青造园企业有限公司、中国花卉杂志社联合出版(台北)。全书共10册，含图谱及撰文，是一部较全面的大型工具书。

·Hu Yunhua (The Shanghai Botanic Gardens), *PENJING, The Chinese Art of Miniature Gardens*, Timber Press, U.S.A.

·中国花卉协会在北京成立。

·南京农业大学园艺系设观赏园艺专业。

1985年

·北京林学院扩建为北京林业大学。

·《中国园林》在北京创刊，是中国风景园林学会的综合性学术刊物。

·《森林和野生动植物类型自然保护区管理办法》经国务院批准发布。

·国家体改委批准中国园艺学会恢复为一级学会，挂靠于中国农业科学院蔬菜研究所。

·《中国花卉报》创刊，是中国花卉协会机关报。

·《园林》创刊，中国风景园林学会与上海市园林局主办，双月刊。

·《花木盆景》创刊，中国花卉协会湖北省花木盆景协会主办，双月刊。

·孙可群等编著的《花卉及观赏树木栽培手册》，中国林业出版社出版。

·《台湾花艺》在台北创刊。

1986年

·中国园艺学会在北京召开全国观赏植物组织培养学术讨论会。

·方文培著《中国四川杜鹃花》，科学出版社出版。

·林业花卉协会在北京成立。

·胡琳桢等编著的《峨眉山杜鹃花》，四川大学出版社出版。

1987年

·中国城市花木联合会在天津成立。

·《中国园林》杂志社、上海市园林学会联合举办的"中国传统十大名花评选"揭晓：梅花、牡丹、菊花、兰花、月季、杜鹃、山茶、荷花、桂花及水仙。

·余树勋编著的《园林美与园林艺术》，科学出版社出版，论述园林美、园林造景中关于地形、地貌、水体、植物的艺术布局与设计要领等，并用繁体字在台湾出版。

·第一届全国花卉博览会在北京举行。

·中国园艺学会在贵阳召开"花卉种质资源研究和利用学术讨论会"。

·中国兰花协会在广州成立。

·中国农业科学院蔬菜研究所更名为蔬菜花卉研究所，增设花卉研究室。

·王大钧、沈绍全著《中国的竹子》，美 Timber Press 出版。

·陈林堂编著的《英汉园艺词典》，陕西科学技术出版社出版。

·北京农业大学设观赏园艺专业。
·黄济明编著《花卉育种知识》，中国林业出版社出版。

1988年

·冯国楣著《中国杜鹃花》，科学出版社出版。
·《中国大百科全书·建筑、园林、城市规划》卷由大百科全书出版社出版。该卷园林部分由汪菊渊教授主编，撰有园林史、园林艺术、园林植物、园林工程及园林建筑等方面的条目134条。
·中国兰花学会在北京成立。
·第一届全国兰花博览会在广州举行。由中国兰花学会及中国兰花协会主办。
·中国城乡花木展览会在天津举行。
·中国培养的第一名园林植物学科博士生张启翔，在北京林业大学被授予博士学位。
·陈有民主编的《园林树木学》，中国林业出版社出版。为全国高等林业院校试用教材。
·陈守良、贾章智著的《中国之竹》，中国科学出版社与美国 Dioscorides Press 联合出版。
·胡运骅主编的《中国盆景——技艺与欣赏》，安徽科学技术出版社出版。
·中国花木企业家联谊会成立。
·中国盆景艺术家协会在北京成立。
·中国园艺学会在北京召开“国际园艺植物种质资源研究与利用学术讨论会”。
·许再富、陶国达编著的《西双版纳热带野生花卉》，农业出版社出版。

1989年

·王其超、张行言主编的《中国荷花品种图志》，中国建筑工业出版社出版，论述204个品种。后以繁体字在台湾出版。
·第二届全国花卉博览会在北京举行。
·中国园艺学会成立60周年纪念暨第六届年会在上海举行，选出相重扬为理事长。
·中国风景园林学会(CHINESE SOCIETY OF LANDSCAPE ARCHITECTURE)在杭州成立。
·北京林业大学园林系花卉教研组编的《花卉学》，中国林业出版社出版，为全国高等林业院校试用教材。
·陈俊愉主编的《中国梅花品种图志》，中国林业出版社出版，是全面系统地介绍中国梅花的专著。
·中国插花花艺协会在北京成立。
·中国梅花蜡梅协会在北京成立。
·全国市花展览在北京市丰台区花乡举办。
·陈俊愉等编著《中国十大名花》，上海文化出版社出版。
·吴应祥、张应麟编著的《室内装饰植物》，上海科学技术出版社出版。

1990年

·在国际风景园林设计师联合会(IFLA)主办的1990年、1991年国际大学生风景园林设计竞赛中，北京林业大学刘晓明、周曦先后获得联合国科教文组织(UNESCO)大奖。
·张天麟编著的《园林树木1000种》，学术书刊出版社出版，是园林教学及设计参考书。
·《中国大百科全书·农业》卷由中国大百科全书出版社出版，涉及观赏园艺内容的有70多个条目。
·北京林业大学园林系主持的“金花茶基因库建立和繁殖技术”研究课题获国家科技进步二等奖。
·陈俊愉、程绪珂主编的《中国花经》，上海文化出版社出版。集全国专家协作撰稿，论述观赏植物繁殖、栽培、育种，计2354种。书后附录有中国花卉发展大事记、历代花卉名著及历代著名园艺学家。
·陈世诚、张玉会合编的《月季图志》(第一卷)，河北科学技术出版社出版，有彩图132页。
·臧淑英、刘更喜编著的《丁香》，中国林业出版社出版。
·周维权著《中国古典园林史》，清华大学出版社出版。
·王毅著《园林与中国文化》，上海人民出版社出版。系统论述中国古典园林的发展、境界、作用、手法、构景艺术等。
·张敦方等编著《园林植物育种学》，东北林业大学出版社出版。

1991年

·沈荫椿等编的《中国盆栽和盆景艺术》，美国加州支升集团公司出版。
·徐民生、谢维荪编著的《仙人掌及多肉植物》，中国经济出版社出版。
·王大钧编著的《家庭养花全典》，上海文化出版社出版。
·姚永正绘著的《园林植物及其景观》，农业出版社出版。

1992年

·周武忠编著的《中国花卉文化》，花城出版社出版。
·章文才编《英汉园艺学词典》，农业出版社出版。
·张启泰、冯志舟、杨增宏编著的《奇花异木》，中国世界语出版社出版，以彩图报导云南的珍稀植物及传统的观赏植物。
·中国参加29届世界造园家协会举办世界大学生园

林设计赛，华中理工大学学生邬峻荣获冠军。

- 黄济明发表的《王百合×大卫百合种间远缘杂种的育成》(园艺学报，1992. No.3)，获园艺学报优秀论文一等奖。
- 陈俊愉的《中国梅花的研究Ⅱ.中国梅花的品种分类》(园艺学报，1962，No，3～4)，获园艺学报优秀论文二等奖。
- 英文版 *Chinese Landscape Gardening*，Zhu Jun zhen(《中国园林植物配置艺术》，朱钧珍著)，外文出版社出版。
- 吴兆洪等编著的《中国现代及化石蕨类植物种属辞典》，中国科学技术出版社出版。
- 中国园艺学会"观赏植物品种改良学术讨论会"在太原市召开。

1993 年

- 中国花卉协会在北京举办第三届全国花卉博览会。
- "园艺作物品种改良国际学术讨论会暨桃国际工作会议"在北京召开。
- 中国风景园林学会在苏州召开全国第二次代表大会。
- 中国兰花学会及中国兰花协会拟订兰花品种注册条例。
- 吴应祥编著的《中国兰花》(第2版)，中国林业出版社出版，是全面系统地介绍中国兰花的专著。
- 北京林业大学园林系扩建为园林学院。
- 舒迎澜编著的《古代花卉》，农业出版社出版。
- 徐明惠主编的《园林植物病虫害及其防治》，中国林业出版社出版。
- 何秀芬主编的《干燥花采集制作原理与技术》，北京农业大学出版社出版。
- 余树勋、吴应祥主编的《花卉词典》，农业出版社出版，撰写观赏植物1549条，并含常用词汇解说。

1994 年

- 《中国作物遗传资源》一书出版，第六篇为观赏植物，介绍梅花、茶花、木兰、桂花、兰花、菊花、鸢尾、百合、荷花、芍药、杜鹃花、牡丹、月季、凤仙花、翠菊等20种花卉的遗传资源分布、研究与利用等。为中国农学会遗传资源学会编，中国农业出版社出版。
- 魏北祥等著《鲜切花生产技术》，云南科学技术出版社出版。
- 苏雪痕编著的《植物造景》，中国林业出版社出版。
- 防城金花茶国际学术会议在南宁市召开。
- 北京插花艺术研究会中国插花编委会编撰的《中国插花》，台北市淑馨出版社出版。是系统介绍中国插花艺术的专著，含历史简况及风格特点等，并附100幅彩图。
- 吴涤新著《花卉应用与设计》，中国农业出版社出版。是论述室内外花卉应用与设计的著述，附84幅彩图。
- 中国加入国际园艺生产者协会。国际园艺生产者协会在以色列赫兹利亚市召开的第46届理事会上，通过了中国花卉协会和中国贸易促进会农业分会共同提出的入会申请。

1995 年

- 19 95年第32届国际大学生风景园林设计竞赛，北京林业大学博士生朱育帆的"生命之旅——十渡旅游景观规划与设计"获本届大赛设计一等奖，即泰国国家旅游局设计大奖。
- 陈耀华编著的《中国城乡行道树》，气象出版社出版。
- 孙吉雄主编的《草坪学》，农业出版社出版。全国高等农业院校教材。
- 上海市林学会、胡中华、刘师汉编著的《草坪学与地被植物》，中国林业出版社出版。
- 施海主编的《北京郊区古树木志》，中国林业出版社出版。

1996 年

- 中国科学院植物研究所编《新编拉汉英植物名称》，航空工业出版社出版。由植物学家搜集、审定55800条，是观赏植物研究的工具书。
- 北京林业大学风景园林专业硕士生高永红在国际建筑类大学生设计竞赛中获得大奖。

(吴涤新　凌　靖)

条目汉字笔画索引

说　明

一、本索引按条题第一个汉字笔画数多少顺序排列。

二、几个条题的第一个汉字笔画数相同时，按起笔笔形一(横)、丨(竖)、丿(撇)、丶(点)、乛(折，包括㇆乚㇄等笔形)的顺序排列，第一笔笔形相同时，依次按下一笔笔形顺序排列。

三、几个条题的第一个汉字相同时，依次按下一个字的笔画数和起笔笔形顺序排列。

四 画

五 画

六 画

七 画

八　画

九 画

十 画

十一画

十二画

十三画

十四画

十五画

十六画

十七画

十八画

十九画

二十画

二十一画

条目英文索引

(index of articles)

说　明

一、本索引中所有条目按拉丁字母顺序排列，其他文种集中排在最后。
二、参见条、无固定译名的纯中国内容的条目，不收入本索引。

C

D

E

F

G

T

U

V

W

Y

Z

内 容 索 引

说 明

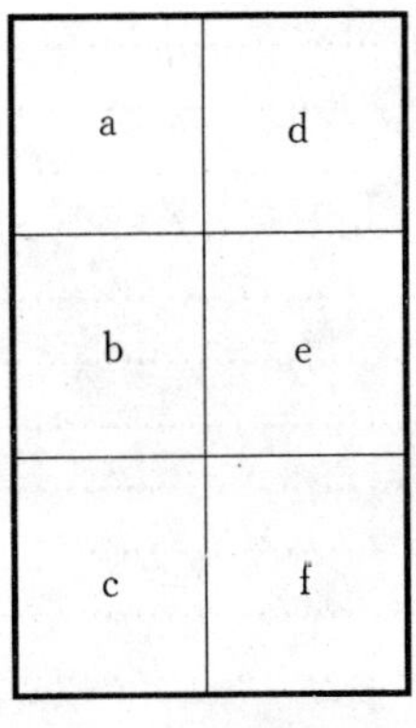

一、本索引是全卷各条目内容的主题分析索引。

二、索引主题按汉语拼音字母的顺序排列。第一字同音时，按声调(阴平、阳平、上声、去声)的顺序排列；同音、同调时，按笔画由少到多的顺序排列；音、调、笔画数相同时，按起笔笔形(一、丨、丿、丶、乛)顺序排列。第一字同音、同调、同笔画时，按第二字的音、调、笔画的顺序排列，余类推。用拉丁字母、希腊字母和阿拉伯数字开头的主题，依次排在汉字索引条目的最后。

三、索引主题之后的阿拉伯数字是主题内容所在的页码，数字之后的小写拉丁字母表示索引内容所在的版面区域。本卷正文的版面区域划分如右图。

A

B

C

D

E

F

G

H

J

K

L

M

N

O

P

Q

R

S

Y

观赏园艺卷主要编辑出版人员

责任编辑　傅　壮

特约美术编辑　李惠云

编　　辑　张德君　耿增强

装帧设计　卫水山　王世田

印制顾问　叶京标　杨顺根

中国农业百科全书

观赏园艺卷

中国农业百科全书总编辑委员会观赏园艺卷编辑委员会
中国农业百科全书编辑部编

农业出版社出版(北京市农展馆北路2号)
新华书店北京发行所发行　中国农业出版社印刷厂印刷

787×1092毫米 16开本　43印张　彩图插页4.5印张　1508千字
1996年12月第1版　1996年12月北京第1次印刷
ISBN 7-109-04420-3/Q·281　定价150.00元